Mit einem ABC der Geologie

6. Auflage

(unveränderter Nachdruck der 5. überarbeiteten Auflage)

Brockhaus Nachschlagewerk Geologie

Die Entwicklungsgeschichte der Erde

VEB F. A. Brockhaus Verlag
Leipzig

Verzeichnis der Mitarbeiter

Herausgeber

Hohl, Rudolf
Prof. em. Dr. phil.
Halle

Gutachter

Hetzer, Hans
Prof. Dr. sc.
Berlin

Autoren

Altermann, Manfred
Dr.
Halle

Baumann, Ludwig
Prof. Dr. habil.
Freiberg

Daber, Rudolf
Prof. Dr. habil.
Berlin

Franke, Dietrich
Dr.
Berlin

Gaedeke, Rudolf
Dr.
Halle

Guntau, Martin
Prof. Dr. sc.
Rostock

Hantzsche, Erhard
Dr.
Berlin

Havemann, Hans
Dr.
Borgsdorf b. Berlin

Helms, Jochen
Dr.
Berlin

Hirschmann, Gottfried
Dr.
Freiberg

Hohl, Rudolf
Prof. em. Dr. phil.
Halle

Hoth, Klaus
Dr.
Freiberg

von Hoyningen-Huene, Ewald
Dr. habil.
Falkensee b. Berlin

Klengel, K. Johannes
Prof. Dr. sc.
Dresden

Kolp, Otto
Dr. habil.
Rostock

Krull, Paul
Dr.
Berlin

Krumbiegel, Günter
Dr.
Halle

Lange, Dieter
Dr.
Rostock

Lange, Horst
Dr.
Freiberg

Lauterbach, Robert
Prof. em. Dr. habil.
Leipzig

Lotsch, Dieter
Dr.
Berlin

Ludwig, Alfred
Dr. habil.
Potsdam

Meinhold, Rudolf
Prof. em. Dr. habil.
Freiberg

Nöldeke, Werner
Dr.
Berlin

Olszak, Gerd
Prof. Dr. sc.
Leipzig

Prescher, Hans
Dr.
Dresden

Reichstein, Manfred
Dozent Dr. habil.
Halle

Richter, Hans
Prof. Dr. sc.
Halle

Röllig, Gerhard
Dr.
Berlin

Scheumann, Heinz (verst.)
Geol.-Ing.
Freiberg

Schwab, Max
Prof. Dr. habil.
Halle

Seidel, Gerd
Prof. Dr. habil.
Weimar

Stammberger, Friedrich (verst.)
Prof. Dr.
Berlin

Wagenbreth, Otfried
Dozent Dr. habil.
Dresden

Werner, Carl-Dietrich
Dr. habil.
Freiberg

Wormbs, Jutta
Dr.
Berlin

Wünsche, Manfred
Dr. sc.
Freiberg

Verlagsredaktion

Exner, Roselore
Dr. Leibnitz, Eberhard

Graphikerkollektiv

Beyrich, Helmut · Eilenburg
Borleis, Jens · Leipzig
Lißmann, Michael · Markkleeberg
Mielke, Anneliese · Neufahrland
Pippig, Gerhard · Großdeuben
Saß, Karl · Leipzig
Schön, Gerhard (verst.) · Leipzig
Weis, Matthias · Leipzig

ISBN: 3-325-00100-9

6. Auflage
© VEB F. A. Brockhaus Verlag
Leipzig DDR, 1981
Lizenz-Nr. 455/150/51/87
D 203/80 · LSV 1417
Redaktionelle Bearbeitung:
Lektorat Ezyklopädie
Verantwortliche Redakteurin:
Roselore Exner
Bildredaktion: Helga Röser
Einbandgestaltung:
Bernhard Dietze
Typografie:
Bernhard Dietze/Claus Ritter
Printed in the German
Democratic Republic
Gesamtherstellung: INTERDRUCK
Graphischer Großbetrieb Leipzig,
Betrieb
der ausgezeichneten Qualitätsarbeit,
III/18/97
Redaktionsschluß: 15. 5. 1980
Bestell-Nr. 588 836 5

Inhaltsverzeichnis

Wesen, Weg und Ziel der geologischen Wissenschaften 9

Zur Geschichte der geologischen Wissenschaften 14

Das Frühstadium der Erde 29
Die Erde als Planet 29
Das Sternzeitalter der Erde 34
Die vorgeologische Zeit 42

Der Aufbau der Erde 48
Physik der Erde 48
Chemie der Erde 55
Isotopengeophysik 62

Die Gesteine und ihre Entstehung 69
Die gesteinsbildenden Minerale 69
Die Gesteine – das Baumaterial der Erdkruste 77
   Magmatite 81
   Sedimentite 84
   Diagenese 88
   Metamorphite 90

Allgemeine oder Physikalische Geologie 101
Die exogenen Vorgänge und Kräfte 101
   Verwitterung 101
   Grundzüge der Bodenkunde 104
   Wasser und Wasserkreislauf – das unterirdische Wasser 114
   Sedimentologie (Lithologie) 124
   Die Klimabereiche 139
      Klima und exogene Prozesse 139
      Klimabereiche der exogenen Dynamik 141
   Der Bereich des Meeres – Meeresgeologie 157
      Die Geomorphologie des Meeresbodens 158
      Sedimenttransport und Ablagerung 160
      Sedimentbildung 166
      Geräte und Methoden 167
Die endogenen Vorgänge und Kräfte 169
   Bewegung der Erdkruste durch innere Kräfte 169
      Arten der Bewegung 169
      Ablauf der Bewegungen und ihr Einfluß auf die Gestaltung der Erdkruste 173
      Die Erdkrustentypen 174
      Der geotektonische Zyklus 184
      Der tektonogenetisch-magmatische Zyklus 186
   Magmatismus (Vulkanismus und Plutonismus) 188
   Strukturformen der Erdkruste (Tektonik) 201
   Erdbeben 213
   Metamorphose 218
   Das tektonische Großbild der Erde 224
      Schilde und Tafeln (Plattformen) 224
      Die großen Faltengebirge der Erde 229
      Bruchschollen- und Bruchfaltengebirge 233
      Graben- und Bruchzonen (Lineamente) außerhalb der Orogene 233

Geotektonische Hypothesen 234
   Kontraktionshypothesen 237
   Die Pulsationshypothese 239
   Die Oszillationshypothese 240
   Die Undationshypothese von VAN BEMMELEN 242
   Die Hypothese von W. W. BELOUSSOW 243
   Unterströmungshypothesen 246
   Magmatische Hypothesen 249

Die Kontinentalverschiebungshypothese 250
Die Neue Globaltektonik – Ozeanbodenspreizung und Plattentektonik .. 253
    Die Hypothese der Ozeanbodenspreizung – Ocean (Sea) Floor Spreading 256
    Die Plattentektonik 260
Die Expansionshypothese 277
Die Geomechanik 279

Historische Geologie (Erdgeschichte) 281

Die geologische Zeitrechnung (Geochronologie) 281
Präkambrium 288
Paläozoikum 303
    Kambrium 303
    Ordovizium 310
    Silur 316
    Devon 322
    Karbon 329
    Perm 340
Mesozoikum 352
    Trias 352
    Jura 362
    Kreide 373
Känozoikum 382
    Tertiär 382
    Quartär 401

Die Entwicklungsgeschichte der Lebewesen 422

Die Entstehung des Lebens auf der Erde 424
Die Entwicklung der Pflanzenwelt 427
Die Entwicklung der Tierwelt 436
    Die wirbellosen Tiere 437
    Die Wirbeltiere 445

Die Verflechtung von Erd- und Lebensgeschichte 450

Lagerstättenlehre 459

Lagerstätten der Erze 460
Grundzüge der Metallogenie – Minerogenie 471
Lagerstätten der Steine und Erden – Industrieminerale 475
Lagerstätten der Salze 483
Lagerstätten der Kohlen (Kaustobiolithe) 486
Erdöl- und Erdgaslagerstätten 488

Geologische Suche und Erkundung 495

Geologische Karten und Kartierung 495
Bohrungen und bergmännische Erkundungsmethoden 505
Angewandte Geophysik 509
    Geophysikalische Erkundungsmethoden 509
    Geophysikalische Bohrlochmessungen 515
Angewandte Geochemie 519
Ökonomische Geologie 525

Angewandte Geologie 534

Hydrogeologie 534
Ingenieurgeologie 544
Technische Gesteinskunde 553

Der Mensch als geologischer Faktor – Anthropogeologie und Territorialgeologie 560

Lexikalischer Teil (ABC der Geologie) 569

Quellennachweis 671

Tafelverzeichnis 672

Literaturhinweise 673

Formationstabelle 680

Register 686

Vorwort

Seit dem Erscheinen der »Entwicklungsgeschichte« in der erweiterten vierten Auflage vor mehr als zehn Jahren hat sich in den Geowissenschaften eine stürmische Entwicklung vollzogen. Die Entdeckung des Weltsystems der mittelozeanischen Rücken im Jahre 1958, die seit 1960 diskutierten Vorstellungen von der Ozeanbodenspreizung und die darauf basierende Hypothese der neuen Globaltektonik, Großschollen- oder Plattentektonik haben eine neue Entwicklungsphase der Erdwissenschaften eingeleitet, die bis heute nicht abgeschlossen ist. In diesem Sinne wird von einer »wegenerianischen Revolution« der Geowissenschaften gesprochen, weil die seinerzeit von Alfred Wegener geäußerten revolutionierenden Gedanken von einer Kontinentalverschiebung inzwischen in anderer, physikalisch begründeter Form die Diskussion um die geotektonische Entwicklung der Erde aufs neue beherrschen, wie es viele wissenschaftliche Veranstaltungen belegen, die 1980, im Jahr der 100. Wiederkehr des Geburtstages von A. Wegener und seines 50. Todestages, stattfanden. Neben den Ergebnissen der Geologie selbst haben mittelbare Befunde der Geophysik, haben geochemische und experimentell-petrologische Resultate sowie viele neue Methoden, z. B. die Fernerkundung mittels Satelliten, besondere Bedeutung erlangt. Die internationale Zusammenarbeit der Geowissenschaften im Rahmen von Projekten der UNESCO hat zahlreiche unerwartete Ergebnisse gebracht. Aber nicht allein auf dem Gebiet der Geotektonik, auch in anderen Bereichen, wie Sedimentologie, Metamorphose, Präkambrium sowie in der Erforschung der Entstehung des Lebens auf der Erde und in den praktisch-angewandten Fächern der Erdwissenschaften, z. B. in der Lagerstättenlehre, der angewandten Geophysik und Geochemie, der Ingenieurgeologie und anderen Disziplinen sind neue Erkenntnisse gewonnen worden. Hinzu tritt das Verständnis für die zunehmende Bedeutung des Menschen als aktiver geologischer Faktor, das in der inzwischen selbständiger gewordenen Anthropogeologie bzw. Territorialgeologie zum Ausdruck kommt. Deshalb wurde es unter Beibehaltung der bisherigen, bewährten Grundsätze notwendig, für das Buch eine neue Konzeption zu erarbeiten, in deren Rahmen die genannten wissenschaftlichen Fortschritte berücksichtigt sind. Die einzelnen Kapitel sind eingehend überarbeitet oder völlig neu gefaßt worden, so daß ihr Inhalt dem Stand der modernen Forschung entspricht.

Nach dem Einführungskapitel und der Geschichte der geologischen Wissenschaften werden die Frühstadien der Erde und ihr Aufbau behandelt. Die Gesteine als das Baumaterial der Erdkruste werden beschrieben, ohne auf die exogenen und endogenen Prozesse näher einzugehen, die im Großkapitel »Physikalische Geologie« erörtert werden. Bei den exogenen Vorgängen und Kräften wurde Wert auf die Analyse der Erscheinungsbilder und die sie gestaltenden Kräfte gelegt, ohne die geomorphologischen Formenreichtum von heute vordergründig darzustellen. Neu ist das Kapitel »Sedimentologie« (Lithologie). Der Bereich des Meeres von der Küste bis hin zur Tiefsee ist in einem eigenen Kapitel dargestellt; im nächsten werden den exogenen Kräften und Vorgängen die endogenen gegenübergestellt, die bisher nicht im Zusammenhang beschrieben wurden. Neu wiederum ist das Kapitel »Magmatismus« (Vulkanismus und Plutonismus). Beträchtliche Erweiterung hat das Kapitel »Geotektonische Hypothesen« erfahren, in dem neben anderen die Vorstellungen der Plattentektonik und deren Grundlagen ebenso diskutiert werden wie die kritischen Einwände gegen diese Hypothese und die sie stützenden regionalen Forschungsergebnisse. In der »Historischen Geologie« mußten die Kapitel Präkambrium, Karbon, Perm, das gesamte Mesozoikum und das Tertiär neu geschrieben, andere Systeme weitgehend überarbeitet werden. Gleiches gilt für die Lagerstättenlehre, z. B. die »Lagerstätten der Erze« und »Metallogenie«; ebenso wurden die Kapitel »Geologische Karten und Kartierung« sowie »Technische Gesteinskunde« und »Ökonomische Geologie« neu gefaßt. Diese Beispiele mögen zeigen, daß die nunmehr vorliegende fünfte Auflage des bewährten Nachschlagewerkes gegenüber den früheren Auflagen grundlegend verändert worden ist. Zahlreiche neue Zeichnungen, Tabellen, Abbildungen und Tafeln ergänzen den Text und machen ihn verständlich.

Im lexikalischen Teil wurde der aufgezeigten Entwicklung ebenfalls Rechnung getragen. Wie bereits in der vierten Auflage wurde versucht, überflüssige Wiederholungen oder Widersprüche zwischen Text- und ABC-Teil weitgehend zu vermeiden und die Definitionen der Stichwörter knapper und klarer zu fassen. Durch Weglassen hier nicht notwendiger spezieller mineralogischer, biologischer und paläontologischer Stichwörter und durch

Kürzung vorhandener wurde Raum für neuentstandene Begriffe gewonnen.

Die Verfasser des Brockhaus-Nachschlagewerkes »Geologie« sind namhafte Fachleute, deren Namen im Mitarbeiterverzeichnis aufgeführt sind. In der Regel wurden von ihnen auch die ihr jeweiliges Fachgebiet betreffenden Stichwörter des lexikalischen Teils bearbeitet. Die erdgeschichtliche Tabelle am Schluß des Buches wurde wiederum von Dr. M. Schwab auf den neuesten Stand gebracht. Die Arbeit am Manuskript wurde im wesentlichen 1978 abgeschlossen; kleinere Ergänzungen sind bis 1979 erfolgt.

Der Herausgeber dankt allen Mitarbeitern für das vielfache verständnisvolle Eingehen auf vorgebrachte Wünsche und Vorschläge. Sein persönlicher Dank gilt seinem Freund Dr. W. Vogel für die ihm jederzeit bewiesene Unterstützung bei der Literaturbeschaffung sowie allen Fachkollegen, die ihm durch die Zusendung von Sonderdrucken ihrer Arbeiten wesentlich geholfen haben.

Verlag und Herausgeber hoffen, daß »Die Entwicklungsgeschichte der Erde« auch in ihrer neuen Gestalt den Studierenden der geologischen und geographischen Wissenschaften sowie den in der geologischen Praxis tätigen Fachleuten wiederum ein wichtiges Hilfsmittel bei ihrer Arbeit sein wird. Darüber hinaus möge das Buch auch von den Fachlehrern der Oberschulen und allen Lesern, die an geowissenschaftlichen Fragestellungen und Forschungsergebnissen interessiert sind, günstig aufgenommen werden. Es war und ist das erklärte Ziel des Buches, die Geowissenschaften in ihrer Verflechtung mit den Nachbarwissenschaften einem großen Leserkreis anschaulich darzulegen.

Rudolf Hohl

Erläuterungen zu den stratigraphischen Tabellen

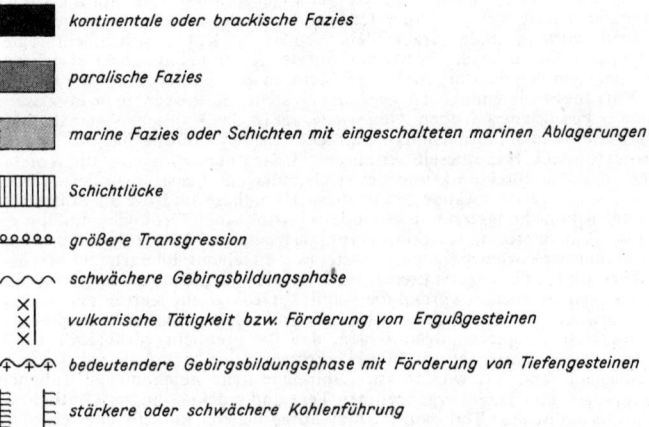

Aus Gründen der Einheitlichkeit wurden bei den Tabellen weitgehend die auch in anderen geologischen Werken üblichen Signaturen benutzt. Die angegebenen Mächtigkeitsziffern sind im allgemeinen Durchschnittswerte.

Wesen, Weg und Ziel der geologischen Wissenschaften

Im Unterschied zur Geographie, der Wissenschaft von den territorialen Strukturen in Natur und Gesellschaft, die die Erkenntnis des gegenwärtigen sowie des sich besonders durch die technischen Eingriffe des Menschen verändernden Zustandes der Erdoberfläche zum Ziel hat, bzw. der Wissenschaft (NEEF 1979), die die Integration von Elementen und Komponenten der Geosphäre zu gesetzmäßig geordneten Komplexen untersucht, könnte man die Geologie-wörtlich Erdlehre oder Erdwissenschaft – als »Erdgeschichte« bezeichnen.

Geologie ist also Erdgeschichtsforschung. Sie geht aus vom Baumaterial der Erdkruste, den Gesteinen, und untersucht auf physikalisch-mechanischer, physikalisch-chemischer, zum Teil auch biologischer Grundlage die Vorgänge und Erscheinungen im Raum als ein Ergebnis des Wirkens natürlicher Kräfte und Kräftezusammenspiele. Die Erkenntnisse dieser allgemeinen, dynamischen oder eigentlich physikalischen Geologie versucht die historische Geologie in den zeitlichen Ablauf der Erdgeschichte einzuordnen, während die regionale Geologie die Aufgabe hat, die erdgeschichtliche Entwicklung kleinerer oder größerer Gebiete der heutigen Erdoberfläche zu erforschen, zu erklären und zusammenfassend darzustellen. Die angewandte Geologie (S. 534), zu der z. B. Hydrogeologie und Ingenieurgeologie gehören, macht die Erkenntnisse der theoretischen Geologie der Wirtschaft und dem Staate nutzbar. Die ökonomische Geologie (S. 525) hat die Aufgabe, Lagerstätten nutzbarer Minerale und Gesteine zu suchen, zu erkunden, ihre Vorräte zu berechnen und die Lagerstätte für die bergmännische Gewinnung vorzubereiten. Unter diesem Aspekt wird die geologische Wissenschaft zur unmittelbaren Produktivkraft. Geologie, Geographie, Paläontologie, Petrologie, Geophysik, Geochemie und andere Wissensdisziplinen, deren Forschungsgegenstand die Erde ist, werden unter dem Begriff **Geowissenschaften** zusammengefaßt. Zwischen den Basiswissenschaften Physik und Chemie einerseits und den Sternwissenschaften, die im Begriff Astronomie integriert sind, nehmen die Erdwissenschaften eine zentrale Stellung ein (VAN BEMMELEN).

Dem Ziel, den Werdegang der Erde aufzuhellen, verdanken die Geologie und in gewissem Sinne auch die Astronomie ihre geschichtliche Fragestellung. Die Geologie fragt: Wie wandelte sich das Bild der Erde von der Frühzeit des Planeten im Laufe der erdgeschichtlichen Entwicklung bis zum heutigen Tage? – Das Bild der Erde: das ist die gesamte Erdoberfläche mit Festländern und Ozeanen, Gebirgen und Niederungen, Flüssen und Seen, mittelozeanischen Rücken; mit ihrem Klima und damit auch ihrer Pflanzendecke, ihrer Tierwelt – mit allem und jedem, was auf der Erde lebt und webt, Anorganischem und Organischem, Lebendigem und Totem.

Ob man dem Wechsel der Meere nachgeht, dem Wandern der Kontinente, den Veränderungen des Klimas nachspürt oder dem Werdegang und der Entwicklung der Pflanzen- und Tierarten, dem Auf und Ab der Gebirge, dem Entstehen und Vergehen der großen Ozeane und kleineren Meere, der »Geburt« und dem »Tod« der Gesteine – jede dieser Fragestellungen ist ein Teil der sie alle umfassenden Geologie, und in jedem Einzelfall muß versucht werden, auf den vorgezeichneten Wegen zum Ziel vorzustoßen.

Das einigende Band aller im weitesten Sinne erdgeschichtlichen Forschung ist die historische Fragestellung nach dem Wo, Wie, Wann, Warum, Wohin und der Erdgebundenheit aller Zeugnisse der Erdgeschichte, aller Urkunden aus früheren Zeiten und von ehemaligen Zuständen, von vorzeitlichen Festländern und Meeren, Gebirgen und Wüsten, Pflanzen und Tieren; denn alle haben sie ihren Niederschlag gefunden, ihre Spuren in der Erdkruste selbst hinterlassen – anders wären ja diese Zeugnisse der menschlichen Forschung nicht zugänglich.

Die Urkunden aus den früheren Zeiten und Zuständen sind die Gesteine, die die Erde und besonders ihre Kruste zusammensetzen: Findet man einen Kalkstein, der die versteinerten Reste von Meerestieren enthält, und über dem Kalkstein einen roten Sandstein mit den Kennzeichen, wie sie die Gesteine und Formen der heutigen Wüsten aufweisen, ist daraus zu entnehmen, daß an dieser Stelle sich dereinst ein Flachmeer ausbreitete, dem die rote Sandwüste folgte. Anscheinend eine sehr einfache Feststellung; doch welche Fülle von unausweichlichen Schlußfolgerungen: Die Wüste entwickelte sich nach dem Meer; das ist bereits eine geschichtliche Feststellung, bedeutet schon eine Reihe aufeinanderfolgender Ereignisse; das ist bereits Erdgeschichte, aber zugleich auch Erkenntnis der früheren Umwelt. So wird aus dem Übereinander im Raum das zeitliche Nacheinander sichtbar.

Die Geologie erforscht die ihr unmittelbar zugänglichen Teile der Erdkruste, unabhängig davon, ob das Gesteinsmaterial natürlich aufgeschlossen ist wie im Gebirge und am Rande von Flußtälern oder ob es erst durch Auffahrungen in Bergwerken, durch Bohrungen, Steinbrüche, Sandgruben, Straßenanschnitte u. dgl. der Beobachtung zugänglich wird. Was bei der geologischen Arbeit im Gelände, im Laboratorium oder durch Auswerten von Literatur an Erkenntnissen gewonnen wird, hält die geologische Kartierung in verschiedenartigen Karten fest (S. 495). **Geophysik** und **Geochemie** helfen der Geologie mit exakten Methoden, die physikalischen und chemischen Eigenschaften der Gesteine und Gesteinskomplexe in unterschiedlicher Tiefe zu erforschen. Aus den Betrachtungen am Material selbst sowie aus dem physikalischen und chemischen Verhalten der Gesteine versucht die Geologie, Schlüsse über den Aufbau der gesamten Erde und ihren Werdegang zu ziehen.

Geologie ist somit:

ihrem Wesen nach Erdgeschichtsforschung und in deren Dienst Urkundenforschung;

ihrem Weg nach Kenntnis der Gegenwart zum Verständnis der Vergangenheit;

ihrem Ziel nach umfassende Erdgeschichte zur Erkenntnis ihrer allgemeinen Gesetzmäßigkeit.

Ihrem **Wesen** nach ist die Geologie eine historische Naturwissenschaft, das spezifisch Geologische an dieser Wissenschaft und ihrer Denkweise ist der Zeitbegriff. Die Erkenntnis, daß die Entstehung der Erde ein historischer Entwicklungsprozeß ist, in dessen Verlauf sich irreversible Vorgänge vollzogen haben und weiter vollziehen, hat entscheidend zum Werdegang der Geologie beigetragen, ja ihre großartige Entfaltung, besonders in den letzten 100 Jahren, erst möglich gemacht. Die übereinanderlagernden Gesteinsfolgen, aus denen sich die Erdkruste aufbaut und die man schon früh in Gruppen und »Formationen« (heute Systeme) zu gliedern suchte, versinnbildlichten dem Geologen den Zeitraum, in dem sie entstanden. So verstand man unter »Formation« eine bestimmte Gesteinsfolge, aber auch den bestimmten Zeitraum, in dem diese Gesteinsfolge gebildet wurde. Heute bezeichnet man nach internationaler Gepflogenheit auch im deutschen Sprachgebrauch die Gesteinsfolge als System und den Zeitraum, der zu ihrer Bildung nötig war, als Periode. In der Erdgeschichte reihten sich – vgl. die im Buch enthaltene »Erdgeschichtliche Gliederung« (»Formationstabelle«) – die folgenden Gruppen aneinander: das **Azoikum**, das **Kryptozoikum** oder **Präkambrium**, das **Paläozoikum**, das **Mesozoikum** und das **Känozoikum** (oder Neozoikum). Azoikum und Präkambrium nehmen einen weit längeren Zeitraum als alle folgenden Ären zusammen ein und umfassen mehr als 4,5 Jahrmilliarden (S. 288). Die Systeme des Paläozoikums bis zur Gegenwart haben zusammen rund 600 Millionen Jahre gedauert. Es sind **Kambrium** (S. 303), **Ordovizium** (S. 310), **Silur** (S. 316), **Devon** (S. 322), **Karbon** (S. 329), **Perm** (S. 340), **Trias** (S. 352), **Jura** (S. 362), **Kreide** (S. 373), **Tertiär** (S. 382) und **Quartär** (S. 401).

Bis weit in unser Jahrhundert hinein mußte sich die geologische Zeitrechnung, die **Geochronologie** (S. 281), mit einem relativen Zeitbegriff begnügen. Es mußte ihr ausreichen, aus dem Studium der Gesteinsfolgen die Reihenfolge erdgeschichtlicher Ereignisse, das Früher oder Später, zu ermitteln und auf den roten Faden der Systemskala aufzureihen.

Seit fünf bis sechs Jahrzehnten jedoch hat sich in den physikalischen Methoden des irreversiblen und unbeeinflußbaren Zerfalls radioaktiver Elemente ein Weg zur Feststellung von absoluten Größenordnungen erdgeschichtlicher Zeiträume geboten. Daher fragt die Geologie seit dieser Entdeckung nicht nur nach dem Früher oder Später, sondern darüber hinaus auch nach dem Wann und Wielange. Sie versucht, sich über die absolute Zeitdauer der Perioden, über die Lebensdauer der Arten, Gattungen, Familien usw. des Pflanzen- und Tierreiches, über die Geschwindigkeit der Neubildung von biologischen Arten, über die Dauer und die gegenseitigen Abstände der großen gebirgsbildenden Epochen der Erdgeschichte, der Tektonogenesen, und schließlich auch über die Gesamtdauer der Entwicklung der Erde und des Lebens auf ihr klarzuwerden. Aus den knapp sechs Jahrtausenden der biblischen Zeitrechnung sind nach BUFFONS 75 000 Jahren, HELMHOLTZS 20 bis 30 Millionen und Lord KELVINS 200 (später nach ihm nur 20 bis 40) Millionen Jahren heute für das Gesamtalter der Erde rund 4 Milliarden geworden, ein Wert, der im ganzen auch für die Existenz unseres Planetensystems zutrifft. Etwa 2 bis 3 Milliarden davon können aus geologischer Sicht für die biologisch faßbare Erdgeschichte angenommen werden, wenn auch nur für etwa 600 Jahrmillionen die Entwicklung der Organismen durch gut erkennbare Tier- und Pflanzenreste eindeutig dokumentiert ist.

Ihr **Weg** führt die Geologie über die Erkenntnis der Vorgänge und Kräfte der Gegenwart zum Verständnis der Vergangenheit. Sie bleibt **erdgeschichtliche Urkundenforschung**.

Diese Urkundenforschung stützt sich auf einige fundamentale Sätze:

1) Jeder geologische Stoff ist das Ergebnis eines Vorgangs im Raum und in der Zeit. Jedes Gestein trägt – wie alles in der Natur – seine Geschichte, »Erinnerung« in sich. Alles, was an einem Gestein Auskunft über seine Bil-

dungsumstände gibt, wird als Fazies bezeichnet. Eine Gesteinsfazies zu deuten ist nur auf Grund der Kenntnis der **Gesteine und ihrer Entstehung** (S. 69) möglich, wobei man vor allem von der heutigen Gesteinsbildung ausgehen muß.

2) Das räumliche Über- und Untereinander der Gesteinsschichten entspricht dem zeitlichen Nach- und Voreinander. Das Obere, das Hangende, muß jünger sein als das Untere, das Liegende. Das ist der Inhalt des stratigraphischen Prinzips, wie es zum ersten Male Niels STENSEN (STENO) im Jahre 1669 formuliert hat. So wird die räumliche Anordnung geologischer Urkunden, der Gesteine, vor dem geistigen Auge des Geologen zu einem zeitlichen Ablauf.

3) Wo die ursprünglich horizontale Lagerung der Gesteine gestört ist, wo die Schichtserien gebogen, gefaltet, zerbrochen, auseinandergerissen, übereinandergeschoben sind, weisen sie auf biegende, faltende, brechende, reißende, schiebende Vorgänge hin. Die Lagerung der Gesteine, zumal die gestörte, ist gleichsam gefrorene, Gestein gewordene Bewegung. Die **Strukturformen der Erdkruste** (S. 201), die sich durch die verschiedene Lagerung der Gesteine ergeben, sind Bewegungsbilder, die Rückschlüsse auf die Bewegungsvorgänge und z. T. auch auf die Art und Herkunft der bewegenden Kräfte zulassen. Das ist der Inhalt des tektonischen Prinzips. Der Geologe taut sozusagen die gefrorenen Bewegungen im Geiste wieder auf und erkennt in dem starr gewordenen Bild das frühere Wirken dynamischer Kräfte. »Geotektonik ist die Kunst, Verwickeltes einfach, Ruhendes bewegt zu sehen.« (HANS CLOOS)

4) Lebensreste sind wesentliche Bestandteile vieler Sedimentgesteine. Die räumliche Aufeinanderfolge verschiedenartiger Tier- und Pflanzenreste entspricht ihrer zeitlichen Reihenfolge, und das bedeutet letztlich: Entwicklung. Da jede Evolution fortschreitet und grundsätzlich nicht umkehrbar ist, wird jeder Abschnitt der Erdgeschichte – und auch die ihm entstammenden Sedimente – durch eine bestimmte, nie vorher dagewesene und nie wiederkehrende Entwicklungsstufe des organischen Lebens gekennzeichnet. Die versteinerten Überreste von Organismen, die Fossilien, werden damit zu wichtigen Zeitweisern, zu den Seitenzahlen im Buch der Erdgeschichte, zu Leitfossilien. Das ist der Inhalt des Leitfossilienprinzips. Leitfossilien sind sie vor allem dann, wenn es sich um häufig zu findende, kurzlebige Formen handelt, die horizontal weit verbreitet, vertikal dagegen auf bestimmte Schichten beschränkt sind, so daß nach ihnen das relative Alter einer Schicht bestimmt werden kann. Insbesondere sind bei nachträglichen Störungen der ursprünglichen Lagerungsverhältnisse der Gesteine die Leitfossilien unentbehrliche Führer durch das Schichtengewirr und helfen, die stratigraphische Ordnung sicherzustellen. Darüber hinaus geben fossile Lebensgemeinschaften zusammen mit den Gesteinen, in denen sie sich finden, wertvolle Hinweise auf den einstigen Lebensraum, auf seine Lage auf der Erde, seine Eigenart, sein Klima usw., kurz gesagt, auf die historische Umwelt. Fossilien, die an eine bestimmte Fazies gebunden sind, heißen Faziesfossilien. Erst Gesteinsausbildung und Fossilinhalt zusammen ermöglichen weiterführende Aussagen.

Auf diesen Grundsätzen ruht die Erdgeschichtsforschung:
Stoffe werden zu Vorgängen,
räumliche Anordnung zur zeitlichen Folge,
Bewegungsbilder zu dynamischen Abläufen,
Fossilien erwachen zu neuem Leben.

Stoffanordnung, Tektonik, Fossilien sind die Urkunden der Erdgeschichte. Was zunächst tot, starr, statisch gebunden erscheint, wird vor dem geistigen Auge des Forschers lebendig, wandelbar und dynamisch bewegt.

Die Zuverlässigkeit des von der Geologie erarbeiteten oder erarbeitbaren Geschichtsbildes hängt jedoch nicht allein vom Aussagewert der Urkunden, sondern gleichermaßen davon ab, wieweit es der Forschung gelingt, die Urkunden als solche zu erkennen und zuverlässig auszudeuten, d. h. sie überhaupt zur Aussage zu veranlassen. Solange man beispielsweise den Granit als Sedimentgestein auffaßte, mußte jedes Lagerungsbild, damit zugleich jedes historische Bild, falsch oder zumindest unzulänglich bleiben; solange die heutigen Wüsten der Erde kaum bekannt waren, konnten bestimmte fossile Sedimente nicht als Wüstenbildungen erkannt werden; solange man ferner nur wenige Sedimente der heutigen Tiefsee kannte – wie es z. B. durch Kabellegungen möglich geworden war –, mußte die Deutung der meisten Sedimente der Vorzeit falsch bleiben, weil die überwiegende Mehrzahl aller marinen Ablagerungen nicht der tiefen, sondern der flacheren See entstammt, d. h. den Meeresteilen zwischen dem Festlandssockel und der Tiefsee.

Dies aber heißt, daß die Zuverlässigkeit und das Ausmaß der Aussagen erdgeschichtlicher Urkunden weitgehend vom Stand der Erforschung der heutigen Erdoberfläche und des Meeresbodens abhängig sind. Die Geologen wenden dabei die aktualistische Methode an, d. h., sie gehen bei der Deutung der Zeugen der Vergangenheit, des Unbekannten, von der Gegenwart aus, die allein bekannt und greifbar ist; denn es gibt keine andere logische Möglichkeit, eine Vergangenheit, die ohne menschliche Zeugen abgelaufen ist, gedanklich zu erschließen. Der Geologe erforscht, wie und unter der Wirkung welcher Kräfte sich das Erdbild heute verändert (S. 101). Dabei ist der unmittelbaren Beobachtung zugänglich die **Gestaltung der Erdkruste durch erdäußere (exogene) Prozesse** (S. 101), das sind Schwerkraft, Wasser, Wind, Eis und Leben. Doch können auch **Bewegungen der Erdkruste durch erdinnere (endogene) Kräfte** verfolgt werden (S. 169), d. h. durch rezente Hebungen und Senkungen von Krustenteilen, die durch die Kräfte der Epirogenese, Taphrogenese und Tektonogenese bewirkt werden. Weiterhin sind in der geologischen Gegenwart noch andere Wirkungen erdinnerer Kräfte an der Erdoberfläche festzustellen, die **Erdbeben** (S. 213) und der **Magmatismus**, wie er sich in Form des Vulkanismus äußert. Erst wenn heute beobachtbare Vorgänge zur Erklärung fossiler Urkunden nicht ausreichen, wird versucht, aus der Urkunde selbst auf andersartige Vorgänge zu schließen. Dabei zeigt sich immer von neuem, daß die Grundgesetze allen natürlichen Geschehens, die Gesetze der Physik und Chemie, damit aber auch die der Biologie durch die ganze Erdgeschichte hindurch, soweit sie geologisch faßbar ist, die gleichen geblieben sind, daß sie aber zu verschiedenen Zeiten verschieden gruppiert, daß Kräfte und Kräftezusammenspiel variiert haben und deshalb mitunter andere Urkunden erzeugen mußten wie in der Gegenwart. Das gilt auch, wenn man heute sich darüber im klaren ist, daß alle Naturgesetze nur im Rahmen der Systemgrenzen gelten, innerhalb derer sie gewonnen wurden, und ihnen Historizität zuerkannt werden muß, wenn man die gesamte Entwicklung seit dem kosmischen Anfang bis zur Gegenwart betrachtet (WATZNAUER).

Das Beobachten der heute in und auf der Erde wirkenden Kräfte und Vorgänge sowie das Deuten der in der geologischen Vergangenheit entstandenen Stoffe und Formen sind Aufgabe der **allgemeinen, dynamischen** oder **physikalischen Geologie**, die als Hilfswissenschaften die **Mineralogie** (S. 69), die Gesteinskunde oder **Petrologie** (S. 77) und die Bodenkunde oder **Pedologie** (S. 104), dazu die **Geophysik** (S. 48) als der Lehre von den physikalischen Kräften und Vorgängen in und auf der Erde sowie die **Geochemie** als Lehre vom chemischen Aufbau der Erde benutzt. Alle diese Wissenschaften bauen auf den Erkenntnissen von Mathematik, Physik, Chemie und Biologie auf.

Um schließlich zum **Ziel** der Geologie, zu einer umfassenden Geschichte der Erde, zu gelangen, müssen die Forschungsergebnisse der **physikalischen Geologie** in eine zeitliche Ordnung gebracht werden. Zum dreidimensionalen Raum tritt die Zeit als vierte Dimension. Dies ist die Aufgabe der **historischen Geologie**, die auf der **Stratigraphie**, der **Paläogeographie** und der **Paläoklimatologie** aufbaut. Sie geht so vor:

Alle Gesteine der Erdkruste werden nach ihrem Alter, ihrer Zugehörigkeit zu Systemen gruppiert; ein System umfaßt alle Gesteine, die in der betreffenden Periode – das ist die durch dieses System repräsentierte Zeit – entstanden sind.

Aus der Ermittlung der Bildungsumstände aller gleichalten Gesteinskomplexe ergibt sich die Möglichkeit, die Bildungsräume kartographisch darzustellen, d. h. die Faziesräume dieser Zeit in einer paläogeographischen Karte mit flächenhafter Wiedergabe der Verteilung von Land und Meer, Süßwasser des Festlandes, Sumpf, Wüste usw. für jede Periode oder kleinere Einheit (Epoche) aufzuzeichnen, also eine Geographie der Erdoberfläche in längst vergangenem Zeitraum zu schaffen. Zu den Bildungsumständen, die sich in der unterschiedlichen Fazies ausprägen, gehören neben der Form der Bildungsräume, wie Meeresbecken u. a., auch die klimatischen und topographischen Umweltverhältnisse sowie die das die Gesteinsbildung begleitende Leben. So entsteht über die allgemeine Paläogeographie hinaus eine Paläoklimatologie, eine Paläobiogeographie und als Kern der Paläontologie die Phylogenetik, d. h. eine Geschichte der **Entwicklung der Pflanzen-** (S. 427) und **Tierwelt** (S. 436) seit der Zeit der **Entstehung des Lebens auf der Erde** (S. 424), wobei eine enge **Verflechtung von Erd- und Lebensgeschichte** (S. 450) ablesbar ist.

Zur Lösung dieser Aufgabe müssen nicht nur die Forscher der verschiedenen Fachdisziplinen eng zusammenarbeiten, sondern auch die Geowissenschaftler aus allen Ländern der Erde. Erst das vielfache Vergleichen, Diskutieren, Aufeinanderabstimmen und Ineinanderarbeiten der Forschungsergebnisse der **regionalen Geologie**, der Geologie der einzelnen Gebiete der gesamten Erde, kann zu einer Gesamtschau führen.

System für System, in dieser Weise komplex durchforscht und aufgehellt, nach der Altersfolge aneinandergereiht, ergibt gleichsam filmartig den Ablauf der Entwicklungsgeschichte der Erde. Dieser Film wird durch Zeiten intensiver Gebirgsbildung, der großen Tektonogenesen, und die Entwicklungsetappen der Ozeane zeitlich und räumlich in Abschnitte, gleichsam Akte, gegliedert.

Die genaue Analyse des Gesamtablaufs der Erdgeschichte schließlich läßt die großen Gesetzmäßigkeiten der paläogeographischen Wandlungen erkennen und damit letztlich die den Erdball beherrschenden Naturgesetze, über die bisher zahlreiche, nicht immer befriedigende geotektonische Hypothesen (S. 234) vorliegen. Vielleicht wird es in nicht zu ferner Zeit gelingen, aus der historischen Analyse, wie sie die Geologie in großen Dimensionen von Raum und Zeit in komplexer Weise vornimmt, Gesetze zu erkennen, die –

denen der Physik übergeordnet – den Ablauf der Entwicklung in bestimmten Bahnen lenken (BRINKMANN).

Wenn dieses letzte Ziel in naher Zukunft auch noch nicht erreichbar ist, scheint es doch, als schälten sich gerade in unserer Zeit zumindest die ersten großen Teilgesetzmäßigkeiten heraus: Man darf annehmen, daß sich die Erdrinde global gesehen seit dem Mittleren Proterozoikum, vielleicht auch schon früher, nach bestimmten, erkennbaren Gesetzmäßigkeiten entwickelt hat und sich ebenso jetzt und in ferner Zukunft entwickeln wird. Dafür sind neben den Fortschritten in der geologischen Erforschung der Kontinente in besonderem Maße die Erkenntnisse über den tektonischen Bau der Ozeane und des Meeresbodens von Bedeutung geworden. Neben den Landmassen mit ihren beherrschenden Gebirgszügen und Inselbögen, ihren weiten Tiefländern und Vulkanen stellt das rund 70000 km lange Weltsystem der mittelozeanischen Rücken oder Schwellen mit seinen aktiven Zentralgräben, das sind langgestreckte, zusammenhängende, untermeerische Erhebungen, ein auffälliges tektonisches Großelement der Erde dar. In den Zentralgräben herrscht Dehnung; in diesen Zerrungsfugen der Erdrinde, die bis tief in den Erdmantel hinabreichen, steigen basaltische Schmelzflüsse aus der Tiefe auf; zugleich ist diese Zone durch zahlreiche Erdbeben mit flacher Herdtiefe gekennzeichnet. Die basaltischen Massen breiten sich symmetrisch nach beiden Seiten aus, der Meeresboden fließt auseinander, und die Kontinentalschollen aus granitischem Material werden dabei zusammen mit den auflagernden Sedimenten verfrachtet. Nach den Vorstellungen der Plattentektonik tauchen in den Tiefseegräben Großschollen oder Platten ab und schieben sich unter benachbarte Platten. Damit wird das gestörte Gleichgewicht wiederhergestellt. Es scheint, als ob das, was man Erdgeschichte i. e. S. nennt, nur ein Wellenschlag in einem weit größeren Rhythmus ist. Immer stärker wird den Geowissenschaftlern heute bewußt, daß Veränderungen an der Erdoberfläche und Erdkruste ihre Ursache in Vorgängen in größerer Tiefe haben. Diese Prozesse zu erfassen und sie in ihrem gegenseitigen Zusammenhang zu verstehen war Aufgabe des internationalen Forschungsprogrammes Geodynamikprojekt von 1968–1979, das von dem 1980/81 begonnenen Lithosphärenprojekt abgelöst worden ist.

Für den Geologen läßt sich die Erdgeschichte in mehrere kleine Zyklen gliedern, von denen jeder auf eine Gebirgsbildung (Tektonogenese) samt ihren Begleiterscheinungen hinausläuft. Die Gebirge blieben jedoch nicht erhalten. Jeweils in dem Augenblick, wo sich ein Gebirge über den Meeresspiegel hinausschob, war dem Angriff der exogenen Kräfte ausgesetzt. Sonneneinstrahlung, Frost, Wasser und Wind zerstören die Gesteinskomplexe des Gebirges; der entstehende Verwitterungsschutt wird vom fließenden Wasser, von Wind und von den Gletschern unter Wirkung der Schwerkraft in tiefer gelegene Gebiete verfrachtet und bleibt bei Nachlassen und Erlahmen der Transportkräfte liegen. Solcherart erniedrigen sich die Gebirge mehr und mehr, und schließlich müßte – wenn die Entwicklung in dieser Richtung ungestört verliefe – das Relief der Erdoberfläche ausgeglichen sein, und das Ergebnis wäre eine schwach wellige Verebnungsfläche. Doch die Räume, in denen sich der Abtragungsschutt sammelt – das sind vor allem die Meere – entfalten sich ebenso unaufhörlich weiter. Durch Störungen des Gleichgewichts werden erdinnere Kräfte mobilisiert, die bewirken, daß der Werdegang von Kontinenten und Ozeanen weiter gesetzmäßig abläuft und sich die Vorgänge in Abständen von rund 200 Jahrmillionen wiederholen, so daß das gesamte Erdgeschehen, vielleicht außerirdisch gesteuert, in einem ständigen Kreislauf abrollt.

Die Entwicklungsgesetze des Erdballs sind, wie gesagt, bisher noch ungenügend erforscht und im einzelnen nicht restlos geklärt. Doch fügen Geowissenschaftler und Astronomen der ganzen Welt, von anderen Disziplinen unterstützt, in unermüdlichem gemeinsamem Forschen Glied an Glied, so daß die Kenntnis der Entwicklungsgeschichte unserer Erde immer weniger lückenhaft sein wird. Für diesen ständigen Fortschritt der Erkenntnis legt die **Geschichte der geologischen Wissenschaften** beredtes Zeugnis ab.

(K. v. Bülow, verst.), R. Hohl

Zur Geschichte
der geologischen Wissenschaften

Die geologische Einsicht reicht bis in die Anfänge der Geschichte der menschlichen Erkenntnis zurück, die als Erfahrung der konkreten Arbeit im Zusammenhang mit der Entwicklung des Bewußtseins entstanden ist und die geologischen Erscheinungen der natürlichen Umwelt des Menschen erfaßt hat. Seit dem Entstehen des Arbeitsprozesses bildeten sich Erfahrungen und Erkenntnisse über die Erde im unmittelbaren Produktionsprozeß und durch das Erleben der natürlichen Existenzbedingungen des Menschen heraus. Unter den Bedingungen der Klassengesellschaft prägten sich in der weiteren Entwicklung zwei Linien der geologischen Erkenntnis aus, die miteinander nur mittelbar verbunden waren und sich durch ihre Triebkräfte und Funktionen voneinander unterschieden.

Die eine Linie der geologischen Erkenntnis war mit praktischen Erfahrungen vor allem des **Bergbaus** verbunden sowie an die Herstellung materieller Produkte geknüpft und begleitete die Gewinnung und Verarbeitung mineralischer Rohstoffe, die Produktion von Werkzeugen, Waffen, Gebrauchsgegenständen und Schmuck oder auch die Nutzung natürlicher Materialien für Bauzwecke. Alle diese Tätigkeiten bezogen ein gewisses Maß an Erkenntnissen mit geologischem Charakter ein, die sich aber auf Grund des niederen Niveaus der Arbeitsteilung nicht aus der Sphäre der Produktion herauslösen konnten. So wußte der Mensch der Jungsteinzeit, der zwar systematisch nach Feuerstein grub, oder der bronzezeitliche Salzbergmann der Alpen trotz aller Erfahrungen nichts von einer wissenschaftlichen Geologie. Der durch zahlreiche Zeugnisse belegte intensive Bergbau, unter anderem in den alten Stromkulturen Mesopotamiens und Ägyptens oder im antiken Griechenland, blieb für die geologische Erkenntnis nahezu bedeutungslos. Bis tief hinein in den Feudalismus wurden die geologischen Produktionserfahrungen des Bergbaus lediglich mündlich von Generation zu Generation weitergegeben, ohne sich zu verselbständigen.

Eine zweite Linie ergab sich aus der Erkenntnis der **geologischen Umwelt** des Menschen. Die Wirkungen von Fluten und Flüssen bei der Gestaltung der Erdoberfläche, Erdbeben und Vulkanausbrüche oder auch Eigenschaften von Mineralen und Versteinerungen fanden das Interesse des Menschen seit den frühesten Phasen seiner Geschichte. In der Regel waren solche Beobachtungen eng mit religiösen Mythologien und philosophischen Auffassungen verbunden, häufig erhielten sie eine ideologische Funktion im Interesse der herrschenden Klasse. Derartige Erkenntnisse lassen sich seit den antiken Sklavenhalterordnungen relativ kontinuierlich verfolgen und sind in verschiedenen Formen überliefert. So erkannte der griechische Philosoph XENOPHANES (6. Jahrhundert v. u. Z.) die organische Natur versteinerter Muscheln. Der römische Forscher STRABO (63 v. u. Z. bis 19 u. Z.) lehrte, daß sich die Länder langsam heben und senken und deshalb ehemaliger Meeresboden mit marinen Fossilien, z. T. in hohen Gebirgen, zu finden ist. Das Entstehen eines Teiles der Inseln führte er auf vulkanische Ursachen zurück. Häufig gingen derartige Erkenntnisse wieder verloren, und das Wesen gleicher Naturerscheinungen wurde erst Jahrhunderte später erneut mit gleicher Klarheit gedeutet.

Mit der bemerkenswerten Blüte der Wissenschaft im **Mittelalter** Mittelasiens waren auch geologisch-mineralogische Leistungen verknüpft. IBN SINA, auch AVICENNA (980–1037) genannt, der durch grundlegende Beiträge zur Mineralsystematik bekannt ist, ging für das geologische Geschehen grundsätzlich von langen Zeiträumen aus, wobei er für die Bildung und Umbildung der Gebirge erdinnere Kräfte als wesentlich erkannte, andererseits aber auch die Rolle des Wassers bei der Sedimentbildung und Erosion treffend beschrieb. Die Bestimmung des spezifischen Gewichts von Mineralen durch ABU REICHAN BIRUNI (973–1048) gehört zu den ersten quantitativen Messungen in der Geschichte der geologisch-mineralischen Erkenntnis. Demgegenüber stand das zu dieser Zeit christlich beeinflußte Europa fest auf dem Boden der biblischen Schöpfungsgeschichte und begnügte sich im wesentlichen mit der Auslegung der antiken Schriften.

Wie auch auf anderen Gebieten der wissenschaftlichen Erkenntnis, wurde das geologische Wissen über die Erde in der **Zeit der frühkapitalistischen Entwicklung** an der Wende vom 15. zum 16. Jahrhundert spürbar belebt und bereichert. Im Rahmen der Bewegung der Renaissance erfuhr die manuelle Arbeit eine gesellschaftliche Umbewertung, und die direkte Beobachtung der Natur wurde zur bevorzugten Quelle der wissenschaftlichen Erkenntnis. Zunächst in Italien, bald aber auch in anderen europäischen Ländern, waren viele Gelehrte sowohl wissenschaftlich und künstlerisch als auch handwerklich tätig. LEONARDO DA VINCI (1452–1519) erkannte und beschrieb den natürlichen Vorgang der Fossilbildung, wobei er wohl als erster die Bedeutung der biblischen Sintflut für diesen Prozeß bezweifelte. Wesentliche Erkenntnisse gewann er weiter über die Gesteinsbildung, die Ursache von Erdbeben, die Gebirgsbildung und die geologische Wirkung des Wassers. Der Italiener Giordano BRUNO (1548–1600), der auf dem Scheiterhaufen der Inquisition verbrannt wurde, glaubte zwar noch an eine weltumspannende Sintflut, vertrat aber trotzdem die Meinung, daß die Verteilung von Land und Meer nicht immer die gleiche gewesen wäre wie in der Gegenwart. Obwohl solche Erkenntnisse vereinzelt blieben, nur mangelhafte Verbreitung fanden und deshalb in keinen Zusammenhang gebracht wurden, war der Bann gebrochen und die historische Fragestellung geboren. So zeichnete sich der Weg zum **Entstehen einer Erdgeschichtsforschung** ab. Freilich versuchte man noch lange Zeit, die eigenen Beobachtungen mit den Aussagen der Bibel in Einklang zu bringen. So deuteten Diluvianisten, wie der Züricher Professor J. J. SCHEUCHZER (1672–1733), die Versteinerungen als Zeugnisse der bei der Sintflut umgekommenen Lebewesen, obwohl bereits FRACASTORO aus Verona im Jahre 1517 Fossilien als die Reste von Meerestieren erkannt hatte.

In dieser Zeit der frühbürgerlichen Revolutionen begannen Renaissance-Gelehrte auch den Bergbau zu entdecken und mit ihren Erfahrungen die geologische Erkenntnis zu bereichern. Damit wurde der bergmännische Produktionsprozeß zu einer wesentlichen Quelle neuartigen geologischen Wissens. Um das Jahr 1500 erschien »Ein nützlich Bergbüchlein« des Freiberger Arztes und Bürgermeisters U. RÜLEIN, das zu den ersten lagerstättengeologischen Schriften überhaupt gehört. Bedeutendster Repräsentant dieser Epoche war jedoch der deutsche Humanist G. AGRICOLA (1494–1555), der in seinen Arbeiten »De ortu et causis subterraneorum« (1544), »De natura fossilium« (1546) und vor allem »De re metallica« (1556) die geologischen Produktionserfahrungen des Bergbaus verallgemeinerte und auch die rationellen geologisch-mineralogischen Elemente antiker und mittelalterlicher Schriften gewissenhaft auswertete und darstellte. AGRICOLA überwand die seit Jahrhunderten üblichen Spekulationen und stützte sich bei seinen Beschreibungen der Minerale, Erze, Lagerstättenformen sowie bei den Darstellungen zur Erosion, Sedimentation und vielen anderen geologischen Erscheinungen als Resultate induktiven Vorgehens. So wurde das sächsisch-böhmische Erzgebirge zu einer der Quellen moderner geologischer Erkenntnis, zu deren weiterer Entwicklung Bergbeamte wie B. RÖSSLER, F. W. OPPEL, J. W. W. CHARPENTIER bis in das 18. Jahrhundert wichtige Beiträge geleistet haben.

Wesentliches zur eigentlichen Grundlegung der geologischen Wissenschaft leistete der dänische Arzt Niels STENSEN aus Kopenhagen, genannt STENO (1638–1687), der lange Zeit in der Toskana lebte. Er entwarf 1669 das erste geologische Profil, das wirklich »historisch« gedacht war und die erdgeschichtliche Entwicklung der Landschaft Toskana schematisch umreißen sollte. STENO analysierte, wie Schichtgesteine im Wasser abgelagert werden, erfaßte also den Begriff der Sedimentation und erklärte, daß alle Schichten ursprünglich horizontal liegen und erst später durch erdinnere Kräfte gefaltet und zerbrochen werden. Er erkannte das stratigraphische Grundgesetz, wonach das Hangende jünger als das Liegende ist. Bei den Fossilien beobachtete er, daß sie jeweils auf bestimmte Schichten beschränkt sind. Damit wurden im Jahre 1669 grundsätzliche Erkenntnisse zur Stratigraphie, zur Lehre von der Gebirgsbildung im allgemeinen Sinne, zur Petrefaktenkunde, die wir heute als Paläontologie nennen, und zur regionalgeologischen Forschung erarbeitet. Bei allem Forscherdrang aber suchte STENO seine Erkenntnisse mit der biblischen Überlieferung in Einklang zu bringen. Er setzte die sechs Abteilungen seines geologischen Profils bestimmten Abschnitten der Schöpfungsgeschichte gleich.

In den Jahren 1688 und 1705 erschienen zwei Schriften des Engländers Robert HOOKE (1635–1703), in denen die Fossilien als Reste heute ausgestorbener Meerestiere beschrieben wurden. HOOKE legte dar, daß durch innere Kräfte, die auch die Vulkanausbrüche hervorrufen, Erdkrustenteile gehoben und gesenkt werden und dadurch die Grenzen zwischen Land und Meer sich ständig verschieben. Auch sah er in den aufgefundenen Versteinerungen von Schildkröten und Ammoniten Zeugen andersartiger paläogeographischer und paläoklimatischer Verhältnisse (1705). England bot überhaupt für stratigraphisch-paläontologische Beobachtungen günstige Möglichkeiten: So bemerkte Martin LISTER (1638–1711) schon 1671 die Horizontbeständigkeit der Fossilien, obwohl er sie im übrigen noch für »Naturspiele« hielt, oder wie Th. BURNET, J. WOODWARD und W. WHISTON für untrügliche Zeugnisse der biblischen Sintflut.

Im Jahre 1693 entstand als eine erste Synthese geologischer Erfahrungen und Gedanken die »Protogaea« (deutsch 1749) des Philosophen G. W. LEIBNIZ (1646–1716), in der eine Erklärung der Entstehung von Welt und Erde in großer kosmogonischer Zusammenschau auf idealistische Grundlage versucht wird und die wesentlich zur Herausbildung des historischen Denkens in der geologischen Erkenntnis beigetragen hat. Weitere Gelehrte bemühten sich im 18. Jahrhundert um Darstellungen der historischen Prozesse in der Natur:

I. KANT (1724–1804) veröffentlichte 1755 nicht zuletzt auch auf Grund geologischer Studien seine Naturgeschichte. G. BUFFON (1707–1788) entwarf in seinem Buch »Epochen der Natur« (1778) eine Entstehungsgeschichte der Erde, die er in den Rahmen der Anschauungen über die Bildung des Planetensystems stellte und als Voraussetzung der Naturgeschichte der Tier- und Pflanzenwelt ansah. Auch J. G. HERDERS »Ideen zu einer Philosophie der Geschichte der Menschheit« (1784–1791) beginnen mit einer Geschichte der Erde. Das **historische Denken bezog die Erde und die ganze Natur** in die Vorstellungen über Veränderungen und Entwicklungen der Welt mit ein.

Die fundierte Beantwortung der Frage nach dem Ursprung und Werdegang der Erde erforderte jedoch die Erforschung der Einzelheiten, verlangte das Sammeln von Erfahrungstatsachen und die Beobachtung der natürlichen Gegebenheiten. Das Bemühen um die Klärung kosmogonischer Fragen wurde mehr und mehr durch Kleinarbeit begleitet, und die **beobachtende Materialsammlung unter erdgeschichtlichem Aspekt begann** die geologische Erkenntnis zu beherrschen. Die Beschreibung von Mineralen und Versteinerungen, die Darstellung von Schichtenfolgen und Naturaufschlüssen fanden die besondere Aufmerksamkeit geologisch interessierter Gelehrter. In zahlreichen Ländern trugen vor allem Liebhaber Stein auf Stein; wir kennen Namen insbesondere aus Italien, Frankreich, der Schweiz, Rußland, Deutschland und England.

Die regionale Arbeit lebte auf: 1743 erschien die erste noch einfarbige geologische Karte, erarbeitet für die englische Grafschaft Kent von Christopher PACKE. Es kam zu beschreibenden und zusammenfassenden Darstellungen, so 1755–1773 KNORRS prachtvolles Tafelwerk der Versteinerungen, von J. E. I. WALCH (1725–1778) fortgesetzt, der 1762 eine systematische Fossilienkunde, »Das Steinreich«, beisteuerte und sich darin gegen eine Deutung der Versteinerungen als Zeugnisse der Sintflut oder als Naturspiele wandte.

Bedeutungsvoll war die Tat des preußischen Bergrats J. G. LEHMANN (1719 bis 1767): Auf der Grundlage von Studien der Natur in Thüringen gab er 1756 einen »Versuch einer Geschichte von Flözgebirgen« heraus. Dieses Buch übernahm zwar noch die diluvianistische Grundidee, enthielt aber das erste auf genauer Beobachtung beruhende **Profil**, beschrieb exakt die Gesteinsschichten mit den in ihnen enthaltenen Fossilien und gliederte die Folge bereits in das Urgebirge, wozu er alle kristallinen Gesteine rechnete, das dem Paläozoikum entsprechende Ganggebirge und das Flözgebirge, das wir dem Mesozoikum gleichsetzen können.

Wenige Jahre später trat im thüringischen Rudolstadt der fürstliche Leibarzt G. Chr. FÜCHSEL (1722–1773), Sohn eines Bäckers, auf den Plan. Seine »Geschichte des Landes und des Meeres, aus der Geschichte Thüringens durch Beschreibung der Berge (d. h. Schichten) ermittelt« (1761), noch lateinisch verfaßt, mutet in Thema und Behandlung der Problematik zukunftsweisend an: Die Gesteine sind zu Gruppen (»seria montana«) zusammengefaßt, woraus WERNER später den Formationsbegriff entwickelte. Eine Reihe weiterer **geologischer Begriffe**, meist aus der Bergmannsprache übernommen, werden von FÜCHSEL definiert, wie auch der Ausdruck Geognosie auf ihn zurückgeht. Vor allem aber enthält die Arbeit die erste deutsche geognostische Karte, die zwar nicht mit Farben, wohl aber mit Ziffern die Orte der Gesteinsvorkommen in die Reliefkartenzeichnung einfügt. Ganz im Geiste der Aufklärung löst FÜCHSEL die Interpretation des natürlichen irdischen Geschehens von der Schöpfungsgeschichte der Bibel und bekennt sich zu der Maxime, die Ursachen für alle geologischen Vorgänge in der Natur selbst zu suchen. »Die Art und Weise, wie die Natur bis zur heutigen Zeit wirkt und Körper hervorbringt, ist als Norm zu setzen; eine andere kennen wir nicht.«

Gegen die diluvianistischen Meinungen wandte sich in Rußland der große Gelehrte M. W. LOMONOSSOW (1711–1765). Alle Erdkrustenbewegungen erkannte er als Wirkung erdinnerer Kräfte und begriff auch die geologische Bedeutung von Wind, Regen, Eis und Wasser. Die Ziele seiner geologischen Arbeiten orientierte LOMONOSSOW an der Aufgabe, Lagerstätten nutzbarer Rohstoffe in seinem Vaterland zu erkunden und zu nutzen. Diesem Programm verpflichtet, bemühte er sich um eine theoretische Zusammenschau der zahlreichen Beobachtungen und Erkenntnisse über die Natur der Erde. Auch er trug zur Ausarbeitung der Grundlagen einer natürlichen Entwicklungsgeschichte der Erde bei und deutete die geologischen Erscheinungen konsequent aus historischer Sicht: »Ich sage unumwunden, daß wir aus dem Zustand der Erdoberfläche, aus ihrer Gestalt und ihren dem Blick verborgenen Schichten zu schließen und zu urteilen vermögen, daß sie, wie sie heute sind, nicht seit Entstehung der Welt gewesen sind, sondern mit der Zeit eine andere Gestalt angenommen haben« (1763).

Wesentliche Veränderungen vollzogen sich in der geologischen Erkenntnis in den letzten Jahrzehnten des 18. Jahrhunderts, in der **Zeit des Übergangs von der manufakturellen zur maschinenmäßigen Produktion.** Während der Bergbau lange Zeit auf den Fortschritt der geologischen Erkenntnis nur einen sehr geringen Einfluß ausgeübt hatte und erst während der Renaissance die reichen Erfahrungen der Bergleute von den Gelehrten entdeckt worden waren, wurde jetzt geologisches Wissen in vielen Regionen zur notwendigen Voraussetzung für einen erfolgreichen Bergbaubetrieb. Die Entwicklung der Bergbauproduktion hatte ein Niveau erreicht, auf dem die seit Jahrtausenden weitergegebenen Erfahrungen der Bergleute über Erze, Gänge und das Aufsuchen von Lagerstätten nicht mehr genügten und systematische geologische Erkenntnisse erforderlich geworden waren. Wie viele andere seiner Zeitgenossen legte der gebürtige Schwede J. J. FERBER (1743–1790) immer wieder die »Notwendigkeit einer Naturgeschichte der Erde für einen Bergmann« (1774) dar.

Etwa gleichzeitig hatte sich unter dem Einfluß der bürgerlichen Aufklärung ein tiefgreifender **Wandel in den weltanschaulichen Grundlagen,** auch der **geologischen Erkenntnis** vollzogen. Durch das Begreifen des natürlichen Charakters der Fossilbildung, die Überwindung der biblischen Vorstellungen über das Alter der Erde (6000 Jahre) und vor allem die Herausbildung des Verständnisses für den historischen Charakter geologischer Prozesse in gewaltigen Zeitdimensionen wurden religiöse Interpretationen weitgehend zurückgedrängt und die Prinzipien der wissenschaftlichen Faktenanalyse durchgesetzt. Kenntnisse über die Natur der Erde wurden zu den aktuell gewordenen Elementen bürgerlicher Bildung. Eine bis dahin nicht gekannte **Expeditionstätigkeit** unter wissenschaftlichen Zielsetzungen führte viele Naturforscher nach Sibirien, Mittel- und Südamerika, nach Australien und in die Südsee, die zahllose neue geologisch-mineralogische Beobachtungsergebnisse und Belege aus aller Welt nach Europa brachten. Hier entstanden bedeutende **Sammlungen** von Mineralen, Gesteinen, Erzen und Fossilien, **wissenschaftliche Gesellschaften** wurden begründet, und sprunghaft stieg in den letzten Jahrzehnten des 18. Jahrhunderts die Herausgabe von **Büchern** und **Zeitschriften** mit Darstellungen über die Naturgeschichte der Erde. Das Wissen über mineralogische und geologische Merkwürdigkeiten der Natur war zu einer ausgesprochenen Modeerscheinung geworden.

In dieser Situation bildete sich die Geologie auf der Grundlage ihrer langen Vorgeschichte **als naturwissenschaftliche Disziplin heraus.** Dieses Ereignis war nicht das Werk einer einzelnen Persönlichkeit: Die Geologie entstand vielmehr als Resultat des Wirkens von bürgerlich orientierten Gelehrten vor allem in Großbritannien, Frankreich, Rußland und Deutschland.

Einer der bedeutendsten von ihnen war Abraham Gottlob WERNER (1749 bis 1817), Sohn eines Eisenhütteninspektors und seit 1775 gefeierter Lehrer an der gerade begründeten Bergakademie Freiberg in Sachsen (1765), der die in der Vorgeschichte der Geologie gewonnenen Erkenntnisse zusammenfaßte und systematisch darstellte. Jeder uferlosen Spekulation abhold, ließ er nur die Beobachtung gelten und konzentrierte sich auf die Entwicklung der allein auf das Studium der realen Erscheinungen in der Natur orientierten Geognosie. WERNER entwickelte 1774 ein bis in alle Einzelheiten ausgearbeitetes System der äußeren Kennzeichen der Minerale und schuf auf diese Weise Elemente einer **mineralogischen Methodologie.** 1787 stellte er ein leicht überschaubares System der Gesteine auf, soweit das ohne Chemie und Mikroskopie möglich war, und gab auf diese Weise wesentliche Impulse für die Entwicklung der Gesteinskunde, der heutigen Petrologie. Die grundsätzlichen Erscheinungen des geologischen Geschehens erklärte er von der Position des **Neptunismus,** dessen konsequentester Verfechter er an der Wende vom 18. zum 19. Jahrhundert war. WERNER knüpfte an die neptunistischen Auffassungen der Schweden J. G. WALLERIUS (1708–1785) und T. BERGMAN (1735–1784) an, befreite sie aber von den Elementen des Bibelglaubens und verband sie mit seiner eigenen deistischen Konzeption, die in weltanschaulicher Hinsicht der religiösen Aufklärung entsprach. Nach neptunistischer Auffassung ist das Wasser das allein bestimmende geologische Agens. Fast alle Gesteine, auch Granit und Basalt, seien als chemische und mechanische Ausfällungen aus Wasser entstanden. Dabei ist zu berücksichtigen, daß WERNER im wesentlichen nur das mittlere Deutschland kannte, wo der Basalt hauptsächlich in schichtförmigen Decken auftritt und damit scheinbar die Auffassungen der Neptunisten belegte. Nicht wegzuleugnende vulkanische Erscheinungen führte WERNER auf lokale Erdbrände zurück: Vulkanische Gesteine seien umgeschmolzene Sedimente, und Tektonik beruhe auf Einstürzen im Erdinnern. Aber die meisten Gesteine sind – so meinte er – gar nicht gestört, sondern befinden sich von vornherein in nicht horizontaler Lagerung, eine Auffassung, die gegenüber STENO einen Rückschritt bedeutete. Die Gesteinsserien FÜCHSELS (Formationen) gelten ihm als gesetzmäßige Bildungsabfolgen, die jeweils in einem besonderen Abschnitt der Erdgeschichte entstanden sind. Die Gliederung der Erdgeschichte, deren Beginn er vor mehr als 1 Million Jahren vermutet, erfolgt auf petrographischer Grundlage. Die Fossilien zog WERNER dazu nicht heran, obwohl er als einer der ersten Vorlesungen zur Petrefaktenkunde (Paläontologie) hielt. Neben den Vereinseitigungen, denen WERNER durch Verabsolutierung des neptunistischen Prinzips in verschiedenen Fragen verfiel, offenbaren seine Vorstellungen echtes erdgeschichtliches Verständnis, das zur Vorbereitung des Entwicklungsdenkens in den geologischen Wissenschaften maßgeblich beitrug. So übernahm WERNER in sein System FÜCHSELS und LEHMANNS Ergebnisse als endgültig und entwickelte auf dieser Grundlage sein in sich geschlossenes geologisches Weltbild.

Die Bedeutung WERNERs besteht vor allem in der Ausarbeitung einer exakten, allein auf Beobachtung beruhenden **geologischen Methodik**, die seine zahlreichen Schüler erfolgreich anwandten und in alle Welt trugen. Er brachte auf der Basis des Neptunismus die verschiedenen Erkenntnisse stratigraphischer, tektonischer, paläontologischer, petrographischer und selbst lagerstättenkundlicher Art in einen systematischen Zusammenhang und trug so zur Formierung des Wissenschaftsinhaltes der neuen Disziplin bei. Er machte die Geologie lehrbar.

Schon zu WERNERs Lebzeiten entbrannte der Kampf um sein neptunistisches Weltbild. J. W. VON GOETHE, ein Freund WERNERs und Anhänger des Neptunismus, drückte das so aus:

»Kaum wendet der edle Werner den Rücken,
Zerstört man das Poseidaonische*) Reich.

Wenn alle sich vor Hephaistost) bücken.
Ich kann es nicht sogleich ...«

Die Gegner des Neptunismus leugneten die Wirkungen des Wassers nicht, wiesen aber mit Nachdruck auf die vulkanischen Erscheinungen hin: »Es handelte sich bei den Vulkanisten um ein Mehr oder Weniger der vulkanischen oder neptunischen Wirkungen, bei den Neptunisten dagegen um Alles, d. h. um eine Universalhypothese der Erdbildung durch Wasser« (B. v. COTTA, 1874).

Die Gegner WERNERs kamen vor allem aus Landschaften vulkanischen Ursprungs: James HUTTON (1726-1797) unterschied in Schottland bereits Ergußgesteine von Tiefengesteinen. Beide wurden als vulkanisch zusammengefaßt, wie man damals überhaupt alles, was sich im Erdinnern abspielte, mit dem Begriff **»vulkanisch«** bezeichnete. Auch tektonische Erscheinungen gehen nach HUTTON auf vulkanische Vorgänge zurück, soweit es sich nicht um Einstürze von Hohlräumen handelt. James HALL (1762-1831) experimentierte schon mit Schmelzflüssen und gewann kristalline Gesteine. Die französischen Geologen beobachteten den erloschenen Vulkanismus der Auvergne, den auch Leopold VON BUCH studierte (1802), nachdem er vorher den Vesuv besucht und sich vom Neptunismus seines Lehrers WERNER abgewandt hatte. Alexander VON HUMBOLDT steuerte durch seine amerikanische Reise (1799-1804) eine Fülle von Vulkanbeobachtungen bei. In der Rhön erkannte Joh. K. Wilh. VOIGT (1752-1821), der auf Veranlassung GOETHEs in Freiberg als begeisterter Anhänger WERNERs studiert hatte, die Unhaltbarkeit der Ansichten seines Lehrers und wurde dessen erbittertster wissenschaftlicher Gegenspieler im Streit um die Genese des Basalts in Deutschland. Alle diese Gegenstellungen erledigten die ausschließliche Geltung der über die ganze Welt verbreiteten neptunistischen Auffassung sehr bald, und der **Neptunismus-Vulkanismus-Streit** kann als Geburtsschrei der sich in dieser Zeit herausbildenden wissenschaftlichen Geologie angesehen werden.

Der bedeutende französische Naturforscher G. CUVIER (1769-1832), der auf Grund seiner morphologischen Arbeiten, seines Korrelationsprinzips und seiner Typenlehre der Forschung ermöglicht hat, Fossilien, insbesondere der Wirbeltiere, nicht nur richtig einzuordnen, sondern auch unvollständig erhaltene zu ergänzen, vertrat den Standpunkt der Unveränderlichkeit der Arten; aber er sah auch den Wechsel der Faunen, eine ganze Faunenfolge in den ihm bekannten Schichten des Pariser Beckens. So gelangte er zu der Auffassung, daß gewaltige Eingriffe der Natur, daß **Katastrophen** oder **Kataklysmen** jeweils die Lebewelt ausgelöscht haben und daß an deren Stelle eine neue, von außen her zugewanderte getreten – oder wie seine Nachfolger übertreibend betonten – neu geschaffen sei. Diese Kataklysmenhypothese, die eine Aneinanderreihung gleichsam stationärer Erdperioden annahm, hat das Denken ganzer Generationen bestimmt und wirkt noch heute nach.

Wesentliche Fortschritte gab es am Anfang des 19. Jahrhunderts auf dem Gebiet der **Paläontologie**. Unter den zahlreichen Schülern WERNERs war der bedeutende Paläontologe E. F. VON SCHLOTHEIM (1764-1832), dessen Paläobotanik 1804 erschien. Auch ein anderer Freiberger, Leopold VON BUCH (1774-1853), arbeitete richtungweisend auf paläontologischem Gebiet. 1824 kam sein System der fossilen Konchylien heraus. In der gleichen Zeit erforschten CUVIER die fossilen Wirbeltiere, Alexandre BRONGNIART, LAMARCK, DESHAYES die Mollusken, Adolph BRONGNIART die fossilen Pflanzen. In England und Schottland traten neben anderen PARKINSON, J. und J. C. SOWERBY, LINDLEY und Will HUTTON mit paläontologischen Arbeiten hervor. Auf FISCHER VON WALDHEIM, der sich um die Entwicklung der Versteinerungslehre in Rußland verdient gemacht hat, und D. BLAINVILLE geht die Bezeichnung dieser Disziplin als Paläontologie zurück. Sowohl in England, Frankreich als auch Deutschland wurden Versuche unternommen, die Gesamtheit der im jeweiligen Land gefundenen Fossilien zu beschreiben. Ein befriedigender

*) Poseidon, der griech. Gott des Meeres, bei den Römern Neptun genannt
†) Hephästos, der griech. Gott des Erdfeuers und der Vulkane

Abschluß dieser Arbeiten scheiterte jedoch immer wieder am Umfang der Aufgabe. Den ersten erfolgreichen Versuch einer chronologischen Darstellung der fossilen Organismen unternahm H. G. BRONN (1800–1862) in seiner »Lethaea geognostica« (1835–1838), die in späteren Auflagen wesentlich erweitert wurde. Mehr und mehr wurden die Fossilien Gegenstand des Interesses der Geologen, und das Sammeln versteinerter Lebensreste fand in den ersten Jahrzehnten des 19. Jahrhunderts eine eben so weite Verbreitung wie das Sammeln von Mineralen am Ende des voraufgegangenen Jahrhunderts.

Die Geologie war in ihrer Entwicklung in das **Stadium der Konsolidierung** eingetreten. Das fand seinen Ausdruck in der **Begründung geologischer Institutionen**, die trotz gelegentlicher Wandlung ihres Status bis in unsere Tage existieren. Es wurden Lehrbücher herausgegeben, Lehrstühle an den Universitäten geschaffen, wissenschaftliche Gesellschaften und Zeitschriften traten ins Leben. 1807 entstand die Geological Society of London, 1817 die Mineralogische Gesellschaft Rußlands, 1830 die Société géologique de France, 1848 die Deutsche Geologische Gesellschaft.

Die **systematische geologische Kartierung** eines Landes wurde erstmalig im Jahre 1798 in Sachsen durch Schüler der Bergakademie unter Leitung WERNERS durchgeführt. In der Vorgeschichte und während der Zeit der Herausbildung der Geologie als Wissenschaft hatten sich die Bergbehörden stark mit geologischen Problemen beschäftigt. Vor allem im Ergebnis der industriellen Revolution hatten diese Arbeiten einen Umfang und eine Bedeutung erlangt, daß eine nebenamtliche Betreuung dieser Aufgaben nicht ausreichte und eigene staatliche Einrichtungen geschaffen werden mußten. So entstanden geologische Kommissionen, und man beauftragte in diesem Rahmen in Deutschland Hochschulprofessoren mit geologischen Kartierungsarbeiten. Bereits 1835 waren in England der »Geological Survey« und 1855 in Frankreich eine analoge Einrichtung ins Leben gerufen worden. Diese Entwicklung führte 1873 zur Gründung der Preußischen Geologischen Landesanstalt in Berlin. Etwa gleichzeitig errichteten Sachsen und andere deutsche Staaten ähnliche Institutionen, deren Aufgabe hauptsächlich in der systematischen geologischen Spezialkartierung (1 : 25000) und in der Auswertung der Kartierungsergebnisse bestand. Die Bedeutung dieser Arbeiten war für den Bergbau, aber auch für die Entwicklung anderer Industriezweige, den Straßen- und Eisenbahnbau sowie für die Land- und Forstwirtschaft offenkundig, und der Staat übernahm die Lösung entsprechender Aufgaben im Interesse der kapitalistischen Unternehmer.

Die Herausbildung der erdhistorischen Sicht für die Beurteilung geologischer Phänomene und das Begreifen des natürlichen Charakters der Fossilentstehung führten bald dazu, den Wert der versteinerten Lebewesen für die Charakterisierung und die zeitliche Ordnung geologischer Schichten zu begreifen. Daß die Kenntnis der Fossilien für den stratigraphisch arbeitenden Geologen von großer Bedeutung ist, wurde schon zu Lebzeiten WERNERS in einem Land erkannt, das dazu besonders günstige Voraussetzungen bot: in den Schichtstufenlandschaften Englands. William SMITH (1769–1839), der »Schichten-SMITH«, ein englischer Ingenieur, entdeckte bei seinen Kanalbauarbeiten die Horizontbeständigkeit der Fossilien von neuem. Er benutzte einzelne Versteinerungen zur Charakterisierung bestimmter Schichten und ermöglichte mit seiner Entdeckung die Parallelisierung von Horizonten über größere Räume. Bisher beruhten alle Parallelisierungen allein auf petrographischer Grundlage und hatten zu verschiedenen, schwerwiegenden Fehlschlüssen geführt. L. VON BUCH, W. D. CONYBEARE (1787–1857) und J. PHILIPPS (1800 bis 1874) verhalfen dem **Leitfossilprinzip** zum endgültigen Durchbruch.

Auf dieser Grundlage begann in den ersten Jahrzehnten des 19. Jahrhunderts die Ausarbeitung der **zeitlichen Gliederung der geologischen Ablagerungen**. Eine besondere Rolle spielte dabei das zunächst in Thüringen beschriebene Mesozoikum, das man noch immer als »Flözgebirge« oder im Unterschied zu dem darunterliegenden Paläozoikum, dem »Primärsystem«, auch als »Sekundärsystem« bezeichnete. Grundlegendes zur Gliederung der Trias leisteten F. A. VON ALBERTI (1795–1878) und F. A. QUENSTEDT (1808–1889), des Jura J. THURMANN (1804–1855), A. OPPEL (1831–1865) und A. GRESSLY (1814 bis 1865), der im Zusammenhang mit dem Studium des Solothurner Jura den geologischen **Faziesbegriff** entwickelt hatte (1838/41). Um die Gliederung der Kreide bemühten sich neben anderen A. ARCHIAC (1802–1869), H. B. GEINITZ (1814–1900) und A. E. REUSS (1811–1873).

In den dreißiger Jahren gliederten P. G. DESHAYES (1796–1896) das Pariser und H. G. BRONN das italienische Tertiär. Damit war ein grundlegender Ansatz für die Einteilung auch dieser Ablagerungen gegeben.

Die Bearbeitung des Paläozoikums begann in England. Bis 1839 stand die von A. SEDGEWICK (1785–1873) und R. I. MURCHISON (1792–1871) erarbeitete Gliederung im wesentlichen fest; in den vierziger Jahren wurde sie auf den Kontinent übertragen. So unterteilten F. ROEMER das rheinische Devon (1844) und J. BARRANDE das böhmische Silurbecken (1846).

Die Arbeit am Präkambrium begann 1854 in Kanada und wurde bald danach durch W. v. GÜMBEL im Bayrischen Wald versucht, später dann vor allem in Skandinavien weitergeführt. 1892 erkannte man das Algonkium als eigene Formation und trennte es vom Kambrium.

Die Gliederung des Pleistozäns (Diluviums) war in den Grundzügen um 1900 fertig, die des Holozäns (Alluviums) wurde etwa um dieselbe Zeit in Angriff genommen.

Bereits 1821 hatte A. BRONGNIART den Versuch gemacht, sämtliche Gesteine der Erdkruste auf der Grundlage der paläontologischen Methode in eine chronologische Reihenfolge zu bringen. 1841 konnte dann J. PHILIPPS auf der Basis weiterer stratigraphischer Erkenntnisse eine in großen Zügen richtige »**Formationstabelle**« aufstellen und sie erstmalig in die Formationsgruppen des Paläo-, Meso- und Neozoikums gliedern. Seitdem wurde die Tabelle ständig verfeinert, ist aber in ihren Grundzügen bis heute erhalten geblieben.

Die ursprünglich von Biologen betriebene Paläontologie war zu einer Hilfswissenschaft der Geologie geworden, die vor allem der Stratigraphie entscheidende Impulse gab. In den letzten Jahrzehnten des 19. Jahrhunderts traten biologische Probleme in der paläontologischen Arbeit in den Vordergrund: W. KOWALEWSKY, H. F. OSBORN, L. DOLLO, O. ABEL, O. JAEKEL u. a. begründeten die Paläobiologie, die die Fossilien nicht nur als Zeitmarken, sondern auch als Lebewesen ansah. Die Paläobotanik war im Unterschied zur Paläozoologie mehr in den Händen der Botaniker verblieben, so daß ihre stratigraphische Bedeutung erst in jüngerer Zeit erkannt worden ist (H. und R. POTONIE, W. GOTHAN).

In der klassischen Zeit der Geologie, in der sich der Wissenschaftsinhalt dieser Disziplin konsolidierte und ausformte, entwickelten sich neben der Gliederung der Erdgeschichte insbesondere Vorstellungen über den **Ablauf des erdhistorischen Geschehens**. Am Anfang des 19. Jahrhunderts sprachen Beobachtungen über Erdbeben, Vulkanausbrüche und andere Katastrophen scheinbar für die Vorstellung CUVIERS, wonach sich die Geschichte der Erde in gewaltsamen Einzelschritten abgespielt habe. Man sah noch nicht, daß zwischen den Revolutionen Zeiten ruhiger Veränderung liegen.

Etwa mit dem Tode WERNERS wurde die neptunistische Konzeption mit ihrem Allgemeinheitsanspruch als überholt angesehen, lebte aber später im Zusammenhang mit Überlegungen über chemische Prozesse bei der Lithogenese im »Neoneptunismus« von J. N. FUCHS und C. G. BISCHOF wieder auf. Kennzeichnend für diese Zeit war aber das Hervorheben der »vulkanischen« Kräfte, worunter alle erdinneren Vorgänge begriffen wurden. Es entstand BUCHS Lehre von den »Erhebungskratern«, die alle Erhöhungen der Erdoberfläche letztlich auf endogene Ursachen zurückführte. ELIE DE BEAUMONT (1798–1874) entwickelte eine umfassendere Theorie, indem er die Entstehung der Gebirge durch Schrumpfung der Erde auf Grund der Abkühlung ihres Inneren erklärte. BUCH hatte die tektonischen Hauptrichtungen, die herzynische, rheinische, niederländische, alpine usw. erkannt, benannt und als vulkanische Spaltensysteme gedeutet. BEAUMONT entwickelte daraus 21 »tektonische Systeme« und zeigte auch Möglichkeiten zur Altersbestimmung von Orogenesen, die er aber ganz im Sinne CUVIERS als »Katastrophen« auffaßte. Daneben vertrat G. POULETT-SCROPE (1797–1875) die alte Einsturztheorie STENOS, die auch nichtvulkanische Tektonik gelten ließ.

Die **Erdbeben** wurden anfangs einfach beschrieben, vor allem nach der verheerenden Zerstörung von Lissabon (1755). A. VON HUMBOLDTS monographische Bearbeitung einzelner Beben galt lange als klassisches Vorbild. Zusammen mit L. VON BUCH lieferte er eine erste wissenschaftliche Erdbebentheorie, die von der Annahme eines Kausalzusammenhanges zwischen Vulkanismus und Beben ausging. K. E. A. VON HOFF und A. BERGHAUS veröffentlichten in Deutschland eine Chronik der Erdbeben und vulkanischen Ausbrüche bis zum Jahre 1840. Einen ersten Seismographen stellte DE HAUTE FEUILLE 1703 in Europa auf, aber erst am 18. April 1889 wurde das erste Fernbeben registriert. Seitdem datiert die internationale Zusammenarbeit in der Erdbebenforschung. Aus den dadurch gewonnenen Erfahrungen schloß um 1900 E. WIECHERT auf einen schalenförmigen Aufbau des Erdkörpers, eine Vorstellung, die weiter ausgebaut wurde und heute noch Geltung besitzt.

Während HUMBOLDT als einzige Ursache der Erderschütterungen die vulkanischen Kräfte ansah, setzte 1873 Eduard SUESS (1831–1914) die Beben mit tektonischen Vorgängen in Zusammenhang. Etwa gleichzeitig kam Albert HEIM (1849–1937) in der Schweiz zur gleichen Vorstellung.

Es lag nahe, daß man in den Beben- und Vulkangebieten auch auf die Vorgänge der **Epirogenese** und **Orogenese**, also auf tektonische Erscheinungen, aufmerksam wurde. Für **epirogenetische** Vorgänge war Pozzuoli bei Neapel seit 1803 bekannt, Chile seit dem großen Beben von 1822. Die Interpretationen Charles DARWINS (1838), wonach die Entstehung der Wallriffe und Atolle der Südsee auf Senkung des Untergrundes zurückzuführen sei, wurden auch heute noch weithin als gültig angesehen. Konnte man bis dahin glauben, daß lediglich Bewegungen des Meeresspiegels Landbewegungen vortäuschten, so machte die Entdeckung konvergierender Strandlinien in Skandinavien (A. BRAVAIS, 1842) dem ein Ende. Trotzdem lebte etwa ab 1880 unter dem Einfluß von E. SUESS die Auffassung über die Ursache epirogenetischer Bewegungen durch »eustatische« Veränderungen des Meeresspiegels wieder auf und wurde erst Jahrzehnte später durch E. VON DRYGALSKY, E. BRÜCKNER, E. KAYSER, A. PENCK u. a. überwunden.

Die Erscheinungen der **Orogenese** wurden ebenfalls mehr und mehr beachtet. E. DE BEAUMONT und L. VON BUCH führten die Heraushebung der Gebirge allein auf vertikale Bewegungen zurück. J. THURMANN (1804–1855) erkannte am Schweizer Jura faltenartige Gewölbe, die er als Ergebnis nach oben wirkender Kräfte erklärte und damit erstmalig Erscheinungen beschrieb, die auf seitlichen, tangentialen Schub zurückzuführen sind. In Amerika rückten Entdeckung und Abbau der appalachischen Kohlenfelder die tektonischen Erscheinungen viel deutlicher ins Blickfeld der geologischen Forschung als im alten Europa: 1825 versuchte J. H. STEEL horizontal wirkende Schubkräfte zu erklären. In den dreißiger Jahren unterschieden die Brüder ROGERS in Pennsylvania **Schichtung** und **Schieferung**. 1859 erkennt J. HALL (1811–1898) Beziehungen zwischen Sedimentmächtigkeit und Faltungsintensität. Auf diesen Erkenntnissen baute J. D. DANA (1813–1895) seine **Geosynklinaltheorie** (1873) auf und nahm für das Entstehen der Gebirge im Gegensatz zu den von BEAUMONT vertretenen katastrophistischen Auffassungen lange Zeiträume für diese Prozesse an.

Parallel zu der Erarbeitung einer gewaltigen Fülle neuer Fakten über die Natur der Erde und dem Begreifen des naturhistorischen Charakters geologischer Erscheinungen in großen Zeitdimensionen ergab sich die Frage, welche Ursachen diese Vorgänge in der Vergangenheit hatten, welchen Charakter ihr Ablauf besaß und auf welche Art und Weise diese Prozesse wissenschaftlich analysiert werden könnten. Kaum beachtet, erarbeitete K. E. A. VON HOFF (1771–1837) in Gotha eine große geologische Tatsachensammlung, die 1822–1834 erschien. Mit dieser »Geschichte der durch Überlieferung nachgewiesenen natürlichen Veränderungen der Erdoberfläche« knüpfte VON HOFF methodisch über WERNER, der bei der Deutung der erdgeschichtlichen Vergangenheit bewußt von den natürlichen Bedingungen der Gegenwart auszugehen versuchte, an STENO, FÜCHSEL und LEHMANN an und stellte fest: Besondere Hypothesen dürfte man zur Erklärung früherer Vorgänge, Ereignisse und Neubildungen nur heranziehen, wenn die Beobachtung gegenwärtiger Vorgänge, Kräfte und Bildungen nicht dazu ausreiche. Mit diesem Grundsatz wurde der **Aktualismus** als wissenschaftliche Methodik für die Erforschung der Erdgeschichte ausgesprochen: Analysiere die Gegenwart, um aus ihr die Vergangenheit verstehen zu lernen. Gleichzeitig mit VON HOFF erkannte Charles LYELL (1797–1875) dieses Prinzip, wandte diese Grunderkenntnis in seinem Werk »Grundzüge der Geologie« (1830) auf das Gesamtgebiet der Geologie an und entwarf ein Bild von der Erdgeschichte, in dem die verschiedenen Perioden weniger als historische Abschnitte, sondern mehr als Abwandlungen des heutigen Zustandes erscheinen. Für LYELL war das geologische Geschehen zu allen erdhistorischen Zeiten nur Ausdruck eines sich allmählich wandelnden, grundsätzlich gleichen Zustandes. LYELL dachte also nicht eigentlich historisch und vermochte den Entwicklungscharakter erdgeschichtlicher Prozesse nicht zu erfassen. Endgültig setzten sich die Grundsätze VON HOFFs und LYELLS erst nach der Überwindung katastrophistischer Vorstellungen durch, etwa in der Mitte des 19. Jahrhunderts.

Zu dieser Zeit hatte sich das System der Wissenschaft Geologie mit der stratigraphischen Darstellung der Formationsfolge, der Sichtung der fossilen Lebewelt, ersten Vorstellungen zur Endodynamik usw. im wesentlichen herausgebildet. Die weitere Tatsachenforschung blieb eine aktuelle Aufgabe: Die Erscheinungen der Exodynamik wurden noch kaum beachtet. Die Paläobiologie interessierte noch wenig, da die Fossilien nur als Seitenzahlen im großen Geschichtsbuch der Erde galten. Randgebiete und Grenzdisziplinen zu anderen Naturwissenschaften wie Geophysik und Geochemie harrten noch ihrer Ausarbeitung. Sowohl aus den vorliegenden Resultaten geologischer Tätigkeit als auch aus den Erfordernissen anderer gesellschaftlicher Bereiche ergaben sich für die Geologie immer neue wissenschaftliche Problemstellungen. Die Ergebnisse der Detailforschung mußten durch immer neue, vervollkommnete geologische Theorien zusammengefaßt und verallgemeinert werden, um der weiteren Erkenntnis Orientierung und Wirksamkeit zu geben.

Im Jahre 1859 erschien Charles DARWINs Buch »Die Entstehung der Arten«, das unter der bewußten Zugrundelegung des LYELLschen Aktualismus historische Prozesse im organischen Naturreich analysierte. In diesem epochemachenden Werk wurde der Gedanke der Entwicklung im Tierreich durchgeführt und die Abstammungslehre begründet. Während bis dahin die von CUVIER aufgestellte Kataklysmentheorie vorherrschte, wonach die Lebewesen durch Katastrophen vernichtet werden und danach neu einwandern, setzte sich nun DARWINS Deszendenztheorie durch, nach der sich die Arten eine aus der anderen, vom Einfachen zum Komplizierten aufsteigend, entwickeln.

Schon eine Reihe von Jahren vor DARWIN hatte der Freiberger Geologe Bernhard VON COTTA (1808–1879) die in der ersten Hälfte des 19. Jahrhunderts bekannten Tatsachen im Hinblick auf eine echte historische Erdgeschichtsbetrachtung zusammengefaßt und als **Entwicklungsgesetz der Erde** formuliert: »Die Stoffverbindungen, die mechanischen Zusammensetzungen der festen Erdkruste, ihre Oberflächenformen, die klimatischen Verhältnisse, das organische Leben, alle diese Dinge sind immer mannigfaltiger geworden. Eins bedingt das andere, das Niedere am meisten das Höhere, weil eben letzteres meist Folge von Kombinationen des Ersteren ist. Überall wirkt aber auch das Höhere auf das Niedere, das Mannigfaltigere auf das Einfachere zurück. Und dieses ganze Gesetz des Fortschritts entspricht zugleich der notwendigen Folge einer zeitlichen Summierung aller Resultate von Wirkungen.« Eine solche Betrachtung der erdgeschichtlichen Vergangenheit setzte sich in den geologischen Wissenschaften erst in der zweiten Hälfte des 19. Jahrhunderts in Deutschland durch, nachdem begeisterte Vertreter des Entwicklungsdenkens wie Ernst HAECKEL (1834–1919) und Johannes WALTHER (1860–1937) ihren Auffassungen in den Naturwissenschaften Geltung verschafft hatten.

Wie wirkte sich nun der **Entwicklungsgedanke** auf den Kernbereich der geologischen Erkenntnis, auf die **endogene Dynamik** und die Vorstellungen zur **Gebirgsbildung** aus? Nachdem in Amerika bereits eine Reihe wesentlicher Erkenntnisse zur Orogenese gewonnen waren, überwand in Europa erst 1873 Eduard SUESS (1831–1914) mit seiner Arbeit über »Die Entstehung der Alpen« die katastrophisch bestimmte Hebungstheorie BEAUMONTS und VON BUCHS. Noch bedeutender war sein epochales Werk »Das Antlitz der Erde« – eine erste, regionale Geologie der Erde –, das seit 1883 (bis 1909) erschienen ist. Hier gelang es SUESS, auf vergleichend tektonischem Wege eine Reihe orogenetischer Gesetzmäßigkeiten zu erkennen: die Asymmetrie der Faltengebirge, den Begriff und die Rolle der Vortiefe, den stauenden Einfluß des Vorlandes auf den Faltenverlauf, die Scharung von Faltenbündeln u. a. m. In seiner großartigen Synthese konnte er die zeitliche und räumliche Verteilung der Faltengebirgsbildung aufhellen und das Antlitz der Erde aus der Kontraktion des erkaltenden Planeten ableiten, wobei er annahm, daß die Kontraktion vor allem zu Senkungserscheinungen in der Erdkruste führte.

Zur gleichen Zeit wie SUESS belegte Albert HEIM (1849–1937) in den Schweizer Alpen die Kontraktion durch den Nachweis tangentialen Schubes bei der Auffaltung der Alpenketten und klärte am Mechanismus der Faltung (Plastizität der Gesteine unter Druck bzw. Auflast, bruchlose Faltung. Die Alpen wurden nun zu einem Hauptstudienobjekt für die Erforschung der Faltentektonik. Schon VON BUCH hatte hier seine Erhebungstheorie begründet und SUESS die Asymmetrie der Faltengebirge abgeleitet. M. BERTRAND erkannte die »Glarner Doppelfalte« als eine gewaltige Überschiebung (1884) und die ursächliche Verknüpfung von orogenem Prozeß und spezifischer Sedimentbildung: »Gneis, Glanzschiefer, Flysch und Molasseschutt würden also einem vollständigen Zyklus von Formationen bestimmter, an die Gebirgsbildung gebundener Fazies entsprechen« (1894). N. SCHARDT und M. LUGEON entwickelten die Vorstellung von weitreichenden Deckenüberschiebungen. L. KOBER deutete 1911 die Alpen als einheitliches Orogen mit zweiseitig auseinanderstrebendem Bau. A. HEIM und seine Schule erarbeiteten hier die allgemeinen mechanischen Grundlagen der Gesteinsfaltung überhaupt.

An die Stelle der Lehre vom katastrophisch wirkenden Vulkanismus trat der Gedanke der stetig wirkenden **Kontraktion**, die sich von Zeit zu Zeit zu revolutionären, aber eben nicht katastrophischen Ereignissen der Gebirgsbildung summierte. Das war eine theoretische Konzeption, die der gleichen ideengeschichtlichen Situation entsprach wie der Aktualismus und die Abstammungslehre. Wie in der organischen Natur, begann sich auch im Bereich des Anorganischen die erdhistorische Betrachtungsweise als Deutungsprinzip durchzusetzen. Entsprechend dem immer wieder untersuchten Erscheinungsbild der Falten, basierten alle Vorstellungen zur Orogenese noch lange auf dem Denkmodell der Kontraktion. Trotz mancher Einwände blieb diese Anschauung bis weit ins 20. Jahrhundert vorherrschend, noch in den zwanziger Jahren trat Hans STILLE (1876–1966) für sie ein, und selbst danach trieb L. KOBER sie bis zu den letzten Denkmöglichkeiten (S. 238).

Waren die Vorstellungen von der Kontraktion der Erde in der zweiten Hälfte des 19. Jahrhunderts für die endogene Dynamik das bestimmende, so entwickelten sich daneben auch andere theoretische Deutungsansätze. 1889 wendet C. E. DUTTON den von dem Astronomen G. B. AIRY 1855 entwickelten Begriff der **Isostasie** auf geologische Phänomene an. Danach schwimmen die leichteren Sialschollen der Erdkruste auf dem darunterliegenden, schweren Sima und tauchen je nach ihrer Mächtigkeit verschieden tief in das Sima ein. Gestützt durch Schweremessungen, hat sich DUTTONS Auffassung zum Allgemeingut der Geologie entwickelt.

Großen Einfluß gewann die von dem österreichischen Geologen O. AMPFERER 1906 ausgearbeitete **Unterströmungshypothese**, nach der die Faltengebirge durch das in der Tiefe seitlich abströmende Magma herausgehoben werden. F. KOSSMAT, H. CLOOS, E. RITTMANN, E. KRAUS u. a. bauten diese Vorstellungen aus und versuchten vor allem, den Bewegungsmechanismus, das thermodynamische System einschließlich der Energiequellen für die Magmenströme zu deuten (S. 246).

Standen zunächst die Faltengebirge im Vordergrund der wissenschaftlichen Aufmerksamkeit, begann sich eine andere geotektonische Modellvorstellung aus der Analyse der Verwerfungssysteme und radialen Störungen zu entwickeln. Störungen waren den Bergleuten zwar seit Jahrhunderten bekannt, aber in der ersten Hälfte des 19. Jahrhunderts deutete man sie bestenfalls als »Spannungsdifferenzen« oder hielt sie für geologisch belanglose Nebenerscheinungen endogener Vorgänge. Erst seit etwa 1880 wurden sie theoretisch gedeutet, nachdem A. DAUBRÉE die Resultate seiner experimentellen Arbeiten veröffentlicht hatte und E. REYER 1888 eine Hypothese der Gebirgsbildung vorlegte, bei der durch Ruptur entstandene Störungen eine wesentliche Rolle spielten. Gegen 1900 trat die **Schollentektonik** gleichberechtigt neben die Faltentektonik, da sie jetzt erst durch planmäßige Kartenaufnahmen in ihrer ganzen Bedeutung für den Bau der Erdkruste erfaßt worden war. W. SALOMON–CALVI untersuchte die Verwerfungen mit statistischen Methoden. Dieses Verfahren wurde um 1920 von B. SANDER und H. CLOOS auf die Analyse von Plutonen übertragen, wodurch sich auch diese als tektonisch deutbar erwiesen. In dieser Zeit entwickelte der Geophysiker Alfred WEGENER (1880–1930) die **Kontinentalverschiebungshypothese,** die er im Jahre 1912 erstmalig öffentlich vortrug und 1915 in seinem Buch »Die Entstehung der Kontinente und Ozeane« veröffentlichte. Bis in unsere Tage haben diese Vorstellungen den Diskussionen zur Geotektonik immer wieder neue Impulse gegeben und aus der Analyse der Polverschiebungen, paläotektonischer Strukturen, Vereisungen u. a. verschiedenartige Bestätigung gefunden (S. 250).

Zusammenfassend läßt sich feststellen, daß mit der Überwindung der Vorherrschaft von Vorstellungen über die Kontraktion der Erde als Ursache für die Gebirgsbildung (SUESS, HEIM) mehrere geotektonische Hypothesen entwickelt wurden, die verschiedenartige, einander aber nicht immer absolut ausschließende Prinzipien für die Entwicklung der Struktur der Erdkruste zugrunde legen. Die Modellvorstellungen über die Krustengeschichte waren im Verlauf der stark angewachsenen Erkenntnisse über den Bau und die geophysikalischen Eigenschaften der geologischen Einheiten differenzierter und komplizierter geworden.

Von großem Einfluß waren in Deutschland in der ersten Hälfte des 20. Jahrhunderts die geotektonischen Vorstellungen von H. STILLE. In seinem Buch »Grundprobleme der vergleichenden Tektonik« (1924) zeichnete er, anknüpfend an DANAS Geosynklinaltheorie, einen Zusammenhang zwischen geologischen Einheiten und tektonischen Prozessen, woraus er einen **geotektonischen Zyklus** mit gesetzmäßigen Zügen ableitete. Der synchron zu dem tektonischen Prozeß verlaufende geomagmatische Zyklus ermöglichte die Deutung verschiedener petrologischer und metallogenetischer Zusammenhänge, so daß sich auf dieser Basis eine Reihe verschiedenartiger geologischer Phänomene einander zuordnen ließen und das Verständnis der komplizierten Erscheinungen ermöglichten (S. 184).

Im Unterschied zur endogenen Dynamik fanden die **exogenen Vorgänge** noch in der Konsolidierungsphase der Wissenschaft Geologie ein vergleichsweise geringeres Interesse der Gelehrten. Zwar stellte bereits WERNER in seinen Vorlesungen in Freiberg die Elemente des Systems der exogenen Dynamik im wesentlichen dar, wie die mechanischen Wirkungen der Landgewässer, des Meerwassers, der Kälte und Schwere, der Bergstürze usw., und auch VON HOFF hatte zur Erschließung dieser Erscheinungen beigetragen. Der vorwärtstreibende Meinungsstreit in der Geologie entzündete sich aber an den Fragen der Gebirgsbildung und Gesteinsgenese. Das exogene Geschehen bot wenig Raum für theoretische Meinungskämpfe und war ein Bereich in Kleinarbeit zu betreibender Detailforschung. Das moderne Erfassen der geologisch wirksamen exogenen Faktoren sowie ihrer mechanischen und chemischen Wirkungen entwickelte sich im wesentlichen in der 2. Hälfte des 19. Jahrhunderts.

Die Bedeutung des **Windes** als geologischer Faktor ergab sich zwangsläufig aus den Resultaten der Wüstenforschung. Die Forschungsberichte des Geographen F. VON RICHTHOFEN (1833–1905) über seine Reisen durch China und die Mongolei in den Jahren um 1870 waren dazu der entscheidende Anstoß. Die äolische Hypothese der Lößentstehung entstand, die große Bedeutung auch für das Verstehen entsprechender fossiler Bildungen in den gemäßigten Breiten hatte. Insolation, Deflation, Fanglomeratbildung, Salzausscheidung und andere exogene Prozesse wurden ebenfalls im Rahmen der Wüstenforschung beschrieben, zu der Johannes WALTHER (1860–1937) entscheidende Beiträge u. a. in seinem Buch »Das Gesetz der Wüstenbildung« (1912) geleistet hat.

Die gewaltige Rolle der **mechanischen Wirkung des fließenden Wassers** im geologischen Geschehen (Erosion) wurde frühzeitig erkannt und zuerst von LYELL und EVEREST quantitativ gemessen. J. D. DANA belebte die Vorstellung über die Talbildung durch Erosion neu (1863), die vor allem nach den geologischen Beschreibungen des Grand Cañon in Nordamerika rasche Verbreitung fand. Die Auffassung von der flächenhaften Abtragung als Folge der linienhaften Erosion setzte sich erst nach VON BUCHS Tod insbesondere mit den Arbeiten von A. PENCK durch.

Zu den mechanischen Wirkungen des **Meeres** durch Wellenschlag, Gezeiten, Strömungen und Sturmfluten hatte bereits VON HOFF treffende Darstellungen gegeben. Den Begriff der marinen Abrasion prägte RICHTHOFEN (1882). Das erste zusammenfassende Werk über die Entstehung und Beschaffenheit der marinen Sedimente veröffentlichte 1871 der französische Geologe A. DELESSE (1817–1881), allerdings ohne die Tiefseesedimente zu berücksichtigen, deren bevorzugte Erforschung im Zusammenhang mit der Verlegung der transozeanischen Kabel ab 1857 begonnen hatte. Die Bearbeitung der erdhistorisch bedeutsamen Flachseesedimente setzte in breitem Umfang erst im 20. Jahrhundert ein.

Die Rolle des **Wassers bei Verwitterung und Bodenbildung** wurde bereits in den vierziger Jahren des 19. Jahrhunderts erkannt. Mit der Zersetzung feldspathaltiger Gesteine beschäftigten sich E. TURNER (1833), R. BLUM (1840) und G. BISCHOF (1846/47). Die Bedeutung der chemischen Verwitterungsprozesse für die Bodenbildung zeigte 1847 F. SENFT, und F. VON RICHTHOFEN erkannte 1886 erstmalig die Beziehungen zwischen Klima und Boden. Auf dieser Erkenntnis baute die russische Schule der Bodenkunde mit den Arbeiten von W. W. DOKUTSCHAJEW (1846–1903) u. a. auf, die bis in die Gegenwart außerordentlich wertvolle Resultate geliefert hat.

Bei der Erforschung der **chemischen Sedimentbildungen** ist deutlich die Abhängigkeit vom Entwicklungsstand der Chemie zu bemerken. Einen Durchbruch bildete die Veröffentlichung von Gustav BISCHOFS (1792–1870) »Lehrbuch der physikalischen und chemischen Geologie« (1846–1854), in dem die Rolle des Wassers für die Verbreitung der Elemente dargelegt und die Existenz von Kreisprozessen auch in der anorganischen Natur nachgewiesen wurde. BISCHOFS Veröffentlichung wurde zu einem Standardwerk seiner Zeit und hat zur Begründung der Geochemie maßgeblich beigetragen.

Wie entfernt verschiedene Geologen zu dieser Zeit noch vom Erkennen chemischer Prozesse im geologischen Geschehen waren, zeigt die Annahme des plutonischen Ursprungs der Salzstöcke durch einzelne Autoren noch um 1850. Carl OCHSENIUS (1830–1906) gab mit seiner **Barrentheorie** (1877) eine erste befriedigende Erklärung für die Entstehung von Salzlagerstätten, und J. WALTHER erkannte die Bedeutung der klimatischen Bedingungen bei der Salzbildung.

Recht kompliziert verlief die Geschichte der Deutung der **glazigenen Sedimente**. Vor 1800 gab es praktisch noch keine Gletscherbeobachtungen, obwohl J. J. SCHEUCHZER schon 1706 Theorien der Gletscherbewegung aufgestellt hatte. Die ersten Gletscherbeschreibungen gehen auf H. B. SAUSSURE zurück. J. VENETZ erkannte in den zwanziger Jahren des 19. Jahrhunderts aus der weiten Verbreitung erratischer Blöcke in Süddeutschland eine früher größere Ausdehnung der Alpengletscher und deutete auch die Findlinge Norddeutschlands richtig als Zeugen ehemaliger Vergletscherung. J. G. VON CHARPENTIER und J. L. AGASSIZ setzten die Forschungen im Alpenraum fort, aber erst 1847 stellte der Botaniker Ch. MARTINS fest, daß die Grundmoränen Ablagerungen strömender Gletscherwässer sind.

Etwa gleichzeitig mit dem Nachweis der pleistozänen (diluvialen) **Vereisung** auf den Britischen Inseln und in Skandinavien begann die Erforschung des norddeutschen Vereisungsgebietes. Zunächst hatte L. VON BUCH die Existenz der erratischen Blöcke mit seiner Rollsteinflut-Hypothese zu erklären versucht, nach der gewaltige Wasserfluten aus Skandinavien die Gesteinsblöcke bis an den Fuß des Erzgebirges geschwemmt haben sollten. Dieser Vorstellung wurde bereits 1824 von J. ESMARK widersprochen, aber erst nach dem Tode VON BUCHS wurde seine Hypothese durch die Drifthypothese Mitte der fünfziger Jahre des 19. Jahrhunderts abgelöst. Die neue Hypothese fand vor allem in Ch. LYELL einen begeisterten Verfechter. Danach sollten alle eiszeitlichen Ablagerungen durch von Meeresströmungen nach Süden gedriftete Eisberge verfrachtet und sedimentiert worden sein, wie es bei den Eisbergen der Gegenwart zu beobachten ist. Schrammen und Schliffe auf anstehendem Gestein sollten von an der Unterseite der Eisschollen eingefrorenen Blöcken erzeugt worden sein.

Inzwischen war das Glazialphänomen in Bayern richtig erkannt worden. A. C. RAMSAY hatte in Schottland und Wales 1854 eine zweimalige Vereisung nachweisen können. W. T. BLANFORD deutete schon 1856 in Indien eine Moräne richtig als aus dem Perm stammend, und O. HEER wies in der Schweiz nach, daß es zwischen den einzelnen Vereisungen eisfreie Zeiten gegeben hatte. Erst Mitte der siebziger Jahre gelang es den Schweden T. H. KJERULF und besonders Otto TORELL (1828–1900), die norddeutschen Geologen davon zu überzeugen, daß Norddeutschland im Pleistozän mehrmals von Inlandeis überdeckt war, so daß die Drifthypothese in wenigen Jahren fallengelassen wurde. Zur allgemeinen Anerkennung der Glazialtheorie TORELLS hat der aus Leipzig stammende Geologe Albrecht PENCK (1859–1945) auf der Grundlage feldgeologischer Arbeiten maßgeblich beigetragen.

So komplettierte das Studium der exogenen Dynamik das System der geologischen Erkenntnis mit Resultaten, die sich auf die eine oder andere Weise in das Bild von der Entwicklungsgeschichte der Erde einfügten und es ergänzten. Die Fülle der Erkenntnisse und Erfahrungen, die nicht immer als unmittelbar »historisch« erscheinen, boten als Ergebnisse einer natürlichen »Urkundenforschung« dennoch die Basis für eine sich festigende erdhistorische Betrachtung der geologischen Phänomene. Bezeichnend dafür war der Wandel in der Darstellung der geologischen Formationen, die man in früherer Zeit meist nach ihrer räumlichen Aufeinanderfolge beschrieb, indem man oben anfing und nach unten fortschritt. Erst im 19. Jahrhundert ordnete man sie zunehmend in ihrer historischen Folge an, bei der ältesten beginnend, wie es noch heute üblich ist. Doch 1862 nannte es C. F. NAUMANN eine »eigentümliche Abstraktion«, als P. DESHAYES die Formationen als Zeitabschnitte auffaßte. Dennoch verteidigte er die von unten nach oben fortschreitende Anordnung, da sie dem erdgeschichtlichen Ablauf entspräche.

Seit der Mitte des 19. Jahrhunderts wird das historische Moment gegenüber dem statischen mehr und mehr bestimmend: Die Geologie entwickelt sich zur **ersten historischen Naturwissenschaft**. Die Beiträge in der Zeitschrift der Deutschen Geologischen Gesellschaft spiegeln diese Entwicklung seit 1848 wider. Von großer Bedeutung war J. WALTHERS »Einleitung in die Geologie als historische Wissenschaft«, die seit 1893 erschien und das historische Ziel im Blickpunkt der geologischen Forschung endgültig festigte. Dieses Werk, in seiner Zielsetzung, Tatsachenfülle und Wirkung nur mit VON HOFFS großer Darstellung der natürlichen Veränderungen der Erdoberfläche vergleichbar, schuf auch die Methodik hierfür. In dieser Zeit entstanden weitere zusammenfassende Arbeiten ähnlicher Art, wie M. NEUMAYRS »Erdgeschichte« (1885), E. KOKENS »Die Vorwelt und ihre Entwicklungsgeschichte« (1893) sowie J. WALTHERS »Geschichte der Erde und des Lebens« (1908).

Die Herausbildung des historischen Charakters der Geologie war in der zweiten Hälfte des 19. Jahrhunderts ein ebenso charakteristischer Zug der Entwicklung dieser Wissenschaft wie ihre in dieser Zeit wachsende Bedeutung für die gesellschaftliche Produktion, insbesondere den Bergbau. Die Herausbildung der geologischen Wissenschaft vollzog sich in der Zeit der stürmischen Entwicklung des Kapitalismus. Während der Übergangsphase des Industriekapitalismus in sein monopolistisches und imperialistisches Stadium erhöhte sich die Aufmerksamkeit gegenüber geologischen Bildungen und Naturressourcen sowohl in den entwickelten kapitalistischen Ländern als auch in ihren Kolonien und in den von ihnen abhängigen Territorien. Die regionalgeologische Forschung, die geologische Kartierung, die Geologie der Erde, der Kohlen, Salze und des Erdöls wurden in wachsendem Umfang betrieben. In den letzten Jahrzehnten des 19. Jahrhunderts begannen sich Arbeiten auf verschiedenen Forschungsgebieten zu entwickeln, die Ausdruck der Herausbildungsphase einzelner geologischer Spezialdisziplinen waren. Diese innere Differenzierung der Geologie zum System der geologischen Wissenschaften hatte ihre Ursache in dem starken Anwachsen der geologischen Erkenntnis, dem Entstehen spezifischer gesellschaftlicher Erfordernisse, vor allem aus den Bedürfnissen der materiellen Produktion, und nicht zuletzt in der wachsenden Bedeutung anderer Naturwissenschaften (Physik, Chemie, Biologie) für die geologische Erkenntnis.

Etwa mit dem Sieg der Hydrothermaltheorie erschien 1855 eine »Lehre von den **Erzlagerstätten**« von B. VON COTTA, in der verschiedene Deutungsmöglichkeiten für die Lagerstättengenese dargelegt wurden. Die Vielfalt der Entstehungsbedingungen für die Konzentration mineralischer Rohstoffe wurde von zahlreichen Forschern im Rahmen einer regen bergbaulichen Lagerstättenerschließung bearbeitet. Aus diesen Resultaten ergaben sich die Lagerstätten-Systematiken von A. GRODDECK (1879), A. BERGEAT und A. W. STELZNER (1904/1906), H. SCHNEIDERHÖHN (1919), W. A. OBRUTSCHEW (1926) u. a. Erzmikroskopische Untersuchungen (P. RAMDOHR), physikalisch-chemische Modellvorstellungen und auch experimentelle Arbeiten trugen erheblich zum Fortschritt der Lagerstättenforschung bei.

Nachdem es zur Geologie der **Kohlen** bereits vielfältige Einzelbeobachtungen gab, sicherte H. R. GOEPPERT 1848 mit mikroskopischen Untersuchungen die These vom pflanzlichen Ursprung der Steinkohlen. C. W. VON GÜMBEL klärte 1883 den Vorgang der Inkohlung als autochthonen Prozeß der Kohlebildung, und H. POTONIÉ stellte 1903/10 den grundlegenden Unterschied von Inkohlung und Bituminierung genetisch klar.

Auf dem Hintergrund analytischer Arbeiten über die Zusammensetzung des Erdöls und intensiver Diskussionen zu seiner möglichen Entstehung äußerte St. HUNT (1861) in Kanada erstmalig Vorstellungen über die Akkumulation von Erdöl in Antiklinalstrukturen. Bald kamen H. ABICH in Rußland und H. D. ROGERS in den USA zu ähnlichen Auffassungen, womit die kontinuierliche erdölgeologische Forschung begann.

Im Laufe der kapitalistischen Entwicklung wurden die lagerstättengeologischen Arbeitsrichtungen maßgeblich gefördert, und im 20. Jahrhundert ist die überwiegende Zahl aller Geologen der Welt auf diesen Gebieten tätig. Aber auch andere geologische Spezialdisziplinen entstanden mit den Fortschritten der Erdgeschichtsforschung. Systematisch wurde Paläogeographie seit etwa 1870 betrieben, nachdem H. TRAUTSCHOLD 1863 eine erste paläo-

geographische Karte des Jura in Rußland veröffentlicht hatte. A. A. INO-
STRANZEW (1872), A. RUTOT (1883) und J. WALTHER (1893) leisteten wesentliche Beiträge zur Korrelation der Fazies. Die Paläoklimatologie begann mit
Arbeiten über die Kreide von F. ROEMER (1852) und J. MARCU (1860).
Große Fortschritte hatten sich auf dem Gebiet der Gesteinslehre in der
zweiten Hälfte des 19. Jahrhunderts ergeben. Während in der Zeit WERNERS
etwa 30 Gesteine unterschieden wurden, beschreibt H. ROSENBUSCH (1898)
bereits annähernd 500 Arten. Die generelle Gliederung der Gesteine in Magmatite, Sedimentite und Metamorphite hatte sich durchgesetzt. Die **Dünnschliffmikroskopie** (H. C. SORBY, 1863) war zu einer allgemein angewandten petrographischen Methode geworden, und chemische wie physiko-chemische Erkenntnisse bildeten die Basis für die verschiedenen Diskussionen über die
Genese und Systematik der Gesteine. Hatte die Auseinandersetzung um die
Basaltgenese schon zu Beginn des Jahrhunderts die Entscheidung in der Neptunismus-Vulkanismus-Kontroverse gebracht, waren jetzt die Resultate der
Petrologie von großer Bedeutung für richtige Vorstellungen über die Lager-
stättenentstehung, die Rekonstruktion verschiedener geologischer Bedingungen
in der Erdgeschichte und nicht zuletzt für die Klärung der Physik und Chemie
der Erde.
Etwa mit der Jahrhundertwende treten die Geochemie und Geophysik mit
einer Reihe wesentlicher Forschungsergebnisse hervor. F. W. CLARKE (1847 bis
1931), W. I. WERNADSKI (1863–1945) und V. M. GOLDSCHMIDT (1888–1947)
leiteten aus den Konzentrationsverhältnissen, der Migration und den Eigenschaften der Elemente geochemische Gesetzmäßigkeiten ab, die u. a. die
modernen Vorstellungen zur Lagerstättengenese, Petrologie und Lithologie
nachhaltig beeinflußten. K. E. DUTTON (1841–1912), A. MOHOROVIČIČ (1857
bis 1936), E. E. LEIST (1852–1918), R. EÖTVÖS (1848–1919), K. SCHLUMBERGER
(1878–1936) u. a. zeigten mit ihren Arbeiten zur Seismik, Magnetik und anderen Verfahren der Geophysik Wege zur ursächlichen Erklärung vieler geologischer Phänomene, die bis dahin auf Vermutungen angewiesen waren oder
sich jeder Erklärung entzogen. Geophysikalische und geochemische Resultate
hatten großen Einfluß auf zahlreiche praktische geologische Arbeiten, z. B.
bei der Suche und Erkundung von Lagerstätten, der Ingenieur- und Hydrogeologie usw. Andererseits trugen sie wesentlich zur Vertiefung der Erkenntnis über den Aufbau und die Entwicklung der Erde bei. So lassen selbst
geophysikalische und geochemische Zusammenhänge des geologischen Regimes historische Züge erkennen.
In der Mitte des 20. Jahrhunderts hatte sich das Gebäude der modernen geologischen Wissenschaften herausgebildet. Die biostratigraphischen, die geotektonischen, die petrogenetischen, die faziesanalytischen und paläogeographischen, geophysikalischen und geochemischen Methoden vervollkommnen
und verfeinern sich. Die Kenntnis der regionalen Zusammenhänge erfaßt
kartierend die geologischen Einheiten immer detaillierter und differenzierter,
die absolute Zeitmessung gibt konkrete Handhaben zur Beurteilung des
Schrittmaßes erd- und lebensgeschichtlicher Abläufe.
Alle diese Fortschritte auf den verschiedensten Forschungsgebieten der geologischen Wissenschaften fanden in Modellvorstellungen eine theoretische
Verallgemeinerung, die über ihre regionale Bedeutung hinaus als Bausteine
für Hypothesen über den **Gesamtbau der Erde** und ihre **Geschichte** angesehen
werden können. Die Gebirgsbildung wird als phasenhafter Vorgang erkannt.
Mit dem Anerkennen der Bedeutung von Unterströmungen werden endogene
Kraftquellen als Ursache für die Tektonogenese angedeutet. Die Erdgeschichte
versteht man als Folge zyklischer Abläufe, der petrographische Formationsbegriff der Wernerzeit lebt auf höherer, biologisch gebundener Ebene wieder
auf. Man wendet die Begriffe Evolution und Revolution auch auf die Erdgeschichte an. Die fast hundertjährige Formationstabelle, neuerdings richtig
Systemtabelle, wird nach nach einem erheblich erweitert, die Grenzen der Geschichte
gegen die Vorgeschichte der Erde rücken weit zurück. Gesetze des lebendigen
Werdens werden aus der Fülle der paläontologisch erarbeiteten Tatsachen ver-
suchsweise abgeleitet und auf die geochemische Evolution der Erde aus lithogenetischen und minerogenetischen Zusammenhängen geschlossen. Aus der
auf unterschiedliche Weise gewonnenen Faktenfülle ergibt sich so ein Bild
über die Erdgeschichte, das weitgehend mit Prinzipien des modernen dialek-
tisch-materialistischen Weltbildes korrespondiert und durch Serge VON BUB-
NOFF (1888–1957) mit den Worten umrissen wurde: »Auf diese Weise erhält
auch der anorganische erdgeschichtliche Prozeß eine ‚Vergenz', eine gerichtete
lineare Komponente, welche sich in einer Differentiation und Komplikation
des Krustenbaus auswirkt und die Erdgeschichte zu einem unwiederholbaren,
d. h. eben **geschichtlichen** Vorgang macht. Die Entwicklung der Erde kann
weder durch einen Kreis noch durch eine Linie dargestellt werden, am ehesten
durch eine Kombination beider – eine Spirale.« (1948)
Es hat den Anschein, als befinden wir uns in der zweiten Hälfte des 20. Jahrhunderts in einer Phase der Entwicklung der geologischen Wissenschaften,
die vor allem durch die überragende **Rolle der Geologie** im Hinblick auf die
Erschließung neuer, dringend benötigter **Rohstoffreserven** für die industrielle

und agrarische Produktion begründet ist. Hatten die Bedürfnisse des Bergbaus im 18. Jahrhundert A. G. WERNERs Leistung gefordert, hatte später die Entdeckung der appalachischen Kohle die Tektonik geboren und die Entfaltung der Erdölgewinnung den Ausbau dieses Erkenntnisgebietes weiter stimuliert, so erfordert und bewirkt die Entwicklung der Weltwirtschaft in der Gegenwart die geologische Erschließung immer weiterer Erdräume einschließlich der Kontinentalränder und Ozeanbecken, die ständig schnellere Verfeinerung, Verbesserung, Intensivierung und Rationalisierung der Forschung auf allen Gebieten der geologischen Wissenschaften.

In der Sowjetunion wurde die Forschung auf den verschiedensten geologischen Gebieten nach der Oktoberrevolution 1917 planmäßig entwickelt, um die materiell-technische Basis für die kommunistische Gesellschaft aufzubauen. Gewaltige Lagerstätten der verschiedensten Erze, von Erdöl und Kohle, von Kalisalzen und Diamanten sowie anderer mineralischer Rohstoffe wurden als Resultat systematischer geologischer Arbeit nachgewiesen. Allein in der Sowjetunion arbeitet etwa eine Million Menschen in der Geologie, die inzwischen als gesellschaftlicher Tätigkeitsbereich industrielle Formen angenommen hat. Auch in anderen Ländern wird im Unterschied zum Beginn des Jahrhunderts eine große Zahl von Geologen, Geophysikern, Geochemikern usw. ausgebildet, die überwiegend in Produktionsbereichen tätig sind. So ist die gegenwärtige geologische Wissenschaft in zunehmendem Maße mit der Technologie und Ökonomie verflochten, und es hat sich das Spezialgebiet der ökonomischen Geologie herausgebildet. Durch die praktische Nutzanwendung der in den verflossenen Jahrhunderten bis zur Gegenwart erarbeiteten Erkenntnisse ergibt sich eine Entwicklung, die umgekehrt wieder der wissenschaftlichen Geologie Fortschritte in Methodik und Resultaten ermöglicht, wie sie frühere Epochen nicht gekannt haben.

Diese Situation wird durch eine große Fülle von Einzelerkenntnissen und Daten charakterisiert, die sich aus der Einbeziehung immer weiterer Erdräume, insbesondere der Ozeane, und wissenschaftlicher Grenzprobleme in die geologischen Aufgabenstellungen ergeben und im Rahmen einer industriemäßig betriebenen Forschung und Erkundung anfallen. Alle diese Resultate werden erst dann verständlich, beherrschbar und von Nutzen für die Gesellschaft, wenn sie in der ihnen adäquaten Form verallgemeinert und erklärt werden.

In den letzten Jahren ist mit den Hypothesen der **Kontinentaldrift**, der Ozeanbodenzergleitung bzw. -spreizung und der **Plattentektonik**, die ursächlich in engem Zusammenhang stehen, ein Ansatz für die Verallgemeinerung neuerer Forschungsergebnisse einer Reihe geologischer Disziplinen gegeben worden, wobei an die Ideen über die Kontinentalverschiebung von F. B. TAYLOR (1910) und A. WEGENER (1915) angeknüpft wird. Nachdem B. C. HEEZEN 1957 als Ergebnis einer umfassenden geologischen, geophysikalischen, geochemischen und meereskundlichen Erforschung der Weltozeane das Weltsystem der mittelozeanischen Schwellen (World-Rift-System) erkannt hatte, entwickelten die Amerikaner R. S. DIETZ (1961) und H. H. HESS (1962) die Grundlagen der Spreading-Hypothese (Sea-Floor-Spreading). Danach werden die Ozeane durch Spreizung (Ausweitung) ihrer Böden durch den ständigen Aufstieg basaltischer Magmen in ihren Riftzonen ausgedehnt und die Kontinentalschollen horizontal verlagert. Dabei soll eine driftende Kontinentalscholle über eine ozeanische Platte geschoben werden, die in den Erdmantel abtaucht und von diesem aufgenommen wird. Diese Vorgänge beschreibt der kanadische Geophysiker J. T. WILSON in seinem Buch »Continental Drift« (1963) als einen phasenhaft ablaufenden Zyklus. Tatsächlich spricht eine Reihe von Beobachtungen für das neue Modell der Plattentektonik, das ausführlich im Kapitel »Geotektonische Hypothesen« dargestellt wird.

Diesem mobilistischen Bild der Kontinentverschiebung werden von einigen Vertretern des Fixismus Argumente gegenübergestellt, die gewisse Unzulänglichkeiten dieser globaltektonischen Konzeption deutlich machen. So hat der sowjetische Geotektoniker W. W. BELOUSSOV (1970) auf Widersprüche im Bewegungsmechanismus bei der Kontinentaldrift, die unbefriedigende Deutung der Struktur der Kontinentalplatten oder die zeitlich begrenzte Basis (150 Mill. Jahre) für die plattentektonischen Verallgemeinerungen hingewiesen. Er sieht die Evolution der Kontinente von geosynklinalen Zuständen zu Tafelstrukturen für wesentlich an, wobei das Riftregime eine besondere Form der tektonischen und magmatischen Aktivierung der Tafeln ist (S. 275).

Damit wird die Diskussion um die theoretische Deutung der Krustenentwicklung heute von dem Gegensatz **Fixismus - Mobilismus** bestimmt, der an die konträren Positionen des Neptunismus und Vulkanismus oder des Katastrophismus und Aktualismus in der Geschichte der geologischen Erkenntnis erinnert, wobei die Mehrzahl der Geowissenschaftler gegenwärtig durchaus dem mobilistischen Modell zuneigt. Das Verständnis der grundsätzlichen geologischen Prozesse wird nur möglich sein, wenn alle wesentlichen Vorgänge der Krustenentwicklung in die Betrachtung einbezogen und ohne Verabsolutierung von Einzelerscheinungen in richtige Beziehung zueinander gebracht werden. Die Entwicklungstendenzen der geologischen Wissenschaften in den letzten Jahren zeigen deutlich, daß sich der Erkenntnisprozeß in zunehmendem Maße auf die Resultate von Physik, Chemie, Biologie und Mathematik stützt und mit ihnen verknüpft ist. Die größten Fortschritte werden dort erreicht, wo neben der Entwicklung der einzelnen geologischen Wissenschaften ihr Zusammenwirken und die wechselseitige Ergänzung ihrer Forschungsergebnisse genutzt werden. Nur das gesellschaftliche System wird den gewaltigen und gegenwärtig aktuellen geologischen Erkenntnisfortschritt gewährleisten können, das in der Lage ist, die geologischen, geophysikalischen, geochemischen, paläontologischen und andere Wissensgebiete planmäßig zu entwickeln, um der wachsenden Funktion der geologischen Wissenschaften als Produktivkraft im Zeitalter der wissenschaftlich-technischen Revolution in historisch notwendigem Maße zu entsprechen. *M. Guntau*

Das Frühstadium der Erde

Die Erde als Planet

Vom astronomischen Standpunkt aus ist die Erde einer der neun gegenwärtig bekannten selbständigen Planeten des Sonnensystems. Zum **Planeten-** oder **Sonnensystem** muß man alle Himmelskörper rechnen, die sich im gravitativen Anziehungsbereich unserer Sonne als dem Zentralgestirn befinden und sich um diese entsprechend den Keplerschen Gesetzen in mehr oder weniger kreisähnlichen, elliptischen Bahnen bewegen.

Die neun großen Planeten haben folgende Dimensionen, Sonnenabstände und mittlere Geschwindigkeiten in ihrer Bahn:

	Durchmesser (in km)	Mittlerer Sonnenabstand in Millionen km	Mittlere Bahngeschwindigkeit in km/s
Merkur	4 876	57,91	47,90
Venus	12 112	108,21	35,05
Erde	12 756	149,60	29,80
Mars	6 787	227,9	24,14
Jupiter	143 650	778,3	13,06
Saturn	120 670	1 427	9,65
Uranus	51 800	2 870	6,80
Neptun	49 200	4 496	5,43
Pluto	5 000	5 946	4,74

Die Planeten Merkur und Venus, deren Bahnen innerhalb der Erdbahn liegen, werden auch als innere Planeten bezeichnet und nicht selten verwechselt mit den erdähnlichen Planeten Merkur, Venus, Erde und Mars im inneren Teil des Sonnensystems. Von der Dimension her muß wahrscheinlich auch der äußerste, bislang bekannte Planet Pluto hierzu gerechnet werden.

Den genannten Himmelskörpern stehen die Riesenplaneten der Jupitergruppe gegenüber (Jupiter, Saturn). Uranus und Neptun werden als Großplaneten eingestuft.

Die Planeten vom erdähnlichen Typ haben eine mehr als doppelt so hohe **Dichte** wie die Großplaneten, die ihrerseits wieder dichter sind als die Riesenplaneten. Dies zeigen die Dichtewerte in g/cm³:

Merkur (5,44), Venus (5,23), Erde (5,52), Mars (3,95), Jupiter (1,30), Saturn (0,68), Uranus (1,21), Neptun (1,65), Pluto (unsicher, 2 bis 4).

Setzt man die Erdmasse ($5,975 \cdot 10^{24}$ kg) gleich 1, so erkennt man die Größenordnung des Planeten Erde an folgendem Massenvergleich der Bestandteile des Sonnensystems:
- Sonne mit 333 000 Erdmassen,
- 9 Planeten mit 446,8 Erdmassen (allein Jupiter 318 Erdmassen, d. h. 70%),
- 34 Satelliten mit 0,12 Erdmassen
- 50 000 bis 100 000 Planetoiden vor allem zwischen der Bahn von Mars und Jupiter mit etwa 0,1 Erdmasse,
- Bis zu 10 Mrd. Kometen (möglich) mit $\ll 1$ Erdmasse,
- Meteoriten mit $<$ ein Milliardstel Erdmasse.
- Im Sonnensystem kommt auch interplanetare Materie vor: Elektronen, Gasatome und -ionen sowie Staubpartikeln.

Die 34 Satelliten verteilen sich wie folgt:
Merkur (0), Venus (0), Erde (1), Mars (2), Jupiter (13), Saturn (10), Uranus (5), Neptun (2), Pluto (1).

Auch die Einzelkörper der Ringe von Saturn und Uranus können im Prinzip als Satelliten angesehen werden. Bei Saturn bestehen sie aus Eisbrocken und vielleicht gefrorenem Kohlendioxid von maximal mehreren Metern Durchmesser. Der Erdmond ist der innerste Satellit im Planetensystem und zugleich der massereichste relativ zum Planeten (0,0012 der Planetenmasse, bei den anderen Satelliten $< 0,001$).

Die Bahnen der großen Planeten um die Sonne sind kreisähnlich und liegen fast in einer Ebene (**Ekliptikebene**). Die Abweichung der Bahnellipsen von einem Kreis wird durch die Exzentrizität ausgedrückt, d. h. durch das Verhältnis der Entfernung des Brennpunktes vom Mittelpunkt zur halben großen

Achse der Bahnellipse. Sie ist sehr gering und schwankt zwischen 0,007 (Venus) und 0,253 (Pluto); für die Erde beträgt sie 0,0167.

Alle Planeten erhalten von der Sonne Licht und Oberflächenwärme, sind also nicht selbstleuchtend, sondern strahlen überwiegend reflektiertes Sonnenlicht aus. Nur Jupiter emittiert knapp die doppelte Energie, die er von der Sonne erhält. Die Riesenplaneten haben eine völlig andere Zusammensetzung als die Erde, wie auch ihre sehr geringe (1,30), der Sonne (1,41) nahekommende Dichte zeigt. Mit Hilfe der Jupitersonden hat sich ergeben, daß die Atmosphäre Wasserstoff, sehr viel Helium, Methan und Ammoniak enthält. Damit dürfte die Zusammensetzung der Riesenplaneten jener der Sonne nahe kommen.

Die **Sonne** hat die Gestalt einer Kugel und erscheint unter einem Gesichtswinkel von rund $1/2°$ (31′ 59″). Ihr wahrer Durchmesser beträgt 1,392 Millionen Kilometer. Die Sonne besitzt 333 000 Erdmassen, und ihre mittlere Entfernung von der Erde beträgt 149,6 Mio km (1 astronomische Einheit). Die Schwerebeschleunigung auf der Sonne ist rund 28mal so groß wie die auf der Erde. Die Sonne selbst ist einer der mehr als 100 Milliarden Sterne unseres Milchstraßensystems (Galaxis), dessen Alter mit 10 bis 15 Milliarden Jahren angenommen wird und das wiederum Bestandteil einer »lokalen Gruppe« von etwa 20 Galaxien ist. Die Sonne mit ihrem Planetensystem benötigt für einen Umlauf um das Zentrum der Milchstraße etwa 250 Millionen Jahre.

Im gegenwärtig überschaubaren Teil des Weltalls, dessen Radius, mit modernsten optischen Instrumenten gemessen, rund 3 Milliarden Parsec ausmacht (1 Parsec entspricht 3,26 Lichtjahren Entfernung), sind rund 100 Milliarden Sternsysteme festgestellt bzw. geschätzt worden.

Aus seiner kosmischen Umgebung wird der Planet Erde von Strahlungen verschiedener Art getroffen. Da ist einmal die von der Sonne ausgehende Wellenstrahlung, dann die Teilchenstrahlung und schließlich die kosmische Strahlung. Die elektromagnetische Strahlung der Sonne macht den größten Teil der unserer Erde zugestrahlten Energie aus und ist auf der Tagseite rund 30 000mal größer als die vom Menschen erzeugte Weltenergieproduktion. Diese Strahlung wird durch die **Solarkonstante** ausgedrückt, d. h. durch jene Menge Strahlungsenergie, die von der Sonne bei einem mittleren Abstand von der Erde je Zeiteinheit auf eine Flächeneinheit der Erdoberfläche entfallen würde, falls nicht die Atmosphäre der Erde partiell Energie aus dem Sonnenspektrum herausfilterte. Dies betrifft besonders den ultravioletten und infraroten Teil des Sonnenspektrums. Für die ultraviolette Strahlung spielt die Ionosphäre, noch mehr aber die Ozonschicht der Erdatmosphäre eine große Rolle.

Die **Erdatmosphäre** ist geologisch nicht nur hinsichtlich ihres gegenwärtigen Baues, sondern auch bezüglich ihrer Evolution von Bedeutung. Im Laufe der Entwicklung der Erde hat sie sich von einer Wasserstoff-Helium-Atmosphäre über eine Ammoniak-Methan-Atmosphäre zu einer Kohlendioxid-Stickstoff-Atmosphäre mit einem langsam zunehmenden Gehalt an Sauerstoff entwickelt. Erst nachdem 1 Prozent des gegenwärtig vorhandenen Sauerstoffs in der Atmosphäre enthalten war, begann sich eine Ozonschicht in etwa 20 bis 40 km Höhe zu bilden. Damit aber wurde zunehmend das »harte«, lebensfeindliche Ultraviolett (UV B und UV C) durch diese Schicht abgeschirmt, so daß das Leben das Festland allmählich erobern konnte. Zuvor mußte das Wasser der Meere und der größeren terrestrischen Gewässer (mindestens 10 m Wassersäule) diese Abschirmung übernehmen. (Vgl. Kapitel »Die Entstehung des Lebens auf der Erde«.)

Die Erdatmosphäre, die Gashülle der Erde, ist durch die Erdschwere an den Planeten Erde gebunden. Die unteren Teile der Atmosphäre nehmen an der Erdrotation teil; in Höhen über 100 km läßt allmählich der Rotationsgeschwindigkeit nach. Rund 90 Prozent der Masse der Erdatmosphäre befinden sich unterhalb 20 km Höhe.

Die unterste Schicht der Erdatmosphäre ist die **Troposphäre**, die bis etwa 10 km Höhe reicht, wobei sie sich an den Polen etwas niedriger und am Äquator etwas höher befindet. Diese Sphäre ist durch die für die exogene Dynamik so bedeutsamen Wetterprozesse gekennzeichnet. An der Obergrenze der Troposphäre werden Temperaturen von -50 bis $-55\,°C$ erreicht, wodurch sich über die lange geologische Entwicklung das Wasser, die Grundlage für alle biologischen Systeme, auf der Erde erhalten konnte. Die darüber gelegene **Stratosphäre** reicht bis zu 50 km Höhe. Von etwa 30 km Höhe ab nimmt die Temperatur nach oben wieder auf rund $0°$ zu, um in der darüber folgenden **Mesosphäre** erneut auf etwa $-70\,°C$ abzufallen. Der Anstieg der Temperatur von 30 bis 50 km Höhe wird durch die Ozonschicht und die Absorption der solaren Ultraviolettstrahlung bewirkt. Die höchste Schicht der Atmosphäre wird als **Ionosphäre** bezeichnet, weil durch die energiereiche Strahlung der Sonne (vor allem Ultraviolett) hier die Atome und Moleküle ionisiert werden. Wegen der damit verbundenen Aufheizung schwanken in der Ionosphäre die Temperaturen erheblich.

Jenseits 500 km Höhe spricht man von der **Exosphäre** der Erde, die allmählich in den freien Weltenraum übergeht. Hier sind die freien Weglängen der Moleküle und Atome bereits sehr groß (100 km und mehr).

Außer der elektromagnetischen Strahlung der Sonne, zu der das Licht, das Ultraviolett und das Infrarot sowie die Röntgen- und Radiostrahlung gehören, trifft die Erde von der Sonne her eine Teilchen- oder korpuskulare Strahlung, die auch als »Sonnenwind« bezeichnet wird. Dabei handelt es sich vorwiegend um Protonen und Elektronen, die mit Geschwindigkeiten von rund 400 km/s (maximal bis 800 km/s) von der Sonne im Planetensystem nach außen strömen. Dieser Gasstrom ist die Fortsetzung der Ausdehnung der Sonnenkorona. Der Masseverlust der Sonne durch den Sonnenwind ist beträchtlich und beträgt rund 1,2 Milliarden kg/s, erreicht aber nur rund 25 Prozent des Masseverlustes durch die elektromagnetische Strahlung der Sonne.

Man nimmt mit Recht an, daß der Sonnenwind die Erde in ihrer ersten Entwicklungsphase noch getroffen hat. Diese Art der Energiezufuhr wie auch die durch das Ultraviolett könnte zur Biogenese mindestens für Vorstufen des Lebens beigetragen haben. Später war die Abschirmung des Sonnenwindes durch das irdische Magnetfeld eine wichtige Voraussetzung für eine frühe biologische Evolution. Diese Abschirmung ist möglich, weil der aus elektrischen Ladungsträgern bestehende Sonnenwind seinerseits Magnetfelder mit sich führt. Im Konfliktgebiet zwischen diesen und dem irdischen Magnetfeld entsteht die **Magnetosphäre** der Erde. Damit sie sich entwickeln konnte, mußte die Erde erst einen zunächst sicher noch primitiven Erdkern als Generator des Erdmagnetfeldes gebildet haben. Auch das war eine wichtige Voraussetzung für die biologische Evolution auf der Erde.

Das **Erdmagnetfeld** entsteht mit Sicherheit im äußeren Erdkern. Es handelt sich um eine Art Dynamomechanismus, den eine differentielle, unterschiedliche Rotation darstellt. Dieser Mechanismus ruft elektrische Ströme und das zugehörige Magnetfeld hervor. Es gibt Grund zur Annahme, daß die Strömungsgeschwindigkeiten im Erdkern sehr gering sind und nur etwa 1 m je Stunde betragen. Die inneren Nachbarplaneten der Erde und der Mond haben sehr schwache, z. T. nur lokal auftretende Magnetfelder. Unter den äußeren Planeten ist von Jupiter ein starkes Magnetfeld bekannt, das rund 40mal intensiver ist als das der Erde. Das Magnetfeld der Sonne schwankt offenbar und ist nur etwa doppelt so stark wie das der Erde. Mehrfach sind während eines Sonnenfleckenmaximums Umpolungen des solaren Magnetfeldes nachgewiesen worden. Der Paläomagnetismus (S. 33) untersucht für den Planeten Erde derartige Umpolungen des gesamten Erdfeldes. Dagegen treten auf der Sonne lokale, an Sonnenflecken und Protuberanzen geknüpfte, sehr starke Magnetfelder auf mit einer tausend- bis vieltausendfachen Intensivität des Erdfeldes.

Der Planet Erde wird aus dem Kosmos schließlich von der **kosmischen Strahlung**, auch Höhenstrahlung oder Ultrastrahlung genannt, getroffen. Man nimmt heute an, daß ein großer Teil dieser sehr harten Strahlung von Supernovaausbrüchen und Pulsaren herrührt, wenn auch ein sehr kleiner Teil von der Sonne stammen könnte. Diese Strahlung besitzt Energiebeträge von 10^7 bis 10^{20} Elektronenvolt. Das ist bedeutend mehr, als sich bisher in den größten Beschleunigern erzielen ließ. Die Primärstrahlung ist nur in sehr großen Höhen zu beobachten, wie erste, frühe Beobachtungen mittels Ballon gezeigt haben, und besteht zu etwa 90 Prozent aus Protonen und zu etwa 9 Prozent aus Heliumkernen, was nach den Teilchenzahlen ermittelt worden ist. Der Rest setzt sich aus schweren Atomkernen zusammen.

Da die Intensität der kosmischen Strahlung am Äquator relativ am geringsten, an den Polen dagegen am größten ist, kann man schließen, daß es sich um elektrisch geladene Teilchen handelt, deren Bahn durch das Magnetfeld der Erde beeinflußt wird.

In der Erdatmosphäre löst die Primärstrahlung harte und weiche Sekundärstrahlungen aus, die z. T. schauerartig anschwellen können (Kaskaden). Die harte Sekundärstrahlung besteht aus Mesonen und ist in der Lage, bis zu 1 000 m in die Erdkruste (harte γ-Strahlung nur 1 m) und bis zu 3 000 m tief in das Meereswasser einzudringen.

Die Primärstrahlung der kosmischen oder Ultrastrahlung wird weitgehend von der Atmosphäre geschwächt und umgewandelt. Dies führt zu der Frage nach der Rolle der Ausstattung des Planeten Erde für die biologische Evolution. Abgesehen von den Erdbahn- und Erdparametern, wie Sonnendistanz, Achsenschiefe, Rotationsgeschwindigkeit u. a., spielen für die geologische Evolution des Planeten Erde und die Möglichkeit der Entwicklung von Leben drei fundamentale Tatsachen eine Rolle (vgl. dazu Kapitel »Die Entstehung des Lebens auf der Erde«):

1. Die Erde hat einen teilweise verflüssigten Kern, der in der Lage ist, ein Magnetfeld zu erzeugen, weil die Erde relativ rasch rotiert. Die Venus mit 0,81 Erdmassen und einer ganz ähnlichen Dichte, also sicher auch mit einem Kern, rotiert dagegen zu langsam: Ein (siderischer) Venustag entspricht rund 243 Erdtagen.

Das Magnetfeld schirmt den lebensfeindlichen »Sonnenwind« ab. Erst die Bildung dieser Schutzfunktion in der Magnetosphäre hat die Entwicklung des Lebens ermöglicht.

2. Im Gegensatz zu allen anderen Planeten hat die Erde einen erheblichen

Sauerstoffanteil, in Durchmischungsgebieten 20,95 Volumenprozent. Dieser Anteil führt zur Bildung der **Ozonosphäre**, der Schicht mit Ozon in 20 bis 40 km Höhe, die das harte und sehr lebensschädliche Ultraviolett des Sonnenlichtes absorbiert. Die Uratmosphäre aller Planeten, auch der Erde, wies keinen freien Sauerstoff auf, obwohl Sauerstoff zu mehr als 90 Volumenprozent am Aufbau der Lithosphäre beteiligt ist (»Oxysphäre« nach V. M. GOLDSCHMIDT). Der erste anorganisch entstandene Anteil an Sauerstoff in der Atmosphäre war und blieb wegen eines Selbstregelungsmechanismus sehr gering. Der Sauerstoff ist ein Produkt der biologischen Tätigkeit. Die Zunahme des Sauerstoffgehaltes erfolgte allerdings sehr langsam. Der »Pasteur-Pegel« mit 1% des heutigen Sauerstoffanteils in der unteren Atmosphäre war vor etwa 700 Millionen Jahren erreicht. Erst vor rund 420 Millionen Jahren war mit dem sog. »Festlands-Pegel« die 10-Prozent-Marke des heutigen Sauerstoffanteils als Voraussetzung für eine funktionierende Ozonschicht gegeben. Bis dahin vollzog sich über drei Milliarden Jahre lang die biologische Evolution im Wasser, da etwa 10 m Wassersäule die gleiche Ultraviolett-Absorptionsfähigkeit aufweisen wie die heutige Ozonschicht. Die dauerhafte Besiedlung des Festlands mit den starken Evolutionsimpulsen war erst etwa bei Erreichen des »Festlands-Pegels« möglich.

3. Die »Kältefallen« der Atmosphäre, d. h. die Gebiete mit Temperaturen weit unter 0 °C, sind die wichtigste Voraussetzung dafür, daß dem Planeten Erde das Wasser erhalten geblieben ist. Wenn Wasser in diese Bereiche gelangt, bilden sich wachsende Eiskeime, die im Schwerefeld der Erde wieder absinken.

Der Planet Erde hat noch eine Reihe weiterer Eigenschaften, die die biologische Evolution begünstigt haben. Infolge der chemischen Pufferwirkung der früheren Ozeane dürfte z. B. der Kohlendioxidgehalt der alten Atmosphäre kaum mehr als das Zehnfache der heutigen Konzentration betragen haben. Die Venus (ohne Ozeane) hat etwa 95 Prozent aus Kohlendioxid zusammensetzt. Der Rest besteht aus Stickstoff, Kohlenmonoxid, Helium, Wasser und Spuren von Sauerstoff. Als Folge der kohlendioxidbedingten »Glashauswirkung« beträgt die Temperatur der Venusoberfläche 400 bis 500 °C. Ihr Boden kann also über weite Gebiete rotglühend sein.

Es mögen noch einige geologisch wichtige Betrachtungen zu den Bewegungen der Erde folgen. Die Rotation, die von West nach Ost gerichtete Umdrehung der Erde um ihre Achse, hat eine Periode von $23^h\ 56^m\ 4^s$. Die kürzeste Periode in unserem Planetensystem hat der Planet Jupiter mit $9^h\ 50^m$. Am langsamsten rotiert Venus mit 242 Tagen $23^h\ 4^m$. Diese Zeiten beziehen sich auf die Fixsterne (siderischer Tag), nicht auf die Sonne; für die Erde wären dies genau 24^h, da die Erde auf ihrer Bahn um die Sonne fortschreitet. Die Rotationsachse der Erde fällt nicht mit ihrer Figurenachse zusammen. Sie bewegt sich um diese auf einem Kegelmantel, wodurch dauernde Polhöhenschwankungen und auch Beanspruchungen des Erdkörpers hervorgerufen werden. Dies gilt weniger für die Präzession der Erde als Folge von Ausgleichsbewegungen der Erdachse gegenüber der Anziehungskraft vor allem von Sonne und Mond. Ihr überlagern sich kurzperiodische Schwankungen der Rotationsachse der Erde, die durch die periodischen Änderungen der Anziehungskraft des Mondes als Folge der Mondbahnänderungen verursacht werden.

Zu diesen Unregelmäßigkeiten der Erdbewegung kommt ihre nicht völlig konstante Rotationsgeschwindigkeit, zu der jahreszeitlich bedingte Änderungen des Trägheitsmomentes der Erde, eine Art »Unwucht«, beitragen, z.B. der Wechsel der Eisbedeckung, Luftmassenverlagerungen und dadurch ausgelöste Wassermassen-Verlagerungen oder die Veränderung des effektiven Erdradius durch die Vegetation.

Man darf nach neueren Überlegungen annehmen, daß diese Abweichungen von einer störungsfreien Rotation im Erdkörper Spannungen hervorrufen, die vor allem das System breitenkreisparalleler Brüche und Bruchzonen begünstigen (»Ost-West-Tektonik«). Dabei spielt der ursprünglich heterogene Strukturbau der Früherde (Bausteine bis Planetoidengröße) mit reliktischen Dichtevariationen und zusätzlichen Trägheitskräften eine begünstigende Rolle. Die langperiodischen Schwankungen der Erdbahnelemente – der Neigung und Form der Erdbahn sowie der Lage des Frühlingspunktes – verursachen in entsprechend langen Zeiträumen Unterschiede in der Sonneneinstrahlung, die sich vielfältig auf das Erdgeschehen auswirken. Der Belgrader Astronom MILANKOVITCH hat die Unterschiede der Sonneneinstrahlung durch diesen Effekt für Nord- und Südhalbkugel berechnet. Die einst postulierte Übereinstimmung der Gliederung der pleistozänen Eiszeitalters in Kalt- und Warmzeiten mit der Strahlungskurve ist weder eindeutig noch überzeugend, so daß man heute die Variation der Erdbahnelemente nicht mehr als entscheidenden Faktor, sondern höchstens als eine zusätzliche Möglichkeit der Klimavariation ansieht.

Sonne, Mond und die Planeten wirken mit ihrem Schwerefeld auf die Erde ein. Sonne und Mond rufen die Gezeiten hervor mit ihrem Wechsel von täglich zweimal Ebbe und Flut. Dabei ist der Einfluß der Sonne mit etwa $^2/_5$ geringer als der des Mondes. Die volkstümliche Ansicht, daß der Mond das irdische

Wetter durch seine Anziehungskraft beeinflußt, muß vom wissenschaftlichen Standpunkt aus abgelehnt werden. Dagegen weist die feste Erde Gezeiten, also elastische Deformationen auf, die denen der Wasserhülle ähnlich sind und mit Hilfe hoch empfindlicher Schweremesser (Gravimeter) registriert werden können. Die Erdkruste wird dabei etwa ± 25 cm gehoben und gesenkt. Auch der Mond unterliegt Gezeitenkräften der Erde, die in seiner frühen Entwicklung durch Gezeitenreibung zu der gebundenen Rotation des Mondes geführt haben.

Die Figur der Erde entspricht nur in grober Näherung der Gestalt einer Kugel. Die bekannte Abplattung der Erde beträgt $\frac{a-b}{a} = 1/297$, mit dem Äquatorradius $a = 6378,388$ km und dem Polradius $b = 6356,912$ km. Als Folge der Erdrotation ist unser Planet am Äquator, wo die Fliehkraft am größten ist, wulstartig ausgestülpt. Die Polgebiete bleiben bei der Drehung relativ in Ruhe und sind infolgedessen abgeplattet. Besser wird die Erdfigur durch ein Rotationsellipsoid, etwa das internationale Erdellipsoid, beschrieben, noch besser angenähert durch die geglättete Erdfigur, das **Geoid**. Man kann sich dies anschaulich vorstellen als Fortsetzung des Meeresspiegels in die Kontinente hinein, etwa als Wasseroberfläche in einem kontinentalen Kanalsystem. Die Schwerkraft steht auf der Wasseroberfläche im Ruhezustand überall senkrecht (Niveaufläche). Hieraus ergibt sich der Zusammenhang von Geodäsie und Gravimetrie. Im Bereich von Schwereanomalien findet man Lotstörungen, so daß die zum Lot immer senkrechte Geoidfläche entsprechend gekrümmt verläuft. Durch die Vermessung der Erdfigur von Satelliten aus bzw. mit Hilfe von Satelliten ist bekannt geworden, daß die Erdpole nicht völlig symmetrisch angeordnet sind. Der Nordpol befindet sich etwa 20 m mehr von der Äquatorebene entfernt, als nach dem Erdellipsoid zu erwarten wäre, der Südpol dagegen um rund 25 m näher. Die Erde hat also eine leicht deformierte Gestalt. Auch an anderen Stellen der Geoidoberfläche finden sich z. T. sogar größere Abweichungen vom Erdellipsoid.

Die Masse der Erde beträgt $5,975 \cdot 10^{24}$ kg, ihre mittlere Dichte liegt bei $5,52$ g/cm^3, und das Volumen der Erde ist mit $1,08332 \cdot 10^{12}$ km^3 bestimmt worden. Die Erdoberfläche mißt 510100933 km^2 und gliedert sich in Kontinente und Ozeane (rund 71% der Oberfläche). Die Verteilung von Land und Wasser ist sehr ungleich. Im Norden liegen um das Nordpolarmeer die Kontinentalmassen Europa, Asien und Amerika nur durch mehr oder weniger schmale Meeresgebiete voneinander getrennt. Auf der Südhalbkugel findet man riesige Wasserflächen, in die halbinsel- oder inselartig z. T. zugespitzte Kontinente hineinragen. Der Südpol wird dagegen von der Landmasse Antarktika eingenommen. 50 Prozent der Kontinentalfläche der Erde befindet sich auf der Nordhalbkugel, 90 Prozent der Meeresfläche auf der Südhalbkugel.

Eine statistische Darstellung der Höhen der Erdoberfläche als **hypsometrische Kurve** zeigt zwei Stufen der hauptsächlichen Höhenbereiche. Die größte Fläche mit knapp 300 Millionen km^2 nehmen die Tiefseebereiche ein. Die höhere Stufe entspricht den Kontinentaltafeln mit etwa 125 Mio. km^2. Die ihr zuzuordnenden Höhen liegen vor allem zwischen 1000 m und -200 m.

Jeder Punkt auf der Erdoberfläche wird durch ein Koordinatensystem bestimmt, das von der Lage der Rotationsachse der Erde ausgeht, die geographische Breite und Länge. Die Erdoberfläche wird an den Polen von der Rotationsachse durchstoßen. Die zu dieser Achse senkrechte Ebene im Erdmittelpunkt ist die Äquatorebene, ihr Schnitt mit der Erdoberfläche der **Äquator**. Die magnetischen Pole der Erde fallen nicht mit den Rotationspolen zusammen, weshalb sich die Mißweisung oder Deklination der Kompaßnadel ergibt. Man kann das magnetische Hauptfeld in erster Näherung durch einen Dipol im Erdinneren beschreiben, der um 11,5° gegen die Rotationsachse geneigt ist. Wenn man die Richtung dieses Dipols verlängert, erhält man die magnetische Erdachse und als deren Schnitt mit der Erdoberfläche die magnetischen Pole.

Der magnetische Nordpol z. B. liegt in Nordwest-Grönland. Zieht man das am besten passende Dipolfeld vom tatsächlichen Magnetfeld ab, so erhält man das Nicht-Dipolfeld. Dieses ist durch großflächige Anomalien gekennzeichnet, die bis zu einem Viertel des erdmagnetischen Feldes erreichen. Man nimmt an, daß dieses Nicht-Dipolfeld seinen Sitz ebenfalls sehr tief im Erdinneren hat, vermutlich nahe der Kern-Mantel-Grenze, und auf Bereiche turbulenter Zirkulation zurückzuführen ist.

Paläomagnetische Untersuchungen an Gesteinen zeigen, daß sich das magnetische Erdfeld im Laufe der Erdgeschichte umgekehrt haben muß, da rund 50 Prozent aller Gesteine dem heutigen Erdfeld entgegengesetzt magnetisiert sind. In Zeiträumen von etwa 1 Mio Jahre, den Polaritätsepochen, aber auch von rund 100000 Jahren, den Events, hat sich das magnetische Erdfeld umgekehrt. Während der Mechanismus der wiederkehrenden Umpolung nicht völlig klar ist, dürfte diese für die Frage des Einbruchs des »Sonnenwindes« und die Auswirkungen auf die damalige Biosphäre wichtig sein. Nach paläontologischen Untersuchungen sind keine tiefgreifenden Störungen der Biosphäre als Folge der Umpolung des Magnetfeldes zu verzeichnen. Die Ursache dafür liegt wahrscheinlich in dem Wechselspiel zwischen Dipol- und Nicht-Dipolfeld. Die Tatsache, daß die wechselnde Polarität des Erdmagnetfeldes sich in der Magnetisierung der Gesteine fossil erhalten hat, ist geologisch von großer Bedeutung.

Paläomagnetische und andere Untersuchungen zeigen, daß die Pole der Erde im Laufe der geologischen Entwicklung gewandert sind bzw. sich die Kontinente verschoben haben.
R. Lauterbach

Das Sternzeitalter der Erde

Den erdgeschichtlichen Ären und Perioden geht jene Zeit voraus, in der sich die Erde gebildet hat und als Einzelkörper entstanden ist. Diese älteste Vergangenheit der Erde zu untersuchen ist eine Teilaufgabe der **Kosmogonie** und damit zugleich ein spezielles Problem der Astrophysik und Geophysik. Während sich die Geologie im wesentlichen mit der Erdrinde und deren Entwicklung beschäftigt, sucht die kosmogonische Forschung die Prozesse zu erschließen, die zur Entstehung des Weltkörpers Erde geführt und seine Entwicklung in der Anfangsphase, der vorgeologischen Zeit (S. 42), und der vorangegangenen Sternzeit bestimmt haben. Dazu ist es notwendig, die Erde als Ganzes, als Planet zu betrachten. Für die Lösung der schwierigen und z. T. noch immer spekulativen Probleme der Kosmogonie müssen auch zahlreiche Ergebnisse der Astronomie, Astrophysik und Himmelsmechanik, der Geologie, Geophysik und Geochemie sowie der Physik (z. B. Hydrodynamik, Plasmaphysik, Atomphysik) und der Chemie mit herangezogen werden.

Das auf Grund des radioaktiven Zerfalls der Elemente bestimmten absolute Alter von Gesteinen (vgl. S. 283) weist darauf hin, daß die Materie der Erdoberfläche vor etwa 4,5 bis 4 Milliarden Jahren aus einem gasförmigen oder flüssigen Zustand primär erstarrt sein muß. Es ist naheliegend, diesen Vorgang der Bildung einer festen Erdkruste als Abschluß des Entstehungsprozesses der Gesamterde anzusehen. Das Alter der Erde beträgt etwa 4,6 bis 4,7 Milliarden Jahre.

Natürlich ist es unmöglich, eine kosmogonische Theorie allein für die Erde zu entwerfen, ohne das gesamte Sonnensystem zu berücksichtigen, in das die Erde eingegliedert ist. Die übereinstimmenden Bewegungsverhältnisse und Ähnlichkeiten in der physischen Beschaffenheit der Planeten weisen deutlich auf einen gemeinsamen Ursprung dieser Weltkörperfamilie hin. Das Sonnensystem wiederum ist ein Bestandteil des galaktischen Systems, dessen Struktur und Entwicklung einen wesentlichen Einfluß auf die Entstehung des Sonnensystems hatte.

Da die bisherige Beobachtungszeit äußerst kurz ist im Vergleich zu den Zeiträumen, in denen sich kosmische Objekte normalerweise entwickeln, stehen für die Beantwortung aller Fragen, die die Kosmogonie betreffen, kaum unmittelbare Beobachtungstatsachen zur Verfügung. Deshalb können lediglich folgende Wege beschritten werden:

1. Untersuchung des gegenwärtigen Zustandes und der gegenwärtig herrschenden Gesetzmäßigkeiten, die als »Randbedingungen« den Entstehungsprozeß theoretisch mitbestimmen, verbunden mit der Suche nach Hinweisen darauf, daß die individuellen Unterschiede des Jetztzustandes ähnlicher kosmischer Objekte als verschiedene Entwicklungsphasen gedeutet werden können. d. h. die Erklärung des räumlichen Nebeneinander als zeitliches Nacheinander, was bezüglich der Sterne weitgehend zutrifft.

2. Suche nach Entwicklungsvorgängen im Weltall, d. h. nach Beobachtungen, die irreversible Veränderungen kosmischer Objekte erkennen lassen und deshalb einen Rückschluß auf die Entstehung dieser Objekte und anderer ähnlicher Himmelskörper ermöglichen könnten. Solche Vorgänge sind vereinzelt beobachtet worden.

3. Theoretische Durchrechnung der Entstehung und Entwicklung eines kosmischen Objektes mit Hilfe der physikalischen Gesetze und der bekannten Zustandsgrößen. Bei Berücksichtigung aller Zusammenhänge und aller Parameter müßten sich für bestimmte Zeitpunkte die gegenwärtig beobachtbaren Zustände und Entwicklungsvorgänge ergeben. Dieser Weg hat bei der Theorie der Sternentwicklung zu beachtlichen Erfolgen geführt.

Einige der für kosmogonische Überlegungen wichtigen Fakten und Resultate sind im folgenden zusammengestellt.

Voraussetzung für die Aufstellung einer Hypothese bzw. Theorie der Entstehung der Erde ist die möglichst genaue Kenntnis der Parameter unseres Planeten. Hierzu gehören insbesondere der Aufbau des Erdkörpers, seine Schalenstruktur, die Verteilung von Druck, Temperatur und Dichte innerhalb der Erde sowie die chemische und mineralogische Zusammensetzung der Materie der Erde. Wegen der komplizierten Zustandsgleichung kondensierter Materie bei hohen Drücken und der bestehenden Unsicherheit über die chemische Zusammensetzung des Erdkerns ist die Situation so, daß der innere Aufbau weit entfernter Sterne wesentlich besser bekannt ist als der unserer Erde. Weiter können die Zusammensetzung der Atmosphäre und die Oberflächenformen (Geomorphologie) für kosmogonische Fragen wichtig werden.

Aufschlußreich ist ein detaillierter Vergleich der Erde mit anderen, besonders den terrestrischen Planeten und dem Mond, die ähnlich aufgebaut und offensichtlich auf ähnliche Weise entstanden sind. Das betrifft neben globalen Parametern, wie Masse, Dichte, Rotation, insbesondere die Oberflächenstrukturen, den inneren Aufbau, die Atmosphäre sowie die Zusammensetzung und das Alter der Gesteine. Durch neue Forschungsmethoden (Radar, Raumsonden) konnten in den vergangenen zwei Jahrzehnten wertvolle Erkenntnisse gewonnen werden, die wesentlich über den durch die »klassische« Astronomie und Astrophysik erzielten Wissensstand hinausgehen, beispielsweise hinsichtlich der Tektonik, des Vulkanismus und der Einschlagkrater der Mars-, Merkur- und Venusoberfläche oder hinsichtlich der inneren Schalenstruktur des Mondes. Kosmogonisch wichtige Resultate lieferte die sorgfältige Untersuchung außerirdischer Materie, die durch Meteorite und seit 1969 durch das von der Mondoberfläche zur Erde gebrachte Gesteinsmaterial zugänglich geworden ist. Eines der wissenschaftlichen Hauptmotive der Monderkundung mit raumfahrttechnischen Mitteln besteht darin, Informationen über frühe Entwicklungsphasen planetarer Körper zu gewinnen, deren Spuren auf dem Mond wesentlich besser konserviert wurden als auf der durch Tektonik und Verwitterung ständig umgeformten Erdoberfläche. Als in mancher Hinsicht noch ursprünglicher hat sich Meteoritenmaterial erwiesen, insbesondere das der chondritischen Steinmeteoriten.

Von besonders großer Bedeutung in kosmogonischer Hinsicht ist die Struktur des Sonnensystems, die durch einen hohen Grad von Ordnung und Stabilität gekennzeichnet ist. Die wichtigsten Gesetzmäßigkeiten des Planetensystems sind: 1) die Konzentration der Materie in wenigen Massenanhäufungen (Sonne, Planeten, Monde), während der übrige Raum fast leer ist; 2) das Abstandsgesetz der Planeten, beschreibbar z. B. durch die Formel von TITIUS-BODE; 3) die gemeinsame Bewegungsrichtung der Planeten und die geringe Neigung der Bahnen gegeneinander; 4) die kleine Exzentrizität der Bahnen; 5) die mit der Richtung der Bahnbewegung übereinstimmende Rotationsrichtung der meisten Planeten; 6) die Massenverteilung der Planeten und der Gegensatz zwischen den massearmen inneren und den massereichen äußeren Planeten; 7) die Drehimpulsverteilung im Planetensystem, wobei auf 0,13 Prozent der Gesamtmasse (die Planeten) über 99 Prozent des Gesamtdrehimpulses entfallen; 8) die Unterschiede in der chemischen Zusammensetzung zwischen den erdähnlichen und den jupiterähnlichen Planeten, wobei die kosmisch häufigsten, aber leicht flüchtigen Elemente Wasserstoff und Helium prozentual um so häufiger vorkommen, je größer die Masse und je niedriger die Temperatur der Atmosphäre ist im Gegensatz zur übereinstimmenden Zusammensetzung der kondensierten silikatischen und metallischen Bestandteile; 9) die analogen Gesetzmäßigkeiten bei den regulären Satellitsystemen des Jupiter, Saturn und Uranus.

Hinzu kommen einige Besonderheiten und Ausnahmefälle, die eine spezielle Erklärung erfordern, z. B. die Asteroiden, die Plutobahn, die Ringsysteme einiger Planeten, einige rückläufige Bewegungen. Dazu gehört auch das Erde-Mond-System. Eine Sonderrolle spielen die Kometen, die sich meist in großen Entfernungen von der Sonne aufhalten und zugleich die einzigen Körper des Sonnensystems sind, bei denen mit Sicherheit wesentliche irreversible Entwicklungsvorgänge beobachtet worden sind (Auflösung von Kometenkernen).

Da die Sonne ein typischer Stern mit durchschnittlichen Parametern ist, gewinnt ein Vergleich mit anderen, ähnlichen Sternen und jede Information über die Sternentwicklung an Bedeutung für die Frage nach der Entstehung des solaren Planetensystems. Während die mechanischen Eigenschaften der Planeten großenteils schon seit längerer Zeit bekannt sind, hat die stellare Astrophysik gemeinsam mit Astrometrie und Stellarstatistik eine Fülle von neuem Beobachtungsmaterial zusammengetragen, besonders über die Bewegung der Sterne und ihre räumliche Verteilung, über ihre Zustandsgrößen (Masse, Oberflächentemperatur, Radius, Leuchtkraft, chemische Zusammensetzung, Rotation, Magnetfelder u. a.) und über die wichtigen Korrelationen zwischen diesen Zustandsgrößen, wie das HERTZSPRUNG-RUSSELL-(HR-) Diagramm (zwischen Oberflächentemperatur und Leuchtkraft) und die Masse-Leuchtkraft-Beziehung. Weiter wäre die Erforschung der interstellaren Materie als Ausgangsmaterial für die Sternentstehung zu erwähnen. In einzelnen Fällen konnten auch Entwicklungsprozesse beobachtet werden, z. B. Supernova-Ausbrüche, die divergierende Eigenbewegung von Sternassoziationen, die auf einen gemeinsamen Ursprung schließen läßt, die Entstehung von Verdichtungen in interstellaren Gasnebeln und irreversible Veränderungen von Amplituden und Perioden bei veränderlichen Sternen und Pulsaren.

Gleichzeitig bildete sich die Theorie vom inneren Aufbau der Sterne heraus, die – ausgehend von Gleichgewichtsbedingungen sowie Beziehungen zwischen Energieproduktion und -transport – durch zahlreiche Modellrechnungen viele Probleme der Stabilität der Sterne, der Kopplung ihrer Zustandsgrößen, der zeitlichen Veränderung ihrer chemischen Zusammensetzung und damit ihrer Entwicklung weitgehend klären konnte. Danach durchläuft jeder Stern im mittleren Massenbereich folgende Entwicklungsphasen:

1) **Kontraktionsstadium** (gravitative Kontraktion der Materie einer interstellaren Gaswolke, bis eine für Kernreaktionen ausreichende Zentraltemperatur entsteht);

2) **Hauptreihenentwicklung** (der Stern befindet sich auf der Hauptreihe des HR-Diagramms, Wasserstoffverbrennung im Zentrum, zeitlich längste und stabilste Phase der Sternentwicklung);

3) **Übergang zum Riesenzweig** des HR-Diagramms (Wasserstoffverbrennung in einer Kugelschale um den ausgebrannten Kern, Kontraktion des Kerns und Expansion der Hülle des Sterns);

4) **Entwicklung längs des Riesenzweiges** (Heliumverbrennung im Zentrum des Sterns, Wasserstoffverbrennung in einer Kugelschale).

Der weitere Entwicklungsweg ist zumindest in Umrissen bekannt: erneute Kontraktionsphasen, Einsetzen der Kohlenstoff- bzw. Sauerstoffverbrennung usw., Durchlaufen des Veränderlichen- bzw. Nova-Stadiums, Übergang in den Zustand Weißer Zwerge (Erschöpfung der nuklearen Energiequellen), oder – wenn die Masse größer ist – Supernovaausbruch und Kontraktion zum Neutronenstern (Pulsar).

Die raschen Fortschritte in der Theorie der Sternentwicklung sind hauptsächlich der Tatsache zu verdanken, daß sich diese Theorie relativ leicht mathematisch formulieren läßt – zumindest wesentlich leichter als die Theorie der Frühstadien des Planetensystems –, so daß eine quantitative Auswertung mit Rechenautomaten möglich ist. Zahlreiche Beobachtungsergebnisse, die auf Grund dieser Entwicklungsvorstellungen eine einfache Deutung zulassen, stützen die Theorie. Dazu gehören z. B. die HR-Diagramme von Sternhaufen.

Für die Fragen nach der Entstehung eines Planetensystems haben diese so erfolgreichen Untersuchungen jedoch wenige neue Gesichtspunkte und Anregungen ergeben. Dasselbe gilt für die heutigen Vorstellungen über die Entwicklung von Galaxien. Im Gegensatz zum einigermaßen überschaubaren Entwicklungsweg eines Sterns bleiben die Entstehung und der Werdegang des Sonnensystems noch immer problematisch.

Die von einer kosmogonischen Theorie des Planetensystems zu fordernde Leistung besteht darin, die Herausbildung aller jetzigen Eigenschaften und Gesetzmäßigkeiten des Systems als einen notwendigen Prozeß mit Hilfe der allgemeingültigen physikalischen Gesetze und mit den bekannten chemischen Eigenschaften der Materie darzustellen. Der Entwicklungsweg muß bereits durch den Anfangszustand eindeutig festliegen. Von diesem ist jedoch nur bekannt, daß er einen weitaus geringeren Grad an Ordnung und Differenziertheit aufwies als der heutige Zustand: Er war »einfacher«, homogener, chaotischer und offenbar instabil. Möglicherweise wies er gewisse »zufällige« Besonderheiten auf, auf die einige der Irregularitäten des jetzigen Systems zurückgeführt werden könnten. Und irgendwie muß der jetzige Zustand in den Entwicklungsweg eines Sterns einpaßbar sein.

Schon aus dieser Unsicherheit über den Urzustand, den Ausgangspunkt aller kosmogonischen Überlegungen, wird die bunte Vielfalt der Hypothesen verständlich, die in den vergangenen drei Jahrhunderten entstanden sind. Da diese kosmogonischen Hypothesen wegen der Kompliziertheit der Vorgänge größtenteils über eine qualitative und plausibel erscheinende Beschreibung (oder allenfalls halbquantitative Diskussion von Einzelfragen) nicht hinauskommen, entstehen zusätzliche Variationsmöglichkeiten durch das unterschiedliche Gewicht, das die einzelnen Autoren den verschiedenen physikalischen und physikalisch-chemischen Prozessen zuweisen, die bei der Entstehung des Systems eine Rolle gespielt haben können. Im folgenden werden einige wesentliche Gedankengänge skizziert, und es soll eine Klassifizierung versucht werden.

Die wichtigste Unterteilung betrifft den Anfangszustand (A), bei dem es zwei grundsätzlich verschiedene Möglichkeiten gibt:

A 1) Die Entstehung des Planetensystems war ein **selbständiger Prozeß**, der spontan und ohne entscheidende Einwirkung äußerer Kräfte ablief (»monistische« Theorien). Als Anfangszustand des heutigen Sonnensystems kann man annehmen:

A 1a – Eine mehr oder weniger homogene interstellare Gaswolke (oder Gas-Staub-Wolke oder einen Teil einer solchen Wolke, z. B. eine Verdichtung oder ein Turbulenzelement), die durch ihre eigene Gravitation (Kriterium von JEANS) sich zusammenballte und kontrahierte und aus der die Sonne und die Planeten etwa **gleichzeitig** entstanden sind (KANT, FAYE, LIGONDES, NÖLKE, KUIPER, MCCREA, WHIPPLE, CAMERON), wobei die Wolke auch aus einzelnen Verdichtungen (»Flocculi«) bestehen kann (MCCREA). Bei diesem Prozeß könnten äußere Kräfte (vgl. **A 2**) unterstützend mitgewirkt haben, z. B. der Strahlungsdruck von Nachbarsternen oder eine Stoßwelle, ausgelöst durch eine nahe Supernova-Explosion, allerdings nur zur Einleitung der primären Kontraktion. Anomalien in der Isotopen-Zusammensetzung von Meteoriten lassen sich erklären, wenn man annimmt, daß Supernova-Materie in die präsolare Wolke eingeströmt ist (CLAYTON, WASSERBURG, CAMERON und TRURAN). Als Beispiel für eine moderne Theorie der Entwicklung einer solchen kontrahierenden Gas-Staub-Wolke kann das Modell des massiven Sonnennebels von CAMERON (1968) angesehen werden. Die Kontraktion, die zunächst nahezu wie ein freier Fall der Teilchen zum Gravitationszentrum verläuft, wird schließlich verlangsamt und gestoppt durch die wachsende Winkelgeschwindigkeit (Zentrifugalkraft), durch Stöße und innere Reibung, durch Aufheizung und durch den wachsenden Strahlungsdruck der zentralen Ursonne.

A 1b – Eine schon früher (auf ähnliche Weise) entstandene Ursonne großer Ausdehnung, aus deren äußeren Materieschichten sich in einem **späteren** Entwicklungsstadium bei weiterer Kontraktion der Ursonne die Planeten bildeten (LAPLACE, v. WEIZSÄCKER, BERLAGE, FESSENKOW, HOYLE, EGYED, GUREVICH und LEBEDINSKI).

Die Unterscheidung zwischen *A 1a* und *A 1b* ist nicht immer willkürfrei möglich, und es gibt Zwischenstufen. Eine dritte Variante wäre die Auffassung, das Sonnensystem hätte sich aus einem degenerierten Doppelstern entwickelt, dessen zweite Komponente schon bei der Entstehung zerfiel (KUIPER).

Die Hypothese von LAPLACE (1796) war die herrschende kosmogonische Ansicht des 19. Jh. Danach lösten sich von der kontrahierenden Sonne durch die Fliehkraft am Äquator Materieringe ab, aus denen sich später die Planeten bildeten (Rotationsinstabilität der Sonne, deshalb: Rotations-Nebularhypothese). Gegen dieses Modell gibt es eine Reihe schwerwiegender Einwände (BABINET, FOUCHÉ, MOULTON, NÖLKE): Die Ablösung und besonders die Möglichkeit der Zusammenballung der Ringe sind zweifelhaft (s. u.), der kleine Drehimpuls der Sonne und die Neigung ihres Äquators gegen die Planetenbahnen bleiben unverständlich. Diese Mängel konnten z. T. durch die modernen Versionen von BERLAGE (1957) und HOYLE (1960) überwunden werden. Verwandt sind auch die Vorstellungen von FESSENKOW.

A 2) Die Entstehung des Planetensystems war ein **unselbständiger Prozeß**, der nur durch Einwirkung äußerer Kräfte möglich war bzw. erzwungen wurde (»dualistische« Theorien). Die Planeten entstanden **später** als die Sonne. Der Anfangszustand könnte beispielsweise gewesen sein:

A 2a – Die Sonne und ein zweiter Weltkörper (Stern), der bei einer nahen Bewegung mit der Sonne durch Gezeitenkräfte oder auch bei einem streifenden Zusammenstoß die Materie aus der Sonne herausriß. Aus dieser Materie bildeten sich später die Planeten (BUFFON, BICKERTON, ZEHNDER, CHAMBERLIN und MOULTON, JEANS und JEFFREYS, ARRHENIUS, LYTTLETON, WOOLFSON, HOYLE, GUNN, BANERJI und SRIVASTARA).

A 2b – Die Sonne und ein zweiter Stern, der in der Nähe der Sonne einen Nova- oder Supernova-Ausbruch erlebte. Aus der dabei in den Raum geschleuderten Materie, die teilweise von der Sonne eingefangen wurde, bildeten sich die Planeten. Möglicherweise könnte dieser zweite Stern ursprünglich mit der Sonne in einem Doppelsternsystem vereinigt gewesen sein (dasselbe gilt sinngemäß auch für *A 2a*), oder es war noch ein dritter Stern beteiligt (LYTTLETON, HOYLE).

A 2c – Die Sonne und eine interstellare Gas-Staub-Wolke, die bei einer Begegnung z. T. von der Sonne eingefangen wurde und aus der dann die Planeten entstanden (SCHMIDT, ALFVÉN, LYTTLETON, HOYLE, SEKIGUCHI, BERLAGE).

Hier wären noch weitere Möglichkeiten denkbar, z. B. die Wechselwirkung zwischen zwei kosmischen Wolken (SEE, WHIPPLE), die sich wieder den Vorstellungen von **A 1** nähern. Die Planetesimaltheorie von CHAMBERLIN und MOULTON (1901) bzw. die ähnliche Gezeitenhypothese von JEANS und JEFFREYS (1916), nach der aus der Sonne durch Gezeitenkräfte eines anderen Sternes ein riesiger Gasschweif hervorbrach, der dann in die Planeten zerfiel, wurde Anfang dieses Jahrhunderts eine Zeitlang als Fortschritt gegenüber den Laplaceschen Vorstellungen angesehen. Doch auch bei diesem Erklärungsversuch haben sich erhebliche Schwierigkeiten ergeben (LUYTEN, NÖLKE, SPITZER), die sowohl die Bahnparameter und den Drehimpuls der Planeten als auch die Möglichkeiten für eine Zusammenballung (statt Zerstreuung) der Materie des Gasfilaments zu Planeten betreffen.

Nur dann, wenn eine der Vorstellungen **A 1** zutrifft, kann man die Entstehung eines Planetensystems als einen normalen Begleitvorgang der Sternentwicklung ansehen, der vielleicht bei den meisten Sternen in ähnlicher Weise ablief. Den Hypothesen nach **A 2** haftet dagegen der Charakter des Zufälligen an. Die Bildung eines Planetensystems wäre eine sehr seltene und nicht typische Ausnahmeerscheinung, so daß innerhalb der Galaxis nur wenige derartige Systeme zu erwarten wären. Abgesehen davon, daß diese Schlußfolgerung unbefriedigend ist, hat der Nachweis der Existenz dunkler Weltkörper von der Masse großer Planeten bei einzelnen benachbarten Sternen (aus ihrer Gravitationswirkung) die dualistischen Hypothesen unwahrscheinlich gemacht.

Während manche kosmogonischen Theorien das Schwergewicht auf die Erklärung des Anfangszustandes legen und die anschließenden Prozesse nur skizzieren, beschäftigen sich andere hauptsächlich mit den Fragen der weiteren Entwicklung bis zur Bildung der Planeten.

Der Ausgangspunkt für diese Überlegungen ist also eine ausgedehnte inhomogene Gas-Staub-Wolke, deren Durchmesser mindestens gleich demjenigen des jetzigen Planetensystems ist und in deren Mittelpunkt sich die Sonne befindet oder zumindest eine zentrale Verdichtung, die künftige Sonne. Infolge der Kontraktion und durch Strahlungsabsorption ist die Temperatur dieses Solarnebels in den zentralen Gebieten ziemlich hoch und nimmt nach außen ab. Sofern noch keine einheitliche Bewegungsrichtung vorhanden ist (das kann lediglich im Falle *A 1b* teilweise schon vorausgesetzt werden), gleicht sich die zunächst chaotische Bewegung innerhalb dieser Wolke durch Wechselwirkung zwischen ihren Teilen (Zusammenstöße der festen Partikeln, innere Reibung der Gase, Turbulenzreibung, magneto-hydrodynamische Wechselwirkung) allmählich aus. Rückläufige Strömungen werden abgebremst, und die Bewegungsrichtungen streuen immer weniger um ihren Mittelwert. Dieser Vorgang, den KANT (1755) erstmalig beschrieben hat, ist für die Verringerung der Relativgeschwindigkeiten und damit für die Wirksamkeit der Akkumulationsmechanismen (s. u.) innerhalb des »Sonnennebels« außerordentlich wichtig, ebenso für die weitere Verdichtung der zentralen Ursonne, in der sich drehimpulsarme Materie ansammelt. Nur dann, wenn auf diese Weise eine im wesentlichen einheitlich rotierende, flache, scheibenförmige Gasmasse sich gebildet hat, wird auch die Entstehung der Bewegungsverhältnisse des heutigen Sonnensystems verständlich.

Eine zentrale Rolle im weiteren Entwicklungsgang spielt der **Akkumulationsvorgang**, das Anwachsen der Inhomogenität in der zirkumsolaren Materiewolke, die Ansammlung der Materie in einzelnen (oder vielen) Massenanhäufungen bzw. Verdichtungen und damit schließlich der Zerfall (die Fragmentation) der Wolke in isolierte Urplaneten (Protoplaneten). Für die Erklärung dieser Entwicklungsphase (**E**) stehen sich zwei wesentlich verschiedene Auffassungen gegenüber:

E 1) Die zirkumsolare Gaswolke zerfällt durch Gravitationsinstabilität, ähnlich wie vorher die interstellare Gaswolke bei der Entstehung der Sterne und der Sonne. In der Gasmasse bilden sich zufällige Inhomogenitäten, verursacht z. B. durch die Ungleichförmigkeit ihrer Bewegungsstruktur. Wenn der Massenüberschuß einer Verdichtung genügend groß ist, kontrahiert die Gasmasse um den Verdichtungskern durch ihre eigene Gravitation (evtl. unter Mitwirkung äußerer Kräfte, wie des Strahlungsdruckes der Ursonne oder des Staudruckes von Gasströmungen) bis zu einer Entfernung vom Schwerpunkt, in der die Dissipationskräfte zu überwiegen beginnen (JEANS). So entsteht schließlich an mehreren Stellen ein dichter, isolierter und durch die fast adiabatische Kontraktion auch relativ heißer Gasball, der Protoplanet, der allmählich abkühlt. Die in dieser Gasmasse enthaltenen festen Bestandteile (Meteoriten) sammeln sich im Zentrum. Das gleiche gilt für alle Elemente und Verbindungen mit hoher Kondensationstemperatur, die bei der großen Dichte rasch auskondensieren (vgl. E 2). Auf diese Weise entsteht der feste Planetenkörper, der zunächst von einer riesigen Uratmosphäre der restlichen Gase umgeben ist.

Für diese Hypothese ist offenbar der massenmäßig überwiegende Gasanteil der zirkumsolaren Gas-Staub-Wolke wesentlich (Nebularhypothesen). Voraussetzung für die Wirksamkeit dieses Mechanismus ist eine relativ hohe Dichte des Sonnennebels, eine nicht zu hohe Temperatur und eine geringe Turbulenz. Solche und ähnliche Vorstellungen wurden mehr oder weniger ausgeprägt von KANT, LAPLACE, JEANS und JEFFREYS, FESSENKOW, BERLAGE, SAFRENOW, KUIPER, MCCREA und LYTTLETON vertreten.

E 2) Die zirkumsolare Wolke zerfällt durch Kondensation und adhäsiven Zusammenschluß ihrer festen Bestandteile. Die in der Gaswolke enthaltenen festen Partikeln (kosmischer Staub, Meteoriten) werden mit zunehmender Gasdichte zahlreicher und vergrößern ihre Masse durch Auskondensieren und Ankristallisieren weiterer Bestandteile der Wolke, deren Kondensationstemperatur genügend hoch liegt (Metalle, Oxide, Silikate, Eis usw.). Diese Partikeln wirken als Kondensationskeime, enthalten aber auch infolge Adsorption flüchtige Bestandteile der Wolke. Dabei spielen auch chemische Prozesse eine Rolle, besonders bei der Bildung hochschmelzender Verbindungen, die als erste in fester Form ausgeschieden werden. Bei ihrer ungeordneten Bewegung um das Gravitationszentrum stoßen diese Teilchen untereinander zusammen und bleiben z. T. aneinander haften, wenn ihre Relativgeschwindigkeit in einem günstigen Bereich liegt. Dadurch entstehen immer größere, feste Körper (die Akkumulationsbedingungen sind um so günstiger, je größer das Objekt ist), die man als **Planetesimale** bezeichnet. Durch Zusammenschluß vieler Planetesimale bleiben schließlich nur noch wenige Massen, die Urplaneten, übrig. Sieht man von der bei Zusammenstößen frei werdenden kinetischen Energie ab, sind die Planeten während ihres Wachstums relativ kalt. Sie heizen sich erst nachträglich auf durch Radioaktivität, chemische Umsetzungen usw. Sobald ihre Masse genügend groß geworden ist, bildet sich eine primäre Atmosphäre durch Einfangen von Gasen oder Freiwerden sorbierter bzw. gelöster Gase aus dem Planetenkörper.

Nach diesen Vorstellungen spielen die festen, meteoritischen Bestandteile

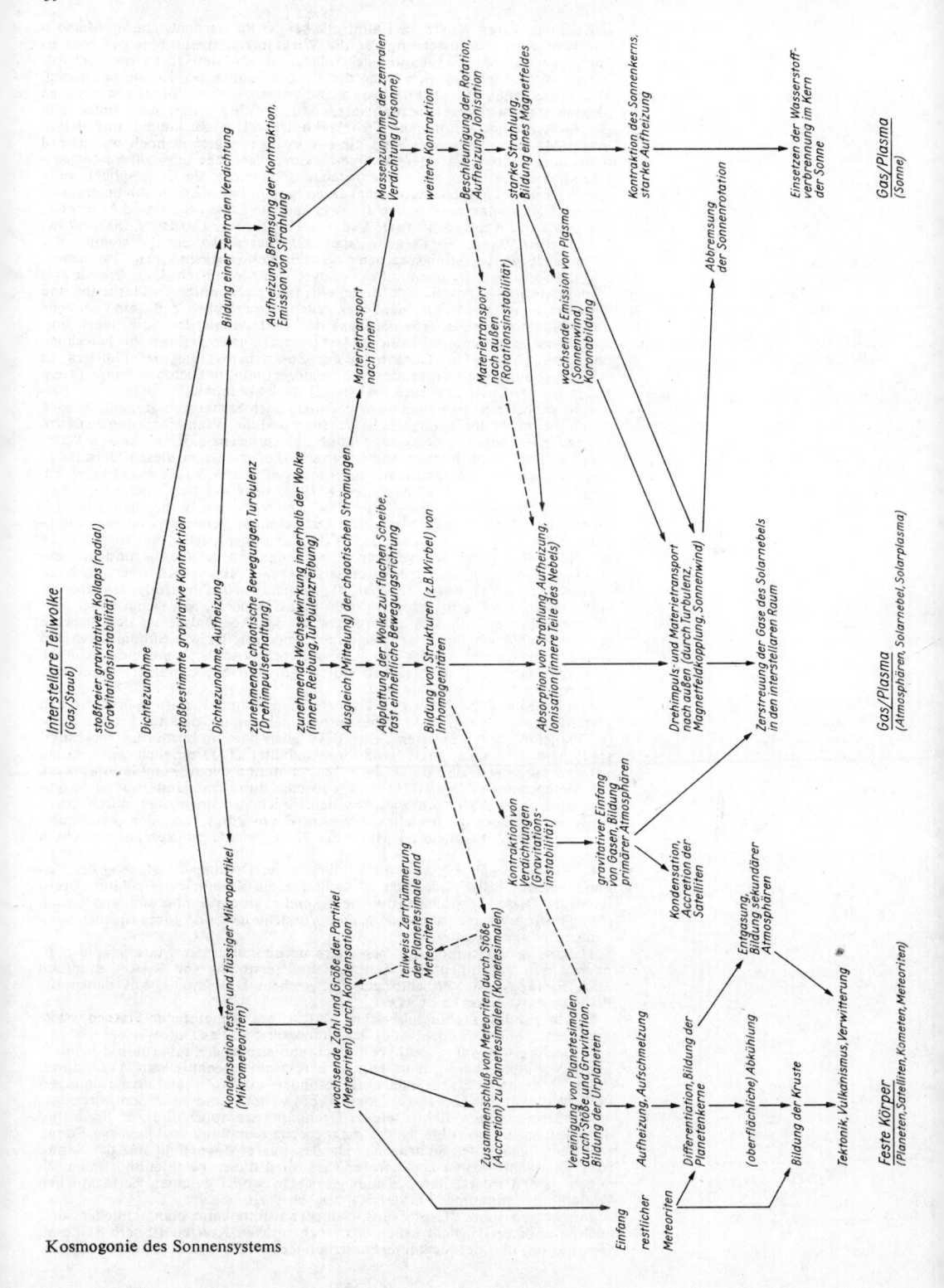

Kosmogonie des Sonnensystems

Interstellare Teilwolke *(Gas/Staub)*

- stoßfreier gravitativer Kollaps (radial) (Gravitationsinstabilität)
- Dichtezunahme
- stoßbestimmte gravitative Kontraktion
- Dichtezunahme, Aufheizung
- zunehmende chaotische Bewegungen, Turbulenz (Drehimpulserhaltung)
- zunehmende Wechselwirkung innerhalb der Wolke (innere Reibung, Turbulenzreibung)
- Ausgleich (Mittelung) der chaotischen Strömungen
- Abplattung der Wolke zur flachen Scheibe, fast einheitliche Bewegungsrichtung
- Bildung von Strukturen (z.B. Wirbel) von Inhomogenitäten
- Absorption von Strahlung, Aufheizung, Ionisation (innere Teile des Nebels)
- Drehimpuls und Materietransport nach außen (durch Turbulenz, Magnetfeldkopplung, Sonnenwind)
- Zerstreuung der Gase des Solarnebels in den interstellaren Raum
- Bildung einer zentralen Verdichtung
- Aufheizung, Bremsung der Kontraktion, Emission von Strahlung
- Massenzunahme der zentralen Verdichtung (Ursonne)
- Materietransport nach innen
- weitere Kontraktion
- Beschleunigung der Rotation, Aufheizung, Ionisation
- Materietransport nach außen (Rotationsinstabilität)
- starke Strahlung, Bildung eines Magnetfeldes
- wachsende Emission von Plasma (Sonnenwind) Koronabildung
- Abbremsung der Sonnenrotation
- Kontraktion des Sonnenkerns, starke Aufheizung
- Einsetzen der Wasserstoffverbrennung im Kern der Sonne

Gas/Plasma *(Sonne)*

- Kondensation fester und flüssiger Mikropartikel (Mikrometeoriten)
- wachsende Zahl und Größe der Partikel (Meteoriten) durch Kondensation
- teilweise Zertrümmerung der Planetesimale und Meteoriten
- Kontraktion von Verdichtungen (Gravitationsinstabilität)
- gravitativer Einfang von Gasen, Bildung primärer Atmosphären
- Kondensation, Accretion der Satelliten
- Zusammenschluß von Meteoriten durch Stöße (Accretion) zu Planetesimalen (Kometesimalen)
- Vereinigung von Planetesimalen durch Stöße und Gravitation, Bildung der Urplaneten
- Aufheizung, Aufschmelzung
- Differentiation, Bildung der Planetenkerne
- (oberflächliche) Abkühlung
- Entgasung, Bildung sekundärer Atmosphären
- Bildung der Kruste
- Tektonik, Vulkanismus, Verwitterung
- Einfang restlicher Meteoriten

Gas/Plasma *(Atmosphären, Solarnebel, Solarplasma)*

Feste Körper *(Planeten, Satelliten, Kometen, Meteoriten)*

der zirkumsolaren Wolke die Hauptrolle bei der Planetenentstehung (Meteoritenhypothese). Voraussetzung für die Wirksamkeit dieses Mechanismus ist ein genügend hoher Staubanteil des Solarnebels und das Überwiegen der Adhäsion und Agglomeration über die Fragmentation bei Zusammenstößen. Die Einzelheiten dieser Fusionsprozesse, die zur Vergrößerung der festen Massen und zur Verkleinerung ihrer Anzahl führen, faßt man unter dem Begriff **Accretion** zusammen. Trotz zahlreicher Untersuchungen und detaillierter Modellvorstellungen sind diese Vorgänge insgesamt noch weitgehend ungeklärt. Günstig ist offenbar eine lockere, plastische oder zähe, »fusionsfreundliche« Konsistenz der Meteoriten und Planetesimale, die möglicherweise Ähnlichkeit mit heutigen Kometenkernen hatten. Beispiele für solche und verwandte Auffassungen enthalten die Arbeiten von CHAMBERLIN und MOULTON, WEIZSÄCKER, UREY, SCHMIDT, ANDERS, CAMERON, SAFRONOW, LYTTLETON, WARD, HILLS u. a. Zugunsten dieser »kalten« Entstehung der Planeten durch Accretion sprechen eine Reihe von geochemischen Argumenten und die Resultate der chemischen Analyse von Meteoriten (UREY) sowie von Mondmaterie, so daß die E 2-Modelle trotz der genannten Unklarheiten und Schwierigkeiten als wahrscheinlicher gelten. Sie erlauben z. B., eine zeitliche und räumliche **Kondensationssequenz** der Bestandteile des Solarnebels entsprechend ihrer unterschiedlichen Kondensationstemperatur zu berechnen und dadurch die Unterschiede in der Zusammensetzung der Planeten zu erklären, da die Temperatur der Nebelmaterie und ihre Dichte von innen nach außen (mit wachsendem Sonnenabstand) stark abnimmt.

Eine wichtige Rolle haben wahrscheinlich auch Strukturen gespielt, die sich durch die innere Bewegung des Solarnebels und die Wechselwirkung zwischen seinen Teilen herausbilden. Der Einfluß der **Turbulenz** z. B. wurde von WEIZSÄCKER, TER HAAR, KUIPER und GAMOW diskutiert. Unter diesen Umständen können sich Wirbel (Zirkulationsströmungen) ausbilden, die entweder ein reguläres Muster bilden (WEIZSÄCKER 1943) oder die sich stochastisch entwickeln und zeitlich variabel sind (KUIPER 1949), was wahrscheinlicher ist. Durch diese Wirbel entstehen wieder Dichteinhomogenitäten und sich durchdringende Materieströme, die den Akkumulationsprozeß begünstigen. Auch die Bildung anderer Konvektionsströmungen, von Jetstreams und konzentrischen Materieringen wurde diskutiert (LAPLACE, BERLAGE, HOYLE, PENDRED und WILLIAMS, TRULSEN, IP, WHITE). Ferner wurden hydrodynamische Instabilitäten in Betracht gezogen (PERRI und CAMERON). Mit vielen dieser Modellvorstellungen läßt sich näherungsweise das Abstandsgesetz der Planeten erklären, obgleich derartige Relationen andererseits, wie Simulationen des Accretionsprozesses gezeigt haben, auch stochastisch sich ausbilden können oder vielleicht erst nachträglich durch gravitative Wechselwirkungen entstehen.

Die Trennung zwischen den Grenzfällen E 1 und E 2 ist in den meisten Hypothesen nicht scharf. Manche Autoren nehmen an, daß nur bei den größten Planeten, in den äußeren Teilen des Nebels oder im letzten Entwicklungsstadium der Urplaneten Gravitationsinstabilität (E 1) möglich war. Häufig wird vorausgesetzt, daß durch die Eigengravitation der Akkumulationsprozeß der Meteoriten (E 2) verstärkt wird, entweder durch bahnändernde und kollisionsfördernde Störungen zwischen den Teilchenströmen oder durch gravitative Vergrößerung des effektiven Accretionsradius, der den »Stoßquerschnitt« bestimmt, sobald die Masse der Planetesimale genügend angewachsen ist.

Ein wichtiges Problem ist die Erklärung der **Drehimpulsverteilung** des Planetensystems, insbesondere die Ursache für die Kleinheit des solaren Drehimpulses. Diese Eigenschaft ist keine Besonderheit der Sonne, sondern typisch für späte Hauptreihensterne. Folgende Vorstellungen und Mechanismen wurden in Erwägung gezogen:

1) Bildung der Sonne aus besonders drehimpulsarmer Materie, die z. B. nach Zusammenstößen zum Zentrum sank (erstmalig von KANT), eventuell auch Einfang von Verdichtungen mit großem Drehimpuls, aus denen die Planeten entstanden (MCCREA).

2) Abtrennung drehimpulsreicher Materie am Äquator der Sonne; starke Teilchenstrahlung (Sonnenwind) der Ursonne (z. B. FESSENKOW).

3) Drehpulstransport, gekoppelt mit Materietransport, innerhalb des Solarnebels von innen nach außen. Dies ist bereits auf mechanischem Wege, durch innere Reibung im Gas, verstärkt insbesondere durch Zirkulationsströmungen (z. B. WEIZSÄCKER, CAMERON) möglich. Ein weiterer und besonders wirkungsvoller Mechanismus, der zu einem Drehimpulstransport und zur Bremsung der Sonnenrotation führt, ist die magnetische Kopplung zwischen der Sonne und dem Plasma des Solarnebels. Da das solare Magnetfeld mit der Sonne rotiert und im Plasma »eingefroren« ist, wird dieses beschleunigt und nach außen in den interstellaren Raum getrieben, wobei es einen beträchtlichen Drehimpuls mitnimmt (ALFVÉN, KUIPER, HOYLE u. a.).

Aus der Existenz dieses Transportmechanismus kann man schließen, daß auch in anderer Hinsicht neben den mechanischen Kräften (innere Reibung, Gravitation) und der Strahlung zusätzlich elektrische und besonders magnetische Kräfte einen wesentlichen Einfluß auf die Entwicklung des Sonnennebels ausgeübt haben. Eine solche Einwirkung ist jedoch nur möglich, wenn die Gase des Nebels wenigstens teilweise ionisiert und allgemeine Magnetfelder bzw. elektrische Felder in der Wolke vorhanden waren, insbesondere ein starkes Magnetfeld der Ursonne. Von dieser Annahme gehen z. B. BIRKELAND, BERLAGE und ALFVÉN aus. Konsequenzen dieser Voraussetzungen, die erst in einem späteren Entwicklungsstadium des kontrahierenden Solarnebels erfüllt sind, wenn die Temperatur der Ursonne genügend hoch geworden ist und eine merkliche UV-Strahlung von ihr ausgeht, können z. B. Anreicherungen bestimmter Elemente oder Verbindungen in verschiedenen Entfernungsbereichen sein. Die Folge sind Unterschiede in der chemischen Zusammensetzung der Planeten.

In der Umgebung der entstehenden äußeren, massereichen Urplaneten, die weniger von der Ursonne beeinflußt wurden als die inneren Planeten, konnten sich ähnliche Prozesse abspielen wie im Solarnebel selbst. Dadurch wurden die regulären Satellitensysteme dieser Planeten gebildet. Die Notwendigkeit einer analogen kosmogonischen Erklärung für diese Systeme wurde vor allem von ALFVÉN betont.

Über die weiteren Entwicklungsstadien gehen die Ansichten noch auseinander, wenn auch grundsätzlich klar ist (z. B. KUIPER), daß die Reste des zirkumsolaren Nebels durch Strahlungsaufheizung und Diffusion in den interstellaren Raum entwichen sind bzw. durch den zunehmenden solaren Strahlungsdruck und die Korpuskularstrahlung der Sonne (Sonnenwind) hinausgefegt wurden. Dabei hat die beschriebene magnetische Kopplung mitgewirkt, und die Urplaneten verloren einen erheblichen Teil ihrer Masse. Vor allem blieben die mächtigen, wasserstoffreichen Uratmosphären der inneren Planeten, die unter besonders starken Sonneneinfluß gerieten und deren Temperatur fast ausschließlich durch die Sonnenstrahlung bestimmt wird, nur relativ kurze Zeit erhalten. Durch die thermische und die kinetische Energie der eingefangenen Meteoriten und Planetesimale, durch chemische Reaktionen und vor allem durch kurzlebige radioaktive Substanzen wurden die Planetenkörper großenteils aufgeschmolzen, und die primäre gravitative Differentiation setzte ein (u. a. Entstehung der Planetenkerne aus schweren Elementen, vor allem Eisen). Es gibt jedoch auch die Hypothese, daß sich diese Kerne bereits bei der Accretion als erste bildeten mit späterer Anlagerung der Mantelmaterie. Durch Entgasung entwickelte sich eine sekundäre, kohlendioxidreiche Atmosphäre. Nach Abkühlung entstand schließlich mehr als eine halbe Milliarde Jahre nach der Zusammenballung der Planetenmaterie im Falle der Erde die primäre Kruste, deren Stabilität infolge eines starken Vulkanismus und intensiver tektonischer Bewegungen anfangs vermutlich recht gering war. In diese Phase fällt auch die Kondensation des Wasserdampfes, ein Vorgang, der zumindest bei der Erde, vielleicht auch beim Mars, die weitere Umgestaltung der Oberfläche entscheidend beeinflußt hat. Übriggebliebene meteoritische Körper des interplanetaren Raumes wurden z. T. noch von den Planeten und Satelliten eingefangen. Das rasche Abklingen der Aufschlagrate ist aus Untersuchungen der Krater auf der Oberfläche des Mondes und der terrestrischen Planeten ableitbar. Ein anderer Teil dieser restlichen Meteoriten stürzte schließlich in die Sonne.

Der Mond ist entweder in der Nähe der Erde hauptsächlich aus leichteren und schwerschmelzbaren Kondensationsprodukten entstanden oder er war ein ursprünglich selbständiger Planet, der in einer frühen Entwicklungsphase von der Erde eingefangen wurde. Die Annahme seiner Abtrennung von der Erde gilt heute als nicht sehr wahrscheinlich.

Neben dem Einfang interplanetarer Materie besteht auch die Möglichkeit, daß in der Frühphase der Planeten Materie durch eruptive Prozesse wieder in den interplanetaren Raum geschleudert wurde (AMBARZUMJAN). Die Auffassung, daß Sterne und Planetensysteme generell aus der Explosion prästellarer überdichter Objekte entstanden seien, wird allerdings nur von wenigen Astrophysikern geteilt.

Um aus der verwirrenden Vielzahl der Gedanken, die nur unvollständig dargestellt werden konnten, ein Resümee zu ziehen, erscheint es zweckmäßig, einige derjenigen Vorstellungen von der Entstehung der Erde zusammenzufassen, die gegenwärtig einigermaßen feststehen oder zumindest als wahrscheinlich angesehen werden können:

1) Zur Zeit der Entstehung der Sonne und der Planeten vor annähernd fünf Milliarden Jahren befand sich das galaktische System bereits in einem dem heutigen ähnlichen Zustand. Die Sonne bildete sich in einem an interstellarer Materie reichen Spiralarm (Population I), vermutlich durch Gravitationsinstabilität eines Teilnebels und gravitative Kontraktion, vielleicht nach Triggerung durch einen benachbarten Supernova-Ausbruch.

2) Die Erde ist praktisch gleichzeitig und auf gleiche Weise gemeinsam mit den übrigen Planeten und Monden entstanden, wahrscheinlich auch etwa gleichzeitig mit der Sonne oder nur wenig später.

3) Die Materie der Erde und der anderen Planeten bildete einen Teil einer ausgedehnten, scheibenförmigen, rotierenden Gas-Staub-Wolke, die durch

die Gravitation der Ursonne im Zentrum zusammengehalten wurde. Die Masse dieses Solarnebels kann man auf größenordnungsmäßig 0,1 Sonnenmassen schätzen. Wahrscheinlich ist die Bildung eines solchen Nebels als Endzustand der gravitativen Kontraktion der normale Vorgang bei der Entstehung und Entwicklung der meisten Sterne.

4) Für die Zusammenballung der Planeten und Monde kommen folgende Prozesse in Betracht: Kondensation der nichtflüchtigen Bestandteile der Wolke zu Meteoriten und Akkumulation durch adhäsive Zusammenstöße zwischen den Meteoriten (Accretionsprozeß, Bildung von Planetesimalen, Vereinigung zu Planeten), ferner Gravitationsinstabilität von Verdichtungen in der Wolke und Kontraktion dieser Verdichtungen. Vermutlich haben beide Prozesse eine Rolle gespielt, wenn auch der erste zumindest im inneren Sonnensystem dominierte. Die Ausbildung wesentlicher Strukturen im Solarnebel ist möglich.

5) Aufschmelzung und gravitative Separation der kondensierten Materie im Zentrum der Urplaneten von den gas- und dampfförmigen Bestandteilen, Bildung der festen Planetenkörper, Trennung von Kern und Mantel der Planeten, Bildung der primären Atmosphären.

6) Aufheizung, Ionisation, Auflösung und Wegblasen der Reste der zirkumsolaren Wolke in den interstellaren Raum durch wachsenden Strahlungsdruck der Sonne usw., gleichzeitig Verringerung des solaren Drehimpulses durch magnetische Kopplung an das Plasma des Nebels. Verlust eines großen Teils der primären Atmosphären besonders der sonnennächsten Planeten durch die zunehmende Sonnenstrahlung, Bildung sekundärer Atmosphären durch planetare Entgasung, Entstehung der primären Kruste, Einfang der meisten restlichen Meteoriten.

Abschließend wäre zu sagen, daß man keine der bisherigen detaillierten kosmogonischen Hypothesen als gesicherte Erkenntnis werten darf. Trotz zahlreicher theoretischer Bemühungen und vieler neuer experimenteller Fakten kann im einzelnen noch nicht zwingend und überzeugend der Entwicklungsweg nachgewiesen werden, der zur Bildung der Erde geführt hat. Manche alte Vorstellung ist zwar überholt, aber die Zahl der zu erklärenden Fakten hat sich laufend vergrößert. Obwohl eine gewisse Konvergenz neuerer kosmogonischer Modellvorstellungen zu erkennen ist, steht sich noch eine Reihe kontroverser Auffassungen gegenüber. Es dürfte noch einige Zeit vergehen, bis die Entstehung und Entwicklung des Sonnensystems und damit auch die Entstehung der Erde als geklärt gelten darf.

Von dem Zeitpunkt an, als sich eine feste Gesteinskruste um die Erde bildete, stehen der Forschung im Unterschied zu den vorangegangenen Zeiten mit diesen Gesteinen materielle Zeugen der Entwicklung zur Verfügung, deren genetische Deutung trotz mancher Schwierigkeiten den Geowissenschaften möglich ist.

E. Hantzsche

Die vorgeologische Zeit

Zwischen der Entstehung der Erde als Planet durch Zusammenballung einer kosmischen Masse und der geologischen Erdzeit, deren Beginn nach den ältesten bestimmbaren Gesteinen auf etwa 3800 Jahrmillionen vor der Gegenwart angesetzt wird, liegt die vorgeologische Frühzeit der Erde. Sie umfaßt wahrscheinlich mehr als eine Jahrmilliarde; denn die Erde ist nach den neuesten Berechnungen vor rund 4,6 bis 4,7 Milliarden Jahren entstanden. Dieses erste Entwicklungsstadium unseres Planeten dauerte also fast doppelt so lange wie die seit Beginn des Kambriums vor rund 570 Jahrmillionen verstrichene »eigentliche geologische Zeit«, in der die Erdgeschichte Phase um Phase und Schicht um Schicht genauer verfolgbar ist. Was in der ersten Jahrmilliarde geschehen ist, war für die Entwicklung der Erdkruste in der gesamten Folgezeit von sehr großer Tragweite. Aber so viel man über die geologisch im einzelnen erkennbare Spätzeit weiß, so wenig ist man über diese Frühzeit informiert. Man darf jedoch nicht auf einen »Blick in das Dunkel« verzichten; denn man vermag von der Erdgeschichte kein verständliches Gesamtbild zu gewinnen, ohne sich über die Frühzeit des Planeten Vorstellungen zu machen und Hypothesen aufzustellen.

In dieser Frühzeit hat sich die Erdkruste in ihrer primären Form gebildet. Auf ihre Entstehungsweise beziehen sich wesentliche Fragen der Erdgeschichte, die über den geologischen Bereich weit hinausgreifen und etwa wie folgt formuliert werden können:

1) Ist die Erde »heiß« oder »kalt« entstanden?
2) Wie ist es bei kalter Entstehung zu der Trennung von Kruste, Mantel und Kern gekommen?
3) Ist das Sial der Oberkruste vollständig bereits in der primären Phase entstanden, oder hat im Verlauf der Erdgeschichte fortlaufend eine er-

gänzende Neubildung durch Abspaltung aus dem Mantel stattgefunden?
4) Ist das Sial exogener kosmischer Herkunft und durch endogene Neubildung nicht ergänzbar?
5) Welche Wechselbeziehungen bestanden in der primären Phase zwischen Atmosphäre, Hydrosphäre und Lithosphäre, und von welchem Charakter war die Atmosphäre?
6) Welche Rolle spielten Vulkanismus und zyklischer Austausch, Erosion, Sedimentation, Metamorphose, Isostasie und Konvektion?
7) Können aus der Mondoberfläche, deren Ur- und Spätgeschichte offenkundig ist, Analogieschlüsse auf die Urerde gezogen werden?
8) Bedeckte eine Sialschicht in geschlossener Form anfangs die ganze Erde oder nur einen Teil davon, oder bildeten sich zuerst sialische Inseln, aus denen die präkambrischen Schilde entstanden?
9) Gab es gegen Ende der Frühzeit bereits tiefe Ozeane, oder überdeckte ein Flachmeer die ganze Erde?
10) Gab es schon stabile Schilde zwischen tektonisch aktiven Regionen, oder bestand eine einheitliche sialische Pangaea, die später teilweise mobilisiert wurde?
11) Ist die pazifische Hemisphäre in der Frühzeit durch kosmischen Impakt (Zusammenstoß), durch Herausschleuderung des Mondes, durch einen primären Konvektionsvorgang oder auf andere Weise entstanden?
12) War die Erde anfangs größer oder kleiner als heute (Kontraktionshypothese, Expansionshypothese, vgl. Kap. »Geotektonische Hypothesen«, S. 234)?
13) Wurde der Erdkruste in der Frühzeit infolge der Erdrotation ein Muster von Lineamenten aufgeprägt, das permanent blieb und während der ganzen Erdgeschichte die tektonischen Vorgänge mitbestimmte?
14) Bestand die Erdkruste gegen Ende der Frühzeit aus einem Mosaik von stabilen Schollen mit schmalen mobilen Zwischenzonen, oder fanden schnellere und häufigere Driftbewegungen statt als im Mesozoikum und Tertiär?

Alle diese Fragen bieten ein weites Feld für verschiedenartige Hypothesen, angefangen von Vorstellungen, die auf exakten Forschungen basieren, bis zu gewagten Spekulationen. Nur auf begründete Hypothesen soll hier eingegangen werden.

Zu den Fragen 1 und 2: Im 19. Jahrhundert nahm man allgemein an, die Erde wäre unter hohen Temperaturen als glutflüssige Masse entstanden. Dabei ließ sich die Trennung von Kern, Mantel und Kruste durch Seigerung der schweren Bestandteile zum Zentrum hin und die Ausscheidung der leichten zur Oberfläche hin unschwer erklären. Im 20. Jahrhundert gewann die zuerst von H. C. UREY vertretene Hypothese einer kalten Erdentstehung durch Akkumulation von meteoritischem Staub mehr und mehr an Überzeugungskraft. Zwei gewichtige Argumente hierfür seien genannt: a) Chemische Analysen von chondritischem Meteoritenmaterial und von vulkanisch extrudierten Bestandteilen des Erdmantels haben, abgesehen von dem größeren Fe-Gehalt der Meteoriten, weitgehende Übereinstimmungen (UREY, WINOGRADOW) ergeben. b) Bei einer heißen Erdentstehung wären viele in der Erde vorhandene Elemente »herausgekocht« und in den Weltraum abgeblasen worden. – Die Erklärung für eine frühe Trennung von Kern, Mantel und Kruste bot aber Schwierigkeiten. Der Erdmantel ist nach seismischen Daten fest, der Erdkern aber flüssig (vgl. zu den folgenden Ausführungen die Kapitel »Physik der Erde« und »Chemie der Erde«). Eine radioaktive Erhitzung der relativ kalt akkumulierten Masse durch die aktiven Elemente bis zum Erreichen des Schmelzpunktes würde Jahrmilliarden erfordert haben. Eine schnelle Erhitzung muß daher auf kurzlebige radioaktive Elemente zurückgeführt werden. Entscheidend soll dabei das Aluminiumisotop 26 sein, das eine Halbwertszeit von nur dreiviertel Millionen Jahren hat (T. F. GASKELL). So ergaben sich für die Trennungsbewegungen, die wiederum zusätzliche Wärme erzeugten, ausreichende partielle Fluidität und in der Tiefe die für den flüssigen Erdkern erforderlichen Temperaturen.

Zu neuen, vieles klärenden Auffassungen über die Folge der Vorgänge beim Aufbau des Erdkörpers und über die Entstehung seiner hydrostatisch geordneten Schichtungen haben im letzten Jahrzehnt experimentelle petrologische Untersuchungen unter hohen Drücken und Temperaturen beigetragen (u. a. Don L. ANDERSON, S. SAMMIS, A. E. RINGWOOD). Dabei hat sich ergeben, daß die Kondensationstemperaturen der verschiedenen Materialien des Erdkörpers stark differieren. Wenn die Annahme zutrifft, daß die Planeten aus einer überwiegend gasförmigen rotierenden Nebelscheibe mit solarem Zentrum entstanden sind, so haben bei der sehr langsamen Abkühlung dieser Scheibe die Kondensationen zu weit voneinander getrennten Zeiten stattgefunden. Daher sind die Akkumulationen der kompositionell verschiedenen Materialien ebenfalls zu unterschiedlichen Zeiten erfolgt. Statt einer relativ kühlen primären Erdmasse, die aus einem weitgehend homogenen, unter radioaktiver Erwärmung hinreichend fluid gewordenen Materialgemisch bestand, muß man, um eine langsame gravitative Entmischung zu ermöglichen, eine chronologische Folge sich sukzessiv überlagernder Schalen annehmen, die keiner Entmischung bedurften. Die frühesten Kondensate bestanden überwiegend aus CaO, Al_2O_3 und TiO_2, die mit Uran und Thorium stark angereichert und von relativ geringer Dichte waren. Erst das später kondensierende Eisen bildete infolge seiner hohen Dichte größere Akkumulationen und zog diese Oxide an sich, die als eine dünne, Wärme produzierende Schicht den Eisenerdkern umlagerten und mit ihm die primäre Erde bildeten (ANDERSON). Dieser Vorgang muß relativ schnell erfolgt sein, da sich sonst die durch die Umwandlung der kinetischen Energie der zusammenschießenden Bestandteile in thermale Energie entstehende Accretionswärme durch Ausstrahlung verflüchtigt hätte. Damit ist auch die Verflüssigung des Erdkerns erklärt, der nur geringe Mengen an radioaktiven Substanzen zu enthalten scheint.

Dichter als die genannten Oxide waren die Spätkondensate der MgO–FeO–SiO_2-Silikate, die sich sukzessive auf der primären Erde ablagerten und den normalen Olivin–Pyroxen-Mantel der heutigen Erde entstehen ließen. Mit dieser Überlagerung der geringdichten primären Oxide durch die dichteren Fe/Mg-Silikate ergab sich eine gravitative Instabilität, die zu vertikalen Ausgleichsbewegungen führte. ANDERSON nimmt an, daß es dadurch in der Frühzeit zu einer primären großen Umwälzung kam, die er Anorthosit-Ereignis nennt, da Anorthosit das Hauptmineral der Frühkondensat-Gruppe ist. ANDERSON vermutet, daß auch nach diesem Ereignis während der gesamten Erdgeschichte genügend Material von diesen Frühkondensaten in der Tiefe zurückgeblieben ist, um immer von neuem zu chemisch bedingten Aufwärtsströmungen zu führen.

Wesentlich anders ist die Hypothese von A. E. RINGWOOD, der von einem hypothetischen ultrabasischen Mantelgestein, dem Pyrolit, ausgeht. Den Pyrolit betrachtet er als das Muttermaterial besonders der krustalen Basalte. Im Gegensatz zu ANDERSON postuliert RINGWOOD eine stark eisenhaltige und daher besonders dichte unterste Mantelschicht. Diese bestehe aus Spätkondensaten, die zuerst als äußerste Schicht den Mantel überlagert und dort eine dichte harte Außenschale gebildet hätten. Infolge ihrer gravitativen Instabilität seien diese Massen abgesunken und bis zum Erdkern gelangt. Dieser Vorgang habe weitere, wenn auch schwächere konvektive Strömungen im Mantel eingeleitet. Auch auf Grund der neuen experimentellen Ergebnisse werden also immer noch stark voneinander abweichende Hypothesen vertreten. Neuere seismische Ergebnisse über den untersten Mantel scheinen mehr für die Hypothese ANDERSONS zu sprechen.

Zu den Fragen 3 und 4: Die Abspaltung und Ausscheidung von Sial aus dem Material des Mantels durch magmatische Prozesse ist, wenn sie überhaupt erfolgt, auf jeden Fall ein äußerst langsamer Vorgang. Das Vorhandensein der präkambrischen Schilde wäre bei einer kalten Erdentstehung schwer zu erklären. Noch schwieriger ist die Annahme einer Ausscheidung der gesamten sialischen Erdkruste in der ersten Erdperiode. Die Vorgänge und Zustände im obersten Mantel müßten in diesem Falle von denen der späteren Erdzeiten wesentlich verschieden gewesen sein. Die Frage, ob im Verlauf der Erdgeschichte eine ergänzende Erzeugung von Sial stattgefunden hat und weiterhin stattfindet, ist gerade in letzter Zeit lebhaft umstritten. Aus der Tatsache, daß sich die präkambrischen Schilde trotz der in Jahrmilliarden erfolgten starken Abtragung bis heute erhalten haben, könnte auf eine Ergänzung von unten durch aus dem Mantel produziertes Sial geschlossen werden. Andererseits könnten aber auch periodisch durch Transgression entstandene Sedimentschichten immer wieder abgetragen worden sein, so daß die Schilde nur in den Zwischenzeiten denudiert waren.

Das Wachsen der Kontinente durch allmähliche Angliederung von tektonogenetisch entstandenen und dann konsolidierten Gürteln im Sinne von STILLE, die auch als chelogene (schildbildende) Zonen bezeichnet werden (SUTTON), deutet ebenfalls auf eine Neuproduktion von Sial aus dem Mantel. Ob aber ein solcher Prozeß physikochemisch überhaupt möglich ist, ist ungeklärt. Auch ist seit langem bekannt, daß ein Teil der Sedimente in den Geosynklinalen nicht von der Kontinentseite herstammen kann, sondern von der Ozeanseite herangeführt sein muß. Man hat als deren Quelle versunkene Landgebiete (»borderlands«) angenommen. Statt einer Neuproduktion wäre dann ozeanisch eine Aufzehrung von Sial im Mantel erfolgt, wie es die Hypothese der »Ozeanisierung« durch Basifizierung (VAN BEMMELEN, BELOUSSOV) postuliert (S. 243). Eine Erklärung für die Ergänzung der Abtragungsverluste der Kontinente, die wahrscheinlich relativ zu den Ozeanböden nicht flacher, sondern sogar höher geworden sind (z. B. Afrika), wird im Zusammenhang mit Konvektionshypothesen vorgeschlagen (J. GILLULY, J. T. WILSON): Die Gebirgswurzeln der randlichen Orogene werden nach dieser Auffassung durch Unterströmungen von unten erodiert, und ihr sialisches Material wird unter die Kontinente transportiert, wo, wie in Afrika und Westaustralien, große plutonische Aufwölbungen entstehen.

Die grundsätzliche Frage, ob das Sial der Erdkruste in der frühesten Erdzeit vollständig entstanden ist oder bis in die Spätzeit fortlaufend Ergänzungen erhalten hat, läßt sich aus der Erdgeschichte nicht endgültig beantworten.

Daher stehen sich verschiedene Auffassungen schroff gegenüber. So wird die Entwicklung in Ostasien von den einen dahin gedeutet, daß im Präkambrium eine einheitliche, Sibirien und China umfassende und bis an die Inselbögen reichende schildartige Plattform bestanden habe, die durch Geosynklinalen zerteilt und Phase um Phase konsolidierend wieder zusammengefügt wurde. Verfechter der Neubildung von Sial aus basaltmagmatischer Quelle aber sagen, daß eine Anzahl embryonaler Kerne vorhanden gewesen sei, die sich allmählich durch tektonogenetischen Zuwachs aus dem Mantel vergrößerten und zum Kontinent zusammenschlossen (N. P. WASSILKOWSKI).

Eine Sialentstehung großen Umfangs muß im Hinblick auf die alten Schilde unbedingt schon in der ersten Jahrmilliarde der Erde stattgefunden haben. Drei divergierende Hypothesen suchen diesen Vorgang zu deuten. Der Geophysiker F. A. VENING-MEINESZ nahm an, daß vor der Bildung des Erdkerns eine den ganzen Erdkörper von Pol zu Pol durchquerende Konvektionsströmung auf der Aufstromseite das ganze Sial in einem ersten Entmischungsvorgang ausgeworfen hat. Dieses sei dann mit der Außenströmung nach der Gegenseite hingewandert und habe dort eine Sialhalbschale gebildet. Die Scheidung einer kontinentalen von einer pazifischen Hemisphäre (vgl. Frage 11) sollte auf diese Weise erklärt werden.

Der Vulkanologe A. RITTMANN nimmt eine heiß entstandene Erde an, die von einer sehr dichten »Pneumatosphäre« umgeben war und außer dem Wasser der Ozeane auch andere, später kondensierte Substanzen als Gase enthalten habe. Die in den Ozeanen gesammelten kondensierten Gewässer und anderen Bestandteile seien mit der sich konsolidierenden simatischen Kruste in Reaktion getreten und hätten »protosialische« Sedimente erzeugt, die sich durch Metamorphose und Differentiation in die sialische kontinentale Kruste umwandelten. Der Anstoß zu dieser Konzeption war für ihn die Erkenntnis, daß es zwei grundsätzlich verschiedene magmatische Serien gibt, eine simatische und eine sialische, die jede ein spezifisches Maximum aufweisen (S. 78). Diese Bimodalität des Magmatismus, die schon bei den ältesten Gesteinen erkennbar sei, schließe ein Hervorgehen der sialischen aus den simatischen Magmen aus und deute auf eine Bildung des gesamten Sials der Erdkruste unter den Bedingungen der frühesten Erdperiode hin.

Die dritte und jüngste Vorstellung (BERLAGE, VAN BEMMELEN, NIEUWENKAMP) nimmt wie die Auffassung von RITTMANN eine exogene Einwirkung auf die oberste Simaschicht der Erde an, setzt aber eine kalte Erdentstehung und eine Zufuhr leichter Materie aus dem Außenraum voraus. Diese stammt nach dem Astronomen BERLAGE aus einem Staubring, der im Unterschied zu einem zweiten Staubring, aus dem der Mond entstanden sein soll, wegen zu großer Erdnähe keinen Mond erzeugen konnte (vgl. die Saturnringe!), sondern infolge von Turbulenz auf die Erde »herabregnete«. Zwischen der so gebildeten und der Simaschicht kam es in Anwesenheit von Wasser bei radioaktiver Erwärmung sogleich zu Zyklen von Magmatismus, Metamorphose, Erosion und Sedimentation, aus denen die Sialkruste hervorging (siehe Fragen 5, 6 und 8): Es bildeten sich die »bimodalen Serien« RITTMANNS. Die sogenannte Granitschale ist danach nicht eine autonome Urkruste, sondern bereits das Produkt von Kreisläufen.

Diese Hypothese stützt sich u. a. darauf, daß sich die Minerale der ältesten Gesteine von denen der späteren nicht wesentlich unterscheiden und daß sich bei einer allmählichen Sialproduktion im Laufe der Erdgeschichte die Grundbedingungen wesentlich geändert haben müßten. Die auf der einen Hemisphäre dünnere Sialschicht wurde langsam bis in die Spätzeit hinein durch basifizierende »Ozeanisierung« (VAN BEMMELEN) aufgezehrt (vgl. Frage 11), während sich auf der anderen Hemisphäre schildartige Kerne konsolidierten, die nach und nach aus ihrer sialischen Umgebung tektonogenetisch ergänzt wurden und sich zu einer Pangaea zusammenschlossen. Die Autoren weisen darauf hin, daß sich die Geosynklinalen stets auf vorhandener sialischer und nicht auf simatischer Basis entwickelten. Die spätere Ozeanisierung bietet eine Erklärung für eine präkambrische Flachmeerbedeckung der ganzen Erde (vgl. Frage 9) und für die allmähliche Hebung der Kontinente relativ zu den Ozeanböden.

Die vergleichende Geologie von Mond und Erde hat im letzten Jahrzehnt zu Ergebnissen geführt, die Rückschlüsse bezüglich der Frühzeit der Erde ermöglichen (VON BÜLOW). Das Relief des weder Wasser noch Atmosphäre aufweisenden Mondes bietet ein chronologisch analysierbares Bild der Mondgeschichte. Bringt man die nach dem Grade der Zerstörung unterscheidbaren Produkte der einzelnen Perioden in Abzug, so bleibt annähernd die Urkruste des Mondes übrig. Ein Analogieschluß auf die Urkruste der Erde, von der infolge Abtragung, Sedimentation und Tektonogenese nichts mehr erkennbar ist, kann daraus jedoch nur bedingt gezogen werden. Wenn die Zyklen so früh begonnen haben, wie die genannten Hypothesen annehmen, hat ein vergleichbares Urrelief der Erde niemals bestanden. Die Frage ist aber, ob der Vulkanismus der Erde selbst unter Berücksichtigung der Mondkraterlandschaften nicht eher größer war als der des Mondes. Von den Vulkanen der Erde ist wenig übriggeblieben, und ihre Anzahl ist bescheiden, obwohl der Pazifikboden viele Tausende von z. T. sehr großen erloschenen Vulkanen aufweist (S. 160). VON BÜLOW hat darauf hingewiesen, daß Reste von Calderen von 100 und mehr Kilometer Durchmesser aber auch auf der Erde vorhanden sind. Sowohl die Zyklen der genannten Hypothesen als auch die mit dem Emporwandern radioaktiver Elemente verbundenen Strömungsvorgänge müssen in der Frühzeit der Erde von einem gewaltigen Vulkanismus begleitet gewesen sein. Es erscheint daher durchaus möglich, daß das Relief der Urerde trotz Abtragung und Sedimentation in hohem Maße von vulkanisch erzeugten Gebilden beherrscht gewesen ist.

Ein weiteres Vergleichsmoment bietet die Lineamenttektonik des Mondes. Wie wiederum VON BÜLOW nachgewiesen hat, zeigt die Mondoberfläche Lineamentmusterungen, die sich gleichartig über weite Gebiete erstrecken und deren dominierende Richtungen auf Relationen zur Rotation des Mondes hindeuten. Diese Felderung scheint dem Monde in seiner Frühzeit bei einer relativ schnellen Rotation aufgeprägt worden zu sein. Die Bruchsysteme der Erde, (S. 181) von kleinregionalen Musterungen bis zu weit sich erstreckenden Tiefenbrüchen und globalen Schwächeflächennetzen (O. Ch. HILGENBERG, KNETSCH), stammen aus den verschiedensten Erdzeiten, deuten aber z. T. auf Spaltensysteme, die den heute tiefliegenden Schichten der Kontinente in frühester Erdzeit aufgeprägt worden sind und sich in der späteren Tektonik immer von neuem »durchgepaust« haben. Grabenbildungen, strukturelle Trennungslinien und selbst Talanlagen von Strömen werden dadurch in ihrer Richtung beeinflußt. Man unterscheidet diagonale (relativ zum Gradnetz) und meridionale Systeme, die auf Änderungen der Erdabplattung bei sich ändernder Erdrotation zurückgeführt werden. Die diagonalen Systeme dagegen hängen mit scherenden, die meridionalen mit tensionalen und kompressiven Bewegungen zusammen. VON BÜLOW meint, daß sich die lunaren und terrestrischen Scherfugennetze entsprechen, und postuliert eine weitgehende grundsätzliche Gleichheit der die beiden Himmelskörper beherrschenden Bruchsysteme, wobei er die leicht überschaubare Bruchtektonik des Mondes zum Muster für die nicht ohne weiteres überschaubare Geotektonik nimmt. KNETSCH hat versucht, die Bildung entsprechender Spaltennetze mit Hilfe von Rotationsexperimenten nachzuweisen.

Daß sich die Bruchsysteme in den frühesten Gesteinsserien präkambrischer Schilde, besonders Afrikas und Kanadas, in späteren Strukturen z. T. durchgepaust haben, darf als gesichert gelten. Auch die großen Geosuturen mögen z. T. auf sehr frühen Anlagen beruhen. Bezüglich der Relation zur Erdrotation und zum Gradnetz muß aber berücksichtigt werden, daß im Laufe der Erdgeschichte Polwanderungen und Kontinentverschiebungen vor sich gegangen sind. Jede Polwanderung verschiebt das Gradnetz, und jede Verlagerung und Drehung eines Kontinents ändert die Lage seiner Bruchlinien relativ zum Gradnetz. Alle diese Veränderungen zerstören ein ursprüngliches, global einheitliches Richtungsgefüge. Eine kausale Relation eines solchen Gefüges zur Erdachse ist daher nicht mehr erkennbar. Trotzdem ist versucht worden, ein einheitlich ausgerichtetes Muster zu rekonstruieren. HILGENBERG, ein Verfechter der Expansionshypothese (S. 277), fügt die im Mesozoikum verdrifteten Kontinente so zusammen, daß sie eine Erde von etwa dem halben Radius der heutigen vollständig umschließen und zugleich ein globales Gitter von z. T. offenkundigen, größtenteils aber zweifelhaften alten Lineamenten entsteht, das nach einer von ihm rekonstruierten Erdachsenanlage ausgerichtet ist.

Für die Hypothesen über die Frühzeit der Erde ergibt sich eine verschiedene Basis, ob man (nach der heute überholten Kontraktionshypothese) eine um ein Mehrfaches größere und weniger dichte Erde als die gegenwärtige oder (nach der ebenfalls vielfach abgelehnten Expansionshypothese) eine um ein Mehrfaches kleinere und dichtere Erde annimmt. Eine gemäßigte, physikalisch begründbare Version der Expansionstheorie (L. EGYED) stützt sich auf DIRACS umstrittene These von einer allmählichen gesamtkosmischen Abnahme der Gravitationskonstante. Dies und zugleich ein kleinerer Erdradius würden für die Erdkruste der Frühzeit ein Schwerepotential bedeuten, bei dem alle Prozesse unter mit den heutigen nicht vergleichbaren Bedingungen abgelaufen wären. Nach HILGENBERGS Rekonstruktion könnte die Expansion erst mit dem Mesozoikum eingesetzt haben, da die vor der Drift die Erde umhüllenden Kontinente auf einer noch kleineren Erde keinen Platz gehabt hätten.

Zwei Grundanschauungen, die mit Rückschlüssen auf die Frühzeit der Erde verbunden sind, stehen noch heute in lebhafter Kontroverse: der Fixismus, der die Kontinentaldrift verneint, und der sich immer stärker durchsetzende Mobilismus (vgl. Kapitel »Geotektonische Hypothesen«). Von fixistischer Seite wird u. a. ein Urmosaik von stabilen Schollen mit nur schmalen Zwischenzonen und vertikalen Relativbewegungen benachbarter Schollen angenommen, von L. I. KRASNY für Ostasien, von B. B. BROCK für Afrika und für den pazifischen Raum. In extremem Gegensatz hierzu steht die mobilistische Konzeption von WILSON, der die Vorgänge in und unter der Erdkruste von der Frühzeit an als einen globalen Konvektionsprozeß betrachtet. WILSON gebraucht zum Vergleich das Bild der sich umwandelnden und erneuernden Oberflächenschicht in einem Schmelztiegel oder einem Suppenkessel, in dem konvektiv aufsteigende und sich ausbreitende sowie verschluckende, absinkende Strömungen diese Schicht teils erneuern und verzehren (Ozeanböden), teils langsam erstarrende Schlacken- oder Schauminseln erzeugen (alte Schilde).

Infolge der großen Erfolge der Raumflüge, durch die hervorragende Nahaufnahmen der Nachbarplaneten der Erde, vom Monde auch Gesteinsproben, und viele physikalische Beobachtungsdaten zur Erde gelangt sind, hat sich in den letzten beiden Jahrzehnten ein neuer wissenschaftlicher Zweig, die Planetologie, entwickelt. Auf der Grundlage von Beobachtungen, besonders den Nahaufnahmen, können neue Rückschlüsse auf die vorgeologische Frühzeit der Erde gezogen werden. Es hat sich ergeben, daß Mars, Merkur und Mond in ihrer äußeren Morphologie einander sehr ähnlich sind. Allesamt zeigen sie Kraterlandschaften, vulkanische Überflutungsebenen und ähnliche lineare tektonische Phänomene, die auf einen entsprechenden Ursprung und eine entsprechende Evolution schließen lassen, wenn auch im einzelnen erhebliche Unterschiede erkennbar sind. Demgegenüber tritt der abweichende, ja sogar gegensätzliche Charakter des heutigen Erdbildes, bei dem von der Morphologie der Erdfrühzeit nichts erhalten geblieben ist, stärkstens hervor. Nicht nur beim Monde, sondern auch bei Mars und Merkur blieb dagegen davon viel erhalten, da hier offenkundig keine größeren Verschiebungen mit Vernichtung und Neubildung der Lithosphäre stattgefunden haben und die Wirkungen von Erosion und Sedimentation mangels stärkeren Einflusses von Hydro- und Atmosphären relativ gering geblieben sind.

In einem wesentlichen Punkte stimmt die Erde mit Mars, Merkur und Mond dennoch überein, indem die Planeten ebenso wie die Erde einen Gegensatz ihrer Hemisphären zeigen. Die Rückseite des Mondes brachte die Überraschung, daß dort fast kein Maregebiet vorhanden ist und mithin die großen Maria, deren basaltische, tiefliegende Böden den irdischen Ozeanböden ähneln, auf die Vorderseite beschränkt sind. Im Gegensatz zur Erde überwiegt bei weitem das »Land«-Gebiet. Beim Monde kommt hinzu, daß das Zentrum der Masse näher zur Erde liegt als das Zentrum der Gestalt und daß die Mächtigkeit der festen Außenschale vom Zentrum der Vorderseite nach dem der Rückseite hin um ein Mehrfaches zunimmt. Beim Mars sind der Unterschied zwischen der Nord- und Südhemisphäre sowie der Sondercharakter des Zwischengürtels seit langem bekannt. Nahaufnahmen haben dies noch stärker hervortreten lassen. Wie sich diese Unterschiede petrologisch, tektonisch und dynamisch erklären, ist noch unbekannt. Beim Merkur ist anstatt einer Maria-Gruppe (wie beim Monde) nur ein einziges großes, mareartiges Becken, das Caloris-Becken, vorhanden, dessen Durchmesser 30 Prozent des Merkurumfanges beträgt. Antipodisch dazu ist ein kleines unbedeutendes Gegenbecken nachgewiesen. Über die übrige Merkuroberfläche finden sich zahllose kleine Becken und Krater verstreut. Die ganze Fläche weist Frakturen mit Aufschiebungen auf, die auf eine von kompressiven Spannungen begleitete, frühe Evolutionsphase schließen lassen. Einzig das Caloris-Becken verrät mit Abschiebungen tensionale Stresse. Diese eigenartige, nur bei Merkur anzutreffende Verteilung steht in starkem Gegensatz zu den tensionalen Weltriftsystemen der Erde. Daraus ist zu folgern, daß das Caloris-Becken kein isoliertes, etwa auf einen großen Impakteinschlag zurückzuführendes Phänomen sein kann, sondern das Ausgangsgebiet einer globalen Bewegung, vermutlich einer Unterströmung, die einst das Becken selbst zerdehnte und die übrige Schale des Merkur komprimierte.

Das bei Erde, Mars, Merkur und Mond trotz aller Unterschiede einheitliche Phänomen der gegensätzlichen Hemisphären läßt den Schluß auf eine einheitliche Ursache zu, auf einen globalen Strömungsvorgang in der Frühzeit bei hohen Temperaturen und mobilen Außenschalen, wie ihn schon VENING-MEINESZ für die Erde in Betracht gezogen hatte und wie das ANDERSON mit seinem Anorthosit-Ereignis annimmt. Erst nach dieser Mobilität in der Frühzeit können bei Mars, Merkur und Mond die starren Außenschalen entstanden sein, die sehr frühe Phänomene bewahrt haben. Für die erste Frühzeit der Erde ergibt sich ebenfalls die Wahrscheinlichkeit des Vorhandenseins hoher Temperaturen und einer hohen Mobilität, eine heiße Anfangsphase nach kühler Vorperiode und ein endogener Charakter dieser primären Umwälzung, die den Gegensatz der Hemisphären erzeugt hat.

Eine Abschleuderung des Mondes als Ursache einer »pazifischen Mondnarbe« gilt als überholt. Auch die Kontroverse, ob die großen und kleinen Krater sowie die Maria des Mondes auf Impakt-Einschläge oder auf Vulkanismus zurückzuführen sind, ist gegenstandslos. Ohne Zweifel hat es in der Frühzeit von Mond, Mars, Merkur und Erde sowohl Perioden eines gewaltigen Vulkanismus als auch solche großer Impakt-Einschläge gegeben, die gleichermaßen die ersten Vorgänge und die erste Morphologie bestimmt haben.

Die Raumforschung und die moderne Planetologie haben bereits manches Licht in das Dunkel der vorgeologischen Frühzeit der Erde gebracht. So gibt es auf die anfangs aufgeführten Fragen auch heute noch Antworten, die oft stark voneinander abweichen. Eine fortschreitende Forschung, die die verschiedenen Gundprobleme laufend modifiziert, führt zu immer neuen Vorstellungen über die Frühzeit der Erde. Neue Hypothesen sind erforderlich, um der Lösung offener Fragen allmählich immer näher zu kommen. *H. Havemann*

Der Aufbau der Erde

Physik der Erde (Geophysik)

Die Kenntnisse vom strukturellen Aufbau und der stofflichen Zusammensetzung des Erdkörpers sowie den im Erdinneren ablaufenden physikalisch-chemischen Prozessen konnten in den letzten Jahrzehnten wesentlich erweitert werden. Dazu trugen neben umfangreichen geophysikalischen Untersuchungen in fast allen Gebieten der Erde, vor allem aber im Bereich der Ozeane, die vielseitigen Beobachtungen mit Hilfe von Erdsatelliten und bemannten Raumschiffen bei. Diese neuen Daten regten zugleich einen stürmischen Fortschritt der Auffassungen über die Tiefenprozesse in der Erde und deren Bedeutung für die Vorgänge in höheren Bereichen an, die zur Bildung und ständigen Weiterentwicklung der globalen tektonischen Strukturelemente führen.

Ungeachtet der zahlreichen neuen Beobachtungsdaten tragen die heutigen Vorstellungen über den Aufbau und die Entwicklung des Planeten Erde noch wesentlich hypothetische Züge. Das erklärt sich besonders aus der Tatsache, daß von dem 6370 km langen Radius zwischen Erdoberfläche und Mittelpunkt der Erde durch direkte geologische Aufschlüsse bisher nur wenige Kilometer erfaßt werden konnten. Die tiefsten Schächte (Südafrika) erreichen etwa 3500 m, die tiefste Bohrung (Kola/UdSSR) liegt bei 10547 m. Die im Norden der DDR niedergebrachten Bohrungen mit Tiefen bis um 8000 m zählen zu den tiefsten Bohrungen Europas, ohne daß sie die Basis des Sedimentbeckens erreicht hätten. So tiefe Bohrlöcher sind, bedingt durch den hohen technischen und ökonomischen Aufwand, in recht geringer Anzahl vorhanden. Zudem besitzen sie als Aufschlüsse nur punktförmigen Charakter, da bereits wenige Kilometer weiter infolge der Inhomogenität der Erdkruste wesentlich andere geologische Verhältnisse vorhanden sein können. Das Gewinnen von Kenntnissen über die tieferen Bereiche muß über Messungen und Beobachtungen von Geophysik, Geochemie und Astrophysik sowie einer komplexen Interpretation dieser Daten erreicht werden. Die Laboruntersuchungen von Gesteinen unter hohen Drücken und Temperaturen bilden eine wesentliche Ergänzung.

Das Verhalten der physikalischen Parameter im Erdinneren

Aussagen über die Entstehung und den Aufbau des Erdinneren gründen sich in erster Linie auf die Ergebnisse geophysikalischer Untersuchungen, die den Verlauf wichtiger physikalischer Parameter mit der Tiefe belegen. Diese Aussagen sind jedoch nicht immer in allen Punkten eindeutig.

Wie aus Bohrungen und Bergwerken bekannt ist, nimmt die **Temperatur** gesetzmäßig mit der Tiefe zu, ausgenommen die ersten Zehner von Metern unterhalb der Erdoberfläche, die noch durch die Sonneneinstrahlung beeinflußt werden und daher eine Tages- und eine Jahresperiode aufweisen. Nach vorliegenden Beobachtungen kann der Tageseinfluß etwa bis 1,5 m, der des Jahres bis in 25 bis 30 m Tiefe erfaßt werden. Die Anzahl von Metern in Richtung auf den Mittelpunkt der Erde, die eine Temperaturerhöhung um 1 °C (oder 1 K) bringt, wird **geothermische Tiefenstufe** genannt und ihr reziproker Wert als **Temperaturgradient** (C/m oder K/m) bezeichnet.

Bei der Mehrzahl der Messungen erhält man für die kontinentale Kruste eine geothermische Tiefenstufe von durchschnittlich 33 m/K, ohne daß dies etwa ein exakter Mittelwert wäre (S. 119). Es gibt zahlreiche Gebiete der Erde, bei denen die Werte, bedingt durch den geologischen Bau, davon stark abweichen. So beträgt die geothermische Tiefenstufe in Südafrika 110 m/K, während die Temperatur im Gegensatz dazu im Gebiet des Oberrheintal-Grabens oder in der Ungarischen Tiefebene wesentlich rascher zunimmt (15 bis 20 m/K). Aus verschiedenen Schätzungen, z. B. über die Bestimmung des adiabatischen Gradienten, folgt, daß der Temperaturgradient mit der Tiefe abnimmt. Damit erhält man für die Grenze des Erdmantels zum Kern (2900 km Tiefe) nur etwa 3000 bis 4000 K und für den Erdmittelpunkt etwa 4000 bis 5000 K (Tabelle S. 51).

In enger Beziehung zum geologisch-tektonischen Strukturbild steht der

Wärmefluß q, das ist die in der Zeiteinheit durch die Flächeneinheit strömende Wärmemenge, die dem Temperaturgradienten dT/dz proportional ist. Der Proportionalitätsfaktor ist die Wärmeleitfähigkeit k:

$$q = k \frac{dT}{dz}.$$

Die Wärme ist eine Form der Energie. Wärmemengen werden nach dem Internationalen Einheitensystem (SI-System; franz. Système International d'Unités) in Joule ausgedrückt (bislang in Kalorien (1 cal ≈ 4,1868 J = 4,19 J)).

Der Wärmefluß oder Wärmestrom wird meist noch in HFU-Einheiten (Heat Flow Unit, 1 HFU = 10^{-6} cal/cm^2 s) angegeben. Im SI-System wird als Einheit des Wärmestroms der Ausdruck mW/m^2 (1 HFU = 41,868 mW/m^2) verwandt. Bis heute sind sowohl auf den Kontinenten als auch in den Ozeanen mehrere tausend Wärmeflußbestimmungen durchgeführt worden. Der Wärmefluß variiert von Ort zu Ort innerhalb gewisser Grenzen, wobei der lokale Wärmefluß über die thermische und geotektonische Geschichte sowie den jetzigen Zustand des Gebietes Auskunft gibt. Der globale Mittelwert beträgt rund 62,80 mW/m^2. Verglichen mit dem Energiefluß von außerhalb der Erde, dessen Hauptanteil die Sonnenstrahlung bringt, erscheint das als eine bescheidene Größe, wenn sie auch wesentlich größer ist als z. B. die durch Erdbeben freigesetzte Energie.

Tab. Der Energiefluß an der Erdoberfläche in mW/m^2

Terrestrischer Wärmefluß	63	mW/m^2
Sonnenstrahlung	1,35 · 10^6	
Stern- und kosmische Strahlung	4,20 · 10^{-3}	
Abnahme der Rotationsgeschwindigkeit der Erde	1,25	
Vulkane, Geysire	0,56	
Erdbebentätigkeit	0,04	

Der terrestrische Wärmefluß hängt von der tektonisch-magmatischen Aktivität und dem Bildungsalter der regionalen tektonischen Einheiten ab. Dabei ergibt sich folgende Einteilung:

tektonischer Bereich	Wärmefluß q in mW/m^2
präkambrische Schilde	25... 46
alte Faltengebirge	54... 71
junge Faltengebirge	71... 84
vulkanisch aktive Gebiete	84...840
ozeanische Becken	54... 66
ozeanische Riftzonen	105...126

Der terrestrische Wärmefluß ist ein integrales Maß für den thermischen und thermo-dynamischen Zustand der oberen Erdzonen bis zu einer Tiefe von einigen hundert Kilometern. Der an der Oberfläche der Erde gemessene Wärmefluß ist die Summe der Wärmeenergie aus zwei Hauptquellen:
1) dem Wärmefluß aus dem oberen Mantel (20 bis 50 Prozent) und
2) dem besonders in der Kruste durch radioaktiven Zerfall der Elemente Uran, Thorium und Kalium erzeugten Wärmefluß (50 bis 80 Prozent).

Für die Erdkruste kann im Mittel folgendes Modell der radioaktiven Wärmeproduktion angenommen werden:

Sedimente	0,84 μW/m^3
granitische Gesteine	2,7
basaltische Gesteine	0,6

Die unterschiedlichen Werte des Wärmeflusses aus dem oberen Mantel weisen auf dessen physikalisch-chemische Inhomogenität hin, vertikal als auch lateral. Der Ausgleich der unterschiedlichen Temperaturpotentiale erfolgt durch Wärmetransport mittels Wärmeleitung-Strahlung oder Konvektion. Der Wärmetransport durch Materialströmung (Konvektion) ist wahrscheinlich nur in bestimmten Schalenbereichen sowie an Bruch- und Zerrüttungszonen der Erde möglich. Ein solcher Bereich der Materialströmung ist die Asthenosphäre, in der infolge teilweiser Aufschmelzung der Materie eine Konvektion durch zähe Strömung möglich erscheint. Diese Konvektionsströme, deren Geschwindigkeit auf 3 bis 5 cm je Jahr geschätzt wird, sind in der Hypothese der »Plattentektonik« (S. 260) für den Transport der darüberliegenden Schollen der Lithosphäre (»Drift« der Kontinente) von grundlegender Bedeutung.

Die wirtschaftliche Nutzung der geothermischen Energie steht im Verhältnis zu den potentiellen Möglichkeiten erst am Anfang. Die Chancen sind regional sehr unterschiedlich. So werden die Vorräte an Thermalwässern in der Ungarischen Tiefebene auf 10^{20} J ($= 2,4 \cdot 10^{19}$ cal) geschätzt; das entspricht etwa 50 Prozent des Wärmewertes der bekannten Erdölreserven der Erde. Demgegenüber sind die Voraussetzungen in der DDR nach heutiger Kenntnis und den vorhandenen technischen Methoden weniger günstig. Die höchsten Temperaturen erreichen z. B. Warmbad Wolkenstein/Erzgeb. mit etwa 25 °C, Thermalwässer in der Ungarischen Volksrepublik dagegen 60 bis 80 °C. Die in Tiefbohrungen im Norden der DDR beobachteten Temperaturen von 200 bis 250 °C sind für eine wirtschaftliche Nutzung problematisch. Die geringe Anzahl solcher Bohrungen gestattet infolge ihres geringen Durchmessers nur einen begrenzten Wasserdurchsatz mit der daran gebundenen Wärmekapazität.

Insgesamt ergibt sich, daß etwa 20 Prozent der von der Erde abgegebenen Gesamtwärme an die Riftzonen der mittelozeanischen Rücken (vgl. »Geotektonische Hypothesen« – Plattentektonik) gebunden sind. Das entspricht etwa $42 \cdot 10^{12}$ W. Wenn auch der Hauptteil des Weltriftsystems im ozeanischen Bereich liegt, wird die Wärmeenergie an Riftzonen z. B. in Island, Ostafrika und in Kalifornien bereits mit Erfolg wirtschaftlich genutzt. Dagegen ist die Verwertung der geothermischen Energie in Gebieten absinkender Lithosphäreplatten, den Subduktionszonen, z. B. der westpazifischen Inselbögen, nur begrenzt möglich, wie an aktiven Vulkanen, heißen Quellen u. a. Als Quellen der Wärme spielen hier Reibungswärme, chemische Reaktionen (Dehydratation) und das Aufsteigen von Wärme aus dem Erdinneren an Tiefenbrüchen eine Rolle. Die Wärmeabgabe ist in solchen Räumen gering und beträgt mit $21 \cdot 10^{10}$ W ($= 5 \cdot 10^{10}$ cal/s) weniger als 1 Prozent der gesamten Wärmeabgabe der Erde (Abb. s. u.).

Die **Dichte** der Gesteine schwankt in Abhängigkeit von ihrem Chemismus innerhalb weiter Grenzen. Die mittlere Dichte der Erdkruste beträgt 2,7 bis 2,8 g/cm³. Mit zunehmender Tiefe nehmen steigende Werte von Druck und Temperatur einen wesentlichen Einfluß auf die Dichte der Gesteine. Somit sind alle Abschätzungen über das Dichteverhalten mit der Tiefe großen Unsicherheiten unterworfen. Über die mittlere Dichte der Gesamterde ist man nach Schweremessungen und astronomischen Messungen recht gut informiert. Der Wert beträgt 5,5 g/cm³. Nimmt man an, daß die Dichte nach dem Erdinneren zu entsprechend dem steigenden Druck zunimmt, müßte die Dichte im Mittelpunkt der Erde den Wert 11 g/cm³ erreichen. Es erscheint jedoch sicher, daß die Dichte nicht gleichförmig, sondern sprunghaft steigt. Darauf weist insbesondere die Zunahme der seismischen Geschwindigkeiten, deren

Verlauf der Isothermen an schematisierten Tiefenschnitten einer ozeanischen Riftzone (*a*) und einer Subduktionszone (*b*)

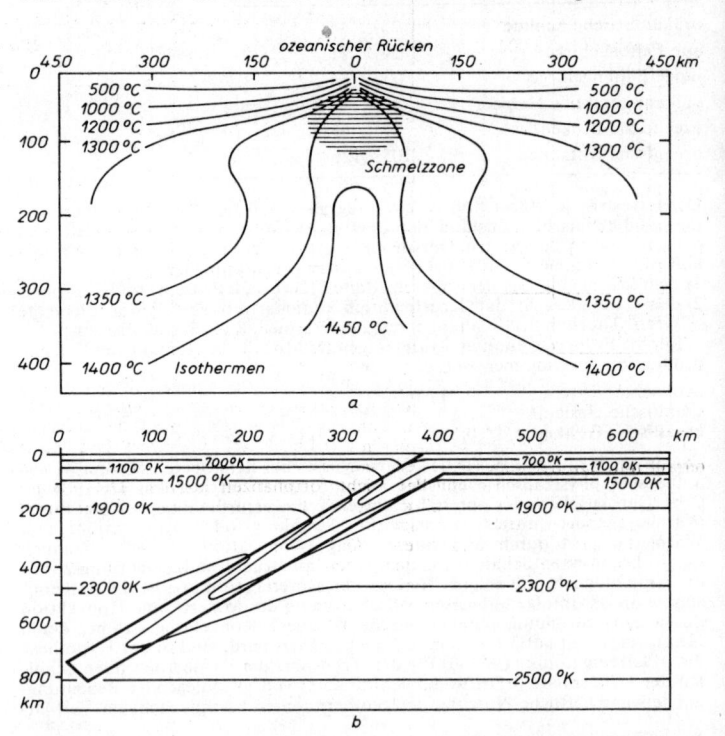

Größe gesetzmäßig mit der Dichte verbunden ist. Setzt man bestimmte Grenzbedingungen voraus, kann ein Dichtegesetz aufgestellt werden, das für den Erdmittelpunkt plausible Dichtewerte von 12 bis 13 g/cm^3 ergibt, allerdings unter der Voraussetzung, daß man die Materie im Erdkern als in einem speziellen physikalischen Zustand befindlich annimmt.

Die **Geschwindigkeit** der elastischen Wellen, die bei Erdbeben oder durch künstliche Sprengungen angeregt werden, vermittelt vielseitige und genaue Informationen über den stofflichen Aufbau und das physikalische Verhalten der tieferen Zonen der Erde. Aus den Laufzeitkurven der seismischen Wellen ersieht man, daß sich die Geschwindigkeiten in bestimmten Tiefen sprunghaft ändern. Als Grundgesetz zeigt sich das Anwachsen der Geschwindigkeiten mit zunehmender Tiefe. In einigen Tiefenbereichen bestehen aber Ausnahmen, z. B. wenn in einer Zone des oberen Mantels nach dem Geschwindigkeitsanstieg in der Erdkruste ein relativer Rückgang der Geschwindigkeiten eintritt. Eine solche Zone, die im Mittel zwischen 100 und 300 km Tiefe liegt, bezeichnet man als »Langsamschicht« (low velocity layer), »seismische Inversionszone« des oberen Mantels oder – nach dem Namen eines amerikanischen Seismologen – auch als Gutenberg-Kanal. Da in diesen Zonen zugleich überdurchschnittliche hohe elektrische Leitfähigkeiten beobachtet werden, nimmt man eine teilweise Aufschmelzung der Materie in diesen Tiefenbereichen an.

Zone		Tiefen-Bereich (km)	Wellengeschwindigkeit (km/s)		Dichte (g/cm^3)	Erdbeschleunigung (cm/s^2)	Druck (Mbar)	Temperatur (°C)
			V_p	V_s				
A	Kruste	0 ... 35	bis 7,8	bis 4,4	3,32 (3,32)	981	0,01 (0,01)	bis 700 ... 800 (Kontinent) bis 200 ... 300 (Ozean)
B	oberer Mantel	35 ... 410	7,8 ... 9,0	4,4 ... 5,0	3,64 (4,07)	990	0,14 (0,15)	
C	Übergangszone	410 ... 1000	9,0 ... 11,4	5,0 ... 6,4	4,68 (4,41)	1000	0,39 (0,40)	2000 ... 2300
D_1	unterer Mantel	1000 ... 2700	11,4 ... 13,6	6,4 ... 7,3	5,22 (5,15)	980 ... 1100	0,40 ... 1,3	
D_2	Mantel-kern-Grenze	2700 ... 2900	13,6	7,3	5,69 (5,57)	1100	1,3	2800 ... 4500
E	äußerer Kern	2900 ... 4980	8,1 ... 10,4	nicht beobachtet	11,5 (12,0)	1100 ... 580	1,3 ... 3,35	
F	Übergangszone	4980 ... 5120	10,4 ... 9,5	nicht beobachtet	14,5 (15,0)	580	3,35	
G	innerer Kern	5120 ... 6370	11,2 ... 11,3	nicht beobachtet	17,3 (17,9)	580 ... 0	3,95	3500 ... 5500

Tab. Das physikalische Verhalten der tieferen Zonen der Erde

Ein zweiter, wesentlich intensiverer Rückgang der Geschwindigkeit liegt an der Grenze vom Mantel zum Kern vor. Im äußeren Erdkern (Schicht E) sinkt die Geschwindigkeit der P-Wellen, während die Dichte zunimmt. Transversalwellen pflanzen sich durch den äußeren Kern überhaupt nicht fort. Das deutet darauf hin, daß der äußere Erdkern sich wie eine Flüssigkeit verhält, da sich in Flüssigkeiten Transversalwellen nicht fortpflanzen können. Die seismologischen Daten deuten an, daß der äußere Erdkern die einzige Zone in der Erde in quasi-flüssigem Zustand ist.

Auch in der mittleren und unteren Kruste der Erde sind seismische Inversionszonen beobachtet worden, deren Natur noch nicht vollständig geklärt ist. Man darf sie keinesfalls formal mit den Inversionszonen der tieferen Erde und deren Zustandsbedingungen – Aufschmelzung/Konvektion – gleichsetzen, weil die im Verhältnis geringen Temperaturen in der Kruste dagegen sprechen.

Grenzflächen, die sich durch einen sprunghaften Anstieg der seismischen Geschwindigkeiten auszeichnen, werden als **seismische Diskontinuitäten** bezeichnet. Wichtige Diskontinuitäten sind:

Conrad-Diskontinuität	Grenze zwischen oberer und unterer Kruste, d. h. zwischen »Granit«- und »Basaltschicht«;
Mohorovičić-Diskontinuität	Grenze zwischen Kruste und Mantel;
Byerly-Diskontinuität	Grenze zwischen den Zonen B und C;
Gutenberg-Wiechert-Diskontinuität	Grenze von Mantel zu Kern.

Mit zunehmender Verfeinerung der seismischen Verfahren und Geräte steigt die Anzahl der erfaßten Diskontinuitäten an. Man vermutet, daß nur einige dieser Grenzflächen durch stoffliche Wechsel verursacht werden, ein großer Teil aber auf Metamorphose-Grenzen und Änderungen der physikalischen Parameter zurückzuführen ist.

Die **Verteilung der elektrischen Leitfähigkeit** im Erdinneren erhält man aus dem Wert des elektromagnetischen Induktionseffektes der geomagnetischen Variationen im oberen Erdmantel und aus dem Wert der Abschirmung der geomagnetischen Säkularvariationen. Die vorliegenden Zahlenwerte sind noch ziemlich ungenau. Grundsätzlich ist zu erkennen, daß die elektrische Leitfähigkeit mit der Tiefe zunimmt. Die Ergebnisse von Hochdruck-Untersuchungen lassen vermuten, daß im unteren Erdmantel die Halbleitereigenschaften überwiegen, während im äußeren Erdkern die metallische Leitfähigkeit vorherrscht. Eine Zone überaus hoher elektrischer Leitfähigkeit im obersten Erdmantel deckt sich weitgehend mit einem Bereich reduzierter seismischer Geschwindigkeiten.

Die **rheologischen Parameter** der Materialien des Erdinneren, insbesondere die Viskosität (Zähigkeit), sind für die dynamischen Prozesse und somit für die Tektonophysik von grundlegender Bedeutung. Die besonders durch Druck und Temperatur bestimmten Werte der Viskosität zeigen an, ob ein bestimmtes Material auf zunehmende äußere mechanische Spannungen durch Bruchvorgänge oder aber bei reduzierter Viskosität durch zähes Fließen reagieren kann. Die **Lithosphäre** der Erde, die sich bis in etwa 100 km Tiefe erstreckt, also der Erdkruste und den obersten Mantel umfaßt, besitzt eine sehr hohe Viskosität ($\eta > 10^{21}$ Pas). Die Lithosphäre kann deshalb nur bruchtektonisch reagieren, was bis zu ihrer Zerlegung (»Platten«) führt.

Der folgende Tiefenbereich, die **Asthenosphäre**, von etwa 100 bis 300 km Tiefe, hat eine reduzierte Viskosität ($\eta \leq 10^{20}$ Pas). Infolge zähen Flusses kann es wahrscheinlich deshalb zu thermalen Konvektionsströmen kommen (S. 246).

In der unter der Asthenosphäre liegenden **Mesosphäre** sind die Werte der Viskosität erhöht, so daß Fließbewegungen nur begrenzt vorstellbar sind.

Der Schalenaufbau der Erde

Geophysikalische, insbesondere seismische Beobachtungen lassen auf einen schalenförmigen Aufbau des Planeten Erde schließen. Die sprungförmigen Veränderungen der Geschwindigkeiten, die in den seismischen Wellen auftreten, ermöglichen infolge der Diskontinuitäten die Unterteilung der Erde in Schalen (Abb.).

Jüngere Untersuchungen zeigen immer deutlicher, daß die einzelnen Schalen keinesfalls homogen sind. Laterale Änderungen werden zum Teil auf stoffliche Variation, zum Teil auf Veränderungen der physikalischen Parameter und der physikalischen Zustandsform zurückgeführt.

Detailliertere Messungen, u. a. mit Hilfe von Satelliten, lehren zugleich, daß die schalenförmigen Zonen keine strenge Kugelgestalt haben, sondern merkliche Undationen aufweisen, die bis zur Oberfläche des Erdkerns festzustellen sind.

In den letzten 50 Jahren wurden von zahlreichen Wissenschaftlern stoffliche Interpretationen des Schalenaufbaus der Erde vorgelegt. Neben den geophysikalischen Daten hat man sich dabei auf chemische Analysen von Meteoriten gestützt, die beispielsweise zur Vorstellung eines Nickel-Eisen-Kerns der Erde geführt haben. Weitere wertvolle Aussagen ermöglichen Hochdruck-Hochtemperatur-Untersuchungen von Gesteinen im Laboratorium.

Nur für die obere Erdkruste sind einigermaßen gesicherte Vorstellungen über die chemische und mineralische Zusammensetzung der sie aufbauenden Gesteine bekannt. Bis zur Conrad-Diskontinuität herrschen Gesteine granitischen Typs vor (»Granit«-Schicht), z. B. Granite, Granodiorite und Gneise mit einem hohen Gehalt an Quarz und sauren Feldspäten. Beim Übergang zur unteren Kruste verringert sich der Quarzgehalt, die Gesteine werden basischer und führen mit basische Feldspäte, Pyroxen, Hornblende und Olivin als wichtigste Minerale.

Im obersten Erdmantel herrscht das Mineral Olivin vor. Viele Wissenschaftler vertreten gegenwärtig die Auffassung, daß der obere Erdmantel vorwiegend

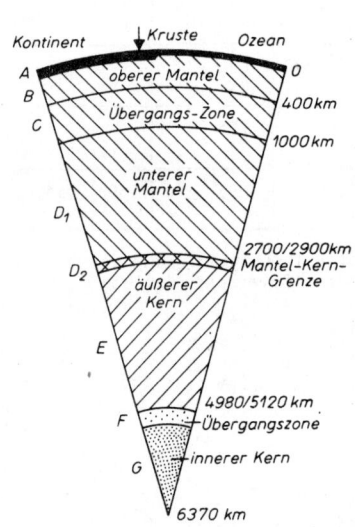

Der Schalenaufbau der Erde nach seismisch-seismologischen Daten

aus Peridotit besteht. Weit verbreitet ist auch das von RINGWOOD vorgeschlagene Modell eines ultrabasischen Materials, das an der Erdoberfläche nicht angetroffen wird, dem sogenannten Pyrolit (griechisch: Feuerstein). Dieses hypothetische Mantelgestein soll aus einem Teil Basalt und drei Teilen Peridotit bestehen und in verschiedenen Mineralaggregaten kristallisieren können, die sich in Abhängigkeit von Druck- und Temperaturänderungen ablösen. Experimentell intensiv untersucht ist der Phasenübergang Basalt ⇌ Eklogit, mit dem ein Dichtesprung von 3,0 g/cm³ auf 3,5 g/cm³ verbunden ist, der sich als Geschwindigkeitssprung äußert.

Dieser Übergang wurde lange Zeit zur Erklärung der Mohorovičić-Grenze als Phasengrenze interpretiert. Hochdruckuntersuchungen zeigen jedoch, daß das Druckintervall für den Übergang von 0,35 bis 1,2 GPa reicht. Dagegen ist die Mohorovičić-Diskontinuität recht fest definiert. Darüber hinaus zeigen die Untersuchungen des Temperatureinflusses, daß Eklogit auch in der Kruste stabil ist. Man darf daher die Mohorovičić-Diskontinuität wohl besser als eine chemische Grenze betrachten.

Der obere Mantel aus ultrabasischem Material hat wahrscheinlich eine mineralogische Schichtung. Neben den in der Asthenosphäre vermutlich vor sich gehenden Strömungsvorgängen liegen hier auch die maßgeblichen Magmenkammern von Vulkanen, in denen Schmelz- und Differentiationsvorgänge des Basaltmagmas ablaufen. Durch vulkanisch-tektonische Kanäle dringt die Schmelze in der Erdkruste und bis zur Erdoberfläche vor.

Die Übergangszone von 400 bis etwa 1000 km Tiefe wird stofflich als inhomogen angesehen. Minerale wie Olivin, Pyroxen und Granat werden instabil und nehmen eine zunehmend oxidische Struktur an. Zu den zahlreichen möglichen Übergängen gehören:
- Übergang Olivin → Spinell ($MgAl_2O_4$). Hier beträgt der Dichteanstieg etwa 10 Prozent und findet in 500 ± 190 km Tiefe statt.
- Übergang Quarz-Coesit → Stishowit; wobei die Dichte von 2,9 auf 4,8 g/cm³ ansteigt.

Für die Pyroxene wird der Übergang in Granat vermutet, der mit der Veränderung Olivin → Spinell verbunden ist. Danach gibt es bei 600 bis 700 km Tiefe die Mineralaggregation Granat → Spinell anstelle von Olivin → Pyroxen (vgl. auch Kapitel »Metamorphite«, S. 90).

Die klassische Vorstellung vom Aufbau des Erdkerns aus metallischem Nickel-Eisen ergibt einen zu hohen Dichtewert und wird heute weitgehend abgelehnt. Eine Kombination mit leichteren Elementen könnte möglicherweise die erforderliche Dichte von 9 g/cm³ ergeben.

Unter den Modellen, die einen Erdkern aus Eisen verneinten, muß als erste überzeugende Hypothese die von W. KUHN und A. RITTMANN (1941) erwähnt werden, obwohl ihre Annahme in manchen Einzelheiten widerlegt wurde. KUHN und RITTMANN gingen von der Entstehung der Erde aus dem Sonnensystem aus und untersuchten zuerst die Frage, wie eine anfangs homogene, heiße Masse, deren äußere Oberfläche unter starker Abkühlung steht, differenziert werden kann. Da in den tieferen Teilen der Erde keine größere Gasabgabe eintreten kann, befinde sich dort auch heute noch die ursprüngliche »Sonnenmaterie«. In den oberen Schichten war dagegen infolge Gravitation und Zirkulation eine intensive Differentiation möglich. Besonders interessant ist der Versuch, seismische Unstetigkeitsflächen durch bestimmte Beziehungen der Relaxationszeit der Materie zur Periode der seismischen Wellen zu erklären.

Die bedeutendste Erklärung für den stofflichen Aufbau der Erde wurde von W. H. RAMSAY (1948) gegeben. Danach ist die ganze Erde aus dunitoder olivinähnlichen Silikaten aufgebaut, deren Zusammensetzung sich nach unten nur insofern ändert, als die tieferen Teile reicher an schwereren Komponenten sind. Nach dieser Vorstellung unterscheidet sich der Erdkern im stofflichen Aufbau nicht vom Mantel, sondern besteht aus einer Hochdruckmodifikation des gleichen Materials. Diese Hochdruckphase ist keine Veränderung der kristallinen Struktur, sondern eine Änderung in der Struktur der Elektronenschale der Atome. Es tritt eine Degeneration in der Elektronenschale ein, die ein druckabhängiger und reversibler Vorgang ist. Eine spezifizierte Form des Ramsay-Modells wird durch astronomische Beobachtungen gestützt: Die Existenz der hochdichten weißen Zwergsterne kann nur mittels einer hochstufigen Generation erklärt werden.

So interessant und ideenreich die heutigen, auf geophysikalisch-astronomischen Daten basierenden Anschauungen über den Aufbau des Erdinneren sein mögen, enthalten sie doch noch grundlegende Unzulänglichkeiten und Wissenslücken. Die größte Divergenz besteht derzeit zwischen den Ergebnissen physikalischer Untersuchung und dem wahrscheinlichen stofflichen Aufbau. Hier zeichnet sich eine große Aufgabe gemeinsamer Arbeit von Geophysikern, Hochdruckphysikern und Geologen der verschiedensten Spezialrichtungen ab.

Aufbau der Erdkruste und des oberen Mantels

Daß die Schalen des Erdkörpers keine genau kugelförmige Gestalt haben, sondern merkliche Undationen aufweisen, wurde bereits (S. 52) gesagt. Hinzu kommt, daß auch innerhalb der einzelnen Schalen selbst stärkere chemische und physikalische Inhomogenitäten vorliegen. Inhomogenitäten dieser Art in einem Körper wie die Erde, der sich in einem thermodynamischen Spannungsfeld befindet, führen zu dem Bestreben, diese Inhomogenitäten auszugleichen. Die Formen des Ausgleichs hängen dabei vor allem von den Druck-Temperatur-Verhältnissen des jeweiligen Tiefenbereiches ab. Die mit dem Ausgleich verbundenen Vorgänge sind zugleich die »motorischen« Kräfte der wesentlichsten endogenen Prozesse: der tektonisch-magmatischen Vorgänge und der unmittelbar mit ihnen verknüpften lagerstättenbildenden Abläufe.

Im Jahre 1909 fand der Seismologe A. Mohorovičič die nach ihm benannte Moho-Diskontinuität, die im Mittel in 30 bis 35 km Tiefe liegt und sich durch markante Kontraste der Dichte (2,9 → 3,2 g/cm^3) und der seismischen Wellengeschwindigkeiten Vp 7,5 → 8,1 km/s) auszeichnet. Diese weltweit sicher erfaßbare Kontrastfläche wurde als Grenze zwischen der Erdkruste und dem oberen Mantel definiert. Eine weitere Diskontinuität wurde im Jahre 1923 durch V. Conrad seismologisch entdeckt und nach ihm benannt. Die Conrad-Diskontinuität unterteilt die Erdkruste in eine obere »Granitschicht« und eine untere »Basaltschicht«. Die Bezeichnung der Schichten erfolgte auf Grund der aus geophysikalischen Messungen erhaltenen petrophysikalischen Parameter und der von diesen Gesteinen bekannten Eigenschaften. Die komplexen Forschungen der letzten Jahre weisen immer stärker darauf hin, daß die gesamte kontinentale Erdkruste als ein System metamorpher, von Magmatiten durchsetzter Einheiten aufgefaßt werden muß, wobei mit zunehmender Tiefe die Basizität ansteigt. Der metamorphe Stockwerkscharakter wird durch den Nachweis von oftmals mehreren Moho-Diskontinuitäten innerhalb eines Gebietes gestützt. So wurden beispielsweise im Bereich des Ukrainischen Schildes zwei Moho-Grenzen mit einer Tiefendifferenz von etwa 5 bis 10 km festgestellt. Die tiefere, mit von Nord nach Süd streichenden Konturen, besitzt möglicherweise frühproterozoisches Alter. Die obere und jüngere Grenze folgt mit ihrem Nordwest-Südost-Streichen der Anlage des inneren Grabens des Dnepr-Donez-Aulakogens. Im Gebiet des Übergangs zu den Karpaten wurden sogar drei Moho-Grenzen zwischen 30 und 55 km Tiefe erfaßt, die möglicherweise frühproterozoischen, baikalischen und alpidischen tektonischen Ereignissen zugeordnet werden können.

Mit der Verfeinerung der Meßgeräte und Interpretationsverfahren sowie dem steigenden Umfang an Meßmaterialien aus aller Welt konnten weitere Diskontinuitäten festgestellt werden, von denen die von O. Förtsch bei den Großsprengungen von Helgoland (1946) und Haslach/Schwarzwald (1948) erfaßte Grenze genannt sei. Sie unterteilt die »Granitschicht« in eine obere »Diorit«-Schicht und eine untere eigentliche »Granit«-Schicht. F. S. Moisenko, der sich intensiv mit der geologisch-lagerstättenkundlichen Rolle der Diorit-Schicht befaßt hat, zählt zu ihrem petrographischen Aufbau neben Intrusiva granodioritischer bis gabbroidioritischer Zusammensetzung auch metamorphe, vulkanogene und sedimentäre Gesteine.

Tiefenseismischer Profilschnitt der Erdkruste im Übergangsbereich vom Ozean zum Kontinent am Beispiel eines »inaktiven« Kontinentrandes im Sinne der Plattentektonik

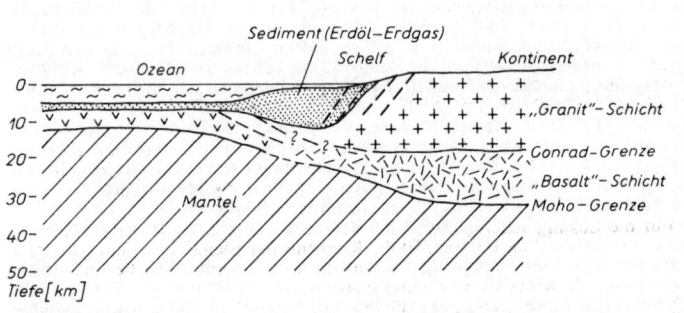

Im Gegensatz zum weltweiten Auftreten der Moho-Grenze wurden die eben genannten und weitere Grenzflächen nicht überall oder mit unterschiedlichen Parametern erkannt, eine Tatsache, die ebenfalls auf die metamorphe Natur dieser Grenzen hinweist.

Die Abbildung zeigt einen Profilschnitt der Erdkruste im Übergang vom Ozean zum Kontinent im Bereich eines »inaktiven« Kontinentalrandes im Sinne der »Plattentektonik« (S. 260) am Beispiel der Umrandung des Atlantischen Ozeans. Im Rahmen der allgemeinen Dehnungsvorgänge bilden sich im

Randbereich Prismenbecken, die, an mächtige Sedimente gebunden, etwa 70 Prozent der bekannten Erdölvorkommen enthalten. Als »aktiver« Kontinentalrand wird dagegen der mit einer Subduktionszone verbundene Übergang vom Ozean zum Kontinent bezeichnet.

Betrachtet man die Möglichkeiten für das **tektonophysikalische Verhalten** der Kruste und des oberen Mantels, kann man von der in der Abbildung gegebenen Gliederung ausgehen.

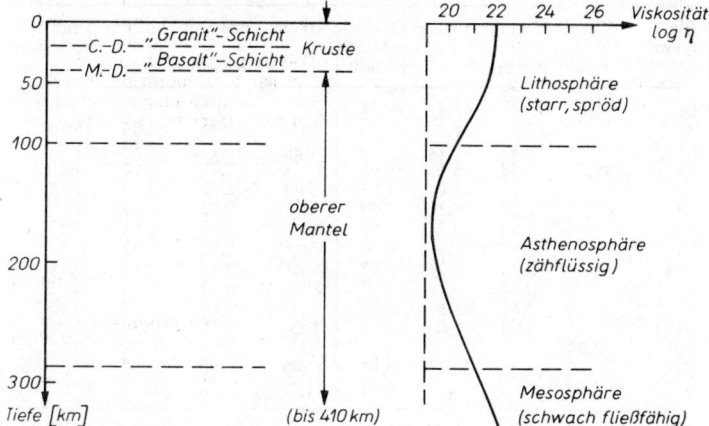

Die Gliederung der Erdkruste und des oberen Mantels, speziell im Hinblick auf die Möglichkeit plattentektonischer Bewegungen

Die sich seit dem Anfang der 60er Jahre stürmisch entwickelnde Hypothese der »Neuen Globaltektonik« bzw. »Plattentektonik« erhält durch die Aussagen der Tiefengeophysik folgende geodynamische Aussagemöglichkeit: Infolge stofflicher und thermischer Inhomogenitäten im oberen Erdmantel, wobei die thermodynamischen Kopplungen zu tieferen Bereichen vernachlässigt werden sollen, kommt es im Bereich der Asthenosphäre zu thermischen Konvektionsströmungen der Materie. Die etwa ringförmigen Konvektionsströme mit Geschwindigkeiten von 3 bis 5 cm/Jahr führen zum Zerbrechen der Großschollen der Lithosphäre und zu ihrem »Wandern«. Teilweise werden vier bis fünf solcher Konvektionsströme in der Asthenosphäre postuliert. Durch die zähen Strömungen führen die lithosphärischen Großschollen Relativbewegungen durch, wobei neben mittleren Geschwindigkeiten der wechselseitigen Entfernung und Annäherung der Platten von etwa 5 cm/Jahr auch Werte bis 20 cm/Jahr auftreten (vgl. Kapitel »Geotektonische Hypothesen – Plattentektonik«).

Aus geophysikalischer Sicht bedarf die Hypothese der Plattentektonik weiterer umfangreicher Untersuchungen zur Lösung offener Fragen. Dazu gehört u. a. die Erklärung der vertikalen, meist langperiodischen Bewegungen der Erdkruste und die Rolle isostatischer Bewegungen, entsprechend dem Streben der Kontinentplatten nach dem »Schwimmgleichgewicht«, die bisher noch nicht befriedigend eingeordnet werden konnten.

G. Olszak

Chemie der Erde (Geochemie)

Geochemische Gliederung der Erde

Die Klärung der chemischen Zusammensetzung der Gesamterde gehört zu den schwierigsten Problemen der Geochemie, deren Aufgabe es ist, die Gesetzmäßigkeiten der Verteilung der chemischen Elemente und Isotope in Vergangenheit und Gegenwart der Erde zu untersuchen.

Für die Lösung vieler geologischer Probleme, zum Beispiel der Entstehung der Gesteine und Lagerstätten, ist die Kenntnis der Elementverteilung und der Gesetze, nach denen sie erfolgt, vor allem an der Erdoberfläche und in der Erdkruste, von besonderem praktischem Interesse.

Zum Verständnis und zur Erklärung der Entstehung und Entwicklung der Erde sind auch Vorstellungen über die Zusammensetzung der tieferen Zonen notwendig.

Der Schalenaufbau der Erde (S. 52) ist bedingt durch das Auftreten physikalischer Diskontinuitäten und wahrscheinlich auch Unterschiede in der chemischen Zusammensetzung (Tab. S. 56). Das Modell der Geophysik dient auch als Grundlage für die geochemische Interpretation. Die Vorstellungen von V. M. GOLDSCHMIDT (1922), die sich auf Vergleiche der stofflichen Zusammensetzung der einzelnen Schalen (Begriff von V. J. WERNADSKI) mit der von

Meteoriten und den Produkten des Hochofenprozesses stützten, fanden allgemein Anerkennung. Für die geochemische Betrachtungsweise hat sich unter Zugrundelegen des für die einzelnen Elemente jeweils typischen geochemischen Charakters der Begriff der »Geosphären« (D. MURRAY, 1910) bewährt. Bei dieser substantiellen Gliederung werden zugleich die auf die Erdoberfläche wirkenden Agentien (Luft, Wasser und Eis, organische Substanzen) mit berücksichtigt (Tab. s. u.).

Tab. Chemische Zusammensetzung [Masse-%] der Erdkruste, des Erdmantels, des Erdkerns und der gesamten Erde (nach MASON, 1966, und STRONG, 1972)

Element	Kern	Mantel + Kruste	Kruste	Gesamte Erde	Oxide	Mantel + Kruste	Mantel	Mantel (STRONG)
O		43,7	45,4	29,53				
Si		22,5	25,8	15,20	SiO_2	48,09	43,06	46,10
Mg		18,8	3,1	12,70	MgO	31,15	31,32	41,95
Fe	86,3	9,88	6,5	34,63	FeO	12,71	6,66[1])	4,10[2])
Ca		1,67	6,0	1,13	CaO	2,32	2,65	1,64
Al		1,60	8,1	1,09	Al_2O_3	3,02	3,99	2,16
Na		0,84	2,2	0,57	Na_2O	1,13	0,61	0,17
Cr		0,38		0,26	Cr_2O_3	0,55	0,42	0,35
Mn		0,33	0,2	0,22	MnO	0,43	0,13	0,11
P		0,14	0,1	0,10	P_2O_5	0,34	0,08	0,02
K		0,11	1,6	0,07	K_2O	0,13	0,22	0,15
Ti		0,08	1,0	0,05	TiO_2	0,13	0,58	0,26
Ni	7,28			2,39	NiO		0,39	0,31
Co	0,40			0,13	CoO		0,02	n. b.
S	5,96			1,93	H_2O^+		0,21	n. b.
Summe	99,94	100,03	100,03	100,0		100,0	100,0	99,74

[1]) $+1,66\%\ Fe_2O_3$
[2]) $+Fe_2O_3 = 2,42\%$

Tab. Wichtigste substantielle Daten der einzelnen Geosphären

Geosphäre	Physikalischer Zustand	Hauptbestandteile	Schalendicke
Atmosphäre	gasförmig	N_2, O_2, Edelgase und andere Gase	insgesamt × 100 km davon Troposphäre 12...15 km Stratosphäre ~30 km Mesosphäre ~35 km
Biosphäre	fest, z. T. flüssig	C, H, O, N, S, H_2O, anorganisches Skelettmaterial	etwa 1 km oft viel mehr
Hydrosphäre	flüssig, seltener fest	Salz- und Süßwasser, Schnee, Eis, gelöste Salze (Chloride, Sulfate usw.)	durchschnittlich etwa 4 km max. 11 km
Lithosphäre (Erdkruste)	fest	silikatische Gesteine (sog. Sial) oben sauer: Si, Al, Alkalien, OH unten basisch: Si, Al, Ca, Mg, Fe	10...80 km durchschnittlich etwa 30...40 km
Lithosphäre + Chalkosphäre (Erdmantel)	fest	basische bis ultrabasische silikatische Gesteine (sog. Sima); im unteren Teil wahrscheinlich mit Sulfiden Si, Mg, Fe, Ca, Al, S	etwa 2900 km
Siderosphäre (Erdkern)	fest und/oder flüssig	Ni-Fe-Verbindungen	3471 km

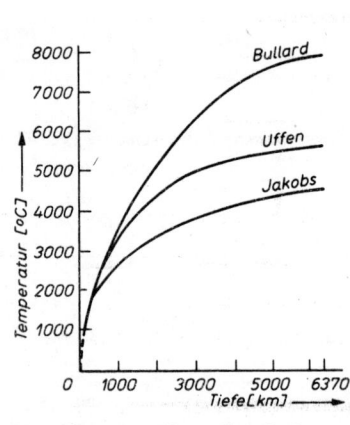

Vorstellungen über die Anfangstemperaturverteilung der Erde

Über die unterschiedlichen Hypothesen, die sich mit der Entstehung und Entwicklung der Erde in ihrer Frühzeit befassen, ist in den Kapiteln »Das Sternzeitalter der Erde« und »Die vorgeologische Zeit« Näheres ausgeführt. Diese Vorstellungen und Erkenntnisse sind auch wichtig für die geochemischen Prozesse. Infolge Verdichtung (Kompaktion) und frei werdender chemischer, radiogener und gravitativer Energie kam es zu einer Aufheizung, die im Innern der Erde zu Temperaturen von einigen tausend Grad führte (Abb. S. 56). Damit wurde die primäre (planetochemische oder abiotische) Differentiation eingeleitet. Unter dem Einfluß des reduzierenden Milieus der kohlenstoffhaltigen chondritischen Materie bildeten sich und seigerten Metalle im Erdkern aus, während bestimmte, vorwiegend leichtere Elemente zur Erdoberfläche abwanderten. Mit dieser zentrifugalen Migration und Entgasung ist die Ausbildung von Urformen des Erdmantels, der Erdkruste, der Hydrosphäre und Atmosphäre verbunden. Während sich der Erdmantel wahrscheinlich ziemlich schnell homogenisierte, differenzierten sich die äußeren Geosphären im Verlaufe von 3 bis 4 Milliarden Jahren bis heute weiter. Wichtige Entwicklungsetappen der Erde und ihrer Geosphären zeigt die Abbildung. Aus dem Entwicklungsablauf wird deutlich, daß sich die Bedingungen und Zustände in und auf der Erde mehr oder weniger kontinuierlich geändert haben. Daraus ist ableitbar, daß die heute erkannten geologisch-geochemischen Gesetzmäßigkeiten nicht unkritisch auf die Vergangenheit der Erde übertragen werden dürfen, daß also die aktualistische Arbeits- und Denkmethode der Geologie für große Bereiche, insbesondere die präkambrische Ära, der Erdgeschichte nicht ohne weiteres anwendbar ist.

Das dialektisch-materialistische Durchdringen der Entwicklungsgeschichte der Erde ermöglicht, den historischen Charakter der geochemischen Gesetze, d. h. die Veränderung der Verteilung (Migration) der chemischen Elemente im Verlaufe der Erdgeschichte zu erkennen. Die unterschiedliche Zusammensetzung von Lithosphäre, Hydrosphäre, Atmosphäre hat vielfach zu anderen Migrationsbedingungen geführt. Daher sind in der Vergangenheit wesentlich andere Mineral- und Elementparagenesen anzunehmen, als sie unter gegenwärtigen Verhältnissen entstehen könnten.

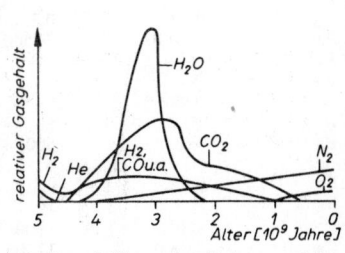

Entstehung und Entwicklung der Erde

Die Entwicklung der Erdatmosphäre (nach V. A. Sokolow 1971)

Wichtige Entwicklungsetappen der Erde und ihrer Geosphären

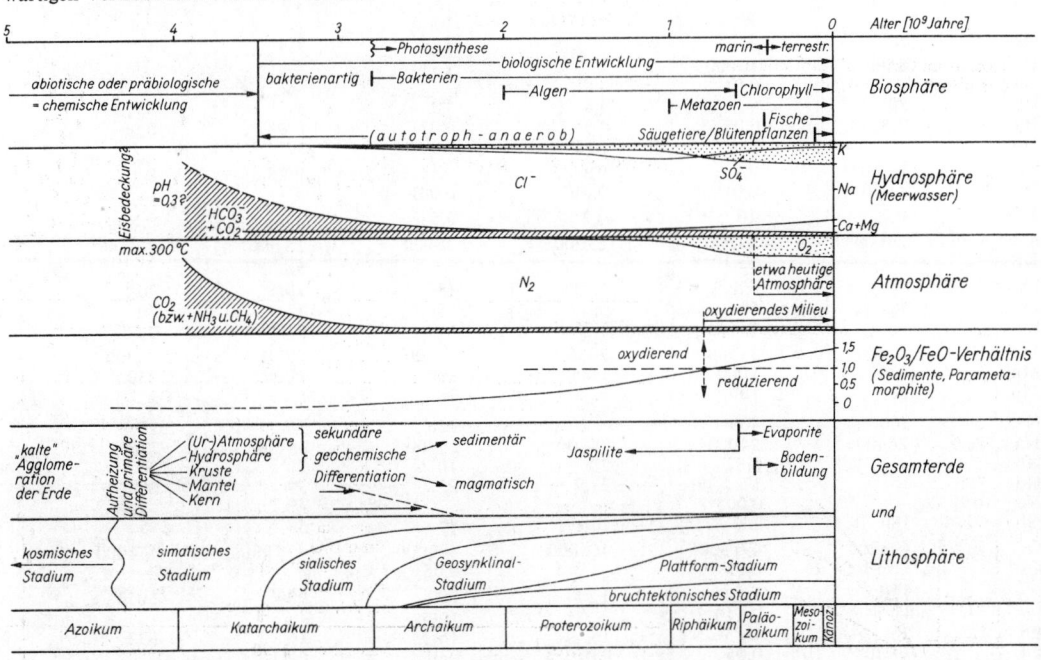

Die Verteilung der Elemente in der Lithosphäre ist der Schlüssel zur Lösung der meisten geologischen Probleme. Die durchschnittliche Häufigkeit eines chemischen Elements in der Erdkruste wird als »Clarke« oder »Clarkewert« bezeichnet. (Nach F. W. Clarke, 1847–1931; benannt nach A. E. Fersman, 1933.)

Die Tabelle gibt eine Zusammenstellung der Clarkewerte nach verschiedenen Autoren. Über die Häufigkeit der wichtigsten Gesteinstypen vgl. Kap. »Die Gesteine – das Baumaterial der Erdkruste«, Tab., S. 78. Die Abbildung

Verteilung der Elemente in der Erdkruste (Lithosphäre)

Symbol	Clarke und Washington (1924)	Fersman (1933–1939)	Goldschmidt (1937)	Winogradow (1949)	Winogradow (1962)	Taylor (1964)
Ac	–	–	–	$x \cdot 10^{-10}$	–	–
Ag	0,0X	0,1	0,02	0,1	**0,07**	0,07
Al	75 100	74 500	81 300	88 000	**80 500**	82 300
Ar	–	4	–	–	–	–
As	X	5	5	5	**1,7**	1,8
Au	0,00X	0,005	0,001	0,005	**0,0043**	0,004
B	10	50	10	3	**12**	10
Ba	470	500	430	500	**650**	425
Be	10	4	6	6	**3,8**	2,8
Bi	0,0X	0,1	0,2	0,2	**0,009**	0,17
Br	X	10	2,5	1,6	**2,1**	2,5
C	870	3 500	320	1 000	**230**	200
Ca	33 900	32 500	36 300	36 000	**29 600**	41 500
Cd	0,X	5	0,18	5	**0,13**	0,2
Ce	–	29	41,6	45	**70**	60
Cl	1900	2000	480	450	**170**	130
Co	100	20	40	30	**18**	25
Cr	330	300	200	200	**83**	100
Cs	0,00X	10	3,2	7	**3,7**	3
Cu	100	100	70	100	**47**	55
Dy	–	7,5	4,47	4,5	**5**	3,0
Er	–	6,5	2,47	4	**3,3**	2,8
Eu	–	0,2	1,06	1,2	**1,3**	1,2
F	270	800	800	270	**660**	625
Fe	47 000	42 000	50 000	51 000	**46 500**	56 300
Ga	$x \cdot 10^{-5}$	1	15	15	**19**	15
Gd	–	7,5	6,36	10	**8**	5,4
Ge	$x \cdot 10^{-5}$	4	7	7	**1,4**	1,5
H	8800	10000	–	1 500	–	–
He	–	0,01	–	–	–	–
Hf	30	4	4,5	3,2	**1**	3
Hg	0,X	0,05	0,5	0,07	**0,083**	0,08
Ho	–	1	1,15	1,3	**1,7**	1,2
In	$x \cdot 10^{-5}$	0,1	0,1	0,1	**0,25**	0,1
Ir	$x \cdot 10^{-4}$	0,01	0,001	0,001	–	–
J	0,X	10	0,3	0,5	**0,4**	0,5
K	24000	23 500	25 900	26 000	**25 000**	20 900
Kr	–	$2 \cdot 10^{-4}$	–	–	–	–
La	–	6,5	18,3	18	**29**	30
Li	40	50	65	65	**32**	20
Lu	–	1,7	0,75	1	**0,8**	0,50
Mg	19 400	23 500	20 900	21 000	**1870**	23 300
Mn	800	1000	1000	900	**1000**	950
Mo	X	10	2,3	3	**1,1**	1,5
N	300	400	–	100	**19**	20
Na	26 400	24 000	28 300	26 400	**25 000**	23 600
Nb	–	0,32	20	10	**20**	20
Nd	–	17	23,9	25	**37**	28
Ne	–	0,005	–	–	–	–
Ni	180	200	100	80	**58**	75
O	495 200	491 300	466 000	470 000	**470 000**	464 000
Os	$x \cdot 10^{-4}$	0,05	–	0,05	–	–
P	1200	1200	1200	800	**930**	1050
Pa	–	$7 \cdot 10^{-7}$	–	10^{-6}	–	–
Pb	20	16	16	16	**16**	12,5
Pd	$x \cdot 10^{-5}$	0,05	0,010	0,01	**0,013**	–
Po	–	0,05	–	$2 \cdot 10^{-10}$	–	–
Pr	–	4,5	5,53	7	**9**	8,2
Pt	0,00X	0,2	0,005	0,005	–	–
Ra	$x \cdot 10^{-6}$	$2 \cdot 10^{-4}$	–	10^{-6}	–	–
Rb	X	80	280	300	**150**	90
Re	–	0,001	0,001	0,001	**$7 \cdot 10^{-4}$**	–
Rh	$x \cdot 10^{-5}$	0,01	0,001	0,001	–	–
Rn	–	?	–	$7 \cdot 10^{-12}$	–	–
Ru	$x \cdot 10^{-5}$	0,05	–	0,005	–	–

Symbol	CLARKE und WASHINGTON (1924)	FERSMAN (1933–1939)	GOLDSCHMIDT (1937)	WINOGRADOW (1949)	WINOGRADOW (1962)	TAYLOR (1964)
S	480	1000	520	500	**470**	260
Sb	0,X	0,5	(1)	0,4	**0,5**	0,2
Sc	0,X	6	5	6	**10**	22
Se	0,0X	0,8	0,09	0,6	**0,05**	0,05
Si	257500	260000	277200	276000	**295000**	281500
Sm	–	7	6,47	7	**8**	6,0
Sn	X	80	40	40	**2,5**	2
Sr	170	350	150	400	**340**	375
Ta	–	0,24	2,1	2	**2,5**	2
Tb	–	1	0,91	1,5	**4,3**	0,9
Tc	–	0,001	–	–	–	–
Te	0,00X	0,01	(0,0018)?	0,01	**0,001**	–
Th	20	10	11,5	8	**13**	9,6
Ti	5800	6100	4400	6000	**4500**	5700
Tl	x · 10^{-4}	0,1	0,3	3	**1**	0,45
Tm	–	1	0,20	0,8	**0,27**	0,48
U	80	4	4	3	**2,5**	2,7
V	160	200	150	150	**90**	135
W	50	70	1	1	**1,3**	1,5
Xe	–	3 · 10^{-5}	–	–	–	–
Y	–	50	28,1	28	**29**	33
Yb	–	8	2,66	3	**0,33**	3,0
Zn	40	200	80	50	**83**	70
Zr	230	250	220	200	**170**	165

zeigt in einer graphischen Darstellung die Verteilung der 8 häufigsten Elemente. Allgemein ist festzustellen, daß mit steigender Ordnungszahl, also mit steigender Atommasse, die Häufigkeit der Elemente abnimmt. Elemente mit gerader Ordnungszahl weisen höhere Gehalte auf als die im Periodensystem jeweils benachbarten Elemente mit ungerader Ordnungszahl (ODDO-HARKINsche Regel).

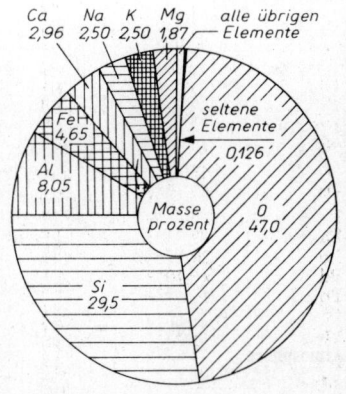

Tab. Die Clarkewerte [ppm] nach Angaben verschiedener Autoren (Striche bedeuten, daß keine Angaben vorliegen)

Die Gliederung der Wässer kann nach folgenden Gesichtspunkten geschehen (vgl. auch Kapitel »Wasser und Wasserkreislauf«).
1) Nach ihrer Herkunft: meteorische Wässer (Oberflächen- und Grundwässer), Poren- oder konnate Wässer (Tiefenwässer), juvenile oder magmatogene Wässer.
2) Nach ihrem absoluten Chemismus (Salinität): Süßwässer (Salzgehalt bis maximal 1 Prozent), Salzwässer (Salzgehalt ±3,5 Prozent), Solen (Salzgehalt > 5 Prozent).
3) Nach ihrem relativen Chemismus: sulfatische Wässer (Na_2SO_4—NaCl—$MgSO_4$), karbonatische Wässer ($NaHCO_3$—NaCl—Na_2SO_4), chloridische Wässer (NaCl—$CaCl_2$—$MgCl_2$).

Hydrosphäre

Nach LOSEW betragen die gesamten Wasservorräte der Erde 1359000000 km³; davon sind 1322000000 km³ Salzwasser (97 Prozent der Gesamtmenge) und etwa 38607000 km³ Süßwasser (rund 3 Prozent). Vom Süßwasser werden gegenwärtig nur etwa 20 Prozent genutzt.

Aus Vergleichen folgt, daß sich die Wassermenge der Atmosphäre (12900 km² Wasserdampf; 0,001 Prozent der Gesamtwassermenge) mindestens 40mal im Jahr, d. h. etwa alle 9 Tage erneuern muß. Dadurch wird verständlich, daß das Wasser als Lösungs- und Transportmittel im exogenen Bereich eine so große geologisch-geochemische Bedeutung hat.

Die Durchschnittsgehalte der Elemente der Hydrosphäre werden durch die chemische Zusammensetzung des Meerwassers repräsentiert, das an gelösten Substanzen besonders folgende Verbindungen enthält: NaCl 78%; $MgCl_2$ 9,5%; $MgSO_4$ 6,5%; $CaSO_4$ 3,5%; KCl 2%; $CaCO_3$ 0,33%; $MgBr_2$ (NaBr) 0,25%. Die bei der Verwitterung auf dem Festland freigesetzten Elemente finden sich im Meer in ganz unterschiedlichen Mengen und Verhältnissen wieder. Elemente, die bevorzugt ins Meer gelangen, heißen **thalassophil** (H, O, B, Na, S, Cl, Br, J). Elemente, die nur in Spuren im Meerwasser vorhanden sind, werden als **thalassoxen** bezeichnet (z. B. viele Schwermetalle). Der Hauptgrund für diese Verschiebung ist neben der Löslichkeit die selektive Adsorption bestimmter Ionen an gewisse Mineralkomponenten und organische Substanzen. Dadurch werden diese Ionen dem Meerwasser entzogen. Tonige Bestandteile haben das Bestreben, vorwiegend die Alkalien und Erdalkalien zu adsorbieren. Eisen- und Mangan-Hydroxide adsorbieren bevorzugt Komplexbildner (z. B. As, Se, Mo) und Schwermetalle. Sedimentäre Phosphate adsorbieren hauptsächlich Zn, Cd, Bi, In, während in organischen Ablagerun-

Elementverteilung in der Erdkruste in Masseprozent (nach Winogradow, 1962, und K. A. Wlassow u. a., 1964)

Tab. Gehalte der wichtigsten Gase in den oberen Geosphären nach Sokolow 1971; 1 = Vol.-%, (2 = $x \cdot 10^{12}$ t)

Bereich	Summe	N_2		O_2	
	2	1	2	1	2
Atmosphäre	5270	79,1	4000	20,9	1200
Hydrosphäre	115	32,0	32,0	8,0	8
Sedimentite	214	26,0	56	–	–
Magmatite	2800				
Obere Zone		11,0	110	–	–
Untere Zone		8,0	180	–	–
Oberer Mantel	435000	3,0	13000	–	–

gen besonders W, Mo, Ni und U angereichert sind. Allgemein kann gesagt werden, daß die Adsorption von Elementen mit steigender Atommasse rasch zunimmt. Dieser Vorgang hat eine Entgiftung des Meerwassers von einer großen Anzahl lebensfeindlicher Elemente zur Folge und ist für die Lebensvorgänge im Meer von größter Bedeutung. Anionen wie Cl^-, Br^-, S^-, B^- sind in wesentlich höherer Konzentration im Meerwasser vorhanden als in Verwitterungslösungen. Diese leichtflüchtigen oder leichtflüchtige Verbindungen bildenden Elemente gelangen zum großen Teil über die Atmosphäre ins Meer, wo sie durch vulkanische Vorgänge ständig ergänzt werden.

Biosphäre

Obwohl die Lebewesen nur einen winzigen Bruchteil in der Zusammensetzung der obersten Teile der Erdkruste bilden, ist ihre geochemische Wirksamkeit auf die Verteilung der chemischen Elemente sehr beachtlich (W. I. Wernadski, 1930), wie ein Massevergleich Biosphäre : Atmosphäre : Hydrosphäre – 1 : 300 : 70000 lehrt. Neben den Hauptkomponenten C, O und H werden praktisch alle anderen Elemente in recht unterschiedlichen Mengen aufgenommen. Nach der physiologischen Bedeutung für die Lebensfunktionen unterscheidet man zwischen Nährelementen, meist skelettbildenden Ballastelementen und toxischen (giftigen) Elementen. Freilich ist es schwer, Durchschnittsgehalte der Zusammensetzung der lebenden Materie anzugeben. Folgende Tabelle vermittelt einen Überblick in Größenordnungen.

Tab. Durchschnittsgehalte der chemischen Elemente in Organismen (nach A. P. Winogradow 1967)

Elementgruppe	Größenordnung [Masse-%]	Elemente	
		1. Variante	2. Variante
Makroelemente	> 10	O, H	O, C
	10...1	C, N, Ca	H
	1...10^{-1}	S, P, K, Si	P, Ca, N, K, S, Cl
	10^{-1}...10^{-2}	Mg, Fe, Na, Cl, Al	Mg, Na, Si, Al, Fe, Ce
Mikroelemente	10^{-2}...10^{-3}	Zn, Br, Mn, Cu	Sr, B
	10^{-3}...10^{-4}	J, As, B, F, Pb, Ti, V, Ni	Mn, Br, Zn, J, Cu, Ti, Ba, F, Li, Rb, Mo
	10^{-4}...10^{-5}	Ag, Co, Ba, Th	Rb, Ni, As, Co, V, Cr, U, Se
Ultraelemente	10^{-5}...10^{-6}	Au, Rb	Cd
	10^{-6}...10^{-11}	Hg	
	10^{-11}...10^{-12}	Ra	Ra

Ebenso wie der Chemismus der lebenden organischen Materie wechselt, ist auch die chemische Zusammensetzung der fossilen Lebewesen sehr variabel. Besonderen Einfluß auf die reaktionsfreudige organische Substanz nimmt neben dem Einfluß der Mikrolebewesen die metamorphe Umwandlung. Eine genetische Gliederung der fossilen organischen Materie gibt die Abbildung S. 61.

Atmosphäre

Neben der Zusammensetzung der Atmosphäre interessiert besonders der Gasgehalt von Hydrosphäre und Lithosphäre. Nach W. A. Uspenski (1970) kommen von der Gesamtmenge aller Gase 95,87 Prozent in der Atmosphäre vor (Abb. S. 61), 2,3 Prozent in der Lithosphäre, 1,82 Prozent in der Hydrosphäre und 0,01 Prozent in der Pedosphäre, dem Bodenbereich. Über die Gehalte der wichtigsten Gase in den oberen Geosphären informiert die obere Ta-

CH$_4$		CO$_2$		H$_2$		H$_2$S + SO$_2$		HCl + HF	
1	2	1	2	1	2	1	2	1	2
–	–	0,03	2,4	–	–	–	–	–	–
–	–	60,0	60,0	–	–	–	–	–	–
39,0	97	27,4	60,0	0,2	0,2	0,3	0,8	–	–
0,2	2	83,8	838	3,0	30	2,0	20	–	–
0,1	2	62,0	1300	18,0	80	3,0	80	9,0	200
0,1	–	36,0	21000	25,0	12000	15,0	120000	21,0	83000

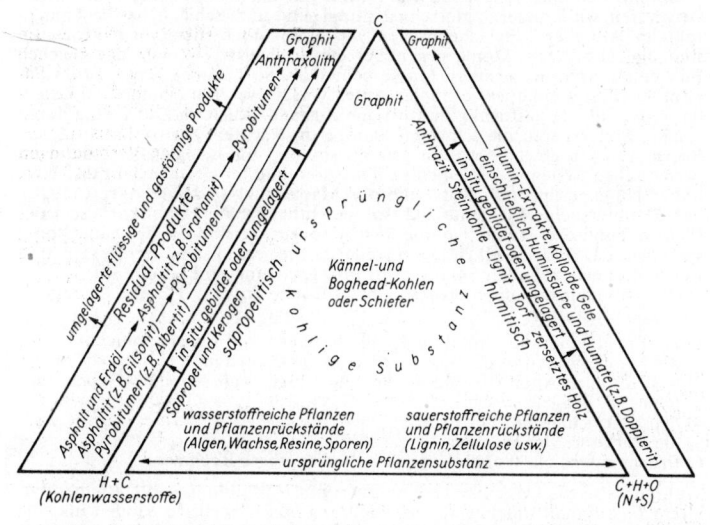

Die wichtigsten genetischen Beziehungen zwischen den verschiedenen Arten organischer Substanzen (nach Vine, Swanson und Bell 1958)

belle. Durch die Analyse vulkanischer Gase und die Untersuchung von Gaseinschlüssen in Gesteinen und Mineralen konnten wertvolle Kenntnisse über die Zusammensetzung von Gasen in Magmen und Magmatiten gewonnen werden, die wichtige Aufschlüsse über die geologischen Bildungsvorgänge geben. Die Gase im sedimentären Bereich haben insofern eine große wirtschaftliche Bedeutung, als sie oft reich an gewinnbaren Kohlenwasserstoffen, Edelgasen, Stickstoff, Kohlendioxid usw. sind, gelegentlich aber auch gefährlich werden können, wie es die Kohlendioxid-Ausbrüche in den Kalisalzlagerstätten des Werra-Gebietes zeigen.

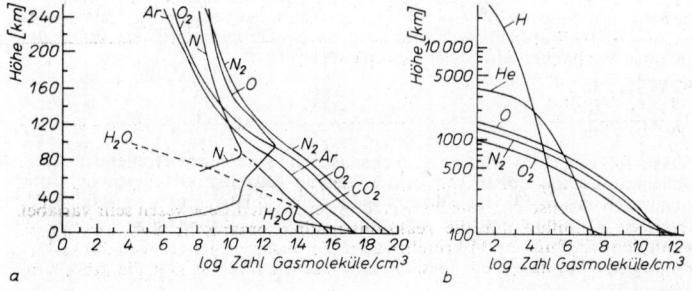

Zusammensetzung der unteren und oberen Atmosphäre: a Homosphäre (nach Handbook of Geophysics, New York 1960); b Heterosphäre (nach Donahoe 1968)

H. Lange

Isotopengeophysik

Bedeutung und Aufgaben der Isotopengeopyhsik

Nicht nur die Verteilung der chemischen Elemente (S. 56) in der Erde wird von geologischen Vorgängen beeinflußt, sondern auch die Verteilung der Isotopen eines jeden Elements. Diese Untersuchungen gehören in das Arbeitsgebiet der Isotopenchemie, die Methoden werden – auch für radioaktive Isotope – von der Isotopengeophysik geliefert. Die Ergebnisse dieser chemischen und physikalischen Verfahren sind geologisch z. T. von so großer Bedeutung, daß sich auch der Begriff Isotopengeologie durchgesetzt hat.

Isotope sind chemisch identische Atome mit unterschiedlicher Masse; hervorgerufen wird dieser Unterschied durch eine unterschiedliche Neutronenzahl im Atomkern. Bei chemischen wie physikalischen Prozessen sind die schwereren Atome gegenüber den leichteren Isotopen des gleichen Elements durch ihre größere Masse behindert. So befindet sich z. B. im System fest-flüssig ein etwas erhöhter Anteil von schwereren Isotopen im festen, im System flüssig-gasförmig im flüssigen Zustand. Auch im Durchgang durch belebte Materie sind die schweren Isotope im Nachteil. SODDY hat 1912 den Begriff Isotop eingeführt (von griech. isos und topos, »gleicher Platz«, im Periodischen System der Elemente). THOMSON fand im gleichen Jahr das ^{20}Ne und ^{22}Ne experimentell. Mit Hilfe der Massenanalyse zeigte ASTON (1920), daß 71 untersuchte Elemente 202 Isotope enthalten, im Mittel hat also jedes Element rund drei stabile Isotope. Wichtige Isotope sind die des Sauerstoffs; sie bilden das in der Erdkruste verbreitetste Element, das in der Wasser- und Lufthülle sowie bei allen biologischen Prozessen eine große Rolle spielt.

Die Isotopenzusammensetzung gibt Hinweise bzw. z. T. sehr detaillierte Informationen über

1) die Entstehung und Umbildung von Gesteinen und Lagerstätten,
2) die Temperaturen in den Ozeanen vergangener Zeiten,
3) das absolute Alter von Gesteinen und Erzen (vgl. Kapitel »Geochronologie«, S. 285),
4) den Wärmehaushalt der Erde,
5) die Herkunft von Wässern,
6) Bruchsysteme als Wanderwege von Stoff in obere Regionen.

Während also die klassische Geologie Art und Ausbildung von Gesteinen mit ihrem Fossilinhalt untersucht, die Lagerung von Gesteinsverbänden und die Lagerungsstörungen beobachtet, liefert die Isotopengeophysik ebenso bedeutsame Resultate von geochemischer, geophysikalischer, vor allem aber von geologischer Bedeutung. Mit Hilfe der Massenspektrometrie wird die durch geologische wie biologische Vorgänge erfolgte Sortierung der Isotope erforscht. Sie hilft, eine Fülle geologischer Prozesse der Vergangenheit zu erschließen, die bislang nicht oder nur unzulänglich rekonstruierbar waren.

Beispiele der Anwendung isotopengeophysikalischer Methoden

Entstehung von Gesteinen und Lagerstätten. In magmatischen Gesteinen (S. 78) spielt das Silizium eine große Rolle, das aus drei verschiedenen Atomarten gleicher Ordnungs- oder Kernladungszahl Z, verschiedener Neutronenzahl N im Kern und infolgedessen verschiedener Massezahl A (Atomgewicht) besteht. Für Silizium ist $Z = 14$. Das international festgesetzte Atomgewicht ist $A = 28,09$. Tatsächlich ist dies aber nur ein Durchschnittswert, hinter dem sich das Vorhandensein dreier Isotope verbirgt:

92,27% ^{28}Si,
4,68% ^{29}Si,
3,05% ^{30}Si.

(Das Atomgewicht A wird an dem chemischen Symbol des betreffenden Atoms üblicherweise links oben vermerkt.) Genaue massenspektrometrische Untersuchungen haben für das Silizium jedoch eine relativ große Variabilität der isotopen Zusammensetzung erwiesen. Folgende Häufigkeitsschwankungen konnten festgestellt werden:

^{28}Si 92,14 ... 92,41%,
^{29}Si 4,57 ... 4,73%,
^{30}Si 3,01 ... 3,13%.

Die Zusammensetzung der Siliziumisotope wird durch die Auskristallisation eines Magmas in der für das System flüssig-fest bereits oben erwähnten Weise charakteristisch verändert. Da das leichte Si-Isotop schließlich in der Gasphase besonders angereichert wird, ist es möglich, Kristallisate aus einer Schmelze von gleichartigen Bildungen hydrothermaler Entstehung zu unterscheiden. Dies ist vor allem dann von Wichtigkeit, wenn geologisch-petrographisch nicht von vornherein Klarheit über die petrogenetischen Umstände besteht.

Die isotope Zusammensetzung des Siliziums und anderer Elemente kann infolgedessen auch eine sichere Information liefern, ob die Kristallisate einer Schmelze entstammen, die juvenilen Charakter aufwies oder ihrerseits durch Wiederaufschmelzen zustande kam. Handelt es sich z. B. um die Entscheidung der Frage, ob ein junger Granit durch Aufschmelzung aus älteren Materialien entstand oder durch Differentiation aus einer Schmelze basaltischer Zusammensetzung (S. 82), so kann die Untersuchung des ^{40}Ca-Isotops weiterhelfen. Für Granite beträgt das K/Ca-Verhältnis etwa 2,7, für Basalte hingegen nur 0,1. Der ^{40}Ca-Gehalt radiogener Herkunft stieg in Graniten 27mal schneller als in Basalten. In kaliumreichen Graniten ist der Zuwachs an ^{40}Ca natürlich noch höher. Wenn also ein Granit durch Aufschmelzung aus älterem Material entstanden ist, muß das Verhältnis ^{40}Ca zum gesamten Ca Werte annehmen, die denen alter Granite entsprechen. Wenn aber eine Ableitung durch Differentiation aus einer basaltischen Schmelze möglich sein soll, muß das ^{40}Ca/Ca-Verhältnis nahe den Werten für basische Gesteine liegen.

Auch die Eisenisotope ^{54}Fe/^{57}Fe, die in dem in basischen Magmatiten weitverbreiteten Magnetit und ebenso in anderen Eisenmineralen auftreten, zeigen eine erhebliche Variation ihres gegenseitigen Verhältnisses. Es wird vermutet, daß sich hinter diesen Schwankungen Einflüsse der geologischen Umweltbedingungen verbergen, die im einzelnen noch erforscht werden.

Chemische Reaktionen, die mit einer Isotopenfraktionierung einhergehen, zeigen möglicherweise eine Temperaturabhängigkeit. Dies gilt z. B. für die Reaktion:

$$Si^{16}O_2 + H_2^{18}O \rightleftharpoons Si^{16}O^{18}O + H_2^{16}O$$

Bei 15 °C beträgt die Gleichgewichtskonstante 1,030, bei 200 °C hingegen 1,014. So läßt sich die Entstehungstemperatur für viele silikatische Minerale, z. B. Feldspäte, ermitteln, die ihrerseits wieder petrogenetische Hinweise enthält.

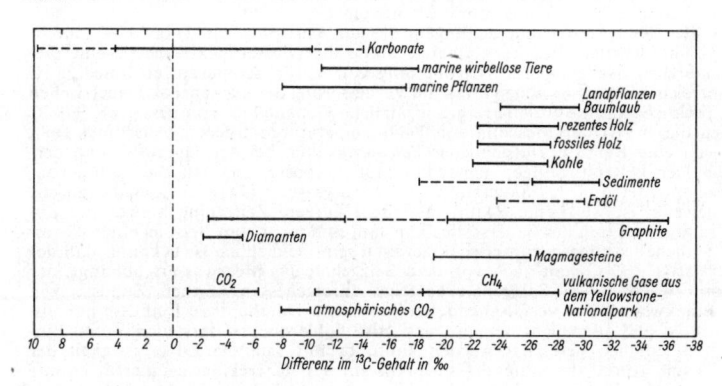

Relative Häufigkeit des Isotops ^{13}C in Kohlenstoff aus verschiedenen Quellen, verglichen mit einem willkürlichen Standardwert. (nach CRAIG 1953)

Auch hinsichtlich der Entstehungsbedingungen von Sedimenten, darunter biogenen Sedimenten, lassen sich zahlreiche Aussagen machen. Betrachten wir als Beispiel die relative Häufigkeit des Isotops ^{13}C im Kohlenstoff aus verschiedenen Quellen, verglichen mit einem willkürlichen Standardwert (nach CRAIG). In der Abbildung erkennt man sofort, daß anorganischer Kohlenstoff reich an ^{13}C ist, während organischer Kohlenstoff ^{12}C angereichert enthält. Dabei sind Meerespflanzen und -tiere durch eine vermittelnde Stellung ausgezeichnet. Auch Sedimente zeigen einen relativ geringen ^{13}C-Gehalt, abgesehen von dichten Kalken, die unter der Rubrik der Karbonate aufgenommen wurden und den höchsten ^{13}C-Gehalt aufweisen. Da das Isotopenverhältnis temperaturabhängig ist, dürfte dieser Befund mit der niedrigen Bildungstemperatur dieser Gesteine zusammenhängen. Umgekehrt ist der ^{13}C-Gehalt von Kohlenstoff aus magmatischen Bildungen nach geringen Werten dieses Isotops hin verschoben. Besonders niedrige Beträge findet man bei hydrothermalen Kalzitkristallen, etwas höher liegen die ^{13}C-Werte für Intrusivbildungen. In vulkanischen Laven wurde schließlich ein Zusammenhang zwischen FeO-Gehalt und Isotopenzusammensetzung des Kohlenstoffes beobachtet.

Am deutlichsten läßt sich bei den Kohlenstoffisotopen die biogene von der anorganischen Herkunft unterscheiden. Das Verhältnis für ^{12}C/^{13}C liegt bei anorganischem Ursprung zwischen 88,0 und 90,2, für organische Herkunft zwischen 80,0 und 92,9. Ein Alterungseffekt, der sehr störend wäre, ist nicht zu beobachten, wenn man vom Einfluß der Metamorphose absieht. So zeigen präkambrische Graphite einen erhöhten ^{13}C-Gehalt. Trotzdem war aber z. B. eine Untersuchung von *Corycium enigmaticum* (Blaualgen?) möglich mit dem

Ergebnis, daß es tatsächlich ein echtes Fossil sein muß mit einem Alter von $1,4 \cdot 10^9$ Jahren (nach RANKAMA). Auch der Kohlenstoffgehalt archaischer Phyllite konnte als von organischer Herkunft identifiziert werden.

Ebenso lassen sich Schwefelisotope untersuchen. Das Isotopenverhältnis $^{32}S/^{34}S$ gibt vor allem Aufschluß darüber, ob der Schwefel in einem Gestein biogener Herkunft ist oder nicht. Schwefel mit einem $^{32}S/^{34}S$-Verhältnis, das größer ist als 22,30, muß organischer Herkunft sein; liegt der Wert unter 22,18, so ist die anorganische Herkunft erwiesen.

Das $^{28}Si/^{30}Si$-Verhältnis zeigt, wie oben erwähnt, die Tendenz der Anreicherung des leichteren Isotops durch Organismen. Eine Altersabhängigkeit ist hier nicht zu beobachten. Aber auch kieselsäurehaltige Verwitterungslösungen weisen eine Vermehrung von ^{28}Si auf. In dem Gleichgewichtszustand des Systems fest-flüssig trachten, wie bereits angeführt, die leichteren Isotope danach, relativ bevorzugt in Lösung zu gehen, und zwar um so stärker, je niedriger die Temperatur ist. Von besonderer Wichtigkeit ist vor allem die Möglichkeit der Bestimmung von Silizium, das durch lebende Materie ausgeschieden wurde.

Messung von Temperaturen in den Ozeanen vergangener Zeiten (Paläotemperaturen). Bei der Bildung des Kalkes im wäßrigen Medium besteht ein Gleichgewicht des Isotopenaustausches zwischen dem Wasserstoff des Wassers und dem des Karbonat-Ions bzw. des im Wasser gelösten CO_2. In destilliertem Wasser treten drei stabile Sauerstoffisotope mit folgenden relativen Häufigkeiten auf: ^{16}O mit 99,759%, ^{17}O mit 0,037% und ^{18}O mit 0,204%. Daß der Sauerstoff noch weitere kurzlebige Isotope wie ^{14}O, ^{15}O und ^{19}O besitzt, die künstlich erzeugt werden können und radioaktiv sind, interessiert in diesem Zusammenhang nicht. Nimmt man die beiden häufigsten Sauerstoffisotope ^{16}O und ^{18}O und untersucht deren relative Häufigkeit, die im Wasser rund 500 : 1 beträgt, in kalkigen Bildungen, so läßt sich aus ihrem relativen Verhältnis eine Anreicherung des ^{18}O erkennen, die temperaturabhängig ist (500 : 1,026 bei 0 °C und 500 : 1,022 bei 25 °C). Es tritt also eine temperaturabhängige Änderung des Atomgewichts des Sauerstoffs mit nur 0,0000007 Gewichtseinheiten je 1 °C Temperaturänderung ein.

Bei den ersten Untersuchungen, die auf Anregung von UREY 1947 durchgeführt wurden, ließ der damalige Stand der Massenspektrometrie eine Genauigkeit der Temperaturbestimmung von 6° für Temperaturen unter 25 °C erreichen. Die inzwischen erreichte Verbesserung der massenspektrometrischen Technik hat eine erzielbare grundsätzliche Genauigkeit von besser als ± 1 °C in dieser Art der Messung von Paläotemperaturen ergeben. Allerdings stellt sich eine Reihe grundsätzlicher Schwierigkeiten bei der Durchführung derartiger Untersuchungen ein. Man muß voraussetzen, daß die Isotopenzusammensetzung des Sauerstoffes im Meerwasser früherer Zeiten die gleiche gewesen ist wie heute. Dann muß über kürzere Zeiträume hinweg die Zusammensetzung des Sauerstoffes konstant und zum Beispiel einer jahreszeitlichen Änderung unterlegen gewesen sein. Schließlich ist bekannt, daß der relative ^{18}O-Gehalt auch von dem Salzgehalt des Meerwassers abhängt, der mit wachsendem Salzgehalt ansteigt. Infolgedessen können Zuflüsse von Brackwasser eine verfälschende Rolle spielen. Da alle diese Einflüsse nur unzureichend oder nicht bekannt sind, also Fehlerquellen darstellen, deren Einfluß lediglich geschätzt werden kann, beläuft sich die Zuverlässigkeit der Temperaturbestimmung günstigenfalls auf ± 1 °C. Der Beweis hierfür konnte zuerst durch UREY auch empirisch angetreten werden, indem er massenspektrometrisch Schalen rezenter Meerestiere untersuchte und zugleich die Temperatur und die isotope Zusammensetzung des Sauerstoffes jenes Wassers ermittelte, in dem die Tiere aufwuchsen.

EMILIANI analysierte den Austauschmechanismus für ^{18}O in der chemischen Reaktion $CO_2 + H_2O \rightleftharpoons H_2CO_3$.

Es bestehen für ^{16}O und ^{18}O vier mögliche Tauschwege:

$$C^{18}O_2 + H_2^{16}O \rightleftharpoons H_2C^{18}O_2^{16}O$$
$$C^{16}O_2 + H_2^{18}O \rightleftharpoons H_2C^{16}O_2^{18}O$$
$$C^{16}O^{18}O + H_2^{16}O \rightleftharpoons H_2C^{16}O_2^{18}O$$
$$C^{16}O^{18}O + H_2^{18}O \rightleftharpoons H_2C^{18}O_2^{16}O$$

Diese Reaktionen sind reversibel. Das System ordnet sich so an, daß die freie Energie ein Minimum wird.

Neben diesen theoretischen Untersuchungen blieb zu klären, ob der Organismus selbst das Isotopenverhältnis des Sauerstoffes weiter verändert haben kann. Vor allem aber darf schließlich die Kalkschale des Tieres keine weiteren geologischen Wandlungen erfahren haben, die das Isotopenverhältnis verschieben konnten. Genauere Untersuchungen zeigten, daß Lösung und Wiederausscheidung von Karbonaten, ferner die Dolomitisierung sowie eine teilweise oder vollständige Metamorphose die Temperaturaussage für die primären Entstehungsbedingungen des Kalkes vernichten können. Einige Fossilien zeigten sich in ihren Temperaturangaben als unzuverlässig.

Bei den bisherigen Arbeiten haben sich die Belemniten als besonders günstige Fossilien für Paläotemperaturmessungen erwiesen. In ihren Schalen

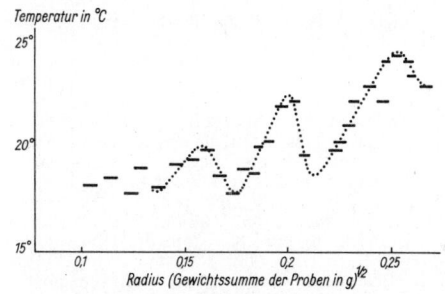

Kurve der Temperaturschwankung im Lebensraum eines Actinocamax mamillatus aus dem Unteren Campan von Ivoe in Schweden (nach LOWENSTAM u. EPSTEIN 1954)

kommen größere Calcitkristalle mit dichter Struktur vor. So konnte für verschiedene Belemniten aus dem Senon Schwedens und Englands der Temperaturgang für einen größeren Zeitabschnitt aus vielen Einzelmessungen an zahlreichen Fossilien ermittelt werden. Außerdem war es möglich, Temperaturgänge für die Lebensdauer von Einzelexemplaren zu bestimmen. Die Abbildung gibt die Kurve der Temperaturschwankungen im Lebensraum eines Belemniten *Actinocamax mamillatus* während seines Wachstums wieder. Man fand Temperaturen von 17,8 bis 24,3 °C. Die Maxima müssen als Sommer-, die Minima als Wintertemperaturen gedeutet werden. Das Tier hat also etwa 3 Jahre gelebt.

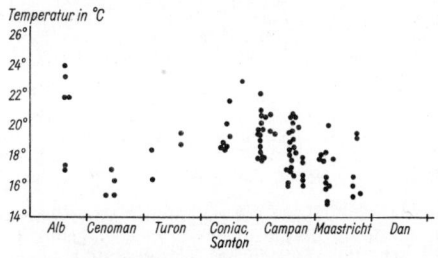

Mittlerer Temperaturgang im Kreidemeer Westeuropas vom Alb bis zum Dan, ermittelt an Belemniten (nach LOWENSTAM u. EPSTEIN 1954)

Die Abbildung zeigt für Westeuropa, und zwar von Schweden bis in das Pariser Becken, die Temperaturverhältnisse für das Meer der Oberen Kreide in seiner zeitlichen Entwicklung vom Alb bis zum Beginn des Tertiärs im Dan. Man erkennt zunächst einen gleichmäßigen Anstieg der Temperatur vom Alb bis zur Wende Unter- zu Obersenon und dann einen ebenso gleichmäßigen Abfall. Doch nicht allein zeitliche, sondern auch regionale Schnitte können hinsichtlich der Temperaturverteilung gelegt werden. Nach LOWENSTAM und EPSTEIN gibt die Abbildung die mittlere Temperaturverteilung im Maastricht von der Golfküste der USA bis nach Schweden wider, wie sie sich aus den Temperaturbestimmungen von Belemnitenmaterial ergibt. Man erblickt eine sehr deutliche Tendenz der Temperaturabnahme in Richtung auf Skandinavien. Nach Belemnitenmaterial aus dem Campan ergibt sich für Westeuropa im Gegensatz hierzu ein Hinweis auf sehr einheitliche Temperaturen im ganzen Meeresgebiet. Im Alb erhielten die gleichen Verfasser die höchsten Temperaturwerte in einem Gebiet, das von der Kanalküste und Westfrankreich bis nach Algerien und Indien reicht. Mittlere Werte fanden die Bearbeiter in Dänemark und Japan und die niedrigsten in Australien. Insgesamt gesehen schält sich eine gegenüber den heutigen Verhältnissen deutlich nach Norden verschobene warme Zone heraus.

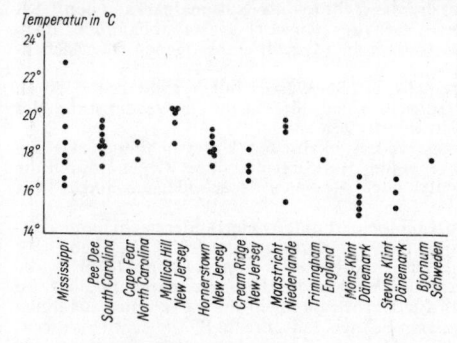

Mittlere Temperaturverteilung im Maastricht von der Golfküste der Vereinigten Staaten bis nach Schweden »registriert« durch Belemniten (nach LOWENSTAM u. EPSTEIN 1954)

Paläogeophysik. Die Isotopengeophysik liefert zahlreiche grundlegende Informationen für die Paläogeophysik. Die Paläogeophysik beschreibt die erdhistorische Entwicklung der geophysikalischen Felder, Strukturen, Zustände und Prozesse der Erde. Ein Beispiel dafür wurde auf S. 64 mit der Messung von Temperaturen in den Ozeanen vergangener Zeiten dargelegt. Diese Ergebnisse sind zugleich wichtig für die Beurteilung des Paläoklimas. Prozesse der Isotopentrennung im Schwerefeld der Erde erlauben auch Rückschlüsse auf dessen Konstanz oder Veränderung. Hieraus wiederum lassen sich Schlußfolgerungen auf die Konstanz der Dimension der Erde ziehen.

Ebenso läßt sich der Wärmehaushalt der Erde in Gegenwart wie für die Vergangenheit aus der Konzentration der wichtigsten Radionuklide errechnen. Dieses Problem ist eng mit der Entwicklung oder Konstanz der Dimensionen unseres Heimatplaneten verknüpft. Nach UREY (1952) werden knapp 80 Prozent der Wärmeenergie, die die Erde gegenwärtig in den Weltraum abgibt, durch radioaktive Zerfallsprozesse gedeckt. Diese laufen in erster Linie in der Erdkruste ab; doch ist nach neueren Resultaten das Vorkommen des radioaktiven Kaliumisotops (^{40}K) weder im untersten Mantel noch im Kern der Erde auszuschließen. Bei der Bildung der Erdkruste war deren radioaktive Wärmeproduktion wenigstens viermal größer als heute. Das erwähnte Kaliumisotop ^{40}K war seinerzeit noch so häufig, daß seine Wärmeproduktion der des Uranisotops ^{238}U etwa gleich kam.

Die Kosmosforschung hat ferner gezeigt, daß man mit noch weiteren, heute auf der Erde nicht mehr oder nur noch in Spuren vorhandenen Radionukliden rechnen muß, so daß es bei der Bildung der Erdkruste zusammen mit der Impaktenergie sogar zu einer teilweisen oder totalen Aufschmelzung gekommen sein kann.

Außer solchen und ähnlichen Problemen der Paläogeophysik der festen Erde gilt es, zahlreiche Fragen auf dem Gebiet der Paläogeophysik der Hydrosphäre mit Einschluß der Paläoozeanologie und der Paläogeophysik der Atmosphäre zu lösen.

Eine wichtige Frage ist die der Herkunft der Wässer (Paläohydrologie in der Erdvergangenheit sowie Isotopenhydrologie für die Gegenwart und die Vergangenheit). Das Wasser der Ozeane, der Flüsse und vor allem der Erdkruste ist der Isotopenanalyse z. B. auf dem Wege der Untersuchung des ^{1}H/^{2}D-Verhältnisses (Wasserstoff zu Deuterium) sowie des ^{18}O-Gehaltes zugänglich.

Geringe Dichteschwankungen des Wassers gehen auf die Variation der Verhältnisse ^{1}H/^{2}D und ^{16}O/^{18}O zurück. Es gibt also – verschieden gemischt – folgende isotopengeophysikalisch unterschiedliche Wassermodifikationen: $H_2^{16}O$, $H_2^{18}O$, $D_2^{16}O$, $D_2^{18}O$, $HD^{16}O$ und $HD^{18}O$. Bereits 1935 wurde der Dampfdruck der Varianten des Wassers untersucht. Danach resultiert, daß in Gewässern, die lange Zeit der Verdunstung unterlagen, sich schweres Wasser anreichert, wobei ein Dichtewert des Wassers bis zu 1,0016 (bei 4 °C) beobachtet wird. Das Verdampfen der gleichen Wassermenge unter Erhitzen ergibt nur einen Dichtewert von 1,0001. Eine Anreicherung schwerer Isotope ist im Seewasser größer als im Flußwasser.

Auch das freie und gebundene Wasser in Salzmineralen zeigt eine Anreicherung der schweren Anteile. Offenbar entstand es vorwiegend aus Lösungen, die lange der Verdunstung unterlagen.

Die erstmalig aus dem Erdinneren hervortretenden juvenilen Wässer scheinen an schwerem Wasser etwas reicher zu sein als oberflächliche, vadose Wässer. Auch stärker mineralisierte Wässer zeigen ab und zu eine Anreicherung von ^{2}D und ^{18}O. Allerdings können auch chemische Austauschreaktionen zur Erhöhung der Konzentration der schweren Bestandteile beitragen. So ist z. B. aus vulkanologischen Studien bekannt, daß bei Anwesenheit von H_2S sich im Wasser ^{1}H und im Schwefelwasserstoff dagegen ^{2}D anreichert. Trotzdem weisen Wässer einiger Vulkane etwas erhöhte Dichte auf, z. B. das Kondenswasser aus den Fumarolen des 1943 entstandenen Vulkans Paricutin in Mexiko. Die Geysire des Yellowstone-Nationalparks in den USA zeigen zwar keine Erhöhung des Gehaltes schwerer Wasserstoffisotope, doch könnte das mit dem möglicherweise hohen Gehalt einbezogenen Oberflächenwassers zusammenhängen.

Mit Erdöllagerstätten vergesellschaftete Wässer fallen nicht selten durch eine erhöhte Dichte auf. Vielleicht spielt hier auch die Verdunstung des Wassers vor dem Fossilwerden eine Rolle.

Insgesamt haben alle isotopengeophysikalischen Untersuchungen das Ergebnis, daß das irdische Wasser seiner Herkunft nach überwiegend durch die Entgasung der jungen Erde entstanden ist, einem Prozeß, der ausklingend bis heute anhält.

Auf dem Gebiet der Paläoozeanologie ist unter vielen anderen ein interessantes Beispiel die erhöhte Radioaktivität in den Ozeanen früherer Zeiten (z. B. im Zechstein und Jura), die zur Inkorporation von Radionukliden in die Gewebe und Knochensubstanz der Meerestiere dieser Zeiten geführt hat. So kann man mittels Detektoren für Kernstrahlungen die Relikte der aus ihnen hervorgegangenen Fossilien nachzeichnen, im Jura z. B. für Ichthyosaurier.

Es wird vermutet – was allerdings bis jetzt noch nicht sicher nachgewiesen ist –, daß paläopathologische Prozesse mit dieser schädlichen Einlagerung von Radionukliden einhergegangen sind, die Erkrankungen des Blutes oder Tumore auslösten.

Abschließend sei erwähnt, daß die Paläogeophysik auch Informationen aus anderen Bereichen als denen der Isotopengeophysik nutzt, z. B. paläomagnetische Daten.

Bruchsysteme als Wanderwege von Tiefenmaterie in obere Regionen der Erdkruste. Die Materie, die die Schichten der Erdkruste und des oberen Mantels aufbaut, ist nicht völlig ortsgebunden. Geringe Mengen befinden sich ständig auf Wanderschaft (Migration). Vulkanische Prozesse, meist aus dem oberen Mantel gespeist, stellen ein extremes Beispiel hierzu dar.

Vor allem in Form von Lösungen wird der Stoff des Erdinneren mobilisiert. Seine Bewegung erfolgt als Diffusion längs des Konzentrationsgefälles einer Komponente oder als Strömung längs des Druckgefälles. Bereiche größerer Durchlässigkeit (Permeabilität), wie Karst-, Klüftungs- oder Bruchzonen, stellen Verbindungen zwischen innerkrustalen Niveaus verschiedenen Druckes her und sorgen für einen gewissen Druckausgleich. Flache, oberflächlich ausgehende tektonische Störungen wirken druckerniedrigend. Verdeckte Tiefenbrüche bedeuten Zonen der Druckerhöhung. In beiden Fällen wird die Stoffmigration längs dieser Bruchzonen stark begünstigt und intensiviert.

Verschiedene migrationsfähige Elemente und Isotope sind wegen der Zunahme ihrer Konzentration in die Tiefe der Erdkruste hinein typisen für diese auf Migration nach oben gehende gelöste Fraktion. Dazu gehören vor allem radioaktive Isotope, ganz besonders das Radium. Mit Hilfe der γ-Spektroskopie kann man dessen Folgeisotop ^{214}Bi – als Indikator eines aus der Tiefe bis zur Oberfläche reichenden Migrationsweges – auch bei geringer Konzentration sogar im Verwitterungsboden untersuchen (LAUTERBACH und MEISSNER).

Die Abbildung zeigt den Verlauf der ^{214}Bi-Konzentration über einer Bruchzone. Auf diese Art können im lokalen wie regionalen Maßstab tektonische Störungssysteme kartiert werden. Angesichts der besonderen Bedeutung von Verwerfungen und Gängen für alle tektonischen und lagerstättenbildende Prozesse ist gerade diese Untersuchungstechnik wichtig. Da die Arbeiten im Labor an Serien übersandter Bodenproben vorgenommen werden können, ist das Verfahren besonders ökonomisch.

Etwas umstritten bleibt ein ähnlicher Zusammenhang zwischen Erdölvorkommen und Minima der γ-Strahlung, vor allem wieder derjenigen des ^{214}Bi. RANKAMA deutet auf Grund zahlreicher Beiträge in der Literatur die Minima als Behinderung der Migration chloridreicher Wässer durch die Öl- (bzw. Gas-) Lagerstätte. Diese Wässer enthalten geringe Mengen gelöster Kohlenwasserstoffe und sind daher infolge deren reduzierender Wirkung sulfatfrei, so daß sie Radium aus den durchwanderten Gesteinen aufnehmen können. In Oberflächennähe werden durch Niederschlagswässer die Sulfide zu Sulfaten oxydiert, wobei auch das Radium in der Nähe der Projektion des Lagerstättenrandes auf die Erdoberfläche mit gefällt wird.

So findet man Erdöllagerstätten, über denen sich ein Minimum der oberflächlichen γ-Strahlung befindet, das von einer Aureole erhöhter γ-Werte (über dem Lagerstättenrand) begrenzt wird. Allerdings setzt dies voraus, daß die Lagerstätte keine Kohlenwasserstoffe in das Hangende abgibt und daß nicht tektonische Störungen γ-Strahlen-Maxima erzeugen, die nach dem anfänglich erwähnten Mechanismus entstehen.

Dieser Umstand scheint aber häufiger einzutreten, so daß das Migrationsschema verändert wird. Da sich Erdöllagerstätten ursächlich oft an tektonischen Störungen bilden, dominieren diese im γ-Strahlenbild nicht selten und modifizieren die an sich zu erwartenden Minima mit ihrem Randmaximum.

Es gibt außerdem noch eine ganze Anzahl anderer Hypothesen zur Erklärung der Migrationsvorgänge über Erdöllagerstätten. In jedem Fall spielen aber die γ-strahlenden Nuklide der Uran-Reihe, speziell das ^{214}Bi (RaC), eine wichtige Rolle.

Der physikalische Fortschritt bei der Herstellung von Detektoren für Kernstrahlen hat zur Entwicklung von Halbleiterdetektoren geführt, mit denen eine hoch auflösende Aufzeichnung von γ-Spektren möglich ist. An der Stelle relativ breiter, sich vielfach wechselseitig über- und verdeckender Spektrallinien sind jetzt spitze, nadelförmige Peaks (engl., Spitze) erzielbar. Derartige Spektren höchster Auflösung führen zu einer Analyse sämtlicher vorhandener und γ-strahlender Radionuklide, so daß deren Gesamtbestand auch in schwach aktiven Gesteinen quantitativ exakt erfaßt werden kann.

Diese neuen technischen Möglichkeiten lassen die Analytik der Radionuklide zu einer wichtigen Grundlage für die Beantwortung vieler Fragen der Geologie werden, z. B.:
– für Bestand und Änderung der Isotopenrelationen im Bereich magmatischer Gesteine als Hinweis auf Differentiations- oder Vererzungsprozesse,
– für die Klärung von Fragen der Genese von Sedimenten, der Einzugsgebiete von Sedimentationsräumen und der Sedimentwanderung,

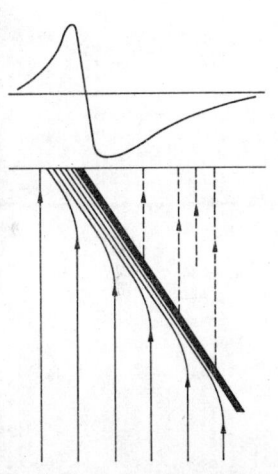

Verlauf der Konzentration des ^{214}Bi (RaC) im Verwitterungsboden über einem ($\pm$ verdeckten) Bruch. Die vertikale Migration des Radiums wird längs der geklüfteten Bruchzone begünstigt (dem Überschuß im Ausbißbereich steht im Hangenden ein Minimum gegenüber)

γ-Spektrum des Basalts von Stolpen, aufgenommen mit hochauflösendem Halbleiterdetektor (nach Just 1977)

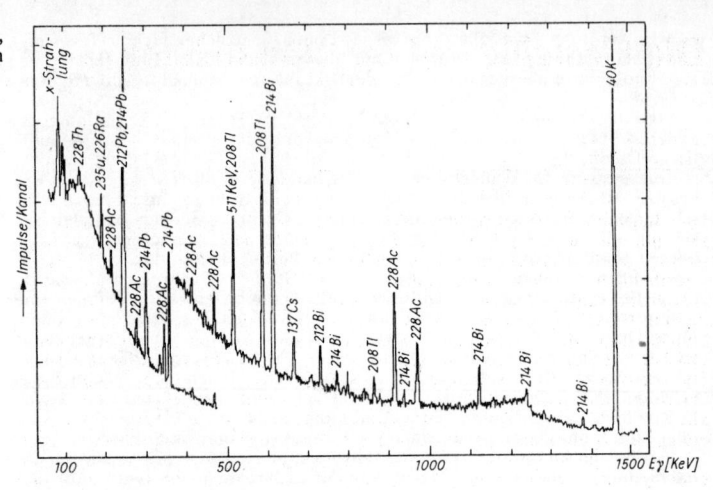

– für die Entlarvung genetisch unklarer Metamorphite und ihre Einordnung zu den Ortho- oder Paragesteinen sowie gegebenenfalls zur weitergehenden Identifizierung der Ausgangsmaterialien.

Grundlage für die Isotopenhäufigkeit der Radionuklide und für Informationen über deren Verhältnis (darunter auch Th/U-Relation) sind Spektren, wie das des Basaltes von Stolpen (Abb.). Es wurde mit einem mit Lithium aktivierten Germanium-Detektor von 42 cm^3 Volumen durch Just (1977) aufgenommen. Dabei handelt es sich lediglich um den nieder- und mittelenergetischen Teil der γ-Strahlung dieses Gesteins. Die intensivste Linie am rechten Ende ist die des radioaktiven Kaliumisotops (^{40}K). Im weichen Teil des Spektrums (links) sind zahlreiche Linien der Uran-Radium- und Thorium-Zerfallsreihe zu sehen, die mit älterer Technik relativ schwer auflösbar waren. Diese Probe enthielt noch einen Teil der Verwitterungsrinde dieses Basaltes. Infolgedessen erscheint auch (bei 667 KeV) die Linie des Caesiums 137, eines Nuklides der Kernspaltungen, als eine Linie anthropogener Herkunft. Nach Entfernen der Verwitterungskruste verschwand diese Linie im Basaltspektrum. Diese Basaltprobe enthält nach Auswertung dieses Spektrums 9,3 p.p.m. (parts per million) Thorium, 2,3 p.p.m. Uran und 1,9% K$_2$O. Das Verhältnis von Thorium zu Uran als eine sehr wichtige Gesteinskennziffer beträgt für diese Basaltprobe rund Th/U = 4,0.

R. Lauterbach

Die Gesteine und ihre Entstehung

Die Bausteine der Erdkruste sind Minerale und Gesteine. Dabei handelt es sich um überwiegend kristalline Festkörper, die entweder homogen, d. h. stofflich und physikalisch einheitlich (Minerale) oder heterogen und damit uneinheitlich (Gesteine) sind.
  Kalkspat und Marmor haben stofflich die gleiche chemische Zusammensetzung ($CaCO_3$), aber nur das Mineral Kalkspat ist auch physikalisch einheitlich. Der Marmor ist kein Mineral, sondern ein Gestein, weil ihm trotz gleicher chemischer Zusammensetzung die physikalische Homogenität fehlt. Die meisten Gesteine sind nicht nur physikalisch, sondern auch chemisch heterogen, da an ihrem Aufbau in der Regel verschiedene Minerale, Trümmer älterer Gesteine, Reste von Organismen u. a. beteiligt sind. Von über 2000 definierten Mineralen sind etwa 250 am Gesteinsaufbau beteiligt, und weitere 150 treten sporadisch auf. Die die Erdkruste zusammensetzenden Minerale und Gesteine gehören nach ihrer Entstehung drei verschiedenen Bildungsabfolgen an, der magmatischen, sedimentären und der metamorphen Abfolge. Die zugehörigen Gesteine weisen unterschiedliche Assoziationen gesteinsbildender Minerale auf, da die Magmatite Kristallisationsprodukte aus Schmelzphasen der Magmen sind, in den Sedimentiten gravitativ abgesetztes oder biogen ausgeschiedenes Material auftritt, das durch chemische Verwitterung bereits vorhandener Gesteine entstanden ist, und in den Metamorphiten Assoziationen zu beobachten sind, deren Entstehung auf Umbildungsvorgänge in ehemals magmatischen oder sedimentären Gesteinen zurückzuführen ist.

Die gesteinsbildenden Minerale

Aus der Betrachtung der Minerale als homogene und kristalline Festkörper ergibt sich, daß es bei allen Eigenschaften, Wachstums- und Auflösungserscheinungen sowie Umwandlungsvorgängen um Erscheinungsformen des kristallisierten Zustandes der Materie geht. **Minerale** sind damit alle meist festen, im chemischen und physikalischen Sinn homogenen, fast ausschließlich anorganischen Naturkörper, die mit wenigen Ausnahmen in Form von Kristallen oder in kristallinen Aggregaten unterschiedlicher Korngröße vorkommen und deren Stabilität von den äußeren Zustandsbedingungen abhängt. Dabei zählen nicht nur die Kristallarten in der festen Erdkruste zu den Mineralen, sondern auch die festen Hoch- und Höchstdruckmodifikationen im Erdmantel, die Bestandteile der Meteoriten sowie die Kristallarten des Mondes und anderer Himmelskörper.

Minerale als Kristalle

Am Anfang aller Mineral- und Gesteinsuntersuchungen steht das Mineral als Kristall. Neben der Homogenität des kristallinen Festkörpers steht als weitere Eigenschaft des Kristalls die Anisotropie im Mittelpunkt, d. h. die Abhängigkeit physikalischer Eigenschaften (u. a. Elastizität, elektrische Leitfähigkeit) von der Richtung im Kristall. So ist das Kristallwachstum eine richtungsabhängige Eigenschaft; denn beim freien Wachstum eines Kristalls wird nicht eine Kugel, sondern ein von ebenen Flächen begrenztes Polyeder ausgebildet.
  Der anisotrope Zustand eines kristallinen Festkörpers wird auch durch die räumliche Anordnung seiner atomaren Bausteine widergespiegelt. Die Flächen, Kanten und Ecken eines Kristalls sind Ausdruck einer inneren, dreidimensional-periodischen Anordnung von Atomen, Ionen oder Molekülen. Diese röntgenographisch nachzuweisenden Anordnungen beschreiben für jeden Kristall, für jedes Mineral, ein charakteristisches Raumgitter (Abb.), dessen Gitterpunkte in gleichen Richtungen gleiche und in verschiedenen Richtungen unterschiedliche Anordnungen aufweisen. Damit wird das Wesen eines jeden Kristalls durch sein Raumgitter ausgedrückt. Die Symmetrieeigenschaften der Kristalle werden in gitterstruktureller Hinsicht in 230 Raumgruppen erfaßt.
  Rechtwinklig aufeinanderstehende oder schiefwinklig zueinander verlaufende Gittergeraden, die zugleich mit am Kristall vorherrschenden Kanten

● Na ○ Cl

Raumgitter des Steinsalzes

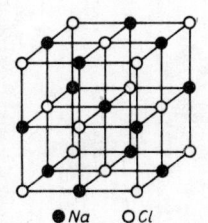

kubisch (regulär) *hexagonal*

rhomboedrisch *tetragonal*

orthorhombisch *monoklin* *triklin*

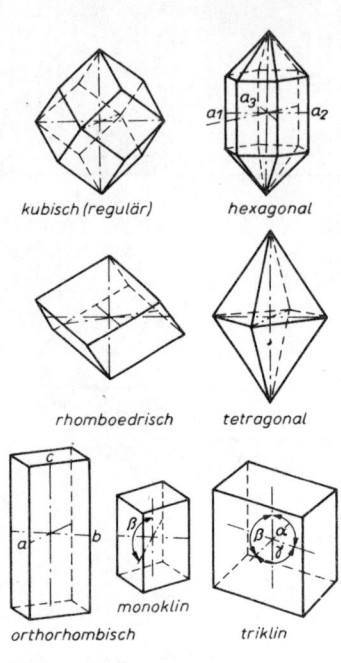

Die sieben Kristallsysteme

übereinstimmen, bilden Achsen- oder Koordinatensysteme, mit denen es möglich ist, die verschiedenen Raumgitter oder Kristalle analytisch zu beschreiben. Es läßt sich nachweisen, daß alle kristallisierten Festkörper auf 7 Koordinatensysteme bezogen werden können, die zugleich 7 Kristallsysteme charakterisieren. Es sind dies das kubische, hexagonale, trigonale (rhomboedrische), tetragonale, (ortho)rhombische, monokline und trikline Kristallsystem. Die in der Abbildung als Vertreter dieser 7 Systeme dargestellten Kristalle besitzen unterschiedliche Symmetrieeigenschaften. Alle Kristalle lassen sich in 32 verschiedene Kristallklassen unterbringen.

Die Einordnung eines Minerals mit gut ausgebildeten und einwandfrei reflektierenden Kristallflächen in eine der 32 Kristallklassen ist im allgemeinen dann möglich, wenn die Symmetrieeigenschaften bestimmt, die auftretenden Winkel gemessen und die Flächen indiziert worden sind. Sind entsprechende Voraussetzungen nicht vorhanden, dann stehen für die kristallographischen Untersuchungen polarisationsoptische, röntgenographische oder elektronenoptische Methoden zur Verfügung. Die äußere Gestalt von Mineralen hängt von den jeweiligen Entstehungsbedingungen ab. Allseitig ausgebildete Kristalle bilden sich dann, wenn sie ungehindert nach allen Richtungen wachsen können. Dies trifft für Minerale zu, die sich bei der Abkühlung aus Magmen oder aus Lösungen als erste ausscheiden und ihre Kristallgestalt vollständig ausbilden. Sie gehören zu den automorphen oder idiomorphen Kristallen (z. B. Orthoklaskristalle im Granitporphyr). Die sich zuletzt ausscheidenden Kristalle vermögen dagegen ihre Gestalt entweder nur unvollständig oder gar nicht auszubilden, weil der noch verbliebene nichtkristallisierte Raum eine Eigengestaltigkeit nicht zuläßt. Solche Kristalle werden als fremdgestaltet, xenomorph oder allotriomorph bezeichnet. Gut ausgebildete Kristallflächen an Mineralen entstehen auch dann, wenn das Kristallwachstum von einer festen Unterlage aus in den freien Raum möglich ist, wie dies in Klüften, Spalten, Hohlräumen oder Drusen der Fall ist.

Die in der Natur vorkommenden Minerale treten meistens nicht als Einzelkristall, sondern als gesetzmäßige Verwachsungen mehrerer Kristalle oder als Kristallaggregate auf. Auch Kristalle verschiedener Art können gesetzmäßig miteinander verwachsen sein, wenn weitgehende Analogien im Gitterbau der verschiedenen Kristallarten vorhanden sind.

Ganz selten finden sich in der Mineralwelt amorphe Festkörper, wie der Opal, deren äußere Gestalt meistens traubig, nierig oder schalig ist. Da der amorphe Zustand instabil ist, kann nur die Röntgenaufnahme entscheiden, ob ein amorpher Zustand vorliegt.

Physikalische Eigenschaften

Die physikalischen Eigenschaften der Minerale stehen mit ihrem Gitterbau in engem Zusammenhang und sind wegen der Anisotropie des kristallisierten Festkörpers im allgemeinen richtungsabhängig. Zu den praktisch wichtigsten Eigenschaften der Minerale gehört die **Härte,** das ist der Widerstand, den das Mineral einem spitzen, zum Ritzen geeigneten Gegenstand entgegensetzt (Ritzhärte). Von dem Wiener Mineralogen Friedrich MOHS (1822) wurde eine Härteskala aufgestellt, in der jedes Mineral die vorhergehende ritzt und selbst von den nachfolgenden geritzt wird (Tab.). Die Abstände zwischen den Härtestufen sind nicht gleichwertig.

Tab. MOHSsche Härteskala

Mineral	Formel	Ritzhärte nach MOHS	Bemerkungen
Talk	$Mg_3[(OH)_2 \mid Si_4O_{10}]$	1	mit dem Fingernagel ritzbar
Gips	$CaSO_4 \cdot 2\,H_2O$	2	
Kalkspat	$CaCO_3$	3	
Flußspat	CaF_2	4	mit dem Messer ritzbar
Apatit	$Ca_5(F, Cl, OH)(PO_4)_3$	5	
Feldspat	$KAlSi_3O_8$	6	
Quarz	SiO_2	7	Fensterglas wird geritzt
Topas	$Al_2[F_2 \mid SiO_4]$	8	
Korund	Al_2O_3	9	
Diamant	C	10	

Die Härteunterschiede in Abhängigkeit von der Richtung im Kristall sind im allgemeinen gering. Eine deutliche Härteanisotropie zeigt der Disthen, der in seiner Längsrichtung eine Härte von $4^1/_2$ und quer dazu die Härte 7 hat. Gittermäßig ist die Härte von den Atom- bzw. Ionenradien und von den zwischen den Gitterbausteinen herrschenden Bindungskräften abhängig.

Die Härteanisotropie steht in engem Zusammenhang zur **Spaltbarkeit** der Minerale. Man versteht darunter die Eigenart vieler Kristalle, bei mechanischen Beanspruchungen nach bestimmten kristallographischen Flächen zu spalten.

Spaltflächen sind immer dichtbesetzte Gitterebenen, die niedrig indiziert sind und zu möglichen Kristallflächen parallel verlaufen. Die Spaltbarkeit ist am vollkommensten, wenn zwischen dicht besetzten Gitterebenen nur schwache Bindungskräfte vorhanden sind, z. B. bei den Schichtsilikaten (Glimmer). Sind keine merklichen Kohäsionsunterschiede im Kristall vorhanden, dann zerbricht der Kristall bei entsprechender Beanspruchung und läßt keine Spaltflächen, sondern unregelmäßige Bruchflächen erkennen. Der **Bruch** kann muschelig (Quarz), faserig (Glaskopf), hakig (Kupfer), körnig (Magnetit) oder uneben (Bernstein) sein.

Die **Dichte** ist eine richtungsunabhängige Größe und wird besonders für die Identifizierung der Minerale mit herangezogen. Die Dichtewerte liegen bei den meisten Mineralen zwischen 2 und 3,5, bei den Erzen darüber.

Von großer Bedeutung für die Diagnostik der Minerale sind die **optischen Eigenschaften,** die in Pulverpräparaten, Dünn- und Anschliffen hauptsächlich mit einem Polarisationsmikroskop im orthoskopischen und konoskopischen Strahlengang untersucht werden können. Mit polarisationsoptischen Methoden lassen sich alle Minerale, unabhängig von ihrer chemischen Zusammensetzung, in 5 Gruppen zusammenfassen (Tab.).

Tab. Optische Einteilung der Minerale

Kristallsystem	Lichtbrechung	Isotropie Anisotropie	optisch einachsig zweiachsig	Charakter der Doppelbrechung	Optische Gruppen
kubisch	n	isotrop	–	–	1. isotrop
hexagonal, trigonal, tetragonal	n_ω, n_ε	anisotrop	optisch einachsig	positiv oder negativ	2. einachsig positiv / 3. einachsig negativ
rhombisch, monoklin, triklin	$n_\alpha, n_\beta, n_\gamma$	anisotrop	optisch zweiachsig	positiv oder negativ	4. zweiachsig positiv / 5. zweiachsig negativ

Bei isotropen (kubischen) Kristallen ist das optische Verhalten in allen Richtungen gleich, bei optisch anisotropen Kristallen im allgemeinen verschieden. Mit Ausnahme der Kristalle des kubischen Kristallsystems sind alle Kristalle doppelbrechend. Bei optisch einachsigen Kristallen gibt es eine Richtung, bei optisch zweiachsigen Kristallen zwei Richtungen ohne Doppelbrechung. Alle optisch anisotropen Kristalle wandeln gewöhnliches Licht in polarisiertes Licht um. Die im Strahlengang des Polarisationsmikroskopes eingeschalteten Polarisationseinrichtungen ermöglichen die Interferenz der sich mit verschiedenen Geschwindigkeiten im Kristall ausbreitenden Lichtwellen. Im orthoskopischen und konoskopischen Strahlengang können die in der Tabelle ange-

Tab. Untersuchungen im orthoskopischen und konoskopischen Strahlengang

orthoskopischer Strahlengang	konoskopischer Strahlengang
Umrisse, Spaltbarkeit	Isotropie, Anisotropie
Farbe, Pleochroismus	Doppelbrechung
Lichtbrechung	Interferenzfarbe
Isotropie, Anisotropie	Achsen- und Interferenzbild
Doppelbrechung	Ein- und Zweiachsigkeit
Interferenzfarbe	Optischer Charakter
Auslöschungsschiefe	Optischer Achsenwinkel

gebenen Untersuchungen durchgeführt werden. Die mikroskopischen Bilder spiegeln entweder das optische Verhalten für nur eine Richtung (Orthoskopie) oder für gleichzeitig mehrere Richtungen im Kristall wider (Konoskopie).

Die **Farbe** als leicht zu beobachtendes Merkmal der Minerale ist sehr komplexer Natur, je nachdem, ob es sich um allochromatische oder idiochromatische Farben handelt, ob im Durchlicht oder Auflicht, im gewöhnlichen oder polarisierten Licht beobachtet oder ob die Strichfarbe zur Diagnostik herangezogen wird. Richtungsabhängige Absorptionen im Kristall, diadoch im Gitter eingebaute Elemente, gitterfremde Pigmente oder Verfärbungen durch Bestrahlung spielen dabei eine Rolle.

Die Entstehung der Minerale ist an vielfältige physikalisch-chemische Vorgänge gebunden, die während langer Zeiten und in großen Bildungsräumen ablaufen können.

Die magmatische Abfolge

Hier werden alle Mineralbildungen zusammengefaßt, die aus Magmen intrakrustal, subaerisch oder submarin kristallisieren bzw. erstarren (vgl. S. 78). Beim Aufstieg von Magmen, der meist mit Druck- und Temperaturerniedrigung verbunden ist, kann es unter dem Einfluß der Gravitation zur Kristallisationsdifferentiation kommen, in seltenen Fällen auch zur Entmischung von Sulfid- und Oxidschmelzen aus basischen bis ultrabasischen Magmen. Entsprechend den herrschenden Temperatur- und Druckverhältnissen kristallisieren bestimmte Minerale aus. Der Ausscheidungsmechanismus ist von der Art und Menge der schwer- und leichtflüchtigen Bestandteile, von dem durch die leichtflüchtigen Anteile verursachten Innendruck und vom Temperaturgefälle abhängig. Legt man einzelne Temperaturintervalle zugrunde, ergeben sich folgende Stadien der Mineralbildung:

liquidmagmatische Mineralbildung

Bei Temperaturen zwischen etwa 1200 °C und 650 °C kristallisieren aus dem Magma mit zunehmender Abkühlung folgende Minerale aus: Magnetit, Apatit, Olivin, Pyroxene, Amphibole, Glimmer, Plagioklase, Alkalifeldspäte und Quarz; aus alkalischer bzw. SiO_2^--armer Schmelze auch Alkalipyroxene, Alkaliamphibole und Feldspatvertreter.

pegmatitische Mineralbildung

In der verbleibenden Schmelze sind die flüchtigen Bestandteile, insbesondere Wasser, stark angereichert und dazu alle jene Elemente, die wegen ihrer abweichenden Ionengröße in den bereits auskristallisierten Mineralen nicht eingebaut wurden. Es sind dies z. B. Lithium, Beryllium, Bor, Zirkonium, Thorium, Niob, Tantal, Uran. Vorherrschend scheiden sich in diesem Stadium in einem Temperaturbereich von etwa 500 bis 650 °C grobe Aggregate von Glimmern, Feldspäten und Quarz aus, aber auch z. T. Turmalin, Beryll, Spodumen, Monazit, Thorit.

pneumatolytische Mineralbildung

Pneumatolyte werden aus fluiden Phasen gebildet, die hauptsächlich aus überkritischem Wasser bestehen, ferner aus HF, HCl, H_3BO_3 u. a., so daß sie eine große Beweglichkeit haben und in Nebengesteinskomplexe eindringen oder bei Druckentlastung absieden können. Bei Temperaturen von etwa 400 bis 550 °C bilden sich z. B. Topas, Turmalin, Lithiumglimmer, Apatit, Zinnstein, Wolframit, Molybdänglanz, Magnetit, Magnetkies.

hydrothermale Mineralbildung

Im Gegensatz zu den vielfach sauren pneumatolytischen Fluida sind die hydrothermalen Lösungen meist alkalisch, bestehen überwiegend aus Wasser und führen viele Alkali- und Polysulfide. Etwa von 400 °C an abwärts scheiden sich in Gang- und Spaltensystemen, die bis nahe an die Erdoberfläche verlaufen, hauptsächlich Erze, insbesondere der Elemente Kupfer, Zink, Blei, Gold, Silber, Antimon, Arsen, Kobalt und Nickel ab. Darin treten als Gangarten, d. h. nicht erzhaltige Minerale, auf: Quarz, Kalkspat, Dolomit, Siderit, Schwerspat und Flußspat.

exhalative Mineralbildung

In diesem Stadium werden Minerale durch Sublimation gebildet, wenn noch nicht entgastes Magma bis zur Erdoberfläche oder in Oberflächengewässer (Meere) dringt und eine plötzliche Entgasung erfolgt. Hierbei entstehen u. a. Chloride, Fluoride, Sulfate, Sulfide und Schwefel.

Die sedimentäre Abfolge

Die Minerale der magmatischen Abfolge sind überwiegend bei höheren Temperaturen und Drücken entstanden. Bei Bedingungen, wie sie an der Erdoberfläche herrschen, sind sie häufig nicht mehr stabil. Dazu kommen an der Erdoberfläche mechanische Einflüsse, wie Erosion, Frostsprengung und durch Temperaturunterschiede bedingte Spannungen, die zur Zerkleinerung von Gesteinen und Mineralen führen und den chemischen Zerfall durch Wasser, Kohlensäure, Sauerstoff, salpetrige Säure, Verbrennungsgase und Bodenbakterien begünstigen und beschleunigen. Nur wenige Minerale sind unbegrenzt haltbar, z. B. Quarz, Zinnstein, Diamant, Chromit. Sehr lange beständig sind auch Granat, Turmalin und Disthen. Dagegen sind Olivin, basische Plagioklase und die Sulfide leicht zerstörbar. Bei der Verwitterung und der darauffolgenden Abtragung und Wiederablagerung (Sedimentation), bei der Bodenbildung und chemischen Ausfällung kommt es zu zahlreichen Umbildungen und Neubildungen von Mineralen. Die wichtigsten so entstandenen Mineralgruppen sind Tonminerale, Karbonate, Sulfate und Chloride.

Die metamorphe Abfolge

Andersartige Um- und Neubildungen finden statt, wenn Minerale magmatischer oder sedimentärer Entstehung durch aufsteigende Magmen beeinflußt oder durch gebirgsbildende Vorgänge in andere Temperatur- und Druckbereiche gelangen, wobei auch mechanische Beanspruchungen, Stoffzufuhr und -abfuhr eine Rolle spielen können.

Die durch Metamorphose entstandenen Minerale klassifiziert man nach den Druck- und Temperaturbereichen, bei denen sich die Umwandlungen vollziehen. Metamorphe Minerale sind z. B. Granat, Staurolith, Disthen, Chlorit Cordierit, Sillimanit, Andalusit, Epidot, Talk.

Die gesteinsbildenden Minerale

Von den insgesamt etwa 400 gesetzmäßig oder sporadisch am Aufbau der magmatischen, sedimentären und metamorphen Gesteine beteiligten Minerale kommen nur rund 40 in den Gesteinen vor.

Parallel mit der Elementverteilung in der Erdkruste (vgl. S. 56) herrschen unter den gesteinsbildenden Mineralen die Silikate und Oxide vor. Die Mineralgruppen der Elemente, Sulfide, Halogenide, Karbonate, Sulfate und Phosphate spielen dagegen eine untergeordnete Rolle. Die Verbreitung der gesteinsbildenden Minerale in den am Aufbau der Erdkruste beteiligten Gesteinen geht aus der Tabelle hervor.

Tab. Anteil der wichtigsten Minerale in den Gesteinen der Erdkruste

Minerale	CLARKE (1924) Mol-%	RONOW und JAROSCHEWSKI (1967) Mol-%
Quarz	12	12
Kalifeldspat, Plagioklas	59,5	51
Glimmer	3,8	5
Amphibole, Pyroxene	16,8	16
Olivin	–	3
Tonminerale (einschließlich Chlorite)	–	4,6
Kalkspat, Aragonit	–	1,5
Dolomit	–	0,5
Magnetit, Titanomagnetit	1,5	1,5
übrige Minerale (Apatit, Granat u. a.)	6,4	4,9

Die in den drei Gesteinsgruppen auftretenden Minerale werden nach ihren prozentualen Anteilen als Hauptgemengteile, Nebengemengteile oder als Akzessorien bezeichnet.

Hauptgemengteile sind die für verschiedene Gesteine typischen Bestandteile,

Tab. Wichtige gesteinsbildende Minerale in Magmatiten, Metamorphiten und Sedimentiten

Magmatite	Metamorphite	Sedimentite
Quarz	Quarz	Quarz, Chalcedon
Alkalifeldspäte	Alkalifeldspäte	Alkalifeldspäte
Plagioklase	Sericit	
Feldspatvertreter		Kaolinit
Muskovit	Pyroxene	Montmorillonit
	Amphibole	Chlorite
Biotit		Kalkspat
Orthopyroxene	Disthen	Dolomit
Klinopyroxene	Sillimanit	Anhydrit
Alkalipyroxene	Andalusit	Gips
Amphibole	Staurolith	Steinsalz
Alkaliamphibole	Cordierit	Bauxit
Olivin	Zoisit, Epidot	Apatit
	Granate	Hämatit
Apatit	Chlorite	Pyrit
Zirkon	Chloritoide	
Magnetit	Talk	
Ilmenit	Serpentin	
Titanit	Skapolith	
	Rutil	
	Eisenglanz	

die den chemischen und mineralogischen Charakter des Gesteins bestimmen und den wesentlichen Anteil ausmachen.

Nebengemengteile können in einzelnen Gesteinen in größeren Mengen auftreten, sind aber nicht typisch für die betreffende Gesteinsgattung, sondern nur für bestimmte Vorkommen. Nomenklatorisch werden sie oft zu einer genaueren Gesteinsbezeichnung herangezogen. Kommen in einem granitischen Gestein merkliche Mengen (etwa 5 bis 20 Vol.-%) an Riebeckit oder Turmalin vor, so wird dieses Gestein als Riebeckitgranit oder Turmalingranit bezeichnet. Makroskopisch treten Nebengemengteile häufig stärker als die Hauptgemengteile hervor, z. B. der Granat im Granatglimmerschiefer.

Akzessorien sind weniger wichtige »hinzukommende« Minerale, die für die Kennzeichnung eines Gesteins unwesentlich sind. Sie machen weniger als 5 Vol.-% aus und sind in fast allen Gesteinen anzutreffen. Von den in der Tabelle S. 73 aufgeführten Mineralen gehören Apatit, Hämatit, Magnetit, Pyrit, Ilmenit, Titanit, Rutil und Zirkon zu den Akzessorien.

Nach der **Farbe** lassen sich die gesteinsbildenden Minerale in salische (von Silizium und Aluminium) oder felsische (von Feldspat und Silikat) Minerale und femische (von Eisen und Magnesium) oder mafische (Mg- und Fe-Silikate) Minerale einteilen. Zur ersten Gruppe gehören die hellen Bestandteile Quarz, Feldspäte und Feldspatvertreter, zur zweiten die dunklen Gemengteile Biotit, Pyroxene, Amphibole und Olivin.

Die große Mannigfaltigkeit der am Aufbau der Erdkruste beteiligten Silikate ist auf die Stabilität der ihre Struktur bestimmenden SiO_4-Tetraeder und auf die ein-, zwei- und dreidimensionalen Verknüpfungsmöglichkeiten dieser Tetraeder zurückzuführen. Dazu kommt die Fähigkeit der an der Zusammensetzung der Silikate beteiligten Elemente, sich gegenseitig zu vertreten (isomorphe Vertretbarkeit oder Diadochie) und Mischkristalle zu bilden. Ganz besonders ausgeprägt ist dies bei den Feldspäten, die sich innerhalb der Erdkruste am häufigsten finden.

Feldspäte. Etwa 60 Prozent aller Feldspäte sind in Magmatiten anzutreffen, rund 30 Prozent in Metamorphiten, besonders in kristallinen Schiefern, und ungefähr 10 Prozent kommen in Sedimentiten, hauptsächlich in Sandsteinen, vor.

Der prozentuale Anteil und die chemische Zusammensetzung der Feldspäte stellen die Grundlage für die Klassifizierung der Magmatite dar. Chemisch bestehen die Feldspäte aus folgenden Komponenten:

$KAlSi_3O_8$ oder $K_2O \cdot Al_2O_3 \cdot 6 SiO_2$ Orthoklas Or
$NaAlSi_3O_8$ oder $Na_2O \cdot Al_2O_3 \cdot 6 SiO_2$ Albit Ab
$CaAl_2Si_2O_8$ oder $CaO \cdot Al_2O_3 \cdot 2 SiO_2$ Anorthit An

Diese Feldspäte kommen selten rein vor, sondern hauptsächlich als Mischungsglieder der Plagioklas- oder der Alkalifeldspatreihe. Die Plagioklase bilden bei allen Temperaturen eine kontinuierliche Mischungsreihe, während die Alkalifeldspäte nur bei hohen Temperaturen mischbar sind. Bei Abkühlung tritt bei den Alkalifeldspäten eine Entmischung ein, und es entsteht Perthit (Or-reich), Antiperthit (Ab-reich) oder Mesoperthit (etwa gleiche Anteile an Or und Ab). Die Mischbarkeit zwischen Or und An ist sehr gering.

Nach der thermischen Vorgeschichte können die Feldspäte in Hoch- und Tieftemperaturtypen eingeteilt werden. Hochtemperaturfeldspäte kristallisieren bei hohen Temperaturen aus und kühlen rasch ab, z. B. in vulkanischen Gesteinen. Kristallographisch gehören die triklinen Plagioklase in das trikline Kristallsystem, während die Alkalifeldspäte teils monoklin, teils triklin sind (Abb.).

Morphologisch sind alle Feldspäte sehr ähnlich. Vom Kalifeldspat gibt es mehrere Varietäten: Sanidin, Orthoklas, Mikroklin und Adular, die sich in

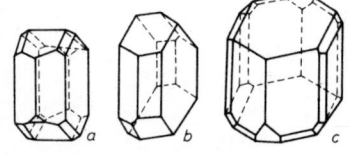

Feldspatkristalle: *a* Orthoklas, *b* Albit, *c* Anorthit

Die gesteinsbildenden Feldspäte und ihre Mischungsglieder

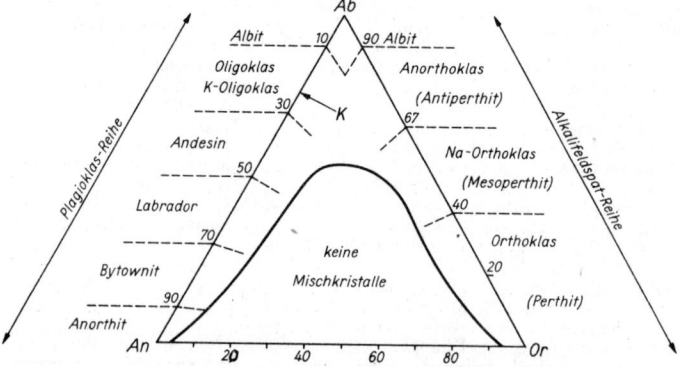

Natürlich vorkommende Siliziumdioxid-Modifikationen

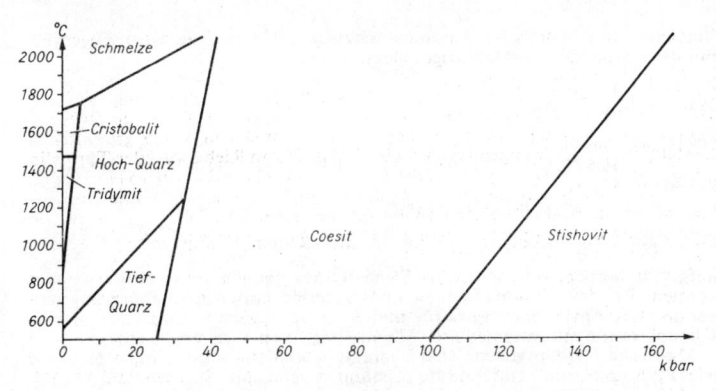

ihren Entstehungsbedingungen und in ihrem strukturellen Aufbau unterscheiden. Sanidine sind bei hohen Temperaturen entstandene, rasch abgekühlte, nichtentmischte und daher glasklare monokline Kalifeldspäte, die in Vulkaniten vorkommen. Bei langsamer Abkühlung entsteht der Orthoklas, ebenso in mittleren Temperaturbereichen. Als Tieftemperaturmodifikation ist der Mikroklin anzusehen, der triklin kristallisiert. Strukturell unterscheiden sich die Modifikationen im Fehlordnungsgrad der Al/Si-Verteilung im Feldspatgitter. Tieftemperaturmodifikationen – bei Alkalifeldspäten und Plagioklasen – weisen eine geordnete, Hochtemperaturmodifikationen eine ungeordnete Al/Si-Verteilung auf. Eine weitere Kalifeldspat-Varietät ist der hydrothermal entstandene Adular, der bei trikliner Struktur einen monoklinen Habitus besitzt und meist glasklar ist. Wegen der hohen Anteile der Feldspäte in den Gesteinen der Erdkruste und der Bedeutung der Feldspäte als Indikatoren für die Entstehungsbedingungen der Gesteine besitzt die Untersuchung und Bestimmung dieser gesteinsbildenden Minerale große Bedeutung. Da sich mit der chemischen Zusammensetzung auch die physikalisch-optischen Eigenschaften der Feldspäte gesetzmäßig verändern, bieten sich für die Feldspatbestimmung besonders die optischen Untersuchungsmethoden mit dem Polarisationsmikroskop an. Niedrige Licht- und Doppelbrechungen, sehr gute Spaltbarkeiten und charakteristische Zwillingsbildungen begünstigen die mikroskopische Bestimmung in Dünnschliffpräparaten.

Quarz und andere Kieselsäurevarietäten. Wegen der leichten Verwitterbarkeit der Feldspäte ist an der Erdoberfläche der Quarz das verbreitetste Mineral. Da in seiner Tetraedergerüststruktur kaum isomorphe Vertretbarkeiten auftreten, ist der Quarz, abgesehen von möglichen mechanischen Verunreinigungen, das chemisch reinste gesteinsbildende Mineral.

Die Quarzgruppe umfaßt verschiedene Modifikationen des Siliziumdioxids SiO_2. Bei Atmosphärendruck sind Tiefquarz, Hochquarz, Tridymit und Cristobalit, bei Hochdruck Keatit und Coesit und bei Höchstdruck der Stishovit stabil. Mit Ausnahme von Keatit, der nur synthetisch bekannt ist, sind alle Modifikationen in der Natur vorhanden. Die Stabilitätsfelder sind aus der Abbildung ersichtlich.

Neben diesen kristallinen Modifikationen gibt es noch eine kryptokristalline Varietät mit faserigem Aufbau, den Chalcedon, und das Hydrogel Opal, das neben SiO_2 wechselnde Mengen Wasser enthält.

Gesteinsbildend am häufigsten ist der Quarz, der sich in magmatischen, metamorphen und sedimentären Gesteinen findet. Der bei Atmosphärendruck beständige Tiefquarz wandelt sich bei 573 °C in Hochquarz um, der als Einsprengling in vulkanischen Gesteinen angetroffen wird. Derartige Umwandlungspunkte sind wertvolle Fixpunkte, aus denen sich wichtige Rückschlüsse für die Entstehungsbedingungen von Mineralen und Gesteinen ziehen lassen.

Äußerlich unterscheiden sich die Quarzmodifikationen durch ihre Kristallform.

Optisch sind die Quarze durch niedrige Licht- und Doppelbrechung, wasserklare Durchsichtigkeit und Fehlen der Spaltbarkeit charakterisiert.

Von den dunklen Mineralen sind **Pyroxene** und **Amphibole** am häufigsten. Ihnen gemeinsam sind die gewöhnlich zur c-Achse gestreckte Kristallform (Abb.), ihre gute Spaltbarkeit parallel zur Fläche, sowie die fast gleiche Härte und die meist dunkelgrünen und dunkelbraunen Farbtöne. Strukturell sind in den Kristallen SiO_4-Tetraeder kettenförmig parallel zur c-Achse aneinandergereiht, die bei Pyroxenen als Einfachketten und bei Amphibolen als Doppelketten (Bänder) vorliegen. Diese Anordnungen führen zu unterschiedlichen Winkeln zwischen den Spaltflächen, außerdem bei den Pyroxenen zu einem pseudotetragonalen und bei den Amphibolen zu einem pseudohexagonalen Habitus. Beide Mineralgruppen umfassen orthorhombische und monokline

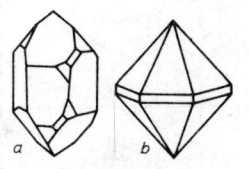

Quarzkristalle: *a* trigonaler Tiefquarz, *b* hexagonaler Hochquarz

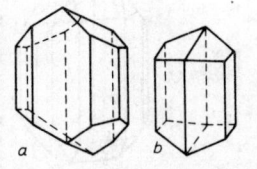

Pyroxen (*a*) und Amphibol (*b*)

Vertreter. Die chemische Zusammensetzung der **Pyroxene** wird allgemein mit der Formel $XY[Si_2O_6]$ ausgedrückt, wobei

X durch Ca, Na, Li, Mn
Y durch Mg, Fe, Al, Ti

ersetzt sein kann.

Die wichtigsten monoklinen Pyroxene (Klinopyroxene) können als Glieder des Systems

$CaMg[Si_2O_6]$—$CaFe[Si_2O_6]$—$MgSiO_3$————————$FeSiO_3$

Diopsid————Hedenbergit—Klinoenstatit—Klinoferrosilit

aufgefaßt werden, wobei sich die Elemente Mg und Fe vollständig vertreten können. Bei den Klinopyroxenen sind Diopside und Augite am häufigsten, bei den Orthopyroxenen Enstatite und Bronzite. Pigeonite sind kalziumarme Klinopyroxene mit intermediärer Magnesium–Eisen-Zusammensetzung.

Mg-reiche Orthopyroxene sind charakteristisch für ultrabasische Gesteine wie Pyroxenite und Harzburgite. Orthopyroxene mit wechselnden Mg/Fe-Verhältnissen kommen in basischen Magmatiten vor, z. B. in Noriten und Andesiten, aber auch in Granuliten und in pelitischen Gesteinen, die bei hohen Temperaturen metamorphosiert worden sind.

Klinopyroxene der Diopsid–Hedenbergit-Reihe treten in metamorphen Gesteinen auf, aber auch in basischen Eruptivgesteinen. Der Hedenbergit findet sich gelegentlich in Syeniten. Der typische Pyroxen vieler magmatischer Gesteine ist der Augit, der in Basalten und Gabbros zum Hauptgemengteil wird. Der Alkalipyroxen Aegirin, $NaFe[Si_2O_6]$, ist typischer Vertreter in Alkaligesteinen wie Syeniten, Trachyten oder Phonolithen. Der Jadeit, $NaAl \cdot [Si_2O_6]$, kommt in metamorphen Gesteinen vor, die bei sehr hohen Drücken entstanden sind.

Der Chemismus der **Amphibole** kann durch folgende Formel angegeben werden: $X_2Y_5[(OH, F) | Z_4O_{11}]^2$,
wobei   X durch Na, K, Ca
         Y durch Mg, Fe, Al
         Z durch Si, Al
ersetzt sein kann.

Die Bandstruktur in den Amphibolen erlaubt eine weitgehende isomorphe Vertretbarkeit, so daß die Variationsbreite unter den Amphibolen sehr groß ist, was eine befriedigende Klassifizierung innerhalb dieser Mineralgruppe erschwert. Der komplizierte Chemismus weist im Vergleich zu den Pyroxenen auf andere Bildungsbedingungen hin. Die Anwesenheit von OH-Gruppen oder Fluor verdeutlicht, daß die Bildung der Amphibole in Magmatiten und Metamorphiten bei tieferen Temperaturen unter Beteiligung von Mineralisatoren erfolgt sein muß. Die meisten Amphibole kristallisieren monoklin. Im Gegensatz zu den Pyroxenen sind die Amphibole meistens stärker pleochroitisch.

Den Diopsiden und Hedenbergiten entsprechen bei den Klinoamphibolen die Glieder der Strahlsteinreihe mit Tremolit und Aktinolith, die vorwiegend in den Metamorphiten der Grünschieferfazies auftreten. Die verbreitetsten Amphibole sind die Hornblenden, die Hauptgemengteile vieler Magmatite (z. B. Syenite, Diorite) sind. In den Metamorphiten der Amphibolitfazies und in Basalten sind sie als basaltische Hornblende sehr häufig. Die Hornblenden der Alkaligesteine zeichnen sich chemisch durch hohen Natriumoxidgehalt und optisch durch auffallend kräftige pleochroitische Farben aus. Der Glaukophan kommt in Metamorphiten der Glaukophanschieferfazies vor. Orthoamphibole treten seltener auf.

Die **Glimmerminerale** sind als Schichtsilikate durch vollkommene Spaltbarkeit gekennzeichnet. Sie kristallisieren monoklin, weisen ebenfalls häufig isomorphe Vertretbarkeiten auf und sind daher sehr unterschiedlich zusammengesetzt.

Am verbreitetsten sind die Glimmer Biotit $K(Mg, Fe, Mn)_3[(OH, F)_2 \cdot (AlSi_3O_{10})]$, meist von dunkelbrauner Farbe, und der helle Muskowit $KAl_2[(OH, F)_2(AlSi_3O_{10})]$.

Da Glimmerspaltblättchen eine charakteristische optische Orientierung besitzen, sind sie besonders gut zur Demonstration von Interferenzbildern optisch zweiachsiger Kristalle geeignet.

Der stark pleochroitische Biotit ist wesentlicher oder akzessorischer Bestandteil der meisten Magmatite und findet sich auch in Gneisen, Glimmerschiefern und kontaktmetamorphen Hornfelsen. Muskowit ist hauptsächlich in sauren Tiefengesteinen, in kristallinen Schiefern und auch in Sedimenten vorhanden.

Der **Olivin** gehört zu den Inselsilikaten, in denen selbständige SiO_4-Tetraeder über Metallionen miteinander verbunden sind. Er kristallisiert rhombisch und weist meistens grünliche Farbtöne auf. Chemisch handelt es sich um ein Magnesium–Eisen-Silikat $(Mg, Fe)_2[SiO_4]$.

Die Olivine bilden eine lückenlose Mischungsreihe vom Forsterit Mg_2SiO_4 zum Fayalit Fe_2SiO_4. Als gesteinsbildende Minerale sind sie in ultrabasischen

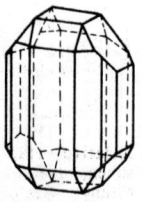

Olivin

Magmatiten und in basaltoiden Gesteinen sehr verbreitet. In diesen Gesteinen gehören sie zu den Frühausscheidungen, so daß häufig kristallographische Begrenzungen zu beobachten sind (Idiomorphie).

Eine große Rolle spielen beim Olivin Umwandlungserscheinungen, vor allem die Serpentinisierung. Die Serpentinbildung erfolgt unter dem Einfluß von hydrothermalen Wässern und geht meistens von den Spaltrissen aus, so daß eine typische Maschenstruktur entsteht.

Schwerminerale. Eine wichtige Gruppe unter den gesteinsbildenden Mineralen sind die Schwerminerale, d. h. Minerale, die Dichten über 2,89 besitzen und in Magmatiten, Metamorphiten und Sedimentiten auftreten. Zugleich sind es die akzessorischen Gemengteile, die in allen Gesteinen mit weniger als 5 Vol.-% beteiligt sind.

Durch Verwitterungsprozesse in den verschiedensten Gesteinen kommt es zur Anreicherung in Sedimenten.

Mikroskopische Untersuchungen von Schwermineralen und Schwermineralassoziationen können sehr aufschlußreich sein. Manche Horizonte in sedimentären Ablagerungen sind durch bestimmte Vergesellschaftungen von Schwermineralen gekennzeichnet, so daß man von Leitparagenesen sprechen kann. Auf diese Weise lassen sich Gesteinsschichten miteinander vergleichen und stratigraphisch einordnen. Durch die Schwermineralanalyse können genauere Angaben über die Herkunft von transportierten und abgelagerten Sedimenten gemacht werden. Schwermineralanalytische Untersuchungen haben auch bei Magmatiten und Metamorphiten Bedeutung. Besonders wichtig ist die Schwermineralanalyse bei der Erkundung von Erdöllagerstätten und der großräumigen Suche von Lagerstätten. *R. Gaedeke*

Die Gesteine — das Baumaterial der Erdkruste

Homogene Minerale und heterogene Gesteine bauen die Erdkruste auf. Als Mineralaggregate und Mineralassoziationen stellen die Gesteine geologische Körper innerhalb der Erdkruste dar, deren Bildung mit geologischen Vorgängen im Zusammenhang steht. Man unterteilt die Gesteine in
1) Magmatite (Erstarrungs-, Eruptiv-, Massen- oder Magmagesteine), die aus Magmen erstarren;
2) Sedimentite (Schicht- oder Absatzgesteine), die durch Ablagerung von durch Verwitterung zerstörtem und aufbereitetem Gesteinsmaterial vor allem im Meer entstehen;
3) Metamorphite (metamorphe Gesteine), die aus der Umwandlung anderer Gesteine hervorgehen.

Der Wissenschaftszweig, der sich mit den Gesteinen beschäftigt, ist die **Gesteinskunde.** Da diese, wie andere naturwissenschaftliche Fachdisziplinen, zunächst eine beschreibende Wissenschaft war, wurde sie als **Petrographie** bezeichnet. Die Petrographie stellt den jetzigen Zustand der Gesteine, die chemische Zusammensetzung, den qualitativen und quantitativen Mineralbestand, die physikalischen Eigenschaften, das Gefüge, die Lagerungsformen, den Erhaltungszustand und das Vorkommen dar.

Alle Fragen, die sich mit der Bildung und Umbildung von Gesteinen, mit den physikalisch-chemischen Bedingungen der Gesteinsentstehung und der Gesteinsumwandlung befassen, d. h. petrogenetische Fragen, werden in der **Petrologie** behandelt. Im Zusammenhang mit der chemischen und physikalischen Eigenschaften der Gesteine und der ständigen Vervollkommnung physikalisch-chemischer Untersuchungsmethoden sind die Disziplinen **Petrochemie, Petrophysik** und **Petromagnetik** entstanden.

Die Petrochemie, zugleich eine Disziplin der Geochemie, beschäftigt sich mit der chemischen Zusammensetzung der Gesteine. Zur Bestimmung der Haupt-, Neben- und Spurenelemente stehen neben den üblichen chemischen Analysenmethoden heute Verfahren der Röntgenfluoreszenzspektrometrie, der Atomabsorptionsspektrophotometrie, der Emissionsspektralanalyse, der Neutronenaktivierungsanalyse, der Massenspektrometrie, der Lasermikrospektralanalyse sowie der Elektronen- und Ionenmikrosonde zur Verfügung.

Von der Petrophysik aus gehen starke Bindungen zur Geophysik, weil sie mit der Untersuchung der Dichte, der Porosität, der Radioaktivität, Permeabilität, Festigkeit, Elastizität, Plastizität u. a. der Gesteine die Grundlage für die Anwendung geophysikalischer Methoden liefert. Die üblichen physikalisch-optischen Untersuchungsmethoden werden in der Petrophysik durch Methoden der Elektronenmikroskopie, der Röntgenanalyse, Ultrarotspektrometrie, Differentialthermoanalyse u. a. ergänzt. Die Untersuchung der gesteinsmagnetischen Eigenschaften ist Aufgabe der Petromagnetik. Der Begriff Lithologie wurde ursprünglich als Synonym für Petrographie benutzt. J. WALTHER (1927) versteht darunter die allgemeinen Fragen der Entstehung

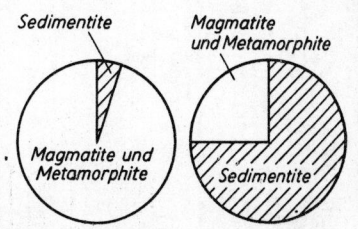

Relative Häufigkeit der magmatischen, metamorphen und sedimentären Gesteine innerhalb der 16-km-Zone der Lithosphäre (links) und an der Erdoberfläche (rechts)

Gestein	Anteil (%)	Masse (10^{24} g)
Sande	1,7	0,43
Tone und Tonschiefer	4,2	1,07
Karbonate (einschl. Evaporite)	2,0	0,51
Granite	10,4	2,95
Granodiorite, Diorite	11,2	3,11
Syenite aller Art	0,4	0,11
Basische Gesteine	42,5	12,70
Ultrabasische Gesteine	0,2	0,06
Gneise	21,4	5,96
Kristalline Schiefer	5,1	1,41
Marmor	0,9	0,25
Summe	100,0	28,56

Tab. Die prozentuale und massenmäßige Häufigkeit der wichtigsten Gesteinstypen in der Erdkruste nach RONOW und JAROSCHEWSKI (aus RÖSLER und LANGE 1975)

der Sedimente, wofür sich heute der Begriff Sedimentologie durchsetzt (S. 124). Magmatite und Metamorphite nehmen etwa 95 Prozent des bisher bekannten oberen Teils der Erdkruste bis in etwa 16 km Tiefe ein, während auf die Sedimentgesteine nur rund 5 Prozent entfallen. Betrachtet man aber nicht das Volumen der Kruste, sondern nur deren Oberfläche, dann wird diese zu 75 Prozent von Sedimentiten und nur zu 25 Prozent von Magmatiten und Metamorphiten bedeckt.

Die Sedimentgesteine liegen wie eine dünne Haut über den magmatischen und metamorphen Gesteinen; ihre durchschnittliche Mächtigkeit beträgt nur etwa 1,5 km.

Genauere Werte über die Häufigkeit der wichtigsten Gesteinstypen in der Erdkruste haben RONOW und JAROSCHEWSKI (1967) berechnet (Tab.).

Das Magma

Den Begriff **Magma** (griech. »Teig«) hat 1847 der Petrograph DUROCHET in einer Arbeit über isländische Laven in die wissenschaftliche Nomenklatur eingeführt. Man versteht heute unter Magma eine natürlich vorkommende, meist silikatische Schmelze mit wechselnden Anteilen an Gasen und Kristallen, die – nach der Zusammensetzung der daraus entstehenden Gesteine und Minerale zu schließen – die folgenden acht Oxide als Hauptkomponenten enthält: Siliziumdioxid SiO_2, Aluminiumoxid Al_2O_3, Eisen(III)-oxid Fe_2O_3, Eisen(II)-oxid FeO, Magnesiumoxid MgO, Kalziumoxid CaO, Natriumoxid Na_2O, Kaliumoxid K_2O. Dazu kommen viele andere Oxide in kleineren Mengen und insbesondere leichtflüchtige Bestandteile, vor allem Wasser, aber auch Kohlendioxid u. a.

Geophysikalische Untersuchungen, Hoch- und Höchstdruckversuche sowie experimentelle Untersuchungen natürlicher und synthetischer Gesteinssysteme, besonders granitischer und basaltischer Schmelzen, haben zu der allgemein anerkannten Auffassung geführt, daß magmatische Schmelzen innerhalb der Erdkruste und im oberen Bereich des Erdmantels auftreten können. Aufschmelzungen können teils partiell, teils vollständig im peridotitischen Mantel, in der ± simatischen Unterkruste und der sialischen Oberkruste stattfinden. Die Schmelzen innerhalb der Erdkruste treten stets episodisch auf und sind nicht dauernd und auch nicht seit der Entstehung der Erde vorhanden. Für den Oberen Mantel gilt sehr wahrscheinlich heute ebenfalls eine zeitlich und räumlich begrenzte Magmenbildung. Aus der Laufzeitverringerung seismischer Wellen kann allerdings in einem bestimmten Niveau auf die Möglichkeit des Auftretens partieller Schmelzphasen geschlossen werden (S. 51). Die innerhalb der Erdkruste sich bildenden Schmelzen liegen etwa in einer Tiefe von 10 bis 30 km.

Zwischen sialischen (± sauren) und simatischen (± basischen) Magmen bestehen prinzipielle Unterschiede hinsichtlich ihrer Herkunft und ihres Verhaltens gegenüber Druckänderungen. Die sauren, im wesentlichen granitischen bis granodioritischen Schmelzen mit relativ hohem Wassergehalt werden überwiegend innerhalb der Kruste bzw. aus krustalem Material gebildet und erstarren bei Druckentlastung. Geologisch sind sie fast ausschließlich an die Spätstadien von Orogenzonen als Produkt der Ultrametamorphose (vgl. Kap. Metamorphose) bzw. an die Aufschmelzungsbereiche von Subduktionszonen (S. 220) gebunden. Im Gegensatz dazu stammen die ± basaltischen bzw. gabbroiden Schmelzen aus dem Oberen Mantel, wo sie durch Druckentlastung infolge tektonischer Dehnungsvorgänge aus hochtemperiertem, aber praktisch festem Gesteinsmaterial mobilisiert werden. Dies ist im Frühstadium der Entwicklung von Orogenzonen (»initialer Magmatismus«), im Bereich Mittelozeanischer Rücken und in den Großgrabenstrukturen innerhalb von Kratonen der Fall. In Abhängigkeit von Teufenlage, Druck, Anteil der gebildeten Schmelzphase und dem in die Schmelze eingehenden Wassergehalt können auf diese Weise ganz unterschiedliche Magmen (von Tholeiiten bis zu den verschiedensten Alkaligesteinen und Carbonatiten) entstehen. Aus Naturbeobachtungen und den Ergebnissen der experimentellen Petrologie resultiert die Bimodalität des Magmatismus (RITTMANN) mit unterschiedlichem Ausgangsmaterial (krustal bis subkrustal), unterschiedlicher Entwicklung und unterschiedlicher geologischer Position. Das Primat liegt dabei weniger in den Veränderungen der Magmen während des Aufstiegs und ihrer Kristallisation als vielmehr im unterschiedlichen Ausgangsmaterial und dem jeweils in die Schmelzphase gehenden Gesteinsanteil, d. h. dem Grad der partiellen Aufschmelzung.

Je nach dem Gehalt an leichtflüchtigen Bestandteilen weisen sialische Magmen Temperaturen von 650 bis 800 °C, selten bis 900 °C auf, während man bei basaltischen mit Temperaturen zwischen 1100 und 1400 °C rechnen muß. Die Temperaturangaben beruhen teils auf Messungen an Magmen, die als Laven die Erdoberfläche erreicht haben, teils auf den Ergebnissen experimenteller Untersuchungen an verschiedenen Schmelzen. Brauchbare Anhaltspunkte liefern Schmelzpunkte, Umwandlungspunkte, Mischkristallbildungen und Entmischungen. Zahlreiche Mineralmodifikationen, besonders unter den Erzmineralen, lassen sich als Temperaturindikatoren, als geologische Thermometer (Geothermometer) verwenden (Tab.).

Tab. Geothermometer

Mineral	Umwandlung oder Entmischung	Temperatur °C
Kalkspat	Schmelzpunkt bei einem CO_2-Druck von 101,325 MPa	1340
Orthoklas	inkongruenter Schmelzpunkt	1175
Magnetit	Entmischung von Spinell	1000
Hornblende	Umwandlung von grüner in braune Hornblende	750
Ilmenit	Entmischung von Hämatit	700...600
Quarz	Umwandlung von Tief- in Hochquarz	573
Zinkblende	Entmischung von Kupferkies	550
Argentit	Umwandlung von kubischem in rhombischen Silberglanz	176
Schwefel	Umwandlung von rhombischem in monoklinen Schwefel	95

Die Ausscheidung kristalliner Phasen aus einer sich abkühlenden Schmelze hängt von den Ausgangstemperaturen und -drücken sowie vom Anteil der schwer- und leichtflüchtigen Bestandteile ab. Jedes Mineral, das aus einer gashaltigen Schmelze auskristallisiert, ist nur in einem gewissen Bereich stabil, der abgesehen von den genannten Zustandsgrößen maßgeblich vom jeweils herrschenden Gasdruck (Wasserdampfdruck) bestimmt wird. Das Studium silikatischer Schmelzen im Laboratorium und die Untersuchungen über die chemische Zusammensetzung, den Mineralbestand und das Gefüge natürlicher und künstlicher Gesteine bieten die Möglichkeit, bestimmte Aussagen über die innerhalb der Erdkruste ablaufenden Kristallisationsprozesse zu machen. Soweit es sich im Laboratorium um trockene Schmelzen handelt, sind die Stabilitätsfelder von Komponenten silikatischer Systeme gut bekannt. Wichtiger aber sind solche Untersuchungen, die unter magmaähnlichen Bedingungen durchgeführt werden, d. h. mit silikatischen Schmelzen unter hohem Druck und in Gegenwart von Wasser. Durch leichtflüchtige Bestandteile ändern sich die Schmelzpunkte und damit auch die für trockene Schmelzen bekannten Stabilitätsbereiche der einzelnen Mineralphasen. So werden aus einer basischen Schmelze bei niedrigem Wasserdampfdruck z. B. Olivin und/oder Pyroxen auskristallisieren, während bei hohem Druck Amphibol gebildet wird. Der bei hohem Wasserdampfdruck stabile Amphibol wird also bei niedrigem Druck instabil. Dieses Beispiel zeigt deutlich, wie die leichtflüchtigen Bestandteile den Ablauf der Kristallisation beeinflussen. Trotzdem können die im Laboratorium erhaltenen Resultate nicht immer auf die natürlichen magmatischen Prozesse angewendet werden, weil natürliche Magmen komplex zusammengesetzt sind und sowohl in ihrem Gehalt an schwer- als besonders auch an leichtflüchtigen Bestandteilen stark variieren. Steigen durch gebirgsbildende Vorgänge magmatische Schmelzen in der Erdkruste empor, können – unabhängig von Art und Lage des Schmelzherdes – Stoffverschiebungen in der Schmelze selbst (Differentiationen) und Reaktionen mit dem festen Nebengestein stattfinden.

Vor allem unterschiedliche Aufschmelzmechanismen, daneben Differentiationen und Reaktionen mit dem Nebengestein erklären die Vielfalt der magmatischen Gesteine. Ob bei Aufschmelzungen oder bei Kristallisationen, immer werden Gleichgewichte angestrebt, die vielfach nicht erreicht werden. Ursachen der Spaltung oder Differentiation in der Schmelze sind
1) die Liquation, d. h. das Aufspalten der magmatischen Schmelze in zwei selbständige Teilmagmen infolge von Schwereunterschieden und Nichtmischbarkeit;
2) die Kristallisationsdifferentiation, d. h. die Trennung der Schmelze von den daraus abgeschiedenen Kristallen;
3) die Entgasung bzw. Entwässerung, d. h. die Abspaltung von gas- und dampfförmigen Stoffen.

Ebenso wie Aufschmelzungen stufenweise erfolgen können (fraktionierte Aufschmelzung), ist auch bei den Kristallisationsprozessen eine fraktionierte Kristallisation in Abhängigkeit von den Temperatur-, Druck- und Konzentrationsbedingungen möglich.

Im einzelnen kann die Differentiation eines basischen silikatischen Magmas folgendermaßen verlaufen:

Aus dem Magma spalten sich, wohl bei Temperaturen von über 1300 °C, zunächst sulfidische Schmelzanteile ab, die wegen ihrer hohen Dichte nach unten sinken. Nach diesem Vorgang der Liquation kommt es in der ver-

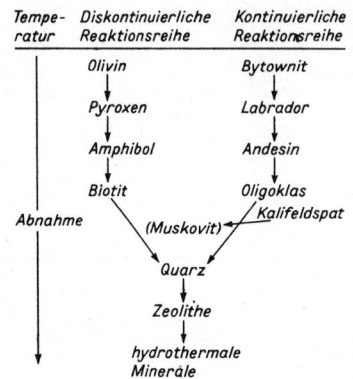

Temperatur	Diskontinuierliche Reaktionsreihe	Kontinuierliche Reaktionsreihe
	Olivin	Bytownit
	↓	↓
	Pyroxen	Labrador
	↓	↓
	Amphibol	Andesin
	↓	↓
	Biotit	Oligoklas
Abnahme	↘ (Muskovit) ↙	Kalifeldspat
	Quarz	
	↓	
	Zeolithe	
	↓	
	hydrothermale Minerale	

Schema der Kristallisationsdifferentiation eines basischen Magmas

bliebenen silikatischen Schmelze zur Kristallisationsdifferentiation: Infolge Temperatur- und Druckerniedrigung, die teilweise durch das Aufsteigen der Schmelze bedingt sind, kristallisieren aus der Schmelze Minerale aus, die sich, entsprechend ihrer Dichte, von der Schmelze trennen. Erste Minerale sind z. B. Olivin und Bytownit. Olivin, der schwerer ist als die Schmelze, sinkt in fester Phase ab, während Bytownit auf der Schmelze schwimmt. Danach scheiden sich der schwere Pyroxen und der leichte Labrador ab. Aus dem übriggebliebenen Teilmagma kristallisieren nach dem in der Abb. gezeigten Schema weitere Minerale aus. Ob die jeweils ausgeschiedenen Feldspäte aufsteigen oder absinken, hängt von den während der Abkühlung zunehmenden leichtflüchtigen Bestandteilen ab. Die jeweils auskristallisierenden Minerale können dabei nicht nur entsprechend ihrer Dichte von der Schmelze getrennt werden, sondern auch durch gebirgsbildende Kräfte, die die flüssige Restschmelze emporpressen oder abquetschen. Man spricht in diesem Zusammenhang von zwei Arten der Kristallisationsdifferentiation, von der normalen, gravitativen Kristallisationsdifferentiation, bei der dunkle Mineralkomponenten (Erze, Olivin, Pyroxen) in der Schmelze absinken, und von der agpaitischen Kristallisationsdifferentiation, bei der helle Komponenten (Feldspäte, Feldspatvertreter, Quarz) in der Schmelze aufsteigen.

Die Reihenfolge der Ausscheidungen innerhalb des Magmas entspricht nicht den Schmelzpunkten der einzelnen Komponenten. So ist Quarz nahezu immer eine der letzten Ausscheidungen, obwohl er einen sehr hohen Schmelzpunkt hat. Die Anwesenheit anderer Komponenten drückt den Schmelzpunkt jeweils herab. Die Folge der Ausscheidungen wird also durch die chemische Zusammensetzung der Schmelze bestimmt, die sich durch Ausscheidung von Kristallen ständig verändert. Dazu kommt, daß die ausgeschiedenen Kristalle erneut mit der Restschmelze reagieren können. Wie aus dem Schema ersichtlich ist, werden die dunklen Bestandteile diskontinuierlich und die hellen kontinuierlich abgeschieden, d. h., bei den überwiegend magnesium- und eisenhaltigen Silikaten treten während des Abkühlungsprozesses immer andere Mineralarten auf, während bei den Plagioklasen die Ausscheidung wegen der Mischkristallbildung kontinuierlich erfolgt. In beiden Reihen werden zuerst die kieselsäurearmen Minerale von der Schmelze abgetrennt, so daß die Schmelze immer kieselsäurereicher wird und damit Bedingungen zur Bildung von sauren Magmatiten geschaffen werden.

Die Vorgänge der Kristallisationsdifferentiation verlaufen bei Temperaturen zwischen 1 300 und etwa 700 °C. Man bezeichnet diesen Entwicklungsabschnitt einer magmatischen Schmelze einschließlich des Vorganges der Liquation als **liquidmagmatisches Stadium.** Unter diesen Bedingungen können basische, intermediäre und saure Gesteine gebildet werden.

Nach der Ausscheidung der Minerale aus der Schmelze sind in der verbliebenen Restlösung die leichtflüchtigen Bestandteile stark angereichert. Bei den Kristallisationsvorgängen im liquidmagmatischen Bereich spielten sie nur eine geringe Rolle; jetzt bestimmen vor allem sie die Weiterentwicklung der Restschmelze. Gase und Dämpfe können sich sofort abspalten, wenn der Druck der darüberliegenden Gesteinsmassen überwunden wird, indem Spalten und Klüfte aufreißen oder die Gesteinsdecke durchschlagen wird. So kommt es zu explosiven Gasausbrüchen und anderen vulkanischen Erscheinungen (S. 192).

Tritt diese plötzliche Druckentlastung nicht ein, entstehen aus der Restschmelze unterirdisch bei Temperaturen unter 650 °C eigenartige gasreiche Schmelzen, die außerordentlich beweglich sind und in Spalten des Nebengesteins wandern, teilweise auch in Spalten des bereits erstarrten Magmagesteinskörpers. Dort bilden sie Spaltungsprodukte, die **Ganggesteine** (vgl. S. 83). Dabei entstehen aus den fluiden Lösungen in der Zeiteinheit besonders große Mengen grob- bis riesenkörniger Aggregate. Die sich aus solchen grobkörnigen Mineralen aufbauenden Gesteine sind die Pegmatite. Bekannte Riesenminerale sind Berylle mit einem Gewicht bis zu 18 t (Maine, USA), Spodumen bis zu einer Länge von 14 m und mit 90 t Gewicht (Süddakota, USA), Biotite mit einer Fläche von 7 m² (Südnorwegen), Orthoklase bis zu 100 t Gewicht (Norwegen), Rauchquarze mit Größen bis zu 2 m (Ural, UdSSR) und Zirkon bis zu 6 kg Gewicht (Ontario, Kanada).

Auf das **pegmatitische Stadium** folgt das **pneumatolytische,** in dem bei Temperaturen zwischen 550 und 400 °C besonders gasreiche Lösungen in das Nebengestein gepreßt werden und dieses weitgehend umwandeln (Kontaktmetasomatose).

Im **hydrothermalen Stadium** schließlich werden bei Temperaturen von 400 °C an abwärts nur noch stark verdünnte wäßrige Lösungen aus dem Magmakörper in das Nebengestein gedrängt. Dabei entstehen ebenfalls Mineralneubildungen durch Absatz in Hohlräumen oder Veränderungen anderer Minerale (vgl. S. 72).

In allen Stadien der Kristallisationsdifferentiation kann es zur Abscheidung von Erzmineralen kommen (vgl. Kapitel »Lagerstätten der Erze«).

Durch die Kristallisationsdifferentiation allein läßt sich die Vielfalt der magmatischen Gesteine nicht erklären. Manchmal ändert eine Schmelze ihre chemische Zusammensetzung durch Assimilation bereits während der Entstehung innerhalb der Erdkruste oder im oberen Teil des Erdmantels oder während des Aufstiegs. Dabei nimmt das Magma festes Nebengesteinsmaterial auf, das partiell oder vollständig aufgeschmolzen wird, so daß basische Magmen saurer und saure Magmen basischer werden können. Da durch die Assimilation von Fremdmaterial eine Temperaturerniedrigung eintritt, kann es zur Auskristallisation einer Schmelze am Entstehungsort kommen. Die Bildung eines Mischmagmas durch Assimilation wird als Hybridisierung bezeichnet. Unmittelbar daraus kristallisierte Gesteine sind hybrid.

Magmatite

Zusammensetzung und Gefüge magmatischer Gesteine werden von den Eigenschaften der magmatischen Schmelzen bestimmt, von Temperatur, Druck, schwer- und leichtflüchtigen Bestandteilen, von der Art und Intensität der Modifizierung der Schmelze und von ihrer Abkühlungsgeschwindigkeit.

Erstarren schmelzflüssige Massen in der Erdkruste, so entstehen daraus **Tiefen-, Intrusivgesteine** oder **Plutonite**. Steigt die magmatische Schmelze bis an die Erdoberfläche und erstarrt dort als Lava, so entstehen **Erguß-, Extrusiv-, Effusivgesteine** oder **Vulkanite**.

Die chemische Zusammensetzung der Magmatite ist vom Verhältnis der schwer- und leichtflüchtigen Bestandteile im Magma abhängig, ihr Mineralbestand von den physiko-chemischen Bedingungen, die während der Kristallisationsprozesse herrschen. Eine überschlägige Mineralzusammensetzung der magmatischen Gesteine wird in der Abb. gegeben.

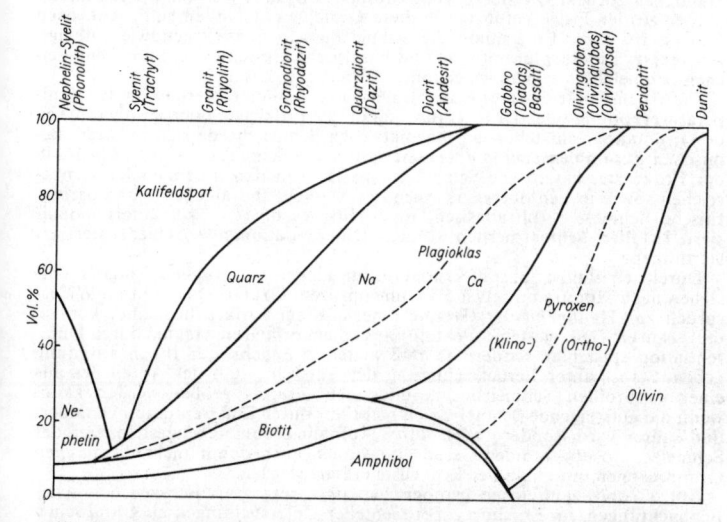

Mineralbestand der wichtigsten magmatischen Gesteine

Wie die Abbildung zeigt, gibt es fast zu jedem Tiefengestein ein entsprechendes Ergußgestein. So haben z. B. Gabbro, Diabas und Basalt, Diorit und Andesit sowie Granit und Rhyolith jeweils dieselbe chemische und mineralogische Zusammensetzung. Diese Gesteine können manchmal nacheinander durch Kristallisationsdifferentiation aus einem gabbroid-basaltischen Magma nach dem in der Abb. S. 80 gegebenen Schema entstehen; normalerweise sind sie aber aus primären, untergeordnet aus hybridisierten Teilschmelzen abzuleiten. Die aus einer basischen Schmelze zuerst entstehenden gabbroiden oder basaltischen Gesteine haben nur einen Kieselsäuregehalt von weniger als 52 Prozent. Da sich in dem nach ihrer Absonderung verbliebenen Teilmagma die sauren Bestandteile angereichert haben, enthalten die sich als nächste bildenden dioritischen Gesteine, die als neutral oder intermediär bezeichnet werden, 52 bis 65 Prozent und die zuletzt auskristallisierenden sauren Granite 65 bis 82 Prozent Siliziumdioxid.

Da in den siliziumdioxidarmen basischen Gesteinen die Eisen (Fe)-Magnesium (Mg)-Kalzium (Ca)-Silikate vorherrschen, bezeichnet man sie als **femisch** oder **mafisch** und wegen ihrer dunklen Färbung als **melanokrat**. Die sauren Gesteine dagegen heißen **sialisch** oder **felsisch** und wegen ihrer hellen Färbung **leukokrat**, weil in ihnen überwiegend helle Alkali- und Erdalkalisilikate vertreten sind.

Nach mineralogischen und petrochemischen Kriterien werden die Magmatite in zwei Hauptgruppen unterschieden, die **nichtalkalinen** (oder Subalkali-)

und die **alkalinen** (oder Alkali-) Gesteine. Bei den Subalkali-Gesteinen ist das Verhältnis von Alkalien (Natriumoxid, Na_2O, Kaliumoxid, K_2O) so, daß ausschließlich Feldspäte gebildet werden; bei den Alkali-Gesteinen treten bei einem Alkali-Überschuß gegenüber Siliziumdioxid und Aluminiumoxid Feldspatvertreter und/oder Alkalimafite (Alkalihornblenden und -pyroxene) auf. Die Subalkaligesteine werden weiter untergliedert in die sogenannte tholeiitische Serie mit geringem Wassergehalt und großem Eisen(II)-oxid/Eisen(III)-oxid, FeO/Fe_2O_3-Verhältnis im Magma, so daß im Laufe der Differentiation oder Kristallisation keine nennenswerte Eisenabnahme stattfindet. Im Gegensatz dazu erfolgt in Magmen der Kalkalkali-Serie (früher als »pazifisch« bezeichnet) mit höherem Wassergehalt eine erhebliche Oxydation des Eisens zu Fe^{3+} mit Magnetitkristallisation im Frühstadium, wodurch die späteren Differentiate zunehmend eisenärmer werden. Ozeanische und frühe Inselbogenmagmatite (S. 219), dazu ein großer Teil der »Plateaubasalte« sind tholeiitisch. Die Magmatite der Hauptetappe der Inselbogenentwicklung und des syn- bis posttektonischen Stadiums der Orogenzonen gehören zur Kalkalkali-Serie.

Die Alkaligesteine sind überwiegend an kontinentale Riftzonen gebunden, treten aber auch auf ozeanischen Inseln und teilweise im Spätstadium der Inselbogenentwicklung auf. Im allgemeinen stammen sie aus größeren Tiefen des Oberen Erdmantels und werden nach dem Verhältnis von Kaliumoxid : Natriumoxid in eine kalireiche (früher als »mediterran« bezeichnet) und eine natronreiche (früher »atlantisch«) Gruppe unterteilt.

Von allen in der Erdkruste vorkommenden Magmatiten sind **Granite** und **Basalte** die häufigsten Gesteine. Der Anteil der Granite an der Gesamtheit der Plutonite beträgt 90 bis 95 Prozent, während die Basalte mit 98 Prozent die Hauptmasse aller Vulkanite bilden. Alle übrigen Eruptivgesteine treten an Häufigkeit zurück. Die starke Verbreitung der Granite und Basalte hat immer wieder zu der Frage geführt, wie diese Gesteine entstanden sind. Auf jeden Fall ist bei ihrer Entstehung die schmelzflüssige Phase irgendwie beteiligt. Andererseits müssen granitische und basaltische Gesteine nicht aus dem gleichen Schmelzherd, einem sogenannten Urmagma, stammen.

Da die Basizität der Gesteine mit der Tiefe zunimmt, werden die bei Temperaturerhöhung oder Druckentlastung in der Erdkruste oder im oberen Teil des Erdmantels entstehenden magmatischen Schmelzherde sich in ihrer chemischen Zusammensetzung unterscheiden. Saure Schmelzen werden innerhalb der Erdkruste, basaltische Schmelzen (basisch) in den untersten Krustenbereichen sowie in den obersten Zonen des Mantels und alkalische und peridotitische Schmelzen (ultrabasisch) innerhalb des oberen Erdmantels mobilisiert. In allen Schmelzherden können Differentiationen verschiedenster Art stattfinden.

Durch Kristallisationsdifferentiation in einem basaltischen Magma entstehen nach HOLMES nur etwa 5 Volumenprozent Granit. Das steht im Widerspruch zur Häufigkeit der Granite innerhalb der Erdkruste. Daher können diese sauren Tiefengesteine nicht nur aus einem primären Magma durch Differentiation entstehen, sondern es muß weitere Möglichkeiten für ihre Bildung geben. Selbst unter Berücksichtigung der Tatsache, daß der Anteil des aus einer gabbroiden Schmelze sich bildenden Granits größer werden kann, wenn die aufsteigende Schmelze sich nicht nur durch Differentiation verändert und saurer wird, sondern auch durch Aufnahme von Nebengestein, fremder Schmelze, Lösungen oder Gasen, so können auch damit nicht die riesigen Granitmengen innerhalb der Erdkruste erklärt werden.

Auf Grund zahlreicher geologischer und petrographisch-geochemischer Beobachtungen, im Ergebnis experimenteller Untersuchungen an granitischen und granitähnlichen Schmelzen sowie aus der Erkenntnis, daß bei vielen gesteinsbildenden Vorgängen innerhalb der Erdkruste das Wasser eine große Rolle spielt, kann man mit MEHNERT die Möglichkeiten zur Bildung granitoider und granitähnlicher (granitoider) Gesteine in drei Gruppen zusammenfassen:
1) Entstehung durch selektive Mobilisation; vorher immobile Gesteinskomponenten werden bei zunehmenden Temperaturen mobilisiert. Dabei kann die Mobilisation bis zur Aufschmelzung gehen (**Anatexis**).
2) Magmatische Entstehung. Kristallisationsdifferentiation vollzieht sich in einer magmatischen Schmelze bei abnehmender Temperatur.
3) Metasomatische Entstehung. Die Umwandlung verschiedener Gesteine in »Granitoide« erfolgt über Stoffaustauschreaktionen. Dieser Prozeß wird auch als **Granitisation** bezeichnet.

Mit diesen Möglichkeiten ist die Entstehung von Graniten sicher nicht erschöpft; vielmehr muß noch mit zahlreichen Übergängen gerechnet werden. Auf jeden Fall kann als erwiesen gelten, daß Granite und Granitoide sowohl durch Aufschmelzen von festem Gesteinsmaterial der Erdkruste als auch durch metasomatische Veränderung entstehen können. In diesem Zusammenhang hat besonders WINKLER mit seinen Schmelzversuchen nachgewiesen, daß aus bestimmten sedimentären Ausgangsgesteinen bei Temperaturen um 650 bis 700 °C und entsprechendem Wassergehalt Schmelzen granitischer Zusammensetzung über die Anatexis neu gebildet werden können. Unter

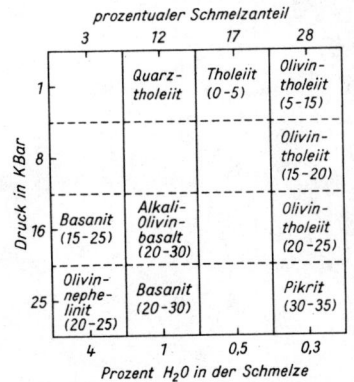

Druck in KBar	prozentualer Schmelzanteil			
	3	12	17	28
1		Quarz-tholeiit	Tholeiit (0-5)	Olivin-tholeiit (5-15)
8				Olivin-tholeiit (15-20)
16	Basanit (15-25)	Alkali-Olivin-basalt (20-30)		Olivin-tholeiit (20-25)
25	Olivin-nephe-linit (20-25)	Basanit (20-30)		Pikrit (30-35)
	4	1	0,5	0,3
	Prozent H_2O in der Schmelze			

Schematische Darstellung der partiellen Anatexis von Mantelmaterial in Abhängigkeit von Druck, Schmelzanteil und Wassergehalt der entstehenden Schmelzen. Die Zahlen in Klammern geben den normativen Olivingehalt in der Schmelze an (in Masse-Prozent). Ausgangsmaterial ist Pyrolit mit 0,1 Masse-Prozent H_2O (nach Green 1971 und Chazen u. Vogel 1974)

Berücksichtigung der unterschiedlichen geothermischen Tiefenstufe können anatektische Schmelzen in einer Erdtiefe von 10 bis 20 km gebildet werden. Anatexis und Metasomatose sind Prozesse, die in den Bereich der Metamorphose und Ultrametamorphose gehören (vgl. S. 90).

Neben dem Granit gibt es andere Tiefengesteine, die nicht auf dem Wege der Kristallisationsdifferentiation aus einem primären Magma entstanden sind, aber auch hier ist der schmelzflüssige Zustand in irgendeiner Form beteiligt. Daraus ist ersichtlich, daß Magmatite mineralogisch und petrographisch eindeutig charakterisiert werden können, ihre Entstehungsgeschichte aber von Fall zu Fall untersucht werden muß.

Konvergenzen wie zwischen Magmatiten und Metamorphiten bestehen auch zwischen plutonischen und vulkanischen Gesteinen. In der Regel entstehen plutonische Mineralparagenesen bei hohen Drücken und relativ hohen Temperaturen, vulkanische Paragenesen dagegen bei hohen Temperaturen und relativ niedrigen Drücken. Bei bestimmten Temperatur-Druck-Verhältnissen kann es zur Annäherung oder zu einer Überschneidung der plutonischen und vulkanischen Bedingungen kommen, die zur Ausbildung von **subvulkanischen** Mineralparagenesen führen. Solche Paragenesen finden sich besonders dann, wenn der Gasdruck der leichtflüchtigen Bestandteile hoch genug ist, um den Temperaturbereich, in dem die Kristallisation stattfindet, zu beeinflussen. Dies trifft z. B. für die **Ganggesteine** zu, die wenige Kilometer unter der Erdoberfläche kristallisiert sind (s. u.). Aber auch Lavadecken und -gänge können unter subvulkanischen Bedingungen erstarren. Wegen der unterschiedlichen Temperatur-Druckbedingungen und den dadurch bedingten verschiedenen Abkühlungsgeschwindigkeiten bestehen in den plutonischen und vulkanischen Gesteinen erhebliche Unterschiede im Gefüge.

In den tieferen Zonen der Erdkruste erfolgt die Abkühlung des Magmas und damit die Erstarrung der Tiefengesteine außerordentlich langsam, da der Schmelzfluß gegenüber der die Erde umgebenden Atmosphäre durch einen mehr oder weniger mächtigen Gesteinsmantel isoliert und damit genügend Zeit vorhanden ist, daß die Minerale auskristallisieren können (S. 70). Allerdings zeigen nicht alle Minerale gute, allseitig ausgebildete Kristallformen, sondern nur die Erstausscheidungen aus der Schmelze, während die Minerale, die zuletzt auskristallisieren und sich mit dem noch verbliebenen Raum begnügen müssen, oft keine kristallographischen Begrenzungen erkennen lassen. Die langsame Abkühlung bedingt bei genügender Stoffzufuhr besonders große Minerale. Die Struktur der Tiefengesteine ist daher vollkristallin und gleichmäßig körnig bis grobkörnig. Der Granit hat seinen Namen von seiner körnigen Struktur (Tafel 1 und 2) erhalten. Nach dem Rand eines Tiefengesteinskörpers hin, wo die Abkühlung rascher vor sich geht und die Minerale nicht so groß werden, wird die Struktur feinkörniger.

Der Abkühlungsprozeß vulkanischer Laven verläuft im Vergleich zu den durch eine Gesteinsdecke geschützten plutonischen Massen bedeutend rascher. Daher ergeben sich andere Bedingungen für die Auskristallisation der Minerale. Im allgemeinen dauert die Erstarrung nur so lange, daß sich kleine Kristalle bilden können, die ein Ergußgestein mit körniger Struktur kennzeichnen. Die Abkühlungsgeschwindigkeit kann dabei so hoch sein, daß die Lava glasig erstarrt und Kristalle weder makroskopisch noch mikroskopisch aufzufinden sind.

Bei der Dünnschliffuntersuchung von Vulkaniten unter dem Mikroskop stellt man fest, daß viele Gesteine größere, in einer feinkörnigen Grundmasse liegende Minerale erkennen lassen. Diese Einsprenglinge sind bereits vor dem Austreten der Schmelze an die Erdoberfläche auskristallisiert. Demnach sind zwei Mineralgenerationen vorhanden, die älteren Einsprenglinge und die jüngere Grundmasse. Eine solche Struktur bezeichnet man als porphyrisch. Ist die Grundmasse glasig erstarrt, heißt die Struktur vitrophyrisch. Gesteinsgläser mit Einsprenglingen sind z. B. die Pechsteine von Meißen in Sachsen.

Das Vorhandensein von Grundmasse und Einsprenglingen in Vulkaniten zeigt, daß das Gefüge nicht nur von der Abkühlungsgeschwindigkeit der erstarrenden Lava, sondern auch von ihrem Kristallisationszustand zum Zeitpunkt des Ausbruches abhängt. Außerdem spielt bei der Herausbildung des Vulkanitgefüges die Viskosität der Schmelze eine Rolle. In dünnflüssigen Schmelzen wird der Stofftransport nur wenig behindert, so daß sich größere Kristalle bilden können. Ist dagegen die Viskosität sehr hoch, entweder von vornherein oder durch eine rasche Abkühlung der Schmelze bedingt, dann wird der Stofftransport und damit die Kristallisation gehemmt oder verhindert, und es kommt zu einer sehr feinkörnigen oder glasigen Erstarrung.

Bei der Untersuchung des Gefüges von Ergußgesteinen ist es in vielen Fällen möglich, Rückschlüsse auf die ehemalige Strömungsrichtung der Schmelze zu ziehen (S. 194). Die Fließrichtung ist an Einsprenglingen und Gasblasen zu erkennen, die in bestimmten Bahnen angeordnet sind (Fließgefüge, Fluidalschichtung, Fluidaltextur). Besonders prismatische und dünntafelige Minerale stellen sich in die Strömungsrichtung ein.

Ganggesteine, die Tiefengesteinskörper durchsetzen oder von diesen

randlich abzweigen können, nehmen eine Mittelstellung zwischen Tiefen- und Ergußgesteinen ein, weil ihr Gefüge teils dem der Plutonite, teils dem der Vulkanite entspricht. Man unterscheidet vier Gruppen:
1) **Aphyrische Ganggesteine,** die in Zusammensetzung und Gefüge völlig mit ihrem Muttertiefengestein übereinstimmen;
2) **Porphyrische Ganggesteine,** die zwar denselben Mineralbestand, aber eine andere Struktur als das Muttertiefengestein haben. Im allgemeinen handelt es sich dabei um Ausfüllungen verhältnismäßig schmaler Gänge, die schneller abkühlen und daher feinkörniger als das Tiefengestein oder in Oberflächennähe auch porphyrisch ausgebildet sind. Man bezeichnet sie auch als Plutonitporphyre;
3) **Leukokrate Ganggesteine,** die aus Spaltungsprodukten des Tiefengesteinsmagmas erstarrt sind und als Ganggefolge ihres Muttergesteins bezeichnet werden (vgl. S. 200);
4) **Lamprophyrische Ganggesteine,** die primär Mantelderivate darstellen, jedoch teilweise durch Reaktion mit Krustenmaterial verändert sein können. Hierzu gehören z. B. Spessartite, Kersantite und Minetten.

Sedimentite

Die Sedimentite (Sediment- oder Absatzgesteine) gehen im Unterschied zu den aus Schmelzflüssen erstarrenden Magmatiten aus der Zerstörung anderer Gesteine hervor. Sie entstehen an der Erdoberfläche, während die ebenfalls aus anderen Gesteinen hervorgehenden metamorphen Gesteine größtenteils innerhalb der Erdkruste gebildet werden. Gelangen Magmatite oder durch Umwandlung aus magmatischen und sedimentären Gesteinen entstandene Metamorphite oder ältere verfestigte Sedimentite durch Erdkrustenbewegungen oder Abtragung der Deckschichten an die Erdoberfläche, unterliegen sie veränderten physiko-chemischen Bedingungen, unter denen die bisherigen Mineralassoziationen oft nicht mehr stabil sind. An der Erdoberfläche sind alle Gesteine der Wirkung exogener, d. h. erdäußerer Kräfte ausgesetzt. Sonneneinstrahlung, Frost, Wasser, Wind und Organismen zerstören sie allmählich. Diesen Vorgang der Gesteinszerstörung durch exogene Kräfte bezeichnet man als Verwitterung (S. 101). Der Grad der Zerstörbarkeit der Gesteine hängt von ihrem Mineralbestand und Gefüge ab. Da die physikalischen Eigenschaften der Minerale verschieden sind, ist ihre Widerstandsfähigkeit gegenüber der Verwitterung unterschiedlich. So sind z. B. Quarz und Zinnstein mechanisch kaum zerstörbar, ebenso wie Granat, Turmalin und Disthen. Dagegen werden besonders basische Plagioklase, Feldspatvertreter, Olivin und Sulfide leicht angegriffen. Je widerstandsfähiger ein Mineral gegenüber der Verwitterung ist, in um so größeren Mengen kann es mechanisch angereichert werden. Beispiele dafür sind die erheblichen Quarzmengen, die in Form von Kies und Sand vorhanden sind, oder die Schwerminerale u. a. Da die Gesteine der Erdkruste im Durchschnitt mehr als 75 Prozent Silikate enthalten, ist deren Verwitterung von größter Bedeutung.

Die Art der Verwitterung (Gesteinszerfall oder physikalische Verwitterung, Gesteinszersetzung oder chemische Verwitterung, biologische oder organische Verwitterung) ist vor allem von dem an Ort und Stelle herrschenden Klima abhängig, wie in den Abschnitten »Verwitterung« und »Die Klimabereiche« näher ausgeführt wird (S. 139).

Bei all den Gesteinen, die tonige Bestandteile aufweisen, tritt eine Erweichung und Quellung durch Wasseraufnahme ein. Der Wechsel von Durchfeuchtung, Wassersättigung und Austrocknung bewirkt eine wesentliche Verminderung ihrer mechanischen Festigkeit. Auch in Gesteinen ohne Tonminerale kann auf Grund der vorhandenen Poren bei Wasseraufnahme eine meßbare Quellung durch Kapillarwirkung hervorgerufen werden. Während sich bei physikalischen Verwitterungsvorgängen der Charakter eines Gesteins nicht verändert, kommt es bei der chemischen Verwitterung zu Umsetzungen im Gestein.

Einteilung der Sedimentite

Sedimentgesteine entstehen durch Absatz in bestimmten Sedimentationsräumen. Die Sedimentation erfolgt teils auf dem Lande, teils im Meere und ist von den im Sedimentationsraum herrschenden physikalischen und chemischen Bedingungen abhängig (vgl. Abschnitt »Sedimentologie«). Die Sedimente werden folgendermaßen gegliedert:

1) klastische oder mechanische, 2) chemische, 3) organogene, 4) biogene.

Bei der Sedimentbildung entstehen zunächst Lockermassen (Sedimente), die durch Diagenese zu Sedimentiten verfestigt werden. Am weitesten verbreitet sind die klastischen Sedimente, die sich dann bilden, wenn ein Ausgangsgestein durch mechanische Verwitterung zertrümmert wird, die Trümmer weggetragen, während des Transports nach der Größe sortiert und nach verschieden langen Wegstrecken abgelagert werden.

Man unterscheidet nach der Korngröße unverfestigte klastische Sedimente (Lockergesteine) und verfestigte Trümmergesteine:
Psephite – Korndurchmesser > 2 mm, **Psammite** – Korndurchmesser 2 bis 0,02 mm, **Pelite** – Korndurchmesser < 0,02 mm. Sedimente mit einem Korndurchmesser < 0,001 mm (1 μ) werden von BORCHERT (1962) und SCHÜLLER (1963) als **Ultrapelite** bezeichnet.

Im allgemeinen enthalten die Sedimente verschiedene Korngrößen. Die Verteilung der Korngrößen, die durch Sieb- und Schlämmanalysen ermittelt wird, dient der Charakterisierung der Gesteine und wird in einem Koordinatensystem graphisch dargestellt. In der deutschen Literatur ist es üblich, für die Abszisse einen dekadisch-logarithmischen Maßstab zu wählen. Man erreicht dadurch, daß auf der Abszisse zwischen den Korngrößen von 0,02, 0,2, 2 und 20 mm gleiche Abstände liegen. Halbiert man diese Abstände noch einmal, so entspricht eine solche Skala Korngrößen von 0,02, 0,063, 0,2, 0,63, 2 mm usw. (Tab.).

Tab. Korngrößen der Trümmergesteine

Korndurchmesser mm	Bezeichnung der Gesteinsart bei Lockergesteinen	bei verfestigten Trümmergesteinen
über 60	Steine, auch gr. u. kl. Blöcke	
20...60	Grobkies	Brekzie
6...20	Mittelkies	Konglomerat
2...6	Feinkies (etwa Streichholzkopfgröße)	
0,6...2	Grobsand (etwa Grobgrießgröße)	Sandstein
0,2...0,6	Mittelsand (etwa Grießgröße)	Arkose
0,06...0,2	Feinsand (Einzelkörner eben noch erkennbar)	Quarzit
0,002...0,06	Schluff (Einzelkörner nicht mehr mit bloßem Auge erkennbar)	Schieferton
unter 0,002	Ton (»feinstes Ultraschluff«)	Tonschiefer

Bei der petrographischen Untersuchung von Gesteinsgefügen werden für die einzelnen Körnungsstufen die quantitativen Korndurchmesserwerte durch bestimmte Bezeichnungen ersetzt. Man spricht z. B. von »grobkörnigem«, »mittelkörnigem« oder »feinkörnigem« Gefüge. Eine international anerkannte Korngrößeneinteilung geht auf TEUSCHER (1933) zurück. Diese Klassifikation wurde mehrfach ergänzt und verbessert, zuletzt durch SCHÜLLER (1963), so daß heute eine **Körnigkeitsskala** zur Verfügung steht, die für alle Gesteine verwendet werden kann (Tab.).

Tab. Körnungsbereiche nach TEUSCHER (modifiziert durch SCHNEIDERHÖHN, BORCHERT und SCHÜLLER)

Körnungsbereich in mm	Benennung	Körnungsbereich in mm	Benennung
über 300	überriesenkörnig	0,33...1	kleinkörnig
100...300	riesenkörnig	0,1...0,33	feinkörnig
33...100	sehr grobkörnig	0,033...0,1	sehr feinkörnig
10...33	großkörnig	0,001...0,033	mikrokristallin
3,3...10	grobkörnig	0,0001...0,001	kryptokristallin
1...3,3	mittelkörnig	0,00001...0,0001	röntgenkristallin

Zu den Lockergesteinen gehören, nach Korngrößen geordnet, Blöcke, Gerölle und Schotter, Kies, Grob-, Mittel- und Feinsand, Schluff, Löß, Schlick und Schlamm, Ton, Mergel und Lehm. Blöcke sind noch kaum verfrachtete grobe Gesteinstrümmer, die z. B. durch Verwitterung von Granitfelsen (Wollsackverwitterung) entstehen und Blockhalden bilden (S. 102). Sie können auch zu den Gesteinsmassen eines Bergsturzes gehören oder an Steilküsten ausgewaschen werden und auf dem Blockstrand am Fuß des Steilhanges liegenbleiben (Tafel 29). Unter Geröllen und Schotter versteht man den von Flüssen transportierten groben Gesteinsschutt oder den Schutt, der sich am Fuß von Berghängen, von Steinschlagrinnen oder auf Brandungsterrassen anhäuft. Weiter nach dem Unterlauf von Flüssen zu finden sich Kiese und Sande. Bis in den Unterlauf der Flüsse zum Mündungsgebiet gelangen nur die feinen Sande. Teilweise hat der Wind die Ablagerungen ausgeblasen und das feine Material zu Binnendünen oder als Löß angehäuft. Feinstes, von den Flüssen oder vom Wind transportiertes Gesteinsmehl, wie Schluffe und Tone, gelangen bis weit ins Meer hinaus und bilden dort im Verein mit abgestorbenen und absinkenden Organismen Schlicke und Schlamme. Tonige Ablagerungen können auch in Seen entstehen wie die Bändertone in den Gletscherstauseen der Kaltzeiten, oder im Überschwemmungsgebiet von Flüssen.

Tab. Normschema zu den natürlichen Kalk-Ton-Mischungen (nach CORRENS)

	Kalkanteile in %							
	95	85	75	65	35	25	15	5
hochprozentiger Kalkstein	Kalk-mergel	Mergel-kalk	mergeliger Kalk	Mergel	mergeliger Ton	Mergel-ton	Ton-mergel	hochprozentiger Ton
	5	15	25	35	65	75	85	95
	Ton- (= Nichtkarbonat-) Anteil in %							

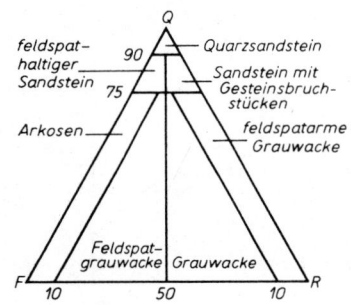

Sandsteinklassifikation nach Füchtbauer. Q Quarz, F Feldspäte, R Gesteinsbruchstücke

Kalkhaltige Tone bezeichnet man als Mergel (Tab. s. o.). Geschiebemergel sind von größeren und kleineren Gesteinsbrocken, den Geschieben, durchsetzte glaziale Mergel. Durch Verwitterung entkalkte Geschiebemergel sind die Geschiebelehme.

Lehme sind magere Tone, deren Magerkeit – das ist eine geringere Plastizität im Vergleich mit den Tonen – durch einen größeren Gehalt an Sand und Glimmer bedingt ist, wie im Auelehm.

Die wichtigsten verfestigten Trümmergesteine sind die Psephite und Psammite. Brekzien und Konglomerate sind psephitische Trümmergesteine. In den Brekzien sind vorwiegend gering verfrachtete und daher noch eckige Gesteinstrümmer miteinander verkittet, in den Konglomeraten weiter transportierte und z. B. durch fließendes Wasser abgerundete Gerölle. Das Bindemittel kann tonig, kalkig oder kieselig sein. Brekzien bilden sich z. B. an Berghängen durch Verkittung des Verwitterungsschuttes, Konglomerate aus den Aufarbeitungsprodukten eines das Festland überflutenden Meeres (Transgressionskonglomerate).

Charakteristische verfestigte Psammite sind die Sandsteine, die im wesentlichen aus Quarz und untergeordnet aus Feldspäten, Glimmer und anderen Mineralen bestehen. Das Bindemittel der Psammite kann kieselig, kalkig oder tonig sein. Sandsteine mit über 90 Prozent Quarz werden als Quarzsandsteine, solche mit einem hohen Anteil an kieseligem Bindemittel als quarzitische Sandsteine und hochgradig diagenetisch verfestigte als quarzitähnliche Gesteine bezeichnet.

Die Quarzite selbst sind metamorph umgewandelte Sandsteine). Bei mehr als 25 Prozent Feldspatanteil in Sandsteinen spricht man von **Arkosen**. **Grauwacken** sind meist Feldspäte und Gesteinsbruchstücke enthaltende Sandsteine, bei denen in der Regel die Menge der Gesteinsfragmente die der Feldspäte übersteigt. Einen Überblick über die in der Sandsteingruppe auftretenden Varietäten gibt FÜCHTBAUER in einer Dreieckdarstellung (Abb.).

Sandsteine sind in allen geologischen Systemen weit verbreitet, z. B. der triassische Buntsandstein Thüringens oder die Quadersandsteine der Kreide des Elbsandsteingebirges.

Verfestigte Pelite sind die Tongesteine, insbesondere die Schiefertone und die stärker verfestigten Tonschiefer. Die Tongesteine bestehen im wesentlichen aus den Tonmineralen, Kaolinit, Montmorillonit, Illit und Halloysit. Daneben kommen staubförmige Beimengungen von Quarz, Feldspat und Serizit sowie anorganische und organische Kolloide vor. Wegen der Kleinheit der Teilchen, die schwer voneinander zu trennen sind, benutzt man zu ihrer Identifizierung röntgenographische, differentialthermoanalytische und elektronenoptische Untersuchungsverfahren. Das Bindemittel der Tongesteine kann auch kalkig oder kieselig sein. Mergel gehen durch Verfestigung in Mergelsteine über, zu denen z. B. der im Zechsteinmeer gebildete metallhaltige Kupferschiefer von Mansfeld und Sangerhausen gehört.

Als Trümmergesteine kann man auch die Pyroklastika (Pyroklastite) bezeichnen. Das sind verfestigte vulkanische Auswurfsprodukte verschiedenster Korngrößen, wie Tuffe, vulkanische Brekzien oder Agglomerate. Ihr Material entstammt unmittelbar dem Magma, entsteht durch dessen Zerstäubung und Zertrümmerung in der Luft, aber die Bildung erfolgt wie die der Sedimentite durch Ablagerung.

Pyroklastika setzen sich aus bei Vulkanausbrüchen in die Luft geschleuderten und anschließend abgesetzten Lockerprodukten zusammen, insbesondere aus Staub, Lapilli und Bomben. Oft sind vulkanische Tuffe, die vom Wind oder Wasser umgelagert wurden, mit anderen Sedimenten vermischt oder wechsellagern mit diesen. Solche Mischgesteine werden als **Tuffite** bezeichnet.

Die Zusammensetzung der Tuffe entspricht der des Magmas. Zu jedem Ergußgestein gehören entsprechende Tuffe. Hier werden nur die rhyolithischen Tuffe genannt, die sich in Thüringen und Sachsen, z. B. bei Rochlitz, finden, und die Trachyttuffe, zu denen die graugelben Trasse des Brohltales in der Eifel gehören.

Die Entstehung der chemischen und biogenen Sedimente ist oft eng miteinander verknüpft.

Zu den chemischen Sedimenten werden häufig die im Kapitel »Grundzüge der Bodenkunde« (S. 104) behandelten obersten Verwitterungsschichten gerechnet und als Rückstandsgesteine bezeichnet. Die übrigen chemischen Sedimente sind Ausfällungs- und Eindampfungsgesteine, die Evaporate, die sich aus Lösungen ausscheiden, wenn diesen ein fällendes Agens zugeführt wird oder die Lösungskraft durch Abkühlung, Verminderung der Bewegung, Zufuhr gleichnamiger Ionen, Verdunstung oder Eindampfung abnimmt.

Zu den Ausfällungsgesteinen gehören die **Kalksteine,** wobei bei der Schaffung entsprechender Lösungsbedingungen oftmals Organismen beteiligt sind. Bei älteren Sedimentiten ist es häufig schwierig, eindeutig zu sagen, welcher Vorgang zu ihrer Ausscheidung geführt hat. Auf die Bedeutung der Kohlensäure wurde bereits (vgl. S. 72) hingewiesen. Kohlensäure spielt nicht nur bei der Auflösung des Kalkes, sondern auch bei seiner Ausfällung aus dem Meerwasser eine beherrschende Rolle. Kalk kann ausgefällt werden, wenn der Gehalt an Kohlensäure verringert wird. Dies geschieht bei Temperaturerhöhung, bei Druckerniedrigung, bei steigendem Salzgehalt oder unter Mitwirkung von Organismen, indem bei Assimilationsvorgängen Kohlensäure verbraucht wird. Die für die Kalkausscheidung notwendigen Ca-Ionen werden dem Meerwasser mit Verwitterungslösungen vom Festland zugeführt.

Nur ein Teil des im Meerwasser sedimentierten Kalkes ist anorganischer Herkunft. Der größte Teil des Karbonats wird von den im Meer lebenden Organismen zu Hartteilen verarbeitet, insbesondere von Foraminiferen, Bryozoen, Brachiopoden, Mollusken und Crustaceen sowie von den Algen, *Lithothamnium* und *Coccolithophoridus.* Sterben diese Organismen ab, so sinken sie auf den Meeresboden, und aus den gehäuften Hartteilen geht der restliche Kalk hervor. Solche Kalksteine sind keine chemischen Ausfällungssedimente, sondern organogene Gesteine. Meistens ist diesen Kalksteinen chemisch ausgefällter Kalk in wechselndem Verhältnis beigemischt. In früheren Perioden der Erdgeschichte gebildete organogene Kalksteine sind z. B. der in Thüringen verbreitete Muschelkalk und die hauptsächlich aus Foraminiferenschalen aufgebaute Schreibkreide, z. B. auf der Insel Rügen (Tafel 29). Ein z. T. aus Organismen aufgebautes Kalksediment der geologischen Gegenwart ist der Globigerinenschlamm, der weite Bereiche des Ozeanbodens bedeckt und aus verschiedenen Foraminiferen und Nannofossilien besteht (S. 165).

Aus absinkenden Hartteilen von Organismen entstandene Kalksteine sind geschichtet. Ungeschichtete Kalksteine sind die Riffkalke, die sich dadurch bilden, daß Korallen und Kalkschwämme in Gemeinschaft mit anderen Organismen massige ungeschichtete Riffe aufbauen. Einzelne Korallenstöcke können eine Mächtigkeit bis zu 2000 m erreichen. Riffe und andere organogen gebildete Kalksteine gehören besonders den warmen Meeresbereichen an, weil die Organismen hier die besten Lebensbedingungen finden.

Teilweise unter Mitwirkung von Organismen bauen sich die oolithischen Kalksteine auf. Hier lagern sich Kalkausfällungen des Meeres und von Binnenseen um Kleintierschalen, Sandkörnchen u. ä., die in bewegtem Wasser schweben. Dabei bilden sich konzentrisch-schalige Kalkkugeln, die **Ooide,** die durch ein kalkiges oder mergeliges Bindemittel zusammengehalten werden oder ohne Bindemittel miteinander zu **Oolithkalken** verwachsen.

Auch im Meerwasser vorhandene Bakterien wirken kalkbildend, indem sie bei ihrer Lebenstätigkeit Kalziumkarbonat, $CaCO_3$, direkt aus dem Meerwasser ausscheiden. Auf dem Festland können Kalksteine durch Absonderung von Kalk aus kalkhaltigen Quellwässern entstehen. Diese Süßwasserkalke bezeichnet man als **Sinter,** und man unterscheidet lockere Absätze um Pflanzenteile, die **Kalktuffe,** von festeren Absätzen, dem **Travertin.** Festländische Kalke sind im Vergleich mit den Meereskalken mengenmäßig nicht bedeutend.

Gegenüber dem Kalkstein tritt der Dolomit stark zurück, wenn auch in den Kalkalpen mächtige Massive aus Dolomit bestehen und das Gestein in Zechsteingebieten weit verbreitet ist. Die Dolomitbildung ist auf S. 89 behandelt.

Wie die Kalksteine können auch **Kieselgesteine** chemisch und organisch entstehen. Die zur Bildung notwendige Kieselsäure ist im sedimentären Bereich exogener Natur und wird im allgemeinen durch Verwitterungsprozesse freigesetzt. So wird bei der Lösungsverwitterung kieselsäurehaltiger Gesteine und bei der hydrolytischen Verwitterung silikatischer Minerale Kieselsäure frei, die über Flüsse und Grundwasserströme in limnische Becken oder ins Meer gelangt. Die Ausfällung der Kieselsäure erfolgt durch Eindampfungs- und Verdunstungsvorgänge, durch Abkühlung heißer Wässer (z. B. bei Geysiren), in stark alkalischen Lösungen, durch adsorptive Aufnahme in Eisen- und Aluminiumhydroxiden und aus Lösungen mit einem hohen Elektrolytgehalt. Schließlich entnehmen auch Organismen (Diatomeen und Radiolarien) dem Meerwasser die zum Aufbau ihrer Skelette notwendige Kieselsäure. Im Meer bilden sich Diatomeen- und Radiolarienschlamm, in Binnenseen aus Kieselalgen Kieselgur (Diatomeenerde). Verfestigte Radiolarienschlamme des Silurs, Karbons und anderer Perioden der Erdgeschichte sind die Kieselschiefer und die Radiolarite. Kieselsinter sind Mineralabsätze aus heißen Quellen.

Organogener Entstehung sind auch die Phosphorite, die hauptsächlich aus

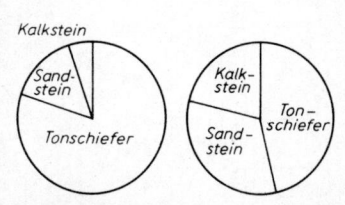

Relative Häufigkeit der drei wichtigsten Sedimentgesteine. Links nach geochemischen Berechnungen: 80% Tonschiefer, 15% Sandstein, 5% Kalkstein; rechts nach stratigraphischen Messungen: 46% Tonschiefer, 32% Sandstein, 22% Kalkstein

Anreicherungen phosphorsäurehaltiger Verbindungen von Tierknochen, Exkrementen, Chitinpanzern u. a. hervorgehen.

Rein chemische Sedimente stellen die **Salzgesteine** dar, die sich durch Ausfällung von Salzen aus dem Meerwasser bilden (vgl. Abschnitte »Perm« und »Lagerstätten der Salze«).

Eine Sonderstellung unter den Gesteinen nehmen die **Kohlengesteine, Bitumen** und **Harze** ein. Strenggenommen gehören sie nicht zu den Sedimentgesteinen, weil sie hauptsächlich aus biogenen Substanzen aufgebaut sind. Je nach dem Verfestigungsgrad gibt es eine Reihe der Entwicklung vom losen Sediment wie Humus über Torf und Braunkohle zu Steinkohle und zu Anthrazit, vom bituminösen Faulschlamm zur Bitumenkohle oder zum Bitumenschiefer und vom Harz zum Bernstein. Für die Humuskohlen stellen abgestorbene Pflanzenteile das Ausgangsmaterial dar (vgl. Abschnitte »Karbon« und »Lagerstätten der Kohlen«).

Bitumina entstehen aus Fett- und Eiweißstoffen niederer Organismen. Sinken diese Organismen in schlecht durchlüfteten, sauerstofffreien Gewässern zu Boden, werden sie von Fäulnisbakterien zersetzt und zu Faulschlämmen umgebildet. Bei diesem Vorgang der Bituminierung können sich feste Kohlenwasserstoffe bilden. Entweder entstehen Ölschiefer, oder es bilden sich Kohlenwasserstoffe (vgl. Abschnitte »Erdöl- und Erdgaslagerstätten«).

Von den verfestigten Sedimentiten sind wenige allgemein verbreitet, hauptsächlich Sandsteine, Kalksteine und Tonschiefer sowie Mischgesteine, die allein 99 Prozent aller Sedimentgesteine ausmachen. Die von verschiedenen Forschern angegebenen Häufigkeitswerte weichen voneinander ab, je nachdem, ob sie auf geochemischer oder stratigraphischer Grundlage errechnet worden sind (Abb. S. 87).

Wegen der sedimentpetrographischen Bedeutung gerade dieser Gesteine ist es üblich, ihre drei Grundsubstanzen Sand, Karbonat und Ton übersichtlich in einem Dreiecksdiagramm darzustellen. Aus diesem von FÜCHTBAUER entworfenen und von BERNSTEIN modifizierten Diagramm (Abb.) lassen sich auch die in der Natur vorkommenden Übergangsglieder ablesen.

Wie bei den magmatischen Vorgängen können auch bei der Sedimentation Erze entstehen (vgl. Kapitel »Lagerstätten der Erze«). *R. Gaedeke*

Sand-Ton-Karbonat-Diagramm

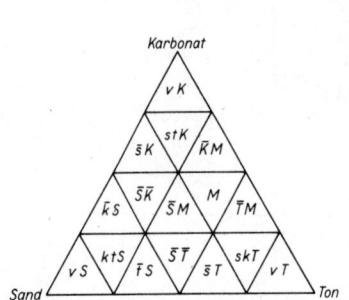

S = Sand (50-100%)
T = Ton (50-100%)
K = Karbonat (50-100%)
s = sandig
t = tonig
k = kalkig

$\bar{S}$ = Sand (25-50%)
$\bar{T}$ = Ton (25-50%)
$\bar{K}$ = Karbonat (25-50%)
$\bar{s}$ = stark sandig
$\bar{t}$ = stark tonig
$\bar{k}$ = stark kalkig
v = verunreinigt
M = Mergel

Diagenese

Der weitaus größte Teil aller Sedimente wird in wäßrigem Milieu abgelagert. Der freie Raum zwischen den sedimentierten Teilchen, das Porenvolumen, ist mit Wasser gefüllt. Seine anfängliche Größe richtet sich weitgehend nach der Korngröße. In der Reihe Geröll – Kies – Sand – Ton nimmt das Porenvolumen im Primärsediment erheblich zu. Durch Setzung kommt es zu einer allmählichen Verdichtung mit Verringerung des Porenvolumens und Wasseraustritt. Bei fortdauernder Sedimentation wird dieser Prozeß durch die zunehmende Auflast verstärkt. Unmittelbar nach der Sedimentation setzen ferner Lösungs- und Ausfällungsprozesse, chemische Umbildungen und Gitterveränderungen einiger Minerale ein. Alle diese Vorgänge, die zur Verfestigung von Lockermassen führen, also der Schritt vom Sediment zum Sedimentit, werden unter dem Begriff **Diagenese** zusammengefaßt. Die Diagenese findet ihr Ende, sobald erstmalig Minerale auftreten, die unter sedimentären Bedingungen nicht gebildet werden können. Das ist in Abhängigkeit vom Druck etwa zwischen 200 und 150 °C der Fall.

Frisch abgelagerte Tone weisen ein Porenvolumen von 60 bis 80 Prozent auf, das durch Setzung und Belastungsdruck bei einer Bedeckung von 2000 m Sediment auf etwa 10 bis 15 Prozent zurückgeht. Mit zunehmender Auflast entsteht so aus einem Tonschlamm zunächst ein plastischer Ton und schließlich ein fester Tonstein bzw. Schieferton. Die dabei frei werdende Porenflüssigkeit führt zu einem Porenwasser-Überdruck, der nach oben ausweicht und zur Anlage von Sattelstrukturen führen kann, aus denen bei seitlicher Einengung Falten entstehen können.

Vielfach, z. B. im Flysch, wechseln tonige Lagen mit psammitischen ab. Sande, als Typus der Psammite, besitzen ein anfängliches Porenvolumen von 40 bis 50 Prozent, das sich bei 2000 m Bedeckung auf etwa 20 bis 30 Prozent vermindert. Damit kommt es zu einer Dichteumkehr zwischen Sand (anfängliche Dichte 1,8 bis 2,1, in 2000 m Tiefe 2,3 bis 2,4) und Ton (1,4 bis 1,7 bzw. 2,6 bis 2,7): Oberhalb 200 m sind Tone leichter als Sande, zwischen 200 und 1200 m überschneiden sich ihre Dichten innerhalb einer gewissen Variationsbreite, bei mehr als 1200 m Bedeckung sind Tonsteine spezifisch schwerer als Sandsteine. Dieser Dichteunterschied bewirkt eine gewisse Instabilität, die zusammen mit dem aufsteigenden Porenwasserstrom zu Wulstbildungen führt und die bereits genannte Anlage von Sattelstrukturen verstärken kann. Porenwasserüberdruck und diagenetische Dichteinversion vermögen also in gewisser Weise, den Ansatz für eine spätere Faltung zu legen.

Parallel mit der physikalisch bedingten Setzung laufen auch chemische Vorgänge ab. Im marinen Milieu besteht die Porenlösung aus salzhaltigem Meerwasser, das in geringem Maße Silikate zu zersetzen und zu lösen vermag. Aus den dabei gebildeten, meist kolloidalen SiO_2- und $Al(OH)_3$-Lösungen und den K^+- oder Mg^{++}-Ionen des Porenwassers werden im Frühstadium der Diagenese in begrenztem Umfang Tonminerale neugebildet. In einem etwas späteren Stadium kommt es durch anfängliche Absorption und nachfolgenden Gittereinbau von K^+ in Montmorillonit zur Bildung von Illit oder von Chlorit, wenn Mg^{++} aufgenommen wird. Ursprüngliche Illit/Montmorillonit-Wechsellagerungsminerale werden zu Illit + Aluminium-Chlorit + Quarz + H_2O umgebildet, das kristallstrukturell schlecht geordnete Fireclay-Mineral geht in den etwas gröber körnigen, gut geordneten Kaolinit von gleichem Chemismus über. In psammitischen Sedimenten können Glaukonit und Analcim, in geringem Maße auch Feldspäte (Albit, Kalifeldspat) als Neubildungen auftreten. Wesentlich bedeutsamer ist vor allem in Sanden eine Verkittung der einzelnen Körner und die Ausfüllung des Porenraumes durch Siliziumdioxid, SiO_2. Dieser Vorgang kann über einen langen Zeitraum anhalten und führt zur Ausbildung von harten, verwitterungsbeständigen Quarzsandsteinen. Kalkige Grauwacken und Tuffe führen häufig als diagenetische Neubildung das Zeolith-Mineral Heulandit.

In Kalkschlämmen finden neben der Setzung und Entwässerung vornehmlich Umlösungen, Umkristallisationen statt, ohne daß dabei neue Mineralphasen auftreten. Lediglich die durchschnittliche Korngröße erhöht sich. Kalziumkarbonat, $CaCO_3$, ist in reinem Wasser nahezu unlöslich. In Gegenwart von Kohlendioxid bildet sich lösliches Kalziumhydrogenkarbonat, $Ca(HCO_3)_2$, wobei zunehmender Druck die Löslichkeit begünstigt. Andererseits sind die Löslichkeit und vor allem die Lösungsgeschwindigkeit keine konstanten Größen, sondern hängen bei gleichen Druck-Temperatur-Verhältnissen von der Teilchengröße ab. Bei einem bestimmten Sättigungsgrad des Wassers sind größere Teilchen unlöslich, kleinere werden jedoch gelöst. Die größeren Teilchen wachsen somit in der Lösung weiter, so daß ihre Konzentration sinkt. Dadurch werden fortlaufend kleinere Körner gelöst, und die größeren erhalten wieder neue Substanz für ihr Wachstum.

Diese statische Kornvergröberung kommt mit zunehmender Verfestigung und Entwässerung allmählich zum Stillstand und kann durch eine andere Erscheinung abgelöst werden, die nach ihrem Entdecker als RIECKEsches Prinzip bezeichnet wird. Dieses Prinzip beruht darauf, daß die Löslichkeit eines Minerals proportional zum Quadrat des Druckes steigt und der Schmelzpunkt bei hohen, hier jedoch nicht auftretenden Temperaturen im gleichen Verhältnis niedriger wird. Mit steigendem gerichtetem Druck können demnach wachsende Mengen Substanz mobilisiert, d. h. in Lösung überführt werden, die Anwesenheit von Wasser natürlich vorausgesetzt.

In größeren Senkungsgebieten mit fortlaufender Sedimentation erhöht sich in den tieferen Lagen des Sedimentpaketes der Belastungsdruck immer mehr, der allseitig auf die Mineralkörner als hydrostatischer oder lithostatischer Druck wirkt. Die Löslichkeitserhöhung nach dem RIECKEschen Prinzip setzt dann ein, wenn zu dem allseitigen Druck eine gerichtete Druckkomponente kommt. Die davon erfaßten Körner werden bevorzugt gelöst, während die weniger oder nicht beanspruchten auf Kosten der einbezogenen weiterwachsen. Der Stofftransport von Korn zu Korn und darüber hinaus erfolgt in wäßriger Lösung. In einem trockenen wasserfreien System ist ein Transport nicht möglich.

Diese als Sammelkristallisation bezeichnete Kornvergröberung während der Diagenese läuft also in zwei sich überlappenden Stadien ab. Zunächst wächst ein Teil der Körner in Gegenwart von reichlich Wasser infolge der korngrößenabhängigen Löslichkeitsunterschiede. Später erfolgt mit zunehmender Entwässerung das Kornwachstum teilweise nach dem RIECKEschen Prinzip. Im Ergebnis dieser diagenetischen Vorgänge entstehen aus lockeren, wasserreichen Sedimenten kompakte, wasserarme bis wasserfreie Sedimentite: Kalkschlamm wird zu Kalkstein, Quarzsand zu Sandstein, Tonschlamm zu Tonstein. Die Kornvergröberung von Tonmineralen ist jedoch wesentlich kleiner als die von Calcit oder Quarz. Tonminerale sedimentieren lagenweise und bilden so die Schichtung ab. Im Spätstadium der Diagenese kann diese der Schieferung ähnlich und von ihr überlagert werden, so daß Schiefertone und schließlich Tonschiefer entstehen. Zu den diagenetischen Bildungen in Tonsteinen gehören auch die häufigen als Geoden bezeichneten knolligen Konkretionen von Siderit oder Pyrit (»Kieskälber« des Dachschiefers).

In manchen Kalken, insbesondere wenn primär Aragonit vorliegt, erfolgt während der Diagenese eine Dolomitisierung. Unter Erhaltung des Verbandes wird hierbei ein Teil des Calciums durch Magnesium ersetzt, und aus Kalziumkarbonat, $CaCO_3$, bildet sich Dolomit $CaMg(CO_3)_2$. Dieser Vorgang wird als **Metasomatose** bezeichnet. Es gilt als erwiesen, daß aus Meerwasser – mit Ausnahme von Tiefseetonen – keine primäre Dolomitabscheidung stattfindet. Die aus Kalkskeletten von Organismen aufgebauten Korallenriffe tropischer Meere weisen jedoch bald nach ihrer Bildung erhebliche $MgCO_3$-Gehalte auf. Diese können nur von einem Austausch von Kalzium gegen Magnesium aus dem Meerwasser bei normaler Wassertemperatur herrühren. Unter teilweisem Verlust der ursprünglichen Texturen kann eine vollständige Dolomitisierung der aragonitischen Korallenkalke eintreten. Unter den Bedingungen der Salinarfazies werden durch magnesiumreiche Lösungen auch kalzitische Kalke in Dolomit umgewandelt wie etwa im Zechstein oder Muschelkalk.

Organische Substanz unterliegt gleichfalls der Diagenese, die aber schon im Weichbraunkohlenstadium beendet ist. Hartbraunkohlen und Flammkohlen sind bereits metamorphe Bildungen, obwohl die sie umgebenden klastischen Sedimente sich noch im Stadium der Diagenese befinden. Erst während des Gasflammkohlenstadiums setzen in den Silikaten metamorphe Reaktionen bei Temperaturen um 200 °C ein. In Tonschiefern tritt meist schon hoch inkohlter Anthrazit auf, Graphit aber erst in Phylliten. In Metamorphiten ist der akzessorische Graphitgehalt ein wichtiges Indiz für ihre sedimentäre Herkunft. Aus Sapropeliten entsteht während der Diagenese Erdöl. Sobald aber die Grenze zur Metamorphose überschritten wird, tritt nur noch Erdgas auf. Hierzu gehört auch das Inkohlungsmethan der Gaslagerstätten in der Altmark (DDR) oder bei Groningen (Niederlande).

In den leicht löslichen Salzgesteinen liegt die Grenze zwischen Diagenese und Metamorphose noch niedriger. Die Metamorphose ist hier bei etwa 80 °C bereits abgeschlossen. Bei höheren Temperaturen erfolgen nur noch Auflösung und Abtransport. Für Salzgesteine besteht deshalb keine Möglichkeit, in die Druck- und Temperaturbereiche der Regionalmetamorphose silikatischer Gesteine zu gelangen.
C.-D. Werner

Metamorphite

Metamorphose bedeutet Umwandlung. Verwitterung und Diagenese stellen zwar ebenfalls Gesteinsumwandlungen dar; der Begriff der **Metamorphose** wird jedoch nur auf Vorgänge angewandt, bei denen Mineralparagenesen entstehen, die im sedimentären Bereich nicht vorhanden sind. Die zur Bildung metamorpher Minerale führenden Reaktionen laufen demnach zwar unter Beibehaltung des kristallinen Zustandes, jedoch in Gegenwart einer fluiden Phase (Wasser, Kohlendioxid) im Kluft-, Poren-, Kapillar- und Intergranularraum silikatischer und karbonatischer Gesteine bei höheren Drücken und Temperaturen ab, d. h. meist in größeren Tiefen der Erdkruste. Die entstehenden Gesteine werden **Metamorphite** genannt. Von der Metamorphose können grundsätzlich alle Gesteine erfaßt werden. Aus Magmatiten entstandene Metamorphite bezeichnet man als Orthogesteine, aus Sedimentiten gebildete als Paragesteine.

Metamorphosen können lokal begrenzt (Kontakt-Metamorphose, Dislokationsmetamorphose) oder regional verbreitet sein (regionale Versenkungsmetamorphose, regionale Dynamo-Thermo-Metamorphose). Nach Art der Metamorphose, der die Gesteine unterlagen, lassen sich zwei Hauptgruppen unterscheiden:
1) Kristalline Schiefer als Produkte der regionalen Metamorphose (kinetische Metamorphose);
2) Kontaktgesteine, die durch Kontaktmetamorphose entstehen (statische Metamorphose).

Dazu kommen jenseits des eigentlich metamorphen Bereiches, unter Beteiligung mehr oder minder großer Schmelzanteile, noch die Mischgesteine (**Migmatite** im weiteren Sinne) als Ergebnis der Ultrametamorphose. Metamorphe Gesteine, vor allem kristalline Schiefer und Migmatite, machen den Hauptteil des Baumaterials der Erdkruste aus.

Für die systematische Einteilung metamorpher Vorgänge und Gesteine gibt es mehrere Vorschläge. Früher war für die Regionalmetamorphose eine Dreigliederung (nach GRUBENMANN u. NIGGLI) in

Epizone – Phyllite
Mesozone – Glimmerschiefer
Katazone – Gneise und Granulite

üblich und für die Kontaktmetamorphose eine Untergliederung in zehn Hornfelsklassen (V. M. GOLDSCHMIDT). Heute hat sich ganz allgemein das von ESKOLA 1915 begründete Prinzip der **metamorphen Fazies** durchgesetzt, das auf der Grundlage von Mineralparagenesen und -reaktionen, die für definierte Druck-Temperatur-Bereiche kritisch sind, alle metamorphen Vorgänge qualitativ und quantitativ eindeutig zu beschreiben gestattet. Die neuerdings von WINKLER (1970) vorgenommene Ablösung der Fazieseinteilung durch ein System metamorpher Zonen mit vier Metamorphosegraden führt etwa wieder zu GRUBENMANN zurück, erscheint aber unter geologisch-petrogenetischen Aspekten nicht recht befriedigend.

Zu einer metamorphen Fazies gehören nach TURNER (1948) alle Gesteine beliebiger chemischer und damit auch mineralischer Zusammensetzung, die während der Metamorphose in einem bestimmten Bereich physikalischer Bedingungen ein chemisches Gleichgewicht erreicht haben. Damit wird ausgesagt, daß 1) jede metamorphe Mineralparagenese im thermodynamischen Gleichgewicht gebildet wurde und die dazugehörigen stabilen Minerale miteinander koexistieren, und 2) alle Gesteine einer bestimmten metamorphen Fazies jeweils in einem definierten und gleichen Temperatur-Druck-Bereich entstanden sind. Die konsequente Anwendung dieses Prinzips ist erst in jüngster Zeit möglich geworden, nachdem etwa seit 1950 die experimentelle Petrologie in der Lage ist, Mineralreaktionen bei hohen Drücken und Temperaturen zu untersuchen. Diese Ergebnisse gestatten, exakte und quantitative Aussagen über den Ablauf der Gesteinsmetamorphose bis hin zur Anatexis (Ultrametamorphose) zu machen.

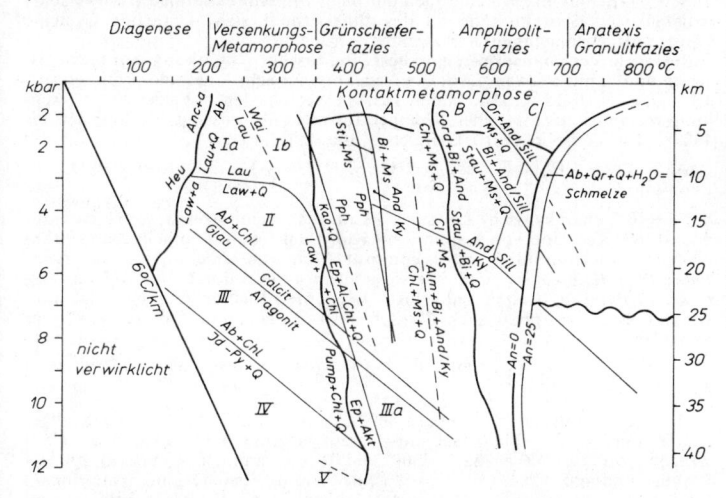

Druck- und Temperaturbedingungen der Metamorphose und Ultrametamorphose. I Zeolithische Fazies (Ia Laumontit-Prehnit/Pumpellyit-Albit-Quarz-Fazies, Ib Wairakit-Prehnit/Pumpellyit-Albit-Quarz-Fazies); II Lawsonit/Pumpellyit-Albit-Quarz-Fazies; III Glaukophan-Lawsonit/Pumpellyit-Fazies (IIIa glaukophanitische Grünschiefer-Fazies); IV Lawsonit-Jadeit-Fazies; V Eklogit-Fazies. A Albit-Epidot-Hornfelsfazies; B Cordierit-Muskovit-Hornfelsfazies (~ Hornblende-Hornfelsfazies); C Cordierit-Kalifeldspat-Hornfelsfazies (~ Pyroxen-Hornfelsfazies)

Die physikalischen Faktoren der Metamorphose sind *Druck* und *Temperatur*. Temperaturerhöhung erfolgt durch Absinken von Gesteinspaketen, aufsteigende Wärmeströme oder intrudierende Magmen. Auch Reibungswärme spielt eine gewisse Rolle. Die Temperaturen metamorpher Mineralreaktionen sind in unterschiedlichem Maße vom Druck abhängig, der sich aus mehreren Komponenten zusammensetzt:
1) Belastungsdruck (lithostatischer und hydrostatischer Druck = P_l), der je nach der Gesteinsdichte um etwa 250 bis 300 bar/km Tiefe steigt;
2) Druck der fluiden Phase (Dampfdruck im Poren- und Kluftvolumen der Gesteine = P_f), in erster Annäherung ist $P_f = P_l$, vielfach, besonders während der Reaktionsphase, gilt jedoch $P_f > P_l$; der Fall $P_f < P_l$ ist nur selten realisiert;
3) gerichteter Druck (Streß = P_s), der durch tektonische Kompressionen hervorgerufen wird.

Für die Mineralreaktionen sind P_l und P_f wesentlich. Streß beschleunigt die Reaktionsgeschwindigkeit und führt zur Ausbildung der für kristalline Schiefer typischen Gefüge (Schiefer- oder Gneistextur). P_f ist überwiegend der Druck überkritischen, dampfförmigen Wassers. Dazu kommen stets geringe Mengen an Salzsäure, HCl, Fluorsäure, HF, Kohlendioxid, CO_2, u. a., die gegenüber reinem Wasser meist eine Erniedrigung der jeweils kritischen Reaktionstemperaturen bewirken. In karbonatischen Gesteinen kann $P_{CO_2} > P_{H_2O}$ sein. Für jede Art von Metamorphose ist ein Mindestgehalt an Wasser, H_2O, erforderlich, das den Stofftransport (Stoffaustausch) zwischen den Einzelmineralen und damit deren Reaktionen untereinander überhaupt erst ermöglicht.

Der Übergang von der Diagenese zur Metamorphose (Abb.) wird bei geringem Druck durch das Verschwinden des sedimentären Zeoliths Heulandit und das Auftreten des metamorphen Zeoliths Laumontit nach der Reaktion

CaAl$_2$Si$_7$O$_{18}$ · 6 H$_2$O = CaAl$_2$Si$_4$O$_{12}$ · 4 H$_2$O + 3 SiO$_2$ + 2 H$_2$O
Heulandit   Laumontit   Quarz

markiert. Diese Reaktion trifft etwa mit

NaAlSi$_2$O$_6$ · H$_2$O + SiO$_2$ = NaAlSi$_3$O$_8$ + H$_2$O zusammen.
Analcim   Quarz   Albit

Regionale Metamorphose

Als Beginn der Metamorphose können damit etwa 200 °C/1 kbar bis 150 °C/ 5 kbar fixiert werden.
Bei Temperaturerhöhung auf 250 °C/1 kbar bis 300 °C/3 kbar geht Laumontit unter Wasserabgabe in Wairakit $CaAl_2Si_4O_{12} \cdot 2\,H_2O$ über. Ferner tritt neben beiden Prehnit nach der Reaktion

$CaAl_2Si_4O_{12} \cdot 4\,H_2O + CaCO_3 = Ca_2Al_2Si_3O_{10}(OH)_2 + SiO_2 + 3\,H_2O + CO_2$
Laumontit   Calcit   Prehnit   Quarz

auf; dazu kommen Pumpellyit und Epidot.
Die Laumontit/Wairakit-Prehnit/Pumpellyit-Chlorit-Albit-Fazies wird meist als **zeolithische Fazies** bezeichnet und kommt nur in Mergeln, kalkigen Grauwacken und basischen Vulkaniten vor. In kalkfreien Sedimentiten sind unter diesen pT-Bedingungen keine metamorphen Mineralreaktionen nachweisbar; lediglich der Kristallinitätsgrad des Illits erhöht sich. Derartige Gesteine können als **anchimetamorph** bezeichnet werden.
Regionale Versenkungsmetamorphose. Bei rascher Absenkung von Gesteinsserien und damit starkem Druckanstieg, aber nur sehr langsamer Temperaturerhöhung ($\sim$ 10–15 °C/km) bilden sich die verschiedenen Fazies der Versenkungsmetamorphose in einem Temperaturintervall zwischen 200 und 350 bis 400 °C. Für den Niederdruckbereich ist die Reaktion

$CaAl_2Si_4O_{12} \cdot 4\,H_2O = CaAl_2[(OH)_2/Si_2O_7] \cdot H_2O + 2\,SiO_2 + 2\,H_2O$
Laumontit   Lawsonit   Quarz

bei $3 \pm 0{,}2$ kbar kritisch. Lawsonit kann auch beim Abbau von Heulandit oder durch Reaktion von Kaolinit mit Kalzit entstehen. Pumpellyit und Prehnit sind weiterhin stabil; dazu kommen Albit und Calcit. Diese *Lawsonit/ Pumpellyit-Albit-Fazies* wird bei steigendem Druck durch die *Glaukophan-Lawsonit/Pumpellyit-Fazies* abgelöst, wegen der Blaufärbung des Natrium-Amphibols Glaukophan auch Blauschieferfazies genannt. Die pT-Daten der Reaktion

$4\,NaAlSi_3O_8 + (Mg, Fe)_6[(OH)_8/Si_4O_{10}] = 2\,Na_2(Mg, Fe)_3Al_2[(OH)_2/Si_8O_{22}]$
Albit   Chlorit   Glaukophan $+\,2\,H_2O$

können etwa mit 200 °C/4 kbar, 400 °C/8 kbar und 550 °C/11 kbar abgeschätzt werden und fallen fast mit der gut bekannten Phasengrenze Calcit/ Aragonit (200 °C/5 kbar bzw. 400 °C/8 kbar) zusammen. Oberhalb 200 °C/ 7,5 kbar und 400 °C/11,5 kbar wird schließlich, insbesondere in Grauwacken, jadeitischer Pyroxen (mit 84 Prozent Jadeit) aus Albit + Chlorit gebildet und damit die *Lawsonit-Jadeit-Fazies* erreicht. Bei noch weiterer Versenkung wird schließlich der Bereich der **Eklogit-Fazies** erzielt, für den mindestens 12 kbar Druck erforderlich sind (S. 96).

Regionale Dynamo-Thermometamorphose (Regionalmetamorphose i. e. S.)

Dynamothermometamorphe Gesteine sind wesentlich häufiger als Versenkungsmetamorphite. Der entscheidende Unterschied besteht in einer mit dem Druckanstieg mehr oder weniger synchron verbundenen Zufuhr thermischer Energie. Temperaturgradienten von 50 °C/km können als normal gelten. Es sind aber auch Werte von 70 bis 100 °C bekannt. Derartig steile Temperaturgradienten können nur auf einen erheblich gesteigerten Wärmefluß aus dem Erdmantel zurückgeführt werden, wobei das Wärmeleitvermögen der Gesteine allein nicht ausreicht. Die Bereiche intensivster Regionalmetamorphose sind meist an runde, ovale oder langgestreckte schmale Zonen gebunden, die als »Wärmedome« oder »Wärmebeulen« bezeichnet werden. Zum Teil liegen dabei Hochlagen der Mohorovičič-Diskontinuität, also lokale Mantelaufbeulungen (»Mantelplumes«) vor, aber auch Magmeneinschübe und Fluidaufstieg an Tiefenstörungen sind für den erhöhten Wärmefluß verantwortlich zu machen. Aus dem Wechsel unterschiedlich wärmeleitender Gesteinsserien (in quarzreichen Gesteinen, wie Graniten, Gneisen, ist die Wärmeleitfähigkeit höher als in basischen, wie Basalten, Gabbros; Sedimentite sind besonders schlechte Wärmeleiter) kann sich in bestimmten Bereichen ein Wärmestau ausbilden. Der Anteil der Reibungswärme bei tektonischer Kompression spielt sicher eine nicht zu vernachlässigende Rolle. Dazu kommt wahrscheinlich in bestimmten Fällen noch eine zusätzliche Aufheizung durch exotherme Mineralreaktionen. Insgesamt ist das Problem des Wärmehaushaltes regionalmetamorpher Bereiche gegenwärtig noch nicht befriedigend deutbar.
Die beiden Normalfazies der Regionalmetamorphose sind die Grünschieferfazies und die Amphibolitfazies. In Abhängigkeit vom geothermischen Gradienten und vom Druck führen diese Fazies unterschiedliche kritische Paragenesen, wodurch regional verschiedene metamorphe Faziesserien entstehen. Die wichtigsten sind die *Barrow-Serie* (nach den klassischen Untersuchungen BARROWS in Schottland) bei 40 bis 50 °C/km und mindestens 5 bis 6 kbar sowie die *Abukuma-Serie* (nach einer Region in Nord-Honshu, Japan) bei 70 bis 80 °C/km und 2 bis 3 kbar. Intermediäre Fazies-Serien sind bekannt, aber nicht sehr verbreitet. Die wichtigsten Mineralparagenesen der Barrow-Serie sind in der Tabelle aufgeführt.

	Tonschiefer Grauwacken	Mergel	Kieselige Carbonate	Basische Magmatite	Ultrabasite
Q-Ab-Ms-Chl-Zone	Q-Ab-Ms-Chl ± Pg, Pph, Cht ± Sti	Cc-Q-Ep-Chl ± Phrenit, Ab	Cc-Dol-Q-Tc	Ab-Ep-Chl-Akt ± Prehnit, Q, Cc, Sti	Chrysotil ± Brucit ± Q ± Magnesit
Q-Ab-Ep-Bi-Zone	Q-Ab-Ms-Chl-Bi ± Pg, Cht	Cc-Q-Ep-Chl ± Ab	Cc-Dol-Q-Tc	Ab-Ep-Chl-Akt ± Cc, Q, Bi	Antigorit ± Brucit, Tc ± Magnesit
Q-Ab-Ep-Ho-Alm-Zone	Q-Ab-Ms-Bi ± Chl, Pg, Cht	Cc-Ep ± Q ± Ab	Cc-Dol-Q-Tc	Ab-Ep-Ho ± Alm, Bi, Q ± Chl	Antigorit ± Fo, Tc ± Magnesit
Ms-Stau-Alm-Zone	Q-Plag-Ms-Bi-Alm ± Stau, Ky, Pg	Cc-Plag-Ho-Gross ± Q, Ep	Cc-Dol-Tc-Tr ± Q	Plag-Ep-Ho ± Alm, Bi, Q	Antigorit-Fo ± Tc
Ms-Sill/Ky-Alm-Zone	Q-Plag-Ms-Bi-Sill/Ky-Alm	Cc-Plag-Ho-Gross ± Q, Sill	Cc-Dol-Tr-Gross ± Q	Plag-Ho-Alm ± Bi, Q	Fo-Tc
Or-Sill-Alm-Zone	Q-Or-Plag-Bi-Sill-Alm	Plag-Ho-Alm ± Q, Wo, Sill	Cc-Dol-Tr ± Q, Fo, Di	Plag-Ho-Alm ± Bi, Di, Q	Fo-Anthophylllit ± Enstatit

Abkürzungen für Minerale: Ab-Albit, Akt-Aktinolith, Alm-Almandin, Bi-Biotit, Cc-Calcit, Chl-Chlorit, Cht-Chloritoid, Di-Diopsid, Dol-Dolomit, Ep-Epidot (Zoisit/Klinozoisit), Fo-Forsterit, Gross-Grossular, Ho-Hornblende, Ky-Disthen, Ms-Muskovit, Or-Orthoklas, Pg-Paragonit, Plag-Plagioklas, Pph-Pyrophyllit, Q-Quarz, Sill-Sillimanit, Stau-Staurolith, Sti-Stilpnomelan, Tc-Talk, Tr-Tremolit, Wo-Wollastonit,

Tab. Die wichtigsten Mineralparagenesen der Regionalen Dynamo-Thermo-Metamorphose vom Barrow-Typ in Abhängigkeit vom Ausgangsmaterial

Grünschieferfazies. In basischen Gesteinen sind Chlorit + Aktinolith + Klinozoisit/Epidot die typischen Minerale. Als charakteristisch können folgende Reaktionen gelten:

Lawsonit + Calcit = Zoisit/Klinozoisit + CO_2 + H_2O,
Lawsonit + Chlorit = Zoisit/Klinozoisit + Al-Chlorit + Quarz + H_2O
Pumpellyit + Chlorit + Quarz = Klinozoisit + Aktinolith + H_2O.

In Peliten und Psammiten verschwinden die sedimentären Minerale Kaolinit und Glaukonit; Illit kristallisiert zu Phengit/Muskovit. Für den Bereich zwischen 2 und 4 kbar ist die Reaktion

$Al_2(OH)_4/Si_2O_5$ + 2 SiO_2 = $Al_2(OH)_2/Si_4O_{10}$ + H_2O
Kaolinit   Quarz   Pyrophyllit

kritisch, die bei größeren Drücken allerdings etwas höhere Temperaturen erfordert.

Für den Beginn der Grünschieferfazies ergeben sich aus der Kombination der vier genannten Reaktionen und den petrographischen Beobachtungen etwa folgende Werte:

340 ± 20 °C bei 2000 bar,
350 ± 20 °C bei 4000 bar,
365 ± 20 °C bei 6000 bar,
380 ± 20 °C bei 8000 bar.

Für die niedrigste Zone (oder Subfazies) der Grünschieferfazies mit *Quarz-Albit-Muskovit-Chlorit* ist das Fehlen von Biotit charakteristisch; dagegen ist Stilpnomelan (aus Glaukonit + Quarz ± Chlorit) typisch.

In der mittleren Zone mit *Quarz-Albit-Epidot-Biotit* tritt erstmalig Biotit auf, der bis in die höchstgradige Amphibolitfazies beständig ist, während Stilpnomelan und Pyrophyllit nach den Reaktionen

Stilpnomelan + Phengit = Biotit + Chlorit + Quarz + H_2O,
$Al_2(OH)_2/Si_4O_{10}$ = Al_2SiO_5 +   3 SiO_2 + H_2O
Pyrophyllit   Andalusit/Disthen   Quarz
verschwinden.

Charakteristisch ist auch die Reaktion

Muskovit + Chlorit = Biotit + Al-reicher Chlorit + Quarz + H_2O.

In Gegenwart von Quarz wird Dolomit in dolomitischen Kalken instabil; ein Überschuß an Dolomit bleibt jedoch erhalten:

$3 CaMg(CO_3)_2$ + $4 SiO_2$ + H_2O = $Mg_3[(OH)_2/Si_4O_{10}]$ + $3 CaCO_3$ + $3 CO_2$
Dolomit   Quarz   Talk   Calcit

Die höchstgradige Zone der Grünschieferfazies (*Quarz-Albit-Epidot-Hornblende-Almandin*) wird durch mehrere Reaktionen markiert, die sämtliche einen Almandin-Granat liefern, z. B.

FeMgAl-Chlorit + Quarz = Almandin + Mg-Chlorit + H_2O oder
Chlorit + Muskovit + Quarz = Almandin + Biotit + H_2O.

Die Almandin-Bildung erfolgt bei etwa 500 °C und einem Druck von etwa 4 kbar. In basischen Gesteinen tritt unter den gleichen Bedingungen Hornblende auf entsprechend der Reaktion

Aktinolith + Klinozoisit + Chlorit + Quarz = Hornblende + H_2O.

Als Spezialfall sei noch darauf hingewiesen, daß bei der Versenkungsmetamorphose insbesondere Gesteine der Glaukophan-Lawsonit-Fazies allmählich aufgeheizt werden und damit die Grenze zur Grünschieferfazies überschreiten können. Dann wird die sog. *glaukophanitische Grünschieferfazies* mit Glaukophan + Klinozoisit + Chlorit gebildet.

Die Obergrenze der Grünschieferfazies ist erreicht, sobald Fe-Chlorit neben Muskovit + Quarz sowie Chloritoid in Peliten und Grauwacken und Albit in basischen Gesteinen verschwinden. Dann beginnt die **Amphibolitfazies,** die mit dem Auftreten von Cordierit und/oder Staurolith in Peliten einsetzt. In Ca-haltigen Gesteinen ist ferner der Sprung von Albit mit ≤ 7 Prozent Anorthitkomponente in Plagioklas mit ≥ 17 Prozent Anorthit charakteristisch. Aus den beiden Reaktionen

Chlorit + Muskovit + Quarz = Cordierit + Biotit + Al_2SiO_5 + H_2O

(in Peliten und Grauwacken zwischen 0,5 und 4 kbar) und

Chlorit + Muskovit = Staurolith + Biotit + Quarz + H_2O

(in Fe-Al-reichen und Mg-armen Peliten oberhalb 2 bis 3 kbar) kann der Beginn der Amphibolitfazies festgelegt werden mit

515 ± 10 °C bei 1000 bar,
525 ± 10 °C bei 2000 bar,
535 ± 10 °C bei 4000 bar,
555 ± 10 °C bei 6000 bar,
575 ± 10 °C bei 8000 bar.

Die niedriggradige Zone der Amphibolitfazies führt bei geringen Drücken (Abukuma-Typ) *Muskovit-Cordierit* und ist meist almandinfrei, bei höheren Drücken (Barrow-Typ) *Muskovit-Almandin $\pm$ Staurolith*.

Bei Temperatursteigerung wird Staurolith instabil nach der Reaktion

Staurolith + Muskovit + Quarz = Biotit + Almandin + Al_2SiO_5 + H_2O.

Damit ist die mittlere Zone mit *Muskovit–Al_2SiO_5–Cordierit/Almandin* erreicht. Welches der drei Al_2SiO_5-Polymorphe ausgebildet wird, geht aus Abb. S. 91 hervor. Innerhalb der mittleren Zone sind vier kritische Paragenesen möglich:

Muskovit–Cordierit–Andalusit,
Muskovit–Almandin–Andalusit,
Muskovit–Almandin–Sillimanit,
Muskovit–Almandin–Disthen.

Die höchstgradige Zone der Amphibolitfazies wird durch das völlige Verschwinden von Muskovit und das Auftreten von *Kalifeldspat* in Peliten und Grauwacken charakterisiert. Die kritische Reaktion

$KAl_2[(OH)_2/AlSi_3O_{10}]$ + SiO_2 = $K[AlSi_3O_8]$ + Al_2O/SiO_4 + H_2O
Muskovit   Quarz   Kalifeldspat Andalusit/Sillimanit

ist wahrscheinlich exotherm, d. h., sie setzt Wärme frei. Die kritischen Paragenesen sind

Kalifeldspat–Cordierit–Andalusit,
Kalifeldspat–Cordierit–Almandin–Sillimanit,
Kalifeldspat–Almandin–Sillimanit.

Basische Gesteine führen durch die gesamte Amphibolitfazies Hornblende und Plagioklas sowie mehr oder weniger Almandin, während reine Kalke mineralisch unverändert bleiben.

Die Obergrenze der Amphibolitfazies in Peliten und Grauwacken wird durch das Auftreten von eutektischen Quarz-Alkalifeldspat-Schmelzen gekennzeichnet, d. h. durch den Beginn der Anatexis (Ultrametamorphose). Kalke, Mergel und basische Gesteine verbleiben jedoch noch bis etwa 700 bis 750 °C im Bereich der Amphibolitfazies.

Beim Betrachten der Gleichungen für die metamorphen Mineralreaktionen fällt auf, daß fast immer H_2O frei wird, wenn mit Temperatur- und Drucksteigerung (**progressive Metamorphose**) die Reaktion rechts verläuft. Da jede progressive Metamorphose jedoch irgendwann einen Kulminationspunkt erreicht, nach dessen Überschreiten pT-Rückgang einsetzt, sollte man erwarten, daß die Reaktionen wieder rückwärts, also nach links ablaufen und damit die Metamorphose rückschreitend (**regressiv** oder **retrograd**) wird. Voraussetzung dafür wäre aber, daß ein geschlossenes System vorliegt und H_2O nicht entweichen kann. Dies ist gelegentlich der Fall, z. B. in Teilen der Alpen. Gewöhnlich liegen aber die in dem jeweiligen Anschnittsniveau erreichten höchstgradigen Mineralparagenesen ohne retrograde Beanspruchung vor. Daraus muß man folgern, daß nach dem Höhepunkt der progressiven Metamorphose H_2O langsam entweichen konnte, so daß die einmal entstandenen Mineralassoziationen gewissermaßen eingefroren wurden. Außer $H_2O \pm CO_2$ tritt jedoch im Normalfall keine Stoffabwanderung auf; die Regionalmetamorphose verläuft **isochem**.

Es ist auch möglich, daß ein hochgradiger Metamorphitkomplex nachträglich in seichterem Niveau und in Gegenwart von H_2O erneut beansprucht wird. Dann werden die Mineralparagenesen instabil und passen sich den neuen, niedriger gradigen Bedingungen unter Gefügedeformation an. Dieser Vorgang wird als **Diaphthorese** bezeichnet, die betroffenen Gesteine als **Diaphthorite**.

Granulitfazies. Als Sonderfall der Regionalmetamorphose bei $P_f \ll P_l$ geht bei pT-Steigerung die Metamorphose weiter. Dies kann einmal der Fall sein in basischen Magmatiten (Amphibolite), zum anderen in migmatischen Gneisen, aber auch in Graniten und Rhyolithen. Kritische Mineralreaktionen dafür sind

Hornblende + Quarz = Hypersthen + Klinopyroxen + Plagioklas + H_2O
in Metabasiten und
Biotit + Quarz = Hypersthen + Almandin + Kalifeldspat + H_2O oder
Biotit + Sillimanit + Quarz = Almandin + Kalifeldspat + H_2O
in Gneismigmatiten.

Dabei handelt es sich ausschließlich um H_2O-freie Minerale. Muskovit und Biotit werden durch Disthen/Sillimanit, Herzynit und einen pyrop- und grossularreichen Granat vertreten, Hornblenden durch Hypersthen + Diopsid. Dazu kommen Quarz, Plagioklas und mesoperthitische Alkalifeldspäte. Die Bildungstemperaturen der Granulitfazies liegen zwischen 700 und 800 bis 850 °C bei Drücken um 7 bis 10 kbar.

Edukt	Grünschieferfazies	Amphibolit-Fazies	Granulitfazies
Pelite	Phyllite (Chl/Ms)	→ Phyllite (Ms/Bi) → Glimmerschiefer	→ Migmatite/Granulite
sandige Pelite	Quarzphyllite (Chl/Ms)	→ Glimmerschiefer (Ms/Bi)	→ Migmatite/Granulite
Grauwacken	Paragneise (Chl/Ms)	→ Paragneise (Bi/Ms)	→ Migmatite/Granulite
Granite, Rhyolithe	Orthogneise (Chl/Ms)	→ Orthogneise (Ms ± Bi)	→ Granulite/Migmatite
Sandsteine	Quarzite	→ Quarzite	→ Quarzite
Kalke (rein)	Marmor	→ Marmor	→ Marmor
Mergel, bas. Magmatite	Grünschiefer	→ Amphibolite	→ Pyroxengranulit → Eklogit
Ultrabasite	Serpentinite	→ Olivinfelse	→ Olivinfelse → Granatperidotite

Das **Ausgangsmaterial** (Edukt) spielt, wie aus der Tabelle ersichtlich ist, eine entscheidende Rolle für die Art der entstehenden Metamorphite. Für die wichtigsten Edukte sind die Metamorphoseprodukte in der Tabelle zusammenfassend dargestellt. Es ist vor allem zu beachten, daß Phyllite, Glimmerschiefer und Paragneise primär unterschiedlichem Ausgangsmaterial zuzuordnen sind. Phyllite können bei hochgradiger Metamorphose in Glimmerschiefer übergehen, in Paragneise aber nur bei niedrigen Drücken (Abukuma-Serie).

Tab. Die wichtigsten Gesteine der Regionalen Dynamo-Thermo-Metamorphose

Eklogitfazies. Eklogite i. e. S. besitzen basaltischen Chemismus und die Paragenese Granat (pyrop-grossularreich) – Omphazit (jadeitischer Diopsid) + Rutil ± Disthen, ± Quarz; Plagioklas ist instabil. Diese Gesteine sind Hoch-

Hochdruckmetamorphose

druckäquivalente von Gabbros und Basalten und erfordern Drücke von 17 bis 18 kbar bei 700 bis 800 °C; bei 400 °C reichen möglicherweise 12 bis 13 kbar aus. Eklogite mit Na-Amphibol + Zoisit oder Glaukophan + Epidot werden bereits bei niedrigeren Drücken gebildet, schon innerhalb oder im Anschluß an die Lawsonit-Jadeit-Fazies (S. 91).

Ober-Mantel-Fazies. In Ultramafititen ist unter den pT-Bedingungen des Oberen Mantels (>10 kbar und >1000 °C) die Paragenese Olivin–Orthopyroxen–Klinopyroxen-Spinell stabil, bei höheren Drücken (>1000 °C/15 kbar, >1300 °C/20 kbar) reagieren Spinell + Pyroxen zu Olivin + Granat (mit 70 Prozent Pyrop-Anteil). Derartige Gesteine treten als Xenolithe von Spinell-Lherzolith und Granat-Lherzolith in effusiven Alkaligesteinen (Basanite, Olivinnephelinite, Kimberlite u. a.) auf und geben Auskunft über den Phasenzustand des Oberen Mantels. Für die Granatserpentinite des Sächsischen Granulitgebirges und Südböhmens wird eine Zugehörigkeit zu dieser Fazies diskutiert.

Das Gefüge in Metamorphiten

Da die Kristallisation der Minerale in Metamorphiten im festen Gesteinsverband abläuft, behindern sich die einzelnen Minerale gegenseitig in ihrem Wachstum und bilden folglich meist keine idealen Kristallformen aus, sondern besitzen unregelmäßige, gerundete Flächen oder sind miteinander verzahnt, d. h., sie sind **xenomorph**, besser **xenoblastisch** (von griech. blastein = sprossen, wachsen). Allgemein spricht man von einem **kristalloblastischen** Gefüge = gleichzeitige Kristallisation der Minerale, die besonders bei Feldspäten und Quarz auftritt. Einige Minerale setzen sich jedoch mit ihrer Kristallform beim Wachsen durch und bilden dann **Idioblasten**. Hierzu gehören vor allem Granat, Staurolith, Disthen und Turmalin, teilweise auch Epidot/Zoisit und Hornblenden.

Bei ruptureller Durchbewegung ohne Kristallisation wird der Kornverband ganz oder teilweise zerstört, und einzelne Mineral- oder Gesteinsbruchstücke sind in einem feinen Zerreibsel eingebettet. Ein derartiges Gefüge nennt man **kristalloklastisch** (von griech. klastein = zerbrechen). Als dritte Gefügeart sind **Relikte** zu erwähnen, die von der normalerweise vollständigen metamorphen Rekristallisation verschont wurden. Hierbei kann es sich sowohl um Einzelminerale, Mineralaggregate als auch um sedimentäre bzw. magmatische Strukturen handeln.

Ein charakteristisches Merkmal der meisten regionalmetamorphen Gesteine ist ihre Gefügeregelung (Schiefer- bzw. Gneistextur). Die Kristallisation der Minerale erfolgt unter Streßeinwirkung (**Kristallisationsschieferung** nach dem RIECKEschen Prinzip) und führt zur Ausbildung von plattenförmigen Mineralkörnern mit Orientierung der größten Flächen senkrecht zur Streßrichtung. Wenn zwischen dem Gitterbau der Minerale und ihrer Kristallform enge Beziehungen bestehen, am ausgeprägtesten bei den Schichtgitterminerralen (Glimmer, Chlorite), tritt eine ausgezeichnete schiefrige Spaltbarkeit der Gesteine im mm- bis cm-Bereich auf. Feldspäte werden nach ihren Spaltflächen ein-

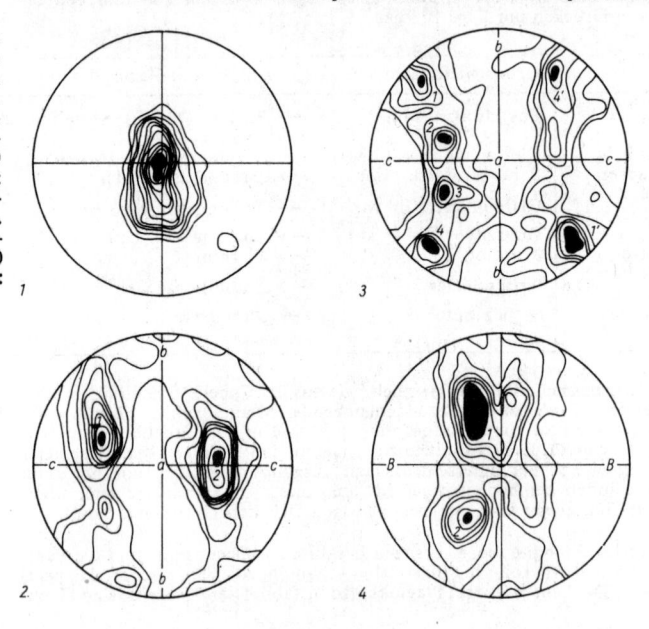

Regelungsdiagramme von Quarzgefügen in Metamorphiten (nach Sander): **1** axiale Symmetrie mit dem sog. Maximum I. 138 Quarzachsen. Belegungsdichte von innen nach außen in %: >18–16–14–12–10–8–6–4–2–1–0,5–0; **2** rhombische Symmetrie. 380 Quarzachsen. Belegungsdichte in %: >10–8–6–5–4–3–2–1–0,5–0; **3** monokline Symmetrie. 248 Quarzachsen. Belegungsdichte in %: >5–4–3–2–1–0,5–0; **4** trikline Symmetrie. >500 Quarzachsen. Belegungsdichte in %: >12–8–6–5–4–3–2–1–0,5–0

geregelt mit plattiger Spaltbarkeit des Gesteins im cm- bis dm-Bereich, Quarze nach ihren c-Achsen oder Basisflächen.

Damit eröffnet sich die Möglichkeit, durch mikroskopische Einmessung von Gitterrichtungen, z. B. optischen Achsen, den tektonischen Beanspruchungsplan von Metamorphiten zu bestimmen. Durch Messen von 200 bis 300 Kristallen in einem orientierten Dünnschliff und deren Projektion erhält man statistische Regelungsdiagramme, deren Symmetriegrad in Kristallingebieten vielfach von oben nach unten in der Reihe triklin – monoklin – rhombisch zunimmt.

Ultrametamorphose

In tiefen Anschnitten von Metamorphitzonen finden sich in der Regel Mineralparagenesen, die aus Schmelzen kristallisiert sind. Häufig ist ein Übergang von Metamorphiten in granitische Gesteine zu beobachten. Diese Assoziation von Metamorphiten, Migmatiten und Graniten ist nicht zufällig, sondern nach den Ergebnissen der experimentellen Petrologie notwendig zu erwarten. Alle Vorgänge, die jenseits der im festen Gestein ablaufenden regionalen Dynamo-Thermometamorphose bei weiterer Temperatursteigerung zu Bildung von Schmelz- oder überkritischen Lösungsphasen führen, sollen unter dem Sammelbegriff **Ultrametamorphose** zusammengefaßt werden. Dieser Begriff geht weiter als der häufig gebrauchte Terminus **Anatexis**, der strenggenommen nur das Anfangsstadium der Aufschmelzung bezeichnet, nicht aber das Endstadium mit der Bildung palingener Magmen, oder die durch überkritische Lösungen verursachte Metablastese. Der pT-Bereich der Aufschmelzung ist abhängig vom Ausgangsmaterial.

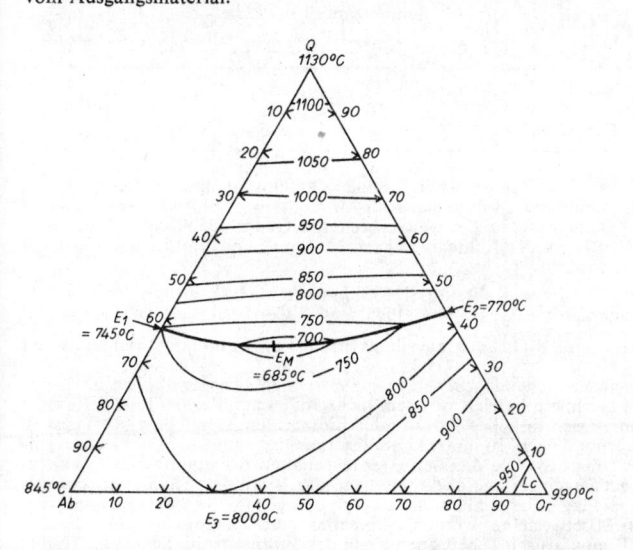

Projektion des Systems Quarz-Albit-Orthoklas-H_2O bei 2000 bar H_2O-Druck (nach Winkler 1976). E_1, E_2 und E_3 stellen die binären Eutektika Q–Ab, Q–Or und Ab–Or dar. Das ternäre Eutektikum Q–Ab–Or auf der kotektischen Linie ist mit E_M bezeichnet

Die physikochemische Grundlage für den erheblich niedrigeren Schmelzbeginn eines Gesteins aus Quarz, Albit und Orthoklas gegenüber dem Schmelzpunkt jedes Einzelminerals bei gleichem H_2O-Druck ist in der Abbildung dargestellt. Daraus läßt sich z. B. ablesen: Schmelzpunkt von Quarz = 1130 °C (H_2O-frei dagegen 1713 °C), von Albit = 845 °C (H_2O-frei = 1118 °C). Ein Gemenge von 70 Quarz + 30 Albit schmilzt bei 1000 °C, ein solches von 50 Quarz + 50 Albit bei 860 °C und von 38 Quarz + 62 Albit (*Eutektikum*) bei nur 745 °C. Die Teilsysteme Quarz–Orthoklas und Orthoklas–Albit verhalten sich analog. Im Dreistoffsystem liegt das gemeinsame (ternäre) Eutektikum noch unter dem niedrigsten eines der drei Teilsysteme, nämlich bei 685 °C (= 40 Albit + 35 Quarz + 25 Orthoklas). Die Schlußfolgerung ist: Wenn in Gegenwart von H_2O ein Gestein, das neben anderen Mineralen Quarz, Albit und Kalifeldspat enthält, auf etwa 700 °C bei einem Druck von 2000 bar erhitzt wird, muß auf jeden Fall eine eutektische Schmelzphase auftreten, deren Anteil anfänglich nur so groß ist, wie der eutektischen Zusammensetzung entspricht. Liegt z. B. ein Überschuß an Albit vor, dann geht dieser erst mit weiterer Temperatursteigerung in die Schmelze.

Die Temperatur bei Schmelzbeginn wird niedriger durch Druckerhöhung (bei 4000 bar auf 655 °C) und bei gleichem Druck durch Gegenwart geringer Mengen Salzsäure, HCl, und/oder Flußsäure, HF (durch Zusatz von 1 Prozent Flußsäure zum Wasser bei 2000 bar auf 640 °C). Die Temperatur bei Schmelzbeginn erhöht sich, wenn Plagioklas statt Albit vorliegt, und zwar in

Abhängigkeit von dessen Anorthitgehalt. In allen Fällen verändert sich auch die eutektische Zusammensetzung der Erstschmelze. Die Menge des Schmelzanteils nimmt mit Temperatursteigerung rasch zu, und sie verringert sich mit abnehmendem H_2O-Gehalt. In H_2O-freien Systemen liegt die Temperatur des Schmelzbeginns viel höher (Quarz–Albit–Orthoklas H_2O-frei = 920 °C/2 kbar). Die dunklen Gemengteile der Gesteine (Biotit, Granat, Sillimanit u. a.) haben auf den Schmelzbeginn im granitischen System keinen Einfluß; bei Temperaturerhöhung gehen sie teilweise oder ganz mit in die Schmelzphase. In basischen Gesteinen liegt der Beginn der Anatexis bei erheblich höheren Temperaturen.

Am Beispiel von drei verschiedenen Grauwacken ist der Verlauf der Aufschmelzung gut zu erkennen. Der höchstgradig-metamorphe Mineralbestand vor Beginn der Anatexis zeigt ihre unterschiedliche mineralische Zusammensetzung:

Tab. Experimentelle Anatexis von drei Grauwacken bei 2 000 bar H_2O-Druck (nach WINKLER.)

	Q	Plagioklas % An	Or	Bi	Cord	Sill	Erz
A	31	31 13	7	11	8	8	4
B	52	31 30	4	5	7	–	2
C	28	44 40	9	10	4	–	4

	Schmelzbeginn	Schmelzanteil in % bei				
		690 °C	700 °C	720 °C	740 °C	770 °C
A	685 °C	23	48	59	68	73
B	700 °C	–	10	31	48	63
C	715 °C	–	–	25	43	67

Auch hochgradige Metamorphite ohne Kalifeldspat liefern Quarz–Albit–Orthoklas-Schmelzen, wenn sie Kali-Minerale wie Biotit oder Muskovit enthalten. Dazu gehören die weitverbreiteten Quarz–Plagioklas–Biotit-Paragneise. Mit Beginn der Anatexis werden Muskovit und Biotit nach folgenden Reaktionen instabil:

Muskovit + Quarz = Kalifeldspat + Sillimanit + H_2O,
Biotit + Sillimanit + Quarz = Kalifeldspat + Cordierit + H_2O.

Die Reaktion mit Biotit setzt allerdings erst bei etwas höheren Temperaturen ein.

Die jeweils entstehenden Schmelzanteile trennen sich gewöhnlich im Zentimeter- bis Dezimeterbereich von dem nicht aufgeschmolzenen Rest (»**Restit**«) und sammeln sich in hellen Adern oder Linsen, den **Metatekten**, die meist in der Schieferung liegen. In ihnen kristallisieren Quarz und Alkalifeldspäte richtungslos-körnig aus. Die dunklen Restite behalten die ursprüngliche Schieferung im allgemeinen bei und bestehen aus Biotit + Sillimanit/Cordierit + Quarz + Plagioklas (mit höherem Anorthitgehalt als vor der Anatexis). Derartige Mischgesteine werden **Migmatite** oder **Metatexite** genannt. Bei höheren Temperaturen gehen auch Teile des Biotits in die Schmelze. Biotitblättchen schwimmen in ihr, und die Restite driften auseinander. So erfolgt eine zunehmende Homogenisierung über **Nebulite** zu **Diatexiten**. Bei der **Diatexis** werden größere Gesteinsbereiche mehr oder minder aufgeschmolzen. Die maximal etwa 800 °C heiße Schmelze ist spezifisch leichter als ihre Umgebung und steigt deshalb als palingenes (»wiedergeborenes«) Magma auf. Damit geht der bislang insgesamt **isocheme** Prozeß in einen **allochemen** über; denn die in der Schmelze noch enthaltenen, nicht aufgeschmolzenen Eisen-Magnesium-reichen Minerale wie Cordierit, Biotit, Granat und Erz können abseigern und bleiben in den tieferen Bereichen als eine Art »Bodensatz« zurück. Der weitaus größte Teil der Granite und Granodiorite der Orogenzonen ist auf diese Weise entstanden (S. 187).

Unter bestimmten Umständen kommt es bereits unterhalb anatektischer pT-Bedingungen zu Granitisierungserscheinungen. Hierher gehören vor allem Feldspatmetasomatosen, bei denen erhebliche Mengen an K^+- und Na^+-Ionen in überkritischem Wasser in einem Temperaturgefälle (vielfach gegenläufig) im 100-Meter- bis Kilometer-Bereich transportiert werden. In den davon betroffenen Gesteinen sprossen z. B. Kalifeldspäte auf Kosten von Plagioklas in einem festen Gefüge, aber auch Biotite können Hornblenden ersetzen. Der Vorgang wird als **Metablastese** bezeichnet. Gewöhnlich tritt Metablastese in hochgradig regionalmetamorphen Zonen oder in der Umgebung anatektischer Schmelzherde auf. Aber auch Granite können im Anschluß an ihre Erstarrung davon betroffen werden; man spricht dann von **Endoblastese**. Unterhalb des kritischen Punktes beim Wasser, im Hydrothermalstadium, laufen in vielen Graniten einige metamorphe Reaktionen rückwärts ab, z. B. Muskovitbildung aus Kalifeldspat, Zoisitisierung von Plagioklas oder Chloritisierung von Biotit. Diese Granite erhalten dadurch gewisse »metamorphe« Züge, ein typisches Beispiel für die Konvergenz magmatisch-metamorph. Da Mineralparagenesen bei hinreichender Zeit und in Gegenwart von H_2O sich verändernden pT-Bedingungen anpassen müssen, ganz gleich ob progressiv oder regressiv, ist das nicht anders zu erwarten.

Kontaktmetamorphose. Überhitzte und isostatisch aufsteigende granitische Magmen, aber auch syenitische oder gabbroide Schmelzen gelangen nach längerem Intrusionsweg in eine kühlere Umgebung, an die sie ihren Wärmeinhalt während der Erstarrung abgeben. Dadurch wird ohne gerichteten Druck (statisch) und in seichtem Krustenniveau mit geringem P_l (200 bis max. 2000 bar) eine thermische Kontaktmetamorphose begrenzter Ausdehnung (einige 10 Meter bis wenige Kilometer) hervorgerufen. Ihre Intensität wird bestimmt durch die Größe und Temperatur des Intensivkörpers und dessen Wärmeinhalt, das Intrusionsniveau (Wärmegefälle) und den regionalen Metamorphosegrad sowie den Chemismus des Nebengesteins.

Lokale Metamorphose

Die Kontaktmetamorphose umfaßt drei Mineralfazies. Von innen nach außen sind dies die Cordierit-Kalifeldspat- oder Pyroxen-Hornfelsfazies, die Cordierit-Muskovit- oder Hornblende-Hornfelsfazies und die Albit-Epidot-Hornfelsfazies.

Die *Cordierit-Kalifeldspat-Hornfelsfazies* wird unmittelbar am Kontakt gebildet und durch die Instabilität des Muskovits oberhalb 560 °C/500 bar, 580 °C/1 kbar und 620 °C/2 kbar nach unten begrenzt. Ein verbreitetes Kontaktmineral in Peliten dieser Fazies ist Andalusit, manchmal auch Sillimanit. In karbonatischen Gesteinen tritt Wollastonit auf nach der Reaktion

$CaCO_3 + SiO_2 = CaSiO_3 + CO_2$,
Kalzit   Quarz   Wollastonit

ferner sind kritisch Diopsid, Grossular und Forsterit, dazu kommen Vesuvian Plagioklas und Calcit/Dolomit.

Die *Cordierit-Muskovit-Hornfelsfazies* führt in Peliten keinen Kalifeldspat. In unreinen Kalken und Dolomiten bilden sich Tremolit, Grossular, Anthophyllit, Hornblende, Plagioklas, Calcit und Dolomit. Die Untergrenze liegt bei etwa 510 bis 520 °C.

Die *Albit-Epidot-Hornfelsfazies* ist nur in kalkigen Gesteinen ausgebildet und führt hier z. T. Tremolit; Plagioklas tritt nicht mehr auf. In Peliten sprossen Biotit, Chloritoid und Muskovit, aber es kommt nicht mehr zur Ausbildung der Hornfelstextur. Die Untergrenze liegt bei etwa 350 °C.

Infolge der statischen Kristallisation entsteht in den Hornfelsen ein **granoblastisches** Gefüge, und die Schieferung verschwindet, insbesondere in Kontaktnähe. In etwas größerer Entfernung, vor allem in der Cordierit-Muskovit-Hornfelsfazies, sprossen nur einzelne Kristalle in dem noch mehr oder minder intakten Gefüge, und es bilden sich Garben-, Frucht-, Fleck- oder Knotenschiefer aus (Kontaktschiefer). In reinen Kalken kommt es ohne Stoffzufuhr lediglich zu einer Rekristallisation, und Marmore entstehen.

Bei sehr kleinen magmatischen Körpern (Gänge, Vulkanschlote) erfolgt wegen des raschen Temperaturausgleichs keine Kontaktmineralbildung, sondern nur eine Austrocknung und Frittung (randliche Anschmelzung), z. B. von Quarzkörnern in Sandsteinen. Die empfindlicher reagierenden Kohlen werden dabei verkokt.

In kalkigen Gesteinen einschließlich Tuffen verläuft die Kontaktmetamorphose mitunter nicht isochem, sondern es kommt zu einer Stoffzufuhr aus dem Intrusivkörper, insbesondere von Siliziumdioxid, SiO_2, aber auch von Eisen und anderen Elementen. Als Produkt einer solchen **Kontaktmetasomatose** bilden sich die Kalksilikathornfelse oder Skarne, die, wenn sie magnetisch sind, als Eisenerze Bedeutung haben.

Ein anderer kontaktmetasomatischer, besser **autometasomatischer** Vorgang ist die **Greisen**bildung. In sehr sauren Graniten treten während der Erstarrung zusammen mit H_2O größere Mengen an Fluorsäure, HF, sowie Orthoborsäure, H_3BO_3, auf, die sauer reagieren und mit einigen Elementen flüchtige Verbindungen eingehen. Bei dichtem Dach werden die obersten Partien des Granits (»Endokontakt«) und das unmittelbare Nebengestein (»Exokontakt«) pneumatolytisch zu Greisen umgewandelt. Feldspäte sind unter diesen Bedingungen instabil, dafür treten Topas und Muskovit auf, ferner Lithionit, Turmalin und Beryll. Häufig enthalten die Greisen bauwürdige Gehalte an Zinnstein und Wolframit; dadurch werden sie zu Lagerstätten.

Dynamometamorphose. Während der regionalen Dynamothermometamorphose wird die Plastizitätsgrenze der Gesteine in der Regel nicht überschritten. Bei kurzfristiger Beanspruchung an Verwerfungs- und Überschiebungszonen kommt es dagegen zum Bruch. Alle Formen einer rein mechanischen Beanspruchung werden als Dynamometamorphose bezeichnet, die stets lokal auftritt und fast immer destruktiv ist. Nur gelegentlich führt sie auch zur Neubildung von Mineralen wie Quarz, Albit oder Muskovit, der aus Kalifeldspat unter H_2O-Aufnahme bei der *Deformationsverglimmerung* entsteht.

Durch die Reibungswärme kann es zu geringfügiger Bildung von Schmelzen kommen, die rasch als Glas erstarren und **Kakirite** heißen. Gewöhnlich wird das Gestein aber nur verbogen, zerbrochen und zerrieben. Größere Kristalle sind z. T. augenartig ausgewalzt und die Fossilien zerstört. Durch eine derartige **Mylonitisierung** entstehen **Mylonite**, in denen Mineralbestand und Gefüge des Ausgangsgesteins vielfach nicht mehr erkennbar sind. Wenn die Deformation weniger intensiv war und nur zum Bruch einzelner Körner, zu Druckverzwillingung u. ä. geführt hat, spricht man von **Kataklase**; die betroffenen Gesteine heißen **Kataklasite**.
C.-D. Werner

Allgemeine oder Physikalische Geologie

Die exogenen Vorgänge und Kräfte

Verwitterung

Die überall beobachtbare Zerstörung selbst sehr fester Gesteine in größere und kleinere Teile bzw. ihre Zersetzung ist seit jeher auf die Witterungseinflüsse in den verschiedenen Klimaten der Erde bezogen worden. Diese als **Verwitterung** bezeichneten Prozesse, die in geologischen Zeiträumen ablaufen, sind von großer Bedeutung nicht nur für die Bildung von Sedimentgesteinen, sondern auch für die Bodenbildung.

Das Ausgangsmaterial für die Verwitterung bildet in der Regel fester Fels. Zwischen ihm und den Bodenarten bestehen alle Übergänge. Zunächst wird der Gesteinsverband von Klüften, Schichtfugen u. ä. aus angegriffen. Die entstehenden lockeren Gesteinsmassen werden ständig weiter zerkleinert und bilden schließlich feinste Bodenteilchen.

Als **physikalische Verwitterung** wird die mechanische Gesteinszertrümmerung **(Gesteinszerfall)** bezeichnet. Dagegen umfaßt die **chemische Verwitterung** alle unter Mitwirkung des Lösungsmittels Wasser im Gestein ablaufenden chemischen Umwandlungsprozesse, die zu einer Änderung des Mineralbestandes führen **(Gesteinszersatz)**. Schließlich tritt eine Gesteinszerstörung unter Beteiligung pflanzlicher und tierischer Organismen auf, die biologisch – mechanisch oder biologisch – chemisch wirkt und zusammenfassend **biologische** oder **organische Verwitterung** genannt wird.

Der überwiegende Teil der Verwitterungsvorgänge läuft auf dem Festland ab; doch kann es auch am Meeresboden zu Mineralzersetzung und -neubildung kommen **(Halmyrolyse)**.

Die bei der **physikalischen Verwitterung** ablaufenden Prozesse führen zu einer Zerstörung des Gesteinsgefüges, lassen jedoch die chemische und mineralische Zusammensetzung des Gesteins im wesentlichen unverändert. Die Vorgänge sind überwiegend rein physikalischer, nur untergeordnet physikalisch-chemischer Natur.

Bei der Temperaturverwitterung ist die Volumenänderung der Minerale und Gesteine bei Temperaturwechsel der ausschlaggebende Faktor. Steigende Temperaturen haben Ausdehnung und z. T. erhebliche Druckerhöhungen, abnehmende dagegen Zusammenziehung und Druckabfall zur Folge. Dies führt bei mehrfachem und raschem Wechsel und bei großen Temperaturgradienten zu einer bedeutenden Lockerung des Gesteinsgefüges. Von Bedeutung ist dabei das unterschiedliche Verhalten der einzelnen Minerale gegenüber Temperaturveränderungen: verschieden starke Ausdehnung in unterschiedlichen Richtungen, wechselnde Wärmeleitfähigkeit u. a. Es ist verständlich, daß polymineralische Gesteine von diesen Prozessen besonders betroffen werden.

Durch die direkte Sonneneinstrahlung **(Insolation)** erwärmt sich die Erdoberfläche bedeutend stärker als die unmittelbar darüberliegende Luft. Im Gesteinsinneren gleichen sich die Temperaturen rasch aus. Die größten täglichen Temperaturschwankungen sind in den ariden Klimabereichen zu beobachten. Deshalb spielt dort die Temperaturverwitterung die größte Rolle. In den heißen Wüsten kann die tägliche Schwankung 35 °C und mehr erreichen, die Gesteine können dabei auf 60 bis 80 °C erhitzt werden. Große Steine bersten durch »Kernsprünge« mit lautem Knall. Die dem Temperaturwechsel stärker ausgesetzte Gesteinsoberfläche blättert in großen Schuppen und Schalen vom Felsen ab (**Abschuppung** oder **Desquamation**), wobei allerdings auch die Druckentlastung Bedeutung hat. Im nivalen Klimabereich tritt Temperaturverwitterung oft in Verbindung mit Frostverwitterung auf. Die Ursache der auf den nivalen und gemäßigten Klimabereich beschränkten **Frostverwitterung (Spaltenfrost)** liegt in der Eigenschaft des Wassers, sein Volumen beim Gefrieren um 9 % zu vergrößern. Daher erzeugt Wasser, das im Gestein vorhandene Hohlräume und Spalten vollständig oder zu mehr als 91 % ausfüllt, bei seiner Umwandlung zu Eis eine hohe Druckwirkung. Bei einer Umwandlungstemperatur von -22 °C wird ein Maximaldruck von 2115 kp/cm^2 erreicht. Vor allem aber führt der häufige Wechsel zwischen Gefrieren und Wiederauftauen zur Erweiterung von Rissen, Fugen und Klüften und zum Zer-

Physikalische Verwitterung

fall des Gesteins in scharfkantige Trümmer, kleine Brocken und Körner. Daher hat die Frostverwitterung dort ihre größten Auswirkungen, wo die Zahl der »Frostwechseltage« je Jahr besonders hoch ist und die Temperatur wiederholt um den Gefrierpunkt schwankt.

Die Frostverwitterung wirkt am stärksten auf poröse und klüftige Gesteine, deren Hohlräume weitgehend mit Wasser gefüllt sind, z. B. auf Sandsteine, deren Poren nur wenig Bindemittel enthalten, oder auf stark klüftige Magmatite. Auch unter den Gletschern wirkt der Spaltenfrost oft in Verbindung mit der Regelation.

Die Salzsprengung setzt voraus, daß durch chemische Verwitterung entstandene oder durch Wasser zugeführte Salze nicht fortgewaschen werden, sondern im Gestein verbleiben. Daher ist die Salzsprengung im wesentlichen auf aride Gebiete beschränkt. Durch die Erwärmung der Oberfläche am Tage steigen die durch Bodenfeuchtigkeit oder Tau gelösten Salze auf, wobei das Lösungsmittel in den oberflächennahen Teilen des Gesteins rasch verdunstet und die Salze angereichert werden. Auskristallisation, Wachstum der Kristalle oder Wasseraufnahme (**Hydratation**) erzeugen einen erheblichen Sprengdruck. Durch häufige Wiederholung dieses Vorganges werden Risse, Spalten und Klüfte erweitert, wird das Gefüge des Gesteins zerstört. Ähnlich wie beim Spaltenfrost ist die Sprengwirkung um so größer, je geringer die Öffnung des Hohlraums ist, in dem es zur Kristallisation kommt. Im humiden Klimabereich kann Salzsprengung dort auftreten, wo fossile Salze mit dem Oberflächenwasser in Berührung kommen. So wird das Volumen des Anhydrits bei seiner Umwandlung in Gips durch Hydratation um 60% vergrößert.

Ebenfalls zur physikalischen Verwitterung ist der Prozeß der Druckentlastung in oberflächennahen Teilen von Festgesteinen zu rechnen. In den durch Erosion von ihrer Auflast befreiten Gesteinen werden latente Spannungen gelöst, die zum Aufreißen zahlreicher oberflächenparalleler Klüfte und Risse führen und den Gesteinsverband bis in mehrere Meter Tiefe z. T. erheblich auflockern.

Durch enges Zusammenwirken von physikalischer und chemischer Verwitterung zerfallen die Gesteine zu feinkörnigem lockerem **Grus**. Vor allem bei grobkristallinen Gesteinen, wie einigen Graniten, anderen körnigen Plutoniten, aber auch bei einigen Quarzporphyren, Gneisen und gröberen klastischen Sedimenten wird das Gefüge des Gesteins durch physikalische Verwitterung gelockert, werden die Minerale durch chemische Verwitterung zersetzt. Da die Vergrusung zunächst von der Oberfläche ausgeht, spricht man auch von Abgrusung. An den durch die Klüftung entstandenen eckigen Gesteinskörpern werden Ecken und Kanten durch Abgrusung beseitigt, wodurch kantengerundete Blöcke entstehen (Wollsackverwitterung). Flächenhafte Anhäufungen derartiger Blöcke werden als Blockmeere und Blockströme bezeichnet. Die Blockbildung erfolgte vorwiegend durch Abgrusung in warmen und wechselfeuchten Klimaten, jedoch teilweise auch durch Frostsprengung und Temperaturverwitterung. Die Entstehung der Blockmeere und -ströme erfordert eine Bewegung des Materials durch Prozesse wie z. B. die Solifluktion.

Chemische Verwitterung

Dabei handelt es sich um chemische Vorgänge, durch die das Gestein entweder gelöst oder durch Umsetzungen in andere Verbindungen übergeführt wird. Voraussetzung ist das Vorhandensein fließenden Wassers an der Erdoberfläche oder im Boden, das aufgrund der Zusammensetzung von Luft und Boden stets Säuren und Basen enthält. Deshalb besitzt die chemische Verwitterung ihre größte Wirksamkeit im humiden Klimabereich, während sie in ariden und nivalen Gebieten stark zurücktritt oder ganz fehlen kann. Besonders günstige Bedingungen liegen in den feuchtwarmen Tropen vor, da durch erhöhte Temperaturen die chemischen Reaktionen beschleunigt werden. Hier greift die chemische Verwitterung tief in den Untergrund, gelegentlich viele Dutzende von Metern, im Gegensatz zur physikalischen Verwitterung, die in ihren Wirkungen stets auf die obersten Teile der Gesteine beschränkt bleibt.

Die Verwitterbarkeit der Minerale ist sehr unterschiedlich. Während ein Teil des chemisch aufbereiteten Materials in Lösung geht und rasch weggeführt wird, bleibt ein anderer Teil als unlöslicher Verwitterungsrückstand (Residualboden) zurück.

Im Wasser leicht lösliche Salze unterliegen der einfachen Lösungsverwitterung. Diese betrifft vor allem Kalisalze, Steinsalz und Gips. Die am leichtesten löslichen Kalisalze kommen daher niemals an der Erdoberfläche vor, im Gegensatz zu dem weniger leicht löslichen Steinsalz, das in ariden und semiariden Gebieten als Salzberg, »Salzgletscher« und in Salzwannen zutage tritt.

Größere geologische Bedeutung als die Salzauflösung an der Erdoberfläche oder unter Wasser besitzt die Auslaugung von Salzgesteinen unter der Erdoberfläche (Subrosion), die je nach Lagerungs- und hydrologischen Verhältnissen unterschiedlich tief greift. Die Fläche, an der das Salz aufgezehrt wird, liegt etwa horizontal und wird als Salzspiegel, bei geneigter Lagerung als Salzhang bezeichnet. Der Lösungsrückstand (Residualgebirge) besteht aus

Gips, Ton und anderen schwer- oder unlöslichen Gesteinen; bei Salzstöcken heißt er, weil Gips vorherrscht, Gipshut. Durch den bei der unterirdischen (subterranen) Auslaugung entstehenden Massenschwund im Untergrund treten an der Erdoberfläche Senkungen und Einsturztrichter (Erdfälle) auf (vgl. Kapitel »Ingenieurgeologie«).

Eine weitere Art der chemischen Verwitterung ist die Kohlensäureverwitterung. Oberflächen- und Bodenwässer, aber auch die Bodenluft enthalten stets Kohlendioxid in z. T. größeren Mengen, das einerseits aus der Luft aufgenommen wird, andererseits durch Zersetzung organischer Substanz im Boden in das Wasser gelangt. Hier bleibt es zum großen Teil gasförmig erhalten, während ein geringer Prozentsatz zu Kohlensäure wird. Dieses kohlensäurehaltige Wasser setzt Kalziumkarbonat $CaCO_3$ in Kalziumhydrogenkarbonat $Ca(HCO_3)_2$ um, das wasserlöslich ist. Bei niedrigerer Temperatur verschiebt sich das Gleichgewicht durch erhöhte Kohlendioxidlösung im Wasser auf die Seite des Hydrogenkarbonats, das durch freies Kohlendioxid in Lösung gehalten wird. Durch dessen Entweichen (z. B. bei Temperaturerhöhung) fällt Kalziumkarbonat aus. Dieser Vorgang bewirkt besonders in warmen Klimaten, daß das gelöste Karbonat bereits in geringer Entfernung vom Lösungsgebiet wieder abgeschieden wird.

Weniger gut löslich als Kalziumkarbonat ist das Doppelsalz aus Kalzium- und Magnesiumkarbonat, der Dolomit $CaCO_3 \cdot MgCO_3$.

Die Kohlensäureverwitterung besitzt eine große geologische Bedeutung, da Kalk- und Dolomitgesteine weit verbreitet sind. Sie verursacht die Verkarstung dieser Gesteine, die sich in der Bildung großer Spalten, Höhlen, Einsenkungen der Erdoberfläche (Dolinen) u. a. zeigt (S. 121).

Zur chemischen Verwitterung gehört auch die Rauchgasverwitterung. Durch Verbrennung großer Kohlenmengen, durch Abgase vielfältiger Entstehung u. a. gelangen in Großstädten und Industriegebieten bedeutende Mengen von Kohlendioxid, Schwefeldioxid und anderen Verbindungen in die Luft und durch das Regenwasser auf das Mauerwerk, wo sie als Säuren oder Salze verwitternd wirken (Kohlensäureverwitterung, Salzsprengung). Dabei ist ihre Wirkung im Regenschatten oft stärker, da an den dem Regen ausgesetzten Teilen des Gebäudes die Salze rasch weggewaschen werden (S. 558).

Der im Wasser enthaltene Luftsauerstoff bewirkt die Oxydationsverwitterung, die vorwiegend in den oberen Metern des Bodens vor sich geht, aber spätestens an der Grundwasseroberfläche endet. Durch den Sauerstoff werden besonders Eisen-, Mangan- und Schwefelverbindungen oxydiert. Verbindungen des zweiwertigen Eisens (Ferriverbindungen) gehen in die des dreiwertigen (Ferroverbindungen) über, die durch intensive rote und rostbraune Farben gekennzeichnet sind (Roteisen, Brauneisen). Sulfide werden zu Sulfaten oxydiert, aus denen Schwefelsäure und Alaune entstehen können.

Diese Vorgänge erlangen besonders am Ausbiß von Erzlagerstätten Bedeutung, wo sich in der Oxydationszone Rot-, Brauneisen und andere oxidische Minerale anreichern können (»Eiserner Hut«). Die in dieser Zone entstehenden Erzlösungen sickern nach unten in den Bereich des Grundwassers (Zementationszone), wo sie zur Bildung edler Erze beitragen (vgl. Kap. »Lagerstätten der Erze«, S. 460).

Die bisher beschriebenen Verwitterungsarten beeinflussen die Silikate als wichtigste gesteinsbildende Minerale nicht oder nur in geringem Maße. Diese werden durch die hydrolytische Verwitterung zersetzt, bei der die Wasserstoffionen des dissoziierten Wassers die Silikate in ihren basischen und sauren Teil zerlegen (Hydrolyse). Die Kieselsäure (SiO_2) geht dabei kolloidal in Lösung. Wird ihre Löslichkeit und damit ihre Abfuhr durch hohen Humusgehalt stark eingeschränkt, können sich neue Silizium-Aluminium-Verbindungen bilden, die Tonminerale (Kaolinit, Montmorillonit, Illit, Vermiculit, Chlorit u. a.). Dieser Vorgang wird als siallitische Verwitterung bezeichnet und ist für das humide, besonders aber das vollhumide Klima charakteristisch. Zu ihr gehört die Kaolinisierung, bei der durch Zersetzung feldspatreicher Gesteine Kaolin (Porzellanerde) entsteht (S. 478).

Im Gegensatz dazu steht die allitische Verwitterung des semihumiden bis semiariden Klimas, bei der wegen starker Zurückdrängung der Humusstoffe die Kieselsäure weitestgehend oder vollständig weggeführt und Aluminium- und Eisenhydroxide ausgefällt werden. Starke Eisenanreicherungen verursachen intensive Rotfärbung, hohe Al-Akkumulationen, wie sie extrem

leicht verwitterbar

Olivin	Kalkfeldspat
Augit	Kalknatronfeldspat
Hornblende	Natronkalkfeldspat
Biotit	Natronfeldspat
Kalifeldspat	
Muskovit	

Quarz

schwer verwitterbar

der Bauxit zeigt, machen dieses Verwitterungsmaterial als Aluminiumrohstoff nutzbar.

Gegenüber der hydrolytischen Verwitterung zeigen die Silikate unterschiedlich hohe Widerständigkeit. Für die wichtigsten gesteinsbildenden Minerale läßt sich die vorseitige Stabilitätsreihe aufstellen.

Biologische Verwitterung

Die physikalisch wirkende biologische Verwitterung hat nur geringe Bedeutung. Hier kommt in erster Linie die Sprengwirkung von Pflanzenwurzeln in Betracht, die sich in Risse und Spalten des Gesteins zwängen. Die wühlende Tätigkeit mancher Tiere beschränkt sich auf die oberen Teile lockerer Sedimente.

Ungleich wichtiger ist dagegen die chemische Wirkung der pflanzlichen Organismen. Durch die von niederen Pflanzen, insbesondere Algen, Flechten und Pilzen, abgeschiedenen Säuren (Kohlensäure u. a.) wird die Oberfläche des Gesteins porös und damit für die anorganische Verwitterung vorbereitet. Höhere Pflanzen wirken außerdem durch starke Lieferung von Humus, an dessen Bildung Bakterien einen bedeutenden Anteil haben.

Verwitterung und Klima

Auf die enge Verknüpfung zwischen Verwitterung und Klima ist bereits hingewiesen worden. Näheres darüber ist im Kap. »Die Klimabereiche«, S. 139 ausgeführt. Naturgemäß ist ein Verwitterungstyp nicht auf einen Klimabereich beschränkt, doch kann er die dominierende Rolle spielen. So nimmt in den nivalen und ariden Klimazonen die physikalische Verwitterung mit Temperaturverwitterung und Spaltenfrost, Salzsprengung gegenüber der stark zurücktretenden chemischen Verwitterung die beherrschende Stellung ein. Im Gegensatz dazu besitzt die chemische Verwitterung im immerfeuchten Tropenklima der humiden Klimazonen eine hervorragende Bedeutung und führt zu einer oft sehr tiefgründigen Zersetzung der anstehenden Gesteine. In den übrigen Gebieten der humiden Klimate (wechselfeuchtes Tropen- bzw. feucht-gemäßigtes Klima) wirken physikalische (Temperaturverwitterung, Spaltenfrost, Salzsprengung) und chemische Verwitterung (Lösungs-, Kohlensäure- und hydrolytische Verwitterung) wechselseitig in Abhängigkeit von der lokalen klimatischen Situation unterschiedlich intensiv, oftmals unterstützt von der biologischen Verwitterung.

G. Röllig

Grundzüge der Bodenkunde

Allgemeine Charakteristik der Böden

Der Boden ist das an der Erdoberfläche entstandene, mehr oder weniger belebte, lockere Verwitterungsprodukt der Erdkruste, das entsprechend der Verschiedenheit der abgelaufenen bzw. noch ablaufenden bodenbildenden Prozesse einen wechselnden Aufbau zeigt. Durch Verwitterung und Tonneubildung, Zersetzung der organischen Substanzen und Humusbildung sowie Verlagerung und Anreicherung von Bodenbestandteilen sind die anstehenden geologischen Schichten im oberen Bereich zu Boden umgestaltet. Dies äußert sich im wesentlichen in der vom Gestein abweichenden Färbung und durch ein spezifisches Gefüge. Der Boden entsteht im zeitlichen Ablauf durch das Zusammenwirken von geologischem Ausgangsmaterial, Klima, Relief, Wasser (Grundwasser und Staunässe), Vegetation, Tierwelt und auch durch Einwirkung des Menschen. Der Boden ist somit ein kompliziertes, dynamisches System, in dem sich gesetzmäßig miteinander verflochtene physikalische, chemische und biologische Vorgänge vereinigen. Ein Boden ist kein scharf abgegrenzter Naturkörper, sondern zeigt allmähliche Übergänge sowohl zum unbelebten Gestein als auch zu den Nachbarböden.

Die aus den Gesteinen hervorgegangenen Böden werden als **Mineralböden** bezeichnet; **organische Böden** (Moorböden) entstanden dagegen ausschließlich aus abgestorbenen organischen Massen. Die Mineralböden haben sich nicht nur unmittelbar aus dem anstehenden Locker- oder Festgestein gebildet. In den pleistozänen Kaltzeiten, besonders im Periglazialgebiet, sind die vorhandenen Substrate häufig durch Kryoturbation, Solifluktion, äolische Akkumulation beeinflußt und für die Bodenentwicklung entscheidend vorgeprägt worden.

In vielen Perioden und Epochen der Erdgeschichte haben sich an der Landoberfläche Böden gebildet, sofern die Voraussetzungen für ihre Entstehung gegeben waren. Diese alten Böden sind entweder durch Abtragung erodiert oder mit jüngeren Sedimenten bedeckt und so zu **fossilen Böden** umgewandelt worden. Bis zu einem gewissen Grade können sie über die Umweltfaktoren ihrer Entstehungszeit Auskunft geben. Befinden sich Böden vergangener Zeitabschnitte an der heutigen Oberfläche und somit im Wirkungsbereich rezenter bodenbildender Prozesse, spricht man von **Reliktböden**.

Der Boden ist Pflanzenstandort und damit das Hauptproduktionsmittel der Land- und Forstwirtschaft. Böden weisen eine unterschiedliche Fruchtbarkeit für das Pflanzenwachstum auf, die durch den Menschen beeinflußt werden kann. Der Boden als Teil der natürlichen Umwelt ist zugleich Lebensraum für Mensch und Tier. Außerdem fungiert er als Baugrund, Wasserspeicher, Rohstofflieferant und kann Schadstoffe sorbieren.

Die Bodenbestandteile und deren Wechselbeziehungen

Der Boden setzt sich aus festen, flüssigen und gasförmigen Bestandteilen zusammen. Die festen Bestandteile sind anorganischer, nämlich mineralischer, und organischer Natur. Zu den anorganischen Anteilen gehören das geologische Ausgangsmaterial in seinen verschiedenen Korngrößen, neugebildete Tonminerale und Salze. Die Korngrößenzusammensetzung des Bodens hängt im wesentlichen vom Ausgangsmaterial und vom Ablauf der Verwitterung ab. Bei Korngrößen mit einem Durchmesser von über 2 mm spricht man von **Bodenskelett (Grobboden)** und unterscheidet Blöcke, Steine und Kies bzw. Grus, den Anteil unter 2 mm bezeichnet man als **Feinerde (Feinboden)**, die aus Sand, Schluff und Ton besteht.

Zu den organischen Bodenbestandteilen gehören lebende Organismen, wie Bakterien, Pilze, Asseln, Schnecken, Würmer usw., sowie Pflanzenwurzeln und tote organische Stoffe, die sich aus Pflanzenrückständen, abgestorbenen Mikroorganismen und Bodentieren zusammensetzen. Die toten organischen Bestandteile werden als **Humus** bezeichnet und unterliegen ständigen Ab-, Um- und Aufbauprozessen, die sich unter weitgehender Mitwirkung von Bodenlebewesen vollziehen. Ein Teil der abgestorbenen organischen Substanz wird hauptsächlich zu Kohlendioxid, Wasser und Ammoniak abgebaut und liefert damit gleichzeitig der Bodenlebewelt Energie und Nährstoffe für ihre Lebensprozesse. Dieser leicht zersetzliche Teil des Humus wird als Nährhumus bezeichnet, während unter Dauerhumus die schwer zersetzlichen organischen Stoffe zusammengefaßt werden. Neben diesen Humusarten werden die Humusbestandteile in Nichthuminstoffe, zu denen unveränderte tote Pflanzensubstanzen, wie Harze, Fette u. a. zählen, und in neu gebildete Huminstoffe eingeteilt. Zu diesen gehören Fulvosäuren und Huminsäuren (Hymatomalansäuren, Braun- und Grauhuminsäuren), sowie die relativ stabilen Humine. Außerdem werden als Humusformen Mull, Moder, Rohhumus, Torf, Anmoor und die unter Wasser gebildeten Dy, Gyttja und Sapropel unterschieden.

Die flüssigen Bodenbestandteile (**Bodenwasser**) dienen als Lösungs- und Transportmittel für Pflanzennährstoffe und Kolloidsubstanzen. Das Bodenwasser stammt aus den Niederschlägen der Atmosphäre und durchdringt den Boden als Sickerwasser. In durchlässigen Böden gelangt es bis zum Grundwasser, das z. T. auch im Bereich der Bodenbildung auftritt. Durch verdichtete Zonen kann das Sickerwasser in Oberflächennähe am Abfluß gehindert werden und zeitweilig Stauwasser bilden. Im Gegensatz zum Sickerwasser wird das Haftwasser entgegen der Schwerkraft im Boden durch die Bindung an Kolloide als Adsorptionswasser oder in den Bodenhohlräumen als Kapillarwasser festgehalten (vgl. Abschnitt »Wasser und Wasserkreislauf«, S. 114).

Die **Bodenluft** ist neben dem Bodenwasser in Hohlräumen vorhanden. Durch den Gasaustausch mit Pflanzenwurzeln und Bodenorganismen ist sie sauerstoffärmer, dafür wesentlich kohlendioxidreicher als die atmosphärische Luft.

Alle Bestandteile des Bodens weisen enge wechselseitige Beziehungen auf. Die Korngrößen der festen Bodenbestandteile bestimmen weitgehend die innere Oberfläche eines Bodens, die sich aus der Summe aller Kornoberflächen ergibt. Davon hängen bis zu einem gewissen Grade das Sorptionsvermögen des Bodens für Pflanzennährstoffe und die Wasserspeicherung ab. Je mehr feine Bestandteile ein Boden besitzt, desto größer ist im allgemeinen seine wasser- und nährstoffhaltende Kraft. Die feinsten Teilchen sind die **Bodenkolloide**, zu denen die Tonminerale, Humusstoffe und kolloidale Kieselsäure-, Eisen- und Aluminiumverbindungen gehören. Die Tonminerale sind z. T. sekundäre Neubildungen in Böden, die durch Verwitterung aus den primären Mineralen, z. B. Feldspat, Glimmer oder Hornblende, hervorgehen. Tonminerale haben einen feinschichtigen Aufbau und werden in Zweischichtminerale (z. B. Kaolinit) und Dreischichtminerale (z. B. Montmorillonit) unterteilt. Zwischen den Schichtpaketen und an den Außenflächen der Tonminerale sowie an den Humuskolloiden werden Kationen (z. B. Wasserstoff-, Kalzium-, Kaliumionen) und Anionen (z. B. Chlorionen) gebunden, mit dem Bodenwasser ausgetauscht und als Nährstoffe den Pflanzen zur Verfügung gestellt. Bei diesem Ionenaustausch werden die sorbierten Kationen durch Wasserstoffionen ersetzt, wodurch der Säuregrad des Bodens erhöht und als pH-Wert gemessen wird. Die Bodenkolloide können Verschiebungen in der Bodenreaktion zum sauren oder alkalischen Bereich abschwächen, indem sie den Überschuß an H^+-Ionen oder OH^--Ionen sorbieren und somit schädigende Einflüsse für die Pflanzen mindern. Diese Eigenschaft des Bodens wird als Pufferungsvermögen bezeichnet. Die Bodenkolloide treten im Sol- oder Gelzustand auf. Im Solzustand sind sie im Wasser fein verteilt und werden leicht transportiert. Die Gele sind unter dem Einfluß von Basen und Kalk geflockte Kolloide, so daß eine Wegführung durch Wasser weitgehend unterbunden ist. Anderseits können Humus- und Kieselsäuresole als Schutzkolloide die Gele umschließen und somit eine Auswaschung und Verlagerung von Ton- und Humussubstanzen begünstigen. Besonders die sauren, schwer zersetzbaren Rohhumusstoffe auf basenarmen Böden liefern bei der Umwandlung die Schutzkolloidsubstanzen. Auf basischen Böden werden dagegen die Humusstoffe durch Kalziumionen abgesättigt und bilden als ausgeflockte Kalziumhumate stabilen Humus, den Mull, der einen günstigen Lebensraum für die Bodentiere darstellt. Neben der mechanischen Durchmischung der einzelnen Bodenbestandteile und Zerkleinerung der organischen Substanz bewirken die Bodenlebewesen vor allen Dingen eine Koppelung toniger und humoser Stoffe zu Ton-Humus-Komplexen. Die Verkittung z. B. kann im Darm des Regenwurms oder auch unmittelbar durch die Leiber der Mikroorganismen erfolgen. Die Ton-Humus-Komplexe haben für die Böden eine große Bedeutung als Sorptionsträger. Weiterhin sind sie Bausteine stabiler Bodenaggregate und somit ausschlaggebend für das **Bodengefüge**. Darunter versteht man die räumliche Anordnung der festen Bodenbestandteile. Beim Einzelkorngefüge fehlen im Boden größere Aggregate (z. B. Sandboden), während beim Krümelgefüge eine Verkittung zu Krümeln mit etwa 3 mm Durchmesser vorliegt. Prismen-, Polyeder- und Plattengefüge sind Absonderungsgefügearten tonreicher Böden. Bei der Schwundrißbildung während Trockenperioden wird die feste Bodensubstanz in plattige, polyedrische oder ähnliche Aggregate zerlegt. Vom Bodengefüge ist auch das **Porenvolumen**, das dem Volumen des Bodenwassers und der Bodenluft entspricht, abhängig. Das Porenvolumen ist bei Böden mit Krümelgefüge höher als bei solchen mit Einzelkorngefüge. Die Größe der Poren wird im wesentlichen von der Körnungsart des Bodens bestimmt. Böden mit vorwiegend kleinen Korngrößen haben kleine, Böden mit vorherrschend großen Kornanteilen große Poren. Bei einem günstigen Verhältnis kleiner und großer Poren sind ausgeglichene Wasser- und Luftverhältnisse vorhanden. Die feinen Poren halten das Wasser gut fest, während sie die Luft schlecht leiten; die größeren fördern dagegen die Durchlüftung, lassen aber das Wasser schneller abfließen. Im Porenraum spielt sich das Leben der Bodenorganismen ab, und die Wurzeln breiten sich darin zur Nahrungsaufnahme aus. Ein hoher Anteil des Bodenwassers am Porenvolumen hat einen geringen Bodenluftgehalt zur Folge und umgekehrt.

Die Wechselbeziehungen zwischen festen, flüssigen und gasförmigen Bestandteilen bedingen die physikalischen, chemischen und biologischen Eigenschaften des Bodens.

Die Kennzeichnung der Böden

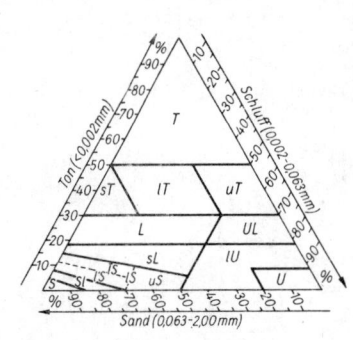

Zur Kennzeichnung und Einteilung der Böden dienen vorrangig ihre Substratzusammensetzung und ihr Entwicklungszustand.

Unter Substrat faßt man das im Boden vorliegende, aus dem Ausgangsgestein und durch Verwitterung entstandene feste Material zusammen. Im wesentlichen wird das Substrat nach der Korngrößenzusammensetzung benannt. Diese wird mit Hilfe der **Körnungsarten**, die sich aus dem Mischungsverhältnis von Sand (2,0 bis 0,063 mm Korndurchmesser), Schluff (0,063 bis 0,002 mm Korndurchmesser) und Ton (unter 0,002 mm Korndurchmesser) ergeben, erfaßt (Abb.). Dabei wird zur Benennung der Körnungsart bei einem Anteil des Bodenskeletts unter 50 Vol.-% der Feinerde herangezogen und der Grobbodenanteil adjektivisch vorangestellt (z. B. schwach steiniger, kiesiger, lehmiger Sand). Nach der Dominanz der jeweiligen Körnungsartengruppe Bodenskelett, Sand, Schluff oder Ton können die Böden, ggf. unter Beachtung weiterer akzessorischer Gemengteile (z. B. des Karbonatgehaltes), wie folgt grob eingeteilt und beurteilt werden:

1) Böden aus Skelettsubstraten (**Skelettböden**): Skelettanteil > 50 Vol.-%. Nach der vorherrschenden Skelettgröße und -form unterteilt man in Block-, Stein-, Kiesböden (vorherrschend runde Kornanteile, z. B. Flußkies) bzw. Grusböden (vorherrschend eckige Kornanteile, z. B. Granitgrus). Skelettböden sind sehr durchlässig für Wasser und Luft, erwärmen sich schnell und neigen zur Austrocknung.

2) Böden aus Sandsubstraten (**Sandböden**): Sandanteil > 45 Masseprozent, Tonanteil < 5 bis 14 Masseprozent.
Man unterteilt die Sandböden nach der vorherrschenden Korngröße in Grob-, Mittel-, Fein- und Mischsandböden. Entscheidend für die bodenphysikalische Wirkung ist, in welchem Mischungsverhältnis der Sand zu feineren Bodenbestandteilen steht. Bereits geringe Schluff- und Tonmengen verbessern die Eigenschaften eines Sandbodens, z. B. das Sorptionsvermögen für Nährstoffe, und die Wasserkapazität wesentlich.

3) Böden aus Lehmsubstraten (**Lehmböden**): gekennzeichnet durch etwa gleichmäßige Anteile verschiedenkörniger Sande sowie durch wechselnde Gehalte an Schluff und Ton. Lehmböden weisen im allgemeinen ausgeglichene Bodenwasser- und Bodenluftverhältnisse auf und besitzen günstige Sorptionseigenschaften.

4) Böden aus Schluffsubstraten (**Schluffböden**): Schluffanteil > 50 Masseprozent bei einem Tonanteil < 30 Masseprozent. Schluffböden neigen zur Verschlämmung, Dichtlagerung und Vernässung, da bei den vorherrschenden

Bestimmung der Körnungsarten aus dem Sand-, Schluff- und Tonanteil (Körnungsartendreieck, TGL 24 300). Symbole und Bezeichnungen der Körnungsarten: Sand: S Sand, Sl anlehmiger Sand, lS lehmiger Sand (l'S schwach lehmiger Sand, l̄S stark lehmiger Sand, uS schluffiger Sand); Lehm: sL sandiger Lehm, L Lehm; Schluff: U Schluff, lU lehmiger Schluff, UL Schlufflehm; Ton: uT schluffiger Ton, lT lehmiger Ton, sT sandiger Ton, T Ton

Kornfraktionen eine Bildung von Aggregaten wenig ausgeprägt ist. Das Nährstoffspeicherungsvermögen ist hoch.
5) Böden aus Tonsubstraten **(Tonböden)**: >30 Masseprozent Ton. Auf Grund des hohen Tonanteils liegen ungünstige bodenphysikalische Eigenschaften wie Dichtlagerung, Verschlämmung, schlechte Erwärmung und Wasserzirkulation sowie mangelnde Durchlüftung vor. Tonböden sind schwer bearbeitbar (»schwere Böden«), biologisch und bodenchemisch träge.

Neben diesen Böden mit einheitlichem Substratenaufbau kommen auch solche aus mehrschichtigen Substraten mit deutlichen Körnungs- und Merkmalsunterschieden vor. Die Mehrschichtigkeit des Ausgangsgesteins im Wirkungsbereich bodenbildender Prozesse tritt insbesondere im Verbreitungsgebiet quartärer Ablagerungen auf. Hier sind häufig geringmächtige Decken, z. B. Decksande, Solifluktions- und Auensedimente vorhanden. Auf Grund der gesetzmäßigen Verbreitung dieser Decken und deren Schichtenfolge sind bestimmte Substratkombinationen sehr häufig anzutreffen. Unter Berücksichtigung der Substratzusammensetzung und -schichtung lassen sich, gegebenenfalls unter Hinzuziehung weiterer Substratmerkmale (Kalkgehalt, Substratgenese), Substrattypen herausstellen. Einige Beispiele sind:

lehmunterlagerter Sand:	Deckschicht aus Sand bis anlehmigem Sand, 8...9 bis 15 dm mächtig über Lehm;
Decklehm:	Deckschicht aus sandigem Lehm bis Lehm, 3...4 bis 8...9 dm mächtig über Sand oder Kies;
Lößtieflehm:	Deckschicht aus Löß, 3...4 bis 8...9 dm mächtig über Lehm;
Löß über Gestein:	Deckschicht aus Löß, 3...4 bis 8...9 dm mächtig über Festgestein oder Gesteinsschutt;
Deckauenton:	Deckschicht aus Ton, 3...4 bis 8...9 dm mächtig über Sand, im Gebiet der Flußauen.

Das Substrat bestimmt maßgebend die bodenphysikalischen und -chemischen Eigenschaften, vor allem die Durchlässigkeit des Filtergerüstes, und beeinflußt die Dynamik des Bodenwassers. Damit hat der Substrataufbau als endogener Bodenbildungsfaktor auf die Entwicklungsrichtung des Bodens entscheidenden Einfluß. Von den außen auf das Gestein wirkenden Bodenbildungsfaktoren, den exogenen Bodenbildungsfaktoren, hat das Klima eine vorrangige Bedeutung, indem es die Intensität der Verwitterung, die Verlagerungsrichtung in den Böden und auch den Vegetationsaufbau bestimmt. Im humiden Klimagebiet übertreffen die Niederschläge die Verdunstung. Daher werden die verlagerungsfähigen Verwitterungsprodukte und Nährstoffe im abwärts gerichteten Sickerwasserstrom von oben nach unten transportiert, so daß Auswaschungs- und Anreicherungshorizonte entstehen. Dagegen ist im ariden Klimagebiet (z. B. den Wüsten) die Auswaschung stark gehemmt, und es kann infolge des aufsteigenden Wasserstromes bei oberflächennahem Grundwasser in den Böden zur Salzausscheidung kommen. Zwischen beiden Klimaextremen gibt es zahlreiche Übergänge. Die von Klima und Ausgangsgestein beeinflußte Vegetation liefert die Pflanzenrückstände als Substanz für die Humusbildung. Die Bodentiere wühlen im Boden, bringen unverwittertes Material nach oben und sorgen für eine intensive Durchmischung. Die Bodenlebewesen bereiten die Pflanzenrückstände für die Humusbildung vor. Relief, Wasser und Wind bewirken Erosions- und Akkumulationsvorgänge. Besonders an stärker geneigten Hängen wird das Bodenmaterial ständig abgetragen und unverwittertes Gestein freigelegt. Auch die Lage der Hänge zur Himmelsrichtung ist für die Bodenbildung ausschlaggebend. So sind auf der Nordhalbkugel der Erde Südhänge infolge intensiver Sonneneinstrahlung wärmer und trockener als Nordhänge. Der Mensch greift mit der Bodenbewirtschaftung, -nutzung und -melioration aktiv in die Bodenentwicklung ein. Beispielsweise wird durch erosionsverhindernde Maßnahmen der Bodenabtrag oder durch Grundwasserabsenkung der Wassereinfluß im Boden herabgesetzt.

Die genannten bodenbildenden Faktoren haben auf der Erdoberfläche eine unterschiedliche Wirkungsintensität und lösen differenzierte bodenbildende Prozesse aus. Hierzu gehören als wichtigste Vorgänge
- physikalische und chemische Verwitterung
- Tonneubildung (Verlehmung)
- Humusbildung und -akkumulation
- Verbraunung (Eisenfreisetzung)
- Entbasung
- Tondurchschlämmung (Lessivierung)
- Podsolierung
- Versalzung
- Krustenbildung
- Lateritisierung
- Vergleyung
- Staunässevergleyung (Stauvergleyung, Pseudovergleyung)
- Turbationen (Bio-, Kryo- und Hydroturbation).

Durch den Ablauf der verschiedenen bodenbildenden Prozesse wird das geologische Ausgangsmaterial hinsichtlich Färbung, Gefüge und chemisch-biologischer Zusammensetzung verändert.

Damit verbunden ist die Herausbildung der verschiedenen **Bodenhorizonte**, die durch primäre Substratunterschiede vorgezeichnet sein können und durch Horizontsymbole (Buchstaben und Indexzahlen) gekennzeichnet werden. Die hauptsächlichen Bodenhorizonte sind in der Abb. aufgeführt.

Profilaufbau wichtiger Böden der Erde (schematische Darstellung). Erklärung der Bodenhorizonte: L, F, H Auflagehumus über Mineralboden (auch als O oder Ao bezeichnet), Ah humoser Mineralbodenhorizont (Ah) = schwach entwickelt, Es an Sesquioxiden und Humus verarmter Horizont (auch als Ae bezeichnet), Et tonverarmter Horizont (auch als Al bezeichnet), Eg durch Stauwasser gebleichter Horizont, B humusarmer mineralischer Unterboden, Bv Verbraunungshorizont (Verwitterungs-, Tonbildungshorizont), Bt Tonanreicherungshorizont im Unterboden, Bs Sesquioxidanreicherungshorizont und Bh Humusanreicherungshorizont im Unterboden, Ba Gefügeumbildungshorizont der Vegas, Bg durch Staunässe überprägter, rostfleckig marmorierter Unterbodenhorizont, Go durch Grundwassereinfluß geprägter Oxydationshorizont, Gr durch Grundwassereinfluß geprägter Reduktionshorizont, Cc Karbonatanreicherungshorizont, C von der Bodenbildung nicht (oder wenig) erfaßtes Gestein, T Torfhorizont

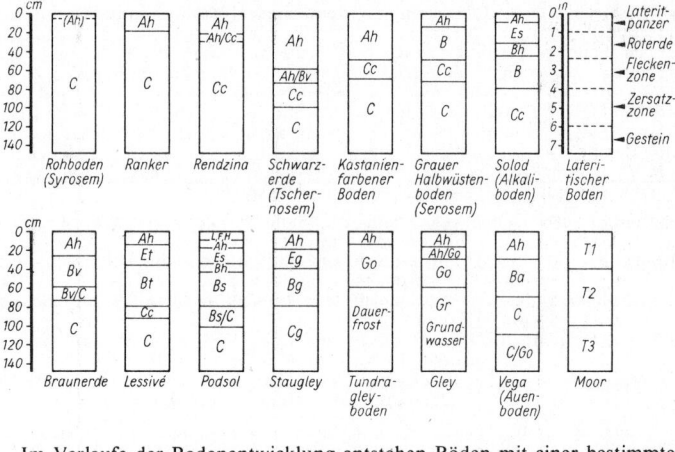

Im Verlaufe der Bodenentwicklung entstehen Böden mit einer bestimmten Abfolge von Horizonten. Man faßt sie als **Bodentypen** zusammen, die gleiche oder ähnliche Eigenschaften sowie spezifische Stoff- und Energiewechselvorgänge aufweisen. Ihre Verbreitung läßt häufig enge Beziehungen zu den Klima- und Vegetationszonen erkennen. Durch die Dominanz eines bodenbildenden Faktors (z. B. Grundwasser, Gestein oder Relief) treten auch Bodentypen auf, die an keine zonale Verbreitung gebunden sind. Im folgenden werden die wichtigsten Böden der Erde besprochen (Abb. S. 113).

Die Böden Mitteleuropas

Die in Mitteleuropa an der Oberfläche verbreiteten Böden entstanden unter dem Einfluß des gemäßigt humiden Klimas. Nach der Wirkungsintensität des Bodenbildungsfaktors Wasser unterscheidet man im wesentlichen anhydromorphe, hydromorphe und subhydrische Böden.

Als anhydromorphe Böden werden solche ohne ständigen Grundwassereinfluß und ohne wesentliche Überprägung durch Staunässe bezeichnet.

Rohböden (Syroseme) sind Initialstadien der Bodenbildung und durch geringe chemische Verwitterung sowie geringe biologische Aktivität charakterisiert. Rohböden haben keinen deutlichen Humushorizont und treten auf Fest- und Lockergestein auf, die entscheidend den Wasser- und Nährstoffhaushalt und damit die Nutzungsmöglichkeit bestimmen.

Ranker entwickeln sich aus Rohböden auf Silikatgesteinen durch weitere Gesteinsverwitterung und Humusakkumulation. Der bereits deutliche, unter 4 dm mächtige Humushorizont liegt unmittelbar dem Gestein auf. Die bodenphysikalisch-chemischen Eigenschaften der Ranker werden entscheidend vom Substrat geprägt. Ranker kommen häufig auf relativ jungen Ablagerungen oder an Hängen vor, wo die Erosion eine weitere Bodenentwicklung verhindert.

Rendzinen sind in ihrem Horizontaufbau und Entwicklungszustand den Rankern ähnlich, treten jedoch ausschließlich auf Kalk-, Dolomit- oder Gipsgesteinen auf. Es sind kalziumkarbonat- oder kalziumsulfatreiche Böden mit meist günstiger Humusform, optimalen chemischen Eigenschaften und hoher biologischer Aktivität. Rendzinen auf Karbonatgesteinen sind meist flachgründige und trockene, die auf silikatreichen, kalkhaltigen Lockergesteinen (z. B. Löß, Geschiebemergel) tiefgründige Böden, die heute z. T. noch als Pararendzinen bezeichnet werden.

Zu den fruchtbarsten Böden gehören die **Schwarzerden** (Tschernoseme), die durch einen über 4 dm, meistens 6 bis 10 dm, mächtigen Humushorizont mit stickstoffreicher Humusform, neutraler Bodenreaktion, Krümelgefüge sowie durch optimale Wasser- und Luftverhältnisse gekennzeichnet sind. Schwarzerden bildeten sich vorwiegend aus kalkhaltigen Lockersedimenten, meist Löß, und entstanden unter dem Einfluß eines kontinentalen, semiariden bis semihumiden Klimas mit Grassteppenvegetation. Ihre Entwicklung im mitteleuropäischen Raum begann vermutlich schon im Spätglazial der Weichsel-Kaltzeit und war im Atlantikum bereits abgeschlossen.

In den ost- und südeuropäischen Steppengebieten bildeten sich Schwarzerden in den jüngeren Abschnitten des Holozäns weiter bzw. dauert ihre Ausbildung in nicht kultivierten Waldsteppengebieten heute noch an. Schwarzerden lassen eine zonale Verbreitung erkennen. Der geschlossene Schwarzerdegürtel reicht in Europa von dem Gebiet südlich Tula-Kasan westwärts über Rumänien, Bulgarien, die ungarische Tiefebene bis in das östliche Österreich. Inselartige Vorkommen sind in Polen, der DDR (Magdeburger Börde, östliches Harzvorland, Thüringer Becken) und in der BRD zu verzeichnen. Durch die landwirtschaftliche Nutzung der Schwarzerden ist der obere Teil des Humushorizontes meistens etwas aufgehellt (Krumendegradation). Außerdem können im Zuge von Entkalkung und Verwitterung Degradationsstufen der Schwarzerden (degradierte Schwarzerde) bzw. Übergänge zu anderen Bodentypen entstehen (Braunschwarzerden). Andererseits werden durch Verlagerung kolloidaler Substanzen Schwarzerden zu **Griserden** umgewandelt.

Braunerden haben einen hellockerfarbenen bis sepiabraunen Verwitterungshorizont mit überwiegend geflockter Tonsubstanz und fehlender Tondurchschlämmung. Dieser Horizont entstand durch den bodenbildenden Prozeß der Verbraunung, d. h. die Freisetzung von Eisenoxidhydraten im Zuge der Silikatverwitterung und Tonneubildung. Braunerden entwickeln sich auf verschiedenen Substraten und zeigen sowohl in ihrem Aufbau als auch in ihren Eigenschaften eine große Mannigfaltigkeit. Nach dem Basengehalt unterscheidet man basenarme (Sauerbraunerden) und basenreiche Braunerden. Braunerden können von Tondurchschlämmung und Podsolierung überprägt sein und Übergänge zu diesen Böden bilden.

Die tondurchschlämmten Böden werden als **Lessivés** zusammengefaßt und entsprechend der Horizontausprägung als **Parabraunerden** oder **Fahlerden** bezeichnet. Für den Prozeß der Tondurchschlämmung ist die Verlagerung von Tonsubstanz, Eisenverbindungen und z. T. etwas organischer Substanz aus dem Oberboden in tiefere Profilteile mit dem abwärts gerichteten Sickerwasserstrom charakteristisch. Lessivés treten auf lehmsandigen, lehmigen und schluffigen Substraten auf. Tondurchschlämmte Böden haben in den gemäßigthumiden Klimagebieten eine große Verbreitung. Es sind meist gute Ackerböden, die nicht selten zur Unterbodenverdichtung und damit zur Staunässevergleyung neigen.

Dagegen sind die **Podsole** stärker ausgewaschene und verarmte Böden. Podsole sind meist auf sandigen, durchlässigen, basenarmen Substraten zu finden und durch Rohhumusbildung, Versauerung und Verlagerung von Humusstoffen und der Sesquioxide des Eisens und Aluminiums gekennzeichnet. Der Bleichhorizont (Verarmungshorizont) hat eine hellgraue Farbe und wird mit scharfer Begrenzung nach unten vom braunen bis braunschwarzen Anreicherungshorizont abgelöst. Dieser kann teilweise zu Orterde oder Ortstein verfestigt sein.

Podsole sind im feuchten und kühlen Klimabereich der Küsten und Gebirgskämme sowie auf basenarmen sandigen Substraten verbreitet und werden vorwiegend forstlich genutzt. Durch Ackernutzung veränderte, schwächer podsolierte Böden bezeichnet man als **Rosterden**.

Eine Sonderstellung nehmen die **Pelosole** ein, die aus tonigen Substraten hervorgegangen sind. Auf Grund des hohen Kolloidgehaltes sind sie durch einen spezifischen Wasserhaushalt gekennzeichnet und unterliegen der Quellung und Schrumpfung, wodurch wiederum ein charakteristisches Absonderungsgefüge bedingt ist. Diese Böden sind schwer bearbeitbar und haben eine geringe biologische Aktivität. Neuerdings verzichtet man meistens auf das Herausstellen des Pelosols als selbständigen Bodentyp und rechnet ihn anderen Böden zu wie Rankern oder Rendzinen.

Anhydromorphe Auenböden werden als **Vegas** zusammengefaßt. Vegas entwickeln sich aus lehmigen, schluffigen oder tonigen Auensedimenten außerhalb der eingedeichten Gebiete größerer Flüsse.

Durch das Ausbleiben der Überschwemmungen bildete sich das Auensubstrat im Oberboden zu einem charakteristischen bröckelig-polyedrischen Gefüge um (Gefügeumbildungshorizont Ba).

Die Vegas aus lehmigem und schluffigem Material sind sehr fruchtbare Böden, was durch oft erhebliche Humusanteile begünstigt wird. Im Untergrund werden die Vegas häufig vom stark schwankenden Grundwasser zumindest zeitweise beeinflußt, so daß Übergänge zu den grundwasserbeeinflußten Auenböden (z. B. Vegagleye) vorkommen.

Die hydromorphen Böden sind durch Stauwasser- und/oder Grundwassereinfluß entscheidend geprägt.

Zu den Staunässeböden gehören die **Staugleye** (Pseudogleye). Es sind dichtgelagerte Böden, in denen die Sickerwässer nicht ungehindert nach unten abziehen können, so daß es zu Staunässeerscheinungen kommt. In den Vernässungsperioden wird reduziertes Eisen beweglich, bei Austrocknung wieder oxydiert und in Flecken, Streifen und Konkretionen abgesetzt, so daß ein graues und rostbraun marmoriertes Profilbild entsteht. Dabei kann die Dichtlagerung sedimentär bedingt oder infolge Tonanreicherung sekundär entstanden sein. Die Dauer der Vernässungs-, Trocken- und der dazwischenliegenden

Feuchtphase ist ein Kriterium für die ökologische Beurteilung der Staugleye. Nach der Intensität der Vernässung und dem Ausprägungsgrad der Vernässungsmerkmale im Boden unterscheidet man **Halbstaugleye**, die im Oberboden noch anhydromorphe Bodenhorizonte aufweisen und erst ab etwa 4 dm unter Flur Vernässungsmerkmale erkennen lassen (z. B. Braunstaugleye, Schwarzstaugleye), und **Vollstaugleye**, die bis zur Oberfläche mehr oder weniger intensiv durch Stauwasser geprägt sind. Zu ihnen gehören z. B. die Humusstaugleye, die sich durch eine intensive Feuchthumusakkumulation auszeichnen, und die Stagnogleye, bei denen die anhaltende Vernässung zu einer starken Bleichung des Oberbodens geführt hat. Die Vollstaugleye sind häufig an flache, muldige Lagen gebunden. Durch verschiedene Meliorationsverfahren können die Staugleye in landwirtschaftlicher Hinsicht verbessert werden, z. B. durch Dränung, Tiefenbearbeitung, Tiefdüngung.

Als **Amphigleye** werden Böden bezeichnet, die durch den Einfluß von Grund- und Stauwasser geprägt sind.

Böden, die ganzjährig unter Grundwassereinfluß stehen, nennt man **Gleye**. Die im Grundwasser gelösten zweiwertigen Eisen-Mangan-Verbindungen werden im Berührungsbereich mit der Luft oder bei sauerstoffhaltigem Grundwasser oxydiert, wodurch ein rostfleckiger bzw. roststreifiger Go-Horizont gebildet wird.

Im Gr-Horizont liegen die Eisen-Mangan-Verbindungen in reduzierter Form vor, so daß dieser Bereich durch bläuliche, graue und grünliche Farbtöne gekennzeichnet ist. Im Go-Horizont treten z. T. verhärtete, als Raseneisenstein bezeichnete Eisenabsätze auf. Der Anmoorgley zeigt eine verstärkte Humusakkumulation, wobei im Ah-Horizont 15 bis 30% (unter Ackernutzung 10 bis 30%) organischer Masse auftreten können.

Wenn sich der mittlere Grundwasserspiegel tiefer als 8 dm unter Flur befindet, können sich im Oberboden anhydromorphe Bodenhorizonte herausbilden, und es entstehen z. B. Braungleye (Braunerde-Gleye), Podsol-Gleye. Bei Grundwasserabsenkung, z. B. durch Bergbau, ändert sich die Dynamik dieser Böden wesentlich, so daß man auf Grund der Horizontausbildung nur noch von Reliktgleyen sprechen kann. In Abhängigkeit vom Substrat, vom Grundwassereinzugsgebiet und vom Grundwassereinzugsgebiet sind die Gleye hinsichtlich ihrer Ausbildung und Eigenschaften sehr mannigfaltig.

Die in Flußauen verbreiteten grundwasserbeeinflußten **Auenböden** sind durch jahreszeitlich stark schwankenden Grundwasserstand gekennzeichnet. Auenböden entstehen aus Ablagerungen der Flüsse und Bäche unter dem Einfluß periodischer Überschwemmungen. Die Bezeichnung dieser Böden wird noch nicht einheitlich gehandhabt. Man gliedert sie entweder nach dem Entwicklungszustand oder nach der Substratzusammensetzung. Auf Grund ihrer Genese (Auflandung und Abtrag) sind Auenböden häufig mehrschichtig. Die Ablagerungen der Auensedimente stehen häufig im Zusammenhang mit Klimaänderungen und der Besiedlungsgeschichte.

Im flachen Küstenbereich, im Unterlauf und Mündungsgebiet der Flüsse, wurden die grundwassernahen, schluff- und tonreichen **Marschböden** durch Sedimentation während Ebbe und Flut gebildet.

Man unterscheidet Seemarsch (Boden aus grauem, kalkreichem, marinem Seeschlick, vom Meerwasser abgesetzt), Brackmarsch (Boden aus grauem kalkhaltigem bis kalkfreiem Schlick der Brackwasserzone), Flußmarsch (kalkhaltiger oder kalkfreier Flußschlick im Gezeitenbereich der Flußmündungen) und Torfmarsch (durch Schlick überdeckte Torfdecken). Im ersten Entwicklungsstadium werden aus den Marschböden die leichtlöslichen Meeressalze und schließlich auch die vorhandenen Karbonate ausgewaschen. Dadurch entsteht in diesen Böden ein ungünstiges Gefüge. Häufig enthalten sie einen sedimentär bedingten oder durch Tonverlagerung entstandenen dichten oder tonigen Horizont, der als »Knick« bezeichnet wird (auch Knickmarsch genannt). Die Marschböden kommen in Europa ausschließlich im Küstenbereich der Nordsee zwischen Dänemark und Belgien sowie im Südosten Englands vor und gehen im Binnenland in die Auenböden über.

Neben diesen hydromorphen Böden gibt es solche, die unterhalb des Wasserspiegels, am Grunde nicht fließender Gewässer (Seen, Teiche) gebildet und von diesen völlig durchdrungen werden. Als **Protopedon** bezeichnet man einen Unterwasser-Rohboden mit beginnender Bodenbildung aus Sanden, Schluffen oder Tonen karbonatreicher Sedimente (Seemergel, Seekreide u. a.). **Gyttja** ist ein grauer, graubrauner oder schwärzlicher, organismenreicher Boden sauerstoffreicher Gewässer. Dagegen bildet sich der **Sapropel**, ein organismenarmer, humusreicher, faulschlammartiger Unterwasserboden, in sauerstoffarmen Gewässern. In nährstoffarmen sauren Gewässern entwickelt sich häufig der biologisch träge, als **Dy** bezeichnete Braunschlammboden. Sofern die genannten Bildungen einen deutlich erkennbaren Gehalt an organischer Substanz aufweisen, werden sie als **Mudden** zusammengefaßt und z. T. nach dem Substrat unterteilt (z. B. Kalkmudde). Nach Trockenlegung eignet sich im wesentlichen nur die Gyttja für eine landwirtschaftliche Nutzung.

Gegenüber den bisher aufgezählten Böden nehmen die **Moorböden** eine Sonderstellung ein, da sie sich vorwiegend aus Torf ($>30\%$ organische Substanz) aufbauen. Die Mächtigkeit der Torfdecken schwankt von etwa 3 dm bis mehrere Meter. Das Niedermoor entsteht in flachen, stehenden Gewässern in tieferen Landschaftsteilen aus abgestorbenen, anspruchsvollen Wasserpflanzen wie Schilf, Rohrkolben, Seggen. Dagegen entwickelt sich das Hochmoor im niederschlagsreichen und luftfeuchten Klimabereich, häufig in Gebirgslagen, aus anspruchslosen Hochmoorpflanzen wie Torfmoos und Wollgras. Das Übergangsmoor baut sich aus abgestorbenen Nieder- und Hochmoorpflanzen auf und ist meist aus dem Niedermoor hervorgegangen. In den Moorböden findet auf Grund der ständigen Feuchtigkeit nur ein Teilabbau der organischen Substanz statt, so daß es zur intensiven Anhäufung von organischen Massen kommen kann. Nach Entwässerung ist auf Moorböden mit unterschiedlichen Kultivierungsmethoden (z.B. Sandmisch-, Sanddeckkultur) eine landwirtschaftliche Nutzung möglich.

Alle bisher ausgeführten Bodentypen sind im gemäßigt humiden Klimabereich verbreitet. Viele dieser Böden können auch als fossile Bildungen vorkommen. Gelegentlich treten im gemäßigt humiden Gebiet Mitteleuropas fossile bzw. reliktische Böden auf, die heute nur in wärmeren Klimaten an der Oberfläche verbreitet sind, wie Terra fusca, Terra rossa, Grau-, Braun- und Rotlehm.

Die Böden haben im Laufe ihrer Entwicklung mehr oder weniger intensive Veränderungen erfahren. Mit der Bodennutzung durch den Menschen wurden die Naturlandschaften in Kulturlandschaften umgewandelt. Das ist nicht ohne Einfluß auf die Böden geblieben, von denen eine Reihe dadurch einen vom ursprünglichen Zustand stark abgewandelten Profilaufbau erhalten hat.

Man spricht in diesen Fällen von **anthropogenen Böden** oder Kultosolen. Obwohl die meisten unserer Böden künstlich verändert sind (z. B. Ackerhorizonte bei landwirtschaftlicher Nutzung, Grundwasserabsenkung, erodierte Böden infolge von Bewirtschaftung), werden nur wenige Böden den Kultosolen zugerechnet, weil man meist ihren ursprünglichen Profilaufbau bis auf Teile des Oberbodens noch gut erkennen kann. Zu den anthropogenen Böden gehört der Plaggenesch, der durch jahrhundertelange Düngung der Standorte mit Heide- oder/und Grasplaggen entstanden ist. Hortisole (Gartenböden) sind intensiv bewirtschaftete, durch starke Zuführung organischer Substanz gekennzeichnete Gartenböden mit bis zu 8 dm mächtigem Humushorizont. Das Rigosol ist ein durch Tiefpflügen gewendeter oder im Zuge des Weinbaues durch Zufuhr von Fremdmaterial bzw. Material des Untergrundes völlig umgestalteter Boden.

In rohstofffördernden Ländern entstehen in z. T. erheblichem Ausmaße aus Abraum bzw. Industrierückständen künstliche Aufschüttungen als **Kippen** und **Halden**. Die darauf verbreiteten anthropogenen Böden werden zusammenfassend als **Kippböden** bezeichnet. Solche Böden haben meist einen jungen Entwicklungsgrad (Kipp-Rohböden, Kipp-Ranker) und lassen sich nach ihrem Substrataufbau näher kennzeichnen. Mittels geeigneter und zielgerichteter Abraumtechnologie, Meliorations- und Bewirtschaftungsmaßnahmen können z. B. im Bereich des Braunkohlenbergbaues ertragreiche land- bzw. forstwirtschaftlich nutzbare Standorte geschaffen werden.

Die Böden warmer Klimate

Im Bereich der warmen Klimate der Erde weicht die Bodenbildung gegenüber den gemäßigt humiden Gebieten z. T. wesentlich ab. In den feuchten Tropen und Subtropen findet eine intensive Verwitterung und Mineralneubildung statt. Außerdem wird durch den schroffen Wechsel zwischen Regen- und Trockenzeiten die Bodenbildung entscheidend geprägt. Hingegen sind in den Trockengebieten die chemische Verwitterung und die Verlagerung der Verwitterungsprodukte im Boden gehemmt.

In den humiden Tropen und Subtropen sind tiefgründige Böden weit verbreitet. Ihre häufig anzutreffende rötliche Färbung ist auf höhere Anteile wasserarmer Eisenverbindungen zurückzuführen.

Plastosole bildeten sich aus Silikatgesteinen unterschiedlicher Zusammensetzung und sind durch hohe Plastizität gekennzeichnet. Sie werden in **Rotlehme** (Rotplastosole), **Braunlehme** (Braunplastosole) und durch Staunässe geprägte **Graulehme** (Grauplastosole) unterteilt. Plastische, dichte Böden aus tonreichen Kalkgesteinen bezeichnet man je nach Färbung als **Kalksteinrotlehme** bzw. **Kalksteinbraunlehme** (Terra fusca). Dagegen ist die intensiv rot gefärbte **Terra rossa** aus tonarmen Kalkgesteinen entstanden.

Latosole sind Böden aus Silikatgesteinen, die durch Kieselsäureverarmung, Anreicherung von Eisen- und Aluminiumverbindungen sowie geringe Plastizität hervortreten. Als wichtigste Vertreter gelten **lateritische Roterden** (Rotlatosole) und **Laterite**. Bei stärkerer Austrocknung verhärten die an der Oberfläche angereicherten Sesquioxide zu Knollen bzw. panzerartigen Krusten.

Vertisole bildeten sich aus tonreichen, meistens kalkhaltigen Sedimenten in Senken oder Ebenen der wechselfeuchten warmen Klimate. Es handelt sich um dunkel gefärbte, mächtige, humose, montmorillonitreiche, dichte Böden, die infolge starker Quellung und Schrumpfung sehr rissig sind.

In den weniger durchfeuchteten Kurzgrassteppengebieten treten die **kasta-**

nienfarbenen Böden (Kastanoseme) auf, die gegenüber den Schwarzerden der Langgrassteppen graubraun gefärbt, humusärmer und im A-Horizont karbonathaltig sind.

In den Halbwüsten kommen die hellbraun gefärbten, humusarmen **braunen Halbwüstenböden** (Buroseme) vor. Neben diesen kalkhaltigen Bildungen sind **graue Halbwüstenböden** (Seroseme) verbreitet, die äußerst geringe Humusgehalte und oft verhärtete Kalkkrusten aufweisen.

Die **Wüstenböden** beschränken sich auf die vollariden Gebiete mit spärlicher oder fehlender Vegetation, sind im wesentlichen nur durch physikalische Verwitterung entstanden und lassen kaum deutliche Bodenhorizonte erkennen. Merkmale sind ferner Humusarmut, graue, z. T. auch rötliche Färbung sowie Karbonat- und Kalziumsulfatanreicherung. Schwärzliche, rötliche oder graue Überzüge vorwiegend aus Eisen oder Mangan an der Bodenoberfläche werden als Wüstenlack bezeichnet. Nach der Substratzusammensetzung unterscheidet man Stein-, Kies-, Sandwüsten- und Wüstenstaubböden. Dagegen stellen die **Takyre** bräunliche Lehme und Tone dar, die an der Oberfläche Verkrustungen besitzen können und im wesentlichen durch Hochwasser in Becken abgelagert werden. Eine landwirtschaftliche Nutzung der Wüstenböden ist nur bei künstlicher Bewässerung möglich. Dabei muß jedoch die Gefahr der sekundären Versalzung berücksichtigt werden.

Die **Salz- und Alkaliböden** treten vergesellschaftet mit den bisher erwähnten Böden der ariden Klimate vorwiegend in abflußlosen Senken auf. Solche Böden bilden sich durch kapillaren Aufstieg der im Grund- oder Stauwasser gelösten Salze des Natriums, Kalziums und Magnesiums, wobei es zu unterschiedlicher Anreicherung im oder auf dem Boden kommt. Für den **Solontschak** sind oberflächennahe Salzausblühungen typisch. Der **Solonez** ist durch hohen Natriumsättigungsgrad sowie ungünstige Gefügeverhältnisse gekennzeichnet. Der **Solod** entsteht aus dem Solonez infolge stärkerer Auswaschung der Natriumverbindungen und Schlämmstoffe, was die Bildung eines Bleichhorizontes zur Folge hat. Durch die Entwässerung und Melioration mit chemischen Mitteln lassen sich die ungünstigen Eigenschaften der Salzböden verbessern.

Aus den unterschiedlichen Böden wärmerer Bereiche entwickeln sich durch den Einfluß des Menschen in den Reisanbaugebieten nach periodisch künstlicher Wasserüberstauung und Trockenlegung die **Reisböden**, die hydromorphe Merkmale und eine spezifische Bodendynamik besitzen.

Die Böden kalter Klimate

Völlig andere Voraussetzungen für die Bodenbildung liegen in den kalten Klimaten vor. Auf Grund der niedrigen Durchschnittstemperatur und des langandauernden Frostes dominiert in diesen Gebieten die physikalische Verwitterung, die nur zu einer starken mechanischen Zerkleinerung der Gesteine, jedoch nicht zum Aufschluß von Pflanzennährstoffen führt. Die Klimaverhältnisse sind die Ursache für den gehemmten Abbau der organischen Substanz, so daß es zur Bildung von Rohhumuspolstern und Torf kommen kann. Daher sind in den Hochgebirgslagen humusreiche Ranker, Rendzinen, Braunerden sowie Podsole verbreitet.

Dies trifft z. T. auch für die Tundrengebiete zu, in denen sich infolge einer Wasserübersättigung über undurchlässigem, ständig gefrorenem Untergrund **Tundra-Gleye**, Anmoore und Moore bilden.

In den Kältewüsten jenseits der Tundrengebiete und in den höchsten Lagen der Hochgebirge treten fast ausschließlich schuttreiche Böden sowie **Struktur- und Frostmusterböden** auf (S. 153).

Die Bodenzonen der Erde

Betrachtet man die Bodenbildungen auf der Oberfläche des gesamten Festlandes der Erde, so heben sich Bodenzonen heraus, die in den einzelnen Klima- und Vegetationszonen vorherrschen (Abb. S. 113).

Im Polargebiet der nördlichen Halbkugel befindet sich die Tundrazone mit Strukturböden, schuttreichen Böden und Tundra-Gleyen. Südlich schließt sich im kühlhumiden Gebiet der Streifen der mehr oder weniger podsolierten Böden und der Moorböden an. In den gemäßigt humiden Zonen Mitteleuropas, den entsprechenden Gebieten Ostasiens und Nordamerikas sind hauptsächlich die Braunerden und Lessivés verbreitet. Zentrale Teile der Kontinente mit semiaridem bis semihumidem Klima werden von Schwarzerden eingenommen. Die Schwarzerdegebiete erstrecken sich von Ostasien über Südsibirien bis nach Mitteleuropa. In Nordamerika nehmen sie geringere Flächen ein.

Nach Süden folgen die kastanienfarbenen Böden der Kurzgrassteppe, die Flächen im Inneren der Kontinente auf der Nordhalbkugel und kleinere Teile Südamerikas bedecken. Im ariden Bereich der subtropischen Zone treten die braunen und grauen Böden der Halbwüsten und Wüsten großflächig auf. Im eurasischen Gebiet schließen sie sich an die kastanienfarbenen Böden an. Eingestreut liegen hier Salzböden vor. Im feuchtwarmen Bereich der subtropischen Zone sind Latosole und Plastosole verbreitet. Diese Böden ziehen sich von Brasilien und Mittelamerika über das äquatoriale Afrika, Indien, Südostasien bis nach Australien hin.

Map legend:

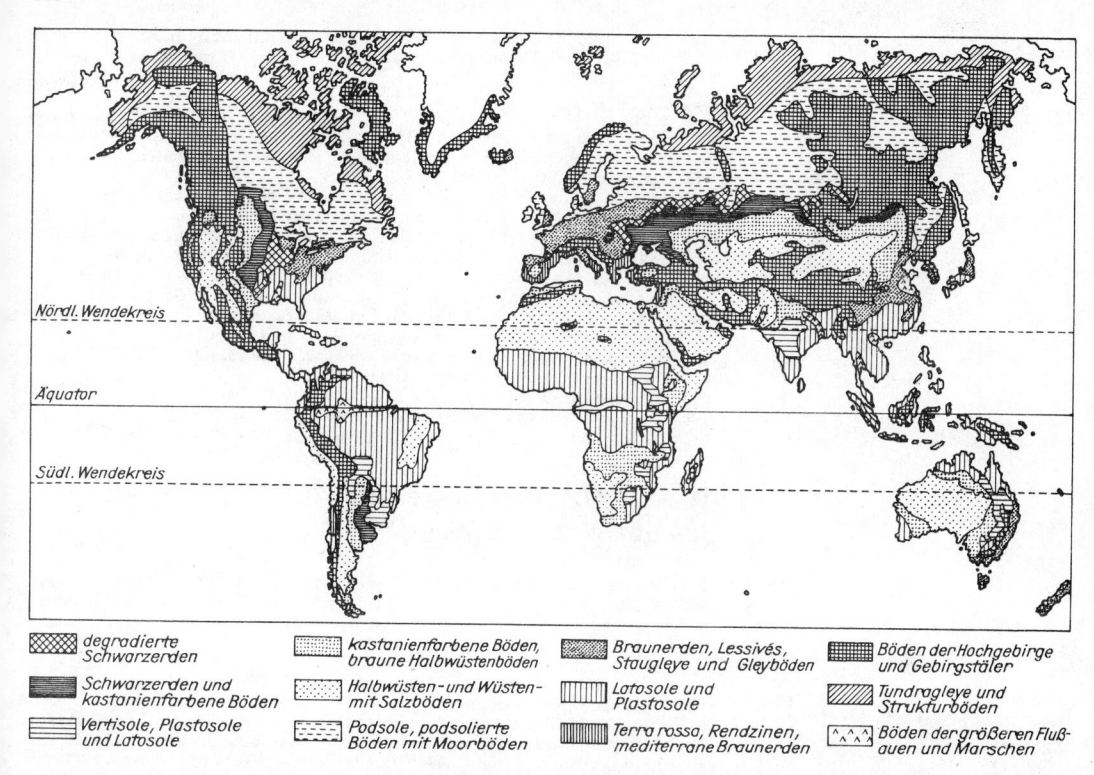

- degradierte Schwarzerden
- Schwarzerden und kastanienfarbene Böden
- Vertisole, Plastosole und Latosole
- kastanienfarbene Böden, braune Halbwüstenböden
- Halbwüsten- und Wüsten- mit Salzböden
- Podsole, podsolierte Böden mit Moorböden
- Braunerden, Lessivés, Staugleye und Gleyböden
- Latosole und Plastosole
- Terra rossa, Rendzinen, mediterrane Braunerden
- Böden der Hochgebirge und Gebirgstäler
- Tundragleye und Strukturböden
- Böden der größeren Flußauen und Marschen

Die Böden, die in der Gegenwart die Erdoberfläche bedecken, haben eine unterschiedliche, den jeweiligen Umweltverhältnissen entsprechende Entwicklung durchgemacht, deren Anfang sicher z. T. weit zurückliegt und einen relativ stabilen Entwicklungsstand erreicht, der nicht als abgeschlossen betrachtet werden darf. Jede Änderung nur eines bodenbildenden Faktors hat einen anderen Ablauf der Entwicklungsprozesse im Boden zur Folge.

Die Bodenzonen der Erde (nach United States Department of Agriculture and Food Agriculture Organization of United Nations Rom 1960)

Um Kenntnisse über die Verbreitung der Böden als Voraussetzung für eine sinnvolle und richtige Bodennutzung zu erhalten, sind Bodenkartierungen erforderlich. Mittels Profilgruben und Bohrungen werden die Grenzen verschiedener Böden erfaßt und in Karten unterschiedlichen Maßstabs dargestellt. In jüngster Zeit wird die Kennzeichnung der Böden nach Bodenformen durchgeführt. Bodenformen beinhalten die Kombination der Ansprache des Bodens nach dem Entwicklungszustand (Bodentyp) und nach dem Substrataufbau (Substratzusammensetzung, -schichtung). Als Beispiele sollen Löß-Schwarzerde, Sand-Braunerde, Lehm-Staugley, Schutt-Rendzina angeführt werden. Somit ist eine komplexe Kennzeichnung der Böden und Auswertung der Bodenkarten möglich. Bei kleinmaßstäbigen Bodenkarten werden Bodengesellschaften ausgeschieden, die nach Leitbodenformen benannt werden und ein charakteristisches Bodenmosaik beinhalten. Während die großmaßstäbigen Karten dem Bodennutzer dienen, stellen die Übersichtskarten wichtige Unterlagen für verschiedene Verwaltungsebenen dar.

Die Geländearbeiten werden durch Bodenuntersuchungen im Laboratorium (z. B. Korngrößenanalysen, pH-, Humus-, Nährstoffbestimmungen, Ermittlung der Sorptionseigenschaften u. a.) ergänzt. Man gewinnt somit einen Einblick in den speziellen Aufbau, die Eigenschaften und die Leistungsfähigkeit eines Bodens in land- und forstwirtschaftlicher Hinsicht. Die Bodenkartierungen und -untersuchungen ermöglichen Folgerungen für die Bodenbewirtschaftung (z. B. Aufforstung nährstoffarmer Sandböden, Lockerung verdichteter Horizonte, Düngung nährstoffarmer Böden usw.). Durch Bodenmeliorationen ist die Entwicklungsrichtung der Böden beeinflußbar, und es kann die Leistungsfähigkeit der Standorte verbessert werden, z. B. durch Dränage der Staugleye, Untergrundbewässerung, Tiefenlockerung.

Der Boden dient als Pflanzenstandort nicht nur der Ernährung von Mensch und Tier, sondern er liefert als Lagerstätte auch Rohstoffe (Torf; Bauxite zur Aluminiumgewinnung).

Angewandte Bodenkunde

Als Wissenschaft hat die Bodenkunde viele Berührungspunkte mit anderen Fachrichtungen. Kenntnisse über den Boden braucht neben dem Land- und Forstwirt auch der Ingenieurgeologe.

Der Hydrologe muß bei seinen Untersuchungen die bodenphysikalischen Eigenschaften berücksichtigen, um die Versickerung und damit die Grundwasserneubildung beurteilen zu können. Der Geochemiker wird im Rahmen pedogeochemischer und biogeochemischer Prospektionsarbeiten nicht ohne bodengenetische Gesichtspunkte auskommen.

Bei der stratigraphischen Untergliederung von Schichtserien kann der kartierende Geologe fossile Böden heranziehen, und bei der Bearbeitung landschaftsökologischer Fragen spielen für den Geographen die Bodenverhältnisse eine wichtige Rolle. Der Vor- und Frühgeschichtler ist bemüht, Bodenhorizonte und Funde menschlicher Kulturen zeitlich zu parallelisieren. In jüngster Zeit gewinnt die Bodenkunde in enger Zusammenarbeit mit der Geologie für den Bergmann, Territorialplaner und Landschaftsgestalter infolge des ständig wachsenden Umfangs an bergbaulichen Rückgabeflächen große Bedeutung, da deren Kultivierung zu einem vordringlichen landeskulturellen Problem in dichtbesiedelten Industriegebieten geworden ist.

Der Schutz der Böden sowie die Erhaltung und Steigerung ihrer Fruchtbarkeit ist ein wesentliches Anliegen der menschlichen Gesellschaft.

M. Wünsche/M. Altermann

Wasser und Wasserkreislauf – das unterirdische Wasser

Alles Wasser in flüssiger oder in Dampfform unterhalb der festen Erdoberfläche heißt unterirdisches Wasser oder Substratwasser. Dazu gehören das Bodenwasser, das Grundwasser einschließlich des Seihwassers, die Karst- und Höhlengewässer sowie die unterirdischen Teilstrecken oberirdisch fließender Gewässer (unterirdische Wasserläufe).

Mit dem unterirdischen Wasser, insbesondere dem Grundwasser, befassen sich **Hydrogeologie**, **Geohydrologie** oder **Grundwasserkunde**, je nach dem Schwerpunkt der Betrachtungsweise. International hat sich der Begriff **Hydrogeologie** durchgesetzt. Der Versuch, die Hydrogeologie als Grundwasserhaushaltkunde zu unterscheiden, erscheint deshalb unzweckmäßig, weil auch das Grundwasser in den allgemeinen Kreislauf des Wassers einbezogen ist und sich im Gegensatz zu den Lagerstätten der Erze, Salze, Kohlen, des Erdöls und Erdgases sowie der Steine und Erden durch Infiltration von Niederschlagswasser ständig neu bildet. Die Lehre vom Wasser, seinen Erscheinungsformen, seiner Bewegung, seinen natürlichen Zusammenhängen und Wechselwirkungen mit den umgebenden Medien über, auf und unter der Erdoberfläche ist die **Hydrologie**.

Das unterirdische Wasser ist ein Teil des Niederschlagswassers der Atmosphäre, das von vielen Faktoren abhängig in unterschiedlicher Menge in den Boden eindringt. In geringem Maße tritt zu diesem **vadosen** Wasser aus kondensiertem Wasserdampf ein Anteil **juvenilen** (magmatogenen) Wassers, der dem sich abkühlenden Magma aus den tieferen Zonen der Erde entstammt und zum ersten Male in den Wasserkreislauf eintritt. Ein Teil der auf die Erdoberfläche gelangenden Niederschläge fließt oberirdisch in Rinnsalen, Bächen, Flüssen und Strömen ab und erreicht das Meer. Ein anderer Teil verdunstet unmittelbar und geht unproduktiv in die Atmosphäre zurück, besonders bei höheren Luft- und Bodentemperaturen. Ein weiterer Teil versickert in die oberen Bodenschichten und bildet darin das **Bodenwasser** (Abb.). Ein Teil dieses Sickerwassers wird von den Bodenteilchen als Haftwasser festgehalten, überzieht sie in Form dünner Häutchen (Häutchen- oder Filmwasser), sitzt in den Winkeln der Poren (Porenwinkelwasser) oder wird als Kapillarwasser entgegen der Schwerkraft nach oben gezogen. Das Bodenwasser wird zum Teil von den Wurzeln der Pflanzen aufgenommen und verdunstet während der Vegetationsperiode produktiv bei der Transpiration. In dem über der Grundwasseroberfläche liegenden Raum des Bodenwassers, dem seine Lage und Stärke ständig verändernden **Kapillarsaum**, herrscht Unterdruck.

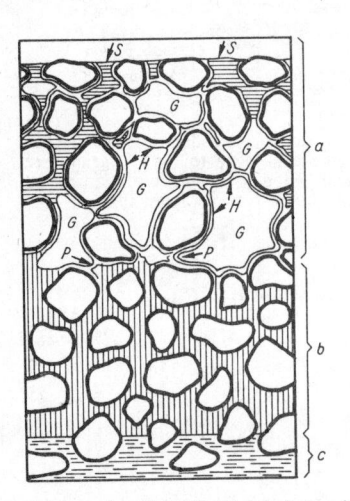

Formen der Grundfeuchtigkeit (nach Pfalz 1951). a offener Kapillarsaum, mit Bodenluft durchsetzt, b geschlossener Kapillarsaum, ohne Luft oder mit einzelnen Luftbläschen, c Grundwasser; S Sickerwasser, G Grundluft, H Häutchenwasser, P Porenwinkelwasser

Das Verhältnis von Niederschlag, Abfluß und Verdunstung ist im großen für längere Zeiträume in der **Wasserhaushaltgleichung** (Niederschlagsgleichung) dargestellt:

$N = A + V$, wobei N Niederschlag, A oberirdischer (A_o) und unterirdischer Abfluß (A_u) und V produktive (V_{pr}) und unproduktive (V_{upr}) Verdunstung bedeuten. WUNDT hat diese Gleichung unter Berücksichtigung des Verbrauchs und der Überschüsse aus niederschlagsreichen bzw. der Fehlbeträge aus trockenen Jahren durch den Wert $R - B$ (Rücklage minus Verbrauch), die Gewässer an der Erdoberfläche F und die Grundfeuchtigkeit (Bodenwasser) Gr ergänzt, so daß sich für kürzere Zeiträume folgende Beziehung ergibt:

$$N = A_o + A_u + V_{pr} + V_{upr} + (R - B) + Gr + F$$

Wieviel Prozent des gesamten Niederschlagswassers in den verschiedenen Gebieten der Erde verdunsten, ober- oder unterirdisch abfließen, hängt vom Zusammenwirken vieler Faktoren ab, vom Klima, von der Oberflächengestaltung des Geländes, von Art und Dichte der Pflanzendecke, von Bodenart und Bodentyp (S. 108) sowie von der Beschaffenheit der unter dem Boden folgenden Gesteinskomplexe.

Im Gebiet der 33 größten Ströme der Erde wurde der mittlere jährliche Verdunstungsanteil mit etwa 80 Prozent der Niederschläge, im Saalegebiet mit rund 70 Prozent bestimmt. Im allgemeinen bleiben für oberirdischen und unterirdischen Abfluß rund 10 bis 30 Prozent übrig.

Die Wasserbilanz in der DDR und in der BRD zeigt die folgende Tabelle:

	DDR	BRD
Niederschläge	670 mm/Jahr	803 mm/Jahr
Verdunstung	500 mm/Jahr	410 mm/Jahr
Abfluß (gesamt)	170 mm/Jahr	393 mm/Jahr
Abfluß (unterirdisch, Grundwasser	70 mm/Jahr	112 mm/Jahr
Fremdzufluß	90 mm/Jahr	332 mm/Jahr

In Trockenjahren geht der mittlere Niederschlag auf etwa $^2/_3$, d. h. für die DDR auf rd. 460 mm zurück. Im Mittel steht in der DDR ein Wasserdargebot von rd. 10 Milliarden m^3/Jahr zur Verfügung, das zur Zeit mit rd. 70 Prozent genutzt wird, aber in Mangelzeiten, d. h. in Trockenjahren auf mehr als die Hälfte des Mittelwertes zurückgehen kann, wozu dann meist noch eine Verschlechterung der Wasserqualität kommt. In den industriellen Ballungsgebieten der DDR mit etwa 40 Prozent der Gesamtbevölkerung und mehr als der Hälfte der industriellen Bruttoproduktion wird das Wasser bis zu fünfmal verwendet, ehe es das Territorium verläßt (MAUERSBERGER 1976). Vom vorhandenen Grundwasserdargebot wird mehr als ein Drittel genutzt, wobei für die Trinkwasserversorgung der Bevölkerung laufend eine Steigerung der Fördermenge erfolgen muß.

In der BRD beträgt der langjährige mittlere Grundwasserabfluß nach verschiedenen Berechnungen 112, nach anderen 120 bis 150 mm/Jahr und wird nur teilweise genutzt, so daß Reserven vorhanden sind. 71,5 Prozent der gesamten Wasserförderung erfolgt aus Quell- und Grundwasser (MATTHESS 1977). Diese wenigen Zahlen mögen die Bedeutung des Wassers erläutern. Im Mittel wurden für die Infiltration in Mitteleuropa 10 bis 19 Prozent errechnet, wobei die Verhältnisse im einzelnen, insbesondere in Abhängigkeit von der Ausbildung der Boden- und Verwitterungsdecke, örtlich sehr differenziert sind. Je feiner die Körnung der obersten Bodenschichten und je stärker die Neigung des Geländes sind, um so größer ist der oberirdische Abfluß und um so geringer die Möglichkeit der Versickerung.

In Mitteleuropa erfolgt die Versickerung im wesentlichen in der Zeit vom November bis April, dem hydrologischen Winterhalbjahr, besonders in niederschlagsreichen Wintern, wenn die Niederschläge als Regen fallen oder bei nicht gefrorener Bodendecke als nasser Schnee nicht lange liegen bleiben. Im wesentlichen ergänzen also Winterniederschläge die im Sommer verbrauchten Grundwasservorräte.

Der Teil des Sickerwassers, der nach unten in tiefere Schichten gelangt, wird zum **Grundwasser**. Grundwasser ist Wasser, das Hohlräume der Erdkruste (Poren, Klüfte, Spalten) zusammenhängend ausfüllt und nur der Schwere, dem hydrostatischen Druck, unterliegt. Grundwasser bewegt sich so lange abwärts, bis es auf eine Schicht trifft, die weniger durchlässig ist als die durchsickerte, so daß sich auf ihr zumindest ein Teil des Wassers stauen muß, beispielsweise dann, wenn Kies über Sand oder Feinsand über Schluff lagert. Es ist also falsch, allein undurchlässige Schichten als Stauhorizonte anzusehen. Bei der Infiltration wird zwischen **Versickerung** als dem Eindringen von Wasser durch enge Hohlräume, wie solche in Sand und Kies, und **Versinkung** als dem Eindringen von Wasser in weite Hohlräume, wie erweiterte Klüfte oder Spalten in festen Gesteinen, besonders in Kalksteinen, unterschieden. Die Versinkung vollzieht sich wesentlich rascher als die Versickerung.

Grundwasser fließt – ebenso wie oberirdisches Wasser –, wenn natürliches Gefälle vorhanden ist oder künstlich z. B. durch Abpumpen erzeugt wird, von höheren Stellen, dem Weg des geringsten Widerstandes folgend, nach tieferen. Nur ist die **Fließgeschwindigkeit** des Grundwassers viel geringer; sie beträgt z. B. in pleistozänen Flußschottern sowie in Sanden und Kiesen 2,5 bis 8 m, in groben Talschottern des Alpenvorlandes 10 bis 20 m am Tage, in feinen Dünensanden der Küsten oft nur etwa 4 bis 6 m im Jahr. In Spalten von Festgesteinen wurden Geschwindigkeiten von einigen Metern bis 35 m und mehr in der Minute gemessen.

Grundwasserführende Gesteinskörper, die geeignet sind, das Wasser weiterzuleiten, heißen **Grundwasserleiter** oder **Aquifer**. (Die älteren deutschen Bezeichnungen Grundwasserhorizont und Grundwasserträger sollten nicht mehr verwendet werden.) Gering bzw. schlecht leitende Gesteine werden als **Aquiclud** bzw. **Aquitard** bezeichnet, wenn sie flächenhaft weit verbreitet sind wie die mächtigeren Lößserien oder Ton- und Schluffsteine des Zechsteins und Buntsandsteins, die in größerem Umfang Grundwasser führen. Nichtleiter heißen auch **Aquifugen**, sofern sie Wasser weder aufzunehmen noch weiterzuleiten vermögen. Bei diesen Erscheinungen sind zahlreiche Übergänge möglich, z. B. kann aus einem Kluftwasseraquifer nach der Tiefe zu durch Schließen der Klüfte und Spalten leicht ein Aquiclud werden. Grundwasserleiter können sowohl durchlässige Lockergesteine, wie Schotter, Kies und Sand, als auch feste Gesteine, wie poröse Sandsteine, klüftige Kalksteine u. a. sein, die Wasser aufzunehmen und weiterzuleiten vermögen. Die Wasseraufnahmefähigkeit der Lockergesteine hängt vom Porenvolumen, dem offenen Hohlraumanteil, ab, das der Festgesteine im wesentlichen von den Klüften und übrigen **Trennfugen**. Je kleiner die Korngrößen eines Gesteins sind, um so geringer ist seine Fähigkeit der Wasserleitung und -abgabe. Der Wasserbewegung stellen sich mit feiner werdendem Korn erhöhte Reibungswiderstände entgegen. Daher behindern sehr feinkörnige Gesteine, z. B. Schluffe und Tone, die Bewegung des Grundwassers und wirken praktisch wasserstauend, obwohl das absolute Porenvolumen und damit der Wassergehalt je Raumeinheit in ihnen zunimmt. Tone können durchaus bis 500 l Wasser je Kubikmeter aufnehmen, vermögen es aber infolge abnehmender Durchlässigkeit nicht wieder abzugeben. Abgesehen von den porösen Sandsteinen und Tuffen, klüftigen Kalksteinen u. ä. sind die festen Gesteine meist nur wenig wasseraufnahmefähig und -durchlässig, wenn auch im einzelnen manche Unterschiede in Abhängigkeit von ihrer Zusammensetzung, der Art und Stärke der Verwitterung sowie der tektonischen Beanspruchung bestehen. Oft ist das in den Festgesteinen enthaltene Wasser, besonders nach der Tiefe zu, nur Kapillarwasser, z. B. adsorptiv festgehaltene **Bergfeuchtigkeit**, die an der Luft rasch verdunstet. Sobald aber feste Gesteine, z. B. Granite, bis in größere Tiefen von 70 bis 100 m grusig-sandig verwittert sind oder wie Kalksteine oft von zahlreichen offenen Klüften und Spalten oder anderen tektonischen Auflockerungszonen durchzogen werden, kann das Niederschlagswasser versickern oder versinken und in die Tiefe dringen. Oft sind solche **Kluft- und Spaltenwässer** in Kluftgrundwasserleitern im Unterschied zum Grundwasser in Porengrundwasserleitern der Sande und Kiese oder auch der Sandsteine mit höherem Porenvolumen qualitativ weniger günstig, weil sie in den Spalten auf ihrem Wege nach unten oder eine ungenügende natürliche Filtration erfahren haben. Allgemein gilt die Regel: Je spröder ein Gestein ist, desto mehr Klüfte reißen auf und können Wasser führen. Daher sind quarzitische Einschaltungen in Tonschieferkomplexen immer wasserhöffiger als die meist sterilen Schiefer selbst. Oft tritt Wasser aus einem Aquifer in einen anderen über, z. B. aus Schottern der Talaue in unterlagernde klüftige Dolomite, wobei es seine chemische Beschaffenheit ändert oder als Quelle frei ausfließt.

Ein Raum, der mit Grundwasser gefüllt ist oder sein kann, ist der **Grundwasserspeicher**. Seine untere Grenze ist die **Grundwassersohle**. Seine obere Grenzfläche, die nicht von einer schwer- oder undurchlässigen Schicht begrenzt wird und in der der Wasserdruck gleich dem Druck der freien Luft ist, heißt **Grundwasseroberfläche**. Bei solchem ungespannten Grundwasser stellt sich in Rohren, Bohrlöchern und Brunnen der **Grundwasserspiegel** in Höhe der Grundwasseroberfläche ein, wobei der Wasserstand als **Grundwasserstand** bezeichnet wird.

Liegt dagegen ein mit Wasser gefüllter Grundwasserleiter unter einer schweroder undurchlässigen Schicht mit Grundwasseraufdruck, so heißt die Grenzfläche **Grundwasserdeckfläche**. Beim Anbohren solcher gespannter Grundwässer steigt der Grundwasserspiegel im Bohrloch und wird **Grundwasserdruckspiegel** genannt. Der Grundwasserspiegel ist also derjenige Wasserspiegel in Brunnen und Rohren nach Druckausgleich mit dem Grundwasser. Liegt das Nährgebiet eines Grundwasserleiters im Gelände höher als die Stelle, an der er angebohrt wird, fließt das Grundwasser aus einem in das gespannte Grundwasser hinabreichenden Brunnen unter hydrostatischem Druck ständig oder zeitweise von selbst über Flur aus und bildet **artesisches Grundwasser** oder **artesische Brunnen** (Abb.). In einem natürlichen Verband lagern oft durchlässige oder schwer- bis undurchlässige Schichten mehrfach übereinander. Dann werden die einzelnen Aquifere als **Grundwasserstockwerke** bezeichnet und von oben nach unten durchnumeriert. In jedem Gebiet ist ein Grundwasserstockwerk wegen der Menge und Qualität des Grundwassers das Hauptgrundwasserstockwerk. So finden sich z. B. im Braunkohlenrevier um Halle–Leipzig 2 bis 3 Grundwasserstockwerke in den Geschiebesanden und Flußschottern des Pleistozäns und ebenso viele oder noch mehr in den tieferen sandigen Schichten des Tertiärs, über dem obersten Braunkohlenflöz und in den zwischen den tieferen Kohlenflözen lagernden sandig-kiesigen Mitteln (Abb. S. 117). Noch tiefere Grundwasserstockwerke bilden die stark gespannten Grundwasser führenden Sande und Kiese im Liegenden des tiefsten Flözes (»Liegendwässer«) und

Artesischer Brunnen (B) mit seinen Einzugsgebieten (E_1 und E_2)

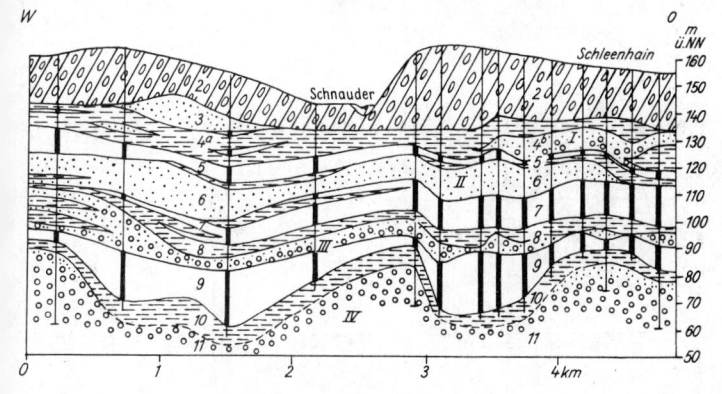

West-Ost-Schnitt durch die Schichtenfolge des Weißelster-Beckens im Bereich des Großtagebaues Schleenhain (Kreis Borna). Holozän: 1 lehmige Bildungen im Tal der Schnauder, z. T. mit geringmächtigen Torfeinlagerungen; Pleistozän: 2 Grundmoränen der Riß- und Mindelkaltzeit (Geschiebelehm und -mergel) unter geringmächtiger Lößlehmdecke, z. T. mit Geschiebesandlagen und altpleistozänen Flußschottern; Oberoligozän: 3 Sand, fein, z. T. tonig; Obereozän: 4a Ton, vielfach fett, gelegentlich mit Sand- und Kohleeinlagerungen (»Haselbacher Ton«) im westlichen Teil, 4b Sand und Kies (Flußablagerungen) im östlichen Teil; 5 Braunkohle (»Thüringer Hauptflöz«), nach Osten auskeilend; 6 Sande, scharf, meist mittel und grob (Flußsande), untergeordnet auch Ton; 7 Braunkohle (»Bornaer Hauptflöz«), in westlicher Richtung auskeilend; 8 Ton und toniger Sand, nach dem Liegenden zu in Feinkies bis groben Sand übergehend, stärker wasserführend; 9 Braunkohle (»Sächsisch-Thüringisches Unterflöz«), in einzelnen Kesseln zu größerer Mächtigkeit anschwellend; 10 Ton, fett; 11 mittlere bis feine Kiese, gelegentlich mit Sandlagen (»Liegendkiese«), stark wasserführend

die Wässer in den älteren Gesteinen unter den tertiären Schichten, im Buntsandstein, im Zechstein und in älteren Systemen. Dabei ist die chemische Beschaffenheit der Grundwässer in Abhängigkeit von der Zusammensetzung der Gesteine, in denen sie zirkulieren, unterschiedlich. Grundwasserstockwerke werden z. B. im rumänischen Donautiefland, wo mächtige Lockergesteine des Tertiärs und Quartärs über dem Felsuntergrund lagern, noch in 2000 m Tiefe erbohrt, wenn sie auch wegen ihres hohen Mineralisationsgrades nicht genutzt werden können. Wo dagegen feste Gesteine ohne jüngere Bedeckung zutage treten, findet sich Grundwasser bis in mehrere hundert Meter Tiefe. Meist sind nur Bohrungen zwischen 70 und 100 m, selten bis 250 m erfolgreich. In noch größeren Tiefen sind die Trennfugen der Gesteine geschlossen. Das Wasser kann daher nicht weitergeleitet werden, und es ist nur noch Bergfeuchtigkeit vorhanden. Zudem wird infolge Zunahme der Temperatur mit der Tiefe Wasser in Wasserdampf verwandelt. Auch im Bereich von Schichtgesteinskomplexen wechsellagern Grundwasserleiter und wasserundurchlässige Schichten mehrfach miteinander (Abb.). Besonders günstig sind die Grundwasserverhältnisse in den Talauen der großen Flüsse mit ihren meist mächtigen Sanden und Kiesen unter einer geringmächtigen Decke von Auelehm. Liegt der Wasserspiegel des Flusses höher als die Grundwasseroberfläche der Talaue, so gibt der Fluß Wasser an das Grundwasser ab. Voraussetzung dafür ist natürlich, daß sich der Fluß selbst in die durchlässigen Sande und Kiese eingeschnitten hat und diese nicht verkrustet sind. Man nennt dieses Grundwasser **Seihwasser** oder auch uferfiltriertes Grundwasser (**Uferfiltrat**). Im umgekehrten Fall fließt Grundwasser dem Fluß als natürlichem Vorfluter zu. Bei Brunnen in Flußnähe ist es möglich, die Fördermenge dadurch zu erhöhen, daß der Grundwasserspiegel durch das Abpumpen abgesenkt wird und dann tiefer zu liegen kommt als der Wasserspiegel des Flusses. Durch das entstehende Gefälle wird Seihwasser nachgezogen. Der **Grundwasserstand** ist **natürlichen Schwankungen** unterworfen, die einen jährlichen Gang und mehrjährige Perioden erkennen lassen (Abb. S. 118). Die Ganglinie des Grundwasserspiegels ist von den klimatischen Verhältnissen des betreffenden Gebietes, von Art und Verteilung der Niederschläge im Jahresablauf und in längeren Zeiträumen, von der Höhenlage, von den Faktoren Abfluß und Verdunstung, von der Vegetation und den pedologisch-lithologischen Verhältnissen abhängig.

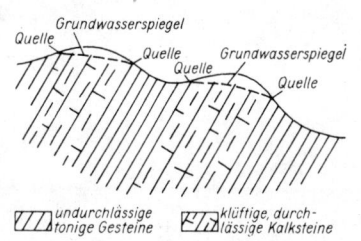

In Mitteleuropa wird der jährliche Spiegelgang oberflächennaher Grundwasserleiter insbesondere von der sommerlichen Verdunstung bestimmt. So zeigt sich ab April/Mai ein zunächst rasches, dann etwas langsameres Absinken, das bis zum Herbst andauert. Die Tiefststände treten meist im September und Oktober auf. Dem sommerlichen Abfall folgt etwa ab November ein Anstieg im Winter, der zur Zeit der Schneeschmelze in den Monaten März/April sein Maximum erreicht. Je tiefer die Grundwasseroberfläche gelegen ist, um so mehr verspäten sich Höchst- und Tiefststand nach den höchsten Niederschlägen oder Perioden größter Trockenheit; diese Verspätung kann mehrere Monate betragen. Schon Grundwasserspiegel in 6 bis 10, zum Teil auch bis rund 18 m Tiefe lassen deutliche Schwankungen nur noch in besonders nassen oder trockenen Jahren erkennen. In Brunnen, deren Wasserspiegel tiefer als 20 m liegt, werden in unseren Gebieten jahreszeitliche Schwankungen nicht beobachtet.

Im Zusammenhang mit längerperiodischen Niederschlagsschwankungen treten, die jährliche Periode überlagernd, auch langfristige Schwankungen auf. Es gibt Jahre mit hohen Grundwasserständen infolge **Grundwasseranstiegs** und solche mit ausgesprochenen Tiefständen infolge **Grundwasserabsinkens**, wobei im Vergleich mit der mittleren Lage des Grundwasserspiegels Differenzen um ± 2 m und mehr beobachtet werden. Neben einem

Wechsellagerung von Grundwasserleitern und wasserundurchlässigen Schichten – Kluftwässer im Mesozoikum

Ganglinie des Grundwasserstandes (Grundwasserspiegelganglinie) in einem durch Entnahme unbeeinflußten Meßbrunnen in pleistozänen Flußschottern bei Leipzig: *a* mittlere Jahreswerte von 1930 bis 1979; *b* mittlere Werte für das hydrologische Winter- und Sommerhalbjahr von 1930 bis 1979 (nach Unterlagen der WWD Saale-Werra)

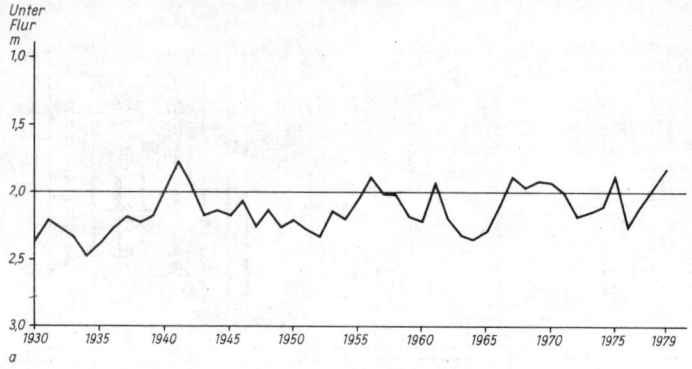

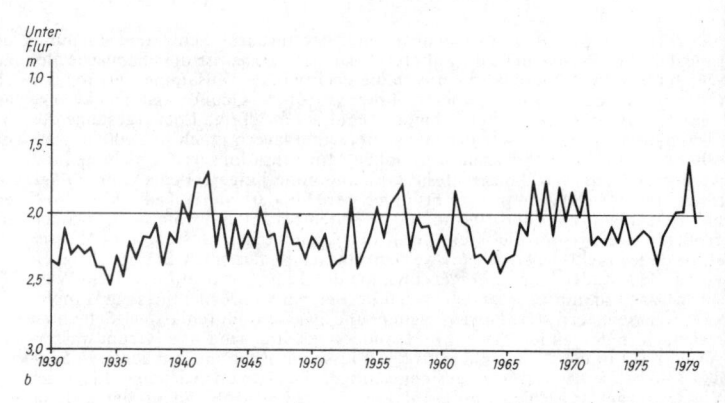

drei- bis vierjährigen Rhythmus ist ein solcher von 11 bis 12 Jahren erkennbar, der von einer Reihe Forscher auf kosmische Ursachen (Sonnenfleckenperiode) zurückgeführt wird. Die Kenntnis der natürlichen Spiegelschwankungen des Grundwassers bietet die Möglichkeit, künstliche Beeinflussungen, z. B. in Bergbaugebieten, zu erkennen; sie kann wichtige Grundlage der Rechtsprechung in Streitfällen sein.

Neben den niederschlagsbedingten Schwankungen stehen also solche, die vom Menschen durch Eingriffe in das natürliche Gleichgewicht verursacht werden, vor allem die **Grundwasserabsenkungen**; sie entstehen a) durch Flußregulierungen, die infolge verstärkter Tiefenerosion zur Erhöhung des Grundwassergefälles und damit des Grundwasserabflusses führen, b) durch großflächige Abholzungen, die u. a. besonders im Gebirge den oberflächlichen Abfluß verstärken und damit die Versickerungs- und Versinkungsmöglichkeit verringern, außerdem – besonders auch im Flachland – wenn erhöhte Windgeschwindigkeiten über den Kahlflächen eine Erhöhung der Verdunstung bewirken, c) durch Intensivierung der agrarischen Produktion, wobei infolge des erhöhten Wasserbedarfs Boden- und Grundwasser stärker beansprucht werden, d) durch zu hohe Entnahme aus Einzelbrunnen und besonders in Wasserwerken, die oft zusätzlich durch Nachziehen stärker mineralisierter Wässer aus der Tiefe eine Verschlechterung der Wasserqualität bewirken, e) durch die Absenkungsmaßnahmen des Bergbaus, besonders in Gebieten der großen Braunkohlentagebaue.

Wo an örtlich begrenzten Stellen das Grundwasser auf natürliche Weise zutagetritt, entstehen **Quellen**. In einem bestimmten geologischen Horizont finden sich oft mehrere Quellen eng benachbart, wie in Thüringen an der Grenze zwischen durchlässigem Muschelkalk und den tonigen Schichten des Oberen Buntsandsteins oder Röts (**Quellenband, Quellenlinie**). Manche Quellen spenden ständig, andere nur periodisch Wasser. Der Wasserausfluß einer Quelle, die **Quellschüttung**, zeigt wie das Grundwasser jährliche und längerperiodische Schwankungen, weil Quellen nichts anderes als natürliche Grundwasseraustritte sind.

Die große Anzahl verschiedenartiger Quellen kann in zwei Gruppen zusammengefaßt werden: a) solche, bei denen das Wasser vom Nähr- zum Quellgebiet **absteigt**, sich also nach unten, bergab, bewegt, b) solche, bei denen das Wasser gespannt ist und unter hydrostatischem Druck nach dem Prinzip kommunizierender Röhren (oder auch infolge Gasauftriebs) zum Quellgebiet **aufsteigt**.

Zu dem häufigen Typ der Quellen mit absteigendem Wasser gehören die **Schichtquellen** und viele Überfall- und Stauquellen. Schichtquellen treten dort aus, wo Grundwasserleiter über schwer- oder undurchlässigen Schichten an der Erdoberfläche angeschnitten werden (Abb.). Überfallquellen entstehen dann, wenn sich Grundwasser in einer Mulde über schwer- oder undurchlässigen Schichten sammelt und bei Erreichen des Muldenrandes am Hang hervorquillt (Abb.). **Stauquellen** zeigen sich dort, wo neben Grundwasserleitern schwer durchlässiges Gestein lagert, so daß sich das Wasser an der Grenzfläche staut, wie am Rand von Tälern, in denen mächtigere Lehmschichten lagern, oder an Stellen (Störungen), wo durchlässige und undurchlässige Gesteinsserien aneinanderstoßen. Die Temperatur von Quellen, deren Wasser aus geringer Tiefe stammt, ist von der örtlichen Lufttemperatur abhängig. Allerdings sind die Temperaturschwankungen des Quellwassers meist weniger stark als die der Luft. Höhere Quelltemperaturen weisen entweder auf Zutritt von Oberflächenwasser hin, was im allgemeinen mit einer Qualitätsminderung des Wassers verbunden ist, oder auf Herkunft des Wassers aus größeren Tiefen, entsprechend der geothermischen Tiefenstufe. Grundwasser aus 5 bis 10 m Tiefe läßt den Einfluß der Jahreszeiten erkennen, bis rund 20 m Tiefe entspricht die Temperatur etwa dem örtlichen Jahresmittel, bei noch tieferer Lage nimmt die Erwärmung ständig zu. In Mitteleuropa hat das am meisten genutzte Grundwasser Temperaturen zwischen etwa 9 und 11 °C. Zu den Quellen mit aufsteigendem Wasser gehören neben anderen die **Verwerfungsquellen**. Wo durch Schollenverschiebungen in der Erdkruste Aquifere neben weniger durchlässige Gesteinskörper zu liegen kommen, staut sich das Wasser an der Störung und tritt als Quelle zutage (Abb.). Häufig finden sich die gemischten Quelltypen, z. B. Stau- und Verwerfungsquellen. Übersteigt die Temperatur eines Quellwassers beim Austritt 20 °C, spricht man von einer **Therme**. Wird solches Wasser durch Bohrungen erschlossen, heißt es **Thermalwasser**. Besonders reich an Thermalwässern sind die Sowjetunion und Ungarn. Beispiele für Thermen, die balneologisch genutzt werden, sind in der DDR die Thermalbäder Wiesenbad und Warmbad im Erzgebirge mit 25 °C, in der ČSSR Karlovy Vary (Karlsbad) mit 43 bis 73 °C, in Ungarn die zahlreichen Thermen in Budapest mit unterschiedlichen Temperaturen, in Österreich Gastein mit 49 °C und in der BRD Baden-Baden mit 67 °C, Wiesbaden mit 69 °C und Aachen-Burtscheid mit 78 °C. Heiße Quellen, die ihr Wasser springquellenartig auswerfen, werden **Geysire** (S. 192) genannt.

Die chemische Beschaffenheit des Grundwassers ist durch den geologischen Aufbau des Gebietes bestimmt. Sie ist abhängig von der Beschaffenheit der durchsickerten oder durchsunkenen Bodenschichten oberhalb der Grundwasseroberfläche, von den Grundwasserleitern, in denen es sich bewegt, und mitunter von stärker mineralisierten Wässern, die im Bereich von Störungen aus größeren Tiefen aufsteigen. Grundwasser enthält neben gelösten Festbestandteilen auch Gase. Im Verbreitungsgebiet von Kalksteinen ist es reich an gelöstem kohlensaurem Kalk [Kalziumhydrogenkarbonat $Ca(HCO_3)_2$], in Gipsgebieten enthält es in größerer Menge gelösten Gips $CaSO_4 \cdot 2\,H_2O$. Fast immer führt Grundwasser in meist geringer, im einzelnen stark wechselnder Menge Eisen, Natrium, Kalium, Magnesium, Chlorid, Sulfat u. a. Höhere Chloridmengen zusammen mit erhöhten Natriumwerten weisen auf eine Versalzung des Untergrundes hin, z. B. in den Nordbezirken der DDR. Ein wichtiger Wert ist die **Härte** des Wassers, die als Gesamthärte aus der Karbonat- und Nichtkarbonat- (Mineral-, Rest-, bleibende oder permanente) Härte sowie der Sulfathärte besteht und in Härtegraden ausgedrückt wird. Ein deutscher Härtegrad (°dH) entspricht dem Gehalt von 10 mg Kalziumoxid (CaO) auf 1 l Wasser. Erhöhte Gehalte an Stickstoffverbindungen (Ammoniak, Nitrit, Nitrat) sind seuchenhygienisch bedeutsam, sie weisen auf Verunreinigung des Wassers durch Zersetzung organischer Stoffe, z. B. Fäkalien, oder mineralischer Düngemittel (S. 561) hin. Solche Wässer sind oft reich an Keimen, unter denen sich Krankheitserreger (z. B. Typhus, Ruhr) befinden können.

Zur Verwendung als **Trinkwasser** sind für die physikalische Beschaffenheit, die chemische Zusammensetzung und den bakteriologischen Befund Grenzwerte festgelegt, bei deren Überschreiten die Aufbereitung des Rohwassers notwendig wird. Es gelten folgende chemische Höchstgehalte: Härte 20° bis 0° dH, Eisen 0,2 mg/l, Nitrate 30 mg/l, Sulfate 60 mg/l und Chloride 250 mg/l. Außerdem soll das Wasser kein überschüssiges Kohlendioxid enthalten; muß farblos, klar und geruchlos sein. Die Überwachung des Trinkwassers erfolgt in der DDR durch die Bezirkshygieneinstitute und den Hygieneartz beim Rat des Kreises.

Quellen und Wässer, die mehr als 1 g gelöste feste Bestandteile in 1 kg Masse oder unabhängig von ihrer Gesamtzusammensetzung einzelne Spurenelemente bzw. Gase oberhalb festgelegter Grenzwerte enthalten, heißen **Mineralquellen**; sofern deren Heilwirkung nachweisbar ist, können sie zu **Heilwässern** werden. Die wichtigsten Arten von Mineral- und Heilquellen zeigt die folgende **Übersicht der Mineral- und Heilwässer**:

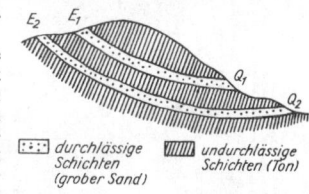

Schema von Schichtquellen (Q_1 und Q_2) mit ihren Einzugsgebieten (E_1 und E_2)

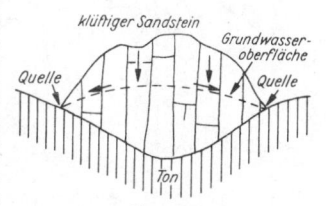

Schema von Überfallquellen

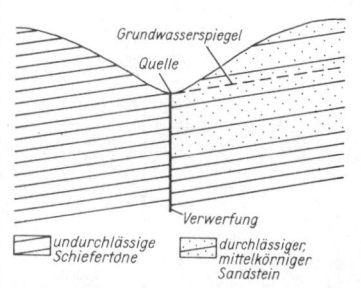

Schema einer Verwerfungsquelle

1. Wässer mit mindestens 1 g/kg natürlich gelöster fester Bestandteile, wobei die Kat- bzw. Anionen in die Bezeichnung eingehen, die mit mehr als 20 mval% an der Gesamtkonzentration beteiligt sind:
1.1. **Chloridwässer**
1.1.1. Alkalichloridwässer, z. B. Halle, Bad Kösen, Plaue
1.1.2. Erdalkalichloridwässer, z. B. Geilsdorf, Bad Suderode, Thale
1.1.3. Solewässer, z. B. Bad Salzungen, Salzelmen, Bad Sulza
1.2. **Hydrogenkarbonatwässer**
1.2.1. Alkalihydrogenkarbonatwässer, z. B. Bad Brambach, Karlovy Vary, Krynica Zdrój
1.2.2. Erdalkalihydrogenkarbonatwässer, z. B. Dresden-Briesnitz, Bad Lauchstädt, Mariánské Lázně
1.3. **Karbonatwässer**
1.4. **Sulfatwässer**
1.4.1. Alkalisulfatwässer, z. B. Bad Elster, Františkovy Lázně, Bad Hersfeld
1.4.2. Erdalkalisulfatwässer, z. B. Bad Berka, Friedrichshall, Budapest
1.4.3. Eisen-Aluminium-Sulfatwässer (Alaunwässer), z. B. Bad Lausick, Bad Muskau, Levico
2. Wässer, die bei geringerer Gesamtkonzentration als 1 g/kg mindestens einen der folgenden unteren Grenzwerte erreichen:
2.1. **eisenhaltige Wässer** mit 10,0 mg Eisen/kg, z. B. Bad Elster, Bad Lausick, Bad Liebenstein
2.2. **arsenhaltige Wässer** mit 0,7 mg Arsen/kg, z. B. Saalfeld, Kudowa Zdrój, Levico
2.3. **jodhaltige Wässer** mit 1,0 mg Jod/kg, z. B. Heringsdorf, Friedrichshall, Ciechocinek
2.4. **schwefelhaltige Wässer** mit 1,0 mg titr. Schwefel/kg, z. B. Bad Langensalza, Héviz, Piešťany
2.5. **radioaktive Wässer** mit 29 nC/l, z. B. Bad Brambach, Badgastein, Jáchymov
2.6. **radiumhaltige Wässer** mit 10^{-7} mg Radium/kg, z. B. Bad Kreuznach, Bad Münster am Stein
3. Gasführende Wässer
Kohlensäurewässer (Säuerlinge) mit mindestens 1,0 g gelöstes freies Kohlendioxid/kg, z. B. Bad Brambach, Bad Elster, Bad Liebenstein
4. Thermen sind Grundwässer mit einer Temperatur von mindestens 20 °C, z. B. Bad Colberg, Budapest, Karlovy Vary

Viele natürlichen Mineral- und Heilwässer stellen mannigfaltige Mischwässer dar, wodurch zahlreiche Einzelelemente bzw. An- und Kationen in den hydrochemischen Typ eingehen, z. B. Radonquelle Bad Brambach (radioaktiver Natrium-Kalzium-Hydrogenkarbonat-Sulfat-Säuerling), Moritzquelle Bad Elster (eisenhaltiger Natrium-Sulfat-Chlorid-Hydrogenkarbonat-Säuerling), Brunnen 1 Friedrichshall (jodhaltiger Magnesium-Natrium-Kalzium-Sulfat-Chlorid-Säuerling).

Wo Quellwässer mit größeren Mengen an gelösten Stoffen zutagetreten, entweicht die in ihnen gelöste Kohlensäure, und die im Wasser gelösten festen Stoffe setzen sich im Laufe der Zeit als mehr oder weniger mächtige Sedimente ab. Die häufigsten Quellabsätze bestehen aus kohlensaurem Kalk. Ist das Wasser warm, bildet sich Aragonit (Karlovy Vary), ist es kalt, scheidet sich Calcit ab. Auch fast reiner Eisenocker und Kieselsinter können aus Quellen ausgeschieden werden. Im Verbreitungsgebiet des Muschelkalkes (z. B. Thüringer Becken und Baden-Württemberg) finden sich größere Lager von Kalksinter, entweder als zellig-poröser K a l k t u f f (Jena) oder als dichter und fester T r a v e r t i n (Langensalza, Weimar, Cannstatt bei Stuttgart), die durch Absatz von Kalziumkarbonat unter Mitwirkung von im Wasser lebenden Algen, Moosen und höheren Pflanzen entstanden sind. Teilweise geht die Kalksinterbildung auch in der Gegenwart vor sich, wie an den Bächen der Steilküste Rügens zwischen Saßnitz und Stubbenkammer oder in der nördlichen Slowakei. Besonders die farbigen Travertine sind wertvolle Bau- und Werksteine, als polierte Platten auch in der Innenarchitektur zu gebrauchen (S. 556), während reiner Kalktuff für chemische Zwecke verwendet wird. Die wohl großartigsten Sinterbildungen sind die weißen Kieselsinter der heißen Quellen im Yellowstone-Nationalpark (USA), die bis zu 30 m mächtig werden. Ähnliche Bildungen finden sich in Neuseeland und auf Island.

Mehrfach wurde erwähnt, daß Karbonatgesteine, also Kalkstein und Dolomit, in kohlensäurehaltigem Wasser löslich sind. Diesem chemischen Vorgang steht die Lösung von Gips und von Gesteinen der Chloridgruppe (Steinsalz und Kalisalze) als rein physikalischer Prozeß gegenüber. In Gebieten, in denen Karbonatgesteine weit verbreitet sind, verursachen die unterirdisch zirkulierenden Wässer erhebliche Auflösungen und Zerstörungen der Gesteine. Die chemische Auflösung von Gesteinen bezeichnet man als **Korrosion**; sie geht besonders in den feuchtwarmen Tropen verstärkt vor sich. Eindrucksvoll ist die Kalksteinverwitterung im Karstgebirge auf der Halbinsel Istrien (Jugoslawien) entwickelt; deshalb werden ähnliche Erscheinungen in allen Kalkgebirgen der Erde **Karsterscheinungen** und die Vorgänge der Entstehung und Entwicklung der ober- und unterirdischen Karstphänomene **Verkarstung** genannt. Neben dem Kalk- und Dolomitkarst gibt es Gipskarst und Salzkarst, so daß unter **Karst** allgemein jedes Gebiet mit ober- und unterirdischen Erscheinungsformen von Destruktion wasserlöslicher Gesteine verstanden wird. Unter feuchtwarmen Klimabedingungen können auch in Silikatgesteinen, z. B. Graniten, karstartige Formen, **Pseudokarst** genannt, auftreten. Neuere Forschungen haben gelehrt, daß die Korrosion durch Erhöhung der Löslichkeit und/oder der Lösungsgeschwindigkeit erheblich verstärkt und beschleunigt werden kann. Eine Erhöhung der Lösungsgeschwindigkeit kann durch Konvektion erfolgen, die durch Dichteunterschiede und Temperaturgefälle bedingt ist. Eine Beschleunigung der Löslichkeit kann dadurch zustande kommen, daß sich zwei in chemischem Gleichgewicht befindlichen Wässer unterschiedlichen Kalkgehaltes miteinander mischen. Dabei tritt überschüssiges CO_2 auf, und die Lösung wird kalkaggressiv. Diese **Mischungskorrosion** ist von grundlegender Bedeutung für die Verkarstung im Berginneren. Die gleichen Vorgänge spielen sich ab, wenn zwei an Kalziumsulfat, $CaSO_4$, gesättigte Wässer mit verschiedenen Gehalten an Natriumchlorid, $NaCl$, vorhanden sind. Die Bedeutung der Mischungskorrosion für das Verständnis der unterirdischen Verkarstungsvorgänge hat der Schweizer A. BÖGLI (1964) besonders hervorgehoben; nachweislich sind diese Prozesse und ihre Auswirkungen auf die Karbonatgesteine aber bereits von den Sowjetwissenschaftlern BUNEYER und LAPTEW (1932 und 1939) beschrieben worden.

Im Karst erzeugt das zunächst oberirdisch abfließende Wasser im Gehänge mehrere Meter tiefe Rinnen und Furchen, die sich oft an der zutage liegenden Gesteinsoberfläche durch Korrosion im Bereich von Trennflächen (Klüfte, Schichtfugen, Störungen) ausbilden. Diese **Karren** oder **Schratten** (Rinnen- und Kluftkarren) werden von scharfen Graten getrennt. Über größerer unbedeckter Gesteinsoberfläche bilden sich Karren- oder Schrattenfelder (Tafel 19). Allmählich werden die Klüfte zu Spalten erweitert, das Wasser bahnt sich seinen Weg in die Tiefe und formt schließlich trichterartige Gebilde von oft mehr als 20 m Tiefe und einem Durchmesser von 2 bis 120 m, die **Karsttrichter**. Liegen mehrere Spalten unterschiedlicher Tiefe nebeneinander, so werden sie vom Wasser zu **Erdorgeln (geologische Orgeln)** umgestaltet, d. h., die Spalten werden zu einer Reihe kessel-, trichter- oder sackförmigen Austiefungen erweitert. Gelegentlich sind solche Erdorgeln mit Gesteinsschutt oder Verwitterungslehm gefüllt. Wachsen sie nach der Tiefe weiter, können sie sich mit unterirdischen Höhlensystemen verbinden und bilden als **Naturschächte** deren begehbare Zugänge.

Alle diese Gebilde und Vorgänge führen zum Entstehen kleinerer oder größerer Hohlräume unter der Erdoberfläche. Große **Höhlen** sind besonders für die Kalkgebirge bezeichnend, treten aber ebenso im Gips auf, während die Vorgänge in den Gesteinen der Chloridgruppen wegen deren dichtem Kristallgefüge und ihrer Plastizität anders verlaufen. Bekannte Höhlen finden sich im dalmatinischen, südfranzösischen, mährischen und slowakisch-ungarischen Karst. Sie dehnen sich oft weit aus und bilden ganze, gelegentlich mehrstöckige **Höhlensysteme** von mehr als 6, teilweise über 12 km Länge, in denen zu Sälen erweiterte Grotten von bisweilen 60 m Länge, 20 m Breite und 40 m Höhe durch schmale Gänge miteinander verbunden sind. Bekannte Höhlen in der DDR sind die Hermanns- und die Baumannshöhle in den devonischen Massenkalken des Unterharzes bei Rübeland und die Barbarossahöhle im Zechsteingebirge des Kyffhäusers. In der BRD finden sich große Höhlen in den Massenkalken des Malms der Schwäbischen Alb (Gutenberger Höhle, Nebelhöhle) und in der Frankenalb im Gebiet von Pottenstein. Die Höhle Demánova in der Niederen Tatra (ČSSR) erstreckt sich über 12 km und besitzt 5 Stockwerke. Die Domicahöhle im slowakischen Karst setzt sich jenseits der Staatsgrenze in Ungarn im Höhlensystem von Aggtelek fort.

Es wäre falsch, als Ursache für die Verkarstung allein oder vorwiegend Korrosionsvorgänge anzunehmen, wie es lange geschehen ist. Auf Klüften und Spalten, die sich ständig erweitern, tritt zur chemischen Lösung die mechanische Wirkung des in die Tiefe strömenden Wassers. Besonders in dickbankigen und massigen Kalksteinen bilden sich **Karstrinnen**, oft auch ein unterirdisches Flußnetz aus. Die Erhöhung der Fließgeschwindigkeit des in die Tiefe sinkenden Wassers führt zu einer Zunahme der **Erosion**. Es entstehen charakteristische, häufig trichterförmige Erosionskolke, die besonders an der Firste von Hohlräumen für deren Wachstum auch oben bedeutsam sind. Näpfchen- oder rippenförmige Fließfacetten (»scallops«) an Stößen und Sohlen von Höhlen ermöglichen Aussagen über die Fließrichtung und die Fließgeschwindigkeit des Wassers (Tafel 22). Sie sind vor allem im Gipskarst vielfach beobachtet worden, fehlen aber im Karbonatkarst keineswegs. Dort, wo das Lösungsmittel Wasser einer langsamen Verdunstung ausgesetzt ist, muß sich der gelöste kohlensaure Kalk wieder ausscheiden, oft schon an den Rändern der Spalten, aber besonders in Grotten und Höhlen. Hier tropft das Wasser von der Decke oder an den Wänden herab. Aus dem abgesetzten Kalk bilden sich

Tropfsteine und ähnliche Gebilde. Den von der Decke herabhängenden, nach unten wachsenden und oft dünneren **Stalaktiten** schieben sich von der Sohle die dickeren **Stalagmiten** entgegen (Tafel 20/21). Gelegentlich vereinigen sich beide zu aufrecht stehenden Säulen aus Kalksinter. Einzelne Stalaktiten werden über 10 m lang, der größte in Ungarn erreicht 20 m. Vielfach sind die Wände der Hohlräume mit Sinterkrusten überzogen, oder es bilden sich kunstvolle Vorhänge (Gardinen).

Wo Höhlen in nicht zu großer Tiefe entstanden sind, kommt es an der Erdoberfläche leicht zu Einstürzen. Dabei machen sich die Erschütterungen als Einsturzbeben (S. 214) bemerkbar. Die entstehenden Senken und Einbrüche ähneln denen, wie sie in Bergbaugebieten im Gefolge von Tiefbau zu beobachten sind. Kleinflächige, bruchartige, rasch ablaufende Verformungen der Festgesteinsoberfläche führen zu **Erdfällen** (Erdeinbrüchen). Einem solchen Versturz (Tafel 22) stehen langandauernde, großflächige Absenkungen gegenüber, deren Intensität sich kleinflächig periodisch verändern kann. Das Ergebnis sind **Senkungsmulden** verschiedener Ausbildung (Wanne, Trog, Trichter, Schüssel, Kessel u. a.), in deren Randbereich Zugspannungen auftreten, die die anstehenden Gesteine zum Zerreißen bringen, was sich im Entstehen von Rissen und klaffenden Spalten auswirkt (Tafel 22). Solche Erscheinungen sind in Auslaugungsgebieten ziemlich häufig, z. B. im Bereich des Zechsteingipses am Südrand des Harzes oder am Nordrand des Thüringer Waldes. Besonders im Verbreitungsgebiet des Steinsalzes entstehen über der flächenhaften Auslaugung (Ablaugung) durch die Wirkung des Grundwassers **(Subrosion)** an der Erdoberfläche flache Senken. Die Subrosionsflächen in der Tiefe sind in den leicht löslichen Salzgesteinen mehr oder weniger eben ausgebildet; bei horizontaler Lagerung heißen sie Salzspiegel, die bis 200 m unter Gelände liegen können. Bei geneigter Lage spricht man vom Salzhang.

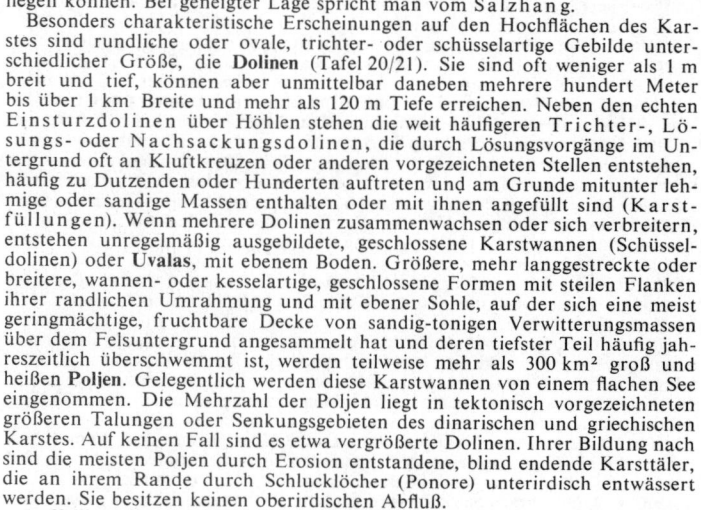

Besonders charakteristische Erscheinungen auf den Hochflächen des Karstes sind rundliche oder ovale, trichter- oder schüsselartige Gebilde unterschiedlicher Größe, die **Dolinen** (Tafel 20/21). Sie sind oft weniger als 1 m breit und tief, können aber unmittelbar daneben mehrere hundert Meter bis über 1 km Breite und mehr als 120 m Tiefe erreichen. Neben den echten Einsturzdolinen über Höhlen stehen die weit häufigeren Trichter-, Lösungs- oder Nachsackungsdolinen, die durch Lösungsvorgänge im Untergrund oft an Kluftkreuzen oder anderen vorgezeichneten Stellen entstehen, häufig zu Dutzenden oder Hunderten auftreten und am Grunde mitunter lehmige oder sandige Massen enthalten oder mit ihnen angefüllt sind (Karstfüllungen). Wenn mehrere Dolinen zusammenwachsen oder sich verbreitern, entstehen unregelmäßig ausgebildete, geschlossene Karstwannen (Schüsseldolinen) oder **Uvalas**, mit ebenem Boden. Größere, mehr langgestreckte oder breitere, wannen- oder kesselartige, geschlossene Formen mit steilen Flanken ihrer randlichen Umrahmung und mit ebener Sohle, auf der sich eine meist geringmächtige, fruchtbare Decke von sandig-tonigen Verwitterungsmassen über dem Felsuntergrund angesammelt hat und deren tiefster Teil häufig jahreszeitlich überschwemmt ist, werden teilweise mehr als 300 km² groß und heißen **Poljen**. Gelegentlich werden diese Karstwannen von einem flachen See eingenommen. Die Mehrzahl der Poljen liegt in tektonisch vorgezeichneten größeren Talungen oder Senkungsgebieten des dinarischen und griechischen Karstes. Auf keinen Fall sind es etwa vergrößerte Dolinen. Ihrer Bildung nach sind die meisten Poljen durch Erosion entstandene, blind endende Karsttäler, die an ihrem Rande durch Schlucklöcher (Ponore) unterirdisch entwässert werden. Sie besitzen keinen oberirdischen Abfluß.

Auffälliges Kennzeichen der Karstgebiete sind die **unterirdischen Wasserläufe**. Das in Bächen und Flüssen dahinfließende Wasser versinkt im Karst zunächst in schmalen Spalten der im Flußbett angeschnittenen Kalksteine in die Tiefe. Wenn sich die Spalten erweitern und zu oft aneinanderstoßenden Röhren werden, bilden sich im Flußbett **Ponore** (Schwalg-, Schwund-, Schlucklöcher, Katavothren), in welchen besonders zu Zeiten geringer Wasserführung das gesamte Flußwasser in die Tiefe sinkt, weshalb sie als **Schwinden** bezeichnet werden, die man in Bach-, Fluß-, See- und Meeresschwinden unterteilt. Die Höhlenforschung oder **Speläologie** hat in vielen Karstgebieten umfangreiche, unterirdische Flußsysteme entdeckt, die häufig Fortsetzungen oberirdischer Wasserläufe sind. Nach längerem und kürzerem unterirdischem Lauf tritt das Karstwasser in einem oft mehr als 20 m tiefen, rundlichen **Quelltrichter** (»Topf«) aus den Verengungen des Karstgerinnes mit erhöhter Geschwindigkeit sprudelnd azurblau wieder zutage und bildet eine in ihrer Schüttung oft erheblich schwankende **Karstquelle**. Neben großen Höhlenquellen sind also auch begrenzte Spaltenquellen vorhanden; beide Typen kommen häufig benachbart vor. Flußschwinden finden sich im Lauf von Ilm, Hörsel und Wilder Gera im Thüringer Muschelkalk. Am bekanntesten sind die Versinkungen der oberen Donau unterhalb von Immendingen, bei Möhringen und Tuttlingen im Bereich der klüftigen, massigen Kalksteine des Malms der Schwäbischen Alb. Bei Niedrigwasser versinkt das Donauwasser vollständig (das Flußbett ist trocken) und bei Hochwasser zu einem erheblichen Teil. Die **Vollversinkung** der Donau wurde erstmals im Jahr 1874 beobachtet und hat seitdem an Dauer

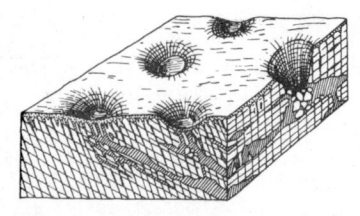

Entstehung von Dolinen an der Oberfläche einer Kalksteinhochfläche. Die linken drei Dolinen sind geschlossen. Am rechten Rande des Blockdiagramms ist eine eingestürzte Doline durchschnitten. Die Doline rechts vorn zeigt den Beginn der Entstehung einer Einsturzdoline (nach Kettner 1959)

ständig zugenommen, so daß sie in der Gegenwart infolge Verwilderung des Flußbettes rund 180 Tage im Jahr beträgt. Das Donauwasser tritt nach einem 12 km langen unterirdischen Weg etwa 70 m tiefer aus zwei Spalten in der Aachquelle bei Engen wieder zutage. Mit einer Schüttung von im Mittel 8,8 m^3/s ist diese Karstquelle die größte Quelle beider deutscher Staaten. Das dazu erforderliche Einzugsgebiet umfaßt 250 bis 350 km^2, während es nach den orographischen Verhältnissen nur 9,5 km^2 einnehmen würde (H. Hötzl 1970). Neue Untersuchungen im ungewöhnlich trockenen Herbst 1971 haben gezeigt, daß die mittlere Fließgeschwindigkeit im Gebiet der Donauversinkung-Aachquelle bei extremer Trockenheit etwa halb so groß ist wie bei Hochwasser, d. h., eine etwa zehnfach größere Durchflußmenge bewirkt lediglich eine Verdopplung der Durchflußgeschwindigkeit. In den Beobachtungsjahren zwischen 1877 und 1971 schwankte die mittlere Durchflußzeit zwischen 53 und 106 Stunden, die mittlere Fließgeschwindigkeit zwischen 251 und 126 m^3/h, die Schüttung der Aachquelle zwischen 14,9 m^3/s und 1,7 m^3/s (W. Käss, H. Hötzl 1973). Da die Wasserwegsamkeit im Karst allein an Spalten und andere Hohlräume gebunden ist, in denen sich das Wasser in Abhängigkeit von der Wandreibung nach dem Gesetz kommunizierender Röhren einstellt, kann im Karst kein zusammenhängender Grundwasserspiegel ausgebildet sein. Wasser in den Hohlräumen verkarsteter Gesteine heißt **Karstwasser**. Liegen die verkarsteten Gesteinsmassen auf einem undurchlässigen Sockel oberhalb des Talbodens, fließt das Wasser in stark niederschlagsabhängigen Schichtquellen rasch ab, so daß ein nur wenig tiefer Grundwasser- und kein zusammenhängender Karstwasserkörper (Karstwasseraquifer) ausgebildet wird **(seichter Karst** nach R. Gradmann). Wo im Zusammenhang mit dem Gebirgsbau und der Lage der Vorfluter die verkarsteten Schichten unter die Talböden der Nebentäler reichen, sind Spalten und Höhlen bis zur undurchlässigen Unterlage mit Grundwasser angefüllt **(tiefer Karst)**. Vielfach bildet der tiefe Karst ein geschlossenes Hohlraumsystem. Es gibt aber auch Karstwassergebiete, die selbständig nebeneinander liegen, d. h. jeweils ein eigenes, genau umgrenztes Einzugsgebiet haben. Wenn wasserreiche Karstquellen in ihrer Schüttung nur geringen Schwankungen unterliegen und das Wasser den hygienischen Anforderungen entspricht, wie im tiefen Karst, bilden die Karstquellen die Grundlage für größere zentrale und Gruppenwasserversorgungen.

In den feuchtheißen Tropen und feuchtwarmen Subtropen verläuft die Verkarstung viel intensiver als in den humiden Gebieten der gemäßigten Zonen und im mediterranen Karst, der Übergangsformen zeigt. Kennzeichnend für die tropische Karstlandschaft sind zahlreiche, teilweise bis 200 m hohe, meist ziemlich steile Einzelberge des **Turm-** oder **Kegelkarstes** (Tafel 19), nach einem westindischen Ausdruck **Mogoten** genannt, die oftmals Höhlen und an ihrer Oberfläche Karren aufweisen. Die Ebene, über der die Einzelberge aufragen, erweitert sich an den Rändern zu einer **Karstrandebene**, die häufig mit einer rötlichen sandig-tonigen Verwitterungsschicht bedeckt ist. Unter der dünnen Decke steht der Kalkstein an. Auch dolinen- oder poljenartige Gebilde – Cocpits genannt – sind zwischen den Mogoten ausgebildet.

Wenn auch die Löslichkeit des Kohlendioxids im Wasser mit steigender Wassertemperatur erheblich abnimmt, so sind in tropischen Breiten weit höhere Niederschläge und mehr Kohlendioxid vorhanden als in den gemäßigten Zonen. Die üppige tropische Vegetation wird bei höheren Temperaturen mikrobiell außerordentlich rasch zersetzt. Dazu kommen ein höherer Dissoziationsgrad und ein niedrigerer pH-Wert des Wassers, so daß das Angriffsvermögen erhöht ist. Daher muß die Verkarstung viel schneller und intensiver vor sich gehen als unter den Bedingungen eines kühleren Klimas.

In Räumen ohne flüssiges Wasser, wie in den Glazial- und Periglazialgebieten sowie während des Eiszeitalters erscheint eine Verkarstung ebensowenig möglich wie in den ariden Zonen der Wüste. Hier herrscht physikalisch-mechanische, nicht chemische Verwitterung, weil das Wasser als Lösungsmittel fehlt. Sowjetische Forscher (N. A. Gwosdezki u. a.) haben aber gezeigt, daß im Gebiet der Sibirischen Tafel durchaus eine Oberflächenverkarstung in der sommerlichen Jahreszeit stattfindet, die an die Wasserzirkulation in der Auftauzone über dem Dauerfrostboden gebunden ist. Während des Pleistozäns ist eine gewisse Weiterentwicklung der Verkarstung in den Warmzeiten vor sich gegangen, weil in diesen Perioden der Dauerfrostboden die Spalten und Poren der Gesteine für Versickerung und Versinkung nicht »plombiert« hatte.

Daß in unseren Breiten eine besonders intensive Verkarstung bereits im Tertiär und in älteren Zeiten unter mehr oder weniger feuchtwarmen tropischen Klimabedingungen erfolgt ist, dafür sprechen tropische Karstformen, die sich in Thüringen, Polen, Ungarn und anderen Ländern teilweise bis heute erhalten haben **(Paläokarst)**. So trifft man z. B. in alten Karstspalten Reste tertiärer Böden und Sedimente, die in der Umgebung längst der Abtragung anheimgefallen sind. Im Flußgebiet der oberen Lena hat I. W. Popow (1972) in unterkambrischen Kalksteinen eine mittelkambrische, prä- und postjurassische, am östlichen Rand der Sibirischen Tafel eine tertiäre, frühquartäre und rezente Verkarstung nachweisen können. Aus dem Gebiet des Dauerfrostbodens am Jenissej wurden große Poljen und Dolinen beschrieben. Abschließend sei noch erwähnt, daß J. G. ZÖTL (1974) auch aus dem ariden Bereich der östlichen Arabischen Tafel Karstquellen erwähnt, die an eine unterirdische Entwässerung innerhalb alter Karstwassersysteme gebunden sind. R. Hohl

Sedimentologie (Lithologie)

Die Vorstellungen über die Bildung der Sedimentgesteine werden unter dem Begriff der **Sedimentologie** zusammengefaßt. Auch die Bezeichnung **Lithologie** ist üblich, d. h., in der Sedimentforschung werden unterschiedliche Begriffe verwendet. Johannes WALTHER (1860–1937), einer der Begründer der modernen Sedimentforschung, nennt den Vorgang der Sedimentbildung **Lithogenie** und die allgemeinen Probleme der Gesteinsentstehung **Lithologie**. Die Lithogenie hat die Entstehung der fossilen Gesteine durch Untersuchungen der rezenten gesteinsbildenden Vorgänge zu erforschen. Sowjetische Forscher (RUCHIN 1960) definieren Lithologie als Lehre von den Sedimentgesteinen und deren Bildungsprozessen. In der westeuropäischen und amerikanischen Literatur wird unter Lithologie dagegen die makroskopische Beschreibung der Gesteinsfolge, auch der Magmatite und Metamorphite verstanden. Für den Prozeß der Sedimentbildung setzte sich der Begriff **Sedimentologie** durch. Parallel verwendet man dafür auch **Sedimentation** (TWENHOFEL 1961).

Die Sedimentologie (Lithologie) beschäftigt sich mit dem sedimentären Material, seiner Ablagerung und Herkunft sowie dem Transport und der Verfestigung nach der Ablagerung (Diagenese). Weiter gehört zur Sedimentologie die Analyse der Sedimentationsräume und Abtragungsgebiete zwecks Rekonstruktion der paläogeographischen Verhältnisse. Nach KUKAL (1970) erforscht die Sedimentologie die aus den rezenten Sedimentationsprozessen ableitbaren Prinzipien für die Rekonstruktion der fossilen Ablagerungsbedingungen (Prinzip des Aktualismus).

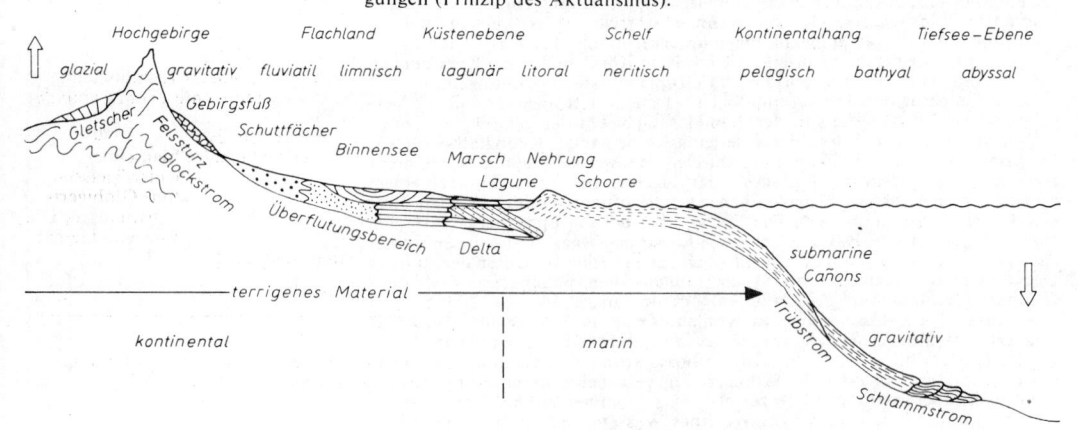

Die Bildungsräume sedimentärer Gesteine (Idealschnitt)

Die Bildung der Sedimente ist ein sehr komplexer Vorgang, wie die Vielzahl der Sedimentgesteine zeigt. Sedimente gestatten im allgemeinen die Rekonstruktion ihrer Bildungsbedingungen, vor allem dann, wenn in ihnen Zeugen vergangenen Lebens, die Fossilien, eingebettet sind. Die Untersuchung der Sedimente kann sich deshalb nicht allein auf die stoffliche Analyse (Sedimentpetrographie, Geochemie) beschränken, sondern muß ebenso die Analyse der sedimentären Gefüge (Strömungsanalyse), der Bildungsbedingungen (Faziesanalyse) sowie der Abfolgen der Sedimente in Raum und Zeit (Formationsanalyse) beinhalten. Die Lehre von den sedimentpetrographischen und sedimentologischen Merkmalen wird auch unter der Bezeichnung **Sedimentpetrologie** zusammengefaßt (v. ENGELHARDT, FÜCHTBAUER und MÜLLER 1964/1972).

Sedimentäre Gefüge und Strukturen klastischer Sedimente

Die sedimentären Gefüge und Strukturen sind die im Sediment fixierten Merkmale, die während oder kurz nach der Ablagerung der Sedimentpartikeln entstanden sind. Da sie sich unabhängig von der Verfestigung der Ablagerungen (Diagenese) gebildet haben, spricht man von primären sedimentären Gefügen und Strukturen. Die sedimentären Gefüge betreffen die Kornverbindungen, die sedimentären Strukturen umfassen dagegen größere Bereiche. Charakteristikum der Sedimente und ihre wichtigste Struktur ist die **Schichtung**. Gefüge und Strukturen gehören eng zusammen. Sedimentstrukturen sind von der Art der Sedimentgefüge, nicht aber von der Korngröße

Geologische Kräfte	Transportart	Ablagerungsraum	Sedimentart
Verwitterung, z. B. Frost, Karst, Insolation, Desquamation	kein Transport	am Ort entstanden (autochthen)	Verwitterungsschutte, z. B. Frostschutt, Karstschutt, Insolationsschutt, Besquamationsschutt
Schwerkraft (Gravitation)	gravitativ Blockströme Schlammströme Suspensionsströme	Hangfüße der Gebirge, Täler bzw. Talhänge, Kontinentalhang, submarine Cañons	Steinschlagschutt, Hangschutt, Wanderschutt, Frane, Olisthostrome, Turbidite
Eis (Gletschererosion)	glazial glazilimnisch	Moränen-(Eis-)Stauseen	Geschiebemergel, Geschiebelehm, Bändertone
Wasser (Erosion)	pluvial	Fußflächen der Gebirge, Schwemmfächer	Fußflächenschutt, Schwemmschutt
	fluvial	Flußrinnen	Kies, Grobsand (Strombettsedimente)
	fluviatil	Gleithang	Kies, Sand (Grob-Fein)
		Überflutungsbereich	Terrassenschotter (Kies-Sand) (gut sortiert)
		Sandbänke	Sand-Schluff
		Schuttfächer	Grobsand (schlecht sortiert)
		Küstenebenen	Schluff und Ton
		Delta: Vorderdelta	Schluffiger Ton, Ton
		Deltafront	toniger Schluff
		Deltahang	schichtiger Schluff und Sand
		Deltaebene	schluffiger Sand, schluffiger Ton, Schlick
	limnisch	Binnenseen	Sand, Schluff, Ton, Schlick
	litoral	Küste	
	Brandungsströmung	Schorre	Brandungsschutt
	Ripströmung	Dünen, Sandbänke	Sande
	Gezeitenströmung	Nehrung	
		Haff, Ästuar, Lagune	Sand, Schluff, Ton
	Wellenströmung	Flachschelf	neritische Sedimente (Schluff, Ton)
	Suspensionsströmung	Tiefschelf	pelagische Sedimente (Ton, Laminite)
	Suspensionsströme	Kontinentalhang	Turbidite
		submarine Cañons	terrigener Schlick
		Tiefsee-Ebenen	abyssale Sedimente: Blauschlick, Roter Tiefseeton, Globigerinenschlamm, Diatomeenschlamm
Wind	äolisch	Dünen Wüsten	Sand, Staubsand
		periglaziale Wüsten	Löß

Tab. Die geologische Verteilung klastischer Sedimente

oder der stofflichen Zusammensetzung der Körner abhängig. Auf die Gefüge und Strukturen besitzen aber die Formen, Größen (Durchmesser) und Verteilung der Körner einen wesentlichen Einfluß. Die Gefüge und Strukturen der Sedimente kommen durch Strömungen, durch Wasser, Eis, Wind und Schwerkraft, gerichtete Bewegungen (Transport) oder (in geringerem Maße) durch Verformungen zustande. Gefüge und Strukturen sind deshalb häufig gerichtet. Als Abbildung der sedimentären Prozesse können sie deshalb erfolgreich für die Rekonstruktion der Ablagerungsbedingungen herangezogen werden, z. B. für die Analyse von Becken.

Der Transport des sedimentären Materials

Im Kreislauf der Stoffe ist der Transport des auf den Festländern durch die Verwitterung aufbereiteten Lockermaterials vom Abtragungs- zum Ablagerungsraum von grundlegender Bedeutung. Abhängig vom im Abtragungsgebiet herrschenden Klima, bedingt durch das Oberflächenrelief, die Art des transportierenden Mediums und des Materials, gibt es verschiedene Transportmechanismen.

Die Beziehungen zwischen Transport, Ablagerungsraum und Sedimentart zeigt die Tabelle. Der Sedimenttransport erfolgt in laminar oder turbulent fließenden Medien. Bei geringen Geschwindigkeiten strömt das Wasser laminar, d. h., die einzelnen Wasserschichten gleiten, ohne sich zu vermischen, übereinander. Schon bei geringer Erhöhung der Fließgeschwindigkeiten geht die Bewegung in die turbulente, ungeordnete Strömung über, die infolge höherer Energie und Dichte gröberes Material wie Kies und Schotter zu transportieren vermag. Die Dichte wird vor allem durch suspendiertes Material hervorgerufen. Suspensionen zeichnen sich durch eine geringere Sinkgeschwindigkeit der Teilchen aus. Je stärker die Teilchen von der Kugelgestalt abweichen, desto mehr vermindert sich die Sinkgeschwindigkeit.

Für die Länge des Transportweges (L) eines bei laminarer Strömung suspendierten Teilchens gilt nach v. ENGELHARDT $L = \dfrac{h\,u}{v}$, wobei h die Wassertiefe, u die Strömungs- und v die Sinkgeschwindigkeit ist. Als Suspension kann bei turbulenter Strömung auch gröberes Material größere Strecken zurücklegen. Am Boden von Strömungen bilden rollende Körner stromabwärts wandernde Strömungsrippeln, und bei höheren Geschwindigkeiten bewegen sich die Körner springend in einer Bodensuspension.

Meeresströmungen transportieren Suspensionsfracht. Die Reichweite des Transportes wird von der Geschwindigkeit und der Turbulenz der Strömung, der Tiefe des Wassers und der Sinkgeschwindigkeit der Partikeln bestimmt. In der Flachsee wird das Material durch Wellenbewegung verfrachtet. Die Ausbreitungsrichtung der Wellen ist zugleich auch eine Richtung des Sedimenttransportes. Bei Neigungen, wie sie am Kontinentalhang herrschen ($> 3{,}5°$), können unter dem Einfluß der Schwerkraft unverfestigte Sedimente in Bewegung geraten, was zu subaquatischen Rutschungen führt: Es bilden sich Suspensions- und Schlammströme, durch die zuvor abgelagerte Sedimente umgelagert und weit bis in die Tiefsee-Ebenen verfrachtet werden (vgl. dazu »Meeresgeologie«, S. 157). Diese Trübeströme (»turbidity currents«) gehören zu den wichtigsten Prozessen der marinen Sedimentbildung, und ihre Bildungen finden sich fossil in den geosynklinalen Sedimenten des Flyschstadiums der Tektogene. Man nennt sie Turbidite. Die an geneigten Flächen lagernden Sedimente rutschen hangabwärts, wenn die kritische, von der inneren Reibung bzw. Fließgrenze abhängige Schichtdicke überschritten wird. Setzt der Porenwasserdruck den Reibungskoeffizienten herab, beschleunigt sich dieser Prozeß. Eine weitere Rolle spielt dabei das thixotrope Verhalten der wassererfüllten Sedimente, die durch Erschütterungen (Erdbeben, Vulkanausbrüche) plötzlich »verflüssigt« werden können. Unter dem Einfluß der Schwerkraft werden nicht nur unverfestigte Sedimente in Suspensionen umgelagert, sondern es werden auch, subaerisch oder submarin, feste Gesteinsmassen verlagert. Zwischen dem Transport in Suspensionen und der an Gleitbahnen gebundenen gravitativen Bewegung bereits verfestigter Gesteinsmassen bestehen Übergänge. HOEDEMAKER (1976) bezeichnet den Vorgang der gravitativen Sedimentbildung als **Delapsion** (Tab.).

Tab. Die delapsionalen (gravitativen) Sedimente (nach HOEDEMAKER 1976)

Art der Massenverlagerung	Gesteinsbezeichnungen
1) Delapsion nichtbindiger Massen (Gesteinsbruchstücke) entlang von Gleitflächen	Gleitklippen, Exoolistholithe, Olisthotrymmata
2) Delapsion nichtbindiger Massen (Gesteinsbruchstücke) in bindigem Material	
a) Olisthostromierung ohne Seigerung des Materials (ungeschichtet)	Olisthostrome Endoolisthostrome
b) Schlammstromablagerungen mit Seigerung des Materials (mudflows) (geschichtet)	Schlammstromablagerungen (slumping) Fluxoturbidite
3) Bildung von Suspensionen während der Delapsion durch Trübeströme (turbidity currents)	Turbidite
4) Kornlawinen Bewegung loser Körner (ohne Kohäsion)	Konglomerate Kiese Sande
5) Gesteinslawinen Bewegung von Gesteinsbruchstücken ohne Bindemittel (rock fall)	Blockschutt (screes)

Für den Transport sedimentären Materials in Flüssen (vgl. auch »Fluviale Prozesse«, S. 142) besitzen Gefälle, Tiefe und mittlere Geschwindigkeit die größte Bedeutung. Trotz zunehmender Wasserführung von der Quelle bis zur Mündung läßt die Transportkraft in dieser Richtung nach, weil Gefälle und Strömungsgeschwindigkeit geringer werden. Boden- und Schwebfracht werden dann abgelagert, wenn die für den rollenden und springenden Transport der Teilchen notwendigen Kräfte oder Schubspannungen fehlen. Dagegen kann suspendiertes, feineres Material weiter transportiert werden. Die Ablagerungen der Flußrinnen, die Strombettsedimente, bestehen aus Bodenfracht, die in Sand- und Kiesbänken abgelagert wird. Charakteristisch sind die schräggeschichteten Transportkörper der Strömungsrippeln und Sandbänke.

Die plattigen Gerölle sind dachziegelartig gelagert (Imbrikation), d. h., ihre parallel zur Stromrichtung orientierten Längsachsen sind mit 15 bis 30° gegen die Strömung geneigt. Außerhalb der Flußbetten ist die Transportkraft in den Überflutungsbereichen durch geringeres Gefälle und flacheres Wasser deutlich herabgesetzt. Die Sedimente sind schlecht sortiert; statt einer strömungsgerichteten Schrägschichtung herrscht eine vertikale Gradierung der Korngrößen vor, weshalb die gröberen Anteile in den unteren Lagen dominieren (Abb.). Verlegt sich der Fluß tiefer und fallen die Überflutungsbereiche trocken, bilden sich die Flußterrassen, die durch ihre Höhenlage und die qualitative Zusammensetzung der Schotterkörper Auskunft über die Flußrichtung und die Talgeschichte geben.

Beim Einmünden von Flüssen in Absenkungsräume wie Seen oder Meeresbecken entstehen keilförmig gestaltete Sedimentakkumulationen, die **Deltas**. In den Stromrinnen lagern sich Sande ab, während die Aufschüttungsebenen und Uferdämme der Rinnen von feinkörnigen Sedimenten (Tonen und Schluffen) eingenommen werden, die aus der Suspensionsfracht stammen. Die Stromrinnen der Deltas erstrecken sich weit beckenwärts und enden mit Aufschüttungskegeln aus der Boden- und Suspensionsfracht.

Die Sedimentation (vgl. Kapitel »Meeresgeologie«, S. 157) an den Küsten hängt davon ab, ob eine stabile Küstenlinie vorliegt oder ob sich die Küste infolge Absenkung landeinwärts verschiebt (**Transgression**) oder infolge Hebung sich seewärts verlagert (**Regression**).

Wie im Wasser werden auch in der Luft Suspensions- und Bodentransport unterschieden. Die suspendierte Schwebfracht umfaßt die feinsten Teilchen, die Bodenfracht besteht dagegen aus Sandkörnern, die sich nur springend oder überhaupt nicht (kriechender Transport) von ihrer Unterlage entfernen. Der Schwebstofftransport erfolgt in den Staubstürmen (z. B. Lößstürme, Afghannez), der Bodentransport in den Sandstürmen der Wüsten, in denen es zur Ausbildung der Wanderdünen kommt. Auf sandigem Untergrund führt kriechender und springender Bodentransport zu Rippeln, deren Kämme senkrecht zur Windrichtung verlaufen.

Der glaziale Transport ist an die teils plastisch fließenden, teils laminar gleitenden Eismassen der Gletscher gebunden. Vorbedingung für solche Bewegungen sind stets ein Gefälle der Eisoberfläche und die unterschiedliche Plastizität des Eises, die vom starren Verhalten des Oberflächeneises bis zu hoher Plastizität der tiefen Teile reicht. Zusätzlich bilden sich laminare Gleitflächen aus. Die glaziale Sedimentation steht in Beziehung zum Abtauvorgang. Beim Vorrücken der Gletscher nimmt das Eis aus dem Untergrund den Grundschutt auf. Der Oberflächenschutt stürzt aus der Umgebung auf das Eis. Der ausgetaute Schutt bildet die Grundmoräne. Die zerdrückten, abgeschliffenen, gekritzten und polierten Geschiebe befinden sich in einem sandig-tonigmergeligen Brei. Die Längsachsen der stromlinienförmigen kleineren Geschiebe sind in die Bewegungsrichtung des Eises eingeregelt, die größeren Geschiebe rollen dagegen quer zu ihren Längsachsen (vgl. auch »Glaziale Prozesse«, S. 147).

etwa 5 cm

Gradierte Schichtung nach Grumbt

Die Bestandteile der klastischen Sedimente – Gerölle, Körner, Partikeln – erfahren beim Transport Veränderungen, die stoffliche Verteilung, Größe und Form betreffen. Während des Transportes wird die Fracht chemisch und mechanisch beansprucht (Korrasion). Dabei erfolgt eine stoffliche Auslese und eine Anreicherung, indem Lösliches gelöst (z. B. Kalkstein) und weniger Festes zerrieben wird (z. B. Granit). Zuletzt bleiben Quarzkörner oder Körner von Kieselgesteinen wie Quarzit oder Kieselschiefer zurück. Deshalb gibt das statistische Erfassen des Geröllbestandes eines Schotters (**Petrogramm**) keineswegs die Zusammensetzung des geologischen Untergrundes im Herkunftsgebiet der Gerölle wieder. Charakteristisch für das Einzugsgebiet, z. B. eines Flusses, sind nur die Leitgerölle.

Durch die mechanische Beanspruchung wird im wesentlichen nur die Größe und Gestalt der Bodenfracht verändert. Wenn der Transport zu vollständiger Selektion der nicht widerständigen Teilchen führt und die verbleibenden Körner die ideale Kugelgestalt annehmen, spricht man von **reifen** Sedimenten. Dagegen sind **unreife** Sedimente bunt zusammengesetzt und enthalten eckige

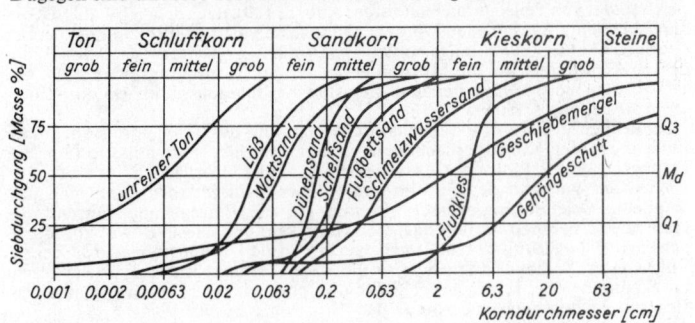

Sedimentkörner und Sedimentpartikeln

Kornverteilungskurven ausgewählter klastischer Sedimente

Parameter nach Trask	Fluviatiler Faziesbereich		Äolischer Faziesbereich		Mariner Faziesbereich		
	Strombett u. Gleithang	Überflutungsbereich	Dünen	Flugsand	Strand	Watten- u. Schelfbereich	Kontinentalhang
Sortierung $So = Q_3/Q_1$	> 1,3	> 2	< 1,2	> 1,2	1,1–1,23	> 1,2	
Schiefe $Sk = Q_1Q_3/Md$	> 1	< 1	> 1	< 1	> 1	> 1	< 1
Median Md			0,15 bis 0,35 mm	< 0,1 mm	0,1 bis 0,3 mm		
Bemerkungen	starker, vertikaler Korngrößenwechsel		schwacher, vertikaler Korngrößenwechsel			> 100 m Wassertiefe ist Silt vorherrschend	Suspensionsströme, größeres Material mit starkem vertikalem Korngrößenwechsel
	energiereiches Milieu		energiereiches Milieu		energiereiches Milieu		

Tab. Korncharakteristik ausgewählter Faziesbereiche (nach FÜCHTBAUER und MÜLLER 1970)

Bruchstücke, wie Grauwacken. Reife Sedimente sind stofflich verarmt und bestehen z. B. nur aus gleichkörnigen Quarzkörnern. Den Reifegrad eines Sedimentes bestimmt man durch die quantitative und qualitative Untersuchung von Korngröße, Kornform und Kornoberfläche. Die Korngrößen werden durch Sieben (bis 0,02 mm Korndurchmesser) und Schlämmen (ab 0,02 mm) bestimmt; die Korngrößenintervalle bezeichnet man als **Fraktionen**. Die Darstellung erfolgt in Histogrammen, Kornverteilungs- und Summenkurven (Abb. S. 127). Zum Kennzeichnen der Korngrößenverteilung dienen die aus den Verteilungs- und Summenkurven abgeleiteten Größen:

Perzentil P_n – Korngröße, für die die Summenhäufigkeit $n\%$ ist
Quartile $Q_1 = P_{25}; Q_3 = P_{75}$
Median $Md = Q_2 = P_{50}$
Sortierung $So = \sqrt{Q_3/Q_1}$
Schiefe $Sk = Q_1Q_2/(Md)^2$
Modal M = Durchmesser der am häufigsten vorkommenden Kornart.

In der Verteilungskurve liegt M im Maximum, in der Summenkurve ist M der Wendepunkt. Der Wert für So ist um so kleiner, je besser die Sortierung ist. Überwiegen gröbere Bestandteile, ist Sk größer als 1; dominieren feinere Bestandteile, dann ist Sk kleiner als 1 (vgl. Tab. oben).
Für die Beschreibung der Kornform besitzen die Bestimmung der Größen der drei senkrecht aufeinander stehenden Hauptdurchmesser ($a > b > c$), die aus ihnen zu bildenden Verhältnisse und die Rundung die größte Bedeutung. Nach diesen Verhältnissen $\alpha = b/a$ und $\gamma = c/b$ hat ZINGG vier Formklassen unterschieden (Tab. links).

	$\alpha = b/a$	$\gamma = c/b$
flach	> 0,67	< 0,67
kugelig	> 0,67	> 0,67
stengelig	< 0,67	> 0,67
flachstengelig	< 0,67	< 0,67

Von den zahlreichen, in der Kornmorphometrie verwendeten Indizes sei der Abplattungsindex nach CAILLEUX $A = a + b/2c \cdot 100$ erwähnt. Die wirksamsten Formindizes sind solche, die ein Maß für die Rundung ergeben, d. h. mit deren Hilfe die Verteilung der Krümmungsradien bestimmt wird. Der Rundungsgrad ist hoch, wenn der Krümmungsradius auf der gesamten Oberfläche nahezu gleich ist (Kugel), er ist besonders gering, wenn Bereiche mit kleinen Krümmungsradien (Ecken, Kanten) auftreten. Auch für die Fixierung der Rundung in **Morphogrammen** gibt es verschiedene Indizes. Um die aufwendige Messung der Krümmungsradien zu ersparen, verwendet man zum visuellen Vergleich Bilder von Teilchenquerschnitten (Abb. S. 129), nach denen bis zu 10 Rundungsklassen ausgeschieden werden. Diese lassen sich im Prinzip auf die vier Gruppen »kantig«, »kantengerundet«, »gerundet« und »stark gerundet« reduzieren. Als Beispiel für die Morphometrie sei der Zurundungsindex $Z = 2r/a$ nach CAILLEUX erwähnt, der den kleinsten Krümmungsradius (r) zur Länge (a) in Beziehung setzt.

Schließlich hinterläßt die mechanische Wirkung des Transportes auch Veränderungen der Kornoberflächen. Man unterscheidet glatt polierte (mariner Transport), matte (äolischer Transport) und rauhe Oberflächen.
Wird der Verband der Gerölle und Körner nicht zerstört, kann man ihre räumliche Orientierung messen. Einfluß auf die Einregelung während des Transportes nehmen Strömungsgeschwindigkeit und Gestalt. Auf die dachziegelartige Lagerung der plattigen Gerölle in den Flußbetten wurde bereits hingewiesen. Solange längliche Gerölle rollen, orientieren sie sich senkrecht zur Strömung, bei schwächerer Strömung parallel, und zwar meist mit dem dickeren Ende gegen die Strömung.

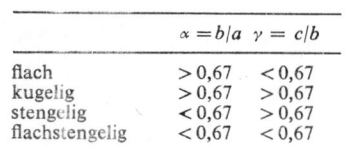

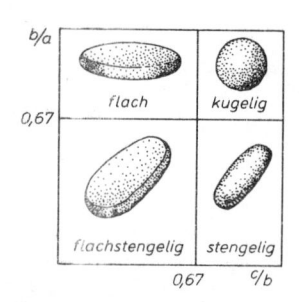

Formklassen klastischer Sedimentkörner nach Zingg

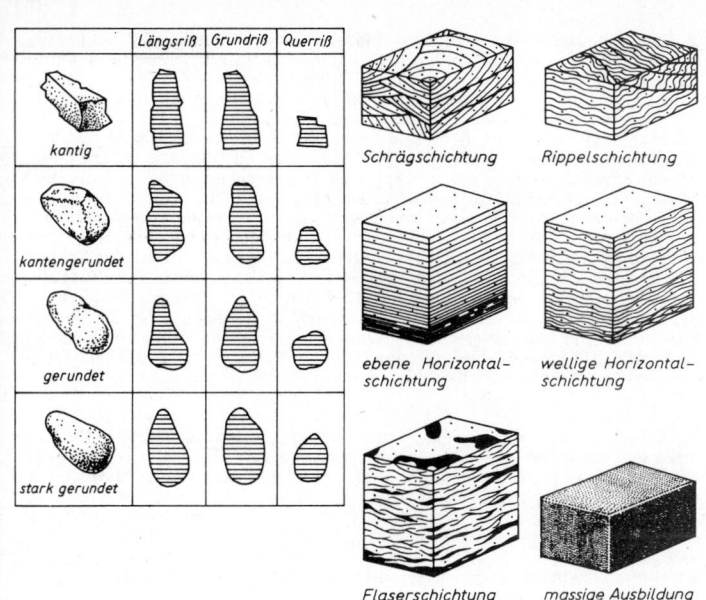

Rundungsklassen klastischer Sedimentkörner nach Reichelt

Schichtungstypen klastischer Sedimente nach Grumbt

Die Schichtung

Sedimente sind im allgemeinen geschichtet. Man unterscheidet zwei Schichtungsgruppen, die Horizontal- und die Schrägschichtung (Abb.). Die Grundeinheit der Schichtung ist die stofflich homogene Einzelschicht, die sich durch korngrößenabhängige Mächtigkeit (Dicke), seitliche Ausdehnung (zumeist linsenförmige Körper) und das Korngefüge auszeichnet. Jede Schicht wird von Schichtflächen begrenzt. Schichtung ist im wesentlichen unter konstanten physikalischen Bedingungen entstanden. Ein aus einer oder mehreren Schichten bestehendes Schichtpaket ist die Bank, die durch Fugen gegen ihr Liegendes und ihr Hangendes abgegrenzt wird. Die Einzelschichten (Straten) bauen sich aus Feinschichten (Laminen) auf, die die Grundelemente des Lagengefüges der Sedimente im Millimeter-Zentimeter-Bereich bilden.

Die Schichten bauen **Abfolgen (Sequenzen)** auf, die sich vertikal und horizontal ablösen können. Die Abfolgen charakterisieren die Schichtungstypen (Abb.). Flaser- und Linsenschichtung entsteht bei pulsierenden Strömungen in flachen Becken, z. B. die Watt- und Flachmeerablagerungen bei Strömungsgeschwindigkeiten im Mittel von < 30 cm/s (**Linsenschichten**) oder < 20 cm/s (**Flaserschichten**). Die **Horizontalschichten** bestehen aus hellen Sandlagen im Wechsel mit dunklen Schluff- und Tonlaminen. Solche Gebilde entstehen unter ruhigen Bedingungen, z. B. in stagnierenden Gewässern oder in den Überflutungsbereichen der Flüsse bei Fließgeschwindigkeiten unter 20 cm/s. **Schrägschichten** sind tafelig oder bogig ausgebildet. Bei der tafeligen Schrägschichtung sind die Berührungsflächen der Schrägschichtungskörper eben. Bei der bogigen Schrägschichtung besitzen die trogförmigen Schrägschichtungskörper gekrümmte Berührungsflächen. Zwischen beiden Schichtungstypen bestehen Übergänge. Für die Klassifikation der Schichtung sind die mittleren Korngrößen und die Mächtigkeiten der Sequenzen (Seriendicke und Serienhöhe) wichtig, da zwischen ihnen eine direkte Beziehung besteht.

Bei den Schrägschichten werden nach GRUMBT Mikroschrägschichten, klein-, mittel- und großdimensionale Schrägschichten sowie Megaschrägschichten unterschieden. Die Mikroschrägschichtung besitzt eine Serienhöhe bis zu 2 cm und läßt sich in Mikroschrägschichtung und Rippelschichtung unterteilen. Die Rippelschichtung tritt in feinkörnigen, englaminierten Sandsteinen auf und besteht aus parallel angeordneten Wellenrippeln mit flachansteigenden Luv- und steileren Leehängen (Abb.). Bei der Mikroschrägschichtung sind die Wellenberge der Rippeln durch Erosion gekappt. Die Schrägschichtungskörper erreichen nur bis zu 10 cm Breite, 2 cm Höhe und 20 bis 30 cm Länge. Solche Formen entstehen in Seen und fließenden Gewässern mit geringen Fließgeschwindigkeiten.

Die kleindimensionalen Schrägschichten (Serienhöhe 2 bis 20 cm) besitzen noch eine enge Lamination. Die Dimensionen der Schrägschichtungskörper erreichen das 5- bis 10fache der Serienhöhen. Realisiert sind die kleindimensionalen Schrägschichten in verwilderten Flußsystemen mit Strömungsgeschwindigkeiten zwischen 75 und 110 cm/s.

Die mitteldimensionalen Schrägschichten (Serienhöhen 20 bis 200 cm) be-

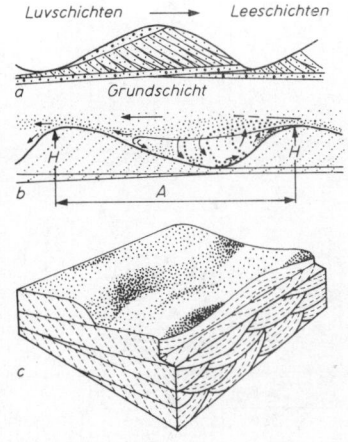

Rippeln nach Reineck und Singh

stehen aus bogigen Schichtkörpern und aus ebenen Blättern. Feinschichtung tritt zurück, die Laminen werden bis zu 10 cm mächtig. Die Ausdehnung der Schrägschichtungskörper beträgt das 5- bis 10fache dieser Mächtigkeit. Die Schichten bilden sich in verwilderten Flußsystemen, in Küstenströmungen und im Flachmeer bei mittleren Strömungsgeschwindigkeiten.

Die großdimensionalen Schrägschichten mit Serienhöhen von 2 bis 20 m sind typische Hochwasserablagerungen und treten auch in den Deltarändern auf. Korngrößen und Laminendicken sind entsprechend grob, und die Ausdehnung der Schrägschichtungskörper erlangt ansehnliche Ausmaße.

Zwischen Schichtmächtigkeiten und Korngrößen bestehen komplizierte Zusammenhänge. GRUMBT hat festgestellt, daß die Mächtigkeit von Sandsteinschichten in direkter Beziehung zur mittleren Korngröße und die der Schluff- und Tonsteinschichten in indirekter Beziehung dazu steht. Für Turbidite ist gradierte Schichtung (Abb. vgl. S. 127) typisch, d. h. die regelmäßige Zu- oder Abnahme der mittleren Korngröße in der Vertikalen. Nach Mächtigkeit und Korngröße unterscheidet man blättrige (Schichtdicke bis 0,6 cm, Korngröße 0,06 bis 0,63 mm), plattige (0,6 bis 6,3 cm), bankige (6,3 bis 200 cm) und massige (200 bis 630 cm) Schichten oder Bänke.

Die Schichtflächen

Die Schichtflächen widerspiegeln Sedimentationsunterbrechungen. Deshalb finden sich auf ihnen zahlreiche Strukturen, die als Schichtflächenmarken bezeichnet werden. Diesen schichtexternen Strukturen stehen die schichtinternen gegenüber. Die Schichtflächenmarken kommen bei verfestigten Sedimentgesteinen sowohl auf den Schichtunter- als auch auf den Schichtoberseiten vor. Die Marken der Schichtunterseiten sind die Abdrücke und Ausgüsse der ursprünglich darunterliegenden Schichtoberseiten. Die primären Strukturen stellen ausgezeichnete Indikatoren für die Rekonstruktion der Ablagerungsbedingungen dar.

Die Strukturen der Schichtunterseiten gliedern sich in Belastungsmarken, Strömungsmarken (Strömungswülste) sowie organische Marken (Lebensspuren und Wohnbauten) und treten vor allem auf Sand- oder Kalksteinbänken auf, wenn diese toniges Material überlagern. Die **Marken** (casts) entstehen nach POTTER und PETTIJOHN
– bei ungleicher Belastung eines weichen, hydroplastischen Schlammes (Belastungsmarken),
– durch Einwirkung von Strömungen auf die Schlammoberfläche (Strömungsmarken) und
– durch die Tätigkeit von Organismen (Lebensspuren).
Belastungsstrukturen bilden sich auch schichtintern, wenn schwereres Material in liegende Schichten einsackt, z. B. bei Tropfenböden (vgl. S. 408). Die Strömungsmarken werden entweder von der Strömung selbst erzeugt (Erosionsmarken) oder durch Gegenstände (Gerölle, Reste von Lebewesen u. ä.) hervorgerufen, die über den Boden durch die Strömung getrieben werden (Gegenstandsmarken). Je nach der Bewegung der Gegenstände unterscheidet man Roll-, Schleif-, Gleit- und Aufstoßmarken. Die Lebensspuren untergliedert man in Fährten, Spuren und Wohnbauten.

Unter den Strukturen der Schichtoberseiten besitzen die Wellenrippeln oder Rippelmarken die größte Bedeutung, die als regelmäßige Oszillationsrippeln, als Interferenzrippeln (ähnlich den Kaulquappennestern), als Linguoidrippeln (zungenförmig) und als Rhomboidrippeln auftreten. Da die Formen sehr variabel sind, gliedert man die Rippelmarken besser nach folgenden Merkmalen (Abb. vgl. S. 129):
– nach der Gestalt des Querprofils: symmetrische und asymmetrische Rippeln. Der gegen die Strömung gerichtete Luvhang ist flacher geneigt als der strömungsabgewendete Leehang.
– nach der Lage der Strömung: longitudinale und transversale Rippeln.
– nach dem Kammabstand: Kleinrippeln (Rippelmarken) – Kammabstände wenige Zentimeter; Großrippeln (sand-waves) – Kammabstände Null bis mehrere Meter; Riesenrippeln (submarine und subaerische Dünen) – Kammabstände mehrere Zehner bis Hunderte Meter.

Für die Typisierung der Rippelmarken haben sich der Rippelindex $I_1 = A/H$, d. h. das Verhältnis von Rippelabstand (A) zu Rippelhöhe, und der Asymmetrieindex $I_2 = $ Luv/Lee, d. h. das Verhältnis der Horizontalprojektionen von Luv- und Leehang bewährt. Der Rippelindex I_1 liegt bei Wassertransport zwischen 4 und 10 und für Windrippeln zwischen 20 und 50 (TWENHOFEL).

Der Innenbau der Rippeln wird durch Schrägschichtung gekennzeichnet. Die Schrägschichten der Rippelkerne sind in der Regel ältere Leehänge.

Kreuzen sich zwei Rippelsysteme, entstehen Interferenzrippeln. Die Vertiefungen zwischen haben Ähnlichkeit mit Kaulquappennestern. Asymmetrische Rippeln gelten als Strömungsanzeiger, wenn auch beachtet werden sollte, daß die Rippeln sehr häufig schräg zur Strömung angeordnet sind. Dagegen geben die Zungenrippeln die Richtung der Strömung sicher an. Rippelfelder sind Hinweise auf geringe Wassertiefen.

Erosionsmarken auf den Schichtoberseiten sind ausschließlich auf die Tätig-

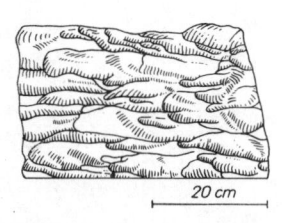

Flute casts nach Potter und Pettijohn
20 cm

keit des fließenden Wassers zurückzuführen. Man unterscheidet Erosionsrinnen, Kolkmarken und Furchenmarken. Die Erosionsrinnen (channels, wash outs) und deren Ausfüllungen (channel casts) bilden Einschnitte in den Schichtoberflächen. Die Kolkmarken (flute casts) sind aufgrund ihrer morphologischen Ausbildung Strömungsanzeiger und damit wichtige Indikatoren für Paläoströmungsanalysen (Abb.). Da die Strömungskolke meist als Ausgüsse erhalten sind, finden sie sich als positive Formen (Strömungswülste) an den Schichtunterseiten, obwohl sie genetisch zu den Schichtoberseiten gehören. Ihr Grundriß ist kegelförmig oder zylindrisch mit spitzen bis kolbenförmig verdickten stromaufwärts gerichteten Enden. In der Strömungsrichtung verlieren sich die Wülste allmählich. Wird die Strömung an einem Hindernis (Geröll, Lebewesen u. a.) gebrochen, entstehen die Hufeisenkolke (Abb.). An ihnen kann die Strömungsrichtung nach Lage und Ausbildung der Strömungsschatten hinter dem Hindernis rekonstruiert werden. Durch das Abrieseln gröberen Materials auf feinkörnigerem Untergrund entstehen die Rieselmarken. Gegenstandsmarken werden beim Schleifen von anorganischen oder organischen Körpern (Gerölle, Geschiebe, Lebewesen, Äste u. a.) über dem Untergrund erzeugt. Unterschieden werden Rillenmarken (groove casts), Schleifmarken (drag marks) oder Riefenmarken (striation marks). Einzelne Gegenstände erzeugen Stoß- oder Rückprallmarken. Nach der Art der Bewegung zeigen sich Hüpf-, Aufprall-, Aufstoß-, Roll- und Gleitmarken.

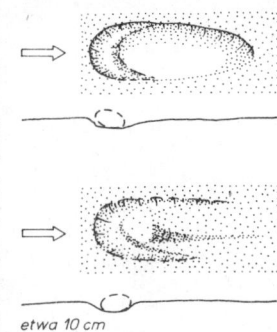

Ichnofossilien sind die von Lebewesen hinterlassenen Fährten, Spuren und Bauten. Die als Eindrücke, Auskolkungen oder Aushöhlungen im Schlamm entstandenen Bildungen werden später mit gröberem Material ausgefüllt. Dadurch sind sie meist auf den Schichtunterseiten der gröberen Bänke erhalten.

Weitere Bildungen der Schichtoberflächen stehen mit der Entwässerung der Sedimente in Verbindung. Schrumpfungsrisse im austrocknenden Schlamm füllen sich mit gröberem Material, das herausgewittert Netzleisten bildet. Diese Netzleisten vereinigen sich zu Polygonen mit unterschiedlich vielen Begrenzungsflächen; sie finden sich an den Schichtunterseiten und stehen senkrecht zu den Schichtflächen. Die Schichtflächen selbst können übersät sein von Eindrücken der Regentropfen, von Trichtern, die auf Luft- oder Gasaustritte aus dem Sediment zurückzuführen sind, von Schemen zerplatzter Gasblasen oder von Abdrücken von Salz- oder Eiskristallen.

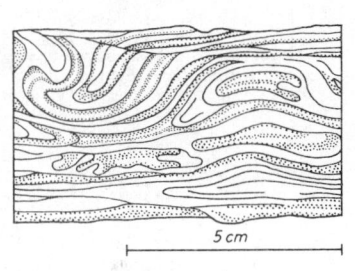

etwa 10 cm

Hufeisenkolk nach Reineck

5 cm

Konvolute Schichtung nach Potter und Pettijohn

Die schichtinternen Gefüge

Die schichtinternen Gefüge sind Korngefüge und Schichtdeformationen. Zu den **Korngefügen** gehören die Kornorientierung und die Korngradierung. Die Kornorientierung beruht auf dem Verhalten der Körner in der Strömung, das durch die Transportart und die Kornform bestimmt wird. Als Beispiele dienen das Imbrikationsgefüge der flachen Gerölle in den Flüssen (S. 126) und die Einregelung von Geröllen und Geschieben im Sediment senkrecht mit ihren Längsachsen zur Strömung. Sandkörner orientieren sich in fluviatilen Sedimenten oft parallel zur Strömung. In litoralen Sedimenten sind die Sandkörner parallel zur Richtung des Wellenschlages, d. h. senkrecht zur Längsrichtung der Sandbänke eingeregelt. Die Korngradierung ist der Trend der Korngrößensortierung. Als normale Korngradierung wird die allmähliche Korngrößenabnahme von unten nach oben bezeichnet.

Schichtdeformationen entstehen unmittelbar nach der Ablagerung im noch fließfähigen Sediment. Deshalb nennt man sie auch sedimentär-diagenetische Gefüge: Wühlgefüge, Fließgefüge.

Die Wühlgefüge werden in sandigem Silt durch die Bodenfaunen geschaffen und treten vor allem in limnischen, brackischen und marinen Sedimenten auf. Durch die Wühlgefüge wird die Schichtung zerstört.

Die Fließgefüge entstehen entweder bei der Entwässerung der Sedimente durch den aufsteigenden Kompaktionsstrom (Wickelstrukturen oder Konvolutionen) oder als Folge von Rutschungen an Hängen mit geringer Neigung bei überhöhtem Porenwasser und hydrostatischem Druck. Die Fließbewegungen können durch unterschiedliche Auflast oder durch plötzliche Erdstöße ausgelöst werden. Voraussetzung ist, daß die innere Reibung zwischen den Sedimentkörnern überwunden wird. Wesentlich ist auch der Wechsel von durchlässigen Sandschichten mit schwerer durchlässigen Tonschichten und eine rasche Ablagerung. Die Wickelstrukturen sind deshalb besonders in den Turbiditen verbreitet und für die Flyschfazies charakteristisch. Konvolutionen werden aber auch in glazilimnischen Sedimenten beobachtet, da diese Ablagerungen ebenfalls eine hohe Sedimentationsrate zeigen. Die Konvolutionen sind unregelmäßige Verfaltungen der Schichten mit scharfen Kämmen und breiten Mulden (Abb.). Oben werden die Konvolutionen häufig durch Erosion gekappt. Nach unten sind sie mit rundlichen Einstülpungen in das Liegende verbunden (Lastmarken) und vergleichbar mit den Ballen- oder Tropfengefügen, die entstehen, wenn schwere Suspensionen in leichteren Tonschlamm einsinken (Abb.). In den Auftauzonen über quartären Beckensedimenten sind solche Gefüge als Tropfenböden nicht selten fossil erhalten.

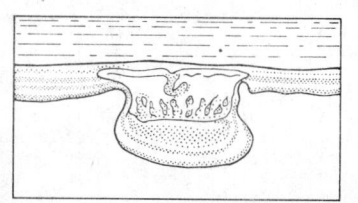

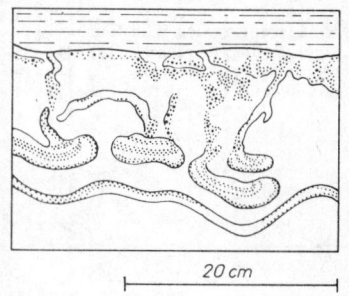

Die Bildung von **Rutschmassen** (Sedifluktionen, slumping) wird durch die

20 cm

Tropfenstruktur nach Reineck und Singh

9*

Entwässerungsprozesse vorbereitet. Typisch sind neben den hydroplastischen Verformungen das Zerbrechen der Schichten und die Ausbildung von Verwerfungen. Aus den festeren Lagen entstehen die endostratischen Brekzien, die in die weicheren, daher zerstörten und wieder sedimentierten (Resedimentation) Schichten eingebettet werden. Noch nicht völlig verfestigte Bruchstücke werden zu stromlinienartigen Körpern deformiert (**Phacoide**) und in Richtung der gravitativen Gleitungen (vgl. S. 126) eingeregelt. Subaerische Rutschmassen finden sich besonders in den Hochgebirgen (Bergschlipf, ital. frana, Bergrutsch). Submarine Rutschungen führen zu den größten Massenverlagerungen in den **Olisthostromen** (Tab. S. 126). In ihnen sind in die resedimentierte Matrix Bruchstücke und intakte Gesteinsschollen (Olistholithe) chaotisch eingelagert. Olisthostrome finden sich auch an den Hängen aktiver Hebungszonen (Schwellen), von denen sie abgleiten, und sind in der Flysch- und der Molassefazies, untergeordnet auch in der Tafelfazies, verbreitet.

Zu den sedimentär-diagenetischen Gefügen gehören die bereits erwähnten Schrumpfungsrisse (S. 131). Injektionsrisse werden vom ausgepreßten Kompaktionswasser aufgespalten und gefüllt. Ähnlich füllen sich die bei der osmotischen Entwässerung der Tone (Synärese) entstehenden Synäreserisse durch Fließsand von unten nach oben.

Die Abfolgen der klastischen Sedimente – Rhythmen und Zyklen

Neben dem Wechsel von Sedimenttypen ist die Wiederholung bestimmter Textur- und Schichtfolgen ein Prinzip der Sedimentation. Die Gesteinswechselfolgen sind rhythmisch oder zyklisch angeordnet. Der **Rhythmus** wird durch den Takt ab-ab-ab oder durch die identische Wiederholung von Dualfolgen charakterisiert. Die rhythmischen Wechsellagerungen (Rhythmithe) können durch klimatische Ursachen hervorgerufen werden wie bei den Bändertonen (Laminite) des Quartärs. Der **Zyklus** besteht entweder aus einer symmetrischen oder einer asymmetrischen Abfolge, deren Glieder (Schichten) nach stofflicher Zusammensetzung und Gefüge im Sinne eines Kreislaufes wechseln, d. h. zu einem Ausgangszustand zurückkehren. Die Symbolik der Zyklen: symmetrischer Zyklus: abcbabcba; asymmetrischer Zyklus: abcabcabc. Zyklotheme sind zyklische Sedimentfolgen (Sequenzen). Positive oder progressive Folgen sind von unten nach oben gerichtet, d. h., zu ihnen gehören Zyklotheme, die mit grobklastischen, niedrigsalinaren oder klastischen Sedimenten beginnen. Ihnen gegenüber stehen die negativen oder rezessiven Folgen, zu denen Zyklothemen zählen, die mit feinklastischen, hochsalinaren oder chemogenen Sedimenten beginnen. Zyklen verschiedener Ordnung können sich überlagern, Kleinzyklen können sich zu Großzyklen formieren.

Die Ursachen der Zyklen sind im Sedimentationsmilieu (z. B. salinare Zyklen in austrocknenden, abgeschlossenen Meeresbecken) zu suchen oder werden durch übergeordnete geotektonische Prozesse gesteuert (z. B. epirogene Hebungen und Senkungen). Mit der Umgestaltung der Bildungsbedingungen, d. h. dem Fazieswechsel, sind neben der Reihenfolge der Gesteine auch Änderungen der Mächtigkeiten verbunden, die in der Abbildung (S. 133) nicht zum Ausdruck kommen. So sind z. B. für die rezessiven Folgen Mächtigkeitsreduzierungen (Kondensationen) typisch. Während der Auffüllung eines Beckens kommt es zu einer mehrfachen lateralen Verschiebung der Faziesbereiche vom Beckenrand zum Beckeninneren und umgekehrt oder zur Ausbildung reduzierter Zyklen, z. B. durch den Ausfall von feinen klastischen Schichten an den Beckenrändern und das Fehlen gröberklastischen Materials im Beckenzentrum.

Praktische Bedeutung besitzt der zyklisch-rhythmische Aufbau der Sedimente für die räumliche und zeitliche Korrelation von Ablagerungen, die Ableitung von Bodenbewegungen und klimatischen Bedingungen. Besonders eignen sich klastische Sedimente der Flyschfazies, die Klastika und Kohlen der orogenen Senken (Molassefazies), die salinaren Sedimente, die Karbonate

Ablagerungszyklen von Turbiolithen (nach Bouma u. Einsele). T_{a-e} = vollständige Strukturfolge, T_{b-e} usw. = unvollständige Strukturfolge

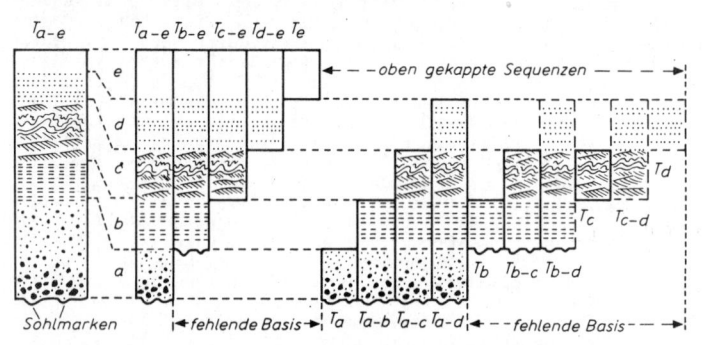

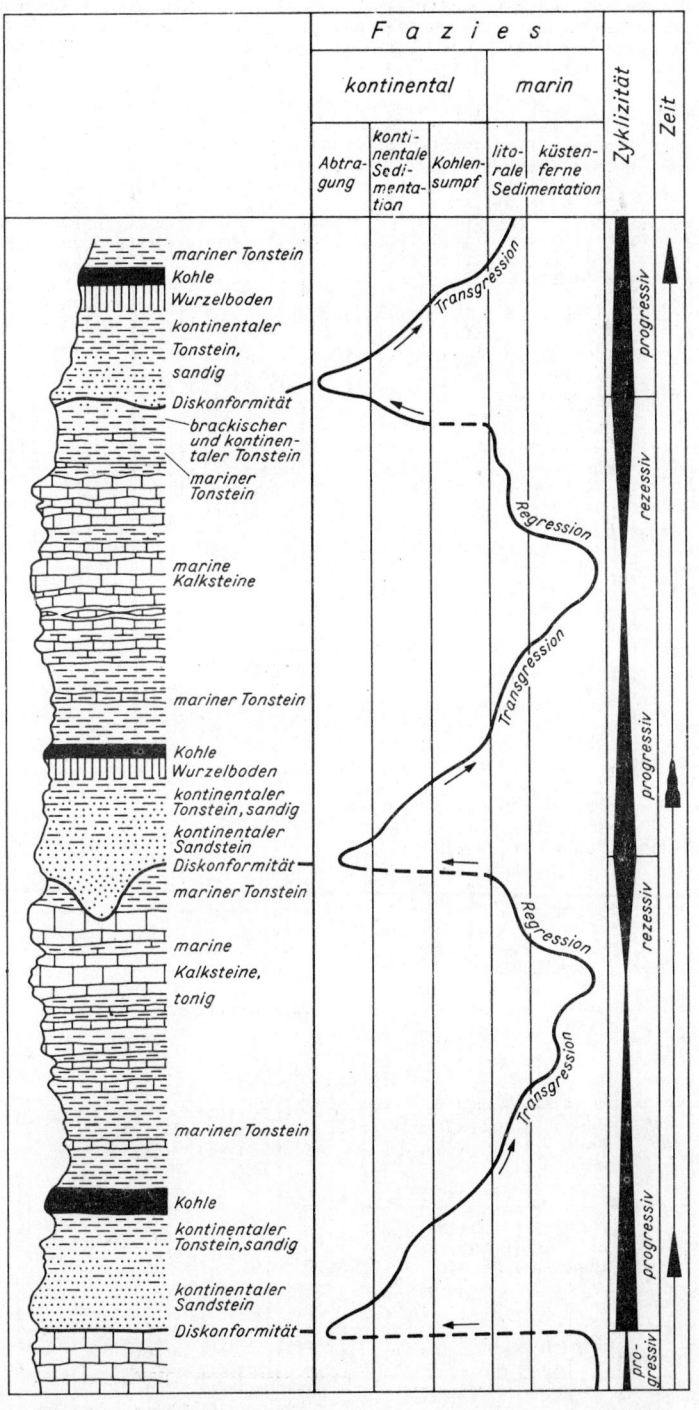

Zyklische Sedimentation von Tafelsedimenten nach R. C. Moore

und die Trümmergesteine der Plattformen (Tafelfazies). Intensiv sind die aus den Trübströmen zur Ablagerung kommenden Flyschsedimente bearbeitet worden, die aus einem zyklischen Wechsel von grobkörnigen (Grauwacken, Sandsteine) und feinkörnigen (Silt- und Tonstein) Klastika bestehen. Typisch für die Flyschsedimente sind marine Entstehung, Fossilarmut, Gradierung, detritische Tonmatrix, Sohlmarken und das Fehlen einer großmaßstäblichen Schrägschichtung. Ein vollständiger Zyklus setzt sich nach BOUMA aus 5 Teilgliedern zusammen (vgl. Abb. S. 132):

oben	T_e	Pelit	(massig, ungeschichtet)
	T_d	Laminit	(parallelschichtig)
	T_c	Psammit	(schräggeschichtet, Rippelschichtung)
	T_b	Laminit	(parallelschichtig)
unten	T_a	Psammit	(gradiert)

Die Zyklen ($T_a - T_e$) besitzen Mächtigkeiten von nur wenigen Dezimetern bis zu Metern. Durch ihre gesetzmäßige Verteilung in den Flyschbecken ist es möglich, einen proximalen, beckenrandnäheren und einen distalen, beckenrandferneren Flysch zu unterscheiden:

proximal: konglomeratischer bis grobkörniger Flysch (T_a)
sandiger Flysch ($T_a - T_b$)
normaler Flysch ($T_a - T_e$)
toniger Flysch ($T_b - T_e$)
distal: pelagischer Flysch (T_e)

Tab. Hauptmerkmale der wichtigsten Bildungsmilieutypen (nach FÜCHTBAUER und MÜLLER 1970; GRUMBT 1969, 1971, 1974)

	äolisch	fluviatil	Binnenseen, Überschwemmungsgebiete von Flüssen, Uferdämme
Stoffbestand	Selten Glimmer. **Geringe Größenunterschiede zusammensedimentierter Quarz- u. Schwermineralkörner**	u. U. geringe Reife. **Beträchtliche Größenunterschiede zus.-sed. Quarz- u. Schwermineralkörner**	Neben Klastika in abflußlosen Seen chemische Sedimente
Korngröße	Sand (Md 0,15–0,35 mm) recht gut sortiert **Positive Phi-Schiefe** Gerölle i. allg. fehlend, ebenso Silt (außer Löß) und Ton	Kies u. Sand, auch Silt und Ton. **Negative Phi-Schiefe**	Ton, Silt, Sand
Kornform	Gute Rundung (größer als in Strandsanden). Mattierte Kornoberflächen. **Windkanter**, keine einheitl. Kornregelung	Schwache Zurundung. Glatte Kornoberflächen d. Sandkörner. Sandkörner meist //a, Gerölle //a und //b geregelt	Schwache Zurundung, glatte Kornoberflächen
Schichtung	Mega- bis großdimensionale Schrägschichtung (h 10 bis > 20 m), Serien bes. eben, tafelig, keilförmig. Leeblätter 25–30° einfallend.	Mikro- bis großdimensionale Schrägschichtung, bes. bogig. Leeblätter 25–30° einfallend. z. T. Korngradierung. Horiz.-Schichtung, Lamination	Ebene u. wellige **Laminat.** i. Seen. Intensive **Wechsellagerungen** in Überschwemmungsgeb. (bes. linsig-flasrig). Mikro- u. kleindimensionale Schrägschichtung
Bankung	massig bis dickbankig	bankig bis dickbankig (meist < 1 m), geringe Ausdehnung der Bänke (wenige m bis 100 m)	plattig (bis bankig) oft > 100 m weit verfolgbar
Marken	Gelegentlich transversale Strömungsrippeln, hoher **Rippelindex (15–70)**	Transversale asymmetrische Strömungsrippeln, niedriger **Rippelindex (4–10)**, Strömungsmarken, Erosionsrinnen	
Fossilführung	i. allg. fossilfrei, gelegentlich Tierfährten	Pflanzenhäcksel	Pflanzenhäcksel, Durchwurzelung, **Wühlgefüge.** Vereinzelt Muscheln, Schnecken, Wirbeltierreste, Fährten

Die Zyklotheme der paralischen Kohlengürtel sind infolge ihrer Lage im Grenzbereich Land–Meer (Abb. vgl. S. 133) am stärksten differenziert. Die Mächtigkeit eines Zyklus liegt im Zehner-Meterbereich. Der Aufbau ist in der Regel folgender:

oben	mariner, kalkiger Tonstein
	Kohle
	Wurzelboden
	litoraler sandiger Tonstein
unten	Sandstein

Die Versuche, die absolute Zeitdauer der beobachteten Zyklen zu ermitteln, sind meist erfolglos geblieben. Am bekanntesten sind die Untersuchungen der »Jahresringe« in Steinsalz und den Anhydriten des Zechsteins. Bei einer Deutung dieser Zyklen als Jahresringe ergibt die Summe der ausgezählten Warwen (Lagen) eine Dauer der Zechsteinsedimentation von nur 1 Million Jahren gegenüber einer nach physikalischer Datierung wahrscheinlichen Dauer von 25 Millionen Jahren. Bessere Erfolge wurden mit der Warwenchronologie der quartären Bändertone erzielt, da hier echte jahreszeitliche Wechsel als Ursachen der rhythmischen Sedimentation vorliegen und die erfaßbaren Zeiträume nur einige tausend Jahre umfassen.

Deltas	Lagunen	Küsten	Flachmeere < 200 m	Turbidite des tieferen Wassers > 200 m
Klastika, auch Verzahnung mit marinen Karbonaten	Klastika, Karbonate, Evaporite	Meist hochmature Sedimente. **Schwermineralanreicherungen**, Karbonate	Meist hochmature Sedimente, **Schwermineralanreicherungen**	Sandsteine oft gering matur (Grauwacken)
Sand, Silt, Ton	Sand, Silt, Ton	Sand (Md 0,1 bis 0,3 mm), Silt, Ton, Kies	Sand, gute Sortierung Silt, Ton, Karbonat	
oberflächen der Sandkörner		Gerölle meist gut zugerundet. Sandkörner glatte Oberflächen. Körner //b geregelt	Sandkörner glatte Oberflächen	Zurundung unabhängig von Korngröße, sofern nicht stark marin umgelagert
Mikro- bis Makroschrägschichtung, tafelig u. bogig. Ebene u. wellige Lamination u. Schichtung	Ebene u. wellige Lamination und Schichtung. Mikro- und kleindimensionale Schrägschichtung	Horizontalschichtung, klein- bis großdimensionale Schrägschichtung (tafelig, bogig)	Ebene u. wellige Lamination und Schichtung, Flaser-, Linsenschichtung, klein- bis großdimensionale Schrägschichtung, bogig	Korngradierung (unten grob mit Feinanteil), Mikroschrägschichtung
		dünnbankig (5–20 cm)	plattig (< 5 cm)	cm bis m
Strömungsstreifung, Hufeisenkalke		Zahlreiche Rippelformen, auch zungenförmige Rippeln, Hufeisenkolke	Transversalrippeln	große und zahlreiche Sohlmarken
Pflanzenhäcksel, Foraminiferen, Ostracoden selten Bioturbation	Artenarme, individuenreiche Faunen, **Wühlgefüge**	Muscheln, Schnecken u. a. (Artenarme, individuenreiche Fauna) **Wühlgefüge**	Wühlgefüge	Turbidite: Flachseefossilien (Lebensspuren) Tonschichten: pelagische Fossilien Sandschalige Foraminiferen

Das Bildungsmilieu des sedimentären Materials

Das Bildungsmilieu des sedimentären Materials wird durch die Fazies gekennzeichnet. Fazies ist nach RUCHIN der gesetzmäßige Komplex der lithologischen und paläontologischen Besonderheiten des Sedimentes, die für die Umstände seiner Ablagerung bezeichnend sind. Die Fazies ist also das aus den Gesteinsmerkmalen ermittelte, auf die physisch-geographischen Verhältnisse zur Zeit der Sedimentation hinweisende Erscheinungsbild einer Ablagerung. Der Nachweis des Bildungsmilieus eines Sedimentes (siehe Tab.) bildet meist die Voraussetzung für weitere Untersuchungen, z. B. für die Suche und Erkundung nutzbarer Bodenschätze oder die Eignung der Sedimente für eine bestimmte Nutzung, etwa für die Speicherung von Gasen oder Flüssigkeiten. So sind Kohlenlagerstätten an ein engbegrenztes Bildungsmilieu gebunden, Erdöl konnte sich nur bei bestimmten Faziesbedingungen bilden, und Wasser kann sich im Untergrund nur bei Vorliegen faziesbedingter Voraussetzungen zu nutzbaren Mengen anreichern.

Anteil der Sedimentationsräume (%)   *Anteil der Sedimente (Vol.%)*   *Verteilung der Sedimentarten (Vol.%)*

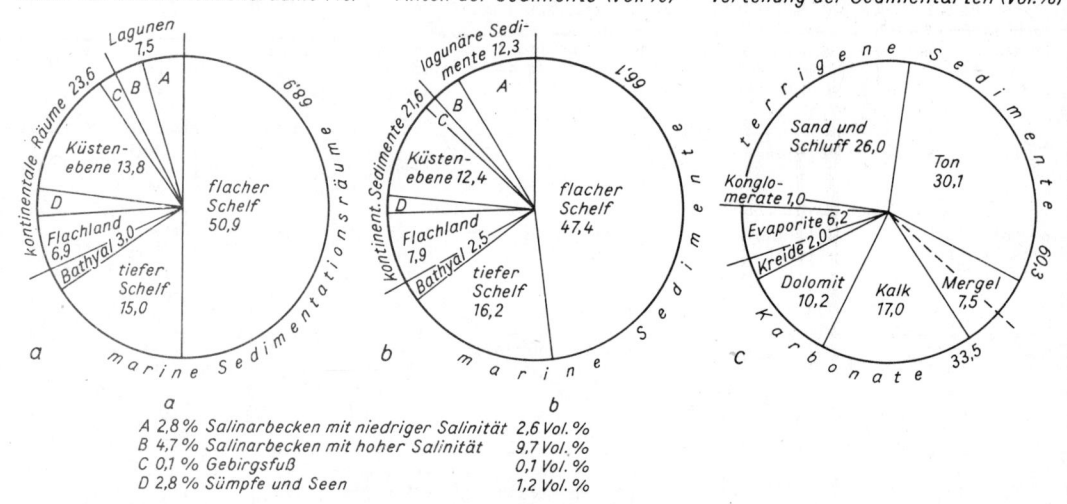

a
A 2,8 % Salinarbecken mit niedriger Salinität   2,6 Vol.%
B 4,7 % Salinarbecken mit hoher Salinität   9,7 Vol.%
C 0,1 % Gebirgsfuß   0,1 Vol.%
D 2,8 % Sümpfe und Seen   1,2 Vol.%

Die Sedimentation im Bereich der Russischen Tafel vom Kambrium bis zur Gegenwart (nach Ronow)

Die wichtigsten Indikatoren für die Faziesanalyse sind die organischen Reste. Durch ihre Lebensweise charakterisieren die Organismen ihre Umwelt. Neuerdings entwickelt man auch Methoden, die über die stoffliche Zusammensetzung der Sedimente zu eindeutigen Facieskriterien führen. Hervorzuheben sind hier der geochemische Nachweis von Spurenelementen, die Bestimmung charakteristischer Mengenverhältnisse stabiler Isotope, die Ausbildung der Sedimentgefüge und die Art, Zusammensetzung, Form und Bindung der Mineral- und Gesteinskörner. Dabei geht man von der Analyse der vorhandenen Umweltbedingungen sedimentärer Ablagerungen aus, die von der Tiefsee bis zu den Gipfelfluren der Hochgebirge in allen marinen und kontinentalen Höhenstufen von den Polen bis hin zum Äquator zu beobachten sind. Die aus den Sedimenten rekonstruierten Ablagerungsräume geben Kunde vom Wandel der Erdoberfläche im Laufe der erdgeschichtlichen Entwicklung. Solange die den heutigen Bedingungen entsprechende Hydro- und Atmosphäre besteht und die Gesteinsbildung unter den heute herrschenden Bedingungen vor sich gegangen ist, herrscht die aktualistische Zeit der Erdgeschichte (S. 21).

Der sowjetische Geologe RONOW hat interessante Berechnungen für die Russische Tafel durchgeführt, die den Anteil der Ablagerungsräume, das Volumen der Sedimente und die Verteilung der Sedimentarten vom Präkambrium bis zur Gegenwart umfassen. Die Sedimentationsräume reichen (Abb.) von den Tiefseebedingungen (Bathyal) über den Schelf, die Küstenebenen bis zum Fuß der Gebirge. Dabei nehmen die flachmarinen Ablagerungen mehr als die Hälfte des Gesteinsvolumens und der Flächen der Tafel ein.

Die Ablagerungsräume der klastischen Sedimente

In den Ablagerungsräumen schließen sich die Sedimente zu Formationen zusammen, die regionale Gesteinsabfolgen darstellen. Formationen können sedimentologisch definiert werden, sind räumlich und zeitlich begrenzt und auf einen paläotektonisch vorgezeichneten Ablagerungsraum beschränkt. Sie gliedern sich in Schichten, die für diesen Raum faziestypisch sind. Es gilt die WALTHERsche Regel, nach der sich nur diejenigen Sedimente in vertikaler Folge ablagern, die sich auch seitlich vertreten können.

Klastische Sedimente – Kiese, Sande, Schluffe und Tone – finden sich in zahlreichen Faziesbereichen:

Äolischer Bereich – Dünen (Mittel- bis Feinsande):
Barchan – Transversaldüne mit einseitiger Schrägschichtung
Seif – Longitudinaldüne mit zweiseitiger Schrägschichtung.
Sterndüne – irreguläre Düne mit zweiseitiger Schrägschichtung.

Fluviatiler Bereich. Nach den Ablagerungsbedingungen werden unterschieden: die mäandrierenden oder verflochtenen Stromrinnen mit Kiesen und Sanden, die Ufersandbänke an den Gleithängen der Mäander, die Uferdämme mit Feinsanden und Schluffen an den Rändern der Stromrinnen und die Überschwemmungsbetten mit feinster Trübe der Suspensionen.

Deltabereich. Zu unterscheiden sind Binnen- und marine Deltas. Die Flußdeltas bestehen aus flachlagernden Bodensedimenten, aus gegen die Seen einfallenden, schräggeschichteten Verschüttungssanden und den auflagernden flachliegenden Flußsedimenten. Das schwerere Flußwasser fließt über die Vorschüttungssande und lagert vor ihnen die Bodensedimente ab. In den marinen Deltas ist das Flußwasser leichter als das Meerwasser. Die Schüttungskegel sind deshalb flacher als die in Süßwasserseen, dazu weiter ausgebreitet. Es gibt Deltas mit vorwiegend tonig-schluffigen und mit vorwiegend sandigen Sedimenten. Steigt der Meeresspiegel (Transgressionen), bilden sich die Ästuare.

Lagunärer Bereich. Charakteristisch für die durch Nehrungen vom offenen Meer abgeschlossenen lagunären Bereiche (Haff, Bodden) sind Sedimente mit geringen Korngrößen (Schluff, Ton) und infolge der wechselnden Salinität artenarme, aber individuenreiche Faunen.

Küstenbereich. Die vorwiegend langgestreckten Sandkörper verlaufen an den Gezeitenküsten senkrecht und an den von Wellen beherrschten Küsten parallel zum Küstenverlauf (Nehrung). Im Verlaufe längerer Zeiträume können an sinkenden Küsten mehrere 100 km lange und mehr als 3 km mächtige Sandbarren entstehen, die wichtige Erdölspeicher im »off-shore«-Bereich sind. Charakteristisch für die Wattenküsten sind Flaserschichtung, horizontale Feinschichtung von Sand und Schluff (Gezeitenschichtung) sowie Rippelschichtung.

Schelfbereich. Im flachen Schelf (bis 200 m Wassertiefe) bilden sich horizontale, parallelgeschichtete Sandkörper aus gutsortierten Sanden. In den tieferen Bereichen des Schelfes befindet sich das Quellgebiet der Suspensionsströme (turbidity currents). Die Ablagerungen (Turbidite) bilden zungenförmige Sandkörper, für die gradierte Schichtung (Abb. S. 132) und zyklische Folgen (Abb. S. 133) typisch sind. Infolge des Transportes in Suspensionen sind die Sande schlecht sortiert (unreif); Grauwacken sind häufig.

Die sedimentären Formationen

Es ist hier nicht möglich, alle Faziesbereiche genauer darzustellen. Nicht berücksichtigt werden die Karbonatgesteine, zu denen die wichtigen Fossil- und Riffkalke gehören, die Salzgesteine (Evaporite), die kieseligen Sedimente, die eisen- und manganreichen Sedimente, die Residualgesteine (z. B. Bauxite) und die Kohlen. Gemeinsam mit den klastischen Sedimenten und den Pyroklastika (Tuffe) bauen sie die sedimentären Formationen auf. Nach dem Auftreten dieser Formationen in den geotektonischen Einheiten gliedert man sie nach »tektofaziellen« Kriterien. Diese Gliederungsmöglichkeit beruht auf der Tatsache, daß die Formationen ihre Zusammensetzung den in den verschiedenen geotektonischen Einheiten herrschenden Bildungsbedingungen verdanken. Diese Bedingungen führen zu den folgenden lithologischen Assoziationen:

Stabiler Schelf mit geringmächtigen Folgen kontinentaler oder mariner Ablagerungen, z. B. Quarz-Sandsteine, Quarz-Eisensandsteine, bunte Tonsteine, Detritus-, Fossil- und Riffkalke, marine Evaporite (Gips und Anhydrit).

Labiler Schelf mit normal mächtigen, zyklisch sedimentierten Folgen, z. B. geringer sortierte Feldspatsandsteine, Arkosen, bunte Tonsteine, tonige Kalke.

Kontinentale Meeresbecken mit konkordanten sedimentären Folgen von Quarzsandsteinen, bunten Schluffsteinen, tonigen Kalken, Riffkalken, Evaporiten (Gips, Anhydrit, Salze) und Kohlen.

Kontinentale Innensenken mit stark differenzierten, kontinentalen, häufig rot gefärbten Sedimenten wie Arkosen, schluffigen Tonsteinen, Kaolinen, Krustenkalken, Evaporiten (Gipse) und Kohlen.

Geosynklinaltröge mit stark differenzierten azyklischen und zyklischen Sedimenten aller Tiefenstufen (neritisch bis bathyal). Charakteristisch sind Quarz-Feldspatsandsteine, Grauwacken, mineralreiche Schluff- und Tonsteine, geschichtete Kieselgesteine, dunkle Fossilkalke.

Diese Sedimentassoziationen finden sich in den Tektofaziesbereichen wieder. Am Beispiel der tektogen-orogenen Entwicklung seien die zeitlich aufeinanderfolgenden Tektofazies mit den für sie typischen Formationen genannt:
die vororogene oder geosynklinale Fazies mit mächtigen, kontinuierlichen Abfolgen der Tonschiefer-, Kieselschiefer- und Karbonat-Formationen;
die synorogene oder Flysch-Fazies mit heterogenen Sedimenten vom Litorial bis zum Bathyal. Charakteristisch ist die Grauwackenformation;
die nachorogene oder Molasse-Fazies mit Sedimentmaterial, das aus der Zerstörung der über den Meeresspiegel aufgestiegenen Gebirgsteile stammt.

Merkmale des Ablagerungsraumes	Geosynklinalfazies	Molassefazies	Tafelfazies
orogene Bewegungen	ausgeprägt	schwach	undeutlich
Relief	bewegt	bewegt bis flach	flach
Vulkanismus	submarin	kontinental	kontinental
Stoff	basisch (ozeanisch)	sauer bis intermediär (basisch),	basisch
Herkunft	Erdmantel	Erdkruste	Erdmantel
Ablagerungsräume	marin – alle Bereiche	flachmarin bis kontinental	marin (epikontinental) kontinental
Ausbildung der Sedimente	tonig, kieslig, karbonatisch (sandig) turbiditisch	tonig, sandig, konglomeratisch, karbonatisch saline Kohlen	sandig-tonig, karbonatisch anhydritische Kohlen
Gesteinstypen grob	Rutschmassen Olisthostrome Fluxoturbidite (Konglomerate)	Konglomerate Brekzien	Konglomerate
mittel	Sandsteine, Quarzite, Grauwacken	Quarz-Feldspat-Sandsteine, Arkosen, Tuffe	Quarzsandsteine
fein	Tonschiefer, Kieselschiefer	Tonsteine	Schluff- und Tonsteine
Karbonate	Tiefschwellenkalke Riffkalke	Pfannenkalke	tonige Kalke und Dolomite

Tab. Sedimentologische Charakterisierung geotektonischer Faziesräume, Bildungsbedingungen der Sedimentformationen

Zyklisch gegliederte Abfolgen sind typisch. In den kontinentalen Innensenken akkumulieren sich mächtige rote und graue, kohlenführende klastische Sedimente im limnischen und fluviatilen Milieu. Gleichzeitig entsteht in den Außensenken am Rande des Orogens die limnisch-marine Außenmolasse. Diese paralischen Sedimente des epikontinentalen Schelfes werden durch die Übergangsformationen charakterisiert: Rotformationen, Karbonat-, Gips- und Halit-Formationen. Mit diesen Formationen sind Lagerstätten von Kohlen, Salzen, Erdöl und Erdgas in Verbindung. Diese Übergangsformationen leiten in die Tafelentwicklung über. **Tafelformationen** sind Quarzsand-Formation, Karbonat-Formation, Gips/Dolomit-Formation, Eisenerz-Formation und die Kohlenformation.

In der erdgeschichtlichen Entwicklung spiegelt sich die Abfolge der Formationen wider. Deshalb ist es verständlich, daß besonders typische Formationen für die Gliederung der Erdgeschichte herangezogen werden und einige für erdgeschichtliche Abteilungen namengebend wurden, z. B. das Rotliegende, der Zechstein, der Buntsandstein, der Muschelkalk, der Keuper.

Ablagerungsräume	Sedimentationsraten
Tiefseegräben (6215–8450 m)	0,2 B
Schelf (Mittelwert)	170 B
küstennahe Becken	40 B
küstenferne Becken	190 B
Lagunen (arid-semiarid)	330 B
Ästuare (humid)	670 B
Wattengebiete	700 B
Golf von Mexiko (neritisch)	1 200 B
Delta	3 000 B
Paläogeographische Einheiten Tafeln	
Jura (BRD)	8,6 B
Devon (UdSSR – Russische Plattform)	30 B
Geosynklinalen	
Ural (Paläozoikum)	30 B
Kaukasus (Mesozoikum)	60 B
Rheinisches Schiefergebirge (Devon)	350 B
Molassebecken	550 B

Tab. Die Sedimentationsraten in Ablagerungsräumen sedimentärer Gesteine (nach FÜCHTBAUER und MÜLLER 1970)

Für das variszische Mitteleuropa ergibt sich die nachstehende Folge:

Quartär	Holozän	**Glazial**formation
	Pleistozän	
Tertiär	Neogen	**Braunkohlen**formation
	Paläogen	
Kreide	Oberkreide	**Schreibkreide**formation
	Unterkreide	Quader**sandstein**formation

Jura	Malm	**Kalkstein**formation
	Dogger	**Eisenerz**formation
	Lias	**Schwarzschiefer**formation
Trias	Keuper	Keuperformation **(Tonstein)**
	Muschelkalk	Muschel**kalk**formation
	Buntsandstein	Bunt**sandstein**formation
Perm	Zechstein	Zechstein-**Salinar**-Formation
	Rotliegendes	**Molasse**formation (Rotformation)
Karbon	Oberkarbon	
	Unterkarbon	**Flysch**formation (Grauwackenformation)
Devon		
Silur		**Geosynklinal**formationen
Ordovizium		

Kennt man das Alter der Ablagerungen und ihre Mächtigkeiten sowie ihre Bildungsdauer, kann man die Geschwindigkeit der Sedimentbildung abschätzen. In der vorstehenden Tabelle werden Beispiele für die Ablagerungsgeschwindigkeit (Sedimentationsraten) in einigen Faziesbereichen dargestellt. Als Einheit gilt das Bubnoff (B): 1 B = 1 mm pro 1000 Jahre.   *M. Schwab*

Die Klimabereiche

Unter der Einwirkung des Klimas werden die an der Oberfläche des Festlandes anstehenden Gesteine nicht nur durch die Verwitterung verändert, sondern Lockermaterial wird durch geomorphologische Prozesse in einer dünnen Schicht an der Erdoberfläche umgelagert. Die verschiedenen Formen der Erdoberfläche sind das Ergebnis zweier Gruppen von Vorgängen, der tektonischen Bewegungen und der klimaabhängigen Prozesse. Die Krustenbewegungen werden als **endogene**, die klimaabhängigen Vorgänge als **exogene Prozesse** bezeichnet. Die Tektonik verursacht die Hoch- bzw. Tieflage einzelner Krustenteile, die räumliche Ordnung in Tiefländer, Mittel- und Hochgebirge. Die klimaabhängigen Prozesse zerstören die festen Gesteine und prägen durch die Umlagerung von Lockermaterial das Relief der Kontinente.

Endogene und exogene Prozesse stehen in enger Wechselbeziehung. Zwar werden die für geomorphologische Prozesse wichtigsten Klimaelemente, wie Temperatur, Niederschlag und Wind, direkt oder mittelbar durch die Zufuhr von Sonnenenergie und deren Umsatz in der Troposphäre gesteuert, aber das Großrelief der Festländer sowie die Verteilung der Kontinente über die Erde und ihre Größe beeinflussen das Klima erheblich. Andererseits beginnen mit der Hebung einer Scholle oder der Aufschüttung eines Vulkans Abtragung und Bildung junger Sedimente in den Ablagerungsgebieten.

Klima und exogene Prozesse

Temperatur- und Wasserhaushaltsgliederung der Erde (nach Blüthgen u. Creutzburg). Wärmegürtel: T Tropen, ST Subtropen, M Mittelbreiten, SP Subpolarbreiten, P Polargebiete. Wasserhaushalt: H humid, mit Niederschlag zu allen Jahreszeiten, W wechselfeucht, mit ausgeprägter trockener Jahreszeit, A arid, ganzjährig Niederschlagsmangel. Äquatorialgrenzen des nivalen Klimabereichs (ohne die Frostschuttstufe der Gebirge): KP kontinuierliche Verbreitung des Dauerfrostbodens, DP lückige Verbreitung des Dauerfrostbodens

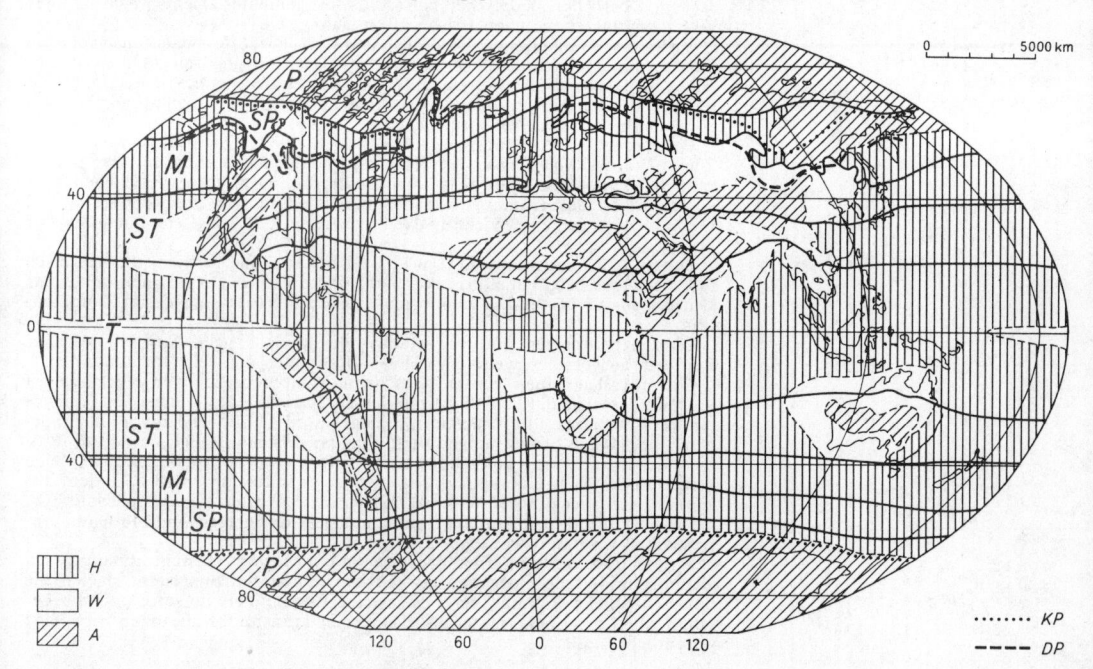

Alle exogenen Prozesse gehen an der Erdoberfläche unter dem Einfluß des Schwerefeldes der Erde vor sich, der **Gravitation**. Da alle Vorgänge mit dem Transport von Material an der Erdoberfläche verbunden sind, gleichen sie die durch Krustenbewegungen entstandenen Höhenunterschiede aus. Aufragende Krustenteile werden abgetragen, absinkende und tiefliegende Schollen von den Ablagerungsprodukten überdeckt. Als untere Grenzfläche der Abtragung der Festländer gilt konventionell der **Meeresspiegel**. Hier endet die von klimaabhängigen Vorgängen bestimmte Abtragung. Unterhalb des Meeresspiegels gehorcht die Umlagerung von Lockermaterial anderen Gesetzen.

Die exogenen Prozesse werden nach der Art und Weise gruppiert, in der Gesteinsmaterial transportiert wird. Man unterscheidet:
1) **Fluviale Prozesse** durch das in einem Flußbett konzentriert fließende Wasser;
2) **Derasive Prozesse** oder **denudative Hangabtragung**, bei denen
    a) das Wasser reibungsmindernd wirkt (Rutschung, Bodenfließen, Solifluktion) oder
    b) Wasser in diffusen Bahnen oder dünnflächig Lockermaterial umlagert (Abspülung, Rinnenspülung, Flächenspülung).
    c) Lockermaterial durch die Volumenänderung beim Gefrieren und Tauen von Wasser bzw. Bodeneis bewegt wird (Kryoturbation) und
    d) Lockermaterial oder aufgelockertes Festgestein durch verschiedene Ursachen (Erdbeben, Versteilung des Unterhanges, Hohlraumbildung im Untergrund, Wandverwitterung) in kurzfristige Bewegung gerät (Bergsturz, Steinschlag);
3) **Glaziale Prozesse**, bei denen Lockermaterial durch die Bewegung des Gletschereises und des -schmelzwassers verfrachtet wird;
4) **Äolische Prozesse**, die auf der Transportleistung des Windes beruhen, und
5) **Litorale** und **marine Prozesse**, die an der Küste stehender Gewässer, i. w. S. des Meeres, von der Wellenbewegung gesteuert werden.

Die **Transportweite** bei diesen Vorgängen ist sehr unterschiedlich. Beim einzelnen Bewegungsvorgang kann sie 10^{-2} bis 10^3 m betragen. Aber Abtragung und Ablagerungsprozesse wiederholen sich, so daß abgelagertes Material immer wieder in den Transport einbezogen wird. Auf diese Weise werden z. B. bei fluvialem, glazialem oder äolischem Transport Entfernungen bis zu Tausenden Kilometern überbrückt. Trotzdem können die Zusammenhänge zwischen fernen Abtragungsgebieten und den **korrelaten Sedimenten** aus der petrographisch-lithologischen Beschaffenheit einer Ablagerung rekonstruiert werden, z. B. durch Schwermineralassoziationen oder Leitgesteine.

Die **Transportgeschwindigkeit** bewegt sich gleichfalls in einem sehr weiten Bereich. Beim Bergsturz folgen die bewegten Massen praktisch dem Fallgesetz, bei Rutschungen an Hängen, Schottertransport durch Hochwasser oder Sackungen über oberflächennahen Hohlräumen wird Material in 10^1 bis 10^{-1} m/s befördert. Gletscher bewegen Moränenmaterial entsprechend ihrer Geschwindigkeit zwischen 10^0 bis 10^2 m/Jahr.

Viele rasch ablaufende geomorphologische Prozesse bedeuten daher im Territorium außerordentliche Gefahrenquellen und gehören zu den wesentlichen **natürlichen Störfaktoren**. Unter besonderen Bedingungen, u. a. im Hochgebirge, an den Küsten oder in den Tälern, können geomorphologische Vorgänge **Naturkatastrophen** verursachen.

Die exogenen Vorgänge verlaufen jedoch überwiegend diskontinuierlich. Dieser Wechsel von Phasen der Aktivität und der Ruhe hängt mit den jahreszeitlich veränderten, aber auch über die Jahre hinweg unterschiedlichen Voraussetzungen des Klimas sowie der Bereitstellung von Lockermaterial ab. Deshalb zeigt sich eine Wirkung der Prozesse auf das Relief erst nach längerer Dauer.

Durch Abtragung und Ablagerung entstehen Reliefformen, die spezifisch für die dabei beteiligten Prozesse sind. Diese Oberflächenformen gelten als **Leitformen** für bestimmte geomorphologische Prozesse und deren Kombination.

Oberflächenformen sind nur selten in der modellartigen Ausprägung einer Leitform ausgebildet, weitere Vorgänge bestimmen die Reliefformung.

Die im allgemeinen geringe Geschwindigkeit der exogenen Vorgänge ist auch die Ursache dafür, daß die mit der Veränderung des Klimas neu formierten Verwitterungs- und Transportprozesse nur allmählich die zuvor entstandenen Oberflächenformen umgestalten. Das **präexistente Relief**, das durch Prozesse unter anderen Klimaverhältnissen geformt wurde, spielt daher in vielen Gebieten der Erde eine beträchtliche Rolle. In Mitteleuropa ist z. B. der kaltzeitlich, vor allem in der Weichselzeit geprägte glaziale und periglaziale Formenschatz durch das gemäßigt humide Klima der Gegenwart meist nur unwesentlich verändert worden.

Ablauf und Wirkung aller Prozesse sind stark vom Gestein abhängig. Da geomorphologische Vorgänge nur an Lockermaterial angreifen, spielen die unterschiedliche Eignung der Festgesteine für die Verwitterung und die Beschaffenheit des Lockermaterials, das in den Transport einbezogen wird, eine wesentliche Rolle.

Die Abwandlung geomorphologischer Prozesse und ihrer **Leitformen** durch das Gestein wird als **Petrovarianz** bezeichnet. Festgesteine werden in der Geomorphologie nach ihrem Widerstand gegen die Verwitterung, Lockergesteine nach dem Widerstand gegenüber bestimmten geomorphologischen Vorgängen gruppiert. Da eine verschiedene petrographische Beschaffenheit zum Teil gleichen Widerstand gegen die Verwitterung und damit gegen Umlagerung bedingt, unterscheidet sich die geomorphologische Gliederung der Gesteine von der petrologischen. Hohe Widerständigkeit gegen Verwitterung ist z. B. die Folge eines sehr dichten Mineralgefüges (Basalte, Amphibolite), starker Durchlässigkeit (Kalksteine, Dolomite) oder schwer löslicher Bindemittel (Konglomerate mit eisen- oder kieselsäurereichem Bindemittel). Solche Gruppierungen sind zum Teil nur innerhalb bestimmter Klimazonen gültig.

Da die meisten Umlagerungsprozesse von Lockermaterial unmittelbar an der Oberfläche stattfinden, hat auch die **Pflanzendecke** darauf einen modifizierenden Einfluß. Wird die Bodenoberfläche völlig von Pflanzenwuchs verhüllt und der Boden durch ein dichtes Wurzelwerk verstärkt, werden viele Prozesse – Abspülung, fluviale Erosion, Rutschung, Bodenfließen – gehemmt oder zeitweise überhaupt unterbunden. Auf vegetationsfreien Flächen können dagegen alle Vorgänge – u. a. Abspülung oder Abblasung – ihre höchstmögliche Intensität entfalten.

Da auf großen Flächen der Kontinente die natürliche Vegetationsdecke beseitigt, aufgelockert oder durch Kulturvegetation ersetzt worden ist, sind die natürlichen Relationen zwischen schützender Vegetation und geomorphologischen Prozessen anthropogen verändert. Das bedeutet in den meisten Fällen eine Verstärkung der Vorgänge, vor allem der Abspülung und Abblasung zur Bodenerosion.

Die **räumliche Ordnung der geomorphologischen Prozesse** und der Oberflächenformen über die Festländer der Erde hinweg folgt verschiedenen Prinzipien, die jeweils bestimmte Gesetzmäßigkeiten betonen. Das erste Ordnungsprinzip demonstriert die physische Übersichtskarte der Erde mit der unterschiedlichen räumlichen Anordnung der Hoch- und Mittelgebirge sowie der Hügelländer und Ebenen. Wegen der verschiedenen Hangneigung dieser Großformengruppen werden unterschiedliche Prozeßkombinationen ausgelöst. Auf diese Weise wird die Erde in Gebiete mit vorherrschenden Abtragungs- und Akkumulationsprozessen sowie den entsprechenden Formen gegliedert. Diese zeichnen das tektonische Großrelief der Festländer in seiner durch Abtragung und Akkumulation modifizierten Form nach.

Ein zweites Ordnungsprinzip geht von der Abhängigkeit vom Klima aus. Der Gliederung der Erde in Klimazonen entspricht eine ebensolche Gliederung nach **klimatisch-geomorphologischen Zonen** oder **Klimabereichen der exogenen Dynamik**. Jede klimatisch-geomorphologische Zone wird durch bestimmte Formen der Verwitterung und Kombinationen geomorphologischer Prozesse bestimmt. Diese Gliederung wird – dem ersten Ordnungsprinzip entsprechend – durch das Großrelief und seinen Einfluß sehr stark differenziert. Sie ist in jeder geologischen Zeitphase veränderlich und wesentlich für die Faziesdifferenzierung.

Eine weitere, beim weltweiten Überblick zu berücksichtigende Abwandlung, die einem dritten Ordnungsprinzip entspricht, entsteht durch die Verzögerung der Wirkung gegenüber den Wandlungen des Klimas in der jüngeren geologischen Geschichte der Erde.

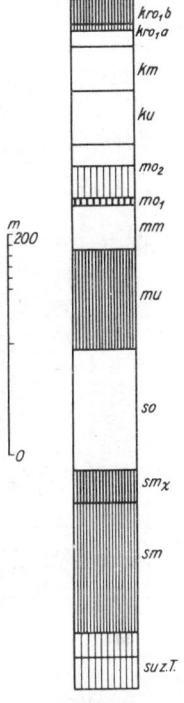

Widerständigkeit gegen Verwitterung und Abtragung am Beispiel einer Gesteinsserie in NW-Thüringen (Ohmgebirge und Umgebung). Geringe Widerständigkeit = keine Schraffur, höhere Widerständigkeit = dichtere, bzw. stärkere Schraffur. su, sm Unterer, Mittlerer Buntsandstein, so Oberer Buntsandstein, mu, mm Unterer, Mittlerer Muschelkalk, mo_1 Trochitenkalk, mo_2 Ceratitenschichten, ku, km Unterer, Mittlerer Keuper, kro_{1a}, kro_{1b} Oberer Keuper, Rät

Da das Wasser in seinen Zustandsformen flüssig und fest die Möglichkeit der Wirkung bestimmt, kann man drei Klimabereiche für die Festländer der Erde unterscheiden: den **humiden** oder **pluvialen Bereich**, in dem ganzjährig oder zumindest jahreszeitlich ausreichend Wasser zur Verfügung steht, den **nivalen Klimabereich**, in dem Wasser entweder als Gletschereis, als Bodeneis im Dauerfrostboden oder zumindest über eine sehr reichliche Wasserspende wirkt, die durch das Schmelzwasser einer längeranhaltenden und mächtigen Schneedecke entsteht, und schließlich den **ariden und semiariden Klimabereich**, in dem die Verdunstung die geringen Niederschläge aufzehrt, bevor das Wasser geomorphologisch wirksam werden kann.

Die weitere Gliederung der Klimabereiche der exogenen Dynamik wird von den thermischen Bedingungen verursacht, die für die humiden und ariden Bereiche von den **tropisch heißen**, über die **subtropisch warmen** zu den **gemäßigt warmen**, vor allem aber **winterkalten Gebieten** reicht. Vielfach spielt auch die Nachbarschaft eine Rolle. So erreichen z. B. viele Flüsse, die in stärker beregneten Gebirgen entspringen, die ariden Gebiete, die sie aber selten bis zum Meer durchqueren, sondern meist in Seen und Binnendeltas enden.

Klimabereiche der exogenen Dynamik

Sofern unproduktive Verdunstung und Transpiration der Pflanzen den auf die Erdoberfläche fallenden Niederschlag nicht aufzehren können, versickert oder versinkt das überschüssige Wasser im Boden bzw. in dem die Oberfläche bildenden Lockermaterial. Dadurch entstehen die wesentlichen Voraussetzungen für

Humider oder (pluvialer) Klimabereich

Nivale Gebiete:

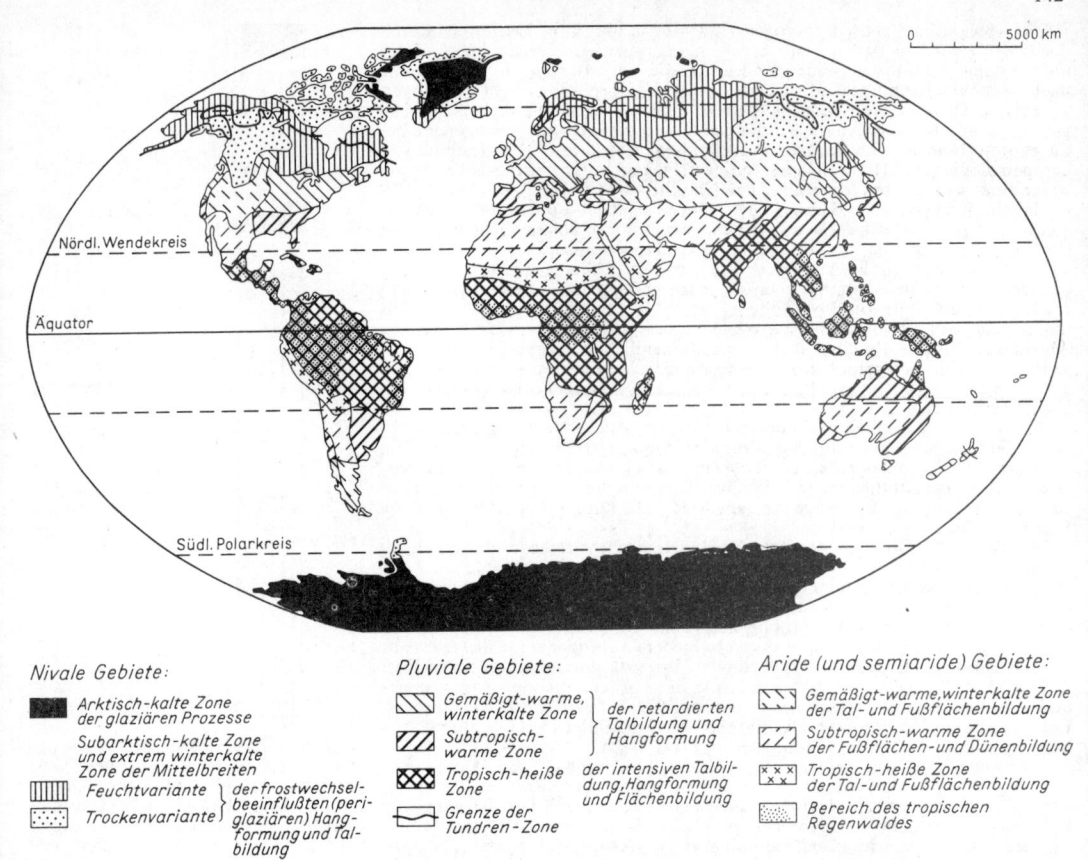

- ■ Arktisch-kalte Zone der glaziären Prozesse
- Subarktisch-kalte Zone und extrem winterkalte Zone der Mittelbreiten
  - ||||| Feuchtvariante
  - ⋯⋯ Trockenvariante
  } der frostwechselbeeinflußten (periglaziären) Hangformung und Talbildung

Pluviale Gebiete:

- ⫽ Gemäßigt-warme, winterkalte Zone
- ⫽⫽ Subtropisch-warme Zone
- ⨯⨯ Tropisch-heiße Zone
} der retardierten Talbildung und Hangformung
- ⌣ Grenze der Tundren-Zone
} der intensiven Talbildung, Hangformung und Flächenbildung

Aride (und semiaride) Gebiete:

- ⫽ Gemäßigt-warme, winterkalte Zone der Tal- und Fußflächenbildung
- ⫽ Subtropisch-warme Zone der Fußflächen- und Dünenbildung
- ××× Tropisch-heiße Zone der Tal- und Fußflächenbildung
- ⋯ Bereich des tropischen Regenwaldes

Aktuelle klimafazielle Gliederung der Reliefbildung (nach Büdel u. Kugler)

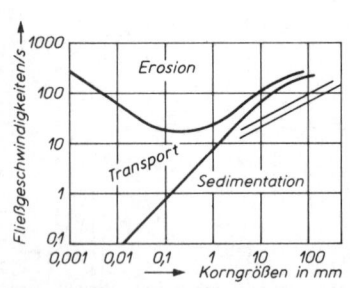

Phasendiagramm von Erosion, Transport und Sedimentation (nach Hjulström, vereinfacht)

die Hangabtragung und die fluvialen Prozesse im humiden Klima. Bei gefülltem Porenvolumen fließt bereits ein Teil des Wassers an der Oberfläche ab. Feuchtes Lockermaterial, dessen Tonminerale gequollen sind, kann bei ausreichender Hangneigung in Bewegung geraten. Das durchsickernde Wasser bildet entweder über das Hangwasser oder das Grundwasser Quellen, die die oberirdisch abfließenden Gewässer speisen.

Fluviale Prozesse und Oberflächenformen. Die morphologische Tätigkeit des fließenden Wassers, die fluviatile, kurz auch fluviale Tätigkeit genannt wird, besteht im **Transport**, der **Erosion** und **Sedimentation** von Lockermaterial. Wenn die kinetische Energie des fließenden Wassers größer ist, als für die Bewegung des Wassers erforderlich, nimmt der Fluß Material verschiedener Beschaffenheit auf. Den größten Anteil haben **chemisch gelöste Stoffe** (gelöste Fracht) und der **Schweb**. Am Boden des Flußbettes werden, abhängig von der Fließgeschwindigkeit, auch Sand, Kies und Blöcke transportiert. Der im Wasser entstehende Auftrieb vergrößert die Möglichkeit, auch schwerere Partikeln anzuheben, die sonst nur durch das Anstoßen in der Fließrichtung gerollt werden können. Gröberes Material wird verschieden bewegt. Sand, Kies und gerundete Steine werden in flachen Sprüngen bewegt, gröberes und kantiges Gestein wird gerollt. Teilweise rutschen schwerere Gesteinstrümmer das Flußbett entlang. Durch diese Bewegungen wird das Material bestoßen, zerkleinert und gerundet. So entsteht **Flußgeröll** und **Schotter**. Bis jetzt gibt es noch kein annehmbares Verfahren, die Flußfracht zu messen. Das **Phasendiagramm** von Erosion, Transport und Sedimentation zeigt, daß für Korngrößen über 1 mm Durchmesser der Transport nur in einem sehr schmalen Bereich der Fließgeschwindigkeit, bei Korngrößen unter 1 mm Durchmesser aber bei sehr unterschiedlicher Fließgeschwindigkeit möglich ist. Die für die Erosion von Teilchen kleiner als 0,01 mm Durchmesser notwendige Fließgeschwindigkeit, die größer ist als für Mittel- und Feinsand, erklärt sich durch die Kohäsion von Feinschluff und Ton.

Die **Erosion** erfaßt lockeres Material. Aber durch die rollende und springende Bewegung der Flußgerölle wird auch Festgestein im Flußbett gelockert und werden Partikeln verschiedener Größe herausgeschlagen. Anderseits glättet und schleift transportiertes Geröll das Flußbett, die Sohle und Wandung ab. Die glatten Wandungen von Strudellöchern und die oval gerundete Form der Gerölle lassen diese Wirkung erkennen. Unterstützt wird die erosive Wirkung durch die Turbulenz der Wasserbewegung, die bereits bei 0,1 m/s das laminare Fließen ablöst. Dabei bewegt sich das Wasser auf kreisähnlichen Bahnen ungeordnet walzen- oder wirbelförmig. Da sich die Erosion des fließenden Wassers gegen die Wandung und die Sohle des Flußbettes richtet, sind **Seiten-** und **Tiefenerosion** zu unterscheiden.

Die **Fließgeschwindigkeit** ist vom Gefälle des Flußbettes, vom Wasserspiegelgefälle, der jahreszeitlich schwankenden Wassermenge und dem Querprofil des Flußbettes abhängig. Im Flußquerschnitt liegt bei gestrecktem Verlauf der Bereich größter Geschwindigkeit, der **Stromstrich**, in der Mitte des Flusses. Zum Flußbett und zum Wasserspiegel nimmt die Fließgeschwindigkeit gleichfalls ab. Gleiches gilt, wenn sich der Querschnitt des Flusses vergrößert. Hochwasser im Fluß bedeutet Verstelung des Spiegelgefälles und damit eine Zunahme der Fließgeschwindigkeit. Flüsse, die sich auf einer regelmäßigen, flußabwärts flacher werdenden Landabdachung entwickeln, verringern ihre Geschwindigkeit im Mittel- und Unterlauf gleichfalls.

Nur unter bestimmten Bedingungen, bei gestrecktem Talverlauf und gleichmäßiger Wasserführung, herrscht im größeren Teil des Flußbettes der gleiche fluviale Teilprozeß. An Flußwindungen ist der lokale Wechsel gut zu überschauen. Wegen der Trägheit der Wasserbewegung verschiebt sich der Stromstrich in Krümmungsbereich gegen die konvexe Außenseite und verursacht am Ufer Seitenerosion, an der Sohle Tiefenerosion. An der konkaven Innenseite der Flußkrümmung nimmt die Geschwindigkeit jedoch ab, so daß dort zur gleichen Zeit die Akkumulation einsetzt. Bei Hochwasser dehnt sich der Bereich, in dem Erosion möglich ist, auch auf den konkaven Bereich der Flußwindung aus.

Durch das räumlich und zeitlich variierende Zusammenwirken von Tiefen- und Seitenerosion, Transport und Akkumulation bildet der Fluß eine **Talaue**. Im natürlichen Zustand wird sie bei Hochwasser überflutet. Das **Flußbett** nimmt, abgesehen von steilhängigen Kerbtälern im Gebirge, nur einen schmalen Streifen der Talaue ein, der dem Mittelwasserführung entspricht. Während des Niedrigwassers pendelt der Fluß in einer oder auch mehreren, aber noch schmaleren Rinnen.

In den Tälern der Mittelbreiten, die in der Reichweite der kaltzeitlichen Temperaturdepression lagen, wurde der Talboden und seine Schotterfüllung, die Niederterrasse, während der letzten Kaltzeit angelegt. Dieser **Talboden** ist oft breiter als die Talaue, d. h., die Niederterrassenschotter stehen am Rande der vom holozänen Auelehm gefüllten Talaue oder auch als Inseln inmitten des Auelehms.

Bei der Ablagerung der Sedimente in der Talaue bilden sich charakteristische Oberflächenformen. Beiderseits des Flußbettes schütten sedimentreiche Flüsse während des Hochwassers flache Wälle auf. Diese Wälle wachsen im Tiefland sedimentreicher Flüsse so weit an, daß sich auch der Boden des Flußbettes über das Niveau des Talbodens erhöht. Bekannteste **Dammufer-Flüsse** sind Amazonas, Mississippi, Hwangho und Jangtsekiang. Die Erhöhung des Flußbettes erklärt die häufigen und in ihren Folgen verheerenden Laufverlegungen bei Hochwasser. Verlegungen des Flußbettes sind jedoch in allen Talauen zu beobachten. Abgeschnittene, z. T. wassererfüllte **Altwasserrinnen** sind sichtbare Beweise. Eine besondere Form stellt die **Verwilderung** eines Flusses dar, die sich bei starker Sedimentführung, z. B. auf dem Schwemmfächer eines einmündenden Nebentales, ergibt. Durch rasche Ablagerung am Ende stärkerer Wasserführung werden die Fließrinnen verstopft, so daß ständig neue Abflußbahnen gebildet werden.

Vielgestaltig sind die fluvialen Akkumulationsformen in **Deltamündungen**, z. B. der Donau, Lena, des Mississippi und des Nil. Das Delta entsteht an einer Flachwasserküste dort, wo Flußsedimente durch die Bewegung des Meerwassers nicht oder nur wenig weitertransportiert werden. Dadurch wächst das Delta allmählich ins Meer vor. Haupt- und Nebenarme des Flusses, meist von Uferdämmen begleitet, und seichte Lagunen zwischen den Flußarmen sind die wesentlichen Kennzeichen. Ähnliche Verhältnisse finden sich dort, wo ein Fluß in einen Binnensee mündet. Sehr häufig in Sedimenten, z. B. des Buntsandsteins, sind die Binnendelta-Formen der ariden Gebiete.

Während im Tiefland, in dem das Flußlängsprofil seine geringste, mit der umgebenden Landabdachung gleiche Neigung erreicht, das Tal nur durch den Talboden markiert wird, wird der Talboden in allen Abtragungsgebieten von Talhängen eingefaßt. Diese sind das Ergebnis fluvialer Tätigkeit und der Hangabtragung.

Prozesse der Hangabtragung. Unter Hangabtragung werden geomorphologische Prozesse zusammengefaßt, bei denen kein definiertes Transportmedium wirksam ist. Alle diese Vorgänge haben gemeinsam, daß sie – abhängig von der Schwerkraft – stets auf eine Hangfläche begrenzt sind. Meist wird der Transport über den Hang in viele kurze Wege aufgelöst, weil die innere Reibung die Bewegungen des Lockermaterials meist rasch abbremst. Daß durch die Hang-

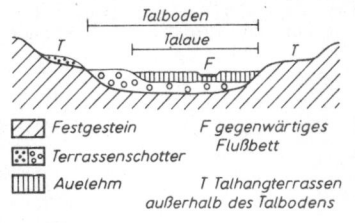

Talaue und Talboden

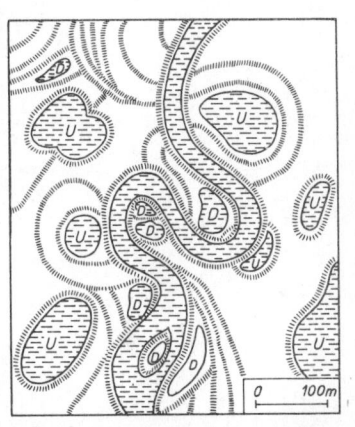

Talaue eines Flusses im Tropenklima. Uferdämme, Dammuferseen (D) und Umlaufseen (U) bei starker Sedimentation

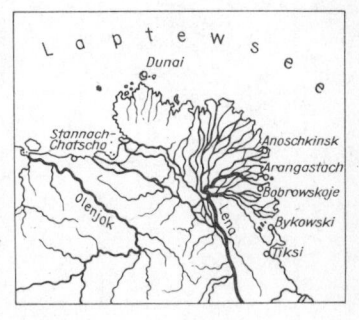

Lena-Delta (nach Atlas MIRA)

Talaue und Talboden eines Flusses in den humiden Mittelbreiten. Vereinigte Mulde südlich von Bad Düben (Bez. Leipzig)

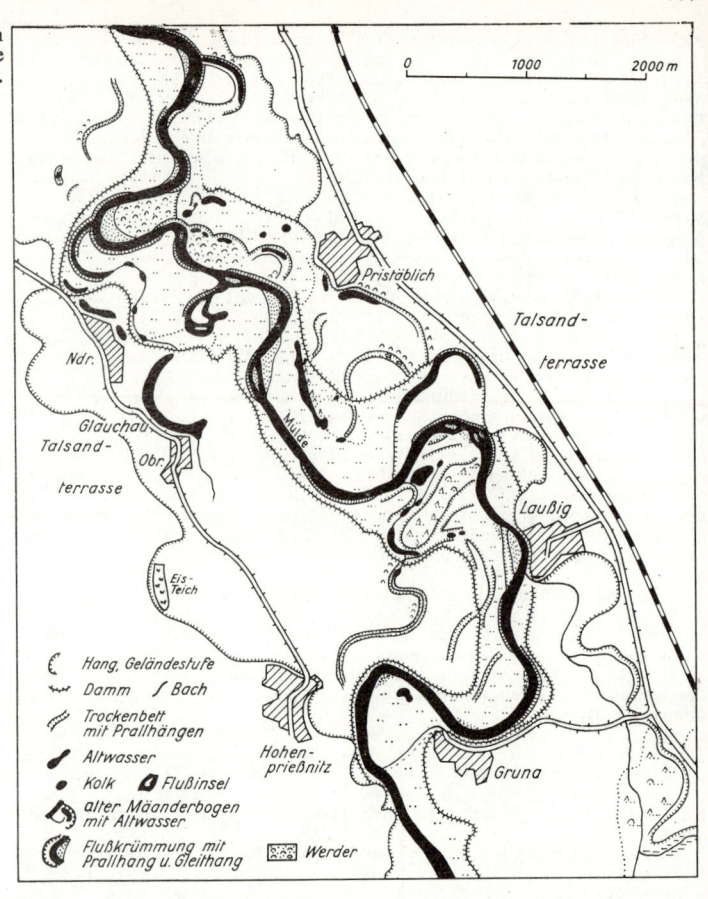

abtragung schon kurzfristig wesentliche Veränderungen in der Lockermaterialdecke verursacht werden, die sich als natürliche Störprozesse bei der Bodennutzung bemerkbar machen, liegt an der häufigen Wiederholbarkeit dieser Prozesse. Zusammen mit der fluvialen Tätigkeit gestaltet die Hangabtragung in geologischen Zeiträumen das Relief und bestimmt insbesondere die Abtragung der Gebirge sowie die Verebnung der Schwellengebiete.

Im humiden Klima haben Abspülung und Flächenspülung, tropisches Bodenfließen und Rutschungen besondere Bedeutung.

Abspülung. Ist die Bodenoberfläche so durchfeuchtet, daß durch die Quellung der Tonminerale die Versickerung behindert wird, fließt der Niederschlag an der Bodenoberfläche ab. Der gleiche Effekt wird durch Starkregen auch auf trockener Oberfläche ausgelöst. Dadurch wird feines klastisches oder gelöstes Bodenmaterial hangabwärts verlagert. Im allgemeinen wird die Bewegung des Wassers durch die Rauhigkeit der Oberfläche nach Dezimeter- oder Meterentfernung schnell gebremst. Das Wasser versickert oder versinkt, das transportierte Material wird wieder abgesetzt. Wirksamer wird die Abspülung, wenn sich die Wasserfäden zusammenschließen und dezimetertiefe Rillen oder metertiefe Gräben ausspülen können. An Hindernissen oder auf dem flacheren Untergrund wird das abgespülte Lockermaterial in flachen Schwemmfächern (Kolluvium) abgelagert.

Bei geschlossener Walddecke ist die Wirkung der Abspülung gering, da neben der besseren Verteilung des Niederschlages durch Retention an Bäumen und in der Strauch- und Krautschicht der porenreiche Oberboden der Waldböden eine beträchtliche Versickerung erlaubt.

In den Steppen bzw. Prärien ist die Abspülung unter natürlichen Bedingungen am wirksamsten, weil die horstartig wachsenden Gräserdecken keinen wirksamen Schutz bietet und die Niederschläge oft als Starkregen fallen.

Verstärkt wird die Abspülung in den Grasländern durch die Bodennutzung, weil dann im Frühjahr und Herbst die Vegetationsdecke beseitigt ist. Durch die Ausbildung weitverzweigter Schluchtensysteme und die Kappung des humosen

Oberbodens sind in den Steppen und Prärien beträchtliche landwirtschaftliche Nutzflächen zu Unland (Badlands) geworden.

Da die durch Rinnen und Schwemmfächer sichtbaren Schäden in den Ackergebieten durch die Bodenbearbeitung jeweils kurzfristig beseitigt werden, unterschätzt man meist die Gefahren der Bodenerosion. Das lebhafte Bodenmosaik im Lößhügelland, die hohen Lesesteinwälle in den Grundmoränengebieten und Mittelgebirgen sowie die Veränderungen der Hangform durch Abtragungskanten und Kolluvialverflachung sind jedoch eindeutig Zeugen für die im allgemeinen schleichende Bodenzerstörung.

Bei der **Suffosion** oder unterirdischer Auswaschung wird durch Wasser feineres Gesteinsmaterial ausgewaschen, dadurch werden unterirdische Hohlformen gebildet, deren hangende Decke nachbricht und damit den unterirdischen Ausspülungsvorgang auch an der Oberfläche als Senkung oder Einbruch im Gelände sichtbar macht.

Voraussetzungen sind Unstetigkeiten in der Lockergesteinsdecke, z. B. schuttreiches Material, mit Fremdmaterial locker gefüllte Trockenrisse oder Eiskeile im Löß.

Flächenspülung. In den semihumiden Tropen wird die Abspülung als natürlicher Prozeß verstärkt, weil die Niederschläge als Starkregen mit hoher Ergiebigkeit in kurzer Zeit fallen und die Vegetationsdecke am Boden nicht geschlossen ist. Die an der Oberfläche kurzfristig abfließenden, auch auf größeren Flächen bis zu einem Dezimeter mächtigen **Schichtfluten** lagern Fein- und Grobmaterial in Mengen um, die weit über den in den Mittelbreiten bekannten Größenordnungen der Abspülung liegen. Im Verlauf geologischer Zeiträume führt die **Flächenspülung** kombiniert mit der Seitenerosion der nur periodisch Wasser führenden Flüsse zur Bildung von Ebenen, Peneplains oder Rumpfflächen.

Rumpfflächen. Die intensiven tropischen Verwitterungsvorgänge erleichtern bei langer Dauer die Einebnung auch unterschiedlich widerständiger Gesteine.

Die Vorläufer der Hochflächen der mitteleuropäischen Mittelgebirge waren solche durch Flächenspülung und Seitenerosion gestaltete Rumpfflächen, die während des Tertiärs oder früherer geologischer Zeiträume unter tropenähnlichen Klimaverhältnissen entstanden. Gut erhalten sind an vielen Stellen unter den Sedimenten der Zechsteintransgression die Reste der Rumpffläche des variszischen Gebirges, die im Siles und Perm entstanden ist.

Horstschollen und Inselberge der semihumiden und semiariden Tropen werden von stärker geneigten Gebirgsfuß- oder **Pedimentflächen** ummantelt, die infolge des hohen Belastungsverhältnisses nicht durch die aus dem Gebirge austretenden Flußtäler zerschnitten werden.

Während das Wasser bei der Abspülung und Flächenspülung nur einzelne Partikeln des Lockermaterials erfaßt, kommen bei **Rutschungen** stets größere Massen in Bewegung. Die Stabilität des Lockermaterials wird durch die Füllung der Poren mit Wasser gemindert, so daß eine Materialbewegung unter der Wirkung der Gravitation einsetzen kann. Besonders geeignet sind tonigschluffige Sedimente, z. B. in den pliozänen Ablagerungen des Siebenbürgischen Beckens, des Apennin oder im Flysch der Alpen. Aber auch mit Wasser übersättigte, meist feinkörnige Sande können in Bewegung geraten. Diese Schwimmsande verlieren bei plötzlichen Impulsen wie Erschütterungen ihre Lagerungsstabilität und werden unter der Wirkung des hydrostatischen Druckes flüssig. Bei Rutschungen entstehen muschelförmige Abrißnischen, an die sich hangabwärts tropfenförmige Ablagerungen oder schwemmfächerartige Schlammströme (Frane) anschließen.

Größte Wirkungen lösen Rutschungen aus, wenn stark durchfeuchtete, zur Thixotropie neigende Lockergesteine nicht unmittelbar an der Oberfläche liegen. Dann können große Gesteinsmassen, die selbst nicht rutschungsgefährdet sind, auf der fließfähigen Unterlage mit abwärtsgleiten.

Rutschungen sind an größere Hangneigungen gebunden, z. B. an steile Prallhänge, Schichtstufen im Berg- und Hügelland oder Steilhänge im Gebirge. Hier spricht man von Bergschlipf oder Bergrutsch. Rutschungen haben besonders für die Ingenieurgeologie eine große praktische Bedeutung und werden dort näher beschrieben (S. 550).

Tropisches Bodenfließen. Als besonders intensive, der Rutschung verwandte Form der Abtragung tritt im Regenwald der humiden Tropen das **subsilvine Bodenfließen** auf. Toniges Verwitterungsmaterial, das im Bereich der flachen Wurzeldecke stabiler bleibt, kommt in durchfeuchtetem Zustand unter dieser Schicht ins Gleiten, bis die bewegte Schicht genügend entwässert ist. Dabei wird auch die hangende, die Vegetationsdecke tragende Bodenschicht mitbewegt.

Täler sind die geomorphologische Leitform der humiden Klimagebiete. Bei ihrer Entstehung und Weiterbildung wirken fluviale Tätigkeit und Hangabtragung zusammen. Der wechselnde Anteil beider Prozeßgruppen an der Formung der Täler wird in den Abtragungsgebieten vom **Talquerschnitt** veranschaulicht. **Klamm-, Cañon-** und **Schluchttäler** mit steilen oder senkrechten Wänden sind selten und zeigen, daß die Hangabtragung gegenüber der fluvialen Tätigkeit unbedeutend ist. Ursachen können schnell voranschreitende

Tiefenerosion oder besonders hohe Widerständigkeit des Gesteins gegen Verwitterung und Abtragung sein. Beispiele dafür sind die Schluchten im Elbsandsteingebirge.

Meist werden die Talhänge durch die gleichzeitig mit der fluvialen Erosion oder auch nach dem Erlahmen des Tiefenerosionsimpulses wirkende Hangabtragung abgeflacht. Im Ergebnis wird der Talquerschnitt verbreitert. Es entstehen **Kerbtäler**, bei denen die Talaue unmittelbar von den stark geneigten Hängen begrenzt wird, und **Sohlentäler** mit breitem Talboden. In **Muldentälern** gehen die Talhänge flach auslaufend in den Talboden über, weil die Seitenerosion nicht ausreicht, um das durch die Hangabtragung an den Talboden transportierte Lockermaterial wegzuschaffen.

Diese Grundformen des Talquerschnitts werden durch die Gesteine und die Art der Genese des Tals modifiziert. In weniger widerständigen Gesteinen sind Hangabtragung und Seitenerosion wirksamer als in härteren. Dadurch verbreitern und verengen sich die Talquerschnitte.

Der vertikale Wechsel von Gesteinen unterschiedlicher Widerständigkeit macht sich bereits im Talhang deutlich bemerkbar, weil im weniger widerständigen Gestein die Hangabtragung stärker wirken kann und damit dieser Hangabschnitt verflacht. Eine solche gesteinsbedingte Terrassierung der Hänge ist z. B. in den Tälern gut ausgeprägt, die am Rande des Thüringer Beckens die Gesteinsfolge des Muschelkalks queren, und am großartigsten im Colorado-Cañon.

Hangterrassen sind Zeugen der **Talentwicklung**. Durch Aktivierung der Tiefenerosion wird der ursprüngliche, mit Schottern bedeckte Talboden zerschnitten. Über dem neugebildeten Talboden und dessen Hängen bleiben Reste des älteren Talbodens, zum Teil einschließlich seiner Schotterbedeckung, als **Hangterrasse** erhalten. Im Laufe der Entwicklung werden diese Terrassen durch Hangabtragung weitergeformt. Durch Abtragung der Schotter entwickelt sich aus der Schotterterrasse eine **Felsterrasse**. Die Schotter- und Felsterrassen großer Täler sind sichere Beweise dafür, daß in den Gebirgen der Mittelbreiten seit dem Pliozän mehrere Zyklen der Talentwicklung abgelaufen sind.

Die wesentlichen Ursachen dieser Talentwicklung sind Krustenhebungen und Klimaveränderungen. Klimaveränderungen, wie sie beim Übergang vom Jungtertiär zum Pleistozän und im Pleistozän vor allem durch den Wechsel von Kaltzeiten und Warmzeiten auftraten, verändern das Belastungsverhältnis und begünstigen insbesondere in den Übergangsphasen zur Warmzeit und von der Warmzeit zur Kaltzeit die Tiefenerosion. In den Gebirgen der Mittelbreiten haben sich beide Ursachen überlagert. Die Intensität der Tiefenerosion, die durch die Hebung der Gebirge vorgegeben wurde, nahm daher klimabedingt mehrmals beträchtlich zu.

Viel komplizierter sind die Relationen zwischen dem phasenhaften Wechsel von fluvialer Erosion und Akkumulation in den Ablagerungsgebieten; denn nur bei ständig sinkender Tendenz der Kruste lagern sich die jüngeren über den älteren Schotterterrassen ab. Im Regelfall entsteht ein kompliziertes Nebeneinander unterschiedlich alter Schotterflächen und deren Erosionsresten.

Klimafazielle Differenzierung der Reliefbildung im humiden Klimabereich. Wie die Karte (S. 142) zeigt, sind im humiden Klimabereich wenigstens drei Zonen der aktuellen Reliefbildung zu unterscheiden. Sinngemäß gilt das für alle erdgeschichtlichen Entwicklungsphasen. In der gemäßigt winterkalten und subtropisch warmen Zone sind Talbildung und Hangformung die bestimmende Formungskombination, die aber im Vergleich zu anderen klimafaziellen Zonen nur mit mäßiger, verzögerter Intensität vor sich geht. Ursachen sind ein ausgeglichener Jahresgang der Witterung, vor allem Niederschlag zu allen Jahreszeiten, die mäßige Intensität der physikalischen und chemischen Verwitterung sowie die klimabedingte Geschlossenheit der Vegetationsdecke.

Die mäßige Intensität der aktuellen geomorphologischen Prozesse ist die Ursache, daß vor allem in der gemäßigt warmen Zone der humiden Gebiete die Oberflächenformen früherer Reliefbildungsphasen erhalten geblieben sind. Andererseits ist hier der Bereich, in dem sich ein besonders starker und vielfältiger Wechsel des Klimas seit dem Tertiär vollzogen hat mit Klimaphasen, die eine intensive Gestaltung des Reliefs verursacht haben. Dazu gehören die Kaltzeiten des Pleistozäns mit ihrem Formenschatz, der unter periglazialem Klima und teilweise direkter Einwirkung der Inlandeisdecken entstanden ist, weiter die klimatisch gesteuerten geomorphologischen Formungsabläufe im Tertiär, die mit denen der semihumiden Tropenzone vergleichbar sind. Sie waren nicht nur durch intensive chemische Verwitterung und Abtragungsvorgänge wie z. B. die Flächenspülung, sondern auch über einen sehr langen Zeitraum wirksam.

Zum humiden Klimabereich der Gegenwart gehört ferner die tropisch heiße Zone mit intensiver Flächen- und Hangbildung. Dabei sind ein äußerer Bereich mit wechselfeuchtem Tropenklima und der äquatoriale Bereich mit Niederschlag über das ganze Jahr zu unterscheiden. Die intensive Reliefprägung im äußeren Bereich beruht auf der hohen Intensität der chemischen Verwitterung und der Flächenspülung während der Regenzeit, die zudem in die heiße

Sommerzeit fällt. Rumpfflächen und Gebirgsfußflächen sowie über diesen mit steilen Hängen aufragende Inselberge, breite Täler, die von den Flachmulden der Rumpfflächen ihren Zufluß und die Fanglomerate der Flächenspülung erhalten, sind die Leitformen dieses Bereichs.

Im inneren Teil dieser Zone mit Niederschlägen zu allen Jahreszeiten und einer daher geschlossenen Vegetationsdecke der äquatorialen Regenwälder wird die Flächenspülung weitgehend unterbunden. Neben der hohen chemischen Verwitterung wirkt hier das subsilvine tropische Bodenfließen als wesentlicher Transportvorgang neben der fluvialen Abtragung und Umlagerung.

Der nivale Klimabereich wird von den morphologischen Wirkungen des Frostes, vom Gletschereis und Dauerfrostboden sowie vom Schnee bestimmt. Da die jahreszeitliche Frostperiode, die sich im Extrem auf das ganze Jahr erweitert, den Wasserhaushalt stark beeinflußt, werden die bereits für den humiden Klimabereich kennzeichnenden Prozesse der Aus- und Abspülung, der Rutschung sowie fluvialen Erosion und Akkumulation abgewandelt. Die großen geschlossenen Flächen des nivalen Klimabereichs in der Antarktis, in den polaren, subpolaren Breiten und hochkontinentalen Gebieten der Mittelbreiten auf der Nordhalbkugel werden durch zahlreiche Inseln des nivalen Klimabereichs in den Gebirgen und Hochländern ergänzt. Die geomorphologischen Prozesse des nivalen Klimabereichs haben schließlich besondere Bedeutung durch die mit jeder Kaltzeit des Pleistozäns sich wiederholende Erweiterung seiner Fläche bis weit in die Mittelbreiten, deren Sedimente und Oberflächenformen noch in der Gegenwart Zeugen dieser Vorgänge sind (vgl. Abschnitt »Quartär«).

Glaziale Prozesse und Oberflächenformen. 16,3 Mill. km² des Festlandes – das entspricht 11 Prozent der Kontinentfläche – sind gegenwärtig von Inlandeis und Gletschern bedeckt. Während der jüngeren Kaltzeiten des Pleistozäns erweiterte sich diese Fläche um 30 Mill. km² auf rund 45 Mill. km².

Als **glazial** werden alle Ablagerungen und Bildungen einer Kaltzeit bezeichnet, als **glazigen** die unmittelbar durch Eis (Gletscher, Inlandeis) entstandenen Sedimente und Bildungen wie Moränen bzw. Gletscherschrammen, während die eisbedingten, nur mittelbar vom Eis erzeugten Formen und Ablagerungen wie Schmelzwasserabsätze oder der Löß **glaziär** genannt werden.

Die wichtigste Eigenschaft des Gletschereises ist seine Beweglichkeit. Im Unterschied zum stenglig-prismatischen Eis auf Flüssen und Seen oder dem amorphen Eis, das sich an unterkühlten Flächen, z. B. auf der Straße, bildet, ist das Gletschereis körnig. Diese Eigenschaft entsteht bei der Verdichtung der Schneekristalle durch Tauen und Druck zu Firn und der weiteren Alterung zu Gletscherkörnern. Die Beweglichkeit der Gletscherkörner nebeneinander wird durch den Wasserfilm unterstützt, der sich durch Druck und damit zusammenhängende Druckverflüssigung an den Bewegungsflächen der Gletscherkörner bildet. Dadurch kann eine ausreichend große Eismasse auf geneigter Unterlage bzw. bei entsprechendem Gefälle der Gletscheroberfläche als zäher Körper fließen. Ausnahmen stellen die Gletscher mit Blockschollenbewegung dar, deren Geschwindigkeit über das gesamte Querprofil einschließlich der Bodenschicht nahezu gleich hoch ist. Am Rande des grönländischen Inlandeises wurden Blockschollenbewegungen von 3 bis 10 km/Jahr beobachtet. Das ist eine zehnmal schnellere Bewegung als bei den zähfließenden Alpengletschern. Die **Fließgeschwindigkeit** der Gletscher umfaßt daher einen weiten Bereich, von 20 m/a bis 20 km/a (LOUIS). Gletschereis kann sich nur oberhalb der **Schneegrenze** bilden, weil dort der jährliche Zuwachs durch Schneefall größer ist als die Ablation durch Tauen und Verdunsten. Gleichbleibende Klimabedingungen vorausgesetzt, wirkt hier einer ständigen Zunahme der Mächtigkeit die Gletscher nur durch den Gletscherabfluß entgegen. Beim Abfließen aus dem **Nährgebiet** gerät der Gletscher in das **Zehrgebiet**. Die **klimatische Schneegrenze**, die sich als Mittelwert aus der jahreszeitlich vertikal stark veränderlichen Frostgrenze ergibt, teilt den Gletscher in Nähr- und Zehrgebiet.

Nivaler Klimabereich

Geographische Breite	0–10	10–20	20–30	30–40	40–50	50–60	60–70	70–80
Nord	4700	4600	5300	4300	3000	2050	1050	500
Süd	5000	5600	5100	3000	1500	800	0	0

Klimatische Schneegrenzhöhen der Nord- und Südhalbkugel (WILHELMY)

Die Höhe der klimatischen Schneegrenze wird neben der Temperatur von der Niederschlagsmenge beeinflußt. Die Schneegrenze erreicht daher ihre größten Meereshöhen in den tropisch-subtropischen Trockengebieten.

Die Intensität der glazialen Prozesse ist wegen der verschiedenen Lage, Beschaffenheit und Dynamik der Gletscher sehr verschieden.

Die geomorphologische Wirkung der **temperierten Gletscher** in den Gebirgen der Mittelbreiten und Tropen ist wegen des höheren Anfalls von Schmelzwasser und der Eistemperatur um 0° stärker als die der **kalten Gletscher** der

Thermische Gletschertypen (AHLMANN)

Gletschertyp	Temperatur	Schmelzwasser	Bodenhaftung
Temperierter, »warmer« Gletscher	wenig unter 0°	starke Bildung auf, im und unter dem Gletscher	vermindert
Kalter Gletscher	erheblich unter 0°	fehlt im Inneren und an der Basis des Gletschers	Gletscher angefroren, deshalb groß

polaren Breiten und in besonders großer Meereshöhe, weil wegen der ständigen Regelation – Wechsel von Tauen und Gefrieren – das Gletschereis eine größere Beweglichkeit besitzt. Allerdings gilt diese Unterscheidung nur begrenzt, da in großen Gletschern und Inlandeisdecken beide thermischen Gletschertypen auftreten können.

Das grönländische Inlandeis gehört gegenwärtig, ebenso wie die größten Teile des antarktischen, zum Typ des kalten Gletschers. Das skandinavische und laurentische Inlandeis des Pleistozäns ging dagegen im Zehrgebiet meist in den temperierten Zustand über, so daß das Gletscherschmelzwasser geomorphologisch sehr aktiv war und die Inlandeisdecken zum Teil recht schnell vorstießen. Für die Leipziger Tieflandbucht hat EISSMANN 140 m/Jahr während des elsterzeitlichen Vorstoßes der Inlandeisdecke errechnet.

Sedimentationsschema der Leipziger Tieflandsbucht (vereinfacht nach Eißmann)

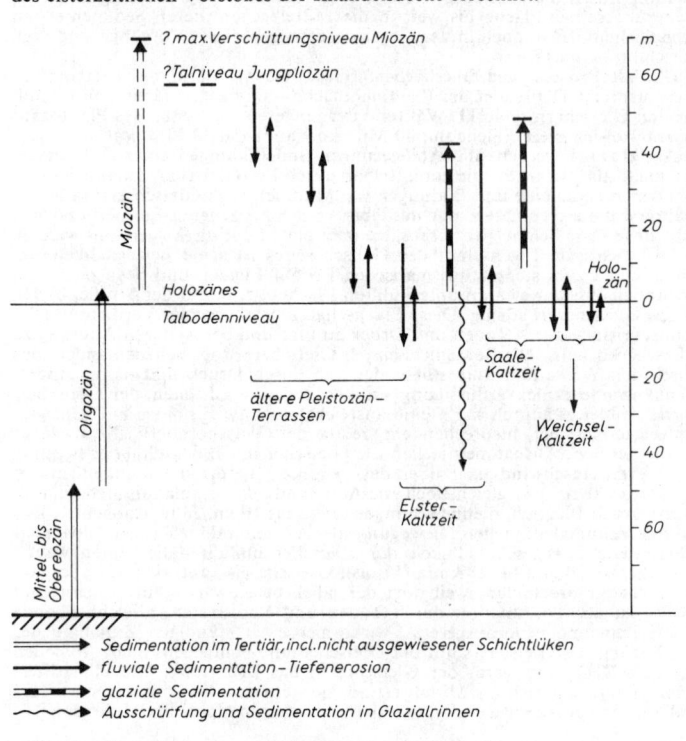

Notwendig ist auch eine Unterscheidung der Gletscher nach ihrer **Dynamik**: der **aktive Gletscher**, der **passive Gletscher** und das **Toteis**.

In Abhängigkeit von Relief, Klima und Höhe der Schneegrenze gibt es viele rezente Gletschertypen, die sich durch Ausdehnung, Grund- und Aufriß sowie die Art ihrer Ernährung unterscheiden: **Hanggletscher** sind klein und liegen oft auf der Leeseite der Kämme im Bereich lokal stärkeren Schneeniederschlags. Die **Firnfeld-Tal-Gletscher** sind der Grundtyp der von den Alpen und den Rocky Mountains ausgehenden Gletscherforschung. Das Nährgebiet liegt in einer weiten, geringer geneigten Hochflächenwanne, dem Firnfeld, aus der eine oder mehrere Gletscherzungen abfließen (z. B. Großer Aletschgletscher – Schweiz). **Talgletscher** haben kein Firnfeld und werden durch Schnee- und Eislawinen ernährt, die von den hohen umgebenden Hängen stammen. Konvergierende und divergierende Gletscherströme, die niedrige Pässe überwinden, ergeben im Gebirge ein **Gletscherstromnetz**. Wo sich Gletscher am Rande des

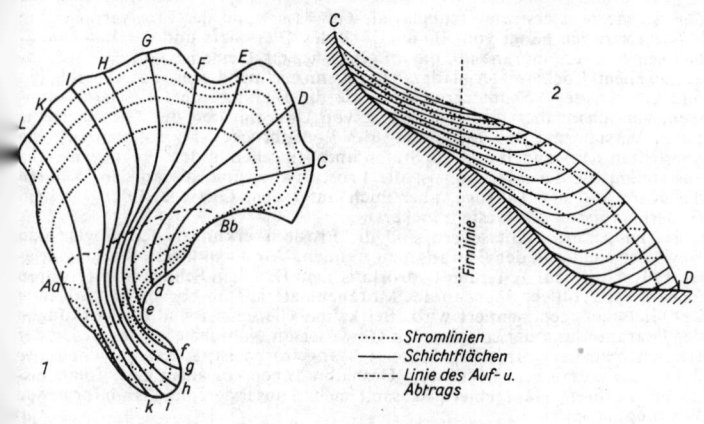

Geometrische Theorie des stationären Gletschers am Beispiel des Vernagtferners (nach S. Finsterwalder): **1** Einteilung der Gletscheroberfläche in Bezirke gleicher Ergiebigkeit des Auf- und Abtrags. Aa–Bb = Firnlinie (Schneegrenze). Die Auftragsbereiche zwischen den Linien mit Großbuchstaben oberhalb der Schneegrenze entsprechen den unterhalb gelegenen Abtragungsbereichen mit den entsprechenden Kleinbuchstaben. **2** Erscheinungen im Längsschnitt (unter der Annahme, daß Abschmelzung am Gletscherboden vernachlässigt werden kann). Die Stromlinie eines Eiskorns (punktiert) sinkt um so tiefer in den Gletscher ein, je höher es auf ihm gebildet wurde, und tritt daher auch um so tiefer unten aus dem Gletscher wieder aus. Höhen zu Längen wie 3 : 1

Gebirges zu größeren Eisflächen vereinigen, entsteht die Vorlandvergletscherung (Malaspina-Gletscher, Alaska). **Gebirgseiskappen** (Island, Schweden, Norwegen) und schließlich **Inlandeisdecken** (Antarktis, Grönland) sind Eiskörper unterschiedlicher Größe, die wegen ihrer Mächtigkeit nur selten von Nunatakkern, das sind eisfreie Berge oder Felsen, überragt werden. Aus dem Nährgebiet des Inlandeises strömen, z. T. radial, geschlossene Decken ab, die in größere Eisströme gegliedert sind und sich nach außen in einzelne, von tiefen Lobennähten, d. h. von Spalten und Moränen getrennte Loben auflösen, wie in der Weichsel-Kaltzeit im Tiefland südlich der Ostsee. **Schelfeisdecken** wie das antarktische Roß-Schelfeis, sind Teile einer Inlandeisdecke, die über die Küstenlinie vorstoßen und in ihren äußeren Teilen aufschwimmen. An ihrer Außenfront brechen Schollen ab (»der Gletscher kalbt«), die die Tafeleisberge der Südozeane bilden.

Glazialer Transport. Jeder Gletscher transportiert beträchtliche Mengen von Gesteinsmaterial, das als **Moräne** bezeichnet wird. **Ober- und Innenmoränen** entstehen durch Steinschlag und Lawinentransport sowie am Zusammenfluß benachbarter Gletscher als Mittelmoräne. Im Nährgebiet wird die Obermoräne durch die Überdeckung mit jüngerem Eis zur Innenmoräne. Im Zehrgebiet vereinigen sich Ober- und Innenmoräne mit der an der Basis des Gletschers transportierten Grundmoräne, je mehr durch das allmähliche Abschmelzen des Gletschers bis zum Rand der Anteil von Gletschermaterial im Eis relativ zunimmt. Bei schuttreichen Gletschern der Hochgebirge, aber auch am Rande der kaltzeitlichen Inlandeisdecken, ist die Gletscherzunge oft völlig unter dem Schutt begraben.

Je weiter der Transportweg ist, desto stärker wird das Moränenmaterial zerkleinert und durchmischt. Dabei werden größere Blöcke zu **Geschieben** gerundet. Moränen der Hanggletscher bestehen aus einem Gemenge von Geschiebemergel bzw. entkalkt oder kalkfrei aus Geschiebelehm, in dem Geschiebe unterschiedlicher Größe und Schollen anstehenden Lockergesteins »schwimmen«. Sie wurden in gefrorenem Zustand in die Moräne aufgenommen.

Die Moränen entstehen unter der kombinierten Wirkung des Gletscherschurfs (Exaration), der fluvialen Tätigkeit der im und unter dem Eis fließen-

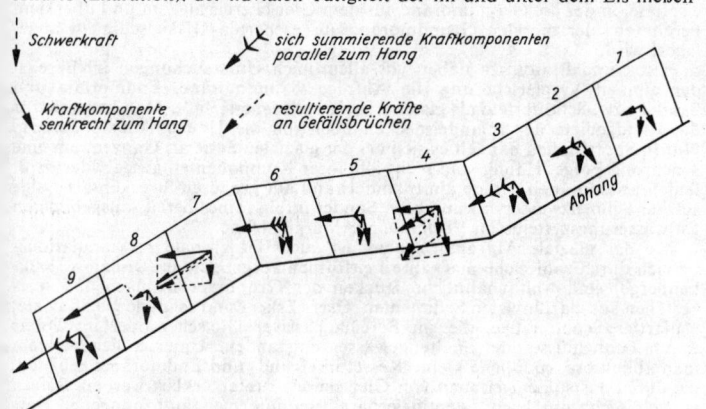

Bodendruck eines Gletschers (schematisch nach H. Louis). Die Vergrößerung des Bodendrucks im Bereich einer Gefällsverminderung verstärkt die Exaration – auch unter Mitwirkung einer höheren Regelation durch die Druckzunahme – bis zur Übertiefung der Bereiche geringen Gefälles: Trogtal- und Karseen-Wannen, Übertiefung der Fjorde

den Schmelzwasserströme (subglaziale Gewässer) und der Frostverwitterung
Die **Exaration** hängt vom Bodendruck des Gletschers und der Beschaffenheit seiner Grundmoräne ab, die im Gletscher ein Gemenge von Eis und eingebackenem Lockermaterial darstellt. Kennzeichnend sind das Abschleifen und Glätten des Felsuntergrundes sowie die Bildung von Gletscherschrammen, vor allem aber die Übertiefung von Unebenheiten des Gletscherbetts durch Verstärkung und Minderung des Bodendruckes. So erklären sich die übertieften Karwannen und die Stufen und Schwellen in den Trogtälern. Voraussetzung für die Exaration ist die Frostverwitterung, die an den Wänden der Kare und der Taltröge, aber auch unter dem Gletscher oder vor dem Gletschervorstoß das Gestein lockert.

Bei temperierten Gletschern sind die Erosionswirkungen der subglazialen Gewässer nicht von der Exaration zu trennen. Vor allem lagern die subglazialen Flüsse, die zum Teil unter hydrostatischem Druck in Schmelzwasserröhren fließen, beträchtliche Mengen des Moränenmaterials um, bevor es am Rande des Gletschers sedimentiert wird. Bei kalten Gletschern sind die Wirkungen der Exaration und der subglazialen Gewässer im Nährgebiet geringer. Da der Gletscher an der gefrorenen Unterlage angefroren ist, schert der Gletscher über diese untere Schicht hinweg. Deshalb können vor allem kalte Inlandeisdecken in ihrem Nährgebiet insgesamt mehr konservierende als umformende Wirkung haben.

Die **glaziale Exaration** erstreckt sich über die gesamte vom Gletscher bedeckte Fläche und ist also auch im Zehrgebiet wirksam. So zeichnet sich die wesentliche Aufragung von Felsgestein in den äußeren Bereichen der elster- und saalezeitlichen Inlandeisbedeckung Mitteleuropas durch die petrographische Zusammensetzung der hinter diesen vom Eis abgeschliffenen Hindernissen liegenden Moränen ab. Im Zehrgebiet nimmt allerdings der Anteil der Wirkung subglazialer Wässer zu. Er ist dann besonders deutlich, wenn die Unterlage aus Lockermaterial besteht, in die sowohl durch Exaration tiefe Wannen ausgeschürft und durch die Erosion der subglazialen Gewässer langgestreckte Rinnen ausgekolkt werden.

Die **glaziale Akkumulation** beginnt bei den stärker linear geformten Gletschern bereits im Nährgebiet, wo die Seitenmoränen als randliche Schuttwälle abgelagert werden, die im Zehrgebiet in die Endmoränen der Gletscherzunge bzw. des Inlandeislobus übergehen. Die **Endmoränen** am Außenrand stationärer Gletscher sind unterschiedlicher Genese. Einerseits sind es **Satzendmoränen**, die durch das ausschmelzende Moränenmaterial aufgeschüttet und durch den oszillierenden Gletscher manchmal überfahren werden. Andererseits schiebt der bei einem Kälterückfall vorstoßende Gletscher das Moränen- und unter ihm liegende »präglaziale« Material meist in Schollen zu Stau- oder **Stauchmoränen** zusammen. Aus der Dynamik der Gletscher geht hervor, daß nicht alle Stauchmoränen zugleich End- oder Marginalmoränen sein müssen.

Im Marginalbereich der aktiven und passiven Gletscher sowie am Rande von Toteis spielt das Schmelzwasser durch Ausspülung und Sortierung eines Teils der Moräne und durch glazialfluviale Umlagerung eine bedeutende Rolle. Dabei entstehen **Schotterfelder** und die ausgedehnten Sandflächen der **Sander**. In der Schmelzphase des Eises sind das überwiegend flache Schwemmfächer mit einer Vielzahl von Gerinnen, da wegen der starken Sedimentzufuhr die Schmelzwasserflüsse verwildern.

Bei schwach gegenläufigem Relief, wie es vor den Randlagen der Inlandeisdecke der Weichsel- und jüngeren Saaleeiszeit in Mitteleuropa gegeben war, konvergierten die Schmelzwasserflüsse und die aus dem Süden kommenden größeren Flüsse, die auch während der Kaltzeit noch Wasser führten, in **Urstromtälern**. Flächen mit mächtiger **Grundmoräne** bilden erst in der Toteisphase, in der die Grundmoräne aus dem Gletschereis austaut und über der bereits aus der mobilen Grundmoräne ausgescherten Glazialsediment abgelagert wird.

PENCK und BRÜCKNER haben vor allem nach Untersuchungen im Bereich der alpinen Vergletscherung die Abfolge Grundmoräne, Endmoräne und Sander bzw. Schotterfeld als **glaziale Serie** zusammengefaßt. Man kann sie für die Randgebiete der Inlandeisdecken noch um die Urstromtäler erweitern. Nur in Spezialfällen handelt es sich bei der glazialen Serie als Ganzem um eine synchrone Folge. Häufig sind nicht alle ihrer Komponenten ausgebildet, z. B. fehlen Endmoränen gerade am Inlandeisrand auf größeren Strecken als Folge starker Schmelzwasserwirkung bzw. infolge eines bereits ausgebildeten Entwässerungssystems im Vorfeld einer Marginalzone.

Wie das glaziale Abtragungsgebiet ist auch der glaziale Akkumulationsbereich durch zahlreiche markante Leitformen ausgezeichnet. **Drumlins** (Rückenberge) sind walfischähnliche Rücken der Grundmoränenflächen. **Kames** bestehen aus glazifluvialen Sedimenten. **Oser** (Esker) sind schmale glazifluviale, wallartige Schotterzüge, die im Bereich passiver Gletscher oder Toteis durch Tunnelflüsse oder Spaltengewässer entstanden. Unter **Söllen** versteht man abflußlose, rundliche kleine Kessel in Grund- und Endmoränengebieten, die durch das späte Tieftauen von Gletschereis-Resten erklärt werden. Sofern es sich nicht um leicht identifizierbare Pseudoformen anthropogener Ent-

---

a Periglaziale Bedingungen vor der Vergletscherung

b Gletscher-Vorstoß

c Gletscher-Höchststand

- Dauerfrostboden
- Gletscher
- Grundwasser
- Regelationszone
- Intensive Frostverwitterung
- Grundwasserspiegel

Exaration und Dauerfrostboden (nach Tricart u. Cailleux). Die zum Teil außerordentliche Exarationsleistung der die Trogtäler übertiefenden Gletscher wird auf die ungleiche Verteilung des Dauerfrostbodens und die Verstärkung der Regelation in der Zeit der maximalen Gletscherentwicklung zurückgeführt. Voraussetzung dafür ist der temperierte Gletscher.

stehung, wie Mergelgruben, handelt, sind sie den **Pingos** (S. 153) ähnlich, die bei der Destruktion des Dauerfrostbodens als linsenförmige Eisanhäufungen rezent entstehen, aber bisher nur selten, z. B. in den Niederlanden, auch als kaltzeitliche Hinterlassenschaft nachgewiesen worden sind.

Periglaziale Prozesse und Formen. Diese wesentliche Gruppe geomorphologischer Prozesse wurde von der Forschung als letzte erkannt. Der Begriff Periglazial wurde 1909 von W. LOZINSKI für Frostwirkungen eingeführt, die in der Umgebung der Inlandeisdecken des Pleistozäns beobachtet wurden. Heute werden als periglaziale Prozesse i. e. S. alle Vorgänge zusammengefaßt, die mit dem Gefrieren und Tauen von Wasser bzw. Eis im Locker- und Festgestein zusammenhängen. Bei Jahresmitteltemperaturen unter $-2\,°C$ taut der Boden wegen der starken Ausstrahlung im allgemeinen im Sommer nicht mehr völlig auf. Unter der **Auftauschicht**, dem Mollisol, erhält sich eine gefrorene Schicht, der Pergelisol oder **Dauerfrostboden**. Der Dauerfrostboden zeigt in Abhängigkeit von seiner Textur, Porosität und der Zufuhr von Feuchtigkeit sehr verschiedene Formen. Am häufigsten ist das **diskontinuierliche Bodeneis** in Material mit ausreichendem Porenvolumen. Eis füllt dann Klüfte und Poren und verfestigt damit das Lockermaterial. **Kompaktes Bodeneis** setzt eine ausreichende Sättigung mit Wasser voraus und entwickelt sich daher in dichterem, z. B. schluffigem oder tonigem Material. Eiskörper ohne wesentliche Verunreinigung mit Lockermaterial bilden sich parallel zu Schichtflächen als horizontal liegende Eislinsen oder senkrecht zur Oberfläche als **Eiskeile** bzw. -spalten aus. **Fossiles Bodeneis** kann an der Oberfläche gebildet und später von Lockergesteinen überlagert worden sein.

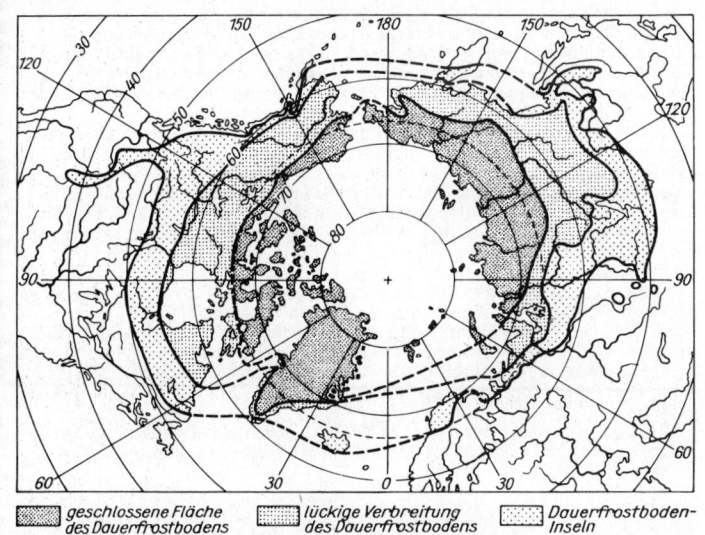

Verbreitung des Dauerfrostbodens auf der Nordhalbkugel (nach Black, Schumgin, Petrowski aus Fairbridge)

Unter dem Dauerfrostboden folgt der **Niefrostboden**. Im Bereich des Dauerfrostbodens können nichtgefrorene Inseln in beliebiger Tiefe auftreten (Talik), z. B. unter einem tiefen See oder einem größeren Flußbett, wo die Wärme des Wassers ein Eindringen der Frostwelle behindert.

Vom Dauerfrostboden, der sog. ewigen Gefrornis, **Permafrost**, die in eine Tiefe von mehr als 1200 m reichen kann und über geologische Zeiten (Holozän und Pleistozän) andauert, bestehen sowohl räumlich als auch zeitlich fließende Übergänge zum **annuellen Dauerfrostboden**, der infolge klimatischer Oszillationen einige Jahrzehnte anhält, bis zum **jahreszeitlichen Bodenfrost** der humiden Mittelbreiten und schließlich zum **allnächtlichen Frostwechsel** in der Höhenstufe tropischer Hochgebirge im Übergang vom ständig frostfreien Gebirge zur Höhenstufe des ständigen Frostes.

Andererseits wird der Begriff periglaziale Prozesse oft auf die Abwandlung anderer Vorgänge im periglazialen Bereich angewendet. Das gilt vor allem für die **fluviale Tätigkeit**, die unter periglazialen Bedingungen intensiver wird, u. a. durch die Konzentration der Wasserführung auf die Schmelzwasserphase, die starke Schuttbelastung infolge kräftiger Hangabtragung, die Begünstigung der Tiefenerosion durch die Frostverwitterung, die in Abtragungsgebieten immer tiefere Schichten auflockert, und durch die Verstärkung der Seitenerosion durch den Eisgang. Ferner werden **äolische Deflation** und **Akkumulation**, die wegen lückiger oder fehlender Vegetationsdecke und der spätsommerlichen Austrocknung der Erdoberfläche beträchtlich ist, oft zu den typischen periglazialen Prozessen gezählt, z. B. bei Löß und Treibsand der pleistozänen Kaltzeiten.

Die Vielfalt der periglazialen Prozesse i. e. S. kann auf wenige physikalische Tatsachen zurückgeführt werden. In ihrer Kombination kommt es bei diesen Vorgängen manchmal zu scheinbar widersprüchlichen Ergebnissen oder Konvergenzerscheinungen (POPOW, TRICART, PEIWE).

1) Das **Volumen des Wassers** vergrößert sich beim Gefrieren im Gegensatz zu allen anderen Stoffen. Die **Volumenerweiterung** des Eises beträgt fast 10%. Deshalb wird gefrierender Boden gehoben, ganz gleich, ob es sich um heterogenes Bodeneis oder homogene, quasi oberflächenparallele Bodeneisschichten handelt. Die Volumenerweiterung beim Gefrieren des Wassers ist zugleich die Ursache der Frostverwitterung. Durch Frostverwitterung entsteht entweder sehr feinkörniger oder blockiger Frostschutt.

2) Eis hat einen hohen, dem Eisen ähnlichen **Ausdehnungskoeffizienten**. Je tiefer die Bodentemperatur absinkt, desto stärker nimmt das **Volumen des Frostbodens** ab. Im Ergebnis reißt der gefrorene Boden in Spalten auf. Die **Frostspalten** bilden – im Unterschied zu den erwähnten Dehnungsrissen – mehr oder weniger regelmäßige Vielecke. Die Polygone der **Frostmusterböden**, die zum Teil ideal sechseckig oder rundlich ausgeformt sind, haben Durchmesser von 2 bis 20 m, oft auch bis über hundert Meter.

3) Die Bildung von **Eiskristallen** fördert durch Dispergierung den Zerfall der Strukturteilchen des Bodens, so daß er im aufgetauten Zustand außerordentlich fließfähig ist. Die **Gelifluktion** wird durch den Stau des Schmelzwassers auf gefrorenem Untergrund, das die Schlammbildung unterstützt, zur **Solifluktion** verstärkt. Gelifluktion und Solifluktion bewirken zusammen, daß der Auftauboden selbst bei Hangwinkeln bis 2° fließfähig wird.

4) Die Dynamik der **Auftauschicht** ist vielfältig. Die Auftauschicht entsteht alljährlich, abhängig von der Dauer und Stärke der Einstrahlung, für Wochen oder Monate. In maritimen Gebieten ist sie flacher, in kontinentalen reicht sie tiefer. Da die meisten periglazialen Prozesse an die Auftauschicht gebunden sind, wird diese auch als active layer (aktive Schicht) bezeichnet.

Die Wirkung dieser periglazialen Prozesse i. e. S. äußert sich in charakteristischen Störungen der Schichtung, in der Neubildung und Umlagerung von Lockermaterial sowie vielen Leitformen des Reliefs.

Leitformen des Dauerfrostbodens sind die **Eiskeile**, die an den Kontraktionsrissen entstehen. Solche Risse werden mit Feinmaterial, vor allem aber durch eindringendes Wasser, das in den Frostspalten gefriert, gefüllt. Da sich die Risse Jahr für Jahr an der gleichen Stelle bilden, wächst der Eiskeil durch die Wasserzufuhr und wiederholte Eisanlagerung nach der Seite und in die Tiefe. KATASONOV beobachtete in älteren Terrassensedimenten an der ostsibirischen Jana Eiskeile von 4 bis 10 m Durchmesser und bis zu 40 m Tiefe.

Der im Querschnitt rübenförmige Eiskeil ist stets Teil der Umrandung eines Polygons. Die Polygone zeichnen sich an der Oberfläche durch flache Erdwälle als Umrandung ab, die durch die Frosthebung längs des aktiven Eiskeils entsteht. Die Felder innerhalb der Polygone sind im Sommer oft mit Wasser gefüllt.

Mit Lockermaterial versetzte Eiskeile – eigentlich Eiskeil-»Pseudomorphosen« – sind im periglazialen Bereich der Kaltzeiten des Pleistozäns Zeugen des ehemaligen Dauerfrostbodens.

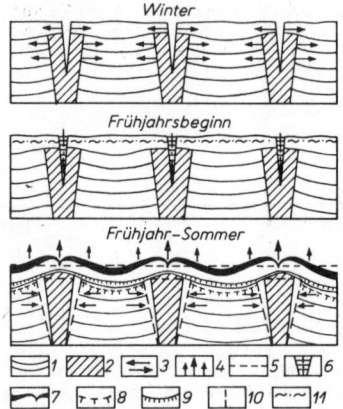

Eiskeil-Dynamik (nach Konischtschew u. a. aus Popow). 1 Sediment, 2 Eiskeil, 3 Richtung der Druckbewegung, 4 Richtung und Intensität der vertikalen Bewegung, 5 ursprüngliche Lage der Oberfläche und der Eiskeilwandung, 6 elementare Frostspalte, 7 Materialumlagerung an der Oberfläche als Ergebnis einer Frühjahrs-Sommer-Periode, 8 Oberfläche des Dauerfrostbodens (Auftautiefe), 9 neue Obergrenze des Dauerfrostbodens als Ergebnis der Materialumlagerung an der Oberfläche, 10 initiale Schwächezone (Frostriß), 11 Obergrenze des Dauerfrostbodens in der Zeit der Bildung elementarer Frostspalten und -risse

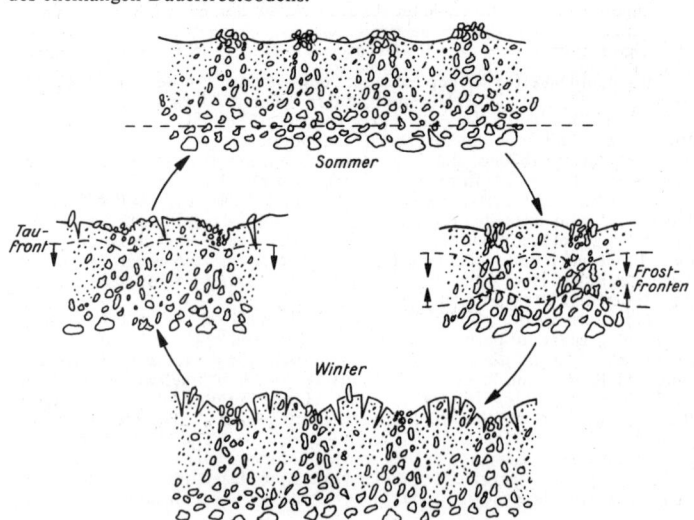

Strukturbodendynamik (nach Schenk)

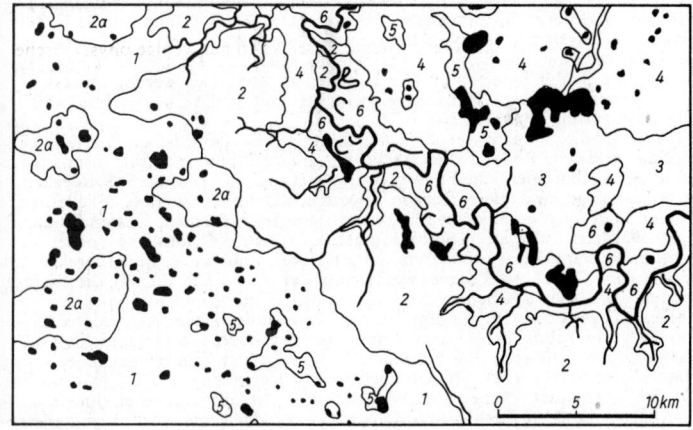

Alassy in der Jakutischen Tiefebene (vereinfachter Ausschnitt eines Satellitenfotos – Raduga-Experiment im September 1976). Der Ausschnitt liegt beiderseits des Tjung, eines linken Nebenflusses des Wiljui. Die Alassy sind auf ebenem Relief besonders häufig, auf Hängen und in der Talaue dagegen selten (seitliche Entwässerung Solifluktion, in der Aue Talikeinfluß)

1 Lärchentaiga mit zahlreichen Alassy
2 Lärchen-Kiefern-Taiga
2a Lärchen-Kiefern-Taiga mit zahlreichen Alassy
3 Kiefern-Fichten-Taiga mit Alassy
4 Fichtentaiga mit Alassy
5 größere Alassy, überwiegend im Steppenstadium
6 Talaue des Tjungflusses
schwarze Fläche = Alass-See

Riesenpolygonfelder überziehen große Flächen im nivalen Klimabereich und sind sowohl auf den Talauen und -terrassen als auch an Hängen ausgebildet, sofern dort die Mächtigkeit des Lockermaterials ausreicht und die Solifluktion gering ist.

Ein dynamisch anderer Typ der Frostmusterböden wird durch **Steinpolygone** gebildet, die Durchmesser von 20 cm bis 2 m haben. Die Umrandung der kleinen Polygone wird durch Steine und Blöcke markiert, die durch Frosthebung nach der Seite und an die Oberfläche gedrückt werden. Von dort gleiten sie ebenfalls nach der seitlichen Umrandung zu. Das Polygoninnere ist deshalb stets feinerdereich, während seine Oberfläche in der kalten Jahreszeit durch Frosthebung nach oben gewölbt wird. In der Auftauphase sinkt das Innere ein, so daß dort Pfützen von Schmelzwasser entstehen können.

Zum Dauerfrostboden gehören auch die Phänomene des **Thermokarstes**, die **Alassy** und **Bulgunnjachi** bzw. **Pingos**. Alassy entstehen durch das Tauen des Dauerfrostbodens bis in die Tiefe der Eiskeile. Die jakutische Tiefebene ist z. B. mit Zehntausenden teils wassergefüllter, teils trockener Alassy bedeckt.

Bulgunnjachi oder **aktive Pingos** stellen buckelförmige Aufwölbungen von einigen Zehner Metern Höhe und z. T. über 100 m Durchmesser dar. Sie werden von einem Eiskern gebildet, der von einem Talik aus, einem nichtgefrorenen Bereich innerhalb des Dauerfrostbodens, oder durch seitlich kurzfristig zufließendes Grundwasser genährt wird. Da die Lockermaterialdecke des aktiven Pingos nach der Seite abgleitet, bildet sich um den nach Jahrzehnten oder noch längerer Zeit wieder schmelzenden Eiskern ein niedriger Wall aus.

Infolge Pressung durch die im Herbst wieder in die Auftauschicht eindringende Frostwelle oder durch völlige Vernässung von Sand- und Schluffschichten sind schließlich die **Brodel-, Taschen-, Kissen-, Würge-** oder **Tropfenböden** gebildet worden, die in Mächtigkeiten von 1 bis 2 m bandartig im Aufschluß

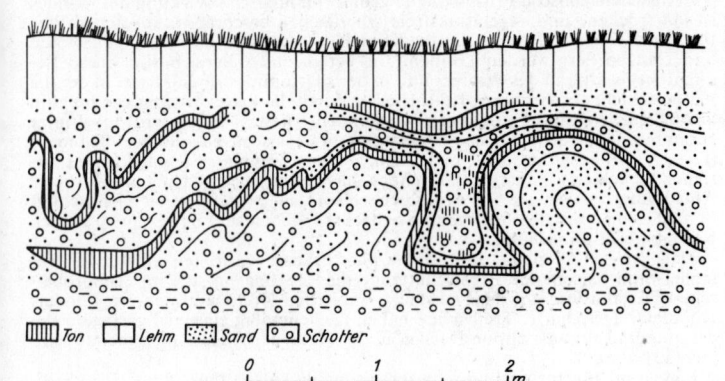

Fossiler Taschenboden in der Mittelterrasse des Niederrheins bei Neuß (nach Steeger). Die ursprünglich horizontalen Flußsedimente wurden durch Bodenfrost gefaltet, zerrissen oder taschenförmig eingemuldet

erkennbar die Tiefe einer ehemaligen Auftauschicht über undurchlässigem, tief gefrorenem Untergrund markieren. Hier wirkten Druck, Unterschiede in der Dichte, im Eis- und Wassergehalt zusammen, so daß zur Erklärung nicht nur die Aufwärtsbewegungen durch Frosthebung, sondern auch das Einsinken von Steinen und Schluffbändern im Auftauboden angenommen werden müssen.

Die bisher erwähnten Prozesse verursachen im Ergebnis vorwiegend vertikale Umlagerung von Material.

Die wesentliche Form der seitlichen Materialbewegung ist die **Solifluktion** oder das arktische Bodenfließen. Dabei entstehen, abhängig vom transportierten Material, feinerdereiche **Fließerden** und steinige, blockhaltige **Schuttdecken**. Im allgemeinen sind diese Decken ungeschichtet und unsortiert. Fließerden können aber auch geschichtet sein, wenn sie in sehr feuchtem Zustand umgelagert wurden. Auf glatten Solifluktionshängen tritt eine ähnliche Sortierung in schmale, hangabwärts laufende Schuttstreifen und breite, feinerdereichere Bänder ein. Dabei wird die Entwässerung der Auftauschicht auf die Steinstreifen orientiert, das Schmelzwasser aus dem Untergrund und vom Schnee schneller abgeleitet. Alle Vorgänge, die im Bereich des Dauerfrostbodens periglazialer und subnivaler Gebiete innerhalb der oberen Bodenschichten bei wiederholtem Gefrieren und Auftauen zu Bewegungen und Sortierungen von Material führen, werden als **Kryoturbation**, gelegentlich auch als Mikrosolifluktion bezeichnet. Neben der Solifluktion wirkt auf der vegetationsfreien Oberfläche die **Abspülung** durch Schmelzwasser. Dadurch werden vor allem blockreiche Schuttdecken ausgespült, die sich unter Klippen und an steileren Hängen in dichtem, massigem Gestein bilden. Andererseits entstehen dort, wo feinstückiges Material durch die Frostverwitterung zustande kommt, durch das Zusammenwirken von Solifluktion und Abspülung breite und flach auslaufende Schuttschwemmfächer, die unter den steileren Hängen zu konkaven Schuttschleppen zusammenwachsen.

Die **mitteleuropäischen Mittelgebirge** lassen die verschiedenen Formen periglazialer Prägung in den pleistozänen Kaltzeiten noch gut erkennen: Stein- und feinerdereiche Schuttdecken an den Hängen, dazu örtlich Blockmeere, -halden und Klippen. Da die Schuttdecken überwiegend der letzten Kaltzeit zuzuordnen sind, geben sie eine Vorstellung von der hohen Intensität und dem Ergebnis periglazialer Abtragung und Umlagerung aller Kaltzeiten des Pleistozäns. Allerdings spielen im Aufbau der Schuttdecken auch äolische Umlagerung und Zufuhr eine wesentliche Rolle, vor allem bei den Feinerdedecken.

In ähnlich intensiver Weise wirkten die periglazialen Prozesse bei der Abtragung und Umlagerung der glazialen Sedimente im Tiefland, wo sich meist noch im Kataglazial der Kaltzeit bzw. im Anaglazial der folgenden Kaltzeit der Dauerfrostboden wieder ausbilden konnte.

Nivale Prozesse

Die Schneedecke löst unmittelbar und mittelbar Umlagerungsprozesse aus. Bekannt sind als rezenter Vorgang an steilen Gebirgshängen die **Lawinen**, die, sofern sie auf schmalen Bahnen abgehen, durch Luftdruck und -sog, z. T. durch den Auflagedruck Lockermaterial mitreißen. Häufig benutzte Lawinenbahnen zeichnen sich als Hangmulden (Lawinenrisse) ab. Lawinen sind für die Ernährung von Talgletschern von Bedeutung, die nicht aus einem Firnfeld gespeist werden.

Die mittelbaren Wirkungen der Schneedecke sind noch bedeutender. Die Schmelzwasserlieferung dickerer Schneeinseln in flachen Hangmulden beschleunigt die Frostverwitterung und damit die Nischenbildung, die in Talenden das Initialstudium der Karbildung, auf Hangspornen für die Kryoplanation darstellen.

Periglaziale äolische Prozesse. Die geomorphologische Wirkung des Windes ist auf trockene und vegetationsfreie Oberflächen beschränkt, auf denen Partikeln der Korngrößen zur Verfügung stehen, die durch den Wind angehoben und transportiert werden können. Im periglazialen Bereich sind diese Bedingungen während des Winters und in der spätsommerlichen Phase, in der die Auftauschicht abtrocknet, erfüllt. Hier ist durch die Frostverwitterung bis zum Schluff aufbereitetes Feinmaterial vorhanden. Dieses Feingut wird im Winter zusammen mit dem Schnee abgeblasen und als niveoäolisches Sediment (CAILLEUX) flächenhaft und in Dünen, die aus Feinmaterial und Schnee bestehen, abgelagert. Schmilzt der Schnee, bleibt eine ungeschichtete, unsortierte Ablagerung zurück, die aus den Korngrößen vom Mittelsand bis Grobschluff besteht. Von äolischen Sedimenten bedeckte Flächen sind im rezenten nivalen Klimabereich unbedeutend.

Dagegen schloß sich während der pleistozänen Kaltzeiten an die den Inlandeisrand begleitende Frostschutzzone die Lößzone an, die im Osteuropäischen Tiefland und auf dem nordamerikanischen Kontinent mehrere hundert Kilometer Tiefe hatte. Treibsande haben flächenmäßig eine viel geringere Bedeutung und sind als dünne Decken in der Nähe der Ausblasungsgebiete sedimentiert worden.

Löß ist im allgemeinen ein schwach bis mäßig kalkhaltiges (2 bis 10%) Sediment mit einem Maximum (40 bis 70%) in der Korngrößengruppe von 0,06 bis 0,02 mm Durchmesser. Abweichungen in der Beschaffenheit erklären sich einerseits durch kurze Transportwege, so daß die Beschaffenheit der Sedimente in den Ausblasungsgebieten nicht ausgeglichen wird, z. B. ein besonders hoher Kalkgehalt oder höherer Sand- bzw. Tonanteil. Andererseits sind solche Abweichungen das Ergebnis der Veränderung des Löß nach der Ablagerung, z. B. durch solifluidale Umlagerung, Abspülung oder pedogene Überprägung. Deshalb werden neben dem typischen Löß zahlreiche Abwandlungen als **Lößderivate** unterschieden.

Klimafazielle Differenzierung der Reliefbildung. Der nivale Klimabereich ist, von der fast vollständig vom Inlandeis bedeckten Antarktis abgesehen, sehr stark gegliedert. Für die Polargebiete einschließlich der subpolaren Zone der Nordhalbkugel, die nach Süden von der polaren Waldgrenze markiert wird, müssen verschiedene Bereiche unterschieden werden:
– Der Bereich aktueller glazialer bzw. fluvioglazialer Prozesse unter dem Eis und in den Vorlandstreifen, die die Gletscher und das Inlandeis Grönlands in den letzten 150 Jahren freigegeben haben.
– Die Bereiche periglazialer Prozesse im weiteren Sinne, das sind sowohl die mit der Bodengefrornis verbundene Frostverwitterung, Kryoturbation und Solifluktion als auch intensive fluviale und untergeordnet äolische Prozesse. In allen Teilbereichen führt diese Kombination von Prozessen zu einer höchst intensiven Formung des Reliefs.

Der nivale Klimabereich reicht geschlossen noch über die polare Waldgrenze in die borealen Wälder hinein. Das bedeutet eine Begrenzung der solifluidalen Umlagerung auf exponierte Hänge und die Reduzierung der Frostverwitterung wegen der dichteren und länger anhaltenden Schneedecke.

In räumlich begrenzten Inseln treten die Prozesse des nivalen Klimabereichs in den Hochgebirgen und Hochländern der Erde auf, wo sie in einem Höhensaum liegen, der von den Gipfeln 300 bis 500 m unter die klimatische Schneegrenze reicht.

Trotz der starken faziellen Unterschiede der rezenten exogenen Dynamik ist die Fläche des nivalen Klimabereichs mit 8% des Festlandes gering. Während der Kaltzeiten des Pleistozäns sind jedoch über 30% des Festlandes von diesen Prozessen gestaltet worden.

Arider Klimabereich

Obwohl im ariden Klimabereich keine geomorphologischen Prozesse vorhanden sind, die nicht auch in anderen Klimabereichen wirken, fallen die Trockengebiete durch ihre eigenständige Kombination von Prozessen und Oberflächenformen auf. Ursache dafür ist die Trockenheit als Folge der hohen, das Zehn- bis Hundertfache des Niederschlags betragenden Verdunstungsmöglichkeit. Trotzdem spielt in den Trockengebieten das Wasser eine erhebliche Rolle.

Die chemische Verwitterung ist wegen der hohen Temperaturen bedeutend, wenn sie auch nur dort ständig zur Geltung kommt, wo Grundwasser an der Oberfläche vorhanden ist. Dazu wird sie kurzzeitig durch Tau, Nebel und die seltenen Niederschläge wirksam. Ihre Wirkung überlagert sich mit der ständig effektiven physikalischen Verwitterung durch Temperatur- (Insolations-) und Salzsprengung.

Bezeichnend ist ferner, daß auf den Hängen alle Formen der Rinnen- und Flächenspülung zu beobachten sind, die sich auf der vegetationsfreien Oberfläche bei den seltenen Starkregen ungehindert entwickeln können und deren Ergebnisse durch andere Prozesse kaum wieder beseitigt werden.

Außerordentlich reich ist der fluviale Formenschatz. Da in den Trockentälern nur selten ein Abfluß zustande kommt, entwickeln sich die Flußsysteme nicht vollständig. Dadurch erklären sich die so zahlreichen Senken und Hohlformen, die ohne Abfluß nach außen die regionale Erosions- oder Denudationsbasis ihrer Einzugsgebiete darstellen. Diese überwiegend tektonisch angelegten Senken ohne Abfluß gehören zu den wesentlichsten allgemeinen Merkmalen der Trockengebiete.

Von großer Bedeutung ist schließlich die äolische Umlagerung. Allerdings wird ihre quantitative Relation vor allem zur fluvialen Tätigkeit von einzelnen Forschern sehr unterschiedlich beurteilt. Da aber die Transportrichtung des Windes weitgehend unabhängig vom Relief ist, verstärken die äolischen Prozesse in den Trockengebieten dessen Unregelmäßigkeit. Auf den zahlreichen Ebenen, die etwa ³/₄ der Fläche des ariden Klimabereichs einnehmen, ist die äolische Umlagerung der einzig wirksame Prozeß.

	Durchmesser (mm)	Windgeschwindigkeit (m/s)
Staub	0,05...0,01	0,1... 0,05
Feinsand	etwa 0,1	1 ... 1,5
Mittlerer Sand	etwa 0,5	5 ... 6
Grobsand	etwa 1	10 ...12

Windgeschwindigkeit für Anheben und Transport von Feinmaterial (nach BAGNOLD, aus LOUIS)

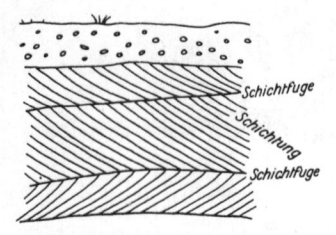

Kreuzschichtung in einer Düne

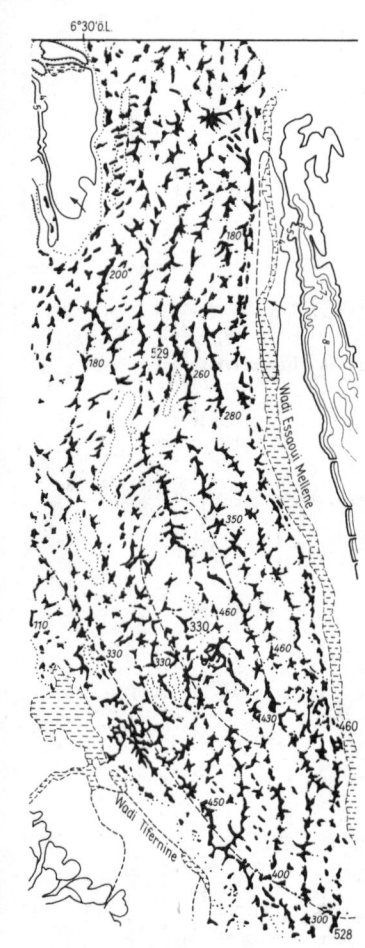

Der Erg Baradene in der Zentralen Sahara. Er wird von Nord-Süd laufenden Längsdünen bestimmt, die zu Sterndünen imposanter Formen abgewandelt wurden. Große Zahlen = Meereshöhe (zwischen 300 und 500 m Höhe), kleine Zahlen (kursiv) = Dünenhöhen (zwischen 50 bis 460 m relative Höhen!)

Äolische Prozesse. Die physikalischen Grundlagen für das Abheben und den Transport von trockenem Feinmaterial sind experimentell gut überschaubar; denn sie hängen allein von der Windgeschwindigkeit ab.

Die Bewegung von Sand soll nach den Untersuchungen von BAGNOLD einmal in kurzen Sprüngen, ausgelöst durch den Wind und das Anschlagen anderer Sandkörner, aber auch rollend erfolgen. Die Transportweite liegt deshalb im Dezimeter- und Meterbereich. Staub, Schluff und Ton werden dagegen von der turbulenten Windbewegung erfaßt, und das Feinmaterial kann längere Zeit schwebend bleiben. Dadurch entstehen u. U. sehr große Transportweiten. Im Jahre 1901 verfrachtete (HELLMANN und MEINARDUS) ein Staubsturm in drei Tagen solche Mengen Staub von der Sahara bis nach Mitteleuropa, daß in Nordafrika 150 Millionen Tonnen, in Italien 1,5 Millionen Tonnen und in Mitteleuropa 0,5 Millionen Tonnen sedimentiert wurden. Die Trockengebiete sind die Ausgangsflächen der Staub- bzw. Lößsedimente, die gegenwärtig in ihren Randbereichen, vor allem aber während des Pleistozäns abgelagert wurden. Dazu gehören die Lößgebiete Asiens, Südamerikas und in der Umrandung der skandinavischen und laurentischen Inlandeisdecken in Europa und Nordamerika, die aus den periglazialen Gebieten gespeist wurden.

Bei überwiegend gleicher Windrichtung – diese Voraussetzung ist in vielen Trockengebieten jahreszeitlich gegeben (Passate) – bewirkt die Ausblasung oder **Deflation** Abtragung. Diese wird auf Ebenen durch die Anreicherung der Steine zu einem **Steinpflaster** sichtbar, das sich weiterbildet, solange der Wind lockeres, transportfähiges Material abtragen kann. Wo gleichmäßig gekörnte Fluß- und Schwemmfächersande oder nur locker verkittete Sandsteine anstehen, werden Wind- oder **Deflationsmulden** ausgeblasen, deren größte Formen mit Kilometerlänge und 30 bis 50 m Tiefe in der Namib (KAISER) festgestellt worden sind.

Durch Sandtreiben, dessen Wirkung am Festgestein mit einem Sandstrahlgebläse vergleichbar ist, entsteht die **äolische Korrasion.** Dabei werden weniger widerständige Minerale bzw. Schichten rascher entfernt als benachbarte festere. Als Leitform gelten die Pilzfelsen.

Auch die Politur oder der **Wüstenlack,** der in glänzenden dunkelrot bis schwarz gefärbten Flächen Festgestein und Geröll in Trockengebieten überzieht, ist durch die glättende Wirkung des Windes auf festen Oberflächen, vielfach aber auch durch die Ausscheidung von gelöster Substanz auf der Oberfläche zu erklären.

Als Leitform der äolischen Akkumulation wird allgemein die **Düne** angesehen. Es erscheint aber sicher, daß Treibsandfelder ohne typische Oberflächenformen flächenhaft sehr bedeutend sind und Dünen nur unter besonderen Umständen, bei gleichmäßigem Material und gleicher Windrichtung gebildet werden. Wegen der geringen Transportweite liegen die Treibsandgebiete innerhalb des Ursprungsgebietes oder in geringer Entfernung. Trotzdem ist der Treibsand wegen der zahllosen Bewegungen, die schon die Überwindung kurzer Strecken erfordert, gut gerundet. Flugstaubkörner des Löß sind wegen der schwebenden Transportform dagegen eckig-kantig.

Dünen werden nach ihrem Grundriß und dessen Beziehung zur Hauptwindrichtung bezeichnet. Für die Trockengebiete unterscheidet man **Längs-** und **Querdünen,** dazu **Sichel-** und **Sterndünen.** Die Sicheldünen zeigen die Wirkung des Sandtransports bei der Entwicklung der Oberflächenform am deutlichsten. Auf der flachen Luvseite wird Sand mit dem Wind hangaufwärts getrieben. Die Hangneigung beträgt 4 bis 8°. Die Leeseite entspricht mit 30 bis 32° dem natürlichen Schüttungswinkel. Hier rollt der Sand teils abwärts, teils wird er durch Leewinkel horizontal oder auch hangaufwärts verblasen. Beim Barchan, das ist eine Sicheldüne, die sich in völlig vegetationsfreiem Material entwickelt, gehen die Spitzen der Sichel wegen der geringeren Sandmenge mit dem Wind, bei der **Parabeldüne,** die im Randbereich der Trockengebiete, aber auch in den glazialen Sandflächen Mitteleuropas auftritt, sind die niedrigen Sichelspitzen durch die lückige Vegetationsdecke mehr befestigt, und der Kern der Düne bewegt sich schneller voran.

Viel häufiger finden sich in den Trockengebieten die Längs- und Querdünen sowie die sich aus Längsdünen entwickelnden Sterndünen. Die Höhe der Dünen ist verschieden. Die Sterndünen erreichen oft Höhen über 100 m und sind gelegentlich an einen Felskern angelehnt.

Differenzierung der Reliefbildung. Die Zentren der Trockengebiete liegen im Bereich der subtropischen Hochdruckzellen. Ausläufer der Trockengebiete reichen in die kontinentalen Gebiete der Mittelbreiten und in die Tropen.

Stärker unterscheiden sich die Kern- oder Vollwüsten von den Randbereichen der Trockengebiete. Das sind in den Mittelbreiten und nördlichen Subtropen die Halbwüsten und Wüstensteppen, in den äquatornäheren Subtropen und Tropen die Halbwüsten und Dornsavannengebiete. Die größere Niederschlagsneigung in den Randgebieten, die durch die lückige Vegetationsdecke zum Ausdruck kommt, ist Ursache für die stärkere Abtragung durch Rinnen- und Flächenspülung und die dichtere Zergliederung der Hochschollen durch Trockentäler aller Größenordnungen. Das Hauptmerkmal der Flußgebiete in den Trockengebieten, ihre Unvollständigkeit und regionale Begrenzung, bleibt jedoch bis auf die Ausnahmen der Täler von Fremdlingsflüssen erhalten. Solche perennierenden Flüsse wie Nil, Amu darja und Syr darja, Tarim, der Hwangho in der Alaschan-Wüste oder der Unterlauf der Wolga haben ihre Quellgebiete außerhalb der Trockengebiete. In den Trockengebieten erhalten sie keinen Zufluß.

Die stärkste Differenzierung wird durch das Großrelief verursacht. Werden Horste einige hundert Meter über ihre Umgebung herausgehoben, erhalten sie meist auch höhere Niederschläge. Die Täler haben ein sehr starkes Gefälle, das der hohen Schuttbelastung der episodisch abkommenden Flüsse entspricht. Am Gebirgsrand, der sich steil über die Gebirgsfußfläche erhebt, beginnt das Verwildern des Flusses, der wegen der Verstopfung der Abflußrinnen mit Schotter ständig neue Abflußbahnen erodiert. Nach kurzer Strecke endet die fluviale Sedimentationsfläche strom- oder zungenartig in einem Binnendelta. Das **Fanglomerat**, das dabei entsteht, ist unsortiert. Andere Formen des Binnendeltas entstehen dort, wo das Gewässer über größere Strecken bis in den Boden der Senke fließt, weil dabei das gröbere Material bereits abgesetzt wird und nur noch Sand, Schluff und Ton transportiert werden. Sind größere Täler flach in die Fußfläche eingeschnitten, können, wie besonders im nordafrikanischen Atlas-Gebirge untersucht worden ist, Fels- oder **Glacisterrassen** entstehen, die mit einer dünnen Schuttdecke überzogen sind. Glacisterrassen und die Schwemmfächer werden durch Deflation zur **Sserir-** oder **Reg**-Wüste, bis deren dichtes Steinpflaster die Fanglomerate vor weiterer Ausblasung schützt. Wo Festgestein im Gebirge oder verfestigte Sedimente die Oberfläche bilden, entsteht die Felswüste oder **Hammada**.

Schon auf den Pedimenten als auch auf flacher geneigten Gebirgsabdachungen wirkt die Flächenspülung, vor allem die Rinnenspülung. Die mehrere Meter tiefen Spülrinnen können im lockeren und auch im festen Gestein ein dichtes Netz formen, in dem die Vollformen als Rücken und Grate isoliert aufragen. Diese Badlands, die aus den nordamerikanischen Wüsten zuerst bekannt geworden sind, nehmen auch sehr große Flächen in den asiatischen Trockengebieten ein (russ. melkosapotschniki).

Die Senken zwischen den Gebirgshorsten werden angefüllt, sofern die Zufuhr von Sedimenten lang andauert. Diese Gowj der Mongolen oder Playas unterscheiden sich nach der Höhe des Grundwasserspiegels. Hohes Grundwasser verursacht in den Sedimenten eine Salzbodendynamik, d. h. Tonbildung und -zerfall wie in den Schotts (Nordafrika), Kewiren (Iran) oder Salzpfannen (Namib). Bei der Ausbildung einer Salzschicht kann der Senkenboden eben, glatt und tragfähig sein (Großer Salzsee, Utah); feuchter Salztonboden (Solontschak) ist dagegen unbegehbar.

Dieser gesetzmäßigen Ordnung der Morphodynamik nach dem Relief und der Umlagerung von Lockermaterial stehen die großen Ebenen der Trockengebiete gegenüber, in denen, teils in Zusammenhang mit der jüngeren Entwicklung im Pleistozän, teils mit der Tektonik der älteren Sedimente, ausgedehnte Sand- und Dünenfelder, die **Erg-** und **Erdeyen**-Wüste, mit Hammada-Flächen mit anstehenden, nur durch Wüstenlackbildung und schwache Auswehung veränderten Festgesteins oder Sserir-Kies- und Steinpflaster-Wüsten wechseln. Jede Wölbung macht sich durch die Ausbildung von Trockentälern (Wadis) bemerkbar.

H. Richter

Der Bereich des Meeres – Meeresgeologie

Die meeresgeologische Forschung hat die gegenwärtigen geologischen Vorgänge in den Meeren und Ozeanen sowie die Struktur und den geologischen Bau der Meeres- und Ozeanböden und deren historische Entwicklung zum Gegenstand. Aus dieser Aufgabenstellung ergibt sich die enge Bindung meeresgeologischer Forschung sowohl an die auf dem Festland betriebene Geologie als auch an die Ozeanographie und deren Teildisziplinen.

Im Vergleich zur Geologie der Festländer ist die Meeresgeologie eine junge Forschungsrichtung. 1845 stellte A. v. HUMBOLDT fest, daß die Tiefe der Ozeane so gut wie unbekannt wäre. 1854 veröffentlichte MAURY die erste Tiefenkarte des Atlantischen Ozeans zwischen 52° N und 10° S. Die ersten systematischen Vorstellungen über das Relief der Ozeanböden und die Sedimentverteilung wurden während der »Challenger«-Expedition (1872–1876) gewonnen.

Die erstmalige Verwendung eines Echolotes in den zwanziger Jahren dieses Jahrhunderts leitete eine neue Epoche der Erforschung der Meere und Ozeane ein. Während der deutschen *Meteor*-Expedition (1925–1927) erfolgte die erste detaillierte Ablotung des Südatlantik in Verbindung mit der Entnahme zahlreicher Sedimentproben mit Hilfe von Stoßröhren. Wenige Jahre später konnte mittels geophysikalischer Methoden, vor allem der Seeseismik, die Erforschung des tieferen Untergrundes und der Struktur des Ozeanbodens in Angriff genommen werden. In den letzten zwei Jahrzehnten gelangte die Meeresgeologie durch bedeutsame technische Fortschritte bei der Erkundung mariner

Ressourcen, durch die neu entfachte Diskussion über die globale Tektonik und die daraus abgeleitete Entstehung der Ozeane und Kontinente zu einem raschen Aufschwung.

Das Weltmeer enthält nicht nur bedeutende mineralische Ressourcen, sondern verfügt dazu über erhebliche Energieressourcen. Gegenwärtig wird die Meeresenergie durch Gezeitenkraftwerke in Gebieten mit höherem, um 8 bis 18 m erreichendem Tidenhub genutzt, z. B. an der Atlantikküste Nordamerikas unweit der Halbinsel Neuschottland (Bay of Fundy), in einigen Buchten am Ärmelkanal, in der Mündung des Severn im Bristolkanal an der englischen Westküste, am Ochotskischen und am Weißen Meer. Das Gezeitenkraftwerk an der Mündung des Küstenflusses Rance in Nordwestfrankreich liefert jährlich 540 000 kWh und ist für eine Leistung von 240 MW geplant. Ein 370 m langer Damm schließt hier die Flußmündung ab.

Durch die Entwicklung moderner Ortungsverfahren der DECCA-, OMEGA- und Satelliten-Navigation wurden die Voraussetzungen für eine genaue Ortsbestimmung auf See geschaffen. Die Entwicklung neuartiger Geräte zur Probenentnahme und die Einführung einer marinen Bohrtechnik brachten weitere Möglichkeiten. Als Hilfsmittel stehen dabei verbesserte Tauchgeräte, Tauchboote, Unterwasserphoto- und -fernsehkameras, neue Vermessungslote und Schrägablote (Side Scan Sonar) zur Verfügung.

Das mit dem Tiefseebohrschiff *Glomar Challenger* seit 1968 durchgeführte *Deep Sea Drilling Project* ergab aus Meerestiefen bis 5000 m 420 Bohrkerne, die zum Teil Kernstrecken von über 1000 m aufwiesen und deren Auswertung zu zahlreichen neuen Erkenntnissen führte (Tafel 31).

Die Geomorphologie des Meeresbodens

Das Weltmeer bedeckt etwa 70,8 Prozent der Erdoberfläche. Reliefkarten des Meeresbodens lassen zahlreiche topographische Provinzen erkennen. Eine vereinfachte Klassifikation der Großformen zeigt die Abbildung.

Ozeane und Kontinente stellen die übergeordneten Elemente der Erdkruste dar. Als subozeanische Großformen sind die zu den Kontinenten gehörenden Kontinentalränder, die Tiefseebecken und die mittelozeanischen Rücken anzusehen. Jede dieser drei Großeinheiten nimmt etwa ein Drittel der Meeres- und Ozeanfläche ein.

Großformen des Weltmeeres (nach Heezen u. Wilson 1968)

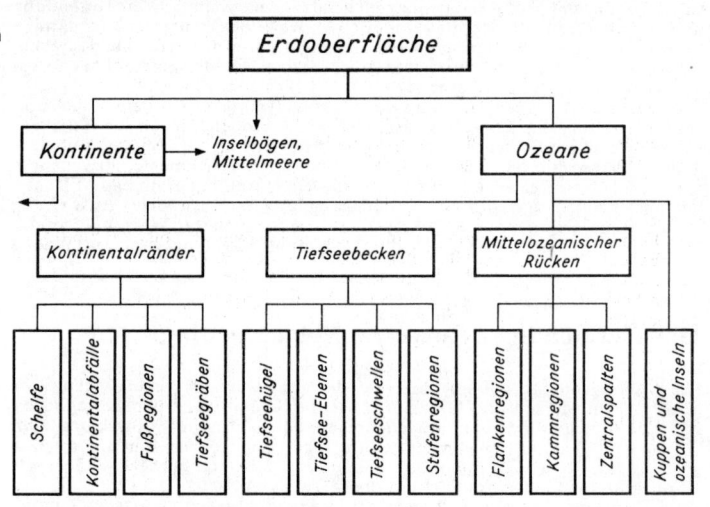

```
                    Erdoberfläche
                    /           \
          Kontinente -- Inselbögen, -- Ozeane
                        Mittelmeere
             |              |              |
     Kontinentalränder  Tiefseebecken  Mittelozeanischer Rücken
     | | | |           | | | |        | | | |
     Schelfe           Tiefseehügel    Flankenregionen
     Kontinentalabfälle Tiefsee-Ebenen Kammregionen
     Fußregionen       Tiefseeschwellen Zentralspalten
     Tiefseegräben     Stufenregionen  Kuppen und ozeanische Inseln
```

Die **Kontinentalränder** bilden den Übergang von den festländischen Regionen zu den Tiefseebecken. Sie umfassen die Schelfgebiete, die Kontinentalabfälle, die Fußregionen und die Tiefseegesenke. Der Anteil der Kontinentalränder an der Gesamtfläche des Weltmeeres beträgt 20,6 Prozent. Nach dem Relief, dem geologischen Bau, der Struktur und dem tektonischen Verhalten wird zwischen einem passiven atlantischen Kontinentalrandtyp und einem aktiven pazifischen Typ unterschieden (S. 159). An den überwiegend passiven Kontinentalrändern des Atlantik, Indik und der Antarktis liegen Schelfgebiete unterschiedlicher Breite bis 300 km. Die Schelfe sind wegen der Schiffahrt und Fischerei sowie durch die Suche nach mineralischen Lagerstätten und Kohlenwasserstoffen die bestuntersuchten Meeresgebiete. Deshalb sind ihre Oberflächenformen verhältnismäßig gut bekannt. In Gebieten, die während des Pleistozäns mit Eis bedeckt waren, wie Nordsee und Ostsee, im St.-Lorenz-Golf Nordamerikas sowie vor Norwegen und Grönland weisen sie mannigfaltige Formen auf. Gleiches gilt für die Schelfregion in niedrigen geographischen Breiten mit Korallenbauten. Die absoluten Höhenunterschiede auf dem Schelf sind gering.

Die durch die **Schelfkante** bezeichnete Grenze zwischen Kontinentalschelf und **Kontinentalabfall** liegt zwischen 100 und 200 m Tiefe und kann bisweilen auf 600 m absinken. Als Ursache dafür werden die frühere bzw. heutige Bedeckung mit Inlandeis und die damit verbundene Beeinflussung des isostatischen Gleichgewichts angesehen. Das Abfallen der atlantischen Kontinentalränder ist steil, und oft sind sie durch submarine Cañons stark zerfurcht, z. B. am nordamerikanischen Kontinentalabfall nach dem Nordatlantischen Ozean. Die Cañons haben steile Flanken, eine geringe Breite von 1 bis 20 km und ein höheres Gefälle der Längsachse als 1 : 40. Außer einigen tektonisch angelegten, tief eingeschnittenen untermeerischen Talzungen in Verlängerung großer Stromrinnen, z. B. des Kongo, Indus, Ganges und Hudson, deutet man die Cañons als durch Gezeiten, Schlammströme oder auch Suspensionsströme bedingte Erosionsformen.

Der Kontinentalabfall geht beim atlantischen Kontinentalrandtyp in die schwach geneigte Fußregion über, die sich zwischen 2000 und 5000 m Wassertiefe über eine Breite von 500 km erstrecken kann. Die Fußregion stellt den Grenzbereich zwischen kontinentaler und ozeanischer Kruste dar. Die passiven Kontinentalränder weisen oft bedeutende Sedimentbecken auf, von denen einige durch intensive Bruchtektonik, andere durch mächtige Salzablagerungen mit halokinetischen Strukturen (Gabun-Becken, Sergipe-Becken) gekennzeichnet sind.

Die Sedimente erreichen in diesen Becken Mächtigkeiten von 8 bis 12 km, die mit bedeutenden Absenkungen der atlantischen Kontinentalränder in Zusammenhang stehen.

Beim aktiven Typ des Kontinentalrandes ist der Schelf oft nur rudimentär ausgebildet oder fehlt ganz. Die Kontinentalabfälle zeigen terrassenförmige Absätze mit kleineren Becken und Schwellen, die z. T. über Wasser aufragen, z. B. vor der südkalifornischen Küste.

Anstelle der Fußregion finden sich **Tiefseegesenke (Tiefseegräben, Tiefseerinnen)**. Sie werden etwa 100 km breit und bis 3000 km lang, z. B. der Aleutengraben, und sind durch Bodenschwellen gegen die Tiefseebecken abgegrenzt.

In den Tiefseegesenken wurden die größten Wassertiefen der Ozeane gemessen. Gegenwärtig sind insgesamt 26 randliche Tiefseegräben bekannt. Davon finden sich drei im Atlantischen Ozean: Puerto-Rico-Graben (7680 m), Cayman-Graben (7680 m) und Süd-Sandwich-Graben (8264 m), einer im Indischen Ozean: Sunda-Graben (7455 m) und die übrigen 22 im Pazifischen Ozean, darunter der Marianen-Graben (11300 m), Tonga-Graben (10880 m), Kurilen-Graben (10540 m), Philippinen-Graben (10540 m) und der Japan-Graben (10370 m). Der Querschnitt der Tiefseegesenke erscheint V-förmig, wobei sich unter einer ebenen Sohle oft eine mächtige Sedimentfüllung aus Turbiditen findet. Die Hänge der Gräben sind bis zu 45° geneigt.

Der zirkumpazifische Gürtel mit seinen Tiefseegräben zeichnet sich durch eine intensive Erdbebentätigkeit aus. Mehr als 80 Prozent der flachen Beben (bis 60 km Tiefe), 90 Prozent der intermediären Beben (60 bis 300 km Tiefe der Bebenherde) und fast alle tiefen Beben (300 bis 720 km) haben ihren Ursprung in den Gesenken. Die Herde der Beben liegen in einer verhältnismäßig dünnen Schicht, die kontinentwärts steil abfällt. Tiefseegräben verlaufen oftmals parallel zu den Ketten junger Vulkane.

Die aktiven Kontinentalränder des pazifischen Typs können in die Kategorien **Ozeankontinentalränder**, z. B. Kontinentalränder vor Nord- und Südamerika und vor Sumatra, **Inselbogen-Kontinentalränder**, z. B. Inselbögen der Kurilen, Aleuten, Japanische Inseln, Nikobaren, und **intraozeanische Ränder**, z. B. Marianen-Bogen, Tonga-Termadoc-Bogen, gegliedert werden.

Die hohe seismische Aktivität, Vulkanismus, Hebungen und Senkungen im Bereich dieser Kontinentalränder deuten auf tiefreichende und großräumige tektonische Vorgänge hin. Nach der Plattentektonik handelt es sich um Subduktionszonen (S. 260).

Die **Mittelozeanischen Rücken** (Schwellen) bilden ein zusammenhängendes Gebirgssystem, das mit einer Länge von rund 70000 km alle Ozeane durchzieht und rund ein Drittel der Ozeane einnimmt. Lokal erreicht das Rückensystem eine Breite von 4000 km und eine Höhe von 3500 m über dem Meeresboden. Man unterscheidet die Kammregion mit einer meist deutlichen Zentralspalte und die seitlich davon abfallenden Flankenregionen. PFANNENSTIEL faßt das Weltsystem der Mittelozeanischen Rücken neben Kontinenten und Ozeanen als dritte Großeinheit der Erde auf.

Die **Kammregion** kann eine Breite von 1000 km erreichen und liegt meist in Wassertiefen von 2000 bis 4000 m. Die Zentralspalte, die in einzelnen Gebieten fehlt, wird 20 bis 50 km breit und 1000 bis 3000 m tief. Kürzere Abschnitte der Zentralspalte wie des gesamten Rückensystems werden durch zahlreiche Querspalten (Transformstörungen) seitlich gegeneinander versetzt. Der Kammregion sitzen zahlreiche ozeanische Inseln auf, z. B. Island, die

Tiefseeebene	Kontinental			
	-fuß	-hang	-schelf	
–	0-600	20-100	±75	km
<1	1-10	<70	1-2	Gefälle ‰

Tiefsee	Tiefseegesenke	Kontinentalhang	Schelf	km
	um 100			

Schematische Darstellung der Kontinentalränder (nach Seibold 1974). a atlantischer (passiver) Kontinentalrandtyp mit Fußregion, b pazifischer (aktiver) Kontinentalrandtyp mit Tiefseegesenke

Azoren und Ascension. Die Rücken erscheinen nach ihrem Relief als die gewaltigsten Gebirgszüge der Erde.

Die **Flankenregionen** erreichen eine Breite bis maximal 1500 km und erstrecken sich bis in Wassertiefen um 3000 m. Ihr Abfall erfolgt in mehreren Stufen, deren Höhe mit der Entfernung von der Kammregion abnimmt, bis der Übergang in die Hügelregionen der Tiefseebecken erfolgt.

Die Kammregion und insbesondere der Bereich der Zentralspalte ist der geophysikalisch aktivste Teil der Mittelozeanischen Rücken. Diese Region zeichnet sich durch zahlreiche Erdbeben mit Herden bis 70 km Tiefe, aktiven Vulkanismus und hohen Wärmefluß aus.

Seismische Profile haben ergeben, daß sich die Krustenstruktur unter dem Mittelozeanischen Gebirgssystem deutlich von derjenigen der übrigen ozeanischen Regionen unterscheidet. Die geophysikalischen Befunde deuten darauf hin, daß unter dem Rücken Mantelmaterial aufsteigt (vgl. »Plattentektonik«, S. 260).

Die **Tiefseebecken** liegen zwischen den Kontinentalrändern und den Mittelozeanischen Rücken und werden in Hügelregionen, Tiefsee-Ebenen, Tiefseeschwellen sowie Stufenregionen gegliedert. Die Hügelregionen erstrecken sich zwischen den Tiefsee-Ebenen und den Mittelozeanischen Rücken bei Höhenunterschieden bis 1000 m.

Die Tiefsee-Ebenen zeichnen sich durch minimale Gefälleunterschiede von 1 : 1000 bis 1 : 10000 aus. Ihre Sedimente sind oftmals durch Suspensionsströmungen umgelagert (Turbidite, S. 126). Aufragungen und Kuppen, z. B. die Große Meteor-Bank und die Kelvin-Kuppen, unterbrechen die Eintönigkeit der Ebenen.

Tiefseeschwellen begrenzen kleinere Becken. Die Schwellenhöhe beträgt bis 4000 m. Bisweilen sitzen den Schwellen Inseln auf, z. B. die Färoer-Inseln auf der Grönland-Schottland-Schwelle. Die Topographie der Schwellen ist derjenigen der Mittelozeanischen Rücken zwar sehr ähnlich, aber diese Tiefseeschwellen verhalten sich aseismisch. Möglicherweise handelt es sich bei vielen Schwellen um alte, inaktive mittelozeanische Rücken oder auch um Reste sialischer Kontinentalkruste.

Stufenregionen – das sind schmale Zonen von 100 km Breite, maximal 2000 km Länge und 2000 m Höhe – sind für den östlichen Pazifik typisch. Die Stufen werden von asymmetrischen Rücken und Senken gebildet, z. B. bei den riesigen Verschiebungsbrüchen des Mendocino-, Galapagos- und Murray-Rückens.

Untermeerische Kuppen sind wie die ozeanischen Inseln meist vulkanischen Ursprungs. Ihre Höhe kann weniger als 100 m, aber auch mehr als 8000 m betragen.

Eine besondere Form stellen die **Guyots** als kegelstumpfförmige Aufragungen mit einem Gipfelplateau dar, z. B. die Große Meteor-Bank im Kanarischen Becken (Abb.). Kuppen und Inseln treten häufig in Gruppen auf oder folgen in Ketten den Schwächezonen der Erdkruste (Neuenglandkuppen, Hawaii- und Tuamotu-Inseln).

Die morphologischen Großformen des Meeresbodens lassen sich erst deuten, wenn sie in die geologische Entwicklung der Ozeane und in die globale Tektonik eingegliedert werden. Die Diskussion über die geologische Entwicklung der Ozeane wurde in den letzten 20 Jahren neu entfacht, nachdem mit Hilfe von Tiefseebohrungen und durch Anwendung moderner geophysikalischer Verfahren eine Vielzahl neuer Erkenntnisse über den Bau der Meeres- und Ozeanböden gewonnen wurde. Näheres darüber ist im Kapitel »Geotektonische Hypothesen« (S. 253) dargestellt.

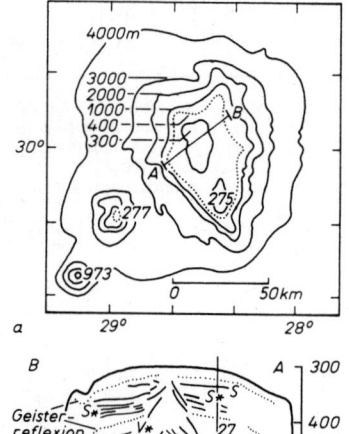

Große Meteorbank im Kanarischen Becken (nach Seibold 1974): *a* Die Dachfläche des Guyots mißt 1400 km². *b* Das seismische Profil AB zeigt den inneren geologischen Bau des Vulkankegels mit Aschen- und Lavahorizonten. Die unterschiedlichen Schallhärten der Horizonte werden durch die Grenzflächen S–T–V angezeigt

Sedimenttransport und Ablagerung

Abrasion, Transport und Sedimentation sind submarine Teilvorgänge der Küsten- und Meeresdynamik. Sie werden durch exogene Kräfte, die sich auf das Meer und den Meeresgrund übertragen, in Gang gehalten.

In der **Küstenregion** sind es die durch den Wind und Wellen bedingte Brandungsströmung und Orbitalbewegung sowie die durch verschiedene Ursachen hervorgerufene Küstenströmung, die zum Ausgleich der Küstenkonfiguration und des submarinen Reliefs sowie zu einer zonalen Anordnung der Sedimente führen.

Dem Zustand eines dynamischen Gleichgewichts stehen negative regional-tektonische Vertikalbewegungen, der andauernde eustatische Meeresanstieg und Einzelerscheinungen, z. B. die durch Stürme und Erdbeben hervorgerufenen Flutwellen entgegen. Als Hauptursache für den an vielen Küstenabschnitten unaufhaltsamen Küstenrückgang ist der postglaziale eustatische Anstieg des Meeresspiegels anzusehen. Seit dem Spätglazial haben Perioden einer raschen Transgression in wärmeren Abschnitten der Klimaentwicklung und der Stagnation in kälteren Abschnitten miteinander gewechselt.

Während der letzten Jahrzehnte hat die Geschwindigkeit des Anstiegs zugenommen. Gegenwärtig wird mit einem Anstieg von 11 bis 12 cm/100 Jahre gerechnet.

Auf Grund der Untersuchung submariner Uferterrassen mit humosen Horizonten, die nur während einer Stagnation des Meeresspiegels gebildet sein können, ergibt sich eine treppenförmige Kurve des aus etwa 100 m Tiefe erfolgten Meeresspiegelanstiegs, deren unterste Stufen jedoch bis jetzt noch nicht sicher erkannt werden konnten (Abb.). An Kliffküsten, die sich in relativer Senkung befinden, erfolgt der Uferabbruch durch Einsturz von Brandungshöhlen und -hohlkehlen sowie durch Abtrag der infolge Rutschungen und innerem Küstenzerfall am Kliffuß gebildeten Schwemmkegel und Halden durch Sturmhochwässer und Gezeiten. Bei Sturmniedrigwasser wird die Schorre durch die seewärts verschobene Brandung verstärkt abradiert. Eine solche unaufhaltsame Vertiefung des Unterwasservorstrandes kann nur schwer mit ökonomisch vertretbaren Maßnahmen des Küstenschutzes bekämpft werden (vgl. Kapitel »Ingenieurgeologie«, S. 548).

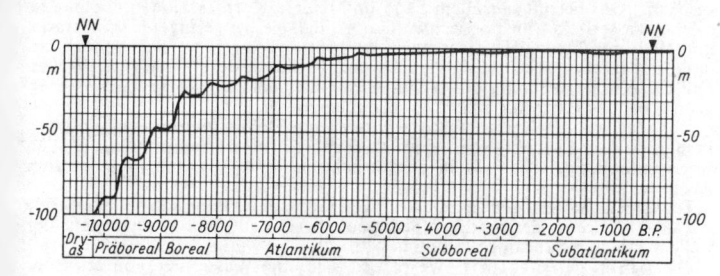

Treppenförmige eustatische Kurve für das Holozän, abgeleitet aus der Kurve der Strandlinienverschiebung im südlichen Ostseeraum durch Eliminierung der isostatischen Beträge (nach Kolp 1979). Bezugslinie: Gegenwärtige »tektonische Nullinie« = Verbindungslinie der Stationen mit einer jährlichen relativen Senkung von 0,8 mm

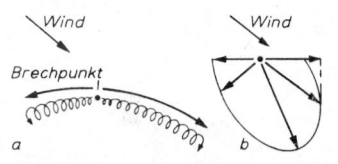

In der Brandungszone oder Riffzone, deren Breite sich an der Zahl der Sandriffe erkennen läßt, entwickeln sich bei schräg auflandigem Wind und brechenden Wellen eine uferparallele Brandungslängsströmung und ein Sedimenttransport überwiegend in Richtung des Windes. Ein geringerer Teil des Sandes wird in entgegengesetzter Richtung umgelagert, was mehrfach durch Versuche mit leuchtend gefärbtem Sand nachgewiesen werden konnte. Das liegt an der nach beiden Seiten gleichzeitig erfolgenden Verlängerung der Brecher und an dem parabelförmigen Auflaufen der Wellen am Strandwall, wobei die Komponente in Richtung des Windes überwiegt (Abb.).

Ausbreitung eines Brechers vom Brechpunkt nach beiden Seiten und parabelförmiges Auflaufen der Welle am Luvhang des Strandwalls

Infolge des Brechens der Wellen bei bestimmter Wassertiefe und der Brandungslängsströmung werden Sandriffe angehäuft. Die Querschnittsverengung über dem Riffkörper führt dazu, daß die höchste Strömungsgeschwindigkeit über dem Riffkamm gemessen wird, während die geringste Strömungsgeschwindigkeit in den zwischen zwei Riffen oder auch zwischen der Kante des ufernahen Sandfeldes und dem vorgelagerten Riff gelegenen Rinnen festzustellen ist. Deshalb erfolgt in den Rinnen fast kein Transport des Materials.

Bei zunehmender Brecherhöhe kommt es zur Beschleunigung der Brandungslängsströmung. Der Riffkamm wird steiler aufgehöht, und das Riff erscheint schmal. Vor tieferem Wasser endet die Brecherlinie, und die Strömung läßt nach. Die mitgeführte Wassermenge breitet sich mit kaum meßbarer Geschwindigkeit aus, und es erfolgt die Ablagerung des transportierten Sandes auf breiter Fläche. Man kann deshalb von einer Konvergenz und Divergenz des Strömungsbandes, der in Suspension mitgeführten Sandfracht und des Riffkörpers sprechen.

An Küstenknicks und vor Landspitzen erfolgt bei günstigen Windverhältnissen die Bildung von Schaaren, das sind Erhebungen aus Kies oder Sand. Ist eine Schaar bis dicht unter die Meeresoberfläche aufgewachsen, so werden bei erhöhten Wasserständen am Rande der Schaar freie Strandwälle geformt, die bei normalem Wasserstand erhalten bleiben und sich durch Sandhaken verlängern. Dazu trägt die um Landspitzen herumsetzende Brandungsströmung bei. Mit dem Anwachsen freier Strandwälle an das Festland kommt es zur Bildung von Nehrungen und Strandwallebenen.

Sandriffe, auf deren seewärtigem Hang der Sand zum Aufbau einer Schaar herangeführt wird, werden bei ständiger Aufhöhung der Schaar und der damit verbundenen Verringerung der Wassertiefe seewärts verlagert. Sandriffe sind nur dynamisch bedingte submarine Formen und an eine bestimmte Wassertiefe gebunden. Bei Nachlassen der Windstärke verlagert sich die Brandung sprunghaft vom Luvhang der tieferen Sandriffe an den seewärtigen Hang des nächsthöheren Riffs oder an den Hang des ufernahen Sandfeldes, bei noch geringer Windstärke bis an die Schwappkante des Strandwalls. So kann hinsichtlich des Sedimenttransportes in der Brandungszone bei stürmischen Wetterlagen von einer Riegelwirkung gesprochen werden, die durch den Wechsel uferparalleler Zonen mit starker Strömung über den Riffen und geringster Strömung in den Rinnen bedingt wird und die nur wenig Sediment aus der Brandungszone in den seewärtigen Bereich gelangen läßt. Deshalb bleibt das Abbruchmaterial der Küste noch längere Zeit für den Schutz des Unterwasservorstrandes erhalten. An der südlichen Ostseeküste wurde bei Windstärke 5 Bft über dem in 1,60 m Wassertiefe befindlichen Kamm eines Sandriffes eine Geschwindigkeit der Brandungslängsströmung von 3,6 kn gemessen (1 kn = 1,8 km/h).

Größere Gerölle werden unter diesen Umständen rollend fortbewegt. Sand wird unter den Brechern aufgewirbelt und mit der Strömung jeweils ein kurzes Stück als Kurzschweb uferparallel versetzt. Hohe Brecher lassen 30 bis 40 cm tiefe Brechermulden im Sand zurück. Feine Körner von Schluff, Ton und Kreide bleiben länger in Suspension und werden in einer vom Strand aus deutlich sichtbaren Trübungsschicht als Langschweb fortgeführt.

Bei senkrecht auf die Küste treffendem Wind und Wellen entwickelt sich keine Brandungslängsströmung. Durch wellenbedingte Orbitalbewegung und Rückströmung am Meeresgrund wird Sediment aus der Brandungszone herausgeschafft. Das betrifft vor allem Sand und feinere Kornfraktionen, die in eine solche Wassertiefe transportiert werden, so daß sie bei geringerer Windstärke und Wellenwirkungstiefe nicht mehr landwärts verlagert werden. Jedoch bedingt der häufige Wechsel der Stärke und Richtung des Windes, der Wellen und der Küstenströmung ein langes Hinundher der Sandkörner am Meeresgrund, bis das Einzelkorn zum Absatz gelangt.

Das seewärts der Brandungszone entstehende Defizit feiner Kornfraktionen kommt in dem Zurückbleiben eines als Restsediment bezeichneten, groben Korngemisches der Kies-, Stein- und Brockfraktion in der Abrasionszone zum Ausdruck.

Die in **Flachmeerregionen** mit geringer Gezeitenwirkung zu beobachtende zonale Anordnung der sandigen Sedimente beruht auf dem Mechanismus der wellenbedingten Sandrippelbildung.

Die sich in der Orbitalbewegung bis in eine Wassertiefe von etwa der halben Wellenlänge fortpflanzende Wellenwirkung ist die Ursache für die gleichzeitig erfolgende Umlagerung und Sortierung der Sandkörner. Deshalb enthalten Korngemische in der küstenfernen Sandzone häufig Anteile von über 90 Masseprozent einundderselben Fraktion. Demgegenüber ist ein geringer Sortierungsgrad von Sand auf den Einfluß von Strömungen am Meeresgrund zurückzuführen.

Der Vorgang der Sandumlagerung und -sortierung beruht auf folgenden Eigenarten der Orbitalbewegung:
1) Die Orbitalbahn ist nicht geschlossen, so daß Wasser- und Sedimentteilchen bei jedem Wellendurchgang ein kleines Stück in Richtung der fortschreitenden Welle bewegt werden.
2) Die Vorwärtsbewegung erfolgt unter dem Wellenberg etwa doppelt so schnell wie die Rückwärtsbewegung unter dem Wellental. Am Ende jeder Teilbewegung ist eine Geschwindigkeitsspitze zu verzeichnen.
3) Die Achse der Orbitalbahn ist über dem Meeresgrund ein wenig nach vorn abwärts geneigt (Abb.).

Bewegung der Wasserteilchen auf Orbitalbahnen und Sedimentbewegung unter einer durch Grundberührung deformierten, fortschreitenden Welle unter dem Wellenberg (links) und dem Wellental (rechts). Kreuzschichtung der Sande in fast symmetrischen Wellenrippeln (nach Kolp 1966)

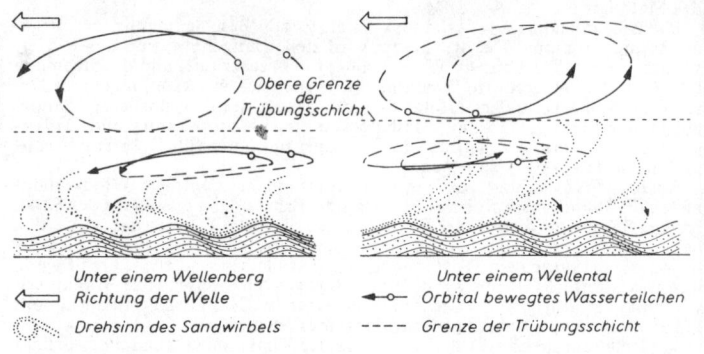

Unter einem Wellenberg
⇐ Richtung der Welle
Drehsinn des Sandwirbels

Unter einem Wellental
←o— Orbital bewegtes Wasserteilchen
---- Grenze der Trübungsschicht

Aus diesen Besonderheiten ergeben sich für verschieden große Körner folgende Arten der Fortbewegung und Selektion:
1) Die rollende Vorwärtsbewegung desjenigen Korns, für das die Schleppkraft bei der Vorwärtsbewegung, nicht aber bei der Rückwärtsbewegung ausreicht. Es kommt nach der rollenden Fortbewegung zu einer vorübergehenden Ablage.
2) Die Vor- und Rückwärtsbewegung feineren Korns, für das auch noch die Schleppkraft der nicht so schnellen Rückwärtsbewegung ausreicht. Das Korn wird bei der Vorwärtsbewegung über zwei Rippeln und bei der Rückwärtsbewegung über einen Rippelkamm hinweggeführt.
3) Noch feineres Korn wird über den Rippelkämmen vor allem am Ende der Rückwärtsbewegung so hoch aufgewirbelt, daß es von der Strömung erfaßt wird und schwebend eine größere Entfernung zurücklegt.
4) Größeres Korn, das nicht einmal rollend bewegt wird, bleibt zurück.

Im Endergebnis nimmt die Korngröße mit zunehmender Wassertiefe ab, bis die Grenze des Auftretens von Sandrippeln erreicht wird.

In der von der Orbitalbewegung nicht mehr erfaßten Wassertiefe kommt es zum Absatz des Langschwebs und zur Bildung des als **Schlick** bezeichneten, schwach sortierten, kalkarmen Sediments, in dem Schluffkorn überwiegt und das einen geringen Anteil feinster Korngrößen (Ton) und 1 bis 10 Prozent organische Substanz aufweist.

Die obere Schlickgrenze liegt in der Regel einige Meter tiefer als die Grenze der Sandrippelfelder. Zwischen beiden Grenzen findet sich eine sedimentäre Zone, in die nur selten bei starken Stürmen sehr feiner Sand gelangt. Die Feinsanddecke über den Sedimenten oder dem Gestein des Untergrundes ist in dieser Zone nur dünn. Wegen der Meeresströmung fehlt sie oft gänzlich.

Die obere Grenze von Schlickgebieten kann in windgeschützten Teilen von Rand- und Nebenmeeren sehr hoch liegen, z. B. in der Ostsee in der durch Sandbänke und Gründe geschützten Bucht der Wohlenberger Wiek bei etwa −10 m. Sie sinkt in den dem Spiel des Windes und der Wellen freier ausgesetzten Becken und Mulden tiefer ab und liegt in der Mecklenburger Bucht bei −20 m, im Arkonabecken bei −40 m, in der Bornholmmulde bei −60 m.

Einen Sonderfall stellt die Bildung des bei Ebbe trocken fallenden **Wattenschlicks** im Schutze von Inselketten an der durch **Gezeiten** beeinflußten südlichen Nordseeküste dar. Dort gilt, daß für die Abrasion und Erosion sehr feinen Korns eine weit höhere Strömungsgeschwindigkeit erforderlich ist als für dessen Antransport (Abb.) Außerdem spielen beim Wattenschlick die chemische und biogene Verfestigung sowie der Schutz durch eine dichte Besiedlung von Organismen eine Rolle.

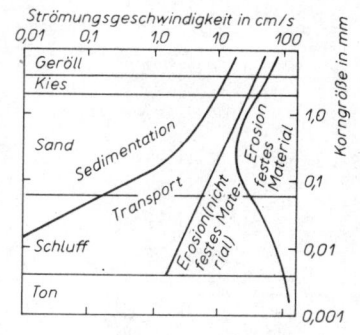

Oberflächenkarten des Meeresgrundes sollen außer den Sedimentzonen kontinuierliche Übergänge zwischen den Korngemischen darstellen. Diskontinuitäten der Korngrößenanteile lassen Rückschlüsse auf eine sprunghafte Änderung der Wassertiefe und des submarinen Reliefs zu. Das Anfertigen von Meeresgrundkarten, welche die Sedimentationsbedingungen erkennen lassen, setzt klare Abgrenzungen der Fraktionen und Korngemische voraus, zu denen die Angaben der Feuchte, des Kalkgehalts und der organischen Substanz hinzukommen. Bei ihrer Darstellung hat sich die Verwendung verschiedener Breiten, **mehrfarbiger Schraffen** bewährt, die durch die Farbgebung die enge Beziehung zwischen dem submarinen Relief und der Sedimentverteilung erfassen läßt (Abb.).

Das durch Wellenwirkung bedingte Bild der parallel oder konzentrisch zu zentralen Schlickmulden angeordneten Sedimentzonen auf dem flacheren Teil des Schelfs wird oft durch **Meeresströmungen** abgewandelt. Es kann sich dabei um windbedingte **Driftströmungen**, **Gezeitenströmungen**, **Dichteausgleichströmungen** und durch Wasserspiegelneigung hervorgerufene **Gefällsströmungen** handeln. Als Ursachen für eine Schrägstellung des Meeresspiegels kommen Windstau, Seiches und das barische Gefälle in Frage.

Strömungsgeschwindigkeiten, bei denen Erosion, Transport und Sedimentation erfolgen (nach Heezen u. Hollister 1971)

Ausschnitt aus einer Sedimentverteilungskarte (nach Kolp)

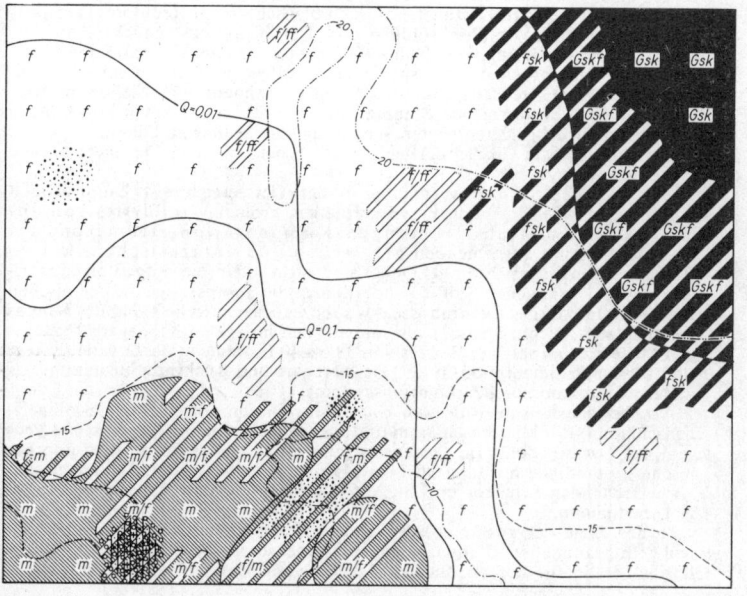

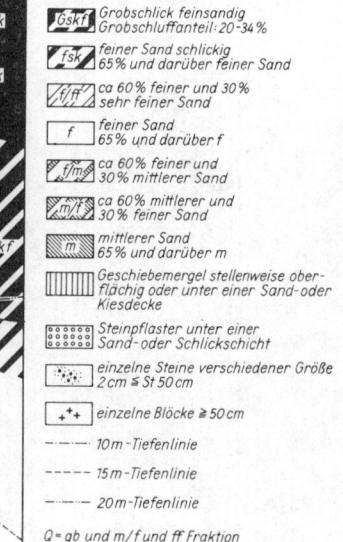

Meeresströmungen verlaufen am Meeresgrund meist in engeren Bahnen. Ihre erosive Wirkung ist an der Rinnenbildung zu erkennen. Beim Sediment ist im Bereich von Strömungsbahnen ein geringerer Sortierungsgrad festzustellen als z. B. bei Schlick mit Beimengungen von Sand und Kies oder bei einem Gemisch aus Sand, Kies und Steinen. Mitunter sind Strömungsbahnen am gänzlichen Fehlen rezenter Sedimente und Anstehen älterer Gesteine zu erkennen. Solche Bahnen führen wegen der thermohalinen Schichtung in Meeresbecken und -mulden niemals quer durch diese hindurch, sondern verlaufen an deren Rande. Das gilt im kleinen wie im großen. So folgen z. B. Konturströme dem Streichen der Kontinentalabhänge am Rande der Tiefseebecken (Tafel 30).

Eine mäßige Strömung wird durch kleine Strömungsrippeln und flache Kolke hinter größeren Geröllen angezeigt. Im Gegensatz zu den im Querschnitt quasisymmetrischen Wellenrippeln zeichnen sich asymmetrische Strömungsrippeln durch einen längeren Luvhang und einen steileren Leehang aus. Beide Arten von Rippeln, die sich durch Sandvorschüttungen am Leehang allmählich verlagern, lassen im Schnitt eine Lamellenstruktur erkennen. Bei Änderung der Richtung und Höhe der Rippeln führt das zu einer Kreuzschichtung in größeren Sandkörpern, deren Oberfläche gerippt erscheint. Eine stärkere Strömung ist an der Bildung kurzer, steiler Sandrippeln in unregelmäßig erscheinender Anordnung zu erkennen. Jeweils dort wo starke Strömungen von mehr als 1 kn Geschwindigkeit herrschen, entstehen Riesenrippeln in Sand, die z. B. zwischen der holländischen und der südostenglischen Küste häufig angetroffen werden und eine Höhe bis 15 m bei einer Länge von mehreren hundert Metern erreichen. Die Riesenrippelkörper erstrecken sich quer zur Strömung und verlagern sich allmählich durch Sandvorschüttung am Leehang. Dabei werden in ein Tal gefallene Gegenstände verschüttet. Der Höhenunterschied zwischen Riesenrippelkamm und -tal läßt deshalb die Mächtigkeit der oberen, umgelagerten Sandschicht erkennen.

In Meeresengen weisen Riesenrippeln aus gröberem Material, z. B. Kies, steilere Hänge auf (vgl. »Sedimentologie«, S. 130).

Nach ihrer Größe lassen sich folgende **Rippeln** unterscheiden (REINECK u. SINGH, 1973):

Kleinrippeln: Länge: 0,04 bis 0,60 m, Höhe: bis 6 cm,
Großrippeln: Länge: 0,60 bis 30 m, Höhe: bis 1,5 m,
Riesenrippeln: Länge: 30 bis 1000 m, Höhe: bis 15 m.

Auf dem tieferen Teil des Schelfs bilden hauptsächlich Strömungen die Ursache für Erosion, Transport und Sedimentation. Angesichts größerer Sandflächen ist zu berücksichtigen, daß bei einem 100 m tieferen Meeresspiegelstand während der letzten Vereisung der untere Teil des Schelfs ähnlichen Sedimentationsbedingungen unterworfen war wie der heutige flachere Teil.

Blaugrauer Schlick ist das typische, bis an den Schelfrand reichende und darüber hinaus auch am Schelfhang anzutreffende Sediment. Seine Färbung beruht auf dem Anteil an organischer Substanz. Oft weist der Schlick unter einer hautdünnen, oxydativ rotbraun gefärbten, millimeterstarken Schicht einen mehrere Zentimeter starken blauschwarzen Reduktionshorizont mit Anreicherung von Eisensulfiden auf. Der blaugraue Schlick ist in Anbetracht der Entfernung von 200 bis 300 km von der Küste, die von den feinen terrigenen Bestandteilen in Suspension zurückgelegt wurden, ein **hemipelagisches Sediment**, während tonig-schlammige Sedimente der Tiefsee im Hinblick auf den von terrigenen Staubteilchen mit den ozeanischen Strömungen schwebend zurückgelegten weiten Weg **pelagische Sedimente** bilden.

Die Zuwachsrate für Schlickgebiete des Schelfs wird in Dezimetern/1000 Jahre gemessen.

Das Bild der Sedimentverteilung in der **Tiefseeregion** ist hauptsächlich durch die von den Passaten hervorgerufenen, großen Winddriftströmungen, kalten Auftriebsströmungen (Kompensationsströme) und den über dem Grund herrschenden arktischen und antarktischen, kalten Bodenströmungen bedingt. Dabei sind nicht allein die mitgeführten terrigenen und organogenen Stoffe, sondern auch die Temperatur, die chemischen Eigenschaften, ferner die Einflüsse des subozeanischen Reliefs und des Klimas entscheidend. Dichte Strömungen, die aus den im ariden Klimagebiet gelegenen Mittelmeeren salziges Wasser von 38 bis 40 Promille in die Ozeane führen, sind für die Sedimentation in der Tiefseeregion von geringerer Bedeutung als die großen ozeanischen Zirkulationssysteme.

Als **Tiefseesedimente** bedecken roter Ton, Diatomeenschlamm, Globigerinenschlamm, Radiolarienschlamm und Pteropodenschlamm insgesamt 74 Prozent des Ozeanbodens. Im Gegensatz zum roten Tiefseeton, in dem anorganische Bestandteile mit über 90 Masseprozent überwiegen, sind die nach den vorherrschenden Schalen- und Skelettresten bezeichneten Schlamme organogene Sedimente.

In der Zone der zirkumpolaren antarktischen Tiefenströmung findet sich hell-gelb-bräunlicher ***Diatomeenschlamm***, ebenso im Bereich des durch die Bering-Straße in den nördlichen Pazifik eindringenden arktischen Tiefen-

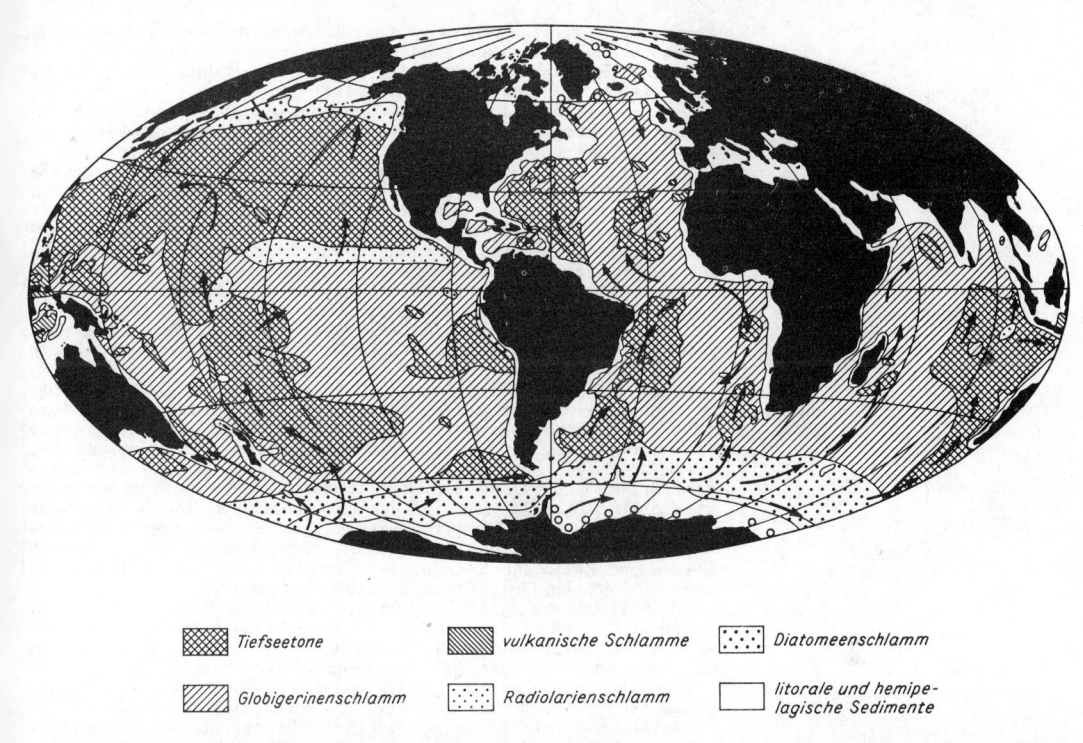

▦ Tiefseetone	▨ vulkanische Schlamme	⋯ Diatomeenschlamm
▧ Globigerinenschlamm	⋯ Radiolarienschlamm	☐ litorale und hemipelagische Sedimente

wassers (Abb.). Diatomeenschlamm bedeckt etwa neun Prozent der ozeanischen Gesamtfläche. Der Anteil der Diatomeenreste kann über 90 Prozent betragen, und der Kalkgehalt schwankt zwischen 2,7 und 24 Prozent.

Der im Bereich wärmeren, kalkgesättigteren Tiefenwassers abgesetzte hellgelb-bräunliche Globigerinenschlamm ist am weitesten verbreitet. Er nimmt die halbe Fläche des Atlantischen Ozeans und etwa 35 Prozent des ozeanischen Gesamtbodens ein. Wegen der Korngröße der Schalen (Kalkkörner) von 0,2 bis 2 mm, die über 50 Masseprozent des Sediments ausmachen können, wird auch von Globigerinensand gesprochen. 1 g Sediment enthält mehr als 20 000 Gehäuse. Der Kalkgehalt liegt über 65 Prozent und erreicht mitunter 97 Prozent. Globigerinenschlamm wird selten tiefer als 4 500 m angetroffen.

Falls andere Organismen, z. B. Coccolithen, stark im Sediment hervortreten, spricht man von Coccolithenschlamm. Zwischen den Azoren und dem Ärmelkanal kann Tiefseeschlamm bis zu 68 Masseprozent aus Coccolithen bestehen.

Radiolarien bevorzugen noch wärmeres Wasser als Globigerinen. Deshalb findet sich ein größeres Vorkommen von Radiolarienschlamm im Pazifik nördlich des Äquators im Bereich des warmen äquatorialen Gegenstroms. Die Gehäuse der sedimentbildenden Radiolarien erreichen mit 0,05 bis 0,25 mm die Größe von Feinsandkörnern. Rot- bis schokoladenbraune Radiolarienschlamme bedecken etwa 1 bis 2 Prozent der ozeanischen Gesamtfläche.

Pteropodenschlamm wird in einem schmalen Streifen inmitten des Südatlantiks sowie in kleineren Vorkommen vor der brasilianischen Küste und im Nordatlantik angetroffen. Die vorwiegend aus Aragonit und Calcit bestehenden, millimetergroßen Hartteile planktonisch lebender Pteropoden machen etwa 30 Prozent des Sediments aus, dessen Anteil an der ozeanischen Gesamtfläche nur etwa 1 Prozent beträgt.

Infolge der Selektion und Zerstörung beim Absinken der abgestorbenen Organismen entspricht das in den Tiefseesedimenten anzutreffende Artenspektrum niemals dem vollen Spektrum der in den oberen ozeanischen Wasserschichten lebenden planktonischen Arten.

In der aus den Polarzonen stammenden, sauerstoffreichen, kalkuntersättigten Bodenwasserschicht in den Tiefseebecken werden Kalkschalen und Kieselskelette fast gänzlich gelöst, so daß terrigene Tonminerale den Hauptbestandteil des roten Tiefseetons bilden. Etwa 85 Prozent des Tons gehören den Kornfraktionen unter 0,05 mm an. Der Kalkgehalt beträgt 7 bis 10 Prozent.

Roter Tiefseeton bedeckt etwa 28 Prozent der ozeanischen Gesamtfläche. Wo das Areal des roten Tiefseetons die Grenze der Verbreitung polaren Tiefen-

Heutige Sedimentverteilung im Weltmeer (nach Seibold 1974). Entstehungsgebiete des arktischen und antarktischen Bodenwassers (o) und dessen Ausbreitung in den Tiefseebecken (Pfeile)

wassers überschreitet, wird eine geringere Planktonproduktion als Ursache für die Entstehung des Tons angenommen. Die weite Verbreitung des roten Tiefseetons im Pazifik wird dagegen auf eine stärkere Kalkuntersättigung des Ozeanwassers im Pazifik als im Atlantik zurückgeführt.

Die Sedimentationsrate für roten Tiefseeton und Diatomeenschlamm berechnet sich auf etwa 1 cm/1000 Jahre. Für Globigerinenschlamm wird sie mit 3 bis 5 cm/1000 Jahre angegeben.

Die mittlere Tiefe beträgt für roten Tiefseeton 5407 m, für Radiolarienschlamm 5292 m, für Diatomeenschlamm 3900 m, für Globigerinenschlamm 3612 m und für Pteropodenschlamm 2072 m.

Außer den genannten Sedimenten finden sich auf kleineren Flächen des Tiefseebodens Blauschlick, terrigener Sand sowie vulkanische Aschen und Sande. Vulkanische Sedimente sind um Indonesien, Japan sowie um Island und die Färöer-Inseln verbreitet. Sande in Tiefseegräben, z. B. bis zu 7000 m im Romanche-Graben, werden ebenfalls auf Vulkanausbrüche zurückgeführt, während vor der Nordwestküste Afrikas Sandstürme aus der Sahara und ganz allgemein Suspensionsströme als Ursache für die Verbreitung terrigener Sande am Tiefseeboden angesehen werden.

Suspensionsströme (turbidity currents) nehmen unter den Kräften des Sedimenttransportes eine besondere Stellung ein (S. 126). Zwar konnten sie noch niemals direkt beobachtet werden. Auf ihre Existenz kann aber aus der weiten Verbreitung der als Turbidite bezeichneten Sedimente geschlossen werden. Turbidite weisen eine Wechsellagerung dünner Ton-, Schluff- und Sandlamellen auf (Tafel 32) und enthalten Reste von Flachwasserorganismen sowie grobklastisches Material in Hangnähe. Rückschlüsse auf die sehr hohe Geschwindigkeit solcher Suspensionsströme konnten aus der zeitlichen Folge von Seekabelbrüchen gezogen werden. In einem speziellen Fall betrug nach HEEZEN und EMERY ihre Anfangsgeschwindigkeit über 50 kn (90 km/h) und nach 300 Seemeilen Distanz noch etwa 10 kn über Grund.

Suspensionsströme sind Dichte durch eine riesige Sedimentfracht erhöht wird und die sich mit sehr hoher Turbulenz und Geschwindigkeit hangabwärts über den Grund der Tiefsee und quer durch ozeanische Becken fortbewegen. Ihre Reichweite beträgt bis zu 2000 km.

Suspensionsströme werden nach bisherigen Auffassungen durch Rutschungen großer Sedimentmassen in tief in das Gestein des Schelfabbruchs eingeschnittene Cañons und Tröge hervorgerufen und können durch Erdbeben oder durch sedimentationsbedingte Übersteilung der Schichten ausgelöst werden. Suspensionsströme werden deshalb neuerdings zur Erklärung des Entstehens oder auch Erweiterns und Vertiefens der zahlreichen Cañons herangezogen, die zum Teil in 100 m Wassertiefe ansetzen, den unteren Schelf auf große Distanz durchschneiden und bis in Tiefen von 4000 m hinabreichen.

Sandfälle und Rutschungen von Schlick- und Schlammschichten an der Stirn von Deltabildungen großer Flüsse erreichen nicht das Ausmaß dieser Suspensionsströme.

In höheren Breiten als 55° N und 40° S treten Ablagerungen mit aus Moränen stammendem Material auf, das mit driftenden Eisbergen herangeführt wurde. Aus Polargebieten stammender Moränenschutt wurde über eine Fläche von 80 Millionen km² des Ozeanbodens verstreut. Dabei ist zu berücksichtigen, daß sich das Gebiet der Eisdrift während der letzten pleistozänen Kaltzeit bis 33° N. Br. und 35° S. Br. erstreckt hat. Funde von Moränenschutt vor der marokkanischen Küste lassen sich nur durch die im Pleistozän viel weitere Ausdehnung der Eisdrift erklären.

Im Gegensatz zu dem durch Eis verfrachteten gröberen Material werden durch den Wind nur feine Staubteilchen vorwiegend von der Korngröße 5 bis 20 μ ins Meer befördert. Die Zufuhr terrigenen Staubes durch den Wind erscheint im Vergleich mit dem durch Flüsse und Meeresströmungen gelieferten Material für die marine Sedimentation unbedeutend.

Sedimentbildung

Die Sedimentbildung im Meer (vgl. dazu die Kapitel »Sedimentite«, S. 84 und »Sedimentologie«, S. 124) beinhaltet einen umfangreichen Komplex physikalischer, chemischer und biologischer Wechselwirkung zwischen Wasserkörper und Meeresgrund sowie den in beiden enthaltenen Mikro- und Makroorganismen. Stets sind alle drei Faktoren im Spiel. Je nach dem Übergewicht lithogener, organogener und chemischer Bestandteile wird von lithogenen (mechanischen, klastischen), organogenen und chemischen Sedimenten gesprochen, zu denen noch die biogenen Sedimente kommen (Kohlen, Erdöl, Erdgas).

Lithogene Sedimente enthalten vor allem terrigenes Lockermaterial, dessen Zufuhr auf 12 km³/Jahr geschätzt wird. Hinzu kommen vulkanische Aschen und Sande sowie kosmischer Niederschlag, der sich in Gestalt kleiner, stark eisenhaltiger Kügelchen von 30 bis 60 μm Durchmesser im Sediment findet. Die jährliche Zufuhr kosmogenen Materials wird mit 2500 bis 5000 t angegeben.

Chemische Sedimente sind mineralische Neubildungen, die sich bei

Übersättigung des Wassers an gelösten Stoffen bilden. Die Ausfällung kann im Meerwasser, am Meeresboden und in den Poren der Sedimente erfolgen.

Anorganischer Kalk entsteht selten, obwohl in den Tropen und Subtropen das Wasser des Atlantik bis in 5000 m Tiefe und das Wasser des Pazifik bis in 3000 m Tiefe an $CaCO_3$ übersättigt ist. Das komplizierte physikalische System von Kohlendioxid, Bikarbonat, Karbonat und Wasserstoffionen verhindert eine weiträumige Kalkausscheidung. Örtlich wird Kalk aus dem Meerwasser auf der flach unter Wasser liegenden Großen Bahama-Bank in Form von Ooiden abgesetzt. Die Bildung von Dolomit, die an das Zusammenwirken von Sediment und Porenwasser gebunden ist, erfolgt am Südrand des Persischen Golfs in außerordentlich flachem Wasser.

Als chemische Sedimente nehmen Evaporite größere Flächen ein. Die Salzgesteine entstehen durch Verdunstung des Wassers und Konzentration der gelösten Stoffe. Ein arides Klima ist deshalb die Voraussetzung für die Bildung mariner Salzlagerstätten.

Das Volumen des normalen Meerwassers muß um $1/3$ bis $2/3$ verringert werden, bevor eine Ausscheidung von Gips erfolgt. Steinsalz wird erst bei einer Reduktion des Volumens auf $1/10$ ausgefällt.

Konkretionen von Eisenmanganoxiden und Phosphaten sind weit verbreitet. Ihr Durchmesser reicht von wenigen Millimetern bis zu Dezimetern.

Eisen-Mangan-Knollen in einer Gesamtmenge von $1{,}7 \cdot 10^{12}$ t bedecken besonders den Boden des Pazifik, wo allein auf 20 bis 50 Prozent des Meeresbodens 10^{12} t lagern (Taf. 32). Sie enthalten durchschnittlich 17 Prozent Mangan, 12 Prozent Eisen, 0,7 Prozent Nickel, 0,4 Prozent Kobalt und 0,4 Prozent Kupfer. Im Pazifik sind es etwa 30 Milliarden Tonnen Kupfer, Nickel und Kobalt sowie 400 Milliarden Tonnen Eisen und Mangan. Die Reserven an Kupfer mit $13 \cdot 10^9$ t erreichen das 38fache der heutigen Reserven auf dem Festland, die an Nickel mit $14 \cdot 10^9$ t das 200fache (J. SCHNEIDER 1977). Über die Entstehung der Konkretionen bestehen mehrere Hypothesen, zumal noch eine Reihe Fragen wie die nach Zufuhr und Anreicherung der Metalle offen ist. Möglicherweise ist der Metallgehalt vulkanischen Ursprungs und stammt aus submarinen Hydrothermen (S. 466). Aber auch eine Bildung durch Adsorption und autokatalytische Oxydation von Mangan durch Veränderung des Eh-Potentials (Adsorptions-Hydrolyse) wird vertreten (CRERAR, BARNES 1974, NOHARA 1976). Die Bildung der Knollen setzt eine geringe Sedimentationsrate voraus; daher sind die größten Teile im Indik und Atlantik wenig höffig. In einigen Gebieten des Pazifik sind die Knollen völlig mit Protozoen umkrustet. Von 150000 km² knollenhöffigen Pazifikbodens sind bisher 10 Prozent untersucht worden. Für den perspektivischen Abbau kommen wahrscheinlich nur 15000 km² mit Belegungsdichten von 8 bis 10 kg Knollen für die Gewinnung in Betracht (MEZ 1977).

Organogene Sedimente werden aus Hart- und Weichteilchen benthonisch und planktonisch lebender Organismen gebildet. Bildungen aus Resten benthonischer Lebewesen, z. B. Korallen, Schwämme oder Mollusken, beschränken sich vorwiegend auf die Küstenregionen. In der Tiefsee entstehen Sedimente aus Rückständen tierischen und pflanzlichen Planktons, dessen Lebensraum die lichtdurchfluteten, oberflächennahen Meeresschichten sind. Der größte Teil der Planktonreste geht beim langsamen Absinken oder am Meeresgrund in Lösung. Nur ein geringer Teil der kalk- und kieselsäurehaltigen Organismen bleibt im Sediment erhalten.

Der höhere Anteil an organisch gebundenem Kohlenstoff in Sedimenten der Schelfregion ist auf den hohen Anfall organischen Materials und die infolge der durchsunkenen geringen Wassertiefe unvollständige Zersetzung der Weichteile des Planktons zurückzuführen. Dies gilt besonders für nährstoffreiche Flachmeere mit hoher Bioproduktivität, vor Flußmündungen und in Auftriebsgebieten. Dort lassen sich bis $20 \cdot 10^6$ Zellen je Liter nachweisen. Falls die abgesunkene organische Substanz durch Sande bedeckt wird, ergeben sich günstige Voraussetzungen für das Entstehen von Kohlenwasserstofflagerstätten.

Geräte und Methoden

Wichtige Geräte für meeresgeologische Untersuchungen sind Bodengreifer, Dredgen und Stechrohre sowie Unterwasserphoto- und Fernsehkameras. Als technische Hilfsmittel kommen Echolote und Tauchausrüstungen hinzu. Für Direktbeobachtungen in sehr großen Wassertiefen werden Tauchboote eingesetzt.

Der *Bodengreifer* nach VAN VEEN hat sich besonders in der Flachsee als verläßlich arbeitendes Instrument erwiesen. Die Sicherung gegen ein vorzeitiges Schließen besteht aus einem einfachen Hebel, der während des Fierens durch den Zug an beiden Halteseilen gehalten wird und beim Aufsetzen der Greiferbacken auf den Meeresgrund durch sein eigenes Gewicht niederfällt (Abb.). Die vom Greifer erfaßte Fläche beträgt etwa 0,1 m². Gleichzeitiger Zug an beiden Hebelarmen bewirkt ein langsames, sicheres Schließen, während der Greifer durch sein hohes Eigengewicht von etwa 50 kg in den Meeresgrund eindringt. Im Sand wird eine 15 cm starke Schicht erfaßt.

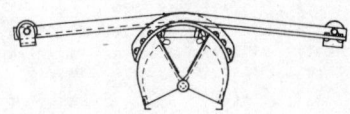

Bodengreifer (nach van Veen)

In der Tiefsee hat sich der von LISITZIN und UDINZEW entwickelte **Bodengreifer** *Ozean 50* bewährt. Nach der Auslösung durch ein Vorlaufgewicht mit Hebel und Gegengewicht erfolgt das Schließen des Greifers durch Seilzug beim Hieven.

Beim Sammeln von Konkretionen und Festgesteinsproben werden frei fallende Greifer verwendet, die nach der Trennung von Ballastgewichten durch Auftriebskörper an die Meeresoberfläche zurückgeführt und durch Funkortung wiedergefunden werden.

Demselben Zweck dienen **Dredgen** verschiedener Bauart als Netz-, Kasten- oder Rohrdredgen, die am Meeresgrund geschleppt werden und deren Öffnung mehrere Quadratmeter betragen kann. Der vordere Rand von Dredgen ist meist gezahnt oder auch als glatte Schneide ausgeführt (Abb. 4, Taf. 30).

Das von KULLENBERG 1944 eingeführte **Kolbenstechrohr** dient der Entnahme bis zu 20 m langer Kerne weichen Sedimentes aus beliebiger Wassertiefe (Abb.). Es handelt sich um ein Stechrohr mit Schneide, Kolben und Gewichtssatz, das nach dem Fieren den letzten Meter im freien Fall zurücklegt, wobei eine rasche Beschleunigung durch eine Auflast von $^1/_2$ bis 1 t erzielt wird. Das Lot ist so eingerichtet, daß der im Rohr über der Schneide sitzende Kolben von einem an der Abwurfvorrichtung befestigten Seil an der Oberfläche des Meeresgrundes festgehalten wird, wenn das Stechrohr die Meeresgrundfläche erreicht, so daß das Rohr über den Kolben hinweg in das Sediment eindringt. Durch Unterdruck im Rohr zwischen Schneide und Kolben wird die obere weiche Sedimentschicht in das Rohr gezogen, die bei frei fallenden Rohren ohne Kolben meist verlorengeht. Die einwandfreie Funktion und Betriebssicherheit des Kullenberg-Stechrohres wird durch die inzwischen verbesserte Abwurfvorrichtung gewährleistet.

Härtere Sedimente können mit einem **Vibrationsstechrohr** durchteuft werden (Tafel 30). Die vom Vibrator hervorgerufene Vertikalschwingung entspricht einer Schlagkraft von 1 bis 4 t. Beim Einrütteln des Stechrohres in das Sediment bleiben die Strukturen im Korn fast ungestört erhalten. Der Einsatz von Vibrationsstechrohren ist wegen der Nachführung elektrischer Kabel auf etwa 100 m Tiefe begrenzt.

Unterwasserphoto- und **-fernsehkameras** werden von Tauchern geführt, im Gestell auf den Meeresgrund gesetzt oder in sorgfältig ausgetrimmten Schwimmkörpern mit Leitwerken in geringer Höhe über den Meeresgrund geschleppt. Gestelle dienen gleichzeitig als Träger eines Unterwasserkompasses und von Strömungsanzeigern, die im Bilde mit erfaßt werden.

Moderne **Echographen** mit hoher Bildauflösung ermöglichen, nicht nur die Oberfläche des Meeresgrundes, sondern auch weitere Grenzflächen zwischen schallweicheren und schallhärteren Sedimentschichten zu erfassen.

Flächenhafte Aufnahmen mit morphologischen Einzelheiten, z. B. Verwerfungen, Sandrippeln, Blockbestreuung, lassen sich mit einem Schrägablot (Side Sean Sonar) erzielen.

Der Einsatz von Geologen als Taucher bietet den großen Vorteil der direkten Beobachtung und Messung sowie der selektiven Probenentnahme. Der Taucher kann Einschläge am Meeresgrund mit Hilfe von Wasserstrahlrohren herstellen, Sondierungen mit Spüllanzen vornehmen und lohnende Objekte photografieren. Der Aktionsradius der Taucher kann durch **Schleppgeräte** (Secoter) erweitert werden.

Direkte Beobachtungen in größerer Wassertiefe werden durch Einsatz von Fernsehkameras und Unterseebooten sowie in Tiefseegräben mit Hilfe eines Bathyscaphs ermöglicht.

Die **Meeresgrundkartierung**, die die Aufnahme des submarinen Reliefs und der Sedimentverteilung umfaßt, setzt eine genaue Ortsbestimmung auf See voraus. Dazu dienen das mit Hilfe fester Funkstationen in Küstennähe betriebene DECCA-Verfahren und das auf hoher See angewandte OMEGA-Verfahren. Bei Anwendung des DECCA-Verfahrens beträgt der Fehler unter günstigen Bedingungen etwa ± 25 m. Bei der Ortung mit Hilfe von Satelliten auf dem offenen Ozean liegt die Genauigkeit zwischen 30 m und einigen hundert Metern. Zur Herstellung von Meeresgrundkarten wird eine große Anzahl von Sedimentproben im engmaschigen Quadratnetz und zusätzlich an einzelnen, an Hand von Echogrammen oder Seismogrammen ausgewählten Stationen entnommen.

Bei der Suche nach bestimmten Sedimenthorizonten wird auf Profilen mit Hilfe des Echolots und des Stechrohrs sondiert.

Bei kleinmaßstäbigen Untersuchungen der Küstendynamik haben sich **Über-** und **Unterwasserstangenfelder** bewährt. Einige Hundert verzinkte Eisenrohre von 6 m Länge und 2″ Stärke werden im Abstand von 10 m im Quadrat durch Taucher eingespült. Mit Hilfe von einnivellierten Marken an den Stangen können auch bei bewegter See Peilungen mit ± 1 cm Genauigkeit vorgenommen werden. Bei wiederholten Aufnahmen liegen alle Messungen und Probenentnahmen exakt an denselben Stationen.

Bei Untersuchungen der Sandumlagerung erweist sich die Verwendung leuchtender (lumineszenter) Farbsande (**Luminophorenmethode**) als vorteilhaft.

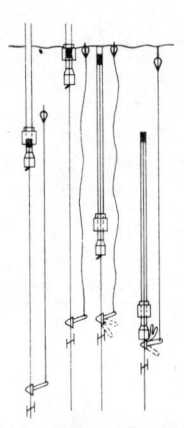

Auslösung des freien Falls mit einem Kolbenstechrohr und Funktion des Kolbens

Bei hoher Verdünnung des Farbsandes läßt sich das unter ultraviolettem Licht aufleuchtende einzelne Farbkorn selbst aus einer sehr großen Menge nicht leuchtender Quarzsandkörner schnell herausfinden. Die Vielzahl der Farben bietet bei Eingabe von Farbsanden einzelner reiner Kornfraktionen, die nach den Farbsandversuchen durch Siebung zurückgewonnen werden, die Möglichkeit vielfältigerer Kombinationen, die bei Verwendung radioaktiver Tracer möglich sind.

Marin-geophysikalische Methoden wie Seeseismik und Seemagnetik, gravimetrische und geothermische Messungen dienen vor allem der Erforschung der Strukturen und des geologischen Baues des Meeres- und Ozeanbodens (vgl. Kapitel »Angewandte Geophysik«, S. 509).

Zur Untersuchung der geologischen Entwicklungsgeschichte der Meere und Ozeane, der Altersbestimmung, der paläoozeanographischen und paläogeographischen Verhältnisse bedient sich die Meeresgeologie der Altersbestimmung mit Hilfe von Radioisotopen (S. 286) und mikropaläontologischen Analysen (S. 422). *O. Kolp/D. Lange*

Die endogenen Vorgänge und Kräfte

Die Bewegungen der Erdkruste durch erdinnere Kräfte

Das Antlitz der Erde hat sich in den Jahrmilliarden und Jahrmillionen ihrer Geschichte ständig verändert und wandelt sich noch heute. An der Stelle von Meeren, in denen in langen Zeiträumen stetig, wenn auch in wechselnder Menge und Geschwindigkeit, mehrere tausend Meter mächtige, meist geschichtete Gesteinsmassen abgelagert wurden, türmen sich Gebirge empor, von deren höchsten Kuppen und Firnmulden gewaltige Gletscher talwärts ziehen. Wo in kontinentalen Bereichen tiefreichende Gräben und Bruchstrukturen das Land zerfurchen, werden im Laufe der Entwicklung Großschollen voneinander getrennt, die Gräben erweitern sich, und schließlich dringt das Meerwasser in die Senken ein. Ein neuer Ozean ist im Werden, dergestalt vor rund 20 Millionen Jahren das fast 2000 km lange und gegenwärtig bis 400 km breite Rote Meer entstanden ist, das Afrika von Arabien scheidet (S. 266).

Wo vordem urweltliche Tiere über ein fremdartiges Festland mit einer spärlichen Trockenvegetation schritten, tummeln sich später Fische und Meeresreptilien im Spiel der Wellen. Das Wort des ionischen Naturphilosophen HERAKLIT (etwa 540 bis 480 v. u. Z.), daß alles im Flusse, alles Bewegung, alles Entwicklung sei, trifft in besonderer Weise auf die Vielfalt jener Vorgänge und das bunte Wechselspiel der Kräfte zu, die das Bild der Erdkruste und Erdoberfläche seit rund 4 bis 5 Milliarden Jahren geformt haben und ständig von neuem verändern. So gesehen, ist der heutige Zustand der Erde nur ein Momentbild im Verlaufe einer langen Entwicklung.

Wir erleben heute, wie sich plötzlich und zunächst unerklärlich in einzelnen Regionen die Schlünde der Erdkruste öffnen, um gefahr- und verderbenbringend große Blöcke, Steine, Staub, Glutwolken oder flüssige Lava auszuspeien! Wie unter Beben und Donnergrollen Spalten in der Erde aufreißen, wie sich einzelne Krustenteile um mehrere Meter oder Zehner von Metern vertikal oder horizontal verschieben, wie sie zerbersten! Vulkanismus und Erdbeben sind die augenfälligsten, aber nicht die einzigen Erscheinungen, die auf Bewegungen innerhalb oder unterhalb der Kruste deuten. Außer diesen plötzlich, in Sekunden und Minuten einsetzenden, eindrucksvollen Geschehnissen mit oft katastrophalen Folgen kennt man andere, für die Gestaltung der Erdoberfläche nicht minder wichtige Vorgänge, die freilich bei weitem nicht so eindeutig sichtbar sind.

In Skandinavien und an den Küsten Kanadas hebt sich das Land seit langem jährlich um Millimeter. An der Küste der Nordsee senken sich einzelne Gebiete, zwar auch nur um wenige Millimeter im Jahr, aber seit Jahrtausenden zumindest mit gleichbleibender Tendenz. Daher können Sturmfluten, wie die im 13. und 14. Jahrhundert oder im Wintern 1953 und 1962, die schützenden Deiche durchbrechen, weit in das Binnenland eindringen, Menschen und Sachwerte vernichten und die Bevölkerung um die Früchte langjähriger Arbeit bringen.

Daß in jüngster Vergangenheit die Senkungen in der südlichen Nordsee viel intensiver gewesen sein müssen als in der Gegenwart, davon zeugen Torfvorkommen in unterschiedlicher Tiefe unter dem derzeitigen Wasserspiegel. Im Raum Bremen wurden sie in 3 m, bei Wilhelmshaven in 15 m und auf der Doggerbank vor der englischen Küste in 40 m Wassertiefe festgestellt, wobei die Hauptursache der Überflutung einerseits in Senkungsvorgängen, andererseits im Ansteigen des Meeresspiegels bestehen dürfte.

Arten der Bewegungen

Noch heute gehen in Europa vielerorts langsame und in kürzeren Zeiträumen nur mittels geodätischer Wiederholungsnivellements nachweisbare Bewegungen vor sich. Ein eindrucksvolles Zeugnis dafür bieten die Säulen des Serapistempels von Pozzuoli im Golf von Neapel, deren Untergrund, wie Löcher von Bohrmuscheln an den Säulen beweisen, sich seit dem dritten Jahrhundert bis zu rund 6 m unter den Meeresspiegel gesenkt, dann Ende November 1538 nach einer innerhalb weniger Tage unter heftigen Explosionen und Erdbeben erfolgten vulkanischen Aufschüttung des Monte Nuovo sich wieder gehoben hat und später wieder langsam eingesunken ist. Im Jahre 1970 kam es infolge vulkanischer Vorgänge zu einer erneuten Hebung um 60 cm innerhalb von 7 Monaten. Am Delta des Po weisen **rezente Krustenbewegungen** mit jährlich etwa 10 cm Senkung auf, denen westlich von Genua lediglich eine Hebung von 1,2 cm im Jahr gegenübersteht. In der Senke der Po-Ebene wird mächtiger Abtragungsschutt angehäuft, der mit der Heraushebung der Alpen zusammenhängt (S. 178, Molasse). An der Nordostküste von Malta beträgt die Absenkung 30 cm in einem Jahrhundert. Dabei nehmen junge Krustenbewegungen und Erdbebentätigkeit in Mitteleuropa mit zunehmender Entfernung vom Alpenrand ab (ILLIES 1976). Im allgemeinen erreichen die Hebungen und Senkungen Beträge von 0,5 bis 4,5 mm im Jahr. Auch in der DDR sind Senkungen von einigen Millimetern besonders im Südosten gemessen worden, z. B. an den Rändern des Elbtalgrabens südöstlich von Dresden (Pirna)

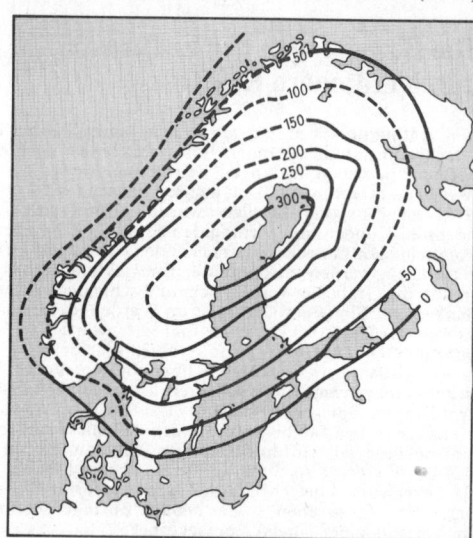

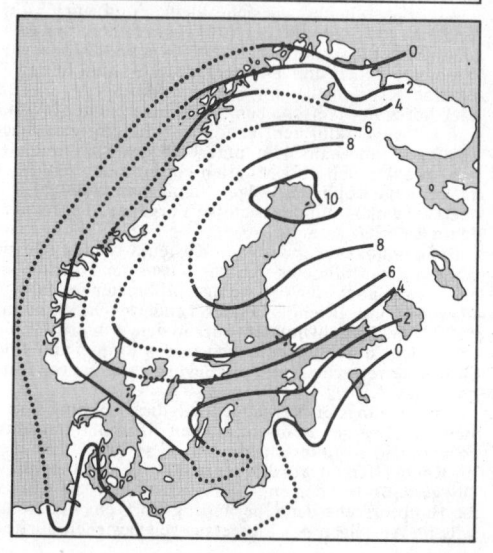

Die nacheiszeitliche epirogene Aufwölbung Fennoskandiens veranschaulicht durch Linien gleicher Hebung (Isobaren) oben: Gesamthebung in Metern seit der Yoldia-Zeit (~7700 v. d. Z.) unten: gegenwärtiges Aufsteigen in mm/Jahr

sowie zwischen Magdeburg und Görlitz, die wahrscheinlich an den heute noch aktiven, älteren Strukturen ablaufen. Wiederholungsmessungen lehren, daß Teilgebiete eine unterschiedliche rezente Bewegungstendenz aufweisen, woraus auf eine Felderung des Untergrunds geschlossen werden kann. Die Feldergrenzen decken sich mit Störungen und Grenzen geologischer Strukturen (BANKWITZ 1977).

In Jahrtausenden, Jahrhunderttausenden, Jahrmillionen und längeren Zeitspannen wachsen diese langsamen und nicht immer gleichartigen Hebungen und Senkungen zu Hunderten von Metern und Kilometern, so daß sie für den Menschen sichtbar werden, wie in Skandinavien, das sich in der Nacheiszeit, d. h. seit rund 10 000 Jahren, schildförmig bis um 340 m gehoben hat und noch in der Gegenwart mit Geschwindigkeiten von 2,5 bis zu 12 mm jährlich aufsteigt. Das Zentrum im Ångermanland Schwedens und im Bottnischen Meerbusen hat sich bisher gegenüber den Randteilen um 300 m herausgehoben. Auch die jährliche Rate des Auseinanderfließens des Meeresbodens im Dehnungsbereich der Zentralgräben mittelozeanischer Rücken nach der Hypothese der Ozeanbodenspreizung (S. 256) liegt im Zentimeterbereich.

Im Unterschied zu jenen Erscheinungen wie Erdbeben und Vulkanausbrüchen verlaufen die Hebungen und Senkungen einzelner Krustenteile nicht plötzlich und kurzfristig, sondern über lange Zeiträume, einmal mehr, einmal weniger weitgespannt. Man nennt sie daher **säkular** und stellt sie den **episodischen**, z. B. Erdbeben, gegenüber. Die Erde kennt weder in der Vergangenheit noch in der Gegenwart Ruhe. Wir Menschen sind selbst Zeugen einer fortwährenden Umgestaltung und Bewegung, eines »Atmens« und »Lebens« der ruhelosen Erde. Mit den Prozessen in der Erdrinde und in den tieferen Zonen stehen wir täglich inmitten einer langen erdgeschichtlichen Entwicklung. Das hat bereits vor rund 50 Jahren FRANZ KOSSMAT überzeugend gelehrt.

Die Bewegungen der Kruste sind verschiedener Art. Man faßt das weitgespannte Auf und Ab einzelner Krustenteile, jene langsamen und langfristigen, bruchlosen und umkehrbaren, evolutionären Hebungen und Senkungen, bei denen das Gesteinsgefüge erhalten bleibt, unter dem Sammelbegriff **Epirogenese** oder epirogenetische Bewegungen zusammen. Mit diesem Begriff hatte GILBERT zunächst nur Aufwärtsbewegungen gemeint, während KOBER die abwärtigen als **Thalattogenese** bezeichnete. Durch Veränderungen in der Höhenlage, dem Entstehen von Meeresräumen infolge Abwärtsbewegungen einer Festlandsscholle, werden Abtragungsgebiete zu Ablagerungsräumen und umgekehrt, wenn eine Scholle aus dem Meere aufsteigt und zum Festland wird. Diese Bewegungen werden in einzelnen Perioden der Erdgeschichte durch episodisch-revolutionäre, das Gefüge der Gesteine verändernde, strukturbildende und nicht reversible Prozesse unterbrochen, die auf verhältnismäßig schmale Zonen der Erdkruste beschränkt sind. Diese Vorgänge sind örtlich unterschiedlich intensiv, erreichen aber in bestimmten Räumen zeitliche Höhepunkte und werden auch heute noch vielfach **Orogenese** (GILBERT 1890), d. h. »Gebirgsbildung«, genannt, obwohl dieser Begriff in strengem Sinne nur die Bildung der geomorphologischen Formen und die Höhengliederung, also Gebirge in landläufiger Bedeutung beinhaltet. Das Wesen der Gebirgsbildung besteht aber darin, daß durch die »orogenetischen« Bewegungen das Gefüge geformt wird und neue Lagerungsformen der Gesteinskomplexe geschaffen werden, d. h., durch endogene Kräfte werden Bau und Strukturformen, wird die **Tektonik** verändert. Daher hat HAARMANN zur Vermeidung von Mißverständnissen schon im Jahre 1926 den Terminus **Tektogenese** vorgeschlagen. Aus sprachlichen Gründen sollte aber mit K. H. SCHEUMANN (1959) besser der Begriff **Tektonogenese** verwendet werden, zumal schon vorher SCHWINNER (1920) von einer **Tektonosphäre** der Erde gesprochen hatte. E. KRAUS (1959) hat für alle Vorgänge einer Gebirgsbildung, die zum Entstehen von **Orogenen** als tektonogenetischen Einheiten führen, den anschaulichen Begriff **Orokinese** vorgeschlagen, der sich aber nicht durchgesetzt hat. Es erscheint zweckmäßig, den Terminus Orogenese (ähnlich wie Orokinese) als Sammelbezeichnung für alle Prozesse der Gebirgsbildung oder mit HAARMANN nur für die Gebirgsbildung in morphologischem Sinne zu verwenden. Wegen der Gefahr von Mißverständnissen sollte nach E. SCHROEDER (1973) am besten auf den Begriff Orogenese verzichtet werden. Natürlich sind auch epirogene Vorgänge Tektonik, aber alle Abgrenzungen werden niemals ganz widerspruchsfrei sein, weil es in der Natur Übergänge gibt und alle Grenzen vom Menschen geschaffen werden. Unter »Gebirge« verstehen wir Großschollen der Erdkruste mit in sich gleichartigem Bau, und Tektonik ist nach H. STILLE alles das, was endogen bedingt ist. Daher sind Begriffe wie Glazi- oder Eistektonik, Erdfalltektonik u. a. anfechtbar und sollten am besten vermieden werden.

Die Tektonogenese verändert die Strukturen. Das zeigt sich in geologischen Bewegungen und Verformungen kleinerer Krustenteile. Gesteinskomplexe können bruchlos oder durch Brüche verformt werden. Durch Faltung werden sie gekrümmt und gebogen, eingeengt und zusammengestaucht. An den am stärksten beanspruchten Stellen reißen Schichtenstöße ab, sie verschieben sich gegen- und übereinander, so daß oft ältere Gesteinsschichten neben oder über jüngere zu liegen kommen. Diesen horizontal-tangentialen Bewegungen der

Faltung mit Auf-, Unter- und Überschiebungen stehen überwiegend vertikale Bewegungen, die Bruchbildungen, gegenüber, bei denen neben tektonischen Gräben und verwandten Gebilden besonders die tief bis in den obersten Erdmantel hinabreichenden globalen Bruchsysteme zu erwähnen sind, z. B. die afrikanischen Gräben. Diese großen Bruchstrukturen sind ein eigener Krustentyp. Der Vorgang ihrer Bildung wird als **Taphrogenese** (S. 180) bezeichnet. Meist lassen die Verschiebungen eine horizontale und eine vertikale Richtung erkennen. Vielfach bilden die Faltengebirge an der Oberfläche mehr oder weniger ausgeprägte Bogen oder Girlanden, z. B. die Karpaten oder die Gebirgszüge Ostasiens, was mit in der Tiefe ablaufenden Prozessen zusammenhängen dürfte (S. 262). Die Epirogenese geht dagegen auf vertikale und radiale Bewegungen zurück, von denen große Krustenteile gleichzeitig erfaßt werden, wobei ältere Gefüge und Strukturen erhalten bleiben und neue nicht geprägt werden. So kann ein und dasselbe Gebiet im Laufe der erdgeschichtlichen Entwicklung zunächst allmählich gehoben, später aber wieder gesenkt werden. Während epirogene Bewegungen unabhängig (autonom) von den vorhandenen Strukturen der Erdrinde vor sich gehen, sind die tektonogenen in ihrer Richtung von bestimmten Anlagen abhängig. Im Abschnitt »Strukturformen der Erdkruste« sind die unterschiedlichen, durch tektonogene Vorgänge geschaffenen Strukturen beschrieben.

Die wechselseitigen Prozesse der Hebung und Senkung großer Krustenteile hängen eng mit dem physikalisch-chemischen Aufbau der Erdkruste zusammen, über den mehrere Hypothesen bestehen. Im Abschnitt »Der Aufbau der Erde« wird Grundsätzliches darüber ausgeführt. Im Rahmen des »Internationalen Upper-Mantle-Projektes«, das auf Anregung des sowjetischen Geotektonikers W. W. BELOUSSOW im Jahre 1961 beschlossen wurde, und während des von 1974 bis 1979 laufenden »Geodynamik-Projektes« bzw. seiner Weiterführung ist zur Untersuchung der äußeren Zonen der Erde eine weltweite Zusammenarbeit zustande gekommen, die u. a. 15 bis 20 km tiefe Forschungsbohrungen vorsieht und die Voraussetzungen für die Analyse der tiefsitzenden Ursachen der magmatischen und tektonischen Vorgänge schaffen soll.

Man hat lange darüber gestritten, ob die Erdgeschichte durch weltweit mehr oder weniger gleichzeitig vor sich gehende Tektonogenesen rhythmisch gegliedert ist, wie das STILLE in seinem orogenen Gleichzeitigkeitsgesetz formuliert hatte (S. 185), oder ob diese Prozesse durch mancherlei Übergänge mit bruchlosen epirogenetischen Vorgängen verbunden sind und sich nicht scharf voneinander abgrenzen lassen, die Tektonogenesen also nur Höhepunkte kontinuierlicher tektonischer Bewegungen der Erdkruste bilden. Gegenwärtig gewinnt die Auffassung an Wahrscheinlichkeit, daß Taphrogenese, Epirogenese und Tektonogenese eng miteinander verknüpft sind, daß sie unterschiedliche Wirkungsformen desselben Kräftekomplexes in verschiedener Umgebung darstellen, die zeitlich nicht exakt zu trennen sind und in tieferen Zonen in- und übereinandergreifen. Bei epirogenen Bewegungen handelt es sich um oberflächennahe Prozesse, im Gegensatz zu den sich in größerer Tiefe abspielenden Vorgängen der Tektonogenese und der in noch tieferen Bereichen alle übrigen Prozesse steuernden Taphrogenese. So dürften es nur unterschiedliche Bewegungsformen verschiedener tektonischer Stockwerke sein (S. 206), und die Verschiedenheiten sind mehr quantitativer als qualitativer Natur. Deshalb betrachtet z. B. RITTMANN die Epirogenese als Begleiterscheinung der Tektonogenese bzw. der Orogenese. Aus praktischen Gründen erscheint es aber zweckmäßig, die Vorgänge zu trennen und die in der Tiefe ablaufenden Prozesse, die für die Krustengestaltung verantwortlich sind, zunächst außer acht zu lassen.

Einzelne Forscher meinen, es gäbe noch eine weitere Bewegungsform der Erdkruste, die man erkenne, wenn man den geologischen Bau eines größeren Gebietes im ganzen betrachte. Dann falle die Gliederung in gehobene und abgesenkte Räume auf, eine großräumige Wellung wie in der DDR, wo man auf einen Wechsel herausgehobener Mittelgebirge, Schwellenzonen und flacher Senken oder Becken trifft, die von Nordwest nach Südost verlaufen: Thüringer Wald, Thüringer Becken, Harz und Subherzynes Becken, Flechtinger Höhenzug. Auf Grund von Bohrungen und geophysikalischen Sondierungen lassen zahlreiche weitere derartige Bauelemente ableiten, die infolge Überdeckung mit mächtigen Lockermassen des Tertiärs und Quartärs an der Erdoberfläche nicht erkennbar sind. Eine ähnliche Gliederung zeigt sich in Osteuropa, wo breite und flache Wellen, z. B. der Skytische Wall, in Nordsüdrichtung durch die sonst ebene Osteuropäische Tafel ziehen.

VON BUBNOFF hat diese weitgespannte Großwellung **Diktyogenese** (Gerüstbildung) genannt und hervorgehoben, daß es sich nicht um Übergänge zwischen Epirogenese und Tektonogenese handele. Diese Großwellung sei keineswegs einmalig episodisch, also tektonogenetisch, sondern über geologische Systeme hinweg mehrmals mit gleicher Tendenz erfolgt, wobei die Bewegungen mit tieferen Störungszonen zusammenhingen und zu Strukturveränderungen im Deckgebirge führten. Diese langfristigen, weitgespannten, wenn auch in ihrer Größe nicht mit epirogenen Bewegungen vergleichbaren Erscheinungen würden von episodischen, tektonogenetischen Vorgängen unterbrochen, die freilich nur selten stärkere Deformationen hervorgerufen hätten und sich meist auf Verbiegungen und Bruchbildungen kleinerer Krustenteile beschränkten. Die Schwellen zeigten dabei einen starreren Charakter als die Becken, so daß sie gleichsam das **Gerüst** (nach STILLE den **Rahmen**) für die teilweise stärker verbogenen Becken abgäben. Während die Tektonogenese die Strukturen der Gebirge erzeuge und die Epirogenese den Wechsel von Ablagerungs- und Abtragungsgebieten bedinge, bestimme die Diktyogenese die Großformen des Reliefs, das im einzelnen von den exogenen Kräften geformt und modelliert werde, wirke sich also insbesondere auf Höhenlage und geomorphologische Gliederung eines Krustenteils in Gebirgsschwellen und mehr oder weniger flache Senken aus. Die Diktyogenese als eigene Bewegungsform hat besonders in der UdSSR Anerkennung gefunden. Hier wurde sie von BOGDANOW u. a. als Bauelement hervorgehoben und in ihrer Bedeutung als den Geosynklinalen und Tafeln gleichwertig herausgestellt (MÖBUS 1977), im Gegensatz zu METZ, der die diktyogenetischen Strukturen mit zur Epirogenese rechnet.

Die Erdkruste befindet sich ununterbrochen in Bewegung, einmal mehr, einmal weniger, sowohl quantitativ als auch qualitativ, vor allem aber regional. Die **Epirogenese** erfaßt die weitesten Räume und verläuft **säkular**, d. h. über lange, hundert und mehr Jahrmillionen umfassende Zeiträume hinweg. Durch wechselweise langsame Heraushebung und Absenkung großer Krustenschollen bestimmen epirogene Bewegungen die jeweiligen Grenzen von Land und Meer, die sich im Laufe der Erdgeschichte mannigfach verschoben haben. Ein allmählich absinkendes Festlandsgebiet wird langsam vom Flachmeer überflutet. Damit wird es den abtragenden und zerstörenden exogenen Kräften und

Ablauf der Bewegungen und ihr Einfluß auf die Gestaltung der Erdkruste

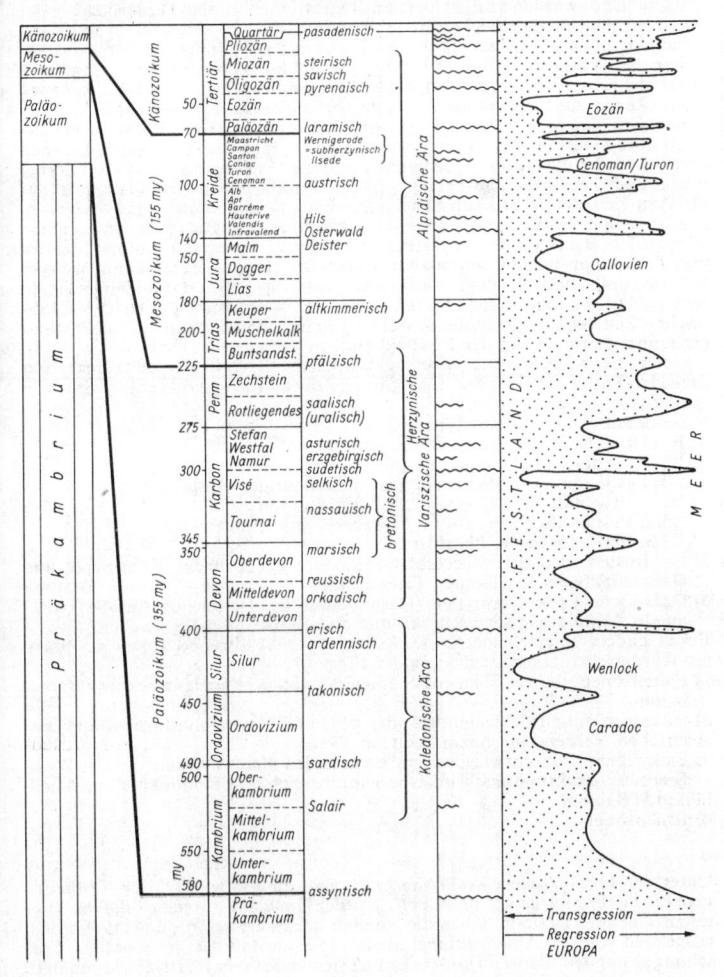

Erdgeschichtliche Zeittafel des Phanerozoikums mit absoluten Altern in Millionen Jahren, Systemen, Abteilungen, tektonischen Bewegungen in Europa sowie der Land-Meer-Verteilung (nach Stille, Schmidt-Thomé u. a. aus Vossmerbäumer 1976)

Vorgängen entzogen: Aus einem **Abtragungsgebiet** wird ein **Ablagerungsgebiet**. Die von den Flüssen des Festlands, dem Wind und dem Gletschereis in das Meer verfrachteten lockeren Zerstörungsprodukte der Gesteine lagern sich am Meeresboden ab und bilden einzelne, übereinanderlagernde Schichten, deren Fazies mit zunehmender Entfernung von der Küste gleichmäßiger und feinkörniger wird. Zwischen den älteren Gesteinsserien, die vor der Meeresüberflutung auf dem Festland der Zerstörung unterlagen, und den im Meer abgelagerten Schichten besteht eine **Schichtlücke**, aus der Zeit und Art der erdgeschichtlichen Entwicklung des Gebietes abgelesen werden können. Rückt das Meer vor, verschiebt sich die Küstenlinie immer weiter landeinwärts, d. h., die Fazies der Küste wird von der der Flachsee und des offenen Meeres abgelöst. Daher lagern die verschiedenen Fazies übereinander und charakterisieren ihr zeitliches Nacheinander. Ein langsames Vorrücken des Meeres in Festlandsgebiete heißt **Transgression** oder positive Strandverschiebung. Oft ist an der Basis der marinen Ablagerungen ein **Transgressionskonglomerat** aus aufgearbeitetem Verwitterungsmaterial des Festlandes entwickelt. Die Transgression setzt erst ein, nachdem ein Festlandsgebiet mehr oder weniger vollständig eingeebnet und keine größere Reliefenergie mehr vorhanden ist. Das Untertauchen des Festlandes unter den Meeresspiegel bezeichnet man als **Submersion** und nennt die Flachmeersedimente bzw. das Flachmeer selbst **epikontinental**. Nach dem Höchststand der Überflutung, der **Immersion** (Inundation), kann die Bewegung rückläufig werden. Das Meer weicht infolge langsamer Hebungsvorgänge zurück (**Regression** oder negative Strandverschiebung), das Festland taucht empor (**Emersion**): Aus einem Ablagerungsgebiet wird von neuem ein Raum, in dem Erosion und Denudation herrschen, wie aus der Änderung der Fazies hervorgeht. Alle großen Tektonogenesen der Erdgeschichte wurden von weltweiten Regressionen infolge Heraushebens der Festlandsblöcke begleitet, während Transgressionen, z. B. im Ordovizium, Cenoman oder im Oligozän, Perioden relativer tektonogener Ruhe waren. Zeiten der Vorherrschaft des Meeres infolge ausgedehnter Transgressionen (**Thalattokratie**, z. B. in der Oberkreide) haben mit solchen gewechselt, in denen durch Regressionen große Landgebiete vorhanden waren (**Geokratie**, z. B. im Jungpaläozoikum). Doch hat JANSCHIN (1973) zeigen können, daß es keinerlei weltweit verbreiteten Transgressionen oder Regressionen gegeben haben kann, weil die eustatischen Schwankungen des Meeresspiegels relativ gering waren und die Vertikalbewegungen in den verschiedenen Kontinenten in der gleichen Zeit unterschiedlich abgelaufen sind, so daß es in einem Gebiet zu Transgressionen, in einem anderen aber gleichzeitig zu Regressionen kommen konnte. Die Bautypen der Erdkruste umfassen die Festländer und die Meeresböden, die man erst in den letzten beiden Jahrzehnten näher kennengelernt hat, obwohl schon Gelehrte wie FRANZ KOSSMAT (1936) darauf hingewiesen hatten, daß die Geowissenschaften neben den Kontinenten auch den tektonischen Bau der Ozeane in die Forschung einbeziehen müßten, der nicht weniger mannigfaltig als der der Festländer sei.

Unter Berücksichtigung ihrer tektonischen Eigenheiten kann man mit SCHMIDT-THOMÉ (1972) die Großformen der Krustenstrukturen wie folgt gliedern:
1) Festländische Erdkrustentypen
   1.1. Orogene: Falten- und Deckengebirge
   1.2. Faltenjura als Übergangstypus
   1.3. Festländische Erdkrustentypen außerhalb der Orogene
      1.3.1. Bruchfalten- und Bruchschollenstrukturen
      1.3.2. Festländische Bruch- und Grabenzonen; Lineamente
      1.3.3. Festlandskerne, Plattformen
2) Erdkrustentypen der Meeresböden im Grenzbereich der Kontinente und Ozeane (Schelfe, Inselbögen, Tiefseerinnen)
3) Ozeanische Erdkrustentypen (Ozeanböden der Tiefsee, ozeanische Lineamente, Mittelozeanische Rücken und andere ozeanische Schwellen)

Etwas anders unterscheidet G. D. ASGHIREI (1968) folgende Typen der linearen tektonischen Hauptstrukturen der Erde:
1) Faltenzonen, die verschiedene Stadien der Geosynklinalentwicklung durchlaufen,
2) Riftzonen mit zurücktretenden oder fehlenden Einengungsformen und seismischen Herden von maximal 70 km Tiefe,
3) Bruchzonen, die vorwiegend im ozeanischen Bereich, meist in Ost-West-Richtung, praktisch noch im Übergangsbereich von Kontinenten zu Ozeanen verlaufen,
4) Bruchzonen.

Erdkrustentypen

Unter den **festländischen Erdkrustentypen** sind die großen Gebirge, insbesondere die Faltengebirge wie die Alpen oder der Himalaja, zweifellos die markantesten Gebilde. Deshalb haben die Analyse der Faltengebirge und ihr Werden, ausgehend von den Alpen, Jahrzehnte im Vordergrund der geologischen Forschung gestanden, während andere Erdkrustentypen vernachlässigt worden sind.

Die komplizierte Entstehung von **Orogenen** umfaßt im wesentlichen drei Abschnitte: das **Geosynklinalstadium**, die **Tektonogenese** und die Heraushebung des Gebirges, die **Morphogenese**, mit der Abtragung. STILLE hat diesen Deformationstyp mit Faltung und Deckenüberschiebung nach dem klassischen Beispiel der Alpen als **alpinotyp** bezeichnet (Abb. unten). Es dürfte freilich sicher sein, daß nicht alle Orogene das Stadium einer Geosynklinale durchlaufen haben, wie einige Teile des Himalaja (GANSSER), und trotzdem alpinotyp verformt worden sind. Die Darstellung der Orogenentwicklung erfolgt auf der Grundlage der Geosynklinallehre, die im vorigen Jahrhundert entstanden und auch heute keineswegs überholt ist, auch wenn DOTT (1973) meint, die Plattentektonik (S. 260) lasse diese als »veraltet« erscheinen. Die Vorstellungen der Plattentektonik, die in den letzten zwei Jahrzehnten auf der Basis der Untersuchung der Ozeanböden entwickelt worden ist und von anderen Voraussetzungen ausgeht, werden im Kapitel »Geotektonische Hypothesen« (S. 256) behandelt. Im übrigen schließen sich beide Auffassungen keineswegs aus, wie mehrfach, u. a. von dem sowjetischen Geotektoniker SONENSCHEJN (1973), betont worden ist.

Die Orogene (Falten- und Deckengebirge, auf der Grundlage der klassischen Geosynklinallehre)

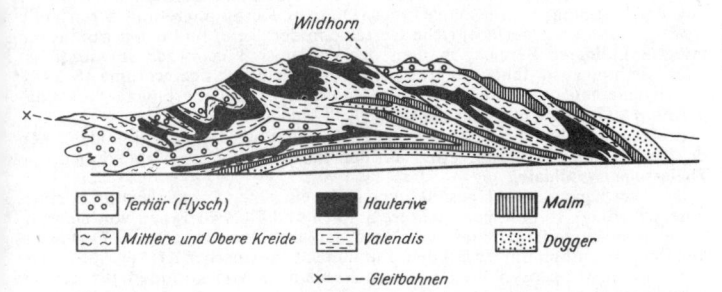

Alpinotype Tektonik. Profil durch die Wildhorngruppe in den Schweizer Alpen (nach M. Lugeon)

Die Vorbedingung für Faltungsvorgänge ist die Ablagerung mächtiger geschichteter Gesteinsserien. Diese bilden sich in großen, mobilen, sich säkular mehr oder weniger kontinuierlich, wenn auch unterschiedlich intensiv vertiefenden, oft relativ schmalen Meeresbecken, in denen vulkanische Aktivität vorhanden ist. Solche mehrere tausend Kilometer langen und einige hundert Kilometer breiten **Geosynklinalen** (J. D. DANA) als Großbauelemente der Erdkruste verlaufen an den Rändern eines Kontinents, zwischen Kontinentalschollen oder auch quer über ein Festland, aber in jedem Falle in freier Verbindung mit dem Weltmeer. Das Entstehen dieser Meeresbecken, die zu Entstehungsstätten der Faltengebirge als neuen Strukturen der Erdkruste werden, ist mit dem späteren Orogen ursächlich verknüpft, und ihre komplexe Entwicklung ist die Voraussetzung für die Tektonogenese. Derartige Geosynklinalen heißen nach STILLE **Orthogeosynklinalen**, im Gegensatz zu den **Parageosynklinalen** oder unechten Geosynklinalen, d. h. verhältnismäßig wenig absinkenden und oft mit geringmächtigen Flachmeerablagerungen gefüllten Epikontinentalbecken, die sich beim Überfluten alter, eingeebneter Kontinente bilden. Während z. B. das flach über dem präkambrischen Grundgebirge lagernde Altpaläozoikum des schwedisch-baltischen Epikontinentalmeeres im Mittel rund 400 m mächtig ist, wurden in der Orthogeosynklinale des späteren kaledonischen Gebirges (Norwegen, Schottland, Wales) in der gleichen Zeit über 4 000 m mächtige Sedimente angehäuft. In anderen epirogenen Senkungsstrukturen wurden freilich 6000 und mehr Meter mächtige Sedimente abgelagert, ohne daß sie zu Faltengebirgen umgeformt wurden. Entweder sind es »Embryonalgeosynklinalen« (E. VOIGT 1963), d. h. Randtröge vor Schollenrändern, wie in der Mitteleuropäischen Senke, oder flache Depressionen in Tafelgebieten (Syneklisen, S. 182). Daß die epirogene Senkung der Orthogeosynklinalen allein mit dem zunehmenden Gewicht der sedimentären Massen zusammenhänge und es in Verbindung damit zu einer Störung des isostatischen Gleichgewichts der Erdkruste käme, wird heute kaum noch vertreten, schon deshalb nicht, weil die Vorbedingung jeder Epirogenese, die Umkehrbarkeit der Absenkung in Hebung, nicht erfüllt ist (KETTNER). In neuerer Zeit bringt man die erste Anlage vielfach mit primären tiefen Bruchstrukturen als vorgezeichneten Schwächezonen der Erdkruste in Verbindung. Solche tiefen Brüche bilden im Prozeß der Erdentwicklung den Rahmen für das Entstehen rezenter Strukturen und Lagerstätten und die entscheidenden Leitlinien, die den strukturellen und stofflichen Werdegang maßgeblich beeinflussen (OLSZAK).

In die sich vertiefenden Geosynklinalen wird über 100 oder mehr Jahrmillionen der Abtragungsschutt der benachbarten Festländer eingeschwemmt und sedimentiert, indem sich die Kontinente ebenso langsam herausheben, wie sich der Meeresboden senkt. Im wesentlichen sind es Ablagerungen des Flachmeeres, oft in klastischer, in einzelnen Teilbecken auch in karbonatischer (kalkig-dolomitischer) Fazies, die um 4000 bis 8000 m, teilweise bis 10000 m mächtig werden. Die Senkungsvorgänge werden durch Sedimentzufuhr ausgeglichen. Die durchschnittliche Geschwindigkeit der Schuttanhäufung liegt um 2,5 cm in 1000 Jahren, wobei die Zuwachsraten im einzelnen schwanken. Im Persischen Golf wurden z. B. in Abhängigkeit von Morphologie und Lage zu den Flußmündungen Werte zwischen 7 und 41 cm/1000 Jahre festgestellt (SEIBOLD 1973). Durch parallel verlaufende, rückenartige Hebungszonen (Antiklinalen) mit einer geringmächtigen Schwellenfazies und tieferen Becken mit gleichalten Sedimenten tieferer Meeresräume, z. T. auch Tiefseebildungen, wird die Geosynklinale in eine Reihe nebeneinander liegender Teilbecken gegliedert, wie das auch in rezenten Geosynklinalgebieten, z. B. im Malaiischen Archipel, beobachtet wurde. Auf den Schwellen kommt es oft zur Ablagerung von über 1000 m mächtigen Riffkalken und -dolomiten, während die Sedimente der Becken ihre größte Mächtigkeit nicht immer in deren Zentrum erreichen. Schon vor Jahrzehnten hat A. D. ARCHANGELSKIJ diese Gliederung erkannt und von »Geosynklinalbezirken« gesprochen.

Im Laufe des Werdegangs einer Orthogeosynklinale erfolgt eine Aufgliederung in einen **eugeosynklinalen** Bereich mit lebhaftem basischem bis intermediärem, submarinem Magmatismus (Diabase, Keratophyre und deren Tuffe bzw. gabbroide bis peridotitische Gesteine in der Tiefe) und einen randlichen **miogeosynklinaren** Bereich, in dem der Vulkanismus schwach entwickelt ist oder auch ebenso fehlt wie Sedimente der tieferen Meeresräume (S. 248). Im allgemeinen bezeichnet man diese charakteristischen, grüngefärbten magmatischen Gesteine mit dem Sammelbegriff **Ophiolithe**.

BOGDANOW (1969) unterscheidet neben den Eu- und Miogeosynklinalen einen dritten Typ, den er glaubt rund um den Pazifik nachweisen zu können, die **Thalassogeosynklinale**.

Der Werdegang einer Geosynklinale ist im einzelnen kompliziert und örtlich unterschiedlich, so daß man mehrere Stadien und 7 bis 40 Typen von Geosynklinalen auseinandergehalten hat. Nach PEIWE entwickeln sich die Eugeosynklinalen vermutlich immer auf dem Fundament ozeanischer Kruste, im Gegensatz zu den Miogeosynklinalen, deren Fundament von kontinentaler Kruste gebildet wird.

Der Übergang vom Stadium der Geosynklinale als Ganzes zur Tektonogenese, zur Faltung und strukturellen Umgestaltung vollzieht sich differenziert und ohne scharfe Grenzen. Die mächtigen sedimentären Massen sinken in immer größere Tiefen und gelangen damit in Bereiche höherer Temperaturen und Drücke, so daß physikalisch-chemische Reaktionen und Umlagerungen, thermische Ausdehnung und auch Phasenwechsel eintreten. Schließlich erlangt die Absenkung und damit die Anhäufung der Sedimentmassen ihren Abschluß, d. h., die Geosynklinale hat ihre **Faltungsreife** erreicht. Zunächst kommt es zu einer **Großfaltung** oder akroorogenen Bewegungen, zur Entstehung von **Embryonal-** oder **Grundfalten** (ARGAND) bzw. **Undationen** (STILLE), die noch keine seitliche Einengung bedeuten, sondern auf vertikale, epirogene Bewegungen zurückzuführen sind und eine seitliche Verlagerung, eine Art Wandern der Geosynklinale zur Folge haben. Zwischen einer sich hebenden Schwelle und einem absinkenden Trog gleiten an den untermeerischen Hängen die wassergesättigten, noch unverfestigten sedimentären Schlammmassen ab und können durch Schwerkraftwirkung über Kilometer und Zehner von Kilometern transportiert werden, wobei die gravitativen Gleitungen teilweise auch durch Erdbeben und beginnende vulkanische Aktivität ausgelöst werden. Experimentell hat man aber nachweisen können, daß die Gleitbewegungen bereits durch den Druck des Wassers in den Gesteinsporen zustande kommen müssen, wenn der Porenwasserdruck die innere Reibung der Ablagerung auf der geneigten Unterlage überwindet. Hangneigungen von nur wenigen Grad reichen aus, um die submarinen Rutschungen in Gang zu halten. Solche Schlammstromablagerungen oder **Olisthostrome** sind im einzelnen heterogen zusammengesetzt (S. 132). Werden zusammenhängende Gesteinspakete größerer Flächenausdehnung infolge Freigleitens über Kilometer verfrachtet, spricht man von **Gleitdecken**. An der Basis solcher Gleitmassen bilden sich mechanisch überprägte Reibungsbrekzien, die — den Olisthostromen verwandt — bunt zusammengesetzt sind; man nennt sie **Mélange**. Im Gegensatz zu den Olisthostromen ist die Mélange tektonisch beansprucht, wenn sich auch nicht immer beide Typen scharf voneinander abtrennen lassen, wie im Harz. Bei den Schweregleitungen kommt es zu weitgehenden Veränderungen der ursprünglichen Lagerungsverhältnisse, indem, abhängig von den epirogenen Hebungen und Senkungen, immer mehr ältere Gesteinsserien abrutschen und schließlich die ältesten zuoberst lagern, so daß man von einem »Umstapeln« der Schichten spricht. Durch diese Vorgänge kann die ursprüngliche Gliederung der Geosynklinale in Tröge und Schwellen weitgehend verwischt werden.

Die Verfrachtung und Platznahme der Gleitdecken und Olisthostrome erfolgt rein gravitativ und hat nichts mit innerer tektonischer Deformation, d. h. mit Faltung zu tun, wenn sich auch gewisse äußere Erscheinungsbilder oft gleichen (»Gleitfaltung«). Die endogene Deformation der Gesteinskomplexe erfolgt in einem zweiten Stadium, das nach der Platznahme der Massen beginnt. Nun erst wird die seitliche Einengung entscheidend; allmählich verlagern sich die Bewegungen von den zentralen Teilen auf die Außenräume der Geosynklinale. Insgesamt gesehen folgt während der Entwicklung der meisten Orogene auf eine Dehnungsphase die spätere einengende Faltungsphase. Im Inneren der Geosynklinale hebt sich langsam ein Festland heraus, dessen Abtragungsprodukte in die entstehenden randlichen Senken verfrachtet werden, indem sich die Senkungsvorgänge immer weiter gegen die Vorländer verlagern. Dieses Wandern der tektogenen Prozesse zeigt den engen Zusammenhang zwischen epirogenen und tektonogenen Bewegungen, die sich räumlich und zeitlich mehrfach überschneiden können. Die wirksamen pressenden Kräfte führen zu einer einengenden Faltung und Verbiegung der Schichten und damit zur Veränderung der ursprünglichen Lagerungsverhältnisse. Dabei sind auch heute viele Einzelfragen nach den Ursachen noch ungeklärt.

Unter **Faltung** sollen die Vorgänge in geschichteten Sedimenten verstanden werden, die **Biegefaltung** in festen Körpern und die **Scherfaltung** in größerer Tiefe, für die unter höheren Temperaturen und Drücken ein gewisses plastisches Materialfließen notwendig wird, was zur Ausbildung von Schieferungsflächen führt. Tiefer folgt die **Phyllittektonik**. In noch größerer Tiefe vollzieht sich ein plastisches Fließen des Materials in viskosem oder flüssigem Zustand (**Fließfaltung** der kristallinen Grundgebirge, S. 205). Ähnliche Vorgänge ergreifen oberflächennah plastische Salzgesteine und führen zur **Ejektivfaltung** BELOUSSOWS (vgl. hierzu das Kapitel »Strukturformen der Erdkruste«). Diese unterschiedlichen Prozesse laufen im einzelnen in den tektonischen Stockwerken gleichzeitig, aber auch nacheinander ab und können sich mannigfach überschneiden.

Je mächtigere Schichtgesteinspakete in einer Geosynklinale vorhanden sind, um so besser faltbar sind die Massen, deren zahlreiche Schichtfugen leicht verschiebbare Flächen bilden. Dabei ergeben sich erhebliche Unterschiede in Art und Form der Falten (S. 204). Im extremsten Fall kommt es zur Unterdrückung einzelner Schichten (**tektonische Selektion** nach GALLWITZ).

Wenn horizontal abgelagerte Schichtgesteinsserien durch tektonische Kräfte unter Verkürzung ihrer ursprünglichen horizontalen Ausdehnung gebogen, gefaltet und dabei zusammengeschoben sowie übereinandergeschoben werden, wachsen sie in der Vertikalen an; als Ergebnis kommt es zu einer Verdickung der Kruste. Der Schweizer Faltenjura zeigt das auf reichlich die Hälfte bis zwei Drittel seiner ehemaligen Breitenerstreckung zusammengeschoben worden, während die Alpen auf mehr als ein Drittel bis ein Viertel quer zum Streichen eingeengt worden sind. Beim Himalaja, als höchstem Kettengebirge der Erde, beträgt die Krustenverkürzung rund 500 km, und mächtige Überschiebungsdecken sind 50 bis 100 km weit nach Süden verfrachtet worden. Die Einengungsbeträge in der Periode der Hauptfaltung über rund 100 Millionen Jahre hat man zu etwa 2 bis 3 mm im Jahr errechnet.

Verkürzung und Einengung auf der einen müssen notwendig Zerrung und Ausweitung auf der anderen Seite zur Folge haben. Die Unterströmungshypothesen und die Plattentektonik bieten Lösungen zur Erklärung (S. 246) an. AZGHIREI (1973) hebt hervor, daß Faltungsvorgänge in der Geosynklinale, Deckenbildungen und Tiefenbrüche auf Grund zahlreicher Beobachtungen eine natürliche Einheit bilden und die wichtigsten tektonischen Elemente sind.

Die Faltung fester Sedimentmassen dürfte ein auf verhältnismäßig geringmächtige Zonen der Kruste beschränkter Vorgang sein, der nach unten verflacht und von anderen Formen der Deformation abgelöst wird (S. 205). Faltungserscheinungen sind als eindrucksvolle, auffällige, an der Erdoberfläche sichtbare Erscheinungen lange Zeit in ihrer Bedeutung überschätzt worden, weil man sich von den viel wichtigeren Vorgängen in den tieferen Stockwerken noch kein Bild machen konnte.

Nach STILLE hat Faltung zur Folge, daß sich die Gesteinskomplexe durch die pressenden Kräfte in hohem Maße versteifen. Hinzu kommt, daß aus der Tiefe aufsteigende magmatische Schmelzen langsam in höheren Krustenteilen erstarren und die Gesteinsverbände durchsetzen. Die Schmelzen wirken auf ihre Nebengesteine ein und tragen zur weiteren Versteifung eines Blockes bei, der seine tektonische Aktivität im Sinne von Faltung verliert. RITTMANN sieht jeden Vorgang als Folge eines gestörten Gleichgewichts, der darauf gerichtet ist, das gestörte Gleichgewicht wieder herzustellen. Viele Fragen dabei sind umstritten und noch ungelöst. Im Kapitel »Geotektonische Hypothesen« werden die wichtigsten Vorstellungen und Meinungen behandelt.

Während die tektonogenen Prozesse im Geosynklinalbereich unterschiedlich ablaufen, bleiben andere Gebiete davon verschont und erweisen sich als unnachgiebig, starr und mehr oder weniger stabil (S. 180). Nachdem im Zentrum der Geosynklinale eine Gliederung in Schwellen und Becken erfolgt ist, entstehen im weiteren Verlauf räumlich abgeschlossene und deutlich umgrenzte, straff gegliederte, oft zweiseitig gebaute **Orogene**, die durch Falten- und Deckenbau gekennzeichnet sind. Die beiden Stämme, die jeweils eine wenn auch meist ungleich entwickelte Überfaltungs- und Überschiebungsrichtung (**Vergenz**) nach außen auf das Vorland aufweisen, werden durch eine Nahtstelle, die mittlere **Scheitelung**, voneinander geschieden. Diese Scheitelung, die zentrale Innenzone des Orogens, kann als schmale **Narbenzone** oder als breiteres **Zwischengebirge** (Zwischenmassiv) ausgebildet sein. Sowjetische Geologen betrachten diese Narbenzonen der Alpengeologen als Tiefenbruchzonen. Beiderseits des zentralen Zwischengebirges der Interniden (z. B. der kristallinen Zentralalpen) folgen nach KOBER die Ketten der eng mit dem Zwischengebirge verbundenen **Zentraliden** mit gewaltigen Deckenmassen, dann die **Metamorphiden** mit Deckenmassen, komplizierter Faltentektonik, Metamorphose und Granitisierung und schließlich die zwischen den Vorländern und dem Orogen vermittelnden **Externiden**, die erst spät in das Orogen eingebaut werden.

Durch Bewegungen im mittleren Teil der Geosynklinale entstehen zunächst die zentralen Gebirgszüge der Interniden. Die aus dem Meere aufsteigenden Gebirgsteile werden meist beiderseits vom Meere umsäumt, in dem sich die geosynklinalen Restmeere schrittweise immer weiter nach außen gegen die Vorländer in die weiter absinkenden Randzonen verlagern. Aus dem über den Meeresspiegel herausgehobenen Gebirgsmassiv und einzelnen Inselketten, seltener auch vom Vorland her, werden zunächst große Massen von überwiegend klastischem Abtragungsschutt in die Außenzonen der Geosynklinale, d. h. in die miogeosynklinalen Tröge, transportiert und sedimentiert. Diese spätgeosynklinalen, marinen, orogenen Ablagerungen heißen **Flysch**, dessen Ausbildung vom Relief des Meeresbodens, der Wassertiefe und der Verteilung der Abtragungsgebiete abhängt (vgl. Kapitel »Sedimentologie«). LEONOW (1972) sieht in den Flyschsedimenten typische Bildungen des submarinen kontinentalen Milieus und keine Ausfüllungen von Trögen.

Neben **Trübeströmen** (turbidity currents nach KUENEN) spielen bei der Genese des Flyschs auch **Schlammströme** eine Rolle, die große Lockergesteinsmassen mitbringen und sich mit den Trübeströmen mannigfach vermischen können (S. 132). Neben dem echten Flysch stehen atypischer Flysch und flyschähnliche Bildungen, bei denen die für den eigentlichen Flysch gegebenen Voraussetzungen nur teilweise zutreffen. In der geosynklinalen Entwicklung eines Orogens ist eine Präflyschperiode von der Flyschperiode abzutrennen, wobei die Wanderung der Senkungsräume in der Flyschperiode und die relative Unabhängigkeit des eigentlichen Flysches in Raum und Zeit bezeichnend sind (AUBOUIN).

Die Meeresräume verkleinern sich gegen Ende der geosynklinalen Entwicklung. Mit dem weiteren Wandern der Senkungsräume nach außen bis zum Rand der Tafelgebiete des Vorlandes entstehen die **Vortiefen, Saumtiefen, Außen- oder Randsenken**, die als Zwischenstadium der Entwicklung angesehen werden müssen und den überwiegend terrestrischen, teilweise recht groben, sandig-konglomeratischen Schutt der **Molasse** (S. 132) mit zum Teil größeren marinen Horizonten enthalten. Die Molasse wird oft mehrere tausend Meter mächtig.

Die Randsenken sind vielfach asymmetrisch gebaut und erreichen ihre größte Tiefe am Rande der Gebirge. Gelegentlich werden sie von Überschiebungsdecken überfahren. In der letzten Phase der Tektonogenese, die durch langsames Vorrücken der orogenen Fronten in einzelnen Wellen (WUNDERLICH) gekennzeichnet ist, wird der von dem sich gleichzeitig stark heraushebenden Gebirge gelieferte Abtragungsschutt teilweise noch mit in die Faltung einbezogen (**Faltenmolasse**). Dabei werden der Flysch und zum Teil die Molasse an das Orogen als Externiden angeschweißt. Die nicht gefaltete *Spätmolasse* gehört nicht mehr zur Entwicklung des Orogens, sondern leitet über zu den ruhig gelagerten Tafelsedimenten des Deckgebirges über dem alten gefalteten Fundament. Ein rezentes Beispiel für eine Molassesedimentation ist die Poebene. Das Molassestadium hat nach VAN HOUTEN (1974) im alpinen Bereich und anderen europäischen Gebirgen nur 25 bis 30 Millionen Jahre gedauert, wobei sich die Achse der Randsenke etwa 2 mm jährlich verlagert haben soll.

Die Vortiefen enthalten eine Mischung limnischer und mariner Ablagerungen, die man **paralisch** nennt. Neben Kohleflözen und Erdöl bzw. Erdgas (Alpen, Karpaten) sind lokale Salzlager ein Hinweis für die gelegentliche Abschnürung von Teilzonen in dieser Entwicklungsphase, in denen das Meerwasser eingedampft wurde. Nach JANSCHIN (1967) entstehen Randsenken nur an den Grenzen sehr großer Tafelgebiete durch Absenkung der an das werdende Orogen angrenzenden Krustenteile. Damit wird verständlich, warum sich Randsenken erst seit der variszischen Ära bilden konnten, weil vorher, z. B. in kaledonischer Zeit, die Tafelräume noch nicht groß genug waren.

Neben den Außensenken bilden sich im Inneren des Gebirges Senkungszonen heraus, die kleineren **Innensenken** oder **intramontanen Becken**, die, in das Orogen eingesenkt, nicht mit gefaltet werden. Im Unterschied zu den Außensenken, die zunächst noch von einem flachen Meer eingenommen werden und sich erst allmählich in Binnenbecken umwandeln, sind die Innensenken niemals mit dem Meer verbunden. Daher bestehen die mächtigen Gesteinsfolgen nur aus grob- bis feinklastischen terrestrischen Bildungen ohne marine Zwischenlager, aber gelegentlich ebenfalls mit Kohleflözen, deren Ausdehnung und Mächtigkeit allerdings niemals die der Flöze in den tieferen

Außensenken erreicht. Während in den Außensenken magmatische Gesteine fehlen und sich außer der Kohle nur gelegentlich Lagerstätten von Erzen und nutzbaren Mineralen finden, lagern inmitten der Sedimente der Innensenken vulkanische Gesteine und deren Tuffe von oft beträchtlicher Mächtigkeit. Auf diesen Unterschied hat BOGDANOW wiederholt hingewiesen.

Die Molasse weist auf die morphologische Heraushebung der ehemaligen Tröge hin, die, wenn auch im einzelnen nicht gleichzeitig und gleichartig, auf den Höhepunkt der Tektonogenese folgt und mit ihr ursächlich verbunden ist. GANSSER hat das Molassestadium morphogenes Stadium genannt. Für das durch Tektonogenese und Morphogenese gebildete Gebirge empfiehlt sich der Begriff **Morphogen**.

Gehört der Flysch in die Entwicklungsphase des Orogens, so vollzieht sich im Molassestadium die Herausbildung eines neuen tektonischen Bauplans; es entsteht die **Tafel**, die sich als ein ruhig gelagertes Deckgebirge über dem alten gefalteten Fundament entwickelt und aus mehreren voneinander abgrenzbaren Teilstockwerken besteht, wie die Uralisch-Sibirische Tafel und die westeuropäische Tafel. Die Grenze zwischen Unterlage und Tafel ist durch eine vielfach nicht unerhebliche Lücke in der Sedimentation sowie durch eine Winkeldiskordanz gekennzeichnet (GAREZKI).

Als eine Art Übergang zwischen den Orogenen vom alpinen Typ und den stabilen Bereichen der Erdkruste kann man mit SCHMIDT-THOMÉ (1972) Faltengebirge eines relativ seltenen Typs, wie den Schweizer Kettenjura, ansehen.

Der Faltenjura. Während man früher den Französischen und Schweizer Faltenjura als einfach gebautes Faltengebirge betrachtet hat, haben Tunnelbauten und Tiefbohrungen auf Erdöl gelehrt, daß ihre Tektonik recht verwickelt ist. Das etwa 300 km lange und bis 70 km breite Gebirge bildet einen den Westalpen ähnlichen konvexen Bogen und besteht aus einer Reihe von langen Einzelketten, die Sattelstrukturen zeigen. Dazwischen liegen breite Koffermulden, die intramontane Becken, d. h. ungefaltet gebliebene Teile des Gebirges sind. Die Falten sind Kofferfalten mit steilen kurzen Flügeln und Pilzfalten (Abb.). Die Überschiebungen sind mitgefaltet. Zwischen den Alpen und dem Faltenjura liegt das nicht gefaltete Schweizer Molassebecken. Der Faltenjura ist nicht aus einer Geosynklinale entstanden, sondern auf dem Grundgebirge, das älter als Trias ist, lagern mesozoische Schichten in Schelffazies.

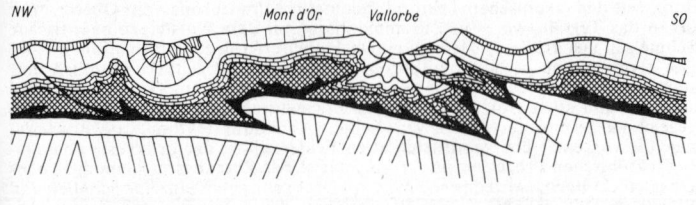

Zwei Schnitte zur tektonischen Auffassung des Schweizer Faltenjura (Maßstab 1:150000). Oben: Abscherung, verbunden mit Schuppung im kristallinen Sockel (nach Aubert), unten: reine Abscherung über ungestörtem Untergrund (nach Buxtorf)

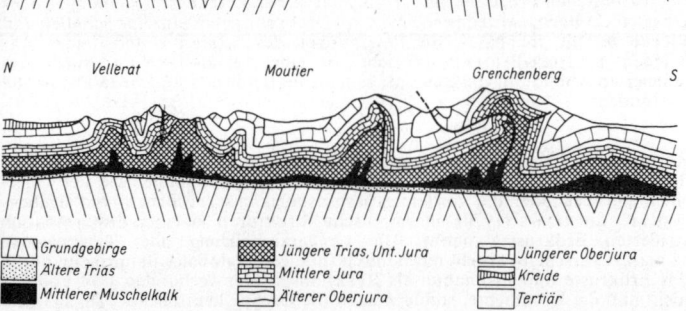

Die Faltung erfolgte erst gegen Ende des Jungtertiärs, zu einer Zeit, als die alpinen Strukturen bereits vorhanden waren. Über die Entwicklung des Gebirges gibt es unterschiedliche Deutungen. Die einen meinen, daß die mesozoischen Deckschichten vom alten, unbeeinflußten Untergrund abgeschert worden seien, andere vermuten, daß wieder aufgelebte Bewegungen im Grundgebirge sich passiv im Deckgebirge durchgepaust hätten. Diese Auffassung besitzt größere Wahrscheinlichkeit, ebenso auch die Vorstellung, daß die Faltung mit dem Alpenbau in Verbindung zu bringen sei. Einige Forscher rechnen Atlas, Kaukasus und Pyrenäen zu den dem Faltenjura verwandten Übergangsformen.

Kontinentale Krustentypen außerhalb der Orogene (Bruchschollen- und Bruchfaltengebirge)

Im Gegensatz zu den alpinotypen Orogenen, die auf schmale Zonen der Erde beschränkt sind, nehmen die nichtorogenen, im einzelnen unterschiedlichen Bautypen des Festlands weit größere Flächen ein. Bei ihnen spielen nicht Fal-

Germanotype Tektonik. Profil durch den Ringgau (Hessen) und den Netraer Graben (nach Morgenstern 1931)

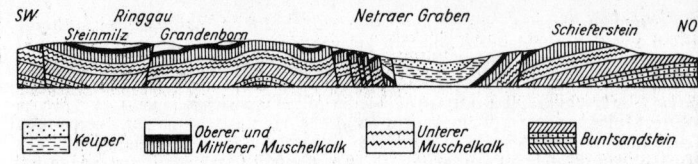

ten und Überschiebungen, sondern besonders große und ausgedehnte Ausweitungsstrukturen wie große Brüche und durch Vertikalbewegungen entstandene beulenartige Aufwölbungen ohne seitliche Einengung eine Rolle. Es sind die **Bruchschollen-** und **Bruchfaltengebirge**, wie sie sich so charakteristisch z. B. im Gebiet der **saxonischen Tektonik** am Harzrand und im Thüringer Becken, in Niedersachsen und in Westfalen finden. Eng benachbart treten Dehnungs- und Einengungsformen auf. Weitgespannte Falten, die keine einheitliche Streichrichtung erkennen lassen, sind durch zahlreiche Brüche zerstückkelt und in Bruchsättel und Bruchmulden gegliedert (Abb.). Die einzelnen Schollen werden durch Brüche voneinander getrennt. Kennzeichnend sind tiefe Grabenbrüche, wie der Oberrheintalgraben und die Hessische Senke, die diese Tektonik bestimmen, dazu Horste und einseitig herausgehobene Schollen (Harz, Thüringer Wald), weitgespannte Falten (Fallstein, Elm und Huy im nördlichen Vorland des Harzes) oder Faltenzüge (Teutoburger Wald und Eggegebirge), aber auch Schichtstufenländer (Schwaben und Franken) und flache oder tiefere Becken (Thüringen, Niedersachsen). Im ganzen beherrschen Nordwest-Südost (herzynisch) streichende Höhenzüge als Einengungsformen und rheinisch (Nordnordost-Südsüdwest) gerichtete Ausweitungsformen das Bild. STILLE hat diese unterschiedlichen tektonischen Erscheinungen **germanotyp** genannt und spricht von **germanotyper Paratektonik**, die er der **alpinotypen Orthotektonik** gegenüberstellt. Dort, wo im Untergrund leicht bewegliche Salze vorhanden sind, werden durch deren schwerkraftbedingte Eigenbewegung die Deformationen der Kruste zumindest regional mannigfach modifiziert (**Halokinese**, S. 210). Die Bruchschollen- und Bruchfaltenstrukturen umfassen das Grundgebirge und das darüberlagernde Deckgebirge, das aus mächtigen, sich disharmonisch verhaltenden Sedimenten besteht. Die Bildungszeit der saxonischen Tektonik reichte in Mitteleuropa vom Oberen Jura bis in das Tertiär, wo es in Zusammenhang mit dem Aufsteigen basaltischer Schmelzen aus größerer Tiefe zu einem Höhepunkt der Deformationen kam. Die germanotype saxonische Tektonik hängt eng mit zeitlich, räumlich und stärkemäßig unterschiedlichen tektonischen Vorgängen im Grundgebirge zusammen und stellt trotz ihrer eigenen Formenwelt eine oberflächlich durchgezeichnete, wenn auch stark verwischte »Abbildungstektonik« (v. BUBNOFF) dar, die von einer übergeordneten alten Felderteilung der Erdkruste abhängt. Bei tektonischen Prozessen im Grundgebirge, wie Zerrungserscheinungen oder Überschiebungen, wird das sedimentäre Deckgebirge in einzelne Schollen und Blöcke zerteilt, die passiv die Bewegungen des tieferen Untergrundes mitmachen. RICHTER-BERNBURG spricht von einer verfälschten und stark verschleierten Abbildung von Bewegungen, die im Bereich Unterkruste/Erdmantel stattfinden.

Kontinentale Bruch- und Grabenzonen; Lineamente

Kaum weniger auffällig wie die großen Faltengebirge sind im Erdbild die großen Gräben mit oft mehreren tausend Metern Sprunghöhe, wie der Oberrheintalgraben oder die vorderasiatisch-ostafrikanischen Bruch- und Grabensysteme, die ILLIES (1970) »harmonische Strukturen in einer disharmonisch struierten Erdkruste« nennt. Die **Großgrabenbildung** oder **Taphrogenese** (KRENKEL) erscheint als ein mechanisch fundiertes, globales Bauprinzip, durch das Erdkruste und Erdmantel als Reaktionspartner verbunden sind und das nicht nur die Kontinente, sondern auch die Ozeane kennzeichnet (S. 263). Sie steht neben Epirogenese, Tektonogenese und eventuell Diktyogenese als dritte bzw. vierte Bewegungsart der Kruste der Taphrogenese. Viele Grabenstrukturen sind noch heute aktiv, worauf junger Vulkanismus und zahlreiche Erdbeben hinweisen. Oft werden sie mehrere tausend Kilometer lang. Es erscheint sicher, daß die globalen Grabenstrukturen mit uralten, präkambrischen Anlagen im Untergrund in Verbindung stehen, die im Laufe der Erdgeschichte immer erneut bewegt worden sind, ganz ähnlich, wie es im kleinen bei der germanotypen saxonischen Tektonik anzutreffen ist. Daß die Grabenstrukturen tief in die untere Kruste bzw. in den obersten Erdmantel hinabreichen, charakterisiert sie als Stätten eines aus der Tiefe aufsteigenden, weit verbreiteten juvenilen, basaltischen Magmatismus (»**Grabenvulkanismus**«). Es sind Elemente, die einen großen Einfluß auf die strukturelle Entwicklung, die Sedimentation und die Förderung magmatischer Schmelzen ausüben. An diesem Gitter alter Störungszonen vollziehen sich seit den ältesten Zeiten Scherbewegungen, und die Brüche fungieren ständig von neuem als Blattverschiebungen, wie ILLIES seit 1963 wiederholt eindringlich vor Augen geführt hat. Die großen

Grabenzonen der Erde sitzen solchen alten Schwächezonen auf und durchziehen die Erdkruste ohne Rücksicht auf Gesteinsmaterial, Tektonik, Alter und erdgeschichtliche Entwicklung. Hierin zeigt sich der fundamentale Unterschied zwischen den tektonogenen und taphrogenen Prozessen (McCONNELL 1974). Insbesondere sind jene Gebiete äußerst aktiv, in denen sich zwei dieser Zonen kreuzen.

Die alten, tiefgreifenden, überwiegend linear die Festländer durchziehenden Bruchzonen werden als **Erdnähte, Geosuturen, Geofrakturen** oder **Lineamente** bezeichnet. Mit dem sowjetischen Geotektoniker A. W. PEIWE spricht man jetzt meist von **Tiefenbrüchen**, die von zahlreichen Forschern (z. B. ASHGIREJ, BELOUSSOW, BOGDANOW, ILLIES, SCHATSKI) genauer untersucht worden sind **(Tektonophysik)**. In den oberen Teilen kommt es zu den Vorgängen der Faltung, des Magmatismus und der Regionalmetamorphose, die möglicherweise durch kosmische Einflüsse wenn vielleicht auch nicht gesteuert, so doch ausgelöst werden könnten. Oft treten solche Tiefenbrüche nur indirekt erkennbar im tieferen Untergrund (Abbildungstektonik, S. 180) auf, üben aber einen großen Einfluß auf die Gestalt der Gebirgszüge mit ihren Bögen und Schlingen aus. SONDER hat die Lineamenttektonik als **Rhegmagenese** bezeichnet, und KNETSCH (1964) hat versucht, auf experimentellem Wege Beziehungen zwischen den großtektonischen Lineamenten und den Pollagen der Erdgeschichte wahrscheinlich zu machen. Die Grabenstrukturen durchsetzen die Kontinente vermutlich im Sinne einer mechanisch bedingten, meridionalen Zerspaltung der Erdkruste.

An dem am weitaus besten, von vielen Seiten und mit den unterschiedlichsten Methoden erforschten 300 km langen und im Mittel 36 km breiten Oberrheintalgraben konnte ILLIES zeigen, daß besonders zwei mechanische Prinzipien an der Gestaltung mitgewirkt haben, einmal Blattverschiebungen, die die Kruste im Bereich eines alten Lineamentes zerscherten und damit dem späteren Graben Richtung und Rahmen gaben, dann aber Zerrung, so daß aus Horizontalverschiebungen vertikale Bewegungen wurden. Die Kruste dehnte sich quer zum Graben um 15 Prozent, und noch heute rücken die Flanken des Grabens jährlich etwa 0,5 mm auseinander, wenn auch die Bewegungen im Laufe der Jahrmillionen in ihrer Größenordnung keineswegs gleich geblieben sind. Der zeitliche Ablauf der Taphrogenese mit Senkung und sedimentärer Füllung des Grabens, Aufstieg und Abtragung der Flanken kann nur im Sinne von Folgeerscheinungen primärer Vorgänge verstanden werden. Der tertiäre Vulkanismus, die bis in die jüngste Zeit auftretenden Erdbeben und eine kleine geothermische Tiefenstufe von teilweise nur 8 bis 9 m gegenüber 33 m im Mittel in Mitteleuropa, wie auch die zahlreichen Thermalquellen zu beiden Seiten des Grabens (z. B. Baden-Baden 67 °C, Wiesbaden 68 °C) zeigen und beweisen, wie lebendig hier die Tektonik noch ist. Die großen Tiefenbrüche haben planetarischen Charakter, wie Mond und Mars deutlich erkennen lassen. Weil die kontinentalen Gräben genetisch nur zusammen mit den ozeanischen Bruchstrukturen zu verstehen sind, wird bei Darstellung der neuen Global- oder Plattentektonik darauf näher eingegangen (S. 266).

Betrachtet man Faltenstrukturen und Bruchzonen der Erde, fällt auf, daß sie bestimmte Streichrichtungen bevorzugen, die den regionalen Bauplan bestimmen. In Mitteleuropa wird die ältere Tektonik besonders von der Nordost-Südwest streichenden variszischen oder **erzgebirgischen** Richtung beherrscht, während in der jüngeren Bruchtektonik, z. B. in der Begrenzung der Mittelgebirge wie beim Harz, die Nordwest-Südost streichende **herzynische** Richtung überwiegt. Überregionale Bedeutung hat die von Nordnordost nach Südsüdwest verlaufende **rheinische** Richtung, die beispielsweise im Oberrheintalgraben und in der Hessischen Senke sichtbar wird, sich aber neben herzynischen Elementen auch im Thüringer Becken findet. Vielfach erscheint sie als jüngere Struktur, geht aber meist auf sehr alte Anlagen im Untergrund zurück und bildet im Deckgebirge nur die Tektonik des Untergrundes ab (S. 180). Untergeordnet tritt weiter die von Nordnordwest nach Südsüdost streichende **eggische** Richtung (nach dem Eggegebirge) auf. Auch eine Ostnordost-Westsüdwest verlaufende **schwäbische** Richtung ist nachgewiesen worden. KNETSCH glaubt, daß erzgebirgische und herzynische Richtung ein diagonales Schersystem zur rheinischen Hauptstörungsrichtung bilden.

Festlandskerne und Tafeln-Plattformen

Es besteht ein tiefgreifender Unterschied zwischen den mobilen Orthogeosynklinalen und den großen Gebieten der Kontinente, in denen über weite Flächen das metamorphe, meist präkambrische Grundgebirge zutagetritt. Die stabilen Festlandskerne heißen **Kratone oder Kratogene** (KOBER). Das Alter des mächtigen Grundgebirges liegt meist zwischen 1,5 und rund 4 Milliarden Jahren. Seit präkambrischen Zeiten sind diese Räume nicht wieder von einer Tektonogenese ergriffen worden, so daß nur epirogene Hebungen und gegebenenfalls diktyogenetische Prozesse (S. 172) auf sie eingewirkt haben. Sie sind die größten, tektonisch im ganzen sehr ruhigen, einheitlichen Gebiete der Kruste mit einer hohen geothermischen Tiefenstufe zwischen etwa 100 und 150 m, sowohl auf den Nord- wie auf den Südkontinenten. Die Kratone bestehen aus den

Schilden, dem mehrfach gefalteten und metamorphosierten kristallinen Fundament, als Ergebnis mehrerer präkambrischer Tektonogenesen, und dem diskordant darüber ruhig gelagerten, nicht gefalteten Deckgebirge der **Tafel.** Schild und Tafel bilden die **Plattform,** wie dieses in Teilstockwerke gliederbare Stockwerk von den sowjetischen Geologen genannt wird.

Der Aufbau dieser Räume ist weit komplizierter, als lange Zeit angenommen wurde. Schilde und Tafeln sind Strukturen 1. Ordnung (Abb. s. u.). Zu Beginn der Tafelentwicklung werden im Fundament als wichtige Strukturelemente die langgestreckten, tiefen, schmalen und asymmetrischen, grabenförmigen Furchen der **Frühaulakogene** (SCHATSKI) angelegt, die durch zum Teil mehr als 1000 km lange Tiefenbrüche begrenzt werden und deren Füllung bis 5000 m Mächtigkeit erreichen kann. Ihre Entwicklung hängt nach BOGDANOW mit Verschiebungen von Fundamentschollen an tiefreichenden Störungen zusammen, die von einem aktiven basischen Magmatismus begleitet werden, auch als Aufstiegswege von Erzlösungen und Kohlenwasserstoffen. Abgesehen von der epirogenen Hebung im ganzen und einer Bruchtektonik, sind die Tafeln großräumig oft in unregelmäßige, für die tektonische Gliederung bedeutsame, beckenartige Depressionen, die **Syneklisen,** und in flache Aufwölbungen, die **Anteklisen** (oder Dome), mit kaum wahrnehmbaren Flankenneigungen gegliedert, deren Herausbildung sich während mehrerer Systeme der Erdgeschichte äußerst langsam vollzogen hat. Diese Anteklisen hatte v. BUBNOFF (1926) bereits erkannt und sie in Osteuropa als Wälle bezeichnet. Zu diesen Gebilden kommen langlebige randliche Senkungsgebiete, die BOGDANOW perikratonische Senken genannt hat. E. VOIGT spricht bei trogförmigen Senkungszonen am Außenrand stabiler Massen von **Randtrögen.** Alle diese Formen bilden Tafelstrukturen 2. Ordnung. Die flachen Großstrukturen haben nicht selten einen Durchmesser von mehreren hundert Kilometern. Sie wurden von sowjetischen Geologen vor allem auf Grund regionaler Untersuchungen und der Konstruktion von Karten gleicher Schichtmächtigkeit (Isopachen) erkannt, da die Schichten bei der großen flächenmäßigen Ausdehnung der Schwellen und Becken nahezu horizontal gelagert sind, als wichtigstes Merkmal aber die Streichrichtung der Strukturen des Untergrundes durchpausen (KLIMENKO 1970). Geringmächtige Sedimente kennzeichnen die Anteklisen, sehr mächtige Ablagerungen die Syneklisen. Die Sedimente bestehen aus weitaushaltenden Sandsteinen, Tongesteinen und Karbonaten des Flachmeeres. In den Syneklisen finden sich auch typische Salzfolgen mit Anhydrit, Steinsalz und Kalisalzen, deren Entstehung nur in einem Raum vorstellbar ist, dessen Relief völlig ausgeglichen ist und wo die Wasserbecken sozusagen allein von ihrem Bestand »leben«, bis sie schließlich ganz trockenfallen.

Durch mannigfache Tafelstrukturen 3. Ordnung wie Horste, Gräben, verschiedene Formen der »Salztektonik« u. a. wird das Bild kompliziert. Es hat

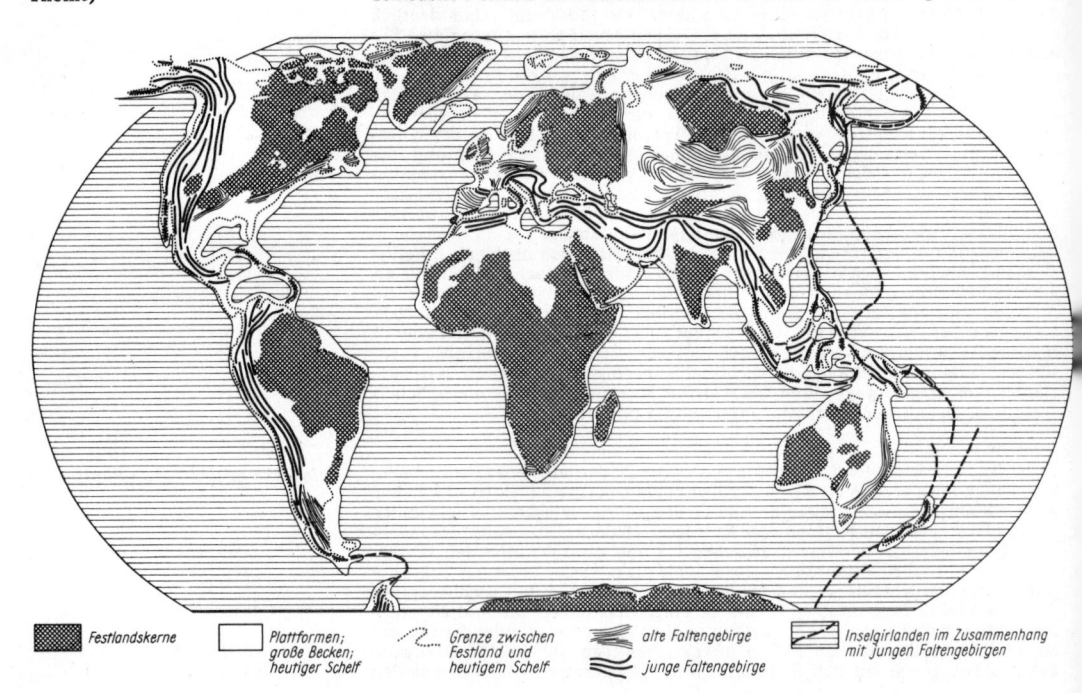

Die Hauptstrukturtypen der festländischen Erdkruste (nach Schmidt-Thomé)

sich herausgestellt, daß Bau und Anordnung der tektonischen Strukturen, wie sie für die gut erforschte Osteuropäische Tafel erkannt wurden, im Prinzip alle Tafelgebiete ähnlicher Stellung beherrschen. Auch für die Mitteleuropäische Tafelsenke konnte gezeigt werden, daß ihre Entwicklung in Abhängigkeit von der tektonischen Aktivität von Tiefenbrüchen erfolgt ist (G. SCHWAB et al. 1973).

Die regionale Verteilung der kontinentalen Krustentypen, ihr Aufbau und ihre Entwicklung sind im einzelnen im Kapitel »Das tektonische Großbild der Erde« behandelt.

SCHMIDT-THOMÉ (1972) sagt zu der Abgrenzung der einzelnen Krustentypen kritisch, man solle eine Gliederung der Strukturen nach vorwiegend genetischen Erwägungen in stabile (unbewegliche) und mobile (bewegliche) Teile am besten vermeiden und klarer eine Reihe Einzeltypen unterscheiden, um tektonische Besonderheiten zu erfassen, zumal ein scharfer Gegensatz zwischen den mobilen und stabilen (starren) Bereichen der Kruste in letzter Konsequenz nicht bestände. Einmal seien »fertige« Orogene nicht unbeweglich, und ohne Bildung junger Orogene sei keineswegs vollendet, dann aber hätten sich die meisten jungen Orogene auf älteren entwickelt, und die Tektonogenese hätte nicht zu einer Versteifung (Konsolidation) geführt, wie das in strengem Sinne STILLE postuliert hätte. Die starren Krustenbereiche wiesen nur eine gegenüber den mobilen Bereichen andersartige aktive Tektonik auf (S. 184). RITTMANN betont, daß der Unterschied zwischen Orogenen und Kratonen nicht in einem mechanisch verschiedenen Verhalten bestehe, da die Erdkruste im ganzen tektonisch durchaus mobil sei und sich die Gesteine vorhandenen Spannungen gegenüber anzupassen vermöchten, sondern allein in der Tatsache, daß sich die aktiven tektonischen Kräfte nur in den oder unter den Orogenen fänden und die Kratone dagegen tektonisch passiv seien. Da sich ehemalige Geosynklinalen bzw. die aus ihnen hervorgegangenen Orogene ganz unterschiedlichen Alters nicht nur neben-, sondern nach der Tiefe zu auch übereinander nachweisen ließen, dürfte schon deshalb eine völlige Konsolidation kaum vorstellbar sein. Das alpinotyp gefaltete, teilweise metamorphe tiefere Stockwerk sei etwas anderes als das junge Deckgebirgsstockwerk mit seiner germanotypen Tektonik. Daher bestände ein tiefgreifender Unterschied zwischen einem Orogen und der Tektonik, die auf Festlandsblöcke einwirke. Hier komme es nur noch zu den besprochenen Umformungen der kontinentalen Großschollen, wie u. a. auch KOBER und KRAUS herausgearbeitet haben (vgl. dazu auch S. 249).

BRAUSE (1979) unterscheidet die alten Stabilbereiche der Schilde und Gebiete mit weniger stabiler Altkruste, aus denen sich u. a. der Krustentyp entwickelt habe, wie er für viele paläozoische Gebirge bezeichnend ist. Diesen zwischen den alten Kratonen und der ozeanischen Kruste vermittelnden Krustentyp nennt er auf v.-BUBNOFFsche Ideen zurückgreifend **Schelfkruste**, welche Mittel- und Westeuropa kennzeichnet.

Fast drei Viertel der Erdoberfläche werden vom Meer eingenommen, dessen Boden, besonders der der Ozeane, nicht weniger mannigfaltig gegliedert ist als die Kontinente (Abb. S. 158). Der Aufbau der Kontinentalränder und der Ozeanböden wird im Kapitel »Der Bereich der Meere« und die Bedeutung der ozeanischen Krustentypen für die geotektonische Entwicklung im Kapitel »Geotektonische Hypothesen« (»Plattentektonik«) behandelt.

Erdkrustentypen der Meeresböden im Grenzbereich von Kontinenten und Ozeanen

Die Festländer werden von einem 15 bis etwa 300 km, im statistischen Mittel 68 km breiten, zum Ozean hin schwach geneigten Gebiet umrahmt, das noch zum Kontinent gehört und durchschnittlich zu 90 bis 200 m Wassertiefe reicht, d. h. von der Küste bis zum Beginn des stärker geneigten Kontinentalabfalls. Der mitunter recht scharfe Rand liegt nach SEIBOLD (1974) weltweit im Mittel bei 130 m, um die Antarktis, Grönland und Südwestafrika bis zu 400 m Wassertiefe. Der vom Flachmeer bedeckte **Kontinentalschelf** ist ein jeweils unter dem Meeresspiegel liegender Teil des Festlands, der oft mehr oder weniger gegliedert ist und eine infolge des Wechsels von Transgressionen und Regressionen des Meeres charakteristische zyklische Sedimentabfolge aufweist. Wo über längere Zeiten im Schelfbereich Absenkungen erfolgt sind, könnten mächtige Sedimente abgelagert werden, die als Erdöl- und Erdgasspeicher Bedeutung erlangen können (S. 493).

Schelfmeere haben Verbindung mit den Ozeanen, wie heute die Nordsee mit dem Atlantik. v. BUBNOFF unterscheidet die zwischen Festland und Flachmeer pendelnden **stabilen Schelfe**, d. s. Gebiete, die im Laufe der Erdgeschichte mehrfach Festland oder Flachmeer gewesen sind, z. B. die Osteuropäische Tafel, und inhomogene, **labile Schelfe** (besser wäre »mobile« Schelfe), das sind Gebiete mit stärkerer epirogener Absenkung und Sedimentation, mit Bruchfaltung u. a. wie das Pariser Becken im Tertiär. Zu den labilen Schelfen rechnet v. BUBNOFF die Geosynklinalen. Der Kontinentalschelf wird von auffälligen Störungen und Brüchen durchzogen, und der Rand der Kontinente ist eine bedeutende Biegungszone.

Der geotektonische Zyklus

Wird die geotektonische Entwicklung der Orogene in den verschiedenen Perioden der Erdgeschichte miteinander verglichen, ergeben sich Gesetzmäßigkeiten, die einander wiederholen. Mit dem tektonischen Zyklus ist ein magmatischer verknüpft (S. 186), beide bedingen sich gegenseitig. Der Altmeister der Geotektonik H. STILLE hat auf der Grundlage der nicht bewiesenen Ortsfestigkeit der Kontinente und der Permanenz der großen Ozeanbecken, wenigstens seit dem Frühpaläozoikum, ein geschlossenes geotektonisches Bild entworfen, das dank seiner Konsequenz jahrzehntelang die Geologie beherrscht und großen Einfluß auf die geotektonischen Vorstellungen ausgeübt hat. Deshalb wird es in seinen Grundzügen wiedergegeben, auch wenn es heute überholt erscheint.

Schema des tektonogenen Magmenzyklus (nach Stille 1940)

Ära	Periode	außeralpines Mitteleuropa	Alpen	Neuengland	Nevadiden, Nordamerika	Anden	Antillen, Mittelamerika
Alpidische Ära	Pleistozän	· ·		· · ·		· · ·	+
	Tertiär	· · ·	· · · + + +	+ + +	+ + +	+ + +	+ + +
	Kreide		∿∿		∿∿	∿∿∿	
	Jura	- - -	- - -		- - -	- - -	?
	Trias			· · ·		+ + +	
Variszische Ära	Perm	+ + +	+ + +			+ + +	
	Karbon	∿∿∿	∿∿∿				
		∿∿			∿∿∿		
	Devon	- - -			- - -		
Kaledonische Ära	Silur	- - -			- - -		
	Ordovizium				∿∿∿		
	Kambrium				- ? -	- - -	

- - - initialer basischer Magmatismus
∿∿ synorogener salischer Plutonismus
+ + + subsequenter Vulkanismus
· · · finaler basaltischer Vulkanismus

Nach STILLE hat Faltung zur Folge, daß sich Gesteinsmassen durch pressende Kräfte und durch aus der Tiefe aufsteigende magmatische Schmelzen verdicken und in hohem Maße versteifen. Die konsolidierte starre Scholle verliert ihre tektonische Aktivität und setzt einer erneuten Faltung starken Widerstand entgegen, so daß sich im wesentlichen nur noch Brüche und Grabenzonen bilden. Durch einengende Faltung entsteht aus der **Geosynklinale**, dem einen Großfeld der Erde, ein zweites Großfeld, der stabile Festlandsblock oder **Hochkraton**, ein oft über 50 km dicker sialischer Block. Als drittes Großfeld besteht der **Tiefkraton**, das sind die superstarren ozeanischen Becken der Weltozeane, die sich durch Umwandlung von Hochkratonen bilden sollen. Während Hochkratone durch Abströmen sialischer Massen im Untergrund teilweise erneut absinken und Meeresbecken werden können, behalten die Tiefkratone ihren superstarren Charakter für immer bei. STILLE unterscheidet urozeanische, präkambrische (z. B. Pazifik, südlicher und nördlicher Uratlantik) und neuozeanische Bereiche (z. B. Indik). Die Überführung geosynklinaler Räume in kontinentale nennt er **Konsolidation**, die Entstehung von Tiefkratonen **Destruktion**. Destruktion sei eine Alterserscheinung der Kontinente, z. B. im polaren Nordamerika zu beobachten, wo der Kontinent langsam absinke und sich immer stärker in einzelne Inseln auflöse. Eine dritte Art der **geotektonischen Transformation** von Großfeldern der Erde ist die **Regeneration**, d. h. ein neuerliches Absinken von Hochkratonen, die damit wieder zu Geosynklinalen und faltbar werden. Damit erklärt STILLE die Erscheinung, daß sich z. B. in jungen Faltengebirgen wie den Alpen und Karpaten Teilstücke älterer Gebirge als auffällige Bauelemente finden. Neuere Forschungen und Erkenntnisse lehren, daß es solche umfassende Regenerationen wahrscheinlich nicht gibt. Neben regional begrenzten Regenerationen stehen weltweite, über längere Zeiten andauernde. Nach STILLE war die Erde an der Grenze Proterozoikum/Riphäikum (er spricht von »Jungalgonkium«) durch weltweite präkambrische Tektonogenesen zu einer starren **Großerde**, der **Megagäa**, konsolidiert, die neben den Urozeanen das Erdbild beherrschte. Durch den »**Algonkischen Umbruch**«, »einer wahren geotektonischen Weltenwende«, wurden große Teile der Megagäa in mobile Geosynklinalen überführt und die bis in die Gegenwart andauernde Entwicklung der **Neuerde (Neogäa)** ermöglicht. Durch Anwachsen von Teilstücken an die Kontinente im Verlaufe der verschiedenen Tektonogenesen konnten sich diese, von den Urkontinenten ausgehend, bis heute laufend vergrößert und die Geosynklinalbereiche immer mehr verkleinert haben. Während des »algonkischen Umbruchs« versanken große Teile der Megagäa, und es blieben die Kernstücke der heutigen Festländer als »**Urkontinente**« erhalten: auf der Nordhalbkugel Laurentia (Grönland und Kanada), Fennosarmatia, Angaria (Nordsibirien), Sinia und Philippinia, auf der Südhalbkugel die Landmasse Gondwania (Kernstücke von Afrika, Vorderindien, Brasilia, Australia und Antarktika.)

Die besonders für Europa bedeutsamen, durchaus nicht immer weltweiten Tektonogenesen in der Zeit vom Riphäikum bis zur geologischen Gegenwart lassen sich zu 3 bzw. 4 großen **tektonischen Ären** zusammenfassen, die in zeitlichen Abständen von rund 150 Jahrmillionen aufeinander folgten:
1) Die riphäisch-unterkambrische **Assyntische Ära**, deren Strukturen in jüngere Faltengebirge eingebaut wurden, eine Ära von geringerer Bedeutung,
2) die altpaläozoische **Kaledonische Ära**, vom Oberkambrium bis an die Wende Silur/Devon,
3) die jungpaläozoische **Variszische Ära**, in Europa besonders im Unter- und Oberkarbon,
4) die meso- bis känozoische, heute noch nicht abgeschlossene **Alpidische Ära**, besonders in Kreide und Tertiär.

In Asien spielt die vom Beginn des Oberen Proterozoikums bis in das Kambrium reichende **Baikalische** (assyntische) **Faltung** eine bedeutendere Rolle als in Europa, und zwischen Variszischer und Alpidischer Ära hat man in anderen Teilen der Erde eine mesozoische **Kimmerische Ära** ausgeschieden (vgl. das Kapitel »Das tektonische Großbild der Festländer der Erde«).

Nach STILLE wird mit jeder neuen Faltungsära der mobile Raum der Geosynklinalen kleiner. Daher mußte die Einengung der Gesteinsmassen durch Faltung und Überschiebung stärker werden, weshalb Verbiegungen und Deckenbau in den jungen Faltengebirgen, in welchen sich aber viele ältere Massen finden (z. B. Zentralalpen, Grauwackenzone), intensiver als in den älteren Gebirgen sind. Die Anschauung einer stetigen Vergrößerung der sialischen Kruste wird vielfach bestritten, und viele sind der Meinung, daß die sialische Kruste bereits im Archaikum entstanden ist und später nur wiederholt überprägt, aufgeschmolzen und »verjüngt« wurde, z. B. WYNNE-EDWARDS u. a. (1970).

Im Bau der einzelnen Gebirge bestehen wesentliche Unterschiede. H. ZWART unterscheidet herzynotype (variszische) und alpinotype Orogene, zwischen denen die Kaledoniden vermitteln. Die präkambrischen Svekofenniden und Kareliden des Baltischen Schildes (S. 225) sieht er als herzynotypes Orogen an. Die Gegensätze bestehen in der Art der Metamorphose und der Stärke der metamorphen Zonen, in der Verbreitung von Magmatiten (Graniten bzw. Ophiolithen und Ultrabasiten), in der Breite des Orogens und in der Intensität seiner Hebung. Nach J. M. SCHEJNMAN kann sich der tektonische Bauplan zeitlich und regional ändern. Daher sei es falsch oder zumindest verfrüht, von einem weltweit gültigen Bauplan der Erde seit ihrer Frühzeit bis in die Gegenwart zu sprechen, Gedanken, die auch in der neuen Globaltektonik im Vordergrund stehen (S. 262). METZGER, der sich viele Jahrzehnte mit dem finnischen Grundgebirge beschäftigt hat, meint, daß insbesondere zwischen den präkambrischen und den jüngeren Orogenen ein wesentlicher Kontrast bestände, indem im Präkambrium die Faltung viel weiträumiger und ihr Tiefgang relativ geringer gewesen sei als in den späteren Zeiten. So bestehen gewisse Unterschiede in der spezifischen Art und Stärke der geologischen, geophysikalischen und geochemischen Prozesse, auch wenn diese sich im Verlauf der Erdgeschichte nicht prinzipiell geändert haben, was freilich auch mitunter diskutiert worden ist.

STILLE hat 1924 die bis dahin bekannten Schichtenfolgen aus aller Welt mit den darin enthaltenen Diskontinuitäten vergleichend untersucht. Dabei ist er zu der Auffassung gelangt, daß alle Gebirgsbildungszyklen in den Teilen der Erde, in denen sie wirksam wurden, mehr oder weniger gleichzeitig, wenn auch unterschiedlich intensiv, eingesetzt und zeitlich eng begrenzt vollzogen hätten. Für das Erkennen solcher **orogenen oder tektonischen Faltungsphasen** sind Winkeldiskordanzen entscheidend. Dieses **orogene Gleichzeitigkeitsgesetz** STILLES ist während der letzten Jahrzehnte weltweit überprüft, ergänzt und kritisiert worden, zumal es die in größerer Tiefe sich abspielenden Deformationen unberücksichtigt läßt (Stockwerkstektonik) und zu sehr von den Verhältnissen nahe der Oberfläche ausgeht. Die vertikale tektonische Stockwerksgliederung der Erde weist auf unterschiedliche Strukturbilder im Bereich der starren oberen Kruste, der Lithosphäre, und der tieferen mobileren Zonen bis in das Stockwerk vollständiger Aufschmelzung der Gesteine hin (S. 97). Daher ist es sicher falsch, alle Prozesse aus den Bewegungsbildern der oberen Krustenteile abzuleiten.

Tektonische Phasen

Wenn es auch seit dem Riphäikum drei bis vier große tektonogenetische Zyklen gegeben hat, in denen sich über einen längeren Zeitraum tektonische Bewegungen abgespielt haben, so besteht jede Ära aus einer Reihe tektonischer Ereignisse, die örtlich weder gleichartig noch gleichzeitig aufgetreten und ebensowenig von tektonischen Ruheperioden abzugrenzen sind. Besonders deutlich wird das, wenn man die europäischen Verhältnisse mit denen in Asien oder Nordamerika vergleicht. Jede Gebirgsbildung besteht zeitlich aus mehreren Akten, in denen stärkere Bewegungen mehr oder weniger kurzfristig vor sich gegangen sind und sich mehrfach epirogene Hebungen und Senkungen mit tektonogenen Bewegungen überschneiden oder gleichzeitig ablaufen. Oft wird eine ausgeprägte Hauptphase von mehreren sich weniger auswirkenden Vor- und Nachphasen getrennt, wobei sich regional Vor-, Haupt- und Nachphasen unterschiedlich auswirken. In dem einen Gebiet spielt die eine, in einem anderen eine andere Phase die wesentliche Rolle, so daß sich die Hauptfaltungsphase des einen Raums in einem anderen kaum oder gar nicht bemerkbar macht, während sich die unbedeutende Vorphase eines Bereiches im anderen als Hauptphase zeigt.

Die einzelnen »Phasen« dauern sicher viel länger, als sich STILLE mit 100 000 bis 500 000 Jahren vorgestellt hat, und sind wohl oft 5 bis 10 Millionen Jahre wirksam. Im Gegensatz zu STILLES scharf formulierter Auffassung von den zeitlich begrenzten, überall gleichzeitig wirksamen, etwa 40 bis 50 Phasen vom Beginn des Paläozoikums bis zur Gegenwart steht die Meinung, daß gebirgsbildende Vorgänge mehr oder weniger kontinuierlich vor sich gehen, wenn auch regional unterschiedlich rasch und intensiv. Auf keinen Fall ist zwischen den einzelnen Phasen etwa mit voller tektonischer Ruhe zu rechnen, wie GILLULY, KREJZI-GRAF, RUTTEN, SHEPARD, SONDER, H. WEBER und die sowjetischen Geotektoniker CHAIN, BOGDANOW, SCHATSKI neben anderen erkannt haben. Für JANSCHIN und SCHATSKIJ ist in historischer Sicht die gesamte Entwicklung geologischer Strukturen kein gleichmäßiger oder zyklischer Vorgang. Daher lehnen beide sich weltweit episodisch auswirkende Phasen und tektonogene Epochen ab, weil sich die Tektonogenesen in den Einzelgebieten zeitlich verschieben und der Verlauf aller geologischen Prozesse auf und in der Erde qualitativ nicht umkehrbar ist. Trotz allem erscheint sicher, daß im Laufe der Erdgeschichte in den einzelnen Räumen Perioden einer mehr oder weniger ruhigen Entwicklung mit solchen einer erhöhten tektonischen Aktivität gewechselt haben. CHAIN unterscheidet drei Größenordnungen tektonischer Zyklen:
1) kleine Zyklen von 30 bis 40 Millionen Jahren Dauer,
2) Großzyklen mit 150 bis 200 Millionen Jahren Dauer, die etwa den tektonischen Ären entsprechen, und
3) Megazyklen von 450 bis 600 Millionen Jahren Dauer.
SCHWAN meint dagegen, daß lange währende anorogene Zeiten (12 bis 200 Millionen Jahre) mit kurzfristigen (ein Drittel bis 3 Millionen Jahre) tektonogenen Phasen wechseln. JOHNSON (1971) vertritt das Gegenteil, und die Diskussion ist in vollem Gange.

Nach STILLES Phasenschema scheint die Zahl der Bewegungen in Richtung auf die geologische Gegenwart mehr und mehr zugenommen zu haben, wobei die Abstände zwischen den Einzelphasen laufend kleiner geworden sind. Hier dürfte ein Trugschluß vorliegen, der auf unzulänglichen Kenntnissen der älteren Zeiten der Erdgeschichte gegenüber dem Wissen um die jüngeren Perioden beruht. Sollte eine solche Häufung wirklich vorhanden sein, müßte mit dem beschleunigten Ablauf tektonischer Prozesse zugleich eine Zunahme der Sedimentationsgeschwindigkeit verbunden sein. Zweifellos haben sich die Ablagerungsbedingungen in der Erdgeschichte vielfach geändert, und die Sedimentation ist nicht immer gleich schnell vor sich gegangen. Deshalb ist auch die Berechnung absoluter Zeiten anhand von Schichtgesteinen nur in grober Annäherung möglich (vgl. Kapitel »Geochronologie«). Gewiß lassen sich Sedimentationsraten für die Gegenwart errechnen, und man kann diese Werte mit Schätzungen für Ablagerungen der Vergangenheit vergleichen. Dabei wird deutlich, daß die Durchschnittswerte in den jeweiligen Bereichen von vielen Einzelfaktoren abhängig sind und viel zu stark variieren, um auf eine verstärkte Sedimentation in jüngerer Zeit zu schließen.

Der tektonogenetisch-magmatische Zyklus

Mit den tektonogenen Bewegungen in der Entwicklung eines Orogens ist genetisch ein **magmatischer Zyklus** verknüpft, der lehrt, daß tektonogene und magmatogene Prozesse zusammengehören und als endogen bedingt nur zusammen verstanden werden können. Der magmatische Zyklus (Abb. S. 184) beginnt mit der Herausbildung der Geosynklinale und endet mit den letzten vulkanischen Erscheinungen am Außenrand und im Vorland des strukturell fertigen Orogens, das sich als Gebirge in orographischem Sinne großräumig hebt und im kratonischen Zustand der Abtragung unterliegt. Schon J. J. SEDERHOLM (1907) hatte bei seinen Studien im finnischen Grundgebirge den engen Zusammenhang zwischen Tektonik und Magma hervorgehoben.

Als erster magmatischer Sendbote aus der Tiefe findet sich im Stadium der Eugeosynklinale ein untermeerischer (submariner) Magmatismus, besonders in den am stärksten abgesunkenen Bereichen, der etwas unterschiedliche basische Gesteine (Ophiolithe oder Grünsteine) aufweist. Es sind besonders basaltische Lavaergüsse, vielfach als Pillowlaven ausgebildet, und deren Tuffe, die in der Tiefe mit meist etwas älteren basischen Intrusivkörpern gabbroider Gesteine und oft mit in Serpentinite umgewandelten Peridotiten verbunden sein können. Neben Diabasen finden sich auch Keratophyre und Spilite, teilweise auch

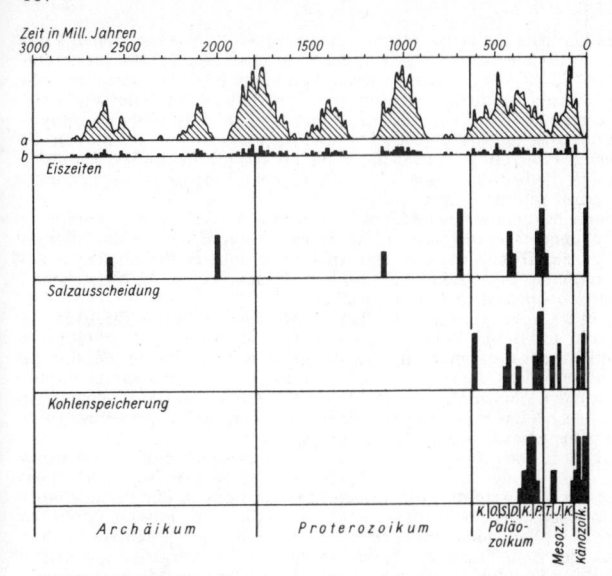

Vergleichende Übersicht über einige wichtige Ereignisse der Erdgeschichte (nach Gastil, Cahen, Lotze, Stepanow aus Krömmelbein 1975) mit gesicherten radiometrischen Altersangaben von kristallinen Gesteinen. a Mittelkurve der magmatisch-tektonogenen Aktivität, b deren Einzelwerte

leukokrate Gesteine wie auf Zypern (ozeanische »Plagiogranite«), die sich von den kontinentalen Granophyren in Mineralzusammensetzung und Chemismus unterscheiden. Sie werden als Teil der ophiolithischen Abfolge angesehen und auf Differentiationsvorgänge des Basaltmagmas zurückgeführt (COLEMAN & PETERMANN 1975). Die Berührung der aufdringenden Schmelzen mit den stark wasserhaltigen Sedimenten und dem Meerwasser selbst wirkt auf den Mineralbestand der Gesteine modifizierend ein. Die Lavaergüsse sind vielfach den Sedimenten zwischengeschaltet. Die Serpentinitkörper wurden meist durch tektonische Vorgänge verfrachtet und lagern als wurzellose Massen mit randlichen Störungen inmitten anderer Gesteinskörper. Im allgemeinen sind daher solche Ultrabasite in Faltungsräumen älter als ihre Nebengesteine. Weil der synsedimentäre Geosynklinalmagmatismus den Beginn der magmatischen Tätigkeit im tektonogenen Geschehen bedeutet, bezeichnet man ihn mit STILLE als **initial** (vgl. dazu Kapitel »Metamorphose«, S. 218).

Mit der weiteren Entwicklung und Gliederung der Geosynklinale in Becken und Schwellen läßt die vulkanische Tätigkeit nach und hört schließlich auf. Nach Studien in den Westalpen kommt TRÜMPY zu der Auffassung, daß der Höhepunkt des initialen Magmatismus in eine relativ ruhige Zwischenphase des Werdegangs der Geosynklinale zwischen eine vorangehende Dehnungs- und eine nachfolgende Kompressionsphase mit Faltendeformation der Sedimente einzuordnen sei, die sich durch ein schwächeres submarines Relief auszeichne. Weil zum Aufsteigen basischer Schmelzen aus der Tiefe Spalten und Brüche notwendig seien, könne in Zeiten der Einengung keine Förderung erfolgen. Ob diese Erkenntnisse allgemeine Gültigkeit besitzen, erscheint ebenso zweifelhaft wie die Meinung von HESS, der die Intrusion der Peridotite in den Beginn der Geosynklinalentwicklung verlegt und die daraus hervorgegangenen Serpentinite als Achse des späteren Gebirges bezeichnet. Ziemlich sicher dürfte sein, daß die orthogeosynklinale Entwicklung mehr oder weniger zweiphasig vor sich geht.

Während der Tektonogenese kommt es in den zentralen Zonen zu einer zweiten Stufe des magmatischen Geschehens mit andersartigem Chemismus. In großer Menge und weiträumiger Verbreitung intrudieren vorwiegend saure bis intermediäre, sialische, granodioritische und granitische Schmelzflüsse der Kalkalkali-Serie (»pazifisch«) in höhere Teile der Kruste. In den tieferen Bereichen des werdenden Gebirges spielen Migmatisierung, Anatexis und Granitisation (S. 97) eine Rolle. Zumindest der größte Teil, wenn nicht überhaupt alle diese Schmelzen, sind palingener, sekundär-magmatischer Natur, d. h. Aufschmelzungsprodukte älterer, vorwiegend sedimentärer Gesteine. Solche Massen, die in die tektonogenen Bewegungen einbezogen werden, lagern als Gesteine von Gneischarakter in den metamorphen Serien. Der Höhepunkt des magmatischen Geschehens wird wegen seiner Verbindung mit den tektonischen Vorgängen von STILLE als **synorogen** (besser wäre »**syntekto(no)gen**«) bezeichnet. Der saure bis intermediäre Magmatismus dauert während des Morphogenstadiums der spät- oder posttektonischen Zeit an. Weiter dringen Schmelzflüsse in die Kruste ein und werden von den Bewegungen kaum oder nicht mehr erfaßt. Daher erstarren sie unter schwachem seitlichem Druck als mächtige Plutone, die den Gesteinsserien oft diskordant eingeschaltet sind und in deren Umkreis die Nebengesteine in einer 0,5 bis um 4 km breiten Kontaktzone umgewandelt werden (vgl. Kapitel »Plutonismus«, S. 199 und »Metamorphose«, S. 223). STILLE nennt diesen kontinentalen Magmatismus **subsequent**. Auf einen subsequenten Plutonismus folgt ein subsequenter Vulkanismus. Nun erreichen die chemisch etwas variablen rhyolithischen (porphyrischen) bis andesitischen (porphyritischen und melaphyrischen) Schmelzen die Erdoberfläche, erstarren als Laven oder bilden Ignimbrite und vulkanische Tuffe. Zum Teil bleiben die Schmelzflüsse in geringer Tiefe unter der Erdoberfläche als subvulkanische Körper stecken.

Subsequenter Magmatismus findet sich nicht in allen Gebirgen. Während er in jungen Faltengebirgen wie Alpen und Himalaja kaum vorhanden ist, charakterisiert er die Dinariden, den Balkan und besonders die nordamerikanischen Kordilleren und südamerikanischen Anden. Auch im variszischen Gebirge Mitteleuropas ist er stark entwickelt.

Nachdem das Orogen stabil geworden ist, wird das Bild im Tafelstadium am Außensaum und in den Vorländern von einer tiefgreifenden Bruchtektonik bestimmt. Wie in der Geosynklinalperiode werden erneut alkaline, basaltische Schmelzflüsse gefördert, die aus Unterkruste und oberstem Erdmantel emporsteigen. Mit diesem **finalen** Stadium des Magmatismus klingt der magmatische Großzyklus aus, wobei es strittig ist, ob diese finalen Schmelzen überhaupt noch zum Zyklus eines Orogens zu rechnen sind.

BOGDANOW und andere sowjetische Forscher trennen einen liparitisch-dazitischen, vorwiegend ignimbritischen Vulkanismus einschließlich einem subvulkanischen und granitisch-intrusiven Magmatismus in der Periode einer »unteren Molasse« von einem im allgemeinen zeitlich zur »oberen Molasse« gehörenden, abschließenden andesitisch-basaltischen oder alkalibasaltischen Vulkanismus, der dem Trapp der Tafeln ähnlich ist. Im Vergleich mit STILLE entsprechen diese Stadien dessen subsequentem und finalem Magmatismus.

Während der initiale Magmatismus der Eugeosynklinale ein Stadium der ozeanischen Kruste ist, sind die subsequenten und finalen Stadien Erscheinungen der kontinentalen Kruste.

Die größten Basaltdecken der Erde stellen die Ergüsse der **Plateaubasalte** (Trapp) dar, die an längsaufreißende Spalten und an Tiefenbrüche gebunden sind. Nach RITTMANN bedecken die Fördermassen solcher Linearausbrüche unterschiedlichen Alters mehr als 2,6 Millionen km^2 des Festlands, z. B. in Island, Grönland, Arabien und Äthiopien, im Dekan (Indien) und in Nordsibirien, im Columbia-Plateau Nordamerikas sowie in Patagonien und Brasilien Südamerikas.

Die gesetzmäßigen Beziehungen zwischen Gebirgsbildung und Magmatismus sind sehr eng. Als Äußerungen endogener Kräfte und Kräftezusammenspiele bedingen sie sich gegen- oder wechselseitig. Beide wirken entscheidend auf die Gestaltung und ständige Veränderung des Erdbildes ein, das im einzelnen von den exogenen Kräften überformt und modelliert wird. Die Vorgänge werden nicht von Kräften und Prozessen in der Oberkruste, sondern in tieferen Zonen der Erde gesteuert. Über diese Fragen und Vorstellungen wird im Kapitel »Geotektonische Hypothesen« berichtet. Da an einzelne Phasen und Gesteinsserien des tektonisch-magmatischen Zyklus bestimmte Lagerstätten nutzbarer Minerale und Gesteine gebunden sind, haben diese Untersuchungen auch eine ökonomische Bedeutung. Das Studium der Vorgänge und die Erkenntnis ihrer Gesetzmäßigkeiten ist die unabdingbare Voraussetzung für die Suche, Erkundung und Erschließung solcher Lagerstätten. *R. Hohl*

Magmatismus (Vulkanismus und Plutonismus)

Magmatismus ist die Bezeichnung für sämtliche das Magma (S. 78) betreffende Erscheinungen, die sich in den Vorgängen des **Plutonismus** und **Vulkanismus** widerspiegeln. Während die plutonischen Prozesse in den Tiefen der Erdkruste und des Oberen Erdmantels ablaufen, sind die vulkanischen Vorgänge an der Erdoberfläche, vor allem an der Landoberfläche, zu beobachten. Die plutonischen Prozesse sind langzeitig wirksam, d. h., die Plutonbildung vollzieht sich über einen mehrere hunderttausende bis einige Millionen Jahre dauernden Zeitraum. Die Tiefe und die Dauer sind die Ursache, daß die plutonischen Vorgänge der menschlichen Beobachtung nur indirekt zugänglich sind. Die Erkenntnisse über den Plutonismus werden durch die Untersuchung seiner Produkte, das sind die Tiefengesteine und die von ihnen gebildeten Gesteinskörper, die **Plutone**, gewonnen. Vulkanische Vorgänge verlaufen kurzfristig, meßbar in Tagen und Monaten. In der Mythologie haben Vulkanausbrüche mit ihren Lavergüssen, Eruptionen und begleitenden Erdbeben von jeher eine große Rolle gespielt. Die unheimlichen Berge – furchtbar und fruchtbar zugleich – sind den Anwohnern heilig, aber sie reizten auch frühzeitig die wissenschaftliche Neugier. Der Tod des römischen Naturwissenschaftlers PLINIUS des Älteren während des Vesuvausbruches 79 n. u. Z. beweist das Interesse an den vulkanischen Erscheinungen um die Zeitenwende. Als Vater der wissenschaftlichen

Vulkankunde gilt aber der griechische Geograph STRABO (63 v. u. Z. bis 19 n. u. Z.), der bereits d.ei Zustände in der Tätigkeit der Vulkane unterschieden hat: Ruhe, Vorbereitung und Ausbruch. STRABOS Ansicht von im Erdinnern vorhandenen Hohlräumen mit unterirdischem Feuer, das in den Vulkanen von Zeit zu Zeit an die Erdoberfläche tritt, wurde noch im 19. Jh. vertreten. Diese Meinung herrschte insbesondere im Mittelalter, in dem die Vulkane als der Sitz des Höllenfeuers betrachtet wurden. Noch heute findet man in der wissenschaftlichen Terminologie Begriffe wie Asche, Schlacke oder Rauch. Sie stammen aus einer Zeit, in der Verbrennungsprozesse als Ursache des Vulkanismus angesehen wurden. Die von Albertus MAGNUS (1207–1280) und Georg AGRICOLA (1494–1555) geäußerten Ideen illustrierte und interpretierte Athanasius KIRCHER (1678) in noch heute häufig abgebildeten Querschnitten durch die Erdkugel. Die Bezeichnung *Vulkan* wendete Bernhard VARENIUS zum ersten Mal für einen feuerspeienden Berg an und veröffentlichte den ersten Vulkankatalog (1650). In seiner Physik äußerte René DESCARTES (1596–1650) den neuen Gedanken, daß im Erdinneren noch glühende Sonnenmaterie vorhanden sei, an der sich das Material der äußeren Erdhülle entzünde. Das erste Handbuch der Vulkankunde schrieb der Leipziger Thomas ITTIGIUS (1671).

Die Fortschritte in den allgemeinen naturwissenschaftlichen Erkenntnissen hatten neue Vorstellungen zum Vulkanismus zur Folge. Besondere Bedeutung erlangte der Streit der Neptunisten und Plutonisten um die Entstehung der Basalte. Nicolas DEMAREST (1725–1815) trat für die vulkanische Genese des Basaltes ein, während Abraham Gottlob WERNER (1749–1817) als Autorität die irrige Ansicht verfocht, daß Basalt sich im Wasser bildete. Die Ursache der Vulkanausbrüche sah WERNER in der Selbstentzündung von Kohlenflözen, durch die Gesteine geschmolzen und durch Wasserzutritt eruptionsfähig würden (S. 17). Eine andere vielfach diskutierte Theorie stellte Leopold v. BUCH (1774–1852) auf. Die von ihm postulierten Erhebungskrater begründeten die magmatischen Hypothesen, auch wenn v. BUCH selbst die Kräfte noch nicht definieren konnte, die zu den Aufwölbungen der Erhebungskrater führen sollten. Die moderne Vulkanforschung leitete George P. SCROPE (1797–1876) ein. Den Erhebungskratern stellte er die Erkenntnis gegenüber, daß die Vulkane durch Aufschüttung vulkanischer Auswürfe entständen. Er unterschied zwischen plutonischer und vulkanischer Tätigkeit. Die plutonischen Kräfte würden durch die Wärmebewegung in vulkanische Kräfte umgesetzt, und die Wärme im Erdinnern stamme noch aus der ersten Zeit der Erdentstehung. Das Magma wäre mit Wasserdampf gesättigt, der als ein ursprünglicher Bestandteil des Magmas anzusehen wäre und die Lavaeruptionen ermöglichte. Alphons STÜBEL (1835–1904) vertrat die Meinung, daß alle vulkanischen Prozesse auf eine Volumenzunahme des erstarrenden Magmas zurückzuführen wären, ohne für seine Annahme Beweise zu erbringen.

Die moderne Vulkanologie basiert auf den Erkenntnissen der Petrologie, Geotektonik, Geophysik und Geochemie sowie der Anwendung der physikochemischen Gesetzmäßigkeiten auf das Beobachtungsmaterial. Die Vulkanologie entwickelte sich im 20. Jahrhundert zu einem eigenständigen Wissenschaftszweig, der u. a. mit den Namen SAPPER, v. WOLFF, RITTMANN, MAC DONALD, GORSHKOW, TAZIEFF verbunden ist. Einen weiteren Impuls erhielt die Vulkanologie durch die Einrichtung von Vulkanobservatorien, deren bekannteste sich auf Sizilien (Ätna 37*)), Kamtschatka und Hawaii (Kilauea 23) befinden. Schließlich kommen in jüngster Zeit die Auswertungen der Satellitenfernerkundung auch der Vulkanologie zugute. Inzwischen konnte die Entstehung neuer Vulkane in allen ihren Stadien beobachtet werden: Paricutin (19) in Mexiko und Surtsey (26) vor Island. Das wichtigste Ergebnis der Vulkanologie ist die Gewinnung geothermischer Energien und kommt dem Menschen zugute. Zwar sind solche Energien an jedem Ort der Erdoberfläche vorhanden, treten aber in gewinnbarer und nutzbarer Menge vor allem in den vulkanischen Gebieten auf. Dort gelangen die heißen Schmelzen in unmittelbare Nähe der Erdoberfläche. Geothermische Energien können auch in Arealen mit heute erloschenem Vulkanismus gewonnen werden, in denen sich die magmatische Aktivität in der tieferen Kruste erhalten hat. Zu den jungen Vulkangebieten mit technisch nutzbarer geothermischer Energie in Form natürlicher heißer Wässer und Dämpfe zählen Island (hier wird die Leistung der bis jetzt bekannten günstigen Felder auf 10000 bis 14000 MW geschätzt. Die Hauptstadt Rejkjavik mit ihren 115000 Einwohnern wird schon gegenwärtig vollständig aus 40 Bohrungen in der näheren Umgebung mit Warmwasser, Wasserfernheizung und Heißwasser für industrielle Zwecke versorgt), die Nordinsel von Neuseeland (Wairakei-Feld, wo der Ausbau der bestehenden Anlage auf 250 MW Leistung geplant ist. Die gesamten Lagerstätten werden auf 2000 MW geschätzt), Süd-Kalifornien (Imperial Valley an der mexikanischen Grenze, wo eine 675 m tiefe Bohrung Dampf von 266 °C erbracht hat), Italien (Larderello, wo bei Bohrlochtiefen zwischen 630 und 1000 m überhitzter Wasserdampf mit 150 °C, maximal mit 270 °C anfällt), Japan (infolge

---

*) Die Zahlen beziehen sich auf Tab. S. 191/92

der Armut des Landes an Kohlenwasserstoffen und des Reichtums an sehr guten geothermischen Lagerstätten sind umfangreiche Anlagen vorgesehen, die 1985 bereits 2 100 MW erzeugen und bis zum Jahre 2000 mehr als 30 000 MW erreichen sollen) und Kamtschatka. Ein Raum mit bereits im Tertiär erloschenem Vulkanismus, aber einem noch heute abnorm hohen geothermischen Gradienten ist die Ungarische Tiefebene (Pannonisches Becken), so daß Voraussetzungen zur Gewinnung von geothermischen Energien gegeben sind: hochtemperierte Gesteine in Oberflächennähe (hyperthermale Gebiete) und sich in natürlichen Hohlräumen (Spalten, Klüfte, Poren) erhitzende Wässer. Ausdruck der geothermischen Energien sind die zahlreichen Thermalquellen. Es wurde errechnet, daß die in einem Kubikkilometer Gestein gespeicherte Wärme zwischen 150 und 350 °C der Energiemenge entspricht, die 9 Mill. t Erdöl liefern. In den Nachbarländern, ČSSR und Polen (Hohe Tatra), aber auch in Rumänien und Jugoslawien werden Thermalwässer mittels Bohrungen untersucht. Nach dem 2. Weltkrieg wurde in Ungarn die Zahl der Thermalwasserbrunnen mit Wässern von mehr als 35 °C erhöht von 68 auf 545 erhöht und die Gesamtförderleistung von 36,98 auf 456,26 m³/min gesteigert.

Auf Kamtschatka wurde am Fuß des zuletzt 1945 aktiven andesitischen Vulkans Awatschinskaja (14) in einer 3 300 m tiefen Bohrung eine Temperatur von 600 °C angetroffen. Die sowjetischen Techniker planen, die Durchlässigkeit der Gesteine für Wärme und Wasser durch Tiefensprengungen zu erhöhen, kaltes Wasser in die Bohrung zu leiten und den entstehenden Dampf aus einem zweiten Bohrloch zu fördern. Auf Hawaii traf man am Kilauea (23), der noch heute basaltische Lava fördert, in 1 262 m Tiefe nur 137 °C an. Diese erstaunlich niedrige Temperatur wird auf die geringe Wärmeleitfähigkeit der basaltischen Laven zurückgeführt. Die Erdwärme hat den großen Vorteil, wesentlich umweltfreundlicher zu sein als andere Energiequellen wie Erdöl, Erdgas, Kohlen oder Kernenergie, ganz abgesehen davon, daß sie praktisch immer oder wenigstens für lange Zeit zur Verfügung steht, im Gegensatz zur beschränkten Lebensdauer anderer Energiequellen. Wenn auch gegenwärtig ihre Nutzung aus ökonomischen und technischen Gründen nur dort erfolgt, wo bereits in geringer Tiefe unter der Erdoberfläche günstige geothermische Verhältnisse vorhanden sind, so werden auch in Gebieten, die aus verschiedenen Gründen zur Zeit noch als wenig oder nicht geeignet gelten, Untersuchungen eingeleitet. Bei fortschreitender technischer Entwicklung könnte in der Zukunft auch die Erschließung der Erdwärme in tieferen Bereichen als 5 000 m möglich werden.

Eine andere wichtige Aufgabe der modernen Vulkanologie ist die Vorhersage vulkanischer Ausbrüche. Sehr wesentlich sind Langzeitvorhersagen, wofür besonders geophysikalische und geochemische Methoden zur Beobachtung kleinster meßbarer Veränderungen notwendig sind. Die vulkanologische Vorhersage steht gegenwärtig noch im Stadium der Entwicklung. Ihre Grundlagen bilden genaue Kenntnisse über die Geschichte der Vulkane, ihren geologischen Bau, ihre Tätigkeit und die physikochemischen Eigenschaften der Laven. Die notwendigen Informationen gewinnt man durch seismische Messungen, d. h. den Nachweis und die Analyse von unterirdischen Bewegungen mit Hilfe von Seismographen, durch Neigungsmessungen von Schichten und Oberflächen mit Hilfe von Tiltometern und Klinometern, durch Längenmessungen mittels Extensometern und durch Temperaturmessungen von Laven, Gasen und Dämpfen. Chemische Analysen haben sich bisher als wenig aussagekräftig erwiesen, da die chemische Zusammensetzung und die physikalischen Parameter der Gase und Dämpfe so stark schwanken, daß signifikante Angaben nicht möglich sind. Die ersten Erfolge bei der Vorhersage und Lokalisierung von Vulkanausbrüchen und Erdbeben lehren, daß die technologischen Probleme zu überwinden sind, wenn auch Stärke und Richtung der Ereignisse kaum exakt angegeben werden können.

Die vulkanische Tätigkeit

In neuerer Zeit wurden alle technischen Hilfsmittel zur Dokumentation der vulkanischen Erscheinungen eingesetzt, während von früher zahlreiche Berichte von Augenzeugen vorliegen. Die wissenschaftliche Analyse des vulkanischen Geschehens hat folgende Aspekte zu beachten:
- die physiko-chemischen Eigenschaften der Lava,
- die Art und Ereignisfolge der Ausbrüche (Vulkanologie),
- die Gestalt der vulkanischen Bauten (Geomorphologie) und
- die geotektonische Position der Vulkane (Geotektonik).

Bei Berücksichtigung dieser Gesichtspunkte stellt sich heraus, daß die vulkanische Tätigkeit bestimmten Gesetzmäßigkeiten unterworfen ist. Eine besondere Rolle spielen dabei die Beziehungen zwischen der Herkunft, der chemischen Zusammensetzung und dem Aufstiegsweg der Schmelze, da diese Faktoren die physikalischen Eigenschaften der Laven beeinflussen. Es gibt aber noch weitere Einwirkungen, so die Veränderungen der Schmelze (Magma) während ihres Aufstieges, die Gestalt des Zufuhrkanals (Spalte oder runder Schlot), die Platznahme der Lava auf dem Festland (subaerisch) oder auf dem Meeresboden (submarin).

Die vulkanische Tätigkeit beginnt mit dem Magmenaufstieg, bei dem die Schmelze einer Aufspaltung (Differentiation) in flüssige (**Lava**) und **gasförmige Anteile** unterworfen wird. Es folgt der Vulkanausbruch, die **Eruption**, die **effusiv** (Ausfließen entgaster Lava), **explosiv** (Ausbruch verdichteter Gase) oder **ejektiv** (Schlacken- und Lavawurf) sein kann. Nach dem Ausbruch setzt eine Inkubationsperiode ein, in deren Verlauf die Ausbruchbereitschaft des Vulkans wiederhergestellt wird. Die Inkubationszeit kann Minuten bis Jahrtausende dauern. Vulkane, die sich im Stadium der Inkubation befinden, rechnet man zu den aktiven oder rezenten Vulkanen, obwohl sie gegenwärtig untätig sind. Zur Zeit zählt man etwa 725 rezente Vulkane auf der festen Erdoberfläche, von denen nur 486 tätig sind (vgl. Tabelle).

Erläuterungen der Abkürzungen für die Typen der Aktivität:

Tab. Wichtige tätige Vulkane der Erde nach MACDONALD (1972)

c – Zentralkrater
e – Normalexplosion
g – Glutwolke
m – Schlammstrom
s – submarine Eruption

d – Staukuppe (Dom)
f – Lavastrom
l – Seitenkrater
p – phreatische Explosion

Nr.	Name des Vulkans oder der geographischen Lage	Höhe/m	Zahl der Ausbrüche seit 1700	Jahr der letzten Eruption	Typen der Aktivität
A.	Andamanen-Inseln	(1 rezenter, 1 tätiger Vulkan)			
B.	Sumatra	(29 rezente Vulkane, 11 tätig)			
C.	Sunda-Straße	(1 rezenter Vulkan)			
1.	Krakatau	818	2	1883/84	c, s, e, p, g
D₁	Java	(35 rezente Vulkane, 20 tätig)			
2.	Merapi	2928	40	1972	c, e, d, g, f, m
D₂	Sunda-Inseln	(29 rezente Vulkane, 20 tätig)			
E.	Banda-See	(9 rezente Vulkane, 8 tätig)			
F.	Melanesien	(58 rezente Vulkane, 30 tätig)			
G.	Samoa-Inseln	(20 rezente Vulkane, 4 tätig)			
	Tonga-Inseln	(16 rezente Vulkane, 14 tätig)			
H.	Neuseeland	(6 rezente Vulkane, 5 tätig)			
I.	Celebes	(13 rezente Vulkane, 5 tätig)			
K.	Philippinen	(31 rezente Vulkane, 15 tätig)			
3.	Hibokhibok	1340	4	1948/52	c, e, d, f, g, m
4.	Taal	302	19	1969	c, e, l, p
L.	Riu-Kiu-Inseln	(13 rezente Vulkane, 6 tätig)			
M.	Marianen-Inseln	(23 rezente Vulkane, 20 tätig)			
5.	Osima	762	18	1929	c, l, e, f
N.	Japanische Inseln	(45 rezente Vulkane, 31 tätig)			
6.	Shiwo Sin-Sau (Usu)	728	5	1943/45	c, e, d, l, g, m
7.	Fudschijama	3798	2	1707	c, l, e, f
8.	Sakuraijima	1125	37	1972	c, l, e, f
O.	Kurilen-Inseln	(39 rezente Vulkane, 33 tätig)			
P.	Kamtschatka	(28 rezente Vulkane, 19 tätig)			
9.	Korjakskaja	3476	2	1957	c, l, e, f
10.	Karymskaja	1495	34	1970	c, e, f, p
11.	Besymjanny	3103	15	1970	c, e, d, g, m
12.	Kljutschewskaja	4877	72	1966	c, e, l, f
13.	Schewelutsch	3335	7	1964	c, d, e, g, m
14.	Awatschinskaja	2768	13	1945	c, e, f, g, m
O.	Alëuten und Alaska	(rd. 60 rezente Vulkane, 39 tätig)			
15.	Katmai	2298	7	1931	c, e, f
16.	Trident	2082	3	1968	l, d, e, m
R.	Kontinentales Asien	(5 rezente Vulkane)			
S.	Cascade Range (USA)	(15 rezente Vulkane, 7 tätig)			
17.	Mt Rainier	4392	6	1882	c, e
18.	Lassen Peak	3186	4	1914/21	c, e, f, g, m
T.	Mexiko u. Mittelamerika	(60 rezente Vulkane, 42 tätig)			
19.	Parícutin	3188	1	1943/52	c, e, l, f
20.	Popocatépetl	5483	3	1920	c, e
U.	Südamerika	(60 rezente Vulkane, 47 tätig)			
21.	Cotopaxi	6040	50	1942	c, e, f, m
V.	Neuschottland u. Antarktika	(16 rezente Vulkane, 10 tätig)			
22.	Erebus	4023	7	1947	c, e, f
W.	Pazifischer Ozean	(15 tätige Vulkane)			
23.	Kilauea (Hawaii)	1247	47	1971	c, l, f, p

Nr.	Name des Vulkans oder der geographischen Lage	Höhe/m	Zahl der Ausbrüche seit 1700	Jahr der letzten Eruption	Typen der Aktivität
24.	Mauna Loa (Hawaii)	4170	37	1950	c, l, f
X.	Island u. Jan Mayen	(22 tätige Vulkane)			
25.	Hekla	1500	6	1970	c, l, e, f, m
26.	Surtsey	174	1	1963/67	s, c, e, f
27.	Laki	823	1	1783	f
Y.	Westindien	(17 rezente Vulkane, 9 tätig)			
28.	La Soufrière	1178	6	1972	c, l, e, p, g, m
29.	Mt. Pelé	1397	4	1929/32	c, e, d, g, m
Z.	Atlantischer Ozean	(22 tätige Vulkane)			
30.	Pico (Azoren)	2365	3	1963	c, l, e, f, s
31.	Teide (Teneriffa)	3739	5	1909	l, e, f
32.	Tristan da Cunha	2060	1	1961	l, e, d, f
a.	Mediterrane Region	(25 rezente Vulkane, 13 tätig)			
33.	Monte Nuovo	140	1	1538	c, e
34.	Vesuv	1290		1944	c, e, l, f
35.	Stromboli	931		1971	c, e, f, g
36.	Vulcano	503		1964	c, e, f
37.	Ätna	3309	75	1972	c, l, e, f
38.	Santorin (Äolische Ins.)	1316	6	1950	s, c, e, d, f
b.	Kleinasien	(27 rezente Vulkane, 8 tätig)			
c.	Afrika	(43 rezente Vulkane, 14 tätig)			
39.	Nyiragongo	3505	14	1977	c, e, f
d.	Indischer Ozean	(4 tätige Vulkane)			

Die vulkanische Tätigkeit äußert sich in unterschiedlichen Erscheinungen. Nach Typusvulkanen kann man unterscheiden:
– strombolianische Tätigkeit (Stromboli 35):
  rhythmisches Ausstoßen von Dampf- und Aschenwolken, Auswurf von Schlacken und Bomben – **ejektive** Tätigkeit.
– Hawaii – Tätigkeit (Kilauea 23, Mauna Loa 24):
  ruhiges Ausfließen großer Lavaströme – **effusive** Tätigkeit
– Vesuv – Tätigkeit (Vesuv 34):
  stürmische Eruptionen mit gewaltiger Wolkenbildung durch Gase, Dämpfe, Gesteins- und Lavastaub, gemischt mit Lavaergüssen – **gemischt ejektive und effusive** Tätigkeit.
– Pelé – Tätigkeit (Mt. Pelé 29):
  Ausbruch von (absteigenden) Glutwolken – **gemischt explosiv-ejektive** Tätigkeit.
– Krakatau – Tätigkeit (Krakatau 1):
  Gasexplosionen – **explosive** Tätigkeit.

Findet eine Differentiation der Schmelze statt, so daß sich im Verlaufe der Eruption die Zusammensetzung der Lava und damit der Charakter des Ausbruches ändert, spricht man von einem plinianischen Ausbruch (z. B. Monte Somma 34). Dringt Oberflächenwasser in den Vulkanschlot ein, z. B. aus Kraterseen oder Meerwasser bei submarinen Vulkanen, dann führt der Wasserdampf zu Explosionen. Diese Art der Eruption von Wasserdampf heißt **phreatischer** Ausbruch.

Sehr wesentlich für die vulkanische Tätigkeit ist der Zustand der Förderschlote. Insbesondere kommt es bei »verstopftem« Schlot zu gefährlichen Ausbrüchen und Explosionen, bei denen oft Teile der Vulkane weggesprengt werden, z. B. beim Besymjanny (11) auf Kamtschatka. Schlotverstopfung ist besonders für die gasreichen sauren Laven typisch.

Einzelne Eruptionen können durch kürzere (Minuten, z. B. Stromboli) bis längere (Stunden, Tage) Ruhephasen unterbrochen werden. Die wachsende Dauer dieser Pausen signalisiert das Abklingen der vulkanischen Tätigkeit. Den kurzzeitigen explosiven und ejektiven Ausbrüchen (Minuten, Stunden) stehen langanhaltende effusive Ausbrüche (Tage) gegenüber.

Im Anschluß an die eigentliche vulkanische Tätigkeit beginnt die **nachvulkanische** Tätigkeit, die über das aktive Stadium der Vulkane hinaus wirksam und mit der Förderung mineralisierter Dämpfe (**Exhalationen**) und heißer mineralisierter Wässer verbunden ist. Exhalationen schwefelreicher Wasserdämpfe mit Temperaturen von 100 bis 200 °C heißen **Solfataren**. Der geförderte Schwefelwasserstoff wird an der Luft durch Oxydation in elementaren Schwefel und in schweflige Säure umgewandelt. Die **Mofetten** fördern Kohlensäure, **Fumarolen** liefern Gasaushauchungen. Aus ihnen sublimieren sich Alkalihalogenide (900 bis 600 °C), Salmiak (500 bis 100 °C) und Borverbindungen (100 °C). **Geysire** sind Kochquellen, die ihr Wasser periodisch springquellenartig auswerfen. In den Ruhepausen stehen die Geysire unter hydraulischem Verschluß durch das kalte Grundwasser. Durch den Überdruck, den das siedende Wasser unter der Grundwassersäule erzeugt, wird es von Zeit zu Zeit explosiv herausgeschleudert. Die Mineralisationen in der Umgebung der Quellen werden **Sinter** genannt.

Die vulkanischen Förderprodukte

Durch die vulkanische Tätigkeit werden Massen in allen Aggregatzuständen gefördert: glutflüssige Schmelzen (**Lava**), feste Auswurfmassen (**Bomben, Schlacken, Lapilli** und **Staub**), heiße **mineralisierte Wässer** sowie **Gas** und **Dämpfe**. Mit Ausnahme eines geringen Teils der festen Auswurfmassen, der aus vorvulkanischen Festgesteinen aus der Tiefe emporgerissen wird, sind die Förderprodukte vulkanischer Herkunft. Selbst ein Teil des Wassers, das **juvenile** Wasser, leitet sich aus dem Magma ab. RITTMANN unterscheidet drei verschiedene Zustände des Magmas:
– das an Gasen untersättigte **Hypomagma**, das nur unter Drücken bestehen kann, die höher als der Dampfdruck der im Magma molekular gelösten Gase sind,
– das an Gasen übersättigte und deshalb blasenreiche bis schaumige **Pyromagma** und
– das entgaste **Epimagma**, d. h. die noch nicht geförderte Lava.
Überhitztes Magma ist flüssig. Bei beginnender Abkühlung scheiden sich erste Kristalle, die intratellurischen (innerirdischen) Einsprenglinge, aus. Die Fähigkeit des Magmas, von einem Aggregatzustand in einen anderen übergehen zu können, ist sehr wesentlich für die Lavaförderung. Dieser Vorgang entspricht einer Phasentrennung von glutflüssiger Lava und einer Gasphase. Das passive Hypomagma wird bei plötzlicher Druckentlastung zum aufschäumenden Pyromagma, dessen steigender Innendruck zur Eruption führt. Die Phasentrennung kann auch allmählich vor sich gehen und noch so lange zur Anreicherung von aktivem Pyromagma führen, bis der Innendruck des Magmas den Außendruck (hydrostatischer oder Überlagerungsdruck) übersteigt und schließlich die Eruption erfolgt.
Die Förderung kann gemischt vor sich gehen, die Art hängt von dem Chemismus und der Viskosität der Schmelze ab. Bei der explosiven Entgasung wird die saure hochviskose Lava zerspratzt, bei der effusiven Förderung treten dagegen ein blasenreicher Lavaschaum (saures Pyromagma) und basische niedrigviskose Lava (Epimagma) zutage.

Die vulkanischen Förderprozesse sind gut an den Erstarrungsformen der Laven zu erkennen, die stets den letzten Bewegungsakt der Schmelzen abbilden. Das Fließverhalten der Lava hängt von ihrer physikochemischen Beschaffenheit (Chemismus, Gasgehalt, Viskosität), der Abkühlungsgeschwindigkeit und dem Gefälle des Vulkanhanges ab.

Lava bildet im allgemeinen Lavaströme, die von außen nach innen erkalten. Die Erstarrungstemperaturen der Laven liegen in Abhängigkeit von der chemischen Zusammensetzung zwischen 900 und 600 °C. Der Fließvorgang ist in der Regel laminar, in basischen, niedrigviskosen, d. h. glutflüssigen Schmelzen können sich aber durch thermische Konvektionen oder steileres Gefälle Tur-

Tab. Gliederung der Laven nach ihren Oberflächeneigenschaften

Bezeichnung	Lavaeigenschaft	Oberflächenbeschaffenheit	Fließgeschwindigkeit
I. Fladenlaven (Pahoehoe-Laven)		dünne, erstarrte	
Fladenlava	heiß, dünnflüssig	flach, rauh, gestriemt	konstant
Seillava	heiß, dünnflüssig	bogenförmig, gekrümmt	verzögert
Schollenlava	heiß, dünnflüssig	tafelartig, kleinporig	beschleunigt
Gekröselava	heiß, dünnflüssig	rundlich, unregelmäßig	innerer Lavastrom beschleunigt
II. Brockenlava (Aa-Laven)		dicke, erstarrte Oberflächen	
Brockenlava	kühl, zähflüssig	eckig, rundlich, aufgeblähte Schlackenbrocken	innerer Lavastrom beschleunigt
Blocklava	kühl, zähflüssig	polyedrisch, kompakt bis porenarme Blöcke	innerer Lavastrom konstant
III. Kissenlaven (Pillow-Laven)	heiß, dünnflüssig	glasig erstarrte Oberflächen kissen- und wulstförmig, glatt	

bulenzen bilden. Der ruhige, laminare Fließvorgang führt zur Fluidalschichtung der Lava, die durch die Anordnung von Gasblasen in der Fließrichtung, durch die Einregelung intratellurischer und jüngerer Einsprenglinge in den Fließebenen (Fluidalgefüge) sowie durch die schichtweise Überlagerung von aufeinanderfolgenden Lavaströmen abgebildet wird.

Charakteristisch sind auch die Lavaoberflächen, die in Beziehung zum Fließvorgang und damit zur Viskosität, aber auch zur Abkühlung der Lava stehen. Es können drei Gruppen von Lavaoberflächen unterschieden werden (vgl. Tabelle).

Die Laven erstarren meist subaerisch, d. h. an der Landoberfläche (Fladen- und Brockenlaven). Bei submarinen Vulkanausbrüchen und ebenso beim Einfließen von festländischen Lavaströmen in Binnenseen oder in das Meer entstehen die Kissenlaven. Die kissenförmigen Wülste dieser Laven (Pillows) bilden sich bei der sehr raschen Abkühlung im Wasser. Dieser Vorgang führt zur Ausbildung von glasigen Krusten, die als Wärmeschutz die weitere Abkühlung verlangsamen. Die noch bewegliche Lava kann sich nun infolge der Oberflächenspannung zu den Pillows formen, die im Inneren durch radiale Schwundrisse gekennzeichnet sind.

Das Innere der Lavaströme besteht aus zusammenhängenden Gesteinsmassen, die bei basischen Magmen vollkristallin sind, bei sauren Laven aber meist Gesteinsglas enthalten. Vom kompakten Inneren der Lavaströme zur Oberfläche hin nimmt die Zahl der Blasenströme bis in das schlackigere Gefüge zu. Die Hohlräume sind Entgasungsspuren, die durch Mineralabscheidungen ausgefüllt sein können. Die Abkühlung der Lava ist mit der Bildung von Schwundrissen verbunden, die häufig eine regelmäßige, oft eine säulenförmige Anordnung zeigen. Die von den Schwundrissen begrenzten Säulen stehen senkrecht zur Abkühlungsfläche der Laven. Senkrecht stehende Säulen finden sich in horizontal lagernden Lavaströmen und horizontale Säulen in den steilen Förderschloten und Förderspalten (Seigergänge).

Die bei ejektiven Ausbrüchen ausgeworfenen Lockerprodukte gliedern sich in Staub, Lapilli, Bomben, Wurf- und Schweißschlacken. Man bezeichnet die Lockerprodukte auch als **Tephra** oder **Pyroklastika**. Der **Staub** – den Ausdruck »Asche« sollte man vermeiden – besteht aus feinen Lavatröpfchen und Nebengesteinsdetritus. Verbrennungsrückstände gibt es nicht. Die **Lapilli** (ital. Steinchen) sind eckige Bruchstücke von bereits im Schlot erkaltetem Magma. Größere Bruchstücke nennt man **Bomben**. Handelt es sich um Auswürfe heißer Lava, so nehmen die Bomben während des Fluges aerodynamische Gestalt an. Wurfschlacken sind anfänglich glutflüssige Fetzen, die sich bereits im Schlot abkühlen. Die schlackenartigen Gebilde sind schaumig aufgeblähtes Gesteinsglas. Die Schweißschlacken werden im glühenden Zustand ausgeworfen und erstarren erst nach ihrem Auftreffen am Boden, wobei sie fladenartig breitgequetscht werden und mit dem Boden verschweißen.

Bimssteine werden bei heftigen Explosionen gefördert, wenn zähflüssige Magmen eine plötzliche Druckentlastung erleiden. Es sind hochporöse Magmafetzen, die während des Fluges zu eckigen Bruchstücken zertrümmert werden. Die bis kopfgroßen Bimssteine schwimmen aufgrund ihres großen Porenvolumens auf dem Wasser. Bei explosiven Ausbrüchen entstehen **Glutwolken**, heiße Suspensionen sich ausdehnender Gase, die mit teils festem, teils glühendem Material aller Größen beladen sind. Ist der Schlot durch erstarrte Lava verstopft, brechen die Glutwolken seitwärts aus und bewegen sich hangabwärts am Boden entlang. Von einer solchen vom Gipfel des Mont Pelé (29) aus 1400 m Höhe mit einer Geschwindigkeit von 150 m/s »absteigenden Glutwolke« wurde 1902 die Stadt St. Pierre auf der Insel Martinique zerstört, und 26000 Menschen kamen ums Leben.

Ist der Schlot frei, steigen die Glutwolken bis 3 km vertikal empor und fallen danach auf den Vulkan zurück. Vermag die Glutwolke nicht aufzusteigen, weil der Gasdruck zu gering ist, bildet sich die **überquellende Glutwolke**, wie sie im Jahre 1912 am Katmai (15) zu beobachten war.

Glutwolkenabsätze saurer Pyromagmen erhielten den Namen »**Ignimbrit**« (Schmelztuff). Ignimbrite können gewaltige Areale bedecken, z. B. bis 25000 km^2 auf Neuseeland und Sumatra, und mehrere hundert Meter mächtig sein. Die Ignimbritdecken bilden neben den Ergüssen der **Plateaubasalte** (Tafelvulkane) die größten kontinentalen Vulkanitmassen.

Die physiko-chemischen Eigenschaften der Lava

Die grundlegenden Voraussetzungen für die Förderung von Laven bilden Temperatur, Viskosität und Gasgehalt der Schmelzen. Temperatur und chemische Zusammensetzung bestimmen das Fließverhalten der Lava. Basische Mg-, Fe- und Ca-reiche Schmelzen sind heiß und dünnflüssig (z. B. basaltische Laven), Al- und alkalireiche Schmelzen dagegen kühler und zähflüssiger (z. B. rhyolithische Laven). Die vulkanischen Gase bestimmen durch ihre Menge, ihren Innendruck und ihre Geschwindigkeit die vulkanischen Ausbruchsenergien. Aus dünnflüssigen Schmelzen entweichen die Gase sehr leicht, zähflüssige Schmelzen neigen dagegen zu explosiver Entgasung, d. h., die Art der Entgasung beeinflußt entscheidend das Ausbruchsgeschehen. Es bestehen frei-

lich bei der Probennahme während eines (explosiven) Ausbruches erhebliche
Schwierigkeiten.

Die Tabelle gibt Mittelwerte für die chemische Zusammensetzung von Gasen, die über einen längeren Zeitraum während der Ausbrüche der Vulkane Kilauea (23) von 1917/1919, Mauna Loa (24) 1926, Nyiragongo (39) 1959 und Surtsey (26) von 1964/1967 entnommen wurden:

	(23)	(24)	(39)	(26)
CO_2	21,4	46,2	40,9	4,6
CO	0,8	0,7	2,4	0,3
H_2	0,9	0,03	0,8	2,8
SO_2	11,5	14,3	4,4	4,1
S_2	0,7	Spuren	–	–
SO_3	1,8	38,8	–	–
Cl_2	0,1	Spuren	–	–
F_2	Spuren	Spuren	–	–
HCl	–	–	–	–
N	10,1	16,6	8,3	4,5
H_2O	52,7	71,4	43,2	83,1

Tab. Chemische Zusammensetzung vulkanischer Gase nach MACDONALD (1972)

Mit modernen Schnellverfahren analysierte Gase, z. B. mittels Flammenspektrometrie, zeigten starke Schwankungen ihrer Zusammensetzung. So wurden am Stromboli (35) Schwankungen der Wassergehalte an 26 Proben von 50 bis 0 Prozent im Verlaufe von 2 Stunden festgestellt. Die Gase sind im allgemeinen nicht brennbar. Schwache blaue Flammen lassen vermuten, daß Hydrogen verpufft. Die Gasgehalte gestatten keine Rückschlüsse auf die Existenz bestimmter Gase im Erdinnern.

Technische Schwierigkeiten sind die Ursache dafür, daß Temperaturmessungen an vulkanischen Laven noch recht selten sind. Meist werden optische Pyrometer verwendet, mit deren Hilfe aus den Farben der glühenden Laven zur Temperaturbestimmung herangezogen werden. Diese Methode setzt aber eine absolut klare Sicht voraus. Direkte Temperaturmessungen konnten bisher nur an etwa 20 Vulkanen mit vorherrschend gasarmer basischer Lava vorgenommen werden. Neuerdings hat hier die Fernerkundung ein Einsatzgebiet gefunden. Verwendung finden Radiometer (Infrarotradiometrie) und optische Scanner (Infrarotspektroskopie) mit hohem Auflösungsvermögen. Die Genauigkeit der Aufnahmen beträgt bei einer Auflösung von 0,01 m rad etwa 1 cm bei Aufnahmen aus 1 km Höhe und 4 m bei Aufnahmen aus 400 km Höhe. Die Apparaturen vermögen Lavatemperaturen auf 10 bis 20 °C Genauigkeit aus 400 km Höhe anzugeben.

Die höchsten Lavatemperaturen wurden an der Oberfläche von Laven mit etwa 1350 °C bestimmt; doch sind die Werte infolge exothermischer Prozesse (Verbrennungen, Oxydation) überhöht. In der Regel liegen die Temperaturen zwischen 1000 und 1200 °C. Die niedrigsten Temperaturen einer noch fließenden Lava (etwa 2 km/h) haben sowjetische Vulkanologen am Kliuschewsky (12) auf Kamtschatka mit 690 bis 835 °C bestimmt. Am Paricutin (19) betrug die niedrigste Temperatur der in Bewegung befindlichen Lava 750 °C.

Die nachfolgend angeführten Vulkane gehören sehr unterschiedlichen geotektonischen Einheiten mit verschieden zusammengesetzten Schmelzen an. Dennoch erreichen die Laven die Erdoberfläche immer im gleichen Temperaturintervall. Über Herkunft und Verhalten der unterschiedlichen Magmen wurde bereits bei den Gesteinen im Kapitel – Das Magma – gesprochen (S. 78).

Die Viskosität der Laven ändert sich im Verlaufe der Abkühlung. Nach den Ergebnissen von Bohrungen am Kilauea (Hawaii) besitzt kristallfreie basaltische Lava in der Nähe der Liquidustemperatur von 1200 °C eine Viskosität von 500 Poise. In der Lava herrscht eine Schubspannung, die dem Geschwindigkeitsgefälle proportional ist (Newtonsche Flüssigkeit). Ist die Schmelze zu 25 Prozent kristallisiert (1130 °C), erhöht sich die Viskosität auf 800 Poise.

Vulkan	Jahr	Gesteinstyp	Lavatemperatur °C	Viskosität Poise
24 Mauna Loa	1950	Olivinbasalt	940...1070	10^3
23 Kilauea	1952	Tholeyiitbasalt	950...1100	$10^3...10^4$
5 Osima	1951	Tholeyiitbasalt	1038...1125	$10^3...10^4$
37 Ätna	1966	basalt. Andesit	1010...1020	$10^4...10^5$
34 Vesuv	1936	Tephrit	1000...1200	10^4
25 Hekla	1947	Andesit		$10^5...10^7$
8 Sakuraijima	1946	Andesit	900	10^9
16 Trident	1953	Dazit		10^{10}
6 Shiwo Sin-Sau	1945	Dazit	1000	10^{11}

Tab. Lavatemperatur und Viskosität ausgewählter Vulkane nach MACDONALD (1972)

Die Schmelze beginnt erst bei einer die Fließgrenze übersteigenden Schubspannung zu fließen (Binghamsche Flüssigkeit). Die Solidustemperatur, bei der die Schmelze vollständig kristallisiert ist, wird bei etwa 980 °C erreicht. Beispiele für die Größenordnung der Viskosität verschiedener Laven vermittelt die Tabelle (S. 195).

Die bei einem Vulkanausbruch ausgelösten Energien verteilen sich auf die Explosion, die Hitze und auf Spannungen (Erdbeben). Die Angaben über die Größenordnung der Energien schwanken. Die bei großen Vulkanausbrüchen freigesetzten Energien werden mit $2,3 \cdot 10^8$ cal/s (Kilauea (23) (1919) und Nyiragongo (39) (1959)) angegeben. Die vom Kilauea 1952 erzeugte Wärmeenergie betrug während des Ausbruches $4,3 \cdot 10^{16}$ cal, d. h., sie entsprach etwa zwei Fünfteln der Energieproduktion der USA. Obwohl mit den Vulkanausbrüchen auf Hawaii kaum explosive Tätigkeit verbunden ist, wurden während des gewaltigen Ausbruches des Mauna Loa (24) (1950) Energien in der Größenordnung der stärksten Vulkanexplosionen (Krakatau (1) (1883) und Besymjanny (11) (1955/1966)) freigesetzt (vgl. Tabelle).

Tab. Während vulkanischer Ausbrüche ausgelöste Gesamtenergien nach MACDONALD (1972)

Vulkan		Jahr	Energien (erg)
8 Sakurajima	(Japan)	1914	$4,6 \cdot 10^{25}$
11 Bezymianny	(Kamtschatka)	1955/1966	$2,2 \cdot 10^{25}$
1 Krakatoa	(Sunda-Archipel)	1883	$>1 \cdot 10^{25}$
8 Sakuraijima	(Japan)	1946	$2,1 \cdot 10^{24}$
7 Fudschijama	(Japan)	1707	$7,1 \cdot 10^{24}$
23 Kilauea	(Hawaii)	1952	$1,8 \cdot 10^{24}$

Die vulkanischen Bauten

Die Gestaltung der vulkanischen Bauten beruht auf der Art der Eruption, der Form des Schlotes und den physikochemischen Eigenschaften der Lava. Es gibt Zentralvulkane mit einem kreisförmigen Schlot im Zentrum und Linear- oder Spaltenvulkane mit einem langgestreckten spaltförmigen Schlot. Nach den Förderprodukten unterscheidet RITTMANN Lava-, gemischte, Locker- und Gasvulkane und teilt sie ein in monogene, d. h. in durch einen einmaligen Ausbruch entstandene, und in polygene, d. h. in durch zahlreiche Ausbrüche gebildete Vulkane. Nach der Morphologie der Vulkanbauten spricht man von **Lavadecken, Tafelvulkanen, Strato-** und **Schildvulkanen** und von den subaquatischen Vulkanbergen, den **Guyots.**

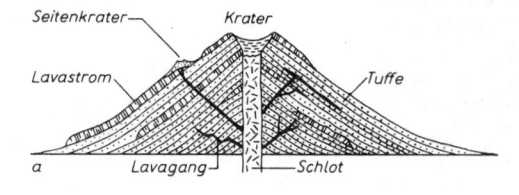

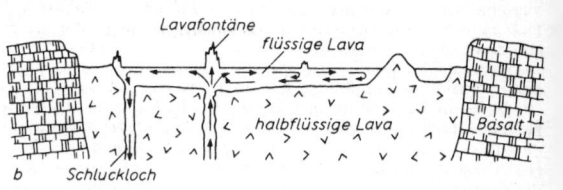

Schematische Vulkanschnitte:
a Schnitt durch einen Stratovulkan;
b Schnitt durch den Kratersee eines Schildvulkans

Die gewaltigsten Vulkanbauten sind die Tafel- und Schildvulkane. Die Tafelvulkane entstanden besonders im Tertiär im Bereiche der kontinentalen Tafeln. Sie wurden von auf Spalten aufsteigenden Basaltfluten mit bis zu 3 km Mächtigkeit überzogen, die heute bis zu 1 Mill. km² Fläche bedecken. Beispiele gibt es in Nordamerika (Columbia-Plateau), in der Sowjetunion (Ostsibirische Tafel), in Indien (Dekan-Plateau bzw. Trapps) und in Afrika (Äthiopien, Karru). Noch gewaltigere basaltische Lavamassen bedecken die Ozeanböden, die den Zentralgräben (Riften) der mittelozeanischen Rücken entstammen (S. 253). Aus den ozeanischen Becken steigen die Schildvulkane bis zu 4 km Höhe (Mauna Loa (24)) über den Meeresspiegel auf. Es sind flach gewölbte (1 bis 10° Neigung der Hänge), im Grundriß rundliche bis ovale Lavavulkane mit einem im Zentrum über dem Schlot befindlichen Krater (Zentralvulkane). Der Anteil der Lockermassen an der Gesamtförderung liegt bei 2 bis 3 %. Die polygenen Schildvulkane besitzen einen offenen Schlot, über dem im Krater ein mit dünnflüssiger Lava gefüllter Lavasee steht. Die effusiven Ausbrüche führen meist zum Überlaufen des Lavasees, von dem Lavaströme nach allen Richtungen abfließen. Die Krater sind flache Kessel mit steilen Wänden, die durch ringförmige Abrisse über der ausströmenden Lava entstehen (Einsturz- oder Pitkrater).

Die Schildvulkane vom Hawaiityp sind von gewaltigem Ausmaß. Der Mauna Loa (24) erhebt sich fast 10 km über den Meeresboden, sein Basisdurchmesser beträgt 400 km, der Durchmesser des Pikkraters 4 und 5,6 km. Der Böschungswinkel der Flanken liegt bei 4 bis 6°. Auf den Flanken sitzen die Krater der Flankenausbrüche über radialen, grabenbruchartigen Schwächezonen und setzen die vom Zentralkrater begonnene Tätigkeit fort. Heute ist von den Flankenvulkanen des Mauna Loa der Kilauea (23) mit dem Kratersee Halemaumau tätig. Insgesamt baut sich die Insel Hawaii aus 5 Schildvulkanen auf.

Die Schildvulkane vom isländischen Typ sind Spaltenergüsse, die sich mit Hangneigungen von 6 bis 8° nur wenige hundert Meter über ihre Umgebung erheben. Die sich aus den Spalten ergießenden Basaltlaven – die 25 km lange Lakispalte (27) förderte 12 km³ Lava und 3 km³ Lockermaterial – überfluten ähnlich den Plateaubasalten weite Flächen, beim Lakiausbruch 565 km². Die Stratovulkane sind polygene Vulkane, die sich abwechselnd aus Lavaströmen und Lockermassen aufbauen, und stellen kegelförmige Vulkanbauten mit konkaven Hängen und Böschungswinkeln von mehr als 15° dar. Die Spitze des Kegels bildet der Krater über dem zentralen Schlot. Die Kraterwände sind steil, der Kraterboden ist in Zeiten der Ruhe geschlossen. Kraterseen aus flüssiger Lava treten nur kurzzeitig in Zusammenhang mit den Eruptionen auf. Erstarrte Lava kann nadelförmig aus dem Krater ausgepreßt werden. Am Mt. Pelé (29) ragte eine solche Nadel 300 m hoch über dem Gipfel auf. Dem durch Erosionsrinnen gegliederten Kegelmantel des Stratovulkans sind parasitäre Krater aufgesetzt, die ihrerseits kleine Vulkankegel aufbauen. Die Lavaströme ergießen sich zungenförmig über die Flanken. Bei zahlreichen Stratovulkanen bildete sich eine Gipfelkaldera, d. h., die Gipfelregion des Vulkankegels brach nach gewaltigen Explosionen (plinianischer Ausbruch) zusammen. Die Stratovulkane wachsen allmählich in die Höhe, wie am Paricutin (19) von 1941/1944 in allen Phasen beobachtet werden konnte. Die idealen Vulkanberge wie Merapi (2), Fudschijama (7), Kljutschewşkaja (12), Popocatépetl (20), Vesuv (34) oder Ätna (37) sind Stratovulkane.

Die vulkanische Entwicklung der Stratovulkane ist mit einer stofflichen Modifizierung der Förderprodukte verbunden. Das am besten untersuchte Beispiel ist der Monte Somma – Vesuv (34). Nach RITTMANN sind die ältesten Laven Trachyte (Ur-Somma, 12000 Jahre v. u. Z.), es folgten phonolithische Leuzittephrite (Altsomma, 6000 Jahre v. u. Z.), Leuzittephrite (Jungsomma, 79 Jahre n. u. Z.) und tephritische Leuzite (Vesuv, Gegenwart). Die leuzittephritischen und leuzitischen Laven sind die Ergebnisse der Assimilation von Karbonatgesteinen durch das primäre trachytische Magma.

Neben den Stratovulkanen gibt es weitere **gemischte Vulkane**, an deren Aufbau Laven und Lockermassen Anteil haben. Beispiele sind die Lockerkegel aus Schlacken und Lapilli mit Lavaergüssen und die sich aus zähflüssigen Laven bildenden Bimssteinkegel mit Lavaergüssen. Staukuppen sind das Ergebnis zähflüssiger Lavaströme, die in ihrer Bimssteinhülle stecken blieben. Lockervulkane entstanden durch den einmaligen Ausbruch zähflüssiger Laven. Es handelt sich um relativ kleine monogene Vulkane, die sich durch das Fehlen von Lavaströmen auszeichnen und meist die letzte Phase eines gemischten Ausbruches sind. Nach explosiven Bimssteinausbrüchen bildeten sich die kreisrunden Kraterseen der Maare. Die Gasmaare sind Schlote von Gasexplosionen, die von Schloträumungsbrekzien wallförmig umgeben werden. Wird das Schlotgestein nach schwächeren Explosionen nicht ausgeräumt, bezeichnet man die brekziengefüllten Durchschlagröhren als Diatrem.

Vulkanotektonische Senken oder Gräben entstehen durch den Einbruch leerer unterirdischer Magmenkammern. Oft sind sie mit Kalderen verbunden, deren Bildung durch Explosionen den weiteren Absenkungen vorausging. Die Explosion des Santorins (38) um 1400 v. u. Z. im Ägäischen Meer, bei der 130 km³ Lava und Gestein gefördert wurden, riß eine Gipfelkaldera von 11 km Durchmesser und 300 m Tiefe auf. Dann folgte der vulkanotektonische Einbruch. Ein gewaltiger Feuersturm und eine 30 m hohe Flutwelle vernichteten die minoische Inselkultur in der Ägäis.

Die geographische und geotektonische Position der Vulkane

Erfaßt man alle in historischer Zeit tätigen Vulkane, ergibt sich nach RITTMANN folgende Verteilung: 62 Prozent aller tätigen Vulkane befinden sich im zirkumpazifischen »Feuergürtel«, d. h., 45 Prozent liegen im Bereich der westpazifischen Inselbögen und 17 Prozent in den pazifischen Randgebieten beider Amerikas. Allein auf den indonesischen Inselbogen entfallen 14 Prozent. Nur 24 Prozent der tätigen Vulkane liegen nicht im Bereiche von ozeanischen Inselgürteln. Von ihnen sind 3 Prozent Inseln im inneren Pazifischen Ozean, 13 Prozent Inseln im Atlantischen Ozean und 1 Prozent Inseln im Indischen Ozean. 7 Prozent der tätigen Vulkane befinden sich in einem Gürtel zwischen dem Mittelmeer, Kleinasien (4 Prozent) und Innerasien sowie im Bereich der Ostafrikanischen Gräben.

83 Prozent aller tätigen Vulkane liegen auf dem Festland; 17 Prozent gehören zu den Ozeanbecken. Dort aber sind weitaus mehr erloschene Vulkane vorhanden als auf dem Festland. Man vermutet, daß sich allein in den pazifischen Becken 10000 Seeberge mit mehr als 1000 m Höhe befinden. Nur wenige dieser Seeberge ragen heute als Inseln über die Wasserfläche; doch besitzen ihre Flanken Neigungen zwischen 5 und 25° und können deshalb nicht generell als Schildvulkane bezeichnet werden. Daher nimmt man an, daß einige der Seeberge Aufwölbungen über subvulkanischen Lakkolithen (vgl. 200) sind. Submarine Kalderen

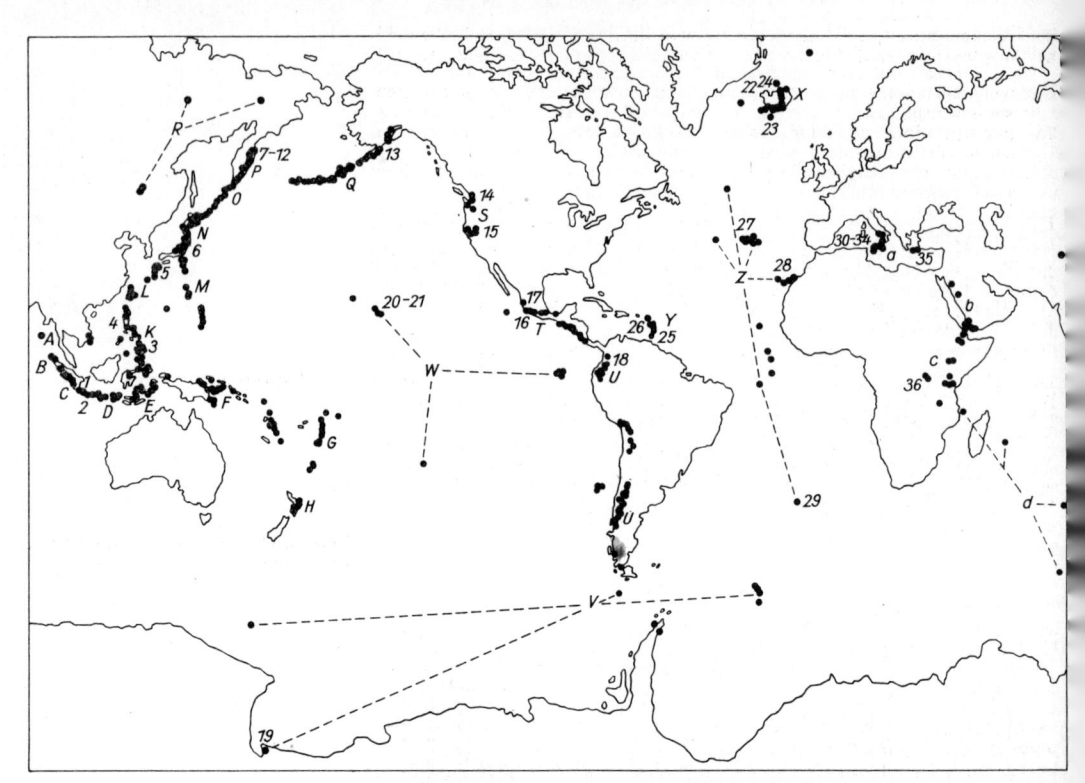

Die Verbreitung tätiger Vulkane auf der Erde (nach MacDonald 1972) sind nicht bekannt. Eine Gruppe der Seeberge besitzt ein flaches Plateau. Diese **Guyots**, von denen allein im Pazifik bisher 500 bekannt sind, lagen zeitweise im Abtragungsbereich der Wellen und bildeten Inseln oder Untiefen. Ihre Flanken werden bis 40° steil, d. h. steiler, als die basaltischen Laven erwarten lassen. Deshalb wird ein stratovulkanischer Aufbau mit an Glas reicher Tephra angenommen.

Zur Beurteilung der vulkanischen Tätigkeit ermittelte RITTMANN den Explosivitätsindex E, der den Anteil der Tephra an der Förderleistung in Prozent ausdrückt. Die regionale Verteilung für E zeigt die folgende Tabelle.

Tab. Explosivitätsindex (E) des Vulkanismus nach RITTMANN

Vulkangebiete	Explosivitäts-index E (%)	vorherrschende vulkanische Tätigkeit
Inselbögen	80...90	Stratovulkane, Lockerkegel, Staukuppen
Kamtschatka	60	gemischte Vulkane
Kordilleren u. Anden	90	Stratovulkane, Lockerkegel
Italien	40	gemischte Vulkane
Atlantik: Azoren	65	Stratovulkane
Kanaren	20	Schildvulkane
Island	40	gemischte Vulkane
Innerer Pazifik	1...4	Schildvulkane
Afrika	40	gemischte Vulkane

Von 1500 bis 1914 betrug die Förderleistung der irdischen Vulkane nach SAPPER 64 km³ Lava und 314 km³ Lockermassen (E = 84 Prozent). Insgesamt kann man sagen, daß der ozeanische Vulkanismus effusiv, der kontinentale gemischt und der Vulkanismus der Inselbögen vorherrschend explosiv ist.

Die engen Zusammenhänge zwischen Vulkanismus und Tektonik werden besonders offenbar durch das regionale Zusammenfallen des Inselbogenvulkanismus mit den Tiefseerinnen und den Herden der Tiefenbeben. Diese Beziehungen bilden eine Grundlage für den plattentektonischen Bewegungsmechanismus an den Rift- und Subduktionszonen.

Bei der erdgeschichtlichen Betrachtung werden die Verbindungen zwischen dem Vulkanismus und der orogenen Entwicklung sichtbar. Allen Stadien dieses Werdeganges sind typische vulkanische Strukturen zugeordnet, so dem

Geosynklinalstadium der initiale Vulkanismus, mit vorwiegend submarinen, basischen Ergüssen;
Morphogenstadium der subsequente Vulkanismus, mit vorwiegend festländischen, sauren bis intermediären Eruptionen;
Tafelstadium der finale Vulkanismus, mit vorwiegend festländischen, basischen Ergüssen.

Den rezenten geotektonischen Verhältnissen liegt die Verteilung der magmatischen Sippen an der heutigen Erdoberfläche zugrunde. So sind nicht anders wie in der geologischen Vergangenheit die »pazifischen Magmen« stärker den Faltengebirgen, die »atlantischen« und »mediterranen« Magmen aber den Vorländern der Faltengebirge sowie den Tafeln und Ozeanen zugeordnet (vgl. Kapitel »Magmatite«, S. 82).

Der Plutonismus

Die sich in den Tiefen der Erdkruste abspielenden magmatischen Prozesse führen zu Strukturen, die Hans CLOOS als **Plutone** bezeichnet hat. Die Plutone bilden sich aus Schmelzen, die den vulkanischen Laven entsprechen, ohne daß diese Magmen die Erdoberfläche erreichen. Zwischen den Plutonen und den Vulkanen stehen die **Subvulkane**, deren Magmen ebenfalls in tieferen Bereichen erstarren. Die subvulkanischen Bedingungen kommen den an der Erdoberfläche herrschenden aber bereits nahe.

Vulkanische und plutonische Krustenstrukturen

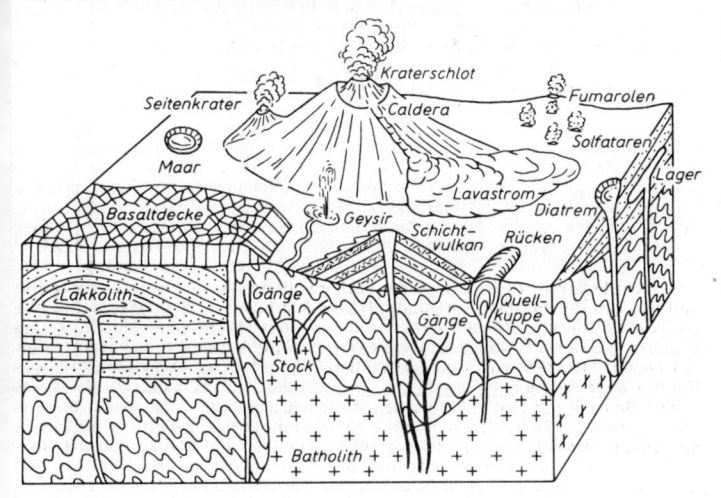

Die wichtigsten Merkmale der Plutone sind:
Plutone entstehen durch das Eindringen magmatischer Schmelzen aus größeren Tiefen (Untere Erdkruste und Oberer Erdmantel) in höhere Stockwerke (plutonisches und subvulkanisches Stockwerk der Oberen Erdkruste). Der Vorgang dauert 10^5 bis 10^6 Jahre. Plutone sind erstarrte magmatische Schmelzen, die sich im Kampf um den Raum eine eigene Gestalt und Struktur erworben haben. Dieser Vorgang heißt **Intrusion**. Die Struktur spiegelt sich in den Tiefengesteinen oder Plutoniten wider.

Plutone bestehen entweder aus den Produkten einer einheitlichen Schmelze (einheitliche Plutone). oder sie gehen aus verschiedenen Teilschmelzen hervor, die einem sich differenzierenden Magma entstammen.

Die Plutone sind fast ausschließlich an die mobilen Zonen der Erdkruste, in erster Linie an die Orogene gebunden.

Die Magmen dringen auf Spalten oder unterirdischen Schwächezonen (z. B. Tiefenbrüchen) sowie durch die Aufschmelzung (Anatexis, S. 97) bereits vorhandener Krustengesteine in höhere Krustenteile ein. Die anatektischen Magmen sind überwiegend saure Schmelzen, die zu weitgehend stofflich homogenen »Granitplutonen« führen. Der Spaltenaufstieg steht meist in Verbindung mit der Intrusion differenzierter primärer Magmen, die zusammengesetzte, d. h. stofflich inhomogene, mehrphasig entstandene Plutone bilden. Mit diesen Plutonen können magmatische Erzlagerstätten verbunden sein. Die Mehrzahl der Plutone besteht aus den Produkten anatektischer Schmelzen, während an der Erdoberfläche angeschnittene Plutone mit basischen Gesteinen wesentlich seltener sind.

Die plutonischen Formen und Erscheinungen

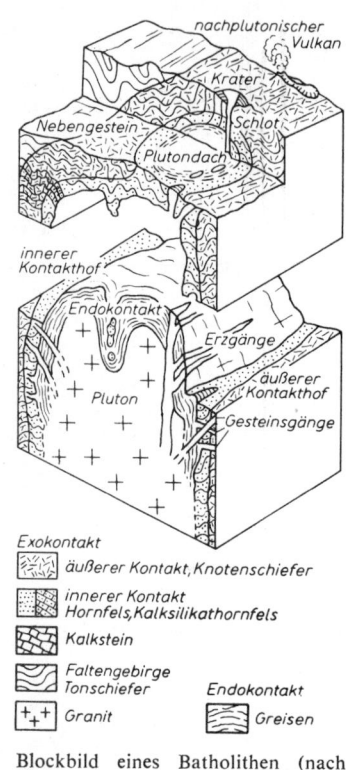

Außer durch ihre stofflichen Unterschiede lassen sich die Plutone nach Gestalt, Längs- und Querschnitt sowie nach ihrer Größe gliedern. Man unterscheidet Vertikal- und Horizontalplutone, Trichter-, Pyramiden- und Kuppelplutone. Teilweise finden auch andere Begriffe Verwendung. Große Massive mit steil nach außen geneigter Begrenzung heißen **Batholithe**, kleine sich steil nach unten erweiternde Vertikalplutone **Stöcke**, die meist nach oben oder seitswärts gerichtete Apophysen von Batholithen sind. Sich nach unten verjüngende Trichterplutone nennt man **Ethmolithe**. **Lakkolithe** sind linsenförmige Horizontalplutone mit einem Zufuhrkanal, **Lopolithe** dagegen muldenförmig nach unten eingebogene, plattenförmige Plutone. **Sills** sind plattenförmige Lagergänge, die beidseitig zu vom Nebengestein gebildeten Schichtfugen lagern. Die Beziehungen der Plutone zu dem sie umgebenden Nebengestein werden durch folgende Begriffspaare ausgedrückt:

a) **konkordant-diskordant**: Beziehungen der Berührungsflächen der Plutone mit dem Nebengestein (Kontakte), d. h. zur Struktur des Nebengesteins;

b) **konform-diskonform**: Beziehungen der inneren Strukturen der Plutone zum Verlauf der Kontakte;

c) **harmonisch-disharmonisch**: Beziehungen der Struktur der Plutone zur Struktur ihrer Umgebung.

Die innere Struktur der Plutone wird durch das Fließgefüge der Gesteine abgebildet, das als Einströmgefüge oder als Konvektionsgefüge ausgebildet ist. Diskordante Kontakte können bei der Platznahme einer Schmelze auf einer Fuge (z. B. Gänge) oder als Folge der Aufschmelzung des Nebengesteins während der Intrusion entstehen. Das aufgeschmolzene Nebengestein findet sich in Form von Einschlüssen (**Relikten**) in den Plutonen. Solche Relikte sind in den Dachregionen der Plutone sehr häufig vertreten. Hier stürzt das Nebengestein in die noch plastische Schmelze und wird von ihr aufgenommen oder assimiliert. »Unverdaute« Reste bleiben als Einschlüsse erhalten. Konkordante Kontakte sind vor allem den subvulkanischen Plutonen eigen (Lakkolithe, Lopolithe, Sills). Die großen Granitplutone sind in der Regel diskordant, konform und harmonisch.

Mit Bezug auf die strukturelle Formung der Nebengesteine intrudieren die Plutone prä-, syn- oder postkinematisch. Präkinematische Plutone (z. B. Lopolithe) sind selten, setzen sich aus basischen Schmelzen zusammen und kommen in den tiefsten Stockwerken vor. Die synkinematischen Plutone entstehen in großer Zahl während des Tektogenstadiums der Orogene. Ihre Schmelzen werden noch während der Intrusion tektonisch deformiert, und es bilden sich die gestreckten Granite oder Granitgneise. Meist sind es konforme und harmonische Längsplutone, deren Innenbau den Faltungsstrukturen angepaßt ist. Die postkinematischen Plutone sind überwiegend konforme und disharmonische Querplutone mit diskordanten Kontakten. Oft sind es zusammengesetzte Plutone. Von diesen postkinematischen Plutonen gibt es Übergänge zu den Subvulkanen, und von ihnen gehen die Gesteinsgänge aus. Gesteinsgänge sind cm- bis m-mächtige Spaltenfüllungen (basische, intermediäre und saure Ganggesteine), die vertikal (Seigergänge) oder geneigt bis horizontal (Lagergänge) sich von den Plutonen abzweigen und oft kilometerweit zu verfolgen sind.

Die zeitliche Zuordnung der Plutone zur Tektonogenese zeigt die folgende Tabelle. So ist der initiale Magmatismus präkinematisch, der synorogene Magmatismus synkinematisch und der subsequente Magmatismus postkinematisch bezüglich tektonischer Formung des Nebengesteins.

Viele Plutone sind im Grundriß kreisförmig bis oval. Die von ihnen eingenommenen Flächen sind unterschiedlich groß. Nach CLOOS ersetzen Plutone der 1. Ordnung ganze Schollen bis zu 10^6 km² Fläche. Plutone der 2. Ordnung bilden Teile von Großschollen (10^4 km²), Plutone der 3. Ordnung sind klein und unselbständig (10^4 km²). Es sind Stöcke, die mit Plutonen der 2. Ordnung zusammenhängen.

Blockbild eines Batholithen (nach H. Cloos)

Tab. Die Stellung der Plutone in der Erdkruste

Magma Position	Chemismus	Typ	Pluton Struktur		
postkinematisch (subsequent)	sauer, intermediär, basisch	Gänge	diskordant	konform	disharmonisch
	sauer bis intermediär	Lakkolith	diskordant und konkordant	konform	disharmonisch
	sauer bis intermediär	Stock	diskordant	konform	disharmonisch
	sauer bis intermediär	Batholith	diskordant	konform	disharmonisch
	sauer bis basisch	Ethmolith	diskordant	konform	disharmonisch
synkinematisch (synorogen)	sauer	Batholith	diskordant bis konkordant	konform	harmonisch
präkinematisch (initial)	basisch	Sill	konkordant	konform	harmonisch
	basisch	Lopolith	konkordant	konform	harmonisch

Auch die größten Plutone sind nur Platten oder Körper mit endlichen vertikalen und horizontalen Ausmaßen. Die Plutone der 1. Ordnung werden niemals mächtiger als 15 km. Als Beispiel sei der nordamerikanische Coloradopluton genannt. Beispiele für Plutone der 2. Ordnung stellen der Böhmische und der Erzgebirgische Pluton dar. Am häufigsten sind die Plutone der 3. Ordnung an der Erdoberfläche anzutreffen, z. B. der Brocken- und Ramberg-Pluton im Harz, die vogtländisch-erzgebirgischen Plutone von Kirchberg, Eibenstock und Bergen oder die Plutone des Schwarzwaldes und des Odenwaldes.

Das untere plutonische Stockwerk tritt vorzugsweise in den Schilden der Alten Tafeln (Skandinavischer und Ukrainischer Schild der Osteuropäischen Tafel, S. 225), in den Geantiklinalen der Faltengebirge (Mitteleuropäische Kristallinzone) und in den Zwischenmassiven oder Zentraliden der Orogene (Böhmische Masse der Moldanubischen Zone, Französisches Zentralplateau, Zentralalpines Kristallin) zutage. Das obere plutonische Stockwerk ist vor allem in den Interniden der Faltengebirge (Saxothuringische Zone, Zentralmassive der Alpen) aufgeschlossen. Das subvulkanische Stockwerk findet sich in Verbindung mit den Molassen der orogenen Innensenken (Nordsächsisches und Hallesches Vulkanitgebiet, Thüringer Wald, Saar-Nahe-Gebiet).

Die inneren Gefüge der zusammengesetzten Plutone sind im Horizontalschnitt ringförmig angeordnet, d. h., sie bestehen aus aufeinanderfolgenden Intrusionen. Daher spricht man von Ringkomplexen. Die Gefüge der plutonischen Gesteine sind entweder schlierig, oder sie zeigen ein Fließgefüge. Mit der Erstarrung der Schmelze reagiert dann das Gestein rupturell. In Richtung senkrecht zur größten Dehnung reißen steile Zugspalten (Querklüfte = Q) auf, die sich mit den letzten Differentiationsprodukten (z. B. Quarz) oder auch Restschmelzen (Aplite, Pegmatite, Lamprophyre) füllen können (S. 83). Senkrecht zu den Querklüften sind geschlossene steile S-Klüfte oder flache Lagerklüfte (= L) angeordnet. Die Platznahme der Schmelzen unter den Bedingungen des in der Kruste herrschenden Kräfteplanes zwingt den Graniten ein Trennflächengefüge auf, das als die Teilbarkeit bezeichnet wird. Diese Teilbarkeit liegt in den Richtungen parallel zu Q, S und L und ist die Voraussetzung für die Verwendung der Plutonite als Werksteine. Parallel zu den Teilbarkeiten verlaufen die Quader- bzw. Würfelflächen der Werk- und Pflastersteine.

Die Wirkungen der Plutone auf ihr Nebengestein sind die Erscheinungen der Kontaktmetamorphose, die im Kontakthof zu beobachten sind. Die Kontakthöfe der Plutone gliedern sich in den inneren Kontakthof mit den Hornfelsen und in den äußeren Kontakthof mit den Garben- und Knotenschiefern (S. 99). Die Größe des Kontakthofes hängt vom Wärmeinhalt des Plutons ab, der bei einer größeren Masse höher ist. In der Regel beträgt die Weite der Kontakthöfe im Horizontalschnitt 0,5 bis 4 km. In größeren Tiefen, besonders im unteren plutonischen Stockwerk, kommt es unmittelbar im Kontakt zur Angleichung von Schmelze und Nebengestein unter der Voraussetzung, daß Druck und Temperatur des Chemismus des Nebengesteins günstig sind. Beispielsweise entstand der Lausitzer Zweiglimmergranit durch eine derartige Angleichung bei der Intrusion des Lausitzer Granodiorites in die Lausitzer Grauwacken. In anderen Graniten ist der Angleichungskontakt dagegen nur wenige Meter stark.
M. Schwab

Strukturformen der Erdkruste (Tektonik)

Wesen und Aufgabe der Tektonik

Tektonik ist die Lehre vom Bau der Erdkruste, von der Lagerungsform der Gesteine sowie den Bewegungen und Kräften, die die geologischen Strukturen erzeugt haben. Es sind die erdinneren und -äußeren Kräfte, die im ständigen Wechselspiel diese Strukturveränderungen bewirken. Um diese zu erkennen und zu deuten, bedarf es nicht nur der Analyse der sichtbaren Strukturen, der Gebirge, der eingeebneten Gebirgsrümpfe, der Meeresküsten und der Tiefländer, sondern auch der in der Tiefe verborgenen tektonischen Elemente. Alles, was sich in der sedimentären Hülle der Erde abspielt, ist unlösbar gekoppelt mit Vorgängen in tieferen Stockwerken. Die Untersuchungen des raumzeitlichen Bewegungsablaufs und seiner Ursachen sind wegen der großen Zahl der wirkenden Faktoren schwierig und nur induktiv in kleinen Schritten durchführbar. Solche Arbeiten lassen sich allein durch Vergleich einer großen Zahl von Gedankenmodellen bewältigen; sie werden immer wieder an jedem neuen Ergebnis geprüft und können ganz oder teilweise bestätigt bzw. müssen verworfen werden. Das Kapitel »Geotektonische Hypothesen« (S. 234) illustriert diese Tatsache anschaulich und eindrucksvoll.

Die aus der Analyse der tektonischen Strukturen gewonnenen Ergebnisse haben nicht nur wissenschaftlichen Erkenntniswert, sondern sind auch von großer praktischer Bedeutung; denn die tektonischen Vorgänge können Lagerstätten nutzbarer Minerale schaffen, zerstückeln oder vernichten, beeinflussen aber auch den Baugrund.

Solange dem Geologen als Werkzeug nur sein Verstand, seine Augen und einige einfache Meßwerkzeuge zur Verfügung standen, mußte er sich mit dem begnügen, was er an der Erdoberfläche, in Grubenbauen oder an Bohrproben sah, was also »aufgeschlossen« war. In den letzten Jahrzehnten hat sich das Instrumentarium des Geologen durch die Einführung angewandt-geophysikalischer und geochemischer Methoden wirkungsvoll vergrößert und verbessert. Die geophysikalischen Verfahren (S. 509) gestatten, in mehr oder weniger großer Tiefe liegende Schichten durch die von diesen modifizierten natürlichen oder aufgeprägten Kraft- und Potentialfelder zu erfassen, indem die pysikalischen Meßgrößen an der Erdoberfläche registriert, verfolgt und geologisch gedeutet werden. Mit Hilfe der Geochemie (S. 55) kann man durch die Untersuchung migrierender Spurenelemente Informationen aus dem Untergrund erhalten oder die Druck- und Temperaturbedingungen während der geologischen Entwicklung an nicht umkehrbaren chemischen Prozessen rekonstruieren.

Tektonische Erscheinungsformen

Die nicht gestörte Lagerung

Die Strukurbildung durch tektonische Vorgänge reicht vom mikroskopischen Bereich bis zur Deformation ganzer Kontinentalblöcke. Die im Wasser abgelagerten Sedimente befinden sich im konkordanten Verband horizontaler, übereinanderliegender Schichten. Ursprüngliche Schrägschichtung tritt besonders dann auf, wenn Ablagerungen durch das Transportmittel eine natürliche Böschung hinab bewegt werden. Das kommt bei Windablagerungen vor, z. B. bei Dünen. Schrägschichtung ist auch für Deltaschüttungen an den Flußmündungen charakteristisch. Die Schichtung wird im Kapitel »Sedimentologie« (S. 124) behandelt.

Wenn man unter den Sedimenten die weit überwiegenden Ablagerungen des Flachmeeres betrachtet, kann man mit horizontaler Lagerung und Schichtung rechnen, weil die Bedingungen, die Art und Fazies eines Sediments bestimmen, sich laufend ändern. Damit ist für die tektonische Analyse im Sedimentgebirge ein wirkungsvolles Mittel gegeben: Jede Abweichung der Lagerung von der Horizontalen kann auf tektonische Ereignisse zurückgeführt werden.

Die tektonische Analyse muß davon ausgehen, daß die Gesteine nicht auf einer idealen Kugel abgelagert wurden, sondern seit Urzeiten auf einem durch tektonische Vorgänge erzeugten Relief. Eine großräumige tektonische Analyse setzt daher die Untersuchung der paläogeographischen Verhältnisse voraus. Nur in mühevoller Kleinarbeit kann eine lückenlose Schichtenfolge für alle geologischen Zeiten und Räume aufgestellt werden, die die Grundlage für die tektonische Analyse bildet. Solche Untersuchungen müssen von Senkungsräumen ausgehen, in denen über lange Perioden hinweg möglichst vollständige Ablagerungsfolgen entstanden sind.

Die gestörte Lagerung

Jede Abweichung der Schichtlagerung von der Horizontalen ist, abgesehen von den genannten Ausnahmen, das Ergebnis tektonischer Vorgänge. Für die Lagebestimmung einer Schicht im Raum dienen die Angaben des Streichens und Fallens. Das Streichen ist die Richtung einer gedachten Schnittlinie der Schichtoberfläche mit der Horizontalen auf einer geneigten Schicht, bezogen auf die geographische Nordrichtung. Die Fallrichtung steht senkrecht auf dieser Linie und wird durch die Fallinie dargestellt. Der Winkel zwischen der Fallinie und der Horizontalebene ist der Fallwinkel. Die Fallrichtung ist das Azimut der Fallinie im geographischen Koordinatennetz. Schichten können flach liegen (kleine Fallwinkel), steil (große Fallwinkel) oder auch senkrecht (seiger) stehen und überkippt lagern.

Vertikale Bewegungen – Hebungen und Senkungen – sind charakteristisch für epirogenetische Krustenbewegungen (S. 171), während als tektonogenetische (orogenetische) solche gelten, bei denen vorwiegend eine tangentiale Beanspruchung vorherrscht. Dem Anschein nach sind also drei Hauptdeformationsarten vorhanden: tangentiale (horizontale) Pressung, tangentiale Zerrung sowie Hebungen und Senkungen. Somit gibt es folgende tektonische Grundformen:

1) Pressung
   a) Biegungserscheinungen: Falten
   b) Bruch- und Gleiterscheinungen: Aufschiebungen, Überschiebungen, Horizontalverschiebungen (Blattverschiebungen), Pressungsklüfte
2) Dehnung
   a) Biegungserscheinungen: Flexuren
   b) Brucherscheinungen: Dehnungsklüfte, Spalten, Abschiebungen, Kippschollen
3) Vertikalbewegungen: Biegungen, Falten, Beulen, Schleppungen, Brüche, Gleitungen.

Diese Grundformen sagen nichts über die Ursache der Deformationen, die sich nur als Erscheinungsformen tektonischer Kräfte in der inhomogenen Kruste darstellen. Man kann z. B. ohne Schwierigkeit alle Deformationsbilder allein mit Hebungen und Senkungen erklären, die Teile der tieferen Kruste betroffen haben. Darauf soll später eingegangen werden.

Eine bestimmte Deformation kann deshalb nicht eindeutig einer bestimmten Beanspruchung zugeordnet werden. Es darf nicht vergessen werden, daß diese Grundformen Abstraktionen sind, die man in der Natur kaum rein antrifft. Alle Deformationen der ursprünglichen Lagerung von Gesteinen werden allgemein als **Schichtstörungen** bezeichnet. Im Bergbau und in der angewandten Geologie wird der Begriff »Störung« auf alle mit Brüchen verbundenen Dislokationen eingeengt, also auf Verwerfungen, wie Aufschiebungen und Abschiebungen. Verwerfungen sind Bruchflächen, an denen Schollenverschiebungen stattgefunden haben.

Die Deformationserscheinungen werden kompliziert durch das unterschiedliche Verhalten der Gesteine gegenüber den verformenden Spannungen; denn die Gesteine sind weder homogene Massen noch verhalten sie sich wie normale elastische Körper. Setzt man eine Gesteinsprobe längere Zeit einem starken Druck aus, wie es experimentell von GRIGGS durchgeführt wurde, erhält man eine Deformationskurve, die zeigt, daß sich bei kurzzeitigen Spannungen ein Gestein wie ein elastischer Körper verhält. Er reagiert mit umkehrbaren Verformungen und bei Überschreiten der Festigkeitsgrenze mit Bruch. Bei langer Dauer und zunehmender Steigerung der wirkenden Spannung treten nichtumkehrbare Verformungen ein, die man im gewöhnlichen Sprachgebrauch »plastisch« nennt und die zu Fließbewegungen führen. Die Gesteine verhalten sich in diesem Falle wie Flüssigkeiten hoher Viskosität, falls ein gewisser Schwellenwert der wirkenden Spannung, die Nachgebespannung, überschritten wird. Diese Fließgrenzen sind außerdem stark abhängig von der Temperatur und vom triaxialen Druck, d. h. von der Einbindung und Einspannung in allen Richtungen. Die geringsten Schwellenwerte haben Salze, Gips und Tongesteine; bei den Sandsteinen liegen die Werte wesentlich höher, sind aber sehr stark abhängig vom Wassergehalt. Die Sandsteine verhalten sich auch »starrer« als die Karbonatgesteine. Die kristallinen Gesteine haben die höchsten Fließgrenzen.

Eine kurzzeitige starke Spannung, die innerhalb des elastischen Bereichs die Festigkeit der Gesteine überschreitet, führt zum Bruch, während eine langdauernde oder über geologische Zeiten hinweg sich langsam steigernde Beanspruchung plastische Verformung bewirkt, wobei die Spannung wieder zurückgeht.

Diese großen Unterschiede im Verhalten der Gesteine komplizieren erheblich die tektonischen Formen. Verstärkend wirkt dabei die **Anisotropie**, die verursacht, daß die geologischen Körper den verformenden Kräften in verschiedenen Richtungen unterschiedlichen Widerstand entgegensetzen. Über die »Starrheit« geologischer Körper hat man sich lange Zeit zu einfache Vorstellungen gemacht. Auch ein »starrer« kristalliner Block wird von vielen Rissen und Anisotropien durchsetzt. Er dürfte, wenn es sich um eine große geologische Einheit handelt, nicht schwerer deformierbar sein als ein Sedimentkörper von der gleichen Größenordnung, wenn auch die entstehenden Strukturen unterschiedlich sind. Es gibt also die von einer Reihe Forschern angenommenen mechanischen Gegensätze zwischen dem »versteiften« Kraton und dem »faltungswilligen« Geosynklinalbereich wahrscheinlich in dieser Form nicht. Die Ursachen für die Unterschiede zwischen den zweifellos vorhandenen mobilen und stabilen Krustenteilen müssen in größerer Tiefe gesucht werden. Mit wachsender Tiefe, Temperatur und Druck verringern sich die mechanischen Unterschiede, bis schließlich im oberen Erdmantel das Fließstockwerk, die **Asthenosphäre**, erreicht wird, in dem tektonische Kräfte keine formbeständigen Deformationen mehr erzeugen können. Der Schauplatz der tektonischen Ereignisse ist die darüberliegende **Tektonosphäre** mit ihren verschiedenartigen Deformationsstilen, je nach den Druck- und Temperaturbedingungen. Diese Gegebenheiten führen zu einer **Stockwerkstektonik** (S. 172, 206).

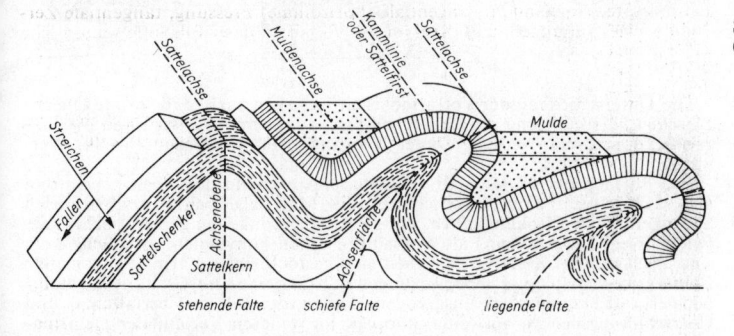

Sättel (Antiklinalen) und Mulden (Synklinalen)

Pressungserscheinungen

Ein in der Vertikalen begrenztes sedimentäres Gesteinspaket wird sich bei tangentialer (horizontaler) Pressung in **Falten** legen, die mit zunehmender Verformung steiler werden, überkippen und schließlich liegende und tauchende Falten bilden (Tafel 34). Ein solcher anscheinend durch Verkürzung des Krustenteils entstandener Faltenzug besteht aus Sätteln (Antiklinalen) und Mulden (Synklinalen). Die Abbildung zeigt eine aufrechte, eine schiefe und eine liegende Falte und enthält die Bezeichnungen für die einzelnen Teile des Faltenwurfes. Die Umbiegungsteile der aufgewölbten Antiklinale heißen Sattelachse und die durch sie gelegte Fläche, die alle Umbiegungsstellen der einzelnen im Schichtpaket vorhandenen Glieder enthält, Achsenfläche. Bei einer stehenden Falte stellt sie die Symmetrieebene der Falte dar und wird Achsenebene genannt. Demgegenüber ist die Kammlinie oder der Sattelfirst die Linie, entlang der die Schichten an einer horizontal gedachten Erdoberfläche nach beiden Seiten abfallen. Bei einer stehenden Falte fallen Sattelachse und Kammlinie zusammen, bei einer schiefen Falte dagegen nicht. Die entsprechenden Bezeichnungen für die Mulde sind Muldenachse und Muldentiefstes. Die Richtung, nach der eine schiefe oder liegende Falte geneigt ist, ist die **Vergenz**. Faltenachsen, die gegenüber der Horizontalen geneigt sind, heißen tauchende oder einschiebende Achsen. Das Azimut der Faltenachsen wird als Faltenstreichen bezeichnet. Als Amplitude einer Falte nimmt man die Höhendifferenz von der Wendelinie bis zur Sattelfirst.

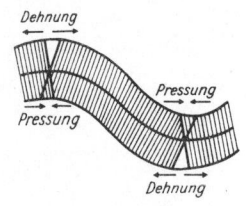

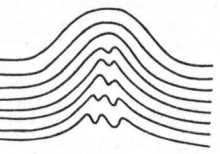

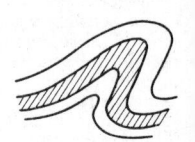

Dehnung und Pressung während der Faltung

Gleitbewegungen bei der Verformung eines Schichtpaketes

Sekundäre Faltung im Kern einer Falte

Verdickung plastischer Schichten an den Umbiegungsstellen (kongruente Faltung)

Sieht man vereinfachend eine Schicht als elastische Platte an, dann herrscht bei Faltung an den Umbiegungsstellen der Sättel oben Dehnung und unten Pressung. In den Mulden sind die Verhältnisse umgekehrt (Abb.). Aus geometrischen Gründen erzeugt die Faltung in den Gesteinen ein inhomogenes Spannungsfeld, das zu zusätzlichen Verformungen führt. Handelt es sich um Schichten mit ähnlichen mechanischen Eigenschaften, treten an den Inhomogenitätsflächen der Schichtung Ausgleichsbewegungen auf (Abb.). In den tieferen Schichten des Paketes müssen dann **sekundäre Faltungen** entstehen (Abb.). Meistens besteht das Paket aus Schichten mit sehr unterschiedlichen mechanischen Eigenschaften; deshalb werden die Verformungen in den einzelnen Gliedern immer differenzierter. Die widerständigen (kompetenten) Schichten können sich z. B. noch im elastischen Bereich verformen, während die leichter verformbaren (inkompetenten) schon plastisch reagieren. Plastisches Material bewegt sich nach eigenen Gesetzen. Es wandert aus Pressungszonen in den »Druckschatten« (Abb.). Dabei entstehen kongruente Falten, im Gegensatz zu den konzentrischen Falten, bei denen die Schichtdicken unverändert bleiben. Dieser Vorgang kann sich bis zur **disharmonischen Faltung** steigern (Abb.), bei der die einzelnen Glieder ganz verschiedene Faltenbilder zeigen. Besonders Salzgesteine, Tone und Mergel neigen zu disharmonischer Faltung. Leicht verformbares Material einer Schichtfolge kann dabei aus den Pressungszonen vollständig verschwinden und sich in den Zonen des geringsten Druckes anhäufen.

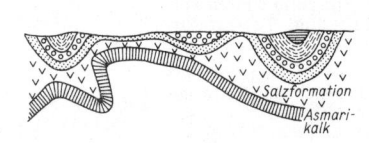

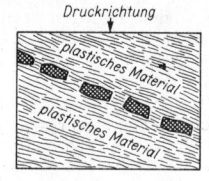

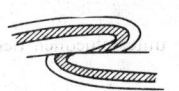

Disharmonische Faltung im Ölfeld Masjid-i-Sulaiman (nach Lees, Science of Petr. Bd I)

Boudinage

Falte mit ausgewalztem Mittelschenkel

Die Unterschiede in der Verformbarkeit bewirken auch, daß spröde Glieder zwischen »fließfähigen« oft zerbrechen bzw. auseinandergerissen und die Einzelstücke verdreht werden. Dieser Vorgang heißt **Boudinage** (franz. »Verwurstelung«, Abb.).

Die Formen der Falten sind vielfältig, entsprechend den Spannungen und den säkular-plastischen Eigenschaften des Materials. Falten mit parallelen Schenkeln heißen **Isoklinalfalten**, Falten mit abgewinkelten geraden Schenkeln (wie Plissee) **Knickfalten**, Falten mit nach unten konvergierenden Schenkeln sind **Fächerfalten**; **Kofferfalten** haben eine kastenförmige Form. Zunehmende Faltungsintensität mit Fließbewegungen der Gesteine und Gleitungen infolge Schwerkraft erzeugt stark ausgezogene Falten, die sich zu **Überfaltungs-** und **Überschiebungsdecken** ausweiten können. Im weiteren Verlauf der Deforma-

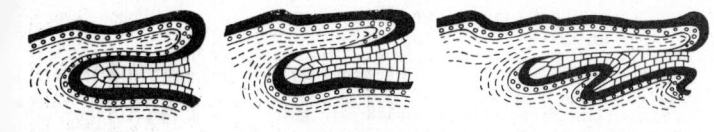

Bildung einer Überschiebungsdecke aus einer liegenden Falte

tion können die Mittelschenkel liegender Falten abscheren (Abb. S. 204), und es bilden sich Abscherungsdecken. Schließlich gleiten losgelöste Pakete von Schichten weit über ihre Unterlage hinweg. Sie bilden dann Schub- oder Gleitdecken, für die charakteristisch ist, daß sie mehr oder weniger weit von ihrem ursprünglichen Untergrund abgelöst werden. Solche Decken sind besonders typisch für junge Faltengebirge wie Alpen und Karpaten (alpinotype Gebirge). Das in die Bewegungsrichtung zeigende Ende einer Decke ist die Deckenstirn, ihr Ursprungsort die Deckenwurzel.

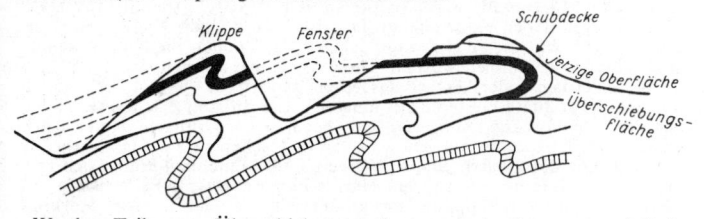

Überschiebung von älteren Gesteinen auf jüngere. Die Decke ist durch Erosion zerschnitten, so daß sich Klippen und geologische Fenster gebildet haben

Werden Teile von Überschiebungsdecken so weit abgetragen, daß ihre Unterlage freiliegt, nennt man derartige Aufschlüsse des Untergrundes **Fenster**. Die Erosionsreste von Decken heißen **Klippen** (Abb.). An der Unterseite großer Decken werden die überfahrenen Schichten oftmals zerrissen, mitgenommen und zu einem Reibungsteppich (AMPFERER) verformt. Zuweilen werden auch zylinderförmige Rollfalten erzeugt. Werden Bündel enggepreßter Falten dachziegelartig übereinandergeschoben, spricht man von **Schuppung** (Abb.).

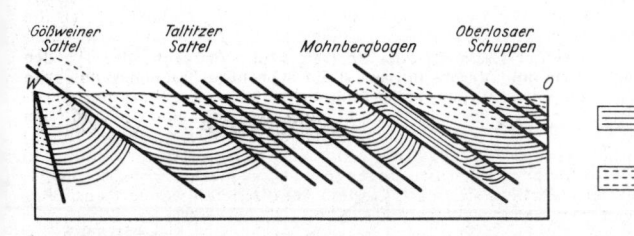

Schematischer Schnitt durch den Schuppenbau des Vogtlandes bei Plauen (nach W. Jäger aus K. Pietzsch 1951)

Eine einfache Überlegung zeigt, daß die Mächtigkeit einer Sedimentserie die Spannweite der Faltung bestimmt. Es kann deshalb keine Faltung bis in die »ewige Teufe« geben. Faltung verlangt Abscherungsflächen, die durch die Inhomogenität der Sedimentschichten bedingt sind. Die Dicke solcher Pakete bestimmt die Faltenamplitude. Je enger Gesteinsschichten gefaltet werden, desto mehr Gleitflächen sind erforderlich. Ein gefaltetes Gebirge besteht daher aus einer Superposition der verschiedensten Wellenlängen und wird von vielen Brüchen durchsetzt. Bündel von zusammengehörigen Falten werden **Antiklinorien** genannt, Gruppen von Senken **Synklinorien**. Zuweilen haben verschiedene Faltungen unterschiedlicher Richtung das Gebirge erfaßt, so daß es zu **Faltenvergitterung** kommt.

Betrachtet man die Erdkruste in der Vertikalen, beobachtet man an den unterschiedlich tief angeschnittenen Gebirgsrümpfen, daß sich die Deformationsstile mit der Tiefe ändern. Im nichtmetamorphen obersten Sedimentstockwerk herrschen Faltungen der verschiedensten Intensität und Brüche vor, die wegen ihrer großen praktischen Bedeutung hier hauptsächlich behandelt werden. Im darunterliegenden Grundgebirge (Fundament, Sockel) mit seinen metamorphen, magmatischen und kristallinen Gesteinen gibt es langwellige Verbiegungen. Hauptsächlich ist dieses Stockwerk aber gekennzeichnet durch hohe Beweglichkeit der einzelnen Komponenten bis zu den Molekülen hinab. Das macht sich durch Einregelung der Kristallachsen der Minerale in das vorgegebene Spannungsfeld bemerkbar. Von größerer Dimension sind Scher- und Gleitvorgänge, die zur Deformation des Gefüges führen. Diese Vorgänge sind besonders auffällig im oberen Teil des Grundgebirgsstockwerkes, dem Schiefergebirgsstockwerk mit seiner Transversalschieferung. Das darunterliegende, tiefere Grundgebirgsstockwerk wird mehr gekennzeichnet durch Parallelschieferung und zunehmende plastische Verformung mit Gefügeregelung.

Die Anisotropien verlieren an Gewicht, und eine Gefügeanalyse gestattet

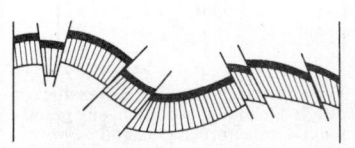

Verkürzung eines Krustenteils durch Bruchfaltung infolge Pressung

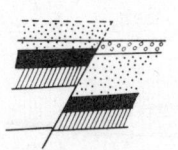

Profil einer Schollenaufschiebung. Die linke Scholle ist über die rechte gepreßt worden

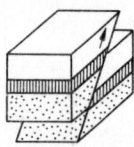

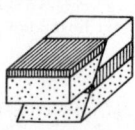

Blockdiagramm einer Schollenaufschiebung. Die an der Erdoberfläche entstandene Bruchstufe wurde durch Abtragung beseitigt

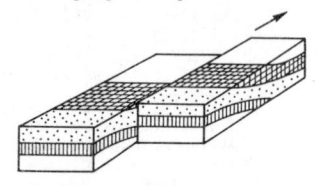

Blockdiagramm einer Horizontalverschiebung

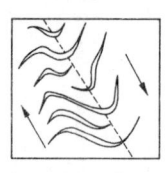

En-échelon-Spalten bei Scherspannung ohne Blocktrennung. Die Pfeile geben die Richtung der Spannungen an

Dehnungserscheinungen

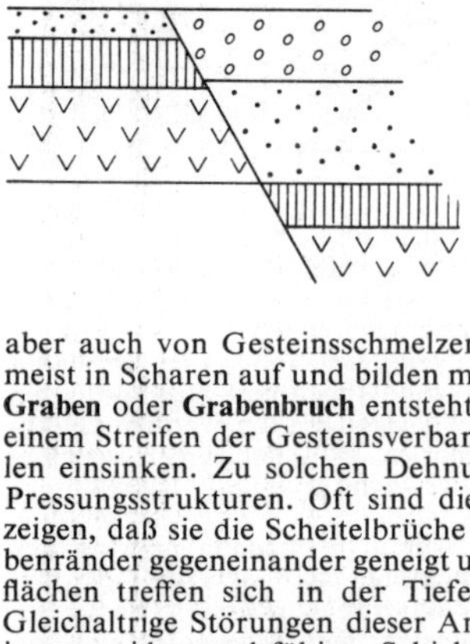

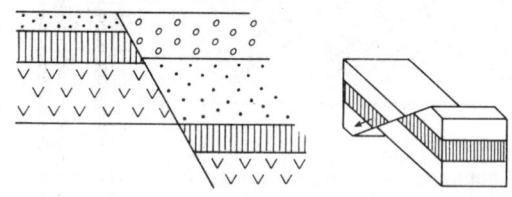

Profil einer Verwerfung (Abschiebung). Die rechte Scholle ist nach unten abgeglitten

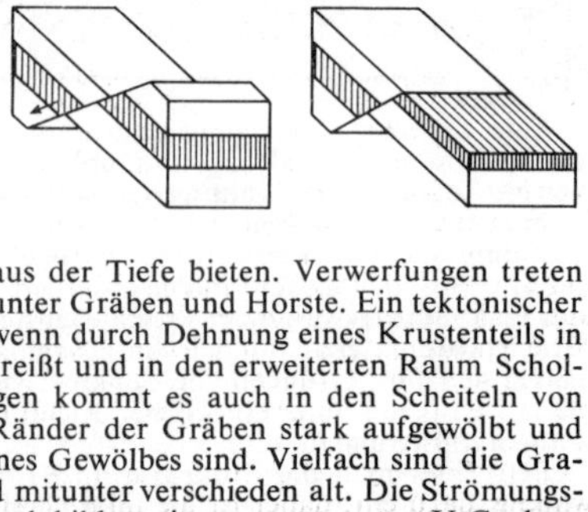

Blockdiagramm einer Abschiebung und Zustand nach Abtragung der Bruchstufe (rechts)

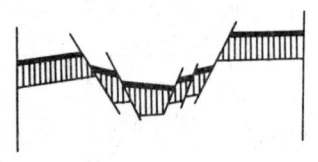

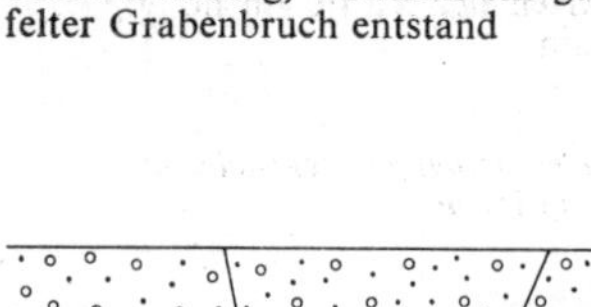

Verlängerung eines Krustenstückes durch Dehnung, wodurch ein gestaffelter Grabenbruch entstand

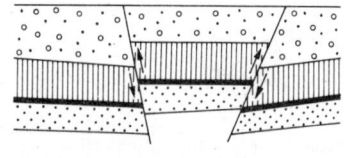

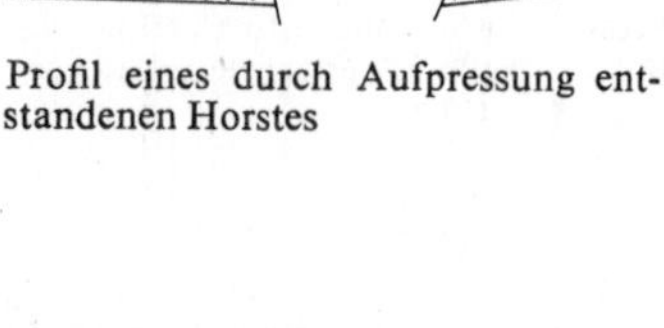

Profil eines durch Aufpressung entstandenen Horstes

Aussagen über die Hauptspannungsrichtungen. Das unterste Fließstockwerk zeigt ein völliges Verschwinden aller Anisotropien und Fließstrukturen bis in das kleinste Gefüge. Ein typisches Beispiel für den Stockwerkbau ist das Sächsische Granulitgebirge (Grundgebirgsstockwerk) mit seinem Schiefermantel (Schiefergebirgsstockwerk).

Es besteht eine primäre **Stockwerksgliederung** des tektonischen Aufbaus. Im Deckgebirge lassen sich sekundäre Stockwerke ausgliedern. So liegen z. B. im nördlichen Flachland Mitteleuropas über dem stark gefalteten und geschichteten Paläozoikum die Salze des Zechsteins, die eine Ausgleichsfläche an der Basis des unteren Deckgebirgsstockwerks darstellen und Bruchfaltung (Abb. S. 205) zeigen. Dieses Stockwerk wird überlagert von fast horizontalen Schichtpaketen des Tertiärs und Quartärs, die das obere Deckgebirgsstockwerk bilden.

Wenn auch bei einer Pressung durchaus Zerrungen auftreten können, sind im allgemeinen die typischen Schichtstörungen neben den Falten die **Aufschiebungen** und **Überschiebungen** (bergmännisch Wechsel genannt, Abb.). Die Aufschiebungen haben Fallwinkel größer als 45° und Überschiebungen solche kleiner als 45°. Auf diesen Störungsflächen sind Schollen mehr oder weniger weit aufeinandergeschoben worden. Diese Vorgänge können sich bis zu großen **Überschiebungs-** oder **Abscherungsdecken** steigern. In diesen Überschiebungen liegen meist ältere Gesteine auf jüngeren. Die Störungsflächen selbst sind durch den Gleitvorgang häufig geglättet, bei sehr feinkörnigem Material tritt oft eine Hochglanzpolitur auf. Diese polierten Flächen sind die **Harnische**, die oft in Richtung des Gleitvorgangs gestriemt sind. Manchmal finden sich auch unregelmäßige Lappungen auf den Harnischen. In diesem Falle haben sich die Schollen quer zur Lappung bewegt. Werden Gesteine in einer Störungszone zerbrochen und zermahlen, bilden sie eine **Ruschelzone** mit Lettenbestegen und Reibungsbrekzien auf den Kluftzonen. Durch den Reibungswiderstand beim Aneinandervorbeigleiten der Blöcke reißen zuweilen **Fiederspalten** auf. Werden Blöcke horizontal gegeneinander verschoben, spricht man von **Horizontal-Lateral-** oder **Blattverschiebungen** (Abb.). Bleiben die Blöcke im Verband, dann reißen in der Scherzone **En-échelon-Spalten** auf (Abb.). Wenn mehrere Bewegungsrichtungen auf ein Schollensystem einwirken, kommt es zu Drehverschiebungen mit Schollendrehungen, deren Verschiebungsflächen zuweilen krumm sind.

Die Hauptformen der Dehnung oder Zerrung sind Störungen vom Typ der **Abschiebungen** (das sind **Verwerfungen** i. e. S.) (Abb.) und **Dehnungsklüfte**, die offenstehen können und Raum für die Bildung von Erz- oder Materialgängen, aber auch von Gesteinsschmelzen aus der Tiefe bieten. Verwerfungen treten meist in Scharen auf und bilden mitunter Gräben und Horste. Ein tektonischer **Graben** oder **Grabenbruch** entsteht, wenn durch Dehnung eines Krustenteils in einem Streifen der Gesteinsverband reißt und in den erweiterten Raum Schollen einsinken. Zu solchen Dehnungen kommt es auch in den Scheiteln von Pressungsstrukturen. Oft sind die Ränder der Gräben stark aufgewölbt und zeigen, daß sie die Scheitelbrüche eines Gewölbes sind. Vielfach sind die Grabenränder gegeneinander geneigt und mitunter verschieden alt. Die Strömungsflächen treffen sich in der Tiefe und bilden einen sogenannten Y-Graben. Gleichaltrige Störungen dieser Art ergeben X-Brüche. Sind in solche Gräben junge, widerstandsfähige Schichten eingesunken, die bei späterer Erosion stehenbleiben, macht sich der Graben im Gelände nicht als Senke, sondern als morphologische Erhebung bemerkbar. Man spricht dann von **Reliefumkehr** (Inversion). Erhalten sich einzelne Blöcke, wenn die Nachbarblöcke einsinken, entstehen **Horste**. Andere Horste dagegen verdanken ihre Existenz Aufschiebungen und sind Pressungsstrukturen (Abb.).

Wenn das Einfallen einer Abschiebungsfläche und der Gesteinsschichten in gleicher Richtung verläuft, liegen normale oder **homothetische** (auch rechtsinnige oder synthetische) Verwerfungen vor. Sind Schichten und Abschiebungsflächen gegeneinander geneigt, spricht man von **antithetischen** (widersinnigen) Verwerfungen.

Verwerfungen haben lateral und vertikal nur eine begrenzte Reichweite. In plastischen Schichten laufen sie sich tot und gehen in einfache Verbiegungen, in **Flexuren**, über (Abb. S. 207), oft mit einer Ausdünnung der Schichten. Solche

Flexuren kommen auch zustande, wenn Grundgebirgsblöcke gegeneinander verschoben werden und das Deckgebirge bruchlos folgt.
 Viele dieser Verschiebungen haben die gesamte Erdkruste betroffen und reichen bis in den oberen Erdmantel. Solche Systeme von Brüchen und Gräben können einige tausend Kilometer lang werden.

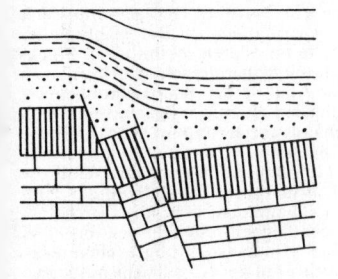

Flexur über Verwerfungen

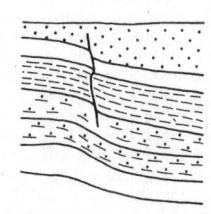

Flexur, die im Deckgebirge in eine Verwerfung übergeht

Kombinierte Systeme. Bruchsysteme können zu intrakratonischen **Bruchschollengebirgen** führen, in denen Pressungen und Dehnungen mehrfach aufeinander folgen. Die Ursache sind Zerrungen und Pressungen im tiefsten tektonischen Stockwerk. Bei Zerrungen werden die Schichten des sedimentären Deckgebirges in einzelne Blöcke von verschiedener Höhenlage zerlegt, die passiv die Bewegungen des Untergrundes mitmachen (AUBOIN nannte es Klaviertastenschema). Lokal können dabei an den Kanten von Blöcken auch Pressungen auftreten und zu schwachen Verfaltungen führen, wie sie für das als **germanotyp** bezeichnete **Bruchfaltengebirge** charakteristisch sind (vgl. S. 180). Diese festländischen Erdkrustentypen werden im Kapitel »Bewegungen der Erdkruste durch erdinnere Kräfte« näher beschrieben.

Welche Arten von Störungen sich entwickeln, kann immer nur für einzelne Modelle erklärt werden. Ihr Entstehen ist eine Folge der Spannungsverhältnisse im Gebirge, die niemals in allen Richtungen gleich sind. Eine der Spannungen wird stets die maximale Hauptspannung sein. In der Abbildung sind

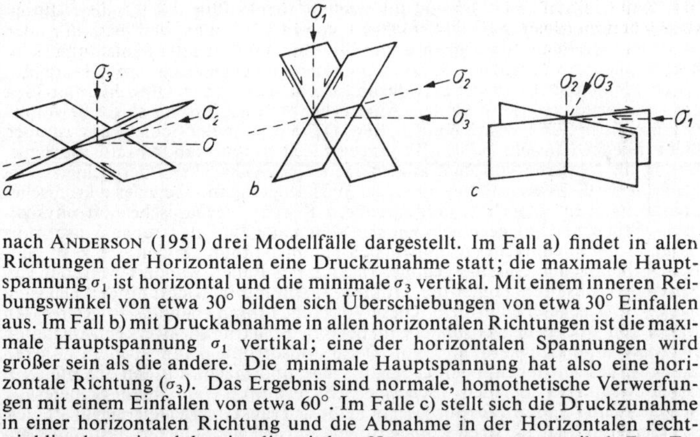

Theoretische Betrachtungen

Bruchbildung bei verschiedenartiger Spannungsverteilung (nach Anderson)

nach ANDERSON (1951) drei Modellfälle dargestellt. Im Fall a) findet in allen Richtungen der Horizontalen eine Druckzunahme statt; die maximale Hauptspannung σ_1 ist horizontal und die minimale σ_3 vertikal. Mit einem inneren Reibungswinkel von etwa 30° bilden sich Überschiebungen von etwa 30° Einfallen aus. Im Fall b) mit Druckabnahme in allen horizontalen Richtungen ist die maximale Hauptspannung σ_1 vertikal; eine der horizontalen Spannungen wird größer sein als die andere. Die minimale Hauptspannung hat also eine horizontale Richtung (σ_3). Das Ergebnis sind normale, homothetische Verwerfungen mit einem Einfallen von etwa 60°. Im Falle c) stellt sich die Druckzunahme in einer horizontalen Richtung und die Abnahme in der Horizontalen rechtwinklig dazu ein; daher ist die mittlere Hauptspannung σ_2 vertikal. Das Ergebnis einer solchen Beanspruchung sind Blattverschiebungen.

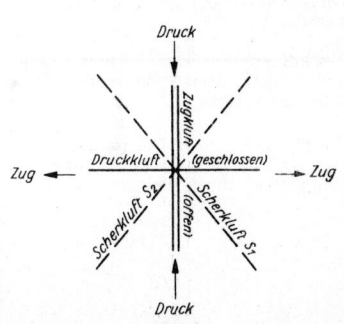

Die Arten der Klüfte im homogenen Medium

Im obersten Deformationsstockwerk der Erde treten bei der Verbiegung der Schichten Klüfte und Spalten auf, die als Ergebnis von Dehnung gelegentlich mit bloßem Auge in Form klaffender Risse, manchmal auch nur unter dem Mikroskop im Dünnschliff erkennbar sind. Alle Spalten kommen immer in großen Kluftsystemen vor. Solche Risse erleichtern die technische Gewinnung der Gesteine (S. 201). Diese Tatsache ist Bergleuten und Steinbrechern schon seit langer Zeit bekannt. Meist sind diese Teilbarkeiten nicht zu sehen, aber auf Grund von Erfahrungen nutzbar. Sobald Gesteine durch geologische Vorgänge in die Nähe der Erdoberfläche gelangen, treten mit der Entspannung Risse und Klüfte augenfällig in Erscheinung.
 Die Richtung dieser Klüfte ist abhängig von der Richtung der maximalen Hauptspannungen. Man unterscheidet (Abb.):

Nebenerscheinungen tektonischer Deformationen

1. **Geschlossene Druckklüfte**, senkrecht zur Richtung des maximalen Druckes;
2. **Offene Zugklüfte**, senkrecht zur Richtung des maximalen Zuges;
3. **Scherklüfte** (in der Technik Mohrsche Flächen genannt), die sich unter spitzem Winkel zwischen 50° und 70° schneiden und paarweise symmetrisch und diagonal zu den maximalen Hauptspannungsrichtungen liegen.

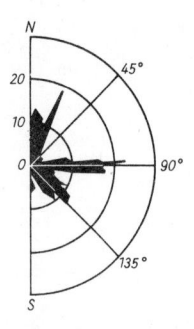

Auch dieses System ist nur ein Modell, das ein isotropes Gefüge voraussetzt und in normalen geologischen Körpern nicht vorhanden ist. Die Richtung der Klüfte wird wesentlich mitbestimmt durch die im oberen tektonischen Stockwerk vorhandenen Anisotropien, z. B. der durch Mineralregelung in Gesteinen latent vorhandenen Spaltbarkeit. Aus einer Analyse der Kluftrichtungen auf die Richtung der Hauptspannungen zu schließen ist nur möglich, wenn man eine größere Zahl von Klüften statistisch auswertet und in eine **Kluftrose** (Abb.) einträgt. Die gemessenen Kluftrichtungen werden dann nach ihrer Richtung und der Häufigkeit ihres Auftretens (auf dem Radius) in eine Windrose eingetragen. Diese Methode gestattet jedoch nicht die Darstellung der Fallwinkel. Das erfolgt durch Eintragen in ein **Poldiagramm**, d. h., die Durchstoßpunkte der Kluftrichtungen werden auf der flächentreuen Projektion einer Halbkugel (W. Schmidtsches Netz) mit den Himmelsrichtungen eingezeichnet. Dann wird die prozentuale Besetzungsdichte auf der Kugelfläche mit Signaturen markiert. Die Besetzungsdichte ist meist die Zahl der Durchstoßpunkte pro 1% der Kugelfläche. Die Bestimmung erfolgt mit auflegbaren Hilfskreisen entsprechender Größe.

Kluftrose aus einem Teil der Schwäbischen Alb (nach Eisenhut). Die Zahlen an der Vertikalen bezeichnen die Häufigkeit

Klüfte entstehen auch in magmatischen Körpern tieferer Deformationsstockwerke, die in der »Granittektonik« (H. CLOOS) ausgewertet werden und im Kapitel »Die plutonischen Formen und Erscheinungen« (S. 200) beschrieben sind. Die offenen Spalten eines Magmenkörpers können mit Erz- oder Mineralgängen ausgefüllt sein, die meist eine bemerkenswerte Richtungskonstanz aufweisen. Die bei der Abkühlung und der tektonischen Deformation vorhandenen Spannungen wirken sich bis in das mikroskopische Gefüge aus. Plattige und blättrige Kristalle regeln sich in die Strömungsrichtung des Magmas ein; andere wachsen in der Richtung des geringsten Druckes. Besonders empfindlich reagieren Quarze. Damit zeigt die Granittektonik die typischen Erscheinungen des Grundgebirgsstockwerkes.

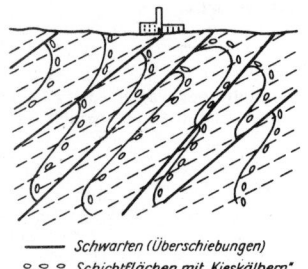

Eine Folge der Gesteinsdeformation im mittleren Grundgebirgsstockwerk ist die **Schieferung** (S. 96) besonders feinkörniger Gesteine, z. B. der Dachschiefer (S. 480), die in großen Tagebauen und im Tiefbau z. B. in Thüringen (Probstzella, Lehesten) gewonnen werden. An den Tagebauwänden ist erkennbar, daß steilstehende Schieferungsflächen regelmäßig das Gestein durchsetzen und die ursprüngliche Schichtung soweit verdecken, daß diese nur noch an schichtparallelen Einlagerungen und Inhomogenitäten der Schichtung sichtbar sind (Abb.). Solche Inhomogenitäten machen sich im Handstück durch kleine Knicke in der Schieferungsfläche bemerkbar. Obwohl unter Tage die Schieferung nicht mit bloßem Auge erkennbar ist, lassen sich die gewonnenen Blöcke in dünne Platten aufspalten. Der Vorgang der Schieferung ist noch nicht in jeder Hinsicht geklärt. In jüngerer Zeit trennt man teilweise die Schieferung als Vorgang von dem allgemeinen Gefügecharakter, der Schiefrigkeit genannt wird. Sicher ist, daß unter der Wirkung langandauernder tektonischer Spannungen in einem fest eingespannten Körper mechanische und physikalisch-chemische Umlagerungen vor sich gehen, die auf eine strenge Anisotropie hinauslaufen. Senkrecht zur maximalen Hauptspannung bilden sich z. B. plattige Minerale der Glimmergruppe. In anderen Fällen wandert Material von Mineralen aus den Zonen der größten Spannung in Richtung der kleinsten nach dem Rieckeschen Prinzip. Diese Vorgänge führen ebenfalls zu gestreckten Mineralen und sind besonders in tieferen Strukturstockwerken vorzustatten (Kristallisationsschieferung, S. 96). Diese Anisotropie kann auch in höheren Stockwerken entstehen, bedingt Spaltbarkeit und macht auf den Scherflächen Gleitbewegungen möglich (Schergleitschieferung). Weil diese Schieferung Schichten und Falten quer durchsetzt, heißt sie **Transversalschieferung** (Tafel 36). An gröberen oder härteren Einlagerungen werden die Schieferungsflächen abgelenkt, und die Schieferungsflächen erscheinen gestreift (Bordenschiefer). Wenn eine enge Schieferung ein dünnschichtiges Gestein durchzieht oder zwei unterschiedliche Schieferungsscharen aus verschiedenen Deformationen ein Gestein durchsetzen, kann es in stengelige Körper zerfallen (Griffelschiefer). Die Richtung der Schieferung ist bei geneigten Falten vielfach parallel zu den Achsenflächen; im Scheitelbereich streben diese oft etwas auseinander.

Im tiefen metamorphen Stockwerk herrscht **Parallelschieferung** vor, d. h. Schieferung parallel zur Schichtung. Hier finden sich häufig mehrere Generationen von Faltungen und Schieferungsflächen. Auf die erste Faltung und Schieferung folgt eine zweite Faltung mit einer weniger gut ausgebildeten Schieferung, die als Schubklüftung bezeichnet wird und auf den Flächen der Schieferung **Runzelung** hervorruft. Diese Erscheinung ist für Phyllite typisch.

Nicht tektonischen Ursprungs ist das Erscheinungsbild einiger feinkörniger und sehr dünnschichtiger Sedimente, die unrichtig als »Schiefer« bezeichnet werden (wie »Blätterschiefer«, »Papierschiefer« u. ä.). Ihre Struktur ist rein sedimentären Ursprungs.

―――― Schwarten (Überschiebungen)
ooo Schichtflächen mit „Kieskälbern"
― ― ― Schieferung

Profil durch einen Dachschiefertagebau bei Lehesten, mit Schichtung und Schieferung (nach Pfeiffer)

Vertikalbewegungen. Bei der Betrachtung der Falten mit ihren notwendigen Abscherungsflächen könnte man schließen, daß ein tangentialer Schub am Werke war. Doch auch hier kann der Schein trügen. Im Kapitel »Geotektonische Hypothesen« wird eine Reihe von Vorstellungen dargestellt, die allein von Vertikalbewegungen ausgehen (z. B. HAARMANN). Man darf niemals vergessen, daß man nur die oberste dünne Haut der Erde studieren konnte. Was sind die mehr als 10 km der tiefsten Bohrung im Vergleich zum Erdradius mit etwa 6500 km! Alle Zonen unterschiedlicher physikalischer und chemischer Beschaffenheit sind miteinander verknüpft, Vorgänge in der einen wirken notwendigerweise auf die anderen Zonen. Was in der dünnen Erdhaut vor sich geht, kann seine Ursache in unbekannten Tiefen haben. Man sollte daher die Geologen nicht kritisieren, die sich in das »Hypothesenasyl« großer Tiefen retten, trotz des sarkastischen Wortes von WEGMANN, »daß bei allen Lösungen der Deus ex machina im Naturschutzgebiet der ungezähmten Hypothesen sitzt, der ewigen Teufe, von wo aus er sich auf verschiedene Weise bemerkbar macht«.

Ein genaues Studium der Tektonik läßt erkennen, daß Vertikalbewegungen eine wesentlich größere Rolle spielen, als es der flüchtige Augenschein ahnen läßt. Den Hauptanteil stellen die epirogenetischen Bewegungen. In einem immerwährenden Auf und Ab lassen sie Transgressionen und Regressionen, Erosions- und Ablagerungsräume aufeinanderfolgen und sorgen für das lebensnotwendige Ungleichgewicht, das den Stoffkreislauf immer wieder in Gang setzt. Insgesamt erscheinen die epirogenetischen Bewegungen für die Entwicklung der Erde weitaus wichtiger als die tektonogenetischen.

Die von Vertikalbewegungen geschaffenen Strukturen sind die **Beulen** und **Dome (Anteklisen).** Das sind kuppelförmige Aufwölbungen der verschiedensten Größenordnung, besonders im Tafelbereich, die auch noch das Fundament einbeziehen. Sie werden auch **Brachyantiklinalen** genannt. Ihnen entsprechen auf der anderen Seite die großen Depressionen der Tafeln **(Syneklisen).** Diese Strukturen haben oft nur eine sehr geringe Flankenneigung von kleiner als 1°, besitzen aber eine große regionale Ausdehnung. Hierzu gehören ferner **Kippschollen**, einseitig an einer Verwerfung angehobene oder abgesunkene Schollen.

Auch **Salzstöcke** und **Salzantiklinalen** müssen dieser Gruppe zugerechnet werden. Sie durchbrechen pfropfenförmig oder mauerartig die überlagernden Schichten und heben sie an. Eine solche »Salztektonik« spielt in vielen Gebieten mit mächtigen Salzlagern eine große Rolle. Salz benötigt nur verhältnismäßig geringe Scherspannungen, um fließfähig zu werden. Als Richtwert gilt, daß eine Scherspannung von 15 kp/cm² (das entspricht einer Druckdifferenz von 30 at) dazu genügt, wie sie z. B. schon durch Druckentlastung in Störungszonen erzeugt werden kann. Die Ursache ist Zerrung, durch den geringeren hydrostatischen Druck über Aufwölbungen im Vergleich zu den benachbarten Senken, durch unterschiedliche Erosion des Deckgebirges und andere Differenzen beim Überlagerungsdruck. Auch tektonisch erzeugte Spannungsdifferenzen können eine Rolle spielen. Die Mächtigkeit des Deckgebirges ist entgegen manchen Ansichten nur insoweit bedeutsam, als es die verhältnismäßig kleinen Druckdifferenzen gestatten muß. Das Salz fließt nach den

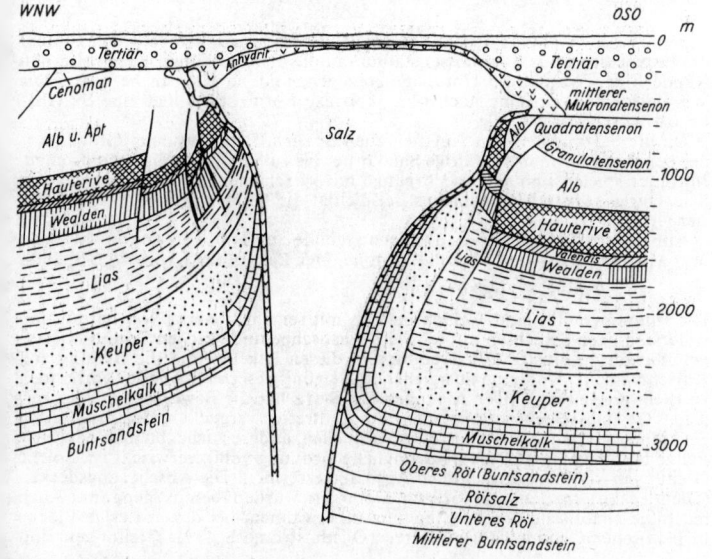

Schnitt durch den Salzstock von Wienhausen-Eicklingen (nach Bentz aus »Erdöl und Tektonik in Nordwestdeutschland« 1949)

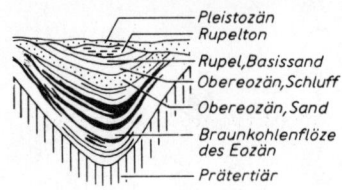

Randsenke des Salzstocks Egeln mit zahlreichen Braunkohlenflözen (nach Ziegenhardt u. Kramer 1968)

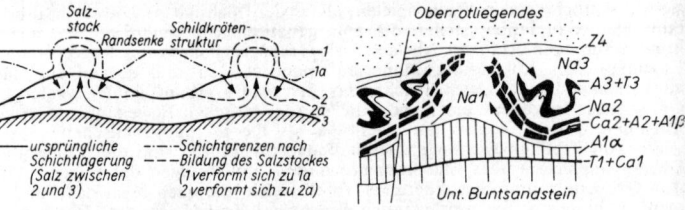

Entwicklung von Salzstrukturen. 1, 2 und 3: Zustand der Kissenbildung über primären Aufwölbungen, Linien 1a, 2a: Das Salz zwischen 2 und 3 hat die Salzstöcke gebildet, die mit 2a umgrenzt sind, das Deckgebirge und die Füllung der Senke zwischen den Kissen haben sich zu 1a verformt, indem Salz nach oben stieg und die Deckgebirge zwischen 1 und 2 in den freigewordenen Raum sich absenkte (Pfeile)

Salztektonik in der Niederlausitz. Die Salzbewegungen sind auf den Zechstein beschränkt. Das Fließen der Salzmassen in Richtung der Pfeile führte zum Zerreißen und zu Faltung der kompetenten Schichten (nach Ziegenhardt 1976)

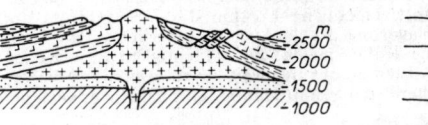

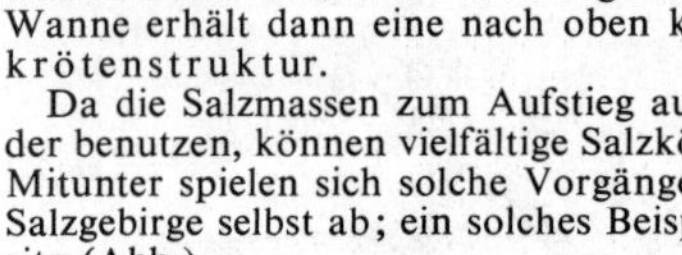

Granit-Lakkolith aus Arizona (nach Cloos 1936)

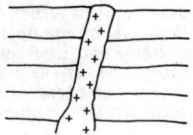

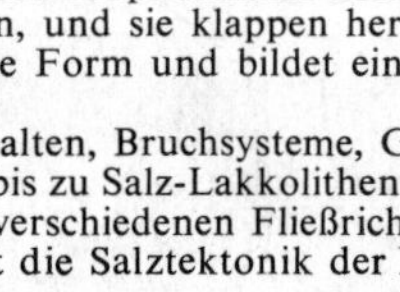

Eruptivgesteinsgang durchbricht ältere Schichten

Zonen geringeren Druckes, häuft sich dort an und bildet sogenannte **Salzkissen** oder langgestreckte **Salzsättel**. Dabei wird das Deckgebirge angehoben, während es dort, wo das Salz abgewandert ist, nachsackt und die Druckdifferenz vergrößert. Dann setzt die Erosion nivellierend ein, und die Abtragungsmassen werden in den durch die Salzabwanderung gebildeten Wannen abgelagert. Das vergrößert die Druckdifferenz. Das Salz kann immer weiter aufsteigen und bildet schließlich einen **Salzstock** (Abb.). Der Vorgang kann sich solange fortsetzen, bis das Salz an der Oberfläche durchbricht, und in ariden Gebieten bildet es mitunter förmliche »Salzgletscher«. Salzaufstieg ohne tektonische Mitwirkung wird als **Halokinese** (TRUSHEIM) bezeichnet. Im allgemeinen sind aber echte tektonische Vorgänge mit beteiligt. Sie erzeugen die initialen Druckdifferenzen durch Aufwölbungen oder Bruchbildungen und beschleunigen, verzögern oder beenden den Salzaufstieg. Diese Erkenntnis folgt aus dem Vergleich von Salzaufstieg mit tektonogenetischen oder epirogenetischen Vorgängen. Daher sollte besser nur der kombinierte Prozeß als »Salztektonik« bezeichnet oder der Begriff vermieden werden.

In humiden Gebieten setzt das zirkulierende süße Grundwasser dem Salzaufstieg durch **Ablaugung** eine Grenze. Weil die Salzstöcke die Schichten durchspießen, werden sie auch **Diapire** genannt. Bei ihrer Bildung werden die Flankenschichten meist auf hochgeschleppt und verworfen. Im Inneren zeigt der Salzpfropfen eine turbulente Fließfaltung, und manchmal lagern darin große Schollen des durchbrochenen Gebirges. Über dem Salzstock findet sich ein Hut aus Auslaugungsrückständen, Anhydrit, Gips (z. T. mit Schwefellagerstätten), der **Caprock** genannt wird. Bei weit fortgeschrittener Entwicklung verdünnt sich der Salzkörper nach unten und kann sich schließlich völlig von seinem Muttersalzlager trennen. Die Salzabwanderungszonen um den Salzstock bilden Randsenken mit oft mächtigen Sedimenten. Weil die Bildung eines Salzstockes mit einem Salzkissen beginnt, können sich in den Abwanderungszonen zwischen zwei solchen Kissen Sedimentwannen bilden (Abb.). Geht die Entwicklung aus dem Kissenstadium in das Diapirstadium über, wird den Rändern der Wanne die Unterlage entzogen, und sie klappen herunter. Die Wanne erhält dann eine nach oben konvexe Form und bildet eine **Schildkrötenstruktur**.

Da die Salzmassen zum Aufstieg auch Spalten, Bruchsysteme, Grabenränder benutzen, können vielfältige Salzkörper bis zu Salz-Lakkolithen entstehen. Mitunter spielen sich solche Vorgänge mit verschiedenen Fließrichtungen im Salzgebirge selbst ab; ein solches Beispiel ist die Salztektonik der Niederlausitz (Abb.).

Außer Salzdiapiren gibt es ähnliche Gebilde aus Ton, Serpentinit, Mergeln und Magmatiten (Abb.), wie die Plutone oder Lakkolithe (Abb., vgl. S. 200).

Gleitvorgänge

Die Inhomogenität eines Schichtpaketes mit seinem Wechsel von harten und widerständigen Schichten mit teilweise plastischen und weichen Ton- und Mergelschichten begünstigt die Trennung in diesen Paketen und die Bildung von Rutschmassen, wenn eine ausreichende Neigung des Untergrundes vorhanden ist (**Schweregleitung**). Der Alpengeologe SPITZ hat die Bewegung zerlegter Gesteinsschichten mit einem Stapel Bretter verglichen, der ins Gleiten gekommen ist, wobei einige Bretter voraneilen, andere zurückbleiben oder ihre Plätze tauschen, so daß die ursprüngliche Ordnung völlig verwirrt wird. Solche Gleitungen können beträchtliche Ausmaße erreichen. Die Abscherungsdecken (Gleitdecken) in den alpinotypen Gebirgen wurden bereits genannt. Auch mächtige chaotische Gleitmassen sind zu erwähnen, bei denen riesige Blöcke in pelitischer Grundmasse auftreten (Olisthostrome S. 132). Gleitungen sind ebenso im kleinsten Maßstab nachzuweisen. Sie kennzeichen die Deformationsform durch Teilbewegung auf parallelen und ebenen Flächen (laminare Gleitung).

Nichttektonische Strukturformen

Es gibt eine Reihe von Strukturen, die tektonischen Formen ähneln, ohne unmittelbar auf tektonische Ereignisse zurückzugehen. (Als tektonisch sollte nach STILLE nur bezeichnet werden, was endogen bedingt ist.) Dazu gehören z. B. die Absonderungsformen vulkanischer Gesteine. Basalte schrumpfen bei Abkühlung an der Oberfläche in der Form großer Bündel sechsseitiger Prismen (Tafel 7). Manche Phonolithe und Porphyre zeigen plattige, andere Magmagesteine kugelige Absonderungsformen (S. 194). Granite und Diorite neigen zu einer konzentrisch-schaligen Verwitterung, die von den Klüften ausgeht. Das führt zu wollsackähnlichen Formen (S. 102). Freigelegte Gesteine neigen zu Entspannungsrissen, zum Abknicken steilstehender Schichten an Berghängen (Hakenschlagen) und zu Bergrutschen. In untertägigen Grubenbauen sind die Folgen der Entspannung Bergschläge, das Hereinbrechen von Sohle, Stößen oder Firste, wobei Löser aus der Firste die gefürchteten »Sargdeckel« liefern. Schwundrisse entstehen auch beim Eintrocknen von Sedimenten.

Ablagerungsbedingt sind wellige oder wulstige Schichtung, Rippelmarken und andere Unregelmäßigkeiten (vgl. Kapitel »Sedimentologie«).

Nichttektonisch sind viele Strukturen fließfähiger Sedimente. Dazu gehören Bodenfließen (Solifluktion), die Fließfalten von Salzen, Tonen, Mergel u. a., die beim Abgleiten von Sedimenten an geneigten Hängen entstehen. Durch ungleichmäßige Setzung von Meeresschlamm und anderen Sedimenten über Erosionsresten des Untergrundes können sich Strukturen in der Form von Antiklinalen oder Beulen bilden, die »buried hills« genannt werden und als Fallen für Erdöl und Erdgas eine Rolle spielen. Diese Gebilde entstehen dadurch, daß in den mächtigen Sedimenten in der Umgebung eines stehengebliebenen Hügels die Setzung bei der Verfestigung der Sedimente weit größer ist als in den geringmächtigen Massen über dem Hügel.

Auch Erdfälle, Dolinen und Poljen gehören zu jenen Erscheinungen, die durch die unterirdische Auslaugung verursacht werden (S. 122).

Diskordanz

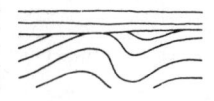

Analyse tektonischer Strukturen

Die durch die Gebirgsbildung erzeugten Strukturen bleiben nicht erhalten. Die Abtragungskräfte versuchen, alle Unebenheiten auszugleichen. Man sieht deshalb nicht die ursprünglich gebildeten Strukturen, sondern nur deren Schnitte mit einer mehr oder weniger eingeebneten Landoberfläche. Wird diese Fläche erneut vom Meer überflutet und von Ablagerungen bedeckt, lagern horizontal abgelagerte jüngere Schichten über den durch die Tektonogenese gefalteten, gestauchten und zerrissenen älteren Serien. In diesem Falle liegen die jüngeren Bildungen diskordant über den älteren Schichten (Abb.). Die Diskordanz bedeutet, daß zwischen der zuletzt gefalteten älteren und der diskordant darüber liegenden jüngeren Schicht ein tektonisches Ereignis stattgefunden hat. Meist folgt auf die Tektonogenese eine mehr oder weniger lange Zeit der Abtragung. Daher stellt die Diskordanz in der Regel eine Schichtlücke dar. Die Datierung des tektonischen Ereignisses fällt in die Epoche dieser Lücke, die eine kurze oder auch längere Zeit bedeuten kann. Damit aber sind der Genauigkeit einer Zeitangabe Grenzen gesetzt. Es finden sich aber auch Schichtlücken im konkordanten Gesteinsverband, die oft nicht sofort zu erkennen sind. Es sollte dabei nicht vergessen werden, daß über größere Flächen aushaltende gleichartige Gesteine durchaus nicht gleichaltrig zu sein brauchen, wie folgendes Beispiel zeigt. Bei der Transgression des Meeres über ein Gebiet mit einem geringen Relief bildet sich ein Transgressionskonglomerat. Das Meer schiebt sich oft in langen geologischen Zeiten langsam auf das Festland vor. Während sich dann an der Stirn der Transgression immer noch Konglomerate bilden, sind die rückwärtigen Gebiete soweit abgesunken, daß Sedimente des tieferen Wassers abgelagert werden. Wenn diese Tatsache berücksichtigt wird, geben die Änderungen in der Mächtigkeit gleichartiger mariner Schichten, z. B. von Kalksteinen, eine wichtige Hilfe für die Deutung, weil in Senkungsgebieten mit einer Zunahme der Mächtigkeiten zu rechnen ist. In jedem Falle ist aber eine eingehende fazielle Analyse notwendig, zumal da es umgekehrte Fälle gibt, wo auf den Schwellen die mächtigsten Sedimente abgelagert werden (z. B. Anhydritwälle, dicke Sande in Küstennähe).

Das äußerst eindrucksvolle Beispiel einer Diskordanz zeigt der Bohlen bei

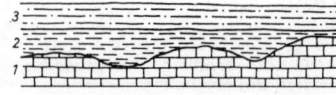

Schichtlücke-Erosionsdiskordanz. Nach der Ablagerung von Schicht 1 erfolgte Trockenlegung und Erosion. Die Erosionsfläche wurde später nach Transgression des Meeres mit den Ablagerungen der Schicht 2 bedeckt

Entwicklung des Profils vom Bohlen bei Saalfeld (schematisiert): *a* erster Faltenwurf mit den späteren Überschiebungsflächen; *b* die einzelnen Schollen sind aufeinandergepreßt. Die Abtragung wird wirksam bis zur Linie AB; *c* das heutige Profil (schematisiert nach Zimmermann): Zechstein in horizontaler Lagerung bedeckt den eingeebneten Gebirgsrumpf

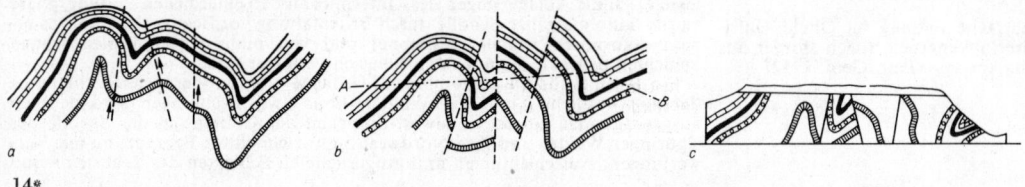

Saalfeld in Thüringen, der im Laufe der Zeit von ungezählten Geologen studiert worden ist. Auf stark gefalteten Schichten des Devons bis Unterkarbons lagern diskordant grauweiße Kalke des Zechsteins. Hier hat sich die variszische Gebirgsbildung des Karbons versteinert erhalten. Eine genaue Betrachtung des Profils läßt neben den Falten eine Reihe von Überschiebungen erkennen. Wie man sich die Entwicklung etwa vorzustellen hat, ist in der Abb. S. 211 gezeigt. Dabei ist zu bemerken, daß die geologischen Ereignisse nicht unbedingt hintereinander, sondern auch mehr oder weniger gleichzeitig erfolgt sein können. Die gebildeten Strukturen mit ihrer jüngeren Decke versanken in die Tiefe. Erst in jüngerer Zeit, am Ende des Tertiärs, wurden das Gebiet des heutigen Thüringer Waldes und seiner Fortsetzung wieder gehoben und der Erosion ausgesetzt. Hier hat die Saale das eindrucksvolle Profil herausgesägt. Das läßt sich am Bohlen freilich nicht ablesen, weil hier alle jüngeren Schichten abgetragen wurden, sondern muß dort studiert werden, wo in der Umgebung solche jüngeren Serien erhalten sind.

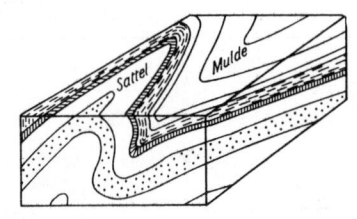

Blockdiagramm einer Falte mit tauchender Achse

Einfache Antiklinale, durch Aufschiebung zerschnitten

Jüngere Schichten überlagern diskordant einen älteren Faltenwurf

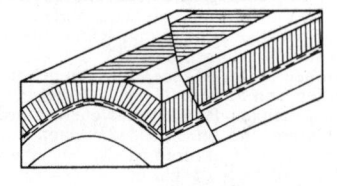

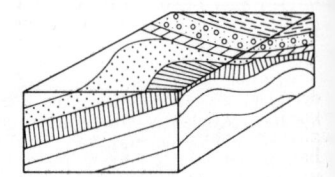

Derartige eindrucksvolle Aufschlüsse gibt es nur in jung zertalten Gebirgen. In den alten Gebirgsrümpfen der Tafeln müssen die geologischen Verhältnisse an der Erdoberfläche untersucht und kartiert werden. Hier erkennt man z. B. schiefgestellte Schichtfolgen oft an der streifenförmigen Modellierung des Geländes, die durch die verschiedene Widerständigkeit der Gesteine gegen Verwitterung, verbunden mit Farbänderungen in der Verwitterungsschicht und Unterschiede im Pflanzenwuchs verursacht wird. Solche Verhältnisse sind für die Kartierung aus der Luft besonders günstig. Obenstehende Blockdiagramme lassen erkennen, daß bei Vorliegen eines Sattels die ältesten Gesteine im Zentrum einer Struktur mit umlaufendem Streichen liegen. Umgekehrt ist es bei einer Mulde. Quert eine Störung die Antiklinale, streichen die Schichten im Kern der Struktur in der gehobenen Scholle mit einem breiteren Band aus als in der gesunkenen. Diskordanzen machen sich bemerkbar durch abweichendes Streichen beiderseits der Auflagerungsfläche.

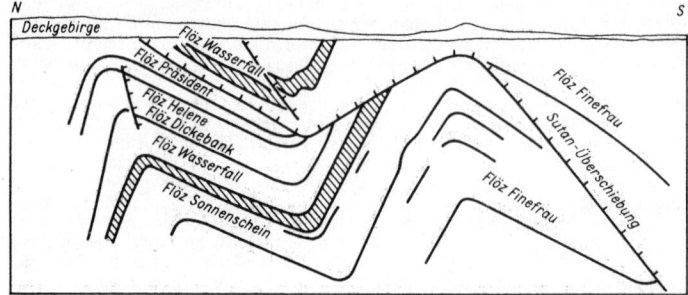

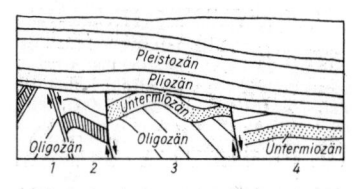

Die gefaltete Sutanüberschiebung in der Grube »Fröhliche Morgensonne« (nach v. Bubnoff)

Mehrfache Faltung im Ölfeld Quiriquire in Venezuela (nach Borger aus Bull. Am. Ass. Petr. Geol. 1952)

Schwieriger wird die Entwirrung der tektonischen Vorgänge, wenn ein Krustenteil von mehreren Faltungen betroffen worden ist. Ein verhältnismäßig einfaches Beispiel ist die Faltung der über 60 km langen Sutanüberschiebung im südlichen Teil des Ruhrgebietes. Die Abb. zeigt, wie die Überschiebung selbst bei einem nachfolgenden tektonischen Ereignis mit dem ganzen, bereits einmal gefalteten Schichtenpaket mitgefaltet wurde. Ein weiteres Beispiel bietet nebenstehende Abb. Hier sind drei tektonische Ereignisse erkennbar: Die oligozänen Schichten wurden vor Beginn des Miozäns gefaltet und eingeebnet. Darauf legten sich dann die Ablagerungen des Untermiozäns. In einer neuen Faltungsphase wurde dann die ganze Scholle durch Bruchfaltung vor Beginn des Pliozäns erneut deformiert, wieder eingeebnet und von pliozänen und pleistozänen Schichten bedeckt, die nur noch schwach verformt sind.

Ein Beispiel für die tektonische Geschichte eines größeren Krustenteils ist der nordwestliche Thüringer Wald (Abb.). Zwei Richtungen sind deutlich ausgeprägt: das Nordost-Südwest-Streichen der Gesteine in der Scholle des Thüringer Waldes und ihre Nordwest-Südost-gerichtete Begrenzung mit Verwerfungen, Aufschiebungen und aufgerichteten Schichten des Zechsteins und

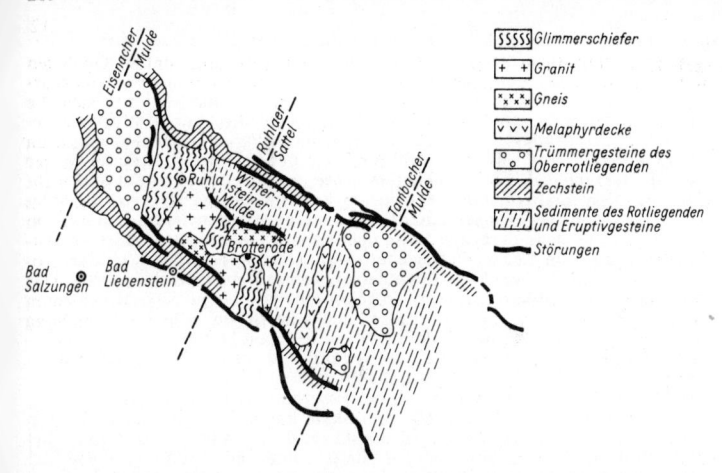

Das Nordwestende des Thüringer Waldes, ein Horst (schematisiert nach Deubel)

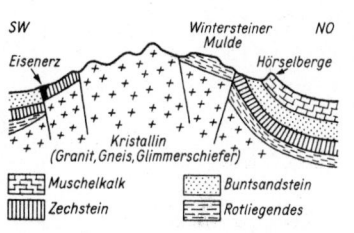

Schematischer Nordost-Südwest-Schnitt durch den Ruhlaer Sattel des Thüringer Waldes

der Trias. Aus dem abweichenden Streichen ergibt sich, daß der Zechstein diskordant auf älteren Gesteinen lagert. Dies ist ebenfalls das Ergebnis der variszischen Gebirgsbildung, die die Nordost-Südwest gerichteten Falten erzeugt hat. In der obigen Abb. sind davon der Ruhlaer Sattel sowie die Tambacher und Eisenacher Mulde dargestellt. Die ältesten Gesteine treten im Sattelkern zutage: metamorphosierte Sedimente (Glimmerschiefer) und Granite.

Durch die Kontaktwirkung des Granitmagmas sind z. T. gneisartige Gesteine entstanden. In den Mulden liegen die jüngeren Trümmersedimente des Rotliegenden, die aus Abtragungsprodukten der Gesteine des Ruhlaer Sattels bestehen und die Täler des damaligen Gebirges ausfüllten. Nach der Einebnung wurde das Gebiet vom Meere bedeckt, das im Zechstein sehr flach blieb, wie man an dem Riffzug erkennen kann, der beiderseits des Thüringer Waldes vorhanden ist und eine alte Uferzone markiert. Welche Gesteine ehemals darüber abgelagert wurden, ist aus den Ablagerungen des Thüringer Beckens zu rekonstruieren. Diese wurden seit dem Ende des Tertiärs, als der Thüringer Wald als Horstscholle mit seinen angeschleppten Randschichten herausgehoben wurde, abgetragen. Da das alte Variszische Gebirge auch im Harz, im Flechtinger Höhenzug, in Sachsen u. a. freigelegt ist, kann man seinen Verlauf rekonstruieren.

Diese Darstellung lehrt, daß eine tektonische Analyse nicht nur Strukturformen beachten muß, sondern auch die Verteilung und Fazies der Ablagerungen, die Auskunft über tektonische Ereignisse geben. Grobe Sedimente weisen auf ein bewegtes Relief hin, ihre Zusammensetzung kennzeichnet die Abtragungsgebiete, Kohlenbecken deuten auf versumpfte, absinkende Becken, Tonsedimente auf Landferne oder geringe Reliefenergie, Salze und Evaporite auf so gut wie vollständige Einebnung und flaches Wasser. Erst wenn alle sedimentologischen Aspekte gebührend beachtet werden, ist eine Analyse der tektonischen Entwicklung eines Gebietes möglich (S. 137). *R. Meinhold*

Erdbeben

Erdbeben sind Ausgleichsbewegungen der Erdkruste, die meist plötzlich auftreten und langsam abklingen. Während die normalen, strukturbildenden Bewegungen der Erdkruste für uns unmerkbar ablaufen und nur durch genaue Messungen erkennbar sind, werden Erdbeben als Ereignisse, die dem Menschen von jeher Furcht und Schrecken einjagten, äußerst sinnfällig wahrgenommen. Erdbeben sind Naturereignisse, die ein Gebiet oft völlig überraschend treffen und, obwohl sie nur Minuten dauern, bisweilen ungeheure Opfer fordern. So kostete das große Erdbeben von Messina im Jahre 1908 etwa 100000 Menschenleben. Gleich hoch waren die Verluste des großen Japanbebens vom 1.9.1923, und für das Nan-Shan-Beben (China) vom 22.5.1927 schätzt man die Toten auf 200000. Ein Erdbeben in Shansi (China) am 23.1.1556 soll sogar 830000 Menschenleben gefordert haben. Mehr als 1,1 Millionen Menschen sind in den letzten 100 Jahren durch Erdbeben umgekommen, 1976 allein 150000.

Nach den Berechnungen von GUTENBERG und RICHTER finden jährlich etwa 150000 bemerkbare Beben statt; instrumentell nachweisbar sind über eine Million. Man kann also mit Alexander VON HUMBOLDT sagen, daß die Erde fortwährend irgendwo zittert.

Nach ihrer Ursache unterscheidet man Einsturz-, Ausbruchs- und Dislokationsbeben. Die **Einsturzbeben** entstehen durch den Zusammenbruch unterirdischer Hohlräume, die sich z. B. durch Auslaugung in Karstgebieten oder salzführenden Schichten gebildet haben. Solche Beben machen 3 Prozent aller Beben aus und haben nur lokale Wirkungen. **Ausbruchs- oder vulkanische Beben** sind mit 7 Prozent etwas häufiger; doch sind ihre Auswirkungen ebenfalls örtlich beschränkt. Sie entstehen durch unterirdische Gasexplosionen oder andere Vorgänge bei Vulkanausbrüchen. Von überregionaler Bedeutung sind allein die **tektonischen** oder **Dislokationsbeben**, zu denen 90 Prozent aller Erdbeben gehören. Dabei handelt es sich um Begleiterscheinungen von Dislokationen, d. h. von Bewegungen einzelner Krustenteile gegeneinander durch tektonische Kräfte. Jede derartige Verschiebung von Gesteinsmassen ist von Erschütterungen, von Erdbeben begleitet. Man untergliedert diese tektonischen Beben nach ihrer Intensität in Lokalbeben, leichte Beben, Mittel-, Groß- und Weltbeben. Auf größere Erdbeben folgt oft eine erhebliche Zahl schwächerer **Nachbeben**, manchmal mehrere Tausend. Große Beben können an anderen Stellen der Erde **Relaisbeben** auslösen. Manche Beben bestehen nur aus schwächeren Stößen ohne kräftige Hauptbewegung und werden **Schwarmbeben** genannt, wie sie z. B. aus dem sächsischen Vogtland bekannt sind.

Die Intensität eines Erdbebens wurde früher und wird z.T. noch heute durch die zwölfteilige modifizierbare Mercalli-Skala angegeben, die auf sichtbaren und fühlbaren Erdbebenwirkungen beruht (z. B. bedeutet 9 allgemeiner Gebäudeschaden, 12 katastrophale, landschaftsverändernde Schäden). Diese Einteilung ist erheblich von der Entfernung abhängig, nur in bewohnten Gebieten anwendbar und ein reiner Schätzwert. In der Wissenschaft ist man deshalb zu einer meßbaren Größe übergegangen, der **Magnitude** M (in Zeitungsberichten auch »Richter-Skala« genannt). M errechnet sich aus dem Logarithmus der Amplitude der Bodenbewegung (gemessen mit genormten Seismographen), normiert in Abhängigkeit von Entfernung und Herdlage, vermindert um den Logarithmus einer Bodenbewegung, die an der Grenze der Instrumentenempfindlichkeit liegt (1 μm Maximalamplitude 100 km vom Epizentrum entfernt) und der man den Wert 0 gegeben hat. Deshalb sind z. B. Beben von M 3 und M 6 nicht durch eine doppelte, sondern durch eine 1000fach größere Bewegungsamplitude unterschieden. Beben ab M 0,4 sind instrumentell sicher nachweisbar, ab 2,5 fühlbar, während bei 4,5 meist schon leichter Schaden angerichtet wird, der sich bei M 7 zur Katastrophe ausweiten kann. Die größten bisher registrierten Beben hatten M 8,9, z. B. das Chile-Beben vom 22.5.1960 und das Japan-Beben vom 2.3.1933. Auch das Seebeben im Indischen Ozean vom 19.8.1977, dessen seismische Wogen (Tsunamis) die Küsten der Inseln Sumba, Lombok und Sumbawa verwüsteten, wurde mit M 8,9 angegeben. Als stärkstes Beben mit M 9 sieht man das von Lissabon 1755 an; doch fehlen dafür instrumentelle Aufzeichnungen.

Der Ursprungsort eines Bebens, der **Bebenherd**, liegt in wechselnder Tiefe. Flache Beben entstehen in Tiefen bis 60 km, mitteltiefe in 60 bis 300 km und Tiefherdbeben in 300 bis 720 km Tiefe. Für die Berechnung denkt man sich das Beben von einem Punkt inmitten des Herdes ausgehend, dem **Hypozentrum**. Die Erschütterungen und Stöße pflanzen sich von diesem Punkt aus nach allen Seiten fort und gehen mit wachsender Entfernung vom Herd in harmonische Schwingungen über. In dem senkrecht über dem Hypozentrum an der Erdoberfläche gelegenen **Epizentrum** wird das Erdbeben noch als fast einheitlicher Stoß wahrgenommen. Wären die Gesteine, die von den Bebenwellen durchlaufen werden, eine gleichartige, homogene Masse, dann nähme die Intensität der fühlbaren Beben nach allen Richtungen vom Epizentrum aus gleichmäßig ab, so daß die Linien gleicher Bebenstärke, die **Isoseisten**, konzentrische Kreise um das Epizentrum bildeten. Eine gleiche Form hätten auch die **Homoseisten**, die Linien gleicher Einsatzzeit eines Bebens. Diese Voraussetzung ist in der Natur niemals erfüllt. Die Bebenwellen durchlaufen immer Gesteinskomplexe verschiedenster Art und werden darin unterschiedlich stark gedämpft oder verstärkt. So bilden sich z. B. in Lockersedimenten größerer Mächtigkeit über festem Felsenuntergrund Grenzwellen mit hohen Amplituden und großer Zerstörungskraft aus, während dagegen größere Zerrüttungszonen in der Tiefe die Wellen dämpfen. Deshalb brachte das Erdbeben von Agadir am 29.2.1960 etwa 60 Prozent der 20000 Einwohner im Epizentralgebiet den Tod und zerstörte fast alle Gebäude, obwohl es nur ein schwaches Beben mit der Magnitude 6 war. Aus den angeführten Gründen werden die Isoseisten und Homoseisten mit der Entfernung vom Herd immer mehr deformiert. Auch Tiefe und Form des Herdes haben Einfluß auf die Wellenausbreitung. So liefert eine Analyse der Bebenaufzeichnungen wertvolle Informationen über den geologischen Bau eines Gebietes.

Auf den **Erdbebenwarten** werden die Erdbebenwellen mittels **Seismographen** verschiedener Empfindlichkeit, Frequenzcharakteristik und Bauart aufgezeichnet. Im Prinzip sind es meist schwere Massen, die auf einer Spitze im labilen Gleichgewicht stehen oder an Federn aufgehängt sind. Bei Bewegungen der Erdkruste bleiben sie infolge ihrer Trägheit in relativer Ruhe. Die Relativbewegungen zwischen Erde und Seismographenmasse werden auf geeignete Weise registriert und ergeben das **Seismogramm**, auf dem man bei Orts- und

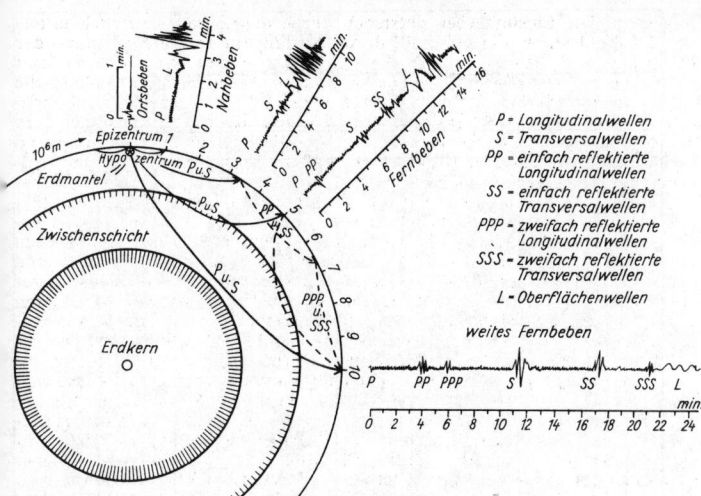

Verlauf der Erdbebenwellen in der Erde und typische Seismogramme (nach Sieberg, Erdbebenkunde)

P = Longitudinalwellen
S = Transversalwellen
PP = einfach reflektierte Longitudinalwellen
SS = einfach reflektierte Transversalwellen
PPP = zweifach reflektierte Longitudinalwellen
SSS = zweifach reflektierte Transversalwellen
L = Oberflächenwellen

Nahbeben nur wenige »Einsätze«, bei Fernbeben dagegen eine große Zahl erkennt. Das kommt daher, daß durch das Beben verschiedene Wellentypen angeregt werden, die unterschiedliche Fortpflanzungsgeschwindigkeit aufweisen und verschiedene Wege nehmen sowie gebrochen und reflektiert werden können. Die Abb. zeigt eine Auswahl möglicher Wellenwege. Die Schwingungen mit der größten Fortpflanzungsgeschwindigkeit sind **Longitudinalwellen (P-Wellen)**, wobei die einzelnen Bodenteilchen in Fortpflanzungsrichtung hin und her schwingen. Ihre Geschwindigkeit beträgt oberflächennah etwa 5,5 km/s, in größerer Tiefe des Erdmantels bis 13 km/s. Bei **Transversalwellen (S-Wellen)** schwingen die Materieteilchen senkrecht zur Fortpflanzungsrichtung. Die Geschwindigkeiten liegen in Oberflächennähe bei 3,1 km/s, in größerer Tiefe bis 7,5 km/s. Die langsamsten, aber energiereichsten Wellen sind die **Oberflächenwellen (L-Wellen)** mit Geschwindigkeiten von 3,5 bis 3,8 km/s. Jeder Wellentyp ist durch geeignete Anordnung der Seismographen bestimmbar. Die Erdbebenwellen laufen wegen der mit der Tiefe wachsenden

Seismisch-tektonische Weltkarte (nach Gutenberg, Richter, Staub, Henning, Eardley, Stille, Luchs u. a.) mit den in Tab. S. 191 aufgeführten wichtigsten Vulkangebieten der Erde

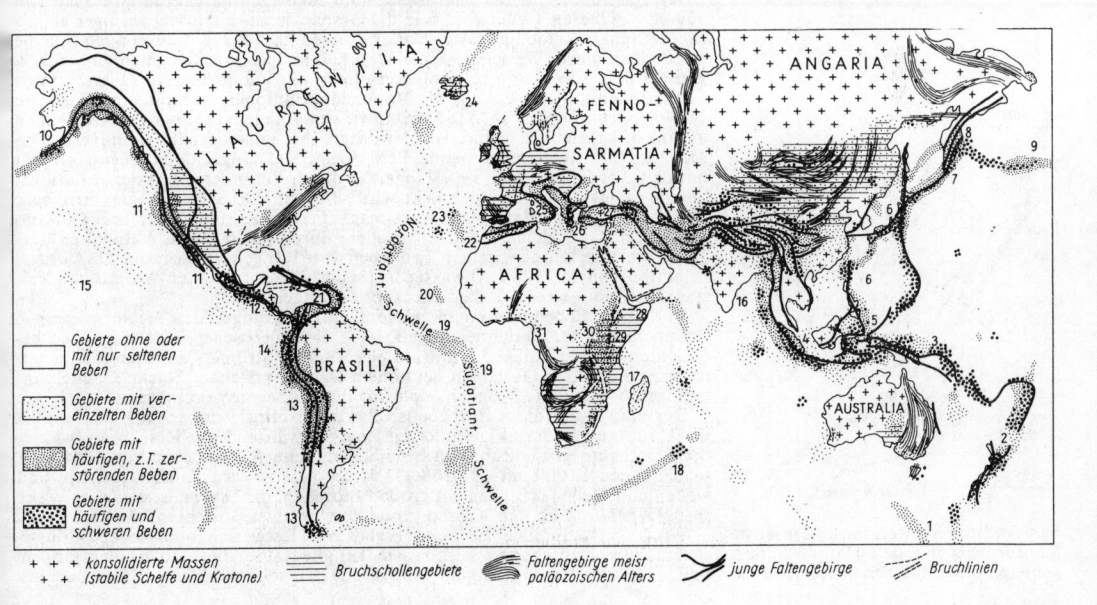

Lage der Erdbebenherde am westpazifischen Kontinentalrand (dicke Punkte) (nach Gutenberg u. Richter)

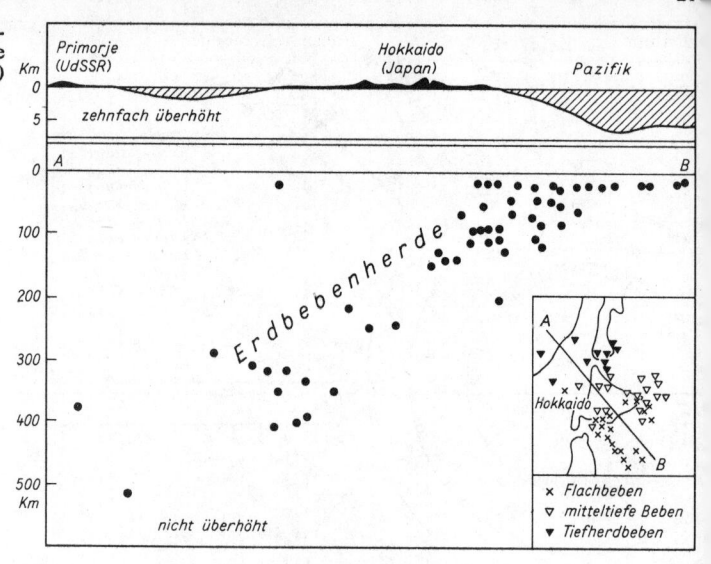

× Flachbeben
▽ mitteltiefe Beben
▼ Tiefherdbeben

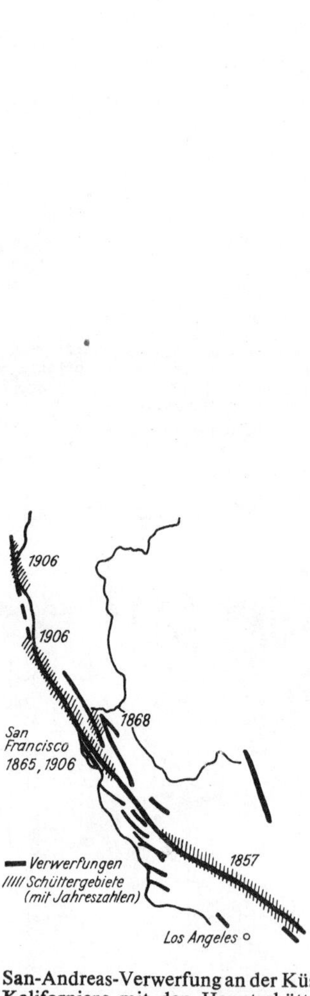

San-Andreas-Verwerfung an der Küste Kaliforniens mit den Hauptschüttergebieten (nach Kayser-Brinkmann)

Elastizitätsmoduln der Gesteine auf gekrümmten Bahnen und werden an Unstetigkeiten reflektiert oder gebrochen.

Bei bekannter Geschwindigkeit, die aus den Einsätzen ein und desselben Bebens von Erdbebenwarten in verschiedener Entfernung vom Herd errechnet wird, lassen sich Ort und Entstehungszeit eines Bebens ermitteln. Wie aus der Abb. zu entnehmen ist, ergeben die verschiedenen Unstetigkeitsflächen in der Erde verschiedene Welleneinsätze, die über die Tiefe dieser Flächen und den physikalischen Zustand der einzelnen Schalen Auskunft geben. Die Vorstellung vom Schalenaufbau der Erde ist das herausragendste Ergebnis der seismologischen Forschung und wird im Kapitel »Physik der Erde« (S. 48) beschrieben.

Bei Erdbeben werden akkumulierte Spannungen plötzlich ausgelöst. Die verbreitetste Meinung darüber ist, daß an den Grenzen großer Blöcke sich solche Spannungen ansammeln, die sich als Relativbewegungen der Blöcke, verbunden mit Erdbeben, äußern. Bei der Erklärung von Tiefherdbeben mittels dieses Mechanismus ergeben sich Schwierigkeiten. Das tiefste, bisher registrierte Erdbeben in der Flores-See vom 26.6.1934 hatte eine Herdtiefe von 720 km. In diesen Tiefen aber sind die Gesteinsfestigkeiten viel geringer als die theoretischen Reibungskräfte. Daher können sich keine Spannungen auf die oben geschilderte Weise ansammeln, so daß andere Mechanismen vorgeschlagen wurden. Am besten begründet erscheint die Vorstellung von Phasentransformationen in der Tiefe, die mit Volumenreduktionen verbunden sind und zu Implosionen und Erdbeben führen. Inwieweit äußere Vorgänge das Geschehen auslösen, ist mehrfach untersucht worden. Als korrelierbar ist einigermaßen gesichert die übereinstimmende Periodizität der langzeitigen Bebenaktivität mit den Änderungen der Tageslänge, die durch Veränderungen der Rotationsgeschwindigkeit der Erde bewirkt wird und mit Verlagerungen des Erdkerns (erkennbar an der Verlagerung des magnetischen Zentrums der Erde) zusammenhängt. Daß kleinere Erdbeben allein durch menschliche Aktivitäten ausgelöst werden können, zeigen Erdbeben von Rangely (Colorado, USA) nach Injektion von 34 Mill. l Abwasser in 1800 m Tiefe oder nach Anstau von Talsperren (Cabin Creek, Lake Mead) im Felsengebirge.

Vor einem Beben kann man gelegentlich Änderungen des Wasserspiegels in Brunnen und der Bodenneigungen sowie piezometrische Feldänderungen beobachten. Dieser Effekt beruht auf elektrischen Strömen und deren Magnetfeldern, die in den Gesteinen bei hohem Druck entstehen. Solche Erscheinungen lassen begrenzte Möglichkeiten für die Erdbebenvoraussage zu.

Der Hauptstoß eines Erdbebens folgt meist ohne Vorwarnung und entlöst die Hauptmenge der akkumulierten Energie, während der Rest, wie erwähnt, oft durch eine große Zahl von Nachbeben, beim Alaskabeben von 1964 z. B. in 69 Tagen 12000 mit M größer 3,5!, freigesetzt wird. Untermeerische und küstennahe Beben erzeugen oft große Flutwellen, die **Tsunamis**, die weite Wege zurücklegen und an den Küsten große Zerstörungen anrichten können.

Aus der Verteilung der Erdbeben (vgl. Karte) lassen sich interessante Schlüsse ziehen. Die Hauptzonen seismischer Tätigkeit sind die Gebiete der jungen Faltengebirge. Besonders sind zwei große Gürtel erkennbar: Einer beginnt

Datum	Ort	Folgeerscheinungen	Tote	Zerstörungen	Magnitude
25. 1.1348	Villach	Bergsturz	5000	alle Gebäude	
23. 1.1556	Shensi (China)		830000		(nahe 9)
30.12.1730	Hokkaido (Japan)		137000		
1.11.1755	Lissabon	12,5 m hohe Flutwelle	32000	fühlbar auf 2000 km	(8,7)
5. 2.1783	Kalabrien	Erdrutsche, Flutwelle	30000		
28.10.1891	Mino-Owari (Japan)	Verwerfung, 7 m hoch	7500	130000 Gebäude	
10. 9.1899	Yakutac-Bai (Alaska)	15 m Küstenhebung			
4. 4.1905	Kangra (Indien)		20000	100000 Gebäude	8,6
18. 4.1906	San Francisco	Verschiebg. an San-Andreas-Verwerfung 5 m horizont. auf 400 km	1000	350 Mill. Dollar Schäden	8,2
28.12.1908	Messina	Spalten, Flutwelle	110000	Messina und viele Orte in Kalabrien zerstört	7,5
16.12.1920	Kansu (China)	Bodenspalten, Bergstürze	200000	auf 500 km zerstörend	8,6
1. 9.1923	Sagami-Bucht (Japan)	Hebungen, Senkungen, Flutwelle	145000	650000 Gebände in Tokio und Yokohama	8,3
25. 1.1939	Chile	Morphologie verändert	28000		8,3
26.12.1939	Erdsindshan, Anatolien	Spalten, Überschwemmung	45000		7,9
15. 8.1950	Indien, Assam, Tibet	stärkstes bisher registriertes Beben, hunderte Nachbeben, Brahmaputra verlegt	1530	Hunderte von Ortschaften zerstört	8,7
29. 2.1960	Agadir (Marokko)		10000	Agadir zerstört	6,0
22. 5.1960	Südchile	Neubildung und Ausbrüche von Vulkanen	4000	Valdivia, Concepcion u. a. zerstört	8,4
1. 9.1962	Iran		20000	umfangreiche Zerstörungen	7,0
26. 7.1963	Skopje (Jugoslawien)	295 Nachbeben	1100	80% der Gebäude	5,9
28. 3.1964	Alaska	Flutwelle (Tsunami)	65	Anchorage zerstört	8,6
4. 2.1976	Guatemala	keine Vorbeben, zwischen 100 und 200 Nachbeben/Tag, bis 2 m Horizontalverschiebungen	22545	21000 km² Schadenzone, z. T. bis 90% der Gebäude	7,3
27. 6.1976	Nordostchina		650000	80% der Gebäude	7,2
4. 3.1977	Rumänien		1000	schwere Schäden in Bukarest	7,0
16. 9.1978	Iran		15000		7,7
15. 4.1979	Montenegro	Nachbeben	102	Zerstörungen in den Küstenstädten	6,4

Anm.: Die Magnituden in Klammern sind geschätzt, nicht gemessen!

Einige bemerkenswerte Erdbeben

etwa bei Madeira und verläuft über das Mittelmeergebiet, den Kaukasus und Himalaja zum Malaiischen Archipel (Transasiatischer Gürtel), der andere parallel zu den jungen Gebirgen rings um den Pazifik (zirkumpazifischer Gürtel). Dazu kommen kleinere Gürtel, die sich längs der mittelozeanischen Schwellen erstrecken. Die Faltengebirge und die Schwellenregionen werden von großen Brüchen durchsetzt, an denen immer wieder neue Verschiebungen auftreten. Solche große Verwerfungszonen sind in den Abbildungen S. 216 dargestellt. Andere Beispiele für Bruchzonen mit starken Erdbeben sind in Europa die Vardarlinie in Mazedonien, die dem Fluß Vardar sein lineares Bett vorschreibt und auf der die Stadt Skopje liegt, oder das Bruchsystem der griechischen Inseln Levkás, Kefallénia und Itháke mit vielen zerstörenden Beben. Bezeichnend auch die Linien aktiver Vulkane, die den zirkumpazifischen Gürtel auf weiten Strecken begleiten. Besonders auffällig ist die Andesitlinie am westlichen Rand des Pazifiks (S. 261). Die Vulkanlinien, von denen die Abb. S. 218 einen Ausschnitt gibt, sind das Ergebnis tiefreichender Bruchsysteme, die den Aufstieg der Magmen ermöglichen und zugleich Herde für Erdbeben sind. Erdbeben und Vulkanismus haben hier die gleichen Ursachen, beide sind an die labilen und noch heute tektonisch aktiven Zonen der Erde gebunden.

Eine Eigenart hauptsächlich des zirkumpazifischen Gürtels sind die Tiefherdbeben, deren Ursprung in mehr als 700 km Tiefe liegen kann. Das Profil (Abb.) zeigt, daß die flachherdigen Beben sich auf einem ozeanwärts gelegenen inneren Randgürtel des Westpazifiks befinden. Kontinentwärts folgen die mitteltiefen und unter dem Kontinent die Tiefherdbeben. Spiegelbildlich ist die Bebenanordnung im Osten des Pazifiks vor Südamerika. Diese Verteilung läßt vermuten, daß hier große Verschiebungsflächen vorhanden sein müssen, die schräg unter die Kontinente abtauchen. Dabei ist zu beachten, daß Erdbeben in sehr großen Tiefen durch Blockverschiebungen nicht mehr erklärbar sind. Auf jeden Fall ist der zirkumpazifische Gürtel eine tektonisch aktive Zone erster Ordnung, deren Bedeutung die Tab. zeigt. In diesem Gürtel sind weiter Lateralverschiebungen die Regel, die eine bemerkenswerte Gleichsinnigkeit aufweisen und eine Drehung des gesamten Pazifik entgegengesetzt dem

Uhrzeigersinn anzeigen. Die Bewegungsgeschwindigkeit hat man an der San-Andreas-Verwerfung in Kalifornien geodätisch mit 1,5 bis 7 cm/Jahr bestimmt und die Umlaufzeit zu $3 \cdot 10^9$ Jahren errechnet. Es handelt sich bei der Großscholle jedoch nicht um eine starre Masse; denn die Bewegungen sind zeitlich und örtlich unregelmäßig. Das Erdbeben kann wieder zu Spannungen und Erdbeben führen (vgl. auch Geotektonische Hypothesen).

Die DDR gehört zu den Gebieten der Erde mit sehr geringer seismischer Aktivität. Nur an den Bruchzonen im Vogtland treten gelegentlich schwache Beben auf. Ähnliches gilt für die BRD, wo die Herde schwacher, z. T. auch stärkerer Beben im Oberrheintal-Graben und in der Schwäbischen Alb liegen. Das hat erst 1978 ein Erdbeben mit erheblichen Schäden im Hohenzollern-Graben von neuem gelehrt.

Die Wirkungen von Erdbeben sind neben Zerstörung von Bauwerken Schollenverschiebungen (Tafel 35), klaffende Spalten (z. B. San Francisco 1906 bis 20 m breit!), Hebungen und Senkungen, große Bergrutsche und die Aktivierung von Vulkanen.

Nach den Anzeichen für die Akkumulierung von Spannungen müßten theoretisch flache Erdbeben vorausgesagt werden können. Praktisch ist das nur sehr eingeschränkt möglich, weil das erforderliche engmaschige Stationsnetz ökonomisch nicht tragbar ist. Da man die gefährdeten Gebiete kennt, könnte vielleicht hier eine Serie automatischer Meßstationen hilfreich sein. Für die Voraussage von Beben in größerer Tiefe besteht heute theoretisch noch keine Möglichkeit. Doch scheint nach neuen Auswertungen zahlreicher geophysikalischer Daten eine Beziehung zwischen der Erdbebentätigkeit in dazu tektonisch prädestinierten Gebieten mit der Sonnenaktivität und den dadurch verursachten atmosphärischen Vorgängen vorhanden zu sein (A. D. SYTINSKI 1979).

Neben ihrem praktischen Nutzen hinsichtlich Schadensverhütung hat die Erdbebenforschung große Bedeutung für die Erkenntnis über den Aufbau der Erde. Ist sie doch praktisch die einzige Informationsquelle über die großen Erdtiefen, die quantitative Aussagen zuläßt. Das gilt auch dann, wenn die Grenzflächen möglicherweise keine Gesteinsgrenzen darstellen, sondern das Überschreiten gewisser Grenzwerte bei kontinuierlich mit der Tiefe sich ändernder physikalischer Zustandsgrößen Reflexion und Brechung von Erdbebenwellen hervorrufen können. Eine kritische Forschung muß das berücksichtigen, und der Geologe muß sich darüber im klaren sein, daß Aussagen über Gesteinsgrenzen (z. B. »Granitschicht«, »Eklogitschicht«) Modellen entspringen, deren Gültigkeit je nach den Voraussetzungen nur mehr oder weniger zutreffend ist.

R. Meinhold

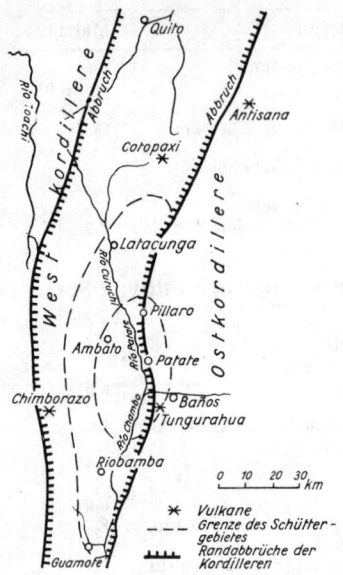

Ekuadorianischer Graben mit dem Schüttergebiet des Erdbebens vom August 1949. Die Orte innerhalb des Kerngebietes wurden fast völlig zerstört, die von der äußeren Isoseiste umgrenzten wurden mehr oder weniger beschädigt (nach Gerth, Geologische Rundschau, Bd. 37)

Metamorphose

Im Kapitel »Metamorphite« (S. 90) wurden die physikochemischen Bedingungen und mineralogischen Voraussetzungen dargestellt, die zur Bildung metamorpher Gesteine führen. Metamorphite sind wie Sedimentite und Magmatite geologische Körper, und ihr Auftreten ist nur zu verstehen, wenn sie im Zusammenhang mit dem regionalen Ablauf aller erdgeschichtlichen Vorgänge betrachtet werden. An einigen charakteristischen Beispielen soll dies erläutert werden.

Metamorphose der ozeanischen Kruste

Ausgehend vom Spreading-Modell des Ozeanbodens (vgl. dazu Kapitel »Geotektonische Hypothesen« (S. 256)), wird in den mittelozeanischen Rückenzonen Mantelmaterial aus größeren Tiefen gefördert, das durch partielle Anatexis mehr oder weniger tholeiitische Schmelzen liefert. Diese fließen als submarine Basalte, z. T. als Pillow-Laven, aus oder nehmen intrusiv als Gabbros Platz. Darunter folgt das an leichter schmelzbaren Anteilen verarmte »restitische« Mantelmaterial in Form von Duniten und Harzburgiten, ehe in größerer Tiefe wieder die primitive, lherzolithische Mantelzusammensetzung vorliegt.

Der Aufstieg von Schmelzen ist stets mit einem erhöhten Wärmefluß verbunden, deshalb kommt es im Bereich der Mittelozeanischen Rücken zum Aufbau eines geothermischen Systems, das einen Warmwasserkreislauf zwischen Ozeanwasser und dem höher temperierten Gesteinsmaterial in Gang setzt. Damit ist notwendig das Einsetzen metamorpher Mineralreaktionen in den betroffenen Gesteinsserien verknüpft. Diese laufen vorwiegend regressiv ab, da der primäre Mineralbestand dieser Gesteine aus Schmelzen bei hohen Temperaturen gebildet wurde.

In meeresbodennahen Bereichen der Basalte und Pillow-Laven – mit Ausnahme der allerjüngsten, obersten Decken – ist durchweg die niedrig temperierte zeolithische Fazies mit Laumontit und Analcim entwickelt. Wenig tiefer setzen Wairakit, Pumpellyit und Prehnit ein, und schließlich kann, insbesondere in Gabbros und Harzburgiten, der Übergang in die Grünschieferfazies, gelegentlich auch in die Amphibolit-Fazies erfolgen. Das bedeutet, daß im tieferen Teil der ozeanischen Kruste und im höchsten Bereich des ozeani-

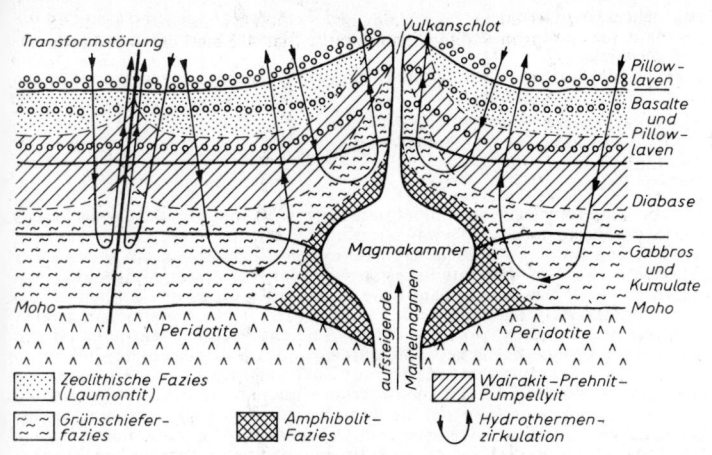

Metamorphose im Bereich eines mittelozeanischen Rückens (rechts) mit einer Transform-Störung (links)

schen Mantels die PT-Bedingungen der regionalen Dynamo-Thermometamorphose verwirklicht sein können. Diese Verhältnisse sind im rechten Teil der Abb. dargestellt. Links ist eine große Horizontalverschiebung (Transformstörung) eingetragen, an der es gleichfalls zu einer gewissen Hydrothermenzirkulation mit einer Anhebung der Isothermalflächen und damit der metamorphen Fazies kommt.

Das Auseinanderdriften der Ozeanböden mit Neubildung ozeanischer Kruste wie im Atlantik wird durch deren Subduktion im Grenzbereich Ozean/Kontinent wie an den Inselbögen des westlichen Pazifiks kompensiert (S. 261). Die ozeanische Platte samt der ozeanischen Kruste (Gabbros, Pillow-Laven und neben geringmächtigen ozeanischen Sedimenten auch voluminöse »Geosynklinalsedimente«, mit denen der Graben vom Kontinent her versorgt wird) taucht hier unter einer kontinentalen, seltener ozeanischen Platte ab, wobei der Winkel meist 45°| beträgt (Benioff-Zone). Bei den – geologisch gesehen – erheblichen Geschwindigkeiten von 2 bis 10 cm/Jahr gerät niedrig temperiertes Gesteinsmaterial verhältnismäßig rasch in größere Tiefen von 100 bis 200 km und teilweise noch tiefer. Infolge der geringen Wärmeleitfähigkeit basischer Gesteine und des Wärmeverbrauches beim Einsetzen der endothermen Mineralreaktionen wird das Gesteinspaket einem immer stärker werdenden Druck

Versenkungsmetamorphose an Subduktionszonen
(vgl. »Plattentektonik«)

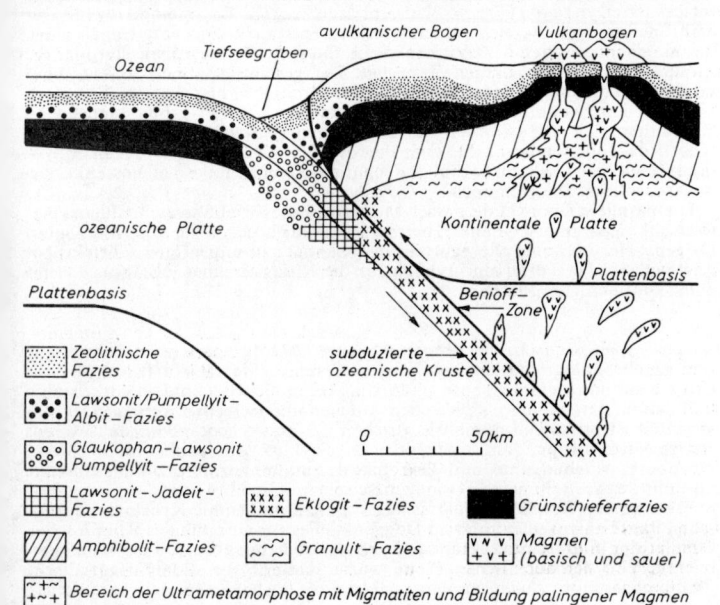

Versenkungsmetamorphose an einer Subduktionszone und regionale Dynamo-Thermometamorphose im Rückland (schematisch)

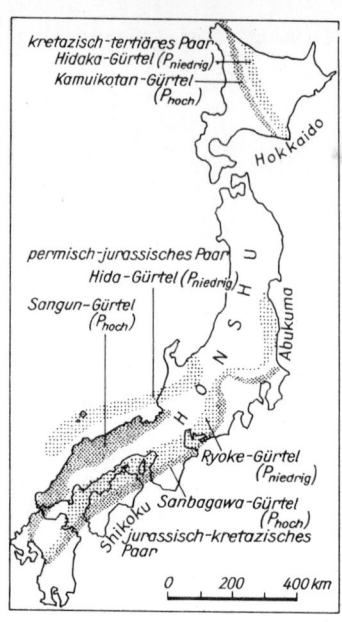

bei nicht oder nur sehr langsam steigender Temperatur ausgesetzt, so daß die geologischen Bedingungen der regionalen Versenkungsmetamorphose gegeben sind.

Innerhalb der Subduktionszone folgen von oben nach unten die einzelnen Mineralfazies aufeinander:

Lawsonit/Pumpellyit-Albit-Fazies,
Glaukophan-Lawsonit/Pumpellyit-Fazies,
Lawsonit-Jadeit-Fazies,
Eklogit-Fazies,

bis das Material wieder im Mantel resorbiert wird, soweit nicht vorher bereits anatektische Schmelzen abgewandert sind (Abb.). Im Laufe der Zeit erfolgt auch in den mittleren und höheren Bereichen dieser Zonen ein thermischer Ausgleich zwischen dem subduzierten Material und seiner Umgebung, wodurch zunächst die glaukophanitische Grünschieferfazies und schließlich die Amphibolitfazies eingestellt wird. Gesteine der Versenkungsmetamorphose sind nur dort erhalten, wo sie vor ihrer Aufheizung in ein seichteres Niveau bzw. an die Erdoberfläche gebracht worden sind. Dies ist dann der Fall, wenn die Subduktion stagniert und die gesamte Zone unter tektonische Kompression gerät. Dann werden Teile der subduzierten Gesteine verschiedenen Alters und Metamorphosegrades (von der Zeolith- bis zur Eklogit-Fazies) und unterschiedlicher Herkunft (Graben- und Ozeanbodensedimente, Pillow-Laven, Gabbros, Peridotite/Serpentinite) herausgepreßt und in chaotischen Massen, teilweise deckenartig, nahe der Innenseite des Grabens abgelagert. Diese Gleitmassen (**Mélange**) sind mit den darin enthaltenen Glaukophanschiefern, Jadeitgesteinen und Eklogiten ein Beweis für die Existenz einer ehemaligen Subduktionszone. Die damit verknüpften Serpentinite und Gabbros (»Ophiolithzonen«) sind damit Fragmente vormaliger ozeanischer Kruste. Eine solche Subduktion kann in der gleichen Region unter Umständen mehrmals erfolgen. Im Nordwesten der USA lassen sich z. B. vom Frühpaläozoikum bis zur Wende Jura/Kreide fünf Subduktionszonen unterschiedlichen Alters nachweisen, die jeweils als Zeugen eines Subduktionsaktes mit anschließender Herauspressung eines Teiles des Materials angesehen werden.

Drei gepaarte Metamorphosegürtel in Japan (nach Miyashiro 1972)

Regionale Dynamo-Thermometamorphose im Rückland von Subduktionszonen

Es wurde angedeutet, daß in und über Subduktionszonen Magmen mobilisiert werden. Unabhängig davon, wie hoch diese anatektischen Schmelzen aufsteigen, kommt es im Rückland, im Hangenden von Subduktionszonen zu einer Erhöhung des Wärmeflusses, zu tektonischer Kompression und zu regionaler Dynamo-Thermometamorphose. In Abhängigkeit vom geothermischen Gradienten werden entweder Faziesserien vom Abukuma-Typ oder vom Barrow-Typ ausgebildet. In schematisierter Form sind diese Verhältnisse in vorstehender Abb. (rechts) dargestellt.

Ein gut bekanntes Beispiel dazu sind die japanischen Inseln. In der Abb. sind die Zonen der regionalen Versenkungsmetamorphose (P_{hoch}, $T_{niedrig}$) und der regionalen Dynamo-Thermometamorphose ($P_{niedrig}$, T_{hoch}) eingetragen. Der nicht metamorphe Bereich zwischen beiden entspricht dem »arc-trench gap«, der »Lücke« zwischen dem Vulkanbogen und dem Tiefseegraben, der hier die Funktion einer Geosynklinale inne hat. Der gesamte spätmesozoische Abukuma-Ryoke-Gürtel gehört der Fazies-Serie mit P = niedrig und T = hoch an, also dem Abukuma-Typ, und führt neben Graniten große Mengen an Rhyolithen. Die nordwestlich davon gelegene spätpaläozoisch-frühmesozoische Hida-Zone tendiert mehr zum Barrow-Typ mit höheren Drücken. Rhyolithe treten hier stark zurück, aber auch diese Zone ist mit einer Versenkungsmetamorphosezone gekoppelt.

Die parallele Anordnung zweier Metamorphosegürtel unterschiedlicher Art (Versenkungs- und Dynamo-Thermo-Metamorphose) wird von Miyashiro als gepaarter Metamorphosegürtel (im Gegensatz zu unpaarigen Gürteln) bezeichnet. Solche Gürtel sind typisch für die Kollision einer ozeanischen mit einer kontinentalen Platte.

Regionalmetamorphose in den Zentralalpen

In den Alpen haben in den letzten 20 Jahren petrographische, geochemische und geochronologische Untersuchungen zu relativ klaren Vorstellungen über den Ablauf der Metamorphose geführt. Dabei muß zwischen dem Altkristallin und den jungkristallinen, alpidischen Anteilen unterschieden werden. Das Altkristallin ist prinzipiell durch die gleichen Ereignisse geprägt worden wie das übrige Mitteleuropa, d. h. durch einen Großzyklus von Sedimentation, Metamorphose, Magmatismus und Tektonik, der im Jungproterozoikum einsetzte und mit der variszischen Tektonogenese seinen Abschluß fand.

Etwa an der Wende Perm/Trias begann die kontinentale Kruste der eurasischen Platte aufzureißen, und im Dogger kam es zur Öffnung des Penninischen Ozeans, der in der Unterkreide seine größte Breite mit etwa 250 bis 400 km erreichte. Von der eurasischen Platte wurde dadurch die südalpin-adriatische Platte abgetrennt. Ab Cenoman erfolgte die Subduktion der ozeanischen

Kruste an einer nach Süden abtauchenden Benioff-Zone, die im Eozän abgeschlossen war. Dies führte zur Kollision zweier kontinentaler Platten und verursachte die zentralalpinen Hebungen im Jungtertiär mitsamt der Verdickung der kontinentalen Kruste. Eine vergleichbare Entwicklung haben auch die übrigen alpidischen Gebirge bis zum Himalaya durchlaufen. Altkristalline Anteile in Grünschiefer- und Amphibolit-Fazies mit Migmatiten und Graniten (z. B. Baveno und Brixen) sind beim Zusammenschub in die alpidische Tektonogenese mit einbezogen worden. Solche Serien treten insbesondere in den Südalpen, in den austro-alpinen Decken und in den Zentralmassiven auf, teilweise haben sie eine frühvariszische oder ältere Granulitfazies durchgemacht (Ivrea-Verbano-Zone). Für das alpidische Jungkristallin konnte nachgewiesen werden, daß die alpidische Metamorphose den alpinen Deckenbau durchsetzt, also jünger als dieser sein muß, und einen bereits bestehenden geologischen Bau überprägt hat. Damit liegt der klassische Fall einer »Wärmebeule« vor.

In vereinfachter Form zeigt die Abb. die geologischen Verhältnisse im Lepontin (Tessin, Schweiz) mit dem Bereich der intensivsten alpidischen Metamorphose in den penninischen Decken. Diese bestehen hier aus Ophiolithen und Bündner Schiefern, die zusammen die ozeanische Kruste des Penninischen Ozeans bildeten, sowie abgescherten Altkristallinpartien aus den Südalpen und Flysch. Südwestlich und östlich davon überwiegen Ophiolithe, Bündner Schiefer und Flysch. In diesen beiden Teilen (Wallis und Graubünden) ist Glaukophan weit verbreitet, ebenso wie jadeitischer Pyroxen und eklogitische Gesteine. Dieses Material hat seine metamorphe Prägung in der Lawsonit-Glaukophan- und der Lawsonit-Jadeit-Fazies der Versenkungsmetamorphose, das heißt mit Sicherheit während der Subduktion, erfahren und wurde vor stärkerer Aufheizung wieder nach oben gepreßt.

Zwischen diesen beiden Arealen erfolgte nach der Kollision ein Wärmeaufstieg im Tessin südlich des Gotthardmassivs und führte zu einer regionalen Dynamo-Thermometamorphose vom Barrow-Typ, die auch die recht reichlichen Altkristallinanteile der penninischen Decken völlig überprägt hat, so daß heute ein alpidisches Jungkristallin vorliegt. An der steil einfallenden Störungszone, die Nord- und Südalpen trennt (Insubrische Linie), bricht die Metamorphose ab. Die Wärmezufuhr erfolgte also nur in den Nordalpen. Im südöstlichen Teil des Lepontins war diese am intensivsten, markiert durch die Sillimanit-Isograde (Muskovit-Sillimanit- und Kalifeldspat-Sillimanit-Zone der Amphibolit-Fazies; Almandin tritt hier infolge anderen Ausgangsmaterials nicht auf). Ganz im Osten, wo die Isograde auf untenstehender Abb. aufhört, erfolgt der Übergang in die ultrametamorphe Migmatitzone und der Einschub des Bergeller Granits. Nach Norden und Westen tauchen die Isothermen ab, wie durch die Isograden für Staurolith/Disthen, Chloritoid und Stilpnomelan angezeigt wird. Chloritoid und Stilpnomelan gehören bereits der Grünschieferfazies an, wobei die niedrigste (Quarz-Albit-Muskovit- Chlorit-) Zone durch zwei Stilpnomelan-Isograden (für das Einsetzen im Norden und das Verschwinden im Süden) ausgehalten ist.

In den kalkigen Bündner Schiefern erhöht sich mit steigender Metamor-

Alpidische Regionalmetamorphose in den Schweizer Zentralalpen (nach Wenk u. Niggli 1970)

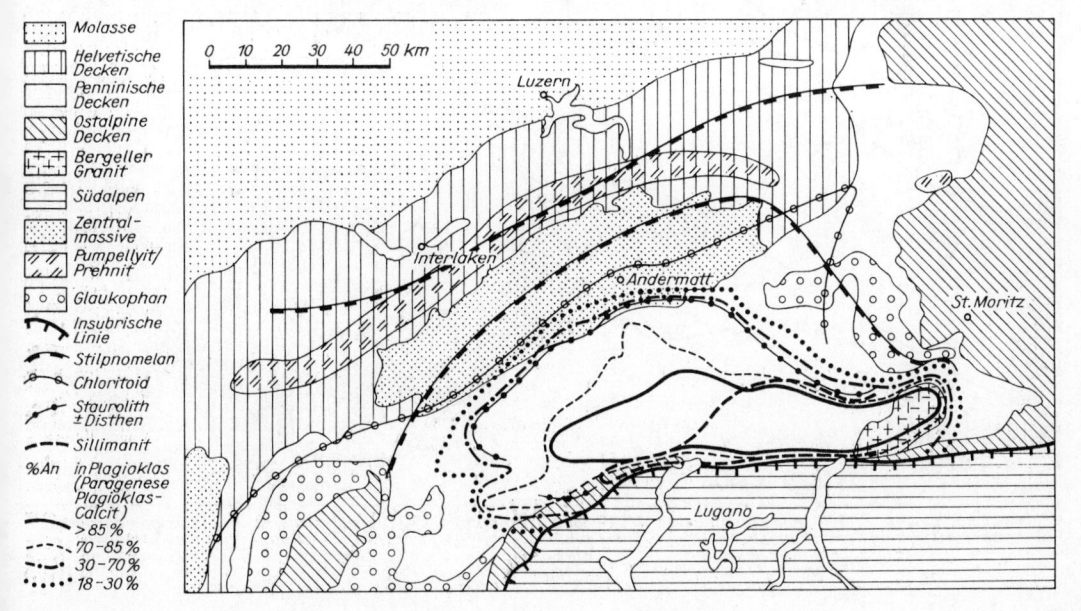

phosetemperatur der Anorthitgehalt der mit Calcit existierenden Plagioklase (vgl. die Isolinien in der Abb.). Jenseits der 18-Prozent-An-Linie tritt nur noch Albit mit maximal 5 Prozent An auf. Sandige Dolomite liefern von außen nach innen die metamorphen Paragenesen Tremolit-Calcit, Diopsid-Calcit sowie in der Migmatitzone und dem Bergeller Granit auch Wollastonit. Es ist deutlich zu erkennen, daß vom Pennin über das altkristalline Gotthardmassiv bis in die helvetischen Decken die Metamorphose gleichmäßig übergreift. Im Helvetikum ist noch eine Zone mit Pumpellyit-Prehnit ausgehalten, die etwa der Lawsonit/Pumpellyit-Albit-Fazies der Versenkungsmetamorphose entspricht.

Nach physikalischen Altersdatierungen umfaßt die Regionalmetamorphose etwa den Zeitraum von 40 bis 25 Millionen Jahren (Oligozän), während die Versenkungsmetamorphite (Glaukophanschiefer u. a.) 60 bis 80 Millionen Jahre alt sind (höhere Oberkreide bis Paläozän). Diese Altersfolge mitsamt der zeitlichen Lücke zwischen den beiden Metamorphosen ist charakteristisch für Orogene, die im Bereich von Subduktionszonen (Konvergenzrändern) gebildet werden. Die jüngsten, nicht alpidisch beeinflußten Metamorphosealter im Altkristallin der Südalpen liegen dagegen bei etwa 300 Millionen Jahren.

Regionalmetamorphose im Variszikum Mitteleuropas
(vgl. dazu Kapitel »Die Varisziden«, S. 230)

Von Nordwesten nach Südosten werden im mitteleuropäischen Variszikum drei Zonen abweichenden Baustils und Metamorphosegrades unterschieden: Rhenoherzynikum, Saxothuringikum und Moldanubikum (Abb.). Im Gegensatz zu den zuvor besprochenen Tektonogenesen ist die Entwicklung hier auf kontinentaler Kruste in mehreren Geosynklinalbecken ohne Subduktionszone erfolgt, wenn auch darüber noch keine einheitliche Auffassung besteht.

Im Rhenoherzynikum (Rheinische Masse, Harz) sind die altpaläozoischen Gesteinsserien gefaltet und geschiefert, aber nicht metamorphosiert mit Ausnahme des Eckergneises in seichter Amphibolitfazies (Mittelharz). Sein Metamorphosealter von 380 Millionen Jahren stimmt überein mit dem Einsetzen des initialen Magmatismus (S. 187) an der durch eine Mantelaufbeulung mit gesteigertem Wärmefluß bedingten Zentralschwelle des Rhenischen Troges.

Am Nordrand des Saxothuringikums wird die Mitteldeutsche Kristallinzone durch Odenwald, Spessart, Ruhlaer Kristallin und Kyffhäuser markiert. Hier ist zum Teil die moldanubische Hauptgruppe mit Gneisen, Migmatiten und

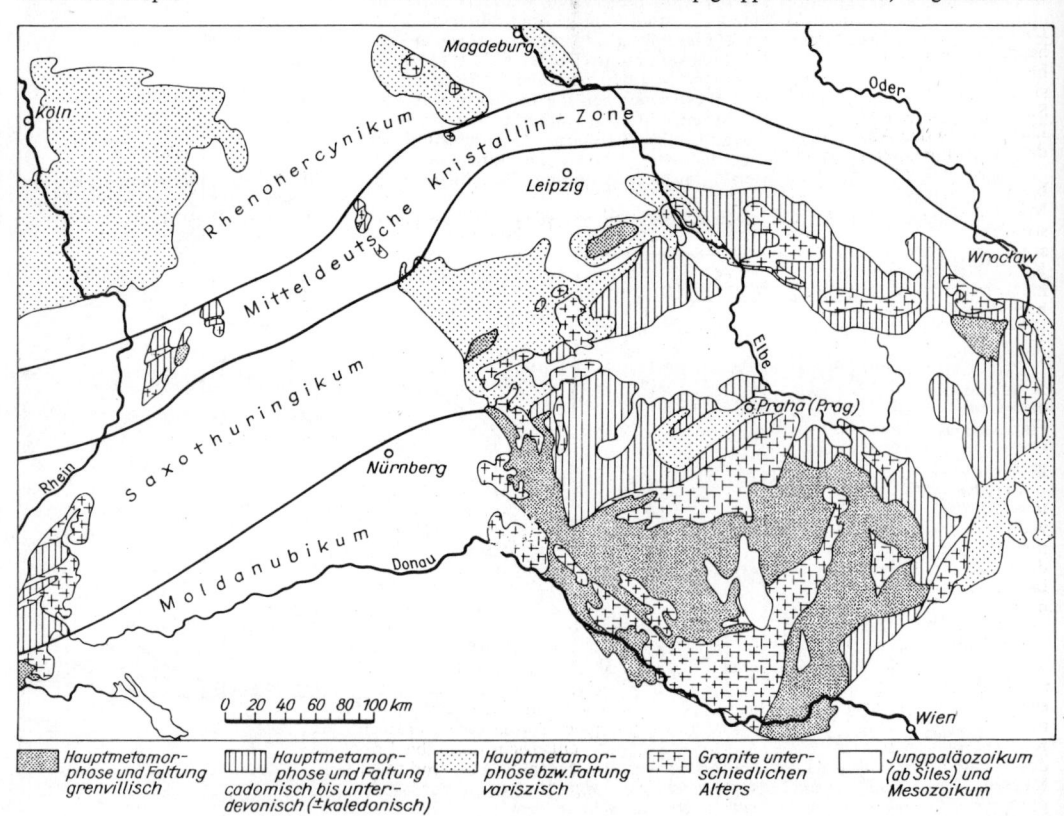

Regionalmetamorphose im Variszikum Mitteleuropas

Graniten grenvillischer Prägung (vor etwa 1000 Millionen Jahren) aufgeschlossen. Das darüberliegende Jungkristallin (Oberriphäikum bis Unterdevon) wurde vor 380 bis 360 Millionen Jahren metamorphosiert bis migmatisiert. Der etwas jüngere Ruhlaer Granit verursachte eine Kontaktmetamorphose im Jungkristallin und eine Kalifeldspatblastese im Altkristallin.

Im sächsischen Granulitgebirge ist die moldanubische Hauptgruppe (Mittelriphäikum) mit Granuliten, Pyroxengranuliten und Granatperidotiten angeschnitten. Dieser Komplex wird diskordant von einer altpaläozoischen Serie überlagert, die teils intraordovizisch (470 bis 440 Millionen Jahre), teils oberdevonisch oder unterkarbonisch metamorphosiert wurde.

Südlich des zentralsächsischen Lineaments, dem die Erzgebirgische Senke folgt, tritt das Erzgebirgskristallin (Oberriphäikum bis Altpaläozoikum) in Grünschiefer- und Amphibolitfazies bis zur beginnenden Aufschmelzung zutage. Eine erste Regionalmetamorphose erfolgte cadomisch (590 bis 540 Millionen Jahre), die Hauptmetamorphose intraordovizisch (ungefähr 430 Millionen Jahre) mit steilem Temperaturgradienten (50 bis 70 °C) und hohen Drükken (Barrow-Typ), eine dritte Metamorphose im Oberdevon bis Dinant (Grünschieferfazies). Die variszischen Granite des Oberkarbons (ungefähr 300 Millionen Jahre) und Perms (ungefähr 250 Millionen Jahre) haben Kontaktmetamorphosen und Kontaktmetasomatosen verursacht.

Im Moldanubikum der Böhmischen Masse sind grenvillisch metamorphosierte mittelriphäische Serien weit verbreitet. Unter den Granuliten, die denen des sächsischen Granulitgebirges adäquat sind, treten Gesteine der »Monotonen Serie« auf, die in erheblichem Maße migmatisiert sind. Darüber folgt die »Bunte Serie« mit Hornblende-Biotitgneisen, Amphiboliten, Graphitgneisen und -quarziten und Kalksilikatfelsen. Eine intraordovizische Regionalmetamorphose ist zumindest für das südwestliche Moldanubikum gesichert, wo sie bis zur Bildung anatektischer Schmelzen geführt hat. Variszische Überprägung ist weit verbreitet, aber meist nur mit Tendenz zum Abukuma-Typ mit Cordierit-Sillimanit oder Cordierit-Andalusit. Vielfach leitet sie in eine Kontaktmetamorphose über, vor allem im Bereich des Mittelböhmischen Plutons. Im Süden und Südwesten konnte auch eine variszische Migmatisierung nachgewiesen werden.

Die Aufklärung der Metamorphose in den Alten Schilden ist vielfach mit erheblichen Schwierigkeiten verbunden, weil überhaupt nur Metamorphite vorhanden sind und in weiten Teilen mehrfache metamorphe Überprägungen erfolgt sind. Durch geochronologische Untersuchungen konnte jedoch eine Reihe von Schwerpunktaltern festgestellt werden, die in bezug auf Rubidium/Strontium-Datierungen das Abkühlungsalter metamorpher Prozesse fixieren, damit aber den Ausklang einer Tektonogenese.

Metamorphose in den Alten Schilden

In allen Alten Schilden sind Granulite und Migmatite die am weitesten verbreiteten Gesteine. Dazu kommen Quarzite, Granite und in erheblichem Maße Metabasite, die meist aus submarinen basaltischen Laven hervorgegangen sind. In reaktionsfähigen Gesteinen wie ehemaligen Kalk- und Mergelsteinen sowie basischen Tuffen haben intrudierende Granite teilweise ausgedehnte Kontaktmetamorphosen und -metasomatosen ausgelöst. Jüngere regionalmetamorphe Überprägungen haben meist zu retrograder Ausbildung amphibolit-fazieller Mineralparagenesen geführt, ähnlich wie im sächsischen Granulitgebirge und im Moldanubikum.

Klassische Gebiete der Kontaktmetamorphose sind das Westerzgebirge mit den Graniten von Bergen, Kirchberg, Eibenstock und Schwarzenberg, der Harz mit Brocken- und Ramberg-Granit, die Oberlausitz sowie das Oslo-Gebiet, in dem V. M. GOLDSCHMIDT 1911 seine grundlegenden Arbeiten durchgeführt hat.

Kontaktmetamorphose
(vgl. dazu Kapitel »Metamorphite«, S. 90 und »Magmatismus«, S. 188)

Ausgedehnte, z. T. mehrere Kilometer breite Kontakthöfe um Granitplutone sind nur in nicht- oder anchimetamorphen Nebengesteinen entwickelt, während in Gneisen lediglich im Millimeter- bis Zentimeter-Bereich kontaktmetamorphe Mineralreaktionen erfolgen. Der Grund dafür liegt darin, daß die meist amphibolitfaziellen Gneise bei Temperaturen gebildet wurden, die bei oder über denjenigen der Kontaktmetamorphose liegen, die regionalmetamorphen Mineralparagenesen also auch bei einer Wärmezufuhr nach wie vor im Gleichgewicht stehen.

Bei der Intrusion einer granitischen Schmelze in eine Tonschiefer-Grauwacken-Serie bildet sich die Morphologie des Plutons in seinem Kontakthof in großen Zügen ab. Steile Flanken zeigen eine geringe Breite, flaches Abtauchen ist durch große Ausdehnung der Kontaktzone gekennzeichnet. Konventionell wird meist eine Untergliederung in einen inneren und einen äußeren Kontakthof vorgenommen. Der äußere Kontakthof entspricht der Albit-Epidot-Hornfelsfazies und z. T. der Cordierit-Muskovit-Hornfelsfazies und führt Knoten-, Fleck- und Garbenschiefer. Der innere Kontakthof gehört zur höhergradigen Cordierit-Muskovit-Hornfelsfazies mit echten Hornfelsen. Die Cordierit-Kalifeldspat-Hornfelsfazies ist an Granitkontakten meist nicht ausgebildet, weil die Temperatur unmittelbar am Kontakt stets niedriger als die Intrusionstemperatur des Magmas ist.

Bei einer Intrusionstiefe von 3 km und einer Temperatur der granitischen Schmelze von 700 °C beträgt die Temperatur am Kontakt lediglich 560 °C und liegt damit unter der Temperatur der Reaktion Muskovit + Quarz = Kalifeldspat + Andalusit + H_2O. Eine gabbroide Schmelze mit einer Intrusionstemperatur von 1200 °C erzeugt dagegen am Kontakt eine Temperatur von etwa 820 °C, wodurch die höchstgradige Kontaktmetamorphose natürlich ausgelöst wird. Die Ausdehnung der Kontakthöfe ist abhängig von der Größe der Plutone. Wenn man dessen Dicke mit D bezeichnet, dann beträgt die maximale Temperatur im Nebengestein nach einer gewissen Zeit bei der Entfernung $1/_{10}$ D vom Kontakt in den oben angeführten Beispielen beim Granit 470 °C und beim Gabbro 720 °C, bei $2/_{10}$ D 420 °C bzw. 650 °C und bei $1/_2$ D 330 °C bzw. 510 °C. Die Zeitdauer der maximalen Temperatur ist proportional dem Quadrat der Dicke der Intrusion und kann bei Granitplutonen auf einige 10 000 bis 100 000 Jahre geschätzt werden. Damit steht ausreichend Zeit für den Ablauf kontaktmetamorpher Mineralreaktionen zur Verfügung.

Dynamometamorphose (Dislokationsmetamorphose)

Kataklase und Mylonitisierung finden in unterschiedlichem, meist geringerem Ausmaß an nahezu jeder Störung statt. Größere Ausdehnung hat die Dislokationsmetamorphose lediglich an großen Horizontalverschiebungen vom Typ der San-Andreas-Störung in Kalifornien (1 200 km lang) oder der Alpine Fault auf Neuseeland (1100 km lang). Hier kommt es zur Beanspruchung und Zerrüttung der Gesteine im Kilometerbereich zu beiden Seiten der Störung. Ähnliche Verhältnisse liegen an den Transformstörungen der mittelozeanischen Rücken vor (S. 254). In solchen Fällen erfolgt im Störungsbereich ein Hydrothermenumlauf, der zu metamorphen Veränderungen des Mineralbestandes im angrenzenden Nebengestein führt. Aus Kristallingebieten sind einzelne Beispiele einer hydrothermischen Mobilisation an großen Störungszonen bekannt, z. B. am Fiederspalten-System der Böhmischen und der Bayerischen Pfahlstörung im westlichen Moldanubikum, wo es zu erheblichen metamorph-hydrothermalen Absätzen einzelner Quarzkörper gekommen ist. Die Bewegungsbahnen von Überschiebungsdecken weisen stets eine Dislokationsmetamorphose auf, wenn auch die Beanspruchung wenige Meter nur in Ausnahmefällen überschreitet.

C.-D. Werner

Das tektonische Großbild der Erde

Schilde und Tafeln (Plattformen)

In diesem Kapitel werden die großen tektonischen Bautypen im festländischen Bereich in ihren Verbreitungsgebieten beschrieben, ohne daß ihre mögliche Genese im Sinne der Plattentektonik diskutiert wird. Die Hypothese der Plattentektonik wird im Kapitel »Geotektonische Hypothesen« behandelt. Außerdem finden sich zahlreiche Hinweise über Pollagen, Kontinentaldrift und gebirgsbildende Prozesse in mobilistischem Sinne in den Systemkapiteln vom Präkambrium bis zum Quartär. Die großen Faltungsären sind in ihrem regionalen Auftreten außerdem besonders in den Kapiteln »Präkambrium«, »Ordovizium«, »Silur«, »Karbon« und »Tertiär« ausführlicher dargestellt.

Die ungleichmäßig über die Erde verteilten Landmassen zeigen im tektonischen Bild eine auffällige Gesetzmäßigkeit: Ihre Kerne bilden orographisch große Tieflandsgebiete mit nur geringen Höhenunterschieden. Diese Bereiche entsprechen Krustenteilen, die sich während der letzten geologischen Perioden tektonisch ziemlich stabil verhalten haben. Es sind die großen Kontinentaltafeln mit riesigen Stromsystemen, mit sanft gewellten Oberflächenformen und mit ariden Räumen in den meerfernen Zonen (vgl. die Anlage »Tektonische Karte von Europa« und »Tektonische Weltkarte«). Wie gering hier die tektonische Aktivität während langer Zeiträume gewesen ist, zeigen z. B. die noch heute plastischen unterkambrischen Blauen Tone bei Leningrad. Auf großen Flächen dieser Plattformen tritt der kristalline, metamorphe, präkambrische Untergrund zutage. Es sind Gebiete mit langzeitiger Hebung, in denen die Erosion oft ein tiefes, kompliziert gebautes Stockwerk des Grundgebirges entblößt hat. Diese großen **Schilde** tauchen mit kleinen Winkeln unter eine Decke von wenige Kilometer mächtigen Sedimenten unter, die das Stockwerk der wenigen **Tafel** bilden. Grundgebirgsstockwerk und sedimentäres Deckgebirge werden Plattform genannt. Das Grundgebirge wurde während verschiedener Perioden intensiv gefaltet und mit magmatischen Massen durchtränkt. In den alten Schilden kann diese Entwicklung studiert werden.

Die Festlandskerne werden von Gebirgsketten unterschiedlichen Alters, mit kompliziertem Relief und wechselvoller Geschichte umschlungen. Diese Krustenteile haben sich während der geologischen Entwicklung als äußerst labil erwiesen. Vermittelnd dazwischen stehen die Bruchfalten- und Bruchschollen-Gebiete im Randbereich der festländischen Kernzonen, mit einer im Vergleich zu den Festlandblöcken größeren tektonischen Mobilität und einem ausgeprägten Relief. Schließlich erkennt man auf der tektonischen Weltkarte noch Lineamente, das sind die großen Graben- und Bruchstrukturen.

Die Osteuropäische Plattform. Der Kern Europas, die Osteuropäische Plattform, die an Fläche mehr als die Hälfte Europas einnimmt, besteht aus dem Baltischen (Fennoskandischen) und dem Ukrainischen Schild sowie der Osteuropäischen (Russischen) Tafel. In diesem Raum, dessen regionale Entwicklung im einzelnen, ebenso wie die der übrigen Plattformen der Erde, im Kapitel »Präkambrium« beschrieben ist, tritt in den Schilden das Grundgebirge zutage. Es wurde durch mehrere Tektonogenesen deformiert. Die älteste Tektonogenese im **Fennoskandischen Schild** ist die der Belomoriden mit einem Alter von 2 bis 2,2 Milliarden Jahren, die intensive Fließfaltung eines sehr tiefen Stockwerkes zeigt. Wenig jünger sind die Kareliden. An ihrer Basis finden sich Gesteine, die schon vor 2,7 Milliarden Jahren deformiert wurden. In Südfinnland und Mittelschweden besitzen die Svekofenniden ein Alter von 1,8 Milliarden Jahren. Die jüngste Tektonogenese, die Gotische, ging vor 1,5 bis 1,25 Milliarden Jahren im äußersten Südwesten des Schildes vor sich. Die Gotiden bestehen aus Gneisen, Quarziten, Amphiboliten, Grauwackenschiefern, Leptiten, Arkosen und Konglomeraten und auch aus karbonatischen Serien von großer Mächtigkeit, die von vulkanischen Intrusionen durchsetzt sind und sich dadurch als typische geosynklinale Sedimente ausweisen. Die darüberliegenden, wenig deformierten und nichtmetamorphen, roten jotnischen Molassesedimente sind etwa 1,3 Milliarden Jahre alt. Jünger sind die ebenfalls wenig deformierten Sparagmite (Riphäikum bzw. Oberes Proterozoikum). Der Fennoskandische Schild ist noch heute.

Weiter im Süden tritt im **Ukrainischen Schild** das tiefe Grundgebirge erneut zutage. Die älteste Tektonogenese, die Katarchaische, hat ein Alter von 2,7 bis 3,6 Milliarden Jahre, die Dnepr-Faltung von 2,3 bis 2,7, die Bug-Podolische von 1,9 bis 2,3, die Kriwoi-Rog-Tektonogenese von 1,7 bis 2 und die Wolhynische Tektonogenese von 1,15 bis 1,7. Hier legt sich der wenig metamorphe, etwa 1,2 Milliarden Jahre alte Owrutsch-Quarzit auf das Grundgebirge. Das bedeutet, daß die tektonischen Bewegungen im Bereich des Festlandblockes vor etwa einer Milliarde Jahren abgeschlossen waren.

Dieses Grundgebirge bildet die Basis der **Russischen (Osteuropäischen) Tafel.** Es wird überlagert vom nichtmetamorphen Riphäikum, das in seinen ältesten Teilen 1,0 bis 1,2 Milliarden Jahre alt ist und mit seiner roten Bavlyserie bis ins Kambrium reicht. Darüber liegen geringmächtige Tafelsedimente des Paläozoikums, Mesozoikums und Neozoikums. Im Paläozoikum und im Mesozoikum wurde die Tafel von zahlreichen epirogenetischen Bewegungen leicht deformiert, aber nicht mehr von Tektonogenesen erfaßt. Es entstand eine Reihe von Depressionen (Synklisen) und Gewölben (Anteklisen), z. B. die Synklise von Moskau, die Dänisch-Polnische Senke, die Ukrainische Synklise, die Petschora-Depression und andere. Gegen Süden fällt die Tafel gegen die Nordkaspische Senke ab, und die Mächtigkeit der Tafelsedimente erreicht mehr als 10 km. Große permische Salzmassen haben in der Kaspisenke zu einer intensiven »Salztektonik« geführt. Ein weiteres Charakteristikum der Tafel sind lange schmale Senken ohne geosynklinale Sedimente und mit nur wenig Vulkaniten, die »Aulakogene« SCHATZKIS. Typisch dafür sind das Donbas mit seinen 8 bis 10 km mächtigen Sedimenten und eingeschalteten Kohlenlagern sowie seine Fortsetzung in der Dnepr-Donez-Senke mit einer intensiven Salztektonik. Die Hauptfaltung fand hier in der Oberen Trias statt. Andere Aulakogene sind das Timan-Becken (8 bis 10 km Sedimente), das von Patschelma (westlich Pensa) u. a.

Über den Anteklisen sind die Sedimentmächtigkeiten nur gering, z. B. 500 bis 1 100 m über der Masowischen, bis 1 000 m über der von Woronesch und 1 500 bis 2 000 m über der Wolga-Ural-Anteklise.

Ein weiteres Charakteristikum der Osteuropäischen Tafel sind lange Antiklinalbündel, die »Wälle« genannt werden und nur im Deckgebirge ausgebildet sind. Beispiele dafür sind der Don-Medwediza-Wall, der Oka-Wall, der Djurtjuli-Wall und seine Nachbarn im Birsker Sattel (Baschkirien), die aus breiten Antiklinalen (Plakantiklinalen) bestehen.

Die westliche Begrenzung der Osteuropäischen Plattform ist vermutlich die Tornquistsche Linie, die von Schonen nach dem polnischen Heiligkreuzgebirge verläuft. Eine andere Deutung verlegt sie nach Mittelengland. Zur Plattform gehören auch die wasserbedeckten Synklisen des Schwarzen Meeres und der Ostsee.

Südlich der Osteuropäischen Tafel und nördlich der alpidisch gefalteten Gebirgszüge erstreckt sich von der unteren Donau über die Dobrudscha und die Krim bis nach Nordkaukasien die **Skythische Tafel.** Ihr Untergrund ist im Jungpaläozoikum intensiv gefaltet und metamorphosiert worden. Die darüber lagernden Tafelsedimente haben triassisches bis quartäres Alter und sind ebenfalls in flache »Wälle«, Antiklinalen und Synklinalen gegliedert.

Die Westsibirische Tafel. Mit 3,4 Millionen Quadratkilometer gehört die Westsibirische Tafel zu den größten Tafelgebieten der Erde. Sie bildet eine flache Sedimentschüssel von rund 3, lokal auch 4 bis 5 km Tiefe, mit fast horizontal liegenden Schichten des oberen tektonischen Stockwerkes. Das Grundgebirge wird von variszisch gefalteten Sedimenten des Präkambriums bis Mittelpaläozoikums gebildet, die metamorphosiert sind und von Magmen durchschwärmt werden. Darüber lagern diskordant schwach gefaltete und nur gering metamorphosierte, meist kontinentale Sedimente des Oberperm bis Unterjura, die Kohlenflöze enthalten. Mit einer neuen Transgression im Oberjura beginnt eine ungefaltete Serie meso- und känozoischer Tafelsedimente. Durch eine Reihe großer epirogener Strukturen wird die Tafel gegliedert. Die wichtigsten sind das Nördliche Soswa-Gewölbe, das vom Ural durch die Ljapin-Mulde getrennt ist, nördlich davon das Stschutschja-Gewölbe und im Süden die Turan-Aufwölbung. Von kleineren Strukturen seien noch Tas-, Konda-, Ob- und Warta-Gewölbe genannt, die neben dem Soswa-Gewölbe die größten bekannten Erdgaslagerstätten der Erde und viele Erdöllagerstätten von hohem wirtschaftlichem Wert enthalten.

Die Ostsibirische Plattform bildet den eigentlichen Festlandskern des asiatischen Kontinents. Sie liegt zwischen Jenissej und Werchojansker Gebirge und wird im Süden vom Sajanischen Gebirge und von den Baikalfalten umschlungen. Im Aldan-Schild tritt das Grundgebirge zutage. Wie in der Osteuropäischen Plattform ist es archaisch und proterozoisch gefaltet sowie metamorphosiert worden und wird diskordant vom Sinischen (Riphäischen) System des Oberen Proterozoikums und Altpaläozoikums überlagert. In der größten Depression, der Tungusischen Syneklise, sind auch Schichten des Karbons und Perms mit Kohlenflözen vorhanden. Die riphäischen Schichten werden hier 3 bis 4 km mächtig, das marine Kambrium 2 bis 3 km, Ordovizium bis Devon etwa 1 km und Permokarbon bis Trias bis 3 km. Mächtige Sedimente finden sich in der Wiljui-Senke, in der auch mächtiges, meist kontinentales Mesozoikum abgelagert wurde. Die markantesten Strukturen der Ostsibirischen Plattform sind zwei Grundgebirgsaufragungen: der Aldan-Schild am oberen Aldan nördlich der Jablonowy-Stanowoi-Gebirge, und das Anabar-Massiv in den Flußgebieten von Kotui und Oljenok, wo archaische und proterozoische hochmetamorphe Gesteine an die Oberfläche treten.

Die Turantafel (Karakumtafel). Wegen ihrer bedeutenden Vorkommen an Erdöl und Erdgas ist das dritte große Tafelgebiet Asiens, die epiherzyne Turan- oder Karakumtafel, genauer untersucht worden. Die Basis dieser Tafel bildet ein stark gegliedertes Relief von metamorphen, paläozoischen und altmesozoischen Gesteinen und Intrusionen. Die Tektonogenesen mit Faltung und Metamorphose hielten bis in die Mittlere Trias an. Die über dem Grundgebirge abgelagerten Tafelsedimente sind kontinentale Schichten des Lias und Rät mit Kohlenflözen, meist marine Sedimente des Mittleren Jura bis Alttertiär, unter denen sich im Malm Evaporite finden. Eingelagert sind auch sehr mächtige Serien roter Molassen der Unterkreide (Apt bis Valendis) und der »Gobimolasse« (Oberoligozän bis Pliozän). Diese wechselnde Sedimentation zeigt eine wesentlich größere tektonische Unruhe im Vergleich mit den »klassischen« Tafelgebieten und mehr die Entwicklung eines labilen Schelfs an. Die großen Aufwölbungen, wie die Zentral-Karakum-Hebungszone, die von Krasnowodsk-Karabogas-Gol, von Mary und Bairam Ali (Turkmenische SSR) und Buchara, sind wegen ihrer Lagerstätten von Erdöl und Erdgas von großem wirtschaftlichem Interesse. Auf der Buchara-Hebungszone liegt z. B. die Lagerstätte Gasli, eines der größten Erdgasvorkommen der UdSSR. In einigen Antiklinorien, die aus dem Tienschan-System in die Tafel hineinragen, kommen Gesteine des Grundgebirges an die Oberfläche, so in den Bergzügen des Kuldshuktan und des Sultan-Uisdag (Usbekische SSR), in den Mangyschlak- und Alkyr-Faltenzügen sowie im Großen Balchan. Im Zusammenhang damit stehen tiefe Molassebecken. Auf der Halbinsel Mangyschlak z. B. werden die oberpermisch-triassischen Molassen 8 400 m mächtig!

Ostasien, Paraplattformen. Ostasien unterscheidet sich insofern von den übrigen Festlandsgebieten, als weder ausgesprochene Tafelgebiete noch typische Geosynklinalen vorhanden sind. Diese Tafeln wurden deshalb von Huang **Paraplattformen** genannt. Sie haben eine relativ große Mobilität, die sich bis zu ausgeprägten Tektonogenesen steigern kann. Verhältnismäßig stabil sind die inneren Tafelgebiete, wie das Dsungarische, das Tarim- und das Tibetische Massiv. Dagegen lassen die Südchinesische und die Ostchinesische Paraplattform bis zu 4 Tektonogenesen unterscheiden, und zwar eine präkambrische bis sinische (entspricht etwa der baikalischen), eine kaledonische, die Jenschan- und die indosinische Tektonogenese, die zwischen Nor und Rät sowie am Ende der Trias hauptsächlich die Südchina-Paraplattform ergriffen hat. In Ostjünnan und Westsetschuan herrschten in dieser Zeit fast echte geosynklinale Verhältnisse, wie ein ultrabasischer Magmatismus, regionale Metamorphose und 8 bis 10 km mächtige triassische und jurassische Ablagerungen erkennen lassen.

Die Jenschan-Gebirgsbildung im Mittleren Jura sowie zwischen Oberem Jura und Unterkreide hat sich mit Ausnahme der stabilen Kerne – Ordos und Zentralzetschuan – in ganz China ausgewirkt, ohne daß eine typische Geosynklinalentwicklung bemerkbar wäre, trotz zahlreicher Vorkommen von Magmatiten. Diese Tektonogenese hat ihren Namen von einem Bergzug in der

Provinz Hopeh. Molassen dieser Gebirgsbildung sind in der Unterkreide weit verbreitet.

Das Fundament der Paratafeln besteht aus geringmetamorphen Schiefern, Phylliten, Grauwacken, Quarziten und Kalken, die in der sinischen Periode gefaltet wurden. Teilweise gehören noch altpaläozoische Gesteine zum Fundament. Die Decke aus 3 bis 4 km mächtigen neritischen, karbonatischen, vor allem aber klastisch-kontinentalen Ablagerungen ist in langen geologischen Zeiten gebildet worden. In einzelnen tiefen Senken wurden kurzzeitig große Massen sedimentiert. Vorwiegend finden sich rote Molassen (z. B. im »Roten Becken« von Szetschuan, im Ordos und im Tarim-Becken), aber auch Kohlen und Salze kommen vor. Lange Gebirgszüge und Faltenbündel, durch junge Hebungen der Zertalung stark ausgesetzt, bestimmen in weiten Gebieten das Landschaftsbild und schufen jene bizarren Landschaftsformen, von denen zahlreiche chinesische Künstler inspiriert wurden. Die Entwicklung Ostasiens zeigt deutlich, daß bereits gefaltete Gebiete immer wieder von neuem kräftig deformiert wurden; eine »Versteifung« durch Faltung ist nicht zu beobachten.

Die Indische Tafel. Auch die Indische Tafel, zu der die Halbinsel Vorderindien und Ceylon (Sri Lanka) gehören, hat ein Fundament aus präkambrisch deformierten und metamorphosierten Gesteinen und ein Deckgebirge, das aus kontinentalen Ablagerungen des Gondwanasystems (Perm bis Trias) mit Tilliten an der Basis und vorwiegend in Randsenken aus mesozoischen Sedimenten bis zur Kreide besteht. In einer Depression des Grundgebirges lagern mächtige Plateaubasalte von mehreren hundert Kilometern Ausdehnung (Dekan-Trapp), die sich in der Oberen Kreide und zu Beginn des Tertiärs ergossen haben.

Der Festlandsblock Afrika — Arabien. Afrika bildet mit Arabien den größten Festlandsblock der Erde, der nur am Rande von einigen epikontinentalen Randbecken sowie im Norden und im äußersten Süden von alpidischen bzw. variszischen Gebirgen umsäumt wird. In einer Reihe von Schilden (z. B. Hoggar, Ostafrikanischer Schild, Nubischer Schild, Transvaal-Massiv) tritt das präkambrische Grundgebirge an die Oberfläche, das – wie auf den anderen Kontinenten – mehrfach gefaltet und metamorphosiert wurde. Mit einer erheblichen Diskordanz folgen im südlichen Teil Afrikas darüber fossilfreie Sedimente des Jungproterozoikums, die vermutlich bis ins Ordovizium reichen. Es sind vorwiegend kontinentale, oft rote Sedimente, die wenig metamorphosiert und z. T. gefaltet sind. Die jüngeren festländischen Sedimente des Permokarbons enthalten Tillite als Zeugen einer Vereisung. Marine Sedimente des Oberjura bis Tertiär lagern nur in den Randbecken.

Die Tektonogenesen des Zwischenstockwerkes nehmen große Teile Südafrikas ein und tragen verschiedene Namen (Namasystem, Katangasystem, Griquaiden, Kongoliden). Als Sammelbezeichnung wurde dafür »**Afriziden**« gewählt. Falls die jüngsten gefalteten Sedimente tatsächlich dem Ordovizium angehören, müßten diese Faltungen kaledonischen Alters sein. Es sind Gebirgsbildungen, die nicht geosynklinal vorbereitet wurden. Nur der variszisch gefaltete Streifen in der südlichen Kapprovinz ging aus einer Geosynklinale hervor. Von den intrakratonischen Depressionen sind die größten das Karru-Becken in Südafrika und das Kongobecken, die vorwiegend mit kontinentalen Schichten angefüllt sind. Im Kongobecken folgen über frühkambrischen Sedimenten mächtige kontinentale Ablagerungen des Permokarbons und der Trias (permokarbonisches Karroo, Red Beds der Trias und jüngere Schichten, darunter im Kongobecken wenig marine Oberkreide) sowie mächtige Lavaergüsse. Wegen ihrer Erdöllagerstätten sind die Randbecken genauer untersucht worden. Die nördliche **Saharische Tafel**, die im Norden in die Atlas-Geosynklinale übergeht, besteht aus einer Reihe von Becken und Aufwölbungen. Diese Becken sind gefüllt mit mächtigem, vorwiegend marinem Paläozoikum (Becken von Colomb-Béchar, Ghadames-Becken), triassischen Schichten (Becken der Östlichen Großen Erg) und Tertiär (Syrtebecken). Dagegen sind das Mursukund das Kufrabecken unmittelbar südlich davon bereits intrakratonische Becken mit mächtigen kontinentalen Ablagerungen des Mesozoikums (nubischer Sandstein).

Die Sedimente der Arabischen Tafel bestehen vor allem aus marinen Ablagerungen des Perms bis Juras und der Kreide, die diskordant auf kambrischen bis unterdevonischen Schichten lagern (Permtransgression). Flache, weitgespannte Aufwölbungen enthalten die größten bisher bekannten Erdöllagerstätten der Erde. Auch Salztektonik ist verbreitet.

Rings um Afrika ist eine Reihe epikontinentaler Randbecken angeordnet, die durch eine mächtige Serie molasseartiger Gesteine charakterisiert sind. Altersmäßig reichen sie vom Karbon und Perm bis zum Unterapt und zeugen von kräftigen Aufwärtsbewegungen des Kontinents. Im Apt drang das Meer ein und hinterließ Salze, die zur Bildung zahlreicher Salzstöcke führten (Cuanza-Becken, Becken von Gabun). In Richtung zum Ozean werden die Sedimente mächtiger.

Die Randbecken im Osten enthalten bis etwa Lias ebenfalls kontinentale Sedimente. Dann folgen marine Schichten, die, wie im Westen Afrikas, von kontinentalen Einlagerungen unterbrochen sind.

Alle Beobachtungen lassen die seit dem Präkambrium andauernde Hebungstendenz dieses Festlandsblockes erkennen, der bis in ein tiefes Niveau erodiert wurde. Die Schuttmassen lagern in den intrakratonischen Becken. Erst etwa ab Ende der Kreidezeit greift das Meer über die Randbereiche, ehe erneut Hebungsbewegungen einsetzten.

Die Festlandkerne Amerikas. Der Doppelkontinent Amerika enthält zwei große Kerne: Im Norden den Kraton Laurentia und im Süden Brasilia. Im Norden tritt das Grundgebirge im Kanadischen Schild mit sehr alten und mehrfach gefalteten und metamorphosierten Gesteinen an die Oberfläche. Es setzt sich nach Grönland fort, wo nur der Norden und Osten der Insel Teile einer alten Geosynklinale sind. Die präkambrischen Tektonogenesen, an Zahl mindestens 4, verteilen sich auf den Zeitraum von 2,9 bis 1 Milliarden Jahren vor der Gegenwart. Die jüngsten präkambrischen Schichten sind rote Molassen. Der Schild taucht unter marine paläozoische Tafelsedimente der großen Nordamerikanischen Tafel, die in ihrem Aufbau der Osteuropäischen Tafel ähnelt. Große Gewölbe (z. B. Cincinnati-, Ozark-, Sioux-, Sabine-Gewölbe) wechseln ab mit intrakratonischen Depressionen von rundlicher Form (Hudson-Bay, Williston-, Michigan-, Illinois-, Salina-Becken). Mehrere Transgressionen sind erkennbar. Die Sedimentation begann mit einer allgemeinen Transgression im Kambrium; ab Ordovizium war das Relief stark ausgeglichen, Salzausscheidungen charakterisieren die zentralen Teile und Riffbildungen die peripheren. Ab Mitte Karbon erfolgte Hebung mit Regression des Meeres, Kohlenbildung ist weit verbreitet. Ablagerungen roter kontinentaler Serien (Red Beds) sind bis in den Jura hinein zu beobachten. Eine dann einsetzende marine Entwicklung wird durch erneute Hebung im Tertiär abgeschlossen. Im Süden fällt die Tafel in das tiefe Becken des Golfs von Mexiko ab, in dem teilweise bis zu 10 km tertiäre Sedimente abgelagert wurden.

In Südamerika tritt im Guayana-Schild und im Brasilianischen Schild das Grundgebirge zutage. Auch hier sind mehrere präkambrische Tektonogenesen erkennbar. Randlich wird das Grundgebirge von roten Molassen (z. B. Roraimaserie im Norden) überlagert, die nicht metamorph sind und bis ins Kambrium reichen.

Randlich und zwischen den Schilden Südamerikas liegen Tafelsedimente, die in einigen Depressionen, wie dem Amazonas-Becken, hohe Mächtigkeiten erreichen. Über den Molassen folgen marine Schichten des Paläozoikums, die von mächtigen vulkanischen Spaltenergüssen ausgedehnter Diabasdecken durchsetzt sind, was in keiner Weise zum Bild eines intrakratonischen Beckens paßt. Dabei fehlen Faltungen vollständig. Daher ist das Amazonas-Becken wohl als eine große Zerrungsstruktur anzusehen. Die erhebliche Schichtlücke vom Ende des Paläozoikums bis zur Unterkreide entspricht den Verhältnissen in Afrika. Während der Kreide und des Tertiärs wurden klastische kontinentale Serien abgelagert.

Zeugnisse der kräftigen Hebung und Abtragung des Brasilianischen Schildes in mesozoischer Zeit bis zur Unterkreide sind die mächtigen klastischen Sedimente in den Depressionen, die den Brasilianischen Schild im Südwesten, Süden und Südosten umrahmen. Im Recôncavo-Becken sind dies die 4000 m mächtigen Bahia-Serien und im Alagôas-Sergipe-Becken (längs der Küste) mächtige Konglomerate und klastische Serien der Unterkreide. Im Becken des Golfes von San Jorge (im Süden des Schildes) lagert die bis in den Jura reichende, 3000 m mächtige Tobifera-Formation. Im Cuyo-Becken (Mendoza, Argentinien), in Neuquén und weiter nach Süden bis Feuerland (Argentinien) handelt es sich um die einige Kilometer mächtigen porphyritischen kontinentalen Serien der Trias, die z.T. bis in den Lias reichen. Randliche Überflutungen führten in der Kreide zur Ablagerung mariner Sedimente. Doch war ab Tertiär der gesamte Kontinent wieder Festland.

Die Australische Tafel. Australien bildet, von einem schmalen Streifen im Osten abgesehen, eine einzige Plattform. In einigen Schilden tritt das hochgradig metamorphe, kristalline Grundgebirge an die Oberfläche. Überlagert wird es von jungpräkambrischen, nichtmetamorphen Serien von Sandsteinen, Kalkstein, bituminösen Schiefern, Steinsalz und Basaltdecken. Im Amadeus-Becken wurden diese Bildungen mit 1600 m nicht durchbohrt, sie sind vermutlich um 4000 m mächtig. In Südaustralien erreichen sie sogar mehr als 10 km Mächtigkeit und enthalten Tillite, die als Anzeichen einer präkambrischen Vereisung gedeutet werden. Auch hier treten im Gebiet der Tafeln Depressionen auf wie das große Artesische Becken, das Murray- und Canning-Becken mit relativ geringmächtigen Sedimenten vom Paläozoikum bis Tertiär. Im Großen Artesischen Becken findet sich eine marine und kontinentale Serie vom Kambrium bis Jura. Davon sind 2100 m kontinentale Sedimente der Trias und des Jura, während in den folgenden Serien von 2900 m Mächtigkeit marine, kreidezeitliche Einlagerungen vorhanden sind. Die epikontinentalen Randbecken dagegen enthalten mächtigere Sedimentserien und sind stärker deformiert. Beispiele sind das Carnarvon-Becken (im Westen) mit 5000 m Altpaläozoikum, 4700 m Perm mit marinen, glazialen (S. 345) und klastischen Sedimenten, etwa ebensoviel klastisches Mesozoikum und 600 m Tertiär, das Canning-Becken mit 10000 m Ordovizium bis Trias; davon entfallen allein

4000 m auf das Perm. Faltungsperioden verteilen sich auf die Kreide bis in das Miozän. Der Ostteil des Suratbeckens liegt bereits auf variszisch und z. T. obertriassisch gefaltetem Untergrund der Tasmangeosynklinale, während im Norden der Sahulschelf zur Australischen Tafel gehört.

Die großen Faltengebirge der Erde

Um die alten Festlandskerne schlingen sich Faltengebirge, die zumeist aus labilen Geosynklinalen hervorgegangen sind. Die jüngeren Tektonogenesen ab der kaledonischen sind in vielen Faltenzügen in der Landschaft auch in der Gegenwart zu erkennen.

Zonen assyntischer (baikalischer) Tektonogenese. Wenn auch die assyntische Gebirgsbildung auf der Erde weit verbreitet ist, sind ihre Strukturen überwiegend von jüngeren Tektonogenesen stark überprägt und daher nur schwer erkennbar. Sie finden sich in den Fundamenten einiger Tafeln und in alten Massiven wie im Armorikanischen Massiv, in der Böhmischen Masse, im Ural, in Sibirien oder der Taimyr-Halbinsel. Eine genaue zeitliche Fixierung der assyntischen Tektonogenese ist jedoch schwierig. Sie hat wahrscheinlich mit mehreren Höhepunkten einen Zeitraum von rund 250 bis 350 Millionen Jahren überspannt, in der Zeit vom jüngeren Proterozoikum bis in das Kambrium. In Mitteleuropa gehören die Bewegungen in die Zeit zwischen Jungproterozoikum und Frühkambrium. Im Armorikanischen Massiv Westeuropas werden sie durch die cadomische Gebirgsbildung vor etwa 650 Millionen Jahren repräsentiert (Wende Proterozoikum – Kambrium), die also zeitlich etwa mit den assyntischen Bewegungen in Mitteleuropa gleichzusetzen ist. Eine Reihe Forscher rechnet zur assyntischen Tektonogenese auch die sardischen Bewegungen (Iberische Halbinsel, Sardinien), die zeitlich vom Oberen Kambrium bis in das Untere Ordovizium erfolgt sind. Meist stuft man diese Ereignisse aber in die kaledonische Ära ein. In der Sowjetunion hat man die baikalische (riphäische) Tektonogenese ausgeschieden, die aus einer altbaikalischen Phase im Riphäikum und einer jungbaikalischen zwischen dem Unteren und dem Mittelkambrium besteht.

Strukturbildend tritt die baikalische Gebirgsbildung, wenn auch später stark überprägt, im Baikalfaltenzug in der südlichen Umrandung der Ostsibirischen Plattform auf, wo riphäische Schichten gefaltet worden sind. Der Faltenzug setzt sich nach Osten fort im Jablonowy-Stanowoi-Gebirge und nach Westen in das Jenissej-Hebungsgebiet. Als Randsenke des Baikalfaltenzuges ist die Lena-Angara-Senke anzusprechen, die mit flyschartigen riphäischen und vor allem unterkambrischen Schichten gefüllt ist. Diese Serien enthalten zahlreiche Evaporite und die ältesten bekannten Erdölvorkommen.

Die Kaledoniden (vgl. dazu Kapitel »Ordovizium« und »Silur«). Die kaledonische Tektonogenese ist besonders gut in Nordeuropa studiert worden. Ihre Faltenzonen ziehen von Norden nach Süden durch den Westteil Skandinaviens, lassen sich bis nach Schottland und Irland verfolgen und sind auch in Brabant und in den Ardennen zu beobachten. Weiter nach Zentraleuropa hinein werden die kaledonischen Falten von den jüngeren variszischen gekreuzt und getarnt. Zu den Kaledoniden gehören auch die Gebirgszüge von Spitzbergen und Ostgrönland, jedoch mit einem spiegelbildlichen Bau zu Skandinavien bezüglich der großen Überschiebungen.

In den norwegischen Kaledoniden schließt sich an die eugeosynklinale Zone mit vielen tausend Meter mächtigen Sedimenten und Vulkaniten in den Provinzen Tröndelag und Nordland mit ihren Augengneisen, anderen kristallinen Schiefern, groben Konglomeraten, Graniten, vielen Vulkaniten und weiteren Gesteinen nach Südosten eine miogeosynklinale Zone abnehmender Metamorphose an, mit kaum noch veränderten Sparagmiten des obersten Proterozoikums bzw. Riphäikums und anderen Sedimenten. Auffällig sind große Überschiebungen gegen Südosten (z. B. Jotundecken in Valdres und Gudbrandsdal), zwischen denen der nichtmetamorphe, altpaläozoische Valdres-Sparagmit liegt. Die Tektonogenese reichte vom Ordovizium bis in das Silur. Vortiefen sind ausgebildet. Molassen (Old Red) finden sich nur in den Innensenken. Einen ähnlichen Bau weisen die Kaledoniden in Schottland und in Irland auf. Die metamorphen Serien sind hier nach Nordosten über den präkambrischen Lewisian-Komplex geschoben, nach Südosten folgt die nichtmetamorphe Zone. Ob ein alpinotyper Deckenbau die metamorphe Zone kennzeichnet, ist strittig. Wie in Norwegen finden sich mächtige Molassen (Old Red) nur in den Innensenken.

In Südengland, in Irland, in Mitteleuropa und im Alpenraum werden die Kaledoniden von jüngeren Tektonogenesen überdeckt, so daß sie nicht oder nur noch schwer erkennbar sind. Eindeutig sind sie im Armorikanischen und im Zentral-Massiv Frankreichs zu beobachten.

Die Kaledoniden umgeben in breitem Bogen den Süden der Ostsibirischen Plattform; es gehören dazu der Ostsajan, mit kambrischer Faltung und roten Molassen des Mitteldevons sowie der Kusnezker Alatau mit ebenfalls kambrischer Faltung. Etwas länger dauerte das Geosynklinalstadium im Westsajan und in der Salairkette (bis Ordovizium). Innensenken enthalten auch hier mächtige kontinentale, rote Molassen des Mitteldevons. Stark abgetragene kaledonische Zonen sind noch im Randbereich des Tienschan und in den Bergen Zentralkasachstans zu beobachten. Schließlich ist das riesige Kunlun-System vorwiegend kaledonisch gefaltet.

In Nordamerika treten kaledonische Falten und große Überschiebungen am Ost- und Südostrand der Tafel – von Neufundland bis Maine – auf. Auch der Nordteil der Appalachen ist kaledonisch gefaltet. Im Nordwesten sind die Brooks-Range in Alaska und die Franklin-Geosynklinale der arktischen Inseln kaledonisch deformiert.

Die Variszi den (vgl. dazu Kapitel »Karbon«). Die variszischen Orogene erhoben sich aus geosynklinalen Räumen, die weit größere Ausdehnung hatten als die kaledonischen. In vielen Gebieten kann die variszische Tektonogenese als Fortsetzung der kaledonischen gelten. In Europa sind die beiden großen Faltenbögen, der Armorikanische und der Variszische, das Ergebnis dieser Bewegungen. Ihre Vortiefen enthalten die wichtigsten Steinkohlenlager Westeuropas. Die Innenzone des Orogens bildet das »Moldanubikum«, das sich vom französischen Zentralmassiv über Schwarzwald und Vogesen nach Böhmen erstreckt und dem auch die hochmetamorphose Böhmische Masse angehört. Nach Norden folgen die saxothuringische (Thüringen, Sachsen, Lausitz) und die rhenoherzynische Zone. In der rhenoherzynischen Zone (Rheinisches Schiefergebirge, Ardennen, Harz) wird das Devon mehr als 10 km mächtig und besteht aus Sedimenten der Geosynklinale. Das Saxothuringikum ist durch einen starken Magmatismus und geringmächtigere Sedimente ausgezeichnet. Die Molassen des Gebirges gehören dem Oberkarbon und vor allem dem Rotliegenden an. Die Gebirgsbildung erfolgte vom Unterkarbon (sudetisch) bis zum Perm (saalisch) und wanderte von innen nach außen, so daß die jüngere Faltung die Vortiefe der jeweils älteren erfaßte. Das Wandern der Faltung zeigt sich auch im polnischen Heiligkreuzgebirge. Hier ist eine älteste Geosynklinalzone mit 3000 m mächtigen, am Ende des Kambriums gefalteten Schichten vorhanden. Das Abtragungsmaterial nahm der nächste Senkungstrog auf, der sich mit ordovizischen Grauwacken, Sanden, Tonen füllte und am Ende des Silurs gefaltet wurde. Die anschließende Senkungszone enthält die sehr mächtigen devonischen und unterkarbonischen Karbonate und wurde sudetisch oder asturisch gefaltet. Dieses Orogen verfrachtete seine Molassen im Oberkarbon und Perm in die nunmehr entstandene Vortiefe. Allerdings halten die Senkungströge nicht immer eine bestimmte Richtung ein, sondern können vor- und zurückwandern.

Auch in den Alpen ist eine variszische Tektonogenese nachweisbar. Ein besonders gut ausgebildetes variszisches Orogen ist der Ural, der aus einer Eugeosynklinale mit 8 bis 9 km, im Baschkirischen Antiklinorium sogar 12 km mächtigem Riphäikum und Ophiolithen hervorgegangen ist. Die Deformationen begannen schon in kaledonischer Zeit als Präuraliden in einer Geosynklinale. Darüber entwickelte sich eine neue geosynklinale Zone mit einer Miogeosynklinale im Westen und einer Eugeosynklinale im Osten des heutigen Gebirges. Eine tiefe Bruchzone gestattete den Aufstieg frühdevonischer basischer Magmen. Die westliche Miogeosynklinale, die im Oberdevon bis Unterkarbon entstanden ist, begann ihre Entwicklung mit der Ablagerung geringmächtiger Sedimente. Sie wurde aufgefüllt mit Flysch und etwa 3000 m mächtigen Grauwacken, deren Material aus den Faltenzügen der östlichen Eugeosynklinale stammt. Die Tektonogenese dauerte von Karbon bis Perm. Die Kernzone des Gebirges ist hochmetamorph. In der im Westen entstandenen Vortiefe sammelten sich zuerst marine, später kontinentale Molassen, die in der Trias schwach gefaltet wurden. Die östlichen Teile der Uraliden sind unter den Sedimenten der Westsibirischen Tafel begraben.

In einem breiten Gürtel zieht sich die variszisch gefaltete Zone durch ganz Asien. Überall weist sie gut ausgebildete Orogene mit Vortiefen auf.

In Nordamerika gehören die Appalachen zum variszischen System. Die Faltung wanderte vom Nordosten (Neufundland, Ende Oberdevon akadisch gefaltet) über den Hauptstamm (bretonisch) zu den Ouachita-Wichita-Amarillo-Falten (asturisch) im Südwesten. Auch die Appalachen besitzen eine eugeosynklinale, hochmetamorphe Kernzone, aber wie in den übrigen variszischen Orogenen hat sich nacheinander eine Serie von schmalen Geosynklinalräumen gebildet. Teils liegen sie neben-, teils übereinander mit wandernder Faltung. Das ist ein Zeichen der hohen Instabilität dieser Zonen. Gut ausgebildete Vortiefen begleiten das Gebirgssystem auf seiner ganzen Länge. Sie enthalten mächtige permische Sedimente, meist als rote Molassen. Das Permbecken in Westtexas südlich der Amarillo-Falten birgt 8000 m mächtige permische Sedimente. In Ostaustralien gehört die Tasman-Geosynklinale zu den variszischen Tektogenen. Die Faltungen wanderten von West nach Ost und begannen im Mittel- bis Oberdevon mit einem starken Vulkanismus in Victoria. Sie setzten sich weiter außen im Mittelkarbon und im Nordosten bis in das Oberperm fort.

Mesozoische Tektogene. Mesozoische gebirgsbildende Bewegungen sind aus weiten Teilen der Erde bekannt und leiten meist die alpidische Tektonogenese ein. In Ost- und Südostasien entstanden aber im Mesozoikum Geosynklinalen mit eigenständigen großen Orogenen. Dazu gehören das Werchojanser Gebirge, die Falten des Sichote-Alin und Gebirgszüge in Jünnan, Burma und auf der Halbinsel Malacca, die bis nach Borneo (Kalimantan) reichen. Diese Bewegungen haben auch die ostasiatischen Paraplattformen ergriffen. Die Falten queren oftmals kaledonische und varizische Strukturen und werden ihrerseits von alpidischen Tektonogenesen deformiert.

Das Werchojansker Gebirge entstammt einem Geosynklinalraum mit bis 8 km mächtigen oberkarbonischen bis mitteljurassischen Sedimenten. Sein Nordtteil liegt auf einem noch älteren, im Mittelkarbon gefalteten paläozoischen Geosynklinalbereich. Das Orogen wurde im Oberjura/Unterkreide gefaltet. Eine 2 000 km lange Randsenke begleitet das Gebirge im Westen. Sie enthält 3 500 m mächtige, teilweise kohleführende Molassebildungen des Oberjura bis Unterkreide. Die mesozoischen Falten des Werchojansker Gebirges umschließen das Kolymamassiv, das sich aus paläozoischen Gesteinen aufbaut.

Der Sichote-Alin wird aus 5 bis 6 km mächtigem jungpaläozoischem Flysch mit basischen Laven und dicken Serien in Trias und Jura umfassenden Flyschserie aufgebaut, die ebenfalls mit Vulkaniten vergesellschaftet ist. Mesozoische Faltungen sind auch aus Australien und dem Inselzug Neuseeland-Tonga-Fidschi-Inseln bekannt.

Das alpidische System. Die alpidischen Gebirge nehmen einen verhältnismäßig schmalen Streifen zwischen den Kontinentalmassen ein. Sie bilden ein kompliziert gebautes Gebirgssystem von unterschiedlicher Entstehung und Tektonik (vgl. dazu auch das Kapitel »Tertiär«, in dem die alpidische Tektonogenese vom Standpunkt des plattentektonischen Modells kurz erörtert wird). Die alpidischen Gebirge entwickelten sich nicht aus einer einzigen Geosynklinale, sondern aus Bündeln geosynklinaler Senkungsräume, die insgesamt die Tethys darstellen. Im Osten des heutigen Alpenraumes war dieses Meer in seinen Anfängen bereits im Paläozoikum vorhanden und hat sich in der Trias in den Westalpenraum erweitert. Die Senken füllten sich mit Sedimentmaterial auf, das gefaltet wurde, während andere Tröge sich entwickelten, um dann ebenso den orogenen Zyklus zu durchlaufen. Die einzelnen Geosynklinaltröge wanderten und entfalteten sich vielfach erneut in bereits früher gefalteten Geosynklinalräumen, z. B. varizischen wie im Bereich der Nordalpen. Von den alpidischen Gebirgen sind die **Alpen** selbst am besten untersucht. In den Ostalpen begann die Trogbildung über einem varizischen Orogen in der Trias, in den Westalpen erst im Unteren Jura. Die z. T. ebenfalls über varizischen Untergrund ausgebildete Westalpengeosynklinale war am Ende des Mittleren Jura mit klastischem Material gefüllt. Die Entwicklung wurde durch eine erneute geosynklinale Absenkung mit der Ablagerung geringmächtiger Tiefseesedimente mit Einschaltung von Ophiolithen und mächtigen Flyschs bis in das Oligozän abgelöst. Während der Flyschperiode kam es zur Faltung. Die Vortiefe entlang der nördlichen Außenalpen entstand im Eozän und nahm bis gegen Ende des Miozäns etwa 5 km mächtige Molassen auf. Im Baustil unterscheiden sich Ost- und Westalpen. Während in den Ostalpen eine hauptsächlich kretazische Tektonogenese in mehreren Phasen nachweisbar ist, gehören in den Westalpen die bedeutenderen tektonischen Bewegungen in das Tertiär. In den Ostalpen sind große, dachziegelartig nach Norden übergreifende Abscherungsdecken mit aufrechter Schichtenfolge vorhanden, in den Westalpen dagegen nordvergente Überfaltungsdecken. Eine großräumige Analyse zeigt, daß man von dem nördlichen, miogeosynklinalen Zug der nördlichen Kalkalpen in ihrer Fortsetzung zum großen Karpatenbogen und dem Balkangebirge gelangt. Dann tauchen die Gebirgszüge unter und setzen sich über die Krim im Großen Kaukasus fort, verschwinden unter dem Kaspisee und heben sich am Kopet-Dag wieder heraus, um schließlich in das große Faltenbündel des Pamir einzumünden. Ein anderer Zug läuft aus dem nördlichen Anatolien über den Kleinen Kaukasus zum Elbrus und Hindukusch. Diese nördliche miogeosynklinale Zone zeichnet sich durch mächtige Flyschsedimente und einen kräftigen Deckenbau aus. Eine südliche, wohl eugeosynklinale Zone erstreckt sich von den Zentralalpen über die Dinariden und Helleniden in das Ionische Meer und setzt sich in breiter Zone in den Gebirgen Kleinasiens fort, verläuft über Taurus und Zagros-Gebirge, umschließt die südafghanische Senke, wendet sich in den Bergketten von Belutschistan und Waziristan nach Norden und schart sich mit dem Himalaja, der sich mit dem Karakorum an den Pamir anschließt. Diese Zone enthält Gebiete mit den metamorphen Gebirgskernen, mit Ophiolithen und einer mächtigen Sedimentation, die in der Trias beginnt.

Die tertiären Orogene biegen dann scharf nach Süden ab und umschlingen in einem großen Bogen das asiatische Festland samt seinen Schelfen und Mittelmeeren bis zur Beringstraße.

Von den Alpen nach Westen biegt der miogeosynklinale Zug in Richtung des Appenin um und läßt sich bis Sizilien, nach Tunesien und durch das Atlasgebirge Nordafrikas bis in die südspanischen Betischen Ketten verfolgen. Ein eugeosynklinaler Zug erstreckt sich von Ligurien bis nach Korsika.

Die tertiären Gebirgsbildungen

In **Amerika** begleitet ein außerordentlich langes jugendliches Orogen, das aus einer seit dem frühen Paläozoikum, möglicherweise schon seit dem Oberen Proterozoikum nachweisbaren Geosynklinale in verschiedenen Gebirgsbildungsphasen entstanden ist, den Doppelkontinent von Alaska bis zur Antarktis. Die östlichste, kontinentnahe Geosynklinale im Gebiet der heutigen Rocky Mountains ist die älteste. Sie nahm viele tausend Meter mächtige Sedimente des Altpaläozoikums auf, die variszisch gefaltet und metamorphosiert wurden. Etwas später bildete sich die Nevadische Geosynklinale im Gebiet des heutigen Kanada und der Sierra Nevada, in der Ablagerungen der Trias und des Jura sehr mächtig werden (Trias in Westnevada allein 10 km, Jura in British Columbia 5,5 km) und große Massen basischer Eruptiva enthalten sind. Die Gebiete beider Geosynklinalen wurden nevadisch, asturisch und laramisch gefaltet. Noch jünger ist die Geosynklinale im kalifornischen Küstenbereich, in der im Tertiär bis 16 km (Venturabecken) mächtige klastische Sedimente sedimentiert und in einer mittelpleistozänen Tektonogenese teilweise gefaltet wurden.

Über die Landenge zwischen den beiden Subkontinenten Nord- und Südamerika und dem großen Inselbogen der Antillen setzen sich die alpidischen Gebirgszüge in den Anden Südamerikas fort, die ebenfalls aus mehreren Geosynklinalen hervorgegangen sind. Bereits in paläozoischer Zeit müssen zwei Tektonogenesen angenommen werden. Die mesozoischen Geosynklinalen entwickelten sich in Trias und Jura bis zur Kreide. Aus ihnen sind bis zu 5 verschieden alte Ketten hervorgegangen.

Den gesamten alpidischen Zug Amerikas charakterisieren gewaltige saure Intrusionen (Altiplano Südamerikas, Colorado-Plateau Nordamerikas). Eine Deckentektonik ist schwächer als in den Alpen. Dagegen sind große Längsbruchsysteme und Tiefseerinnen vor den Orogenen viel ausgeprägter.

Einige der alpidischen Orogene zeigen einen zweiseitigen Bau, d. h., die Vergenzen sind beiderseits nach außen gerichtet. Dazwischen liegt die meist kristalline Kernzone, die für das ganze System charakteristisch ist. Nur zum Teil handelt es sich um Schollen des kristallinen Grundgebirges. Nach neueren Forschungen liegen vielfach stark metamorphosierte und granitisierte Gesteine der Innenzonen der Eugeosynklinalen vor, die aus tief versenkten jungen, wasserführenden Sedimenten hervorgegangen sind. So ergab eine radiometrische Altersbestimmung für die Kristallinzone der Alpen im Bereich der Tauern ein Alter von nur 16 Millionen Jahren. Diese Kernzonen sind während der Tektonogenese herausgehoben worden. Ähnliche kristalline Innenmassive sind in den Karpaten die Hohe Tatra und die Kernzone des Himalaja, deren Metamorphose erst 10 Millionen Jahre alt ist.

Nicht alle Teile des alpidischen Systems sind aus Geosynklinalen hervorgegangen. So sind die Pyrenäen aus einem Senkungsraum entstanden, den man als Aulakogen bezeichnen könnte. Zu dieser Gruppe gehören weiter Atlas und Schweizer Faltenjura, dessen Falten über einem stabilen Grundgebirge abgeschert sind. AUBOUIN hat diesen Verformungstyp pyrenäisch genannt (vgl. S. 179). Auch der Himalaja, das jüngste Gebirge der Erde, mit seinen starken Hebungen und Faltungen bis in rezente Zeiten hat sich zu einem großen Teil aus der Faltung von gewaltigen Mengen von Tafelsedimenten entwickelt, die nach Süden über das Vorland geschoben wurden. Das Zentrum der himalajischen Eugeosynklinale mit seinen ultrabasischen Gesteinen, Graniten und hochmetamorphen Sedimenten findet sich erst weiter im Norden, im Gebiet südlich des Indus und im Hohen Himalaja. Die Ketten des Transhimalaja liegen dagegen bereits auf der Tafel. Außer der sehr jungen Metamorphose der Kernzone des Himalaja ist eine spätkambrische Tektonogenese mit Metamorphose bekannt geworden, nach der erst Ende Kreide die nächste Gebirgsbildung einsetzte.

Charakteristisch für alle alpidischen Orogene sind die tiefen Randsenken, die 4 bis 6 km Sedimente vom Molassetyp enthalten. Sie sind oftmals von den Deckenstirnen und Gebirgsrändern überschoben und heben sich langsam kontinentwärts heraus. Die Molassen besitzen meist tertiäres Alter. In der Posenke aber finden sich quartäre Ablagerungen, die bei Parma bis 5400 m mächtig werden. In den Alpen sind die Volumina dieser Abtragungsprodukte größer als die des heutigen Alpengebirges; beim Himalaja ist es noch umgekehrt.

Daß nicht allein Zusammenschub, sondern auch Dehnungen beim Bau der Gebirge mitgewirkt haben, zeigen die erwähnten Bruchzonen mit ihrem vulkanischen Geschehen, das bis heute andauert, und die zugleich starke Erdbebenherde sind. Große Risse mit aktivem Vulkanismus beherrschen auch die Westseite des Pazifiks und sind hier wie dort Ausdruck einer kräftigen Hebung nach Abschluß der Faltung, wie sie auch in anderen Orogenen zu beobachten ist. Die tektonische Aktivität dauert praktisch bis in heutigen Tage an. Starke quartäre Faltungen sind sowohl aus Kalifornien wie aus dem Himalaja und den Inselbögen bekannt. In Java sind Schichten gefaltet, in denen Überreste des Homo erectus modjokertensis gefunden wurden (S. 404), an der Nordostküste Venezuelas in der Pedernales-Antiklinale solche von nur 10000 Jahren. Die Menschheit hat also einen Teil dieser Bewegungen miterlebt. Absenkungsbeträge von 0,5 mm im Jahr haben dieselbe Größenordnung, wie sie auch in Mitteleuropa teilweise beobachtet worden sind.

Bruchschollen- und Bruchfaltengebirge

Zwischen die stabilen Tafeln und die mobilen Geosynklinalgebiete gehören die Bruchschollen- und Bruchfalten-Gebirge (Gebirge im bergmännisch-geologischen Sinn). Im Deformationsstil stehen sie in der Mitte. Brüche mit vertikaler Verschiebung und Horstbildung sowie relativ schwache Faltungen herrschen vor, Salztektonik kompliziert das Geschehen. Sowohl Dehnungs- wie Einengungsformen treten auf. Die Tröge und Schwellen wandern im Laufe der geologischen Geschichte, so daß ein Krustenteil nacheinander von Einengung und Ausweitung betroffen werden kann. Solche Deformationstypen entwickeln sich auf den epikontinentalen Schelfen der Kontinente. Ein typisches Beispiel dafür ist Mitteleuropa außerhalb der Orogene, der Nordseeschelf eingeschlossen (vgl. S. 180).

Graben- und Bruchzonen (Lineamente) außerhalb der Orogene

Diese auffälligen Grabenzonen im tektonischen Bild der Erde mit großen Sprunghöhen zu den Grabenrändern sind vorzugsweise junge, meist tertiäre Strukturen. Bekannte Grabenzonen sind der Rheintalgraben, ein Teilstück der Mittelmeer-Mjösen-Zone, die vom Golf du Lion bis zum Oslograben in Norwegen reicht, und der Jordangraben mit dem Golf von Akaba und dem Graben des Toten Meeres, der zu dem großen System der vorderasiatisch-ostafrikanischen Grabenzone gehört. Charakteristisch für diese Gräben mit ihrem großen Tiefgang sind mächtige Basaltergüsse und Reihen von Riesenvulkanen, z. B. im Hochland von Äthiopien, der Kilimandscharo in Tansania oder die Virunga-Vulkane in Zaire und Rwanda. Die Gräben werden z. T. von tiefen Seen erfüllt oder von Golfen eingenommen. Orographisch weniger treten die großen Bruchzonen der Erde (Lineamente) hervor, die nicht durch Vulkanismus ausgezeichnet sind. Diese Strukturelemente werden in den Kapiteln »Bewegungen der Erdkruste durch erdinnere Kräfte« (S. 169), und »Plattentektonik« (S. 260) im Zusammenhang näher beschrieben.

Die Ozeane

Die Grenzen der Kontinente zu den Ozeanen sind im einzelnen unterschiedlich ausgebildet, wie im Kapitel »Meeresgeologie« dargestellt ist, in dem auch die Morphologie des Meeresbodens und die sedimentologischen Vorgänge an der Küste und in den verschiedenen Meeresregionen behandelt werden. Die geologische Entwicklung der Ozeane auf der Grundlage neuer Erkenntnisse erfolgt im Kapitel »Geotektonische Hypothesen« bei der Diskussion der »Plattentektonik« (S. 263).

R. Meinhold

Geotektonische Hypothesen

Eine der interessantesten, wenn auch schwierigsten und in hohem Maße hypothetischen Fragen der Geowissenschaften ist die nach dem Mechanismus und den Ursachen der Entstehung der Großstrukturen der Erdkruste, d. h. nach den genetischen und dynamischen Beziehungen zwischen den Strukturen und Massenverlagerungen in den tieferen Zonen der Erde sowie nach der Herkunft der erforderlichen Energie. Die Voraussetzungen für das Verständnis des »Erdbildes und seiner Veränderungen« (KOSSMAT) sind nicht geologische Beobachtungen allein, sondern erst komplexe geologisch-geophysikalisch-geochemisch-petrologische Arbeitsmethoden versprechen Erfolg, zumal neben dem Bau der Kontinente auch die ozeanischen Großstrukturen von Bedeutung sind. Man bezeichnet jene Versuche, den gegenwärtigen geotektonischen Zustand der Erde aus dem Wirken endogener und kosmischer Kräfte zu erklären, als geotektonische Hypothesen, die weniger zutreffend vielfach auch »Theorien« genannt werden. Bisher kann aber keine der zahlreichen Hypothesen von so weit gesicherten, unwidersprochenen Tatsachen ausgehen, daß sie als »Theorie« im Sinne der Physik gelten könnte. Alle Hypothesen sind Anschauungsbilder mit vielen Fragezeichen, deren zentraler Gegenstand nicht mehr allein die »Theorien der Gebirgsbildung« sind. Denn neben der Entwicklung von Orogenen und anderen Strukturen im Bereich der Kontinente müssen solche Strukturtypen wie die Böden der Tiefsee analysiert werden.

Für die Aussagen geotektonischer Hypothesen sind, wenn auch im einzelnen unterschiedlich, die Kräfte und Vorgänge in den der unmittelbaren Beobachtung nicht zugänglichen Tiefen der Erde bestimmend, die von den einzelnen Forschern verschiedenartig bewertet und gedeutet werden. Etwas überspitzt hat WEGMANN daher von der Tiefe der Kruste als einem »Hypothesenasyl« der Geologen gesprochen (S. 209). Das »Internationale Geodynamikprojekt« (1974 bis 1979), das neue »Lithosphäreprojekt« sowie übertiefe Bohrungen (15 bis 20 km Tiefe) werden neue Erkenntnisse bringen und zu fundierten Vorstellungen führen. Alle ernsthaften Hypothesen gehen von der Analyse regionaler Strukturen aus, entweder von der unmittelbaren Beobachtung des tektonischen Baus oder von der Interpretation geophysikalischer, geochemischer und experimentell-petrologischer Meßergebnisse. Alles, was über die Verhältnisse in größeren Tiefen der Erde ausgesagt werden kann, beruht auf gedanklichen Vorstellungen.

Die Strukturen der Kruste sind Bewegungsbilder, die man zu erklären versucht. Ein Gebirge ist »Stein gewordene Bewegung und Gestaltung der Kruste selbst« und »Geotektonik die Kunst, Verwickeltes einfach, Ruhendes bewegt zu sehen« (Hans CLOOS).

Im Laufe fast zweihundertjähriger intensiver Feld- und Laboratoriumsarbeit vieler Generationen von Geowissenschaftlern haben sich die Kenntnisse über die unterschiedlichen tektonischen Strukturen, ihre räumliche Verbreitung, ihr Werden und Vergehen sowie ihre zeitliche Einordnung in der Erdgeschichte ständig vermehrt und verändert. Durch die Anwendung der modernen Technik (Unterseeboot, Tauchkapsel, Unterwasserphotographie, Flugzeug, Raumfahrt, Tiefen- und Tiefseegeophysik u. a.) und das Vordringen des Menschen in unwegsame Gebiete (Nordsibirien, Wüste Gobi, Antarktika u. a.) ist das Beobachtungsgut heute mannigfaltiger als noch vor Jahrzehnten. Besonders die Untersuchungen des tektonischen Baus der großen Weltmeere, speziell der Ozeanböden, haben seit etwa zwei Jahrzehnten zu überraschenden Erkenntnissen geführt und in der Geologie eine Art wissenschaftlicher Revolution eingeleitet. Trotz vieler neuer Ergebnisse gehen die allgemeinen Auffassungen über die Krustengestaltung jedoch nach wie vor auseinander, was in der unterschiedlichen Bewertung und Deutung einzelner Prozesse, wie Magmatismus, Konvektionsströmungen im tieferen Untergrund, vertikale und horizontal-tangentiale Bewegungen, Abkühlung der Erde infolge Schrumpfung oder Ausdehnung u. a. zum Ausdruck kommt. Wenn auch eine gewisse Annäherung der Standpunkte nicht zu leugnen ist, sind die Geowissenschaften von einer einheitlichen »geotektonischen Theorie«, die sich auf widerspruchsfreie Befunde stützen könnte, weit entfernt. Alle geotektonischen Hypothesen sind Gleichungen mit mehreren Unbekannten (RÜGER). Trotz der zu erwartenden neuen Erkenntnisse wird auch künftig mancherlei hypothetisch bleiben, weil dem Menschen der direkte Zugang in die Tiefen der Erde verschlossen und er auf indirekte Messungen und Vergleiche angewiesen ist. Die Vielfalt der Erscheinungen fordert für die Aufstellung einer geotektonischen Grundkonzeption neben den geowissenschaftlichen Kenntnissen auch Wissen und Können auf Nachbargebieten, wie Astronomie, Geographie,

Geomorphologie, Paläontologie, Meereskunde u. a. Je nach Neigung und Erfahrung seines Arbeitsgebietes wird der eine Forscher in fachlicher, aber auch in regionaler Hinsicht die speziellen eigenen Untersuchungsergebnisse als grundlegender und wichtiger ansehen als der andere. Viele im Prinzip unterschiedliche Ideen erklären sich daraus, daß sie in geologisch-strukturell voneinander abweichenden Gebieten der Erde gewonnen wurden. Es ist von wesentlicher Bedeutung, ob sich ein Geologe seine geotektonischen Grundvorstellungen in einem jungen Kettengebirge wie den Alpen, in den saxonischen Bruchfaltengebirgen, in der mobilen Umrandung des Pazifischen Ozeans, in den afrikanischen Grabenzonen erarbeitet hat oder seine Anschauung aus der Kenntnis der alten präkambrischen Schilde, des Verbreitungsgebietes der Plateaubasalte oder gar der Weltozeane gewann. Das läßt der Vergleich der von BELOUSSOW u. a. in Osteuropa und Sibirien entwickelten Vorstellungen mit den am Gebirgsbau der Alpen gewonnenen Modellen ebenso erkennen wie die »neue Globaltektonik«, die vom Bau der Böden der Weltmeere ausgeht, sozusagen von den Ozeanen auf die Kontinente blickt, die bisher allein im Mittelpunkt geowissenschaftlicher Forschungen gestanden haben. Alle geotektonischen Hypothesen haben sehr komplexe, ineinandergreifende und sich gegenseitig bedingende Phänomene zum Gegenstand, ohne daß immer bekannt wäre, welche der Einzelerscheinungen Ursache und Wirkung sind. Geotektonische Hypothesen wollen und können keine letzten Wahrheiten sein, sie bilden zeit- und kenntnisbedingte »Rastvorstellungen des Denkens« (v. BUBNOFF), sind Versuche, das jeweilige Einzelwissen unter globalen Gesichtspunkten zusammenzufassen, sie vermögen aber nicht, den Gesamtkomplex der Krustenbewegungen und -strukturen widerspruchslos zu erklären.

Wie komplex die Bewegungen in der Erdkruste sind, zeigt ein einfaches Beispiel:

Von heute zu beobachtenden Niveauveränderungen im Bereich der Kontinente und den Schwankungen des Meeresspiegels (vgl. auch S. 169) zeugen z. B. die gehobenen, in der jüngsten geologischen Vergangenheit durch die Brandung des Meeres gebildeten Abrasionsterrassen an der norwegischen Steilküste oder in Neuseeland, die untergetauchten, in steilwandige und schmale, tiefe Fjorde umgeformten Gletschertäler samt ihrer rinnenartigen untermeerischen Fortsetzung oder die zahlreichen kleineren und größeren Schäreninseln vor der Küste wie die Inselkette der Lofoten. Die alten Strandterrassen weisen auf Hebung, die Fjorde und anderen Gebilde auf Senkung hin. Der Meeresspiegel ist zwar in der Nacheiszeit nachweisbar gestiegen, doch hätte er durch eine den pleistozänen Eismassen entsprechende Schmelzwassermenge wesentlich höher steigen müssen, als es der Fall ist. Lange Zeit hat man das langsame Ansteigen der Skandinavischen Halbinsel in der Nacheiszeit allein auf die Entlastung von der bis etwa 3000 m mächtigen Bedeckung mit Inlandeis zurückgeführt und hat von dadurch bedingten, sich mit Verzögerung noch heute auswirkenden Krustenbewegungen gesprochen. Aber diese »Eisbelastungstheorie« ist unzureichend. Neben den glazialisostatischen Ausgleichsbewegungen spielen eustatische Schwankungen des Meeresspiegels eine Rolle, die zu allen Zeiten vorhanden waren. Besonders im Postglazial mußte sich der Ozeanspiegel durch Schmelzen des als Eis gebundenen Wassers – wenn auch diskontinuierlich und an den verschiedenen Küsten unterschiedlich – wieder erhöhen, nachdem er sich während der letzten Eiszeit um rund 90 bis 100 m gesenkt hatte. Daß es noch beträchtlich größere Veränderungen des Meeresspiegels gibt, dafür sprechen die in Meerestiefen bis 2000 m entdeckten, abgestumpften Guyots (S. 160) mit Flachmeerbildungen der Kreide und des Tertiärs. Man hat berechnet, daß der gegenwärtig als Inlandeis und in Gletschern gebundene Anteil des Wassers bei Abschmelzen den Meeresspiegel um weitere 60 m erhöhen würde. Das würde für weite Gebiete Nordwesteuropas infolge Überflutung katastrophale Folgen haben.

Das Aufsteigen Skandinaviens und Finnlands in der Nacheiszeit dürfte vor allem mit einer Vertiefung des Europäischen Nordmeeres, des Skandiks, verknüpft sein; denn seit den ältesten Zeiten haben epirogenetische Bewegungen das skandinavische Festland immer wieder zum Aufsteigen und den Boden des Nordmeeres zum Absinken gebracht. Die Strandverschiebungen werden also durch das Zusammenwirken von tektonischen, eustatischen und glazialisostatischen Einflüssen verursacht, unter denen die epirogenen Bewegungen primär und bestimmend sind, während die beiden anderen das Gesamtbild weniger abzuwandeln vermögen. Die Strandverschiebungen sind ein recht komplexes Phänomen, bei dem es nach MACHATSCHEK in jedem Einzelfall kaum möglich sein dürfte, die Anteile der unterschiedlichen Komponenten quantitativ zu erfassen. Bereits dieses einfache Beispiel läßt erkennen, mit welchen Schwierigkeiten der Versuch verbunden ist, eine überzeugende Hypothese der Krustenbewegungen zu entwickeln.

Eine Gruppierung der geotektonischen Hypothesen ist von KOSSMAT, CLOOS und anderen versucht worden. Grundsätzlich lassen sich zwei Gruppen von Hypothesen unterscheiden, die fixistischen, die von der Annahme ausgehen, daß die Erdkruste fest auf ihrer Unterlage verankert ist und sich bei tektonischen Vorgängen nicht verlagert, und die mobilistischen, die ein Wandern oder Driften von Großschollen der Kruste voraussetzen. Daneben sind andere Hypothesen entwickelt worden, die nicht eindeutig in eine dieser beiden Gruppen einzuordnen sind, wie die Expansionshypothese.

Bis vor rund 70 Jahren galt unbestritten, daß die gegenwärtige geographische Breiten- und Längenlage der Kontinente unverändert sei und unveränderbar bleibe. ARGAND hat für diese Vorstellung den Begriff **Fixismus**, F. E. SUESS den der **Standtektonik** geprägt. Den tektonischen Veränderungen liegen hier im wesentlichen vertikale Primärbewegungen zugrunde, die im einzelnen zu verschiedenartigen Sekundärbewegungen führen (Kontraktions-, Pulsations-, Oszillations- und Undationshypothese).

Die mobilistischen Hypothesen setzen neben vertikalen besonders horizontal-tangentiale Primärbewegungen voraus, die eine Verschiebbarkeit der kontinentalen Großschollen über ihre Unterlage ermöglichen. ARGAND spricht von **Mobilismus**, F. E. SUESS von **Wandertektonik**.

In scharfem Gegensatz zu den älteren fixistischen Vorstellungen steht die epochemachende mobilistische **Kontinentalverschiebungshypothese** von ALFRED WEGENER (1912). Abgeändert werden mobilistische Gedanken z. B. von ARGAND, KOSSMAT, DU TOIT, R. MAACK, SALOMON-CALVI und R. STAUB vertreten, während die extrem mobilistischen Anschauungen der »**neuen Globaltektonik**« oder »**Plattentektonik**« eine wesentliche Weiterentwicklung der WEGENERschen Gedankengänge darstellen. Sie rücken zugleich die von dem österreichischen Alpengeologen O. AMPFERER konzipierten Vorstellungen von Tiefenströmungen (Konvektionsströmungen) mit in den Vordergrund. Diese Unterströmungshypothesen verlegen die Antriebskräfte der Krustengestaltung in zähplastische, tiefere Zonen der Erde. Man rechnet mit überwiegend horizontalen Strömungen relativ zu einer festen, oberen Kruste, mit Fließbewegungen, an denen die bewegliche Oberlage mehr oder weniger teilnimmt, oder mit Strömungswalzen, Strömungsstockwerken und Strömungszentren. Obwohl solche Konvektionsströme nur für bestimmte Bereiche der Erde wahrscheinlich und auch bis jetzt noch unbewiesen sind, spielen sie in allen modernen Hypothesen eine besondere Rolle.

Magmatische Hypothesen, die den Aufstieg und das Eindringen mächtiger magmatischer Schmelzflüsse in höhere Krustenteile als entscheidenden Vorgang ansehen, wurden bereits im vorigen Jahrhundert von E. DE BEAUMONT, L. V. BUCH und A. V. HUMBOLDT (Lehre von den Erhebungskratern oder Elevationshypothese) begründet und später von W. PENCK weiter entwickelt. Solche Schmelzflüsse haben als Zusatzkräfte bei VAN BEMMELEN (Undationshypothese), DALY, HAARMANN (Oszillationshypothese), KOSSMAT und anderen Bedeutung.

Symmetrien im Bau der Erdkruste

Im vorigen Jahrhundert wurde der Erdkörper mehrfach als »Kristall« aufgefaßt, und man suchte nach seiner kristallographischen Erstarrungsform. Der Franzose E. DE BEAUMONT meinte in den Grundzügen des Erdreliefs ein Pentagondodekaeder zu erkennen, der Engländer L. GREEN ein Tetraeder, indem er feststellte, daß bei gegebener Oberfläche die Kugel das größte, das Tetraeder das kleinste Volumen habe und sich nach der zu seiner Zeit herrschenden Kontraktionshypothese infolge Abkühlung der Erde ein Tetraeder ergäbe, das der geringsten Veränderung der Oberfläche bei größter Verkleinerung des Inhalts entspräche. BEAUMONT ging von der irrigen Voraussetzung aus, daß alle parallel verlaufenden Gebirgsketten der Erde gleichaltrig und im Sinne streng mathematischer Gesetzmäßigkeit angeordnet wären.

Ein Blick um den Globus lehrt, daß Kontinente und Ozeane im Erdbild nicht regellos verteilt sind. Gleiches gilt für die ozeanischen Rücken (S. 253). Eine auffällige Asymmetrie beherrscht den derzeitigen Strukturplan der Polargebiete. Der Nordpol liegt in einem von alten Festlandsmassen der Nordkontinente umrahmten Meeresbecken, der Südpol im alten präkambrischen Grundgebirgsschild Antarctica. Mit Vorbehalt möchte v. BÜLOW die Massierung kontinentaler Großschollen auf der Nord- und den Zerfall auf der Südhalbkugel, ähnlich wie beim Mars, als allgemeines Gesetz planetarischer Panzerbildung (Thorakogenese) der vorsedimentären Urkruste ansprechen. Der äquatorialen und polaren Asymmetrie, die KOSSMAT festgestellt hat, steht eine Symmetrie der erdgeschichtlichen Entwicklung und der Gesteinskomplexe auf beiden Seiten des Atlantiks und Pazifiks gegenüber. Der belgische Geologe FOURMARIER hat diese strukturellen Analogien als meridionale Symmetrie bezeichnet. Diese Erscheinungen einer Ordnung im Großbild der Kruste müssen auf tieferen Ursachen beruhen. SANDER, W. SCHMIDT u. a. sind beim Versuch der Deutung vom Gesteinsgefüge ausgegangen. Der notwendige, erdumspannende Mechanismus wurde seit AMPFERER und WEGENER in Tiefenströmungen und Horizontalbewegungen von Krustenteilen gesucht. (Die Plattentektonik (S. 260) hat manches besser verstehen gelehrt, auch wenn immer noch viele Fragen ungeklärt und widersprüchlich geblieben sind.)

Kontraktionshypothesen

Die Vorstellungen von einer Kontraktion oder Schrumpfung der Erde sind alt und reichen bis ins 18. Jahrhundert zurück (E. DE BEAUMONT, ähnliche Gedankengänge zuvor bei DESCARTES und SAUSSURE). Wie kaum eine andere hat die Hypothese von der Erdkontraktion viele Anhänger gefunden und spielt noch heute in abgewandelter Form bei STILLE, SONDER u. a. eine Rolle. Unter ihren älteren Verfechtern findet man bekannte Namen wie den Schweizer A. HEIM, den Amerikaner DANA und den Wiener E. SUESS, der in seinem geotektonischen Lebenswerk »Das Antlitz der Erde« (1885 bis 1909), der ersten regionalen Geologie der gesamten Erde, die Lehre von der Kontraktion begründet und an zahlreichen Beispielen erörtert hat.

SUESS geht von den kosmogonischen Vorstellungen aus, die LAPLACE in seiner Rotationshypothese (S. 37) über die Entstehung des Sonnensystems dargelegt hatte, und sagt, daß die Erde seit der Bildung ihrer ersten Erstarrungskruste Wärme an den Weltenraum abgibt. Neben diesem Wärmeverlust infolge äußerer, nach der Tiefe zu fortschreitender Erstarrung sind seit Beginn der Erdgeschichte ununterbrochen gewaltige Massen magmatischer Schmelzflüsse aus den tieferen Teilen in höhere Bereiche der Erde eingedrungen und haben sich als Laven auf ihre Oberfläche ergossen. Unter Raumverlust sind sie zu Gesteinen erstarrt. Durch den Wärmeverlust und den Raumschwund muß die Unterlage der Kruste schrumpfen und die starre, erkaltete Kruste sich den auftretenden horizontalen Spannungen anpassen. Die Hülle wird zu weit und zerbricht in Schollen. Wie zwischen den Backen eines Schraubstocks werden zwischen den großen Schollen in vorgezeichneten Schwächezonen die sedimentären Gesteinskomplexe verbogen, gerunzelt, zusammengestaucht, gefaltet und beiderseits nach außen überschoben (KOBER). Vertikale Bewegungen der Kruste, Verformungen und Brüche infolge Abkühlungsschrumpfung sind für SUESS das Primäre, Faltungen nur Begleiterscheinungen dieses Niederbruchs der Kruste. In diesem Sinne ist der oft zitierte Satz aus dem »Antlitz der Erde« (1885) zu verstehen: »Der Zusammenbruch des Erdballs ist es, dem wir beiwohnen.« Auch die Entstehung der Ozeane wird auf Raumverlust zurückgeführt. Schwer verständlich bleibt dabei, wie Einengungs- und Ausweitungszonen (Falten und Brüche) sich einheitlich durch Kontraktion gebildet haben sollen.

Als geschlossenes Gedankengebäude erscheint die Kontraktionshypothese physikalisch fundiert. Erst die Plattentektonik (S. 260) hat wieder ein so klares und umfassendes Konzept anzubieten und bezieht in die Untersuchungen auch die großen Ozeane ein.

Bei kritischer Prüfung der klassischen Kontraktionshypothese ergeben sich Schwierigkeiten, die man später durch Ergänzungen, Änderungen und Zusatzannahmen zu umgehen versuchte. Offen bleibt die Frage, wann die Schrumpfung begonnen hat, ob sie stetig vor sich geht oder zeitlich und räumlich auf einzelne Krustenzonen beschränkt ist. STILLE meint, die Kontraktion dauere heute noch an und werde auch in Zukunft ablaufen, während SCHWINNER sagt, die Schrumpfung habe schon in archäischer Zeit aufgehört, seit dem Kambrium sei eine Wärmeabgabe unmöglich. Ein weiterer Widerspruch besteht zwischen der anscheinend gleichmäßig vor sich gehenden Abkühlung der Erde und der Verteilung der großen Faltengebirgssysteme, wenn auch die Inhomogenität der Kruste und eine dadurch bedingte physikalische Anisotropie manches im Sinne der Hypothese zu erklären vermag (METZ). Um solchen Schwierigkeiten zu entgehen, hat man angenommen, daß sich in tektonisch ruhigeren Zeiten Spannungen elastisch aufspeichern und erst bei Erreichen eines Grenzwertes während der Phasen der Tektonogenese ausgelöst würden – eine Frage, gegen die manches spricht (S. 185).

Andere schwerwiegende Einwände betreffen das grundsätzliche Problem eines dauernden Wärmeverlustes der Erde. Die radioaktiven Vorgänge erzeugen Wärmeenergie, die die Abkühlung verzögern, aufheben und möglicherweise einen Wärmeüberschuß schaffen könnten. Aber die Wärmebilanz der Erde ist ein noch ungelöstes Problem.

Nach NÖLKE soll nicht die Kruste mit ihrer Unterlage, sondern der Erdkern schrumpfen. Das widerspricht nach GUTENBERG den Vorstellungen über Temperatur und Zustand des Erdinneren. Später hat NÖLKE die Auffassung vertreten, die Ursache der Kontraktion sei nicht in der Abkühlung, sondern in physikalisch-chemischen Veränderungen des Erdinneren zu suchen. Beim Erstarren magmatischer Schmelzen und in den Vorgängen der Metamorphose können Volumenverluste eintreten, die bei Kristallisationen 6 bis 9 Prozent, bei der metamorphen Umwandlung von Gabbro in Eklogit z. B. durch eine dichtere Packung der Atome (»Kompaktion«) 12 bis 13 Prozent betragen. Bei dieser Verdichtung der Materie entstände Kontraktionswärme, die ein weiteres Schrumpfen hervorrufe. Volumenverminderung infolge Übergangs der Materie in dichtere Modifikationen befürwortet auch der Geophysiker GUTENBERG. Nach NÖLKE gehen diese Vorgänge zyklisch vor sich, kürzere Perioden, in denen sich die Kruste zusammenschiebe und stärker umforme

(Tektonogenesen), lösten solche mit geringerer Aktivität (atektonogenetische Zeiten) ab, wie das besonders die Pulsationshypothese (S. 239) betont.

Ein alter Einwand gegen die Kontraktionshypothese meint, daß zwischen der erkalteten und daher nicht mehr schrumpfenden äußeren Hülle der Erde und ihrem schrumpfenden Inneren ein Hohlraum entstehen müsse. Die obere Kruste sei viel zu schwach und nicht fest genug, um solche Gewölbedrücke auszuhalten und die Spannungen über größere Entfernungen bis in die Zonen der Faltung weiterzuleiten, zumal die Großschollen der Kruste horizontal und im Verhältnis zu ihrem Ausmaß verhältnismäßig wenig dick sind. Aus Berechnungen JEFFREYS' haben GUTENBERG und SONDER gefolgert, daß die Weiterleitung der zur Faltung notwendigen Energie auf größere Entfernungen theoretisch durchaus denkbar sei, ohne daß die Druckfestigkeit der Oberkruste überschritten werde.

STILLE hat die alte Kontraktionshypothese durch seine Gedanken von den großen Umbrüchen oder Regenerationen (S. 184) in der Erdgeschichte erweitert und durch andere Vorstellungen ergänzt.

Vor einigen Jahrzehnten haben der Wiener Tektoniker KOBER (1942) und der Schweizer SONDER (1956) versucht, ein umfassendes Weltbild auf der Basis einer neuen Kontraktionshypothese zu zeichnen. Für KOBER ist die Ursache der Masseschrumpfung nicht die fortschreitende Abkühlung, sondern primär die Verdichtung der Materie im Inneren der Erde durch »interatomare Kernverdichtung, durch gravitative Anziehung, durch gravitativen Druck«. KOBERS Orogentheorie geht vom vorgeologischen Solarstadium der Erde aus und verwertet auch geophysikalische und astrophysikalische Erkenntnisse. Durch gravitative Kontraktion, durch interatomare Kernverdichtung, durch schwerkraftbedingte Verfestigung der Substanz (CHAIN), sei die Erde vom Solarstadium mit der mittleren Dichte 1 bis zur gegenwärtigen Dichte 5,5 bei gleichbleibender Materiemenge laufend verdichtet worden. Dabei sei ihr Radius von 11244 km um 4874 km auf den heutigen von 6370 km zusammengeschrumpft, das sind 76,5 Prozent des jetzigen Erdradius. Dieser Weg der Verdichtung sei noch nicht abgeschlossen und gehe entsprechend der Stellung der Erde im Planetensystem weiter: »Das Ziel der materiellen Evolution der Erde ist maximale Dichte, Erstarrung (Erkaltung).«

In dieser fortschreitenden Verdichtung von den Anfängen der Erdgeschichte bis in die geologische Gegenwart und ferne Zukunft, in der Kontraktion des Erdradius sieht KOBER etwas Gesetzmäßiges und die Kraftquelle der geotektonischen Entwicklung. Die Kontraktionsenergie werde über längere Zeiträume aufgespeichert, bis sie sich in den großen Gebirgsbildungsären rhythmisch auslöse. »Alles Geschehen aber flutet in quantistischer Gliederung in großen Rhythmen durch Raum und Zeit.« KOBERS neuartige Gedankengänge, die deutlich den Einfluß von Atom- und Quantentheorie erkennen lassen, erscheinen fundiert und werden in seiner »Tektonischen Geologie« klar und begeisternd vorgetragen. Seine Ausführungen sind mit einem regional-geologischen Überblick über den Bau der Kontinente und Ozeane verknüpft. Aber auch KOBER geht von nicht gesicherten Grundlagen aus. So gibt es über die Entstehung des Planetensystems (S. 36) auch andere, ebenso berechtigte Vorstellungen, und bis heute wird keiner der Hypothesen und »Theorien« allen beobachtbaren Erscheinungen gerecht. Selbst wenn man allein von der Kontraktion ausgeht und andere Möglichkeiten wie Unterströmungen und Driftbewegungen außer acht läßt, mag die Vorstellung einer Kontraktion der Erde infolge Verdichtung der Materie kaum zu entkräften sein, aber diese dürfte nicht unabhängig von Abkühlung und radioaktiven Prozessen erfolgen, die bei KOBER nur Folge und nicht Ursache der Verdichtung sind. Astrophysiker geben zu bedenken, daß die Erde für ein solches Ausmaß der Verdichtung nicht groß genug und ihre Entwicklung keinesfalls mit den Verhältnissen riesiger Fixsterne vergleichbar sei. Von KOBERS Gravitationskontraktion der Massenverlagerungen als Energiequelle ausgehend, hat O. JESSEN (1943) eine thermisch-gravitative Kontraktionshypothese entwickelt: Die aus Sima bestehenden Ozeanböden kühlten sich durch das kalte Meerwasser ab, müßten sich daher verdichten und absinken. Ein seitlicher Druck triebe das plastische Material der Tiefe nach den Seiten und schließlich in die Höhe. Dadurch würde der Küstenbereich gehoben, und die kontinentalen Randverbiegungen, die »Randschwellen der Kontinente«, d. h. der Grenzgürtel zwischen den kontinentalen und ozeanischen Räumen, entstünden. Auch der Geophysiker WUNDT hat in einer Kühlbodenhypothese auf den differenzierten Wärmehaushalt von Meer und Land hingewiesen. Der Schwede ODHNER (1948) nennt seine Vorstellungen Konstriktionshypothese und versteht unter Konstriktion nicht die Verkürzung des Erdradius, sondern ein horizontales, areales Schrumpfen der Kruste. Indem er die gravitative Kontraktion durch einen thermischen Krustaldruck ersetzt, d. h. einen »von der Erdrinde bei internen Temperaturveränderungen ausgeübten Druck auf die subkrustalen Massen«, nähert er sich den Gedankengängen von JESSEN und WUNDT.

Der norwegische Petrologe T. F. W. BARTH begründet eine Schrumpfung der Erde mit dem Volumen- und Energieverlust, den die Erde durch das Entweichen großer Gasmengen erleide.

Der Schweizer R. A. SONDER (vgl. auch S. 279) bezeichnet eine starke, säkulare Erdkontraktion als »Naturgesetz«, wenn auch dessen Ursache noch ungeklärt sei. Daß die beiden jungen Faltengebirgsgürtel der Erde, der meridional-pazifische und die von West nach Ost streichenden mediterranen Ketten, etwa in einem rechten Winkel zueinander verlaufen, führt SONDER auf säkulare Kontraktion und damit aufgetretene Spannungen in der oberen Kruste zurück, die er sich als über dem Erdkern frei verschiebbar vorstellt. Die Lage der Gürtel im großen versucht er auf der Grundlage von Experimenten mit der mechanisch besten Kompensation der vorhandenen Krustenspannungen auf einer Kugel zu begründen.

Bis in die Gegenwart haben sich führende Geologen zu verschiedenen Formen der Kontraktionshypothese bekannt. Auf mathematischem Wege hat der Geophysiker JEFFREYS nachzuweisen versucht, daß ein Wärmeverlust der Erde infolge Abkühlung kaum tiefer als rund 700 km unter die Erdoberfläche reichen könne. Die Kontraktionsschale der Erde sei auf Tiefen zwischen 100 und 700 km beschränkt, weil in der äußersten Schale bis 100 km (nach BUCHER »Stereosphäre«) keine Abkühlung möglich sei. JEFFREYS hat eine Gesamtschrumpfung der Erde durch säkulare Abkühlung seit der Bildung der ersten Erstarrungskruste um 400 bis 500 km errechnet, die zur Erklärung der Tektonogenesen ausreichend wäre.

Eine Schrumpfung der Erde allein durch Abkühlung lehnen also mehrere Forscher ab. Zwar rechnet auch SONDER mit einer Radiusverkürzung von insgesamt etwa 1400 km seit der ersten Krustenbildung vor rund 5 Milliarden Jahren, also mit weniger als einem Drittel gegenüber KOBER, betont aber, daß ein so hoher Wert nur durch eine wirksamere Ursache als die Abkühlung erklärbar sei, z. B. durch atomare Prozesse im Erdkern. Demgegenüber sieht EARDLEY eine ungleichmäßige Erwärmung der Zwischenschale der Erde durch radioaktive Vorgänge als ausschlaggebend für die Kontraktion an.

Die Meinungen und Vorstellungen all der Forscher, die in der Kontraktion der Erde die Ursachen der Krustengestaltung sehen, sind vielfältig und im einzelnen unterschiedlich. Außer den genannten Einwänden gegen die Hypothese bestehen weitere. Wie die Analyse der verschiedenen Strukturbilder ergibt, verlaufen die tektonischen Bewegungsvorgänge im einzelnen ungleichmäßig. Die auffällige Anordnung der Faltengebirge in Bögen, Schleifen und Girlanden, wie in Indonesien oder im Raum des europäischen und des amerikanischen Mittelmeeres, vermag die Kontraktionshypothese kaum befriedigend zu erklären, ebensowenig den Wechsel der Faltungsären mit längeren ruhigeren Perioden in der Erdgeschichte.

Auf die Schwierigkeit der einheitlichen Entstehung von Falten und Brüchen durch Kontraktion wurde bereits hingewiesen (S. 237). Das gilt besonders für die globalen, bis in den Erdmantel reichenden tiefen Bruchsysteme, jene gewaltigen Zerrungsspalten und Zerreißungssysteme im Bereich der Kontinente, wie das Baikalrift oder die Mittelmeer-Mjösen-Zone STILLES mit mehreren tausend Kilometern Länge und die gewaltigen Ozeangräben (S. 253).

Zusammenfassend ergibt sich, daß eine gewisse Kontraktion der Erde kaum geleugnet werden kann, weil eine Verdichtung von Materie in den tieferen Zonen vorhanden sein dürfte und weil eine Abkühlung der Erde besteht. Die Schrumpfung der Erde wäre aber auch durch Änderungen ihrer Rotationsgeschwindigkeit erklärbar. Zur Deutung der großartigen Veränderungen, die sich im Laufe einer rund 5 Jahrmilliarden währenden Erdgeschichte vollzogen haben, zur Erklärung all der unterschiedlichen Bewegungsvorgänge und umfangreichen Massenverlagerungen genügt die Kontraktionshypothese in ihrer klassischen Form keineswegs. Daher müssen jüngere Geotektoniker zahlreiche Zusatzhypothesen heranziehen, so daß nicht immer klar ist, ob die Kontraktion tatsächlich die primäre, auslösende Kraft ist oder ob sie zusammen mit anderen Kräften nur eine Ursache neben mehreren, ja vielleicht gar erst eine von sekundärer Bedeutung ist.

Die Pulsationshypothese

Diese Hypothese wurde von den sowjetischen Geotektonikern M. A. USSOW und W. A. OBRUTSCHEW (1940), dem verdienten Erforscher Sibiriens, aufgestellt, wird aber auch von anderen Geologen wie H. W. BUCHER und W. W. BELOUSSOW mindestens teilweise mit in die Überlegungen einbezogen. In durchaus fixistischem Sinne versucht diese Hypothese eine überzeugende Erklärung für die gleichzeitige Entstehung von Einengungs- und Ausweitungsstrukturen zu finden, die von der Kontraktionshypothese nicht gedeutet werden konnte. Nach ihren Vorstellungen wird die Entwicklung des Erdbilds durch den rhythmischen Wechsel zwischen Schrumpfungs- und Ausdehnungskräften bestimmt, wobei einmal diese, einmal jene Kräfte überwiegen. Die zyklische Kontraktion und Expansion stehen in Zusammenhang mit Aufschmelzungsprozessen infolge Erwärmung und Erstarrungsvorgängen infolge Abkühlung, die in tieferen Erdzonen ablaufen. Dabei soll es zu Pulsationen, zur Vergrößerung bzw. Verkleinerung des Erdvolumens kommen. Da sich nachweisbar im Laufe der Erdgeschichte bestimmte Prozesse wie die großen Gebirgsbildungen weltweit wiederholt haben, liegt der Gedanke von Pulsationen nahe. Ähnliche Vorgänge werden an veränderlichen Sternen beobachtet. Daher stützen sich die sowjetischen Verfechter auf Vorstellungen des Astrophysikers O. J. SCHMIDT, die freilich durchaus nicht von allen sowjetischen Astronomen anerkannt werden.

OBRUTSCHEW sucht die Ursache der Pulsationen in den durch die Sonderung nach der Schwere (Gravitationsdifferentiation) hervorgerufenen Massenverlagerungen in der Erde und in der bei atomaren Prozessen frei werdenden Energie. Dabei können krustale radioaktive Vorgänge das Bild im einzelnen abwandeln und komplizieren. SCHMIDT hält die Erdkruste nicht für die Erstarrungshaut eines vordem feurig-flüssigen Körpers, sondern für das Produkt einer fortwährenden physikalisch-chemischen und gravitativen Differentiation tieferer Erdzonen. In diesem Formierungsprozeß, der sich noch heute fortsetze, gelangten weniger zähflüssige Massen an die Oberfläche. Die Perioden weltweiter großer Transgressionen seien solche der Expansion, durch weltweite Regressionen bestimmte Perioden solche überwiegender Kontraktion. Bei Vorherrschen des Landes komme es zu weitreichenden Tektonogenesen und zum Absinken der ozeanischen Becken, so daß Raum für die Kontinente frei werde. Zwar ist die Erdgeschichte durch den Wechsel von Überflutungen und Regressionen gekennzeichnet, aber diese schwanken im einzelnen regional und im Ausmaß erheblich, so daß die alten Vorstellungen weltweiter Vorgänge nicht mehr haltbar sind, wie besonders JANSCHIN (S. 174) belegen konnte. Nach der Pulsationshypothese sollen die unterschiedlichen Vorgänge vom jeweiligen Stabilitätsgrad der Kruste abhängig sein.

So interessant diese Gedanken auch sind, sie beruhen auf unbewiesenen kosmogonischen Hypothesen. Abgesehen von denselben Einwänden, die schon bei der Kontraktionshypothese diskutiert wurden, erscheint zweifelhaft, daß sich Erwärmung und Abkühlung bei einer gleichartigen Wärmequelle zyklisch wiederholen.

CHAIN läßt neben der Kontraktion als maßgebenden Faktor zusätzlich andere Kräfte, wie Differentiation, radioaktiven Zerfall, Erdrotation, Isostasie gelten und ist in den letzten Jahren zu einem überzeugten Verfechter extrem mobilistischer Auffassungen geworden (S. 275). H. HAVEMANN meint, daß weder Kontraktion noch Expansion, deren vermutlich alternierende Wirksamkeit er nicht bestreitet, seit mesozoischer Zeit die Hauptursache der Globaltektonik seien, sondern die stetige Entstehung eines Massenüberschusses im pazifischen Raum mit einer pazifischen Deformation (Achsenverschiebung) und Kontinentwanderung als Folgeerscheinungen.

Der Gedanke, den Mechanismus der Krustenentwicklung und -gestaltung auf kosmische Ursachen zurückzuführen, ist alt, bleibt aber immer Vermutung, wenn auch neue planetologische Forschungen im Zusammenhang mit dem Vorstoß des Menschen ins All neue Erkenntnisse gebracht haben und weiter bringen werden. Vielleicht lösen kosmische Ereignisse tatsächlich weltweite Vorgänge der Erdentwicklung aus: Wir wissen es noch nicht. Auffällig aber ist, daß die Astrophysik für die Umlaufzeit der Sonne um das Zentrum der Galaxis, in dem sich die Erde gegenwärtig etwa befindet, rund 200 Millionen Jahre berechnet hat, d. h. einen Zeitraum, der mit der Dauer der globalen geotektonischen Zyklen auf der Erde etwa übereinstimmt. NIKOLEJEW nennt für die Dauer eines vollen galaktischen Bewegungszyklus der Erde 250 Jahrmillionen. Faltungsvorgänge und magmatische Intrusionen finden in Abständen von 125 Millionen Jahre statt, ein Wert, der zu den Daten physikalischer Altersbestimmungen gut paßt.

Diese auffällige Übereinstimmung hat schon UMBGROVE (1947) bemerkt. Auch SCHWINNERS Hinweis vor Jahrzehnten, daß möglicherweise stärkere Schwankungen in der Höhenstrahlung, die vermutlich zusammen mit dem periodischen Umlauf der Sonne um das galaktische Zentrum zusammenhängen, die erdgeschichtlich-geotektonische Entwicklung beeinflussen könnten, und die Bemerkungen KOSSMATS (1936) über die außerirdische Bedingtheit und Regelung der Umsetzungen in der Tiefe sprechen neben der zeitlichen Übereinstimmung für eine größere Einheitlichkeit des Kosmos, in dem die Erde ein Planet neben anderen ist.

Die Oszillationshypothese

Der Begründer dieser Hypothese, E. HAARMANN, will die Krustenbewegungen von Erde und Mond erklären. Er lehnt jede Kontraktion ab und verzichtet auf Vorstellungen über den Wärmehaushalt der Erde, weil die Grundlagen dafür zu unsicher seien. Vertikale Bewegungen von Kontinentalblöcken, Hebungen und Senkungen sind die primären Ursachen. In rhythmischer Folge stören kosmische Einflüsse, solare Kräfte und Polverlagerungen das Gleichgewicht der Erde, dessen Wiederherstellung notwendig ist. Dabei verlagern sich die mobilen, aufgeschmolzenen magmatischen Massen in der Tiefe nach oben, und es kommt zu Dehnungen in der oberen sedimentären Hülle, zu primären, gefügebildenden Bewegungen. Diese vertikale, radiale Primärtektogenese äußert sich in weiträumigen, wellenartigen Großverbiegungen, in Aufwärts- und aus isostatischen oder hydrostatischen Gründen gleichzeitigen Abwärtsbewegungen in verschiedenen Gebieten, dazu in steilen Brüchen als Folge von Bewegungen, die HAARMANN Oszillationen nennt.

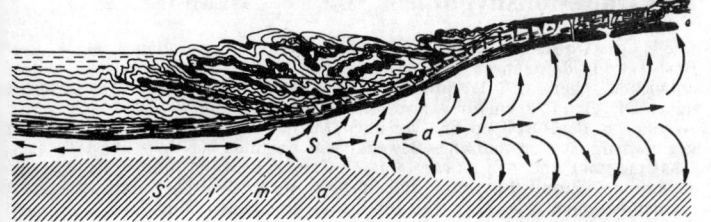

Entstehung eines Geotumors (Beule) und einer Geodepression (Senke) sowie Faltung der auf die geneigten Fläche abgleitenden Gesteinsschichten und Eindringen von magmatischen Schmelzflüssen in die gehobenen und dabei gedehnten Krustenteile (nach der Oszillationstheorie von Haarmann)

Diesen primären Vertikalbewegungen zufolge entstehen große Buckel und Beulen, die **Geotumore**, sowie Abschwellungen und Einsenkungen, die **Geodepressionen**. Rückläufige Bewegungen vermögen im Rahmen der Krustenentwicklung ein rhythmisches »Oszillieren« hervorzurufen, wobei die Kruste als Ganzes in fixistischem Sinne an Ort und Stelle bleibt. Infolge der Erhebungen geraten die sedimentären Schichten an den Flanken allmählich in eine schräge Lage und lösen sich schließlich unter dem Einfluß der Schwerkraft vom Untergrund, gleiten abwärts, rutschen zusammen, schieben sich schuppen- und deckenartig über- und durcheinander und legen sich dabei in Falten, während im Scheitel des Geotumors infolge Dehnung Brüche entstehen (Abb.). Diese Gleitfalten sind in Richtung des Gefälles geneigt, und der Faltenwurf ist zum Vorland gerichtet (Vergenz), wie das die meisten Faltengebirge zeigen. Auch HAARMANN hat sich bemüht, für die Bildung von Dehnungs- und Einengungsstrukturen, die die Kontraktionshypothese nicht erklären konnte, eine Lösung zu finden. Im Rückland der Faltung treten magmatische Massen aus. Die bei ausreichender Reliefenergie allein durch Schwerkraftgleitung bedingten lateral-horizontalen Folgebewegungen der Primärtektogenese nennt HAARMANN **Sekundärtektogenese**. Einer Freigleitung der sedimentären Serien wird die **Volltroggleitung** gegenübergestellt, wenn die abgleitenden Massen in den benachbarten Geodepressionen angehäuft, aufgestaucht, gefaltet und übereinandergeschoben werden. So sind für HAARMANN alle großen Falten- und Deckengebirge nur Folgeerscheinungen primärer vertikaler Großverbiegungen der Kruste. Dabei wird der Begriff **Tektogenese** anstelle Orogenese mit der Begründung in die Großtektonik eingeführt (S. 171), daß Bewegungen, die zur Veränderung des Krustengefüges führen, durchaus nicht immer Gebirge in morphologischem Sinne hervorbringen, sondern diese meist erst später durch Heraushebung zustande kommen.

HAARMANN bezeichnet
– das Streben der Erdrinde nach einem hydrostatischen Gleichgewicht der einzelnen Krustenteile (Isostasie),
– die isostatisch bedingten Oszillationen, durch die alle anderen Krustenbewegungen ausgelöst werden, und
– den rhythmischen Ablauf aller Bewegungen der Kruste, der sich in der gesamten Erdgeschichte am Wechsel der Sedimentfolgen nachweisen läßt, als wichtigste Grundlagen seiner Hypothese.

Mit Recht ist besonders von der alpinen Tektonik gegen die HAARMANNschen Vorstellungen eingewendet worden, daß die vom germanotypen Baubild beeinflußte Hypothese den alpinen Bauplänen mit ihrem tektonogenetisch-magmatisch bedingten Zyklus (S. 186) der Geosynklinalbildung und -entwicklung sowie der Tatsache, daß am Deckenbau neben der sedimentären Hülle auch das Kristallin der tieferen Zone beteiligt ist, nicht gerecht wird (METZ). Die Anordnung vieler Faltengebirge in Schleifen, Bögen und Girlanden kann man sich durch sekundäre Gravitationsgleitung ebensowenig vorstellen wie durch Kontraktion. Das tektonische Gefälle erscheint viel zu klein und die Reibung zu groß, als daß die von einem Geotumor abgleitenden Massen sich zu gewaltigen Kettengebirgen hätten aufwölben können. Schwerkraftgleitungen aber, denen man jahrelang kaum Bedeutung beigemessen hat, sind im letzten Jahrzehnt vielfach beobachtet worden und haben zu überraschenden Ergebnissen geführt (S. 132). Damit zeigt sich erneut, daß auch in älteren Hypothesen oft ein richtiger Gedanke steckt.

Schon vor HAARMANN hatten der Wiener Geologe REYER (um 1890) und der Franzose LUGEON die Möglichkeit des Abgleitens von Deckschichten von einer schrägen Unterlage und deren Faltung durch Zusammenschub diskutiert (**Gleithypothese**). Im Unterschied zu zahlreichen Forschern, die horizontale Krustenbewegungen einseitig postulieren, wie WEGENER, hat HAARMANN die große Bedeutung der vertikalen Komponente erkannt. Bei den großen Oszillationen dürften freilich primär nicht nur vertikale, sondern ebenso horizontale Bewegungen eine Rolle spielen, und in der Tiefe dürfte kaum nur die Gravitation am Werke sein (METZ).

Die Undationshypothese von VAN BEMMELEN

Die HAARMANNschen Gedankengänge hat besonders der Holländer R. W. VAN BEMMELEN in den Jahren seit 1931 in seiner Undationshypothese weiterentwickelt, aber auch der sowjetische Geotektoniker BELOUSSOW steht ihnen nahe. Die Grundlagen für VAN BEMMELENS Vorstellungen bilden langjährige Arbeiten in den Ostalpen und vor allem in Indonesien, einem Raum, in dem gegenwärtig tektogenetische Bewegungen ablaufen (Neotektonik nach OBRUTSCHEW) und den KUENEN und H. CLOOS als Mittel- und Prüfpunkt der gesamten Tektonik bezeichnet haben. Auch in der Plattentektonik spielt das Gebiet zwischen Australien und Indonesien eine bedeutende Rolle. In diesem Raum wurden erst jüngst Vulkanausbrüche und das seit Beginn von Aufzeichnungen schwerste Erdbeben im Stillen Ozean (August 1977) beobachtet, mit der Stärke 8,9 der »Richterskala« und dem Epizentrum nahe der Insel Sumba. Wie HAARMANN betrachtet auch VAN BEMMELEN die geotektonische Entwicklung der Erde als das Ergebnis subkrustaler Strömungen, wobei durch die Gravitation verursachte Entmischungsvorgänge im Magma (Differentiationen, radioaktive Wärmebildung) zu primären Vertikalbewegungen, zum Aufsteigen leichterer granitischer Differentiate führen. An die Stelle nicht beweisbarer kosmischer Ursachen für die Steuerung der endogenen Vorgänge (HAARMANN) treten bei VAN BEMMELEN geochemische Prozesse. Physikalisch-chemische Vorgänge, chemisch und thermisch bedingte Konvektionsströmungen im unteren Mantel, die von Dichteänderungen begleitet werden, sind die fundamentale Quelle für die endogene Energie der Erde (1967). Diese Prozesse rufen eine Gravitationstektonik, d. h. durch Freigleitung bedingte Verlagerungen der sedimentären Hülle hervor, die als komplizierte Kettenreaktionen ablaufen. Die nach gravitativem Gleichgewicht strebenden geodynamischen Vorgänge beruhen auf nach physikalisch-chemischem Gleichgewicht strebenden geochemischen Prozessen bzw. gleichgewichtsstörenden Wirkungen als Folge der in der Natur vorhandenen freien Energien. Die Tektonogenese ist darauf gerichtet, Gleichgewichtsstörungen durch Ausgleichsbewegungen zu überwinden. Die langsamen, primärtektonogenen, vertikalen, sich wellenartig seitwärts verlagernden Krustenbewegungen heißen **Undationen** und werden auf Grund ihrer unterschiedlichen Wellenlänge in 5 Klassen eingeteilt (1965):
1) Mega-Undationen – auf- und absteigende Massenverlagerungen im unteren Mantel; bis in mehr als 1000 km Tiefe wirksam, Durchmesser über 1000 km.
2) Geo-Undationen – mehr als 1000 km Durchmesser, bis in mehr als 100 km Tiefe über 100 Jahrmillionen Dauer wirksam; z. B. Phasenänderungen, Geosynklinal- und Geotumorbildungen, Anteklisen, Schilde.
3) Meso-Undationen – 100 und mehr Kilometer Durchmesser, bis in mehrere Zehner von Kilometer Tiefe wirksam; mit Asthenolithbildung und sekundärer Entstehung alpinotyper Gebirge, Heraushebung im Verlaufe der Orogenbildung; Flysch- und Molassetröge, Horst- und Grabentektonik.
4) Minor-Undationen – bis über 10 km Durchmesser, bis 10 und mehr Kilometer Tiefe wirksam; Magmenaufstieg, Beulen über Plutonen und Granittektonik, Vulkanismus.
5) Lokal-Undationen – bis 1 km Durchmesser, bis 1 km Tiefe wirksam; Beulen, Salzdiapire als oberflächennahe Tektonik in der sedimentären Hülle.

Für die globale Geotektonik wie Neuozeanbildung und Kontinentaldrift sind die Mega-Undationen entscheidend. VAN BEMMELEN hält laterale Verschiebungen großer Krustenteile, Gleitungen und Deformationen zwar für möglich, aber er faßt sie als durch vertikale Primärtektonogenese in erheblichen zeitlichen Abständen ausgelöste sekundärtektonogene Prozesse auf. Zunächst auf fixistischer Grundlage entwickelt, hat VAN BEMMELEN später unter dem Einfluß neuer Erkenntnisse der Paläomagnetik in seine Hypothese mobilistische Vorstellungen aufgenommen. Unter Berücksichtigung der Parameter Länge, Zeit, Druck und Temperatur versucht er, zwischen Fixismus und Mobilismus zu vermitteln und die bestehenden Gegensätze zu überbrücken. Er möchte sein Bild wandlungsfähig erhalten und es den neuen Ergebnissen der geologischen Forschung auch im Ozeanbereich anpassen, mit dem Ziel, eine einheitliche Erklärung der Geodynamik geben zu können. Er spricht von einem relativistischen Modell der Geodynamik, bei dem es vom Betrachter abhänge, ob die unterschiedlich großen Massenverlagerungen innerhalb des Blickfelds bleiben oder darüber hinwegwandern. Geodynamische Prozesse, in regionalem Rahmen betrachtet, führten zu einem fixistischen Modell, ein

Blick auf die globaltektonischen Züge der Erde aber benötigte mobilistische Vorstellungen (1967). Die geotektonischen Bewegungen seien das Ergebnis eines komplizierten Systems von auf- und übereinander gelagerten Massenverlagerungen verschiedenen Ausmaßes (Undationen) innerhalb der geotektonischen Stockwerke der Erde. Tektonische und magmatische Vorgänge werden in enge Beziehung zueinander gesetzt und die kausale Verbindung der 5 Klassen von Undationen räumlich und zeitlich als gesamttektonische Entwicklungsfolge charakterisiert. Die geotektonische Entwicklung ist dann die Folge von Störungen der isostatischen Verhältnisse während der Geosynklinalperiode bis in tiefere Erdzonen.

Die oberen magmatischen Massen sind bei VAN BEMMELEN ursprünglich nicht in Sial und Sima geschieden. Er nimmt ein Urmagma Sialsima (Sialma) an, das bis 40 km Tiefe reicht und noch tiefer vom Sima unterlagert wird. Das Sialma scheidet sich durch Hypodifferentiation, besonders unter den großen Einsenkungen der Kruste mit Schweredefizit, in einen aufsteigenden, sauren, granitischen Sialast und einen absteigenden, basischen Simaast größerer Dichte. Später hat VAN BEMMELEN einen exogenen Ursprung des Sials in der geologischen Frühzeit durch Niederschlag eines meteoritischen inneren Staubrings der Erde postuliert, weil eine endogene Sialausscheidung viel zu langsam vor sich gehe, um die Alten Schilde der Kontinente zu erzeugen.

Die Hypothese von W. W. BELOUSSOW (Tiefendifferentiation — Ozeanisierung und Basifikation)

Im Gegensatz zu VAN BEMMELEN, dessen regionale Forschungsobjekte alpinotype Gebirge sind, gehen die sowjetischen Geotektoniker von den gänzlich anderen strukturellen Verhältnissen der osteuropäischen und sibirischen Plattform mit ihren Schilden und dem ruhig darüber gelagerten Tafeldeckgebirge aus (S. 224). Die dabei in den letzten Jahrzehnten gewonnenen grundlegend neuen Erkenntnisse sind neben anderen in die »Internationale tektonische Karte der Erde« eingegangen. Dabei werden folgende, im einzelnen mehrfach untergliederte Hauptregionen unterschieden:
1) Gebiete mit kontinentaler Kruste; a) alpine Geosynklinalen, b) alpine Plattformen, c) Gebiete der Aktivierung und Ozeanisierung.
2) Gebiete mit ozeanischer Kruste einschließlich Tiefseegräben, ozeanischen Rücken, Vulkanbergen, großen Störungen.

Für BELOUSSOW ist die Geotektonik eine Mechanik der Erde. Wie HAARMANN und VAN BEMMELEN erklärt er die Bewegungen und Erscheinungsbilder der Erdkruste durch Oszillationen, deren Ursache er zu erkennen sucht. In fixistischem Sinn lehrt er, daß die Kontinente durch vertikale Verbindungen fest mit dem tiefsten Erdinneren verbunden sind und jedes Regime an der Erdoberfläche einem speziellen Bau und einer speziellen Entwicklung der tieferen Zonen der Erde entspricht, so daß alle tektonischen Zonen am Ort bleiben und horizontale Verschiebungen ausgeschlossen sind. Die Tektonosphäre ist in einzelne vertikale Blöcke aufgegliedert, die sich in unterschiedlicher Art und Weise in Abhängigkeit von Vorgängen im oberen Mantel selbständig entwickeln. Auch die Ozeane sind mit dem oberen Mantel verbunden. Damit besteht kein Zwiespalt zwischen kontinentaler und ozeanischer Geologie. Alle endogenen Prozesse – tektonische, magmatische wie metamorphe – bilden auf den Kontinenten bestimmte Kombinationen, wobei den verschiedenen Formen des endogenen Regimes unterschiedliche Besonderheiten eigentümlich sind. So bestimmt die über einen weiten Bereich streuende Durchlässigkeit (Permeabilität) der Kruste Grad und Entwicklung des Magmatismus, ebenso wie das Verhältnis von Hebungen und Absenkungen. Es bestehen Zusammenhänge zwischen Sedimentation, Fazies und den Oszillationen oder Pulsationen, so daß die Kruste in Hebungs- und Senkungszonen verschiedener Größe gegliedert ist. Einengende Bewegungen wie Faltungen werden auf lokale Prozesse zurückgeführt. Ihr Verlauf hinge gesetzmäßig mit den Oszillationen zusammen, denen sie als sekundäre Erscheinungsform untergeordnet seien, und werde von Zerrungen begleitet. Wie bei HAARMANN gleiten die abgelagerten Sedimente abwärts bis zur Volltrogfaltung. Im Gegensatz zu den in der Tiefe verwurzelten, oszillatorischen, primären Vertikalbewegungen hingen die sekundär »plikativen« und »rupturellen« Bewegungen mit Spannungen zusammen, die durch die Primärbewegungen entständen und durch die unterschiedliche Reaktion der Gesteine auf diese Spannungen bedingt seien. Die Ursache der Vertikalbewegungen wird in Differentiationsvorgängen der Tiefe gesucht, wo granitisches Magma durch radioaktive Wärmeproduktion zu wandern beginnt. Das Ergebnis sind die Oszillationen der Kruste. Die Entwicklung der einzelnen Bereiche im Laufe der Erdgeschichte erfolgt in geotektonischen Zyklen, den großen geotektonischen Ären, in deren Verlauf die Kruste der kontinentalen Regionen in Geosynklinalen mit Orogenentwicklung und in Plattformen gegliedert wird. Seit dem Beginn des Paläozoikums sei bei den endogenen Prozessen ein Rhythmus (Undationen) erkennbar, wobei jeder endogene Zyklus eine Dauer von rund 200 Millionen Jahre zeige. In den voraufgehenden Jahrmilliarden seien Metamorphose und Granitisierung in einzelnen, verhältnismäßig kurzen Zeitabschnitten vor sich gegangen, die durch 300 bis 600 Millionen Jahre umfassende ruhige Perioden getrennt würden, wie man anhand radioaktiver Altersbestimmungen feststellen könne.

BELOUSSOW hat seine Vorstellungen von der Entwicklung der Erde in einer Reihe grundlegender Arbeiten in allen führenden Fachzeitschriften der ganzen Welt veröffentlicht. Deshalb sollen seine Gedanken etwas ausführlicher dargelegt werden. Er trennt die Geschichte der Erde in zwei Stadien:

1) Das Geosynklinal- und Plattform- oder Granitstadium ist durch die Bildung der kontinentalen Granitkruste charakterisiert, mithin durch eine Vergrößerung der Plattformen bzw. Kontinente;

2) das Basaltstadium durch den Aufstieg überhitzter basaltischer Schmelzen infolge Bildung tiefer Spalten und Brüche aus den tieferen Mantelschichten. An der Oberfläche tritt dieses Stadium im Erguß von Plateaubasalten und in der Bildung von Ozeanen im Rahmen einer tektonischen Aktivierung in Erscheinung. BELOUSSOW vertritt die Anschauung, daß ursprünglich auf der gesamten Erde eine kontinentale Kruste von granitischem Charakter bestanden hat. Im Laufe der Entwicklung ist diese geschlossene Kruste langsam ununterbrochen in Auflösung begriffen und in die einzelnen Schollen der Kontinente zerfallen, die unregelmäßig auf der Erde verteilt sind. Die Schollen tauchen in den Mantel ein und werden dort aufgelöst. In den Räumen ehemaliger kontinentaler Massen sind die Ozeane entstanden, an deren Böden die Granitschale völlig »basifiziert« worden ist. Reste der noch nicht völlig zerstörten Kruste in den großen Ozeanen, z. B. die granitischen Seychellen im Indischen Ozean oder die Rockall-Klippe westlich von Schottland, scheinen diesen Vorgang der Ozeanisierung zu bestätigen (S. 255). Die ozeanische Kruste als Ganzes muß sehr jung sein, weil zuvor überall kontinentale Kruste vorhanden war. ASHGIREJ (1969) meint dazu, daß keine Notwendigkeit bestände, das Ausmaß der Ozeanisierung überzubewerten und es sehr alte und vermutlich auch »Urozeane« gäbe, an deren Stelle niemals Kontinente bestanden hätten.

Unter Ozeanisierung versteht BELOUSSOW die sekundäre Umwandlung von granit-basaltischer Kontinentalkruste in wasserbasaltische Ozeankruste. Dieser Vorgang ist für ihn der grundlegende, allgemeinste, die Entwicklung der Tektonosphäre bestimmende Prozeß. Der mögliche Mechanismus dieser Verdrängung der ursprünglichen Granitkruste durch die aus Basalt, die als Basifizierung bezeichnet wird, besteht in einem Absinken kontinentaler Krustenschollen in den Mantel, ähnlich wie STILLE die Bildung von Neuozeanen durch Destruktion erklärt (S. 184). Diese Basifizierung sei zu verschiedenen Zeiten im Gesamtbereich der Ozeane vor sich gegangen. In jüngster Zeit ist diese Zerstörung wahrscheinlich entlang den Zentralzonen der mittelozeanischen Rücken und in den Tiefseegräben konzentriert worden. Entgegen den Auffassungen der Plattentektonik (S. 260) ist anscheinend ein Gleichgewicht erreicht worden, so daß die Ozeanisierung außerhalb der Rücken in den ozeanischen Becken bereits beendet ist.

Im einzelnen stellt sich BELOUSSOW (1972) die Entwicklung folgendermaßen vor: Unter dem Einfluß der Ansammlung radiogener Wärme erfolgt eine Differentiation der Materie des oberen Erdmantels. Dabei sammelt sich das geschmolzene Material basaltischer Zusammensetzung in großen Körpern, den Asthenolithen, und drängt in Tiefenbrüchen entlang aufwärts. Die Massen werden an der Basis der Kruste aufgehalten oder erreichen als vulkanische Ergüsse die Erdoberfläche. Die empordrängenden Asthenolithen bewegen sich in der Tiefe von innen nach außen, was zu einer Verlagerung der tektonischen Prozesse in den höheren Zonen führen muß. Beim Abkühlen erwärmen die Asthenolithe das Nebengestein. Dabei werden die unteren Teile der Kruste in granitisch-basaltisches Material, der obere Teil in gneisartige und granitische Gesteine umgewandelt. Erwärmung und Ausdehnung werden durch erhebliche Wärmeabgabe emporsteigender Geotumore in der äußeren Kruste von Abkühlung und Volumenschwund abgelöst. Damit sinkt die Kruste aber wieder ein, und an der Stelle der Hebung (Geotumor) bildet sich eine Depression (Geosynklinale) aus. Wiederholte Hebungen und Absenkungen entstehen, weil Aufheizung und Abkühlung miteinander wechseln. Diese Periodizität beruhe auf einer wellenartigen Abgabe von Wärmeenergie, die ihrerseits einen periodischen Wechsel der Viskosität in den überlagernden Mantelschichten hervorruft, so daß Veränderungen in der Entwicklungsgeschwindigkeit und Bildung sowie Hebung der Asthenolithe die Folge sind.

Dergestalt entfaltet sich die Tektonosphäre als Differentiation ihrer Substanz und führt im Verlaufe der Erdgeschichte bis zur Wende Paläozoikum/Mesozoikum zur Bildung kontinentaler Kruste. Im Laufe dieses Evolutionsprozesses waren zunächst nur epikontinentale Flachmeere und noch keine Ozeane vorhanden.

Durch weitere radioaktive Erwärmung des Erdinneren kam es zu einer fundamentalen Änderung des Prozeßablaufes. In den tiefen Schichten des oberen Mantels bildeten sich Herde vollständiger Aufschmelzung. Die erwärmten Massen unter den weniger erwärmten Teilen des höheren Mantels begannen, sich in Form gewaltiger Diapire unter den Stellen zu konzentrieren, wo die Ozeane lagern. In diesen Räumen setzte die Umwandlung der Kruste ein. Das basische und ultrabasische Material drang in vielen Strömen aus dem erwärmten Mantel in die Kruste ein und ergoß sich an die Oberfläche. Dabei wurde die Kruste von basischen und ultrabasischen Intrusionen durchsetzt, mannigfach überprägt und in Schollen zergliedert. Das erkaltete ultrabasische Material zog sich zusammen mit schwereren Schollen der Kruste in den Mantel zurück und löste sich darin allmählich auf. Das Ergebnis war eine vollständige Erneuerung der Kruste, indem an die Stelle der kontinentalen Kruste nunmehr ein ozeanischer Krustentyp trat. Dieser Vorgang war mit einer Absenkung der Oberfläche und einer Ausscheidung großer Wassermengen verbunden, die die Depressionen füllten. Damit stellt sich die Entstehung der Ozeane als entscheidender Umbruch im Verlaufe der erdgeschichtlichen Entwicklung dar. Die großen Wassermengen zu Beginn des Mesozoikums, die zu einem erheblichen Anstieg des Meeresspiegels geführt haben sollen, werden durch freiwerdendes Kristallwasser erklärt, das bei der Ozeanisierung der Granitkruste austritt, zumal granitisches Magma bis zu 6 Prozent Wasser enthält. Das erscheint nicht leicht verständlich. Der Prozeß der Wiederbelebung der Kruste war im ganzen mit Beginn der Oberen Kreide beendet. Die Ozeanisierung verlief in den einzelnen Weltmeeren unterschiedlich. Im Indik und Atlantik ging sie vom Rand zum Inneren vor sich, zuletzt im Bereich der mittelozeanischen Rücken. Im Pazifik aber nahm die Ozeanisierung ihren Anfang im Zentrum und breitete sich bis heute verstärkt in den peripheren Randgebieten aus. Zu Beginn der Ozeanentstehung wurde die stoffliche Differentiation im Mantel durch den umgekehrten Prozeß der Homogenisierung abgelöst, der außerdem mit einer weiteren Erwärmung des Erdinneren verbunden war.

Die mittelozeanischen Rücken sind bei BELOUSSOW gleichsam Antipoden der Geosynklinalen, in denen die Granit-Gneis-Schicht anwächst, während sie sich in den Rücken vermindert. Die hohe seismische und vulkanische Aktivität der den Pazifik umgebenden Inselbögen und Rücken zeigt, daß hier Räume mit in der Tiefe entgegengesetzt ablaufenden Vorgängen vorhanden sind. Die gewaltigen schrägen Tiefenbrüche, die den Pazifischen Ozean umgeben, trennen Gebiete mit kontinentaler Differenzierung von solchen mit ozeanischer Homogenisierung.

Zwischen den fixistischen Vorstellungen BELOUSSOWS und denen von STILLE besteht ein grundlegender Unterschied. Während STILLE die geotektonische Entwicklung der Erde konsequent als Anbau neuer Krustenteile an konsolidierte ältere »Hochkratone« und damit die Erweiterung der kontinentalen Massen beschrieben hat, geht BELOUSSOW von einer ursprünglich geschlossenen Kontinentalkruste aus, die regional zerstört und ozeanisiert wird.

Wenn BELOUSSOW auch selbst seinen Ausführungen nur den Wert einer Hypothese beimißt, weil es schwierig ist, den Mechanismus der Ozeanisierung verständlich zu machen, meint er andererseits, daß der Basifikationsprozeß der kontinentalen Erdkruste und deren Ozeanisierung nichts »Geheimnisvolles« an sich hätten, zumal schon früher ähnliche Gedanken vom »Einsturz des Daches« bei magmatischen Intrusionen geäußert worden seien. Er betont selbst, daß es unmöglich sei, ohne die Vorstellungen einer Basifikation der kontinentalen Erdkruste Erscheinungen wie die Herkunft der Randmeere (Japanisches Meer) oder das Auftreten salzführender Ablagerungen zwischen den Sedimenten des Mexikanischen Golfes als kontinentale Flachmeerbildungen im heute ozeanischen Küstenbereich zu erklären. Verbleibende Unklarheiten führt er auf die gegenwärtig ungenügende Kenntnis über die in den tieferen Zonen der Erde ablaufenden Prozesse zurück, und man müsse erst weitere Untersuchungen mittels moderner Methoden abwarten. Mit CHAIN wäre dazu zu sagen, daß ein ausreichend tiefes Absinken von Teilen der kontinentalen Kruste in den Mantel das Aufsteigen einer sehr großen Menge ultrabasischen Materials in die Kruste erfordert, was vermutlich den Umfang der gesamten Festlandskruste übertrifft. Zudem müßte ein solcher Aufstieg in der geologisch verhältnismäßig kurzen Zeit von weniger als 100 Millionen Jahren erfolgt sein. Auch die Lokalisierung der Prozesse der Krustenzerstörung gerade in den heute von Ozeanen eingenommenen Gebieten und das völlige Fehlen von Spuren außerhalb dieser Räume erscheinen wenig plausibel, zumal bisher auf der Erde nirgends Stellen bekannt sind, in denen Zwischenstadien der Ozeanisierung beobachtet werden. Gerade das aber wäre für das Verständnis der Vorgänge wichtig. So behält der Mechanismus der Ozeanisierung und Basifizierung einen hypothetischen Charakter, nicht minder als andere unbewiesene Vorstellungen. Da sich BELOUSSOW in den letzten Jahren kritisch mit den neuen mobilistischen Hypothesen, vor allem mit der »Plattentektonik« auseinandergesetzt hat und sie als »das Resultat voreiliger Verallgemeinerungen bei weitem nicht ausreichender Fakten« anspricht (1974), wird im Rahmen der Argumente gegen die neue Globaltektonik und die Drift der Kontinente noch einmal darauf eingegangen (S. 275).

Mit ihren Hinweisen auf Differentiations- und Bewegungsvorgänge im subkrustalen Bereich leiten die Oszillations-, Undations- und Pulsationshypothese zu den Unterströmungshypothesen über.

Unterströmungshypothesen (Konvektionsströmungen)

Unter dem Sammelbegriff **Unterströmungshypothesen** wird eine Reihe geotektonischer Deutungsversuche zusammengefaßt, die vielfach mit Driftvorstellungen verbunden sind. Die Unterströmungen gehen auf die seinerzeit revolutionierenden Gedanken des österreichischen Alpengeologen O. AMPFERER (1906) zurück, der die Gestaltung des Erdbilds von Konvektionsströmungen in einer zähplastischen, tieferen Zone abhängig gemacht hat. Es war ihm unvorstellbar, daß die intensiven Einengungsstrukturen der Alpen mechanisch auf einer Kontraktion beruhen sollten. Er verzichtete darauf, die verursachenden Kräfte zu analysieren, deshalb ist die Deutung AMPFERERs im wesentlichen kinematisch geblieben. In den Faltengebirgen sieht er Hebungszonen der nur eine dünne nachgiebige Haut bildenden Kruste. Das in der Tiefe seitwärts abströmende Magma trägt passiv die sedimentäre Decke mit, so daß Faltungen und Überschiebungen zustande kommen. Im Gegensatz zu REYER (S. 241) zieht AMPFERER das magmatische Substratum in die Bewegungen mit ein. Nachdem seine neue Idee zum Fachwelt wohl zum Teil deshalb abgelehnt wurde, weil sie den historischen Ablauf der Faltungsvorgänge unberücksichtigt ließ, haben später der Grazer SCHWINNER (1919) sowie vor allem E. KRAUS (1931, 1936, 1964, 1971) und A. RITTMANN (1960) AMPFERERs Vorstellungen aufgegriffen.

Die Diskussion um die Natur der Unterströmungen und deren dynamische Erklärung hat SCHWINNER begonnen, indem er aktive Ausgleichsströmungen, **Konvektionsströmungen**, annimmt und eine thermisch bedingte Unterströmung bis in etwa 400 km Tiefe postuliert. In diesem Sinne spricht er (1935) von einer Friktionskupplung zwischen dem strömenden Magma und der festen äußeren Erdrinde. Es kommt zum Aufsteigen erhitzter Massen (Antizyklonen), was mit Zerrungen, Brüchen und Vulkanismus verbunden ist und zum Abfließen der Massen unter die Kühlböden der Ozeane (Zyklonen) führt, wodurch sich infolge Saugwirkung die schmäleren, ausgeprägten Faltungsräume bilden. Zwischen den beiden Räumen entstehen Flächen, in denen horizontale Bewegungen vor sich gehen oder Strömungen fehlen (Füllflächen). Zu ihnen gehört der Großteil der von den Tektonogenesen nicht unmittelbar ergriffenen kontinentalen und ozeanischen Räume.

Die Vorstellung von Turbulenzerscheinungen in den tieferen Zonen der Erde hat WUNDERLICH (1964) erneut betont und damit die Entstehung der Gebirge und Inselbögen begründet. Vor ihm hatte VENING-MEINESZ Inselbögen, Vulkanismus, Tiefseerinnen und Tiefherdbeben in Indonesien durch Tiefenströmungen zu erklären versucht. In den letzten Jahrzehnten hat man sich über die Natur der Tiefenströmungen wiederholt Gedanken gemacht, so daß eine Fülle von Meinungen, auch sich widersprechende, vorliegt. Teilweise konnten die Vorstellungen durch Beobachtungen am Baumaterial der Kruste, durch geophysikalische und experimentell-petrologische Befunde sowie theoretische Überlegungen unter Zuhilfenahme von Computerberechnungen gestützt werden.

Als Energiequelle für die Konvektionsströmungen wird besonders auf radioaktive Vorgänge (JOLY, HOLMES) oder regionale Temperatur- und Dichteunterschiede hingewiesen. FURRER (1965) denkt an Explosionen, magmatische Kristallisationsvorgänge, nukleare Prozesse und intraatomare Kettenreaktionen, was unter anderem GRIGGS bestreitet. Anstatt Wärmezufuhr von unten könnte auch Abkühlung von oben die Strömungen in Gang setzen. Ein aufsteigender Materialstrom aus Zonen erhöhter Temperatur muß zu einem Abstieg kalter Materie führen, d. h. zu einem Wärmeaustausch (GOGUEL). Die Strömungsgeschwindigkeit wird von VENING-MEINESZ mit etwa 3 bis 5 cm, von HESS mit 1 cm jährlich angenommen. Neben thermischen und physikalisch-chemischen Ursachen dürften auch die mechanischen Eigenschaften des Erdmantels für die Konvektion wichtig sein. ILLIES (1970) meint, daß die Beziehungen zwischen aktiven Strömungen im Mantel und der harmonischen Anordnung der kontinentalen Massen einen mechanischen Antrieb wahrscheinlicher machten als einen thermischen. RUNCORN nimmt an, daß sich die Zahl der Konvektionszellen im Verlaufe der Erdgeschichte verändert habe, und hält eine Vergrößerung des Erdkerns infolge Hinabwanderns von Eisen und Nickel für möglich. Vermutlich produziert die Erde in ihrem Inneren mittels radioaktiven Zerfalls so viel Wärme, daß einfache Wärmestrahlung und -leitung für die Energieabgabe nicht ausreichen und es daher zu Konvektionserscheinungen kommt, durch die flüssiges Magma teilweise bis an die Erdoberfläche gelangt (CLOSS 1977). NELSON und TEMPLE (1972) nehmen einen sich in östlicher Richtung innerhalb des oberen Mantels bewegenden Hauptstrom an und sehen die Ursache für die Bewegung in der Rotation des oberen Mantels, wobei die Rotationspole in unmittelbarer Nähe der geographischen Pole lägen. Jede Konvektion ist nach Umfang und Stärke von den rheologischen Verhältnissen abhängig, d. h. von den Gesetzmäßigkeiten des Fließverhaltens der Materie (vgl. Kapitel »Physik der Erde«).

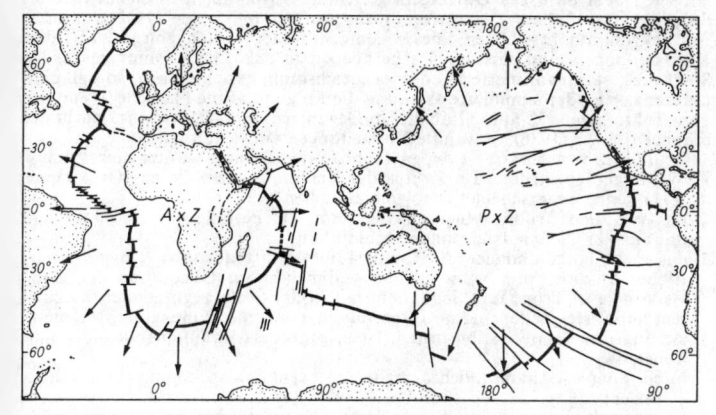

Die Existenz zweier geotektonischer Zentren im Zentralpazifik (PxZ) und im äquatorialen Afrika (AxZ) in ihrer Lage zum System der mittelozeanischen Rücken (nach Pavoni 1969)

Unterschiedliche Auffassungen bestehen darüber, ob die Konvektion im gesamten Erdmantel oder nur in dessen oberen Zonen vorhanden ist. Nach WALZER (1978) kann auch im unteren Mantel Konvektion stattfinden. Nach ihm ergibt sich ein einfacher Konvektionsmechanismus aus lateralen Dichteunterschieden. KRAUS (1971) und R. MARTIN (1972) rechnen mit zwei Strömungsstockwerken (S. 248), WUNDERLICH mit drei. PAVONI (1970) geht von großräumigen, um steile Achsen rotierenden Erdfeldern aus und postuliert zwei geotektonische Zentren, das eine im zentralen Pazifik, das andere im äquatorialen Afrika (Abb.) als Quellgebiete des Globalgeschehens. Auf VENING-MEINESZ zurückgehend, rechnet man neuerdings mit mehreren, zahlenmäßig von der Mächtigkeit der Schichten abhängigen, vermutlich nur zeitweise wirksamen, verschiedenartigen, geschlossenen Konvektionszellen im oberen Mantel (ILLIES 1965), die sich zwischen dem heißen unteren Mantel und der kalten Kruste bilden. Die Bewegung erfolgt in Form von Zylindern, Kegeln oder anderen Rotationskörpern. VAN BEMMELEN und JEFFREYS wenden sich gegen die Annahme thermischer Strömungen und intraatomarer Kettenreaktionen, weil die dafür notwendigen Energien entweder zu klein oder zu groß seien. Es ist bisher ungeklärt geblieben, ob die seismischen Diskontinuitäten (S. 51) Bereiche stofflich unterschiedlicher Zusammensetzung trennen oder ob sie auf Zustandsänderungen und Phasenübergängen beruhen. Eine Reihe Geophysiker und Geologen bestreitet Temperaturunterschiede wegen der Dichteunterschiede bis in 700 km Tiefe und der Episodizität der tektonogenen Ären. Die regional auf Gebiete rund um den Pazifik und die Alpen-Himalaja-Zone beschränkten tiefen Erdbeben in der Übergangszone vom äußeren zum inneren Mantel (rund 320 bis 720 km Tiefe) scheinen aber auf Unterschiede in der Temperatur und den elastischen Eigenschaften, vermutlich auch der Dichte und des molekularen Zustands der Materie hinzuweisen. HAALCK schließt daraus auf Konvektionsströmungen. Statistische Analysen (GIRDLER) zeigen, daß die Verteilung der Schwereanomalien auf der Erde mit Temperaturdifferenzen im Mantel sowie mit auf- und absteigenden Konvektionsströmungen zusammenhängen dürfte. Mit Hilfe der Satellitengeodäsie ist die Erforschung des globalen Schwerefeldes der Erde wesentlich vorangekommen. Studien von WEGMANN über die Migmatite im finnischen Grundgebirge, Untersuchungen von H. CLOOS in Namibia und von MICHOT über die tiefe Katazone sowie Forschungen in aufgeschlossenen tieferen Bereichen der Erde, z. B. in der südalpinen Ivrea-Zone, begünstigen die Vorstellung, daß der tektonische Bewegungsablauf durch Turbulenzerscheinungen der Tiefe beeinflußt wird.

Von den zahlreichen Vertretern der Unterströmungshypothese werden hier der Alpengeologe E. KRAUS als Wegbereiter der Unterströmungen besonders in Europa und der Vulkanologe A. RITTMANN erwähnt, der die Ergebnisse der modernen Petrologie und Vulkanologie sowie die physikalisch-chemischen Verhältnisse der Magmen berücksichtigt.

Die allgemeine Unterströmungshypothese von E. KRAUS

In seinen Werken »Vergleichende Baugeschichte der Gebirge« (1951), »Baugeschichte der Alpen« (1951) und »Die Entwicklungsgeschichte der Kontinente und Ozeane« (1959, 2. Aufl. 1971) hat KRAUS einen Überblick über den Bau der Erde gegeben. Für ihn ist erwiesen, daß die Strukturentwicklung der Kruste durch Konvektionsströmungen in der Tiefe verursacht wird. Die Strömungen in der Unterkruste nennt er Hyporheon. Diese steuern die tektonogenen Prozesse und erzeugen die Strukturbilder. Dem Hyporheon stellt er ein Bathyrheon gegenüber; das sind großräumige und weitgespannte, entgegen dem Sinn des Uhrzeigers gerichtete Strömungen in einem tieferen Stockwerk. Auf diese Tiefenströmungen führt er universale Großstrukturen wie gekrümmte Inselbögen, die Bogenform vieler Faltengebirge, z. B. den Karpatenbogen, und auch die Tiefherdbeben zurück. Die Strömungen beider Stockwerke können interferieren oder gleichsinnig gerichtet sein, so daß eine differenzierte oder summierte Wirkung die Folge ist. Eine ähnliche Trennung von Tektonogenese und Globaltektonik unternimmt RITTMANN, nachdem schon KOSSMAT (1936) verwandte Vorstellungen entwickelt hatte.

Grundsatz von KRAUS ist der »Hinabbau der Gebirge« unter dem Einfluß konvektiver Senkströme. Im Zyklus der Tektonogenese, die er »Orokinese« (S. 171) nennt, unterscheidet er folgende Stadien:
1) das vor- oder frühorokinetische Stadium, die Periode der Geosynklinale mit aus der Tiefe aufsteigenden Ophiolithen;
2) das meist lange andauernde Hauptstadium; ein tieforogenes, hyporokinetisches Stadium mit bezeichnender Sedimentation, Gliederung der Geosynklinale in Tröge und Schwellen, mit in der Tiefe beginnender, allmählich höher steigender und an Intensität zunehmender Einengung, Migmatisierung und Granitisation in der Tiefe, gegliedert in aufeinander folgende Teilstadien:
   a) ein älteres, ophiolithreiches, meist eugeosynklinales Stadium in Schieferfazies;
   b) ein ophiolitharmes, kalkstein- und dolomitreiches miogeosynklinales Stadium;
   c) ein jüngeres Flyschstadium mit Suspensionsströmen und durch Schlammströme ausgelösten, gravitativ bedingten Gleitmassen (Olisthostrome) und Gleitdecken; in den tieferen Stockwerken kristalline Schiefer, noch tiefer Bereich der Ultrametamorphose, Migmatisierung, Anatexis und Granitisation, darunter magmatisch fließendes Stockwerk der Differentiation;
3) das hochorogene, epirokinetische Stadium mit Heraushebungen und großen Bruchbildungen sowie fast ganz auf die Randsenken beschränkter Einengung, ruhige, weite Faltung; aus dem Orogen entwickelt sich das geographische Reliefgebirge;
4) das kontinentale Stadium mit basischem Magmatismus.

Nach einer anderen Auffassung bewirken subkrustale Strömungen an der Unterkante der Kontinente eine Erosion, sialisches Material werde wegtransportiert und unter den Ozeanen in der Kontinentgrenze angehäuft (GIDON 1963).

Die thermodynamische Hypothese von A. RITTMANN

Für RITTMANN ist jeder Vorgang tektonogener oder magmatogener Art die unmittelbare Folge eines gestörten Gleichgewichts und darauf gerichtet, das Gleichgewicht wieder herzustellen. Wo alle Gleichgewichte – gravitatives, isostatisches, hydrostatisches, geothermisches und physikalisch-chemisches – wiederhergestellt sind, muß völlige Ruhe und Energielosigkeit herrschen. Geologische Kräfte werden also nur dort wirksam, wo die Gleichgewichte zumindest teilweise gestört waren.

Ebenso wie LAWSON setzt auch RITTMANN bei der thermodynamischen Deutung der Krustenbewegungen langsame, langandauernde, aktive, physikalisch (Temperaturunterschiede zwischen Kruste und Mantel) bedingte Wärmeströmungen und Massenverlagerungen in der hochviskosen Magmenzone voraus, deren Höchstgeschwindigkeit mit rund 10 cm jährlich als wichtigste Ursache der Tektonogenese angesehen wird. Unter dem Druck der aktiven Strömung werden die Kontinente gehoben. Der sich infolge Erosion und Abtragung bildende Schutt sammelt sich in den beschleunigt einsinkenden Geosynklinalen (Abb.) längs der Kontinentalränder, deren Entstehen an das Vorhandensein einer Tiefseerinne geknüpft sei und die als Dehnungsgebiet einen intensiven Vulkanismus aufweise. Tiefseerinnen bilden sich, weil die kontinentwärts abströmenden Massen infolge ihrer Zähigkeit nur zu einem kleinen Teil durch vom Ozean nachströmendes Magma ersetzt werden können und das entstandene Massendefizit zur Senkung der Kruste führt. Eine zunehmende Anhäufung von Sedimenten als Ursache der Geosynklinalentwicklung lehnt RITTMANN ab. Infolge der Belastung mit sedimentären Massen sinke die Geosynklinale allerdings weiter ein, und die subkrustale Strömung werde gegen die Tiefe abgelenkt, womit gleichzeitig die epirogene Hebung des Landinneren und das Absinken der Randgebiete verbunden sei. Die schräg abwärts gerichtete Strömung ziehe die benachbarte, leichtere sialische Kruste mit sich in

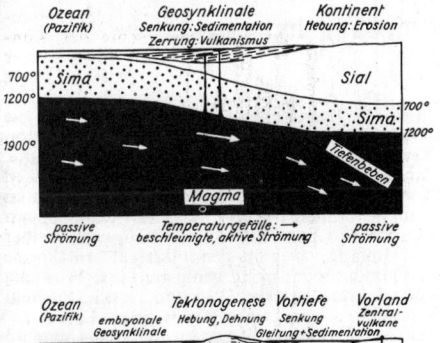

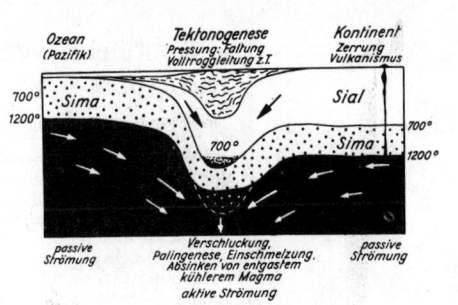

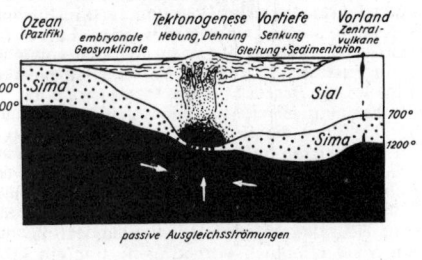

Geosynklinalentstehung, Faltung und Hebung des gefalteten Gebirges (nach Rittmann)

die Tiefe und verschlucke sie im schwereren magmatischen Substratum. Dabei bilde das sialische Material einen in das Magma eintauchenden Wulst (Sialwulst). Dieser Vorgang in den Randzonen der Kontinentalblöcke ist die Subduktion, die in der Plattentektonik (S. 260) besondere Bedeutung erlangt. Durch die Verfrachtung kühleren Krustenmaterials käme es zu einer Störung des geothermischen und hydrostatischen Gleichgewichts. Die Strömung werde verstärkt, und es entstehe ein neuer, ozeanwärts gerichteter Strom, bis sich beide Ströme unter der Achse des Orogens träfen und zusammen in größere Tiefen abstiegen. Das bedeute tektonischen Zusammenschub im Orogenbereich, dessen Intensität von der Steilheit der Isothermen abhänge. Die Vorgänge würden von Regionalmetamorphose, Stoffaustausch und Aufschmelzung (Anatexis) begleitet. Der Kontinent werde gedehnt, und Vulkanismus im Vorland, der im Orogen fehle, sowie die Bildung großer Becken im Orogeninneren (Abb.) seien die Folge. Der isostatische Antrieb führe in der folgenden Phase zur Hebung. Plutone drängen in die Kruste ein und gingen in einen orogenen Vulkanismus über. Die Hebung werde von der Bildung und Verfrachtung großer Rutschmassen sowie von Flysch begleitet, während Erosion und Denudation (Abb.) des auftauchenden Gebirges die Molasse lieferten.

Mit der Einebnung des Gebirges und dem Verschwinden des Sialwulstes in der Tiefe ende der Vorgang: Das Gleichgewicht sei wiederhergestellt, bis sich eine neue Tiefseerinne ausbilde, zur Geosynklinale werde und ein neuer tektonogener Zyklus beginne. So läuft für RITTMANN das geologische Geschehen gesetzmäßig wie ein Uhrwerk ab. Die einzelnen Glieder der Kette sind Ursache und Wirkung zugleich und nur im Zusammenhang zu verstehen.

Magmatische Hypothesen

Die bereits früh entwickelten Vorstellungen haben nur noch als Zusatzhypothesen Bedeutung. Das Eindringen magmatischer Schmelzflüsse in die Kruste steht nicht mehr im Vordergrund. Die alten Ideen gingen dahin, daß die aus der Tiefe aufsteigenden Schmelzen die überlagernden Gesteinsschichten der Decke emporheben, nach den Seiten drängen, dabei in Falten legen oder zumindest in eine schräge Lage bringen. In gleicher Weise wurden auch die vulkanischen Erscheinungen gedeutet (Lehre von den Erhebungskratern, »Elevationstheorie«). Ähnliche Gedanken hat W. PENCK ein Jahrhundert später geäußert auf Grund seiner Studien in den nordwestargentinischen Anden, die vielfach aus mächtigen Tiefengesteinsmassen aufgebaut sind. Magmatische Prozesse dürfen nicht isoliert, sondern müssen in enger Verbindung mit der gesamten Krustengestaltung gesehen werden. Die in die Oberkruste eindringenden plutonischen Schmelzen sind sicher nicht das zentrale Problem. KOSSMAT schreibt dem Magma bei der Tektonogenese nur einen zusätzlichen Einfluß zu, während RITTMANN die Ursachen und Verbindungen magmatischer Erscheinungen mit den geodynamischen und geochemischen Prozessen analysiert, um sie in das geologische Gesamtgeschehen richtig einzuordnen.

Die Kontinentalverschiebungshypothese
(Drifthypothese)

Über Jahrzehnte hat die Hypothese der Kontinentalverschiebung von ALFRED WEGENER im Mittelpunkt weltweiter Diskussionen gestanden. Das Für und Wider haben namhafte Forscher nach anfänglich beinahe einhelliger Ablehnung erwogen, und kaum eine andere geotektonische Vorstellung hat einen so bedeutenden Einfluß auch auf andere Naturwissenschaften ausgeübt wie die des im Dienste der Wissenschaft auf dem Inlandeise Grönlands umgekommenen deutschen Geophysikers. Wenn auch H. CLOOS 1936 sagt: »Einige haben die Verschiebungstheorie in vollem Umfang, viele in gemilderter Form angenommen. Kaum eine Gedankenbildung, in der nicht wenigstens ihre Wirkungen spürbar wären!«, so ist in den Jahren zwischen 1930 und 1960 in Europa und Nordamerika insgesamt nur wenig davon gesprochen worden. Eine Ausnahme bildete der Heidelberger Geologe SALOMON-CALVI, der sich von Anfang an für WEGENERS Vorstellungen einsetzte und für Verschiebungen und Driftbewegungen kleineren Ausmaßes den Begriff **Epeirophorese** geprägt hat.

In Südafrika und Südamerika hat man seit den dreißiger Jahren intensive geologische Geländearbeiten durchgeführt, die die vergleichbare Entwicklung auf beiden Seiten des Atlantiks ausgewiesen haben, z. B. versuchte der Südafrikaner A. DU TOIT (1937) die Anschauungen WEGENERS zu begründen. Besondere Verdienste haben sich neben anderen vor allem R. MAACK und H. MARTIN erworben, die seit 1960 vielfach zusammenfassende Arbeiten im Sinne WEGENERS veröffentlichten. Heute kann festgestellt werden, daß WEGENERS im Jahre 1912 zum ersten Male öffentlich vorgetragene und ein Jahr später in seinem Werk »Die Entstehung der Kontinente und Ozeane« (5. Aufl. 1936) dargelegte Hypothese in den letzten beiden Jahrzehnten dank weiterer erfolgreicher Forschungen der Geowissenschaft und Meereskunde aktuell geworden ist wie nie zuvor. In der Plattentektonik (S. 260) sind viele Wesenszüge der genialen Konzeption WEGENERS enthalten, so daß WILSON (1968) von einer »wegnerianischen Revolution« in der Globaltektonik gesprochen hat, überspitzt vergleicht er sie mit der Tat des KOPERNIKUS, der mit seinem dynamischen Weltbild das statische des PTOLEMAEUS abgelöst hat.

Bereits in der zweiten Hälfte des vorigen Jahrhunderts waren in den einzelnen Südkontinenten einschließlich Indien eine Reihe gleichartiger jungpaläozoischer Ablagerungen und Florenelemente beobachtet worden. Daraus schloß der Wiener NEUMAYR (1883), daß die Südkontinente und Indien im Paläozoikum durch Landbrücken verbunden gewesen sein müßten. Später meinte E. SUESS, daß die Südkontinente zunächst eine zusammenhängende Landmasse, das Gondwanaland, gebildet hätten. Gegen Ende des Mesozoikums oder zu Beginn des Känozoikums aber seien große Teile dieses Großkontinents abgesunken und zu Ozeanen geworden.

Im Gegensatz zu den früheren Hypothesen sind bei WEGENER nicht vertikale, sondern horizontal-tangentiale Bewegungen (Driften) großer Kontinentalschollen von entscheidender Bedeutung. Horizontale Gleitbewegungen hatten vor WEGENER schon andere Forscher für möglich gehalten, ohne daß ihm diese Ideen bekannt gewesen wären. Später (1929) hat er GREEN (1857), WETTSTEIN (1880), LÖFFELHOLZ VON COLBERG (1886, 1895), MANTOVANI (1909), KREICHGAUER (1902), PICKERING (1907), besonders TAYLOR (1910) u. a. als seine Wegbereiter genannt. Der erste, der von einem Auseinanderbrechen der Erde »nach der Sintflut« gesprochen hatte, war ein Theologe namens LILIENTHAL (1736), der seine Auffassung bereits mit der Übereinstimmung der gegenüberliegenden Küsten von Afrika und Südamerika begründete.

Im Gegensatz zu den Fixisten sagt WEGENER, daß sich die relative Lage der leichteren, sialischen Kontinentschollen zueinander durch freies Gleiten über das dichtere, zähflüssige, simatische Substratum ändere, da die Landmassen mit ihrer Unterlage keineswegs fest verbunden seien, sondern in Übereinstimmung mit den isostatischen Verhältnissen der Kruste »schwimmen«. Das langsame Abdriften der westlichen Erdteile von der Ostfront, das Zerreißen eines großen Urkontinents bzw. des Gondwanalands in Teilkontinente seit dem Permokarbon führt er auf horizontale Westbewegungen zurück. Auf der Rückseite der driftenden Großschollen wird der simatische Untergrund freigelegt und soll in den Tiefseeböden zutagetreten. An der Frontalseite werden sialische Massen gestaut und zu Kettengebirgen zusammengestaucht, wie das die südamerikanischen Anden und nordamerikanischen Kordilleren zeigen. Ähnlich wie diese Faltengebirge durch Westdrift des amerikanischen Kontinents gegen den Pazifik zustande kommen, deutet WEGENER die äquatorial streichenden alpidischen Faltengebirge Europas und Asiens durch die Annahme, daß sich die Großkontinente Eurasien und Gondwana gegeneinander bewegen und dabei die Geosynklinalsedimente der Tethys in Falten gelegt und zusammengeschoben werden. Die Ursachen der Driftbewegungen und Krustengestaltung sieht WEGENER in der Erdrotation, die sich in nach

Westen gerichteten Präzessionskräften und in der Gezeitenreibung infolge Abbremsung der Erdrotation durch die Massenanziehung von Mond und Sonne auf die Wasser- und Gesteinshülle der Erde zeigen. Dazu komme als weiteres Element die von den Polen zum Äquator gerichtete Bewegung der Kontinente (Polfluchtkraft), die durch die Erdrotation und Schwereverteilung bedingt ist. Diese Kräfte reichen aus, die Kontinente zu verschieben und die Faltengebirge zu erzeugen. Zusätzlich könnten Änderungen der Ekliptikschiefe und Polwanderungen (S. 259) beteiligt sein, wenn auch WEGENER mehr dazu neigt, sie als unmittelbare Folge der Kontinentalverschiebungen aufzufassen, und meint, daß infolge der verwickelten Wechselbeziehungen die Gesamtwirkung noch nicht überschaubar sei. So läßt er die Frage nach weiteren Kräften vorsichtig abwägend offen.

Eine Polfluchtkraft hat unter anderem der ungarische Geophysiker EÖTVÖS rechnerisch nachgewiesen, die aber zu klein sein dürfte, um eine merkliche Verschiebung der Kontinente zu erklären. Nach HAALCK und JEFFREYS dürften sich die westwärts gerichteten Kräfte geotektonisch ebenfalls kaum stärker auswirken, sondern könnten zusammen mit der Polfluchtkraft nur zusätzlich eine Rolle spielen.

WEGENER setzt einen Urpazifik und einen geschlossenen Urkontinent, Pangaea genannt, voraus, der bis in das Jungpaläozoikum bestanden habe und mit Beginn des Mesozoikums vor rund 250 Millionen Jahren allmählich und unterschiedlich stark, besonders intensiv seit dem Alttertiär, in Einzelkontinente auseinander gedriftet sei, wobei sich neue Ozeane wie Atlantik und Indik gebildet hätten. So ist schon bei WEGENER, wie in neuen Rekonstruktionen (S. 271) nachvollzogen, der Atlantik ein ungeheuer erweiterter Spalt, dessen Ränder früher unmittelbar zusammengehangen hätten. Zwischen der atlantischen Küste einschließlich des Schelfgebietes von Afrika und Südamerika herrsche eine so auffällige Übereinstimmung (Abb.) im geologischen Bau, daß man beide Erdteile leicht zu einem einzigen vereinigen könne, ähnlich wie im Gebiet der Norderde Skandinavien, Grönland und Nordamerika vereint sein könnten. Insbesondere sprechen nach WEGENER Floren- und Faunenverteilung auf beiden Seiten des Atlantiks, die Verbreitung der permokarbonischen Eiszeit im Bereich der Südkontinente und die geologischen Strukturen für einen ehemaligen Zusammenhang, wenn er auch mancherlei dabei vereinfacht, was kritischen Betrachtungen im einzelnen nicht immer standhält.

Der große Vorzug der Hypothese WEGENERS besteht darin, daß sie zahlreiche Probleme und Rätsel der Bau- und Entwicklungsgeschichte der Erde verständlich erklären konnte. Daher hat sie im Gegensatz zu den Geowissenschaften selbst besonders in den Nachbardisziplinen viele Anhänger gefunden. Im einzelnen lassen sich gegen die kühnen Gedanken in ihrer ursprünglichen Fassung manche Einwände bringen. So müßten die Faltengebirge als sich aufstauende Stirnwülste driftender Sialschollen einseitig gebaut sein. Die meisten Gebirge, wie die Alpen, zeigen jedoch einen zweiseitigen Bau (KOBER, KRAUS, S. 177). Ebensowenig läßt sich die Episodizität des tektonogenen Geschehens mit einem langsamen, ununterbrochenen Driften der Kontinentschollen in Einklang bringen. Es bestehen Schwierigkeiten und Widersprüche zwischen den Hauptfaltungen und dem Driften, nicht anders als bei strukturellen Deutungen. Die Entstehung der ostasiatischen Faltengebirgsbögen bleibt bei KOSSMAT unklar, weil für die Erklärung Driftbewegungen vorausgesetzt werden müßten, die in wechselnder Richtung verliefen, so daß die Vorderseite der driftenden Schollen später zur Rückseite wurde. Ebensowenig können die kaledonischen und variszischen Gebirge in der Umrahmung des Indischen Ozeans nicht alle am Außenrand einer driftenden Festlandsscholle entstanden sein. Dagegen stimmen die paläozoischen und jungmesozoisch-tertiären Gebirgsstrukturen Eurasiens und noch deutlicher die der Südkontinente in Form und Anordnung so gut überein, daß man auf eine Genese unter im ganzen gleichen Bewegungsgesetzen schließen könnte. Insbesondere wurden lange die Argumente WEGENERS von der Natur und Struktur des Atlantiks bezweifelt. Mit gravimetrischen und seismischen Messungen wurden vielfach dort mächtigere, leichte sialische Massen nachgewiesen, wo sich dichteres Sima zeigen müßte. Während der Bau des Pazifiks im allgemeinen der Hypothese entspricht, hat WEGENER für den Atlantik später selbst ergänzt, daß das Sima hier von einer mehr oder weniger dicken Sialhaut überkleidet sei, weil beim Driften der Großschollen »kleinere Kontinentstücke zurückgeblieben« seien. Die Hypothese WEGENERS hat der Geophysiker GUTENBERG zu der zu den Unterströmungshypothesen überleitenden Fließhypothese umgebaut, indem er dem Zerreißen der Kontinentmassen ein Auseinanderfließen der sialischen Kruste gegenüberstellt. Auch in der Gegenwart seien noch große Teile eines alten Urkontinents am Boden von Indik und Atlantik vorhanden. GUTENBERG hält die relative Verschiebung einzelner Kontinente zueinander im übrigen für bewiesen.

Der von dem Schweizer R. STAUB (1928) unternommene, geistvolle, den Unterströmungs- bzw. magmatischen Hypothesen nahestehende Versuch, aus dem Bauplan der Alpen den Bewegungsmechanismus der Erde und ein allgemeines Bewegungsgesetz abzuleiten, wird dem Bau der Gesamterde des-

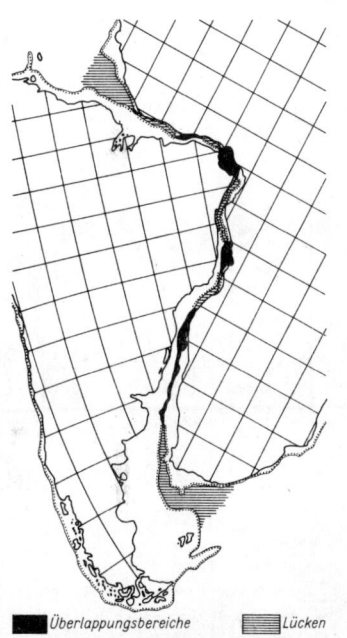

▬ Überlappungsbereiche ▨ Lücken

Nach Computerberechnungen mögliche Anordnung der Kontinente vor der Öffnung des Atlantiks. Als Umriß der Kontinente wurde die 500-Faden-Tiefenlinie (= 900 m) gewählt. Die dunklen Gebiete zeigen das Überlappen der Kontinentalschelfe (nach Bullard 1965)

halb kaum gerecht, weil die alpinen Verhältnisse zu einseitig in den Vordergrund gerückt werden. Nach STAUB besteht ein rhythmisches Wechselspiel von Polflucht zu Poldrift, wozu noch eine gewisse Westdrift kommt. In den Zeiten der Polflucht driften die Nord- und Südkontinente an einer »Kampffront« im Bereich des alten Zentralmeeres (Tethys) gegeneinander und falten Kettengebirge, z. B. Alpen und Himalaja, auf. Dabei werde eine subkrustale Magmenwanderung ausgelöst, die die Kontinente auseinandertreibe, so daß sich zwischen ihnen infolge Dehnung während der Poldrift eine Geosynklinale ausbilde. Dies sei die Voraussetzung für eine neue Faltung (Polflucht), und das schwer verständliche Spiel beginne von neuem.

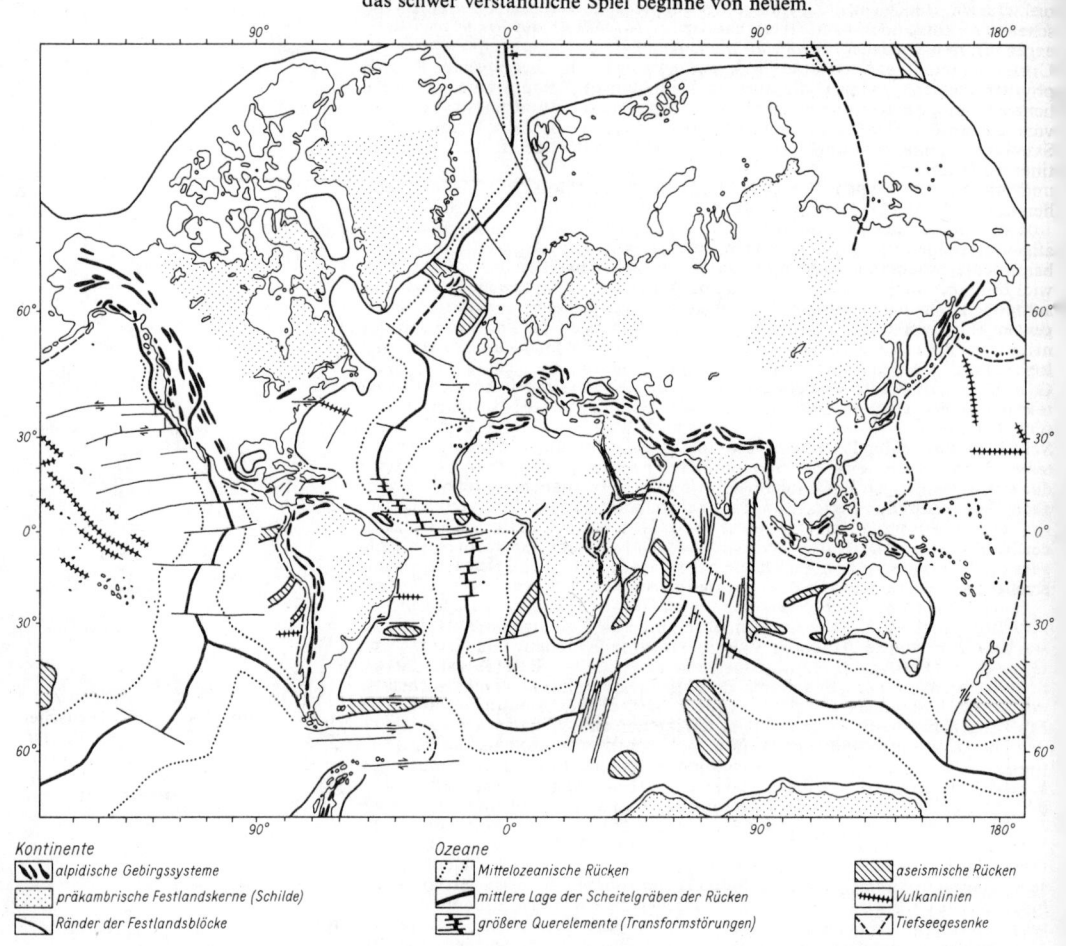

Kontinente
- alpidische Gebirgssysteme
- präkambrische Festlandskerne (Schilde)
- Ränder der Festlandsblöcke

Ozeane
- Mittelozeanische Rücken
- mittlere Lage der Scheitelgräben der Rücken
- größere Querelemente (Transformstörungen)
- aseismische Rücken
- Vulkanlinien
- Tiefseegesenke

Die geotektonischen Hauptzüge der Erde (nach Heezen 1962)

BUSER (1967) lehnt Kontinentverschiebungen ab und hat als wenig überzeugende Gegenthese ein »Gesetz der hemisphärischen Transgressions-Regressionsumkehr« aufgestellt. Transgressionen im Nordatlantik würden mit Regressionen im Südatlantik zusammenfallen und umgekehrt. Richtung und Ausmaß aller Überflutungen sowie Klimaänderungen seien mit Hilfe von Meeresströmungen, Verschiebungen des Meeresspiegels und damit verbundenen Änderungen der Meeresströmungen zur Deutung der klimatischen und biologischen Befunde der Erdgeschichte ausreichend. Gleichartige Strukturen auf beiden Seiten des Atlantiks sprächen durchaus nicht für unmittelbare Verbindung, sondern nur für ähnliche Anlagen und Prozesse.

Die Neue Globaltektonik - Ozeanbodenspreizung und Plattentektonik

(Tiefseeböden und mittelozeanische Rücken, vgl. Kapitel »Meeresgeologie«)

Die großen in den letzten beiden Jahrzehnten erzielten Fortschritte in den Erdwissenschaften basieren auf Untersuchungen in schwer zugänglichen Gebieten der Kontinente oder sind das Ergebnis meereskundlicher, geophysikalischer und geochemischer Forschung, speziell hochdruckphysikalischer Laborexperimente der Petrologie, mit denen versucht wird, die Verhältnisse in der Unterkruste und im oberen Mantel nachzuahmen. Insbesondere haben geophysikalische Daten aus den der unmittelbaren Beobachtung nicht zugänglichen Teilen der Erde, auch des Ozeanbereiches, dazu beigetragen, daß Driftvorstellungen nicht mehr nur eine »kühne Idee« sind. Hinzukommen Luft- und Satellitenbilder sowie die Satellitengeodäsie, übertiefe Bohrungen auf den Kontinenten (Halbinsel Kola 1980: über 10 000 m; vorgesehen 15 bis 18 km Tiefe) und im Ozeanboden. Selbst in Mitteleuropa gelang es, durch Satelliten bisher unbekannte tektonische Strukturen zu entdecken (KRONBERG 1974).

Während im Kapitel »Meeresgeologie« die Formenwelt des Meeresbodens allgemein dargestellt ist, werden nachstehend einzelne mittelozeanische Rücken beschrieben, die im Rahmen der Hypothese der Ozeanbodenspreizung (S. 256) wichtig sind. Durch Echolotungen, seismische Messungen und Schwerebeobachtungen mit dem Unterseeboot (VENING-MEINESZ, seit 1920 in Indonesien) gewonnene Daten lagen schon früher vor, ehe sich als Folge neuer Erkenntnisse über Struktur und Genese der Ozeanböden ein Umbruch in den geologischen Wissenschaften vollzogen hat. In diesem Sinne wird von »neuer Globaltektonik« (new global tectonics) oder der Hypothese der »Plattentektonik« gesprochen, die mit der Hypothese der Ozeanbodenspreizung (Ozeanbodenzergleitung, Ozeanbodenausweitung, ocean-floor-spreading, S. 256) verbunden ist. Die Plattentektonik, von HESS (seit 1961) entwickelt, später von anderen Amerikanern, wie DIETZ, MCKENZIE, MORGAN, erweitert, wurde ganz oder mit gewissen Veränderungen von der Mehrzahl aller Forscher akzeptiert, wenn auch gegenwärtig die Zahl kritischer Stimmen zugenommen hat. Neben den Kenntnissen über Gliederung und Relief hat die Erforschung der Ozeanböden in Meerestiefen bis 5 000 m rund 700 Bohrungen (die Arktis ausgenommen) erbracht, die durch die sedimentäre Hülle bis in die basaltische Kruste vordrangen (Vgl. Kapitel »Meeresgeologie«).

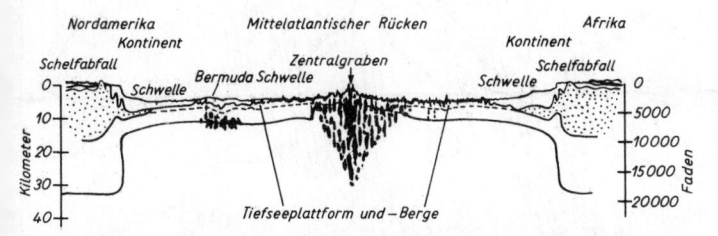

Krustenquerschnitt durch den Nordatlantik (nach Heezen, Tharp u. Ewing 1959). Die dunkelgetönte Zone ist unterhalb des mittelatlantischen Rückens lagerndes Material. Die erste Schicht unter dem Ozean besteht aus Sedimenten, die zweite aus vulkanischem Material, die dritte ist die ozeanische Kruste. Darunter folgt der Mantel

Die Tiefsee ist gegliedert in Ozeanbecken (41,8 Prozent), Tiefseegesenke (1,7 Prozent), Vulkanberge (3,1 Prozent) und ozeanische Rücken unterschiedlicher Art (32,7 Prozent). Besonders auffällig sind die zusammenhängenden, langgestreckten, submarinen Erhebungen des Weltsystems der mittelozeanischen Rücken oder Schwellen (World Rift System; Mid Ocean Ridges), das im Jahre 1958 von M. EWING und B. HEEZEN entdeckt wurde. Dieses große, weltumspannende Bruchsystem besitzt rund 70 000 km (nach anderen Angaben 54 000 bzw. 84 700 km) Länge und nimmt 23 Prozent der Erdoberfläche ein. Die Rücken überragen die Tiefseebecken, vergleichbar den Kettengebirgen der Kontinente, zu denen sie konzentrisch angeordnet sind. Seismisch (Flachbeben) und vulkanisch aktiv, gekennzeichnet durch einen nach den Flanken abnehmenden abnorm hohen Wärmefluß gegenüber der Umgebung (etwa 20 Prozent der von der Erde abgegebenen Gesamtwärme sind an solche Zonen gebunden), besteht die Kammregion der Rücken aus einem 20 bis 50 Kilometer breiten, aktiven Zentralgraben (Rift Valley) von 1 000 bis 3 000 m Tiefe. In diesem Mediangraben häufen sich die Erdbeben mit Herden bis 70 km Tiefe und basaltischer Vulkanismus. Verglichen mit der kontinentalen Kruste, liegen nur wenige Gesteinstypen basischer Magmatite vor, deren Zusammensetzung sich nach den Flanken zu ändert (vgl. Kapitel »Metamorphose«, S. 218). In Art und Aufbau stimmen diese Gräben mit den großen Tiefenbruchzonen der Festländer, z. B. den afrikanischen Gräben, überein. Im einzelnen stellt sich ihr Bau als ein kompliziertes Mosaik von Schollen dar. In unregelmäßigen Abständen werden diese Rücken, etwa rechtwinklig zur Kammregion, von Querelementen unterbrochen, die z. T. fast parallel zu den Breitenkreisen verlaufen und deren Verschiebungssinn quer und symmetrisch zum Zentralgraben des Rückens gerichtet ist. Es sind die Transformstörungen (»Umformungsverwerfungen«, transform faults, T. WILSON 1965), die die Schwellen in zahlreiche gegeneinander versetzte Teilstücke gliedern. Diese Seiten- oder Transversalverschiebungen können sich über Tausende von Kilometern erstrecken und verlaufen zwischen den Zentralzonen der Rücken im Pazifik und Atlantik von Ost nach West, im Indik von Nord nach Süd mit Verschiebungsbeträgen von meist mehreren hundert Kilometern. Im Nordostpazifik bilden sie die gewaltigsten der bis heute bekannten Tiefenbrüche der Erde, ziehen in einem Abstand von rund 1 000 km entlang und enden an der amerikanischen Westküste, ohne daß sich

Die tektonischen Großstrukturen am Boden des Indiks und auf dessen kontinentalem Rahmen (nach Heezen u. Tharps, Gansser, Sykes, entworfen von Schmidt-Thomé 1972)

alle mit Sicherheit auf dem Festland fortsetzen. Im Indik werden die ozeanischen Tiefenbruchstrukturen im Westen von der 10000 km langen Owen-Fracture-Zone und im Osten von der Ninety-East-Zone begrenzt (Abb.), die ähnlich wie die ostafrikanischen Gräben von Nordnordost nach Südsüdwest streichen und sich vermutlich in der Oberkreide und im Alttertiär gebildet haben, als sich Indien nordwärts bewegte (S. 273). Die Transformstörungen sind Blattverschiebungen besonderer Art, die zusammen mit den Zentralgräben entstanden sind, zugleich vertikale Störungen mit großer Sprunghöhe darstellen, deren Bewegungsrichtung entgegengesetzt wie bei einer normalen Horizontalverschiebung gerichtet ist. Es existieren unterschiedliche Typen solcher Bruchzonen (Abb.) von recht komplexem Charakter.

Neben den seismisch aktiven ozeanischen Rücken gibt es untermeerische Schwellen mit einem Alter von etwa 650 (jungpräkambrisch) und 50 Millionen Jahren (Alttertiär), denen die seismische Aktivität und die randlichen symmetrischen magnetischen Streifenmuster (S. 258) fehlen. Solche aseismische Rücken sind z. B. die aus granitischen Gesteinen aufgebauten Seychellen und Maskarenen im Indischen Ozean, die wohl Reste kontinentaler Krusten darstellen. Auch die 21 m hohe Rockall-Klippe westlich von Schottland (Ägiringranit, 60 Millionen Jahre alt) wird als »Mikrokontinent« gedeutet. In anderen ozeanischen Bereichen sind ähnliche Kontinentalfragmente nachgewiesen worden, so daß zur Zeit über 20 bekannt sind (THIEDE 1977). P. E. SCHENK hält die Kanarischen Inseln ebenfalls für einen Mikrokontinent, der von Afrika auf Nordamerika wandert. Dagegen bilde der Island-Färöer-Rücken mit einem 1969 entdeckten, erdöl- und erdgashöffigen Sedimentbecken und ältesten Gesteinen aus der Oberkreide (SCRUTTON 1976) wohl ein Übergangsglied zwischen kontinentaler und ozeanischer Kruste (HURTIG 1977).

Unter den Schwellen ist der Mittelatlantische Rücken am längsten und besten bekannt. Er wurde gegen Ende des vorigen Jahrhunderts beim Legen der ersten Fernsprechkabel von den Britischen Inseln nach Nordamerika entdeckt und besteht aus einem nord- und einem südatlantischen Teil mit bogenförmigem, sinusartigem Verlauf. Von seinen beiden Seiten zweigen durch Senken voneinander getrennte, schräggerichtete Querschwellen ab, die dem Bau der benachbarten Festländer entsprechen und deren Fortsetzung bilden (KRENKEL). Die deutsche »Meteor«-Expedition 1925/27 hatte die aufsehenerregende Erkenntnis gebracht, daß sich in der Kammregion eine zentrale Längsspalte befindet, der seismisch und magmatisch aktive Zentralgraben. Mit mehr als 17000 km Länge und 1200 bis 1600 km oberer Breite zieht der Rücken etwa in der Achse des Atlantiks förmlich als ein Rückgrat küstenparallel zu Europa/Afrika und Amerika, vom Nordpolarmeer mit der Insel Jan Mayen über Island, die Azoren, den Felsen St. Paul, die Inseln Ascension, St. Helena, Tristan da Cunha zur Bouvet-Insel südlich von Kapstadt und geht um das Kap der guten Hoffnung in den nach Nordost verlaufenden Indischen Rücken über. 2000 bis 4000 m hoch überragt er bis rund 1000 m unter der Meeresoberfläche den 4000 bis 5000 m tiefen Boden des Atlantik (Abb.). Nach neueren Erkenntnissen ist dieser Rücken kein zusammenhängendes Gebilde, sondern wird von Depressionen unterbrochen. Auf Island, der mit 102828 km² größten Landmasse des gesamten Weltsystems der Schwellen, mit den Großen Graben erhebt sich das zu 99 Prozent aus basischen Lavagesteinen und Tuffen aufgebaute vulkanische Gebirge über den Meeresspiegel, wenn auch der Bau der Insel von der Struktur der Rücken abweicht. Der 1000 bis 3000 m tiefe und 25 bis 40 km breite isländische Zentralgraben besteht aus zwei Kämmen und wird von Ost nach West gerichteten Querstörungen durchzogen, in denen man Transformstörungen sieht (WARD 1971). Auf beiden Rückenflanken finden sich über mehrere hundert Kilometer steile Bruchstufen, bis die Schwelle nach außen allmählich in die Ebene der Tiefsee übergeht.

Island ist ein klassisches Beispiel für das aktive Geschehen im Bereich des Atlantischen Rückens und geologisch gut erforscht. Die Halbinsel Reykjanes im Südosten ist eine Zone mit aktivem Vulkanismus und zahlreichen Schwarmbeben (z. B. 1972 Herdtiefen von 2 bis 5 km) und kennzeichnet die Achse (WARD 1971). Nach der historischen Analyse der Erdbeben soll eine an der Oberfläche kaum wahrnehmbare Transformstörung zum Ausdruck kommen. Im Jahre 1970 hat sich das Rift um 6 bis 7 cm quer zum Streichen des Rifttals erweitert (DECKER et al. 1971). Die gegenwärtigen tektonischen Vorgänge entlang dem Krafla-Spalten-System im Norden der Insel konnten zum ersten Male im einzelnen untersucht werden. Die dabei erzielten Ergebnisse sind für das Verständnis des Ocean-Floor-Spreading (S. 256) von grundlegender Bedeutung. In dem sich vom Zentrum der Insel in nördlicher Richtung und nach Süden hin in Südwest-Nordost-Richtung erstreckenden 350 km langen Grabensystem, einem Teil des hier über den Meeresspiegel herausragenden ozeanischen Riftsystems, dringen basaltische Schmelzflüsse auf und führen zu einer Vergrößerung der Insel, die sich zur Hälfte erst zwischen 9 und 20 Millionen Jahren durch langsame Ausdehnung dort gebildet haben dürfte, wo Europa und Grönland voneinander wegdrifteten (S. 271). Beim morpho-

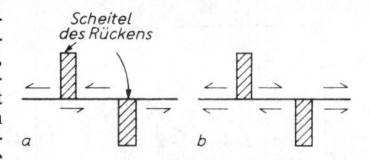

Normale Blattverschiebung (*a*) und Transformstörung (*b*) (nach Clark jr.)

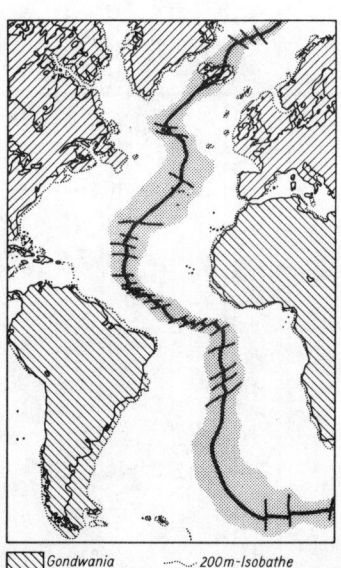

Der mittelatlantische Rücken und sein zentrales Riftsystem (nach Illies 1970)

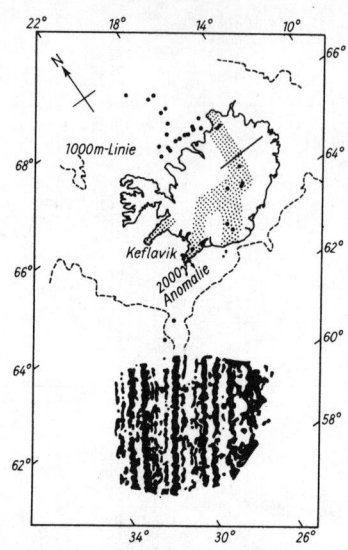

Magnetische Anomalien über dem Reykyanes-Rücken südwestlich von Island (nach Heirtzler 1970). In dem streifenförmigen Muster, das parallelsymmetrisch zur Achse des Rückens verläuft, bedeuten die schwarzen Felder normale (positive), die weißen Felder inverse (negative) Anomalien

logischen Vergleich der isländischen Verhältnisse mit denen im untermeerischen Bereich des Rückens zeigt sich aber ein wesentlicher Unterschied, indem die submarinen Riftsysteme ein medianes Tal (rift valley) mit anschließenden Randgebirgen (rift mountains) erkennen lassen, während sich auf Island die axiale Riftzone gegenüber den Flankenabschnitten nicht abgesenkt hat, was durch erhöhte vulkanische Fördertätigkeit über dem Meeresspiegel und fehlende Erosion am Meeresgrund erklärt werden könnte (SCHÄFER 1978). Der größte neuzeitliche Vulkanausbruch überhaupt aus der Kraterreihe Laki (1783/84) hat aus einer einzigen Spalte mehr als 12 km³ Lava gefördert, die 565 km² bedeckt, während der Ausbruch des Hekla (1947/48) rund 800000 km³ Lava und 210000 km³ Staub geliefert hat. In der Fortsetzung des Isländischen Grabens hat sich zwischen 1963 und 1967 die neue Vulkaninsel Surtsey gebildet, deren Ausbruch in 130 m Meerestiefe begann. 1970 brach der Hekla erneut aus, und 1973 ereignete sich vor der isländischen Südküste auf Heimaey, der größten der Westmänner-Inseln, 20 km von Surtsey entfernt, ein verheerender Vulkanausbruch, der an eine 1,5 km lange Spalte gebunden war. Die 5500 Einwohner des wichtigen Fischereihafens Kirkjubaer mußten evakuiert werden, und durch den Lavastrom wurde die Hafeneinfahrt fast vollständig geschlossen. Rund 30 Prozent der Gebäude waren zerstört, und vor der Wiederbesiedlung mußten Millionen Kubikmeter vulkanischer Auswurfmassen abgetragen werden. Die Oberfläche der Insel hatte sich von 113 auf 135 km² vergrößert. Neben den Vulkanausbrüchen zeugen auf Island die Geysire und Thermalquellen von aktivem Magmatismus, die als Träger geothermischer Energie wirtschaftlich von hoher Bedeutung sind.

Über den Mittelindischen Rücken, der im Norden mit dem Grabensystem des Roten Meeres und des Golfes von Aden verbunden ist und auf der anderen Seite in großem Bogen in den Raum zwischen Australien und die Antarktis zieht, sich dann im Pazifisch-Antarktischen Rücken fortsetzt und in den Ostpazifischen Rücken übergeht, sowie über Struktur und Entwicklung des Indiks weiß man erst seit rund 10 Jahren besser Bescheid. Östlich von Madagaskar, das ein Teil Afrikas war oder sich immer in seiner jetzigen Lage zum afrikanischen Festland befunden hat (DARRACOTT 1974), gabelt sich der Rücken in einen östlichen und einen westlichen Zweig. Für den Indik ist ein kompliziertes System mittelozeanischer Rücken im einzelnen charakteristisch (SCHLICH 1975).

Auffällig ist auch der 15000 km lange und 2000 bis 4000 km breite Ostpazifische Rücken, der etwa bis 2000 m das Tiefseebecken überragt und weniger Erdbeben aufweist als der Rücken im Atlantik. Im Osten verschwindet der Ostpazifische Rücken unter dem amerikanischen Kontinent. Hier liegt er exzentrisch und nur im Südpazifik wie die übrigen ozeanischen Schwellen zentral. Seismisch aktive Tiefseegesenke finden sich vor allem an den aktiven Kontinentalrändern wie im Pazifik, sie besitzen meist einen V-förmigen Querschnitt. An ihrer Sohle lagern geringmächtige Sedimente. Ein Teil der Gesenke aber enthält erhebliche Sedimentfüllungen von mehreren tausend Metern Mächtigkeit, oder sie sind gelegentlich ganz aufgefüllt. Hier treten die meisten aller Erdbeben auf: 80 Prozent der flachen Beben, 90 Prozent der intermediären und fast ausnahmslos alle Tiefherdbeben. Diese Erscheinung ist kaum zufällig und fordert eine Deutung (S. 261).

Die Hypothese der Ozeanbodenspreizung (Ocean (Sea) Floor Spreading)

Die neuen Erkenntnisse über die mittelozeanischen Rücken haben zuerst H. H. HESS (1960, später R. S. DIETZ (1962), I. T. WILSON (1963) und andere, aufbauend auf den Arbeiten von B. C. HEEZEN (seit 1956), zur Vorstellung der Ozeanspreizung (ocean or sea floor spreading, Begriff von DIETZ) geführt, die später zur Hypothese der Großschollen- oder Plattentektonik erweitert wurde. Diese neuen Ideen gehen von einer Veränderung von Form und Größe der Ozeanflächen aus. ASHGIREI (1969) meint, daß sie vom Standpunkt der Strukturgeologie und regionalen Geologie der einzig diskutable Mechanismus der Kontinentaldrift seien.

In den Riftzonen als Spaltenbereichen herrscht Dehnung. In diesen Zerrungsfugen steigen olivinbasaltische Schmelzflüsse vom Typus der Tholeiite aus dem obersten Erdmantel nach oben, beulen die ozeanische Kruste auf und erstarren infolge Wärmeabgabe an das kühle Meerwasser am Ozeanboden (vgl. Kapitel »Metamorphose«). Nach Berechnungen stammen sie aus wenigstens 12 bis 14 km Tiefe unter dem Meeresboden. Nach BONATTI (1976) sind die zugehörigen Tiefengesteine (Peridotite und Serpentinite) bedeutende Bestandteile der ozeanischen Kruste, die auf Bruchzonen parallel zur Spreadingachse aus dem oberen Mantel mit Geschwindigkeiten von rund 1 mm im Jahr hochkommen (Protrusion). Aus der Tiefe emporsteigende Konvektionsströme führen immer weiter Material zu, so daß sich stetig neue ozeanische Erdkruste bildet, die hydratisiertes Mantelmaterial darstellt, während die alte, erkaltete Kruste in zwei entgegengesetzte Richtungen auseinandergerissen und verfrachtet wird. Nach VINE (1970) beträgt die Gesamterzeugung an ozeanischer Kruste gegenwärtig etwa 2,5 km^3 jährlich, nach anderen Schätzungen zwischen 1,5 und 4 km^3. Seit Beginn des Tertiärs vor rund 65 Jahrmillionen sollen sich rund 50 Prozent des heutigen Tiefseebodens und damit ein Drittel der Erdoberfläche neu gebildet haben. Der Ozeanboden dehnt und breitet sich aus, während in anderen Bereichen der Raumgewinn durch Verschluckung (Subduktion, S. 261) ausgeglichen wird. Die Entstehung der Ozeane ist eine unmittelbare Folge der subkrustalen Konvektionsströmungen im Mantel. Die ozeanische Kruste wird mit ihrer teils fehlenden, teils etwa 100 Meter mächtigen Sedimentdecke bei der Spreizung mitgeschleppt. Im Atlantik beschränkt sich die Sedimenthülle vermutlich auf die Füllung einzelner orographischer Depressionen (HESS). Unter den Sedimenten folgen basaltische Gesteine und Tuffite.

Noch heute bildet sich in den Zentralgräben im Raum der einzelnen Bänder zwischen den Transformstörungen, an denen der Spreadingmechanismus absetzt, laufend neuer Ozeanboden. Nach BANKWITZ (1975) sind Rhythmen zu- und abnehmender Intensität des Spreading vorhanden, die für den Südpazifik 5,7 und den Nordostpazifik 5,5 Millionen Jahre betragen. Die horizontale Geschwindigkeit des Spreading ist weltweit unterschiedlich: Im Nordatlantik erreicht sie gegenwärtig etwa 0,75 bis 1,0 cm/Jahr, im Südatlantik etwa 2,3 mm (LEET, JUDSON 1971), im äquatorialen Pazifik etwa 4,6 bis 6,0, z. T. bis 8,0 und 12,0 cm/Jahr und im Indik bis 6,0 cm/Jahr. Der Atlantik z.B. hat sich seit der Entdeckung Amerikas nur um wenige Meter erweitert. Sicher sind in der Vergangenheit Vulkanismus, Seismizität und Spreadinggeschwindigkeit nicht überall gleichartig gewesen, sondern waren erheblichen Schwankungen unterworfen. Zumindest kurzfristig mag es auch zu Stagnationen oder erhöhten Werten gekommen sein. Während der letzten 80 Millionen Jahre lag das Spreading im Atlantik im Mittel etwa zwischen 2 bis 4 cm jährlich, wobei der Vorgang im Westen und Osten asymmetrisch verläuft (McDONALD 1977). Nimmt man einen Spreadingwert von etwa 5 cm im Jahr an, wie er im Pazifik festgestellt und im Kontinentalbereich an der San-Andreas-Störung in Kalifornien gemessen wurde, und setzt die Geschwindigkeit dieser Bewegung seit Beginn des Paläozoikums vor 600 Jahrmillionen als gleichbleibend voraus, reicht das aus, eine Kontinentscholle um die ganze Erde wandern zu lassen (McKENZIE). Freilich dürften die Driftbewegungen meist nur 0,5 bis 2 cm je Jahr betragen haben. Es scheinen auch Beziehungen zwischen der Spreadinggeschwindigkeit und den eustatischen Meeresspiegelschwankungen zu bestehen, die möglicherweise zu Veränderungen der Wassermenge in den Ozeanen führen. Eine Reihe Forscher sieht darin die Ursache geologischer Veränderungen auf den Festländern (RONA 1973, WISE 1974 u. a.).

Schwellen und Ozeane entwickeln sich, erreichen einen Höhepunkt und vergehen wieder. Alle Ozeanböden im Bereich der Schwellen sind jung und vergängliche Gebilde. Als Krustentyp sind sie etwas anderes als die kontinentale Kruste. Wenn das Spreading wirklich existiert, und das ist nach heutigen Kenntnissen mindestens äußerst wahrscheinlich, weil es mittels Bathyscaphs und Tauchboots mehrfach gelungen ist, direkte Beobachtungen an Riften und Verschiebungszonen – z. B. südwestlich der Azoren (1975) – vorzunehmen, dann müßten die Sedimente und Laven im Zentralbereich der Rücken am jüngsten sein und in Richtung auf die beiden Ränder der Ozeane älter werden. Das konnte anhand von Bohrproben aus dem Ozeanboden bestätigt werden. Die ältesten Gesteine, unmittelbar auf basaltischer Ozeankruste, gehören mit einem Alter von 165 Millionen Jahren dem Oberen Jura (Oxford) an. Damit ist das Alter des Ozeanbodens seit dem mittleren Mesozoikum belegt, und die Ozeane können erst während der letzten 150 bis 200 Millionen Jahre entstanden sein. Neueste Untersuchungen der Sedimente von 35 Atlantischen Inseln (MITCHELL-THOMÉ 1979) lehren, daß tertiäre Gesteine auf allen Inseln vorhanden sind, während solche, die älter sind als Obertrias, sich nur auf den Falklandsinseln und St. Georgia im Südosten Südamerikas finden und Jurasowie Kreidesedimente auf die Kapverden und Kanaren konzentriert sind. Vereinzelte Gesteinsproben aus dem Atlantik, die älter sind, wie ein paläozoisches Sediment mit Trilobiten, das jenseits der Schwelle gefunden wurde, sind als verfrachtete glaziale Geschiebe des Pleistozäns zu erklären. Schwieriger ist es, einige Funde präkambrischer Granite und Metamorphite zu deuten, die in der Kammregion der Mittelatlantischen Schwelle entdeckt wurden (LEMOINE 1973). Ein Sonderfall ist der nahe dem Äquator auf dem Rücken gelegene St.-Pauls-Felsen, dessen grünschwarze, weich und verwandte peridotitische Gesteine nach radiometrischen Datierungen ein Alter von 3500, eine Probe sogar von 4300 Millionen Jahren haben und damit die ältesten Gesteine der Erde überhaupt sind. Man sieht heute in diesen Ultrabasiten unverändertes Mantelmaterial, das auf ein Spreading vor Jahrmilliarden mit der Öffnung eines Uratlantik hinweisen könnte.

Im Indik wurden die ältesten Ablagerungen westlich von Australien gefunden, die mit 130 bis 140 Millionen Jahren der Unteren Kreide angehören und ein Hinweis auf den Zerfall Gondwanas in Ost-West-Richtung sein könnten; nach Nordwesten wird die ozeanische Kruste jünger (HEIRTZLER u. a. 1973).

So interessant diese Befunde auch sind, sie reichen als Bestätigung der Spreadinghypothese nicht aus, weil eine Beobachtung und deren Begründung allein noch nicht beweiskräftig sind. Auf geomagnetische und aeromagnetische Weise vorgenommene Messungen im Ozeanbereich erbrachten aber in den letzten 15 Jahren überraschende Ergebnisse, die eine Art Eckpfeiler mobilistischer Gedanken darstellen. Schon SCHWINNER (1942) hatte auf einen wahrscheinlichen Zusammenhang zwischen säkularen Änderungen des Erdmagnetismus und dem Bewegungsbild der Erde hingewiesen. Parallel zu den Zentralgräben der Rücken befinden sich beiderseits symmetrische, im ganzen geradlinige, unterschiedlich breite, gürtelartige Streifen direkter (normaler oder positiver) und indirekter (inverser oder negativer) magnetischer Anomalien.

Hypothese der Ozeanbodenspreizung (ocean floor spreading) und die Erzeugung magnetischer Anomaliestreifen durch Projektion der geomagnetischen Zeitskala auf den Meeresboden. Das Spreading beträgt 1 bis 6 cm/Jahr (nach Bott 1971 aus Fuchs 1973). In A bildet sich beim Erstarren des aus dem obersten Mantel aufsteigenden basaltischen Magmas die Schicht 2, die beim Unterschreiten des Curie-Punktes die Magnetisierung des jeweils herrschenden Magnetfeldes der Erde annimmt

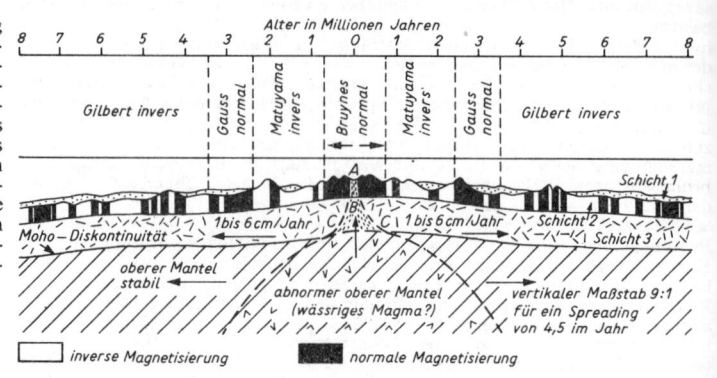

Dort, wo Querstörungen die Rücken durchsetzen, sind sie ebenso gegeneinander versetzt und ohne Schwierigkeiten miteinander zu verbinden (Abb.), so daß Verschiebungsbetrag und -richtung ablesbar sind. Zwischen Felderbreite und Veränderungen des erdmagnetischen Feldes bestehen nachweisbare Beziehungen. Das irdische Magnetfeld mit seinem Dipolcharakter (Nord- und Südpol) polt sich in unregelmäßigen Abständen weltweit gleichzeitig um: Der Nordpol wird zum Südpol und umgekehrt. Wenn ein Minimum des Dipolfeldes und ein Maximum des Nichtdipolfeldes im tiefen Erdinneren zusammentreffen, soll der Zeitpunkt für eine Umpolung besonders günstig sein (S. 33). TAKEUCHI u. a. sprechen von einem »Rätsel« oder »Geheimnis« (mystery) des Erdmagnetismus. Den aus dem Mantel aufsteigenden Schmelzen bzw. den am Meeresboden sich ablagernden Sedimenten wird, sofern sie ferrimagnetische Minerale wie Magnetit und andere enthalten, die Orientierung des jeweiligen irdischen Magnetfeldes zur Zeit der Erstarrung infolge Abkühlung unter den Curie-Punkt (unter 575 °C bei Magnetit) als Thermoremanenz oder bei Ablagerung der Schichten als Sedimentationsremanenz aufgeprägt. Die ferrimagnetischen Minerale stellen sich wie die Kompaßnadel ein, ihre Ausrichtung auf das herrschende Magnetfeld wird »eingefroren«, so daß sich das Magnetfeld der Vergangenheit rekonstruieren läßt (VINE, MATTHEWS 1963). Durch das Spreading werden die Massen in der Zentralzone der Rücken stetig in zwei Hälften zerlegt, die spiegelbildlich einander entsprechend nach beiden Seiten verfrachtet werden, so daß sich – jeweils von der herrschenden Magnetisierung abhängig – abwechselnd nebeneinander ein symmetrisches »Zebrastreifenmuster« ergibt. Ebenso wie bei den Deckenergüssen auf Island liegen auch in Tiefseebohrkernen Basalte mit normaler und inverser Magnetisierung abwechselnd übereinander, wie es dem stratigraphischen Prinzip entspricht (S. 281). Der Paläomagnetismus ist eine wichtige Stütze für die Bewegung des Ozeanbodens geworden. Mit PAVONI (1969) darf man sagen, daß die schrittweise Aufzeichnung der Ausdehnung ozeanischer Kruste in den Riftsystemen über die Magnetisierung der Gesteine zu den umwälzendsten und faszinierendsten Ergebnissen erdgeschichtlicher Erkenntnis gehört. Die remanente Magnetisierung ist eine Art fossiler Kompaß, sie ist der Aufzeichnung eines zerrissenen Magnetbandes gleichzusetzen, dessen in den Gesteinen gespeicherte Daten sich über Hunderte von Jahrmillionen erhalten, falls nicht durch starke Erwärmung über den Curie-Punkt oder durch tektonische Beanspruchung das Bild gelöscht wird. Gleichsam tragen die ferrimagnetischen Minerale »Erinnerung mit sich«, sofern die Remanenz den Gesteinen primär aufgeprägt wurde. Bei känozoischen Basalten zeigt etwa die Hälfte eine normale, die andere Hälfte eine inverse Magnetisierungsrichtung. Nach BANKWITZ (1972) waren in Epochen mit langandauernder inverser Magnetisierung die Förderraten der basaltischen Schmelzen je Zeiteinheit niedriger als in solchen mit normalem Magnetfeld. Die paläomagnetischen Befunde und das meist auf mikropaläontologischem Wege ermittelte Alter der Sedimente am Meeresboden weisen eine verblüffende Übereinstimmung auf. Neben der geochronologischen hat man eine geomagnetische Zeitskala aufstellen können, die besonders für den Südatlantik zwingend erscheint (ROTHER 1975). Die einzelnen Epochen werden nach bedeutenden Erforschern des Magnetismus benannt. Für die letzten 4,5 Millionen Jahre wurden 26 Umpolungen erkannt, wobei 4 Polaritätsepochen mit kurzfristigen Umkehrungen von rund 100000 Jahren innerhalb einer Epoche (events) vorhanden sind. Einzelne Perioden sind durch eine einzige große Inversion oder durch eine Serie von Inversionen gekennzeichnet. Auch für ältere Systeme wie Trias und Perm wurden in Europa und Nordamerika zahlreiche Feldinversionen festgestellt (BUREK). Besonders ausgeprägt scheinen die Umpolungen im Jungpaläozoikum und Känozoikum erfolgt zu sein, wobei ein gewisser Zusammenhang mit Paroxysmen der Tektonogenese und des Magmatismus bestehen dürfte, ohne daß man aus den »Polsprüngen« eine neue Katastrophenhypothese entwickeln müßte, die alle bisher noch nicht oder zumindest nicht eindeutig erklärbaren Vorgänge spekulativ und phantasiereich lösen möchte (Polsprung»theorie« von P. KAISER 1977). Nach MATYUAMA stammen die jüngsten invers magnetisierten Gesteine aus dem Altquartär, und nach COX u. a. kann ein erdweiter Übergang von inverser zu normaler Polarität anhand zahlreicher Befunde im Verlaufe des Pleistozäns begründet werden. Die erdmagnetische Intensität war im Mesozoikum, Jungpaläozoikum und Präkambrium etwa der heutigen ähnlich, während sie im Altpaläozoikum weniger als die Hälfte betragen haben soll (SCHWARZ, SYMONS).

Über die Paläomagnetik ist es möglich geworden, die Lage der einzelnen Regionen der Erde zu den Polen sowie zum Äquator zu rekonstruieren und die Konfiguration der Kontinentalschollen in der erdgeschichtlichen Vergangenheit auf einem Globus einzutragen. Daraus ergibt sich die Möglichkeit der Rekonstruktion heute verteilter Landmassen zu ehemaligen Großkontinenten u. a. Das jeweilige allgemeine Erdbild anhand der paläomagnetischen Befunde ist in den Systemkapiteln beschrieben. Voraussetzung dabei ist, daß die magnetischen Pole auch in der Vorzeit in der Umgebung der geographischen Pole gelegen haben (zur Zeit weichen die magnetischen Pole von den geographischen um etwa 18° ab) und das geomagnetische Feld als Dipolfeld parallel zur Rotationsachse der Erde vorhanden war. Das scheint zumindest für die Zeit seit dem mittleren Paläozoikum, u. a. durch Untersuchungen im Gebiet der Osteuropäischen Tafel, bewiesen (CHRAMOW 1967) und auch für die vorausgehenden Systeme wahrscheinlich. Wenn das Magnetfeld der Erde in der Vergangenheit kein Dipolfeld, sondern vielleicht ein Vielpolfeld gewesen sein sollte, wogegen alle Untersuchungen sprechen, blieben alle Vorstellungen über das Spreading und die Kontinentaldrift Spekulationen. Die Mehrzahl der Geowissenschaftler hält die paläomagnetischen Befunde zumindest bis rund 200 km beidseits der Zentralgräben für exakt nachweisbar, sieht sie nicht mehr als Hypothese, sondern als Tatsache an. Jenseits der 200 km fehlt es noch an zahlenmäßig ausreichenden Daten.

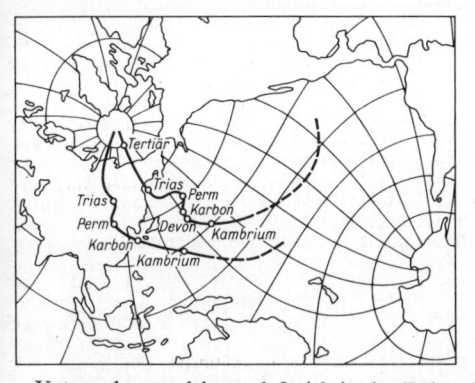

Wanderung des magnetischen Nordpols seit dem Kambrium (nach Runcorn)

Untersuchungen lehren, daß sich in der Erdgeschichte auch die Pole verlagert haben. Bereits früher sind Karten über »Polwanderungen« entworfen worden (Abb.), die z. T. wohl nur scheinbare Verlagerungen der Erdpole zeigen, weil sich vor allem die Kontinente verschoben haben, sowohl relativ zueinander als auch absolut gegenüber den Polen, wie eine Reihe Geophysiker meint (DEUTSCH, IRVING u. a.). Die Auswertung altersgleicher Gesteinsserien in den einzelnen Kontinenten hat z. B. für Eurasien und Nordamerika zu verschiedenen Pollagen geführt. Auch das beweist die Existenz einer Kontinentaldrift, wobei die Einzelkontinente zusätzlich Drehbewegungen ausgeführt haben. DOELL und COX (1961) konnten zeigen, daß dann, wenn man die Polverlagerungskurve von Nordamerika um 30° dreht, Übereinstimmung mit der von Europa besteht. Daraus wird gefolgert, daß seit dem Mesozoikum eine entgegengesetzte Verlagerung der Festländer vor sich gegangen sein muß. Der Astrophysiker GOLD hält »Polwanderungen auch über größere Entfernungen infolge der Verlagerung des Erdkörpers in bezug auf die Rotationsachse für wahrscheinlich« und hat eine »Theorie der Erdachsenverlagerung« entwickelt. H. HAVEMANN sagt, daß nur unter der Voraussetzung von Polverlagerungen Paläogruppierungen der Kontinente möglich sind, die sich nicht auf unwahrscheinlich große pazifikwärts gerichtete Kontinentalbewegungen zurückführen lassen. ILLIES sieht Polverschiebungen und Kontinentaldrift als einander auslösende und steuernde Prozesse an, wobei Polverschiebungen sozusagen als Katalysatoren der Driftbewegungen wirken. Auch eine Polfluchtkraft wird in positivem Sinne erörtert. Die driftenden Kontinente und die Tektonogenese hätten Änderungen in der krustalen Massenverteilung zur Folge, die die Rotationsachse der Erde zur Polverschiebung im Sinne der passiven Anpassung veranlaßten.

Die Plattentektonik (plate tectonics)

Die neuen Erkenntnisse der Meeresgeologie, Seegeophysik, Paläomagnetik, Geochemie, experimentellen Petrologie u. a. haben auf der Grundlage der Hypothese von der Ozeanbodenzergleitung vor rund 20 Jahren in Nordamerika zur Entwicklung der Neuen Globaltektonik (ISACKS, OLIVER, SYKES 1968), Großschollen- oder Plattentektonik geführt. Der Begriff Plattentektonik stammt von T. WILSON, nachdem schon zuvor BIRD und DEWEY von »Plattenbewegungen« gesprochen hatten. Die neue Hypothese ist der Versuch einer Synthese von Kontinentaldrift und subkrustalen Unterströmungen. Sie geht im Prinzip davon aus, daß die starre, spröde Lithosphäre (Abb.) bis 100 km Tiefe, die die kontinentale und/oder ozeanische Erdkruste mit dem obersten Teil des Erdmantels umfaßt, aus einer Reihe riesiger Platten von 70 bis 100 km Dicke besteht, d. h. aus von Tiefenbrüchen begrenzten Großschollen, die sich langsam horizontal relativ zueinander entlang der Erdoberfläche bewegen. Die Großschollen schwimmen nicht wie bei WEGENER aktiv auf der tieferen, zähflüssigen Asthenosphäre (S. 203) von rund 100 bis 360 km Tiefe wie Eisschollen im Wasser, sondern bilden eine Art eingefrorener Hölzer in der sich ausbreitenden Kruste und werden passiv auf dem Mantel mitgetragen. Thermale Konvektionsströmungen werden für die Vorgänge und Gestaltung verantwortlich gemacht, wobei der Mechanismus der Bewegungen und die Antriebskräfte noch ungeklärt sind. Unter der Asthenosphäre folgt die festere, begrenzt fließfähige Mesosphäre, der tiefere Teil des oberen Mantels von etwa 360 bis 700 km Tiefe. Hier dürften der Antriebsmechanismus für alle Veränderungen in der Lithosphäre zu suchen sein.

Die Plattentektonik geht vom Auseinanderdriften des Ozeanbodens mit Neubildung ozeanischer Kruste in den zentralen Riftzonen der Mittelozeanischen Rücken aus, was zu einer Expansion der Erde führen müßte, deren Umfang sich aber in den letzten 300 Millionen Jahren nicht oder nur unwesentlich geändert hat. Folgedessen muß die Ausweitung durch die entgegengesetzte Wirkung des Schließens ozeanischer Räume ausgeglichen werden. Während sich in den Riftzonen durch Spreading mittels aufsteigender, sich abkühlender und erstarrender, nach den Seiten abgedrängter subkrustaler Schmelzen stetig neue ozeanische Kruste bildet, wird an entgegengesetzten Grenzbereichen kalte ozeanische Kruste in die Tiefe eingesogen und im oberen Mantel wieder aufgeschmolzen (Subduktion), ein bisher ungeklärter Vorgang. Doch konnte nirgends die Anhäufung von Plattenmaterial beobachtet werden. Es driften tektonisch, seismisch und magnetisch inaktive Großplatten, die kontinentale und ozeanische Lithosphäre umfassen. Die in vollem Gegensatz dazu äußerst

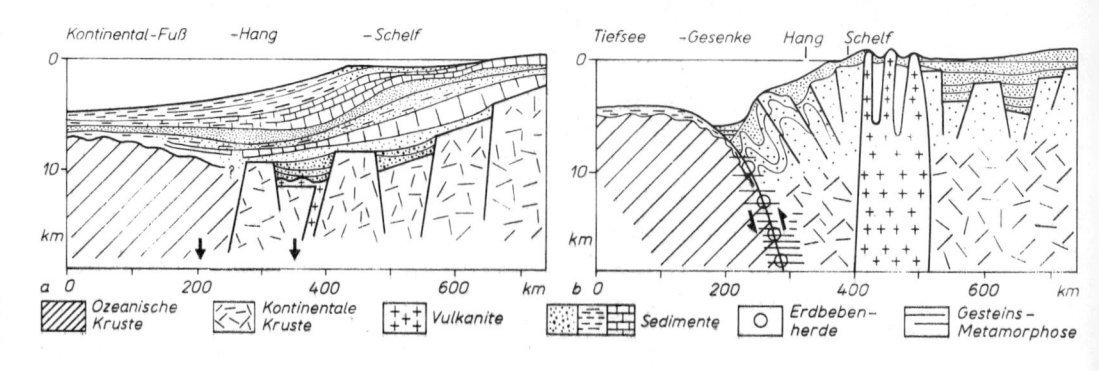

Schematisches Blockdiagramm der Erdzonen und Vorgänge in der Lithosphäre, Asthenosphäre und Mesosphäre (nach Isacks, Oliver u. Sykes 1968). Die Pfeile in der Lithosphäre als starrer Schicht zeigen die relative Bewegungsrichtung aneinander grenzender Blöcke. Beidseits der ozeanischen Schwellen bilden sich Platten, die sich als starre Blöcke horizontal bewegen und beim Unterfahren von Inselbögen auflösen (Subduktion). Die Pfeile in der Asthenosphäre deuten an, daß auch ein Rückfluß stattfinden muß, d. h., ein Kompensationsstrom als Folge der abwärts gerichteten Plattenbewegung. Links und in der Mitte sind Querelemente (Transformstörungen) zu erkennen

Kontinentalrand des atlantischen (*a*) und des pazifischen (*b*) Typs (nach Seibold 1973) (Stark schematisierte und rund 18fach überhöhte Darstellung)

aktiven Plattenränder können Divergenzränder (»atlantischer Typ«) oder Konvergenzränder (»pazifischer Typ«) sein (Abb. S. 260).

Im Bereich der aktiven Riftzonen steigt die 1400°C-Isotherme fast bis an die Oberfläche der festen ozeanischen Kruste. Infolge der hohen Temperaturen finden sich trotz intensiven magmatischen Geschehens nur Erdbeben mittlerer Intensität, da die auftretenden Spannungserscheinungen weitgehend durch Fließbewegungen ausgeglichen werden. Damit ist die Tiefe der Bebenherde auf 5 bis 20 km begrenzt. Ganz anders sind die Verhältnisse im Bereich der Subduktionszonen. Der thermische Ausgleich, verbunden mit Aufschmelzung und Assimilation, erfordert einen Zeitraum von 10 oder mehr Millionen Jahren. Die vorhandenen intensiven Spannungszustände werden unter den vorliegenden thermischen Bedingungen vor allem durch bruchtektonische Prozesse ausgeglichen. Daher finden sich hier die Erdbebenherde höchster Stärke. Mit einer Neigung von etwa 45°, z. T. auch um 15 bis um 70°, taucht die nur 60 bis 100 km breite Zone vom Ozean her unter den Kontinent. Dabei finden sich die Bebenherde auf einer geneigten Ebene bis in 720 km Tiefe und in einer Entfernung von maximal 350 km vom Tiefseegesenk, indem die ozeanische Platte unterhalb der Tiefseegräben umbiegt (Benioff-Zone).

Ob es in der Erdgeschichte pazifische und atlantische Kontinentalränder gegeben hat und ob sie möglicherweise im Sinne STILLES das Modell der Eubzw. Miogeosynklinale darstellen (SEIBOLD 1973), ist eine offene Frage.

In horizontaler Richtung werden mehrere Großplatten mit einer Ausdehnung zwischen 1000 und 10000 km unterschieden, von LE PICHON (1968) deren 6, von DIETZ und HOLDEN (1970), die eine Drift der Platten über Tausende von Kilometern – im Mittel 10 km in einer Million Jahre – als Tatsache erachten, deren 9 (Eurasia, Africa, India, Australia, Antarctica, Nordamerica, Südamerica, Nordpazifik, Südpazifik). Zwischen die Großplatten ist eine Reihe kleinerer Platten eingeschaltet (Arabische, Karibische, Türkische Platte). Später wurden 13 bzw. 20 Platten (KAULA 1975) mit 33 Grenzen gezählt. HAMILTON (1971) meint, die Kontinente seien »Plattenagglomerate«, allein in Asien unterscheidet er 15 Platten. Neuere Untersuchungen im tektonisch kompliziert gebauten Mitteleuropa lehren, daß es weit mehr Platten und Plattengrenzen gibt, als ursprünglich angenommen. Nach KAULA liegt die Bewegungsrate ozeanischer Platten im Mittel bei 5 cm jährlich, die der kontinentalen dagegen nur bei 1,5 cm. An den Grenzen ozeanischer Platten betrage die Bewegungsrate 2 cm und an der Grenze zwischen einer ozeanischen und einer kontinentalen Platte etwa 1,5 cm.

Zwei benachbarte Platten können drei Bewegungsarten ausführen:
1) Zwei Platten driften in Riftzonen infolge Zerrung mehr oder weniger senkrecht zu ihren Rändern auseinander. Die Achse der entstehenden Schwelle ist seismisch aktiv, wie im Mittelatlantischen Rücken (Divergenzränder).
2) Zwei kalte, schwere Großschollen bewegen sich nicht immer senkrecht zu ihren Rändern aufeinander zu und schieben sich über- oder untereinander (Konvergenzränder). Die Subduktion bedeutet Abbau oder Verschluckung von Platten, d. h. älterer ozeanischer Kruste in den Kollisionszonen, wie sie in den Tiefseegesenken und Inselgirlanden der westpazifischen Kontinentalränder vor sich geht und geomorphologisch abzeichnet. Hier herrscht infolge des vom Ozean gegen den Kontinent gerichteten Schubs Pressung vor. Mitunter wird an konvergenten Plattengrenzen ozeanische Kruste deckenartig auf den Rand der kontinentalen Kruste überschoben (Obduktion nach COLEMAN 1971). Wenn zwei Schollen aufeinander zudriften, ist es wesentlich, welche der beiden, die kontinentale oder die ozeanische, nahezu stationär bleibt (WILSON). Wenn sich eine ozeanische Platte unter eine stationäre kontinentale schiebt, entstehen vor dem Kontinentalrand Inselbögen, im umgekehrten Fall dagegen Gebirge wie die Anden in Südamerika (Abb.).
3) Zwei Platten gleiten horizontal aneinander vorbei, ohne daß es zu einer Neubildung oder zu einem Abbau einer der beiden Schollen kommt, z. B. an der kalifornischen Küste, San Andreas Fault bei San Francisco; es entstehen Scherungsränder.

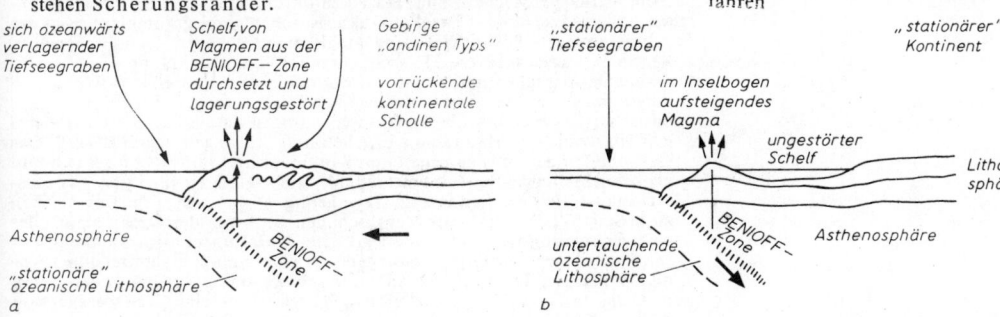

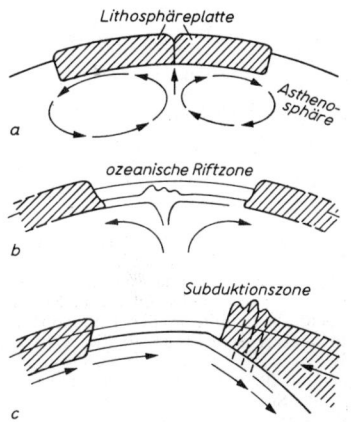

Spreading und Subduktion: *a* einsetzende Zerlegung einer kontinentalen Großscholle durch Bildung einer Riftzone, *b* Weitungsozean mit innerem aktivem Rift, *c* Gegeneinanderdriften zweier Großschollen an einer Subduktionszone

Schematische Schnitte durch den Kontaktbereich einer ozeanischen und einer kontinentalen Platte (nach Wilson 1973 und Thierbach 1975): *a* vorrückende kontinentale Platte überfährt eine stationäre, ozeanische Lithosphäre-Platte, *b* stationäre kontinentale Platte wird von einer vorrückenden ozeanischen Platte unterfahren

Der Gedanke, daß die Tiefbeben das Ergebnis von Phasenänderungen im Mantel seien (z. B. RINGWOOD), hat nur wenige Anhänger gefunden. Das Absinken der Platten in den Erdmantel erfolgt mit unterschiedlicher Geschwindigkeit, am Aleutengraben z. B. mit etwa 4,7 cm/Jahr (SPENCE 1977), bei Japan mit etwa 10 cm/Jahr. Die Platten heizen sich während der Abwärtsbewegung infolge mechanischer Reibung allmählich auf. Durch Aufschmelzvorgänge werden sie vulkanisch aktiv, es entsteht eine mehr oder weniger geschlossene Vulkanzone, die 90 Prozent aller aktiven Vulkane der Gegenwart umfaßt. Vulkane finden sich besonders dort, wo die Erdbebenherde in etwa 100 km Tiefe liegen. Das Andesitmagma schafft und ernährt die Vulkane (vgl. Kapitel »Metamorphose«). In der unterfahrenen kontinentalen Platte kommt es zu ozeanwärts gerichteten Faltungen und Überschiebungen. Ozeanisches Lithosphärematerial wird »verdaut« und größtenteils in kontinentale Kruste umgewandelt. Damit erklärt sich die große Mannigfaltigkeit der Gesteine an Konvergenzrändern, weil die untertauchende Platte vom Ozean her basaltische Gesteine und Pyroklastika mitbringt, während vom Kontinent her sedimentäres Gut, vielfach Turbidite und ähnliche Massen, in die Gesenke eingespült werden. Außerdem wird weiteres Material von unten zugeführt. Die Inselbögen sind die ersten großen Dislokationsformen der ozeanischen Kruste und nach HESS ein frühes Entwicklungsstadium alpidischer oder besser »pazifotyper« (UYEDA 1973) Gebirge, aus denen sich schließlich Gebirgsketten und größere Kontinentalkomplexe bilden können. Für Subduktionsvorgänge sprechen neben den zahlreichen, vor allem tiefen Erdbeben, den Vulkanketten, Inselbögen und jungen Faltengebirgen auch die hohen negativen Schwereanomalien.

Das Modell der Plattentektonik lehrt, wie Ausdehnung und Drift in dem einen Bereich physikalisch notwendig Annäherung und Kontraktion in einem anderen Bereich zur Folge hat. Anders als die »Geosynklinaltheorie« (S. 175) hat damit die Plattentektonik neue Einsichten über den geotektonischen Zyklus gebracht. Geosynklinalen werden als das Produkt einer Dehnung (Aufspaltung) kontinentaler Kruste verstanden, die mit der Neubildung ozeanischer Kruste verbunden ist. Damit ist bereits eine einheitliche Konzeption der Entstehung und Entwicklung von Geosynklinalen erwachsen (WANG 1972), während CADY (1976) sich bemüht, die Elemente der klassischen Geosynklinallehre mit solchen der Plattentektonik zu verbinden. Alle echten Geosynklinalen entstehen und entwickeln sich auf dem Fundament der ozeanischen Kruste (DEWEY und BIRD), während die Miogeosynklinalen auf kontinentaler Kruste bilden. Doch erscheint es möglich, daß den Eugeosynklinalen bei ruhiger Absenkung, Anhäufung von Flachwassersedimenten und zurücktretendem Vulkanismus Züge einer Miogeosynklinale zugefügt werden oder umgekehrt (SEIBOLD 1974). Nach PEIWE sind Eugeosynklinalen keine schmalen und langgestreckten Tröge (S. 175), die auf Tafeln (Kratonen) entstehen. Das Auftreten von Radiolarienschlämmen und anderen Tiefseebildungen zeigt den Zusammenhang mit weltweiten großen Brüchen. Zwischen den ozeanischen Profilen der Tröge und den sie trennenden gleichaltrigen Bildungen der kontinentalen Kruste gäbe es keinerlei fazielle Übergänge. Dagegen hält JANSCHIN krustale Zwischentypen und Übergänge für durchaus möglich.

So können Lithosphäreplatten entstehen, sich vergrößern oder verkleinern, sich ausbreiten und wandern, um am Ende ihres Weges zu vergehen und im Mantel zu verschwinden. Ob ein Ozean sich ausbreitet oder schrumpft, hängt allein davon ab, ob die Neubildung ozeanischer Kruste größer ist als die Subduktion, wie im Atlantik, oder umgekehrt, wie im Pazifik. Der Bildung der ozeanischen Rücken folgt der Zerfall von Kontinenten, dem Vergehen ein erneuter Zusammenschub. Mit dieser Vorstellung erscheint die Frage einer Kontinentaldrift plausibel beantwortet.

Nach SOROCHTIN (1972) lassen sich die tektonisch-magmatischen Zyklen durchaus in die Konzeption der Plattentektonik einbauen, ohne daß die Gebirgskomplexe der Erde nach einem einheitlichen Schema gebaut sein müßten. Auch CONEY hält es für unmöglich, die Tektonogenese auf einen einzigen deterministischen Mechanismus zurückzuführen. Die für den zirkumpazifischen und mediterranen Gebirgsgürtel charakteristischen Gebirgskomplexe seien das Ergebnis einer Reihe unregelmäßig aufeinanderfolgender dynamischer Prozesse. So existieren mehrere Möglichkeiten der Gebirgsbildung:
1) Zwei kontinentale Platten, wie Vorderindien und Eurasien, bewegen sich aufeinander zu, bei ihrer Kollision erfolgt eine gewaltige Einengung; basisches Material des oberen Mantels kann in die granitische Kruste eingepreßt werden, so daß es von Brüchen und Störungen begrenzt wird. Der Ozeanboden bewegt sich gegen den Kontinent und staucht ihn zeitlich und größenordnungsmäßig unterschiedlich auf (Himalaja-Typ). Voraussetzung ist, daß die Landmasse träge genug ist, um sich nicht wegschieben zu lassen. Wenn eine Platte weggeschoben wird und der Ozean mehr oder weniger reibungslos wächst, sind größere Auffaltungen nicht denkbar.
2) Im Raum eines Inselbogens bewegen sich eine kontinentale und eine ozeanische Platte aufeinander zu, die eine schiebt sich unter die andere, z. B. in Ostasien (Japan-Typ). Hierzu gehört auch der im Grenzbereich von

Kreide und Tertiär entstandene Transhimalaja, der in seinem Verlauf, der Lage der Brüche, in Höhenverteilung und Entwicklung einem Inselbogen entspricht (LE FORT 1971).
3) Am Kontinentalrand wird eine kontinentale auf eine ozeanische Platte aufgeschoben oder die ozeanische unter die kontinentale unterschoben, z. B. in Südamerika, wo die Unterschiebung in der Trias eingesetzt hat und noch heute andauert, bei einer Stärke der unterschobenen Pazifikplatte von rund 50 km und der darüber geschobenen Südamerikaplatte von 200 bis 300 km (JAMES 1971; Kordilleren- oder Andentyp). Das Abtauchen des submarinen Kontinentalrandes wird vom Emporsteigen der Anden begleitet.
4) Im Grenzbereich zwischen einem Kontinent und einem Inselbogen versinken die ozeanischen Teile der Platte, und der Inselbogen wird der Gegenplatte angegliedert (Neuguinea-Typ).

Schon RITTMANN war zu der Auffassung gelangt, daß der Atlantik ein intrakontinentales Meer sei, das durch fortschreitende Erweiterung aus einem kontinentalen Graben entstanden ist. Erst allmählich habe sich aus abgeschlossenen Teilbecken der offene Ozean entwickelt (SCLATER 1977). Die großen Gräben werden damit zu Initialspalten von Kontinentalverschiebungen, wobei die Kontinentränder die Lage der früheren, anscheinend scharfen Grenze zwischen kontinentaler und sich neu bildender ozeanischer Kruste markieren (BOTT 1971). Die Großgrabenbildung (Taphrogenese) stellt ein mechanisch fundiertes, globales Bauprinzip der Kruste und des Mantels als Reaktionspartner dar, die großen Gräben sind »harmonische Strukturen in einer disharmonisch struierten Erdkruste« (ILLIES). Die Kontinente werden von zahlreichen Tiefenbrüchen durchzogen, die seit dem Präkambrium immer von neuem als Blattverschiebungen wirkten. Durch Zerrungskräfte wurden aus ihnen Gräben, und schließlich kam es infolge Auseinanderdriftens entlang ihrer Zentralzone zur Kontinentalverschiebung. So können Tiefenbrüche alte Plattengrenzen sein und mit ozeanischen Bruchzonen oder mit einer gänzlich anderen »kontinentalen« Dynamik zusammenhängen (BANKWITZ 1973). Die Entwicklung der Gräben vollzieht sich in mehreren Stufen; nach WILSON sind es sechs (Abb.):
1) embryonale Stufe: Grabenbrüche innerhalb von Kontinenten wie das vorderasiatisch-ostafrikanische Grabensystem, das Baikalrift u. a.
2) junge Stufe: Der Kontinent ist durch Spreading aufgerissen, die beiden Teile haben sich voneinander entfernt, wie Afrika und Arabien im Roten Meer.
3) reife Stufe: Beide Platten haben sich weiter voneinander entfernt. Durch Zufuhr von Schmelzen aus dem Mantel wird stetig neuer Meeresboden produziert, wie im Atlantik zwischen Europa und Afrika, wo mehrere Ausweitungsstadien zu erkennen sind.
4) absinkende (abnehmende) Stufe: Abbau einer Platte durch Subduktion wie im Pazifik.
5) weitgehend geschlossene Stufe: Kleinere Restmeere befinden sich zwischen kontinentalen Platten, wie das Mittelmeer oder das Schwarze Meer zwischen der afrikanischen und eurasischen Platte.
6) völlig geschlossene Stufe: Entwicklung von Narben oder Tiefenbrüchen inmitten älterer Strukturen mit Gesteinsassoziationen der ozeanischen Kruste, die auf die Lage früherer Ozeane hinweisen, z. B. Induslinie am Himalaja, Ural, Rand der Kaledoniden in Skandinavien.

Eine wichtige Erweiterung der Plattentektonik bildet die von WILSON (1973) entwickelte Vorstellung, daß die Wärmeabgabe des Erdmantels auf eine geringe Anzahl schmaler Zonen beschränkt ist. Nur hier steigt die Schmelze auf dem oberen Mantel diapirartig (MORGAN) in die Asthenosphäre bis an die Basis der Lithosphäreplatten auf (S. 261). Diese Gebilde der convection (mantle) plumes machen sich in thermalen Flecken (hot spots) oder Wärmebeulen bemerkbar, so daß lokal Konvektionen ausgelöst und Lithosphäreplatten in Bewegung gesetzt werden. Die erhöhte thermische Aktivität in solchen Räumen bleibt über geologische Zeiträume erhalten. Solche Zentren finden sich entlang der mittelozeanischen Rücken, z. B. auf Island. Auch für den basischen Vulkanismus der Hawaii-Inseln wird eine Wärmebeule inmitten der nordpazifischen Platte als Ursache angesehen. Die linienartig angeordneten Vulkanreihen haben noch heute aktive Endpunkte. MORGAN erklärt den Vulkanismus auf der Insel Hawaii mit sich langsam vorschiebenden Lithosphäreplatten. Die thermalen Zentren bleiben an Ort und Stelle. Durch Drift kommen ständig neue Bereiche über die hot spots zu liegen. Daher ist in der Gegenwart der aktive Vulkanismus auf die Hauptinsel Hawaii beschränkt, während die erloschenen Vulkane in nordwestlicher Richtung immer älter werden. ANDREWS u. a. (1975) meinen dagegen, daß die Entstehung der Hawaii-Kette durch Bruchausbreitung und nicht durch hot spots bedingt ist. Ähnlich haben DUNCAN u. a. die tertiären basaltischen Gesteine der zentraleuropäischen Vulkanprovinz (Eifel-Vogelsberg-Rhön-Erzgebirge-Nordböhmen-Lausitz) durch Wärmebeulen zu deuten versucht, ebenso wie MORGAN das Yellowstonegebiet der USA. BURKE und WILSON (1972) sind der Auffassung, daß die Mechanismen der plumes generell

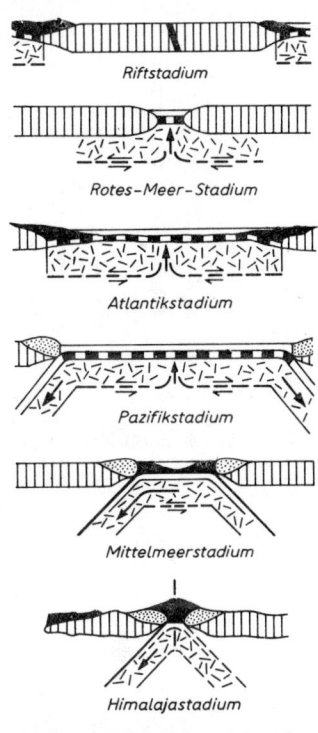

Riftstadium

Rotes-Meer-Stadium

Atlantikstadium

Pazifikstadium

Mittelmeerstadium

Himalajastadium

Zyklische Entwicklung der Ozeane (nach Dewey 1969 u. E. Schroeder 1971) (Wilson-Stufen der Grabenentwicklung)

als Haupttriebfeder der gesamten tektonischen Entwicklung anzusehen seien.
Neben dem Phänomen der plumes wurde von BURKE und DEWEY eine weitere verbreitete Erscheinung, die Drillings- oder Dreispaltenstrukturen (triple junctions), erkannt. Die plumes haben kennzeichnende Erhebungen (uplifts) zur Folge, die entlang dreier Gräben (rifts) aufbrechen können und dabei untereinander einen Winkel von 120° bilden. Im Normalfall werden aus zwei Armen Plattengrenzen, während der dritte nur vorübergehend aktiv ist und als schwach (failed) bezeichnet wird. Einige dieser Strukturen werden als so jung angesehen, daß ein spreading noch nicht erfolgt sein kann, z. B. die Frankfurt/Main-Struktur mit den Armen Oberrheintalgraben, Mittel- und Niederrhein-Struktur, Hessische Senke–Leinegraben (Abb.). Doch ist hier der schwache Arm seit dem Pliozän bis heute (Niederrheinische Bucht) bruchtektonisch und seismisch recht aktiv. Der quartäre Vulkanismus in der westlichen Eifel und im Neuwieder Becken bei Koblenz hat bevorzugt von Nordwest nach Südost streichende Linien zum Aufstieg benutzt, die ihre Fortsetzung in neotektonischen Erscheinungen der Niederlande finden. Sie klingen auf der Höhe von Utrecht aus, um sich 60 km östlich in der jungen Depression der Zuider See fortzusetzen, die als südliches Anhängsel des Zentralgrabens des Nordsee-Beckens angesehen wird (ILLIES und GREINER 1977).

Die Frankfurt (Main)-Drillingsstruktur (triple junction) mit ihren Armen und den Vulkangebieten (nach Thierbach 1975)

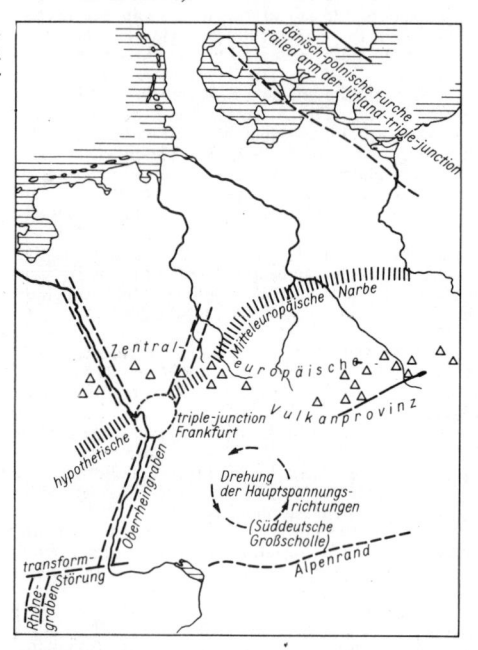

Besonders klar ist die Drillingsstruktur im Afar-Dreieck Afrikas zu beobachten, das die Verbindung der drei Platten Arabia, Somalia und Nubia darstellt und in der sich drei Tiefenbruchsysteme überkreuzen: der ostafrikanisch-äthiopische Graben (Nordnordost-Westsüdwest), der Golf von Aden (Ost-West) und das Rote Meer (Nordnordwest-Südsüdost bis Westnordwest-Ostsüdost). Nach R. BLACK (1976) ist Afar wahrscheinlich das einzige Gebiet der Erde, in dem man die Vorgänge einer Plattentrennung studieren kann, als ein Beispiel für einen Kontinentalrand atlantischen Typs im Entstehen. Nach McCONNELL ist es jedoch fraglich, ob dieses im letzten Jahrzehnt international geologisch und geophysikalisch intensiv erforschte Grabensystem die Umwandlung eines kontinentalen in ein ozeanisches Rift zeigt oder ob Afar das Verbindungsstück zwischen dem Roten Meer und dem Golf von Aden bildet, trotz seiner parallelen Magnetanomalien und seiner bezeichnenden Basalte.

Auf der Grundlage aller erreichbaren geologischen, geochemischen und geophysikalischen Daten hat BUREK (1978) die Entwicklung der Afar-Senke, des ostafrikanischen Grabensystems, des Roten Meeres und des Aden-Golfes benutzt, um eine Entwicklungsfolge beim Zerfall eines Kontinents abzuleiten; er unterscheidet folgende Stadien:
1) Aufwölbung und Aufreißen von Oberflächen-Störungssystemen über einem Mantel-Diapir (Tumor-Stadium infolge Hebung).

2) Entwicklung von Spalten und Gräben im Scheitel der Aufwölbung oder Beulen-Ketten (Graben-Stadium infolge Spaltung).
3) Graben-Vulkanismus (wahrscheinlich kontaminiert).
4) »Ozeanisierung« und Basifizierung der vordem kontinentalen Kruste durch

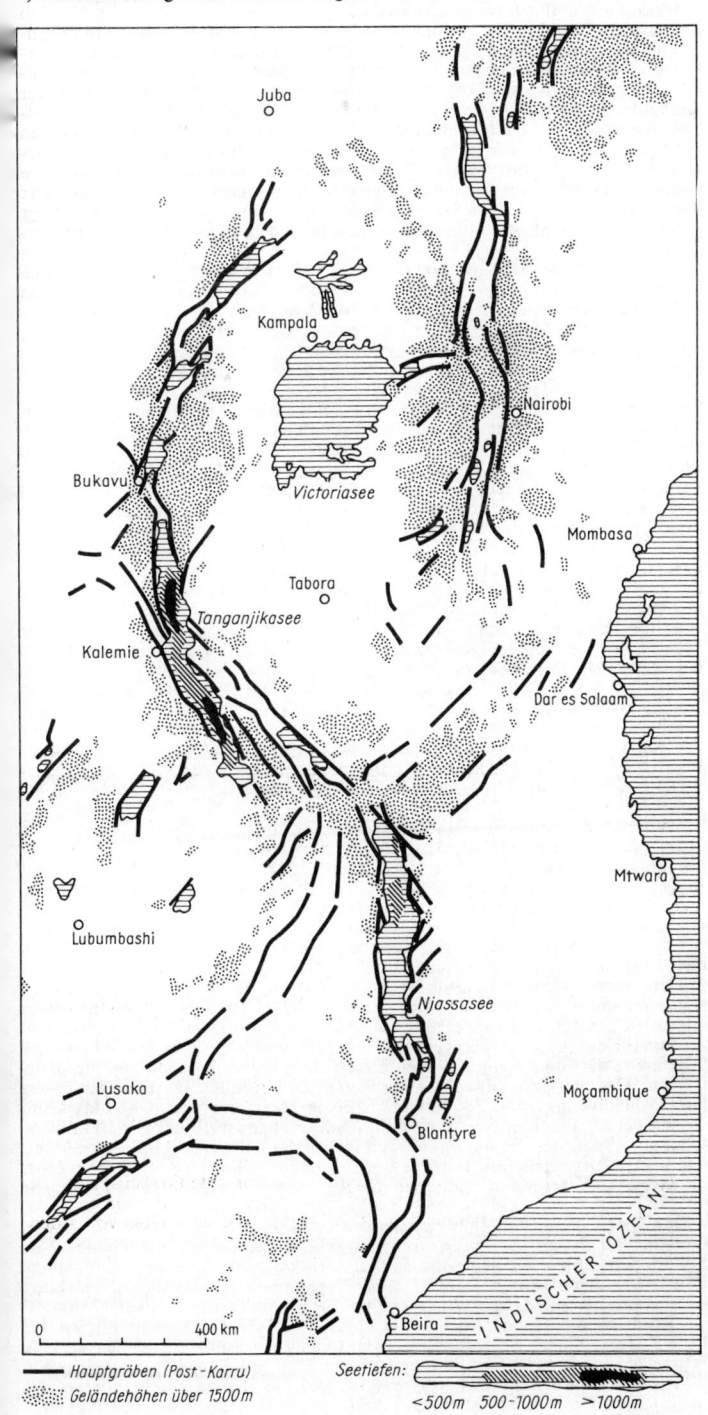

Das ostafrikanische Grabensystem
(nach Illies 1970)

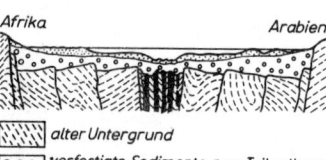

massive ozeanische und/oder kontaminierte Gang-Injektionen entlang oft mehrerer, sporadisch aktiver Lineamente.
5) Krusten-Spreading auf dem Land, d. h. Bildung vom Mantel abzuleitender ozeanischer Kruste im kontinentalen Milieu unter zunehmender Konzentration auf ein Spreading-Lineament.
6) Evaporit-Stadium des sea-floor-spreading mit sporadischer Meeresverbindung und Trockenlegung bei weiterer ozeanischer Krustenbildung.
7) Ocean-floor-spreading unter den normalen Bedingungen im Tiefseebereich. Die Rifting- und Spreading-Stadien sind im Bereich der Afro-Arabischen Riftsysteme klar zu erkennen und haben in Randbereichen des Atlantik sichtbare morphologische Äquivalente.

Von älteren Drillingsstrukturen ohne Spreading sei die permische Jütland triple junction erwähnt (DUNING). Neuerdings hat VOSSMERBÄUMER (1976) die Frage aufgeworfen, ob Geosynklinalen und die tiefreichenden Tafelstrukturen der Aulakogene (S. 182) vielleicht in solchen Drillingsstrukturen einen gemeinsamen Ursprung haben, indem die Aulakogene den »schwachen« dritten Arm darstellen.

Eine bezeichnende bis in den Mantel hinabreichende Störungszone ist das im ganzen meridional gerichtete, große vorderasiatisch-afrikanische Grabensystem, das nach ILLIES (1970) mit gewissen Versetzungen in Europa seine Fortsetzung findet (Abb.). Hier gehört der Oberrheingraben als Kernstück dazu bzw. die Mittelmeer-Mjösenzone STILLES, die ZIEGLER (1975) über den Nordseegraben mit dem Arktik-Nordatlantik-Rift in Verbindung bringt. Westeuropa, Vorderasien und Ostafrika werden von einem zusammenhängenden Grabensystem mit einzelnen ungleichwertigen Segmenten durchzogen. Das Riftsystem beginnt im Norden südlich des Taurus-Gebirges, in der Bekaa-Ebene zwischen Libanon und Antilibanon in Syrien, und setzt sich über das Jordan-Tal im Toten Meer fort, um im Golf von Akaba unter den Meeresspiegel abzutauchen. Westlich davon findet sich der Graben des Golfes von Suez, der sich im Roten Meer zum jungen Entwicklungsstadium eines interkontinentalen Meeres erweitert hat. Im südlichen Teil wird das Rote Meer bei Massaua schmaler, und die Danakil-Senke als Parallelgraben sondert sich ab. Bei Djibouti in Somalia spaltet sich das System weiter auf. Zwischen Somalia und Arabien gähnt der Graben des Golfes von Aden, während in südwestlicher Richtung das äthiopische Grabensystem mit seinen mächtigen Basaltdecken abbiegt, das bis nach Tansania reicht und den Graben des Roten Meeres mit dem ostafrikanischen Grabensystem verbindet. Dieses Gebilde, ein infrakrustales Lineament, ist vom Roten Meer bis zum Sambesi allein über 4000 km lang und hat wohl früher noch weitere 1500 km nach Südwesten bis zum Oranjefluß gereicht (McCONNELL). Der westliche Strang der ostafrikanischen Gräben ist beim Mabutu-(Albert-)See, bevor beiderseits des Malawi-(Njassa)Sees ein neuerliches Aufspalten erfolgt. Weiter südlich bei Beira am Indischen Ozean (Mocambique) auf der Breite von Madagaskar verliert sich die Struktur, sie setzt sich über die Küste im südlichen Indik fort.

Während die im Scheitel von großen Gewölben eingebrochenen Gräben absinken, steigen die gehobenen Schultern an und ragen bei einer mittleren Höhenlage Afrikas um 750 m meist über 1500 m auf. Seismische Aktivität, junger Vulkanismus und zahlreiche Thermalwässer charakterisieren das Gebiet, dessen Schwächezonen bereits vor mehr als einer Milliarde Jahren im Präkambrium angelegt und wiederholt, besonders im Tertiär, neu belebt wurden. Die ersten Bewegungen dürften vor 2,7 Milliarden Jahren im Bereich des Tanganjika-Schildes erfolgt sein (McCONNELL 1972). Der Beginn der jungen aktiven Grabentektonik ist in der Zeit vor der Ablagerung untermiozäner Sedimente anzusetzen (VAN STRAATEN 1977). Zunächst schien man ganz allgemein geneigt, in den Zerrungsfugen der afrikanischen Gräben erste Anzeichen für das Auseinanderbrechen Afrikas zu sehen, das zum Entstehen eines neuen Ozeans führen müßte. Heute hält man diese Anschauung für übertrieben: Hat sich doch innerhalb der letzten 20 Millionen Jahre, in denen das fast 2000 km lange und 300 km breite Rote Meer entstanden ist, das Land an den beiden Flanken des ostafrikanischen Grabens nur etwa 10 km verschoben, so daß sich die Bewegung weit langsamer vollzieht als im Roten Meer. Am Kenia-Rift beträgt die mittlere Spreadingrate weniger als 0,5 mm im Jahr, im Gegensatz zu den ozeanischen Rücken mit 1 bis 2 cm/Jahr und mehr (S. 257).

Das Rote Meer hat sich seit dem Miozän aus einem interkontinentalen Graben von Süden her zu einem ozeanischen Grabenspalt umgebildet. Vor 5 Millionen Jahren hat sich Arabien von Afrika getrennt. Als Beweis für junge Driftbewegungen führen PAWLEY und ABRAHAMSEN (1973) die Abweichung der Pyramiden von Gizeh (Ägypten) von der Nordrichtung um im Mittel 4' an. Etwas weiter ist die Entwicklung im Golf von Aden fortgeschritten. Im Roten Meer, diesem embryonalen Atlantik, haben aufdringende basaltische Schmelzen im 40 bis 60 km breiten und bis 2500 m tiefen Rift einer Schwelle (das ist etwa die Breite des Rheintalgrabens) die Kruste auseinandergezerrt (Abb.). Das Einbrechen ist im präkambrischen Grundgebirge des Nubisch-

Die großen Grabenstrukturen Afrikas und Europas (nach Illies 1974)

alter Untergrund

verfestigte Sedimente zum Teil salinaren und vulkanischen Ursprungs

unverfestigte junge Sedimente

aufdringende basische Intrusivgesteine

Schematischer Querschnitt durch das Rote Meer (nach Drake und Girdler 1964)

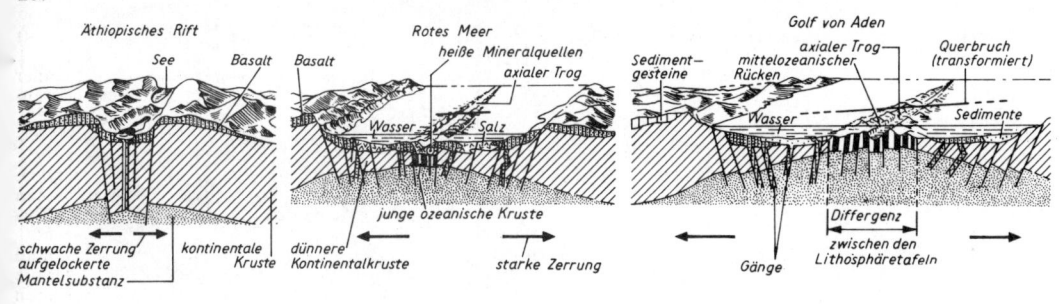

Arabischen Schildes erfolgt, wie übereinstimmende Strukturen auf beiden Seiten und lineare Streifen von Magnetanomalien bezeugen.

Interessant sind metallführende Lösungen, Erzschlämme feinkörniger Sulfide unterschiedlicher Färbung von Eisen (bis 65 Prozent), Zink (4 bis 5, z. T. um 20 Prozent) und Kupfer (mehr als 1 Prozent), untergeordnet von Cadmium und Silber, die im Bereich hoher Wassertemperaturen (bis 62 °C) und einer Salinität (bis 25,7 Prozent) in den tiefsten Teilen des Zentralgrabens am Boden des Roten Meeres an mehreren Stellen austreten. Im Atlantis-II-Tief (rund 2 000 m tief, 6 km breit und 15 km lang) auf der Höhe von Mekka (Saudi-Arabien) sollen einige Millionen Tonnen Schwermetalle lagern, bei Sedimentationsraten von einigen Dezimetern in 1 000 Jahren, die sich, seit 1966, verstärkt (HARTMANN 1973) erst in den letzten 13 000 Jahren gebildet haben. Der Wert dieser »hot brines«, deren Genese (vielleicht eine hydrothermal-sedimentäre Lagerstätte, S. 464) umstritten ist, geht in die Milliarden. Von der Republik Sudan sind Schürfrechte an die USA vergeben worden, die von Schiffen aus mit Saugbaggern arbeiten. Ähnliche umfangreiche sulfidische Erzanreicherungen wurden jüngst (1979) in 2 260 m Tiefe auf dem Ostpazifischen Rücken nahe der Westküste Mexikos nachgewiesen, wo man Anzeichen einer hydrothermalen Aktivität beobachten konnte.

Der weit klaffende Golf von Aden ist durch junge Drift nach Norden entstanden (LAUGHTON), so daß die Zagros-Ketten (Iran) an der Stirn der arabischen Scholle eine Faltung mit Südvergenz aufweisen (IVANHOE). Vielleicht ist die Bewegung Afrikas und Arabiens nach Nordosten eine Reaktion auf die Entstehung neuer Kruste entlang den mittelozeanischen Rücken der Südhalbkugel (GASS und GIBSON).

Das klassische Beispiel für ein reifes Entwicklungsstadium ist der Atlantische Ozean (S. 263).

Ein kontinentaler Großgraben in Europa, der Oberrheingraben, ist in internationalem Rahmen während der 60er und 70er Jahre mit seinen Fortsetzungen komplex erforscht worden und dient seither als Modell. Mit 300 km Länge von Basel bis Frankfurt/Main und im Mittel 36 km Breite ist der tief eingesunkene Graben mit mächtigen tertiären Schichten erfüllt (S. 389). Die Sprunghöhe zwischen dem Graben und seinen aufgebogenen Schultern, in denen das alte Gebirge vielfach angeschnitten ist (z. B. im Schwarzwald), beträgt bis 4 500 m. Der Graben grenzt an mehreren parallelen Verwerfungen gegen seine Flanken und endet scheinbar am Schweizer Faltenjura. Doch 150 km westlich finden sich der Bresse- und der Limagne-Graben in Frankreich, die sich nach Süden in den Rhône-Graben bis zum Mittelmeer fortsetzen (Abb.). ILLIES deutet den Versatz von Oberrhein- und Bresse-Graben als Transformstörung (S. 254) im kontinentalen Bereich. Das System der Grabenfurchen setzt sich über Sardinien und Malta nach Libyen fort. Mit einem Versatz von 1 700 km nach Westen findet der Grabengürtel mit der Bekaa-Senke zwischen Libanon und Antilibanon Anschluß an die große levantinisch-ostafrikanische Bruchzone (S. 266). Die ersten Anzeichen für das Entstehen des Oberrheingrabens sind nach ILLIES zu Beginn des Alttertiärs in einem basischen Vulkanismus zu sehen, dessen Schmelzen aus dem obersten Mantel aufgedrungen sind und im Miozän ihren Höhepunkt erreichten. Der Kaiserstuhl bei Freiburg i. Br. ist ein Manteldiapir (S. 263), von dem aus die Kruste aufgerissen und die Grabenentwicklung ausgegangen ist. Die eigentliche Grabenbildung soll vor 48 Millionen Jahren eingesetzt haben. Der Graben ist nach seismischen Sondierungen im Scheitel eines weitgespannten Krustengewölbes eingebrochen, wobei Zerrung im Bereich alter Schwächezonen und wohl auch Schweregleitung eine Rolle spielen. Nach den ersten Senkungen im Mittleren Eozän hat sich der Schwerpunkt von Süden nach Norden verlagert. Unterhalb des Grabens zeigt sich eine Schwelle aufgedrungener Mantelmaterie mit dem Scheitel in 24 km Tiefe, die die aufgebogenen Krustenplatten zum seitlichen Abdriften brachte. Man darf diesen subkrustalen Körper als Magmenreservoir des tertiären Vulkanismus ansehen. Der ursprüngliche Grabenkörper war eine keilförmige Masse, deren Spitze sich in 30,6 km Tiefe befand. Die Kruste wurde quer zum Graben um rund

Schematische Schnitte durch die drei Rifte Äthiopien, Rotes Meer, Golf von Aden mit dem allmählichen Ausdünnen der kontinentalen Kruste, dem Auseinanderdriften der Lithosphäreplatten und der Bildung ozeanischer Kruste (nach V. M. Kaschmin 1977)

Das mitteleuropäische Grabensystem
(nach Illies 1969)

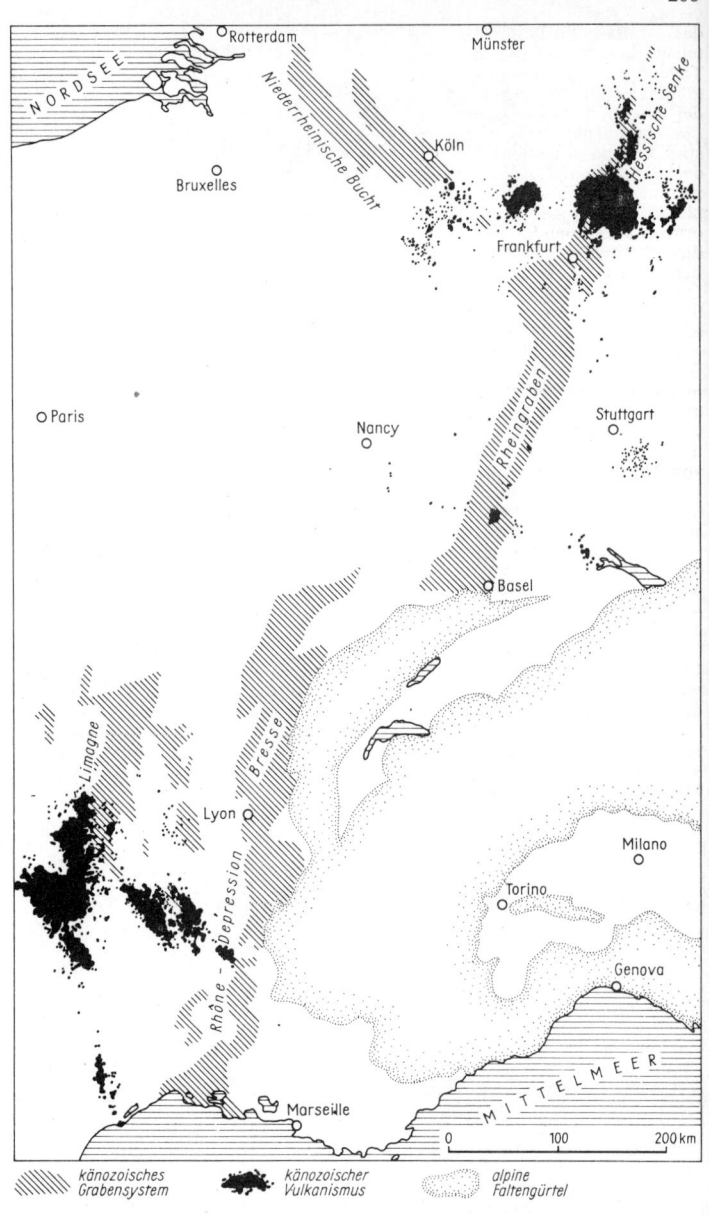

känozoisches Grabensystem *känozoischer Vulkanismus* *alpine Faltengürtel*

15 Prozent gedehnt. Der gesamte Zerrungsbetrag senkrecht zur Grabenachse zwischen der Vogesen-Scholle im Westen und der Schwarzwald-Scholle im Osten erreicht 4,8 km. An der Bildung des Grabens haben horizontale Scherbewegungen Anteil, die eine relative Verschiebung der westlichen Randschollen des Grabens nach Süden bis rund 15 km veranlaßt haben. Neue Untersuchungen haben gelehrt, daß das gegenwärtige Spannungs-(stress-)Feld in Mitteleuropa nicht mit dem der Vergangenheit übereinstimmt. Während die Druckspannung im Alttertiär vorwiegend Nordnordost gerichtet war, herrscht jetzt eine Nordost-Südwest-Richtung vor. Nach BART und ILLIES (1974) zeigen die meisten in Grabenrichtung streichenden Brüche seit dem Pleistozän keine oder eine zurückgehende Aktivität der Vertikalbewegung. Trotz geringer Verschiebungsbeträge läßt sich ein Umfunktionieren primärer Abschiebungen zu Blattverschiebungen erkennen, so daß die Tendenz des Grabens nicht Dehnung, sondern linksseitige Blattverschiebung ist. Zahlreiche Erdbeben, z. B.

das von Basel im Jahre 1356, das als das bisher stärkste im außeralpinen Mitteleuropa in historischer Zeit angesehen wird, und eine niedrige geothermische Tiefenstufe (Thermalquellen!) sprechen für das bis in die Gegenwart aktive Grabengeschehen. Die derzeitige Geschwindigkeit des Auseinanderrückens der Grabenflanken beträgt weniger als 0,5 mm jährlich.

Während die Rheingrabenentstehung mit einem diapirartigen Mantelaufstieg in Verbindung gebracht wird, beruht die Alpentektonogenese im Sinne der Plattentektonik auf Subduktion entlang der Kollisionsfront der europäischen und afrikanischen Platte. Gleichzeitig waren im Vorland mantle plumes als antagonistische Partner aktiv (ILLIES 1974). Die unter dem Alpenorogen abtauchende Asthenosphäre stieg im Vorland wieder auf und schuf das Rheintalgrabensystem. So waren Tektonogenese und Taphrogenese eng benachbart gleichzeitig beteiligt (SCHAER und JEANRICHARD 1974). Das zeigt sich auch in der Gegenwart, indem einer jährlichen Senkung von 0,8 mm im Graben eine maximale Hebung von jährlich 1 mm in den Zentralalpen gegenübersteht (SCHAER und JEANRICHARD 1974).

Eine andere große Tiefenbruchzone der Erde ist das rund 1000 km lange Baikal-Rift, eine kompliziert gebaute Zone breiter und schmaler Gräben, in deren Bereich der bis 1620 m tiefe Baikal-See, der tiefste und mit 31500 km² größte Süßwassersee der Erde, gelegen ist. Nach sowjetischen Forschungen wird der See jährlich um 2 cm breiter, und die Bruchaktivität wandert in nördlicher Richtung, so daß die nördliche Begrenzung des Rifts durch große, von Nordwest nach Südost streichende Bruchsysteme markiert ist (KOSLOW 1976). Häufige Erdbeben, Thermalquellen, hoher Wärmefluß und Vulkanismus kennzeichnen das Gebiet, in dem SCHERMAN (1975) einen im Anfangsstadium seiner Entwicklung befindlichen Tiefenbruch sieht.

Im ganzen zeigt die Baikal-Rift-Zone trotz einer Reihe spezifischer Züge die gleiche Entwicklung wie andere kontinentale Bruchzonen. Das System weist keinerlei strukturelle Verbindungen mit dem Welt-Rift-System auf und ist ein autonomer Komplex von känozoischer Tektonik und Vulkanismus. Die südbaikalische Depression, der tiefste intrakontinentale Riftgraben der Welt, bildet den Knoten des gesamten Baikal-Systems im Grenzbereich zweier Lithosphäreplatten, der präkambrischen Sibirischen Plattform und dem ungleichartig gefalteten Bauelement des Sajan-Baikal-Gebirges (LOGATCHEW und FLORENSOW 1979).

Andere Tiefenbruchsysteme sind das über 1000 km lange chilenische Längstal, die nordanatolische Horizontalverwerfung in Kleinasien und das Bruchsystem der San-Andreas-Fault nördlich des Golfes von Kalifornien (S. 261). Hier liegen ganze Systeme von Scherstörungen vor, und an der kompliziert

Das mittelozeanische Riftsystem des ostpazifischen Rückens und seine postulierte Dreifachgabelung beim Eintritt in den nordamerikanischen Kontinent (nach Heezen, Heezen u. Ewing sowie Cook 1962)

Die Baikal-Rift-Zone (vereinfacht nach Kiselew, Golowka u. Medwedew 1978)

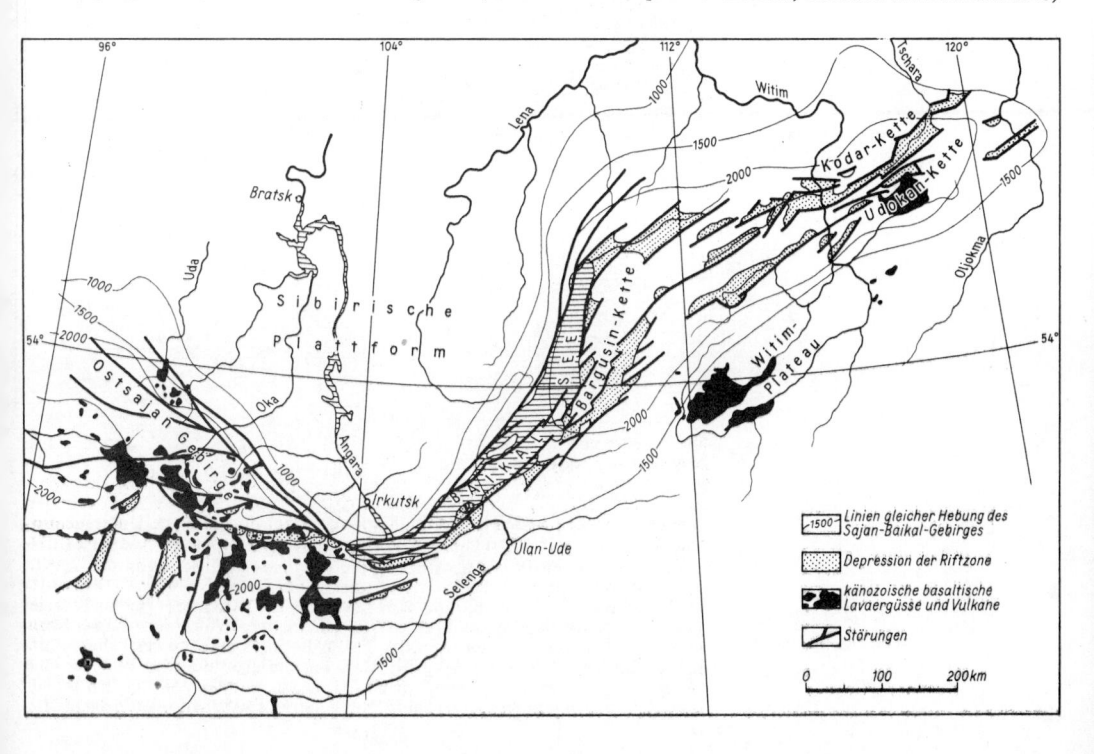

gebauten Verwerfungszone mit einer ganzen Reihe von Parallelelementen gehen bis zum heutigen Tage Längs- und Querverschiebungen vor sich. Die San-Andreas-Fault ist eine Blattverschiebung, eine Transformstörung, an der die nordamerikanische und die nordpazifische Platte seit Tertiärbeginn vor etwa 60 Millionen Jahren diskontinuierlich eng aneinander vorbeidriften, sich mitunter aufeinander zu bewegen oder auch voneinander wegzerren. Bis in die Gegenwart haben sie sich um 280 km gegeneinander verschoben. Exakte Messungen zeigen, daß sich die nordpazifische Platte im Mittel jährlich um 6,3 cm, z. T. 7,5 cm in nördlicher Richtung, sozusagen an der nordamerikanischen vorbei bewegt. Seit Beginn des Känozoikums soll sich nach CROWELL das Gebiet westlich der Störungszone um 500 km nach Nordwesten verschoben haben. Daher ist hier immer mit erheblichen Schäden an Bauwerken und Verkehrswegen zu rechnen. Auch das große Erdbeben (1906) von San Francisco zeigt die Labilität der Kruste in diesem Raum. Der heute bis 180 km breite Golf von Kalifornien ist ähnlich wie das Rote Meer vor rund 20 Millionen Jahren entstanden, indem der Ostpazifische Rücken in seiner Fortsetzung auf dem amerikanischen Festland sich weiter entwickelte. Inseln und Untiefen im Golf werden als Reste der kontinentalen Platte gedeutet. Bis heute ist unklar, ob es sich wirklich um eine ozeanische Bruchzone handelt, die sich auf dem Kontinent fortsetzt, aber ebensowenig hat man den Transformcharakter beweisen können (HILL 1971).

Die Erdbeben in Kalifornien mit Angabe der Magnituden und Bewegungsrichtung der Platten und Blöcke (nach Berger 1971)

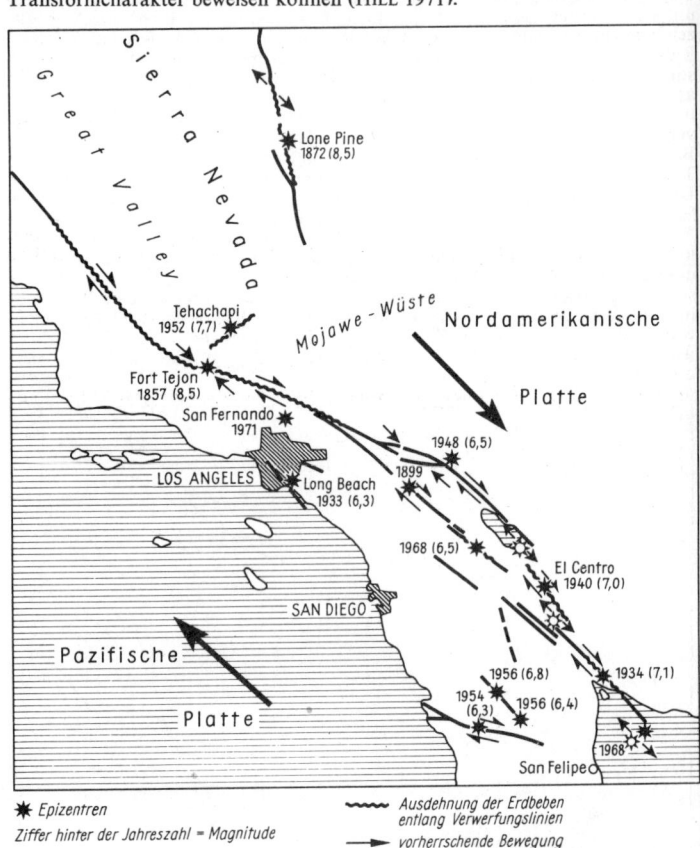

Das schwere Erdbeben von Guatemala (1976) wurde ähnlich durch einen horizontalen, 150 bis 200 km langen Scherungsbruch entlang einer Verwerfung verursacht, die als Transformstörung die Nordamerikanische von der Karibischen Platte trennt. Dabei betrugen die horizontalen Verschiebungen meist 40 bis 80 cm, vereinzelt bis um 2 m (FIEDLER 1977). Andere Beobachtungen liegen aus Neuseeland und China vor. Es scheint, als ob die Altyn-Tag-Störung südlich des Lopnor im Südosten des Tarim-Beckens in nordwestlichen China mit einem Verschiebungsbetrag bis 1000 km die größte aktive Blattverschiebung auf dem Festland überhaupt ist (MOLNAR und TAPPONNIER 1975). Alle diese tektonisch labilen Gebiete sind durch starke Erdbeben gekennzeichnet.

Nach DIETZ und HOLDEN (1970) bestanden im Perm vor rund 225 Millionen Jahren eine universale Großplatte, ein Superkontinent, die Ganzerde als Pangaea, und ein Weltmeer, die Panthalassa, als Vorläufer des Pazifiks. In der Mitte der Pangaea zeichnete sich das Mittelmeer der Tethys ab, das im Osten die Landmasse in die Großkontinente Laurasia (Norden) und Gondwania (Süden) zu teilen begann. Damals bestanden weder Atlantik noch Indik (Abb.). Anscheinend störte diese riesige Kontinentalmasse das Rotationsgleichgewicht der Erde. Daher bestand die Tendenz, sie aufzuspalten und die Erde im Sinne einer Stabilisierung mehr oder weniger gleichmäßig mit Großschollen zu bestücken (ILLIES). Die Rekonstruktion der Verhältnisse beruht (bis auf Indien) auf der morphologisch besten Einpassung der Kontinentalränder zur 1000-Faden-Isobathe (etwa 1800 m Tiefe), wobei auch Computerberechnungen angewandt wurden. Seit der Trias und besonders seit dem obersten Jura bildeten sich an altangelegten Schwächezonen einzelne interkontinentale Gräben heraus. Die zunehmende Dehnung der Kruste war von einförmigen, alkalibetonten basaltischen Vulkanausbrüchen begleitet, die wahrscheinlich vor 180 Millionen Jahren begannen (Mittlerer Jura). Die sich erweiternden Riftzonen führten allmählich zu einem bis heute noch nicht abgeschlossenen Zerfall der Landmasse (Abb.), wobei wohl zunächst zwischen den Bruchstücken des Gondwanalandes einzelne Landverbindungen bestanden haben. Allmählich erweiterten sich die Rifte zu ozeanischen Schwellen, und es entstanden durch spreading neue Ozeane, so daß am Ende der Kreidezeit vor rund 65 Millionen Jahren schon eine dem heutigen geographischen Bild ähnliche Verteilung der Einzelkontinente vorhanden war. Nach und nach sonderten sich Festlandsschollen entlang den Riften von der Pangaea ab, Südamerika von Afrika im Westen und Antarctica im Osten. Die erste Entwicklungsphase des Atlantiks in der Kreide ist mit der des heutigen Roten Meeres vergleichbar. Langsam wuchs der Atlantik (vgl. Kapitel »Tertiär«) in die Breite und entwickelte sich seit rund 100 Millionen Jahren von verschiedenen Teilstücken (Süd-, Mittel-, Nordatlantik, Skandik) aus (BEURLEN 1974). Die Drift ging keineswegs einheitlich vor sich. Unterschiedliche Bewegungen führten zu links- und rechtsgerichteten Dehnungen der Landmassen. Im Norden war die Drift mit einer Rotation verbunden, worauf nach PHILIPPS und LUYDYEK (1970) der bogenförmige Verlauf der Bruchzone im Zentralteil des Mittelatlantischen Rückens hinweist. Daher müssen Nord- und Südatlantik selbständige Großschollen mit unabhängiger Entwicklung und einer Grenze im Äquatorbereich sein. Europa und Nordamerika haben sich (Irland und Neufundland) verhältnismäßig spät vor rund 90 Millionen Jahren voneinander gelöst, Grönland und Europa erst zu Beginn des Alttertiärs. Ähnlich hat sich auch Australien erst spät von Antarctica getrennt. Bei der Öffnung des Nordatlantiks hat seit dem frühen Mesozoikum die Azoren-Drillingsstruktur einen großen Einfluß ausgeübt. Der Südatlantik begann sich im Unteren Jura zu bilden (RAMSEY). Fossile Erdbebenspalten in mesozoischen Quarziten und im unterlagernden Granit Südwestafrikas als Zeugen seismischer Aktivität dürften auf das Auseinanderbrechen von Afrika und Südamerika hinweisen (WITTIG 1976). VALENCIO und VILAS (1976) legen dagegen die Öffnung des Südatlantiks, möglicherweise zusammen mit dem westlichen Indik, nach gewaltigen Basalteffusionen in die späte Unterkreide und Obere Kreide. Neue Untersuchungen (VAN ANDEL u. a. 1977) konnten anhand von Sedimentationsanalysen die Geschichte des Südatlantiks während der letzten 125 Millionen Jahre klären. In einem nördlichen Becken sind Evaporite der Unteren Kreide (Apt) die ältesten marinen Bildungen, während in einem südlichen Becken normale pelagische Sedimente abgelagert wurden. Eine freie Zirkulation von Oberflächenwasser zwischen dem südlichen Ozean und dem Nordatlantik wurde im späten Mesozoikum oder im frühen Känozoikum möglich. In der Oberen Kreide wurde der Südatlantik Teil des Weltozeansystems.

Südamerika driftete aktiv in westlicher Richtung, während Afrika nur eine schwache Drehung vollführte. Die Geschwindigkeit der Ausbreitung des Atlantiks dürfte bis in das Alttertiär größer gewesen sein (5 bis 6 cm jährlich) als später (2 cm) und gegenwärtig (1 cm).

Während sich der Südatlantik kontinuierlich erweitert hat, ist die Entwicklung des Nordatlantik diskontinuierlich abgelaufen. Eine auffällige Häufung der Bewegungen zeigt sich neben Umpolungen des erdmagnetischen Feldes und magmatischen Erscheinungen an der Grenze zwischen Mesozoikum und Känozoikum, die auch biologische Besonderheiten zeigt (Aussterben von Ammoniten, Belemniten, Sauriern, die plötzliche Entfaltung der Säuger).

Bei der Drift der Großschollen kam es zu einer Aufeinanderzubewegung einzelner Platten. Indien als Teil von Gondwana prallte bei seiner Drift auf Asien, und der Himalaja wurde aufgefaltet. Der 2400 km lange Himalaja-»Graben« war Ort einer Plattensubduktion, die heute von der Induslinie repräsentiert wird bei einer Subduktionsgeschwindigkeit von 5,5 cm im Jahr (TOKSÖZ 1975). Aber auch Afrika, Arabien und Europa kollidierten miteinander, wie die lange Zone der alpidischen Faltengebirge vom Atlas und den spanischen Gebirgen über Alpen-Karpaten-Dinariden und die Gebirge quer durch Asien bis in den Fernen Osten zeigt (vgl. dazu auch die Kapitel »Metamorphose«,

Die Entwicklung der Erde seit dem Perm

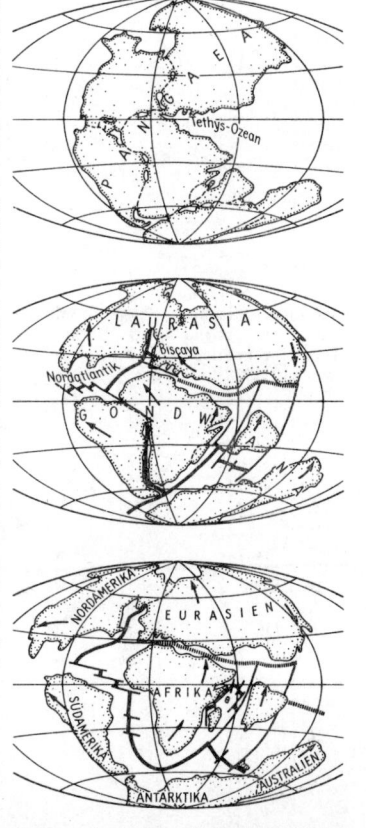

Oben: Die universale Landmasse der Pangaea im Perm vor 225 Millionen Jahren. Mitte: Kontinentaldrift und Lage der Kontinente und Ozeane im Oberen Jura vor 135 Millionen Jahren. Unten: Kontinentaldrift und Lage der Kontinente und Ozeane gegen Ende der Kreidezeit vor 65 Millionen Jahren

S. 218 und »Tertiär«, S. 397). In der Kreide wurde das damals 1000 km breite Mittelmeer (Tethys) mit Teilen von Europa unter Afrika geschoben, und die europäische und afrikanische Platte kollidierten, wobei die Alpen entstanden sind, was u. a. von CLAR (1974) bestritten wird. Noch heute erscheinen diese Bewegungen nicht abgeschlossen, wie die schweren Erdbeben von Friul (1976, 1977) in Norditalien beweisen, die auch in der DDR registriert wurden. Die Hauptsubduktion ist nach BOEGEL (1975) gleichzeitig mit der ersten Öffnung des Rheintalgrabens erfolgt. In der Ägäis erfolgt die Subduktion vor Teilen Afrikas von Süden her unter die Insel Kreta bzw. unter die Kykladen. Das Mittelmeer wird langsam kleiner, und an seiner Stelle werden sich in ferner Zukunft wohl einmal hohe Gebirgsketten finden. Die Becken des östlichen Mittelmeeres sieht man als Reste eines jurassischen Ozeans an, der durch Subduktion verschwunden ist (BIJU u. a. 1976).

Schon WEGENER (S. 251) hatte auf die weitreichenden Übereinstimmungen im Bau Afrikas und Südamerikas hingewiesen. So entsprechen sich die Strukturen und Störungssysteme der verschiedenen Systeme des präkambrischen Grundgebirges auf beiden Seiten des Atlantiks, dazu Eisenerz-(Itabirite) und Goldlagerstätten, selbst Nord-Süd streichende, edelsteinführende Pegmatitgänge in Südbrasilien und Namibia, aber auch auf Madagaskar und Sri Lanka. Gleiches gilt für Charnockite und vielfach früh- bis mitteljurassische Basaltlaven, die sich nicht nur in Afrika und Südamerika, sondern auch auf den anderen Südkontinenten nachweisen lassen (Abb.). Der Basaltvulkanismus läßt den sich anbahnenden Zerfall der Pangaea erkennen und zeitlich einordnen. Aber auch äolische Sandsteine der Trias in gleicher Ausbildung und mit gleicher Süßwasserfauna sprechen wie andere Sedimente dafür, daß zu dieser Zeit eine Trennung der beiden Großschollen noch nicht erfolgt war. Eine besondere Rolle in der Diskussion um die Kontinentalverschiebung hat seit WEGENER die jungpaläozoische Vereisung der Südkontinente gespielt (S. 351). Nach MAACK weist die Herkunftsrichtung des Gondwanaeises in Brasilien, wie Messungen der Einregelung von Geschieben und des Streichens

Paläotektonische Zusammenhänge zwischen Afrika und Südamerika (nach verschiedenen Autoren, entworfen von Illies 1965)

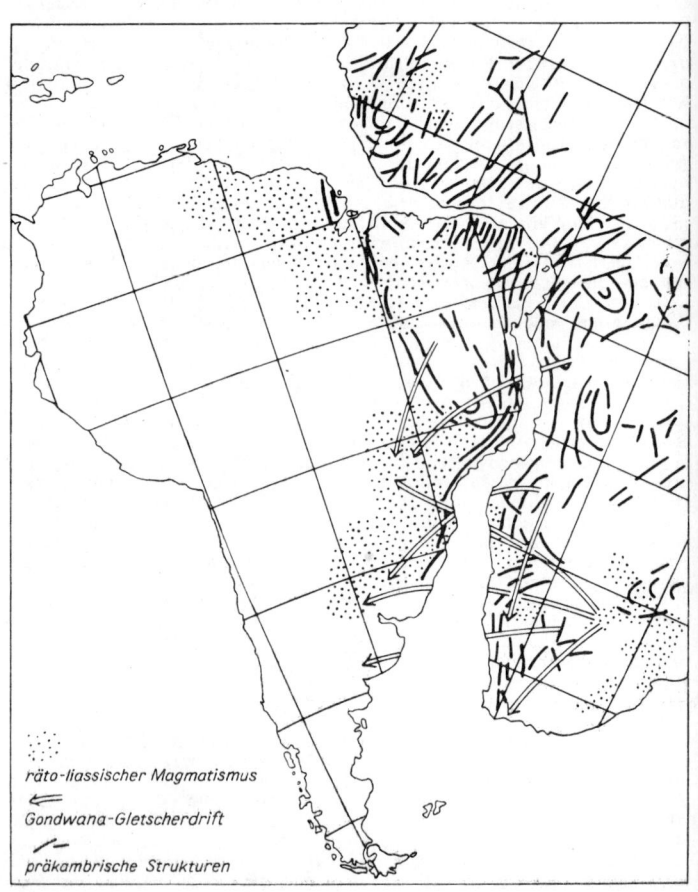

Mittlere Proterozoikum (1,9 bis 1,6 Milliarden Jahre) und in das Oberproterozoikum (1,6 bis 0,57 Milliarden Jahre). Von diesen Untereinheiten besitzt nur das Obere Proterozoikum eine im Sinne der Chronostratigraphie anerkannte Benennung als **Riphäikum**. Das Riphäikum wird meistens viergeteilt, wobei der oberste Teil (0,68 bis 0,57 Milliarden Jahre) im allgemeinen als **Wendium** bezeichnet wird, das durch das erste Auftreten der Metazoen eine gewisse Sonderstellung einnimmt. – Die ungleiche Zeitdauer insbesondere der proterozoischen Untereinheiten ist ein Mangel der gegenwärtigen Präkambriumskala, der im Verlauf der weiteren Forschung überwunden werden dürfte.

Soweit heute zu übersehen ist, waren wahrscheinlich bis zum Ausgang des Präkambriums auf der Erde fünf große konsolidierte Komplexe (Kratone) vorhanden: **Laurentia** (Nordamerika-Grönland mit Spitzbergen und Teilen von Neufundland, Schottland, Irland und dem westlichen Norwegen), der **Europäische Kraton** mit seinem Kern Fennosarmatia, zu dem Teile von Nordamerika (Neuengland) und Neufundland gehörten, der **Sibirische Kraton** zwischen dem Ural und Kamtschatka, der **Ostasiatische Kraton** mit den Grundgebirgsmassiven im Kern von China und Vietnam sowie den heutigen Inseln in Südostasien und der südliche **Superkontinent Gondwana** als einheitliche, geschlossene Masse, zu dem außer Süd- und Mittelamerika, Afrika, Arabien und Madagaskar, Indien und Ceylon, Australien und Antarktika auch Florida, Mexiko, Yukatan und Honduras sowie Teile von Europa (Süd-Spanien, Italien, Jugoslawien) gehörten. Hier bilden sehr mächtige präkambrische Gesteinskomplexe ausgedehnte, meist eingerumpfte Stabilgebiete (Plattformen), die die nachfolgende paläozoische Entwicklung maßgeblich beeinflußt haben (S. 305).

Die heutige Lage dieser Plattformen auf der Erdkugel entspricht ziemlich sicher nicht der Lage dieser Gebiete im Präkambrium. Durch paläomagnetische, seismische, geotektonische, paläontologische und kernphysikalische Untersuchungen des Ozeanbodens, der ihm auflagernden Sedimente und der Ozeanränder sind in den letzten zwei Jahrzehnten umfangreiche Horizontalverschiebungen der rezenten globalen Baueinheiten (ozeanisch-kontinentale Platten) wahrscheinlich gemacht worden. Diese Verschiebungen lassen sich für die einzelnen Ozeane unterschiedlich weit zurückverfolgen.

In welchem Umfang paläozoische und präpaläozoische Drift vorhanden war, ist heute noch umstritten (vgl. S. 274). Überholt ist die fixistische Konzeption STILLES von einer starren, postkarelisch-präbeltojotnischen Großerde (Megagäa), die während des »Algonkischen Umbruchs« in großen Teilen regeneriert worden sein soll (S. 184). Für die Darstellung der kontinentalen präkambrischen Baueinheiten ist in den stratigraphischen Gliederungen eine Form gewählt worden, die die wahrscheinliche Existenz bedeutender Horizontalverschiebungen bewußt macht und gleichzeitig den Vergleich mit den rezenten Verhältnissen erlaubt.

Die Entwicklung der Lebewesen

Die Tatsache, daß zu Beginn des Kambriums die marine Lebewelt reich entfaltet war (vgl. S. 304), setzt eine Entstehung des Lebens bereits weit vor diesem Zeitpunkt im Präkambrium voraus. Die alte Annahme, daß das Präkambrium fossilleer wäre, weshalb man auch von **Azoikum** sprach, hatte sich schon um die Jahrhundertwende als unhaltbar erwiesen. Deshalb wurde dem Paläozoikum zunächst ein **Eozoikum** oder **Proterozoikum** (Frühzeit des Lebens) und schließlich auch noch ein **Archäozoikum** (Urzeit des Lebens) vorangestellt. Je weiter man in der Erdgeschichte zurückgeht, desto unsicherer werden die Urkunden über das Leben, bis sich seine Spuren schließlich ganz verlieren. Diese Tatsache hängt nicht allein mit der oft hohen Metamorphose der präkambrischen Gesteine zusammen, sondern beruht auch auf den geringeren Erhaltungsmöglichkeiten der damals lebenden skelettfreien Organismen und ihrer geringeren Häufigkeit. Über die Entstehung des Lebens auf der Erde und die ältesten Lebewesen in den Zeiten des Präkambriums wird im Kapitel »Die Entstehung des Lebens auf der Erde« berichtet. Hier wird nur noch etwas über die Entwicklung im Riphäikum ausgeführt.

Aus dem **Riphäikum** sind Fossilfunde von allen Kontinenten bekannt (vgl. Stratigraphische Gliederungen der Nord- und Südkontinente). In dieser Zeit beginnt die Entwicklung der aeroben Eukaryoten, das sind Lebewesen mit differenzierter Zellorganisation. Dieser Evolutionsschritt ist einer der bedeutendsten Diskontinuitätssprünge in der Phylogenese der Organismen (vgl. auch S. 426). Die ältesten fossilen Eukaryoten besitzen ein Alter von 1,2 bis 1,4 Milliarden Jahren (Cristal-Spring-Formation Kaliforniens mit Grünalgen). Etwas jünger ist die Bitter-Spring-Formation Australiens mit eukaryotischen Algen). Abgesehen von dieser Entwicklung, erreichten die Stromatolithen eine solche Verbreitung und Formenfülle, daß für das Riphäikum eine Zonenfolge aufgestellt werden konnte (Russische Tafel, Sibirien) und erste interregionale und interkontinentale Korrelationen möglich wurden. Am Ende des Oberen Riphäikums vor 750 Millionen Jahren war die Differenzierung der Organismen schon so weit fortgeschritten, daß die Ediacara-Nama-Wend-Metazoen-Faunen neben zahlreichen Coelenteraten (Anthozoen, Hydrozoen, Scyphozoen und Me-

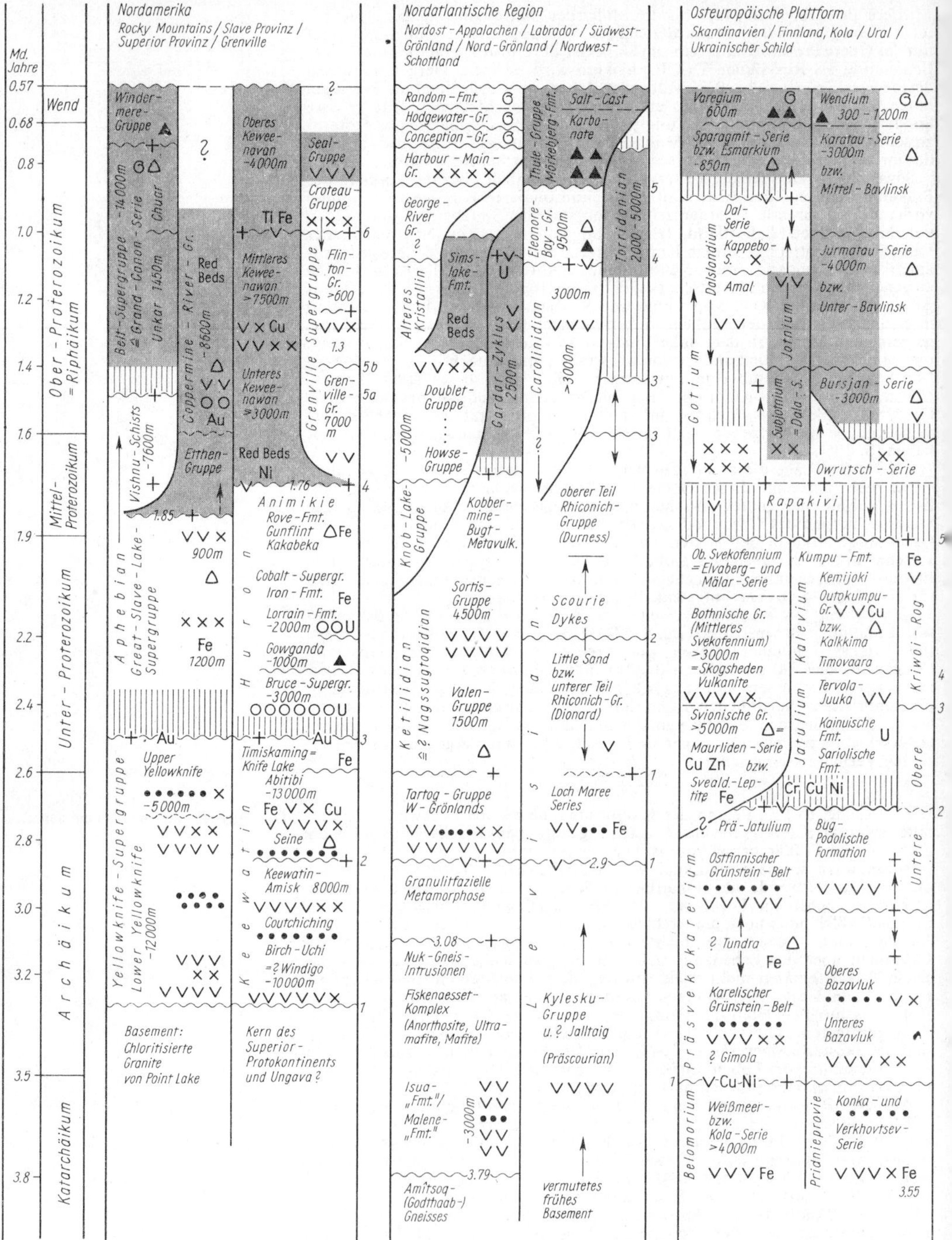

Tektogenesen:

6 Grenvillian
5b Labrador 5a Elsonian
4 Hudsonian bzw. Penokean
3 Kenoran bzw. Algomian
2 Laurentian
1 Prä-Laurentian

5 Knoydartian
4 Carolinian
3 Laxfordian
2 Invernian
1 Scourian

6 dalslandisch bzw. svekonorwegisch
5 svekokarelidisch
4 intrakarelidisch
3 bugidisch
2 präsvekokarelidisch bzw. präjatulisch
1 saamisch

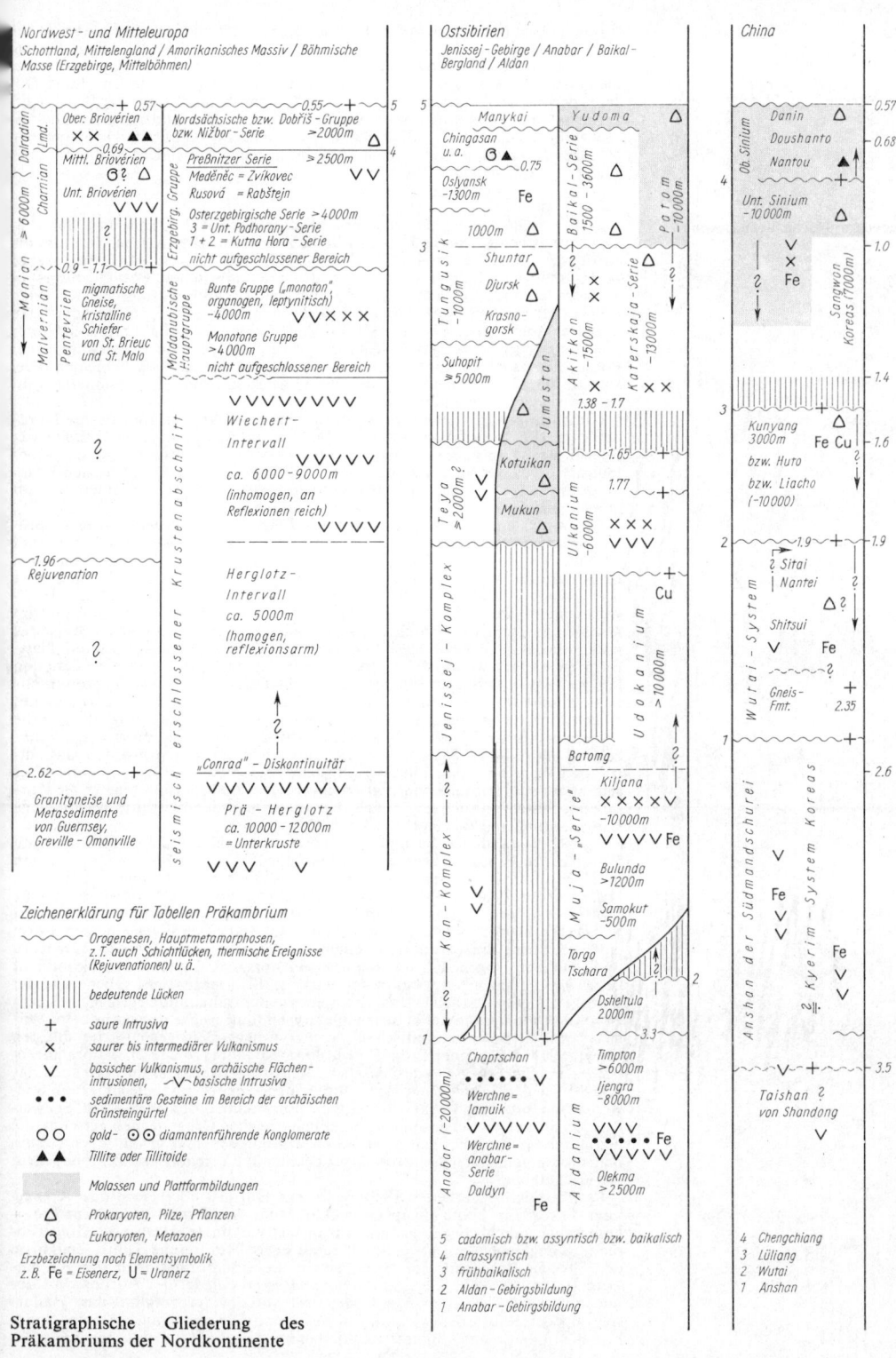

Stratigraphische Gliederung des Präkambriums der Nordkontinente

Nordwest- und Mitteleuropa
Schottland, Mittelengland / Amorikanisches Massiv / Böhmische Masse (Erzgebirge, Mittelböhmen)

Dalradian / Charnian / Monian / Malvernian / Pentevrien		Nordsächsische bzw. Dobříš-Gruppe bzw. Nižbor-Serie >2000m — 0.55	Erzgebirg. Gruppe / Moldanubische Hauptgruppe	seismisch erschlossener Krustenabschnitt
Ober. Briovérien +0.57 ×× ▲▲				
0.69		Preßnitzer Serie ≥2500m		
Mittl. Briovérien ⊙? △		Měděnec – Zvíkovec		
Unt. Briovérien		Rusová – Rabštejn		
≥6000m		Osterzgebirgische Serie >4000m		
		3 = Unt. Podhorany – Serie		
	?	1+2 = Kutná Hora – Serie		
		nicht aufgeschlossener Bereich		
0.9–1.1 +		Bunte Gruppe („monoton", organogen, leptynitisch") –4000m		
migmatische Gneise, kristalline Schiefer von St. Brieuc und St. Malo		Monotone Gruppe >4000m		
		nicht aufgeschlossener Bereich		
	?	Wiechert- Intervall ca. 6000–9000m (inhomogen, an Reflexionen reich) VVVVVVVV		
—1.96 Rejuvenation				
	?	Herglotz- Intervall ca. 5000m (homogen, reflexionsarm)		
	?	„Conrad" – Diskontinuität		
—2.62 ~~~ +		VVVVVVVV Prä – Herglotz ca. 10000–12000m = Unterkruste VVV V		
Granitgneise und Metasedimente von Guernsey, Greville – Omonville				

Zeichenerklärung für Tabellen Präkambrium

~~~ Orogenesen, Hauptmetamorphosen, z.T. auch Schichtlücken, thermische Ereignisse (Rejuvenationen) u. ä.

|||||||| bedeutende Lücken

+ saure Intrusiva

× saurer bis intermediärer Vulkanismus

V basischer Vulkanismus, archäische Flächenintrusionen, ⌄V basische Intrusiva

••• sedimentäre Gesteine im Bereich der archäischen Grünsteingürtel

○○ gold- ⊙⊙ diamantenführende Konglomerate

▲▲ Tillite oder Tillitoide

Molassen und Plattformbildungen

△ Prokaryoten, Pilze, Pflanzen

ⓖ Eukaryoten, Metazoen

Erzbezeichnung nach Elementsymbolik
z.B. Fe = Eisenerz, U = Uranerz

Ostsibirien
Jenissej-Gebirge / Anabar / Baikal-Bergland / Aldan

Teya / Jenissej-Komplex / Kan-Komplex / Anabar	Jumastan	Patom / Udokanium / Muja-"Serie" / Aldanium	
Manykai — 0.57	Yudoma △		5
Chingasan u.a. ⓖ▲ — 0.75	Baikal-Serie 1500–3600m		4
Oslyansk –1300m Fe			
1000m △		Patom –10000m	3
Tungusik –1000m Shuntar △ Djursk △ Krasnogorsk			
Suhopit ≥5000m	Akitkan –1500m ×× 1.38–1.7	Katerskaja-Serie –13000m ××	
	1.65		
Kotuikan △	1.77		
Mukun △	Ulkanium –6000m ××× VVV		
		Cu	
?	Udokanium >10000m		
	Batomg	?	
?	Kiljana ×××× V –10000m VVV V Fe		2
	Bulunda >1200m		
	Samokut –500m		
	Torgo Tschara ?		
1	Dsheltula 2000m — 3.3		
Chaptschan (–20000m) •••••• VVVVV Werchne= lamuik Werchne= anabar- Serie Daldyn Fe	Timpton >6000m Ijengra –8000m •••••• Fe VVVV Olekma >2500m		

5 cadomisch bzw. assyntisch bzw. baikalisch
4 altassyntisch
3 frühbaikalisch
2 Aldan-Gebirgsbildung
1 Anabar-Gebirgsbildung

China

Ob. Sinium / Unt. Sinium / Wutai-System / Anshan der Südmandschurei / Kyerim-System Koreas	
Danin △ — 0.57	
Doushanto — 0.68	
Nantou ▲ +	
Unt. Sinium –10000m V × Fe	—1.0
Sangwon Koreas (7000m)	
	—1.4
Kunyang 3000m △ Fe Cu	—1.6
bzw. Huto bzw. Liacho (–10000)	
? Sitai	Nantei △?	—1.9
Shitsui V Fe ?	
Gneis- Fmt. + 2.35	
	—2.6
V Fe V V Fe V V Fe	
Taishan ? von Shandong V	
	—3.5

4 Chengchiang
3 Lüliang
2 Wutai
1 Anshan

dusen unbekannter systematischer Stellung) auch Anneliden und Arthropoden (*Trilobitomorpha* und *Crustacea*) enthalten. Besonders sei das Nama-System Namibias hervorgehoben mit zahlreichen Formengruppen, wenn auch deren Beziehungen zur kambrischen Tierwelt völlig offen sind. Eine bereits hohe Differenzierung der Lebewelt beweisen auch Organismenfunde aus der Belt-Supergruppe und aus den jungpräkambrischen Einheiten Neufundlands. Neben Stromatolithen, eukaryoten Ciliatenkolonien (*Fibularix*) und acritarchenähnlichen Pflanzen (*Chuaria*) treten verschiedene Metazoen, Anneliden, Stromatoporen und *Lingulella montana* auf.

Paläogeographische Verhältnisse

Das klassische Gebiet der stratigraphisch-tektonischen Gliederung des Präkambriums ist der **Nordamerikanische Subkontinent**. Hier haben schon um die Mitte des 19. Jahrhunderts MURRAY (1843) und LOGAN (1847) in Quebec und Ontario eine erste Gliederung des präkambrischen Grundgebirges in Laurentium und Huron durchgeführt, die später mittels tektonischer Kriterien (Diskordanzen) auf andere Gebiete ausgedehnt wurde (z. B. Gebiet um Lake Superior) und teilweise sogar weltweit Verwendung fand. Bald zeigte sich aber die Unhaltbarkeit der als Gliederungsprinzip verwandten Vorstellung einer durch universale Diskordanzen gegliederten präkambrischen Schichtenfolge, so daß die ältere lithostratigraphische Gliederungsweise der regionalen Einheiten wieder aufgenommen wurde.

Auch die grundlegenden präkambrischen Zeitbegriffe stammen aus Nordamerika. 1872 wurde von DANA für die Gesteine der ältesten präkambrischen Begriff Archäikum vorgeschlagen, 1887/89 führten EMMONS und der Geological Survey der Vereinigten Staaten für die jüngeren präkambrischen Komplexe die Begriffe Algonkium (heute nicht mehr üblich) bzw. Proterozoikum (als biogenetisches Synonym für Algonkium) ein.

Die zentralen Teile Nordamerikas und Grönlands werden von einer präkambrischen Plattform aufgebaut, die im Norden, im Kanadischen Schild, und im Nordosten, im Grönland-Schild, an der Oberfläche liegt. Vor allem im Süden und Westen werden die präkambrischen Gesteine, z. B. im Gebiet der großen Prärien, von mächtigen paläozoischen bis känozoischen Tafelsedimenten bedeckt. Auch im Gebiet der südwestlichen Hudson-Bai und im arktischen Archipel verhüllen Tafelbildungen tiefpaläozoischen Alters das präkambrische Grundgebirge. An den Rändern dieser ausgedehnten Plattform entstanden während des jüngeren Riphäikums und der späteren Perioden langgestreckte Orogene: im Südosten und Osten die jungproterozoisch-altpaläozoischen Appalachen und ihr grönländisch-nordwesteuropäisches Gegenstück (Ostgrönlandiden-Kaledoniden), im Süden das jungpaläozoische Quachita-Wichita-System, im Südwesten und Westen das mesozoisch-känozoische Kordilleren-System und im äußersten arktischen Norden das altpaläozoische Innuntian-Ellesmere-System. Bei diesen Orogenen handelt es sich zumindest teilweise um plattentektonische Kollisionsorogene (z. B. Kordilleren-System), in deren Bereich die Randzonen der Plattform tektonogene Umgestaltungen erfuhren (S. 263).

Älteste Bestandteile der Nordamerikanisch-Grönländischen Plattform sind 5 archäische Protokontinente: Superior nördlich der großen Seen, Hudson im Nordwesten der Hudson-Bai, Ungava im Westteil der Halbinsel Labrador, Slave nordnordöstlich des Großen Sklavensees und der durch mesozoische Driftbewegungen zerlegte Protokontinent Nordatlantische Protokontinent (Ostlabrador, Südwestgrönland, Nordwestschottland). In stark verallgemeinerter Form enthalten diese Protokontinente einen oft katarchäischen kratonischen Kern und randliche orogene Gürtel archäischen Alters. Der Superior-Protokontinent ist der bei weitem größte und bestentwickelte (Stratigraphische Gliederung der Nordkontinente, Spalte 1). Das Alter seines in Zentralmanitoba gelegenen Kerns ist infolge der starken kenorischen Gebirgsbildung bisher unbekannt. Im Vergleich mit dem Nordatlantischen Protokontinent, dem gegenwärtig ältesten belegten Krustenteil der Erde (3,79 Milliarden Jahre, Spalte 2), ist prälaurentisches, möglicherweise katarchäisches Alter zu erwarten. Darauf weist auch das 3,55-Milliarden-Jahre-Alter des Montevideo-Gneises im benachbarten Südwest-Minnesota hin. Drei Grünsteingürtel umrahmen den alten Kern. Sie werden jeweils von zwischengelagerten sedimentreichen Orogenzonen getrennt, die heute aus Metasedimenten, Migmatiten, Paragneisen und granitischen Gesteinen zusammengesetzt sind. Am Ende beschließt die kenorische Tektogenese das Archäikum.

Proterozoische Einheiten (Sedimente des Hurons) überlagern das Archäikum diskordant. Seine Hauptentwicklung hat das Huron in der dem Protokontinent südlich vorgelagerten Huron-Geosynklinale. Uran und Gold führende Konglomerate kennzeichnen seine Basis. Huronische Tillite, Zeugnisse der ältesten Vereisung der Erde, sowie die Eisenformationen der Kobaltgruppe und des Animikie sind die bekanntesten Glieder des Hurons. Mit der hudsonischen Tektogenese endet im Mittelproterozoikum das Hauptstadium der Krustenentwicklung in der unmittelbaren Umgebung des Superior-Protokontinents. Spätestens zu diesem Zeitpunkt intrudierten die z. T.

Nickelmagnetkies führenden Magmatite von Sudbury in Kanada. Als postorogene Bildungen lagerten sich im Lake Superior-Trog die vorwiegend oberproterozoischen, schwach deformierten Sedimente und Laven des Keweenawan ab, unter ihnen mächtige rote klastische Serien.

Unter- und mittelproterozoische Faltengürtel vorwiegend aus Metasedimenten umrahmen auch die anderen Protokontinente der Plattform. Die bekanntesten sind die Labrador-Geosynklinale im Osten von Ungava und die Ketiliden und Nagssugtoqiden im Süden bzw. Norden des südwest-grönländischen Kratons. In anderen Gebieten, so in der südlichen Churchill-Provinz südöstlich des Athabasca-Sees, behindern starke Faltung und Metamorphose die Trennung von Archäikum und Proterozoikum.

Riphäische Faltengürtel und Reaktivierungsbereiche sind vor allem im Osten der Plattform (Grenville-Provinz) und an ihrem Westrand bekannt (Belt-Miogeosynklinale). – In der Grenville-Provinz sind hochmetamorphe Paragesteins-Komplexe mit häufigen Marmoren weit verbreitet. Ihre stratigraphische Gliederung macht große Schwierigkeiten, da zahlreiche Altbauteile hudsonischen und kenorischen Alters auftreten, insbesondere an der Nordwest-Grenze des Orogens. Diese Grenzzone schneidet die alten Strukturen des Protokontinents Superior und der Hudson-Geosynklinale ab, wobei eine abrupte Erhöhung der Metamorphose und ein plötzlicher Abfall der radiometrischen Alter nach Osten hin erfolgt. Im Riphäikum begann auch die Anlage des südöstlich gelegenen Appalachen-Troges (vgl. Stratigraphische Gliederung der Nordkontinente, Spalte 2).

Am Westrand der Plattform sind die Verhältnisse infolge bedeutender paläozoischer und mesozoisch-känozoischer Faltungsvorgänge im einzelnen noch problematisch. Die bekannteste präkambrische Einheit ist die Belt-(Purcell-) Parageosynklinale mit mächtigen, zuoberst faunenführenden Gesteinsfolgen. Wendisches Alter besitzt die von Westen her transgredierende tillitführende Windermere-Gruppe. Abweichende Verhältnisse finden sich im südlichen Teil der Rocky Mountains, wo der kristalline Sockel des Colorado-Plateaus als Fremdkörper im Kordilleren-System sitzt. Die Kristallinmasse wurde bei der Entstehung der paläozoischen Rocky Mountains von der Nordamerikanisch-Grönländischen Plattform gelöst und wirkte später als internes Resistenzgebiet innerhalb des Gebirgssystems. Der tiefeingeschnittene, berühmte Colorado-Cañon bietet einen Einblick in die Verhältnisse (Abb.): Die vorwiegend mittelproterozoischen Vishnu-Schiefer, eine mächtige Folge von Quarziten, Quarzglimmerschiefern und Amphiboliten, sind metazafisch gefaltet und werden von verschiedenen Graniten und zugehörigen Gängen (1,47 und 1,7 Milliarden Jahre) durchsetzt. Die beltype Grand-Cañon-Serie (Unkar) zeigt demgegenüber relativ flache Lagerung und keine nennenswerte Metamorphose mehr.

Im Bereich der Plains-Tafel liegen die präkambrischen Gesteine in Teufen zwischen 500 und 4000 m und sind durch zahlreiche Bohrungen und geophysikalische Untersuchungen gut bekannt, so daß sich die Baueinheiten des Kanadischen Schildes weit nach Südwesten verfolgen lassen. In Texas und New

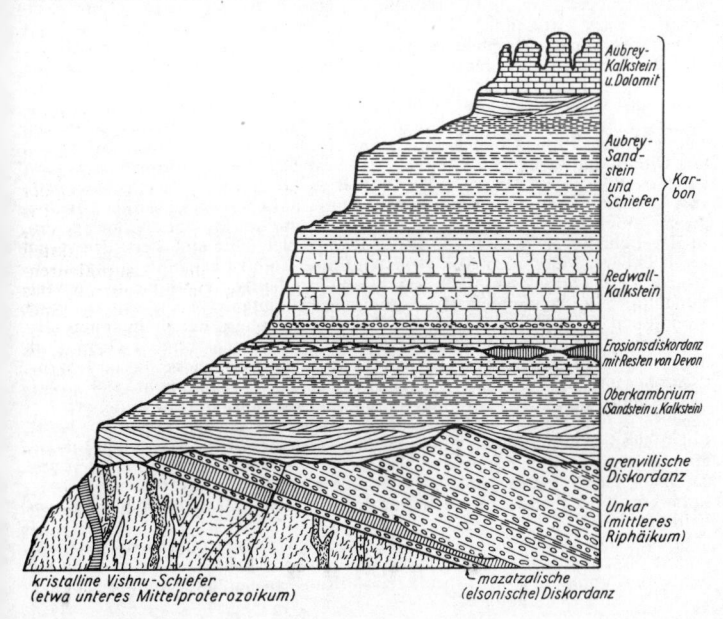

Profil des Grand Cañon des Coloradoflusses im Felsengebirge Nordamerikas (nach Frech)

Mexico bildet der von riphäischen und jüngeren Mobilzonen umgebene mittelproterozoische Texaskraton eine nordwestlich-südöstlich gestreckte Einheit.

Insgesamt ergibt sich für die Nordamerikanisch-Grönländische Plattform deutlich die episodische Erweiterung oder Umgestaltung einer alten Kontinentalmasse durch tektonogenetische Prozesse.

An Lagerstätten sind im Präkambrium Nordamerikas die proterozoischen Eisenerze der Itabirite (Kobalt-Supergruppe, Gun-Flint-Eisenformation) hervorzuheben, die Mächtigkeiten bis 300 m und Eisen-Gehalte bis 60 Prozent erreichen. Etwa 15 Prozent der Welturanvorräte entfallen auf präkambrische Konglomerate im Kanadischen Schild (z. B. Lake Elliot, Montgomery Lake). Dazu kommen bedeutende Silber-, Kupfer-, Blei-, Zinn-Lagerstätten. Die größte bisher bekannte Nickellagerstätte der Erde ist die Nickel-Magnetkieslagerstätte von Sudbury. Mit dem mittelriphäischen Duluth-Lopolithen sind große Titanomagnetitlager verknüpft, und auch die Kupferlagerstätten des mittleren Keweenawan stehen möglicherweise mit hydrothermalen Lösungen des Duluth-Magmas in Verbindung. Die meisten Goldvorkommen treten im Nordwesten des Kanadischen Schildes auf (vgl. Kapitel »Lagerstätten der Erze«).

In Europa finden sich präkambrische Einheiten vor allem in drei Verbreitungsgebieten. Der äußerste Nordwesten Schottlands und die Hebriden werden von den südöstlichen Teilen der Nordamerikanisch-Grönländischen Plattform (Eria) gebildet. In West-, Mittel- und Südeuropa finden sich kleinere präkambrische Komplexe besonders in den Zentralgebieten der phanerozoischen Faltengebirge. Nord- und Osteuropa werden weitgehend von der ausgedehnten Osteuropäischen Plattform aufgebaut.

Die älteste Einheit Erias im Nordwesten von Schottland ist eine granulitische Gesteinsfolge variabler Zusammensetzung, die mit Ultrabasiten und Metabasiten vergesellschaftet ist. Ebenfalls archäisch ist die Loch-Maree-Serie (Hornblendeschiefer, Amphibolite, Metasedimentite), die mit dem jüngsten Grünsteingürtel West-Grönlands und den zugehörigen Sedimentfolgen verglichen wird. Südöstlich des Unteren und Mittleren Proterozoikums der North-West-Highlands (südöstlich der Moine-Thrust-Plane) finden sich in den schottischen Kaledoniden mächtige jungpräkambrische Metamorphitkomplexe, und zwar plattformnah das mittel- bis jungriphäische, lithologisch monotone Moinian, geosynklinalwärts das lithologisch bunte, jüngstriphäische bis unterkambrische Dalradian, dessen glazigene Boulder Beds ein wichtiger stratigraphischer Bezugshorizont für den Vergleich mit dem Wendium des Armorikanischen Massivs und Norwegens sind. Weitere jungpräkambrische Komplexe treten im Bereich der Irischen See und in Mittelengland auf. Molassebildungen riphäischen Alters sind die Red Beds des Torridonian, die das ältere Präkambrium Erias diskordant überlagern.

Auf dem west- und zentraleuropäischen Festland besitzt das Präkambrium im Zuge des variszischen Gebirges (Nordwestspanien, Armorikanisches Massiv, Französisches Zentralmassiv, Böhmische Masse) als gerüstbildendes Stockwerk besondere Bedeutung für dessen spätere Entwicklung. Im Armorikanischen Massiv (Bretagne, Normandie) bilden amphibolitfazielle und z. T. höher metamorphe Migmatite, Gneise, Glimmerschiefer und Amphibolite die älteste Einheit (Pentévrien), der auf den Kanalinseln und im Nordwesten der Halbinsel Cotentin archäische Relikte eingeschaltet sind. Dieses Fundament wird transgressiv vom spilitreichen Unteren Briovérien überlagert, das mit dem Sporomorphen und Rhizopoden führenden Mittleren Briovérien eine epizonale Einheit bildet. Diskordant folgt darüber das Obere Briovérien mit Tilliten und sauren Vulkaniten. – Im Französischen Zentralmassiv werden außer Äquivalenten des gesamten Briovérien die zentral gelegenen Anatexite von Aubusson und in ihnen Relikte eines granulitischen Sockels unterschieden, die als mögliche Äquivalente des Pentévrien und des Moldanubikums gelten. In der Böhmischen Masse und ihren Randgebieten ist eine dem Briovérien vergleichbare, wenn auch wohl vollständigere Abfolge bekannt. Das südböhmische Kerngebiet der Einheit besteht an der Oberfläche aus der dem Mittelriphäikum zuzurechnenden Moldanubischen Hauptgruppe, die sich aus einer monotonen Gruppe im liegenden Teil (einlagerungsarme Sillimanit-Biotit-Paragneise, Cordierit-Gneise und Migmatite) und einer bunten Gruppe im hangenden Teil zusammensetzt. Diese wird ihrerseits in eine basale leptynitische Serie (aus Granuliten = sauren Metaeffusiva, Amphiboliten = spilitischen Metaeffusiva, Serpentiniten = Metaultrabasiten), in eine bunte, organogene Serie (aus Biotit-Paragneisen mit Einlagerungen von Marmoren, Kalksilikatfelsen, Amphiboliten, graphitischen Gesteinen, Quarziten und Quarzitgneisen) und in die monotonen flyschartigen Kaplice-Glimmerschiefer und Zweiglimmerparagneise gegliedert. Die Beziehungen zum überlagernden Oberriphäikum sind ebenso wie das Alter der Moldanubischen Hauptgruppe umstritten.

In der DDR gelten die Gesteine des sächsischen Granulitgebirges als Äquivalente dieser leptynitischen Serie der Böhmischen Masse. Das Oberriphäikum (»Prager Algonkium«) wird in die basale Rabštejn-Serie, die spilitreiche Zvikovec-Serie und in die hangende Nižbor-Serie gegliedert, in denen Grauwacken und Siltsteine vorherrschen. Spilite treten außer in der Zvìkovec-Serie z. B. auch im tiefen Teil der Rabštejn-Serie auf. Die Beziehungen zum meist amphibolitfaziellen Oberriphäikum des Erzgebirges und zum Oberriphäikum Ostböhmens zeigt Spalte 4 der Stratigraphischen Gliederung der Nordkontinente. Zeitliche Äquivalente der Erzgebirgischen Gruppe finden sich in der Lausitz (Neiße-Seric), in der Elbtalzone (Großenhainer, Ebersbacher, Rödener Serie), im Schwarzburger Antiklinorium (Katzhütter Serie) und im Ruhlaer Kristallin (Truse-Serie). Der Grad ihrer metamorphen Beanspruchung ist unterschiedlich. – Die das Präkambrium abschließende Nordsächsische Gruppe (z. B. Leipziger, Kamenzer, Weesensteiner, Niederschlager Serie) ist durch mächtige Siltstein/Grauwackenfolgen charakterisiert, in denen häufig Fadenalgen und Favososphären wendischen Alters nachgewiesen werden konnten. Vereinzelte radiometrische Daten unterstützen diese Alterseinstufung, z. B. für (Meta-)Vulkanite des oberen Teils der Erzgebirgischen Gruppe mit maximal 0,74 bzw. 0,79 Milliarden Jahren und einen Spilit der Zvíkovec-Serie mit 0,65 Milliarden Jahren.

Eine Erweiterung der Kenntnisse über den Krustenaufbau und über die Gliederung des tieferen Präkambriums ist in den letzten Jahren durch tiefenseismische Untersuchungen auf Profilen von Mittelsachsen zum Erzgebirge gelungen. Unterhalb der präkambrischen Einheiten sind noch etwa 25 km Krustenprofil vorhanden, in denen mittelproterozoische bis archäische Einheiten vermutet werden.

Das oberflächennahe Präkambrium West- und Mitteleuropas ist verhältnismäßig arm an Erzlagerstätten. Zu nennen ist lediglich die Lagerstättenformation der Železné Hory mit Pyrit- und Eisen-Mangan-Lagerstätten, die ein stratigraphisches Äquivalent der Zvíkovec-Serie und Měděnec-Folge darstellt.

Die **Osteuropäische Plattform**, das Kerngebiet der geologischen Entwicklung Europas, läßt sich gliedern in den im Norden gelegenen Baltischen Schild (Ost- und Südskandinavien, Finnland, Karelien, Kola), in den Ukrainischen Schild (Korosten – Saporoshje) im Süden und in das weite zentrale Gebiet der Russischen Tafel, in deren Bereich das polymetamorphe präkambrische Kristallin von 1 bis 3, maximal bis 5 km mächtigen paläozoischen bis känozoischen Tafelsedimenten bedeckt ist. Diese Tafel bildet ebenso wie das Gebiet der Schilde keine starre Masse, sondern stellt einen vielgliedrigen Schollenkomplex dar, dessen Teilelemente unterschiedliche Beweglichkeit besitzen. Dies konnte durch zahlreiche Bohrungen und geophysikalische Untersuchungen nachgewiesen werden. Allseitig wird die Plattform von jüngeren Orogenzonen umgeben: im Nordwesten von den Kaledoniden, im Osten von den Uraliden, im Süden von (baikalisch-)alpidischen und im Südwesten von kaledonischvariszischen Tektogenzonen.

Älteste Bestandteile der Osteuropäischen Plattform sind archäische Baueinheiten, die nicht nur in den klassischen Gebieten Kola/Karelien und am Dnepr-Knie bei Dnepropetrowsk auftreten, sondern auch im Bereich der Russischen Tafel vorhanden sind (z. B. Großraum Archangelsk, Süd-Rossiskaja, Litauen, Großraum Kuibyschew). Auf Kola und am Weißen Meer bildet das saamisch gefaltete und metamorphosierte Belomorium (Marealbiden) zusammen mit den weniger ausgedehnten Saamiden das Katarchäikum (Murman- und Weißmeer-Block). Belomorische Elemente sind anscheinend auch im südwestlicher gelegenen, meist präsvekokarelischen Karelien-Block vorhanden. Zeitliche Äquivalente finden sich in der Ukraine und in der Granulitzone Nordfinnlands. Problematisch ist die Existenz noch älterer Krustenteile.

Im jüngeren Archäikum treten Grünsteingürtel in Karelien und in der Ukraine auf. Der jüngste ist offenbar der ostfinnische Grünstein-Belt, wenn auch die Verhältnisse im einzelnen noch problematisch sind. – Mit der präsvekokarelischen Faltung entstand ein ausgedehnter Kontinent, der einer intensiven präjatulischen Verwitterung ausgesetzt war (z. B. Basement Ostfinnlands).

Das Proterozoikum beginnt mit dem svekokarelischen Zyklus, in dessen Verlauf das svekokarelidische Orogen gebildet wurde. Dieses wird gegliedert in einen ausgedehnten und stark differenzierten ostschwedisch-finnischen Faltungsbereich, in die ostkarelische Faltenzone östlich des Karelien-Blocks und in die Kola-Faltenzone zwischen Weißmeer- und Murman-Block. Während Svekofenniden und Kareliden früher als verschiedenaltrig betrachtet wurden, gelten sie heute als eu- bzw. miogeosynklinale Einheiten desselben Orogens. Die svekofennischen Einheiten (Stratigraphische Gliederung der Nordkontinente Spalte 3 links) bestehen vornehmlich aus Metagrauwacken und Metapeliten, aus unreinen Metaarkosen und Meta-Rhyolithen (= Leptiten) sowie basischen Metavulkaniten, die allesamt oft in Gneise oder Migmatite umgewandelt sind. Die karelischen Metasediment-Komplexe sind durch eine basale Konglomerat Quarzit-Assoziation und durch Grünsteine, stromatolithenführende Dolomite, Phyllite oder Glimmerschiefer charakterisiert. Erst die hohen Endglieder (Kemijoki, Kumpu) bestehen aus grauwackigen Metasedimenten. Als Äquivalente des Svekokareliums gelten Teile der Bug-Podolischen Formation und die Kriwoi-Rog-Gruppe der Ukraine mit der 1250 m mächtigen Eisenerz-Folge im mittleren Teil der die Gruppe abschließenden Saksagan-Serie. Auch die »Gotiden« Südostschwedens werden neuerdings den Svekofenniden zugeordnet. In der ostkarelischen Faltenzone gelten die basale Seg-See-Serie und die stromatolithen- und schungitführende Onega-Serie als Äquivalente des Jatuliums.

Weit verbreitet sind svekokarelidische Einheiten im Bereich der Russischen Tafel. Während der svekokarelidischen Tektonogenese drangen ausgedehnte orogene Plutonite auf (z. B. zentralfinnischer Magmatitkomplex). Die Präsvekokareliden wurden vor allem randlich remobilisiert und verjüngt. Dieser Tektonogenese folgte die Zeit der Kratonisierung. Rapakivi-Granite und Diabasintrusionen durchsetzten in weiten Teilen der heutigen Plattform die starre Erdkruste. In Gräben und breiten Senken lagerten sich die roten Molassesedimente des Subjotniums und des Jotniums ab. – Das Gotium Südwestschwedens wird heute allgemein als eine anorogene Periode angesehen, die anatektische Effusiva, simatische Intrusionen und magmatitische Gesteine umfaßt. In Polen wird aber für diesen Zeitraum mindestens teilweise mit orogenen Bildungen gerechnet. Im östlichen Teil der Plattform wurden im Unteren Riphäikum im Bereich des heutigen Baschkirischen Antiklinoriums (Südural) Klastite und Karbonate abgelagert (Bursjan-Serie). Bis zum Oberen Riphäikum dehnte sich diese Tafelsedimentation über größere Gebiete der Plattform aus. Im zentralen Ural wurden geosynklinale Äquivalente in die baikalische Faltung einbezogen. Auch in West-Schweden und im südlichen Norwegen herrschten in dieser Zeit noch geosynklinale Bedingungen (Dalslandium und südnorwegische Äquivalente: Kongsberg-, Bamble-, Telemark-Serie). Die die Entwicklung abschließende svekonorwegische Tektonogenese war offenbar mehrphasig.

Am Ende des Oberen Proterozoikums (Wend) hatte sich die Tafelsedimentation auf weite Teile der Plattform ausgedehnt. In der basalen Wolhynischen Einheit waren effusive Bildungen besonders im Westteil verbreitet. Im Oberen Wend herrschen klastische Folgen vor. Das Untere Wend enthält die bekannten Faunen vom ediacarischen Typ. Bedeutungsvoll sind im Oberen Wend Tillite, die nicht nur in den klassischen »Eokambrium«gebieten (Sparagmitfeld, Jämtland, Finmark) auftreten, sondern auch mehrfach zwischen Weißrußland und dem Ural nachgewiesen wurden. Diese Sedimente belegen für den nordeuropäischen Raum die Existenz einer ausgedehnten Vereisung (Varanger-Eiszeit).

Ebenso wie in Nordamerika finden sich im Präkambrium der Osteuropäischen Plattform zahlreiche Lagerstätten. Die bekanntesten sind die großen Eisenerzlagerstätten im Katarchäikum (z. B. Eisenquarzite von Murmansk) und im Unteren Proterozoikum (Kriwoi-Rog, Kursk, Norberg-Striberg, Kiruna). Bei Kriwoi-Rog werden Lagermächtigkeiten bis 200 m und Eisen-

Präkambrium der Nordkontinente

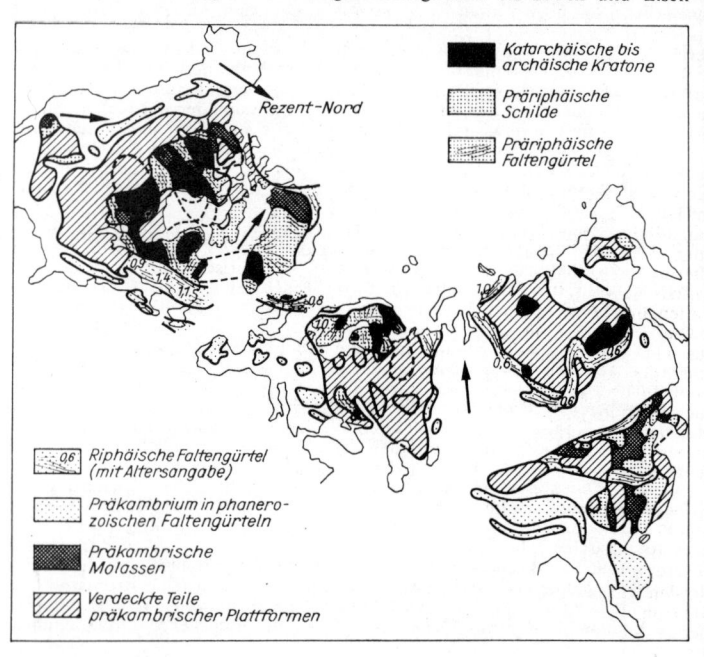

ehalte der Reicherze zwischen 50 und 70 Prozent erreicht. Innerhalb des Unterproterozoikums liegen die bekannten Sulfiderze von Outokumpu (Kupfer, Zink, Pyrit in Finnland) und die sulfidischen Skarnerze Mittel- und Nordschwedens (z. B. Boliden mit Kupfer und Zink). Uran tritt in Verbindung mit atulischen Klastika auf. Chrom-, Nickel- und Kupferlagerstätten sind an einen basischen bis ultrabasischen Magmatismus, z. B. auf Kola, gebunden.

Im Bereich des geologisch außerordentlich mannigfaltigen **Asiatischen Kontinents** sind fünf alte präkambrische Plattformen zu unterscheiden, von denen zwei in Sibirien und die übrigen in China gelegen sind. Die größte von ihnen ist die Sibirische Plattform (= Angaria), die sich in die katarchäischen (archäischen) Schilde Anabar im Norden und Aldan im Südosten sowie in das weite Gebiet der Mittelsibirischen Tafel gliedern läßt. Im Norden, Westen und Süden wird der Rand der Plattform von unterproterozoisch-riphäischen Faltenzonen gebildet (Taimyr, Turuchan, Jenissej-Gebirge, Ostsajan, Baikal-Faltenzone). Von den übrigen Plattformen wird Angaria durch weite jüngere Faltungsbereiche getrennt, im Osten durch die 800 km breite mesozoische Verchojan-Faltenzone von der Kolyma-Plattform im fernen Osten der UdSSR, im Süden durch die etwa 1500 km breite vorwiegend paläozoische Zentralasiatische (= Ural-mongolische) Faltenzone von den chinesischen Plattformen Tarim (= Takla-Makan) im Westen und Sinia (= Nordchinesisch-koreanische Plattform) im Osten. Während Tarim nahezu vollständig von Tafelsedimenten verhüllt ist, liegt im Sino-koreanischen Schild im Osten Sinias das alte Präambrium weitgehend frei. Südlich davon folgt auf die riphäisch-paläozoische Kuenlun-Tsingling-Geosynklinale die Südchinesische Plattform mit dem im Osten gelegenen Jiangxi- und dem im Westen gelegenen Kunming-Schild.

Die ältesten präkambrischen Bildungen Asiens sind aus dem Bereich der alten Schilde Anabar und Aldan belegt. Dabei handelt es sich um hochmetamorphe, z. T. granulitfazielle Metamorphite, die teilweise zahlreiche Amphibolite führen (Grünsteingürtel-Äquivalente?). In China lassen sich sehr alte Einheiten nicht sicher belegen; vielleicht ist das Taishan katarchäisch. Archäische Einheiten sind der hochmetamorphe Kan-Komplex des Jenissej-Gebirges, die vulkanogene Muya-»Serie« des Baikal-Berglandes und das mehrere Tausend Meter mächtige, oft migmatisierte Anshan Chinas. – Im Unter- und Mittelproterozoikum bleiben die Abgrenzung und zeitliche Zuordnung zahlreicher Einheiten besonders in China problematisch. Typisch sind die wechselnd metamorphe Udokan-Serie des Baikal-Berglandes und das vulkanitreiche Ulkanium. Im Bereich des Anabar- und auch des Aldan-Schildes setzt im Mittelproterozoikum bereits die postorogene Tafelsedimentation ein.

Das Oberproterozoikum (Riphäikum, Sinium) ist sowohl in Sibirien als auch in China weit verbreitet und gut bekannt. Im Bereich der alten Plattformen tritt es als Tafeldeckgebirge auf, während es in den »Randorogenen« in Faltung und Metamorphose einbezogen ist. Neben Karbonaten in Plattformfazies und Klastika sind effusiv-sedimentäre Serien mit Mächtigkeiten bis über 10000 m besonders südwestlich und südlich der Sibirischen Plattform verbreitet. Bemerkenswert ist die Stromatolithenführung des Riphäikums und das Auftreten von Tillitoiden bzw. Tilliten im Mittleren Riphäikum und vor allem im Wend. Mit den verschiedenen Phasen der baikalischen Faltung ist eine Zunahme der stabilisierten Bereiche südlich und südöstlich der Sibirischen Plattform zu verzeichnen.

Oberproterozoische Gesteinskomplexe mit oft starker Metamorphose sind auch in den phanerozoischen Faltenzonen Asiens und in der südeuropäisch-südwestasiatisch-hinterindischen (= Mittelmeer-) Faltenzone nicht selten. Im Himalaja sind teilweise Übergänge ins Kambrium belegt, und z. T. weisen baikalische Granite auf eine spätpräkambrische Bildung der zentralen kristallinen Achse hin. Andererseits treten innerhalb dieser Gebirgssysteme auch älterpräkambrische Zwischengebirge auf, z. B. das mittel- bis oberproterozoische Zentralungarische oder Pannonische Zwischengebirge im alpidischen Faltengürtel Europas.

Die Lagerstättenführung des Präkambriums Asiens ist zumindest teilweise aus klimatischen, entwicklungsgeschichtlichen und ökonomisch-geographischen Gründen noch unzureichend untersucht. Eisenjaspilite finden sich sowohl im sibirischen und nordchinesisch-koreanischen Präproterozoikum als auch im Unteren und Mittleren Proterozoikum Nordchinas. Metasomatische Magnetitlager treten in der Ijengra-Serie des Aldan-Schildes auf. Kupferlagerstätten sind aus dem Udokanium Sibiriens und dem Kunyang Südwestchinas bekannt.

Der **Südamerikanische Subkontinent** wird außerhalb des Andenbereiches im wesentlichen aus präkambrischen Gesteinen aufgebaut, die in wechselndem Maße von paläozoischen bis känozoischen Tafelsedimenten bedeckt sind. Besonders drei alte Stabilgebiete bilden die Kerne der Südamerikanischen Plattform. Der katarchäische bis unterproterozoische Guayana-Schild im Norden (Ile de Cayenne bis Rosebel-Serie), der archäisch-unterproterozoische Amazon- (bzw. Guapore-) Kraton in Zentralbrasilien und Ostbolivien (Guriense, Jequie) und der archäische bis mittelproterozoische Sao-Francisco-

Nächste Seite:
Stratigraphische Gliederung des Präkambriums der Südkontinente

298

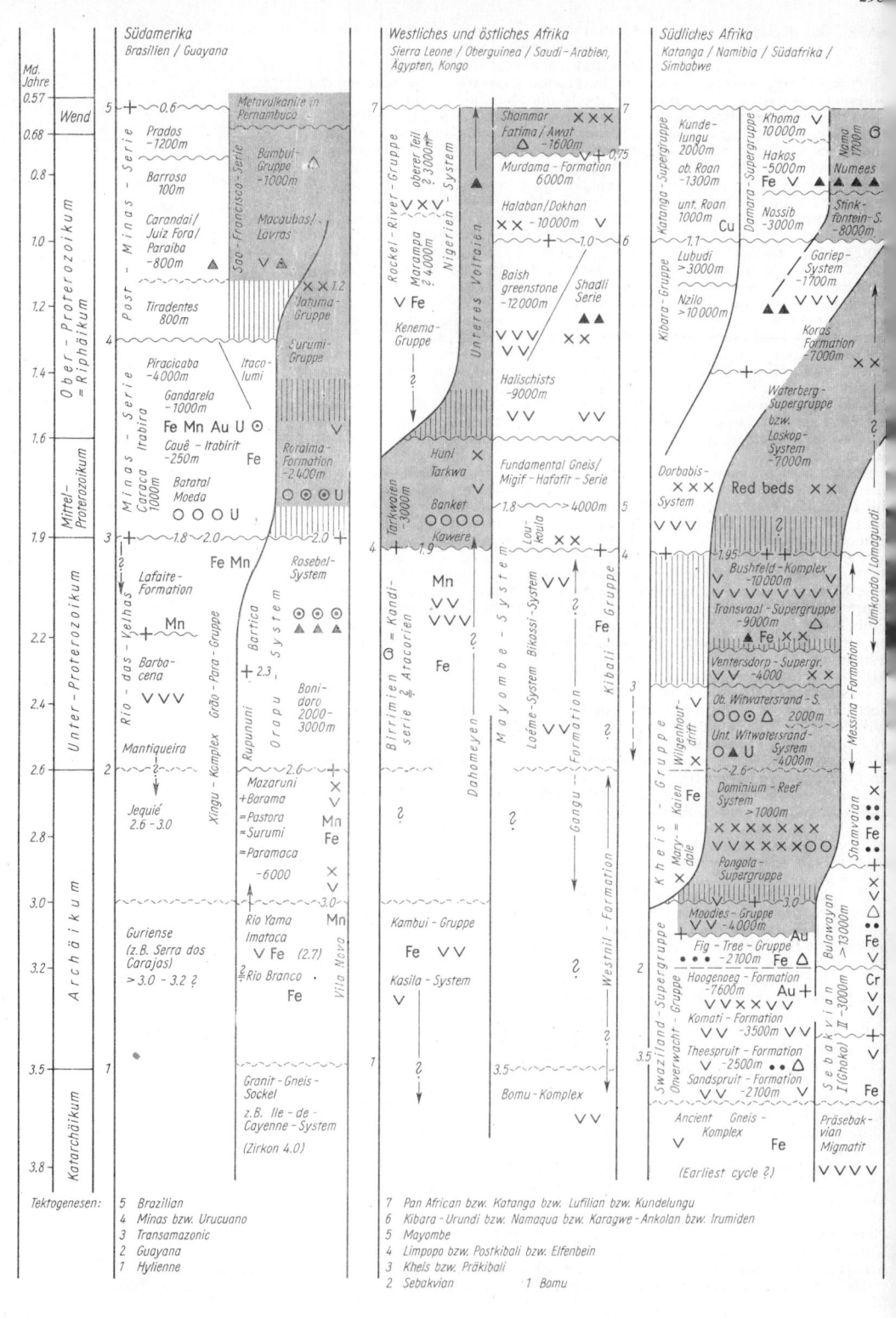

Südamerika
Brasilien / Guayana

Westliches und östliches Afrika
Sierra Leone / Oberguinea / Saudi-Arabien, Ägypten, Kongo

Südliches Afrika
Katanga / Namibia / Südafrika / Simbabwe

Md. Jahre					
0.57	Wend				
0.68		Prados −1200m	Metavulkanite in Pernambuco	Shammar Fatima / Awat −1600m	Kundelungu 2000m / Khoma 10000m
0.8		Barroso 100m	Bambui-Gruppe −1000m	Murdama-Formation 6000m	ob. Roan −1300m / Hakos −5000m / Numees
1.0	Ober-Proterozoikum =Riphäikum	Carandai / Juiz Fora / Paraiba −800m	Macaubas / Lavras	Halaban / Dokhan −10000m	unt. Roan 1000m Cu / Nossib −3000m / Stinkfontein-S. −8000m
1.2		Tiradentes 800m	Jatuma-Gruppe	Baish greenstone −12000m / Shadli Serie	Lubudi >3000m / Gariep-System −1700m
1.4		Piracicaba −4000m	Itacolumi / Jurumi-Gruppe	Halischists −9000m	Nzilo >10000m / Koras Formation −7000m
1.6	Mittel-Proterozoikum	Minas-Serie: Gandarela −1000m / Caraca Itabira: Fe Mn Au U / Cauê-Itabirit −250m Fe / Batatal Moeda 1000m	Roraima-Formation −2400m	Fundamental Gneis / Migif-Hafafit-Serie >4000m / Banket / Kawere	Waterberg-Supergruppe bzw. Loskop-System −7000m
1.9			Rosebel-System		Dorbabis-System / Red beds
	Unter-Proterozoikum	Rio das Velhas: Lafaite-Formation / Mn / Barbacena / Mantiqueira	Bartica / Rupununi / Orapu / Grão-Para-Gruppe / Bonidoro 2000−3000m	Birrimien=Kandiserie ≙ Atacorien: Dahomeyen Mn Fe	Bushfeld-Komplex −10000m / Transvaal-Supergruppe −9000m / Ventersdorp-Supergr. −4000
2.2					
2.4				Mayombe-System: Loémé-System / Bikassi-System / Gangu-Formation Fe	
2.6		Jequié 2.6−3.0	Mazaruni +Barama =Pastora =Surumi =Paramaca −6000 Mn Fe	Kibali-Gruppe	Ob. Witwatersrand-S. 2000m / Unt. Witwatersrand-System −4000m / Dominium-Reef System >1000m
2.8	Archaikum				Pongola-Supergruppe / Shamvian Fe
3.0		Guriense (z.B. Serra dos Carajas) >3.0−3.2 ?	Rio Yama Imataca V Fe (2.7) / Rio Branco Fe / Vila Nova	Kheis-Gruppe: Mary-Kaien / Wilgenhoutdrift / Westnil-Formation	Moodies-Gruppe −4000m Au / Bulawayan >13000m / Fig-Tree-Gruppe −2100m Fe / Hoogenoeg-Formation −7600m Au / Komati-Formation −3500m / Theespruit-Formation −2500m / Sandspruit-Formation −2100m
3.2				Kambui-Gruppe Fe / Kasila-System	
3.5				Bomu-Komplex	
	Katarchäikum		Granit-Gneis-Sockel z.B. Ile-de-Cayenne-System (Zirkon 4.0)	Ancient Gneis-Komplex (Earliest cycle ?)	Präsebakvian Migmatit / Sebakvian I (Ghoki) II −3000m Cr Fe
3.8					

Tektogenesen:
- 5 Brazilian
- 4 Minas bzw. Urucuano
- 3 Transamazonic
- 2 Guayana
- 1 Hylienne

- 7 Pan African bzw. Katanga bzw. Lufilian bzw. Kundelungu
- 6 Kibara - Urundi bzw. Namaqua bzw. Karagwe-Ankolan bzw. Irumiden
- 5 Mayombe
- 4 Limpopo bzw. Postkibali bzw. Elfenbein
- 3 Kheis bzw. Präkibali
- 2 Sebakvian
- 1 Bomu

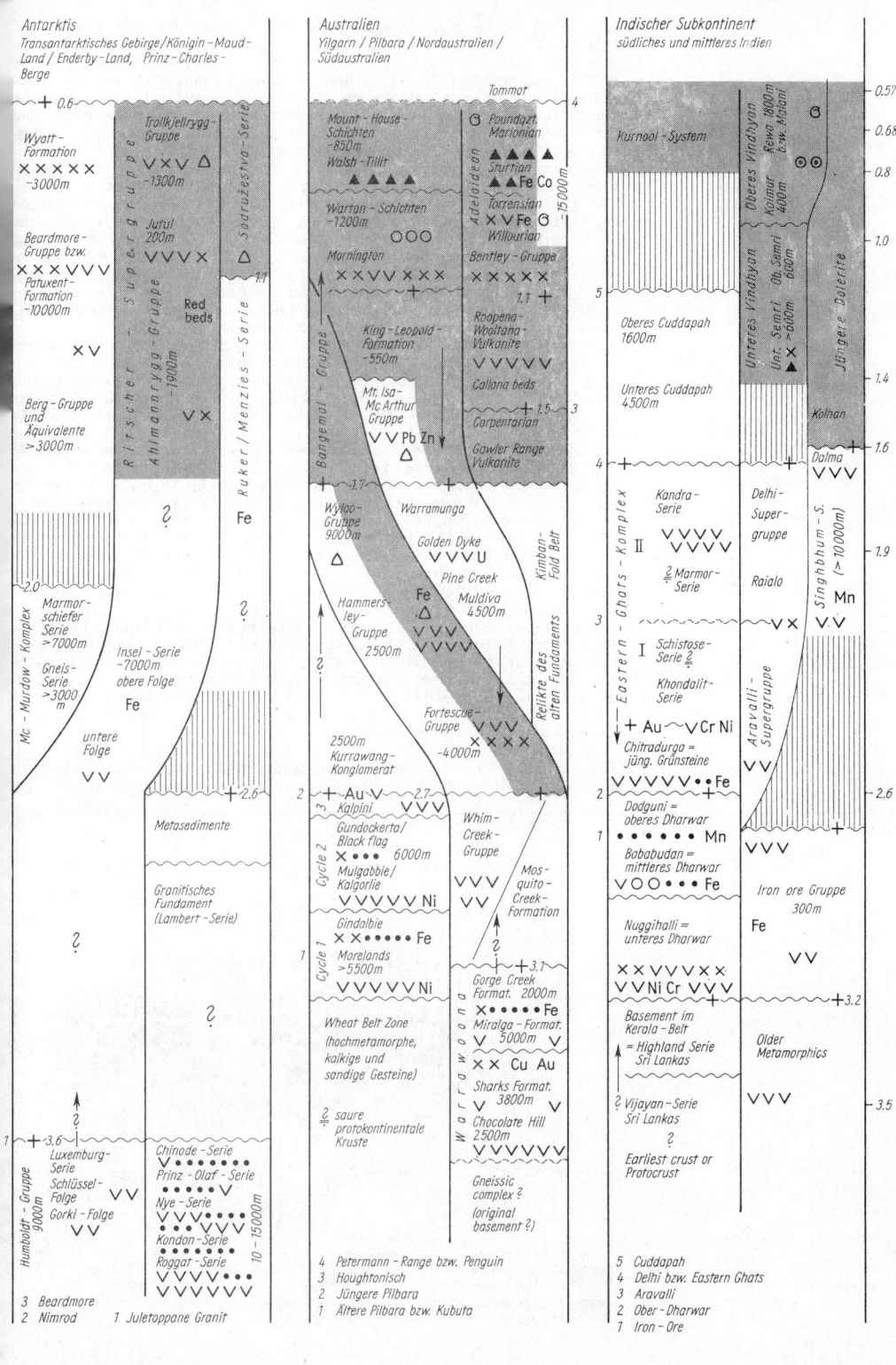

Antarktis
Transantarktisches Gebirge / Königin - Maud - Land / Enderby - Land, Prinz - Charles - Berge

Australien
Yilgarn / Pilbara / Nordaustralien / Südaustralien

Indischer Subkontinent
südliches und mittleres Indien

5 Cuddapah
4 Delhi bzw. Eastern Ghats
3 Aravalli
2 Ober - Dharwar
1 Iron - Ore

4 Petermann - Range bzw. Penguin
3 Houghtonisch
2 Jüngere Pilbara
1 Ältere Pilbara bzw. Kubuta

3 Beardmore
2 Nimrod   1 Juletoppane Granit

Kraton in Ostbrasilien (Xingu, Grão Para). Diese Kratone werden getrennt durch unterschiedlich metamorphe Faltengürtel, in denen riphäische Komplexe während der spätpräkambrischen brasilianischen Tektonogenese gefaltet und metamorphisiert wurden. In diesen Faltengürteln treten als Anzeichen eines aufgearbeiteten alten Fundaments mehrfach transamazonische Gesteinskomplexe auf. Die wichtigsten spätpräkambrischen Faltengürtel sind der Paraguay-Araguaia-Foldbelt am Ostrand des Amazon-Kratons, der Brasilia Belt westlich des Sao-Francisco-Kratons und der Ribera Belt (z. T. Paraibiden) an der Atlantikküste zwischen Uruguay und Südbahia. Auch Argentinien besitzt vorwiegend einen brasilianisch gefalteten riphäischen Sockel. Von großer Bedeutung für die Korrelation der präkambrischen Entwicklung des Guayana-Schildes mit der des Präkambriums in Brasilien ist die weite Verbreitung der Roraima-Tafelsedimentation (1,75 Milliarden Jahre), die einen unterproterozoischen Abschluß der Guayana-Schild-Stabilisierung beweist. Riphäische Geosynklinalen fehlen offenbar in diesem Kraton. Hervorzuheben ist dagegen die westnordwestlich-ostsüdöstlich streichende jungarchäische Barama-Mazaruni-Geosynklinale, die sich parallel zur Atlantikküste von Venezuela bis nach Französisch-Guayana erstreckte.

An Lagerstätten sind im Präkambrium Südamerikas besonders bedeutungsvoll die Itabirite (Eisenquarzite) der Imataca- und der Minas-Serie (Eisen(II)-oxid bis maximal 70 Prozent), die bedeutenden Manganerzvorkommen der Vila-Nova-Serie und die Gold, Uran und Diamanten führenden Konglomerate des Mittelproterozoikums (vgl. Stratigraphische Gliederung der Südkontinente, Spalte 1).

Auch auf dem **Afrikanischen Kontinent** bilden präkambrische Komplexe den überwiegenden Teil des Grundgebirges. Nur im Norden, im Gebiet des Atlas, im Nordwesten, im Mauretaniden-Trog, und im Süden im Bereich der Kap-Ketten sind variszische, triassische und alpidische Faltungsbereiche vorhanden. Rund 40 Prozent des präkambrischen Sockels werden von paläozoischen, vor allem aber von mesozoisch-känozoischen Tafelsedimenten bedeckt, die oft weite flache Tafelbecken bilden. Der Kenntnisstand über das Präkambrium Afrikas ist unterschiedlich. Noch unzureichend sind vor allem das westliche und nordöstliche Afrika (einschließlich der Arabischen Halbinsel) sowie das nördliche Äquatorialafrika erforscht.

Nach radiometrischen Daten lassen sich drei alte ($\leq 2,0$ Milliarden Jahre) Kratonbereiche unterscheiden, die von jüngeren Tektogenen oder von reaktiviertem Grundgebirge getrennt werden (vgl. Abb.): der Westafrikanische Kratonbereich mit dem zentralen Taoudeni-Tafelbecken, der äquatorialafrikanische Kongo-Kratonbereich mit dem zentralen Kongo-Okavango-Tafelbecken und im Süden Afrikas der Kalahari-Kratonbereich mit dem nördlichen Kalahari- und dem südlichen Karroo-Tafelbecken.

In diesen Kratonen finden sich die ältesten Kerne der Afrikanischen Plattform, z. B. der katarchäisch-archäische Kaapvaal-Kraton (Südafrika) und der gleichaltrige Rhodesien-Kraton, als Beispiele für die ältesten Fragmente der

Präkambrium der Südkontinente

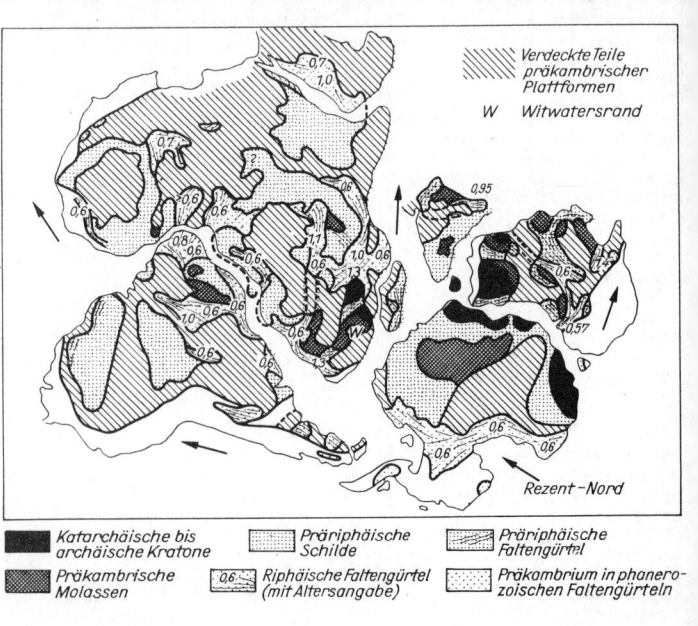

Erdkruste überhaupt, ferner die archäisch-unterproterozoischen Kratone von Dodoma-Nyanza (Tansania, Uganda), von Sambia und Kasai (Südzaire) sowie die unterproterozoischen Kratone in Gabun und Westoberguinea. Im Rhodesien- und im Kaapvaal-Kraton hat man die Entwicklung katarchäischer protokratonischer Kerne unter Annahme einer granitischen Urkruste vermutet, der während des Sebakvian II und des Bulawayan bzw. während der Bildung der Onverwacht-Gruppe eine erste Geosynklinalphase mit anschließendem Kernwachstum gefolgt sein soll (Grünsteingürtel-Evolution). Andere Autoren betrachten dagegen die Ultrabasite der Grünsteingürtel als früheste ozeanische Kruste, die einen noch weitgehend homogenen oberen Mantel überlagerte und erst während ihrer Deformation von sauren Differentiationsprodukten aus dem Mantel oder deren Remobilisaten intrudiert wurde. Erste mächtige Sedimentkomplexe erscheinen im Shamvaian und in der Fig-Tree-Gruppe, die außer aus Kiesel- und Tonschiefern, Siltsteinen und trachytischen Tuffen aus echten Grauwacken in hoher Mächtigkeit besteht. Schon die Moodies-Gruppe hat den Charakter einer Molasse und belegt damit ebenso wie die postorogenen Ablagerungen des Oberen Archäikums eine sehr frühe Stabilisierung des Kaapvaal-Kratons (vgl. Stratigraphische Gliederung der Südkontinente, Spalte 3).

Bedeutende unter- und mittelproterozoische Faltengürtel sind bisher nur im Süden des Kontinents bekannt, z. B. der Limpopo-Belt zwischen Kaapvaal- und Rhodesien-Kraton, der Namaqua-Belt am Westrand des Kaapvaal-Kratons und der Ubedian-Belt zwischen Dodoma- und Sambia-Kraton. Diese mobilen Gürtel sind durch hochgradige Metamorphose, Anatexis und Granitisation ausgezeichnet. Riphäische Faltengürtel und Reaktivierungsbereiche kennt man demgegenüber aus allen Teilen der Afrikanischen Tafel. Das Damara- (0,6) Katanga- (0,6) Irumiden- (1,0) Tektogen trennt Kalahari- und Kongo-Kratonbereich, der Kibara-Urundi-Belt (1,1) begleitet den Dodoma-Nyanza-Kraton im Westen. Eine ausgedehnte spätpräkambrische Geosynklinale erstreckte sich längs der Atlantikküste von Malmesbury (1,3) über das Kaokoveld in Namibia bis in den Bereich des Westkongo-Beckens. Auch die Arabische Halbinsel ist offenbar zu riphäischer Zeit stabilisiert worden. Alte Reaktivierungszonen, die als Anzeichen eines Kontinentzerfalls anzusehen wären, sind insbesondere der Sambesi- (1,3) Mosambik- (0,65) Usagaran-(0,65) »Belt« im Osten Afrikas und das Präkambrium Kameruns und Nigerias bis hin zum östlichen Hoggar (Ahaggar 0,7) in der Zentralsahara, für den teilweise auch echte panafrikanische Faltung erwogen wird.

Bedeutungsvolle präkambrische Lagerstätten Afrikas sind die Goldlagerstätten in der archäischen Swaziland-Supergruppe, die Chromitlagerstätten im Sebakwian (Selukwe), die Gold, Uran und Diamanten führenden Konglomerate des Unteren Proterozoikums von Südafrika, die Itabirite des unterproterozoischen Transvaal-Systems und des Birrimien Westafrikas sowie der oberproterozoischen Hakos-Serie und die Kupfer-, Uran- und Kobalt-Lagerstätten des unteren Roan in Shaba (Katanga).

In der **Antarktis** bilden präkambrische Einheiten den Ost- und Zentralteil des Kontinents, während die Antarktische Halbinsel im Westen von paläozoisch-mesozoischen Faltensystemen aufgebaut wird. Innerhalb der präkambrischen Kontinentteile sind die katarchäische bis mittel(?)proterozoische Ostantarktische Plattform und das riphäische Ross-Orogen zu unterscheiden, das sich im Bereich des Transantarktischen Gebirges vom Süd-Victoria-Land bis zum Coatsland im Norden erstreckt. Innerhalb der Plattform sind zwei alte Schilde bekannt, die die katarchäischen Gesteinskomplexe enthalten. Die archäischen Schilde und die frühproterozoischen Komplexe werden von hochmetamorphen Gesteinen granulitfaziellen bis almandin-amphibolitfaziellen Charakters aufgebaut. Regionale Anatexis und Granitisation sind häufig. Von den im antarktischen Präkambrium vorhandenen Lagerstätten seien die unter- bis mittelproterozoischen Itabirite erwähnt (bis 40 Prozent Eisen, 50 bis 200 m mächtig).

Nur 5 Prozent der Antarktis sind eisfrei. Da noch keine Bohrungen in die Serien unterhalb des Eises niedergebracht wurden, stützen sich alle geologischen Schlußfolgerungen auf Untersuchungen in den eisfreien Gebieten.

Drei Provinzen mit unterschiedlich altem Fundament lassen sich innerhalb des **Australischen Kontinents** unterscheiden: die archäische Pilbara-Yilgarn-Provinz im Westen Australiens, die früh- und mittelproterozoische Arunta-Gawler-Provinz im mittleren Hauptteil des Kontinents und die (spätproterozoisch-)phanerozoische Tasman-Provinz in seinem östlichen Drittel. Der Pilbara- und der Yilgarn-Block stellen zwei räumlich getrennte Subprovinzen des Archäikums und die Kerngebiete der präkambrischen Entwicklung Australiens dar. Im kleineren nördlichen Pilbara-Block sind die ältesten Gesteine des Kontinents aufgeschlossen. Obwohl eine Datierung der in beiden Blöcken auftretenden Grünsteingürtel noch nicht erreicht werden konnte, wird angenommen, daß die Grünsteingürtel-Entwicklung möglicherweise bereits im Katarchäikum begann und bis ins jüngere Archäikum andauerte. Mit einer sauren protokontinentalen Kruste wird mindestens für einzelne Bereiche gerechnet. Diese sauren Gesteine zeigen im Gegensatz zu den Grünsteingürteln vorwiegend eine mesozonale, z. T. auch katazonale Metamorphose. Molassen und molassoide Bildungen treten auf beiden archäischen Blöcken bereits im Unteren Proterozoikum auf.

Zwischen den archäischen Kernen und östlich von ihnen wurden im Unteren und Mittleren Proterozoikum mächtige geosynklinale Folgen abgelagert, die zwischen 1,7 und 1,4 Milliarden Jahren ihre Stabilisierung und z. T. intensive Metamorphose erfuhren. Einen Überblick über die Entwicklung im interkratonischen Gascogne-Gebiet und in Nordaustralien gibt Spalte 5 der Stratigraphischen Gliederung der Südkontinente.

Das Obere Proterozoikum (Riphäikum) ist in weiten Teilen des Kontinents durch Molasse- und Tafelsedimentation gekennzeichnet. Am besten bekannt ist es im parageosynklinalen Adelaide-Trog, der nach Osten hin in eine echte Geosynklinale übergeht (Lachlan-Bereich der Tasman-Provinz). Hier taucht auch noch einmal tieferes Proterozoikum im Raum von Broken Hill als Willyama-Zwischenkraton auf. Nach Westen gehen die Serien des Adelaide-Troges auf dem Stuart-Schelf des Gavler Kratons in Plattformsedimente über; nach Nordwesten bestehen Beziehungen zum Amadeus-Trog im Zentrum Australiens. Innerhalb des oberen Adelaidean sind Tillite (etwa 0,57 bis 0,61 Milliarden Jahre) in zwei Niveaus weit verbreitet, die Mächtigkeiten von mehr als 300 m erreichen und mit glazifluviatilen und glazilimnischen Sedimenten wechsellagern. Entsprechende Äquivalente finden sich in Afrika und Südamerika.

Bedeutende Lagerstätten im Präkambrium Australiens sind die Nickel- und Goldlagerstätten des Archäikums, die Itabirite der Hammersley-Gruppe und des Torrensian, die Buntmetall-Lagerstätten von Mt. Isa und Broken Hill und die unterproterozoischen Uranerze des Alligator-River-Uranfeldes, das eine der größten Uranlagerstätten der Welt ist.

Der **Indische Subkontinent** besteht aus einem vorriphäischen, vorherrschend archäisch-unterproterozoischen Schild. Älteste Gesteine sind offenbar die granulitfaziellen Basisgneise der Vijayan-Serie Sri Lankas, auf denen die suprakrustalen Metasedimente der Highland-Serie abgelagert wurden. Ins Archäikum gehört nach neuerer Auffassung die gut erforschte, wirtschaftlich wichtige Iron-Ore-Serie Nord-Orissas. Frühriphäische Molassen weisen die spätestens mittelproterozoische Stabilisierung des Indischen Schildes nach. Der früher im Norden als riphäisch betrachtete Faltengürtel (Delhi-Belt, Aravalli-Belt, Satpura-Belt) besteht meist aus mittelproterozoischen oder älteren Bildungen. Nur im östlichen Satpura-Belt sind frühriphäische Metamorphite und orogene Phasen belegt. Das postorogene zentralindische Vindhyan, das z. T. dem Delhi-Belt aufliegt und vermutlich bis ins Kambrium hineinreicht, beschließt die Entwicklung der präkambrischen Indischen Plattform. Neben Itabiriten und Manganerzen finden sich im Präkambrium Indiens auch Gold-, Chrom- und Nickelerze.

Zusammenfassung. Gemessen an der Länge späterer Ären und Epochen, umfaßt das Präkambrium einen unvorstellbar langen Zeitraum. Die ältesten Gesteine sind nach radiometrischen Datierungen 3,6 bis 3,8 Milliarden Jahre alt. Damit ist das Präkambrium wenigstens fast sechsmal so lang wie das Phanerozoikum, d. h. die Zeit vom Beginn des Kambriums bis heute. Die lunare Ära der Erde dauerte so lange, bis sich die Krustenoberfläche und die untere Atmosphäre unter $+100\,°C$ abkühlten und Wasser in flüssiger Form existieren konnte.

Damit begann das Archäikum als älteste der eigentlichen geologischen Ären. Die ersten Wasserbecken mit dem sauren Ozeanwasser des Früh- oder Katarchäikums ermöglichten die Bildung der ältesten Sedimente: Magnetit-Pyroxen-Basalt-Psammite und chemogene kieselige Sedimente, später auch echte Grauwacken, die auf die frühe Existenz saurer Ursprungsgesteine hinweisen. Im frühen Archäikum spielten magmatische Eruptionen eine wichtige Rolle. Während dieser Zeit entstanden durch Metamorphose, Faltung und Granitisierung die ältesten stabilen, protokratonischen Kerne der Erde. Gegen Mitte des Archäikums begann die Neutralisierung der im Ozeanwasser gelösten Säuren durch die bei der Verwitterung in der kohlensauren Atmosphäre auf dem Festland gebildeten und in das Meer transportierten Karbonate. Dabei nahm das Wasser zunehmend den Charakter einer Chloridlösung an. Karbonatgesteine fehlen noch. In der zweiten Hälfte des Archäikums bildeten sich die ersten sehr weiten Geosynklinalen, die Protogeosynklinalen. Etwa zur gleichen Zeit begannen Stickstoff und Sauerstoff immer mehr eine Rolle zu spielen, und das Chloridwasser der Ozeane wurde in Chloridkarbonatwasser umgewandelt. Damit waren die Voraussetzungen für die Ablagerung karbonatischer und anderer chemischer Sedimente wie Eisenjaspilite oder Itabirite gegeben. Mit der Faltung, Metamorphose und Granitisierung der großen Protogeosynklinalsysteme war ein Wachstum der protokratonischen Kerne zu Protoplattformen verbunden. Damit wurde die Bildung sedimentärer und magmatischer Gesteine des eigentlichen Deckgebirges der Protoplattformen möglich.

In der früh- und mittelproterozoischen Ära bildeten sich neben den immer noch häufigen vulkanogenen Gesteinen sandig-tonige und karbonatische Gesteine; Dolomite und Jaspilite waren häufig. Zahlreiche neue echte Geosynlinalen entstanden auf ozeanischem Untergrund. Ihre Faltung und Metamorphose verband zahlreiche Protoplattformen zu den ausgedehnten präiphäischen Plattformen, die noch heute das geologische Bild der Kontinente estimmen. Ausgedehnte glaziale Blocklehme (Tillite) im Unterproterozoikum Nord- und Südamerikas sowie Südafrikas weisen auf Vereisungen oder zumindest ausgedehnte Vergletscherungen und damit auf klimatische Gegensätzlichkeiten hin. Die alten Plattformen sind reich an bedeutenden Lagerstätten.

Die riphäische Ära ist die Zeit des Beginns der geosynklinalen Entwicklung aller heute bekannten großen Faltenzonen der Erde. Diese Faltenbereiche entstanden meist auf ozeanischem Untergrund, wenn teilweise auch prägeosynklinale Krustenabschnitte kontinentalen Typs belegt sind. Die Sedimentation in den riphäischen Meeren fand in einem Milieu statt, das sich von dem heutigen wesentlich unterschied. In der Atmosphäre spielte anfangs das Kohlendioxid eine bedeutende Rolle. Erst gegen Ende des Proterozoikums entstand der heutige Charakter einer Stickstoff-Sauerstoff-Atmosphäre. Ebenso verminderte sich im Ozeanwasser der Kohlensäuregehalt. Bei Sauerstoffüberschuß bildeten sich aus vulkanischem Schwefelwasserstoff Sulfate. Das Meerwasser wurde allmählich in ein Chlorid-Karbonat-Sulfatwasser umgewandelt. Neben den bisherigen Sedimenten begannen organogene Karbonatgesteine eine wesentliche Rolle zu spielen. Die Bildung von Jaspiliteisenerzen nahm gegen Ende des Riphäikums merklich ab, um in der Folgezeit ganz aufzuhören. Erstmalig traten besondere Gesteinstypen auf: Phosphorite und Salzgesteine, auch Anzeichen einer Kaolinverwitterung wurden gefunden. Für die Bildung von Kohlengesteinen fehlten die Voraussetzungen, weil die Festländer noch nicht von der Pflanzenwelt erobert waren. Am Ende des Riphäikums, in Sedimenten des Wend, zeigen sich die ersten Reste von Weichtieren. Auf ein kühles Klima während des Wend weisen weit verbreitete Tillite hin.

Die Zahl der präkambrischen Tektonogenesen hat sich in den letzten Jahren durch die zunehmenden radiometrischen Datierungen und geologischen Forschungen merklich erhöht. Die stratigraphischen Gliederungen vermitteln einen groben Überblick. Mit der assyntischen (baikalischen, pan-afrikanischen) Tektonogenese schließt das Präkambrium ab. *K. Hoth*

Paläozoikum

Kambrium

Allgemeines. Das Kambrium, das älteste System des Paläozoikums, hat seinen Namen von der altrömischen Bezeichnung Cambria für Nordwales, wo der Engländer SEDGWICK 1833 als erster versteinerungsführende Schichten im Liegenden des devonischen »Old red«-Sandsteins beschrieb. Nach Abtrennung des oberen Teils dieser Schichten als Silur (heutiges Ordovizium und Silur) im Jahre 1835 blieb die Bezeichnung Kambrium für den tieferen Teil bestehen. Nach radiometrischen Altersmessungen umfaßt das Kambrium den Zeitraum zwischen 570 und etwa 470 bis 500 Millionen Jahren vor der Gegenwart. Die Untergrenze des Kambriums ist bei Vorhandensein geeigneter, fossilführender Schichtprofile relativ scharf durch das Einsetzen skeletttragender Tiergruppen festzulegen. Die gegenwärtig am besten untersuchten Grenzprofile befinden sich im Bereich der Sibirischen Tafel. Innerhalb der vorwiegend kalkigen Abfolge wird als der unterste Abschnitt des Kambriums das Tommot ausgegliedert, in dem erstmals zahlreiche Gattungen und Arten von Archäocyathiden, Hyolithen, Gastropoden u. a. auftreten. Die Entfaltung der für die Gliederung des Kambriums besonders wichtigen Trilobiten beginnt über dem Tommot. Die **Obergrenze** des Kambriums ist noch problematisch. Trotz der insbesondere in Großbritannien traditionell üblichen Zuordnung des (unteren) Tremadoc zum Oberkambrium wird überwiegend die Grenze an die Basis der Graptolithenzone *Dictyonema flabelliforme* bzw. *D. desmograptoides* und damit an die Basis des Tremadoc gelegt. Das Kambrium wird in die **Abteilungen** Unter-, Mittel- und Oberkambrium gegliedert. Eine international anerkannte einheitliche Stufengliederung existiert noch nicht. Die Zonengliederung basiert auf Trilobitenvergesellschaftungen (vgl. Tab. S. 308). Die Sedimentation des Kambriums begann in vielen Gebieten nach den cadomischen (jungassyntischen) tektonischen Bewegungen mit einer marinen Transgression. Im Oberen Kambrium sind infolge der frühkaledonischen (sardischen) Bewegungen häufig größere Schichtlücken (Sedimentationsunterbrechungen oder Abtragungen) festzustellen.

Auf Grund paläomagnetischer Messungen ist es wahrscheinlich, daß die im einzelnen unterschiedlich gegliederten Großkontinente Gondwana im Süden und Laurasia im Norden durch ozeanische Bereiche voneinander geschieden waren. Der Nordpol dürfte in kambrischer Zeit im Pazifik am Rande von Ostasien, der Südpol im Nordwesten von Afrika gelegen haben, so daß in Zusammenhang mit der von den heutigen Verhältnissen gänzlich anderen Lage der Klimagürtel die auffälligen Vorkommen der karbonatischen Serie mit Archaeocyathiden bzw. Salzgesteinen in Nordwestkanada, Sibirien Antarktika u. a. verständlich werden.

Die Entwicklung der Lebewesen

Mit dem Kambrium wird im Rahmen der gesamtirdischen Entwicklungsgeschichte ein Stadium erreicht, das durch eine große Vielzahl der Tier- un Pflanzenwelt des marinen Bereichs gekennzeichnet ist, während Reste vo Lebewesen aus dem festländischen Raum noch nicht bekannt sind. Vorbereitet wird diese starke Entfaltung der Lebewesen (Zunahme der Gattungen ur mehr als das Dreifache) bereits im jüngsten Proterozoikum, dem Wend. Di Grenze zum Kambrium wird heute dort gezogen, wo die ersten skeletttrager den Mehrzeller auftreten. Abgesehen davon, daß sich mit dem Erwerb vo Schutzskeletten die Erhaltungsbedingungen für die Fossilien wesentlich ver besserten, muß man auch im Grenzbereich Präkambrium/Paläozoikum m einer Veränderung der Umweltbedingungen rechnen. Trotz der in den letzte Jahrzehnten wesentlich erweiterten Kenntnisse hinsichtlich der Entfaltung de Lebewesen im Präkambrium kann die Grundaussage erhalten bleiben, daß e sich bei der Grenze Präkambrium/Paläozoikum um eine der markanteste Grenzen hinsichtlich der biologischen Entwicklung handelt.

Die charakteristischste Tiergruppe des Kambriums, die die wichtigsten Leit fossilien liefert, sind die **Trilobiten (Dreilappkrebse)**. Sie dienen in erster Lini zur Untergliederung des Systems in Stufen und Zonen.

Wichtige Gattungen des **Unterkambriums** sind: *Olenellus* (Abb.) mit großen Kopf- und sehr kleinem Schwanzschild und vielen bestachelten Rumpfsegmenten (charakteristisch für die Olenelliden-Faunentirdprovinz Nordeuropas der Arktis und Amerikas), *Holmia, Callavia, Protolenus, Eodiscus* (kleinwüchsig nur 3 Rumpfsegmente) und die besonders im asiatisch-australischen Raum auftretende Gattung *Redlichia* (*Redlichia*-Faunenprovinz).

Besonders wichtig für das **Mittelkambrium** sind: *Paradoxides* (Abb.), ähnlich *Olenellus*, aber kugelförmig aufgeblähter Mittelteil des Kopfschildes, bestachteltes Kopfschild (charakteristisch für *Paradoxides*-Faunenprovinz de scadobaltischen und Mediterrangebiete), *Ellipsocephalus, Conocoryphe, Sao Ptychoparia* und verschiedene Arten der kleinwüchsigen, nur zwei Rumpf segmente aufweisenden und besonders im Oberkambrium bedeutungsvoller Gattung *Agnostus* (Abb.).

Als wichtigste Formen des **Oberkambriums** sind zu nennen: *Olenus* (Abb. mit mäßig großem Kopfschild und zahlreichen, schwach bestachelten Rumpf segmenten, *Eurycare, Parabolina, Peltura* sowie die besonders in Amerika und Asien (Arkto-Amerikanische und westpazifische Faunenprovinz) wichtige Gattung *Dikelocephalus* (Abb.) mit großem, bestacheltem Schwanzschild.

Von den anderen Tiergruppen sind besonders die **Archäocyathiden** (Abb. von Belang und erlauben in karbonatischen Gesteinsfolgen des Unterkam briums teilweise eine detaillierte Untergliederung. Diese kalkschaligen, doppel

Fossilien des Kambriums. 1 bis 5 Trilobiten: 1 Olenellus, 2 Paradoxides, 3 Olenus, 4 Agnostus (vergr.), 5 Dikelocephalus. 6 und 7 Brachiopoden: 6 Lingulella, 7 Orthide (Orusia). 8 Archaeocyathus. 9 Weichtierröhre Volborthella (9fach vergr.)

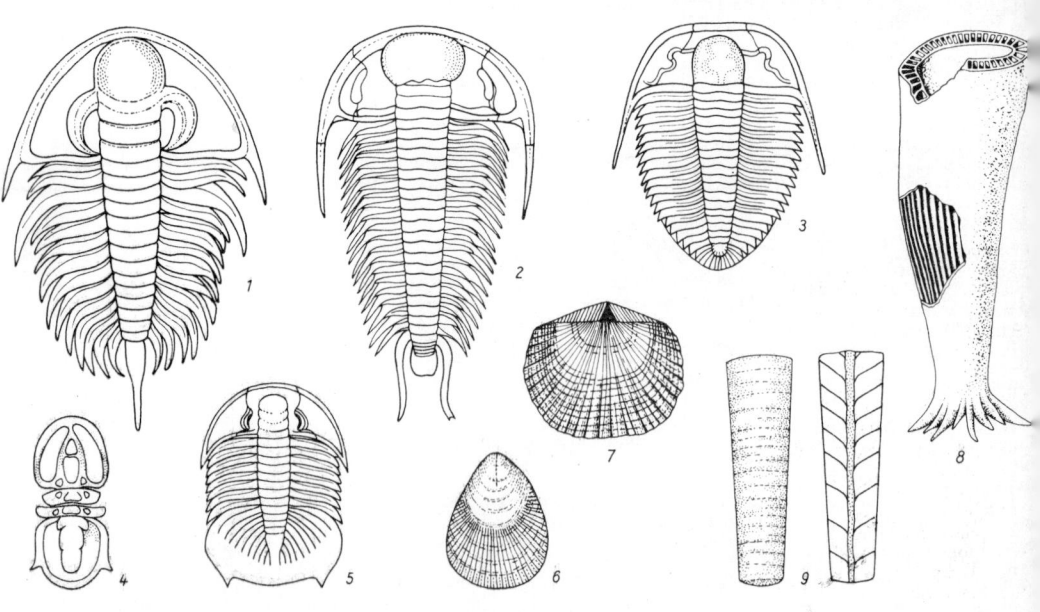

wandigen und segmentierten, röhrchenförmigen Fossilien erinnern teils an Schwämme, teils an Korallen und treten oft kolonien- und riffbildend auf, sie waren wahrscheinlich an relativ warme Zonen gebunden.

Eine gewisse stratigraphische Bedeutung haben ferner einige Vertreter der **Brachiopoden (Armfüßer)** wie *Lingula* und *Orthis* (Abb.), der unterkambrische kleinwüchsige **Kopffüßer** *Volborthella* (Abb.) und die den Schnecken nahestehenden Hyolithen als Vertreter der **Mollusken (Weichtiere)**. Bekannt sind ferner **Medusen, Ostracoden (Schalenkrebse), Pfeilwürmer, Seegurken** und andere **Echinodermen (Stachelhäuter)** sowie die Grabgänge und Röhren von **Würmern** (*Scolithus*).

Wie im Proterozoikum herrschen auch im Kambrium unter den pflanzlichen Resten **Kalkalgen** (Stromatolithen) vor. Sporenkomplexe zeugen von der Existenz verschiedener Arten und Gattungen von Pflanzen in jener Zeit.

Paläogeographische Verhältnisse

Die Verbreitung und Ausbildung der kambrischen Bildungen wurden maßgeblich durch die voraufgehende tektonische Entwicklung der einzelnen Krustenabschnitte im Präkambrium bestimmt. Generell sind solche Bereiche zu unterscheiden, die im Archäikum und Proterozoikum – meist durch mehrere Tektonogenesen und magmatische Zyklen – in Kratone (Stabilgebiete, alte Tafeln) umgewandelt worden sind und ihre Mobilität weitgehend eingebüßt haben, und solche, die ihre Mobilität beibehielten oder im Jungproterozoikum und Paläozoikum zu Mobilzonen (Geosynklinalsystemen) wurden und gegenüber den Tafeln eine mehr oder weniger langdauernde und intensive Absenkungstendenz aufwiesen. Mit den dadurch bedingten großen Sedimentanhäufungen waren in diesen Geosynklinalen vielfach vulkanische Ergüsse verbunden.

Der größte Teil der **Südkontinente** (mittleres und südliches Afrika, südliches Indien, westliches Australien, große Teile Amerikas und der Antarktis) stellten während des Kambriums im wesentlichen ein riesiges Festlandgebiet (Gondwana) dar.

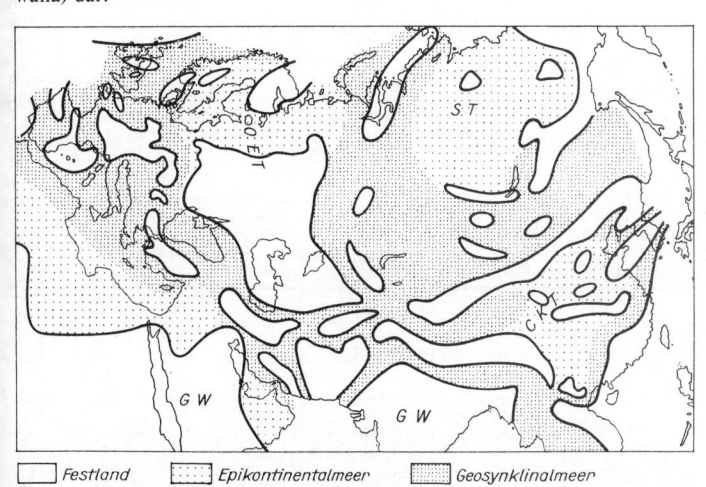

Vermutliche Verteilung von Land und Meer während des Kambriums in Eurasien (zusammengestellt unter Benutzung von Arbeiten von Endo, Fuchs, Furon, Hecht, Fürst u. Klitzsch, Hoffmann-Rothe, Kobayashi, Llopis Llado, Saito, Saurin, Tschernyschewa u. a., Wolfart u. Kürsten). OET Osteuropäische Tafel, ST Sibirische Tafel, CKT Chinesisch-Koreanische Tafel, GW Gondwana-Kontinent

☐ Festland   ⋮⋮⋮ Epikontinentalmeer   ▨ Geosynklinalmeer

In **Eurasien** (Abb.) waren Meeresverbreitung und Mobilität der Meeresbecken durch die Existenz der **alten Tafeln** (S. 294) bestimmt. Zwischen diesen Stabilgebieten und dem Gondwana-Kontinent bildeten sich – meist bereits seit dem Oberproterozoikum – die großen **Geosynklinalgürtel** der nord-, west- und mitteleuropäischen Kaledoniden und Variszcididen, des Urals, der Urtethys (Raum des späteren mediterranen alpidischen Orogengürtels) und ihrer Fortsetzung in den paläozoischen Faltungsgürteln Zentral- und Südasiens (Kasachstan, Altai-Sajan, Tienschan u. a.) heraus. Diese Geosynklinalmeere standen während des Kambriums weitgehend miteinander in Verbindung. Von ihnen aus erfolgten in zeitlich und räumlich wechselnd ausgedehnter Form Transgressionen auf die angrenzenden Tafelgebiete, in deren Zentrum unterschiedlich große Kerngebiete ständig Schwellen- und Abtragungsgebiet blieben (Schilde, Massive). Von Ostasien bestand eine im einzelnen weniger gut bekannte Meeresverbindung nach dem Ostteil **Australiens** und weiter nach der **Antarktis** (Westpazifische bzw. *Redlichia*-Faunenprovinz). Die kambrischen Meere im Bereich des **Amerikanischen Kontinents** (Umrandung des Kanadischen Schildes, Andenbereich) standen über Grönland und die Arktis mit dem nördlichen Europa und wenigstens zeitweise über die Antarktis mit

Vermutliche Verteilung von Land und Meer während des Kambriums in Mittel- und Nordeuropa (zusammengestellt unter Benutzung von Arbeiten von Dessila-Codarcea, Henningsmoen, Hirschmann, Hoth u. Lorenz, Lendzion, Stubblefield, Teschke, Tschernyschewa, Zak, Öpik)

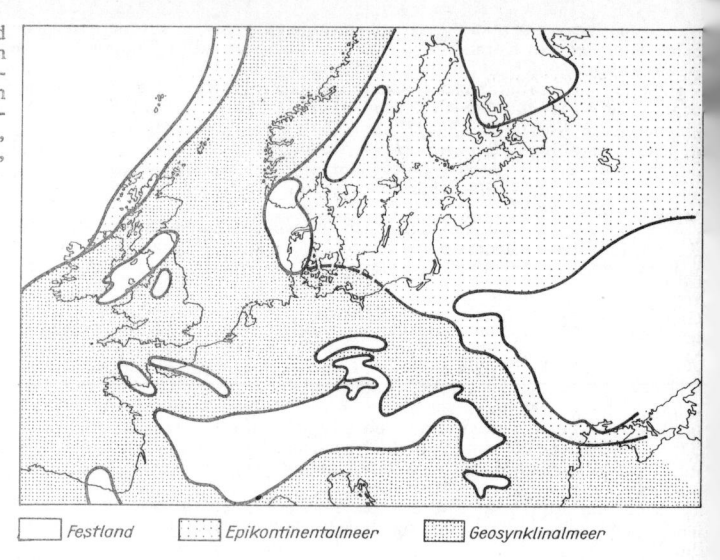

☐ Festland ☷ Epikontinentalmeer ▦ Geosynklinalmeer

dem asiatisch-pazifischen Raum in Verbindung (Olenelliden- oder Arkto-Amerikanische Faunenprovinz).

Im **nördlichen Europa** (Abb.) erstreckte sich zwischen dem Baltischen Schild als stabilem nordwestlichem Teil der Osteuropäischen Tafel im Osten und einem auf den Hebriden aufgeschlossenen vermutlichen Ausläufer des Kanadischen Schildes im Westen die kaledonische Geosynklinale vom norwegischen Hochgebirge bis nach Großbritannien. Aus diesem durch ältere Schwellengebiete gegliederten Geosynklinalraum entstand im Zeitraum Silur/Unterdevon durch Faltung der mächtigen Sedimentserien das k a l e d o n i s c h e O r o g e n oder Gebirge. Innerhalb **Großbritanniens** liefert besonders **Mittelengland** (Wales) charakteristische Profile. Das Unterkambrium beginnt über jungproterozoischen gefalteten Komplexen nach einer mehr oder weniger großen Schichtlücke diskordant mit Abfolgen von Konglomeraten, Quarziten, Sandsteinen und Tonschiefern des Schelfmeerbereichs, die abschnittsweise Trilobiten führen und unterschiedliche Lokalnamen tragen. Die sogenannten Harlech grits reichen in das Mittelkambrium hinein. Das Mittlere und höhere Kambrium wird meist aus Tonschiefern mit eingelagerten Sand- und Schluffsteinen gebildet. Das Mittelkambrium wird in Stufen mit bis zu 7 Trilobitenzonen gegliedert, die eine Parallelisierung mit Skandinavien erlauben. Es handelt sich vorwiegend um Bildungen des Flachmeeres. Ähnliches gilt mindestens teilweise für das Oberkambrium. Am nordwestlichen Rand der kaledonischen Geosynklinale wurden in **Nordschottland** diskordant auf präkambrischem Torridon-Sandstein bzw. Gneis des Lewisian (Typusgebiet der »assyntischen« Diskordanz) im Unterkambrium zunächst Sandsteine und Quarzite und darüber der bis 500 Meter mächtige Durness-Kalkstein abgelagert. Die Trilobitenfauna zeigt Beziehungen zu der Ostgrönlands und der Appalachen.

Im kaledonischen Gebirge **Norwegens** sind nur die Profile im südöstlichen Randbereich gut gegliedert und mit denen des Baltischen Schildes bzw. Großbritanniens zu parallelisieren. Das metamorphe Kambrium der Zentralgebiete ist stratigraphisch nur ungenügend bekannt. Die Sedimentation begann im Unterkambrium in grabenartigen Senken und zeigte insbesondere ab Mittelkambrium transgressive Tendenzen, so daß – von einigen Schwellen abgesehen – eine Meeresverbindung mit den überfluteten Teilen der Osteuropäischen Tafel bestand.

Nach Süden schließt sich an die nordeuropäischen Kaledoniden der paläozoische Geosynklinalraum **Mittel- und Westeuropas** (Variszidien) an. Dieser Absenkungsraum war durch eine Reihe von aus oberproterozoischen Komplexen aufgebauten Schwellen gegliedert. Die Hauptabsenkungszone wurde nach Süden durch eine breite Schwellenzone als Vorläufer der **Alemannisch-Böhmischen Insel** gegen den Geosynklinalraum der Mediterrangebiete (Urtethys) begrenzt. Diese Schwellenzone erstreckte sich von Westfrankreich über das Französische Zentralplateau und das Böhmische Massiv nach dem Karpatenraum und schloß die autochthonen (ortsständigen, d. h. nicht in die alpidischen Deckenschubbewegungen einbezogenen) kristallinen Zentralmassive der Westalpen (Aar-, Gotthard- und Montblancmassiv) ein. Wahrscheinlich waren auch die Ausgangsgebiete der in die zentralen und nördlichen Ostalpen überschobenen Deckeneinheiten (Penninikum, Unterostalpin), die im Bereich der heutigen Südalpen zu suchen waren, Teile dieser Insel. Verbindungen zum Mediterrangebiet bestanden sowohl über den Karpatenraum als auch über den Raum Westfrankreich – Montagne Noire.

Typische Profile für die Geosynklinale Mitteleuropas unmittelbar nördlich der Alemannisch-Böhmischen Insel sind im **Frankenwald** und im (westlichen) **Erzgebirge** gegeben. Die kaum metamorphen Schiefer und Sandsteine des Frankenwaldes sind fossilführend und umfassen wahrscheinlich das oberste Unterkambrium und große Teile des Mittelkambriums. Die Fauna zeigt teils Anklänge an Nordeuropa, teils an den Mediterranraum. Die 2000 bis 3000 Meter mächtige Schichtenfolge des **Erzgebirges** und **Vogtlandes** beginnt im Unteren Kambrium mit einer Transgression nach einer nicht genau zu bestimmenden Schichtlücke über der Niederschlager Serie des Proterozoikums und geht nach oben offensichtlich ohne nennenswerte Unterbrechung in das Ordovizium über. Es handelt sich um Phyllite und Glimmerschiefer, z. T. auch um Gneise mit Einlagerungen von Quarziten, Marmoren, Skarnen, umgewandelten basischen Magmatiten (Amphiboliten) und graphitischen Gesteinen. Den Marmoren der unterkambrischen Klinovec- (Keilberg-) Serie entspricht im **Fichtelgebirge** etwa der Wunsiedeler Marmor als Teil der Arzberger Serie.

Aus dem beschriebenen Gebiet erstreckte sich ein schmaler Meerestrog über Nordsachsen (Delitzsch) nach der Nieder- und Oberlausitz (Torgau – Doberlug – Görlitz) und der VR Polen. In der **Lausitz** ist eine deutliche Diskordanz zum gefalteten Proterozoikum (Kamenzer Serie) nachgewiesen. Die Zwethauer Folge ist vorwiegend aus mächtigen Kalksteinen und Dolomiten aufgebaut, die teilweise Archäocyathiden führen. Im Raum von Görlitz sind Diabase und Tuffe eingeschaltet. Darüber folgen die trilobitenführenden *Lusatiops*-Schichten (»*Eodiscus*«- und *Lusatiops*-Schiefer«). Die ebenfalls trilobitenführende Arenzhainer Serie im Gebiet von Delitzsch – Doberlug ist sandig-tonig entwickelt. Darüber besteht bis zum lokal entwickelten tiefen Ordovizium eine bedeutende Lücke, während der möglicherweise bereits erste Faltungsvorgänge erfolgten, während die Hauptfaltung dieses Gebietes variszisch (karbonisch) ist. In den **Góry Kaczawskie** (VR Polen) spielen neben mächtigen Karbonatgesteinen (Kalk von Wojcieszów) Grünschiefer, Keratophyre und Porphyroide eine große Rolle. Dieser Vulkanismus reichte wahrscheinlich bis in das Ordovizium. Die Beziehungen zu den metamorphen Komplexen der Góry Izerskie (Isergebirge) und Karkonosze (Riesengebirge) sind noch unklar.

Die geosynklinale Entwicklung des Kambriums setzt sich nach Osten im **Polnischen Mittelgebirge** und in den rumänischen **Karpaten** sowie in der Karpatenvorsenke fort. Im Polnischen Mittelgebirge besteht die Schichtenfolge aus mächtigen Sandsteinen und Tonschiefern mit Trilobitenfaunen des Unter- bis Oberkambriums.

Auch in den westeuropäischen Variszien ist das Kambrium in geosynklinaler Ausbildung vorhanden. In der **Bretagne** (Armorikanisches Massiv) umfaßt es Konglomerate, Archäocyathidenkalke sowie saure und intermediäre Vulkanite und Tuffe. In den **Ardennen** liegen unter dem Ordovizium praktisch fossilfreie Schiefer und Quarzite, die dem Kambrium zuzurechnen sind.

In einer Seitenbucht des mitteleuropäischen Geosynklinalmeeres wurden in **Mittelböhmen** diskordant über gefaltetem Proterozoikum (Dobřiš-Serie und ältere Serien) mächtige kontinentale (fluviatil bis Deltabereich) Konglomerate, Sandsteine und Grauwacken sowie ab höherem Mittelkambrium saure Vulkanite und Tuffe abgelagert, die anscheinend ohne Lücke bis in das Ordovizium reichen. Im mittleren Mittelkambrium ist die marine Jince-Folge eingeschaltet. Die reiche Trilobitenfauna weist neben einigen speziell böhmischen *Paradoxides*-Arten Beziehungen zum Mediterrangebiet auf.

Die östliche Begrenzung des mitteleuropäischen Geosynklinalmeeres gegen den Epikontinentalbereich der Osteuropäischen Tafel verlief von Südskandinavien in südöstlicher Richtung entlang dem Westrand des Ukrainischen Schildes nach dem Schwarzen Meer. Auf der **Osteuropäischen Tafel** wurde insbesondere der peribaltische Raum zwischen den mehr oder weniger ständig aufragenden Zentralteilen des Baltischen Schildes im Norden (Karelien, nördliches Finnland, Mittelschweden) und dem Ukrainischen Schild (Podolien) im Süden zeitweise überflutet. Im Zentrum dieser epikontinentalen Senke, d. h. in der **Polnisch-Litauischen** und in der **Moskauer Senke**, begann die Transgression bereits im Oberproterozoikum in Form grabenartiger Einsenkungen (Aulakogene). Über den Laminaritenschichten der Waldai-Serie kam bei Ausdehnung der Transgression im Unterkambrium die Baltische Serie zur Ablagerung. Die Schichtenfolge beginnt mit basalen Sandsteinen; darüber folgen der glaukonitführende Blaue Ton (Lontova-Schichten), die kriech- und grabspurenführenden Schichten des Eophyton- und des Tiskri- (Fucoiden-) Sandsteins. Nach einer Lücke wurden die dem Mittelkambrium zugerechneten Ishora-Schichten (Sandsteine und bunte Tonsteine) in einem bereits eingeengten Verbreitungsgebiet abgelagert.

In den westlichen Randbereichen des **Baltischen Schildes** (Oslogebiet, Mittelschweden, Schonen, Bornholm) läßt sich das flachlagernde, 100 bis 200 Meter mächtige Kambrium sehr detailliert in Trilobitenzonen gliedern.

308

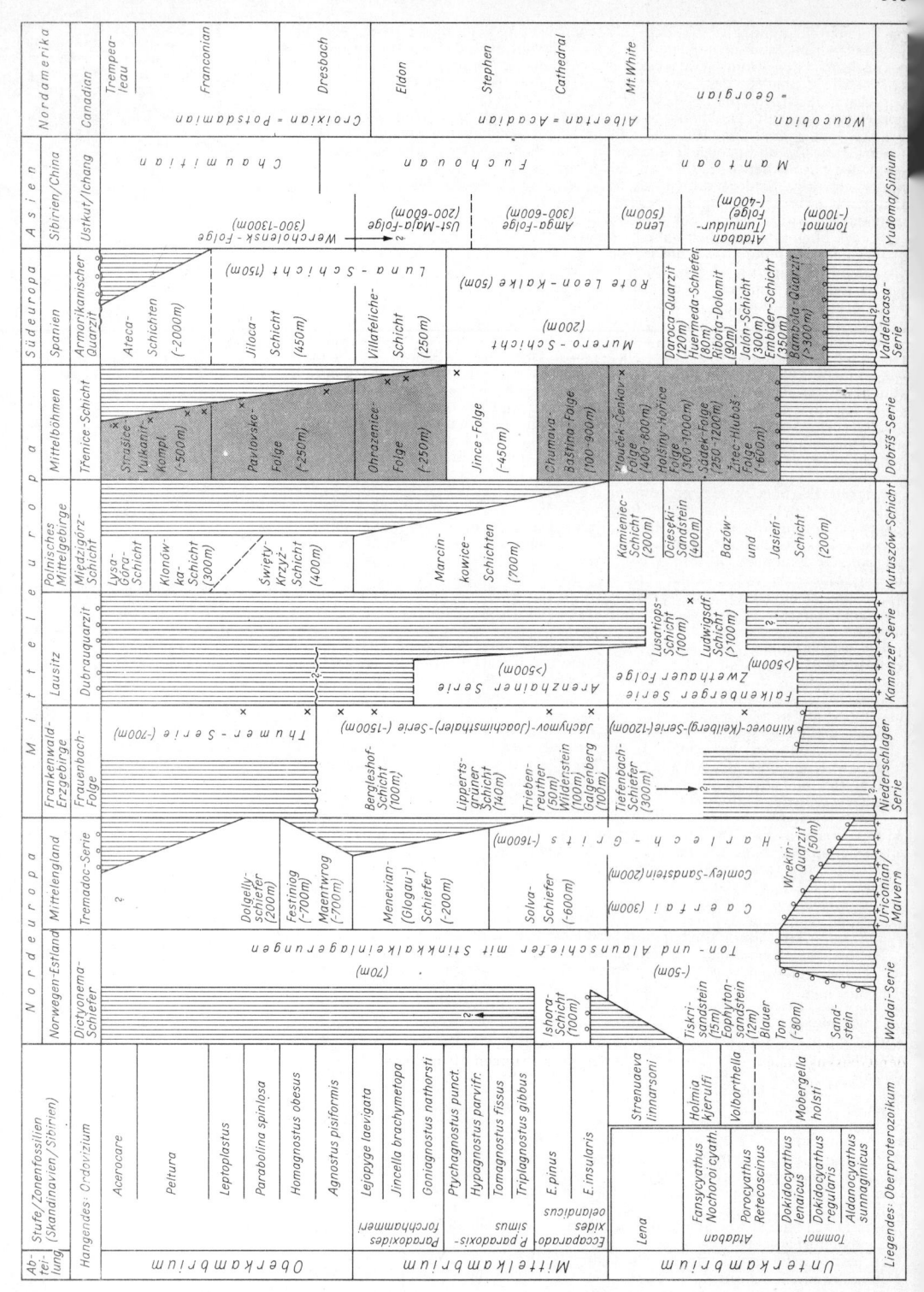

Abteilung	Stufe/Zonenfossilien (Skandinavien/Sibirien)	Nordeuropa		Mitteleuropa				Südeuropa	Asien		Nordamerika	
		Norwegen-Estland	Mittelengland	Frankenwald-Erzgebirge	Lausitz	Polnisches Mittelgebirge	Mittelböhmen	Spanien	Sibirien/China	Ustkut/Ichang	Canadian	
Oberkambrium	Hangendes: Ordovizium	Dictyonema-Schiefer	Tremadoc-Serie									
	Acerocare			Frauenbach-Folge	Dubrauquarzit	Międzygórz-Schicht	Třenice-Schicht	Armorikanischer Quarzit	Werchołeńsk-Folge (300–1300m)		Trempea-leau	
	Peltura		Dolgelly-schiefer (200m)			Łysa-Góra-Schicht (-300m)		Ateca-Schichten (-2000m)			Franconian	Croixian = Potsdamian
	Leptoplastus		Festiniog (-700m)	Thumer-Serie (-700m)		Klonów-ka-Schicht (300m)						
	Parabolina spinlosa		Maentwrog (-700m)				Strašice-Vulkanit-Kompl. (-500m)				Dresbach	
	Homagnostus obesus			Berglesshof Schicht (100m)		Święty-Krzyż-Schicht (400m)		Luna-Schicht (150m)	Ust-Maja-Folge (200–600m)			
	Agnostus pisiformis				Arenzhainer Serie		Pavlovske-Folge (-250m)	Jíloca-Schicht (450m)				
Mittelkambrium	Lejopyge laevigata		Menevian-(Glogau-)-Schiefer (-200m)	Jáchymov-(Joachimsthaler)-Serie (-1500m)							Eldon	
	Jincella brachymetopa			Lipperts-grüner Schicht (140m)		Marcin-kowice-Schichten (700m)	Ohrazenice-Folge (-250m)	Villafeliche-Schicht (250m)	Amga-Folge (300–600m)			Albertan = Acadian
	Goniagnostus nathorsti										Stephen	
	Ptychagnostus punct.			Trieben-reuther Wildenstein (100m) Galgenberg (100m)			Jince-Folge (-450m)	Murero-Schicht (200m)				
	Hypagnostus parvifr.											
	Tomagnostus fissus				Zwethauer Folge	Ociesęki-Sandstein (400m)					Cathedral	
	Triplagnostus gibbus		Solva-Schiefer (-600m)	Tiefenbach-Schiefer (300m)	Falkenberger Serie (>500m)	Kamieniec-Schicht (200m)	Chumava-Baštinа-Folge (100–900m)	Rote Leon-kalke (50m)	Lena (500m)			
	E. pinus		Comley-Sandstein (200m)	Klinovec-(Keilberg)-Serie (-1200m)			Youšek-Čenkov-Folge (400–600m)	Daroca-Quarzit (120m)				
	E. insularis		Caerfai (300m)				Holšiny-Hořice-Folge (300–1000m)	Hyermeda-Schiefer (80m)			Mt.White	
Unterkambrium	Strenuaeva limnarsoni	Ton- und Alaunschiefer mit Stinkkalkeinlagerungen	Harlech-Grits (-1600m)		Lusatiops-Schicht (100m)	Bazów-und Jasień-Schicht (200m)	Sádek-Folge (250–1200m)	Ribota-Dolomit 90m				
	Holmia kjerulfi						Žitec-Hluboš-Folge (-600m)	Jalón-Schicht (300m)				
	Volborthella	Tiskri-sandstein (15m)			Ludwigsdf. Schicht (>100m)			Embider-Schicht (350m)	Aldabán (-400m)			Waucobian = Georgian
	Fansycyathus Nochoroi cyath.	Eophyton-sandstein (12m)	Wrekin-Quarzit (50m)					Bambola-Quarzit (-300m)	Tommot (-100m)			
	Porocyathus Reteoscinus	Blauer Ton (-80m)	"Tricnian"/Malvern									
	Dokidocyathus lenaicus	Sand-stein (-50m)										
	Dokidocyathus regularis											
	Aldanocyathus sunnaginicus											
Liegendes: Oberproterozoikum		Waldai-Serie		Niederschlager Serie	Kamenzer Serie	Kutuszów-Schicht	Dobříš-Serie	Valdelacasa-Serie	Yudoma/Sinium			

Die von Süden kommende Transgression begann im mittleren Unterkambrium und erreichte einige weiter nördlich gelegene Gebiete erst im Mittelkambrium. Die basalen sandig-konglomeratischen Strandablagerungen (Hardeberga-Sandstein Schonens, Nexö-Sandstein Bornholms, Mickwitzia-Sandstein Mittelschwedens) sind daher etwas altersverschieden. Sie enthalten Wurmgrabgänge (*Scolithus*). Höher folgen geringmächtige Glaukonitsandsteine und -schiefer mit *Holmia, Strenuaeva, Volborthella*, Brachiopoden und Hyolithen, die eine Vertiefung des Meeres andeuten. Das Mittel- und Oberkambrium besteht aus schwefelkiesreichen dunklen Alaunschiefern mit Lagen und Bänken von bituminösem Stinkkalk. Das Mittelkambrium kann in drei Stufen und 9 Trilobitenzonen, das Oberkambrium in 6 bzw. 8 Zonen unterteilt werden (vgl. Stratigraphische Gliederung des Kambriums).

In dem südlich der Alemannisch-Böhmischen Insel anschließenden **Mediterranraum** ist das Kambrium einmal Bestandteil der geosynklinalen Schichtenfolgen der Urtethys (Montage Noire, Spanien – Portugal, Sardinien, Marokko), dann aber als epikontinentale Basisserie über dem gefalteten und metamorphen Präkambrium der Gondwanatafel ausgebildet (algerische Sahara, libysche Wüste, Totes Meer). Gut untersucht ist die Schichtenfolge in **Spanien**, die mindestens teilweise diskordant über älteren Komplexen mit Quarziten und Tonschiefern beginnt. Höher folgen die für das mittlere Unterkambrium charakteristischen, teilweise Archäocyathiden führenden Karbonatgesteine (besonders Ribota-Dolomit). Das Mittelkambrium besteht aus tonig-karbonatischen, das Oberkambrium aus mächtigen sandig-tonigen Sedimenten.

In **Asien** steht die besonders im Unterkambrium durch Archäocyathiden gut gegliederte (Tab.) ohne Unterbrechung an das Oberproterozoikum anschließende karbonatische Ausbildung des Epikontinentalgebietes der Sibirischen Tafel den Schichtenfolgen in den Geosynklinaltrögen gegenüber (Kasachstan, Pamir, Tienschan, Sajan, Iran, Afghanistan, Salt Range/Pakistan, Himalaja). In den einzelnen Gebieten sind die Profile nach Gesteinszusammensetzung und Mächtigkeit (mehrere, z. T. bis über 10000 Meter) sehr unterschiedlich. Mehrfach sind Einschaltungen von Gips und Steinsalz bekannt geworden (Iran, Salt Range, Sibirien). Vulkanische Ergüsse sind besonders an die Geosynklinalgebiete gebunden. Die Trilobitenfaunen nehmen nach Osten zu immer mehr pazifischen Charakter an.

In **Nordamerika** umgriff das Meer in zwei getrennten Armen den konsolidierten, aus präkambrischen Komplexen aufgebauten Kanadischen Schild. In der **Appalachen-Geosynklinale** am Ostrande des Kontinents kam es zu einer Faunendifferenzierung. Die Fauna des östlichen Bereichs zeigt enge Beziehungen zum nordeuropäischen Raum (Acadobaltische Faunenprovinz), während die des westlichen Teils ähnlich wie die der **Felsengebirgsgeosynklinale** in der westlichen Umrandung des Kanadischen Schildes der Arkto-Amerikanischen Faunenprovinz angehört. Das Kambrium der Felsengebirgsgeosynklinale ist teilweise sehr mächtig (bis über 4000 Meter in Britisch-Kolumbien) und besteht zu wesentlichen Teilen aus Karbonatgesteinen. Im Albertan (= Acadian, das weitgehend dem Mittelkambrium entspricht) sind die fossilreichen Burgess-Schiefer zu erwähnen. Transgressionen auf die Randgebiete des Kanadischen Schildes erfolgten besonders im höheren Kambrium (Croixian = Potsdamian). Die Mächtigkeiten in diesen Epikontinentalbereichen sind wesentlich geringer als in den Geosynklinalen. Die nordamerikanischen Geosynklinalräume fanden ihre Fortsetzung im Bereich der südamerikanischen **Anden**.

Zusammenfassung. Kambrische Ablagerungen sind insbesondere auf der nördlichen Halbkugel und im zirkumpazifischen Raum einschließlich von Teilen Australiens und der Antarktis weit verbreitet, wo sie Bestandteile aller großen paläozoischen Geosynklinalen (kaledonisch, variszisch) sind. Während des Kambriums waren vielfach auch schon die Bildungsräume der jungen Faltengebirge (z. B. die vom Mediterrangebiet nach Osten verlaufende Tethys) Absenkungsgebiete. Auf den im Präkambrium versteiften alten Tafeln (Kratonen) und in deren Randgebieten kam es meist nur zu relativ geringmächtiger, mehr oder weniger lückenhafter epikontinentaler Sedimentation, während in den Geosynklinalen die Mächtigkeiten der Ablagerungen oft mehrere tausend Meter erreichen und in die Serien häufig basische Vulkanite (besonders Diabase) eingeschaltet sind.

Das Kambrium begann in vielen Gebieten mit einer Meerestransgression, die zunächst im Mittelkambrium ihre größte Ausdehnung erreichte. Die vielfach ausgeprägte, mehr oder weniger starke Diskordanz und Schichtlücke an seiner Basis ist eine Folge von tektonischen Vorgängen im Grenzbereich Präkambrium/Paläozoikum, die in einigen Geosynklinalen zur Herausbildung baikalischer (assyntischer) Gebirgszüge geführt hatten. Im Zeitraum vom höheren Mittelkambrium bis zum tiefen Ordovizium kam es vielfach erneut zu Regressionen und damit verbundenen Schichtlücken, die mit den sardischen (frühkaledonischen) tektonischen Bewegungen zusammenhängen.

Während noch im obersten Proterozoikum (Wend) ein recht kühles Klima geherrscht haben muß (weit verbreitete Tillite), ist das Kambrium offensichtlich bereits eine Zeit relativ warmen Klimas gewesen. Dafür sprechen das Auf-

S. 308:
Stratigraphische Gliederung des Kambriums

treten von Eindampfungssedimenten (Gips, Steinsalz) und die weltweite Verbreitung der teilweise mächtigen Archäocyathidenkalke im Unterkambrium. Die Lebensweise der Archäocyathiden war wahrscheinlich ähnlich wie die der an warmes Wasser gebundenen Korallen.

Die auf das Meer beschränkte Tierwelt zeigt zwar noch einige urtümliche Züge, weist aber schon alle Stämme der Wirbellosen auf und macht so eine sprunghafte Entwicklung wahrscheinlich, deutet aber auch eine Verbesserung der Erhaltungsbedingungen an der Wende zum Paläozoikum an. Auf Grund der unterschiedlichen Art und Zusammensetzung der für das Kambrium besonders typischen und wichtigen Trilobiten lassen sich weltweit mindestens drei große Faunenprovinzen unterscheiden (Acadobaltische und Mediterrane, Arkto-Amerikanische, Westpazifische Provinz).

G. Hirschmann

Ordovizium

Allgemeines. Der Begriff Ordovizium wurde 1879 von dem britischen Geologen und Paläontologen Charles LAPWORTH eingeführt. Er leitete ihn von den Ordoviziern ab, einem keltischen Volksstamm, der in Nord- und Ostwales ansässig war. Ursprünglich stellte man diesen stratigraphischen Abschnitt entweder zum Kambrium oder aber zum Silur bzw., in zwei Teile gegliedert, auch zu beiden. – LAPWORTH erkannte jedoch seine lithologische und insbesondere faunistische Eigenständigkeit und schied ihn deshalb als selbständiges System aus, dessen Zeitdauer etwa 60 Millionen Jahre beträgt. Die in Mittel- und Westeuropa lange übliche Einbeziehung des Ordoviziums in das Silur ist heute endgültig überholt.

Unter- und Obergrenze des Ordoviziums sind relativ exakt definiert. Die Basis (500 Millionen Jahre) liegt in der Regel zwischen Oberkambrium und Tremadoc, die Hangendgrenze (etwa 440 Millionen Jahre) zwischen Ashgill und Llandovery, der untersten Stufe des Silurs. Eine Gliederung des Ordoviziums in Abteilungen – Unter- und Oberordovizium oder Unter-, Mittel- und Oberordovizium – wird unterschiedlich vorgenommen. International verbindliche Regelungen gibt es bisher nicht. Als Stufen werden in Europa von unten nach oben Tremadoc, Arenig, Llanvirn, Llandeilo, Caradoc und Ashgill ausgeschieden. Die Zoneneinteilung basiert hauptsächlich auf der Graptolithensukzession (vgl. Tab. S. 314). Daneben sind für die relative Altersdatierung unter anderem auch Brachiopoden, Trilobiten und neuerdings Conodonten sowie marines Phytoplankton von Bedeutung.

Die Ablagerungsräume des Ordoviziums zeigen eine regional ähnliche Lage wie diejenigen des Kambriums. Grundlegende Veränderungen in den paläogeographischen Bedingungen traten nicht ein. Die tektonische Entwicklung verlief etwas unruhiger als in den vorangegangenen Epochen. So sind mehrere Phasen erkennbar, die örtlich zu Winkeldiskordanzen und Schichtausfällen, teilweise auch zu Faltungen und metamorphen Umwandlungen führten. Die bedeutendste unter ihnen ist die an der Wende Ordovizium/Silur vor allem im Appalachen-Trog Nordamerikas wirksame takonische Phase. Im Zusammenhang mit diesen tektonogenetischen Bewegungen standen gebietsweise tiefenmagmatische Prozesse.

In litho- und biofazieller Hinsicht existierten generell drei unterschiedliche Bereiche, eine klastisch-vulkanogene Geosynklinalfazies mit oft nur spärlicher Fossilführung, eine Stillwasserfazies überwiegend dunkler Tongesteine mit reicher Graptolithenfauna und eine sandig-mergelig-kalkige Flachwasserfazies mit hauptsächlich benthonischen Formen. Nach paläomagnetischen Messungen bestimmten zwei durch einen etwa Ost-West streichenden breiten Tiefenozean, die Paläotethys, getrennte Großkontinente, Laurasia im Norden und Gondwana im Süden, das paläogeographische Bild. Der Südpol lag zur damaligen Zeit in Nordafrika, der Nordpol im Pazifik. Der Äquator verlief von der Antarktis über Sibirien zu den Polargebieten Nordamerikas. Glaziale Sedimente und vom Eis geschrammter Felsuntergrund in der Sahara bestätigen dieses Bild.

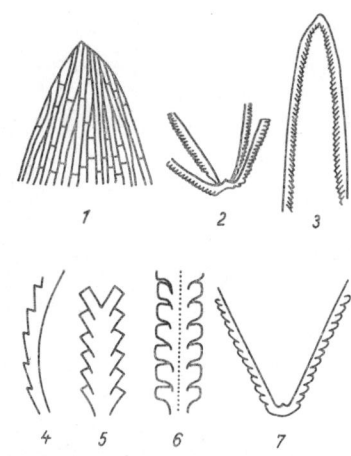

Graptolithen: **1** Dictyonema sociale, **2** Tetragraptus serra, **3** Didymograptus murchisoni, **4** Pleurograptus linearis, **5** Orthograptus truncatus wilsoni, **6** Climacograptus, **7** Dicellograptus complanatus

Die Entwicklung der Lebewesen

Innerhalb der Tierwelt herrschten auch im Ordovizium die marinen Wirbellosen (Invertebraten) bei weitem vor. Gegenüber dem Kambrium nahm ihr Formenreichtum bedeutend zu. Auch erschienen erstmals Wirbeltiere (Vertebraten), vertreten durch »Fische« mit einem Skelett aus Knorpelsubstanz. Die Entwicklung des pflanzlichen Lebens machte ebenfalls Fortschritte. Besonders die Kalkalgen zeigen eine auffällige Entfaltung.

Die charakteristischsten und am weitesten verbreiteten Fossilien der Stillmeerfazies sind die **Graptolithen** (Abb.). Die Graptolithen sind in zarten chitinösen Bechern (Theken) lebende Tiere, die an unterschiedlich geformten Ästen (Rhabdosomen) sitzend ein- oder mehrzeilige Kolonien bilden. Die sägeblattähnlich aussehenden Rhabdosome erscheinen meist plattgedrückt und in graphitisch glänzende kohlige Häutchen umgewandelt auf den Schichtflächen der Gesteine. Während die Gruppe der vorwiegend sessilen *Dendroidea* bereits im Mittelkambrium erschien und bis ins Karbon reichte, sind die mehr planktonisch lebenden *Graptoloidea* fast ausschließlich auf das Ordovizium und Silur beschränkt und liefern wichtige Leitfossilien für beide Systeme.

Für das tiefste Ordovizium sind die zu den dendroiden Graptolithen gehörenden, buschförmig verzweigten, vielästigen Stöcke (**Dictyonema, Bryograptus**) typisch. Vom Arenig an entwickelten sich dann doppelt bis achtfach verzweigte einreihige Formen (**Didymograptus, Tetragraptus, Dichograptus**), die sich wahrscheinlich vom Boden lösten und im Meer treibenden Gegenständen (z. B. Tangen) anhafteten. Im höheren Ordovizium erschienen die unverzweigten, zweizeilig besetzten Diplograptiden (**Diplograptus, Climacograptus**), die wohl in büschelförmigen Kolonien, an einer Schwimmblase befestigt, freischwebend (planktonisch) lebten.

Der Sedimentationsbereich der Graptolithenschiefer, die nur selten auch andere organische Reste enthalten, ist als Begräbnisraum, nicht als Lebensraum dieser Tierkolonien aufzufassen und gehört anscheinend meist den tieferen, schlecht durchlüfteten und daher kaum besiedelten uferfernen Meeresregionen an.

Die **sandig-mergelig-kalkige** Flachwasserfazies zeichnet sich durch wesentlich größere Mannigfaltigkeit von Sediment und Lebewelt aus. Aus den Körperresten kalkschaliger Tiere entstanden weitverbreitete karbonatische Ablagerungen, die sich in diesem Zeitabschnitt in überraschend großer Anzahl entfalteten.

Stratigraphisch von besonderer Bedeutung sind vor allem die **Trilobiten** (Abb. S. 312). Gegenüber ihren kambrischen Vorfahren zeichnen sich die neuen Typen durch höhere Entwicklung der Augen, geringere Zahl der Rumpfglieder, Einrollungsvermögen und größeres Schwanzschild aus. In der Skulpturentwicklung kommen neben glatten auch beknotete und bestachelte Panzer vor. Wahrscheinlich waren die ordovizischen Trilobiten vagile Bodenbewohner oder schwimmende Tiere. Im tieferen Abschnitt des Systems liefern die unbestachelten *Asaphiden* gute Leitformen: *Ceratopyge, Megistaspis, Asaphus*; sie sterben am Ende des Silurs aus. Im mittleren Ordovizium sind die Gattungen *Calymene* mit großer gegliederter Glatze, vielen Rumpfgliedern und gegliedertem Schwanzschild sowie *Chasmops* mit verbreiterter Glatze und zwei Wangenstacheln am Kopfschild leitend, im höheren Ordovizium hochspezialisierte Formen wie *Cryptolithus*.

Fossilien des Ordoviziums. 1 Porifere (Schwamm) Astylospongia praemorsa. 2 Bryozoe (Moostierchen) Monticulipora petropolitana (rechts im Längsschnitt). 3 und 4 Brachiopoden (Armfüßer): 3 Rafinesquina alternata; 4 Orthis calligramma. 5 Scyphozoe Exocolularia exquisita. 6 und 7 Gastropoden (Schnecken): 6 Bellerophon crassus; 7 Raphistoma qualteriata. 8 und 9 Cephalopoden (Kopffüßer): 8 Lituites lituus; 9 Endoceras longissimum. 10 Cystoidee (Beutelstrahler) Echinosphaera aurantium. 11 Lamellibranchier (Muschel) Ctenodonta nasuta

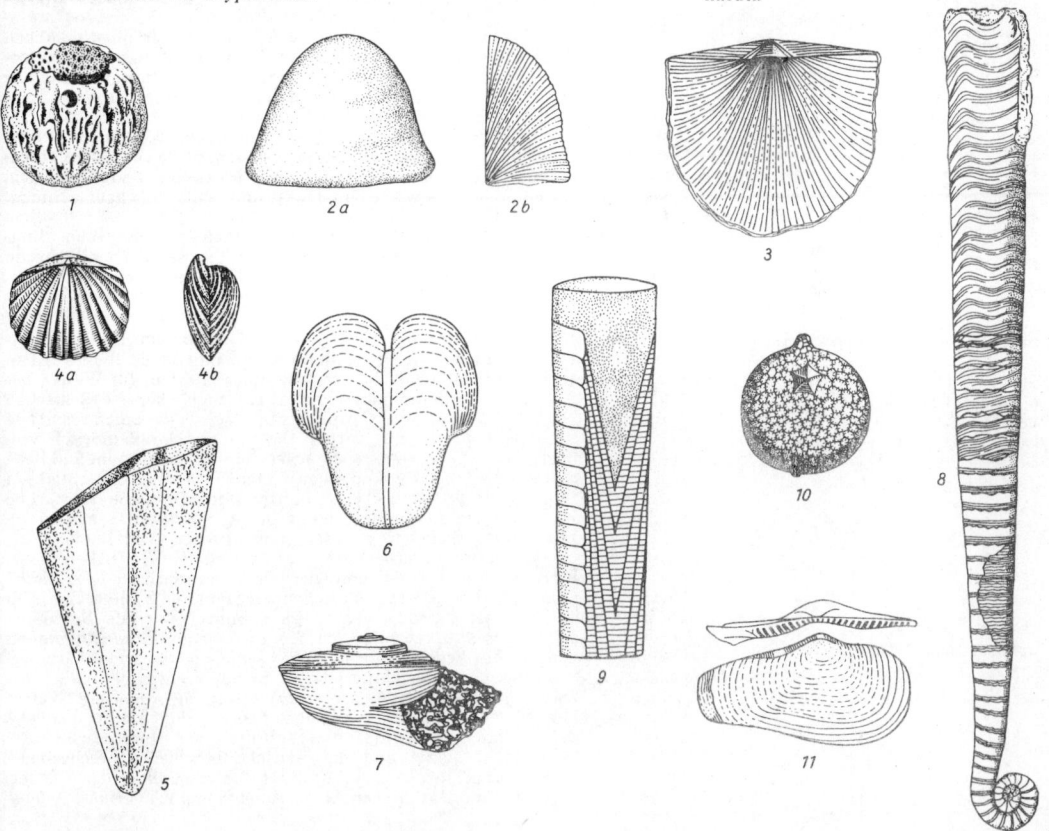

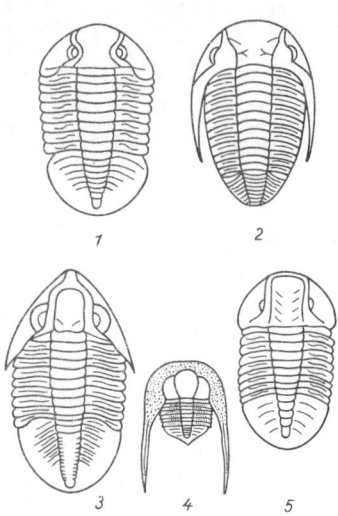

Trilobiten: 1 Asaphus expansus, 2 Chasmops odini, 3 Magalaspis limbata, 4 Cryptolithus goldfussi, 5 Niobe

Ebenfalls zum Stamm der Gliederfüßer gehören die **Ostracoden**. Diese zweiklappigen Mikrofossilien sind bereits im Ordovizium (Beyrichiida, Leperditiida) stratigraphisch wichtig und gewinnen später noch wesentlich an Bedeutung.

Für die kalkigen Schichten des Ordoviziums ist das Vorkommen verschiedener Mollusken-Klassen bezeichnend, vor allem die **Kopffüßer (Cephalopoden)**, die mit den **Nautiliden** und **Endoceraten** eine erste Blüte erreichten. Im Unteren Ordovizium traten zunächst Formen mit gestrecktem Gehäuse auf. Bei *Orthoceras*, dem »Geradhorn«, werden die uhrglasförmig gewölbten Kammerscheidewände von einem engen zentralständigen, bei dem kurzlebigeren *Endoceras* von einem dickeren randständigen Sipho durchbohrt. Neben diesen kamen aber auch schon Typen mit teilweiser (*Lituites*) und vollständiger (z. B. *Discoceras*) Einrollung vor.

Die **Schnecken (Gastropoden)** erreichten im Ordovizium eine höhere Entwicklungsstufe und wurden zuweilen recht häufig. Auch von den erstmals im Oberkambrium auftretenden **Muscheln (Lamellibranchiaten)** waren die Hauptordnungen bereits vertreten.

Die **Armfüßer (Brachiopoden)**, im Kambrium und im tiefsten Ordovizium (Tremadoc) als meist schloßlose, hornschalige Formen ausgebildet, entwickelten sich weiter zu kalkschaligen, schloßtragenden Individuen mit und ohne Armgerüst. Erstmals traten die *Atrypiden*, *Rhynchonelliden*, *Athyriden* und *Pentameriden* auf. Ihre Blütezeit erlangten die *Orthiden*, *Strophomeniden* und *Glitamboniden*.

Korallen (Anthozoen) waren im Ordovizium noch selten und erreichten erst im Silur größere Mannigfaltigkeit. Im Mittleren und besonders im Oberen Ordovizium entstanden die ersten Coelenteraten-Riffe mit *Tabulata*, *Rugosa* und *Stromatoporoidea*.

Von den **Schwämmen (Poriferen)** sind nach dem Erlöschen der im Kambrium wichtigen Archaeocyathiden vor allem die Kieselschwämme zu nennen, unter ihnen die kugelrunde *Astylospongia*. Seit dem Llandeilo nahmen auch **Moostierchen (Bryozoen)** an Häufigkeit zu, von denen *Monticulipora* und zahlreiche andere Gattungen für das Ordovizium Leitwert besitzen. Das gleiche gilt für die **Stachelhäuter (Echinodermen)**, unter ihnen insbesondere für die *Beutelstrahler* (*Cystoideen*, z. B. *Echinosphaerites*), die im Caradoc des Baltikums (»Kristalläpfel« des baltischen Ordoviziums) stratigraphische Bedeutung erlangen.

Schon weitgehend spezialisiert und daher für die stratigraphische Arbeit gut geeignet sind auch **Conodonten** und marines **Plankton** (*Acritarchen*, *Hystrichosphaeriden*). Einige auf diesen Formen fußende Zonen-Schemata haben die bisherigen klassischen Gliederungsverfahren nach Graptolithen und Trilobiten nicht unbeträchtlich erweitert.

Wichtig ist schließlich, daß im Ordovizium die ersten **Wirbeltiere (Vertebraten)** in Gestalt von primitiven »**Fischen**« erschienen. Besonders in Nordamerika fand man in ordovizischen Serien Knochenplatten der sog. *Agnathen*, kiefer- und flossenlose Formen mit Saugmund und ohne knöchernes Innenskelett.

Von **Pflanzen** sind vor allem *Algen* bekannt. Örtlich (z. B. Baltikum, England) treten sie gesteinsbildend auf. Bestimmte skelettlose Arten dürften an der Bildung des estnischen Brandschiefers (Kukkersit) beteiligt gewesen sein.

Paläogeographische Verhältnisse

Die Verteilung von Land und Meer während des Ordoviziums ähnelt im allgemeinen den Verhältnissen, wie sie schon im Kambrium angetroffen wurden. In Europa lassen sich drei Großfaziesbereiche unterscheiden. Im Westen befand sich die von den nordamerikanischen Appalachen über die Britischen Inseln, Norwegen und die Ostküste Grönlands bis nach Spitzbergen reichende *kaledonische Geosynklinale*. In ihr wurden die von den präkambrisch versteiften alten Kernen der Osteuropäischen Tafel (Fennosarmatia) im Südosten und der Nordamerikanisch-Grönländischen Tafel (Eria und Laurentia) im Nordwesten erodierten festländischen Schuttmassen sedimentiert. Große Mächtigkeiten, einförmige Zusammensetzung des klastisch-terrigenen Materials und verstärkte Anzeichen tektonisch-magmatischer Aktivitäten (Förderung submariner basisch-intermediärer Laven und Tuffe, Diskordanzen innerhalb der ordovizischen Schichtenfolgen) sind kennzeichnend für diesen Ablagerungsraum. Östlich der kaledonischen Geosynklinale erstreckte sich der über weite Teile der Osteuropäischen Tafel hinweggreifende *Balto-Sarmatische Schelf*. In diesem flachen Epikontinentalmeer sind die Mächtigkeiten wesentlich geringer, die Sedimentausbildung vorwiegend mergelig-karbonatisch und die tektonische Entwicklung im allgemeinen recht ruhig. Gewissermaßen eine Zwischenstellung nahm der *mitteleuropäische Raum* ein. Neben tiefen geosynklinalartigen Trögen sind hier auch flache Sedimentationsbereiche vorhanden. Daher sind die Mächtigkeitsverhältnisse, die lithologische Ausbildung sowie das tektonische und magmatische Geschehen wechselvoll. Welche räumlichen Beziehungen diese drei Großfaziesbereiche zueinander und insbesondere zu den ordovizischen Ablagerungsräumen Amerikas, Asiens

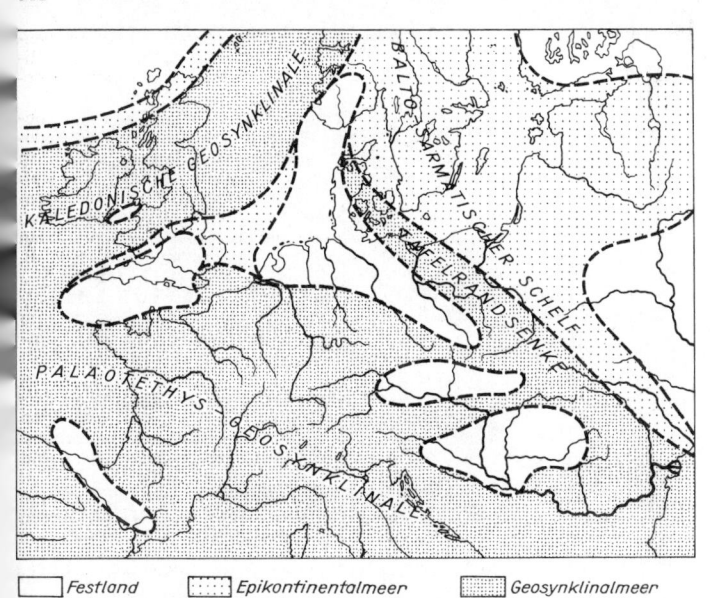

Vermutliche Verteilung von Land und Meer während des Ordoviziums in Mitteleuropa

☐ *Festland*   ☷ *Epikontinentalmeer*   ▨ *Geosynklinalmeer*

und Afrikas ursprünglich, d. h. vor den später erfolgten Driftbewegungen der Kontinente und Teilkontinente aufwiesen, ist noch nicht genau bekannt.

Im *einzelnen* ergibt sich folgendes Bild: In **Großbritannien** tritt die kaledonische Geosynklinale in ihrer gesamten Breite zutage. Im Norden (Nordwestschottland) begrenzt durch die präkambrischen Gneiskomplexe des Hebriden-Schilds und im Süden (Mittelengland) durch den vorpaläozoischen Block des Midland-Kratons, ist der ganze Trogram in zwei entwicklungsgeschichtlich und strukturell-tektonisch unterschiedliche Teile gegliedert. Den durch starke magmatische Aktivität, hohen Metamorphosierungsgrad und intensive Deformation gekennzeichneten *metamorphen (orthotektonischen) Kaledoniden* im Nordwesten (Schottische Hochlande, Nordirland) stehen die nur einen geringen Magmatismus, eine schwache Regionalmetamorphose und wesentlich verminderte tektonische Beanspruchung aufweisenden **nichtmetamorphen (paratektonischen) Kaledoniden** im Südosten (Nordengland, Wales, Mittel- und Südirland) gegenüber. Die Hauptfaltung fand in den metamorphen Kaledoniden wahrscheinlich bereits gegen Ausgang des Kambriums bzw. zu Beginn des Ordoviziums statt, so daß ordovizische Geosynklinalsedimente nicht mehr zur Ablagerung gelangten. In den nichtmetamorphen Kaledoniden wurden dagegen – sieht man von kurzen, regional unterschiedlich wirksamen Hebungsphasen ab – während des gesamten Ordoviziums in drei etwa 100 km breiten, durch geantiklinale Rücken voneinander getrennten Teiltrögen (Wales; Lake District – Südirland; südliche Hochlande – Nordwestirland) mächtige Schichtenfolgen sedimentiert. Die höchsten Werte sind aus den Randbereichen der Geosynklinale bekannt. So werden im Norden (Südschottland) etwa 3 000 m, im Süden (Wales) 3 000 bis 4 000 m, in Westirland (South-Mayo-Trog) sogar bis 10 000 m erreicht. Lithologisch herrschen im Norden kalkig-gröberklastische Bildungen, im Süden Wechsellagerungen von Grauwacken, Sandsteinen und Siltsteinen vor. Das Beckenzentrum wird durch geringmächtige Graptolithenschieferfolgen charakterisiert. Vulkanische Gesteinsserien (Diabase, Andesite, Rhyolithe) spielen vor allem in Wales eine größere Rolle. Im Bereich der internen geantiklinalen Hochgebiete und in den außergeosynklinalen Vorlandregionen überwiegen karbonatische Schelfsedimente mit einer benthonischen Fauna. Biofaziell lassen sich von Norden nach Süden eine nordamerikanische Provinz (Nordengland, Schottland, Mittel- und Nordirland), eine baltische Provinz (Mittelengland, Südostirland) und eine anglo-walisische Provinz (Wales) unterscheiden. Diese Faunenprovinzen weisen darauf hin, daß unmittelbare Verbindungen nach Westen (Nordamerika), zugleich aber nach Osten (Mittel- und Osteuropa) bestanden.

In **Norwegen** ist lediglich der Ostteil der kaledonischen Geosynklinale aufgeschlossen. Der *eugeosynklinale* interne Bereich gliedert sich in einen östlichen Abschnitt mit sehr mächtigen Folgen basischer bis saurer vulkanischer Gesteinskomplexe sowie räumlich-zeitlich stark variierender, bis über 6000 m mächtiger sedimentärer Serien (Grauwacken, Tonschiefer, Kieselschiefer u. a.) und einen westlichen Abschnitt mit zurücktretenden Vulkaniten, dafür aber einem erhöhten Auftreten von karbonatischen Gesteinen. In Richtung

Stufe	Zonenfossilien (britische Gliederung)	Großbritannien (West-England, Wales)	Südnorwegen (Oslo-Graben)	Südschweden (Schonen)	Estland	Thüringen	Böhmen	Ostalpen
Hangendes								
Ashgill	Dicellograptus anceps	Rhuddanian (Llandovery)	Strickiandia-Serie (Llandovery)	Rastrites-Schiefer (Llandovery)	Juuru-Schichten (Llandovery)	Untere Graptolithenschf. (Llandovery)	Liteň-Schichten (Llandovery)	Untere Gropfol.-Schf. Schiefer (Llandovery)
		Himanthon 120 m	Kalksandstein und Gastropodenkalk 30 m	5 m Dalmanitina-Schiefer	3-16 m Porkuni-Schichten	ca. 250 m Lederschiefer	200 m Kosov-Serie	6 m Obere Schichten
		Rawtheyan 180 m	Isotelus-Kalk und -Schiefer 100 m	30 m Staurocephalus-Schichten	45 m Pirgu-Schichten		50-150 m Králův Dvůr-Serie	5 m Tonflaserkalk
	Dicellograptus complanatus	Cautleyan 250 m	Tretaspis-Kalk und -Schiefer					>100 m Lydite und Kieselschiefer
	Pleurograptus linearis	Pusgillian 90 m			8 m Vormsi-Schichten	0,5-9,5 m Schmiedefelder Leitschichten	125 m Bohdalec-Schichten	Quarzite
Caradoc	Dicranograptus clingani	Onnian 120 m	~40 m Obere Chasmops-Kalke und -Schiefer	Obere	35 m Nabala-Schichten	100-200 m Hauptquarzit	~400 m Zahořany-Schichten	>500 m basische Vulkanite
		Actonian 60 m			15 m Rakvere-Schichten	Oberer Schmiedefelder Erzhorizont	50-300 m Vinice-Schichten	Tonschiefer Konglomerate Karbonate
		Marshbrookian 100 m		20-60 m Dicellograptus Schiefer	1-7 m Oandu-Schichten	~40 m Lagerquarzit	50-800 m Letná-Schichten	
	Climacograptus wilsoni	Longvillian ca. 300 m	25 m Untere Chasmops-Kalke und -Schiefer	Mittlere Schiefer	20 m Keila-Schichten			
	Climacograptus peltifer	Soudleyan 60-180 m			4-12 m Jõhvi-Schichten			
		Harnagian 0-300 m			1-10 m Idavere-Schicht.		~100 m Liběň-Schichten	
	Nemagraptus gracilis	Costonian 0-60 m	~50 m Ampyx-Kalk	Untere	4-14 m Kukruse-Schichten	Unterer Schmiedefelder Erzhorizont	~400 m Dobrotivá-Serie	
Llandeilo	Glyptograptus teretiusculus	Oberes Llandeilo 18 m	25 m Oxygiocaris-Schiefer		4-18 m Uhaku-Schichten	Obere		
		Mittleres Llandeilo 520 m			7 m Lasnamägi-Schichten		10-300 m Šárka-Schichten	
Llanvirn	Didymograptus murchisoni	Unteres Llanvirn 240 m	30 m Obere Didymograptus-Schiefer	30 m Obere Didymograptus-Schiefer	7-12 m Aseri-Schichten Kunda-Schichten	120-150 m Griffelschiefer		
	Didymograptus bifidus	Oberes Llanvirn 35 m	~4 m Endoceras-Kalk	~10 m Orthoceren-Kalk	~14 m Volchov-Schichten	Untere	~300 m Klabava-Schichten	
Arenig	Didymograptus hirundo	Unteres Llanvirn 240-300 m	4 m Asaphus-Schiefer	25 m Untere Didymograptus-Schiefer		Tierberger Erzhorizont		
	Didymograptus gibberulus	Oberes Arenig 35 m	1 m Megistaspis-Kalk			130 m Phycodenquarzit 600-900 m Phycodenschiefer 100-150 m Phycodendachschiefer	~45 m Milina-Schichten	
	Didymograptus nitidus		~20 m Untere Didymograptus-Schiefer		~3 m Latorp-Schichten			
	Didymograptus deflexus	Unteres Arenig 100-170 m		0,5 m Ceratopyge-Kalk 0,2 m Shumardia-Kalk 0,5 m Ceratiocaris-Schiefer	2-21 m Pakerort-Schichten	~40 m Übergangsschichten 60-100 m Ob. Frauenbach-Wechsellag. 250-300 m Frauenbach-Quarzit	~80 m Třenice-Schichten	
Tremadoc	(Tetragraptus approximatus)		1 m Ceratopyge-Kalk 4 m Ceratopyge-Schiefer 4 m Symphysurus-Kalk	~16 m Dictyonema-Schiefer				
	Angelina sedgwickii	Tremadoc-Schiefer 260 m	10 m Dictyonema-Schiefer					
	Shumardia pusilla							
	(Symphysurus incipiens)							
	Clonograptus tenellus							
	Dictyonema flabelliforme							
Liegendes		Lingula-Flags (Oberes Kambrium)	Alaunschiefer (Oberes Kambrium)	Alaunschiefer (Oberes Kambrium)	Unteres Kambrium	Schwarzburger Serie Goldisthaler Schichten (Kambrium)	Strašice-Schichten (Oberes Kambrium)	?

auf den Baltischen Schild geht die eugeosynklinale Ausbildung allmählich in eine *miogeosynklinale* Schieferfazies über, der untergeordnet Sand- und Kalksteinhorizonte zwischengeschaltet sind. Anzeichen vulkanischer Tätigkeit treten hier nur sehr selten auf.

Auf der präkambrisch konsolidierten **Osteuropäischen Tafel** kam es im Ordovizium zu weitreichenden Transgressionen und damit verbundenen Beckenerweiterungen. Während des Kambriums noch existierende Festlandsgebiete wurden nunmehr in den Sedimentationsraum mit einbezogen. Typische Faziesassoziation dieses epikontinentalen Meeres (Balto-Sarmatischer Schelf) ist eine geringmächtige Folge von Karbonaten, Mergelsteinen, Tonsteinen und Sandsteinen. Dabei ist eine deutliche lithologische und biofazielle Zonierung insoweit erkennbar, als in den mehr zentral gelegenen Gebieten der Tafel (Öland, Gotland, Baltikum, Nordostpolen, Belorußland) der Karbonatgehalt (mit benthonischer Fauna) überwiegt, während in Richtung auf die Tafelränder (Oslograben, Schonen, Bornholm, Mittelpolen) eine merkliche Zunahme des Tonsteinanteils (mit Graptolithenführung) zu verzeichnen ist.

Entlang dem **Südwestrand der Osteuropäischen Tafel** erstreckte sich ein schmaler, von der Nordsee bis zur Dobrudscha reichender geosynklinalartiger Trog. In dieser wahrscheinlich schon im höchsten Präkambrium angelegten Senkungszone wurden örtlich bis über tausend Meter tonig-sandige Gesteinsserien des Ordoviziums abgelagert. Im Unterschied zur kaledonischen Geosynklinale am Nordwestrand der Tafel fehlen hier die typischen eugeosynklinalen Züge, insbesondere die mächtigen vulkanischen Folgen.

In **Mitteleuropa** sind ordovizische Ablagerungen aus dem Brabanter Massiv, dem Ardennisch-Rheinischen Schiefergebirge und dem Harz, aus Thüringen, Sachsen und den Westsudeten sowie aus Böhmen bekannt. Im *Brabanter Massiv* und in den *Ardennen* kommen nur tiefstordovizische Schichten vor. Auch im *Rheinischen Schiefergebirge* (Sauerland, Kellerwald) sowie im *Harz* (Wippraer Zone) tritt Ordovizium nur sehr lückenhaft auf. Im allgemeinen handelt es sich um klastische Serien (Tonschiefer, Sandsteine, Grauwacken), deren exakte stratigraphische Zuordnung auf Grund der Fossilarmut der Sedimente Schwierigkeiten bereitet.

In *Franken, Thüringen, Sachsen* und den *Westsudeten* sind zwei hinsichtlich ihrer lithologischen Ausbildung, der Mächtigkeitsverhältnisse und der magmatischen Erscheinungen unterschiedliche Einheiten entwickelt, die thüringische Fazies und die bayerische Fazies. Die thüringische Fazies setzt sich in ihrem Typusgebiet, dem Thüringischen Schiefergebirge, aus einer über 2 000 m mächtigen Folge terrigen-klastischer Gesteine zusammen, die vom Liegenden zum Hangenden in Frauenbach-Serie (Quarzite und Tonschiefer), Phycoden-Serie (Bänderschiefer, Quarzite) und Gräfenthaler Serie (bituminöse Tonschiefer, Quarzite, Gerölltonschiefer, geringmächtige chamositische Eisenerzlager) gegliedert wird. Die bayerische Fazies ist an eine tektonisch aktive Zone (Zentralsächsisches Lineament) innerhalb Mitteleuropas gebunden, die im Verlauf der späteren variszischen Entwicklung wiederholt paläogeographisch-paläotektonisch wirksam wurde. Lithologisch kennzeichnend sind bunte zusammengesetzte Folgen von Tonschiefern, Sandsteinen und Kieselschiefern. Daneben treten gehäuft vulkanisch-vulkanoklastische Gesteine (Diabase, Diabastuffe und -tuffite, Keratophyre) auf.

Das Ordovizium **Böhmens** ist faziell differenziert. Es überwiegen klastische Ablagerungen – Konglomerate, Grauwacken, Sandsteine oder Quarzite und Tonschiefer. Außer diesen Serien kommen auch – wenngleich nur untergeordnet und in geringer Mächtigkeit – chemische Sedimente (z. B. Hornsteine der Milina-Schichten) vor. Auffällig ist ein starker submariner basischer Vulkanismus. Vor allem in den Klabava-Schichten (Arenig) sind mächtige Komplexe von Effusivdiabasen, Diabastuffen und ähnlichen vulkanischen Förderprodukten enthalten. Wirtschaftliches Interesse erlangen einige oolithische Eisenerzhorizonte.

In den **Ostalpen** ist das Ordovizium ebenfalls reich an vulkanischen Einschaltungen. Das trifft für die Karnischen Alpen ebenso zu wie für die Karawanken, die Gurktaler Alpen, das Grazer Bergland oder die Nördliche Grauwackenzone. Neben diesen zumeist basischen Eruptiva finden sich Tonschiefer, Grauwacken, Quarzite, Lydite und Kieselschiefer sowie karbonatische Serien einer Flachwasserfazies. Biostratigraphisch konnten bisher nur Caradoc und Ashgill belegt werden. Vielleicht verbirgt sich in den höhermetamorphen Altkristallin-Einheiten der Alpen auch tieferes Ordovizium.

In **West- und Südeuropa** ist Ordovizium aus der Bretagne, der Normandie, der Montagne Noire, den Zentralpyrenäen sowie von der Iberischen Halbinsel und Sardinien bekannt. Meist handelt es sich um Sandsteine (Armorikanischer Sandstein) und Tonschiefer, denen oft Eisenerzlager zwischengeschaltet sind. Ähnliche Ausbildung zeigen auch die äquivalenten Serien am Nordrand der **Afrikanischen Tafel**. Dabei werden im Antiatlas Mächtigkeiten von 1 200 m, im zentralen Sahara-Becken sogar von 3 000 m erreicht.

In **Nordamerika** lassen sich drei größere Sedimentationsbereiche unterscheiden. Während in den stark gegliederten Geosynklinaltrögen der *Appalachen* im Osten und der *Kordilleren* im Westen mächtige klastische Gesteinsfolgen,

S.314:
Stratigraphische Gliederung des Ordoviziums

vergesellschaftet mit Dolomiten, Kalken und Vulkaniten, zur Ablagerung gelangten, bildeten sich auf der präkambrischen *Nordamerikanischen Tafel* im Norden überwiegend karbonatische Deckgebirgssedimente. Unmittelbare Verbindungen zu den ordovizischen Ablagerungsräumen der **Arktis** sind nachgewiesen. In **Südamerika** (Argentinien, Bolivien, Peru, Kolumbien) läßt sich ebenfalls eine Faziesdifferenzierung in eine vornehmlich chemogene (kalkige) und eine nahezu rein klastische (tonig-sandige) Entwicklung erkennen. Auch für **Asien** sind ähnliche Ausbildungen kennzeichnend. So treten in den geosynklinalen Räumen (Ural- und Angara-Geosynklinale, Zentralkasachstan, Salair, Sajan) klastisch-vulkanogene Serien, in den Tafelgebieten (Sibirische und Chinesische Tafel) dagegen vor allem karbonatisch-tonige Flachwassersedimente auf. Klastisches Ordovizium wird auch aus dem Himalaja sowie aus Indochina und Südchina beschrieben. Schließlich kommen ordovizische Schichtenfolgen in **Australien** und **Neuseeland** vor. Sie bestehen hauptsächlich aus Graptolithenschiefern, Grauwacken und diabasischen Vulkaniten.

Zusammenfassung. Das Ordovizium war eine Zeit bedeutender Überflutungen. Weite Gebiete wurden vom Meere bedeckt. Transgressionen, die ihren Höhepunkt im Caradoc erreichten, sowie Regressionen, die insbesondere im Ashgill größere Bedeutung erlangten, lösten einander ab. In dieser Periode der Vorherrschaft des Meeres kam es zu einer reichen Entfaltung der marinen Tierwelt. Dabei blieb die schon im Kambrium ausgeprägte provinzielle Bindung einiger Tiergruppen auch im Ordovizium weitgehend erhalten. Vor allem bei den Triboliten und Graptolithen lassen sich deutlich unterschiedliche Faunenprovinzen abgrenzen. Trotzdem besaßen zahlreiche der neuen Arten und Gattungen infolge günstiger Austauschverbindungen zwischen den einzelnen Beckenteilen weltweite Verbreitung. Klimatisch herrschten im Bereich des damaligen Äquators Bedingungen vor, die zur Bildung verbreiteter Karbonatgesteinskomplexe, darunter auch Riffkalken, führten. Demgegenüber traten in den ordovizischen Polarräumen (Nordafrika) mit geschrammten und gekritzten Schichtflächen sowie glazigenen Sedimenten Zeugen nivaler Verhältnisse auf. Tektonisch-magmatisch wurde im Vergleich zum Kambrium eine wesentlich höhere Aktivität erreicht. So kam es wiederholt zu intensiven vulkanischen Prozessen und zu tektonogenetischen und epirogenetischen Bewegungen, die an der Wende Ordovizium/Silur in der vor allem in den Appalachen wirksamen takonischen Tektonogenese gipfelten. *D. Franke*

Silur

Allgemeines. Der Begriff Silur wurde erstmals in England angewandt. MURCHISON führte den vom Namen eines keltischen Volksstammes abgeleiteten Begriff im Jahre 1835 für Schichten ein, die vom mittleren Teil des heutigen Ordoviziums bis an die Basis des devonischen Oldred-Sandsteins reichten. Nachdem jedoch LAPWORTH 1879 die tieferen Abschnitte dieses Systems aus lithologischen und faunistischen Gründen als selbständiges »Ordovizium« abgetrennt hatte, wurde das Silur auf den lange Zeit üblichen Bereich zwischen der Llandovery-Untergrenze und der Ludlow-Obergrenze beschränkt. Abweichend von diesem Gliederungsprinzip, hat man den gleichen Terminus auch für das gesamte prädevonische Paläozoikum oder für Ordovizium und Silur zusammen verwandt und dabei das jetzige Silur als Obersilur oder Gotlandium, zuweilen auch als Ontarium oder Bohemium bezeichnet.

Die Untergrenze des Silurs (440 Millionen Jahre) liegt an der Basis des Llandovery, die Obergrenze (400 Millionen Jahre) nach neuer internationaler Regelung an der Basis der Graptolithenzone des *Monograptus uniformis*, d. h. zwischen den böhmischen Stufen Přídolí und Lochkov. Als Untereinheiten des silurischen Systems werden in Europa die Stufen Llandovery und Wenlock (= Untersilur) sowie Ludlow und Přídolí (= Obersilur) ausgeschieden. Diese lassen sich mit Hilfe der Graptolithen, neuerdings auch auf der Grundlage von Conodonten, Ostracoden und Brachiopoden in einzelne Zonen gliedern (Tab. S. 320).

Die Meeresverbreitung zur Zeit des Silurs war im Prinzip die gleiche wie während des Ordoviziums. Sieht man von einigen lokal entwickelten Schichtlücken ab, besteht meist Konkordanz zwischen beiden Systemen. Regressionen größeren Ausmaßes treten erst im höheren Silur (Ludlow/Přídolí) auf. Faziell lassen sich wieder eine klastische Geosynklinalentwicklung, eine landferne Schwarzschiefer-Ausbildung sowie eine mehr karbonatische Fazies des Schelfs, der Schwellen und ufernahen Gebiete unterscheiden. In den Schiefern kommen überwiegend Graptolithen, in den Kalken und Mergeln dagegen Trilobiten, Brachiopoden, Korallen und andere benthonische Faunen vor. Paläogeographisch bestimmend waren wie schon im Ordovizium zwei riesige, in sich gegliederte Großkontinente, die Norderde (Laurasia) und die Süderde (Gondwana). Die Pollagen hatten sich nur geringfügig verändert. Der Südpol war vom nordwestlichen zum südwestlichen Afrika gewandert, der Nordpol vom mittleren in den nördlichen Pazifik. Der Äquator verlief vom Nordrand

Graptolithen: **1** Cephalograptus acuminatus, **2** Orthograptus vesiculosus, **3** Petalograptus folium, **4** Rastrites longispinus, **5** Cephalograptus cometa, **6** Cyrtograptus murchisoni, **7** Monograptus dubius, **8** Cyrtograptus linnarssoni, **9** Monograptus nilssoni, **10** Monograptus runcinatus

Australiens quer über den Tethysraum nach Europa und von hier über Grönland zur Nordamerikanischen Tafel. Orogenetisch sind die am Ausgang des Silurs erfolgten starken tektonogenetischen und epirogenetischen Bewegungen der kaledonischen Gebirgsbildung von Bedeutung, die zur Auffaltung der in den tiefpaläozoischen Geosynklinalräumen abgelagerten Sedimentschichten bzw. zur schildförmigen Heraushebung bereits früher versteifter Krustenteile führten. Damit erfolgte eine grundlegende Umgestaltung des gesamten geotektonischen Bauplanes. Die kaledonische Ära der Erdentwicklung fand ihren Abschluß.

Die Entwicklung der Lebewesen

Die wichtigste und weitaus verbreitetste Tiergruppe sind auch im Silur die marinen Wirbellosen (Invertebraten). Ihnen gegenüber treten die Wirbeltiere (Vertebraten) sowohl im Artenreichtum als auch in der Individuenzahl stark zurück. Bemerkenswert ist, daß im höheren Silur anscheinend die Nacktpflanzen (Psilophyten) das Meer verließen und das Brackwasser sowie die feuchteren Bezirke des Festlandes, wie Seen, Teiche, Tümpel usw., eroberten. Mit dem Silur ging die Frühzeit der pflanzlichen Entwicklung, das Algenzeitalter, zu Ende. Die Nacktpflanzen kündigten die kommende Entwicklung bereits an. Der von den Pflanzen gewonnene neue Lebensraum zog offensichtlich auch die Tierwelt an. So gingen vor allem einige Gliederfüßer, deren Chitinpanzer sie gegen Austrocknung schützte, auf die in Wassernähe gelegenen lagunären Landesteile.

Die typischen Vertreter der Stillwasserfazies sind wiederum die **Graptolithen** mit einer Entwicklung zu immer einfacheren Formen. Einzeilig besetzte, einästige Monograptiden herrschen bei weitem vor. *Diplograptus*-Arten treten nur noch in den stratigraphisch tieferen Abschnitten auf. Im Oberen Silur setzte eine merkliche Verarmung der Fauna ein.

In der sandig-mergelig-kalkigen Schelfmeerfazies kommen vor allem Trilobiten, Brachiopoden, Mollusken und Korallen vor. Ein Teil der **Trilobiten** zeichnet sich durch vermehrte Bestachelung und eine stärkere Körnelung des Panzers aus. Hochspezialisierte Formen von meist nur lokalem stratigraphischem Wert sind häufig.

Von anderen Gliederfüßern (Arthropoden) seien die an den heutigen Molukkenkrebs erinnernden **Riesenkrebse (Gigantostraken)** *Eurypterus* und *Pterygotus* erwähnt. Diese Formen nahmen im Vergleich mit dem Ordovizium an Häufigkeit zu, erreichten Längen von über 1 Meter und begannen ins Brackwasser, gegen Ende des Silurs sogar in lagunäre Räume zu wandern. Stratigraphisch wesentlich bedeutsamer sind die **Schalenkrebse (Ostracoden)**.

Fossilien des Silurs. 1 Eurypteride (Riesenkrebs) Eurypterus fischeri ($^1/_6$ nat. Gr.). 2 bis 4 Brachiopoden (Armfüßer): 2 Atrypa reticularis, 3 Protochonetes striatellus, 4 Sowerbyella transversalis. 5 bis 7 Cephalopoden (Kopffüßer): 5 Protophragmoceras murchisoni, 6 Dawsonoceras (früher Orthoceras) annulatum, 7 Ophioceras simplex. 8 und 9 Ostracoden (Schalenkrebse): 8 Leperditia hisingeri, 9 Beyrichia tuberculata. 10 Trilobit (Dreilappkrebs) Dalmanites caudatus. 11 Tabulate (Bodenkoralle) Halysites catenularia. 12 Crinoide (Seelilie) Cyathocrinites longimanus

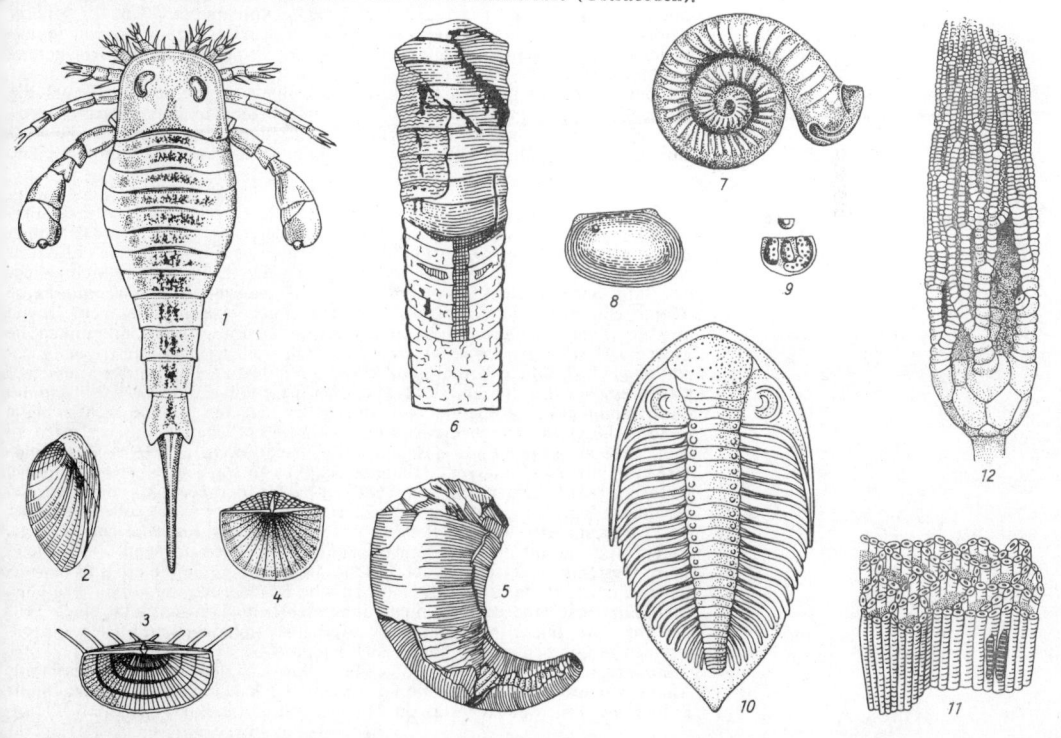

Die Ostracoden erlangten im Silur einen beachtlichen Formenreichtum und, wie die glattschalige *Leperditia* sowie die wulstig verzierte und punktierte *Beyrichia*, besondere Gehäusegröße. Auf Grund ihrer weiten Verbreitung werden sie heute zu Zonengliederungen und überregionalen Korrelationen herangezogen.

In einer gegenüber dem Ordovizium verringerten Artenfülle treten die **Nautiliden** auf. Eingerollte und halb eingerollte Typen (*Ophidioceras*) kommen neben schwach gekrümmten (*Cyrtoceras*) sowie horn- oder kolbenförmigen (*Phragmoceras, Ascoceras*) vor.

Die **Schnecken (Gastropoden)** erfuhren keine grundlegenden Veränderungen und sind örtlich, zum Beispiel in den kalkigen Serien Böhmens, recht zahlreich. Auch die **Muscheln (Lamellibranchiaten)** treten häufiger auf. Weltweit verbreitet ist insbesondere *Cardiola cornucopiae*.

Größere stratigraphische Bedeutung besitzen die **Armfüßer (Brachiopoden)**. *Pentamerus, Stricklandia, Rhynchonella* und *Dayia* sind die wichtigsten Gattungen. Vermehrt erschienen außerdem die Chonetiden, zu Beginn des Silurs auch die für die Gliederung des Devons so wertvollen Spiriferiden.

Die im Ordovizium noch seltenen **Korallen (Anthozoen)** gewannen rasch an Formenreichtum, Häufigkeit und regionaler Verbreitung. Sie bestehen im wesentlichen aus den beiden paläozoischen Gruppen der **Bödenkorallen (Tabulaten)** mit quergegliederten und der **Septenkorallen (Rugosen)** mit längsgegliederten Röhren und Kelchen. Von den Bödenkorallen besitzen *Favosites* und *Halysites*, von den Septenkorallen unter anderen *Cystiphyllum* und *Acervularia* Leitwert. Durch die starke Zunahme der Korallen erlangte die Ausbildung grobbankiger und ungeschichteter Kalke zum ersten Male weltweite Verbreitung, wobei außerdem **Moostierchen (Bryozoen)**, **Schwämme (Spongien)** und **Kalkalgen (Stromatoporen)** an deren Aufbau beteiligt waren. Darüber hinaus wirkten die Kalkskelette von Stachelhäutern zuweilen gesteinsbildend. So traten im Silur bereits typische **Seelilien (Crinoiden, z. B. *Cyathocrinus*)** mit fünfseitiger Symmetrie und Gliederung des Körpers in Arme, Kelch und Stiel auf, von denen sich insbesondere die Stielglieder (Trochiten) am Meeresboden oft derart anreicherten, daß daraus mächtige Gesteinsbänke (Trochitenkalke) entstanden.

Auch im Silur stellen zahlreiche **Conodonten-** und **Mikroplankton**-Arten stratigraphisch wichtige Leitformen dar. Die auf ihnen basierenden biochronologischen Schemata weisen zum Teil zwar noch Lücken auf, dürften aber zunehmend an Bedeutung gewinnen.

Die Fische erfuhren eine beachtliche Weiterentwicklung. Neben den **Agnathen** traten im höchsten Silur nunmehr **Panzerfische (Placodermen)** auf, die einen Unterkiefer und paarige, flossenähnliche Anhänge besaßen. Ihr äußerer Knochenpanzer (Schuppen oder Platten) glich dem der Agnathen, war im allgemeinen jedoch schwerer. Die meisten dieser Formen wurden in Ablagerungen lagunärer bis limnischer Fazies gefunden.

Einen entscheidenden Fortschritt machte zum Ausgang des Silurs auch die Pflanzenwelt. Neben den marinen Kalkalgen kamen in den jüngeren Horizonten des Silurs die ältesten **Landpflanzen** (Psilophytales) vor, die die Vorläufer der sich im Devon schnell entwickelnden terrestrischen Flora darstellen.

Paläogeographische Verhältnisse

Während des Silurs blieb die im Ordovizium vorgezeichnete regionale Verteilung von Sedimentations- und Erosionsgebieten in ihren grundsätzlichen Zügen erhalten. In Europa stand der kaledonischen Geosynklinale am Nordwestrand der Osteuropäischen Tafel wiederum das flache Epikontinentalmeer des Balto-Sarmatischen Schelfs gegenüber. Mitteleuropa nahm abermals eine Mittelstellung ein. Hier lassen sich bereits erste Anzeichen der vom Devon an stärker in Erscheinung tretenden variszischen Entwicklung erkennen. Die Meeresverbindungen zwischen den einzelnen Teilbereichen sind noch nicht restlos geklärt. Offensichtlich muß man, zumindest zu Beginn des Silurs, mit transgressiven Tendenzen, d. h. mit einer gegenüber den Verhältnissen im Ordovizium etwas größeren Verbreitung der marinen Räume rechnen. Die tektonische Gesamtentwicklung scheint im wesentlichen ruhig verlaufen zu sein. Erst als gegen Ende des Silurs die kaledonischen Geosynklinalgebiete ihre endgültige Faltungsreife erlangten, kam es zu starken tektonogenetischen Deformationen. Die mächtigen Sedimentpakete der Geosynklinale wurden zusammengepreßt, verfaltet und geschiefert sowie zu einem großen Teil über das Meeresniveau herausgehoben. Es entstand das **Kaledonische Gebirge**. In Verbindung mit diesen gebirgsbildenden Vorgängen drangen überwiegend saure Gesteinsschmelzen aus der Tiefe in die gefalteten Serien ein und bewirkten zusätzlich zu der durch die mechanische Beanspruchung hervorgerufenen Metamorphose eine weitere, nicht unbeträchtliche Umwandlung eines Teils der Gesteine. Diese intensiven tektogenetisch-magmatischen Prozesse teilten sich in abgeschwächter Form auch anderen Gebieten Europas mit.

Im einzelnen ergibt sich folgendes Bild: Auf den **Britischen Inseln** ist, wie bereits im Ordovizium, eine Gliederung der kaledonischen Geosynklinale in mehrere Teiltröge zu erkennen. Dabei stand den kalkig-klastischen Bildungen an den Beckenrändern wiederum eine vorwiegend tonige Ausbildung (Graptolithenschiefer-Fazies) in den zentraler gelegenen Bereichen gegenüber. Auch die Mächtigkeitsverhältnisse – große Mächtigkeiten am Rand, geringere in der Trogmitte – blieben zunächst noch dieselben. Bereits im Wenlock, verstärkt aber vom tieferen Ludlow ab hoben sich diese Gegensätze jedoch langsam auf. Es trat eine generelle Verflachung des gesamten Meeresraumes ein. So schalteten sich im Zentrum (Nordwales, Lake District) zwischen die Graptolithenschiefer Sandsteine ein. Auch wurden plattige Kalke und Schiefertone der Brachiopodenfazies häufiger abgelagert. Mit Annäherung an das sedimentliefernde Festland im Norden traten zunehmend konglomeratische Gesteinsserien von nur noch geringer Mächtigkeit, gelegentlich auch schon bunte Schiefer auf, die brackische und lagunäre Sedimentationsbedingungen anzeigen. Im Südosten, am Rand des in Südostengland gelegenen Hochgebietes, kam es dagegen mehr zur Bildung karbonatischer Folgen, darunter auch Riffen. Indem die Absenkung gewissermaßen von der Sedimentation überholt wurde, erfolgte eine allmähliche Zuschüttung der Geosynklinale, bis schließlich mit dem Downton der Übergang zu kontinentalen Verhältnissen eintrat. In diese Zeit fällt auch die Hauptfaltung der kaledonischen Geosynklinale, die vor allem in den südlich der Schottischen Hochlande gelegenen Gebieten wirksam wurde und das südliche Schottland, Nord- und Mittelengland sowie Wales erfaßte. Diese jungkaledonisch deformierten Bereiche wurden an die bereits kambroordovizisch konsolidierten Regionen weiter nördlich (metamorphe Kaledoniden der Schottischen Hochlande und Nordirlands) angegliedert.

In den Kaledoniden **Norwegens** sind vom Silur fossilmäßig nur Llandovery (eugeosynklinaler Bereich) und Wenlock (miogeosynklinaler Bereich) belegt. Wahrscheinlich erfolgte hier die Auffüllung der Geosynklinale bereits früher als im Gebiet der Britischen Inseln. Unter Umständen verbergen sich in einigen höhermetamorphen Gesteinskomplexen noch silurische Anteile. Mit der Faltung der tiefpaläozoischen Trogfüllung ging gleichzeitig ein nach Osten, zum Baltischen Schild hin gerichteter Deckenschub vor sich. Dadurch liegen heute auf einer Breite bis zu mehreren hundert Kilometern die tektonisch dislozierten und metamorph überprägten Einheiten der norwegischen kaledonischen Geosynklinale über nichtmetamorphen kambrischen, ordovizischen und silurischen Sedimenten der präkambrisch versteiften Tafel.

Auf der **Osteuropäischen Tafel** setzte sich die Schelfentwicklung des Ordoviziums im Silur kontinuierlich fort. Schichtlücken, hervorgerufen durch Hebungen, Regressionen oder Oszillationen der Küstenlinien, spielen eine untergeordnete Rolle. Lithologisch vorherrschend sind wiederum epikontinentale Ablagerungen, die faziell und faunistisch oft stark differenziert sind. So kommen in den interner gelegenen Flachwasserbereichen der Tafel (z. B. Baltikum, Gotland) vor allem geringmächtige Karbonate und Mergel mit benthonischer Fauna vor (Riffkalke mit Korallen, Bryozoen und Kalkalgen, weiterhin Krinoidenkalke, Brachiopodenmergel usw.), während in den tafelrandnahen tieferen Sedimentationsräumen (z. B. Schonen, Ostpolen) nahezu das

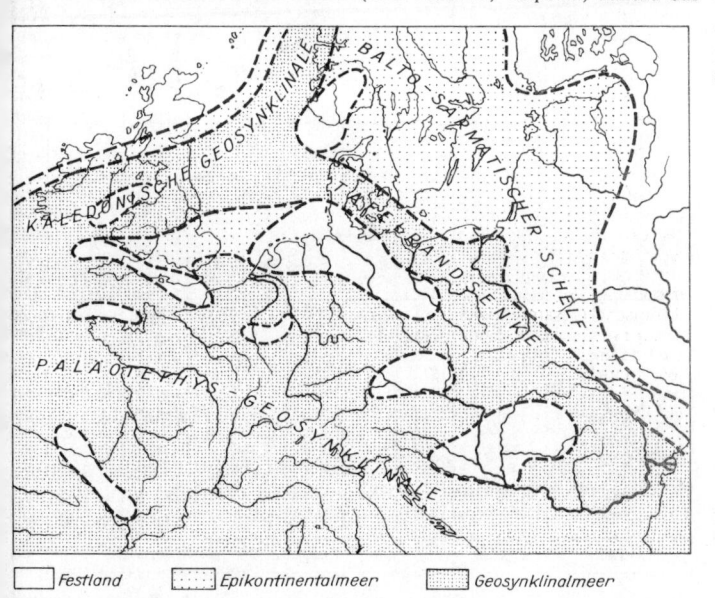

Vermutliche Verteilung von Land und Meer während des Silurs in Mitteleuropa

Stufen	Zonenfossilien	Großbritannien (Wales, Welsh Borderland)	Südnorwegen (Oslo-Graben)	Südschweden (Schonen)	Estland	Thüringen	Böhmen	Ostalpen
	Hangendes	Dittonian (Unterdevon)	Unteres Perm	Trias	Unteres Old Red (Mitteldevon)	Tentakulitenkalk (Unterdevon)	Lochkovium (Unterdevon)	Platten-Kalke, Tonschiefer (Unterdevon)
Přídolí	Monograptus transgrediens	>500m Downtonian / Rotes Downton / Tilmeside-Schiefer / Downton Castle-Sandst. / Ludlow Bone Bed	300–1000m Ringerike Sandstein	–800m Öved Ramsåsa Serie	6m Ohessaare-Schichten; –70m Kaugatuma-Schichten	15m Obere Graptolithenschichten	15–80m Přídolí-Schichten	>8m Obere Graptolithen-Schiefer; –8m Megaera-Schichten
Ludlow	Monograptus ultimus	55m Whitcliffian			15m Kuressaare-Schichten	10–20m Ockerkalk-Gruppe	50–250m Kopanina-Schichten	–20m Alticola-Kalk; >5m graugrüne Schiefer
Ludlow	Monograptus dubius thuringicus	35m Leintwardinian			–30m Paadla-Schichten			6m Cardiola-Niveau
Ludlow	Monograptus fritschi linearis	60–100m Bringewoodian						
Ludlow	Monograptus leintwardinensis				–30m Rootsiküla-Schichten			12m Crinoiden-Kalk bzw. 7m Kok-Kalk und >3m Aulacopleura-Schichten
Ludlow	Monograptus tumescens/incipiens	125–230m Eltonian	200m Obere Spiriferiden-Serie	600m Colonus-Serie	40–50m Jaagarahu-Schichten			
Ludlow	Monograptus scanicus	600m Oberes Wenlock						50–80m Untere Graptolithen-Schiefer
Ludlow	Monograptus nilssoni				40–140m Jaani-Schichten			2m Trilobiten-Schiefer
Wenlock	Monograptus ludensis	300m Mittleres Wenlock	100–130m Untere Spiriferiden-Serie	Flemingi-Schichten				
Wenlock	Cyrtograptus lundgreni	200m Unteres Wenlock		Retiolites-Schichten			60–200m Liteň-Schichten	
Wenlock	Cyrtograptus ellesae			100m Cyrtograptus-Serie		30–40m Untere Graptolithenschiefer		
Wenlock	Cyrtograptus linnarssoni							
Wenlock	Cyrtograptus rigidus							
Wenlock	Cyrtograptus riccardonensis							
Wenlock	Monograptus murchisoni							
Wenlock	Cyrtograptus centrifugus							
Llandovery	Monograptus crenulatus	245m Telychian	115–150m Pentameriden-Serie	40–120m Rastrites-Serie	20–40m Adavere-Schichten			
Llandovery	Monograptus griestoniensis							
Llandovery	Monograptus crispus							
Llandovery	Monograptus turriculatus	280m Fronian			35–180m Raikküla-Schichten			
Llandovery	Monograptus sedgwickii							
Llandovery	Monograptus convolutus	240m Idwian	150–170m Stricklandia-Serie					
Llandovery	Monograptus gregarius							
Llandovery	Monograptus cyphus	730m Rhuddanian			20–60m Juuru-Schichten			
Llandovery	Monograptus vesiculosus							
Llandovery	Akidograptus acuminatus							
Llandovery	Glyptograptus persculptus							
Ashgill	Liegendes	Hirnantian (Ashgill)	Dalmanitina-Serie (Ashgill)	Dalmanitina-Schiefer (Ashgill)	Porkuni-Schichten (Ashgill)	Lederschiefer (vorwiegend Ashgill)	Kosov-Serie (Ashgill)	Untere Schichten (Ashgill)

gesamte Profil aus teilweise sehr mächtigen Folgen von Graptolithenschiefern besteht, die nur noch vereinzelt Kalklinsen und -lagen enthalten. Im höheren Silur verwischen sich diese Faziesunterschiede insofern, als im Zuge der allgemeinen Meeresregression und der damit verbundenen Verlandung des gesamten Gebietes bunte Serien (meist Ton- und Sandsteine) mit brackischen Faunen vorherrschen. Ablagerungen des höchsten Silurs fehlen in der Regel; auch dieser Raum hob sich nunmehr aus dem Meer heraus, ohne allerdings – im Gegensatz zur kaledonischen Geosynklinale in Norwegen und Großbritannien – eine stärkere tektonogenetische Beanspruchung erfahren zu haben.

Das Silur **Mitteleuropas** weist in paläogeographisch-paläotektonischer Hinsicht eine bemerkenswerte Homogenität auf. Während der tiefere Teil (Llandovery) zumeist gleichmäßig tonig-kieselig ausgebildet ist, schalten sich höher (Wenlock, Ludlow, Přidoli) mehr und mehr kalkige Ablagerungen ein, die teilweise mit einem intensiven Diabasvulkanismus verbunden sind. Zum Devon besteht Konkordanz; meist tritt hier nicht einmal ein signifikanter lithologischer Wechsel ein. Kaledonische Bewegungen, die in den Orthogeosynklinalräumen Europas so stark wirksam werden, lassen sich im mitteleuropäischen Raum nicht nachweisen.

Die vollständigsten und am besten erforschten Silurprofile Mitteleuropas liegen im Thüringisch-Vogtländischen Schiefergebirge und in Böhmen. Hier herrschte eine kontinuierliche marine Sedimentation vom höheren Ordovizium bis ins Devon hinein. In **Thüringen** erfuhr die relativ geringmächtige, faunistisch aber gut belegte Silurabfolge lithostratigraphisch eine Dreiteilung in Untere Graptolithenschiefer (Alaun- und Kieselschiefer des Llandovery bis tieferen Ludlow), Ockerkalk-Gruppe (Knoten- und Flaserkalke des Ludlow bis Přidoli) und Obere Graptolithenschiefer (Alaunschiefer des Přidoli bis Lochkow). In **Böhmen** herrschen im Llandovery ebenfalls Ton- und Kieselschiefer mit Graptolithen vor. Bereits im Wenlock tritt aber eine merkliche Zunahme der kalkigen Anteile ein: Es überwiegen Mergel- und Kalkschiefer mit Graptolithen, Brachiopoden und Trilobiten. Daneben machte sich besonders im tieferen Ludlow eine submarine vulkanische Tätigkeit bemerkbar (Diabase, Diabasmandelsteine, Tuffe und Tuffite). Im höheren Ludlow klang dieser Magmatismus aus. Es kam zur Ablagerung verschiedenartiger kalkiger Sedimente, die ohne lithologisch scharfe Grenze in die Kalke des Unterdevons überleiten.

Zwischen thüringischer und böhmischer Ausbildung tritt als Sonderentwicklung – vergleichbar mit den Verhältnissen im Ordovizium – die sog. bayerische Fazies auf. In einer schmalen, vom **Frankenwald** über **Sachsen** bis in die polnischen **Westsudeten** reichenden Zone wurden hier lithologisch stark variierende Sedimentserien – vor allem lyditreiche Graptolithenschiefer, daneben aber auch reine Tonschiefer, Karbonate und Vulkanite – nachgewiesen. Im **Harz** fehlen offensichtlich die für das saxothuringische Silur typischen Kieselschiefer. Es überwiegen dort stärker siltige Tonschiefer, denen nur lokal Kalkhorizonte zwischengeschaltet sind. Im **Rheinischen Schiefergebirge** ist Silur aus dem Sauerland, dem Kellerwald und der Lindener Mark bekannt. Neben graptolithenführenden Schiefern treten wiederum Kalke (Orthoceren- und Ostracodenkalke bei Gießen) mehr in Erscheinung.

Eine den mitteleuropäischen Silurvorkommen auffallend ähnliche Ausbildung weisen die Profile **Süd-** und **Westeuropas** auf. In den Ostalpen stehen reinen Tonschiefer-Kieselschiefer-Abfolgen karbonatische Flachwasserbildungen gegenüber. Faunistisch bestehen enge Beziehungen zu Thüringen (Graptolithenfauna) und zu Böhmen (benthonische Formen). In **Frankreich**, **Spanien** und **Portugal** herrschen dunkle Graptolithenschiefer mit vereinzelten Sandstein-, Karbonat- und Vulkaniteinschaltungen vor. Auf **Sardinien** ist das Silur (Graptolithenschiefer, Ockerkalk) typisch »thüringisch« entwickelt. Selbst in **Nordafrika** bestehen trotz wesentlich größerer Mächtigkeiten und stärkerer Beteiligung klastischen Materials noch bemerkenswerte Analogien zu den mitteleuropäischen Verhältnissen.

In **Nordamerika** lagerte das über die takonisch aufgefalteten Komplexe transgredierende Meer zunächst grobklastische Serien ab. Später folgten dann Sandsteine und Schiefer, vor allem aber mächtige Kalk- und Dolomitfolgen, und zum Abschluß, als Ergebnis der spätsilurischen Regressionen, rote Sandsteine mit bedeutenden Gips- und Steinsalzlagern. In **Südamerika** scheint demgegenüber der Kalkreichtum geringer gewesen zu sein. Vorherrschend sind sandige Gesteine (z. B. in Südperu, in Bolivien und im westlichen Argentinien). Die Silurvorkommen **Asiens** setzen sich hauptsächlich aus graptolithenführenden Tonsteinen sowie Korallen- und Brachiopodenkalken zusammen. Das gilt für die außereuropäischen Teile der Sowjetunion (Ural-Tienschan-Geosynklinale, Kasachstan, Altai, Salair, Sajan) ebenso wie für Südostasien (Himalaja, Indien, Indochina, Südchina). In **Australien** schließlich kamen im Silur mehrere tausend Meter mächtige Tonstein-, Sandstein- und Karbonatfolgen zur Ablagerung.

Zusammenfassung. Ähnlich wie das Ordovizium war auch das Silur im ganzen eine Zeit der Vorherrschaft des Meeres. Kennzeichnend ist eine arten- und individuenreiche marine Fauna mit zum Teil weltweiter Verbreitung.

S. 320: Stratigraphische Gliederung des Silurs

Dabei sind für die Flachwasserbereiche insbesondere Brachiopoden, Koralle und Trilobiten, für die tieferen Meeresräume dagegen Graptolithen typisch. Die rasche Entwicklung der Lebewelt war nicht zuletzt eine Folge günstiger klimatischer Verhältnisse. Feuchtwarmes Milieu herrschte vor. Die Bildung karbonatischer Sedimente, darunter auch von Riffen, nahm zu. Vereisungsspuren finden sich nur selten und sind in ihrer genetischen Deutung zudem umstritten. Gegen Ende des Silurs war das Klima örtlich, vor allem auf der Nordhalbkugel (Ostbaltikum, Nordsibirien, Nordamerika) arid, worauf bunte Sandsteine und Schiefer, Gips- und Salzlager sowie faunistische Kriterien hinweisen. Vulkanische Erscheinungen sind insbesondere aus den Geosynklinalräumen bekannt, blieben jedoch nicht allein auf diese beschränkt. Tektonogenetisch war von größter Bedeutung die zum Ausgang des Silur wirksame jungkaledonische Phase der kaledonischen Gebirgsbildung, die den Höhepunkt und Ausklang der kaledonischen Ära darstellt. In Europa wurden die Sedimente des von den Britischen Inseln über Norwegen bis nach Spitzbergen reichenden geosynklinalen Troges zum kaledonischen Gebirge aufgefaltet. Die Kaledoniden verschweißten die alten Kratone der Osteuropäischen Tafel und der Nordamerikanisch-Grönländischen Tafel zum riesigen Nordatlantischen Kontinent. *D. Frank*

Devon

Allgemeines. Zwischen den fossilreichen silurischen Serien Englands und der durch seine Kohlenflöze ausgezeichneten Schichten des karbonischen Systems wurde von MURCHISON und SEDGWICK (1839) erst nachträglich noch eine selbständige Periode (System) ausgeschieden, die ihren Namen nach Typuslokalitäten im Süden Englands (Devonshire) erhielt. Charakteristisch sind besonders in nördlicheren Breiten Europas faunenarme und häufig rote Sandsteine, die eine Gliederung sehr erschwerten, aber mit ihren großen Mächtigkeiten – örtlich bis 7000 Meter (in Schottland) – die Selbständigkeit dieses Systems mit begründeten. Heute weiß man, daß in den Gesteinsserien des Devons ein Zeitabschnitt von etwa 55 Millionen Jahren der Erdgeschichte verborgen ist und daß dieses Geschehen etwa 350 bis 405 Millionen Jahre zurückliegt.

Das Fixieren der genaueren Grenze zum Silur (auf dem Internationalen Geologenkongreß zu Montreal 1972 wurde sie zwischen die Zonen der Graptolithen *Monograptus transgrediens* und *M. uniformis* gelegt) ist in Europa schwieriger und war lange Zeit umstrittener als die Abgrenzung zum Karbon (HEERLEN 1928, 1937). Anfang und Ende des Systems sind durch Bodenunruhen gekennzeichnet. Zu Beginn des Devons waren noch Nachläufer der Kaledonischen Tektonogenese wirksam, vor allem im nördlichen Europa, während sich Hinweise auf frühe Bewegungen der im Entstehen begriffenen Variziden schon vor dem Ende des Devons finden.

Die Hauptschwierigkeit für die orthostratigraphische Parallelisierung erwächst daraus, daß in Nordeuropa durch Verlandungen gerade an der Wende Silur/Devon die bisherigen altpaläozoischen Typuslokalitäten kaum noch faunistisch günstige Profilfortsetzungen aufweisen. Die stratigraphischen Leitprofile kommen nunmehr aus südlicheren, mitteleuropäischen Räumen mit anhaltender mariner Sedimentation. Das Rheinische Schiefergebirge mit den Ardennen und das Barrandium in Böhmen sind hier an erster Stelle zu nennen. Schon ein Blick auf die Stufennamen (Tab. S. 326) des in drei Abteilungen gegliederten Devons gibt das zu erkennen.

Die Entwicklung der Lebewesen

Unter den Arten der vollmarinen Fauna und Flora geht zur Devonzeit die Entfaltung zu noch größerer Formenfülle zunächst im »normalen« Tempo weiter. Größere Faunenschnitte – etwa durch das Neueinsetzen oder Aussterben ganzer Klassen definiert – fehlen in dieser Biofazies. Dagegen kann das Devon als die Pionierzeit der Besiedlung des festen Landes durch Pflanzen und Tiere angesehen werden. Das konnte aber nur unter revolutionierender Umgestaltung der Baupläne der entsprechenden Stammformen geschehen, so daß sich bei den Landformen sowohl im Tier- wie im Pflanzenreich neue Klassen entwickeln (**Amphibia, Filicinae, Articulata, Lycopodiinae, Characeae**).

Für die Orthostratigraphie haben die unterdevonischen Nachläufer der Monograpten außer für die Grenzziehung zum Silur kaum noch Bedeutung. Leitfossilien 1. Ordnung und Grundlage der Stufengliederung des Devons sind die Brachiopoden, mit den *Spiriferen* und die **Cephalopoden** mit ihren *Goniatiten* und *Clymenien*. Nicht zuletzt faziesbedingt haben die im sandigen Flachwasserbereich beheimateten **Spiriferen** ihre Hauptbedeutung als Leitfossilien im älteren Devon. In der pelagischen Region mit Ton- und Kalksedimenten finden sich dagegen schon ab Mitteldevon die Goniatiten reichlicher, während das Auftreten der Clymenien im gleichen Faziesbereich auf das höhere Oberdevon beschränkt ist. Unter bestimmten, mehr lokalen Faziesbedingungen haben sich auch noch andere Tiergruppen der Makrofauna als gute Leitfossilien erwiesen, so die **Korallen** und **Stromatoporen** in Riffgebieten, die **Fische** in den ästuarinen Sedimenten in der Umrandung des Oldred-Kontinentes und die **Trilobiten** in noch weiterer Verbreitung besonders in den Schwellensedimenten.

In den letzten Jahrzehnten hat die mikropaläontologische Forschung neue Leitfossilgruppen aufgestellt. Hier sind an erster Stelle die **Ostracoden** und die **Conodonten** zu nennen. Auf ihnen baut heute die Feinstratigraphie besonders dann am stärksten auf, wenn sie auf Bohrungen angewiesen ist. Der Faziesspiegel ist für beide Gruppen außerordentlich breit. Ostracoden findet man sowohl in pelagischen Sedimenten, z. B. in Flaserkalken, Knotenkalken und Schiefern, aber auch in feindetritischen Flachwasserbildungen. In feinsandigen Schiefern der Geosynklinalen erscheinen sie oft massenhaft (z. B. in den Cypridinenschiefern des Oberdevons). Auch die Conodonten fehlen eigentlich nur in grobdetritischen Sedimenten oder in mehr oder weniger monotypen Biotopen wie »gewachsenes Riff« oder reineren Crinoidenkalken. In vielen Ton- und Kieselschiefern sind sie oft die einzigen gewinnbaren Leitfossilien.

Im einzelnen zeigt die Entwicklung der Lebewesen, angefangen mit den primitiveren Formen der Wirbellosen, folgendes Bild:

Radiolarien, die wie im Silur meist dem kugeligen Spumellariatyp angehören, sind örtlich in Kieselschiefern sehr häufig.

Foraminiferen – zunächst noch primitiv – zeigen ab Mitteldevon schon mehrkammerige Gehäuse (z. B. *Endothyra*).

Chitinozoen und die »Stacheleier« der **Hystrichosphärideen** sind bisher nur durch Einzelfunde bekannt geworden und bleiben in ihrer systematischen Stellung unsicher.

Groß ist dagegen der biostratigraphische Wert der **Coelenteraten** in den zahlreichen Riff- und Schwellengebieten. Leitwert haben im höheren Unterdevon die Tabulate *Pleurodictyum*, im Mitteldevon mit mehreren Unterarten die »Pantoffelkoralle« *Calceola* sowie die Kelche der *Zonophyllum*- und *Cyathophyllum*-Arten neben vielen anderen Korallen. Im Mittel- und Oberdevon finden sich auch die oft breiten Polster der *Stromatopora* massenhaft. Vielleicht gehören sie zu den Hydrozoen.

Aus der Fülle der **Brachiopoden**gattungen, die im Devon ihr Maximum erreichten, seien neben den Spiriferen als bezeichnende weitere Formen der Frisch- und Flachwassersedimente nur *Chonetes*, *Stringocephalus* und *Uncinulus* erwähnt.

Muscheln, z. B. mit *Buchiola* im Oberdevon, und die **Schnecken** nach wie vor mit den persistierenden Bellerophontaceen zeigen im Devon keinen so auffälligen Formenwandel wie die Brachiopoden. Entsprechend gering ist ihre stratigraphische Bedeutung. Dies gilt jedoch nicht für die taxionomisch noch immer unsicheren konischen Gehäuse der **Criconocaridae** mit *Nowakien*,

Fossilien des Devons. 1 (Quastenflosser) Holoptychius flemingi, oberes Devon. 2 bis 4 Cephalopoden: 2 Manticoceras intumescens, unteres Oberdevon, 3 Gonioclymenia speciosa, höheres Oberdevon. 4a und 4b Anarcestes, mittleres Devon. 5 bis 7 Ostracoden: 5 Richterina (Maternella) hemisphaerica, höheres Oberdevon, Stufen V und VI = Dasberg, 6 Entomozoa (Richterina) serratostriata, höheres Oberdevon, Stufe II = Nehden, 7 Entomoprimitia variostriata, unteres Oberdevon = höhere Adorfstufe. 8 bis 10 Conodonten: 8 Palmatolepis (Panderoleps) serrata acuta, höheres Oberdevon, Stufen II-III, 9 Polygnathus foliata, mittleres Devon, 10 Spathognathodus steinhornensis, unteres Devon. 11, 12 und 15 Brachiopoden: 11 Spirifer intermedius (früher speciosus), oberes Unterdevon und unteres Mitteldevon. 12 Spirifer paradoxus, hohes Unterdevon = Oberems. 13 Gigantostrake Eurypterus fischeri, Silur/Devon. 14 Trilobit Phacops schlotheimi, mittleres Devon. 15 Pantoffelkoralle Calceola sandalina. 16 Tentakulit Mowakia richteri, unteres Mitteldevon. 17 und 18 Pflanzen: 17 Enigmophyton superbum, älteres Devon Spitzbergens, 18 Taeniocrada decheniana mit endständigen Sporangien, unteres Oberdevon = Siegen

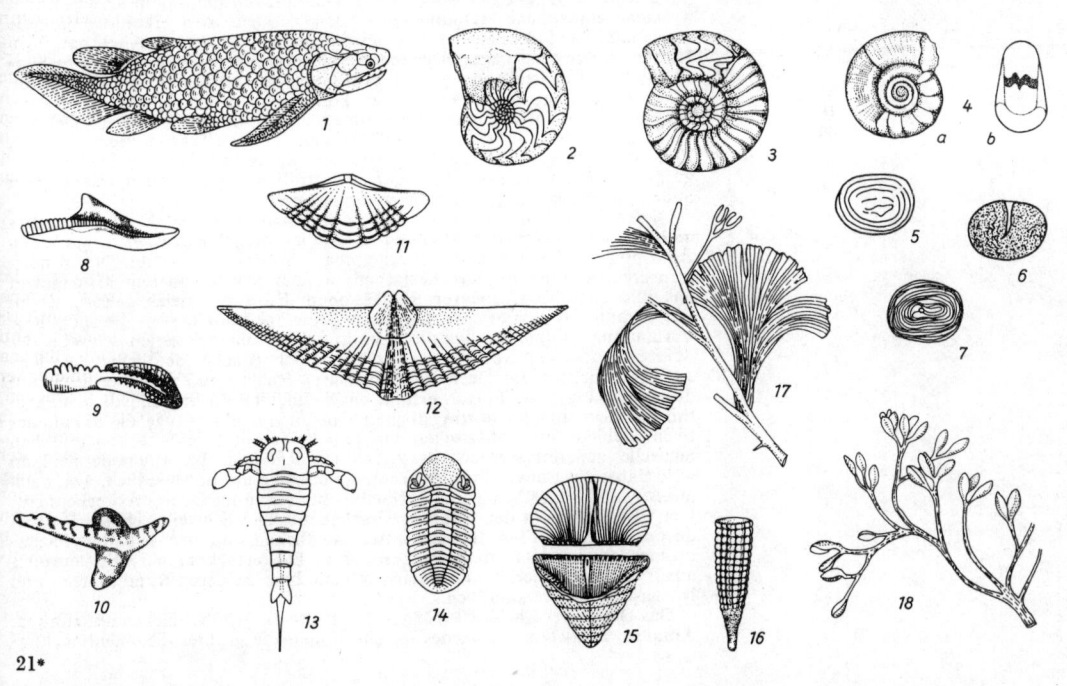

Tentakuliten und *Styliolinen* als wichtigsten devonischen Leitformen, die in der höheren Manticoceras-Stufe plötzlich aussterben.

Gegenüber dem Silur vergrößert sich noch einmal die Zahl der **Trilobiten**-Gattungen zu einer letzten, hochunterdevonischen Blütezeit, deren bekannteste Vertreter zu den Gattungen *Phacops, Lichas, Scutellum* und *Harpes* gehören.

Die **Echinodermen** fanden in der Flachwasserfazies der Hunsrück-Schiefer fast einmalig günstige Bedingungen. Besonders zahlreich sind hier Seesterne erhalten. Gesteinsbildend häufig sind unter den Echinodermenresten sonst nur die *Crinoiden* (z. B. *Cupressocrinus* und *Hexacrinus*).

Die Bedeutung der **Ammonoideen** für die Stratigraphie ab Mitteldevon wurde schon erwähnt. *Anarcestes* und *Maenioceras* im Mitteldevon sowie *Manticoceras* und *Cheiloceras* im Oberdevon sind die wichtigsten Stufengattungen der Goniatiten. Im höheren Oberdevon werden sie in ihrer Bedeutung als Leitfossilien von den Clymenien fast noch übertroffen (*Platyclymenia, Oxyclymenia, Wocklumeria*, vgl. Tab.).

Unter den devonischen **Fischen** dominieren Pteraspiden und Cephalaspiden, die als ausgezeichnete Leitfossilien des Old Red gelten. Unter den im tieferen Devon erscheinenden **Teleostomen** tauchen im höheren Devon mit den Crossopterygiern Formen auf, die neben Lungenmerkmalen auch Vorbildungen der Fußgliedmaßen aufweisen. Aus ihnen ging wahrscheinlich als erstes **Amphibium** im Oberdevon des nordatlantischen kaledonischen Gürtels *Ichthyostega* mit fünfzehigem Fußskelett und den Relikten eines Fischschwanzes hervor.

Wohl nicht zufällig führt im gleichen Raum die Besiedlung durch die **Flora** zu den ältesten Kohleflözen der Landpflanzen der Erde, die auf der Bäreninsel zu besonders reichen »Fundgruben« wurden. Aus den älteren (unter- bis mitteldevonischen) **Psilophyten**, die man auch im europäischen Geosynklinalraum häufiger findet, dürften sich die microphyllen **Lycopodiinen (Bärlappgewächse)** und die **Articulaten (Schachtelhalmgewächse)** entwickelt haben. Die noch seltenen oberdevonischen **Farne** zeigen dagegen schon mit ihren *Archaeopteris*-Formen erstaunlich breite Blätter.

Paläogeographische Verhältnisse

Der **mitteleuropäische Raum** durchläuft im Devon die Phase des Geosynklinalstadiums der variszischen Ära. Die gegenwärtig noch erhaltenen bzw. wieder emporgehobenen Reste des großen variszischen Orogens liegen in den europäischen Mittelgebirgen so zahlreich und günstig verteilt vor, daß die Entwicklungsgeschichte dieser Geosynklinale gut nachgezeichnet werden kann.

Der durch Mitteleuropa ziehende Geosynklinalraum bildet im Devon einen nach Süden offenen Bogen bei einer vergleichsweise zum jüngeren Alpenorogen erheblichen Breite von mehreren hundert Kilometern. Mit seinen Südufern umfaßt er damit große Teile der Böhmischen Masse, die zeitweilig mit überflutet wurden. Über das Ausmaß der Kaledonischen Faltung in diesem Raum ist keine einheitliche Meinung vorhanden, seitdem man erkannte, daß die »Kaledonische Faltung« der Sudeten ebenfalls variszisches Alter hat. Von Norden her reichen dagegen gesicherte kaledonische Faltungsgebiete in Südengland und im Brabanter Massiv bis in den variszischen Geosynklinalraum. Eine Verbindung nach Osten bis zum Polnischen Mittelgebirge ist schwer zu ziehen, da das Verbindungsstück unter dem mitteleuropäischen Tiefland verborgen liegt. Man weiß nur, daß die Kaledonische Tektonogenese bis zum Ende des Silurs im Norden Europas den Baltischen Schild erheblich vergrößert hatte und daß der Abtragungsschutt dieses Old-Red-Kontinents nach Süden bis in die variszische Geosynklinale vorstieß.

Dieser Geosynklinalraum veränderte im Laufe des Devons als besonders mobiler Teil der Kruste fortlaufend sein Relief. Mehrere Schwellen sind schon zur Unter- und Mitteldevonzeit erkennbar. Während im älteren Devon noch transgressive Tendenzen vorherrschen, wendet sich ab oberem Mitteldevon das Bild zugunsten größerer Regressionen. Etwa zur gleichen Zeit, als im Barrandium der Böhmischen Masse am Ende des Mitteldevons die endgültige Verlandung erfolgte, werden die Konturen der größten internen Schwelle, der **Mitteldeutschen Schwelle**, durch ihre Schuttfächer deutlicher. Die Kristallin-Aufbrüche von **Odenwald – Spessart – Ruhla** und **Kyffhäuser** liegen auf dieser Hebungszone. Fortan erfolgt die Sedimentation im südöstlichen Saxothuringikum und im nordwestlichen Rhenoherzynikum, wie die akkumulativen Gebiete im variszischen Orogen beiderseits dieser Mitteldeutschen Schwelle genannt werden, in getrennten Räumen. Im Rhenoherzynikum wird dabei die Entwicklung zur echten Vorsenke mit nordwestlich, also nach außen wandernder Schüttung der Sedimente schon im Oberdevon erkennbar. Der Flysch setzt in der Nähe der Mitteldeutschen Schwelle schon im Oberdevon ein. So werden die sehr unterschiedlichen und wechselhaften Faziesprofile der einzelnen inzwischen isolierten Devonvorkommen Mitteleuropas aus ihrer Lage innerhalb der Geosynklinale bzw. zu deren Randgebieten und Internschwellen verständlich.

Das Devon der **Rheinischen Masse** hat heute die größte Flächenausdehnung. Anfangs, im tieferen Unterdevon, entstanden die größten Sedimentmächtig-

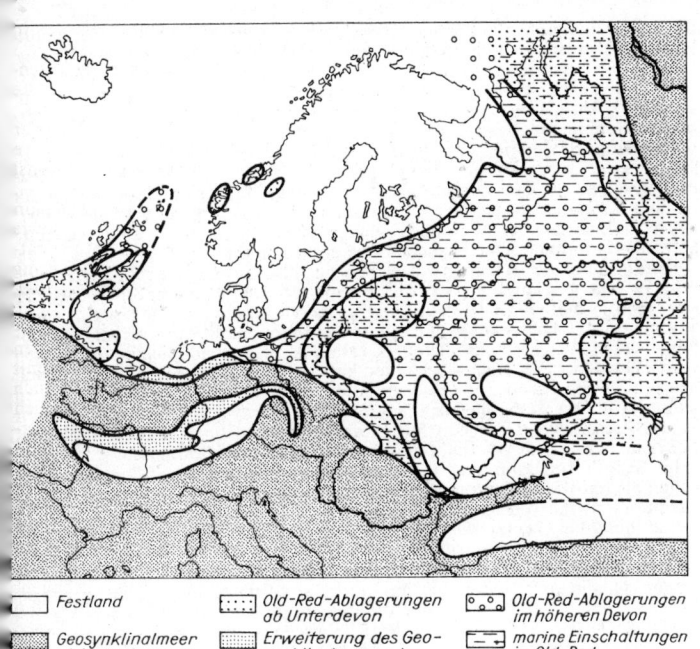

Vermutliche Verteilung von Land und Meer während des höheren Devons in Mitteleuropa (im wesentlichen nach Brinkmann 1966)

- Festland
- Geosynklinalmeer ab Unterdevon
- Old-Red-Ablagerungen ab Unterdevon
- Erweiterung des Geosynklinalmeeres im höheren Devon
- Old-Red-Ablagerungen im höheren Devon
- marine Einschaltungen im Old-Red

keiten im Süden des Rheinischen Schiefergebirges und in den Ardennen. Schrittweise werden bald die östlicheren Gebiete stärker abgesenkt, so daß das Unterdevon in der südlichen bis südöstlichen Hälfte der Rheinischen Masse in weiter Verbreitung 2000 bis 3000 m und mehr mächtig ist. Das Vorwalten von Quarziten und sandigen Schiefern, örtlich mit Rotsedimenten, in diesen Mengen zeigt, daß das schuttliefernde Land zunächst recht reliefintensiv gewesen sein muß, wobei die Zunahme von Schiefern im Mitteldevon eine geringere Reliefenergie bzw. eine größere Uferferne der Ablagerungsräume verrät. Bereits am Ende des Mitteldevons kommt es auch innerhalb des Haupttroges im Gebiet der Mosel und des Siegerländer Blockes zur Herausbildung einer Sonderschwelle, auf der keine jüngeren devonischen Sedimente mehr vorhanden sind. Dafür entsteht nördlich vom Siegerländer Block der Lennetrog mit mächtiger mitteldevonischer Schieferfüllung. Die zunehmende Schwellenbildung, die auch in kleinerem Maßstab durch submarine Vulkanausbrüche (Diabas, Keratophyr, Schalstein) gefördert wurde, gestattet nunmehr auch die Bildung von kleineren Riffkomplexen. Den ersten untermitteldevonischen Riffen der Eifel westlich des Rheins folgten bald im Lahn-Dill-Gebiet und im Sauerland ab oberem Mitteldevon weitere, die alle fast gleichzeitig erst am Ende des tieferen Oberdevons nicht mehr fortgebaut wurden.

Das Oberdevon ist im Norden und Osten des Rheinischen Schiefergebirges, besonders im Kellerwald, die Zeit der größten Faziesdifferenzierung. Am Fuße von Riffkalkkomplexen wurde hier mehrfach dunkle, kalkig-schiefrige Flinzfazies abgelagert. Oft ist sie mit Knotenkalken und Rotschiefern verzahnt; vereinzelt erscheinen auch schon feinkörnige Grauwacken und quarzitische Sandsteine.

Die Devonprofile des zur gleichen Rhenoherzynischen Zone gehörenden Harzes zeigen z. T. einen hohen Verwandtschaftsgrad zur rheinischen Entwicklung. Die Beziehungen sind aber erst ab Mitteldevon deutlich. Besonders im Unterdevon sind in vielen Profilen auch starke Beziehungen zur Böhmischen Entwicklung ablesbar, so daß eine rheinische Fazies mit litoralen Sedimenten vom Typus der Spiriferen-Sandsteine und eine pelagische Schwellenfazies, u. a. mit Cephalopoden-Flaserkalken, unterschieden wird, die die Bezeichnung (Böhmisch-)Herzynische Fazies erhalten hat. Mit der kalkreichen Erbsloch-Grauwacke des Siegen bis Ems und der an Crinoiden- und Brachiopoden reicheren Greifensteiner Fazies der Herzynkalke des Mitteldevons erscheinen aber auch stärker an die Rheinische Fazies anklingende Elemente.

Die Herzynkalke liegen heute zum großen Teil als Olistolithe vor, d. h. als Großblöcke submariner Rutschungen, die örtlich schon ab oberem Mitteldevon in Bewegung geraten sind. Das ist auch in der Umrandung des obermittel- bis tieferoberdevonischen Elbingeröder Riff-Komplexes zu beobachten, der auf vulkanischer, submariner Schwelle wie seine Parallelen im Lahn-Dill-Gebiet entstanden ist. In den mächtigen, wohl bis 1000 m anschwellenden Lagern aus basischen submarinen Tuffen, die als Schalsteine bezeichnet werden, finden sich besonders viele Keratophyr-Einlagerungen. Auch das synsedimentär-exhalativ entstandene Eisenerz vom Lahn-Dill-Typ – hier obermitteldevonischen Alters – fehlt im Harz nicht.

Die Sammelformation für die einzelnen Olisthostrome ist reich an Flinzkalken und Grauwacken. Bewegungen sind bis fast zur Oberkarbon-Basis nachzuweisen. In der Umrandung des Elbingeröder Komplexes entspricht sie dem Formationsbegriff der Hüttenröder Schichten, während ihr im südöstlicheren Unterharz etwa von der Zone der Tanner Grauwacke an die gesamte herzynkalkführende schieferreiche Serie gleichkommt.

Konform mit diesen frühen Anzeichen variszischer Bodenunruhen setzt auch im Harz eine flyschoide Fazies zunächst im Südosten über den Stieger Schichten schon im höheren Oberdevon mit gröberen Grauwackebänken ein. Ganz allgemein ist zu beobachten, daß ein letzter Sedimentationszyklus mit der Abfolge Kieselschiefer – Tonschiefer – Grauwacke sich ständig nach Nordwesten verschiebt. Über den Stieger Schichten haben die östlichen Kieselschiefer noch obermittel- bis tieferberdevonisches Alter, und die Grauwacken erscheinen schon im höheren Oberdevon. Im Bereich der Herzynkalk führenden Einheit ist der Kieselschiefer der Olisthostrome vorwiegend hochoberdevonisch und weiter im Westen im Oberharz der ganze Zyklus unterkarbonisch.

Im Saxothuringikum sind die Übergangsprofile aus dem Silur besser erhalten als im Rhenoherzynikum. Eine Kalksandsteinbank von nur 1 m Mächtigkeit trennt hier die Graptolithenschiefer des Gedinne-Lochkov und wird von 5 bis 20 m Tentakuliten-Knollenkalken des Siegen oder »Unterprag« abgelöst. Die Karbonatführung verschwindet dann allmählich ganz. Im Tentakulitenschiefer des Ems bis Untereifel finden sich stattdessen mehr sandige Lagen (Nereiten-Quarzite), bis im mittleren Mitteldevon die einlagerungsfreien Schwärzschiefer dominieren, die eine Parallelentwicklung zu den Wissenbacher Schiefern des Harzes und des Rheinischen Schiefergebirges sind.

Im Oberdevon spielt sich – gegenüber dem Harz um etwa eine Stufe verjüngt – die Wiederkehr der Lahn-Dill-Fazies mit Diabasen, ihren Schalsteinen und Eisenerzen sowie anschließender karbonatischer Sedimentation ab. Erste Quarzite und Grauwacken als initiale Flyschfazies fehlen im höheren Oberdevon auch hier nicht.

Bereits an der Basis des Oberdevons kommt es kurzfristig zu einer Grauwacken-Sedimentation, z. T. mit konglomeratischer Ausbildung als Folge einer neuen Transgressionswelle, die an eine Hebungsphase kurz zuvor anschloß und der das **Barrandium** durch Verlandung endgültig zum Opfer fiel.

Nach der bereits korrigierten alten BARRANDESCHEN Gliederung entsprechen

Stratigraphische Gliederung des Devons I

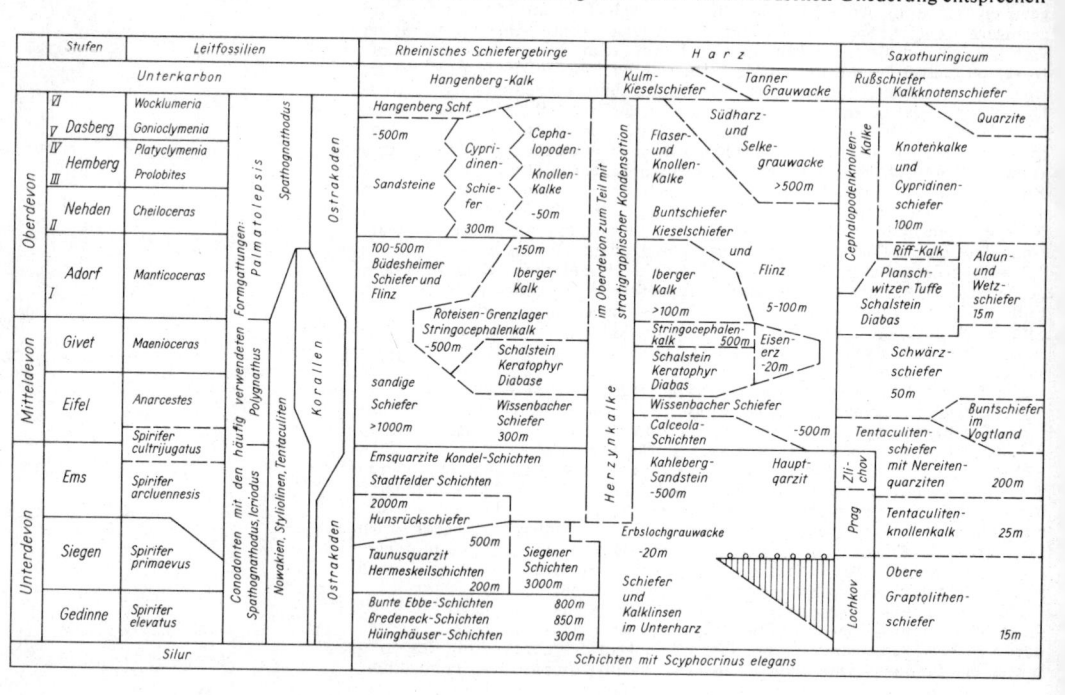

die Stufen e bis h dem Unter- bis Mitteldevon. Neuere Untersuchungen ließen jedoch vieles des früher für übereinander Angesehenen als in Wirklichkeit primär zeitgleiches fazielles Nebeneinander erkennen, das sich über die unterdevonischen Stufen des Lochkov, Prag und Zlichov verteilt (vgl. Tab.). Der Faziesspiegel der karbonatischen Sedimente reicht im Lochkov bis zum Unteren Prag noch vom Korallenkalk der Koňeprusy-Schichten bis zum Flinztyp der Kosoř- und Řeporyje-Loděnice-Fazies. Dann verschwindet zunächst die Riffazies, und im Unteren Eifel dominieren, wenn auch nur kurzfristig, mit den Daleje-Schichten zum ersten Mal die Schiefer. Im Givet wird dann die karbonatische Sedimentation endgültig von der tonigen abgelöst, indem sich an die Mergelschiefer des Kačák mit den jüngsten Serien des Barrandiums, den Robliner Schichten, zuletzt Serien anschließen, die durch ihre sandigen Lagen mit Landpflanzenresten das nahe Ende dieser seit dem Kambrium fast vollständigen, so fossilreichen Schichtprofile anzeigen.

Die Sedimente der **Lausitz** und der Góry Kaczawaskie (VR Polen) haben, soweit vorhanden, wieder mehr saxothuringisch-rhenoherzynisches Gepräge, das heißt Schiefervormacht mindestens im Unter- und Mitteldevon und bunte Oberdevonprofile. Die oberdevonische Karbonatführung nimmt dabei nach Osten zum Mährischen Raum hin stark zu. Dafür sind im Oberdevon des Lausitzer Profils mehr Kieselschiefer entwickelt, die ihre Parallele in den Herzogswalder Schichten des tieferen Devons der Góry Kaczawaskie haben. Durch den Nachweis eines durch keine Faltungsphase gestörten silurisch-devonischen Übergangsprofils an der Basis dieser Schichten im Warthaer Schiefergebirge wurde die Bedeutung der Kaledonischen Tektonogenese für den Bau des Lugikums sehr in Frage gestellt.

Am Südwestrand der **Sarmatischen Tafel** erreicht das Devon im Polnischen Mittelgebirge 1000 bis 2000 m, im südlichen Lubliner Gebiet 1500 m und unter der Karpaten-Vorsenke ungefähr 400 m Mächtigkeit. Innerhalb des Polnischen Mittelgebirges enthalten die Kielciden im Südwesten und auch die tafelnäheren Lysagoriden im Nordosten im höheren Unterdevon Spiriferen-Sandsteine. Diese Erscheinung wird als östliche Fortsetzung der Rhenoherzynischen Zone des großen variszischen Geosynklinalbogens gedeutet. Während diese Sandsteine aber in den Kielciden erst nach tiefunterdevonischer Schichtlücke einem kaledonisch vorgefalteten Untergrund aufsitzen, weisen die Lysagoriden im gleichen Zeitraum ein tonschieferreiches Übergangsprofil auf, das frei von kaledonischen Faltungsmerkmalen ist. Von der Eifel-Stufe an bis ins höhere Oberdevon hinauf herrschen in beiden Gebieten karbonatische Sedimente vor, wobei nur in den Kielciden die Weiterentwicklung zur unterkarbonischen Flinzfazies und zu Kieselschiefern erhalten ist.

Die **Fennosarmatische Tafel** zeigt nach langer Sedimentationspause im Altpaläozoikum ab Devon zum ersten Mal wieder eine großräumige Sedimenta-

Stratigraphische Gliederung des Devons II

	Stufen	Leitfossilien	Barrandium	England – Wales Schottland	Nordamerika Appalachen	Russische Tafel
	Unterkarbon			Lower Carboniferous	Kinderhook	Flachwasserkalke
Oberdevon Famenne	Wocklum	Groenlandaspis		(Kohlenkalk und Schiefer)		
	Dasberg	Remigolepis			vorwiegend dunkle Schiefer und Sandsteine ~1500 m	Old Red Fazies / Dolomite mit Gips
	Hemberg	Phyllolepis		oberes Oldred 200 m im Süden bis 1000 m in Schottland	Catskill red beds	
	Nehden					Kalk und Dolomit von Woronesh
Frasne	Adorf	Psammosteus			Genesee-Schiefer	
Mitteldevon	Givet	Stringocephalus	Robliner Schichten / Kačák Schiefer		Hamilton-Schiefer	Kontinentale und Schelfmeer Serien des Moskauer Beckens
	Eifel	Calceola sandalina	Suchomasti-Kalk / Chotec-Kalk / Trebotov-Kalk / Daleje-Schiefer		Marcellus-Schiefer Onondaga group	Rotsandsteinfazies
Unterdevon	Ems	Pteraspis dunensis	Zlichov-Kalk / Prokop- / Řeporyje- / Sliveneç- Kalk	1000 bis 7000 m unteres Oldred	Schoharie und Carlise Center Formation Breconian	
	Siegen		Lochkov / Prag / Zlichov / Kotys- / Radotin- / Kosoŕ- Kalk	Dittonian	Oriskany Helderberg Schiefer, Kalk und Sandstein	
	Gedinne	Cephalaspis Monograptus uniformis				
Silur		Hemicyclaspis	Budňany	Downton Ludlow Bone Bed	Dolomite	Silur bis Präkambrium

tionsentwicklung. Das Profil läßt aber erst ab Mitteldevon weit nach Süden reichende Vorstöße der Old-Red-Schüttung erkennen. Die Hauptphase der Transgression scheint in der Manticoceras-Stufe zu liegen, wie die zu dieser Zeit weit nach Norden reichenden Dolomite anzeigen. Dadurch, daß im höheren Oberdevon wieder die Rotsandstein-Schüttung bei Verzahnung mit gipsführenden Dolomiten und Tonen nach Süden hin zunimmt, wird das Profil der Sarmatischen Tafel der Triasentwicklung des Germanischen Beckens überaus ähnlich. Auch die mittlere Gesamtmächtigkeit von 300 bis 600 m paßt gut zu diesem Vergleich.

Kleinere Reste terrestrischer Old-Red-Sedimente im mittleren **Norwegen** zwischen Bergen und Trondheim zeigen, daß auch das kaledonische Europa von Innensenken durchfurcht gewesen sein muß. Große Mächtigkeiten des Old-Red konnten inzwischen mit 3000 bis 5000 m auf **Spitzbergen** und **Ostgrönland** nachgewiesen werden. In **Schottland,** wo die ariden Serien bis 7000 m mächtig werden, sind mehrere solcher Gebirgsschutt auffangenden Tröge nachweisbar. Relativ spät – bezogen auf die kaledonische Hauptfaltung – erfolgte hier etwa im Mitteldevon, der Zeit der größten Bodenunruhen, die Platznahme granitischer Schmelzen. Die Hauptmasse der Sedimente hat im westlichen Old-Red-Kontinent, belegt durch ihre Fischfauna (Pteraspiden), unterdevonisches Alter, wobei für das schottische Old-Red die wiederholte Einschaltung von Eruptivmaterial vorwiegend andesitischer Herkunft charakteristisch ist. In **Wales** werden die Ludlow-Bonebeds des Downton, die reichlicher die Skelettreste silurisch-devonischer Fischarten führen, als die Basis des Devons angesehen. Während in Wales erst im höheren Oberdevon durch eine neu einsetzende Kalkschiefer-Fazies die marine Entwicklung wieder beginnt, liegen im Süden Englands im Bergland von **Cornwall** und »**South Devon**« sogar vollmarine Devonprofile vor. In ihnen herrscht die Schieferfazies z. T. mit sandigen Einlagerungen vor, ähnlich der rheinischen Entwicklung, durch Fossilien allerdings erst ab der Siegen-Stufe belegt.

Dieses südenglische Gebiet gehört zusammen mit der benachbarten **Bretagne,** wo eine ähnliche, im höheren Unter- und Mitteldevon aber kalkreichere Faziesentwicklung vorliegt, zu dem Teil der variszischen Geosynklinale, der im Karbon zum Armorikanischen Faltenbogen umgestaltet wird.

Der **südeuropäische Raum** weist sich durch zahlreiche Devonvorkommen in **Spanien,** in der südfranzösischen **Montagne Noire** sowie in einzelnen Resten auf dem **Balkan** und in der **Türkei** mit häufigen Kalken, aber auch in sandigschiefriger Fazies als eine orthogeosynklinale Entwicklung aus. Das weite Auseinanderliegen dieser – auf den Gesamtraum bezogen – geringen Zahl von Vorkommen ließ aber, nicht zuletzt erschwert durch die jüngere alpidische Tektonogenese, bis heute noch kein abgeschlossenes Bild über die jungpaläozoischen Gebirgszusammenhänge dieses Raumes entwickeln.

In den Karnischen Alpen hat sich das über 1000 m mächtige kalkreiche Devonprofil aufgrund seines Fossilinhaltes für orthostratigraphische Fragen der Grenzziehung zum Silur als wichtig erwiesen. Durch die Riffazies im älteren Devon und durch jüngere Flaserkalke deuten sich engere paläogeographische Beziehungen zur böhmischen Entwicklung an.

In **Nordamerika** fällt die Ähnlichkeit der Geosynklinalentwicklung der Appalachen mit der im nord- bis mitteleuropäischen Raum auf. Allerdings weisen hier gerade die mittel- bis oberdevonischen Profile mit den markanten »red beds« des von Osten geschütteten »Catskill-Deltas« die maximalen Mächtigkeiten auf.

Weitere Devonvorkommen des Kontinents lassen durch ihre häufig wiederkehrenden Tafelsedimente mit kalkreichen Schichten erkennen, daß die Landmasse Laurentia im Devon, zumindest im Südosten, Westen und Norden, von Epikontinentalmeeren umrandet war. Erst nahe der Westküste Nordamerikas begegnet man geosynklinalen Sedimenten, die typisch für das Devon des gesamten zirkumpazifischen Raumes sind. In **Japan** herrscht Schieferfazies, in **Westaustralien** kennt man ein lückenhaftes Profil im mittleren Teil des Devons mit einer zunehmend sandiger werdenden Schichtfolge und zahlreichen Porphyreinschaltungen. In **Süd-Neuseeland** entstanden im Unterdevon Spiriferensandsteine, die von den rheinischen Gesteinen im Handstück nicht zu unterscheiden sind. Auch aus den südlichen **Peru** wurden Profile mit sandig-schiefriger Ausbildung des Unter- und Mitteldevons bis zu 3000 m Mächtigkeit beschrieben. Ähnlich den südeuropäischen Verhältnissen gestatten diese wenigen Reste des Devons innerhalb der jüngeren mesozoischen bis känozoischen Orogene des Zirkumpazifikums noch nicht, ein sicheres Bild der jungpaläozoischen Paläogeographie dieses Raumes zu entwerfen.

Der dritte große Schild der Nordhemisphäre, der **Sibirische,** war ab Devon in zunehmender Heraushebung begriffen, so daß marine Tafelsedimente, meist Kalke, nur in einer schmalen Außenzone im Nordwesten gebildet wurden. Südlich schließt das Verbreitungsgebiet geringmächtige Old-Red-Sedimente, z. T. mit Panzerfischresten, an. Von den noch weiter im Süden angrenzenden Gebieten kennt man z. B. in den mittelasiatischen Gebirgen z. T. recht vollständige Devonprofile in geosynklinaler Entwicklung, wobei wiederholt mächtige Vulkanite auftreten. Die Hauptsedimentationsräume waren Senken zwischen den kaledonisch vorgefalteten Gebirgszügen am Südrand Westsibiriens. Am verbreitetsten und gut erforscht ist heute das Devon im Gebiet des **Fergana-Beckens**, der nördlichen und östlichen Umrandung des **Balkasch-Sees** sowie vom Oberlauf des **Ob** und **Irtysch**. Die Fortschritte in der geologischen Erforschung des **Urals** haben zu interessanten Erkenntnissen über Parallelentwicklungen zur vororogenen Sedimentation der späteren Variszeiden Mitteleuropas geführt, unter denen gravitativen Gleitmassen vom Typ der Olisthostrome eine größere Rolle zukommt.

Auf der **Südhalbkugel** steht den drei wahrscheinlich enger als heute benachbarten Altkontinenten des Nordens ein teilweise zusammenhängendes größeres **Gondwanaland** gegenüber. Dennoch zeigen sich gegenüber dem Silur Fortschritte in der Auflösung. Neu ist am Südrand **Afrikas** eine jungpaläozoische Geosynklinale, die den devonischen Kapsandstein aufnahm und Beziehungen zum ähnlich geosynklinalen Devon der Falkland-Inseln erkennen läßt. **Antarktika** dürfte sich also wenigstens z. T. bereits isoliert haben. Auch an der Indischen Ozean-Seite **Australiens** erscheinen marine Sedimente, die für eine fortschreitende Trennung sprechen. Daneben sind große Teile Nordwestafrikas und der Randgebiete des **Guayana-Schildes** bzw. **Brasilias** überflutet. Man glaubt den südbrasilianischen unterdevonischen Furnas-Sandstein aufgrund tillitartiger Gesteine als Zeugen nivalen Klimas heranziehen zu können.

Zusammenfassung. Das Devon war in europäischer und ähnlich auch in globaler Sicht hauptsächlich Geosynklinalzeit. Hauptphasen einer größeren Tektonogenese etwa von der Dimension der kaledonischen kurz zuvor oder der variszischen bald danach konnten bisher nicht nachgewiesen werden. Das kann aber im Bereich der späteren Tethys und im zirkumpazifischen Raum auch an Kenntnislücken liegen.

Die Altkontinente verhielten sich in ihren transgressiven und regressiven Tendenzen recht unterschiedlich. In Fennosarmatia herrschten Einsenkungsvorgänge, im sibirischen Altkontinent Hebungstendenzen vor. Laurentia zeigt stärkere Heraushebung nur im Nordosten, Gondwanaland läßt weitere Schritte zur Auflösung in Teilkontinente erkennen. Neben der Häufung von Bodenunruhen zu Beginn und am Ende der Devonzeit sind solche mehrfach auch in den übrigen Stufen des Systems zu beobachten.

Klimatisch scheint das Devon nach der Riffverbreitung zu urteilen im ganzen eine Warmzeit gewesen zu sein. Wahrscheinlich lagen die Gebiete des kaledonischen nordatlantischen Faltungsgürtels, aus denen die zahlreichen Zeugen der Landeroberung durch die Flora und durch Amphibien bekannt wurden, aber noch in südlicheren Breiten. Im ganzen waren die Kontinente und Ozeane im Devon ähnlich verteilt wie im Silur, wenn auch der Abstand der nördlichen und südlichen Kontinentalmassen geringer geworden war. Nach paläomagnetischen Messungen verlief der Äquator etwas weiter nördlich als im Silur, im Norden des Appalachentroges und der variszischen Geosynklinale, so daß weite Teile des mittleren Europa der Südhalbkugel der Erde angehörten. Der Nordpol befand sich von Europa entfernt im Raum des nördlichen Pazifik, während der Südpol im südlichen Afrika lag. Daher werden devonische Klimazeugen wie einzelne Vereisungsspuren auf der Südhalbkugel unter Berücksichtigung relativer Eigenbewegungen der Kontinente (S. 259) verständlich und deuten zumindest auf kühlere Temperaturen hin. *M. Reichstein*

Karbon

Allgemeines. Das System Karbon (lat. carbo ‚Kohle') – die »**Steinkohlenformation**« (»Coal Formation«, JAMSON 1808) – hat seinen Namen von den besonders in diesem Zeitabschnitt der Erdgeschichte gebildeten umfangreichen Steinkohlenablagerungen. Die Bezeichnung »Steinkohlenformation« wurde schon frühzeitig als stratigraphischer Begriff fallengelassen und bereits 1822 durch den Namen Karbonsystem ersetzt, denn Steinkohlen kommen, wenn auch seltener, bereits im Devon (z. B. Bäreninsel), relativ häufig im Perm (z. B. Döhlener Becken bei Dresden, Kusnezker Becken in Ostsibirien, China) und auch in den mesozoisch-känozoischen Systemen vor. Im Karbon entstanden aus den großen Geosynklinalen gewaltige Gebirgssysteme. In Mittel- und Westeuropa ging aus der variszischen Geosynklinale das Variszische Gebirge hervor, wie die Grundgebirgsaufbrüche des Harzes, des Erzgebirges, des Thüringer Waldes, des Rheinischen Schiefergebirges, des Schwarzwaldes oder der Vogesen erkennen lassen. Auch die organische Welt entwickelte sich im Karbon weiter, am auffälligsten die Wirbeltiere und Pflanzen.

Die Probleme der biostratigraphischen Gliederung des Karbons werden seit 1927 auf den Internationalen Kongressen zur Stratigraphie und Geologie des Karbons erörtert und Richtlinien für die zeitliche Gleichstellung und Normierung des Gesamt-Karbonprofils und seiner Teilschichten festgelegt. Die bereits auf dem 1. Kongreß beschlossene Gliederung des Karbons in die beiden Abteilungen Unter- und Oberkarbon, die seit dem 4. Kongreß 1958 zur Unterscheidung von dem osteuropäischen Unter-, Mittel- und Oberkarbon

Abb. S. 331:
Fossilien des Karbons. 1 Wedel von Paripteris (mit Fiedernervatur) und Linopteris (wenn Maschennervatur ausgebildet). 2 Sigillaria, 9 m hoch; 2a Stammoberfläche von Sigillaria. 3 Cordaites, 25 bis 30 m hoch. 4 Foraminifere Fusulina cylindrica, 4a vergr. 5 Brachiopode Productus semireticulatur. 6 Meeresmuschel Aviculopecten papyraceus. 7 bis 8 Süßwassermuscheln: 7 Carbonicola acuta, 8 Anthracomya williamsoni. 9 Kopffüßer Castrioceras listeri. 10 Urflüglerinsekt Stenodyctia Lobata, $^1/_2$ nat. Gr.

als **Dinant** und **Siles** bezeichnet werden, mit den Stufen **Tournai** und **Visé** für das Dinant und **Namur, Westfal** und **Stefan** für das Siles (Tab. S. 337) hat sich als Gliederungsschema in Mittel- und Westeuropa schnell durchgesetzt und gilt als verbindliche stratigraphische Skala für diesen Raum. Der auf dem 6. Kongreß unterbreitete Vorschlag, das Cantabrian als neue Unterstufe des Stefan zwischen dem Westfal D und dem Stefan A einzuschieben, hat sich bis heute nicht behauptet. Sicher ist, daß die Zeitäquivalente dieser in Nordwestspanien mehrere tausend Meter mächtigen Ablagerungen in den meisten mitteleuropäischen Innensenken fehlen. Das Dinant beginnt mit dem Erscheinen der Cephalopoden-Gattung *Gattendorfia* und das Siles mit dem von *Cravenoceras leion*. In den limnisch-fluviatilen Faziesbereichen basiert die stratigraphische Gliederung fast ausschließlich auf Floren. Eine mit der Ammonoideen-Gliederung vergleichbare Detailliertheit wird hiermit jedoch nicht erreicht. Die Obergrenze des kontinental entwickelten Oberkarbons ist mit dem ersten Erscheinen von *Callipteris conferta* definiert.

Die amerikanischen Subsystembegriffe »Mississippian« und »Pennsylvanian« und deren Unterteilung sind mit den westeuropäischen Bezeichnungen »Unter-« und »Oberkarbon« nicht identisch. Die Basis des Pennsylvanian entspricht der Grenze Namur A/B. Die osteuropäische Karbongliederung sieht eine Dreiteilung in »Unterkarbon« mit den Stufen Tournai, Visé und Serpuchov, »Mittelkarbon« mit den Stufen Baškir und Moskau und »Oberkarbon« mit den Stufen Kasimov und Gšel vor. In dieser seit 1974 verbindlichen Skala korreliert die Basis des Baškir mit der Basis des Pennsylvanian.

Dieser Schnitt wird bei einer zukünftigen internationalen Skala wahrscheinlich die Grenze zwischen Unter- und Oberkarbon bilden.

Die Dauer des Systems wird nach der radioaktiven Zeitmessung auf etwa 60 bis 70 Millionen Jahre berechnet. Davon entfallen nach FRANCIS & WOODLANG (1964) auf das Tournai und Visé etwa 20 Millionen, auf das Namur etwa 10 bis 15 Millionen, auf das Westfal etwa 20 Millionen und auf das Stefan etwa 10 bis 15 Millionen Jahre.

Die Entwicklung der Lebewesen

Kennzeichnend für das Karbon ist ein gewaltiger, teils sprunghafter Aufschwung der Pflanzenwelt, welche den Ausgangsstoff für die Steinkohlenflöze geliefert hat. Ein markanter Entwicklungsschnitt ist an der Wende Namur A/B zu beobachten und wird als Florensprung bezeichnet. Deutlich entwickelt sich auch die Tierwelt weiter.

In der Pflanzenwelt treten unter den höheren Sporenpflanzen **Bärlappgewächse** (*Lycopodiales*) hervor, und zwar die baumhohen Siegelbäume (*Sigillaria*) mit den in senkrechten Reihen angeordneten Blattpolstern und die nicht ganz so hohen Schuppenbäume (*Lepidodendraceae*) mit schrägzeilig angeordneten Blattpolstern. Zu den Vorfahren der **Schachtelhalme** (*Articulatae*) zählen die Asterocalamitaceae (Dinant bis unterstes Namur), die Calamitaceae (Oberkarbon bis Perm) sowie die ähnlich den Calamiten quirlig gegliederten *Sphenophyllaceae* (Keilblattgewächse). Eine üppige Entfaltung ist bei den **Farngewächsen** (*Filices*) zu beobachten, die ausgezeichnete Leitarten bilden.

Ein wichtiges Entwicklungsmerkmal bei den Pflanzen ist der Übergang zur Samenbildung im Karbon. Die wichtigste Gruppe bilden die **Farnsamer** (Pteridospermae). Hinzu kommen die **Cordaitaceae** und seit Ende des Oberkarbons die ersten **Nadelbäume** (*Coniferae*) mit der oberstefanischen Leitart *Walchia*. Die einfachste Pflanzengruppe, die **Algen** (Thallophyta), hatte besonders in den kalkigen Meeressedimenten als Gesteinsbildner große Bedeutung.

Von den **Faunen** gestatten die in großer Formenfülle auftretenden *Ammonoideae* eine sichere Altersansprache der Gesteine. Wichtige Leitfossilien bilden auch die **Muscheln** (*Lamellibranchiata*) sowohl in der marinen Kulmfazies als auch in der paralischen und limnisch-fluviatilen Fazies des Oberkarbons, während der Leitwert der **Schnecken** (*Gastropoda*) nicht so hoch zu bewerten ist. Die **Korallen** (*Anthozoa*) haben besondere Bedeutung für die Gliederung der karbonischen Kalkfazies. Unter den **Armfüßern** (*Brachiopoda*) sind vor allem die großwüchsigen **Productiden** charakteristisch. Aber auch die Spiriferen sind noch leitend. Von den **Trilobiten** erscheinen die Philipsiae (*Philipsia*, *Paladin*), die ebenfalls gute Leitformen darstellen. Ein starker Aufschwung ist in der Entwicklung der **Insekten** zu beobachten, die teilweise Riesenformen mit Flügelspannweiten bis zu 75 cm hervorbrachten. Von den **Fischen** waren die **Panzerfische** (*Placodermi*) bis auf wenige Formen ausgestorben. **Knorpelfische** (z. B. *Elasmobranchii*) und **Knochenfische** (z. B. *Teleostei*) traten an ihre Stelle. Die aus den **Quastenflossern** (**Crossopterygii**) im Oberdevon hervorgegangenen **Amphibien** entfalten sich weiter. Aus ihnen entwickelten sich noch im Oberkarbon die ersten **Reptilien**, deren Fährten in den rotgefärbten kontinentalen Ablagerungen des Stefan und besonders des Perm zunehmend Wert als Leitfossil gewinnen. Von den Einzellern erreichten die **Foraminiferen** ihren ersten Höhepunkt. Einige Gattungen erlauben im Kohlenkalk eine sichere Zonierung. Mit den **Fusulinen** entwickelten sich die ersten Großforaminiferen, die in den kalkigen Schelfablagerungen die Grundlage für die Gliederung bilden. Neuerdings haben auch die **Conodonten** nicht nur für das Unterkarbon, sondern auch für das marine untere Oberkarbon biostratigraphische Bedeutung erlangt.

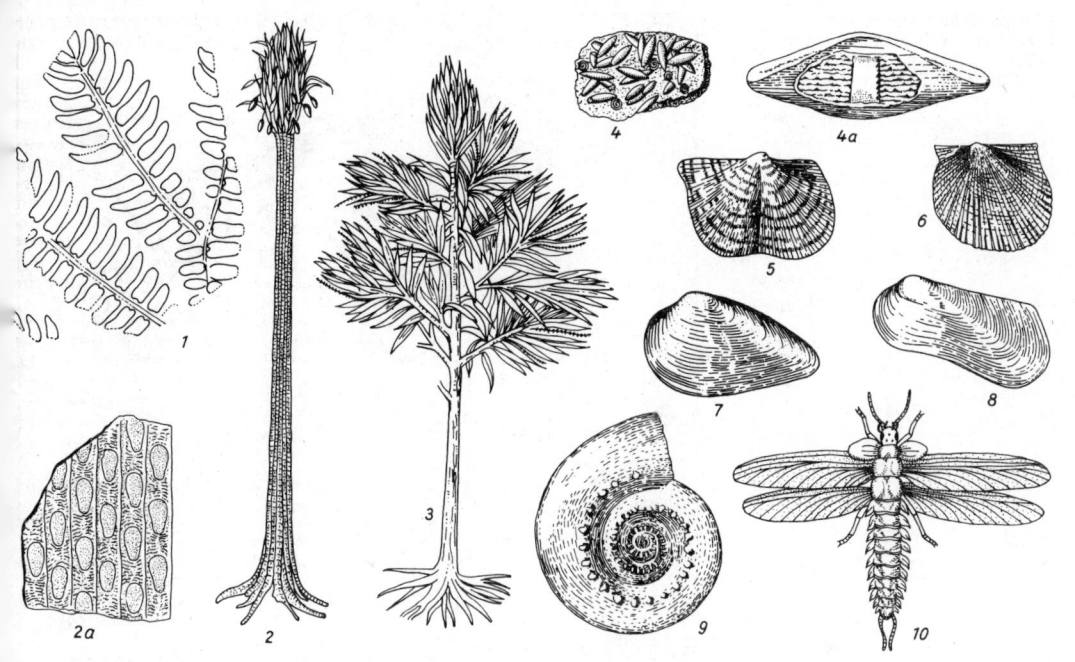

Paläogeographische Verhältnisse

Zu Beginn des Unterkarbons weist die paläogeographische Karte Europas ähnliche Züge auf wie im Devon. Der große, seit dem älteren Paläozoikum mobile varizische Geosynklinalraum, der bis in das Mediterrangebiet reichte, wurde im Norden von einem Nordatlantisch-Fennosarmatischen Festlandsgebiet begrenzt. Weite Bereiche der mittleren und südlichen Osteuropäischen Tafel wurden von einem flachen Epikontinentalmeer überflutet.

Das Meer des **Tournai** nahm in Mitteleuropa einen West-Ost-Gürtel ein, der außer der Geosynklinale ein breites Vorfeld der nördlich vorgelagerten Tafel umfaßte. Nördlich und südlich dieses Meeres hat das Tournai nur wenige regionale Verbreitungsgebiete mit mehr oder minder geschlossener und zumeist brackischer Sedimentation. Hierzu gehören das Becken des schottischen Midland Valley, die armorikanischen Becken Westfrankreichs, das kleine intramontane Becken der Westsudeten und die Tafelgebiete Südostpolens und der Pripjat-Senke. In dem marinen Raum Zentraleuropas (Variszideń und Vorland) stehen sich die beiden Großfazies, der **Kohlenkalk** und der klastische **Kulm**, gegenüber. Der in einem relativ flachen Wasser gebildete Kohlenkalk ist in Großbritannien, Südirland, Nordfrankreich, Belgien und westlich des Rheins verbreitet. Die Kulmfazies mit ihren typischen Kulmgrauwacken, Kieselschiefern und dünnen Kalkbänken ist aus Devonshire, Cornwall, dem rechtsrheinischen Schiefergebirge, dem Harz, dem thüringisch-vogtländischen Schiefergebirge, den Sudeten und dem Góry Świętokrzyskie bekannt. Beide Fazies, Kohlenkalk und Kulm, hängen von den Mobilitätsverhältnissen des Untergrundes und der Ablagerungstiefe ab und können räumlich und zeitlich nicht streng voneinander unterschieden werden.

Die paläogeographischen Verhältnisse während des **Visé** sind in Mitteleuropa im Prinzip ähnlich wie im Tournai. Neben der zentralen Geosynklinale befanden sich kleinere Senken im Armorikanischen Massiv sowie im Untergrund Lothringens und des Saarbeckens. Das markanteste paläogeographische Element der variszischen Geosynklinale ist die seit dem Oberdevon wirksame Mitteleuropäische Schwelle mit ihrer kristallinen Kernzone, die sich von den Sudeten im Osten bis in den Ärmelkanal im Westen verfolgen läßt (vgl. Abb. S. 332). Sie wird als Hauptschüttungsgebiet für den nördlichen Rhenisch-Moravischen (oder Rhenoherzynischen) Trog und den südlichen, in mehrere Teilsynklinalen gegliederten Saxothuringischen Trog angesehen. Während der Saxothuringische Trog seine Lage kaum veränderte, griff der Rhenisch-Moravische Geosynklinaltrog mit seinem Nordufer transgressiv auf das Vorland über. Im Oberdevon nahm er die Grauwacken des Unterharzes und im mittleren

Vermutliche Verbreitung von Land und Meer während des Unterkarbons (Visé) in Europa (nach Franke, Krull u. Pfeiffer 1974, Paproth 1969)

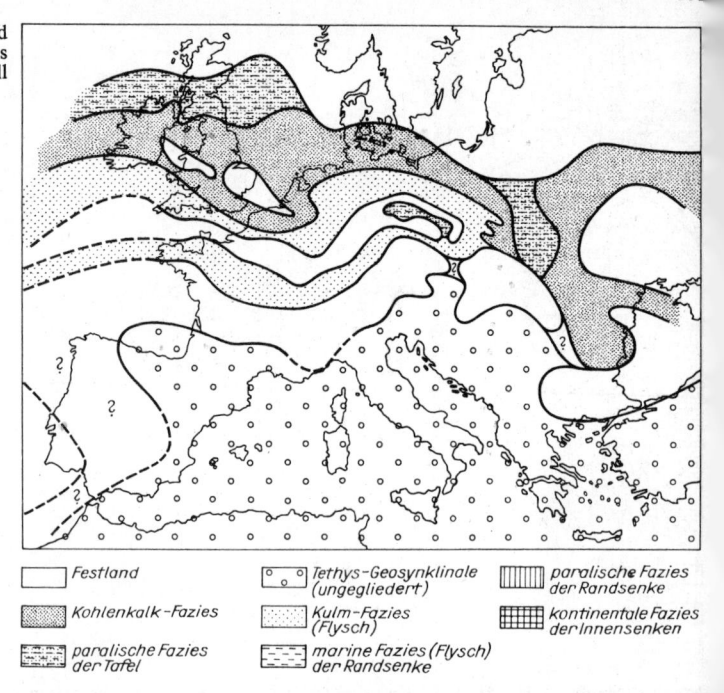

☐ Festland	▫ Tethys-Geosynklinale (ungegliedert)	▦ paralische Fazies der Randsenke
▨ Kohlenkalk-Fazies	⋮ Kulm-Fazies (Flysch)	▤ kontinentale Fazies der Innensenken
▦ paralische Fazies der Tafel	⋯ marine Fazies (Flysch) der Randsenke	

Unterkarbon die Kammquarzite der Hörre-Ackerzone auf, die von Gießen über den Kellerwald und Mittelharz bis nach Magdeburg zu verfolgen sind. Beckenwärts werden die Sedimente feinkörniger und gehen schließlich in Kieselschiefer über. Mit zunehmenden orogenen Bodenunruhen im oberen Dinant wurden von der Mitteleuropäischen Schwelle mächtige Grauwacken und Konglomerate, verbunden mit großen Rutschmassen (Olisthostromen), geschüttet. Diese als Flysch bezeichneten Sedimente verzahnen sich beckenwärts mit Tonschiefern, Plattenkalken und am externen Schelfrand schließlich mit Kohlenkalk.

Im Bereich Düsseldorf-Wuppertal-Velbert verzahnt sich der Kulm mit dem am Rande des London-Brabanter Massivs abgelagerten Kohlenkalk. Der Saxothuringische Trog sank nicht so tief ein. Im Tournai wurden im Zentralteil Gattendorfia-Kalkknollenschiefer und nachfolgend Alaunschiefer, die sog. Rußschiefer, Dachschiefer und Bordenschiefer abgelagert. Darüber folgen Kulmgrauwacken. Kalke sind an Inselbereiche gebunden. In dem sudetischen Teil des Rhenisch-Moravischen Geosynklinaltroges wurden besonders in den Ostsudeten über mehrere tausend Meter mächtige Dachschiefer und Grauwacken abgelagert. Die Westsudeten, die bereits im Oberdevon gefaltet und herausgehoben wurden, führen nur geringmächtige marine Sedimente einer kurzzeitigen Transgression. In der Innersudetischen Senke wurden mächtige festländische Konglomerate und Sandsteine mit Kohlenschmitzen sedimentiert, in die nur in der unteren Goniatitenstufe marine Sedimente eingeschaltet sind.

Die tektonogenetische Entwicklung der variszischen Geosynklinale ist durch eine schrittweise von innen nach außen gerichtete Auffaltung und Konsolidierung der Sedimente gekennzeichnet. Die ältesten Bewegungen der Ära erreichten in der bretonischen Phase an der Wende Devon/Karbon ihren Höhepunkt. Diese Bewegungen sind in Europa nur in geringem Maße nachweisbar. Das einschneidendste paläotektonische Ereignis in der variszischen Geosynklinale, das zur Konsolidierung des inneren Variszikums führte, war die sudetische Phase im oberen Visé (IIIβ). Das in isolierten Innensenken abgelagerte Visé IIIγ liegt als kontinentale Frühmolasse bereits älteren Einheiten diskordant auf (z. B. Borna–Hainichener Schichten bei Karl-Marx-Stadt).

Aus dem Rhenisch-Moravischen Geosynklinaltrog sind keine eindeutigen sudetischen Diskordanzen bekannt. Die Faltung hat, wenn überhaupt, nur am unmittelbaren Nordrand der Mitteleuropäischen Kristallinzone gewirkt; denn in allen Profilen, die Siles enthalten, bestehen konkordante Lagerungsverhältnisse. In den übrigen Gebieten sind lediglich Transgressionen und Regressionen (West- und Osteuropa) festzustellen, oder das Geschehen fand in der Sedimentation seinen Niederschlag. Die Tethys-Geosynklinale im Süden wurde nur teilweise erfaßt und nicht endgültig konsolidiert.

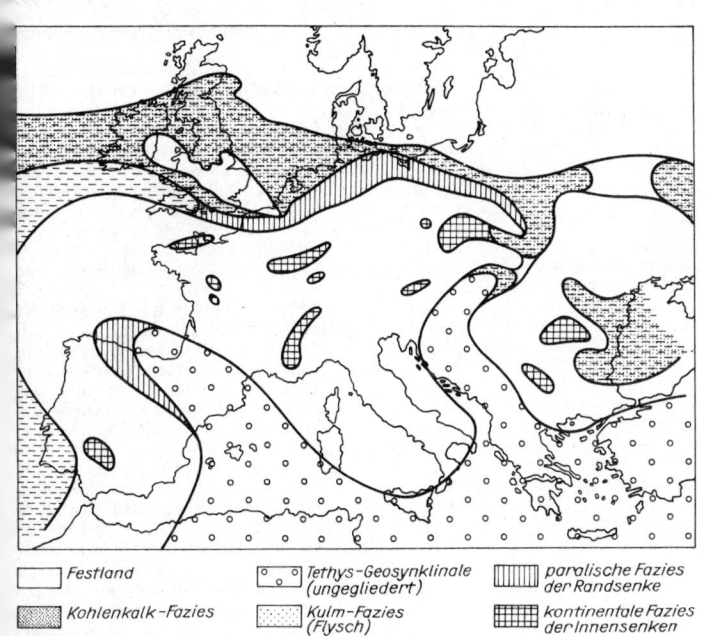

Vermutliche Verbreitung von Land und Meer während des unteren Oberkarbons (oberes Namur – unteres Westfal) in Europa

Legende:
- Festland
- Kohlenkalk-Fazies
- paralische Fazies der Tafel
- Tethys-Geosynklinale (ungegliedert)
- Kulm-Fazies (Flysch)
- marine Fazies (Flysch) der Randsenke
- paralische Fazies der Randsenke
- kontinentale Fazies der Innensenken

Der basische geosynklinale Vulkanismus erreichte im Mittleren Unterkarbon seinen letzten Höhepunkt, in der Rhenoherzynischen Zone stärker als in der Saxothuringischen. Im Visé begann eine saure Magmenförderung (z. B. im Schwarzwald), die den ausgedehnten Plutonismus in Verbindung mit der sudetischen Phase einleitete.

Mit dem **Oberkarbon** setzte in Mitteleuropa die Endphase der variszischen Ära ein. Der durch die sudetische Faltung neu entstandene Kontinent, das Variszische Gebirge, reichte von der Mitteleuropäischen Kristallinzone im Norden bis an den Rand der Tethys im Süden. Lediglich in einigen isolierten Senkungszonen dauerte die Sedimentation vom marinen unteren Obervisé über terrestrisches oberes Obervisé bis in das Oberkarbon an, ohne daß diese Räume von der sudetischen Hauptfaltung betroffen wurden (z. B. Becken von Laval, Innersudetische Senke).

Mit der Heraushebung setzte gleichzeitig eine intensive Abtragung und Einebnung des Gebirges ein. Der Abtragungsschutt sammelte sich in den teils an tiefreichenden Störungen, teils auch in flachen Depressionen angelegten intramontanen oder Innensenken, die sich besonders im höheren Oberkarbon und Unterperm beständig ausdehnten. Dazu gehören in Mitteleuropa z. B. die Saar- und Saale-Senke, die Erzgebirgische Senke (Werdau-Hainichener Trog), die Zentralböhmische Senke, die Innersudetische Senke neben zahlreichen anderen. Das Meer hatte in diese limnischen Senken keinen Zutritt mehr. Die in ihnen abgelagerten Innenmolassen bestehen aus überwiegend rotgefärbten Konglomeraten, Sandsteinen und Tonsteinen, denen in graugefärbten Partien häufig Kohlenflöze zwischengeschaltet sind.

Im Bereich des ehemaligen Rhenisch-Moravischen Troges war die Sedimentation während des Oberkarbons auf die annähernd West-Ost orientierte Randsenke mit ihrem stellenweise weit nach Norden ausladenden externen Rand beschränkt (vgl. Abb.). Ihre Entstehung geht teils auf isostatische Ausgleichsbewegungen, teils auf Senkfaltung zurück, die von der zentralen Kristallinzone nach außen, also gegen den nördlichen Kontinent migrierte. Entsprechend wanderte die Hauptsenkungsachse und damit die Zone größter Mächtigkeit von innen nach außen und setzte die nach Norden gerichtete Trogausweitung fort, die schon für das Oberdevon und Unterkarbon charakteristisch war, während der Südrand durch Einengung gekennzeichnet ist. Diese geosynklinalähnliche **Randsenke**, die von Südportugal über Irland und das nördliche Mitteleuropa bis nach Wolhynien reichte, wurde im Norden ebenso wie das Unterkarbon-Meer von dem Nordatlantisch-Fennosarmatischen Hebungsgebiet und im Süden von den älteren variszischen Faltenketten und den Paläokarpaten begrenzt. Nach Osten bestand wahrscheinlich nur während der Zeiten mariner Überflutungen über eine »Meerenge« eine Verbindung mit der Pripjat- und Donez-Senke. Eine direkte Verbindung zwischen der variszischen Randsenke und dem zur Tethys gehörenden Karbon der Slowakei und Ungarns dürfte nicht existiert haben.

Größere permanente Inselbereiche waren im Westen das Wales-Brabanter Massiv und im Osten das heutige Polnische Mittelgebirge. Der orogenwärtige Bereich der Randsenke bestand aus einer Reihe perlschnurartig aneinandergereihter Senkungszonen. Es sind dies die Südwestenglische Senke, die Nordfranzösisch-Belgische Senke, die Westfälische Senke, die Mecklenburgisch-Pommersche Senke sowie in Polen die Oberschlesische Senke und die Lodz-Lubliner Senke. Zwischen diesen Senken lagen Schwellenbereiche, auf denen die Sedimente erheblich geringmächtiger sind oder primär vielleicht völlig fehlen. In Richtung auf das nördliche Vorland nimmt die Mächtigkeit im allgemeinen ab, obwohl auch hier Teilbereiche einige tausend Meter tief abgesunken sein können, wie beispielsweise die Irisch-Mittelenglische Senke und die Midland-Valley-Senke.

Zeitweise setzte das Absinken in dieser Randzone überhaupt aus oder wurde so langsam, daß sie sich bis in die Nähe des Wasserspiegels füllte; dann entwickelte sich eine üppige Sumpfvegetation, aus der bei ausgeglichener Absenkung und Torfanhäufung mächtige Kohlenflöze entstanden. An ihrer Basis sind in der Regel die fossilen Wurzelböden erhalten. Im Hangenden der Flöze lagern außer den Sedimenten Pflanzenteile (Abb.), die von dem heranflutenden Wasser mitgeführt wurden und die die bekannten wie in einem Herbarium flachgedrückten Pflanzenabdrücke hinterließen.

Wurde dieses Gleichgewicht durch verstärkte Absenkung gestört, kam es zur Überflutung der Torfmoore und verstärkten Ablagerung von Festlandsschutt. Die vom Meerwasser gebildeten, fossilführenden marinen Horizonte stellen wichtige regionale bis überregionale Leitschichten für Geologen und Bergleute dar (Tab.). Alle Merkmale dieser **paralischen** Kohlenreviere der Randsenke mit zwischengeschalteten Meeresablagerungen wie die Wurzelböden, die Schichtung und die als Dolomitknollen bezeichneten versteinerten Reste des Urtorfs sprechen dafür, daß sich die meisten Steinkohlen an ihren heutigen Fundorten bildeten, also autochthon entstanden sind. Allochthone, aus eingeschwemmtem Kohlenmaterial gebildete Flöze bilden die Ausnahme.

Die mehrere tausend Meter mächtigen Sedimente, die von den aufgefalteten Gebirgszügen als Verwitterungsschutt in die Randsenke eingeschwemmt wurden, sind im allgemeinen relativ einheitlich aufgebaut. Stärkere fazielle Unterschiede sind nur im Unteren **Namur** zu verzeichnen. Während in der Vorsenke die flyschähnliche Fazies des Unterkarbons im Unteren Namur weiter andauerte, wurden in den orogenferneren Beckenteilen sapropelitische Schiefer abgelagert. Am nördlichen Beckenrand war es bereits im Unterkarbon zur Flözbildung gekommen (Nordengland, Südostpolen), die im Namur anhielt. Im Bereich der britischen Inseln wurde die Becken- und Schwellen-Fazies des

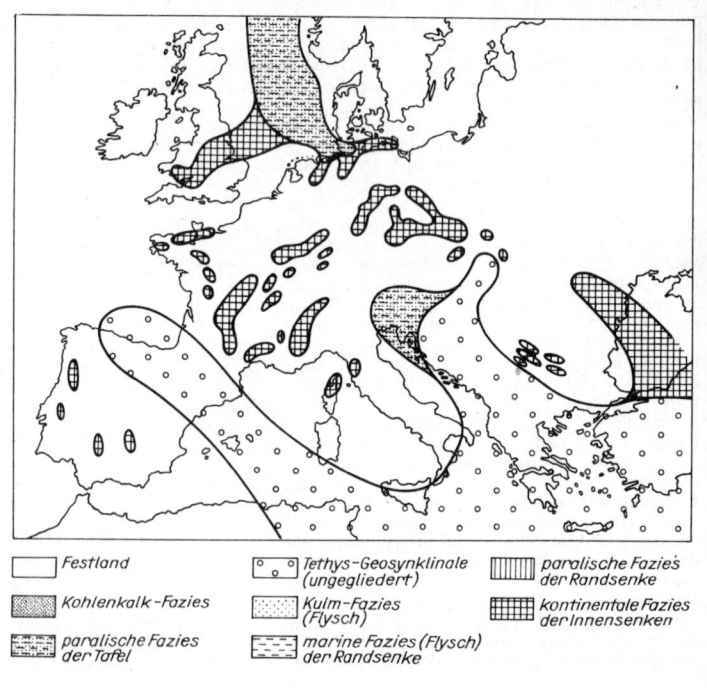

Vermutliche Verbreitung von Land und Meer während des oberen Oberkarbons (Stefan) in Europa

tieferen Namur durch die Millstone-Grit-Schuttfächer überdeckt, die eine Vereinheitlichung im Profil bewirkten. Es handelt sich um eine zyklische Folge von marinen Schiefern, Deltasandsteinen und dünnen Kohlenflözen. Die zeitäquivalenten Schichten im Nordwesten der BRD, das »Flözleere« (Namur A-B), führen noch keine Kohlenflöze, aber bereits vereinzelt Wurzelböden als Anzeichen kurzzeitiger Verlandung. Hier vollzog sich erst im Oberen Namur B ein Umschlag in der Sedimentation und im Ablagerungsmilieu. Die Flyschfazies wurde allmählich von der Molassefazies abgelöst. Die Flözführung setzte im Namur C ein. Im höheren Namur und im **Westfal** werden die marinen Einschaltungen immer seltener und erlöschen im höchsten Westfal im allgemeinen vollständig, im Osten (Polen) erheblich früher als im Westen, so daß das offene Meer im Westen vermutet werden darf.

Im Oberen Westfal begannen die sich von Nordwesten nach Südosten ausdehnende Sedimentation steriler Rotsedimente und eine Einschnürung des Bildungsraumes. Das **Stefan** wurde in der Randsenke nur in kleinen Senken in Mittelengland, in einer relativ schmalen Senke der südlichen Nordsee, in Nordwestdeutschland (Ems-Senke) und in Nordostmecklenburg abgelagert (Abb. S. 334). Das Stefan greift teilweise auf älteres Oberkarbon schwach diskordant über. Bei den Sedimenten überwiegt die rote Gesteinsfarbe. Kohlenflöze kommen im Unterschied zu den Innensenken nur noch in Mittelengland vor. Die geringfügige marine Beeinflussung in der südlichen Nordsee wird aus nördlicher Richtung, aus dem Bereich des Barentsee-Schelfmeeres, abgeleitet. Diese Ingressionen können als Vorboten des späteren Perm-Meeres gedeutet werden.

Am Ende des Westfal und im Unteren Stefan erfolgte während der asturischen Phase die Auffaltung des externen variszischen Geosynklinaltroges, einschließlich des Südflügels der variszischen Randsenke sowie weiter Bereiche des Armorikanischen Massivs. Die asturische Phase läßt sich in der namengebenden Provinz Asturien in Nordwestspanien auf den Zeitraum Oberes Stefan A bis Unteres Stefan B einengen. Sichere Hinweise auf ältere oberkarbonische Diskordanzen, wie sie von der Iberischen Halbinsel bekannt sind, fehlen in Mitteleuropa. Bei der erzgebirgischen Phase in Sachsen handelt es sich möglicherweise um eine späte Teilbewegung der sudetischen Faltung.

Die tektonische Beanspruchung des Gebirges ist im Rhenisch-Moravischen Geosynklinaltrog am intensivsten. In Richtung auf das Vorland verliert sich zunächst die Schieferung. In der Randsenke werden die Falten allmählich flachwelliger und klingen in Abhängigkeit von der Stabilität des Untergrundes schließlich ganz aus oder werden von bruchtektonischen Bildungen abgelöst. Der tektonische Baustil wird durch Verschuppungen und Überschiebungen dort kompliziert, wo die tektonische Entwicklung durch ein stabiles Massiv im Vorland gebremst wurde wie beim Wales-Brabanter Massiv in Nordfrankreich und Belgien.

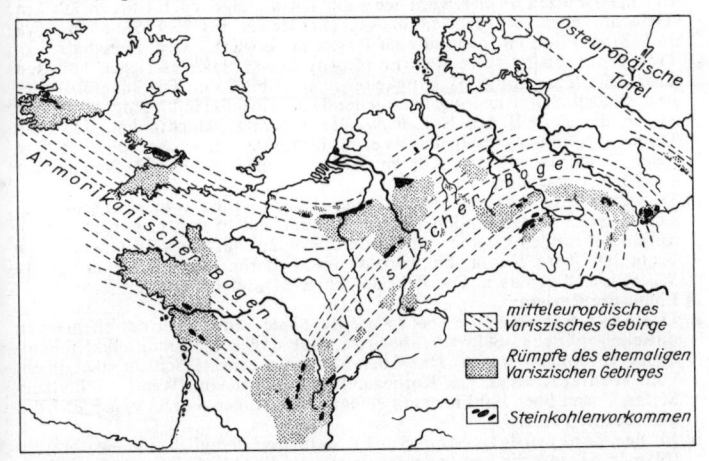

Die noch vorhandenen Rümpfe (schraffiert) des ehemaligen mitteleuropäischen Variszischen Gebirges (gestrichelt) mit ihren Steinkohlenvorkommen (schwarz)

Im Zusammenhang mit dieser Faltung drangen große Granitplutone auf (z. B. Brockengranit im Harz, Dartmoor-Granit in Südwest-England). In den bereits konsolidierten Interniden wirkten sich die Bewegungen der asturischen Phase durch Bruchbildungen und eine Aktivierung der vulkanischen Tätigkeit aus.

Das Variszische Gebirge erstreckt sich in zwei divergierende Bögen durch West- und Mitteleuropa. Der **armorikanische Bogen** reicht vom Französischen Zentralplateau bis an die Küste der Normandie und vereinigt sich in einem großen Bogen über die in mesozoisch-känozoischer Zeit wahrscheinlich durch rotierende Kontinentaldrift geöffnete Biscaya mit den variszischen Faltenketten der Iberischen Halbinsel. Der zweite Bogen, das **Variszische Gebirge** i. e. S., streicht im westlichen Mitteleuropa vorwiegend von Südwest nach Nordost und biegt östlich der Elbe in die südöstliche Richtung um. In Śląsk teilt sich das Gebirge in zwei auslaufende Äste: in die Sudeten und das Polnische Mittelgebirge.

Die Abbildung auf S. 339 zeigt den Verlauf der variszischen Gebirgsbögen sowie die Anordnung der Vortiefen und Innensenken.

Die wichtigsten nordwest- und mitteleuropäischen Kohlengebiete sind:

1) **paralische Reviere**:
a) Reviere Großbritanniens. Die kohlenführende Fläche, die sich über weite Teile des Territoriums erstreckt, beträgt etwa 20000 km². Häufig werden jedoch nur ein bis drei Flöze, allerdings mit großer flächenhafter Erstreckung abgebaut. Der gewinnbare Vorrat wird gegenwärtig auf rund 15 Mrd. t geschätzt. Die »Penninische Provinz« stellt ein riesiges flach muldenförmiges Großbecken mit über 3000 m Oberkarbon dar. Die Tektonik ist einfach. Der Abbau, der sich auf das Westfal A und B konzentriert, erfolgt in den Küstenrevieren teilweise unter der Nordsee und der Irischen See. Die »Südwestprovinz« mit den Revieren von Wales, Bristol und Kent gehört zum Außenrand der variszischen Randsenke mit komplizierten tektonischen Verhältnissen. In der »Schottischen Provinz«, durch einen alten Inselarchipel von der »Penninischen Provinz« getrennt, liegt das Hauptabbaugebiet am Firth of Forth. Kohlen kommen von Visé bis in das Mittlere Westfal vor, bauwürdige nur im Unteren Namur A sowie im Westfal A und B.

b) Nordfranzösisch-belgische und niederländische Reviere. Das Oberkarbon liegt transgressiv mit nach Norden und Nordwesten größer werdendem Hiatus auf dem kaledonisch gefalteten Brabanter Massiv. Entsprechend schwankt die Gesamtmächtigkeit zwischen einigen hundert und über 2500 m. Die Tektonik ist durch häufige Überschiebungen und Decken kompliziert. Die »produktive« Serie beginnt mit dem überwiegend limnisch-kontinentalen Westfal, das etwa 10 Prozent Kohle führt. Von den über 70 bauwürdigen Flözen der französischen und den 60 bis 70 der belgischen Becken liegen die meisten im Westfal B und C. Die marine Beeinflussung ist geringer als in Südwestengland und im Ruhr-Revier. In den Niederlanden konzentriert sich der Bergbau auf S-Limburg.

c) Das rheinisch-westfälische Revier (Aachen, Ruhrgebiet, Ibbenbüren). Die Gesamtschichtenfolge erreicht eine Mächtigkeit von über 5000 m. Das »produktive« Oberkarbon beginnt mit dem Namur C, dessen Kohlenanteil etwa 1 Prozent beträgt. Westfal A und B enthalten mit 2 bis 6 Prozent Kohle die meisten und mächtigsten Flöze. Von den 80 bis 85 bauwürdigen Flözen an der Ruhr wird der bauwürdige Vorrat bis in 2000 m Tiefe auf etwa 214 Mrd. t, im Aachener Revier bei 75 Flözen auf etwa 10,5 Mrd. t und im Ibbenbürener Revier auf etwa 0,3 Mrd. t geschätzt.

d) Das Oberschlesische Revier (Gorny Slask). Hier erreichen von den über 200 Flözen einige Mächtigkeiten von 10 bis 25 m. Die aus nördlicher und südöstlicher Richtung herzuleitende marine Beeinflussung reicht nur bis in die Zone B des Namur A. Das gesamte Schichtpaket, das vom Unteren Namur A bis in das Westfal D Kohle führt, wird über 7000 m mächtig. Der bauwürdige Kohlenvorrat wird bis in 1200 m Teufe auf über 100 Mrd. t geschätzt.

e) Das Lubliner Revier. Das Lubliner Becken ist die zweite Teilsenke der sich in Polen aufgabelnden Randsenke und erst in den letzten 20 Jahren durch Bohrungen erschlossen worden. Kohlen wurden vom Oberen Visé bis in das Obere Westfal, bauwürdig vom Mittleren Namur bis in das Obere Westfal, nachgewiesen. Die Zahl der Flöze beträgt 10 bis 20.

2) **Limnische Reviere**:
a) Die Saar-Senke wurde ebenso wie die Saale-Senke über der ehemaligen mitteleuropäischen Schwelle angelegt, ohne daß beide unmittelbar miteinander verbunden waren. Das über 5000 m mächtige Schichtpaket reicht vom Westfal A bis in das Rotliegende und führt vom Westfal C bis zum Stefan C weit über 100 Flöze mit einem bauwürdigen Vorrat von 5,5 Mrd. t bis 2000 m Teufe.

b) In der Innersudetischen Senke enthalten lediglich die Wałbrzych- (Namur A) und die Žacler Schichten (Westfal A bis C) bauwürdige Flöze. Sonst herrschen Fanglomerate und Arkosen vor, die von wenigmächtigen Kohlenlagern geringer Erstreckung begleitet werden.

c) In der Zentralböhmischen Senke wurde durch die Entdeckung der Teilsenke von Mšeno unter der böhmischen Kreide, die das Verbindungsglied zur Innersudetischen Senke darstellt, der Kohlenvorrat erheblich erhöht.

In den traditionellen Bergbaurevieren im Süden der DDR, der **Erzgebirgs-Senke** und dem **Plötz-Löbejüner Revier** der Saalesenke, ist der Bergbau inzwischen eingestellt. In der Erzgebirgs-Senke gehören die ältesten Flöze dem

S. 337:
Stratigraphische Gliederung des Karbons

337

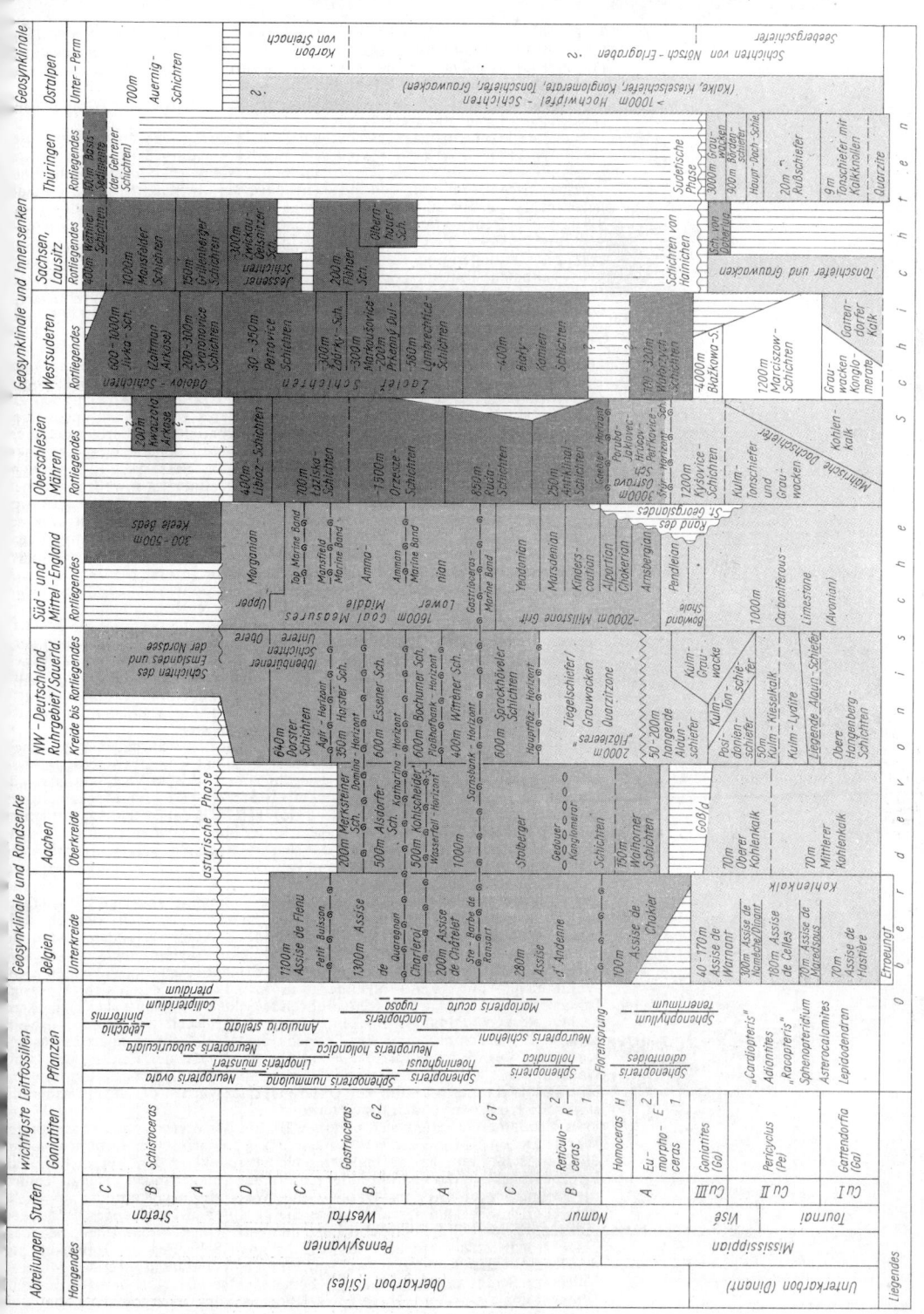

A stratigraphic correlation chart for the Carboniferous (Oberkarbon/Silesium and Unterkarbon/Dinant) across several European regions is shown. The chart is rotated; key column headings (left to right) include:

- Abteilungen / Hangendes / Liegendes: Oberkarbon (Siles), Unterkarbon (Dinant); Pennsylvanien, Mississippian
- Stufen: Stefan (C, B, A), Westfal (D, C, B, A), Namur (C, B, A), Visé (CuIII, CuII), Tournai (CuI)
- Wichtigste Leitfossilien — Goniatiten: Schistoceras, Gastrioceras (G2, G1), Reticuloceras (R2, R1), Homoceras (H2, H1), Eumorphoceras (E2, E1), Goniatites (Go), Pericyclus (Pe), Gattendorfia (Ga)
- Pflanzen: Neuropteris ovato, Sphenopteris nummulana, Linopteris munsteri, Neuropteris subauriculata, Annularia stellata, Lonchopteris rugosa, Callipteridium pteridium, Lepidophloios, Neuropteris hollandica, Neuropteris schlehani, Sphenopteris hollandica, Florensprung, Sphenopteris adiantoides, Sphenophyllum tenerrimum, "Cardiopteris", Adianthites, "Rhacopteris", Sphenopteridium, Asterocalamites, Lepidodendron, Mariopteris acuta, Hoeninghausi

Geosynklinale und Randsenke:
- Belgien: Oberkreide / Unterkreide; asturische Phase; 1100m Assise de Flenu Petit Buisson; 1300m Assise de Quaregnon Charleroi; 200m Assise de Châtelet; Sre-Barbe de Ransart; 280m Assise d'Andenne; 100m Assise de Chokier; 40–170m Assise de Namèche/Ollant; 300m Assise de Celles; 180m Assise de Maredsous; 70m Assise de Hastière; Etroeungt; Kohlenkalk; 70m Oberer Kohlenkalk; 70m Mittlerer Kohlenkalk
- Aachen: Oberkreide; 200m Merksteiner Sch.; 500m Alsdorfer Sch. Kamarino, Wasserfall-Horizont; 500m Kohlscheider Sch.; 1000m Sarrsbank-Horizont; Striberger Schichten; Gediner Konglomerat; 760m Walhorner Schichten; Goß/d
- NW-Deutschland Ruhrgebiet/Sauerld.: Kreide bis Rotliegendes; 640m Dorster Schichten; 350m Horster Sch., Agir-Horizont, Domina-Horizont; 600m Essener Sch., Plaßhofbach-Horizont, Bochumer Sch.; 400m Wittener Sch.; 600m Sprockhöveler Schichten; Hauptflöz-Horizont; "Flözleeres" 2000m; Ziegelschiefer Grauwacken Quarzitzone; 50–200m hangende Alaunschiefer; Posidonienschiefer, Kulm-Kieselschiefer 50m, Kulm-Lydite, Liegende Alaun-Schiefer, Obere Hangenberg-Schichten, Kulm-Grauwacke, Kulm-Tonschiefer
- Süd- und Mittel-England: Rotliegendes; 300–500m Keele Beds; Morganian; Top Marine Band, Mansfield Marine Band; Amman Marine Band; nian; Gastrioceras Marine Band; Yeadonian, Marsdenian, Kinderscoutian, Alportian, Chokerian, Arnsbergian, Pendleian; Bowland Shale, 2000m Millstone Grit; 1600m Coal Measures (Upper, Middle, Lower); 1000m Carboniferous Limestone (Avonian)
- Oberschlesien Mähren: Rotliegendes; ?500m Kwaczała-Arkose; 400m Libioz-Schichten; 700m Łaziska-Schichten; 1500m Orzesze-Schichten; 850m Ruda-Schichten; 250m Anthracit-Schichten; Poruba-Jaklovac, Hrušov, Petřkovice Sch.; Keule-Herault; 1200m Kyšovice-Schichten; 3000m Ostrava Sch., Hoj-Herzont, Hučov, Petřkovice Sch.; Rand des St. Georgslandes; Kulm-Tonschiefer und Grauwacken; Mährische Dachschiefer; Kohlenkalk
- Westsudeten: Rotliegendes; 600–1200m Nivka-Sch. Odolov-Schichten; (Gatmani Arkose); 200–300m Syenovice Schichten; 30–350m Petrovice Schichten; 200m Żacky-Sch., Markowice, Pkenny-Gul-Schichten; 580m Bialy-Kamien Schichten; ~400m; 180–320m Walbrzych-Schichten; 4000m Buzkowa-S.; 1200m Marciszów-Schichten; Grauwacken Konglomerate; Gartendorfer Kalk
- Sachsen, Lausitz: Rotliegendes; 400m Weitiner Schichten; 1200m Mansfelder Schichten; 150m Grillenberger Schichten; 300m Zwickau-Oelsnitzer Sch.; Jessener Schichten; 200m Flöhaer Sch.; Oberhauser Sch.; Schichten von Hainichen; Sch. von Oberhain; Tonschiefer und Grauwacken
- Thüringen: Rotliegendes; 80m Basis Sedimente (der Gehrener Schichten); >1000m Hochwipfel-Schichten (Kalke, Kieselschiefer, Konglomerate, Tonschiefer, Grauwacken); Sudetische Phase; 3000m Grauwackenschiefer; 400m Bordenschiefer; Haupt-Dach-Sch.; 20m Kußschiefer; 9m Tonschiefer mit Kalkknoten; Quarzite

Geosynklinale:
- Ostalpen: Unter-Perm; 700m Auernig-Schichten; Karbon von Steinach; Schichten von Nötsch-Erlagraben; Seebergschiefer

Schichten

22 Entwicklungsgesch. der Erde

Visé IIIβ und γ der Hainichener Schichten an. Aus den Flöhaer Schichten (Westfal B/C) sind 6 unbauwürdige und aus den Zwickau-Oelsnitzer Schichten (Westfal D) 12 Flöze bekannt, von denen mehrere abgebaut wurden. Unter karbonischen Alters (Visé IIIα) sind die Anthrazit-Flöze von Doberlug in der Niederlausitz. 13 Flöze besitzen eine größere flächenhafte Ausdehnung werden aber bisher nicht gefördert.

Weite Teile Südeuropas, des heutigen Mittelmeeres sowie Vorderasiens un Nordafrikas gehörten zu der wohl seit dem Kambrium existierenden **Tethys Geosynklinale**, die durch die aus kristallinen Gesteinen aufgebaute Böhmisch Allemannische Insel von der mitteleuropäischen variszischen Geosynklinale getrennt wurde. Ihr Südrand (Nordafrika) war ähnlich wie der Nordrand de variszischen Geosynklinale von einem flachen Schelfmeer mit Kohlenkalken wicklung bedeckt. Die Ost- und Südostalpen (Grauwackenzone, Grazer Paläo zoikum, Gailthaler und Karnische Alpen, Karawanken) gehörten zu einer geosynklinalen Teiltrog (Zentral-Dinariden-Trog) der Tethys, der sich in Laufe des Oberkarbons über Ostungarn bis in das Bükk-Gebirge und das Slo wakische Erzgebirge ausweitete. Eine direkte geosynklinale Verbindung zur Rhenisch-Moravischen Trog dürfte nicht bestanden haben, wenn auch ir Unterkarbon zeitweilige Überflutungen erfolgt sind. Das Unterkarbon de Ober-Ostalpin liegt überwiegend in sandig-schiefriger, z. T. auch kalkige Entwicklung vor und stellt in Annäherung an das Kristallin der Zentralalpen eine strandnahe Fazies dar. Die Ablagerungen der Karnischen Alpen und Kara wanken (Hochwipfel-Schichten, Devon bis Mittleres Westfal) und mehr noc die tonig-kalkigen Ablagerungen Sloweniens, Kroatiens und Serbiens (Unter karbon bis Namur), die in den zentraleren Geosynklinalbereichen sedimentier wurden, werden ebenso wie das Unterkarbon des Balkans, Südfrankreich und weiter Teile der Iberischen Halbinsel zur Kulmfazies i. w. S. gerechnet Das höhere Oberkarbon der Ostalpen, Dinariden und Helleniden besteh größtenteils aus hochmarinen, fusulinenführenden Kalksteinen mit unterge ordneten Schiefern des Oberen Stefan bis Perm (Auernig-Schichten und dere Äquivalente), die häufig mit einer Schichtlücke, selten aber mit eindeutige Diskordanz über dem älteren Oberkarbon lagern. In den Nord- und West alpen sowie in Ostserbien, Westbulgarien und Mazedonien ist das jüngere Ober karbon limnisch-fluviatil entwickelt und führt gelegentlich Kohlen.

Das teils vollmarine, zumindest aber bis zum Ende des Stefan A stark marin beeinflußte paralische Oberkarbon Nordwestspaniens und der Pyrenäen wird als Bildung der Cantabro-Pyrenäischen Randsenke zwischen den sudetisch gefalteten Ketten der Iberischen Meseta und des Armorikanischen Massiv angesehen, die zur Tethys geöffnet war. Das Karbon Südportugals gehört dagegen zur nördlichen Randsenke der Variszíden und wird als unmittelbar Fortsetzung des südwestenglischen Karbons angesehen.

Große Teile der Osteuropäischen Tafel waren fast während des gesamte Karbons von einem Flachmeer überflutet, das mit der Ural-Geosynklinal und über den Kaukasus und Mittelasien mit der Tethys in Verbindung stand Kohlenflöze bildeten sich nur an wenigen Stellen, z. B. im Moskau-Tulaer Gebiet. An den Ost- und Südrändern der Tafel wurden mächtige, kohleführ rende, paralische Sedimente abgelagert, z. B. über 10000 m in dem geosyn klinalähnlichen Donez-Aulakogen, das sich seit Beginn des Karbons am Rand des Ukrainischen Schildes absenkte und vom Obervisé bis ins Stefan Kohle führt

Auf dem arktischen Oldred-Kontinent wurden in isolierten Senken währen des Unterkarbons vorwiegend festländische Sedimente abgelagert. Im Ober karbon, besonders im Stefan, überflutete ein flaches Meer weite Bereiche zwi schen Grönland und dem Baltischen Schild. In Asien verlandeten währen der variszischen Hauptfaltung an der Wende Unterkarbon/Oberkarbon groß Teile der seit dem Jungpräkambrium und Altpaläozoikum bestehenden Geo synklinalen. Während des folgenden Kratonstadiums bildeten sich oft riesige Innensenken, in denen sich kohleführende Schichtenfolgen ablagerten (Kus nezker Becken, Tunguska-Becken, Minussinsk-Becken und große Kohlen reviere in Nordchina). Nur die Bereiche der Ural-Geosynklinale, Teile des Kaukasus, des Himalaya u. a. blieben überflutet. Mit der Faltung der Ural Geosynklinale (Hauptfaltung im Oberkarbon, abschließende Randsenken faltung im Oberperm und in der Unteren Trias) wurden der europäische und sibirische Kontinent endgültig verbunden.

In Nordamerika faltete sich bereits während der bretonischen Phase an de Wende Devon/Karbon die Hauptmasse des Appalachischen Gebirges bis auf die Randsenke auf. In ihr bildeten sich entsprechend den Verhältnissen ir Europa mächtige kohlenführende paralische Ablagerungen. Hierzu zähler die Kohlenbecken in Pennsylvania, Ohio, West Virginia, Kentucky und Ten nessee. Gegen Westen verzahnen sich die paralischen Randsenken-Bildunger mit den marinen Crinoiden- und Fusulinenkalken des Midkontinent-Schelfes. Nach Nordwesten greifen die kohlenführenden Schichten der Randzone auf den Kanadischen Schild über, auf dem, ähnlich dem kohlenführenden Midland Valley in Schottland, grabenartige Senken entstanden. In der Kordilleren Geosynklinale wurden während des Karbons nur Teilregionen gefaltet und herausgehoben.

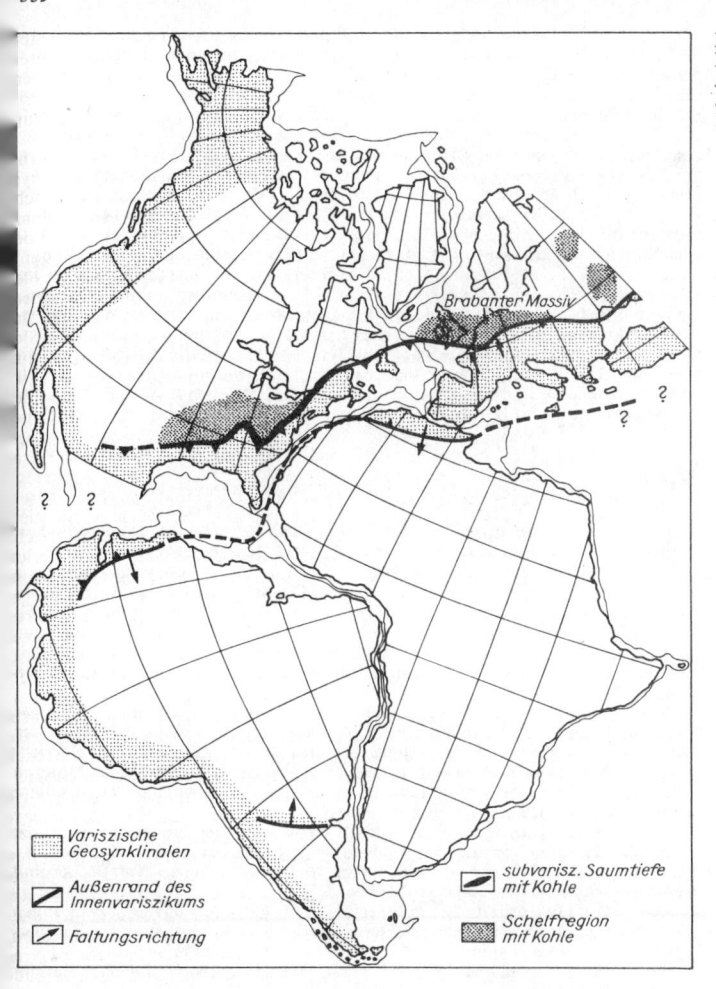

Positionen des Variszischen Gebirges Europas und Nordafrikas und der Appalachen Nordamerikas vor der im Jura beginnenden Öffnung des Atlantiks (aus Krauße u. Pilger 1976)

Infolge der Ähnlichkeit des tektonischen Baus, der lithofaziellen Ausbildung und der Fossilführung des Karbons der Appalachen mit den westeuropäischen Varisziden und deren Randsenke wird ein direkter Zusammenhang zwischen beiden Gebirgssystemen postuliert, der erst durch das Aufreißen des Atlantik und das Auseinanderdriften des amerikanischen und europäischen sowie afrikanischen Kontinents in jungmesozoisch-känozoischer Zeit zerstört worden ist (Abb.).

Auf der Südhalbkugel ist das Karbon im allgemeinen regressiv. In der Kap-Geosynklinale liegt das Unterkarbon in klastisch-mariner Entwicklung vor. Nach einer Sedimentationsunterbrechung folgen mit teilweise schwacher Diskordanz die im Oberkarbon beginnenden Dwyka-Tillite. Ähnliche glazial-kontinentale Ablagerungen einer Eisbedeckung sind von Argentinien, Bolivien, der Antarktis, Brasilien und Australien bekannt. Diesen Glazialablagerungen sind häufig marine Sedimente zwischengeschaltet. Nach Abtauen der Eisdecke kam es verschiedenenortes zu Kohlenbildungen, deren Charakterpflanzen die für das gesamte Gondwana-Land charakteristischen **Glossopteriden** darstellen (vgl. »Perm«, S. 351).

Zusammenfassung. Das durch eine Reihe wichtiger Gebirgsbildungsphasen der variszischen Ära gekennzeichnete Karbon spielt wegen seines Reichtums an Steinkohlenflözen und mit diesem im Zusammenhang stehenden Erdgaslagerstätten (z. B. im Nordwesten der BRD) wirtschaftlich eine außerordentlich wichtige Rolle. Daß es gerade in dieser Zeit zur Bildung von Steinkohlen kam, ist auf das günstige Zusammentreffen verschiedener Faktoren zurückzuführen, wie das erste Auftreten einer größeren schnellwüchsigen Gemeinschaft von Landpflanzen, ein für deren sprunghafte Entwicklung und Entfaltung günstiges Klima auf der heutigen Nordhemisphäre und schließlich ausgedehnte Senkungsareale, die die Bildung mächtiger Torfmoore ermöglichten. Im ganzen hatte sich die Verteilung der Festlandmassen im Vergleich mit dem Devon nicht erheblich verändert. Der Südpol lag nach paläomagnetischen Befunden im Zentrum von Antarktika und der Nordpol vor Kamtschatka im Nord-Pazifik, so daß der Äquator im Bereich der Tethys und des südlichen Nordamerika verlief. Mitteleuropa befand sich bei einer ähnlichen Anordnung der Klimazonen wie heute in einem gleichmäßig warmen, niederschlagsreichen Gebiet, ohne ausgesprochene Unterschiede zwischen Sommer und Winter. Dieser tropisch-gemäßigte Gürtel dürfte breiter als heute gewesen sein. Hinweise für ein kühles Klima mit örtlichen Vereisungen sind seit dem Unterkarbon auf dem Gondwana-Kontinent, vor allem in Südamerika bekannt. Im Oberen Oberkarbon und Unterperm stellten sich auf der Nordhalbkugel zunehmend aride Bedingungen ein, während sich auf der Südhalbkugel im Oberkarbon, teilweise auch erst im Unteren Perm weit ausgedehnte Inlandeismassen bildeten. Die oberkarbonischen Gebirgszusammenhänge wurden besonders an den alten Kontinentalrändern durch Kontinental- und Platten-Drift in jungmesozoisch-känozoischer Zeit zerstört. Heute gilt als einwandfrei gesichert, daß das mittel- und westeuropäische Variszikum ursprünglich mit dem des östlichen Nordamerika verbunden war. Erheblich näher dürften auch der afrikanische und europäische Kontinent gelegen haben. P. Krull

Perm

Allgemeines. Das Perm (MURCHISON 1841), bezeichnet nach der russischen Landschaft westlich des Ural, früher auch unter dem Namen Dyas (die Zweigeteilte; MARCOU 1859, GEINITZ 1861) bekannt, ist die geologische Zeitspanne zwischen Karbon und Trias. Nach der absoluten Zeitskala umfaßt das Perm einen Zeitraum von 40 Millionen Jahren. Es begann vor 270 Millionen Jahren und ging vor 230 Millionen Jahren zu Ende (VAN EYSINGA, 1971). Der alte Name Dyas geht auf die Zweiteilung in **Rotliegendes** und **Zechstein** in Mitteleuropa zurück, die im Mansfelder Kupferschieferbergbau seit Jahrhunderten gebräuchlich war.

Diese Zweiteilung ist heute im abgewandelten stratigraphischen Sinne etwas anderes als das »rote tote Liegende« der Mansfelder Bergleute und als der »Zechstein« – das war der Kalkstein, aus dem sie ihre Zechengebäude errichteten –, aber diese Zweiteilung in die rote Sandsteinformation im Unteren Perm und die Salzformation im Oberen Perm ist auf der nördlichen Hemisphäre in der kontinentalen Fazies weit verbreitet.

In dieser Zeit vollzogen sich **globale Prozesse**, die den Aufbau und die Zusammensetzung kontinentaler permischer Gesteinskomplexe weltweit in charakteristischer Weise beeinflußt haben und Ursache paläoklimatischer und paläobiologischer Entwicklungen wurden.

An erster Stelle steht die im Unteren Perm mit ihren letzten Bewegungen ausklingende **variszische Gebirgsbildung**, die im Zusammenhang mit dem **permischen Vulkanismus** steht.

Der zu beobachtende geologische Mechanismus stellt sich in grober Vereinfachung so dar:

Die schmelzflüssigen Gesteinsmassen dringen in den Kernen der sich bildenden Gebirgsmassive aus der Tiefe empor; viele bleiben in der Tiefe stecken und erstarren langsam zu Granitmassiven. In einer späteren Phase steigen die schmelzflüssigen Gesteinsmassen bis zur Erdoberfläche auf, wo sie teils subvulkanisch erstarren (Granitporphyre), teils als Laven in die benachbarten Randsenken abfließen und teils als Ignimbrite (Schmelztuffe) oder Flugstaub (Tuffe) weite Gebiete überdecken.

Die Gebirgsbildung lief diskontinuierlich ab. Phasen erhöhter Bewegung belebten das Relief der Erdoberfläche und mobilisierten die vulkanische Tätigkeit. Beide Prozesse erzeugten charakteristische, wenn auch regional im einzelnen verschiedenartige Veränderungen im Sedimentationsablauf der meist nur engräumigen Becken.

Allein in Europa sind mehrere Dutzend solcher engräumigen, oftmals limnischen Sedimentationsbecken bekannt, deren Ablagerungen zwar untereinander ähnlich sind, aber eine Korrelation feinstratigraphischer Einheiten über die Becken- und Faziesgrenzen hinweg bleibt in jedem Fall umstritten.

Die **Becken vulkanotektonischer Herkunft** sind meistens kleiner als 100 km². Einzelne größere **intramontane Becken** entstehen im Bereich tektonischer Gräben (Saale-Trog, Saar-Nahe-Lorraine-Trog) und erreichen Größen von etwa 20000 km². Große **epikontinentale Becken** im Vorfeld der variszischen Vorsenken, wie das Mitteleuropäische Becken, das Vorural-Becken, das Tunguska-Becken, das Becken von Shansi oder das nordamerikanische Midcontinent-Becken, überdecken Areale von etwa 1 Million km². Es gibt ruhig eingesunkene muldenförmige Senken, tektonische Gräben oder ganz unruhige, schlotförmige Kessel wie die »ringdices «des Oslo-Fjords (OFTEDAHL, 1960).

Am Ende des Unteren Perm hören die engräumig wechselnden Bewegungsmpulse und Effusionen auf. Das nachvariszische Relief wird vom Ende des Unteren Perm ab abgetragen. Langsame Erdkrustenbewegungen lassen weiträumige epikontinentale Becken unter den Meeresspiegel einsinken. Diese Krustendynamik vollzieht sich in der westlichen Hemisphäre etwas früher. Vom Ural ab nach Osten liegt die Hauptphase der Vorsenkenbildung im Perm.

An zweiter Stelle steht die **Entwicklung des humiden Klimas** am Ende des Karbons **zum ariden Klima** während des Oberrotliegenden und nachfolgend, ein Prozeß, der von großen und kleinen **zyklischen Klimaperioden** überlagert wird. Im unmittelbaren Zusammenhang mit diesen globalen, übergeordneten Prozessen vollzieht sich die Entwicklung der im Perm abgelagerten Sedimente und der in ihnen erkennbaren Lebewelt, in der die paläozoischen Pflanzen und Tiere allmählich aussterben und mesozoische Lebensformen aufkommen. Auch in lithologischer Hinsicht zeigt das Perm Übergänge ohne Grenzen, teils zum Karbon, teils zur Trias, so daß gebietsweise Bezeichnungen wie **Permokarbon** bzw. **Permosiles** oder **Permotrias** angewendet werden.

Die marinen Leitfossilien des Perm, die der Chronostratigraphie zugrunde liegen, sind im Raum des Pazifik, der Arktis und in einem schmalen Meeresgürtel entlang den heutigen Alpidenketten verbreitet.

Vor allem die Ammoniten dieser Gebiete stellen eine Entwicklungsreihe dar, die das Perm als eine in sich geschlossene, selbständige, biogenetisch definierte Zeiteinheit der Erdgeschichte kennzeichnen. Im übrigen ist die Stratigraphie des kontinentalen Perm auf limnische und lagunäre Faziesfossilien angewiesen.

In der Pflanzenwelt endet im Perm das **Paläophytikum**, die Vorherrschaft der **Pteridophyten** (**Articulata** = Schachtelhalmgewächse und **Pteridophylla** = Baumfarne), deren letzte Vertreter in den intramontanen Becken des Unteren Perms zusammen mit den aufkommenden **Gymnospermen** (z. B. Nadelhölzer) die permischen Steinkohlenlager aufbauen. In der benachbarten Rotfazies der trockenen Kontinentalgebiete scheinen die Pteridophyten etwas früher zu verschwinden.

Die **Protozoa** (Einzeller) entwickeln in der marinen Fazies des Perm Riesenformen (Fusulinen, Schwagerinen). Unter den **Coelenteraten** sind **Spongia** (Schwämme) und **Anthozoa** (Korallen) als Riffbildner sowohl in der marinen als auch in der lagunären Fazies verbreitet. Vorherrschende Riffbildner des Perms sind jedoch die ausgestorbenen **Bryozoa**, die zu den **Molluscoideen** gehören, und vor allem **Algen** (Stromatolithen).

Die **Mollusken** sind sowohl durch **Lamellibranchiaten** (Muscheln) als auch durch **Gastropoden** (Schnecken) vertreten. Die **Brachiopoden** haben ihre letzte Entwicklungsperiode erreicht und sterben bis auf mehrere Arten in der Trias und im Jura aus.

Bei den **Cephalopoden** vollzieht sich die Entwicklung von den altpaläozoischen **Goniatiten** zu den mesozoischen **Ammoniten**. Die permotriadischen Übergangsformen bilden als **Mesoammoniten** eine Übergangsgruppe, die in der marinen Fazies des Perms charakteristische Leitfossilien liefert (*Medlicottia orbignyana*).

Echinodermen (Stachelhäuter) sind nur aus dem Perm von Timor bekannt. Die **Arthropoden** (Gliederfüßler) sind neben den letzten **Trilobiten** durch **Dekapoden** in der marinen Fazies und durch **Conchostraken** in der limnischen Fazies vertreten. Häufige Spuren von **Insekten** sind ein wichtiger Hinweis, daß die Rotliegendfazies belebter war, als man nach dem Mangel an anderen fossilen Resten vermuten könnte.

Unter den **Wirbeltieren** finden sich **Fische** in der marinen Fazies (Proselachier, Selachier und Rochen), in der lagunären Fazies (Ganoidfische) und in der limnischen Fazies (Acanthodesarten).

Die **Amphibien** entwickeln sich vorwiegend im perilimnischen Bereich und sind durch verschiedene **Stegocephalenarten** vertreten. Stärker dem Landleben angepaßt sind die **Reptilien** (mehrere Cotylosaurus- und Dicynodonarten), deren Fährten in der an Versteinerungen armen Rotfazies nicht selten sind. In den Ablagerungen der permischen Meere erfolgt die stratigraphische Gliederung nach Ammonitenzonen; auch Foraminiferen und Brachiopoden, Schnecken oder Muscheln bilden stratigraphische Leithorizonte. Hierzu gehören die **Schwagerinenkalke** des Unteren Perm, die **Brachiopoden-** bzw. **Productus-Kalke** im Oberen Perm oder der **Bellerophonkalk** der Karnischen Alpen.

Die große Transgression, die an der Wende zum Oberen Perm zahlreiche epikontinentale Becken (Mitteleuropa, Ural, Nordamerika) überflutet, ist durch einen Komplex von Lebewesen gekennzeichnet, die ozeanischen Ursprungs sind, vom einströmenden Meerwasser mitgebracht wurden und im lagunären Milieu bald abstarben (Ganoidfische). Ferner treten Landpflanzen (*Ullmannia bronni*) auf, die in kohligem Schlamm (Kupferschiefer) neben häufigen Fischen und selteneren Landtieren gefunden wurden. Schließlich entwickelt sich eine Küstenfazies mit Bänken aus Protuctiden und Riffkarbonaten. Die im oberen Riffteil vorherrschenden Stromatolithen setzen sich in einem

Die Entwicklung der Lebewesen

342

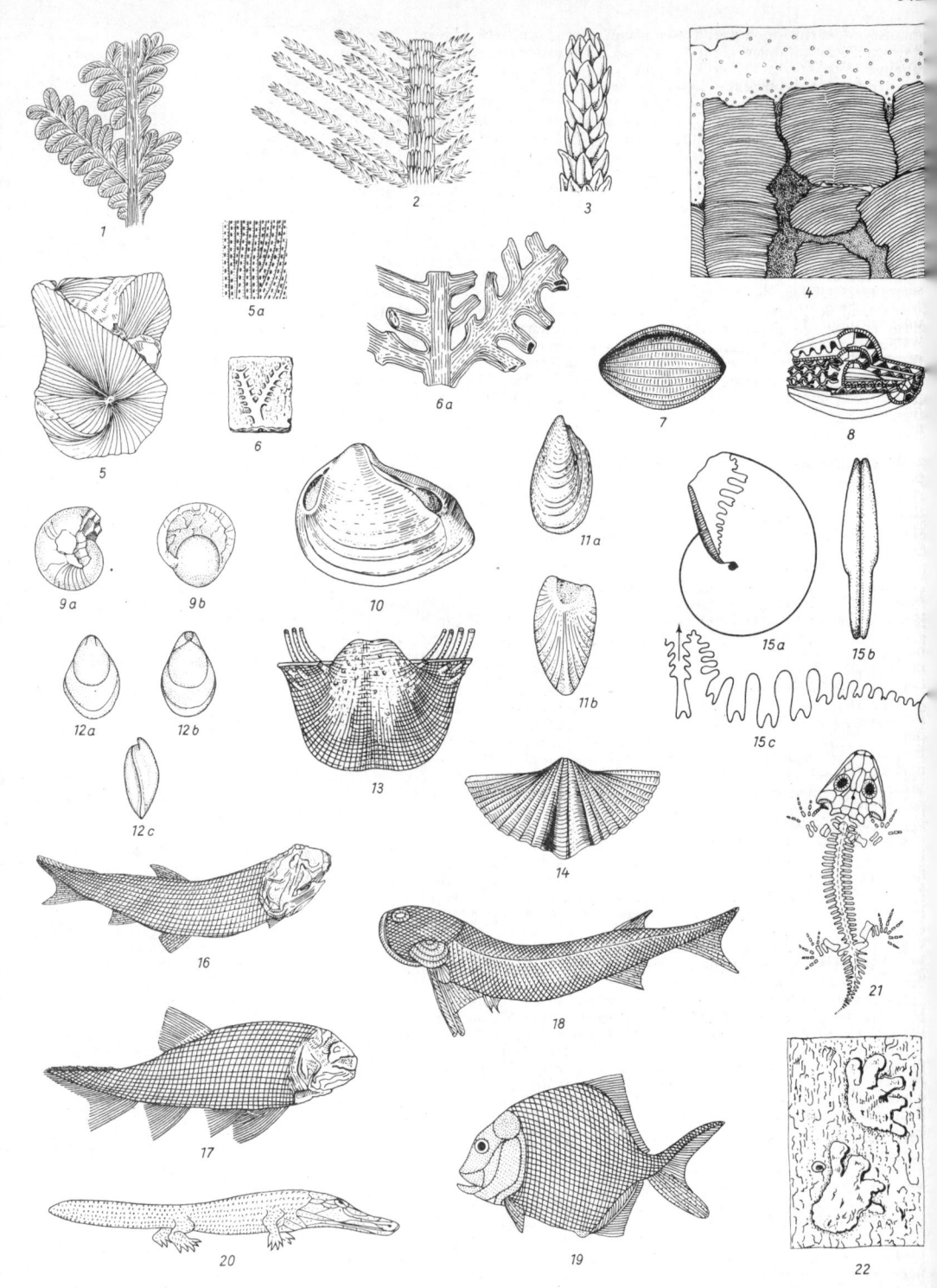

Algenrasen an der Hangendgrenze des Zechsteinkalkes fort, der einen über weite Teile der Zechstein-Beckenfazies zu verfolgenden Leithorizont bildet (M. LANGER 1977).

Die kontinentale Lebensentwicklung spielt in Zusammenhang mit der großen Verbreitung kontinentaler und epikontinentaler Sedimente im Perm eine beherrschende Rolle. Wie heute sind regionale Unterschiede in den kontinentalen Lebensgemeinschaften des Perms so groß, daß eine sichere Chronostratigraphie auf der Basis von Leitfossilien zwar schwierig und ungenau, aber innerhalb bestimmter paläogeographischer Einheiten durchaus möglich ist.

In den kontinentalen Räumen vollzieht sich im Unteren Perm mit der allmählich arider werdenden Klimaentwicklung die Verarmung der Pflanzenwelt an Pteridophyten und deren Ablösung durch Gymnospermen.

Im **europäischen Autun** (= Unteres Rotliegendes) stützt sich die Stratigraphie auf Pflanzengemeinschaften, in denen *Callipteris conferta* und *Walchia piniformis* eine Schlüsselposition einnehmen, für sich allein jedoch nicht aussagekräftig sind. Damit gelingt die Unterscheidung von Autun 1 und 2 in Mitteleuropa und die stratigraphische Abgrenzung zwischen Oberkarbon und Autun in der limnischen Fazies. Für den **permischen Süd-Kontinent** (Gondwana) ist die **Glossopteris**-Florengemeinschaft charakteristisch. Die Florengemeinschaften des **russischen** und des **nordamerikanischen** Unteren Perm stehen den mitteleuropäischen näher, sind aber nicht identisch.

Auch in **Sibirien** (Angaraland) und **Nordchina** (Cathaysia) stellt die permische Flora eine Mischung der Florenelemente der permischen Nord- und Südkontinente dar.

Die fossilen Pflanzenreste treten massenhaft in der limnischen Graufazies zusammen mit Steinkohle und Brandschiefer auf und erlauben oft eine genaue paläontologische Untersuchung limnischer Beckenbereiche, die aber nur engräumige Inseln üppiger Vegetation in einer überwiegend kahlen, lebensfeindlichen Landschaft waren. Die im Oberkarbon vorherrschende limnische Fazies ist am Anfang des Autun noch weit verbreitet, wird am Ende selten und hört vom Saxon ab auf. Vom Ural ab nach O verzögert sich diese Entwicklung.

Paläogeographische Verhältnisse in Europa

In dem eindrucksvollen Profil von Lodève südlich des französischen Zentralplateaus liegen die roten Transgressionskonglomerate und Sandsteine der Trias diskordant auf den roten Sandsteinen und Schiefertonen des Oberkarbons. Hier fehlt das Perm, aber die **rote Sandsteinformation** ist vorher und nachher die bestimmende Fazies für die im Perm vorherrschenden kontinentalen Ablagerungen, die dort in den spätvariszischen Molassen und auch im Wechsel mit den charakteristischen Einlagerungen des Unteren und des Oberen Perm auftreten. Das sind die Gesteine des unterpermischen **Vulkanismus**, der lokalen, aber weitverbreiteten unterpermischen limnischen **Steinkohlenformation** und die Karbonate, Sulfate und Salze der meist oberpermischen marinen **Eindampfungsbecken**. Diese Fazieskomplexe sind dank ihrem Reichtum an Lagerstätten (Steinkohle, Kupferschiefer, Kalisalze, Steinsalz, Kalziumsulfat, Uranerze) gut aufgeschlossen, geologisch bis in die Einzelheiten bekannt und lithostratigraphisch untergliedert.

Der Mangel dieser **lithostratigraphischen Gliederungen**, die je nach der paläogeographischen Situation faziellen Änderungen unterworfen und nur schwer miteinander zu korrelieren sind, besteht darin, daß sie im lebensfeindlichen Milieu keine Fossilien oder nur untypische Lebensgemeinschaften enthalten. Diese lassen sich mit der marinen Lebensentwicklung, der die orthostratigraphische Zeitskala des Perms zugrunde liegt, ebensowenig vergleichen wie untereinander. In der vorherrschenden Rotfazies sind kohlige Reste abgebaut und karbonatische Reste umgesetzt, so daß Fossilien selten und nur als Abdrücke, meist als Fährten, erhalten sind.

Es ist ein charakteristischer lithologischer Stil, der kontinentale permische Gesteinsfolgen von älteren und jüngeren Bildungen unterscheidet, ohne daß im Liegenden oder Hangenden scharfe Grenzen gezogen werden können:

Die rote Sandsteinformation selbst setzt sich bereits im Oberkarbon durch und dauert bis zur Trias an. Auch der »permische« Vulkanismus beginnt bereits im Oberkarbon und endet meist schon im Unteren Perm. Es ist nur Übereinkunft, wenn die Grenze zwischen der Beckenfazies des Zechsteins und dem Buntsandst in dort gezogen wird, wo in den »roten Letten« die letzte Anhydritbank auftritt.

Die beherrschende rote Sandsteinformation umfaßt Klastite aller Korngrößen und Sortierungsgrade, in denen limonitisch-haematitische Anteile stark vertreten sind, teils an den Kornränden der einzelnen Klastitbestandteile, teils als Bestandteil des Zements. An Beispielen der feinstratigraphischen und faziellen Verzahnung sei gezeigt, wie differenziert und gesetzmäßig sich die permischen Ablagerungen in den paläogeographischen Rahmen ihres Bildungsraumes einfügen. Der hier grob aufgegliederte geologische Raum stellt einen Querschnitt durch den Mittelteil des mitteleuropäischen Permbeckens dar und enthält die wichtigsten zusammengefaßten Faziesgruppen dieser großen paläogeographischen Einheit.

S. 342:
Fossilien des Perms. Baumfarne: 1 Callipteris. Nadelhölzer: 2 Lebachia (Walchia), 3 Ulmannia (Zapfen). Algen: 4 Stromaria. Moostierchen: 5 Fenestella, 5a Fenestella vergr., 6 Acanthocladia, 6a Acanthocladia vergr. (4 bis 6 aufrecht im Gestein stehende Riffbildner). Einzeller: 7 Neoschwagerina, 8 Parafusulina. Schnecken: 9a Bellerophon (Seitenansicht), 9b Bellerophon (Vorderansicht). Muscheln: 10 Schizodus, 11 Liebea. Armfüßler: 12a Dielasma von oben, 12b Dielasma von unten, 12c Dielasma von der Seite, 13 Horridonia (Productus), 14 Spirifer. Kopffüßler: 15a Medlicottia (Seitenansicht), 15b Medlicottia (Rückenseite), 15c Medlicottia Lobenlinie (innerer Stützapparat). Fische: 16 Palaeoniscus, 17 Amblypterus, 18 Acanthodes, 19 Platysomus. Molche: 20 Archegosaurus, 21 Branchiosaurus (Protriton), 22 Ichnium (Fährten)

Neuerdings eröffnen sich über Bestimmungen der paläomagnetischen Merkmale von Gesteinskomplexen Möglichkeiten, merkmalsarme Rotliegendsedimente der einzelnen Vorkommen auch über größere Entfernungen zu korrelieren und auf diesem magnetostratigraphischen Wege Gesteinsserien mit Sedimenten und Vulkaniten altersmäßig einzuordnen (MENNING, WIEGANK 1979).

Auf die weitgehende lithologische und lithogenetische Übereinstimmung zwischen dem mitteleuropäischen Zechsteinbecken und dem klassischen **russischen Permbecken** weist neuerdings LURIE (1977) hin. Diese Parallelität geht bis zur Übereinstimmung großer stratigraphischer Einheiten, ihrer Abfolge und gleichartiger, gleichzeitiger paläotektonischer und metallogenetischer Prozesse. Das Perm in der Osthälfte des europäischen Teils der UdSSR entwickelt sich aus der **Ural-Vorsenke** heraus und transgrediert von hier nach Westen auf die **Russische Tafel** bis in das Gebiet von Moskau. Eine Verbindung besteht mit dem marinen Perm der Arktis im Norden und mit dem permischen Mittelmeer im Süden.

Das **Donezbecken** ist im Perm Sedimentationsgebiet und befindet sich in Verbindung mit dem Voruralbecken.

In allen Stufen des russischen Perm (Assel, Sakmara, Artinsk, Kungur, Ufa, Kasan und Tatar) erfolgt vom Ural her eine klastische Schüttung in die Voruralsenke, deren Intensität mit der Nivellierung des Reliefs parallel geht.

Die marinen Transgressionen greifen von der Voruralsenke aus, wo sie mit dem Gebirgsschutt des Ural wechsellagern, auf die Russische Tafel über und stehen im Wechsel mit regressiven Sedimentationszyklen, in denen Sulfat- und Steinsalzlager, im Donez-Becken auch Kalisalzlager entstehen.

Eine Verlandungsperiode führt zur Kohlebildung an der Wende vom Kungur zum Ufa.

Die Bedeutung des russischen Perms besteht – abgesehen davon, daß hier die namengebenden Typuslokalitäten liegen und eine Vielfalt reicher Lagerstätten (Kohle, Erdöl, Salze) entwickelt ist – darin, daß eine stratigraphische Verknüpfung erfolgt: Die marinen Schwagerinen-Kalke liegen in der Sakmara-Stufe, der metallogenetische und sedimentäre Transgressionskomplex der mitteleuropäischen Zechsteinbasis erscheint in der Ufa-Stufe, und die Nivellierung des Reliefs unter zunehmend ariden Bedingungen ist für den Oberen Zechstein ebenso kennzeichnend wie für das Kasan und Tatar.

Außerhalb der marinen, lagunären und salinaren Entwicklung herrscht auch im russischen Perm die rote Sandsteinformation vor. Als »**Mitteleuropäisches Becken**« im Perm (SHARKOW 1974) kann man jene Gebietsteile im nördlichen Mitteleuropa zwischen Schottland und dem polnischen Mittelgebirge bezeichnen, die im Oberen Perm während der Zechsteintransgression überflutet wurden.

Aber auch auf dem europäischen Kontinent gab es kleine Sedimentationsbecken, die südlich des Zechstein-Beckens von der Iberischen Halbinsel bis zum Balkan in großer Zahl bekannt sind. In ihnen ist die Rotsandsteinformation vorherrschend (Rotliegendes, terrestrischer Zechstein, Vulkanismus).

Der Verrucano ist eine dem mitteleuropäischen Rotliegenden verwandte rote Klastitfazies des Perm mit vulkanischen und limnischen Einlagerungen, die eine teils variszische, teils alpine Metamorphose aufweisen.

Der **Verrucano** ist in der Toscana (Typuslokalität Verrucca bei Pisa), in den Südostalpen und auf dem Balkan bekannt. Die Verbreitung entspricht etwa der südosteuropäischen Nordküste des permischen Mittelmeeres, dessen Ablagerungen auch in der Trias die Deckschichten des Verrucano sind.

Das marine Perm umfaßt eine überwiegend karbonatische Serie, die in 7 Ammonitenzonen untergliedert wird. In randnäheren Bereichen tritt eine Verzahnung mit lagunären Eindampfungsprodukten oder terrestrischen Klastiten auf. Die Schwagerinen-Kalke des Unteren Perm und die Brachiopoden- (bzw. Productus-) Kalke des Oberen Perm transgredieren in die permischen Küstenebenen und in einige epikontinentale Becken.

Permische Ozeane befanden sich im Gebiet des heutigen Pazifik und in der Arktis. Marine Bedingungen waren auch für das permische Mittelmeer charakteristisch, das von den Pyrenäen bis nach Japan entlang dem Gürtel der heutigen alpidischen Gebirge verlief.

Das permische **Angara-Land** umfaßt das heutige Sibirien. Inmitten dieses Kontinents erstrecken sich das intramontane Becken von **Kusnezk** und **Minussinsk**, nach Norden das **Tunguska-Becken** und nach Südwesten das **Becken der Kirgisischen Steppe**. Es handelt sich im wesentlichen um Innensenken des variszischen Gebirges, die neben dem Schutt der benachbarten Gebirge sehr große permische Steinkohlenvorräte enthalten. Die Kohleflöze wurden durch ausgedehnte, jüngere Basaltergüsse (Sibirischer Trapp) teilweise zu Anthrazit entgast.

An der Nordküste des **Sinischen Blocks** (Cathaysia), der etwa das heutige China umfaßt, befindet sich das permische Becken von **Shansi** (Nordchina), dessen bedeutende Steinkohlenlagerstätten mit marinen Sedimenten wechsellagern (paralisches Kohlenbecken). Zwei Arme des permischen Mittelmeeres

☐ Gebiete ohne permische Ablagerungen und heutige Meeresgebiete	▫▪▫ kontinentales Perm (Rotliegendes, Verrucano, terrestrischer Zechstein u.ä.)	▦ epikontinentale Salinarbecken	▨ Vereisungsgebiete des Gondwana-Landes
☰ marines Perm	▨ dto. mit bedeutender Steinkohlebildung in permischen Vorsenken oder Epikontinentalbecken	▪★▪ dto. über kontinentalem Perm	⊷ Permische Faltung
⌇ geologische Grenzen		○°○ permische Kontinentalbecken des Gondwana-Komplexes	

Die permischen Sedimentationsräume der Erde

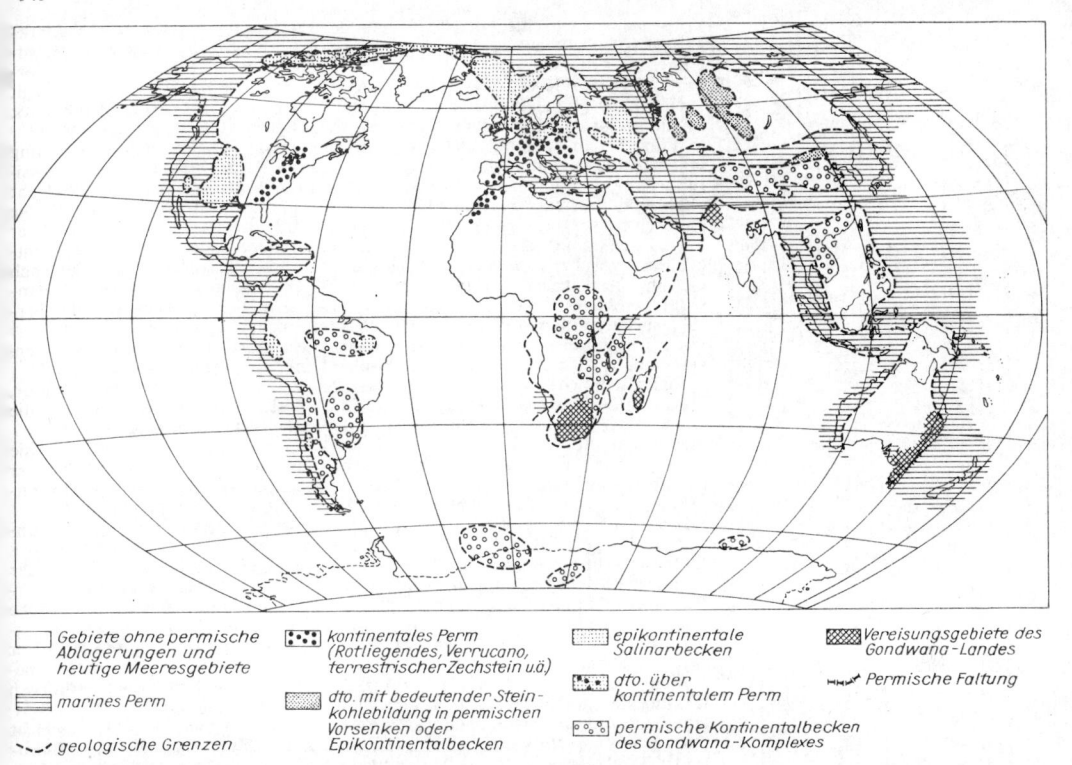

umschließen den Sinischen Block, auf dem kontinentale permische Sedimente weit verbreitet sind.

Im Gegensatz zu Europa und Nordamerika, deren Hauptperiode der jungpaläozoischen Kohlebildung im Oberkarbon lag, ist der Schwerpunkt der Kohlebildung des Angara-Kontinents im Unteren Perm, so daß permische Eindampfungsbecken hier fehlen. In **Nordamerika** entwickelte sich ähnlich wie am Ural die **Appalachen-Vorsenke**, die permischen Transgressionen überfluteten das Midcontinent-Becken von Süden her. Es ist der gleiche Wechsel zwischen kontinentalen Schuttmassen, marinen Transgressionssedimenten und lagunären Eindampfungsprodukten, der die Ablagerungen des europäischen Perms kennzeichnet.

Die Lage der **Ozeane**, der **Festlandsblöcke** und der **großen Sedimentationsräume** des Perms zeigt die Karte (Abb.). Nach paläomagnetischen Messungen hatte sich die Verteilung der Kontinentalmassen gegenüber dem Karbon nicht entscheidend verändert. Der Nordpol befand sich dicht bei Kamtschatka, der Südpol im Kern von Antarktika. Der Äquator verlief durch die westliche Tethys, Nordafrika und das nordamerikanische Golfgebiet. Nord- und Süderde berührten sich in der westlichen Tethys unmittelbar. **Asien, Europa** und **Nordamerika** bilden den in sich geschlossenen **Festlandsblock** der Norderde.

Nachdem die variszischen Tröge aufgefüllt und tektonogen zusammengestaucht waren, entstanden aus dem Schutt der variszischen Gebirgszüge die permischen Molassen. Die großen permischen Epikontinentalbecken entwickeln sich in allen Fällen neben den Vorsenken der variszischen Gebirgsketten, die in West- und Mitteleuropa sowie in Nordamerika bereits im Oberkarbon entstanden, vom Ural ab nach Osten erst im Unteren Perm. Sie gliedern den **Nordkontinent** in die alten stabilen kristallinen Kerngebiete mit ihren randlichen paläozoischen Faltungsgürteln, die sie zwischen sich stehen lassen.

Die heutigen Kontinente **Afrika, Südamerika, Antarktika, Australien** sowie **Indien** und **Arabien** bilden wie im Karbon den geschlossenen **Südkontinent, Gondwana**. Das permische Südpolargebiet trug eine Vereisungskappe, deren Tillite und andere Vereisungsspuren in **Indien, Australien, Südamerika** und **Südafrika** nachgewiesen wurden.

Spuren einer **Nordpolkappe** aus dem Perm wurden bislang nicht gefunden. Bis über den heutigen Polarkreis werden die kontinentalen Ablagerungen des Perms von der ariden roten Sandsteinformation und von der Flora lokaler warmer Sumpfgebiete beherrscht.

Der Unterschied zwischen Nord- und Südkontinent ergibt sich durch die

Vorherrschaft verschiedener Gattungen der Pteridophytenflora. Ohne die Annahme von Driftbewegungen der Festlandsmassen sind die ausgedehnten Inlandeismassen nicht verständlich. Die permokarbonische Eiszeit ist die größte Vereisungsperiode seit dem späten Präkambrium (S. 288).

Neben der globalen paläogeographischen Anordnung der permischen Serien ist die **regionale paläogeographisch-fazielle Gesteinsverteilung** gebietsweise bis in Einzelheiten bekannt. **Heterogen und engräumig** auf den ersten Blick erscheinen die intramontanen Becken im Unteren Perm. Verstärkt wird dieser Eindruck durch einen engräumigen Wechsel der Einzugsgebiete, eine örtlich wechselnde Verteilung sedimentärer, effusiver und intrusiver Prozesse und die dadurch hervorgerufene engräumige Veränderung der Fazies.

Dadurch haben diejenigen Korrelationsmethoden keinen Erfolg, die auf der Basis von Leitmineralen und Leitgesteinen über die Faziesgrenzen hinweg Geltung beanspruchen. Eine Ausnahme bilden vulkanische Flugaschen, die sich ohne Rücksicht auf das Relief über größere Areale ausbreiten können, dazu auch charakteristische Gesteine, die von einem Abtragungsgebiet gleichzeitig in mehrere Nachbarbecken transportiert wurden und dann als Leitgeschiebe zur Korrelation beider Schwellenflanken verwendet werden können.

Einheitlich wirken diese heterogenen Ablagerungen der unterpermischen intramontanen Becken jedoch durch ihre Gesteinsbildung im ganzen, die außer in der Lebensentwicklung auch in der einheitlichen Ausbildung der Sedimentite und der Vulkanite zum Ausdruck kommt.

Jungvariszische Granite, unterpermische saure Vulkanite und die rote Sandsteinformation der jungpaläozoischen Molassen sind untereinander geochemisch gleich, weil es sich um Aufschmelzungsprodukte der sedimentären Erdkrustengesteine handelt oder um den daraus entstandenen Schutt.

Auf die petrologische Problematik der jungpaläozoischen magmatischen Differenzierungsprozesse wird hier nicht eingegangen.

Innerhalb der engräumigen, paläotektonisch angelegten paläogeographischen Raumverteilung ist die unterpermische Lebewelt der limnischen Becken (Seen und Sümpfe) an die lokalen Depressionen des Bodenreliefs gebunden. Eine neue Entwicklung im kontinentalen Bereich beginnt gegen Ende des Autun: Mit den letzten spätvariszischen tektonogenen Bewegungen hört der permische Vulkanismus auf. Es folgt Auffüllung der unterpermischen Tröge und Abtragung der jungpaläozoischen Schwellen, wobei die kontinentale Flora des Jungpaläozoikums ihre Lebensräume verliert und daher ausstirbt. Der Gehalt der permischen Vulkanite an Kupfer, Blei, Zink, Silber, Vanadium, Wismut und Nickel als wichtigsten Metallionen der europäischen permischen Erzlagerstätten ist zwar minimal, aber regelmäßig nachweisbar. Ähnlich ist es bei den rotliegenden Sedimentiten. Bereits im Rotliegenden sind mehrfach Akkumulationsprozesse nachgewiesen, die von wasserlöslichen Schwermetallionen (Vitriolen) im Grund- und Oberflächenwasser herrühren. Für die frühere Auffassung einer epigenetischen Herkunft der Lösungen fehlt in allen Fällen der Ausgangspunkt in der Tiefe.

Besonders in den abflußlosen Senken des kontinentalen Rotliegenden konzentrierten sich die Metallösungen im Grund- und Oberflächenwasser solange, bis sie im reduzierenden Milieu entweder als gediegene Metalle, als niederwertige Oxide oder als Sulfide ausgefällt wurden. Die zu Beginn des Oberen Perms in die epikontinentalen Becken einfließenden ozeanischen Lösungen wurden dort unter periodisch wechselndem aridem Klima konzentriert. Dabei wurden wiederholt die Sättigungspunkte für $CaCO_3$, $CaSO_4$, NaCl, KCl und $MgSO_4$ überschritten und mächtige Sedimente von Kalksteinen, Anhydriten (Gips), Steinsalz und Kalium-Magnesium-Salzen ausgeschieden. Das Verdunstungsdefizit wurde durch ständige oder periodische ozeanische Zuflüsse ausgeglichen, so daß am Ende des Oberen Perms der gesamte Beckenraum mit evaporitischen Sedimenten aufgefüllt war (vgl. dazu »Lagerstätten der Salze«).

Heute ist es erfolgversprechend, neben der paläontologischen Korrelation die Wirkungen vulkanischer, tektonischer, klimatischer und damit sedimentärer Zyklen zur feinstratigraphischen Korrelation über die Fazies- und Beckenräume des Perms heranzuziehen. Für das Untere und das Obere Perm ist in den Abbildungen je ein Korrelationsbeispiel dargestellt. Beide Beispiele stammen aus einem gut aufgeschlossenen und erforschten Abschnitt des Saaletroges bei Halle (S. 347).

Die hochgradige vertikale und horizontale Zergliederung der kontinentalen Ablagerungen des Rotliegenden und die entsprechende Anordnung der Sedimente im Raum ist in der Abbildung in einem schematischen Schnitt dargestellt. Dieses Schema zeigt, wie eine unruhige Sedimentation mit dem Vulkanismus eng verknüpft ist und wie die postvulkanische transgressive Sedimentation bereits im Oberen Rotliegenden ein nivelliertes Relief erzeugt.

Fast alle Rotliegendgebiete des Saaletroges sind von der **marinen Zechsteintransgression** betroffen. Dem weiträumig nivellierten Relief entsprechend, gehorcht die überwiegend salinare Sedimentation des Zechsteins stofflichen und räumlichen Anordnungsprinzipien, die in ihrer stratigraphischen Abfolge der Faziesgliederung und in den Lagerungsbeziehungen dem Zechstein im Saaletrog bei Halle entsprechen (schematisches Profil s. Abb.). Dieses Schema gilt

Sedimentationsschema des Perms im Saaletrog bei Halle (Saale)

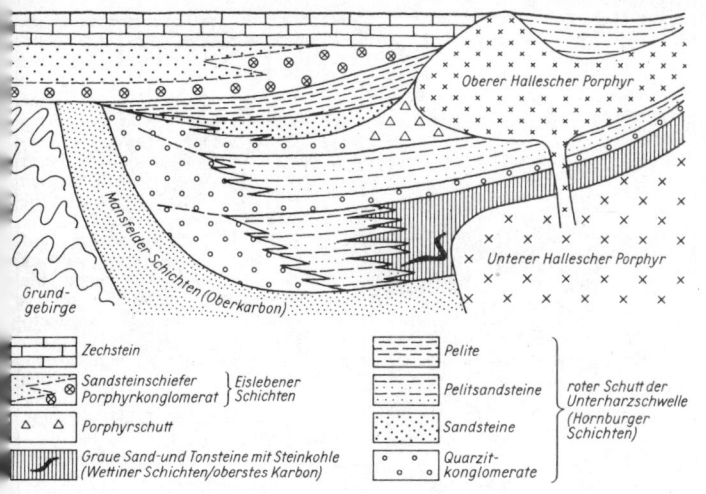

auch für andere Gebiete, wo die Beckenfazies des Zechsteins sich randwärts verändert.

Der zentrale Teil des **mitteleuropäischen Permbeckens**, in den der Saaletrog nach Nordosten mündet, weist eine meist lückenlose Übereinanderfolge von Rotliegendem und Zechstein auf. Beide Abteilungen treten in Beckenfazies auf. Die Mächtigkeit des Perms kann im Mittel auf 3000 m veranschlagt werden.

Das Autun ist überwiegend in Rotsandsteinfazies entwickelt, mit ausgedehnten vulkanischen Deckenergüssen von großer Mächtigkeit. Die nachvulkanischen roten Sandsteine gehen ohne deutliche Grenze in das Saxon (Oberrotliegendes) über. Im Saxon erfolgt der erste kurze marine Vorstoß vom arktischen Meer über die heutige Nordsee in das Zechsteinbecken. Der nachfolgenden Eindampfung entspricht die Ablagerung des rotliegenden Salzlagers im Unterelbegebiet. Die nachfolgende Zechsteintransgression führt im mitteleuropäischen Permbecken zu der gleichen salinaren Abfolge wie im Saaletrog (s. Tab. S. 349 u. Abb.). Der von der Zechsteintransgression erfaßte Teil Mitteleuropas ist in der Karte des Perms von Europa dargestellt (s. Abb.). Die in diesem Raum ablaufende Sedimentation der Zechsteinzyklen 1 bis 5 zieht sich zunehmend aus den Randgebieten und Nebenbecken zurück und verlagert die Sedimentationsschwerpunkte immer weiter beckenwärts.

Bei den im folgenden zusammengestellten permischen Schichtenfolgen einiger wichtiger Permbecken handelt es sich um eine Auswahl. Die Detaildar-

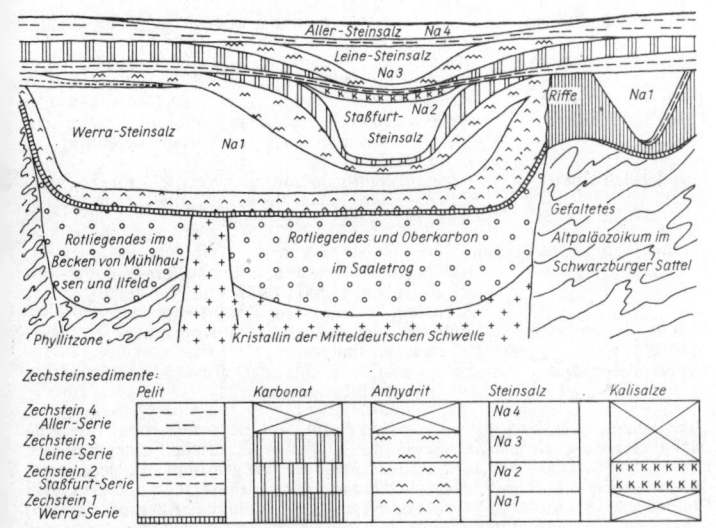

Die jungpaläozoischen Ablagerungen des Saaletroges

Das Perm von Europa

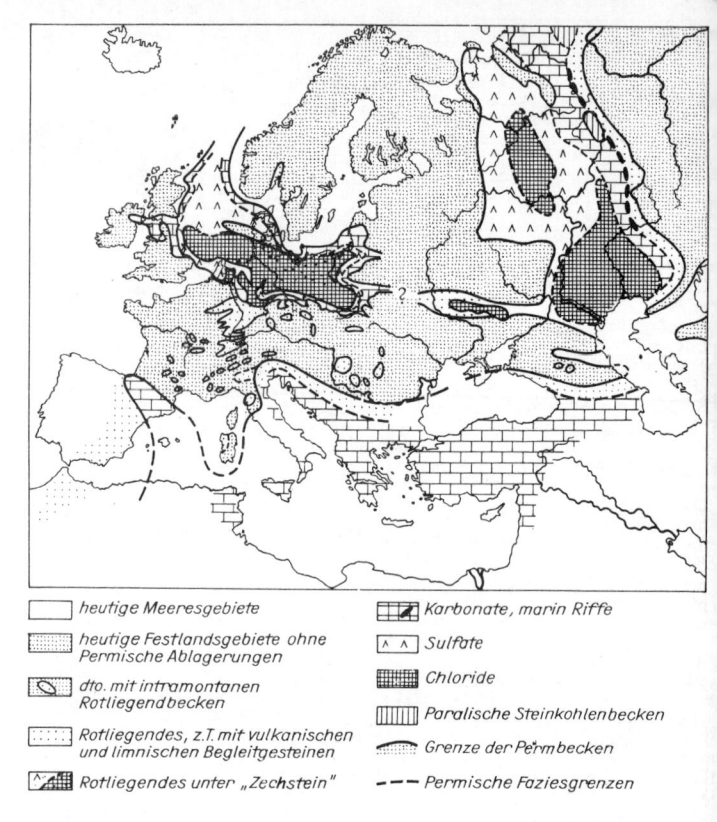

	heutige Meeresgebiete		Karbonate, marin Riffe
	heutige Festlandsgebiete ohne Permische Ablagerungen		Sulfate
	dto. mit intramontanen Rotliegendbecken		Chloride
	Rotliegendes, z.T. mit vulkanischen und limnischen Begleitgesteinen		Paralische Steinkohlenbecken
			Grenze der Permbecken
	Rotliegendes unter „Zechstein"		Permische Faziesgrenzen

stellung würde ebensolche heterogene Lagerungsverhältnisse zeigen wie das Beispiel des Saaletroges.

Die Mächtigkeiten der einzelnen Schichtkomplexe können jeweils über 500 m erreichen, aber auch auf kurze Distanz auskeilen. Bereiche großer Mächtigkeiten liegen nicht übereinander, sondern versetzt nebeneinander.

Im **Saar-Nahe-Trog** (Fortsetzung in den Lothringer Trog, Lorraine) gilt folgende Gliederung:

Kreuznacher Schichten	Rotsandsteinformation, feinklastisch; möglicherweise terrestrischer Zechstein
Waderner Schichten	Rotsandsteinformation aus grobem Gebirgsschutt
Söterner Schichten	Effusive Gesteinskomplexe und deren Lokalschutt
Tholeyer Schichten	Rotsandsteinformation in mäßigem Relief, bewaldet
Lebacher Schichten	Beckenformation: schwarze Tone mit Fischresten; Ufereinschwemmungen aus rotem Schlamm und Landpflanzen
Kuseler Schichten	Rotsandsteinformation im Wechsel mit vorherrschenden limnischen Becken; Kohle, Landpflanzen, Reptilien, Fische, Muscheln

Im **Innersudetischen Becken** gilt die Gliederung in

Oberrotliegendes	Rotsandsteinformation, unten aus grobem Gebirgsschutt, oben feinklastisch und als terrestrischer Zechstein in die Untere Trias übergehend
Mittelrotliegendes	Vulkanischer Zyklus mit auflagernden feinklastischen Rotsedimenten
Unterrotliegendes	Sedimentationszyklus der Rotsandsteinformation mit basaler Effusivdecke

Die Gliederungen der Sedimente in den permischen Becken Europas variieren nach diesen Beispielen, je nachdem, ob es sich um vulkanische Folgen handelt, z. B. in Nordwestsachsen, um sedimentäre oder um gemischte Folgen, unter denen es viele Kombinationsmöglichkeiten gibt. Grundsätzlich gilt dies auch für Becken, in denen die Verrucano-Formation (Südalpen, Apennin, Balkan) abgelagert ist. Man unterscheidet hier regionale Bereiche, unter denen das

Lombardische Becken mit der Bozener Porphyrplatte am ausgedehntesten ist. [Allerdings verwenden manche Autoren (VARDABASSO, 1966 für Sardinien und TRÜMPY, 1966 für die Schweiz) neuerdings die Bezeichnung »Rotliegendes« anstelle von »Verrucano«.]

Völlig andere Sedimentationsbedingungen herrschen dort, wo sich die kontinentale Rotsandsteinformation mit den Ablagerungen des marinen Perm verzahnt:

Das Perm der **Südostalpen** (Karnische Alpen-Karawanken) besteht im Liegenden der alpinen Trias (Werfener Schichten) aus folgenden Gesteinsserien:

Bellerophon-Schichten	Marine Pelite, Kalke und Sulfate (Ammoneen, Schnecken, Muscheln, Brachiopoden)
Grödener Sandstein	Nach Westen in Verrucano übergehend; an der Basis Flora des Kupferschiefers
Diskordanz	
Lokale Breccien, rote Schiefer, Vulkanite	
Trogkofelkalk	Rote marine Kalke mit Fauna der Artinsk-Kungur-Stufe
Rattendorfer Schichten	Oberer Schwagerinen-Kalk ⎫ Mit mariner Grenzlandbänke: kontinen- ⎬ Fauna der tale Schuttmassen ⎪ Sakmara- Unterer Schwagerinenkalk ⎭ Stufe

Die Ablagerungen des permischen Mittelmeeres sind wegen ihrer Lage innerhalb des alpidischen Faltengürtels an keinem Punkt Europas in ungestörter und vollständiger Schichtenfolge entwickelt. [Der klassische Fundort von Sosio (Sizilien) zeigt nur eine Bruchscholle.] Mit Ausnahme des ostalpinen Operm ist in allen Fundorten der Mittelmeerländer (Pyrenäen, Tunesien, Apennin, Balkanhalbinsel und Kleinasien) nur marines Unterperm festgestellt worden.

Es ist daher wahrscheinlich, daß das marine Oberperm der Ostalpen (Grödener Sandstein und Bellerophon-Schichten) und der Westkarpaten mit dem Zechsteinbecken in Verbindung zu bringen ist.

Serien	Zyklen	Beckenzentrum	Beckensaum	Beckenrand	Nebenbecken	Terrestischer Zechstein
Ohře	Zechstein 5	Steinsalz und Anhydrit	Zechsteinletten			
Aller	Zechstein 4	Grenzanhydrit Aller-Steinsalz Pegmatitanhydrit Roter Salzton	auskeilend	obere Letten	obere Letten	obere rote Folge
Leine	Zechstein 3	Leine-Steinsalz mit Kalisalzflözen „Ronnenberg" und „Riedel" Hauptanhydrit Grauer Salzton / Karbonat Schluff/Ton	auskeilend Hauptanhydrit Magnesithorizont Sandflaserhorizont Tonanhydrit	auskeilend Plattendolomit untere Letten	Plattendolomit untere Letten	Plattendolomit obere graue Folge mittlere rote Folge
Staßfurt	Zechstein 2b	Kalisalzflöz „Staßfurt" Staßfurt-Steinsalz Basalanhydrit Stinkschiefer	auskeilend Basalanhydrit Hauptdolomit	auskeilend		mittlere karbonatische Folge
	Zechstein 2a	Oberer Werra-Anhydrit auskeilend	Oberer Werra-Anhydrit Werra-Steinsalz	auskeilend	Zwischensalinar Braunroter Salzton	mittlere graue Folge untere rote Folge
Werra	Zechstein 1	Unterer Werra-Anhydrit Zechsteinkalk Kupferschiefer	Unterer Werra-Anhydrit Zechsteinkalk Kupfermergel Cornberger Sandstein	Riffkarbonate ⎱ Werra-dolomit auskeilend ⎰ auskeilend	Werra-Steinsalz mit den Kalisalzflözen „Thüringen" und „Hessen" Anhydritknotenschiefer Zechsteinkalk Kupferschiefer	Werra-dolomit Basis-schichten
Oberrotliegendes		Sandsteinschiefer Porphyrkonglomerat		Zechsteinkonglomerat		kleinstückiges Konglomerat

Der zentrale Teil des permischen Mittelmeeres, dessen vollständige Sedimentfolge aus dem Raum Persien – Afghanistan – Pamir – Karakorum – Kuenlun bekannt ist, besteht aus einem Komplex überwiegend karbonatischer Gesteine, die in umseitiger Tabelle von oben nach unten in folgende Leitfossil-Zonen untergliedert werden:

Stratigraphische Gliederung des Zechsteins in Mitteleuropa

Zonenammoniten	Mollusken	Protozoen	
Episageceras *Cyclolobus* *Timorites*	*Bellerophon* Productiden		Oberes Perm
Wagenoceras	Productiden	*Parafusulina*	Unteres Perm
Perrinites			
Properrinites *Marathonites*		*Pseudoschwagerine*	

Die geologische Entwicklung des **russischen Perm** ist in groben Umrissen auf der Karte (Abb. S. 348) dargestellt.

Dem Ural ist im Westen eine Vorsenke vorgelagert, in der am Gebirgsrand terrigener Schutt sedimentiert wurde. Die Vorsenke hatte im Süden Verbindung mit dem permischen Mittelmeer, dessen Sedimente mit kontinentalen Ablagerungen wechsellagernd auf der Krim und in Kleinasien nachgewiesen sind. Im Norden ergibt sich die Verbindung zum arktischen Meer nicht allein aus der Öffnung des Beckens nach Norden, sondern auch aus der Faziesverteilung im Unteren Perm.

In der **Asselstufe** wurde das gesamte Becken mit seinem bis Moskau reichenden epikontinentalen Vorfeld vom Meer überflutet und bildet entlang dem Ural einen ausgeprägten Riffgürtel. Die zonare Verteilung von Mergeln, Kalken, Dolomit und Dolomit-Anhydriten läßt die Zunahme der Salinität von Norden nach Süden sichtbar werden (SHARKOW, 1974). Im abgeschnürten Donezbecken steigt die Salinität bis zur Ausfällung von Steinsalz an.

In der **Sakmarastufe** setzt sich diese Entwicklung unverändert fort. Dabei vollendet sich die salinare Sedimentation im Donezbecken mit der Abscheidung von **Kalisalzen**. Im epikontinentalen Flachmeer der Russischen Tafel steigt die Salinität an, so daß **Steinsalz** auskristallisiert. Die Karbonate der Sakmarastufe (Locus typicus bei Orenburg) sind Schwagerinen-Kalke des marinen Unteren Perm.

Die **Artinskstufe** repräsentiert die Zeit einer Regression: Die Verbindung zum arktischen Meer verlandet. Das Meer zieht sich aus dem Donezbecken und aus der westlichen Hälfte der Russischen Tafel zurück. Auch die Verbindung nach Süden zum permischen Mittelmeer scheint unterbunden zu sein. Östlich der unteren Wolga entsteht ein Eindampfungsbecken mit einer salinaren Sedimentation.

In der **Kungurstufe** erreichen die regressiven Sedimentationsprozesse, die im Artinsk begonnen haben, ihre höchste Entwicklung: Im verlandeten Nordural-Vorland (Petschora-Gebiet) bildet sich ein limnisches Becken mit **Kohleflözen**. Der Riffgürtel vor dem Ural verlandet und schnürt schmale Salzlagunen hinter sich ab. Das südliche Salzbecken dehnt sich von der Unteren Wolga über die gesamte nordkaspische Senke nach Osten aus und bildet nach Norden eine Bucht, die bis Ufa reicht. Die Salinität steigt bis zur **Kalisalz**abscheidung an. Damit stellt das Kungur den bedeutendsten Eindampfungszyklus des russischen Perm dar. Das Meer zieht sich weiter von der Russischen Tafel nach Osten zurück, ohne daß es dort aber nochmals zu höheren Meerwasserkonzentrationen kommt. Die bereits in der Asselstufe begonnene Anhydrit- (Gips-) Abscheidung hält unverändert an.

Die **Ufastufe** beginnt mit einer marinen Transgression über ein nivelliertes Relief, von der besonders die zur Russischen Tafel gehörigen Teile des Gesamtbeckens betroffen werden. Diese Transgression ähnelt in vielen Beziehungen der Zechsteintransgression Mitteleuropas. Beide Transgressionen können paläogeographisch miteinander verbunden werden. Der vom Ural sich weiter nach Westen vorschiebende Gebirgsschutt wird immer feinklastischer und umgibt ein **Steinkohlen-Becken** nördlich der Stadt Perm.

In der Kasanstufe vollzieht sich analog dem salinaren Zechstein Mitteleuropas die Eindampfung des in der Ufa-Zeit eingeflossenen Meerwassers in einem Bereich, der innerhalb der Kaspischen Senke etwas nach Osten verschoben erscheint, wenn man den Vergleich mit dem Salzbecken des Artinsk heranzieht. Von hier ist nur die Abscheidung von **Steinsalz** bekannt.

Im Petschora-Gebiet wiederholt sich die bereits im Kungur erfolgte limnische Sedimentation mit der Bildung von **Steinkohle**.

In der Tatarischen Stufe wurden bunte, kontinentale, feinklastische Sedimente abgelagert, die keine Salz- und Anhydritgesteine mehr enthalten. Nach oben gehen sie in die Trias über und transgredieren über das russische Permbecken hinaus.

Permische Ablagerungen außerhalb Europas

Das außereuropäische Perm ist in den gleichen Faziestypen entwickelt wie innerhalb Europas.

Kontinentaler Gebirgsschutt des variszischen Gebirges ist wie das europäische Rotliegende an den Gebirgsrändern vorherrschend. In den epikontinentalen Becken besteht der untere Teil des Perms oft überwiegend aus roten klastischen Kontinentalsedimenten, die vielfach mit Effusivgesteinen vergesellschaftet sind. Die Hauptphase der variszischen Gebirgsbildung liegt zwischen Ural und Appalachen im Unteren Perm. Gleichzeitig werden die wichtigsten Steinkohlenlagerstätten Asiens und Nordamerikas (Tunguska-Becken, Tatarisches Becken; Shansi; Vorsenke der Appalachen) gebildet.

Im Bereich des permischen **Südkontinents** entstanden die epikontinentalen permischen Becken, die heute in Südamerika, Südafrika, Madagaskar, Vorderindien und Australien verbreitet sind, im Perm aber der zusammenhängenden Landmasse Gondwanaland angehörten. An der Basis von terrestrischen Ablagerungen sind hier Tillite der permischen Vereisung verbreitet, über denen Kaltwasser- und schließlich kohleführende Sedimente folgen. Für diese ist die Glossopteris-Flora charakteristisch. In Südamerika fehlen nennenswerte Kohlebecken, an deren Stelle salinare Eindampfungsbecken auftreten (Peruanisches Becken, Rio-Blanko-Becken, Parnaibo-Becken), wenn auch die Salinität kaum über die Ausfällung von Anhydrit hinausgeht.

Marine Entwicklung findet sich im Bereich des **permischen Mittelmeeres** (Tethys) und des **heutigen Pazifik**, der mit seinen nördlichen Ausläufern bis in die Arktis reichte. Das permische Mittelmeer trennte Nord- und Südkontinent voneinander und verlief entlang dem heutigen Hochgebirgsgürtel von Osten nach Westen rings um die Erde. Die marinen Sedimente bestehen aus Kalken und bituminösen Tonen, die sich durch Leithorizonte mit Ammoniten gliedern lassen.

In den Küstengebieten transgredieren Foraminiferenkalke mit Fusulinen und Schwagerinen im Unteren Perm und Brachiopodenkalke mit Productus im Oberen Perm bis weit in die epikontinentalen Becken hinein. In Australien weisen die Lebensformen auf kaltes Meerwasser hin.

Epikontinentale Salinarbecken sind in permischer Zeit fast über die ganze Erde verbreitet. Schwerpunkte sind das europäische Zechstein-Becken, das russische Permbecken und das Midcontinent-Becken in Nordamerika. Einheitlich in allen Salinar-Becken sind eine zyklische salinare Sedimentation im Gleichgewicht zwischen Zufluß und Verdunstung, eine allgemeine Zunahme der Trockenheit vom Unteren zum Oberen Perm und der Wechsel von marinen Überflutungen, terrigenen Zuschüttungen und Eindampfung, wenn auch infolge paläogeographischer und paläotektonischer Unterschiede die regionalen Voraussetzungen in jedem Einzelbecken voneinander abweichen. Während in Mitteleuropa die salinare Sedimentation nur im Oberen Perm erfolgt, wiederholt sie sich auf der Russischen Tafel und in Nordamerika vom Unteren Perm ab mehrfach. Dabei liegen marine, salinare und terrigene Sedimentationsräume nebeneinander. Bereits zur Arktis gehören das Salinar-Becken von Nordkanada (Oberes Perm) und die Ablagerungen des unterpermischen Meeres auf Spitzbergen. Von hier ist die marine Transgression nach Mitteleuropa und in die Voruralsenke vorgedrungen.

Wirtschaftlich wichtige Gesteine in permischen Ablagerungen

Steinkohle: Mitteleuropa besitzt zahlreiche kleine permische Steinkohlenbecken, deren Ausbeutung meist bereits vor Jahrzehnten eingestellt wurde. Große permische Steinkohlenlagerstätten befinden sich in der Ural-Vorsenke (Petschora-Gebiet, Ufa), in Zentralsibirien (Kirgisches Becken, Kusnezk, Minussinsk, Tunguska-Becken) und in Nordchina (Shansi). Auch auf dem Gondwana-Kontinent finden sich permische Steinkohle-Becken (Südafrika, Indien, Australien).

Kali- und Steinsalz sind in großen Lagerstätten an das Mitteleuropäische Zechstein-Becken (Werra, Staßfurt, Leine, Nowa Sol), an das Voruralbecken (Solikamsk, Kaspische Senke) und an das nordamerikanische Midcontinent-Becken (Texas) gebunden.

Kohlenwasserstoffe (Erdöl, Erdgas) sind genetisch mit der Evaporitformation des lagunären Perms verbunden. Bedeutende Lagerstätten finden sich im Perm von Texas und in der Kaspischen Senke. Größere Bitumenmengen im präsalinaren mitteleuropäischen Zechstein sind nur in den schmalen Gürteln der porösen Randfazies gewinnbar.

Kalziumsulfat wird als Baumaterial (Gips) und als Chemierohstoff (Schwefelsäureproduktion) gewonnen. Bevorzugt werden besonders reine lokale Varietäten im Zechstein 1 bis 2 (Niedersachswerfen – Südharz, Krölpa in Thüringen).

Teilweise wird **Dolomit** als Zuschlagsmaterial für die Hüttenindustrie abgebaut.

Buntmetallvererzungen sind in den paläohydrogeologischen Grenzbereichen zwischen sauerstoffreichem kontinentalem Grundwasser und reduzierenden Wässern der Steinkohlensümpfe oder eindampfender Lagunen entwickelt, wo es zur quantitativen Fällung besonders der Sulfide von Kupfer, Blei und

Zink in pseudohydrothermaler Abfolge kommt. Hierher gehören der Kupferschiefer bzw. der Kupfermergel (Mansfeld, Sangerhausen, Lausitz, Dolny Śląsk), das »Sanderz« (Richelsdorf), die Kupfersandsteine des Kungur bzw. Ufa und die Uranerze im Aestuar des terrestrischen Zechsteins in Westsachsen

Zusammenfassung. Neben der im ganzen einheitlichen marinen Entwicklung sind die kontinentalen Ablagerungen des Perms der Nordhalbkugel durch die Rotsandsteinfazies gekennzeichnet, in der im Unteren Perm überwiegend kohleführende, im Oberen Perm besonders salinare Sedimente eingebettet sind. Außerhalb der variszischen Vorsenken ist der permische Vulkanismus vor allem in Mitteleuropa verbreitet.

Die variszischen Vorsenken Asiens und die darin abgelagerten Steinkohlenlagerstätten entstanden im Perm, Salzlagerstätten haben sich dagegen im asiatischen Perm nicht gebildet. Hier überlagert sich möglicherweise eine Verzögerung der tektonischen Prozesse im Variszikum von Westen nach Osten mit der globalen klimatischen Zonengliederung. Einschneidend klimatische Veränderungen im Perm führen zum Aussterben der paläozoischen Pflanzenwelt und zum Entstehen neuer pflanzlicher und tierischer Lebensformen, die sich den wechselnden Bedingungen der kontinentalen Halbwüsten anpassen konnten und das Erdmittelalter (Mesozoikum) einleiten.

E. v. Hoyningen-Huene

Mesozoikum

Trias

Allgemeines. V. ALBERTI (1834) faßte in Süddeutschland Buntsandstein, Muschelkalk und Keuper zu dem System **Trias** (»Dreiheit«) zusammen. Diesen Begriff übertrug man später auf alle gleichalten Schichten.

Die etwa 35 Millionen Jahre umfassende Trias steht am Anfang des Mesozoikums und damit der Alpidischen Ära. In der Trias zeigt sich die Vorherrschaft des festen Landes (Geokratie). Große Teile der Kratone wurden von kontinentalen Ablagerungen eingedeckt, in denen gelegentlich Einschaltungen von Sedimenten des Flachmeeres auftreten. Wie im Perm war das Meer auf die großen Geosynklinalen eingeengt, in denen sich mächtige marine Serien ablagerten. Man unterscheidet die **germanische**, zum größten Teil kontinentale, und die **pelagische (alpine)** Triasfazies.

Biologisch ist für die Trias das erstmalige Auftreten der Säuger und die Ausbreitung vieler neuer Tiergruppen von Bedeutung. Die wichtigsten makroskopischen Leitfossilien sind in den marinen Schichten Ammoniten, Muscheln und Brachiopoden, in den kontinentalen Ablagerungen Reptilien und Pflanzen. Große Bedeutung erlangten in den letzten Jahren mikropaläontologische Leitfossilien wie Conodonten, Ostracoden, Holothurien-Sklerite, Megasporen und Characeen-Oogonien.

Die Entwicklung der Lebewesen

Foraminiferen treten besonders reich in der Oberen Trias der Alpen auf. Eine große Formenfülle zeigen die Archaediscidae, Trocholinidae und Cornuspirinae. Von den **Korallen (Anthozoen)** kommen die Hexakorallen, Asträiden und Thamnasträiden vor. Ein großer Teil der in fast allen Teilen der Trias auftretenden Grabgänge ist als Bauten von »Würmern« anzusehen (z. B. *Arenicolites, Corophioides, Rhizocorallium*). Die **Brachiopoden** (Armfüßer) sind nach den Muscheln die häufigsten Meeresfossilien. In der Trias finden sich Helicopegmaten mit spiralem Armgerüst (*Spiriferina*) und vor allem Ancylopegmaten mit schleifenförmigen Armstützen. Sehr häufig kommen *Coenothyris vulgaris* in der Wellenkalk-Folge und *Coenothyris vulgaris cycloides* in der Hauptmuschelkalk-Folge der germanischen Trias vor.

Von den **Arthropoden** (Gliederfüßer) haben besonders die Ostracoden und die Conchostraken eine stratigraphische Bedeutung erlangt. Weiterhin kennt man Dekapoden (zehnfüßige Krebse) und von den Insekten vor allem Käfer.

Die **Schnecken (Gastropoden)** kommen mit zahlreichen Arten vor. Sehr häufig sind Muscheln (**Lamellibranchiaten**) zu finden, die viele Leitfossilien liefern. Von den Meeresformen sind es besonders die Gattungen *Rhaetavicula, Pseudomonotis, Daonella, Pecten, Gervilleia, Lima* und *Myophoria* sowie von den Süß- und Brackwasserformen die Anthracosiiden (Anoplophora).

Die letzten geradegestreckten **Nautiliden** (»Orthoceren«) sterben in der Obertrias aus. An ihrer Stelle erscheinen Kopffüßer (Dibranchiaten).

Ammoniten großer Artenzahl sind wichtige Leitfossilien (Abb.). Von den in geringer Artenzahl vorkommenden **Seelilien (Crinoiden)** spielt vor allem die Gattung *Encrinus* eine wichtige Rolle. Als Vertreter der **Seeigel (Echinoiden)** findet sich die Gattung *Cidaris*.

Die **Conodonten** erlöschen in der Trias.

Unter den Fischen (*Pisces*) wurden erstmalig Flugfische (Knochenfische)

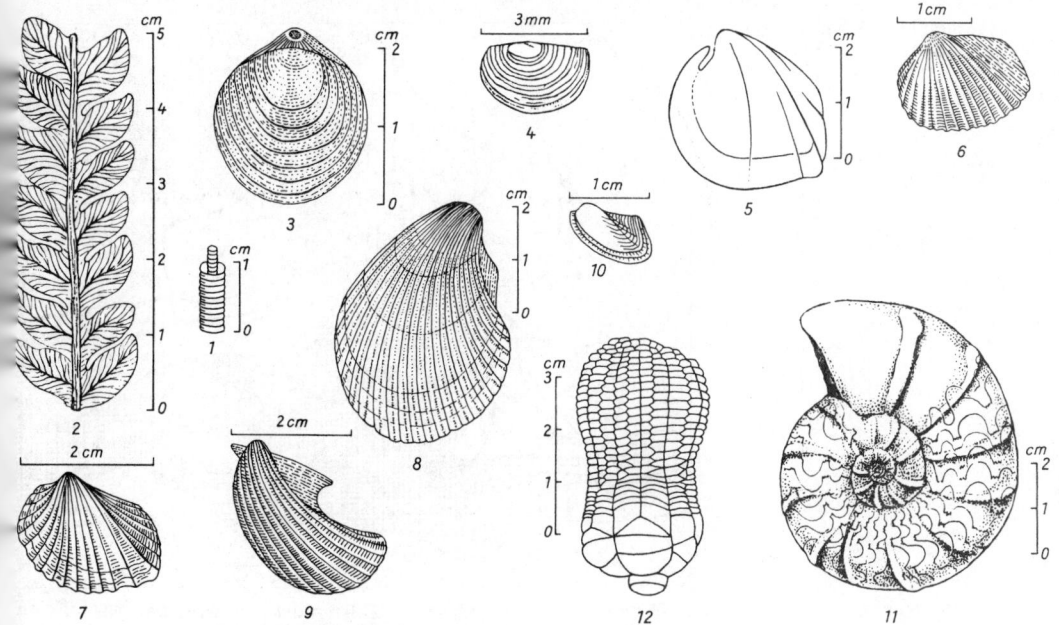

achgewiesen. Häufiger sind Lungenfische und Knorpelfische (z. B. Haie). Von den **Amphibien** spielen lediglich die Labyrinthzähner (*Labyrinthodonten*) mit gefälteltem Zahnbein eine Rolle.

Bei den **Reptilien** entstehen zahlreiche neue Formen. Wichtige Vertreter sind *Nothosaurus, Placodus, Plateosaurus*, Schildkröten und Krokodile. In der Trias finden sich erstmalig Reste rattengroßer **Säugetiere**, von denen besonders kleine Backenzähne bekannt geworden sind.

Während der Trias ist eine ruhige Weiterentwicklung der **Flora** festzustellen. Die kalkabscheidenden Algen treten z. B. in den alpinen Riffen gesteinsbildend auf. Dazu gehören Dasycladaceen oder Wirtelalgen (*Diplopora*).

Die Buntsandstein-**Gefäßpflanzen** zeigen in ihrer Artenarmut und dem Mangel an reichbeblätterten Gewächsen die Züge einer Trockenvegetation. Wichtige Fossilien sind die sukkulentartigen *Pleuromeia*, die Schachtelhalmgewächse *Equisetites* und *Schizoneura* sowie die Konifere *Voltzia*.

Während der Ablagerung der Lettenkohlen-Folge beginnt der Wandel, der im Rät eine neue Flora zur Herrschaft führt. Von den Farnen breiten sich vor allem die *Marattialen, Osmundalen, Matoniaceen* und *Dipteridaceen* aus. Weiterhin treten die *Cycadalen, Nilssonialen, Bennettitalen* auf. Wichtige Bestandteile der Trias-Flora sind die *Ginkgoalen* und die *Pteridospermen*. Im Gebiet von Gondwana kommen *Glossopteris* und *Dicoridium* vor.

Fossilien der Trias (nach Müller 1970 u. Brinkmann/Krömmelbein 1977). 1 Diplopora annulata (Kalkalge). 2 Cladophlebis remota (Filicophyte). 3 Coenothyris vulgaris (Brachiopode). 4 Isaura alberti (Conchostrake). 5 bis 10 Muscheln: 5 Myophoria vulgaris; 6 Costatoria (Myophoria) costata; 7 Costatoria (Myophoria) goldfussi; 8 Lima striata; 9 Rhaetavicula contorta; 10 Avicula (Gervilleia) murchisoni. 11 Ceratites nodosus (Ammonit). 12 Encrinus liliiformis (Seelilie)

Paläogeographische Verhältnisse

Nach paläomagnetischen Messungen blieb die Verteilung der Kontinente und Ozeane, wie sie seit dem Devon, Karbon und Perm vorhanden war, im ganzen auch in triadischer Zeit erhalten. Der Nordpol lag wie im Perm bei Kamschatka, der Südpol hatte sich wahrscheinlich aus dem Zentrum von Antarktika mehr an dessen Rand verlagert. Die Pole dürften eisfrei gewesen sein, da Zeugen für ein ausgeglichenes und warmes Klima trotz gewisser Unterschiede im einzelnen bis in höhere Breiten nachweisbar sind. Von großen Vereisungen wie im Permokarbon war nichts mehr zu spüren. Der Äquator nahm einen Verlauf vom südlichen Nordamerika über Nordafrika nach Osten längs der breiten Zone der Tethys, die sich als breites Mittelmeer zwischen der großen Festlandsmassen der Norderde und Süderde ausdehnte und von den heutigen Alpen über den Kaukasus, Iran und Zentralasien nach dem Malaiischen Archipel erstreckte. Die Landmasse Gondwana im Süden und die Norderde waren im südöstlichen Nordamerika und im südwestlichen Europa in breiter Berührung. Nach neueren Erkenntnissen zur Globaltektonik entstanden besonders seit der Wende Trias/Jura aus innerkontinentalen Gräben im Bereich der großen Landmassen sich allmählich ausdehnende Riftzonen (s. Kapitel »Geotektonische Hypothesen, Plattentektonik«).

Am Malaiischen Archipel mündete die Tethys in den schon damals vorhandenen Pazifik. Dieses inselreiche Meer wurde von der zirkumpazifischen Geosynklinale umgeben. Die in der zirkumpazifischen Geosynklinale und der

Paläogeographie der Trias in Europa (nach Brinkmann u. Krömmelbein 1977, z. T. ergänzt und verändert)

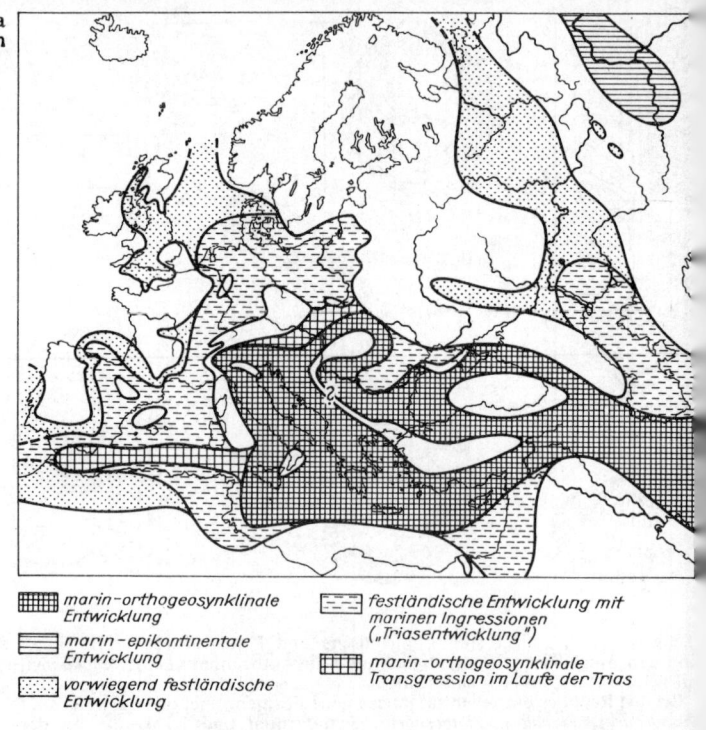

- marin-orthogeosynklinale Entwicklung
- marin-epikontinentale Entwicklung
- vorwiegend festländische Entwicklung
- festländische Entwicklung mit marinen Ingressionen („Triasentwicklung")
- marin-orthogeosynklinale Transgression im Laufe der Trias

Tethys entstandenen mächtigen Gesteine werden als **pelagische oder alpine Trias** bezeichnet. Das **Germanische Becken** hatte bis fast an das Ende der Trias etwa die gleiche Form wie im Zechstein. Man kann auch jetzt einen von Westnordwest nach Ostsüdost streichenden und einen etwa von Südsüdwest nach Nordnordost streichenden Teil unterscheiden. Im einzelnen sind diese Elemente durch eine Reihe Senken und Schwellen gegliedert (Abb.). Im Germanischen Becken ist die für die Trias charakteristische Dreigliederung deutlich ausgebildet. Diese **germanische Trias** gliedert sich von unten nach oben in **Buntsandstein, Muschelkalk** und **Keuper**. Während Buntsandstein und Keuper vorwiegend festländische Bildungen enthalten, sind die Schichten des Muschelkalks in einem seichten Binnenmeer abgelagert worden.

Mächtigkeiten des Buntsandsteins in Mitteleuropa (nach Hoppe 1976, Sorgenfrei u. Buch 1964, Senkowiczowa u. Szyperko-Sliwczynska 1970, Kisnerius u. Saidskowsky 1972)

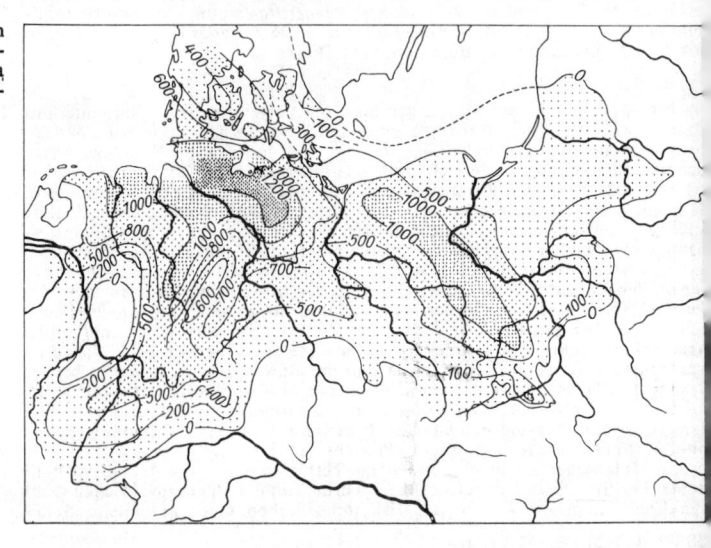

S. 355:
Die Trias der Thüringischen Senke

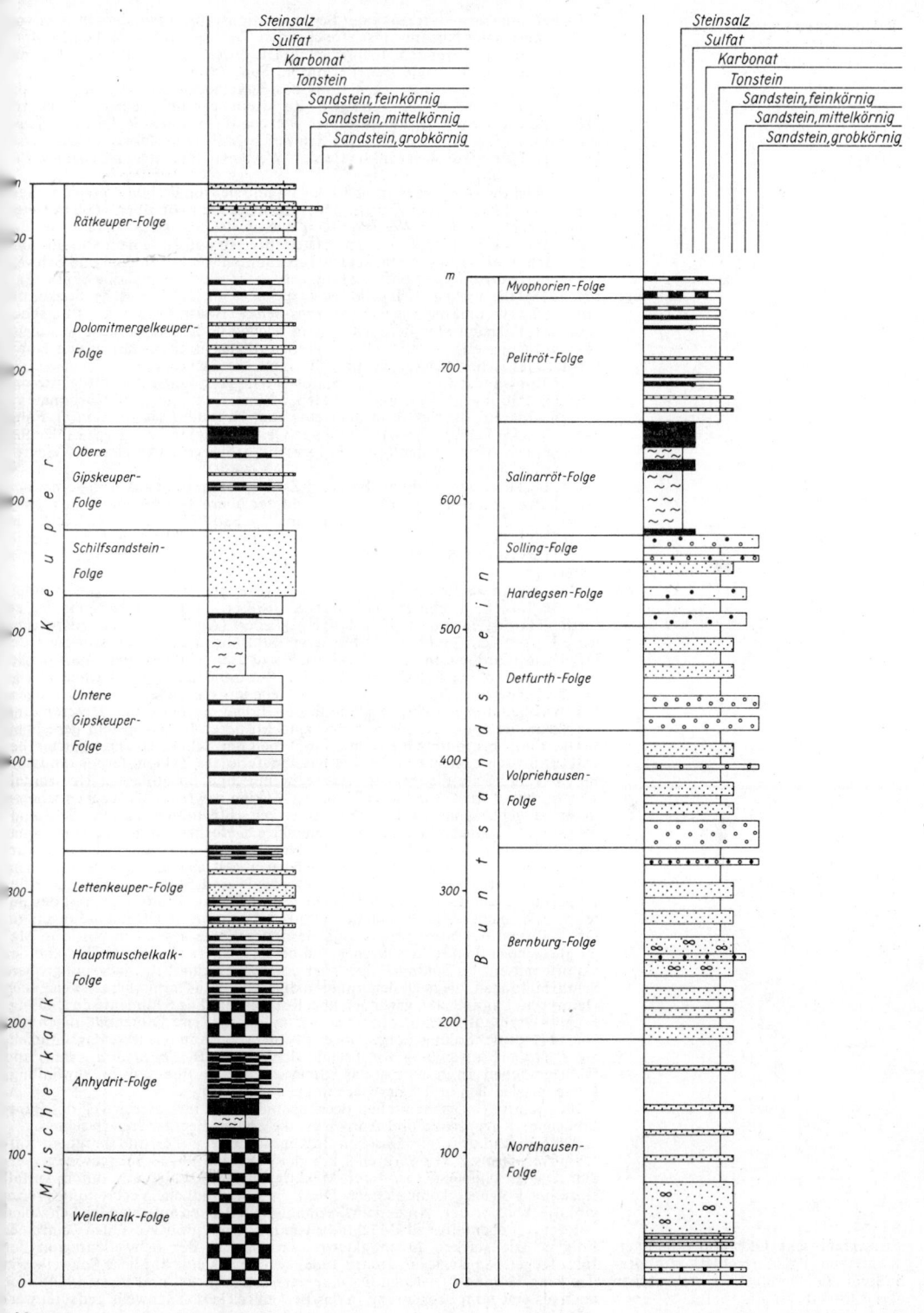

Steinsalz
Sulfat
Karbonat
Tonstein
Sandstein, feinkörnig
Sandstein, mittelkörnig
Sandstein, grobkörnig

Steinsalz
Sulfat
Karbonat
Tonstein
Sandstein, feinkörnig
Sandstein, mittelkörnig
Sandstein, grobkörnig

Keuper
- Rätkeuper-Folge
- Dolomitmergelkeuper-Folge
- Obere Gipskeuper-Folge
- Schilfsandstein-Folge
- Untere Gipskeuper-Folge
- Lettenkeuper-Folge

Muschelkalk
- Hauptmuschelkalk-Folge
- Anhydrit-Folge
- Wellenkalk-Folge

Buntsandstein
- Myophorien-Folge
- Pelitröt-Folge
- Salinarröt-Folge
- Solling-Folge
- Hardegsen-Folge
- Detfurth-Folge
- Volpriehausen-Folge
- Bernburg-Folge
- Nordhausen-Folge

In der Trias erweiterte sich der Sedimentationsraum besonders in dem von Südsüdwest nach Nordnordost streichenden Teil des Germanischen Beckens und auf den angrenzenden Hochgebieten. Die durch eine Kippung des Germanischen Beckens bedingte Erweiterung im Süden führte zu einer Hebung im Norden. Dadurch wurde gegen Ende des Buntsandsteins die Nordseestraße geschlossen. Diese Straße hatte dem Zechsteinmeer und zeitweise auch Ingressionen des Buntsandsteins Einlaß verschafft. In der VR Polen öffneten sich im höheren Buntsandstein die Schlesisch-Mährische Pforte und die Ostkarpaten-Pforte zur Geosynklinale der Westkarpaten, einem Teilstück der Tethys.

Die Mächtigkeiten des **Buntsandsteins** im mitteleuropäischen Anteil des Germanischen Beckens zeigt Abb. S. 354. Mächtigkeiten von über 1000 m treten vorwiegend in dem von Westnordwest nach Ostsüdost streichenden Teil des Germanischen Beckens als dessen tiefstem Bereich auf. In seinem von Südsüdwest nach Nordnordost streichenden Teil konnten weitere Senken und Schwellen niederer Ordnung (Abb.) erkannt werden, so die Thüringische Senke (SEIDEL 1965), die Eichsfeldschwelle (HERRMANN 1956), die Hessische Senke, die Hunteschwelle und die Niederrhein-Ems-Senke (BOIGK 1956 u. a.). Buntsandsteinmächtigkeiten von mehr als 1000 m reichen in dem von Südsüdwest nach Nordnordost streichenden Teil des Germanischen Beckens nur in den Nordteil der Hessischen Senke und der Thüringischen Senke.

Der Buntsandstein besteht aus Sandsteinen, Tonsteinen und Mergelsteinen mit Einschaltungen von Konglomeraten, Steinsalz, Sulfaten und Karbonaten.

Den unteren Teil des Buntsandsteins vom Zechstein bis zur Solling-Folge (Abb. S. 355) kann man nach zyklischen Gesichtspunkten gliedern. In der Regel beginnen diese Zyklen (oder Folgen) mit gröberen und enden mit feineren klastischen Bildungen.

Am Beckenrand besteht die Basis der Zyklen vorwiegend aus Konglomeraten oder konglomeratischen Sandsteinen und der obere Teil besonders aus Sandsteinen. Im Becken selbst liegen unten vor allem Sandsteine und oben Tonsteine. Zum Teil treten im Becken auch noch Karbonate und Sulfate auf. Als Beispiel für die zyklische Sedimentation kann das Profil der Thüringischen Senke gelten.

Hier wie im gesamten Gebiet der DDR wird der untere vorwiegend sandige Teil des Buntsandsteins in die Nordhausen-, Bernburg-, Volpriehausen-, Detfurth-, Hardegsen- und Solling-Folge gegliedert (Abb.). In Polen entsprechen diese Folgen dem Unteren und Mittleren Buntsandstein. Bisher wurden in der DDR die Nordhausen- und Bernburg-Folge zum Unteren und die Volpriehausen- bis Solling-Folge zum Mittleren Buntsandstein zusammengefaßt. In der BRD (Beispiel Bayern, Abb. S. 357) gliedert man ebenfalls nach Folgen. Die Bröckelschiefer-Folge bis Salmünster-Folge werden zum Unteren und die Volpriehausen- bis Solling-Folge zum Mittleren Buntsandstein gerechnet.

Die klein- bis mitteldimensionierten Typen der Schrägschichtungsarten bevorzugen nach GRUMBT (1974) die basalen Teile der Zyklen, ferner randnahe Bereiche und Schwellengebiete. Ebene, wellige und linsig-flasrige Horizontalschichtung ist an die höheren Teile der Zyklen sowie an die beckennäheren Bereiche gebunden. Marken (Rippelmarken, Strömungsmarken, Schrumpfungsrisse, Netzleisten) und synsedimentäre Deformationsgefüge sind aquatischer Entstehung. Die Sedimente der Nordhausen- und Bernburg-Folge wurden randlich vorwiegend in Schuttfächern abgelagert und gehen nach dem Becken hin in breite, verwilderte Flußsysteme und Stromgeflechte, Überflutungsgebiete und temporäre Seen über. Zum unteren und oberen Teil des Bereiches der beiden Folgen nehmen limnisch-lagunäre und Deltabildungen zu. Das während der Nordhausen- und Bernburg-Folge herantransportierte Material ist wesentlich feinklastischer und besser sortiert als der Stoffbestand der Volpriehausen- bis Solling-Folge. Hier dominieren randlich wiederum gröbere Schuttbildungen, die nach dem Inneren durch fluviatil-limnische, zeitweise auch Delta- und Lagunenablagerungen abgelöst werden. Die Sedimente der Solling-Folge weisen auf fluviatile, Strand- und möglicherweise Dünenbildungen hin. Gegen Ende der Solling-Folge kam es zu einer stärkeren Niederschlagstätigkeit, die z. T. die Entwicklung von Pseudosuchieren (z. B. *Chirotheria*-Arten) und Pflanzen zuließ. Insgesamt ist das Klima von der Nordhausen- bis zur Solling-Folge gelegentlich arid, überwiegend aber semiarid.

Im Innern des Germanischen Beckens finden sich im unteren Teil des Buntsandsteins Rogensteine und Anhydrite, die an den Beckenrändern fehlen.

Am Südrand des Germanischen Beckens konnten auf Grund der guten Aufschlußverhältnisse weit verbreitet konglomeratische Lagen nachgewiesen werden. Das gleiche Gebiet ist durch Mächtigkeitsreduktionen und durch Ausfall einzelner Folgen gekennzeichnet. Die vermutlich südliche Verbreitungsgrenze gibt die Abb. wieder. An den im Germanischen Becken auftretenden Schwellen kommt es ebenfalls zu Mächtigkeitsreduktionen und Ausfällen einzelner Folgen. Die starken Mächtigkeitsreduktionen in der Schwellenregion der Insel Rügen (RUSITZKA u. JUBITZ 1968) können als eine ähnliche Schwelle wie das Ring-Köbing-Fyn-Hoch in Dänemark (SORGENFREI und BUCH 1964) oder auch als eine vom Beckenrand in das Becken reichende Schwelle gedeutet wer-

S. 357:
Stratigraphische Gliederung der germanischen Trias (rechts), stratigraphische Gliederung der pelagischen Trias (links)

Obere Tabelle

Abteilungen	Serien der germanischen Trias	Stufen der pelagischen Trias	wichtigste Leitfossilien der germanischen Trias	DDR	VR Polen	Bayern (BRD)
Hangendes						
Obere Trias T3	Keuper TK	Rät	Rhaetavicula contorta	10–60m Rätkeuper-Folge TRk	20–400m Rät	Lias / 0–40m Oberer Keuper
		Nor		120–180m Dolomitmergel-keuper-Folge TDk		130–240m Sandstein-Keuper
				0–150m Obere Gipskeuper-Folge TGo	Obere Gips-Serien	
		Karn	Myophoria keferstini	0–90m Schilfsandstein-Folge TSf	Rote Sandsteine	140–220m Gipskeuper Mittlerer Keuper
				0–200m Untere Gipskeuper-Folge TGu	Untere Gips-Serien	
			Costatoria goldfussi	40–100m Lettenkeuper-Folge TLk	Unterer Keuper	17–50m Unterer Keuper
Mittlere Trias T2	Muschelkalk TM	Ladin	Ceratitenarten Encrinus liliiformis	50–90m Hauptmuschelkalk-Folge THm	20–50m Oberer Muschelkalk	34–90m Hauptmuschelkalk
			Neoschizodus orbicularis	45–120m Anhydrit-Folge TAy	20–50m Mittlerer Muschelkalk	27–90m Anhydrit-Gruppe
		Anis	Decurtella decurrata	90–150m Wellenkalk-Folge TWl	20–200m Unterer Muschelkalk	50–100m Wellenkalk
			Beneckeia buchi, Myophoria vulgaris und Dadocrinus	5–25m Myophorien-Folge TMy	Unterer Muschelkalk	0–120m
Untere Trias T1 (Skyth)	Buntsandstein TB	Olenek	Costatoria costata Beneckeia tenuis	75–150m Pelitröt-Folge TPt	100–200m Oberer Buntsandstein	Röt-Folge
				10–200m Salinarröt-Folge TSr	100–1200m	0–30m Solling-Folge
				10–65m Solling-Folge TSl	Mittlerer	0–50m Hardegsen-Folge
		Jakution		0–120m Hardegsen-Folge THd		0–70m Detfurth-Folge
				0–95m Detfurth-Folge TDf	und	0–70m Volpriehausen-Folge
		Brahmanion		80–210m Volpriehausen-Folge TVp	Unterer	0–70m Salmünster-Folge
				60–180m Bernburg-Folge TBb	Buntsandstein	0–360m Geinhausen-Folge
				160–300m Northausen-Folge TNh		0–70m Bröckelschiefer-Folge
Liegendes				Zechstein und Präzechstein		

Untere Tabelle

Abteilungen	Stufen	wichtige makropaläontologische Leitfossilien der pelagischen Trias	Nördliche Kalkalpen Berchtesgadener Fazies BRD und Österreich	Südgemeriden (Silicadeckel) Slowakischer Karst ČSSR	Mecsek-Gebirge Ungarn
Obere Trias T3	Rät	Choristoceras marshi / Choristoceras haueri	Zlambach-Schichten		Wechsellagerung von grünlichgrauem Sandstein und Argillit
	Nor	Cochloceras suessi / Sagenites giebeli / Himavatites columbianus / Cyrtopleurites bicrenatus / Juvavites magnus / Malayites dawsoni / Mojsisovicsites kerri	Dachsteinkalk (1500m) und Dachsteinriffkalk	Hallstätter Kalk	Grauer Schluffstein, Sandstein, Argillit
	Karn	Klambothites macrolobotus / Tropites welleri / Tropites dilleri / Sirenites nanseni / Trachyceras aonides / Trachyceras aon / Frankites sutherlandi	Hauptdolomit (0–900m) / Carditaschichten (0–20m)	Tisovec-Kalk	Grauer Schluffstein, Argillit, Sandstein
Mittlere Trias T2	Ladin	Madearnoceras maclearni / Meginoceras meginae / Protrachyceras curiomi / Protrachyceras reitzi / Aplococeras avisianus	Ramsau-dolomit, massig (1000m)	Wettersteinkalk / Hornsteinkalk Tuffit	toniger Sandstein, Mergel, toniger Kalkstein (50–150m)
		Paraceratites trinodosus	gebankter Ahisdolomit (~100m)	Schreyeralmkalk (40–50m) Steinalmkalk	Kalkstein, bankig (100–150m) / Fleckenkalk (100–150m)
	Anis	Balatonites balatonicus / Balatonites shoshonensis / Anagymnotoceras ismidicus / Nicomedites osmani / Parocrochordiceras anodosum	Gutensteiner K. Reichenhaller S.(~300m)	Gutensteiner Schichten	Brachiopodenkalk (20–50m) / Kalkstein (300–370m) / Dolomit (5–20m)
Untere Trias T1 (Skyth)	Olenekion	Keyserlingites subrobustus / Prohungarites crasseplicatus / Columbites costatus / Tirolites cassianus / Doricranites bogdoensis	Werfener Kalk	Mergel, Mergelschiefer, Kalke / Gastropodenoolith	dünngeschichteter Kalkstein (60–100m) / Dolomitmergel (30–50m) / Gips-Anhydrit (20–80m)
	Jakution				?
	Brahmanion	Vavilovites sverdrupi / Anasibirites multiformis / Meekoceras gracilitatis / Propychites strigadus / Propychites candidus / Ophiceras commune	Werfener Schiefer (bis 500m)	bunte Sandsteine, Tonschiefer (800–1000m)	Wechsellagerung von rotem Sandstein, grünem Schluffstein und Argillit (100–150m)

den. Der vorwiegend sandig-tonigen Ausbildung des unteren Teiles des Buntsandsteins bis zur Solling-Folge steht der darüber liegende überwiegend mergelige Teil mit mächtigeren salinaren Einlagerungen gegenüber.

Im Gebiet der DDR wird der obere Teil des Buntsandsteins in die Salinarrröt-Folge, Pelitröt-Folge und Myophorien-Folge gegliedert (Abb.). Ähnliche Gliederungen sind auch in anderen Teilen des Germanischen Beckens vorhanden.

Das Innere des Germanischen Beckens ist zu dieser Zeit durch die Verbreitung des maximal über 100 m mächtigen Rötsteinsalzes in der Salinarröt-Folge gekennzeichnet. Das Rötsteinsalz ist besonders im von Westnordwest nach Ostsüdost streichenden Teil des Germanischen Beckens entwickelt. Im von Südsüdwest nach Nordnordost streichenden Teil findet es sich vor allem weit im Südsüdwesten der Thüringischen Senke.

Die Salinarröt-Folge, Pelitröt-Folge und Myophorien-Folge enthalten Einschaltungen von Sulfaten und Karbonaten. Am Beckenrand wird die Mächtigkeit dieser Bildungen geringer, und schließlich keilen sie aus. Auch auf der Eichsfeld-Schwelle konnte z. T. das Auskeilen salinarer Schichten nachgewiesen werden. Dagegen treten in den Randgebieten zunehmend Sandsteine auf. Die grauen Farben der Mergelsteine werden zum Rand hin verstärkt von roten Farben abgelöst.

In der Salinarröt-Folge und besonders in den Dolomiten im unteren Teil der Pelitröt-Folge tritt die Muschel *Costatoria costata* auf. Für den oberen Teil der Pelitröt-Folge und die Myophorien-Folge ist *Myophoria vulgaris* (Abb. S. 353) typisch.

Im Binnenmeer des **Muschelkalkes** wurden bei aridem Klima vorwiegend Kalksteine im Beckeninnern und Dolomite in den Küstengebieten abgeschieden. Während der Ablagerung der Wellenkalk-Folge (Abb.) bestand über die Schlesisch-Mährische Pforte und die Ostkarpaten-Pforte eine Verbindung zur alpinen Geosynklinale. Nach neueren polnischen Untersuchungen war auch während des Mittleren Muschelkalkes (Abb.) noch durch die Schlesisch-Mährische Pforte eine Verbindung vorhanden zur alpinen Geosynklinale, während im Oberen Muschelkalk wahrscheinlich eine Verbindung über die Ostkarpaten-Pforte bestanden hat. Bedeutenderen Einfluß auf die Sedimentation während der Hauptmuschelkalk-Folge (Abb.) hatte aber die Burgundische Pforte im Westen.

Der Muschelkalk erreicht in dem von Westnordwest nach Ostsüdost streichenden Teil des Germanischen Beckens Mächtigkeiten von mehr als 350 m. Eine Mächtigkeitsreduktion und zum Teil auch ein Auskeilen zu den Beckenrändern läßt sich gut nachweisen.

Den unteren Teil des Muschelkalkes bildet die Wellenkalk-Folge. Sie besteht vorwiegend aus grauen, teils flasrigen, teils ebenschichtigen Mergelkalken, die in den meisten Gebieten in wechselndem Maße körnige Kalksteinbänke und Kalksteinplatten führen. Im Aufschluß Rüdersdorf bei Berlin ist der obere Teil der Wellenkalk-Folge als Ooidkalk ausgebildet. In der Thüringischen Senke und in anderen Gebieten kann man einen Unteren Wellenkalk, eine Oolithzone, einen Mittleren Wellenkalk, eine Terebratulazone, einen Oberen Wellenkalk und eine Schaumkalkzone ausscheiden. Weiter randlich keilen die körnigen Kalke (Oolithzone, Terebratulazone, Schaumkalkzone) aus, und es treten zunehmend sandige Einschaltungen auf. In der Wellenkalk-Folge kommen zahlreiche Muscheln, Brachiopoden und Crinoiden vor.

Der mittlere Teil des Muschelkalkes (Anhydrit-Folge) besteht aus Dolomiten, dolomitischen Kalksteinen, Kalksteinen, Dolomitmergelsteinen, Tonsteinen und z. T. auch aus Anhydrit und Steinsalz. Das Muschelkalksalz kennzeichnet die tieferen Beckenteile und findet sich im westlichen Teil des von Westnordwest nach Ostsüdost streichenden Teiles des Germanischen Beckens sowie in der Thüringischen Senke. Wahrscheinlich bestand primär eine Verbindung zwischen den Salzlagern der Thüringischen Senke und den Salzvorkommen im Raum von Stuttgart. Die Beckenrandlagen sind während der Anhydrit-Folge durch geringe Sedimentmächtigkeiten gekennzeichnet. Im östlichen Teil von Nordbayern konnten in der Nähe des Beckenrandes sandige Einlagerungen in der Anhydrit-Gruppe nachgewiesen werden. Fossilien kommen in der Anhydrit-Folge nur selten vor.

Der obere Teil des Muschelkalkes (Hauptmuschelkalk) besteht aus körnigen Kalken und Mergelsteinen. Zu Beginn des Hauptmuschelkalkes entstand als Ablagerung eines flacheren Meeres der bankige Trochitenkalk mit zahlreichen Zweischalerresten und Stielgliedern von Crinoiden. Bei der Ablagerung des unteren Teiles der Ceratitenschichten mit ihren plattigen Kalken und Mergelsteinen vertiefte sich das Meer. Anstelle der Crinoiden treten häufiger Ammonoideen auf. Nach diesem Höhepunkt der Muschelkalktransgression schrumpfte im mittleren und oberen Teil der Ceratitenschichten das Meer. Die Meeresverbreitung am Ende der Ceratitenschichten beschränkte sich auf den von der Burgundischen Pforte beeinflußten südlichen Teil des Germanischen Beckens (Hessen, Franken, Lothringen, Schweizer Jura).

Nach KOZUR (1971) zeigen die mittleren Ceratitenschichten z. B. im Nordosten der DDR bereits eindeutig regressive Tendenzen. Im Niveau der Cycloidesbank erfolgte ein bedeutender Umschwung. So finden sich bunt gefärbte

Sedimente im unmittelbaren Hangenden der Cycloidesbank in den nordöstlichen Teilen der DDR und im Nordwesten der VR Polen. Ähnliche brackische Bildungen konnten in anderen Teilen des Beckenrandes beobachtet werden.

Nach den Meeresablagerungen des Muschelkalkes folgen die überwiegend festländischen Schichten des **Keupers**. Während des Keupers dehnte sich der Sedimentationsraum weiter aus Mit dem oberen Teil des Keupers (Rät) erfolgte eine Transgression von den Britischen Inseln bis in den Süden der BRD. Für den oberen Teil des Keupers wird von polnischen Autoren auch eine Verbindung zur Tethys über die Ostkarpaten-Pforte angenommen. Im Rät war das Klima wieder feuchter und kühler.

Der Keuper erreicht in dem von Westnordwest nach Ostsüdost streichenden Teil des Germanischen Beckens Mächtigkeiten von mehr als 600 m. In der VR Polen wurden sogar Mächtigkeiten von mehr als 2000 m beobachtet. An den Beckenrändern läßt sich dagegen eine Mächtigkeitsreduktion nachweisen.

Die Lettenkeuper-Folge mit ihren grauen, z. T. roten Mergelsteinen, Sandsteinen und dolomitischen Kalken findet sich im gesamten Keuperbecken. In den bunten Mergelsteinen der Unteren Gipskeuper-Folge kommt neben Steinmergeln und Sulfaten auch Steinsalz vor, das in dem von Westnordwest nach Ostsüdost streichenden Teil des Beckens in der BRD, in der DDR und in der VR Polen nachgewiesen werden konnte, so in dem von Südsüdwest nach Nordnordost streichenden Teil der Thüringischen Senke. Die im gesamten Keuperbecken vorhandene Schilfsandstein-Folge besteht aus roten und grauen Sandsteinen sowie Tonsteinen. Die Obere Gipskeuper-Folge baut sich aus bunten Mergelsteinen mit Sulfat- und Steinmergeleinschaltungen auf. In Bayern zeigen sich als Ausdruck des südöstlichen Beckenrandes Sandsteine. Der untere Teil des Sandsteinkeupers Bayerns vertritt den oberen Teil der Oberen Gipskeuper-Folge der DDR und der VR Polen (Abb. S. 357).

Von mehreren Autoren wird die Grenze Obere Gipskeuper-Folge/Dolomitmergelkeuper-Folge als die markanteste Grenze innerhalb des gesamten Keupers angesehen. So enden die klimabedingten Evaporitbildungen in der Oberen Gipskeuper-Folge, während die Dolomitmergelkeuper-Folge in weiten Teilen des Beckens über tiefere Folgen der Trias transgrediert.

Die aus bunten Mergelsteinen mit Steinmergel- und Dolomiteinlagerungen aufgebaute Dolomitmergelkeuper-Folge enthält am Südstrand des Germanischen Beckens im nordöstlichen Bayern verstärkt Sandsteine. In der VR Polen stellt man diese Dolomitmergelkeuper-Folge bereits zum Rät. Die Rätkeuper-Folge besteht vorwiegend aus Sandsteinen und Tonsteinen.

Das stefanisch-permische Meer der Südalpen war die Keimzelle der **alpinen Geosynklinale**, die unter Einbeziehung der Nordalpen zur Bildung der alpinen triadischen Geosynklinale führte. Diese Geosynklinale gliedert sich in das südalpine Becken, den zentralalpinen Rücken und das nordalpine Becken. In den Becken wurden Gesteine von etwa 3000 m, auf dem zentralalpinen Rücken von nur rund 1000 m Mächtigkeit abgelagert. Die alpine Trias läßt die Dreigliederung der germanischen Trias nicht erkennen. Die Abbildung gibt ein Profil vom Gesteinsaufbau aus dem Bereich der Nördlichen Kalkalpen wieder. Die Untere Trias besteht hier vorwiegend aus klastischen Sedimenten, die Mittere und Obere Trias vorherrschend aus Kalken und Dolomiten. Korallen und Kalkalgen haben als Riffbildner eine große Bedeutung. In anderen Teilen der Tethys treten Ammoniten bereits früher auf (Abb.) als im alpinen Teil dieser Geosynklinale. Hier kommt als erster Ammonit *Tirolites cassianus* vor.

Im Unterskyth begann die Transgression, die im Anis den zentralalpinen Rücken überschritt und in das nordalpine Becken gelangte. Während diese Transgression im Ladin ihren ersten Höhepunkt erreichte, fielen im Karn weite Teile der Geosynklinale trocken. Im Nor war ein weiterer Transgressionshöhepunkt zu verzeichnen. Erneute Verflachungen des Meeres traten im Rät ein.

In den Südalpen förderten Vulkane vorwiegend andesitische und untergeordnet basaltische Tuffe. Aus den nordalpinen Becken und auf dem zentralalpinen Rücken kennt man dagegen nur eine unbedeutende vulkanische Tätigkeit.

Die alpidische Tektonogenese hat in nachtriadischer Zeit die Ablagerungen des Trias stark beansprucht. So liegen die ehemaligen Ablagerungsgebiete der Sedimente oft weit entfernt von der heutigen Verbreitung der Triasgesteine.

Glättet man nach D. RICHTER (1974) den Falten- und Deckenbau der Alpen im Bereich der West-/Ostalpen-Grenze aus, so ergibt sich, daß die ursprüngliche Breite der Alpen etwa das Zwei- bis Dreifache der heutigen betragen hat. Es ist anzunehmen, daß sich der breite Geosynklinalraum im wesentlichen südlich bzw. östlich der heutigen Alpenkette entwickelt hat. Der asymmetrische Bau des alpinen Orogens läßt sich nur durch eine überwiegend aus südlicher Richtung erfolgte Bewegung erklären. Wie neuere geophysikalische Ergebnisse zeigen, kann man das nördliche Vorland im weitesten Sinne als passiv und das südliche als aktiv bezeichnen. Das spricht dafür, daß der vom Süden kommende Konvektionsstrom im Erdmantel erheblich stärker gewesen sein dürfte als der nördliche Gegenstrom.

Das nordalpine Becken stand über die Karpaten mit dem Balkan in Verbindung. TOLLMANN (1976) konnte im Ostteil der Nördlichen Kalkalpen einen karpatischen Einfluß nachweisen. Die Entwicklung der Westkarpaten-Geosynklinale setzte nach ANDRUSOV (1965) schon zu Beginn der Trias an wenige widerstandsfähigen Stellen des variszischen Konsolidationsgebietes ein. Im Nordteil der heutigen Westkarpaten begann dagegen die Sedimentation noch nicht in der Trias. Die hier entwickelte Vindelizisch-Beskidische Schwelle trennte den Sedimentationsraum der germanischen Trias von der alpinkarpatischen. Neue Funde von Algen sprechen aber für die Existenz eines Weges durch diese Schwelle im Anis. Südlich der Vindelizisch-Beskidischen Schwelle entstand eine breite Geosynklinale, deren Achse in den Gemeriden (slowakisches Erzgebirge) lag. Wie die Entwicklung in den Südgemeriden (Abb.) erkennen läßt, kam es zu einer Sedimentation mächtiger klastischer Gesteine und Karbonate. Dazu trat ein ausgedehnter basischer Vulkanismus. Im Bükk Gebirge Nordungarns wurde in der Unter- und Mitteltrias eine ähnliche Schichtenfolge abgelagert. Nur in der höheren Trias setzt hier die Sedimentation aus. In der Mittleren Trias treten mächtige Diabastuffe und Porphyrit auf. Die Sedimentation im Gebiet der Tatriden (Karpaten) war in der Unter und Mitteltrias marin. In der Mitteltrias machten sich lagunäre Einschaltungen bemerkbar, während die Obere Trias kontinentalen und lagunären Charakter besitzt oder ganz fehlt.

Nach BALOGH (1974) ging die untertriadische Transgression in Ungarn von einem verhältnismäßig schmalen spätpermischen Meeresarm aus, der sich vor der Kreuzung der Südalpen und Dinariden durch Mittel-Transdanubien, die nördlichen Teile der Ungarischen Tiefebene und das Bükk-Gebirge bis zu den Nord-Gemeriden zog. Der Südteil des Transdanubischen Mittelgebirges besitzt südalpine Fazies, während nach Norden und Nordosten die Ähnlichkeit der Gesteinsausbildung mit den Nördlichen Kalkalpen immer stärker wird.

Nach NAGY (1968) gehört die Trias des Mecsek-Gebirges (Abb.) den Übergangs-Ausbildungstypen an. In der Lithofazies und Faunengesellschaft können sowohl epikontinentale (germanische) als auch geosynklinale (alpine) Faziesmerkmale beobachtet werden. TRUNKO (1969) faßt die Mecseker Trias als Ausläufer einer Geosynklinalentwicklung der Südkarpaten auf. Ob unter dem Nordteil der Großen Ungarischen Tiefebene eine direkte Verbindung der Mecseker Trias zu dem nördlich gelegenen Triaszug des Transdanubischen Gebirges und Bükk-Gebirges bestand, ist noch nicht geklärt.

In Rumänien findet sich mediterrane Trias im Apuseni-Gebirge, in den Ostkarpaten und Südkarpaten sowie in der Dobrudscha. Nach GANEV (1974) zeigt das allgemeine Bild der Trias drei große lithologische Komplexe: einen rotfarbigen terrigenen Komplex (Untertrias), einen Karbonatkomplex (Anis-Karn) und einen regressiven terrigen-karbonatischen Komplex (? Nor-Rät).

In Bulgarien unterscheidet man einen balkanischen, einen ostbulgarischen und einen südostbulgarischen Faziestyp. Diese Faziestypen haben sich in einem einheitlichen Becken unter verschiedenen paläogeographischen Bedingungen ausgebildet.

Nach RAMOVS (1974) hinterließ die variszische Tektonogenese im Tethys-Raum Veränderungen, die zur Bildung größerer und kleinerer Trockenräume führten. Durch herzynische Strukturen im Pannonischen Raum und im Gebiet der Serbisch-Mazedonischen Masse ergeben sich Unterschiede in der Triassedimentation des karpato-balkanischen Raumes auf der einen und des dinarischen Raumes auf der anderen Seite.

Die Trias der Dinariden und des Apennin gehören zur großadriatischen Geosynklinale, die die Südostfortsetzung des südalpinen Troges bildet. Hier lag wie im Perm die Eingangspforte für die aus Asien kommenden Transgressionen mit ihren Faunen. Die südosteuropäische Trias setzt sich fort über Kleinasien, den Kaukasus, Iran, Afghanistan und die Saltrange zum Himalaya.

In der Obertrias dehnte sich die alpine Ausbildung auch auf das westliche Mediterrangebiet aus, wo zuvor eine germanische Fazies geherrscht hatte.

Die Tethys steht im Indonesischen Archipel mit der den Pazifischen Ozean umgebenden zirkumpazifischen Geosynklinale in Verbindung. Ablagerungen aus dieser Geosynklinale kennt man aus Neuseeland, Neukaledonien, Japan, Nordostsibirien, Alaska, den nord- und mittelamerikanischen Kordilleren und den Anden. Die pazifische Trias setzt sich vorwiegend aus dunklen Schiefern und grauwackenartigen Gesteinen mit vulkanischen Tuffen zusammen.

Im Ladin hob sich die Geosynklinale heraus. Insbesondere in Japan kam es zu starken Faltungen. Durch eine weitere Einsenkung lagerten sich norische Schichten ab. Rätische Sandsteine mit Kohlenflözen zeigen eine Regression an. Das norische Meer erlangte in den südamerikanischen Anden größere Ausdehnung, während sonst festländische Gesteine mit porphyrischen und porphyritischen Ergüssen vorhanden sind.

Aus der Trias kennt man auch Ablagerungen eines Arktismeeres, das sich um den heutigen Nordpol erstreckte. In ihrer klastischen Ausbildung sind diese Sedimente der pazifischen Fazies ähnlich. Solche Gesteine hat man auf Spitzbergen, der Bäreninsel, im nördlichen Sibirien, in Alaska und im nördlichen Nordamerika nachgewiesen.

Die kontinentale Trias in Nordamerika wurde in einem schmalen, den Appalachen folgenden Trog und in einem großen, flachen, an die Kordillerengeosynklinale angrenzenden Becken gebildet. Im östlichen Trog lagerte sich die bis 4000 m mächtige Newark group ab, in der Palisadendiabase auftreten. Anlage und Füllung der Grabenzone werden mit der »Riftung« in Zusammenhang gebracht, die der Trennung von Nordamerika und Europa vorausging. Im westlichen Becken bildeten sich die Red Beds, eine Folge roter, kontinentaler, klastischer Molassesedimente. Die kontinentale Trias Nordamerikas entspricht überwiegend dem Keuper.

In allen Teilen des Gondwanalandes erweiterten sich vorhandene oder bildeten sich neue Becken. An Stelle der grauen Gesteine des Perm treten in der Trias bunte und rote Gesteine auf.

Abgesehen von tektonischen Bewegungen im östlichen Asien und in Australien war die Trias eine tektonogenetisch ruhige Periode. In den Geosynklinalen am Rande des Pazifiks, aber auch in den Südalpen und Dinariden finden sich basaltische und andesitische Laven und Tuffe. Auch in Argentinien und Nordamerika kommt es zur Förderung vulkanischer Massen. Die großen Flächenergüsse von Basalten im Bereich von Gondwana, z. B. in Südbrasilien und Südafrika, die man bis vor kurzem für spättriadisch angesehen hat, sind jünger und gehören dem Jura und der Kreide an (S. 362).

Die wirtschaftliche Nutzung triadischer Gesteine

Die Gesteine der Trias wurden und werden vielseitig als Rohstoffe genutzt. So stehen z. B. in der DDR von den 18 Folgen der Trias elf als fester mineralischer Rohstoff in Abbau.

Aus der Germanischen Trias baut man Konglomerate des Buntsandsteins zur Erzeugung von Schotter ab. Gröbere Schichten des Buntsandsteins werden in gebrochenem Zustand teilweise als Bausand genutzt. Als Natursteine dienen z. B. in der DDR, in der VR Polen, in der BRD und Frankreich die Sandsteine des Buntsandsteins und Keupers sowie eine Reihe Karbonatsteine des Muschelkalkes. Früher wurden auch die Gipse der Salinarrot-Folge, der Anhydrit-Folge und des Oberen Gipskeuper als Bausteine verwendet. In zunehmendem Maße nutzt man die Triaskarbonate als Zuschlagstoffe. Die Tonsteine des Buntsandsteins und Keupers werden als Ziegeleirohstoffe und z. T. als Rohstoffe für Fußbodenplatten abgebaut. Eine große Bedeutung besitzen die Triaskalke der Germanischen Trias, insbesondere die Wellenkalk-Folge als Zementrohstoffe und als Baukalke. Für die Zementrohstoffe dienen Sandsteine und Tonsteine des Buntsandsteins als Zuschlagstoffe. Gipse des Keupers stehen in Frankreich in Abbau. Das Steinsalz des Muschelkalkes und Keupers wird z. B. in der BRD und in Frankreich genutzt.

In der VR Polen treten in der Region Silesia-Cracow in Dolomiten der Mittleren Trias reiche Blei-Zink-Erze auf.

Blei-Zink-Erze werden auch in der alpinen Trias in Österreich abgebaut. Die Erze bilden in den Lagerstätten von Bleiberg in Kärnten ausgedehnte Umwandlungen und Hohlraumausfüllungen im Wettersteinkalk. Auch in Jugoslawien gibt es metasomatische Blei-Zink-Lagerstätten im Wettersteinkalk. Quecksilber ist in Jugoslawien bei Idrija an eine Imprägnationszone zwischen Muschelkalk und älteren Schiefern geknüpft.

Ausgedehnte Bauxit-Rückstandslager auf triadischen Karbonaten baut man u. a. in Jugoslawien und Ungarn ab.

Natursteine der alpinen Trias findet man z. B. an vielen repräsentativen Bauten in Budapest und Wien. In Ungarn nutzt man obertriadische Sandsteine des Mecsek-Gebirges, Anis-Kalke des Mecsek-Gebirges, Ladin-Kalke des Villany-Gebirges und norische Kalke des Pilis-Gebirges. Die Karbonatgesteine der alpinen Trias werden in mehreren Ländern als Zuschlagstoffe verwendet. Alpine Triaskarbonate baut man u. a. in Ungarn als Zement- und Baurohstoffe ab, alpine Triasgipse werden z. B. in Österreich und Frankreich genutzt. Triassteinsalz gewinnt man in mehreren alpinen Ländern. Die Sandsteine und Karbonate der pelagischen Trias sind oft Speichergesteine der Erdöl- und Erdgaslagerstätten. Auch das Grundwasser in den Sandsteinen und Karbonaten der Trias wird vielfach genutzt.

Zusammenfassung. Insgesamt ist die Trias durch die Vorherrschaft des Landes gekennzeichnet. Das Meer beschränkte sich im wesentlichen auf die großen alpidischen Geosynklinalen. Die Gesteine der pelagischen Trias finden sich heute fast ausschließlich in den jüngeren Kettengebirgen. Typisch für die Germanische Trias ist die weite Verbreitung der dreigliedrigen »Trias«-Schichtfolgen. Epikontinentale Ingressionen hatten einen leichten Zutritt in die festländischen Becken. Zu größeren Überflutungen kommt es während des Skyth und des Karn/Nor. Regressionen treten am Ende des Ladin und zu Beginn des Rät auf. Nur in Europa, im indisch-indonesisch-australischen Gebiet und in Nevada ist marines Rät bekannt. Mit Ausnahme von größeren Krustenbewegungen in der Umrandung des Pazifiks ist die Trias eine tektonogenetisch ruhige Zeit.

Basaltische und andesitische Gesteine sowie Tuffe wurden teilweise in den marinen Geosynklinalen gefördert.

Das Klima der Trias war ausgeglichener als im Perm. In der Mitteltrias trat die stärkste Erwärmung auf. Vorwiegend die kontinentalen Ablagerungen lassen Merkmale eines semiariden Klimas erkennen. Gegen Ende der Trias wurde es feuchter und kühler.

In der Entwicklung der Lebewesen ist das Auftreten der ersten Säugetiere und neuer Pflanzenformen von besonderer Bedeutung.
G. Seidel

Jura

Allgemeines. Der Name für das System Jura wurde 1795 von A. v. HUMBOLDT eingeführt. Zunächst verstand man darunter nur den Jurakalk des Schweizer Juragebirges. BRONGNIART erweiterte 1829 den Begriff auf das gesamte System im heutigen Sinne. Die klassischen Arbeiten von L. v. BUCH, F. A. QUENSTEDT und A. OPPEL über den Jura in Süddeutschland führten um die Mitte des 19. Jahrhunderts zur Gliederung in den **Schwarzen** (Unteren), **Braunen** (Mittleren) und **Weißen** (Oberen) Jura. Diese Dreigliederung wurde durch die aus dem Englischen stammenden Begriffe Lias, Dogger und Malm ergänzt. Diese Großgliederung erfuhr durch eine Feingliederung in Zonen und Subzonen mit Hilfe von Ammoniten auf der Grundlage des von OPPEL eingeführten Begriffs der Fossilzone eine Detaillierung. Das in der Gegenwart überwiegend anerkannte Gliederungsschema für den Jura wurde auf dem 1. Internationalen Jura-Kolloquium in Luxemburg (1962) beschlossen (ergänzt: 2. Kolloquium 1967). Keine verbindliche Festlegung besteht bisher für die Jura-Kreide-Grenze. Ursache dafür sind Schwierigkeiten in der regionalen Korrelierung der faziellen Sonderentwicklungen des Oberen Oberjura und der Unteren Unterkreide. Der Jura umfaßt einen Zeitraum von etwa 60 Millionen Jahren (mit der Untergrenze bei 195 und der Obergrenze bei 135 Millionen Jahren). Die Juraperiode ist durch das Sedimentationsgeschehen in epikontinentalen und geosynklinalen Gebieten charakterisiert, wobei gegenüber der Trias eine wesentliche Erweiterung des marinen Sedimentationsraumes aus den Geosynklinalen heraus stattfand. Im Gegensatz zur geokraten Trias ist der Jura eine ausgesprochen transgressive Zeit (Thalattokratie). Kennzeichnend sind überwiegend tonige Sedimente im Lias, sandig-tonig-kalkige im Dogger und karbonatische (auch Riffe) im Malm.

Entsprechend den weit verbreiteten flachmeerischen und auch terrestrischen Lebensräumen entwickelte sich die Tierwelt während der Jurazeit sehr vielfältig. Charakteristisch sind die Blütezeit der Ammoniten, die Entwicklung zahlreicher Saurier und das erste Auftreten der Vögel. Eine Zonierung des humiden und ausgeglichenen Klimas von Norden nach Süden wird besonders ab Oberem Dogger durch Faunenprovinzen erkennbar. Elemente borealer Faunen eines kühleren Klimas in Nord- und Nordost-Europa sowie im nördlichen Asien vermischen sich gelegentlich mit denen mittlerer Breiten. Demgegenüber bleibt die Differenzierung zum wärmeren Tethysbereich mit einem eigenen charakteristischen Faunenspektrum erhalten. Für den mitteleuropäischen Bereich werden Temperaturen angegeben: für den Lias 20 bis 25 °C, den Dogger 13 bis 18 °C und den Malm 20 bis 27 °C.

Paläomagnetische Messungen zeigen, daß die Verteilung der Kontinente und Ozeane im Vergleich mit der Triaszeit sich nicht wesentlich verändert hatte. Der Gondwanakomplex verlagerte sich mit Antarktika langsam nach Norden. Die Tethys erweiterte sich in westlicher Richtung, und der südliche Atlantik entwickelte sich aus vordem innerkontinentalen Riftzonen zu einem breiteren Ozean. Die Drift der Kontinente begann im Oberen Jura und führte in der Kreidezeit zu erheblichen Verschiebungen der Lithosphäreplatten. In Zusammenhang mit der Drift und dem Zerbrechen Gondwanas kam es im Oberen Jura und besonders in der Unterkreide zu gewaltigen, bis 2 000 m mächtigen und große Flächen einnehmenden Ergüssen von Basalten (Plateaubasalt, Trapp), z. B. im Paraná-Becken Südbrasiliens (1 Million km²), im Amazonasbecken und in Südwestafrika (Drakensberg), deren radiometrisches Alter im Paraná-Becken mit 125 Millionen und in Afrika mit rund 200 Millionen Jahre bestimmt wurde. Der Nordpol befand sich im Jura ähnlich wie in der Gegenwart im arktischen Meer und war wie der Südpol wahrscheinlich eisfrei.

Die Entwicklung der Lebewesen

Mit den **Foraminiferen** beinhalten die Protozoen eine individuen- und artenreiche Tiergruppe, deren vielgestaltige Gehäuse teilweise zur stratigraphischen Gliederung Verwendung finden. Langlebige Gattungen wie *Dentalina*, *Lenticulina*, *Vaginulina*, *Bolivina* u. a. beginnen ihre Entwicklung im Jura. Für den Tiefseebereich der Geosynklinalmeere sind **Radiolarien** von Bedeutung, die teilweise in großer Menge in Kieselschiefern (Radiolariten) der Tethys auftreten. Von den Invertebraten sind **Schwämme** (*Spongien*), **Korallen** (*Anthozoa* und **Moostierchen** (*Bryozoa*) durch ihre spezialisierte sessile Lebensweise auf das gut durchlichtete, sauerstoffreiche Flachmeer beschränkt. Obwohl es sich nach rezenten Beobachtungen nicht um typische Riffbildner handelt, sind Kiesel- und Kalkschwämme z. B. an der Entstehung massiger Riffe (Schwammstotzen) im Malm Frankens beteiligt. Vorrangig bestehen die weitverbreiteten riffogenen Bildungen im Malm aus **Korallen** (*Scleractinia*). **Bryozoen** haben einen größeren Lebensbereich, da sie Schwankungen im Salzgehalt und in der Wassertiefe eher vertragen. Die **Stachelhäuter** (*Echinodermata*) kommen mit **Seeigeln** (*Echinoiden*), **Seelilien** (*Crinoiden*) und **See- und Schlangensternen** (*Asteroiden*) vor. Von *Pentacrinus* werden die typischen Gelenkglieder gelegentlich im Lias und Dogger gefunden. Aus den Fossilfundstätten des Lias und Malm sind Formen dieser Gruppen in ausgezeichneter Erhaltung bekannt geworden. In den alpinen Juraablagerungen treten mehrfach Crinoidenkalke auf. Die Entwicklung der **Brachiopoden** ist regressiv. Die häufigsten Vertreter gehören zu den *Rhynchonellen* (mit gefältelter Schale) oder zu den *Terebraten* (mit überwiegend glatter Schale). Lokal können einige Arten stratigraphischen Leitwert besitzen wie *Zeilleria numismalis* (Mittlerer Lias). Die auffällige Gattung *Pygope* ist für den alpinen Malm typisch. **Muscheln** (*Lamellibranchiaten*) sind in großer Individuen- und Artenmenge vorhanden und im gesamten Schelfmeerbereich bis in die Uferzone verbreitet. Ihre Lebensweise reicht von pseudoplanktonisch bis sessil. Von besonderer Häufigkeit ist in den benthosarmen Schiefern des Oberen Lias *Posidonia bronni* (Posidonienschiefer). *Meleagrinella echinata* tritt in Schillbänken im Dogger gesteinsbildend auf. Unter den Austern gibt es verschiedene typische Formen. Neu setzen die Inoceramen ein, die später zu ihrer maximalen Entfaltung gelangen. Aucellen sind auf den osteuropäisch-borealen Bereich beschränkt und besitzen dort stratigraphischen Leitwert. Die auffallende Gattung *Trigonia* tritt im Jura erst-

Fossilien des Jura. 1 bis **5** Lamellibranchiaten: **1** Meleagrinella echinata, Dogger; **2** Camptonectes lens, Dogger; **3** Posidonia bronni, Lias; **4** Trigonia costata, Dogger; **5** Astarte elegans, Dogger. **6** und **7** Gastropoden: **6** Nerinea tuberculosa, Malm; **7** Eucyclus ornatum, Dogger. **8** Brachiopoden: Rhynchonella varias, Dogger. **9** bis **11** Ammoniten: **9** Cosmocera ornatum, Dogger; **10** Amaltheus margaritatus, Lias; **11a** bis **11c** Arietites bucklandi, Lias. **12** und **13** Belemniten: **12** Megateuthis giganteus, Dogger; **13** Hibolites hastatus, Dogger. **14** und **15** Porifera: **14** Stellispongia glomerata, Malm; **15** Isastrea explanata, Malm. **16** und **17** Pflanzen: **16** Baiera münsteriana, Lias; **17** Goniolina geometrica, Malm. **18** Vertebraten: Amphitherium (Säugerunterkiefer), Malm (Purbeck)

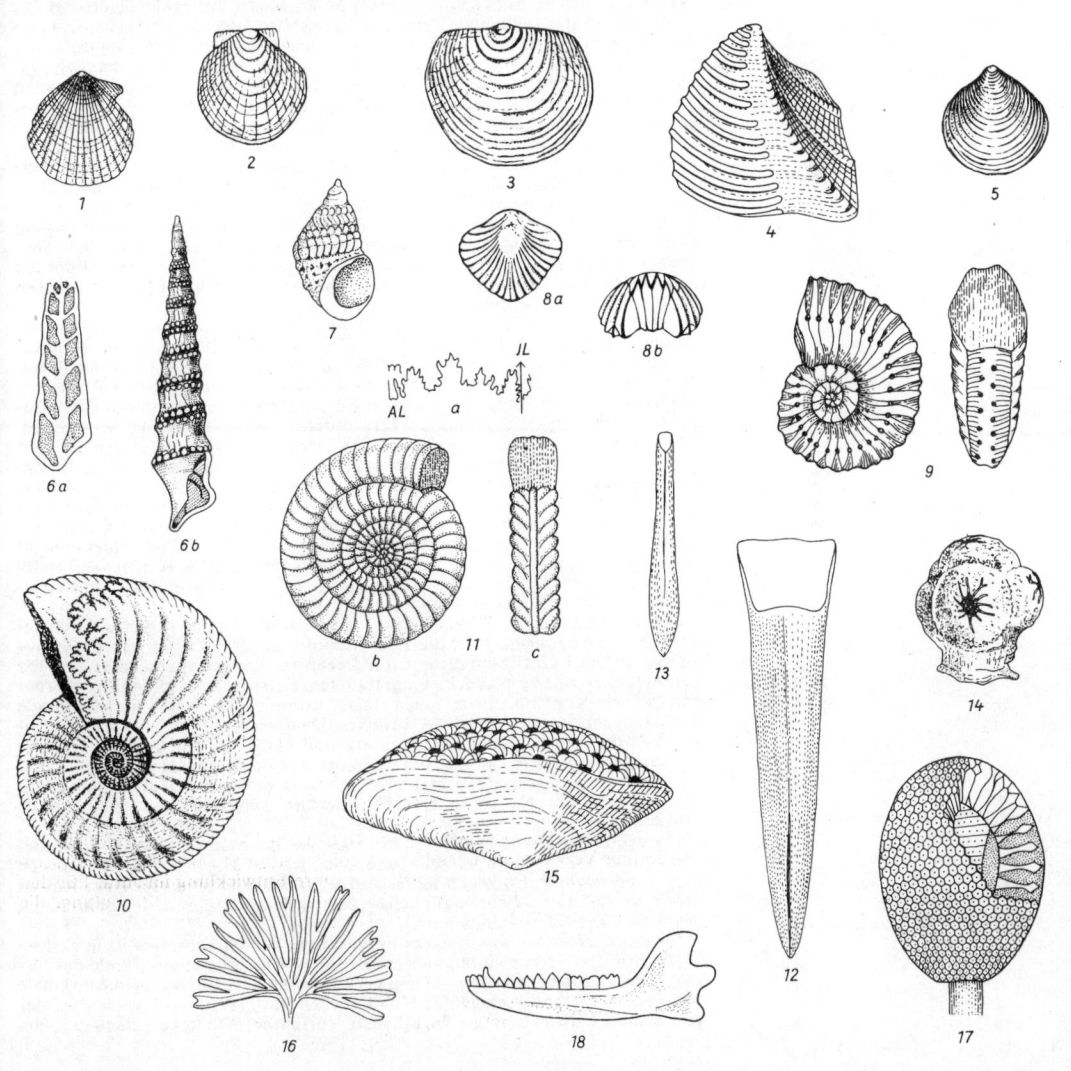

malig auf. Die Ökologie der **Schnecken** (*Gastropoden*) erlaubt ihre weite Verbreitung vom marinen bis in den Süßwasserbereich hinein. Von größerer Bedeutung sind sie unter den regressiven Bedingungen des Malm. Nerineen sind wegen ihrer raschen Abwandlung als Leitfossilien verwendbar. *Pterocera oceani* und *Harpagodes*, auffallend durch ihre Größe und Dickschaligkeit, kommen im Riffbereich vor. Unter den Extrembedingungen des Süßwassereinflusses haben sich im Purbeck monotypische Anreicherungen von **Lungenschnecken (Pulmonaten)** gebildet. In der Entwicklung der **Ammoniten** erfolgt mit dem Jura eine bemerkenswerte Beschleunigung. Die Mehrheit ihrer Vertreter gehört zur Unterordnung der *Ammonitina*. Eine zeitliche Bindung des Vorherrschens bestimmter Skulpturelemente wird deutlich. Im Unteren Lias sind evolute einfachberippte Formen bestimmend. *Schlotheimia angulata* und *Arietites bucklandi* sind bekannte Formen dieser Gruppe. Vom höheren Lias bis in den Unteren Dogger hinein fällt die Häufigkeit involuter, hochmündiger Sichelripper auf, zu denen die bekannten Gattungen *Amaltheus, Leioceras* und *Ludwigia* gehören. Die nachfolgende Ausbildung lateraler Knoten oder wulstartiger Rippen, verbunden mit dem Einschub zusätzlicher Rippen auf der äußeren Windungshälfte, läßt die Gabelripper entstehen. Die Kombination dieser Elemente bringt eine große Anzahl unterschiedlicher, charakteristischer Formen hervor. Die wichtigsten Gattungen erscheinen in Tab. S. 368/69 als Leitformen vom Mittleren Dogger bis Unteren Malm. Die Fortentwicklung der Ammoniten ist jedoch keine ausschließliche, einander ablösende Aufeinanderfolge. *Perisphincten*, die erst im Malm als Leitformen herangezogen werden, beginnen ihre Entwicklung bereits im Bathon. Beschränkt sich in der allgemeinen Skulpturenentwicklung die Vervielfältigung der Rippen nicht auf jeweils einen Gabelungspunkt, sondern wiederholt sich die Aufspaltung der Rippen zur Externseite hin, so entstehen Spaltripper (*Aulacostephanus, Rasenia*). Bei diesen, aber auch bei den sich fortsetzenden Gabelrippern werden im Malm gelegentlich Abbauerscheinungen sichtbar. Mehrfach ist in ontogenetischen Spätstadien der Gehäuse Skulpturvereinfachung oder -abschwächung zu beobachten (*Craspedites*). Einige Ammoniten, deren wichtigster Vertreter *Berriasella* ist, führen mit ihrer Entwicklungslinie in die Unterkreide weiter, die ebenfalls zahlreiche Ammoniten in marinen Sedimenten enthält.

Die andere Cephalopodengruppe sind die **Belemniten**. Gleichfalls an den hochmarinen Lebensraum gebunden, beginnt ihre eigentliche Entwicklung im Lias, wenn man von wenigen Vorläufern in der Trias absieht. Zylindrische und keulenförmige Rostren sind nicht selten. Auffallend und charakteristisch sind für den Unteren bis Mittleren Dogger sind die extrem bis 1,5 m großen Rostren von *Megatheutis giganteus*.

Die Existenz der Insekten ist durch Funde im Posidonienschiefer und im Solnhofener Plattenkalk mit mehreren Gruppen (Hautflügler, Schmetterlinge, Zweiflügler) nachgewiesen. Krebse müssen vor allem im Zusammenhang mit ihren kleinsten Vertretern, den **Muschelkrebsen** (*Ostracoda*), genannt werden. Zahlreiche, differenziert skulpturierte Formen sind die Grundlage der parastratigraphischen Gliederung des Jura durch die Mikrofauna (*Procytheridea, Lophocytherea, Macrodentina* u. a.). Diese Tiergruppe ist nicht auf den marinen Bereich beschränkt, sondern mit meist glattschaligen Gehäusen auch in Brack- und Süßwassersedimenten vertreten (*Cypridea, Bairdia*).

Die Entwicklung der Wirbeltiere macht besonders im höheren Jura, verbunden mit der Zunahme terrestrischer und landnaher Lebensräume, bedeutende Fortschritte. Hervorragende Fossilfundstätten im Posidonienschiefer des Lias sowie im Malm bei Solnhofen (Süden der BRD), Ostafrikas (Tendaguru) und Nordamerikas (Morrison-Schichten) haben eine umfassende Kenntnis von dieser Lebewelt ermöglicht.

Die **Reptilien** zeigen Spezialisierung an bestimmte Lebensräume durch sekundäre Anpassungen, z. B. die **Ichthyosaurier** an das Wasser und die **Pterosaurier** an die Luft. Ebenfalls auf das Leben im Wasser spezialisiert sind die **Sauropteryier** mit zu Paddeln umgestalteten Extremitäten, plumpem Körper und kleinem Kopf auf einem langen Hals. Am eindrucksvollsten sind die Funde der landlebenden zwei- und vierbeinigen **Dinosaurier**. Ihre Entwicklung beginnt in der Trias, überdauert den Jura und wie die gesamte Sauriergruppe nach einem Formenmaximum in der Kreide. Einer der größten jurassischen Vertreter ist *Brachiosaurus brancai* aus dem Oberen Malm von Tendaguru in Tansania (Naturkundemuseum Berlin). **Amphibien** wurden nur selten gefunden.

Dagegen sind **Fische** in den feinkörnigen Sedimenten des Oberen Lias und Malm nicht selten. Knorpelfische, einschließlich der Haiähnlichen, setzen sich fort. Eine stärkere Entwicklung ist bei den Knochenfischen festzustellen, zu denen der häufige »sprottenähnliche« *Leptolepis sprattiformis* im Plattenkalk des Malm von Solnhofen gehört.

Ein entscheidender Schritt in der Entwicklung der Wirbeltiere vollzog sich im Malm mit der Herausbildung der ersten **Vögel**. Die erhaltenen Funde des Urvogels **Archaeopteryx** lassen die neu erworbenen charakteristischen Merkmale wie Federkleid und Anlage der Hohlknochen gut erkennen. Daneben ist der von seinen entwicklungsgeschichtlichen Vorfahren erhaltene gelenkige, vielgliedrige Schwanz noch vorhanden. Der *Archaeopteryx* ist als Kletter- und Flattertier in Waldgebieten vorstellbar. Als seine Vorfahren werden kleine, zweibeinige Saurier (*Thecodontier*) angenommen.

Pflanzen treten im marinen und im terrestrischen Bereich auf. In marinen Ablagerungen finden sich Algen, z. B. Rot- und Braunalgen mit *Goniolina* und *Triploporella* als größere Formen im Malm. Die Landpflanzen schließen sich in ihrer Entwicklung unmittelbar an die Trias an und gehören vorwiegend den Nacktsamern (*Gymnospermen*) sowie höheren Sporenpflanzen (*Pteridophyten*) an. Schachtelhalme, Farne, dazu auch Koniferen und Ginkgoartige setzen die Flora zusammen (*Thaumatopteris, Zamites, Baiera*). Unter den Koniferen entwickeln sich Zypressen und Araukarien neu. Die reiche Wald- und Sumpfflora bildet die Grundlage für ausgedehnte jurassische Kohlenlager im asiatischen Raum.

Das europäische Epikontinentalgebiet untergliedert sich in mehrere großregionale Senkungsgebiete, von denen die Mitteleuropäische Senke mit Dänisch-Polnischer, Norddeutsch-Polnischer und England-Nordsee-Senke dem Südwestrand der Osteuropäischen Tafel unmittelbar vorgelagert ist. Nach Westen schließen England und das Pariser Becken, nach Süden die Süddeutsche Senke an. Das Senkungsgebiet wird im Norden durch den Baltischen Schild, im Westen durch das Armorikanische Massiv, im Südosten durch das Böhmische Massiv und seine Ausläufer begrenzt. Nach Süden besteht eine Verbindung zum Sedimentationsraum der Tethys, während nach Osten der Übergang zum Sedimentationsgebiet der Osteuropäischen Tafel mit lückenhaftem Jura (Moskauer Becken) erfolgt. Im Gegensatz zu den Senken wurden die alten Massive (Ardennisch-Rheinisches Massiv, London-Brabanter Massiv, Zentralfranzösisches Massiv u. a.) nur z. T. oder überhaupt nicht vom Jurameer überflutet. Zwischen diesen Blöcken ermöglichten Straßen eine wechselnde Verbindung zwischen der einzelnen Senken. Die wesentlichsten unter ihnen stellten die Hessische zwischen Ardennisch-Rheinischem und Böhmischem Massiv und die Baltische Straße zwischen dem Baltischen Schild und dem Böhmischen Massiv dar. Durch die strukturelle Untergliederung kam es zu zeitlichen Verzögerungen der regionalen Transgressionen und Regressionen sowie zu faziellen Sonderentwicklungen. Im europäischen, epikontinentalen Lias herrschen dunkle, bituminöse Tone und Mergel (Schwarzer Jura), die von sandig-tonigen, eisenführenden Sedimenten des Dogger (Brauner Jura) und von kalkigen Sedimenten des Malm (Weißer Jura) überlagert werden.

Die **Norddeutsch-Polnische Senke** nimmt im Jura innerhalb der Mitteleuropäischen Senke eine zentrale Stellung ein. Die überwiegend limnisch-brackische, z. T. lagunäre Sedimentation der Oberen Trias wird durch eine marine Entwicklung abgelöst, die bis in den Oberen Jura reicht. Es erfolgte eine starke Aufgliederung des permisch-triassischen großregionalen Absenkungsgebietes in mehrere Senken- und Schwellenbereiche im Differenzierungsstadium der Tafeldeckgebirgsentwicklung, die in ihrer Anordnung enge Beziehungen zum Strukturbau des tieferen Untergrundes erkennen lassen. Der Meereseinbruch begann mit der Rät-Transgression, durch die eine Verbindung von der Tethys über das Pariser Becken bis zum Englischen und Norddeutsch-Polnischen Becken erfolgte. Diese Überflutung erreichte den Ostteil der Senke im Carix, den Südteil der Dänisch-Polnischen Senke erst im Oberen Lias. Der Lias geht überwiegend kontinuierlich aus dem Rät hervor und ist durch eine marine, tonig-mergelige Beckenfazies gekennzeichnet, die in eine sandige Randfazies übergeht. Nach Osten schließt eine limnisch-brackische, sandige Fazies an. In Verbindung mit der sandigen Randfazies stehen wiederholt oolithische Eisenerze, die vom Beckenrand zum -zentrum oxidisch, oxidisch/silikatisch, silikatisch und schließlich sulfidisch ausgebildet sind (Harzburg, Badeleben-Sommerschenburg u. a.). Diktyogenetische und halokinetische Bewegungen führten zu einer ersten bedeutenderen Differenzierung in der Mächtigkeitsverteilung. Charakteristische Senkungsgebiete sind rheinisch streichende Tröge (Gifhorner Trog, Nordoldenburger Trog, Prignitz-Altmark-Brandenburg-Senke u. a.), die bis in den Oberen Jura hinein bestanden. Die Herausbildung sapropelartiger Bedingungen führte bereits im Unteren, besonders aber im Oberen Lias (Toarc) in den beckenzentralen Teilen zur Ausbildung stark bituminöser Sedimente, die als Muttergesteine für die Erdöl- und Erdgaslagerstätten des Meso- und Känozoikums im Norden der BRD angesehen werden. Die Bitumenschiefer des Toarc (Posidonienschiefer i. e. S. und Dörtener Schiefer) gehen in östlicher Richtung in die limnisch-brackische »Grüne Serie« über. Der mehrfache Wechsel transgressiver und regressiver Tendenzen führte bei einer allgemeinen Erweiterung des Beckens zu unterschiedlicher Reichweite der marinen Entwicklung und zu Schichtlücken in Schwellengebieten. Die maximale Verbreitung mariner Sedimente wurde im Lias (Carix) erreicht.

Im **Dogger** nahmen sandige Schüttungen, insbesondere vom nördlich gelegenen Cimbrischen Festland, an Bedeutung erheblich zu, insbesondere im Aalen (Aalen-Sandstein) und im Bathon (kalkig-sandige Cornbrash-Fazies mit

Paläogeographische Verhältnisse

Paläogeographie des Jura in Europa (nach Brinkmann u. Krömmelbein 1977). A Aquitanisches Becken, AM Armorikanisches Massiv, AR Ardennisch-Rheinisches Massiv, Ba Baltischer Schild, B Böhmisches Massiv, D-P Dänisch-Polnische Senke, E Englische Senke, H Hessische Straße, BS Baltische Straße, LB London-Brabanter Massiv, NP Norddeutsch-Polnische Senke, N Nordsee-Senke, P Pariser Becken, R Ringkøbing-Fyn-Hoch (Cimbria), U Ukrainischer Schild, V Vindelizische Schwelle, S Süddeutsche Senke, Z Zentralmassiv

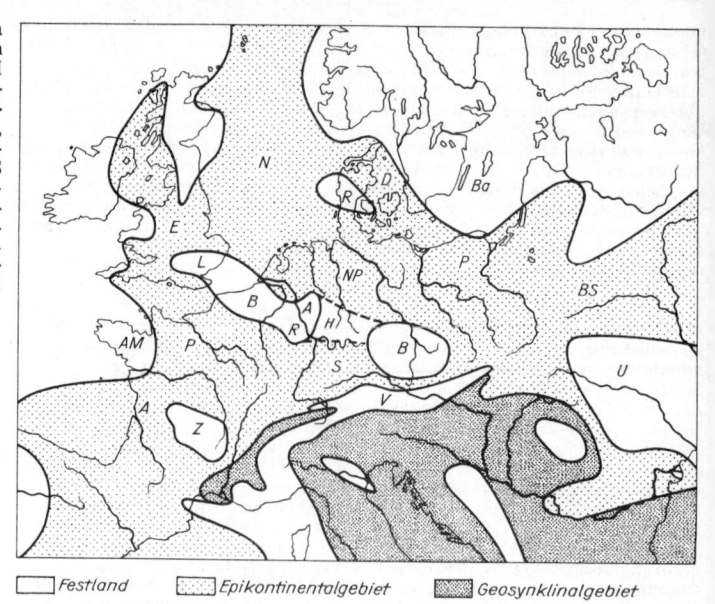

☐ Festland   ⋮⋮⋮ Epikontinentalgebiet   ▓ Geosynklinalgebiet

oxid-oolithischen Eisenerzen). Ihr Hauptverbreitungsgebiet haben sie im Nordosten der BRD und im Nordwesten der DDR. Die Sandsteine stellen wichtige Speichergesteine für die aus den liassischen Bitumenschiefern während der Diagenese mobilisierten Kohlenwasserstoffe dar. In östlicher Richtung gehen die sandigen Bathon-Sedimente in geringmächtige, tonig-sandige Sedimente mit sideritisch-silikatischer Bindung des Eisens als Hinweis auf ruhigere, reduzierende Sedimentationsbedingungen über. Mit der regionalen Callov-Transgression erreichte das Jurameer seine größte Verbreitung. Über die Baltische Straße bestand eine Verbindung mit dem Moskauer Becken, über die die boreale Fauna in den mitteleuropäischen Raum einwanderte.

Im Malm vollzog sich eine weitgehende Umstellung der lithofaziellen Ausbildung von sandig-tonigen zu karbonatischen und evaporitischen Sedimenten. Im Ergebnis einer stark regressiven Entwicklung konzentrierte sich das Sedimentationsgeschehen auf einzelne Senkungsgebiete, von denen das flach herzynisch streichende Niedersächsische Becken die größten Mächtigkeiten aufweist. Unter generell flachmarinen Bedingungen entstanden u. a. Oolith- und Bruchschillkalke (Korallenoolith, Gigas-Schichten) und Anhydrite (Portland des Niedersächsischen Beckens, Kimmeridge der Prignitz-Altmark-Westbrandenburg-Senke). Von wirtschaftlicher Bedeutung sind die oxid-oolithischen Eisenerze im Korallenoolith des Gifhorner Troges und der westlichen Prignitz. Den Abschluß des Malms bilden die limnisch-brackischen, bunten Sedimente des Portland mit dem Serpulit, die zu der ebenfalls limnisch-brakkischen, aber sandig-tonigen und kohlenführenden Wealden-Fazies der Unterkreide überleiten. Die im Osten anschließende **Dänisch-Polnische Senke** enthält unterschiedlich ausgebildete Juraschichten. Ihr Südostteil (Mittelpolnische Teilsenke) vermittelt zwischen west- und osteuropäischem Jura und ist überwiegend marin ausgebildet. Dagegen weist ihr Nordwestteil (Dänische Teilsenke), am Südwestrand des Fennoskandischen Schildes gelegen und durch das Ringkøbing-Fyn-Hoch von der Norddeutsch-Polnischen Senke teilweise abgetrennt, einen bedeutenden Anteil kontinentaler Fazies auf. Die nordwesteuropäischen transgressiven Tendenzen im Mittellias, Oberdogger und unteren Oberjura treten in teilweise abgeschwächter Form in beiden Teilsenken auf. Während im Zentralteil der Mittelpolnischen Senke der Jura das Rät konform überlagert, greifen randlich Mittel- oder auch Oberlias bis auf das präkambrische Fundament. Der Lias ist in beiden Teilen sandig-tonig ausgebildet. Die erste bedeutendere marine Ingression erfolgte im Unterpliensbach. Mit dem Dogger begann im Südosten eine durchgehend marine Entwicklung, während sich im Nordwesten im Bathon/Bajoc kontinentale Sande und Tone mit Kohlenführung sowie eine Glassand-Formation einschalten. Für das Oberbajoc-Unterbathon des Südostens ist die marine, sideritführende Sand-Ton-Mergelstein-Formation des Kujaw charakteristisch. Dort erfolgte Ende Callov die Umstellung zur karbonatischen Fazies des Malm, die ab Mitteloxford durch das Auftreten von Riffkalken gekennzeichnet ist. Im Nordwesten kam es dagegen zur Ausbildung einer bunten tonigen Oxford-Kimmeridge-Folge mit marinen und brackischen Horizonten. Die regressive Entwicklung im Oberen Malm führte im Südosten zur Entwicklung der Purbeck-Fazies im Oberportland, während sich im Nordwesten nichtmarine Sande und Tone bildeten. Der größte Teil der **Osteuropäischen Tafel** wurde erst im Dogger vom Jurameer erfaßt (Moskauer Becken u. a.). Lias war nur am Nordwestrand des Donez-Beckens primär vorhanden. Im Dogger tauchte der östliche Teil der Tafel schwach ein, und es kamen vom Wolgagebiet im Süden bis zum Ural im Osten flachmarine Ablagerungen mit Sanden, Tonen, seltener Kalken geringer Mächtigkeiten zum Absatz, an die sich nach Norden sandige Kontinentalsedimente anschließen. Mit der vom westeuropäischen Sedimentationsgebiet nach Osten vorstoßenden Callov-Transgression wurde eine Verbindung zwischen westeuropäischem, arktischem und mediterranem Sedimentationsgebiet geschaffen. Es entstanden Tone, Sande mit glaukonitischen und phosphoritführenden Horizonten, örtlich mit mergelig-kalkigen Horizonten. Riffkalke treten nur im Malm der Donez-Senke auf. Eine zunehmende Isolierung der Sedimentationsbecken im Oberen Jura führte zur Sonderentwicklung der Wolga/Rjasan-Serie. Der Jura des **arktischen Beckens** (Skandik) zeigt enge Beziehungen zu dem der Russischen Tafel und zeichnet sich durch Kalkarmut und eine auf kälteres Klima hinweisende boreale Fauna aus. Europäisches und arktisches Sedimentationsgebiet standen besonders ab Callov in Verbindung. Der Jura des **Englischen Beckens** und der Nordsee wurde in einem durch tektonische Schwellen und Senken stark untergliederten Raum abgelagert (taphrogene Senken), der mit der Norddeutsch-Polnischen Senke und dem Pariser Becken in überwiegend offener Verbindung stand. Ton-Sand-(Korallen-)Kalk-Zyklen, die sich mehrfach wiederholen, sind auch für den englischen Jura charakteristisch. Der Lias beginnt – teils kontinuierlich aus dem Rät hervorgehend, teils bis auf Präkambrium auflagernd – mit einer brangrauen Ton-Mergelstein-Folge (Blue Lias). Randlich sind oolithische Eisenerze ausgebildet (Froddingham). Sandige Schüttungen des Middle Lias enthalten die wirtschaftlich bedeutenden siderischen Eisenerze des Midland Ironstone District und der Cleveland Hills. Der Dogger wird bis zum Bathon durch die kalkig-sandige Oolith-Serie repräsentiert, in die sich vom Nordosten mächtige Deltaschüttungen einschieben (Ästuarine Serie von Yorkshire und Schottland). Sie werden von Skandinavien und vom nördlichen Festland Laurentia geleitet. Für das Oberbathon-Untercallov ist die kalkig-sandige Cornbrash-Fazies charakteristisch. Oolithische Eisenerze sind weit verbreitet. Darüber folgt als Zeichen einer allgemeinen Vertiefung der Oxford-Ton (Kalksteine mit Ton- und Mergellagen, Korallen), randlich begleitet im Norden von Kellaway Rocks, im Süden vom Coral Rag, deren Ausbildung auf den Umschwung zu gut durchlüfteten Flachwasserverhältnissen hinweist. Einen weiteren Wechsel zu kühlerem Klima deuten die schwärzlichen Tonsteine und Mergelbänke (Cement stones) des Cimmeridge Clay an. Durch Zunahme des Sandgehaltes entwickelte sich das Portland, das aus einem Wechsel oolithischer Kalke, Serpulit, lithographischer Kalke und von Hornsteinen besteht. Verbunden mit der weitgespannten Hebung des gesamten Epikontinentalbereichs, setzt mit scharfem Fazieswechsel die Folge des Purbeck, bestehend aus Süßwasser- und Landablagerungen mit ästuarinen Einschaltungen, ein. Das **Pariser Becken** wurde allmählich durch die von Osten nach Westen vorstoßende infraliassische Transgression erfaßt, wodurch die Liasschichten in küstennaher Fazies auf die alten Massive transgressiv übergreifen. Der Höhepunkt der Transgression wurde im Domer erreicht, wodurch große Teile des Zentralmassivs überflutet wurden. Zu diesem Zeitpunkt wurde auch eine Verbindung zum Aquitanischen Becken geschaffen (Straße von Poitou). Die Verbindung nach Norden war ständig offen, die nach Osten über die Burgundische Straße zwischen Morvan und Vogesen wurde durch submarine Schwellenbildung zeitweise behindert. Der Lias ist in den beckenzentralen Teilen überwiegend tonig-mergelig ausgebildet, enthält z. T. Mergelkalke mit Grypheen (Obersinemur) und weist mehrfach eine eisenoolithische Randfazies auf (Hettang-Morvan). Für das tiefere Toarc sind die weitverbreiteten bituminösen Schiefer (schistes carton) typisch, während das obere Toarc kalkiger und lückenhaft ist. Der Dogger ist stark kondensiert und lückenhaft. Mit der Litoralzone des Aalen sind die bedeutenden französischen Eisenerzlagerstätten am Rand der Ardennen verbunden (Lothringer Minette). Bajoc und Bathon weisen Karbonate (z. T. Cephalopodenfazies) und auf Schwellen Riffe auf. Nach tonigem Callov und Oxford mit erneuter eisenoolithischer Randfazies um Morvan erscheinen am Ende des Oxfords an den aufsteigenden Rändern der Massive koralligene Riffe, die durch Kimmeridge-Mergel und lithographische Kalke überlagert werden. Mit dem Erscheinen der sandig-kalkigen brackischen Purbeck-Fazies, teilweise bereits an der Grenze Mittel-/Oberkimmeridge im englischen Sinne, wird die regionale Regression des Jurameeres und die allgemeine Emersion angedeutet. Im **Aquitanischen Becken** vollzog sich dagegen im Jura eine überwiegend karbonatische Entwicklung, in die im Unteren Lias mächtige Evaporitserien eingelagert sind. Anklänge an das südliche pyrenäische Geosynklinalgebiet sind deutlich. Der Jura in dem gegenüber der Norddeutsch-Polnischen Senke weniger intensiv epirogen absinkenden **süddeutschen Sedimentationsgebiet** (Süddeutsche Stufenlandschaft) weist geringere Mächtigkeiten, flachmarine Sedimenta-

S. 368:
Stratigraphische Gliederung des Juras

368

Abteilung	Stufe	wichtige Leitammoniten	Europäisches Epikontinentalgebiet				
			Englisches Becken	Norddeutsch-Polnische Senke (W / E)	Mittelpolnisches Becken	Moskauer Becken	
	Hangendes		Wealden	Valangin / Wealden	Valangin	Valangin	
Malm	Obermalm [1] (Portland)	Rjasanites sp. / Craspedites sp.	Purbeck T MK E -120	6 T Serpulit K M	Purbeck Mergel K E -130		Rjasan
		Virgatites sp.	Portland -Stone -Sand -70	5 Münder Mergel / 3 A	Kalksteine	Schichten mit C. subditus	
		Dorsoplanites sp.	Upper- T-M-S	Einbeckhäuser Plattenkalk / 2 bunte Ton- und Mergelsteine	Bonon Bonon- Mergel zum Teil s	T Bi V. virgatus D. panderi -23	Sandstein Wolga
		Gravesia gravesiana	Kimmeridge Clay Middle-M 1	Gigas-Scht. -200	-130	stein -50	
	Kimmeridge	O Aulacostephanus sp.	90-500	Virgula-Scht. / Pterocera- / Nerineen- / Natica- Scht.	Tone M, K E im Kim. 30	Kalkstein- Mergel -400	Schichten mit Au. pseudomut. Au. kitchini gl P
		M	Lower-T				
		U Rasenia cymodoce / Pictonia baylei			Kimmeryd		
	Oxford	O Ringstedtia pseudocordata	Calcareous Grit (Corallian-Beds) -70	Ampthill- clay -40 Coral Rag / Coralline Ool.	Korallenoolith K (ool.), D, M Fe-Ool.	Mergel mit Schwämmen	T-M A. alternans Ton-
		M Perisphinctes plicatilis			Raurak		
		U Cardioceras spp.	Upper -15	Heersumer Scht. S T M K	S. gl -150	-10 -20 C. cordatum stein	
Dogger	Callov	O Quenstedtoceras spp. / Peltoceras athleta	Oxford Clay -120 Middle	T Ornaten-Scht. T S	Nodular Beds S T M	T-M Qu. lamberti K. jason K	Py, P
		M Kosmoceras spp.	Lower -100	20-60	-100		
		U Macrocephalites spp.	Kellaway- -20 Beds Upper Cornbrash Lower	TS Macrocephalites-Scht. T 60	Kelowej S T M 20	T mit Kohlen	
	Bathon	O Clydoniceras spp. / Oxycerites aspidoides	Great Oolite Series -150	Aspidoides Fe sid. Scht. Cornbrash T-S KS Fe ool. -150	Baton S-T -170 Kgl	Kontinentale Serie	
		M					
		U Parkinsonia württembergica	Estuarine Series	Württembergica Scht. 150	U Kujaw O T-S	-60	
	Bajoc	O Parkinsonia, Garantiana strenoceras subfurcatum	Inferior Oolite -120	75 Park.-, Garant.-, Subf.-Scht. T Coronaten-Scht. 20	Bajos T-S -80	Abkürzungen:	
		M Stephanoceras humphriesanum	-240 S-T	T Sowerbyi-Scht.		A Anhydrit	
		U Sonninia sowerbyi				Bi Bitumenschiefer	
	Aalen	O Ludwigia murchisonae	K z.T. S, Fe	40 Murchisonae- Aalen-S. T Opalinum-Scht. -100	Aalen U O T-S -40	E Evaporite Fe Eisenerz gl glaukonitführend	
		U Leioceras opalinum					
Lias	Toarc	O Pleydellia aalense / Dumortieria levesquei / Grammoceras toarcense	Upper Lias Yeovilian (T-S)	T Jurensis-Scht. / Dörntener Schiefer T-S -30 M Bi	Kamien Beds T S 100-150	H Hornstein K Karbonate	
		U Hildoceras bifrons / Harpoceras spp. / Dactylioceras tenuicostatum	Whitbian -135	Posidonien- Schiefer Grüne Serie -300 Bi 125	Gryfice Beds T S 50-100	Kgl Konglomerat M Mergelstein Mn Manganerz	
	Pliensbach	Domer O Pleuroceras spinatum	Middl.L. Marlstone (Ironstone)	T Amaltheus-Scht.	Komarowo Beds 200-50	ool oolithisch	
		U Amaltheus margaritatus	Fe -125	150	S T	P Phosphorit	
		Carix O Prodactylioceras davoei	Green Ammonite Beds	Capricornu-Scht. T-S -200 Jamesoni-Scht.	Kohle Łobez Beds T 50	Py Pyrit Qt Quarzit	
		U Uptonia jamesoni	Belemnite Marls	T/M mit Fe-Oolith 50-100		s sandig S Sandstein	
	Sinemur	Lotharing O Echioceras raricostatum / Oxynoticeras oxynotum / Asteroceras spp.	Ammonite Marble -54 -100	Kgl. Raricostatum-Scht. T 80 Bifer-Scht. T-S Bi Planicosta-Scht.	Radowo Beds S T 200	Scht. Schichten) Sid Siderit	
		U Arietites bucklandi		-50 Arieten-Scht. T Bi S mit Fe-Ool.	Upper	T Tonstein	
	Hettang	O Schlotheimia angulata	Lower Lias Blue Lias K-T -40	25 T/S Angulaten-Scht. -80	Mechowo Beds Middle		
		U Psiloceras planorbis	Preplanorbis Beds	-15 Psilonaten-Scht. T Bi T/S -150	S T Lower 200-300		
	Liegendes		Rät (White Lias)	Rät	Rät	Paläozoikum	

[1] Grenze zur Kreide international noch nicht festgelegt

Pariser Becken E-Rand	Schwäbisch-Fränkische Senke	Europäisches Geosynklinalgebiet (N-Rand Tethys)				
		West-Alpen Helvetischer Trog	Ost-Alpen Nördliche Kalkalpen	Süd-Alpen	Transdanub. Mittelgeb.	Mecsek-Gebirge
Wealden	Miozän Cenoman	Valangin Mergel	Neokom	Unterkreide	Apt	Hauterive (Valangin) Dolerite
Purbeck M 40 sK 12 sK D Calcaires du Barrois −770 Mergel, Kalke oder −150 Lithographenkalk von Saucourt Kalke ool (Schwamm- und Korallen-Fazies) z.T. M mit Fe −150 „Chailles" Oolith Fe Ton −100 165 Mergel Fe-ool Dalle nacrée Mergelkalke, ool −100 Riffe Oolith miliaire Oolith blanche Kgl. −220 Mergel und Kalke Fe-Lorraine (La Malière) −100 Schistes carton Bi Kgl Eisenstein −200 Mergel-Ton Davoei-Kalk Mergel-Kalk 5 Calcaire ocreux (Raricostatum-K.) Mergel 25-50 Grypheen-K M-S 4,10-50 Hettang-Sandstein 70 Rät bis Paläozoikum	ζ Platten- (Solnhofener Plattenkalke) und ε Bankkalke δ Mittlere Weißjura u. Obere γ Graue Mergel −60 −200 β Wohlgebankte K α Untere Weißjura und Graue Mergel −70 ζ Ornaten-Ton P −40 ε₇ Macroceph.-Oolith Mergel- ε₆ Aspidoides-Bank und Kalk- Sand- Steine ε₅ Tonmergel −40 mit Fe-Ool. δ Parkinson-Oolith −35 7-4 Subfurc. Oolith Gig.-Ton γ 20 Wedel-S. „Eisenool.-K." Sowerbyi-Bank 1-8 β Dogger −100 S mit Fe-Oolith Fe-S α Opalinum-Ton −130 ζ Jurensis-Scht. Mergel ε Posidonienschiefer −20 Bi −10 δ Amaltheen-Scht. 20 T K+M 60 γ Davoei-Kalk Numismalis-Mergel Bank-K. β Obere -Tone und M −35 Kalkbank Untere -(Turneri) Tone α₃ Arieten-Scht. K −10 S α₂ Angulaten-Scht. α₁ Psilonaten-Scht. T-M −12 S+K Psilonatenbänke Rät-S	(Tros-Kalk, z.T. Korallen) Quintner Kalk −500 (2000-5000) Schilt-Scht. (K u. Schiefer) −60 Mergel-Schiefer und Kalke −100 Blegi-Oolith −3 Bajoc-Spatkalk Eisen-S. −50 Aalen-Schiefer TM −30 Brekzien-Kgl Sexmoor-Serie K-M 10-150 Kiesel-K. Spitzmeilen-Serie −120 „Bunter Lias" KS Prodkarnien-Serie 100 Cardinien-Scht. −50 Infralias-Sandsteine Rät-Quartenschiefer	Öhrli-K+M −130 −20 Zement-Schichten −75 bunte Hornstein-Kalke Stramberg-Fazies (Riffe) Arzberg-Kalke Oxford-Kalke Jüngere Allgäu-Schichten (Spatkalke) −350 Allgäu- Mittlere Allgäu-Schichten −200 Ältere Allgäu-Schichten (Flecken-K., M) (tonig: Adnether Fazies) Spongien-Kalke roter Lias-Kalke Kössener Scht. Riffkalke Rät	bunte Hornstein-Kalke Aptychen-Schicht und Hornstein-Kalke (Hinterriß-Scht., Ammergauer Oberalmer Scht., koralliger Plossenkalk) Klaus-Schichten Crinoiden- und Brachiopodenkalk −260 Kohlen bunte Cephalopodenkalke −20 Bunte Cephalopoden-Kalke Hierlatzkalk, massig Kieselkalke mit Hornstein-einlagen (Spongiten) −1000 Nor Hauptdolomit	Biancone und Maiolica Diphya-K. rote Knollen-Kalke −800 Radiolarite und hornstein-führende Kalke −70 K und M mit Posidonia alpina K und M mit Hornsteineinlagen −50 M- u. Knollen-K. −60 Ammonitico rosso inf. (rote Kalke und Mergel) obere Mergellagen rote Kalke „Lombardische" Kieselkalke mit Hornsteineinlagen Rät	K und M Knollen-K. Cephalo-poden-K. −10 Hornstein (Radiolarit) Mn Aptychen-Scht. roter Kalk mit Hornstein und Mn bunte Cephalo-poden-K. −25 Adnether Fazies roter −50 Mn Cepha-lopoden-K. Crinoiden-Kalk (Hierlatz-F.) Horn-stein-kalk Räto-lias-serie Dachstein-K.	plattige Kalke Knollen-K. Horn-stein und Knollen-Kalk kieslige Kalke Knollen-Kalk Schiefer-tone K −200 Mergel S 50-60 Bitumen-Schiefer 40-60 Flecken-Mergel −1000 S, Qr, H Lotha-ring-Mergel Grestener Fazies mit Kohlen −900

24 Entwicklungsgesch. der Erde

tionsbedingungen, häufig Aufbereitungsprodukte und Sedimentationsunterbrechungen auf. Das Meer drang im Hettang von Norden kommend durch die Hessische Straße in das südliche Epikontinentalmeer ein. Im Lias kamen überwiegend dunkle Mergel und Mergelkalke zur Ablagerung. (Kalk-) Sandsteine treten insbesondere im Unteren Lias (Angulaten-Sandstein, Hauptsandstein) und in den randnahen Gebieten zum Vindelizischen Festland auf. Hiermit verbinden sich im Untersinemur oolithische Eisenerze. In den zentralen Teilen des Beckens kam es ebenso wie im Norden im Sinemur und vor allem im Untertoarc zur Ausbildung bituminöser Schiefer. Im Dogger sind kalkig-sandige Ablagerungen mit erhöhter Eisenführung weit verbreitet. Weitaushaltende Kalkbänke (Sowerbyi-Bank u. a.) bezeichnen Höhepunkte der Verflachung des Meeres. Im Aalen entstand im küstennahen Bereich zum Vindelizischen Festland die Hauptmasse der ostwürttembergischen Eisenerze (Geislingen, Wasseralfingen, Aalen). Im Malm erfolgte der Übergang zu einer überwiegend karbonatischen und karbonatisch-tonigen (mergeligen) Ausbildung in geschichteter und ungeschichteter Fazies. Die geschichtete, plattige Fazies ist durch einen Wechsel von Kalkbänken mit meist dünneren Mergelzwischenlagen als Zeichen ruhiger, ausgeglichener Sedimentationsverhältnisse gekennzeichnet und geht lateral in die ungeschichtete Schwammfazies über. Die Schwammrasen erscheinen im Unteren Oxford, erreichen den Höhepunkt ihrer Entwicklung im Mittleren Kimmeridge und verschwinden im Untertithon. Eine typische Stillwasserfazies, die sich zwischen den Schwammstotzen ausbildete, sind die Plattenkalke, unter denen der Solnhofener Plattenkalk des Mittelkimmeridge durch die Funde des Urvogels *Archaeopteryx* und anderer Fossilreste weltbekannt geworden ist.

An das Epikontinentalgebiet schließt im Süden die **Tethys** mit ihren Geosynklinaltrögen an. Gegenüber der Trias erweiterte sich dieses Meer bis in den westmediterranen Raum und bezog das südspanische und nordafrikanische Gebiet sowie das der Pyrenäen mit ein.

Die geosynklinale Entwicklung des **Alpenraumes** während des Jura ist durch einen intensiven Fazies- und Mächtigkeitswechsel gekennzeichnet, der den äußerst differenzierten strukturellen Bau des Sedimentationsgebietes in Becken und Schwellen widerspiegelt. Mächtige terrigene (sandig-tonig-karbonatische) Sedimente kennzeichnen im Lias die Beckenfazies (Bündner-Schiefer des Penninischen Troges der Westalpen, Allgäu-Schichten und Fleckenmergel der Ostalpen), geringmächtigere Brachiopoden- und Crinoidenkalke (Hierlatz-Fazies der Ostalpen) und z. T. Riffe die Schwellenfazies. Differenziert wurden die Beckenzonen der Ostalpen durch submarine Schwellen, auf denen geringmächtige rote Cephalopodenknollenkalke (Adnether Fazies) und Kieselkalke in enger Nachbarschaft zu den terrigenen Allgäu-Schichten zur Ablagerung kamen. Brekzien in bathyalen Sedimenten des Unterostalpins verdeutlichen die schroffen morphologischen Differenzierungen. Der Vulkanismus beschränkte sich im wesentlichen auf die Gebiete tiefer geosynklinaler Einsenkung, z. B. Ophiolithe als Intrusionen und submarine Laven in den Bündner-Schiefern des Penninischen Troges. Diese Becken- und Schwellenfazies dauerte in ihren Grundzügen im Dogger noch an. In Verbindung mit der starken Absenkung im Callov setzte im Ostalpin die Radiolaritbildung ein, die sich bis in das Penninikum erstreckte und im Malm ihren Höhepunkt erreichte. Im Malm herrschte in der alpinen Geosynklinale ein ausgeglicheneres Bild, auch wenn noch erhebliche Faziesdifferenzierungen bestanden. Für die Ost- und Südalpen sind in Gebieten starker Absenkung die pelagischen Aptychenkalke und Radiolarite typisch, während die terrigene Serie des Penninischen Troges über den Malm bis in die Kreide reicht.

Der nordalpine Geosynklinaltrog setzte sich nach Südosten in die **Karpaten-** und der südalpine Geosynklinaltrog in die **Dinariden-Geosynklinale** fort. Beide weisen eine der alpiden Entwicklung vergleichbare jurassische Schichtenfolge auf. Hervorzuheben sind das lagunäre Kimmeridge in den Dinariden und die Diabas-Hornstein-Formation. Der Jura bildet vorwiegend die Klippen der pienidisch-subpienidischen Klippenzonen der Karpaten. Große Teile eines Serbien und den östlichen Balkan einschließlich der Ägäis umfassenden Festlandes wurden erst im Dogger in die Sedimentation einbezogen. An seinem Randbereich entstand die sandig-tonige, kohlenführende Formation des Unteren Lias (Fazies der Grestener Schichten), zu der neben den Vorkommen im südlichen Siebenbürgen (Rumänien), den Südkarpaten und den Banater Bergen auch die das Mecsek-Gebirge (Ungarn) gehören. Der im unteren Teil limnische, im oberen Teil paralische Unterlias geht dort über eine sandig-tonig-kalkige Mischformation des Mittel- und Oberlias mit alpinen Einschüben (Crinoidenkalke) in den höheren Jura mit vorwiegender Kalkabscheidung mit südalpinem Einfluß über. Über dem Lias Siebenbürgens und der Südkarpaten folgt transgressiver Oberjura (Unterkimmeridge, meist Tithon). Nur lokal ist Bajoc sowie kondensiertes Bathon-Oberoxford ausgebildet. Der Jura des Transdanubischen Mittelgebirges (Ungarn) entstand in einer Ausbuchtung der Karpaten-Geosynklinale und liegt in geringmächtiger, pelagischer Fazies mit Cephalopoden- oder roten Brachiopoden- und Crinoidenkalken (Hierlatz-Fazies), untergeordnet mit Kalk und kieseligen Mergeln ausgebildet vor. Zahlreiche Lücken belegen die Oszillationen des flachen Meeresbodens. Auf korrodierter Oberfläche des Hierlatzkalkes entstanden Tone mit Manganerz (Urkut). Das Tithon ist kalkig-mergelig ausgebildet. Das gehäufte Auftreten von Radiolariten im Oberdogger und Untermalm deutet auf die größte Tiefe/Absenkung zu dieser Zeit hin. Auch die Sedimente des **Hochtatrikums** weisen eine alpine Entwicklung auf. Sie entstanden in einem intraantiklinalen Sedimentationsbereich mit eigener Gliederung in Senken und Schwellen. **Nördlicher und Mittlerer Apennin** sind mit dem Sedimentationsgebiet der Südalpen verbunden. Aus dem Unteren Lias ist der technisch wichtige Carrara-Marmor bekannt. Der **Kaukasus** enthält mit mehr als 15 km das mächtigste bekannte Jura-Profil der Erde. Lias und Dogger bestehen aus einer marinterrigenen Folge mit Kohlenflözen im Dogger (Grestener Fazies) und aus einer mächtigen Effusiv-Serie (Porphyrite, Quarzporphyre). Der Malm ist kalkig-mergelig ausgebildet, wobei an der Nordflanke im Tithon lagunäre Fazies und Riffkalke auftreten. Die Südflanke ist durch eine rhythmisch aufgebaute Flyschserie charakterisiert, die bis in die Unterkreide hineinreicht. Ähnliche Verhältnisse weist die Krimhalbinsel auf. Im Kleinen Kaukasus ist dagegen während des ganzen Jura subaquatischer Geosynklinalvulkanismus mit Höhepunkt im Dogger ausgeprägt. Intensiver Vulkanismus herrschte auch im Gebiet des **Taurusgebirges**, in dem die Geosynklinale vom Jungpaläozoikum an bis über den Jura hinaus bestand. Die Geosynklinalfazies der **Inneren Persischen Gebirgsketten** (Iran) ist durch Radiolarite, Kiesel- und Kalkschiefer mit ophiolithischen Intrusiv- und Extrusivgesteinen charakterisiert und repräsentiert damit tiefe Teile der Geosynklinale. Stellenweise herrschte jedoch auch Schwellenfazies mit Sandsteinen, Konglomeraten, Riffkalken und Dolomiten. Es schließt das **Zentralpersische Hochplateau** mit vorwiegend kontinentalem Jura an, das den südlichen Epikontinentalsaum der Tethys zum Gondwana-Kontinent bildete. Die jurassische Schichtenfolge des **Pamir** ist durch die Angara-Formation vertreten, über der transgressive Konglomerate und der Pamirkalkstein erscheinen. Die **Himalaja-Geosynklinale** setzt nach Osten in das **Ostindische Inselgebiet** fort, deren Jura-Sedimente stark metamorphisiert und daher schwer zu erkennen sind. Es treten vorwiegend tonige und konglomeratische Gesteine auf. Die westliche Fortsetzung der Tethys-Geosynklinale befindet sich im **Atlasgebirge** Nordwestafrikas, die das Sedimentmaterial von der Saharatafel und vom Antiatlas im Südosten bezog. Die geosynklinale Absenkung vollzog sich in mehreren Trögen, in denen die marine Entwicklung bis zum Oberjura mit Ausnahme des Hohen Atlas anhielt. Dort breitete sich infolge der Hebung über das Meeresniveau terrestrische Fazies aus.

Auf der **Sibirischen Tafel** setzte das bereits in der Trias beginnende Sedimentationsgeschehen sich im Jura weiter fort. In großen Becken parageosynklinalen Charakters entstanden mehrere tausend Meter mächtige Jura-Schichten, besonders des Lias und Dogger, die sich durch eine ausgedehnte Kohlenführung auszeichnen. Dazu gehören im Süden die Kohlenbecken von Irkutsk und Kansk mit unter- und mitteljurassischen Stein- und Sapropelkohlen, die der Wiljui-Senke mit oberjurassischer Kohlenführung und die südjakutischen Kohlenbecken mit mitteljurassischen Steinkohlenflözen in sandig-tonigen kontinentalen Formationen. In der Wiljui-Senke mit vollständigem Jura-Profil sind Oberer Lias und Unterer Dogger marin. Der Jura setzt nach Norden fort und umrahmt den östlichen und nördlichen Tafelrand in überwiegend mariner sandig-tonig-mergeliger Fazies.

Zirkumpazifischer Geosynklinalgürtel

Dieser Geosynklinalgürtel umgibt den West- und Ostrand des Pazifik und stand vermutlich über den mittelamerikanischen und südostasiatischen Raum mit dem mediterranen Bereich zeitweise in Verbindung. Die **Ostsibirisch-Pazifische Geosynklinale** am Ostrand der Sibirischen Tafel enthält mehrere tausend Meter mächtige marine und kontinentale sowie effusive Abfolgen. Im östlichen Transbaikal bestehen Lias und Dogger aus Sand- und Tonstein-Folgen, die nach oben durch Konglomerate abgelöst werden. Das fernöstliche Gebiet setzt sich aus mehrere Kilometer mächtigen Serien des Werchojanser Systems zusammen. Ein oberjurassischer Effusiv-Gürtel mit marinen Sedimenteinschaltungen umgibt das paläozoische Kolyma-Massiv.

Der **Jura Nordamerikas** konzentriert sich hauptsächlich auf den langgestreckten Geosynklinaltrog an der Westküste des Kanadischen Schildes. Im Lias überwiegen mächtige submarine Laven und Tuffe mit ihren Agglomeraten. Untergeordnet treten Cephalopodenkalke und auf vulkanischen Inseln Riffe auf. Die nevadische Gebirgsbildung führte zur Auffaltung der Sierra Nevada im Kimmeridge und zu dem nachfolgenden Eindringen großer Granitplutone. Von den östlich anschließenden Tafelsedimenten ist die kontinentale Morrison-Formation durch ihre Wirbeltierreste bekannt geworden. Im **Mittelamerikanischen** Raum sind Lias und Dogger durch kontinentale Ablagerungen charakterisiert, die auf eine Nord- und Südamerika verbindende Landbrücke hinweisen. Marine Einschaltungen – zunehmend ab Dogger – bezeugen marine Querverbindungen zwischen Pazifik und Atlantik. Im Oberjura erfaßte die geosynklinale Entwicklung auch den Golf von Mexiko. Der Jura an der **West-**

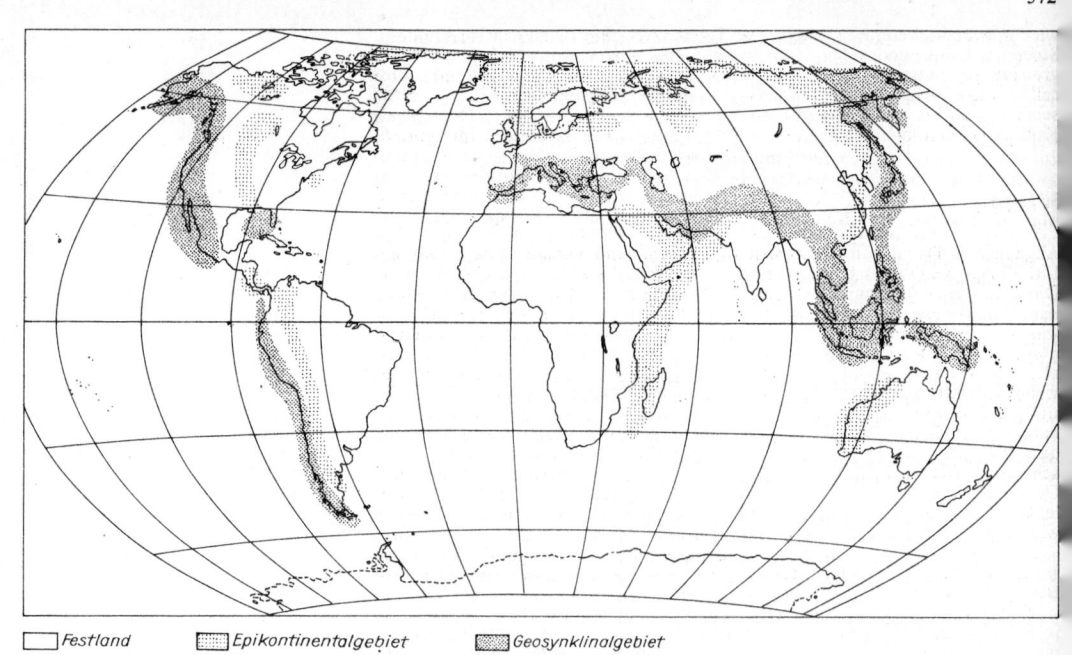

☐ *Festland*   ▦ *Epikontinentalgebiet*   ▩ *Geosynklinalgebiet*

Paläogeographie des Jura (nach Hölder 1964, Brinkmann u. Krömmelbein 1977)

küste Südamerikas trägt sowohl epikontinentalen als auch geosynklinalen Charakter mit europäisch-mediterranen und pazifischen Einflüssen. Lias und Dogger sind durch Litoralbildungen im Westen und neritische Bildungen im Osten gekennzeichnet, die im Dogger schließlich in pelagisch-bathyale Cephalopoden übergehen. Über marinem Callov folgt die Gipsformation des Oxford, die von der Porphyrit-Formation (verfestigte Tuffe, Konglomerate und Breccientuffe) der chilenisch-argentinischen Kordilleren überlagert werden. Marines Tithon (zunächst kalkig, später mergelig) leitet zur Kreide über. Gebietsweise dauerte der Vulkanismus den ganzen Jura an. Basischer Geosynklinalvulkanismus fehlt im Gegensatz zu den mächtigen Basaltergüssen in großen innerkontinentalen Becken (S. 362).

In einem von der Tethys über Zentralarabien nach Madagaskar, auf den Gondwana-Kontinent übergreifenden schmalen Epikontinentalmeer wurde der **Jura Arabiens und Ostafrikas** abgelagert. Die erste marine Transgression erfolgte im Untertoarc, die bedeutendere im Bathon (Ausweitung des Transerythräischen Troges). Über nur lokal ausgebildetem, überwiegend klastischem Lias folgen weitverbreitet Kalke des Bathon bis Kimmeridge, von denen der Tuwaiq-Kalk des Callov den charakteristischen Stufenrand Zentralarabiens bildet. Die vollständigste Jura-Folge ist in Madagaskar entwickelt. Anhydrite und Dolomite des Tithons bilden die wichtigen Ölträger im Bereich des Persischen Golfs. Die lagunäre bis brackische Tendaguru-Serie des Oberjura lieferte mit den Dinosaurier-Funden (**Brachiosaurus, Gigantosaurus**) die größten Lebewesen aller Zeiten. Ende Jura begann der Zerfall des östlichen Teils des Gondwana-Kontinents und die Herausbildung des Indik im Bereich der durch die Juraverbreitung vorgezeichneten Strukturlinie. **Südafrika** war während des Jura vermutlich sedimentfrei. Dem Unter/Mittel-Jura werden die mächtigen Drakensberg-Basaltlaven (Stormberg-Lava) zugeordnet.

Zusammenfassung. Die lithologisch-paläogeographische und tektonische Entwicklung des Jura ist gekennzeichnet 1) durch die zunehmende Vertiefung der mediterranen und teilweise Auffaltung der zirkumpazifischen Geosynklinalen, 2) durch die Herausbildung großer epikontinentaler Sedimentationsräume, die an die Orthogeosynklinalen anschließen und große Teile von Tafelgebieten überdeckten, und 3) durch die Vergrößerung des Atlantik zu einem breiten Ozean. In den Geosynklinalgebieten entstanden mit deutlicher Abhängigkeit von ihrer internen strukturellen Gliederung typische Geosynklinalformationen einschließlich ihres Geosynklinalmagmatismus. Für die Epikontinentalgebiete ist eine kontinentale bis flachmarine Schichtenfolge charakteristisch, deren rhythmisch-zyklischer Aufbau ein Abbild des epirogenetischen Transgressions-Regressions-Großzyklus des Jura im Sinne von v. BUBNOFF darstellt. Die transgressive Entwicklung wird mit den altkimmerischen Bewegungen eingeleitet und mit den nevadisch-jungkimmerischen Bewegungen am Ende des Jura abgeschlossen, die zu einer weitspannigen regressiven Entwicklung überleiteten. Transgressive Tendenzen treten weltweit im Hettang/ Sinemur, Unterpliensbach, Untertoarc, Bajoc, Callov und Mitteloxford, regressive Tendenzen im Obersinemur, Obertoarc/Aalen, Unterbethon, Obercallov und oberen Oberjura auf. Wirtschaftlich interessant ist der Jura durch seine großen Eisenerz- und Kohlenlagerstätten sowie durch das Auftreten von Kohlenwasserstoff-Lagerstätten. *W. Nöldeke/J. Wormbs*

Kreide

Allgemeines. Der durch v. RAUMER 1815 geschaffene Name Kreide ist von der Lithofazies heller, mürber Kalksteine, der Schreibkreide, abgeleitet worden. Diese Gesteine sind vor allem in der Oberkreide der Nordhalbkugel (außerhalb der Tethys) in den beckeninneren Teilen weit verbreitet. Bereits 1820 wurde in England die Kreide in Unter- und Oberkreide geteilt. Die Bezeichnung Neokom für die liegenden Teile der Unterkreide (Valanginian bis Barrême) führte THURMANN 1838 ein. Weitere Unterteilungen nahmen unter Verwendung südfranzösischer Orts- und Provinznamen D'ORBIGNY 1840 bis 1852 und H. COQUAND 1857 vor. Die Grundlagen für die Einteilung in Mitteleuropa haben H. B. GEINITZ 1840 bis 1875, F. A. ROEMER 1841, A. R. REUSS 1845 und H. STOLLEY 1897 bis 1926 gelegt. Die untere Begrenzung der Kreide schwankt je nach der Einstufung des Berrias in die Unterkreide oder in den Oberen Jura (S. 368). Für die Obergrenze der Oberkreide erscheint eine Festlegung mit dem Ende des Maastricht gerechtfertigt. Von einigen Forschern wird auch das Dan noch zur Kreide gerechnet.

Im großen wird die Kreide, die bei einer Gesamtdauer von 70 Millionen Jahren vor 137 Millionen Jahren begann, in **Ober-** und **Unterkreide** unterteilt. Beide Abteilungen werden weiter untergliedert (Tab.).

Während der Kreidezeit beginnt in den meisten Geosynklinalen, vor allem in Südeuropa, Südasien und Amerika, die starke Auffaltung der Sedimentmassen, die sich während des Mesozoikums angehäuft hatten. Damit setzte die alpidische Gebirgsbildung im Bereich der Tethys und in Teilen der zirkumpazifischen Mobilzone ein. In der **austrischen Phase** an der Wende Unterkreide/Oberkreide entstanden die Walliser Alpen, die nördlichen Ostalpen und die Dinariden. Diese Bewegungen erfaßten auch die Karpaten, Transkaukasien und Südchina sowie die nordamerikanischen Kordilleren und die Anden. In der **subherzynen Phase** im Coniac und Santon kam es besonders im Norden Mitteleuropas (Vorharzgebiet) zu Bruchfaltung. Die **laramische Gebirgsbildung** an der Wende Kreide/Tertiär bildete die Rocky Mountains und wirkte sich auf den Antillen und in den Anden aus. Damit im Zusammenhang beginnt in Teilen der Nordhalbkugel ein Meeresrückzug.

Kennzeichnend für die Kreide ist ein intensiver Magmatismus rings um den Pazifik. Hier häuften sich mächtige Vulkanitmassen an, ebenso wie granitische Intrusivkörper etwas unterschiedlichen Alters bezeichnend sind.

In vollem Gegensatz zu den erdgeschichtlichen Perioden seit dem mittleren Paläozoikum bis zum Jura ist die Kreide eine Zeit erheblicher Veränderungen der paläogeographischen Verhältnisse. Es ist auf Grund paläomagnetischer Messungen, paläobiologischer und stratigraphischer Befunde sicher, daß sich in der älteren Kreide der südliche Atlantik entwickelte und sich Afrika und Südamerika voneinander zu trennen begannen. Auch Antarktika und Australien lösten sich vom vordem einheitlichen Gondwanakontinent. Der nördliche Atlantik verbreitete sich besonders in der Oberen Kreidezeit gegenüber dem Jura beträchtlich, im Gegensatz zur Tethys, die schmäler wurde. Die Umrisse Nordamerikas und Grönlands bilden sich deutlich ab. Zum ersten Male entstand eine Verbindung von Nord- und Südatlantik: Die endgültige Trennung von Europa/Afrika und Nord- und Südamerika war erfolgt. Neben den gewaltigen Wandlungen im Atlantik und Indik erweiterte sich auch der Pazifik durch Ozeanbodenspreizung. Der Südpol lag in der Kreide in Antarktika, der Nordpol in der nordamerikanischen Arktis. Der Äquator verlief durch die östliche Tethys, Afrika, Arabien und das nördliche Südamerika. Beide Pole waren vermutlich eisfrei. Die seit dem Perm feststellbare Warmzeit setzte sich im ganzen in der Kreide fort.

Die Foraminiferen erreichten in der Kreide einen neuen Höhepunkt ihrer Entwicklung. Das Ende der Unterkreide bildet eine scharfe Grenze. Das Neokom gehört noch der Phase an, die sich durch die starke Entwicklung der *Nodosarien* und ihr Überwiegen im Faunenbild auszeichnet. In der Oberkreide werden die Nodosarien von den *Rotaliidea* abgelöst, unter denen vor allem die Gattungen *Globotruncana, Stensiönia* u. a. Bedeutung erlangten. Weitere Leitformen der Oberkreide gehören zu den *Buliminidea* und *Litudidea*. Mit den vom Barrême bis Cenoman leitenden *Orbitdinen* und den oberkretazischen *Alveolinen* begann im mediterranen Bereich ein weiteres Entwicklungsmaximum der Großforaminiferen, das im Paläogen sein Maximum erreicht. – Die **Kalk-** und **Kiesel-**

Die Entwicklung der Lebewesen

schwämme erlangten in der Kreide einen Entwicklungsgipfel. Die Nadeln der formenreichen Kieselschwämme gehören in der Schreibkreide mit zu den häufigsten organischen Resten. – Die Bedeutung der **Korallen** liegt vor allem in ihren ökologischen und faziellen Aussagemöglichkeiten. Korallenriffe sind hauptsächlich aus dem mediterranen Bereich bekannt, finden sich aber, wenn auch selten, in den Klippen- und Schwellenfazies der sächsisch-böhmischen Oberkreide. – **Bryozoen** sind besonders in der Oberkreide häufig und für die fazielle und biostratigraphische Analyse wichtig. – Eng an die jurassischen Formen schließen sich in der Unterkreide die **Brachiopoden** an, deren Formenfülle zunächst abnimmt, sich aber in der Oberkreide erneut geringfügig erhöht. – Für die **Mollusken** bedeutete die Wende Kreide/Tertiär das Ende einer Ära. Neben Ammoniten und Belemniten sterben Rudisten und Inoceramen aus. – Die **Muscheln** (Lamellibranchiaten) liefern charakteristische Leitformen. Besonders die *Inoceramen* ermöglichen im Zeitraum Alb bis Unter-Campan eine Zonengliederung. In der Unterkreide ist *Buchia* (synonym *Aucella*) mit mehreren Arten verbreitet. An das mediterrane Gebiet sind die *Pachydonta* gebunden, unter denen Formen bis 1 m Länge vorkommen und wesentlich am Aufbau der Riffe beteiligt sind. Dazu gehören die *Caprinidea* mit kegelförmiger rechter Schale und größeren, spiralgeformten linken Schalen sowie die kegelförmigen *Rudisten* mit ihrem komplizierten Schalenbau, die im Zeitraum Turon bis Maastricht leitend sind. Vor allem auf der Südhalbkugel kann man die Schichten mancherorts auch mit Hilfe der **Austern, der Pectiniden** und **Trigonien** biostratigraphisch gliedern. – Bei den **Schnecken** (Gastropoden) sind bereits Merkmale tertiärer Formen erkennbar. Schnecken sind in der Gosau-Entwicklung der Oberkreide vor allem durch *Actaeonella*-Arten, im Wealden durch *Viviparus* und *Paraglauconia* vertreten. Im indopazifischen und mediterranen Raum sind die *Nerineen* gute Leitformen. – Die **Cephalopoden** stellen mit der Entwicklung der Ammoniden die Grundlage für die internationale Zonengliederung. Diese Gliederung ist für bestimmte Zeitabschnitte durch die auf der Belemniten-Entwicklung basierende Parachronologie noch verfeinert worden. *Nautiloiden* dagegen sind, von wenigen Leitformen abgesehen, für die Biostratigraphie von geringem Wert.

Die **Ammonoidea** erleben in der Kreide einen dreifachen Abbau. Der Abbau der Form vollzieht sich über eine lose Aufrollung der Planspirale zu hakenförmigen (*Scaphites*), geraden (*Baculites*) und schneckenförmigen Gebilden bis zu unregelmäßigen Formen (*Nipponites*). Der Abbau der Skulptur von Spaltrippen geschieht über viele Zwischenstufen bis zu glatten Formen. Der Abbau der Lobenlinien zeigt als Ergebnis Lobenlinien des ceratitisch-goniatitischen Typus. Danach treten normal gestaltete Gattungen auf, bei denen einzelne Arten einen Riesenwuchs (z. B. *Pachydiscus seppenradensis* mit einem Durchmesser von 2,5 m) aufweisen. Wichtige Leitformen sind vor allem die **Hoplitiden, Helcostephaniden** und **Acanthoceraten**. – Die **Belemniten** besitzen mit einer Reihe von Leitformen und Entwicklungsreihen große stratigraphische Bedeutung. Gleichzeitig lassen sie sich zur Abgrenzung von Faunenprovinzen und zur Bestimmung von Palaeotemperaturen verwenden. Die Belemniten haben vor allem in der Oberkreide Leitwert, besonders die Gattungen *Actinocamax*, *Gonioteuthis*, *Belemnitella* und *Belemnella*. – Innerhalb der **Arthropoden** haben die **Ostracoden** als Faziesindikatoren und stratigraphische Leitformen Bedeutung. – Von den **Seelilien** (Crinoiden) finden sich nur wenige Vertreter, z. B. *Pentacrinus*, *Marsupites*. Im Ober-Santon dient die Gattung *Uintacrinus* als Zonenfossil. Dafür entfalten sich bei den **Seeigeln** (Echiniden) die irregulären Formen und liefern zahlreiche und wichtige Leitfossilien. Die Gattungen *Discoidea*, *Conulus*, *Holaster*, *Echinocorys*, *Micraster* und *Toxaster* besiedelten als Sedimentfresser die schlickigen und sandigen Meeresböden. Auf festen Böden lebten die regulären Seeigel der Gattungen *Cidaris* und *Salenia*. – Von den **Wirbeltieren** treten **Fische**, die mit verknöchertem Innenskelett und dünnen, elastischen Knochenschuppen versehenen Knochenfische (*Teleosteer*), erstmalig in großen Schwärmen auf. Durch ihre Lebensweise griffen sie verändernd in die Umweltbedingungen ein, da sie sich im Unterschied zu den bezahnten und räuberischen Schmelzschuppern (*Ganoiden*) vornehmlich von Plankton ernährten, das bisher anderen Tieren als Nahrung diente. – **Amphibien** waren selten; die ältesten fossilen **Molche** (*Urodela*) sind aus dem Wealden bekannt. – Von den **Reptilien** sind die Land- oder **Dinosaurier** wichtig, die sich gewaltig entwickelten und kurz vor ihrem Aussterben am Ende der Kreidezeit ihre mächtigsten Formen erreichten, z. B. das größte Raubtier aller Zeiten, der *Tyrannosaurus*, mit bis 15 m Länge (Oberkreide Nordamerika), der bis zu 8 m Spannweite messende Flugsaurier *Pteranodon* und der riesige, bis 27 m lange, pflanzenfressende *Brontosaurus* aus der Unterkreide des westlichen Nordamerika. Pflanzenfressende Saurier, wie *Iguanodon*, *Trachodon* und *Triceratops*, bewohnten die Festländer. In marinen Ablagerungen findet man **Meeresschildkröten** und große **Saurier** (*Mosasaurus* und *Ichthyosaurus*). – Die **Vogelwelt** ist in der Kreide durch zahntragende Formen (*Hesperornis*) vertreten. – Mit dem Niedergang der Reptilien begann die Entfaltung der **Säugetiere**. In der höheren Oberkreide kommen Reste von **Beuteltieren** und **Insektenfressern** in Ostasien vor.

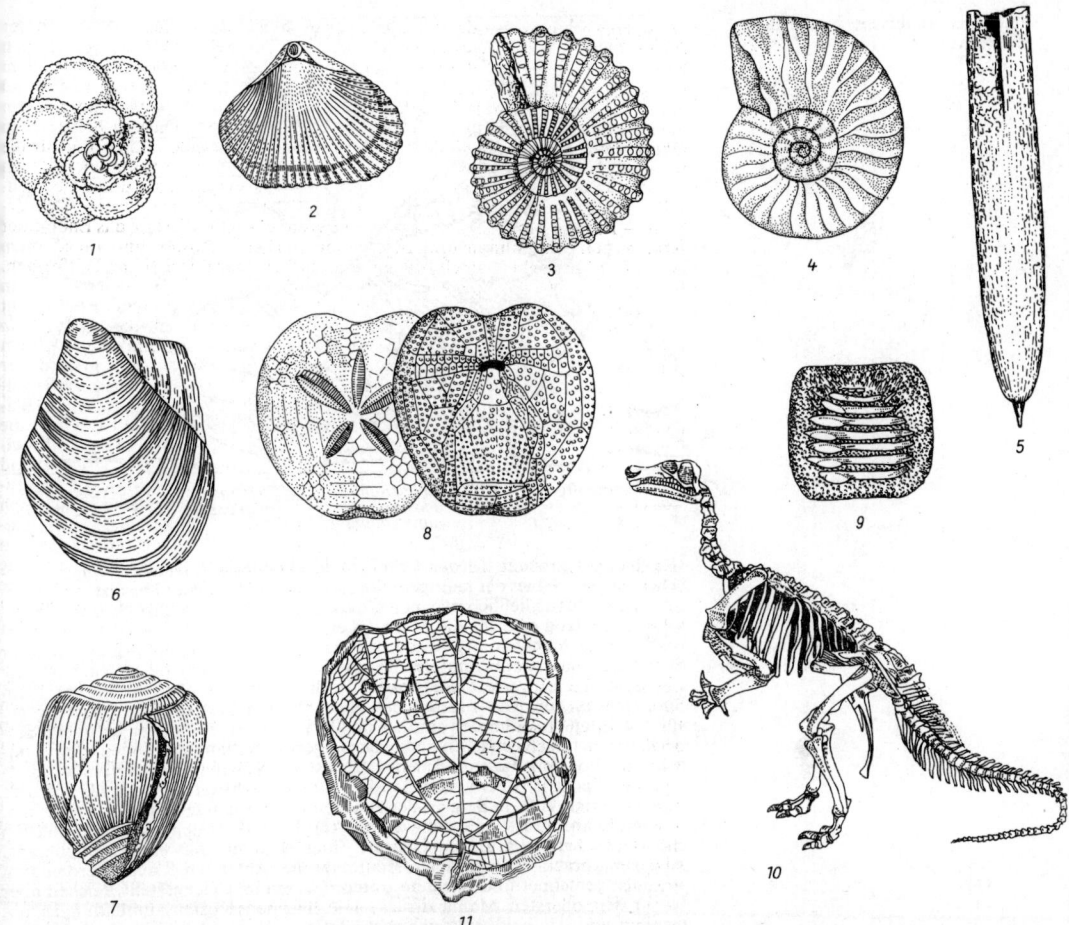

Innerhalb der **Pflanzenwelt** vollzog sich ähnlich wie im Perm ein durchgreifender Wandel. Nach der Besiedlung des Festlandes im Devon stellt das erste Auftreten der **Bedecktsamer** (*Angiospermen*) den bedeutendsten Fortschritt in der Entwicklung des Pflanzenreichs dar. An der Grenze Unter/Oberkreide liegt die **Grenze des Meso- und Känophytikums**. In der Unterkreide, deren Pflanzenwelt noch fast ganz der des Jura entspricht, treten die Baumfarne *Cycadales* und *Benettitales* zurück bzw. sterben aus. In Apt und Alb erschienen die ersten Angiospermen und mit ihnen in wachsender Zahl die Verwandten der heute lebenden Laubpflanzen. Von da an boten die Wälder etwa das heutige Bild mit Buchen, Platanen, Birken, Ahorn, Eichen u. a. – Ein ähnlicher Umschwung vollzog sich bei den **marinen Algen**. Meeressedimente enthalten oft Kalkskelette (2 bis 10 μ) pflanzlicher Einzeller (**Coccolithoporiden**) (vgl. Kapitel »Die Entwicklung der Pflanzen«).

Fossilien der Kreide. 1 Foraminifere Globotruncana marginata. **2** Brachiopode Cyclothyris compressa. **3** bis **5** Cephalopoden: **3** Douvilleiceras mamilatum, **4** Schloenbachia varians, **5** Belemnitella mucronata. **6** Muschel Inoceramus lamarcki, **7** Schnecke Actaeonella gigantea. **8** Seeigel Micraster cortestudinarium. **9** Fisch Ptychodus latissimus. **10** Reptil Iguanodon bernissartensis. **11** Pflanze Credneria triacuminata

Eine der bedeutendsten Transgressionen der Erdgeschichte begann im Alb und erreichte im Cenoman-Turon sowie im Campan-Maastricht ihre Höhepunkte. Dadurch gliedert sich die Kreide vornehmlich in Europa in zwei unterschiedliche Teile. Einem nordwestdeutsch-polnischen Becken und mehreren Becken auf der osteuropäischen Plattform in der Unterkreide, die Verbindungen zur Arktis hatten, steht die Geosynklinalentwicklung der Tethys gegenüber. Die Trennung beider Ausbildungen erfolgt durch eine sich von Westnordwest nach Ostsüdost erstreckende Inselreihe. Die Apt-Cenoman-Transgression bewirkte einen Zusammenschluß der beiden Becken im Norden. An dieses Sedimentationsgebiet fügten sich das Pariser Becken, Teile Süd- und Mittelenglands im Westen und Teile Westasiens (z. B. der Kopet-Dag) im Osten an.

In **Mitteleuropa** wurden durch die jungkimmerischen Bewegungen im Oberen Jura mehrere Sedimentationströge am Rande sich hebender Massive

Paläogeographische Verhältnisse

Palaeogeographische Karte des Hauterives

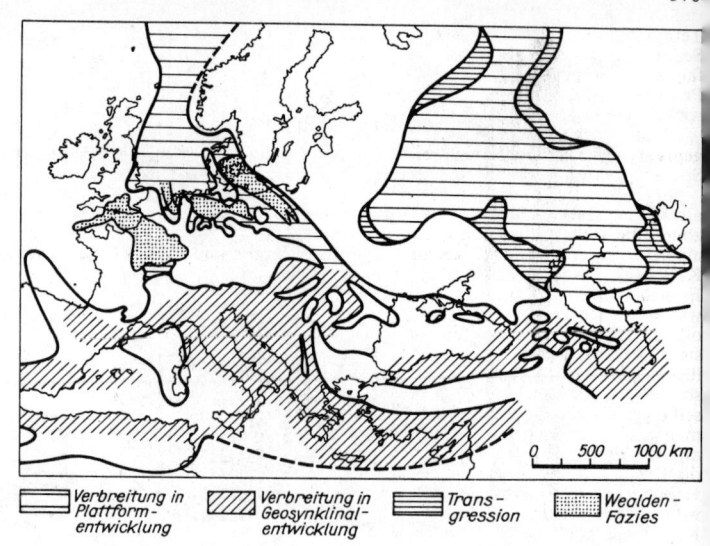

Verbreitung in Plattformentwicklung · Verbreitung in Geosynklinalentwicklung · Transgression · Wealden-Fazies

(Randtröge) gebildet. In der Unterkreide kann man folgende Räume unterscheiden: Im Gebiet der heutigen Nordsee und in Ostengland besitzt die Unterkreide fast ausschließlich marinen Charakter. Im Niedersächsisch-niederländischen Randtrog erreicht die Mächtigkeit der Unterkreide etwa 1300 m, während sich in Mecklenburg, in der Altmark und in Brandenburg ein weiterer Sedimentationsraum befand. Im Raum Unterelbe – Schleswig-Holstein trennte eine Schwelle zeitweise diese Becken. In diesen Becken häuften sich vor allem Sinkstoffe an, die von Flüssen des benachbarten Festlands im Süden eingespült wurden. In Sümpfen und in mit Brack- oder Süßwasser gefüllten Seebecken entstanden mächtige Ablagerungen von Sanden, Tonen und Tonmergeln. Vor dem Harz und dem Rheinischen Schiefergebirge, d. h. am Südufer des Beckens, überwogen Sande. Vom benachbarten Festland, auf dem große Saurier, z. B. in Belgien der zweibeinig schreitende Iguanodon, lebten, wurden Pflanzenreste eingeschwemmt. Aus den Überresten von Sumpfwäldern entstanden örtlich, z. B. am Deister, Flöze einer minderwertigen Steinkohle. Alle diese brackisch-limnischen Bildungen der untersten Kreide werden zum **Wealden** gerechnet und mit dem unteren Valendis gleichgestellt, reichen aber bis in den obersten Malm zurück. Die marinen Küstensaumbildungen des Osning- und des Hilssandsteins verknüpften sich seewärts, also nach Norden zu, mit einförmigen, bis fast 1000 m mächtigen Tonen. Der Harz stieg während der Unterkreide auf. Toneisensteinkonkretionen häuften sich im Harzvorland, besonders bei Salzgitter, zu Eisenerzkonglomeraten an, die nach Norden zu in Eisenoolithe übergehen und sich nach Osten mit z. T. terrestrischen Sandsteinen bei Quedlinburg verzahnen. Die Lagerstätte von Salzgitter enthält einen Vorrat von etwa 1 Milliarde Tonnen Erz. Im Osten stellt das Becken von Südwest-Mecklenburg eine zeitweise Verbindung des Niedersächsischen Randtroges mit der Dänisch-Polnischen Furche dar. An den Rändern liegen unterkretazische Vorkommen auf dem Darß, Südrügen und Südschweden. In Polen beginnt die Unterkreide mit brackisch-limnischem Wealden (Sande, sandige Kalksteine und Tonsteine). Die Transgression erfolgte vor allem im Valendis. Das Hauterive ist marin ausgebildet und besteht aus Sandsteinen, Sanden und Tonsteinen sowie aus Kalken in Südost-Polen. Ihre Ammoniten-Fauna zeigt Verbindungen zur Tethys. Im Barrême bis Unteralb sind pflanzenführende Tonsteine und Sandsteine in limnisch-brackischer Entwicklung zu finden.

Gegen die Tethys wurden diese Räume durch Landschwellen begrenzt, durch die Londoner Plattform, das Brabanter Massiv, die Ardennische, Rheinische und Böhmische Masse. Die fluviatilen Ablagerungen von Bernissart in Belgien und Nordfrankreich finden sich auf den Schwellen und im nördlichen Sauerland in Karsttaschen. – Randtröge der Landschwellen sind die Becken in Südengland und in Frankreich.

Eine solche Schwelle, die vom Baltischen Schild ausging, trennte vom Valendis bis zum Apt die Dänisch-Polnische Furche vom Becken im Bereich der Osteuropäischen Plattform. Die Umrisse des unterkretazischen marinen Sedimentationsraumes auf der Osteuropäischen Plattform wurden überwiegend durch Senkungen im Bereich der Dnepr-Donez-, der Prikaspi-, der Moskauer und der Petschora-Synklise bestimmt. Nach Norden hin gab es über die Petschora-Synklise und über die Prikaspi-Synklise eine Verbindung zur

Tethys. Die Unterkreide besteht vielfach aus glaukonitischen, tonig-sandigen Sedimenten mit Phosphoriten und einer borealen Ammoniten- und Muschelfauna. Verhältnismäßig vollständige marine Profile finden sich lediglich in der Prikaspi-Senke, während die Serien in den übrigen Gebieten lückenhaft entwickelt sind.

In der Tethys sind fazielle Unterschiede auf engstem Raum oft noch ausgeprägter als im Plattform-Bereich. Dies ist durch eine starke Gliederung der Sedimentationsräume in Schwellen und Tröge bedingt.

Innerhalb der **Alpen** lassen sich der subalpine helvetische Trog, der kalkalpine Trog (Nördliche Kalkalpen), der ultrahelvetische Trog (nördliche Flyschzone), die vielleicht als Schwellen wirksamen Kernzonen der West- und Ostalpen sowie die Ausbildungen der Südtiroler Dolomiten und der Südlichen Kalkalpen ausscheiden. – Zum subalpin-helvetischen Trog rechnet man die Französischen Voralpen, die äußeren Französischen und Schweizer Alpen sowie Vorarlberg-Allgäu. Der Trog verschmälert sich stark in Nord- und Nordostrichtung. Das Beckentiefste liegt im Rhônetal mit einer bathyalen Mergelstein-Tonmergelstein-Entwicklung, die bis 2000 m mächtig wird und einen lückenlosen Übergang vom Jura zum Berrias mit Beriassella-Arten zeigt. Besonders im Barrême-Apt ist die neritische Urgon-Fazies weit verbreitet; dasselbe gilt für die Grünsandsteine des Alb. Die große Anzahl neritischer Sedimente ab Barrême ist auf Hebungstendenzen zurückzuführen. – Im kalkalpinen Trog gehen die jurassischen Aptychenkalke unmittelbar in die valendischen Aptychenmergel über, die möglicherweise bis ins Barrême reichen. Hebungen in den inneren Kalkalpen, auf die die z. T. großen Profillücken hinweisen, leiten die austrischen Bewegungen ein, durch die das Mesozoikum der Kalkalpen verfaltet und in Schubdecken übereinander gestapelt wurde. Im Zusammenhang damit bildete sich zwischen dem kalkalpinen und dem helvetischen Trog der ultrahelvetische Trog mit einer Flyschentwicklung der höheren Unterkreide aus. In der Kernzone der Ostalpen und den inneren Teilen der Kalkalpen fehlen Sedimente der Unterkreide, was auf Schwellen hindeuten dürfte. Die Ausbildung der Südtiroler Dolomiten erinnert an die Nördlichen Kalkalpen. In den Südlichen Kalkalpen dagegen ist der Anschluß an die mediterrane Entwicklung erreicht, die in den Riffkalken Flachwasserablagerungen und in den Hornstein- und Foraminiferenkalken sowie den Aptychen-Kalken (Biancone) Ablagerungen tieferen Wassers erkennen läßt.

Die östliche Fortsetzung der Ostalpen verläuft über den Wiener Wald und die Karpaten zum Nordrand des Podolischen Massivs. Der Flysch spielt dabei z. B. in Mähren und in den Westbeskiden im Valendis eine bedeutende Rolle und enthält ultrabasische Gesteine. Von den südlichen Kalkalpen zweigt über die Dinariden ein Hauptstrang der Tethys ab, der das Podolische Massiv im Süden umgibt. Die mediterrane Entwicklung der Urgonkalke läßt sich in Süditalien, Südgriechenland und Kreta verfolgen.

Zwischen Alb und Unterturon fand in Europa die große Transgression statt, die im Alb von Westen nach Osten gerichtet ist. Dadurch verschmelzen die verschiedenen Teilbecken zu einem einheitlichen Großbecken. Gleichzeitig zog sich im Norden der Osteuropäischen Plattform das Meer zurück.

Die Ausbildung des Alb in Westeuropa ist in den durch die Transgression neu geschaffenen Becken von der Lage zu den Uferzonen abhängig. Die küstenfernen Beckenteile zeigen in Apt und Alb tonige Sedimente, z. B. die Minimus-

Palaeogeographische Karte des Cenomans

Tone und den Flammenmergel im Harzvorland. An den Beckenrändern beginnt das Profil mit Grünsandstein oder einem Konglomerat. Die Grünsandsteine enthalten Phosphoritknollen. Nach dem Hangenden gehen diese Sedimente in rot gefärbte Tone oder Mergel über, die man aus Mecklenburg, Brandenburg und der Altmark kennt.

Die neu entstandene »**Baltische Straße**« verbreitete sich im Cenoman. Dabei überflutete das Meer am Südufer große Teile der Festländer und alte, aus paläozoischen Gesteinen bestehende Hochgebiete. Das Meer des Cenomans drang von England, wo lückenlose Profile vom Alb bis in das Cenoman vorhanden sind, über das nördliche Niedersachsen, Mecklenburg und Neubrandenburg bis nach Osteuropa vor. In der Nähe der Beckenränder besteht das Untere Cenoman aus Grünsandstein und sandig-glaukonitischen Mergeln, die teilweise auch Phosphoritknollen enthalten, sowie einem basalen Transgressionskonglomerat, z. B. am Nordwestrand des Westfälischen Kreidebeckens und im Südwestteil der Subherzynen Kreidemulde. Im Mittel- und Obercenoman finden sich weitgehend Kalkmergel und Kalksteine. Unmittelbar an den Rändern des Großbeckens ist das gesamte Cenoman in Grünsandfazies ausgebildet (Essener Grünsand), oder das Meer greift im Obercenoman auf den vorkretazischen Untergrund über (z. B. Bornholm und Südschweden).

An das Großbecken schließt sich nach Süden zu das **sächsisch-böhmische** Becken an, das man als südöstlichen Golf des norddeutschen Kreidemeeres auffassen muß. Hier erfolgte zeitweise eine Verbindung zur Tethys, die zu einem bemerkenswerten Faunenaustausch führte. An der Basis liegen in lokalen Senken die limnisch-fluviatilen Konglomerate und Sandsteine der Niederschönaer Schichten bzw. Perucer-Schichten der böhmischen Kreide. Teilweise enthalten sie Ton- und Kohlelinsen mit der ältesten Angiospermen-Flora Mitteleuropas. Sie gehören dem Alb bis Cenoman an. Die Transgression erfolgte hauptsächlich im Obercenoman längs des Elbe-Lineamentes. Nördlich und südlich der Lausitzer Insel kam es zur Bildung von Nordwest nach Südost verlaufender Randtröge. Das marine Cenoman besteht am Rande der Tröge und der zahlreichen kleineren Inseln aus Konglomeraten und Grünsandsteinen (ähnlich wie in dem Großbecken bei Essen), die in den Unterquader der Elbtalkreide bzw. die böhmischen Koryczner Schichten übergehen. In der Plenus-Zone wird das sächsische Becken in ein kalkig-toniges Beckeninneres, das oben aus Plänern besteht, und einen sandigen Beckenrand differenziert. Die fortdauernde Transgression löste die Inseln in viele Klippen und Schwellen auf. – Ein analoger Golf am Westrand des Böhmischen Massivs findet sich in der Oberpfalz, wo bei Amberg Eisenerzlager eingeschaltet sind. – Die cenomane Transgression führte zu einer engeren Verknüpfung der nördlichen Becken mit der Tethys. Die beiden, bisher stark differenzierten Faunen beeinflussen sich gegenseitig, wobei die Unterschiede bei Foraminiferen, Korallen, Rudisten und dickschaligen Schnecken vor allem klimatisch bedingt sind. Dort, wo die Unterkreide mehr oder weniger lückenlos überliefert ist, setzt sich die Sedimentation in der Oberkreide fort. – In den Nördlichen Kalkalpen liegt die Oberkreide z. T. als Molasse diskordant über im Cenoman und Coniac verfaltetem kretazischem und präkretazischem Untergrund. Die größte Intensität der austrischen Bewegungen findet sich am Südrand der Kalkalpen. Das mächtige Orbitulinenführende Cenoman transgrediert hier auf Trias. – Der ultrahelvetische Trog beginnt in Oberbozen mit dem Hauptflyschsandstein der Rieselberger Schichten, die bis ins Turon reichen. – Die Kernzone der Westalpen (Penninischer Trog) wurde ebenfalls austrisch verfaltet. – Am Südrand der Alpen ist die tiefere Oberkreide als Rudisten-Kalk ausgebildet, das das bezeichnendste Element des südmediterranen Beckens darstellt.

Im Turon finden sich im Inneren des Großbeckens in England und Nordfrankreich Kreidekalke, während in Westfalen und im nördlichen Harzvorland sowie in Mecklenburg und Brandenburg dazu im Unterturon noch Mergelkalksteine und Tonmergelsteine auftreten. Rotfärbung in der sogenannten Rotplänerentwicklung ist im Unter- und Mittelturon weit verbreitet. In der dänisch-polnischen Furche und in der polnisch-litauischen Syneklise ist das Turon durch Kalke und feuersteinführende Kreidekalke vertreten. Am Südrand des Großbeckens in Nordwesteuropa, z. B. am Nordrand des Rheinischen Schiefergebirges, sind in einer Klippenfazies Grünsande zu beobachten (Bochumer und Soester Grünsand), wie auch in Südschweden. Im Beckeninneren finden sich Mergel- und Kalkmergelsteine. – Im Ostteil des Großbeckens innerhalb der Osteuropäischen Plattform transgredieren mittelturoner Kalk und Mergel, der nach dem Hangenden in Kalke übergeht. – In der sächsischen Kreide führten episodische Grobsandschüttungen von den Küsten in die mit Pläner gefüllten Becken zu einer Wechsellagerung von Quadersandsteinen, Plänerkalken und Tonen. Gleiche Verhältnisse herrschten in der böhmischen und in der sudetischen Kreide. – In der Tethys war im Turon eine ähnliche Entwicklung vorhanden wie im Cenoman. In den Nördlichen Kalkalpen zeigt das Fehlen des Turons vorgosauische Bewegungen an, die zu Deckenschüben führten.

Das **Senon** in seiner ursprünglichen Bedeutung wird heute in Coniac, Santon, Campan und Maastricht unterteilt.

379

Stratigraphische Gliederung der Kreide

Abteilung	Stufen	Leitfossilien	England	Ardennen	Nordwest-Deutschland	Harzvorland und Rügen	Sachsen	ČSSR	Polen	Moskau	Prikaspi	Alpen Helvetikum	Penninikum	Nördliche Kalkalpen	Nordamerika Great Plains	Atlantikküste	Vorderindien
Ober-Kreide	Dan			Houthem-Schichten		Kalke von Faxe						Schlieren und Wild-flysch		Zwieselalm-Schichten	Laramie	Hornerstown	Dekkan-Trapp ××
	Maastricht	Belemnitella junion / Belemnella lanceolata	Norfolk	Maastr. Tuffkreide / Gulpen-kreide		Reitbrooker Schichten					Kreide-mergel	Wang-Schichten		Nierentaler Schichten			Niniyur
	Campan	Belemnitella mucronata		Aachener Sand	Boumberger Sandstein	Schreibkreide Rügen			Opoken	Glauk. Sand	Tone und Sande	Leistmergel	Zement-mergel	Obere / Mittlere Gosau	Montana Schichten	Monmouth	Ariyalur
Senon	Santon	Goniotheutis quadrata	Upper Chalk		Coesfelder Schichten	Ilsenburg-Schichten / Blankenburg-Sch.											
		Goniotheutis granulata			Recklinghauser Mergel	Heimburg-Schichten						Leiboden-mergel		Untere Unters-berg/Marmor		Matawan	Trichinopoli
Emscher	Coniac	Inoceramus undulato-plicatus			Emscher Mergel	Wernigeröder Phase / Salzbergmergel / Trümmererz Ilsede / Ilseder Phase											
	Turon	Inoceramus involutus	Middle Chalk		Soester Grünsand / Bachumer Grünsand	Graue Mergel	Strehlener Räcknitzer Labiatus-pläner-sandst.	Klikov-Schich-ten	Opoken	Glauk. Sand	Mergel-Ton	Seewer Mergel und Kalk	Reisel-berger (Haupt-flysch-) Sandstein	Molasse	Colorado-Schichten	Magoty	Uttatur
		In. schoenbachi / In. lamarcki / In. labiatus				Kalke Mergel z.T. rot	Plenuszone Unterquader Nieder-schöner Perucer Schichten		Kalke								
	Cenoman	Calycoceras naviculare / Acanthoceras rhotomagense / Montelliceras m.	Lower Chalk		Essener Grünsand	Kalke und Mergel	Sandsteine		Mergel	Glauk. Sand	Sand-stein	Lochwald-Schicht	Gault-Flysch	austrische Phase	Schichten		
Unter-Kreide	Alb	Hoplites dentatus	Upper Green-sand		Flammenmergel / Osning-Grünsand	Flammenmergel Minimuston				Mergel	Sand-/Sand-stein Wechsel-lagerung	Grünsand		Mergel, bunte	Dakota-Schichten	Raritan	
Gault	Apt	Parahoplites milleti	Weald-clay		Osning-Sandstein	Hilssandstein / Trümmererz von Salz-gitter		Teschenite	Sand-stein / Ton-Jimnisch	limn. Sande	Bunte Folge	Schratten-kalk (Urgon)	Tristel-Serie	Roßfeld-Schichten		Patapsco	
	Barrême	Crioceras sparsicosta	Hasting beds	Bernissart	Bockethaler Sandstein	Hilston				Sand-stein				Aptychen-mergel	Kootenai	Arundel	Bhuj
Neokom	Hauterive	Simbirskites / Neocamites				Wealden			Sande und Tone	Tonige Sande	Pelecyp.-Folge	Kalke					Ukra
	Valendis	Platylenticeras			Deister-Kohle				Tone	Sandige Mergel	Sand-steine			Blancone			Umia
	Berrias	Berriasella									Sande Ton					Patuxent	
			Purbeck									Oehrli-kalke					

Das **Coniac** ist in Westfalen und im Vorharzgebiet sandig-glaukonitisch ausgebildet. Das Profil dieser Ablagerungen ist nicht vollständig; es enthält Lücken und Diskordanzen, die Zeugen beginnender Bodenbewegungen der Subherzynen Phase darstellen. Durch diese wurden die Ufer zurückgedrängt. Die nördliche Küstenzone des großen Beckens lag in Südschweden und auf Bornholm. In der westfälischen Kreide finden sich auch die grauen Emscher-Mergel, die nach Südwesten in Grünsandstein übergehen. Die Entwicklung im Subherzyn verlief ähnlich. Die südliche Küste wurde ebenfalls durch Regressionen beeinflußt; nur das untere Coniac ist in der sächsischen Oberkreide der Elbtalzone zu beobachten.

In der Tethys der Alpen ist besonders die Gosau-Formation bekannt, die in ihrer Verbreitung an Gräben gebunden ist und diskordant auf Unterturon lagert. Es handelt sich dabei um eine Wechsellagerung litoraler Konglomerate, Sandsteine und Mergelserien mit brackischen und limnischen Bildungen. Die Gosauformation reicht bis in das Campan und ist an die aufsteigende zentralalpine Insel gebunden. Zu erwähnen sind auch die Rudisten- und Korallen-Riffe.

Das **Santon** transgredierte im Nordwestdeutschen Becken erneut nach Süden mit ähnlichen Aufbereitungserscheinungen wie in der Unterkreide. Dabei entstanden die sandigen Brauneisenerzkonglomerate von Ilsede und Lengede. Die ufernahe Zone geht nach Norden hin in Mergel über, die im Münsterland große Mächtigkeit erreichen. – Im östlichen Harzvorland treten in Mittel- und Ober-Santon terrestrische Sandsteine mit pflanzenführenden Tonlinsen auf, die vereinzelt marin beeinflußt sind. Nach Westen hin verzahnen sie sich mit dem marinen Heidelbergsandstein. – Zu Beginn des Santons wirkte sich die Ilseder, zu Ende die Wernigeröder Phase des Subherzynen Gebirgsbildung aus, indem die Schichten vom Perm ab aufgerichtet bzw. überkippt wurden. – In der Böhmisch-Sudetischen Kreide erfolgte eine Regression, während in Südböhmen bei České Budějovice ein isoliertes Becken entstand, in dem sich terrestrisch-limnische Sedimente als Klikov-Schichten ablagerten.

Auf der Russischen Plattform transgredierte im Santon kurzzeitig das Meer (westliches Uralvorland). Damit wurde, ähnlich wie im Cenoman und Turon, eine erneute Verbindung mit der Arktis geschaffen. Die Kreide ist hier lückenhaft entwickelt und setzt sich aus Mergeln und Tonen zusammen.

Die Kreide der Tethys zeigt in den Alpen folgendes Bild: Im helvetischen Trog stehen die Leiboden-Mergel und Leist-Mergel an, während in den Nördlichen Kalkalpen von Gesteinen der Mittleren Gosau-Formation in Form von Konglomeraten, Mergeln, Sandsteinen und Kalken gebildet wurden (z. B. Untersberger Marmor). In der Flysch-Zone findet sich der bis ins Alttertiär reichende Zementmergel.

Das **Campan** ist im Harzvorland eindrucksvoll entwickelt. Das untere Campan wird durch Mergel und Kalksandsteine der Blankenburgschichten aufgebaut, während das obere Campan von den Ilsenburgschichten gebildet wird, die Mergel und Trümmerkalke enthalten. Eine ähnliche Abfolge zeigen die Ablagerungen der Kreide im Becken von Münster, wo im Untercampan die Dülmener Sandkalke und Osterwicker Schichten vorhanden sind und sich im Obercampan die Coesfelder Schichten sowie die Bamberger Sandsteine finden. Nach Norden hin sind von England bis Dänemark die Sedimente des Campan als Schreibkreide mit Feuersteineinlagerungen ausgebildet. Die Nordgrenze des Meeres lag in Südschweden und auf Bornholm. Der Köpinge-Sandstein zeigt regressive Züge. Im Westen, am Ardennenrand, ist eine zyklische Sedimentation zu beobachten: Nach den fluviatilen bis marinen Aachener Sanden folgen im Obercampan Grünsand – Glaukonitmergel – Schreibkreide – Kalk – Grünsand – Trümmerkreide.

Die im Santon auf der Russischen Plattform geöffnete Verbindung mit der Arktis wurde im Campan wieder geschlossen: Das Festland erweiterte sich nach Süden hin bis an die Gegend um Woronesh.

Die Kreide der Tethys zeigt in den Alpen folgende Entwicklung: Die Sedimente des helvetischen Troges werden durch die Leistmergel und Burgberg-Grünsandsteine gebildet, wobei Lücken in der Abfolge zu beobachten sind. In den Nördlichen Kalkalpen steht die Obere Gosau in Form von Brekzien, Konglomeraten und Hippuritenriffen an.

Am Ende des **Maastricht** kann man einen raschen und beträchtlichen Rückzug des Meeres beobachten. Am Ende dieser Stufe verschwindet das Meer plötzlich bis auf kleine Reste in Dänemark, Nordfrankreich und Belgien.

Eindrucksvolle Kreideaufschlüsse liegen auf Rügen zwischen Saßnitz und dem Königstuhl. Ihre weiße Schreibkreide gehört dem Unteren Maastricht an und hat sich in einer Meeresstraße gebildet, deren Nordufer in Südnorwegen und Mittelschweden und deren Südufer etwa im Gebiet nördlich des heutigen Harzes lag. Die Schreibkreide wurde in einer etwa 100 km breiten Zone innerhalb der niederländisch-baltischen Rinne abgelagert. Petrographisch besteht dieses Gestein zu 98 Prozent aus $CaCO_3$; die restlichen 2 Prozent bilden Glimmer und Tonminerale. Die Rügener Schreibkreide enthält durch die eingelagerten Feuersteine ihr charakteristisches Gepräge. Diese tiefschwarzen Feuersteine aus Chalcedon werden von einer weißen Kruste umgeben und stellen eine Metasomatose von Kalk nach SiO_2 dar. Die Wassertemperatur des Maastricht von Rügen wurde an Belemnitenrostren mit +19,8 °C ermittelt, während der Salzgehalt mit 35 Prozent angegeben wird. – Zum südlichen Küstensaum gehörende litorale Ablagerungen sind als Trümmerkalke mit Großforaminiferen von Ilten bei Hannover, als Grünsande und Mergel zwischen Ilten und der Unterelbe und als Nennhauser Schichten in der Altmark bekannt. Diese Litoralfazies geht nach Norden zu in die Mergelkalk-Entwicklung der Reitbrooker-Ausbildung über, die in die erwähnten Kreidekalke des Beckeninneren überleitet.

Auf der Osteuropäischen Plattform geht die Regression des Meeres laufend weiter. Das macht sich in Form glaukonitischer Sande und Sandsteine bemerkbar. Das höhere Maastricht ist nur noch im östlichen Teil der Prikaspi-Syneklise entwickelt.

An der westlichen Begrenzung des Großbeckens liegen die litoralen Trümmerkalke (Tuffkalke) von Maastricht und die Kunrader Kalke, deren unruhige Sedimentation von Bodenunruhe zeugt. Das Dan wird heute meist zum Tertiär gerechnet S. (382).

In den großen alpidischen Geosynklinalen Südeuropas begann in der Kreidezeit die Auffaltung der Sedimentmassen, die sich im Mesozoikum angesammelt hatten. Die austrischen Bewegungen an der Wende vom Alb zum Cenoman schufen die Kernzone der Alpen und der Dinariden. In ihrem Gefolge verstärkten sich auch epirogenetische Prozesse, indem sich eine Anzahl von Trögen bildete, die vom Meere ausgefüllt blieben und in denen sich der Verwitterungsschutt der dazwischenliegenden Schwellen sammelte.

In den nördlichen Ostalpen wurden durch die austrischen Bewegungen die 4000 m mächtigen Schichten des kalkalpinen Troges aufgefaltet: Es entstanden die Kalkalpen, die kurze Zeit später erneut vom Meer überflutet wurden, wobei sich die Gosau-Schichten bildeten. In den Westalpen wurden zur gleichen Zeit die Ablagerungen des penninischen Troges aufgefaltet und mit der kristallinen Unterlage zu einem Deckfaltengebirge, den Penninischen Alpen, umgestaltet. Von den aufsteigenden Faltenzügen entwickelte sich eine neue Saumtiefe, in der sich der Schutt der werdenden Gebirge zu einer einförmigen, fossilarmen Abfolge von Schiefern, Sandsteinen und Kalken sammelte, dem Flysch.

Eine andere Ausbildung zeigen die Ablagerungen der Kreidezeit im Mittelmeergebiet. Hier entstanden in flachem Wasser Riffkalke, in tieferen Bereichen bildeten sich helle und rote Kalke. Die überwiegend west-östlich verlaufende Geosynklinale des Mediterrans zieht nach Osten über den Kaukasus bis zum Himalaja, von wo sie nach Südosten bis zum Nordrand Australiens reichte. Ihre westliche Verlängerung erstreckte sich über die Pyrenäen, Südspanien, Marokko bis nach Mittelamerika hin.

Auf dem Sinosibirischen Kontinent mit der Sibirischen Plattform als Kern sind Festländer mit kontinentalen Becken zu beobachten. An ihren Rändern befanden sich zungenförmig von Norden nach Süden verlaufende Becken, die teilweise Verbindung mit dem Arktik, aber auch mit dem Mediterran hatten. An die Sibirische Plattform wurde im Zeitraum Jura-Unterkreide die Faltenzone von Werchojansk-Tschukotsk angegliedert. In der Umrandung des Klima-Massivs finden sich Granite mit Gold-, Zinn-, Wolfram- und Molybdän-Lagerstätten. Weitere altersgleiche Faltungsgebiete sind die Faltenzone von Sichote Alin und das Mongolisch-Ochotskische Gebiet, in dem fast die gesamte Oberkreide aus Vulkaniten und Tuffen besteht.

Die Plattform-Entwicklung auf der Westsibirischen Tafel ist während der Kreide durch kontinentale Sedimente gekennzeichnet. Während der Oberkreide drang das Meer östlich des Urals von Süden nach Norden vor und bedeckte weite Teile Westsibiriens.

Der Pazifik war von Geosynklinalen umgeben, die auf der Nordhalbkugel westlich der Laurentischen Plattform und östlich der Sibirischen Plattform lagen.

Geosynklinale Ausbildung zeigt die Kreide auf Kamtschatka, Sachalin und Japan. In Japan wurde die marine Sedimentation durch die Sakawa-Tektonogenese vor dem Cenoman unterbrochen. Diese Bewegungen waren mit Granodiorit-Intrusionen verbunden.

Auf der Südhalbkugel begrenzten diese Geosynklinalen die Teile des auseinander driftenden Gondwanalandes (S. 271).

In Nordamerika waren im Jura entlang der Pazifikküste die 2000 km langen Zentralketten der Kordilleren aufgestiegen, so daß sich in Alaska, Britisch-Kolumbien und Kalifornien mächtige klastische Sedimente mit Laven und Tuffen anhäuften. Diese Gebirge trennten das pazifische Randbecken im Westen vom Felsengebirgstrog im Osten, der den Kontinent von Norden nach Süden teilte. Aus den Kordilleren wurden gewaltige Schuttmassen in die ostwärts wandernden Senkungszonen abgelagert und in der laramischen Phase zu den Rocky Mountains aufgefaltet. Gegen Ende der Kreide zog sich das Meer aus dem Inneren Nordamerikas zurück.

Die Kreide der Südkontinente weicht in der Zusammensetzung der Faunen teilweise erheblich von der Kreide der Nordhalbkugel ab.

Marine unterkretazische Ablagerungen sind nur an den Kontinentalrändern zu finden und deuten die Trennung von Australien, Indien, Madagaskar und Südafrika an. In der Oberkreide fanden in diesen Räumen ausgedehnte Überflutungen statt. Die Oberkreide-Transgression brachte große Teile Nordafrikas unter Meeresbedeckung. Die Sahara wurde bis zum Ahaggar-Gebirge überflutet; Cenoman ist am Golf von Guinea erhalten. Marine Sedimente findet man auch an der Ostküste Afrikas in Äthiopien, Somalia und Mozambique.

Ausgehend von einer schmalen, grabenähnlichen Senke, vollzog sich vom Alb/Cenoman an die Loslösung Südamerikas von Südafrika. Die fortschreitende Auflösung des Gondwana-Kontinentes führte mehrfach an tiefen Brüchen zum Ausbruch vulkanischer Massen aus dem obersten Erdmantel, z. B. in Südamerika in der Unterkreide (Basalte des Parana-Beckens). In Afrika entstanden die Doleritgänge von Kamerun und die Kimberlitschlote in Zaire, Angola und Südafrika. Auf der Indischen Plattform flossen an der Wende Kreide/Tertiär, besonders aber im Tertiär, die gewaltigen Lavamassen der Dekan-Trappe aus, die eine Mächtigkeit von wenigstens 1000 m erreichen und ein Areal von 300000 km² bedecken.

Zusammenfassung. Während des Kreidesystems ging in den alpidischen Geosynklinalen Südeuropas, Südasiens und Amerikas die Auffaltung der Sedimentmassen weiter, die sich während der Trias und des Juras angesammelt hatten. So wurden die Kernzonen der Alpen und der Dinariden gebildet. In der zirkumpazifischen Geosynklinale entstanden während des Santons die Anden; am Ende der Kreidezeit bildeten sich die Rocky Mountains.

Der Gondwanakontinent, der im Paläozoikum als geschlossene Landmasse die Südhemisphäre beherrschte und dessen Auflösung sich seit dem Perm angedeutet hatte, zerfiel in der Kreide endgültig. Teilweise wurden einzelne Großschollen vom Flachmeer überflutet. Afrika, Madagaskar, Vorderindien, Australien und Südamerika zeigten bereits mehr oder minder ihre heutigen Umrisse, ähnlich wie im Norden Nordamerika und Grönland, nachdem sich der Nordatlantik geöffnet hatte. So begannen sich in der Kreidezeit allmählich die gegenwärtigen Umrisse der Kontinente und Ozeane abzuzeichnen.

Das Klima war während der Unterkreide feucht und kühler; dafür sind größere Kohlenlager in Nordamerika und Ostasien Beweise. Während der Oberkreide nahm die Temperatur zu. Nach O^{18}/O^{16} Bestimmungen lagen die Wassertemperaturen in Mitteleuropa etwa zwischen 15 und 22 °C, d. h., Mitteleuropa befand sich in subtropischen Breiten. Die nördliche aride Zone erstreckte sich – anhand von Salzlagern – von Nordafrika über Zentral- nach Südostasien. Die Tethys war ein warmes Meer, wie die riffbildenden Rudisten und Korallen beweisen. Auch in Polnähe herrschten vor allem in der Unterkreide subtropische Verhältnisse. Während in dieser Zeit eine boreale und eine mediterrane Faunenprovinz auszuscheiden sind, bewirkt die Alb/Cenoman-Transgression eine gleichmäßigere Besiedlung der Meere.

Biologisch gesehen ist die Kreide gekennzeichnet durch das Aussterben der Ammoniten, Belemniten, der Riesen- und Flugsaurier sowie durch das erste Auftreten der Angiospermen. *H. Prescher*

Känozoikum

Tertiär

Allgemeines. Der Name Tertiär (BRONGNIART 1807) geht auf die von ARDUINO (1760) geprägte Bezeichnung »Montes tertiarii« für wenig verfestigte Sedimente Norditaliens zurück, die für jünger als die Ablagerungen des »Sekundärs«, des Mesozoikums, gehalten wurden. Von GEINITZ (1846) wurden Eiszeit und Nacheiszeit als Quartär abgetrennt und mit dem Tertiär als känozoische Ära zusammengefaßt (FORBES 1854). Einem Vorschlag von DESHAYES (1830) entsprechend, gliederte LYELL (1833) das Tertiär nach Prozentzahlen heute lebender Arten in Eozän, Miozän und Pliozän. Später hat BEYRICH (1854) auf Grund von Untersuchungen norddeutscher Tertiärfaunen zwischen Eozän und Miozän das Oligozän eingefügt. Schließlich trennte SCHIMPER (1874) vom Eozän den ältesten Teil als Paläozän (Paleozän) ab. Die faunistisch ähnlichen jüngeren Abteilungen Pliozän und Miozän wurden von HOERNES (1853) als Neogen zusammengefaßt, dem NAUMANN (1866) die älteren Abteilungen Eozän und Oligozän als Paläogen gegenüberstellte. Der Aufstellung von Abteilungen lief das Bemühen um eine Gliederung in Stufen parallel. Jedoch gelang es erst im letzten Jahrzehnt, mittels planktonischer Foraminiferen und der Coccolithineen die Stratotypen der meisten Stufen in das Gliederungsschema nach Abteilungen einzuordnen.

Während die Grenzziehung zwischen Kreide und Tertiär an der Basis des Daniens (65 Millionen Jahre) auf Grund des scharfen Faunenschnittes (Aussterben der Ammoniten, Belemniten, Inoceramen, Rudisten, Saurier) keine Schwierigkeiten bereitet, ist die Tertiär-Quartär-Grenze noch heute Gegenstand von Diskussionen. Auch die Erörterungen über die Lage der Eozän-Oligozän-Grenze sowie der Oligozän-Miozän-Grenze sind nicht abgeschlossen. Nach der Definition von MAYER-EYMAR (1893) bildet die Latdorf-Stufe die unterste Stufe des Oligozäns. Ihr Stratotyp ist jedoch nach Coccolithineen und planktonischen Foraminiferen mit dem obersten Abschnitt des Priabons (Mergel von Brendola) altersgleich, das nach MUNIER-CHALMAS und DE LAPPARENT (1893) sowie den Empfehlungen des Colloque zur l'Éocène (Paris 1968) als Obereozän definiert ist. Nachstehend wird die Latdorf-Stufe, in Übereinstimmung mit der Grenzziehung Eozän/Oligozän in der Sowjetunion und in Frankreich (POMEROL 1973), aber im Gegensatz u. a. zu den Autoren in der BRD, als Obereozän aufgefaßt.

Mit dem Tertiär beginnt in der Erdgeschichte das Känozoikum, in dem sich die Verteilung von Land und Meer sowie die Oberflächengestaltung des Festlandes durch die fortschreitende Ausweitung der ozeanischen Böden, die plattentektonischen Bewegungen (S. 260) und die damit in Beziehung stehende alpidische Tektonogenese zusehends den Verhältnissen der Gegenwart genähert haben.

Eine wichtige Station auf diesem Wege war die bereits in der Oberkreide eingeleitete Öffnung des Nordatlantiks, der noch im Paläozän (60 Millionen Jahre) in das Gebiet zwischen Grönland und dem nordwesteuropäischen Kontinentalschelf vorstieß. Diese Veränderungen waren in Ostgrönland, im Nord- und Nordwestteil Großbritanniens und dem vorgelagerten Schelfgebiet von mächtigen Plateaubasaltergüssen begleitet. Im gleichen Zusammenhang sind die fast über die gesamte Nordsee und die angrenzenden Gebiete verbreiteten frühuntereozänen Tuffe zu sehen. Gegen Ende des Untereozäns vereinigte sich der nördliche Nordatlantik mit dem Arktis.

Zu noch bedeutenderen geologischen Veränderungen führte der im Tertiär beendete Zerfall der Tethys. Durch die Norddrift der Afrikanisch-Arabischen Platte, die in der Oberen Oberkreide und im Paläozän (77/80 bis 53 Millionen Jahre) mit 17...18 cm/Jahr kulminierende Norddrift der Indischen Platte und die Nordostdrift der Australischen Platte wurde die Tethys im Tertiär immer weiter eingeengt. Dabei kam es bereits an der Wende Kreide/Tertiär zum Kontakt zwischen der Indischen und der Asiatischen Platte, wodurch die Tethys hier auf den Indus-Trog reduziert wurde. Weitere Kollisionsstöße an der Wende Eozän/Oligozän führten schließlich zur Auspressung dieses Restbeckens und damit zur Schließung der Tethys in diesem Raum. Zu Beginn des Eozäns trennten sich Australien und die Antarktis, wobei Australien im Verlaufe seiner Nordostdrift eine um etwa 40° gegen den Uhrzeigersinn gerichtete Rotation erfuhr. Der im Zusammenhang mit dem Zerfall Gondwanas und der Einengung der Tethys entstehende Indische Ozean hatte zu Beginn des Miozäns im ganzen seine heutige Gestalt erreicht. Die während des Mittelmiozäns im mittleren Orient vollzogene Verschweißung des afrikanisch-arabischen und des eurasiatischen Kontinents beendete die Rolle der Tethys als Verbindungsweg zwischen dem Atlantik und dem Pazifik bzw. dem Indik. Das europäische Mittelmeer wurde dadurch zu einem Randmeer des Atlantiks, mit dem es bis zum Beginn des oberen Obermiozäns verbunden war. Die mehrmalige Schließung und erneute Öffnung dieser Meeresstraßen während dieser Zeit führte im Zusammenhang mit dem gleichfalls mehrmaligen Austrocknen des Mittelmeeres hier und im Roten Meer zur Bildung einer weit verbreiteten und bis 2000 m mächtigen Salinarformation. Eine Reihe Forscher nimmt an, daß zwischen dem Entstehen dieser Evaporite und einer gleichzeitigen antarktischen Vereisung ein ursächlicher Zusammenhang besteht, indem durch den Entzug einer großen Menge Salz aus dem Ozeanwasser der Gefrierpunkt des Wassers erhöht wurde. Jünger als die antarktische Vereisung ist die arktische, deren Beginn etwa im Mittelpliozän (3 Millionen Jahre) liegt und bis heute ständig anhält.

Die geologische Entwicklung im Tertiär kulminiert in der Vollendung der erdumspannenden alpidischen Tektonogenese, durch die in Nordafrika die Atlasketten, in Eurasien u. a. Pyrenäen, Alpen, Apenninen, Karpaten, die kleinasiatischen, kaukasischen, iranischen und afghanischen Gebirgsketten und der Himalaja und in Amerika die ergänzenden Faltenzüge im Ostteil der großen Faltengebirge, insbesondere Südamerikas, entstanden sind (S. 399). Die weltweiten Höhepunkte der alpidischen Tektonogenese an der Wende Kreide/Tertiär (laramisch), an der Wende Eozän/Oligozän (pyrenäisch), an der Wende Oligozän/Miozän (savisch), im Mittelmiozän (steirisch) und im Obermiozän (attisch) korrespondierten zeitlich mit Diskontinuitäten in der Spreizung der Ozeanböden bzw. den Plattenbewegungen. Die jüngsten plio/pleistozänen Verschiebungen führten dabei zur Heraushebung der alpidischen und zirkumpazifischen Kettengebirge.

Die durch die Plattenkollisionen im alpidischen Mobilitätsgürtel ausgelösten gewaltigen Schubkräfte bewirkten eine Einengung der Sedimentationsräume, wobei die Sedimentmassen in nach außen gerichtete Falten gelegt wurden, die gebietsweise übereinandergeschoben gewaltige Deckenstapel bildeten. So ist in den Schweizer Alpen aus dem ursprünglichen Nebeneinander der verschiedenen Sedimentationseinheiten durch die Tektonogenese das klassische Beispiel alpinen Deckenbaus entstanden. In diesem überlagern mesozoische Folgen in mehreren Decken die ultrahelvetischen Decken, die mit den helvetischen Decken verzahnt sind und gemeinsam an Ort und Stelle gebildeten tektonischen Einheiten, dem Autochthon, auflagern, während der gesamte Deckenverband im Norden auf die junge Molasse aufgeschoben ist und sich im Süden die kretazischen penninischen Decken anlagern. Dabei verschoben sich die entwurzelten Flyschdecken z. T. 100 km nach Norden, und der ursprüngliche Ablagerungsraum wurde um mehrere 100 km eingeengt.

Die Entwicklung der Lebewesen

An der Grenze Kreide/Tertiär ist der Faunenschnitt außerordentlich markant und wird besonders deutlich bei den Wirbeltieren. Durch die explosive Entwicklung der Rundschupper unter den Fischen (Teleosteer) nahm die Zahl der Fischgattungen trotz des Aussterbens der Ganoidschupper im Tertiär erheblich zu. An dieser Vermehrung waren außer den Knochenfischen auch die Haie beteiligt, deren Zähne sich in den Tertiärschichten häufig finden. Von den Reptilien, die seit dem Ausgang des Perms und in der Oberkreide vorherrschend waren, starben die repräsentativen Ordnungen aller Lebensbereiche (Dinosaurier, Flugsaurier, Ichthyosaurier) am Ende der Kreide aus.

Fossilien des Tertiärs. Foraminiferen (aus Abriß Leitfossilien der Mikropaläontologie, 1962): **1a** Spiroplactamina spectabilis (Paläozän bis Eozän), **1b** Lenticulina decorata (Eozän 5), **1c** Bolivina beyrichi (Oligozän), **1d** Sigmomorphina regularis (höheres Oligozän), **1e** Cancris auriculus (Miozän), **1f** Nummulites germanicus, Medianschnitt (Obereozän). Schnecken (aus Sorgenfrei 1958 und Tembrock 1965): **2a** Gemmula boreoturricula (Miozän), **2b** Scalaspira elegantula (Oberoligozän). Entwicklungsstufen von Stoßzähnen und Rüssel bei den Elefanten (maßstäblich verkleinert, aus Thenius 1960): **3a** Moeritherium (Eozän), **3b** Palaeotherium (Oligozän), **3c** Bunolophodon (»Mastodon«, Miozän), **3d** Stegodon (Pliozän/Pleistozän), **3e** Mammonteus (Mammut, Pleistozän). Handskelett (Frontal- und Seitenansicht) von verschiedenen Gattungen der Equiden. Entwicklung vom Vierzeher zum Einhufer (maßstäbliche Verkleinerung, aus Thenius 1960): **4a** Hyracotherium (Eozän), **4b** Mesohippus (Oligozän), **4c** Merychippus (Miozän), **4d** Pliohippus (Pliozän), **4e** Equus (Quartär)

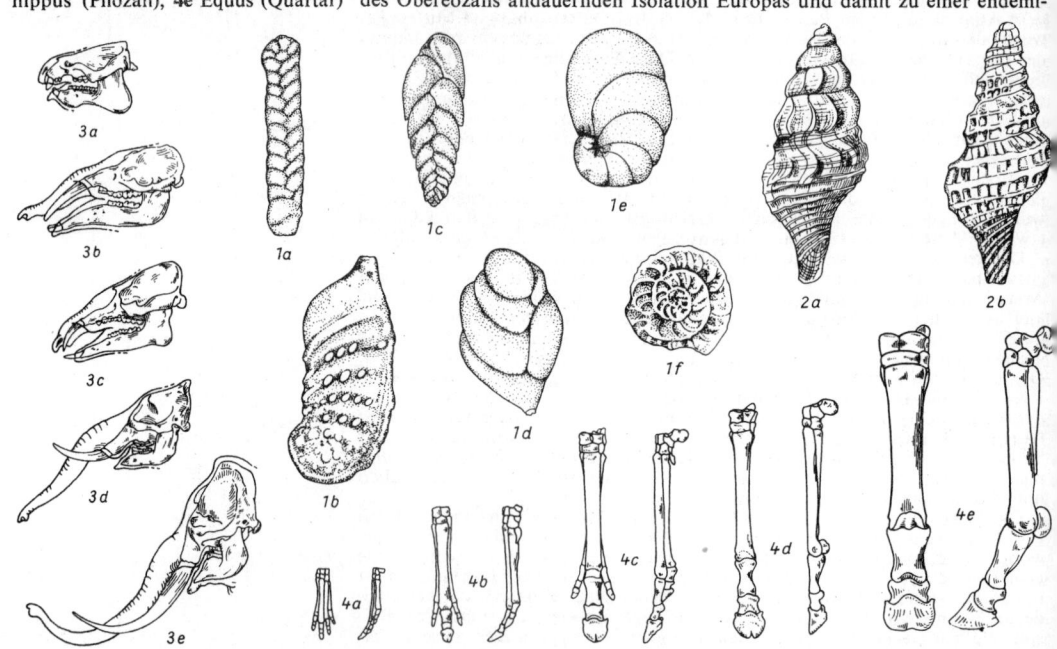

Die bis zum Ende der Kreidezeit spärlich vertretenen Säugetiere beherrschten im Tertiär das Feld. Bereits für das Paläozän sind 15 Altsäugerordnungen, darunter Raubtiere, Insektenfresser, Affen und Nagetiere, nachgewiesen. Dieses plötzliche weiträumige und differenzierte Auftreten der Säuger läßt vermuten, daß ihre Entfaltung schon vor Beginn des Tertiärs eingesetzt hat. Im Eozän waren bereits alle heutigen Ordnungen vertreten. Während man anfangs vor allem die Großsäuger für stratigraphische Gliederungen benutzte, gewannen in den letzten beiden Jahrzehnten die Kleinsäuger, insbesondere die Nager, zunehmend an Bedeutung. Bei der vorwiegend terrestrischen Lebensweise der Säugetiere war ihre Verbreitung jeweils abhängig von den interkontinentalen Verbindungen. Das ursprüngliche Fehlen plazentaler Säugetiere in Australien beweist, daß dieser Erdteil bereits vor deren Ausbreitung zu Beginn des Tertiärs isoliert war. Durch den nur kurzzeitigen Zusammenhang von Nord- und Südamerika an der Kreide/Tertiär-Wende und die dann bis zum Pliozän andauernde Isolation von Südamerika kam es hier während des Tertiärs zu einer reichen Entfaltung von Beuteltieren und primitiven Huftieren. Erst als beide Amerika im Pliozän erneut verbunden wurden, wanderten die neuzeitlichen Raub- und Huftiere ein, gegen die sich die alten Formen nicht behaupten konnten. Zwischen dem nordamerikanischen und dem europäischen Kontinent bestand im frühen Tertiär über den Barentsschelf, Spitzbergen und Grönland eine Landbrücke, die den Landfaunen als Wanderweg diente und die große Übereinstimmung der spätpaläozänen und frühuntereozänen westeuropäischen und westamerikanischen Säugetierfaunen erklärt. Die gegen Ende des Untereozäns erfolgte Zerstörung dieser Landbrücke führte zu einer bis zum Ende des Obereozäns andauernden Isolation Europas und damit zu einer endemichen Entwicklung der Säugetierfaunen. Erst nach der Trockenlegung der osturalischen Meeresstraße an der Wende Eozän/Oligozän wanderten aus Asien neue Faunenelemente nach Europa ein. Einen ausgezeichneten Einblick in die Tierwelt des Mittleren Eozäns, besonders die Säugetiere, aber auch Insekten und andere Tiergruppen, sowie die Pflanzenwelt vermitteln die Funde in der Braunkohle des Geiseltals bei Merseburg (DDR) und den Brandschiefern von Messel bei Darmstadt (BRD), zumal vielfach sogar die Weichteile neben den Knochen erhalten sind. Das Geiseltalmuseum der Martin-Luther-Universität Halle (Saale) zeigt diese für die Entwicklungsgeschichte der Lebewelt so bedeutenden Funde.

In den Sedimenten des Tertiärs wird das Bild der Totengesellschaften von Schnecken und Muscheln beherrscht. Während die Schnecken in der zahlenmäßigen Entwicklung der Gattungen deutlich progressiv sind, haben die Muscheln ihren Höhepunkt bereits in der Kreide überschritten. Biostratigraphisch bedeutende Gattungen wie Inoceramen und Rudisten waren im Tertiär nicht mehr vorhanden.

Infolge ihrer raschen Entwicklung, des Auftretens zahlreicher kurzlebiger und paläogeographisch weit verbreiteter Arten sowie ihrer Gewinnbarkeit aus sehr kleinen Probenmengen besitzen die planktonischen Foraminiferen, unter den benthonischen Foraminiferen die Großforaminiferen und vor allem die Coccolithineen größte Bedeutung für die stratigraphische Gliederung. Auch der stratigraphische Wert der Radiolarien, Silicoflagellaten, Dinoflagellaten und Hystrichosphaerideen nimmt zu.

In der Entwicklung der Pflanzenwelt liegt der große Schnitt zu Beginn der Kreide, als die ersten Bedecktsamer auftraten. Die Tertiärflora war bereits stark der rezenten angenähert. Die engen verwandtschaftlichen Beziehungen der Pflanzen der Tertiärzeit zu der Flora der Gegenwart gestatten weitgehende Rückschlüsse auf die Klimazonen der Erde und die klimatische Entwicklung. Die in den letzten beiden Jahrzehnten verstärkt betriebene stratigraphische Auswertung von Früchten, Samen und Blättern hat gezeigt, daß sie für die Gliederung der kontinentalen Ablagerungen vorzüglich geeignet sind. Die im Paläozän und Eozän, vor allem im Zeitabschnitt Oligozän bis Pliozän im west- und mitteleuropäischen Raum beobachtete oftmalige Veränderung in der Zusammensetzung der Floren geht neben phylogenetisch bedingten Entwicklungen auf paläogeographische Veränderungen zurück. Auch Mikrofloren sind für die stratigraphische Gliederung des Tertiärs geeignet, wobei sie, wie das Mikrophytoplankton (Dinoflagellaten, Hystrichosphärideen) die wichtigste Grundlage für den Vergleich mariner mit brackischen und kontinentalen Ablagerungen liefern.

Paläogeographische Verhältnisse Europas

Die paläogeographischen Verhältnisse im europäischen Raum unterscheiden sich bis weit in das Neogen hinein deutlich von der heutigen Verteilung von Land und Meer. In Nord- und Osteuropa bestand während des gesamten Tertiärs ein großes Festlandsgebiet, das bis zum Ende des Untereozäns durch eine Landbrücke mit Nordamerika verbunden war (S. 388). Im Osten war diese Landmasse bis zur Wende Eozän/Oligozän von dem meisten asiatischen Kontinent durch die breite, den Arktischen Ozean mit der Tethys verbindende Osturalische Meeresstraße getrennt. Erst nach dem Rückzug des Meeres aus der diese Meeresstraße bildenden Westsibirischen und Turgai-Senke verschmolzen beide Festlandsgebiete zu einem einheitlichen Kontinent.

Ein weiteres, ebenfalls fast das gesamte Tertiär hindurch in seiner Lage im ganzen konstantes Festland erstreckte sich von der Iberischen Halbinsel über das Tyrrhenische (Korso-sardische) Massiv, Teile Frankreichs und beider deutscher Staaten, das Böhmische Massiv und Teile Südpolens bis zum Ukrainischen Massiv. Zeitweise mit ihm verbunden war das im Norden vorgelagerte britische Festlandsgebiet.

Die beiden großen europäischen Festländer waren während des Paläogens langzeitig durch vom Meer überflutete Senken (Nordsee-Senke, Mitteleuropäische Senke und Dnepr-Donez-Senke) voneinander getrennt, ehe sich im Neogen das Meer aus der Dnepr-Donez- und der Mitteleuropäischen Senke zurückzog.

Im Westen war der europäische Raum durch den sich ausweitenden Nordatlantik begrenzt, während im Süden der inselreiche mediterrane Anteil der Tethys Europa von Afrika schied.

Paläogeographische Verhältnisse im außeralpinen Europa

Die paläogeographische Entwicklung der Sedimentationsräume im außeralpinen Europa (Pariser Becken, Nordsee-Senke, Mitteleuropäische Senke und Dnepr-Donez-Senke) ist durch einen mehrmaligen Wechsel von Transgressionen und -regressionen des Meeres gekennzeichnet. Dabei weisen die wesentlichsten paläogeographischen Veränderungen einen deutlichen zeitlichen und wohl auch ursächlichen Zusammenhang mit den Höhepunkten der alpidischen Tektonogenese auf. Das gilt ebenso für die morphogenetische Entwicklung des zwischen dem alpinen Tektogen und den genannten Senken ge-

S. 386:
Stratigraphische Gliederung des Tertiärs im außeralpinen Europa

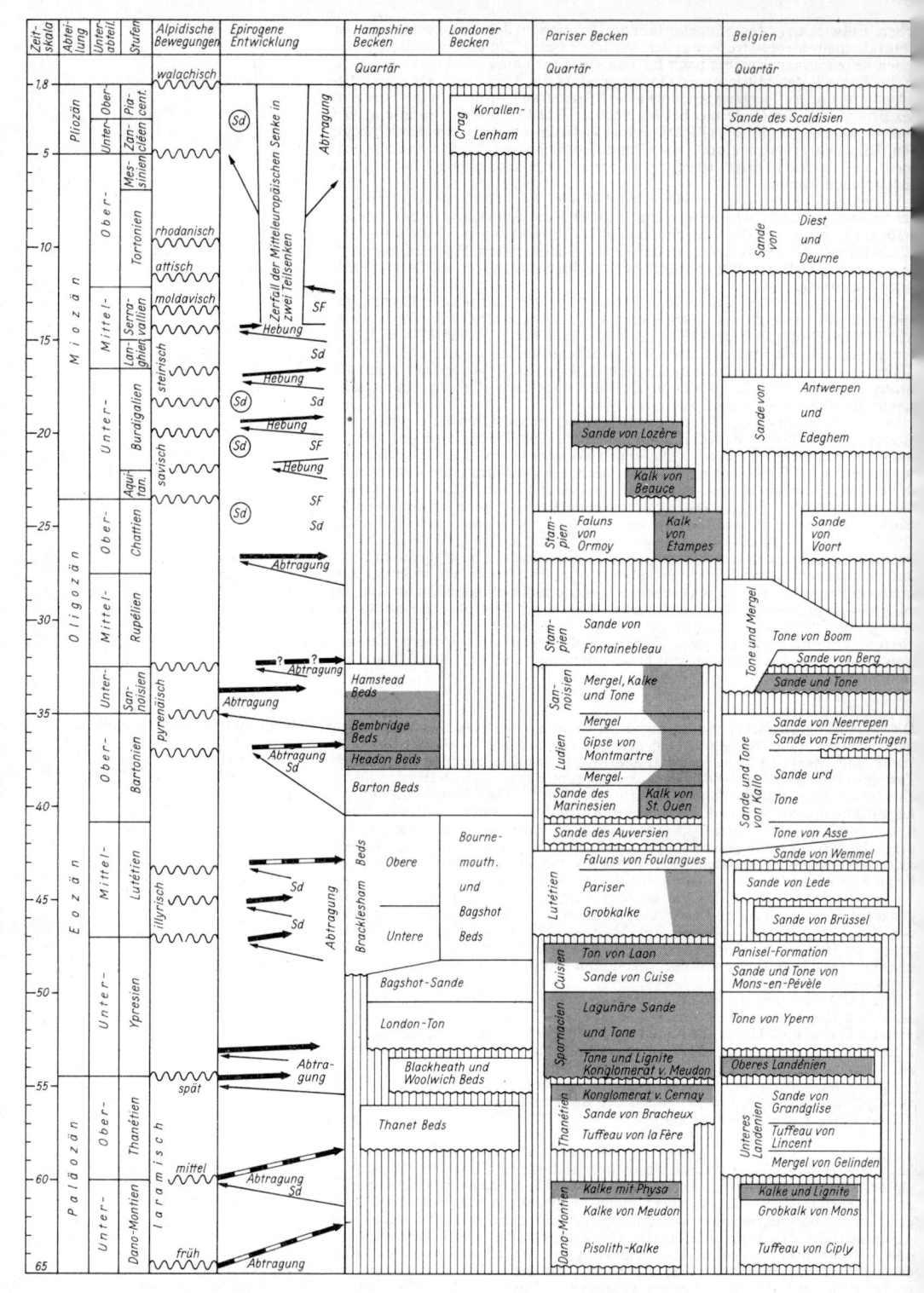

Zeit-skala	Abtei-lung	Unter-abteil.	Stufen	Alpidische Bewegungen	Epirogene Entwicklung	Hampshire Becken	Londoner Becken	Pariser Becken		Belgien
						Quartär	Quartär	Quartär		Quartär
-1,8	Pliozän	Ober-	Pia-cenc.	walachisch	Abtragung (Sd)		Crag Korallen-Lenham			Sande des Scaldisien
-5		Unter-	Zan-cléen		Zerfall der Mitteleuropäischen Senke in zwei Teilsenken					
	Miozän	Ober-	Mes-sinien							Sande von Diest und Deurne
-10			Tortonien	rhodanisch	SF					
				attisch						
		Mittel-	Serra-vallien	moldavisch	Hebung					
-15			Lan-ghien	steirisch	Sd					
		Unter-	Burdigalien		Hebung					
-20				savisch	(Sd) Sd			Sande von Lozère		Sande von Antwerpen und Edeghem
			Aqui-tan.		Hebung (Sd) SF					
					Hebung			Kalk von Beauce		
-25	Oligozän	Ober-	Chattien		SF (Sd) Sd			Stam-pien Faluns von Ormoy	Kalk von Etampes	Sande von Voort
					Abtragung					
-30		Mittel-	Rupélien					Sande von Fontainebleau		Tone von Boom
					? ? Abtragung					Sande von Berg
		Unter-	San-noisien	pyrenäisch	Abtragung	Hamstead Beds		San-noisien Mergel, Kalke und Tone		Sande und Tone
-35						Bembridge Beds		Mergel		Sande von Neerrepen
	Eozän	Ober-	Bartonien		Abtragung Sd	Headon Beds		Ludien Gipse von Montmartre		Sande von Erimmertingen
						Barton Beds		Mergel		Sande und Tone von Kallo
-40								Sande des Marinesien	Kalk von St. Ouen	Sande und Tone
						Brackleshambeds	Bourne-mouth. und Bagshot Beds	Sande des Auversien		Tone von Asse
		Mittel-	Lutétien	illyrisch	Sd Abtragung	Obere		Lutétien Faluns von Foulangues		Sande von Wemmel
-45					Sd	Untere		Pariser Grobkalke		Sande von Lede
										Sande von Brüssel
		Unter-	Ypresien			Bagshot-Sande		Cuisien Ton von Laon		Panisel-Formation
-50								Sande von Cuise		Sande und Tone von Mons-en-Pévèle
						London-Ton		Sparnacien Lagunäre Sande und Tone		Tone von Ypern
-55					Abtra-gung	Blackheath und Woolwich Beds		Tone und Lignite Konglomerat v. Meudon		Oberes Landénien
	Paläozän	Ober-	Thanétien	spät		Thanet Beds		Thanétien Konglomerat v. Cernay		Sande von Grandglise
								Sande von Bracheux		Tuffeau von Lincent
								Tuffeau von la Fère		Mergel von Gelinden
-60		Unter-	Dano-Montien	mittel	Abtragung Sd			Dano-Montien Kalke mit Physa		Kalke und Lignite
				laramisch				Kalke von Meudon		Grobkalk von Mons
-65				früh	Abtragung			Pisolith-Kalke		Tuffeau von Ciply

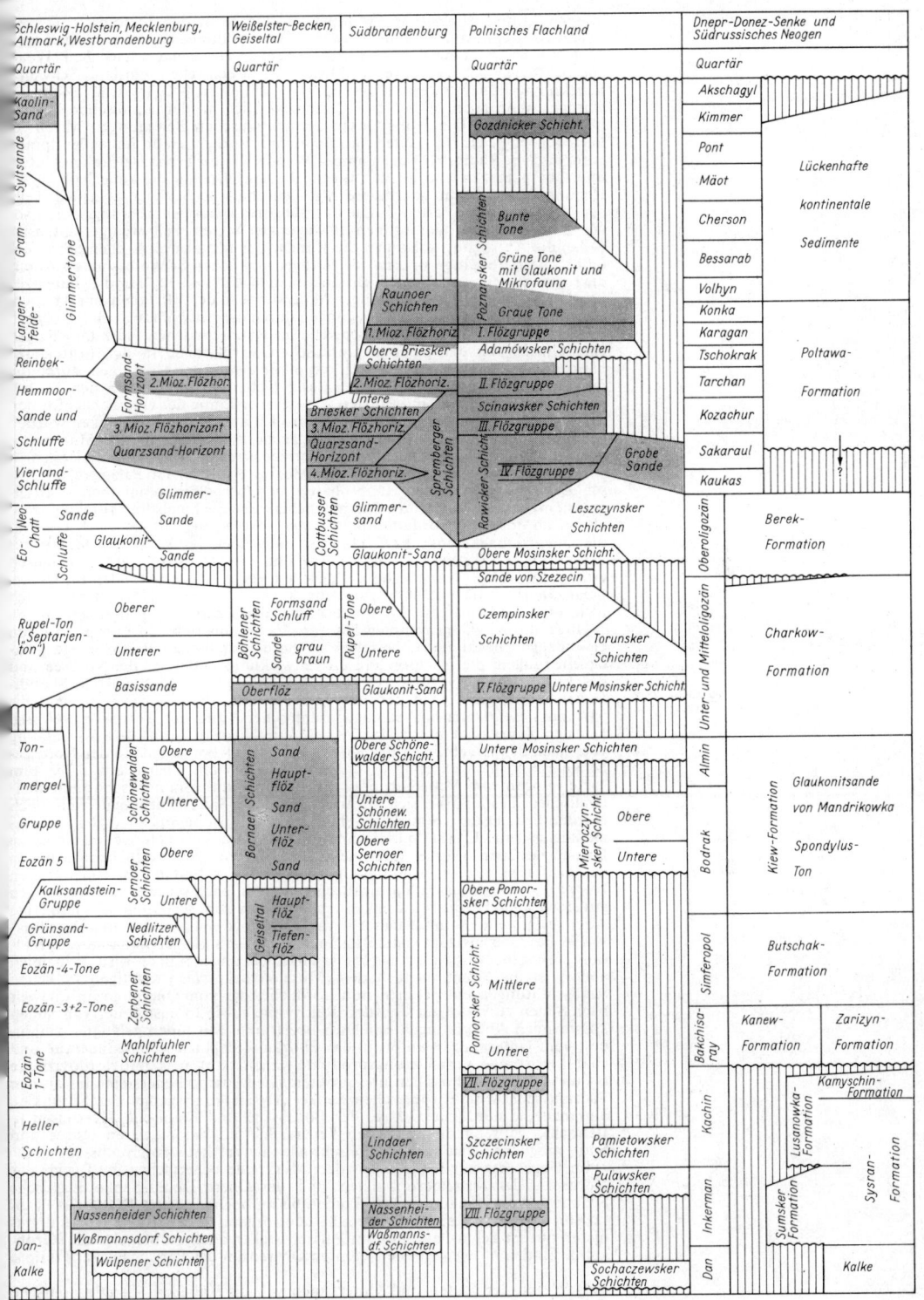

Schleswig-Holstein, Mecklenburg, Altmark, Westbrandenburg	Weißelster-Becken, Geiseltal	Südbrandenburg	Polnisches Flachland	Dnepr-Donez-Senke und Südrussisches Neogen	
Quartär	Quartär	Quartär	Quartär	Quartär	
Kaolin-Sand				Akschagyl	
			Gozdnicker Schicht.	Kimmer	
Syltsande				Pont	Lückenhafte
Grom-				Mäot	kontinentale
Glimmertone			Bunte Tone	Cherson	Sedimente
Langen-felde			Poznanśker Schichten Grüne Tone mit Glaukonit und Mikrofauna	Bessarab	
		Raunoer Schichten	Graue Tone	Volhyn	
Reinbek-	Formsand-Horizont	1. Mioz. Flözhoriz.	1. Flözgruppe	Konka	
	2. Mioz. Flözhor.	Obere Briesker Schichten	Adamówsker Schichten	Karagan	
Hemmoor-		2. Mioz. Flözhoriz.	II. Flözgruppe	Tschokrak	Poltawa-
Sande und	3. Mioz. Flözhorizont	Untere Briesker Schichten	Scinawsker Schichten	Tarchan	Formation
Schluffe	Quarzsand-Horizont	3. Mioz. Flözhoriz. Quarzsand-Horizont	III. Flözgruppe	Kozachur	
Vierland-Schluffe		Spremberger Schichten 4. Mioz. Flözhoriz.	Rawicker Schichten IV. Flözgruppe	Grobe Sande	Sakaraul
Neoj Chatt	Glimmer-Sande	Glimmer-sand		Kaukas	?
Eoj Schluffe	Glaukonit-Sande	Cottbusser Schichten Glaukonit-Sand	Leszczynsker Schichten Obere Mosinsker Schicht.	Oberoligozän	Berek-Formation
			Sande von Szczecin		
Rupel-Ton ("Septarjen-ton")	Oberer Böhlener Schichten	Formsand Schluff Rupel-Tone Untere	Czempinsker Schichten Torunsker Schichten	Unter- und Mitteloligozän	Charkow-Formation
	Unterer Basissande	grau braun Oberflöz Glaukonit-Sand	V. Flözgruppe Untere Mosinsker Schicht.		
Ton-	Obere	Sand	Obere Schönewalder Schicht.	Untere Mosinsker Schichten	Almin
mergel-	Schönewalder Schichten	Hauptflöz	Untere Schönew. Schichten	Mieroczyn-ski Schicht. Obere	Glaukonitsande von Mandrikowka
Gruppe	Untere	Sand Unterflöz	Obere Sernoer Schichten	Untere	Bodrak Kiew-Formation Spondylus-Ton
Eozän 5	Obere Sernoer Schichten	Bornaer Schichten Sand			
Kalksandstein-Gruppe	Untere	Geiseltal Hauptflöz	Obere Pomorsker Schichten	Simferopol	Butschak-Formation
Grünsand-Gruppe	Nedlitzer Schichten	Tiefenflöz			
Eozän-4-Tone	Zertbener Schichten		Pomorsker Schicht. Mittlere	Bakchisa-ray	Kanew-Formation Zarizyn-Formation
Eozän-3+2-Tone	Mahlpfuhler Schichten		Untere		Kamyschin-Formation
Eozän-1-Tone			VII. Flözgruppe	Kachin	Lusanowka-Formation
Heller Schichten		Lindaer Schichten	Szczecinsker Schichten	Pamietowsker Schichten	Sysran-Formation
				Pulawsker Schichten	Inkerman Sumsker Formation
Nassenheider Schichten	Waßmannsdorf. Schichten	Nassenhei-der Schichten Waßmanns-df. Schichten	VIII. Flözgruppe		
Dan-Kalke	Wülpener Schichten		Sochaczewsker Schichten	Dan	Kalke

legenen Mitteleuropäischen Archipels, von dem in den tektonisch aktiven Zeiten Sandschüttungen und Schwemmfächerbildungen unterschiedlich weit nach Norden vorstießen. Auch die diese Senken gliedernden Schwellen (Wealden-Schwelle, Artois-Schwelle, Mittelholland-Schwelle, Emsland-Schwelle, Ringkøbing-Fünen-Rügen-Schwelle und Pommersch-Kujawische Schwelle) wurden, wenn auch zeitlich z. T. unterschiedlich, in den alpidischen Hauptphasen aktiviert. Die Höhepunkte der tektonischen Bewegungen waren im Paläogen zugleich die Zeiten festländischer Vorherrschaft im außeralpinen europäischen Raum. So waren an der Wende Kreide/Tertiär, zwischen Unter und Oberpaläozän und an der Wende Eozän/Oligozän die außerhalb dieser Hebungszeiten marin überflutete Mitteleuropäische Senke und große Teile der Nordsee-Senke Festland. Die ebenfalls mehrphasigen oberoligozänen sowie unter- und untermiozänen Bewegungen waren weit weniger intensiv, wobei die Abtragung vor allem die Ränder der Mitteleuropäischen Senke erfaßte. Diese Vorgänge sind in der Mitteleuropäischen Senke besonders durch die regional weit aushaltenden Braunkohlenflöze des 4., 3., 2. und 1. Lausitzer Flözhorizontes der DDR und ihrer Äquivalente in der VR Polen zu erkennen, während die obermiozänen Bewegungen durch die Aufwölbung einer rheinisch bis erzgebirgisch streichenden Schwelle im Raum zwischen Harz und Rügen eine Umstellung der paläogeographischen Verhältnisse in der Mitteleuropäischen Senke bewirkten. Die starken plio/pleistozänen Hebungen, durch die die Alpen ihren Hochgebirgscharakter erhielten, erfaßten auch den Mitteleuropäischen Archipel und führten zur Herausbildung der Oberflächenformen der heutigen Mittelgebirge. Auch die nördlich anschließenden Senken wurden gehoben, wobei die pliozäne bis präglaziale Abtragung in der Mitteleuropäischen Senke gleiche oder größere Beträge erreichte wie die im Paläogen.

Die weitesten Transgressionen des Meeres erfolgten im Paläogen im Anschluß an die tektonischen Hauptphasen: im Oberpaläozän, im oberen Mitteleozän, im oberen Obereozän und möglicherweise nochmals im Mitteloligozän, als der nordöstliche Nordatlantik über die Nordsee, die Mitteleuropäische und die Dnepr-Donez-Senke bzw. zeitweise auch über das Karpaten-Becken mit der nördlichen Tethys verbunden war und ein intensiver Faunenaustausch ermöglicht wurde. Annähernd die gleichen Verhältnisse bestanden im Unterpaläozän (Dano-Mont*)), wobei eine Verbindung zum Nordatlantik noch nicht über die Nordseesenke, sondern über den Englischen Kanal bestand.

Obwohl die Paläogeographie des Tertiärs im außeralpinen Europa in ihren Grundzügen bekannt ist, bestehen im nordeuropäischen Raum einige prinzipielle Fragen, die insbesondere die Entwicklung im Bereich der Nordsee und des Europäischen Nordmeeres sowie die paläogeographische Rolle Skandinaviens betreffen. So gilt die heutige West- und Südrand Skandinaviens bis jetzt im wesentlichen als paläogeographischer Rand der Tertiärverbreitung. Für den Zeitraum Unterpaläozän bis Mitteloligozän kann diese Auffassung aber nach den Ergebnissen der Kohlenwasserstoff-Bohrungen in der Nordsee-Senke kaum noch akzeptiert werden. Während vom Oberpaläozän bis zum späten Eozän vom Mitteleuropäischen Archipel und vom nordschottisch-shetländischen Festlandsbereich mehrfach kräftige Sandschüttungen weit nach Norden bzw. Osten vorstießen, fehlen bisher Hinweise auf altersgleiche Sedimente aus dem süd- und mittelskandinavischen Raum. Auch reicht die kalkige Dan-Fazies ebenso bis zu ihren heutigen östlichen bzw. nördlichen Ausbissen wie die oberpaläozäne bis mitteloligozäne Tonfazies. Erst in dem dem mittleren Norwegen vorgelagerten Vøring-Becken wurden nach seismischen Messungen gut entwickelte Deltastrukturen von möglicherweise alttertiärem oder jüngerem Alter festgestellt. Es muß daher damit gerechnet werden, daß das skandinavische Festland bis zum späten Paläogen erheblich kleiner war und sein Südrand weiter im Norden lag, als bisher allgemein angenommen wird. Prinzipiell anders ist die Situation nach dem Mitteloligozän. Den kräftigen südlichen Sandschüttungen entsprechen nun nördliche, die vom Oberoligozän an weit nach Süden zu verfolgen sind und Reichweite sowie Intensität der von Süden kommenden Ablagerungen erheblich übertrafen. Mit ihnen gelangten zumindest vom Untermiozän an bis in das Pliozän altpaläozoische Sedimentite und charakteristische Verkieselungsprodukte (Silizifikate), u. a. mittelordovizische bis untersilurische Fossilien und größtenteils danische Feuersteine bis an den Südrand der Mitteleuropäischen Senke. Als Herkunftsgebiet der Silizifikate kommen die nördliche Ostsee, der Bottnische und Finnische Meerbusen in Betracht, während die danischen Feuersteine aus der mittleren Ostsee und Süd-, möglicherweise sogar Mittelschweden hergeleitet werden müssen.

Im Gegensatz zur Kalk-Fazies der Oberkreide beherrschen im Tertiär der Nordsee-, der Mitteleuropäischen und der Dnepr-Donez-Senke klastische Sedimente von glaukonitischen Sanden bis zu hochdispersen Tonen das lithofazielle Erscheinungsbild. Organische oder organisch-detritische Kalke dominieren nur im tiefen Paläozän, im Pariser Becken auch im Mitteleozän (Grobkalk). Eindampfungsgesteine treten im Obereozän des Pariser Beckens (Gipse

*) Wegen der Stufen und Unterstufen vgl. die Tabellen »Stratigraphische Gliederung des Tertiärs«, (S. 386/87 und S. 396)

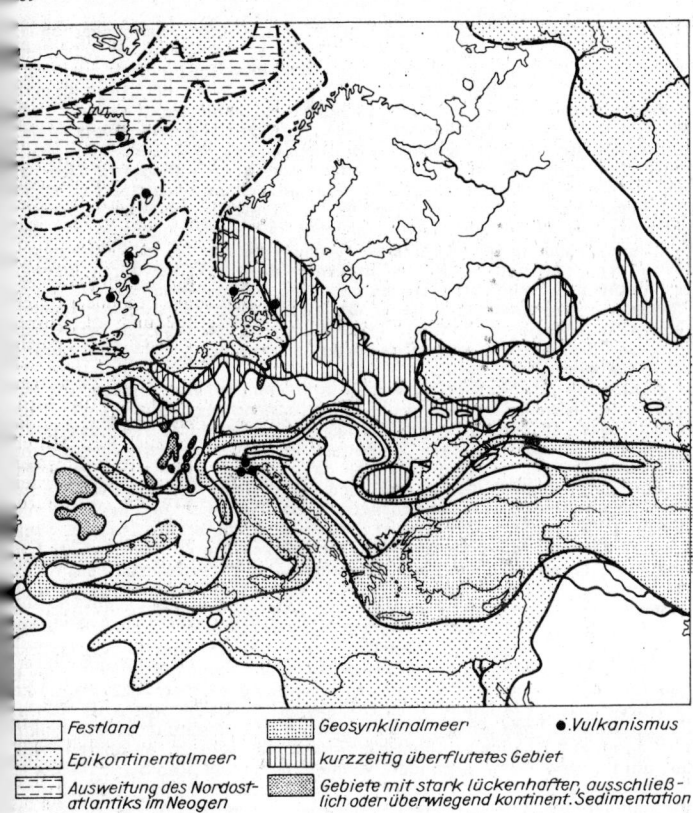

Großräumige Verbreitung von Land und Meer während des Paläogens in Europa (nach v. Bubnoff 1956, Krutzsch u. Lotsch 1958, Papp 1959, Brinkmann 1966, Gehl 1970, Pomerol 1973, ergänzt durch Lotsch)

Festland
Epikontinentalmeer
Ausweitung des Nordostatlantiks im Neogen
Geosynklinalmeer
kurzzeitig überflutetes Gebiet
Gebiete mit stark lückenhafter, ausschließlich oder überwiegend kontinent. Sedimentation
Vulkanismus

des Ludien) und im Obereozän und Unteroligozän (Sannoisien) des Oberrheintal-Grabens auf (Pechelbronner Schichten bzw. Salzzone), wobei es hier zur Ausscheidung von Stein- und Kalisalzen gekommen ist. Am Südrand der Mitteleuropäischen und der Dnepr-Donez-Senke sowie auf dem Mitteleuropäischen Archipel entstanden in Bruchzonen und Auslaugungssenken vorwiegend im Eozän, Oligozän und Miozän z. T. weit verbreitete Braunkohlenflöze.

Die paläogeographische Entwicklung des außeralpinen europäischen Raumes während des Tertiärs läßt sich wie folgt skizzieren: Im Verlaufe der großen Regression an der Wende Kreide/Tertiär hatte sich das Meer aus den außeralpinen europäischen Sedimentationsgebieten weit zurückgezogen, und nur in Teilen der Nordsee-Senke und im Englischen Kanal erfolgte über die Kreide/Tertiärgrenze hinweg eine lückenlose Sedimentation. Im Unterpaläozän transgredierte das Meer erneut in das Pariser Becken und die Mitteleuropäische Senke, wobei es über die Dnepr-Donez-Senke und das Karpaten-Becken mit der nördlichen Tethys in Verbindung trat. Im wesentlichen wurden biogene Kalke in der Dan-Fazies und organodetritische Kalkarenite der Mont-Fazies abgelagert. Das obere Unterpaläozän ist regressiv, wie limnische Mergel im Pariser Becken, Süßwasserkalke und Braunkohlen im Becken von Mons und die brackischen Nassenheider Schichten der DDR zeigen.

Die nur noch relikthafte Überlieferung der unterpaläozänen Ablagerungen im Englischen Kanal, der Nordsee- und vor allem in der Mitteleuropäischen Senke ist eine Folge tektonischer Bewegungen.

Mit der großen Oberpaläozäntransgression war in der Nordsee-Senke und in der Mitteleuropäischen Senke ein grundsätzlicher Wechsel von kalkigen zu klastischen Sedimenten verbunden. Als Ursache wird neben einer verstärkten Schüttung festländischer Klastika das Absinken der Temperatur des Nordseewassers durch den Zufluß arktischer Wassermassen aus dem Nordatlantik angenommen. Das bis zu den Shetland-Inseln reichende schottische Festland war das Liefergebiet der bedeutenden, im Oberpaläozän beginnenden und bis zum späten Eozän anhaltenden Sandschüttungen. Im allgemeinen dominieren vom Oberpaläozän bis zum späten Eozän in der Nordsee-Senke Schluffe und Tone. Auch auf dem Festland ist das Oberpaläozän überall transgressiv entwickelt: In der Dänisch-Polnischen Furche beginnt es mit kalkigen Grünsanden und weiter im Südosten auf polnischem Territorium mit einer Wechsellagerung vo Grünsanden und organisch-detritischen Kalkareniten (Puławsker Schichten wobei in dieser Richtung auch zunehmend wärmeliebende Faunenelemente au treten und auf den Einfluß der Tethys hinweisen. Von einer etwas jüngere Transgressionsphase wurden auch das Norddeutsche Flachland bis etwa an d untere Oder (Tone der Heller Schichten), Südostengland (Sande von Thane und das Pariser Becken (Sande von Bracheux) erfaßt, während sich in Dän mark die marine Sedimentation (Kerteminde-Mergel) fortsetzte. Lagunä und kontinentale Ablagerungen, die sich mit den marinen oberpaläozäne Bildungen verzahnen, sind im Pariser Becken (Travertin von Sezanne), in Süe ostengland (Reading Beds) und in der DDR in Südostbrandenburg (Linda Schichten) erhalten geblieben. Das oberste Paläozän ist in Südostenglan (Woolwich-Beds) und im Pariser Becken (Süßwasserkalke) durch lagunä bis kontinentale Sedimente vertreten und zeigt eine Regression des Meeres a

Wegen der in ihnen enthaltenen bisher ältesten europäischen Säugetie faunen sind die oberpaläozänen Spaltenfüllungen von Walbeck bei Magde burg und die etwas jüngeren Konglomerate von Cernay bei Reims (Frank reich) besonders bedeutsam.

Während in der Nordsee-Senke und ihrer unmittelbaren Umrandung zw schen den oberpaläozänen und den untereozänen Ablagerungen i. allg. kein Schichtlücke feststellbar ist, greift das marine Untereozän im BRD- und DDR Anteil der Mitteleuropäischen Senke fast überall transgressiv über marine Oberpaläozän, randlich auch weit über das Prätertiär hinweg. Ein Basissan ist nur in Randnähe entwickelt, während sich in den küstenferneren Räume die Sedimentation grauer Tone fortsetzt. Diese Tone enthalten in einem mir destens 600 000 km² großen Gebiet, das die gesamte tertiäre Nordsee-Senk von den Shetland-Inseln bis zum Londoner Becken, Nordholland und Jütlan und große Teile Norddeutschlands umfaßt, Lagen vorherrschend basaltische Aschentuffe. Die Ausbruchszentren dieser Pyroklastika vermutet man ir westschottischen Raum und im Skagerrak. An die vulkanische Aktivität ur sächlich gebunden ist das im Tertiär der Nordsee- und der Mitteleuropäische Senke einmalige Massenauftreten von Diatomeen (Coscinodiscus), das u. a in Jütland in der Moler-Formation zur Ausbildung von verfestigten Schläm men (Diatomiten) geführt hat. Für den Hauptteil des Untereozäns sind in de Nordsee-Senke, in Jütland und im Norddeutschen Flachland vor allem grün liche plastische Tone typisch, die im unteren Profilabschnitt reiche plankto nische und kalkschalige benthonische Foraminiferenfaunen, im oberen Profil abschnitt dagegen eine sekundäre Kümmerfauna mit Radiolarien-Vorher schaft führen. Lokal schalten sich Tone mit ausschließlich sandschalige Foraminiferen ein. In den randnäheren, stärker sandigen Ablagerungen sin typische Mikrofaunen entwickelt.

Nach einer Emersionsphase an der Wende Paläozän/Eozän ist auch da Untereozän im Londoner Becken, im Hampshire-Becken, in Belgien und ir Pariser Becken eindeutig transgressiv. An der Basis befinden sich lagunär und fluviatile Bildungen in der Fazies des Sparnaciens bzw. des oberen Lan deniens, die an verschiedenen Lokalitäten Säugetierfaunen geliefert haben Während im Pariser Becken im gesamten unteren Untereozän die Sparnacien Fazies herrschte (Sande von Sinceny und Pourcy), erfolgte gleichzeitig in Süd ostengland mit den London-Tonen und in Belgien mit den Ypern-Tonen ein rein marine Sedimentation. Im oberen Untereozän wurde auch das Parise Becken in den marinen Sedimentationsbereich einbezogen, wobei mit der Sanden von Cuise, in Belgien mit den Sanden von Mons-en-Pévèle und de Paniseliens sowie in Südostengland mit den Bagshot Sands fast ausschließlich Sande abgelagert wurden. Durch die im Unterpaläozän erstmalige Öffnung des Englischen Kanals wanderten zahlreiche wärmeliebende Faunenelemente in die westeuropäischen Sedimentationsgebiete ein. Das oberste Untereozän ist regressiv und im Pariser Becken sowie in Belgien mit einem Emportauche des Festlands verbunden.

Von diesen vorpyrenäischen Hebungen wurden auch Teilgebiete des Mittel europäischen Archipels erfaßt, und damit wurde die Reliefenergie verstärkt, so daß Sandschüttungen im unteren und mittleren Mitteleozän weit nach Nor den in die Mitteleuropäische Senke und in den Südteil der Nordsee-Senke vor stießen. Erst in Nordwestmecklenburg und in Holstein gehen die Sande in Tone und Tonmergel über. Auch im Pariser Becken wird das Mitteleozän (Lutet) von einer grobdetritischen Basisbildung eingeleitet. Mit dieser Trans gression wanderten durch den Englischen Kanal erneut zahlreiche (lusitani sche) Faunenelemente aus der tiergeographischen Provinz südlich des Ärmel kanals in das Hampshire-Becken, das Pariser Becken und in den belgischen Sedimentationsraum ein. Die im unteren Mitteleozän einsetzende und bis mindestens zum Untermiozän andauernde Aufwölbung der Wealden-Artois-Schwelle führte bald zu einer paläogeographischen Trennung des Pariser Beckens von der Nordsee-Senke. Das obere Mitteleozän, in Belgien durch die Tone von Asche, in Norddeutschland durch den mittleren Abschnitt der Ton mergelgruppe bzw. die randnäheren, aber noch tonig-schluffigen Oberen Ser noer Schichten vertreten, ist durch eine weite Meerestransgression gekennzeichnet, durch die der Nordatlantik über die Nordsee-Senke, die Mitteleuropäische Senke und die Dnepr-Donez-Senke bzw. das Karpaten-Becken mit der Tethys verbunden wurde.

Im mittleren Obereozän deuten von Süden nach Norden vorstoßende glaukonitische Sandschüttungen (Sande von Asche, Untere Schönewalder Schichten) auf erneute Hebungen im Mitteleuropäischen Archipel hin, die auch den Ostteil der DDR und den Westteil der VR Polen erfaßten und hier zu weiträumigen Abtragungen führten. Im oberen Obereozän wiederholten sich nach einer erneuten weiten Meerestransgression die paläogeographischen Verhältnisse des oberen Mitteleozäns, so daß vor allem am flachen Südrand des Meeres in noch stärkerem Maße als im oberen Mitteleozän zahlreiche wärmeliebende Faunenelemente aus den nördlichen Randmeeren der Tethys über die VR Polen, die DDR und die BRD bis nach Holland und Belgien einwandern konnten. Die krankhafte Harzüberproduktion (Succinosis) einer waldbildenden Kiefer (Pinus succinifera) lieferte die Ausgangssubstanz für den schon in vorgeschichtlicher Zeit als Schmuck geschätzten Bernstein, der zusammengeschwemmt in den jungmittel- und obereozänen Glaukonitsanden (Blaue Erde) des Kaliningrader Gebietes und Nordostpolens besonders angereichert ist und von dort durch das pleistozäne Inlandeis weithin verfrachtet wurde.

Durch die Aufwölbung der Wealden-Artois-Schwelle im unteren Mitteleozän erfolgte im Pariser Becken eine eigenständige paläogeographisch-fazielle Entwicklung. So wurden im Mitteleozän zuerst marine Grobkalke, in randlich anschließenden Depressionen dazu lakustrische Kalke und schließlich, bedingt durch eine zeitweilige Abschnürung des Pariser Beckens vom Englischen Kanal, auch Gipse und Dolomite abgelagert. Im unteren Obereozän erfolgte ein mehrmaliger Wechsel von Trans- und Regressionen, wobei im wesentlichen glaukonitische Sande (z. B. die Sande von Auvers), randlich auch lagunolakustrische Kalke (Kalke von St. Quen) vorhanden sind. Die noch stärkere Abschnürung des Pariser Beckens im oberen Obereozän führte zur Ausscheidung der mächtigen Gipse des Lud, die durch ihre reiche Säugetierfauna berühmt geworden sind (Gipse von Montmartre).

Die an der Wende Eozän/Oligozän kulminierenden tektonischen Bewegungen leiteten in der gesamten Mitteleuropäischen Senke und im Hauptteil der Nordsee-Senke eine Regression und anschließende Emersion ein, wobei die Abtragungen auf den auf S. 388 genannten Schwellen am stärksten waren.

Das Unteroligozän besteht im Pariser Becken, im Hampshire-Becken, in Belgien und Holland und gebietsweise in der DDR (Flöz IV des Weißelster-Beckens, Calauer Schichten) aus kontinentalen bis brackischen, weiter im Inneren der Mitteleuropäischen Senke und in der Nordsee-Senke aus marinen Ablagerungen (Neuengammer Gassand, Rupel-Basissand und damit verzahnten Tonen). Nach einer schwachen, randlich mit Erosionen verknüpften Regression folgen darüber marin-transgressive mitteloligozäne Ablagerungen: im Pariser Becken die Sande von Fontainebleau, randlich durch die lakustren Kalke von Brie vertreten, im Hampshire-Becken die Upper Hamstedt Beds, in Belgien die Sande von Berg und die Tone von Boom, in der Nordsee-Senke und im Norddeutschen Flachland die Rupel-Tone, die wegen der in ihnen enthaltenen Kalksteinkonkretionen auch als Septarientone bezeichnet werden. Die voraufgehenden starken Abtragungen hatten gebietsweise bis auf das Prätertiär hinabgegriffen, so daß die unter- und mitteloligozänen Bildungen über eine obereozäne bis prätertiäre Unterlage transgredieren. Im Gebiet der DDR verlor die Mitteldeutsche Hauptlinie ihre vom Beginn des Paläozäns bis in das Obereozän hinein bestehende Funktion als Grenze zwischen mariner und kontinentaler Sedimentation; denn das mitteloligozäne Meer drang nach Süden bis tief in das Weißelster-Becken südlich von Leipzig vor. Wie Erosionsrelikte von Rupel-Ton in küstenferner Entwicklung in Becken von Röblingen bei Halle (Saale) vermuten lassen, hat über das Thüringer Becken möglicherweise eine Verbindung zur Hessischen Senke bestanden, die zusammen mit dem Oberrheintal-Graben eine Meeresstraße zwischen dem Europäischen Nordmeer und dem alpinen Molasse-Meer bildete. Im polnischen Flachland verzahnen sich die Rupel-Tone mit den dunkelbraunen Thorner Tonen, die anscheinend in die Dnepr-Donez-Senke hineinreichen und sich nach Südosten in den Glaukonitsanden der Charkow-Stufe fortsetzen. Während in Westmecklenburg und Schleswig-Holstein die pelitische Fazies lückenlos im untersten Oberoligozän weitergeht, wurde der Hauptteil der Mitteleuropäischen Senke von einer Regression erfaßt.

Noch im unteren Oberoligozän erfolgte erneut eine kräftige Meerestransgression, die in der Mitteleuropäischen Senke etwa die gleiche Ausdehnung erreichte wie die vorangegangene Mitteloligozäntransgression. Faunenfunde im Oberoligozän Westfalens und zahlreiche wärmeliebende benthische Kleinforaminiferen in der Hessischen Senke weisen auf ein Fortbestehen der Meeresstraße zwischen dem Europäischen Nordmeer und dem Molasse-Meer hin. Während sich in den Niederlanden und in Nordwestdeutschland die Sedimentation oft fossilreicher Schluffe und Sande bis in das obere Oberoligozän hinein fortsetzte, folgen im größten Teil der DDR und im polnischen Flachland über basalen Glaukonitsanden zwar faunenfreie, aber nach der Schwebeflora (Mikrophytoplankton) marine bis brackische Glimmersande. Durch tektonische Bewegungen an der Wende Oligozän/Miozän ausgelöste Hebungen führten im südlichen Randgebiet der Mitteleuropäischen Senke zu einer Regression, in deren Gefolge sich im Raum Halle–Berlin–Wołow–Leszno der Bitterfelder (= 4. Lausitzer) Flözhorizont bildete.

In der Nordsee-Senke kam es auf einer Reihe von Regionalstrukturen zu mit Abtragungen verbundenen Hebungen, so daß, z. B. in Nordwestmecklenburg und in Schleswig-Holstein, marines Untermiozän über unteres Oberoligozän bzw. sogar bis auf Untereozän hinuntergreift. Auf dem Mitteleuropäischen Archipel und in Skandinavien verstärkte sich durch diese Hebungen die Reliefenergie, so daß von hier aus mehrere Schwemmfächer nach Norden bzw. Süden in die Mitteleuropäische Senke vorstießen. Zu den südlichen Schwemmfächern gehören der Nordwestsächsische und der Ältere Lausitzer Schwemmfächer sowie analoge Bildungen in der VR Polen mit grauen, oft feldspathaltigen Tonen, Schluffen und Sanden (z. B. Spremberger Schichten). Diese Sedimente verzahnen sich etwa auf der Linie Berlin–Guben–Leszno mit südlichen Ausläufern der aus dem skandinavischen Raum stammenden nördlichen terrigenen Schüttungen, zu denen die Unteren Braunkohlensande Nordwestdeutschlands und der untermiozäne, sog. Quarzsand-Horizont der DDR und des polnischen Flachlandes zu stellen sind. Der den Quarzsand-Horizont überlagernde und aus der engeren Nordsee-Umrandung nach Osten bis weit in den mittelpolnischen Raum hinein verbreitete Flözhorizont der Quarzsandgruppe (= 3. Lausitzer Flözhorizont) korrespondiert stratigraphisch mit jungen (altsteirischen) Bewegungen. In der Nordsee-Senke und im Nordwestteil der Mitteleuropäischen Senke hielt dagegen die marine Sedimentation während der Vierland- und der Hemmoor-Stufe mit Glimmertonen bzw. mit diesen verzahnten Glaukonitsanden an. Durch die seit dem Mitteleozän erstmalige Öffnung des Ärmelkanals gelangten zahlreiche lusitanische Faunenelemente in den Nordsee-Raum und bewirkten gegenüber der mehr oder weniger endemischen Vierland-Fauna einen deutlichen Faunenschnitt. Im Gebiet der DDR sind die der Hemmoor-Transgression im ganzen entsprechenden Unteren Briesker Schichten sekundär fast überall völlig entkalkt, so daß ihr mariner Charakter nur durch reiches marines Mikrophytoplankton und lokale Funde mariner Faunen belegt ist. Erneute, auf der Fernwirkung tektonischer Bewegungen (steirische Hauptphase) beruhende Hebungen führten an der Wende Hemmoor/Reinbek zur Bildung des aus der Nordsee-Umrandung (Jütland, Westmecklenburg) mindestens bis in den Raum Leszno-Szinawa verbreiteten Flözhorizontes der Formsandgruppe (= 2. Lausitzer Flözhorizont), die in der Lausitz von den marin bis brackischen Oberen Briesker Schichten überlagert wird. Dieser Serie entsprechen in Mecklenburg und Schleswig-Holstein die Oberen Braunkohlensande, die darüberfolgenden Glaukonitsande und Glimmertone. Die gegen Ende des Untermiozäns beginnende und bis zum Ende des Pliozäns anhaltende Schließung des Englischen Kanals leitete in der mittelmiozänen bis pliozänen Nordsee erneut eine endemische Faunenentwicklung ein. Mit weiteren großräumigen Hebungen ist die Entstehung des 1. Lausitzer Flözhorizontes verknüpft, dessen paläogeographische Verbreitung auf dem Gebiet der DDR infolge erheblicher späterer Abtragungen nicht mehr zu rekonstruieren ist. In der VR Polen reicht dieser Horizont als Flöz Henryk bzw. als Mittelpolnischer Flözhorizont nach Südosten bis an den Nordwestrand der Subkarpatischen Vortiefe und nach Osten bis in den Warschauer Raum. Noch im Obermiozän wurde die einheitliche Mitteleuropäische Senke durch die im Rahmen tektonischer (attischer) Bewegungen erfolgte Reaktivierung einer alten, rheinisch bis erzgebirgisch streichenden Schwelle zwischen Harz und Rügen in zwei selbständige Sedimentationsgebiete getrennt. In der Nordsee und ihrer Umrandung hielt die Sedimentation mariner Glimmertone bis in die Sylt-Stufe an, während sich weiter nach Osten bis an die Harz-Rügen-Schwelle wahrscheinlich heute abgetragene Glimmersande anschlossen. Das Unterpliozän ist in der Nordsee-Umrandung und wahrscheinlich auch in der Nordsee in Form mariner Sande entwickelt, wobei entsprechende Bildungen auf dem Festland nur von der Westküste Schleswig-Holsteins, den Niederlanden und Südostengland bekannt sind.

Im Gebiet östlich der Harz-Rügen-Schwelle begann nach Ablagerung des 1. Lausitzer Flözhorizontes mit der Sedimentation der Posnańsker Serie eine eigenständige lithofazielle Entwicklung. Nach neuen polnischen Arbeiten führt der mittlere Abschnitt der im wesentlichen aus hellgrauen, grünlichen, blauen und oben bunt geflammten Tonen und eingeschalteten Sanden bestehenden Posnańsker Serie weit verbreitet Glaukonit und eine reiche Foraminiferenfauna. Entgegen früheren Auffassungen sind diese Schichten damit nicht in einem abgeschnürten Binnenbecken, sondern in einem zur Subkarpaten-Senke offenen Becken abgelagert worden. Von der Böhmischen Masse und ihrer Umrandung nach Norden vorstoßende Schwemmfächerbildungen, zu denen auch die Raunoer Schichten des Jüngeren Lausitzer Schwemmfächers gehören, differenzieren die sonst recht einheitlich aufgebaute Schichtenfolge. Die stratigraphische Reichweite der Posnańsker Serie ist umstritten. Wahrscheinlich endete sie noch im Obermiozän, da randlich einschneidende fluviatile Sedimente in der DDR bei Weißwasser, in der VR Polen bei Gozdnice und Sosnice (nahe Wrocław) nach den reichen, in ihnen enthaltenen Florenassoziationen an die Wende Miozän/Pliozän zu stellen sind.

Zwischen der südlichen Küstenzone des Nordmeeres und den Parageosynklinalmeeren im Süden lag der Mitteleuropäische Archipel, auf dem die Sedimentation oftmals Bruchsystemen folgte.

Das bedeutendste dieser Bruchsysteme ist das alte variszische Anlagen nachzeichnende Rhône-Rheintal-Grabensystem, dessen südliche Äste, der Limagne- und der Bresse-Graben, durch ein Bruchgitter gegen den Oberrheintal-Graben um etwa 300 bzw. 150 km nach Westen versetzt sind und das auf S. 267 näher beschrieben ist. Über das Mainzer Becken setzt sich der Oberrheintal-Graben in die Hessische Senke fort.

Die im Oberrheintal-Graben bis zu 3500 m mächtigen Süßwasser- und Meeressedimente sind in den Randbereichen teilweise grobklastisch, im Zentralteil tonig-mergelig entwickelt. Während des Obereozäns und Unteroligozäns drang das Meer vermutlich von der Rhônesenke über die Burgundische Pforte in die Oberrheintal-Senke ein und lagerte über 600 m mächtige Mergel mit Bänken von Anhydrit und Steinsalz, im Süden (Elsaß, Südbaden) auch mit zwei sylvinitischen Kaliflözen ab. Nach einem obereozänen Meereseinbruch aus südlicher Richtung erweiterte sich der Oberrheintal-Graben zeitweise im Unteroligozän (Mittlere Pechelbronner Schichten, Melanienton), während des gesamten Mitteloligozäns (Rupel-Ton), im unteren Oberoligozän (Cyrenen-Mergel) und möglicherweise im Untermiozän zu einer Meeresstraße, die über die Hessische Senke im Norden und die Raurachische Senke zwischen Basel und Solothurn im Süden eine Verbindung zwischen dem Europäischen Nordmeer und dem Molassemeer der Alpen darstellte. Der Nachweis von marinem Mittelmiozän in einer Doline im Nordteil der Hessischen Senke läßt vermuten, daß während dieser Zeit auch über den Oberrheintal-Graben eine Meeresstraße bestanden haben könnte. Während des Mitteleozäns (Brandschiefer von Messel), im höheren Oberoligozän und im Pliozän wurden bei Darmstadt im Oberrheintal-Graben limnisch-fluviatile Sedimente abgelagert. Zu erwähnen ist auch das Senkungsgebiet der Niederrheinischen Bucht, in der sandig-tonige Bildungen eines flachen Meeres, limnische Schichten und Braunkohlenflöze vorhanden sind. Das Hauptflöz wird hier bis 100 m mächtig und spaltet sich mehrfach auf.

Mit dem Rhône-Rheintal-Riftsystem eng verknüpft ist die starke vulkanische Aktivität im französischen Zentralmassiv, im Oberrheintal-Graben, im Hegau und Kraichgau, in der Hessischen Senke, im Odenwald, Westerwald und in der Eifel. Der Vulkanismus setzte in der Oberkreide ein und endete im Quartär. Bemerkenswerterweise erfolgte die vulkanische Hauptaktivität in bruchtektonisch ruhigeren Zeiten (Rhön, Vogelsberg, Kaiserstuhl, Plomb du Chantal). Zwischen dem Streichen und dem Alter der zahlreichen vulkanischen Gänge bestehen deutliche Beziehungen. So sind die alttertiären Gänge vorwiegend in der NNE-, die jungtertiären dagegen in der N- und NNW-Richtung angeordnet.

Die Intensität der Krustenbewegungen nahm mit zunehmender Entfernung von der alpinen Kollisionsfront ab. Der erzgebirgisch streichende Nordböhmische Graben folgt ebenfalls alten variszischen Anlagen. Eine erste spätmitteleozäne bis frühobereozäne Einsenkung mit gleichzeitig einsetzendem Vulkanismus weist auf Zusammenhänge mit Bewegungen im alpinen System hin. Wie im Niederrheintal-Graben bildeten sich auch hier vom Mitteloligozän bis Untermiozän mächtige Braunkohlenflöze. Erheblich weniger stark abgesenkt ist das Weißelster-Becken südlich von Leipzig. Kontinentale Sedimente mit mächtigen Braunkohlenflözen entstanden hier im späten Mitteleozän (Unterflöz), im Obereozän (Hauptflöz) und im Unteroligozän (Oberflöz), während im Mitteloligozän rein marine Sande und Schluffe (Böhlener Schichten) bis in den Raum südlich von Leipzig und die nordöstlichen Randgebiete des Thüringer Beckens abgelagert wurden. Eng benachbart ist das wegen seiner reichen, einzigartig erhaltenen Fauna und Flora berühmte, über 100 m mächtige, bereits weitgehend abgebaute mitteleozäne Braunkohlenlager des Geiseltales bei Merseburg, dessen Entstehung auf Salzauslaugung im Untergrund zurückzuführen ist. Im nordwestlich anschließende Harzvorland finden sich zahlreiche isolierte kontinentale Ablagerungen mit Braunkohlenflözen, besonders subrosiv oder halokinetisch bedingt, unterpaläozänen bis mitteleozänen Alters. Typische Beispiele hierfür sind die Tertiärvorkommen von Helmstedt-Egeln, Calbe und Nachterstedt.

Paläogeographische Verhältnisse am Westrand Europas

Von Westen her griff der Atlantik nur im Bereich des Englischen Kanals und Nordwestfrankreichs sowie am Nordrand der Iberischen Halbinsel im Pyrenäen-Golf und dem nördlich anschließenden Aquitanischen Becken wesentlich auf den europäischen Kontinent über. Der Pyrenäen-Golf weitete sich nach mehreren Regressionen bis zum Ende des unteren Untereozäns nach Osten aus. Unsicher ist, ob zeitweise eine Verbindung mit der Tethys vorhanden war. Durch im oberen Mitteleozän einsetzende und an der Wende Eozän/

Oligozän kulminierende Bewegungen im Zentralteil der Pyrenäen zerfiel der Golf in einen südlichen und in einen nördlichen Abschnitt. Die im Paläozän und im Untereozäne vorherrschenden Kalksteine wurden seit dem Mitteleozän zunehmend von klastischen Sedimenten als Abtragungsprodukten der Pyrenäen ersetzt. Das Oligozän ist regressiv, und beide Arme des Golfes wurden mit kontinentalen Klastika zugeschüttet. Im nach Osten bis zum französischen Zentralmassiv reichenden Aquitanischen Becken ist ein faziell stark differenziertes Tertiär ausgebildet. Im Westteil dominieren marine und im Ostteil kontinentale Ablagerungen. Während des älteren Paläogens erreichte das Meer auch hier seine größte Ausdehnung. Danach zog es sich bis zur Eozän/Oligozän-Wende mehr und mehr nach Westen zurück, wobei die für das gesamte marine Paläogen typische Sedimentation von Kalken und Mergeln anhielt. Unter- und Mitteloligozän waren wieder marintransgressiv, ehe in Verbindung mit tektonischen Bewegungen am Ende des Mitteloligozäns eine starke Regression erfolgte. Die Muschelsande der untermiozänen Stufen Aquitan und Burdigal, deren Stratotypen sich im Aquitanischen Becken befinden, kennzeichnen einen neuen Transgressionszyklus, der im Mittelmiozän mit dem vollständigen Rückzug des Meeres aus dem Becken endet. Die untermiozäne Transgression machte sich auch in Nordwestfrankreich bemerkbar, wenn auch das Meer hier erst im Pliozän seine größte Ausdehnung erreichte.

Paläogeographische Entwicklung im europäischen Teil der Tethys

Die Tethys bildete im frühen Tertiär noch ein weitgehend einheitliches, durch alte Massive und bereits herausgehobene junge Gebirgsketten gebietsweise in einzelne Stränge zerlegtes Meer, das sich zwischen dem eurasiatischen und afrikanisch-arabischen Kontinent bis zum Iran, darüber hinaus über Südostasien bis nach Neu-Guinea erstreckte und langzeitig mit allen anderen Ozeanen verbunden war. So war die Tethys im Westen über zwei schmale Meeresstraßen, die Nordbetische und die Südrifeische, bis zum Beginn des Obermiozäns (Messinien) und über die Straße von Gibraltar seit dem Beginn des Pliozäns mit dem Atlantischen Ozean verknüpft. Weitere Kontakte zwischen beiden Meeren bestanden möglicherweise während des Oberpaläozäns über die Sahara und das Niger-Becken bzw. während des Untereozäns über den Pyrenäo-Provencalischen Golf. Mit dem Europäischen Meer war der nördliche Strang der Tethys mehrmals im Paläogen über die Dnepr-Donez-Senke und die Mitteleuropäische Senke, im späten Paläogen auch über den Oberrheintal-Graben und die Hessische Senke verflochten. Zum Arktischen Ozean bestand vom Paläozän bis zur Wende Eozän/Oligozän über die breite Osturalische Meeresstraße eine Verbindung. In ihrem mittleren Abschnitt hatte die Tethys zwischen dem afrikanisch-arabischen und dem nordwärts driftenden indischen Kontinent nur im frühen Tertiär Kontakt mit dem Indischen Ozean, während im Osten, nordwestlich von Australien, das gesamte Tertiär hindurch eine breite Verbindung zum Indischen Ozean vorhanden war. Auch der Zusammenhang mit dem Pazifischen Ozean blieb während des ganzen Tertiärs erhalten.

Im Laufe des Tertiärs wurde die Tethys durch die Norddrift der Afrikanisch-Arabischen und der Indischen Platte sowie durch die Nordostdrift der Australischen Platte und die damit in Zusammenhang stehende Auffaltung und Heraushebung der Geosynklinalbereiche immer stärker eingeengt. So verschwand das Mittelmeer nördlich von Indien nach erstmaliger Berührung Indiens mit Asien an der Wende Kreide/Tertiär und nachfolgenden Kollisionsstößen an der Wende Eozän/Oligozän. Im mittleren Osten war die Tethys nach Kollisionen zwischen der Afrikanisch-Arabischen und der Eurasiatischen Platte während des Mittelmiozäns auch nicht mehr vorhanden. In ihrem westlichen und nördlichen Abschnitt verblieben als Restmeere das eurasische Mittelmeer bzw. die Paratethys (S. 395) und in ihrem östlichen Abschnitt ein südostasiatischer Tethysarm, von dem zwischen Australien und dem indonesischen Archipel ein Rest bis heute erhalten ist.

Die paläogeographischen Verhältnisse in der Tethys wurden durch das zum Teil enge Nebeneinander geosynklinaler, neritischer und intramontaner, kontinentaler Sedimentationsräume mit dazwischenliegenden schmalen, einer starken Abtragung unterworfenen Gebirgsketten bestimmt, wobei die paläogeographisch-fazielle, lithofazielle und biofazielle Entwicklung im einzelnen sehr differenziert war.

In ihrem europäischen Abschnitt war die Tethys schon im frühen Tertiär durch die Iberisch-Tyrrhenische Halbinsel, die Betisch-Rifeische Insel und den Alpen-Karpaten-Balkan-Archipel deutlich gegliedert. Während dieser Archipel durch die Auffaltung und Heraushebung der angrenzenden Geosynklinalbereiche allmählich vergrößert wurde, brachen im Neogen die Betisch-Rifeische Insel und der Ostteil der Iberisch-Tyrrhenischen Halbinsel ein und wurden vom Meer überflutet. Das Meer erreichte in diesem Teil nach Transgressionen im Unterpaläozän, Oberpaläozän und Untereozän des Mittel- und Obereozäns seine größte Verbreitung. Das Oligozän ist dagegen im allgemeinen regressiv entwickelt. Die im Paläogen des europäischen Teiles der Tethys wichtigsten neritischen Sedimentationsräume, in denen vorwiegend Nummuliten-

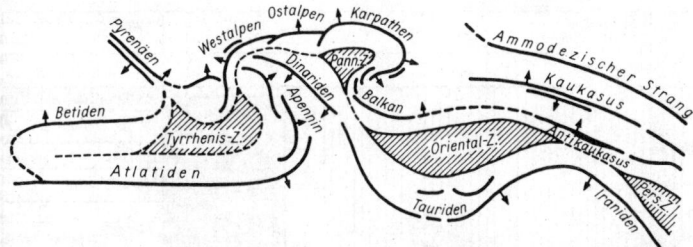

Anordnung der tertiären Faltenstränge in Europa. Die Pfeile geben die Bewegungsrichtung (Vergenz) an. Schraffiert sind die eingeschalteten starren Massen oder Zwischengebirge (nach v. Bubnoff 1956)

kalke und Mergel abgelagert wurden, befinden sich im Krim-Schwarzmeer-Gebiet, im Transsylvanischen und Pannonischen Becken sowie im südalpinen Sedimentationsraum. Aus diesem Bereich stammen die Stratotypen zahlreicher mediterraner Stufenbegriffe. Für das Paläogen charakteristisch sind vor allem die Randgeosynklinalen, die die jungen Kettengebirge begleiten und mächtige Sedimente der Flysch-Fazies enthalten, die vor dem gesteigerten tektonischen Geschehen abgelagert wurden. Am Innenrand dieser Tröge entstanden oftmals Grobbrekzien (Wildflysch), am Außenrand Nummulitenkalke und Mergel. Die geosynklinale Entwicklung der Flysch-Tröge wurde in den europäischen Alpiden zumeist an der Wende Eozän/Oligozän bzw. im Untermiozän beendet, als diese Sedimentationsräume durch die pyrenäischen bzw. savischen Bewegungen gefaltet, eingeengt und herausgehoben wurden. Über den absinkenden Vorländern bildeten sich Senken, in denen mächtige Sedimente von vorherrschendem Molasse-Charakter abgelagert wurden. Wie bei den Flysch-Trögen wanderten auch in den Molasse-Senken die Beckenachsen und die Transgressionen nach außen, so daß von innen nach außen immer jüngere Sedimente folgen. Durch die neogenen Bewegungen wurden die Molasse-Senken randlich gefaltet oder von den Flysch-Decken überschoben. Paläogeographisch bewirkten die pyrenäischen und savischen Bewegungen den Zerfall der Tethys in zwei Meeresstränge, die durch ein von den Alpen über die Karpaten bzw. Dinariden, den Balkan, den mittleren Iran und Afghanistan bis zum Himalaja verlaufendes Festland getrennt waren. Das Kernstück des nördlicheren als Paratethys bezeichneten Meeresteils bildete die vom Rhonetal über das Alpen-, Karpaten- und Krim-Kaukasus-Vorland bis in den aralo-kaspischen Raum ziehende Molasse-Senke. Der südliche, weiterhin Tethys genannte Meeresstrang erstreckte sich aus dem Raum der heutigen Meerenge von Gibraltar über das Mittelmeer bis nach Mesopotamien. Die paläogeographische Entwicklung beider Meereszonen verlief im Neogen unterschiedlich. Während die Tethys mit Ausnahme des oberen Obermiozäns ständig mit den Weltmeeren verbunden blieb, wurde die Paratethys zu einem Randmeer der Tethys, das nur zeitweise über enge Meeresstraßen Kontakt hatte. Die westliche Paratethys umfaßt die perialpine Senke in der Schweiz und in Bayern, die zentrale Paratethys die perialpine Senke in Österreich, das Wiener Becken, die karpatische Vorsenke sowie die intrakarpatischen Becken und die östliche Paratethys die ponto-kaspische Region bis zum Aral-See. Nach den von der alpidischen Tektonogenese gesteuerten paläogeographischen Veränderungen werden in der Entwicklung der Paratethys drei Stadien unterschieden.

In der perialpinen Molassesenke begann sich die Entstehung des westlichen Abschnittes der Eoparatethys bereits an der Wende Eozän/Oligozän abzuzeichnen. Vom Priabon an erfolgte eine durchgehend marine Sedimentation, wobei seit dem Unteroligozän (Sannoisien) über den Oberrheintal-Graben und die Hessische Senke eine Meeresverbindung zum Europäischen Nordmeer bestand. Nach einer die westliche Eoparatethys erfassenden Regression verband später eine weite Meerestransgression alle Teile der Eoparatethys, und über die Rhone-Senke entstand neben der bereits vorhandenen oberitalienisch-nordwestjugoslawischen Meeresstraße eine weitere Verbindung zur Tethys. Die Entwicklung der Eoparatethys wurde mit einer Meeresregression abgeschlossen.

Die Mesoparatethys ist im Gegensatz zu ihrem westlichen Abschnitt, in dem Süßwassersedimente abgelagert wurden, in ihrem zentralen und östlichen Abschnitt durch eine fortschreitende und beide Teilgebiete verbindende Meerestransgression charakterisiert. Die Verbindung zur Tethys erfolgte wieder über die oberitalienisch-nordwestjugoslawische Meeresstraße, die später geschlossen wurde. Mit dem während dieser Zeit einsetzenden Einbruch des Pannonischen Massivs ist wahrscheinlich der starke neogene Vulkanismus in Ungarn und der Slowakei verknüpft. Bemerkenswert ist eine in großen Teilen der Karpaten-Vortiefe, im Transsylvanischen Becken und im Krim-Kaukasus-Vorland entstandene mächtige Salinarformation des Mittleren Miozän.

Die vom Oberen Miozän bis zum Holozän vorhandene Neoparatethys ist durch fortschreitende Verbrackung und differenzierte Entwicklung ihrer Teilgebiete gekennzeichnet. In der westlichen Neoparatethys wurde die Sedimentation mit Süßwasserablagerungen im Pannon abgeschlossen. In der zentralen

Zeit-skala	Abteilung	Unter-abteil.	Stufen	Alpidische Bewegungen	Oberrhein-Graben	Bayerische Molassesenke	Bayerische Alpen	Wiener Becken		Südalpine Vortiefe Oberitalien
				walachisch	Quartär	Quartär	Quartär	Quartär		Quartär
1,8 —	Pliozän	Ober-	Piacen- cent.		Kiese, Sande, Tone, Braunkohle			Ru- man	Bunte Tone, Kalke, Braunkohlen	Untere Villafranca
		Unter-	Zan- cleen					Dac		Schichten von Piacenza
5 —			Mes- sinien					Pont		Gips-Schwefel-Mergel
	Miozän	Ober-	Tortonien	rhodanisch				Pannon	"Untere" Congerien Schichten	Mergel von Tortona
10 —				attisch	Dinotherien-Sande					
		Mittel-	Serra- vallien	moldavisch	Braunkohle von Frankfurt	Obere Süßwasser- molasse Flinz	Schotter	Sar- mat	Tone und Sande	Serravalle
15 —			Lang- ghien	steirisch				Baden	Badener Tegel	Leitha- kalke	Sandige Mergel von Langhe
		Unter-	Burdigalien					Kar- pat	Laaer Folge	Molasse
20 —				savisch		Obere Meeres- molasse	Oligo — Miozän — Schlier	Ott- nang	Luschitzer Folge	Grob- kalke	
			Aqui- tan.		Schnecken-Mergel			Eggen- burg			Schio- Schichten
25 —					Hydrobien-Schichten Corbicula-Schichten Cerithien-Schichten	Untere Süßwasser- molasse		Eger	Aager- berg Schich- ten		
	Oligozän	Ober-	Chattien		Landschnecken-Kalk				Häringer Schichten Kohle Zementmergel		Kalke von Castelgomberto
30 —					Cyrenen-Mergel		Ton- mergel				
		Mittel-	Rupélien		Meletta- Schichten	Untere Meeresmolasse					Sangonini- Schichten
35 —					Fischschiefer Mergel		Fischschiefer				
		Unter-	San- noisien	pyrenäisch	Pechelbronner Schichten		Lithothamnien- kalk	Stock- lett- en Oberer Litho- tham- nien- kalk			Mergel von Brendola
	Eozän	Ober-	Bartonien		Mergel und Kalk		Kalksandstein		Ober- au- dor- fer Schich- ten		Kalke von Priabona und Gravella
40 —										Priabona- Folge	Süßwasser- schichten
45 —		Mittel-	Lutétien	illyrisch	Schneckenkalk Braunkohle von Messel		Erzschichten des Kressenberges			Ronca- Schich- ten	Kalke
											Nummulitenkalke von San Giovanni Illarione
50 —		Unter-	Cuisien					Unterer Litho- thamnienkalk			Schichten mit Pflanzen
			Ilerdien				Wildflysch (Konglomerat, Breccien, Sandsteine, bunte Tone und Mergel)				Mergelkalke mit Fischen
55 —				spät						Folge von Monte Postale	Nummuliten- kalke
	Paläozän	Ober-	Thanétien	laramisch mittel		Tone	Oichinger Schichten Mergel und Sandsteine				Spilecciano
60 —											
65 —		Unter-	Dano-Montien	früh							

396

und östlichen Neoparatethys erfolgte dagegen im Sarmat eine beträchtliche innerkontinentale Transgression mit in beiden Meeresteilen übereinstimmender Fauna. Am Ende des Sarmat wurden beide Meeresteile voneinander getrennt und durchliefen eine eigenständige Entwicklung, ehe sie an der Wende Mio/Pliozän nochmals kurzzeitig miteinander verbunden wurden. Im Pliozän erfolgte dann der endgültige Zerfall der Neoparatethys in das Pannonische, Dazische, Ponto-Asowsche und Kaspische Becken. Das jüngste Pliozän des Kaspischen Beckens ist durch eine weite Transgression nach Norden gekennzeichnet, deren Ablagerungen eine endemische marine Fauna enthalten.

Nach der anscheinend große Gebiete des mediterranen Teiles der Tethys erfassenden Regression im Oligozän trat mit Beginn des Neogens eine grundlegende Veränderung der paläogeographischen Verhältnisse ein. Wie im Balearen-Becken transgredierte wahrscheinlich auch in den anderen, während des Paläogens relativ schwach eingesenkten oder zeitweise herausgehobenen jungkänozoischen mediterranen Becken das Untermiozän. Diese Transgression erreichte in den angrenzenden Kontinentalschelfbereichen während des Burdigals ihren Höhepunkt. Im Balearen-Becken (einschließlich des Löwen-Golfes), das gebietsweise die präexistierenden alpidischen Strukturen diskordant schneidet, wahrscheinlich auch im Tyrrhenischen Becken, im Jonischen Becken, in der Adriatischen Vortiefe und gebietsweise im Levante-Becken wurden bis zum unteren Obermiozän (Torton) vor allem pelagische Globigerinen-Mergel und Schluffsteine abgelagert. Ihre Mächtigkeit von z. T. mehr als 2000 m weist auf die beginnende kräftige Absenkung der Becken hin. Die im oberen Obermiozän (Messin) gebildeten, über den größten Teil des heutigen Mittelmeeres, große Teile Siziliens, Süditaliens sowie im Po-Becken und im Roten Meer verbreiteten, im Balearen-Becken und in Teilen des Levante-Beckens 1500 bis 2000 m mächtigen Eindampfungsgesteine (Karbonate, Sulfate, Halite), ihre mehrfache Wechsellagerung mit Sedimenten, der Nachweis tiefer spätmiozän eingeschnittener Flußsysteme und submariner Cañons, das weitverbreitete Auftreten von Decken bzw. Olisthostromen in obermiozänen Sedimenten und die in den heutigen mediterranen Tiefsee-Becken unmittelbare Überlagerung der messinischen Evaporitserie durch unterpliozäne pelagische Tiefsee-Schlicke sind Erscheinungen, deren Interpretation zu unterschiedlichen Hypothesen über die paläogeologische Entwicklung des mediterranen Raumes im späten Miozän geführt hat. Im Mittelpunkt der Diskussion stehen die Ablagerungs-

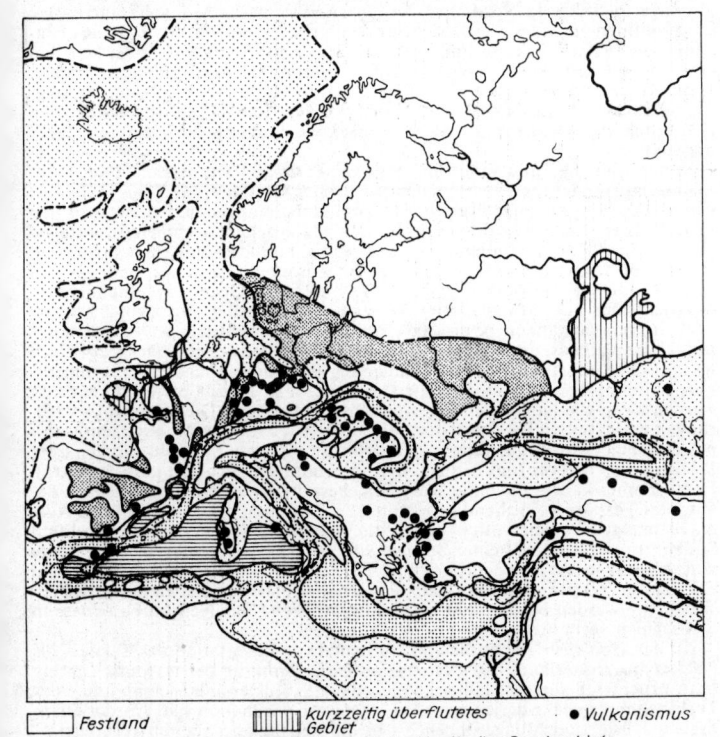

Großräumige Verbreitung von Land und Meer während des Neogens in Europa (nach v. Bubnoff 1956, Papp 1959, Gehl 1970, Pomerol 1973, ergänzt durch Lotsch)

S. 396
Stratigraphische Gliederung des Tertiärs im subalpinen und alpinen Raum

bedingungen der mächtigen, schätzungsweise ein Volumen von 1 Mill. km³ einnehmenden und auf großen Flächen vorhandenen Evaporite: Waren die heute bathyalen Flächen der mediterranen Becken vielleicht epikontinentale Plattformen mit einem Nebeneinander von flachen oder tieferen Seen, die erst später tief absanken, oder waren diese bathyalen Flächen bereits vor dem Beginn der messinischen Salinitätskrisis so tief abgesunken? Unabhängig von der Klärung dieser Fragen sprechen weltweit durchgeführte Untersuchungen dafür, daß die während des Obermiozäns erfolgte Isolation des Mittelmeeres vom Atlantik begleitet wurde vom Aufbau einer Eiskalotte in der Antarktis und einer glazial-eustatischen Meeresspiegelsenkung der Weltozeane. Mit Beginn des Pliozäns erfolgte im Zusammenhang mit einem glazial-eustatischen Meeresspiegelanstieg über die Straße von Gibraltar eine Meerestransgression, die die Isolation des Obermiozäns beendete und zur Überflutung epikontinentaler Räume in der Umrandung des Mittelmeeres führte.

Während die mediterranen Tiefbecken im Neogen und Quartär eine ständig zunehmende Absenkung erfuhren, erfolgten in den begleitenden Rifeiden, Betiden, Apenninen und Holleniden noch in den spätalpidischen Phasen Faltungen und Deckenschübe. Dabei erscheint auffällig, daß an dem das östliche Mittelmeer durchziehenden Ostmediterranen Rücken gegenwärtig Strukturen alpinotyper Tektonik festgestellt werden konnten.

In geophysikalischer Hinsicht zeigen das Tyrrhenische, das Ägäische und Pannonische Becken und deren Umrandung Merkmale, wie sie auch für die westpazifischen Inselbögen und Randmeere typisch sind: Manteldispirismus, hohen Wärmefluß, Krustenverdünnung, starke Absenkung und einen kräftigen randlichen, oft andesitischen Vulkanismus im Bereich kollidierender Platten (K. SCHMIDT, SCHWAN).

Paläogeographische Verhältnisse außerhalb Europas

Durch die in der Oberkreide entstandene, den Arktischen Ozean und den nördlichen Strang der Tethys miteinander verbindende Osturalische Meeresstraße blieben das große Teile Asiens einnehmende Festland und das osteuropäische Festland bis zur Wende Eozän/Oligozän auch weiterhin getrennt (Abb.). Erst mit Beginn des Oligozäns zog sich das Meer aus der Westsibirischen Tiefebene, der Turgai-Senke und dem südlichen Kasachstan zurück, so daß während des Oligozäns und des Neogens kontinentale, kohleführende Sedimente abgelagert wurden. In Nord- und Ostsibirien sowie in der Mongolei sind riesige intrakontinentale Senken mit mächtigen Kohleflözen entwickelt, z. B. die Lena-Senke, die Ostbaikal-Senke und die Amur-Senke. Markant ist das über 1000 km lange Baikal-Riftsystem. Nach schwachen Einsenkungen im Oligozän/Miozän setzte die bis heute anhaltende Aufspaltung mit verstärkter vulkanischer Aktivität im Mittelpliozän ein, wobei sich im vom Baikal-See eingenommenen Zentralteil des Grabens bis 5000 m mächtige limnisch-fluviatile Sedimente bildeten.

In den südlichen und südöstlichen geosynklinalen Randbereichen des Kontinents entstanden bei fortschreitender Breitenabnahme der Geosynklinalen die alpidischen Kettengebirge, die in zusammenhängenden Faltenzügen den Iran, Vorder- und Hinterindien sowie den Malaiischen Archipel durchziehen und sich in den zumeist jüngeren Faltengebirgen des ostasiatischen pazifischen Randbereiches weiter verfolgen lassen. Im Zusammenhang mit Gebirgs- und Bruchbildungen trat verbreitet ein z. T. bis in die Gegenwart andauernder Magmatismus auf. Am großartigsten sind die in Vorderindien vor 65 bis 60 Mill. Jahren entstandenen, bis 2000 m mächtigen basaltischen Deckenergüsse des Dekanplateaus, die sich über etwa 300000 km² ausdehnen. Den gewaltigen tektonischen Massenbewegungen entsprach die Bildung mächtiger Sedimentkörper in den Senken und Vortiefen, in denen das Tertiär bis 17 km mächtig werden kann wie im Norden von Kalimantan (Borneo). Diese jungen Ablagerungen enthalten im Vorderen und Mittleren Osten und im Malaiischen Archipel ergiebige Erdöllagerstätten. Die gebirgsbildenden Prozesse führten zum Rückzug des Meeres und örtlich zu Kohlebildungen (Kalimantan, Sumatra).

In Nordamerika war die junge Tektogenese an der pazifischen Küste zu Beginn des Tertiärs weitgehend abgeschlossen. Dennoch sind die absoluten Ausmaße mariner Sedimentation beträchtlich. Zwischen der Vancouverinsel und Südkalifornien sind auf einer Strecke von 1800 km und einer größten Breite von 200 km in verschiedenen Teilbecken tertiäre Sedimente abgelagert und z. T. stark verformt worden. Die paläogenen Ablagerungen an der gesamten Westküste werden bis zu 5000 m mächtig, während das Neogen besonders in Kalifornien verbreitet ist.

An der Golfküste reicht die epikontinentale Sedimentation des Tertiärs bis 900 km ins Hinterland. Die stratigraphische Zuordnung der tektonisch gering beanspruchten Sedimente läßt erkennen, daß die Küstenlinie sich im Laufe des Tertiärs immer mehr derjenigen der Gegenwart angenähert hat. An der atlantischen Küste sind Ablagerungen bis in die Neuengland-Staaten verbreitet.

Im Golfbereich und in Kalifornien führen die Schichten Erdöl. In den Innen- und Vorsenken des Felsengebirges entstanden mächtige fluviatil-limnische Sedimentfolgen mit teilweise reichen Braunkohlelagern. Im Zusammenhang mit den tektonischen Vorgängen findet sich ein lebhafter Vulkanismus. Die Ablagerungen bergen in den festländischen Becken am Ostfuß des Felsengebirges riesige Mengen an Wirbeltierresten, die einen einzigartigen Einblick in die Entwicklung der Säugetiere gestatten.

Auch in Südamerika sind vollmarine tertiäre Ablagerungen auf einige Randbereiche des Kontinents beschränkt. Zum karibischen Sedimentationsraum gehört das recht vollständige Tertiär Trinidads, Venezuelas und Nordkolumbiens, während das i. allg. weniger lückenlose und wechselnd marine bzw. kontinentale Tertiär in den verhältnismäßig schmalen Küstenvorkommen Westkolumbiens, Westekuadors, Nordperus sowie Nord- und Mittelchiles zum pazifischen Sedimentationsraum zu stellen ist. Die infolge ihres geosynklinalen Charakters oftmals sehr mächtigen Ablagerungen, die im Eozän Ekuadors bis 10000 m erreichen, enthalten auf Trinidad, in Venezuela und Kolumbien reiche Erdöllagerstätten. Weiter verbreitet sind z. T. ebenfalls sehr mächtige kontinentale, z. T. auch brackische Ablagerungen am Ostrand bzw. im Inneren der Kordilleren und im Amazonas-Becken. Die geosynklinalen Ablagerungen wurden z. T. in die Kordilleren-Tektonogenese an der Wende Eozän/Oligozän, Oligozän/Miozän und Miozän/Pliozän einbezogen.

Weitere tertiäre Ablagerungen treten verbreitet im Süden des Subkontinents im La-Plata-Gebiet, in Patagonien und in Feuerland auf und sind besonders durch den abweichenden Charakter ihres Fossilgehaltes bekannt geworden. Vor allem weisen die Säugetierfaunen Formenkreise auf, deren Entstehung und Entwicklung durch die Isolierung Südamerikas während des größten Teils der Tertiärzeit zu erklären sind.

Das Tertiär im Norden Afrikas ist zwei unterschiedlichen Entwicklungen zuzuordnen, der überwiegend geosynklinalen und eng mit der alpidischen Tektonogenese verknüpften und der epikontinentalen. Geosynklinaler Entwicklung ist das Tertiär der Marokko, Algerien und Tunesien durchziehenden Atlasketten, deren Flyschphase mit dem Numidischen Flysch gegen Ende des Oligozäns abgeschlossen wurde. Die tektonogenetischen Hauptphasen gehören in das Mitteleozän bzw. an die Wende Unter/Mittelmiozän. Die epikontinentale Fazies ist vorwiegend in Ägypten und in Libyen verbreitet, wo im Syrte-Becken eine bis über 5000 m mächtige Serie mariner, unterpaläozäner bis obermiozäner Ablagerungen vorhanden ist, das tiefere Oligozän aber fehlt. Im Mitteleozän stieß das Meer golfartig weit nach Süden bis zum Tibesti-Gebirge vor. Während im Paläozän des epikontinentalen nordafrikanischen Raumes pelitische Gesteine überwiegen, dominieren im Eozän Nummulitenkalke, die das Baumaterial für die Pyramiden geliefert haben. Im Delta-Bereich eines Ur-Nils (im Fayum) werden die Nummulitenkalke im Obereozän und im Oligozän von fluviomarinen Bildungen mit reichen Vertebratenfaunen vertreten. Das Miozän begann hier transgressiv, wobei während des Untermiozäns über den Raum von Suez und das Rote Meer eine Verbindung zum Indischen Ozean bestand. Der Nil verlagerte während des Miozäns und Pliozäns sein Delta zunehmend nach Norden.

Marines epikontinentales Paläozän bis Mitteleozän, darüberfolgendes epikontinentales jüngeres Paläogen und z. T. auch Neogen sind u. a. im Senegal-Becken und im Niger-Becken entwickelt, während an der afrikanischen Ostküste die marinen Profile in Mozambique, Tansania, Kenia und Somalia bis in das Miozän hineinreichen. Im großen Zentralen Becken Südafrikas entstanden von der Oberkreide bis zum Pliozän die fluviatilen und lakustrischen Sedimente der Kalahari-Formation.

Zu den großartigsten tektonischen Strukturen Afrikas gehört das Ostafrikanische Grabensystem (S. 266). In Äthiopien und Kenia wurde die Grabenentwicklung vom Eozän bis zum Miozän durch gewaltige Ausflüsse von Plateau-Basalten vorbereitet, an die sich im Pliozän stratovulkanische Ausbrüche anschlossen. Im westlichen Zweig des ostafrikanischen Grabensystems treten dagegen vulkanische Effusiva in geringerem Umfang auf.

Hatte das Kreidemeer in Australien noch größere Teile des westlichen Küstengebietes, vor allem des östlichen zentralen Flachlandes eingenommen, so beschränken sich die tertiären Ablagerungen weitgehend auf den westlichen und südlichen Kontinentalrand. Nur an der Südküste, im Hinterland der Großen Bucht, dem Euclabecken, und im Murraybecken war die Ausdehnung größer. Es handelt sich meist um nur einige hundert Meter mächtige Kalksedimente. Im östlichen Küstengebiet treten auch kohleführende Sande auf. Die weiter östlich in Südvictoria nachgewiesenen mächtigen Braunkohlen gehören dem Eozän an. Infolge eines wohl kälteren Klimas fehlen in den Ablagerungen der Südküste die Nummuliten.

Im Laufe des Tertiärs haben sich immer mehr die gegenwärtigen Umrisse des Erdteils herausgebildet. Im Süden war im Miozän, vielleicht schon im Oligozän der Zusammenhang mit Tasmanien durch den Einbruch der Bass-Straße verlorengegangen. Durch eine jungpliozäne Hebung des Kontinents gab das Meer die Einbrüche weitgehend frei. Nur im Bereich des jungen Einbruchs des »Großen Grabens« von Südaustralien (St.-Vincent-Golf) gelangten noch im Pliozän und Quartär marine Sedimente zur Ablagerung. Gegen Ende des Tertiärs verschob sich Australien weiter zum Äquator hin.

Tertiäre Basalte sind weit verbreitet und belegen eine lebhafte vulkanische Tätigkeit vom Oligozän bis Pliozän. Die tertiären Sedimente von Neuguinea, das durch den Festlandssockel noch heute mit Australien verbunden ist, erinnern dagegen in Ausbildung, Faunengehalt und Lagerung an das Tertiär des Malaiischen Archipels.

In der Antarktis beschränkt sich das Vorkommen tertiärer Sedimente nach den bisherigen Kenntnissen auf den Teil des Kontinents, der der Westhemisphäre außerhalb des zentralen Polarplateaus angehört. Die in diesem Bereich als Nunatakker aus dem Inlandeis herausragenden Höhen, die sich in den Sentinal Ranges bis 4000 m erheben, liegen offenbar im Zuge des jungen Faltengebirges, das sich von den Anden Südamerikas über die der Südspitze dieses Kontinents vorgelagerten Süd-Orkney-Inseln, Süd-Shetland-Inseln und über die Antarktische Halbinsel (Grahamland) an der Westküste Antarktikas entlangzieht und sich über den Balleny-Vulkan, die Macquarie-Inseln, Neuseeland und Melanesien in den hinterindischen Faltenbögen fortsetzt. Auf der der Antarktischen Halbinsel (Grahamland) vorgelagerten Seymourinsel sind im Osten Kalksandsteine mit Pflanzen- und Wirbeltierresten gefunden worden, die dem Oberoligozän bzw. dem Untermiozän angehören. Aus grobkörnigen Sandsteinen und Tuffen der Insel ist eine guterhaltene, offenbar spättertiäre Flora bekannt, die teilweise mit der in gemäßigtem Klima gedeihenden Flora von Westpatagonien und Südchile verwandt ist, in anderen Vertretern aber der subtropischen Pflanzenwelt von Südbrasilien entspricht.

Zusammenfassung. Im Laufe des Tertiärs näherte sich das Gesicht der Erde mit der Verbreitung von Land und Meer, den Umrissen der Kontinente, den Oberflächenverhältnissen und der Gestaltung des Meeresgrundes, dem Klima sowie der Evolution und Verbreitung der Tier- und Pflanzenwelt mehr und mehr der Gegenwart. Durch die Bewegungen der Großplatten resultierte im Känozoikum die fortschreitende Ausweitung der ozeanischen Böden, insbesondere im östlichen Pazifik, im Atlantik – der sich im Paläozän weit nach Nordosten öffnete und gegen Ende des Untereozäns mit dem Arktik verband – und im Indik. Auch das fast völlige Verschwinden der Tethys ist eine Folge von Kollisionen und Subduktionen zwischen der eurasiatischen Platte und der relativ zu dieser nordwärts driftenden Afrikanisch-Arabischen und der Indisch-Australischen Platte. Das Aufreißen des großen Ostafrikanischen/Rote-Meer-Grabensystems südlich, des Rhône-Rheintal- sowie des Baikal-Grabensystems nördlich der Tethys-Fuge sowie die damit verbundene starke vulkanische Aktivität in diesen Räumen wirkten auf diese Plattenkollisionen wie ein antagonistisches Regulativ (ILLIES). Im Bereich des Roten Meeres und des Golfes von Aden begann sich seit dem Miozän ein neuer Ozean zu entwickeln. Im Zusammenhang mit den Plattenbewegungen trat die alpidische Gebirgsbildung im Bereich der Tethys und der jungen Mobilitätsgürtel rund um den Pazifik in ihr letztes, bis heute andauerndes Stadium. Die weltweiten Höhepunkte der alpidischen Gebirgsbildung korrespondierten dabei zeitlich mit Diskontinuitäten der Ozeanbodenspreizung bzw. der Plattenbewegungen. Rezente Strukturen alpinotyper Tektonik finden sich im Bereich der westpazifischen Inselbögen und randlichen Meere, in Europa im östlichen Mittelmeer. Mit der Entstehung der alpidischen Faltengebirge, die durch jüngstkänozoische Bewegungen zur heutigen Höhe aufgetürmt wurden, ging die Bildung abyssischer Vortiefen einher, in denen sich gewaltige Sedimentmassen ablagerten.

Die Trans- und Regressionen der epikontinentalen Meere sind mit dem phasenhaften Ablauf der geodynamischen Entwicklung eng verknüpft. Die Transgressionen erreichten freilich nicht die weite Verbreitung wie in der Kreidezeit. Im Randbereich der Epikontinentalmeere und in oft riesigen innerkontinentalen Becken entstanden während des Tertiärs mächtige Braunkohlenlagerstätten. In den Sedimentfolgen der Kontinente wurden die Salzmassen durch die Halokinese wieder mobilisiert, so daß es zu Salzakkumulationen und Ausbildung von Randsenken kam.

Aus dem Blickwinkel von Tektonik und Magmatismus ist das Tertiär mit dem Jungpaläozoikum vergleichbar. Ähnliches trifft auch für die weite Verbreitung von Kohlengesteinen, Kohlenwasserstoffen und Salzlagerstätten zu.

Das Klima des Tertiärs ist aus den Verwitterungsprodukten der alten Landoberflächen, die selten und nur lokal erhalten sind, und vor allem aber aus den tierischen und pflanzlichen Resten abzuleiten. Die Grenzen der Klimazonen waren fast während des gesamten Tertiärs polwärts verschoben. Die Polargebiete waren während des Paläozäns, Eozäns und meist auch während des Miozäns eisfrei. Für das Oligozän haben sich in letzter Zeit die Hinweise auf eine antarktische Eiskappe gemehrt, und für das obere Obermiozän wird eine solche für sehr wahrscheinlich erachtet. Die Arktis war wahrscheinlich erst seit dem Pliozän von Inlandeis bedeckt, worauf Moränenbildungen auf Island und Sachalin hindeuten. Im Laufe des Jungtertiärs näherte sich das Klima dem des Quartärs. Der Rückgang der Temperaturen erfolgte nicht im allmählichen Abfall, sondern in wiederholtem Wechsel zwischen wärmeren und gemäßigteren Phasen. Allgemein waren im Tertiär deutliche Jahreszeiten vorhanden, wie man an der Feinschichtung von Sedimenten und den Zuwachsringen der Bäume nachweisen kann.

D. Lotsch

Quartär (Eiszeitalter)

Allgemeines. Dieses jüngste System der Erdgeschichte wurde erst 1829 von J. DESNOYERS als selbständige Einheit vom Tertiär abgetrennt. Seine Dauer wird heute auf 1,8 bis 2,5 Millionen Jahre geschätzt. Die gute Zugänglichkeit der jungen Sedimente gestattet, eine Fülle von Einzelheiten zu erkennen, wie das für ältere Perioden nur in beschränkterem Maße möglich ist. Das Quartär ist gegenüber dem Tertiär von tieferen Temperaturen und extremen Klimaschwankungen geprägt, die zeitweise zur Ansammlung riesiger Inlandeismassen sowie zu besonderen Verhältnissen der Sedimentation und der Landschaftsformung geführt haben. Wenn auch dieses Phänomen nicht einzigartig in der Erdgeschichte ist, weil auch aus früheren Perioden Vereisungen bekannt sind, z. B. aus dem Perm und Karbon, so weiß man doch noch wenig über seine Ursachen. Lange Zeit sah man diese in rein kosmischen Einwirkungen (Intensitätsänderungen der von der Erde empfangenen Sonnenstrahlung infolge von Schwankungen der astronomischen Erdbahnelemente, Änderung der primären Sonnenstrahlung oder durch Veränderungen im interstellaren Raum). Neuerdings werden mehr oder weniger irdische Faktoren stärker diskutiert. Es scheinen sich Beziehungen zwischen den Schwankungen der Lage der magnetischen Erdpole, der Intensität des magnetischen Erdfeldes und der geomagnetischen Aktivität sowie dem Klima abzuzeichnen, in dem z. B. in Europa Warmzeiten den Perioden verstärkter magnetischer Inklination entsprechen. Diese Aktivitäten werden auf Vorgänge im Kruste-Mantel-Grenzbereich zurückgeführt. Zwischen diesen Instabilitäten bzw. Umkehrungen des Erdmagnetfeldes (vgl. S. 257) und den Schwankungen der astronomischen Erdbahnelemente dürften jedoch Wechselbeziehungen bestehen. Seit dem jüngsten Tertiär spielen vermutlich außerdem globale Reliefänderungen eine Rolle, die zu beträchtlichen Verschiebungen des Meeresspiegels im Vergleich zu den Festländern und zu Änderungen des ozeanischen Zirkulationssystems geführt haben. Derartige Prozesse könnten die atmosphärische Zirkulation so umgestellt haben, daß im atlantischen Raum zeitweise Nord-Süd- oder West-Ost-Bewegungen der Luftmassen begünstigt worden sind. Sicher liegt den extrem raschen und starken Klimaschwankungen im Quartär und ihren geologischen Folgeerscheinungen ein komplizierter Ursachen-Wirkungs-Komplex mit autozyklischen Komponenten (Selbstverstärkungserscheinungen: erhöhte Rückstrahlung von der Eisoberfläche, Verlagerung der die Niederschläge bringenden Zyklonenbahnen usw.) zugrunde, so daß bereits geringe initiale Temperaturerniedrigungen sekundär zu starker Abkühlung führen. Durch diese Mechanismen ist im Quartär das exogene Geschehen ungewöhnlich beschleunigt und so das heute vorliegende Erdbild ausgeprägt worden.

Tektonogene und morphogene Vorgänge im Quartär zeugen örtlich vom Ausklang der alpidischen Tektonogenese. Stärkere, von Erdbeben begleitete Bewegungen spielten sich im Gebirgsgürtel Eurasiens und in den Randzonen des Stillen Ozeans ab. In Mitteleuropa kam es im Niederrheingebiet zu Vertikalverschiebungen an einzelnen Brüchen bis zu 175 m, die in den Niederlanden (Küstengebiet) bis zu 600 m Gesamtsenkung geführt haben. Auch der Oberrheingraben mit bis zu 350 m quartärer Füllung und der Elbtalgraben unterlagen kräftiger Senkung bzw. Anhebung der Flankenschollen (Abb.). Dagegen läßt das tiefe Einschneiden der Flüsse im Wechsel mit zeitweise kräftiger glazialklimatischer Aufschotterung Hebungen der Mittelgebirgsschollen, z. B. des Harzes, und der Alpen erkennen, die im Pleistozän ihre Heraushebung zum morphologischen Gebirgszug (Morphogenstudium) durchliefen. Im Pannonischen Becken, der Großen Ungarischen Tiefebene, zeugen im Donau-Theiß-Gebiet bis 700 m mächtige, rhythmisch gegliederte Quartärablagerungen von anhaltenden Schollenabsenkungen. Große Hebungsamplituden weisen die zentralasiatischen Gebirgszüge im Vergleich zu den benachbarten Senken auf, wobei sich seit dem Neogen die Verschiebungsintensität verstärkt hat. Vielgliedrige Treppen von Terrassenschottern entlang den Flußtälern belegen ebenfalls ungleichmäßige, rhythmisch ablaufende Bewegungsprozesse.

Neben den bruchtektonischen Deformationen, die zum Teil auch vorwiegend Seitenverschiebungen zur Folge hatten, liefen epirogenetische Verbiegungsprozesse ab. Hinweise auf diese weltweit verbreiteten Vorgänge geben unter anderem die Verbiegungen älterer synchroner Strandlinien. Ihr Erfassen ist jedoch schwierig, da die tektonischen Bewegungen von isostatischen Senkungen und Hebungen unter der wechselnden Eislast überlagert worden sind. Der bis heute andauernde Aufstieg des Baltischen Schildes (Skandinavien, Finnland) geht teilweise auf dessen Einsinken unter der Last des Weichsel-Eises zurück, das noch nicht wieder ausgeglichen ist (S. 169). Nicht zuletzt waren im Quartär die Vorgänge der Ozeanzergleitung (ocean floor spreading) und die Anhebung der Mittelozeanischen Rücken wirksam (S. 256).

Alle diese Bewegungs- und Deformationsprozesse der Erdkruste haben das Volumen der Ozeanbecken mehr oder weniger verändert und damit den Stand des Ozeanspiegels relativ zum Festland. Ihre gegenseitige Überlagerung macht es außerordentlich schwierig, die dem Vereisungsgeschehen korrelaten, glazial-eustatischen Senkungen und Wiederanstiege des Ozeanspiegels zeitlich und stärkemäßig genauer zu erfassen sowie von den tektonisch bedingten Trans- und Regressionen im Quartär zu trennen. Im Mittelmeerraum liegen zum Beispiel die Strandterrassen der warmzeitlichen Höchststände des Ozeanspiegels um so höher über dem heutigen Wasserspiegel (bis 200 m), je älter sie sind. Für das Weichselglazial werden 90 bis mehr als 100 m maximale glazial-eustatische Spiegelsenkung angenommen.

Der quartäre Vulkanismus beschränkt sich im wesentlichen auf die noch heute tätigen Vulkangebiete, die in enger Beziehung zu den tektonisch aktivsten Zonen stehen. Nachklänge des tertiären Vulkanismus Mitteleuropas gab es im Rheinischen Schiefergebirge, im Egergraben und in den Ostsudeten bis ans Ende des Pleistozäns. Die Aschenexplosion des Laacher See-Vulkans (Eifel) zur Alleröd-Zeit hat eine wichtige Zeitmarke geliefert, da von dort vom Wind verfrachtete Aschen in spätglazialen Sedimenten bis nach Mecklenburg und den Berliner Raum zu finden sind.

Das Quartär wird in zwei Abschnitte (vgl. Tab. 1 bis 3), **Pleistozän**, das Eiszeitalter (früher Diluvium) und **Holozän**, die Postglazialzeit oder Nacheiszeit (früher Alluvium), gegliedert.

Die weitere Untergliederung stützt sich auf die klimatischen Wechsel von kalt zu warm und umgekehrt, da die Entwicklung der Organismenwelt für den relativ kurzen Zeitabschnitt von 2 Millionen Jahren zu wenige Anhaltspunkte liefert. Die klassische, auf der Moränenstratigraphie (Lithostratigraphie und Morphostratigraphie) aufgebaute Einteilung hat sich als zu grob, zu unvollständig und in andere Gebiete kaum übertragbar erwiesen; denn die quartären Klimaschwankungen waren zahlreicher, als es die Vereisungen erkennen lassen. Daher sind weitere geologische Indikatoren, die häufigere Klimaschwankungen unterschiedlicher Intensität und Dauer anzeigen, in den Vordergrund getreten: die glazialklimatischen Schotterterrassen (S. 410) und die Bodenbildungen der Warm- bzw. wärmeren Zeiten in Verbindung mit faunistischen und floristischen Faziesfossilien, später die quartären Sedimente auf den Ozeanböden mit den Resten temperaturempfindlicher Organismen.

Das bisherige Ergebnis ist ein vielgliedriges mit bis zu siebzehn kräftigeren Klimawechseln von warm zu kalt neben schwächeren. Jedoch liegt noch keine befriedigende Übereinstimmung der Ergebnisse der unterschiedlichen Verfahren bzw. aus verschiedenen Gebieten vor, besonders zwischen den Klimakurven aus den kontinentalen und den ozeanischen Profilen. Selbst für die Alpen und Nordeuropa sind die Korrelationen über das Weichsel/Würm-Glazial hinaus auch heute noch nicht gesichert. Ursachen dafür sind tektonische Einflüsse auf die Schotterbildung. Die Auswirkungen von Klimadifferenzierungen (besonders hinsichtlich der Niederschlagsverhältnisse) auf die Bodenbildungen, Verzögerungen in der klimatischen Anpassung der Oberflächenwassertemperaturen der Ozeane und die Umgestaltung der ozeanischen Zirkulation. Ein Hauptanliegen der Quartärstratigraphie ist daher gegenwärtig die Korrelation der Abläufe auf den kontinentalen Gebieten mit den in lückenlosen Profilen vom Ozeanboden dokumentierten Klimaschwankungen.

Infolge dieser unbefriedigenden Situation erlangen absolute Datierungen größere Bedeutung. Die Schwierigkeiten liegen darin, daß für das Quartär, insbesondere für die Zeit seit dem letzten Interglazial, genauere Daten als in der älteren Erdgeschichte notwendig sind. Dendro-, Warvenchronologie und ^{14}C-Bestimmung (mit Isotopenanreicherung, S. 283) erfassen nur die jüngsten Abschnitte, d. h. wenige Jahrtausende. Ähnlich wie die Warvenchronologie hat die Jahresschichtung warmzeitlicher Süßwassersedimente (Kieselgur) Anhaltspunkte für die absolute Dauer des Holstein- und des Eem-Interglazials (etwa 10000 bis 16000 Jahre) ergeben, aber ohne festen Bezug zur Gegenwart.

Die K/Ar-Methode (S. 286) eignet sich dagegen nur für wesentlich weiter zurückliegende Abschnitte des Quartärs. Man kann daher weder die Dauer noch den Beginn bzw. das Ende der älteren Vereisungen in zuverlässigen, absoluten Zahlen angeben. Zum Schließen der Lücke zwischen den von ^{14}C- und K/Ar-Bestimmungen, besonders für Vulkanite, erfaßbaren Zeiträumen werden neuerdings weitere U-Serien herangezogen (^{230}Th/und ^{231}Pa), die auf die Spanne von 30000 bis 250000 Jahren anwendbar sind, dazu der in seinen Ergebnissen noch recht umstrittene Thermolumineszenz-Test und der Aminosäure-Test. Bisher halfen kombinierte Verfahren, die Zeitlücke zu überbrücken, indem man die für den durch ^{14}C-Datierung kontrollierbaren Zeitraum ermittelte Sedimentationsgeschwindigkeit auf tiefere Teile der Ozeanbodenprofile extrapolierte. Weitere Anhaltspunkte liefern paläomagnetische Methoden (S. 66).

Die Entwicklung der Lebewesen

Die in den quartären Ablagerungen enthaltenen Tier- und Pflanzenreste geben infolge der Kürze dieses Zeitabschnitts nur wenige Hinweise auf die Entwicklungsgeschichte der Organismenwelt. Leitfossilien sind kaum vorhanden. Dafür spiegeln die Fossilfunde die Klimageschichte des Quartärs wider, den Wechsel zwischen Kalt- und Warmzeiten und untergeordnete Klimaschwankungen sowie die Wiederbesiedlung ehemals vereister Gebiete durch Pflanzen nd Tiere. Ihre Vertreter – einschließlich der Mikrofaunen und -floren – erlangen im Quartär hauptsächlich als Faziesfossilien stratigraphischen Wert, im continentalen und auch im marinen Bereich.

Unter den wirbellosen Tieren sind es einige marine Muscheln (Lamellibranchiaten) und Schnecken (Gastropoden) sowie Foraminiferen und Ostracoden, die durch ihre kalten, gemäßigtwarmen (borealen) oder warmen (lusianischen) und mehr oder weniger stark salzigen Milieuansprüche für Korrelationen eingesetzt werden können. Auf dem Festland ist die Süßwasserschnecke *Viviparus diluvianus* für das Holstein-Interglazial typisch, während die Lößschnecken, z. B. *Succinea oblonga*, die kalten und trockenen Zeiten der Lößbildung charakterisieren (Abb.). Am wichtigsten sind auf dem Festland die Säugetiere, vor allem Nagetiere (Rodentier), Raubtiere (Carnivoren) und Huftiere (Ungulata), weil sie allein zum Teil eine rasche Weiterentwicklung durchlaufen haben. Aus den Wildpferden gingen die echten Pferde (*Equus caballus*) hervor, aus den frühpleistozänen Rüsseltieren (Proboseidier) *Archidiscodon planifrons* und *A. meridionalis* (Südelefant), die beiden Entwicklungslinien der Wald- und der Steppenelefanten (Tab. S. 411), die im Mammut (*Mammuthus primigenius*) eine an die Tundra angepaßte Kälteform hervorgebracht haben. Von diesen Arten leiten sich die Zwergelefanten des östlichen Mittelmeerraumes ab. Stoßzähne und Molaren finden sich häufig in Fluß- und Schmelzwasserablagerungen. Die sinkenden Temperaturen und später das herannahende Eis drängten die spättertiäre Tierwelt Europas nach Süden ab. Schließlich bewohnten arktisch-subarktische Formen die zwischen dem nordeuropäischen und dem alpinen Eis liegenden Tundren- und Kältesteppen. Wenig bewegliche Arten starben aus oder kehrten im Verlauf der wiederholten Klimawechsel nicht in ihren ehemaligen Lebensraum zurück. Hier können nur wenige Vertreter genannt werden: kaltzeitlich lebten Lemmingarten, das Steppenmurmeltier und andere Nager in den Tundren, Steppen und Höhlen, daneben häufig der Höhlenbär (*Ursus spelaeus*), der Höhlenlöwe, die beide am Ende des Pleistozäns ausstarben, und andere Fleischfresser. Als Huftiere kamen in der Kältesteppe das Wollhaarnashorn (*Coelodonta antiquitatis*), das Ren (*Rangifer arcticus*) und der Moschusochse (*Ovibos moschatus*) hinzu, in der Tundra das Mammut.

Das wärmere, interglaziale Klima kennzeichnen die Waldelefanten (*Palaeoloxodon antiquus*) und die Nashörner (*Dicerorhinus etruscus*, später *D. Kirchbergensis*), schließlich auch der Braunbär u. a. In Südamerika sind seit dem Pliozän Riesenfaul- und -gürteltiere bekannt, die im Pleistozän nach Nordamerika einwanderten. Stratigraphisch entscheidend sind nicht Einzelformen, sondern »kalte« und »warme« Faunen sowie entsprechende Florengesellschaften.

Besonders bedeutend ist das Quartär, weil man in seinen Ablagerungen eine beachtliche Zahl fossiler Überreste von **Menschen (Hominiden)** gefunden hat, deren Ursprung weit ins Tertiär zurückreicht. So zeichnet sich bereits ein rela-

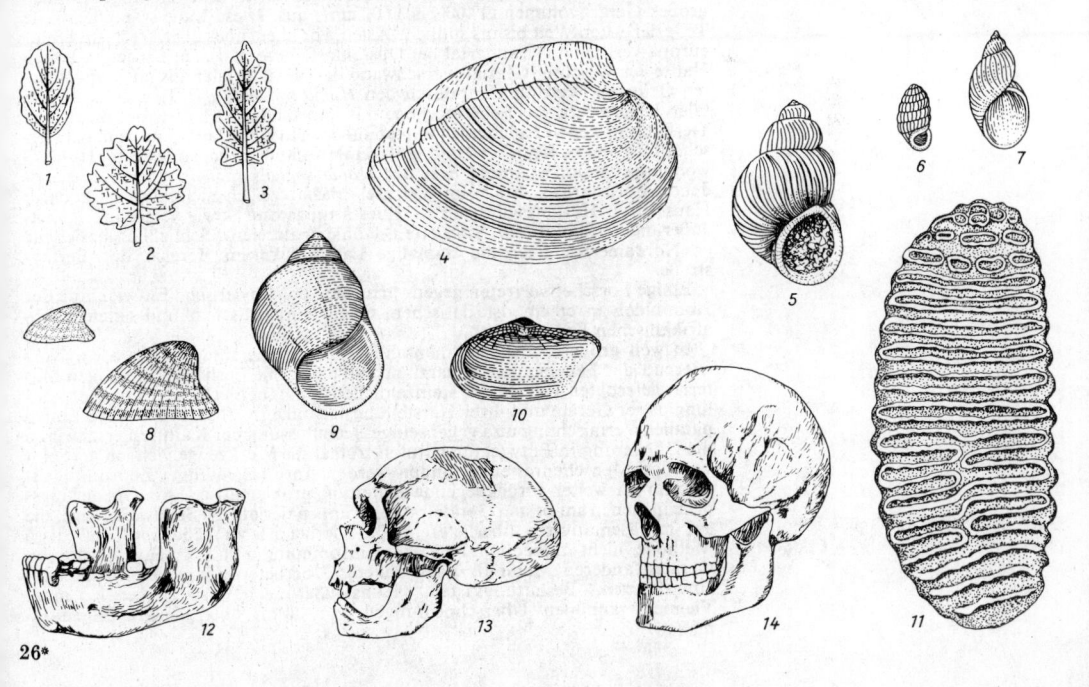

Fossilien des Quartärs. 1 Polarweide Salix polaris. 2 Zwergbirke Betula nana. 3 Silberwurz Dryas octopetala. 4 Meeresmuschel Venerupis senescens (Syn. Tapes senescens), $^2/_3$ nat. Gr. 5 Süßwasserschnecke Viviparus (Paludina ant.) diluvianus. 6 Lößschnecke Pupilla loessica. 7 Lößschnecke Succinea oblonga. 8 Süßwasserschnecke Ancylus fluviatilis, nat. Gr. und 3fach vergr. 9 Meeresschnecke Littorina littorea. 10 Meeresmuschel Portlandia Yoldia arctica, $^2/_3$ nat. Gr. 11 Backenzahn von Mammuthus primigenius (Mammut), $^1/_4$ nat. Gr. 12 Unterkiefer des Homo erectus heidelbergensis von Mauer bei Heidelberg. 13 Schädel des Homo sapiens neandertalensis. 14 Schädel des Homo sapiens sapiens von Oberkassel bei Bonn

tiv weitgehend auf Fossilfunde gestütztes Bild der Hominidenevolution ab, wenn auch erhebliche Abwandlungen durch neue Funde nicht auszuschließen sind. Der Weg führte aus dem *Dryopithecus*-Kreis des Miozäns über *Ramapithecus* zum plio-pleistozänen *Australopithecus* (Urmensch), dem ersten aufrecht gehenden, Geräte nutzenden und herstellenden Hominiden (Tab. S. 405). Dieser Urmensch ist eine typische Übergangsform mit eindeutig hominiden (Bipedie, Gebißausbildung) Merkmalen neben noch pongiden (affenartigen). In der weiteren Entwicklung folgten der Aufrichtung des Körpers die Vergrößerung des Gehirnvolumens auf das Zwei- bis Dreifache und die Ausbildung des menschlichen Kinns. Trotz seines geringen Gehirnraumes von durchschnittlich 500 cm^3 verwendete der **Australopithecus** bereits Geräte, durch einfache Abschläge mit Arbeitskanten versehene Geröllsteine, »pebble tools«, daneben primitive Knochen-, Zahn- und Hornwerkzeuge. Skelettreste liegen bisher nur aus Afrika vor, und zwar von einer robusten und einer grazier gebauten Formengruppe. Die systematische Stellung der grazilen Form ist umstritten. Unter anderem scheinen schon über das Niveau von *Australopithecus* hinaus evolutionierte Hominiden (500 bis 760 cm^3 Gehirnvolumen) vorzuliegen, die teils der Gattung *Australopithecus*, teils *Homo* zugerechnet bzw. als *Homo habilis* zusammengefaßt werden (Fundort in Tanganjika, Olduvai-Schlucht). Nach K/Ar-Bestimmungen reichen die ältesten dieser Formen mindestens bis 5 Millionen Jahre zurück, und bis 2,6 Millionen Jahre zurück sind bisher primitive Steinwerkzeuge nachweisbar.

Neben der Gattung *Australopithecus* im Unteren Pleistozän, die schon in verschiedene Entwicklungslinien differenziert war, erscheint jetzt die ältere der beiden Arten der Gattung *Homo*, *Homo erectus*, die sich über mehrere Unterarten bis in die Holstein-Zeit, lokal bis ins Eem-Interglazial fortsetzt. Ihre Frühentwicklung ist aus Djawa (*Homo erectus modjokertensis*) bekannt. Zur Cromer-Warmzeit war diese Form unter Variantenbildung bereits über Asien (Peking, Java), Afrika (Olduvai-Schlucht) und Europa (Mauer bei Heidelberg, ältester europäischer Menschenrest) verbreitet. Diese Frühmenschen benutzten zum Teil schon das Feuer sowie verbesserte Stein- und Knochengeräte. Vor der Wende zum Holstein-Interglazial spaltete sich offenbar die zweite Art von *Homo*, *Homo sapiens*, ab, die in eigener Entwicklungslinie über den Altmenschen (frühe Sapiens-Formen) zum heutigen Neumenschen, dem *Homo sapiens sapiens*, führte. Auch der Altmensch besiedelte Teile Asiens und Europas, aber noch nicht Amerika, und hatte schon viele Züge mit dem Jetztmenschen gemeinsam (Wölbung des Hinterhaupts bzw. der Stirn, Kinnansätze). Reste des Altmenschen sind in Europa von Vertesszöllös bei Budapest und von Steinheim (Württemberg) bekannt. Daneben entwickelte sich seit Ende der Holstein-Zeit eine andere, später verlöschende Linie, die im »klassischen« Neandertaler während des Eem-Interglazials bis ins Weichsel-Glazial ihren Höhepunkt erreichte. Der Neandertaler zeichnet sich durch die an die älteren Hominiden erinnernde fliehende Stirn, starke Überaugenwülste und ein ungewöhnlich großes Gehirnvolumen (1400 bis 1600 cm^3) aus. Diese Linie war über weite Teile der Alten Welt bis ins südliche Asien, vor allem aber über West- und Südeuropa verbreitet (Neandertal bei Düsseldorf, Vézèretal). Im Laufe der ersten Hälfte des Weichsel-Glazials verschwand der Neandertaler aus noch ungeklärten Gründen (Verdrängung durch den *Homo sapiens sapiens*). Der Neandertaler beherrschte das Feuermachen; mit ihm fanden sich erste ornamentierte Tierfiguren, wenn er auch noch immer auf der Stufe der Jagd- und Sammelwirtschaft mit Stein-, Knochen- und Holzgeräten stand. Behausungsreste (Höhlenwohnungen) sind spärlich. Erst der *Homo sapiens sapiens* machte entscheidende Fortschritte. Noch im Weichsel-Glazial zeigen sich Spuren größerer Haus- bzw. Hüttensiedlungen und Bestattungsreste sowie verstärkte Kunstäußerungen (Skulpturen, Statuetten, Höhlenmalereien). Schließlich besiedelte er Nordamerika über die damalige Landbrücke im Bereich der Beringstraße.

Einige Forscher vertreten gegenwärtig eine polyphyletische Entwicklung der Hominiden in einem ostasiatischen, einem eurasiatischen und einem euroafrikanischen Kulturkreis.

In weit größerer Zahl als menschliche Skeletteile sind die aus Stein, vorwiegend aus Feuersteinen, Quarziten und anderem überlieferungsfähigen Material gefertigten Geräte des steinzeitlichen Menschen erhalten. Die Entwicklung dieser Geräte und ihrer Herstellungstechniken verlief in mehreren Linien parallel, Vermischung und gegenseitige Beeinflussung der Kulturen erschweren die Gliederung in Entwicklungsstufen, zumal die Werkzeuge vielfach getrennt von den Menschenresten gefunden werden. Ihre gegenseitige Zuordnung ist deshalb für weiter zurückliegende Zeiten oft problematisch. Als Gliederungsprinzip dienen am besten Geräteformengruppen derjenigen Steinwerkzeuge, die am repräsentativsten überliefert sind. Hierbei ist zu bedenken, daß diese Methode nicht unbedingt eine Übereinstimmung mit Formengruppen von Geräten anderen Materials oder anderer Überlieferungsquellen wie Behausungsformen, Bestattungsarten, Kunstäußerungen usw. ergeben muß Vielmehr kommen Überschneidungen vor. Man untergliedert folgendermaßen:

A. (Plio-) Pleistozän
  I. Altsteinzeit (Paläolithikum)
    1) Ältere Altsteinzeit (Altpaläolithikum)   Pliozän bis Saale
      Kulturen: Geröllgerätekulturen (zum Teil auch
      als Archäolithikum abgetrennt), daneben vor-
      wiegend Faustkeilkulturen, später Abschlag-
      kulturen: in Asien Haugerätekulturen; außer-
      dem zum Teil Knochen-, Zahn-, Horn- und Holz-
      geräte.
      Menschen: *Australopithecus*- und *Homo-habilis*-
      Kreise, später *Homo erectus* (Geröllgeräte, Afrika)
      Homo-erectus-Kreis (Faustkeile)
      Homo-erectus-Kreis und frühe *Homo-sapiens*-
      Formen (Haugeräte aus Steinkernen, Asien,
      Nordafrika)
      a) Abbevillien: grobe, großformatige Faustkeile   Menap bis
         (Europa, Afrika und Südasien)   Elster
      b) Acheuléen: wohlbehauene Faustkeile, daneben   Holstein bis
         sorgfältig bearbeitete Begleitgeräte (Europa   Saale
         (Markkleeberg), Afrika, Südwest- und Süd-
         Asien).
      c) Clacton: faustkeilfreie Abschlagkultur (Nord-   Cromer, vor-
         westeuropa; DDR (Wallendorf, Bilzings-   wiegend Holstein
         leben) bis England).
    2) Mittlere Altsteinzeit (Mittelpaläolithikum)   Spätsaale bis
      Kulturen: frühe Klingen- und Blattspitzen-   Altweichsel
      kulturen, Abschlagkulturen, Beginn der Leval-
      lois-Technik; Einzelfunde von Knochen- und Holz-
      geräten, offenbar auch kombinierte Stein-Holz-
      Geräte; Bestattungsreste (Hockerstellung).
      Menschen: hauptsächlich *H. sapiens neander-
      thalensis* und seine direkten Vorfahren, frühe
      H.-sapiens-sapiens-Formen.
      a) Praemoustérien und Moustérien: Abschlag-   Eem und
         geräte mit feinen Retuschen (Schaber, Spitzen),   Altweichsel
         Faustkeile treten zurück (Taubach, Ehrings-
         dorf, Salzgitter-Lebenstedt, Gánovce/ČSSR).
      b) Micoquien ($\approx$ Spätacheuléen: beidflächig   (Spätsaale) Eem
         retuschierte kleinformatige, gut bearbeitete   und Altweichsel
         Faustkeile, Faustkeilschaber (vor allem Süd-
         west-Europa, DDR Königsaue A und C, wird
         mit *H.-sapiens*-Formen verknüpft).
    3) Jüngere Altsteinzeit (Jungpaläolithikum)   Zweite Hälfte
      Kulturen: Abschlag- und Klingenkulturen, zu-   Weichsel
      nehmend Knochen-, Elfenbein- und Horn- sowie
      Holzverarbeitung, Schmuck- und Kunstsachen,
      Höhlenmalereien (Südfrankreich, Spanien); Be-
      hausungsgrundrisse; Bestattungsreste. Menschen:
      H. sapiens sapiens   Zahlen vor heute
      a) Aurignacien: Schmalklingen (Eurasien, Nord-   40000 bis 20000
         afrika).   (Weichselmax.)
      b) Solutréen: Blattspitzen mit ausgezeichneter   20000 bis 16000
         Retusche (Ungarn, Frankreich).
      c) Magdalénien: Fortentwicklung des Aurigna-   16000 bis 12000
         cien, Bohrer, Rückenmesser, Harpunen, Höh-   (Alleröd)
         lenmalereien (Südwest-Europa, nicht in Nord-
         deutschland)
         Rentierjägerkulturen
      d) Hamburgien: Kernspitzen, Zinken, Klingen,   Älteste bis Ältere
         Bohrer u. a. (Stellmoor, Meiendorf) (Rund-   Dryas
         zelte).
      e) Federmessergruppen (weit verbreitet in Europa,   vor allem Alleröd
         in Norddeutschland ohne Schmuck- und
         Kunstsachen).
      f) Stielspitzengruppen: mit Komponente mikro-   vor allem jüngere
         lithischer Formen. Besonders im Westen,   Dryas (bis 10300)
         Schmuck- und Kunstsachen kaum bekannt
         (Ahrensburg, Bromme/Lyngby; von Holland
         bis Berlin).
B. Holozän
  II. Mittelsteinzeit (Mesolithikum)   in Europa etwa
     Weiterentwicklung der jungpaläolithischen   10300 bis 6000
     Kulturen, neu Steinbeile, z. T. mikrolithische In-
     dustrien; Schmucksachen; Webkunst, Töpferei,
     Herstellung von Booten und Tierdomestikation

(Hund, später Rind) sowie Getreideanbau kamen auf mit dem Übergang zur Seßhaftigkeit an der Wende zur folgenden

III. Jungsteinzeit (Neolithikum)   in Europa etwa
Geschliffene Steinwerkzeuge, bäuerliche Wirt-   6000 bis 3800
schaftsweise in Form von Tierzucht und einfachem Ackerbau, in Europa zuerst in den Lößgebieten. Beginn der Waldrodung: Übergang von aneignender zu produzierender Wirtschaft (im vorderen Orient bereits 9000 v. u. Z. belegt); Keramikproduktion z. T. in handwerklichen Betrieben, Handel; Megalith-, später Hügelgräber. Zahlreiche lokale Kulturgruppen, z. B. Trichterbecher-, Streitaxt-, Schnurkeramikleute. An der Wende zum Neolithikum Ellerbek-Ertebölle-Kultur an der südwestlichen Ostsee (in Dänemark Kjökkenmöddinger).

IV. Metallzeit   in Europa ab
Kupfer dringt aus dem Nahen Osten nach Europa   3800
vor und leitet zu der durch Urkunden belegten geschichtlichen Zeit über.

Nicht weniger zeigt die **Flora** im Wechsel mehr oder weniger wärmeliebender Pflanzengesellschaften die Temperaturschwankungen und mit dem Verschwinden einzelner Arten aus Mitteleuropa (z. B. der Seerose, *Brasenia purpurea*) die allgemeine Abkühlung im Quartär an. Über die Wiederbesiedlung Mitteleuropas durch die vom Eise zurückgedrängten Pflanzengesellschaften ist man besonders durch Blütenstaubfunde (Pollen) in Moorschichten unterrichtet, die sich nach dem Wegschmelzen des Eises gebildet haben. Man zählt Schicht für Schicht die in den Mooren enthaltenen verschiedenartigen Pollenkörner und stellt Diagramme zusammen, die das Eintreffen einzelner Pflanzen und den nacheiszeitlichen Klimaablauf widerspiegeln. Die untersten, noch der ausgehenden Eiszeit angehörenden Schichten werden von arktisch-alpinen Glazialpflanzen beherrscht (Abb.). Ihr allmähliches Verschwinden kündet davon, daß es wärmer wurde. Es folgen Gehölze, die höhere Temperaturansprüche stellen, zuerst die Birke (*Betula pubescens*) und die Kiefer (*Pinus silvestris*). Später erschienen als Vorläufer wärmebedürftiger Pflanzen der Haselstrauch (*Corylus*) und schließlich die kontinentalen Holzarten wie Eiche (*Quercus*), Ulme (*Ulmus*), Linde (*Tilia*) und andere. Dieser Eichenmischwald erlangte während des nacheiszeitlichen Wärmeoptimums im Atlantikum seine größte Ausbreitung (Tab.). Mit wieder abnehmenden Temperaturen verschwanden *Ulmus* und *Tilia* aus dem Eichenmischwald, während Buche (*Fagus*) und Tanne (*Abies*), im Osten die Fichte (*Picea*), nunmehr vordrangen. Ihre Ausbreitung wurde im Subatlantikum durch ein ozeanisches Klima begünstigt. Wie die Bäume verhielten sich die niederen Gewächse. In ähnlicher Folge besiedelten die Pflanzen die eisfrei gewordenen Räume in den Interglazialzeiten. Dabei sind kleine Unterschiede, z. B. das Ausbleiben der Buche, stratigraphisch verwertbar. Im ganzen glich das Waldbild jener Zeiten durchaus dem gegenwärtigen.

Die pleistozänen Vereisungen und die durch sie geschaffenen Landschaftsformen

Das beherrschende Ereignis des Pleistozäns ist ein mehrfaches Anwachsen der Gletscher, gegen das die heute vorhandenen Eismassen der Festländer mit ihren 16,3 Millionen km² als bescheidene Reste erscheinen. Ursache waren die allgemeine Verschlechterung des Klimas und die Verstärkung der Klimaschwankungen seit dem Tertiär. Nach noch nicht ganz sicheren Abschätzungen lagen die Temperaturen in den gemäßigten Breiten während der Kaltphasen des älteren Pleistozäns (vor der Menap-Kaltzeit) um 5 bis 10 °C, während des Weichsel-Glazials um 8 bis 13 °C niedriger, in den Warmzeiten dagegen etwas höher als heute. An der Oberfläche der Ozeane sank die Wassertemperatur in den Vereisungsperioden um 4 bis 7 °C ab. Die Abkühlung hatte erdweit ein Herabdrücken der Schneegrenze um Beträge bis mehr als 1000 m, eine Verlagerung der nördlichen Klimazonen nach Süden unter Einengung oder Ausweitung einzelner Zonen und Veränderungen der Niederschlagsverhältnisse zur Folge. Zu Beginn der Vereisungen war das Klima stärker humid, später mehr arid. Im Saale- und im Weichsel-Glazial drängte die mediterrane Zone mit Niederschlägen die aride Zone in Westafrika bis auf 20° n. Br. zurück. Generell wurden die **Glazial-** oder **Kaltzeiten** im Laufe des Quartärs kälter und trockener. Daher kam es während des älteren Teils noch zu keiner größeren Vereisung.

Während der Kälteausschläge häuften sich vor allem in Europa und Nordamerika die als Schnee fallenden Niederschläge zu mächtigen Massen von Inland- und Gletschereis an, die Berg und Tal überzogen und weit über die Grenzen ihrer Nährgebiete hinausquollen. Diese schleppten alle losen Massen, allen Verwitterungsschutt mit sich fort, löschten rundum alles Leben aus oder verdrängten es in eisferne Gebiete. Schließlich bedeckten sie die Landschaft mit Gletschersedimenten und prägten ihr neue Formen auf. Über die Grenzen des Eises hinaus verfrachteten die Schmelzwässer das aufbereitete Moränengut, wehte der Fallwind ausgeblasenen Staub in die Steppen der Umgebung und wirkte im Vorland der Bodenfrost.

Gleichzeitig waren vorübergehend gewaltige Wassermengen in den Eismassen gebunden und dem Kreislauf entzogen: Verwitterung, Erosion und Sedimentation erhielten auf weiten Teilen der Erde ihr besonderes, »pleistozänes« Gepräge.

Zwei- bis dreitausend Meter Mächtigkeit erreichten die Eismassen. In Europa bedeckten sie 6,7 Millionen km² (Abb.), in Sibirien etwa 4 Millionen km². Das Südpolareis dürfte dagegen an Umfang wenig mehr als heute gehabt haben, rund 14 Millionen km², und für Nordamerika und Grönland darf man etwa 17 Millionen km² eisbedeckter Fläche ansetzen. Zusammen mit den vielen Gebirgsgletschern jener Zeit waren im Pleistozän knapp 45 Millionen km² Land vom Eis bedeckt, das entspricht etwa 32 Prozent der heutigen Landflächen. Doch waren während der Vereisungen die Landflächen größer, da der Spiegel des Weltmeeres infolge des Wasserentzuges bis > 100 m gesunken sein muß, so daß erhebliche Teile der Schelfe trockenfielen.

Dieses Vereisungsgeschehen wiederholte sich rhythmisch im Laufe des Quartärs im großen wenigstens dreimal, wenn auch nicht im gleichen Ausmaß. Dazwischen lagen jeweils Jahrzehntausende, in denen sich das Erdbild nicht grundsätzlich vom heutigen unterschied – die **Interglazial-** oder **Warmzeiten**. Soweit bisher zu übersehen ist, liefen die Vereisungen jeweils gleichzeitig in allen Kontinenten auf der Nord- wie der Südhalbkugel ab.

Alle Gebiete, die von den pleistozänen Eismassen bedeckt waren, erfuhren eine typische landschaftliche Umformung (vgl. auch Kapitel »Glaziale Prozesse und Oberflächenformen«, S. 147). Als Gesteinsbildner formt das Eis Sedimente anders als das fließende Wasser, das Meer oder der Wind. Das Eis trennt den verfrachteten Gesteinsschutt nicht nach der Korngröße; daher fehlt den Gletschersedimenten Schichtung. Der mitgeschleppte, mehr oder weniger zerriebene Grundschutt, in dem sich alle Komponenten von kleinsten Korngrößen bis zum großen Findlingsblock mischen, bleibt beim Schmelzen des Eises als Grundmoräne liegen. In der Grundmoräne sind manchmal noch die horizontalen Scherfugen als Abbildung des Bewegungsvorgangs erkennbar. Das kalkhaltige, sandige Tongestein wird als Geschiebemergel bezeichnet, der zu Geschiebelehm verwittert. Da sich vom schmelzenden Inlandeis etappenweise bis viele Kilometer breite Gürtel bewegungslos gewordenen Eises (Toteis) abgliedern, hinterläßt dessen flächenhaftes Niedertauen ausgedehnte Grundmoränendecken (pleistozäne Hochflächen; Abb., und Tafeln 25, 26).

Solange der Eisnachschub den Abschmelzverlust übertrifft, rückt die Eisfront vor. Wo er geringer ist, weicht die Stirn zurück; bei ausgeglichener Eisbilanz verharrt der Eisrand auf einer gleichbleibenden Linie. Da die innere Bewegung noch nicht erloschen ist, wird weiter Moränenschutt zum Rande hintransportiert und kann im Laufe der Stillstandszeit zu beachtlichen Höhenzügen aufgehäuft werden, die dem girlandenartigen Verlauf des Eisrandes

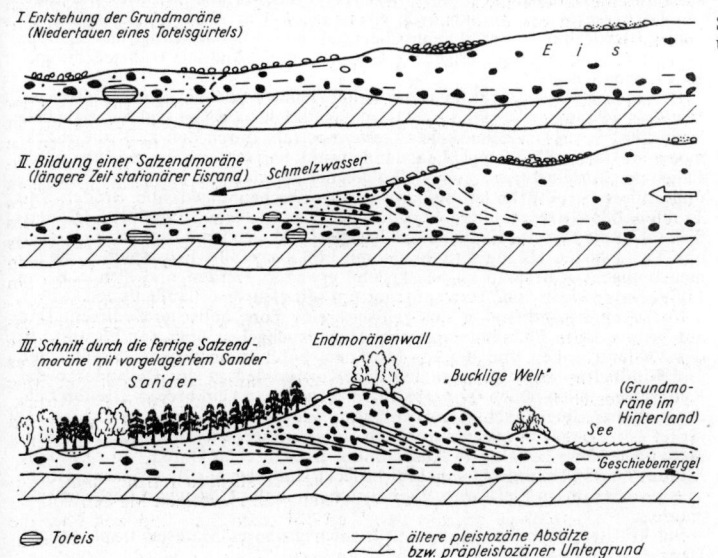

Schema der Moränenbildung, überhöht (nach Ludwig)

folgen. Es entsteht das typische Produkt der Stillstandslagen: die Endmoräne in Form der Satzendmoräne (Abb.). Während ihrer Anhäufung – zur Bildung der größten Endmoränen waren Stillstandslagen von wenigstens einigen Jahrhunderten Dauer erforderlich – pendelt der Eisrand hin und her und schiebt das angehäufte Endmoränenmaterial etwas zusammen. Schließlich wird der Moränenschutt von dem frei werdenden Schmelzwasser durchwaschen, aufbereitet, umgelagert, und die feineren Korngrößen werden fortgeführt. Daher bestehen Satzendmoränen aus wirren Gesteinstrümmern, oft vorwiegend aus groben Geschieben (Blockpackungen). Unvermittelt daneben, zum Teil auch damit verzahnt findet man wohlgeschichtete Sand- und Kieslagen, selbst Gletschertrübe, die als feingeschichteter Bänderton abgelagert wurde.

Wird das Endmoränenmaterial beim Hin- und Herpendeln des Eisrandes stärker zusammengestaucht oder auch der ältere Untergrund bis 200 m Tiefe mit erfaßt, entsteht eine Stauchendmoräne. Das Relief ihrer Oberfläche, häufig in Form einer gewissen gesetzmäßigen Anordnung von Hügelketten, steht oft in enger Beziehung zum inneren Bau, der im allgemeinen von Falten oder Schuppen aus Schichtpaketen des aufgestauchten präquartären Untergrundes und pleistozänen Absätzen bestimmt wird. Im Gegensatz zu der meist ruhigen Oberfläche der Grundmoräne weist die Endmoränenlandschaft einen reichen Wechsel von Hoch und Tief auf. Oft überfährt das Eis beim weiteren Vordringen die zuvor geschaffenen Endmoränen und ebnet sie weitgehend ein.

Im scharfen Gegensatz dazu, aber nicht weniger formenreich steht der Gürtel von Kies und Sand, den das Schmelzwasser in einer breiten Zone oder in flachen Kegeln und Fächern vor der Endmoräne ausbreitet, ehe es das Urstromtal erreicht, in dem es nach dem Meere abfließt. Dieser Gürtel wird als **Sander-**, besser als Schmelzwassergürtel bezeichnet. In Hohlformen, die gelegentlich zum Teil von Toteiswänden gebildet werden (Staubecken), kommt die feinste Gletschertrübe als Bänderton zum Absatz, dessen Warven den jahreszeitlichen Abschmelzrhythmus widerspiegeln.

Da das Schmelzwasser in einer breiten Randzone des Eises, besonders in Toteisgürteln frei wird, fließt es hier zum Teil auf dem Eise entlang oder stürzt in Gletscherspalten und sucht sich meist unter dem Eise, wenn auch wohl nicht immer, randwärts seine Bahn. So kann es die Grundmoräne von sandig-kiesigen Rückstand auswaschen oder erosiv in den Untergrund ein Netz von Tälern nagen, die das Spaltennetz der Eisrandzone widerspiegeln. In den Spalten setzt es mitgeschlepptes Geröll ab, das nach dem Schmelzen des Eises in dammartigen, oft viele Kilometer langen Kies- und Sandrücken die flache Umgebung überragt. Solche Rücken werden als Wallberge mit einem schwedischen Wort als **Åsar** (Einzahl Ås, gesprochen Oser oder Os) oder mit einem irischen Wort häufig als **Esker** bezeichnet. Im Gegensatz zu diesen Eskern stehen die kuppen- oder kegelförmigen **Kames**.

Überfährt das Eis vorhandene Hügel, ganz gleich ob sie aus glazialem oder älterem Lockermaterial oder aus anstehendem Fels gebildet sind, so formt es sie zu Stromlinienkörpern mit flacher Luv- und steilerer Leeseite um. Meist sind diese Gebilde in Gruppen geschart. Aus Fels geformt heißen sie **Rundhöcker**; im nordeuropäischen Küstengebiet bilden sie als flache Felsrücken den Wasserspiegel überragend die Schären. Rückenberge aus Moränenmaterial und anderen Lockergesteinen werden nach einem englischen Ausdruck **Drumlins** genannt. Im Idealfall hinterläßt eine Gletscher- oder Inlandeiszunge eine Gruppe gesetzmäßig aufeinander folgender Gesteins- und Landschaftsgürtel, die glaziale Serie (S. 150).

Die geologischen Wirkungen des kalten Klimas reichen über die Grenzen des Eises weit in das Vorland hinaus, in das **Periglazialgebiet** (vgl. »Periglaziale Prozesse«, S. 151). Mechanischer Gesteinszerfall, durch den z. B. die Blockmeere im Harz und Odenwald entstanden sind, herrscht vor. In den subalpinen Lagen der Mittelgebirge treten als Folgen der periglazialen Vorgänge Polygon- und andere Strukturböden auf. Verwandte Erscheinungen sind Brodel- und Tropfenböden sowie andere kryoturbate Formen. Die Solifluktion (Bodenfließen) ist die stärkste Kraft, die im Periglazialbereich am Ausgleich von Hoch und Tief arbeitet. Häufig sind fossile, mit Löß ausgefüllte Frostspalten, die bei mehrmaligem Aufreißen zu »Eiskeilen« erweitert werden und sich z. B. im Lößboden sowie in den Terrassenschottern Mitteleuropas häufig finden (Abb.).

Vor dem Eisrand breitet sich zeitweise eine Zone äolischer Sedimentation aus, in der kalte Fallwinde von dem Hochdruckgebiet über der Eismasse in das Vorland wehen und die aus Moränen, Solifluktionsdecken, Sandflächen und Flußbetten ausgeblasenen feinsten Korngrößen in der Rasendecke der Kältesteppe fallen ließen. So legt sich vor den Eisrand ein breiter Streifen **Löß**, der mehrere Meter mächtig werden kann. Wie in Mitteleuropa (Abb.), so begleitet der Lößgürtel alle pleistozänen Vereisungsgebiete rund um die Nordhalbkugel. Seine gewaltigste Ausdehnung erreicht er in China, wo rund eine Million Quadratkilometer von Löß bedeckt sind, der aus den Wüsten Hochasiens vor allem im Pleistozän, aber auch noch in der Gegenwart herbeigeweht wurde.

Bei kräftiger Windbewegung wurde auch gröberes Material transportiert. Dann entstand der gröbere Sandlöß (Flottsand).

Vereisungsgrenze und Lößverbreitung in Mitteleuropa

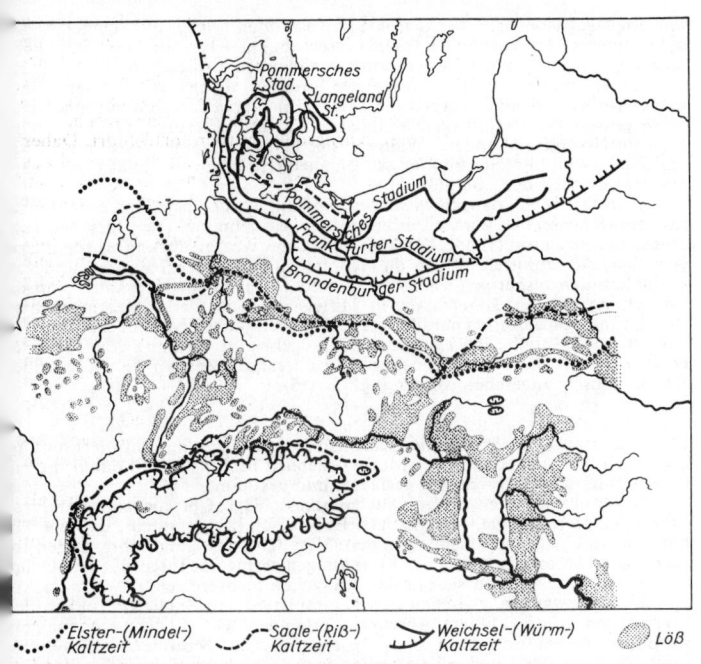

·····:· Elster-(Mindel-) Kaltzeit   ---- Saale-(Riß-) Kaltzeit   ⌒⌒ Weichsel-(Würm-) Kaltzeit   ◯ Löß

Stärkere Winde wehten am Boden der trockenfallenden Urstrom- und der großen Flußtäler **Dünen** zusammen. Bereits in den Vereisungszeiten herrschte in Mitteleuropa wie heute ein Westwindsystem, wenn es auch als Ganzes damals nach Süden verschoben war.

In letzter Zeit ist es gelungen, den klimatischen Ablauf im Pleistozän im groben zu rekonstruieren. Danach häuften sich am Anfang einer Abkühlungsperiode in den Mittelgebirgen während der verlängerten und niederschlagsreicheren Winter größere Schneemassen an, und der Wasserhaushalt der Flüsse

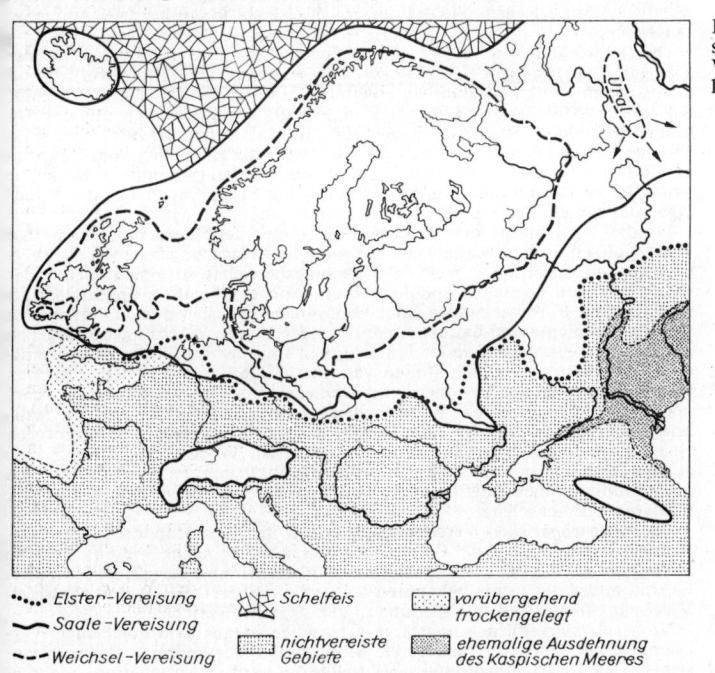

Die Ausdehnung der nordeuropäischen Eiskappen im Pleistozän (nach Wagner 1950, Woldstedt 1966, Welitschko 1977)

·····:· Elster-Vereisung   ⩙⩙ Schelfeis   ░ vorübergehend trockengelegt
——— Saale-Vereisung   ▦ nichtvereiste Gebiete   ▓ ehemalige Ausdehnung des Kaspischen Meeres
--- Weichsel-Vereisung

war unausgeglichener. Über dem Dauerfrostboden flossen die Schmelzwäss- in kräftigen sommerlichen Flutwellen rasch ab. Diese setzten den bei der her schenden physikalischen Verwitterung anfallenden Frostschutt in Bewegu und transportierten ihn nur über kurze Strecken, da sich die Wässer schne wieder verliefen. Daher wurden die Täler seitlich erweitert und mit mächtige Schottermassen angefüllt (glazialklimatische Aufschotterung), bis dieser Vo gang im Hochglazial endete. Während der Höhepunkte der Vereisungen w: das Klima kontinentaler und im ganzen auch trockener als in der Gegenwar Das war die Zeit der Lößbildung.

Als die Eiskappen danach wieder schwanden, wurde das Klima erneut »m: ritimer« (feuchter) als zur Zeit ihrer größten Ausdehnung. Die Flüsse wuchse erneut an, ihre erodierende Kraft nahm zu, die Wasserführung wurde ausg glichener, sie schnitten sich in die Schotterfüllungen der Täler ein und ve wandelten den bisherigen Talboden in eine Terrasse. Vielfach kann man d Entstehungszeit der Talterrassen in Mitteleuropa mit den Vereisungen bzv mit den Interglazialzeiten parallelisieren. Schwierigkeiten bereitet die Tatsach daß auch tektonische Bewegungen im Flußgebiet zur Bildung von Terrasse geführt haben. Diese können daher nicht überall als Zeugen des pleistozäne Klimawechsels angesehen werden (vgl. S. 415).

Paläogeographische Verhältnisse

Das Klima im Quartär hat die Gesteinsbildung, -formung und -verbreitung aber auch die Ausdehnung der Meere erheblich beeinflußt und damit die pa läogeographische Entwicklung gesteuert und bestimmt.

Man kennt mindestens sechs Kältehauptausschläge, **Glaziale**, getrennt durc Wärmehauptausschläge, **Interglaziale**. Es hat sich herausgestellt, daß die Ab kühlung und Wiedererwärmung in den Glazialen oder, umgekehrt, in den In terglazialen unter klimatischen Schwankungen geringerer Intensität und Daue abgelaufen ist. So lassen sich in den Kaltzeiten mehrere relativ wärmere Ab schnitte, **Interstadiale**, zwischen den Kältespitzen, den **Stadialen**, und in de Warmzeiten relativ kühlere Abschnitte erkennen. Durch diesen Klimagan; wurde die Anhäufung der Eismassen unterbrochen. Mitunter wich die Eis front während der Interstadiale weiter zurück, und das Schwinden der Eis massen wurde durch erneute Vorstöße während stadialer Epochen hinaus gezögert. Daher kann eine Vereisung, besonders in den Randgebieten, mehrer Grundmoränen verschiedener Eisvorstöße hinterlassen. Ein Geschiebemerge repräsentiert nicht das gesamte Vereisungsgeschehen einer Eiszeit. Die Aus breitung der Eismassen erfolgt gegenüber der Abkühlung verzögert. Daraus ergibt sich eine zeitliche Asymmetrie im Ablauf jeder einzelnen Vereisung Während der Aufbau eines Inlandeises bis zu seinem Höchststand einige Jahr zehntausende in Anspruch nimmt, kann der Abbau dagegen in einem Bruch teil dieser Zeit erfolgen, wie der des Weichsel-Eises in ein bis zwei Jahrzehn tausenden.

Da Endmoränen und andere Ablagerungen aller Halte (Randlagen) aus de Zeit vor dem jeweiligen Höchststand des Eises später überfahren worden und höchstens in Resten erhalten sind, kennt man relativ wenige Dokumente au der langen Anlaufzeit der Vereisungen. Anders verhält es sich mit der Ab schmelzperiode, dem »Eisrückzug«, der nur als Rückverlegung des Eis randes zu verstehen ist, da sich die Eismassen ausschließlich vom Zentrum zum Rand hin bewegen. Mit dem Einsetzen der Wiedererwärmung verloren die Vorstöße an Reichweite, und daher blieben die Endmoränenzüge der Rand lagen der späten Vorstöße bzw. Stillstände erhalten.

Da die Ausdehnung des Weichsel-Eises hinter derjenigen der Elster- und Saale-Kaltzeit weit zurückgeblieben ist, sind die Ablagerungen der älteren Ver eisungen außerhalb des Weichsel-Vereisungsbereiches in einem mehr oder weniger breiten Gürtel morphologisch erkennbar. Obwohl grundsätzlich die Absätze und Formwirkungen aller Vereisungen gleich waren, unterscheiden sich die Sedimente und Landschaftsformen der älteren Vereisungen von denen der jüngsten Eisdecke: Die älteren Moränen sind bis in größere Tiefe verwit tert, entkalkt und an Nährstoffen verarmt. Die anfangs frischen, bisweilen schroffen Formen der Moränen- und Schmelzwasserhügel sind durch Erosion, noch mehr aber durch das Bodenfließen im Periglazialbereich späterer Kalt zeiten gemildert und mehr oder weniger ausgeglichen worden. So ergibt sich eine zonare Landschaftsgliederung des gesamten Vereisungsgebietes in eine äußere Altmoränenlandschaft mit verflachten bzw. milderen Formen und eine innere Jungmoränenlandschaft mit dem oben beschriebenen (S. 408) frischen, glaziären Formenschatz.

Im **nordeuropäischen Vereisungsgebiet** sind im Pleistozän drei Inlandver eisungen bis weit über die Ostsee nach Süden sicher nachgewiesen; auf eine vierte, älteste, die das Ostseegebiet nicht überschritten hat, gibt es Hinweise. Es sind außer der wenig bekannten ältesten die **Elster-**, **Saale-** und **Weichsel- Vereisung**, der die Würm-Vereisung in den Alpen entspricht.

Vom **vorelsterzeitlichen** quartären Geschehen ist aus dem nördlichen Ver eisungsgebiet wenig überliefert; die Stratigraphie der geringen Reste ist un sicher. Für die Abgrenzung gegen das Pliozän wird in Mitteleuropa als Kri-

S. 411:
Stratigraphische Gliederung des Pleistozäns

Leitformen der Elefanten		Australo-pithecinen		Homo			menschliche Kulturen				Chronostratigraphie Stufen		Mitteleuropa			Stufen	Alpengebiet Vereisungsgebiet	eisfreies Gebiet	Osteuropa		Nord-amerika
Waldelefanten		africanus		erectus		sapiens	Jungp.	Klingen Blatt-spitzen													
Palaeoxodon antiquus	Archidiscodon planifrons										10.300	W II	jüngere Löße	jüngere Löße, Terrassenschotter (Nieder-T.) Fließerden		Würm-Kaltzeit (Glazial)	Würmmoränen und Schmelzwasser-absätze	jüngere Löße, mindestens zwei Niederterrassen-schotter, Bodenkomplex Stillfried B	Woldai-Kaltzeit	Ostraschkow-Interstadial Kalinin	Wisconsin-Kaltzeit
	Archidiscodon meridionalis						Mittelpaläolithikum			Hamburgien Magdalénien Solutréen Aurignacien	40.000 (Glazial)	Brörup-Inter-stadial W I	Jung-moränen u. Schmelz-wasser-absätze		II					
			robustus	habilis-Formen (grazil)	leakeyi heidelbergensis peking-ensis palaeo-hungaricus steinheim. frühe sapiens-Formen neanderthalensis					Levallois-Technik	70.000, ?90.000		Pom.-M.		I					
									Faustkeilkulturen		90.000, ?120.000	Eem-Warmzeit (Interglazial)	Eem-Meer, mariner Sand und Ton; Travertine von Taubach (Ehringsdorf, Torfe, Kieselgur (Lutheral); Bodenbildung (Naumburg)		Riß/Würm-Warmzeit (Interglazial)	Seetone, Seemergel, Schieferkohlen von Großweil-Ohlstatt (Übergang zum Würm), (? von Zeifen, westlich der Salzach, entspricht dem norddeutschen Eem)		Mikulino-Warmzeit		Sangamon-Warmzeit
		"Steppenelefanten"								Acheuléen (Markkleeberg)	300.000	Warthe Inter-stadial Drenthe	obere ältere Löße, Terrassenschotter (Haupt-, Mittel-T.) Fließerden		II	innerer Riß-moränen-kranz des Rhein-gletschers Schmelz-wasser-absätze äußerer	älterer Löß, zwei Hochterrassen-schotter		Moskau-Odinzowo-Interstadial Dnepr	Illinoian-Kaltzeit
												Dömnitz-Fuhne-Kaltphase Holstein-			Riß-Kaltzeit			Dnepr-Kaltzeit		
Mammuthus trogontherii Mammuthus primigenius										Clacton (faustkeilfrei)	350.000	Holstein-Warmzeit	Holstein-Meer, mariner Sand und Ton; Paludinenschichten (limnisch-fluviatil); Tone, Kieselgur (Münster, Ohe), Bodenbildung (Freyburg)		Mindel/Riß-Warmzeit	Seetone, Seemergel, Schieferkohlen Neufra bei Riedlingen, (? Pfefferbichl bei Füssen, entspricht dem norddeutschen Holstein)		Lichwin-Warmzeit	Romny-Orchik Kaltphase Lichwin	Yarmouth-Warmzeit
			Zuordnung zu Australopith. oder Homo unsicher				Altpaläolithikum				500.000, ?600.000	Schluff, Tonmudde, Sand (Voigtstedt), "Kohlenton" (Bilshausen)	untere ältere Löße, Terrassenschotter (Ober-, Haupt-T.)		Mindel-Kaltzeit	Mindelmoränen und Schmelzwasser-absätze	älterer Decken-schotter bzw. mehrere terrassen-schotter (Grönen-bacher Feld)	Oka-Kaltzeit	Dainow-Turgjolaj Dzuko-	Kansan-Kaltzeit
									Abbevillien		700.000	Cromer-Warmzeit	kaolinhaltige Quarz-kiese und -sande mit baltischen Altpaläo-zischen Geröllen mit eingeschalteten Schluffen, Mudden sowie stark gepreß-ten Torflagen (Uem-Serie) genauere Einord-nung unklar		Günz/Mindel-Warmzeit	Interglazial von Hattenburg. Wald erstmals im Alpengebiet von rein quartärem Charakter, Bodenbildung		Beloviez		Aftonian-Warmzeit
							(Archäolithikum)		Geröllkulturen		900.000	Menap-Kaltzeit			Günz-Kaltzeit	Günzgrundmoräne im Rheingletscher-gebiet (intensiv verwittert)	älterer Deckenschotter			
												Waal-Warmzeit		"präglaziale" Terrassenschotter		(Uhlenberg-?) "Warmzeit"	? Uhlenberg (Zusam-Platte): Sand, Silt und Ton, darüber gepreßte Torf- und Holzlagen, oben Lehm	höchste Schotter-felder östlich des Lech und östlich der Salzach, arm an Kristallingeröllen	Norev		Nebraskan-Kaltzeit
											1,6 Mio	Eburon-Kaltzeit			Donau-Kaltzeit		?			
			bolsei	Imodjokertensis								Tegelen-Warmzeit			Warmzeit		?	Baku-Apscheron (im Kaspi-Gebiet)		
												Prätegelen-Kaltzeit			Biber-Kaltzeit		höchste Schotter-reste auf Zusam-Platte und Aindlinger Platte			
											1,8...2 Mio									

(Brunhes-Epoche / Matuyama-Epoche)

terium das Verschwinden der tertiären Florenelemente (**Sequoia, Sciatopytis, Nyssa**) verwendet. Das früheste Auftreten einer subarktischen Vegetation liegt erst später, so daß keine scharfe Grenze besteht.

Die periglazialen Bildungen der kalten sowie die Ablagerungen und Bodenbildungen der wärmeren Perioden sind entweder von den jüngeren periglazialen und erosiven Prozessen oder durch die spätere Eisbedeckung weitgehend zerstört oder abgetragen worden. Am besten haben sich Flußterrassen als Zeugen des alten Entwässerungssystems erhalten. So floß die Elbe zunächst nach Norden und Nordosten, wahrscheinlich in einen See auf polnischem Gebiet und von da über einen Hauptvorfluter des norddeutsch-polnischen Tieflandes nach Westen, der sich vor dem Gardelegener Abbruch an Geröllen bis nach Holland verfolgen läßt. Dort vereinigten sich Urelbe, Rhein und Maas. Die vorelsterzeitliche Saale zog über Leipzig–Dessau nach Nordwesten und mündete nördlich von Gardelegen in den gleichen Vorfluter, der die aus den Flüssen der südlichen Mittelgebirge und aus dem skandinavisch-ostbaltischen Raum zuströmenden Wässer sammelte und nach Westen abführte.

Nur aus einzelnen Senken, besonders in Subrosionszonen, wie dem Helme-Unstrut-Gebiet, sind warmzeitliche Präelster-Ablagerungen überliefert (Voigtstedt südlich Sangerhausen, DDR; Bilshausen nordöstlich Göttingen, BRD; beide *Cromer*). Vollständige Profile mit altpleistozänen warmzeitlichen Torflagen zwischen kaltzeitlichen Sand-, Silt- und Muddeablagerungen sind aus Holland und dem Nordwesten der BRD (Lieth, nordwestlich von Hamburg) bekannt geworden. Auf einen ältesten Eisvorstoß vom skandinavischen Gebirge bis an die Ostsee deuten Quarzkiese mit verkieselten Kalkgeröllen, die baltische Silurfossilien führen und über den Norden der BRD, DDR sowie das nördliche Polen verbreitet sind. Die Geröllgröße läßt teilweise auf Eis- oder Treibeistransport schließen.

Eine grundlegende Wandlung des Landschaftsbildes verursachten das **Elster-Eis** und seine Schmelzwässer, das zwischen Harz und Elbe weiter als das spätere Saale-Eis nach Süden vordrang. Das Elster-Eis bedeckte Teile des Thüringer Beckens und reichte bis Zwickau am Fuß des Erzgebirges. Endmoränenreste finden sich noch bis Zeitz. Die von Süden kommenden Flüsse wurden zusammen mit den Schmelzwässern vor dem Eisrand nach Westen abgelenkt und in den Tälern zu großen Seen aufgestaut. In diesen kamen über den Terrassenschottern Bändertone zum Absatz, deren Mächtigkeit nach Süden von wenigen Dezimetern auf einige Meter anwächst. Darüber lagerte das vordringende Eis seine Grundmoräne ab.

In den Randgebieten von Thüringen und Sachsen sind mindestens zwei Vorstöße des Elster-Eises nachzuweisen. Hier verzahnen sich die glaziären Ablagerungen des Vereisungsgebietes mit den Fluß- und Lößablagerungen des eisfreien Gebiets. Dadurch ist es bis zu einem gewissen Grade möglich, die Stratigraphie von dem einen in das andere Gebiet zu übertragen und Anhaltspunkte für die Einordnung der fossilleeren Gletscherabsätze zu gewinnen.

Durch Exaration und Schmelzwassererosion schnitt das Elster-Eis bis mehrere 100 m tiefe Rinnen und Wannen in den Untergrund unter Ausräumung der meist tertiären Lockergesteine ein, so bei Hamburg, in der Altmark und an der mittleren Elbe. Die tiefste Hohlform, die Reeßelner Rinne in der Lüneburger Heide, greift etwa 400 m in den Untergrund, d. h. bis 430 m unter NN ein. Inwieweit das Eis dabei älteren Erosionslinien gefolgt ist und einzelne Hohlformen tektonisch verstärkt worden sind, ist ungeklärt. Alle diese Rinnen sind nur mit spätelsterzeitlichen fluvioglaziären Sedimenten gefüllt; Geschiebemergel tritt stark zurück. Eine so kräftige Exaration hat während der jüngeren Vereisungen nicht stattgefunden. Das Elster-Eis hat auf diese Weise auch die schützende Decke über den Salzstrukturen zerstört, so daß sich nach seinem Schwinden die Subrosion stark belebt hat. Daher sind über den Salzsätteln des nördlichen Harzvorlandes und über den Salzstöcken im Tiefland erhöhte Sedimentmächtigkeiten bzw. große, mit spätelsterzeitlichen glazilimnischen Absätzen gefüllte Einbruchssenken entstanden.

Im Toteis-Stadium bahnten sich Flüsse und Schmelzwässer wieder ihren Weg nach Norden bis Nordwesten. Das neue Flußnetz folgt in seinen Grundlinien dem vom Elster-Eis geschaffenen und durch Subrosion entstandenen Depressionen und weicht vom präelsterzeitlichen Flußnetz erheblich ab. So floß die Saale dicht östlich von Halle nach Norden und vereinigte sich mit Elster sowie Mulde bei Bitterfeld zu einem Stromgeflecht, das über Magdeburg bei Stendal in eine von der Nordsee hereinreichende Meeresbucht führte (Holstein-Meer, S. 413).

Abgesehen von der sehr kräftigen elsterzeitlichen Exaration, wiederholten sich während der **Saale-Vereisung** die Vorgänge in ganz ähnlicher Weise. Vom Harznordrand reichte das Eis nur bis Naumburg–Zeitz. In diesem Randgebiet sind bis drei Saale-Grundmoränen nachzuweisen, die oft von Bänderton unter- und von fluvioglaziären Absätzen überlagert werden. Lokal treten Sander auf; flache, verwaschene Endmoränenrücken des zweiten Vorstoßes umgeben in einem Bogen nach Norden die Stadt Leipzig. In der Schmelzperiode hinterließ das Saale-Eis weiter nördlich ebenfalls Randlagen mit dazugehörigen Entwässerungssystemen.

Im übrigen Mitteleuropa drang das Saale-Eis ebenso weit wie oder noch weiter als das Elster-Eis nach Süden vor, im Westen bis zur heutigen Rheinmündung und entlang der Oder bis in die Mährische Pforte (Abb.). In den Sudeten finden sich seine Spuren bis in Höhen von 700 m.

Nach einem umfangreichen interstadialen Eisabbau rückte das Eis erneut vor, im **Warthe-Stadial**, dessen Endmoränen den Höhenzug des Fläming bilden und sich nach Nordwesten (Lüneburger Heide) wie Südosten verfolgen lassen. Da diese Endmoränen den periglazialen Abtragswirkungen nur einer späteren Kaltzeit ausgesetzt waren, sind ihre Formen besser erhalten. Entwässert wurde diese Randlage durch das Breslau-(Wrocław)-Magdeburger Urstromtal.

In der **Weichsel-Kaltzeit** folgten auf eine frühe, sehr kalte Periode mit geringer Eisansammlung eine wärmere Zeit, das **Brörup-Interstadial**, und weitere kleinere Klimaschwankungen, bevor das Temperaturminimum (Tab.) erreicht wurde. Das Weichsel-Eis überschritt die Elbe nicht mehr und hat erst spät in der letzten Kaltzeit, vor etwa 20000 Jahren, seinen Höchststand erreicht (**Brandenburger Stadium**). Nach Abtrennung bis zu 50 km breiter Toteisgürtel und erneuten kurzen Vorstößen bzw. Stillstandslagen ist es in wenigen Jahrtausenden aus dem Tiefland südlich der Ostsee verschwunden. Diese Kaltzeit hinterließ die reich gegliederte, seenreiche Jungmoränenlandschaft mit dem noch unausgeglichenen Gefälle des Gewässernetzes und mehreren Endmoränengürteln, zugehörigen Sandern sowie vorgelagerten Urstromtalbildungen. So folgen nordwärts der äußersten Randlage die Endmoränenzüge der **Frankfurter Stillstandslage** und des **Pommerschen Eisvorstoßes**, zwischen denen die Toteiszone der Seenplatte ausgebreitet ist. Der markante Höhenzug der Pommerschen Endmoräne (**Innerer Baltischer Höhenrücken**) ist hauptsächlich Ergebnis der glaziären Akkumulation. Er wird von Schmelzwassertoren unterbrochen, auf die in seinem eiswärtigen Hinterland kilometerlange Oser-Züge zuführen. Diese markieren die Leitlinien der Entwässerung des zerspaltenen Eisrandgebietes. Langgestreckte Rinnenseen füllen die Zungenbecken hinter den größeren Endmoränenbögen. Westlich der Oder lehnt sich die Wasserscheide zwischen Ost- und Nordsee an den Höhenrücken an. Die weite Ausbuchtung nach Süden im Oder- und Weichselgebiet und die Auffächerung der jüngeren Randlagen in mehrere schmale Loben zwischen den Dänischen Inseln zeigen den Einfluß des vorgegebenen Reliefs auf die Eisbewegung während der letzten Aktivitätsphasen des Weichsel-Eises. Bei der Insel Bornholm spaltete das Relief das der Ostseesenke folgende Eis in einen Oder- und einen Beltsee-Eisstrom, der nördlich von Rügen vorbeizog. Nördlich der Pommerschen Eisrandlage formen in dichter Staffelung weitere Moränengirlanden kurzer Eishalte oder kleiner Vorstöße die Küstenlandschaft. Besonders das feingliedrige, kräftige Relief westlich der Odermündung wird vom Wechsel zwischen Stauchmoränen und Zungenbecken geprägt, die bis ins Seegebiet verfolgt werden können. Da der Höhenzug der Pommerschen Randlage den Abfluß der Schmelzwässer nach Süden stark behinderte, stauten sich die Wässer vor den jüngsten Eisrandlagen südlich der Ostsee zeitweise zu umfangreichen Seen, deren Existenz im Weichsel- und Odermündungsraum weite Ebenen und Terrassen von Staubeckenablagerungen belegen (z. B. Oder-Haff-Gebiet).

Während der beiden **Interglazialzeiten** zwischen den Inlandvereisungen kam es zur vollständigen Wiederbewaldung bis nach Skandinavien. Die Dauer der beiden Interglaziale war offenbar erheblich kürzer als die der Vereisungen (S. 411). In den Seen und Flußauen entstanden humose, sandig-tonige Absätze, Seekreide-, Kieselgur- und Torflager. Kalkabscheidungen in Quellhorizonten vereinigten sich zu mächtigen Travertinbänken, und es entwickelten sich charakteristische Böden.

Das ältere, das **Holstein-Interglazial**, ist durch eine kühlere Periode unterteilt. Es wird durchgehend durch eine starke Nadelholzbeteiligung gekennzeichnet, während der Anteil des Eichenmischwalds schwindet. Dieser Zeit gehören die wirtschaftlich bedeutsamen Kieselgurlager von Klieken (bei Dessau) und in der Lüneburger Heide (Oberohe, Münster-Breloh u. a.) an.

Gleiches Alter haben die weitverbreiteten Paludinenschichten bei Berlin, die nach der Süßwasserschnecke *Viviparus* (früher *Paludina*) *diluvianus* benannt sind und in Flußaltwässern abgesetzte humose, faulschlammhaltige Sande und Moormergel bilden.

Zahlreicher sind die Vorkommen kontinentaler humoser Schichten aus dem **Eem-Interglazial**: Hierzu zählen die Kieselgurlager im Luhetal der Lüneburger Heide und bei Verden (Aller). Im Ilmtal bei Weimar entstanden die berühmten Travertinbänke von Taubach-Ehringsdorf. Der Klimaablauf im Eem war gleichmäßiger als zur Holstein-Zeit. Während des Optimums lagen die Temperaturen höher als heute, so daß die wärmeliebende Linde einen charakteristischen Bestandteil des Laubwaldes bildete.

Im Nord- und Ostseeküstengebiet führte der Wiederanstieg des Meeres in Verbindung mit pleistozänen Senkungen zu marinen Ingressionen, die muschelführende Sande und Tone hinterließen. Die erste Ingression, das Holstein-Meer, griff tief in das Elbe-Ästuar ein, reichte nach Südosten bis in die Altmark und anscheinend auch nach Osten weit ins Mecklenburger Land. Östlich und westlich von Lübeck führten Meeresarme nach Norden ins heutige westliche Ostseegebiet. Junge Bewegungen an den Salzstrukturen bestimmten Details der Küstenlinie. Außerhalb von Schleswig-Holstein ist der Küstenverlauf wenig bekannt. Die Transgression ist sehr früh, schon im ausgehenden Saale-Glazial erfolgt, wie der basale Lauenburger Ton erkennen läßt. Wahrscheinlich wirkte die eisisostatische Absenkung des Gebiets mit. Deutlicher zeichnet sich der Umriß des Eem-Meeres ab. Dieses Meer breitete sich über die Insel Rügen bis in das Weichselmündungsgebiet aus und drang in einzelnen kleinen Buchten, vor allem an der Weichsel nach Süden in das heutige Küstenland ein. Zeitweise dürfte am Ende der Periode bis in die frühe Weichsel-Zeit eine Verbindung zum Weißen Meer bestanden haben. Die Ablagerungen sind durch wärmeliebende Mollusken gekennzeichnet (*Lucina divaricata, Venerupis senescens, Gastrana fragilis*), die heute nicht mehr über die geographische Breite der südfranzösischen Atlantikküste hinausgehen. Ähnliches gilt für die Foraminiferenfauna.

Über die Herkunft des Gesteinsinhaltes der eisbedingten, **glaziären** Sedimente geben die Geschiebe, die Findlinge bzw. erratischen Blöcke Antwort. In Norddeutschland sind z. B. Proben aller vom Eis überfahrenen nordischen Gesteine, im Alpenvorland entsprechend alle alpinen Gesteine zu erwarten. Den Eistransport haben nur die widerstandsfähigeren in den größeren, bestimmbaren Geschieben überstanden. Andere Gesteine wurden zur feinkörnigen Grundmasse des Geschiebemergels zerrieben. Besonders häufig sind deshalb kristalline Gesteine aus dem Grundgebirge und härtere Sand- und Kalksteine aus dem Deckgebirge Skandinaviens, Finnlands sowie dem nördlichen und mittleren Ostseeraum. Einen kurzen Transportweg hatten die Kreidefeuersteine und harten Kreidekalke aus dem südlichen Ostseegebiet.

Die Geschiebe geben nicht nur über die Herkunft des Eises und seinen Wanderweg Auskunft, sondern auch über den Bewegungsmechanismus des Eises, indem ihre Längsachse in die Bewegungsrichtung eingeregelt wurde. Das Studium der »Einregelung« der Geschiebe und der Zusammensetzung der Geschiebegesellschaften in den Grundmoränen hat ergeben, daß die verschieden alten Inlandeismassen des Pleistozäns auf unterschiedlichen Wegen in das Akkumulationsgebiet gelangt sind und sich auch während einer Vereisung die Strömungsrichtungen geändert haben. So ist im Weichsel-Glazial zunächst ein Norwegischer Eisstrom ins südwestliche Ostseegebiet gelangt und erst später ein der Ostseesenke folgender Baltischer Eisstrom. Daher liefern die Geschiebegemeinschaften und -einregelungen gewisse Anhaltspunkte für die stratigraphische Einordnung der Grundmoränen. Vergleiche über größere Entfernungen stoßen freilich auf Schwierigkeiten.

Stratigraphische Gliederung des Spätglazials und Holozäns

Abteilungen	Rückzugsstadien des Eises		Ostseestadien	nördliches Mitteleuropa				Kulturen		Zeit (Jahre)
	Alpen	Nordeuropa		Pollenzonen nach Firbas	Waldentwicklung	Klima				
Holozän (Postglazial)	stärkster Rückgang der Alpengletscher	Bipartition	Myameer	X	Forstwirtschaft	wieder kühler, feuchter (Subatlantikum)	Nachwärmezeit	geschichtliche Zeit		+2000
			Lymnaeameer	IX	Buche, Eiche, Fichte					+1000
								Eisenzeit		0
			(teilweise Aussüßung)	VIII	Eiche, Beginn der Buchen- und Fichtenzeit	noch warm, wieder trockener (Subboreal)	Wärmezeit	Bronzezeit	Neolithikum	-1000
										-2000
			Littorinameer	VII	Eichenmischwald (Eiche, Ulme, Linde)	warm - feucht (Atlantikum)		Ertebölle		-3000
				VI		postglaziales Klimaoptimum				-4000
										-5000
			Ancyclussee (Süßwasser)	V	Kiefern- und Eichenmischwald Kiefer und Hasel	wärmer, noch trocken (Boreal)		Maglemose	Mesolithikum	-6000
			Yoldiameer	IV	Kiefer und Birke	kühl - kontinental (Präboreal)	Vorwärmezeit			-7000
										-8000
jüngstes Pleistozän (Spätglazial)	Daun-Gschnitz-Schlernstadium	mittelschwedisch-südfinnische Stadien südschwedische Stadien		III	Birke	wieder kälter Jüngere Dryaszeit	subarktische Zeit	Lungby, Ahrensburg Federmesser-Gruppen	Jungpaläolithikum	-9000
			Baltischer Eisstausee (Süßwasser)	II	Birke und Kiefer	etwas wärmer Alleröd-Interstadial				-10000
				Ic	Tundra	kalt Ältere Dryaszeit				-11000
				Ib	Birke	etwas wärmer Bölling-Interstadial		Hamburger Stufe		-12000
		Langeland-(Rosenthaler) Stadium		Ia	Tundra	kalt Älteste Dryaszeit	arktische Zeit			-13000
										-14000
	Singener Stadium	Pommersches Stadium								-15000

Im ganzen bietet der Geschiebestand der norddeutschen Glazialsedimente eine Musterkarte aller skandinavisch-ostbaltischen Gesteine.

Zu Beginn des **Holozäns** (Alluviums) waren die pleistozänen Eismassen im Norddeutsch-Polnischen Tiefland und in der südlichen Ostsee gerade abgeschmolzen. Etappenweise gab das Eis das übrige Ostseebecken sowie Süd- und Mittelschweden frei, bis es mit zunehmender Wärme in zwei Teilkörper zerfiel und vor etwa 8800 Jahren erstarb. Nach und nach wanderten die vor dem Eise gewichenen Pflanzen- und Tiergesellschaften wieder ein. Die Wiederbelebung der Landschaft durch die Flora (vgl. S. 403) und Fauna sowie die Entwicklung von Nord- und Ostsee, die das nacheiszeitliche Klima Mitteleuropas entscheidend beeinflußten, aber auch die zunehmenden Eingriffe des Menschen in das geologische Geschehen sind für das Holozän kennzeichnend.

Im kontinentalen Bereich waren die während des glazialen Meerestiefstands übertieften Talböden, die vom Eis hinterlassenen, oft wassergefüllten Hohlformen der Glaziallandschaft und die Salzauslaugungssenken die Hauptgebiete der Sedimentation. Die Folge der Wiederbewaldung war ein Rückgang der Erosion, die im Zusammenhang mit den starken Rodungen schon in vorgeschichtlicher Zeit, besonders seit dem frühen Mittelalter aber wieder anwuchs.

In den Seen lagerten sich an organischer Substanz reiche Mudden mit mehr oder weniger Sand-, Schluff- oder Tongehalt sowie Gyttjen ab. Mit steigendem Kalkgehalt entstanden Kalkmudden und Seekreiden bzw. Seemergel. Bei Zustrom sehr eisenreicher Grund- oder Quellwässer wurden See-Erze und Raseneisenstein ausgefällt, die im erzarmen norddeutsch-polnischen Tiefland in früheren Zeiten erhebliche wirtschaftliche Bedeutung hatten.

Kleine flache Seen wurden so weit aufgehöht, daß es zur Verlandung und Moorbildung kam. Darüber hinaus hat die größere Feuchtigkeit im Postglazial und der dadurch bedingte Grundwasseranstieg die Vermoorung gefördert. So bildeten sich außer in verlandenden Seen im Bereich hochstehenden Grundwassers schon seit dem Spätglazial Nieder- und Übergangsmoore (topogene Moore), die sich durch hohen Mineralstoffgehalt (bis 20 Prozent der Trockenmasse) und Reichtum an Pflanzenarten mit mehrfach von Ort zu Ort wechselnder Zusammensetzung auszeichnen. Besonders im Atlantikum setzte durch den Rückstau im Gewässernetz infolge Meeresanstieg das großflächige Niedermoorwachstum ein. Jetzt begann auch die Bildung von Hochmooren oder ombrogenen Mooren, meist auf einer geringen Unterlage von Nieder- bzw. Übergangsmoortorf.

In den erosiv im **Spätglazial** vorgeformten Mittelläufen der Flußtäler wurden holozäne Schotter mit Eichenstämmen und um 1,0 bis 2,5 m mächtige Auelehme abgesetzt. Die erste Sedimentationsphase lag im feuchten Atlantikum, in dem auch das Höchstmaß der Eintiefung erreicht war. An den mitteleuropäischen Flüssen sind bis vier Auelehmstufen, durch geringmächtige Schotter und Bodenbildungen voneinander getrennt, unterscheidbar, die aber keine über größere Entfernung übertragbaren Zeitmarken liefern. Neben klimatischen Schwankungen, vor allem durch wechselnde Niederschläge, haben der postglaziale Meeres- und Grundwasseranstieg, lokal auch tektonische und anthropogene Einflüsse diese Sedimentation gesteuert. Flußabwärts sinkt die anfangs wenige Meter oberhalb der Talaue verlaufende weichselzeitliche Niederterrasse auf das Talniveau und schließlich darunter ab. Das Holozän greift über die glazialen Schotter hinweg.

An den Unterläufen der Flüsse wirkte sich der Wiederanstieg des Meeresspiegels wegen der Übertiefung weit unter die heutigen Talböden während des Meerestiefstandes weit ins Binnenland hinein aus, in Mecklenburg bis in den Bereich der Seenplatte. Das führte zur Vermoorung der Talböden und zu marinen Ingressionen, wie muschelführende Brackwassersedimente in Küstennähe während der **Littorinatransgression** (Atlantikum) zeigen, die drei Einzelphasen erkennen läßt. Damit war der Meeresspiegelanstieg beendet.

Nun konnten die küstendynamischen Prozesse am Ausgleich der vom glazialen Formenschatz vorgezeichneten buchtenreichen Küstenabschnitte ungestört wirken, z. B. an den Küsten von Rügen, im Odermündungsraum oder in Ostpommern. Das trockenere Klima im **Subboreal** begünstigte die äolische Sedimentation und führte auf den neu gebildeten Küstenalluvionen mit ihren Strandwällen, Haken und Nehrungen an der Ostsee zur Aufhäufung bis zu mehrere zehn Meter hohen Dünen und Dünenzügen.

Ähnliches vollzog sich an der Nordseeküste, wenn auch durch die Besonderheiten des Gezeitenmeeres variiert. An die Stelle eines geschlossenen Strandwall-Dünensystems, an der niederländischen Küste, tritt im Bereich der Watten am Südrand der Deutschen Bucht eine Kette von Barriere-Inseln. Das Sedimentationsgeschehen im landwärts dahinterliegenden Watt wird durch das zeitweise Trockenfallen im Verlauf der Gezeitenbewegungen maßgeblich bestimmt. Es entsteht ein alluvialer Schwemmlandboden (Marsch). Das Nordsee-Küstenholozän läßt sich ebenfalls in mehrere Ingressionsfolgen gliedern. Der Zusammenhang mit dem Gang des Meeresanstiegs **(Flandrische Transgression)** ist noch problematisch.

Im offenen Nordseegebiet besteht die holozäne Sedimentdecke aus geringmächtigem und wenig gegliedertem Seesand und Schlick. Präboreale Torf bei −47 m auf der Dogger-Bank und örtliche Süßwasserabsätze zeugen von der voraufgehenden Festlandsperiode. Rhein, Elbe und Themse mündeten in die geschrumpfte Nordsee, der Ärmelkanal wurde erst in jener Zeit zur Wasserstraße.

Anders verlief die Transgression im Ostseegebiet. Hier trug die Krustenhebung nach der Eisentlastung im Wechselspiel mit dem glazial-eustatischen Meeresspiegelanstieg durch kräftige landwärtige und seewärtige Strandverschiebungen zu wiederholten Änderungen des Umrisses der Ostsee bei. Zunächst entstand im südlichen Teil des Ostseegebietes der **Baltische Eisstausee** der mit Schmelzwasser (Süßwasser) angefüllt war. Durch stetigen Schmelzwasserzustrom stieg das Wasser an, bis es über Lappland, am Öresund und durch die Belte Auswege zum Weltmeer fand. Mit dem weiteren Schwund des Eises wurde in Mittelschweden eine breite Meeresstraße frei. Der Wasserspiegel sank bis zum damaligen Niveau des Weltmeeres ab, so daß Salzwasser und eine subarktische Meeresfauna eindrangen, deren Hauptvertreter die Muschel *Portlandia* (früher *Yoldia*) *arctica* war. Die fortgesetzte Hebung schloß diese Meeresstraße bald wieder. Das **Yoldia-Meer** wurde zum **Ancylus-See** (nach der Süßwasserschnecke *Ancylus fluviatilis*) ausgesüßt. Zeitweise war der Ancylus-See offenbar ohne Abfluß, so daß sein Spiegel über den des Weltmeeres anstieg, bis zum erneuten Überlauf durch den Öresund und die Belte. Der rasche Meeresanstieg während des postglazialen Wärmeoptimums im Atlantikum übertraf die Wirkungen der Landhebung im Süden und schuf über breitere Verbindungen im Großen Belt und Öresund das **Littorina-Meer**, dessen Salzgehalt den der heutigen Ostsee übertraf. Die marine Schnecke *Littorina littorea* ist für diese Meeresphase kennzeichnend. Jetzt waren auch die Insel Bornholm vom Festland getrennt und das westliche Ostseegebiet überflutet. In der Folgezeit – **Lymnaea- und Mya-Zeit** – nahm die Verbrackung des Wassers wegen Verengung der Verbindungen zur Nordsee wieder zu, und die Ostsee entstand in ihrer heutigen Form. Von den früheren, niedrigen Wasserständen zeugen submarine Torfe und Uferterrassen des Baltischen Eissees und der Ancylus-Zeit. Die jungen marinen Sedimente, Küstenwandersande und Schlick, sind nur wenige Meter mächtig.

Alle diese Prozesse haben zu den gegenwärtigen Verhältnissen geführt, in den jüngsten Zeiten nicht ohne oft schwerwiegendes Zutun des Menschen.

Die **Alpen** bildeten im Pleistozän ein selbständiges Vereisungsgebiet, wenn auch die alpinen Gletscher bei weitem nicht das Ausmaß des nordeuropäischen Inlandeises erreicht haben. So hatten die Alpenvereisungen nur den Charakter von Vorlandvergletscherungen. Durch die Geländegestaltung war den Gletschern der Weg vorgeschrieben, die sich vorwiegend an die Täler hielten, diese völlig unter sich begruben und trogförmig ausschliffen. Nur wenige Kämme ragten aus dem Eis heraus. Im Vorland vereinigten sich die aus den Tälern ziehenden Gletscher zu einem breiten, nach Norden in großen Zungen ausholenden Eisgürtel.

Aufnahmen der Glazialmorphologie, die Aufeinanderfolge von glazialen Serien und glazialklimatischen Aufschotterungen (Terrassen) haben die klassische Quartärgliederung im Alpenraum in je vier Kalt- und Warmzeiten um ein bis zwei Kalt- und zugehörige Warmzeiten erweitert. In letzter Zeit sind durch verstärktes Hinzuziehen anderer Klimaindizien, besonders der wechselnden Intensitäten der Bodenbildung und der Florenrelikte in Seesedimenten,

Die Vereisung des nördlichen Alpenvorlandes (nach Schädel u. Werner, Graul, Glückert, Geologische Übersichtskarte von SW-Deutschland 1 : 600 000, von Bayern 1 : 500 000)

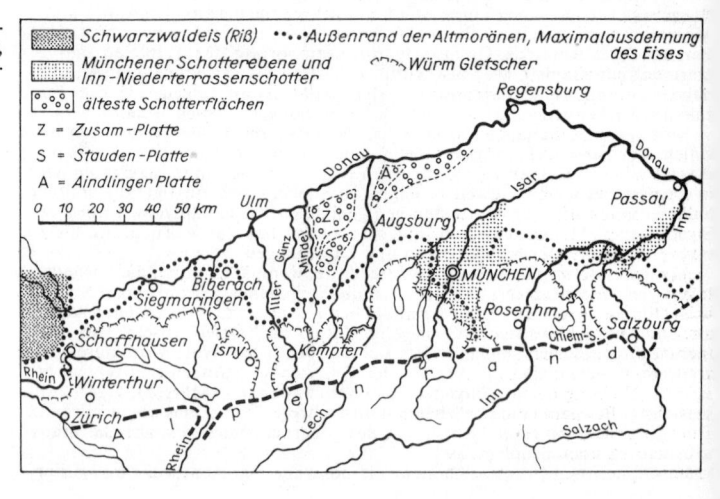

zusätzlich Klimaschwankungen verschiedener Intensität und Dauer erkannt worden, z. T. innerhalb der Glazialzeiten (Tab. S. 414). Daraus ergeben sich bessere Analogien zu den vielgliedrigen Profilen des nordwestlichen Mitteleuropa. Im einzelnen ist dadurch aber die Korrelation beider Folgen noch problematischer geworden. Stark gepreßte Torflagen (Schieferkohlen) des Alpenraumes, die für interglazial gehalten worden sind, haben sich pollenanalytisch und nach ^{14}C-Datierungen als Würm-interstadialen Alters erwiesen (Füramoos, Wildmoos). Das steht in gewissem Widerspruch zur geologischen Position, nach der sie dem Riß-/Würm-Interglazial angehören. Zur Zeit ist deshalb ungeklärt, ob die warme Riß-/Würm-Periode des Südens dem norddeutschen Eem entspricht. Im voraufgegangenen Günz-/Mindel-Interglazial hatte die Bewaldung im Alpenraum erstmals rein quartären Charakter.

Mindestens fünfmal schwoll in den Alpen, vor allem auf ihrer Nordseite, das Eis zu größeren Gletschern an, die maximal bis 100 km weit ins Vorland eindrangen. Die ältesten, genauer belegten Gletscherbildungen der **Donau- und Günz-Vereisung** hatten den geringsten Umfang. **Mindel- und Riß-Glazial** brachten die ausgedehntesten Vorstöße, und auch in den Alpen scheint abschnittsweise das Mindel-Eis (Rhône-, Iller-, Salzach- und Traungletscher) und anderenorts das Riß-Eis (Rheingletscher) am weitesten gereicht zu haben. Dabei traf der rißzeitliche Rheingletscher im Norden mit dem Eis der Schwarzwaldgletscher zusammen. Die Vorstöße des **Würm** blieben hinter den vorangegangenen wieder zurück. Im allgemeinen erreichen die pleistozänen Ablagerungen im Alpenraum nur wenige zehn Meter Mächtigkeit. In den Terrassenbildungen sind sie jedoch bis zu 300 m angehäuft (Inntal-Terrasse).

Die geringere Reichweite des letzten Eises führte auch hier zur Ausbildung einer verwaschenen Altmoränenlandschaft außerhalb des vom Würm-Eis bedeckten Gebietes, das im Gegensatz dazu das klassische Bild einer Jungmoränenlandschaft bietet, mit Zungenbecken, Endmoränen und glazifluviatilen Schotterfeldern, den Hauptelementen der »glazialen Serie«. Auch hier vollzog sich der Eisabbau phasenhaft: Während jedes längeren Verharrens des Eisrandes in der Schmelzperiode entstanden eine solche glaziale Serie und damit mehrere, den norddeutschen entsprechende Jungendmoränenkränze (z. B. Schaffhausener Stadium [Maximum], Singener Stadium und weitere des Rheingletschers). Der Höchststand der aus benachbarten Tälern vorquellenden Gletscher wurde infolge der Einflüsse des Reliefs und der Größe des Einzugsgebiets nicht streng gleichzeitig erreicht, so daß gelegentlich ein Gletscher die Flanke des benachbarten, schon im Schwinden begriffenen überfuhr, wie der Inngletscher. Wie im Norden drang im Würm-Glazial das Eis erst spät, ungefähr vor 20 000 Jahren, bis zu seinem Höchststand vor. Auf einen frühen, geringeren Vorstoß folgten interstadiale Seebildungen mit eingelagerten Schieferkohlen, deren geringes Alter radiometrisch ermittelt worden ist.

Die Hohlformen der Zungenbecken, die von den Endmoränen umwallt sind, haben die Gletscher beim Verlassen der Täler aus dem Untergrund herausgeschürft. Im Innern der Zungenbecken hat das schürfende Eis älteres Material (Pleistozän oder Molasse) zu den langelliptischen Rücken der **Drumlins** umgeformt. Der Fließrichtung des Eises eingeordnet und kettenförmig aufgereiht, ziehen sich die Drumlins vielfach in Schwärmen vom Zentrum des Beckens gegen den Rand hin.

Mit dem Schmelzen des Eises staute sich das Wasser in den Zungenbecken zu großen Seen, die nach dem fluviatilen Durchschneiden der Endmoränenriegel ausliefen. Heute bergen die Becken nur Restseen und Moore. Im Rosenheimer Becken wurden bis 150 m mächtige Sedimente abgesetzt. Schon während der Interglaziale kam es in verschiedenen Becken zu ähnlichen Seebildungen. Die Hohlform des Bodensees im Hauptzungenbecken des Rheingletschers, die früher einem jungen Grabenbruch zugeschrieben wurde, sieht man heute ebenfalls als Ergebnis der Eisausschürfung an.

Im Altmoränengebiet sind auf weite Strecken zwar keine oder nur undeutliche Endmoränenzüge, aber Reste von Grundmoränen erhalten geblieben. Das Rheingletscherbecken weist zwei Riß-Moränenkränze, einen äußeren flachen und einen höheren inneren, ein Doppelwall von Stauchmoränen, auf, zwischen deren Formung offenbar eine etwas längere Zeitspanne wärmeren, wenn auch nicht interglazialen Klimas lag. An anderen Orten, wie im Rhônebecken, sind Anzeichen für eine Zweiteilung der Riß-Vereisung vorhanden, vor allem durch zwei Aufschotterungen mit einer trennenden Bodenbildung. Während die Mindel-Moränen vielfach einen schmalen Saum am Außenrand des einst eisbedeckten Gebiets einnehmen, treten Günz-Moränen nirgends an die Oberfläche. Im Rheingebiet sind aber intensiv verwitterte Reste unter Mindel-Moräne angetroffen worden. Vom Günz-Glazial und den älteren Kälteperioden sind nur Teile der glazialen Serien, vor allem glazifluviatile Schotter erhalten.

Wegen der im Unterschied zum Norden zentrifugalen Entwässerung des eisbedeckten Gebiets im Alpenraum reichen diese Schotterbildungen weit ins Vorland, liegen an der Oberfläche und entsprechen den Sandern des norddeutsch-polnischen Tieflands. Die Moränen im Alpenraum sind stärker durchwaschen, und die Endmoränen gehen nach außen in die ausgedehnten Schotterfluren bzw. -terrassen über. So ist das Bayrische Alpenvorland zwischen den Nördlichen Kalkalpen und der Donau weithin von Schotterfeldern bedeckt. Zu jedem bedeutenden Eisvorstoß bzw. jeder Kälteperiode gehört eine Schotterschüttung. Die Schotter füllten jeweils die vom Eis kastenförmig ausgeschürften Talzüge mehr oder weniger vollständig aus. In der Regel liegen sie untereinander, d. h. die ältesten hoch oben auf den Wasserscheiden und die jüngsten tief darunter in den heutigen Talauen. Das rührt daher, daß die Alpen im Pleistozän kräftig aufgestiegen sind. Die Flüsse nahmen infolgedessen die unterbrochene Erosionsarbeit in den eisfreien Epochen wieder auf und schnitten sich immer tiefer ein. Aus den Schotterkörpern wurden dabei im Endergebnis die heutigen Terrassentreppen an den Talflanken herausmodelliert. Ein typisches Beispiel sind die Niederterrassenschotter der Münchener Schotterebene (Abb.) zwischen dem Isar- und Inngletscher, die im Süden bis an die Endmoräne der letzten Vereisung heranreichen, damit also sicher würmzeitlichen Alters sind. In einer Reihe Tälern finden sich zwei würmzeitliche Niederterrassenkörper mit geringem Niveauunterschied. Ihnen fehlt eine Lößdecke. Im Gegensatz zu den älteren Schotterterrassen zeigen sie keine nennenswerten nachträglichen Verstellungen oder Störungen ihres ursprünglichen Gefälles. Das scheint ein Hinweis darauf, daß die Heraushebung der Alpen gegen Ende des Pleistozäns weitgehend abgeklungen war. Die zweigeteilten Hochterrassenschotter sind rißzeitlich. Sie tragen meist eine Lößdecke oder Tonlagen und reichen nur bis zu den Altmoränen. Die jüngeren Deckenschotter, die dem Mindel-Glazial zugeschrieben wurden, haben zum Teil eine Umdeutung erfahren. Im Typusgebiet (Grönenbacher Feld) ließen sie sich in mehrere selbständige Schotterkörper auflösen, die (ähnlich den jüngeren Schotterkörpern, nur höher) die Talflanken begleiten, anstatt eine einheitliche Schotterdecke zu bilden. Das deutet, wenn nicht auf verschiedene Glaziale, so wenigstens auf mehrere mindelzeitliche Gletschervorstöße in den Alpen hin. Die günzzeitlichen Schotter zeichnen sich im Gegensatz zu allen jüngeren im Rheingletschergebiet durch einen bedeutend geringeren Gehalt an Geröllen des kristallinen Kernteils der Alpen aus. Im Bereich des Illergletschers erstrecken sie sich bis unter die Mindel-Moränen. Ablagerungen der Donau-Kaltzeit stellen die höchsten Schotterflächen westlich vom Lech und östlich der Salzach dar (Zusam-Platte, Stauden-Platte) mit Merkmalen grobkörnigen Dauerfrostbodens. Westlich der Iller liegt ein kräftiger Verwitterungshorizont dieser höchsten Schotterdecke unter Günz-Ablagerungen. Bis 80 m höher finden sich noch ältere, vordonauzeitliche kaltzeitliche Schotterreste, die kristallinfrei sind (Zusam- und Aindlinger Platte) und sich deutlich von den pliozänen Donaukiesen unterscheiden. Kompliziert wird das Bild dadurch, daß auch warmzeitliche Schotterschüttungen festgestellt worden sind, die wahrscheinlich auf zeitweise kräftigere Hebungsbewegungen der Alpen zurückzuführen sind. Noch im Holozän bildeten sich am Gebirgsrand alluviale Schuttablagerungen (Fans). Eingelagerte Horizonte mit Merkmalen des Dauerfrostbodens oder feinkörnige Lagen mit organischen Resten ermöglichen zum Teil, »kalte« und »warme« Aufschotterungen zu unterscheiden.

Wegen der südlichen Lage der Alpen bestehen zwischen ihrer sonnenexponierten Süd- und ihrer sonnenabgewandten Nordseite erhebliche Unterschiede. Am Südrand blieben die Gletscher im Vorland stets getrennt, aber die Schmelzwasserfluren vereinigten sich in der langsam einsinkenden Poebene zu einem riesigen Aufschüttungsfeld, in dem die Sedimente bis 3000 m hoch angehäuft worden sind. Die Endmoränen der beiden letzten Vereisungen sind dicht aufeinander geschoben und umkränzen in gewaltigen bogenförmigen Wällen jeweils das Südende der oberitalienischen Seen (z. B. Garda-See, Comer-See, Iseo-See).

Während der Interglaziale beschränkte sich die Sedimentbildung hauptsächlich auf die Seen. Rund um die Alpen sind Seekreiden, Seetone, Algengyttjen und Schieferkohlen bekannt. Ähnliche Sedimente wurden in interstadialen Perioden abgelagert. Zunehmend haben auch im Alpenraum die Bodenbildungen der wärmeren Zeitabschnitte für die Gliederung des Quartärs an Bedeutung gewonnen. In dem warmen, feuchten Klima waren die Moränen, die Schotter und ihre Lößdecken intensiver Verwitterung ausgesetzt. Im Isargebiet können vier glaziale Serien unterschieden werden, von denen jede durch eine intensive Verwitterungszone von der vorhergehenden getrennt ist. Die Verwitterung ist um so kräftiger, je älter die Ablagerungen sind, da mehrere wärmere Perioden auf sie einwirken konnten, sofern sie an der Oberfläche lagen, abgesehen von dem im älteren Pleistozän noch höheren Temperaturniveau. So zeigen die höchst gelegenen, ältesten Schotterdecken und -reste die tiefgründigste Verwitterung. Auch die Günz- und Mindelterrassen tragen noch intensiv rotbraun gefärbte Böden (ferretto) im Gegensatz zu den Riß-/Würm-(Parabraunerde-) und jüngeren Böden. Oft sind die Schotter durch Kalkabscheidungen zu »Nagelfluh« verkittet worden. Besonders ausgeprägte Bodenbildungen birgt der Löß. In mächtigen Profilen können darin mehrere Klimazyklen übereinander fixiert sein. Es wiederholt sich die Folge: Fließerde (Abkühlungsperiode), Löß (hochglaziale Zeit), Lößlehm (in dem Standort gemäßen Bodentyp; in den warmen Perioden aus den jeweils oberen Lößpartien hervorgegangen). Bodenhorizonte ermöglichen es dort, wo beide aufeinanderliegen, die Mindel- von der Riß-Moräne zu trennen.

Im letzten Interglazial besiedelte erstmals der Mensch das Alpengebiet, er lebte in Höhlen bis in 2400 m Höhe.

Zwischen den beiden Vereisungsgebieten Nordeuropas und des Alpenraums lag ein mehr oder weniger breiter **eisfreier Streifen**. Von höherem Pflanzenwuchs entblößt, nur von kümmerlicher Tundren- oder Steppenvegetation bedeckt, stand dieses Gebiet während der Kaltzeiten ganz unter dem Einfluß des kalten, in Eisnähe arktischen Klimas. Periglaziale Bildungen, wie Fließerden, Strukturböden, Lößkeile, Blockströme, sind verbreitet. Durch Frost- und Insolationsverwitterung entstanden gewaltige Massen von Verwitterungsschutt, die die nur wenig Wasser führenden Flüsse nicht bewältigen konnten und daher auf ihren Talsohlen ablagerten. Während der Wiedererwärmung wuchsen mit zunehmenden Niederschlägen die Flüsse an und schnitten aus den Schotterfüllungen der Täler besonders im Mittelgebirgsraum zahlreiche Terrassen heraus. Differenzierte tektonische Bewegungen beeinflußten nicht nur die Schotterbildung, sondern trugen auch zu Abwandlungen des Gewässernetzes bei. Der aus den Alpen kommende Rhein, der ursprünglich zur Donau floß, und die einst in das Rhone-Tal mündende Aare suchten sich gemeinsam einen neuen Weg durch den einsinkenden Oberrheingraben und bildeten den heutigen Rhein. Die altpleistozäne Donau wurde im Alpenvorland streckenweise 12 bis 15 km nach Norden abgedrängt. Während der trockenen Hochglazialzeiten war der kaum durch Vegetation geschützte Boden intensiven Windwirkungen ausgesetzt. Von den Schotterfluren der großen Flußsysteme (Donau, Rhein-Main) und den trocken gefallenen Sandflächen der Urstromtäler hob der Wind das feinere Material ab und trug es auf die Talränder hinauf, wo es wegen der vorherrschenden Westwinde besonders auf den Ostseiten in Dünen oder Sanddecken angehäuft wurde. Das feinste Material, der Löß, ist in Mitteleuropa in einem Streifen von Nordfrankreich, Belgien bis nach Ungarn zu finden (**Lößzone**). Im Norden schließt sich der gröbere Sandlöß an (Fläming, Niedersachsen). Diese Lößdecke ist in Mitteleuropa meist nur wenige Meter mächtig. Meist sind die Löße durch periglaziale Fließvorgänge oder fluviatil mit Verwitterungsschutt bzw. anderen Sedimenten vermischt worden. Besonders während der Interglaziale erfaßten Bodenbildungsprozesse, vor allem Entkalkung und Tonverlagerung, die obersten Lößpartien. In mächtigeren Lößprofilen (ČSSR, Hessen) sind dreizehn und mehr Sedimentations-Bodenbildungszyklen festgestellt worden. Aus ihnen läßt sich in gleicher Weise wie aus den Schotterterrassen eine feinere klimatische Untergliederung des Quartärs ableiten, wenn auch die voreemzeitlichen fossilen Bodenbildungen kaum mit den anderen stratigraphischen Skalen vergleichbar sind. Das letzte Interglazial kennzeichnen weit verbreitet Parabraunerden (z. B. Naumburger Bodenkomplex). Auf dem spätglazialen Löß und weichselglazialen Geschiebemergel sind Parabraunerden und Fahlerden entstanden, auf dem Weichsel-Löß der trockeneren Gebiete auch Schwarzerden (Magdeburger Börde, Thüringer Becken, Wetterau). Voreemzeitliche Bodenprofile zeigen in Hessen vermehrte rote Eisenausscheidungen, wie sie für wärmere Klimate kennzeichnend sind. In der ČSSR, in Österreich und Norditalien haben die Lößböden des frühen Pleistozäns rotlehmartigen Charakter. Die mediterrane Klimakomponente muß in diesen Gebieten damals stärker gewesen sein als nach dem Holstein-Interglazial.

Während der Warmzeiten wurden in Seen und Altwässern Torfe und Gyttjen, in Flüssen Kiese und Sande abgelagert und Quellkalke (Travertine) gebildet, die organische Reste, gelegentlich auch Skelettreste von Menschen und Artefakte konserviert haben.

Die mitteleuropäischen Mittelgebirge trugen eigene Schneekappen, die höheren, wie Vogesen, Schwarzwald, Böhmerwald und Riesengebirge, auch Firnfelder und Gletscher. Geröllverfrachtung und Geländeformen weisen auch für die Schwäbische Alb Vereisungen bzw. für das Würm verfirnte Flächen aus. Im Westen, wo die Ozeannähe zu reichlicheren Niederschlägen führte, dehnten sich diese Gletscher am weitesten aus. So drangen von den Eisfeldern des Schwarzwaldes und der Vogesen 40 und 25 km lange Gletscher herab, während sie nur 5 km Länge in den Sudeten erreichten. Kare, Trogtäler und Endmoränenriegel quer durch das Tal zeugen noch heute von der formenden Kraft der einstigen Gletscher.

Großbritannien besaß neben kleineren Zentren im Schottischen Hochland ein eigenes Hauptvereisungszentrum, von dem sich Eisströme in das Gebiet der Irischen See und der Nordsee vorschoben. Im Süden erreichte das Eis fast die Themse. Wie in Holland sind auch hier Absätze vorelsterzeitlicher Klimaperioden (z. B. Cromer) erhalten, im Küstengebiet ein Wechsel mariner und fluviatiler, mehr oder weniger glaziärer Fazies. Im Elster-Glazial stieß das skandinavische Eis bis zur englischen Ostküste vor, wie skandinavische Geschiebe beweisen, während später die verschiedenen Eisströme im Nordseeraum zusammentrafen.

Osteuropa war zum großen Teil von Inlandeismassen bedeckt, die sich von den skandinavischen Hochgebirgen nach Osten herabschoben (Abb. S. 409). Auch hier lassen sich neben älteren Klimaschwankungen drei Vereisungen unterscheiden, die durch zwei Interglazialzeiten getrennt sind. Außerdem sind hier ebenfalls zahlreiche Zeugen von Klimaschwankungen zweiter Ordnung beobachtet worden, die Zweiteilungen der Kalt- und Warmzeiten ermöglichen. Im Süden stieß das Inlandeis, dem Relief folgend, im Dnepr- und Dongebiet am weitesten vor, wobei seine maximale Ausdehnung am Don zur Oka-(Elster-) und am Dnepr zur Dnepr-(Saale-)Vereisung erreicht wurde. Dieser Unterschied in den benachbarten Flußgebieten geht darauf zurück, daß der Don-Lobus von den von Nowaja-Semlja und vom Ural sich gleichzeitig ausbreitenden Eismassen gespeist worden ist, die während der älteren Vereisungen mit den skandinavischen Eismassen vereinigt waren. Im letzten Glazial bestand dagegen nur östlich der Halbinsel Kola eine Berührung zwischen dem fennoskandischen Eis und dem von Nowaja Semlja. Die größte Eisbedeckung brachte in Osteuropa die Oka-Vereisung, die südlich des Urals bis gegen Swerdlowsk reichte. Am geringsten war die Ausbreitung des letzten, des Waldai-Eises, dessen Endmoränenbögen in einigem Abstand den fennoskandischen Schild umgürten und im Osten sich bis zum Weißen Meer erstrecken. Während der Interglaziale, besonders im Mikulino, kam es im Norden zur borealen Transgression. Die Meeresbedeckung dauerte bis in die ältere Waldai-Kaltzeit an und entspricht dem Eem- und dem Portlandia-Meer im Westen.

In der **Ukraine** bildete sich eine ausgedehnte, bis 30 m mächtige Lößdecke, in der Bodenbildungen wärmere Zeitabschnitte dokumentieren. Diese Durchsetzung des Lößes mit Humus ergab die fruchtbare Schwarzerde.

Im **Kaspi-Gebiet** ist das quartäre Geschehen durch Spiegelschwankungen mit weitflächigen Trans- und Regressionen gekennzeichnet. Ausschlaggebend ist dafür die Bilanz zwischen Zuflüssen und Verdunstung. Schrumpfungen waren mit dem warm-trockenen Klima der Interglaziale, Ausdehnungen mit dem kühl-feuchten der Glaziale verbunden. Gegenwärtig herrscht ein Tiefstand; das postglaziale Minimum war bereits vor 6000 bis 4000 Jahren mit einem 20 bis 22 m tieferen Wasserstand als heute erreicht. Die Apscheron-Transgression erstreckte sich bis gegen Wolgograd, während andere Vorstöße noch weiter wolgaufwärts reichten. Zeitweise bestand über das Asowsche Meer Verbindung zum Schwarzen Meer.

Sibirien war im Westen stark vereist, während den noch kontinentalen Osten nur eine geringe Eisschicht bedeckte. Im Gegensatz zu Europa reichte das Eis nicht über den 60. Breitengrad nach Süden (Breite der Südspitze von Grönland, Stockholm und Leningrad).

Nordamerika bildete im Pleistozän ein mehr als doppelt so großes Gegenstück zu Nordeuropa. Die Vergletscherung ging von mehreren Gebirgen im Westen und im Osten aus, deren Vorlandgletscher sich vereinigten und zum kontinentüberspannenden Laurentischen Eisschild zusammenwuchsen. Nur die Cordilleren-Eisdecke im Westen spielte eine größere Eigenrolle. Das Eis reichte erheblich weiter nach Süden, im niederschlagsreichen atlantischen Osten südlich der Großen Seen bis jenseits 40° n. Br. (im Westen nur bis 47° n. Br.). Große Teile Alaskas blieben, ähnlich wie heute das nördlichste Grönland, wegen zu geringer Niederschläge eisfrei. Man unterscheidet vier Vereisungen mit drei Interglazialen. Wie weit sie, abgesehen von der letzten, der Wisconsin-Vereisung, den europäischen zeitlich gleichlaufen, ist nicht geklärt. Die älteste Eisdecke hatte die geringste Ausdehnung, die jüngste blieb, im Gegensatz zu Europa, hinter den beiden vorhergehenden nur wenig zurück. Seit dem Tertiär bestand bis zum Ende der letzten Vereisung, wenigstens während der Meerestiefstände, in der Beringstraße eine Landbrücke nach Asien. Über diese hielten die quartären Säuger – im Ausgang der letzten Vereisung auch der Mensch – ihren Einzug in die »Neue Welt«.

In **niederen Breiten**, insbesondere in den jetzigen Trockenbereichen, z. B. dem Mittelmeergebiet, Südwestasien, in Wüsten- und Steppengebieten Afrikas, herrschte ein Wechsel feuchter und trockener Perioden, deren stratigraphische Einordnung noch problematisch ist. Fluviatile Vorzeitformen, z. B. trockene Täler, Sedimente ehemals größerer Südwasserseen, Quelltuffe u. a. zeugen von zeitweise reichlicheren Niederschlägen in diesen Gebieten.

In der **Antarktis** begann der Aufbau des Eisschildes bereits im Tertiär. Seine größte Ausdehnung, größer als heute, erreichte er im Quartär, ohne daß der Zeitpunkt genau angegeben werden kann. Es handelt sich am Südpol um eine permanente, nur in der Ausdehnung schwankende Eisdecke. Möglicherweise fiel der Maximalstand in eine »warme« Zeit mit höheren Niederschlägen.

In der Annahme, in den **Ozeanräumen** Sedimentfolgen zu finden, die den Klimagang im Quartär vollständig aufgezeichnet haben, sind in verschiedenen Meeresgebieten mehrmals 20 m lange Sedimentkerne gezogen und ihr Kalkgehalt und Fauneninhalt Schicht für Schicht analysiert worden. Infolge der von den Wassertemperaturen abhängigen Foraminiferenproduktion gibt der schwankende Kalkgehalt der Sedimente Hinweise auf die Änderungen der Paläowassertemperaturen. Weitere Angaben liefern Sauerstoffisotopenanalysen des Kalks der Foraminiferengehäuse und die Formenanalyse der Faunengesellschaften. Unter den Foraminiferen gibt es solche, die warme (**Globorotalia inflata**), andere, die kalte (**Globorotalia menardii fimbriata**) Temperatur-

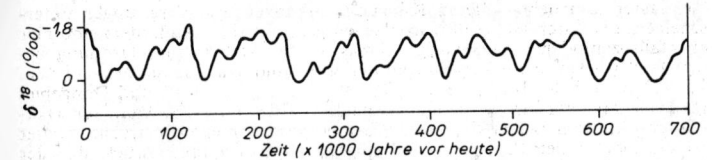

Generalisierte Paläotemperaturkurve für die Brunhes-Epoche (nach Emiliani u. Shackleton 1974)

spitzen und wieder andere, die Abkühlungs- und Erwärmungstendenzen anzeigen. Die davon abgeleiteten Paläotemperaturkurven (Abb.) weisen viele, allein in der Brunhes-Epoche mindestens acht ausgeprägte Minima und Maxima (Glazial-Interglazial-Paare) aus. Das sind zahlreichere Schwankungen, als die Festlandsvereisungen erkennen lassen. Ihre absolute Datierung mittels radiometrischer und geomagnetischer Methoden sowie der ermittelten Sedimentationsrate hat noch keine befriedigende Korrelation mit kontinentalen Profilen ergeben (vgl. dazu Kapitel »Isotopengeophysik«, S. 62). Generell nahm im Quartär die Sedimentationsrate in den Ozeanen mit der Abkühlung zu, da der intensivierte exogene Kreislauf größere Mengen klastischen Materials lieferte, und lag zwischen weniger als 1 und 10 cm/1000 Jahre.

Zusammenfassung. Das Quartär zeichnet sich durch eine generelle Abkühlung unter gleichzeitig starken Schwankungen der Temperatur und des Niederschlags aus, wobei Ablauf und Ursachen im einzelnen noch nicht befriedigend geklärt sind. Während der Kaltzeiten sank die Schneegrenze bis in 1000 m tiefere Lagen ab, so daß ein großer Teil der als Schnee gefallenene Niederschläge nicht mehr aufgezehrt wurde und zum Inlandeis anwuchs. Dadurch weiteten sich die Polarzonen und die äquatorialen Regenzonen aus, und die Wüstengürtel wurden äquatorwärts eingeengt. Entsprechend wandelte sich die Vegetationsdecke. Während der kältesten Abschnitte verschwand der Pflanzenwuchs aus weiten Gebieten völlig. Damit war in den vegetationsarmen bis -freien Räumen eine Intensivierung der exogenen Prozesse verbunden, die im älteren Quartär die Landschaft nachhaltig umgestalteten. Erst danach führten ausgeprägtere Kälteperioden zu drei großen Inlandvereisungen, die am stärksten oberflächenformend und -umformend gewirkt haben.

Im Pleistozän kann man den zeitlichen Abstand der Ereignisse, besonders für die letzten Jahrzehntausende, genauer als sonst in Jahreszahlen angeben, durch Auszählung von Jahresschichtungen (Bändertone) und durch radiometrische Messungen. Nach diesen Analysen hat das letzte Eis in Europa vor 20000 Jahren seinen Höchststand erreicht, ähnlich wie in Nordamerika, und vor 12000 Jahren war es aus dem Gebiet südlich der Ostsee verschwunden.

Mit dem Abschmelzen des Eises infolge zunehmender Erwärmung verschoben sich die kühlen Klimazonen wieder polwärts, die Pflanzen besiedelten die zuvor entblößten Gebiete erneut, sofern nicht, wie in Europa, Gebirgsriegel quer zur Nord-Süd-Richtung, vor allem für die wärmeliebenden Arten, eine neuerliche Ausbreitung aus dem Südosten und Südwesten Europas nach Norden verhinderten.

Mit dem Anwachsen und Schwinden der Inlandeismassen sank und hob sich jedesmal der Spiegel des Weltmeeres, so daß Anteile der Schelfe zeitweise trocken fielen, die Erosionsbasis tiefer gelegt wurde und sich die Flüsse tiefer einschneiden konnten. Kompliziert wurde das Transgressionsgeschehen in den Kerngebieten der Vereisungen, in denen gleichzeitig die vom Eis entlastete Erdkruste wieder aufstieg. In Skandinavien und Finnland dauert die Landhebung noch heute an. Hier lebt in den mitgehobenen Seen, d. h. ehemaligen Meeresteilen, noch vielfach weit im Binnenland eine marine Reliktfauna. Dazu gehören z. B. die Seehunde des Ladoga-Sees und die Robben im Inneren des nordamerikanischen Kontinents.

Im Quartär entstand der Lebensraum, in dem der Mensch von seinen frühen Stufen zum gesellschaftlichen, kulturhervorbringenden Wesen wurde. Große Anstrengungen der Menschheit sind notwendig, um die von ihr zum Teil negativ beeinflußte Umwelt so zu gestalten, daß sie weiteren Generationen erträgliche Lebensbedingungen bietet. Das rechtfertigt die hohe Bedeutung, die man der relativ kurzen Zeitspanne des Quartärs zumißt und sie als eigene Periode (System) der Erdgeschichte ausgliedert. *A. Ludwig*

Die Entwicklungsgeschichte der Lebewesen

Zahllos sind die Reste organischer Substanz, bestimmbarer tierischer und pflanzlicher Überbleibsel oder deren mineralischer Umwandlungsprodukte, der **Fossilien**. Die über 3 Milliarden Jahre zurück verfolgbare Lebensgeschichte hat im Wechselspiel mit der Erdgeschichte in jedem Entwicklungszyklus der Natur an der Oberfläche unseres Planeten Erde die Biosphäre, d. h. die Sphäre, in der »lebende Substanz« sich aus anorganischen Elementen und Verbindungen aufbaut, anwachsen und differenzierter werden lassen. W. I. WERNADSKI (1930) hat »die lebende Substanz als einen der mächtigsten Faktoren bezeichnet, die zu einer Zerstäubung der Materie in der Erdrinde führen«, und »die Materie verfügt in der feinsten Dispersion stets über die größte chemische Aktivität«.

Einen tieferen Einblick in die Entwicklungsgeschichte der Organismenwelt erhält der Fossiliensammler und -bearbeiter. Dabei handelt es sich immer um Umwandlungsprodukte der ehemaligen Organismen, bestenfalls um noch teilweise erhaltene Reste. An die Stelle der in früheren Jahrhunderten und Jahrzehnten vorherrschenden Skepsis, daß die »geologischen Urkunden viel zu lückenhaft« erhalten seien und die »paläontologischen Sammlungen dürftig« (C. DARWIN 1859), ist die Fülle des durch die geologische Kartierung und die biostratigraphische Einstufung erbrachten Materials an Fossilien aus allen Tier- und Pflanzengruppen getreten, darunter auch aus solchen, die uns heute unbekannt sind.

Es bewahrheitet sich der Satz von F. ENGELS (1875/1876), daß sich »die Lücken im paläontologischen Archiv mehr und mehr füllten und auch den Widerstrebendsten zwangen« anzuerkennen, daß die Entwicklungsgeschichte der Lebewesen in allen Zeitabschnitten der geologischen Vergangenheit zwar bruchstückhaft, aber überreich durch Fossilien belegt ist.

Seit Beginn des 19. Jahrhunderts werden Fossilien in der gleichen Weise wie heutige Organismenarten durch Gattungs- und Artnamen gekennzeichnet, und wenig später bürgerte sich für dieses Feld wissenschaftlicher Tätigkeit der Begriff **Paläontologie** ein. Sowohl bei tierischen als auch bei pflanzlichen fossilen Überresten wird seit G. CUVIER (1796) und E. F. v. SCHLOTHEIM (1804, 1820) die vergleichend morphologische und anatomische Untersuchungsmethode angewandt. Insbesondere die vergleichend anatomische Untersuchungsmethode verfeinerte bereits seit Mitte des vorigen Jahrhunderts die Untersuchung so, daß die Ergebnisse Eingang auch in das biologische Wissensgebäude fanden (Holzanatomie, Epidermisuntersuchung, Pollen- und Sporenpaläontologie, Mikropaläontologie). Der Fülle des fossilen Materials entsprechend und in Anlehnung an die rezentbiologischen Disziplinen sind in der Paläontologie Wirbeltierpaläontologen und Spezialisten für die einzelnen Gruppen der Wirbellosen, Mikropaläontologen und Palynologen, Paläobotaniker und Spezialisten für die Holzanatomie oder Blattepidermisuntersuchung einzelner Angio- und Gymnospermengruppen tätig. Dazu treten Fachleute für fossile Frucht- und Samenreste, für fossil erhalten gebliebene Krankheitserscheinungen (Paläopathologie) und für Lebensspuren. Die systematische Fossilsuche in Braunkohlentagebauen ließ vor 50 Jahren die Biostratinomie, die Erforschung aller Vorgänge, die nach dem Tode von Lebewesen und der Einbettung in Sedimente erfolgten, entstehen.

Fossilien kommen natürlicherweise nur in Sedimentgesteinen vor, in die sie während deren Entstehung eingebettet wurden. Es gibt Mikroorganismen, die eine Kieselsäureumhüllung bzw. ein Kieselsäureskelett von relativ hoher Temperaturbeständigkeit besitzen, darunter auch fossil erhaltene Gruppen, die gleichzeitig auf Grund eines Anteils organischer Substanz eine relative Säurebeständigkeit aufweisen. Daher sind auch einzelne metamorph umgewandelte Sedimente neuerdings einer mikropaläontologischen Untersuchung zugänglich.

Da Sedimentgesteine hauptsächlich im Meer (besonders im Flachmeer, im Schelf und sehr gering im Tiefmeer) und weit weniger in Binnenseen oder Binnenbecken mit wechselnden Flußläufen entstanden sind, liegen hier die wesentlichen Fossilisationsbereiche. Die Hauptmasse der größeren Fossilien gehört marinen Tiergruppen an. Trotz der überwiegenden Zerstörung der landbewohnenden Organismen nach ihrem Tode sind immer wieder Fundstätten bekannt geworden, in denen Organismenreste in unerwartet guter Erhaltung und in großer Menge angetroffen wurden, z. B. in den Kohlenlagerstätten aller Zeitalter, in der Kohle selbst wie in Einsturztrichtern in der mitteleozänen Geiseltal-Braunkohle bei Halle-Merseburg – oder in den Begleitschichten (Tonen, Sanden, Tuffen, Kalken, Kieselsäureabsatzhorizonten).

Die Fülle des Fossilmaterials hat dazu geführt, vom Studium der Artenvielfalt, der Zahl der angetroffenen Arten, Gattungen, Klassen und ihrer systematisch-phylogenetischen Interpretation immer mehr zur Untersuchung der Lebensgemeinschaften (Palökologie), in wenigen Einzelfällen sogar zur Analyse von Populationen, der Verbreitungsgeschichte (Wanderwege) und der Tier- und Pflanzengeographie früherer geologischer Zeiten überzugehen. Alle diese Untersuchungen umfassen fast ausschließlich den Zeitraum seit Beginn des Kambriums. In den davor liegenden Zeiträumen geht es vorerst darum, überhaupt organismische Reste oder sichere Lebensspuren (Stromatolithen) nachzuweisen. Während sich die paläontologische Untersuchung früher vielfach mit dem Vorkommen der angetroffenen Artenvielfalt bzw. der Vielfalt an systematischen Gruppen (Taxa) begnügte und danach strebte, diese in Stammbaumdarstellungen (Phylomorphogenese) »entwicklungsgeschichtlich« zu interpretieren, trat seit Jahrzehnten die Bemühung dazu, die Merkmalsgeschichte (Merkmalsphylogenese) und die Geschichte des Gefüges der Biogeozönosen durch die Erforschung der Aufeinanderfolge der verschiedenen Lebensgemeinschaften (Sukzessionen) zu klären. In gleicher Weise blieb die Untersuchung und Interpretation von phylogenetischen Anfangsformen (Missing Link, Zwischenformen), des Funktionswechsels und der dadurch bedingten Präadaption (Vorwegnahme einer möglichen Anpassungsrichtung) paläontologisches und evolutionstheoretisches Problem. Die innere Widersprüchlichkeit in der Gestalt und inneren Struktur solcher Übergangsformen bezeichnet man als »Mosaikmodus der Evolution«.

Die Begriffe »Entwicklung neuer Merkmale« und »Höherentwicklung« werden deutlicher unterschieden, wobei die Höherentwicklung heutzutage mehr für das Naturganze (Biosphäre im Sinne W. I. WERNADSKIS) und in Richtung auf die in der Jungtertiärzeit einsetzende Entwicklung zum Menschen erscheint, für einzelne Tier- und Pflanzenstämme jedoch schwer faßbar und analysierbar ist.

Die sich physikalischer und chemischer Untersuchungsmethoden bedienende Erforschung der vielen Erhaltungszustände fossiler Organismenreste hat ein Untersuchungsfeld mit eigenen Begriffen geschaffen: **Echte Fossilien** – die Hartteile sind durch Mineralsubstanz imprägniert bzw. substituiert. Die Mineralsubstanz nimmt dabei die Stelle der aus Knochen, Panzern und Gehäusen entfernten organischen Substanz ein.

Steinkern (a) und Gehäuse (b) der Schnecke Cerithium aus dem Alttertiär

Abdruck – die Hartteile sind aufgelöst und fortgeführt, und im Gestein entstand an der Stelle des Fossils ein Hohlraum, dessen Innenseite die getreue, allerdings negative äußere Form des einstigen Hartteils wiedergibt.

Steinkern – das Innere wird von eingebetteten Molluskengehäusen nach Entfernung der Weichteile von Sediment ausgefüllt. So gibt dieser Innenausguß noch Kunde vom Fossil, auch wenn die Gehäusesubstanz weggelöst wurde. Bei dünnwandigen Gehäusen spricht man von **Skuptursteinkernen**, wenn die Schaleninnenseite etwa der Außenseite entspricht und der Steinkern somit ein fast getreues Abbild der äußeren Form zeigt. Abdrücke ganz besonderer Art liefert die **Immuration** (Einmauerung). Dabei werden vergängliche Formen, z. B. Algenthalli, von diese umwachsender Hartsubstanz anderer Organismen, z. B. festwachsenden Austernschalen, abgeformt und fossil überliefert.

Ein besonderer Vorgang ist die **Inkohlung**, bei der beim Durchlaufen von Durchgangsstadien (Torf, Braunkohle, gasreiche Steinkohle, Magerkohle, Anthrazit) die wasserstoffreichen, organischen Kohlenstoffverbindungen (in der Zellulose, im Lignin und Suberin) unter Methanabspaltung abgebaut werden, so daß eine Anreicherung von kohlenstoffreichen Verbindungen die Folge ist. Dieser Vorgang betrifft die Kohlenflöze und die fossilen Pflanzenreste (Blattreste, Rindenreste, Holz, Samen, Pollen, Sporen, Früchte, Wurzeln) in sandig-tonigen Begleitschichten. Bei Abdrücken mit Kohlensubstanz (Kompression) kann bei Anwendung der Mazerationsmethode der zuerst inkohlende Anteil weggelöst werden. Die die Blattoberfläche überdeckende Kutikula, die aus relativ spät im Inkohlungsprozeß sich zersetzender Kutinsubstanz besteht, ergibt mikroskopische Präparate der ursprünglichen Epidermisoberfläche, die sich mit Präparaten rezenter Pflanzen exakt vergleichen lassen. Bei Abdrücken ohne Kohlensubstanz (sog. Gegendruck, Impression) in feintonigen Sedimenten kann nach einem Tonbrennprozeß ebenfalls eine mikroskopische Untersuchung der abgeformten Zellflächen erfolgen. Auch Chitin (Pilz- und Insektenreste) reagiert vergleichbar dem Kutin im Inkohlungsprozeß.

Bei geringer Inkohlung (Weichbraunkohle) können beim Zusammentreffen günstiger Erhaltungsbedingungen tierische und pflanzliche Reste so gut erhalten bleiben, daß sogar die Weichteilsubstanz (Muskelfasern, Zellkerne) untersuchbar bleibt. In fossilen Harzen, wie im Bernstein, sind kleine Tiere (vorwiegend Insekten) und Pflanzenreste (z. B. Blüten) in Form von Inklusen erhalten.

Ebenfalls sehr wertvolle Erhaltungsformen stellen die Intuskrustationen (Inkieselungen, Inkalkungen, Markasitausfüllungen) dar, bei denen die echte Versteinerung in Form völliger Substitution so erfolgt ist, daß die erhaltene Zellinnenstruktur durch Dünnschliffe, Anschliffe, Filmabzugspräparate studiert werden kann.

Die Fülle des untersuchten Fossilmaterials hat Erkenntnisse über die Naturgeschichte, insbesondere die Lebensgeschichte, erlaubt, die fester Bestandteil der Evolutionstheorie sind und auch im Detail durch die **Biostratigraphie** zur **relativen Altersbestimmung** der angetroffenen Sedimentgesteine genutzt werden. Noch beziehen sich diese Feststellungen vorwiegend auf den Zeitraum vom Kambrium bis jetzt, der offenbar den letzten großen Zyklus einer besonders reichhaltigen Differenzierung von Lebensformen und Lebensgemeinschaften darstellt. Die Untergliederung in **Paläozoikum, Mesozoikum** und **Känozoikum** entspricht offenbar einer tatsächlichen Zyklizität der Naturgeschichte, die sich bei Entwicklungen der marinen Tierwelt besonders ausprägte und demzufolge hier zuerst erkannt wurde. Die Entwicklung der Landpflanzenwelt verläuft im Falle der **Paläophytikum/Mesophytikum**-Grenze und der **Mesophytikum/Känophytikum**-Grenze dieser Zyklizität nicht ganz synchron, sondern eilt dieser um den Betrag etwa einer halben Systemlänge von etwa 30 Millionen Jahren voraus. Die einzelnen Systeme, jeweils etwa 60 Millionen Jahre lang, können möglicherweise auch eine in der Naturgeschichte existierende Zyklizität widerspiegeln. Jedoch sind hier noch weitere Untersuchungen, Diskussionen und Korrekturen notwendig.

Bereits seit G. CUVIER verstanden sich die Paläontologen und Vertreter der Historischen Geologie als Erforscher der Naturgeschichte, der Lebensgeschichte und der Verwandtschaftsbeziehungen der einzelnen, fossilen Tier- und Pflanzengruppen. Ch. DARWIN, der selbst in der Geologie Englands aktiv und führend tätig war, verstärkte durch sein Werk 1859 die Bemühungen, das angesammelte Faktenmaterial unter dem Aspekt der alle Lebewesen verbindenden Abstammung neu zu durchdenken. Die Abstammungslehre oder **Phylogenie** wurde damit zu einer Disziplin, die das biologische und paläontologische Ergebnismaterial zu einer eigenen, höherwertigen Erkenntnis zusammenfügt. Dabei müssen allerdings die Fakten der Zyklizität der Erd- und Lebensgeschichte und die Unterschiede der einzelnen Zyklen mit verarbeitet werden. In vielen Fällen entspricht das der rezenten Tier- und Pflanzenwelt entlehnte Begriffsgerüst systematischer (taxonomischer) Termini früherer Zeitepochen nur ungenügend. Insbesondere betrifft dies Übergangstaxa und Übergangszeiten. Hierin zeigt sich die Dialektik der Naturgeschichte. *R. Daber*

Die Entstehung des Lebens auf der Erde

Die Frage nach dem Ursprung des Lebens hat die Menschen seit Jahrtausenden bewegt. Eng mit der Grundfrage der Philosophie verknüpft, stand sie lange im Brennpunkt weltanschaulicher Auseinandersetzung und blieb der philosophischen Spekulation überlassen. Heute sind die Probleme der **Biogenese** einer naturwissenschaftlichen Lösung zugängig geworden, und es häufen sich die wissenschaftlichen Fakten dafür, daß die Entstehung von Leben als naturgesetzliche Notwendigkeit begreifbar wird.

Noch vor zwei Jahrzehnten wurde eine erfolgreiche Paläontologie des Präkambriums für unwahrscheinlich gehalten. Heute ist sie Wirklichkeit und integrierter Bestandteil einer rasch aufblühenden interdisziplinären Wissenschaft, der **Biogenetik**, für deren theoretisch und empirisch erzielte Erkenntnisse sie die naturgeschichtlichen Dokumente zu beschaffen sucht. Vor allem die gezielte Erforschung der präkambrischen Hornsteine und Kieselschiefer brachte erstaunliche Ergebnisse. Dafür wurden spezielle mikropaläontologische Methoden weiterentwickelt, und als neuer methodischer Zweig entstand die Molekularpaläontologie. Die Geologie liefert für die Fossilien aus der Frühzeit des Lebens einen immer differenzierteren erdgeschichtlichen Rahmen durch die zunehmend verfeinerte Stratigraphie und eine größere Anzahl physikalischer Altersbestimmungen der mächtigen präkambrischen Gesteinsfolgen. Inzwischen lassen sich fossile organische Strukturen im Präkambrium auf absinkend primitiveren Entwicklungsstufen weit zurückverfolgen, bis hin zu den sogenannten »organisierten Teilchen« in den ältesten bekannten Sedimentgesteinen, wie den »tieferen Teilen« der etwa 14 300 m mächtigen Onverwacht-Gruppe Südafrikas mit einem Alter zwischen 3,4 und 3,7 Milliarden Jahren und den 3,75 Milliarden Jahre alten Quarziten Grönlands. Das immer höhere Alter der Funde ließ wissenschaftliche Zweifel laut werden, ob der verbleibende Zeitraum vom Beginn lebensfreundlicher Oberflächenbedingungen vor knapp 4 Milliarden Jahren bis zur Zeit der ältesten »Fossilien« für eine irdische Entstehung des Lebens ausgereicht habe und ob nicht vielmehr mit einer Herkunft des Lebens aus dem Weltraum zu rechnen sei. Hierbei wurde auf die großen Ähnlichkeiten der »organisierten Teilchen« im Gesteinsmaterial der seltenen chondritischen Meteoriten, besonders des Orgueil-Meteoriten, mit jenen ältesten »Fossilien« hingewiesen. Zudem sind auch mehrere Aminosäuren in Meteoriten und im Mondgestein nachgewiesen worden.

Nach den gegenwärtigen biochemischen und molekularbiologischen Erkenntnissen stellt sich die Entstehung des Lebens als ein langer dreiphasiger Prozeß dar. Während der chemischen Evolution bildeten sich aus anorganischen einfache organische Verbindungen und weiter organische Polymere Aminosäuren, Nukleinsäurebasen, Polypeptide, Polynukleotide). In einem Nichtleben-Leben-Übergangsfeld folgte die Phase der molekularen oder präbiologischen Evolution. Durch molekulare Selbstorganisation der in enge Wechselbeziehungen tretenden Protein- und Nukleinsäuremoleküle entstanden selektiv autoreproduktive Reaktionsnetze und auf Grund kolloidchemischer Gesetzmäßigkeiten multimolekulare Aggregationen (Koazervate, Mikrosphären, präzelluläre Systeme) mit mehr oder weniger stabilen Hüllen. Soweit lassen sich die Prämissen heute im Labor belegen und nachprüfen oder zumindest theoretisch ableiten. Auf welche Weise jedoch Individualität und Autoreproduktion als wesentliche Erscheinungen einfachster Lebewesen (Protobionten) zusammenfanden, ist noch ungeklärt. Mit den Protobionten begann die Phase der biologischen Evolution, die stufenweise aufwärts zum Eobionten, zur prokaryotischen Kleinzelle (Blaualgen, Bakterien) und zur eukaryotischen Großzelle, schließlich zum Mehrzeller führte.

Sowohl die altarchäischen »Fossilien« als auch die Meteoriteneinschlüsse kann man als Produkte abiotischer oder präbiotischer Vorgänge betrachten. Daher sind sie also weder Beweise für ein sehr frühes Leben auf der Erde noch für Lebenskeime im Weltraum. Kugelige Strukturen solcher Art, auch doppelwandige, lassen sich abiogen in relativ einfachen chemischen Syntheseprozessen bei Abwesenheit von Sauerstoff erzeugen. Gegen die organismische Natur der archaischen Mikrosphären spricht auch der ungewöhnlich breite Streubereich ihrer Maße (1 bis 200 μm). Während der abiogene Charakter der ältesten derartigen Strukturen in den Grönland-Quarziten eindeutig feststeht, war diese Frage bei den Funden aus der tiefen Onverwacht-Gruppe zunächst offen, da die parallel gewonnenen »Molekularfossilien« mehrdeutig sind.

Auch im Nichtleben-Leben-Übergangsfeld wurde die Morphologie weitgehend durch die Kugelform bestimmt. Allein morphologisch ist der Zeitpunkt der Lebensentstehung daher nicht zu fixieren. Man braucht zusätzliche Lebensindikatoren, die in relativ stabilen biogenen Verbindungen gefunden wurden. So wird in fraglichen Fällen versucht, aus den entsprechenden Sedimentgesteinen organische Substanz (Kerogen) zu extrahieren und gaschromatographisch auf Molekular- oder Chemofossilien (n-Alkane, Aminosäuren, Fettsäuren) zu analysieren. Als Lebensindikatoren spielten bisher vor allem Chlorophyllderivate eine Rolle, die Isoprenoide Phytan ($C_{20}H_{42}$) und Pristan ($C_{19}H_{40}$) sowie der geochemisch bedingte Vanadyl-Porphyrin-Komplex (Petroporphyrin). Bei einer Auswertung von Molekularfossilien muß man ausschließen können, daß diese nachträglich in das umhüllende Gestein geraten sind, etwa durch Migration von Kohlenwasserstoffen. Das unter aktualistischen Bedingungen charakteristisch veränderte Isotopenverhältnis $^{13}C/^{12}C$ von biogenen gegenüber abiogenen Kohlenstoffverbindungen kann nicht länger als eindeutiger Lebensindikator bei der Untersuchung archäisch angereicherten Kohlenstoffes gelten. Kinetische Prozesse, die zur relativen Bevorzugung des leichteren Isotops führen, treten nicht nur bei der organischen Photosynthese auf, sondern sind auch für die anorganische Photosynthese unter den Strahlungsbedingungen der Ur-Atmosphäre zu erwarten.

Die **derzeit ältesten echten Lebewesen** sind die 3,4 Milliarden Jahre alten **Ramsaysphären**, die erst 1976 aus dem Swartkoppie-Hornstein der Onverwacht-Gruppe im Baberton-Bergland (Südafrika) bekannt gemacht wurden, d. h. aus jenem 45 m mächtigen Horizont, der durch die Entdeckung von Mikrosphären bekannt geworden war. Die Ramsaysphären repräsentieren möglicherweise einen eobiontischen Zustand. Sicherlich waren sie schon echte Lebewesen. Daran lassen die fossil überlieferten Zustände von Wachstum und Teilung sowie die erhaltenen körperlichen Strukturen kaum Zweifel. Die ooidartigen, kieselig-kalkigen Ramsaysphärenkörper (Megasphären) sind mit bloßem Auge sichtbar (0,5 bis 5 mm). Ihre organischen Innenstrukturen stellen ein räumliches Gitterwerk dar, das aus einheitlichen Subeinheiten aufgebaut ist. In jeder dieser Einheiten findet sich im kleinen wieder das gleiche Bauprinzip und so fort, d. h., es liegt ein streng homonomes System auf der Grundlage des Repetitionsprinzips vor. Kleinste Baueinheiten sind winzige, tropfenförmige Gebilde gleicher Art, die in vierzähliger Symmetrie spiralig um eine Achse stehen. Solche einfachen Lebewesen sind am Anfang der Lebensentwicklung zu erwarten. Ihr Fund unterstreicht damit die These von der irdischen Entstehung unseres Lebens, weil wenigstens 350 Millionen Jahre für eine präbiotische Phase zur Verfügung standen. Die wohl heterotrophen Ramsaysphären siedelten dicht an und bildeten im flachen Wasser schleimige Kolonien. Intensive Einlagerungen von Kalkspat und Kieselsäure werden als Schlacken des primitiven Stoffwechsels gedeutet. Da organische Schleime für ihre Fähigkeit, Metallionen zu fixieren, bekannt sind, dürften solche Schleimmassen bei der Bildung der präkambrischen Erzlagerstätten eine Rolle gespielt haben.

Nach der Entdeckung der Ramsaysphären ist der biotische Charakter der schon früher im gleichen Horizont gefundenen »Fig Tree Elemente« wieder sicherer geworden. Zumindest aber ist die bakterienähnliche Struktur Eobacterium als Lebewesen deutbar. Hinzu kommen aus den bekannten Schichten bei

Baberton noch die neuesten Funde von mikroskopisch kleinen Kugelzellen. Entsprechende Mikrostrukturen enthalten auch die gebänderten kieseligen Eisenerze des Präkambriums, z. B. in 3,3 Milliarden Jahre alten Schichten be Odessa. Es gilt als wahrscheinlich, daß über eine lange Zeitspanne Leben und Vorleben nebeneinander existiert haben, wenn auch in verschiedener Umwelt Während sich in den klastischen Sedimenten des Altproterozoikums noch abiogene Mikrosphären finden, kommen in den Seenablagerungen jener Zei fossile Lebewesen vor.

Ein besonderer Typ sehr alter Fossilien sind die **Stromatolithen**, wie sie noch heute im warmen Flachwasser von mikrobiologischen Gemeinschaften ge bildet werden. Vorwiegend sind es Blaualgenmatten, deren Lebenstätigkei unter bestimmten Bedingungen immer wieder zur Überkrustung mit Kal. führt, so daß lagige Kalkstrukturen verschiedener Gestalt entstehen. Nu selten sind fadenartige Mikrostrukturen in den alten kalkigen oder dolomiti schen Stromatolithen selbst enthalten, deren Ähnlichkeit mit heutigen Blau algen nicht zu übersehen ist. Weit besser sind die mikrobiologischen Gemein schaften (Mikrobioten) in den assoziierten dunklen Hornsteinen und Kiesel schiefern überliefert. Dennoch ist man versucht, die präkambrischen Stromato lithen als Beweise für das Auftreten von Blaualgen zu deuten. Die verstärkte Erforschung präkambrischer Bioten hat auch ein wirtschaftliches Interesse Beispielsweise fingen manche präkambrischen Algenmatten Goldstaub ein ähnlich wie der Goldwäscher kurzhaarige Felle benutzt, um Goldstaub auszu waschen. Nach einzelnen Vorkommen im Archäikum, z. B. in der 3,1 Milliar den Jahre alten Bulawayo-Gruppe Südrhodesiens, treten die Stromatolithen im Proterozoikum erstmals verbreitet und massiert in Erscheinung von 2,3 bi 0,75 Milliarden Jahre. Die ältesten, bereits differenzierteren Mikrobioten wei sen ein Alter von etwa 1,9 Milliarden Jahren auf. Sie fanden sich in der Gun flint Iron Formation am Oberen See und in der Belcher-Gruppe der Hudson Bay Nordamerikas. Bemerkenswerterweise hat die neueste Belcher-Mikroflor: mehr Ähnlichkeit mit der um eine Milliarde Jahre jüngeren Bitter-Springs Mikroflora Zentralaustraliens als mit dem gleichaltrigen Gunflint-Ensemble Hierin kommen eine frühe ökologische Differenzierung und eine Konstanz de Lebensräume, verbunden mit einem äußerst konservativen Evolutionsverhalten zum Ausdruck. Viele der als Eukaryotenmerkmale angesprochenen innerer Zellstrukturen von Bitter-Springs-Fossilien lassen sich nach Vergleich mi holozänem Material und wegen gleicher Erscheinungen bei Belcher-Fossilier als Degradationserscheinungen prokaryotischer Zellen ansehen. Nach neuerer Forschungsergebnissen trennten sich Pro- und Eukaryoten vor etwa 2 Milliar den und Pflanzen und Tiere vor rund 1,1 Milliarden Jahren.

Dennoch sind in der reichsten aller bisher gefundenen präkambrischen Bio ten, der von Bitter Springs in Australien, auch echte Eukaryoten vertreten. Zu jener Zeit vor 900 Millionen Jahren dürften bereits älteste Metazoen existiert ha ben, da sowohl im Liegenden der Bitter-Springs-Formation als auch in Sambia in etwa einer Milliarde Jahre alten transgressiven Schichtfolgen Spurenfossilier bzw. Grabgänge und Wühlstrukturen nachgewiesen wurden. Die frühesten Körperfossilien von Metazoen treten erst in der Ediacara-Fauna Australiens (750 Millionen Jahre) auf.

Die Entstehung des Lebens und seine frühe Geschichte sind nicht von der Entwicklung der Umweltbedingungen zu trennen. Vor allem ergibt sich die Frage nach signifikanten Änderungen der Atmosphäre und Hydrosphäre so wie nach ihrer lithologischen Widerspiegelung. Die biologischen und astrono mischen Schlüsse auf eine sauerstofffreie oder -arme Ur-Atmosphäre fander ihre geologische Bestätigung durch die Erforschung der wirtschaftlich wichtiger präkambrischen Sedimente. Die Bildung von Gold-Uran-Quarziten in postoro genen Phasen – z. B. Dominion Reef, Südafrika, 3 Milliarden Jahre – ist unter gegenwärtigen Bedingungen nicht denkbar. Während die rasch geschütteten Pyritsande vom Blind River (Ontario, 1,8 Milliarden Jahre) noch unter einer relativ sauerstoffarmen Atmosphäre abgelagert sein müssen, wurde der mäch tige Dala-Sandstein Schwedens als ältester »roter Sandstein« vor 1,45 Milliarden Jahren schon unter hinreichend oxidierenden Bedingungen sedimentiert. Die ersten roten Verwitterungsböden sind 1,8 bis 1,9 Milliarden Jahre alt. Aus jener Zeit liegen also Argumente sowohl für reduzierende wie für oxidierende atmosphärische Bedingungen vor.

Der atmosphärische Sauerstoff spielt heute für das Leben eine Doppelrolle: Neben seiner oxidierenden Wirkung ist er als Strahlenschutz wichtig. Bei Gegenwart von Sauerstoff wird organische Substanz oxidiert, die dabei ent weder von Lebewesen (Aerobier) zur Energieerzeugung veratmet oder aber verwest bzw. als tote Substanz verbrannt wird. Außerdem kann eine hinreichend sauerstoffreiche Atmosphäre auch von jenem Teil energiereicher und daher tödlicher UV-Strahlung nicht durchdrungen werden, für den alle anderen Komponenten der Atmosphäre transparent sind. Die sauerstofffreie Ur-Atmo sphäre dagegen konnte von energiereicher UV-Strahlung mit kurzen Wellen längen passiert werden und gestattete so die abiogene Photosynthese organi scher Substanz und deren relative Anreicherung wegen der mangelnden Oxyda tionsmöglichkeit. Jedoch konnte der Syntheseraum nicht gleichzeitig Lebensraum sein. Die letal wirkende Strahlung war erst in zehn Meter Wassertiefe völlig ausgelöscht. Nur tiefer im Wasser oder im Schutz von Gestein, z. B. bei vulkanischen Vorgängen, konnte Leben entstehen und erhalten bleiben.

Während des Nichtleben-Leben-Übergangsfeldes war die Atmosphäre nicht völlig frei von Sauerstoff. Sauerstoff bildete sich ständig durch Photodissoziation von Wasserdampf, wurde aber auch laufend bei der Oxydation, vor allem des Eisens, wieder verbraucht. Dabei konnte der Sauerstoffgehalt der Luft nicht über $^1/_{1000}$ des heutigen Niveaus ansteigen, weil mehr O_2 die weitere Photodissoziation von Wasserdampf verhindert. Erst die organische Photosynthese ermöglichte ein Ansteigen des Sauerstoffpegels. Mit dem gehäuften Auftreten von Stromatolithen in der Erdgeschichte muß bereits eine intensive Sauerstoffproduktion verbunden gewesen sein. Wie rasch und hoch der O_2-Pegel anstieg, ist umstritten. Sicherlich dürfte der produzierte Sauerstoff lange Zeit für die Oxydation vorher nicht oxydierter Stoffe der Umwelt verbraucht worden sein. Während der Epoche verstärkter Eisenerzbildung vor 2,2 bis 1,9 Milliarden Jahren wurden riesige Mengen an Sauerstoff in Eisenoxiden gebunden. Die Konzentration des Sauerstoffes mag etwa bei 1% des heutigen Gehaltes der Luft verharrt haben, d. h. auf dem Pasteur-Niveau, auf dem die Atmung möglich wird und damit der biologische O_2-Verbrauch einsetzt. Mit dem Überschreiten dieses Niveaus erhielt die Atmosphäre aktualistischen Charakter, und die Koexistenz von Vorleben und Leben wurde beendet.

Die frühe Entwicklung der Hydrosphäre ist noch recht problematisch. Man rechnet heute mit einer zunehmenden Wassermenge, wobei diese im Verlauf des Präkambriums von etwa einem Zehntel bis in die Nähe des gegenwärtigen Wertes angewachsen ist. In großen Seen (Eisenerze!) und Flachmeeren gab es zur Zeit des Nichtleben-Leben-Übergangsfeldes differenzierte Verhältnisse hinsichtlich der Temperatur und des Salzgehaltes. Ausgehend von Optimumkriterien der Eiweiße, auf denen das irdische Leben basiert, wären für die Lebensentstehung Temperaturen um 37 °C und ein Salzgehalt des Wassers um 180 mMol (Millimol) biologisch zu erwarten. Diese Werte liegen im geologisch möglichen Spektrum. Die differenzierten Temperaturverhältnisse im Präkambrium kommen in den Hinweisen auf mehrere Eiszeiten zum Ausdruck und in Isotopenmessungen an 1,2 Milliarden Jahre alten Hornsteinen, die 35 °C als Bildungstemperatur anzeigen. Neue Entdeckungen machen die Problematik um die Anfänge des Lebens und seiner Umwelt ständig komplizierter.

J. Helms

Die Entwicklung der Pflanzenwelt

Die Geschichte der Pflanzenwelt, d. h. der sich durch Photosynthese erhaltenden Organismen, hat sich in Form zweier großer Zyklen der Naturgeschichte vollzogen. Der erste Zyklus hat seinen Beginn vor mehr als 3 Milliarden Jahren gehabt und über Stadien der Herausbildung einer Sauerstoffatmosphäre bis zu einem Stadium geführt, in dem assimilierende Kleinstalgengemeinschaften in zwei zonaren Gürteln in ständig marinen Bereichen unserer Erdkugel ein bestimmtes Sauerstoff-Kohlendioxid-Gleichgewicht in der Erdatmosphäre aufrechterhalten (vgl. Kapitel »Die Entstehung des Lebens auf der Erde«).

Wahrscheinlich ist das heute übliche Gleichgewichtsstadium schon vor Beginn des Kambriums erreicht worden. Es werden aber auch Hypothesen vertreten, die es für denkbar halten, daß der heutige Gehalt der Atmosphäre an Sauerstoff zur Zeit der großen Reptil- und Insektenentwicklungen (Jura bis Perm) geringer war und daß damals Säugetiere gar nicht leben können.

Sicher ist dieses Sauerstoff-Kohlendioxid-Gleichgewicht auch zyklischen Schwankungen unterworfen gewesen, wobei Transgressionsphasen zu einer verstärkten Kohlendioxidaufnahme allein durch die größer werdenden Flachmeerflächen und zu einem verstärkten Sauerstoffangebot durch die Ausbreitung assimilierender mariner Algengemeinschaften führten. Regressions- und Emersionsphasen drängten dagegen die zeitweilig geschaffenen Meeresräume wieder zurück, und ein vielleicht vorhandener relativer Kohlendioxidüberschuß in der Atmosphäre wurde durch verstärkte Pflanzenproduktion auch auf den Festlandflächen (Waldmoortorfbildungen) sowie durch Kaolinisierungsprozesse gebunden.

Der erste große Zyklus der Entwicklung der Pflanzenwelt führte zur Herausbildung sehr vielfältiger **Algenformen**, von denen heute 7 Klassen bekannt sind. Darunter befanden sich u. a. im Ordovizium kalkabscheidende Grünalgen (z. B. *Coelosphaeridium cyclocrinophilum*) und den estländischen Kukkersit durch ihr massenhaftes Auftreten aufbauende *Gloeocapeomorpha prisca*. Stellenweise traten bereits im Mittelkambrium zentimeterstarke Triebe von Tangen auf (z. B. *Aldanophyton antiquissimum*), die belegen, daß neben den kleinen planktonischen Algen und den Kalklamellen abscheidenden Stromatolithenalgen (*Cyanophyceen*) auch schon größere Algenthalli vorhanden waren. Unter diesen größeren Algenformen, von denen man bisher nicht weiß, ob sie zu den Grünalgen oder Braunalgen gehörten, traten im Unterdevon

30 cm und mehr dicke Stämme des Riesentanges *Prototaxites* auf. Die mehr oder weniger parallel verlaufenden Zellschläuche formierten regelrechte »Baumstämme«, an denen ginkgoblattähnliche Thalluslappen von mehr als 20 cm Länge ansaßen (z. B. *Prototaxites psygmophylloides*). Es scheint so, als würden die heute existierenden Algenklassen und Ausbildungsformen einen Stand der Entwicklungshöhe repräsentieren, der bereits in der Zeit des Altpaläozoikums erreicht war. Dies schließt Entwicklungen in Richtung auf weitere Differenzierungen von Ausbildungsformen nicht aus, läßt aber die Entstehung der festlandbewohnenden Pflanzen mit Beginn des Devons als Resultat der schon damals erreichten Entwicklungshöhe erscheinen.

Die ersten **Landpflanzen** finden sich an der Grenze Silur/Devon. Strenggenommen existieren im Gedinne nur Reste der noch sehr unvollkommen bekannten Gattung *Cooksonia*, und erst das Siegen bringt den Durchbruch zur Höherentwicklung und Ausbreitung einiger eindeutiger Urlandpflanzen, wie *Drepanophycus*, *Zosterophyllum* und *Taeniocrada*. An diese schließen sich im Verlaufe des oberen Unterdevons und Mitteldevons Ausbildungsformen an, die in einer Reihe charakteristischer Lebensformen diese neue und höher entwickelte Abteilung des damaligen Pflanzenreiches erkennen lassen. Man hat sie wegen des Fehlens der heute für Landpflanzen so charakteristischen Blätter *Psilophyten* genannt. Die Zeit des Unter- und Mitteldevons zeigt sich als eine für die Entwicklung der Landpflanzenwelt so bedeutsame Zeit, daß dafür der Begriff **Psilophytikum** üblich wurde. Fast alle Unter- und Mitteldevonpflanzen weisen im Mosaik ihrer Merkmale den Charakter von phylogenetischen Übergangsformen (Zwischengliedern) auf. Man kennt bisher etwa 40 Gattungen und Arten, die sehr weit verbreitet waren (*Cooksonia*, *Drepanophycus*, *Sciado*-

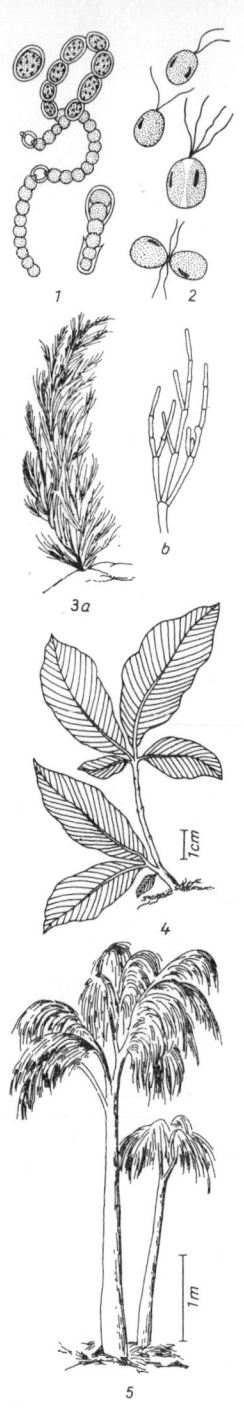

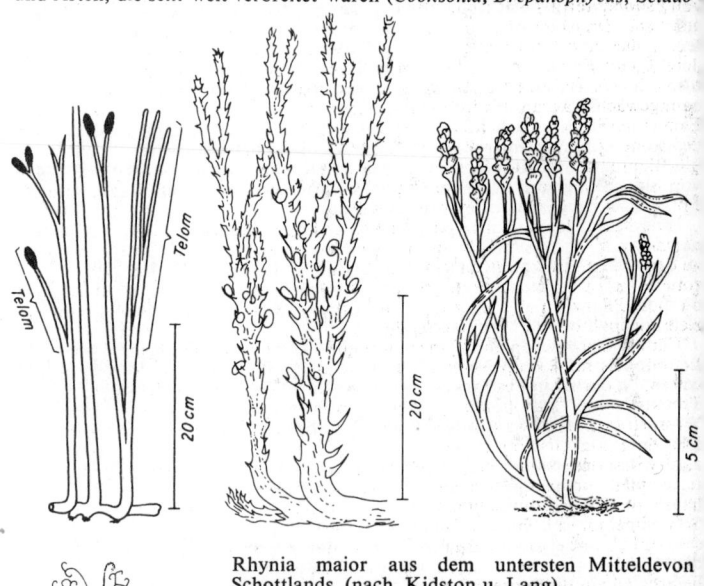

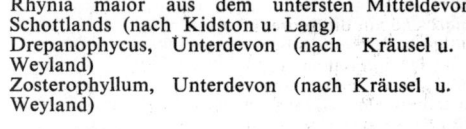

Rhynia maior aus dem untersten Mitteldevon Schottlands (nach Kidston u. Lang)
Drepanophycus, Unterdevon (nach Kräusel u. Weyland)
Zosterophyllum, Unterdevon (nach Kräusel u. Weyland)

1 Blaualge Nostoc, 500mal vergr., 2 Grünalge Chlamydonomas mit einem Chromatophor und einem Kern, 500mal vergr., 3a Grünalge Cladophora, 3b einzelnes Stück der Alge, 15mal vergr., 4 Rotalge Delesseria, $1/4$ nat. Gr., 5 Braunalge Lessonia, $1/100$ nat. Gr.

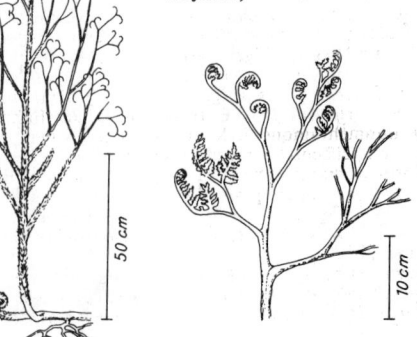

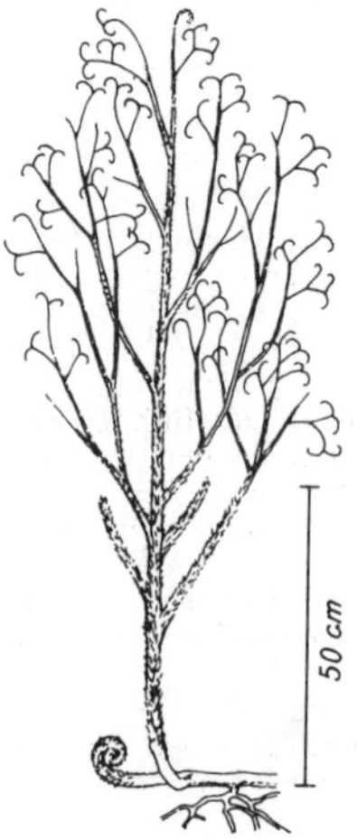

Asteroxylon, Mitteldevon (nach Kräusel u. Weyland)
Protopteridium, Mitteldevon (nach Kräusel u. Weyland)

hyton), und offensichtliche Spezialisten, die nur in Form weniger Funde von einem einzigen Fundort her bekannt sind (*Cladoxylon scoparium, Duisbergia mirabilis, Rhynia*). Die Norderde und die bisher wenig bekannte Süderde (Südafrika, Südamerika) haben eine unterschiedliche Psilophytenflora geliefert. Vielleicht aber erweist sich die südhemisphärische Psilophytenentwicklung als von der nordhemisphärischen abgeleitet.

Die Formenmannigfaltigkeit der Urlandpflanzen der Psilophytenzeit verdeutlicht die damaligen Lebensformtypen. Diese voneinander abzuleiten war ein Anliegen der Abstammungslehre. Es ist aber zweifelhaft, ob die Annahme, am Anfang dieser Urlandspflanzenentwicklung hätte eine gestaltlich und im Zellaufbau sehr einfache Anfangsform gestanden, naturhistorisch zutreffend war. Nach der Telomtheorie von W. ZIMMERMANN hätte eine Form wie *Rhynia maior* (Abb.) am Anfang dieser Entwicklung gestanden, und alle anderen Formen wären als davon abgeleitet zu denken. *Rhynia maior* entsprach besonders gut dem Begriff der *Psilophyta* (oder auch *Telomophyta*). Es ist eine Pflanze, die nur aus runden Trieben mit gelegentlicher dichotomer Aufgabelung und je einem endständigen Sporangium (einem fertilen Triebende) bestand. *Rhynia* ist in einem Hornstein Schottlands in Form zweier Arten gefunden worden, zusammen mit *Horneophyton* und *Asteroxylon*. Über das mittel- oder unterdevonische Alter der Fundschicht gehen die Ansichten der Bearbeiter auseinander. Von anderen Fundorten sind zweifelsfreie *Rhynia*-Funde bisher unbekannt. Ganz anders ist die weite Verbreitung von *Drepanophycus* (Abb.) und *Zosterophyllum* (Abb.) zu beurteilen. Nach *Cooksonia* ist *Drepanophycus* sowohl die älteste als auch die am weitesten verbreitete Urlandpflanze. Ihre dornenähnlichen Anhangsgebilde allerdings passen nicht zu dem Bild, das man sich von Psilophyten als Nacktpflanzen machte. Andererseits erscheint es aber unangebracht, *Drepanophycus* und *Asteroxylon* als frühe Bärlappgewächse zu deuten, weil es zu dieser Entwicklung erst im Verlaufe der weiteren Differenzierung der Urlandpflanzen der Psilophytenzeit gekommen ist. Ähnlich liegt das Problem mit *Hyenia* und *Calamophyten*, die man zunächst als erste Schachtelhalmgewächse ansah, bis ihre völlig farnartige Innenstele von wasserleitenden Elementen (Xylem) bekannt wurde. Somit war es voreilig, die heutigen Klassen des höheren Pflanzenreiches in diese Übergangsformen der Psilophytenzeit hineinzusehen. Man spricht daher von der Klasse der *Psilophytinae* im Sinne von Urlandpflanzen. Auch der Begriff Urfarne wäre nicht zutreffend, da diese Entwicklung erst später beschritten wurde.

Eine dichte Übereinanderfolge der fertilen Enden (Sporangien) ist bei *Zosterophyllum* und *Taeniocrada* kennzeichnend und offenbar als einfaches Merkmal zu deuten. Beide Gattungen lebten wahrscheinlich noch im Wasser der Küstenzonen, wo sie stellenweise in großen Massen vorkamen. Es gilt als ungeklärt, ob diese Pflanzen Salzwasserbewohner waren, weil dies heute als eine sehr speziell angepaßte Lebensweise erscheint.

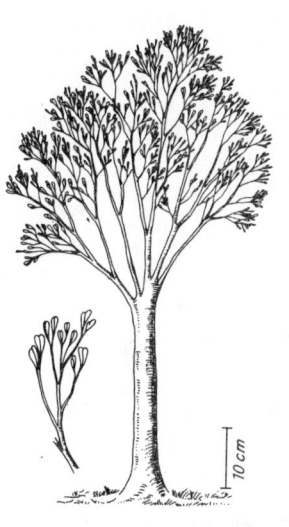

Für die Unterdevonlandpflanzen war ein relativ schwacher, zentral gelegener Leitbündelstrang kennzeichnend. Soweit es noch im Wasser flutende Triebe waren, ist darin ein Festigungsgewebe aus toten Xylemzellen zu sehen, das bei Trockenlegung und hoher Luftfeuchtigkeit auch einem schwachen, ersten Wassertransport, etwa wie bei heutigen sukkulenten Pflanzen, dienen konnte. Der Zugfestigkeitsstrang konnte somit auf dem Wege des Funktionswechsels zum Wasserleitstrang werden. Ähnlich kann der Besitz von Rhizoiden gedeutet werden; ursprünglich dem bloßen Festhaften dienend, wurden diese Zellhaare nun Wasseraufnahmeorgan. Die Produktion von Sporen mit fester Sporenmembran könnte schon in vorpsilophytenhaften Entwicklungen erfolgt sein. Im Unterdevon sind die Psilophyten in der Regel isospor. Mit dem Mitteldevon jedoch beginnen bereits Megasporen verbreitet zu sein. Fossil überliefert sind nur die Sporenpflanzen (Sporengeneration). Die Gametengeneration zu den bekannten Psilophytenarten ist bisher unbekannt.

Die Differenzierung der verschiedenen Urlandpflanzen-Lebensformtypen zeitigt im Mitteldevon einen Formenreichtum mit mehreren metergroßen Formen, die in Stamm und Triebspitze differenziert sind, z. B. *Pseudosporochnus, Calamophyten* und *Hyenia*. Ein sekundäres Dickenwachstum der Stämme fehlt jedoch. Das In-die-Dicke-Wachsen erfolgt durch Ausdifferenzieren noch undifferenziertg gebliebenen Mark- und Markstrahlgewebes. Auch das saftleitende Gewebe (Phloem) war noch nicht vorhanden. Ob sich diese Vielfalt von Urlandpflanzenformen mono- oder polyphyletisch ausgebildet hat, ist nicht eindeutig zu beantworten, aber die Weiterführung der Entwicklung ist auf Bahnen erfolgt, die möglicherweise nunmehr monophyletisch zu den Farnen, zu den Bärlappgewächsen und zu den Schachtelhalmgewächsen überleiten. Seit ihrem Beginn im Mitteldevon formieren sich diese Abteilungen im Oberdevon. Die Unterschiedlichkeit der heutigen Spermienformen bei Bärlappgewächsen, Schachtelhalmgewächsen und Farnen deutet darauf hin, daß diese Abteilungen des höheren Pflanzenreichs nicht auf eine gemeinsame Ausgangsform unter den Psilophyten zurückzuführen sind.

War schon die Psilophytenzeit mit etwa 30 Millionen Jahren ein relativ kurzer, aber für die Lebensgeschichte sehr bedeutsamer Zeitabschnitt, so ist das kurze Oberdevon ein daran anschließender Zeitraum mit eigenen Entwicklungs-

Pseudosporochnus, Mitteldevon

Hyenia, $^1/_3$ nat. Gr., Mitteldevon (nach Kräusel u. Weyland)

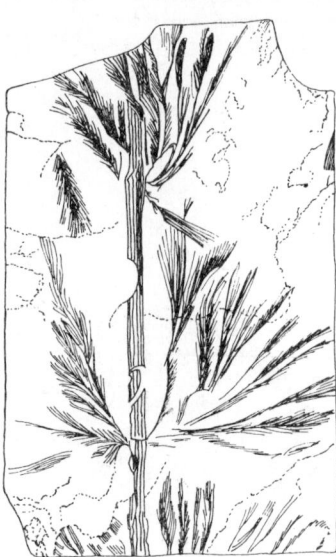

Pseudobornia aus dem Oberdevon, $^1/_5$ nat. Gr. (nach Nathorst)

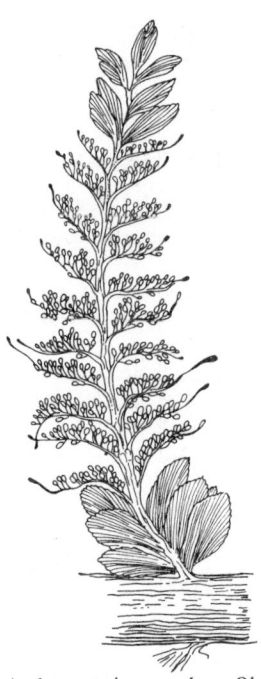

Archaeopteris aus dem Oberdevon, $^1/_3$ nat. Gr. (aus Schimper 1869)

tendenzen der Landpflanzenwelt. Mit *Archaeopteris* tritt eine wesentlich höher entwickelte Pflanze auf. Diese Höherentwicklung zeigt sich sowohl im Assimilationssystem durch die Existenz von Blättchen mit Fächernervatur, die in Kombination mit Achsenstücken große Blattwedel formen, als auch im Stütz- und Versorgungssystem durch die Ausbildung großer Baumstämme mit einem effektiven koniferenhaften Holz (Callixylon). Die Fortpflanzung der *Archaeopteris*-Arten erfolgte durch männliche Klein- und weibliche Großsporen. In der Fortpflanzungsweise war *Archaeopteris* farnartig, in der Lebensweise jedoch schon gymnospermenhaft. Die *Archaeopteris*-Bäume durften stellenweise ausgesprochene Waldgebiete gebildet haben, wofür ihre weite Verbreitung auf vielen Kontinenten spricht. Dadurch mag auch die baumartige Lebensform von Bärlappgewächsen gefördert worden sein. Massenhafte Vorkommen von *Cyclostigma* begründen diese Entwicklung. Schließlich treten mit *Pseudobornia* (Abb.) baumartige Vertreter einer Gruppe hinzu, die zu den Schachtelhalmgewächsen führt und mit ersten *Sphenophyllum*-Blattquirlen in oberdevonischen Schichten auch diese Entwicklungsrichtung belegt. Das Oberdevon zeigt sich damit als eine Zeit, in der an die Stelle der relativ einheitlichen, durch viele vermittelnde Ausbildungsformen verbundene Psilophytenflora eine Flora großer, wesentlich effektiverer Gewächse tritt. Sie ist scharf in drei Abteilungen oder Klassen aufgegliedert: *Pterophyta*, *Lycophyta*, *Sphenophyta*.

Nur entsprechen diese baumartigen Vertreter nicht der Vorstellung, die ihre spätere Entwicklung durch Ausbildung zahlreicher krautiger Lebensformen in der Erkenntnis hat entstehen lassen.

Archaeopteris enthält in der Summe seiner Merkmale (Holz, Blattform, Blattwedelgestalt) mehr Teilmerkmale, die zu den späteren (karbonischen) Gymnospermen führen als zu den späteren (karbonischen) Farnen. Diese erweisen sich wiederum noch sehr weit von den späteren (mesophytischen und känophytischen) leptosporangiaten Farnen entfernt.

Auch treten im Oberdevon bereits samenkupulenartige Gebilde (*Archaeosperma*) auf, die belegen, daß die Heterosporie weiterentwickelt wurde und die eben erst begonnene Fächerblattentwicklung auch schildblattartige Fruchtgebilde hervorbrachte, die im Unterkarbon zur Ausbildung der Samenfarne geführt hat. Ob man diese Entwicklung aber bereits in das Oberdevon zurückprojiziert sehen kann, darüber gehen die Ansichten und Diskussionen der Fachleute auseinander. Die eine theoretische Richtung nimmt im Falle von *Archaeopteris* und *Archaeosperma* die Existenz von Progymnospermen an. Die andere sieht in den *Pterophyta* die Vorläufer sowohl der karbonischen Farne (*Coenopterideae*) als auch der späteren Samenfarne (*Pteridospermae*). Wahrscheinlich verwirren Parallelentwicklungen zwischen beiden Entwicklungen das Bild. Einzelne Merkmale lassen sich bis zu mitteldevonischen Urlandpflanzen zurückverfolgen, z. B. farnartige (coenopterideenhafte) Züge bis zum seltenen *Cladoxylon scoparium*. Ob es sich dabei um Ansätze zur späteren oder tatsächlich um den Beginn einer frühen Entwicklung handelt, muß von Fall zu Fall entschieden werden.

Bei *Archaeopteris* treten Arten auf, deren Blättchen nur aus dem Adergerüst aufgebaut erscheinen und bei denen die verbindende Blattspreite nicht vorhanden ist. Bei *Cyclostigma* fehlen bei sonst lepidodendronhaftem Habitus (Abb.) die unterirdischen Kriechprozesse (*Stigmaria ficoides*) und die Atemöffnungen mit Ligula in den Stammrindenstruktur.

Pseudobornia hat in Parallelentwicklung zu *Archaeopteris* großflächige Keilblätter und über 10 m lange Stämme, erscheint aber gleichzeitig als Seitenentwicklung gegenüber der im Oberdevon erstmalig erscheinenden Artikulatengattung *Sphenophyllum*. Das Oberdevon kann als **Pterophytikum** charakterisiert werden.

Mit dem Auftreten zweifelsfreier Samenfarne (*Pteridospermae*) mit Beginn des Unterkarbons fängt ein neuer Abschnitt der Geschichte der Landpflanzen an, der u. a. dadurch gekennzeichnet ist, daß nun die Abteilungen (bzw. Klassen) klar getrennt voneinander sich entwickeln: *Pteridospermae*, Karbonfarne, *Lycophyta*, *Articulatae*, Moose. Dieser Abschnitt, das **Pteridospermophytikum**, dauert eineinhalb Systeme (etwa 100 Millionen Jahre) an. Er ist verglichen mit den beiden genannten Abschnitten von relativ langer Dauer und vollendet den Zyklus, den man in Anlehnung zum Paläozoikum **Paläophytikum** genannt hat. Gleichzeitig ist das die Zeit der großen Kohlenbildung auf den Kontinenten (Innensenken, Außensenken, Schelfgebieten).

Die Samenfarne als höchstentwickelte Abteilung der Landpflanzen zeigen sich im Unterkarbon in Form großer Gabelwedel mit ausschließlich kleinen Blättchen (*Sphenopteris*) oder fächernervigen Blättchen (*Sphenopteridium*, Abb.). Auch die großen Blätter mit kreis- oder herzförmigem Umriß (*Cyclopteris frondosa*) besitzen nur diese Fächernervatur. Durch Herausdifferenzierung einer Mittelader kommt es bei der Gattung *Neuropteris* schon im Unterkarbon zu einer Fiedernervatur, die aber gegenüber der Fächernervatur nur einen geringfügigen Fortschritt bedeutet. In der Blattform wird damit gegenüber dem schon im Oberdevon erreichten Stand im Unterkarbon keine große Weiterentwicklung erzielt. Der Fortschritt betrifft die Rinde als Säfte leitendes und speicherndes System sowie die Blattwedelstruktur.

Die Gabelwedelstruktur der unterkarbonischen Samenfarne ist so auffällig und verbreitet, daß sie offensichtlich mit einem Muster der inneren Struktur zusammenhängen muß. Hinzu kommt, daß auch bei den in Oberdevon und Unterkarbon weit verbreiteten Farnen (im Oberdevon *Rhacophyton*, im Unterkarbon Coenopterideen, z. B. *Saccopteris/Alloiopteris*) ein V-förmig abgehender Doppelwedel, basal durch Aphlebien ergänzt, die Regel ist. Wahrscheinlich liegt hier eine strukturell gleichartige Parallelentwicklung der Assimilationsgrenze vor, die darin begründet ist, daß sie sich aus teils pendelnd, teils symmetrisch dachübergipfelnden und gleichartig vervielfachenden Teilstücken aufbaut.

Im Unterkarbon zeigen die Pteridospermenrinden vielfach Sklerenchymstrukturen, Querplatten z. B. bei *Sphenopteridium*, *Cyclopteris frondosa* und eine sich rhombisch vermaschende Rindenstruktur bei *Lyginopteris*, die im oberen Visé beginnt.

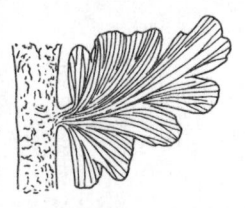

Fächeraderung bei Sphenopteridium dissectum aus dem Unterkarbon

An speziellen Teilen des Gabelwedels, blattspreitenlos, entwickeln sich kleine Achsensysteme mit sternförmigen Kupulen und Samen. Diese reiften als Samenanlagen. Da bisher noch keine Samen mit Embryo im Paläophytikum gefunden wurden, darf angenommen werden, daß diese Samenanlagen sich noch weitgehend farnartig, also durch eine Prothalliumentwicklung und Befruchtung durch freie Spermien heranbildeten.

Die Masse der Kohlen wurde im Unterkarbon jedoch durch baumförmige Lepidodrongewächse gebildet (Abb.). Die in riesenhaften Mengen erzeugten Mikro- und Megasporen trugen zu einer Besiedlung aller sumpfigen Räume der damaligen Erde durch diese Bärlappbäume bei. In Asien und Nordafrika sind aus dem Unterkarbon vielfach nur solche Bäume fossil überliefert, und es ist ungeklärt, ob die Entwicklung der Samenfarne allein auf den europäischen Raum beschränkt war.

Einen erheblichen Anteil in den Waldmoorgebieten der Erde nahmen die Archaeocalamiten (*Asterocalamites scrobiculatus*) und *Sphenophyllum*-Arten ein.

Durch die variszische Gebirgsbildung wurde die Entwicklung der Pflanzen der Festlandsgebiete im Sinne einer weiteren Differenzierung und Höherentwicklung beeinflußt. Eine bedeutende Weiterentwicklung erfuhren die Samenfarne. In der Gruppe *Neuropteris–Alethopteris–Paripteris* kam es mit Beginn des Westfals zur Bildung der Maschennervatur in den Blättchen. Dadurch entstanden die Gattungen *Lonchopteris* (Abb.), *Linopteris* und *Reticulopteris*.

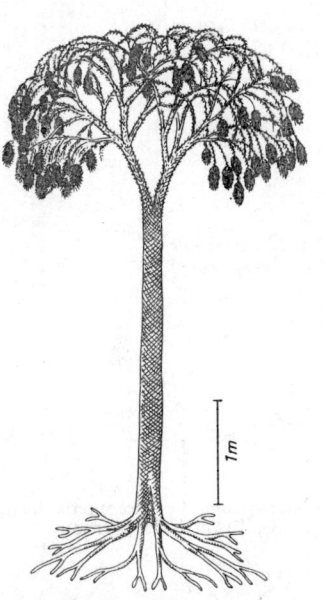

Auch im Oberen Unterkarbon und Oberkarbon treten bei den Ausbildungsformen der Samenanlagen Entwicklungsansätze auf, die beinahe angiospermenhaft erscheinen, aber wohl nur frühe Entwicklungsansätze bleiben, ohne daß sich daran eine phylogenetische Entwicklung anschließt. Wiederum, wie im Falle des oberdevonischen *Archaeosperma*, entstehen schildblattartige Fruchtgebilde, diesmal aus Samenanlagen, die von Teilen der Kupula fruchtknotenartig umhüllt werden: *Calathospermum scoticum*. Im Oberkarbon finden sich jedoch auch Samenfarne, bei denen die einzeln stehenden Samen an der Unterseite der sonst normalen Blättchen vorkommen, so bei *Pecopteris plückeneti* (Westfal D bis Rotliegendes) und *Odontopteris* (Stefan bis Rotliegendes). Auch die pollentragenden Organe, die im Unterkarbon in Form pinselartiger Aggregate, bestehend aus Schläuchen, innen voller Pollen, ausgebildet wurden (*Telangium*, *Paracalathiops*), verwachsen im Oberkarbon zu kelchartigen Fruchtkörpern (*Whittleseya*). Vom oberen Visé bis zum Westfal A vollzieht sich die Entwicklung der *Lyginopteris*-Gruppe unter den Samenfarnen. Ihre Gabelblätter bleiben in feine Abschnitte aufgeteilt (sphenopteridisch); dafür aber zeigt ihre Rindenstruktur jene Maschenbildung, die bei der *Neuropteris-Alethopteris*-Gruppe in den Blättern zur Maschennervatur führte. Feinaufgegliederte Blätter bleiben für eine Vielzahl von Samenfarnen bis zum Rotliegenden hin charakteristisch (Sphenopteris, Palmatopteris).

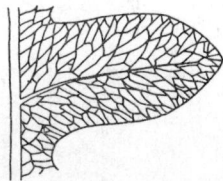

Lepidodendron mit Sporenzapfen (Karbon)

Mit Beginn des Oberkarbons erscheinen die **Cordaiten**: große Bäume mit Holzstämmen und langen, bandförmigen Blättern und Samen. Wahrscheinlich bilden sie eine Weiterentwicklung der frühen Samenfarne. Ihre Sklerenchymstränge in den Blättern deuten möglicherweise eine Herkunft aus unterkarbonischen Samenfarnen an. Im Stefan (sofern sich entsprechende Angaben aus englischen Vorkommen bewahrheiten, schon im Westfal) kommt es zur Entwicklung extrem reduzierter schmaler Blätter in Form von Nadeln. Diese im Stefan und Rotliegenden als *Walchia* bekannten Nadelgewächse stammen sicherlich auch von oberkarbonischen Samenfarnen ab. Im Rotliegenden gesellt sich zu diesen Varianten von Alternativentwicklungen noch die Ginkgo-Entwicklung.

Maschenaderung bei einer Lonchopteris-Art aus dem Oberkarbon

Solange die Absenkung in den großen Sedimentationsräumen des Oberkarbons, die mit weiträumiger Kohlenbildung verbunden war, andauerte, differenzierte sich auch die Entwicklung der Lycophyta in Lepidodendren, Sigillarien und diesen beiden nahe stehenden Gattungen. Die Heterosporie erreicht bei ihr die Reduktion bis auf eine Großspore und damit parallel zu den Pteridospermae die Samenbildung (z. B. mit *Lepidocarpon*). Mit der Abnahme der für diese Lycophytenentwicklung günstigen regionalen und klimatischen Faktoren im Stefan und Rotliegenden reduziert sich jedoch diese ehemals

großräumige Entwicklung bis auf Relikte und wenige krautartige Vertreter
Im Oberkarbon treten völlig untergeordnet einzelne solche Repräsentanten
unter den *Lycophyta* auf. Die Gattung *Selaginellites* des Oberen Westfal Mittel
europas ist wenig verändert im Verlaufe aller folgenden Zeiten vorhanden und
setzt sich bis heute in der Gattung *Selaginella* fort. Bemerkenswert sind die
im Unter- und Oberkarbon weit verbreiteten Wurzelböden, die meist nur aus
Stigmarien und Appendices, den unterirdischen Stammverzweigungen von
Lepidodendren, Sigillarien, Bothrodendren, Ulodendren, Lepidophloios u. a. be
stehen. Die an diesen flach kriechenden Stammaufgabelungen ansitzenden
Appendices sind runde Schläuche mit großem Luftgewebe. Einerseits ähneln
diese Atemwurzeln denen heutiger Mangrove-Bäume, andererseits durch
ziehen und durchlüfteten diese Appendices den Wurzelboden nach allen Rich
tungen. Die Stigmaria-Appendices-Kohlenlagen mit -Sedimente bilden dami
einen besonderen Tropen-Sumpf-Typ, der über etwa 60 Millionen Jahre (Kar
bon) auf der damals tropisch-äquatornahen Norderde vorherrschte.

Zwischen beiden Entwicklungen und Standorten, den Karbongymnosper
men (Samenfarne, Cordaiten u. a.) und den Karbonlycophyten, entwickelte
sich die Karbonfarne in einer ebenso reichen Vielfältigkeit und einer für diese
variszisch geprägte Kontinentallandschaft typischen Einmaligkeit. Die viel
leicht von *Cladoxylon scoparium* (Mitteldevon) über *Rhacophyton* (Oberdevon
zu den unterkarbonischen *Coenopteridee*n sich fortentwickelnde Basisgruppe
aller späteren Farne brachte im Namur, Westfal, Stefan und Unterrotliegender
vielfältige Arten mit V-förmig abgehenden Doppelwedeln, teils mit filigra
feinen Blättchen (*Alloiopteris coralloides*), teils mit derben, pecopteridische
Blättchen hervor, die wie die Zähne eines Sägeblattes stehen (*Alloiopteri.
sternbergi* u. a.), oder teils völlig zusammenwachsenden Blättchen (*Desmo
pteris*). Die Sporangien stehen getrennt oder sind teilweise oder ganz zu
Synangien verwachsen. Die Sporen bleiben isospor oder sind bei einige
Arten heterospor. Die Sporangienwand ist noch vielschichtig, aber e
kommt bei einer ganzen Reihe von Entwicklungen zur Ausbildung von Sporan
gienöffnungsmechanismen, die denen der späteren leptosporangiaten Farn
familien (*Hymenophyllaceen, Osmundaceen, Schizaeaceen, Gleicheniaceen*) sc
gleichen, daß man den Beginn dieser späteren und heutigen Farnfamilien ir
oberkarbonen Gattungen vermutet. In der Regel aber sind noch nicht ent
sprechende Sporenskulpturen und -strukturen vorhanden. Aus der gleiche
Basisgruppe der Coenopterideen mögen im Namur oder Westfal die Peco
pterislaub (Abb.) tragenden polysteld *Psaroniales* entstanden sein, die ihre
Wurzelstammstruktur in verkieselten Rotliegendstämmen überliefert haben
Mit ihnen beginnen die Marattiaceen. Daneben jedoch verlaufen Entwicklunger
von Karbonfarnen, die bisher nur durch die Namengebung besonders gekenn
zeichnet sind (Noeggerathiaceen).

Auf feuchten und ufernahen Standorten entfalteten sich im Oberkarbor
Calamiten (Annularia, Asterophyllites) und *Sphenophyllum*-Arten in einer sol
chen Menge, daß uns der nachkarbonische Rest in Form von *Equisetites* bzw
Equisetum als Karbonrelikt erscheinen muß.

Erstmalig treten im Oberkarbon und Perm eindeutig bestimmbare Moose
auf. Ob sie ein verspäteter Schritt von Grünalgen zum Landleben sind oder ob
sie sich von Unterdevonpsilophyten ableiten, ist noch ungeklärt.

Mit dem Ende des Oberkarbons ist die Flora der Kontinente in 2 bzw. 4
Florenreiche gegliedert. Die Süderde hat ihre eigene (kühl-gemäßigte) *Gan
gamopteris-Glossopteris*-Flora. Die Norderde ist durch die Europa und Nord
amerika verbindende euramerische Flora gekennzeichnet, die bis nach Nord
afrika und Kleinasien reicht, durch die einige besondere Entwicklunger
(*Gigantopteris*) enthaltende China-Flora (Cathaysia-Flora) und die ebenfalls
spezielle Entwicklungen hervorbringende Sibirien-Flora (Angara-Flora). Bis
her ist die Florengeschichte Europas im Unter- und Oberkarbon am genaue
sten bekannt. Bei den anderen Florenreichen ist diese Entwicklung nur in Teil
stücken, im Falle der Süderde nur im obersten Karbon-Perm erforscht. Durch
die allgemeine Aridisierung und nachfolgende Meeresbedeckung im Verlaufe
des Perms am Ende des variszischen Zyklus findet die allgemeine Progression
vieler Pflanzenentwicklungen in Europa ihren Abschluß. Ausläufer dieser
Evolution und eigene Entwicklungen in den anderen drei Florenreichen setzen
die allgemeine Progression der Pflanzenentwicklung des Festlands fort. Die
Pteridospermen-, Karbonfarn-, Lycophyten- und Karbon-Artikulaten-Ent
wicklung endet mit dem Paläophytikum. Die mesophytische Entwicklung wird
von den Alternativ-Entwicklungsformen (*Cordaiten, Ginkgo, Walchia*) und
einigen Resten der Pteridospermenentwicklung, die sich ebenfalls in Form
weiterer neuer Alternativ-Entwicklungsformen (*Caytoniales, Bennettitales,
Cycadales, Nilssoniales*; Koniferen und *Taxaceen*) fortpflanzen, neu begründet.
In ihr entstehen auch die modernen Farnfamilien des Mesophytikums (*Dipte
ridaceen, Matoniaceen*). Die *Lycophyta* und Artikulaten dauern nur in Form
weniger Reliktgattungen fort (*Pleuromeia, Equisetites, Neocalamites*). *Cay
toniales* und *Bennettitales* werden nun zu den höchstentwickelten Pflanzen
ordnungen.

Vielleicht stellt die Zeit des Mesophytikums und Känophytikums einen

Fiederaderung bei Pecopteris hemitelioides aus dem Oberkarbon

großen geschichtlichen Entwicklungszyklus dar, der mit einer Entwicklung vieler Gymnospermen (Koniferen, Ginkgophyten) beginnt, wobei es sehr bald schon in der Trias zu verschiedenen Formen einer Bedecktsamigkeit kommt (*Caytoniales, Bennettitales*) und sich die Maschennervatur sowie der moderne Blattumriß erst bei Farnen (*Dipteridaceen*) wieder entwickelt. Die hochentwickelten Pflanzen der Trias und des Jura erscheinen blattmorphologisch stereotyp. Dieser Prozeß scheint stillzustehen, aber die Epidermisstruktur und der Bau der Spaltöffnungsapparate lassen tiefgreifende Neuerungen und Differenzierungen erkennen. Der Blütenbau der *Bennettiteen* bildet die Krönung dieser Entwicklungsrichtung. Alternativ zu diesen *Bennettiteen* erscheinen in der Oberen Unterkreide mit dem Alb die ältesten echten **Angiospermen**, die einerseits variabel in ihrem Blattaufbau und ihrer Stammverzweigung sind, andererseits auch durch eine größtmögliche Vereinfachung des Blattwachstums (interkalares Wachstum) und des Befruchtungsvorganges (reduzierter Generationswechsel und doppelte Befruchtung) sich als effektiver und zu weiteren Differenzierungen und Höherentwicklung fähig erweisen. So gliedert sich dieser Zyklus deutlich in das **Mesophytikum** und **Känophytikum**, wobei diese Gliederung derjenigen der Paläozoologie (Mesozoikum, Känozoikum) um etwa 30 Millionen Jahre vorausläuft.

Der Beginn des Mesophytikums zeigt nicht diese Schärfe wie der Beginn des Känophytikums. Wenn man das Känophytikum mit dem Auftreten sowie dem raschen Ausbreiten der Angiospermen-Floren gleichsetzt und die noch zeitweilige Weiterexistenz der *Bennettiteen*, *Nilssoniales* und *Caytoniales* in der Oberkreide unberücksichtigt läßt, läßt sich dies nicht ohne weiteres auf analoge Entwicklungen zu Beginn des Mesophytikums übertragen. Entsprechende Entwicklungen wären diejenigen der Nadelbäume (seit Stefan und Westfal), der Ginkgophyten (seit dem Unterrotliegenden) oder der Cycadeen-Bennettiteen (seit der Trias oder früher?). Das Paläophytikum wird nicht durch eine einzige große naturhistorische Alternativentwicklung, sondern durch mehrere gleichwertige Alternativentwicklungen und die variszische Kohlenmoorepoche in Europa bzw. auf der Norderde beendet. Das Paläophytikum schließt unter Einflußnahme globaler Faktoren (Vereisung der Süderde, Wüsten- und Salinarentwicklung für den Kontinent Laurasia), wobei sich ein Zyklus der Pflanzenentwicklungsgeschichte zwar voll abrundete, aber nicht ungestört und unmittelbar fortsetzte. Das **Känophytikum** beginnt auf Grund der erreichten Entwicklungshöhe der Unterkreide-Gymnospermen und ohne daß wesentliche globale Faktoren (Klimaveränderungen, Gebirgsbildungen) erkennbar sind. Die Entwicklung hat sich von solchen geologischen Faktoren relativ unabhängig gemacht. So kommt es, daß dieser Prozeß auch von der späteren alpidischen Gebirgsbildung und den pleistozänen Vereisungen kaum wesentlich in ihrer Richtung, der Vielfalt an Arten, Gattungen und Familien, beeinflußt wird.

Die Flora des Kupferschiefers und Zechsteins ist in ihrer Verarmung an Vertretern, die im Oberkarbon vorherrschend waren, charakteristisch für den Wechsel zum Mesophytikum. Die Lycophyten fehlen völlig, was nicht ausschließt, daß sie auf anderen Kontinenten eine scharf dezimierte, aber doch kontinuierliche Weiterentwicklung erfuhren. Die Artikulaten fehlen bis auf einen Nachläufer der Calamiten (*Neocalamites mansfeldicus*) ebenfalls. Zur gleichen Zeit waren die Artikulaten auf dem Gondwana- und Angara-Kontinent durch die Gattungen *Phyllotheca* und *Schizoneura* vertreten, und die europäische Flora wird zur Buntsandsteinzeit durch die Einwanderung von *Schizoneura* wieder bereichert.

Ob gelegentliche Pterophyllum-Reste im Rotliegenden und sehr selten bereits im Westfal Englands und Nordwestdeutschlands bereits als *Cycadophyten* zu deuten sind oder aber als *Noeggerathiaceen*, ist für die Beurteilung der im Kupferschiefer häufigen *Taeniopteris eckardti* von entscheidender Bedeutung. In Nordamerika gab es bereits im Oberen Unterkarbon mit *Lesleya* eine zungenförmige Blattform mit einer Mittelader, die man jedoch als systematisch noch nicht recht deutbar mit den völlig neuartigen Entwicklungen im Oberen Oberkarbon und Perm der Süderde (*Gangamopteris, Palaeovittaria, Glossopteris*) und des Angara-Kontinentes (*Pursongia, Czapcoctia*) nicht in Verbindung bringt.

In den vergangenen zwei Jahrzehnten haben die der Mittelader entspringenden klappigen oder aufgabelnden männlichen oder weiblichen Fruchtgebilde bei *Palaeovittaria* und *Glossopteris* die Kenntnis von der Herkunft der späteren höchst entwickelten Samenpflanzen völlig umgestaltet. Man mußte zur Kenntnis nehmen, daß die heutigen Blüten, Staub- und Fruchtblätter bei Bedecktsamern von Organen abstammen, die sowohl Blatt als auch in ihrem Mittelteil Achsenorgan mit Pollensäcken oder Samenanlagen waren. Zweifellos sind diese *Glossopteriden* von bisher noch unbekannten Oberkarbon-Pteridospermen abzuleiten, die sicherlich Gabelwedel hatten, wie unsere Unter- und Oberkarbon-Pteridospermen in Europa, Nordamerika und Asien. Ob mit der Kupferschiefer-Taeniopteris diese Entwicklung auch in Mitteleuropa erreicht wurde, ist ein offenes Problem geblieben.

Die im Unterrotliegenden seltenen Ginkgophytenblätter erreichen mit der im Kupferschiefer häufigen *Sphenobaiera digitata* weitere Verbreitung. Wirk-

Wandel des Blattes bei den Ginkgogewächsen: **1** Baiera Münsteriana aus dem unteren Jura, $^1/_4$ nat. Gr., **2** Ginkgo digitata aus dem mittleren Jura, $^1/_4$ nat. Gr., **3** Ginkgo Pluripartita aus der unteren Kreide, $^1/_4$ nat. Gr., **4** Ginkgo biloba, rezent, $^1/_4$ nat. Gr.

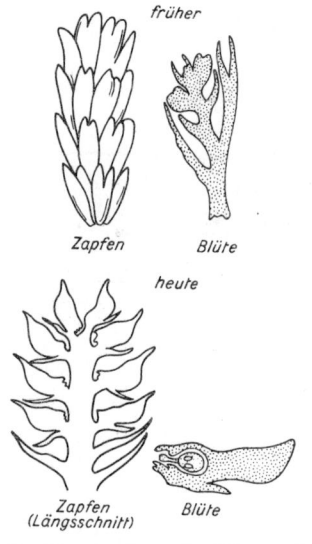

Koniferenzapfen mit Blüten: links von der Rotliegendkonifere Walchia, rechts von einer heutigen Kiefer

lich häufig sind nun die Nachkommen der Stefan-Unterrotliegend-Nadelbäume (Walchia) mit Gattungen wie *Ullmannia, Voltzia, Quadrocladus, Culmitzschia*. Damit beginnt ein araukarienhaft festgelegtes, sich in Astquirlen aufbauendes Stammsystem, beblättert mit den extremen Rudimenten ehemals großflächiger Blätter oder Gabelwedel in Form nun von länglichen oder ganz kurzen Nadeln bzw. Schuppennadeln, eine Reihe von baumartigen Lebensformtypen (Koniferen), die seitdem imstande waren, auch trockene und kalte Standorte großflächig zu besiedeln. In diesem Wechsel markiert sich auf der Norderde, besonders in Europa, der Beginn der mesophytischen Ära. Untergeordnet treten im Kupferschiefer noch Pteridospermenreste auf, so eine *Callipteris*- und mehrere *Sphenopteris*-Arten, letztere in Form von Gabelwedeln.

Diskontinuierlich wird die Entwicklung in Europa erst im Buntsandstein durch eine Oasenflora fortgesetzt, in der massenweise die in Asien (Wladiwostok), Frankreich, Spanien verbreitete *Pleuromeia* vorhanden ist, eine Lycophytenpflanze, die sich entwicklungsmäßig von den letzten Oberkarbon-Sigillarien ableitet. Hinzu tritt die aus dem Gondwana-Kontinent eingewanderte *Schizoneura* neben einigen Farnen, über deren systematische Zugehörigkeit ihre Namen (*Anomopteris, Neuropteridium, Pecopteris*) wenig aussagen. Die **Cycadeen** sind durch die Gattung *Otozamites*, vermutliche Nachfahren der Cordaiten, durch die Gattung *Yuccites* und die **Koniferen** durch die Gattung *Voltzia* vertreten. Die europäische Buntsandsteinflora ist damit ein artenarmer Beginn des Mesophytikums. Nicht viel mehr ist von anderen Kontinenten bekannt.

Erst der Keuper zeigt in Mitteleuropa (Thüringen, Österreich, Schweiz) eine deutliche Zunahme an *Cycadeen* und *Bennettiteen*, darunter solchen mit einer markanten Blütenentwicklung. Vielleicht beginnt mit dieser Zeit die Herausbildung der verschiedenen männlichen und weiblichen und zwittrigen Blütentypen der *Bennettiten*, bei denen zahlreiche Samenanlagen in einen sie abdeckenden Panzer aus keulig verdickten Schuppen eingebettet sind. Dadurch entstand ein ganz besonderer Typ einer **Angiospermie**, der sich bis in die Oberkreide hielt. Die cycadeenhaften Stämme und die nur zeitweilig gebildeten langlebigen Blattwedel mit komplizierten (syndezircheilen) Spaltöffnungsapparaten auf der Blattunterseite waren an ein Überdauern in warmen, aber sonst ungünstigen Lebensbedingungen angepaßt. Die Blütenbildung erfolgte demnach auch nur zu bestimmten Zeiten, die in einer schwachen Kohlenbildung überliefert sind. Zum Ende des Mesophytikums und in der Oberkreide bildeten manche Bennettiteen zahllose Blüten gleichzeitig aus.

Parallel zu den Bennettiteen entwickelten sich die *Caytoniales* mit zungenförmigen Blättern mit Maschennervatur und farnartig einfacher und zarter Kutikula, aber gleichfalls mit Samenanlagen in nahezu abgeschlossenen Blattgebilden. Das Sagenopteris-Laub ist bis zur Oberkreide hin fast wenig verändert in kohlig-tonigen Sedimenten zu finden. Die noch an die Rotliegend-Callipteris erinnernde *Lepidopteris ottoni* hingegen zeigt aufgegliederte Blattwedel mit einer Querklerenchymstruktur der Rhachis und ist eine Art der europäischen Rätflora. Entfernt alethopterisähnlich sind im Rät/Lias *Thinnfeldia* und auf der Süderde *Dicroidium*. Diese Formen belegen, daß sich die Pteridospermenentwicklung des Permokarbons in weiterentwickelter Form auch im Mesophytikum fortsetzt und vielleicht sogar der Anknüpfungspunkt für die späteren unterkreidezeitlichen (Alb) Angiospermen ist. Außer bei *Sagenopteris* fehlt bei diesen Pteridospermen des Mesophytikums die Maschennervatur, und auch bei Bennettiteen ist sie nur bei wenigen Gattungen vorhanden. Die schon im Westfal A bis D vielfach vorkommende Maschennervatur wird bei den nachfolgenden mesophytischen Entwicklungen nur in wenigen Linien weiter bzw. wieder und bei den genannten Farnen erstmalig neu entwickelt. Bei den späteren Angiospermen ist sie unabdingbare Voraussetzung. An diesem wichtigen Merkmal werden Gegensätzlichkeiten im Verlauf der Höherentwicklung erkennbar, einer naturhistorischen Entwicklung, die offenbar nicht geradlinig verlief.

Eine Differenzierung in verschiedene Blattformen erlebten die Ginkgogewächse. Dabei entstanden in der einen Entwicklungslinie sehr schmalzipfelige und in einer anderen recht breitlappige Blattformen. Die ganze Ginkgoverbreitung zog sich im Verlaufe des Tertiärs nach Sibirien zurück. In Europa verblieb bis zum Pliozän nur eine Art (*Ginkgo adantoides*) und in Südostasien schließlich die letzte bis heute überlebende Art (*Ginkgo biloba*). Eine Entwicklung zwischen den Ginkgoartigen und den Koniferen beschritt die *Czekanowskia* im Jura mit nadelartig dünn aufgliedernden Ginkgoblättern und einer zapfenartigen Anordnung der Samenanlagen an einem fertilen Sproßstück.

Die Koniferen verfolgten die im Unterperm eingeschlagene Entwicklung der Reduktion ihrer Zapfen weiter. Diese Zapfen waren ursprünglich mit kleinen Einzelzapfen besetzte Zapfen gewesen (Abb.). Nun aber reduzierte sich der kleine Zapfen zu einem Zapfenschuppenkomplex (z. B. bei *Voltzia*) und schließlich zum Komplex der Fruchtschuppe und Deckschuppe. Der **Koniferenzapfen** nahm im Mesophytikum seine typische Gestalt an. Gleichzeitig kam es zur Entwicklung von Kurztrieben bei *Pinus, Larix, Cedrus* und parallel dazu bei *Ginkgo*. Wahrscheinlich vollzog sich diese Entwicklung in der Oberen Trias und im Jura. Die modernen Koniferengattungen sind damit ein Ergebnis des ausgehenden Mesophytikums (Jura, Unterkreide). Ebenfalls im Jura sind schuppennadelige Koniferen häufig *(Echinostrobus, Brachiphyllum, Pagiophyllum)*, deren Verwandtschaft unklar ist. *Cupressaceen* und *Araucariaceen* werden im Jura vermutet.

Die Wurzeln fast aller heute noch lebenden Farnfamilien scheinen in der Trias und im Jura zu liegen. Nur die heute verbreitetste Familie der *Polypodiaceen* beginnt erst in der Unterkreide. Eine Reihe markanter Farnausbildungsformen herrscht jedoch im Verlaufe des Mesophytikums. *Matoniaceen* mit einer handförmig aufspaltenden Spreite auf einem senkrechten Stiel sind im Lias und Wealden bestimmend, *Dipteridaceen* mit einer Gabel mit Blattbändern, die Maschennervatur zeigen oder spiralig in sich verdreht sind, herrschen im Rät (*Dictyophyllum exile, Camptopteris spiralis*), setzen sich mit großflächig verschmelzender Blattfläche (*Clathropteris meniscoides*) im Lias fort und sind mit kleinen herzförmigen Blättern noch in der Unterkreide verbreitet (*Hausmannia*). Beide Familien haben heute ein Refugium in Südostasien. Anders verhält es sich mit der nur in Oberjura und Unterkreide (Barrême) verbreiteten Farnfamilie *Weichseliaceae*. Häufig finden sich die mit Maschennervatur versehenen kleinen Pecopterisblättchen an großen, einmal aufgabelnden Achsen. Die Sporensäcke stehen rund um einen kleinen Diskus, und dieser bildet einen Zapfen, ähnlich einer Taxusblüte oder Equisetum. Die fertilen Zapfenschuppen wurden geworfen. Vielleicht war diese eigenartige Farngattung ein speziell ariden Verhältnissen angepaßter Lebensformtyp, der bei Regenzeiten zum Massenaustrieb kam. Sehr häufig im Jura ist die Gattung *Cladophlebis*, die, mit der heutigen Reliktgattung *Todea* (Südafrika, Australien) verwandt, die *Osmundaceen* repräsentiert. Mit der Gattung *Osmunda* im Tertiär (Eozän) treten diese erstmalig auf. Die *Marattiaceen* sind mit *Danaeopsis marantacea* schon im Keuper vorhanden.

Die mit dem Alb in der Oberen Unterkreide erscheinende **Angiospermenflora** verändert fast plötzlich das Pflanzenkleid der Erde. Die Vielfalt der Blattformen (wie im Oberkarbon) kehrt wieder und entfaltet sich völlig. Die starre Baumform der meisten Koniferen und der beblätterte Blattstamm der *Cycadeen* und *Bennettiteen* wird durch einen sich oft verzweigenden Stamm der Bedecktsamerbäume ergänzt, der auch bei Zerstörung noch überall in der Rinde ruhende Knospen aktivieren kann und zu neuem Austrieb befähigt ist. Die gewiß hochspezialisierte Bennettiteenblüte wird durch die Angiospermenblüte noch weit übertroffen, sei sie nun windblütig oder insektenblütig. Die doppelte Befruchtung verkürzt die Spermien-Ei-Befruchtung im Extrem und ergänzt sie in einer bisher nie dagewesenen Weise. Nach den ersten Oberkreide-Übergangszeit entstehen später aus den anfänglichen Bäumen durch Wegfall der Sekundärholzbildung und Verkürzung des Lebenszyklus einjährige Kräuter, die die Eroberung des Landes durch die Pflanzenwelt vollständig machen.

Wie die Angiospermen ein Produkt der Koevolution Blüte–Insekt sind, so treten sie nun künftig als große, sich ausbreitende Lebensgemeinschaften (Pflanzenformationen, Assoziationen, Unitas) auf. Über ihre Herkunft gibt es verschiedene Hypothesen. Ein Anschluß an mesophytische Pteridospermen wird allgemein mehr vermutet als eine Verwandtschaftsbeziehung zu Bennettiteen. Ob die ersten Angiospermen schon früh in der Unterkreide oder im Jura entstanden, bleibt bisher vage Vermutung, ebenso, ob das Entstehungszentrum im tropischen und hochgebirgigen Südostasien der Jurazeit lag. Es ist Tatsache, daß Alb-Angiospermen-Blätter in Sibirien und Nordamerika relativ plötzlich und in gleichartiger Weise auftreten.

Die älteste **Angiospermenflora** zur Zeit des Alb ist nach wie vor schwer mit Begriffen der späteren Gattungen und Familien zu belegen. Man kennt sie von der Ostküste der USA (Maryland) als **Potomac-Flora** und von mehreren Fundorten in der UdSSR in West-Kasachstan, Lena-Becken, Polyma-Becken und Süd-Primorje. Die Namen umschreiben eine gewisse Ähnlichkeit zu den Gattungen, lassen aber alle übrigen Fragen offen: *Sassafras, Cinnamomoides, Laurophyllum, Nelumbites, Cercidiphyllum, Prototrochodendroides, Morophyllum, Aralia, Cissites, Pandanophyllum* u. a. Das könnte so gedeutet werden, daß Bäume und Wasserpflanzen einer Reihe von Pflanzenfamilien, die auch heute als ursprünglich und altertümlich gelten, in dieser Anfangsflora der obersten Unterkreide vertreten waren: *Lauraceen, Ranunculaceen, Platanaceen, Moraceen, Araliaceen, Icacinaceen, Vitaceen* und *Monokotylen*.

Die **Oberkreide-Paläozänflora** wurde von A. KRISCHTOFOWITSCH als eine Flora eines naturhistorischen Zyklus bezeichnet. Im **Cenoman** bis zum **Senon** herrscht noch eine ziemlich eintönige Zusammensetzung nur baum- und strauchartiger Angiospermen, vermischt mit alten mesophytischen Relikten. Im **Paläozän** entwickelte sich daraus im großen Gebiet Laurasiens eine holarktisch-paläozäne Flora, ökologisch in die nördliche Grönländische und die südliche Gelindener Paläozänflora differenziert. Wenig später formten sich im **Alttertiär** diese beiden Paläozänfloren in die stabilen beiden Florenprovinzen der **Turgai-** und der **Poltawa-Flora** um. Die Turgai-Flora hatte im Verlaufe des Tertiärs Ausbreitungstendenz, und die Poltawa-Flora, in der Palmen und Lorbeergewächse, *Myrtaceen* und *Proteaceen* ihre Entwicklung bzw. Fortentwicklung fanden,

Cycas revoluta mit Fruchtblättern (×)

Bennettiteenblüte (Cycadeoidea)

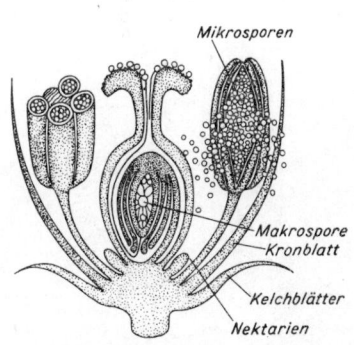

Schema einer Angiospermenblüte

bildete sich zu einer **Tertiär-euramerisch-zonalen Flora** um, die heute nur noch in Resten ihres zonalen Gürtels in Südostasien und im südlichen Nordamerika zwischen der gemäßigten und der subtropischen Flora fortlebt. Bemerkenswerterweise existieren die aus der Kreide bekannten Gattungen nicht in den heutigen Tropen, sondern in der genannten zonalen Flora fort. Wann und wo die Flora der Tropen, insbesondere die des tropischen Regenwaldes, entstanden ist, ist weitgehend unbekannt. A. TAKHTAJAN vermutet rein hypothetisch ein Entstehungszentrum im tropischen Südostasien, in früheren Gebirgsregionen der heutigen Paläotropis. Die nördliche holarktische Flora sieht er als davon abgeleitet an. Bisher fehlen paläobotanische Fakten in der einen oder anderen Richtung. Die Andersartigkeit der südamerikanischen Flora (Neotropis) erklärt sich durch ein Abreißen der ehemals noch zusammenhängenden **Alt-Angiospermen-Flora** im Verlaufe der Oberkreidezeit. Die **Mangrove-Formation** entstand an der Wende der Kreide- zur Tertiärzeit und ist in Zentralindien fossil erhalten. Die Steppenfloren entstanden in mehrfachen Ansätzen seit dem Paläozän. Die pleistozänen Vereisungen verdrängten die letzten Reste der Poltawa- oder euramerisch-zonalen Flora aus Europa (*Ginkgo, Cinnamomum*) und brachten eine Ausbreitung von Kräutern, die sich auf dem Wege der Polyploidie von Gebirgspflanzen des Alpen- und Balkangebietes ableiten.

R. Daber

Die Entwicklung der Tierwelt

Die in den letzten Jahrzehnten intensivierte paläontologische Tatsachenforschung hat zusammen mit der vergleichenden Anatomie den Einblick in die bestehenden verwandtschaftlichen Beziehungen innerhalb des Tierreiches erheblich erweitert.

Die großen Gruppen des Tier- und Pflanzenreiches erschienen im Verlauf der Erdgeschichte in der Reihenfolge ihrer Organisationshöhe. Diese stammesgeschichtliche Höherentwicklung heißt Anagenese. Um von einer Stufe der Entwicklung zur nächst höheren zu gelangen, wurde ein Übergangsfeld von Mosaikformen durchlaufen. Von diesen erwarb oft nur eine einzige Linie maßgeblich, konstruktiv und funktionell Neues, um sich nach mehr oder wenig

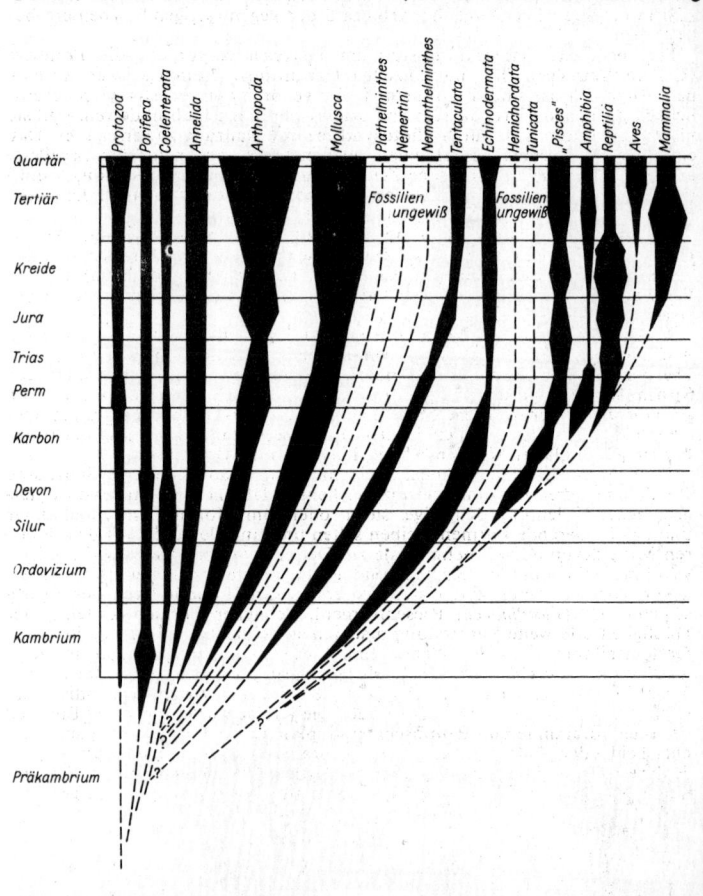

Stammbaumschema der wichtigsten **Tiergruppen** (nach Czihak, Langer u. Ziegler). Gestrichelte Linien und **Fragezeichen** kennzeichnen die phylogenetischen Zusammenhänge

langer Zeit explosionsartig auszubreiten. Dann beginnt die Cladogenese, d. h. die biologische Vervollkommnung, mit ihren Anpassungen und Spezialisationen an unterschiedlichste Lebensräume und ökologische Nischen.

Die Glieder einer systematischen Gruppe verdanken nach CHARLES DARWIN (1809–1882) ihre Formenverwandtschaft der Stammesverwandtschaft, d. h. der Herkunft von einem gemeinsamen Vorfahren (Abstammungslehre oder Deszendenztheorie). Heute wird die Abstammungslehre u. a. durch so zahlreiche paläontologische Beobachtungen und Tatsachen gestützt, daß sie als die am besten begründete Theorie der biologischen Wissenschaften gelten kann. Strittige Fragen betreffen Einzelheiten, z. B. die Verbindung einzelner Entwicklungslinien, während der Gesamtablauf der Entwicklung feststeht.

Nach der am weitesten verbreiteten Anschauung können zwei Hauptentwicklungszweige (Protostomier, Deuterostomier) angenommen werden, die von einer gemeinsamen Basis ausgehen. Der Ursprung liegt im Anorganischen. Näheres ist im Kapitel – Die Entstehung des Lebens auf der Erde – dargestellt.

Die Vertreter des Tierreiches besitzen Zellen ohne Zellwand. Sie entwickelten sich als sekundär heterotrophe Formen unter aeroben Verhältnissen. Diese neue und wirtschaftlichere Form des Energiestoffwechsels hatte eine schlagartige Differenzierung des Lebens zur Folge und führte vor etwa 700 Millionen Jahren zur Herausbildung der einzelnen Stämme des Tierreiches, einschließlich der Chordaten. Dieser Zeitpunkt ist die »Geburtsstunde des Tierreiches«, des Biogäikums. Der oft diskutierte Faunenschnitt an der Wende Präkambrium/Kambrium ist also letztlich ein energetisches Problem. Auf dieser höheren Energiegrundlage entfaltete sich in den folgenden Jahrmillionen das Leben bis zu seiner heutigen Organisationshöhe.

Die Explosion der Fossilfunde zu Beginn des Kambriums hängt mit der Fähigkeit der Organismen zusammen, feste, tragfähige und schützende Skelette zu bilden, die erhaltungsfähig sind. Die Erfindung eines Außenskelettes trug erheblich dazu bei, die Organisationsformen in der Lebewelt zu erweitern, ohne daß diese Zäsur innerhalb der Organismenentwicklung in ihren Ursachen eindeutig geklärt wäre.

Die Wirbellosen (Invertebraten)

Die wirbellosen Tiere (Wirbellose, Invertebraten) besitzen keine Wirbelsäule. Sie erscheinen lange vor den ersten ordovizischen Wirbeltieren, und die Anzahl ihrer Arten übersteigt die Artenzahl der gegenwärtigen Wirbeltiere beträchtlich.

Die niedrigste Entwicklungsstufe im Tierreich verkörpern die **Protozoa (Urtiere, Einzeller)**. Das sind einzellige Organismen, die nur schwer mit bloßem Auge sichtbar sind. Zu diesem Stamm gehören mit höchster Wahrscheinlichkeit die ersten Tiere, die sich von primitiven Pflanzen absonderten, weil sie nicht fähig waren, sich durch Photosynthese ihre Nahrung zu verschaffen. Der einzellige Organismus besitzt einen oder mehrere von Protoplasma (gallertartiger Zellkörper) umschlossene Zellkerne und bildet eine selbständige Funktionseinheit (Bewegung, Stoffwechsel, Wachstum, Fortpflanzung). Die Formenfülle der Urtiere ist riesengroß.

Paläontologisch von Bedeutung sind hauptsächlich die Formen, die anorganische Skelettelemente (Hartteile) ausscheiden. Die wichtigsten sind die wegen ihrer unregelmäßigen Plasmaausstülpungen (Pseudopodien) zu den Rhizopoden (Wurzelfüßern) gestellten **Foraminiferen (Lochträger)** und **Radiolarien (Strahlentierchen)**.

Radiolarien sind die formenschönsten und höchstorganisierten Rhizopoden. Auffallend ist ihr großer Formenreichtum, der sich heute noch nicht annähernd überblicken läßt. Radiolarien finden sich mit den konzentrisch-kugeligen Spumellarien und den mützenförmigen Nassellarien möglicherweise schon im Oberen Proterozoikum. Meist halten diese präkambrischen Funde aber einer näheren systematischen Überprüfung nicht stand. Eindeutig nachweisbar sind Radiolarien seit dem Kambrium bis in die Gegenwart.

Zu Beginn des Paläozoikums, im Kambrium, Ordovizium und Silur, sind die **Foraminiferen** u. a. infolge unzureichender Überlieferung nur von untergeordneter Bedeutung. Kugelige, stern- oder röhrenförmige, speudochitinige und agglutinierende Formen bleiben selten und unbedeutend. Mit dem oberen Mitteldevon (Givet) nehmen sie zu. Der erste stammesgeschichtliche Entwicklungshöhepunkt im Karbon und Perm bereitete sich bereits im Oberdevon vor. Zu dieser Zeit traten die ersten Großforaminiferen der Erdgeschichte auf (*Fusulinacea*, Riesenformen). Schneller Formenwandel, große Häufigkeit und weite Verbreitung machten sie schließlich zu Leitfossilien und Gesteinsbildnern. An der Wende zum Mesozoikum, insbesondere im Jura, wurden die Sandschaler von Kalkschalern zurückgedrängt, die in der alpinen Trias eine überraschend große Formenfülle erreichten. Arten- und Individuenreichtum steigerten sich nunmehr rasch. Die Kreide war eine erneute Blütezeit der Kleinforaminiferen. Benthische und planktische Formen nahmen einen entscheidenden Aufschwung. Die Großforaminiferen strebten ihrem zweiten Höhepunkt im Alttertiär zu, wo sie in marinen Sedimenten häufige Fossilien sind. Als Gesteinsbildner und Leitformen traten die planspiral aufgerollten

Nummuliten (Riesenkammerlinge) als bezeichnende Bewohner des Tethys Gürtels auf. Die Kleinforaminiferen setzten sich aus gleichen Formen wie in jüngeren Mesozoikum und in der Gegenwart zusammen.

Die am einfachsten gebauten **Metazoa (Mehrzeller)** sind die **Porifera** (Schwämme, *Spongia*). Erhaltungsfähige Reste lieferten die kieselnadeliger (*Silicospongea*) und die kalknadeligen (*Calcispongea*) Schwämme. Zu Beginn des Ordoviziums entfalteten sich besonders die Kieselschwämme. Im Oberer Jura entwickelten sie einen großen Formenreichtum, der in der Oberkreide noch gesteigert wurde und seine Blütezeit erreichte. Die Schwämme waren riff- und damit gesteinsbildend. Mit Beginn des Tertiärs zogen sich die Kieselschwämme in größere Meerestiefen zurück. Kalkschwämme spielten ab Devon bis zur Gegenwart nur eine untergeordnete Rolle und blieben immer verhältnismäßig formenarm. An der Riffbildung im Jura waren sie in geringer Anzahl beteiligt, während sie in der Kreide das flachere Wasser bevorzugten.

Die **Archaeocyathiden** sind ein sehr formenreicher Tierstamm, den man zwischen Schwämme und Hohltiere einordnet. Es sind kalkschalige Organismen von becher- oder kelchartiger Gestalt. Daher werden sie auch »**Urbecher**« genannt. Die Archeocyathiden sind Leitformen des Unter- und Mittelkambriums und starben bereits in dieser alten Zeit wieder aus. Als kolonien- und riffbildende Organismen waren sie weltweit in den seichten warmen Meeresgebieten verbreitet.

Coelenterata (Hohltiere) finden sich als formenreiche Gruppe, vertreten durch die Medusoiden und die Pennatulaceen, schon in der Ediacara-Fauna des jüngsten Präkambriums Australiens. Fossil sind nur die *Cnidarier* (Nesseltiere) während der gesamten Erdgeschichte von Bedeutung. Jedes ihrer Einzeltiere bildet eine kalkige Röhre, die meist durch Querböden in einige übereinanderliegende Stockwerke gegliedert und durch radial gestellte, vertikale Wände, die Septen, in eine Anzahl Radialkammern geteilt ist. Im obersten Stockwerk sitzt das Tier. Man unterscheidet je nach Überwiegen von Böden oder Septen die Bödenkorallen (*Tabulaten*) und die Septenkorallen. Die Septenkorallen (*Rugosa, Heterocorallia, Scleractinia*) sind aus größeren und trichterförmigen Individuen, die Bödenkorallen (*Tabulata*) meist aus sehr engen Röhren zusammengesetzt. Beide Gruppen erscheinen erstmalig im Ordovizium. In den *Auloporidae* des Kambriums vermutet man die ältesten Tabulaten.

An der Wende Ordovizium/Silur gewannen die Korallen rasch an Formenreichtum, Häufigkeit und Verbreitung und bildeten Riffgemeinschaften auch im folgenden Devon.

Die *Rugosa*, eine Ordnung der Septenkorallen, bauten stärker als zuvor Korallenstöcke auf; doch sind auch Einzelkorallen weit verbreitet. Eine eigenartige Gruppe der paläozoischen Septenkorallen sind die **Deckelkorallen**. Das sind Einzelkorallen, bei denen der Kelch durch einen ein- oder mehrteiligen kalkigen Deckel verschlossen werden konnte, z. B. *Calceola* im Devon.

Im Karbon gingen die Tabulaten an Zahl zurück und erloschen im Laufe des Perms fast völlig; nur wenige seltene Gattungen reichten bis ins Mesozoikum.

Die *Rugosa* entwickelten um die Wende Devon/Karbon axiale Strukturen. Korallenriffe sind selten, aber sowohl Einzel- als auch Stockkorallen bildeten einen bedeutenden Anteil der Gesamtfauna der Kohlenkalkfazies des Unterkarbons.

Die Korallenentwicklung ist am Ende des Paläozoikums durch tiefgreifende Veränderungen gekennzeichnet. Die rugosen Korallen wandelten sich in die *Scleractinier* (= Hexacorallia) um, d. h., die paarweise Septenstellung wurde einer zu sechsstrahlig-symmetrischen, die seit dem Jura bis in die Gegenwart unverändert anhält. Diese Entwicklung beginnt im Karbon und ist in der Trias vollendet. Sie bedeutet einen weiteren Fortschritt von der Bilateralität, die die Korallen von ihren freilebenden Ahnen ererbt hatten, zur Radialität sessiler Organismen. Übergangsformen stellten die Zaphrentiden und Plerophylliden dar. Einzelkelche überwiegen gegenüber Korallenstöcken und -riffen.

Die seit der Trias auftretenden Wandlungen bei den Korallen betreffen den verstärkten Zug zur Koloniebildung. Gleichzeitig erfolgte eine Auflockerung des inneren Gefüges, insbesondere die Wände, ferner erfolgten Veränderungen des Septenfeinbaues. Gleicher Stoffaufwand ermöglichte bei unverminderter Festigkeit eine erhöhte Wachstumsgeschwindigkeit und damit eine bessere Anpassung an das Riffleben. Im Malm liegt die Hauptentwicklung der Korallen am Rand der Tethys. In der Kreide traten die Korallen als Riffbildner zurück; Kleinkolonien, Stockbildungen und Einzelkelche besiedelten die festeren Kalkschlick- und Mergelgründe.

Die **Hydrozoen** erreichten am Ende der Kreide einen Wendepunkt ihrer stammesgeschichtlichen Entwicklung. Die paläozoischen Gruppen (Ordovizium bis Devon) erloschen und setzten erst im Tertiär ihren Aufstieg fort.

Die Korallen sind durch rasche weitere Auflockerung des Skeletts, besonders bei den Riffkorallen, gekennzeichnet. Einzelkorallen bewohnten im Tertiär verstärkt Schlammgründe, aber auch sandige Böden.

Die Formenmannigfaltigkeit der heute lebenden **Würmer (Vermes)** ist riesig und dürfte auch in der geologischen Vergangenheit groß gewesen sein. Da der Weichkörper infolge seiner Beschaffenheit nur unter besonders günstigen Bedingungen erhalten bleibt, ist von den Würmern nur wenig überliefert. Häufiger nachweisbar sind Zähnchen, Häkchen, Kiefer, Borsten, Wohnröhren und deren Deckel sowie die meist problematischen Exkremente. Gleiches gilt für Lebensspuren in Form von Kriech- und Grabspuren sowie Wohnbauten (z. B. *Scolithos, Diplocraterion* aus dem Unterkambrium).

Die ältesten Überreste der Würmer sind die präkambrischen **Annelida (Ringelwürmer)** der Ediacara-Fauna Australiens. Anneliden, als Körperfossilien erhalten, sind nur aus den mittelkambrischen Burgess-Schiefern Britisch-Kolumbiens bekannt.

Stellenweise gesteinsbildend wirkten die Ausscheidungen von verzierten Wurmröhren aus Kalziumkarbonat (oberjurassischer Serpulit); das ließ sie zu erdgeschichtlichen Durchläufern bzw. Dauertypen werden. Erstmalig treten *Scolecida* (»Niedere Würmer«), vertreten durch *Nemertini* im Jura sowie durch die *Nemathelmintes* im Tertiär, in Erscheinung.

Eine zwischen Vermes und Mollusken stehende Tiergruppe sind die **Tentaculata (Weichtierähnliche)** oder **Molluscoidea**. Die von einer Tentakelkrone umstandene Mundöffnung, Darm und sekundäre Leibeshöhle kennzeichnen sie. Zu ihnen werden die Stämme der **Brachiopoda (Armfüßer)** und der **Bryozoa (Moostierchen)** gerechnet.

Der Ursprung der marin und brackisch lebenden *Brachiopoda* ist unbekannt; möglicherweise liegt er bereits im Proterozoikum. Ähnlich wie bei den Muscheln haben die Brachiopoden eine zweiklappige Schale von dorsoventraler Symmetrie, unterscheiden sich aber wesentlich durch deren Bau und die Organisation der Weichteile. Im Unterschied zu den Muscheln vollzieht sich Schließen und Öffnen der Klappen durch Muskelzug. Während bei den *Inarticulata* (Schloßlose) die Schalen lediglich durch Muskeln zusammengehalten werden, haben die *Articulata* (Schloßtragende) ein besonderes Schloß. Es besteht aus zwei Zähnchen an der Stielklappe, die in zwei entsprechenden Zahngruben der Armklappe drehbar gelagert sind.

Die chitino-phosphatischen *Inarticulata* (Schloßlosen) hatten im Kambrium bereits den Höhepunkt ihrer Entfaltung erreicht und besaßen nur noch zu Beginn des Ordoviziums Bedeutung. Bis in die Gegenwart halten sie sich ohne nennenswerte Veränderungen im Hintergrund.

Die schloßtragenden, kalkschaligen *Articulata* standen im Kambrium noch in den Anfängen ihrer Entwicklung, machten jedoch bald einen raschen Formenwechsel durch. Insbesondere das kalkige Stütz- oder Armgerüst für die fleischigen Kiemenarme besaß vom Ordovizium bis zur Perm-Trias-Grenze eine große Variabilität, die geeignet ist, entsprechende Leitformen auszuscheiden.

Der Zeit des ersten Aufschwunges der articulaten Brachiopoden im Ordovizium folgte im Silur eine Zeit der Übergangsentwicklung. Im Devon werden dann die hornschaligen Brachiopoden völlig von den schloßtragenden Kalkschalern mit einem spiraligen, kalkigen Armgerüst (*Helicopegmata*) überflügelt. Daneben erscheinen auch schon die bis in die Gegenwart reichenden *Ancylopegmaten* als mit einem schleifenartigen Armgerüst ausgestattete Vertreter. Im Karbon und Perm herrschen in der Brachiopodenfauna die *Productacea* mit beträchtlicher Größenentwicklung vor. Die Brachiopoden stellten im Perm letztmalig den Hauptanteil der marinen Fauna, ehe sie im Mesozoikum durch die Muscheln verdrängt werden. Das Perm ist ferner gekennzeichnet durch aberrante, korallenartige Formen bei den Brachiopoden (*Richthofeniiden, Scacchinelliden, Oldhaminiden*). In der Trias stellen die Brachipoden neben den Muscheln die häufigsten marinen Fossilien. Die *Inarticulata* spielten bis auf *Lingula*, einen konservativen Dauertyp, seit dem Ordovizium bis in die Gegenwart keine Rolle mehr. Die *Articulata* mit einfachsten Brachidien (Brachiophoren oder Crura) starben am Ende des Paläozoikums aus oder waren in ihrer Formenfülle stark zurückgegangen. Die helicopegmaten Formen waren in der Trias häufig und erloschen im Jura. Dagegen gewannen die schleifenartig gekrümmten *Terebratuliden* an Boden und traten im Jura durch eine Formenfülle zusammen mit den *Rhynchonellida* in den Vordergrund.

In der Kreide nahmen die Brachiopoden im Vergleich zum Jura weiter an Häufigkeit ab und verlieren im Tertiär vollends ihre Bedeutung. In Annäherung an die Verhältnisse der Gegenwart traten die *Terebratulida* in den Vordergrund. Die *Rhynchonellida* waren noch einigermaßen formenreich, gleichzeitig erlebten die schloßlosen *Craniacea* eine Nachblüte. Im Tertiär und heute sind Brachiopoden vorzugsweise außerhalb der pazifischen Meere selten anzutreffen. Hier sind die terebratelliden Formen die wichtigsten.

Die meist sehr kleinwüchsigen, marinen **Bryozoa** gehören ebenfalls zu den Tentakulaten und lebten stets sessil. Sie bilden sehr verschieden gestaltete krusten-, bäumchen-, blattförmige oder klumpige Kolonien.

Bryozoen sind mit Sicherheit aus dem Oberkambrium bekannt. Mit fast allen Ordnungen beginnt ihre volle Entwicklung aber erst im Ordovizium, besonders in Nordamerika, die sich dort mit den meisten Taxa im Silur fortsetzt.

Bryozoen gehören zu den Organismen der Riffkomplexe. Auch im Devon sind Bryozoen in manchen Fazies häufig.

Im Karbon (Kohlenkalk) und im Perm (Zechstein) traten Bryozoen, hauptsächlich *Fenestellidae*, öfters gesteins- und riffbildend auf. An der Wende vom Perm zur Trias erfolgt ein plötzlicher Rückgang in der Bryozoenentwicklung, der fast zu ihrem Aussterben führte. Erst im Dogger vergrößerte sich dann die Formenfülle der Bryozoen wieder. In der Kreide erreichten sie erneut einen Höhepunkt ihrer Entwicklung. Vielerorts gedeihen sie üppig am Grunde der Meere, speziell der Oberkreidemeere. Hauptsächlich waren es die *Cyclostomata* und die vielgestaltigen *Cheilostomata*. Im Tertiär sind die Bryozoen wiederum wichtige Riffbildner.

Die **Mollusca (Weichtiere)** sind eine der entwicklungsgeschichtlich bedeutendsten Gruppen der Wirbellosen. Ihr Körper gliedert sich in Kopf, Fuß, Eingeweidesack und Mantel. Man unterscheidet heute **Amphineura (Käferschnecken), Scaphopoda (Grabfüßer), Lamellibranchiata (Muscheln), Gastropoda (Schnecken)** und **Cephalopoda (Kopffüßer)**. *Amphineura* und *Scaphopoda* sind konservative Gruppen, die sich im Verlauf ihrer stammesgeschichtlichen Entwicklung nur wenig verändert haben. Zum Teil haben sie nur lokal und in bestimmten Schichtkomplexen Bedeutung, z. B. Scaphopoden in marinen Tertiärablagerungen.

Gehäuse fossiler **Schnecken** haben neuerdings größeres Gewicht für stammesgeschichtliche Aussagen erlangt. So tragen die primitivsten und geologisch ältesten Schnecken, die *Tryblidiaceen*, ein schüsselförmiges Gehäuse mit zahlreichen paarig und symmetrisch angeordneten Eindrücken auf der Innenseite, an denen besondere Muskeln des Weichkörpers befestigt waren und an eine ursprüngliche Segmentierung erinnern. Dies und das schildförmige, noch nicht spiralig aufgerollte Gehäuse machen es wahrscheinlich, daß auch die Schnecken von den Ringelwürmern abstammen. Aus den schüsselförmigen Schalen der fossil nur bis zum Oberdevon bekannten *Tryblidioidea*, von denen man neuerdings lebende Vertreter in der Tiefsee vor der mittelamerikanischen Westküste entdeckt hat (*Neopilina galatheae*), dürfte sich unter Verlängerung des Eingeweidesackes über ein kegelartiges Zwischenstadium das spiralig eingerollte Gehäuse der meisten Schnecken entwickelt haben.

Schnecken mit napfförmigen Gehäusen setzten bereits im Unterkambrium ein, denen im Oberkambrium planispirale und gonispirale Formen folgten. Im Ordovizium entfalteten sich die Schnecken nach Arten- und Individuenzahl erheblich. Seit dem Silur blieben bei den Schnecken die gleichen Formenkreise des Ordoviziums bis ans Ende des Paläozoikums mit nur wenigen Veränderungen vorherrschend. Schnecken treten häufig auch in Riffbildungen auf, z. B. überwiegend in der Kalkfazies des unterkarbonischen Kohlenkalkes. Die marine Fauna entsprach der des Devons. Im kontinentalen Oberkarbon stellten sich neben Landschnecken erste Süßwasserschnecken ein.

Im Perm ist ein gewisser Rückgang der älteren Gastropoden-Gruppen zu verzeichnen, wenn auch die Fauna noch ein paläozoisches Gepräge besitzt. Die Trias beginnt mit einem neuen Aufschwung, und die Gastropoden nehmen an Mannigfaltigkeit und Verzierung zu. Es erscheinen neue Familien, z. B. bei den *Patellina*, *Trochina* und *Naticacea*, dagegen erlöschen bedeutende paläozoische Gruppen (*Bellerophontina*, *Macluritina*, *Murchisoniina*). Die während der Trias beginnende Entwicklung setzt sich bis zur Kreide fort. Innerhalb der Oberkreide lag bei den Gastropoda innerhalb der Superfamilien ein bedeutender Entwicklungsschnitt. *Meso*- und *Neogastropoda* (= *Caenogastropoda*) waren am Ende des Juras ausgestorben. Jetzt treten Gehäuseformen mit längerer Siphonalröhre auf und setzen sich gegenüber solchen mit kürzerem Ausguß und ganzrandiger Mündung durch. Im Tertiär liegt die Blütezeit der **Känogastropoden**, die unter den Mollusken eine Vorrangstellung einnehmen. Bisher werden rund 85000 Arten unterschieden.

Die **Lamellibranchiata** oder **Bivalvia (Muscheln)** sind bilateral symmetrische Organismen. Ihre doppelklappigen Schalen werden durch ein Schließband, das Ligament, und in vielen Fällen durch ein besonderes Schloß zusammengehalten. Das Öffnen der Klappen erfolgt durch das elastische Ligament, das Schließen durch Muskelzug. Im Kambrium sind die Bivalven noch selten. Die ältesten (*Lamellodonta*) stammen aus dem höheren Unterkambrium bis Mittelkambrium. Vom Ordovizium ab werden die Muscheln häufiger und gewinnen an Formenmannigfaltigkeit, besonders die bis heute fortbestehenden *Taxodontier*, die der gemeinsamen Stammform der Muscheln sehr nahe stehen dürften. Auch im Silur tritt keine einschneidende Veränderung gegenüber dem Ordovizium auf. Hier erscheinen auch schon die *Heterodontier*: Muscheln, deren Schloß nur von wenigen, asymmetrisch angeordneten und verhältnismäßig großen Schloßzähnen gebildet wird. Außer *Desmodontiern* (ohne echte Schloßzähne) liegen zahlreiche *Anisomyarier* vor, die kein Schloß besitzen und meist an einer Unterlage festgewachsen oder mit Hilfe von Byssusfäden angeheftet sind. Bei den Muscheln erscheinen die wichtigsten Baupläne also ebenfalls sehr frühzeitig in der Stammesgeschichte. Im Karbon setzte sich die Entwicklung aus dem Devon im wesentlichen fort. Viele altpaläozoische Gruppen, besonders die *Taxodontier*, treten zurück und machen den neuen *Aniso-*

myariern Platz. Im Oberkarbon liegt auch die erste Blütezeit der nichtmarinen Muscheln, insbesondere der *Anthracosidae* und *Myalinidae*, deren Gattungen besonderen stratigraphischen Wert haben. Im Perm gehören die Muscheln neben den Brachiopoden zu den häufigsten Fossilien, unter denen jetzt die Anisomyarier überwiegen.

In der Trias bildete sich ebenso wie bei den Schnecken eine bezeichnende Faunengesellschaft mit einem typischen Gepräge heraus. Doch bleiben zunächst die Anisomyarier weiterhin gegenüber den Heterodontiern in Überzahl. Im Jura ändert sich durch das Erscheinen neuer Gattungen bei den meisten Ordnungen das Bild der Muschelfauna. Besondere Beachtung verdienen die *Hippuritoida*, deren Höhepunkt in der Kreide durch jurassische Gattungen vorbereitet wurde. Die Muschelfauna der Kreide wird durch die *Hippuritoida* mit den korallenartigen und riffbildenden *Rudisten* und die stark aufblühenden *Inoceramen* geprägt. Beide Gruppen liefern am Ende des Mesozoikums zahlreiche bedeutende Leitfossilien, die Rudisten in warmen, die Inoceramen in kühleren Meeresgebieten.

Im Tertiär überwiegen die mit langen und rückziehbaren Siphonen ausgestatteten sinupalliaten Heterodontier, die die bis dahin herrschenden Anisomyarier verdrängen. Bei den Heterodonta waren die *Veneroida* die formenreichste Gruppe. Unter den marinen Muscheln bildeten sich im Laufe des Tertiärs deutlichere biogeographische Provinzen als im vorangehenden erdgeschichtlichen Verlauf heraus.

Die **Cephalopoda (Kopffüßer)** besitzen ein röhrenförmiges Kalkgehäuse, das häufig Schneckengehäusen ähnelt, aber im hinteren Abschnitt regelmäßig durch Scheidewände, die Septen, in eine Anzahl gasgefüllter Kammern geteilt ist. Die Tiere bewohnten den vorderen, nichtgekammerten Teil, die Wohnkammer. Die Kammern werden von einem dünnen Hautschlauch (Sipho) durchzogen, der vom Hinterende des Tieres ausgeht.

Die ersten und damit ältesten Kopffüßer sind die *Nautiloidea*, Vorfahren des rezenten *Nautilus*. Mit etwa 650 Gattungen bilden sie die größte, älteste und formenreichste Klasse. Lange Zeit galt die unterkambrische *Volborthella* als die Stammform der Cephalopoden. Neuere Untersuchungen haben aber gezeigt, daß sie vielleicht einer Gruppe unbekannter Stellung zuzuordnen ist, aber auch ein kurzlebiges, frühes »Modell« in der Cephalopodenentwicklung darstellen könnte, das sich evolutiv nicht durchzusetzen vermochte. Die ältesten *Nautiloidea* gruppieren sich um die oberkambrischen *Ellesmerocerida* mit der Gattung *Plectronoceras*, einem kleinwüchsigen, etwa 2 cm langen eingekrümmten Tütchen, mit enggestellten Septen und randständigem Sipho. Mit Beginn des Ordoviziums entfaltete sich die Kopffüßer unvermittelt zu großer Formenfülle, wobei später nur noch gewisse Umgestaltungen erfolgen.

Neben Nautiloideen mit gerade gestrecktem Gehäuse (*Michelinoceras* – »*Orthoceras*«) finden sich mehrere Seitenzweige, deren Gehäuse teilweise oder

Evolution der Protozoen und Wirbellosen. Fossil unbekannte Tiergruppen sind nicht berücksichtigt. Die Breite der Entwicklungslinien gibt die einstige Häufigkeit an (nach Kuhn-Schnyder u. Thenius)

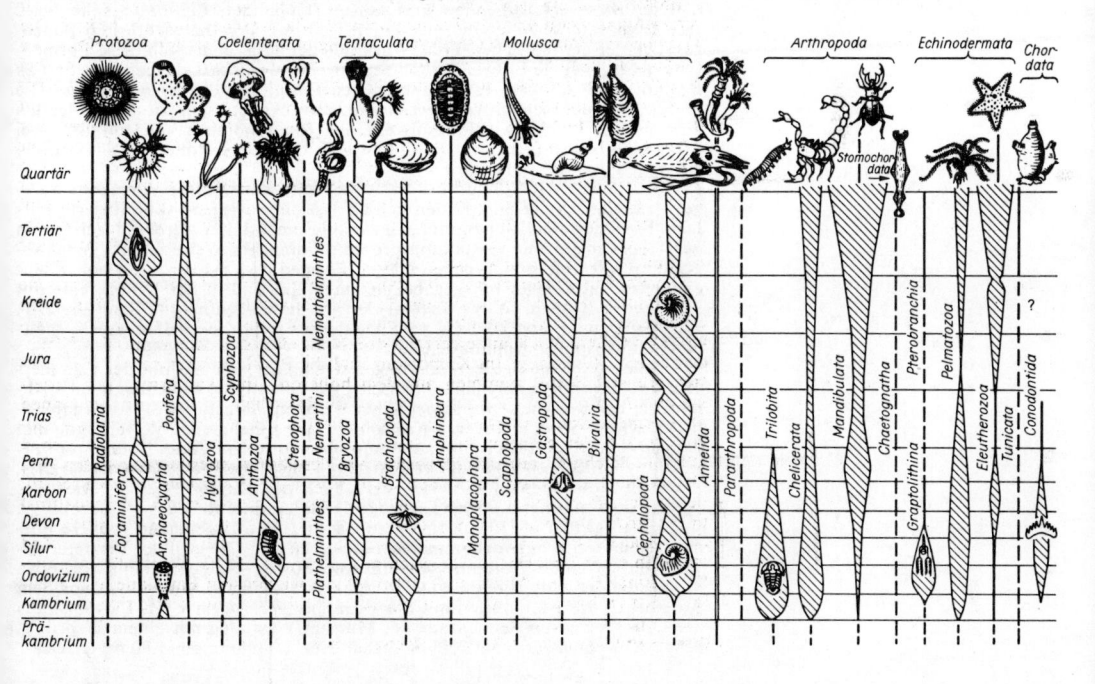

vollständig plan- oder trochispiral gekrümmt sind. Meist bilden sich nur mehr oder weniger hakenartige Formen (*Protophragmoceras*). Alle ordovizischen Nautiloideen-Gruppen setzen sich ins Silur fort, aber mit verringerter Formenfülle. Die Fauna besteht jetzt hauptsächlich aus den *Orthocerida*, die erst in der Trias aussterben. Aus ihnen haben sich möglicherweise schon im Mittleren Ordovizium die stabförmigen *Bactritoida* abgespalten, die zu den *Coleoidea* führten. So lag die Hauptblütezeit der Nautiloideen im älteren Paläozoikum. Im Devon begannen die Nautilida ihre vorzugsweise zu eingerolltem Gehäuse führende Entwicklung, die etwa von der Trias an mit einem zweiten, schwächeren Entwicklungshöhepunkt mit nur noch spiralig eingerollten Formen vorherrscht. Nur wenige glattschalige Formen überschreiten die Trias/Jura-Grenze. Mindestens seit der Trias dürften sich auch die Weichteile kaum vom rezenten *Nautilus* unterschieden haben.

Die **Ammonoideen** sind Kopffüßer, die innerhalb des Stammes der Weichtiere eine selbständige, bereits gegen Ende der Kreide ausgestorbene Tiergruppe bilden. Im Jungpaläozoikum und Mesozoikum stellen sie die wichtigsten und brauchbarsten geologischen Zeitmarken dar.

Als Verbindungsglied zwischen *Nautiloideen*, *Ammonoideen* und *Belemnoideen* gelten die **Bactriten**. Ihre Hauptlinie begann im Oberen Silur und endete im Perm. Eine mögliche Frühform wurde bereits aus dem Mittleren Ordovizium beschrieben. Die *Ammonoideen* zweigen sich im Unterdevon, die *Belemnoideen* im Oberdevon oder im Unterkarbon ab. Die kleinen, geradgestreckten *Bactriten*, gestaltlich an die *Nautiloideen* erinnernd, wandelten sich zu den *Ammonoideen* um, indem sie sich zu erst losen, allmählich dann engeren Spiralen einrollten. Ferner entwickelten sie neben einem randständigen Sipho einen Siphonallobus und eine Wellung des Septenrandes. Diese Evolution vollzog sich innerhalb kürzester Zeit vom untersten Devon bis Oberdevon bei auf kleine Areale beschränkten Populationen. Makroevolution bestand hier in einer Summe schnell aufeinander folgender kleiner Entwicklungsschritte. Ähnlich vollzog sich wahrscheinlich die Evolution der **Belemnoideen**.

Die bis zum Ausgang des Paläozoikums reichende Gruppe der *Ammonoideen* bezeichnet man auch als **Palaeoammonoidea** bzw. nach der gewellten oder gewinkelten Sutur (Lobenlinie) als »**Goniatiten**«. Einen abweichenden, ausschließlich auf das Oberdevon beschränkten Seitenzweig mit intern liegendem Sipho bilden die **Clymenien**. Die Devon/Karbon-Grenze stellt für die Ammoniten einen wichtigen Entwicklungsschnitt dar: *Clymenien* sterben aus, *Prolecantida* und *Goniatitida* entwickelten sich aus wenigen Stammlinien zu großer Formenfülle. Die Lobenlinie nahm an Kompliziertheit zu und erreichte im Perm das Stadium höchster Differenziertheit (Zerschlitzung), die Schalenverzierung wurde kräftiger. Die **Coleoidea** erschienen erstmalig mit phylogenetisch wichtigen Gattungen.

Mit Beginn der Trias wird die Ammonitenfauna (*Mesoammonoidea*) von den im Perm erscheinenden und nun aufblühenden *Ceratitida* beherrscht. *Beneckeia* und die Arten der »Ceratiten-Reihe« bilden die wichtigsten Zonenfossilien der germanischen Trias. Am Ende der Trias engte sich diese Formenfülle bis auf wenige Entwicklungslinien ein. Die *Ceratitida* starben aus. Erst zu Beginn des Juras kam es zu einer neuen Entfaltung der *Ammonoideen*. Die jurassisch-kretazischen *Neoammonoidea* entwickelten sich zu ihrem letzten Höhepunkt. Im Entwicklungsprozeß der Ammonoideen spielen also zwei Merkmale hinsichtlich ihrer Evolution eine besondere Rolle, die Schalenverzierungen und die Lobenlinie.

Während die Ammoniten des Paläozoikums, von wenigen Ausnahmen abgesehen, glattschalig sind, finden sich ab Trias überwiegend skulpturierte Formen. Es bilden sich Rippen, die gesetzmäßig umgestaltet werden. Nachdem in der Trias der gesamte Gestaltungsprozeß in ähnlicher Weise schon einmal abgelaufen war, findet man neben glatten Formen im Lias vor allem solche mit einfachen, im Dogger mit gegabelten, im Malm und in der Unterkreide mit gespaltenen Rippen. In der Oberkreide wird die Gabelung und Spaltung z. T. wieder abgebaut, und kurz vor dem Aussterben treten sekundäre gabel-, spalt- und einfachrippige Ammoniten auf.

Ähnlich gesetzmäßige Veränderungen sind an der Kontaktlinie der Kammerscheidewände mit der Gehäuseinnenseite, der Lobenlinie, zu beobachten. Während sie bei den meisten paläozoischen Formen einfach gewölbt ist (goniatitisch), erfolgt bei den jüngeren Ammoniten eine zunehmende Verfältelung und Zerschlitzung (ceratitisch und ammonitisch). Vor allem gegen Ende ihrer Entwicklung bilden sich sekundär vereinfachte Lobenlinien verschiedenen Grades.

Neben diesen beiden Kriterien wird auch der Durchmesser als wichtiges Unterscheidungsmerkmal herangezogen. Die Ammoniten des Paläozoikums sind selten größer als 10 cm. Im Mesozoikum treten zunehmend größere Formen neben weiterhin vorkommenden kleineren auf. Die größten Vertreter der Trias haben einen Durchmesser von etwa 80 cm, die des Malms von etwa 85 cm, die der Unterkreide von 1,20 m. Das Maximum wurde kurz vor dem Aussterben der Ammoniten mit *Parapuzosia seppenradensis* (H. LANDOIS) aus der Oberkreide von Seppenrade bei Münster/Westfalen mit einem ursprünglichen Durchmesser von 2,55 m (erhaltener Durchmesser 1,80 m) erreicht.

Die bisher behandelten Nautiloideen und Ammonideen besaßen ein äußeres Gehäuse und werden daher auch als *Ectocochlia* zusammengefaßt. Die **Belemniten** und ihre näheren Verwandten verfügen dagegen über ein inneres, vom Weichkörper umschlossenes Gehäuse. Daher nennt man sie *Endocochlia*, bezeichnet sie aber besser als *Coleoidea*. Die Belemniten stellten einen völlig neuen Bautypus der Kopffüßer dar und erschienen erstmalig mit den phylogenetisch wichtigsten Gattungen *Eobelemnites* und *Hematites* im Mittel- bis Oberkarbon.

Aus den im Perm aussterbenden *Bactritoidea* hatten sich im Karbon Arten entwickelt, die zu den *Coleoidea* führten: Zwei ihrer wichtigsten altertümlichen Vertreter gehörten zu den *Aulacoceraten*, die in der Trias der Tethys ihren größten Formenreichtum erreichten. Es sind die unmittelbaren Vorfahren der jüngeren, im Jura und in der Kreide außerhalb der Tethys verbreiteten Belemniten i. e. S. (*Belemnitidae*). Die älteren Formen zu Beginn des Lias weisen kleine Rostren auf, am Ende des Lias und im Dogger sind es Arten mit Riesenrostren. In der Kreide entwickelten sich die Belemniten zu erstrangigen Leitfossilien. Der Oberkreide gaben sie durch zahlreiche Entwicklungsreihen das Gepräge. Am Ende der Kreide sterben sie zusammen mit den Ammoniten aus. Ein letzter, sehr seltener Vertreter reicht bis ins Eozän (*Bayanoteuthis*).

Die **Arthropoda (Gliederfüßer)**, gekennzeichnet durch ihre gegliederten Extremitäten und ihr chitiniges, als Stützorgan dienendes Außenskelett, treten bereits im Präkambrium auf. So besteht die *Ediacara*-Fauna zu 5 Prozent aus Arthropoden: Eine Art von *Trilobitomorpha* oder *Chelicerata* und eine Art von *Crustacea* (Branchiopoda). Zu Beginn des Paläozoikums gehören etwa 60 Prozent der bekannten Tiergruppen zu den Gliederfüßern, die bereits in die Stammlinien der **Trilobitomorpha** (= **Proarthropoda, Trilobitoidea** und **Trilobita, Chelicerata** (u. a. Spinnentiere)) und **Mandibulata** (= **Branchiata und Tracheata**, u. a. Krebse, Insekten, Tausendfüßer) differenziert sind. Den wichtigsten Bestandteil der kambrischen Arthropodenfauna bilden die **Trilobiten** (»Dreilapper«), die als ausgezeichnete Leitformen von weiter regionaler Verbreitung ausschließlich auf das Paläozoikum beschränkt sind.

Der aus Chitin mit eingelagertem Kalkphosphat und -karbonat aufgebaute Panzer ist der Länge und der Breite nach dreigeteilt. Der Länge nach wird er aus Kopf (Cephalon), Rumpf (Thorax) und Schwanzschild (Pygidium) gebildet. Thorax und Pygidium bestehen aus Segmenten, die im Laufe der Stammesgeschichte zunehmend miteinander verschmelzen. Nur bei den ältesten Formen des Unterkambriums sind die hintersten Segmente noch frei beweglich, die Segmente des Thorax wesentlich zahlreicher und der Kopfschild weit deutlicher quergegliedert als später. Diese Erscheinungen deuten auf die Herkunft von gleichmäßig segmentierten Ringelwürmern hin. Im Mittel- und Oberkambrium ist allgemein die Zahl der im Pygidium verschmolzenen Segmente klein und wird erst im Ordovizium durch Einbeziehung der hinteren Thorakalsegmente größer.

Die Trilobiten erreichten im Oberkambrium bis in das ältere Ordovizium den Gipfel ihrer Formenvielfalt und Körpergröße. Während des Silurs beginnt eine verlangsamte Evolution, im Devon erlitten sie weitere Einbußen an Arten, und im Karbon ist ein deutlicher Rückgang in der Formenfülle zu beobachten. Nur einige wenig differenzierte und primitiv anmutende Arten mit geringer Wandlungsfähigkeit sind bis ins Perm verbreitet (*Proetidae, Ptychopariidae*). Im Mittelperm sterben auch die letzten Vertreter der Trilobiten aus.

Im Kambrium lebten bereits die ersten echten **Cheliceraten**, die im Silur stärker hervortreten. Hier nehmen sie an Größe und Häufigkeit zu (*Eurypteriden*), nicht nur in den marinen Bereichen, sondern auch in den brackischen und lagunären Gebieten. Am Ende des Silurs erschienen als älteste **Spinnentiere (Arachniden)** die Skorpione. Gleichfalls neu sind die **Tausendfüßer (Myriapoden)**, die auf trockenem Land lebten und im Karbon ihre Blütezeit hatten. Viele der am besten erhaltenen Arten finden sich im tertiären Bernstein des Ostseegebietes.

Die frühesten, aber nicht unumstrittenen, flügellosen **Insekten** stammen aus dem Old Red Schottlands. Erste, sicher geflügelte Insekten sind oberdevonischen Alters. Im Oberkarbon erlebten sie ihre erste Blüte. Die *Palaeodictyoptera* (Urflügler) erreichten Flügelspannweiten bis 75 cm (*Meganeura*). Die karbonischen Insekten machten eine nur unvollkommene Metamorphose durch. Im Perm erlöschen die urtümlichen Insekten und werden durch die meisten der noch heute lebenden Ordnungen mit vollkommener Metamorphose abgelöst, unter ihnen die Käfer. Im Jura setzte sich mit Erscheinen neuer Insektengruppen ihr modernes Gepräge weiter durch (Malm Sibiriens/SU, Solnhofen-Eichstätt/BRD). Im Tertiär entspricht neben dem Auftreten subtropischer und tropischer Formen die Insektenwelt unserer gegenwärtigen heimischen Fauna. Bedeutende Insektenfundpunkte sind: Braunkohle des Geiseltales bei Halle (Saale), Ölschiefer von Messel bei Darmstadt, baltischer Bernstein, Blätterkohle von Rott im Siebengebirge und der Molassemergel von Öhningen am Bodensee.

Eine geologisch bedeutsame Gruppe der Krebse sind die **Ostracoda (Muschelkrebse)**, deren Kopfrumpfpanzer zu einer zweiklappigen, hornigen oder kalkigen, den Körper vollständig umhüllenden Schale umgestaltet ist. Älteste Arten stammen aus dem Kambrium. Im Ordovizium stellten die *Ostracoda* wesentliche Faunenelemente, die im Silur einen beträchtlichen Reichtum an Formen und Gehäusegröße erreichten. Seit dieser Zeit spielen sie als Leit- und Faziesfossilien eine große Rolle und bilden markante Zeitmarken bei der horizontalen und vertikalen Einstufung von Schichtkomplexen. So liefern sie im Oberdevon häufig wichtige Zonenarten (*Entomozoidae*), und in der Trias treten sie massenweise auf Schichtflächen auf. Im höheren Lias vollzog sich bei den marinen Ostracoden ein Faunenwandel von den paläozoischen zu den mesozoisch-rezenten Ostracoden-Gruppen, unter denen die *Cytheridae* dominierten. Während der Kreide befinden sich die Ostracoden (insbesondere *Cytheracea* und *Cytherellidae*) in formenreicher Entwicklung. Im Tertiär lieferten sie ebenfalls wichtige Zonenfossilien und sind markante Faziesanzeiger.

Einen Stamm ausschließlich mariner Organismen bilden die **Echinodermata (Stachelhäuter)**. Sie sind gekennzeichnet durch ihre fünfstrahlige Radialsymmetrie, ein kalkiges Innenskelett, stachelige oder warzige Körperoberfläche und durch röhrenförmige, mit Wasser gefüllte Füßchen (Wassergefäß- oder Ambulacralsystem). Sie umfassen **Homalozoa (altertümliche Stachelhäuter), Crinozoa (Seelilien), Asterozoa (See- und Schlangensterne)** und **Echinozoa (Seeigel)**.

Die ältesten Seeigel (*Palechinoidea*) sind fast ganz auf das Paläozoikum beschränkt. Im Ordovizium erscheinen sie erstmalig mit sicheren Vertretern und haben von ihren Vorfahren (? *Edrioasteroida*) ein aus zahlreichen gegeneinander beweglichen Plättchen bestehendes Gehäuse übernommen. Bei ihnen sind zwar die Plättchen der Ambulakren, aber meist noch nicht die der Interambulakren, in Reihen angeordnet. Dies geschieht allgemein erst im Devon. Doch schwankt bis zum Ende des Paläozoikums die Zahl der Plattenreihen, aus denen sich die Ambulakren und Interambulakren zusammensetzen, in weiten Grenzen. Erst im Karbon verschmelzen die bis dahin beweglichen Plättchen zu einem starren Gehäuse, wobei sie allmählich größer und die Plattenreihen zahlreicher werden. Gleichzeitig vermindert sich die Gesamtzahl der Platten. Mit Erreichen des Höhepunktes bricht gegen Ende des Paläozoikums die Entwicklung plötzlich ab. Anscheinend unvermittelt setzen sodann in der Trias die jüngeren Seeigel (*Euechinoidea*) mit kleinen, plattenarmen Formen ein. Bei ihnen ist, von wenigen Ausnahmen abgesehen, die Zahl der in den Ambulakren und Interambulakren vereinigten Plattenreihen von vornherein auf je zwei fixiert.

Die **Crinoidea (Seelilien)** sind häufig zeitlebens, seltener nur juvenil festgewachsene, später freischwimmende Tiere, die aus einem mit Armen versehenen Kelch bestehen. Bei den sessilen Formen ist der Kelch mit einem meist langen Stiel am Untergrund befestigt. Die ersten *Crinozoa*, wie die *Eocrinoidea*, die mit einem kurzen Stiel auf dem Meeresboden verankert sind, treten im Kambrium auf. Die wesentlichen Gruppen der *Crinoidea* finden sich im Ordovizium, sind aber noch selten, kleinwüchsig und haben meist plättchenreiche Kelche. Im Silur machten die *Crinoidea* deutliche Fortschritte. Schwere Kelche mit kräftigen Armen sind dem Riffwohnraum angepaßt. Erstmalig treten sie gesteinsbildend (Trochitenkalk) auf und reichen bis ins höchste Silur und Unterdevon hinein. Im Devon entfalteten sich die *Crinoidea* kräftig weiter. Speziell im Unterkarbon erreichten sie einen Höhepunkt ihrer Entwicklung (etwa 2400 Arten). Die Kelchdecke ist meist fest und solide, die Kelchwand häufig plättchenreich. Es erfolgt eine Abwanderung aus den flachen Riffgebieten ins tiefere, ruhigere Wasser, eine Tendenz, die auch in der jüngeren Erdgeschichte zu beobachten ist. Im Perm erlebt die Crinoidenfauna nochmals eine Blüte. Ihre Entwicklung verzeichnet eine weitere Verminderung der Kelchplattenzahl. Vom Mesozoikum an herrschen bei den *Crinoidea* die *Articulata* vor, d. h., die Seelilienfauna erhält ein völlig neuartiges Gepräge. Es erscheinen Formen mit biegsamer, elastischer Kelchdecke. In der germanischen Trias sind ganze Gesteinsbänke aus zerfallenen Crinoidenstielgliedern vorhanden (*Encrinus liliiformis*, *Encrinus carnalli*). Im weiteren Verlauf des Mesozoikums nahmen Umfang und Häufigkeit der Crinoiden weiter ab. Nur die *Articulata* stellen kretazische und rezente Vertreter, wenn auch vom Tertiär ab bis in die Gegenwart Seelilien relativ selten sind.

Die **Graptolithina (Graptolithen)** sind stockbildende, ausschließlich auf das Paläozoikum beschränkte Tiere, die sich vor allem in der Fazies der schwarzen Schiefer des Ordoviziums und des Silurs finden und ausgezeichnete Zonenfossilien darstellen. Systematisch gehören sie zur Klasse der *Protobranchia* (*Branchiotremata*, *Hemichordata*). Die ältesten seltenen Graptolithen erscheinen im Mittleren Kambrium als zu Beginn des Ordoviziums aufblühende *Dendroidea* und *Dithecoidea*. Die korbähnlich verbundenen Zelläste der *Dendroidea* stellen eine bis ins Unterkarbon reichende Konservativgruppe dar, deren Vertreter festsitzend-büschelig am Boden oder an Tangen wuchsen. Als Ahnengruppe der im Ordovizium (Tremadoc) erscheinenden *Graptoloidea* zeigten sie eine schnelle und üppige Entwicklung und erloschen im Unterdevon. Für den Zeitabschnitt Ordovizium-Silur-Unterdevon bilden sie mit ihren markanten und leicht kenntlichen Gattungen und Arten die Grundlage für eine Feinstratigraphie. Im Ordovizium treten selbständige Formen mit neuentwickelten Schwebeblasen auf. Die Entwicklung verläuft von einzeiligvielästigen Arten (*Anisograptidae*, Vieläster) über einzeilig, zwei- bis mehrästige Arten (*Diplograptidae*, Zweiäster). Von diesen geht im Mittleren und Oberen Ordovizium die weitere Evolution aus. Hier herrschen zweizeilig-einästige Diplograptiden vor, bei denen die nach oben gerichteten Zelläste zu verwachsen beginnen. Über noch unvollkommen verschmolzene Zweizeiler (*Dicranograptus*) entstehen im Unteren Silur vollkommene Zweizeiler (*Climacograptus*). Die weitere Entwicklung führt dann zu immer einfacheren Rhabdosomformen. Zunächst entstehen abbauende Zweizeiler (*Dimorphograptus*), die zu den nun vorherrschenden, einzeiligen Monograptiden (*Monograptus*, Einzeiler) führten. Die *Monograptina* überschreiten die Silur/Devon-Grenze und reichen bis hoch ins Unterdevon hinein. Die stammesgeschichtliche Entwicklung der Graptolithen mit ihren zeitlich genau festlegbaren Merkmalsveränderungen macht die Arten dieser Tiergruppe bei der chronologischen Gliederung des Ordoviziums und Silurs weltweit zu unentbehrlichen Leitfossilien.

Zusammenfassend läßt sich sagen: Die ältesten Lebensformen haben ein Alter von 3,4 bis 3,75 Milliarden Jahren. Während der Frühzeit der Erde erscheint die Evolution nicht über ein- oder wenigzellige Organismen hinausgekommen zu sein. Im jüngsten Präkambrium treten die ersten Vielzeller auf. Hier liegt bei etwa 750 bis 600 Millionen Jahren die »Geburtsstunde des Tierreiches«, des Biogäikums. Eine neue und wirtschaftlichere Form des Energiestoffwechsels hatte eine schlagartige Differenzierung des Lebens zur Folge und führte zur Herausbildung der einzelnen Tierstämme. Mit Beginn des Paläozoikums tritt uns Leben mit hochkomplexen Organisationen entgegen. Alle Stämme der Wirbellosen sind bereits vorhanden, es fehlen nur noch die Wirbeltiere. Diese Explosion der Lebewesen beruht auf ihrer Fähigkeit, Skelette zu bilden und somit fossil erhaltungsfähig zu sein. Alle Fossilgruppen lassen sich ins System der rezenten Tiere einordnen mit Ausnahme der Conodonten, zahn- und plattenähnlichen Skelettelementen einer bisher unbekannter Chorda-Tiere.

Die Wiege des Lebens lag im Meer. Von hier wurde sehr bald das Süßwasser besiedelt. Der Weg führte meist über Brackwasser in Lagunen und Ästuarien. Im Silur begann von Meer und Süßwasser her die Eroberung des Landes.

Die Wirbeltiere (Vertebraten)

Im stammesgeschichtlichen Ablauf der Wirbeltiere folgen die verschiedenen Gruppen mit fortschreitender Organisationshöhe aufeinander. Das Wie und Wann des Überganges oder Abzweiges von den Wirbellosen zu den Wirbeltieren ist fossil durch Funde nicht belegt. Da die Entwicklung der Klassen des Wirbeltierstammes in der Zeit nach dem Kambrium eingesetzt hat, sind die stammesgeschichtlichen Zusammenhänge gut zu verfolgen.

Die ältesten bekannten Wirbeltiere sind fischartige Organismen, die mit knöchernen oder knochenähnlichen Panzern bedeckt sind und im Ordovizium erschienen. Diese primitiven Panzerfische hatten noch keine Kieferknochen und werden daher als **Agnatha (Kieferlose)** bezeichnet. Die hierher gehörenden *Cephalaspiden* und *Cyclostomen* (Rundmäuler), zusammengefaßt als **Ostracodermata**, erreichten im Oberen Silur ihre Blütezeit, die bis ins Unterdevon andauerte. Am Ende des Devons starben sie bereits wieder aus. Als Vorfahren der *Gnathostomata* kommen die *Ostracodermen* nicht in Frage. Der Bau des Kiemenapparates der Fische läßt sich nicht von den Verhältnissen der *Cyclostomata* ableiten. Ihre Kiemen befinden sich auf der Innenseite der Kiemenbögen, bei den *Gnathostomata* aber auf der Außenseite.

Die **kiefertragenden Fische (Gnathostomata)** finden sich erstmalig im Mittleren Silur und gliedern sich in **Placodermen, Panzerfische** i. e. S., in **Knorpelfische (Chondrichthyes)** und **Knochenfische (Osteichthyes)**. Die erste Gruppe erschien zu Beginn des Devons, die nächste bereits im Mitteldevon, die letzte kam im Unterdevon erstmalig zahlreich vor und entfaltete sich in der Folgezeit zu immer größerer Formenfülle bis zur Gegenwart. Mit Beginn des Karbons starb die Mehrzahl der Panzerfische aus.

Eine stammesgeschichtlich besonders bedeutende Ordnung der *Osteichthyes* sind die im Unterdevon erscheinenden **Crossopterygier (Quastenflosser)**, z. B. *Holoptychus* im Devon, *Latimeria* in der Gegenwart. Diese ältesten Quastenflosser, die Gruppe der *Rhipidistia* mit der Gattung *Eusthenoperon*, sind als unmittelbare Vorfahren der Amphibien und somit der vierfüßigen Landwirbeltiere (*Tetrapoda*) anzusehen. Sie waren besonders gut den starken Klimaschwankungen mit Regen- und Trockenperioden angepaßt (Präadaption). Die entscheidendsten Veränderungen vollzogen sich am Atmungs- und Bewegungsapparat. Der Besitz innerer Nasenöffnungen (Choanen, Nasen-Rachengang) und die Befähigung zur Lungenatmung, dazu paarige knöcherne Stützflossen als Vorstufe der Tetrapodenextremität ermöglichten den Schritt zum Leben auf dem Festland. So entstanden aus dieser Gruppe der bereits zu amphibischer Lebensweise fähigen Quastenflosser im Oberdevon mit *Ichthyostega* (Dachschädler) die ältesten labyrinthodonten Amphibien. In ihnen liegt eine Übergangsform (Mosaikform) zwischen Fisch und landbewohnendem Wirbeltier (Amphibium) vor. Fünfstrahlige Gliedmaßen, Schwanz mit Flossensaum, ein Schultergürtel, der nicht mehr mit dem Schädel verbunden ist, ein großer Vorder- und kurzer Hinterschädel sowie ein ungeteiltes Schädeldach sind einige der die Höherentwicklung charakterisierenden Merkmale, wobei die Entwicklung jedes einzelnen Merkmals unabhängig voneinander erfolgte. Jedes Organ besitzt seine eigene Entwicklungsrichtung und sein eigenes Entwicklungstempo, so daß im Übergangsfeld zwischen zwei Klassen Mosaikformen auftreten. Dieser Mosaikmodus der Evolution durch heterochrone Merkmalsverschiebung wird als WATSONsche Regel bezeichnet.

Die **Amphibien** des Karbons ähneln noch sehr den *Crossopterygiern*. *Labyrinthodontier* und *Lepospondylen* sind charakteristische Bewohner der Sumpfwälder der Steinkohlenzeit, wo sie ihre Blütezeit erreichten. Ab Perm sind sie im Rückgang begriffen. Die triassische Amphibienfauna besteht im wesentlichen aus Nachzüglern des Perms, vorzugsweise aus *Labyrinthodonten*. Seitdem begegnet man bis zur Gegenwart nur noch relativ wenigen Vertretern der rezenten Ordnungen, so den **Froschlurchen (Salientia)** und den **Schwanzlurchen (Urodela)**.

Der Übergang von den Amphibien zu den Reptilien erfolgte im Oberkarbon gleitend auf mehreren parallelen Entwicklungslinien ohne grundlegende Veränderungen des Skeletts. Bedeutung besitzt einzig die Entwicklung des Amnioteneies, d. h., es bestehen Unterschiede im Fortpflanzungsmodus. Dadurch wurden die Reptilien vom Wasser unabhängig und endgültig zu Landbewohnern, sieht man von den Formen, die sekundär ins Wasser zurückkehren, ab. Als Modell eines Reptilvorfahren mit noch amphibischem Fortpflanzungsmodus wird gegenwärtig der oberkarbone *Gephyrostegus* angesehen, der zur Ordnung der *Labyrinthodontia* gehört.

Im Perm spielen als Wurzelgruppe der **Reptilien** (Stammreptilien) die **Cotylosaurier** eine Rolle. Mit Ausnahme der *Synapsiden*, die zu den Säugetieren hinführen, gehen fast alle Entwicklungsfäden verloren. Erst in der Trias gelangten die Reptilien zu reicher Entfaltung.

Die **Synapsiden** gliedern sich in zwei Ordnungen, die zwei sich folgenden Radiationen entsprechen. Die herrschenden Reptilien des späten Karbons bis frühen Perms sind die primitiven *Pelycosaurier*. Aus ihnen entwickelten sich die *Therapsiden*, deren Artenzahl rasch zunahm. Sie dominieren in der Untertrias, sind jedoch schon in der Oberen Trias nur noch schwach vertreten und werden durch die *Archosaurier (Thecodontier, Krokodilier, Dinosaurier)* abgelöst. Die *Therapsiden* der Mittleren und Oberen Trias sind deshalb von höchstem Interesse, da sich unter ihnen die direkten Vorfahren der Säugetiere befinden müssen.

Stammbaum der Reptilien (nach Kuhn-Schnyder)

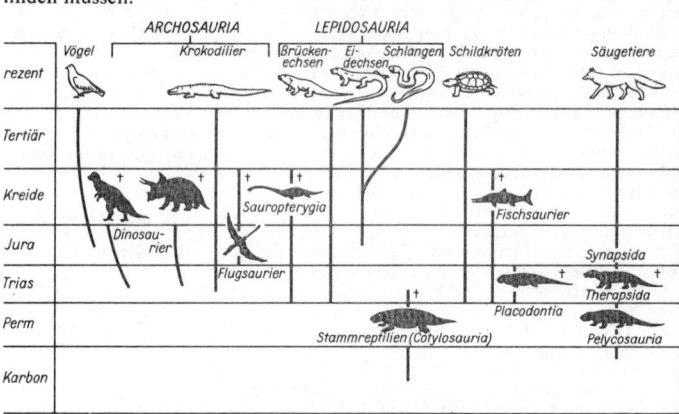

Die Tetrapodenfauna (*Sauropsiden*) am Ende des Perms war ausgesprochen erdgebunden und fehlte im Meer und im Luftraum. Mit Beginn der Trias traten die Reptilien in eine entscheidende Entwicklungsphase ein. Altertümliche Formen verschwinden, und neue Formen erscheinen, nicht nur Gattungen, sondern auch neue Ordnungen. Am Ende der Trias überrascht die neue Fauna durch Mannigfaltigkeit der Anpassung. Dabei sind vier Kategorien erkennbar:

1. Anpassung an ein marines Leben: *Ichthyosaurier, Sauropterygier, Placodontier, Lepidosaurier*;
2. Erwerb der Bipedie: *Thecodontier, Saurischier, Ornithischier*;

3. Erwerb der Flugfähigkeit: *Lepidosaurier, Pterosaurier*;
4. Erwerb der Warmblütigkeit: *Therapsiden.*

Neben diesen Anpassungen treten noch weitere Erscheinungen, so eine Panzerung, sowohl bei den Schildkröten (*Testudinata*) als auch bei den *Thecodontiern* und *Placodontiern* auf. Es kommt zu einer Zunahme der Körpergröße bei den marinen *Ichthyosauriern* und *Sauropterygiern* sowie bei den terrestrischen *Archosauriern*. Groß ist der Anteil der Formen mit pflanzlicher Ernährung, so manche Schildkröten, die *Rhynchosaurier*, viele *Archosaurier* und manche *Synapsiden*. Es sei noch an die bizarren Formen und Gestalten der **Saurier** erinnert: Giraffenhalssaurier (*Tanystropheus*), Dinosaurier u. a., die vor allem im Jura und in der Kreide vorherrschen. Für die Entwicklung der sauropsiden Reptilien ergibt sich, daß nach einer langen Inkubationszeit während des Perms mit der Trias eine Fülle neuer Ordnungen auftritt. In den nachfolgenden 200 Millionen Jahren kommt keine neue Reptilordnung hinzu. Vor und am Ende der Kreide sterben zahlreiche Formen aus. Heute sind die Reptilien nur noch durch die fünf Ordnungen der Krokodile, Brückenechsen, Eidechsen, Schlangen und Schildkröten vertreten.

Das Fliegen gilt als die vollendetste Ortsbewegung, die eine schnelle Flucht vor Feinden, die Bewältigung großer Entfernungen zwecks Beschaffung von Nahrung und das Ausweichen bei Klimaschwankungen ermöglicht. Unter den Reptilien wurden zwei erfolgreiche Vorstöße zur Beherrschung des Luftraumes unternommen: durch **Flugsaurier** und **Vögel**.

Erste Flugsaurier treten bereits in der Obertrias auf, sterben aber am Ende der Kreide aus. Im Malm werden sie durch die Vögel abgelöst. Diese sind eng verwandt mit den Reptilien und unterscheiden sich von diesen hauptsächlich durch Merkmale, die das aktive Flugvermögen begünstigen. Dabei spielt besonders die Ausbildung des Gefieders eine Rolle, das auch der thermischen Isolation dient.

Als erster echter **Vogel** gilt die Gattung *Archaeopteryx* (Urvogel). An dieser Vogelform sind mosaikartig gemischt Reptil- und Vogelmerkmale erkennbar:

Reptilmerkmale: Gehirn einfach mit kleinem Cerebellum (Kleinhirn); bezahnte Kiefer; Wirbel amphicoel; Kreuzbein aus sechs Wirbeln; lange Schwanzwirbelsäule (20 Wirbel); einfache Rippen; freie Metacarpalia (Finger); drei Finger mit Krallen; Fibula (Wadenbein) lang; Gastralia (Bauchrippen) vorhanden; Sternum (Brustbein) flach.

Vogelmerkmale: Claviculae (Schlüsselbeine) verwachsen; Pubis (Schambein) nach hinten gerichtet; Metatarsalia (Mittelfußknochen) verwachsen; Halux (Großzehe) opponierbar; Federn; Schwungfedern wie bei den Vögeln angeordnet.

Die Federn sind das charakteristischste Merkmal, den *Archaeopteryx* zu den Vögeln zu stellen, wenngleich viele andere Eigenschaften durchaus noch reptilartig sind.

Über die Abstammung der Vögel bestehen zwei gegensätzliche Theorien, einmal die Herkunft von Thecodontiern, zum anderen von theropoden Dinosauriern.

Eine große Bedeutung unter den Reptilien haben die *Theromorphen*, unter denen die unmittelbaren Vorfahren der **Säugetiere** zu suchen sind, speziell unter den *Therapsiden* mit bereits zahlreichen säugetierähnlichen Merkmalen. An mehreren Komplexen wie der Differenzierung des Gebisses, der Umformung des Unterkiefers (Reduktion der Knochenelemente) und der Entwicklung des schalleitenden Apparates (Gehörknöchel) ist die fortschreitende Annäherung der Synapsiden an die Organisation der Säugetiere verfolgbar.

Die ersten **Säugetiere (Mammalia)** finden sich in der Obertrias. Zwei Gruppen, die *Eozostrodontidae* (= *Morganucodontidea*) Europas, Chinas und Südafrikas und die *Kuehneotheriidae* aus Wales, werden als unzweifelhafte Vertreter der Säugetiere angesehen.

Schlüsselmerkmale der Säugetiere, wie ihr sekundäres Kiefergelenk, waren bereits vorhanden und wurden in mehreren Linien der *Therapsiden* entwickelt. Der Name *Mammalia* bezeichnet also eine Entwicklungsstufe. Andere Säugermerkmale wurden schon bei den Reptilien erreicht.

Seit dem Jura bis zur Oberkreide wurden die Stammlinien, die von den primitiven therapsiden Vorfahren zu den Mammaliern führten, nur von Kleinstformen vertreten. Die Säugetiere führten über 100 Millionen Jahre hinweg ein verborgenes Dasein. *Multituberculaten*, kleine primitive Insektenfresser und Beuteltiere sind ihre hauptsächlichen Vertreter. Mit Beginn des Tertiärs erfolgte eine erstaunliche Radiation der Säugetiere. Schon in der Oberkreide waren sie in mehrere Hauptstammlinien getrennt (*Pantotheria*), und im Alttertiär entwickelte sich die Mehrzahl ihrer Ordnungen. Die Ursache der Entwicklung dieser ersten Blütezeit ist begründet im Entstehen eines leistungsstarken, tribosphenischen Gebisses, in einem hohen Nahrungsanfall durch das Aufkommen der Angiospermen (Blütenpflanzen) und durch das Aussterben der Dinosaurier, das eine ungehemmte Entwicklung der Säugetiere in freigewordenen, mannigfaltigsten Lebensräumen der Biosphäre ermöglichte.

Entfaltung der plazentalen Säugetiere (nach Hünermann)

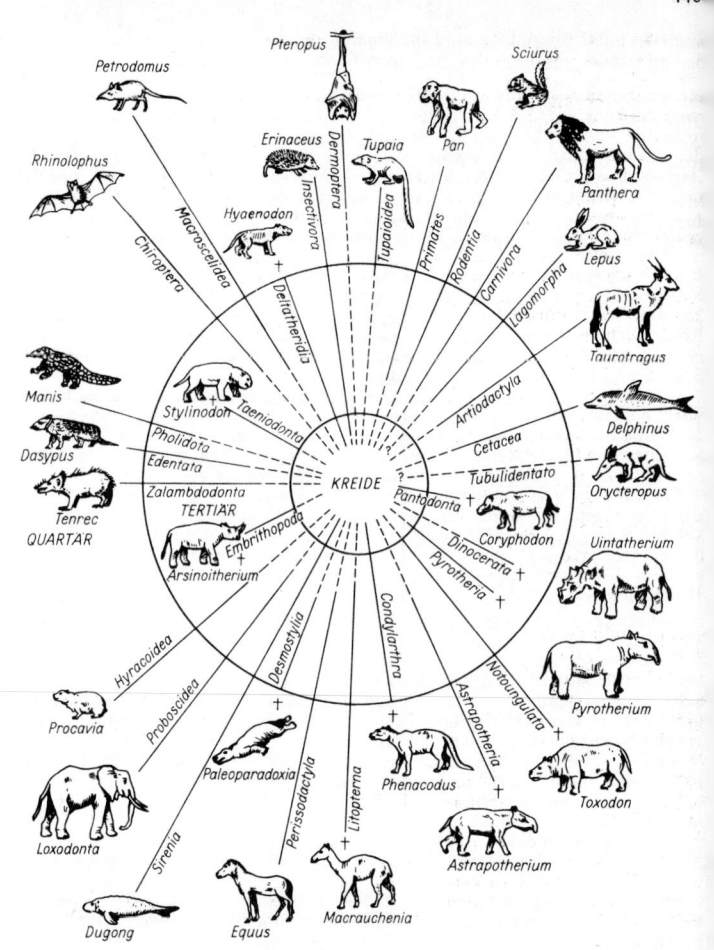

Die Entwicklung der Säugetiere während des Känozoikums erfolgte in zwei Phasen. Die erste liegt im Paläozän und Eozän, die zweite folgt im Oligozän, in dem das Bild der modernen Säugetierfauna geprägt wird.

Der Ursprung der stammesgeschichtlichen Entwicklung der plazentalen Säugetiere geht von den **Insektenfressern (Insectivora)** aus. Von hier aus entwickelten sich die modernen Ordnungen der Insektenfresser, Fledermäuse (*Chiroptera*), Primaten (*Primates*), Nagetiere (*Rodentia*), Hasenartigen (*Lagomorpha*) und Zahnarmen (*Edentata*). Diese frühe Tierwelt wird gekennzeichnet durch größere, pflanzenfressende Säugetiere. Am Beginn der **Huftiere** stehen die creodontierartigen *Condylarthra*, die am Ende des Tertiärs ausstarben. Neben ihnen findet man schwer gebaute *Pantodonta* und die riesigen *Uintatheria*, die für die Urraubtiere (*Creodonta*) eine willkommene Beute bildeten. Ihre Entwicklung zu den *Fissipediern* war auf den Erwerb eines schneidenden Gebisses gerichtet. Stetig schmäler und spitzer werdende Zähne und die Umbildung eines Paares der Backenzähne zu Reißzähnen kennzeichnet unter anderem ihren Entwicklungsfortschritt. Die zweite Phase der Radiation der Säugetiere ist charakterisiert durch das Aussterben der primitiven Pflanzenfresser und Urraubtiere. Leistungsstärkere Säugetiere bildeten ihre Konkurrenten. Bei den höheren Pflanzenfressern überwiegen die **Unpaarhufer** (*Perissodactyla*) und die **Paarhufer** (*Artiodactyla*). Mehrmals paßten sich während des Tertiärs einzelne Säugetiergruppen dem Wasserleben an, z. B. die Seekühe (*Halitherium*), die Wale (*Cetacea*) und die Robben (*Pinnipedia*).

Die Ausbreitung und Verteilung der Faunen wird weitgehend von den paläogeographischen Verhältnissen während des Tertiärs bestimmt. So existierten mehrere für die Säugetiere unüberwindbare Schranken, z. B. die Uralstraße. Dagegen wurden Landverbindungen (Landbrücken) wie zwischen Nordamerika und Westeuropa mit Asien (Bering-Landbrücke) und mit Südamerika (Mittelamerikanische Landbrücke) von den Säugetieren als Wandervege genutzt. Daher sind teilweise eigenständige Faunen in isolierten Landbereichen mit paradiesischer Evolution entstanden.

Die am höchsten entwickelten Säugetiere, die **Primaten**, reichen mit den *Prosimiern* (Halbaffen, Lemuren) bis ins Paläozän hinab. Aus ihnen gingen im Oligozän die echten Affen (*Anthropoiden*) und darunter auch die Menschenaffen *Simiidae*) hervor. Nach vorn gerichtete, geschlossene Augenhöhlen und das größere Gehirnvolumen charakterisieren sie.

Während des Pleistozäns folgen die drei großen Entwicklungsetappen der Menschheit: die **Australopithecinen** (Ältest- und Altpleistozän), die **Pithecanthropinen** (Alt- und Mittelpleistozän) und der *Homo sapiens*. (Jungpleistozän), wie im Kapitel »Quartär« näher ausgeführt ist. *G. Krumbiegel*

Die Verflechtung
von Erd- und Lebensgeschichte

Von den Veränderungen, denen jeder Organismus ständig unterworfen ist, haben nur diejenigen Bestand, die »im Kampf ums Dasein« wenigstens keine Verschlechterung bedeuten. Nur diejenigen aber führen die »Entwicklung« fort, die für das Lebewesen eine Verbesserung bedeuten – eine Verbesserung nach Form und Funktion, die den Organismus vollkommener als bisher seinem Lebensraum einpassen oder ihm Vorteile gegenüber den Mitbewohnern des Lebensraumes verschaffen.

Einfach strukturierte Lebewesen, wie Einzeller des offenen Meeres oder der seit dem frühen Paläozoikum unverändert gebliebenen Brachiopode *Lingulella*, sind infolge ihrer undifferenzierten Bau- und Funktionsart einem Lebensraum, der keinerlei besondere Anforderungen stellt, optimal eingefügt. Jede Veränderung ihrer Bau- und Funktionsweise würde ihren Lebensraum einengen und daher eine Verschlechterung, einen Rückschritt bedeuten. Solche Organismen haben folglich gar keinen Anlaß, nicht einmal die Möglichkeit, sich »weiter«, sich »höher« zu entwickeln, da sie den denkbar besten Einpassungsgrad und damit das »Ziel« ihrer Entwicklung bereits erreicht haben. Sie gehören deshalb zu den konstanten, aber durchaus nicht unveränderlichen Arten, deren es eine Fülle gibt. Diese Arten bleiben so lange unverändert, wie ihre Umwelt es bleibt, und bei Umweltänderungen auch dann noch, wenn sie in einen anderen Lebensraum ausweichen können, der dem bisherigen gleicht, was bei manchen Arten die gesamte Erdgeschichte seit dem Paläozoikum der Fall gewesen ist.

Wandelt sich jedoch der Lebensraum, ohne daß es der betreffenden Form gelingt, in einen geeigneten Raum abzuwandern, so muß sie ausscheiden, oder aber diejenigen unter den »Varietäten«, die den neuen Verhältnissen besser angepaßt sind, übernehmen die Rolle der »Stammform«. Aber dann ist es schon nicht mehr dieselbe, sondern eine neue, nunmehr lebenskräftige Form, die sich aus ihr entwickelt hat. Natürlich kann die Stammform in irgendeinem Winkel, in einer Nische, wo die Lebensbedingungen gleich geblieben sind, weiterleben und sich dort als ökologische Nische noch lange halten, oft sogar länger als die Glieder der neuen Entwicklungsreihe. In jedem Falle aber bedeutet »Entwicklung«, daß im gleichen Schrittmaß, wie sich die Umwelt ändert, auch lebensfähige, diesen Veränderungen adäquate Formen oder Varietäten hervortreten, für die, hätte der Lebensraum sich nicht gewandelt, wahrscheinlich keine Chance zu überleben und sich fortzupflanzen geblieben wäre.

Entscheidend für jede »Entwicklung« ist der Grad der Einpassung einer Form in die jeweils vorhandene Umwelt. Ist der bestmögliche Grad erreicht, endet die Entwicklung; über das Optimum hinaus gibt es keinen weiteren Schritt. Aber ebenso ist die Konstanz oder Nicht-Konstanz der Umweltverhältnisse von bestimmender Bedeutung: Während im konstanten Lebensraum die Entwicklung nach Erreichen des Optimums stehenbleibt, erfordern Veränderungen der Umwelt auch Änderungen der bisherigen Entwicklungsrichtung; sie lenken die Entwicklung, gleichgültig, ob sie schon am Ende angelangt war oder das Optimum noch nicht erreicht hatte, in neue Bahnen, um wiederum dem nunmehr bestmöglichen Einpassungsgrad zuzustreben. Da die erdgeschichtlichen Wandlungen von jeher in die Entwicklung des Lebens eingegriffen haben, ist die Evolution immer wieder neu belebt und vorwärts gezwungen worden. Auf einer sich niemals verändernden Erdoberfläche hätte das Leben sehr bald die bestmögliche Einpassung erreicht und sich mit der Organisationshöhe der marinen Einzeller begnügt, deren geringe Veränderlichkeit über lange Zeitabschnitte der Erdgeschichte hindurch ihre vollendete Einpassung bezeugt. Bestenfalls hätten sich marine, wirbellose Metazoen und in der Pflanzenwelt die Tangformen entwickelt. Es wäre etwa der Stand erreicht und bewahrt worden, der sich im Kambrium oder zu Beginn des Ordoviziums darbot.

Zugleich mit den niemals abreißenden Veränderungen im Bereiche der irdischen Lebenssphäre änderten sich auch die Voraussetzungen für die Abläufe des exodynamischen Geschehens; es änderten sich die jeweils entstehenden Ablagerungen. Es gibt keinen deutlicheren Gegensatz in der »Entwicklung des Anorganischen« als den zwischen den Sedimenten der Frühzeit der Erdgeschichte, selbst noch des lebensarmen Frühpaläozoikums, und denen der jüngeren und jüngsten Perioden, in welchen das Leben mit Pflanze und Tier nicht nur die Meere erfüllte, sondern auch die Kontinente als Abtragungsgebiete mit einer immer dichteren, heute schon lückenlosen Decke überzog.

Als zwei miteinander verschlungene, einander beeinflussende, oft einander bedingende, dialektisch miteinander verbundene, doch immer als selbständige Ströme laufen die anorganische und organische Entwicklung durch die Perioden der Erdgeschichte, deren Hergang aufzuklären das Bemühen geologischer Forschung ist. Denn Geologie, wie nicht oft genug betont werden kann, ist Erdgeschichtsforschung, deren Bemühungen letztlich der Aufhellung der Geschichte der Erde und des Lebens auf ihr dienen.

Die Entwicklung der Erde im **Bereich des Anorganischen** bis zur Bildung einer ersten Erstarrungskruste, bis zum Niederschlag beständiger Ansammlungen von Wasser, die bei Erreichen der kritischen Temperatur des Wassers möglich wurde, bis zur Abkühlung der Meere auf Temperaturen, die Leben ermöglichten und bei etwa 60 °C gelegen haben dürften, diese Entwicklungsspanne gehört in die geologische Frühzeit, in das Präkambrium. Die kritische Temperatur des Wassers ist sicher viel früher erreicht worden, als man lange Zeit angenommen hat. Heute ist bekannt, daß fossile organische Strukturen in Form organisierter Teilchen bereits vor 3,4 bis 3,7 Milliarden Jahren vorhanden waren, wie Funde in Südafrika und Grönland bewiesen haben. Die ältesten echten Lebewesen (Ramsaysphären) aus südafrikanischen Hornsteinen sind 3,4 Milliarden Jahre alt, während weit verbreitete Matten von Blaualgen vor 2,3 Milliarden Jahren auftraten und Eukaryoten mit einem Zellkern seit rund 1,9 Milliarden Jahren in Nordamerika beobachtet werden, ähnlich denen aus Zentralaustralien, die in rund eine Milliarde Jahren jüngeren Schichten gefunden wurden. Die ältesten tierischen Körperfossilien sind an der Wende Präkambrium/Kambrium in Kalksteinen und Schiefern des Riphäikums enthalten und rund 700 bis 750 Millionen Jahre alt (*Ediacara*-Fauna, Australien). Seit dieser Zeit, dem Beginn des Biogäikums, hat sich das Leben, besonders der Tierwelt des Flachmeeres, reich und differenziert entfaltet, so daß die hinterlassenen datierbaren Urkunden vielerlei auszusagen vermögen: Absatzgesteine, hervorgegangen aus zerstörten Magmatiten und Metamorphiten, Schichtserien und -gruppen, die erkennbare Lebensreste enthalten, deren Entwicklung – nicht umkehrbar, nicht wiederholbar und gerichtet ablaufend – den durch das Chaos leitenden Faden abgibt, ohne den die Fülle erdgeschichtlicher Urkunden nicht zu ordnen wäre. Schon in diesen frühen Perioden und Epochen der Erdgeschichte lassen Klimazeugen, wie Kohlen, Salze, glazigene Sedimente, Riffbildungen u. a., mehr oder weniger ausgeprägte Klimagürtel erkennen, die nach gleichem Grundsatz wie heute aufeinanderfolgen, wenn auch oft anders als in der Gegenwart um den Erdball geschlungen und in ihrer Ausdehnung unterschiedlich weit. Man gewahrt Festländer, die infolge Abtragung Sedimentmaterial liefern, und große Meeresbecken, die Sedimente aufnehmen: Im Prinzip kaum anders als heute, doch in immer wechselnder Anordnung, wobei bereits in diesen frühen Zeiten gewisse Züge des heutigen geotektonischen Erdbildes hindurchzuschimmern scheinen, so daß die geologischen Vorgänge und Erscheinungen nicht wesentlich anders abgelaufen sind als gegenwärtig, wenn auch mit an- und abschwellender Intensität; denn das Relief der Erde wandelte sich in rhythmischer Folge: Kürzere Perioden einer mehr stürmischen Entwicklung wechselten mit solchen einer längeren, ruhigeren Entwicklung, ohne daß je ein Stillstand eingetreten wäre. Gebirge kamen und gingen, die Zeugen, selbst aus den ältesten Zeiten der Erde, sind mehr oder weniger erkennbar in Urkunden erhalten geblieben, die der Geologe auswerten kann. Die ältesten Gebilde sind die durch mehrere Tektonogenesen entstandenen präkambrischen Festlandskerne der Schilde (Kratone) mit ihren kristallinen Serien und Magmatiten, die randlich von dem in Teilstockwerke gliederbaren Tafelstockwerk überlagert werden, wie der Baltische und Kanadische, der Sibirische (Angaria) Schild sowie die Landmasse Gondwana der Südhemisphäre, die im Laufe ihrer Entwicklung in Teile zerfallen ist, die sich in den alten Kernen Afrikas, Vorderindiens, Australiens, Südamerikas und Antarktikas finden. In drei oder vier großen tektonischen Ären, die in Abständen von etwa 150 Jahrmillionen aufeinanderfolgten, wurden im Phanerozoikum räumlich und zeitlich variable, alpinotype Gebirge gebildet. In Europa sind es neben der besonders für Asien wichtigen riphäisch-unterkambrischen, assyntischen (baikalischen) Ära die altpaläozoische kaledonische Ära, die jungpaläozoische variszische Ära und die meso- bis känozoische alpidische Ära. Während man früher meinte, daß erst die Zeit seit dem Riphäikum von Leben begleitet gewesen sei, nur sie daher »Geschichte«, die voraufgegangenen Perioden aber für die Geologie lediglich »Vor-Geschichte« wären, muß diese Auffassung nach den erfolgreichen paläontologischen Untersuchungen des Präkambriums etwas revidiert werden, wenngleich für die biostratigraphische Gliederung der Erdgeschichte in Perioden und Epochen auf der Grundlage von Fossilien nach wie vor die Metazoen mit ihren zahlreichen gut erhaltenen Schalen u. a. sowie die Abdrücke von Pflanzen seit dem Riphäikum von überragender Bedeutung sind. Sie ermöglichen nicht nur, die Entwicklung von Flora und Fauna zu analysieren und mit Hilfe der Leitfossilien Schichtenfolgen orthostratigraphisch bis ins einzelne zu untergliedern, sondern geben zugleich mit dem sie umhüllenden Sediment Auskunft über die einstige Umwelt ihrer Bildungszeit.

Bis in die jüngste Vergangenheit wurden die Gebirgsbildungen, die Tektonogenesen, als Markpunkte der Entwicklung des Erdbildes, als entscheidende erdgeschichtliche Revolutionen angesehen, in denen angesammelte Spannungen zum Ausbruch kommen, die das jeweilige Erdbild verändert und neugestaltet haben. Die neue Globaltektonik oder Plattentektonik hat gezeigt, daß die Faltengebirge der Kontinente als Formen einer Raumverkürzung eng mit den mittelozeanischen Schwellen im Ergebnis von Zerrungsvorgängen verbunden sind. Die in den Scheitelgräben der Rücken emporsteigenden basaltischen, sich in Zusammenhang mit der Ozeanbodenspreizung (ocean floor spreading) nach beiden Seiten ausbreitenden Schmelzen führen zur Bildung ozeanischer Neukruste und zur Drift von Lithosphäreplatten, die in den Subduktionszonen der Tiefseegesenke abtauchen und vom oberen Mantel wieder aufgeschmolzen werden, so daß der Raumgewinn an den Divergenzrändern durch Subduktion an den Konvergenzrändern ausgeglichen wird, die zugleich die Bildungsbereiche kontinentaler Kruste sind. Die Kollision zwischen Lithosphäreplatten kontinentaler und ozeanischer Kruste (Anden) oder zwischen kontinentaler und kontinentaler Kruste (Himalaja, Alpen) führt zur Entwicklung von Faltengebirgen, wie es überhaupt verschiedene Möglichkeiten der Gebirgsbildung gibt. Ozeane aber entwickeln sich immer aus innerkontinentalen Grabenbrüchen, die durch Spreading erweitert und somit zu Initialspalten der Verschiebung von Kontinenten werden.

Trotz neuer Erkenntnisse und mancher Deutungsversuche sind die Auswirkungen der Tektonogenesen auf Oberfläche und Meeresboden beträchtlich, weil sich Land- und Meeresareale oft grundsätzlich verändern. Das Relief wird umgeformt, sowohl im Wirkungsbereich endogener Prozesse selbst als auch in den nur mittelbar beeinflußten Gebieten. Ob die Reliefveränderungen im Gefolge der Tektonogenesen im Verlaufe der erdgeschichtlichen Entwicklung intensiver geworden sind und sie in der letzten – der alpidischen Ära – die größten Höhen- und Tiefenunterschiede geschaffen hat, bleibt umstritten, wenngleich die Variszidengeneration bei ihrer breiten Anlage kaum die Höhen der Alpen erreicht haben dürften. Früher schien es, als ob es die »Tiefsee« mit ihren charakteristischen Sedimenten erst seit dem Ende des Mesozoikums oder seit Beginn der erdgeschichtlichen Neuzeit gegeben hätte. Die Analyse der Eugeosynklinalen, ihrer Sedimente und Ophiolithe, nach der Plattentektonik zeigt einen Zusammenhang mit weltweiten Tiefenbrüchen und lehrt, daß sich eine ähnliche Entwicklung der Kontinente und Ozeane wie seit dem Perm (Pangaea) wahrscheinlich schon seit präkambrischen Zeiten vollzogen hat und die Weltozeane sich in Jahrmilliarden und Jahrmillionen mehrfach geöffnet (spreading, opening) und wieder geschlossen (closing) haben.

Die Veränderung der Küstenumrisse und des Reliefs infolge gebirgsbildender Prozesse zieht auch eine Verlagerung von Meeresströmungen nach sich, so daß ihr klimatisch ausgleichender (z. B. Golfstrom) oder verschärfender (z. B. Perustrom) Einfluß auf größere Bereiche der Erde in andere Bahnen gelenkt werden kann. Beispielsweise erreichte der warme Indien-Strom noch im Paläogen das Mittelmeer, im Mesozoikum dagegen ein kühler Kalifornien-Strom. Schon vom Geomorphologischen her bedeuten die Tektonogenesen Verschärfungen des Klimacharakters, die mehr oder weniger große Variationen im Bilde der Klimazonen schaffen. Deshalb hat schon eine Reihe Forschern das Relief als primär und entscheidend für die Klimageschichte angesehen (Reliefhypothesen, z. B. RAMSAY, KERNER-MARILAUN), eine Auffassung, die als zu einseitig bewertet werden muß, weil sicher noch andere Faktoren für die Klimaänderungen größere Bedeutung haben. Hinzu kommt, daß Wandlungen des Reliefs, insbesondere aufsteigende Gebirge (nicht nur die Hochgebirge), die zonaren Klimagürtel zerreißen: Jedes Gebirge ist in der Vertikalen zonar gegliedert; am Äquator kann es aus tropischem Regenwald bis in die Region des ewigen Eises aufsteigen, so daß sich die ganze horizontale Klimaabfolge der Erde auf engem Raum vertikal wiederholen kann. Im Schatten von Verdichtung (Kondensation) bewirkenden Höhen entwickeln sich niederschlagsarme Bereiche mit einem aride Klima kennzeichnenden exodynamischen Geschehen. Beste Beispiele dafür sind die innerasiatischen Wüsten im Kranze regenfangender Gebirgsmauern oder die meridional anstatt äquatorial verlaufenden Klimagürtel Nordamerikas westlich des 100. Längengrades. Nicht nur in und über dem Meer, auch über dem Festland beleben Tektonogenesen die allgemeine Zirkulation; das Klima der ganzen Erde wird schärfer und im ganzen gegensätzlicher; polare Eiskappen sind die extreme Folge. Soweit sich übersehen läßt, sind die großen Eiszeiten mit den weitesten Ausdehnungen der Polarkappen Folgeerscheinungen von Tektonogenesen. Man mag die rein erdbezüglichen Auswirkungen von Gebirgsbildungen nicht für ausreichend halten, um solche extremen Folgen für das gesamtirdische Klima herbeizuführen. Da die Klimaunterschiede und die der Jahreszeiten antagonistische Funktionen geringerer oder größerer Neigung der Erdachse gegenüber der Erdbahnebene sind, könnte daran gedacht werden, daß die großen Tektonogenesen mit ihren Massenverlagerungen auch zu Verlagerungen der Drehachse der Erde und damit zu einer größeren oder geringeren Ekliptikschiefe führen könnten, die ihrerseits klimatische Modifizierungen nach sich zögen. Doch wäre auch der umgekehrte Vorgang denkbar: Massenverlagerungen in tieferen Zonen der Erde beinflussen die Neigung der Erdachse. Diese Änderungen bedingen Umformungen des Rotationsellipsoides, die nicht ohne erhebliche tektonische Folgen blieben. In diesem Falle wären die Verschärfungen des Klimas nicht Folge der Gebirgsbildung, sondern müßten mit ihr auf den gleichen Anstoß zurückzuführen sein. Während ein Gebirge noch emporsteigt, verfällt es bereits der Abtragung und Einebnung; dies um so intensiver, je höher es sich erhebt. Das zeigt die Zerstörung der noch nicht überall »ganz fertigen« alpidischen Faltenketten. Sehr schnell wird das Relief abgeschwächt, die Reliefenergie erlahmt. Die Abtragung verlangsamt sich, das Tempo der marinen Sedimentation klingt ab und würde schließlich nach völliger Einebnung der Erdoberfläche (die – wie A. PENCK errechnet hat – etwa 200 bis 300 m heutiger Meereshöhe erreichen würde, weil auch der Meeresspiegel steigen müßte) erlöschen, sobald alles Abtragbare ins Meer verfrachtet wäre. Das Weltmeer würde flacher werden und weithin über das erniedrigte Festland vordringen (Transgression). Der Verlauf der Küsten würde ausgeglichen und mit ihm der der Meeresströmungen. Auf dem Festland störten keine Gebirge den Zusammenhang der Klimagürtel, keine Trockenwüsten lägen mehr außerhalb der ihnen vom Gradnetz vorgeschriebenen Zonen. Das bunte Bild der zonaren, der regionalen und lokalen Klimate, das tausendfach verschachtelte Mosaik der Landschaftstypen würde einem gleichsam mathematisch vorgezeichneten geographischen Bild Platz machen. Auf die Revolution folgte die ruhige, langsam verebbende Evolution.

Hatte jede erdgeschichtliche Revolution mit ihren Folgeerscheinungen im Landschaftlichen und dem Schaffen zahlloser neuer Lebensräume jeder Größenordnung den Anreiz zur Bildung neuer Arten und die Möglichkeit zur Erhaltung und Fortbildung neuer Pflanzen- und Tierarten geboten, so bedeutete die landschaftliche Monotonisierung während der »Evolutionsphasen« das Nachlassen und schließlich Ersterben solcher Reize.

Die revolutionären Phasen der Erdentwicklung waren jeweils kürzer als die der Nivellierung. Das schließt ein, daß das gegenwärtige, reich belebte Erdrelief, das vom Hochgebirge bis zu den Tiefseegesenken reicht, nur eine Episode im Ablauf der Erdgeschichte ist. Das heutige Klimabild der Erde mit den Eiskappen, die an sich schon einen Ausnahmecharakter unterstreichen, muß keineswegs auch das für frühere Zeiten der Erde verbindliche sein. Schließlich darf das bunte Mosaik der heutigen Landschaften und Lebensräume eigentlich auch nicht als »normal« gelten. Letztlich vollzieht sich noch immer das gegenwärtige Leben in den Nachwehen der alpidischen Gebirgsbildung und der pleistozänen Eiszeiten, das aber heißt, in einer erdgeschichtlichen Ausnahmezeit, in einer Epoche von besonderem, sicher nicht allgemeingültigem Charakter. Hier liegen die Schwierigkeiten für die Deutung der früheren, sicher »normaleren« Zeiten der Erdgeschichte und ihrer Zeugnisse begründet, an denen die Geologie lange Zeit gekrankt hat. Das ist der Grund für die naturgebundenen Grenzen der aktualistischen Betrachtungsweise.

Dieser Blick auf die geographischen Auswirkungen der Tektonogenesen läßt auch ihre weitreichende Bedeutung für das irdische Leben auf der Erde erkennen, ebenso wie möglicherweise die Umpolungen des irdischen Magnetfeldes von Einfluß gewesen sind. Die Folgen für das Lebensgeschehen waren umwälzend und grundlegend. Jede Gebirgsbildung hat die Umwelt des irdischen Lebens bis in die fernsten Winkel umgeformt. Jede revolutionäre Phase hat höchste Anforderungen an die Einpassungshäufigkeit, das Anpassungsvermögen der Organismen gestellt. Was dem Neuen nicht standhielt, mußte dem Platz für Lebensfähigeres freigeben. Außerdem schuf jede Tektonogenese in weitem Umfang jungfräulichen Lebensraum, sowohl in der Horizontalen wie in der Vertikalen, über und auch unter dem Meeresspiegel. Man weiß, daß die neuen, zur Herrschaft berufenen Formen und Arten jeweils schon vor der großen Umwälzung vorhanden waren; aber sie hatten im Schatten von Größeren, oft nur von körperlich Größeren, gelebt. Ein Beispiel: Die Säugetiere waren mit einigen primitiven Formen bereits in der Trias vertreten, als die Saurier vorherrschten. Doch erst nachdem die Saurier aussterben mußten, erwiesen sich die Eigenschaften und Leistungen des Säugetierkörpers als die überlegenen, so daß die Säuger mit kaum vorstellbarer Geschwindigkeit förmlich explosiv den von den Sauriern freigegebenen Raum besetzten. Ähnliches geschah immer wieder: Sobald eine herrschende Art abtrat, war der Raum frei für das am besten auf die neuen Bedingungen vorbereitete Glied, sofern es kraft seiner Organisation (seinem Bauplan) dem Neuen gewachsen war. Unaufhaltsam füllte sich der leergewordene Raum. Die Bedecktsamer lösten die Nacktsamer ab wie zuvor die Nacktsamer die Sporenpflanzen, ebenso die Säuger die Reptilien, wie vorher die Reptilien die Lurche und Stegocephalen abgelöst hatten.

In unverändert gebliebenen Teillebensräumen blieben Reste und Nachkommen der früheren herrschenden Formen zurück. Noch heute existieren Nachfahren der karbonischen Lurche und Enkel der Saurier des Mesozoikums, ebenso wie Bärlappe und Farne, Schachtelhalme und Gymnospermen des Jungpaläozoikums, die Algen des Paläozoikums sowie die Einzeller des Proterozoikums sich erhalten haben.

Wie sich der Figurenwechsel auf der Bühne des irdischen Lebens vollzog, zeigt ein vereinfachtes Beispiel: Die Saurier waren gewiß wechselwarm wie die heute lebenden Reptilien. Praktisch aber werden sie im jahreszeitenschwachen

Klima ihrer Zeit eine annähernd konstante Körpertemperatur haben halten können. Als das Ende des Mesozoikums eine Verschärfung der jahreszeitlichen Gegensätze brachte und damit den Zwang zur Erhöhung der Wärmeproduktion oder des Wärmeschutzes, konnten die Saurier nicht (wie etwa die heutigen Kleinechsen in heimlichen Schlupfwinkeln) die ungute Jahreszeit überdauern. Sie mußten aussterben, soweit sie nicht Ansätze zu erhöhtem Wärmeschutz und/oder erhöhter Wärmeerzeugung in ihrem Bauplan mitbrachten. Nur jene, die unabhängiger waren als die meisten der Stammverwandten, konnten sich halten und die erforderlichen Fähigkeiten weiterentwickeln. Aus ihnen gingen in lückenloser Reihe die Säugetiere hervor, so daß es vielfach nicht möglich ist, Zwischenformen noch den Sauriern oder schon den Säugern zuzuweisen.

Mit diesem Beispiel ist der Schritt zur Betrachtung des historischen Ablaufs im Reiche des Organischen getan; die folgende Darlegung, die ein Fazit aus den vorangegangenen Kapiteln zur historischen Geologie zieht, muß sich auf die großen Stufen der Entwicklung beschränken, um das Grundsätzliche vereinfachend herauszustellen und den Rahmen abzustecken, in dem die historische Geologie gesehen werden kann und muß.

Über die Entwicklung des irdischen Lebens ist Einleitendes schon gesagt. Bereits im Proterozoikum zeichnen sich Klimagürtel ab, im Eokambrium deuten Vereisungsspuren auf extreme Klimate. Wieder ausgeglichene Gegensätze scheinen dann bis weit ins Ordovizium hinein bestimmend zu sein, wenn auch neuerdings aus Südafrika und Südamerika Glazialspuren bekannt geworden sind. Gegensätze treten mit der kaledonischen Tektonogenese auf, klingen erneut ab und scheinen mit der variszischen Gebirgsbildung einen Gipfelpunkt zu erreichen: Kohlensümpfe, aride Sedimentationsgürtel und schließlich die großen jungpaläozoischen Vereisungen deuten darauf hin. In dieser Zeit durchmaß die Pflanze den Weg vom Einzeller bis zur Alge, die in Form der Tange ihre höchste Organisationsstufe erreichte. Bis weit in das Altpaläozoikum hinein waren Algen die höchste Pflanzenorganisation. Zugleich mit der kaledonischen Tektonogenese begann aber an der Grenze Silur/Devon der erfolgreiche Vorstoß der Pflanzenwelt aufs Trockene und führte zunächst bis in den amphibischen Gezeitenbereich des Meeres und schließlich zur Ausbreitung eindeutiger Urlandpflanzen. Neuland, aus dem Flachmeere auftauchend oder durch Abtragung angeschwemmt, Verflachung vieler Meeresteile und Aufstieg des Meeresbodens bis zum Wasserspiegel mögen diesen großen Schritt begünstigt haben. Die kaledonische Tektonogenese scheint Anlaß, mindestens aber Voraussetzung der Landnahme durch die Pflanze gewesen zu sein. Die aus Algen hervorgehenden blätterlosen Psilophyten erreichten bald die Organisationshöhe der Sporenpflanzen, womit der erste Schritt zur Eroberung des neuen Lebensraumes Luft – Land getan war. Von da an bis in die Gegenwart führt ein konsequenter, lückenloser Weg; nur die trockensten und kältesten Wüsten, die rauhesten Hochgebirgslagen harren noch der Besiedlung durch höhere Pflanzen. Vervollkommnung der Stützeinrichtungen, der statischen Bauelemente, der Wasserleitung und des Verdunstungsschutzes, insbesondere aber vollkommenere Fortpflanzungsorgane, ein besserer Befruchtungsmodus steigerten neben vielen anderen seither schrittweise und stetig die »Emanzipation« der Pflanze vom ursprünglichen Medium des Wassers. Nach einer kurzen Übergangsperiode im Oberdevon mit den höher entwickelten und weiter verbreiteten *Archaeopteris*-Bäumen entfalteten sich die aus den Psilophyten erwachsenden Sporenpflanzen frühzeitig zu Baumformen und -größen. Das Oberkarbon bezeichnet den Höhepunkt ihrer Entwicklung und räumlichen Entfaltung. Sie blieben aber immer auf die feuchten Niederungen der Festländer beschränkt und sind wie ihre Nachfahren bis auf den heutigen Tag dem Wasser in mehr oder minder starker Bindung verhaftet. Am Ende des Paläozoikums erklimmen sie die Konstruktionshöhe der nacktsamigen Blütenpflanzen, die Baupläne der Bedecktsamigen vorwegnehmend.

Wie die kaledonische Gebirgsbildung die Sporenpflanzen auf das feste Land geführt hatte, so war die variszische zugleich der Höhepunkt und auch das Ende ihrer Herrschaft. Die zunehmenden Klimagegensätze und -extreme, das Landfestwerden der abtrocknenden Kohlensümpfe nahmen den Sporenpflanzen weithin die Lebensgrundlage. Sie werden von den aus ihnen hervorgegangenen Nacktsamern abgelöst, die der gesteigerten Befreiung von einer feuchten Umwelt standhalten und befähigt sind, auch in trockenere Binnenräume vorzustoßen. Ein neuer Abschnitt in der Entwicklung und Entfaltung des Lebens setzt ein. Das Paläophytikum, das pflanzengeschichtliche Altertum, das mit dem Devon begonnen hatte, geht im Unteren Perm zu Ende. Das Obere Perm mit dem Zechstein leitet das Mesophytikum ein.

Das Tier lebt von der Pflanze, ist nur auf der Grundlage pflanzlicher Stoffproduktion möglich und erscheint in seiner Gesamtheit geradezu als Schmarotzer am Pflanzenreich. Immer muß die Pflanze vorausgehen, ehe das Tier einen Entwicklungsschritt machen kann. Erst die pflanzliche Besiedlung macht einen Bereich zum Lebensraum für das Tier. Ob diese Abhängigkeit freilich so weit geht, daß erst die Pflanze durch Lieferung des bei der Photosynthese freiwerdenden Sauerstoffs die Atmosphäre für die Tierwelt atembar gemacht und dadurch Tierleben überhaupt ermöglicht hat, ist eine offene Frage.

So gab es in der Algenzeit nur wasserbewohnende wirbellose Tiere. Der von der Pflanze bereitete Lebensraum führte im Silur zu reichster Entfaltung aller Stämme der marinen Invertebraten. Erst im Verlaufe des Silurs suchte das Tier auch quantitativ wenigstens annähernd die Fülle der pflanzlich produzierten Stoffe auszunutzen, wenn auch von einer Bewältigung der vorhandenen Massen noch keine Rede sein konnte. Der Überschuß an pflanzlicher Substanz, der in die Meeressedimente einging, wurde immer größer. Daher sind bituminöse Ablagerungen geradezu die »Normalsedimente« auch des offenen Meeres, bereits im Kambrium, besonders aber im Ordovizium und Silur. BEURLEN spricht von »Schwarzschieferformationen«. Später finden sich vergleichbare Sedimente in zunehmendem Maße nur noch in schlecht durchlüfteten Meeresteilen; sie sind ebenso wie in der Gegenwart keineswegs mehr »normale« Bildungen, sondern ein Sonderfall der marinen Sedimentbildung. Nach dem Silur hatte sich im offenen Meer zwischen Tier- und Pflanzenleben ein Gleichgewicht nicht zuletzt durch Zunahme der sedimentzehrenden Bodenfauna eingestellt.

Seit dem Silur blieben marine Flora und Fauna grundsätzlich auf der erreichten Entwicklungsstufe stehen und haben sich bis heute nicht grundsätzlich gewandelt, wenn man von späteren Ein- und Rückwanderungen der verschiedensten Tier- und Pflanzenarten (bis hin zu Blütenpflanzen) vom Lande her absieht.

In kaledonischer Zeit folgte das Tier der Pflanze in den sumpfigen Küstenbereich. Panzerfische und Lungenfische lassen bereits die Möglichkeiten zur späteren Vierfüßigkeit erkennen. Trilobiten und andere Krebstiere, Skorpione und andere Gliederfüßer, Landschnecken, für die der Schritt aus dem Nassen ins Feuchte relativ leicht war, sind die ersten Vertreter des Tierreichs. Aus Crustaceen oder Würmern hervorgehende Insekten mit beißenden Mundwerkzeugen und noch unvollkommener Metamorphose machen sich die von den Sumpfpflanzen gebotenen Möglichkeiten bald in großer Zahl zunutze; sie lebten von Pflanzenteilen und Aas; denn Blüten fehlten noch. Aus den frühen Fischen gehen in Karbon und Perm nach den älteren Panzerlurchen, den Stegocephalen, die eigentlichen Amphibien und seit dem Oberkarbon die Reptilien als landbesiedelnde Vierfüßer hervor.

Mit der Landnahme durch die Pflanzen verlegte sich das Schwergewicht ihrer Produktion vom Meere auf das Festland. Auch der Charakter des exodynamischen Geschehens wandelt sich, wie das Zurücktreten der »Schwarzschiefer« und die führende Rolle der grauwackenartigen Gesteine zeigen. Nach BEURLEN kann dieser Umstand auf die Abtragung der pflanzenleeren Festländer in der Hauptsache durch mechanischen Zerfall und ungeregelten Abtransport (ähnlich wie in den ariden Bereichen der Gegenwart) zurückgeführt werden. Deshalb bildeten sich im wesentlichen klastische Sedimente. Da die Abtragungsprodukte in der pflanzenreichen Küstenzone aufgefangen und abgesetzt wurden, ergaben sich graufarbige Trümmergesteine, eben »Grauwacken«, diesen ähnliche Sandsteine und dergleichen.

Weil in der Küstenzone eine Überproduktion an Pflanzenstoffen gegenüber dem nachhinkenden Tierleben herrschte, so konnte sich der Überschuß in Kohlenlagern anreichern. Die meisten Steinkohlenlagerstätten sind paralischen Ursprungs. Später verlagerte sich die Kohlebildung mit zunehmender Verdichtung der festländischen Pflanzendecke mehr und mehr in terrestrische Bereiche. Dieser sedimentgenetische Wandel bedeutet zugleich eine Umstellung im Stoffhaushalt des Meeres. Daher überlebten die typischen Vertreter der »Schwarzschiefermeere«, die kambrischen Trilobiten und die ordovizischsilurischen Graptolithen, die Umstellung in kaledonischer Zeit nicht oder (wie die Trilobiten) nur in bescheidenen Nachzüglerformen. Weiterhin haben sich seit dem Silur in zunehmendem Maße kalkige Sedimente gebildet; ein Zeichen dafür, daß sich das Tier (wie die Pflanze seit dem Kambrium) nunmehr in großem Maßstab des in allen Meeren im Überschuß vorhandenen kohlensauren Kalkes als Baustoff zu bedienen vermochte. Damit setzte eine Entwicklung ein, die im Mesozoikum einen kaum überbietbaren Höhepunkt erreichte, der noch im Känozoikum vorhanden war.

Wie die variszische Tektonogenese mit ihren Folgewirkungen im späten Paläozoikum die Gymnospermen an die Stelle der Sporophyten gesetzt hat, hielt sie auch unter den Landtieren scharfe Auslese. Die Panzerfische machen den Schmelzschuppern Platz. Die Stegocephalen retten sich zwar bis zum Keuper, aber die Reptilien beherrschen das Feld bis ins Innere der Festländer, soweit die Pflanzen ihnen vorangegangen waren. Dort eroberten sie die Lebensräume des Bodens und der Luft, der Sümpfe und der Trockenbereiche, der Wälder und wieder erneut des Wassers. In ausgeprägter Weise gehen auf der kühleren Südhalbkugel gegen Ende der Trias aus den Reptilien die Säugetiere hervor, derjenige Stamm des Tierreichs, dem die Zukunft gehören sollte.

Diese Entwicklung setzte nach dem Zechstein mit der Trias ein, etwa eine halbe Periode nach dem entsprechenden Schritt in der pflanzlichen Entwicklung. Wieder folgt das Tier der Pflanze mit Verzögerung; deutlicher als in dieser zeitlichen Folge kann die auch kausale Bedingtheit nicht sichtbar werden.

Inzwischen hatten die Gymnospermen in ihren Hauptvertretern, den Nadelhölzern, das Festland besetzt. Noch waren es keine Wälder im heutigen Sinne, bestenfalls licht bestandene freie Flächen, nicht einmal Parksteppen oder ähnliches, da die Gräser und Kräuter noch fehlten und auch im baumbestandenen Freiland noch keine Bodendecke vorhanden war. Vielleicht waren es auch nur inselartige lockere Baumhaine, die wie Oasen in der Wüste über die Festländer verteilt waren. Aber auch ein solcher dichter Pflanzenschleier muß die Art der Verwitterung beeinflussen. Sicher ist, daß zu den mechanischen Zerstörungsvorgängen eine nicht zu vernachlässigende Gesteinslösung trat. Insbesondere muß der kohlensaure Kalk mobilisiert worden sein, wenn man aus der zunehmenden Kalksedimentation dieses Zeitalters die richtige Schlußfolgerung zieht, die gleichzeitig bedeutet, daß Stoffgehalt und Stoffhaushalt der mesozoischen Meere anders waren als in den Meeren der Sporophytenzeit.

Vielleicht ist eine Erklärung darin zu suchen, daß das Mesozoikum durch eine Fülle von Tiergruppen ausgezeichnet ist, die den früheren Perioden fehlten. Unter den Kopffüßern übernahmen die echten Ammoniten die Führung, auch die Belemniten sind typisch mesozoische Fossilien. Unter den Schwämmen blühen die Kieselschwämme, unter den Echinodermen die echten Seeigel und Seelilien; Muscheln und neuzeitlich anmutende Schnecken finden sich in Fülle, während die Brachiopoden stark in den Hintergrund treten. Die Schmelzschupper werden den echten Knochenfischen ähnlich, Saurier gehen ins Meer, die Krokodilier zweigen sich vom Hauptstamm ab und so fort.

Riesenwuchs herrscht in zahlreichen Gruppen; wohl kaum ein Zeichen eines nahenden Artentodes, wie es einige Forscher annehmen, sondern eher ein Beweis für ungewöhnliche Gunst der Lebensumstände. Jedes Tier strebt danach, in seinen Größenverhältnissen »wirtschaftliche« Beziehungen zwischen der geforderten Leistung, der verfügbaren Nahrungsenergie und dem erforderlichen Stoffumsatz herzustellen, das günstigste Verhältnis zwischen Körpermasse und Körperoberfläche zu erreichen. Bekanntlich wird die Oberfläche mit zunehmender Körpergröße im Verhältnis zu dieser kleiner und damit auch der Stoffumsatz. Je größer das Tier (besonders Warmblüter und Halbwarmblüter wie viele Saurier) ist, desto günstiger gestaltet sich das Verhältnis zwischen Einnahme und Ausgabe. Naturgemäß sind jeder Tierform Grenzen gesetzt, die durch die Schwierigkeiten der mechanischen Bewältigung größerer und größter Massen bedingt werden. Deshalb sind auch die größten Tiere der Gegenwart Bewohner des Wassers, weil im tragenden Wasser diese Schwierigkeiten geringer sind.

Schon im Rät treten die ersten Multituberculaten auf, vom Dogger bis in die Kreide leben die Pantotherier als Vorformen der plazentalen Säugetiere. In der jüngsten Kreide finden sich die ersten kleinen Insektenfresser ein. Das Ende der Jurazeit zeigt die ersten noch eng mit den Reptilien verwandten Vögel, in der Kreide kamen die ersten und gingen die Zahnvögel. Doch die hohe Zeit der Säuger und Vögel konnte so lange nicht beginnen, wie ihnen mit den Bedecktsamern noch die entscheidende Lebensgrundlage fehlte. Gegen Ende der Unteren Kreidezeit übernahmen die Angiospermen die Herrschaft von den Gymnospermen; die Neuzeit der Pflanze, das Känophytikum, begann. Das Tier folgte auch jetzt der Entwicklung mit Verzögerung einer halben Periode. Damit war eine der einschneidendsten Wandlungen im Laufe der gesamten urkundlich zugänglichen Erd- und Lebensgeschichte vollzogen.

Welche Umstände waren es, die die Gymnospermen benachteiligten, sie in den Hintergrund schoben und den Angiospermen den Platz frei machten? Wenn man auch annehmen muß, daß es in der Entwicklung der Erde immer, wenn auch unterschiedlich deutliche Jahreszeiten gegeben hat, so werden in der Kreidezeit zum ersten Male die Beweise für jahreszeitliche Klimagegensätze überzeugend, während alle Anzeichen darauf hinweisen, daß das Klima in Trias und Jura nur wenig differenziert gewesen ist, obwohl Hinweise für eine kühlere Klimazone nicht fehlen. Dieses weltweit ausgeglichene Klima ist wohl auch die Ursache, die den Gymnospermen trotz ihrer noch begrenzten Schutzmaßnahmen gegen Trockenheit und zur Sicherung der Fortpflanzung den Weg ins Innere der Kontinente geebnet hat. Jetzt aber standen die Nadelhölzer vor zunehmender Ungunst der Lebensbedingungen. Sie verkleinerten ihr Areal und überließen es den Angiospermen, deren Überlegenheit in einer unbegrenzten Anpassungsfähigkeit an alle nur denkbaren schwierigen Bedingungen zum Ausdruck kommt, eine Eigenschaft, die den »verwöhnten« und konstruktiv festgelegten Nacktsamern fehlte.

Die Ungunst des Klimas auf der Erde wurde durch die im späten Mesozoikum einsetzende, im Tertiär gipfelnde Tektonogenese noch verstärkt. Die Kränze der alpidischen Faltenstränge gaben den Festländern die heutigen Umrisse. Gleichzeitig sank der Meeresboden vielfach zu größeren Tiefen ab, überspülten ausgedehnte Transgressionen die Schelfe, schufen die Ketten der Hochgebirge, neue Klima- und Landschaftskombinationen mit einer Unzahl neuer, jungfräulicher Lebensräume jeder Größenordnung. Deshalb waren ebensoviel Anlässe zur oder zumindest Möglichkeiten zur Neubildung von Arten vorhanden, wie es Anlässe zur Beseitigung vorhandener Organismengruppen gab: Die für das Mittelalter der Erde bezeichnenden Gruppen räumten das

Feld; die Ammoniten, Belemniten und die Saurier, zahlreiche andere Formen starben aus, nachdem die Gymnospermen ihnen in weiten Gebieten vorangegangen waren.

Mit den Angiospermen kamen die Säugetiere, die Vögel und die höheren Insekten. Diese drei Gruppen, die ohne die Bedecktsamer als ihrer Lebensgrundlage nicht denkbar wären, erlebten gleichzeitig und in vielfach verschlungenen Wechselbeziehungen die explosive Phase ihrer Entfaltung. Es gibt kaum ein großartigeres Bild im Verlaufe der Geschichte des Lebens als dieses. In kürzester Zeit waren alle wichtigen Gruppen der Blütenpflanzen, alle Ordnungen der Säugetiere und die des arten- und individuenreichen Heeres der Insekten vertreten. In unvorstellbar schnellem Schrittmaß wandelten sich die Formen und brachten immer neue Gestalten hervor. Die Organisationshöhe der anpassungsfähigen Blütenpflanzen, die Schutzeinrichtungen des warmblütigen Säugetier- und Vogelkörpers, das Puppenstadium der Insekten setzten diese Gruppen instand, sogar die pleistozänen Kaltzeiten zu überleben und auf deren Ansprache mit der Bildung neuer, vollkommenerer Formen zu antworten.

Fast bis in den letzten Winkel der Erde drangen im Känozoikum die Bedecktsamer vor; in Räume, die den Nacktsamern verschlossen geblieben waren. Der Boden bedeckte sich mit einer angiospermen Kraut- und Grasflora. Jetzt erst wurde der bisherige Pflanzenschleier der Erde zur Pflanzendecke. Auch die Warmblüter fanden keine unüberwindliche Grenze ihrer Verbreitung mehr vor. Gemeinsam mit einigen Blütenpflanzen wanderten sie sogar ins Meer zurück.

Bis ins einzelne lassen sich die wechselseitigen Beziehungen zwischen den Blütenpflanzen, Warmblütern und heutigen Insekten nachweisen. Es läßt sich zeigen, wie die Entwicklung der einen Gruppe vom jeweils erreichten Stand der übrigen bestimmt und bedingt wurde; bezeichnend dafür ist, daß die ersten Säuger Insektenfresser waren. Das gilt für die Tertiärzeit ebenso wie für das Pleistozän. Der Ablauf zeitlicher Beziehungen entspricht genau dem Ablauf ursächlicher Beziehungen, so daß es schwer wird, nicht auch kausale Zusammenhänge vorauszusetzen.

Was aber war auf der Bühne des Lebens durch den großen Wechsel geologisch anders geworden? Wie wirkte sich der lebensgeschichtliche Umbruch erdgeschichtlich, lithogenetisch, auf die Gesteinsbildung aus?

Im exodynamischen Bereich war nahezu alles anders geworden. Alle jene Erscheinungen beginnen wirksam zu werden, die dem Menschen von heute selbstverständlich sind, die aber der vorkretazischen Erdgeschichte fehlen.

Eine wirkliche Pflanzendecke bedeutet u. a.: Bodenbildung im heutigen Sinne, d. h. Mobilisierung des Eisens durch Humusstoffe. Kaolinbildung und Lateritprofile sind daher frühestens erst seit dem Jura bekannt, ebenso gebleichte, eisenarme Verwitterungsrinden wie Verwitterungslagerstätten des Eisens. Früher blieb das Eisen in den mechanisch zerfallenen Verwitterungsrinden erhalten und gab diesen die rote Farbe, die heute als typisch für aride Rinden angesehen werden. So sind ganze Systeme durch rote klastische Sedimente ausgezeichnet, wie Teile des Karbons, das Perm und die Untere Trias, die nach dem Vorschlag BEURLENs daher »Rotsandsteininformationen« genannt werden können. Aber auch in älteren Zeiten traten rote, terrestrische Sedimente immer wieder auf; sie sind die Produkte pflanzenleerer und daher mehr oder weniger wüstenhafter Festländer, wie des devonischen Old-Red-Kontinents, des riphäischen Nordfestlandes, des »Oldest Red« im Vergleich mit dem Old Red und dem Buntsandstein, dem »New Red Sandstone«. Es waren Festländer, von denen der keineswegs fehlende Regen ungehemmt abfließen konnte. Mit zunehmender Verdichtung der Pflanzendecke verschwanden schon in der Gymnospermenzeit die roten Sandsteine von der Bildfläche, die Systeme des jüngeren Mesozoikums sind durch verschiedenartige helle Sandsteine gekennzeichnet.

Eine Pflanzendecke bringt eine gleichmäßigere Verteilung der Niederschläge über das Jahr, erhält eine gewisse gleichmäßige Luftfeuchtigkeit und lenkt dadurch einen sich über das ganze Jahr erstreckenden, stetigen Abfluß des Niederschlagswassers in geregelten Bahnen. Flußnetze, Erosion und Talbildung im heutigen Sinne sind Erwerbungen jüngerer erdgeschichtlicher Zeiten. Ständiger Abfluß ist gleichbedeutend mit ständigem Abtransport der Verwitterungsprodukte und damit auch erhöhter Abtragung. Trotz der schützenden Pflanzendecke ist der Festlandsabtrag im humiden Klima weit bedeutender als im pflanzenarmen Trockenklima; denn hier bleibt der größte Teil des Verwitterungsgutes auf dem Festland liegen, weil Abfluß und Abfuhr kaum vorhanden sind. Pflanzenfreie Festländer ersticken im eigenen Schutt, wie etwa in der Zeit des Oberrotliegenden.

Erhöhte Denudation heißt aber auch beschleunigte Sedimentbildung, größere Sedimentmächtigkeit in der Zeiteinheit und stetige Sedimentation im Gegensatz zu früheren, pflanzenarmen Zeiten. Daraus erklärt sich einerseits die zunehmende Sedimentdicke jüngerer Perioden gegenüber älteren und eine gewisse Beschleunigung des exodynamischen Ablaufs in Jura, Kreide und Tertiär, andererseits aber auch das Fehlen roter und das Zurücktreten festländischer Verwitterungssedimente in jüngeren Zeitabschnitten.

Humide Zeiten, wie sie im jüngeren Mesozoikum und im Tertiär mehrfach wiederkehren, sind durch erhöhte Pflanzenproduktion ausgezeichnet. In solchen Perioden stellt sich das unausgeglichene Verhältnis zwischen Pflanze und Tier ein, das im Altpaläozoikum die bituminösen Schiefer und im Karbon die Kohlenlager bedingte. Insbesondere ist das Tertiär eine Zeit intensiver Kohlebildung, wie auch die Gegenwart, in der ein bis zwei Millionen Quadratkilometer auf dem Festland von Torfmooren eingenommen werden.

Bezeichnenderweise lagen die pflanzlichen Überschußgebiete des älteren Paläozoikums im Meer, wo die bituminösen Sedimente entstanden. Im jüngeren Paläozoikum verlagerten sie sich in die Küstenbereiche – die Mehrzahl aller Steinkohlenlagerstätten ist paralisch, nur der weitaus kleinere Teil ist limnisch –, im Mesozoikum aber, im Tertiär (Braunkohle) und im Quartär (Moorflächen der Kontinente) in den festländischen Bereich.

Sicher haben alle diese Umstände auch den Stoffhaushalt des Meeres von Grund auf beeinflußt. Es ist nicht denkbar, daß selbst der abgelegenste Teil der Erde diese Neuerungen nicht zu spüren bekommen hätte, und nicht vorstellbar, daß es auch nur eine Tiergruppe gegeben hätte, die sich nicht mit dem Neuen auseinandersetzen mußte. So erscheint das große Sterben der mesozoischen Tierwelt fast folgerichtig, wenn die Beziehungen im einzelnen auch noch heute vielfach verschlossen sein mögen.

Als Aussage geologisch ermittelter und gedeuteter Tatsachen ergibt sich daher:
– Die pflanzliche Entwicklung fügt sich widerspruchslos dem erdgeschichtlichen Ablauf ein; sie wird nur aus ihm heraus voll verständlich.
– Gleiches gilt für die tierische Entwicklung: Der paläontologische Nachweis zeitlicher Abhängigkeit der Stufen tierischer Entwicklung und Entfaltung von dem jeweils voraufgegangenen Entwicklungsschritt des pflanzlichen Aufstiegs ist eindeutig.
– Eine gerade Kette verbindet die Erdgeschichte mit dem Werdegang des Lebens auf der Erde, und das Leben nach Maßgabe seiner Entwicklung wirkt auf das erdgeschichtliche Geschehen zurück. Nachweisbar müssen die verschiedenen Eigenarten der Gesteinskomplexe der einzelnen Zeitabschnitte aus dem jeweiligen Entwicklungsstand der Lebewesen, insbesondere aus dem jeweils erreichten Stadium der Besiedlung des Festlandes durch die sich vervollkommnende Pflanze, verstanden werden. Somit sind die Beziehungen zwischen der Entwicklung im Anorganischen und im Organischen in beiden Richtungen wechselseitig. Dieser dialektische Zusammenhang zwischen Anorganischem und Organischem, zwischen der Erde als der Umwelt und dem Leben, erscheinen als die Triebkraft der Entwicklung. Sie bestimmen das historische Weltbild der Geologie. Es sind offensichtlich die grundsätzlich gleichen Gesetzmäßigkeiten, wie sie auf anderer, höherer Ebene die geschichtlichen Beziehungen zwischen der menschlichen Gesellschaft und ihrer natürlichen und kulturellen Umwelt regeln.

R. Hohl (K. v. Bülow †)

Lagerstättenlehre

»Lagerstätten« sind natürliche Anhäufungen von nutzbaren Mineralen und Gesteinen in der Erde, die nach den technischen und gesellschaftlichen Gegebenheiten mit volkswirtschaftlichem Nutzen gewonnen und verwendet werden können.

Die Lagerstätten entstehen gesetzmäßig im Verlauf der geologischen Prozesse, die in und auf der Erdrinde ablaufen. Neben ihrer stofflichen Charakteristik als Anhäufung nutzbarer Minerale sind die Lagerstätten geologische Körper, deren Bildung mit dem geologischen Zustand und Werdegang ihrer Umgebung eng verbunden ist. Die **Lagerstättenlehre** ist somit, ebenso wie die Petrologie, eine Wissenschaftsdisziplin, die zwischen den geowissenschaftlichen **Stoff**disziplinen (Geochemie, Mineralogie) und **Struktur**disziplinen (Geologie, Tektonik) steht und die Methoden und Erkenntnisse beider Wissenschaftsbereiche nutzt.

Stofflich bestehen die Lagerstätten aus nutzbaren Mineralen und Mineralassoziationen. Unter »nutzbaren Mineralen« sind natürliche mineralische Bildungen einheitlicher physikalischer und chemischer Beschaffenheit zu verstehen, die in der Volkswirtschaft direkt verwendet oder aus denen verwertbare Nutzstoffkomponenten gewonnen werden können. Dem Charakter ihrer Nutzung nach werden die mineralischen Rohstoffe in folgende Gruppen unterteilt:

Elementrohstoffe (Erze und Salze, die Rohstoffe zur Gewinnung bestimmter Elemente für die Metallurgie, Chemie u. a. darstellen);
Eigenschaftsrohstoffe (nutzbare Fest- und Lockergesteine, Industrieminerale);
Energierohstoffe (Kohle, flüssige und gasförmige Kohlenwasserstoffe, radioaktive Rohstoffe).

Die Metallprovinzen der westlichen USA (nach J. A. Noble 1970)

Strukturell, d. h. als »geologische Körper«, können die Lagerstätten in drei morphologische Gruppen untergliedert werden:
1) **isometrische** (bevorzugt dreidimensionale) Lagerstättenkörper; zu dieser Gruppe gehören Stöcke, Stockwerke und Nester;
2) **plattenförmige** (bevorzugt zweidimensionale) Körper; dazu gehören Lager, Flöze und Gänge;
3) **schlauchförmige** (bevorzugt eindimensionale) Körper; Vertreter dieser Gruppe sind vulkanische Schlote, röhrenförmige Eruptivbreccien, »pipes«.

Die mineralische Zusammensetzung (Stoff) sowie die Lagerstättenform (Struktur) sind abhängig von der Lagerstättenbildung bzw. -genese (= Entstehung und Veränderung der Lagerstätte im Verlauf der geologischen Entwicklung). Unter geowissenschaftlichen Gesichtspunkten werden die Lagerstätten nach ihrer Genese unterteilt. Diese Klassifizierung basiert auf der isogenetischen Mineral- bzw. Gesteinsassoziation (= Lagerstättenformation). Die Lagerstätten werden daher in **magmatogene, sedimentogene** und **metamorphe** Bildungen untergliedert.

Gliederung der Lagerstätten nach den genetischen Bildungsprozessen

A) **Magmatogene Lagerstätten**
a) der **Frühkristallisation** (liquidmagmatische Lagerstätten)
  – Kristallisationsdifferentiate (Cr, Pt, Ti, Fe)
  – Liquationsdifferentiate (Ni, Fe, Cu, Co, Pd)
b) der **Hauptkristallisation**
  – Tiefengesteine und Ganggesteine
  – Ergußgesteine
c) der **Spätkristallisation**
  – Apatit-Nephelinlagerstätten (P, Al)
  – Karbonatitlagerstätten (mit Nb, Ta, Seltenen Erden u. a.)
d) der **überkritischen Phase**
  – Pegmatite (Silikate; Li, Be, B; Cs, Seltene Erden u. a.)
  – Pneumatolyte (F, Cl, B; Sn, W, Mo, Fe, Bi u. a.)
e) der **hydrothermalen Phase**
  – katathermal (Au-Ag, Fe-Ni, Cu-Fe-As)
  – mesothermal (Pb-Zn, Sn-Sb-Bi, U)
  – epithermal (Fe-Mn, Ba-F, Co-Ni-Ag, Sb-As-Hg)
B) **Sedimentogene Lagerstätten**
a) der **mechanischen Verwitterung**
  – Residual- und Trümmerlagerstätten (Cr, Pt, Fe u. a.)
  – Seifenlagerstätten (Au, Pt, Zr, Ti u. a.)
b) der **chemischen Verwitterung**
  – der Oxydations- und Zementationszone
  – in Böden (Al, Fe, Mn, Si, Ni, Co, Mg, P u. a.)
c) im **terrestrisch-limnischen Ausscheidungsbereich**
  – aride Konzentrationen (Cu, Pb-Zn, Ag, U, V u. a.)
  – humide Konzentrationen (Fe, Mn, P)
d) im **marinen Ausscheidungsbereich**
  – oolithische Schelflagerstätten (Fe, Mn)
  – chemische Ausscheidungslagerstätten (Kalke, Dolomite, Sulfate, Phosphate)
  – Salinarlagerstätten (Na, K, Mg, Br, J u. a.)
  – Tiefseebildungen (Mn, Fe, Ti, Cu, Co, Ni)
e) im **biogenen Bereich** (Biolithe)
  – Kohlenlagerstätten (limnisch, paralisch)
  – Faulschlammbildungen (Sapropelite, Erdölmuttergesteine)
  – Lagerstätten bakterieller Kreisläufe (Cu, Fe, Pb, Co, U, V, Mo, Ag u. a.)
  – sonstige biogene Lagerstätten (Si, Ca, P)
C) **Metamorphe Lagerstätten**
a) durch Umwandlung (metamorphosierte Lagerstätten)
b) durch Regeneration und Mobilisation (metamorphogene Lagerstätten)
c) durch Diaphthorese

Die Lagerstätte als geologische Einheit ist daneben auch ein technisch-ökonomischer Begriff. Im ökonomischen, d. h. bauwürdigen Sinne ist eine Lagerstätte, je nach dem Wert ihrer Nutzkomponente(n), von mehreren Faktoren abhängig. Die beiden Hauptfaktoren sind
– der Nutzstoff- oder Eigenschafts**gehalt** und
– die **Größe** (Vorrat) der Lagerstätte (vgl. Kapitel »Ökonomische Geologie«).

Lagerstätten der Erze

Erze sind Mineralparagenesen, die durch einen über dem Clarke-Wert liegenden nutzbaren Metallgehalt ausgezeichnet sind. Die Erze bestehen meist aus mehreren Mineralarten, und zwar aus den metallhaltigen Mineralen (Erzminerale) und den Begleitmineralen (Gangminerale oder »Gangarten«). Hinsichtlich des nutzbaren metallischen Rohstoffes werden die Erzlagerstätten unterteilt in Lagerstätten der

- **Schwarzmetalle** (Eisen- und Stahlveredlungsmetalle; Eisen Fe, Mangan Mn, Chrom Cr, Titan Ti, Nickel Ni, Kobalt Co, Wolfram W, Molybdän Mo, Vanadin V);
- **Buntmetalle** (Kupfer Cu, Blei Pb, Zink Zn, Zinn Sn);
- **Leichtmetalle** (Aluminium Al, Magnesium Mg, Lithium Li, Beryllium Be);
- **Edelmetalle** (Gold Au, Silber Ag, Platin Pt-Metalle);
- **Seltenmetalle** (Wismut Bi, Antimon Sb, Arsen As, Quecksilber Hg u. a.);
- **Radioaktiven Metalle** (Uran U, Thorium Th, Radium Ra).

Die Erzlagerstätten werden hier nach den genetischen Bildungsprozessen behandelt, wobei an Hand von Beispielen die wichtigsten Metalle berücksichtigt werden.

Magmatogene Lagerstätten

Die Entstehung der magmatogenen Lagerstätten ist ursächlich mit einer magmatischen Schmelze, mit deren Erstarrung und den damit zusammenhängenden Differentiationsprozessen verknüpft. Nach ihrer Herkunft lassen sich im wesentlichen sialische und simatische Magmen unterscheiden, an die jeweils charakteristische Lagerstättenbildungsprozesse geknüpft sind (vgl. Kapitel »Magmatite« und »Magmatismus«).

Sialisch-palingene Magmen sind für die geotektonischen Entwicklungsetappen des Orogen- und Subsequenzstadiums und z. T. für die daran gebundenen Lagerstätten charakteristisch, während simatisch-juvenile Magmen mit ihren charakteristischen Lagerstättenbildungen vor allem dem geosynklinalen Frühstadium und dem Tafelstadium angehören.

Beim Aufsteigen der Magmen in die höheren Zonen der Erdkruste tritt während der Auskristallisation eine Differentiation ein, die neben den verschiedenen Gesteinsbildungen auch zur Entstehung kennzeichnender Erzlagerstätten führt. Die Lagerstättenbildung ist bei den simatischen Schmelzen im wesentlichen an die frühmagmatischen (gravitativ angereicherte »liquidmagmatische« Lagerstätten) und spät- bis postmagmatischen Phasen gebunden (pegmatitische und hydrothermale Lagerstätten), während sie bei den sialischen Schmelzen vorwiegend in der postmagmatischen Entwicklung liegt (pegmatitisch-pneumatolytische und hydrothermale Lagerstätten). Dabei nimmt die Bedeutung der leichtflüchtigen Komponenten (H_2O, CO_2, CO_3^{2-}, F^-, Cl^-, S^{2-}, SO_4^{2-}, PO_4^{3-} u. a.) im Verlauf der Magmendifferentiation ständig zu. Die leichtflüchtigen Komponenten (Fluida, Volatile) sind in der Lage, durch die Bildung komplexer Verbindungen Metallionen zu binden und um Magma, im Poren- und Kluftraum der Nebengesteine sowie auf Gangspalten zu transportieren.

Die notwendig mit der Auskristallisation einer Schmelze gekoppelte Zunahme und Abgabe der leichtflüchtigen Komponenten in Form von metallhaltigen Restlösungen führt zur Bildung einer unter abnehmenden Druck-Zeit-Verhältnissen sich gesetzmäßig entwickelnden Abfolge von Erzlagerstätten (= »Restlösungsdifferentiation« nach NIGGLI). Diese komplizierten Verhältnisse sind Beispiel eines stark vereinfachten binären Schmelzensystems, bestehend aus einer leicht- und einer schwerflüchtigen Komponente, im NIGGLI-Diagramm anschaulich dargestellt (Abb.).

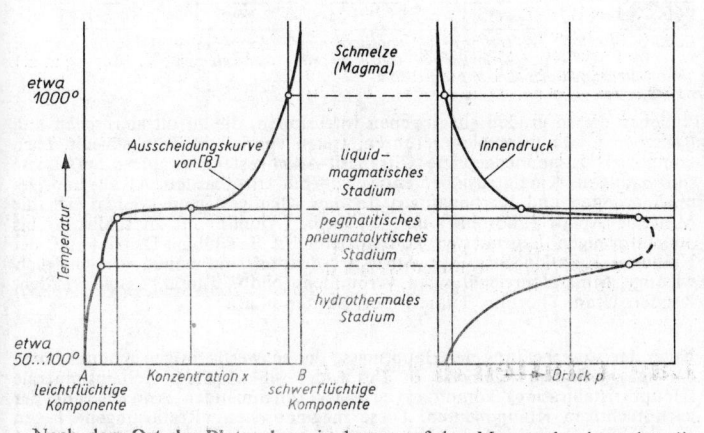

Temperatur-Konzentrations-Diagramm (links) und Temperatur-Druck-Diagramm (rechts) eines binären Systems von leichtflüchtigen (A) und schwerflüchtigen Komponenten (B) (nach P. Niggli). Das t-x-Diagramm zeigt die zunehmende Konzentration der leichtflüchtigen Komponenten bei sinkender Temperatur durch Ausscheidung der schwerflüchtigen Komponenten. Das t-p-Diagramm zeigt den damit verbundenen Anstieg des Innendrucks, der im pegmatitisch-pneumatolytischen Stadium seine Maxima erreicht und bei der nachfolgenden hydrothermalen Kondensation allmählich wieder abnimmt

Nach dem Ort der Platznahme in bezug auf den Magmenherd werden die Lagerstätten unterteilt in

a) **intramagmatische** Bildungen (innerhalb des Intrusivkörpers),
b) **perimagmatische** Bildungen (im Endo- und Exokontaktbereich und
c) **apo- bis telemagmatische** Bildungen
   - **intrakrustal** (innerhalb der Erdkruste gebildet)
   - **epikrustal** (auf der Erdoberfläche gebildet).

Liquidmagmatische Lagerstätten

Die Auskristallisation des Magmas beginnt bei etwa 1 100 bis 1 000 °C zunächst mit den Mineralen mit hohem Schmelzpunkt (Platinmetalle, Schwermetalloxide wie Chromit, Ilmenit, Magnetit u. a.). Diese sinken auf Grund ihrer hohen Dichte in der Schmelze nach unten, wo sie sich zu schlierenförmigen und schichtigen Lagern anreichern (gravitative Kristallisationsdifferentiate; z. B. Chrom- und Platin-Lagerstätten mit Ultrabasiten, Titan-Eisen-Lagerstätten mit Gabbros und Anorthositen). In Schmelzen mit hohen Schwefelgehalten erfolgt die Ausscheidung in Form von Sulfidtröpfchen, die sich infolge ihres niedrigen Schmelzpunktes in flüssiger Form bis zu selbständigen und mit dem Ausgangsmagma nicht mehr mischbaren Sulfidschmelzen anreichern (gravitative Liquationsdifferentiate; z. B. sulfidische Nickel-Eisen-Kupfer- (Kobalt-Palladium-) Lagerstätten mit Noriten).

Besonders typische Bildungen dieser Art treten in dem riesigen Bushveld-Komplex in Südafrika auf. Dieser magmatische Gesteinskomplex bildet einen riesigen Lakkolith (ellipsoidförmige Grundfläche mit 450 km West-Ost- und 240 km Nord-Süd-Erstreckung; Mächtigkeit 9000 m), der vermutlich in mehreren Etappen in das unterproterozoische Transvaalsystem intrudierte. Innerhalb des vorwiegend aus Noriten bestehenden Intrusivkomplexes, der auf Grund der Differentiation eine deutliche »magmatische Schichtung« aufweist, sind im Liegenden zwei kompakte Chromithorizonte (»Reefs«) ausgebildet. Annähernd 100 m darüber folgen ein bis zu 9 m mächtiger sulfidischer Erzhorizont (sog. »Merensky-Reef« mit Nickel, Kupfer, Gold und Platinmetallen) und im Hangenden der Noritserie noch zwei Ilmenit-Magnetit-Horizonte. Schließlich sind in der obersten Gesteinsserie des »Roten Granits« noch imprägnative Zinnerzlagerstätten verbreitet.

Weitere bedeutende Beispiele dieses Typs sind die Chromlagerstätten im Ural (Saranowsk, Krasnouralsk, Kempersajsk u. a.), in der Türkei (Guleman) und in Kuba (Matánzas), die Platinlagerstätten von Nishni Tagil/UdSSR sowie die sulfidischen Nickel-Kupfer-Platin-Lagerstätten (mit Pentlandit, Pyrrhotin, Chalkopyrit u. a.) von Norilsk/UdSSR (Abb.) und Sudbury/Kanada.

Schematisches Profil durch einen Teilbereich der Lagerstätte Norilsk (nach Tarassow aus Baumann, Nikolski u. Wolf 1979).

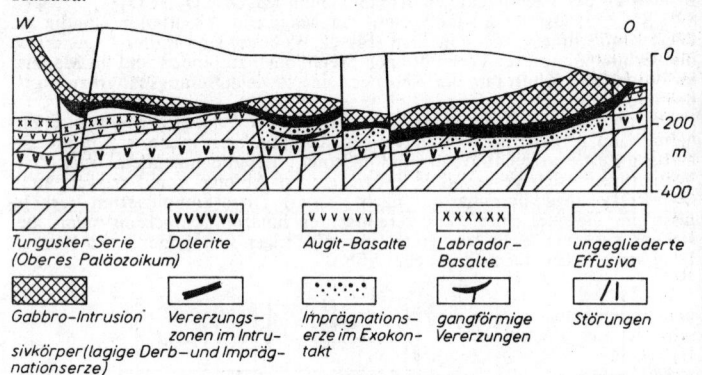

Tungusker Serie (Oberes Paläozoikum) | Dolerite | Augit-Basalte | Labrador-Basalte | ungegliederte Effusiva

Gabbro-Intrusion | Vererzungszonen im Intrusivkörper (lagige Derb- und Imprägnationserze) | Imprägnationserze im Exokontakt | gangförmige Vererzungen | Störungen

Neben diesen großen simatogenen Intrusionen, die zu ultrabasischen und basischen Gesteinskomplexen führen, treten speziell in Tafelgebieten noch kompliziert zusammengesetzte Ultrabasit-Alkaligesteinskomplexe auf. Diese sind häufig als Ringintrusionen entwickelt (mit Ultrabasiten, Alkali- und Nephelinsyeniten und Karbonatiten). In den Alkaligesteinen können sich die Minerale Apatit (Phosphor) und Nephelin (Aluminium) zu schlieren- bis schichtförmigen Lagerstätten konzentrieren (z. B. Chibine-Distrikt auf der Halbinsel Kola/UdSSR). Mit den Karbonatiten sind häufig wirtschaftlich wichtige Mineralanreicherungen verbunden (Niob, Tantal, Seltene Erden, Kupfer, Uran, Thorium, Titan, Fluor, Barium u. a.).

Lagerstätten der überkritischen Phase (Pegmatite, Pneumatolyte)

Nach der Ausscheidung der Hauptmasse der schwerflüchtigen Komponenten der magmatischen Schmelze in Form der silikatischen Gesteinsminerale (Hauptkristallisation) kommt es zu einer zunehmenden Anreicherung der leichtflüchtigen Komponenten. Diese magmatischen »Restlösungen« liegen zunächst im überkritischen Zustand vor (Temperaturbereich zwischen 700 °C und 400 °C: fluide Phase), d. h., sie weisen Eigenschaften teils der Gase, teils

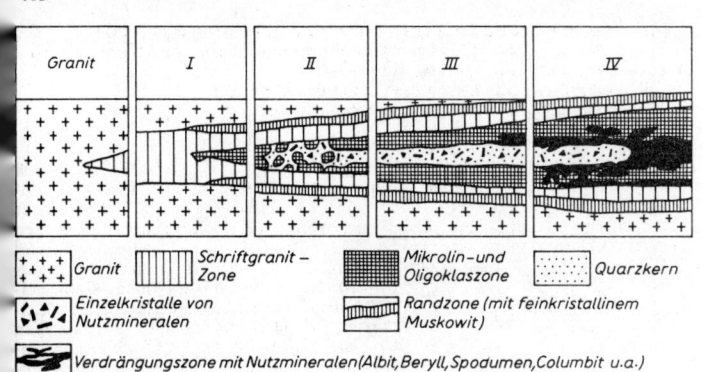

Zonales Entwicklungsschema der Pegmatite (nach Wlassow aus Smirnow 1970)

- Granit
- Schriftgranit-Zone
- Mikrolin- und Oligoklaszone
- Quarzkern
- Einzelkristalle von Nutzmineralen
- Randzone (mit feinkristallinem Muskowit)
- Verdrängungszone mit Nutzmineralen (Albit, Beryll, Spodumen, Columbit u. a.)

der Flüssigkeiten auf. Aus den zunächst noch relativ silikatreichen überkritischen Lösungen bilden sich die pegmatitischen und pneumatolytischen Mineralausscheidungen, die besonders druckabhängig sind. Bei geringster Druckentlastung findet eine Mineralausscheidung aus den Lösungen statt (Abb.). Druckentlastungen treten z. B. auf, wenn die migrierenden Lösungen aus den Intergranularen der Gesteine in Spaltenhohlräume gelangen.

Die **pegmatitischen Bildungen** ähneln in ihrer stofflichen Zusammensetzung noch sehr der magmatischen Hauptkristallisation (Silizium, Aluminium, Kalzium, Natrium, Kalium). Neben den »Gesteins«-Mineralen (Glimmer, Feldspäte, Quarz), die z. T. als Industrieminerale Verwendung finden (S. 482), treten als Akzessorien die eigentlichen Pegmatitminerale auf, an deren Aufbau u. a. zahlreiche seltene Elemente beteiligt sind (Lithium, Beryllium, Bor, Zäsium, Niob, Tantal, Zirkonium, Hafnium, Seltene Erden, Uran, Thorium). Die Pegmatitbildungen basischer Gesteine enthalten insbesondere Olivine, Augite und Platinmetalle. Räumlich sind die Pegmatite bevorzugt an die Kontaktbereiche der Magmatite gebunden.

Strukturell lassen sich verschiedene Pegmatittypen unterscheiden. Im Dachbereich von Intrusivkörpern bilden sich am Kontakt zum Nebengestein bevorzugt Randpegmatite (»Stockscheider«; Abb.). Auf Spalten entstehen gangförmige Pegmatite, während sich im Intrusivgestein metasomatische Pegmatitschlieren finden können. Die Pegmatitkörper selbst sind häufig zonal aufgebaut (Abb.). Eine feinkörnige, aplitische Randzone leitet meist in eine sogenannte schriftgranitische Zwischenzone über. Der eigentliche Pegmatit ist meist durch ein sehr grobkristallines Gefüge charakterisiert, wobei Riesenkristalle mit mehreren Kubikmeter Rauminhalt keine Seltenheit sind. Die Kernzone selbst besteht gewöhnlich aus Quarz. Die Minerale der seltenen Elemente sind mit wenigen Ausnahmen an die Übergangszone zum Pegmatitkern gebunden.

Charakteristische Beispiele von Pegmatitlagerstätten sind Isumrudnye Kopi/ UdSSR (Beryll), Varuträsk/Schweden (Lithium), Hagendorf/BRD (Feldspat, Quarz, Lithium), Langesund/Norwegen (Uran, Thorium) und Onverwacht/ Rep. Südafrika (Platin).

Neben den pegmatitischen Abscheidungen, die aus fluidreichen Schmelzen entstanden sind, kann es zu **pneumatolytischen Bildungen** kommen. Das sind Absätze aus überkritischen Lösungen (vorwiegend H_2O sowie HF, HCl, H_3BO_3 u. a.), die sich durch eine besondere Aggressivität gegenüber Silikaten auszeichnen. Zu den typischen lagerstättenbildenden Elementen gehören Zinn, Wolfram, Molybdän sowie Kupfer, Eisen, Wismut u. a. An charakteristischen chemischen Reaktionen sind die Umwandlung von Feldspäten in Glimmer, Quarz, Topas, Fluorit u. a. (**Greisen**bildung) und von Karbonaten in Kalziumsilikate (kontaktmetasomatische **Skarn**bildung) zu nennen.

Strukturell treten die pneumatolytischen Lagerstätten vorwiegend als Gang- und Verdrängungslagerstätten auf (Greisen, Skarne). Bei den **Gang**lagerstätten handelt es sich um geringmächtige, oft dicht gescharte Trümer mit Quarz, Kassiterit, Wolframit, Molybdänit, Pyrit, gediegenes Wismut u. a. in mehr oder minder stark vergreisten Silikatgesteinen (z. B. Ehrenfriedersdorf/ DDR). Die **Greisen**lagerstätten enthalten im wesentlichen die gleichen Erzminerale wie die pneumatolytischen Gänge. Doch sind die Erzminerale meist weitaus feinkörniger im umgewandelten Gestein verteilt. Die Greisenkörper bilden häufig stockförmige Körper unterschiedlicher Größe (Abb.). Bekannte Greisenlagerstätten sind Altenberg, Sadisdorf, Gottesberg und Mühlleithen in der DDR sowie Horní Slavkov in der ČSSR.

An kontaktpneumatolytischen Skarnlagerstätten sind sowohl Zinn-, Wolfram- (Scheelit), Molybdän- als auch Eisen-Anreicherungen (Magnetit) zu nennen. Die Skarnbildungen mit ihren Kalksilikatparagenesen sind immer an

Greisenlagerstätte von Sadisdorf/Erzgebirge (DDR)

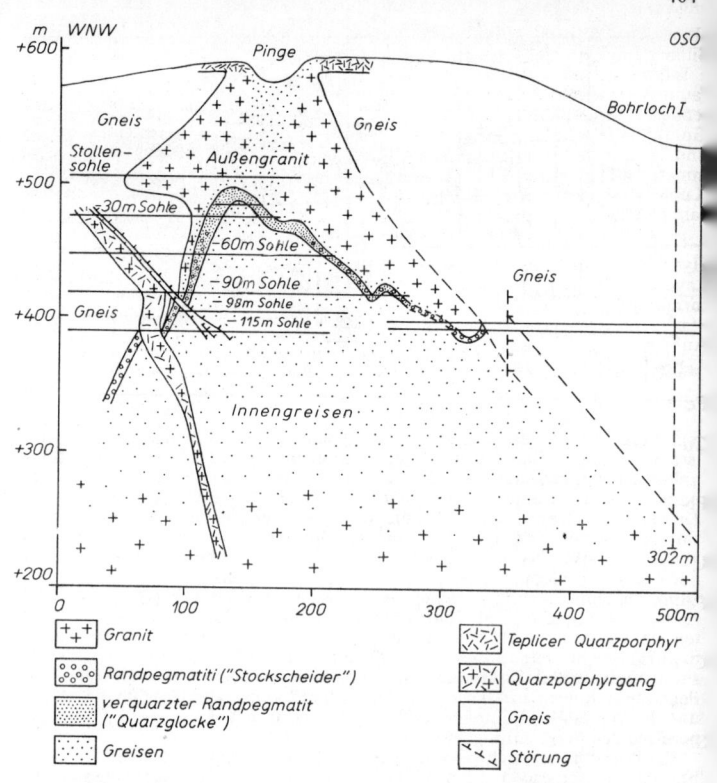

Figure: Schnitt durch die Greisenlagerstätte Sadisdorf mit Legende (Granit, Randpegmatit ("Stockscheider"), verquarzter Randpegmatit ("Quarzglocke"), Greisen, Teplicer Quarzporphyr, Quarzporphyrgang, Gneis, Störung).

die Kontaktbereiche von Magmatiten mit Karbonatgesteinen gebunden. Bedeutende Lagerstätten dieses Typs sind Tyrny-Aus/UdSSR (Wolfram, Molybdän), Perak/Malaysia (Zinn) und Magnitnaja Gora/UdSSR (Eisen).

Hydrothermale Lagerstätten

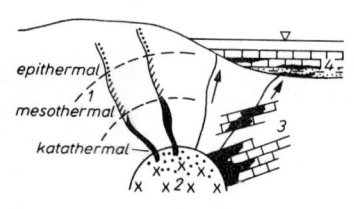

Schema der wichtigsten Strukturformen hydrothermaler Erzlagerstätten. 1 Gangtyp, 2 Imprägnationstyp (»porphyry«-Typ), 3 Verdrängungstyp (Metasomatite), 4 submarin-hydrothermal-sedimentärer Typ

Die hydrothermalen Lagerstätten sind Mineralausscheidungen aus Lösungen in den Temperatur- und Druckbereichen unterhalb des kritischen Punktes des Wassers. Unterhalb 400 °C kondensieren die ehemals im fluiden Zustand befindlichen Lösungen zu heißen, wäßrigen (hydrothermalen) Lösungen. Mit absinkender Temperatur (400 bis 300 bis 200 bis 100 bis 0 °C) können weitere Teilphasen unterschieden werden (kata-, meso-, epi-, telethermale Bildungen). Die erzbildenden Substanzen sind in ionarer oder komplexer Form in den Hydrothermen gelöst und werden in Abhängigkeit von der Elementkonzentration, vom Temperatur- und Druckabfall sowie von Änderungen des pH- und Eh-Wertes der Lösungen in Form charakteristischer Erzparagenesen ausgeschieden (Tab.). Diese Standardparagenesen sind in den verschiedenen Lagerstättengebieten der Welt meist durch Kombination und Überlagerung mehrerer Bildungsphasen sowie durch topomineralische Beeinflussung seitens des Nebengesteins weitaus komplizierter aufgebaut.

Strukturell werden die hydrothermalen Erzlagerstätten in **intra**krustale (Gänge, Imprägnationen, Metasomatite) und **epi**krustale (submarin-exhalativ, subaerisch-vulkanogen) Lagerstätten eingeteilt (Abb.).

Die **gangförmigen** Erzlagerstätten sind an mehr oder weniger steilstehende Störungen und Spalten gebunden, die gleichzeitig als Lösungsaufstiegs- und Erzbildungsraum dienten. Die Mineralausscheidung erfolgt meist zeitgleich zu den Spaltenöffnungen, so daß sich häufig eine bilateral-symmetrische Anordnung der Paragenesen ergibt. Dabei liegen die älteren (katathermalen) Paragenesen an den seitlichen Gangbegrenzungsflächen (Salband), die jüngeren (epi- bis telethermalen) Paragenesen in der Gangmitte. Diese Erscheinung wird als temporaler Fazieswechsel bezeichnet. Entsprechend den mit abnehmender Temperatur um einen magmatischen Lösungsherd sich ausbildenden konzentrischen Wärmezonen kommt es häufig zu einer räumlichen (zonalen) Anordnung der kata- bis epithermalen Paragenesen. In vielen großen Ganglagerstätten führt das zu einer deutlichen vertikalen und horizontalen Veränderung in der Mineralführung der Gänge (primäre Teufenstufe bzw. lateraler Fazieswechsel). Berühmte Ganglagerstättenbezirke sind Freiberg/DDR

Blei, Zink, Silber), Příbram/ČSSR (Blei, Silber, Uran), Butte/USA (Kupfer, Silber) und Cornwall/England (Zinn, Kupfer).
Imprägnationslagerstätten entstehen durch hydrothermale Kluft- und Porenraumvererzungen in verfestigten Gesteinen. Dieser wirtschaftlich sehr bedeutende Erzlagerstättentyp mit Kupfer-, Kupfer-Molybdän- und Kupfer-Silber-Gold-Paragenesen wird wegen der feinen Verteilung der Erzsubstanz zwischen und in den gesteinsbildenden Silikaten auch als »poryphyry«- oder »disseninated«-Typ bezeichnet. Wichtige Lagerstätten im Weltmaßstab sind die Kupfer-(Molybdän-)Lagerstätten von Kounradski/Kasachische SSR, Chuquiamata/Chile und Bingham/USA.

Tab. Die wichtigsten hydrothermalen Erzparagenesen nach BAUMANN, NIKOLSKI u. WOLF (1979)

Hydrothermale Lagerstättenformation	Paragenese	Typische Lagerstätten
Au–Ag	ged. Gold, Elektrum, Quarz, Pyrit	Kolar Distrikt/Indien Mother Lode/USA Banat/SR Rumänien
Fe–Ni	Pyrrhotin, Pentlandit, Chalkopyrit, Quarz	Norilsk/UdSSR Sudbury/Kanada
Cu–Fe–As	Chalkopyrit, Pyrit, Tetraedrit, Enargit, Quarz, Karbonate	Kounradski/UdSSR Butte/USA
Pb–Zn–Ag	Galenit, Sphalerit, Tetraedrit, Quarz, Karbonate	Freiberg/DDR Příbram/ČSSR
U–Fe	Uraninit, Hämatit, Quarz, Fluorit	Jáchymov/ČSSR Großer Bärensee/Kanada
Fe–Mn–Ba–F	Hämatit, Siderit, Baryt, Fluorit, Calcit	Erzberg/Österreich Rottleberode, Ilmenau/DDR
Co–Ni–Bi–Ag	Skutterudit, Nickelin, Rammelsbergit, ged. Wismut, ged. Silber, Quarz, Karbonate	Schneeberg/DDR Cobalt City/Kanada
Sb–As–Hg	Antimonit, ged. Arsen, Cinnabarit, ged. Quecksilber	Schlaining/Österreich Nikitowka/UdSSR

Die hydrothermalen **Verdrängungs**lagerstätten entstehen in leicht reaktionsfähigen Karbonatgesteinen (Kalke, Dolomite u. ä.). Die Vererzung erfolgt dabei bevorzugt in Bereichen, in denen klüftig-poröse Karbonatgesteine im Hangenden von relativ undurchlässigen tonigen Schichten (Stauhorizonte) überlagert werden. Die dabei entstehenden metasomatischen Verdrängungskörper zeigen bei unregelmäßiger Ausbildung oftmals beträchtliche Ausmaße. Bedeutende metasomatische Erzlagerstätten sind der Erzberg/Steiermark (Eisen, Mangan), Trepča/SFR Jugoslawien und Leadville/USA (Blei, Zink), Radenthein/Österreich, Košice/ČSSR und Satka/UdSSR (Magnesium), Monte Amiata/Italien (Quecksilber).
Die epikrustalen Erzlagerstätten sind im wesentlichen an submarine Bereiche (Geosynklinalgebiete, Riftzonen) gebunden. Auf Grund des daraus sich ergebenden Bildungsmechanismus werden sie auch als **submarin-hydrothermal-sedimentäre** Lagerstätten bezeichnet. Nach den räumlichen Beziehungen zwischen Lösungsherd (Magmatit) und Lagerstätte kann zwischen vulkanischen Bildungen (an submarine Effusivgesteine gebunden) und tiefenmagmatischen Bildungen (aus submarinen Hydrothermen tieferliegender intrakrustaler Herde stammend) unterschieden werden. Der submarine Magmatismus

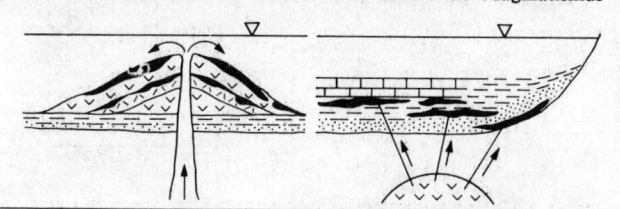

Bildungstypen der submarin-hydrothermal-sedimentären Lagerstätten (aus Baumann, Nikolski u. Wolf 1979)

Lagerstättentyp		vulkanisch	tiefenmagmatisch
Eh-Wert	+	Lahn–Dill–Revier	Vareš (z.T.)
	±0	Prager Mulde (Nučice u.a.)	Normandie, Bretagne (z.T.)
	−	Rio Tinto, Urup	Meggen, Rammelsberg

hängt mit tiefreichenden Störungszonen zusammen (Diabase, Spilite, Keratophyre und Tuffe). Die metallhaltigen Lösungen werden im Meerwasser kolloidal ausgeflockt (Hydroxidbildung) und sinken als Sedimente zu Boden. Dabei wird der Erzcharakter wesentlich durch die Redoxbedingungen des submarinen Milieus bestimmt (Abb.).

Die **vulkanischen** Typen der submarin-hydrothermal-sedimentären Lagerstätten sind häufig durch oxydierende Verhältnisse (positiver Eh-Wert) charakterisiert und führen in relativ sauerstoffreichen flachen Wässern zu hämatitisch-sideritischen Eisenerzlagerstätten, wie sie z. B. aus dem Lahn-Dill-Gebiet (BRD), aus dem Elbingeröder Komplex (DDR) und von Varoš/SFR Jugoslawien bekannt geworden sind. Ein Fe-Mn-Mischtyp mit teilweise hohen Mn-Gehalten ist die kretazische Lagerstätte Gonzen/Schweiz, während in den Mangan-Radiolariten neben biogen gebildetem Hornstein primär $MnCO_3$ und $MnSiO_3$ enthalten sind, die meist erst nach einer sekundären lateritischen Anreicherung bauwürdig sind (z. B. Ghana, Südafrika, Indien).

Bei neutralen Redoxverhältnissen kommt es zur Bildung von silikatischen Chamosit-Thuringit-Erzen, z. B. den Eisenerzlagerstätten im Ordovizium der Prager Mulde. Unter reduzierenden Verhältnissen (negativer Eh-Wert) entstehen sulfidische Paragenesen mit vorwiegend Pyrit, Markasit und Chalkopyrit. Zu diesem Typ gehören die z. T. polymetallischen Pyritlagerstätten von Rio Tinto/Spanien, Urup/UdSSR, Ergani Maden/Türkei und der Grube »Einheit« bei Elbingerode/DDR (Abb.).

Die **tiefenmagmatischen** Typen treten fast ausschließlich in sauerstoffarmen, tieferen Bereichen der submarinen Becken auf. Neben Eisen und Mangan finden sich hier zunehmend Buntmetalle und andere wertvolle Elemente (Kupfer, Zink, Blei, Silber, Antimon, Wolfram, Quecksilber u. a.). Bedeutende Lagerstätten dieses Typs sind Meggen (FeS_2, Zink, Barium) und der Rammelsberg/ BRD (Kupfer, Blei, Zink, Silber), Bleiberg/Österreich und Mešiča/SFR Jugoslawien (Blei, Zink), Almadén/Spanien (Quecksilber).

Allen submarin-hydrothermal-sedimentären Lagerstätten ist gemeinsam, daß sie innerhalb der normalen marinen Sedimentformationen (Sande, Tone, Kalke) auftreten. Sehr häufig sind sie an Gesteinsformationen mit engen Wechselfolgen endogener und exogener Bildungen gebunden. Die erzführenden Schichten werden dann gemeinsam mit den sie umgebenden Gesteinen den Einflüssen der Diagenese, submariner Rutschungen (Olisthostrome), der tektogenen Faltung und Verschuppung sowie der Metamorphose unterworfen. Eine große Anzahl dieser hydrothermalen Lagerstättentypen – insbesondere der erdgeschichtlich alten Geosynklinalformationen – liegt heute in einem stark metamorph überprägten Zustand vor (z. B. große Teile der Eisenerzlagerstätten vom Itabirit- bzw. Jaspillittyp sowie der metamorphen, z. T. polymetallischen Kieserzlager vom Typ Falun und Boliden/Schweden u. a.; siehe S. 471).

Sedimentogene Lagerstätten

In den Ablauf der Bildung sedimentärer Gesteinskomplexe sind lagerstättenbildende Vorgänge gesetzmäßig eingebunden und abhängig von den dabei wirkenden Faktoren: Verwitterung, Abtragung und Transport, Ablagerung und diagenetische Vorgänge.

Bei der **Verwitterung** als Anpassung der Gesteine an die Zustandsbedingungen der Erdoberfläche lassen sich drei Komponenten unterscheiden, deren Verhältnis zueinander stark schwanken kann: physikalische Komponenten (Klima, mechanische Beanspruchung durch Wind, Wasser und Eis), chemische Komponenten (H_2O, CO_2, O_2, ferner Säuren, Basen, Salze) und biologische Komponenten (Mikroorganismen, Pflanzen, Tiere). Es bilden sich Verwitterungsrückstände, -neubildungen und -lösungen.

Die wichtigsten Bildungsbereiche sedimentogener Lagerstätten (im humiden Klima) (nach Schaposchnikow aus Baumann u. Tischendorf 1976)

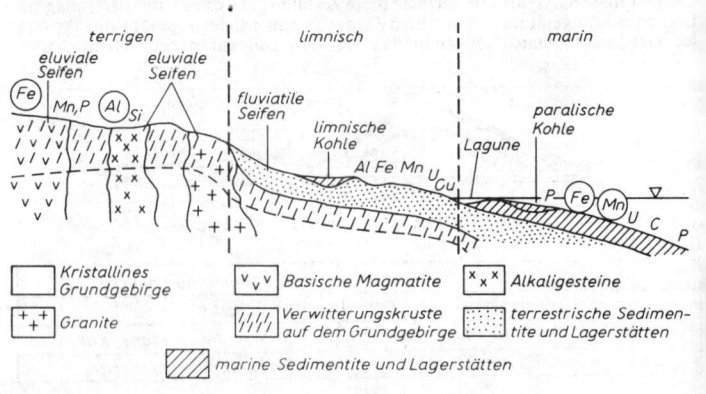

Abtragung und Transport sind nur graduell unterschieden und können mechanisch (Hangrutsch, Bergsturz, Schotter-, Sand- und Schlammströme, als Schweb in fließendem Wasser sowie in ionarer oder kolloidaler Lösung vor sich gehen. Glazialer bzw. glazifluviatiler oder äolischer Transport sind von geringem Einfluß.

Die **Ablagerung** kann mechanisch (gravitativ, beim Nachlassen der Bewegungsenergie von Wasser und Wind, Abtauen von Gletschereis), chemisch (Ausflockung, Sorptions- und Ionenaustauschvorgänge), Änderung von pH- und Eh-Wert (Redoxpotential), biochemisch (überwiegend durch Mikroorganismen) oder durch Konzentrationsänderung (Eindampfung, Verdünnung, CO_2-Entzug u. a.) vor sich gehen. Die anschließende Diagenese führt zur Setzung und Verfestigung mit gewissen Umkristallisationen und Mineralneubildungen.

Nach ihrer **räumlichen Position** können kontinentale (terrestrische, fluviatile, limnische) und marine Bildungen unterschieden werden, dazu kommen die Litoralsedimente im Küstenbereich (Abb.).

Die einfachste Form der Bildung mechanischer Verwitterungslagerstätten sind gravitativ bedingte Bergsturz- und Hangrutschmassen (Moränen), in denen überwiegend physikalisch aufgelockerte Teile bereits vorhandener Lagerstätten in Tälern bzw. intramontanen Becken abgelagert werden (Trümmerlagerstätten). Solche Lagerstätten besitzen zwar nur lokale Bedeutung, lassen sich aber meist einfach gewinnen (z. B. chromitreicher Schutt in Anatolien). Ähnlich verhält es sich mit Erzmoränen, die durch Gletschertransport gebildet werden.

Wirtschaftlich bedeutsamer sind die verschiedenen Typen der **Seifenlagerstätten**: In der unmittelbaren Umgebung von Gesteinskörpern, in denen die Gehalte an nutzbaren Mineralien primär nicht bauwürdig sind, oder im Oberflächenaustrittbereich primärer Lagerstätten bilden sich **eluviale** Seifen. Unter ariden und humiden Klimabedingungen werden die mechanisch und chemisch weniger widerstandsfähigen Minerale ausgewaschen bzw. zerstört, und es erfolgt eine relative Anreicherung von widerstandsfähigen Seifenmineralen. Typische Beispiele sind die Platinseifen im Ural und die Goldseifen in Jakutien und Kalifornien. Voraussetzung für die Seifenbildung sind hohe Dichten und große mechanische sowie chemische Stabilität der nutzbaren »Seifenminerale«, so daß diese gegenüber den meisten gesteinsbildenden Mineralen in einem natürlichen Aufbereitungsprozeß mit Hilfe fließenden Wassers angereichert werden können. Aus den eluvialen Seifen gehen vielfach die **alluvial-fluviatilen** Seifen der humiden Zonen hervor, die insgesamt von größerer Bedeutung sind. Im Abtragungsmaterial größerer Gebiete erfolgt in Wasserläufen eine gravitative Sonderung nach Dichte und Korngröße mit Anreicherung von Gold (Alaska, Kalifornien, Jakutien, Westaustralien), Zinnstein (Malaysia, Indonesien, Nigeria, Tasmanien, Bolivien, Cornwall, Erzgebirge) sowie Edel- und Schmucksteinen wie Diamanten (Angola, Brasilien, Indien, Südafrika), Rubin und Saphir (Ceylon, Burma, Thailand) oder Granat (Nordböhmen).

Eine eigenständige Entwicklung stellen die **marinen** Seifen (Strandseifen) dar, in denen fluviatil transportiertes Abtragungsmaterial durch Meeresbrandung und Küstenversatz lateral verteilt und aufbereitet wird, so daß z. T. riesige Lagerstätten von Rutil und Zirkon (Australien), Ilmenit (Argentinien, Brasilien), Magnetit (Italien, Neuseeland) oder Monazit (Südindien, Brasilien) entstehen. Als Sonderfall – in der Kombination von Salzauslaugung im Untergrund und Meerestransgression mit Aufarbeitung von Tonen mit hohem Gehalt an Sideritkonkretionen – gehören hierher auch die Trümmereisenerzlagerstätten von Salzgitter (Unterkreide) und Peine (Oberkreide) in der BRD.

Schließlich sind noch die **äolischen** Seifen Namibias zu erwähnen, bei denen durch Ausblasen von Staub und Sand aus fluviatilen Schuttmassen eine Diamantanreicherung erfolgt ist.

Bei den bedeutenden Gold-Uran-Lagerstätten vom Witwatersrand/Südafrika und Blind River/Kanada handelt es sich wahrscheinlich um **fossile** Seifenlagerstätten des Präkambriums, die metamorph überprägt sind.

Mechanische Verwitterungslagerstätten

Durch chemische Verwitterung bilden sich im Ausgehenden sulfidischer und karbonatisch-silikatischer Erzlagerstätten die »Hutzonen« (**Oxydationszonen**). Dabei wird z. B. Siderit ($FeCO_3$) oder Pyrit (FeS_2) zu Limonit ($FeOOH$) oxydiert. Aus Kupfer-Eisen-Sulfiden bilden sich neben $FeOOH$ noch karbonatische oder silikatische Kupfer-Minerale wie Malachit, Azurit, Chrysokoll. Ein Teil des Kupfers wird in gelöster Form in ein tieferes Niveau transportiert, unterhalb des Grundwasserspiegels reduziert und an vorhandenen Sulfiden zementativ als gediegenes Kupfer oder Chalkosin ausgefällt (Reduktions- oder **Zementationszone**). Durch diese sekundäre Anreicherung werden z. B. die »disseminated copper ores« (S. 465) vielfach erst bauwürdig. Über Blei-Zink-Lagerstätten entstehen aus den Sulfiden Cerussit, Anglesit, Hemimorphit und Smithsonit.

Chemische Verwitterungslagerstätten

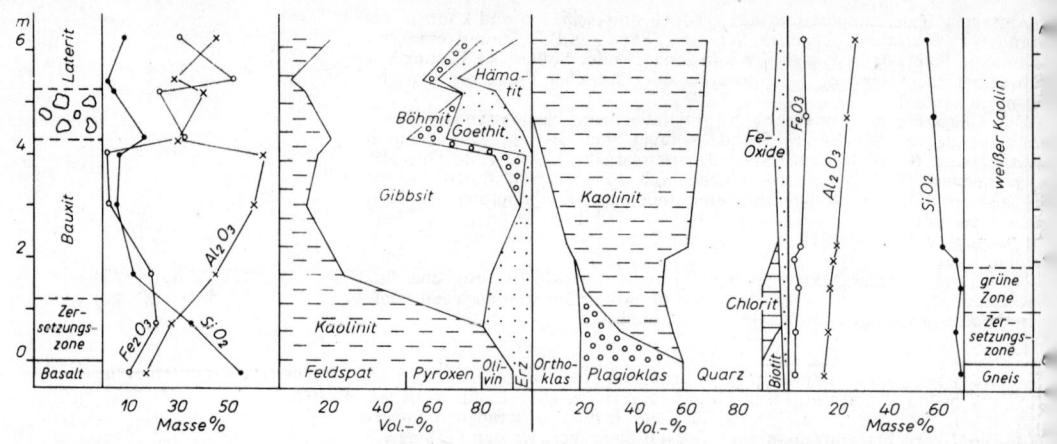

Verwitterungsprofile in Abhängigkeit vom Klimabereich. Links: Allitische Verwitterung (nach Valeton); rechts: Siallitische Verwitterung (nach Loughnan)

Die wichtigsten chemischen Verwitterungsbildungen sind die **Siallite** und **Allite**. Im gemäßigten und im tropisch-humiden Klima werden gesteinsbildende Minerale (vorwiegend Feldspäte, daneben Mafite) bei der Verwitterung aufgelöst. Aus ihren Si- und Al-Anteilen bilden sich verschiedene Tonminerale (Illit, Kaolinit, Montmorillonit) in Abhängigkeit von Temperatur, pH-Wert und Dränage, während Alkalien und Erdalkalien in Lösung gehen (Abb.). Diese Verwitterungsneubildungen können am Entstehungsort verbleiben oder umgelagert werden. Je nach Verwitterungsgrad und Tonmineralbestand werden sie als Lehm, Ton, Kaolin oder Bentonit bezeichnet (vgl. Kapitel »Steine und Erden«).

Im tropischen Wechselklima (humid-arid) wird bei der Verwitterung zusätzlich SiO_2 gelöst und weggeführt, so daß auf feldspatreichen Gesteinen die allitischen **Silikatbauxite** mit Gibbsit als Hauptmineral ($Al(OH)_3$; Australien, Indonesien, Indien, Westafrika, Karibische Inseln, Guayana, Brasilien, USA) und auf Kalken aus deren tonigen Anteilen die **Kalkbauxite** mit Böhmit bzw. Diaspor entstehen (AlO(OH); Ungarn, SFR Jugoslawien, Griechenland, Türkei, Südfrankreich, Ural). Aus eisenreichen, aber aluminiumarmen Gesteinen (Ultrabasite, z. T. auch Basalte) werden die wirtschaftlich wichtigen **Lateriteisenerze** (Goethit u. a.) gebildet (Guinea, Nigeria, Kuba, Brasilien, Australien, Philippinen, Indonesien, Indien, Ural).

Liegen Peridotite als Ausgangsgesteine vor, dann gehen die darin enthaltenen Nickel- und Chromgehalte teilweise mit in die Lateriteisenerze, was deren Verhüttung erschwert. Unter besonderen Bedingungen, bei weniger extremem Wechselklima, kann Nickel in einem besonderen Horizont zwischen dem verwitternden Peridotit und der eisenreichen oberen Zone in hydrosilikatischer Form (Garnierit, Schuchardtit, Ni-Pennin, Ni-Nontronit u. a.) angereichert sein. Derartige **Nickelhydrosilikatlagerstätten** werden wirtschaftlich immer bedeutender (St. Egidien/DDR, Szklary/VR Polen, Orsk-Chalilowo/UdSSR, SFR Jugoslawien, Griechenland, Philippinen, Indonesien, Neukaledonien, Kuba, Brasilien). Auf Mn-haltigen Ausgangsgesteinen (Mn-Quarzite, -Glimmerschiefer und -Karbonate) bilden sich vielfach auch lateritische Reicherze (Manganhüte), die in Ghana, Südafrika, Indien und Brasilien von wirtschaftlicher Bedeutung sind.

Terrestrisch-limnische Ausscheidungslagerstätten

Unter ariden Klimabedingungen werden in intramontanen Senken und Wannen gewaltige Schuttmassen (Fanglomerate, Sandsteine) abgelagert, deren Metallinhalt durch salzreiche Grundwässer gelöst und in Horizonten mit organischen Substanzen (Pflanzenteile, lokale sapropelitische Einschaltungen) reduziert und in Form von Sulfiden ausgefällt wird. Wegen der durch Fe_2O_3 bedingten Rotfärbung derartiger Gesteinskomplexe werden sie als »red bed«-Lagerstätten bezeichnet und spielen insbesondere für Kupfer-Konzentrationen eine erhebliche Rolle (westliches Uralvorland, Kasachstan und Kirgisien sowie in den Weststaaten der USA und in Katanga(Zaïre)–Nordsambia). Auch analoge Blei- und Blei-Zink-Lagerstätten sind bekannt (Freihung/Oberpfalz, Maubach-Mechernich/Eifel). Uran wird durch das organische Material adsorptiv gebunden; vielfach bilden sich mit dem gleichfalls reduzierten Vanadium Uranylvanadate mit verschiedenen Kationen, die häufig im Liegenden ehemaliger Wasserläufe (»channels«) besonders konzentriert sind (Carnotit-Lagerstätten im Colorado-Plateau/USA (Abb.) und Zentralasien).

Im Rahmen der humiden Verwitterung als Hydrogenkarbonat oder Humatkomplex in Oberflächen- oder Grundwässern in Lösung gehende Eisen- und Mangan-Gehalte können, z. T. nach längeren Wanderwegen, sowohl terre-

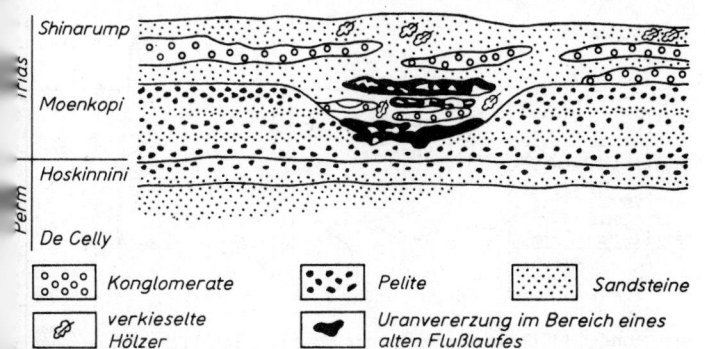

Profil durch eine Uranerzlagerstätte vom Carnotit-Typ im Colorado-Plateau/USA (aus Smirnow 1970)

Trias: Shinarump, Moenkopi
Perm: Hoskinnini, De Celly

- Konglomerate
- Pelite
- Sandsteine
- verkieselte Hölzer
- Uranvererzung im Bereich eines alten Flußlaufes

trisch (**Bohnerze** in Kalken, Eisen- und Mangan-Erze des Hunsrück-Typs im Rheinischen Schiefergebirge/BRD, **Raseneisenerze** Mittel- und Nordeuropas) als auch limnisch unter Mitwirkung von Wasserpflanzen (**See-Erze** Nordeuropas und Kanadas) oder in Torfmooren (Torf-, Kohleneisenerze) ausgefällt werden. Ihre wirtschaftliche Bedeutung ist heute nur noch gering.

Marine Ausscheidungslagerstätten

Nach Fördermengen und Vorräten sind marin-sedimentäre Eisenerzlagerstätten weltwirtschaftlich außerordentlich bedeutsam. Dabei bestehen hinsichtlich ihrer Bildungszeit und der Eisenherkunft erhebliche Unterschiede.

In **präkambrischen Schichten** finden sich fast ausschließlich metamorphosierte Jaspilite und Itabirite (S. 302). Die **Jaspilite** sind gebänderte Erze mit Hornsteinquarz sowie Hämatit, Magnetit, Siderit und Fe-Silikaten, die, stets mit submarinen Vulkanitkomplexen (Spilite, Keratophyre) verknüpft, sehr wahrscheinlich präkambrische Äquivalente der submarin-hydrothermalen Lahn-Dill-Eisenerze darstellen (S. 466). Hierher gehören die bekannten Lagerstätten von Nord- und Mittelschweden (Kiruna, Grängesberg), im Ukrainischen Schild (Kriwoi Rog, Kursk), Teile der indischen Lagerstätten (Singhbhum-Orissa), am Oberen See/USA (Taconiterze) und in Südafrika (Swasiland).

Demgegenüber treten die geschichteten präkambrischen **Itabirite** mit Quarz, Magnetit und Hämatit in rein sedimentären Serien (Quarzite, Glimmerschiefer, Gneise, Kalke) auf und dürften als kombinierte chemisch-mechanische Sedimentite unter den Bedingungen einer sauerstofffreien bzw. -armen Atmosphäre und fehlendem Pflanzenwuchs auf dem Festland zu deuten sein. Riesige Lagerstätten werden in den z. T. mehrere 1000 km langen Eisenerzgürteln von Westafrika (Mauretanien, Guinea, Sierra Leone, Liberia), Südafrika, Indien, Süd- und Westaustralien, Südamerika (Minas Gerais/Brasilien, Cerro Bolivar/Venezuela) und Nordamerika (Oberer See, Labrador) abgebaut. Auch Teile der Erze von Kursk und Kriwoi Rog gehören zu diesem Typ.

Im **Phanerozoikum** entstammt der Eisen($\pm$Mangan)-Inhalt der **marinen Oolitherze** dem Verwitterungskreislauf. Die Bildung der Ooide erfolgt relativ küstennah und schwebend in bewegtem Wasser mit anschließender Sedimentation. Die Ooide bestehen neben Quarz und Karbonaten aus Hämatit (Birmingham/USA, Neufundland), Goethit (»Minette-Erze« von Lothringen-Luxemburg, Kertsch/UdSSR) oder Chamosit (Schmiedefeld/Thüringen, z. T. Normandie und Bretagne/Frankreich). Die Grundmasse dieser Erze kann sandig, karbonatisch oder tonig sein. Oolithische Manganerze (mit Mn-Karbonaten und -Oxiden) treten in den beiden Großlagerstätten Tschiatura und Nikopol/UdSSR auf.

Marine **sedimentäre Sulfid**lagerstätten sind entweder an Bereiche mit submariner Hydrothermenzufuhr (z. B. rezent die »hot brines« im Roten Meer mit Eisen, Kupfer, Zink, Blei u. a. S. 266) oder an Zonen mit starker Mikroorganismenentwicklung gebunden.

An **Tiefseebildungen** sind vor allem die riesigen Vorkommen von Fe-Mn-Konkretionen auf den Ozeanböden zu nennen (mehrere Billionen t Vorräte), die häufig noch hohe Gehalte an Nickel, Kupfer und Kobalt aufweisen. Der Metallgehalt dieser Konkretionen wird wahrscheinlich teilweise aus submarinen Hydrothermen zugeführt worden sein.

Biogene Lagerstätten

Voraussetzung für die sedimentäre Fixierung von Schwermetallen als Sulfide ist die sog. Sapropelfazies, die sich sehr rasch ausbildet, wenn Teile von Meeresbecken, aber auch Binnengewässern, durch Barren oder Nehrungen vom Wasseraustausch mit ihrer Umgebung abgeschnitten werden. In solchen anaeroben Bereichen wird durch Fäulnisbakterien das Redoxpotential stark herabgesetzt und zusätzlich die Entfaltung einer Schwefelmikrobengemeinschaft (Sulfure-

Die Metallverteilung im Kupferschiefer der Mansfelder und Sangerhäuser Mulde (nach Jung, Knitzschke u. Gerlach)

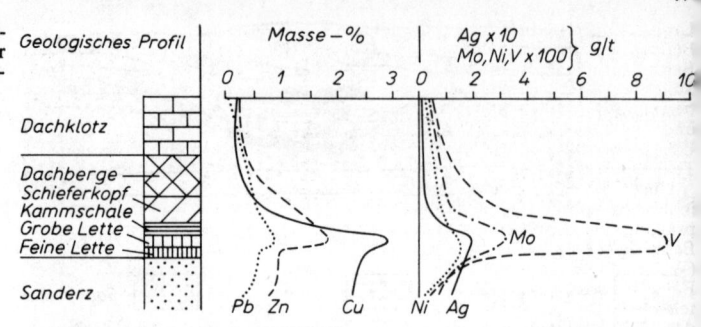

tum) ermöglicht, deren desulfurierende Mikroben Sulfate zu H_2S reduzieren. Dadurch können auch geringe Schwermetallgehalte aus dem Wasser ausgefällt und konzentriert werden. Infolge ihres hohen Anteils an organischer Substanz (Bitumen) sind derartige sapropelitische Sedimente meist schwarz gefärbt (Schwarzschiefer).

Bekannte Beispiele solcher Bildungen sind der **Kupferschiefer** und **Kupfermergel** mit Kupfer, Blei, Zink, Vanadin, Nickel, Molybdän u. a., wobei der Hauptteil der Metalle erst während der Diagenese weiter angereichert wurde (Mansfelder und Sangerhäuser Mulde/DDR, Abb., Schlesische Tieflandsbucht VR Polen; Richelsdorfer Gebirge/BRD). Des weiteren sind zu nennen die Alaun- und Kieselschiefer, die z. T. bauwürdige, am Bitumen fixierte Urangehalte aufweisen (Ostthüringen, Schweden). Auch die Bleiglanzbänke im Muschelkalk und Keuper Mitteleuropas und die Pyrit-Konkretionen in Braun- und Steinkohlen gehören hierher.

Wenn sich eine derartige Mikrobengemeinschaft (bakterieller Schwefelkreislauf) in einem Becken mit bevorzugt Calcit-Anhydrit-Sedimentation einstellt, kann es auch zu wirtschaftlich bedeutenden Abscheidungen von gediegenem Schwefel durch anorganische oder bakterielle Oxydation von H_2S kommen (z. B. Tarnobrzeg/VR Polen, Westukraine, Süditalien und Sizilien). Darüber hinaus sind Sapropelite als Erdölmuttergesteine außerordentlich wichtig (S. 489).

Metamorphe Lagerstätten

Prinzipiell gelten für diese Lagerstätten die im Kapitel »Metamorphite« (S. 90) und »Metamorphose« (S. 218) beschriebenen Faktoren, d. h. also Umwandlung durch Druck und/oder Temperaturerhöhung. Vielfach reagieren Erzminerale, insbesondere Sulfide, rascher auf Druck- und Temperatur-Änderungen als Silikate, so daß es relativ leicht zu Umkristallisationen und Mineralreaktionen kommt. Dabei wirkt insbesondere eine Durchbewegung (Schieferung) fördernd. Wenn das System während der Metamorphose nicht geschlossen bleibt, sind Stoffabwanderungen größeren Ausmaßes möglich. Eine noch offene Frage ist, ob es während der Metamorphose normaler Gesteinsserien zur Konzentration bestimmter Elemente und damit zur Lagerstättenbildung kommen kann. Man muß daher strenggenommen zwischen metamorphosierten und metamorphogenen Lagerstätten unterscheiden.

Metamorphosierte Lagerstätten

Werden Gesteinskomplexe mit den eingeschalteten Lagerstätten einer Regionalmetamorphose unterworfen, so vollzieht die Lagerstättensubstanz jede Durchbewegung mit, und die Erzkörper werden mehr oder weniger verschiefert und verfaltet (z. B. Kriwoi Rog/UdSSR, Rammelsberg im Harz/BRD). Damit verbunden ist meist eine Mobilisation von Karbonaten und Quarz durch »metamorphe Hydrothermen«, die in vielen Fällen auch Sulfide umlagern und außerhalb des Erzkörpers wieder absetzen können. Ein typisches Beispiel dafür ist der sog. Kniest (mit Quarz und Chalkopyrit) im tektonisch Hangenden des Rammelsberges bei Goslar/BRD. Die Umbildung von Chamosit in Thuringit in den oolithischen Eisenerzen von Schmiedefeld am Rennsteig/Thüringer Wald gehört gleichfalls hierher. Aus Schwarzschiefern kann Uran mobilisiert und in Pechblendetrümmern angereichert werden. Alle diese Vorgänge erfolgen bereits im Frühstadium der Metamorphose (~ Zeolithische Fazies), in der Pelite noch als Tonschiefer vorliegen.

In der Grünschieferfazies kann es in Itabirit- und Jaspiliterzen zu einer metamorph-hydrothermalen Quarzabfuhr und damit zu relativer Fe-Anreicherung kommen (Reicherzkörper von Kriwoi Rog/UdSSR und vom Oberen See/USA). Kieserzlager, z. B. in Norwegen, zeigen erhebliche interne Stoffumlagerungen und z. T. Neubildungen von Mineralen.

Unter amphibolitfaziellen Bedingungen entstehen aus Mn-Radiolariten Manganquarzite und -glimmerschiefer mit Mn-Granat u. a. (Indien, Südafrika, Ghana). In Sulfidlagerstätten erfolgt eine starke Umkristallisation und

Umlagerung von Sulfiden und Silikaten sowie Sulfidmobilisation im 100-m-Bereich in das Nebengestein wie in den Lagerstätten Schwedens (Boliden, Falun), Finnlands (Outokumpu) oder Kanadas (Flin-Flon, Rouyn-Noranda, Sullivan). Extrem metamorphisierte Lagerstätten, die bereits den Grenzbereich zur Anatexis durchlaufen haben, führen als Neubildungen u. a. Zn- und Mangan-Silikate und -Aluminate (Broken Hill/Australien oder Franklin/USA). Bei vollständiger Aufschmelzung sollte man erwarten, daß wenigstens Teile der Erzsubstanz in die sialisch-palingenen Magmen übernommen werden.

Unter den Bedingungen einer statischen Kontaktmetamorphose kommt es in bereits vorhandenen Lagerstätten zu einer bevorzugt thermischen Überprägung, die teilweise noch durch eine Stoffzufuhr ergänzt werden kann. Als Beispiele seien angeführt die Lahn-Dill-Eisenerze des Osterröder Diabaszuges (Westharz) im Kontakthof des Brockengranits mit Bildung von Magnetit und Fayalit (Fe_2SiO_4) aus Hämatit $\pm$ Quarz oder z. T. die Skarn-Eisenerze Mittelschwedens. In Kieserzlagern kann ein Teil des Schwefels »abgeröstet« werden (Umwandlung von Pyrit, FeS_2, in Pyrrhotin, FeS), oder es bilden sich komplexe Sulfidskarne mit erheblicher Stoffzufuhr wie etwa Kaveltorp/Schweden oder Pitkjaranta/UdSSR.

Metamorphogene Lagerstätten

Seit langem ist bekannt, daß hochmetamorphe Gesteine (Granulite, Gneise) bei einer Reihe von Elementen niedrigere Gehalte aufweisen als ihre Edukte (z. B. Si, K, Rb, F, Pb, Zn, Cu, Hg und H_2O). Da die abgeführten Komponenten irgendwo geblieben sein müssen, liegt die Vermutung nahe, daß zumindest ein Teil in metamorphogenen Lagerstätten mobilisiert und konzentriert worden ist.

Prinzipiell besteht diese Möglichkeit bei einigen Uranlagerstätten. Wahrscheinlich gehören hierher auch bestimmte karbonatische Quarzgänge mit Gold, Pyrit und Pyrrhotin (z. B. Lena- und Baikalgebiet). Mit Sicherheit gilt dies für die sog. »alpinen Klüfte«, pneumatolytisch-hydrothermale Gangfüllungen in kristallinen Schiefern mit Quarz, Alkalifeldspat, Apatit, Titanit, Hämatit, Rutil u. a. Die in tieferen Kristallinanschnitten häufigen Pegmatite mit Feldspat und Glimmer, teilweise auch mit Beryll, Niob-, Tantal-, Titan- und Seltenerd-Mineralen, sind meist metamorphogene Mobilisate der hochgradigen Regionalmetamorphose.

Die hydrothermal-metasomatischen Siderit- (Erzberg und Hüttenberg/Österreich) und Spatmagnesitlagerstätten in Kalken (Radenthein, Trieben und Veitsch/Österreich; Ostslowakei) werden teilweise auf eine metamorphe (diaphthoritische) Fe-Mg-Mobilisierung aus Ultrabasiten zurückgeführt. Im allgemeinen scheint aber bei der Regionalmetamorphose die Element-Dispergierung zu überwiegen. Eine Elementkonzentration erfolgt nur beim Vorhandensein günstiger Rahmenbedingungen (geochemische Barrieren, Strukturfallen u. a.).
L. Baumann/C.-D. Werner

Grundzüge der Metallogenie – Minerogenie

Jede Lagerstätte ist ein geologischer Körper innerhalb der Erdkruste. Wenn man ihre Bildung klären will, muß man die gesamte geologische Entwicklung vor, während und vielfach auch noch nach der Lagerstättenbildung kennen. Nur durch die Synthese der Untersuchungsergebnisse aller geologisch-geochemisch-geophysikalischen Disziplinen ist eine befriedigende Deutung möglich. Diese Synthese zu liefern und daraus Schlußfolgerungen für Such- und Erkundungsarbeiten zu ziehen ist Aufgabe einer relativ jungen Teildisziplin innerhalb der geologischen Wissenschaften, der **Metallogenie** oder umfassender der **Minerogenie**.

Die Bezeichnung »metallogénie« wurde 1913 von de LAUNAY geprägt; Ansätze dazu gab es jedoch schon viel früher. Zu den Pionieren metallogenetisch-minerogenetischer Betrachtung gehören LINDGREN (1919), NIGGLI (1926, 1928), OBRUTSCHEV (1926), W. PETRASCHECK (1926) und SCHNEIDERHÖHN (1925). Als eigenständiger Wissenschaftszweig ist die Metallogenie/Minerogenie erst etwa 30 Jahre alt. Maßgebliche Impulse sind dabei von sowjetischen Geowissenschaftlern ausgegangen, vor allem von BILIBIN, ŠATALOV und S. S. SMIRNOV, ferner von LAFFITTE und ROUTHIER (Frankreich) sowie BORCHERT und CISSARZ (BRD).

Eines der bekanntesten Beispiele für diese neue, komplexe Betrachtungsweise ist die Entdeckung der Diamantvorkommen in Jakutien, nachdem sowjetische Geologen auf Grund weitgehender Analogien im geologischen Bau dieses Gebietes mit der südafrikanischen Diamantprovinz gezielte Untersuchungen durchgeführt hatten. Die sprunghafte Entwicklung der letzten Jahre verdankt die Minerogenie einmal der Möglichkeit, derartige gezielte Sucharbeiten anzusetzen, und weiter einem hohen Entwicklungsstand der geologischen Wissenschaften, der von der ursprünglichen Empirie zu einer immer größeren Exaktheit führt und somit einer neuen Qualität entspricht. Durch die Entwicklung der neuen Globaltektonik (S. 253) hat die Minerogenie wesentliche zusätzliche Impulse erhalten.

Die Hauptaufgaben der Metallogenie-Minerogenie sind:
- Deutung der Lagerstättenbildungsprozesse in ihrer Abhängigkeit von den jeweiligen geologischen und geochemischen Bedingungen und
- Klärung der Gesetzmäßigkeiten, die zur Verteilung von Lagerstätten in Raum und Zeit führen (z. B. Metallprovinzen und Metallepochen).

Die Lagerstättenbildung und Lagerstättenverteilung werden durch minerogenetisch wirksame geologische und geochemische Faktoren gesteuert.

Geologische Faktoren

Geotektonische Faktoren. Sie bestimmen den Strukturbau mit den großen Baueinheiten der kontinentalen und ozeanischen Tafeln (kontinentale bzw. ozeanische Platten). Die Ausbildung von Störungssystemen, Hebungs- und Senkungsbereichen in ihrer ganzen Vielfalt ist für Transport und Fixierung von Lagerstättensubstanz von wesentlicher Bedeutung.

Magmatische Faktoren. Jedem geologischen Entwicklungsstadium entsprechen Magmenentwicklungen, die zusammen mit dem grundlegenden Unterschied zwischen ozeanischer und kontinentaler Lithosphäre die breite Palette der ultrabasischen bis sauren, der Alkali- und der Kalkalkali-Magmatite bilden. Insbesondere zwischen Erzlagerstätten und Magmatiten bestehen genetische Zusammenhänge, auch wenn diese zu einem erheblichen Teil indirekt sind. Dazu kommt der Gegensatz zwischen mantel- und krustenbezogener Magmenbildung.

Das Geosynklinalstadium ist durch die Ophiolithe charakterisiert. Mit dunitischen und peridotitischen Differentiaten sind Cr-Lagerstätten verknüpft (Balkan, Kleinasien, Ural), mit Pyroxeniten und Noriten sulfidische Fe-Ni-Cu-Lagerstätten (Pečenga) und mit Gabbros und Anorthositen oxidische Titan-Eisen-Lagerstätten (Taberg/Schweden, Ural, Otanmäki/Finnland, Allard Lake/Kanada). Die submarin-vulkanische Diabas-Spilit-Keratophyr-Assoziation ist durch hydrothermal-sedimentäre Eisen- (Typ Lahn-Dill) und Pyrit-Polymetall-Lagerstätten (Typen Rio Tinto, Rammelsberg, Bleiberg, Idrija u. a.) charakterisiert. Bei einer intrakontinentalen Geosynklinalentwicklung ist nur die Diabas-Spilit-Keratophyr-Assoziation ausgebildet. Intrakrustale Lagerstätten des späten Geosynklinalstadiums sind an Syenite und Plagiogranite (kontaktpneumatolytische Magnetitlagerstätten vom Typ Magnitnaja Gora) sowie an Andesite und Dazite bis Rhyodazite (»porphyry copper ores«) gebunden. Ferner treten hydrothermale Gang- und Verdrängungslagerstätten mit Siderit und Magnesit, teilweise sulfidführend, sowie Au-Cu-Erzgänge auf.

Während des Orogenstadiums werden die großen Plutone und Batholithe aus sialisch-palingenen Granodioriten und Normalgraniten gebildet. Diese sind, abgesehen von Pegmatiten mit Feldspat und Glimmer sowie z. T. mit Seltenmetall-Mineralen, lagerstättenmäßig weitgehend steril. Erst mit dem Magmatismus des Subsequenzstadiums mit der teils intrusiven, teils effusiven Rhyolith-Andesit-Basalt-Assoziation von krustaler und subkrustaler Herkunft ist die große Palette der pegmatitisch-pneumatolytisch-hydrothermalen Lagerstätten der Orogenzonen verknüpft (Wolfram-Zinn-Molybdän-Wismut-Lithium-Lagerstätten) und hydrothermale Lagerstätten mit Kupfer-Molybdän, Zink-Blei-Silber-Gold, Uran, Antimon-Quecksilber).

Im kontinentalen Tafelbereich finden sich ausschließlich mantelbezogene Lagerstättentypen. In Senkungsgebieten können liquidmagmatische Bildungen entweder in ultrabasischen Kalkalkalimagmatiten mit Kupfer-Nickel-Palladium (Typ Bushveld, Sudbury, Norilsk) und Chrom bzw. Eisen-Titan (Typ Bushveld, Great Dyke) oder spätmagmatisch in basischen Kalkalkalimagmatiten mit Eisen-Titan (Typ Komčudo/Sibirien) und Kupfer (Typ Oberer See/USA) auftreten. An Grabenstrukturen sind Alkaligesteinskomplexe mit Nephelinsyeniten bzw. Alkaliultrabasiten und Karbonatiten gebunden, mit denen wirtschaftlich bedeutsame Lagerstätten verknüpft sein können: Apatit-Nephelin-Lagerstätten mit Zirkonium, Niob, Tantal, Seltenen Erden (Typ Kola), Kupfer-Eisen-Zirkonium-Apatit-Lagerstätten (Typ Phalaborwa), Niob-Tantal-Zirkonium-Seltenerd-Uran-Thorium oder Barium-Fluor-Lagerstätten. Eine besondere Stellung nehmen die an tiefreichende Randbrüche gebundenen diamantführenden Kimberlite ein (Südafrika, Jakutien). Als Produkt eines kratonischen Tiefenmagmatismus müssen die postvariszischen Lagerstätten Mitteleuropas und ihre außereuropäischen Äquivalente mit Eisen-Barium (Typ eba-Formation des Erzgebirges), Fluor-Barium-Blei-Zink (Typ fba-Formation, aber auch Gorny Slask, Mississippi-Missouri-Distrikt, Westtransbaikalien) und Wismut-Kobalt-Nickel-Silber-Arsen (Typ Schneeberg, Cobalt City) angesehen werden, die gangartig, metasomatisch oder auch stratiform auftreten können.

Sedimentäre Faktoren. Klima, Relief und geotektonisches Bewegungsregime steuern die Lagerstättenbildung im sedimentären Bereich (Tab.). Neben Verwitterungs-, Sedimentations- und Ausscheidungserzen gehören hierzu insbesondere Salze, Kohlen und Erdölmuttergesteine, aus denen Öl und Gas in geeignete Speichergesteine abwandern können. Die Lagerstättenbildung kann im terrestrischen, limnischen, flachmarinen und ozeanischen Bereich erfolgen.

Tab. Zusammenhang zwischen geotektonischem Bewegungsregime und sedimentären Formationsgruppen (BAUMANN u. TISCHENDORF 1976)

Geotektonisches Regime	Formationsgruppe
Hebungstendenz	Formationen der Verwitterungskruste (Seifenformation, Bauxit- und Kaolinitformation)
lokale Absenkung bei allgemeiner Hebungstendenz	limnische Formationen (Kohle, Sumpf- und Seebildungen); Flysch- und Molasseformationen (aride Konzentrationsbildungen); Salinarformation (terrestrisch)
Übergangsbereich	paralische Kohleformation oolithische Formationen
Senkungstendenz	neritische und pelagische Formationen (Erdölmuttergestein, Schwarzschieferformation, kieselige Formationen)
lokale Hebung bei allgemeiner Senkungstendenz	Riff-Formation (karbonatisch, sulfatisch) Salinarformation (marin)

Metamorphe Faktoren. Druck, Temperatur und Durchbewegung formen Lagerstätten aller Art um. Am Anfang stehen Gefügeänderungen, dann folgen Umkristallisationen, Mineralreaktionen und -mobilisationen, die sowohl Anreicherungen als auch Verarmungen bewirken können. Kontakt-, Dynamo- und Regionalmetamorphose bis hin zur Anatexis sind jeweils mit einer charakteristischen Beeinflussung von Lagerstätten verbunden.

Physikochemische Faktoren. Aggregatzustände (fest, flüssig, gasförmig), Dichte, Gitterbau und Minerale und deren Stabilität, Löslichkeitsverhältnisse, pH-Wert, Redoxpotential (Eh) und thermodynamische Größen mögen als Stichworte genannt sein. Im Zusammenspiel dieser Faktoren werden Lösung, Ausscheidung und Verdrängung gesteuert, wobei im pneumatolytisch-hydrothermalen Bereich topomineralische Reaktionen und im sedimentären Milieu geochemische Barrieren eine wesentliche Rolle spielen.

Geochemische Faktoren

Biochemische Faktoren. Höhere Organismen können eine begrenzte Zahl von Elementen selektiv anreichern (Kohlenstoff, Phosphor, Kalzium), Mikroorganismen darüber hinaus auch Silizium, Schwefel und Schwermetalle konzentrieren und durch ihre Stoffwechselprodukte Voraussetzungen für Lagerstättenbildungen schaffen (Fäulnisbakterien ± Schwefelmikroben → Sapropel- und Gyttjafazies). Andererseits können Abbauprodukte vor allem von Pflanzen (Huminsäuren) zur Auflösung und Dispergierung sowie zur Konzentration von Elementen führen. Schließlich stellen die Torf- und Kohlen- sowie Erdöl-Erdgas-Lagerstätten fossile organische Substanzen dar.

Die minerogenetische Analyse hat vor allem die Verteilungsgesetzmäßigkeiten von Lagerstätten zu klären. Die verschiedenen Aspekte bedingen mehrere Teildisziplinen:

Teildisziplinen der Minerogenie

Die **Allgemeine Minerogenie** untersucht die allgemeinen Gesetzmäßigkeiten des Auftretens der verschiedenen Lagerstättentypen in Raum und Zeit. Dabei ist als wesentliche Aufgabe zu klären, wie die Mineralisationsprozesse in Abhängigkeit von den unterschiedlichen geologischen und geochemischen Faktoren auf die Lagerstättenbildung und -verteilung einwirken. Zur Allgemeinen Minerogenie wird meist auch die »minerogenetische Analysenmethodik« gerechnet (temperale und regionale Rayonierung, stoffliche und strukturelle Spezialisierung, minerogenetische Faktoren und Indikatoren; graphische Auswertemethoden u. a.).

Die **Historische Minerogenie** befaßt sich mit der Lagerstättenbildung in Abhängigkeit von der zeitlichen Entwicklung der Erde (metallogenetische bzw. minerogenetische Epochen). Bestimmte Lagerstättentypen sind offenbar an bestimmte Etappen der Erdgeschichte gebunden. Besonders deutlich ist dies bei den sedimentären Eisenerzlagerstätten zu erkennen. In den ältesten Baueinheiten, im Archaikum und im Unteren Proterozoikum, treten vorwiegend hydrothermal-sedimentäre Fe-Jaspilite auf, die an submarine Vulkanite gebunden sind. Im Mittleren und Oberen Proterozoikum finden sich vornehmlich die sedimentären Itabirite. Vom höchsten Proterozoikum bis zum Känozoikum dominieren die sedimentären oolithischen Eisenerzlagerstätten vom Minette-Typ. Es scheint, als ob im Archaikum eine gewaltige Fe-Zufuhr in die Kruste stattfand, deren Produkte später z. T. mehrmals umgelagert wurden. Die paläozoischen bis känozoischen Lagerstätten vom Minette-Typ haben ihren Fe-Inhalt im wesentlichen aus der Verwitterung »normaler« Gesteine bezogen.

Bevorzugt präkambrischen Alters sind auch die liquidmagmatischen Ni-Fe-Cu-Lagerstätten und der größte Teil der submarin-hydrothermalen Buntmetalllagerstätten, während die großen stratiformen Pb-Zn-Lagerstätten (Gorny Śląsk, Mississippi-Missouri u. a.) im Mesozoikum gebildet worden sind. Die weitaus meisten Sn-W-Lagerstätten treten in jungpaläozoischen bzw. mesozoischen Orogenen auf. Vom Paläozoikum bis zum Tertiär nehmen die Fluoritlagerstätten erheblich zu; rund 85 % der Weltfluoritvorräte sind in postvaris-

Schema der metallogenetisch-minerogenetischen Stockwerksgliederung der DDR (aus Baumann u. Tischendorf 1976).

Stratigraphie	Alter Mio.J.	Geolog.-tektonisches Entwicklungsstadium	Lithologie	Magmatismus	Endogene Lagerstätten	Exogene Lagerstätten
Quartär		Tafelstadium IV	Tafelsedimente sandig-tonig mit Braunkohle	vvv vvv vv	Basalt Phonolith	Seifen (Sn u.a.) Braunkohle (Lausitz) Kaolinlager (Lausitz, Meißen) Braunkohle (Bitterfeld) Kaolinlager (Kemmlitz) Braunkohle (Halle, Geiseltal) Ni, Fe, Mg (St. Egidien)	Massenrohstoffe (Tone, Sande, Kiese, Süßwasserkalke, Travertin u.a.)
Tertiär TT5, TT4, TT3, TT2, TT1	7, 26, 37, 53, 65					
Kreide (Alb) K$_2$	100	Tafelstadium III	Tafelsedimente kalkig		As, Hg Bi, Co, Ni, U, Ag	Fe (Coniac, Altmark)	Schreibkreide (Rügen) Pläner } Zement- Schieferton } rohstoffe Quadersandstein
K$_1$	136				F, Ba	Fe (Fallstein)	
Jura J$_1$, J$_2$, J$_3$	162, 172, 190	Tafelstadium II	Tafelsedimente sandig-tonig-kalkig mit Fe			Fe (Prignitz) Fe (Badeleben)	Sandstein Schiefertone (≈Ziegeltone)
Trias T$_3$, T$_2$, T$_1$ P$_2$	225, 240	Tafelstadium I	Tafelsedimente sandig-tonig-kalkig-(saproph.)-halitisch		F, Ba, (Fe, Mn, Cu, Zn, Pb)	(F, Ba) Kalisalze$_3$ (Calvörde) Kalisalze$_2$ (Staßfurt) Kalisalze$_1$ (Werra) Cu, Pb, Zn, Ag, V	Schaum- und Wellenkalk } Zement- Schieferton rohstoff Rogenstein Plattendolomit Kalke, Anhydrit, Gips
Perm P$_1$	280	Übergangs-stadium	Molasse (sedimentär, vulkanogen)	xxx vvv xxx vxv xxx +++ xxx +++ xxx ++ +++ ∧∧∧	Tuffe Quarzporphyr Ag, Sb Zn, Pb, U Sn, Li, W, Mo (Fe, Au) Granite Granodiorite	(Cu, Pb, Zn) Steinkohle (Freital, Ilfeld) Steinkohle (Hallesches Gebiet) Steinkohle (Zwickau-Oelsnitz) Steinkohle (Doberlug, Hainichen)	Sandstein (Tambach) Dachschiefer (Thüringen)
Karbon C$_2$, C$_1$	325, 345	Hauptfaltung	Flysch und Vorflysch				
Devon D$_3$, D$_2$, D$_1$	360, 370, 395	Variszisches Geosynklinal-stadium	Eugeosynklinal-sedimente mit Initialvulkaniten	xxx vvv xxx vvv	Diabase Fe (Mn)		Iberger Kalk Stringocephalenkalk (Rübeland)
Silur	430	?	Geosynklinal-sedimente	xxx ∧∧(?)	V, Mo		Ockerkalk (Thüringen)
Ordovizium Oc-as O$_{1+2}$	445, 500	Kambro-ordovizisches Geosynklinal-stadium	Psammitisch-pelitisch-vulkanogene Geosynklinal-sedimente	+++ ++ vvv vvv	Fe (?) Pb, Zn Fe, Zn, (Cu)	Fe (Schmiedefeld)	Hauptquarzit Griffelschiefer } (Thür.) Phycodenquarzit Kalke (Hermsdorf)
Kambrium	570			vvv xxx xx vvv ∧∧∧	Fe, Cu Fe, Cu, Zn, (Sn)	Sn ?	Kalke (bei Görlitz und im Erzgebirge)
Präkambrium		(Assyntische Faltung) Jungpräkam-brisches (spätriphäisches) Geosynklinal-stadium	Pelitisch-psammitisch-vulkanogene Geosynklinal-sedimente	xxx +++ +++ xxx vvv xxx vvv vvv	Fe, Sn, (Cu) Fe, Sn, (Cu) Fe		Kristalline Gesteine im Erzgebirge und Granulitgebirge (Gneise, Kalke u.a.)
		Präassyntische Baustufe					

| v v v basische Effusiva | x x x saure und intermediäre Effusiva | ∧ ∧ ∧ basische Intrusiva | + + + saure und intermediäre Intrusiva |

zischen Lagerstätten konzentriert. Einen ähnlichen Trend weisen die Hg-Lagerstätten auf.

Bedingt durch die Entwicklung der Biosphäre, konnten sich die fossilen Brennstofflagerstätten erst während des Phanerozoikums bilden. Dabei setzte die Kohlenbildung in großem Maße etwas früher ein (Maximum im Jungpaläozoikum) als die Erdöl-Erdgas-Bildung (Maximum im Mesozoikum).

Die **Regionale Minerogenie** stellt sich die Aufgabe, minerogenetische Gürtel, Provinzen und Zonen auszuhalten, die in Abhängigkeit von der geologischen Entwicklung durch bestimmte Lagerstättenbildungen charakterisiert sind. Häufig ist dabei eine Dominanz bestimmter Elemente oder Elementkombinationen zu beobachten. Ein typisches Beispiel dafür sind die »Eisenerzgürtel« in den Randzonen der Alten Schilde. Dort treten riesige, weltwirtschaftlich bedeutende Fe-Erzlagerstätten auf. Hierzu zählen der rund 4000 km lange Eisenerzgürtel am Ostrand des Kanadischen Schildes und im Nordosten der USA, der über 5000 km lange westafrikanische Eisenerzgürtel von Mauretanien bis Ghana und der west- bzw. südaustralische Eisenerzgürtel. Ein anderes Beispiel stellen die variszischen Metallprovinzen mit ihren postmagmatischen Sn-W-Vererzungen dar, die an bestimmte Zonen des subsequenten Magmatismus geknüpft sind (Cornwall–Bretagne, Fichtelgebirge–Erzgebirge, Südostasien). Während des Mesozoikums wurde die sog. »saxonische« minerogenetische Provinz Mitteleuropas mit ihren strukturgebundenen Baryt-Fluoritlagerstätten subkrustaler Herkunft gebildet.

Jede minerogenetische Provinz wird durch ihre spezielle strukturell-tektonische Entwicklung und dadurch bestimmte sedimentäre, magmatische und metamorphe Regimes charakterisiert, die meist mit dafür typischen Lagerstätten gekoppelt sind.

Die **Spezielle Minerogenie** befaßt sich mit den spezifischen Bildungs- und Verteilungsbedingungen bestimmter Lagerstätten- bzw. Rohstofftypen (Erze, Salze, nutzbare Gesteine und Minerale, Kohlen, Erdöl-Erdgas, Grundwasser). Bevorzugtes Ziel ist, die für die einzelnen Typen lagerstättenkontrollierenden Faktoren und lagerstättenanzeigenden Indikatoren zu bestimmen. Die Ergebnisse minerogenetischer Untersuchungen werden in minerogenetischen Karten und Lagerstättenprognose-Karten mit den zugehörigen Erläuterungen zusammengefaßt und dienen als wesentliche Grundlage für die Such- und Erkundungsarbeiten (S. 501).

Beispiel für eine minerogenetische Rayonierung ist die im Schema gezeigte metallogenetisch-minerogenetische Stockwerksgliederung der DDR.

L. Baumann/C.-D. Werner

Lagerstätten der Steine und Erden – Industrieminerale

Neben Erzen, Salzen, Kohlen sowie Erdöl und Erdgas gewinnen die Lagerstätten der **Steine** und **Erden** zunehmend an wirtschaftlicher Bedeutung. Diese im wesentlichen oberflächennahen mineralischen Rohstoffe werden in ihrem Wert vielfach unterschätzt, obwohl in der Produktion und im Verbrauch nach Erdöl und Steinkohle die Hart- und Werksteine weltweit bereits an dritter, Sand und Kies an vierter, Zementrohstoffe an fünfter, die Tone an sechster und Bauxit an siebenter Stelle folgen (LÜTTIG 1978). Die Meinung, diese Rohstoffe ständen in unbegrenzten Mengen und guter Qualität auch weiterhin zur Verfügung, ist eine Fehleinschätzung. Bei den Steinen und Erden handelt es sich um eine große Anzahl verschiedener Minerale und Gesteine, die vom Ziegellehm und Gießereisand über die natürlichen Baustoffe und Bausteine bis zu Flußspat, Schwerspat, Graphit, Schwefel, Asbest, Halbedel- und Edelsteinen sowie anderen Rohstoffen reichen. Ein Teil davon findet in der Bautechnik und Architektur Verwendung, ein anderer in der keramischen Industrie (Kaolin, Ton), Glasindustrie (Glassand, Quarz) oder in anderen Wirtschaftszweigen, so daß man neben den Baustoffen von **Industriemineralen** spricht. Während im deutschen Sprachgebrauch »Steine und Erden« den allgemeinen Begriff bilden, von denen die »Industrieminerale« nur ein Teil sind, wird in anderen Ländern unter »Industrieminerale« oder »Industriegesteine« der gesamte Komplex der »Steine und Erden« verstanden. Die Zahl der Minerale und Gesteine, die für die industriell-ökonomische Verwertung abgebaut werden, nimmt an Art und Menge ständig zu. Im Rahmen dieses Kapitels kann nicht mehr als ein Überblick über ausgewählte Rohstoffe gegeben werden; das Thema »nutzbare Gesteine«, soweit diese vorwiegend als Werksteine eine Rolle spielen, wird nur gestreift, weil dieser Teil im Kapitel »Technische Gesteinskunde« (S. 553) ausführlich behandelt ist.

Neben **Festgesteinen** haben lockere Massen oder **Lockergesteine** besondere Bedeutung erlangt. Sie werden in nichtbindige oder rollige, schwachbindige und bindige Lockermassen eingeteilt.

Die Muskovitlagerstätten Indiens

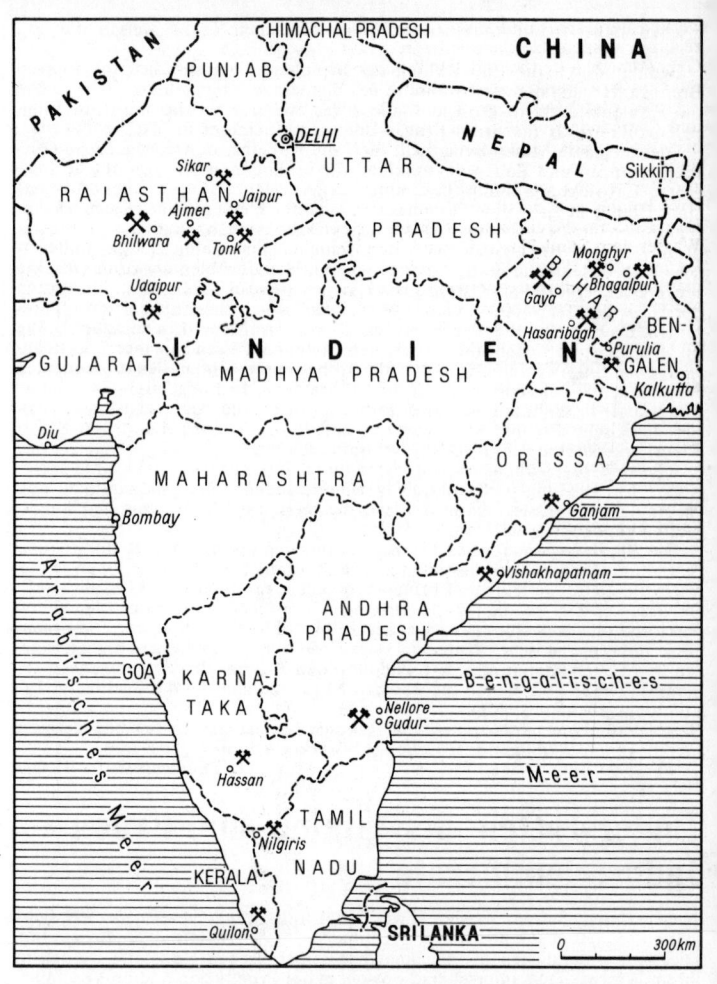

Die nichtbindigen Lockergesteine, wie Sand und Kies, sind vor allem als Baustoffe wichtig, für den Wege- und Straßenbau, als Pflaster- und Mörtelsand. Auf ein gutes Mischungsverhältnis der Körnungen, eine gewisse Reinheit des Materials und Scharfkantigkeit der Einzelkörner wird Wert gelegt, damit sich das Bindemittel, wie gelöschter Kalkbrei beim Mörtel, gut mit dem Sand verbindet. Brauchbare Lagerstätten sind ausreichend im Pleistozän, teilweise auch im Tertiär des nördlichen Flachlandes bis an den Rand der Mittelgebirge vorhanden. Qualitativ höhere Anforderungen werden an Betonsande und -kiese, die »**Betonzuschlagstoffe**«, gestellt. Neben der Einhaltung der Kornverteilung (Siebkurve), in der maximales Unter- und Überkorn festgelegt sind, weshalb manchmal eine Aufbereitung des Rohstoffes erforderlich wird, ist eine ausreichende Eigenfestigkeit und Frostbeständigkeit der Komponenten bei möglichst gedrungener Form, d. h. kleiner Oberfläche, notwendig. Der Gehalt an lehmig-tonigen, abschlämmbaren Bestandteilen soll je nach den Anforderungen an den fertigen Beton nicht mehr als 0,6 bis 2,2 Prozent betragen. Organische Elemente, wie Humus und Kohle, sind in wesentlichen Mengen ebenso unzulässig wie mehr als 1 Prozent der Masse an porösen Kalken, z. B. Kreide, Kalkmergeln oder Schwefelverbindungen, weil diese Wasser aufnehmen bzw. oxydieren und damit die Festigkeit herabmindern, was bis zu völliger Zerstörung des Betons führen kann. Da ohne Aufbereitung brauchbare, einwandfreie Betonkiessande nicht so häufig sind, wie allgemein angenommen wird, und außerdem meist wichtige Grundwasserleiter bilden, werden anstelle der oft fehlenden oder ungenügend vorhandenen Kieskomponenten vielfach gebrochene feste Gesteine von besonderer Härte und Zähigkeit – wie etwa Diabase, Pyroxenquarzporphyre, kontaktmetamorphe Grauwacken u. a. – verwendet, die als Brecherprodukte in verschiedenen Körnungen in Schotterwerken hergestellt und je nach der Korngröße als Schotter oder Splitt bezeichnet werden. Gelegentlich wird – wie im Verbreitungsgebiet der Lausitzer Granodiorite – der bei der Werksteingewinnung anfallende Abfall aus ökonomischen Erwägungen zu Schotter und Splitt weiter verarbeitet.

Unter den **Spezialsanden** sind besonders die Formsande (Gießereisande) und Glassande wertvoll, daneben Gebläsesande und -kiese für Sandstrahlgebläse sowie Filtersand und -kies für den Brunnenbau. Gute **Gießereisande** oder **Formsande** des Tertiärs sind im Raum Halle–Leipzig verbreitet. Sie werden zur Herstellung der Gußformen und -kerne verwendet. Geeignet sind reine, feinkörnige, gleichmäßige Quarzsande mit einem Häutchen von Ton oder Eisenoxid um die einzelnen Körner, die beim Anmachen mit 10 bis 20 Prozent Wasser dem Sand Plastizität und Standfestigkeit verleihen. Gießereisande sollen Luft- und Wasserdampf durch die Wand der Form durchlassen, nicht aber die flüssige Gußmasse. Je nach den technischen Anforderungen an die unterschiedlichen Produkte werden verschiedene Sorten abgebaut. Je höher der Gehalt an SiO_2 und je geringer der Gehalt an Verunreinigungen ist, besonders an färbenden Eisenverbindungen, als um so hochwertiger gilt ein **Glassand**, um so reinere und wertvollere Gläser können daraus hergestellt werden. Besonders die Optik stellt höchste Anforderungen an den Rohstoff. Da in der Natur solche reinen, äußerst eisenarmen Sande selten vorkommen und durch Aufbereitung bei vertretbarem ökonomischem Aufwand oft nur ein Teil der natürlichen Sande verbessert werden kann, sind besonders sorgfältiger Abbau sowie sachgemäße Behandlung und Verwendung dieses Rohstoffes notwendig. Erwünscht sind feine, körnungsmäßig gleichmäßige Quarzsande mit wenigstens 98 Prozent SiO_2, in der Spitzenqualität sogar 99,8 Prozent SiO_2. Dies kann nur durch zusätzliche chemische und physikalische Aufbereitung der Rohstoffe erreicht werden. Der Fe_2O_3-Gehalt darf dabei nur 0,005 Prozent betragen, der Glühverlust (organische Substanz) nur 0,1 Prozent. Schon Gehalte um 0,02 Prozent Fe_2O_3 bereiten bei der Herstellung optischer Gläser Schwierigkeiten. Für Kristallglas sind 0,02 Prozent Fe_2O_3 noch tragbar, für Spezialgläser höchstens 0,1 Prozent, für weiße Flaschen und andere weiße Gebrauchsgläser bis 0,5 Prozent, für grüne oder braune Wein- und Bierflaschen bis um 6 Prozent.

Bekannte Lagerstätten tertiärer Glassande in der DDR befinden sich in der Niederlausitz (Hohenbocka, südlich Senftenberg) und westlich von Magdeburg bei Walbeck-Weferlingen. In der BRD werden Glassande bei Dörentrup östlich von Lemgo (Nordrhein-Westfalen) abgebaut.

Filterkies und Rohmaterial für die Ferrosiliziumindustrie werden aus den früh- bis altpleistozänen Schotterkörpern von Ottendorf-Okrilla nordöstlich von Dresden zusammen mit Betonsanden gewonnen.

Neben den alumosilikatischen feuerfesten Erzeugnissen (Schamottesteine, vgl. S. 478) und den halbsauren Quarzschamottesteinen (d. h. Schamotte mit Zusatz von Sand oder Kies) stehen die **sauren feuerfesten Silikasteine** als Auskleidung für Siemens-Martin-Öfen und Elektroöfen in Stahlwerken, Koks-, Walzwerksöfen, Glaswannenöfen u. a., die thermische Beanspruchungen bis 1650 °C ohne Erweichen oder Schmelzen aushalten müssen. Bevorzugt wurden und werden dafür Tertiärquarzite verwendet, deren Lagerstätten aber beschränkt oder bereits erschöpft sind. Daneben kommen reine Felsquarzite und neuerdings auch Feuersteine (Flint) aus der Schreibkreide der Insel Rügen oder aus Frankreich, reine Quarzsande und in letzter Zeit einzelne Kieselschiefer in Frage, die sich als gut geeignet erwiesen haben. Die natürlichen Rohstoffe sollen wenigstens 95, möglichst 96 bis 98 Prozent SiO_2 enthalten, aber nur geringe Mengen von Al_2O_3 (unter 1 Prozent Tonsubstanz).

Tertiärquarzite sind sekundär eingekieselte tertiäre Sande, die bei tropischem Wechselklima mit Regen- und Trockenzeiten in geringer Tiefe unter der Landoberfläche im Oszillationsbereich des Grundwassers in den höheren Lagen zwischen den absinkenden Becken der Braunkohlenbildung lokal in mehr oder weniger bankförmigen, wenn auch nicht über größere Erstreckung aushaltenden Lagen oder horizontal in gleicher Höhenlage auftretenden Einzelknollen und -blöcken entstanden sind. In der DDR werden Tertiärquarzite noch in Großkorbetha nördlich von Weißenfels und südwestlich von Oschatz bei Mügeln abgebaut, Felsquarzite des Mitteldevons im Görlitzer Schiefergebirge (Lausitz), wo auch brauchbare Kieselschiefer auftreten. Die BRD besitzt Tertiärquarzitlagerstätten im Westerwald und in Hessen.

Von den **schwachbindigen Lockergesteinen** sind **Löß** und **Lößlehm** für die Herstellung von Mauer- und Hohllochziegeln von Bedeutung. Umfangreicher ist die Verwendung der **bindigen Bodenarten**, d. h. der **Lehme** und **Tone**, unter denen die **feuerfesten Tone** eine Sonderstellung einnehmen. Ihre Hauptanwendung finden diese Rohstoffe in der keramischen Industrie. Sie werden meist im Tagebau, hochwertige Spezialtone bei höheren Abraummächtigkeiten gelegentlich auch im Tiefbau (Steingutton von Löthain bei Meißen) abgebaut. Von Belang für die Ziegelindustrie sind Lehme und magere, Feinsand und andere Flußmittel enthaltende Tone. Infolge ihres Eisengehaltes brennen viele pleistozäne und speziell holozäne Lehme rot. Gelbbrennende Mauersteine werden aus gelb- bis blaugrauen, mageren, eisenarmen Tertiärtonen erzeugt. Qualitativ bessere Lehme und besonders Tone mit bestimmten Eigenschaften dienen zur Herstellung verschiedener Spezialziegel, wie Dachziegel oder Verblender, Klinker, Wand- und Fußbodenfliesen, Ofenkacheln, Steinzeug (Kanalrohre, Filterrohre für Brunnen) und Fassadenverkleidungen.

Wirtschaftlich große Bedeutung haben die an Flußmitteln armen, infolge Bleichung und Enteisenung durch Huminsäuren überlagernder Braunkohlenmoore vielfach hellfarbigen, stark tonerdehaltigen und sehr plastischen, fetten Tone des Tertiärs, die vor allem in den Bezirken Leipzig, Halle und Dresden vorkommen und die Grundlage einer umfangreichen **Schamotteindustrie** bilden. Diese kaolinitischen **Schamottetone** werden für die Erzeugung von Schamotte, d. h. gebranntem Ton, und die vielen Sorten von feuerfesten Schamottesteinen benötigt. Träger der Plastizität dieser Tone in ungebranntem Zustand sind die Tonminerale (Verwitterungs-, Schicht- oder Phyllosilikate).

Feuerfest heißen Tone, deren Schmelzbereich im allgemeinen oberhalb 1 500 bis 1 580 °C liegt. Eine Reihe von Feuerfesttonen zeigt erst zwischen 1 700 und 1 750 °C Erweichungserscheinungen. 1 790 °C gilt als untere Grenze für **hochfeuerfest**. Hochfeuerfest sind zum Beispiel die aus Chromit (Chromitsteine) und anderen Stoffen (z. B. Sillimanit, Disthen) für industrielle Spezialzwecke hergestellten **basischen feuerfesten Produkte**.

Die feuerfesten Tone des Tertiärs lagern im Liegenden, in den Mitteln und im Hangenden der Braunkohlenflöze. Sie sind die natürlichen Aufbereitungsprodukte primärer Kaolinlagerstätten; sie haben sich in jene Binnenseebecken abgesetzt, in die Flüsse einmündeten; während sich die gröberen Bestandteile, wie Quarz (Sand!), bei nachlassender Transportkraft im Stromstrich ablagerten, wurden die feinen Tonpartikeln nach den Seiten abgedrängt und setzten sich unter ruhigen Sedimentationsbedingungen besonders in Stillwasserbuchten ab. Dafür spricht ihre oft sehr gleichförmige Beschaffenheit bei einer mehrere Meter betragenden Mächtigkeit, die gelegentlich über 10 m erreichen kann. Bekannte Feuerfesttone sind die von Wiesa, Guttau und Groß-Saubernitz im Raum Kamenz-Bautzen (Oberlausitz), Luckenau bei Zeitz, Haselbach (Weißelsterbecken südlich von Leipzig) sowie Brandis, Liebertwolkwitz und Dommitzsch im Bezirk Leipzig. In diesen Gebieten sind deshalb bedeutende Schamottewerke errichtet worden, die neben Schamotte die verschiedensten Produkte, wie Schamottesteine, Stahlwerksverschleißmaterial, Brennkapseln für Porzellan und säurebeständige Steine, aber auch Steinzeug und Klinker herstellen.

Beim industriellen Bauen wird für die vorgefertigten Platten und Blöcke aus Leichtbeton als Zuschlagstoff poriges, ausreichend festes Material, der **Blähton** oder **Porensinter**, verwendet, der isolierend und schalldämpfend wirkt. Der aus Blähtonen hergestellte Zuschlagstoff heißt »Keramsit«. Anstelle von Blähtonen finden auch Gesteinsgläser, wie Bims oder Perlit, aber auch Schiefer und Industrieabfälle, z. B. Schlacken, Verwendung. Immer mehr werden im Bauwesen neben natürlichen Gesteinen als Zuschlagstoffe für Beton teilweise Kunststoffe eingesetzt, auch zum Verkleben zweier Bauelemente.

Viele Kiessande und Tone, auch Gießerei- und Glassande, werden als wertvolle Begleitrohstoffe der Braunkohlenlagerstätten, soweit es technisch möglich ist, ausgehalten und neben der Braunkohle mit gewonnen.

Neben glimmerähnlichen Tonmineralen, wechselnden Mengen von Quarz und Resten von Kalifeldspat als Nebengemengteilen herrscht in den Tonen Kaolinit vom Fireclay-Typ vor, weshalb sie **Kaolintone** heißen. Deren Muttergesteine sind die wenige Meter bis mehr als 30 m, seltener bis um 100 m mächtigen Verwitterungslagerstätten der **Kaoline**, die sich bis heute in Abhängigkeit von den örtlichen Bedingungen entweder flächenhaft oder in von der späteren Erosion verschonten kleineren, wannen- oder trogartigen Vertiefungen der alten Landoberfläche zwischen aufragenden Klippen und Rücken der Felsgesteine des Untergrundes in reichen und hochwertigen Lagerstätten – besonders auch in der DDR – erhalten haben. Oft zeigt die Basis der Lager eine erhebliche Reliefenergie. Wahrscheinlich besteht zwischen der Intensität der Kaolinisierung und der tektonischen Beanspruchung der Muttergesteine des Kaolins, aber auch mit deren Mineralbestand und Gefüge sowie der Ausbildung des alten Reliefs ein Zusammenhang. Nach neueren Untersuchungen (RÖSLER et al. 1976) begann der Verwitterungsprozeß des Muttergesteins unter semiariden bis ariden Klimabedingungen schon sehr frühzeitig. Die Kaolinbildung aber erfolgte erst bei zunehmend humidem, besonders tropisch bis subtropisch warmfeuchtem Klima (siallitische Verwitterung) im Keuper und dauerte im Jura, in der Kreide und im Tertiär an, so daß heute allgemein von einer jungmesozoisch-tertiären Verwitterungskruste gesprochen wird. In Europa erstrecken sich Kaolinlagerstätten von Südengland über Mitteleuropa bis in die Ukraine (UdSSR). Die Kaolinisierung hat alle feldspatführenden Gesteine erfaßt, insbesondere Granite, Porphyre, Arkosen und Feldspatsandsteine. Trotz eines bei größerer Mächtigkeit im einzelnen inhomogenen Aufbaus der Kaolinlager kann man vertikal folgende Zonen unterscheiden:

4) Zone des umgelagerten (allochthonen) Kaolins (Kaolinton),
3) Zone des bodenständigen (autochthonen) Kaolins,

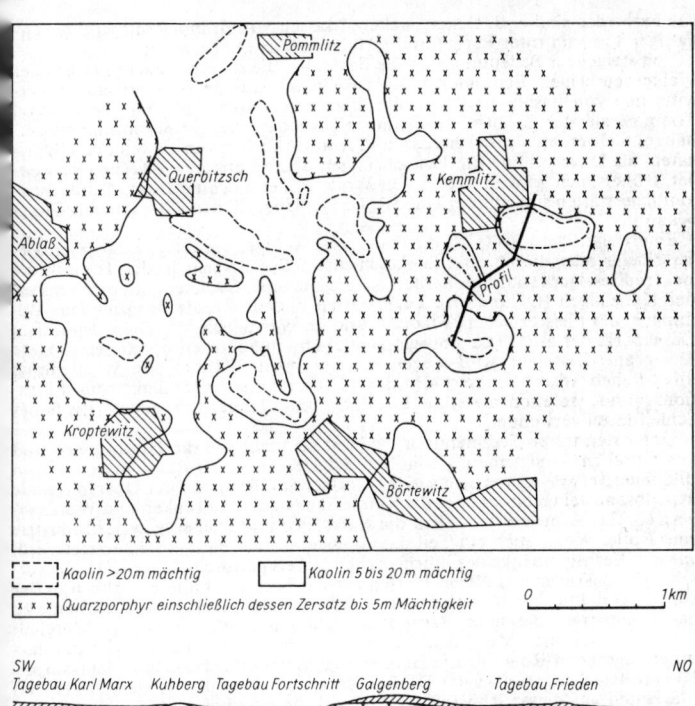

Geologische Übersichtskarte und Schnitt durch die Kaolinlagerstätten von Kemmlitz (Nordwestsachsen) (nach Schwerdtner)

Kaolin >20m mächtig
Kaolin 5 bis 20 m mächtig
Quarzporphyr einschließlich dessen Zersatz bis 5m Mächtigkeit
0 — 1 km

SW — NO
Tagebau Karl Marx   Kuhberg   Tagebau Fortschritt   Galgenberg   Tagebau Frieden

Pleistozän, ungegliedert   Kaolin   0 100 200 300 m

2) grusig-kaolinische Zersatzzone des Muttergesteins,
1) gebleichtes und darunter liegend unverändertes Muttergestein.

Nachträglich veredelnd auf die Qualität der Kaoline, besonders ihres technisch wichtigen Weißgehaltes, sollen nach BUCHWALD die Huminsäuren der Braunkohlenmoore des Tertiärs und eine junge Bruchtektonik gewirkt haben. Nach neueren Untersuchungen (STÖRR, SCHWERDTNER 1979) steht jedoch fest, daß sich Kaolin und Braunkohle nebeneinander oder gleichzeitig bilden können und die Kaolinisierung keineswegs die Folge der Kohlebildung ist, die Braunkohlenmoore also keinen größeren Einfluß auf die Kaolinisierung gehabt haben. Neben den Granitkaolinen der Oberlausitz mit der größten zusammenhängenden Lagerstätte der DDR (Caminau-Königswartha) stehen die Porphyrkaoline des Gebietes um Meißen und in Nordwestsachsen (Kemmlitz bei Mügeln; Abb.), einschließlich des Raumes um Halle, dazu die Feldspatsandsteinkaoline südlich von Merseburg (Spergau) und in Südthüringen. Aus der ČSSR sind die bis 50 m mächtigen Granitkaoline von Karlovy Vary bekannt, die eine hohe Plastizität aufweisen. Neben der Sowjetunion und England (Cornwall) als den beiden Hauptproduzenten fördern in Europa Frankreich, Spanien, Österreich und die BRD (Oberpfalz) größere Kaolinmengen. Im Weltmaßstab sind die VR China (Provinz Jiangi mit dem Bergzug Kao-Ling, der dem Mineral den Namen gegeben hat), Indien, Japan und die USA wichtig. Die Bedeutung der reinen, aufbereiteten und geschlämmten Kaoline liegt in ihrer Verwendung als Füllstoff- und Streichkaolin für die Papier- (besonders England) und als Rohstoff der Porzellanindustrie (Zier-, Fein-, Gebrauchs- und Sanitärporzellan). Auch die Kautschuk- und andere Industrien benötigen Kaolin als Füllmasse. Weniger wertvolle, nicht weißbrennende Kaoline werden für Schamotterzeugnisse und zur Fliesenherstellung verwendet.

Wenn **Bauxit** auch in erster Linie Rohstoff der Aluminiumerzeugung und damit ein Erz ist, so werden diese aus unterschiedlichen Gemengen von Aluminiumhydroxid-Mineralen bestehenden Verwitterungsbildungen des tropischen bis subtropischen Wechselklimas auch in der Feuerfest- und Schleifscheibenindustrie eingesetzt. Große Lagerstätten sind besonders in tropischen Gebieten vorhanden, aber auch in Südeuropa und in Ungarn. Andere Verwitterungsbildungen von Gesteinen werden als natürliche Farben genutzt. Solche **Farberden** sind z. B. Ocker (lockere Massen von Brauneisen), Rötl (eisenhaltiger Ton von roter Farbe) und Grünerde (aus Diabas).

Von steigender Bedeutung sind die **Bentonite**, die mitunter auch Bleich- oder Walkerden heißen. Bentonite sind plastische quellfähige Tone, die durch Verwitterung von Basalt- und Rhyolithtuffen entstanden sind und überwiegend Tonminerale der Montmorin-Gruppe, besonders den Montmorillonit, enthalten. Sie werden als Bleicherden und zum Entfärben von Fetten und Ölderivaten, als Dickspültone für Tiefbohrungen und zu anderen Zwecken verwendet, früher auch zum Entfetten von Wolle in der Tuchindustrie. Große Bentonitlagerstätten sind aus der UdSSR, ČSSR, Ungarn, den USA und aus China bekannt.

Eine vielseitigere Rolle als die mehr oder weniger verfestigten tertiären Polierschiefer oder die härtere, feingeschichtete Tripel spielt in der Technik die lockere **Kieselgur** (Diatomeenerde), ein organogenes Sediment aus den Schalen der Kieselalgen (Diatomeen). Lagerstätten finden sich als warmzeitliche Bildungen des Pleistozäns im Fläming und im Werragebiet. Auch in Österreich, Dänemark, der BRD (Lüneburger Heide) und in Südosteuropa treten größere Lager auf. Kieselgur wird wegen ihrer geringen Wärme- und Schalleitung, ihres hohen Adsorptionsvermögens und ihrer Feuerbeständigkeit als Filtrations- und Isolationsmaterial, als Füll- und Trägerstoff sowie als feines Schleifmittel verwendet.

Unter den festen Sedimentiten – soweit sie nicht wie die Grauwacken und quarzitischen Sandsteine als Schotter, Pflastersteine, als Bausteine oder vom Bildhauer verwendet werden, wie der Cottaer Sandstein aus der Oberen Kreide des Elbsandsteingebirges oder die Keupersandsteine in Franken und Württemberg (BRD) – spielen vor allem die **Kalksteine** und **Dolomite** in der Industrie eine Rolle. Wenn auch ein Teil davon ebenfalls als Baustein eingesetzt wird, wie die Werksteinbänke des thüringischen Unteren Muschelkalkes oder die verschiedenen Travertine, die, in Platten zersägt oder geschnitten, vielfach in der Innenarchitektur benutzt werden, so gehört die Hauptmasse der Kalksteine zu den »Industriemineralen«. Besonders wichtig ist z. B. der Untere Muschelkalk, der mit seinen Mergelkalken zusammen mit den tonigen Lagen des darunter lagernden Röts für die Herstellung von **Portlandzement** bedeutsam ist. Die großen Zementwerke der DDR – Karsdorf, Nienburg, Rüdersdorf (Abb.) – arbeiten auf dieser Rohstoffbasis, zumal diese Sedimente, von einer Reihe lokaler Verkarstungserscheinungen abgesehen, im ganzen chemisch und petrophysikalisch gleichartig ausgebildet sind. In der BRD werden außerdem geeignete Schichtgesteine des Jura (Baden-Württemberg), der Kreide (Niedersachsen) sowie jungtertiäre Kalksteine und Mergel des Mainzer Beckens für die Zementindustrie abgebaut.

Eine andere Verwendung von Kalksteinen und zum Teil auch von Dolomiten ist die Erzeugung von **Düngekalk**, **Branntkalk**, **Baukalk** und Kalk für die Hochofen-, Eisenhütten- und Zuckerindustrie sowie für die Gewinnung der Soda. Die devonischen Massenkalke des Unterharzes (Elbingerode–Rübeland) mit 250 bis 300 m Mächtigkeit werden zum großen Teil für die chemische Industrie zur Herstellung von Azetylen (Äthin) als Grundlage für die Fabrikation von Kunststoffen abgebaut. Die umfangreiche Gewinnung von **Schreibkreide** auf der Insel Rügen dient nicht nur der Produktion von Schlämmkreide, sondern auch zur Verwendung in der Papier-, Glas-, kosmetischen Industrie und anderen Industriezweigen. Die zellig-porösen, schwach verfestigten **Kalktuffe** des Holozäns in Thüringen werden zur Herstellung von Glas und Zahnpasta genutzt. Die kristallinen Kalksteine (Marmore) des Erzgebirges, dazu noch viele paläozoische Kalksteinlager, sind infolge ihres geologischen Auftretens und ihrer tektonischen Beanspruchung nur bedingt als Werk- oder Dekorationssteine geeignet, weil oft keine größeren, störungsfreien Blöcke gewonnen werden können. Daher dienen sie vor allem der Bau-, Dünge- und vor allem Branntkalkerzeugung, im Gegensatz zu den schwach metamorphen, buntfarbigen und gut polierbaren Knotenkalken des ostthüringischen Oberdevons, die wegen ihrer guten Farbwirkung als Werk- und Dekorationsmaterial (»Saalburger Marmor«) in der Innenarchitektur geschätzt sind. Der Plattendolomit des Oberen Zechsteins bei Gera wird zu **Sinterdolomit** für die Hüttenindustrie verarbeitet, da er sich wegen seines hohen Schmelzpunktes gut als feuerfester Baustoff eignet.

Anhydrit und besonders **Gips** werden am Südrand des Harzes im Raum Nordhausen (Zechstein) sowie im Thüringer Becken bei Pößneck (Zechstein) und Erfurt (Keuper) abgebaut. Gebrannter Gips wird in der Medizin, Technik und als Modellgips verwendet. Anhydrit dient in steigendem Maße als Rohstoff für die Schwefelsäureherstellung (Gipsschwefelsäure) und die Düngemittelerzeugung (Ammonsulfat). Andere Verwendungsarten sind Stuck- und Putzgips sowie die Fabrikation von Anhydritbindern. Feinkörniger Gips, der Alabaster, ist seit jeher Material der Bildhauer. Wegen seiner geringen Härte ist Alabaster zwar leicht bearbeitbar, aber auch weit empfindlicher als Marmor.

In strengem Sinne kein Industriemineral, sondern Baustein ist der unterkarbonische **Dachschiefer**, der besonders in den großen Brüchen bei Lehesten und anderen Orten des thüringischen Schiefergebirges im Tage- und Tiefbau gefördert wird. Die einheitlich blaugrauen, gut spaltbaren und wetterbeständigen Dach- und Wandschiefer werden in bergfeuchtem Zustand gespalten und geschnitten. Der Abfall wird zu Körnungen (etwa 8 bis 12 mm) verarbeitet, die durch Blähen zu Porensinter als Leichtzuschlagstoff Verwendung finden. In der BRD finden sich unterdevonische Schieferlagen im Rheinischen Schiefergebirge (Hunsrückschiefer), die im Tiefbau gewonnen werden. Über große Schieferbrüche verfügt auch das nördliche Norwegen (Alta) südlich von Hammerfest.

Auf die zahlreichen anderen **Industrieminerale**, wie Flußspat, Schwerspat, Talk, Asbest, Bernstein, Schwefel, Graphit, Schmirgel, Natronsalpeter, Phosphate oder Quarz, Feldspat, Glimmer, Beryll, Apatit, Borminerale sowie Diamant, Edel- und Halbedelsteine, wird hier nur in einer Auswahl eingegangen.

Flußspat und **Schwerspat** sind Minerale, die meist zusammen auf hydrothermalen Gängen vorkommen, aber auch Lagerstätten im sedimentären Bereich bilden. **Flußspat** wird im Vogtland, im Thüringer Wald und im Harz abgebaut. Bedeutende europäische Lagerstätten besitzen die VR Bulgarien, Frankreich, England, Italien, Spanien und die BRD (Schwarzwald, Oberpfalz). Über die größten Flußspatvorräte verfügen Südafrika, Mexiko und die USA. Etwa die Hälfte der Weltvorräte entfallen auf Amerika. Mit 25 Prozent der Weltflußspatproduktion steht Mexiko gegenwärtig an erster Stelle. Flußspat wird in der Metallurgie, Glas- und Emailindustrie, in der chemischen (Fluorchemie) und in reinster Form in der optischen Industrie benötigt. **Schwerspat**lagerstätten treten meist in den gleichen Gebieten wie denen von Flußspat auf. Im Weltmaßstab produzieren die USA und die BRD die Hauptmengen. Auch Indien verfügt über bedeutende Lagerstätten des Minerals, das einen wichtigen Rohstoff für die Herstellung von weißen Farben und Leuchtfarben (Farbspat, Weißspat) sowie von Bariumverbindungen (Reduzierspat) bildet. Wegen seiner hohen Dichte werden weniger reine Arten als Belastungsspat im Bergbau, in der Bauindustrie und als Schwerspatmehl bei Erdölbohrungen eingesetzt. Fast die Hälfte der Weltproduktion entfällt heute auf diesen »Ölspat«. Auch in der Papier-, Textil- und Gummiindustrie findet Schwerspat Verwendung. Steigende Bedeutung hat die Gewinnung von **Asbest** erlangt, insbesondere von langfaserigen, biegsamen, verspinnbaren Qualitäten; die derzeitige Weltförderung beträgt mehr als 4 Millionen Tonnen im Jahr. Die wichtigsten Lagerstätten liegen in der UdSSR (Ural), Kanada und Südafrika, gleichzeitig ist man aus gesundheitlichen Gründen um die Suche nach Ersatzstoffen bemüht. Die mineralogisch unterschiedlichen Asbeste treten in Spalten ultrabasischer, vielfach serpentinisierter Gesteine auf. Sie werden wegen ihrer Feuerfestigkeit mannigfach verwendet, für Anzüge des Feuer- und Säureschutzes, Handschuhe, Bühnenvorhänge, Filtertücher, Asbestpappen, als Wärmeschutz- und Isoliermaterial u. a.

Auch die großen **Graphit**lagerstätten liegen in Europa, wo wie in Österreich, in Nordnorwegen und nördlich von Passau (BRD) kleine Lager in Linsen und Nestern kristalliner Gesteine abgebaut werden. Über größere Vorkommen verfügt die UdSSR. Die bedeutendsten Lager finden sich aber in Mexiko und Sri Lanka, wo zahlreiche Graphitgänge genutzt werden, weiter in Nordamerika und auf Madagaskar. Graphit ist kontakt- oder regionalmetamorph aus organischen Substanzen (Kohlen oder kohlenstoffreichen Sedimenten) entstanden und wird als chemisch und gegen hohe Temperaturen widerstandsfähiger Stoff zur Herstellung feuerfester Schmelztiegel, in der Bleistiftindustrie und als Schmiermittel, aber auch zum Polieren von Elektroden, in Kernreaktoren u. a. gebraucht. Neben dem natürlichen, bergmännisch gewonnenen Graphit wird bei steigendem Bedarf seit 1896 aus Kohle künstlicher Graphit erzeugt (Acheson-, Retortengraphit). Seit Mitte der sechziger Jahre haben die **Zeolithe**, wasserhaltige Alumosilikate, große technische Bedeutung erlangt, sowohl als Katalysatoren als auch ihrer adsorptiven Eigenschaften wegen für Stofftrennungen in der chemischen Industrie (Molekularsiebe). Die Entwicklung hat dazu geführt, daß neben natürlichen Zeolithen noch mehr synthetische Erzeugnisse eingesetzt werden.

Erwähnt werden muß der **Magnesit**, der besonders in den österreichischen Alpen und in der UdSSR, aber auch in der ČSSR (Slowakei) abgebaut wird. Nach heutigen Kenntnissen haben genetisch unterschiedliche Vorgänge zur Entstehung der großen Magnesitlagerstätten geführt. Ein Teil wurde aus Kalksteinen nach tektonischer Beanspruchung durch an Störungen aus der Tiefe aufsteigende Magnesiumlösungen metasomatisch gebildet, indem das Kalzium des Muttergesteins mehr oder weniger vollständig durch Magnesium verdrängt worden ist. Technisch wird gesinterter Magnesit zu feuerfesten basischen Baustoffen verarbeitet und besonders in der Stahlindustrie zum Ausmauern von Öfen bei Temperaturen bis 1700 °C eingesetzt.

Zur Herstellung von Dünge- und Futtermitteln sind die **Phosphat**rohstoffe von außerordentlicher Bedeutung, die sich vorwiegend in marinen Ablagerungen finden. Über bedeutende Lagerstätten verfügt Nordafrika (Marokko, Algerien, Tunesien), wobei allein Marokko rund 60 Prozent aller Phosphorrohstoffe der nichtsozialistischen Länder liefert. Auch das Mineral **Apatit** mit bedeutenden Lagerstätten auf der Halbinsel Kola (UdSSR) ist als Phosphorrohstoff äußerst wichtig.

Schwefel kommt in genetisch sehr unterschiedlichen Arten vor. Wirtschaftlich bedeutsam sind die sedimentären, epigenetisch entstandenen Lagerstätten. Dazu gehören u. a. die 1953 entdeckten jungtertiären Lager elementaren Schwefels in der VR Polen (Tarnobrzeg) an der oberen Weichsel (Wisła). Hier sind gipsführende Ablagerungen unter Mitwirkung von Bakterien durch Wasser und Gase metasomatisch umgewandelt worden. Ähnliche Lagerstätten finden sich in der UdSSR und auf Sizilien, das lange Zeit in Europa an erster Stelle der Schwefelgewinnung gestanden hat. Die größten dieser Lagerstätten sind in den USA (Texas, Louisiana). In Frankreich wird Schwefel im Vorland der Pyrenäen (Lacq westlich von Pau) in großen Mengen aus der dortigen Erdgaslagerstätte gewonnen. In der DDR wird im Unterharz (Elbingerode) Pyrit zur Schwefelgewinnung abgebaut. Ökonomisch wichtiger ist aber der Schwefelgehalt vieler Braunkohlen im Raum Bitterfeld–Halle–Leipzig. Die größte Pyritlagerstätte der Erde ist Rio Tinto in Spanien, mit mehr als 50 Prozent der bekannten Weltvorräte. Da der Pyrit im Mittel etwa 2,2 Prozent Kupfer enthält, ist Rio Tinto zugleich eine wichtige Kupferlagerstätte. Andere Pyritlagerstätten liegen in Norwegen und der UdSSR.

Schließlich sollen noch die Minerale der **Pegmatite** betrachtet werden, unter denen **Feldspat**pegmatite am verbreitetsten sind. Sie führen neben Kalifeldspat auch Plagioklas, reichlich Quarz und gelegentlich bauwürdige Glimmer (Muskovit und Phlogopit). Als Nebengemengteile finden sich vor allem Beryll, Topas, Turmalin und viele Minerale der Seltenerdmetalle. Der Hauptabbau ist auf die Gewinnung des Feldspats gerichtet, der meist in größeren Mengen und hoher Reinheit vorliegt und vor allem für die Porzellanindustrie, aber auch für die Glas- und Emailherstellung benötigt wird. Porzellan enthält je nach Qualität bis zu einem Viertel der Masse Feldspat neben ebenso viel Quarz, während die andere Hälfte Kaolin ist. Infolge seines niedrigen Schmelzpunktes verkittet der Feldspat beim Sintern die Teilchen und macht das Porzellan durchscheinend. In der DDR werden auch Feldspatsandsteine des thüringischen Buntsandsteins für die Porzellanindustrie abgebaut. Besonders aber sind die norwegischen, daneben die schwedischen und finnischen Pegmatite für die europäische Industrie von Belang. In der BRD liefern die Granitpegmatite der Oberpfalz Feldspat und Quarz. Weitere Pegmatitlager finden sich in der UdSSR (Nordkarelien, Ural), in Frankreich (Zentralmassiv; Porzellanindustrie von Limoges), in Kanada und den USA.

Eine Reihe Pegmatite führt **Glimmer**, wobei speziell großtafeliges Material von Muskovit und Phlogopit gesucht ist, das wegen seiner leichten Spaltbarkeit in dünne und dünnste Platten, Durchsichtigkeit, geringen Wärmeleitfähigkeit, Hitzebeständigkeit, physikalisch-chemischen Stabilität und anderen Eigenschaften für Schutzbrillen, Beobachtungsfenster an Öfen der Keramik- und Feuerfestindustrie, in der Halbleitertechnik und für Elektrogeräte sowie für Empfängerröhren, als Isoliermaterial usw. verwendet wird. Glimmerabfall wird zu Glimmermehl und -schuppen verarbeitet und in der Papierfabrikation, für Tapeten und Preßstoffe zum Erzielen von Glitzeffekten genommen. Die Gewinnung größerer Glimmertafeln ist schwierig, weil das empfindliche Rohmaterial im Gestein regellos verteilt ist. Der Wert der Tafeln steigt mit ihrer Größe und Reinheit, dem Fehlen von Rissen und lokalen Verfärbungen. Sprengarbeit scheidet aus; deshalb werden die Tafeln meist in mühsamer Handarbeit aus dem Gestein herausgeschnitten oder -gesägt. Die Hauptlieferanten von Muskovit sind die USA, Indien, Norwegen, daneben auch Brasilien, Tansania und China. Phlogopite werden in der UdSSR (Baikalgebiet), Kanada und Madagaskar gewonnen.

Das meist grau- bis grünlichblaue, trübe Begleitmineral **Beryll** vieler Pegmatite hat zunehmend an Bedeutung gewonnen bei der Fertigung von Röntgenröhren, als Legierungsmetall für Spezialstähle sowie für die Böden von Weltraumschiffen, infolge seiner Zähigkeit und Korrosionsbeständigkeit ist es ein wichtiges Erz geworden. »Edle Berylle«, d. h. durchsichtige und schön gefärbte Arten, sind geschätzte **Edelsteine**. Der schönste und wertvollste aller Edelsteine, der tiefgrüne **Smaragd** (Ural, Kolumbien), ist ebenso ein Beryll wie der häufigere, hell- bis grünlichblaue **Aquamarin**, während der im auffallenden Tageslicht grüne und im durchfallenden Lampenlicht blutrote **Alexandrit** zur Gruppe der Chrysoberylle gehört, d. h. kein Beryllium-Aluminium-Silikat, sondern ein Beryllium-Aluminium-Oxid ist. Der rote **Rubin** und der blaue **Saphir** sind »edle Korunde« (Aluminiumoxide, Al_2O_3), die besonders in Sri Lanka, Burma, Thailand und Madagaskar abgebaut werden. Unreine Korunde werden zu Schleif- und Poliermitteln verwendet, ebenso wie der gemeine Korund oder **Smirgel** (Griechenland), der in der Gegenwart durch synthetischen Smirgel aus Bauxit und das noch härtere synthetische Carborundum (SiC) verdrängt worden ist. Daß auch das härteste aller natürlichen Minerale, der **Diamant**, ein Industriemineral ist, sei abschließend erwähnt. Ebenso wie die durchsichtigen, glänzenden, reinsten und stark lichtbrechenden Diamantarten als Schmucksteine in geschliffener Form (Brillant) spielen auch die unreinen Arten wegen ihrer Härte als Industriediamanten für den Besatz von

Bohrkronen, als Glasschneider sowie in Form von Diamantpulver zum Schleifen, Polieren und für viele andere Zwecke technisch eine bedeutende Rolle. Neben den klassischen Lagerstätten in Zaire und der VR Kongo (etwa die Hälfte der Weltproduktion) sowie Südafrika (Kimberley), Ghana, Namibia und anderen afrikanischen Staaten haben die erst vor rund 20 Jahren entdeckten umfangreichen Lagerstätten der UdSSR in der Jakutischen ASSR zunehmend an Bedeutung gewonnen, so daß die Förderung laufend zunimmt.

R. Hohl

Lagerstätten der Salze

Die Verbreitung der Salzlagerstätten zeigt eine auffällige Häufung in bestimmten Epochen der Erdgeschichte, wo sie in weiten Teilen der Erde auftreten. Ein bekanntes Beispiel ist der Zeitabschnitt vom Perm bis zur Trias mit großen Lagerstätten in Mitteleuropa, im Uralvorland, in der Dnepr-Donez- und Kaspisenke, aber auch in Texas. Evaporite sind hier in ganz Europa, Nordamerika und Teilen des nördlichen Asiens vorhanden. Charakteristisch ist die allgemeine Vergesellschaftung mit den roten Molassen (red beds). Ein weiteres Beispiel ist die ausgedehnte Verbreitung der Salze im Tertiär, vorwiegend im Miozän, z. B. im Rheintalgraben, in der Vorsenke der Karpaten, im Wiener Becken, im Siebenbürgischen Becken, in Sizilien, Spanien, in einigen Becken Inner- und Ostasiens, im Indusbecken und den Ländern um den Persischen Golf. Diese und andere Beispiele lehren, daß die Salzbildung bevorzugt im Anschluß an große Gebirgsbildungen erfolgt ist, d. h. in den Zeiten der Herausbildung der Tafeln, in denen genügend abgeschlossene Teilbecken bestanden, gleichzeitig aber die Reliefenergie so gering war, daß in diese Becken nur noch Lösungen ohne Detritus gelangen konnten. In einem solchen abgeschlossenen Becken fallen nach den grundlegenden Forschungen über die physikochemischen Bedingungen der Salzabscheidung durch VAN T'HOFF zuerst die am schwersten löslichen Salze, die Karbonate und Sulfate, dann Steinsalz und schließlich die am leichtesten löslichen Kalium- und Magnesium-Salze aus. Eine solche Salzbildung ist in Binnenseen und in ozeanischen Räumen möglich. Die Salzzusammensetzung ist aber dabei unterschiedlich. Das ist insofern auffällig, als Binnenseen und Ozeane Verwitterungslösungen vom Lande empfangen. Daher muß man annehmen, daß die Ozeane einen »Urbestand« an Salzen enthalten, der durch die vom Lande einströmenden Lösungen nur modifiziert wird. Die Geologen erkannten frühzeitig, daß die Eindampfung von Ozeanwasser nicht das Problem der Bildung von Salzlagerstätten lösen konnte. Die Ausfällung aus einem Ozeanbecken reicht nicht aus, die oft sehr großen Salzmächtigkeiten zu erklären. Eine einfache Rechnung ergibt, daß beim Eindampfen von einer 1 000 m mächtigen Meerwasserschicht je nach Porosität der Sedimente etwa 12,5 bis 15 m Steinsalz übrigbleiben. Betrachtet man die oft viele hundert, ja über 1000 m mächtigen Salzlager, wird die Unmöglichkeit dieser Vorstellung offensichtlich. Eine denkbare Lösung hat bereits OCHSENIUS (1830 bis 1906) gezeigt. Seine Deutung wird etwas abgeändert von vielen Geologen auch gegenwärtig noch angesehen. Eine modifizierte Vorstellung stammt z. B. von SLOSS. Danach fallen auf der ein Teilbecken begrenzenden Schwelle bereits Dolomit und Anhydrit aus, während die durch die Verdunstung mit Steinsalz angereicherten Lösungen in die Tiefe des Beckens sinken, wo weitere Salze ausgeschieden werden können. Die Restlaugen können zum Ozean zurückkehren, so daß ein ständiger Kreislauf aufrechterhalten wird. Außerdem kommen Verwitterungslösungen vom Kontinent und bereichern das Salzangebot (Abb.). Nicht gelöst wird auf diese Weise die Bildung reiner Kalilagerstätten.

Die evaporitischen Lagerstätten sind z. T. monomineralisch, meist aber sind es polymineralische Paragenesen. Mehr oder weniger monomineralisch sind die Erstausscheidungen Gips, Anhydrit und die mächtigen Steinsalzlager. Die ökonomisch wichtigsten Bildungen sind jedoch die leichtlöslichen Kalisalze.

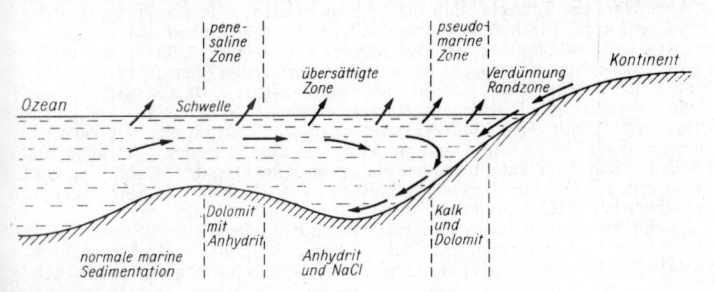

Salzbildung nach der modifizierten Barrentheorie von Sloss

Zu ihnen gehören die begehrten Sylvinite, die aus Sylvin und Steinsalz bestehen. Diese Rohsalze enthalten 20 bis 22 Prozent K_2O, sind aber kaum noch vorhanden. Die meisten Bergwerke in Mitteleuropa bauen heute Hartsalz ab, eine Paragenese aus Sylvin + Steinsalz + Kieserit + Anhydrit mit 12 bis 15 und mehr Prozent K_2O im Rohsalz. Hartsalz läßt sich ohne Endlaugen verarbeiten. Sehr groß sind die Vorräte an Carnallitit, einem Salzgestein aus Carnallit + Steinsalz + Sylvin + Kieserit und anderen Salzen, wie Anhydrit und Boraten. Carnallitit wird nur in beschränkten Mengen gewonnen. Der Grund dafür sind die magnesiumhaltigen Endlaugen, deren Beseitigung ein noch nicht gelöstes Problem ist, nachdem eine Gewässerverschmutzung auf die Dauer nicht tragbar ist. Die Versenkung der Endlaugen in unterirdische Speichergesteine und Hohlräume, z. B. im Werrarevier (Einpressen in den Plattendolomit) war bzw. ist nur eine vorübergehende und recht zweifelhafte Lösung. Weitere Probleme bringen gewisse akzessorische Minerale, z. B. Tachyhydrit ($2 MgCl_2 \cdot CaCl_2 \cdot 12 H_2O$), welche die Verarbeitung des Rohsalzes derartig stören können, daß ein Abbau unökonomisch wird.

Andere Übergemengteile der Salzgesteine sind Polyhalit oder Kainit, der theoretisch als primäres Salz in großen Mengen vorkommen sollte, aber hauptsächlich als sekundäre Hutbildung am Ausgehenden bekannt ist, dazu Bischofit, der zuweilen selbständige Bänke im Carnallitit bildet, und Langbeinit u. a. Verbreitet sind auch Magnesia-Borate, Kalziumborate und besonders das Magnesium-Eisen-Mangan-Borat Borazit. Im Hartsalz kann man gelegentlich ein komplexes Ferrosalz, den Rinneit ($NaK_3(FeCl_6)$), finden. Der Bromgehalt der Salzgesteine ist an Sylvin und Carnallit gebunden.

Die örtlich und regional stark wechselnden Salzparagenesen fordern eine Erklärung, die seit langer Zeit umstritten ist. Die Abfolge der Salzgesteine, wie man sie heute antrifft, entspricht nicht den theoretischen Vorstellungen über die fraktionierte Auskristallisation in einem eingedampften Meeresbecken im Sinne von VAN T'HOFF. Unterschiede in der Salzzusammensetzung des Meerwassers können durch engräumige Faziesunterschiede nicht verständlich machen, so daß man Änderungen der physikochemischen Bedingungen postuliert hat, die aber geologisch unwahrscheinlich sind. Das Problem wird kompliziert durch das Auftreten der sogenannten Vertaubungen (Abb.). In den Hartsalzflözen kommen unvermittelt Zonen vor, in denen der Kaliumgehalt verschwindet und ein Gemenge von hauptsächlich Steinsalz mit Anhydrit und Kieserit übriggeblieben ist. Diese Erscheinung kann keinesfalls durch primäre Ausfällungsbedingungen erklärt werden. Ferner müßten bei normaler Eindampfung die geringen kaliumreichen Restlaugen im Endstadium in den Poren der bereits ausgefällten Salzaggregate verschwinden und dort Imprägnationen bilden. Kompakte Kalisalze könnten so nicht entstehen. Um diesen Lagerstättentyp zu erklären, sind nach der Vorstellung von TRUSHEIM große flache Becken mit kräftigen Eintiefungen im Zentralteil (vielleicht auch Grabenbrüche) notwendig, in denen nach Kristallisation des größten Teils der Salze die kaliumreichen Endlaugen zusammenfließen und eingedampft werden.

Obgleich eine Reihe Forscher an der primären Ausscheidung der vorhandenen Salzgesteine festhält, nimmt man heute vorwiegend eine nachträgliche Umwandlung der primären Paragenesen durch Metamorphoselaugen an, wenn auch Herkunft und Ausbreitung der Laugen in den primären Ablagerungen bis jetzt noch nicht einwandfrei geklärt ist. Zur Diskussion stehen freigesetzte Hydrat- und Hydratationslaugen, durch thermisches Schmelzen erzeugte Lösungen (thermisch instabil ist besonders das Primärmineral Reichardtit), Laugen aus umliegenden Speichergesteinen, Tageswässer u. a. Ihre Migration wäre möglich durch tektonisch erzeugte Risse – Vertaubungszonen liegen z. B. nahe an Störungszonen – oder durch mittels Umwandlung der Minerale mit Volumenschwund selbst erzeugte Porensysteme. Typisch sekundäre Minerale sind z. B. Langbeinit und Polyhalit. Sicher sekundär sind auch die Kainithüte am Ausgehenden von Kalilagern. Was für Umbildungen bei den zugeführten unterschiedlichen Laugen und unter welchen physikochemischen Bedingungen sie auftreten, hat z. B. BORCHERT eingehend untersucht. Andere Forscher wie LOTZE haben andere Mechanismen vorgeschlagen. Offenbar gibt es in der geologischen Entwicklung mehrere Wege, die zum gleichen Ergebnis führen.

Angesichts der Tatsache, daß die Salzlagerstätten, z. B. des Perms und der Trias, sehr große Flächen einnehmen und die Salzfolgen nicht den Vorstellungen von der Eindampfung von Meerwässern entsprechen, daß trotz der gewaltigen Abscheidung von Salzen die Salinität der Ozeane über die geologischen Zeiten sich anscheinend kaum geändert hat, vertritt z. B. KALINKO die Ansicht, die gewaltigen Salzmengen entstammten einer Synthese von vulkanisch exhaliertem Chlor oder Chlor-Verbindungen mit Natrium aus den Verwitterungslösungen. Beide Stoffe sind am Ende von Tektonogenesen reichlich vorhanden. Auch die Vorstellung über ein arides Klima bei der Salzbildung wird bezweifelt, seitdem auf der Osteuropäischen Tafel Kohlen und Salze in enger Nachbarschaft nachgewiesen wurden.

Solche Probleme bestehen nicht nur bei den Kalisalzen. Obgleich theoretisch physikochemische Bedingungen denkbar wären, bei denen Anhydrit unmittelbar aus Lösungen ausfallen könnte, ist diese Erscheinung nirgends zu beobach-

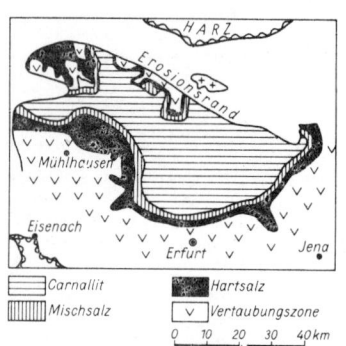

Das nordthüringische Kalibecken und die Verteilung der Kalisalztypen darin (nach Seidel)

ten. Es wird immer zuerst Gips gebildet, der später allerdings sein Hydratwasser verlieren kann und sich zu Anhydrit umbildet. Daher müssen auch die mächtigen Anhydritablagerungen als sekundäre Umwandlungen angesehen werden.

Die Form der Lagerstätten durchläuft alle Grade der Komplikation von flachgelagerten Flözen (z. B. im Werrarevier) bis zu den verkneteten und verfalteten Lagerstätten in den Salzstöcken (Abb.). Charakteristisch für die mitteleuropäischen Lagerstätten im Zechstein ist eine mehrfache Wiederholung der Ausscheidungsfolge Klastika, Karbonate und Sulfate, Steinsalz, Kalisalze. Die insgesamt fünf Evaporitserien in den beiden deutschen Staaten sind nirgends vollständig vorhanden. Im Werrarevier ist nur die Werraserie vollständig mit 2 Kaliflözen (Flöze Thüringen und Hessen) ausgebildet, die Staßfurtserie aber nur bis zum Steinsalz vorhanden. Die übrigen Serien sind rudimentär entwickelt. Im Thüringer Becken ist die Staßfurtserie vollständig, ebenso im Gebiet nördlich des Harzes (Kalisalzflöz Staßfurt), und noch weiter nach Nordosten reicht in den Staßfurt- und Leineserien die Ausscheidungsfolge bis zu den Kalisalzen (Flöz Ronnenberg).

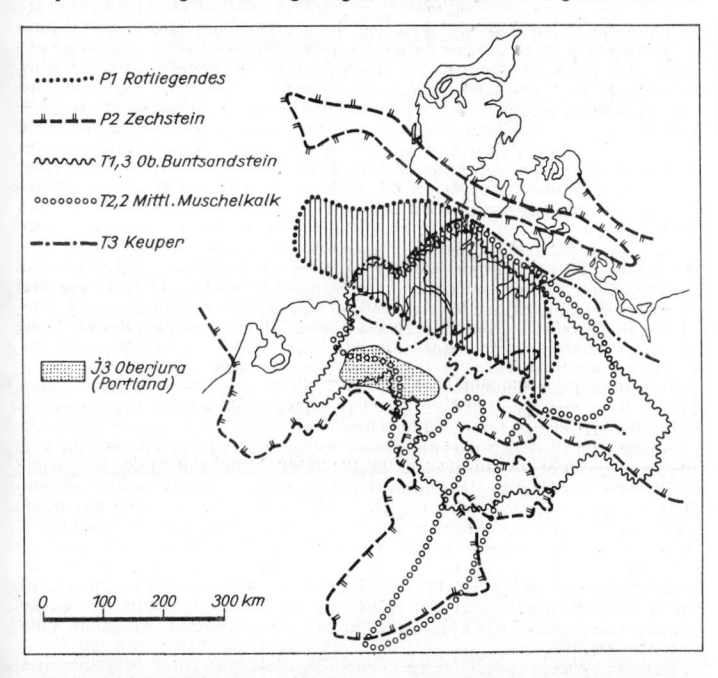

Mehrere Salzfolgen finden sich auch in den mitteleuropäischen Salinaren des Buntsandsteins, des Mittleren Muschelkalkes, des Keupers und Malms (Portland) (Abb.), ebenso im Miozän rings um den Karpatenbogen. Im Norden der Karpaten ist es sogar zur Ablagerung mehrerer Kalisalzflöze gekommen.

Karte der mitteleuropäischen Salinare (nach ZIPE = Zentralinstitut Physik der Erde der Akademie der Wissenschaften der DDR, Materialien zum tektonischen Bau Europas, Autor: Wendland)

Eine spezielle Lagerstättenausbildung ist das Haselgebirge, eine innige Vergesellschaftung von Ton und Salz, die im Rotliegenden der Elbemündung, besonders aber im Alpengebiet vorkommt, wo solche Lagerstätten durch Laugung ausgebeutet werden.

Welche Salzmengen insgesamt im Laufe der Erdgeschichte abgelagert wurden, konnte noch nicht ermittelt werden, aber schon Teilergebnisse sind imponierend. So hat PAUCA (1968) für das Siebenbürgische Becken etwa 13000 Milliarden Tonnen Steinsalz errechnet. TRUSHEIM (1971) kam für die mitteleuropäischen Salinare vom Rotliegenden bis zum Portland auf 400000 Milliarden Tonnen Steinsalz, und KALINKO (1972) schätzte die gesamte Salzmenge für Perm bis Jura auf $16,2 \cdot 10^{15}$ Tonnen. Ebensowenig sind die Vorräte an Kalisalz bekannt, wenn sie auch bedeutend kleiner sein dürften als die an Steinsalz.

Aufgeschlossen und im Abbau sind Kalisalz-Lagerstätten in Mitteleuropa (Werra-Revier, Thüringer Becken, Subherzynes Becken, Rheintalgraben, Scholle von Calvörde, Salzstöcke des Norddeutsch-Polnischen Beckens, im ukrainischen Vorkarpatengebiet), ferner in Spanien, im Donezbecken, in der Vorural-Senke, in Kanada, USA, im Carnarvonbecken Australiens.

Evaporitische Ablagerungen sind auch die **Salpeterlagerstätten**, die in kontinentalen, abgeschlossenen Eindampfungswannen entstanden sind und neben Steinsalz, Sulfaten und anderen Salzen Natronsalpeter enthalten. Bekannte

Lagerstätten finden sich in den Salares der Kordilleren Südamerikas, speziell in den Wüsten Atacama und in der Provinz Tarapacá (Chile). Die Herkunft des Nitrats ist strittig. Man vermutet als Ausgangsprodukt organische Ablagerungen wie Guano. Jedoch fehlt in den Lagerstätten die im Guano reichlich vorhandene Phosphorsäure. Daher wird auch eine vulkanische Herkunft des Nitrats für möglich gehalten, eine Ansicht, die durch das Vorkommen vulkanischen Materials in den Nitratsedimenten gestützt wird. Weniger bedeutend sind die Vorkommen von Kalisalpeter.

Evaporite kontinentaler Endseen stellen auch die Borate dar, die in Paragenese mit anderen Salzmineralen vorkommen. Kalziumborat-Lagerstätten finden sich in verschiedenen Tälern des Felsengebirges (USA) und in Kleinasien südlich des Marmarameeres. Natriumborate (Hauptmineral Borax) kommen in Nevada, in Südamerika und anderen ariden Gebieten vor. Auch bei diesen Lagerstätten wird das Bor mit Vulkaniten in Zusammenhang gebracht.

R. Meinhold

Lagerstätten der Kohlen (Kaustobiolithe)

Kohlenlagerstätten sind Ablagerungen riesiger Mengen pflanzlicher Substanz in Sammelbecken, in die nur wenig Abtragungsmaterial gelangte. Neben den klimatischen Voraussetzungen für einen reichlichen Pflanzenwuchs hat Kohlenbildung zur Vorbedingung, daß das abgestorbene Pflanzenmaterial rasch vor Verwesung geschützt wird. In normalen Wäldern ist das nicht möglich; hier bildet sich nur eine dünne, vergängliche Moderschicht wegen der intensiven biologischen Zersetzung durch die aeroben (in Sauerstoffatmosphäre lebenden) Bakterien. Weitgehende Ausschaltung des Luftsauerstoffs ist daher eine Grundvoraussetzung der Kohlenbildung. Das ist bei Wasserbedeckung der pflanzlichen Substanz in Waldmooren, Mooren und in Becken mit oberflächennahem, laufend ansteigendem Grundwasserstand gegeben. Das Auftreten mächtiger oder mehrerer übereinanderliegender Flöze zwingt zu der Annahme, daß beim langsamen Absinken des Beckens Stillstandszeiten auftraten, während deren sich neue Pflanzendecken entwickeln konnten, die Material für die Entstehung der Kohlenflöze lieferten. In den Perioden mit stärkerem Bodenrelief wurde dagegen klastisches Material eingespült, das heute die Zwischenmittel zwischen den Flözen bildet. Daß die meisten Kohlenlagerstätten autochthon, also an Ort und Stelle, entstanden sind, beweisen Stubbenhorizonte, aufrechtstehende Stämme und Wurzelböden (Stigmarienhorizonte) an der Basis von Steinkohlenflözen. Lagerstätten aus zusammengeschwemmtem (allochthonem) Material sind selten.

Solche Becken stellen die Innen- und Vorsenken der Gebirge dar, die vom Meere abgetrennt als **limnische**, in Küstennähe als vom Meere wiederholt überflutete **paralische** Becken vorhanden waren. Limnische Kohlenlagerstätten sind (z. B. im Zwickauer Revier oder im Saarbecken) meist durch wenige, aber mächtige Flöze charakterisiert, paralische (z. B. im Ruhrgebiet, Abb.) durch zahlreiche, aber weniger mächtige. Im Ruhrgebiet kennt man 70 Flöze von im Mittel 1 m Mächtigkeit, im Saarbecken über 300 in einer Schichtfolge von 6000 m (S. 336). Im wesentlichen limnischer Entstehung sind die Braunkohlenlagerstätten der DDR sowie am Niederrhein mit nur wenigen Flözen, von denen einige Mächtigkeiten um 100 m erreichen (Geiseltal, Ville-Erft-Revier).

Das im Wasser unter weitgehendem Sauerstoffabschluß angesammelte Pflanzenmaterial vertorft zunächst. Das ist ein komplizierter chemisch-biologischer Umwandlungsprozeß, bei dem die Pflanzenbestandteile Zellulose, Lignin und Proteine vorwiegend mikrobiell zu bräunlichen Humusstoffen (Huminsäuren) unter Verlust von CO_2 und H_2O, aber unter Anreicherung von Kohlenstoff abgebaut werden. Während der Torf deutliche Pflanzenstruktur erkennen läßt, ist das bei der im weiteren Fortgang des Prozesses entstandenen Braunkohle nicht mehr der Fall. Im späteren Verlauf dieses **Inkohlung**, die von physikalisch-chemischen Reaktionen bestimmt wird, erhöht sich durch Verlust von Wasser, Hydroxylgruppen (OH) und Methan (CH) der relative Anteil des Kohlenstoffs weiter, während der Gehalt an flüchtigen Bestandteilen sinkt.

Im Verlaufe dieses Prozesses entwickeln sich die einzelnen ursprünglichen Bestandteile der Substanz in unterschiedlicher Weise, so daß die Kohle wie jedes andere Gestein – aus verschiedenen Mineralen besteht.

Die Inkohlung wird vor allem durch die bei der Versenkung der Kohlenflöze steigenden Temperaturen bestimmt. Inwieweit und in welcher Weise der Druck mitwirkt, ist noch umstritten. Sicher ist aber, daß der Druck zu einer Verdichtung der Kohlenmasse und zu einem Verlust an Porenwasser führt. Bei hohem Druck können daher Braunkohlen durchaus das Aussehen von Steinkohlen annehmen, obgleich sie nach ihrem Chemismus noch keine Steinkohlen sind. Andererseits beobachtet man am Kontakt von Braunkohlen mit Intrusivgesteinen eine Umwandlung in echte Steinkohlen. Die Zeit spielt bei der Umwandlung offenbar keine Rolle, da z. B. die in geringer Tiefe lagernden unterkarbonischen Kohlen des Reviers von Tula südlich von Moskau Braunkohlencharakter aufweisen.

Bei den Braunkohlen unterscheidet man mit steigender Inkohlung Erdbraunkohlen, Weichbraunkohlen und Hartbraunkohlen, zu denen die Mattbraunkohlen und Glanzbraunkohlen gehören.

Beim Übergang von Braunkohlen in das Steinkohlenstadium werden die Huminsäuren zerstört, und Methan wird zusätzlich abgegeben. Die Inkohlung geht von gasreichen Steinkohlen zu immer gasärmeren, von Flammkohle und Gasflammkohle über Gas-, Fett- und Eßkohle zur Magerkohle und zum Anthrazit. Die Hauptbestandteile der Steinkohlen sind stark kondensierte aromatische Makromoleküle, dazu kommen andere Kohlenwasserstoffe, während Bitumina in untergeordneten Mengen vorhanden sind.

Das Ausgangsmaterial hat Einfluß auf die Qualität der gering inkohlten Kohlen; in höheren Stadien der Inkohlung verwischen sich die Unterschiede. Aus bitumenreichen Algen entsteht die stark bituminöse **Bogheadkohle**, aus faulschwammartigen Ablagerungen mit hohen Gehalten an Pollen und Sporen die **Kannelkohle**. Holzige Partien und Stücke in den Braunkohlen, die oft noch als Stammstücke oder Stubben erkennbar sind, werden **Xylite** genannt. Das Ausgangsmaterial und Unterschiede im Verlauf des Inkohlungsprozesses bestimmen die verschiedenen Gefügebestandteile der Kohlen (Tafel 45), die man in polierten Anschliffen an ihrem unterschiedlichen Reflexionsvermögen für auffallendes Licht und unter dem Mikroskop an ihrer Struktur erkennen kann. Die einzelnen Bestandteile der Steinkohlen (Mazerale, sind häufig streifenweise angereichert. **Streifenkohle** besteht aus hellglänzenden, matten und abfärbenden Streifen, die als Vitrit (glänzend), Clarit, Durit (matt) und Fusit (abfärbend) bezeichnet werden. Im Vitrit (Glanzkohle) ist in erster Linie Vitrinit vorhanden, eine wahrscheinlich aus Holz entstandene amorphe Masse, die selten eine noch erkennbare Zellstruktur (Telinit) zeigt. Daneben tritt Resinit auf, das sind Harz- und Wachspartikeln ohne Struktur, und Mikrinit, eine ebenfalls strukturlose, opake Substanz. Der Clarit ist matt, vor allem deshalb, weil in der Grundmasse Exinit eingelagert ist, der aus Pollen, Sporen, Resten von Blattoberhäuten (Kutikulen) und Pilzen (Sklerotinit) zusammengesetzt ist. Der Durit der matten Streifen besteht aus Mikrinit und Sklerotinit sowie aus Semifusinit, einer holzkohleähnlichen Substanz, bei der im Gegensatz zum Fusinit das Zellgefüge des Holzes kaum noch zu erkennen ist. Die mattschwarzen, abfärbenden Streifen der Kohle (Fusit) sind aus Semifusinit und holzkohleähnlichem Fusinit zusammengesetzt, der teilweise vielleicht durch Waldbrände, wahrscheinlicher aber durch Oxydationsvorgänge anderer Art entstanden sein dürfte.

Von der Zusammensetzung der Kohlen hängt weitgehend deren Verwendung ab. So geben z. B. vitritreiche Steinkohlen einen festen, metallurgischen Koks, duritische viel Gas und Teer, aber keinen brauchbaren Koks. Fusitreiche besitzen einen hohen Heizwert, sind aber gasarm und verkokungsfeindlich. Durch Kohleaufbereitung und Mischung versucht man, eine geeignete Zusammensetzung herzustellen.

Von den weiteren Bestandteilen der Steinkohlen interessieren Aschegehalt und -zusammensetzung. Besonders störend ist Sulfidschwefel (aus Pyrit und Markasit), der die Kohle für die Metallurgie ungeeignet macht und bei der Verbrennung das korrosive und giftige Schwefeldioxid (SO_2) abgibt. Nachteilig für metallurgische Verwendung sind auch Gehalte an Phosphor. Die Aschegehalte der Kohlen liegen im allgemeinen bei 4 bis 8 Prozent. Ab 40 Prozent Asche brennen solche Kohlen nur schwer, und man bezeichnet sie als Brenn- oder Brandschiefer. Interessant ist, daß in den Aschen einzelne Elemente stark gegenüber dem Clarkewert angereichert sein können. Das betrifft besonders Germanium, Arsen und Wismut, deren Gehalt das 1000fache des Clarkewertes erreichen kann.

Auch bei den Braunkohlen sind verschiedene Gefügebestandteile erkennbar, und zwar Xylite, Fusinit, eine vermutlich durch die Oxydation mittels Schwefelsäure aus Markasit entstandene Holzkohle, Dopplerit, das ist ein Kalzium-Magnesium-Humat, Retinit (meist Harzkörper) und verschiedene Bitumina. Bitumenreiche Kohlen enthalten mehr als 6 Prozent Wachse und Harze, bezogen auf Kohle mit 15 Prozent Wasser. Solche Schwelkohlen geben bei trockener Destillation mehr als 6 Prozent Teer ab, im Revier Halle–Leipzig sogar mehr als 10 Prozent, und sind ein wichtiger Rohstoff für die chemische Industrie. Unangenehm sind die Salzkohlen, die größere Gehalte an Alkalien, besonders an Kochsalz enthalten. Auf den Natriumoxidgehalt der Aschen berechnet sind es 2 bis 35 Prozent. Der Salzgehalt stammt aus der Auslaugung von Salzlagern im Untergrund. Das Salz setzt den Schmelzpunkt der Aschen herab. Die schon bei ziemlich niedrigen Temperaturen im Feuerraum sich bildenden Schlacken verkrusten Roste, Züge und Kesselwandungen und erniedrigen den Wirkungsgrad der Anlagen.

Angaben über Vorkommen bzw. Lagerstätten von Kohlegesteinen finden sich in den Kapiteln Karbon, Perm, Trias, Kreide und Tertiär. Außerdem sind

Schnitt durch die Braunkohlenlagerstätte Schlabendorf mit Grabenzone (nach Nowel 1972)

Legend:
- Ton, Schluff, Geschiebemergel
- Sand
- Braunkohle (2. Lausitzer Flöz)

Kohlen bereits aus dem Präkambrium bekannt, z. B. der Schungit auf dem Baltischen Schild am Onegasee, der aber nicht aus höheren Landpflanzen wie die jüngeren Kohlen entstanden sein kann. Die wertvollsten Kohlen treten weltweit im Karbon und im Perm auf. Braunkohlen höchster wirtschaftlicher Bedeutung enthält das Tertiär.

Die Kohlen sind die weitaus bedeutendsten Anhäufungen fossiler Energierohstoffe. Wenn auch die Vorratszahlen schwanken, kann man nach den zuverlässigsten Schätzungen mit etwa 15 Billionen Tonnen rechnen. Davon gelten 8,6 Billionen Tonnen als Bilanzvorräte. Dazu kommen wahrscheinlich weitere 6,6 Billionen Tonnen im Bereich der heutigen technischen Möglichkeiten des Bergbaus. Die prognostischen Vorräte sind aber vermutlich noch weit höher. Gegenwärtig wird der Energiebedarf auf der Erde zu etwa 30 Prozent durch Kohle gedeckt, und die Reserven an Kohlen werden mit 61,5 Prozent der gewinnbaren fossilen Energieträger angegeben.

Die Kohlen sind als Flözlagerstätten den tektonischen Deformationen des Deckgebirges unterworfen. Neben stark gefalteten Flözen (Abb.) gibt es auch mehr oder weniger ungestörte Lagerstätten (Abb.). Daher sind die Abbaumethoden im einzelnen sehr unterschiedlich. *R. Meinhold*

Erdöl- und Erdgaslagerstätten

Gegenwärtig sind Erdöl und Erdgas die wichtigsten Energierohstoffe in der Welt und begehrte Grundstoffe für die chemische Industrie. Die Erkundung dieser Lagerstätten beschäftigt den Großteil aller Geowissenschaftler in der Welt.

Erdöl ist im wesentlichen ein Gemisch aus mindestens einigen Hundert, vermutlich aber Tausenden von Kohlenwasserstoffen (KW), die in manchen Ölen die alleinigen Bestandteile sind. In anderen kommen noch eine Reihe von Verbindungen mit Sauerstoff, Stickstoff und Schwefel hinzu. Alle KW sind aus den beiden Elementen C und H zusammengesetzt. Ihre unübersehbare Vielfalt resultiert aus der Vierwertigkeit des Kohlenstoffs und seiner Eigenschaft, vielfältige kettenförmige, ringförmige, mit Wasserstoff gesättigte oder ungesättigte Verbindungen bilden zu können. Die an Menge bei den Nicht-KW vorherrschenden Sauerstoffverbindungen sind die chemisch sehr komplizierten Harze und Asphaltene, die dem Öl seine dunkle Farbe verleihen und seine Viskosität erhöhen. Die Schwefel- und Stickstoffverbindungen sind Ketten- und Ringverbindungen, in denen C-Atome durch S- oder N-Atome ersetzt wurden. Die niedermolekularen Verbindungen der KW sind als Gase im Öl gelöst oder bilden eine selbständige Gasphase. Ketten mit 1 bis 4 C-Atomen kommen darin am häufigsten vor (Methan, Äthan, Propan). Dazu treten wechselnde Mengen von CO_2, N_2, H_2S und anderen Gasen, z. B. Edelgasen. Neben diesen Erdölbegleitgasen mit ihrer oft beträchtlichen Menge an höheren, kondensierbaren KW (deshalb auch »nasse« Gase genannt) finden sich in der Natur Lagerstätten »trockener« Gase, ganz unabhängig von Erdöllagerstätten, die als KW fast nur CH_4 (Methan) enthalten.

Das Verhältnis der einzelnen Komponentengruppen in den Erdölen ist recht wechselhaft. Es gibt Erdöle mit Vormacht der kettenförmigen Methan-KW (Paraffine) und solche mit Vormacht der Naphthene (gesättigte ringförmige KW). Andere wieder haben beträchtliche Anteile an Aromaten (ungesättigte Ringverbindungen) oder sind gleichgewichtig gemischt. Die meisten Erdöl-KW sind solche mit 3 bis 8 C-Atomen; die komplizierteren Moleküle sind der Menge nach wesentlich seltener.

Das Problem der Entstehung des Erdöls ist schwierig und umstritten. Fast alle Tatsachen sprechen freilich für eine organische Entstehung aus Zersetzungsprodukten pflanzlicher und tierischer Organismen, die sich in den Schlämmen der Gewässer niederschlugen, dabei unter Luftabschluß vor der Verwesung bewahrt blieben und das Ausgangsmaterial für Erdöl und Erdgas lieferten. Jedoch ergibt sich insofern eine Schwierigkeit, als die Organismen weitgehend aus oxydierten Verbindungen bestehen, das Erdöl sich aber aus reduzierten (sauerstofflosen), meist kleineren Molekülen mit wenig Brücken und Seitenketten zusammensetzt. Reduktion ist aber nur durch Energiezufuhr denkbar, wobei Wärmeenergie zumindest in den ersten Bildungsphasen des Erdöls keine Rolle spielen kann; denn die Erdöle enthalten neben anderen instabilen Verbindungen noch saure Porphyrine, das sind Bausteine des Blattgrüns und des Blutfarbstoffs, die in sauerstoffloser Umgebung nur bis etwa 200 °C stabil sind. Auch eine Mitwirkung radioaktiver Strahlung konnte nicht bestätigt werden. Möglich ist als erste Phase die biologische Reduktion durch anaerobe Bakterien, die in beträchtlicher Anzahl in Faulschlämmen vorhanden sind. Diese Organismen sind fähig, organische Stoffe zu Methan, Fettsäuren, Ketonen u. a. zu reduzieren, aber auch intra- und extrazellulär neue KW zu bilden. In dieser Phase entstehen noch nicht die typischen Erdöl-

KW mit 3 bis 8 C-Atomen. Wohl aber können sich aus dem biochemisch gebildeten Methan Lagerstätten trockener Gase bilden. Der Übergang von den primären schweren, komplizierten Molekülen zu den Erdöl-KW wäre bei hohen Temperaturen leicht möglich. Solche Temperaturen kommen aber (nicht nur wegen der Porphyrine) nicht in Betracht, sondern wegen der Tatsache, daß bei Hochtemperaturzersetzung beträchtliche Mengen an Olefinen entstehen müßten, die in Erdölen selten sind. Doch können bei Gegenwart von Katalysatoren auch bei ziemlich niedrigen Temperaturen (60 bis 80 °C) die erforderlichen Prozesse ablaufen. Die notwendige lange Zeit wäre kein Hindernis. Die Katalysatoren können aktive Tonminerale oder möglicherweise auch Säuren und Basen im Wasser sein. Die auftretenden Reaktionen bestehen im wesentlichen in der Abspaltung von Seitenketten und Brücken, aus denen niedermolekulare KW entstehen könnten. Erst in einem späteren Stadium dürften bei hohen Temperaturen Crackprozesse ablaufen, welche die verbliebenen Restmoleküle spalten. Diese Vorgänge laufen in größeren Tiefen und unter hohem Druck ab. Die Hauptprodukte dabei sind große Mengen von Methan und sehr leichten dampf- und gasförmigen KW, deren Gemisch man als Kondensate bezeichnet und die sich in größerer Tiefe tatsächlich oft vorfinden. So ist die Erdölbildung mit hoher Wahrscheinlichkeit ein Prozeß, der sich meist über lange Zeiten hinzieht und die verschiedensten Reaktionen einschließt. Bis zum »Fertigwerden« des Erdöls ist nicht immer eine geologisch lange Zeit erforderlich. Altersbestimmungen mit der ^{14}C-Methode haben den Nachweis erbracht, daß einige oberflächennahe Erdöle nicht viel älter als 10000 Jahre sind. Nicht nur aus diesem Grunde ist die Bildung des Erdöls allein aus Gesteinsbitumen in 1500 bis 2000 m Tiefe, wie es eine von zahlreichen Forschern vertretene Hypothese annimmt, unwahrscheinlich. In diesen Tiefen und bei schon stark verdichteten tonigen Muttergesteinen könnten die aus Gesteinsbitumen gebildeten KW nur als Gasphase in die Speicher abwandern. Die Öle enthalten aber in beträchtlicher Zahl Moleküle, wie Harze und Asphaltene, die nicht in Gasphase gewandert sein können. Vielmehr müssen sie aus organischen Substanzen stammen, die schon in einer Frühphase der Gesteinsverfestigung aus den Muttersedimenten zusammen mit dem Wasser ausgewandert sind. Die Erdölbildung ist ein Prozeß, der nicht nur die Umwandlung des im verfestigten Gestein verbliebenen Gesteinsbitumens beinhaltet, sondern auch Reaktionen organischer Substanzen im Porenwasser der Speichergesteine. Dieser Vorgang läuft in vielen Etappen ab und ist stets von Gasbildung begleitet.

Zusammengefaßt könnte der Ablauf wie folgt sein: 1) Ablagerung der organischen Substanz in Schlämmen und Reduktion. 2) Verdichtung der Schlämme bei Versenkung und Überdeckung; Auspressung von Wasser samt den gebildeten KW und anderen organischen Substanzen, Eintritt der Flüssigkeit in über- oder unterlagernde poröse Gesteine. 3) Weitere Versenkung, Bildung von Erdöl-KW aus den im Gestein verbliebenen Bitumina und aus den Substanzen im Porenwasser der porösen Speicher. Auswanderung der im Muttergestein gebildeten KW als Gas; Mischung mit den im Speicher gebildeten Stoffen. 4) In größerer Tiefe bei höheren Temperaturen Spaltung der verbliebenen großen Moleküle, Zumischung oder Bildung selbständiger Kondensatlagerstätten.

Die Gasbildung hat zwei Maxima – das erste in der biochemischen Phase in den noch unverfestigten Sedimenten, das zweite in einigen tausend Metern Tiefe. Beide Gasarten, die sich durch die Isotope unterscheiden, sind in Lagerstätten bekannt.

Für trockene Erdgase ist noch eine weitere Bildungsart möglich. Ablagerungen humoser, fast nur aus höheren Pflanzen herrührender Substanzen (Kohlenlagerstätten) geben im Verlauf der Inkohlung Methan neben anderen Gasen ab. Zahlreiche Lagerstätten einer solchen Genese sind bekannt, z. B. in den Niederlanden.

Es wurde oft und wird teilweise noch heute behauptet, das Erdöl wäre anorganischer Entstehung, gebildet aus der Synthese von CO, H_2, SO_2 und anderen Gasen in großer Tiefe, etwa im Bereich des oberen Erdmantels. Dagegen spricht einmal das Vorhandensein thermisch instabiler Moleküle. Außerdem gibt es eine große Zahl von Verbindungen, die ohne gewagte, geologisch nicht belegbare Hypothesen nicht synthetisierbar sind. Gegen die anorganische Entstehung sprechen auch viele geologische Tatsachen. So kommt z. B. in vielen Revieren Öl nur in bestimmten stratigraphischen Horizonten vor; Öl aus der Tiefe hätte aber auch die darunterliegenden Speicher füllen müssen. Weiter müßte Öl in vulkanischen und kristallinen Gebieten sowie in der Nachbarschaft der großen Lineamente reichlich auftreten. Das ist aber nicht der Fall. Auch wenn die Theorie der organischen Entstehung heute noch viele ungelöste Probleme enthält, ist die Zahl der Argumente, die dafür sprechen, viel größer als die dagegen. Schließlich erscheint als wichtiges Argument die Tatsache, daß die großen Erfolge der KW-Erkundung auf der Grundlage der organischen Entstehungstheorie erzielt worden sind.

Das einmal gebildete Erdöl muß konzentriert werden, damit eine Lagerstätte entstehen kann. Dazu muß es aus den Muttersedimenten, in denen es über lange Zeiten in kleinen Raten gebildet wurde – sei es in den Faulschlammablagerungen oder in den Porenwässern gröberer Sedimente –, auswandern. Der Vorgang wird primäre Migration genannt. Diese Wanderung wird zuerst durch die Kompaktion der Sedimente und durch die dadurch bewirkte Porenverkleinerung verursacht. Die organischen Stoffe und die bereits gebildeten KW wandern mit dem Wasser aus. Wahrscheinlich dürften es noch nicht viel typische Erdöl-KW sein. Bei weiterer Versenkung und Verdichtung der Gesteine ist die primäre Migration nur noch in Gasphase möglich.

Die durch die Primärmigration verdrängten Stoffe müssen auf ein poröses und permeables Speichergestein treffen, in dem sie über größere Entfernungen strömen und sich später in sogenannten Fallen sammeln können. Dieser Vorgang heißt sekundäre Migration. Er ist nur in kontinuierlicher Phase möglich, d. h., die fließenden Stoffe müssen über einige Dezimeter bis Meter die Poren des Gesteins völlig ausfüllen. Deshalb ist die Mithilfe von Wasser bei diesem Sammelprozeß notwendig. Wasser ist die natürliche, kontinuierliche Porenfüllung, und es ist in den meisten Fällen in Richtung nach Zonen verminderten Druckes in Bewegung. Die Lösungsfähigkeit des Wassers für KW ist zwar nicht sehr hoch, kann aber durch die Anwesenheit von Kolloiden (z. B. Seifen) stark erhöht werden. Bei dem Angebot an Fettsäuren und Alkalien sind solche Kolloide durchaus wahrscheinlich und teilweise bekannt. Die Molekülgrößenverteilung der Erdöle weist auf Transport durch Mizellen von Kolloiden hin.

In einem artesischen Becken ist der Porendruck in den tieferen Teilen größer als in den Randlagen und den regionalen Hochlagen innerhalb des Beckens. Nach diesen Zonen verminderten Druckes sind die Flüssigkeiten unterwegs und wenn Einzug von der Oberfläche möglich ist, auch über lange Zeiten.

Auf dem weiten Weg durch die Gesteine werden noch nicht zu Erdölkomponenten umgewandelte organische Stoffe zum »fertigen Erdöl« umgebildet. Finden sich in einem solchen hydrodynamischen System stagnierende Zonen oder Strömungshindernisse, kann es zur Ansammlung in Form von Lagerstätten kommen. Solche Zonen können folgende Eigenschaften haben: relativ niedrigen Druck und eine Abdeckung (Caprock), die wegen semipermeabler Eigenschaften zwar beschränkt Wassermoleküle, nicht aber eine ganze Reihe von Ionen und KW durchläßt. Dadurch wird der Ionengehalt im Wasser der Falle erhöht, und die Lösungsfähigkeit des Wassers für KW sinkt. Das hilft mit, daß sich in der Falle KW entlösen und ansammeln. Wegen des Kapillardruckunterschiedes können die gebildeten Öle das Wasser aus den größeren Poren verdrängen.

Die notwendigen porösen Speichergesteine, in denen diese Prozesse ablaufen sind noch in den größten, bisher erbohrten Tiefen mit Flüssigkeiten erfüllt. Das Öl nimmt dabei niemals den ganzen Porenraum ein; denn selbst wenn alles freie Wasser verdrängt ist, bleibt das Haftwasser zurück, das durch Oberflächen-Molekularkräfte und elektrische Anziehungskräfte fest gebundene, unbewegliche und polare Wasser, das die Oberfläche der Gesteinskörner als Film umgibt (Abb.). Es ist selbst bei Temperaturen von vielen hundert Grad Celsius unbeweglich. Besonders dicke Wasserpolster mit elektrischer Bindung (Hydratationswasser) bilden sich um Partikeln aktiver Tone. Tonige Speichergesteine können daher bei Zutritt von Süßwasser (z. B. aus der Bohrspülung) völlig blockiert werden.

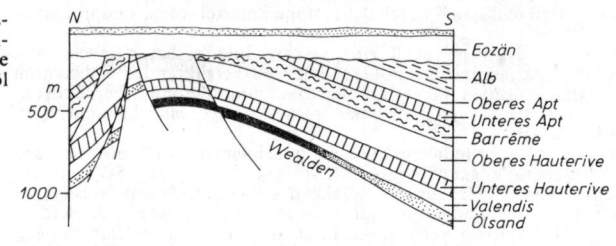

☐ Gesteinskorn
▨ Erdöl
▭ freies und schwach gebundenes Wasser
▥ Gesteinszement
  Haftwasserfilm um Gesteinskörner

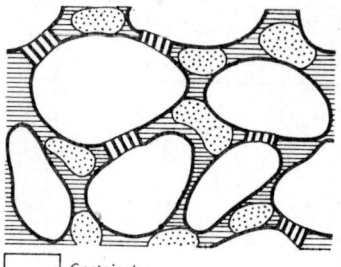

Aufbau eines sandigen, tonfreien Speichergesteins

Schnitt durch das Erdölfeld Georgsdorf (Emsland), eine reine Antiklinallagerstätte. Schwarz = nachgewiesene Erdölführung (nach Lötgers, Erdöl und Kohle, 1949)

N — S
— Eozän
— Alb
— Oberes Apt
— Unteres Apt
— Barrême
Wealden
— Oberes Hauterive
— Unteres Hauterive
— Valendis
— Ölsand

Erdölfallen finden sich in den Speichergesteinen in Scheitelbereichen von Antiklinalen (Abb.), an Flanken von Salzstöcken, in an Verwerfungen mit abdichtendem Charakter anstoßenden Gesteinen, in durch Transgressionsflächen abgeschirmten Gesteinen (Abb.), das heißt überhaupt in Zonen relativ kleinsten hydrostatischen Druckes, welche die Öle am Weiterwandern hindern. Die Lagerstätten werden vom Wasser, dem Randwasser, umgeben und z. T. von Sohlenwasser unterlagert. Ist mehr Gas vorhanden, als bei dem herrschenden Druck zur Sättigung des Öls erforderlich ist, bildet sich über dem Erdöllager eine Gaskappe. Die Fallen müssen nach oben durch einen »Caprock« abgeschlossen sein (Abb. S. 491).

Fallen der genannten Art heißen strukturell. In ihnen, besonders in Beulen und Antiklinalen, sind die meisten bekannten Lagerstätten enthalten. Daneben

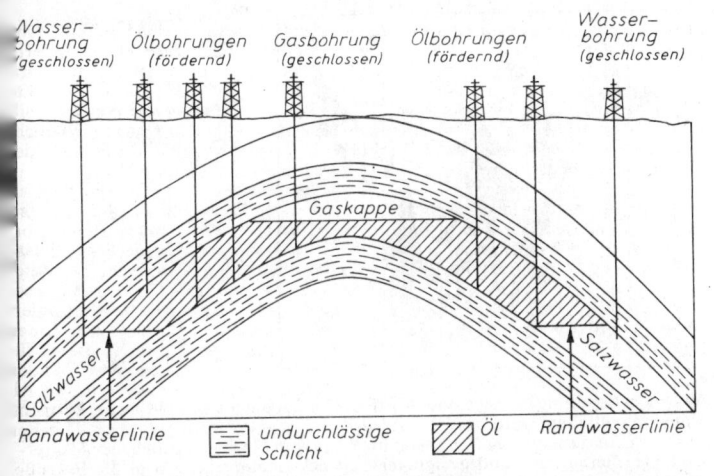

| Wasser-bohrung (geschlossen) | Ölbohrungen (fördernd) | Gasbohrung (geschlossen) | Ölbohrungen (fördernd) | Wasser-bohrung (geschlossen) |

Typ einer Öllagerstätte an einer Antiklinale. Mit der Förderung des Öls rücken Randwasser und Gaskappe gegeneinander vor

Randwasserlinie — undurchlässige Schicht — Öl — Randwasserlinie

gibt es andere Typen, deren Aufsuchen viel schwieriger ist. Das sind die l i t h o - l o g i s c h e n (»stratigraphischen«) Fallen. Allgemein sind es Zonen, deren Gesteine im Vergleich zu ihrer Umgebung höhere Porosität in größeren Poren aufweisen. Weil das Öl eine wesentlich kleinere Oberflächenspannung hat als Wasser, wird es versuchen, stets die größten verfügbaren Räume einzunehmen, während das Wasser in die kleineren abgedrängt wird. Das in den größeren Poren angesammelte Öl bleibt dort gefangen, das Wasser aber beweglich.

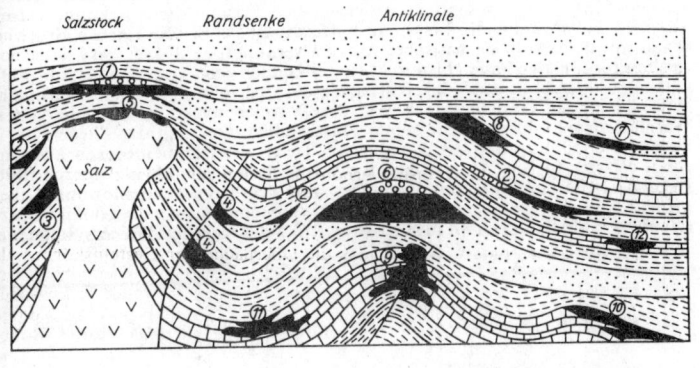

Erdfallen in einem idealisierten Profil. 1 Scheitellager über Salzstock, 2 Falle in auskeilendem Sandstein, 3 Flankenfalle an Salzstock, 4 Fallen an Verwerfungen, 5 Caprock-Falle, 6 Antiklinale, 7 lithologische Falle in Sandlinse, 8 Transgressionsfalle, 9 lithologische Falle in Umwandlungszone Kalk zu Dolomit mit sekundärer Porosität in der Umgebung einer Verwerfung, 10 lithologische Falle in zerklüftetem Kalk, 11 lithologische Falle in verkarstetem Kalk, 12 Lagerstätte in fossilem Flußschotter (Shoestring-Lager)

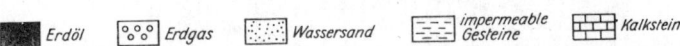

Erdöl — Erdgas — Wassersand — impermeable Gesteine — Kalkstein

Erst bei hohen Druckdifferenzen, wie beim Anbohren, kann das Öl mobilisiert werden. Lithologische Fallen sind z. B. Sandlinsen, Zonen mit Lösungsporosität und Kavernen in Kalksteinen und Dolomiten oder mit grobem Material gefüllte, begrabene Flußläufe, die oft langgestreckte, schmale Lagerstätten bilden. Wegen ihrer Form werden sie »shoestrings«, d. h. Schnürsenkel (Abb.) genannt. Ähnlich langgestreckte Sandkörper sind die Sandbarren vor den Küsten vorzeitlicher Meere. Zu diesen Typen gehören auch die Riffe, die Züge von mehr als 100 km Länge bilden können (Faja de Oro in Mexiko, Vorural, Westtexas), oder große Atolle (Abb.), in denen sich Lagerstätte an Lagerstätte reiht. Bei Umwandlung von Kalkstein in Dolomit infolge Zufuhr von Magnesiumlösungen tritt eine Volumenreduktion und damit eine sekundäre Porosität auf. Solche Umbildungen gehen oft von Verwerfungen aus, längs deren sich auf diese Weise Lagerstättenzüge von mehr als 100 km Länge ausbilden können, z. B. in Michigan, USA.

Die Energie, die das Öl zur Oberfläche treibt, wird von dem nachdrängenden Randwasser, der Ausdehnung der Gaskappe und dem im Öl gelösten Gas geliefert. Wassertrieb kann jedoch nur dann wirksam sein, wenn das Wassersystem nicht völlig abgeschlossen ist. Sind diese Kräfte aktiv genug, dann können die Lagerstätten durch Sonden entölt werden, die eruptiv, d. h. freifließend fördern. Reicht die Lagerstättenenergie nicht oder nicht mehr aus, müssen Sekundärverfahren für die künstliche Erzeugung von Antriebskräften (z. B. durch Druckerhöhung, Einpressen von Wasser und Chemikalien,

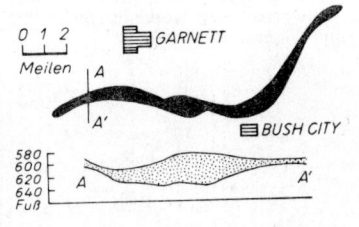

Karte und Profil (unten) der Lagerstätte Bush City (Ostkansas, USA), eine Erdöllagerstätte vom Shoestring-Typ in einem fossilen Flußlauf (nach Charles)

Erdöllagerstätten in Riffen im West-Texas-Becken. Spraberry: Lagerstätte in klüftigen Beckensedimenten

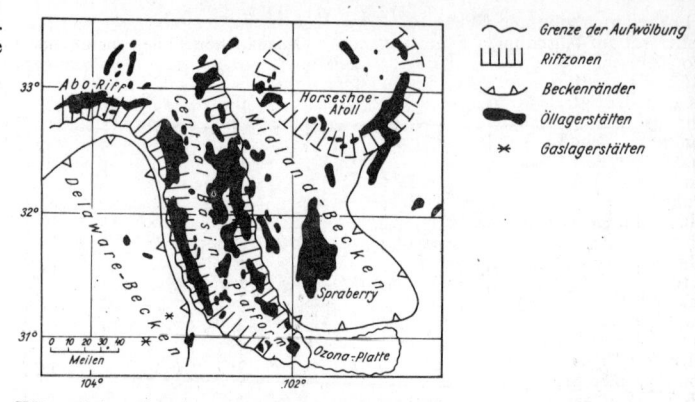

Wärmebehandlung) angewendet werden. Genügt auch das nicht mehr, können Pumpen installiert werden.

Die Erkundung von KW-Lagerstätten hat vom Nachweis möglicher Mutter- und Speichergesteine und geeigneter Caprocks auszugehen. Weil die Flüssigkeiten weit zu migrieren vermögen, können die Muttersedimente im Untersuchungsgebiet selbst fehlen. Unabdingbar sind aber die anderen genannten Gesteine und geeignete Fallen. Neben der Kartierung anstehender Gesteinskomplexe dienen diesem Zweck geophysikalische Verfahren, insbesondere die Seismik. Da in den meisten Schichtfolgen eine Reihe reflektierender Horizonte auftritt, ist die Reflexionsseismik besonders zur Klärung der strukturellen Verhältnisse geeignet. Die Gravimetrie als eine schnelle und billige Methode ermöglicht qualitative Vorstellungen in der ersten Etappe der Erkundung, die den Einsatz der wesentlich aufwendigeren Seismik steuern können. In manchen Fällen kann die Magnetik hilfreich sein, z. B. wenn große Bruchzonen mit dem Aufstieg basischer Massen verknüpft sind und diese Brüche gleichzeitig günstige Fallen bieten. Mitunter können geothermische Messungen nützlich sein (Abb.); denn das Wärmefeld der Erde hängt neben der Wärmeleitfähigkeit der Gesteine stark von der Wärmekonvektion ab, d. h. vom Wärmetransport durch aufsteigende Flüssigkeiten. Da nach der Theorie der Lagerstättenbildung das aus den warmen Tiefen der Sedimentbecken ansteigende Wasser für die Akkumulation der KW verantwortlich ist, werden die Fallenbereiche erwärmt und sind daher über geothermischen Messungen in kleinen Schürfbohrungen nachweisbar. Diese Methode ist naturgemäß nicht anwendbar für Lagerstätten in stagnierenden, unbewegten Wassersystemen.

Zusammenhang zwischen Geothermie, Geochemie und Lagerstätten im Don-Medwediza-Wall (Bezirk Wolgograd), Aufsteigende Tiefenwässer erwärmten die Schichten in dem Bündel flacher Antiklinalen, sie verursachten auch die Akkumulation von Erdöl in den Fallenstrukturen des »Walles« (entworfen nach Katichin sowie Bars und Wsewolushskaja)

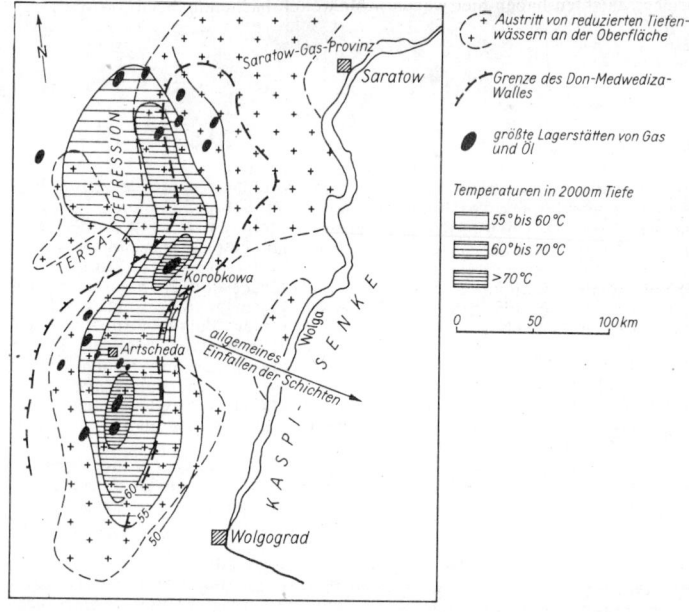

Lagerstätten in lithologischen Fallen sind der geophysikalischen Erkundung bisher bis auf Ausnahmen kaum zugänglich. In manchen Fällen bieten sich geochemische Verfahren an (Abb.; vgl. Kapitel »Angewandte Geochemie«, S. 523). Gase aus Lagerstätten können sowohl durch langsame Diffusion als auch durch freie Strömung an die Oberfläche gelangen. Da die Gasmengen sehr klein sind, verlangen sie genaueste Analysen im Bereich von Bruchteilen von ppm Nachweisempfindlichkeit. Hinderlich ist oft der hohe Störpegel an der Erdoberfläche durch bakteriell erzeugtes Methan, so daß nur die höheren, schwer nachzuweisenden Kohlenwasserstoffe für die Lagerstättensuche brauchbar sind. Erschwerend wirkt auch, daß die Gase den günstigsten Wegen folgen, die oft weit weg von der Lagerstätte führen. Außerdem gibt es Deckschichten, die Gas nicht durchlassen. Der Nachweis dieser Gase im Boden erfolgt nach Absaugen in geeignete Gefäße mittels Chromatographie oder auch durch den Nachweis im Boden vorhandener, spezieller KW-verzehrender Bakterien. Umgekehrt kann man Bodenproben samt dem darin enthaltenen Gas einer gezüchteten Kolonie solcher Bakterien aussetzen und ihre Vermehrung beobachten (mikrobiologische Methode). Weitere geochemische Anzeiger für Lagerstätten sind bakteriell reduzierte, sulfatfreie Tiefenwässer mit übernormalen Mengen »biogener« Elemente (Jod, Brom), gelösten KW-Gasen, Ölsäuren, Phenolen und anderen löslichen Bestandteilen der Erdöle sowie CO_2 und H_2S als bakterielle Stoffwechselprodukte. Solche Wässer können bis zur Erdoberfläche gelangen und Hinweise auf Lagerstätten geben. Daneben liefert der Wasserchemismus Fingerzeige über die geologischen Bedingungen des hydrologischen Systems, z. B. ob es sich um ein abgeschlossenes System handelt (vorherrschend Ca- und Na-Chloride) oder ob es mit der Oberfläche im Austausch steht (sulfatische Wässer). Stark geflutete Schichten sind nicht lagerstättenhöffig. In einigen Fällen machen sich KW-Lagerstätten durch Gammastrahlen-Minima in einem Ring höherer Strahlungsintensität bemerkbar, wohl wegen der die Adsorption von radioaktiven Salzen vermindernden Eigenschaft diffundierender KW.

Bisher sind aber alle direkten Hinweise auf Lagerstätten auf besonders günstige Fälle beschränkt.

Erdöle sind aus allen geologischen Systemen ab Kambrium bekannt, wirtschaftlich unbedeutende Vorkommen schon aus dem nichtmetamorphen Präkambrium Australiens. Die größten Ansammlungen liegen in den Aufwölbungen der Tafeln. Betrachtet man die Riesenlagerstätten der Erde mit Inhalten an Erdöl mit mehr als 200 Millionen Tonnen und Erdgas mit mehr als 250 Milliarden m³, dann enthalten diese bereits 73 Prozent der heute bekannten Erdöl- und 39 Prozent der Erdgasvorräte. Von den Vorräten dieser Riesenlagerstätten befinden sich 88 Prozent von Erdöl und 96 Prozent von Erdgas in den großen Tafelgebieten der Erde, 80 Prozent des Erdöls in Speichergesteinen vom Jura bis Tertiär und 55 Prozent des Erdgases im Mesozoikum. Die erdölreichsten Tafeln sind gegenwärtig die Arabische, die Russische (Wolga-Ural-Gebiet), die Nordamerikanische und die Sahara-Tafel. Die Speicherschichten haben hier wegen ihrer weiten flächenmäßigen Verbreitung ein großes Einzugsgebiet. Die Ränder dieser Tafeln, wie in Mitteleuropa, enthalten wegen ihres komplizierten tektonischen Baus nur kleine Lagerstätten. Eine Ausnahme macht dabei das Nordseebecken, das einige Riesenlagerstätten birgt.

In den Geosynklinalgebieten sind es die Vortiefen der Gebirge und die intramontanen Becken, die große Lagerstätten führen. Für diese Becken ist eine wechselhafte, absätzige Sedimentation charakteristisch; dazu kommen komplizierte und gestörte Fallenstrukturen, viele lithologische Fallen sowie oft zahlreiche und sehr mächtige Speichergesteine. Beispiele für solche Lagerstättenbezirke sind die iranisch-irakische Vortiefe des Zagros-Gebirges, das Alberta-Becken Kanadas, die Vortiefen des Felsengebirges in Nordamerika und der südamerikanischen Anden. Zu den intramontanen Becken mit großen Vorräten zählen das Maracaibo-Becken in Venezuela, das kalifornische Becken und das Revier von Baku. In diesen Gebieten gibt es nach Ausdehnung kleine Lagerstätten, wie Bibi Ejbat bei Baku oder Santa Fé Springs in Kalifornien mit vielen Speichern übereinander und großen Vorräten pro Flächeneinheit. Hier wurden von 1921 bis 1955 143 000 Tonnen Erdöl je Hektar gewonnen.

Die KW-Vorräte der Erde betragen nach dem heutigen Stand etwa 110 Milliarden Tonnen Erdöl und 66 Billionen m³ Erdgas. Prognostisch sind nach geologischen Voraussagen 280 Milliarden Tonnen gewinnbares Erdöl und 280 Milliarden m³ Erdgas zu erwarten.

Große Hoffnungen knüpfen sich an die überfluteten Schelfe der Kontinente. Hier sind die größten Vorräte in bisher unbekannten Lagerstätten anzunehmen. Schon heute haben die Schelfe einen Anteil an den Vorräten von 19 bis 20 Milliarden Tonnen Erdöl und etwa 6 Billionen m³ an Erdgas, wobei die Mengen ansteigen werden.

Die größten bekannten Lagerstätten für Erdöl sind Ghawar in Saudi-Arabien mit 10,7 Milliarden Tonnen Vorräten, Al Burgān (Kuweit) mit 9,4 Milliarden und Bolivar (Venezuela) mit 4,3 Milliarden Tonnen. Die größte Lager-

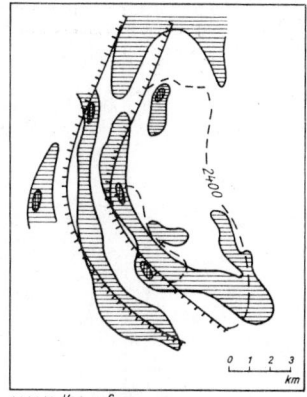

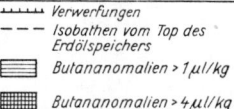

Gasanomalien über einem Erdölfeld der Sahara. Analysiert wurde der Gehalt an Butan in der Bodenluft, es tritt an den Verwerfungen aus der Lagerstätte aus (umgezeichnet nach Godard, Issenmann u. Rebilly)

stätte unter dem Meere ist Safanija-Chafji im Persischen Golf auf dem Schelf von Kuweit und Saudi-Arabien. Die größten Erdgaslagerstätten sind Urengoi in Westsibirien mit 4 bis 5 Billionen m³ Vorrat, Hassi R'Mel (Algerien) mit 2 und Groningen (Niederlande) mit 1,9 Billionen m³. Europas größte Lagerstätten finden sich in Speichern des Devons und Karbons (Wolga-Ural-Gebiet) und im Tertiär des Kaukasus-Gebietes, die größten Erdgaslagerstätten im Karbon (Orenburger Gewölbe), Permokarbon (Nordsee, Groningen, Dnepr-Donez-Becken) und Malm-Neokom (Aquitanisches Becken). In Mitteleuropa sind die wichtigsten Speicher für Erdöl im Dogger (Niedersächsisches und Pariser Becken), in der Unterkreide (Emsland) und im Tertiär (Wiener Becken, Alpen- und Karpaten-Vortiefe, Nordsee). Die bedeutendsten Speicher für Erdgas finden sich im Permokarbon (Groningen, Nordsee, DDR, Emsland, Niedersächsisches Becken) und im Buntsandstein (Niedersächsisches Becken, Thüringer Becken).

In jüngster Zeit wurde festgestellt, daß erhöhte Wärmeströmungen in den Riftgebieten der mittelozeanischen Rücken und im Bereich von Inselbögen die Bildung von Kohlenwasserstoffen begünstigen. Daher könnten auch pelagische Sedimente in Zukunft als natürliche Speichergesteine Bedeutung erlangen, zumal eine Vielzahl möglicher Strukturen im ozeanischen Becken vorhanden sein dürfte, die sich als Speicher eignen.

Nicht unerwähnt sollen die bituminösen Sedimentite, die **Ölsande** (Totölsande) und **Ölschiefer** (bituminöse Schiefer) bleiben, die als zukünftige Energieressourcen angesehen werden, bergen sie doch mehr als 800 Milliarden Tonnen Öl, wenn auch die ökonomische Gewinnung erst in beschränktem Umfang möglich ist. Große Mengen kreidezeitlicher Ölsande (Asphaltsande), in denen das sehr schwere Erdöl völlig entgast und wegen zu hoher Viskosität nicht mehr fließfähig oder sehr zähflüssig ist, lagern in Kanada (Alberta, Gebiet von Athabasca), wo mit der Nutzung bereits begonnen wurde. Die Förderung erfolgt bergmännisch im Tagebau oder bei größerer Tiefe mittels Einpressen von heißem Dampf über Bohrungen, wobei die Entölung rund 50 Prozent erreicht. Die größte kanadische Lagerstätte ist 50000 km² groß bei einer Mächtigkeit der Ölsande von 60 m und einer Tiefenlage bis zu 600 m. Große Lagerstätten tertiären Alters wurden in Venezuela (Orinoco), in Kolumbien und in der UdSSR (Olonek) nachgewiesen, deren Inhalt auf 150 bzw. 90 Milliarden Tonnen Öl geschätzt wird.

Im Gegensatz zu den Ölsanden führen die Ölschiefer nur festes Bitumen (Schieferöl), das bergmännisch gewinnbar ist, wenn auch der benötigte Energieaufwand für die Mobilisierung des Öls hoch ist. Große Lagerstätten sind in den USA (Colorado, Utah, Wyoming), Kanada, Brasilien, der UdSSR (Sibirien) nachgewiesen. In den USA enthält die tertiäre Green-River-Formation des Uinta-Beckens auf einer Fläche von 40000 km² und einer mittleren Mächtigkeit der Schichten von 20 m rund 12 Milliarden Tonnen gewinnbares Öl, das bereits teilweise genutzt wird und etwa 10 Prozent der US-amerikanischen Erdölproduktion beträgt. Zu den Ölschiefern gehört auch der rötlichbraune, flach gelagerte ordovizische **Kuckersit** mit 40 Prozent organischer Substanz in der Estnischen SSR (Tallinn), der dünnbankigen Kalksteinen zwischengeschaltet ist und seit längerem abgebaut wird. Die derzeitige Ausbeute liegt bei 200 Liter Öl je Tonne bei 21 Milliarden Tonnen Vorräten mit insgesamt 3,5 Milliarden Tonnen Öl.
R. Meinhold

Geologische Suche und Erkundung

Geologische Karten und Kartierung

Die Erde ist ein Körper, dessen geometrische und stoffliche Dimensionen innerhalb der derzeitigen technischen Grenzen exakt bestimmbar und darstellbar sind. Die abgeleiteten genetischen Prozesse, ihre chronologische Abfolge und fazielle Verzahnung mit gleichzeitig an anderer Stelle ablaufenden Prozessen sind in dieses Stoff-Raum-System eingebettet.

Zweckbestimmung geologischer Karten

Jede Darstellung geologischer Zusammenhänge muß daher von der Stoffanordnung im Raum ausgehen. Das genaueste Darstellungsmittel wäre das unverzerrte, maßstäblich verkleinerte Raummodell, das aber viel zu unhandlich und teuer ist.

In der Praxis verwendet man statt dessen Flächenbilder, die die geologischen Verhältnisse an der Erdoberfläche (Oberflächenkarten) bzw. entlang einer tieferen, etwa parallel dazu verlaufenden Ebene (abgedeckte Karten) wiedergeben, oder Vertikalschnitte, die die Abfolge übereinanderliegender Schichten entlang einer festgelegten Linie zeigen.

Geologische Karten als Flächenbilder sind der Ausdruck des jeweiligen geowissenschaftlichen Kenntnisstandes über das dargestellte Territorium und haben in erster Linie die Aufgabe, den geologischen Gesamtaufbau des im Kartenbereich erfaßten Territoriums wiederzugeben. Je nach dem Maßstab liegt der Schwerpunkt mehr auf der großräumigen Übersicht (Globen, Atlanten, Übersichtskarten, etwa 1 : 50000000 bis 1 : 500000), im regionalen Bereich (1 : 500000 bis 1 : 50000) oder in den örtlichen (1 : 50000 bis 1 : 5000) geologischen Einzelheiten.

Neben diesen klassischen geologischen Karten spielen in neuerer Zeit thematische geologische Karten eine bedeutende Rolle.

Solche Karten nehmen eine spezielle geologische Fragestellung aus dem Zusammenhang heraus und stellen die regionalen Beziehungen bis in die Einzelheiten dar. Sie können zu jeder geologischen Aufgabe angefertigt werden, um die räumlichen Verbindungen oder deren Eingliederung in den übergeordneten regional-geologischen Zusammenhang darzustellen.

Darstellungsgegenstände in geologischen Karten

Die geologische Karte stellt **Grenzlinien**, die bestimmte geologische Einheiten an der Erdoberfläche bzw. in abgedeckten Karten in einem tieferen Niveau gegeneinander bilden, maßstabgerecht und geometrisch exakt dar. Die einzelnen **Flächen** werden durch unterschiedliche Flächenfarben und Flächenraster voneinander unterschieden und durch geologische Grenzlinien voneinander getrennt. Die Bedeutung der **Farben** und **Raster** variiert mit dem Darstellungsziel jeder Karte.

Darstellungsmittel

Durch **Symbole** und **Abkürzungen** werden geologische Daten an besonderen Aufschlußpunkten und zur eindeutigen Unterscheidung verschiedener Flächendarstellungen gekennzeichnet.

Die lithostratigraphische Charakteristik der Flächeneinheiten und die Dimensionen aller anderen Kartenelemente enthält die **Legende**, d. h. die am Kartenrand aufgedruckte kurze Erklärung aller in der Karte verwendeten Zeichen, deren Anordnung die lithostratigraphische Abfolge wiedergibt. Gleiche Legenden gleicher Karten können zu einer einheitlichen **Rahmenlegende** vereinigt werden. Doch muß jede Karte ihre Legende haben, die auf Inhalt und Aussage dieser Karte bezogen ist und nur das enthält, was in der betreffenden Karte dargestellt ist.

Alle wichtigen geologischen Informationen, die im Kartenbild nicht wiederzugeben sind, werden in einem **Erläuterungsheft** angeführt.

In einer modernen großmaßstäblichen geologischen Karte sind folgende geologische Bildungen einzutragen:

Darstellungsziele

– Die **an der Oberfläche anstehenden Gesteine** mit ihren Schutt- und Deckschichten sowie Einlagerungen. Der Begriff »an der Oberfläche anstehend« müßte strenggenommen dem bodengeologischen C-Horizont (S. 108) entsprechen. Die klassische Oberflächenkartierung hat festgelegt, daß das mit der 1,5-m-Peilstange (S. 505) erreichbare Gestein als »Oberflächengestein« anzusehen ist. Besser ist es, das oberste, den geologischen Oberflächenbau bestimmende Gestein als anstehend wiederzugeben.
– Die Darstellung der **dritten Dimension** in der Fläche soll eine Raumvor-

stellung über Abfolge und Lagerungsverhältnisse nach dem gegenwärtigen Kenntnisstand vermitteln. In weiträumig gleichbleibenden Schichtfolgen genügt das Flächenbild der zutage tretenden Gesteine und Gesteinsgrenzen in Kombination mit dem Relief, um dem Geologen die gesamte Schichtenfolge darzulegen (z. B. bei der Trias im Thüringer Becken). Schichtserien mit engräumigem Fazieswechsel oder gestörter Lagerung sowie metamorphe und kristalline Gesteinskomplexe mit komplizierter Raumanordnung müssen in der Eigenart ihrer stark wechselnden Überlagerung erfaßt werden. In der Kartierungspraxis werden zusammengehörige Areale mit oft unterschiedlichem Kenntnisstand miteinander vereinigt, ohne daß aus Gründen der Analogie oder des Darstellungsprinzips in der Karte etwas Falsches dokumentiert wird.

Zur Geschichte geologischer Karten

Globale geologische Kartenwerke werden im Auftrage internationaler Organisationen (UNESCO, RGW, Internationale Geologische Kongresse), **nationale Kartenwerke** von den staatlichen geologischen Institutionen der jeweiligen Länder oder in deren Auftrag bearbeitet, gedruckt und herausgegeben. Da jedes Land besondere Eigenarten im Bearbeitungs- und Herausgabeprozeß geologischer Karten hat, gibt es keine allgemeingültige Übersicht über die Kartenbestände der einzelnen Länder und über den Zugang zu dem Kartenmaterial.

Als Kartenwerke bezeichnet man Serien geologischer Karten mit gleichem Maßstab und gleichem geologischem Legendenaufbau, die in aufeinander abgestimmten, aneinandergrenzenden Kartenblättern über größere Territorien in einheitlichem Stil hergestellt werden. Dem **Blattschnitt** nach handelt es sich meistens um **Gradabteilungskarten**. So wird z. B. eine Gradabteilung in einem Netz von je 10 Längenminuten und 6 Breitenminuten in insgesamt 60 Meßtischblätter (geologische Spezialkarten im Maßstab 1 : 25000) aufgeteilt. Blätter kleinerer Maßstäbe umfassen meist halbe, ganze oder mehrere Gradabteilungen.

Die Herstellung und Herausgabe geologischer Karten ist im allgemeinen eine staatliche Hoheitsaufgabe, und die damit beauftragten Staatsorgane oder Institute können eine Übersicht über die in ihrem Territorium verfügbaren Kartenbestände geben.

Geologische Kartenwerke

Die erste Karte mit Symbolen für Minerale, Gesteine und Erze von COULON (1644) ist in »Les revières de la France« enthalten. Im 18. Jahrhundert erscheinen dann einzelne geologische Karten kleiner Landschaften. Die erste gedruckte deutsche geologische Karte hat G. Chr. FÜCHSEL 1761 hergestellt. A. G. WERNERS 1790 begonnene geognostische Landesuntersuchung von Sachsen wurde Grundlage für zahlreiche im zweiten Viertel des 19. Jahrhunderts erschienene geologische Karten des europäischen Mittelgebirgsraumes und Deutschlands:

1821/31 KEFERSTEIN, Chr. Geognostische Übersichtskarte von Deutschland (und Übersichtskarten einzelner Landschaften)
1826/43 v. BUCH, L. Geognostische Karte von Deutschland und den umliegenden Staaten in 42 Blättern.
1838 v. DECHEN, H. Geognostische Karte von Deutschland, Frankreich und den angrenzenden Ländern.
1836 DUMONT, A. Geognostische Karte von Belgien
1836/44 NAUMANN, K. F. u. B. v. COTTA. Geognostische Karte von Sachsen (1 : 120000 in 11 Blättern)
1844/47 v. COTTA, B. Geognostische Karte von Thüringen (in 4 Blättern)
1850 GÜMBEL, W. Geognostische Karte von Bayern
1855/65 v. DECHEN, H. Geognostische Karte der Rheinprovinz und Westfalens (1 : 80000)

In der zweiten Hälfte des 19. Jahrhunderts begann eine Reihe europäischer Staaten, ihr Staatsgebiet systematisch geologisch aufzunehmen und in geologischen Kartenwerken darzustellen. Die meisten europäischen Länder haben diese Aufgabe, wenn auch mit unterschiedlichen Mitteln, bewältigt.

In Deutschland wurden bis zum ersten Drittel des 20. Jahrhunderts geologische Karten erarbeitet, deren geologischer Inhalt, Darstellungsmethodik und Darstellungsqualität mustergültig waren. Jedoch verhinderte der Partikularismus, daß ein einheitliches geologisches Kartenwerk zustande kam. So blieben weite Flachlandgebiete (Altmark, Mecklenburg, Lausitz, Pommern) unbearbeitet. Auf der Basis der meist großmaßstäblichen Landesaufnahmen wurden Übersichtskarten kleiner Maßstäbe entwickelt, die anfangs unter dem Namen des Autors bekannt wurden, z. B.

1894/97 LEPSIUS, R. Geologische Übersichtskarte von Deutschland (1 : 500000, 27 Blätter)
1897 BEYSCHLAG, G. Geognostische Übersichtskarte des Thüringer Waldes (1 : 100000)

1908/10 CREDNER, H. Geologische Übersichtskarte von Sachsen (1 : 250 000 bzw. 1 : 500 000)

Teilweise erfuhren diese Übersichtskarten mehrere Neubearbeitungen wie in Thüringen (DEUBEL, F., u. H. J. MARTINI 1938; HOPPE, W. u. SEIDEL, G. 1972) oder in Sachsen (KOSSMAT, F. u. PIETZSCH, K. 1930; BRAUSE, H., DOUFFET, H., EISZMANN, L., HENNING, D., HIRSCHMANN, G., HOTH, K. u. LORENZ, W. 1972).

In weiten Gebieten Mitteleuropas werden zum großen Teil noch die geologischen Spezialkarten der früheren deutschen Länder und die auf dieser Grundlage entwickelten Übersichtskarten benutzt. Wegen ihrer ausgezeichneten Qualität im geologischen Inhalt, in ihrer kartographischen und drucktechnischen Ausführung sowie wegen ihrer allgemeinen Verbreitung sind sie Musterbeispiele für die geologischen Karten.

Komplexe geologische Karten

Die Herstellung einer geologischen Karte war vor hundert Jahren ein wichtiges Unternehmen der geologischen Forschung, dem sich namhafte Gelehrte (L. V. BUCH, E. BEYRICH, E. KAYSER u. a.) persönlich widmeten. Im 20. Jahrhundert wurde die geologische Kartierung zur Bewährungsprobe des jungen Geologen, mit der sie sich in ihr Aufgabengebiet regional einarbeiten. Auch andere Geowissenschaftler, wie Mineralogen, Paläontologen, Lagerstättenkundler u. a., absolvierten zunächst geologische Kartierungsaufgaben (z. B. G. FISCHER – Metamorphe Zone des Harzes, 1934; E. FULDA – Blatt Eisleben, Blatt Staßfurt, 1932) und sicherten sich damit eine breite wissenschaftliche Arbeitsbasis.

Klassische Herstellungsweise geologischer Karten

Nach der klassischen Arbeitsmethodik zerfällt die geologische Kartierung in folgende Arbeitsgänge:

Vorbereitende Arbeiten: Herstellen der topographischen Kartierungsgrundlagen bzw. Zusammenstellen vorhandener topographischer Karten. Bei Kartierungen in fremden Ländern mußten die Vermessungsarbeiten für die Herstellung topographischer Karten vom Geologen oft selbst vorgenommen werden. Ohne topographische Arbeitsgrundlage kann keine geologische Geländearbeit beginnen. Zu dieser vorbereitenden Phase gehören auch die Auswahl von Archivmaterial und das Studium der Literatur über die Geologie und die Landschaftsgeschichte des zu bearbeitenden Gebietes.

Die Geländearbeiten, die in den schneefreien Monaten mit geringer Vegetation am wenigsten behindert sind (März bis Mai, August bis November), beginnen mit dem Besichtigen und der Aufnahme von Aufschlüssen.

Vor allem umfassen sie die **systematische Oberflächenaufnahme** des gesamten Kartengebietes. Nur selten kann sich die geologische Oberflächenaufnahme in Mitteleuropa auf anstehendes Gestein stützen. Meistens sind Verwitterungs- oder Umlagerungsprodukte und organische Deckschichten vorhanden. Teils können die oberflächennahen geologischen Schichten aus den Deck- und Umlagerungsprodukten (Hangschutt, Lesesteine) erkannt werden, teils fördern Tierbauten und Stubbenlöcher tieferes Material zutage. Oft muß sich der kartierende Geologe die **Aufschlüsse** erst schaffen, um eine Aussage darüber machen zu können, welches Gestein unter den Deckschichten ansteht. Im Rahmen der klassischen Oberflächenkartierung wurden auf jedem Meßtischblatt früher viele Tausende von 2 m tiefen **Peilbohrungen** und **Schürflöchern** vom Geologen selbst hergestellt und dokumentiert. Auf dieser Grundlage beruht die hohe Genauigkeit der Oberflächenangaben der geologischen Meßtischblätter.

Verschiedene Flächen- (1), Linien- (2) und Punktsignaturen (3). mu, mm, mo, dl Gesteinsverbreitung von Unterem, Mittlerem und Oberem Muschelkalk sowie Löß; 2a nachgewiesene, 2b vermutete tektonische Störung; 2c Höhenlinien einer in der Tiefe verborgenen Schicht (z. B. Kupferschiefer); 2d Verlauf einer geologischen Grenze über dem »unmittelbaren Untergrund« (z. B. Feuersteinlinie); 3a Fossilfundpunkte (Tiere und Pflanzen); 3b geologisch wichtiger Aufschluß; 3c Streichen und Einfallen der Schichten im Beobachtungspunkt; 3d Tiefbohrpunkte mit Angabe der tiefsten erbohrten Schicht

Ausgangsbasis für die geologische Oberflächenkartierung **geschlossener** Areale ist **die geologische Routenaufnahme**. Dabei wird das Kartierungsgelände mit etwa parallel zueinander festgelegten Marschrouten überdeckt, deren Abstände je nach geologischem Bau und Geländeart 20 bis 200 m betragen. In der Regel erfolgt zunächst eine Aufnahme mit weitem Routenabstand. Eine Verdichtung der Beobachtungspunkte erfolgt dort, wo geologische Grenzen und Störungen in ihrem Verlauf genauer zu fixieren sind oder wo bestimmte

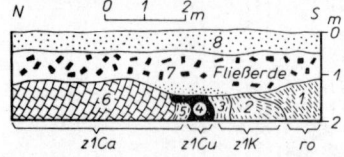

Beispiel einer Stoßaufnahme (Wand eines Rohrgrabens bei Endorf/Nordharz), aufgenommen bei einer Kartierung des Perms von Meisdorf bei Aschersleben von W. Steiner 1962/63. 1 roter Schluff, 2 grauer, kiesiger Schluff, 3 gelbgrauer, kiesiger Schluff, 4 schwarzer, bituminöser, toniger Schluff, 5 gelbgrauer Schluff, 6 grauer, dünnplattiger Kalk, 7 roter Schluff mit Sand und Steinen von Rotliegendmaterial, 8 gelber, ungeschichteter Löß, ro Ob. Rotliegendes, z1K Zechsteinkonglomerat, z1Cu Kupferschiefer, z1Ca Zechsteinkalk

geologische Horizonte, Gänge und andere besonders engräumige Bildungen gesucht werden.

In einem **Feldblatt** (Maßstab 1 : 5000 bis 1 : 12500) werden alle Beobachtungpunkte der Routenaufnahmen, Peilbohr- und Schürfpunkte, Oberflächenaufschlüsse, Gruben, Schächte, Brunnen, Bohrungen und archivierter Aufschlußpunkte mit den abgekürzten Bezeichnungen ihrer Ergebnisse (Symbole) eingetragen.

Ausführlichere Angaben über Aufschlußaufnahmen, über Lagerungsmessungen, Gesteinsuntersuchungen, Mineral- und Fossilbestimmungen, charakteristische Landschaftsbeziehungen zum geologischen Substrat (Bewuchs, Versickerungs- und Abflußverhältnisse, Lokalklima, Geländeformen u. a.) und die Nutzbarkeit der geologischen Bildungen werden im **Feldbuch** festgehalten.

Die Auswertungsarbeiten erfolgen in den Wintermonaten. Gleichzeitig werden die Literatur- und Archivarbeiten weitergeführt. In einem fortgeschrittenen Stadium werden die punktförmigen Ergebnisse des Feldblattes zu generalisierten Flächenbildern in einem **Feldreinblatt** (Maßstab wie Feldblatt) zusammengefaßt und wird die **Legende** ausgearbeitet, die alle im Kartenbild dargestellten geologischen Bildungen in der Reihenfolge ihres stratigraphischen Alters anordnet und mit wenigen Worten definiert.

In einem **Erläuterungsheft** werden alle wichtigen geologischen Ergebnisse und Daten in Form von Tabellen, Bildern, Profilen, Beikarten usw. mit erläuterndem Text zusammengestellt, soweit sie nicht im Kartenbild zum Ausdruck gebracht werden können.

Die nachfolgende kartographisch-drucktechnische Verarbeitung geologischer Karten führt von den druckfertig durchgearbeiteten **Autorenoriginal** (Reinzeichnung des korrigierten Feldreinblattes) zum kartographisch ausgearbeiteten **Zusammenstellungsoriginal** (im Endmaßstab 1 : 25000 mit den vorgeschriebenen Farb- und Rasterzeichnungen und Symbolen). Daraus wird das **Herausgabeoriginal** entwickelt (Farb- und Rasterplatten). Anschließend folgen Andruck und Auflagedruck.

Verwendung geologischer Karten

Als ein geologisches Orientierungsmittel zum intensiven Einarbeiten in die Geologie einer bestimmten Region erspart die komplexe großmaßstäbliche geologische Karte dem Geologen einen Teil der Archivarbeit und gibt ihm kurzfristig eine für die erste Orientierung zuverlässige Arbeitsgrundlage. Besonders dort, wo schnelle Entscheidungen über unerwartet auftretende technische, politische und wirtschaftliche Fragen an den Geologen herangetragen werden, ist die komplexe geologische Karte ein unentbehrliches Rüstzeug. Die klassische geologische Karte enthält selbst dort, wo sie nicht mehr den neuesten Kenntnisstand widerspiegelt, den geologischen Zusammenhang und Bau des Gebietes in lesbarer Darstellung. Allerdings will die Kunst, geologische Karten zu lesen und auszuwerten, gelernt sein, und die geologische Kartierung gilt auch heute als die hohe Schule jeder geologischen Ausbildung.

Im einzelnen kann man aus den Informationen geologischer Oberflächenkarten folgende Daten herauslesen:

- Die **Verbreitung** von Gesteinskomplexen an der Oberfläche, ihre **gesteinsbildende Substanz** und ihre **Abgrenzung** an der Erdoberfläche;
- die **Überlagerungsverhältnisse** und **Abfolge** der sedimentären Schichten, ihre **Mächtigkeiten** und indirekt ihre **Tiefenlage** unter **Überdeckung**;
- die **Lagerungsverhältnisse** und den **Strukturbau** im obersten Stockwerk;
- In Kombination mit den Erläuterungen ergeben sich Berechnungsgrundlagen für den Tiefenbau und nutzbare Einlagerungen;
- Die bekannten Gesteinseigenschaften lassen unter Berücksichtigung der lokalen Verhältnisse **unmittelbare** praktische **Prognosen** zur land-, forst-, bau- und wasserwirtschaftlichen Flächennutzung zu;
- Der **geologische Rahmen** für jede beliebige geologische Erkundungsarbeit kann auf der Basis des Kenntnisstandes zur Zeit der Bearbeitung unmittelbar aus der geologischen Karte abgelesen werden.

Kartenelemente

Die technischen Ausdrucksmittel, die geologischen Karten ihre hohe Aussagekraft verleihen, sind **Farben, Raster, Symbole, Linien** und **Einschreibungen**, innerhalb der Kartenfläche und in der **Legende** am Kartenrand.

Für die **Kartenfläche** werden meist vorhandene topographische Karten als Vordrucke verwendet. Man kann in der **Kartierungsgrundlage** die Topographie vereinfachen, ganz weglassen und durch geodätische Bezugspunkte (z. B. Gauß-Krüger-Netz oder Gradnetz) ersetzen, wenn dichte geologische Informationen durch die topographische Grundlage unlesbar werden oder die Zusammenhänge zwischen Erdoberfläche und geologischer Kartendarstellung nebensächlich sind.

Die Ausdrucksmittel geologischer Karten sind in erster Linie dazu bestimmt, in geologischen Karten ein optisch erfaßbares Flächenbild mit Kontrastwirkungen zu erzeugen. Natürlich muß man auf den aneinandergrenzenden Blättern eines Kartenwerkes die gleichen Ausdrucksmittel verwenden.

Prinzipiell hat sich die Art der Darstellung in geologischen Karten dadurch verändert, daß die alten Karten nach der gesteinsbildenden Substanz gegliedert waren. Neben Farben und Rastern für die stratigraphisch gegliederten Sedimente wurden besonders leuchtende und kräftige Farben für kristalline Gesteine, für Lagerstättenhorizonte und besondere Farben für metamorphe Komplexe verwendet. Die stratigraphische Position dieser Gesteine war in der Legende entsprechend dem Kenntnisstand angegeben. Die neuen geologischen Kartenelemente sind nach den Beschlüssen der Internationalen Geologenkongresse und nach den Empfehlungen des RGW zur geologischen Karte 1 : 200000 (Warschauer Instruktion 1956) streng stratigraphisch angeordnet. Auch vulkanische und metamorphe Gesteine erhalten jetzt die Flächenfarbe des stratigraphischen Gesteinsverbandes, dem sie angehören. Diese speziell für großräumige und internationale geologische Kooperation erarbeitete Gestaltungsweise ist für die Eintragung großmaßstäblicher geologischer Einzelheiten weniger geeignet. Daher werden die beiden unterschiedlichen Systeme für die Farbgestaltung und für die Symbolik geologischer Karten (Tab.) vorläufig nebeneinander bestehen bleiben.

Tab. Stratigraphische Bedeutung der Farben und Symbole in geologischen Karten

	bisher		neue Festlegung	
	Symbol	Farbe	Symbol	Farbe
Holozän	a	weiß	Q $\begin{cases} Q_H \\ Q_P \end{cases}$	blaß graugrün
Pleistozän	d	blaßfarbig		blaß gelbgrau
Tertiär	b	chromgelb	TT	gelb
Kreide	kr	hellgrün	K	grün
Jura	j	blau	J	hellblau
Trias	$\begin{cases} k \\ m \\ s \end{cases}$	braun violett-rosa saturnrot	T	violett
Zechstein	z	blau	P $\begin{cases} P_2 \\ P_1 \end{cases}$	hellbraun
Rotliegend	r	rotbraun		braun
Karbon	$\begin{cases} st \\ c \end{cases}$	hellgrau dunkelgrau	C $\begin{cases} C_S \\ C_D \end{cases}$	hellgrau dunkelgrau
Devon	t	graubraun	D	graubraun
Silur	si	blaugrau	S	blaugrün
Ordovizium	or	—	O	olivbraun
Kambrium	cb	—	E	dunkelgrün

Gleiche Farben werden in geologischen Karten zur Kennzeichnung von Flächen eingesetzt, in denen Gesteinskomplexe gleicher Art verbreitet sind. Darunter versteht man Gesteine und Wechsellagerungssysteme aus gleicher gesteinsbildender Substanz bzw. aus Substanzgruppen, die sich im gleichen geologischen Zeitabschnitt gebildet haben. Jede geologische Karte muß bei ihrer Herstellung auf die optische Wirkung der Farbkonstellation geprüft werden. Die notwendigen Kontraste sind notfalls unter Verzicht auf Angleichungen an andere Karten herauszuarbeiten.

Die Raster auf geologischen Karten treten in zwei Formen auf:

Der **Flächenraster** besteht aus dichtständigen feinen Punkten oder Linien und vermittelt als gleichmäßiger Überdruck einer Flächenfarbe eine abgewandelte Farbtönung. Einzelne Punkte und Linien sind oft nur mit der Lupe erkennbar. Die beabsichtigte optische **Flächenwirkung** liegt in der **Farbabstufung** zur weiteren Gliederung der lithostratigraphisch definierten Flächenfarben, wobei kleine und lokale geologische Einheiten berücksichtigt werden können.

Der **gemusterte Raster** besteht aus gleichmäßig über eine Farbfläche verteilten einfachen kleinen Einzelsymbolen. Diese Symbole wirken durch die **Symbolform**, die **Symbolfarbe** und die **optische Flächenwirkung** der Symbolfarbe. Diese Symboleigenschaften müssen für jedes Blatt optimal herausgearbeitet und können nur in einfachen Grundbedeutungen im ganzen festgelegt werden.

Die **Rasterform** ist Ausdruck für die petrographische Zusammensetzung der gesteinsbildenden Substanz kartierter Einheiten. Meist genügt die Unterscheidung grobklastischer (Punktraster) und feinklastischer Gesteine (Strichraster). Sind verschiedene grobklastische Sedimente zu unterscheiden, so erhalten Sand (Sandstein) Punkte, Kies (Konglomerat) Kreise und der Gesteinsschutt (Brekzien) unregelmäßige Drei- und Vierecke. Sind mehrere Sand- oder Sandsteinhorizonte innerhalb einer stratigraphischen Einheit auseinanderzuhalten, so gelingt dies durch unterschiedliche **Punktdicke**, **Punktdichte** oder **Punktanordnung**. Analog können andere Raster variiert werden.

Rastertypen geologischer Karten werden in Anlehnung an bestehende Normenschriften (z. B. TGL 6429 bzw. DIN 21900 – Bergmännisches Rißwerk) gestaltet, ohne daß die Definitionen dieser Normen für geologische Karten verbindlich sein können.

Die Rasterfarbe ist ein zusätzliches, nicht genormtes Differenzierungsmittel. In den neuesten großmaßstäblichen geologischen Karten wird die Rasterfarbe so eingesetzt, daß genetische Zusammenhänge durch gleiche Rasterfarben hervorgehoben werden.

So erhalten »Geschiebedecksande« und andere quartäre Hochflächensedimente braune Rasterfarben, um den morphogenetischen Zusammenhang mit den gleichgefärbten Reliefelementen (Höhenlinien) hervorzuheben. Ein anderes Beispiel sind unterschiedliche Faziesvertreter eines geologischen Prozesses, die durch unterschiedliche Rastertypen gekennzeichnet werden. Gleiche Rasterfarbe macht die übergeordnete genetische Einheit sichtbar.

Die großmaßstäbliche geologische Karte braucht zur Darstellung örtlicher Besonderheiten Mittel, die nicht einer allzu engen Definition unterliegen. Wenn diese Aufgabe vom Raster erfüllt wird, schließt das nicht aus, daß bestimmte Raster für häufig vorkommende Gesteine festliegende Bedeutung erhalten, die in der Rahmenlegende zu dem Kartenwerk fixiert wird.

Entwicklungstendenzen moderner geologischer Karten

Die klassische geologische **Oberflächenkarte** ist in ihrer Form heute nicht mehr geeignet, die sprunghaft angewachsenen geologischen Informationen auszudrücken. Selbst die **Mehrschichtdarstellungen** moderner Oberflächenkarten vermögen nicht, die Oberflächengeologie und den Tiefenbau dem heutigen Kenntnisstand entsprechend in **einem** Kartenbild sichtbar werden zu lassen.

Der derzeitige Ausweg aus dieser Situation verlagert den geologischen Karteninhalt eines Gebietsabschnittes auf mehrere deckungsgleiche Blätter mit unterschiedlicher Thematik. Die geologische Karte wird nach Art der jeweiligen Stockwerksgliederung z. B. in

eine Karte der an der Oberfläche anstehenden Bildungen,
eine Karte ohne quartäre Bildungen,
eine Karte ohne känozoische Bildungen,
eine Karte ohne permische Bildungen usw.

nach Bedarf und Möglichkeit aufgegliedert. Die verschiedenen **abgedeckten Karten** beziehen sich in der Regel auf geologische Stockwerke, die in sich konkordant, aber durch Diskordanzen gegeneinander abgegrenzt sind.

Das gleiche Kartenblatt wird nach Bedarf in **thematischen Varianten** als bodengeologische, hydrogeologische, ingenieurgeologische, metallogenetische, tektonische u. a. Karte ausgearbeitet.

Der »unmittelbare Untergrund« und abgedeckte geologische Karten. Links: Teil der Erdkruste, verschieden tief abgedeckt. Rechts: zugehörige geologische Karten: *a* Verwitterungsboden abgedeckt, d. h., »unmittelbarer Untergrund« kartiert; *b* bis zur Tiefe t unter Gelände abgedeckt, Schichtfolge III nur z. T. kartiert, und zwar dort, wo sie mächtiger ist; *c* Schichtfolgen II und III abgedeckt, d. h., Ausbiß der Schichtfolge I unter II kartiert, ohne Rücksicht auf absolute und relative Höhe dieser Fläche

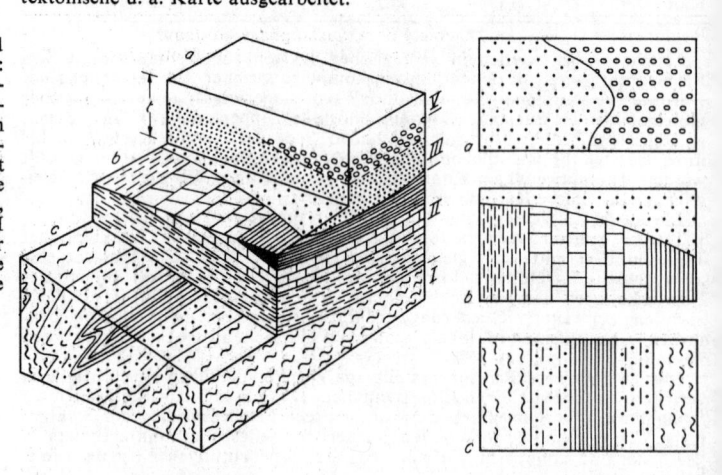

Während die abgedeckten Karten die Darstellungsmittel der klassischen geologischen Karten verwenden, benötigen die thematischen Karten besondere Legenden, die dem abgewandelten Sinn des Karteninhalts angepaßt sind. Ursprüngliche Forschungskonzepte, abgedeckte und thematische Karten als ein einheitliches, sich gegenseitig ergänzendes Dokumentationswerk zu entwickeln, scheitern in der Regel daran, daß viele thematische Karten schneller hergestellt werden können und sich arbeitstechnisch verselbständigen.

Insgesamt verliert bei einer solchen inhaltlichen Aufgliederung geologischer Karten das dialektische Stoff–Raum–Zeit-Modell des Blattinhalts seine Raumkomponente. Daher wird gegenwärtig versucht, das Darstellungsprinzip klassischer geologischer Karten mit neuen Mitteln wieder herzustellen.

Die Bearbeitung thematischer geologischer Karten konzentriert sich auf das **Thematische geologische Karten**
räumliche Einordnen der geologischen Ergebnisse eines engbegrenzten geowissenschaftlichen Spezialfaches in den regionalgeologischen Zusammenhang. Das setzt voraus, daß als Ausgangsbasis bereits fertige geologische Karten vorhanden sein oder gleichzeitig erarbeitet werden müssen.

Diese Karten fassen in der Regel mehrere Gesteinskomplexe mit gleichen *Hydrogeologische Karten* hydrogeologischen Eigenschaften zusammen. Durchlässige und speichernde Gesteine werden gegen Wasserstauer abgegrenzt. Die filternde, abschirmende Wirkung der Deckschichten ist ein entscheidendes hygienisches Kriterium für die Nutzbarkeit unterirdischer Wässer als Trinkwasser. Die Eigenschaften des Bindemittels der Gesteine sind wichtig für die chemische Zusammensetzung der Lösungsbestandteile im Grundwasser. So werden besondere Karten für die chemischen Bestandteile und Konzentrationen im Grundwasser sowie für die Tiefenlage der Grundwasserleiter und der aus ihnen gewinnbaren Wassermengen angefertigt (vgl. Kapitel »Hydrogeologie«, S. 541).
Ingenieurgeologische Karten (vgl. Kapitel »Ingenieurgeologie« S. 552)

In großem Maßstab (1 : 5000 und größer) stellen diese Karten den räumlichen *Baugrundkarten* Zusammenhang zwischen der geologischen Situation und den Ergebnissen der Baugrunduntersuchung für einzelne Objekte, z. B. Industriebauten, dar. **Trassenpläne** für Verkehrs- und Leitungsbau werden wegen ihrer linearen Erstreckung im Maßstab meist kleiner gehalten (1 : 1000 bis 1 : 50000). Ingenieurgeologische Kennziffern, die durch die Baugrunduntersuchung quantitativ an einzelnen Punkten festgestellt werden, ergeben sich auch qualitativ aus der aufgeschlossenen Gesteinssubstanz. Dabei erweitern sich der Aussagewert räumlich abgrenzbarer geologischer Einheiten und der Geltungsbereich der bodenphysikalischen Kennwerte durch Vergleich und Auswertung um ein vielfaches.

Neben den Baugrundeigenschaften, zu denen auch das Verhalten des Grundwassers im Fundamentbereich gehört, sind Lokalklima, Umweltfaktoren und Schutzgebiete ingenieurgeologisch wichtig.

Als Beispiel für ingenieurgeologische Übersichtskarten sei eine mittelmaßstäbliche Auslaugungskarte 1 : 50000 bis 1 : 200000 angeführt, die sich nicht auf fest lokalisierbare Erscheinungen festlegt, sondern Flächen gleichen Gefährdungsgrades bzw. gleicher Auslaugungsbedingungen gegeneinander abgrenzt, um z. B. nur bedingt oder nicht bebaubare Bereiche auszugliedern.

Regionen	A	Gebiete ohne auslaugbare Gesteine
	B	Auslaugbare Gesteine sind im Untergrund vorhanden
Gebiete	B – a	Auslaugungserscheinungen treten auf
	B – b	Auslaugungserscheinungen treten nicht auf, das auslaugbare Gestein liegt zu tief
	B – c	Senkungserscheinungen ohne Beziehungen zum auslaugbaren Gestein
Rayons	B – a – I	Auslaugungserscheinungen über Gips (Erdfälle)
	B – a – II	Auslaugungserscheinungen über Salz (Senkungen)
	Subrayons:	Weitere Differenzierung nach Art, Häufigkeit und Intensität der Senkungserscheinungen werden in farbigen Flächen im Kartenbild dargestellt.

Neben den auf bestimmte Minerale ausgerichteten **Lagerstättenkarten** ist die *Metallogenetische Karten* großräumige **metallogenetische Karte** auf das Herausheben der Zusammenhänge zwischen Lagerstätten aller Art und den mit ihrer Entstehung verbundenen Gesteinsformationen gerichtet. Mit Flächenfarben werden Territorien gleicher Entwicklungsetappen bezeichnet, die etwa mit den tektonischen Stockwerken identisch sind. Neben zahlreichen, durch verschiedene Farbpunkte bezeichneten Mineralgruppen, die bekannte Lagerstätten markieren, wird die Art des Mineralvorkommens durch die unterschiedliche Form der Punkte kenntlich gemacht.

Flächige, mit farbigen Linien begrenzte Deckraster zeigen in zahlreichen Variationen die Verbreitung flözartiger Mineralanreicherungen in sedimentären Komplexen, oder es wird die Tiefenlage überdeckter Granitkomplexe angegeben, die durch weitere Einflußbereiche aus dem Untergrund wie Hochlagen des Grundgebirges, magnetische und gravimetrische Anomalien u. ä. ergänzt werden könnte. Bei den Gesteinskomplexen werden sedimentäre, metamorphe, intrusive und extrusive unterschieden sowie z. T. untergliedert im Kartenbild flächenhaft dargestellt.

Tektonische Karten

In größeren Maßstäben (1 : 200000 und größer) zeigen tektonische Karten den regionalen und lokalen Strukturbau. Die wichtigsten geologischen Elemente sind dabei Störungen und Flexuren, Strukturen, Lagerungsverhältnisse, Richtung der Kluft-, Abkühlungs- und Schieferungsflächen. Die geologische Substanz wird mit den normalen Mitteln der geologischen Karte dargestellt.

In kleinen Maßstäben (1 : 200000 und kleiner) wird in modernen tektonischen Karten die großräumige Anordnung und Gliederung der Stockwerkstektonik herausgearbeitet. Innerhalb der tektonischen Zyklen (alpidischer, variszischer, kaledonischer usw. Zyklus), die durch verschiedene Flächenfarben bezeichnet werden, unterscheidet man

die Faltungszonen	– unterteilt nach unterschiedlicher Überprägung älterer Faltungen,
die Vortiefen	– unterteilt nach unterschiedlichem Fundament,
das Tafeldeckgebirge und die Gesteinsformationen	– unterteilt nach unterschiedlichem Fundament
Magmatische Gesteine	– unterteilt nach Alter, Chemismus und Dynamik und
Sedimentformationen	– unterteilt in Flysch und Molasse.

Mittels Isobathen verschiedener Farbe werden die Tiefenlagen des jeweiligen Fundaments und wichtiger Leithorizonte unter Bedeckung gezeigt.

Eine große Zahl unterschiedlicher Linien dient der Angabe geologischer und tektonischer, z. T. überdeckter Grenzen und Lineamente.

Lithologisch-fazielle, paläogeographische Karten

Sie rekonstruieren die Sedimentationsräume, die abgelagerten Sedimente und ihre Bildungsbedingungen für »kurze« geologische Zeitabschnitte. Unter den unterschiedlichen Darstellungsmöglichkeiten zeigt folgendes Beispiel das Prinzip einer lithologisch-paläogeographischen Karte im Mehrschichtensystem. Die Eintragungen konzentrieren sich auf eine stratigraphische Einheit. Wenn für jede stratigraphische Abteilung eine gesonderte Karte desselben Gebietes hergestellt wird, entsteht ein Atlas, der z. B. für die Geologie eines Kontinents entwickelt werden kann.

Das Kartenbild des Einzelblattes wird mit notenlinienartigen horizontalen Streifen überzogen. Beispielsweise würden bei einer Karte des Zechsteins in die vier Abstände zwischen den 5 »Notenzeilen« untereinander die Lithofaziessymbole für die vier bzw. fünf Zechsteinzyklen (S. 485) eingetragen. Die der TGL 6429 entsprechenden lithologischen Symbole werden zeilenweise kombiniert mit Farben zum Kennzeichnen der Fazies (marin = blau, lagunär = grün, aestuarin = oliv, fluviatil = braun, terrigener Schutt = rot).

Genetische Karten

Bei mittelmaßstäblichen geologischen Karten (1 : 50000 bis 1 : 500000) ist die Tendenz zu spüren, die geologischen Einheiten lithogenetisch oder morphogenetisch zu definieren. Da die genetische Ableitung aus der lithologischen Substanz oder aus dem Oberflächenrelief mit subjektiven Faktoren belastet ist, verbietet sich die Anwendung solcher Kartengliederungen für großmaßstäbliche geologische Grundkarten. Obwohl die genetische Aufbereitung geologischer Kartenelemente bereits ein thematischer Prozeß ist, der von der komplexen, aus Primärdaten zusammengestellten geologischen Karte wegführt, deckt sie im mittelmaßstäblichen Bereich bei richtiger Deutung wesentliche regionalgeologische Zusammenhänge auf.

Wesenszüge einer lithogenetischen Karte enthält die Rahmenlegende »Warschauer Instruktion 1956«, deren streng stratigraphisch geordnete Einheiten z. T. genetische Gliederungselemente verwenden.

Der Einsatz der modernen Quartärstratigraphie mit ihren morphogenetischen Untereinheiten führt die Morphogenese in die geologische Oberflächenkarte ein, wodurch in die lithologische Gliederung der geologischen Karte aus dem Relief abgeleitete Kartenflächen und -grenzen hineingeraten, die der Substanz nach nicht vorhanden sind.

Karten, die von der Konstruktion und Interpolation von Meßwerten ausgehen

Die Isolinienkarte ist die exakteste und übersichtlichste Form, um die Verteilung von Meßwerten auf oder unterhalb der Erdoberfläche sichtbar zu machen, z. B.

Isohypsen	= Linien gleicher Höhenlage über NN
Isobathen	= Linien gleicher Tiefenlagen unter NN
Isopachen	= Linien gleicher Mächtigkeit
Isogammen	= Linien gleicher Schwerewerte
Isochronen	= Linien gleicher seismischer Laufzeit
Isothermen	= Linien gleicher Temperaturen
Isobaren	= Linien gleicher Luftdrücke der Atmosphäre

Solche Isolinien werden in geologischen Karten vor allem zur Darstellung des topographischen (bei Oberflächenkarten) oder subterranen (bei abgedeckten Karten) Reliefs, zur räumlichen Wiedergabe von Lagerungsbildern, zur Darstellung gleicher Mineralkonzentrationen, gleicher Wasserdurchlässigkeit, gleichen Aschengehaltes oder jeder anderen gemessenen Gesteinseigenschaft verwendet.

Isoliniendarstellungen setzen eine hohe Anzahl von Meßwerten voraus, die sich über ein größeres Areal verteilen.

Die Punktdarstellung erfordert weniger Meßpunkte und wird bei großer Punktzahl unübersichtlich. An jedem Meßpunkt zeigt die Karte ein Symbol für den Meßwert, z. B.

das Zeichen für das Streichen und Fallen der Schichten,
die Kreisprojektion (»Rose«) für die Vektoren der Anordnung von Klüften, Schieferungsebenen, Kornorientierungsrichtungen usw. im Raum,
die Dreiecksprojektion für die Mineralverteilung im Gestein,
die Zeichen für Fossilfundpunkte bzw. charakteristische Fossilkomplexe,
die chemischen Element-Symbole.

Zahlen, Farbpunkte oder sonstige Zeichen zur Kennzeichnung bestimmter Werte unterschiedlichster Art.

Das Feldblatt des kartierenden Geologen wird als Karte der Aufschlußpunkte entwickelt. Liegen alle Beobachtungen vor, können die punktförmigen Informationen im Feldreinblatt zu einem Flächenbild zusammengezogen werden.

Neuartige komplexe geologische Karten

Eine z. Z. in Entwicklung begriffene neue großmaßstäbliche Karte greift die vor etwa 100 Jahren übliche, sehr genaue petrographische Kartierung wieder auf, ergänzt sie durch den modernen geologischen Kenntnisstand der aufgeschlossenen und dokumentierten Erdsubstanz vor allem auch in der dritten Dimension und legt den Schwerpunkt auf die Darstellung **der für den Oberflächenbau wesentlichen** geologischen Gesteinskomplexe. Die vollständige Veränderung der Methodik soll ein exaktes, oberflächennahes geologisches Raumbild wiedergeben. Das Ziel wird durch Neuorientierung der Darstellungsmittel erreicht.

Die Flächenfarbe und die Legendenanordnung bleiben Ausdrucksmittel der Stratigraphie, die Rasterformen und -farben der Lithologie. Die topographische Grundlage wird morphographisch aufgearbeitet. Dadurch wird das Relief zu einem deutlichen geologischen Element des Kartenbildes, und die reliefbedingten Umlagerungsprodukte (Hangbildungen, Schuttkegelsedimente, Abschlämmassen der Nebentäler u. ä.) können zusammengefaßt oder als Selbstverständlichkeiten im Kartenbild weggelassen werden. Ferner werden morphogenetische Einheiten ohne lithologische Unterschiede nicht mehr gegeneinander abgegrenzt, sondern zutreffend den betreffenden morphologischen Einheiten dort zugeordnet, wo diese morphogenetisch eindeutig sind. Durch diese wesentlich klarere Darstellung der Oberflächengeologie, die auf die in Karten nicht mehr verwendbare Symbolik verzichtet, ist der Weg frei für die Abbildung der dritten Dimension in ein und demselben Kartenbild.

Die Eintragung präquartärer Gesteinskomplexe in geologischen Karten bleibt unverändert. Da die überdimensionale Zergliederung des Quartärs und dessen alles überdeckende Lagerungsweise die Hauptursache sind, daß moderne geologische Karten den regionalgeologischen Zusammenhang nicht mehr im alten Stil wiedergeben können, genügt die beschriebene Anpassung der Quartärgliederung an die Darstellungsprinzipien geologischer Karten, die exakte Trennung geologischer und geographischer Kartenelemente und eine mit der Grundfarbe »Weiß« erreichbare Transparenz des Quartärs, um in modernen geologischen Oberflächenkarten Gesteinskomplexe von 10 bis 50 m, je nach Kenntnisstand und geologischem Bau auch von größerer Mächtigkeit in einem einzigen Kartenblatt übersichtlich anzuordnen.

Eine gesteigerte Differenzierung des Oberflächenbildes auf geologischen Karten führt entweder zur Baugrundkarte oder zur bodengeologischen Karte (s. o.). Da im Bedarfsfall beide Karten angefertigt werden, kann in modernen geologischen Karten auf die frühere Überbewertung der Oberflächenbildungen verzichtet werden, zumal die geringmächtigen holozänen Bildungen heute durch die Feldbaumethoden der modernen Landwirtschaft überwiegen, zum Bestandteil der Kulturschicht geworden sind und nicht mehr existieren. Der ursprüngliche Zustand dieser Deckschichten ist in den alten geologischen Spezialkarten mit einer Genauigkeit vorhanden, die gegenwärtig nicht mehr erreichbar ist.

Herstellungsprinzipien geologischer Karten

Ausgangsbasis für das Herstellen aller geologischen Karten ist die großmaßstäbliche geologische Karte, die oftmals bereits 100 Jahre alt ist und durch Einarbeiten neuer Aufschlußdokumentationen auf den neuesten Kenntnisstand gebracht werden muß (Revisionskartierung).

Erstmalige geologische Kartierungen können sich in **entwickelten Gebieten** auf bereits vorhandene topographische Kartierungsgrundlagen, **Luftbildmaterial**, geologische **Aufschlußarchive** und eine **leistungsfähige Erdbautechnik** stützen. Das Arbeiten mit Schürfkolonnen, Kartierungsbohrungen und mit Flächensondierungen gehört dort der Vergangenheit an, wird aber gezielt noch punktförmig eingesetzt, wenn die vorhandenen Aufschlußdokumentationen schwerwiegende Kenntnislücken aufweisen.

In **unterentwickelten Gebieten** erfolgt die Erstaufnahme kombiniert topographisch-geologisch-geophysikalisch vom Flugzeug aus in mittlerem Maßstab (etwa 1 : 200000). Auch das **Satellitenbild** kann Ausgangsbasis einer geologischen Landesaufnahme werden.

Die **Photogeologie** hat sich zu einem selbständigen Wissenschaftszweig entwickelt, der besonders dort, wo eine topographische Landesaufnahme fehlt, veraltet oder mangelhaft ist, zunehmend Bedeutung erlangt.

Die **Geofernerkundung**, ein an Bedeutung zunehmendes Verfahren geowissenschaftlicher Forschung, untersucht die natürlichen Erscheinungen und Prozesse auf der Erdoberfläche und im Erdinnern mit Hilfe photographischer Verfahren sowie durch Messungen der physikalischen Fernwirkungen natürlicher Potentialfelder der Erde, die mit den Mitteln der Raumtechnik im erdnahen und erdfernen kosmischen Raum durchgeführt werden und in drei Etappen erfolgen:

1) Bildgewinnung: Bildaufnahme des Untersuchungsgebietes und Primäraufbereitung des Bildmaterials.
2) Bildbearbeitung: Geologische Photobearbeitung und Bilddechiffrierung.
3) Bildinterpretation: Dechiffrierungsbearbeitung nach Ordnungsmerkmalen; Datenvergleich mit geologisch-geophysikalischen Ergebnissen anhand von Bohrungen, Kartendarstellungen u. a.; komplexe kosmogeologische Neuinterpretation für das Untersuchungsgebiet anhand aerokosmischer, geologischer und geophysikalischer Daten, z. B. mit dem Ziel der Erarbeitung einer kosmophototektonischen Karte (F. ZELT 1979).

Auf dieser Grundlage folgt die substantielle Untersuchung durch Routenaufnahmen klassischen Stils. Die großmaßstäbliche Kartierung konzentriert sich auf wirtschaftlich entwicklungsfähige Regionen, folgt der Gebietsentwicklung langfristig nach und entspricht methodisch der klassischen Kartierung. Die modernen geologischen Kartierungsverfahren unterscheiden sich von klassischen geologischen Landesaufnahmen durch den höheren geologischen Kenntnisstand als Ausgangsbasis und durch eine große Zahl einsetzbarer wissenschaftlicher und technischer Untersuchungsverfahren.

Spezielles Arbeitsmaterial für die Bearbeitung geologischer Karten und seine Anwendungsmethodik

Es entspricht dem Wesen der geologischen Karte, daß sie nicht Selbstzweck, sondern optimales geologisches Ausdrucksmittel ist und so die komplexe geologische Karte für den gegenwärtigen Kenntnisstand über die regionale Geologie des dargestellten Territoriums und die thematische Karte für die Raumanordnung zu einer speziellen wissenschaftlichen oder technischen Fragestellung.

Daraus ergibt sich, daß alle in den Geowissenschaften bewährten Forschungs- und Erkundungsmethoden in der geologischen Kartenbearbeitung ihren Niederschlag finden und gezielt dafür angesetzt werden können.

Schon die klassische geologische Kartierung verwendete und entwickelte das gesamte damals bekannte »Handwerkszeug« des aufnehmenden Geologen: Hammer, Meißel, Waage, Salzsäure, Geologenkompaß, Hängekompaß, Klinometer, Aneroidbarometer, Schrittzähler, Bandmaß, Lot, Brunnenpfeife, Lupe, Mikroskop, Pyknometer, Strichtafel, Lötrohrbesteck, Bohrstock, Peilstange, Handbohrer u. a. Neben der topographischen Karte als Arbeitsunterlage konnten die Geologen damals selbst Landvermessungen vornehmen und verfügten über Theodolite und Nivellierinstrumente. Alle natürlichen und künstlichen Oberflächen- und Tiefenaufschlüsse des Blattgebietes wurden von dem kartierenden Geologen dokumentiert, wobei die Bilddokumentation durch Handzeichnungen eine besondere Rolle spielte. Die Kartierungsmethodik richtete sich auf die Definition des anstehenden Gesteins durch petrographische Untersuchung aller vorkommenden Variationen mittels zahlreicher selbst entnommener und untersuchter Proben, auf die gegenseitige Abgrenzung der Gesteinskomplexe, die durch Lesestein- und Aufschlußaufnahme erfolgte, und auf die Untersuchung der Mächtigkeit durch Feststellen der Lagerungsverhältnisse. Das Bestimmen des geologischen Alters durch umfassende Analyse des Fossilbestandes war die vornehmste Aufgabe des kartierenden Geologen. An der klassischen »Kartierungsmethode« hat sich im sachlichen Prinzip nichts und doch alles verändert.

Der kartierende Geologe ist heute mehr ein Redakteur, der vorgefertigte Kartierungsdaten zusammensucht und zusammenstellt. Kaum 10 Prozent der geologischen Daten liefert der kartierende Geologe zu seiner Karte noch selbst. Wie früher verwendet er das gesamte »Handwerkszeug« von der klassischen Geologie bis zur modernen Erkundungstechnik, die Methoden der Geochemie ebenso wie die der Geo- und Kosmophysik sowie die Erkenntnisse der

Biogenese, der Paläogeographie, der Paläotektonik und aller geologischen Entwicklungsprozesse, die in seinem Arbeitsgebiet nachweisbar sind.

Aber die verwerteten Ergebnisse entnimmt der kartierende Geologe aus den Archiven, wo sie vor allem als Schichtenverzeichnisse, Aufschlußaufnahmen, Analysen usw. bestimmten Aufschlußpunkten zugeordnet sein müssen, um unmittelbar für die geologische Karte genutzt werden zu können.

Das Zusammenstellen zu geologischen Karten ist im wesentlichen das Produkt einer guten Vorsortierung in den geologischen Archiven. Nach wie vor beschränkt sich die geologische Karte nicht nur darauf, einfaches Ausdrucksmittel zu sein, sondern sie deckt demjenigen, der sie bearbeitet, ständig neue geologische Erkenntnisse auf.

Diese Übersicht wäre unvollständig, würden nicht die wichtigsten Entwicklungsetappen der Herstellungstechnik geologischer Karten erwähnt. Schon vor 100 Jahren konnten die ersten in Europa erscheinenden staatlichen geologischen Kartenwerke auf der Grundlage vorhandener topographischer Karten hergestellt werden. Das **lithographische** Druckverfahren nach SENEFELDER verlieh den Karten eine ausgezeichnete Bildqualität. Etwa ab 1880 wurde auf diesen Karten das **metrische System** der Längeneinheiten eingeführt. Die älteren Karten haben noch Höhenlinien in Fuß und Längenmaßstäbe in Meilen. Bohrteufen sind meist in Lachtern (Klaftern), Fuß und Zoll angegeben. Ferner werden »Ruthen« und »Schritt« als Längenmaße verwendet. Meistens sind in den Maßstableisten dann noch die Metermaße verzeichnet.

Nach dem ersten Weltkrieg wurde auf den deutschen Karten die **Längengradeinteilung von Greenwich** eingeführt. Die älteren Karten enthalten die Längengradeinteilung von Ferro, die gegenüber der Längengradeinteilung von Greenwich um 17,5° nach Westen verschoben ist.

Die Einführung des modernen **Offsetdruckverfahrens** nach dem zweiten Weltkrieg war zwar ein verfahrenstechnischer Fortschritt, der die Problematik der darzustellenden Informationsdichte verschärfte, bedeutete aber zugleich eine Verminderung der Bildqualität. Heute steht die geologische Kartenherstellung inmitten eines großen technischen Umwandlungsprozesses, der durch die **Möglichkeiten der EDV-Technik** ausgelöst wurde: Theoretisch könnte man von einem **Datenspeicher**, der alle Informationen über geologische Aufschlüsse ortsbezogen enthält, direkt jede geologische Karte über einen **Zeichenautomaten** als Druckvorlage oder als fertigen Druckplattensatz herstellen lassen. Solange die Voraussetzungen hierfür fehlen, können die linearen Elemente eines Kartenentwurfs von einem **Koordinatenlesegerät** (Digitizer) erfaßt und von einem Zeichenautomaten druckreif reproduziert werden, wobei die Umsetzung in einen anderen Maßstab automatisch erfolgt. So können von einem sauber gearbeiteten Autorenoriginal vom Zeichenautomaten die Druckplatten direkt hergestellt werden.

Schließlich kann mit Hilfe des **Scanners** im Kopierverfahren ein Druckplattensystem angefertigt werden, dessen Punktraster so fein sind, daß sie nur bei stärkerer Vergrößerung sichtbar sind. Die so reproduzierten Abbilder alter lithographisch gedruckter Karten sind weitaus bildschärfer als die modernen im Offsetdruckverfahren hergestellten neuen Karten auf der Basis topographischer Umdrucke.

E. v. Hoyningen-Huene

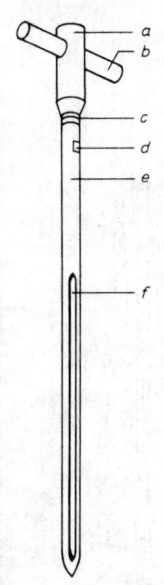

Peilstange (einfaches Handbohrgerät). a Schlagkopf, b Handgriff zum Drehen und Herausziehen der Stange, c Gewindeverbindung, d Schlüsselflächen zum Aufschrauben des Schlagkopfes oder der Verlängerungsstangen, e Stangenschaft, f Längsnut

Bohrungen und bergmännische Erkundungsmethoden

Bei der Suche nach verdeckten Lagerstätten sind **Bohrungen** das unerläßliche Forschungsmittel, da allein sie die Lagerstätte in einer Weise nachweisen können, die ihre spätere Nutzung gestattet. Nach der Tiefe des zu erschließenden Minerals benutzt man Flachbohrungen bis höchstens einige hundert Meter Tiefe, Tiefbohrungen zwischen etwa 1000 und 5000 m und übertiefe Bohrungen, die 10000 m erreicht haben und diese Tiefe bereits überschritten haben, da z. B. in der UdSSR gegenwärtig Bohrtiefen bis 15000 m angestrebt werden.

Die Tätigkeit des Geologen beginnt mit dem richtigen Ansatz der Bohrung auf Grund voraufgehender geologischer und geophysikalischer Voruntersuchungen, deren Ergebnisse in einem Projekt mit Vorprofil niedergelegt werden. Daraus ergibt sich die Wahl der geeigneten Technologie.

Bei **Flachbohrungen** richtet sich die Technik nach dem Zweck der Bohrungen. Bei der Suche nach Braunkohlen verwendet man Trocken-, Rotary- und Linksspülverfahren. Die ältesten, die Trockenbohrverfahren, arbeiten schlagend oder drehend, benutzen am Seil oder am Gestänge bewegte Bohrwerkzeuge wie die Schappe, ein zylindrisches Schneidwerkzeug, den Spiralbohrer für drehendes Bohren mit Gestänge oder den Ventilbohrer für stoßendes Bohren am Seil im wasserführenden Gebirge. Der Ventilbohrer besteht aus einem mit einem Bodenventil verschlossenen Zylinder, der sich beim Aufstauchen füllt.

Beim Stoßbohren mit festem Gestänge wird der Schlag auf die Sohle durch eine Rutschschere verstärkt; der Meißel fällt dann im freien Fall auf die Sohle. Bei diesen Verfahren müssen die Rohre ständig mitgenommen werden, was umständlich und teuer ist. Vorteile sind eine zu jedem Zeitpunkt genaue Messung des Wasserstandes und brauchbare, wenn auch gestörte Bodenproben. Deshalb werden diese alten Verfahren auch noch heute angewandt.

Das **Rotary-Verfahren** ist ein Drehbohrverfahren mit Spülung. Es gestattet, mit geeigneten Kernrohren zylindrische, ungestörte Kerne aus Flözen und bindigem Deckgebirge zu schneiden, so daß ein Kerngewinn von 90 Prozent möglich ist und zusammen mit geophysikalischen Bohrlochmessungen zwar sehr gute Informationen zu erhalten sind, aber nur sehr eingeschränkte über die Wasserführung. In letzter Zeit hat das Linksspülverfahren (**Counterflush**) an Bedeutung gewonnen. Die Spülung läuft hier umgekehrt, also abwärts nicht durch das Bohrgestänge wie beim Rotary-Verfahren. So erreicht man einen höheren Bohrfortschritt und kann die hydrologischen Verhältnisse besser erkennen als bei normalem Spülverfahren. Ein besonderer Vorteil ist die Saugwirkung wegen der hohen Aufstiegsgeschwindigkeit im engen Bohrgestänge, so daß die selbständige Förderung von Kernstücken möglich ist. Solche Geräte sind vollmechanisiert und auf Fahrzeugen montiert. Zum Kernen verwendet man Doppelkernrohre. Das sind mit Zähnen besetzte Doppelzylinder, wobei sich der Kern in das innere Rohr schiebt. Daher kommt der Kern nicht mit dem Spülstrom in Berührung. Beim Durchbohren weicher Schichten bedeutet das ein wesentliches Hilfsmittel gegen Kernverlust. Allerdings ist der Bohrfortschritt geringer als bei Einfachkernrohren, bei denen der Kern direkt vom rotierenden Kernrohr und der Spülung umgeben ist.

Hydrogeologische Bohrungen. Eine der Hauptaufgaben bei der Wassererschließung ist die Klärung der Wasserführung und deren Dynamik. Deshalb herrschen Trockenbohrungen vor, die die Entnahme nicht ausgewaschener, für die Hydrogeologie repräsentativer Bodenproben, das Festlegen von Schichtgrenzen, besonders der wasserstauenden Schichten, das Ermitteln des Wasserstandes, die Durchführung von Pumpversuchen während und nach Beendigung des Bohrens sowie hydrochemische Analysen gestatten. In Lockergesteinen verwendet man Seilbohrgeräte mit Ventilbüchsen, im Festgestein die Freifallmethode mit festem Gestänge. Auch andere Abarten des Trockenbohrens, wie das Schnecken- und Vibrobohren, sind in Entwicklung. Das modernste Schneckenbohrverfahren benutzt zwei Schnecken: Die eine bohrt sich ins Gebirge, die andere im Inneren fördert gegenläufig das erbohrte Material. Das Vibroverfahren ist ein kombiniertes schlagendes und drehendes Bohren. Als Antrieb dient ein hydraulischer oder elektrischer Vibrator. Auch in der Hydrogeologie sind Spülbohrungen im Vormarsch. Hierbei ist das Problem, den Filterkuchen sauber zu entfernen. Neuerdings sind kombinierte Geräte entwickelt worden, die aus Schlagbohreinrichtung am Seil mit Hebewerk, Bohrtrommel, Schlagwerk mit Freischlagkurbel und einer Drehbohranlage mit Kraftspülkopf (einer Turbine am obersten Ende des Gestänges mit gleichzeitiger Spülungszufuhr) bestehen.

Für die **geologische Kartierung** und Vorerkundung ist neben den genannten Verfahren die neuere Core-drill-Methode entwickelt worden, die auch unter schwierigen Bedingungen mit dem doppelwandigen Bohrgestänge einen kontinuierlichen Kernaustrag bis 100 m Teufe gestattet.

Für das Niederbringen seismischer Schußbohrungen sind Spülbohrgeräte und Schneckenbohrer im Einsatz.

Für die **Erzerkundung** werden Drehbohrgeräte mit festem Gestänge und Hartmetall- bzw. Diamantkronen zum Kernen verwendet.

Die Erkundung von Erdöl-Erdgas- und Kalisalzlagerstätten erfordert generell **Tiefbohrungen**. Hier ist das verbreitetste und wirtschaftlichste Bohrverfahren die Rotarymethode (Abb.). Das Bohrgestänge besteht aus dickwandigen, verschraubten Rohren, dessen oberstes Glied (Kelly) vierkantig ausgebildet ist und im Drehtisch geführt und gedreht wird. Der ganze Gestängestrang hängt an einem schweren Haken, der durch das Hebewerk bewegt wird. Ist eine Gestängezuglänge, die sich nach der Höhe des Turmes richtet, abgebohrt, muß ein neuer Zug angeschraubt werden. Umgekehrt muß beim Gestängeziehen der ganze Strang angehoben, Zug um Zug nach Abfangen des Gestänges im Drehtisch abgeschraubt und im Turm (Derrick) abgestellt werden. Als Bohrkronen werden dabei Fischschwanzmeißel oder mit Zähnen besetzte konische Rollenmeißel, die sich auf der Bohrlochsohle drehen und das Gestein herausfräsen. Das Bohrklein wird durch die Dickspülung ausgebracht, die durch das Hohlgestänge nach unten fließt, über Düsen des Bohrmeißels austritt und außen zwischen Bohrgestänge und Bohrlochwand oder Verrohrung wieder aufsteigt und dabei den Bohrschmant mitnimmt. Auf einem Schüttelsieb über Tage werden Bohrklein und Spülung voneinander getrennt. Auf dieser Spülung, die durch starke Pumpen zirkuliert wird, beruht zu einem guten Teil die Wirtschaftlichkeit des Verfahrens. Die Dickspülung ist im wesentlichen eine Aufschlämmung aktiver, quellfähiger Tone wie Bentonit, mit einer Reihe von Zusätzen, die die Spülungseigenschaften den geologischen und technischen Erfordernissen anpassen,

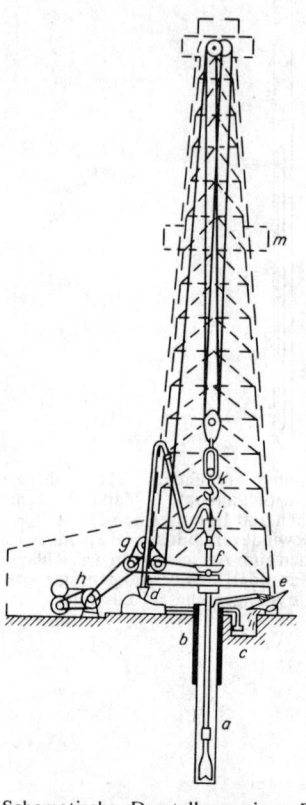

Schematische Darstellung einer Rotary-Bohranlage. a Bohrloch mit Gestänge und Bohrmeißel, b Standrohr, c Sauggrube mit Saugleitung der Pumpe, d Spülpumpe, e Schüttelsieb, f Drehtisch, g Trieb- und Hebewerk, h Antriebsmotoren, i Spülkopf mit Spülschlauch, k Lasthaken mit Flaschenzug, l Turmroller, m Aushängebühne

d. h. die richtige Viskosität, Dichte und Stabilität einhalten. Die vorschriftsmäßige Dichte, die den notwendigen hydrostatischen Druck gegen Ausbrüche von Öl, Gas oder Wasser garantieren soll, wird durch Beschweren der tonigen Grundspülung mit gemahlenem Schwerspat erreicht. Gegen Ionen aus dem Gebirge, besonders zweiwertige, die den Dissoziationsgrad der Spülung verändern und wegen der Zusammenballung der Tonpartikeln zum Ausflocken führen, werden Schutzkolloide angewendet. Das sind große organische Moleküle, unter denen am häufigsten Carboxyl–Methyl-Cellulosen (CMC) verwendet werden. Das Ausflocken der Spülung ist eine große Havariegefahr, weil die Tragfähigkeit der Spülung abnimmt, die erbohrten Gesteinspartikeln zu Boden sinken und das Bohrwerkzeug blockieren. Es gibt viele Spezialspülungen für die verschiedensten Aufgaben. Zum Durchbohren von Salzlagerstätten sind z. B. konzentrierte Salzspülungen oder solche ohne Wasserabgabe erforderlich. Eine wichtige Aufgabe der Spülung ist die Bildung eines Filterkuchens an den permeablen Zonen der Bohrlochwand, die dadurch gestützt wird und damit das Bohren ohne Verrohrung über längere Strecken ermöglicht. Das verbilligt nicht nur die Bohrungen, sondern macht auch das Erreichen großer Tiefen möglich. Sobald ein Einbruch der Bohrlochwand droht, muß ein Rohrstrang eingebaut werden, der bis zu Tage reicht. Bei jeder neuen Gefahr muß eine weitere Rohrtour kleineren Durchmessers, die wieder bis zur Erdoberfläche reicht, installiert werden. Jede neue Verrohrung vermindert den Durchmesser der Bohrung, der schnell so klein werden kann, daß ein Weiterbohren nicht mehr möglich ist. Das Aufstellen eines Verrohrungsplans und die Spülungsüberwachung gehören zu den wichtigsten Aufgaben des Feldgeologen.

Das Gewinnen von Kernen besorgen, wie bei den Flachbohrungen, spezielle Kernrohre. Mit Hartmetallzähnen oder Diamanten bohren sie Zylinder aus, die sich in speziellen Kernfängern halten, abbrechen und zutage fördern lassen. Obgleich Kerne die besten geologischen Dokumente darstellen, sind sie teuer und arbeitsaufwendig. Zum Einbau des Kernrohres muß das Gestänge gezogen und nach Abbohren von wenigen Metern entsprechend der Länge des Kernrohrs wieder aus- und eingebaut werden. Dazu kommt die Gefahr, daß das Gebirge während dieses Verfahrens, bei dem der Schutz der zirkulierenden Spülung fehlt, zum Nachbrechen neigt und daher Havarien auftreten können. Deshalb versucht man, soweit es irgend zu verantworten ist, das Gewinnen von Kernen durch geophysikalische Bohrlochmessungen zu ersetzen (vgl. »Angewandte Geophysik«, S. 515).

Außer dem Rotary-Verfahren wird besonders das in der UdSSR entwickelte **Turbinenbohrverfahren** angewendet. Die Kraftübertragung auf den Bohrmeißel erfolgt hier nicht über ein sich drehendes Gestänge. Dieses bleibt vielmehr in Ruhe und dient nur als Leitung für das Druckwasser, das eine das Bohrwerkzeug drehende Turbine dicht über der Bohrlochsohle antreibt. Bei geeignetem Gebirge ist mit diesem Verfahren wegen der hohen Drehzahlen ein hoher Bohrfortschritt zu erreichen. Schwierigkeiten können aber wegen der hohen Drehzahlen z. B. im klüftigen Gebirge auftreten. Statt der Turbinen werden auch Elektromotoren an der Bohrlochsohle eingesetzt.

Die zeitaufwendigste Arbeit bei allen Drehbohrverfahren ist das Gestängeziehen, das jeweils bei Abnutzung eines Meißels oder nach Abbohren einer Kernrohrlänge notwendig wird. Die neuen Entwicklungen gehen deshalb in die Richtung, die Standzeit der Meißel möglichst zu verlängern und schließlich das Gestängeziehen überhaupt zu vermeiden. Das wurde schon ziemlich erfolgreich durch die Methode »Flexodrill« versucht, einer französisch-sowjetischen Gemeinschaftsentwicklung. Statt des Gestänges werden Panzerschläuche verwendet, die auf große Trommeln übertage aufgespult werden können. Dadurch entfallen das mühsame Aufziehen, Abfangen, An- und Abschrauben.

Der Zwang, das Kernziehen möglichst einzuschränken, verweist den Geologen als wichtige Informationsquellen auf die Spülproben. Daneben kann er Meißelproben verwenden, die nach dem Aufziehen des Meißels noch an ihm haftenden Gesteinsteile. Das Aufstellen eines exakten geologischen Profils ist aber deshalb nicht einfach, weil die Aufstiegsgeschwindigkeiten der Spülproben von ihrer Größe, der Form und der Zirkulationsgeschwindigkeit der Spülung abhängen. Manche Gesteinskomponenten, wie Tone, gehen völlig in der Spülung auf; anderseits mischt sich der Nachfall (Stückchen aus den bereits durchbohrten Schichten) unter das Probengut. Der Herkunftsort der Proben und das durchbohrte Gestein sind deshalb nur annäherungsweise festzustellen. Ohne die Mithilfe geophysikalischer Bohrlochmessungen ist die Aufgabe kaum zu lösen. Trotzdem bleiben Spülproben wertvoll. Für ihre Interpretation wurden spezielle Methoden entwickelt, z. B. die Mikropaläontologie, die die aus den Spülproben auf verschiedenste Weise gewonnenen Klein- und Kleinstfossilien für die exakte stratigraphische Einordnung der Proben verwendet. Benutzt werden hauptsächlich Foraminiferen, Ostracoden, Conodonten, Kalkalgen, Calpionelliden u. a. Dazu kamen im letzten Jahrzehnt die Kleinstfossilien (Nannofossilien), für deren Bestimmung ein Elektronenmikroskop unerläßlich ist. Mit diesen Hilfsmitteln ist eine Zonengliederung möglich. Auch die petrophysikalischen Eigenschaften der Gesteine lassen sich oft genähert aus Spülproben bestimmen.

Soweit es sich jedoch um die Kenntnis von Lagerstätten handelt, sind Kerne unentbehrlich, und es wäre falsche Sparsamkeit, auf sie in unbekannten Schichtfolgen zu verzichten. Kein physikalischer Meßwert liefert so viele Daten, wie sie ein geübter Geologe und Analytiker den Kernen entlockt.

Falls es sich um Bohrungen auf Erdöl oder Erdgas handelt, gehören zu den Bohr- unbedingt die Testarbeiten, die während des Abteufens (Gestängetest) und nach Beendigung der Bohrung (Routine- und Produktionstest) möglich sind. Beim Gestängetest wird die zu untersuchende Schicht ober- und unterhalb mit einem Packer (einer elastischen Dichtung) abgeschlossen. Durch sie wird das hohle Bohrgestänge mit dem Testgerät eingeführt, das am unteren Ende ein Ventil besitzt. Durch das Ventil tritt nach Öffnen der Poreninhalt der Schicht in das nahezu unter Atmosphärendruck stehende Rohr ein, steigt auf und kann so über Tage untersucht werden. Außerdem werden Sohlendruck und Temperatur registriert. Nach Beendigung der Bohrung werden die interessierenden Schichten genauer durch Routinetests geprüft. Meistens ist die Bohrung völlig verrohrt. Deshalb müssen in den zu untersuchenden Schichten Perforationen, d. h. Öffnungen, mittels Schußgeräten oder durch Erosionsperforatoren hergestellt werden. Dann werden wieder Packer gesetzt, das Testgerät wird eingebaut und durch ein Leitrohr mit der Oberfläche verbunden. Außer dem Fördergut werden auch Abgabefähigkeit der Schicht, Druckabfall je Fördermenge, Druckaufbau nach Förderung und andere Parameter analysiert, die über den Speicher Auskunft geben. Bei günstigem Ergebnis wird dann ein über längere Zeit laufender Produktionsversuch vorgenommen, der über die Dynamik der Lagerstätte, das herrschende Energiesystem u. a. informieren kann.

Bohrungen in untermeerischen Gebieten sind im Prinzip nicht von denen auf dem Lande unterschieden. Die Technik muß sich nur den Bedingungen des Meeres anpassen. Im flachen Wasser kann man künstliche Inseln aufschütten oder Plattformen auf Beton- oder Stahlpfählen errichten, von denen aus wie auf dem festen Lande gebohrt wird. Im tieferen Wasser werden die Bohranlagen auf schwimmenden Einheiten montiert. Bis 100 m Wassertiefe sind Hubinseln gebräuchlich. Das sind Schwimmkörper mit 3 bis 8 ausfahrbaren Stützen, die am Ort der Bohrung ausgefahren und auf den Meeresboden aufgesetzt werden. Dabei wird die Plattform mit der ganzen Anlage über den Meeresspiegel herausgehoben. Der Bohrlochkopf am Meeresboden wird mit der Plattform durch ein abnehmbares Leitrohr (Riser) verbunden, während die Einrichtungen am Bohrlochkopf hydraulisch ferngesteuert werden. Bis etwa 50 m Wassertiefe sind auch flutbare Plattformen in Anwendung, bei denen sich die Arbeitsbühne mit den Anlagen über großen Schwimmkörpern in festem Abstand befinden. Durch Fluten der Schwimmkörper kann das ganze System abgesenkt und auf den Boden aufgesetzt werden. Das System eignet sich natürlich nur für die bestimmte Wassertiefe, für die es gebaut wurde. Sehr anpassungsfähig an verschiedene Wassertiefen ist dagegen der Halbtaucher. Dieser Typ besitzt große, variabel flutbare Schwimmfüße, so daß die Plattform in einer geeigneten Höhe über dem Wasserspiegel gehalten werden kann, aber verankert werden muß. Das bewegliche Leitrohr muß durch Kupplungen hydraulisch an den Bohrlochkopf und an die Plattform angepreßt werden. Auch ein Anpassen an Wellenbewegungen ist durch Vorspannung möglich. Deshalb können Halbtaucher auch in verhältnismäßig schwerer See arbeiten.

Für größere Tiefen als 300 m werden Bohrschiffe notwendig, die durch Anker und automatische elektronische Steuerung am Bohrpunkt gehalten werden. Wegen der Schiffsbewegungen muß der Flaschenzugblock mit dem Haken in Schienen laufen, und statt eines Drehtisches werden hydraulische Kraftspülköpfe verwendet. Zum Kernen benutzt man ein Seil mit Probenehmer innerhalb des Gestänges, in das sich von unten der Kern hineinschiebt. Der Kern ist 9 m lang. Es ist hierbei möglich, fast ununterbrochen zu kernen. Im tiefen Wasser ist eine Verrohrung nicht möglich, und bei Wassertiefen über 600 m ist der Wiedereintritt in die Bohrung nach Ziehen des Gestänges technisch schwierig. Die Erhöhung der Standzeit des Meißels ist daher ein wichtiges technisches Problem. Forschungen zur Erweiterung des Tiefenbereichs sind im Gange, zumal die Methode für die Förderung von Erdöl und Erdgas noch nicht geeignet ist. Jedoch sind auf diese Weise seit 1964 zahlreiche Bohrungen zur Erforschung des Ozeanbodens mit dem amerikanischen Forschungsschiff »Glomar Challenger« niedergebracht worden (S. 158).

Die bergmännischen Schürfarbeiten

Für das Erkunden oberflächennaher Minerallagerstätten sind Schürfgruben, die querschlägig zum Gangstreichen angelegt werden, am verbreitetsten. Bei größerer Mächtigkeit des Deckgebirges untersucht man die interessierenden Gebiete mit Schürfschächten, von denen aus man je nach Notwendigkeit querschlägige Untersuchungsstrecken vortreibt. Im Bergland kann man auch mit Schürfstollen arbeiten, die am Hang eines Berges vorgetrieben werden und ebenfalls querschlägig zu den Gangzügen anzulegen sind.   *R. Meinhold*

Angewandte Geophysik

Geophysikalische Erkundungsmethoden

Die geophysikalischen Erkundungsmethoden beruhen auf der Messung physikalischer Größen, die sich mit den geologischen Verhältnissen ändern. Dabei kann es sich um natürlich vorhandene Potential- und Kraftfelder handeln, wie z. B. Schwerkraft, Magnetismus, Erdströme, natürliche Radioaktivität, oder auch um künstlich erzeugte Felder, wie sie in der Seismik, der Elektrik und vielen Bohrlochmessungen benutzt werden. Bei den natürlichen Feldern ist wahrscheinlich, daß sie eine genügende Fernwirkung haben. Nur unter diesen Umständen ist eine ausreichende geologische Information zu gewinnen.

Die gravimetrischen Verfahren beruhen auf der Bestimmung des Schwerefeldes der Erde, basierend auf dem Newtonschen Gesetz, nach dem sich zwei Massen m_1 und m_2 mit einer Kraft anziehen, die proportional diesen Massen ist und umgekehrt proportional dem Quadrat ihres Abstandes r, also $F = fm_1m_2/r^2$, wobei f die Gravitationskonstante ist. Die Schwerkraft auf der Erdoberfläche wird aber nicht nur von dieser Anziehungskraft bestimmt, sondern ist eine Resultierende aus der Anziehungskraft aller Massenelemente und der durch die Rotation der Erde verursachten Zentrifugalkraft. Deshalb ist die Schwerkraft von der geographischen Breite, aber auch von der Höhe abhängig. Um vergleichbare Werte zu erhalten, die geologisch verwertbar sind, müssen daher alle Messungen auf eine geodätisch definierte, ideale Erdoberfläche, das Geoid, bezogen werden. Wird noch die Anziehungskraft der über dem Geoid oder einer dazu parallel gewählten Fläche liegenden Massen bzw. die fehlende Masse für Punkte unterhalb dieser Fläche berücksichtigt, erhält man reduzierte Werte, die als Bouguer-Schwere bezeichnet werden. Geologische Inhomogenitäten werden auf den mit diesen Werten konstruierten Karten als Anomalien erscheinen. Die Gravimetrie liefert einen Meßwert, der im cgs-System durch 1 cm/m² definiert ist und Gal heißt (nach GALILEO). Dieser Wert ist eine Beschleunigung. Weil die gesuchte Kraft gleich Masse mal Beschleunigung ist, bedeutet Gal bei konstanter Erdmasse ein Maß für die Schwerkraft. Praktisch wird das Milligal verwendet (mGal), das ist $^1/_{1000}$ Gal.

Gravimetrie (Schwerkraftmessungen)

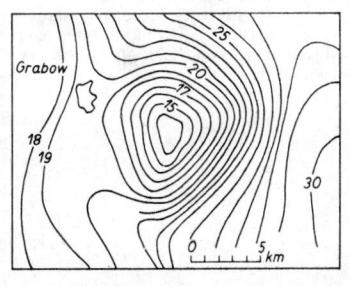

Die Brauchbarkeit der Gravimetrie für die Geologie beruht darauf, daß Gesteine unterschiedliche Dichten haben, die bei Sedimenten mit der Tiefe zunehmen. Eine übernormal große Dichte und damit positive Anomalien haben Erzstöcke und -gänge, basische Magmatite, Aufwölbungen und Horste. Dagegen gehören Salzstöcke und mit leichterem Material gefüllte Senken zu den Strukturen, die negative Anomalien erzeugen (Abb.). Verwerfungszonen bilden sich gut ab, wenn beiderseits Gesteine verschiedener Dichte anstehen. Die geologische Interpretation muß dabei berücksichtigen, daß die Schwerkraft nicht abschirmbar ist, d. h., daß die Massenanziehung theoretisch aller Elemente des Weltalls, praktisch des gesamten Gesteinspaketes bis zum Erdmittelpunkt (abnehmend mit dem Quadrat der Entfernung) eingeht. Daher kann ein großer Körper in großer Tiefe die gleiche Anziehungskraft ausüben wie ein kleiner in geringer Tiefe, auch wenn beide gleiche Eigenschaften haben. Da jedoch ausgedehnte tiefliegende Körper abweichender Dichte an der Erdoberfläche einen kleineren horizontalen Schweregradienten (d. h. eine kleinere horizontale Veränderung der Schwerkraft pro km) bewirken, kann man aus dieser Tatsache ein Filterverfahren entwickeln, das gestattet, regionale, tiefliegende Ursachen von Anomalien von oberflächennahen zu trennen. Diese Methode läuft darauf hinaus, die durch tiefliegende Ursachen erzeugten »Regionalfelder« aus dem Isanomalenbild (Linien gleicher Anomaliewerte) zu entfernen. Die Ergebnisse dieser Operationen werden als »Karten höherer Ableitungen« vorgelegt und erleichtern bei kritischer Verwendung die Interpretation. Trotz aller Kunstgriffe bleiben gravimetrische Karten vieldeutig; nur mit ausreichenden geologischen Kenntnissen ist diese Mehrdeutigkeit soweit zu beheben, daß aus Schwerekarten Nutzen gezogen werden kann.

Isanomalenkarte des Salzstocks Werle. Werte in mGal

Gravimetrische Messungen für geologische Zwecke sind Relativmessungen, d. h., sie werden stets an einen bestimmten Bezugswert angeschlossen, sind aber mit außerordentlicher Präzision durchführbar. Mit normalen Feldgravimetern sind Meßgenauigkeiten von 0,05 mGal, mit stationären sogar 0,01 mGal erreichbar. Das ist (die Schwerebeschleunigung an den Polen beträgt 983,225 Gal) der fünfzigmillionste bis hundertmillionste Teil der Erdanziehung!

Geologische Strukturen können Anomalien bis einige hundert mGal erzeugen; gelegentlich sind auch Anomalien von einem Zwanzigstel mGal noch deutbar. Geringere Meßgenauigkeiten werden auf See und im Flugzeug erreicht. Die Ursache dafür sind die hohen Beschleunigungen, die z. B. beim Schlingern und Stampfen sowie beim Gieren auftreten, zumal sie viel größer sind als die zu messenden Effekte.

Geologisch verwertbare Messungen sind auch die des Vertikalgradienten der Schwere. Im Prinzip sind es Wägungen in zwei verschiedenen Niveaus, die zwar umständlich sind, aber z. B. für den Nachweis von Hohlräumen oder für Erkundung oberflächennaher Störkörper äußerst nützlich werden können.

Magnetik

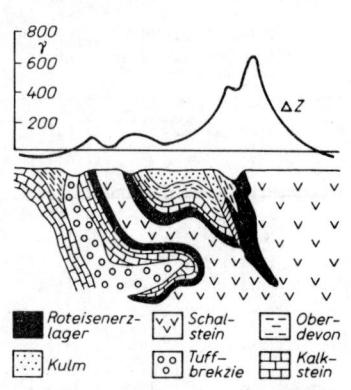

Wie das Schwerefeld ändert sich auch das Magnetfeld der Erde mit dem geologischen Aufbau. Allerdings besitzt das Magnetfeld eine sehr komplizierte Struktur, die im einzelnen hier nicht dargestellt werden kann. Das Magnetfeld hat einen durch ionosphärische Ströme verursachten induzierten, sich rasch ändernden und einen permanenten, beharrlichen Anteil. Daher ist die Berechnung eines Normalfeldes wie beim Schwerefeld weder einfach noch eindeutig möglich, so daß laufend der variable Anteil durch selbstregistrierende Geräte bestimmt werden muß. Aber auch das beharrliche Feld zeigt langzeitige Änderungen (Säkularvariationen), so daß das für jenes berechnete Normalfeld nur für eine bestimmte Epoche gültig ist. Geologisch bedeutsam für die Magnetik ist nur der permanente Anteil, das »Hauptfeld« des Erdmagnetfeldes. Durch die wechselnden Mengen magnetischer Minerale in den Gesteinen, vorwiegend Magnetit, untergeordnet Magnetkies und andere eisenhaltige Minerale, wird das permanente Feld modifiziert. Solche Minerale können Lagerstätten bilden, die sich durch magnetische Messungen erkunden lassen (Abb.). Magnetische Minerale finden sich auch als Beimengungen vorwiegend in basischen Magmatiten, dazu in den Kontakthöfen magmatischer Intrusionen und dispers in manchen Erzanreicherungen, aber auch in metamorphen und kristallinen Gesteinen sowie in Sedimentiten. So werden Aufragungen des Grundgebirges erkennbar, das allgemein einen wesentlich größeren Anteil magnetischer Minerale führt als das sedimentäre Deckgebirge. Diese Tatsache ist besonders wichtig für die Abgrenzung von Sedimentbecken bei der Suche nach Mineralen sedimentärer Genese, bei der Untersuchung von Strukturen des kristallinen Grundgebirges, beim Verfolgen großer Lineamente, die oft von eruptiven Massen begleitet werden, und bei der Analyse von lateralen Verschiebungen, falls eine Verwerfung ein magnetisches Massiv durchschnitten hat. In Sedimenten, die vom fließenden Wasser abgesetzt wurden, ordnen sich die schweren Magnetitkörnchen im Stromstrich an und gestatten, auch nach Verfestigung der lockeren Massen mittels magnetischer Messungen mit sehr kleinem Meßpunktabstand (Mikromagnetik) die Fließrichtung der Wässer in der geologischen Vergangenheit zu rekonstruieren. Solche Messungen werden auch mit Erfolg zur Untersuchung von Verfrachtungsrichtungen in rezenten Strandablagerungen für den Küstenschutz angewandt.

Eine bisher noch nicht beachtete Komplikation des Magnetfeldes hat in letzter Zeit wachsende Bedeutung erlangt. Die permanente, beharrliche Magnetisierung der geologischen Körper besteht aus 2 Anteilen, dem induzierten und dem remanenten. Die Remanenz ist eine Magnetisierung, die der Körper sehr früh, zum Zeitpunkt seiner Entstehung erhalten hat, als die einzelnen magnetischen Elemente noch beweglich waren. Damals haben sie sich nach dem vorhandenen Magnetfeld ausgerichtet und diese Magnetisierung über alle geologischen Fährnisse beibehalten. Man kann diesen remanenten Anteil nach Größe und Richtung bestimmen und erhält so die Lage der magnetischen Pole in der geologischen Vergangenheit. Wenn die Pollagen einer bestimmten geologischen Zeit in benachbarten Schollen divergieren, gestattet die Methode, Schollenbewegungen zu analysieren (Paläomagnetik, S. 258).

In der Erkundung verwendeten magnetischen Instrumente für das feste Land sind vom Waagetyp mit horizontal oder vertikal gestellten Waagebalken, die aus einem Magnetsystem bestehen. Damit kann man die Vertikalkomponente (horizontaler W.) oder die Horizontalkomponente (vertikaler W.) bestimmen.

Normalerweise erhält der Geologe zur Auswertung Karten der Vertikalkomponente. Jedoch gestatten die modernen Protonenmagnetometer und Alkali-Dampf-Magnetometer Messungen der Totalintensität des Magnetfeldes, auch auf bewegten Fahrzeugen. Das gleiche gilt für das Sättigungsmagnetometer, das besonders bei Vermessungen aus der Luft (Aeromagnetik) verwendet wird und ebenfalls kontinuierliche Registrierungen erlaubt. Aeromagnetische Messungen haben neben der hohen Meßgeschwindigkeit den Vorteil, daß alle Anomalien aus oberflächennahen Störungsursachen unterdrückt werden, so daß sich ein wesentlich ruhigeres Bild für großräumigere Interpretationen ergibt. Die Messungen sind in ähnlicher Weise vieldeutig wie die der Gravimetrie, aber mit dem Unterschied, daß magnetische Anomalien aus großer Tiefe, in denen die Temperaturen über dem Curie-Punkt liegen, nicht zu erwarten sind.

Magnetische Z-Anomalie und geologisches Profil eines Roteisenerzlagers bei Zorge (Harz) (aus Särchinger nach Messungen von Zöllich u. Krzywicki)

Legende: Roteisenerzlager, Schalstein, Oberdevon, Kulm, Tuffbrekzie, Kalkstein

Tellurik

Die genannten Ionosphärenströme induzieren in der Erde Wechselströme, die in den leitfähigen Schichten diese mit hoher Geschwindigkeit umkreisen. Die Leiter sind vor allem die wassererfüllten, porösen Sedimentschichten, und die Dichte der Ströme ändert sich mit der Dicke dieses Leiters. Infolgedessen wandelt sich an der Erdoberfläche die Potentialverteilung, die gemessen wird. Aus ihr gewinnt man ein Maß für die Mächtigkeit der gut leitenden Sedimentschicht und für die Morphologie der darunterliegenden, schlecht leitenden Gesteinskörper.

Die tellurischen Ströme haben verschiedenste Intensität, Richtung und Frequenz. Die Perioden liegen im Bereich von hundertstel Sekunden bis zu mehreren Jahren. Da die Dämpfung umgekehrt proportional der Wellenlänge ist, ergibt sich, je nach der Wahl der Frequenz, eine unterschiedliche Eindringtiefe. Wählt man aus dem aufgezeichneten Spektrum Perioden von 10 s bis zu einigen Minuten aus, dann hat man das richtige Material für den geologisch interessierenden Bereich bis etwa 10 km Tiefe.

Auch tellurische Messungen sind Relativmessungen, die auf die Registrierung einer Basisstation bezogen werden. Die Interpretation kann entweder auf den Vergleich der Amplituden von Basis- und Feldstation oder die Ellipsenmethode gegründet werden: Bei der Ellipsenmethode mißt man an jeder Station die Potentialdifferenz in zwei aufeinander senkrechten Richtungen (N und E). Dann vergleicht man in kleinen Zeitabständen die Nord- und Ostkomponenten an Basis- und Feldstation. Wählt man eine Periode aus der Registrierung des tellurischen Wechselstroms für die Untersuchung aus, läßt sich diese als ein umlaufender Vektor darstellen. In einer homogenen Erde würden die Spitzen der Vektoren einen Kreis beschreiben. Wenn das normalerweise auch nicht der Fall ist, kann man die genannten Vektoren der Basisstation so längen oder kürzen, daß ihre Spitzen einen Kreis beschreiben. Nimmt man die gleichen Kürzungen und Längungen an den Registrierungen der Feldstation vor, bleibt, wenn die Potentialverteilung in einer Richtung von der der Basisstation abweicht, eine Anomalie. Die Vektorspitzen beschreiben eine Ellipse, und die Größen der Ellipsenflächen werden kartiert. Vermindert sich die Dicke des Leiters über einer hochohmigen Aufwölbung des Untergrundes, vergrößern sich die Ellipsenfläche und das Achsenverhältnis, wobei die Achsenlage von der Struktur abhängig ist. Bei einem Zylinder z. B. liegen die großen Achsen senkrecht zum Streichen. Wegen der Inhomogenitäten in der Stromverteilung und mathematischer Schwierigkeiten können tellurische Messungen nur qualitativ ausgewertet werden. Gegenüber der Gravimetrie besteht aber der Vorteil, daß durch zweckmäßige Frequenzauswahl nur ein beschränkter Krustenteil untersucht wird und sich beide Methoden gut ergänzen.

Da die tellurischen Ströme ein magnetisches Wechselfeld in der Erde induzieren, kann auch dieses für geologische Aussagen benutzt werden. In der Praxis wird dieser Weg seltener angewandt.

Natürliche Erdströme anderer Herkunft verwendet die **Eigenpotential-Methode**. Die hier benutzten elektrochemischen Ströme entstehen durch Kontaktpotentiale an der Grenze zwischen verschiedenen Medien. Ein Erzgang steht z. B. in Kontakt mit Lösungen, die in Erdoberflächennähe oxydierend wirken und Elektronen aus dem Erz aufnehmen. In tieferen Teilen herrscht Reduktion mit entgegengesetzter Tendenz. Somit entsteht im Leiter, dem Erzgang, ein meßbarer Strom. Der Effekt wird durch andere geochemische Prozesse verstärkt, so daß besonders Sulfid-Erze Eigenpotentiale erzeugen. Solche Messungen können mit verhältnismäßig wenig Aufwand durchgeführt werden.

Radiometrie. Bei dieser Methode wird ein natürliches und unter geologischen Bedingungen variables Feld vermessen. Nahe der Erdoberfläche liegende radioaktive Erze können an ihrer Gammastrahlung leicht erkannt werden. Gesteine mit erhöhtem Gehalt an radioaktiven Mineralen – im allgemeinen sind das saure Magmatite – liefern beim Zerfall von Radium und Thorium die gasförmigen Emanationen Radon und Thoron, die besonders über Klüfte und Spalten an die Erdoberfläche gelangen können und dort mit geeigneten Strahlungsmessern nachweisbar sind. Damit wird die Lokalisierung von Bruchzonen und -systemen sowie von Mineralwässern möglich (vgl. auch »Isotopengeophysik«, S. 167). Radioaktive Salze, besonders des Ra und K, werden bevorzugt an Tonen adsorbiert, so daß Tongesteine eine höhere natürliche Strahlungsintensität aufweisen. Über Erdöllagerstätten ist der Pegel der radioaktiven Strahlung an Tonen oftmals erniedrigt. Daher erscheint rings um die Lagerstättenkontur ein haloförmiger Ring höherer Gammastrahlung. Die Ursache sind geochemische Vorgänge bei der Migration von Bestandteilen der Lagerstätten und Wässern an die Oberfläche.

Auch radiometrische Messungen vom Flugzeug in geringer Höhe sind möglich. Da aber die Halbwertsbreite der Gesteine auch für die härteste Gammastrahlung mit einigen Metern gering ist, können geologische Informationen, die auf direkter Strahlung beruhen, nur aus Oberflächennähe bezogen werden.

Zu den radiometrischen Verfahren gehören auch die gammaspektrometrischen Messungen, die auf der Tatsache beruhen, daß durch schnelle Neutronen aktivierte Elemente eine sekundäre Gammastrahlung von materialtypischer Energie aussenden. Mit einem Gammaspektrometer kann man das Spektrum der Strahlenenergie abtasten und die vorhandenen Elemente in Bodenproben feststellen. Meist in Bohrungen durchgeführt, sind solche Messungen auch an der Erdoberfläche anwendbar. Damit wird diese Methode wertvoll für die Erkundung oberflächennaher Lagerstätten, z. B. von Flußspat, Thorium oder Uran.

Geothermie

Unmittelbar an der Erdoberfläche wird das Wärmefeld der Erde zu stark von den klimatischen Bedingungen regiert, so daß Informationen aus dem Untergrund nicht erhältlich sind (vgl. »Physik der Erde«, S. 48). Von einer gewissen Tiefe ab, in Mitteleuropa ab etwa 20 m, trifft man das aus dem Inneren stammende Wärmefeld an, das geologische Informationen vermittelt. Die Verteilung der Temperatur und die Wärmegradienten in Abhängigkeit von der Tiefe werden durch die Wärmeleitfähigkeit der Gesteine und die Wärmekonvektion, vermittelt durch Porenflüssigkeiten, bestimmt. Infolgedessen sind die geothermischen Tiefenstufen sehr unterschiedlich und stehen mit den großtektonischen Einheiten im Zusammenhang. Der Mittelwert für die Alten Schilde liegt bei 120 m, für die Tafeln um 50 m und für geosynklinale Gebiete um 25 bis 30 Meter. Ein gültiger Mittelwert für die Kontinente kann also nicht angegeben werden.

Geothermische Untersuchungen haben beispielsweise Bedeutung für die Erkundung von Erdöllagerstätten (s. Abb. S. 493). Die Bestimmung des Wärmeflusses durch ein Areal der Erdoberfläche erlaubt tektonische Analysen, aber auch nützliche Hinweise auf geothermische Energiequellen.

Elektrische Methoden

Die bisher behandelten Verfahren beruhen auf natürlichen Feldern. Die nunmehr zu besprechenden benötigen künstliche Kraftfelder. Bei den elektrischen Erkundungsmethoden wird der Erde Gleich- oder Wechselstrom direkt oder induktiv zugeführt. Bei den **Widerstandsmethoden** mit Gleichstrom mißt man den Ausbreitungswiderstand in den einzelnen Gesteinsschichten, bei den **elektromagnetischen** Wechselstrommethoden die Veränderungen des um einen unterirdischen Leiter auch in der Luft über dem Erdboden sich ausbreitenden elektromagnetischen Feldes, die von der Leitfähigkeit des Leiters abhängig sind. Die Variationen dieser Methoden sind vielfältig und dem Zweck der Untersuchung angepaßt. Die Interpretation der Meßergebnisse ist für den Geologen schwierig und kann nur in Zusammenarbeit mit dem Geophysiker erfolgen. Wichtig ist die Erkenntnis, daß nur solche Körper aufgesucht werden können, die gegenüber ihrer Umgebung eine abweichende Leitfähigkeit, also einen anderen spezifischen Widerstand haben. Im allgemeinen wächst die Leitfähigkeit geologischer Körper mit dem Wassergehalt, d. h. mit der Porosität, dem Gehalt an Tonmineralen und Erzpartikeln. Reines Süßwasser hat nur eine geringe Leitfähigkeit, was für das Aufsuchen wichtig ist. Somit besteht die Leitfähigkeit aus zwei Komponenten, der ionischen (in Lösungen) und der elektronischen (in Festkörpern, fast ausschließlich in Metallen).

Bei den **Widerstandsmethoden** wird der Spannungsabfall zwischen zwei Strom-Elektroden in einem künstlich erzeugten elektrischen Erdfeld gemessen, der nach dem Ohmschen Gesetz vom Widerstand der Schichten abhängig ist. Verändert man den Abstand der Meßelektroden, werden bei Vergrößerung immer tiefere Schichten in den Meßraum einbezogen. Wenn tiefere Schichten abweichender Leitfähigkeit durchdrungen werden, ändert sich der an der Erdoberfläche gemessene Spannungsabfall. Das ist das Prinzip der elektrischen Sondierung. Geht man mit festem Elektrodenabstand über die Erde, wird immer der gleiche Tiefenraum bestrichen. Man erhält die sich ändernden Widerstände in einem Paket konstanter Dicke in der Fläche. Das ist das Prinzip der geoelektrischen Kartierung.

Die elektrischen Methoden ermöglichen Angaben über Schichtlagerung und auch über die Eigenschaften der Schichten. Daher können sie zum Aufsuchen von Erzen und Grundwasser, aber auch zur Klärung lokaler tektonischer Verhältnisse dienen.

Für die **elektromagnetischen Methoden** sei stellvertretend die Turam-Methode kurz beschrieben. Durch ein ausgelegtes Kabel von bis zu 4 km Länge wird im Boden ein Wechselstrom induziert, der ein Magnetfeld erzeugt. Mittels einer großen Induktionsspule wird auf Profilen senkrecht zum Kabel die vertikale Komponente des Magnetfeldes beobachtet. Befinden sich gut leitende Körper im Untergrund, dann wird das induzierte wechselnde Magnetfeld in Phase und Amplitude verzerrt. Die elektromagnetischen Methoden sind speziell für die Suche nach Erzkörpern geeignet.

Die Messungen der **induzierten Polarisation** beruhen auf einem Oberflächeneffekt an metallischen Oberflächen. Wird ein elektrischer Strom in die Erde geschickt, dann laufen elektrochemische Prozesse ab, die zu Ladungsanhäufungen auf den Mineral-Oberflächen führen. Es ist daher eine Überspannung notwendig, um diese Barriere zu überspringen. Wenn der Strom abgeschaltet wird, baut sich diese Überspannung langsam ab, so daß noch minutenlang eine abfallende Spannung beobachtet wird. Der Effekt tritt nicht nur bei kompakten, sondern auch bei dispers verteilten Erzen auf, ebenso bei Graphitschiefern. Das erschwert die Deutung und erfordert eine Bestätigung durch andere Verfahren. Bei hochleitfähigen Körpern oder in den Fällen, wo der Bodenkontakt durch Elektroden schwierig ist, kann auch das von den genannten Strömen erzeugte Magnetfeld ohne Bodenkontakt vermessen werden.

Die größte Bedeutung für die Erforschung des sedimentären Deckgebirges haben die **seismischen Verfahren**, die künstlich durch Sprengungen, Fallgewichte, Vibrationen, Explosionskammern (bei Arbeiten im Meere) oder Knallfunken unter Wasser erzeugte elastische Wellen benutzen. Beobachtet werden entweder die an physikalischen Unstetigkeitsflächen gebrochenen Grenzwellen, die die überlagernden Schichten in Schwingung setzen (Refraktionsmethode), oder die unter einem Winkel kleiner als die Totalreflexion an

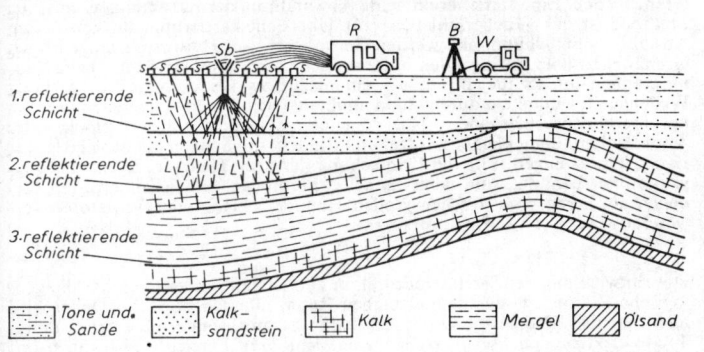

Seismik

Vorerkundung einer Erdölstruktur mit der reflexionsseismischen Methode. Sb Schußbohrung mit im Bohrloch verdämmter Ladung; S Seismographen; R Registrierwagen mit Schußmomentregistrierung, Verstärkern, Lichtschreiber und Zeitmarkengeber; B Bohrgerät; W Wasserwagen; L Laufwege der Stoßstrahlen. Die Energie wird an elastischen Schichten teilweise reflektiert (die Strahlen nach der 3. Schicht sind nicht dargestellt) und als Impuls von den Seismographen aufgenommen, verstärkt und vom Lichtschreiber aufgeschrieben. Aus der Laufzeit des Impulses ergibt sich die Tiefe der Schicht

Schichtgrenzen reflektierten Wellen (Reflexionsmethode, Abb.). In der Erkundungsseismik untersucht man Schichtpakete bis zu 10 und sogar 15 km Tiefe mit einer großen Zahl reflektierender Schichtgrenzen. Bei besonderer Anordnung der Instrumente sind selbst Tiefen von 70 km und mehr zu erreichen.

Der große Vorteil der **Reflexionsmethode** besteht darin, daß man eine größere Zahl von Schichten Punkt für Punkt abtasten kann und bei Kenntnis der Laufgeschwindigkeit der Wellen, die man gesondert bestimmen muß, nach einfachen geometrischen Beziehungen (Abb.) die Tiefe errechnen kann. Das Aussondern der reflektierten Wellen aus einer Unzahl anderer gestreuter, gebeugter, gebrochener und geführter »Störwellen« ist ein kompliziertes Problem, das unter Anwendung elektronischer Hilfsmittel gelöst werden konnte. Bei der

Reflexionsseismisches Profil aus einem Salzstockgebiet

Reflexionsseismik sind die Grenzen der Schichten mit unterschiedlichen physikalischen Eigenschaften Spiegeln vergleichbar, welche die Wellen zurückwerfen. Die Methode funktioniert also nur, wenn die Grenzflächen für die verwendeten Wellenlängen tatsächlich »Spiegel« darstellen, d. h. die Rauhigkeiten und Sprünge kleinere Dimensionen haben als die Wellenlängen. Bruchzonen, Salzstöcke und Riffe sind deshalb reflexionsleere Räume. In letzter Zeit geht die Entwicklung der Seismik in die Richtung, außer strukturellen auch lithologische Informationen aus den Registrierungen zu gewinnen. So ist es bereits möglich, die Geschwindigkeitsverteilung im untersuchten Schichtpaket automatisch zu bestimmen und damit lithologische Aussagen zu machen. Bei besonders idealen Verhältnissen besteht die freilich nicht häufige Möglichkeit, aus den Reflexionskoeffizienten (Verhältnis von reflektierter zu auftreffender Energie), dargestellt als Amplitudenverhältnis von ankommenden reflektierten zu ausgesandten Wellen, den Gasgehalt der Schichten zu erkennen und andere lithologische Daten abzuleiten (»bright spot«-Methode).

33 Entwicklungsgesch. der Erde

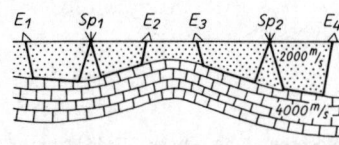

Schematische Profildarstellung des Fächerschießens. Sp Schußpunkte, E Empfänger und Darstellung der Laufwege der seismischen Grenzwellen, die an der Grenze zweier Schichten mit der Geschwindigkeit der unterlagernden Schicht laufen. Aus den zusammengesetzten Laufwegen ergibt sich die unterschiedliche Laufzeit

Fernerkundung aus dem erdnahen Raum

Bei größerer Rauhigkeit behält die ältere **Refraktionsseismik** ihre Bedeutung, weil die registrierten Grenzwellen sich in der Kontaktzone zwischen Schichten unterschiedlicher physikalischer Eigenschaften lateral ausbreiten. Rauhigkeiten verändern zwar die Laufzeit, verhindern aber nicht die Ausbreitung der Wellen und die Registrierung der von ihnen verursachten Deckgebirge-Schwingungen. Die Wellen machen sich mit der Geschwindigkeit der unterliegenden Schicht breit. Die Geschwindigkeiten in den einzelnen Schichten sind durch die Beobachtung der Wellenankunftszeit an einer Reihe von Seismographen bestimmbar, und die Tiefe der Grenzfläche ist errechenbar. Diese Methode eignet sich gut z. B. zur Tiefenkartierung der oberen Grenzfläche des kristallinen Grundgebirges, der Mohorovičič-Diskontinuität und anderer Grenzflächen. Eine stark vereinfachte Abwandlung der refraktionsseismischen Methode ist das »Fächerschießen« zur Übersichtskartierung. Im konstanten Abstand vom Schußpunkt werden Seismographen kreisförmig angeordnet. Grenzwellen über aufragenden härteren Schichten kommen früher beim Seismographen an als diejenigen, die ein mächtiges Deckgebirge mit geringer Wellengeschwindigkeit durchlaufen mußten (Abb.). Die Laufzeiten werden kartiert und ergeben einen »Isochronenplan«, in dem z. B. Salzstöcke oder Antiklinalen Zonen kleiner Laufzeiten, Mulden und Senken aber solche langer Laufzeiten erzeugen. Für die Erforschung geringer Tiefen, z. B. für die Baugrunduntersuchung, sind abgewandelte Methoden entwickelt worden, bei denen als Erreger seismischer Wellen Hammerschläge oder Vibratoren verwendet werden (Ingenieurseismik).

Die Entwicklung der Satellitentechnik in den letzten Jahrzehnten hat die geologische Erkundung aus dem erdnahen Raum möglich gemacht. Dabei wird nicht nur das Frequenzband des sichtbaren Lichtes, sondern die ganze Bandbreite elektromagnetischer Wellen vom sichtbaren Bereich (0,4 bis 0,76 μm) über das Ultrarot (0,76 μm bis 0,5 mm Wellenlänge), die Radarwellen (0,5 mm bis 10^3 cm) bis zu den Wellen im Rundfunkbereich (bis einige km Länge) verwendet. Ultrarotaufnahmen benutzen die Wärmestrahlung als Indikator. Die Ultrarot- (oder Infrarot-) Strahlung wird durch thermisch bedingte, molekulare Vibrationen erzeugt, die durch Bewegungen des betreffenden Kristallgitters gesteuert werden und temperaturabhängig sind. Außerdem sind die Reflexions- und Emissionseigenschaften der Gesteine für die Sonnenstrahlung von Einfluß. Alle Wesensmerkmale sind also von der Gesteinsausbildung abhängig, besonders von Porosität und Wassergehalt. Dabei sind die im nahen Ultrarotbereich (0,76 bis 1,35 μm) mit normalen Kameras aufgenommenen Bilder von der Reflexion und Adsorption von Sonnenenergie durch die Objekte an der Erdoberfläche verursacht. Hier spielt der Wassergehalt der Schichten eine herausragende Rolle. Wasserdampf in der Luft (Wolken) stört dagegen kaum. Für das mittlere UR (1,35 bis 5,5 μm) sind besondere Filmemulsionen, z. B. goldbedampftes Germanium, entwickelt worden, die die eingestrahlte Energie in elektrisch registrierbare umsetzen, besonders reflektierte Sonnenenergie, die wiederum von der Gesteinseigenschaft abhängt. Das ferne UR (5,5 μm bis 0,5 mm) wird besonders durch die gespeicherte und ausgestrahlte Sonnenenergie erzeugt und gestattet daher auch Aufnahmen bei Nacht. Diese Aufnahmen sind wertvoll für das Austauschen thermisch aktiver und vulkanischer Zonen, z. B. zur Gewinnung thermischer Energie, oxydierender Erzkörper, Mineralquellen u. a. Ultrarotaufnahmen sind für die geologische Kartierung, auch unter Bedeckung von Schnee, Eis, Ackerboden, Wüstensand, geeignet, zumal Wolkenfelder durchdrungen werden können.

Weitere nützliche Kartierungshilfen liefern Radaraufnahmen aus der Luft. Hierbei können geologische Objekte durch die Unterschiede ihrer Rauhigkeit unterschieden werden. Die Radarwellen um 10 m Wellenlänge haben außerdem die Eigenschaft, einige Meter bis einige zehn Meter in den Boden einzudringen und an einer geeigneten Schicht reflektiert oder gebrochen zu werden. Die Dämpfung der ausgesandten Energie durch die Zerstreuung an den Rauhigkeiten der Oberfläche ist materialabhängig. Durch Veränderung des Reflexionswinkels erhält man Dämpfungskurven, die sich für die einzelnen Materialien, abhängig von ihren Oberflächeneigenschaften, unterscheiden. Die Eigenschaften der pulsierenden Radarwellen, sich so wie seismische Wellen zu verhalten, reflektiert und gebrochen zu werden sowie Kopfwellen auszubilden, macht sie bei Kenntnis der Ausbreitungsgeschwindigkeit für quantitative Messungen geeignet, mit geringerem Aufwand als bei der Seismik. Das gilt besonders für Bergbauprobleme wie das Erkennen von Verwerfungen, Ablösern, Hohlräumen u. a. Gute Reflexionseigenschaften für Radarwellen haben sowieso Wässer, erzhaltige Ablagerungen und gutleitende Schichten. Je schlechter leitend die Oberflächenschicht ist, desto größer ist die Eindringtiefe. Weitere geologische Objekte, die mit Radarwellen erkundet werden können, sind Ausbisse von Speichergesteinen für Erdöl und Erdgas, Wässer, Talfüllungen und Lavaflüsse.

Schließlich sind besonders die kurzen **Rundfunkwellen** für die geologische Erkundung brauchbar. Im Prinzip wird die Feldstärke eines Senders in Abängigkeit von der Entfernung gemessen. Die von einem Sender ausgehenden Wellen breiten sich allseitig aus, auch im Boden. Solche im Erdboden wandernden Wellen werden durch gutleitende Körper gedämpft. Im Empfangsgerät beobachtet man wegen der Interferenz der Luft- mit den Bodenwellen Feldstärkeschwankungen in Abhängigkeit von den elektrischen Eigenschaften der oberen Bodenschichten (Radiointerferenz-Messungen).

Die größte Effektivität von Satellitenaufnahmen ist erreichbar, wenn das ganze Spektrum der genannten Wellen aufgenommen und interpretiert wird. Das trifft ebenso für Aufnahmen von Flugzeugen aus zu. Eine beträchtliche Verbesserung der Interpretation ist möglich, wenn man schmale Frequenzbänder aufnimmt. Das gilt besonders für das sichtbare Licht und das nahe Ultrarot, die mit einem Kameratyp erfaßbar sind. Die Elemente haben in diesem Bereich spezifische Maxima und Minima der Reflektanz bei unterschiedlichen Wellenlängen. Wenn Aufnahmen mit schmalen Reflexionsbanden gemacht werden, d. h. mit Multispectral-Scanner oder Multispektral-Kamera, sind mineralogische Aussagen über das abgebildete Gebiet möglich. Gut sichtbar werden solche Unterschiede, wenn man Quotienten einzelner Banden bildet und diese auch noch summiert; dann erhält man ganz neue, gut unterscheidbare Farbbilder. Die Methode ist geeignet für die Kartierung eisenführender Gesteine (besonders bei Ferri-Ionen), eiserner Hüte, hydrothermal veränderter Gesteine und Minerale mit OH-Ionen.

Geophysikalische Bohrlochmessungen

Die Schwierigkeit, bei den hochleistungsfähigen Bohrverfahren auf billige Weise Kerne zu gewinnen, war die Hauptursache für die Entwicklung der geophysikalischen Bohrlochmessungen. Diese haben zudem den Vorteil, daß sie die physikalischen Eigenschaften der Gesteine im gesamten Profil lückenlos widerspiegeln. Man braucht nun nur noch Kerne, um das physikalische Profil zu eichen, bzw. für unbedingt notwendige Informationen aus den Lagerstätten. Mittlerweile sind mehr als 50 verschiedene Methoden und Varianten für die verschiedensten Aufgaben entwickelt worden.

Am einfachsten feststellbar ist die Gesteinshärte, die sich aus dem **Bohrfortschritt** pro Zeiteinheit ergibt und ein Parameter ist, der schon während des Bohrvorgangs registrierbar und geologisch deutbar ist. Meßbar sind nach Ziehen des Bohrgestänges ferner die elektrischen, radiometrischen, elastischen, magnetischen, gravimetrischen und eine Reihe von geochemischen Eigenschaften der Gesteine. Die Gesteinsdichte ist ebenso bestimmbar wie die Nei-

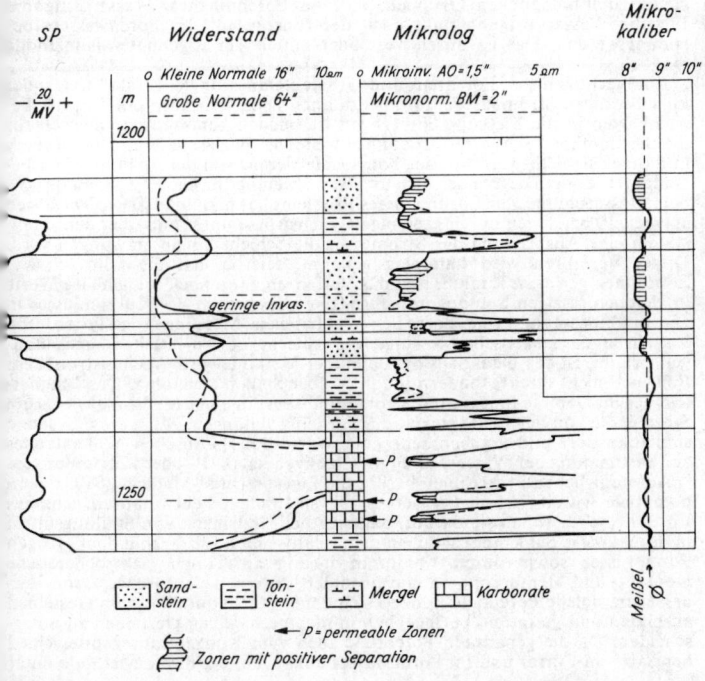

Elektrische Bohrlochmessungen. SP Eigenpotential. Negative Ausschläge des SP in permeablen Schichten, Unterschiede der Widerstandsmessungen bei kleiner und großer Normale wegen Eindringens von Süßwasser aus der Spülung in die Gesteine. Letzteres verursacht auch die Separation der Mikrologkurven mit größerer (Mikronormale) und kleinerer (Mikroinverse) Eindringung. Bei der Mikrokalibermessung ist Bohrlochverengung durch Filterkuchenbildung in permeablen Zonen erkennbar

gung der Schichten, die Abweichung des Bohrlochs von der Senkrechten, d Temperatur, Defekte in der Verrohrung, Wassereintrittszonen, Spülverlus zonen oder andere technische Daten. Viele dieser Methoden müssen an d Bohrlochbedingungen angepaßt werden, speziell an die Art der Spülung, nachdem, ob leitfähige oder nicht leitfähige bzw. ob Luft- oder Schaumspülun verwendet wird. Das bedingt die große Zahl der Varianten, von denen nu wenige kurz dargestellt werden können. Wichtig ist in allen Fällen, daß di physikalischen Eigenschaften geologische Wesenszüge widerspiegeln, so da durch die Kombination verschiedener Methoden lithologische Bestimmunge möglich sind. Deshalb werden mehrere Methoden gleichzeitig angewandt.

Da die gesteinsbildenden Minerale mit Ausnahme der seltenen Erzpartikel Nichtleiter sind, die elektronische Leitfähigkeit somit keine Rolle spielt, be ruht die ionische Leitfähigkeit der Gesteine auf der Art des Hydratations wassers und der Porenflüssigkeiten und damit auch auf der Porosität. Der kleinen spezifischen Widerständen der Tongesteine (hoher Gehalt an Hydra tations- und Porenwasser, hohe Ionengehalte) stehen die hohen Widerständ dichter Kalksteine, der Magmatite, trockenen Salze sowie öl- und gasgefüllte Speichergesteine gegenüber. Bei den elektrischen **Widerstandsmethoden** wir in der Sonde über zwei Elektroden dem Gebirge Strom zugeführt und mit eine Meßelektrode (die zweite befindet sich mit Nullpotential an der Erdoberfläche der Spannungsabfall gemessen, der nach dem Ohmschen Gesetz den spezi fischen Widerstand ergibt. Das ist das Prinzip der **Normale**. Bei der »Kleine Normale« ist der Abstand Stromelektroden zu Meßelektrode 55 cm, mi kleiner Eindringtiefe, bei der »großen Normale« mit großer Eindringtief etwa 200 cm. Der Vergleich beider Messungen gestattet, den Einfluß der Spü lungsfiltrate auf die betreffende Schicht abzuschätzen, was für die Beurteilun; der Speichereigenschaften der Gesteine wichtig ist. Wird der Spannungsabfal zwischen 2 Meßelektroden mit festem Abstand im Potentialfeld gemessen erhält man einen Potentialgradienten als Ausdruck der elektrischen Eigen schaften der Gesteine. Das ist das Prinzip der **Lateralen**. Auch hier gibt e Sonden mit verschiedenen Elektrodenabständen; die kleinsten von einige Zentimetern haben die **Mikrologsysteme**, ausgebildet als Normale oder Gra dientsonden. Diese Sonden gestatten, den Bereich des Filterkuchens und de bohrlochnächsten Zone zu untersuchen (Abb.). Die Systeme haben ein se hohes Auflösungsvermögen, daß sie sogar die Feinstruktur von Sandsteiner sichtbar machen können (Kreuzschichtung, Parallelschichtung). Benutzt ma 3 Elektrodensysteme in einer Ebene oder dazu ein geeignetes Instrument für die Azimutbestimmung, erhält man die genaue Lage der Straten im Raum Das ist das Prinzip der **Stratamessung**. Alle elektrischen Messungen sind nu in unverrohrten Bohrungen möglich. Die Widerstandsmessungen geben zu sammengefaßt folgende Informationen: Zugehörigkeit der durchbohrten Ge steine zu lithologischen Gruppen, Art des Poreninhaltes, Wassersättigung Für die Wassersättigung muß noch der Ionengehalt des Porenwassers be stimmt werden. Das ist durch Test oder mittels der Eigenpotentialmethode möglich.

Ein Nachteil dieser Potential- und Gradientenmessungen ist, daß wegen de kugelförmigen Stromausbreitung bei dünnen Schichten auch ein Teil der be nachbarten in die Messung einbezogen ist. Jedoch benötigt man speziell für die Bestimmung der Wassersättigung zutreffende spezifische Widerstände auch in dünnen Schichten und in der bohrlochferneren, von der Spülung nicht be einflußten Zone. Die Wassersättigung ist notwendig für das Errechnen der Öl oder Gassättigung. Zur Lösung dieses Problems hat man fokussierte Verfahren entwickelt, bei denen durch geeignete Gegenströme unter und über dem Meß system eine Ausbreitung des Stromes in die Schicht hinein erzwungen wird Dieses Verfahren wird **Laterolog** genannt. Hierbei hat die bohrlochnahe Zone einen geringen Einfluß, und das Verfahren kann noch brauchbare Werte in ziemlich salzigen Spülungen liefern, die sonst wegen des Kurzschlusses in der Spülungssäule keine normalen elektrischen Messungen gestatten. Ein Verfahren, das elektrische Messungen in schlecht- oder nichtleitenden Spülun gen erlaubt, ist das **Induktionslog**. Bei dieser Methode wird Wechselstrom dem Bohrloch nicht direkt, sondern induktiv über Spulen zugeführt. Das Magnet feld des im Gebirge induzierten Stromes erzeugt in einer Meßspule wiederum Ströme, die von der Leitfähigkeit des Gesteins abhängen. Auch diese Systeme sind fokussiert und ergeben sehr gute Werte des spezifischen Widerstandes zur Bestimmung der Wasser- und Ölsättigung, auch in Öl- oder Luftspülungen.

Auf natürlichen Erdströmen beruht die **Eigenpotential-Methode** (SP). Eigen potentiale wurden schon bei den geophysikalischen Feldverfahren genannt. Im Bohrloch beruhen sie darauf, daß sich bei Eindringen von Spülungsfiltrat in durchlässige Schichten zwischen dem relativ süßen Filtrat und dem salzigen Porenwasser sowie durch Membranwirkung an Tonen elektrochemische Kontakt- und Membranpotentiale ausbilden, die einen elektrischen Strom ver ursachen. Solche Potentiale können sich auch in durchlässigen Gesteinen ausbilden und gestatten, permeable von nichtpermeablen Gesteinen zu unter scheiden. Da die genannten Potentiale auch vom Konzentrationsunterschied der Salze im Filtrat und im Porenwasser abhängen, ergibt die Methode unter

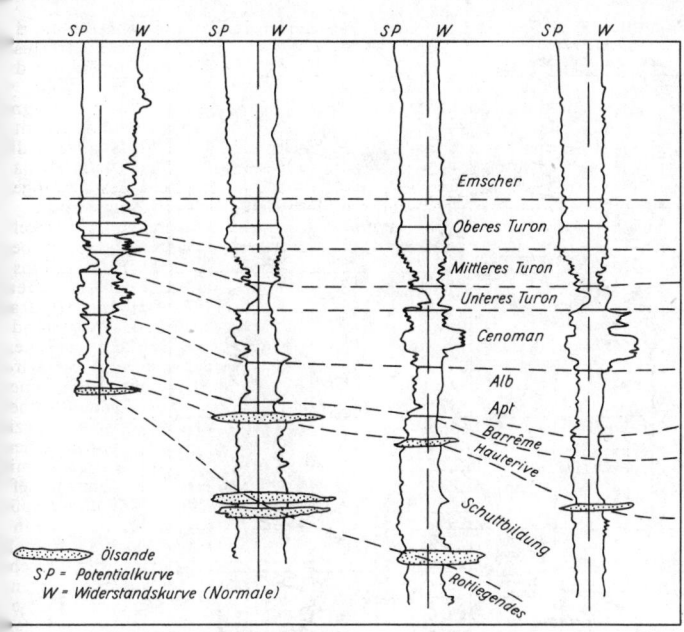

Konstruktion eines geologischen Profils durch die Verknüpfung elektrischer Bohrlochmessungen (nach Deecke 1949)

günstigen Bedingungen die Möglichkeit, die Ionenkonzentration des Wassers im Gestein zu bestimmen.

Die bisher genannten Verfahren Normale, Laterale, wahlweise Induktions- oder Laterolog und SP gehören zum Grundprogramm jeder Tiefbohrung, die eine Parallelisierung der Schichten in verschiedenen Bohrungen gestatten (Abb.). Man ergänzt sie durch Spezialmessungen. In der Erdölerkundung gehören hierzu besonders die Verfahren zur Porositätsbestimmung. Wenn es auch möglich ist, mit elektrischen Widerstandsmessungen Porositäten festzulegen, ist das in der Praxis nur ungenau möglich. Das wichtigste Verfahren hierzu ist das **Akustiklog**. Durch einen Ultraschallsender werden im Bohrloch elastische Wellen erregt, deren Ausbreitungsgeschwindigkeit mit im festen Abstand zur Erregung angeordneten Empfängern bestimmt wird. Da die im Gestein gelaufenen Wellen wesentlich schneller sind als die in der Bohrspülung, können sie leicht erkannt und registriert werden. Die automatisch errechnete Geschwindigkeit wird als fortlaufende Kurve aufgezeichnet. Diese Wellengeschwindigkeit ist eine Funktion der Porosität; denn sie ist eine Mittelgeschwindigkeit aus den Ausbreitungsgeschwindigkeiten im Gesteinskorn und im Porenwasser entsprechend den Anteilen dieser Komponenten. Wenn die Wellengeschwindigkeit in den Gesteinskörnern bekannt ist, kann die Porosität errechnet werden. Die Methode läßt auch lithologische Bestimmungen und das Festlegen von Schichtgrenzen zu. Eine spezielle Ausbildung des Akustiklogs macht es möglich, die Güte und Vollständigkeit der Zementierung von Verrohrungen zu untersuchen (**Zementlog**).

Gute Porositätswerte liefert das **Gamma-Gamma-Log**, das auf radiometrischer Dichtemessung beruht. Von einer Quelle ausgesandte Gammastrahlen werden in der Materie durch Streuung und Absorption geschwächt, proportional der Zahl der vorhandenen Atome, d. h. also auch der Dichte. In der Bohrung wird die aus dem Gebirge zurückgelenkte Streustrahlung mit geeigneten Gammazählern registriert (Zählrohr, Scintillometer). Wegen ihrer linearen Abhängigkeit von Dichte und Porosität bei bekannter Dichte der Gesteinskörner bekommt man eine wenig gestörte Porositätsmessung, die z. B. bei elektrischen Messungen wegen des Tongehaltes sehr unsicher wird. Darüber hinaus sind mit dieser Methode Gesteine zu unterscheiden, die zwar eine unterschiedliche Dichte haben, aber elektrisch nicht genügend voneinander abweichen (z. B. Kalksteine und Dolomite). Ein großer Vorteil radiometrischer Messungen ist, daß sie auch in verrohrten Bohrungen durchgeführt werden können. Häufig angewendet wird die Messung der natürlichen Radioaktivität (**Gamma-Log**), die nicht nur dem Aufsuchen radioaktiver Erze oder radioaktiver Kalisalze dient. Ihre Hauptanwendung beruht vielmehr darauf, daß Tone adsorbiert radioaktive Salze enthalten, Sande und Kalke aber nicht. Somit kann man tonige von nichttonigen Gesteinen unterscheiden. Da tonige Gesteine im allgemeinen nicht permeabel sind, dient diese Methode als Ersatz für SP-Messungen in verrohrten Bohrungen oder Salzspülungen.

Radiometrische Bohrlochmessungen. Bei der Gamma-Kurve beachte die großen Ausschläge bei tonigen Gesteinen und besonders bei Kalisalz. Bei der Neutronen-Gamma-Kurve sind die großen Ausschläge in den nichtporösen Schichten. Beachte auch die starke Kalibererweiterung des Bohrlochs in den Salzablagerungen

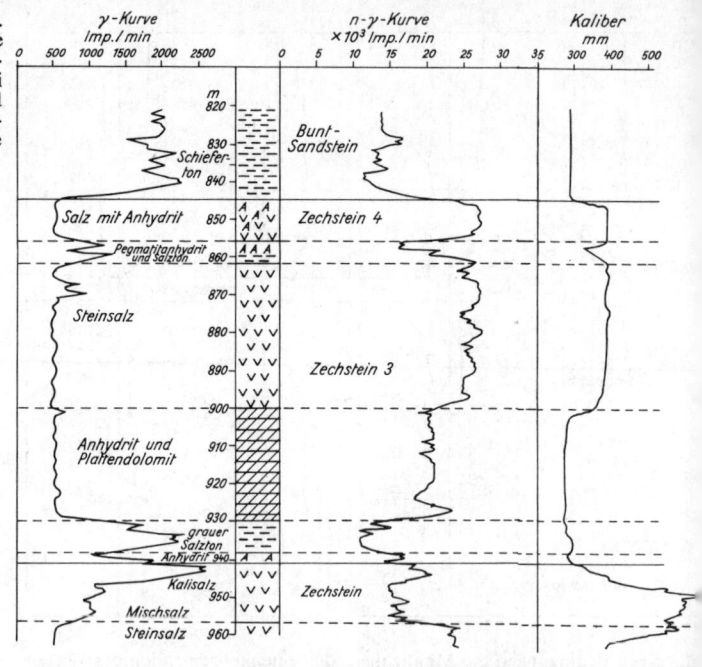

Für Spezialaufgaben steht noch die **Neutronen-Gamma-Methode** zur Verfügung. Eine Neutronenquelle im Bohrloch schleudert schnelle Neutronen aus Diese werden von der umgebenden Materie zu langsamen, thermischen Neutronen gebremst, die von Atomkernen einfangbar sind. Der Einfangvorgang wird von der Aussendung sekundärer Gammastrahlen begleitet, die gemessen werden. Die geologische Bedeutung besteht darin, daß die Bremswirkung und damit die Zahl der entstehenden thermischen, einfangbaren Neutronen bei Wasserstoff herausragend groß ist, Wasserstoff (außer in Tonen) aber nur in den Poren vorhanden ist. In tonfreien Gesteinen geringer Porosität (z. B. Kalksteinen, Dolomiten) liefert diese Methode das geeignetste Porositätslog. Die Zahl der thermischen Neutronen kann auch direkt bestimmt werden (Neutron–Neutron-Methode); doch ist der technische Aufwand höher.

Beim Betrachten der Neutronen-Gamma-Kurve (Abb.) ist zu beachten, daß in der Praxis das Zählen der sekundären Gammastrahlung und der Neutronendichte aus technischen Gründen in größerer Entfernung von der Neutronenquelle vorgenommen werden muß. Dann kehren sich die Verhältnisse gegenüber den vorher gegebenen Erklärungen um, weil in porösen Gesteinen die Neutronen schon nahe der Quelle vom Wasserstoff abgebremst werden und nicht so weit gelangen können, daß sie den Zähler erreichen. In wenig porösen Gesteinen werden dagegen die Neutronen erst in größerer Entfernung von der Quelle thermisch. Dabei muß stets der Wasserstoff der Spülung als Störquelle in Rechnung gestellt werden. Das ist möglich, wenn durch eine Kalibermessung fortlaufend der Bohrlochdurchmesser bestimmt wird. Bei diesen **Kalibermessungen**, die auch für andere Methoden notwendig sind, wird der Bohrlochdurchmesser durch bewegliche Federbügel abgetastet, deren Entfernung voneinander, elektrisch bestimmt, übertragen und registriert wird.

Eine direkte Bestimmung des Chemismus der Gesteine erlauben in bestimmten Grenzen die **Gamma-Spektroskopie** (S. 67) und die **Aktivierungsanalysen**. Man bekommt bei dieser Methode eine Kurve der Impulszahlen in Abhängigkeit von der Energie der Gammastrahlen. Ist ein bestimmtes Element vorhanden, erscheint es bei der zu ihm gehörigen Energie (oder Energien) mit entsprechenden Peaks. Bei der Aktivierungsanalyse wird z. B. Natrium, das im Salzwasser, aber nicht in Öl vorhanden ist, mit Neutronen zu Radionatrium aktiviert, das mit einer Halbwertszeit von 15 Stunden zerfällt. Diese Zerfallskurve unterscheidet sich von der anderer aktivierter Atome. Diese Tatsache wird zur Analyse verwendet. Andere Verfahren benutzen die hohe Energie der Einfangstrahlung des Chlors, um diesen Stoff stellvertretend für Porenwasser zu identifizieren. Solche Verfahren dienen zum Bestimmen des Öl-Wasser-Kontaktes in Lagerstätten. Auch andere Elemente lassen sich auf diese Weise feststellen, z. B. bei der Erzerkundung.

Für den Nachweis von Erzen geeignet sind auch die **magnetischen Bohrloch-**

messungen und die Bestimmung der induzierten Polarisation, die bei den geophysikalischen Feldverfahren erwähnt wurde (S. 512). Andere Verfahren dienen der Verbesserung der Interpretation oder der Übermittlung notwendiger technischer Informationen wie die Anzeige von Rohrschäden und Fangobjekten, für Temperaturmessungen und Bestimmung der Klüftigkeit von Gesteinen. Fernsehsonden gestatten außerdem direkte Beobachtungen im Bohrloch.

Die Kombination verschiedener Verfahren ergibt zusammen mit Spülproben und Bohrkernen eine im ganzen erschöpfende Auskunft über das durchbohrte Gebirge. *R. Meinhold*

Angewandte Geochemie

Die Angewandte Geochemie macht sich die Kenntnisse zunutze, die die Geochemie aus dem Studium der Verteilungsgesetzmäßigkeiten der chemischen Elemente und Isotope der Erde gewonnen hat (vgl. Kapitel »Chemie der Erde«), indem sie diese zielgerichtet zum Beispiel beim Aufsuchen von Lagerstätten anwendet.

Grundlagen

Nach der Zielstellung kann man innerhalb der Angewandten Geochemie 4 Aufgabenbereiche unterscheiden:

1) Geochemische Methoden der Suche von Lagerstätten (Geochemische Prospektion). Im Gegensatz zu STAMMBERGER (vgl. Kapitel »Ökonomische Geologie«), der unter »Prospektion« nur das unwissenschaftliche und unmethodische Aufsuchen von Lagerstätten versteht, ist »Geochemische Prospektion« eine wissenschaftliche Methode für die Suche von Lagerstätten, vor allem auch im sowjetischen Schrifttum.
2) Geochemische Methoden der Erkundung und genetischen Deutung von Lagerstätten (Lagerstättengeochemie), z. B. Untersuchungen zur mineralogisch-geochemischen Zusammensetzung einer Lagerstätte, zur Herkunft des Lagerstätteninhalts, zu den Konzentrationsbedingungen bei der Lagerstättenbildung bzw. -umwandlung.
3) Geochemische Methoden zur Untersuchung und genetischen Deutung von Magmen und Gesteinen (Angewandte Gesteinsgeochemie), Untersuchungen zur Zusammensetzung, Differentiation, Verwitterung sowie Genese.
4) Geochemische Untersuchungen über den Einfluß des Menschen auf den Elementhaushalt der Natur (Anthropo- bzw. Technogeochemie, Umweltgeochemie).

Die Angewandte Geochemie ist ein junger Wissenschaftszweig. Die ersten systematischen geochemischen Erkundungen wurden in den 30er Jahren vor allem in der Sowjetunion begonnen (FLEROV 1935; FERSMAN 1939). Ein wesentlicher Durchbruch in der Anwendung geochemischer Erkenntnisse erfolgte erst ab 1950. Seitdem steigen Anzahl und Umfang solcher Arbeiten stark an. Als jüngster Bereich ist die »Umweltgeochemie« seit Mitte der 60er Jahre in einem rapiden Auf- und Ausbau begriffen. Da es sich hierbei um Untersuchungen handelt, die mit geochemischen Methoden zum Erkennen der direkten Wechselwirkungen Mensch – Umwelt beitragen wollen, werden diese Arbeiten zunehmende Bedeutung erlangen.

Das Anwachsen der Bereiche und Methoden der Angewandten Geochemie hat entwicklungsbedingte Ursachen. Dies sind im wesentlichen:
– Der immer kompliziertere Nachweis bisher nicht entdeckter Lagerstätten von Erzen und anderen mineralischen Rohstoffen, da der Anteil an leicht auffindbaren, an der Erdoberfläche erkennbaren Mineralkonzentrationen mehr und mehr zurückgeht. Die Suche konzentriert sich auf »verdeckte«, in größerer Teufe auftretende Lagerstätten.
– Eine sich ständig verbessernde Analysentechnik mit hoher Nachweisempfindlichkeit (Elementgehalte bis weit unter $0,1\%$), einem großen Probendurchsatz und eine schnelle Bestimmungstechnik (Schnellanalyse) mit der gleichzeitigen Ermittlung möglichst vieler Elemente.
– Die zunehmende Industrialisierung und die damit verbundene Umweltbeeinflussung.

Den Methoden der Angewandten Geochemie liegen die Gesetzmäßigkeiten zugrunde, nach denen sich die Verteilung der chemischen Elemente in der Natur regelt. Man faßt alle Vorgänge, die zu einer Dispersion oder Konzentration der Elemente einschließlich ihrer Isotope in der Erdrinde führen, unter dem Begriff der »geochemischen Migration der Elemente« zusammen (vgl. Kapitel »Chemie der Erde«). Da die Migration nach bestimmten Gesetzen verläuft, lassen sich Voraussagen treffen hinsichtlich des Auftretens von Elementen, ihrer Verbindungen und Isotope in geologischen Bildungen. Man kann aber nicht nur Schlußfolgerungen ziehen über die Bildungs- und Entwicklungsbedingungen der Minerale, Gesteine und Lagerstätten, sondern auch über das Verhalten und den Einfluß chemischer Elemente, Verbindungen und Isotope in und auf die Natur im allgemeinen.

Bei all diesen Untersuchungen geht es neben den Elementen, die in Gehalten von mehreren Prozenten auftreten, vor allem um Elemente, die in geringen und geringsten Mengen, also nur in Spuren vorhanden sind und daher als **Spurenelemente** bezeichnet werden. Da die Stoffverschiebungen, die interessieren, meist in kleinsten Konzentrationsbereichen vor sich gehen, sind die Methoden der Angewandten Geochemie darauf gerichtet, insbesondere qualitative und quantitative Veränderungen der Konzentration im Spurenelementbereich zu erkunden. Die Analysenmethoden müssen deshalb sehr empfindlich sein. Zur Anwendung gelangen vorwiegend die optische Emissionsspektralanalyse und die Röntgenfluoreszenzanalyse, weiterhin die Photometrie, die Kolorimetrie und die Polarographie sowie die Atomabsorptionsanalyse und die Neutronenaktivierungsanalyse.

Zur Bestimmung der Isotopenzusammensetzung wird die Massenspektrometrie eingesetzt.

Während die Mehrzahl der anfallenden Proben in stationären Laboratorien untersucht wird, gibt es auch einige Verfahren und Geräte, die zur direkten Bestimmung im Feld geeignet sind. Es sind dies einmal röntgen-radiometrische sowie nach dem Mößbauer-Effekt arbeitende tragbare Geräte zum Messen von Elementgehalten, z. B. Uran und Zinn am Handstück, im Aufschluß oder am Bohrkern. Zum anderen werden in kleinen Feldlaboratorien kolorimetrische Verfahren (visueller Vergleich mit Lösungen bekannter Gehalte) und zum qualitativen Elementnachweis die Tüpfelprobe und Anfärbemethoden herangezogen. Ionensensitive Elektroden, die nach dem Prinzip der elektrischen Potentialmessung arbeiten, werden bereits unter Feldbedingungen mit Erfolg zum Nachweis von Fluorid-Ionen eingesetzt.

Lumineszenzuntersuchungen eignen sich zum Erkennen bestimmter Minerale (z. B. Scheelit).

Die Aeroprospektion, d. h. eine Prospektion vom Flugzeug aus, hat sich bisher bei der Suche radioaktiver Elementkonzentrationen bewährt.

Voraussetzung für die Gewinnung reproduzierbarer Ergebnisse ist eine richtige Probenahme. Die optimale Probenanzahl und -masse, die zum Ermitteln der räumlich geochemischen Gesetzmäßigkeiten notwendig ist, müssen gewährleistet sein. Dabei ist die Lage der Probenahmepunkte im Gelände bzw. im zu untersuchenden Medium von Bedeutung. Zufallsstatistische Einflüsse, z. B. die bevorzugte Einbeziehung »typischen« Materials, sind auszuschalten. Die Repräsentanz des Probenmaterials für das jeweilige Untersuchungsobjekt stellt die wichtigste Forderung dar.

Die mathematische Auswertung geochemischer Daten umfaßt numerische und graphische Methoden. Bei Vorliegen größerer Datenmengen gelangen statistische Verfahren zur Anwendung: Von der einfachen Korrelations- und Regressionsanalyse über Diskriminanzanalyse bis zu den Trend-, Varianz-, Faktor- und Vektoranalysen.

Der Hauptanteil der wissenschaftlichen Arbeit liegt in der Interpretation der Ergebnisse. Die Schlußfolgerungen, die man aus der nach dem jeweiligen Untersuchungsziel angefertigten Datenzusammenstellung und -auswertung ziehen kann, erfordern ein hohes Maß nicht nur an geochemischen, sondern auch an allgemeinen geowissenschaftlichen Kenntnissen und Erfahrungen.

Es sei betont, daß die Methoden der Angewandten Geochemie allein oft nicht die erhofften Erfolge bringen. Viele Aufgaben lassen sich erst durch Vergleiche und das Einbeziehen von Ergebnissen anderer geo- und naturwissenschaftlicher Disziplinen (z. B. Mineralogie, Angewandte Geophysik, Regionale Geologie und Tektonik, Biologie, Hydrologie) und auch technischer Bereiche (wie Metallurgie, Hüttenkunde usw.) lösen.

Geochemische Suche und Erkundung (Geochemische Prospektion)

Unter Geochemischer Suche und Erkundung versteht man das Suchen nach mineralischen Rohstoffen mit Methoden zum systematischen Ermitteln geochemischer Anomalien in natürlich vorkommendem Material.

Diese Untersuchungen gehen davon aus, daß die meisten (Erz-)Lagerstätten von einem Bereich (Aureole, Hof) umgeben sind, in dem die lagerstättenbildenden Elemente, wenn auch in nicht gewinnbarer, so doch in über dem Clarke-Wert liegender Konzentration vorhanden sind. Bei der Verwitterung tritt an der Erdoberfläche außer der chemischen Aureole ein oft makroskopisch sichtbarer Dispersionshof mechanisch zerkleinerten Lagerstättenmaterials auf.

Das Feststellen eines geochemischen Dispersionshofes, der meist die mehrfache Größe der Lagerstätte selbst hat, erleichtert das Auffinden von im allgemeinen nicht sichtbaren Lagerstätten. Dispersionsaureolen mit erhöhten, anomalen Gehalten an bestimmten Elementen können im Gestein, im Boden, im Wasser, in Gasen und in Pflanzen ausgebildet sein. Je nach dem Untersuchungsgegenstand unterscheiden wir die verschiedenen Methoden: **litho-, pedo-, hydro-, atmo-** und **biogeochemische** sowie **geobotanische** Prospektion. Die mineralogische Erkundung findet meist in Verbindung mit chemischen Methoden Anwendung bei Verwitterungsbildungen (Oxydationszone bzw. Untersuchung von durch Wasser, Wind und Eis transportierten Partikeln).

Bildet sich ein Dispersionshof bereits bei der Entstehung einer Lagerstätte, so spricht man von einem primären Dispersionshof. Bei jeder Erzbildung, ob unter magmatischen oder metamorphen Bedingungen, benutzen die Gase oder Lösungen unter entsprechenden physiko-chemischen Bedingungen nicht nur Spalten, Klüfte oder feinste Risse in den Gesteinen als Migrationswege zur Erzabscheidung, sondern die »Transportmedien« diffundieren oft weit in das Nebengestein hinein. Dabei können sie migrationsfreudige Elemente, die bei der Erzbildung nicht vollständig oder nur in geringem Maße ausgefüllt und festgehalten wurden, bis in größere Entfernungen vom Erzkörper verschleppen.

Wie die Abbildung lehrt, werden z. B. bestimmte Typen von Blei-Zink-Lagerstätten durch eine Arsen-Quecksilber-Antimon-Aureole angezeigt. Meist lassen erst mehrere Indikatorelemente in der Summe die Anomalie erkennen. Bei verschiedenen Lagerstättentypen können Indikatorelemente unterschieden werden, die im Hangenden und die im Liegenden der Erzkörper fixiert sind. Man nennt sie Über-Erz-Elemente und Unter-Erz-Elemente (Abb.). Wenn diese Gesetzmäßigkeiten bekannt sind, kann man bei Antreffen einer Anomalie von Über-Erz-Elementen mit Sicherheit sagen, daß sich die Lagerstätte darunter befindet. Dann muß man versuchen, sie zunächst mit Bohrungen zu lokalisieren. Wenn sich aber eine Anomalie von Unter-Erz-Elementen herausstellt, dann ist die Lagerstätte, die ehemals darüber vorhanden war, bereits abgetragen, und weitere Sucharbeiten versprechen keinen Erfolg.

Auch im Nebengestein von Erzgängen sind Infiltrationshöfe bekannt geworden. So enthält der Biotitgneis im Freiberger Revier erhöhte Gehalte (bis 1200 ppm) besonders an Blei und Zink bis zu einer Entfernung von 5 m von den Erzgängen. Vielfach haben sich Quecksilber-Aureolen bei der Suche von Blei-Zink-Lagerstätten und anderen hydrothermalen Ganglagerstätten bewährt.

Primäre Dispersionshöfe lassen sich an der Erdoberfläche nur in solchen Klimabereichen untersuchen, in denen keine Verwitterungsbildungen oder kaum Detritusbedeckung vorhanden sind (Fennoskandia, Karelien). Im allgemeinen werden solche Höfe durch lithogeochemische (Tiefen-)Erkundung untersucht (Gesteinsmaterial aus Bohrungen und bergbaulichen Aufschlüssen). Auch die Analyse von Wasser- und Gasproben aus oder über tieferreichenden Kluft- und Störungssystemen kann Hinweise ergeben.

Im Verlauf der Erdgeschichte unterliegen die primären Dispersionshöfe und die Lagerstätten besonders durch die Vorgänge der Verwitterung und Abtragung selbst nachträglichen Veränderungen. Diese Stoffumverteilung, die sich bei oberflächlich angeschnittenen Lagerstätten in einer chemischen und/oder mechanischen Zersetzung der Erze äußert, führt zur Ausbildung eines »sekundären« Dispersionshofes. Bei der sekundären Dispersion werden die Verwitterungsprodukte als klastische Bestandteile (Blöcke, Körner) oder in wäßriger Lösung (Ionen oder Moleküle) transportiert.

Einfluß auf die Dispersion klastischer Produkte haben neben der Schwerkraft die Masse, Dichte und Widerstandsfähigkeit der Körner und vor allem die Transportmedien wie fließendes Wasser, Wellen, Wind und Eis. Für die Erkundung solcher sekundärer Dispersionshöfe werden mineralogisch-geochemische Methoden herangezogen, z. B.

1) die chemische Untersuchung von Sedimentproben fließender Gewässer (sog. Stream-Sediment-Prospektion) und
2) die mineralogische Untersuchung von
   - natürlichen Schwermineralanreicherungen (Seifenprospektion), die durch die Tätigkeit des Wassers (u. a. Fluß- und Strandseifen) und des Windes (äolische Seifen in Wüstengebieten) entstanden sind;
   - Schwermineralkonzentrationen, hergestellt (»gewaschen«) aus Sedimentproben fließender Gewässer (sog. »Schlichprospektion«);
   - spezifischen Gesteins- und Erzblöcken sowie -bröckchen (Geschieben), die durch Eis (Gletscher oder Eisberge) transportiert werden (z. B. die in Fennoskandia angewendete Boulder-Prospektion).

Die Ionen- und Moleküldispersion, die durch Oberflächen-, Grund- und Kapillarwässer sowie durch elektrochemische Vorgänge erfolgt, hängt von den verschiedensten Migrationsfaktoren ab, wobei die geochemische Fazies einschließlich geochemischer Barrieren von besonderem Einfluß sind. Dabei sei erwähnt, daß die Methoden der Faziesdiagnostik von Sedimenten und Sedimentiten auf die Suche und Erkundung sedimentogener Lagerstätten verstärkt eingesetzt werden.

Zum Aufsuchen sekundärer Element-Dispersionshöfe können verschiedene Verfahren angewandt werden. Die hauptsächlichen sind:
1) **Pedogeochemische Prospektion.** Nach einem genauen Plan (Profil, Netz) werden Bodenproben, vorwiegend nur feine und feinste Kornfraktionen (< 1 oder 0,1 mm), meist aus dem B-Horizont, aber auch aus der Humusschicht auf bestimmte Spuren analysiert (Abb.). Zur Vorkonzentrierung der Elemente können diese Proben mit schwachen Säuren behandelt und entsprechende Elemente extrahiert werden.

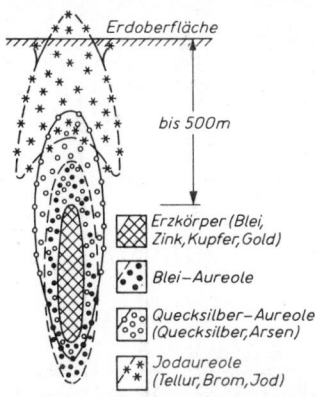

Idealisiertes und verallgemeinertes Schema der Primäraureolen unterschiedlich migrationsfreudiger Elemente um einen hydrothermalen Erzkörper (nach Solowow)

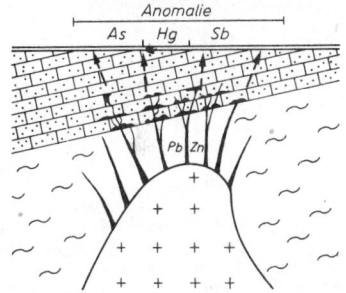

Schematische Darstellung einer magmatogenen Blei-Zink-Lagerstätte, deren äußerer primärer Dispersionshof mit den Indikatorelementen (Arsen, Quecksilber und Antimon) an der Erdoberfläche ausstreicht

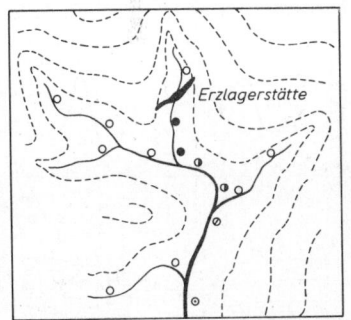

Schematische Darstellung der hydrogeochemischen Prospektion (sowie Stream-Sediment- und Schlichprospektion) auf eine Erzlagerstätte. Die Kreise stellen die Höhe der Elementgehalte (bzw. eines Minerals bzw. Mineralgruppe) im Flußwasser (-sediment) dar

Schematische Darstellung der pedogeochemischen Prospektion auf einen Erzgang (aus Rösler u. Lange)

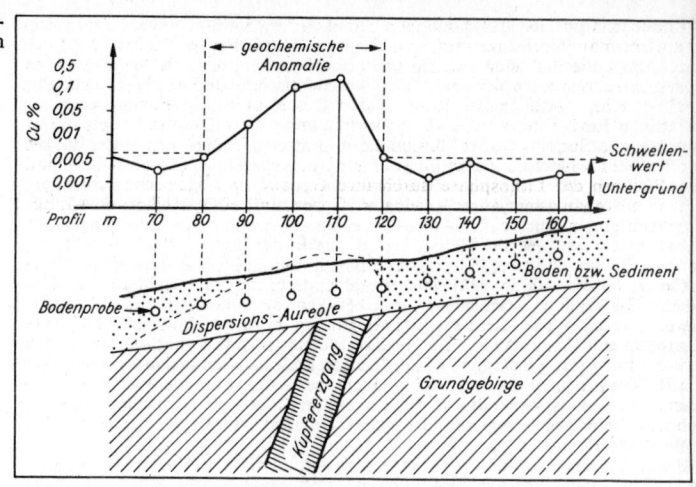

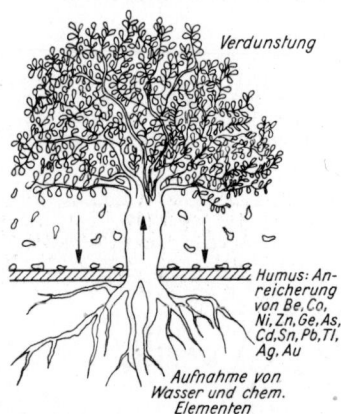

Aufnahme von chemischen Elementen aus dem Boden durch die Pflanzen und Anreicherung der Elemente im obersten Bodenhorizont (klassische Darstellung nach Goldschmidt)

Tab. Annähernder Metallgehalt in der Asche gewöhnlicher Pflanzen und solcher, die über Lagerstätten gewachsen sind (nach A. P. Winogradow)

Bei allen Sucharbeiten in Kulturlandschaften sind mögliche Störungen durch Düngemittel, Industrieabfälle oder auch die Beeinflussung durch das Anlegen von Verkehrswegen zu beachten. Untersuchungen über solche Veränderungen sind Gegenstand der Geochemie der Umwelt.

2) **Hydrogeochemische Prospektion.** Anhaltspunkte geben oft gewisse Elemente in Flüssen, Bächen, Quellen und Brunnen. Findet man in einem Fluß entsprechende Spurenelemente, wird man flußaufwärts die Nebenflüsse untersuchen, dann jeweils dem Fluß mit der größten Konzentration folgen und so schließlich bis in die Nähe des Ursprungs der Anfallösungen kommen (Abb.). In Mitteleuropa eignen sich größere Flüsse kaum für diese Methode, da sie durch Industrie- und Abwässer meist stark verunreinigt sind. Daher muß man sich auf Quellen, Rinnsale, Bäche und kleinere Flüsse beschränken.

3) **Biogeochemische und geobotanische Prospektion** (Biochemische Suche). Pflanzen und Pflanzenteile werden auf die Gehalte an Metallen analysiert, die durch die Wurzeln aufgenommen werden (Abb.). Die Pflanzensubstanz wird getrocknet, verascht und nach üblichen Verfahren analysiert (Tab.).

Metall	Metallgehalt (%)		Konzentrationsgrad (ungefähr)
	in gewöhnlichen Pflanzen	über Lagerstätten gewachsene	
W	$5 \cdot 10^{-4}$	$n \cdot 10^{-2}$	100
Cr	$5 \cdot 10^{-4}$	$1 \cdot 10^{-2}$	200
Mn	$1 \cdot 10^{-2}$	10	1000
Co	$4 \cdot 10^{-4}$	$6 \cdot 10^{-3}$	10
Ni	$1 \cdot 10^{-3}$	$n \cdot 10^{-2}$	100
Cu	$5 \cdot 10^{-3}$	$n \cdot 10^{-1}$	100
Zn	$1 \cdot 10^{-2}$	$1 \cdot 10^{0}$	100
Mo	$5 \cdot 10^{-4}$	$n \cdot 10^{-2}$	100
Pb	$1 \cdot 10^{-4}$	$1 \cdot 10^{-2}$	100

Die geobotanische Prospektion befaßt sich hauptsächlich mit dem Feststellen von Indikatorpflanzen. In der Land- und Forstwirtschaft ist seit langem bekannt, daß gewisse Pflanzen bestimmte Böden mit charakteristischen chemischen und physikalischen Eigenschaften bevorzugen, z. B. Sumpfpflanzen, Salzpflanzen, Kalkpflanzen bzw. Kalkflieher. Interessant für die biogeochemische Suche sind bodenanzeigende Pflanzen, die auf Erze und andere mineralische Rohstoffe hinweisen, z. B. das Galmei-Veilchen (Viola calaminaria) als Zink-Indikator.

4) **Atmogeochemische oder Gasprospektion.** Das Haupteinsatzgebiet dieser Methode liegt in der Suche von Kohlenwasserstofflagerstätten und von Lagerstätten radioaktiver Substanzen. Beide Lagerstättentypen geben gasförmige Umwandlungsprodukte ab, die untertage und an der Erdoberfläche nachgewiesen werden können. Entweder wird die Bodenluft aus 1,5 bis 2 m Tiefe entnommen oder tiefliegenden Sedimentgesteinen entzogen und analysiert. Tektonische Störungen sind Zonen verstärkter Migration,

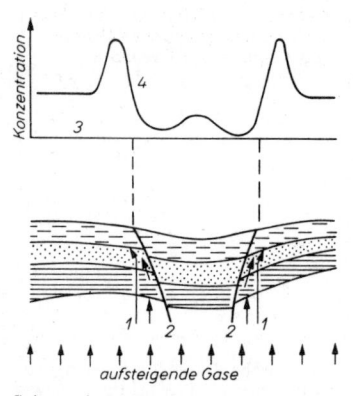

Schematische Darstellung einer Kohlenwasserstoff-Suche (Stegena). 1 Migrationsrichtung der Kohlenwasserstoffe, 2 Störungen, 3 Erdoberfläche, 4 Kohlenwasserstoffverteilung an der Erdoberfläche

insbesondere der leichtflüchtigen Elemente und Verbindungen. Durch Oberflächenuntersuchungen lassen sich einmal die Störungen selbst lokalisieren (Abb.) oder Schlüsse auf den substantiellen Charakter tiefliegender Liefergebiete ziehen. Vorteilhaft für diese Methode sind Edelgase (besonders Helium), Kohlenwasserstoffe, Quecksilber und die Emanationen (vor allem RaC).

Für die Suche von Erdöllagerstätten sind die Erdölschichtwässer (Tiefenwässer) von Bedeutung. Diese Tiefenwässer unterscheiden sich von den Wässern der Lithosphäre durch ihre Gehalte an organischen Substanzen (u. a. organische Säuren), gelösten Gasen und einer Reihe anorganischer Komponenten.

Geochemische Erkundung und genetische Deutung von Lagerstätten

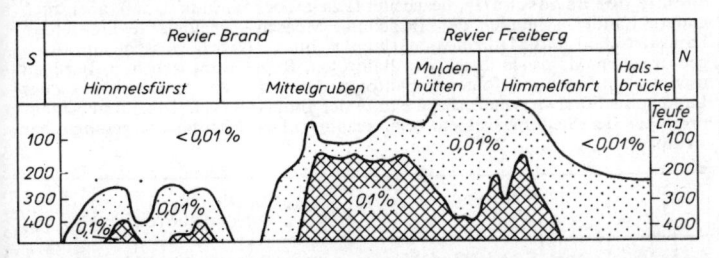

Geochemische Untersuchungen an Lagerstätten sind so zahlreich und vielseitig, daß nur wenige Beispiele genannt werden können. Folgende Probleme werden bearbeitet: Geochemische Beziehungen zwischen Neben- und Muttergestein und Lagerstätte, Verteilung der mineral- und elementparagenetischen Verhältnisse in Abhängigkeit von Raum und Zeit (u. a. geochemische Faziesanalyse und geochemische Barrieren bei sedimentogenen Lagerstätten). Feststellen von sekundären Elementverschiebungen, Nebengesteinsumwandlungen, Untersuchung von Mineraleinschlüssen (flüssig oder gasförmig) zur Bestimmung des Charakters der erzbildenden Medien. Ein Beispiel zeigt die Abbildung.

Die Verteilung der Wismutgehalte im Galenit der kiesig-blendigen Erzformation als Abbildung der Isothermalflächen im Erzrevier Brand-Freiberg-Halsbrücke (nach Oelsner u. Baumann)

Bei Salzlagerstätten hat die Geochemie der Hauptelemente eine lange Tradition (VAN'T HOFF, S. 484). Spurenelemente werden erst in jüngster Zeit zur Klärung genetischer und stratigraphischer Fragen eingesetzt, z. B. über die Verteilung von Brom oder Rubidium.

Geochemische Untersuchungen an Kohlen und Torfen sowie an Erdöl- und Erdgaslagerstätten werden in immer stärkerem Maße angewandt (vgl. Abb.).

Bei den Grundwasserlagerstätten sind geochemische Methoden besonders zur Charakterisierung der Tiefenwässer (im Hinblick auf Erdöl, vgl. S. 490), der Trinkwässer (Qualitätseinstufung) und zur Bestimmung der Herkunft von Sedimentationslaugen von Bedeutung.

Geochemische Methoden zur Untersuchung und genetischen Deutung von Magmen und Gesteinen

Aus der Gesetzmäßigkeit der Elementverteilung im magmatischen Bereich (S. 55) werden Differentiationsvorgänge durch unterschiedliche Elementkonzentrationen deutlich. Vergleicht man gleiche Mineralphasen aus ultrabasischen über intermediäre bis zu sauren Gesteinen, so unterscheiden sie sich auch im Spurenelementchemismus.

Im sedimentäre Bereich sind neben die klassische geologische und paläontologische Untersuchung in neuerer Zeit geochemische Kriterien getreten. Die geochemische Faziesdiagnostik kann u. a. zur Lösung folgender Probleme beitragen: Entscheidung über terrestrische, fluviatil-limnische oder marine Sedimentation, Aussagen über klimatische Bedingungen und Verwitterungsart im Hinterland des Sedimentationsbeckens sowie über Herkunft und Transport des Sedimentationsmaterials; im marinen Bereich zur Feststellung der Faziesbereiche und Faziestypen, der Ablagerungstemperatur und -tiefe, des Salinitätsgrades, von potentiellen Erdölmuttergesteinen und Erzlagerstätten; Art und Grad epigenetischer Veränderung des Sediments. Die primären Faziesindikatoren können durch Diagenese und Metamorphose in unterschiedlichem Maße verändert werden, lassen sich aber mitunter selbst noch in hochmetamorphen Gesteinen nachweisen (vgl. Abb.).

Angewandte geochemische Untersuchungen im metamorphen Bereich haben vor allem folgende Zielstellungen (vgl. auch Kapitel »Metamorphose«):

1) Hinweise auf das Ausgangsmaterial zu erhalten, d. h. die Klärung der Frage, ob es sich um Ortho- oder Parametamorphite handelt; durch Vergleiche des Chemismus (Haupt- und Spurenelemente) des metamorphen Gesteins mit entsprechenden magmatischen oder sedimentären Bildungen.
2) Klärung der Frage, ob bei der Bildung eines metamorphen Gesteins Gleich-

gewichtsbedingungen geherrscht haben und demzufolge die Umkristallisation unter den Bedingungen eines nahezu geschlossenen Systems stattgefunden hat (u. a. Spurenelementverteilung in koexistierenden Mineralphasen eines Gesteins, z. B. Verteilung von V, Ni oder Co auf die Biotite und Hornblenden).

Den vergleichenden Untersuchungen zum Ermitteln des Ausgangsmaterials von Metamorphiten liegt die geochemisch wichtige Feststellung zugrunde, daß die Dynamometamorphose überwiegend isochem bzw. ohne nennenswerte Stoffaustauschvorgänge verläuft. Stoffmobilisationen, wie sie hauptsächlich im Bereich der Anatexis erfolgen, und Stoffaustauschvorgänge bei metasomatischen Prozessen erschweren die Deutung geochemischer Ergebnisse.

Ebenso wie die Element- wird auch die Isotopenverteilung von geologischen Vorgängen beeinflußt. Diese Untersuchungen fallen in das Arbeitsgebiet der Isotopengeochemie, auch als Isotopengeologie oder Isotopengeophysik bezeichnet. Dazu gehören auch die Methoden der physikalischen Altersbestimmungen (S. 283).

Geochemische Untersuchungen über den Einfluß des Menschen auf den Elementhaushalt der Natur

Das natürliche geochemische, insbesondere biologische Gleichgewicht wird immer mehr durch die direkte und indirekte Einwirkung des Menschen gestört. In vielen Industriestaaten sind die lokalen und regionalen geochemischen Verhältnisse schon heute meßbar verändert. In der Sowjetunion werden diese Probleme seit längerer Zeit in einem Teilgebiet der Geochemie, der »Geochemie der Landschaft«, bearbeitet (PERELMAN, WINOGRADOW), aber auch andere Länder schenken der Beziehung Mensch – geologische Umwelt in Landwirtschaft und Medizin verstärkte Beachtung. Neben Massentransporten geologischen Materials durch das Bauwesen, Regulierungsarbeiten, Bergbau usw. wirken besonders folgende Faktoren: Düngemittel und Herbizide in der Land- und Forstwirtschaft, Schadstoffe der Industrie (vgl. Tab.) und Abfallprodukte der Siedlungsgebiete (vgl. Kapitel »Der Mensch als geologischer Faktor«).

Tab. Beispiel des Pauschalchemismus von Niederschlagsproben innerhalb und außerhalb einer Großstadt (nach E. SCHROLT und H. KRACHSBERGER, 1970)

	Stadttyp Wien		Landtyp Niederösterreich	
Gesamtrückstand	5,03 g/m² u. Monat		2,86 g/m² u. Monat	
Zusammensetzung	(%)	(mg/m² u. Monat)	(%)	(mg/m² u. Monat)
SiO$_2$	26,4	1 327,9	9,95	284,6
Fe$_2$O$_3$	2,46	123,7	0,53	15,2
Al$_2$O$_3$	6,20	311,9	2,28	65,2
TiO$_2$	0,34	17,1	0,07	2,0
MnO	0,02	0,9	0,01	0,27
CaO	11,82	594,5	10,72	306,6
MgO	0,50	25,2	1,94	55,5
Na$_2$O	1,27	63,9	2,35	67,2
K$_2$O	1,43	71,9	5,90	168,7
SO$_3$	15,04	756,5	10,34	295,7
CO$_2$	1,0	50,3	3,1	88,7
P$_2$O$_5$	0,20	10,1	1,57	44,9
Cl	1,16	58,3	1,55	44,3
F	0,23	11,6	0,23	6,6
J	0,0012	0,06	0,0024	0,06
Pb	0,083	4,2	0,004	0,11
Glühverlust	31,4	1 579,4	49,9	1 427,1
Summe	99,55	5 007,5	100,45	2 872,8

Beispielsweise nehmen Pflanzen neben den Düngemittel-Nährstoffen in meist unkontrollierten Mengen Fremdstoffe aus Pestiziden auf. Ähnliche Einflüsse erfolgen beim Beizen von Getreide, beim Konservieren von Lebensmitteln oder beim Zumischen von Futterzusätzen.

Die Auswirkungen durch die Schadstoffe der Industrie auf Pflanze, Tier und den Menschen sind bisher erst in den Anfängen erforscht. Zu den wichtigen Maßnahmen des Umweltschutzes gehören weiter Vorschriften über höchstzulässige Konzentration der Luftverunreinigung. Ähnliche Probleme wie bei der Luftverschmutzung bestehen beim Wasser (Grundwasser, Fluß- und Meerwasser). Hier geht es unter anderem darum, der radioaktiven Verseuchung durch Abprodukte der Kernkraftwerke gesetzlich zu begegnen.

Das breite Gebiet des Umweltschutzes wird daher in zunehmendem Maße auch ein Tätigkeitsfeld der Angewandten Geochemie werden. *H. Lange*

Ökonomische Geologie

Wissenschaften entstehen und wachsen auf dem Boden der gesellschaftlichen Bedürfnisse. Mit der Ausweitung des Bergbaus und der Entwicklung bergbaulicher Großbetriebe im 19. und 20. Jahrhundert wurde die Entdeckung und Erkundung immer neuer mineralischer Lagerstätten zwingend und eine ausreichend gesicherte Vorratsbasis der Volkswirtschaft zur Notwendigkeit.

Historische Wurzeln und Gegenstand der ökonomischen Geologie

Dies war nur durch Anwendung wissenschaftlicher, vor allem geologischer Erkenntnisse, den Einsatz spezifischer, auf dieses Ziel gerichteter Verfahren und durch Fachleute möglich, die dieses wissenschaftliche und technische Instrumentarium beherrschten und in der Praxis erfolgreich einzusetzen vermochten.

Der wachsende Rohstoffbedarf der Gesellschaft führte nicht nur zur organisatorischen Loslösung der Lagerstättenerkundung vom Bergbau, mit dem sie jahrhundertelang verbunden war, sondern auch zur Spezialisierung der Geowissenschaftler, zur Vertiefung der Kenntnisse über die Entstehung und Verbreitung mineralischer Lagerstätten, zur Vervollkommnung und Erweiterung der überlieferten Arbeitsmethoden und einer selbständigen Wissenschaftsdisziplin für diese Aufgaben – der **ökonomischen Geologie**.

Als Wissenschaft ist die ökonomische Geologie somit ein Ergebnis der modernen Entwicklung der Wirtschaft, genauer des Bergbaus. Im Unterschied zu anderen geologischen Disziplinen ist sie ohne Bergbau nicht denkbar. Ihre erste große Blüte erlebte sie in den USA.

Amerikanische Geologen identifizierten sie (economic geology) ursprünglich weitgehend mit der »angewandten Geologie« im europäischen Sinne und bezeichneten als ihre wichtigsten Abschnitte die Untersuchung von Lagerstätten nutzbarer Minerale und Gesteine, des Grundwassers, der Herkunft und Zusammensetzung oberflächennaher Bildungen und die Anwendung der Prinzipien der Geologie für die Aufgaben der Projektierung von Ingenieurarbeiten (W. LINDGREN 1928).

Die Zugehörigkeit der ökonomischen Geologie zur angewandten Geologie, wenn man darunter jede Anwendung geologischer Erkenntnisse in Wirtschaft und Technik versteht, ist eindeutig. Aus der Fülle dieser praktischen Nutzanwendungen beschäftigt sich die ökonomische Geologie jedoch nur mit einem Teilgebiet. Daher präzisierten die amerikanischen Geologen wenige Jahrzehnte später als Wissenschaftsgegenstand der ökonomischen Geologie den Gesamtkomplex der wirtschaftlich genutzten mineralischen Rohstoffe und definierten als ihre Hauptfunktion die kontinuierliche Versorgung der Industrie mit bauwürdigen Vorräten (A. BATEMAN 1955); infolgedessen faßten sie in der ökonomischen Geologie die Lagerstättenlehre, die Suche und Erkundung (einschließlich Lagerstättenbewertung) und die Ökonomik der Rohstoffindustrie zusammen.

Die unausbleibliche Spezialisierung der Geowissenschaftler führte dazu, daß sich die einen ausschließlich mit der Lagerstättengenese und -beschreibung und andere mit der Suche und Erkundung oder auch Problemen der Rohstoffwirtschaft beschäftigten. Obwohl alle fortfuhren, ihr jeweiliges Arbeitsgebiet als ökonomische Geologie zu bezeichnen, machte die sich allgemein durchsetzende Wissenschaftsdifferenzierung auch vor der ökonomischen Geologie nicht halt.

Heute ruft die Selbständigkeit der Lagerstättenlehre als Wissenschaftsdisziplin nicht zuletzt wegen ihrer großen Fortschritte kaum noch Einwände hervor. Sie wird allgemein als geologische Grundlagenwissenschaft und nicht – wie in Amerika noch immer – als Gebiet der ökonomischen Geologie verstanden.

Die Rohstoffwirtschaft mit ihren engen Beziehungen zur Montanindustrie und nationalen Volkswirtschaft hat auf dem Wege ihrer Verselbständigung die traditionellen Beziehungen zur Geologie stark reduziert: In den Betrachtungen der Rohstoffwissenschaftler trat an die Stelle der Lagerstätte als geologisches Objekt immer häufiger ein Komplex natürlicher und ökonomischgeographischer Bedingungen, zusätzlich überlagert durch handelspolitische Überlegungen. Auch diese Arbeitsrichtung hat sich inzwischen wissenschaftlich verselbständigt.

Seit den 30er Jahren entwickelte sich in der UdSSR auch die Erkundungswissenschaft zu einer selbständigen Disziplin mit eigenem Wissenschaftsgegenstand und spezifischen Forschungsmethoden. Ursprünglich wurde sie noch als besonderer Zweig der ökonomischen Geologie (W. M. KREJTER 1940), später als ihr »Herzstück« oder auch – weitgefaßt – als ihr Synonym (F. STAMMBERGER 1966) definiert.

Gegenwärtig lassen sich in der Erkundungswissenschaft mit den ihr eigenen wissenschaftlichen Problemen starke Tendenzien erkennen, die komplizierten und komplexen, weit in die Volkswirtschaft hineinreichenden ökonomischen Erkundungsprobleme von Spezialisten bearbeiten zu lassen, weil sie spezielle Kenntnisse und besondere Untersuchungsmethoden erfordern. Es deutet sich gewissermaßen die Herausbildung einer ökonomischen Geologie im engeren Sinne an, die sich mit den allgemeinen **ökonomischen Grundfragen** der optimalen Rohstoffversorgung der Volkswirtschaft, vor allem den ökonomischen Problemen der Erkundung und Nutzung des eigenen (nationalen) Rohstoffpotentials beschäftigt. In diesem Zusammenhang werden zahlreiche Fragen und Probleme untersucht, die über die eigentliche geologische Suche und Erkundung z. T. weit hinausgehen.

Dazu gehören u. a.:

- Die ökonomische Bewertung mineralischer Lagerstätten (einschließlich der Festlegung von Preisen für anstehende Rohstoffvorräte),
- die Bestimmung der Effektivitätskriterien und der ökonomischen Effektivität geologischer Such- und Erkundungsarbeiten,
- die ökonomische Grundlage für die Ausarbeitung von Konditionen (einschließlich der Bestimmung des volkswirtschaftlich vertretbaren Aufwands für die Nutzung einer Vorratseinheit),
- die ökonomische Klassifizierung erkundeter mineralischer Lagerstätten und
- die Analyse des Einflusses territorialer Faktoren auf die Bewertung und Nutzung erkundeter Lagerstätten.

Diese sich herausbildende ökonomische Geologie in engerem Sinne wird für die Erkundung den Charakter einer Grundlagenwissenschaft haben, deren allgemeine Erkenntnisse von ihr für die Lösung konkreter geologisch-ökonomischer Probleme genutzt werden. Daher muß sie von der ökonomischen Geologie im traditionellen Sinne (als integrierende Wissenschaft) unterschieden werden, die im Verständnis der amerikanischen Geologen alle Disziplinen umfaßt, die der Versorgung der Wirtschaft mit industriell nutzbaren Rohstoffen dienen, im Verständnis der europäischen Geologen aber nur jene Disziplinen, die sich geologisch und ökonomisch mit der Suche und Erkundung sowie Nutzung industrieller Rohstofflagerstätten beschäftigen.

Im europäischen Verständnis ist die Suche und Erkundung aus einer wichtigen zur dominierenden Aufgabe der ökonomischen Geologie und im Verbund mit den weit gefaßten ökonomischen Fragen der Erkundung und Nutzung des eigenen Rohstoffpotentials zu einem Synonym für ökonomische Geologie geworden.

Aus dieser Sicht kann deshalb definiert werden:

Ökonomische Geologie (geologische Erkundung) beschäftigt sich mit der Theorie und Praxis der Suche und Erkundung von Lagerstätten wirtschaftlich nutzbarer mineralischer Rohstoffe.

In Zukunft kann sich ihr Arbeitsgegenstand dadurch erweitern, daß die genutzten Naturstoffe durch andere wirtschaftlich nutzbare Kräfte und Eigenschaften der Erde (Speichereigenschaften, Druck, Wärme u. a.) ergänzt werden. Gegenwärtig ist ihre Hauptaufgabe, natürliche mineralische Rohstoffe nachzuweisen, die nach ihren Eigenschaften und den bei ihrer Nutzung entstehenden Kosten einen vorhandenen oder zukünftigen Bedarf der Gesellschaft mit vertretbarem materiellem Aufwand ganz oder teilweise decken können. Die Suche und Erkundung von Lagerstätten nutzbarer Rohstoffe ist also nicht nur eine geologische, sondern eine geologisch-ökonomische Aufgabe. Geologie und Ökonomie sind in ihr aufs engste verflochten, geologische und ökonomische Methoden innig miteinander verwachsen.

Stellung der geologischen Erkundung im gesellschaftlichen Reproduktionsprozeß

Innerhalb der Wirtschaftsstruktur ist die geologische Erkundung eine verselbständigte Produktionsvorbereitung der Montanindustrie. Sie ortet deren zukünftiges Arbeitsobjekt (die Lagerstätte und ihre Vorräte) und liefert jene Angaben, die zur zweckmäßigen Errichtung des Grubengebäudes und der Struktur des Montanbetriebes unerläßlich sind. Der Erkunder führt diesen Nachweis mit Hilfe von Fakten und Daten (Informationen) über die Lagerstätte, die im Verlauf der geologischen Erkundung erhalten werden.

Unter Hinweis auf diese »Informationsproduktion« wurde in der Vergangenheit zuweilen die Zugehörigkeit der Erkundung zur materiellen Produktion angezweifelt (Finalprodukt seien Informationen und nicht ein materielles Produkt). Die Informationen als Zwischenergebnis wurden auf diese Weise mit dem Endergebnis – der nachgewiesenen und erkundeten Lagerstätte – verwechselt und dabei übersehen, daß am Ende der Erkundung die Gesellschaft um eine in der Natur zwar ohne menschliches Zutun vorhandene, jedoch bis dahin unbekannte Lagerstätte und um einen industriell nutzbaren Mineralvorrat reicher geworden ist.

Langjährige Untersuchungen zur Bestimmung der Besonderheiten, des Übereinstimmenden und Abweichenden der geologischen Erkundung mit anderen Industriezweigen hatten zu Ergebnissen geführt, die als gesichertes Wissen auf diesem Gebiet gelten und Ausgangspunkt für weitergehende Forschungen sein können:

1) Die geologische Suche und Erkundung gehört zur materiellen Produktion der Gesellschaft.

) Die »Produktion« der Suche und Erkundung hat einen sezifischen Charakter, der in der Suche und Erkundung in der Natur ohne unser Zutun vorhandener Lagerstätten besteht.
) Finalprodukt der geologischen Suche und Erkundung ist die erkundete Lagerstätte bzw. der erkundete Vorrat, nicht die Information über die Lagerstätte oder deren Vorrat.
) Die Arbeit des geologischen Erkunders ist gesellschaftlich notwendig und daher wertbildend.
) Die geologische Suche und Erkundung mehrt mit den von ihr entdeckten und erkundeten Lagerstätten den materiellen Nationalreichtum, und zwar den verfügbaren Teil an Naturreichtümern.
) Der erkundete Vorrat geht substantiell und wertmäßig in das Finalprodukt des Bergbaubetriebes ein, wenn dieser Vorrat industriell genutzt wird.

Hinsichtlich der Stellung der geologischen Erkundung im gesellschaftlichen Reproduktionsprozeß zeichnen sich gegenwärtig prinzipielle Unterschiede für die verschiedenen sozialen Ordnungen ab. Im Kapitalismus ist die geologische Erkundung eine kostenverursachende Tätigkeit, die – wenn auch zur Minderung des bergbaulichen Risikos unvermeidlich – auf ein vom Ermessen des Kapitalisten abhängiges Minimum beschränkt wird, weil sie ein Teil des privatkapitalistischen Verwertungsprozesses ist. Im Sozialismus ist die geologische Erkundung eine gesamtstaatliche Aufgabe, die beiträgt, den natürlichen gesellschaftlichen Reichtum zu mehren und das Volksvermögen zu vergrößern. Obwohl sich direkte Beziehungen zur rohstoffnutzenden Industrie in gewissen Formen noch erhalten haben, entwickelte sich die Suche und Erkundung in allen sozialistischen Staaten zu einem selbständigen Industriezweig von z. T. beträchtlichem Umfang, insbesondere in der UdSSR. Diese neuen gesamtstaatlichen Aufgaben der Erkundung und die maßgebliche Rolle der Staatlichen Plankommissionen bei Nutzungsentscheidungen erkundeter Lagerstätten haben die Stellung der geologischen Erkundung in der sozialistischen Volkswirtschaft grundlegend verändert und bestimmen ihren neuen Charakter.

Sowjetische Wissenschaftler haben (1968) als wesentlichsten Unterschied der Suche und Erkundung in sozialistischen und kapitalistischen Ländern definiert, daß
– in der sozialistischen Wirtschaft der Hauptakzent auf der »planmäßigen Untersuchung aller nutzbaren Bodenschätze auf regionaler geologischer Grundlage liegt«, während
– in den kapitalistischen Ländern »die Hauptaufmerksamkeit entweder auf eine einer Privatperson oder einer Gesellschaft gehörenden Konzession oder auf die Suche einer bestimmten, durch die Konjunktur bestimmten Rohstoffart gerichtet ist«.

Zweifellos muß der sozialistische Staat wissen, welche Rohstofflagerstätten der Boden seines Territoriums birgt, um aus dieser Kenntnis die Entwicklung der Volkswirtschaft planen zu können. Doch ebenso will die Leitung der Volkswirtschaft unterrichtet sein, ob Engpässe der Rohstoffversorgung durch die Nutzung eigener Rohstofflagerstätten überwunden werden können. Unter diesem Aspekt interessieren daher nur die Lagerstätten eines bestimmten Rohstoffes, so daß der zitierte Standpunkt nicht voll befriedigen kann.

Zutreffender, wenn auch nicht erschöpfend, charakterisieren die (1957) von W. I. SMIRNOW für die UdSSR formulierten Züge diese Besonderheiten:

1) Alle geologischen Arbeiten des Landes werden planmäßig durchgeführt und sind in den Plan der volkswirtschaftlichen Entwicklung eingebunden.
2) Diese Arbeiten sind zielgerichtet auf das Schaffen und Erweitern der Rohstoffbasis für die Industrie orientiert, wobei sich die konkreten Aufgaben aus der allgemeinen Entwicklung des Landes ergeben.
3) Die Suche und Erkundungsarbeiten werden komplex durchgeführt, um bei der Suche die Entdeckung und Bewertung der Lagerstätten aller mineralischer Rohstoffarten zu sichern und bei der Erkundung die Feststellung aller Nutzkomponenten des vorliegenden Rohstoffes zu gewährleisten.

Diese spezifischen Merkmale sind nicht Folgen irgendwelcher nationaler Besonderheiten der UdSSR, sondern ihrer Gesellschaftsordnung und insofern für jede sozialistische Gesellschaft charakteristisch. Sie haben ihre Wurzel in der veränderten gesellschaftlichen Funktion der Suche und Erkundung: Aus einer unvermeidlichen Vorleistung zur privatkapitalistischen Produktion wurde sie zu einer gesellschaftlich geförderten Tätigkeit mit dem Ziele, durch Vergrößerung des natürlichen Anteils am materiellen Volksvermögen die Voraussetzungen für den gesellschaftlichen Reproduktionsprozeß zu verbessern.

Die veränderte gesellschaftliche Funktion der Suche und Erkundung führte zu signifikanten Wandlungen der ihr gestellten Aufgaben, ihrer Organisationsformen und ihrer ökonomischen Beziehungen:
– Im Interesse gesicherter volkswirtschaftlicher Entscheidungen wurde mit

in der Regel größerem Erkundungsaufwand das volkswirtschaftliche Risiko aus dem Bergbau in die Erkundung verlagert.
- Die neue Aufgabenstellung erhöht die relative Selbständigkeit der Such- und Erkundung im Rahmen der Volkswirtschaft, fördert deren Entwicklung zu einem zentral geleiteten Industriezweig, der in besonderem Maße verdeutlicht, wie wissenschaftliche Forschung zur unmittelbaren Produktivkraft werden kann.
- Aus der gesamtstaatlichen Funktion der Erkundung und ihrer zentralen Planung und Koordinierung mit den langfristigen Plänen zur Entwicklung der Volkswirtschaft ergibt sich folgerichtig die staatliche Finanzierung dieser Arbeiten (Vorfinanzierung), wobei der geleistete gesellschaftliche Aufwand erst bei Nutzung der Lagerstätte durch den Bergbaubetrieb zurückerstattet wird.
- Die Effektivität der geologischen Suche und Erkundung wird an der Menge und der Güte der entdeckten und erkundeten Lagerstätte, an ihren Vorräten, gemessen.

Prinzipien der geologischen Erkundung und Arbeitsweise der ökonomischen Geologie (geologische Erkundung)

Trotz der Vielfalt der geologischen Verhältnisse, der Individualität jeder Lagerstätte und der sich hieraus ergebenden Unterschiede in der Strategie des praktischen Vorgehens lassen sich einige Erkundungsprinzipien formulieren, deren Einhalten dringend geboten ist. Die drei allgemeinen Erkundungsprinzipien, die eine Reihe spezieller Grundsätze integrieren, sind

Das Prinzip der Vollständigkeit der Untersuchungen

Vollständigkeit, in bezug zur konkreten Erkundungsaufgabe gebracht, erfaßt die folgenden Komplexe: die Position der Lagerstätte im Gebiet, deren Ausmaße, die Anzahl der Rohstoffkörper und deren Lagerungsverhältnisse, die Überprüfung des Hangenden und Liegenden der Rohstoffkörper auf nutzbare Rohstoffe, das Ermitteln aller Nutzkomponenten im Rohstoff einschließlich der schädlichen Beimengungen. Darüber hinaus sind die bergtechnischen Faktoren u. ä. im ausreichenden Maße zu untersuchen.

Das Prinzip des minimalen Erkundungsaufwandes

Minimal ist ein realisierter Aufwand dann, wenn er zur Lösung der gestellten Aufgabe ausreicht und sich auf das dafür Notwendige beschränkt. Von besonderer Bedeutung ist dabei die Optimierung des materiellen Aufwandes. Das Mindestmaß des zeitlichen Aufwandes kann bei dessen isolierter Begrenzung zum Verletzen anderer Erkundungsprinzipien führen. Folglich ist die Koordinierung der Prinzipien verbindlich.

Das Prinzip des geringsten Risikos

Die relative Seltenheit natürlicher nutzbarer Mineralkonzentrationen, die Veränderlichkeit der Nutzkomponentenführung in den Rohstoffkörpern, der komplexe Charakter der von der Industrie an nutzbare Rohstofflagerstätten gestellten Forderungen, spät erkennbare Erschwernisse der Nutzung u. a. sind Ursachen für das bei jeder Erkundung vorhandene Risiko. Die Aufgabe besteht darin, das Risiko soweit wie möglich einzuschränken. Dazu dienen Maßnahmen und Grundsätze wie:
- die gründliche geowissenschaftliche Vorbereitung der Arbeiten,
- ihre stabsmäßige Planung und Durchführung,
- das dabei angewandte Prinzip der schrittweisen Lösung,
- die Sicherung einer adäquaten Zuverlässigkeit der Teilergebnisse und
- die kritische geologisch-ökonomische Analyse der Teilergebnisse einschließlich aller gewonnenen Informationen.

Schrittweise Lösung heißt, mit möglichst einfachen und billigen Mitteln sich zunächst orientierende und noch wenig genaue Informationen zu verschaffen, die anschließend – wenn sie positiv waren – bei wachsendem Aufwand präzisiert werden. Diesem Prinzip entsprechend wird der Erkundungsprozeß in zwei Stadien (Suche und Erkundung), jedes Stadium in mehreren Etappen durchgeführt, z. B. die Erkundung als Vorerkundung und eingehende Erkundung.

Im allgemeinen wird angestrebt, durch regelmäßige Erkundungsnetze die untersuchte Fläche gleichmäßig zu erfassen. Gleichmäßigkeit und gleiche Zuverlässigkeit werden oft identifiziert. Tatsächlich verändern sich aber die geologischen Verhältnisse der Lagerstätte meist nicht gleichmäßig, und es variiert auch die Kompliziertheit der einzelnen Eigenschaften. Außerdem ist es meist nicht notwendig, daß über die einzelnen Fragen, die zu klären sind, gleich genaue Daten vorliegen. Diese Tatsachen können nur berücksichtigt und eine adäquate Zuverlässigkeit für die einzelnen Informationen erreicht werden, wenn die Regelmäßigkeit des Beobachtungsnetzes durchbrochen wird. Ferner dürfen im Interesse adäquater Zuverlässigkeit nur technisch gleichwertige Arbeiten miteinander kombiniert werden (z. B. regelwidrige Probenahme nicht mit überspitzter Analysengenauigkeit, bergmännische Untersuchungsarbeiten nicht mit visueller Bemusterung).

Die ökonomische Geologie ist die technologische Anwendung der Erkenntnisse anderer geologischer Disziplinen einschließlich Geophysik, Geochemie und nichtgeologischer Wissenschaftszweige zur Lösung ihrer Aufgaben. Von anderen Disziplinen der angewandten Geologie unterscheidet sie sich vor allem durch das ökonomische Leitmotiv, das ihre gesamte Tätigkeit bestimmt.

Maximaler Nutzeffekt in kürzester Frist bei geringstmöglichem Aufwand ist in der ökonomischen Geologie unmittelbare Arbeitsmaxime, die durch sinnvolle Kombination der Erkundungsprinzipien über drei allen Stadien und Etappen gemeinsame Erkundungsleitsätze realisiert wird:

1) Die Erkundung muß mit dem geringstmöglichen Risiko geplant und betrieben werden.
2) Die Erkundung muß systematisch und auf geologischer Grundlage durchgeführt werden.
3) Die Erkundung muß für die jeweils gestellten Aufgaben eindeutige Lösungen und Ergebnisse bringen.

Das Erkundungsrisiko wird in der Praxis auf ein Minimum beschränkt

– durch Ausarbeitung von Lagerstättenprognosen, die auf den Ergebnissen einer Analyse aller für das betrachtete Gebiet vorliegenden geologischen Erkenntnisse aufbauen und zu einer geologisch begründeten Konzeption für die Suche und Erkundung führen;
– durch die Ausarbeitung eines Erkundungsprojektes, das die konkret durchzuführenden Maßnahmen und ihre zeitliche Folge enthält, sowie durch dessen planmäßige etappenweise Realisierung;
– durch die geologisch-ökonomische Analyse der in jeder Arbeitsetappe erhaltenen Fakten hinsichtlich ihres Einflusses auf die Erfüllung des Erkundungsauftrages.

Als **Lagerstättenprognose** wird die wissenschaftlich begründete Voraussage der Existenz bisher unbekannter Lagerstätten bezeichnet. Die Prognose geht von der allgemeinen Kenntnis des geologischen Baus und der geologischen Entwicklung eines konkreten Territoriums sowie von den wissenschaftlichen Erkenntnissen und Gesetzmäßigkeiten aus, die hinsichtlich Lagerstättenbildung und Lagerstättenverteilung bestimmter Rohstoffe in Raum und Zeit vorliegen, und ist daher kontrollierbar und reproduzierbar. Die Prognoseverfahren sind gegenwärtig bereits so weit entwickelt, daß sie bei entsprechenden Voraussetzungen die Berechnung von Rohstoffvorräten zulassen (»prognostische Vorräte«).

Die systematische und planmäßige Durchführung der Arbeiten setzt ein durchdachtes und komplexes Arbeitsprogramm voraus, das sich auf die aus der Prognose hervorgehende geologische Konzeption, das **Erkundungsprojekt**, stützt. Durch ingenieurmäßige Voraussicht und wissenschaftliche Arbeitsorganisation werden mit diesem Projekt

– Lücken und Einseitigkeiten in der Erkundungsarbeit vermieden, die erforderlichen technischen Mittel und Arbeitskräfte rechtzeitig mobilisiert und ein fristgemäßer Ablauf der Arbeiten vorgesehen,
– die zu beachtenden Erkundungsprinzipien (Vollständigkeit und geringstmöglicher Aufwand, adäquate Zuverlässigkeit u. a.) im voraus gegenseitig abgewogen, sinnvoll miteinander koordiniert und spontane operative Entscheidungen auf ein unvermeidliches Mindestmaß reduziert.

Arbeitsmäßig ist die geologische Erkundung die Beschaffung von aus einer Stichprobe gewonnenen Einzeldaten der Lagerstätte, aus denen geologisch und statistisch auf die tatsächlichen Lagerstättenverhältnisse geschlossen wird. Ihrem Wesen nach handelt es sich um eine statistische Erhebung und Auswertung, bei der jedoch die geologischen und methodischen Besonderheiten der Erkundung berücksichtigt werden müssen. Dies äußert sich im Charakter der Hauptmethoden geologischer Erkundung.

Die Hauptmethoden der geologischen Erkundung

Die Hauptmethoden, die bei jeder geologischen Erkundung zur Anwendung kommen und sich zugleich mit den entscheidenden Operationen des Erkundungsprozesses decken, sind:

1) das Schaffen geologisch-statistischer Kollektive (Stichproben),
2) die Bemusterung,
3) die geologisch-ökonomische Analyse.

Infolge ihrer Lage im Verband anderer Schichten kann die Veränderlichkeit der Form, des Inhalts und der Lagerungselemente der Rohstoffkörper niemals unmittelbar studiert und ununterbrochen verfolgt werden. Die natürlichen Verhältnisse beschränken die Erkundung auf Beobachtungen einzelner Punkte, d. h. auf die Schaffung **geologisch-statistischer Kollektive**. Damit aus einer solchen Stichprobe wirklichkeitsnahe Schlüsse über das Verhalten der untersuchten Parameter zwischen diesen Beobachtungspunkten und dem ganzen Rohstoffkörper gezogen werden können, sind eine nicht zu unterscheidende Häufigkeit der Beobachtungen und eine geologisch bestimmte Ordnung ihrer räumlichen Verteilung notwendig. In dieser Prämisse kommt ein wesentliches Unterscheidungsmerkmal dieser Kollektive von den aus der mathematischen Statistik bekannten zum Ausdruck.

Die Stichprobenrepräsentanz solcher geologisch-statistischer Kollektive wird erreicht durch

- ihren Mindestumfang, der durch die Größe und den Veränderlichkeitstyp des Rohstoffkörpers bestimmt wird,
- die Art der Beobachtung (Bohrung, bergmännischer Aufschluß usw.), die durch die geologischen Verhältnisse gefordert wird,
- die räumliche Anordnung der Beobachtungspunkte, die durch die Morphologie und den Veränderlichkeitstyp des Rohstoffkörpers beeinflußt wird, und
- die Entfernung der Beobachtungspunkte voneinander, die sich aus der natürlichen Kompliziertheit der Körper sowie der geforderten Detailliertheit und Genauigkeit ergibt.

Ein typisches geologisches Auswerteverfahren solcher Kollektive ist die **Anfertigung geologischer Schnitte**. Wissenschaft und Praxis kennen derzeit keine bessere Methode zur verläßlichen Bestimmung und anschaulichen Darstellung der Form, des Baus, der Lagerstättenverhältnisse u. a., kurz der »äußeren Eigenschaften« dieser Körper. Deshalb erfolgt der Ansatz der Erkundungsaufschlüsse möglichst durch Erkundungslinien oder regelmäßige Erkundungsnetze, die die Konstruktion geologischer Schnitte zuläßt.

Die **Bemusterung** eines Rohstoffkörpers muß als Hauptmethode der Erkundung von den üblichen mineralogischen, chemischen und anderen Untersuchungen von Handstücken, Schliffen, Anschliffen usw. unterschieden werden. Während diese bevorzugt dem Erwerb genetischer Erkenntnisse dienen, hat die Bemusterung die »inneren Eigenschaften« der Rohstoffkörper und vor allem die industriellen Wesenszüge des Rohstoffs zu ermitteln. Die Verläßlichkeit solcher Angaben erfordert die strikte Einhaltung der aus den geologischen und mineralogischen Verhältnissen abgeleiteten Regeln bei der Probenahme, Probenvorbereitung und Analysenauswertung.

Obwohl die Aufschlüsse der geologisch-statistischen Kollektive für die Bemusterung zur Entnahme von Probenmaterial genutzt werden, bei der Auswertung der Bemusterungsergebnisse ebenfalls geologisch-statistische Verfahren herangezogen werden und die erwähnte Prämisse auch für die Bemusterung erfüllt sein muß, besitzt die Bemusterung eine Reihe Besonderheiten, die sie von der ersten Hauptmethode unterscheiden:

- Sie erhält ihr Untersuchungsmaterial zwar aus den gleichen Aufschlüssen wie diese, jedoch durch eine zusätzliche und nach spezifischen Regeln durchzuführende statistische Erhebung.
- Sie erfordert oft einen größeren Stichprobenumfang, als zur Bestimmung der äußeren Eigenschaften notwendig ist.
- Bei der Analysenauswertung überwiegen statistische Überlegungen; die geologischen Verhältnisse beeinflussen hauptsächlich die Wahl des konkreten Verfahrens aus der Fülle der in der Statistik ausgearbeiteten Methoden.

Für eine ordnungsgemäße geologische Erkundung ist es wichtig, die **geologisch-ökonomische Analyse** als Methode und nicht als einmaligen Akt zu verstehen. Sie begleitet jeden Schritt der Erkundung, jede ihrer Etappen und Operationen. Jeder neue Aufschluß und jede neue Information müssen analysiert und für den Fortgang der Arbeiten geologisch und ökonomisch bewertet werden. Die geologisch-ökonomische Analyse durchzieht den ganzen Erkundungsprozeß, beeinflußt jede Entscheidung und ist von den geologischen Überlegungen nicht zu trennen. Daneben muß jede Veränderung auf dem Rohstoffsektor, jeder technologische Fortschritt in der Industrie beachtet und, wenn nötig, bei den Beurteilungen berücksichtigt werden.

Ihre Höhepunkte erlebt diese Analyse am Ende der einzelnen Erkundungsstadien und -etappen in Form der industriellen und geologisch-ökonomischen Bewertung der Lagerstätten.

Industrielle und geologisch-ökonomische Bewertung

Bei der Entdeckung einer Lagerstätte erhebt sich als erstes die Frage: Handelt es sich um einen wirtschaftlich verwertbaren Fund, d. h. ist die Nutzung der entdeckten Lagerstättenvorräte gegenwärtig ökonomisch zu vertreten oder nicht? Aus dieser Sicht ist es notwendig, erkundete Lagerstättenvorräte nach ihrer Eignung für eine volkswirtschaftliche Nutzung in zwei Gruppen – Bilanz- und Außerbilanzvorräte – einzuteilen sowie Kriterien für eine solche Eignung festzulegen. Zweitens ergibt sich aus dieser Frage die Notwendigkeit, eine industrielle Einschätzung und geologisch-ökonomische Bewertung der Lagerstätte durchzuführen.

1) Die »Klassifikation der Lagerstättenvorräte fester mineralischer Rohstoffe der DDR« nennt als Kriterium für die Eingruppierung erkundeter Rohstoffvorräte die Konditionen, die für jede Lagerstätte speziell festzulegen sind. Konditionen sind minimale, für den einzelnen Parameter auch maximale

Forderungen an den Rohstoff und seine Gewinnungsbedingungen, bei denen sich Lagerstättenvorräte gegenwärtig zu einer volkswirtschaftlichen Nutzung eignen, d. h. zu den Bilanzvorräten gerechnet werden können. Bei der Festlegung der Konditionen ist von den Besonderheiten der Lagerstätte, dem voraussichtlichen Stand der technischen Entwicklung und der volkswirtschaftlichen Situation zum Zeitpunkt der Lagerstättennutzung auszugehen. Konditionen sind somit zeitbedingt und bedürfen bei Veränderungen der Einflußgrößen der Überprüfung.

Ökonomische Grundlage für die Festlegung von Konditionen ist der volkswirtschaftlich vertretbare Aufwand für eine Tonne Rohstoff bzw. -konzentrat oder Endprodukt zum Zeitpunkt der voraussichtlichen Nutzung der Lagerstätte. Unmittelbare praktische Aufgabe und Hauptschwierigkeit bei der Ausarbeitung von Konditionen ist die Ummünzung dieser ökonomischen Größen, z. B. der zulässigen Kosten in geologische Parameter, wie Gehalt, Mächtigkeit usw., die der Berechnung der erkundeten Vorräte zugrunde gelegt werden können.

2) Eine Rohstofflagerstätte ist geologisch und ökonomisch definiert: Geologisch ist sie ein begrenzter Abschnitt der Erdkruste, in dem natürliche Mineralkonzentrationen, d. h. Vorräte an Rohstoffen, vorhanden sind. Ökonomisch wird gefordert, daß die Gewinnung und Nutzung dieser Vorräte gegenwärtig oder in absehbarer Zukunft volkswirtschaftlich vorteilhaft ist. Nach der Erkundung einer Lagerstätte muß daher nicht nur das geologische Ergebnis quantitativ und qualitativ bestimmt werden. Notwendig ist auch die geologisch-ökonomische Bewertung des Erkundungsergebnisses, d. h. der Lagerstätte. Die Vielschichtigkeit dieser Aufgabe und eine Fülle mit ihr verbundener praktischer und theoretischer Probleme wurden durch Untersuchungen in jüngster Vergangenheit aufgedeckt. Dadurch wurde ein besserer Gesamtüberblick geschaffen, einzelne Probleme wurden tiefer untersucht sowie komplizierte Zusammenhänge und Beziehungen gründlicher analysiert. Völlige Übereinstimmung in einigen theoretischen Grundfragen ist jedoch noch nicht erreicht.

Unscharfe begriffliche Abgrenzungen, widersprüchliche Interpretationen u. a. erschweren die Unterscheidung zwischen industrieller Einschätzung, geologisch-ökonomischer Bewertung und das Verständnis für ihre Funktionen.

Die industrielle Beurteilung der Lagerstätte

Industrielle Beurteilung einer Lagerstätte heißt, ob sie nach Rohstoffinhalt, Rohstoffeigenschaften und bergtechnischen Verhältnissen geeignet ist, Rohstoffbasis für einen Gewinnungsbetrieb zu sein.

Nur wenn diese Beurteilung positiv ausgeht, ist es sinnvoll, weitere ökonomische Fragen zu prüfen, die sich auf die Rolle und die Stellung der erkundeten Lagerstätte in der Volkswirtschaft beziehen. Die Beurteilung ist methodisch somit der erste notwendige Schritt für die geologisch-ökonomische Bewertung. Die industrielle Einschätzung der Lagerstätte muß bereits sehr früh vorgenommen werden, wenn umfassendere und vertiefte Betrachtungen noch ausscheiden, weil für sie die Voraussetzungen fehlen, d. h. bereits bei den ersten Lagerstättenanzeichen während der Suche sowie nach deren Abschluß.

Zu so frühen Zeitpunkten liegen noch wenig verläßliche Fakten über die Lagerstätte vor. Die industrielle Beurteilung muß sich daher hauptsächlich auf Analogiebeispiele und allgemeine ökonomische Gesichtspunkte stützen. Sie kann und darf es, weil ihre Aussage sich zu diesem Zeitpunkt nur darauf beschränken kann, ob die Arbeiten fortgesetzt werden sollen oder nicht.

Die geologisch-ökonomische Bewertung der Lagerstätte

Mit der Eignung der Lagerstätte zur industriellen Nutzung ist im Grunde lediglich ihre Bilanzwürdigkeit bewiesen. Ob es sich, verglichen mit anderen vorhandenen Lagerstätten, um ein wertvolles oder relativ armes Objekt, um eine mit großem Vorteil oder nur mit Hilfe materieller Stützungen nutzbare Lagerstätte handelt, bleibt im wesentlichen offen. Ein Nutzungsentscheid setzt zwar die industrielle Eignung der Lagerstätte voraus, erfolgt jedoch nur dann, wenn in der Volkswirtschaft ein entsprechender Bedarf vorliegt und nachgewiesen wurde, daß es volkswirtschaftlich zweckmäßig ist, diese Lagerstätte mit ihren Vorräten zur Deckung des festgestellten Bedarfs abzubauen.

Diese umfassende wirtschaftliche und für Nutzungsentscheidungen notwendige Beurteilung der Lagerstätte wird als geologisch-ökonomische Bewertung bezeichnet. Sie macht die volkswirtschaftliche Bedeutung der Lagerstätte sichtbar und hat unmittelbare praktische Auswirkungen:

– Nur wenn nach der Vorerkundung die geologisch-ökonomische Bewertung positiv ausfällt, wird eine eingehende Erkundung durchgeführt.
– Nur wenn nach der eingehenden Erkundung die geologisch-ökonomische Bewertung wiederum positiv ist, kann ein Nutzungsentscheid in der Regel (von Ausnahmebedingungen abgesehen) erwartet werden.

»Geologisch-ökonomische Bewertung« trat als Begriff für eine komplexe ökonomische Beurteilung in jüngster Zeit an die Stelle der »ökonomischen Bewertung« der Vergangenheit. Diese Veränderung wurde notwendig, weil sich eine neue Aufgabe der ökonomischen Geologie herauskristallisierte: die ökonomische Bewertung der Lagerstätte im eigentlichen Sinne.

Die geologisch-ökonomische Bewertung der Lagerstätte geht somit über den durch die industrielle Beurteilung erfaßten Bereich hinaus und berücksichtigt den mit einer Lagerstättennutzung verbundenen Komplex des Bedarfs und seiner volkswirtschaftlichen optimalen Deckung, der Verfügbarkeit volkswirtschaftlicher Mittel für den Lagerstättenaufschluß sowie die zu erwartende Effektivität der bereitgestellten Mittel und Kräfte. In diesem Zusammenhang wird auch die betriebliche Rentabilität eines zukünftigen Nutzungsbetriebes überprüft und volkswirtschaftlich eingeordnet. Die geologisch-ökonomische Bewertung der Lagerstätte umfaßt mit ihrer Analyse daher drei Hauptkomplexe: die erkundete Lagerstätte einschließlich der für Lagerstätten erforderlichen Hilfsstoffe im Bezirk, den technisch-technologischen Komplex für ihre optimale Nutzung und den volkswirtschaftlich einzuordnenden ökonomischen Komplex.

Die ökonomische Bewertung der Lagerstätte

Unter ökonomischer Bewertung wird das Ermitteln des Lagerstättenwertes, d. h. ihres Preises oder ihres Wertausdrucks verstanden. Die Teilung der Welt in zwei sozial unterschiedliche Wirtschaftssysteme hat dazu geführt, daß es gegenwärtig zwei grundsätzlich verschiedene Arten der ökonomischen Bewertung gibt, die kapitalistische und die sozialistische.

a) Die kapitalistische ökonomische Lagerstättenbewertung
In der kapitalistischen Wirtschaft ist das Streben nach Profit der Eckstein des Handels. Der Bergbau wird zur »Kunst, aus Erz Geld zu machen« (F. A. THOMSON), Erz – zu einem »Mineral, das gewonnen und verarbeitet werden kann, um Profit zu erzielen (G. MCPHERSON), und folgerichtig hängt »der Wert eines Bergwerks allein vom Profit ab, den es abwirft« (D. MCLAUGHLIN). Grundlage aller im kapitalistischen Wirtschaftsbereich vertretenen Auffassungen über den Wert einer Lagerstätte ist die These, daß der aus der Lagerstätte erzielbare Gewinn den Wert der Lagerstätte bestimmt.

Zur rechnerischen Ermittlung des Lagerstättenwertes wird grundsätzlich noch immer die bereits 1877 entwickelte HOSKOLD-Formel benutzt:

$$V_P = \frac{A}{\dfrac{r}{(1+r)^n - 1} + r}$$

wo V_P – der Wert (Gegenwartswert) der Lagerstätte
  A – der jährliche Profit (Jahresrente)
  r – Zinssatz
  n – Anzahl der Jahre (Lebensdauer der Lagerstätte)

Andere geläufige Formeln, wie die von FORRESTER, PARKS u. a., sind leicht abgewandelte, verfeinerte Varianten dieser Grundformel. Dies trifft auch auf die früher in Deutschland verbreitete Rentenformel und andere Vorschläge zu.

Die HOSKOLD-Formel orientiert ihre Anhänger

– auf möglichst kurzfristigen Abbau der Lagerstätte und daher auf große Betriebskapazität,
– auf den vordringlichen Abbau der reichsten Vorräte und die Nichteinbeziehung ärmerer, wenn auch durchaus bauwürdiger Rohstoffe.

E. S. BERRY (1922) hat dies als Befürworter der HOSKOLD-Formel sehr konsequent aus ihr abgeleitet und rechnerisch bewiesen.

b) Die sozialistische ökonomische Lagerstättenbewertung
Die sozialistische Gesellschaft hat zu ihren natürlichen Ressourcen ein grundsätzlich anderes Verhältnis als die kapitalistische. Das ergibt sich aus dem gesellschaftlichen Eigentum an Grund und Boden und den Produktionsmitteln. Die erkundeten Lagerstätten gehen ins Volksvermögen ein und gehören zu seinem verfügbaren materiellen Bestand, der als Basis für den gesellschaftlichen Reproduktionsprozeß dient. Diese neue Stellung der Lagerstätte erfordert eine Bewertung aus neuer Sicht, die das ökonomische Grundgesetz des Sozialismus beachtet.

Da der Wert eines Gegenstandes durch die zu seiner Reproduktion erforderliche Arbeit bestimmt wird, hat eine unbekannte, nichterkundete Lagerstätte, die ein Produkt der Natur ist, keinen Wert. Weil Lagerstätten relativ selten sind, ist zu ihrem Auffinden und Erkunden spezifische Arbeit erforderlich. Die dafür notwendige durchschnittliche Arbeit bestimmt in erster Linie den Wert der Lagerstätte. Da Lagerstätten der verschiedenen Rohstoffe und mit unterschiedlich günstigen Nutzungseigenschaften für ihre Entdeckung und Erkundung einen verschiedenen Arbeitsaufwand beanspruchen, ergibt sich für die verschiedenen Lagerstätten eine unterschiedliche Wertgröße.

Der durch die gesellschaftlich notwendige Arbeit des Erkunders geschaffene Wert der Lagerstätte erfährt einige Modifikationen:
- Durch das Angebot mehrerer erkundeter Lagerstätten des gleichen Rohstoffs im gleichen Land oder im sozialistischen Wirtschaftssystem und dem vorliegenden Bedarf an diesem Rohstoff.
- Durch gewisse Lagerstätteneigenschaften selbst, die die Produktivkraft der Arbeit beeinflussen.

Praktisch ergibt sich für die sozialistische ökonomische Bewertung von Lagerstätten, daß

1) vom gesellschaftlich notwendigen durchschnittlichen Arbeitsaufwand für die Entdeckung und Erkundung eines Rohstoffs und bestimmter technisch-technologischer u. a. Eigenschaften,
2) von der vorhandenen nationalen und internationalen Vorratsbasis für die Produktion des betreffenden Rohstoffes und dem gegenwärtigen und für die Zukunft geplanten (prognostizierten) Bedarf und
3) von der für die Produktion einer Rohstoffeinheit aus der Lagerstätte erforderlichen Gesamtarbeit ausgegangen werden muß, die an der Höhe der erforderlichen Gesamtinvestitionen sowie ihrer Rücklauffrist durch ihre Wertübertragung auf das Förderprodukt sowie an der Zahl der benötigten Arbeitskräfte erkennbar ist.

Daher ist offenkundig, daß es keinen »absoluten«, für alle Zeiten feststehenden Lagerstättenwert geben kann, da sich dieser auf einen bestimmten Entwicklungsstand der Produktivkräfte und der ganzen Wirtschaft bezieht und von ihr abhängt.

Noch ist das Problem der sozialistischen ökonomischen Bewertung von Lagerstätten theoretisch nicht gelöst, weil es schwieriger ist, den Wert einer Lagerstätte wissenschaftlich exakt zu bestimmen als ihn aus den Ergebnissen blind wirkender Kräfte wie Angebot und Nachfrage abzuleiten, wie das im Jahre 1928 z. B. das bekannte Schmalenbach-Gutachten bei der Wertbestimmung der deutschen Kohlenlagerstätten getan hat.

Die sozialistische ökonomische Lagerstättenbewertung zeichnet sich als eines jener großen Probleme ab, deren Lösung durch die ökonomische Geologie noch bevorsteht. Ihre Entwicklung macht gegenwärtig, besonders in der UdSSR, außerordentliche Fortschritte, und sie ist das entscheidende Gebiet, auf dem die geologischen Wissenschaften ihre Umwandlung zur unmittelbaren Produktivkraft bereits vollzogen haben. *F. Stammberger (verst.)*

Angewandte Geologie

Seit jeher dient die Wissenschaft mit ihren Forschungen und Erkenntnissen der menschlichen Gesellschaft; sie versetzt den Menschen in die Lage, seine Umwelt zu beherrschen und sein Dasein zu erleichtern. In besonderem Maße trifft das auf diejenigen Zweige der Geologie zu, die, als»angewandte Geologie« zusammengefaßt, sich in den letzten Jahrzehnten besonders stürmisch entwickelt haben und deren Aufgabe es ist, geologisches Wissen und Können dem Staat und der Wirtschaft nutzbar zu machen. Zur »angewandten Geologie« gehören die Hydrogeologie (Grundwasserkunde), die Ingenieurgeologie (Baugeologie) und die Bodengeologie (Bodenkunde, Pedologie, Geopedologie); letztere gilt meist als eigene Fachdisziplin, sofern sie nicht Grenzgebiete, wie die Rekultivierung von Kippen des Bergbaus, bearbeitet, sondern sich mit dem Boden als Grundlage von Land- und Forstwirtschaft beschäftigt. Die Baustoffkunde wird häufig zur Lagerstättenlehre der Steine und Erden gezählt. Alle Teilgebiete der angewandten Geologie sind technisch-ökonomisch ausgerichtet, verlangen exakte Beobachtungen und Formulierungen, d. h. möglichst sichere Angaben über die Verhältnisse des Untergrundes. Daher spielen Maß und Zahl, also quantitative Aussagen, mathematische Berechnungen und Auswertungen die entscheidende Rolle, ohne daß durch sie etwa notwendige erdgeschichtlich-regionale Analysen überflüssig werden würden. Neben den geologischen bedient sich die angewandte Geologie vieler anderer Methoden, so der angewandten Geophysik und der angewandten Geochemie, der physikalischen Chemie, der Boden- und Felsmechanik, der mathematischen Statistik, der Analogmodelle u. a., die im Zuge der wissenschaftlich-technischen Revolution auch stärker in andere Bereiche der Geowissenschaften eindringen.

Nicht zur angewandten Lagerstättenlehre zählt die geologische, die als Grenzgebiet zwischen Geologie, Mineralogie und Geochemie einen eigenen Wissenszweig bildet. Auch die Montangeologie, die »Ingenieurgeologie des Bergbaus«, ist ein eigenes Gebiet. Die geologische Suche und Erkundung von Lagerstätten mineralischer Rohstoffe wiederum ist Aufgabe der ökonomischen Geologie, in der Ökonomie und Geologie zur Einheit verbunden sind.

Trotz gewisser Überschneidungen sollte zweckmäßigerweise die »praktische Geologie« von der »angewandten Geologie« getrennt werden. Unter »praktischer Geologie« sollte die Anwendung geologischer Methoden bei Arbeiten im Gelände, insbesondere bei der geologischen Kartierung, verstanden werden, während »angewandte Geologie« die Anwendung geologischer Erkenntnisse auf jenen Gebieten beinhaltet, die zunächst scheinbar mit Geologie nichts zu tun haben, wie der Bau von Talsperren, die Anlage von Verkehrswegen, Fragen des Bodenfrostes, der Nachweis von Grundwasser für die Wasserversorgung oder die Beseitigung von Abwässern und der Küstenschutz.

Im folgenden sollen Hydrogeologie, Ingenieurgeologie und Baustoffkunde (Technische Gesteinskunde) behandelt werden, während über die Lagerstätten der Steine und Erden Wesentliches im Kapitel »Lagerstätten« (S. 475) und über die Bodengeologie im Abschnitt »Allgemeine oder Physikalische Geologie« ausgesagt wird.

Die Eingriffe des mit moderner Technik ausgerüsteten Menschen auf den Ablauf der endogenen und exogenen Prozesse im Territorium, die vielfach zu erheblichen Störungen des natürlichen Gleichgewichts geführt haben, werden im Schlußkapitel »Anthropogeologie und Territorialgeologie« behandelt.

Hydrogeologie

Unter allen Bodenschätzen an nutzbaren Mineralen und Gesteinen nimmt das unterirdische Wasser, insbesondere Grund- und Karstwasser, insofern eine Sonderstellung ein, als ein Teil davon sich in verhältnismäßig kurzen Zeiträumen stetig durch den zur Versickerung oder Versinkung kommenden Anteil der Niederschläge erneuert. Während alle übrigen Lagerstätten – Erdöl und Erdgas, Erze, Salze, feste Brennstoffe sowie Steine und Erden –, von wenigen und unbedeutenden Ausnahmen wie Strandseifen oder Kiesbänken in Flüssen abgesehen, in nach menschlichen Maßstäben gemessener Zeit nicht ergänzen und ihre bergmännische Gewinnung daher auf möglichst geringe Abbauverluste gerichtet ist, muß beim Grundwasser ein am Kreislauf teilhabender, sich neu bildender Anteil von einem sich nicht erneuernden Vorrat unterschieden werden. Deshalb wird auch von dynamischen (aktiven) und statischen (passiven) Grundwasservorräten gesprochen. Im allgemeinen ist man bestrebt, für ein ausgeglichenes Verhältnis von Grundwasserentnahme und -wiederauffüllung zu sorgen, um die Überbeanspruchung oder gar völlige Zerstörung einer Lagerstätte zu vermeiden. Aus Grundwasserlagerstätten kann für die volkswirtschaftliche Nutzung Grundwasser in nach Menge und Zeit definierbarem Umfang und mit ökonomisch vertretbarem Aufwand entnommen werden. Das gilt auch für »ruhende« Vorräte, die in Ländern mit großem Wasserbedarf bereits vielfach genutzt oder im wahren Sinne des Wortes »abgebaut« werden.

Im Flachland Mitteleuropas mit seinen oft über hundert Meter mächtigen Ablagerungen des Quartärs und Tertiärs dürfte das Mittel der jährlichen Grundwasserneubildung zwischen 15 und 30 Prozent des mittleren Jahresniederschlags, im aus älteren Gesteinen aufgebauten Bergland und in den Mittelgebirgen meist erheblich unter 20 Prozent liegen, wobei im einzelnen erhebliche Unterschiede bestehen können. Durch isotopen-physikalische Altersbestimmungen (Radiokohlenstoff ^{14}C) wurde bewiesen, daß der im Untergrund lagernde, statische Vorrat beträchtlich größer ist als der dynamische am Kreislauf beteiligte Teil des Grundwassers. Messungen, z. B. im Gebiet des Niederrheins, haben Alterswerte bis rund 10500 Jahre ergeben, die im einzelnen abhängig sind von der Tiefe der verschiedenen Grundwasserleiter. Bei Untersuchung von Oasenwässern aus artesischen Brunnen der ägyptischen Sahara, die salzarme, gute Trinkwässer spenden, hat G. KNETSCH ein Alter zwischen 20000 und 30000 Jahren festgestellt. Diese Wässer müssen also aus einer Zeit stammen, in der in der Sahara im Gegensatz zu heute ein niederschlagsreiches Klima geherrscht hat, d. h. aus der Pluvialzeit, die im vorliegenden Falle der letzten Kaltzeit des Pleistozäns unserer Breiten entspricht. Folglich werden die Vorräte solcher fossilen Grundwässer im Verlaufe ihrer Nutzung immer kleiner werden. Neuerdings hat man zeigen können, daß sich in den mittels der ^{14}C-Methode bestimmten Altern der Saharawässer deutlich die wechselnden Feucht- und Trockenphasen des späten Pleistozäns und Holozäns widerspiegeln (SONNTAG et al. 1978). Im Quartär des europäischen Flachlandes wurden bisher keine Grundwässer gefunden, die älter als 10000 Jahre waren, d. h. aus dem beginnenden Holozän stammen. Daraus darf man schließen, daß im voraufgehenden Pleistozän infolge des vorhandenen Dauerfrostbodens keine Infiltration von Niederschlagswasser möglich war und es daher kein eiszeitliches Grundwasser gibt. Am Institut für Frostbodenkunde der Akademie der Wissenschaften der UdSSR in Irkutsk werden die Probleme der Bildung der verschiedenen Typen von Untergrundwasser speziell im Gebiet der ewigen Gefrornis erforscht.

Neben den erwähnten Grundwässern enthalten viele ältere Sedimentgesteine in der Tiefe wäßrige, oft höher mineralisierte Lösungen, die man Formationswässer nennt. Diese Wässer sind Reste ehemaliger Süß- oder Meereswässer aus der Zeit der Sedimentbildung, die im Laufe der Jahrmillionen mehr oder weniger starken Veränderungen durch Vermischung mit anderen Wässern oder Reaktionen mit den Gesteinen unterworfen waren.

Seit etwa 30 Jahren hat man sich zunächst in der UdSSR, später auch in vielen anderen Ländern, zunehmend mit Fragen der Paläohydrogeologie befaßt. Dieser neue Wissenszweig hat die Aufgabe, die hydrogeologischen Verhältnisse eines Gebietes während der verschiedenen geologischen Systeme, Epochen oder kleineren Einheiten zu rekonstruieren. Dabei stehen naturgemäß mächtige Serien von Sedimenten im Vordergrund, die in langen Zeiträumen gebildet wurden. Da das unterirdische Wasser wie in der Gegenwart so auch in der erdgeschichtlichen Vergangenheit Stoffe gelöst, weitergeleitet und unter bestimmten Voraussetzungen wieder ausgeschieden hat, sind diese Forschungen für die Suche von Erdöl- und Erdgas-, aber auch von Erzlagerstätten u. a. sowie in einzelnen bei der Grundwassererkundung selbst von hoher Bedeutung. Selbstverständlich haben solche paläohydrologischen Analysen nur unter Beachtung der lithologisch-faziellen, paläogeographischen, paläogeomorphologischen, paläoklimatologischen, geotektonischen, geochemischen und nicht zuletzt der paläohydrologischen und paläohydrodynamischen Verhältnisse in den einzelnen Perioden Erfolg.

Die Suche und Erkundung von Grund- und Karstwasserlagerstätten ist ein Teil der geologischen Erkundung und Aufgabe der Hydrogeologie. Das Auftreten wasserführender Gesteinskörper in regionalgeologischem Rahmen, die Erforschung der Wasseraufnahme- und -abgabefähigkeit der Gesteine, des Weges des Wassers im Untergrund, des Liefervermögens der Grundwasserleiter und ihrer Qualität, die sich oft genug während der Nutzung verändert, sind wichtige Fragen. Das gilt besonders für Mitteleuropa, wo durch einen erhöhten Trinkwasserbedarf und die Intensivierung von Industrie, Landwirtschaft und Verkehr der Wasserverbrauch ständig gestiegen ist und weiter ansteigt, so daß in manchen Gebieten die gesamten oberirdischen und unterirdischen Wassermengen – mitunter sogar mehrfach – genutzt werden müssen. Neben den geologischen und hydrogeologischen Verhältnissen spielen für eine sinnvolle Bewirtschaftung der Vorräte Geomorphologie und Hydrographie, die hydrologischen und hydraulischen Verhältnisse, Meteorologie und Klimatologie, Bodengeologie, Geobotanik und Vegetationskunde, Hygiene u. a. eine bedeutende Rolle. Auch die oft über Jahrzehnte reichenden Erfahrungen bei der Förderung von Grund- und Seihwasser aus bestimmten Aquifer, z. B. in städtischen Wasserwerken oder Tiefbrunnen der Industrie, langjährige Beobachtungen der Spiegelgänge in Ruhe und bei bestimmten Entnahmemengen, dazu technische Fragen, wie Filterausbau oder Pumpenart, sind für die Erschließung und ökonomische Nutzung neuer Grundwasserlagerstätten wichtig. Daher sollten bei der Wassererschließung viele Fachdisziplinen eng zusammenarbeiten, um der Wasserwirtschaft die notwendigen Grundlagen mit exakten Angaben über das konstante, maximale und mittlere Liefervermögen innerhalb eines begrenzten Nutzungszeitraums bzw. eine für den Spitzenbedarf festgelegte Zeit in m^3/d nennen zu können. In der Vergangenheit ist die umfassende Betrachtung und Berechnung der Vorräte oft nur unvollständig durchgeführt worden, weshalb es in vielen Gebieten zu einer Überbeanspruchung von Grundwasserlagerstätten gekommen ist. Besonders in Mitteleuropa und Nordamerika ist die Wasserbeschaffung zu einer allgemeinen Sorge geworden. Das Wasser – für das menschliche Leben und damit für die Entwicklung von Bevölkerung, Landwirtschaft, Industrie und Verkehr unentbehrlich – gehört zu den nicht austauschbaren Stoffen; deshalb wird Wasser auch als der Rohstoff Nummer eins bezeichnet, und die weitere Entwicklung dicht besiedelter Industriestaaten ist nicht zuletzt ein Wasserproblem. Dies um so mehr, als viele Oberflächengewässer, wie Flüsse und große Ströme, mit industriellen Abwässern so stark belastet sind, daß sie weder für die Brauchwasser- noch etwa für die Trinkwassergewinnung verwendbar wären (S. 561). Selbst die Erschrotung brauchbaren Seihwassers kann vielerorts in den Talauen nicht mehr erfolgen, weil im Wasser vorhandene Phenole, verwandte aromatische Stoffe und andere Verunreinigungen praktisch nicht entfernbar sind. Somit ist die **Wasserfrage** mehr ein **qualitatives** als ein **quantitatives** Problem.

Die zunehmenden Anforderungen von Wirtschaft und Hygiene an den Grundwasserschatz verlangen umfangreiche, planmäßige Beobachtungen und Messungen über Jahre, vor allem aber eine Bestandsaufnahme der Grundwasserleiter und ihrer Vorräte als Grundlage zur perspektivischen und prognostischen Bewirtschaftung. Ein wichtiges Hilfsmittel dabei ist die hydrogeologische Übersichtskartierung (S. 541).

Neben der Erkundung von Lockergesteinsgrundwasserleitern müssen in zunehmendem Maße die **Festgesteine** in ihrer Wasserführung untersucht werden. Festgesteinsgrundwasserleiter haben vor allem dort größere Bedeutung, wo Lockergesteine fehlen, kein Grundwasser enthalten ist oder die Aquifer durch menschliche Eingriffe, z. B. durch Absenkungsmaßnahmen in den Räumen der großen Braunkohlentagebaue, zerstört worden sind. Die nicht weniger wichtigen Aufgaben, wie Grundwasseranreicherung und -speicherung, Fragen der Montanhydrologie, der Hydraulik und Hydrochemie, der Einsatz von Geophysik, Geochemie und Geobotanik sowie die Mineral- und Heilwasserforschung, verbesserte hydrometrische Methoden werden nur ergänzend erwähnt. Zur optimalen Erforschung der Grundwasserlagerstätten sind im letzten Jahrzehnt in zunehmender Anzahl Analogmodelle, vor allem elektrische Analogmodelle, entwickelt worden, die mit mathematischen Methoden zur Lösung praktischer Probleme beigetragen und die Aussagemöglichkeiten verbessert oder abgesichert haben. Auf diese Weise wurden Strömungsverhältnisse und Strömungsrichtung im Aquifer erfaßt, die mögliche Kommunikation zwischen zwei Grundwasserleitern, die Auswirkungen gesteigerter Entnahme auf das gesamte Grundwasserregime und die Landwirtschaft geprüft, der Schutz des Grundwassers vor möglichen Verunreinigungen, die günstigste Standortauswahl von Brunnen u. a., aber auch die Fragen der Entwässerung im Braunkohlenbergbau untersucht. In manchem steht die Wissenschaft dabei erst am Beginn der Erkenntnis über die Dauer der Grundwasserneubildung und das spezifische Alter der Grundwasserlagerstätten (S. 535).

Datenverarbeitung mit Hilfe mathematisch-statistischer Methoden, Abflußsimulatoren und Experimente werden in der Forschung immer vorrangiger und ermöglichen genauere quantitative und qualitative Aussagen, die zuvor nur in beschränktem Umfang gegeben werden konnten. Die durch exakte Auswertung von Durchlässigkeitsbestimmungen, Kornanalysen, Pumpversuchen, chemischen Analysen u. a. gewonnene Kenntnis über das Ausmaß der aus einzelnen Grundwasserleitern und -stockwerken auf die Dauer gewinnbaren Wassermenge in einem bestimmten Gebiet allein ist Voraussetzung für die Verleihung des Nutzungsrechtes von Grundwasserfeldern seitens der Wasserwirtschaft.

Alle Brunnenbohrungen, die Aussicht auf Erfolg haben sollen, können nur auf Grund komplexer hydrogeologischer Erkundungsarbeiten mit nachgewiesenen Grundwasservorräten angesetzt werden. Unwissenschaftliche Methoden wie die Wünschelrute gehören in den Bereich des Okkultismus und sind als mittelalterlicher Aberglauben abzulehnen. Scheinbare Erfolge von Rutengängern sind Zufälle und bleiben im Bereich mathematischer Wahrscheinlichkeit. Gleiches gilt für sogenannte siderische Pendel, Polarisatoren oder andere, oft mit hochtrabenden Namen versehene »Geräte«. Die Wissenschaft hat das Wünschelrutenphänomen, den »Rutenausschlag«, längst geklärt und als physikalisch-physiologisch-psychologisch bedingte Erscheinung erkannt, die nichts Geheimnisvolles an sich hat. Durch die Leichtgläubigkeit vieler Menschen und ihren Mangel an physikalischen Kenntnissen, durch den Glauben an geheimnisvolle Strahlen aus der Erde, die meßtechnisch nicht nachweisbar sind, werden die Rutengänger unterstützt, die oft genug in betrügerischer Absicht unwahre Behauptungen aufstellen. Die meisten Mißerfolge von Rutengängern werden in der Öffentlichkeit gar nicht bekannt, weil der, der den Schaden hat, nicht gern noch für den Spott sorgt. In der DDR dürfen Rutengänger für staatliche Stellen, volkseigene Betriebe, handwerkliche und landwirtschaftliche Produktionsgenossenschaften nicht tätig sein, da widrigenfalls die Investitionsgelder gesperrt werden. Schon der »Vater der Mineralogie«, G. AGRICOLA (1494–1555) hat die »Zauberrute« als unwissenschaftlich abgelehnt. Zwischen dem Rutenausschlag und Grundwasservorkommen oder anderen Bodenschätzen besteht keinerlei Zusammenhang. Zudem ist der bei Rutengängern beliebte Begriff »Wasserader« irreführend und falsch. Es gibt im Untergrund keine scharf begrenzten, einige Zentimeter oder Dezimeter starke Wasseradern, die in der Art der menschlichen Adern die Gesteinskomplexe durchziehen. Grundwasser bewegt sich entweder in durchlässigen, gröberporigen Schichten, wie den Sanden und Kiesen, flächenhaft in Grundwasserströmen, oder es findet sich in den Hohlräumen fester Gesteine, in Spalten, Störungen und anderen Trennfugen, wo es, mehr oder weniger weit ausgedehnt, oft miteinander verbundene flache Körper bildet.

Über die Grundfragen des unterirdischen Wassers (Entstehung und Auftreten, Speicherung, Bewegung, Chemismus und natürliche Austritte) gibt das Kapitel »Wasser und Wasserkreislauf« (S. 114) Auskunft. Hier werden nur die Probleme behandelt, die die Hydrogeologie als Teil der »**angewandten Geologie**« zu lösen hat: mit höchstem ökonomischem Nutzeffekt Grundwasservorräte nachzuweisen und ihre zweckmäßige Erschließung durch die Organe der Wasserwirtschaft vorzubereiten. Die Voraussetzung für alle hydrogeologischen Such- und Erkundungsarbeiten ist die genaue Kenntnis der erdgeschichtlichen Entwicklung und des tektonischen Baus eines Gebietes. Regionalgeologische Kenntnisse und Erfahrungen sind Vorbedingung. Ohne diese unerläßliche Voraussetzung kann der Hydrogeologe den in den Untergrund infiltrierenden Wassertropfen, das Entstehen eines Aquifers und die Bewegung des Grundwassers weder verstehen noch nutzbar machen. Neben der Analyse der Schichtenfolge spielen lithologisch-fazielle und im Festgesteinsbereich auch kleintektonische Erscheinungen die Hauptrolle. Jede offene Störungszone kann die Wasserhöffigkeit erhöhen. Wenn sie dagegen durch undurchlässige, vor allem tonig-schluffige Massen abgedichtet ist, wird kein Wasser nachweisbar sein. Da das meiste Grundwasser in Lockermassen des Quartärs zirkuliert, sollten die Hydrogeologen zugleich gute Kenner des Quartärs und seiner Entwicklung sein. Geologische Spezialkartierung und regionale Spezialuntersuchungen der Schichtenfolgen, Lithologie und Tektonik bilden die erste Stufe jeder hydrogeologischen Arbeit, die in einer zweiten Phase durch die oben erwähnte komplexe geohydrologische Betrachtungsweise ergänzt werden muß. Weder die alte, rein geologische Beurteilung von Gesteinskomplexen noch die der »klassischen Hydrologie« allein mit mathematischen und strömungstechnischen Berechnungen ohne Berücksichtigung der Geologie führen zum Erfolg, sondern nur die kollektive Zusammenarbeit der verschiedenen Fachleute, unter denen dem Hydrogeologen besondere Bedeutung zukommt.

Nach dem **Wasseraufnahme**- und **Wasserleitungsvermögen** werden die Gesteine wie folgt eingeteilt:

1) wenig wasserdurchlässige und -aufnahmefähige Gesteine (Magmatite, kristalline Schiefer, Tonschiefer u. a., auch Aquifugen genannt),
2) viel aufnehmend, aber nicht weiterleitend (Ton, Torf, Braunkohle, auch als Aquicluden bezeichnet),
3) viel aufnehmend und langsam weiterleitend (Löß, Schreibkreide),
4) viel aufnehmend und gut durchlässig, also weiterleitend (Sand, Kies).

Aus dieser Aufstellung ergibt sich die wichtige Feststellung, daß mit feiner werdendem Korn zwar Porenvolumen und damit Wasseraufnahmefähigkeit der Gesteine zunehmen, ihre Durchlässigkeit aber infolge der Reibungswiderstände abnimmt, so daß die Wassergewinnung aus feinkörnigen Gesteinen unter normalen Bedingungen erschwert und bei feinsten Korngrößen sogar unmöglich wird.

Die Gebirgsdurchlässigkeit ist in den verschiedenen Gesteinen unterschiedlich. In festen Gesteinen, z. B. Sandsteinen, setzt sie sich aus der Gesteins- (Poren-) und Trennfugendurchlässigkeit oder Wasserwegsamkeit zusammen, wobei die Trennfugen Richtung und Art der hydrologischen Eigenschaften der Gesteine im wesentlichen bestimmen. So bilden die Lockergesteine Porengrundwasserleiter, die Festgesteine überwiegend Kluftgrundwasserleiter.

Im außeralpinen Mitteleuropa ergeben sich für die Wassererschließung und -gewinnung folgende **Gesteinsgruppen** im Sinne einer hydrogeologischen Klassifizierung der Gesteine:
1) Junge Lockermassen des Quartärs und Tertiärs, unter denen besonders pleistozäne Flußschotter, Sande und Kiese der Urstromtäler sowie Schmelzwasserbildungen, aber auch tertiäre Grobsande und die oft mächtigen Liegendkiese unter dem tiefsten Braunkohlenflöz durch ihre wenn auch oft nur örtliche und schwankende Grundwasserführung bedeutend sind. Außerhalb dieser Gesteinskomplexe zirkuliert in diesen Serien nur wenig Grundwasser.
2) Geschichtete, nur wenig oder nicht gefaltete Festgesteine des Jungpaläozoikums und Mesozoikums, in denen Lagen von vielfach gut klüftigen und daher durchlässigen Sandsteinen, Arkosen und Konglomeraten mit schweroder undurchlässigen Schluff- und Tonlagen vielfach wechsellagern (z. B. Rotliegendes) oder klüftige Kalksteine und Sandsteine von großer Mächtigkeit über wasserstauenden Schichten lagern (Muschelkalk, Buntsandstein, Oberkreide). Besonders in gröberen Sandsteinen und verschiedenen Tuffen tritt zum Porenwasser die meist bedeutsamere Kluftwasserführung, so daß diese Gesteinskomplexe besonders günstig für die Wassererschließung sind, weil sie oft größere Wassermengen enthalten.
3) Stark gefaltete und ungeschichtete Festgesteine, wie die Schiefer und Grauwacken des Altpaläozoikums, Magmatite und metamorphe Gesteine, die insgesamt nur wenig wasserhöffig sind, aber bei örtlich stärkerer Zerrüttung oder sandig-grusiger Verwitterung bis in größere Tiefen (Porphyre, Granite) oft größere Wassermengen enthalten, so daß spezielle Untersuchungen selbst in scheinbar wasserarmen Gebieten mitunter überraschende Ergebnisse bringen.

Im alpinen Bereich sind es besonders die Karbonatgesteine (Kalkstein und Dolomit), die infolge Klüftigkeit oder tektonischer Beanspruchung zur Verkarstung neigen und große Mengen »Karstwasser« liefern. Die speziellen Eigenschaften solcher Gesteinskomplexe haben zur Entwicklung und Anwendung eigener, neuartiger Methoden in der Karsthydrogeologie (J. ZÖTL) geführt, die in der letzten Zeit erhebliche Fortschritte gemacht hat (S. 122).

Neben der Erforschung des Grundwasserleiter und ihrer Ernährung (Wiederauffüllung) spielen Grundwasserströmung, Grundwassergeschwindigkeit, Menge und Qualität des Grundwassers bei der Erschließung eine Rolle. In spaltenreichen Felsgewässern und bei Höhlengewässern ermittelt man die **Fließgeschwindigkeit** v, in Sanden und Kiesen die Filtergeschwindigkeit entsprechend dem laminaren Gleiten des Grundwassers (Bewegung der Wasserteilchen in nebeneinanderliegenden Schichten) im Gegensatz zum turbulenten Fließzustand in offenen Gewässern, Höhlenflüssen und in großen, weiten Trennfugen, bei dem sich die einzelnen Flüssigkeitsteilchen durcheinandermischen, wobei die Wasserbewegung auf den Haarrissen fester Gesteine zunächst auch ein langsames laminares Gleiten ist, sich der turbulente Fließzustand erst bei ausreichender Erweiterung der Trennfugen entwickelt. Die **Filtergeschwindigkeit** ist die Durchflußmenge in der Zeiteinheit je Flächeninhalt eines rechtwinklig zur Fließrichtung gelegenen Querschnittes F eines Filterkörpers bzw. die Geschwindigkeit in m/s, mit der Wasser von 20 °C und dem Gefälle $J = 1$ den Aquifer durchfließt. Beim laminaren Fließzustand ist die Wassermenge, die einen gegebenen Querschnitt in der Zeiteinheit durchfließt, dem Gefälle J proportional ($v_f = k_f J$, Gesetz von DARCY). Ist Q der Wasserdurchfluß in einem Grundwasserstrom (m³/s), F der Querschnitt durch den Grundwasserleiter (Mächtigkeit in m mal Breite in m), J das Gefälle und k_f die Filtergeschwindigkeit je Gefälleinheit, dann ergibt sich

$$Q = k_f J F$$

Der Wert k_f, meist als **Durchlässigkeitsbeiwert**, gelegentlich auch als Filtrationskoeffizient, Durchlässigkeitsziffer, Reibungsbeiwert oder weniger glücklich als Bodenkonstante bezeichnet, ist die wichtigste Kennziffer für die Wasser-

Durchlässigkeitsbeiwerte k_f für Lockergesteine (nach H. J. Dürbaum)

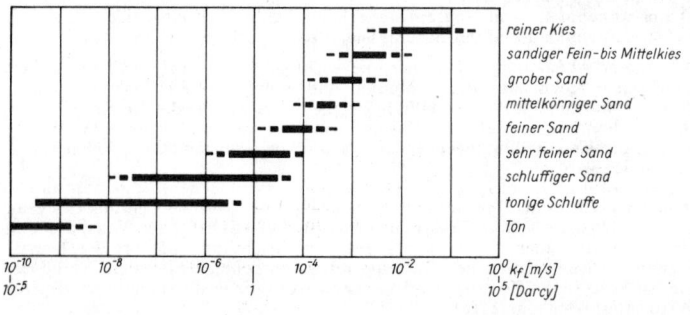

reiner Kies
sandiger Fein- bis Mittelkies
grober Sand
mittelkörniger Sand
feiner Sand
sehr feiner Sand
schluffiger Sand
tonige Schluffe
Ton

10^{-10} 10^{-8} 10^{-6} 10^{-4} 10^{-2} $10^{0}\ k_f\ [m/s]$
10^{-5} 1 $10^{5}\ [Darcy]$

durchlässigkeit eines Gesteinsmaterials. Dieser Wert k_f ist aber nicht nur von der Beschaffenheit des Materials, sondern auch vom Wasser selbst, insbesondere von seiner Temperatur, Dichte und Viskosität sowie vom Chemismus abhängig. Zudem verändert er sich mit dem Gefälle. Die Bestimmung des k_f-Wertes ist auf verschiedenen Wegen angenähert möglich. Meist werden im Felde Kurzpumpversuche an einem Versuchsbrunnen mit zwei Beobachtungsrohren, die sich auf einer Geraden befinden sollen, angewandt, wobei die abgesenkten Wasserspiegel oder der Entnahmetrichter beobachtet und rechnerisch ausgewertet werden (Verfahren von DUPUIT-THIEM). Diese Methode liefert für praktische Belange brauchbare Werte und hat sich vielfach bewährt. Sie geht von Pumpversuchen unter stationären, zeitlich unveränderlichen Bedingungen aus. In Wirklichkeit ist aber die Wassermenge in konzentrischen senkrechten Schnitten um einen Brunnen nicht konstant, sondern der Absenkungsvorgang verläuft raumzeitlich. Dem trägt das sogenannte Nichtgleichgewichtsverfahren nordamerikanischer und sowjetischer Hydrologen Rechnung, das dem stationären Fließvorgang im Sinne von DUPUIT-THIEM einen nichtstationären Grundwasserzustrom in einen Brunnen gegenüberstellt, mithin die Zeit als weitere Veränderliche einführt (THEIS, JACOB, WIEDERHOLD).

Andere Möglichkeiten der k_f-Wert-Bestimmung von Lockergesteinen bestehen in der Auswertung von Kornverteilungskurven an Hand von Siebanalysen, da die Wasserdurchlässigkeit von Sanden und Kiesen vor allem von der Größe und Form der Körner bzw. dem Porenraum bestimmt wird (HAZEN). Allerdings dürfen die zu untersuchenden Korngemische von Sanden und Kiessanden nicht zu ungleichförmig sein oder nicht zu viel Kieskorn führen und dürfen nur wenige blättchenförmige Minerale enthalten, weil schon geringste Mengen von leicht ausschlämmbarem Ton oder Schluff (rund 1 Prozent) die Durchlässigkeit erheblich beeinflussen. Doch hat sich das relativ einfache, kosten- und zeitsparende Verfahren bei Übersichtsuntersuchungen durchaus bewährt. Durchlässigkeitsbestimmungen sind prinzipiell auch im Laboratorium möglich. Ein Gefäß, das die Probe des Grundwasserleiters enthält, wird dabei von unten oder oben mit Wasser bei konstanten oder auch verschiedenen Druckhöhen beschickt. Gemessen wird die Durchflußmenge je Zeiteinheit. Wegen der Inhomogenität der meisten Aquifer und der mehr oder weniger starken Entmischung der Lockergesteinsmassen schon bei der Probenahme liefert diese Methode nur bei vorwiegend gleichkörnigen Sanden, z. B. des Tertiärs, den tatsächlichen Verhältnissen adäquate Werte; sie ist für ungleichförmige Korngemische im allgemeinen abzulehnen.

Folgende Beispiele zeigen die Größenordnung von k_f-Werten:

grober Sand 10^{-2} bis 10^{-3} m/s,
feine Sande 10^{-4} bis 10^{-5} m/s,
Schluffe 10^{-6} bis 10^{-7} m/s,
fette Tone 10^{-9} bis 10^{-10} m/s (Abb. S. 538)

Daraus geht eindeutig hervor, daß mit der Kornverfeinerung eine Änderung der Wasserdurchlässigkeit einhergeht. Diese Gesetzmäßigkeit ist nicht nur für die Wasserentnahme aus Brunnen, sondern auch für die Entwässerung bestimmter Schichtserien in Baugruben und im Bergbau von Bedeutung. Mit feiner werdendem Korn und der damit verbundenen geringeren Wasserdurchlässigkeit wird die Schwerkraftentwässerung immer schwieriger. Besonders in Kippen aus sehr feinkörnigen Bodenarten, z. B. im Braunkohlenbergbau, nimmt der Wassergehalt erheblich zu und wirkt sich ungünstig auf die Standfestigkeit aus, so daß es zu Böschungsverflachungen und Rutschungen am Kippenrand kommt, die große volkswirtschaftliche Schäden nach sich ziehen können.

In jüngster Zeit geht man immer mehr dazu über, anstelle des k_f-Wertes das Produkt aus dem Durchlässigkeitswert k_f und der Mächtigkeit des Grundwasserleiters M, also $k_f \cdot M$ m²/s, zu verwenden, das als **Transmissivität** T bezeichnet wird. Insbesondere bei geschichteten Festgesteinen mit wechselnden Durchlässigkeitsverhältnissen hat sich dieser Wert praktisch bewährt, da er die Summe der Transmissivitäten der einzelnen Schichten beinhaltet.

Für die Bestimmung der **Strömungsrichtung** des Grundwassers im Untergrund spielen neben der Möglichkeit, aus drei in einem gleichseitigen Dreieck von rund 50 m Seitenlänge angeordneten Bohrungen (Hydrologisches Dreieck) durch Messen des Grundwasserstandes aus Gefälle und die örtliche Fließrichtung rechnerisch zu bestimmen, besonders auch in Festgesteinen, andere Methoden eine Rolle. Sie wurden im Karst entwickelt und sind dort auch für die Ermittlung der Herkunft des Wassers wichtig, z. B. bei großen Karstquellen. Oft werden mehrere Methoden kombiniert angewandt. Neben den alten Färbemethoden (mit Uranin oder Fluoreszenzfarben, die noch in Verdünnungen 1 : 10 Millionen mit freiem Auge erkennbar und mit einer Analysen-Quarzlampe in solchen 1 : 10 Milliarden nachweisbar sind) und Salzungsmethoden (Kochsalz), bei deren Anwendung man sich der Titration oder auch des physikalischen Nachweises mittels Widerstandsmessungen bedient, sind neuartige Verfahren entwickelt worden, z. B. die Markierung von

Karstwässern durch Sporen- (gefärbte Bärlappsporen) oder Bakterientriftung (unschädliche Bakterien als Testkeime), der Einsatz von Schaum- und Duftstoffen, Schallimpulsen und die Anwendung radioaktiver Isotope, die freilich besondere Sorgfalt erfordert. Die Bakterienmethode hat sich als umständlich und schwierig erwiesen, ohne bessere Ergebnisse als andere Methoden zu liefern. Gute Ergebnisse wurden mit Hilfe der elektronischen Datenverarbeitung und des Einsatzes von Simulationsmodellen erzielt.

Für die Beurteilung der aus einzelnen Brunnen auf die Dauer zu entnehmenden Wassermenge werden Dauerpumpversuche mit mehreren Entnahmemengen bis zum jeweiligen Beharrungszustand des abgesenkten Wasserspiegels vorgenommen. Regelmäßige und exakte Messungen des abgesenkten Wasserspiegels aller 30 oder 60 Minuten und der Fördermenge, außerdem Wasserprobenahme für chemische Analysen und insbesondere Messungen des Wiederanstiegs des Grundwasserspiegels nach Beendigung des Pumpversuchs sind für Auswertung und Berechnung der Leistung eines Brunnens ausschlaggebend. Ungenaue Arbeitsweise kann zu Fehlbeurteilungen führen.

Auch bei der **Beseitigung** von **Abwässern**, insbesondere Industrieabwässern, ist die Frage der möglichen Infiltration in den Untergrund und des Wanderweges der Wässer von Bedeutung, damit es nicht zu einer Kontamination des Grundwassers kommt, die seine weitere Nutzung ausschlösse. In der Kohlenindustrie trifft das vor allem auf phenolhaltige Abwässer zu, die teilweise unmittelbar in die Flüsse geleitet werden und aus diesen übelriechende Abwässerkanäle gemacht haben. Durch den Übertritt von verseuchtem Flußwasser in das Grundwasser der Talauen scheidet dort auch die Seihwassergewinnung aus. Mitunter werden Industrieabwässer über Schluckbohrungen in aufnahmefähige, klüftige, tiefere Speichergesteine versenkt, die sich damit anfüllen und unter Umständen in der Umgebung bestehende Wasserversorgungsanlagen verunreinigen können.

Eine große Rolle hat in der Kaliindustrie die **Versenkung** der **Endlaugen** gespielt, die bei der Verarbeitung der Rohsalze anfallen. Im Werra-Kalirevier sind in den Jahren von 1928 bis 1967 rund 500 Millionen m^3 solcher Abwässer (im wesentlichen Kieseritwaschwässer) unter Druck über Schluckbrunnen in Versenkstrukturen geleitet worden; als dafür geeignet haben sich stark zerrüttete Zonen im Plattendolomit des Oberen Zechsteins und mehrgliedrige Subrosionssenken erwiesen. Wenn auch im Vergleich mit dem Einleiten der Endlaugen in die Werra trotz einer Reihe örtlicher Schädigungen wie Ausfall von Quellen, Einzelbrunnen und kleinen Wasserwerken infolge Versalzung oder Versiegens vieles für die Versenkung zu sprechen scheint, so ist man in den letzten Jahren vorsichtiger geworden. Das Schluckvermögen der Strukturen ist begrenzt und enthält mehr Unbekannte, als zunächst angenommen wurde. Außerdem droht bei nur wenig geringer Verschiebung des Kalzium-Magnesium-Verhältnisses zugunsten des Magnesiums die Gefahr des Wiederaustretens der Endlaugen, im Gegensatz zu der bisherigen Meinung, wonach sich die schweren Endlaugen in den Strukturen halten und nicht weiter ausbreiten würden. In der DDR erfolgt deshalb keine Versenkung industrieller Abwässer mehr; anderswo, z. B. in den USA, wo die Frage einer Versenkung radioaktiver Abwässer geringer Aktivität erörtert worden ist, wird sie an mehreren Stellen durchgeführt. Selbst wenn dafür nur wenig bewohnte, abgelegene Gebiete im Felsengebirge (worauf verschiedentlich hingewiesen wurde) in Betracht kommen, ist Vorsicht geboten, weil auch die infolge des steigenden Wasserbedarfs spätere eventuell notwendig werdende Nutzung von Oberflächen- und Grundwasser dieser Gebiete Gefahren in sich birgt.

Bei der Wassererschließung besteht nicht nur die Aufgabe, jederzeit ausreichende Mengen, sondern auch nach Möglichkeit solche Grundwässer nachzuweisen, die nicht aufbereitet werden müssen oder deren Aufbereitung ohne größere Schwierigkeiten bei tragbaren Kosten möglich ist. Sofern Eisen und noch mehr das Mangan nicht an Huminsäuren (Eisenhumate) gebunden ist, sind Entsäuerung und Enteisenung ebenso einfach durchführbar wie die Enthärtung von Karbonathärte. Dagegen ist die Entfernung der Sulfathärte aus dem Grundwasser nur mittels Ionenaustauschern möglich, so daß sie aus Kostengründen, z. B. für städtische Wasserwerke, noch ausscheidet.

Unter bestimmten Voraussetzungen, z. B. für Schiffe auf hoher See, ist bereits heute die Vollentsalzung von Meerwasser durch Ionenaustausch wirtschaftlicher als das alte Destillationsverfahren; gleiches gilt in einigen Gebieten für die Entsalzung versalzter Wässer des Untergrundes. Seit 1973 wird die Stadt Schewtschenko im Westen der Kasachischen SSR mit entsalzenem Wasser aus dem Kaspischen Meere versorgt, wofür das gleichnamige Kernkraftwerk die Energie liefert. Diese Meerwasserentsalzungsanlage stellt täglich 150000 m^3 Wasser für die Bevölkerung und Industrie zur Verfügung. Damit erscheint ein zukünftiger Weg vorgezeichnet, bei immer größerem Wasserbedarf die Wasserreserven der Ozeane zu nutzen. Auch die Möglichkeit, schwimmende Eisberge an die Küsten von Trockengebieten zu ziehen und sie dort für die Wassergewinnung zu nutzen (z. B. aus der Antarktis an die trockene Westküste Südamerikas (Atakama-Wüste) bzw. nach Australien), wurde bereits erörtert.

Bei der Grundwasserentnahme zeigen sich im Laufe der Zeit mitunter größere chemische Veränderungen des Wassers. Das ist bei den Erschließungsarbeiten zu beachten, damit nicht die Wirtschaftlichkeit eines Wasserwerkes überhaupt in Frage gestellt ist. Besonders häufig wird das zuträgliche Maß überschritten, wenn bei steigendem Bedarf die bei der Erkundung berechnete und festgelegte Fördermenge längere Zeit beträchtlich erhöht wird. Dadurch kann es zu Verockerungen im Brunnenbereich kommen, die die Durchlässigkeit des Grundwasserleiters und die Ergiebigkeit ungünstig beeinflussen. Voraussetzung für eine Verockerung ist die Anwesenheit von Eisen- und Manganbakterien, die aber in fast allen Grundwässern vorhanden sind; in diesem Sinne spricht man von biologischer Verockerung. Weit unangenehmer sind sekundäre Veränderungen der Wasserqualität, wenn es durch zu hohe Absenkungen des Grundwasserspiegels zu größeren Druckentlastungen im Untergrund kommt und in tektonisch beanspruchten Gesteinskomplexen auf Spalten oder in Störungszonen stärker mineralisierte Wässer aus der Tiefe aufsteigen und in den Brunnenbereich gelangen. Besonders im nördlichen Tiefland Mitteleuropas, wo unter den pleistozänen und tertiären Serien Mesozoikum und Zechstein lagern, sind in Zusammenhang mit den Steinsalz- und Gipslagern des Zechsteins untragbare Versalzung oder Aufhärtung des Grundwassers der höheren genutzten Lockergesteinsgrundwasserleiter zu beobachten. In mehreren Solbädern (Sülze-Segeberg, Oldesloe, BRD) werden oder wurden solche Wässer balneologisch verwendet. Ähnliche Vorgänge laufen ab, wenn ein Grundwasserleiter aus Sand und Kies unmittelbar über klüftigem Felsgestein lagert und darin Salz- und Gipswässer zirkulieren. Da Wässer aus größeren Tiefen höhere Temperaturen aufweisen, ist die Durchflußmenge auf der gleichen Fläche gegenüber normaltemperierten Wässern infolge der unterschiedlichen Viskosität erhöht, so daß sich negative chemische Veränderungen schnell bemerkbar machen, wie das in gleicher Weise bei der Einleitung erwärmter Kühlwässer der Industrie in den Untergrund beobachtet worden ist. Gleiches gilt für die Erhöhung der mittleren Wassertemperatur in Flüssen, die die Entnahme von Seihwasser einschränkt oder ganz unmöglich macht.

In Anbetracht des steigenden Bedarfs an Trink- und Brauchwasser wurde die Frage diskutiert, ob man nicht durch künstliche Versickerung oder Versinkung geeigneter Oberflächenwässer über Infiltrationsflächen, -becken oder -brunnen Grundwasser erzeugen kann. Neben der **Grundwasseranreicherung**, die schon in vielen Wasserwerken durchgeführt wird (z. B. Halle/Saale mit 60 000 m² Infiltrationsfläche, Magdeburg, Basel über Sickergräben und -teiche [Rheinwasser], Krefeld, Prag-Karany), steht die **Grundwasserspeicherung**, insbesondere während der wasserreichen Periode des Frühjahrs, für Zeiten erhöhten Bedarfs und Verbrauchs in den trockenen Spätsommer- und Herbstmonaten. Voraussetzung für dieses Verfahren ist, in gleicher Weise wie für die Untergrundspeicherung von Gas und leichten Erdölprodukten oder die Versenkung von flüssigen radioaktiven Abfällen (S. 562), das Auffinden geeigneter Untergrundstrukturen, z. B. in klüftigen Kalksteinen oder porigen Sandsteinen, die keinerlei Verbindung mit Oberflächengewässern oder nutzbaren Grundwasserleitern haben und völlig dicht sind. Auch der Bau unterirdischer Sperren wird erörtert, ein Problem, das man noch vor nicht allzulanger Zeit als kaum lösbar ansah, dem man aber heute nach einer Reihe erfolgversprechender Versuche positiver gegenübersteht. In den semiariden und ariden Bereichen einiger Länder im Nahen und Mittleren Osten wird die zeitweilige Speicherung von Wasser nasser Jahre oder der von den Gebirgen kommenden Schmelzwässer in unterirdischen Sammelbecken spaltenreicher Karstgebiete bereits praktisch durchgeführt, um in Trockenjahren oder in der Trockenzeit Wasser für die Bewässerung der Gartenkulturen (z. B. Apfelsinen, Zitronen) zu haben, die das ganze Jahr hindurch Wasser brauchen und ohne künstliche Bewässerung eingehen würden.

Es wurde bereits erwähnt (S. 536), daß **hydrogeologische Karten** für die Grundwasserprognose bestimmter Gebiete, insbesondere bei der wasserwirtschaftlichen Rahmenplanung, aber auch für die praktische hydrogeologische Arbeit selbst im Sinne von Datenspeichern von hohem Wert sind. Man unterscheidet hydrogeologische **Übersichtskarten** und **Spezialkarten**. International wurde und wird eine hydrogeologische Übersichtskarte von Europa als Einblattkarte im Maßstab 1 : 1 500 000 erarbeitet. Für die DDR und Österreich gibt es solche im Maßstab 1 : 1 000 000. In einzelnen Ländern werden darüber hinaus Übersichtskarten im Maßstab 1 : 200 000 oder 1 : 100 000 angefertigt, vielfach in Form eines Kartensatzes oder auch aus einer einzigen Karte mit ergänzenden Karten speziellen Inhalts in kleinerem Maßstab am Rande der Blätter bestehend. Neben Dokumentationskarten, in die alle erreichbaren Daten (Bohrungen, Brunnen, Quellen, Wasserwerke, Schutzgebiete, Grundwassermeßstellen usw.) eingetragen werden, steht die farbige hydrogeologische Grundkarte (auch Grundrißkarte genannt) als wichtigster Teil der Serie. Sie enthält Angaben über die Grundwasserleiter der Locker- und Festgesteine. Dargestellt werden ein oder mehrere Grundwasserstockwerke in ihrer Verbreitung, räumlichen Lage und ihrer lithologischen Ausbildung. Dazu kommen

Angaben über Art und Ausbildung der Deckschichten, der Versickerungs- und Versinkungsmöglichkeiten, weiter auch Zahlenwerte über die vorhandenen Vorräte und das Liefervermögen oder, wenn die vorhandenen Unterlagen zur Berechnung nicht ausreichen, Angaben über die Grundwasserhöffigkeit in mehreren Stufen als Tages- oder Dauerergiebigkeit. In jüngster Zeit werden öfter prognostische Vorräte angegeben, die durch Untersuchungsarbeiten noch nicht exakt nachgewiesen, aber auf Grund einzelner Daten und allgemeiner Unterlagen wissenschaftlich vorausgesagt werden können. Wichtige Bohrungen, Mineral- und Heilquellen, hydrologisch wichtige Störungen, verkarstete Gebiete und solche mit Gefährdung durch mögliche Versalzung, Bergbaugebiete, Schutzgebiete von Brunnen und Quellen, Lagerstättenschutzgebiete, Hydroisohypsen, Grundwasserfließrichtungen, unterirdische Grundwasserscheiden, die Grundwasserspende $1/s \cdot km^2$, Talsperren, Überflutungsgebiete u. a. können ebenfalls in hydrogeologische Grundkarten eingetragen werden, soweit sich für einzelne Parameter nicht Sonderkarten zweckmäßiger erweisen. Je nach den Bedürfnissen und den hydrogeologischen Verhältnissen werden die Objekte und Werte in den vorliegenden Karten unterschiedlich bewertet.

Hydrogeologische Profilschnitte ergänzen das Kartenbild und vermitteln eine räumliche Vorstellung vom Aufbau eines Gebietes, von der Lage und Ausbildung der Grundwasserstockwerke und der sie trennenden schwer- oder undurchlässigen Schichten. Besonders wichtig sind **hydrochemische Karten**, vor allem für die Härte, den Gehalt an Chloriden (Versalzung), Eisen, aggressiver Kohlensäure und in einzelnen Gebieten teilweise auch an anderen Inhaltsstoffen, z. B. Nitraten und Sulfaten, der Alkalität des Wassers (pH-Wert) oder den Kaliumpermanganat- ($KMnO_4$-) Verbrauch als Hinweis auf die im Wasser gelösten organischen Stoffe. Es gibt dabei kein Rezept, das für alle Gebiete angewandt werden könnte. Bei der Darstellung werden entweder auf den Karten die wichtigsten Stoffe zusammen punktförmig mittels verschiedener Methoden eingetragen (hydrochemisches Kartogramm) oder es wird versucht, einzelne Stoffe flächenhaft in Abstufungen quantitativ zu erfassen. Voraussetzung dafür sind genügend viele chemische Analysen, die es erlauben, einzelne Räume abzugrenzen. Weitere Teilkarten sind spezielle Grundwasservorratskarten und Karten des hydrogeologischen Erkundungsgrades, die erkennen lassen, wo genauere Kenntnisse über die Grundwasserverhältnisse vorhanden sind oder wo noch Lücken bestehen. Ein wichtiger Wert ist die aus dem zugehörigen Einzugsgebiet und der Ernährungsfläche der Aquifer berechnete **unterirdische Abflußspende (Grundwasserspende)** bzw. **Quellflächenspende** $1/s \cdot km^2$, die die Grundlage für die Beurteilung der Grundwasserneubildung und damit der möglichen Nutzung der Vorräte bildet. Aus der gegenwärtigen Entnahme aus Wasserwerken und Einzelbrunnen und dem ausgewiesenen Grundwasservorrat können die örtlich oder regional vorhandenen Grundwasserreserven errechnet werden. Im allgemeinen wird zu hydrogeologischen Übersichtskarten ein Erläuterungsheft mit zahlreichen Tabellen, graphischen Darstellungen u. a. verfaßt, wobei Karte und Text eine Einheit bilden.

In einzelnen Gebieten, z. B. bergbaulich genutzten, oder in den überbeanspruchten Räumen der industriellen Ballungsgebiete besteht ein Bedürfnis nach **hydrogeologischen Spezialkarten**, die meist im Maßstab 1 : 25000, teilweise auch 1 : 50000 oder unter besonderen Bedingungen 1 : 10000 erarbeitet werden. Im allgemeinen fertigt man einen Kartensatz an, z. B. über Hydrogeologie, Hydrochemie, Hydrologie, Hydropedologie u. a. In Abhängigkeit von den Voraussetzungen und Forderungen der Praxis können zahlreiche Einzelkarten entworfen werden, so daß es gelegentlich Serien von 10 und mehr verschiedenen Karten für ein bestimmtes Kartenblatt gibt. Bewährt hat sich im Prinzip die von H. BREDDIN entwickelte Methode der »hydrogeologischen Profilkarte«, die, zunächst für den Lockergesteinsbereich entworfen, auch für den Festgesteinsbereich mit Erfolg angewandt worden ist. Dabei werden in parallel laufenden Schnitten in bestimmten Abständen, z. B. 0,5 oder 1,5 km, je nach Notwendigkeit und vorhandenen Bohrunterlagen, die lithologisch-hydrologischen Verhältnisse farbig oder auch schwarzweiß bis in 100 oder 200 m Tiefe dargestellt, wobei naturgemäß in einzelnen Gebieten die Verbindung der Schnitte von der subjektiven Auffassung des Bearbeiters abhängt. Querschnitte (Karte a) können durch Längsschnitte (Karte b) ergänzt werden. Die vielen Schnitte über ein Kartenblatt sind recht anschaulich und gestatten, sich ein plastisches Bild von den hydrogeologischen Gegebenheiten und ihren räumlichen Veränderungen zu machen, auch wenn im einzelnen örtlich eine Fehldeutung vorliegen mag. Naturgemäß ist diese Methode nur dort anwendbar, wo eine für die Schnittkonstruktion ausreichende Anzahl von Bohrungen vorhanden ist. Besonders bei der hydrogeologischen Spezialkartierung sind Berechnungen und Zahlenangaben, auch statistischer Art, unerläßlich, weil der Wasserwirtschaftler mit Beschreibungen und der Angabe von nur geschätzten Höffigkeiten im konkreten Einzelfall, z. B. bei der Planung eines Wasserwerkes, nicht viel anfangen kann.

Bedeutende Hilfe bei der Grundwassersuche und -erkundung geben dem Hydrogeologen die Methoden der angewandten Geophysik (S. 512). Für die Hydrogeologie am wichtigsten sind die **geoelektrischen Verfahren**, vor allem die **Widerstandsmethode**, mit der gute Erfolge erzielt werden, vorausgesetzt, daß im ganzen horizontal lagernde Gesteinsschichten von ausreichender Mächtigkeit und deutlichen Unterschieden des spezifischen elektrischen Widerstands vorliegen, wie in kiesigen Sanden und fetten Tonen. Freilich können alle Verfahren der angewandten Geophysik nur physikalische Daten erbringen, die in gemeinsamer Arbeit von Geophysikern und Hydrogeologen in geologischem Sinne interpretiert werden müssen, ehe Bohrungen angesetzt werden können. Viele Befunde der Geophysik sind mehrdeutig. So ist z. B. im Wert des spezifischen Widerstandes kein wesentlicher Unterschied zwischen Tonen und Sanden, die nicht Süßwasser, sondern versalzenes Wasser enthalten. Während sich fette Tone und reine Sande gut abgrenzen lassen, wird das Bild in tonigen oder schluffigen Sanden unklar. Bei der elektrischen Widerstandsmethode, die besonders von WENNER und SCHLUMBERGER vor rund 50 Jahren entwickelt worden ist, wird durch zwei Speiseelektroden dem Untergrund Gleichstrom (oder niederfrequenter Wechselstrom) zugeführt. Mit zwei Meßelektroden wird der Spannungsabfall zwischen zwei Punkten gemessen. Daraus kann der Widerstand des Gesteins berechnet werden, da ein hoher Spannungsabfall einem hohen Widerstand entspricht, und umgekehrt. Die Eindringtiefe ist vom Elektrodenabstand abhängig und damit veränderlich. Durch Änderung des Abstandes kann also die Eindringtiefe laufend vergrößert werden. In Kurven erkennt man die Abhängigkeit des Widerstandes von der Tiefe oder von den Schichtgrenzen, wenn sich auffällige Änderungen der Leitfähigkeit abzeichnen. Es ist aber auch möglich, bei einer bestimmten Eindringtiefe größere Gebiete zu vermessen und Linien gleichen Widerstandes zu konstruieren. Auf eine Karte eingetragen, gestatten sie Aussagen über die lithologischen Verhältnisse und die mögliche Wasserführung des Untergrundes.

Zum Feststellen der Mächtigkeit von Lockergesteinsmassen über dem festen Felsuntergrund oder auch zur Analyse der tektonischen Verhältnisse bedient man sich der verschiedenen **seismischen Methoden**, unter denen für Fragen in oberflächennahen Gesteinsserien die verhältnismäßig einfach zu handhabenden und kostensparenden **Hammerschlagseismik** und **Fallgewichtsseismik** wichtig geworden sind. Diese Verfahren der Flachseismik (Refraktionsseismik) arbeiten ohne Verwendung von Sprengstoff und sind besonders in Verbindung mit der Geoelektrik in den letzten Jahren immer mehr mit Erfolg angesetzt worden, ebenso wie radiometrische Methoden, die verstärkt in der Hydrogeologie Anwendung finden. Besonders wichtig sind **Bohrlochmessungen** (S. 515), mit deren Hilfe in Bohrlöchern weit genauere Aussagen möglich sind als allein an Hand des ausgebrachten Bohrgutes und der Beobachtungen beim Bohrvorgang. So kann man z. B. die sich mit der Tiefe ändernde Wassertemperatur ebenso messen wie die in unterschiedlicher Tiefe an bestimmten Stellen zufließende Wassermenge (Wasserzuflußmessung) oder den sich beim Bohrvorgang in den verschiedenen Lockergesteinen verändernden Bohrlochdurchmesser (Kalibermessung), der Aussagen über das angebohrte Material erlaubt.

Die technische Gewinnung von Grundwasser erfolgt durch **Quellfassungen** oder durch **Brunnen**. Neben den **Schacht- (Kessel-) Brunnen** mit großem Durchmesser stehen die **Bohrbrunnen**. Schachtbrunnen wurden früher in den hygienischen Forderungen nicht genügendem Mauerwerk, heute mit Brunnenringen aus Beton ausgeführt. Sie sollten möglichst tief in die wasserführenden Schichten hineinreichen und werden vor allem dort verwendet, wo nur geringe Wassermengen sitzen und die Brunnen daher zugleich Vorratsbehälter sein sollen. Oft wird bei Absinken des Grundwasserspiegels ein solcher Brunnen durch Tieferschachten oder durch eine Bohrung von der Brunnensohle aus vertieft. Das hat nur dann Sinn, wenn weitere wasserführende Schichten vorhanden sind. Im allgemeinen bringt man gegenwärtig tiefere Brunnen, besonders bei höherem Wasserbedarf, als **Rohr-** oder **Bohrbrunnen** nieder, deren Ausführung laufend technisch vervollkommnet worden ist und die betriebssicher sind, abgesehen von ihrer in hygienischem Sinne einwandfreien Konstruktion. Im Bereich der wasserführenden Schichten ist das Brunnenrohr mit unterschiedlich gestalteten Eintrittsöffnungen (Schlitzen) für das Wasser versehen. Um dieses **Filterrohr** baut man zum Erzielen größerer Eintrittsflächen und zur Verminderung des Eintrittswiderstandes bei hoher Förderleistung eine je nach den lithologischen Verhältnissen des Aquifers in der Körnung mehrfach abgestufte Filterkiesschicht ein (**Kiesschüttungsfilterrohrbrunnen**). Als Filterrohr wurden früher vorwiegend solche aus Guß- und Schmiedeeisen sowie aus Kupfer verwendet. Im Laufe der Entwicklung ist man wegen der Zerstörung der Metalle durch aggressive Wässer in oft verhältnismäßig kurzen Zeiträumen immer mehr auf Steinzeug und andere korrosionsfeste keramische Erzeugnisse gekommen (Abb.). Außerdem werden Holzfilter (Steineiche) und neuerdings auch solche aus Kunststoff eingebaut.

Neben vertikalen Hochleistungsbrunnen mit einer sehr differenzierten Kiesschüttung werden seit rund 30 Jahren in der Grundwassererschließung hori-

Steinzeugbrunnenfilter (WAVE-Brunnenfilter)

zontale Wasserbohrungen nach verschiedenen technischen Verfahren errichtet Dabei werden unter hydraulischem Druck aus einem großen Sammelbrunnen von etwa 4 m Durchmesser mit dichter Betonsohle in einer bestimmten Tiefe oder seltener auch in mehreren Etagen übereinander gelochte Filterrohre von 0,20 m Durchmesser auf dem gesamten Umfang horizontal in den Aquifer getrieben. Der Abstand zwischen den einzelnen Rohren beträgt 1,0 bis 1,5 m, ihre Anzahl je Etage bis zu 12 Stück und die Länge bis 100 m für jeden Strang in Abhängigkeit von der Ausbildung der Schichten und den technischen Möglichkeiten. Der Vorteil dieser Horizontal-Filterbrunnen besteht in der fast vollständigen Nutzung des vorhandenen Grundwassers und damit in hoher Förderleistung, der Möglichkeit, an Hand von Körnungsanalysen die quantitativ und qualitativ für die Wassergewinnung günstigsten Schichten zu wählen, einer im Vergleich mit einer Reihe von Vertikalbrunnen mit jeweils geringerer Leistung weit kleineren Geländebeanspruchung durch einen einzigen Brunnen und damit auch ein kleineres Schutzgebiet, niedrigere Betriebskosten und möglicherweise technisch zugleich leichtere Überwachung. Oft kann aus einem einzigen Horizontalbrunnen die gleiche Wassermenge wie aus fünf oder mehr Vertikalbrunnen gefördert werden, wobei allerdings im allgemeinen höhere Absenkungen in Kauf genommen werden müssen als bei Vertikalbrunnen. Nachdem zunächst vielfach die Ansicht vertreten wurde, der Horizontalbrunnen sei dem Vertikalbrunnen überlegen und bedeute in jedem Falle einen großen technischen Fortschritt, ist man nach einer Reihe von Mißerfolgen vorsichtiger geworden. Der Anwendungsbereich dieser Anfang der vierziger Jahre zuerst in den USA entwickelten Brunnen ist durchaus nicht überall gegeben, sondern auf die mit groben Schottern von hoher Mächtigkeit erfüllten großen Flußtäler besonders zur Gewinnung von Seihwasser, die wasserführenden Schotterterrassen und ähnliche Aquifer beschränkt, wenn auch bei einzelnen Horizontalbrunnen Ergiebigkeiten von 3000 m³ und mehr in der Stunde erreicht worden sind, eine Wassermenge, wie sie im Mittel etwa 30 bis 50 Vertikalbrunnen zusammen liefern. Auf keinen Fall sind Horizontalbrunnen ein Mittel, aus solchen Grundwasserleitern mehr Wasser zu erschroten, deren Ergiebigkeit bereits bei Vertikalbrunnen stetig nachgelassen hat. Das würde nur zu einer rascheren Zerstörung des Aquifers führen, ohne daß die Förderleistung erhöht würde. Gerade für die Wahl des Standortes von Brunnen und nicht weniger der richtigen Konstruktion sind Einzelheiten des geologischen Baus von grundsätzlicher Bedeutung und erfordern sehr eingehende Spezialuntersuchungen sowie eine sorgfältige Überwachung beim Bau der Brunnen, die gegenwärtig teilweise unter Einsatz von Fernsehsonden und Unterwasserkameras erfolgt. Besonders Farbaufnahmen haben sich auch bei der Untersuchung von in Betrieb befindlichen Brunnen bewährt, z. B. zum Feststellen von Verockerungen im Filterbereich und Korrosionsschäden. Es besteht kein Zweifel darüber, daß die modernen vertikalen Höchstleistungsbrunnen, speziell solche mit einer differenzierten Kiesschüttung, auch künftig in weit größerer Anzahl gebaut werden als Horizontalbrunnen.

R. Hohl

Ingenieurgeologie

Die **Ingenieurgeologie (Baugeologie)** hat sich erst vor rund 50 Jahren, in den dreißiger Jahren, entwickelt. Schon vorher hat man von »Technischer Geologie« oder von »Geologie im Ingenieurbaufach« gesprochen. Die Ingenieurgeologie ist eine geologische Wissenschaft in enger Verbindung mit bau- und bergbautechnischen Disziplinen. Gemeinsam mit einer Reihe anderer Fachgebiete ist sie ein integrierender Bestandteil des Wissenschaftsgebietes »Geotechnik« (Abb.).

Die Ingenieurgeologie im Wissenschaftsgebiet der Geotechnik

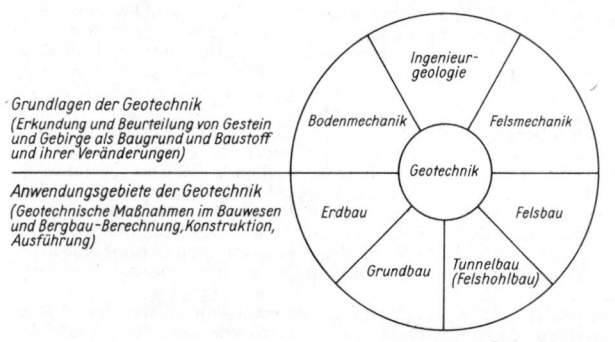

Grundlagen der Geotechnik
(Erkundung und Beurteilung von Gestein und Gebirge als Baugrund und Baustoff und ihrer Veränderungen)

Anwendungsgebiete der Geotechnik
(Geotechnische Maßnahmen im Bauwesen und Bergbau-Berechnung, Konstruktion, Ausführung)

Von den Grundlagenfächern der Geotechnik hat sich die **Bodenmechanik** etwa parallel zur Ingenieurgeologie zunächst für das Bauwesen und später auch für den Bergbau entwickelt. Erst in den letzten Jahrzehnten ist die **Felsmechanik** als ein selbständiges Fachgebiet hinzugetreten, da immer deutlicher wurde, daß das Verhalten von Fels – trotz allgemeiner Gesetzmäßigkeiten für Fels- und Lockergestein – eine eigenständige Betrachtungsweise erfordert. Alle Grundlagengebiete zusammen bilden die Voraussetzung für die Lösung erd-, fels- und grundbautechnischer Aufgaben in den verschiedenen Zweigen des Bauwesens und Bergbaues. GIMM (1977) spricht von einer »zunehmenden Integration von Gebirgs-, Fels- und Bodenmechanik zu einer universellen Geomechanik, deren Grundlagen Physik und Geologie sind« (vgl. auch S. 279).

Die Ingenieurgeologie untersucht die geologischen und physikalischen Eigenschaften der Gesteine und des Gesteinsverbandes, des »Gebirges« im Sinne des Bergmannes, unter besonderer Beachtung der geomorphologischen und hydrologischen Bedingungen für ihre Nutzung als Baugrund, Bauraum und Baustoff, im Zusammenhang mit der geländegebundenen Tätigkeit des Menschen. Dabei ist zugleich eine wichtige Aufgabe, die Wechselwirkungen zwischen Bauwerk und Baugrund vorauszusagen und mögliche Gleichgewichtsstörungen zu erfassen.

Man gliedert die Ingenieurgeologie in drei Teilgebiete. Das erste Teilgebiet umfaßt grundlegende ingenieurgeologische Probleme und Methoden, die in allen Zweigen des Bauwesens und Bergbaues von Bedeutung sind, das zweite (spezielle Ingenieurgeologie) spezifische Probleme und Aufgaben der einzelnen Zweige des Bauwesens und Bergbaues. Ein drittes Teilgebiet, die regionale Ingenieurgeologie, beschäftigt sich vor allem mit den Gesteinen als Baugrund, aber auch als Baustoff unter den unterschiedlichen regionalgeologischen Bedingungen einschließlich der Nutzungsmöglichkeiten der in einem Territorium vorhandenen Rohstoffressourcen.

Allgemeine Ingenieurgeologie

Gesteine treten in der Erdkruste als große zusammenhängende Massen auf, die man als Gesteinsverband oder Gebirge bezeichnet. Das Gebirge ist durch das Flächengefüge (Klüfte, Schicht- und Schieferungsfugen) in »Gesteinsstücke« unterschiedlicher Form und Größe zerlegt, die Kluftkörper (Grundkörper) genannt werden. Dies gilt unbedingt auch für das Lockergebirge, obwohl hier das Verhalten der Einzelkörner und ihre gegenseitige Beeinflussung die wesentliche Rolle spielen, so daß Lockergestein meist gleich Lockergebirge gesetzt werden kann.

Eigenschaften und Verhalten geologischer Körper

Für die Ingenieurgeologie ist von besonderer Bedeutung, daß durch eine Zerlegung des Gesteinsverbandes durch Trennflächen nicht nur die Eigenschaften des Gesteins, sondern die des Gebirges repräsentativ für eine Beurteilung des Baugrundes sind. Gesteinsmaterial und Flächengefüge müssen gemeinsam betrachtet werden. Wird ein Gestein als Baustoff verwendet, genügen im allgemeinen die Gesteinseigenschaften (S. 555).

Als **Baugrund** wird der Bereich bezeichnet, der durch eine Baumaßnahme und die dabei in den Untergrund eingetragenen Spannungen beeinflußt wird.

Daher ist das geologisch-genetische Klassifizierungssystem der Gesteine für die ingenieurgeologischen Belange nur bedingt geeignet. Die Ingenieurgeologie muß den Bauwert von Gestein und Gebirge und seine möglichen Veränderungen unter den Einflüssen äußerer Faktoren (Witterung, Belastung) in den Vordergrund stellen. So basiert die ingenieurgeologische Einteilung der Gesteine und des Gebirges auf der äußeren Erscheinungsform (Fest-/Felsgestein und Lockergestein sowie Fels und Lockergebirge), dem unterschiedlich festen, vor allem witterungsabhängigen Zusammenhalt der Minerale (Korngefüge) sowie der besonders im Fels ausgeprägten Zerlegung des Verbandes durch Trennflächen verschiedener Entstehung (Flächengefüge).

Eine auf das Bauwesen und den Bergbau zugeschnittene Klassifizierung von Gestein und Gebirge ist Voraussetzung für die Festlegung der Eigenschaften und des Verhaltens geologischer Körper.

Der aus Felsgesteinen bestehende Baugrund ist nirgends ein einheitlicher, kompakter Gesteinskomplex, sondern wird stets durch Trennflächen zerteilt. Sein Zusammenhalt, der sich in einer hohen Verbandsfestigkeit und der auffälligen Festigkeitsanisotropie äußert, wird durch den Restverband hervorgerufen. Die Eigenschaften des Felsgesteinsverbandes müssen als eine Funktion des Kluftkörpermaterials, des Flächengefüges und des vorhandenen Wassers angesehen werden. Weiterhin dürfen Spannungszustand und Zeit nicht unbeachtet bleiben.

Fels

Als Maßstab zur ingenieurgeologischen Beurteilung der Eigenschaften des Gesteinsmaterials kann man sein Verhalten gegenüber den Witterungseinflüssen heranziehen und eine Einteilung in witterungsbeständig, witterungs-

```
                                              mineralisch
                                             /(anorganisch)
                        ┌──────────────┐    /
                        │ Lockergestein│   / nicht-    bindig
                        │ (Erdart,     │──┤  bindig
                        │ Erdstoff)    │   \
                        └──────────────┘    \organisch
  ┌────────────┐                             \durchsetzt
  │Lockergestein│                             \organisch
  │verband      │
  │(Lockergebirge)                   ┌─────────────────┐
  └────────────┘                     │Trennflächen     │
                                     │(Grenzflächen    │
                                     │im geschichte-   │         mechanische
                                     │ten Baugrund)    │─────── Eigenschaften
                                     │(Scherflächen    │
                                     │im glazial be-   │
                                     │anspruchten      │
                                     │Baugrund)        │
  ┌────────────┐                     └─────────────────┘
  │Gesteinsverband│
  │(Gebirge,geolo-│
  │gischer Körper)│
  └────────────┘                                           witterungs-
                        ┌──────────────────┐             / beständig
                        │Fels(Fest)ge-     │            /  witterungs-
                        │stein (Gesteins-  │───────────┤   empfindlich
                        │material, Kluft-  │            \
                        │körpermaterial,   │             \ (leicht)wasser-
                        │Grundkörper-      │               löslich
                        │material, Fels-   │
                        │art)              │
  ┌────────────┐        └──────────────────┘
  │Fels(Fest)ge-│
  │steinsverband│
  │(Fels,Felskörper,                        Raumstellung
  │Gebirge i.e.S.)      ┌─────────────────┐ /
  └────────────┘        │Trennflächen     │/  geometrische
                        │(Klüfte,Schicht- │── und mecha-
                        │fugen,Schiefe-   │\  nische Eigen-
                        │rungsfugen)      │ \ schaften
                        └─────────────────┘
```

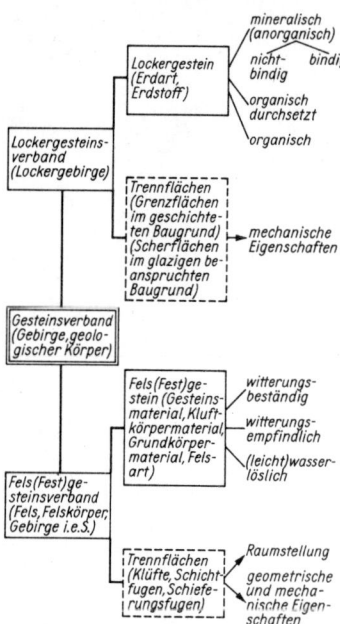

Gestein und Gesteinsverband (Gebirge)

empfindlich und (leicht) wasserlöslich vornehmen. Das Einordnen von Felsgesteinen in diese Gruppen gestattet ein Abschätzen ihrer Eignung als Baustoff und ihres Verhaltens als Bestandteil des Baugrundes aus Fels. Es wird auch eine Einteilung der Felsgesteine in halbfelsige und felsige, die im wesentlichen auf der Auswertung der Würfeldruckfestigkeit beruht, vorgenommen, aber nur den Augenblickszustand erfassen und die in Abhängigkeit von der Zeit stattfindenden Veränderungen außer acht lassen muß.

Die Untersuchung und ingenieurgeologische Bewertung des Kluftkörpermaterials ist nur nach petrographischen und gefügekundlichen Gesichtspunkten möglich, das Feststellen der gesteinsphysikalischen Parameter nach den Verfahren der Technischen Gesteinskunde (S. 554). Die Ingenieurgeologie benötigt die Kenntnis der Verbandsfestigkeit, die etwas anderes ist als die Materialfestigkeit der Technischen Gesteinskunde.

Die witterungsbeständigen Felsgesteine können infolge einer unmittelbaren, silifizierten oder kalzinierten mittelbaren Kornbindung sowie einer hohen chemischen Beständigkeit ihrer Minerale dem Einwirken der Witterungsagenzien beträchtlichen Widerstand entgegensetzen und werden deshalb erst im Laufe langer Zeiträume merkbar angegriffen.

Die witterungsempfindlichen Felsgesteine erleiden bereits innerhalb kurzer Zeiträume, von Tagen bis Monaten, nach Zutritt von Luft und Wasser oder durch die Einwirkung des Frostes einen Verlust ihres Kornzusammenhaltes und verwandeln sich irreversibel in Lockergesteine.

Die (leicht) wasserlöslichen Felsgesteine erleiden bereits bei geringstem Wasserzutritt Veränderungen und lösen sich auf. Dabei kann ein vollständiger Substanzverlust eintreten.

Jede den Felskörper zerlegende Kluft-, Schicht- und Schieferungsfuge wirkt als Trennfläche und ist mechanisch als Bruch aufzufassen. Trennflächen beeinflussen in entscheidendem Maße die Eigenschaften des Felsgesteinsbaugrundes. Sie machen ihn zu einem Diskontinuum, das mathematisch gegenwärtig noch unzureichend erfaßbar ist. Gemeinsam mit den Porenräumen ist das Flächengefüge Ausgangspunkt für den schnellen Zerfall witterungsempfindlicher Felsgesteine zu Lockermassen und zur Auflösung wasserlöslicher Felsgesteine. Das Flächengefüge begünstigt in witterungsbeständigen Felsgesteinen allein die allmähliche Lockerung der Kluftkörper bis zur Auslösung von Gleit- und Kippbewegungen an Böschungen. Außerdem bietet das Flächengefüge Möglichkeiten für den Eingriff von Wurzeln und ist Bewegungsfläche bei Entspannungsvorgängen. Die Untersuchung des Flächengefüges als Voraussetzung für eine richtige Bewertung des Felsgesteinsbaugrundes ist nur durch detaillierte Geländeaufnahme und statistische Auswertung der Ergebnisse möglich.

Wasser tritt im Fels in dreifacher Art mit der Festsubstanz in Beziehung. Das eigentliche Porenwasser erfüllt einen bestimmten Teil der Hohlräume zwischen den Mineralen. Große praktische Bedeutung kommt daneben dem Wasser in feinkörnigen Kluftfüllungen und -bestegen zu, das sich besonders auf die Scherfestigkeit zwischen den einzelnen Kluftkörpern auswirkt. Das Kluftwasser bewegt sich in Abhängigkeit von der Lage des Wasserspiegels innerhalb des Gebirges und der Öffnungsweite der Trennflächen. Bei sehr geringen Öffnungsweiten sind kapillare Wasserbewegungen entgegen der Schwerkraft auch im Fels möglich.

Es ist unmöglich, die Eigenschaften eines Felskörpers ingenieurgeologisch richtig zu bewerten, wenn man die Tatsache vernachlässigt, daß in allen geologischen Körpern eine Art eingefrorene Spannung vorliegt, die zur Spannungsumlagerung, z. B. in Form von Gebirgsschlägen, größerer Zeiträume benötigt. Überall dort, wo Fels angeschnitten wird, kommt diese Spannungsauslösung zur Wirkung. Die zusammen mit Frostdruck und Wurzeldruck hervorgerufenen Folgen werden als Talzuschub bezeichnet. Die meisten Eigenschaften eines Felskörpers ändern sich außerdem in Abhängigkeit von der Zeit. Diese wichtige Gegebenheit muß der Ingenieurgeologe bei der Bewertung der Standfestigkeit und Tragfähigkeit des Felsbaugrundes berücksichtigen.

Lockergebirge

Im Gegensatz zum Baugrund aus Fels werden die Eigenschaften des Lockergesteinsbaugrundes nach dem Kornaufbau, dem damit im Zusammenhang stehenden Korngefüge und dem Verhalten gegenüber Wasser bewertet. Auch hier hat der Aufbau des Schichtenverbandes in Form von Wechsellagerung bindiger und nichtbindiger Lockergesteine u. U. ingenieurgeologische Bedeutung.

Grob- und mittelkörnige, nichtbindige Lockergesteine, an deren Mineralteilchen Oberflächenkräfte weitgehend fehlen, treten in der Natur als locker nebeneinanderliegende Bestandteile (Einzelkorngefüge) auf. Feinkörnige, bindige Lockergesteine, besonders die aus Tonmineralen bestehenden Teilchen, bilden infolge großer Oberflächenkräfte nach ihrer Ablagerung durch gegenseitige Verkettung hohlraumreiche Waben- oder Flockengefüge. Durch Fäulnis, Verwesung und Vertorfung entstandene organische Restprodukte kommen dagegen bei genügender Feinheit und ausreichendem Wasseranteil

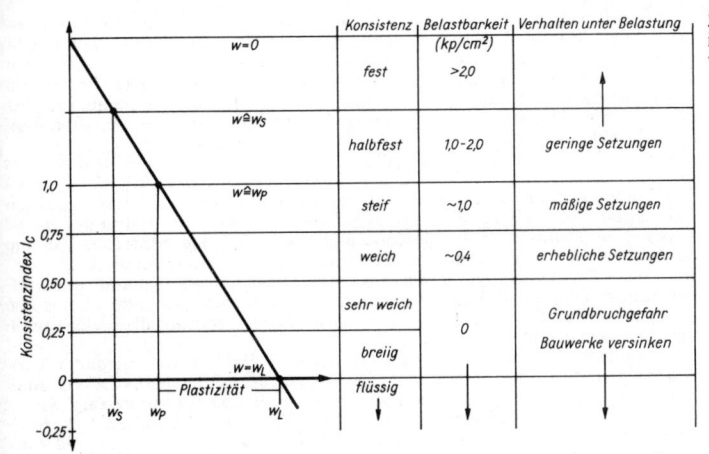

Zusammenhang zwischen Konsistenzindex und natürlicher Wasserzahl sowie geotechnischen Eigenschaften

Konsistenz	Belastbarkeit (kp/cm²)	Verhalten unter Belastung
fest	>2,0	
halbfest	1,0–2,0	geringe Setzungen
steif	~1,0	mäßige Setzungen
weich	~0,4	erhebliche Setzungen
sehr weich	0	Grundbruchgefahr
breiig		Bauwerke versinken
flüssig		

als dickflüssige Schlämme oder bei überwiegend fasriger Ausbildung in Form eines Filzgefüges vor. Diese für Lockergesteine typischen Korngefüge gestatten erste Rückschlüsse auf Eigenschaften und Verhalten der wichtigsten Lockergesteine.

Die Beanspruchung pleistozäner und tertiärer Schichtenfolgen in ehemals vom Inlandeis bedeckten Gebieten hat oft zur Bildung von Scherflächen in trockenen bindigen Lockergesteinen geführt. Solche Scherflächen bedingen ein ähnliches Verhalten dieser Gesteine wie der Kluftkörperverband im Fels und beeinflussen entscheidend die Wasserdurchlässigkeit, Standfestigkeit und Tragfähigkeit. Diese Faktoren können nur durch detaillierte Geländearbeit erkannt werden.

Die Wirksamkeit der an feinkörnigen Lockergesteinen vorhandenen Oberflächenkräfte wird durch Korngröße, Gitteraufbau der beteiligten Minerale und Wassergehalt beeinflußt. Diese Oberflächenkräfte sind vor allem an Tonmineralen wirksam und führen zur Ausbildung eines Kraftfeldes, das zur Sorption von Wasser und im Wasser vorhandener Ionen führt. Über diese Wasserhüllen, die ineinanderfließen, erfolgt auch der Zusammenhalt bindiger Lockergesteine. Bei Austrocknung werden die Anziehungskräfte zwischen den Festteilchen größer, da sie stärker aneinanderrücken. Bei Durchfeuchtung lockert sich die Bindung. Diese Tatsache ist der Grund dafür, daß bindige Lockergesteine bei Trockenheit eine feste Konsistenz, bei Feuchtigkeit eine plastische bis breiig-flüssige aufweisen (Abb.). Wichtige Kennwerte zum Erfassen dieser Zusammenhänge und damit zum Bewerten des Verhaltens solcher Lockergesteine für ingenieurgeologische Belange sind die Wasserwerte (Tab.).

Zwischen den grob- bis mittelkörnigen Teilchen in nichtbindigen Lockergesteinen sind diese Oberflächenkräfte nicht wirksam. Ihr Zusammenhalt beruht im wesentlichen auf der Reibung zwischen den einzelnen Teilchen, die vor allem von der Korngröße, der Kornform und der Kornrauhigkeit beeinflußt wird. In Abhängigkeit vom Wassergehalt sind außerdem zwischen allen Teilchen unter 2 mm Durchmesser Kapillarkräfte vorhanden, die eine zusätzliche Verspannung bewirken können.

Die zwischen den Festteilchen der Lockergesteine vorhandenen Porenräume stellen die Bewegungsbahnen des Wassers dar. Die Durchlässigkeit der Lockergesteine ist abhängig von der absoluten Größe dieser Porenräume, ihrer Verbindung untereinander, dem vorhandenen Luftanteil und dem Gehalt an quellfähigen Tonmineralen. Daraus ergibt sich, daß nichtbindige Lockergesteine eine hohe, bindige dagegen eine niedrige Wasserdurchlässigkeit aufweisen.

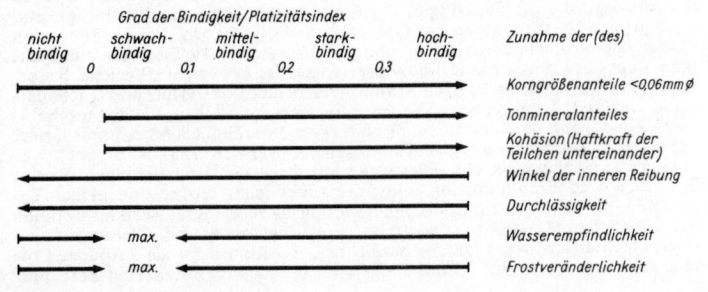

Überblick über ingenieurgeologische Eigenschaften bindiger und nichtbindiger Lockergesteine

Die ingenieurgeologisch-bodenmechanische Klassifizierung der Lockergesteine basiert im Prinzip auf dem Vorhandensein oder Fehlen der Oberflächenkräfte. Darüber hinaus werden der Anteil organischer Substanz, die Korngrößenverteilung und die Stärke der Oberflächenkräfte in Form des Plastizitätsindex und der Fließgrenze zur Systematisierung herangezogen. Diese Merkmale gestatten grundsätzliche Rückschlüsse auf Eigenschaften und Verhalten der Lockergesteine.

Geodynamische Prozesse

Geodynamische Prozesse laufen auf der Erdkruste bzw. in ihrem obersten Bereich ab und beeinflussen sämtliche Zweige der Bautechnik und des Bergbaues. Meist führen sie zu Veränderungen der Geländeoberfläche, können Schäden hervorrufen und zwingen zu Sicherungs- und Sanierungsmaßnahmen. Bei der Untersuchung, Bewertung und Bekämpfung kommt den ingenieurgeologischen Arbeitsmethoden große Bedeutung zu. Die Auslösung geodynamischer Prozesse wird mit fortschreitender Industrialisierung durch anthropogene Einflüsse begünstigt.

Wesentliche Veränderungen von Gestein und Gebirge werden durch **Verwitterungs**einflüsse hervorgerufen. Für ingenieurgeologische Arbeiten sind Untersuchungen zur Geschwindigkeit der irreversiblen Entfestigung witterungsempfindlicher Felsgesteine, zur Intensität der Verbandsauflockerung durch Eis- und Wurzeldruck bzw. Entspannung, zur Tiefenwirkung und zum Grad der Bindigkeit der entstehenden Verwitterungslockergesteine von praktischer Bedeutung. Allen diesen Veränderungen muß bei der Gründung von Bauwerken, bei der Untersuchung der Standfestigkeit und Gewinnungsfestigkeit sowie der Baugrundvergütung besondere Aufmerksamkeit geschenkt werden.

Die **Erosions**kraft des fließenden Wassers macht sich vor allem an Steilhängen und Böschungen ungünstig bemerkbar. Versteilungen des Böschungsfußes können zur Auslösung von Rutschungen führen. An der Geländeoberfläche in Richtung auf ein Tal, einen Einschnitt oder einen Tagebau hin abfließendes Wasser hat Einkerbungen der Böschungsschulter und Gesteinsabspülungen in Richtung zum Böschungsfuß zur Folge. Kleinere, gleichmäßig und dicht über die Böschungsfläche verteilte Erosionsrinnen treten meist dann auf, wenn die Böschungsschulter keine Depressionen aufweist und die anstehenden Gesteine nur geringe Festigkeitsunterschiede besitzen. Bei gegenteiligen Verhältnissen kommt es im Bereich anstehender Gesteine mit geringer Festigkeit zu einem konzentrierten Wasserabfluß, der nach und nach tiefe Erosionsrinnen herausarbeitet und beträchtliche Schäden an Bauwerken in der Nähe der Böschungsschulter oder des Böschungsfußes anrichten kann.

Der Wasserdruck und die kinetische Energie des an die Küsten anbrandenden Meeres verursachen die langsame und stetige Zerstörung der anstehenden Fels- und Lockergesteine. Im Zusammenwirken mit Oberflächen- und Grundwasser treten Rutschungen an Steilküsten auf (vgl. Kap. »Meeresgeologie«, S. 160).

Steilküsten können nach der Lage des Kliffußes gegenüber dem Mittelwasser in Abbruchs-, Ausgleichs- und Anlandungssteilufer eingeteilt werden. Diese Gliederung macht die Ursachen möglicher Veränderungen deutlich, die die Basis für Sicherungs- und Sanierungsmaßnahmen sind. Abbruchssteilufer werden als aktiv bezeichnet, da die Kliffußhöhe im Bereich des Mittelwassers liegt. Sie haben durch dauernden Angriff des Meeres steile Böschungen und werden dauernd abgetragen. Ausgleichssteilufer sind zeitweise aktiv, da sie nur von Hochwässern angeschnitten werden können. Meist zeigen sie einen typischen Böschungsknick als Folge einer Kliffhalde am Fuß, die durch Rutschungen entstanden ist. Den Motor der Abtragung stellt die Abrasion dar. Fehlt sie, so kommt es zur Anhäufung von Material und zu einem Erliegen der Abtragung durch Rutschungsvorgänge. Anlandungssteilufer werden als tote Kliffe bezeichnet, da ihr Kliffuß auch von Hochwässern nur sehr selten erfaßt werden kann. Sie sind sehr flach gebösht und völlig zugewachsen.

Die unterirdische Abtragung von Gesteinen durch das Sicker- und Grundwasser wird als **Subrosion** bezeichnet. Die Subrosion führt im allgemeinen zu Hohlräumen, die oft Senkungen der Geländeoberfläche mit bruchlosen und bruchartigen Verformungen des Gebirges zur Folge haben. Bei der Subrosion werden leichtlösliche Gesteine, besonders Salzgesteine, wie Steinsalz und Kalisalze, oder Gips durch das Grundwasser abgelaugt bzw. schwerlösliche, Kalke, Steine und Dolomite verkarstet. Man unterscheidet Salz-, Gips- und Karbonatkarst. Zur Subrosion rechnen die Efforationserscheinungen, die zur mechanischen Zerstörung von Gesteinen im Untergrund durch fließendes, unter Druck stehendes Wasser führen (vgl. »Karsterscheinungen«, S. 122).

Typische Schäden an der Oberfläche mit ihren vielfältigen Folgen für das Bauwesen sind Einmuldungen von unterschiedlicher Größe und örtlich begrenzte Einbrüche. Die Einmuldungen werden als Senkungskessel oder -wannen mit randlichen Zerrspalten, zentralen Pressungszonen und Gleitungen von Deckschichten an den Flanken bezeichnet, die Einbrüche als Erdfälle. Erdfälle kleineren Ausmaßes (∅ um 5 m) treten oft auch im Bereich der Zerrungs-

Erdfall über einem durch Auslaugung entstandenen Hohlraum

zonen großräumiger Einmuldungen auf. Solche Veränderungen der Geländeoberfläche lassen sich morphologisch meist nicht von denen unterscheiden, die als Folge des unterirdischen Bergbaues vorkommen. Allgemein spricht man von Bergsenkungen bzw. bei örtlichen Einbrüchen von Tagesbrüchen. Die Untersuchung von Schäden, ihrer Ursache und Auslösung ist ein wichtiges Arbeitsgebiet des Ingenieurgeologen.

Subrosionsvorgänge setzen also voraus, daß auflösbare oder einer mechanischen Zerstörung wenig Widerstand entgegensetzende Gesteine im Untergrund anstehen und das Wasser bis zu ihnen vordringen kann. In Mitteleuropa sind solche Schichten mit Salzen einschließlich Gips im Zechstein, Oberen Buntsandstein, Mittleren Muschelkalk und Mittleren Keuper verbreitet. Felsgesteine wie Kalkstein, Marmor und Dolomit kommen mit Ausnahme des Tertiärs und Quartärs in fast allen geologischen Systemen vor.

Die intensivste Subrosionstätigkeit ging zu Beginn des Tertiärs und am Ende des Pleistozäns vor sich. In der Gegenwart ist die Subrosion mit Ausnahme von Bergbaugebieten infolge der erforderlichen Wasserhaltung nur noch schwach wirksam. Auf Grund des unregelmäßigen Baues der natürlich entstandenen Hohlräume und des Zusammenwirkens verschiedener Subrosionsvorgänge ist es schwierig, die Vorgänge im einzelnen zu analysieren und exakt zu prognostizieren.

Je nachdem, ob die Auslaugung vom Schichtaustritt an der Erdoberfläche oder von Störungszonen ausgeht, hat sie H. WEBER als regulär bzw. irregulär bezeichnet. Bei der regulären Auslaugung bildet sich über einer Salzlagerstätte im Laufe geologischer Zeiträume eine Auflösungsfläche heraus, die bei horizontaler Lage Salzspiegel, bei geneigter Salzhang heißt. Die entstehenden weitgespannten, flachen Hohlräume sind meist mit Lauge gefüllt. Bei Sättigung und Stagnation der Lauge wird an der Salzspiegel passiv, d. h., die Auslaugung kommt zur Ruhe. Sobald Süßwasser zufließen kann, wird er aktiv. Bei der irregulären Auslaugung bilden sich in der Tiefe mehr vertikale Hohlräume. Im ersten Falle zeigen sich an der Erdoberfläche meist gleichmäßige und großräumige, im zweiten dagegen meist ungleichmäßige und begrenzte Senkungen. Auch Erdfälle finden sich vereinzelt im irregulären Auslaugungsbereich.

Im Gegensatz zur Salzauslaugung wirkt die Gipsauslaugung selten flächenhaft und erfolgt sowohl von Ausstrichen her in die Tiefe als auch besonders entlang vorhandener Wasserwanderwege (Klüften und Spalten). Dabei entstehen vorwiegend sich vertikal erstreckende Vertiefungen (Schlotten). Eine Auswirkung auf die Geländeoberfläche ist nur dann möglich, wenn die Auslaugung in Oberflächennähe vonstatten geht. Die Ursache dafür ist die wesentlich geringere Löslichkeit und Lösungsgeschwindigkeit von Gips gegenüber Stein- und Kalisalz, die sich bei mächtigerer Überdeckung nicht weit auswirken kann. Die Deformationen des Deckgebirges infolge Gipsauslaugung sind stets Erdfälle.

Die Verkarstung der Kalke, Dolomite usw. geht wesentlich langsamer vor sich (S. 123).

In subrosionsgefährdeten Gebieten müssen umfangreiche Baugrunduntersuchungen durchgeführt werden. Neben einem engen Netz von Bohrungen sowie einer genauen Beobachtung und Auswertung des Bohrfortschrittes besitzt die kombinierte Anwendung ausgewählter Verfahren der Angewandten Geophysik große Bedeutung. Zur Überwachung des Baugrundes in subrosionsgefährdeten Gebieten werden neben geodätischen Lagemessungen vor allem Erdfallpegel, Signalanlagen nach dem Prinzip der Ruhestromleitungen und spezielle geophysikalische Verfahren wie die Infrarotmethode und die Geothermie eingesetzt.

Durch Einwirken des **Frostes** auf den Baugrund und den nachfolgenden Tauprozeß werden Veränderungen hervorgerufen, die Hebungen und Senkungen des Baugrundes zur Folge haben. Voraussetzung ist das Vorhandensein frostveränderlicher, durchfeuchteter Gesteine und die Einwirkung von Frosttemperaturen. Bei bindigen Lockergesteinen und witterungsempfindlichen Felsgesteinen kommt es parallel zur Oberfläche bzw. in Trennflächen zur Bildung von Eislinsen. Das sind örtliche Eiskonzentrationen, die durch Nachsaugen von Wasser aus der Umgebung, vor allem aus tieferen Bereichen entstehen, zu Hebungen des Baugrundes und damit auch von Bauwerken führen können. Nur Lockergesteine mit hohem Feinkornanteil und Felsgesteine geringer Festigkeit mit Klüften, Schicht- und Schieferungsfugen kapillarer Größenordnung lassen diesen Nachsaugevorgang entgegen der Schwerkraft zu. Alle anderen Gesteine, wie die nichtbindigen und organischen Lockergesteine sowie die witterungsbeständigen und leichtwasserlöslichen Felsgesteine, zeigen bei Frost ein gleichmäßiges Durchfrieren des in ihnen enthaltenen Wassers, so daß nur durch die Volumenzunahme von Wasser beim Gefrieren gewisse Sprengwirkungen nach dem Prinzip der Frostverwitterung auftreten können. Solche Gesteine werden in der Ingenieurgeologie als frostsicher bezeichnet.

Die eislinsenbildenden, frostveränderlichen Gesteine erhalten während des Tauvorganges durch das Schmelzen der starken Eisanreicherungen einen

Wasserüberschuß, der sie in eine plastische bis breiig-flüssige Konsistenz versetzt und ihre Tragfähigkeit so stark herabsetzt, daß Belastungen zu Setzungserscheinungen führen können. Diese Vorgänge sind im Frühjahr beim Befahren des Geländes, aber auch unzureichend ausgebauter Verkehrswege zu spüren.

Während es möglich ist, die Frostveränderlichkeit der Lockergesteine durch Laboruntersuchungen in Verbindung mit Geländearbeiten relativ sicher vorauszusagen, kann die Frostveränderlichkeit von Felsgesteinen nur durch genaue Voruntersuchungen im Gelände ermittelt werden. Dabei spielt die über dem Fels anstehende Verwitterungsschicht die entscheidende Rolle, da sie auch nach ihrem Abtrag, infolge der schnellen weiteren Einflußnahme der Frostwirkungen, bestimmend für die richtige Bewertung des darunter anstehenden, noch unveränderten Felsens ist.

Sämtliche an natürlich entstandenen Hängen und künstlich hergestellten Böschungen infolge überwiegender Gravitationswirkung entstehenden Massenbewegungen und -verlagerungen werden zusammenfassend als **Rutschungen** bezeichnet. Nicht dazu zählen durch ein Transportmittel, z. B. Wasser, an einem Hang bewegte Massen. Die Grenze zwischen beiden Bewegungstypen wird heute bei einem Verhältnis Transportmedium zu Gesteinsmasse von 1 : 1 gezogen.

Im Laufe der Zeit ist eine Vielzahl von Rutschungsklassifikationen entwickelt worden. Verbreitet hat sich in der Ingenieurgeologie eine Klassifikation nach der Art der Bewegung und ihrer Geschwindigkeit in Verbindung mit einer Reihe von Nebenkriterien durchgesetzt.

Man unterscheidet an Hängen und Böschungen Kriech-, Gleit-, Fließ- und Sturzbewegungen. Unter »Kriechen« wird eine geologisch langfristige Bewegung ohne ausgeprägte Gleitflächen, unter »Gleiten« eine verhältnismäßig schnelle kurzfristig verlaufende Verlagerung mehr oder weniger miteinander verbundener Massen entlang von Gleitflächen ohne Verlust des Kontaktes mit dem Liegenden verstanden. Als »Fließen« bezeichnet man die schnelle, kurzfristig verlaufende Verlagerung von Lockergesteinsmassen in einem Viskositätszustand, als »Fallen« (Steinfall) bzw. »Stürzen« (Felssturz) die sehr schnelle und kurzfristig verlaufende Verlagerung von Gesteinsmassen an steilen Hängen, wobei die sich bewegenden Massen ihren inneren Zusammenhalt und zeitweise auch den Kontakt zum Liegenden verlieren.

Diese Gliederung der Hangbewegungen nach den Erscheinungsformen (PAŠEK 1974) hat GRUNERT (1978) mit einer Gruppierung nach den Bewegungsvorgängen vereinigt, um den Weg zu einer Mathematisierung der Massenbewegungen aufzuzeigen. Sein System beinhaltet Geometrie wie Dynamik der Prozesse; es unterscheidet Felsstürze, Rutschungen (Fließ-, Bruch-, Trennflächen- sowie Schollenrutschungen) und Hangkriechen.

Rutschungen treten stets als Folge einer Störung des Kräftegleichgewichtes in Hängen und Böschungen auf, die sowohl durch natürliche Vorgänge als auch künstliche Eingriffe hervorgerufen werden können. Sie beruhen auf dem Überschreiten des Scherwiderstandes bzw. der Kippsicherheit im Gesteinsverband als Folge anwachsender Hangabtriebskräfte und einer Verringerung der Größe haltender Faktoren.

Im Gegensatz zu Hängen und Böschungen im Lockergebirge, die mit zunehmender Standdauer einem Gleichgewichtszustand zustreben, zeigen Felsböschungen mit anwachsender Standdauer einen kontinuierlichen Abbau der haltenden Kräfte durch Auflockerungen des Verbandes und Entfestigung des Kluftkörpermateriales. Ursache dafür sind vor allem Bergwasser, Frostwirkungen und Wurzeldruck im Zusammenwirken mit Entspannungsvorgängen. Um eine Rutschung im Fels zu mobilisieren, bedarf es oft nur eines kurzzeitig wirkenden Anstoßes, z. B. durch Wolkenbrüche, Dauerniederschlag und Erschütterungen als Folge von Sprengungen bzw. Verkehrseinwirkung oder Hangversteilung. Die gleichen Faktoren können bereits zur Ruhe gekommene Hänge und Böschungen im Lockergestein aktivieren.

Zu den vor allem im Fels verbreiteten Kriechbewegungen zählen der Talzuschub, die Gleit- und Kippbewegungen starrer Felsblöcke auf einer plastifizierten Liegendschicht (z. B. Wellenkalksteilstufe Thüringens) und Bewegungen von Hangschuttdecken.

Typische Gleitvorgänge treten entlang geneigter Kluft-, Schicht- und Schieferungsfugen im Fels, entlang von Inhomogenitäten im Lockergesteinsbaugrund (z. B. Grenzflächen zwischen bindigen und nichtbindigen Lockergesteinen, Scherflächen) und auf erzwungenen zylindrischen Gleitflächen im Lockergebirge auf, die sich entsprechend der maximalen Scherbeanspruchung einstellen und oft auch als Böschungsbrüche bezeichnet werden.

Fließvorgänge werden in bindigen Lockergesteinen nach starker Wasseraufnahme und Übergang in eine plastische Konsistenz, z. B. in Quicktonen, deren Gefüge bei dynamischer Beanspruchung zusammenbricht, und in lockergelagerten, wassergesättigten, nichtbindigen Lockergesteinen, vor allem in gleichförmigen Sanden, durch Gefügezusammenbruch ausgelöst. Solche Erscheinungen treten besonders an Kippen und Halden auf. Auch Erd-, Schlamm- und Schuttströme (Muren) sind Fließerscheinungen.

Sturzbewegungen sind auf steile Felsböschungen beschränkt. Man zählt dazu Berg- und Felsstürze sowie Steinfall und Steinschlag, die durch Ablösung von Kluftkörpern entlang steilstehender Trennflächen (Kippbewegungen) vorkommen. An hohen Felshängen in der Gipfelzone als Gleitung beginnende Felsbewegungen können ebenfalls in Sturzvorgänge übergehen.

Spezielle Ingenieurgeologie

Große Bedeutung für die Planung und den Entwurf von Baumaßnahmen sowie die Konstruktion von Bauwerken aller Art besitzt die Erkundung von Baugrund und Bauraum. Sie erfolgt durch die ingenieurgeologische Geländeanalyse.

Erkundung des Baugrundes

Der Aufwand bei einer Baugrunderkundung wird in erster Linie von der Projektierungsstufe, in der die Untersuchung stattfindet, der Art des geplanten Bauwerks und den geologischen Bedingungen im Bauraum beeinflußt. Die entscheidende Rolle für das Festlegen des Abstandes der Aufschlüsse und bedingt auch der Tiefe spielen dabei die geologischen Verhältnisse. So wird beispielsweise ein durch Störungen, Faltungen und raschen Gesteinswechsel auf engem Raum stark inhomogener Gesteinsverband zu wesentlich aufwendigeren Erkundungsmaßnahmen zwingen als ein ungestörter, horizontal gelagerter Schichtenkomplex mit mächtigen, homogenen Gesteinsbänken.

Ziel jeder Erkundung ist das klare Erfassen der Lagerungsverhältnisse des Gesteinsverbandes, des Aufbaues der Gesteine und die Probenahme zur Ermittlung der physikalischen Parameter des Baugrundes. Dieses Ziel wird im Lockergesteinsbaugrund durch Entnahme gestörter und ungestörter Bodenproben erreicht. Im Felsbaugrund lassen die Bohrkerne exakt nur die Bestimmung der mineralogischen und petrographischen Parameter des Kluftkörpermaterials zu. Erst mit Hilfe modifizierter Kernauswerteverfahren, die darauf beruhen, daß die Kernausbeute zu bestimmten Berechnungseinheiten, z. B. der Kernrohrlänge, in Beziehung gesetzt wird, auf der Grundlage von Verfahren der Bohrlochgeophysik und durch Einsatz von optischen Sonden und Fernsehaugen im Bohrloch können Rückschlüsse auf den Felsverband selbst gezogen werden.

Von großer volkswirtschaftlicher Bedeutung ist bei der ingenieurgeologischen Untersuchung des Bauraumes die Frage, ob im Untersuchungsgebiet abbauwürdige Lagerstätten vorhanden sind oder Geländeabschnitte zur Deponie geeignet sind. Da jede Baumaßnahme einen Eingriff in die Umwelt bedeutet, müssen Ingenieurgeologie und Umweltschutz in engem Zusammenhang gesehen werden.

Die wichtigsten, für die ingenieurgeologische Praxis bedeutsamen Aufschlußverfahren sind Bohrungen, Schürfungen, Sondierungen und verschiedene ingenieurgeophysikalische Verfahren. Die verschiedenen Bohrverfahren sind im Kapitel »Bohrungen und bergmännische Erkundungsmethoden« beschrieben.

Neben Baugrundbohrungen werden in der ingenieurgeologischen Praxis Schürfungen vorgenommen, das sind künstliche Aufgrabungen, die abgetreppt angelegt werden, damit die Begehbarkeit, die Bemusterung und die Entnahme von Proben möglich werden.

Zur ingenieurgeologischen Auswertung von Bohr- und Schürfergebnissen werden wie bei allen Bohrungen Schichtenverzeichnisse angefertigt, in denen neben den angetroffenen Gesteins- und Wasserverhältnissen auch Probenahmen sowie eine Reihe weiterer Daten festgehalten werden. Aus den Schichtenverzeichnissen können Säulendarstellungen und Profile erarbeitet werden.

Da sämtliche bodenmechanischen und gesteinskundlichen Untersuchungen auf kleinere oder größere Probemengen angewiesen sind, stellt die exakte Probenahme eine der wichtigsten Aufgaben bei Baugrunduntersuchungen dar. Im Lockergebirge fallen gestörte und ungestörte Proben, im Fels Bohrkerne und Bohrkleinproben an. Ungestörte Bodenproben und Bohrkerne müssen sorgfältig mit Hilfe von Stutzen oder eines Kernrohres entnommen werden.

Die einfachsten indirekten Aufschlußverfahren sind Sondierungen. Dabei werden Stahlstäbe mit genormten Abmessungen und mit einer festgelegten Vorschubgeschwindigkeit in den Baugrund eingedrückt oder -gerammt. Mit diesen Verfahren ist es möglich, den Widerstand zu messen, den die anstehenden Lockergesteine dem Eindringen der Sonden entgegensetzen, und daraus Rückschlüsse auf die Eigenschaften der verschiedenen Lockergesteine zu ziehen. Bei einfachen Lagerungsverhältnissen können auf der Grundlage einer Bezugsbohrung mit Hilfe von Sondierungen weitere kostenaufwendige Bohrungen eingespart werden.

Seitens der Ingenieurgeophysik werden zur Unterstützung von Baugrunderkundungsarbeiten vor allem refraktionsseismische, geoelektrische und in speziellen Fällen auch gravimetrische (z. B. zur unterirdischen Hohlraumortung) und geomagnetische (zur Feststellung basischer Gesteinskörper) Verfahren angewandt. Alle diese Verfahren dienen in erster Linie der großflächigen Untersuchung des Baugrundes, dem Feststellen der Schichtmächtigkeiten

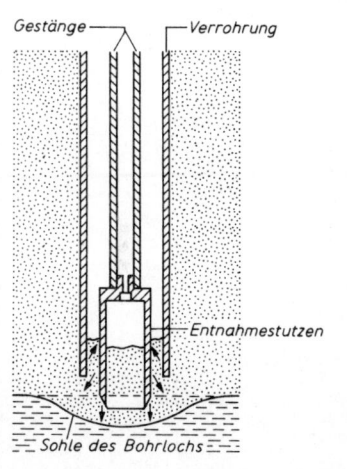

Entnahme einer ungestörten Probe aus einer Bohrung

und der Grundwasserverhältnisse. Voraussetzung für den Einsatz und die erfolgreiche Auswertung bildet der Anschluß an vorhandene Bohrungen. Der Vorteil der Ingenieurgeophysik bei der Baugrunderkundung besteht in ihrer schnellen und großflächigen Anwendbarkeit, ihr Nachteil im Aufwand an Technik und Auswertearbeit. Zur Verbesserung der Aussagekraft werden heute verschiedene Verfahren kombiniert eingesetzt.

Zum Ermitteln konkreter bodenmechanischer Kennwerte im Gelände (Feuchtrohdichte und Wassergehalt der anstehenden Gesteine) werden außerdem verschiedene Verfahren der Radiometrie angewandt. Sie beruhen vor allem auf der Messung der durch den Baugrund reflektierten bzw. absorbierten Gammastrahlung (S. 511).

Anwendung der Erkenntnisse der Allgemeinen Ingenieurgeologie in Bauwesen und Bergbau

Die spezielle Anwendung der Erkenntnisse und Arbeitsmethoden der Ingenieurgeologie erfolgt in allen Zweigen des Bauwesens und über- bzw. -untertägigen Bergbaus. Darüber hinaus gibt es spezifische Probleme der Land-, Forst- und Wasserwirtschaft sowie der Landesverteidigung. Im Mittelpunkt stehen die Aufgaben zur Untersuchung und Bewertung der Tragfähigkeit von Gründungen, der Standfestigkeit von Hängen und Böschungen, der Gewinnungsfestigkeit des anstehenden Gebirges und der Vergütung des Baugrundes, z. B. mit Hilfe von Injektionen. Alle diese Arbeiten können nur in enger Kooperation mit den übrigen Fachgebieten der Geotechnik geklärt werden.

Als Beispiel soll die ingenieurgeologische Aufnahme und Untersuchung von Hängen und Böschungen im Lockergesteinsbaugrund erläutert werden, die vor allem der Klärung von Faktoren dient, die als Ursache möglicher und vorhandener Rutschungen in Frage kommen. Die Standfestigkeit einer Böschung im Lockergebirge ist von vielen Faktoren abhängig, die durch Wechselbeziehungen miteinander verknüpft sind und mehr oder weniger komplex wirken. Da diese Umstände in Abhängigkeit von der Zeit veränderlich sind, entziehen sie sich weitgehend einer zahlenmäßigen Erfassung. Ausgangspunkt einer Untersuchung ist die genaue Erkundung und Bewertung der anstehenden Lockergesteine und deren Lagerungsverhältnisse. Diese Hauptfaktoren begünstigen oder hemmen den Einfluß aller anderen Faktoren.

Weiter besitzt das Wasser als Grundwasser, Kapillar- oder Oberflächenwasser einen großen Einfluß auf die Standfestigkeit, da die wichtigsten bodenmechanischen Eigenschaften der Lockergesteine, wie Scherfestigkeit und Feuchtrohdichte, durch Wasser verändert werden. Eng damit verbunden sind die Wirkungen der Witterung, besonders der Niederschläge und des Frostes. So werden flache und ausgedehnte Oberflächenrutschungen oft schon dadurch ausgelöst, daß nach dem Tauprozeß die aufgeweichte oberste Schicht auf dem durch den Frost noch beeinflußten Untergrund abgleitet. Auch das Relief in der Umgebung eines Hanges ist wesentlich, da es den Einfluß von Wasser zur Hangschulter und damit mögliche Erosionswirkungen steuert und in abflußlosen Senken eine starke Wasseranreicherung mit ungünstigen Einflüssen auf die bodenmechanischen Eigenschaften der Lockergesteine hervorrufen kann.

Bereits damit wird deutlich, daß alle entscheidenden geologischen, hydrologischen und klimatischen Faktoren durch den Ingenieurgeologen erkundet und bewertet werden müssen.

Regionale Ingenieurgeologie

Die Anwendung der Ingenieurgeologie erfolgt unter Beachtung der speziellen territorialen Bedingungen und Gesetzmäßigkeiten. Dadurch wird es möglich, die Wirtschaftlichkeit der Untersuchungen wesentlich zu erhöhen.

Eine wesentliche Rolle spielt die ingenieurgeologische Kartierung, die das Ziel hat, geologische, petrographische, hydrogeologische und geomorphologische Verhältnisse unter Beachtung der geodynamischen Prozesse komplex darzustellen. Diese Komplexität erfordert meist das Erarbeiten mehrerer Kartenblätter für den gleichen Bauraum. Das wichtigste Blatt ist die Karte der ingenieurgeologischen Rayonierung, auf der gleichwertige ingenieurgeologische Einheiten zum Bewerten aller Bedingungen für das Errichten von Bauwerken aller Art dargestellt werden. In Abhängigkeit vom Maßstab (etwa 1 : 500000 bis 1 : 5000) dienen diese Karten verschiedenen Zwecken. Solche mit sehr kleinem Maßstab gestatten die Beurteilung der günstigsten Anordnung großer volkswirtschaftlicher Objekte. Solche in größerem Maßstab sind wichtig für die Standortplanung von Städten, Industrieobjekten und Verkehrsstraßen. Grundlagen für ihre Herstellung liefern auch Luftbilder.

Die ingenieurgeologische Karte der Zukunft wird auf einer Datenbank vorliegen, auf der die erforderlichen ingenieurgeologischen sowie die boden- und felsmechanischen Eigenschaften in Form von Kennwerten gespeichert sind. Die Unterlagen können ständig durch neue Daten ergänzt werden. Nach Bedarf wird der Baugrund eines bestimmten Territoriums durch Zeichenautomaten dargestellt.

K. J. Klengel

Technische Gesteinskunde

Die Technische Gesteinskunde ist die Wissenschaft von den Eigenschaften, der Verwendbarkeit, den Vorkommen und Lagerstätten technisch nutzbarer Gesteine. Sie baut auf der Gesteinskunde auf, geht aber mit ihren spezifischen Fragestellungen über die naturwissenschaftliche Seite hinaus, da sie in den Fragen der Rohstoffnutzung an die Ingenieurwissenschaften anschließt.

Definition, Aufgabe und Arbeitsweise

Die wichtigste Anwendung findet die technische Gesteinskunde in der Baustoffindustrie und im Bauwesen. Die Baustoffindustrie ist der Industriezweig, der zahlreiche Gesteine zur Produktion von Baustoffen nutzt und hinsichtlich der Fördermenge nach dem Braunkohlenbergbau, z. B. in der DDR, die zweite Stelle unter den extraktiven Industriezweigen einnimmt. Das Bauwesen benötigt die technische Gesteinskunde für die richtige Auswahl und Anwendung der Gesteine. Auch in der Ingenieurgeologie spielen ähnliche Fragen eine Rolle.

Die **Allgemeine Technische Gesteinskunde** wird in folgende Problemkreise gegliedert:

– **Kenngrößen und Prüfverfahren** liefern allgemein die Maßstäbe für die Feststellung der Eigenschaften der Gesteine und ihre Bewertung.
– **Anforderungen an Baustoffrohstoffe und Gesteinsbaustoffe** erlauben in Abhängigkeit vom jeweiligen Entwicklungsstand der Technologien die Auswahl geeigneter Gesteine.
– **Anforderungen an die Lagerstätten** betreffen die Frage, ob bei Vorliegen geeigneten Gesteinsmaterials der gesamte Gesteinskörper nach Größe, Mächtigkeit, Lagerungsverhältnissen und Deckgebirgsmächtigkeit abbauwürdig ist.

Die **Spezielle Technische Gesteinskunde** behandelt nach Industriezweigen gegliedert die einzelnen Lagerstätten nutzbarer Gesteine und entspricht weitestgehend einem Teilgebiet der Lagerstättenlehre, den Lagerstätten der nutzbaren Gesteine und Industrieminerale (vgl. Kapitel »Steine und Erden«, S. 475).

Im folgenden wird die Technische Gesteinskunde vorwiegend an Beispielen von Lagerstätten der Naturwerksteine behandelt. Weiter sollen auf der Grundlage der Gliederung besonders die erdgeschichtlichen Einflüsse auf die Bewertung und Nutzung von Baustoffrohstoffen und Gesteinsbaustoffen verfolgt werden.

Wie komplex die verschiedensten erdgeschichtlichen und technisch-industriellen Einflußgrößen miteinander verflochten sind, sei an einem Beispiel gezeigt (Abb.):

Der Untere Muschelkalk der Germanischen Trias besteht vorwiegend aus dünnschichtigen, tonigen Kalken (Mergelsteinen, Wellenkalk) mit einer Reihe eingelagerter Kalkbänke (z. B. Terebratelzone, Schaumkalkzone). Der Wellenkalk ist wegen seiner Dünnschichtigkeit weder als Werkstein und wegen seines Tongehaltes auch nicht als Branntkalk-Rohstoff geeignet. Erst mit der Erfindung des Portlandzements wurde er der wichtigste Zementrohstoff. Die Terebratelbänke und die Schaumkalkbänke waren jahrhundertelang wichtige Bausteine. Der Naumburger Dom einschließlich seiner Stifterfiguren ist dafür das berühmteste Beispiel (neben anderen Baudenkmalen in Thüringen und im Harzvorland). Von den gesteinstechnischen und ästhetischen Merkmalen, insbesondere den Festigkeitseigenschaften her sind die Terebratel- und Schaumkalkbänke auch heute als Naturwerksteine positiv zu bewerten. Doch sind im Laufe der Entwicklung technische Einflußgrößen wichtig geworden, die die Bedeutung dieser Gesteine für die Werksteinindustrie mindern. Naturwerksteine werden zur Zeit im Bauwesen nur für dekorative Zwecke eingesetzt. Gesucht sind daher großblockige Gesteine, die zu Platten gesägt und zu Verblendmaterial verarbeitet werden können. Da die Mächtigkeit und die Klüftigkeit der Kalkbänke aus geologischen Gründen von Ort zu Ort schwanken, entfallen für eine Nutzung alle die Lagerstätten, in denen die Schichtmächtigkeit und die Klüftung nur die Produktion kleinformatiger Mauersteine erlauben. In komplexer Weise erdgeschichtlich bestimmt sind auch die Lagerungs- und Deckgebirgsverhältnisse. Die Deckgebirgsmächtigkeit und das Deckgebirgsverhältnis (Deckgebirgsmächtigkeit zu Nutzmächtigkeit) werden von der Entstehungsgeschichte des Nutzgesteins und Deckgebirges, von nachträglichen Lagerungsstörungen und von Art und Intensität der Abtragung beeinflußt. Deckgebirgsmächtigkeit und Deckgebirgsverhältnis bestimmen aber in Abhängigkeit vom Entwicklungsstand der Technik, wo und bis zu welcher Grenze die kompakten Kalkbänke als Naturwerksteine abgebaut werden können. Gleiches gilt für den Wellenkalk als Zementrohstoff.

So kann stofflich gleiches geeignetes Material in flacher Lagerung (z. B. Eichsfeld) oder steilgestellt (z. B. Nördliches Harzvorland) vorkommen. Die tektonische Lagerung hat zugleich die Zerklüftung des Gesteins unterschiedlich geprägt. Da von der Lage, Zahl und Dichte der Schichten und Klüfte die Sprengbarkeit des Gesteins abhängt, ergeben sich wesentliche Unterschiede

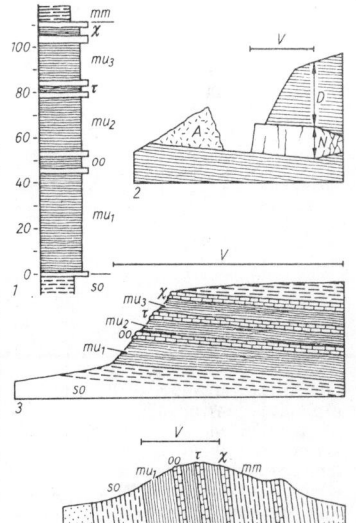

Verflechtung erdgeschichtlicher und technisch-industrieller Einflußgrößen: **1** Schichtfolge des Unteren Muschelkalks, so Oberer Buntsandstein, mu_1, mu_2, mu_3 Unterer, Mittlerer und Oberer Wellenkalk, oo Oolithzone, τ Terebratulabänke, χ Schaumkalkzone, mm Mittlerer Muschelkalk. **2** Profil eines Werksteinabbaus im Schaumkalk. A Abraumhalde, D Deckgebirge (Abraum), N Nutzgestein, V Vorratsfeld, rechts davon nicht abbauwürdig, weil D zu groß, N zu geringmächtig und zu stark zerklüftet, D/N (Deckgebirgsverhältnis) zu groß. **3** Profil einer Kalklagerstätte für ein Zementwerk, V Vorratsfeld. **4** Dasselbe in steilgestellter Lagerung. Vorratsfeld V zu klein, daher nicht abbauwürdig

Kenngrößen und Prüfverfahren

Die technischen Eigenschaften der Gesteine und ihre Nutzbarkeit für bestimmte Verwendungszwecke werden durch Kenngrößen beschrieben, die mit verschiedenen Prüfverfahren bestimmt oder teilweise quantitativ gemessen werden. Diese Maßzahlen sind die Kennwerte des Gesteins, die im Komplex mit den geologisch-erdgeschichtlichen Besonderheiten eine technische und ökonomische Bewertung ermöglichen.

Man unterscheidet:

- physikalisch-petrographische Kenngrößen, die im Prinzip Materialkonstanten darstellen, aber nur indirekt über die technische Eignung des Gesteins für einen bestimmten Zweck Auskunft geben, und
- technische Kenngrößen, deren Prüfverfahren Beanspruchungsarten des Gesteins in der Praxis simulieren und die wesentlich stärker von den Versuchsbedingungen abhängig sind.

Die Kennwerte beider Gruppen werden nur aus dem erdgeschichtlichen Werdegang des Gesteins verständlich, wie an einigen Beispielen gezeigt werden soll.

Petrographische Kenngrößen sind bei Festgesteinen der Mineralbestand, das Gefüge, die chemische Zusammensetzung und der Verwitterungsgrad der Minerale, speziell bei Naturwerksteinen die durch Schichtung und Klüftung oder durch tektonische Gefügeelemente bedingte Rohblockgröße (Abb.). Petrographische Kenngrößen bei Lockergesteinen sind u. a. die Kornverteilung, die mineralogisch-petrographische Beschaffenheit der Einzelkörner und die Kornform. Diese technisch wichtigen Gesteinseigenschaften sind von der Genese der Gesteine und ihren nachträglichen Veränderungen abhängig. Art, Anteil und Größe der Minerale in Magmatiten werden von der Art des Magmas und dem Ort seiner Erstarrung bestimmt und beeinflussen die Festigkeitseigenschaften des Gesteins. Parallelgefüge (Fließtextur, Schichtung, Schieferung) haben Festigkeitsanisotropien zur Folge. Beim Dachschiefer ist eine intensive, ebenflächige Schieferung aber gerade Vorbedingung für die Eignung überhaupt. Dachschiefer sind daher nur in tektonisch entsprechend geprägten Gebieten zu finden. Auch die Rohblockgröße einer Natursteinlagerstätte hängt von deren tektonischer Vorgeschichte ab. Die Kornform der Gerölle im Kies ist für dessen Eignung als Betonzuschlagstoff wesentlich und wird durch das Gefüge und die Entstehungsgeschichte des Ausgangsgesteins bedingt.

Physikalische Kenngrößen sind u. a. die Rohdichte, die Porosität, der Elastizitätsmodul und thermische Kenngrößen, wie spezifische Wärme, Wärmeleitfähigkeit u. a., die weitgehend vom Mineralbestand bestimmt werden.

Bei den technischen Kenngrößen sind solche der mechanischen und der thermischen Technologien zu unterscheiden. Thermisch-technische Kenngrößen sind für eine Beurteilung der Bindemittel-Rohstoffe sowie der Keramik- und Glasrohstoffe wichtig und gleichfalls von der mineralischen Zusammensetzung der Gesteine abhängig. So entstammen die flußmittelfreien Feuerfesttone festländischen Schichtfolgen des Tertiärs, während die marin beeinflußten Keupertone Thüringens auf Grund ihres Illit-Gehaltes nur als Ziegeltone brauchbar sind. Mechanisch-technische Kenngrößen haben besonders für Gesteinsbaustoffe Bedeutung, wie Kies, Schotter und Splitt, aber auch für die Naturwerksteine. Die wichtigsten mechanisch-technischen Prüfverfahren sind Festigkeits- und Frostbeständigkeitsprüfungen. Die Festigkeitsgrößen unterscheidet man nach der Art der Probekörper (Würfel oder Zylinder bzw. natürliche oder künstliche Gekörne), nach der Art der Probenvorbehandlung (trocken, wassergesättigt, gefrostet) und nach der Art der Beanspruchung (Druckfestigkeit, Biegezugfestigkeit, Scherfestigkeit, Schlagfestigkeit). Die Aussagekraft dieser Kenngrößen ist von der Versuchsanordnung her mehr oder weniger umstritten. Unabhängig davon bestehen Korrelationen zwischen den Festigkeitskennwerten, den physikalisch-petrographischen Kennwerten sowie der Entstehung der Gesteine. Magmatite haben auf Grund ihres Mineralbestandes und ihres dichten Gefüges hohe Rohdichten, geringe Porositäten und daher hohe Festigkeitskennwerte. Man bezeichnet sie deshalb auch als »Hartgesteine«. Zahlreiche Sedimentite sind auf Grund ihrer Entstehung poröser oder aus weniger harten Mineralen aufgebaut. Diese »Weichgesteine« haben niedrigere Festigkeitskennwerte. Vorhandene Parallelgefüge können für manche technische Einsatzvariante entscheidend sein. Bei Gesteinen mit Parallelgefüge müssen Festigkeitsprüfungen deshalb senkrecht und parallel zur Gefügeebene durchgeführt werden. Die Schlagfestigkeit ist ein Maß dafür, ob ein Gestein zähe oder spröde ist. Spröde sind vor allem felsitische oder glasige Magmatite. Zäh und damit für den Verkehrsbau geeigneter sind Gesteine mit Intersertalgefüge, z. B. die devonischen Diabase.

Die Kornform von Kies und Brecherprodukten in Abhängigkeit vom Gesteinsgefüge und ihre Messung: 1 Kubisches Geröll aus Gestein mit richtungslos-körnigem Gefüge. 2 Plattiges Geröll aus Gestein mit Parallelgefüge. 3 Kornformmeßschieber. a und b Backen des großen Spaltes, c und e Backen des kleinen Spaltes, a und c fest, b und e verschiebbar; punktiert: Probekorn mit größtem Durchmesser $l = S_1$ und kleinstem Durchmesser $d > 3 : 1$, Korn also nach Standard fehlförmig

Als Frostbeständigkeits-Kenngrößen bzw. -Prüfverfahren können die Wasseraufnahme, der Frosttauwechselversuch und die Sättigungsziffer gelten. Alle drei Kriterien sind technische Kenngrößen und von der Versuchsordnung her stark umstritten. Außerdem ist die Frostgefährdung der Gesteine im Bauwerk sehr verschieden, je nachdem, ob das Material an Regen-exponierter Stelle oder in Durchfeuchtungsbereichen eingebaut ist bzw. wie oft konkret Frosttauwechsel und welche Wassersättigung zu erwarten ist. Auf Grund dieser Komplexität erscheinen die Wasseraufnahmewerte als aussagekräftigstes Kriterium der Frostbeständigkeit, obwohl auch diese Werte in Abhängigkeit von den Prüfvorschriften und der Probekörpergröße schwanken. Generell gilt: Frostgefährdet sind Gesteine, wenn

- sie einen hohen Anteil offener Poren haben,
- diese Poren so klein sind, daß sie auf Wasser eine Kapillarwirkung ausüben, und
- sie toniges Material im Kornbestand (z. B. verwitterte Feldspäte!) oder als Bindemittel enthalten.

Als frostbeständig gelten Gesteine mit einer Wasseraufnahme ≤ 1 Prozent (bei bestimmter Prüfkorngröße) oder mit einer Sättigungsziffer von (theoretisch) ≤ 90 Prozent bzw. (praktisch, d. h. mit Sicherheitsfaktor) ≤ 80 Prozent. Bei diesen Sättigungsziffern nimmt man auf Grund der Erfahrung an, daß Poren mit dem entsprechenden Anteil Wasser beim Gefrieren noch genügend Raum zur Volumenvergrößerung bieten.

Für die Bewertung der Frostbeständigkeit eines Gesteins sind besonders Beobachtungen in Steinbrüchen und an alten Bauwerken wichtig. Hier kann man die Reaktion des Gesteins auf die Witterungseinflüsse an den unterschiedlichsten Bauwerkspositionen in einer Art »Langzeitversuch« beobachten. Gleiche Aussagen liefert keins der üblichen Prüfverfahren. Fraglich ist dabei meist, ob das in einem Bauwerk verwendete Gestein wirklich dem jetzt abzubauenden entspricht, das beurteilt werden soll. Die Lage alter Steinbrüche, aus denen das Material mittelalterlicher Bauten gewonnen worden ist, ist meist nicht mehr so genau bekannt, daß eine Extrapolation auf heute verwendete Gesteine sicher wäre, zumal sich die Eigenschaften vieler Gesteine oft auf kurze Entfernungen oder bei Schichtgesteinen von Bank zu Bank ändern.

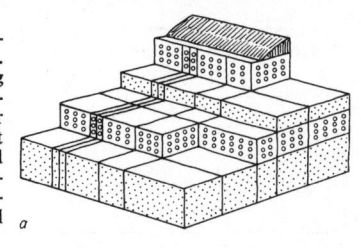

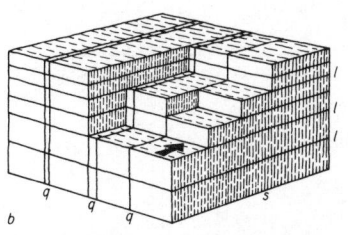

Einflußfaktoren auf die Rohblockgröße: **a** bei Sedimentgesteinen: waagerechte Schichtung und steilstehende, verschieden dichte sich kreuzende Kluftsysteme. **b** bei einem Granit: Lagerflächen (l), Längsklüfte (s) = Ebene guter Teilbarkeit, Querklüfte (q) = Ebene schlechtester Teilbarkeit. Pfeil = günstigste Abbaurichtung

Anforderungen an Baustoffrohstoffe und Gesteinsbaustoffe

Materialkennwerte und Prüfverfahren (Prüfstandards) bilden die Maßstäbe für Bewertung und Auswahl der Gesteine. Nutzungsspezifische Richtwerte sind daher in Eigenschaftsstandards festgelegt. Solche Richtwerte betreffen je nach Verwendungszweck u. a. Mindestwerte für Gehalte an Nutzkomponenten, Mindestwerte für positive Eigenschaften wie Festigkeiten, maximal zulässige Werte für Schadstoffgehalte und für negative Eigenschaften wie Wasseraufnahme, Sättigungsziffer und ähnliches. Während Prüfstandards zur Vereinheitlichung und Vereinfachung des Materialprüfwesens einen möglichst großen Anwendungsbereich und lange Gültigkeit haben sollen, gilt für Eigenschaftsstandards das Gegenteil: Sie müssen stark differenziert sein und je nach Bedarf abgewandelt werden können. Die Ursache dafür liegt in einer Wechselwirkung zwischen Erdgeschichte und Rohstoffwirtschaft. Rohstoffwirtschaftlich ist entscheidend, daß Bodenschätze nicht nachwachsen, sondern jeder Abbau eine Lagerstätte ihrer Erschöpfung entgegenführt. Jeder extraktive Industriezweig baut zunächst die günstigsten Lagerstätten ab und muß mit der Zeit auf ungünstigere Verhältnisse übergehen. Bei der jetzigen Intensität des Abbaus und der geplanten weiteren Steigerung der Produktionszahlen gerade für Baustoffe bedeutet das ein Ende der meisten gegenwärtig genutzten Lagerstätten in absehbarer Zeit. Rohstoffwirtschaftlich ist daher gerade bei hochwertigen Baustoffrohstoffen und Gesteinsbaustoffen Sparsamkeit geboten. Das bedeutet, daß nicht hochwertiges Material für alle Zwecke eingesetzt werden sollte, sondern, wenn irgend möglich, auch weniger wertvolles Gestein verwendet werden sollte. Auf Grund der wechselhaften erdgeschichtlichen Entwicklung gilt die Regel, daß »reine« Gesteine oder allgemeiner gesagt Gesteine mit einheitlichen Eigenschaften, die strengen Rohstoffkonditionen genügen, nur kleinere Gesteinskörper bilden, während dagegen Gesteinsmassen mit inhomogener und schwankender Beschaffenheit oft in großen Lagerstätten auftreten. Wenn nach der Regel »Nicht so gut wie möglich«, sondern nur »so gut wie nötig« auch Gesteine mit ungünstigeren Eigenschaften genutzt werden, wird die rohstoffwirtschaftliche Lagerstättenbilanz um Vorräte erweitert, die dem betreffenden Industriezweig eine wesentlich längere Perspektive bieten. Die hochwertigsten Baustoffrohstoffe und Gesteinsbaustoffe sollten deshalb solchen Produktionen und Bauvorhaben vorbehalten bleiben, bei denen hohe Qualitäten unumgänglich sind. Darüber hinaus müssen dort, wo günstige Rohstoffe ihrer Erschöpfung entgegengehen, die Technologien so geändert werden, daß sie bei möglichst gleichem Aufwand auch weniger gutes Material zu Produkten von gleichbleibend hoher Qualität veredeln. Die Technologie, aus der zunächst die Anforderungen an den Rohstoff

Periode	Gesteine	Lagerstätten	Beispiele für Bauwerke
Quartär	Travertin	Langensalza Ehringsdorf (DDR) Stuttgart-Bad Cannstatt ČSSR (Ostslowakei) Italien (Tivoli, Toskana)	Marktkirche Langensalza Leipzig (Kaufhäuser, Wohnbauten), Landesmuseum Kassel Leipzig (Messehof, Petershof) Steinmetzerzeugnisse in slowakischen Städten, Genf (Vereinte Nationen) Gebäude in Rom
Tertiär	Kalkstein	Mainzer Becken Österreich (Leithakalke) Ägypten (Nummulitenkalk)	Mainzer Dom Stephansdom, Hochbauten in Wien Cheopspyramide
Kreide	a) Sandsteine b) Kalksteine	Elbsandsteingebirge (Pirna) Niedersachsen (Wealden-Sandstein) Polen (Dolny Słask – »Schle- sischer Sandstein«) Münstersche Kreidebucht	Dresdener Barockbauten, Dom Freiberg (Goldene Pforte) Rathaus Hamburg Pergamonmuseum Berlin Welfenschloß Hannover Rattenfängerhaus Hameln Ulmer Münster (Teile) Halle/Saale (Stadthaus, Hauptbahnhof, Universität) Dom Münster, Kaufhaus Hannover
Jura	Kalksteine	Baden-Württemberg (Malm, z. B. »Treuchtlinger Marmor«) Plattenkalke von Solnhofen und Eichstätt Kehlheimer Marmorkalk	Fußbodenplatten u. a., z. B. Leipzig (Stadthaus, Deutsche Bücherei) Dom, Porta praetoria Donaubrücke (Regensburg)
Trias Keuper	Sandsteine	Gotha (Seeberg) Baden-Württemberg Schilfsandstein Stubensandstein	Wartburg, Erfurt (Dom, Severikirche) Städte an Rhein und Main, Hauptbahnhof Frankfurt/Main Köln (Dom, Hauptbahnhof), Universität Tübingen, Ulmer Münster, Schloß Neuschwanstein
Muschelkalk	Kalksteine	Thüringen (Schaumkalk von Freyburg) Schwaben und Franken (Fränkischer Muschelkalk)	Naumburg (Dom, Stifterfiguren) Kirche Leuna Leipzig (Neues Rathaus) Halle (Ratshof, Kaufhaus am Markt) Darmstadt (Museum)
Buntsandstein	Sandsteine	Thüringen Schwarzwald, Odenwald und Maingebiet (z. B. »Miltenberger Sandstein«, »Roter Mainsandstein«) Hessen Saargebiet (Vogesensandstein)	Schloß Wilhelmsburg in Schmalkalden Heidelberg: Schloß, Mainbrücke; Städte im Maingebiet Halle/Saale (Rat des Bezirkes, Wohnbauten)
Alpine Trias	Kalksteine	Adneter und Untersberger Marmor Hallstätter Kalk	Wien (Parlament, innen) Leipzig (Prunktreppe im Neuen Rathaus)
Perm Zechstein	Hauptdolomit	Westlicher Harzrand	Kloster Walkenried (Ruine), Kirchenbauten
Rotliegendes	Sandstein	Saar-Nahe-Gebiet	Bahnhöfe Frankfurt/Main, Wiesbaden
	Porphyrtuffe	Rochlitzer Berg Karl-Marx-Stadt (Zeisigwald)	Stiftskirche Wechselburg; Leipzig: Altes Rathaus, Bürgerhäuser, Thomaskirche, Neues Grassi-Museum Schloß Augustusburg, Schloßkirche Karl-Marx-Stadt, Tulpenkanzel im Freiberger Dom
	Porphyre Pyroxen-Granit- Porphyr Quarzporphyre (Rhyolithe)	Beucha bei Leipzig Halle/Saale (Unt. Hall. Porphyr, Löbejüner Porphyr)	Leipzig: Völkerschlachtdenkmal Ehrenhain ehemal. Konzentrations- lager Buchenwald bei Weimar, Hochbauten in Halle, Berlin

Periode	Gesteine	Lagerstätten	Beispiele für Bauwerke
Karbon			
Oberkarbon	Sandsteine	Kyffhäuser	Kyffhäuser: Burg, Denkmal
	Lamprophyr	Gänge im Lausitzer Granit	Grabsteine, Staatsratsgebäude Berlin (DDR)
Unterkarbon	Kohlenkalk	Wildenfels	Werksteine (z. B. Dom Freiberg)
	Dachschiefer	Frankenwald	Werksteine, Platten, Dachschiefer
	Bordenschiefer	(z. B. Lehesten)	
Devon	Knotenkalk	Thüringen (»Saalburger Marmor«) Frankenwald (Bayrischer Marmor)	Innenarchitektur: Hotel Warnow Rostock, Rechenzentrum Leuna, Staatsratsgebäude Berlin
	Kalksteine	Rheinisches Schiefergebirge (Massenkalk, Lahn- und Westfälischer Marmor)	Werk- und Bausteine, Kirchenbauten
	Schiefer (Dach- und Plattenschiefer)	Rheinisches Schiefergebirge (Hunsrück, Lahnzug u. a.)	Dachschiefer, Schieferplatten
	Diabas(tuffe)	Vogtländisch-Thüringisches Schiefergebirge; Bayern, Lahn-Dill-Gebiet	Werksteine, z. T. geschliffen als Dekorationssteine
Silur	Ockerkalk	Thüringisch-Vogtländisches Schiefergebirge	früher vielfach verwendet, z. B. Berliner Dom
Ordovizium	Fruchtschiefer	Theuma (Vogtland)	Platten, Säulen, Bordsteine, Stufen
Kambrium			
Metamorphite	Gneise	Erzgebirge	Annenkirche Annaberg
	Serpentinite	Erzgebirge (Zöblitz)	meist für Innenarchitektur, z. B. Leipzig (Neues Rathaus, Deutsche Bücherei) Dresden: Hofkirche (Balustraden)
Granite	Roter Meißener Granit	Meißen	Leipzig: Messeamt; Grabsteine, Platten
	Oberlausitz	Demitz-Thumitz	Werksteine; Berlin: Sowjet. Ehrenmal Treptower Park, Staatsratsgebäude der DDR
	Harz	Brockengranit	Kirche in Schierke, ehemal. Konzentrationslager Buchenwald bei Weimar, Leipziger Neue Oper
	Erzgebirge Schwarzwald Odenwald, Fichtelgebirge, Oberpfälzer Wald u. a.	verschiedene Granite	Naturbausteinelemente
	Polen	Dolny Słask (z. B. Karkonosze = Riesengebirgsgranit)	
	Ungarn	Mecsek-Gebirge	
	ČSSR	Mittelböhmen, Kleine Karpaten, Mála Fatra	
	Österreich	Oberösterreich (Mauthausen u. a.)	Wien: Parlament, Hochbauten an der Ringstraße Donaukraftwerk Jochenstein
		Niederösterreich (Raum Gmünd)	Dallas (USA, Texas): Rathaus, Geschäftshäuser in Wien

abgeleitet werden, muß die erdgeschichtlich-rohstoffwirtschaftlichen Wechselwirkungen berücksichtigen und in ihrer Entwicklung auf die generelle Verschlechterung der Rohstoffqualitäten abgestimmt werden.

Anforderungen an Betonkiese, Sande, Schotter und Splitt sowie an die Rohstoffe der Keramik-, Feuerfest-, Glas- und Bindemittelindustrie sind im Kapitel »Lagerstätten der Steine und Erden« genannt. Hier sollen die Anforderungen an die Naturwerksteine näher erläutert werden.

Werk- und Dekorationssteine werden heute im Gegensatz zu früher nur mit dekorativer Zielstellung verwendet. Die wichtigste Anforderung an diese Gesteinsbaustoffe betrifft deshalb ihre dekorativ-ästhetische Wirkung. Diese kann auf der Farbe und/oder Gefüge-Effekten beruhen. Man unterscheidet

Tab. Ausgewählte Werk- und Dekorationssteine der einzelnen erdgeschichtlichen Perioden mit Beispielen für ihre Verwendung

helle (weiße, hellgraue, hellgelbe), dunkle (schwarze, dunkelbraune, dunkelgrüne), mittelgraue und rote Dekorationssteine. Je nach der Genese des Gesteins ergeben sich unterschiedliche dekorative Wirkungen, z. B. bei dichten bis feinkörnigen Kalksteinen, mittel- bis grobkörnigen, auch porphyrischen Magmatiten, brekziösen oder von andersfarbigen Gängen durchsetzten Marmoren. Auswahl und Einsatz der Gesteine richten sich nach den Gestaltungsabsichten des Architekten, in hohem Maße aber auch nach anderen Kenngrößen. In der Außenarchitektur lassen sich nur frost- und farbbeständige Dekorationssteine verwenden, teilweise auch solche, bei denen unter dem Einfluß der Witterung eine ästhetisch ansprechende Patina entsteht. Diese Kriterien sind in der Innenarchitektur fast ohne Bedeutung. Ähnlich nutzungsspezifisch differenziert sind die Gesteinsfestigkeiten. Auf Druckfestigkeit bzw. Biegezugfestigkeit werden nur Säulen, Tür- und Fenstergewände und aufgehendes Mauerwerk beansprucht. Dabei liegt die Höhe der im Bauwerk auftretenden Kräfte im Regelfall weit unter den Festigkeiten der Natursteine. Die Biegezugfestigkeit ist dagegen eher für die Beanspruchung der Natursteinplatten vor ihrem Versetzen ins Bauwerk (Transport) von Bedeutung. Für Gehwegplatten und Treppenstufen entscheidet die Abriebfestigkeit. Gute Natursteine sind dabei dem Beton weit überlegen und aus ökonomischen Gründen vorzuziehen.

Schädlicher Bestandteil in Naturwerksteinen, besonders in der Außenarchitektur, ist Eisenkies, der zu Brauneisen verwittert und den Wert des Steins durch »Rostbildung« im Wert mindert. Auch Sulfate und andere zu Ausblühungen neigende Minerale, lösliche Salze, ein toniges Bindemittel in sedimentären Gesteinen (wegen des Quellvermögens bei Wasseraufnahme und dadurch bedingter Frostgefährdung) und kohlige Bestandteile sind ungünstig ebenso wie stark verwitterte Feldspäte.

Weichgesteine (Sandstein, Kalkstein, Porphyrtuff u. a.) lassen sich als Dekorationssteine leichter bearbeiten als Hartgesteine (Granit, Quarzporphyr, Lamprophyr, Diabas). Weichgesteine erfordern beim Schneiden in Platten, Schleifen, Polieren und Fräsen, aber auch bei der steinsetzmäßigen Bearbeitung, nur einen Bruchteil des bei Hartgesteinen nötigen Energie- und Zeitaufwandes. Manche Weichgesteine, z. B. Porphyrtuff oder bestimmte Kalksteine, nehmen aber keine Politur an. Ganz generell ist die Wetterbeständigkeit der Weichgesteine geringer als die der Hartgesteine.

Die Verwitterung der Werk- und Dekorationssteine ist ein komplexer Vorgang. Wirksam werden dabei die Faktoren, die allgemein geologische Verwitterungsvorgänge bestimmen (S. 101), zusätzlich aber auch zivilisationsbedingte Einflußgrößen, wie Rauchgase mit CO_2, SO_2, Staub und zusätzliche Luftfeuchtigkeit. Die Verwitterungsvorgänge der Gesteine in Bauwerken sind daher oft intensiver als die in der Natur, zumal die Werk- und Dekorationssteine oft durch die Bearbeitungsvorgänge in ihrem Mikrogefüge beschädigt werden oder auch in früheren Zeiten vielfach nicht die besten Partien in den Steinbrüchen für die Bauten ausgewählt worden sind. Entscheidend für die Beurteilung der Verwitterungsvorgänge ist die Frage, ob und in welchem Maße die ästhetische Wirkung und/oder die statische Sicherheit des Bauwerks beeinträchtigt worden ist. So gesehen sind Verwitterungsvorgänge nicht in jedem Fall negativ zu beurteilen. Die Wirkung mancher Natursteine, besonders in der Gartenarchitektur, wird gerade durch eine Alterspatina gesteigert. Beeinträchtigt wird der ästhetische Effekt eines Dekorationssteins dagegen z. B., wenn schwarzer, kohlenstoffhaltiger Marmor durch Oxydation des Kohlenstoffs ausbleicht oder wenn es durch Oxydation von Schwefelkies zu oberflächlicher Rostbildung auf polierten Flächen kommt. Platten für Außenwandverkleidungen von Hochhäusern müssen schon wegen der Kosten für etwaige Reparaturen fast uneingeschränkt wetterbeständig sein. In Bodennähe kann die statische Sicherheit beeinträchtigt werden, wenn bei schlechter Isolierung des Bauwerks gegen den Untergrund ein Feuchtigkeitskreislauf entsteht, der im Innern des Gesteins Substanzen, vor allem Bindemittel löst, an der Gesteinsoberfläche Krusten bildet, diese periodisch abplatzen und zum Absanden des Gesteins führen (Abb.). Die unterschiedliche Verwitterungsgefährdung der Natursteine sollte daher Anlaß zu differenzierter Verwendung sein.

Für die Nutzung eines Gesteinsvorkommens als Werk- und Dekorationssteine entscheidende Kriterien sind die Rohblockgröße und das Rohblockausbringen. Die Rohblockgröße wird wesentlich durch die Größe des Kluftkörpers des Gesteins bestimmt und begrenzt die maximale Größe der herzustellenden Platten oder Quader. Weil die Industrie Gesteine mit immer größeren Rohblockabmessungen wünscht, scheiden alle stärker geklüfteten oder dünner geschichteten Gesteine als Naturwerksteine aus. Infolgedessen verringert sich die Vielfalt der Palette dekorativ wirksamer Effekte. Das Rohblockausbringen ist ein Maß für den Anteil der Rohblöcke an der Gesamtmasse der Lagerstätte und bestimmt die Wirtschaftlichkeit der Gewinnung. Geforderte Rohblockgröße und mögliches Rohblockausbringen sind einander umgekehrt proportional. Um die Wirtschaftlichkeit der Gewinnung zu verbessern, sollten unbedingt die kleineren, für Platten ungeeigneten Rohblöcke für die Herstellung kleinformatiger Werksteine genutzt werden. Damit

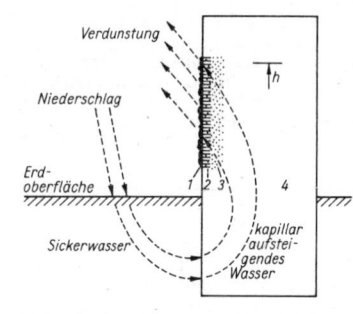

Schema der Verwitterung von Natursteinen im Bauwerk (Feuchtigkeitskreislauf). Krustenbildung: 1 Außenkruste (Salze und Verschmutzung), 2 Innenkruste (Salze), 3 Zone des Absandens (Bindemittel gelöst), 4 unverändertes Gestein

erreicht man eine breite Rohstoffbasis und eine Vielfalt der verfügbaren ästhetischen Effekte.

Bei der Bewertung von Baustoff- und Gesteinsrohstoffen genügt es nicht, die Kennwerte der Massen-Einheit durch Prüfverfahren festzustellen und mit den Richtwerten (»Rohstoff-Konditionen«) zu vergleichen. Es sind darüber hinaus Kennwerte des gesamten Gesteinskörpers notwendig, die den rohstoffwirtschaftlichen und abbautechnischen Richtwerten (»Lagerstätten-Konditionen«) gegenübergestellt werden müssen. Das sind die Lagerungsverhältnisse, der Lagerstättenvorrat, die Nutzmächtigkeit (N), die Deckgebirgsmächtigkeit (D), das Deckgebirgsverhältnis $\left(D/N \left[\frac{m}{m}\right]\right)$ und das Abraumverhältnis $\left(Abraum/N \left[\frac{m^3}{m^3}\right]\right)$. Deckgebirgs- und Abraumverhältnis lassen sich durch komplexe Nutzung der Lagerstätte verbessern (vgl. Kapitel »Ökonomische Geologie«).

Beim Gewinnen von Festgesteinen zur Produktion von Brecherprodukten und Naturwerksteinen hängt die optimale Abbaurichtung u. a. von.den Kluftrichtungen und anderen Gefügeelementen des Gesteins ab (Abb.). Die Korngrößenverteilung des Haufwerks wird aber auch von der Art des Sprengstoffs und von der Sprengmethode beeinflußt. Bei der Gewinnung von Naturwerksteinen darf nicht brisant gesprengt werden, da das Gestein rissig und die Rohblockgröße unzulässig verringert würde. Naturwerksteine dürfen deshalb nur mit Schwarzpulver gesprengt oder je nach Gesteinshärte mittels Schrämen, Keilarbeit, Seilsägen und thermischem Trennen gewonnen werden. Die Qualität des Lagerstätteninhalts kann lokal von tiefgreifenden Verwitterungserscheinungen, hydrothermaler Zersetzung, besonders in tektonischen Störungszonen, und Einschaltung von Fremdgesteinsschollen beeinträchtigt werden. Das Bewerten einer Natursteinlagerstätte und das Lenken ihres Abbaus müssen stets von der erdgeschichtlichen Analyse des Gebietes ausgehen.

Bei der Gewinnung von Kies und Sand, Bindemittel-, Keramik- und Glasrohstoffen gelten ähnliche Beziehungen. Beim Abbau von Kalkstein sind Karsterscheinungen zu berücksichtigen. Sind z. B. Karsthohlräume mit Lehm gefüllt, kann dieser das Fördergut ungünstig beeinflussen. Verunreinigungen, die in Kies-, Ton- und Sandgruben früher von Hand ausgehalten wurden, müssen bei mechanisiertem Abbau durch Aufbereitungsverfahren ausgeschieden werden. Die Wahl des Baggertyps wird von der geologischen Situation und dem technologischen Ziel bestimmt. Sollen Rohstoffe bei komplizierten Lagerungsverhältnissen möglichst rein gewonnen werden, muß man einen Baggertyp einsetzen, der einen selektiven Abbau ermöglicht (Löffelbagger, Schaufelradbagger). Ist der Rohstoff ungestört und flach gelagert oder soll, wie oft bei Ziegelrohstoffen, mit dem Gewinnen schon eine Mischung verschiedenen Materials erfolgen, empfiehlt sich ein Eimerkettenbagger.

Wie komplex die Zusammenhänge zwischen geologisch-petrographischen und technischen Einflußgrößen sein können, zeigt z. B. die Produktion von Brecherprodukten aus Grauwacke. Grauwacke ist an sich ein sehr gutes Gestein, kommt aber meist in Wechsellagerung mit für Schotter und Splitt ungeeigneten Tonschiefern vor. Würde man das in Steinbruch oder Bohrungen beobachtbare Mengenverhältnis Grauwacke/Tonschiefer der Bewertung der Lagerstätte zugrunde legen, käme man zu einer negativen Beurteilung auch mancher durchaus geeigneter Vorkommen. Beim Brechen des Fördergutes geht der Tonschieferanteil nämlich bevorzugt in die feineren Kornklassen, so daß die gröberen Körnungen an Grauwacke angereichert werden und man bessere Qualitäten erhält, als es nach den geologischen Verhältnissen zunächst zu erwarten wäre.

In beiden deutschen Staaten und darüber hinaus in Mitteleuropa gibt es eine große Anzahl unterschiedlicher Lagerstätten von Naturwerksteinen, die vielfach eingesetzt werden. Während eine größere Anzahl sehr verschiedenartig verwendet werden kann, eignet sich ein anderer Teil, z. B. eine Reihe Kalksteine, nur für die Innenarchitektur. Die Tabelle S. 556/557 zeigt, daß Naturwerksteine in fast allen erdgeschichtlichen Perioden vorkommen und in zahlreichen Bauten der Vergangenheit und Gegenwart zu beobachten sind. Die technologischen Eigenschaften und die ästhetische Wirkung stehen in engem Zusammenhang mit dem erdgeschichtlichen Werdegang der Lagerstätten.

O. Wagenbreth

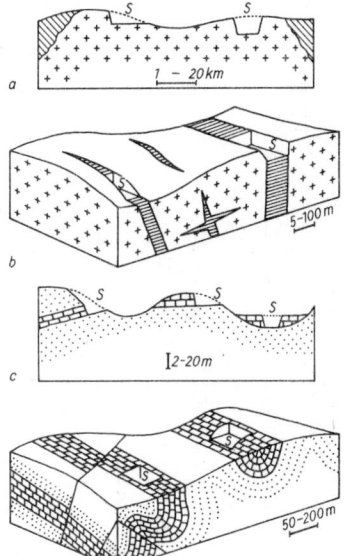

Lagerstättentypen der Werk- und Dekorationssteine in der DDR (schematische Profile und Blockbilder): **a** Hartgesteine: magmatische Batholithen und Stöcke, z. B. Granodiorit Lausitz; Granite Brocken, Meißen, Mittweida; Quarzporphyr Löbejün; Pyroxengranitporphyr Beucha. **b** Hartgesteine: magmatische Gänge, steil dem Nebengestein eingelagert, z. B. Lamprophyre Lausitz; Granit Limbach-Hartmannsdorf. **c** Weichgesteine: flache bis schwach geneigte schichtförmige Gesteinskörper, links unter Abraum, Mitte Bergkuppe, rechts Talfüllung. Beispiele links: Schaumkalk Oberdorla, Freyburg; Sandstein Tambach, Schmalkalden, Kraftsdorf, Nebra, Pirna; Mitte: Porphyrtuff Rochlitz; Sandstein Gotha; rechts: Travertin Langensalza, Ehringsdorf. **d** Hart- und Weichgesteine: schichtförmige, stark gefaltete und verworfene Gesteinskörper, z. B. Pikrit Seibis; Diabas Neuensalz; Knotenkalk Ostthüringen; Kohlenkalk Wildenfels; Fruchtschiefer Theuma; Tonschiefer Unterloquitz; Gneis Erzgebirge; Serpentinit Zöblitz, Hohenstein-Ernstthal. S Steinbruch

Der Mensch als geologischer Faktor – Anthropogeologie – Territorialgeologie

Während Kapazitäten ihrer Zeit wie LYELL (1872) und andere bis ins zweite Jahrzehnt unseres Jahrhunderts meinten, der Mensch hätte als geologische Kraft keine größere Bedeutung, weiß man heute, daß das Gegenteil der Fall ist. Schon FERSMAN (1934) hatte jene geologischen Erscheinungen, die im Ergebnis der bergtechnischen, chemischen, landwirtschaftlichen und ingenieurmäßigen Tätigkeit des Menschen entstanden sind, Prozesse der **Technogenese** genannt, ehe VERNADSKIJ (1954) vom Menschen als einer neuen, gewaltigen geologischen Kraft auf der Oberfläche unseres Planeten gesprochen hat. Die bereits 1915 erschienene, ihrer Zeit vorauseilende Untersuchung von E. FISCHER »Der Mensch als geologischer Faktor« war über Jahrzehnte vergessen worden.

In den industriellen Ballungsgebieten sind die Wechselwirkungen zwischen Mensch, Technik, Erdoberfläche und Erdkruste von besonderer Bedeutung, und die Kenntnis dieser Zusammenhänge, welchen Einfluß der mit der modernen Technik ausgerüstete Mensch auf den Ablauf der endogenen und exogenen Prozesse ausübt, führt zu einer neuen Fragestellung, zu einer neuartigen Betrachtungsweise der geologischen Verhältnisse im Territorium, deren Inhalt mit den Worten »Mensch und geowissenschaftliche Umwelt im Territorium« kurz charakterisiert ist. Die zahlreichen technischen Eingriffe des Menschen in die Erdkruste durch Bergbau, Hoch- und Tiefbau, Grundwasser- und Erdgasentnahme und anderes mehr haben erhebliche Störungen des natürlichen Gleichgewichtes hervorgerufen. Von den Folgen werden Territorialplanung und -ökonomie entscheidend beeinflußt, so daß der Mensch gezwungen wird, in die Zukunft zu denken und die Folgen seiner Tätigkeit vorauszusehen: Ist er doch selbst ein Teil der Natur und darf sich als Glied der Gesellschaft folgenschwere Eingriffe in den Ablauf der natürlichen Vorgänge nicht ungestraft erlauben.

Wie die folgenden Zahlen veranschaulichen, steigt der Weltenergiebedarf (ausgedrückt in Steinkohleneinheiten, SKE) ständig sprunghaft an:

1950:   2600 Mill. t SKE
1960:   4300 Mill. t SKE
1970:   7050 Mill. t SKE
1980: 12500 Mill. t SKE (geschätzt)

Dabei entfallen 85 Prozent des Weltverbrauchs an Primärenergie auf nur 30 Prozent der Weltbevölkerung. Abgesehen davon, daß die vorhandenen Reserven an Energieträgern beschränkt sind, ist die zugeführte Energie von großer Bedeutung für das klimatische Geschehen. Mit dem Ansteigen des Kohlendioxidgehaltes in der Atmosphäre über einen kritischen Punkt hinaus durch anthropogene Einflüsse, wie die Verbrennung von Kohle, Erdöl und Erdgas, besteht für die Nordhalbkugel in Zusammenhang mit einer Veränderung der atmosphärischen Zirkulation die Gefahr des Entstehens einer neuen Warmzeit, deren mögliche Auswirkungen auf die bis dahin mit rund 8 bis 12 Milliarden Menschen bevölkerte Erde kaum vorstellbar sind (FLOHN 1979).

Es ist das besondere Verdienst von A. W. SIDORENKO (1967), diese Problematik, die Bedeutung des **Menschen als geologischer Faktor**, als aktiver Gestalter der Erdkruste zum ersten Male systematisch dargestellt zu haben. In seiner Arbeit »Mensch—Technik—Erde – Das Studium der Erdkruste als Heim- und Wirkungsstätte des Menschen« hat er dieses neue Wissensgebiet im Grenzbereich von Geologie, Geographie, insbesondere Geomorphologie, Technik und Ökonomie nicht sehr glücklich »**Technische Geologie**« genannt. Besser wäre die Bezeichnung anthropogene Endo- und Exodynamik oder **Anthropogeologie**. Räumlich bezogen hat HOHL (1974) für dieses Fachgebiet den Begriff **Territorialgeologie** vorgeschlagen. KÜPPER (1965) sprach von Siedlungsgeologie, während sich im englischsprachigen Schrifttum für die anthropogen-geodynamischen Prozesse der Ausdruck »Environmental geology« durchgesetzt hat. Einige Fragen und Aufgaben der Territorialgeologie werden nachstehend diskutiert, um ihre große Bedeutung und Mannigfaltigkeit zu veranschaulichen.

Bei dem steigenden Bedarf an Trink-, Brauch- und Bewässerungswasser für Gartenbau und Landwirtschaft, besonders in den hochentwickelten Industriestaaten, ist die **Wasser-Abwasser-Problematik** von großem Belang. Wenn in ehemaligen Wasserüberschußgebieten gegenwärtig die benötigten Wassermengen nicht mehr bereitgestellt, sondern aus oft weit entfernten Gebieten über lange Rohrleitungen unter hohen Kosten herangeführt werden müssen, weist das auf eine hochgradige Industrialisierung hin. Neben der quantitativen

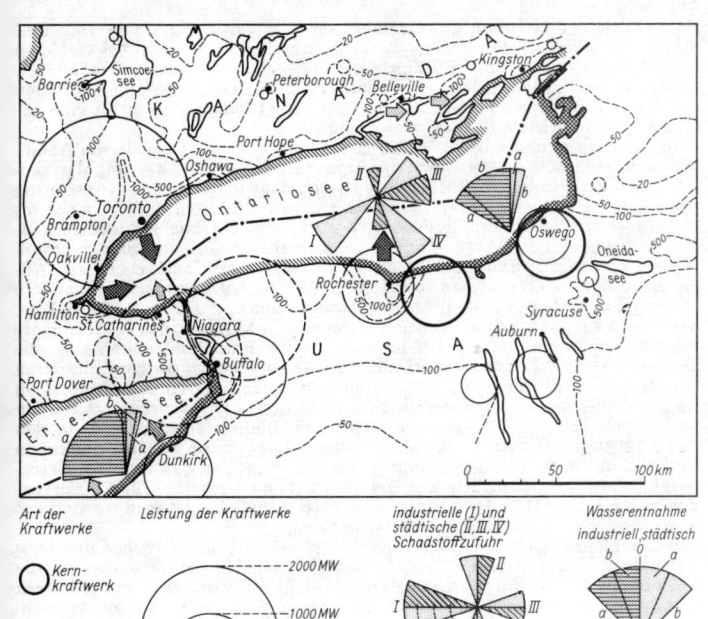

Belastung des Ontario-Sees mit Schadstoffen (1 Imp. Gallon = 4,546 l, 1 Short Ton = 907,185 kg, 1 Square mile = 2,59 km². Bevölkerungsdichte in Personen pro Square mile)

steht dabei die qualitative Seite. Seit dem vorigen Jahrhundert hat sich speziell in den dicht besiedelten Gebieten Mitteleuropas die Mineralisation der Grundwässer erheblich verstärkt. Das betrifft vor allem den Gehalt an Sulfaten und Nitraten, aber auch an Eisen und Chloriden. Die Ursachen dafür sind die zunehmende mineralische Düngung, der negative Einfluß falsch angelegter Mülldeponien und der Einfluß des Braunkohlenbergbaus. Dazu kommt in Städten und in der Umgebung von Heizkraftwerken u. a. eine Erhöhung der Grundwassertemperatur bis zu 5 °C, die sich physikalisch und chemisch ebenfalls negativ auswirkt. Infolge der tiefen Absenkungen des Grundwasserspiegels durch den Bergbau, z. B. in großen Tagebauen, wie im Halle–Leipziger Raum, in der Niederlausitz oder im Braunkohlenrevier des Niederrheins, wo bei einer Absenkung bis zu 250 m unter Gelände etwa 14 Milliarden m³ Wasser gehoben wurden und werden, und in anderen Räumen bleiben die Auswirkungen der Tagebauentwässerung nicht nur auf den engeren Bereich der Tagebaue selbst beschränkt, sondern greifen viele Kilometer weit in die Nachbarräume ein. Durch den hohen Verschmutzungsgrad des Flußwassers infolge Einleitens industrieller und anderer Abwässer ist vielerorts die unmittelbare Nutzung von Oberflächenwasser selbst für Brauchwasserzwecke ebensowenig möglich wie die Gewinnung von Seihwasser in den Flußauen. Abwasserreinigung, Mehrfachnutzung von Wasser und weitgehende Verwendung der im Tagebaubetrieb gehobenen Wässer, ggf. nach entsprechender Aufbereitung, sind notwendige Forderungen. Die Möglichkeit, auch die Industrie in größerem Ausmaß durch Tiefbrunnen oder durch Zufuhr von bestem Trinkwasser zu versorgen, schiebt die Lösung des Problems nur hinaus, weil die zur Verfügung stehenden Wassermengen bei steigendem Bedarf in der Zukunft das nicht zulassen. Ziel muß es sein, alle anfallenden industriellen Abwässer so weit aufzubereiten, daß bei Einleiten in die Vorfluter keine Verschlechterung der Wasserqualität auftritt und damit zugleich die Förderung von Seihwasser in den Talauen wieder möglich wird. Die Wege der Kontamination der Gewässer und des Grundwassers sind mannigfaltig. Nicht nur Industrieabwässer und solche der Landwirtschaft sind es, sondern oft genug werden durch Regen- und Schmelzwässer Schmutzmengen und Ölrückstände, wie sie auf Verkehrswegen sich durch künstliche Staubsedimentation ansammeln, schlagartig ungeklärt in die Vorfluter abgegeben. Tägliche Mengen von 100 kg je Kilometer sind dabei im Mittel wiederholt gemessen worden. Hinzu tritt als mög-

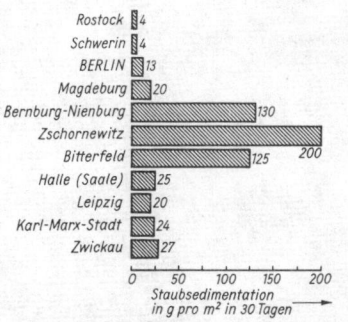

Jahresmittelwerte der Staubsedimentation in Städten der DDR 1970 (nach Hammje und Knauer)

liche Quelle der Pollution des Grundwassers die Verwendung von Tau- und Straßensalz zwecks Erhöhung der Verkehrssicherheit im Winter. Aus Gebieten mit Hüttenbetrieben, die Buntmetalle verarbeiten, ist bekannt, daß Blei, Zink, Kupfer und andere Schwermetalle in Anteilen bis zu 2 Prozent den Boden und das Grundwasser bereits so stark geschädigt haben, daß selbst eine bescheidene Forstwirtschaft nicht mehr möglich ist.

In Zusammenhang mit der Wassergewinnung steht die **Deponie von Abfall- und Schadstoffen**, die ohne vorherige Untersuchungen und Klärung der geologischen Verhältnisse vielfach die Wasserqualität im Unterstrom ungünstig beeinflußt hat. Die Tatsache, daß heute in den Industrieländern mehr als 80 Prozent des Siedlungsmülls deponiert werden, beweist, wie wichtig die schadlose Beseitigung von Abfällen aller Art ist. Neben Haus- und Siedlungsmüll werden Bauschutt, Braunkohlenasche, Klärschlamm, oft auch chemische Abprodukte mit höherem Schadstoffcharakter, Mineralölrückstände und andere Massen in natürlichen und künstlichen Hohlformen (aufgelassene Steinbrüche, Sand- und Kiesgruben u. a.) gelagert, darunter oft Material, das als Sekundärrohstoff erneut genutzt werden könnte, wie die Braunkohlenfilterasche, die als Zuschlagstoff für Leichtbeton oder anstelle von Zement für die Produktion von Hohlblocksteinen, zur Melioration von unfruchtbaren Kippflächen im Bergbau oder als Versatzmaterial in Strecken des Tiefbaus eingesetzt werden kann. Auf keinen Fall gehören Reste von Buntmetallwerkstoffen in den Müll, da Rohstoffe, wie Nickel, Zink, Zinn, Kupfer, schon gegenwärtig knapp sind und auf dem Weltmarkt ständig teurer werden, so daß ihre Wiederverwendung volkswirtschaftlich notwendig ist. Dies gilt besonders für Konservendosen, die technisch mittels Elektrolyse entzinnt werden können, so daß das wertvolle Zinn erneut verwendet werden kann.

Aus geologischen, medizinischen, technischen, gebietsplanerischen und ökonomischen Gründen sowie Gesichtspunkten des Umweltschutzes sind die Flächen für die Deponie von Schad- und Abfallstoffen begrenzt und erfordern eingehende, komplexe Untersuchungen, ehe sie freigegeben werden können. Nach den Forderungen des Landeskulturgesetzes der DDR ist eine schadlose und hygienisch einwandfreie Beseitigung oder Verwertung der Siedlungsabfälle zu garantieren. Schon heute liegt der Müllanfall in unserem Land bei 150 bis 185 kg je Einwohner. Die Gesamtmenge an Siedlungsabfällen wurde für das Jahr 1975 mit rund 19 Millionen m³ ermittelt und wurde für 1980 auf etwa 24 Millionen m³ geschätzt. Möglichkeiten zur Beseitigung oder Verwertung sind die Verbrennung, die Kompostierung mit dem Ziel des Einsatzes als Bodenverbesserungsmaterial und die hier speziell interessierende **geordnete Deponie**, d. h. die schichtweise Ablagerung von Abfällen (bis 2 m) und etwa 0,5 m mächtigen, abdichtenden Massen, wie feinsandig-tonigem Schluff, Lehm, Ton, mit k_f-Werten um 10^{-5} cm/s, die ebenso an der Sohle der Hohlform aufgebracht und verdichtet werden müssen. Auch Kunststoffolie wird teilweise zum Abdichten verwendet. Die Auslaugungswässer der Deponie werden in einem Dränsystem gesammelt, einer Kanalisation zugeführt und überwacht. Rings um die Deponie werden Grundwasserbeobachtungsrohre eingebaut. Der Chemismus der Wässer wird laufend kontrolliert. Auf diese Weise gelingt es, viele kleine Kippstellen, dazu oft unhygienische, unästhetische, gelegentlich brennende, staubige und durch unangenehme Gerüche die Umgebung belästigende Kippen, in deren Bereich sich Ratten und Ungeziefer ausbreiten und Krankheiten übertragen können, zu beseitigen und durch eine einzige, mehrere Jahrzehnte ausreichende Großdeponie zu ersetzen. Nach deren Schließung kann Mutterboden aufgebracht und die Fläche land- oder forstwirtschaftlich, mindestens als Grünanlage für die Naherholung genutzt werden. Besonders geeignet für eine geordnete Deponie sind auflässige Lehm- und Tongruben, teilweise auch auf Hochflächen gelegene Sand- und Kiesgruben. Wenig bewährt haben sich bei oberflächennahem Grundwasser die sandig-kiesigen Lockermassen in den Niederungen der Flüsse und in den Urstromtälern. Ebenfalls zur Deponie geeignet sind alte Steinbrüche in wenig klüftigen Felsgesteinen, auflässige Braunkohlentagebaue, Senkungsgebiete des Tiefbaus, Auslaugungskessel, auch z. T. abgebaute Hochmoore und andere Hohlformen künstlicher Art, ebenso natürliche Vertiefungen der Landoberfläche, sofern nicht in der Nähe befindliche Siedlungen bei vorherrschenden Westwinden geruchmäßig belästigt werden. Wichtig ist, die Deponien dort anzulegen, wo der Untergrund nur sehr geringe Fließgeschwindigkeiten des Grundwassers aufweist, d. h. praktisch undurchlässig ist. Doch müßte dafür gesorgt werden, daß z. B. Verpackungsmaterial aus Kunststoff und andere Plasteerzeugnisse, die heute etwa 6 Prozent des Mülles ausmachen, dazu Pappe und Papier mit rund 40 Prozent sowie Glasbruch im Interesse des Umweltschutzes und der Rohstofferhaltung nicht weggeworfen, sondern erfaßt und als Sekundärrohstoffe erneut eingesetzt werden.

Weitere Aufgaben der Territorialgeologie sind die **Versenkung** unterschiedlicher Abwässer in aufnahmefähige Schluckhorizonte des tieferen Untergrunds, z. B. in alte Erdöl- und Erdgasbohrungen, in untertägig ausgelaugte Salzlager oder in alte Grubenbaue und unterirdische Steinbrüche, ebenso wie die **Speicherung** von Wasser, Erdgas, Heizöl, Äthylen u. a. mit ihren Folgeerscheinungen. Geeignete Hohlräume, möglichst in nicht zu großer Entfernung der Chemiebetriebe, müssen rechtzeitig erkundet und untersucht werden. Für die Beseitigung flüssiger radioaktiver Abfälle aus der Nutzung von Kernenergie scheinen sich aufgegebene Tiefbohrungen bei entsprechender Dichtigkeit und Salzkavernen unter Beachtung der Forderungen des Strahlenschutzes sowie ökonomischer Gesichtspunkte bewährt zu haben, während feste und verfestigte radioaktive Abfälle in ehemaligen Salzbergwerken gelagert werden können. Für die langfristige Endlagerung radioaktiver Substanzen ergeben sich geowissenschaftliche Probleme, deren Erforschung und Lösung die Grundvoraussetzung zur technischen Durchführung ist. A. G. HERRMANN (1979) hat auf Vorgänge hingewiesen, die mit Umbildungs- und Verformungsprozessen zusammenhängen, welche seit der Bildung der Zechstein-Salzlagerstätten ablaufen. Aus diesen Entwicklungen ist eine Reihe von Forderungen abzuleiten, deren Erforschung und Erfüllung aus Sicherheitsgründen für die Zukunft unbedingte Voraussetzung ist.

In vielen Territorien spielt die Frage der **Nachnutzung von Braunkohlentagebauen** und die Wiederurbarmachung der durch den Bergbau devastierten Flächen eine große Rolle. Im Weißelster-Becken südlich von Leipzig wurden seit Beginn des Bergbaus im vorigen Jahrhundert bis 1974 rund 17000 ha Fläche an Anspruch genommen und dabei im Tagebaubetrieb etwa 7,5 Milliarden m³ Gesteinsmassen bewegt. Mehr als 60 Prozent dieser Fläche (rund 10000 ha) sind bisher wieder urbar gemacht worden. Gegenwärtig ist der Umfang dieser Flächen schon größer als die jährliche Inanspruchnahme neuer Flächen durch den Braunkohlenbergbau. Insgesamt sind in der DDR bis 1976 bereits 50000 ha ehemaligen Bergbaugeländes rekultiviert worden, wobei im einzelnen zwischen landwirtschaftlicher, forstwirtschaftlicher und sonstiger Nutzbarmachung (Bebauung, Sportplätze u. a.) der Kippen und Halden unterschieden wird. Die Wiedernutzbarmachung umfaßt Wiederurbarmachung

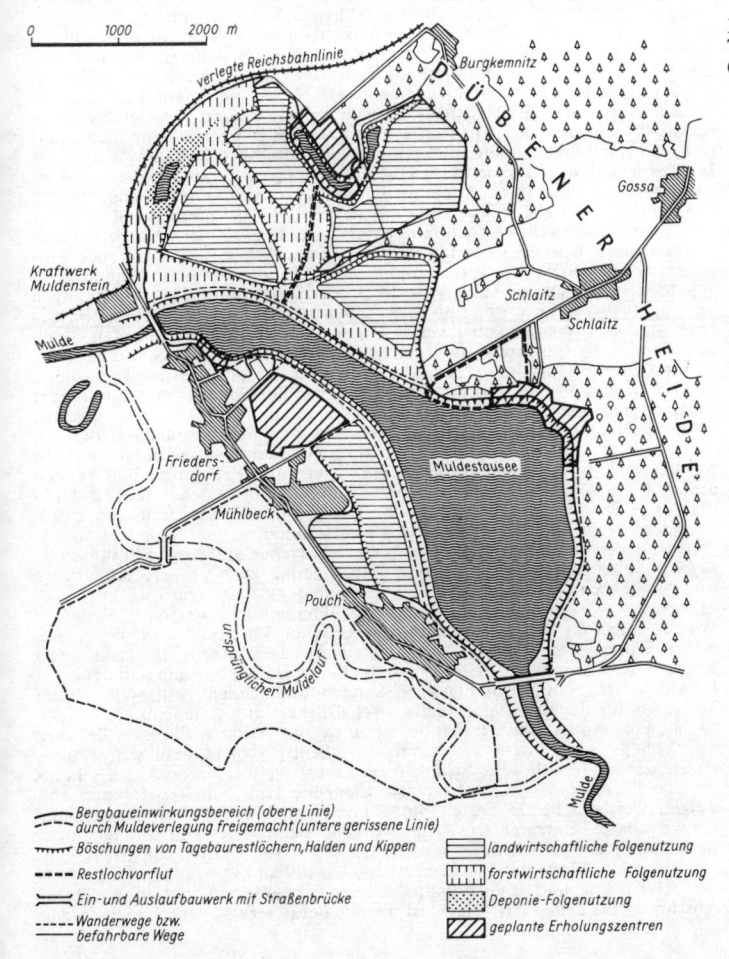

Flächennutzungsplan des ehemaligen Tagebaues Muldenstein bei **Bitterfeld** (nach Billwitz u. a.)

(Schüttung und Planierung der Kippflächen, Grundmelioration, standsichere Gestaltung der Böschungen, Vorflutregulierung, Bau von Zufahrtswegen) und Rekultivierung, das sind die zum Erzielen möglichst hoher land- und forstwirtschaftlicher Erträge notwendigen Maßnahmen. Die Art der möglichen Wiederverwendung ist abhängig von der Ausbildung der tertiären und quartären Lockergesteine und deren bodenphysikalischen Eigenschaften, so daß der bodengeologischen Bewertung der Abraumsubstanzen und ihrem gesteuerten Einsatz, z. B. durch optimale Vermischung nichtbindiger und bindiger Massen, hohe Bedeutung zukommt. Wo mächtigere bindige Schichten fehlen, kommt besonders die forstwirtschaftliche Nachnutzung in Betracht; mit der Verwertung von Bergbaurestlöchern (s. u.) ergeben sich in der waldarmen Umgebung von Städten günstige Möglichkeiten für das Entstehen von Naherholungsgebieten. So wird z. B. im Süden von Leipzig ein zusammenhängender Waldgürtel von 1 400 ha Größe und ein Seengebiet mit einer Fläche von rund 4600 ha entstehen. In der Niederlausitz wurde der Senftenberger See mit einer Wasserfläche von 1 225 ha errichtet, der gleichermaßen als Hochwasserrückhaltebecken zur Erhöhung niedriger Wasserstände in Trockenperioden, zur Entnahme von Brauchwasser und nicht zuletzt als Erholungsgebiet für die Bevölkerung dient. Die planmäßige, komplexe Gestaltung der Bergbaufolgelandschaften erfordert die enge Zusammenarbeit von Umweltschutz, Geologie, Geographie, Territorialplanung sowie Land- und Forstwirtschaft.

Nach Beendigung des Kohleabbaus bleiben, bedingt durch das Massendefizit der abgebauten Rohstoffe, Tagebaurestlöcher zurück, die sich meist im Laufe der Zeit infolge Einstellens der bergmännischen Wasserhaltung mit Grundwasser auffüllen, so daß die erwähnten Tagebauseen entstehen. Eine optimale Gestaltung und Nutzung solcher Restlöcher ist nur dann möglich, wenn ingenieurgeologische Untersuchungen über die Standsicherheit der Böschungen und hydrogeologische Arbeiten über den Zeitraum und die spätere Höhe der Wiederauffüllung mit Wasser frühzeitig begonnen werden. Im Gegensatz zu früher, wo solche Restlöcher unkontrolliert entstanden sind und oft genug als »Mondlandschaften« die Umgebung verunstalteten, schenkt man unter modernen Produktionsverhältnissen dieser Frage besondere Aufmerksamkeit. Die meisten Restlöcher dienen der Naherholung, ein Teil kann als Speicher für wasserwirtschaftliche Zwecke genutzt werden, ein kleinerer auch für die Mülldeponie oder zur Ascheverspülung der Industrie, wenn die Gefahr einer Grundwasserkontamination ausgeschlossen werden kann. Auch eine Inanspruchnahme als Hochwasserrückhaltebecken (s. o.) oder die fischereiwirtschaftliche Nutzung kommen in Betracht, wobei man sich bemüht, möglichst mehrere Möglichkeiten zu kombinieren. Die Auffüllung der Restlöcher mit Grundwasser geht vielfach langsamer vor sich, als zunächst angenommen und berechnet wurde. Oft bieten sich die Wasserflächen für die laufende Entnahme von Wasser für Industrie und Landwirtschaft an. Daher können Jahrzehnte vergehen, ehe ein solches Restloch ausreichend gefüllt ist. Rutschungen an seinen Böschungen, das Entstehen schluchtartiger Erosionsgebilde im Bereich stärkerer Wasseraustritte und Unterspülungen an den Wänden durch Brandungswellen bringen mitunter zusätzliche Schwierigkeiten. Auch die Wasserqualität kann durch Zusickern von Abwässern, durch die Fischzucht, den Motorbootbetrieb und die Aufhärtung infolge zufließender saurer oder sonst ungünstiger Grundwässer mit pH-Werten um 2 bis 3, einem höheren Eisengehalt und durch Aggressivität negativ beeinflußt werden, so daß die sich zunächst anbietende Nutzbarmachung als Badegewässer ausgeschlossen werden muß. In den an natürlichen Gewässern und Erholungsmöglichkeiten armen Ballungsgebieten werden aber die meisten Restlöcher für die Naherholung genutzt, so daß bereits eine Reihe größerer Seen mit Strandbadkomplexen und anderen Einrichtungen entstanden ist, die besonders an den Wochenenden von Tausenden besucht werden. Neben auflässigen Braunkohletagebauen kommen für die gezielte Nachnutzung auch größere Kiesgruben und Steinbrüche in Frage, sofern sie einen quantitativ wie qualitativ ausreichenden Wasserzulauf haben oder auf ökonomisch vertretbare Weise mit Wasser aufgefüllt oder zu Freibädern umgestaltet werden können. Wo in einzelnen Fällen der natürliche Wasserzulauf für die Nutzung als Trink- oder Brauchwasser ausreicht, spielt das auf Spalten von Festgesteinen und der überlagernden Decke aus durchlässigen Sanden und Kiesen zusitzende Wasser besonders für die Beregnung landwirtschaftlicher und gartenbaulicher Nutzflächen eine Rolle. Wenn Bodenbewegungen und Wasserzuflüsse in Gebieten des Abbaus mineralischer Rohstoffe zweckentsprechend gesteuert werden, lassen sich landeskulturelle Schäden weitgehend vermeiden, und eine schöne, der Bevölkerung der Industriegebiete dienende Kulturlandschaft kann entwickelt werden, die im besten Sinne komplexe Landschaftsgestaltung und Umweltschutz beinhaltet, wie es der Aufgabenstellung des Territorialgeologen bei Planung und Entwicklung von Industriefolgelandschaften entspricht.

Eine andere Frage der Flächennutzung, eigentlich die dominante Form der Bewirtschaftung und Inanspruchnahme eines begrenzten, mithin meßbaren Abschnitts aus dem Territorium, ist die der **Bebaubarkeit**. Durch menschliche

Einflüsse hat sich, ausgehend vom Kern der Städte bis an die Grenzen ihrer Peripherie, eine besondere Gesteinsformation ausgebildet, die **Auffülle**, das ist die Verfüllung natürlicher und künstlicher Hohlformen oder das Überdecken größerer Gebiete in den hochwassergefährdeten Auegebieten mit Aushubgut, Schutt und Siedlungsabfällen. Nicht immer sind derartige Flächen ohne genauere Untersuchung zu erkennen, die wegen ihrer Inhomogenität und wechselnden Mächtigkeit der aufgebrachten Massen die Gründung von Bauwerken erheblich beeinträchtigen können und bei unzureichender Kenntnis zu Bauwerksschäden führen. Andererseits ist in Talauen mit hohem Grundwasserstand durch diese anthropogenen Schichten eine Bebauung gerade erst möglich geworden. Die der gesellschaftlichen Entwicklung entsprechende notwendige Dichte der Bebauung stellt der Territorialgeologie stets neue Aufgaben und hat die Fläche als solche zu einer stark genutzten Ressource werden lassen. Im Einzelfall ist zu entscheiden, ob die Bebauung, die Gewinnung von Grundwasser oder der Abbau von Baustoffen die volkswirtschaftlich optimale Variante der Flächennutzung ist, zumal gerade Sand- und Kiesfolgen den besten Baugrund darstellen, die zugleich wertvolle Aquifere oder Lagerstätten unersetzbarer Betonzuschlagstoffe sein können.

Alte, nicht verwahrte Tiefbaustrecken mit Tagesbrüchen oder Räume intensiver Senkungen mit Erdfällen oder Senkungsmulden und -kesseln infolge **subrosiver Prozesse** im Verbreitungsgebiet wasserlöslicher Gesteine wie Salz oder Gips, die oft durch menschliche Eingriffe (z. B. Entwässerung im Tiefbau) erheblich verstärkt werden, wirken sich auf Bauwerke und Bauplanung aus, nicht nur auf die Hochbauten, sondern auch auf Verkehrswege, Anlagen des Wasserbaus und auf Versorgungsleitungen. Ein klassisches Gebiet dafür sind die Erdfall- und Senkungsgebiete der Mansfelder Mulde (Bezirk Halle), in denen die Subrosion und das Senkungsgeschehen durch den Kupferschieferabbau erheblich beschleunigt worden sind.

Oft scheint es, als habe die **Luftverschmutzung** nur eine medizinische und biologische Seite, gefährde die menschliche Gesundheit, das Wachstum der Tiere und die Entwicklung der natürlichen Pflanzenwelt (z. B. durch Rauchschäden, Versauerung des Waldbodens). Die Luftverunreinigung hat aber auch Einfluß auf die verwendeten Naturbausteine. Während viele der genutzten Gesteine sich in Jahrhunderten bewährten, haben sich die Bedingungen in den industriellen Ballungsgebieten besonders seit Beginn dieses Jahrhunderts gewandelt. So sind dort innerhalb von 50 Jahren besonders an porösen Kalksteinen und verschiedenen Sandsteinen Schäden entstanden, die einen weiteren Einsatz solcher Gesteine wegen ihrer starken Angreifbarkeit künftig verbieten, im Gegensatz zu Orten in ländlichen Gebieten mit reinerer Luft (vgl. S. 558). Vor allem das Kohlendioxid und die Schwefelverbindungen, die bei der Verbrennung von Kohlen u. a. entstehen, weniger Nitrate und Chloride, üben auf die genannten Gesteine eine stark ansteigende Korrosion aus.

Viele natürliche Prozesse werden durch die menschliche Tätigkeit in bedrohlicher Weise verstärkt. Ein gewichtiges Beispiel dafür ist die **Bodenerosion** (richtiger wäre »Bodendenudation«), auf die bei der Darstellung der Hangabtragung bereits hingewiesen wurde (S. 143). Durch die Beseitigung der natürlichen Vegetation in den Waldgebieten der mittleren und subtropischen Breiten, in zunehmendem Maße auch in den humiden Tropen, ist die Hangabspülung weithin so erheblich verstärkt worden, daß nicht nur der natürliche Boden zerstört, sondern bereits ein völlig verändertes Relief entstanden ist, wie Badlands der nordamerikanischen Steppen zeigen, die aus einem Gewirr kleiner Schluchten und sich verändernder kleiner Kämme bestehen. Eine Folge verstärkter Abspülung sind auch die jüngeren Auelehme in den Talauen der großen Flüsse, wie sie als Folge der mittelalterlichen Rodung und des verstärkten Ackerbaus entstanden sind und auch heute noch bei Überschwemmungen von den Flüssen sedimentiert werden, während die älteren Auelehme wahrscheinlich schon im Atlantikum als natürliche Sedimente über Flußschottern abgelagert worden sind. Ähnliche negative Folgen hat die **Abblasung** auf überweideten oder ackerbaulich genutzten Flächen in Steppengebieten, weil die einst geschlossene Steppenvegetation vernichtet wurde und der Boden längere Zeit unbedeckt geblieben ist. Auch eine Aktivierung von Sanddünen infolge Entwaldung oder Überweidung ist vielfach festgestellt worden. Anthropogen ausgelöste, durch Wind und Wasser bewirkte Flächenspülungen u. a. treten häufig in den Triasgebieten Thüringens und anderer Räume auf; sie erfordern umfangreiche Gegenmaßnahmen, um die Schäden möglichst gering zu halten. Die Ackerrandstufen in den Mittelgebirgen und im Hügelland sind Zeugen für eine relativ rasche Materialabtragung und -ablagerung seit Beginn der landwirtschaftlichen Nutzung. Unter ihrem Einfluß, verstärkt durch das Ablesen der Steine, die an den Feldrändern zu Lesesteinwällen aufgeschichtet werden, sind weithin die natürlichen periglazialen Kleinformen nivelliert, beseitigt und durch eine mit der Bodenbearbeitung zusammenhängende Formengruppe ersetzt worden. Beispielsweise haben sich im Bereiche kleiner, oben mit Bäumen bestandener Kuppen und Hügel in Lößgebieten durch Umpflügen und Abschwemmung des anstehenden Lößes mehrfach künstliche Steilstufen von rund 3 m Höhe herausgebildet.

Mit dem Eingreifen des Menschen in das natürliche Gleichgewicht hängen die großen **Rutschungen** und andere Massenbewegungen zusammen, die sich oft plötzlich als gewaltige Katastrophen auswirken. Neben den Großrutschungen in Zusammenhang mit wasserbaulichen Maßnahmen in Südfrankreich, in Oberitalien (Vajon-Tal) oder den Haldenrutschungen im Steinkohlengebiet von Wales, die ganze Siedlungen vernichtet und viele Menschenleben gekostet haben, stehen die Böschungs- und Kippenrutschungen in den Braunkohlenlagerstätten mit schweren ökonomischen Schäden; hinzu kommen die Uferrutschungen im Lößgebiet an der Donau bei Dunaujváros in Ungarn, wo als unmittelbare Folge ein Pumpwerk 35 m weiter in die Donau gerutscht ist und sich etwa 12° um seine vertikale Achse gedreht hat, aber auch die Hangrutschungen bei Handlova in der Slowakei, die großen Einfluß auf die Strecken des dortigen Braunkohlentiefbaus haben. Alle diese Großrutschungen sind anthropogen, durch technisch falsche Eingriffe entstanden und hätten sich bei zielgerichteter Analyse und Prognose vermeiden lassen. Auf Gleichgewichtsstörungen in Verbindung mit Kohlegewinnung und Bewegung von Abraummassen beruhen großflächige Hebungen von Tagebausohlen und Liegendem sowie Horizontalbewegungen in den Tagebaurandgebieten. Auf größeren Flächen festgestellte Entlastungs- und Hebungsvorgänge führen zu Veränderungen des Grundwasserstandes in den bergbaulich nicht verritzten Randgebieten. Durch übermäßiges Abpumpen stark gespannter Grundwässer für Bewässerungszwecke mit einer Absenkung des Druckspiegels um 60 m innerhalb eines Zeitraums von 50 Jahren wurden im Gebiet des Delta-Mendota-Kanals im San-Joaquin-Tal in Kalifornien (USA) örtliche Bodensenkungen von 1,5 bis um 2 m gemessen, die zu sehr erheblichen Schäden an Bauwerken geführt haben.

Im letzten Jahrzehnt wurde zunehmend von **Erdbeben** mit größeren Folgen aus Gebieten berichtet, die auf Grund ihrer geologischen Strukturen als erdbebenfrei (aseismisch) galten, wie die alten präkambrischen Plattformen Südafrikas, Indiens und Nordamerikas. Bei der Analyse dieser Beben hat sich überraschend gezeigt, daß es der Mensch selbst gewesen ist, der durch technische Eingriffe in die Erdkruste Veränderungen hervorgerufen hat. Vielfach traten die Haupterschütterungen nach dem Bau größerer Stau- und Rückhaltebecken, Pumpspeicherwerke sowie nach dem Auffüllen künstlicher Seen auf, wenn deren größte Wassertiefe erreicht war, aber auch als Folge des Einpumpens von Flüssigkeiten in Erdöllagerstätten oder von Abwässern in tiefe Bohrlöcher. Im allgemeinen ist die Stärke der Beben proportional der in den Wasserbecken vorhandenen Wassermenge zuzüglich dem Gewicht des Baumaterials (DULEMBA 1975). So wurden in den Epizentren Erdbebenstöße von der Stärke 6, in Indien in unmittelbarer Nähe eines Wasserkraftwerkes sogar von 8 bis 9 gemessen (1967), wobei fast 200 Menschen ums Leben kamen. In Colorado (USA) wurden bei 100 m Wasserstand des Boulder-Stausees kleinere Erschütterungen, bei 160 m dagegen erhebliche Erdbeben beobachtet, ähnlich wie an der Grenze von Sambia und Simbabwe (Kariba-Staudamm) oder in Griechenland. Die Ursache dafür sind Spannungsentladungen in der Erdkruste, die freilich nicht durch natürliche Vorgänge, sondern durch Einwirkungen von außen ausgelöst werden (ST. MÜLLER). Man hat diese Form tektonischer Beben als »Man-Made-Earthquakes«, »Man-Initiated-Earthquakes«, d. h. vom Menschen verursachte Erdbeben bezeichnet. Deformationsvorgänge dieser Art erfolgen in der Erdkruste besonders unter dem Einfluß von erhöhtem Druck des Kluft- und Porenwassers. Nach Überschreiten eines Grenzwertes löst der erhöhte Wasserdruck elastische Energie aus, die an der Erdoberfläche in Form von Erdbebenstößen zur Wirkung kommt. Es ist die Aufgabe der Geowissenschaften, in Kollektivarbeit die Möglichkeiten der Voraussage solcher Gefahren zu prüfen und zu ihrem Vermeiden beizutragen. Nach ST. MÜLLER (1970) können durch das Einpressen von Flüssigkeiten mit Drücken größer als 10 bar in das Gebirge des Untergrunds infolge der Verminderung der inneren Reibung im Gesteinsverband erhebliche tektonische Spannungen ausgelöst werden. Nach Laboratoriumsexperimenten scheint es, als ob ein solcher abrupter Spannungsausgleich innerhalb

Seewasserspiegel des Lake Mead (1935 bis 1944) und lokale seismische Aktivität im Sinne der »man made earthquakes«, aufgezeichnet in Boulder (USA) (nach Carder)

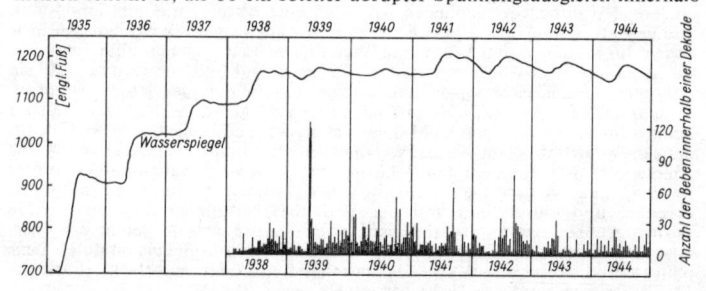

der oberen Erdkruste besonders in Zonen niedriger Wellengeschwindigkeit und verhältnismäßig hoher Energieabsorption zustande kommt.

Die Erschließung neuer Energiequellen und die **Gewinnung mineralischer Rohstoffe** führen zu bedeutenden Auswirkungen im Territorium. Daher ist es erforderlich, ein auf die volkswirtschaftliche Entwicklung abgestimmtes geologisches Erkundungsprogramm für einen längeren Zeitraum auszuarbeiten, um richtig planen und entscheiden zu können, vor allem auch, weil die territorialen Ressourcen mengen- und qualitätsmäßig begrenzt sind und so rationell wie möglich eingesetzt werden müssen. Der Abbau von Rohstoffen beeinflußt die natürlichen Verhältnisse immer in ungünstiger Weise, weil diese Art der Flächennutzung vorwiegend irreversible Veränderungen hervorruft. Abgesehen davon, daß der Verbrauch der Vorräte sich als unersetzbarer Verlust für die Gesellschaft auswirkt, weil sich die Lagerstätten in menschlicher Zeit nicht erneuern (vgl. S. 562) von Steinbrüchen, Sand- und Kiesgruben u. ä., die nicht wie bisher als Unland oder Ödland zurückbleiben dürfen. Deshalb geht es bei der Suche und Erkundung nicht nur um den Rohstoff selbst und seine zu nutzenden Begleitschichten, sondern bereits gleichermaßen um die Frage der späteren Wiederverwendung des in Anspruch zu nehmenden Geländes. Wie oft finden sich noch in der Gegenwart am Rande von Dörfern und Städten im Baugelände vorgesehener Neubauten große, künstliche, unregelmäßig gestaltete Hohlformen alter Gruben, teilweise verkippt, versumpft und Restpfeiler weniger brauchbaren Materials enthaltend, für deren Vorbereitung als Baugrund Millionen Kubikmeter Erdmassen unter hohen Kosten bewegt werden müssen, von Zeit, Arbeitskraft und Geräten ganz abgesehen, was bei zielgerichteter Planung unnötig gewesen wäre. Die Ansprüche an die beschränkten Gebietsreserven werden immer größer, das aber erfordert eine eingehende und zweckentsprechende Untersuchung ihrer sinnvollsten perspektivischen und prognostischen Verwendung.

Eng mit der Gewinnung der sich nicht erneuernden mineralischen Rohstoffe hängt das bereits bei der Deponie erwähnte Problem einer **Mehrfachverwendung** zusammen, auf die menschliche Gesellschaft in zunehmendem Maße infolge der Verknappung vieler Stoffe angewiesen ist. So können aus Abwässern durchaus viele Stoffe zurückgewonnen werden, wobei zugleich noch eine zweite Aufgabe erfüllt wird, die Abwasserreinigung. Die Möglichkeit der Nutzung von Altstoffen aus dem Müll wurde schon erwähnt. Nicht nur die schadlose Beseitigung von Müll, sondern die weitgehende wirtschaftliche Nutzung von Abprodukten als Sekundärrohstoffe ist im Sinne einer planmäßigen Entwicklung der Volkswirtschaft erforderlich.

Die Regulierung der Flüsse, die Wildbachverbauung und der Lawinenschutz im Hochgebirge, die Sicherung und der Ausbau der Küsten, aber auch die Anlage von Bewässerungssystemen, besonders in den Flußoasen der ariden Zonen und in den Subtropen, dazu die Landgewinnung durch Eindeichen an Gezeitenküsten wie an der Nordsee und die sich abzeichnende verstärkte Nutzung geothermischer Energie, die nach neueren Schätzungen unter etwa einem Zehntel der Landoberfläche der Erde durch Bohrungen in relativ gut zugängliche Tiefen mittels Einpumpens von Wasser gewinnbar sein dürfte, sind ebenso gezielte wie aktive Eingriffe des Menschen in die natürlichen Verhältnisse, deren Folgen im voraus bedacht werden müssen. Maßnahmen und Folgen ließen sich noch weitere nennen, da die Umgestaltung der Natur und die landeskulturelle Entwicklung besonders in den Ballungsgebieten täglich neue Fragen aufwerfen. Gerade die Geowissenschaften haben bei der Erforschung und Pflege der natürlichen Ressourcen, haben beim Umweltschutz neben Biowissenschaften und Medizin seit jeher entscheidende Bedeutung.

Das betrifft vor allem den **Natur-** und **Landschaftsschutz** in vollem Umfang, für den sich die Geowissenschaftler als Berater und Mittler einsetzen müssen. Es kann niemals Aufgabe sein, durch Verbote oder falsch verstandenen Naturschutz notwendige Entwicklungen der Gesellschaft und berechtigte Ansprüche der Industrie einzuschränken oder zu verhindern. Das wäre ein dem gesellschaftlichen Fortschritt zuwider laufender Weg. Schließlich sind Technik und Industrie nicht gegen, sondern für den Menschen da, und die Geowissenschaften sind berufen, rechtzeitig auf mögliche Folgen von Veränderungen, auf Gefährdungen für die Umwelt hinzuweisen und für Abhilfe zu sorgen. Sie sind in der Lage, die natürlichen von den anthropogen bedingten dynamischen Prozessen im Territorium zu unterscheiden, und können daher aus der erdgeschichtlichen Analyse von Gesteinskomplexen nicht nur feststellen, was einmal war und wie es zustande kam, sondern können zugleich aus der Vergangenheit in die Zukunft schauen und dynamische Entwicklungsabläufe erkennen.

Von höchster Aussagekraft für die Perspektive und Prognose des Territoriums sind **moderne geologische Karten**, in denen die geologischen Verhältnisse, die Boden- und Baugrundverhältnisse, die Grundwasser- und Lagerstätten genutzter und noch nicht in Abbau befindlicher Lagerstätten mineralischer Rohstoffe eingetragen sind. Gebiete mit vorrangiger Grundwasserentnahme, Rohstoffgewinnung, land- und forstwirtschaftlicher Nutzung, Naturschutz, Erholung, Salzgewinnung, Deponiemöglichkeiten aller Art, perspektivisches Baugelände für Wohn- und Industriebauten u. a. m. sollten darin

Rauchschwadenzonen im Gebiet Bitterfeld–Wittenberg (nach H. Lux)

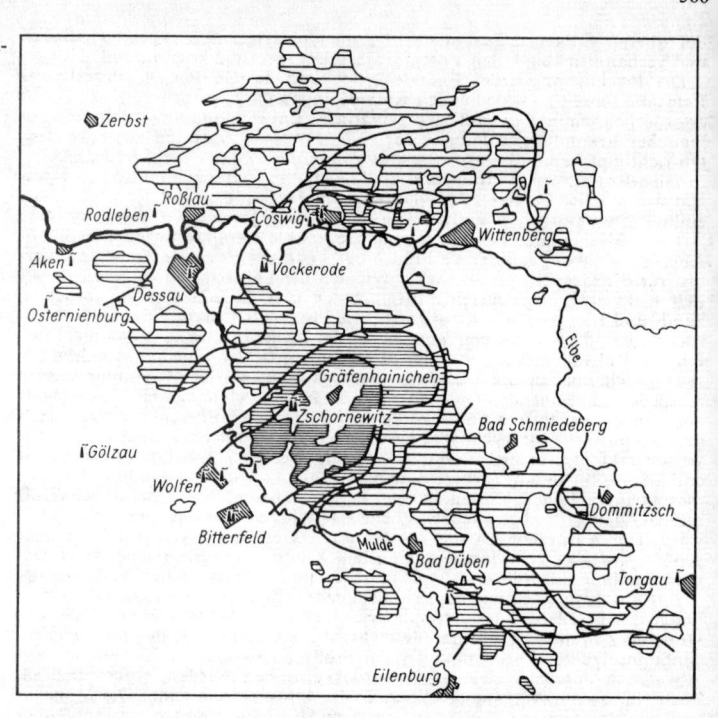

ausgewiesen werden, um auf allen Ebenen der Territorialplanung aus geologischer Sicht für unterschiedlichste Anforderungen die Entscheidungsfindung zu erleichtern. Auch eine Kartierung von Umweltstörungen, z. B. der Schadwirkungen, ist vorgeschlagen worden. Im Ergebnis intensiver Geländearbeit müssen diese Karten laufend ergänzt und verbessert werden, damit sie ihren Zweck erfüllen.

Zusätzlich können Erdsatelliten zum Zwecke der Fernerkundung, die den Aufbau eines weltweiten Beobachtungssystems ermöglichen, ein wichtiges Hilfsmittel zum Erfassen und zur Lösung von Umweltfragen sein, nicht zuletzt dort, wo es die zunehmende Verschmutzung der Schelf- und Weltmeere einschließlich deren Küstenbereiche sowie die großen Flüsse betrifft, wobei auch die atmosphärischen Belastungen einbezogen sind. Besonders die Nordsee und die Küsten der Adria sind wegen der Ballung von Städten und Industrieanlagen stark gefährdete Gebiete.

Zahlreiche negative Veränderungen der Umwelt durch Eingriffe des Menschen sind somit vermeidbar, wenn die geologischen und geomorphologischen Verhältnisse rechtzeitig und ausreichend berücksichtigt werden. *R. Hohl*

ABC der Geologie

Hinweise für die Benutzung des ABC

Die Stichwörter sind nach dem Abc geordnet. In der Abc-Folge gelten die Umlaute ä, ö, ü wie die einfachen Buchstaben a, o, u. Die Doppelbuchstaben ae, oe, ue und ai, au, äu, ei, eu werden wie getrennte Buchstaben behandelt, ebenso sch, sp, st usw.; ß gilt als ss. Demnach folgen z. B. aufeinander Archaeopteryx, Archäiden, Archaikum, Archäikum, Archäolithikum.

Wörter, die man unter C vermißt, suche man je nach der Aussprache unter K oder Z und umgekehrt.

→ Der Verweispfeil fordert dazu auf, das hinter ihm stehende Stichwort nachzuschlagen, da dort weitere Auskunft zu dem betreffenden Thema zu finden ist.

[] In eckigen Klammern wird die sprachliche Herkunft des vorstehenden Stichwortes erläutert.

Abkürzungen

Abb.	= Abbildung	n. Br.	= nördliche Breite
Abk.	= Abkürzung	nd.	= niederdeutsch
Abschn.	= Abschnitt	nlat.	= neulateinisch
a. d.	= aus dem	ob.	= obere(r)
ahd.	= althochdeutsch	ö. L.	= östliche Länge
arab.	= arabisch	österr.	= österreichisch
bergm.	= bergmännisch	*Plur.*	= Plural
bes.	= besonders	port.	= portugiesisch
bzw.	= beziehungsweise	russ.	= russisch
chin.	= chinesisch	s. a.	= siehe auch
d. h.	= das heißt	s. Br.	= südliche Breite
d. i.	= das ist	schwed.	= schwedisch
engl.	= englisch	schweiz.	= schweizerisch
f	= Femininum	*Sing.*	= Singular
franz.	= französisch	sog.	= sogenannt
griech.	= griechisch	span.	= spanisch
hist.	= historisch	svw.	= soviel wie
i. e. S.	= im engeren Sinne	Tab.	= Tabelle
ital.	= italienisch	u. a.	= und andere(s)
isld.	= isländisch	u. ä.	= und ähnliche(s)
i. w. S.	= im weiteren Sinne	Übers.	= Übersicht
Jh.	= Jahrhundert	usw.	= und so weiter
Kap.	= Kapitel	u. dgl.	= und dergleichen
Kurzz.	= Kurzzeichen	u. Z.	= unserer Zeitrechnung
Kw.	= Kunstwort	unt.	= untere(r)
lat.	= lateinisch	vgl.	= vergleiche
m	= Maskulinum	v. u. Z.	= vor unserer Zeitrechnung
Mia	= Milliarden	w. L.	= westliche Länge
Mill.	= Millionen	z. B.	= zum Beispiel
Mio	= Millionen	z. T.	= zum Teil
n	= Neutrum		

A

Aa-Lava, svw. Brockenlava.
Aalénien [nach der Stadt Aalen], die unterste Stufe des Doggers, Jura.
Abbau, die planmäßige Gewinnung nutzbarer Minerale und Gesteine im Tagebau oder Tiefbau.
Abdruck, → Fossilien.
Abfolge, *Sequenz,* eine Folge von sedimentären → Ablagerungen, die keinen stratigraphischen Einheiten entsprechen. Die A. können rhythmisch, zyklisch oder auch ungeschichtet sein. Sie gehören in der Regel einer → Formation an und entstehen unter einheitlichen Faziesbedingungen.
abgedeckte Karte, eine geologische Karte, die zur Darstellung von Systemen bzw. Abteilungen des tieferen Untergrundes die Deckschichten wegläßt.
Abiotikum [griech. a »ohne«, bios »Leben«], Ersatzbezeichnung für → Azoikum, d. h. für das Zeitalter ohne Leben in der Frühzeit der Erde.
Ablagerung, 1) svw. Sedimentation; 2) svw. Sediment.
Ablation, das Abschmelzen und Verdunsten von Schnee und Eis, hauptsächlich an der Oberfläche, durch Sonnenstrahlung, Erwärmung und Abspülung verursacht. Auch der in tropischen Hochgebirgen vorkommende → Büßerschnee ist eine Ablationserscheinung.
Ablaugung, die flächenhafte → Subrosion leicht löslicher Gesteine, insbesondere von Salzablagerungen, die zur Bildung mehr oder weniger ebener Ablaugungsflächen führt, bei horizontaler Lage als → Salzspiegel, bei geneigter Lage als → Salzhang bezeichnet.
Abnutzwiderstand, der Widerstand, den Probekörper, z. B. Gesteine, einer Schleifscheiben-, Sandstrahl- oder Schlagmühlenwirkung entgegensetzen, wobei die Masseabnahme nach einer bestimmten Zahl von Umdrehungen in Gramm gemessen wird.
Abplattung, das Formverhältnis eines Sedimentkorns oder Gerölls (kugelig, säulig, plattig). Der *Abplattungsindex* wird aus der größten Länge (L), der größten Breite (l) und der größten Dicke (E) gewonnen. Er ist ein Maß für die → Kornform, → Rundung.
Abrasion [lat. abrasio »Abkratzung«], die flächenhaft abtragende Tätigkeit der Brandung und der Wellenbewegung an Küsten. Die durch die Brandung geschaffene *Abrasionsplatte* wird stetig verbreitert, die an Steilküsten dabei entstehende Steilwand, das *Kliff,* im gleichen Maße landeinwärts verlegt.
Abraum, im Bergbau gebrauchte Bezeichnung für die Gesteine, die Lagerstätten nutzbarer Minerale und Gesteine überdecken oder durchsetzen.
Abrollungsgrad, svw. Rundung.
Absatzgesteine, → Gesteine.
Abscherungstheorie, → Gletscher.

Abschiebung, eine Verwerfung, die ein Einfallen zur abgesenkten Scholle zeigt und Raumerweiterung bewirkt (Abb. → Verwerfung).
Abschuppung, *Desquamation,* das Absprengen schaliger Gesteinsplatten von Felswänden als Folge von Insolation und starker Abkühlung (bei Niederschlag), besonders häufig in ariden Klimagebieten.
Absetzen, *Abstoßen* [bergm. Ausdruck], das Abschneiden einer Schicht in ihrer gesamten Mächtigkeit an einer fremden Gesteinsmasse, meist an einer Verwerfung oder am diskordanten Kontakt mit einer darüberliegenden Schicht.
absolute Altersbestimmung, svw. physikalische Altersbestimmung.
Absonderung, die Zerteilung einer Gesteinsmasse in einzelne Stücke an Klüften, Spalten, Schicht- und Schieferungsflächen. Bei Ergußgesteinen kommt es unter Bildung von Schwundrissen zur A. durch Abkühlen und Schrumpfen der Lava (→ Kontraktion). Bei Basalten, Diabasen und Porphyren tritt häufig *säulige A.* senkrecht zu den Abkühlungsflächen auf (Taf. 7). *Plattige A.* erfolgt parallel zu den Abkühlungsflächen. In Tiefengesteinen geht die A. auf verschiedene Spannungen während und nach ihrer Erstarrung zurück. In Sedimentgesteinen bewirkt die Schichtung zusammen mit der meist senkrecht auf ihr stehenden tektonischen Klüftung *quaderförmige A.,* drei Kluftsysteme schneiden sich dann unter rechtem Winkel. Die A. ist für die Gewinnung und Bearbeitung der Gesteine von Nutzen (Spaltbarkeit).
Abspülung, 1) die Umlagerung von Lockermaterial an der Hangoberfläche durch Regen und Schmelzwasser. Die Intensität der A. hängt von der Wassermenge, Hangneigung und -form, von der Dichte der Vegetationsdecke sowie der Textur und Struktur des Bodens ab. Nach der Abtragungsform werden *Rillen-, Rinnen-, Graben-* und *Flächenspülung* unterschieden. Wegen der lückigen Vegetationsdecke ist die A. in den semiariden Tropen (tropische Flächenspülung) und subpolaren Gebieten am stärksten. 2) svw. *Ausspülung,* die auf unterirdischen Bahnen im Locker- und Blockmaterial wirkt.
Abstoßen, svw. Absetzen.
Abteilung, in anderen Sprachen auch als *Serie* bezeichnet, der Unterabschnitt eines stratigraphischen → Systems. Ein System wird in 2 oder 3 A. gegliedert, die durch Vorsetzen von »Unter« und »Ober« bzw. »Unter«, »Mittel« und »Ober« (z. B. Untertrias oder Untere Trias) bezeichnet werden. Manche A. haben außerdem eigene Namen (z. B. Dinant für Unterkarbon). Die Bildungszeit einer A. heißt Epoche.
Abtragung, *Denudation,* die Massenverlagerung der durch Verwitterung aufbereiteten Gesteinsmaterials durch Schwerkraft (→ Massenbewegungen), Wind (→ Deflation), Wasser (→ Erosion, → Abspülung, Meeresbrandung) und Eis (→ Gletscher).
abyssisch [griech. abyssos »grundlos«], Bezeichnung für 1) in größerer Tiefe innerhalb der Erdkruste gebildete magmatische Schmelzen, Mineralparagenesen, Lagerstätten oder Tiefengesteine, z. B. Granit, Diorit (haben sie sich in geringerer Tiefe gebildet, bezeichnet man sie als *hypabyssisch*); 2) im Tiefseebereich entstandene Sedimente.
Acadian [nach der historischen Landschaft Acadia in Ostkanada], auch *Albertan,* im wesentlichen das Mittlere Kambrium Amerikas.
Acanthoceras [griech. akantha »Dorn«, keras »Horn«], eine Gattung der Ammoniten mit einfachen oder gegabelten, mit Knoten besetzten Rippen. Vorkommen: Oberkreide, besonders Cenoman.
Acanthocladia [griech. akantha »Dorn«, klados »Zweig«], eine Gattung der → Bryozoen, die am Aufbau von Riffen der Zechsteinzeit beteiligt sind.
Acanthodier [griech. akantha »Dorn«], die ältesten bisher bekannten kiefertragenden Fische (Gnathostomen), die marinen silurischen Vertreter eroberten im Devon das Süßwasser. Vorkommen: Silur bis Perm.
Accretion, die Vergrößerung der Masse fester Partikeln des solaren Urnebels durch Kondensation und Verschmelzen mit anderen Teilchen, wichtiger Anfangsprozeß der Planetenentstehung.
Achat [griech. nach dem Fluß Achates auf Sizilien], ein Mineral, bildet Hohlraumausfüllung in basischen Gesteinen, ist feinschichtig gebändert und verschiedenfarbig und besteht aus feinkristallinem Quarz (Chalzedon) mit etwas Opal; findet Verwendung als Schmuckstein, für Reibschalen u. a.
Acheuléen [nach dem Fundort St. Acheul bei Amiens in Frankreich], eine Kulturstufe der Altsteinzeit.
Achondrite, → Chondrite.
Achsen, 1) → Falte; 2) a) in einem Kristall durch Ecken, Kanten- oder Flächenmitten verlaufende Geraden, die den verschiedenen Raumrichtungen entsprechen und das kristallographische → Achsenkreuz bilden (*kristallographische A.*); b) bevorzugte Richtungen im Kristall, um die bei Drehung um bestimmte Winkel Deckung mit der Ausgangslage erzielt wird (*Drehachsen, Symmetrieachsen*); c) Richtungen im Kristall, in denen keine Doppelbrechung vorhanden ist (*optische A.*); d) den Hauptbrechungsindizes im Kristall entsprechende Richtungen (*optische Symmetrieachsen*); → Auslöschungsschiefe.
Achsenkreuze, Achsensysteme, in der Kristallographie Koordinatsysteme mit drei oder vier Achsen, die sich unter festen kristallographischen Winkeln schneiden, die Bestimmung der

Achsensysteme, räumlichen Lage von Kristallecken, -kanten und -flächen und die Angabe der räumlichen Lage von Gittergeraden und Netzebenen ermöglichen.

Achsensysteme, svw. Achsenkreuze.

Ackerkrume, *Krumenhorizont*, durch alljährlich wiederholte Bodenbearbeitung gemischter, gelockerter und humoser oberster → Bodenhorizont.

Actinocamax [griech. ´aktis »Strahl«, kamax »Stange«], eine Gattung der Belemniten mit zylindrischem Rostrum, Pseudo-Alveole und kurzem Schlitz an der Ventralseite, wichtige Leitfossilien der Oberkreide (Cenoman bis Campan).

Ader, → Gang.

Adinol [griech. adinos »dicht«], ein kontaktmetamorphes Gestein, das im Kontakt mit Diabas aus Tongesteinen, z. B. Tonschiefern, unter Bildung von Quarz und Albit entstanden ist. → Spilosit.

Adorfstufe [nach dem Ort Adorf im nordöstlichen Sauerland], das untere Oberdevon. Leitfossil der Stufe ist die Gattung Manticoceras.

Adsorptionswasser, an Kolloide gebundenes Haftwasser, → Bodenwasser.

Adventivkrater, → Krater.

Aegoceras [griech. aix »Ziege«, keras »Horn«], eine Gattung der Ammoniten mit scheibenförmiger, weitgenabelter Schale, deren einfache Rippen sich unter siegelringartiger Verbreiterung über die breite, ungekielte Externseite fortsetzen. Vorkommen: Mittlerer Lias.

Aerogeologie, svw. Photogeologie.

Aeromagnetik, → Geomagnetik.

Aetosaurus [griech. aetos »Adler«, sauros »Echse«], verhältnismäßig zierlicher, bis 0,86 m langer Archosaurier, völlig mit Knochenplatten gepanzert, mit kleinem spitzem Schädel, des schwäbischen Keupers.

Afriziden, die alten Orogene Afrikas, bei denen über hochmetamorphen und granitisierten Serien des Sockels weniger gestörte Schichtfolgen lagern. Man untergliedert in *Protoafriziden*, gefaltet am Ende des Katarchaikums, *Mesoafriziden*, proterozoisch, und *Neoafriziden*, riphäisch bis altpaläozoisch. Da Protoafriziden und Mesoafriziden oft nicht voneinander zu trennen sind, werden sie als *Archafriziden* zusammengefaßt.

Agglomerat [lat. agglomerare »dicht aneinanderdrängen«], eine meist unverfestigte, formlose Ablagerung aus losen, eckigen, groben Gesteinsbruchstücken, im engeren Sinne eine Anhäufung von verfestigten vulkanischen Auswurfsprodukten (*Agglomerattuff*). Als *Agglomeratlava* bezeichnet man von Schlacken, Lapilli und Bomben durchsetzte → Lava.

aggressives Wasser [lat. aggredi »angreifen«], Wasser, das infolge eines höheren Gehalts an gelösten Stoffen (Kohlensäure, Sulfate, Huminsäuren) Gesteine, Beton oder Rohrleitungen durch Lösen angreift und zerstört.

Agnathen, kieferlose, älteste Fische. Vorkommen: Ordovizium bis Devon.

Agnostus [griech. agnostos »unkenntlich«], eine kleinwüchsige Trilobitengattung des Oberkambriums mit nur zwei Rumpfsegmenten (Abb. S. 304).

Akanthit, → Silberglanz.

Akaustobiolithe, → Biolithe.

Akkordanz [lat. accordare »übereinstimmen«], 1) Pseudokonkordanz (nach Stille), die scheinbar konkordante, d. h. gleichsinnige Lagerung von Schichten, deren primäre Diskordanz durch tektonische Vorgänge verwischt ist. 2) die Anpassung von Magmatiten und Gangbildungen an vorhandene Strukturelemente, z. B. die Schichtung.

Akkumulation [lat. accumulare »anhäufen«], 1) die mechanische Anhäufung, d. h. Aufschüttung von vulkanischen Lockermassen oder von Gesteinsmaterial durch Flüsse (Schotter), Gletscher (Moränen) oder Wind (Dünen). Allgemein auch svw. Sedimentation. 2) Anreicherung von Erdöl an strukturell günstigen Stellen der Erdkruste. 3) Anreicherung von Schwermetallen und fluiden Phasen in den Kuppel- und Flankenzonen von Granitintrusionen.

Akkumulationstheorie, *Aufschüttungstheorie*, von Ch. Lyell (1797–1875) entwickelte, allgemeingültige Theorie, wonach Vulkankegel durch Aufschüttung (Akkumulation) der aus einem Schlot herausgeschleuderten Lockermassen entstehen.

Akratopege [griech. akratos »rein«, pege »Quelle«], ältere Bezeichnung für einfache, kalte Quellen.

Akratotherme [griech. akratos »rein«, thermos »Wärme«], ältere Bezeichnung für → Therme.

akroorogene Bewegung, → Diktyogenese.

Aktinolith, → Amphibole.

Aktualismus [lat. actualitas »Wirklichkeit«], grundlegende Arbeitsmethode und wichtigstes Forschungsprinzip der Geologie, nach dem im Gegensatz zum → Exzeptionalismus die Kräfte und Vorgänge der geologischen Gegenwart der Schlüssel zum Verständnis erdgeschichtlicher Vorgänge sind. Ch. Lyell (1797 bis 1875) begründete sie einseitig in seiner Lehre von der »uniformity«, wonach alle Kräfte und Vorgänge der Vergangenheit völlig denen der Gegenwart entsprächen; sie wird dem historischen Charakter der Geologie damit aber nicht völlig gerecht. Durch K. A. von Hoff (1822) wurde eine Entwicklung eingeleitet, die eine gewisse Veränderung der Kräfte und Kräftezusammenspiele anerkennt und in der Gegenwart dazu geführt hat, auch solche Vorgänge aktualistisch zu begreifen, die anders abgelaufen sind als jetzt, zumal gerade die geologische Gegenwart des Postglazials im Rahmen der Erdgeschichte nicht die Regel, sondern einen Ausnahmefall darstellt. – Durch das Prinzip des A. wurde die → Kataklysmentheorie von Cuvier völlig verdrängt.

Aktuogeologie, der Zweig der Geologie, der sich mit der Bildungsweise fossil möglicher geologischer Urkunden in der Gegenwart befaßt, z. B. dem Studium des Wattenmeeres zum Verständnis bestimmter Flachmeerablagerungen aus der Vorzeit wie des Unteren Muschelkalks (Wellenkalk).

akzessorisch [lat. accedere »hinzukommen«], Bezeichnung für verbreitete, oft mit weniger als 1 Prozent in Gesteinen vorkommende Minerale, z. B. Zirkon, Apatit, Magnetit, die *mineralische Übergemengteile* darstellen und oft bei Gesteinen für die Benennung Bedeutung haben.

Alabaster, → Gips.

Alaunschiefer, durch organische Stoffe und Schwefelkies dunkelgraue bis schwarze, feinkörnige, klastische Sedimentite (z. B. im Silur Thüringens), aus denen früher Alaun gewonnen wurde. Es sind heute teilweise wichtige Erzlieferanten, z. B. für Uran.

Alb, *Albien* [nach dem franz. Fluß Aube], eine Stufe der Unteren Kreide.

Albertan, svw. Acadian.

Albit, → Feldspäte.

Aldanschild, ein Teil der → Sibirischen Tafel.

Alectryonia [griech. alektryon »Hahn«], *Lopha*, eine Gattung der Austern (→ Ostreiden), Schalen infolge zahlreicher Rippen und Faltung hahnenkammähnlich aussehend. Vorkommen: Trias bis Gegenwart.

Alemannisch-Böhmische Insel, das Festlandsgebiet, das bereits im Kambrium bestand und besonders die mitteleuropäische variszische Geosynklinale im Süden begrenzte. Sie umfaßte bei wechselnden Umrissen Teile Böhmens, des Südens der BRD, der Nordalpen und Mittel- bis Westfrankreich.

Aleurolith [griech. aleura »Mehl«, lithos »Stein«], ein verfestigter Schluffstein, → Argillit.

Alexandrit, → Chrysoberyll.

Algen, die niedrigsten Pflanzen, eine Klasse der Thallophyten, ohne Gliederung in Wurzel, Stengel oder Stiel und Blätter. Ihres zarten Baues wegen sind A. fossil selten erhalten, in der Regel nur solche Gruppen, die für ihr Körpergerüst mineralische Substanzen (z. B. Kalk, Kieselsäure) verwenden; → Diatomeen, → Lithothamnien und → Siphoneen. Vorkommen: Präkambrium bis Gegenwart.

Algenkalk, svw. Stromatolith.

algomische Gebirgsbildung [nach dem Ort Algoma in Ontario/Kanada], Gebirgsbildungsvorgang in Nordamerika, neuerdings als → kenorische Gebirgsbildung bezeichnet.

Algonkischer Umbruch, nach der veralteten Hypothese Stilles ein erdweiter Vorgang zu Beginn des Jungalgonkiums (Riphäikum), durch den große Teile einer versteiften, im Präkambrium entstandenen Großerde (Mega-

gäa) wieder zu mobilen Geosynklinalen regeneriert wurden und die Entwicklung einer Neuerde (Neogäa) einleiteten, während die davon nicht betroffenen Festlandsgebiete die alten Schilde (Urkontinente) bildeten.
Algonkium [nach den Algonkin, einem kanadischen Indianerstamm], veralteter nicht mehr üblicher Ausdruck für das jüngere Präkambrium und seine Gesteinsfolgen. Gebräuchliches Synonym → Proterozoikum.
alkalin, → Gesteine.
Alkalireihe, → Gesteine.
Allerödzeit, *Alleröd-Interstadial* [nach einem Ort auf Seeland/Dänemark], eine spätglaziale Wärmeschwankung der Weichselkaltzeit etwa von 10000 bis 9000 v. u. Z. zwischen Älterer und Jüngerer → Tundrenzeit, mehrfach in Torf- und Lößprofilen durch geringmächtige Bimstufflagen gekennzeichnet, die von Vulkanausbrüchen des Laacher See-Gebietes (Eifel) bis 500 km weit vom Wind verfrachtet wurden.
allitisch, hydratisch, Bezeichnung für einen Typ der → hydrolytischen Verwitterung in semihumidem bis semiaridem Klima, die zur Bildung von Aluminiumhydroxiden führt. Es werden unter basischen Bedingungen SiO_2 weggeführt, Aluminiumhydroxid ausgefällt und Eisenoxide angereichert, wodurch intensive Rotfärbung entsteht, → Laterit.
allochromatisch, → idiochromatisch.
allochthon [griech. allos »anders«, chthon »Erde«], vom Bildungsort entfernt befindlich, aus dem ursprünglichen Verband gelöst, z. B. *allochthone Gesteine, Kohlenflöze, Decken, Schollen, Böden* u. a. Gegensatz: → autochthon.
allogen, → authigen.
allothigen [griech. »fremdentstanden«], *allogen,* → authigen.
allotriomorph, → idiomorph.
alluvial [lat. alluvio »Anschwemmung«], Bezeichnung für junge → Ablagerungen. *Alluvionen* sind junge fluviatile Anschwemmungsprodukte, z. B. Auelehm.
Alluvium [lat. »Angeschwemmtes«], die jüngere Abteilung des Quartärs; heute → Holozän genannt.
Almandin, → Granate.
Alpiden, → alpidische Gebirgsbildung.
alpidische Faltungsära, svw. alpidische Gebirgsbildung.
alpidische Gebirgsbildung, *alpidische Faltungsära,* Bezeichnung für die Tektonogenese der alpidischen Ära, die etwa vom Keuper bis zum Pleistozän reicht und die die meisten heutigen Hochgebirge (junge Faltengebirge) geschaffen hat (Alpen, Apennin, Karpaten, Dinariden, Kaukasus, Pamir, Himalaja, Rocky Mountains u. a.). Auch die Inselbögen des westlichen Pazifiks und Indonesiens gehören dazu. Diese Gebirge werden als *Alpiden* zusammengefaßt. Die Orogene sind meist zweiseitig gebaut mit nach außen gerichteten Vergenzen und zeigen hochmetamorphe Kernzonen sowie Deckenbau und gut ausgeprägte Randsenken mit Molassen.
alpinotyp, Bezeichnung von Stille für tektonische Erscheinungen in Falten- und Deckengebirgen mit starker Einengung, sowohl für die Bauform wie die Bewegungen.
Altaiden, ein Gebirgssystem Asiens, das während der kaledonischen und variszischen Tektonogenese gebildet wurde. Hierzu gehören Altai, Tarbagatai, Tienschan, Kunlun u. a.
Altalgonkium, veraltete Bezeichnung tieferer Teil des → Algonkiums, entspricht dem heutigen Unter- und Mittelproterozoikum.
Alter Schild, → Schild.
altkimmerische Phase, → Faltungsphase.
Altsteinzeit, *Paläolithikum,* die älteste Zeit der Vorgeschichte des Menschen, erstreckt sich vom Pliozän bis ins Spätglazial; in ihr werden behauene, noch keine geschliffenen Steinwerkzeuge verwendet. Der älteste Teil der A. wird oft als *Archäolithikum* abgetrennt.
Alunitisierung, an Erz- und Mineralgänge geknüpfte hydrothermale Umwandlung, die besonders in einer Auslaugung der Nebengesteine besteht, wobei die zugeführten sauren Lösungen Sulfate und Schwefelsäure enthalten und neben anderen Mineralen Alunit (Alaunstein, $KAl_3(OH)_6(SO_4)_2$) entsteht.
Amaltheiden [Amalthea, griech. Nymphe mit einem Stierhorn], Ammoniten mit einfachen, z. T. S-förmig geschwungenen Rippen und charakteristischem Zopfkiel an der Außenseite. Vorkommen: vor allem Mittlerer Lias (*Amaltheenschichten*).
Amblypterus [griech. amblys »stumpf«, pteron »Flosse«], eine Gattung der → Ganoiden, die besonders im Rotliegenden vorkommt.
Amethyst, → Quarz.
Ammerseestadium [nach dem Ammersee in Oberbayern], der zweite große Stillstandslage der Alpengletscher bei ihrem Rückzug am Ende der Würmkaltzeit.
Ammoniten [nach den Widderhörnern des ägyptischen Gottes Ammon], ausgestorbene Klasse der Kopffüßer. Nach der Art der Verzierung unterscheidet man bei den jüngeren A. Einfach-, Sichel-, Gabel-, Spalt-, Abbauripper. Die paläozoischen Formen sind überwiegend glattschalig. Vorkommen: Unteres Ordovizium, Devon bis Oberkreide (Maastricht). Vom Mitteldevon bis zur Oberkreide sind die A. wichtige Leitformen.
amorph [griech. »gestaltlos«], Zustand niedrig molekularer Flüssigkeiten, anorganischer Gläser und hochmolekularer Verbindungen, deren Bausteine (Atome und Moleküle) nicht regelmäßig angeordnet sind. A. Stoffe sind isotrop und haben das Bestreben, in den kristallinen Zustand überzugehen.
Amphibien [griech. amphi »beide«, bios »Leben«], *Lurche,* Klasse der Wirbeltiere, im Wasser und auf dem Lande lebend. Zu den A. gehören die ältesten und primitivsten Vierfüßer, von denen alle weiteren landbewohnenden Wirbeltiere abstammen. Wichtig sind die → Stegocephalen, → Urodelen, → Anuren. Vorkommen: Oberdevon bis Gegenwart, Maximum der Entwicklung im Oberkarbon und Perm.
Amphibole [griech. amphibolos »zweideutig«], eine Gruppe gesteinsbildender Minerale mit monoklinem oder rhombischem Strukturtypus, großem Spaltwinkel (124°), in der Regel starkem Pleochroismus und mittlerer Auslöschungsschiefe (10 bis 25°). Zu den monoklinen A. gehören unter anderem *Tremolit* und *Aktinolith* (*Strahlstein*) $Ca_2(Mg, Fe)_5[(OH, F)_2 | Si_8O_{22}]$, *Hornblende* $Ca_2Na(Mg, Fe\cdot\cdot, Fe\cdot\cdot\cdot, Al)_5[(OH, F)_2 | (Si, Al)_2Si_6O_{22}]$. *Glaukophan* (zu den Alkaliamphibolen gehörig) $Na_2Mg_3Al_2[(OH, F)_2 | Si_8 \cdot O_{22}]$. *Hornblendeasbest* ist feinfaseriger, verfilzter Strahlstein, *Nephrit* ein dichtes, zähes Strahlsteinaggregat. Zu den rhombischen A. gehört z. B. *Antophyllit* $(Mg, Fe)_7[OH | Si_4O_{11}]_2$. Umwandlungsprodukte sind Biotit, Chlorit, Epidot, Kalzit, Limonit und Quarz.
Amphibolfels, → Amphibolit.
Amphibolit, ein vorwiegend aus Amphibol und Plagioklas bestehendes metamorphes Gestein von dunkel- bis schwarzgrüner Farbe und mehr oder weniger deutlich ausgeprägtem Parallelgefüge. *Orthoamphibolite* sind umgewandelte basische Magmatite bzw. deren Tuffe, *Paraamphibolite* Umwandlungsprodukte dolomitisch-mergeliger Sedimente. Bei feldspatfreien A. mit meist schiefrigem Gefüge handelt es sich um *Hornblendeschiefer;* fehlt das schiefrige Gefüge, spricht man von *Amphibolfels* oder *Hornblendefels.*
Amphigley, durch Stauwasser- und Grundwassereinfluß geprägter → Bodentyp.
amphoter [griech. amphoteros »beiderseitig«], Bezeichnung für im Wasser abgesetzte, durch vulkanische Tätigkeit entstandene Ablagerungen.
Anabarschild, ein Teil der → Sibirischen Tafel.
Anagenese, die stammesgeschichtliche Höherentwicklung.
Analzim [griech. analkis »kraftlos«, weil A. nur schwach elektrisch ist], ein Mineral der Zeolithgruppe $Na[AlSi_2O_6] \cdot H_2O$ regulär. A. findet sich in Blasenräumen von Basalten, auf hydrothermalen Erzgängen und als Umwandlungsprodukt von Feldspatvertretern.
Anaptychus [griech. anaptychon »entfaltet«, »ausgebreitet«]; einteilige, radial oder konzentrisch berippte, hornige Deckel, → Aptychus.
Anarcestesstufe, → Eifel.
Anatexis [griech. »Aufschmelzung«], die Bildung von Schmelzphasen in fe-

sten Gesteinen innerhalb der Erdkruste, aber auch im Oberen Mantel durch Druck- und Temperaturänderungen. In krustalen Gesteinen beginnt A. meist mit der → Metatexis und steigert sich zur → Diatexis. Im Oberen Mantel ist die A. stets nur partiell. Die bei der A. nicht aufgeschmolzenen Anteile des Ausgangsmaterials werden als → Restite bezeichnet.

Anatexite [griech. → Anatexis], Migmatite mit besonders hohem aufgeschmolzenem Anteil, → Gesteine.

Anchimetamorphose [griech. anchi »nahebei«], ein zwischen Diagenese und Metamorphose liegender Umwandlungsvorgang in kalkfreien Peliten und Psammiten, etwa zwischen 150 bis 200 und ± 350 °C. Entspricht in den PT-Bedingungen etwa der zeolithischen Fazies in basischen Vulkaniten und kalkhaltigen klastischen Sedimentiten.

Ancylussee, ein ausgesüßter Binnensee östlich der Darßer Schwelle mit der charakteristischen Schnecke Ancylus fluviatilis. Die *Ancyluszeit* (6200 bis 5500 v. u. Z.) ist eine nacheiszeitliche Entwicklungsstufe der Ostsee, in die die Anfänge der Flandrischen Transgression im Nordseeraum fallen, entspricht etwa dem → Boreal mit der mesolithischen Maglemose-Kultur.

Andalusit [nach einem Vorkommen in Andalusien], ein gesteinsbildendes Mineral, $Al_2[O \mid SiO_4]$, rhombisch, oft rötlichgrau; verbreitet im Kontakthof magmatischer Intrusionen und in Metamorphiten.

Andesin, → Feldspäte.

Andesit [nach den Anden], ein Vulkanit, Ergußäquivalent dioritischer Gesteine. In meist sehr feinkörniger, z. T. auch glasiger Grundmasse aus Plagioklas und dunklen Bestandteilen liegen Einsprenglinge von Plagioklas, Amphibol, Biotit oder Pyroxen. A. bilden Ströme, Decken, Kuppen und Gänge. → Andesitlinie.

Andesitlinie, *Andesitgürtel, Andesitring*, eine als Außengrenze des Innerpazifiks betrachtete Zone, die eine innerpazifische Provinz mit den basaltischen Laven der ozeanischen Rücken von den zirkumpazifischen Randgebieten mit intermediärem Magmatismus (Andesite) trennt. Die → Plattentektonik bringt den andesitischen Vulkanismus mit dem Abtauchen von Platten unter 15 bis 70° in Zusammenhang (→ Benioff-Zone). Dieser Inselbogenvulkanismus, die Tiefseegesenke und die Herde der Tiefenbeben zeigen die enge Verbindung von Tektonik und Magmatismus. → Subduktion.

andinotyp, Bezeichnung für Faltengebirge mit großen Massen synorogener Plutonite und vielfach intermediären Vulkaniten.

anemogen [griech. anemos »Wind«, genesis »Entstehung«], durch Wind zusammengetragen, z. B. Dünen, Löß u. a. äolische Sedimente.

Anflug, einzelne Erzflitter innerhalb der Gesteine.

Angaria [nach dem sibirischen Fluß Angara], *Angaraland*, der bereits zu Beginn des Riphäikums bestehende präkambrische Kern (Schild, Kraton) im zentralen und nördlichen Sibirien. → Sibirische Plattform.

Angiospermen [griech. angeion »Behältnis«, sperma »Samen«], *Bedecktsamer*, höchste Abteilung im System der Pflanzen, deren Samenanlagen in einem Fruchtknoten eingeschlossen sind und darin reifen. Fruchtknoten entstehen aus verwachsenden Fruchtblättern. Unterabteilungen: Dikotyledonen (Zweikeimblättrige) mit netznervigen Blättern und Monokotyledonen (Einkeimblättrige) mit streifen- oder parallelnervigen Blättern. Vorkommen: oberste Unterkreide bis Gegenwart.

Angleichungskontakt, die stoffliche und strukturelle Angleichung von Schmelze und Nebengestein bei der → Kontaktmetamorphose, z. B. Bildung von Granit aus Grauwacke. Voraussetzung für die Angleichung sind ein der Schmelze ähnlicher Chemismus des Nebengesteins sowie Drücke und Temperaturen, wie sie in größeren Tiefen herrschen.

Anhydrit [griech. »wasserfrei«], ein Gestein und Mineral ($CaSO_4$, rhombisch). A. kommt in Salzlagern, gesteinsbildend im Zechstein vor. Durch Wasseraufnahme erfolgt Übergang in → Gips. A. wird als Rohstoff für die Schwefelsäureherstellung und als Bindemittel im Portlandzement verwendet.

anhydromorphe Böden, Sammelbezeichnung für Böden ohne hervortretende Grundwasser- oder/und Staunässemerkmale.

Anis [nach dem alten Volksstamm der Aniser], eine Stufe der pelagischen → Trias.

Anisomyarier [griech. anisos »ungleich«, mys »Muskel«], eine Gruppe der → Lamellibranchiaten mit ungleichen Schließmuskeln.

Ankerit, ein Mineral, Eisendolomit $Ca(Fe, Mg)[CO_3]_2$, mit Dolomit durch Übergänge verbunden; häufig auf hydrothermalen Erzlagerstätten.

Anlagerungsgefüge, → Korngefüge.

Anmoor, eine Form des → Humus mit 15 bis 30 Prozent organischer Substanz, die unter Stauwasser- oder/und Grundwassereinfluß entstand.

Anmoorgley ein Bodentyp mit ständig hoch anstehendem Grundwasser, häufig nassem, humusreichem Oberboden (15 bis 30 Prozent organische Substanz) über mineralischem Unterboden.

Anneliden [lat. annulus »Ring«], *Ringelwürmer*, Gliederwürmer, ein Unterstamm der Würmer; Kiefer, Grab- und Bohrgänge fossil erhalten. Vorkommen: Proterozoikum bis Gegenwart.

Annularia [lat. annulus »Ring«], Kalamitenbeblätterungstyp mit ringförmig verwachsenen, in einer Ebene liegenden schmalen, einadrigen Blättern. Verbreitet im Oberkarbon und Rotliegenden.

anorganogene Gesteine, *minerogene Gesteine*, Gesteine, die aus Mineralen ohne Beteiligung von Organismen entstanden sind. Gegensatz: → organogene Gesteine.

Anorthit, → Feldspäte.

Anschliff, insbesondere zur Untersuchung von Erzen verwendetes Präparat mit im Unterschied zum → Dünnschliff polierter Oberfläche.

Anstehendes, *anstehende Gesteine*, Gesteine, die der Beobachtung unmittelbar zugänglich sind oder leicht zugänglich gemacht werden können. (Der bergmännische Ausdruck »Gebirge« gilt auch für nicht anstehende überdeckte Gesteine!)

Antarctica, svw. Ostantarktische Plattform.

Anteklise, eine weitspannige, durch vertikale Krustenbewegungen entstandene Struktur mit Aufwölbung der kristallinen Unterlage bei kaum feststellbarem Einfallen der Schichten im Flankenbereich. A. erreichen im Tafeldeckgebirge Spannweiten von mehreren 100 km, z. B. Wolga-Ural-Anteklise. Gegensatz: → Syneklise.

Anthophyllit, → Amphibole.

Anthozoen [griech. anthos »Blume«, zoon »Tier«], *Blumen-* oder *Korallentiere*, Klasse der Cnidarier, ausschließliche Meeresbewohner. Vorkommen: Mittleres Ordovizium bis Gegenwart.

Anthracosia [griech. anthrax »Glutkohle«], eine Gattung der integripalliaten Muscheln (→ Lamellibranchiaten) mit glatter oder konzentrisch gestreifter, dünner, ovaler Schale und reduziertem Schloß. Vorkommen: Karbon bis Perm in Süß- und Brackwasserablagerungen.

Anthrakonit, *Kohlenkalkstein, Kohlenspat, Stinkstein, bituminöser Mergel*, knollige Abscheidungen von Kalziumkarbonat in und um größere Pflanzenreste (Baumstämme, Stubben u. a.) in der Braunkohle, → Knauer.

Anthrazit, → Kohle.

anthropogener Boden, *Kultosol*, ein durch die Tätigkeit des Menschen stark veränderter bzw. neu geschaffener Boden, z. B. Gartenboden, → Plaggenboden, → Kippboden.

Anthropogeologie, ein sich an der Grenze von Geologie, Geographie, Technik und Ökonomie entwickelndes Wissensgebiet, dessen Inhalt die Erforschung der Wechselbeziehungen zwischen der menschlich-technischen Tätigkeit und der geologischen Umwelt ist. Die A. hat die Aufgabe, Erkenntnisse über die Eingriffe des Menschen in die Umwelt als eines aktiven geologischen Faktors zu gewinnen, diese zu steuern und Prognosen darüber anzustellen. Hauptbezogene A. ist die *Territorialgeologie*. Der von Sidorenko für A. gewählte Begriff »Technische Geologie« ist zu vermei-

den, weil er vielfach mit Ingenieurgeologie gleichgesetzt wird.
Antigorit, → Serpentin.
Antiklinale, → Sattel.
Antiklinaltheorie, → Strukturtheorie.
Antikline, svw. Sattel.
Antiklinorium [griech. anti »gegen«, klinein »neigen«, oros »Berg«], ein sattelförmiges Großfaltensystem, dessen mittlere Falten sich in Hochlage befinden.
Antimonglanz, *Antimonit, Grauspießglanz, Stibnit*, ein Mineral, Sb_2S_3; rhombisch; wichtigstes Antimonerz, kommt auf hydrothermalen Gängen und metasomatischen Lagerstätten vor, selten allein, meist mit Bleiglanz, Zinnober, Siderit u. a.
Antimonit, svw. Antimonglanz.
Antimonsilberblende, → Rotgültigerz.
antithetisch, → Verwerfung.
Anuren [griech. a »ohne«, ura »Schwanz«], *Froschlurche*, eine Ordnung der Amphibien. Vorkommen: ? Lias, Dogger bis Gegenwart.
äolisch [nach Äolus, dem griech. Gott der Winde], vom Wind geformt, abgelagert.
Apatit [griech. apatein »täuschen«, da früher mit Beryll und Turmalin verwechselt], ein Schwermineral, $Ca_5 \cdot [(F, Cl, OH) | (PO_4)_3]$, hexagonal. Vorkommen: hauptsächlich akzessorisch in fast allen Magmatiten und angereichert in pegmatitischen Differentiaten. A. ist Hauptträger der Phosphorsäure im Mineralreich.
Apatosaurus, *Brontosaurus*, eine Gattung der Dinosaurier, bis 15 m lang, mit kleinem Schädel. Neben Diplodocus und Camarasaurus die größten vierbeinigen Landtiere, die jemals gelebt haben. Verbreitet im Oberen Jura Nordamerikas.
Aplit [griech. haplos »einfach«], ein helles, feinkörniges, fast nur aus Quarz und Feldspat bestehendes diaschistes Ganggestein, häufig in Granitbzw. Granodioritgebieten.
Apophyse, → Gang.
Apt, *Aptien, Aptium* [nach dem Ort Apt bei Avignon/Südfrankreich], eine Stufe der Unteren Kreide.
Aptychus, der Deckel der Ammonitenschale, hornig-kalkig oder kalkig, aus 2 symmetrischen, außen schwach gewölbten, innen konkaven, muschelähnlichen Klappen. Nur die Ammoniten im engeren Sinne vom Perm bis zur Oberkreide besaßen einen A. Die paläozoischen Ammoniten hatten einen einteiligen Deckel, → Anaptychus.
Aquamarin, → Beryll.
äquatoriale Asymmetrie, *Asymmetrie, polare Asymmetrie*, nach F. Kossmat die Tatsache, daß sich die breiten Nordkontinente um das Nordpolarmeer in einer großen Landmasse gruppieren, während die Südkontinente in Einzelkontinente aufgelöst sind.
Aquiclude, *Geringleiter*, ein Grundwasserleiter mit sehr geringer Durchlässigkeit.

Aquifer [lat. aqua »Wasser«, ferre »tragen«], international übliche Bezeichnung für den mit → Grundwasser erfüllten Teil eines Grundwasserleiters.
Aquifuge, *Nichtleiter*, ein Gesteinskomplex, der für Wasser praktisch undurchlässig ist.
Aquitan, *Aquitanien* [nach der historischen Landschaft Aquitaine in Südwestfrankreich], die ältere der beiden Stufen des Unteren Miozäns.
Aquitarde, eine → Aquiclude von großer flächenhafter Verbreitung, so daß sie für den Wasserkreislauf von Bedeutung sein kann.
Ära [lat. aera »Epoche«], 1) erdgeschichtlich, Bildungszeit einer stratigraphischen → Gruppe; 2) tektonisch, der Zeitraum einer aus mehreren Akten bestehenden Gebirgsbildung, z. B. → variszische Faltungsräume.
Arachniden [griech. arachne »Spinne«], *Spinnentiere*, eine Klasse der Gliederfüßer mit verschmolzenem Kopf und Rumpf. Fossile A. finden sich vereinzelt seit dem Silur (Skorpione).
Aragonit [nach der span. Landschaft Aragón], ein Mineral, rhombische Modifikation des $CaCO_3$; kommt hauptsächlich in Hohlräumen vulkanischer Gesteine und als Sinterbildung vor (*Erbsenstein, Sprudelstein*).
Archaeocyathiden [griech. archaios »alt«, kyathos »Schöpfgefäß«], eine weltweit verbreitete Tiergruppe des Unter- und Mittelkambriums, meist als zwischen den Schwämmen und Hohltieren stehender Stamm betrachtet. Es handelt sich um kegelförmige, doppelwandige Kalkskelette mit radialstehenden Längsscheidewänden, die mit der Spitze am Meeresboden befestigt waren und häufig Rasenkolonien bildeten (Abb. S. 304).
Archaeoeuropa, *Archeuropa, Ureuropa*, nach Stille der vorkambrisch gefalteten Festlandsblöcke → Fennosarmatia und → Eria, die seit dem Ende des Präkambriums nicht wieder → alpinotyp verformt wurden.
Archaeopteris [griech. archaios »alt«, pteris »Wedel«], die älteste, im Oberdevon auftretende Gattung heterosporer Farne mit großblättrigem Laub und koniferenartigem Holz.
Archaeopteryx [griech. archaios »alt«, pteryx »Flügel«], ein tauben- bis hühnergroßer Urvogel mit Reptilmerkmalen, wie bezahntem Schnabel, langem, aus 20 bis 21 feinen Wirbeln bestehendem Eidechsenschwanz, an beiden Enden ausgehöhlten (amphizölen) Wirbeln, drei vollkommen ausgebildeten bekrallten Zehen an den vorderen Gliedmaßen, geringer Zahl der Beckenwirbel und nichtverwachsenen Beckenknochen und andererseits mit echten Vogelmerkmalen, wie vollständiger Befiederung, Schwungfedern an den vorderen Gliedmaßen, Ausbildung der Hinterextremitäten als Laufbeine, Ausbildung des Schädels und des Schultergürtels. Erstfund eines vollständigen Exemplares 1861 in den Malmkalken von Solnhofen-Eichstätt.
Archäiden, Bezeichnung von Kober für die Gesamtheit der im Archaikum bzw. Katarchaikum entstandenen Gebirge.
Archaikum, → Archäikum.
Archäikum [griech. archaios »alt«, »ur«], der Hauptabschnitt der Erdurzeit von der astralen Ära bis vor etwa 2,6 Milliarden Jahren bzw. der Gesteine dieser Zeit. Früher als Zeit ohne Leben (→ Abiotikum) angesehen. Heute sind als erste, wenig überlieferte Anfänge des Lebens Eobakterien, Stromatolithen u. a. aus dem A. bekannt. In Ost- und Nordeuropa wird der Zeitraum zwischen etwa 4 und 3,5 Milliarden Jahren als *Katarchäikum* abgetrennt. → Kryptozoikum.
Archäolithikum, → Altsteinzeit.
Archäozoikum [griech. archaios »alt«, »ur«, zoon »Lebewesen«, »Tier«], alte, heute nicht mehr gebräuchliche Bezeichnung für das Zeitalter der ältesten Lebewesen.
ardennische Phase, → Faltungsphase.
Ardennisch-Rheinische Insel, ein Festlandsgebiet im große Teile Westeuropas bedeckenden Jurameer; umfaßte das Gebiet von den Ardennen und den Rheinischen Schiefergebirge bis Südostengland.
Arenig [nach dem Berg Arenig Mawr in Merionethshire/Nordwales], eine Stufe des Ordoviziums.
Arenit [lat. arena »Sand«], svw. Sandstein. *Kalkarenite* sind stark sandige kalkige Ablagerungen.
Argentit, → Silberglanz.
Argillit [franz. argile »Ton«], ein stark verhärteter Tonstein mit Klüftung und Teilbarkeit parallel zur Schichtung, ohne Schiefrigkeit, in dem eine gewisse Umkristallisation erkennbar ist; verfestigter Schluffstein wird als *Aleurolith* bezeichnet.
Arietites [lat. aries »Widder«], eine Ammonitengattung, deren scheibenförmige Schale durch viele Umgänge, einfache starke Rippen und einen meist durch zwei Furchen begrenzten Kiel gekennzeichnet ist. Scheibendurchmesser bis 1 m. Verbreitet im Unteren Lias (Arietitenschichten).
Arkose [franz.], ein grobkörniger feldspathaltiger Sandstein, dessen Feldspatgehalt höher ist als der Anteil an Gesteinsfragmenten, als klastischer Schutt aus der Verwitterung feldspathaltiger Gesteine (Granit, Gneis) gebildet, z. B. im Rotliegenden und Buntsandstein.
Armfüßer, svw. Brachiopoden.
Armorikanisches Gebirge, → variszische Gebirgsbildung.
Arsenkies, *Arsenopyrit, Mispickel*, ein Mineral, FeAsS; Metallglanz, silberweiß, grau, monoklin; auf hydrothermalen Gängen und metasomatischen Lagerstätten. Wichtiges Arsenerz.
Arsenopyrit, svw. Arsenkies.
Arsensilberblende, → Rotgültigerz.

Arterite [griech. arteria »Ader«], Migmatite, deren mobiler, leukokrater Anteil über größere Entfernungen als Schmelze zugeführt und injiziert wurde (*Injektionsgneise*), im Gegensatz zu den A., bei denen der leukokrate Anteil durch Aufschmelzung bzw. Sekretion aus dem Gestein selbst stammt.

artesischer Brunnen, artesische Quelle [nach der franz. Landschaft Artois], eine Wasseraustrittsstelle, bei der das gespannte Grundwasser infolge natürlichen Überdrucks nach dem Gesetz der kommunizierenden Röhren zeitweilig oder ständig zutage tritt.

Arthropoden [griech. arthron »Glied«, podes »Füße«], *Gliederfüßer*, ein Stamm der wirbellosen Tiere.

Articulaten [lat. articulatus »gelenkig verbunden«], 1) Unterklasse der Seelilien (→ Crinoiden). Vorkommen: Untertrias bis Gegenwart. 2) Klasse der → Brachiopoden. Vorkommen: Unterkambrium bis Gegenwart. 3) → Schachtelhalme.

Ås, schwedische Schreibweise von → Os.

Asbest [griech. asbestos »unverbrennbar«], ein faseriges Mineral, 1) *Hornblendeasbest* (viele langstrahlige Amphibole), 2) *Chrysotilasbest* (A. schlechthin), → Serpentin.

Asche, die bei vulkanischen Ausbrüchen in die Luft geschleuderten staubförmigen bis feinkörnigen Massen aus zerspratztem Magma und zerriebenem Gesteinsmaterial, die in Vulkannähe niederfallen oder durch Winde weitergetragen werden. Aus *Aschenregen* bilden sich in der Umgebung des Eruptionskanales *Aschenkegel* oder *-decken*. Von den Vulkanhängen lawinenartig abgerutschte A. bilden *Aschenströme*. Mischt sich die A. mit Regenwasser, entstehen Schlammströme.

aschist [griech. aschistos »ungespalten«], Bezeichnung für ein Ganggestein, das chemisch, nicht aber in seinem Gefüge dem Muttergestein gleicht. Gegensatz: → diaschist.

Ashgill [nach dem Ort A. bei Coniston in den Cumbrian Mountains/Nordwestengland], die oberste Stufe des Ordoviziums.

Asphalt [griech. »Erdpech«], ein aus Asphaltenen und Malten (Kohlenwasserstoffgemisch mit Harzen) bestehendes, tiefbraunes bis schwarzes Naturprodukt, im Rohzustand plastisch bis spröde, Schmelzpunkt 65 bis 85 °C, enthält 80 bis 85 Prozent C, 11 bis 12 Prozent H und 3 bis 8 Prozent S. Die Hauptbestandteile, die *Asphaltene*, sind hochpolymere aromatische Verbindungen mit S- und O-Gruppen. A. ist ein Oxydationsprodukt aromatischer → Erdöle, kommt als Imprägnation von Kalken und Sandsteinen vor und bildet förmliche »Asphaltseen« (Trinidad, Irak, Venezuela). Als A. wird auch bei der Erdöldestillation übrigbleibender Rückstand bezeichnet (*Kunstasphalt*). *Asphaltite* sind natürlich vorkommende organische Gesteine, hervorgegangen aus A. durch Polymerisation und Oxydation, sie enthalten 82 bis 86 Prozent C und 8 bis 11 Prozent H, sind noch löslich in Schwefelkohlenstoff und schmelzbar. Varietäten sind Gilsonit und Grahamit. *Asphaltoide* sind natürlich vorkommende organische Gesteine, hervorgegangen aus Asphaltiten, sie haben 90 bis 98 Prozent C und 0,2 bis 1,5 Prozent H, sind anthrazitähnlich, nicht löslich und schmelzbar. Zur Gruppe der Asphaltoide gehören Impsonit, Albertit, Wurtzilit, Elaterit.

Asphaltene, → Asphalt.

Asphaltite, → Asphalt.

Asphaltoide, → Asphalt.

Assimilation [lat. »Annäherung«], die Aufnahme von Gesteinseinschlüssen in Magmen mit a) nachfolgender Reaktion zwischen Schmelze und Einschluß oder b) Aufschmelzung des Einschlusses und Mischung der beiden Schmelzen (→ Hybridisierung).

assyntische Gebirgsbildung [nach dem Assynt-Distrikt in Nordschottland], *baikalische Gebirgsbildung, riphäische (oberproterozoische) Gebirgsbildung*, Bezeichnung für Faltungsvorgänge im → Riphäikum vor etwa 1000 bis 600 Millionen Jahren in West- und Mitteleuropa sowie vor allem in Sibirien.

Asteroideen [griech. aster »Stern«, eidos »Gestalt«], *Seesterne*, Unterklasse der Stachelhäuter (Echinodermen), von flach pentagonaler oder sternförmiger Gestalt. Vorkommen: Unteres Ordovizium bis Gegenwart.

Asterophyllites [griech. aster »Stern«, phyllon »Blatt«], Beblätterung von Calamiten; quirlig angeordnete, aufwärts gerichtete, bis zum Grunde unverwachsene Blätter. Vorkommen: Oberkarbon bis Rotliegendes.

Asteroxylon [griech. aster »Stern«, xylon »Holz«], eine Nacktpflanze (→ Psilophyten) mit sternförmigem Querschnitt des Zentralstranges. Die Beblätterung ähnelt der heutiger Moose (ohne Adern). Vorkommen: Mitteldevon (Abb. S. 428).

Asterozoen [griech. aster »Stern«, zoon »Tier«], *Sterntiere*, eine Klasse der Echinodermen.

Asthenosphäre [griech. asthenés, »schwach«], *Fließzone*, die unter der etwa 70 bis 100 km dicken, starren → Lithosphäre folgende zähflüssige bzw. säkularplastische Schicht des oberen Mantelbereichs von 100 bis 200 km Tiefe, mit geringer Elastizität und reduzierten seismischen Geschwindigkeiten. → Plattentektonik.

Astrobleme, → Meteoritenkrater.

Astrogeologie, svw. Kosmogeologie.

Ästuar [aestuarium »Bucht«], eine durch Gezeitenwirkung trichterförmig erweiterte Flußmündung.

asturische Phase, → Faltungsphase.

aszendent [lat.], aufsteigend, z. B. a. Wässer (aufsteigende Quellen), Lösungen (Erzlagerstätten) oder Dämpfe. Gegensatz: → deszendent.

Atdaban [nach dem gleichnamigen Ort an der Lena], die mittlere Stufe des Unterkambriums Sibiriens.

atektonisch, *pseudotektonisch*, Bezeichnung für Deformationen von Gesteinsverbänden, die nicht tektonisch verursacht sind, wie Senkungen und Einstürze über Lösungshohlräumen (→ Auslaugung), → Karsterscheinungen), Eisstauchungen (→ glazigene Tektonik, → Kryoturbation u. a.).

Atlantikum, ein Abschnitt des Holozäns, etwa 5000 bis 2500 v. u. Z., mit relativ warmem, ausgeglichenem Seeklima; Vorherrschen von Eichenmischwald und Haselunterholz.

Atlantis, → Brückenkontinente.

Atmogeochemie, die Geochemie der Gase, insbesondere der Lufthülle.

atmophil [griech.], Bezeichnung für Elemente, die bevorzugt in der Lufthülle der Erde auftreten und für sich oder in ihren Verbindungen gasförmige oder leichtflüchtige Bestandteile bilden, wie Kohlenstoff, Wasserstoff, Stickstoff und die Edelgase.

Atmosphärilien, in der Atmosphäre vorkommende, chemisch und physikalisch wirksame Stoffe, wie Sauerstoff, Ozon, Kohlensäure, Salpetersäure, Schwefelsäure, Ammoniak, Wasser und Wasserdampf, die bei der → Verwitterung der Gesteine eine große Rolle spielen.

Atoll, → Korallenbauten.

Atomgitter, → Kristallgitter.

Atrypa [griech. atrypos »undurchbohrt«], eine Brachiopodengattung mit bikonvexer, meist radial gerippter Schale und helicopegmatem Armgerüst. Vorkommen: Mittleres Ordovizium bis Unterkarbon.

attische Phase, → Faltungsphase.

Auenböden, Sammelbezeichnung für grundwasserbeeinflußte und grundwasserferne Böden der Flußtäler. A. entstanden aus meist mehrschichtigen Auensedimenten mit unterschiedlicher Körnung, die durch periodische Überschwemmungen gebildet wurden.

Aufbereitung, die mechanische oder physikalisch-chemische Vorbehandlung bergmännischer Rohstoffe zur technischen Weiterverarbeitung und Verwendung, die entsprechende Eigenschaften der Rohstoffe nutzt und die auf eine Anreicherung oder Veränderung des Fördergutes hin zielt. Im Erz-, Kohle- und Salzbergbau werden durch Aussortieren, Zerkleinern, Säuberung (Klauben), Anreichern, Sintern, Waschen, Entwässerung, Laugen, Trocknen, Entstauben u. a. die geförderten Rohstoffe in einen für die weitere Verarbeitung geeigneten Zustand gebracht. Fest- und Lockergesteinen gibt man für ihren Einsatz als Baustoffe durch Zerkleinern (Brechen), Sieben, Mahlen, Schlämmen, Mischen u. a. die geforderte Beschaffenheit. Keramische Rohstoffe werden durch Zerkleinern, Mahlen, Mischen und mit Wasser zu einer verformbaren Masse aufbereitet. In der Wasserwirtschaft findet eine qualitative Veränderung des Wassers im Hinblick auf einen bestimm-

ten Verwendungszweck mit Hilfe von technischen Verfahren statt.
Aufbruch, 1) bergmännisch: ein von unten nach oben getriebener Schacht. 2) der Durchbruch von Gesteinsmassen durch die darüberliegenden Schichten (→ Diapir).
Aufpressung, das Zusammenschieben und Aufrichten von Schichten, oft mit Faltungsvorgängen verbunden.
Aufschiebung, eine Störung, bei der sich auf einer mehr als 45° geneigten Fläche die hangende Scholle relativ aufwärts bewegt hat; tektonische Einengungsform (Abb. → Verwerfung).
Aufschluß, eine Stelle im Gelände, an der das anstehende Gestein unverhüllt beobachtet werden kann. Man unterscheidet natürliche Aufschlüsse (Felswände, Steilufer u. dgl.) und künstliche (Steinbrüche, Kiesgruben, Straßen-, Bahneinschnitte, Baugruben, Schurfgräben, Tagebau- und Tiefbauaufschlüsse).
Aufschmelzungstheorie, die Annahme, daß die aus der Tiefe emporgedrungenen Magmenmassen den von ihnen eingenommenen Raum durch Aufschmelzung und Aufnahme des Nebengesteins geschaffen haben; → Aufstemmungstheorie.
Aufschüttung, svw. Akkumulation.
Aufschüttungsebene, ein Ablagerungsgebiet von jüngerem Lockermaterial über älterem Relief, z. B. eine Flußebene.
Aufschüttungstheorie, svw. Akkumulationstheorie.
Aufsetzen, → Auskeilen.
Aufstemmungstheorie, die Auffassung, nach der bei der → Intrusion die über Magmenmassen sich ansammelnden Gase Dach- und Nebengestein sprengten, die losgebrochenen Schollen in das Magma sanken, aufgeschmolzen wurden und dessen Zusammensetzung beeinflußten.
Auftauboden, → Dauerfrostboden.
Augite, eine Gruppe gesteinsbildender Minerale, → Pyroxene.
Aulakogen [griech. »durch eine Furche entstanden«], langgestreckte tiefreichende asymmetrische → Tafelstruktur im Kristallin alter Plattformen mit mächtigen marinen und kontinentalen Sedimenten sowie Vulkaniten an den Rändern. Die A. charakterisieren die ersten und die letzten Stadien einer Tafelentwicklung *(Frühaulakogen, Spätaulakogen).*
Aurignacien [nach dem Fundort Aurignac in Südfrankreich], eine Kulturstufe der jüngeren Altsteinzeit.
Ausbiß, svw. Ausstrich.
Ausblühungen, Mineralüberzüge besonders auf Böden und an Bauwerken; sie entstehen durch Verdunsten von zirkulierenden Lösungen, die bei der chemischen Verwitterung mineralische Bestandteile der Unterlage aufgenommen haben.
Ausfällung, das Ausscheiden eines festen Körpers aus einer Lösung infolge Verlusts an Lösungskraft durch Verdunstung, Abkühlung, Bewegungsverminderung u. a. Durch A. im Meer und in Seen bilden sich die *Ausfällungsgesteine,* chemische oder, mit Einschaltung von Lebewesen, auch organogene Sedimente (Kalk- und Kieselgesteine, z. T. Eisengesteine).
Ausgehendes, svw. Ausstrich.
Auskeilen, das allmähliche Dünnerwerden einer Gesteinsschicht, eines Flözes, Ganges bis zum völligen Verschwinden. Das Wiedererscheinen an anderer Stelle nennt man *Aufsetzen.*

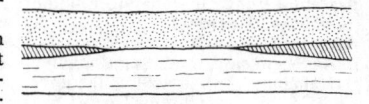

Auskeilen und Aufsetzen einer Schicht

Auskolkung, *Kolk,* eine trichter- oder kesselförmige Vertiefung in der Sohle eines Flusses (→ Strudelloch), Meeresküsten (Meermühlen) oder im Untergrund von → Gletschern (Gletschermühlen), verursacht durch das von fließendem Wasser in strudelnde Bewegung versetzte Gesteinsmaterial.
Auslaugung, allgemeiner Begriff für die durch Wässer hervorgerufene chemische Lösung leicht wasserlöslicher Sulfat- und Chloridgesteine. Man unterscheidet die von Störungszonen ausgehende *irreguläre* A. von der vom Schichtausstrich ausgehenden *regulären* A. → Verkarstung, → Ablaugung.
Auslenkung [bergm. Ausdruck], das Absetzen (Aufhören) mit Wiederaufsetzen eines Erz- oder Gesteinsganges, verbunden mit seitlicher Verschiebung.

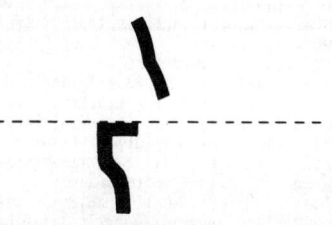

Auslenkung eines Ganges

Auslöschungsschiefe, in der Kristalloptik der Winkel zwischen kristallographischen Achsen und optischen Symmetrieachsen, → Achsen.
Ausscheidungslagerstätten, durch Ausfällung aus Gewässern entstandene Lagerstätten, z. B. manche Erzlagerstätten, Salzlagerstätten.
außenbürtig, svw. exogen.
Außenmolasse, in Vortiefen von Faltengebirgen gebildete → Molasse.
Außensenke, svw. Vortiefe.
Außerbilanzvorrat, der durch Erkundungsarbeiten nachgewiesene Lagerstättenvorrat, der den derzeitigen Bedingungen nicht entspricht, von dem jedoch angenommen wird, daß er sich in absehbarer Zukunft auf Grund technischer, technologischer oder ökonomischer Veränderungen für eine industrielle Nutzung eignen wird.
äußere Kontrolle, Bezeichnung für die in einem Fremdlabor wiederholten Rohstoffuntersuchungen an Probenduplikaten zur Feststellung systematischer Fehler, die periodisch durchzuführen ist und eine ausreichende Probenanzahl aller Gehaltsklassen umfassen muß. Die Feststellung zufälliger Fehler erfolgt durch die → innere Kontrolle.
Ausspülung, svw. Abspülung.
Ausstrich, *Ausgehendes, Ausbiß,* der Schnitt eines Gesteinskörpers mit der Erdoberfläche. Seine Breite ist eine geometrische Größe, die sich quantitativ aus der Mächtigkeit und dem Einfallen der Gesteinsschichten ergibt.
Austern, svw. Ostreiden.
Australite, → Tektite.
austrische Phase, → Faltungsphase.
Auswaschung, mit dem Sickerwasser abwärts oder seitwärts gerichtete Stoffverlagerung im Boden.
Auswürflinge, gröbere, von Vulkanen ausgeworfene Gesteinsstücke, wie → Bomben, → Schlacken, → Lapilli, → Tephra.
authigen [griech. authi »daselbst«, genes »stammend«], *autogen,* Bezeichnung für Gesteine, deren Bestandteile alle an Ort und Stelle entstanden sind. *allothigen, allogen* nennt man dagegen fremde Bestandteile eines Gesteins, die ihm nach seiner Entstehung zugeführt wurden.
autochthon [griech. autos »selbst«, chthon »Erde«], an Ort und Stelle entstanden, z. B. a. Gesteine; a. Kohlenflöze; a. Falten, Gegensatz: → allochthon.
Autun, *Autunien* [nach der Stadt Autun im französischen Zentralmassiv], das Unterrotliegende, → Rotliegendes.
Autunit, → Uranminerale.
Axinit [griech. axine »Beil«], ein Mineral, $Ca_2(Fe, Mn, Mg)Al_2[BO_3/OH/Si_4O_{12}]$, dessen trikline Kristalle meist linsenförmig sind, oft braunblau oder blaßviolett. A. kommt in kontaktmetamorphen Gesteinen und auf Klüften in Metamorphiten vor.
Azoikum [griech. a »ohne«, zoon »Lebewesen«, »Tier«], alte Bezeichnung für das Zeitalter ohne Pflanzen- und Tierleben in der Frühzeit der Erde, d. h. für den ältesten Teil des Präkambriums. Nach heutiger Kenntnis mindestens vor 3,2 Milliarden Jahren, vielleicht sogar vor mehr als 3,8 Milliarden Jahren beendeter Zeitabschnitt der geologischen Erdentwicklung. → Abiotikum.
Azurit, svw. Kupferlasur.

B

Baculites [lat. baculus »Stock«], eine Gattung geradegestreckter Ammoniten mit langer Wohnkammer, die mit

einem Spiralgewinde aus zwei Umgängen beginnt. Vorkommen: Oberkreide (Cenoman bis Maastricht).
Baden, *Badenien* [nach Baden bei Wien], Regionalstufe für das Mittlere Miozän der Paratethys, entspricht dem → Langhe und einem tieferen Teil des → Serravalle.
Badlands [engl.], ein Gewirr von kleinen Schluchten und niedrigen Kämmen in weichen Schichten, z. B. Löß, als extreme Folge der flächenhaften Abspülung durch oberflächlich abfließende Niederschlagswässer.
Baiera, ein Ginkgogewächs mit sehr tief eingeschnittenen, in schmale Lappen aufgegliederten Blättern. Formen mit breiteren, ginkgoähnlicheren Blattspreiten heißen *Ginkgoites*. Vorkommen: Jura.
baikalische Faltung, → Faltungsphase.
baikalische Gebirgsbildung, svw. assyntische Gebirgsbildung.
Bajoc, *Bajocien*, *Bajocium* [nach dem franz. Ort Bayeux], eine Stufe des Doggers, Jura.
ball and pillow structure, → Ballen- und Kissenstruktur.
Ballen- und Kissenstruktur, engl. ball and pillow structure, Bezeichnung für halbkugelige oder nierenförmige Wülste an der Unterseite von Sand- und Kalksandsteinbänken. Sie entstehen, wenn diese Gesteine über Tonen und Schluffen lagern und in die noch plastische Unterlage einsinken.
Baltischer Eisstausee, ein Binnensee, der das früheste Entwicklungsstadium der Ostsee darstellt, im Spätpleistozän im Südteil des heutigen Ostseegebietes vom Schmelzwasser des sich nach Norden zurückziehenden Inlandeises gebildet. Er entwickelte sich zum → Yoldiameer.
Baltischer Schild, der aus präkambrischem Grundgebirge bestehende nördliche Festlandskern Europas, der Teile Norwegens, dazu Schweden, Finnland, die Karelische ASSR und die Halbinsel Kola umfaßt. → Fennosarmatia, → Fennoskandia.
Baltische Serie, eine auf der → Russischen Platte verbreitete sandig-tonige, epikontinentale Gesteinsserie des Unterkambriums mit dem »Blauen Ton«, entspricht stratigraphisch dem → Tommot.
Baltische Straße, ein Meeresarm von wechselnder Lage, zeitweise abgeschnürt, verband während des jüngeren Juras und der Kreide die mittel- und die osteuropäischen Meere.
Bänderton, *Warventon*, ein sehr regelmäßig feingeschichtetes Sediment aus hellen Feinsand- und dunklen Tonlagen, in Schmelzwasserbecken (Seen) an der Gletscherstirn abgelagert. Je eine hellere und dunklere Schicht von zusammen rund 0,5 bis 1 cm Stärke entsprechen dem Absatz eines Jahres. → Warve.
Bänderung, 1) svw. Blaublättertextur. 2) B. eines Gesteins, hervorgerufen durch den Wechsel verschiedenfarbiger oder unterschiedlich zusammengesetzter bzw. ausgebildeter Schichten.
Bandfarn, svw. Taeniopteris.
Bandwaage, → Feldwaage.
Bank, 1) feste, von Schichtfugen begrenzte Gesteinsschicht. Die Gliederung einer Schichtserie oder eines durch Fugen geteilten Gesteinskörpers in Bänke bezeichnet man als *Bankung*.
Bank, 2) *Untiefe*, Erhebung des Meeresbodens bis nahe unter den Meeresspiegel.
Bank, 3) schwellenartige Sand- oder Kiesablagerung in einem Flußlauf (*Sandbank*, *Kiesbank*).
Barchan, → Dünen.
Bärlappgewächse, svw. Lepidophyten.
Barrandium [nach Joachim Barrande, 1799–1883], Bezeichnung für die proterozoische bis mitteldevonische Schichtenfolge des Prager → Synklinoriums zwischen dem mittelböhmischen Granitpluton im Südosten und dem Kristallin des Böhmerwaldes im Westen.
Barre, eine Sand- und Schlammbank, die sich im Meere vor der Mündung eines Flusses ausbildet.
Barrême [nach einem Ort in Südfrankreich], *Barrémien*, eine Stufe der Unterkreide.
Barrentheorie, Theorie von Karl Ochsenius (1877), wonach Salzlagerstätten im ariden Klima in Buchten mit nur schmalem Kanal zum Meer entstehen. Ihr verdunstendes Wasser wird durch einströmendes salziges Meerwasser ersetzt, so daß sich das Salz beständig anreichert und in schwerer Lösung zu Boden sinkt (→ Wüstentheorie).
Barriereriff, → Korallenbauten.
Barton, *Bartonien* [nach dem Ort Barton in Hampshire/England], in ihrem Umfang nicht einheitlich aufgefaßte Stufe des Eozäns, meist mit Oberozän gleichgesetzt.
Baryt, svw. Schwerspat.
basal [griech. basis »Grundfläche«], Bezeichnung für die unterste Lage einer Schichtenfolge. *Basalkonglomerat* oder *Transgressionskonglomerat* heißt die unterste Schicht transgressiver mariner Sedimente.
Basalt [griech./lat. »basaltes«, ursprünglich »basanites« nach Basan in Syrien], ein Ergußäquivalent gabbroider Gesteine. Hauptbestandteile in der Grundmasse und Einsprenglinge sind Plagioklas und Pyroxen, außerdem Olivin, Eisenerz, Alkalifeldspat, -pyroxen und -amphibol, Feldspatvertreter und Glas. *Tholeiitbasalte* sind meist frei von Olivin und führen gelegentlich Quarz, in *Olivin-Alkali-Basalten* können Foide, Alkali-Pyroxen und -Amphibol sowie Olivin auftreten. *Dolerite* sind mittel- bis grobkörnige B. Charakteristisch ist eine säulige Absonderung (Tafel). Riesige Areale in Indien, Sibirien, Südafrika und auf Island werden von den *Plateaubasalten* (→ Trapp) bedeckt. Die Herkunft der B. aus dem Erdmantel erscheint heute erwiesen. B. werden als Schotter und Splitt verwendet.
Basaltschale, svw. Gabbroschale.
Basifikation, *Basifizierung*, nach Beloussow die Umformung ursprünglicher kontinentaler Granit- in basaltische Ozeankruste (*Ozeanisierung*) durch Absenkung seit dem oberen Mesozoikum im Raum der gegenwärtigen Ozeane; fixistische, der → Oszillationshypothese und der → Undationshypothese nahestehende Auffassung.
Basis, → Falte.
Basite, Magmagesteine basischen Charakters.
Bath, *Bathonien* [nach dem Ort Bath in SW-England], eine Stufe des höheren Doggers, Jura.
Batholith [griech. bathos »Tiefe«, lithos »Stein«], nach E. Sueß ein durch Intrusion entstandener ausgedehnter Tiefengesteinskörper mit nach unten auseinanderweichenden Flanken, → Pluton.
bathyal [griech. bathys »tief«], Bezeichnung für den zur Flachsee gehörenden Bereich eines Meeres von rund 200 bis 800 m Tiefe.
Bathyrheon [griech. bathys »tief«, rhein »fließen«], in der Unterströmungshypothese von E. Kraus Bezeichnung für entgegen dem Sinn des Uhrzeigers gerichtete großräumige und weitgespannte Strömungen in einem tieferen Strömungsstockwerk unterhalb der Unterkruste, auf die universelle Großstrukturen wie Inselbögen u. a. zurückzuführen sind. → Hyporheon.
Bauchfüßer, svw. Gastropoden.
Baugeologie, svw. Ingenieurgeologie.
Baugrund, der Teil der oberen Erdkruste, der durch bautechnische Maßnahmen beansprucht oder verändert wird.
Baugrundaufschlußverfahren, die technischen Maßnahmen zur Feststellung der anstehenden Gesteine, ihrer Lagerungsverhältnisse und Wasserführung. Man unterscheidet direkte (unmittelbare) Verfahren wie Bohrungen und Schürfungen von indirekten (mittelbaren) Verfahren wie Sondierungen und ingenieurgeophysikalische Methoden.
Baugrundvergütung, zusammenfassender Begriff für alle ingenieurtechnischen Verfahren zur Verbesserung der Eigenschaften des Baugrundes. Dazu zählen vor allem → Verdichtung, Bodenstabilisierung und → Injektionstechnik.
Bauplan, die räumliche Anordnung, Stärke und Verteilung der tektonischen Beanspruchungskräfte in der Lithosphäre.
Bausteinverwitterung, sichtbare und nicht erkennbare, unterschiedliche Veränderungen im Gestein von Bauwerken, die durch Einflüsse des Niederschlagswassers, der Atmosphärilien, aber auch von Rauchgasen (→ Rauchgasverwitterung) hervorgerufen werden. B. äußert sich in Zerbröckelung, Absanden, Krusten- und Schalenbildung, Abplatzen, Ausblühungen u. a. Eine Bekämpfung ist teilweise

durch Steinkonservierung wie Polieren der Oberflächen, wasserabweisende Überzüge, Tränkung mit chemisch widerstandsfähigen Mitteln (Wasserglas) für eine gewisse Zeit möglich, nicht aber durch Säuberung der Oberflächen mittels Sandstrahlgebläse, wodurch die weitere Zerstörung gefördert wird. Starke B. ist oft die Folge schlechter Materialauswahl oder unsachgemäßer Bearbeitung bzw. falschen Einbaus.

Bauwürdigkeit, die Grenze der wirtschaftlichen Gewinnung von Bodenschätzen, die von den vorhandenen Vorräten, der Art der Lagerstätte und ihres Inhalts, der geographischen Lage sowie den bergbaulichen und technologischen Verhältnissen abhängig ist.

Bauxit, *Beauxit* [nach dem Ort Les Baux/Südfrankreich], ein Gestein, das in tropischem Wechselklima als extremes Endglied allitischer Verwitterung entstanden ist, aus einem wechselnden Gemenge verschiedener Aluminiumhydroxid-Minerale besteht (Hydrargillit, Diaspor, Alumogel) und seine rote Farbe dem beigemengten Eisenoxid verdankt. Man unterscheidet *Kalkbauxit* als Verwitterungsprodukt von Kalksteinen und *Silikatbauxit,* der sich aus silikatführenden Gesteinen bildet. Reiner B. ist ein wichtiges Aluminiumerz. → Laterit.

Becken, eine mehr oder weniger große geschlossene Einsenkung der Erdoberfläche, auch des Meeresbodens, die sich mit Sedimenten und Laven füllen kann und daher morphologisch nicht in Erscheinung zu treten braucht. Oft werden zwei oder mehrere B. durch → Schwellen voneinander getrennt.

Bedecktsamer, svw. Angiospermen.

Begleitgas, → Erdgas.

Belastungsmarken, wulst- bis warzenförmige Ausbuchtungen aus Sand, die in von Sand belastetem und verformtem hydroplastischem Schlamm entstehen, weil dieser bei ungleichmäßiger Belastung nachgibt.

Belemniten [griech. belemnon »Blitz«, weil man früher ihre Entstehung auf Blitzschlag zurückführte], eine Gruppe der Kopffüßer mit innerem kalkigem Gehäuse aus → Rostrum, → Phragmokon und → Proostrakum. Vorkommen: Jura bis Kreide. Vorläufer schon in Karbon und Trias.

Belomoriden [russ. Beloje more »Weißes Meer«], *Marealbiden, Weißmeerserie,* katarchäischer Faltungskomplex des → Baltischen Schildes. Belomoridische (saamische) Faltung (→ Faltungsphase) etwa 3,5 Milliarden Jahre alt.

Bemusterung, in der geologischen Erkundung zusammenfassende Bezeichnung für folgende Arbeitsoperationen: Probenahme, Probenvorbereitung und Probenuntersuchung der den Rohstoff kennzeichnenden mineralogisch-petrographischen, chemischen und technologischen Eigenschaften.

Benioff-Zone, von dem amerikanischen Seismologen H. Benioff erkannte und nach ihm benannte Zone mit konzentrierten Erdbebenherden bis in 700 km Tiefe, die an absinkende Lithosphärenplatten (→ Subduktion, → Plattentektonik) gebunden ist, z. B. im Bereich der Inselbögen.

Bennettiteen, den Cycadeen ähnliche Klasse der Nacktsamer mit säulenförmigen oder knolligen Stämmen mit rhombischen Blattnarben. Dazwischen waren Blüten in den Stamm eingesenkt (Abb. S. 435). Vorkommen: Keuper bis Oberkreide.

Benthos [griech. »Tiefe«], die Gesamtheit der am Gewässerboden lebenden festgewachsenen (*sessiles B.*) oder frei beweglichen (*vagiles B.*) Tiere und Pflanzen im Unterschied zu → Plankton und → Nekton. Aus den Resten des B. entstandene Ablagerungen bezeichnet man als *benthogen* (z. B. Korallenkalk).

Bentonit [nach Fort Benton/USA], *Montmorillonitton,* ein an → Montmorillonit reiches Tongestein, meist Zersetzungsprodukt vulkanischer glasreicher Gesteine und Aschen. B. wird bei Dickspülung bei Tiefbohrungen, als Ionenaustauscher, beim Kraken von Erdöl und als Bindeton für Formsand verwendet.

Berge [bergm. Ausdruck], die bei der Gewinnung und Aufbereitung nutzbarer Minerale und Gesteine anfallenden nicht nutzbaren Gesteinsmassen.

Bergfeuchtigkeit, das in feinsten Haarrissen, Poren und Bodenteilchen festgehaltene, im Gegensatz zum → Grundwasser nicht freibewegliche Wasser (Haftwasser), das die Bearbeitung des bruchfrischen Gesteinsmaterials erleichtert.

Bergkristall, → Quarz.

Bergschrund, die Kluft zwischen → Gletscher und Karhang.

Bergwasser, ein in der Ingenieurgeologie verwendeter Begriff für das im Felsbaugrund vorhandene Poren- und Kluftwasser.

Bergzerreißung, durch Gravitationsprozesse nach Entspannungen im Hochgebirge ausgelöste Erscheinungen wie Doppelgrate oder Zerklüftung von Bergrücken. Sie treten in Form oft kilometerweiter und mehrere hundert Meter tiefer, auffälliger Spaltensysteme und stufenartiger Senkungen parallel zur Talrichtung auf.

Bergzinn, → Cassiterit.

Bernstein [von altdt. börnen »brennen«], *Succinit,* ein meist gelbliches oder bräunliches fossiles Harz von Kiefernarten, besonders der Pinus succinifera, das sich zusammenschwemmt in den spätmittel- bis obereozänen Glaukonitsanden (Blaue Erde) des Kaliningrader Gebietes und Nordostpolens findet. B. enthält häufig Einschlüsse (*Inclusen*) von Insekten, Pflanzen u. a. Verwendung als Schmuckstein, Isoliermittel, Lackrohstoff.

Beryll [griech.], ein Mineral, $Al_2Be_3[Si_6O_{18}]$: nichtmetallischer Glanz, farblos, grün, blau, rosa u. a. Gewöhnliche B. sind trüb und halbdurchscheinend, die durchsichtigen klaren sind Edelsteine; grün gefärbt als *Smaragd,* blau als *Aquamarin* bezeichnet. B. findet sich in Pegmatiten, z. B. in der UdSSR, Brasilien. Aus B. wird das Leichtmetall *Beryllium* gewonnen, das unter anderem zum Bau von Neutronenkanonen und Uranbrennern dient.

Besteg, ein dünner mineralischer Belag auf Kluftflächen, z. B. Lettenbesteg.

Beule, ein durch vertikale tektonische Bewegungen angehobener und ausgebeulter Schichtverband, oft mit Zerrungserscheinungen (Scheitelgräben). Im Gegensatz zu einem → Sattel ist die B. eine Aufwölbung ohne seitliche Einengung.

Beutelstrahler, svw. Cystoideen.

Beuteltiere, svw. Marsupialier.

Beyrichia [genannt nach dem Paläontologen H. E. Beyrich, 1815 bis 1896], Muschelkrebs (→ Ostracoden). Vorkommen: Silur bis Devon.

Biegezugfestigkeit, → Zugfestigkeit.

Bifurkation, der Vorgang, bei dem ein Arm über eine flache Wasserscheide hinweg in das Stromgebiet eines anderen Flusses übertritt, z. B. die Fuhne nördlich von Halle zur Saale und Mulde, der Casiquiare zum Orinoco und Rio Negro.

Bilanzvorrat, die durch geologische Erkundungsarbeiten nachgewiesenen Lagerstättenvorräte, die den → Konditionen entsprechen, d. h. sich gegenwärtig zu einer industriellen Nutzung eignen.

Bimodalität der Magmen, eine von Rittmann geprägte Bezeichnung zur Unterscheidung der Herkunft effusiver Magmen nach chemischen Kriterien a) aus dem Oberen Mantel, b) aus der Kruste. Auf Orogene mit Benioffzonen ist der Begriff nur bedingt anwendbar.

Bimsstein, ein schaumiges vulkanisches Gesteinsglas von heller Farbe, das infolge hohen Porenvolumens auf dem Wasser schwimmt.

Bindemittel, der Zement, der die einzelnen Körner klastischer Sedimente verbindet und die dazwischenliegenden Hohlräume ausfüllt. Das B. kann tonig, kalkig, kieselig u. a. sein.

Bindigkeit, svw. Plastizität.

Binge, → Pinge.

Binnensee, ein stehendes Gewässer in einer natürlichen geschlossenen Hohlform der Landoberfläche (Seebecken) ohne unmittelbaren Zusammenhang mit dem Meer. Seebecken bilden sich durch Eintiefung oder Abdämmung. Die Eintiefung kann durch Bewegungsvorgänge der Erdkruste, Grabensenkung, vulkanische Explosionen (Maar), Eiserosion, Einsturz unterirdischer Hohlräume infolge Auslaugung entstehen. Die Abdämmung erfolgt durch Moränen (Endmoränenseen), Bergstürze. Im Pleistozän sind Hohlformen durch Abschmelzen von

Gletschereis und Tieftauen von Toteis entstanden (→ Soll).
Biofazies, → Fazies.
biogene Gesteine, → organogene Gesteine.
Biogeochemie, ein Teilgebiet der Geochemie, die Geochemie der lebenden Materie einschließlich ihrer fossilen Produkte (Organische Geochemie); → Biosphäre, → biophil.
Bioherm [griech. bios »Leben«, herma »Riff«], eine riff-, hügel-, linsenartige Struktur organischer Entstehung, eingelagert in ein Gestein von anderem Charakter, → Riffe, → Biostrom.
Biokalkarenite, → Riff.
Biolithe [griech. bios »Leben«, lithos »Gestein«], Sedimentgesteine, die völlig oder größtenteils aus Resten von Pflanzen (*Phytolithe*) oder Tieren (*Zoolithe*) bestehen. Potonié gliedert die B. in brennbare (*Kaustobiolithe*) und nichtbrennbare (*Akaustobiolithe*). Die Kaustobiolithe umfassen Kohlengesteine, Faulschlammgesteine (Kupferschiefer) und Harze. Akaustobiolithe (→ organogene Gesteine) sind z. B. Korallenkalk, Kieselschiefer.
biophil [griech. bios »Leben«, philein »lieben«], Bezeichnung für die am Aufbau organischer Substanzen beteiligten und sich bevorzugt in ihnen anreichernden Elemente wie Kohlenstoff, Wasserstoff, Sauerstoff, Stickstoff, Phosphor, Schwefel; Fluor, Kalium, Vanadium; → Biosphäre.
Biosphäre, der Bereich der Erdoberfläche, in dem die lebenden Organismen auftreten (unterer Teil der Atmosphäre + Hydrosphäre + oberer Teil der Lithosphäre).
Biostratigraphie, → Stratigraphie.
Biostratonomie [griech. bios »Leben«, lat. stratum »Schicht«, griech. nomos »Gesetz«, »Lehre«], die Lehre von der Einbettung fossiler Tiere in Sedimenten. Art der Einbettung und Erhaltung der Fossilien lassen auf die Zustände schließen, die zur Zeit der Einbettung herrschten. Die B. ist ein Teilgebiet der → Paläontologie, speziell der Fossilisationslehre.
Biostrom [griech. bios »Leben«, stroma »Decke«], ausschließlich geschichtete, lagerartige Gebilde, wie Muschel- und Korallenbänke, im Gegensatz zum → Bioherm. → Riffe.
Biotit, → Glimmer, *Biotitschiefer,* → Glimmerschiefer.
Biozone, → Zone.
Biozönose [griech. bios »Leben«, koinos »gemeinsam«], *Lebensgemeinschaft,* das mit gegenseitiger Anpassung verbundene Zusammenleben gewisser Tiere und Pflanzen in einem gemeinsamen Lebensraum (*Biotop*), z. B. Tiere und Pflanzen des Meeres, des Strandes, der Wüste.
Bismuthinit, svw. Wismutglanz.
Bitterspat, svw. Magnesit.
Bitumen [lat. »Erdpech«], vorwiegend aus Kohlenwasserstoffen bestehende, in der Natur vorkommende Verbindungen, die genetisch mit Erdöl und Erdgas und deren Abkömmlingen

verbunden sind, entstanden aus Eiweißen, Lipiden, Pigmenten und Kohlenhydraten abgestorbener Organismen. B. sind entweder gasförmig (Kohlenwasserstoffe der Erdgase), flüssig (Erdöl) oder fest (Erdwachs, Asphalt). Durch Polymerisation entstehen aus den B. die *Polybitumina*. Als *Bituminoide* (nach Wassojewitsch) werden die mit neutralen organischen Lösungsmitteln aus Gesteinen extrahierbaren organischen Substanzen bezeichnet.
Von diesen *natürlichen* B. sind zu unterscheiden die *technischen* B., d. h. Rückstände der Erdöldestillation mit wechselnder Zusammensetzung und Eigenschaften, die oft mit Harzen vermischt sind.
Gesteine mit größeren Gehalten an natürlichen B. werden *bituminöse Gesteine* genannt.
Bitumenkohle, → Kohle.
Bituminoide, → Bitumen.
bituminöser Mergel, svw. Anthrakonit.
bituminöser Schiefer, svw. Ölschiefer.
Blastoideen [griech. blastos »Knospe«, eidos »Gestalt«], *Knospenstrahler,* Klasse der ausgestorbenen gestielten Stachelhäuter. Vorkommen: Mittleres Ordovizium bis Perm, vor allem Unterkarbon von Nordamerika und Perm von Timor.
Blastomylonit [griech. blastos »gewachsen«, myle »Mühle«], ein durch Temperatursteigerung umkristallisierter → Mylonit.
Blatt, *Blattbündel, Blattbüschel, Blattflügel, Blattsystem, Blattverschiebung,* → Horizontalverschiebung.
Blattkiemer, svw. Lamellibranchiaten.
Blaublättertextur, *Blaublattgefüge,* der wiederholte Wechsel von luftarmen, harten, blauen und luftreichen, weichen, weißen Eislagen im Gletschereis. Die B. verursacht → Ogiven.
Blaublattgefüge, svw. Blaublättertextur.
Blaue Erde, dunkel- bis mittelblaugraue marine Glaukonitsande des Mitteleozäns (*untere B. E.*) und besonders des Obereozäns (*obere B. E.*) des Samlandes (Gebiet Kaliningrad/UdSSR), in denen sich aufgearbeiteter Bernstein (Koniferenharz) findet und bergmännisch gewonnen wird.
Blaueisenerde, → Vivianit.
Blaueisenerz, svw. Vivianit.
Blauschlick, svw. Schlick.
Bleichung, die Entfärbung eines Minerals, Gesteines oder Bodens, z. B. durch Auswaschung färbender Eisenverbindungen und Schlämmstoffe, durch freiwerdende Säuren bei der Differentiation magmatischer Schmelzen oder durch vulkanische Gase.
Bleiglanz, *Galenit,* ein Mineral, PbS, meist mit geringem Gehalten an Silber; Metallglanz, grau, silberweiß, kubisch. B. tritt meist in hydrothermalen Ganglagerstätten auf. Begleitminerale sind Kupferkies, Fahlerz, edle Silbererze, vor allem aber Zinkblende. B. ist das wichtigste Blei- und Silbererz.

Bleimethoden, → physikalische Altersbestimmung.
Blitzröhren, *Blitzsinter, Fulgurite,* in Sand durch Blitzeinschlag entstandene Röhren von einigen Millimetern Wandstärke, etwa 2 cm Weite und bis zu mehreren Metern Länge, am Ende oft verzweigt. Ihre Wand besteht aus Gesteinsglas, das durch Schmelzung von Sandkörnern entstanden ist, und aus darin verkitteten Sandkörnern.
Blitzsinter, svw. Blitzröhren.
Block, ein stabiler Krustenteil ohne jüngere Faltungen, meist nur durch Bruchtektonik gegliedert.
Blockbild, svw. Blockdiagramm.
Blockbildungen, die Anhäufung von Blöcken vorwiegend massiger Gesteine besonders in den Mittelgebirgen, die durch Verwitterung, Abspülung und Auswaschung aus anstehenden Gesteinen entstanden sind. Kommen die Blockmassen ins Gleiten (→ Solifluktion), entstehen an den Hängen *Blockhalden,* in den Tälern *Blockströme,* die sich als *Blockmeere* oder *Felsenmeere* z. B. im Harz, Odenwald und Fichtelgebirge erhalten haben. Als *Blockpackungen* können B. auch aus Gletscherablagerungen (Endmoränen) entstehen.
Blockdiagramm, *Blockbild,* ein maßstabgetreues Raummodell oder eine schematische Zeichnung eines blockförmigen Ausschnitts der Erdkruste, aus einem Gletscher und anderen räumlichen Gebilden, die an der Oberfläche der schräg von oben gesehenen Blockes die Oberflächenformen, an den Seiten entlang der begrenzenden Vertikalschnitten den inneren Bau erkennen läßt (Abb. S. 206).
Blocklava, eine kompakte bis porenarme, zu polyedrischen Blöcken erstarrte, ehemals zähflüssige → Lava.
Blumentiere, svw. Anthozoen.
Blutstein, svw. Hämatit.
Boden, die belebte, lockere, überwiegend klimabedingte oberste Verwitterungsschicht der Erdrinde, die aus einem inhomogenen Stoffgemisch fester mineralischer und organischer Teilchen verschiedener Größe und Zusammensetzung sowie Wasser und Luft besteht und einen wechselnden Aufbau zeigt. Im B. wirken gesetzmäßig miteinander verflochtene physikalische, chemische und biologische Vorgänge. Der B. steht in einem ständigen Stoff- und Energieaustausch mit seiner Umwelt.
Bodenabtrag, svw. Bodenerosion.
Bodenanzeiger, Pflanzen, deren Vorkommen Schlüsse auf bestimmte Eigenschaften (Nährstoffgehalt, Feuchtigkeitsgrad und Humusschaffenheit) des Bodens zulassen. Als *Kalkanzeiger* gelten z. B. Waldrebe, Hopfen, Orchideen; als *Stickstoffanzeiger*: Brennessel, Himbeere u. a.; als *Anzeiger guter Humusbeschaffenheit*: Buschwindröschen, Maiglöckchen; als *Anzeiger schlechter Humusbeschaffenheit*: Heidelbeere, Preiselbeere; als *Staunässeanzeiger*: Sim-

sen, Pfeifengras; als *Mooranzeiger*: Wollgrasarten, viele Riedgräser, Torfmoose; als *Trockenheitsanzeiger*: Schafschwingel, Ginsterarten, Heide. Erst das gleichzeitige Vorkommen mehrerer Anzeiger gibt sichere Hinweise auf gewisse Bodeneigenschaften.
Bodenart, Gesamtausdruck für → Körnungsart unter Einbeziehung des Humus- und Karbonatgehaltes des Bodens.
Bodenbildung, die Gesamtheit der Vorgänge, die an der Erdoberfläche die Umwandlung des Gesteins zu Boden bewirken.
Bodenbildungsfaktoren, die Faktoren Klima, Vegetation, Wasser, Ausgangsgestein, Relief, Tierwelt, menschliche Arbeit und Zeit (Dauer der Bodenbildung), die in mannigfaltiger Weise zusammenwirken und zur Ausbildung verschiedener → Bodentypen führen.
Bodenbonitierung, svw. Bodenschätzung.
Bodeneis, kompakte Linsen, Schichten oder folienartige Bändchen und Schmitzen von Eis im jahreszeitlichen Frostboden und im Dauerfrostboden. Sonderformen sind die → Eiskeile und das *Kammeis*, zentimetergroße, dichtgescharte Eisnadeln an der Oberfläche. B. wird vom Bodenwasser gespeist, *Steineis* ist dagegen fossiles Gletschereis (Sibirien, Alaska).
Bodenentwicklung, die Entstehung und Veränderung von → Bodentypen auf Grund eines gesetzmäßig verlaufenden Umwandlungsprozesses (z. B. Rohboden → Ranker, → Braunerde). Die B. wird durch die Wirkungsintensität der → Bodenbildungsfaktoren bedingt.
Bodenerosion, *Bodenabtrag*, durch die Wirkung von Wasser (→ Abspülung) oder Wind (Windverwehung) bedingte und von Relief, Bodenart, Klima, Pflanzendecke abhängige Abtragung der Bodendecke, die durch die Tätigkeit des Menschen ausgelöst, gefördert und über das natürliche Ausmaß hinaus gesteigert wird (→ Erosion).
Bodenfließen, 1) *arktisches B.*, *Kryosolifluktion*, svw. Solifluktion; **2)** *subsilvines* oder *tropisches B.*, im Gebiet der tropischen Regenwälder auftretende Erscheinung, hervorgerufen durch Überfeuchtung der oberflächennahen Bodenschichten. Das subsilvine B. läuft unter der geschlossenen Vegetationsdecke ab.
Bodenform, eine spezielle bodensystematische Einheit für die Bodenkartierung, in der Böden mit gleichem bzw. ähnlichem Substrataufbau (Körnung, Schichtenabfolge) und typologischer Ausbildung (→ Bodentyp) zusammengefaßt werden, z. B. Löß-Schwarzerde, Decklehm-Gley.
Bodenfracht, → Sedimenttransport, → Strombettsedimente.
Bodenfrost, der Frost in Bodennähe, der durch nächtliche Ausstrahlung vom Boden entsteht. Der Frost dringt in Mitteleuropa im Durchschnitt etwa 0,5 m, in Nordsibirien dagegen 6 bis 7 m in den Boden ein. → Bodeneis.
Bodengefüge, die räumliche Anordnung der festen Bodenteilchen und der wasser- oder lufterfüllten Hohlräume im Boden. Man unterscheidet z. B. *Einzelkorn-, Hüllen-, Krümel-, Bröckel-, Platten-, Polyeder-, Prismen-, Klumpengefüge*.
Bodengeologie, *Geopedologie*, ein Wissenschaftszweig, der sich vornehmlich mit Grenzgebieten zwischen Bodenkunde und Geologie befaßt, besonders mit dem Aufbau, der Entwicklung, den Eigenschaften, der Verbreitung von Böden in Abhängigkeit vom Ausgangsgestein sowie mit der Untersuchung und Bewertung von Abraumschichten und Kippsubstraten hinsichtlich ihrer Kulturwürdigkeit.
Bodenhorizont, *Horizont*, die meist oberflächenparallele Zone des → Bodens, die durch bestimmte Merkmale, wie Färbung, Humusanreicherung, Gefüge erkennbar ist und deren Entstehung durch die → Bodenentwicklung sowie Unterschiede im Ausgangsgestein bedingt wird.
Bodenkartierung, die Ermittlung der Ausbildung und Verbreitung der Böden bzw. einzelner Bodeneigenschaften und deren kartographische Darstellung für ein begrenztes Gebiet (z. B. Bodentypenkarten, Bodenformenkarten, Karten des Nährstoffgehalte).
Bodenkolloide, anorganische und organische Bestandteile des Bodens von 1 bis 100 nm Durchmesser. Dazu gehören Ton- und Humuskolloide, kolloidale Kieselsäure-, Eisen- und Aluminiumverbindungen. Sie können Nährstoffe binden und den Pflanzen zur Verfügung stellen (→ Sorption).
Bodenkunde, *Pedologie*, die Wissenschaft vom Aufbau, der Entwicklung und den Eigenschaften der Böden sowie ihrer Verbreitung und Klassifikation.
Bodenlebewelt, svw. Bodenorganismen.
Bodenluft, in den Poren des Bodens vorhandene Luft. Ihre Menge ist abhängig vom Porenvolumen und von dem Wassergehalt des Bodens, ihre Zusammensetzung von der biologischen Aktivität des Bodens, d. h. von der Atmung der Wurzeln und Bodenorganismen und der Intensität der Zersetzung organischer Substanzen, ferner vom jahreszeitlich unterschiedlichen Gasaustausch mit der atmosphärischen Luft. Der Gehalt an Kohlendioxid und Wasserdampf ist im allgemeinen höher als in der atmosphärischen Luft, der Sauerstoffgehalt geringer.
Bodenmechanik, ein Teilgebiet der Geotechnik, das die physikalischen Eigenschaften der Lockergesteine erfaßt, Kennwerte ermittelt und Rechenansätze liefert, die der Untersuchung der Wechselwirkung zwischen Bauwerk und → Baugrund dienen.

Bodenorganismen, *Bodenlebewelt*, Gemeinschaft der ständig oder zeitweise im Boden lebenden pflanzlichen und tierischen Organismen; dazu gehören Mikroflora (Bakterien, Pilze, Algen), Mikrofauna (Rhizopoden, Flagellaten, Ziliaten) und Metazoenfauna (Nematoden, Springschwänze, Milben, Tausendfüßer, Insekten, Käfer, Spinnen, Weichtiere, Schnecken und Regenwürmer). Zusammensetzung und Menge der Organismen in einem Boden sind abhängig von den Umweltbedingungen und von der Jahreszeit.
Bodenprofil, ein vertikaler Ausschnitt des Bodens mittels Bodenschurf oder Aufschluß zum Erkennen des Bodenaufbaues und zum Zwecke der Beschreibung, Darstellung und Probenahme.
Bodenreaktion, ein Kennzeichen für saure oder basische Verhältnisse im Boden. Ihre Bestimmung erfolgt durch Messung des *pH-Wertes*, die nur die freien, aktiven H^+-Ionen der Bodenlösung erfaßt.
Bodenschätze, nutzbare Stoffe (Minerale und Gesteine, Öl, Gas und Grundwasser), die in der Erdkruste natürlich angereichert sind (→ Lagerstätten).
Bodenschätzung, *Bodenbonitierung*, ein in der DDR und der BRD abgeschlossenes Verfahren der einheitlichen Untersuchung und Bewertung landwirtschaftlich genutzter Flächen für steuerliche Zwecke nach ihrer Bodenbeschaffenheit und Ertragsfähigkeit. Die Kennzeichnung des Ackerlandes erfolgt nach Bodenart, Zustandsstufe und geologischen Entstehungsart, die des Grünlandes nach Bodenart, Zustands-, Klima- und Wasserstufe. Die *Bodenzahlen* sind Vergleichszahlen zum fruchtbarsten Boden mit der Wertzahl 100 (Schwarzerde der Magdeburger Börde der DDR).
Bodenskelett, svw. Grobboden.
Bodenstabilisierung, *Erdstabilisierung*, mechanische oder chemische Verfahren zur Erhöhung der Tragfähigkeit anstehender Lockergesteine bzw. eingebrachter Schüttstoffe durch Veränderung der Kornverteilung, Verkittung, Verfestigung oder Strukturumwandlung unter gleichzeitiger Verdichtung bei günstigstem Wassergehalt.
Bodentyp, die Grundform der Bodenbildung mit annähernd gleicher pedogener Merkmalskombination, die zu einer weitgehend einheitlichen vertikalen Abfolge von Bodenhorizonten geführt hat. B. sind bodensystematische Grundeinheiten, z. B. → Schwarzerde, → Podsol, → Gley.
Bodenunruhe, *seismische Bodenunruhe*, dauernde, unregelmäßige Bewegung der Erdoberfläche, verursacht durch natürliche oder künstliche Erschütterung wie Sturm, Brandung, Frostsprengung, Maschinen, Verkehr u. a. B. wird durch Seismographen aufgezeichnet und ist stark vom Untergrund abhängig, ist besonders groß

Bodenwasser

bei Oberflächenschichten aus Lockermassen.

Bodenwasser, die Gesamtheit des im Boden befindlichen Wassers. Es wird unterteilt in → Sickerwasser, → Haftwasser und → Grundwasser. Das B. dient als Lösungs- und Transportmittel für Nährstoffe und Kolloide. Neuerdings bezeichnet man als B. das in der wasserungesättigten Zone des Bodens vorhandene Wasser. In der Hydrogeologie wird der Begriff B. gelegentlich nur im Sinne von → Grundfeuchtigkeit gebraucht.

Bodenzahl, → Bodenschätzung.

Böhmische Masse, *Moldanubikum*, ein Massiv kristalliner Gesteine, von basischen und sauren Tiefengesteinen durchsetzt, durch präkambrische (riphäische) und varizische Metamorphose und Plutonismus entstanden, wobei einzelne Altersstufen umstritten sind. B. M. war postvariszisch vorwiegend Festland und umfaßte Böhmerwald, Böhmisch-Mährische Höhen und Böhmisches Becken.

Bohnerze, erbsen- bis bohnenförmige Kügelchen aus ockergelbem → Brauneisenerz.

Bohrlochablenkung, die beabsichtigte Abweichung eines Bohrloches von seiner bisherigen Richtung. Nichtbeabsichtigte Abweichung von der vorgesehenen Richtung wird als *Bohrlochabweichung* bezeichnet.

Bohrlochmessungen, *geophysikalische B.*, *Carottage*, *elektrisches Kernen*, Verfahren der angewandten Geophysik zur Ermittlung von Gesteinsgrenzen und -eigenschaften in Bohrlöchern, ohne daß Bohrkerne gewonnen werden. Man unterscheidet folgende Gruppen von Verfahren: 1) Widerstandsmessungen; 2) Leitfähigkeitsmessungen (Induktionslog); 3) Eigenpotentialmessungen (SP-Messungen); 4) Mikrologmessungen; 5) Gammamessungen; 6) Neutronenverfahren; 7) radiometrische Dichtenmessungen (Gamma-Gamma-Messungen); 8) Gammaspektrometrie; 9) kernmagnetisches Log; 10) magnetisches Log; 11) Akustiklog; 12) Strata- und Neigungsmessungen; 13) Kalibermessungen; 14) thermische Messungen; 15) Messung der Spülungseigenschaften.

Bohrmuscheln, Muscheln unterschiedlicher Familien, vor allem → Pholadiden, Teredinidien (→ Teredo) und die Gattung Lithodomus (Mytiliden). B. schaffen aktiv im Substrat (Kalkstein, Torf) oder in Fremdkörpern (Holz) Hohlräume und leben darin.

Bohrstock, *Peilstange, Peilbohrgerät,* ein einfaches Gerät zum Untersuchen der obersten Erdschichten, eine Stahlstange von 10 bis 30 mm Durchmesser, die mit Verlängerungsstücken 1 bis 3 (maximal 5) m tief in den Boden geschlagen wird. An der Spitze der Stange befindet sich eine 50 mm lange Längsnut, mit der die Erdprobe entnommen wird (Abb. S. 505).

Bölling-Interstadial [nach dem ehemal. Böllingsee in Jütland], eine kurzdauernde Wärmephase im Spätglazial, erstmals mit lichten Birken-Kiefern-Beständen. → Tundrenzeit.

Bolus, ein eisenschüssiger, teilweise kalkhaltiger, gelblicher bis brauner Ton, der auf Klüften von Gesteinen oder lagenhaft zusammen mit → Bohnerzen auftritt. B. wird als Malerfarbe oder Zusatz zu Kitt verwendet.

Bombe, ein aus einem Vulkan ausgeschleudertes Lavastück, das durch Drehung in der Luft rundliche oder langgezogene Form angenommen hat, im allgemeinen faust- bis kopfgroß (Tafel 11).

Bonebed [engl. »Knochenbett«], eine geringmächtige Gesteinsbank, vorwiegend aus Knochentrümmern, Zähnen, Schuppen und Koprolithen (Kotsteinen) von Fischen und Reptilien. B. kommen in vielen geologischen Systemen vor; bekannt ist das B. an der Grenze Trias/Lias in Württemberg (BRD).

Bonifaziuspfennig, ein versteinertes Stielglied (Trochit) von Seelilien (→ Crinoiden).

Borazit, ein Mineral, $Mg_3[ClB_7O_{13}]$, nichtmetallischer Glanz, farblos, grau, gelblich, grünlich; kubisch und rhombisch; häufig Knollenbildung. B. findet sich chemisch-sedimentär, hauptsächlich in der Carnallitzone einiger Salzlagerstätten des Zechsteins.

Bordenschiefer [bergm. Ausdruck], Bezeichnung für Tonschiefer, deren Schichtung auf den Schieferflächen durch Bänderung erkennbar ist.

Boreal [lat. »nördlich«], ein Abschnitt des Holozäns, etwa 6800 bis 5500 v. u. Z., mit kontinentalem, zunehmend wärmerem Klima, entspricht etwa der Ancyluszeit der Ostsee (→ Ancylussee); Vorherrschen des Kiefernwaldes mit weitverbreiteter Hasel, erstes Auftreten von Eichenmischwald. Dem B. ging das → Präboreal voran.

Bornit, svw. Buntkupferkies.

Boudinage [franz. boudin »Blutwurst«], die Bildung wurstförmiger Gesteinskörper, indem unter Zugbeanspruchung kompetente Gesteinslagen zwischen inkompetenten parallel zu Schichtfugen und Scherflächen zerreißen und die einzelnen Bruchstücke verformt werden. (Tafel 13).

Bouguer-Anomalien, → Schwereanomalien.

Bouma-Zyklus, → Turbidit.

Brachiopoden [griech. brachion »Arm«, podes »Füße«], *Armfüßer,* ein Stamm der Weichtierähnlichen, muschelartige, schalentragende Tiere mit ventraler Stielklappe und dorsaler Armklappe. Im Gegensatz zu den Muscheln öffnen sie die Klappen durch Muskeln. Die Schale ist meist durch einen muskulösen Stiel am Hinterende dauernd oder nur in der Jugend an einer Unterlage befestigt. Manche Formen sind festgewachsen. Charakteristisch für die B. sind zwei spiralig aufgerollte, fleischige Kieferarme, häufig durch kalkige Bildungen (Armgerüst) gestützt. Nach Vorhandensein und Ausbildung der Armgerüste unterscheidet man: Aphaneropegmaten, Ancistropegmaten, Helicopegmaten und Ancylopegmaten. Vorkommen: Unteres Kambrium bis Gegenwart; Höhepunkt der stammesgeschichtlichen Entwicklung vom Ordovizium bis Oberkarbon, im Mesozoikum formenärmer, aber noch individuenreich, ab Tertiär starker Rückgang.

Brachyantiklinale, → Sattel.

Brachysynklinale, → Mulde.

Brackmarsch, → Marschböden.

Brackwasser, *brackisch,* Bezeichnung für den Grenzbereich Süß- zu Salzwasser (Flußmündungen, Haffe, Lagunen, Nebenmeere), in dem einseitige Lebensbedingungen herrschen. Meist entwickeln sich artenarme, aber individuenreiche Faunen. Auftreten einzelner Landpflanzen.

Branchiosaurus [griech. branchia »Kiemen«, sauros »Eidechse«], *Kiemensaurier,* kleine, salamanderähnliche, kurzschwänzige → Stegocephalen, deren kiementragende Larven im Süßwasser lebten. B. kommt besonders im sächsischen und thüringischen Rotliegenden vor.

Brandenburger Stadium, die äußerste Randlage des nordeuropäischen Inlandeises in der letzten Kaltzeit des → Quartärs. Der im B. S. entstandene Endmoränenzug verläuft von Havelberg über Brandenburg, Wilhelm-Pieck-Stadt Guben bis Leszno (VR Polen). In Westmecklenburg/Schleswig-Holstein verschmilzt das B. S. mit dem Frankfurter Stadium (Abb. S. 409). Die Schmelzwasser des B. S. wurden von dem Glogau-Baruther Urstromtal aufgenommen, das etwa von Głogów (Glogau) über Baruth zur Elbe floß.

Brandschiefer, ein mit Kohlesubstanz durchsetzter, mehr oder weniger bituminöser Schieferton; auch eine dichte Folge von dünnen Schiefertonlagen und Steinkohlestreifen. B. hat wegen seines hohen Ascheanteils geringe wirtschaftliche Bedeutung.

Brasilia, svw. Südamerikanische Plattform.

Brauchwasser, Oberflächen- und Grundwasser für industrielle sowie land- und forstwirtschaftliche Zwecke.

Brauneisenerz, *Limonit, Brauner Glaskopf, gelber Ocker,* eine strahlig-derbe Varietät des → Goethits mit adsorbiertem H_2O; halbmetallischer Glanz, braun, gelb, gelförmiger Entstehung. B. findet sich chemisch-sedimentär als Verwitterungsprodukt. B. mit reichlich Fremdbeimengungen sind *Minette* (hirsekorngroße Oolithe) und *Bohnerze* (erbsen- bis eigroße Roll- und Trümmererze). *Siderogel* als amorphes B. kommt mit Ton vermengt in Sumpf-, Wiesen- oder Erzen vor.

Braunerde, ein weitverbreiteter, variationsreicher Bodentyp, entstanden auf kalkhaltigen bis kalkfreien Gesteinen.

Kennzeichnend sind das in der Bodensubstanz feinverteilte, gleichmäßig geflockte Eisenoxidhydrat, das die homogene Braunfärbung bewirkt, und die fehlende Tondurchschlämmung.
Brauner Glaskopf, svw. Brauneisenerz.
Braunerit, → Uranminerale.
Braunit, ein Mineral, Mn^{II}Mn$_6^{IV}$ [O$_8$/SiO$_4$]; halbmetallischer Glanz, Farbe und Strich braunschwarz, tetragonal. B. findet sich in kontaktmetamorphen und kontaktmetasomatisch-regionalmetamorphen Gesteinen; wichtiges Manganerz.
Braunkohle, → Kohle.
Braunkohlenquarzite, svw. Tertiärquarzite.
Braunlehm, *Braunplastosol,* ein vorwiegend durch Eisenoxide braun, ockerbraun bis gelbbraun gefärbter, humusarmer, plastischer, dichter Boden mit leicht verschlämmbarer Tonsubstanz; entstanden im subtropischen und tropischen Klima aus Silikatgesteinen; in Mitteleuropa als fossiler Boden oder → Reliktboden auftretend.
Braunplastosol, svw. Braunlehm.
Braunstein, ein Gemenge verschiedener MnO$_2$- und anderer Minerale, besteht überwiegend aus → Pyrolusit.
Brekzie [ital.], ein klastisches Sedimentgestein aus wenig verfrachteten und daher eckigen, durch ein toniges, kalkiges oder kieseliges Bindemittel verkitteten Bruchstücken eines Gesteins oder Minerals. Nach ihrer Entstehung bezeichnet man B., die sich bei Verwerfungen gebildet haben, als *Reibungsbrekzien* oder *Verwerfungsbrekzien,* solche an Gängen als *Gangbrekzien,* an Berghängen verkitteten Gesteinsschutt als *Gehängebrekzien,* von vulkanischen Tuffen eingeschlossene Magmagesteinsbrocken als *Tuffbrekzien.* Bei unterirdischer Ab- und Auslaugung entstehen *Auslaugungs-, Einsturz-* oder *Einbruchsbrekzien* und nach gewaltigen Regengüssen aus trockenem Verwitterungsschutt *Schlammbrekzien* (*Fanglomerate*). *Bruchbrekzie* ist svw. Kakirit.
bretonische Phase, → Faltungsphase.
Brockenlava, *Aa-Lava,* zu eckigen bis rundlichen aufgeblähten Schlackenbrocken erstarrte, ehemals zähflüssige Lava.
Brodelböden, Böden, bei denen durch vertikale und horizontale Bewegung wassergetränkten Materials Störungen der Schichtlagerung entstanden sind, vor allem im Auftauboden über Dauerfrostboden.
Brontosaurus, svw. Apatosaurus.
Bruch, *1)* → Verwerfung; *2)* die Trennung eines Kristalls nach kristallographisch nicht orientierten Flächen. Bruchflächen können glatt, eben, uneben, splittrig, muschelig oder hakig sein.
Bruchblatt, → Horizontalverschiebung.
Bruchbrekzie, svw. Kakirit.
Bruchtektonik, Deformationen der Erdkruste infolge vorherrschender Bildung von Fugen, Klüften, Spalten u. a. durch vertikale und horizontale Verstellungen von Schollen. Zur B. gehören Strukturen wie → Verwerfungen, Klüfte und Spalten, → Gräben, → Horste, → Tiefenbrüche.
Bruchzone, ein Bereich großer und weiträumiger Bruch- und Grabensysteme, deren Bewegungen noch in der Gegenwart andauern und die sich durch Erdbeben und vulkanische Tätigkeit auszeichnen. → Taphrogenese.
Brückenkontinente, angenommene Landmassen früherer Erdperioden, die später im Meer versunken sein und zur Erklärung der Entwicklung und Verbreitung der Tier- und Pflanzenwelt auf heute voneinander getrennten Erdteilen dienen sollen, z. B. Südatlantis zwischen Südafrika und Südamerika; im Gegensatz zu → Kontinentalverschiebungshypothese und → Plattentektonik.
Brüggenkaltzeit [nach dem Ort Brüggen/Niederrhein], *Prätegelen,* die erste deutliche Kälteperiode nach der spätpliozänen Reuverzeit, leitete das Pleistozän ein, hauptsächlich durch marine, daneben auch kontinentale Absätze in den Niederlanden charakterisiert.
Brunnenergiebigkeitsmaß, *spezifische Ergiebigkeit,* die in der Zeiteinheit bei gleichbleibender Absenkung des Ruhewasserspiegels aus Brunnen im Dauerbetrieb zu entnehmende Wassermenge, meist in l/s; ein relativer Wert zu Vergleichszwecken.
Bryozoen [griech. bryon »Moos«, zoon »Tier«], *Moostierchen,* ein Stamm der Weichtierähnlichen; kleine, überwiegend marine, in Kolonien lebende Tiere mit kalkigen, selten mit chitinigem Außenskelett. Vorkommen: Kambrium bis Gegenwart. Gewisse Formen sind am Aufbau der Riffkalke im germanischen Zechstein beteiligt (Abb. S. 311).
Bubnoff-Geschwindigkeit, eine Maßeinheit für die Geschwindigkeit geologischer Vorgänge, benannt nach S. v. Bubnoff (1888 bis 1957). 1 Bubnoff (abgek. B) = Mikron/Jahr (= 1 mm/1000 Jahre = 1 m/1000000 Jahre).
Bulgonnjach, svw. Pinge.
Buntkupferkies, *Bornit,* ein Mineral, Cu$_5$FeS$_4$; Metallglanz, rotbraun, meist violett anlaufend; mehrere Modifikationen, bei Zimmertemperatur tetragonal. B. ist weit verbreitet in Kupfererzgängen und Kontaktlagerstätten, begleitet Kupferkies, Malachit u. a.; wichtiges Kupfererz.
Buntsandstein, die unterste Abteilung der germanischen Trias.
Burdigal, *Burdigalien* [nach dem lateinischen Namen für Bordeaux], die jüngere der beiden Stufen des Unteren Miozäns.
Burgundische Pforte, eine im Oberen Muschelkalk im Gebiet des heutigen Rhônetales bestehende Verbindung zwischen → Tethys und → Germanischem Becken.

Bushveld-Komplex [nach der Bushveld (Boschveld) genannten Landschaft im nördlichen Transvaal], in Südafrika ein Komplex basischer und ultrabasischer Gesteine von 500 km Ost-West- und 250 km Nord-Süd-Erstreckung, über 5000 m mächtig, mit großen Lagerstätten von Chrom, Nickel, Platin und Titaneisen. Im hangenden Granit kommen Zinnerze vor.
Büßerschnee, *Penitentes* [span. penitente »Büßer«], Schmelzformen an der Oberfläche von Schneefeldern, vor allem in tropischen Hochgebirgen, eine Erscheinungsform der → Ablation.
Bysmalith, → Lakkolith.

C

cadomische Faltungsphase, eine Phase tektonischer Bewegungen an der Grenze zwischen Jungproterozoikum (→ Wend) und Kambrium, teilweise gebirgsbildend. Im wesentlichen identisch mit jungassyntischer Faltungsphase.
Calabrium [ital.], das marine unterste Pleistozän, dessen Basis mit 2,5 Millionen Jahren (nach Isotopendatierungen) die Pliozän/Pleistozängrenze bildet.
Calamiten [griech. kalamos »Rohr«], eine Familie der Schachtelhalmgewächse, baumartig (bis 12 m Höhe), mit rohrartigen, längsgestreiften Stamm und quirlständigen, schmalen Blättern. Vorkommen: Oberkarbon und Perm.
Caldera [span. »Kessel«], von der Kanareninsel Palma stammende Bezeichnung für einen durch Einsturz oder Explosion entstandenen und nachträglich durch Verwitterung und Abtragung erweiterten vulkanischen Kraterkessel.
Callipteris [griech. kallos »Schönheit«, pteris »Wedel«], eine Gattung der → Pteridospermen mit doppelt gefiedertem Laub und Zwischenfiedern an der Achse (Abb. S. 342). Wichtige Leitfossilien im Rotliegenden. Ein Nachläufer findet sich im Zechstein.
Callov, *Callovien* [franz. nach Callovium, dem lat. Namen der engl. Stadt Kellaway], eine Stufe des obersten Doggers.
Campan, *Campanien, Campanium* [nach der franz. Landschaft Champagne], eine Stufe der Oberkreide.
Cañon [span. »Röhre«], engl. *Canyon,* ein schluchtartiges Engtal in horizontal gelagerten, unterschiedlich widerständigem Gestein, besonders in Trockengebieten, wo die Erosion des fließenden Wassers vor allem in die Tiefe wirksam ist. Das bekannteste Beispiel ist der bis zu 2000 m tief eingeschnittene C. des Colorado in Arizona. Vielfach wird der Ausdruck C. oft auf alle engen Talformen übertragen.
Cantabrien [nach dem kantabrischen Gebirge »Cordillera Cantabrica« in Spanien], im nordwestspanischen

Oberkarbon ausgegliederte unterste Teilstufe des → Stefan, die sich als internationaler stratigraphischer Begriff bisher nicht durchgesetzt hat.
Caprock [engl. »Hutgestein«], 1) impermeable Deckschichten über Erdölspeichern; 2) Deckschichten von Anhydrit, Gips und Löserückständen über Salzstöcken.
Caradoc [nach dem Ort Caradoc in Shropshire/England], eine Stufe des Ordoviziums.
Carbonatit, → Karbonatit.
Carcharodon [griech. karcharodus »scharfzähnig«], ein Riesenhai, dessen dreieckige Zähne fein gezähnte, scharfe Seitenkanten aufweisen. Vorkommen: Oberkreide bis Gegenwart.
Cardiiden, Herzmuscheln, eine zu den Heterodontiern gehörende Muschelfamilie (→ Lamellibranchiaten) mit herzförmigen, meist radial gerippten, gleichklappigen Schalen. Vorkommen: Trias bis Gegenwart.
Cardiopteris [griech. kardia »Herz«, pteris »Wedel«], gebräuchlicher, aber illegitimer Name einer Pteridosperme, Leitfossil für das Unterkarbon.
Carix, Carixien, Carixium [nach dem lat. Namen des engl. Ortes Charmouth], eine Teilstufe des Mittleren Lias, entspricht dem unteren Pliensbach.
Carnallit [nach dem Berghauptmann von Carnall], ein Salzmineral als Chlorcarnallit $KCl \cdot MgCl_2 \cdot 6\,H_2O$, als Bromcarnallit $Br \cdot MgBr_2 \cdot 6\,H_2O$; nichtmetallischer Glanz, farblos, rötlich, Strich weiß; Härte 1 bis 2, Dichte 1,6; rhombisch. Wichtiges → Kalisalz.
Carnivoren, Fleischfresser, Raubtiere, eine Ordnung der Säugetiere mit stark entwickelten Eckzähnen, Reißzähnen und drei- oder vierhöckerigen hinteren Backenzähnen. Die meisten der heutigen Formen der C. treten schon im Tertiär auf, Vorläufer sind die → Creodontier.
Carnotit, → Uranminerale.
Carrotage, svw. Bohrlochmessungen.
Cassiterit [von »Cassiterides insulae« = Zinninseln des Altertums], **Zinnstein**, ein Mineral, SnO_2; braun, schwarz oder gelb; tetragonal, häufig verzwillingt, kurzprismatisch, selten in spitzen Pyramiden (*Nadelzinn*), in feinfaserigen, glaskopfartigen, holzähnlich gebänderten Massen (*Holzzinn*). Als *Bergzinn* findet sich C. in pegmatitischen und pneumatolytischen Gängen und Imprägnationen, als *Seifenzinn* in Geröllablagerungen fließender Gewässer.
Cathaysia [Cathay, alte Bezeichnung für das nördliche China], aus dem Paläozoikum, besonders dem Karbon und Perm, nachgewiesenes Festland im pazifischen Randgebiet Ostasiens. C. ist durch die ihm eigene Gigantopteris- oder Cathaysia-Flora charakterisiert.
Cenoman [nach Cenomanum, lat. Name von Le Mans/Frankreich], eine Stufe der Oberkreide.

Cephalaspis, eine Gattung der kieferlosen Fische (Agnathen). Vorkommen: Obersilur bis Unterdevon.
Cephalopoden, Kopffüßer, die höchstentwickelten Weichtiere mit vom Rumpf deutlich abgesetztem Kopf, deren Mund von Tentakeln umgeben wird. C. haben eine durch Scheidewände regelmäßig gekammerte Schale. Die Ansatzstelle der Scheidewände an der Schaleninnenwand ist die Lobenlinie (Sutur). Sämtliche Kammerscheidewände durchzieht eine schlauchartige Röhre, der Sipho. Nach der Zahl der Kiemen teilt man die C. ein in 1) *Vierkiemer* (*Tetrabranchiaten*) mit äußerer gekammerter Schale. Ordnungen: → Nautiliden, → Ammoniten; Vorkommen: Kambrium bis Gegenwart. 2) *Zweikiemer* (*Dibranchiaten*) mit innerer oder fehlender Schale. Unterordnungen: → Belemniten, Sepioiden (Tintenfische), Teuthoiden (kalmarartige Dibranchiaten); Vorkommen: Karbon bis Gegenwart.
Ceratiten [griech. keras »Horn«], Ammoniten mit scheibenförmigem, spiralig eingerolltem, weit genabeltem Gehäuse, dessen meist gegabelte oder einfache Rippen außen oft zu einem Knoten anschwellen (Abb. S. 353). Die Lobenlinie ist basal gezackt. Verbreitung: Trias, besonders Muschelkalk.
Ceratodus, eine fossile Gattung der Lungenfische (→ Dipnoer). Vorkommen: Untertrias bis Oberkreide (1870 entdeckte man eine sehr ähnliche Gattung lebend in Australien).
Cerussit, Weißbleierz, ein Mineral, $PbCO_3$; nichtmetallischer bis Diamantglanz, weiß, grau, schwärzlich, rhombisch. Wichtiges Bleierz, meist aus Bleiglanz hervorgegangen, in der Oxydationszone von Bleilagerstätten.
chalkophil [griech. chalkos »Erz, Kupfer«, philos »Freund«], Bezeichnung für Elemente, die bevorzugt mit Schwefel Verbindungen eingehen, z. B. Cu, Ag, Zn, Cd, Hg, Pb, Bi, As, Sb, Fe, Se, S. → Chalkosphäre.
Chalkopyrit [griech. chalkos »Kupfer«, pyr »Feuer«], *Kupferkies,* ein Mineral, $CuFeS_2$, gelb, oft bunt, blau oder schwarz anlaufend, tetragonal. Wichtigstes, weit verbreitetes Kupfererz, selten sedimentär.
Chalkosin [griech. chalkos »Kupfer«], *Kupferglanz,* ein Mineral, Cu_2S, weißgrau, rhombisch und hexagonal. Wichtiges Kupfererz; findet sich auf Kupfererzgängen neben Chalkopyrit, als Imprägnation in Sedimenten des Zechsteins, unter anderem im Kupferschiefer.
Chalkosphäre, Bezeichnung für einen Teil des unteren Erdmantels, die sogenannte Sulfid-Oxid-Schale, die wahrscheinlich aus Sulfiden und Oxiden von Schwermetallen besteht.
Chalzedon, ein Mineral, krypto- bis mikrokristalline Form des Tiefquarzes, SiO_2; besteht aus feinen Fasern, die in der Regel senkrecht zur Hauptachse und zur meist nierig-traubenförmigen Oberfläche angeordnet sind.

C. bildet sich aus Kieselgel unter tiefhydrothermalen Bedingungen. Varietäten sind unter anderem *Karneol* (gelblich bis blutrot), *Chrysopras* (apfelgrün), *Onyx* (schwarz), *Jaspis* (grün), *Heliotrop* (grün mit roten Flecken).
Chamosit [nach dem Chamosontal, Wallis/Schweiz], ein Mineral der Chloritgruppe, kleinoolithisches bis dichtes grünlichgraues bis grünschwarzes Eisenerz mit 28 bis 37 Prozent Fe, monoklin, $(Fe^{..}, Fe^{...})_3 [(OH)_2 \mid AlSi_3 \cdot O_{10}]$ $(Fe, Mg)_3(O, OH)_6$. C. kommt verbreitet in oolithischen Eisenerzen vor, z. B. im Ordovizium Thüringens und in der Minette Lothringens.
Charnockit, Hyperstengranit aus Mikroklin und Quarz mit wenig Plagioklas und Hypersthen, hochmetamorphes Gestein mit H_2O-Armut und von basischem Charakter, zur Granulitfazies gehörig, mit Granitisationserscheinungen, Gestein der Unterkruste.
Chatt, Chattien [nach dem germanischen Volksstamm der Chatten], die jüngste Stufe des Oligozäns, identisch mit Oberem Oligozän.
Chert [engl.], dichte, glasartige Kieselgebilde unterschiedlicher Farbe, z. B. in der Kreide, chemischen Ursprungs, in der angelsächsischen Literatur im Sinne von → Feuerstein (Flint) verwendet.
Chiastolith [griech. chiastos »gekreuzt«, lithos »Stein«], ein nadelförmiger Andalusit mit Anreicherungen dunkler (graphitischer) Pigmente in den Diagonalen und Ecken der Querschnitte, wodurch ein dunkles Kreuz entsteht.
Chinesisch-Koreanische Plattform, → Sinia.
Chirotherium [griech. cheir »Hand«, therion »Tier«], *Handtier,* ein großes Amphibium (→ Stegocephalen), dessen 4- und 5zehige, handförmige Fährten vor allem in den Ablagerungen des jüngeren Buntsandsteins beobachtet werden (Chirotherium-Sandstein). Die jüngsten Funde stammen aus dem Keuper im Süden der BRD.
Chlorite [griech. chloros »grüngelb«], eine Gruppe gesteinsbildender Minerale, die im wesentlichen durch Umwandlung oder Verwitterung in olivin-, pyroxen-, amphibol- und biotitreichen Gesteinen entstanden sind. Die C. gehören zu den Phyllosilikaten, sind monoklin, grüngelb, haben meist einen kräftigen Pleochroismus, sehr niedrige Doppelbrechung und oft anomale Interferenzfarben. Wichtige C. sind die *Talk-Chlorite* (*Pennin, Klinochlor*), *Ferro-Chlorite* (*Brunsvigit*) und *Ferro-Ferri-Chlorite* (*Delessit, Chamosit, Thuringit*). C. sind wesentliche Gemengteile in Chloritschiefern.
Chloritschiefer, ein kristalliner Schiefer von grünlicher Farbe, vorwiegend aus Chlorit (Klinochlor) bestehend; daneben treten mit Aktinolith, Epidot, Muskovit, Talk, Kalzit und Albit.
Chondrichthyes, Knorpelfische; Vorkommen: Mitteldevon bis Gegenwart.

Chondrite [griech. chondros »Korn«], kleine silikatische Kugeln (Chondren) enthaltende Steinmeteorite. Wenn solche Chondren fehlen, werden die Meteorite als *Achondrite* bezeichnet.

Chromeisenerz, svw. Chromit.

Chromit, *Chromeisenerz,* ein zu den Spinellen gehörendes Mineral, Cr_2FeO_4; halbmetallischer Glanz, schwarz, braunschwarz, regulär fast immer an Peridotite und aus ihnen entstandene Serpentinite gebunden. C. ist das einzige wirtschaftlich wichtige Chromerz. Lagerstätten: Balkan, Kleinasien, Bushveld (Südafrika), Ural, Kuba.

Chronometrie, svw. physikalische Altersbestimmung.

Chrysoberyll [griech. chrysos »Gold«], ein Mineral, Al_2BeO_4; nichtmetallischer Glanz, gelb, in der als *Alexandrit* (Edelstein) bezeichneten Abart bei Tageslicht smaragdgrün, bei Lampenlicht blutrot; rhombisch, häufig pleochroitisch, in Glimmerschiefern und Granitpegmatiten (Brasilien) sowie auf Seifen (Ceylon, Madagaskar, Brasilien).

Chrysokoll [griech. chrysos »Gold«, kolla »Leim«], *Kieselkupfer, Kupfergrün,* ein Mineral, $Cu_4H_4[(OH)_8 | Si_4O_{10}]$, fehlgeordnete Struktur; nichtmetallischer Glanz, grün, blau, braun, kryptokristallin, nierig, traubig.

Chrysolith, → Olivine.

Chrysopras, → Chalzedon.

Chrysotil, → Serpentin.

Cidariden, *Turbanigel,* reguläre Seeigel (→ Echinoiden). Vorkommen: Devon bis Gegenwart.

Cimbria [lat. »Land der Zimbern«], eine Insel, die im Dogger und Malm vorübergehend im Gebiet der Nordsee und das im nordwestlichen Teil des heutigen BRD gelegenen Küstengebietes aus dem Meer auftauchte.

Citrin, → Quarz.

Clactonien [nach dem Fundort Clacton-on-Sea, England], eine faustkeilfreie Abschlagkultur der älteren Altsteinzeit, verbreitet in Nordwesteuropa.

Cladogenese, die biologische Vervollkommnung der Organismen mit Anpassung und Spezialisierung an unterschiedliche Lebensräume und ökologische Nischen.

Clarke-Wert [nach dem amerikanischen Geochemiker F. W. Clarke], Bezeichnung für den Durchschnittsgehalt eines chemischen Elementes in der Erdkruste (in g/t = ppm bzw. Masse-Prozent). Die von verschiedenen Autoren berechneten Werte schwanken etwas in Abhängigkeit von Ausgangsdaten, Berechnungsmethoden und Vorstellungen über den Aufbau der Kruste. Durchschnittsgehalte für einzelne Gebiete werden als »regionale C.« bezeichnet.

Clymenia [griech. Klymene, Tochter des Meeresgottes Okeanos], eine Ammonitengattung mit flacher, scheibenförmiger, weit genabelter, glatter oder fein gestreifter Schale und einfacher Lobenlinie. Der Sipho liegt auf der Innenseite der Windungen. Verbreitet im oberen Oberdevon (z. B. Clymenienstufe der oberen Abteilung des rheinischen Oberdevons).

Clypeaster, irreguläre Seeigel (→ Echinoiden) mit schildförmigem, fünfseitigem Gehäuse, Vorkommen: Eozän bis Gegenwart; im Jungtertiär biostratigraphisch wichtig.

Cnidarier, ein Unterstamm der Coelenteraten. Paläontologisch wichtige Klassen sind die → Hydrozoen und → Anthozoen. Vorkommen: Proterozoikum bis Gegenwart.

Coccosteus [griech. kokkos »Kern«, osteon »Knochen«], eine Gattung der zu den Panzerfischen gehörenden Arthrodiren mit einem aus großen Deckplatten bestehenden Kopfpanzer und seitlichen Augen. Vorkommen: Mittel- und Oberdevon Europas, Nordamerikas, Neuseelands. Besonders häufig im Old Red Schottlands und Irlands.

Cockpits [engl. »Hahnenkampfplatz«], Bezeichnung für die in tropischen Karstgebieten vorkommenden, klimatisch bedingten, zahlreichen dolinen- und poljenartigen Formen an der Oberfläche, so daß man von einem *Cockpittyp* des Karstes spricht.

Coelenteraten, *Hohltiere,* ein Stamm der wirbellosen Tiere. Vorkommen: Proterozoikum bis Gegenwart.

Coelestin [lat. coelestis »himmelblau«], ein Mineral, $SrSO_4$; nichtmetallischer Glanz, meist weiß oder hellblau; rhombisch; tritt in Hohlräumen kalkiger Sedimente, seltener auf hydrothermalen Gängen und in Blasenräumen vulkanischer Gesteine auf.

Condylarthren, primitive Huftiere. Vorkommen: Paläozän bis Miozän Amerikas, Europas, Asiens.

Coniac, *Conacien, Conacium* [nach der Ortschaft Coniac/Westfrankreich], eine Stufe der Oberkreide.

Coniferen [lat.], *Nadelbäume, Zapfenträger,* eine Klasse der Nacktsamer, bis 100 m hohe Bäume mit dickem Holzzylinder, reicher Verzweigung, meist immergrünen, nadelförmigen Blättern, zapfenförmigen, seltener beerenartigen Fruchtständen. Hierzu gehören Kiefern- und Eibengewächse. Vorkommen: seit den obersten Oberkarbon.

Conodonten, kleine, zahnähnliche Fossilien von unsicherer systematischer Stellung, bestehen aus schichtweise übereinanderlagernden Lamellen von phosphor- und kohlensaurem Kalk, 0,14 bis 4 mm lang, im allgemeinen durchsichtig bis durchscheinend, bernsteinfarbig oder schwärzlich bei sekundärer Aufheizung des Gesteinsverbands über 300 °C. Anscheinend sind es die einzigen erhaltenen Skelettelemente von Vertretern eines unbekannten Stammes der Chordatiere. Um Zähne kann es sich nicht handeln, da die C. weder Pulpahöhle noch Dentinkanälchen aufweisen, keine Abnutzungsspuren zeigen und zudem durch Anlagerung neuer Substanz an der Außenseite gewachsen sind. Vorkommen: ? Kambrium, Ordovizium bis Trias, Obere Kreide, mit etwa 1000 »Arten«, die sich auf über 150 »Gattungen« verteilen. Die C. sind wichtige Leitfossilien mariner Ablagerungen des Paläozoikums (Abb. S. 323).

Conrad-Diskontinuität [nach dem österreichischen Geophysiker V. Conrad], eine Unstetigkeitsfläche in der Erdkruste in 10 bis 15 km Tiefe, an der eine sprunghafte Erhöhung der Geschwindigkeit der Erdbebenwellen von etwa 5,0 bis 6,0 auf 6,0 bis 6,5 km/s eintritt. Tiefenlage und Geschwindigkeitskontrast der C. sind regional stark unterschiedlich. Sie wird als der Übergang zwischen sauren Gesteinen (z. B. Granit) und basischen Gesteinen (z. B. Gabbro) gedeutet.

Conularien, zu den → Coelenteraten bzw. deren Unterklasse der Scyphozoen gehörige fossile Tiergruppe mit einem spitzkonischen, gestreiften, chitinig-phosphatischen Gehäuse. Vorkommen: Mittelkambrium bis Obertrias.

convection plumes, svw. mantle plumes.

convolute bedding, → Wulstfaltung.

convolution, → Wulstfaltung.

Corbulameer, ein dem Litorinastadium der Ostsee (→ Litorinameer) entsprechendes Meer im Nordseegebiet.

Cordaiten, eine Klasse der Nacktsamer, Bäume von 20 bis 30 m Höhe mit starkem Holzzylinder, unregelmäßiger Verzweigung, langen, bandartigen, am Oberende der Äste und Wipfel dicht gedrängten Blättern (Abb. S. 331). Vorkommen: Oberkarbon bis Perm.

Cordierit [nach dem Geologen Cordier], ein Mineral, $Mg_2Al_3[AlSi_5O_{18}]$; nichtmetallischer Glanz, blau, graublau, rhombisch, findet sich in kontaktmetamorphen und in regionalmetamorphen Gesteinen.

Cotylosaurier, die Stammgruppe der Reptilien. Vorkommen: Oberkarbon bis Obertrias.

^{14}C-(Radiokarbon-)Methode, → physikalische Altersbestimmung.

Creodontier, *Urraubtiere,* eine Unterordnung der → Carnivoren. Vorkommen: Unteres Eozän bis Unteres Miozän.

Crinoiden, *Seelilien, Haarsterne,* eine Klasse der Stachelhäuter mit fünfstrahliger Symmetrie des Körpers. Am Meeresboden mittels eines gegliederten Stieles festgewachsen, seltener freischwimmend. Stern- oder trommelförmige Stielglieder sind gesteinsbildend (Trochiten; -kalk). Vorkommen: ? Kambrium, Unteres Ordovizium bis Gegenwart. (Abb. S. 317).

Crioceras [griech. krios »Widder«, keras »Horn«], eine Ammonitengattung. Vorkommen: nur Untere Kreide, wichtige Leitfossilien des Barrême.

Cristobalit, → Quarz.

Croixian, svw. Potsdamian.

Cromer-Warmzeit [nach dem Ort Cromer in Norfolk/England], in Altersstellung und Gliederung umstrittene Warmzeit des Alt-Pleistozäns vor der Elster-Kaltzeit mit verbreiteten brakkischen Kiesen, Sanden und Tonen sowie Torfen (Ästuar) mit reicher Flora und Säugetierfauna.
Crustaceen, *Krebstiere,* ein Unterstamm der Gliederfüßer mit chitinigem, durch eingelagertes Kalziumkarbonat verstärktem Panzer. Der Kopf ist meist mit dem Rumpf ganz oder teilweise verschmolzen und hat zwei Fühlerpaare sowie drei Paar Kopfbeine. Vorkommen: ? Präkambrium, Kambrium bis Gegenwart.
Cuise, *Cuisien,* eine Stufe des Unteren Eozäns, dem oberen Abschnitt des → Ypern entsprechend.
Cuprit [lat. cuprum »Kupfer«], *Rotkupfererz,* ein Mineral, Cu_2O, braunrot, häufig in Malachit umgewandelt, kubisch. C. ist Oxydationsprodukt reicher Kupfererze, kommt fast ausnahmslos zusammen mit gediegenem Kupfer und Kupferkarbonaten vor, gemeinsam mit pulverigem Brauneisen als *Ziegelerz.*
Cyanit [griech. kyaenos »stahlblau«], *Kyanit, Disthen,* ein bläuliches Mineral, triklin, $Al_2[O|SiO_4]$; Härte in Vertikalrichtung 4 bis 4,5, quer dazu 6 bis 7. C. ist verbreitet in kristallinen Schiefern.
Cycadeen, *Palmfarne,* eine Klasse der Nacktsamer mit säulen- oder knollenförmigem, meist unverzweigtem Stamm und fiederpalmenähnlicher Krone. Die Blüten sind zapfenförmig, die Blätter ledrig, einfach gefiedert. Vorkommen: seit dem Keuper, heute auf die wärmeren Gebiete der Erde beschränkt (Abb. S. 435).
Cyclostigma] [griech. kyklos »Kreis«, stigma »Mal«], ein baumförmiger Vorläufer der Bärlappgewächse mit gestreifter Stammoberfläche, auf der mehr oder weniger regelmäßig gestellte, runde Blattpolster zu erkennen sind. Charakteristisch für das Oberdevon.
Cyrtoceras [griech. kyrtos »krumm«, keras »Horn«], eine Gattung der Nautiliden mit hornförmig gebogenem Gehäuse. Vorkommen: Silur bis Devon.
Cyrtograptus [griech. kyrtos »krumm«, graptos »geschrieben«], eine Gattung der zu den → Graptolithen gehörenden Monograptiden mit gekrümmtem Hauptast und geradegestreckten Seitenästen. Vorkommen: Silur.
Cystoideen, *Beutelstrahler,* eine Klasse der Stachelhäuter (→ Echinodermen). Vorkommen: ? Kambrium, Ordovizium bis Devon; Höhepunkt der stammesgeschichtlichen Entwicklung im Ordovizium.

D

Dac, *Dacien,* Regionalstufe des Pliozäns der zentralen Paratethys.
Dach, 1) → Hangendes, 2) svw. Firste.
Dachbanktypus, → Zyklotheme.
Dachschädel, svw. Stegocephalen.
Dachschiefer, zum Dachdecken geeignete → Schiefer, teils → Tonschiefer, z. B. aus dem Unterkarbon des Frankenwaldes (Lehesten, Unterloquitz), teils kristalline Schiefer, teils dünnspaltende Phyllite (z. B. Lößnitz/Erzgeb.).
Dacit [nach der altrömischen Provinz Dacia], ein Vulkanit der Granitgruppe, paläovulkanisch oft noch *Quarzporphyrit* genannt.
dalslandidische Phase, → Faltungsphase.
Dan, *Danien* [nach Dänemark], eine Stufe des Paläozäns, früher dem Kreide-System als jüngste Stufe zugeordnet, heute zusammen mit dem → Mont als → Dano-Mont dem Unteren Paläozän gleichgesetzt.
Dano-Mont, *Dano-Montien,* zusammenfassender Begriff für die Stufen → Dan und → Mont des Paläozäns.
Dasbergstufe [nach dem Dasberg bei Hovel im nordöstlichen Sauerland], eine Stufe des höchsten Oberdevons; Leitfossil ist Gonioclymenia.
Dauerfrostboden, *ewige Gefrornis, Permafrost,* ein bis in mehr als 200 m Tiefe dauernd gefrorener Boden im nivalen Klimabereich, der in dem kurzen Sommer nur oberflächlich auftaut (Spitzbergen etwa 1 m, Sibirien bis 4 m). Diese obere Zone wird als *Auftauboden* bezeichnet. Typische Erscheinungsformen des D., bei denen auch die → Hydratation eine Rolle spielt, sind → Kryoturbation, → Strukturböden, → Solifluktion, → Frosthebung, → Tropfenboden, → Pingos.
Dauerhumus, → Humus.
Dauertypen, *persistente Typen,* Tier- und Pflanzenformen, die sich in langen geologischen Zeiträumen nicht oder nur wenig verändert haben, z. B. Lingula, Rhynchonella, Triops; Ginkgo, Sequoia.
Daunstadium [nach Bergen im oberen Stubaital], die letzte Stillstandslage der Alpengletscher bei ihrem Schwinden am Ende der Würmkaltzeit.
Decke, 1) *Eruptivdecke, vulkanische D.,* eine durch Eruption besonders basischer Schmelzflüsse an der Erdoberfläche horizontal weit ausgebreitete Lavamasse. 2) *Überschiebungsdecke, tektonische D.,* → Überschiebung.
Deckengebirge, durch starke tangentiale Einengung auf ein Drittel bis ein Viertel der vorhergehenden Breite entstandenes → Gebirge.
Deckenlehre, svw. Deckentheorie.
Deckenpaket, *Deckensystem,* mehrere übereinander- bzw. nebeneinanderliegende Überschiebungsdecken in alpinotypen Gebirgen, → Überschiebung.
Deckentheorie, *Deckenlehre, Nappismus,* die Lehre, daß alpinotype Gebirge aus einer Mehrzahl von Überschiebungsdecken (→ Überschiebung) aufgebaut sind, hat wesentlich zur Deutung der Entstehung dieser Gebirge beigetragen, wenn auch eine Reihe der als Decken aufgefaßten Strukturen nicht von allen Geologen anerkannt wird, ohne daß diese die Existenz von Decken an sich bestritten. Der Aufbau eines Deckengebirges wurde erstmals in den Alpen erkannt und studiert. Man unterscheidet in den Westalpen drei Deckensysteme mit unterschiedlicher Gesteinsausbildung und verschiedenartigem tektonischem Bau: *Helvetiden, Penniniden* und *Klippendecken.* Die Ostalpen sind besonders durch die ostalpinen Deckensysteme gekennzeichnet.
Deckenwurzel, das Ursprungsgebiet von Überschiebungsdecken (→ Überschiebung).
Deckgebirge, 1) Begriff für die Gesamtheit der Schichtserien über einer Lagerstätte, z. B. Braunkohle. 2) Bezeichnung für die das → Grundgebirge diskordant überlagernden jüngeren Gesteinsserien (*Tafeldeckgebirge*), die sich in Bau und Deformationsgrad vom Grundgebirge infolge geringer oder fehlender Beanspruchung unterscheiden.
Deckschicht, im quartärgeologischen Sinne eine zusammenfassende Bezeichnung für quartäre Sedimente, die sich durch relativ geringe, großflächig gleichbleibende Mächtigkeit (oft unter 1 m) auszeichnen und durch → Bodenbildung meistens vollständig erfaßt sind bzw. umgelagertes Bodenmaterial enthalten und nach der Körnung sowie Genese weiter unterteilt werden (z. B. → Flugdecksand, → Geschiebedecksand, → Solifluktionsschutt).
Deflation, das Abwehen des durch Verwitterung gelockerten Gesteinsmaterials durch den Wind. Die D. tritt besonders in ariden Gebieten mit dürftigem oder fehlendem Pflanzenkleid in Erscheinung.
Deformation, die Verformung von Gesteinen, kann in → *elastischer D.* oder in *bleibender (ruptureller) D.* (→ Relaxation) bestehen. Mit der D. befaßt sich innerhalb der Physik die → Rheologie → rheologische Körper, → Durchbewegung). D. des Erdkörpers, → Gezeiten. Als *innere D.* bezeichnet man die → Schieferung.
Dehnung, → Störung.
Deisterphase, → Faltungsphase.
Dekapoden, *Zehnfüßer,* eine Ordnung der Krebstiere (→ Crustaceen). Vorkommen: Untertrias bis Gegenwart.
Deklination [lat. declinatio »Abweichung«], die magnetische Mißweisung, → Erdmagnetismus.
Delapsion [lat. delabor »herabgleiten«], das gravitative Abgleiten fester Gesteinsmassen von flachen subaquatischen Hängen → Massenbewegungen. Die D. erfolgt in → Schlammströmen (z. B. → Olisthostrom) oder in Form fester Gleitplatten (z. B. Olisthoplaka). Ablagerungen durch D. sind die *Olisthone.*
Delta, Bezeichnung für Flußmündungen, die sich unter ständiger Ablage-

rung der vom Fluß mitgeführten festen Stoffe in das Mündungsgebiet (Meer, Binnensee) vorschieben und dabei meist durch Verzweigungen des Flußlaufes fächerförmige Gestalt erhalten. Sedimente *fossiler D.* sind wegen ihrer charakteristischen Deltaschichtung gut zu identifizieren.
deluvial, Bezeichnung für den Umlagerungsprozeß von Verwitterungsvorgängen an Hängen mit Bildung von Fließlehm, Gehänge- und Wanderschutt.
Dendriten [griech. dendron »Baum«], baum-, strauch- oder moosförmige, zart verästelte Bildungen auf Kluftflächen mancher Gesteine, z. B. des Solnhofener Plattenkalkes, die durch Ausscheidung eingedrungener eisen- oder manganoxidhaltiger Lösungen entstanden sind und oft irrtümlich für Pflanzenabdrücke gehalten werden (Abb.).

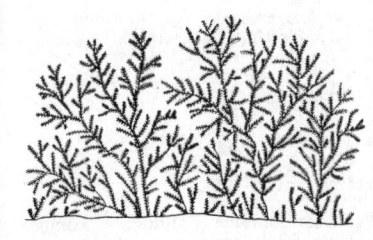

Dendriten

Dendrochronologie, eine Methode der → Geochronologie, mittels Jahreswachstumsringen von Bäumen deren Alter und das der sie umgebenden Sedimente zu errechnen. Die D. ist für die Bildungen der letzten 9000 Jahre anwendbar. Aus den Wachstumsringen der Bäume kann man auch auf den früheren jährlichen Klimacharakter und auf Klimaschwankungen schließen.
Dendroiden [griech. dendron »Baum«, eidos »Gestalt«], eine Graptolithinagruppe mit baum-, korb- oder netzartig verzweigten Stöcken. Vorkommen: Mittelkambrium bis Unterkarbon.
Dentalium, eine Gattung der Grabfüßer (→ Scaphopoden) mit röhrenförmigem glattem oder gerieftem Gehäuse und dreilappigem Grabfuß. Vorkommen: Eozän bis Gegenwart.
Denudation, allgemein die flächenhaft wirkende → Abtragung, speziell die Hangabtragung.
Depression, 1) durch Einbrüche oder tektonische Senkungen entstandene Hohlform der Landoberfläche, im engeren Sinne eine unter dem Niveau des Meeresspiegels liegende Einsenkung im Festlandsbereich. 2) Das Absinken der Schneegrenze während der Kaltzeiten.
Desmodontier, eine Gruppe der → Lamellibranchiaten.

Desmosit, → Spilosit.
Desquamation, svw. Abschuppung.
deszendent, absteigend, Bezeichnung z. B. für Wässer, die sich in den oberen Bodenschichten abwärts bewegen, und für Lagerstätten, die sich aus solchen Wässern gebildet haben.
Detraktion [lat. detraho »niederreißen«], eine Form der → Massenbewegung unter dem ausschließlichen oder bestimmenden Einfluß der Schwerkraft, → Delapsion.
Detritus [lat. deterere »zerreiben«], zerriebenes Gestein.
Deuterogäikum [griech. deuteros »zweiter«, ge oder gaia »Erde«], veralteter Begriff, nach H. Stille bei Annahme zweier → Umbrüche die zwischen dem → Postlaurentischen Umbruch und dem → Algonkischen Umbruch liegende geotektonische Erdmittelzeit.
Devon, das System bzw. die Periode zwischen Silur und Karbon, 1839 von R. J. Murchison und A. Sedgwick benannt nach einem Schichtenkomplex in der südenglischen Grafschaft Devonshire (vgl. Tab. der erdgeschichtlichen Gliederung am Schluß des Buches).
Diabas [griech. diabasis »Übergang«], ein meist submarin erstarrtes basisches, teils aus Plagioklas und Pyroxen, z. T. auch aus Olivin oder Hornblende bestehendes Intrusiv- oder Effusivgestein; Mineralumwandlungen (Uralitisierung, Chloritisierung, Serpentinisierung) führen zur *Grünsteinbildung.* Abarten sind *Diabasporphyrit, Diabasmandelstein* (Mandeln mit Kalzit), *Variolit* (mit sphärolithischer Grundmasse). D. wird als Straßen- und Eisenbahnschotter verwendet.
Diadochie [griech. diadoche »Nachfolge«, »Ablösung«], die Erscheinung, daß sich in einem Kristallgitter Ionen und Atome gegenseitig vertreten können. Voraussetzung für D. ist vor allem die Übereinstimmung der Ionen- bzw. Atomradien innerhalb gewisser Toleranzgrenzen. In der Mischkristallreihe der Olivine sind z. B. Mg und Fe diadoch (→ Isomorphie).
Diagenese [griech. dia »nach«, genesis »Entstehung«], *Verfestigung,* Vorgang in einem Lockersediment bei niedrigen Drücken und Temperaturen nahe der Erdoberfläche, der zur Gesteinsverfestigung bzw. zur Bildung von Festgestein führt. Die Zeit bis zur Verfestigung kann in der Größenordnung von Millionen Jahren liegen.
Diagonalverwerfung, spießeckig zum Streichen der Schichten gerichtete → Verwerfung.
Diaklase, svw. Kluft.
Diamant [griech. adamas »unbezwinglich«], ein Mineral, einer der vollsten Edelsteine, reiner Kohlenstoff, größte Härte (10), meist farblos, starke Lichtbrechung und Dispersion, kubisch, meist in Oktaedern (vgl. Größter D. bisher der »Cullinan« (3106 Karat). D. kommt auf primärer Lagerstätte vor allem in Kimberliten (z. B. in Südafrika und Jakutien); sekundär auf Seifenlagerstätten, unter anderem in Namibia und Zaire. 80 Prozent der Weltförderung an D. werden in der Industrie benötigt, 20% als *Schmuckdiamanten* verwertet. Mehr als 50 Prozent der *Industriediamanten* werden in Höchstdruckapparaturen synthetisch hergestellt.
Diaphthorese [griech. diaphtheira »Zerstörung«], nach Becke eine retrograde Metamorphose (Retromorphose), wenn ein bereits metamorphosiertes Gestein bei erneut einsetzenden gebirgsbildenden Vorgängen in eine höhere Tiefenstufe versetzt und damit in einen niederen Grad der Metamorphose zurückgeführt wird, z. B. Amphibolite in Grünschiefer.
Diaphthorite, durch → Diaphthorese entstandene Gesteine.
Diapir, ein geologischer Körper, der auflagernde Schichten durchbricht (Aufbruch). Hierzu zählen 1) Vertikalplutone kleinen Durchmessers; 2) besonders Salzstöcke; 3) Tondiapire; 4) Injektivsfalten; hierbei handelt es sich um *Diapirismus* komplexer Massen, den man auf tangentiale Pressung zurückführt; 5) Ejektivfalten; 6) mantle plumes.
Ursachen des Diapirismus sind vulkanische Kräfte, Unterschiede in der Plastizität und den hydrostatischen Drücken von Gesteinsmassen, besonders infolge Druckminderung durch Krustendehnung und Kluftbildung, seltener dagegen tektonische Einengung.
diaschist [griech. diaschizo »spalten«], Bezeichnung für ein Ganggestein, das eine andere chemische Zusammensetzung aufweist als das Muttergestein. Gegensatz: aschist.
Diastem, → Schichtlücke.
Diatexis [griech. »Durchschmelzung«], ein Stadium der → Anatexis bzw. → Ultrametamorphose, wobei auch die dunklen Minerale, wie Biotit, Hornblende u. a., aufgeschmolzen werden (→ Diatexit).
Diatexit, ein mehr oder minder vollständig aufgeschmolzenes Gestein, bei dem auch die dunklen Minerale, wie Biotit, Hornblende u. a., aufgeschmolzen oder zumindest von der Schmelze mechanisch aufgenommen werden.
Diatomeen [griech. diatome »Spaltung«], *Spaltalgen, Kieselalgen,* mikroskopisch kleine, einzellige Algen, deren meist zierlich skulpturierte Kieselhülle aus zwei ungleichen Teilen oder Schalen besteht; im Süß-, Brack- und Salzwasser lebend (Tafel 32). Vorkommen: seit dem Lias.
Diatomeenerde, *Kieselgur, Tripel,* in Binnenseen aus den Kieselschalen abgestorbener Diatomeen, aus anderen organischen Bestandteilen und aus Sand entstandenes gelbes, graues oder braunes, kieselig-organogenes Sediment, teilweise erdig mit Übergängen bis zu feinstem Ton, oft in Lagern von

Diatomeenschlamm

zuweilen bedeutender Mächtigkeit im Gebiet tertiärer und interglazialer Ablagerungen. Wegen ihrer großen Porosität und Saugfähigkeit in der Technik viel verwendet als Isolier-, Filter- und Saugmaterial (z. B. für die Dynamitherstellung).
Diatomeenschlamm, eine Meeresablagerung des eupelagischen Bereichs, von gelbgrauer Farbe, kalkarm, kieselsäurereich, vorwiegend aus kieselhaltigen Resten von Diatomeen bestehend. D. bedeckt etwa 7,5 Prozent des Meeresbodens. Seine Hauptverbreitungsgebiete sind die Meere um Antarktika sowie der nördliche Stille Ozean.
Diatrema, svw. Schlot.
Dibranchiaten, eine Unterklasse der → Cephalopoden. Vorkommen: Oberkarbon bis Gegenwart.
Dichroismus, → Pleochroismus.
Dictyonema [griech. diktyon »Netz«, nema »Faden«], eine weit verbreitete Gattung vielästiger Graptolithen mit netzförmigen Querverbindungen zwischen den Ästen. Vorkommen: Oberkambrium bis Unterkarbon.
Dictyphyllum [griech. diktyon »Netz«, phyllon »Blatt«], *Netzblattfarn,* eine Gattung der Dipteridaceae mit langen, zweiteiligen Wedeln, die mit mehr oder weniger zahlreichen, spiralig nach außen gedrehten Fiedern besetzt sind. Vorkommen: Rät bis Unterkreide, im Wealden schon selten.
Didymograptus [griech. didymos »doppelt«, graptos »geschrieben«], eine Gattung der → Graptolithen mit zwei einzeilig besetzten, hängenden oder horizontalen Ästen, die symmetrisch von der Embryonalzelle ausgehen. Vorkommen: Ordovizium (Abb. S. 310).
Differentiation [lat. differentia »Unterschied«], 1) *magmatische D.,* die Veränderung der Zusammensetzung eines Magmas durch a) fraktionierte Kristallisation mit Absaigerung der ausgeschiedenen Kristalle im Schwerefeld (gravitative Kristallisationsdifferentiation); b) Liquation, d. i. Entmischung und Absaigerung einer sulfidischen oder oxidischen Schmelzphase aus einer Silikatschmelze; c) Gastransport mobiler Komponenten innerhalb einer Schmelze von einem nach oben bzw. im Temperaturgefälle. 2) *metamorphe D.,* die Veränderung der Gesteinszusammensetzung durch Mobilisation einzelner Mineralphasen oder eines Teiles ihrer Komponenten im praktisch festen Gestein und Wiederabscheidung nach Zurücklegen einer mehr oder minder großen Weglänge. Sie erfolgt durch a) Konkretionsbildung unter hydrothermalen Bedingungen (z. B. Quarzknauern in Phylliten), b) Metablastese unter überkritischen Bedingungen (z. B. Sprossung von Kalifeldspatgroßkristallen), c) Metatexis mit Mobilisation leukokrater Minerale in der Schmelzphase (→Anatexis).
Dikotyledonen, → Angiospermen.

Diktyogenese [griech. diktyon »Netz«, genesis »Entstehung«], *Gerüstbildung,* nach v. Bubnoff zwischen Epirogenese und Tektonogenese vermittelnde, nicht allgemein anerkannte Bewegungsform der Erdkruste, die sich in mehrmaligen, mittelgespannten Bewegungen (*akroorogene Bewegung*) kleiner Krustenteile im Verlauf der Erdgeschichte äußert und zur Aufgliederung von Großschollen in einzelne Schwellen und Becken führt, z. B. Thüringer Wald und Harz mit Thüringer und Subherzynem Becken.
Diluvium [lat. »Sintflut«], veraltete Bezeichnung für die untere Abteilung bzw. Epoche des Quartärs, heute als Pleistozän bezeichnet.
Dinant [nach der belgischen Stadt Dinant], seit 1884 Name für die untere Abteilung des Karbons (étage houiller inférieur) bei Zweiteilung des Karbons, entsprechend Siles für die obere Abteilung. Das D. umfaßt die Stufen Tournai und Visé, bzw. nach der biochronologischen Zonierung die Stufen Gattendorfia, Pericyclus und Goniatites.
Dinariden, → alpidische Gebirgsbildung.
Dinosaurier, eine Gruppe nachkommenlos ausgestorbener, teils fleisch-, teils pflanzenfressender Reptilien, landbewohnend, mit nackter oder gepanzerter Haut, langem Schwanz, kurzen Vorder- und längeren Hinterbeinen und kleinem Gehirn, von Katzengröße bis etwa 30 m Länge (*Riesensaurier*). Von den D. gibt es zwei deutlich nach dem Bau des Beckens unterscheidbare Gruppen: → Saurichia (Sauropoden, Theropoden) und → Ornithischia (Stegosaurier, Ankylosaurier, Ornithopoden, Ceratopsiden). Vorkommen: Trias bis Kreide.
Dinotherium [griech. deinos »furchtbar«, therion »Tier«], ein Rüsseltier, größer als ein Elefant mit abwärts gerichteten, leicht nach hinten gekrümmten Stoßzähnen im Unterkiefer. Vorkommen: Miozän bis Pleistozän, die besten Pliozän.
Diopsid, → Pyroxene.
Diorit [griech. dihorizo »unterscheiden«], ein mittel- bis grobkörniges, intermediäres Tiefengestein, dunkelgrau, mit Plagioklas (Andesin) und Hornblende, oder statt Hornblende Biotit, Augit oder Hypersthen (*Biotit-, Augit-* oder *Hypersthendiorit*). Im *Quarzdiorit* kommt Quarz, im *Granodiorit* außer Quarz Kalifeldspat hinzu. D. wird beim Straßenbau und als Naturstein verwendet.
Diplodocus [griech. dokos »Balken«], eine Gattung der → Sauropoden. Die bis 25,6 m langen und 5 m hohen Tiere haben Rückenwirbel mit gegabelten Fortsätzen. Vorkommen: Oberer Jura von Nordamerika.
Diplograptus [griech. diploos »doppelt«, graptos »geschrieben«], eine Gattung der → Graptolithen.
Dipnoer [griech. dis »doppelt«, pnoe »Atem«], *Lungenfische,* eine Unter-

klasse der Knochenfische mit rundlichen Schuppen, wenigen großen Zahnplatten in Gaumen und Unterkiefer und einer zu einem lungenartigen Organ umgewandelten Schwimmblase, um Trockenzeiten zu überdauern (Lurchfische). Vorkommen: Unterdevon bis Gegenwart (→ Ceratodus).
disharmonische Faltung, die Faltung übereinanderlagernder → kompetenter und → inkompetenter, meist sedimentärer Gesteine mit unterschiedlichen physikalischen Eigenschaften. Je nach der lithologisch-petrographischen Zusammensetzung der Schichtserien, ihrer Mächtigkeit und der Lagerungstiefe der starren Schichtpakete werden verschiedene Falten in den einzelnen Stockwerken der sich geomechanisch unterschiedlich verhaltenden Gesteinsserie (Abb.) gleichzeitig ausgebildet, unter anderem auch → Ejektivfalten.

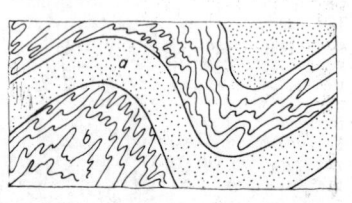

Disharmonische Faltung. a kompetente, b inkompetente Gesteine

Diskonformitäten, → Schichtlücke.
Diskontinuitätsfläche [lat. dis »auseinander«, continere »zusammenhalten«], 1) Grenzschichten in tieferen Zonen der Erde, an denen sich die physikalischen und/oder chemischen Eigenschaften sprunghaft ändern, z. B. Mohorovičić-Diskontinuitätsfläche, 2) in der Felsmechanik alle die Gesteinskomplexe durchsetzenden Trennflächen.
Diskordanz [lat. discordans »nicht übereinstimmend«], die ungleichsin-

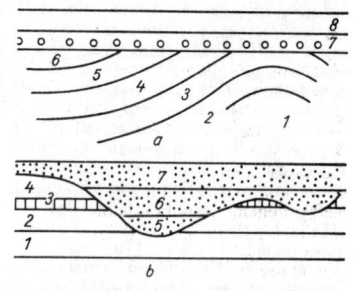

a Tektonische Diskordanz. Zwischen der Ablagerung der Schichten 6 und 7 fanden Faltung, Heraushebung und Abtragung statt. b Erosionsdiskordanz. Zwischen der Ablagerung der Schichten 4 und 5 bildete sich durch Erosion ein Relief

nige Lagerung von Gesteinsschichten, d. h. winkliges Abstoßen der Schichtung. Gegensatz: → Konkordanz. 1) Eine *tektonische D.* entsteht durch Bedeckung eines mehr oder weniger tief abgetragenen Gebirgsrumpfes mit jüngeren Sedimenten. Dabei bilden geneigte Schichten mit der transgredierenden, sich horizontal ablagernden Schicht eine *Winkeldiskordanz*, die wichtig für die zeitliche Einordnung der Gebirgsbildung ist (Abb.). Eine *Erosionsdiskordanz* (*Anlagerungsdiskordanz*) entsteht durch Einlagerung jüngerer Schichten in ein durch Erosion geschaffenes Relief (→ Schichtlücke). 2) *Scheindiskordanzen* entstehen durch Schrägschichtung in bewegtem Wasser, z. B. Deltaschüttung, Kreuzschichtung in Dünen.

Dislokation, svw. Störung.

Dislokationsbeben, *tektonische Erdbeben,* als Folge von Bruchbildungen und Verschiebungen in der Erdkruste auftretende Erdbeben, die etwa 90 Prozent aller Beben umfassen.

Dislokationsmetamorphose, auch *Dynamometamorphose* genannt, an Störungszonen gebundene → Metamorphose, die lokal zum Bruch und damit zur Zerstörung der Minerale und ihres Gefüges führt.

Dispersionshof, der Bereich in der Umgebung einer Lagerstätte, in dem migrationsfähige, meist auch in der Lagerstätte selbst konzentrierte Elemente angereichert sind. Das Antreffen von D. erleichtert die Suche von Lagerstätten (→ geochemische Prospektion).

distal [lat. *distantia* »Abstand«], in der Sedimentologie Bezeichnung für »liefergebietsfern«. → proximal.

Disthen, svw. Cyanit.

Distraktion, → Störung.

Dogger [engl.], die mittlere Abteilung des Juras.

Dolerit, → Basalt.

Doline [slowenisch »Tal«], eine überwiegend geschlossene, trichter- oder schüsselförmige Hohlform (→ Uvala) in der Erdoberfläche von Karstgebieten, mit rundem, elliptischem oder unregelmäßigem Umriß, bei Durchmessern von 10 bis 1500 m und Tiefen bis 300 m.
D. können sich durch Auslaugung von Kalk- und Salzgesteinen vor allem an Gesteinsfugen und durch Einsturz entstandener Hohlräume bilden (*Einsturzdolinen,* besser *Einsturzkessel* bzw. *-trichter*). Häufiger sind D., die von Oberflächengewässern entlang von Störungszonen ausgelaugt wurden und dann auf der Hochfläche in einer Reihe liegen. Man bezeichnet sie als *Karren-* oder *Trichterdolinen* bzw. *Karsttrichter.* Durch Vergrößerung von D. können → Poljen entstehen.

Dolomit [nach dem franz. Mineralogen Dolomieu, 1750–1801], 1) ein gesteinsbildendes Mineral, CaMg[CO$_3$]$_2$, trigonal; Mg ist durch Fe und Mn diadoch ersetzbar (*Ankerit*); von anderen Karbonaten u. a. mit verschiedenen Färbereaktionen zu unterscheiden. 2) ein im wesentlichen aus dem Mineral D. bestehendes körniges bis dichtes Gestein, das primär-sedimentär (kleiner Teil), frühdiagenetisch oder durch Magnesiummetasomatose (*Dolomitisierung*) aus Kalkstein entstanden ist. Durch Regionalmetamorphose entsteht *Dolomitmarmor*, durch Verwitterung *Dolomitasche,* durch Auslaugung *Zellendolomit, Rauchwacke* oder *Rauhwacke.* D. wird vor allem in der metallurgischen, keramischen, Feuerfest- und Glasindustrie verwendet.

Dolomitisierung, die metasomatische Umwandlung des Kalzits chemogener oder biogener Karbonatgesteine in Dolomit nach dem Reaktionsschema
2 CaCO$_3$ + Mg^{++} → CaMg(CO$_3$)$_2$ + Ca^{++}. Das erforderliche Mg^{++} stammt entweder a) aus dem Meerwasser (Beispiel: Atolle der Südsee), b) aus salinaren Laugen (z. B. Plattendolomit des Zechsteins) oder c) aus Hydrothermen (z. B. in Teilen der Alpen). Primäre Dolomitbildung aus Meerwasser ist nur in Tiefseetonen gesichert. Jedoch vermögen Organismen in tropischen Meeren, insbesondere Kalkalgen, 10 bis 25 Prozent MgCO$_3$ im CaCO$_3$ einzubauen. Zur Dolomitbildung bedarf es auch hier einer späteren Mg^{++}-Zufuhr.

Dom, 1) ein rundlich gewölbter Pluton; 2) → Sattel; 3) in Nordamerika gebrauchter Ausdruck für Brachyantiklinale.

Domer, Domero, Domérien [nach dem Monte Domaro in den italienischen Alpen], eine Teilstufe des Mittleren Lias, entspricht dem oberen Pliensbach.

Doppelspat, → Kalkspat.

dorsal, zum Rücken gehörig.

drag marks, → Schleifmarken.

Drehachsen, → Achsen.

Drehwaage, ein Gerät zur Bestimmung des horizontalen Schwerkraftgradienten, d. h. der Veränderung der vertikalen Schwerkraftkomponente längs der Erdoberfläche, sowie der Krümmungsgröße (Verhältniszahl zur Bestimmung der Form der Niveauflächen, d. h. Flächen gleicher Schwere). Da die Schwerewerte von Struktur und Dichte des betreffenden Erdkrustenteils abhängig sind (→ Gravimetrie), dient die D. unter anderem zum Festlegen von Verwerfungen und zum Aufsuchen nutzbarer Lagerstätten.

Dreikanter, → Windkanter.

Dreilappkrebse, svw. Trilobiten.

Drenthestadium, → Saalekaltzeit.

Driftmarken, svw. Schleifmarken.

Drifttheorie, nach Vorläufern von Ch. Lyell 1835 begründete Theorie, die die ortsfremden Gesteinsblöcke in den glazialen Ablagerungen durch Verfrachtung in Eisbergen mittels Meeresströmungen erklärt, im Gegensatz zur heute herrschenden Inlandeistheorie, die die Verfrachtung durch Inlandeis erklärt.

Drillingsstruktur, engl. (*rift*) *triple junction,* in der → Plattentektonik Bereiche über → mantle plumes, die global verbreitet, längs dreier Grabenzonen auseinanderbrechen können, wobei theoretisch alle die gleiche tektonische Aktivität besitzen und einen Winkel von 120° aufweisen. Meist bilden sich nur zwei zu Plattengrenzen aus, während der dritte Arm schwach ist und keine Spreizung zeigt. Dieser wird mit → Aulakogenen parallelisiert. Beispiele für D. sind das Afar-Dreieck in Ostafrika mit dem ostafrikanisch-äthiopischen Graben (NNE-SSW), dem Golf von Aden (E-W) und dem Roten Meer (NNW-SSE bis WNW-ESE) bzw. den Grenzen der Arabischen, Somalischen und Nubischen Platte, in Europa die Frankfurt(Main)-Drillingsstruktur mit den Armen Oberrheingraben, Mittel- und Niederrheinstruktur und Hessische Senke-Leinegraben, eine sehr junge Struktur, bei der es ähnlich wie bei der Irkutsk-Drillingsstruktur noch nicht zu einer Spreizung gekommen ist.

Druckfestigkeit, in der technischen Gesteinskunde das Verhältnis der Kraft, die zum Bruch eines definierten Gesteinsprobekörpers erforderlich ist, zu seinem Querschnitt (Würfel oder Zylinder). Die Messung erfolgt in N/mm^2. Die D. ist abhängig von Mineralfestigkeit, Gefügeregelung sowie Entspannungsverhalten.

Drucksuturen [lat. *sutura* »Naht«], zacken- oder zapfenförmige Nähte auf Schichtfugen von Kalksteinen. Kohlendioxidhaltige Wässer lösen beiderseits der Schichtfugen in unregelmäßiger Form etwas Substanz auf, die hangende Schicht sinkt nach und verzahnt sich zapfen- oder zackenförmig mit der liegenden (→ Stylolith).

Drumlins, Drums, Schildberge, Rückenberge, in ehemals vergletscherten Gebieten stromlinienartige, elliptische Formen, in Richtung der Eisbewegung angeordnete Hügel aus Moränenmaterial (Geschiebemergel) mit deutlicher Luv- und Leeseite. Der Kern besteht z. T. aus anderem Material, z. B. Kies, Höhe 5 bis 10 m, Breite 3 bis 40 m, Länge 800 bis 2000 m. D. in größerer Zahl bilden *Drumlinlandschaften.* Die Entstehung der D. ist umstritten: Teilweise werden sie als Ablagerungsformen unterhalb des Eises, teilweise als Erosionsformen gedeutet.

Drums, svw. Drumlins.

Druse, Bezeichnung für einen Hohlraum mit gut ausgebildeten Kristallen auf den Wänden, die konvergierend von außen nach innen gewachsen sind. Die D. ist eine Art der → Sekretion.

Dryaszeit, svw. Tundrenzeit.

Dünen, durch Wind aufgeschüttete, überwiegend aus Quarzsand bestehende hügelartige Formen des festen Landes. D. kommen in Trockengebieten (Innen-, Binnen-, Festlands- oder Kontinentaldünen) und an der Küste (Strand-, Küstendünen) vor. In der Regel treten die D. als lange, parallel angeordnete Sandrücken auf, die im Windschatten eines Hindernisses entstanden sind, und wandern mit dem Winde. Neben den gewöhnlichen, rechtwinklig zu den wirksamen Winden verlaufenden *Querdünen* kennt man, besonders in Wüsten, auch in der Richtung der herrschenden Winde liegende *Längsdünen* (→ Seif) sowie in Gebieten mit wechselnder Windrichtung die meist besonders großen *Sterndünen*. Oft sind D. bogenförmig gestaltet, da die flachen Enden rascher wandern als die Mitte (*Sicheldünen, Bogendünen, Barchane*). Fossile D. finden sich in vielen Abteilungen, z. B. im Rotliegenden und im Buntsandstein.

Dunit [nach den Dun-Mountains, Neuseeland], ein ultrabasisches Tiefengestein ohne vulkanische Äquivalente, aus der Familie der → Peridotite, Olivingestein mit nur wenig Magnetit und Chromit.

Dünnschliffe, dünne durchsichtige Plättchen (durchschnittliche Dicke 0,02 bis 0,03 mm) aus Mineralen, Gesteinen oder aus mit Spezialharz getränkten Böden. Bei Durchlichtuntersuchungen unter dem Mikroskop geben D. Aufschluß über chemische, physikalisch-optische und strukturelle Eigenschaften der mineralischen Bestandteile. Von Gesteinen, Erzen und Kohlen stellt man *Anschliffe* mit polierter Oberfläche her zur Betrachtung im auffallenden Licht.

Durchbewegung, ein während der Tektonogenese durch Druck- und Temperaturerhöhung in kristallinen Schiefern ausgelöster Bewegungsvorgang. Die D. bewirkt im allgemeinen eine mechanische Verformung und begünstigt durch die Gefügeauflockerung die chemische Umkristallisation. In überwiegend mechanisch verformten Gesteinen (→ Tektoniten) sind die Mineralkörner entweder verbogen oder verschoben (*plastische* D.) oder sie sind zerbrochen (*rupturelle* D.); Ergebnis ist Kristallisationsschieferung bzw. Bruchschieferung. Das ursprüngliche Gesteinsgefüge wird deformiert. Die physikalischen Eigenschaften der Mineralkörper (z. B. Spaltbarkeit, Translation) bestimmen das Lagengefüge. Mit zunehmender Tiefe, also bei höheren Drücken und Temperaturen, nimmt die Umkristallisation zu. Bei den kristallinen Schiefern überdauert die Umkristallisation im allgemeinen die Deformation, d. h., die Deformation ist normalerweise parabis präkristallin. Eine Form der D. ist die → laminare Gleitung.

Durchlässigkeit, svw. Permeabilität.

Durchlässigkeitsbeiwert, *Durchlässigkeitskoeffizient, Filtrationskoeffizient,* die Filtergeschwindigkeit, dividiert durch das Grundwassergefälle bei laminarem Fließzustand, nach Darcy

$$k_f = \frac{Q}{J \cdot F}$$

Durchläufer, 1) Minerale, die in mehreren metamorphen Stadien auftreten, im Unterschied zu den Leitmineralen (→ Minerale); **2)** Erze und andere Minerale, die in verschiedenen aufeinanderfolgenden magmatischen → Paragenesen vorkommen (z. B. Quarz, Pyrit, Kupferkies); **3)** fossile Tier- und Pflanzenarten, die in mehreren aufeinanderfolgenden Stufen oder Unterstufen vertreten sind, im Gegensatz zu Leitfossilien, deren Vorkommen auf eine einzige Stufe oder eine bzw. einige wenige Unterstufen beschränkt ist.

Durchschlagröhre, svw. Schlot.

Durchschnittsgehalt, in der ökonomischen Geologie der durchschnittliche Gehalt (berechnet als einfaches arithmetisches oder gewogenes Mittel aus allen vorliegenden Einzelwerten) eines Blockes, der ganzen Lagerstätte oder auch des geförderten Rohstoffes.

Durit, → Kohle.

Dy [schwed.],ein → subhydrischer Boden auf dem Grund saurer, nährstoffarmer Gewässer, der sich im wesentlichen aus amorphen Humusgelen aufbaut.

Dyas, → Perm.

Dynamometamorphose, → Dislokationsmetamorphose.

Dysodil, → Kohle.

E

Eburon-Kaltzeit [nach dem einst zwischen Maas und Rhein lebenden Stamm der Eburonen], die zweite Kaltzeit des Altpleistozäns; hinterließ z. B. feinkörnige Sedimente mit subarktischem Polleninhalt in den Niederlanden und alte Terrassenschotter im Rheingebiet.

Echinodermen, *Stachelhäuter,* ein Stamm mariner Wirbelloser von fünfstrahligem, radiärem oder bilateralsymmetrischem Bau mit Ambulakral- oder Wassergefäßsystem. Unterstämme sind a) *Pelmatozoen,* gestielte festsitzende Tiere mit den Klassen Cystoideen, → Blastiodeen und → Crinoideen, b) *Eleutherozoen,* frei bewegliche Tiere mit den Unterklassen → Asteroideen (Echinoiden, Holothuroiden) und → Ophiuroiden. Vorkommen: Kambrium bis Gegenwart.

Echinoiden, *Seeigel,* eine Klasse der Stachelhäuter (→ Echinodermen) mit deutlich fünfzähliger Symmetrie. Sie haben ein kugeliges bis scheibenförmiges, kompaktes, weitgehend geschlossenes Gehäuse meist aus 5 Ambulakral- und 5 Interambulakralfeldern. Systematisch werden sie gliedert in *Perischoechinoiden*: Ordovizium bis heute; und in *Euechinoiden*: Obertrias bis zur Gegenwart. Die Ambulakralfelder haben je 2 radiäre Porenreihen zum Austritt der zur Bewegung dienenden Ambulakralfüßchen. Die Interambulakralfelder sind nicht durchbohrt, tragen aber durch Bänder elastisch befestigt, zum Schutz und der Bewegung dienende Stacheln verschiedener Form. Das Mundfeld (Peristom) der E. liegt auf der Unterseite, das Afterfeld (Periprokt) im Gehäusescheitel oder zwischen Scheitel und Mund. Man untergliedert die Euechinoiden in *Reguläre* und *Irreguläre*. Die Regulären haben runden Umriß, zentralen Mund und After im Scheitelschild. Die Irregulären haben bilateral-symmetrische, runde, ovale oder herzförmige Formen, oft exzentrischen Mund (Tafel 42).

Echsen, svw. Saurier.

Edelsteine, durchsichtige, durchscheinende und undurchsichtige Minerale, die wegen ihrer Schönheit und besonderer physikalisch-optischer Eigenschaften zu Schmuckzwecken verwendet werden. Farbe, Glanz und Brillanz bestimmen die Schönheitseffekte. Hohe Lichtbrechungs- und Dispersionswerte, Totalreflexionserscheinungen und bestimmte Schliffformen (z. B. Brillant) erhöhen die Licht- und Farbeffekte. E. sind in der Regel durch eine hohe Härte (> 7) und eine gewisse Seltenheit ausgezeichnet. Wertvolle E. sind z. B. Diamant, Korund (Rubin und Saphir) und Beryll (Smaragd). Die meisten E. werden synthetisiert oder imitiert.

Edentaten, *Zahnarme,* eine Ordnung der Säugetiere. Panzerlose Formen: Ameisenbär, Faultiere (beide seit dem Pleistozän) und Riesenfaultiere (bis elefantengroß seit dem Pliozän, z. B. Megatherium); gepanzerte Formen: Riesengürteltier (Glyptodon, aus dem Pleistozän von Südamerika). Vorkommen: Eozän bis Gegenwart, heute in den neuweltlichen Tropen.

Ediacara-Fauna, die im jüngsten Proterozoikum Australiens, später auch in anderen Teilen der Welt entdeckte skelettlosen Metazoenreste als Vorläufer paläozoischer Faunen.

Eem-Warmzeit, *Eem-Interglazial* [nach einem Flüßchen in den Niederlanden], die Warmzeit zwischen Warthestadium und Weichselkaltzeit. Nach dem Rückschmelzen des Eises stieg der Meeresspiegel, die Transgression des Eem-Meeres führte zu einer Land-Meer-Grenze an Nord- und Ostsee, die etwa der heutigen entsprach. Die Eem-Ostsee hatte höheren Salzgehalt und deshalb eine mannigfaltigere Tierwelt als die heutige Ostsee. Die Waldbäume wanderten in einer charakteristischen Folge in Mittel- bis Nordeuropa ein und verschwanden ebenso wieder mit dem Abklingen der E. und dem Herannahen der Weichselkaltzeit.

Efforation [lat. efforare »herausbohren«], eine → Erosion unter hohem Wasserdruck (Druckerosion), wie sie neben der → Korrosion zusätzlich in verkarstungsfähigen Gesteinen als mechanische Wirkung des turbulent strömenden Wassers in erweiterten Trennfugen eine Rolle spielt.

Effusion [lat. effusion »Erguß«], das Ausfließen von Lava aus einem → Vulkan.

Effusivgesteine, → Gesteine.

Eger, *Egerien,* eine Regionalstufe der zentralen Paratethys, die das Obere Oligozän und unterste Untermiozän umfaßt.

Eggenburg, *Eggenburgien* [nach Eggenburg in Niederösterreich], Regionalstufe für das Untere Miozän der zentralen Paratethys, entspricht etwa dem unteren → Burdigal.

eggische Richtung, → Streichen und Fallen.

Eifel, *Eifelien, Eifelium* [nach der Eifel], das untere Mitteldevon, nach dem leitenden Goniatiten auch *Anarcestesstufe* genannt.

Eigenpotentialverfahren, *Eigenpotentialmessung,* ein Verfahren der → Geoelektrik, auch zur Ermittlung von Gesteinsgrenzen und -eigenschaften in Bohrlöchern angewendet.

Einfallen, → Streichen und Fallen.

Einregelung, die Einordnung von Mineralen, aber auch Fossilien in bevorzugte Lagen oder Richtungen in einem Gestein oder Medium bei seiner Bildung, z. B. von Mineralkörnern oder Muschelschalen in Sedimenten, von Geröllen in einem Fluß; von Geschieben im Gletschereis; von Mineralen in Metamorphiten (Tektoniten); von Einsprenglingen, Gasblasen, Einschlüssen in Magmatiten). Die E. ist ein wichtiges Gefügemerkmal, → Gefüge.

Einschlüsse, 1) in Mineralen während des Wachstums eingeschlossene Gasblasen, Flüssigkeiten, Gläser oder andere Minerale. Mineraleinschlüsse beeinflussen oft die Farbe, z. B. Rotfärbung des Avanturinquarzes durch eingeschlossenen Eisenglanz; 2) in Magmatiten frühzeitige Ausscheidungen aus dem Schmelzfluß, z. B. Olivinknollen in Basalten; 3) → Xenolithe.

Einsprenglinge, die größeren, frühzeitig ausgeschiedenen Kristalle porphyrischer Gesteine, → Gefüge.

Einsturzbeben, ein durch Einsturz der Decke unterirdischer Hohlräume ausgelöstes Erdbeben von geringer Reichweite.

Einsturzkessel, → Doline.

Einsturztrichter, → Doline.

Einzeller, svw. Protozoen.

Eisen, Fe, ein chemischer Grundstoff; Metallglanz, grau, schwarz; Strich schwarz; Härte 4 bis 5, Dichte 7,3 bis 7,8; kubisch. In gediegener Form ist E. in der Erdkruste selten, es findet sich z. B. in Basalten in geringer Menge mit meist kleinen Nickelgehalten; häufiger als Nickeleisen in Eisen- und Steinmeteoriten (→ Meteorite).

eisengebirgische Phase, → Faltungsphase.

Eisenglanz, gut kristallisierter → Hämatit.

Eisenglimmer, → Hämatit.

Eisenkies, svw. Pyrit.

Eisenmeteorite, → Meteorite.

Eisennickelkies, svw. Pentlandit.

Eisenspat, svw. Siderit.

Eisenzeit, der Zeitabschnitt, in dem Eisen als wichtigster Werkstoff (Waffen, Geräte) verwendet wurde. Beginn in Nord- und Mitteleuropa um 500 v. u. Z.

Eiserner Hut, → Oxydationszone.

Eiskappe, ein relativ kleiner, eine Vollform bedeckender → Gletscher.

Eiskeil, eine meist keilförmige, auch rechteckige oder bauchige eisgefüllte Spalte im Boden, durch wiederholtes Aufreißen und Ausfrieren von Frostspalten entstanden. Nach Abschmelzen des Eises wird der E. von nachsinkenden Bodenschichten (Sand, Kies) aufgefüllt (Keilspalte). Solche Keilspalten gibt es z. B. in Mitteleuropa in ehemals periglazialen Gebieten. Rezente E. kommen im nördlichen Nordamerika und in Sibirien vor.

Eiszeit, svw. Kaltzeit.

Ejektion [lat. eiectio »Auswerfen«], das explosionsartige Ausschleudern von Lockerstoffen (→ Tephra) aus einem Vulkan.

Ejektivfalte [lat. se eicere »hervorbrechen«], eine Falte, die durch das Durchspießen von plastischem Material durch ein starres Gesteinspaket gekennzeichnet ist, → Diapir.

Eklogit [griech. eklektos »auserwählt«], ein metamorphes Gestein hoher Dichte (~3,5) mit mehr oder weniger basaltischem Chemismus und den Hauptphasen Omphazit und Granat. Typisches Gestein der Hochdruck-Metamorphose in Subduktionszonen bzw. im Grenzbereich Kruste/Mantel. Vorkommen in der Oberkruste sind wohl meist tektonisch verfrachtete Blöcke (z. T. Mélange), obwohl auch eine Bildung in »Drucksonderfazies« intrakrustal möglich ist. Vorkommen als Blöcke, Linsen oder Bänder in Gneisen und Serpentiniten (Ost- und Westalpen, Moldanubikum, Fichtelgebirge, Erzgebirge).

Eklogitfazies, → Mineralfaziesprinzip.

Eklogitschale, *Griquaitschale,* nach Goldschmidt ein zwischen Silikathülle und Sulfid-Oxid-Schale der Erde liegender Bereich; nach Borchert und Tröger (1962) ein im oberen Erdmantel in etwa 60 bis 80 km Tiefe angenommener Bereich, in dem Gesteine von eklogitischer Zusammensetzung vorherrschen sollen.

Eläolith, → Feldspatvertreter.

elastische Deformation, eine mechanische Verformung innerhalb der Elastizitätsgrenze. Nach Aufhören der deformierenden Kraft wird die alte Form wieder eingenommen. Wird die Elastizitäts- oder Fließgrenze überschritten, so kommt es zu plastischer Verformung oder bei spröden Mineralen zum Bruch. Das Verhalten von Gesteinen gegenüber der e. D. ist von verschiedenartigen Verhalten der aneinandergrenzenden Minerale abhängig (→ Deformation, → rheologische Körper).

elastische Nachwirkung, die Erscheinung, daß an deformierten Mineralen und Gesteinen bei Aufhören der auf sie wirkenden Kräfte die elastische Deformation nicht sofort zurückgeht, sondern nur langsam verschwindet.

elektrisches Kernen, svw. Bohrlochmessungen.

Elephas primigenius, svw. Mammuthus primigenius.

Eleutherozoen, → Echinodermen.

Elevationstheorie [lat. elevatio »Emporhebung«], *Erhebungstheorie, Lehre von den Erhebungskratern,* durch E. de Beaumont, L. v. Buch und A. v. Humboldt begründete alte Vorstellung, daß Vulkane infolge Emporhebung durch Schmelzflüsse der Tiefe entstanden und auch Faltengebirge auf ähnliche Ursachen zurückzuführen seien.

Elsterkaltzeit [nach der Weißen Elster], die erste sichere norddeutsche Vereisung im Pleistozän.

eluvial, svw. ausgewaschen, natürlich geschlämmt. Auswaschung führt z. B. zur Anreicherung von bestimmten Mineralen (eluviale → Seifen) oder zur Verarmung an bestimmten Mineralen bzw. Substanzen durch chemische Prozesse (z. B. Eluvialhorizont im Boden).

Eluvium [lat. eluere »auswaschen«], die noch am Ort ihrer Entstehung liegenden Verwitterungsprodukte eines Gesteins.

Emanationen [lat. emanare »herausfließen«], radioaktive Gase, von radioaktiven Stoffen - z. B. Radium, Aktinium, Thorium - erzeugt.

Emanometrie, eine Methode der Geophysik zur Feststellung von → Emanationen, indem man Luftproben aus dem Boden ansaugt und sie mit dem *Emanometer* untersucht (Bodenluftuntersuchung). Emanationen des Radiums (Radon) oder des Thoriums (Thoron) wandern bevorzugt auf Klüften und Verwerfungen. Die Methode dient daher zum Aufsuchen solcher tektonischer Gebilde unter nicht zu mächtiger Bedeckung.

Embryonalfalten [griech. embryon »ungeborene Frucht«], Falten in → Geosynklinalen, die diese infolge vertikaler Krustenbewegungen in Schwellen (→ Geoantiklinalen) und Tröge gliedern. Sie entstehen durch Undationen vor Einsetzen der tektonogenen Einengung und bestimmen durch ihre Lage in der Geosynklinale den Charakter der Sedimente sowie den Ablauf der Tektonogenese.

Embryonaltypen, fossile Formen von Lebewesen, die, mit ihren lebenden Verwandten verglichen, embryonale oder sehr jugendliche Merkmale haben.

Emersion [lat. emergere »auftauchen«], das Auftauchen eines Festlandes über dem Meeresspiegel infolge Rückzugs (→ Regression) des Meeres oder Hebung des Landes. → Transgression, → Submersion.

Ems, *Emsien, Emsium* [nach dem Ort Bad Ems/Lahn], die höchste Stufe des

Emscher

Unterdevons, früher häufig als Koblenz bezeichnet.

Emscher [rechter Nebenfluß des Rheins], eine Stufe der Oberkreide.

Encrinus [griech. enkrinon »geschlossene Lilie«], eine Gattung der zu den Seelilien (→ Crinoiden) gehörenden Articulaten. Die Stielglieder bilden nicht selten, besonders im Oberen Muschelkalk, mächtige Gesteinsbänke, den Trochitenkalk (Abb. S. 353). Vorkommen: Trias.

Endoblastese [griech.], endon »innen«, blasteus »Wachsen«], durch Restlösungen verursachte Spät- oder Letztkristallisation in Magmatiten. Häufig kommt es in sauren Gesteinen zur Sprossung von Kalifeldspäten, wobei diese meist noch Reste von Plagioklas und auch von Quarz und Biotit enthalten. Durch die E. erhält das magmatische Gestein »metamorphe Züge«.

Endoceras [griech. endon »innerhalb«, keras »Horn«], ein Nautilit mit gerader, langgestreckt-kegelförmiger Schale von rundem Querschnitt und randständigem Sipho (Abb. S. 311). Verbreitet im Ordovizium.

endogen, innenbürtig, Bezeichnung für geologische Vorgänge und Erscheinungen, die durch Kräfte in tieferen Zonen der Erde hervorgerufen werden, d. h. alle magmatischen, tektonischen und metamorphen Prozesse.

en échelon [franz. »Staffelstellung«], Bezeichnung für gestaffelte bzw. alternierende Spalten, Verwerfungen, Gänge, Falten, → Kulissenfalten (Abb. S. 206).

Enstatit, → Pyroxene.

Entbasung, die Wegführung der Alkalien und Erdalkalien aus dem Boden.

Entkalkung, die Auswaschung von freien Karbonaten aus dem Boden und/oder dem Gestein.

Eohippus, svw. Hyracotherium.

Eozän [griech. eos »Morgenröte«, kainos »neu«], die zweitälteste Abteilung des Tertiärs.

Eozoikum [griech. eos »Morgenröte«, zoon »Lebewesen«, »Tier«], alte Bezeichnung für das Zeitalter des beginnenden (Tier-) Lebens in der Frühzeit der Erde.

Epeirogenese [griech. epeiros »Festland«, phoresis »tragen«], von W. Salomon-Calvi geprägter, kaum gebräuchlicher Begriff für horizontale Verschiebungen der Kontinente, → Kontinentalverschiebungshypothese, → Plattentektonik.

Epidot [griech. epidosis »Zunahme«], ein gesteinsbildendes Mineral von meist grüner Farbe, monoklin, nach der b-Achse gestreckt, ein Gruppensilikat (→ Silikate); $Ca_2(Al, Fe)Al_2 \cdot [O | OH | SiO_4 | Si_2O_7]$; optisch negativ. E. entsteht bei Wirkung hydrothermaler Lösungen auf Kosten wasserfreier Kalktonerdesilikate im Bereich der Kontakt- und Regionalmetamorphose, auch bei postmagmatischen Umwandlungen, besonders aus basischen Plagioklasen, Granat, Pyroxen u. a.

Epidot-Amphibolit-Fazies, → Mineralfaziesprinzip.

epigenetisch, Bezeichnung für Bildungen, die jünger sind als ihre Umgebung, z. B. e. *Erzlagerstätten*, → Erz; oder e. *Täler*, → Tal.

Epiglyphen, → Hieroglyphen.

epikontinental [griech.-lat. Kw.], Bezeichnung für ein Flachmeer, das während einer Transgression Teile eines Festlands zeitweise überflutet.

Epimagma, ein fast völlig entgastes → Magma.

Epirogenese [griech. epeiros »Festland«, genesis »Entstehung«], nach G. K. Gilbert (1890) langsame, sich über lange Zeiträume erstreckende (säkulare) umkehrbare evolutionäre Hebungen und Senkungen größerer Erdkrustenteile, deren Gesteinsgefüge dabei erhalten bleibt. E. erzeugt Meeresüberflutungen (→ Transgression) und Meeresrückzüge (Regressionen), Festlandschwellen (→ Anteklise) und Becken (→ Syneklise). Durch E. werden aus Ablagerungsgebieten Abtragungsräume und umgekehrt. Ursache der E. sind vermutlich Massenverlagerungen, die im tieferen Untergrund (→ Asthenosphäre) der Erde ablaufen. Epirogenetische Bewegungen (*Krustenbewegungen*) sind durch geodätische Messungen vielerorts nachweisbar, z. B. im Elbtal bei Pirna, im Oberrheintalgraben.

epithermale Lagerstätten [griech. epi »über«, therme »Wärme«], Erzlagerstätten der hydrothermalen Abfolge, die im Temperaturbereich von 100 bis 200 °C entstehen.

Epizentrum [griech. epi »über«, lat. centrum »Mittelpunkt«], die Stelle an der Erdoberfläche, die senkrecht über dem Herd eines Erdbebens liegt.

Epizone, heute nicht mehr gebräuchlicher Ausdruck für den seichten Bereich der Regionalmetamorphose.

Epoche, die Bildungszeit einer stratigraphischen → Abteilung (Serie).

Equiden, *Pferde*, Familie der Unpaarhufer, eine der vollständigsten stammesgeschichtlichen Entwicklungsreihen (Hyracotherium bis Equus, Abb. S. 384). Fossile Reste fand man in der mitteleozänen Braunkohle des Geiseltals bei Merseburg (heute im Geiseltalmuseum in Halle, siehe Tafel 43).

Erbsenstein, svw. Sprudelstein.

Erdaltertum, → Paläozoikum.

Erdaltzeit, → Paläozoikum.

Erdbeben, natürliche Erschütterungen der Erdkruste, die vorwiegend auf tektonische Ursachen (→ *Dislokationsbeben*), untergeordnet auch auf Einbrüche vulkanischer Tätigkeit (*vulkanische Beben*) und von Hohlräumen (→ *Einsturzbeben*) zurückgehen. Große E. lösen manchmal an anderen Stellen der Erde → *Relaisbeben* aus. Die Energie eines E. wird durch die → Magnitude angegeben, seine Wirkung ist weitgehend von geologischen Bedingungen abhängig. Deshalb unterscheidet sich die auf den Erdbebenwirkungen beruhende 12teilige Mercalli-Skala grundsätzlich von der Magnituden-Skala. Die in speziellen Observatorien (*Erdbebenwarten*) registrierten *Erdbebenwellen* geben wichtige Informationen über den Bau der Erde (→ Seismik). Künstlich erzeugte kleine E. sind wichtige Werkzeuge für die Erforschung der Erdkruste. Beben in ozeanischen Bereichen heißen *Seebeben*, welche die oft küstenzerstörenden Flutwellen (→ Tsunami) auslösen.

Erde, astronomisch ein Planet, der sich in 23 Stunden 56 Min. einmal um seine Achse dreht und sich dabei in 365 Tagen 5 Stunden 48 Min. 46 Sek. in einer nahezu kreisförmigen Ellipse um die Sonne bewegt. Insbesondere seismische Untersuchungen ergaben, daß die E. schalenförmig aufgebaut ist, → Seismologie. Es besteht jedoch noch keine Klarheit darüber, wie die einzelnen Schalen beschaffen sind. Die oberste Schicht der Erdkruste, die Granitschichte, bezeichnete man auch als *Sial*, weil sie sich hauptsächlich aus Silizium und Aluminium zusammensetzt, und die darunterliegenden Zonen als *Sima*, weil sie hauptsächlich aus Silizium und Magnesium bestehen.
Die Wärme des Erdkörpers ist unabhängig von der Sonneneinstrahlung und nimmt mit der Tiefe zu, → geothermische Tiefenstufe.
Die eigentliche Erdgeschichte beginnt mit der Ausbildung einer festen Erdkruste. Diese Erdgeschichte im engeren Sinn ist Arbeitsgebiet der Geologie.

Erdfall, eine rundliche oder längliche, trichterförmige Senke an der Erdoberfläche, verursacht durch plötzlichen Deckensturz eines unterirdischen, durch Auswaschung oder Auslaugung entstandenen Hohlraums in Gips, Salz, Kalkgestein u. a. → Karsterscheinungen, → Subrosion.

Erdfrühzeit, mehrdeutiger Begriff, der z. T. als Synonym für Proterozoikum, z. T. als Sammelbegriff für die Zeit vom Archäikum bis zum Beginn des Kambriums verwandt wird.

Erdgas, ein natürliches Gasgemisch aus Kohlenwasserstoffen, Stickstoff, Kohlendioxid, Schwefelwasserstoff und anderen Gasen, gelegentlich mit wirtschaftlich interessanten Beimengungen von Helium und Argon. Im engeren Sinne sind E. die brennbaren Gase, die für die Energieversorgung ständige Bedeutung haben. »*Trockene Gase*« bestehen fast nur aus Methan, »*nasse Gase*« enthalten mehr als 200 g/l höhere Kohlenwasserstoffe (Äthan, Propan, Butan, Hexan u. a.). »*Saure Gase*« haben hohen Schwefelwasserstoffgehalt.
E. entstand unter gleichen Bedingungen wie → Erdöl und tritt fast immer mit diesem zusammen auf. Das bei der Erdölförderung gewonnene Gas, »*Begleitgas*« oder »*Erdölbegleitgas*«, wird in vielen Fällen zur Druckerhal-

tung wieder in die Lagerstätten eingepreßt. Begleitgas zeichnet sich stets durch größere Mengen höherer Kohlenwasserstoffe aus. Das durch bakterielle Tätigkeit in Sümpfen, Mooren und Teichen an der Erdoberfläche entstandene Sumpfgas enthält nur Methan ohne höhere Kohlenwasserstoffe.

Erdgeschichte, → Geologie.
Erdgroßmulde, svw. Geosynklinale.
Erdkern, der innere Teil der Erde unterhalb 2900 km Tiefe.
Erdkruste, die äußerste, durchschnittlich 35 km mächtige Erdschale über der → Mohorovičić-Diskontinuität.
Erdmagnetismus, eine physikalische Eigenschaft der Erde, die sich z. B. darin äußert, daß auf eine frei bewegliche Magnetnadel eine bestimmte Kraft wirkt. Zu ihrer Kennzeichnung ist an jedem Ort und zu jedem Zeitpunkt die Kenntnis ihrer Richtung und Stärke erforderlich; die Abweichung von der geographischen Nordrichtung heißt *magnetische Mißweisung* oder *Deklination* (D), die Neigung einer im Schwerpunkt unterstützten Magnetnadel gegen die Waagerechte *Inklination* (I). Die gesamte auf eine Magnetnadel wirkende Kraft wird als *Totalintensität,* deren waagerechter Anteil als *Horizontalintensität* (H), ihr senkrechter als *Vertikalintensität* (Z) bezeichnet. D, I, H und Z sind die *erdmagnetischen Elemente.* Die Erde verhält sich wie ein großer Magnet, dessen Pole ständig langsam wandern (→ Paläomagnetismus).
Das *erdmagnetische Feld* hat zu etwa 94 Prozent seinen Sitz im Erdinnern. Die restlichen 6 Prozent des erdmagnetischen Feldes haben ihre Ursache in elektrischen Stromsystemen der Ionosphäre.
Erdmantel, die Erdschale zwischen der Mohorovičić-Diskontinuität und dem äußeren Erdkern. Der obere E. reicht von etwa 35 km bis etwa 900 km Tiefe, der untere E. bis etwa 2900 km Tiefe.
Erdmittelalter, → Mesozoikum.
Erdmittelzeit, → Mesozoikum.
Erdnaht, svw. Tiefenbruch.
Erdneuzeit, → Känozoikum.
Erdöl, ein natürliches Gemisch aus Kohlenwasserstoffen der Methanreihe (Paraffine), Naphthenen und Aromaten sowie oxydierten organischen Verbindungen, vorwiegend Harzen und Asphaltenen, Ölsäuren und organischen Schwefel- und Stickstoffverbindungen; die Zusammensetzung wechselt stark. Nach dem Vorherrschen der einzelnen Gruppen unterscheidet man Naphthenöle, Methanöle und Naphthen-Methan-Öle. Aromate herrschen selten vor. Die Industrie trennt nach dem Destillationsrückstand paraffinbasische und asphaltbasische Öle, nach der Dichte Schwer-, Mittel- und Leichtöle.
E. entsteht aus tierischen und pflanzlichen Substanzen, wobei das Plankton die größte Rolle spielt. Die an organischem Material reichen feinkörnigen Sedimente, in denen sich E. bilden kann, heißen *Erdölmuttergesteine.* Das durch deren Verfestigung frei werdende Wasser führt die gebildeten Kohlenwasserstoffe in Lösung mit, später ist Auswanderung nur in gasförmiger Phase möglich. Befindet sich unter oder über dem Muttergestein eine poröse Gesteinsschicht (→ Speichergesteine), können die ausgepreßten Flüssigkeiten in ihnen wandern (migrieren, → Migration) und sich in geeigneten *Erdölfallen* zu → Lagern ansammeln, die zusammen mit anderen gefüllten Fallen eine *Erdöllagerstätte* bilden.
Erdölmuttergesteine, die Ausgangsgesteine des → Erdöls.
Erdorgeln, svw. geologische Orgeln.
Erdpfeiler, Erdpyramiden, pfeiler- oder pyramidenartige Abtragungsformen an steilen Hängen aus Lockermaterial in Gebieten mit starken Regengüssen. E. werden meist von einem Deckstein gekrönt, der sie vor schneller Abtragung schützt.
Erdstabilisierung, svw. Bodenstabilisierung.
Erdurzeit, svw. Präkambrium. Neuerdings wird als E. teilweise auch die astrale Ära vor mehr als etwa 4 Milliarden Jahren bezeichnet. Zwischen E. und Erdaltzeit wird dann noch eine *Erdfrühzeit* eingeschoben.
Erdwachs, *Ozokerit,* ein natürliches, salbenartiges bis festes mineralisches Wachs aus festen gesättigten Kohlenwasserstoffen, hellgelb bis braunschwarz, Oxydationsprodukt paraffinischer Erdöle, → Bitumen.
Erforschungsgrad, der erreichte Stand wissenschaftlicher Auswertung von Daten der geologischen Erkundung, einschließlich der entsprechenden Forschungsarbeiten.
Erhebungstheorie, svw. Elevationstheorie.
Eria, ein Festlandskomplex, der wahrscheinlich seit dem Riphäikum bestanden und Kanada mit Grönland und Nordschottland verbunden hat. E. war tektonisch Vorland der nordenglisch-skandinavischen Kaledoniden und soll nach der → kaledonischen Gebirgsbildung mit Fennoskandia zu einem einheitlichen Block verweißt worden sein.
erische Phase, → Faltungsphase.
Erkundungsgrad, der spezifische Umfang der geologischen Erkundung für eine Vorrats- oder Lagerstättenflächeneinheit.
Erkundungsstadium, der Prozeß der Suche und der Erkundung einer Lagerstätte, wird in vier Stadien (oder Etappen) eingeteilt: Sucharbeiten, Vorerkundung, eingehende Erkundung und Exploitationserkundung (während des Abbaus). Die ersten drei Stadien gehören zur geologischen Erkundung im engeren Sinne.
Erosion, die ausfurchende Tätigkeit des fließenden Wassers, die die Vertiefung (*Tiefenerosion*) und Verbreiterung (*Seitenerosion*) des Flußbettes bewirkt. Das Ausmaß der E. ist abhängig von der Wassermenge und dem Gefälle, von der Art des Gesteins und von der ursprünglichen Geländebeschaffenheit. Im Verein mit Verwitterung und Abtragung schafft die E. die Täler.
Die *Erosionsbasis* ist das Niveau, unterhalb dessen die E. nicht wirken kann, im allgemeinen der Meeresspiegel; örtliche Erosionsbasen sind eingeschaltete Seen und Ebenen.
Nach dem amerikanischen Sprachgebrauch wird die anthropogen verstärkte Abspülung als → Bodenerosion, oft auch die Abtragung durch das Meer (Brandung, → Abrasion) und das Eis (→ Gletscher) als E. bezeichnet. Unter *rückschreitender* E. versteht man die talaufwärts gerichtete Tiefenerosion von Flußläufen, am besten sichtbar an den Wasserfällen. Eine E. unter hohem Wasserdruck ist die → Efforation.
Erosionskolk, svw. Strudelloch.
Erosionsmarken, *Kolkmarken,* durch Strömungserosion oder Auskolkung an der Sedimentoberfläche erzeugte Fließ- oder Strömungsrillen, die meist als Ausgüsse erhalten sind.
erratische Blöcke, svw. Findlinge.
Eruption [lat. erumpere »hervorbrechen«], das gewaltsame Hervorbrechen des → Magmas. Je nachdem, ob die Magmamassen die Erdoberfläche erreichen oder nicht, unterscheidet man zwischen *Oberflächeneruption* (*superkrustale* E. oder *Extrusion,* → Vulkan) und *Tiefeneruption* (*subkrustale, interkrustale* E., → Intrusion).
Eruptivgesteine, → Gesteine.
Eruptivstock, → Stock.
Erz, a) ein metallhaltiges Mineral, meist von metallischem Glanz und hoher Dichte (»Erzmineral«), b) im Bergbau ein mineralischer Rohstoff mit nutzbaren Gehalten an Erzmineralen, die von den Nichterzmineralen (»Gangart«) durch Aufbereitung getrennt werden müssen. Mit der Einteilung, Bildung und Verteilung der nutzbaren Vorkommen von E. befassen sich *Erzlagerstättenlehre* und → Metallogenie.
Erz(gang)formation, eine Hauptgruppe von gangförmigen Erzlagerstätten mit ihren Gangarten, z. B. kiesig-blendige Blei-Erzgangformation, fluor-barytische Blei-Erzgangformation.
erzgebirgische Phase, → Faltungsphase.
erzgebirgische Richtung, → Streichen und Fallen.
Erzstock, → Stock.
Esker, svw. Os.
esterische Phase, → Faltungsphase.
Estheria, svw. Isaura.
Ethmolith [griech. ethmos »Sieb«, »Durchschlag«], ein sich trichterartig (*Trichterpluton*) nach unten verjüngender subvulkanischer → Pluton.
Eugeosynklinale, → Geosynklinale.
eupelagisch [griech. eu »gut«, pelagos »Meer«], Bezeichnung für die zur

Tiefsee gehörenden Meeresbereich von über 2400 m Tiefe.

europäischer Kohlengürtel, die in der Vortiefe des Variszischen Gebirges in paralischer Fazies vorhandenen Kohlenlagerstätten (Nordfrankreich, Belgien, südliche Niederlande, Aachen, Niederrhein, Westfalen).

Eurydesma-Schichten, marine Sedimente mit der ein kühles Klima anzeigenden Muschel Eurydesma, die in enger Verbindung mit den → Tilliten der permokarbonischen Eiszeit der Südkontinente auftreten.

euryhalin nennt man Lebewesen, die gegen starke Schwankungen des Salzgehaltes des Wassers wenig, *stenohalin* solche Lebewesen, die gegenüber Salzgehaltschwankungen (30 bis 40 Promille) stärker empfindlich sind.

Eurypterida, eine Klasse der Riesenkrebse (Gigantostraken) mit gestrecktem bis 1 m langem Körper und langem Schwanzstachel. Vorkommen: Ordovizium bis Unterperm.

eustatische Meeresspiegelschwankungen [griech. eu »gut«, stasis »Stand«], Bezeichnung von F. Suess (1888) für Schwankungen des Meeresspiegels, z. B. durch Bindung großer Wassermassen als Eis und Schnee auf dem Festland in Glazialzeiten oder umgekehrt durch das Abschmelzen in Interglazialzeiten, wobei für das Pleistozän bzw. Postglazial weltweite Hebungen und Senkungen des Meeresspiegels um rund 100 m berechnet wurden.

Eutektikum [griech. »gutschmelzend«], physikochemische Bezeichnung für ein System aus zwei oder mehr Komponenten, die sich im flüssigen Zustand vollständig mischen, im festen Zustand dagegen nicht mischbar sind. Im Vergleich zu den Schmelzpunkten der reinen Ausgangskomponenten liegt im E. die stärkste Schmelzpunkterniedrigung vor.

eutroph [griech. eu »gut«, trophe »Ernährung«], Bezeichnung für Gewässer und Moore, deren Nährstoffgehalt im allgemeinen hoch ist, z. B. die Niedermoore im Gegensatz zu den nährstoffarmen Hochmooren, die man als *oligotroph* bezeichnet.

euxinisch, Bezeichnung für sauerstoffarmes, schwefelwasserstoffreiches Milieu in Teilen des Meeres, in dem organisches Leben erschwert ist. Unter e. Bedingungen entstandene Sedimentgesteine (z. B. viele Graptolithenschiefer des Silurs, Kupferschiefer des Zechsteins) gehören zu den → Faulschlämmen (Sapropel).

Evaporisation [lat. e.... »aus...«, vapor »Dampf«], die Ausfällung von Stoffen durch Eindampfen und Verdunsten von Lösungen, z. B. die Salzausfällung aus dem Meerwasser. Die Ausscheidungsfolge beginnt immer mit einem schwerlöslichen Salz; in den Salzlagerstätten ist dies meist Anhydrit.

Evaporite, svw. Salzgesteine.

Evolution, → Zyklentheorie.

Evorsion, das Aushöhlen von → Strudellöchern, Gletschermühlen, Meermühlen u. dgl. durch Steine und Sand infolge wirbelnder Bewegung des Wassers, z. B. bei Wasserfällen.

ewige Gefrornis, in der sowjetischen Literatur übliche Bezeichnung für → Dauerfrostboden.

Exaration [lat. exarare »durchfurchen«], *Gletschererosion, Glazialerosion,* die auspflügende Abtragung durch die Gletscher.

Exhalation [lat. exhalatio »Aushauchung«], Gasaushauchungen aus Vulkanen, Lavaströmen, Spalten.

exogen, *außenbürtig,* Bezeichnung für geologische Kräfte, Vorgänge und Erscheinungen, die von außen auf die Erdoberfläche einwirken und deren wesentlichste Kraftquelle die Sonnenstrahlung ist. Durch die Sonne werden z. B. der Wasserkreislauf und die Luftbewegungen ausgelöst. Sonne und Mond zusammen bewirken die Gezeiten. Durch e. Kräfte verursachte Vorgänge sind z. B. Verwitterung, Abtragung, Ablagerung; Gegensatz: → endogen.

Exogyren, eine Gruppe der Austern (→ Ostreiden) mit einer linken gewölbten und einer flachen, deckelförmigen rechten Klappe. Vorkommen: Dogger bis Oberkreide, Leitfossilien.

exotisch, Bezeichnung für Gesteine und geologische Körper, die fremd in ihrer Umgebung, d. h. nicht in ihrer gegenwärtigen Umgebung entstanden sind, z. B. e. *Blöcke* oder e. *Klippen* (→ Überschiebung).

Expansionshypothese, eine geotektonische Hypothese, die im Gegensatz zur → Kontraktionshypothese die tektonischen Strukturen mit einer Volumenvergrößerung (Expansion, Ausdehnung) der Erde infolge physikalisch-chemischer oder radioaktiv verursachter innerer Erwärmung bzw. durch Veränderung der Gravitation im Verlaufe der Erdgeschichte zu erklären versucht.

Explosivitätsindex, der Anteil von → Tephra an der Förderleistung eines Vulkanausbruches in Prozent.

Externiden, → Interniden.

Extrusion [lat. extrudere »ausstoßen«], das Ergießen von Magma auf die Erdoberfläche in Form von Decken oder Strömen, → Eruption.

Exzeptionalismus [lat. exceptio »Ausnahme«], die Auffassung, daß in früheren Perioden der Erdgeschichte Kräfte wirksam waren und Vorgänge abliefen, die sich von den heutigen unterscheiden. Gegensatz: → Aktualismus.

F

Fahlband, ein bergmännischer Ausdruck, die bandförmige, fahlglänzende, mit Kiesen (vor allem Eisen-, Kupfer- und Magnetkies) mehr oder weniger stark imprägnierte Zone in metamorphen Gesteinen, besonders in Gneisen.

Fahlerde, ein Bodentyp mit deutlicher bis starker Texturdifferenzierung in helleren (schluff- und) tonärmeren Verarmungshorizont über dunklerem (schluff- und) tonreicherem Anreicherungshorizont.

Fahlerze, wichtige fahl aussehende Kupfer- und Silbererze mit Metallglanz, kubisch, tetraedrische Formen vorherrschend. Zu den F. gehören: Tetraedrit $Cu_3SbS_{3,25}$; Tennantit $Cu_3AsS_{3,25}$; Freibergit $(CuAg)_3SbS_4$ mit bis zu 18 Prozent Ag; Schwazit $(Cu, Hg)_3SbS_4$ mit bis zu 17 Prozent Hg; Germanit $Cu_3(Fe, Ge)S_4$ mit 8 bis 10 Prozent Ge. F. kommen bevorzugt in hydrothermalen, auch in pegmatitisch-pneumatolytischen und sedimentären Lagerstätten vor.

Fährten, → Lebensspuren.

Fallen, → Streichen und Fallen.

Fallinie, → Streichen und Fallen.

Fallrichtung, → Streichen und Fallen.

Fallwert, → Geologenkompaß.

Fallwinkel, → Streichen und Fallen.

Falte, eine durch Faltung entstandene Verbiegung von geschichteten Gesteinen in allen geologischen Größenordnungen vom mm- bis zum km-Bereich. Die Faltenformen, → Sattel und → Mulde, sind abhängig von der Mächtigkeit des verfalteten Schichtpaketes, den mechanischen Eigenschaften der Gesteine, dem Vorhandensein von Abscherflächen und den auftretenden Spannungen. Die wichtigsten Faltenelemente sind der *Sattelscheitel* mit der *Faltenachse* (*Sattelachse*), die alle Scheitelpunkte verbindet und Orientierung im Raume erlaubt, die durch alle Sattelachsen des gefalteten Schichtenpaketes gelegte *Achsenfläche,* deren Lage im Raum stehende, schiefe oder liegende F. definiert, die beiderseits des Scheitels an anschließenden *Faltenschenkel* (*Faltenflügel*), die den *Faltenkern* umschließen. Für die Mulden gelten die Bezeichnungen entsprechend. Bei schiefen F. liegt die Sattelachse (bzw. Muldenachse) nicht im höchsten (bzw. tiefsten) Teil der F., er wird vielmehr angegeben durch die Kammlinie oder Sattelfirste (oder Basis, Basislinie bei Mulden). Die Richtung der Neigung der Achsenspitze ist die → Vergenz. Bei Faltenbündeln ist der *Faltenspiegel* eine gedachte Fläche durch die Kamm- bzw. Basislinien.

Faltung, eine der Grundformen der Gesteinsdeformation; Vorgang der Verbiegung von Schichtgesteinen oder anderen primär ebenen Vorzeichnungen. 1) *Biege-* oder *Knickfaltung* (Abb.) ist die wellenförmige Verbiegung (Knickung) der Schichten durch tangentiale Einengung, wobei die Bewegungen auf die Vorzeichnungen (z. B. Schichtflächen) durch Biegegleitung übertragen und eine Verlagerung → inkompetenten Materials in die Faltenscharniere hervorgerufen. 2) Bei der *Scherfaltung* handelt es sich um die Zerscherung eines Gesteins an senkrecht zur Einengung liegenden

Flächen der → Schieferigkeit; wenn sie mit Biegefaltung kombiniert ist, tritt *Biegescherfaltung* auf. 3) Unter *Fließfaltung* (*Gleitfaltung*) versteht man die Verbiegung von plastischen Massen durch Bewegung des Materials unter Einfluß der Schwerkraft (*subaquatische F.*), durch auf Dichteunterschieden oder Auflastdifferenzen beruhenden Scherspannungen (*Salinarfaltung*, → Salztektonik), bei vulkanischen Ausbrüchen (F. magmatischer Schmelzen), zum Ausgleich von Volumenänderungen (*Quellfaltung*). Weiteres → disharmonische Faltung, → kongruente Faltung.

Faltungsphase, nach Stille Bezeichnung für einen einzelnen, zeitlich eingegrenzten Faltungsvorgang innerhalb einer Tektonogenese. Die F. sind nach Intensität und Verbreitung sehr unterschiedlich. Die Gleichzeitigkeit und weltweite Verbreitung einzelner gebirgsbildender Phasen (→ orogenes Gleichzeitigkeitsgesetz) haben sich nicht bestätigt, dagegen die tektonischer Ären. Innerhalb eines Orogens verschieben sich die F. im Laufe der Entwicklung von innen nach außen. Die in der Tab. rechts angegebenen Zeitabschnitte kennzeichnen Höhepunkte verstärkter tektonischer Bewegungen in Europa.

Faltungsreife, nach der → Kontraktionshypothese jener Zustand einer Geosynklinale, bei dem die in ihr angesammelten Gesteinsmassen so mächtig geworden sind, daß die Absenkung im Inneren aufhört und zunächst vertikale, später differenzierte tangentiale Faltungsvorgänge einsetzen, während die Absenkung in den Randgebieten gleichzeitig weitergeht. Nicht alle Faltungen sind durch eine solche Entwicklung zu erklären.

Faltungstiefgang, das Hinabreichen der Faltung in die Tiefe.

Famenne, *Famennien, Famenium* [nach der Landschaft Famenne in Südostbelgien], ein Abschnitt des höheren Oberdevons; umfaßt die Verbreitungszeit der Clymenien und von Cheiloceras, also die Dasberg-, Hemberg- und Nehdenstufe.

Fanglomerat [engl. fan »Fächer«], eine verfestigte Ablagerung aus durch Ruckregen ausgelösten → Schichtfluten in ariden Gebieten, unsortiert und meist brekziös, auch konglomeratisch.

Farberden, meist Verwitterungsbildungen von Mineralen und Gesteinen, die als natürliche Farben abgebaut werden, z. B. → Ocker, Bauxittone, → Grünerde, auch Schreibkreide.

Farbzahl, Abk. Fz, der prozentuale Anteil melanokrater Minerale in einem Gestein.

Farnlaubgewächse, → Pteridophyllen.

Farnsamer, → Pteridospermen.

Fastebene, svw. Rumpffläche.

Faulschlamm, *Sapropel*, ein feinkörniges graues bis tiefschwarzes, bitumenreiches, mit organischen Resten angereichertes Sediment, entsteht in fla-

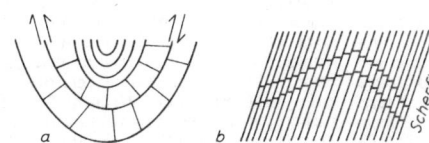

a Biegefaltung mit Verschiebung, b Scherfaltung, c Fließfaltung

Tab. Wichtigste Faltungsphasen in Europa

Ära	Faltungsphasen	Zeitabschnitt
Alpidische	pasadenische	Pleistozän
	rhodanische/wallachische	Jungtertiär, Mittleres Pliozän
	attische	Jungtertiär, Wende Miozän/Pliozän
	steirische	Jungtertiär, Mittleres bis Oberes Miozän
	savische	Alttertiär, Wende Oligozän/Miozän
	pyrenäische	Alttertiär, Wende Eozän/Oligozän
	laramische	Wende Kreide/Tertiär
	Wernigeröder } subherzynische	Oberkreide, Unteres bis Oberes Senon
	Ilseder }	Oberkreide, Unteres Emscher
	austrische	Ende Unterkreide, Gault bis Cenoman
	Hilsphase } jungkimmerische	Wende Jura/Kreide
	Osterwaldphase }	Jura, Oberes Portland
	Deisterphase }	Jura, Wende Kimmeridge/Portland
	altkimmerische	Obere Trias, Nor bis Rät
Variszische	labinische	Mittlere Trias, Ladin bis Karn
	pfälzische	Ende Perm
	saalische	Mittelperm, Wende Unteres/Oberes Rotliegendes
	esterelische	unterstes Perm
	asturische	Oberkarbon, Oberes Westfal
	erzgebirgische	Oberkarbon, Namur B bis Wende Namur/Westfal
	sudetische	Wende Unterkarbon/Oberkarbon
	bretonische	Wende Oberdevon/Unterkarbon
	reussische	Unteres Oberdevon
Kaledonische	jungkaledonische (ardennische/erische)	Wende Silur/Devon
	takonische	Wende Ordovizium/Silur
	sardische	Wende Kambrium/Ordovizium
Assyntische	assyntische	Wende Oberes Proterozoikum/Kambrium
	eisengebirgische	Oberes Proterozoikum
	baikalische	Wende Mittleres/Oberes Proterozoikum
	dalslandidische	Mittleres Proterozoikum
	gotidische	Mittleres Proterozoikum
	karelidisch/svekofinnische	Wende Unteres/Mittleres Proterozoikum
	belomorische	Unteres Proterozoikum
	saamidische	Wende Archaikum/Proterozoikum

chen → euxinischen Meeresbereichen oder in stehenden Gewässern durch Anhäufung abgestorbener, unter Sauerstoffabschluß sich zersetzender kleinster Wassertiere und -pflanzen (Plankton), seltener höherer Tiere. F. wird zu *Faulschlamm-* oder *Sapropelgesteinen* verfestigt, wie Sapropelkohle (→ Kohle), mit Kalkbeimengungen zu bituminösem Kalkstein, mit Tonbeimengungen zu → Ölschiefer, mit Mergelbeimengungen zu → Kupferschiefer. Destilliert gibt F. brennbare Gase und Teer. Zuweilen finden sich in ihm → Klappersteine.

Favositen, *Wabenkorallen*, eine Familie der Bödenkorallen (→ Anthozoen), massige Stöcke aus wabigen Skeletten. Vorkommen: Oberes Ordovizium bis Perm, ? Trias.

Fayalit, → Olivine.

Fazies [lat. facies »Gesicht«], nach dem Schweizer Geologen Greßly (1840) die Gesamtheit der petrographischen (*Petrofazies*), lithologischen (*Lithofazies*) und fossilinhaltlichen (*Biofazies*) Merkmale einer Ablagerung, die verschiedenartige Ausbildung gleichaltriger Ablagerungen, die von den physisch-geographischen und geologischen Verhältnissen des Abtragungs- und Ablagerungsraumes bestimmt werden. An eine bestimmte F. gebundene Fossilien heißen *Faziesfossilien*. Die genaue Untersuchung der Faziesmerkmale ermöglicht das Erkennen der bei der Sedimentbildung herrschenden Bedingungen und damit die Rekonstruktion der ehemaligen Umwelt. Man unterscheidet: 1) terrestrische F. (*kontinentale F.*), die in fluviatile, lagunäre, limnische (Süßwasser), glaziale, glazifluviatile F. u. a. untergliedert wird. 2) *brackische F.* in der Grenzzone zwischen Süß- und Salzwasser (Meer), 3) *marine F.* (*Meeresfazies*) mit Strandfazies, Küstenfazies (litoral), Flachmeerfazies (neritisch), Hochseefazies (bathyal) und Tiefseefazies (abyssisch), entsprechend der Ablagerung in den einzelnen Meeresbereichen. Eine marine F. ist auch der → Flysch.

Nach dem Gesetz der Korrelation der F. von J. Walther können nur solche F. unmittelbar übereinanderliegen, die sich auch räumlich gleichzeitig nebeneinander bilden können.

Faziesanalyse, die Auswertung der Bedingungen, die bei der Ablagerung eines Sedimentes herrschten. Die wichtigsten Indikatoren für die F. sind organische Reste, bestimmte Minerale und Spurenelemente, stabile Isotope, die Sedimentgefüge sowie die Form und Bindung von Mineral- und Gesteinskörnern bzw. Geröllen, → Fazies.

Faziesfossilien, → Fazies.

Feinboden, *Feinerde*, Bodenbestandteile mit Korngrößen unter 2 mm Durchmesser (Sand, Schluff, Ton). Unterschied: Skelett (Grobboden) mit über 2 mm Korndurchmesser.

Feldspäte, die wichtigste Gruppe der gesteinsbildenden Minerale, die mit etwa 60 Prozent am Aufbau der Erdkruste beteiligt sind; es sind wasserfreie Alkali- oder Kalk-Tonerdesilikate, monoklin oder triklin, Tektosilikate, mit guter bis vollkommener Spaltbarkeit, häufigen Zwillingsbildungen, niedriger Licht- und Doppelbrechung, optisch positiv oder negativ. Die F. bestehen im wesentlichen aus drei Komponenten: den Kalifeldspäten *Orthoklas*, monoklin, dem *Mikroklin* (triklin) und dem bei höheren Temperaturen stabilen *Sanidin*, dem Natronfeldspat *Albit* und dem Kalkfeldspat *Anorthit*. Wichtigste Mischungsglieder sind die *Plagioklase* zwischen Albit über Oligoklas, Andesin, Labrador, Bytownit und Anorthit. Die Mannigfaltigkeit der F. ist weitgehend vom Verteilungs- und Ordnungsgrad der Si- und Al-Ionen in den Tetraedergerüsten bestimmt. Bei der Umwandlung der F. entstehen Serizit, Kaolinit, Zeolithe, Chlorite, Epidot, Albit, Karbonate, Aluminiumhydroxide und Quarz. Die Verwitterungsminerale der F. tragen wesentlich zur Bodenbildung bei.

Feldspatvertreter, *Feldspatoide* oder – abgekürzt – *Foide*, gesteinsbildende Minerale, die in Magmatiten mit einem SiO$_2$-Defizit die Feldspäte »vertreten«. Zu den wichtigsten F. zählen *Leucit* K[AlSi$_2$O$_6$], tetragonal und kubisch (605 °C), verbreitet in Vulkaniten; *Nephelin* KNa$_3$[AlSiO$_4$]$_4$, hexagonal, in Vulkaniten, z. B. Phonolithen oder Nephelinbasalten; *Eläolith*, durch Entmischung der Kalikomponente getrübter Nephelin, z. B. im Eläolithsyenit. Häufige Begleiter von Leucit und Nephelin sind die Minerale der Sodalithgruppe: *Sodalith* Na$_8$ · [Cl$_2$/(AlSiO$_4$)$_6$]; *Nosean*, Na$_8$[SO$_4$/(AlSiO$_4$)$_6$]; *Hauyn*, (Na,Ca)$_{8-4}$ · [(SO$_4$)$_{2-1}$/(AlSiO$_4$)$_6$]; sie gehören wie alle F. zu den Tektosilikaten und sind kubisch.

Bei der Umwandlung entstehen aus den F. hauptsächlich Serizit und Minerale der Zeolithgruppe.

Feldwaage, *magnetische F.*, ein Gerät zum Messen der vertikalen oder horizontalen Komponente des → Erdmagnetismus. Die F. von A. Schmidt (1915) besteht aus einer Schneide drehbar gelagerten Magnetsystem. Neuerdings werden die Magneten an Torsionsfäden oder Bändern angebracht (*magnetische Bandwaage*).

Felsenmeer, → Blockbildungen.

Felsgestein, *Festgestein*, ein Gemenge gleicher oder verschiedener Minerale mit primär festem Kornverband. *Witterungsbeständiges F.* nennt man solches F., das infolge seiner Kornbindung und der hohen chemischen Beständigkeit seiner Bestandteile in menschlichen Zeiträumen keine Veränderung des Kornzusammenhaltes erkennen läßt. *Witterungsempfindliches F.* verliert dagegen schnell (in Stunden, Tagen oder Monaten) unter dem Einfluß der Witterungsfaktoren irreversibel seinen Kornzusammenhalt und verwandelt sich in ein Lockergestein. (*Leicht*)*wasserlösliches F.* wird bei Wasserzutritt rasch in Lösung überführt.

Felsgesteinsverband, svw. Felskörper.

felsisch [abgeleitet von Feldspat und Silikate], Bezeichnung für die hellen Bestandteile in Magmatiten (Quarz, Feldspäte, Feldspatvertreter). Gegensatz: → mafisch.

Felsitfels, ein Vulkanit mit *felsitischer*, d. h. kristalliner, aber sehr feinkörniger bis dichter Grundmasse ohne Einsprenglinge.

Felskörper, *Festgebirge*, *Felsgesteinsverband*, *Fels*, *Felsbaugrund*, *Kluftkörperverband*, in der Natur vorkommende Fest-(Fels-)Gesteine, die durch Trennflächen (→ Kluft) in Kluftkörper unterschiedlicher Größe und Form zerlegt sind.

Felsmechanik, *Gebirgsmechanik*, ein Teilgebiet der → Geotechnik, die Wissenschaft der von sich (im Gegensatz zur Materialfestigkeit von Gesteinen) in Fugen, Klüften und anderen Trennflächen äußernden Verbandsfestigkeit von Gesteinskomplexen, wie sie für den Felsbau technisch von Bedeutung ist. → Geomechanik.

femisch [von Fe und Mg], Bezeichnung für eisen- und magnesiumhaltige Minerale, die als Standardminerale bei der normativen Klassifizierung der Gesteine aufgerechnet werden. Gegensatz: → salisch.

Fenestella, eine Gattung der → Bryozoen, netz- oder fächerartige Stöcke bildend (Abb. S. 342). Vorkommen: Silur bis Perm, besonders häufig im Zechstein (Bryozoenriffe).

Fennosarmatia, ein bereits zu Beginn des Mittelproterozoikums bestehender Kraton im östlichen und nördlichen Europa, Kerngebiet der geologischen Entwicklung Europas, im wesentlichen Synonym von → Osteuropäische Plattform.

Fennoskandia, nach der kaledonischen Gebirgsbildung meist in Hebung begriffener Teil Nordeuropas, bestehend aus → *Baltischem Schild* und dem norwegisch-schwedischen Teil des Kaledonischen Gebirges.

Fenster, eine Lücke in einer Deckschicht, meist durch Erosion entstanden. *Tektonische F.* sind Öffnungen in einer Überschiebungsdecke (→ Überschiebung), in denen der Untergrund zutage tritt.

Ferberit, → Wolframit.

Ferrospinell, → Magnetit.

Festgebirge, svw. Felskörper.

Festgestein, svw. Felsgestein.

feuerfeste Baustoffe, feuerfeste Steine, z. B. Schamotte, Silikatsteine, Dolomitsteine u. a., die bis 1 600 °C keine Deformation zeigen. *Hochfeuerfest* sind Stoffe, die 1 800 °C ohne Deformation überstehen, z. B. Chromitsteine.

Feuerstein, in der angelsächsischen Literatur als *Flint* bezeichnet, eine knollige oder plattige, aus Jaspis bestehende konkretionäre Bildung, meist innig mit Opal durchsetzt, chemisch gefälltes SiO_2, dicht, muschelig und scharfkantig, schwarz oder bräunlich, häufig in der Oberen Kreide (Schreibkreide) des nördlichen Europa, z. B. Rügen, Dänemark, Nordfrankreich. F. enthalten oft Bryozoen, Schwammnadeln und bilden das Versteinerungsmaterial von Muscheln, Belemniten, Seeigeln u. a. F. sind wichtige Leitgeschiebe der pleistozänen Eiszeiten. Die *Feuersteinlinie* gibt die südliche Verbreitungsgrenze des Inlandeises in Mitteleuropa an.

Fiederspalte, *Fiederkluft,* an die Grenze zweier bewegter Schollen geknüpfte, diagonal oder parallel zur Störungsbahn gestaffelte, kurze, oft sigmoidal, d. h. quer zu einzelnen Lagen geschwungene Spalten und Klüfte, die durch Scherung oder durch Zug entstehen. Bei einer F. mit Scherkarakter ist deren spitzer Winkel der Störung der Bewegungsrichtung des zugehörigen Bruchflügels entgegengerichtet. Bei einer F. mit Zugkarakter öffnet sich dieser spitze Winkel in der Bewegungsrichtung des entsprechenden Flügels der Spalte. F. sind häufig mit minerogenen Produkten gefüllt und spielen bei der Bildung von Ganglagerstätten eine wichtige Rolle.

Filtrationskoeffizient, svw. Durchlässigkeitsbeiwert.

final [lat. finalis »beendend«], Bezeichnung für den überwiegend alkalibasaltischen Vulkanismus, der den tektonogenetisch-magmatischen Zyklus in der geantiklinalen Festlandszeit eines Gebirges abschließt.

Findlinge, *erratische Blöcke,* verstreute Felsblöcke in Gebieten ehemaliger Vereisung, als große Geschiebe durch Gletscher oder Inlandeise an ihren jetzigen Lagerplatz verfrachtet, so z. B. im Pleistozän aus den Alpen ins Vorland, aus Skandinavien nach dem Tiefland Mittel- und Nordosteuropas.

Firn [ahd. firni »vorjährig, alt«], mehrjähriger Schnee, der durch wiederholtes Schmelzen und Gefrieren sowie durch Druck jüngerer Schnee- und Firnschichten körnig und wasserundurchlässig wird. Oberhalb der Schneegrenze geht das *Firneis* durch weitere Alterung in Gletschereis über, → Gletscher.

First, *Firstlinie,* die höchste Erhebung des Sattels einer → Falte.

Firste, *Dach,* bergm. Ausdruck für das unmittelbar über den Grubenbauch anstehende Gestein, besonders bei Flözen und Lagern.

Fischsaurier, svw. Ichthyosaurier.

Fission-Track-Methode, → physikalische Altersbestimmung.

Fixismus, nach E. Argand die Auffassung, daß die Erdkruste mit ihrem Untergrund fest verhaftet ist, von F. E. Suess (1926) als Standtektonik bezeichnet. Gegensatz: → Mobilismus.

Flächengefüge, die Summe der flächigen Gefügeelemente (Schicht, Schiefrigkeiten, Klüfte, Störungen u. a.) eines Gesteinskörpers.

Flächenspülung, → Abspülung.

Flachseeablagerung, → Meeressediment.

Fladenlava, *Pahoehoe-Lava,* eine ehemals dünnflüssige Lava, die bei der Erstarrung eine glatte, rauhe oder gestriemte Oberfläche bildet.

Flandrische Transgression, die für die heutige Gestalt der Nordseeküste wichtige, etwa vor 7000 Jahren einsetzende Transgression der Nordsee, → Littorinameer.

flaserig, Bezeichnung für ein Gesteinsgefüge mit muskelfaserartigen Texturen, → Gefüge.

Flasergneise, Gneisvarietäten mit flachgewellten Glimmeraggregaten auf den Schieferungsflächen.

Flaserkalke, Kalksteine, um die sich wellige Tonschieferlagen schlingen.

Fleckschiefer, *Fruchtschiefer, Knotenschiefer,* eine beschreibende Bezeichnung für kontaktmetamorphe Schiefergesteine, die durch fleckenartige Neubildungen bestimmter Minerale, z. B. Cordierit, Andalusit, gekennzeichnet sind. → Garbenschiefer.

Fleischfresser, svw. Carnivoren.

Flexur [lat. flexura »Biegung«], *Monokline,* eine S-förmige Verbiegung von Gesteinschichten, entsteht durch gegenläufige relative Verschiebung zweier Schollen ohne Bildung größerer Brüche und kann nach der Tiefe in eine → Verwerfung übergehen (Abb. S. 207).

Fließen, → Massenbewegungen.

Fließerde, 1) ein stark durchfeuchteter, von steilen Hängen fließender Bodenmehl. Die F. entsteht bei erhöhten Niederschlägen und nicht wie der Schutt bei der → Solifluktion oder der Wanderschutt beim Auftauen von Frostböden. 2) ein durch Solifluktion entstandenes, unsortiertes, besonders feinerdereiches Lockermaterial.

Fließfältelung, svw. Wulstfaltung.

Fließgefüge, → Magmentektonik.

Fließgrenze, → Konsistenz.

Fließhypothese, von B. Gutenberg (1927) entwickelte, mobilistische geotektonische Hypothese, die nicht wie die → Kontinentalverschiebungshypothese von einem Zerreißen der Kontinentalmassen, sondern von einer Dehnung bzw. einem Auseinanderfließen der sialischen Oberkruste über der simatischen Unterkruste ausgeht und damit die Bildung von Atlantik und Indik verursacht haben soll. Nach Gutenberg sollen z. B. am Boden des Atlantik noch Reste eines Urkontinents vorhanden sein.

Fließmarken, *Fließwülste, Strömungsmarken, Strömungswülste,* konisch erhabene Schichtflächenmarken, deren stromaufwärts gerichtetes Ende rundlich abgestumpft oder wulstig ist, während sich das andere Ende verbreitert und allmählich in die Schichtfläche übergeht. F. entstehen durch Ausfüllen muldenförmiger Erosions- oder Kolkrinnen mit Fließsand, am Ende von subaquatischen Gleitungen oder Rutschmassen an Hängen.

Fließstrukturen, durch Fließvorgänge in plastischen Medien, z. B. → Lava, Salz, Schlammströmen, entstandene Gefüge, wie Fließfalten, → Fließwülste, → Fluidalschichtung u. a.

Fließtextur, *Fluidaltextur,* → Gefüge.

Fließwülste, svw. Fließmarken.

Fließzone, svw. Asthenosphäre.

Flint, → Feuerstein.

Flinz, 1) ein Begriff für dunkle plattige Kalke und Tonschiefer in Wechsellagerung, im Rheinischen Schiefergebirge bereits Ende des 19. Jahrhunderts für entsprechende oberdevonische Bildungen benutzt, heute meist zeitunabhängig als Lithofazies aufgefaßt mit günstigen Entstehungsbedingungen am Fuße von Riffen und im frühen Flyschstadium; 2) ältere Bezeichnung für sandige und mergelige Schichten der Süßwasser-Molasse des Alpenvorlandes der BRD.

Florensprung, die plötzliche Änderung der Florenassoziation an der Wende vom Namur A zum Namur B (Oberkarbon) der Norderde, die mit gebirgsbildenden Bewegungen in Zusammenhang gebracht wird.

Flossenfüßer, svw. Pteropoden.

Flottsande, 1) tonfreie Sande, die durch Aufnahme von Wasser flüssig werden (Schwimm- oder Triebsande); 2) entkalkte Gemenge von Löß und Flugsand, die im Fläming verbreitet sind und auch als *Flottlehm* bezeichnet werden.

Flöz [ahd. flezz »flach«], bergmännische Bezeichnung für eine Schicht nutzbarer Gesteine sedimentärer Entstehung, z. B. Kohlen-, Kupferschiefer-, Kaliflöz.

Flugdecksand, *Treibsand,* ein →Flugsand mit etwa gleichbleibender Mächtigkeit von unter 1 m bei relativ großflächiger Verbreitung.

Flügelfüßer, svw. Pteropoden.

Flugsand, ein äolisches Sediment aus sandigen Körnungsarten mit hohem Anteil einer Korngrößenklasse.

Flugsaurier, svw. Pterosaurier.

Fluidalschichtung, durch Fließprozesse entstandene schichtartige → Fließstruktur.

Fluidaltextur, → Gefüge.

Fluorit, svw. Flußspat.

Fluortest, eine Methode der → Geochronologie, die für das Quartär anwendbar ist und darauf beruht, daß in fossilen Knochen und Zähnen die OH-Gruppen im Hydroxylapatit durch Fluor ersetzt werden. Das Alter solcher Materialien und der sie umgebenden Gesteinsschichten ist proportional dem Fluorgehalt, wenn eine ungestörte und ständige Fluoraufnahme aus dem Wasser nachgewiesen werden kann.

Flußmarsch, → Marschböden.

Flußspat, *Fluorit*, ein Mineral, CaF_2, farblos, violett, gelb, grün (Färbung z. T. durch radioaktive Einwirkung), vollkommene Spaltbarkeit, niedrige Lichtbrechung, geringe Dispersion, häufig mit Fluoreszenzerscheinungen; weltweit verbreitetes Durchläufermineral, vor allem in vielen hydrothermalen Erzgängen. F. wird als Flußmittel in der Hüttenindustrie, zur Emailherstellung, zum Ätzen von Glas, zur Herstellung von Flußsäure und in der optischen Industrie verwendet.

Flußtrübe, *Schweb*, *Sinkstoffe*, feinstes, vom fließenden Wasser in aufgeschlämmter Form mitgeführtes Gesteinsmaterial.

Flutbasalte, *Plateaubasalte*, → Trapp.

fluvial, *fluviatil*, von fließendem Wasser bewirkt (f. Erosion) oder transportiert und abgelagert (f. Ablagerung) bzw. angereichert (f. Seifen).

fluvioglazial, svw. glazifluvial.

Fluxoturbidit, Sandlawinenablagerung in → proximalen → Trübeströmen. F. enthalten neben groben Sandkörnern auch Tongerölle. Gradierung tritt zurück. F. sind linsenförmig in → Turbidite eingeschaltet.

Flysch [schweiz. Lokalbegriff für Gesteine, die zum Fließen, d. h. Abrutschen neigen], eine schiefrig-tonig-kalkige, vorwiegend marine Gesteinsfazies, in vielfacher Wechsellagerung, die das Abtragungsprodukt zentraler, über den Meeresspiegel aufsteigender Schwellen innerhalb der → Geosynklinale während der Tektonogenese darstellt, besonders durch Schlamm- und Trübeströme von innen nach außen verfrachtet und später mit in die Faltung einbezogen wird. Die *Flyschfazies* ist fossilarm, aber reich an Lebensspuren, bei großer Mächtigkeit relativ eintönig, zeigt aber oft einen aus unterschiedlichen Komponenten zusammengesetzten Kornbestand, eine Korngrößensortierung, Wulst-, Rippel- und Schrägschichtung mit gerichtetem sedimentärem Gefüge und Wickelstrukturen, die auf Gleitungen und Rutschungen unter Wasser im noch nicht verfestigten Sediment zurückzuführen sind. Eine besondere Form des F. ist der → Wildflysch. → Trübestrom, → Olisthostrom.

Foide, Kurzwort für Feldspatoide, → Feldspatvertreter.

Foraminiferen, *Lochträger*, *Kammerlinge*, eine Unterklasse der Wurzelfüßer. Das Gehäuse dieser meist marinen, einzelligen Tiere kann einkammerig (monothalam) oder vielkammerig (polythalam) sein. Die F. leben sessil- oder vagilbenthonisch oder planktonisch. Zahlreiche Vertreter (→ Fusulinen, Nummuliten, → Globigerinen) wirkten gesteinsbildend. Vorkommen: Kambrium bis Gegenwart (Abb. S. 331, 384).

Formation, 1) während eines Zeitraumes der Erdgeschichte durch Ablagerung entstandene Schichtenfolge, von den darunter- und der darüberfolgenden deutlich unterschieden und aus einer oder mehreren Gesteinsarten zusammengesetzt; mit einem geographischen Namen und evtl. der Gesteinsbezeichnung versehen, in den USA und anderen Ländern nächst der einzelnen Schicht die kleinste Einheit der beschreibenden Stratigraphie (Lithostratigraphie), entspricht etwa unseren »Schichten«.
2) In der Sowjetunion und anderen Ländern eine »paragenetische Gesteinsassoziation«, d. h. eine genetisch eng zusammengehörige Gruppe von Gesteinen, die für einen bestimmten Typ von Ablagerungsbecken, einen bestimmten Abschnitt der geologischen Entwicklung oder die Vergesellschaftung bestimmter Erze und Gangarten typisch ist; z. B. Formation kieseliger Gesteine, Karbonatgesteins-(Kalkstein-, Dolomit-)Formation, auch Flysch-Formation, Erz-Formation u. a. Diese F. sind allgemeine Faziestypen und nicht an bestimmte Zeiträume gebunden, kommen aber in Einzelfällen den unter 1) genannten F. nahe.
3) Im Deutschen früher entgegen internationalem Gebrauch für → System oder → Periode verwendet; daher wurden Tabellen der Systeme bzw. Perioden und Abteilungen als »Formationstabellen« bezeichnet.

Formationsanalyse, die Zuordnung der sedimentären → Formationen zu geotektonisch bestimmten Ablagerungsräumen, z. B. stabiler und labiler Schelf, epikontinentale Meeresbecken, Geosynklinalbecken und Tektofaziesbereiche, z. B. die Geosynklinal-, Flysch-, Molasse- und Tafelfazies.

Formationswässer, die in Sedimentiten unterhalb des Grundwassers auftretenden wäßrigen Lösungen. Es sind Relikte ehemaliger Meer- und Süßwässer, die zur Zeit der Bildung der Sedimente in diese eingeschlossen wurden. Sie haben sich dort mit anderen Wässern vermischt und durch Reaktionen mit der Mineralsubstanz während der → Diagenese verändert. B. F. im Perm, in der Kreide und im Tertiär.

Formsand, ein natürlicher, standfester, gasdurchlässiger, feinkörniger, schluffig-toniger Quarzsand, meist tertiären Alters mit maximal 25 Prozent Kornanteilen kleiner als 0,02 mm für den Eisen- und Metallguß.

Forsterit, → Olivine.

fossil [lat. fossilis »ausgegraben«], als Versteinerung erhalten (→ Fossilien), auch Erscheinungen und Bildungen der geologischen Vergangenheit, z. B. f. Deltas, f. Wüsten, f. Grundwasser, f. Regentropfeneindrücke, f. Böden u. a. Gegensatz: → rezent.

fossile Böden, Böden, die in früheren Epochen unter andersartigen Bedingungen entstanden sind, durch jüngere Sedimente überdeckt wurden und somit keinerlei Weiterentwicklung erfahren konnten. Auf Grund des Bodentyps und der in ihnen mitunter enthaltenen Pflanzen- und Tierreste liefern die f. B. wertvolle Hinweise über die Verwitterungsgeschichte und geologische Entwicklung eines Gebiets.

fossiler Karst, → Karsterscheinungen.

fossiles Grundwasser, dasjenige Grundwasser, das nicht am Wasserkreislauf teilnimmt und in niederschlagsreichen Perioden der Vergangenheit entstanden ist. Es bildet daher eine Lagerstätte, die bei Entnahme langsam ihrer Erschöpfung entgegengeht, z. B. in Teilen der Sahara. Der Nachweis f. G. erfolgt durch physikalische Altersbestimmungen, z. B. ^{14}C, Tritium.

Fossilien, die Überreste vorzeitlicher pflanzlicher und tierischer Organismen und deren Lebensspuren (*Ichnofossilien*) und organische Substanzen (*Chemofossilien*). Der Vorgang der Fossilwerdung heißt *Fossilisation*. Die Überlieferung weist verschiedene Erhaltungsformen auf. *Körperfossil*: Erhaltung der ursprünglichen Körpersubstanz – Hartteile, wie Schalen, Knochen, Zähne. *Abdruck*: Erhaltung von Negativabdrücken im Gestein (Außenfläche des zerstörten Organismus ist abgedrückt). *Steinkern*: Ausguß des Körperinneren. – Besondere Formen fossiler Überlieferung sind die Bernsteineinschlüsse (Inklusen), Erdwachsfunde sowie die in sibirischen Dauerfrostgebieten eingefrorenen Mammutleichen.

Leitfossilien sind für eine bestimmte stratigraphische Einheit (Schicht, Zone, Stufe u. a.) charakteristisch. Sie dienen zur Parallelisierung von Schichten, wenn sie häufig horizontal weit und vertikal nur gering verbreitet sind.

Faziesfossilien sind an bestimmte → Fazies gebundene F. – Organismen, die erst in historischer Zeit ausgestorben sind, bezeichnet man als *subfossil*. Das Studium der F. ist Aufgabe der → Paläontologie.

Fossilisationslehre, → Paläontologie.

Fraktion [lat. frango »zerbrechen«], ein aus einem Stoffgemisch abgetrennter Anteil. *Fraktionieren*, die Aufteilung von Mengen in Teilmengen, z. B. bei der Korngrößenanalyse.

fraktionierte Kristallisation, → Differentiation.

Frana [ital.], *Frane*, Bezeichnung für → Rutschungen in weichen tonreichen Gesteinen.

Frankfurter Stadium, eine Stillstandslage in der Schwundperiode des nordischen Inlandeises während der Weichselkaltzeit. Der im F. S. gebildete Endmoränenzug (äußere Baltische Endmoräne) erstreckt sich von Schleswig-Holstein über die Südspitze des Plauer Sees, Rheinsberg, den Barnim, Frankfurt (Oder) bis nach Poznań. Die Schmelzwässer nahm das Warschau-Berliner Urstromtal auf, das von Warschau über Berlin zur Elbe bei Wittenberge verläuft (Abb. S. 409).

Frasne, *Frasnien*, *Frasnium* [nach dem Ort Frasne in Brabant/Belgien], die untere Abteilung des Oberdevons, be-

sonders bei belgischen und französischen Geologen gebräuchlicher Begriff; entspricht der *Manticocerasstufe*.
Freibergit, → Fahlerze.
Freßspuren, → Lebensspuren.
Frittung [frz. frire »backen«], die kontaktmetamorphe Beeinflussung von Sandsteinen und Tongesteinen. Sie bewirkt eine Härtung und z. T. eine Schmelzung kalkig-toniger Bindemittel. Gefrittete Sandsteine können glashart, Tone porzellanartig sein (Tafel 6).
Froschlurche, svw. Anuren.
Frostbeständigkeit, die Eigenschaft natürlicher oder künstlicher poröser Baustoffe sowie der Kluftkörpermaterials, bei Frosteinwirkung keine Frostschäden zu zeigen. Gegensatz: Frostunbeständigkeit.
Frosthebung, 1) Bodenaufwölbungen im Bereich des Dauerfrostbodens, die entstehen, wenn Wasser aus tieferen Bodenschichten kapillar nach oben steigt, dort unter Volumenvergrößerung gefriert und auf die Bodenoberfläche vertikal gerichteten Druck ausübt. 2) Erhöhung des ursprünglichen Niveaus infolge der Volumenausdehnung des gefrierenden Wassers im Baugrund.
Frostmusterböden, svw. Strukturböden.
Frostschäden, 1) die durch Einwirken des Frostes auf die als Baugrund anstehenden oder im Rahmen von Baumaßnahmen geschütteten Gesteine und den nachfolgenden Tauprozeß hervorgerufenen Gefüge- und Festigkeitsveränderungen, die zur Ursache von Hebungs- und Tragfähigkeitsschäden an Bauwerken – vor allem Straßen und Eisenbahnstrecken – werden können. 2) die durch die Sprengwirkung gefrierenden Wassers während des Winters hervorgerufenen Zerstörungen an Bauwerken und Bauteilen.
Frostschutt, der durch Gefrier- und Gefrier-Auftauprozesse entstandene Gesteinsschutt, → Verwitterung.
Frostsicherheit, *Frostunveränderlichkeit*, die Eigenschaft anstehender Locker- oder Felsgesteine bzw. geschützter Materialien, beim Gefrieren trotz vorhandenen Wassers keine Eislinsenbildung und Gefügeveränderung zu zeigen. Gegensatz: → Frostveränderlichkeit.
Frostunbeständigkeit, Gegensatz zu → Frostbeständigkeit.
Frostunveränderlichkeit, svw. Frostsicherheit.
Frostveränderlichkeit, die Eigenschaft anstehender Locker- oder Felsgesteine bzw. geschütteter Materialien, bei Frosteinwirkung Eislinsen zu bilden, während der Gefrier- und Tauperiode reversibel oder irreversible Gefügeveränderungen zu zeigen bzw. beim Tauen in eine plastische Konsistenz überzugehen. Gegensatz: Frostunveränderlichkeit (→ Frostsicherheit).

Frostverwitterung, der Prozeß der mechanischen Zerstörung von Gesteinen und Mineralen durch Volumenvergrößerung des Wassers beim Gefrieren.
Fruchtschiefer, svw. Fleckschiefer.
Fucoiden, frühere Bezeichnung für besonders im → Flysch häufige Strukturen, die man für Algen hielt, heute als Lebensspuren von Tieren ansieht (Tierbauten u. a.). F. unterscheiden sich vom Material der Matrix.
Fulgurit, svw. Blitzröhren.
Fumarole [lat. fumus »Rauch«, »Dampf«], vulkanische Gasaushauchungen aus Spalten mit Temperaturen zwischen 900 und 200 °C. Über 400 °C herrschen *saure F.* (HCl, $SO_2 \cdot H_2O$), unter 400 °C *Salmiakfumarolen* vor. Immer spielt der Wasserdampf eine wichtige Rolle. Bei niedrigem Dampfdruck kommt es zu Sublimationen, z. B. von NaCl, $FeCl_3$, Fe_2O_3 (→ Soffione).
Fundament, 1) der Unterbau der Hauptstrukturelemente der Erdkruste (kristalline Basis); 2) der Gründungskörper von Bauwerken, der der Übertragung der Bauwerkslast auf den Baugrund dient.
Furche, svw. Rillenmarken.
Fusit, svw. der holzkohlenähnliche Anteil der Steinkohlen, → Kohle.
Fusulinen, eine Oberfamilie der Foraminiferen mit spindelförmigem, aus spiralig eingerollten Umgängen bestehendem, gekammertem, bis 60 mm langem Gehäuse (Abb. S. 331). Vorkommen: Karbon bis Perm, oft gesteinsbildend (Fusulinenkalk); wichtige Leitfossilien.

G

Gabbro [ital.], ein mittel- bis grobkörniges basisches Tiefengestein von grau-schwarzer bis grünlich-schwarzer Farbe, ein Gemenge aus Plagioklas (Labrador) und monoklinem Pyroxen. Varietäten sind *Olivingabbro*, *Norit* (mit rhombischem Pyroxen), *Olivinnorit*. Sekundäre Umwandlungen von Plagioklas (→ Saussuritisierung), Pyroxen (→ Uralitisierung, Chloritisierung) und Olivin (Serpentinisierung) sind häufig. G. wird als Straßenbaumaterial verwendet.
Gabbroschale, *Basaltschale*, der zwischen der → Conrad-Diskontinuität und der Mohorovičić-Diskontinuität liegende untere Teil der Erdkruste.
Galenit, svw. Bleiglanz.
Galmei, bergmännische Bezeichnung für Zinkerze.
Gammamessungen, → Bohrlochmessungen.
Gammaspektrometrie, → Bohrlochmessungen.
Gang, Spaltenfüllung in Festgestein aus in wässeriger Lösung abgesetzten Mineralen (*Mineralgang*) oder erstarrter magmatischer Schmelze (*Gesteinsgang*). *Erzgänge* führen Erze und die

Gangart (Nichterze). Die seitlichen Grenzflächen der plattenförmigen G. heißen *Salbänder*. Sie sind senkrecht (*Seigergang*), geneigt oder horizontal (*schwebender G.*) gelagert. Ein G. kann sich gabeln oder in mehrere schmalere G. (*Ader*, *Trum*, *Trümer*) zerschlagen.

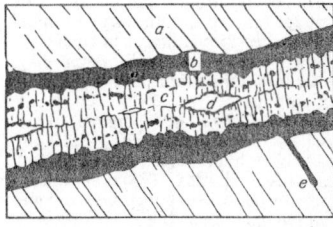

Erzgang. a Nebengestein, b Erz, c Gangart, d Drusenraum, e Apophyse

Zwei G., die sich unter spitzem Winkel vereinigen, scharen sich. Durchschneiden sie sich, bilden sie ein *Gangkreuz*. Mächtigkeitsänderungen sind entweder eine Verdrückung oder ein Sichauftun. Am Ende keilt ein G. aus. Seitliche Abzweigungen sind die *Apophysen*. Ein *Lagergang* setzt parallel zur Schichtung auf. *Sills* sind plattenförmige, schichtparallele Lagergänge. Ein kurzer G. von erheblicher Ausdehnung ist ein *Gangstock*.
Gangamopteris [griech. gangamon »kleines Netz«, pteris »Farnkraut«], eine für die Südkontinente charakteristische Pflanze mit ungestielten, zungenförmigen und am Rande häufig etwas buchtigen Blättern ohne Mittelader, dagegen mit Maschenaderung. Vorkommen: Permokarbon des Gondwanalandes.
Gangart, svw. Nichterz.
Ganggefolge, → Ganggesteine.
Ganggesteine, auf klaffenden Gesteinsspalten (Gängen) aufgedrungene Magmatite, seltener Tiefengesteine, meist deren Abkömmlinge wie Aplite, Pegmatite, Lamprophyre u. a. (*Ganggefolge*). → aschist. → diaschist.
Ganoiden, *Schmelzschupper*, eine Gruppe der Knochenfische mit dicken, meist pentaförmigen Schmelzschuppen. Vorkommen: Mitteldevon bis Gegenwart.
Ganzerde, svw. Pangaea.
Garbenschiefer, durch Kontaktmetamorphose entstandene Gesteine mit großen, an den Enden garbenähnlich zerfaserten Cordieritdrillingen. → Fleckschiefer.
Garnierit, ein Mineral, $(Ni,Mg)_6[(OH)_8|Si_4O_{10}]$, strukturell ein Ni-Antigorit (→ Serpentin), Ni-Gehalt 4 bis 3 Prozent, grün, monoklin. G. entsteht bei der Verwitterung von Olivingesteinen, wobei die geringen Ni-Gehalte stark angereichert werden; wichtiges Ni-Erz.
Gastrioceras [griech. gaster »Bauch«, keras »Horn«], eine Gattung der zu den Ammonoideen gehörenden Gonia-

titen, mit bauchigem, weitgenabeltem Gehäuse, dessen Windungen Nabelknoten tragen (Abb. S. 331). Vorkommen: Oberkarbon; Leitfossil des Westfals.

Gastropoden, *Schnecken*, *Bauchfüßer*, eine Klasse der Weichtiere, bestehend aus dem Kopf, dem Eingeweidesack mit einer Hautfalte (Mantel) und dem breiten Kriechfuß. In der Mantelhöhle liegen die Kalkdrüsen sowie die Kiemen oder Lungen, wonach man die G. in Kiemen- und Lungenschnecken einteilt. *Lungenschnecken* (*Pulmonaten*) sind beschalte oder nackte Land- und Süßwasserbewohner. Nach Anzahl und Beschaffenheit der Tentakel untergliedert man in *Basommatophoren* und *Stylommatophoren*. Die *Kiemenschnecken*, seit dem Kambrium bekannt, gliedert man nach der Lage der Kiemen vor oder hinter dem Herzen in *Vorderkiemer* (*Prosobranchier*) und *Hinterkiemer* (*Opisthobranchier*).

Gattendorfia, eine Gattung der Ammonoideen mit scheibenförmiger, meist weitnabeliger Schale und einfach gewellter Lobenlinie. Leitfossil des tiefsten Karbons.

Gasvulkan, → Maar.

Gault [engl. Gesteinsbezeichnung], eine Stufe der Unteren Kreide.

Geantiklinale [griech. ge »Erde«, anti »entgegen«, klinein »neigen«], im Gegensatz zur → Geosynklinale ein durch säkulare Aufwölbung entstandenes Schwellengebiet, das die Geosynklinalen untergliedert und bei starker Heraushebung als Abtragungsgebiet Sedimentmaterial liefert, → Flysch.

Gebirge, ein Begriff, der für Geowissenschaften und Technik unterschiedliche Bedeutung hat. 1) geographisch: sichtbare Oberflächenform, ausgedehnte, hochgelegene, in Einzelberge und Bergzüge, Hochflächen und Täler gegliederte Gebiete der Erdoberfläche, zum Vorland durch einen deutlichen Gebirgsfuß abgegrenzt oder in ein Hügelland übergehend. 2) geologisch: der feste Gesteinsuntergrund, 3) bergmännisch: der »gewachsene« Untergrund, das Anstehende. 4) ingenieurgeologisch: ein natürlicher Verband von Festgesteinen, der durch das Flächengefüge in Kluftkörper (geologische Körper, Grundkörper), unterschiedlicher Größe und Form zerlegt ist. Nach der Entstehung gliedert man die G. in:
Tektonische G., a) *Falten-* und *Deckengebirge*, die durch Faltung und horizontal-tangentiale Einengung von Gesteinskomplexen in Geosynklinalen und Heraushebung aus dem Meer entstanden sind, z. B. Alpen, b) *Faltengebirge* vom Typ des Faltenjura, Übergangstypus ohne geosynklinale Vorgeschichte, mit lang aushaltenden Faltensätteln und dazwischen liegenden breiten Koffermulden bzw. intramontanen Becken, c) *Bruchfalten-* und *Bruchschollengebirge*, bei denen Ausweitungs- und Einengungsformen eng benachbart auftreten und Brüche bzw. Horst- und Grabenstrukturen mit vertikalen Schollenbewegungen vorherrschen, so daß oft ein Schollenmosaik vorhanden ist wie im Bereich der → germanotypen Tektonik der → saxonischen Gebirgsbildung im außeralpinen Mitteleuropa. *Rumpfgebirge*, ein tektonisches G., das durch Verwitterung und Abtragung zerstört und eingeebnet worden ist (z. B. die varistischen Kerne der mitteleuropäischen Mittelgebirge wie Harz, Erzgebirge u. a.). *Nichttektonische G.*, wie vulkanische G., die durch vulkanische Vorgänge gebildet werden. In geomorphologischem Sinne werden unterschieden: *Abtragungsgebirge*, Tafelländer, die durch partielle Abtragung morphologisch Gebirgscharakter erhalten haben; *Denudationsgebirge*, bei denen die Abtragung flächenhaft gewirkt hat (z. B. Schwäbische Alb) und *Erosionsgebirge*, die vom fließenden Wasser zertalt worden sind (z. B. Elbsandsteingebirge).

Gebirgsbildung, svw. Tektonogenese.

Gebirgsdurchlässigkeit, die Wasserdurchlässigkeit von Festgesteinen, die sich aus der *Gesteins-* (*Poren-*) und *Trennfugendurchlässigkeit* (Spalten, Schichtfugen, Störungen) zusammensetzt und die hydrologischen Eigenschaften der Gesteine bestimmt.

Gebirgsmechanik, svw. Felsmechanik.

Gebirgsschutt, svw. Solifluktionsschutt.

Gebirgswurzel, eine bis 10 und mehr Kilometer Tiefe in den dichteren Oberen Mantel hinunterreichende bzw. in diesen eintauchende Verdickung der Kruste unter → Orogenen, in denen spezifisch leichtere sialische Massen angehäuft und geophysikalisch durch ein Schweredefizit nachweisbar sind, z. B. unter den Alpen.

Gedinne, *Gedinnien*, *Gedinnium* [nach der belgischen Stadt Gedinne], die Basis des Devons. Leitfossil Spirifer elevatus und Monograptus uniformis.

Gefüge, 1) der innere Aufbau eines Gesteins, umfaßt dessen Struktur und Textur. Die *Struktur* wird durch die einzelnen Mineralkomponenten und die Art ihres Zusammentretens bestimmt. Unter *Textur* versteht man dagegen die Gefügeeigenschaften, die sich auf die Anordnung und Verteilung der Gemengteile im Raum sowie auf die Raumerfüllung der Mineralaggregate beziehen. Bei *Magmatiten* unterscheidet man folgende **Struktureigenschaften**:
A) *Kristallinitätsgrad*, das Verhältnis von kristallinen und glasigen Anteilen im Gestein; 1) holokristallin, 2) hypokristallin, 3) hyalin oder vitrophyrisch; B) *Korngröße*, die absolute Größe der Gefügekörner; 1) makro- oder phanerokristallin, 2) mikrokristallin, 3) kryptokristallin; C) *Kornverteilung*, die relative Größe der Gefügekörner; 1) gleichkörnig, 2) wechselkörnig, 3) ungleichkörnig; D) *Kornform*, die äußere Gestalt der Gefügekörner; 1) idiomorph oder automorph, 2) hypidiomorph, 3) allotriomorph oder xenomorph; E) *Kornbindung*, die Art der Verzahnung von Korngrenzen, die Arten von Kornverbänden; 1) mosaikartige Strukturen, 2) sperrige Strukturen (a) ophitische, b) sperrig-intergranulare, c) sperrig-intersertale, d) hyaloophitisch-intersertale, e) hyalopilitische, f) pilotaxitische) 3) Implikationsstrukturen (a) intragranulare, b) intergranulare). – Bei Magmatiten unterscheidet man ferner folgende **Textureigenschaften**: a) *Raumanordnung* der Gefügekörner; 1) richtungslose Textur, 2) Fluidal- oder Fließtextur, 3) sphärolithische Textur; b) *Raumerfüllung*; 1) schlackige Textur, 2) schwammige Textur, 3) blasige Textur, 4) poröse Textur, 5) kompakte Textur.
Bei *Sedimentiten* hängt das G. ebenfalls von strukturellen und texturellen Eigenschaften ab. Am wichtigsten sind die strukturellen Angaben über Korngröße, Kornverteilung und Kornform (Einteilung der klastischen Sedimentite nach der Korngröße). Hinzu kommen Rundungsgrad und Oberflächeneigenschaften der Körner sowie besonders bei chemischen Sedimentiten die Kornbindung. – Texturell ist die durch die Sedimentation bedingte Art der Schichtung am bedeutendsten: Parallel-, Schräg-, Diagonal-, Kreuz-, Rippelschichtung und bogige Schrägschichtung. Eine Feinschichtung ist bedingt durch lagenweisen Wechsel der Korngröße, Kornform, Kornbindung der Mineralarten, durch Änderung der Art, Menge und Verteilung des Bindemittels und durch flächenhafte Einregelung blätterförmiger Minerale. Von besonderer Bedeutung sind der Porenraum der Sedimentite und die davon abhängige Durchlässigkeit oder Permeabilität.
Bei *Metamorphiten* werden durch eine mehr oder weniger gleichzeitig für alle Gemengteile stattfindende Umkristallisationen die G. der Magmatite und Sedimentite kristalloblastisch. Man unterscheidet bei den Metamorphiten folgende **Struktureigenschaften**:
A) *homöoblastische Strukturen* mit nahezu gleichen Korngrößen der Gemengteile; 1) granoblastisch (z. B. Quarz, Feldspäte), 2) lepidoblastisch (z. B. Glimmer), 3) nematoblastisch (z. B. Amphibole); B) *heteroblastische Strukturen* mit einzelnen im Wachstum vorauseilenden Mineralen; 1) porphyroblastisch (z. B. Granat, Hornblende, Staurolith u. a.), 2) Relikt- oder Palimpseststrukturen (Gefüge-, Mineral- und Gesteinsrelikte der Ausgangsgesteine sind zu erkennen); C) *poikiloblastische Strukturen*, intragranulare Implikationsstrukturen mit einem Grundgewebe von großen Gemengteilen (Xenoblasten), die kleine Minerale umschließen (Idioblasten); D) *diablastische Strukturen*, intergranulare Implikationsstrukturen mit in-

nig verwachsenen, meist radial- oder parallelfaserigen Gebilden (z. B. kelyphitische Reaktionssäume um Granat oder Olivin), die in Abhängigkeit von der Korngröße auch mikro- oder kryptodiablastisch sein können. – Bei den Texturen der Metamorphite sind zu unterscheiden: A) *syngenetische Texturen*, strukturelle und texturelle Eigenschaften werden durch die Metamorphose gleichzeitig erworben. Paralleltextur herrscht vor; 1) schiefrige Textur, 2) lineare Textur, 3) gekrümmte Textur; B) *Relikt*- und *Palimpsesttexturen* zeigen Anordnungen von Gemengteilen, die der Textur im Ausgangsgestein oder einem früheren Stadium der Metamorphose entsprechen.
II) der innere Aufbau eines größeren Gesteinskomplexes, das *Großgefüge*. Es sind hierbei zu unterscheiden: A) Primärgefüge, das die Schichtung bei Sedimentiten und Vulkaniten sowie die Absonderung bei *magmatischen Körpern* umfaßt; B) Sekundärgefüge, d. h. tektonische G., die bei → Faltung, → Schieferung, → Klüftung entstehen, z. B. Flächengefüge, Lineargefüge.
III) G. des Bodens, svw. Struktur.
Gefügediagramm, die Darstellung der statistisch erfaßten Daten von Flächen-, Linear- und → Korngefügen.
Gefügekunde, die Lehre von Bau und Entstehung der Gefüge der Gesteine, begründet von W. Schmidt und B. Sander.
Gefügeregelung, *Gefügeeinregelung*, → Einregelung.
Gegenstandsmarken, engl. tool mark, Schichtflächenmarken, die z. B. von organischen Resten, Gesteinsbruchstücken erzeugt werden, wenn diese über schluffigen oder tonigen Untergrund bewegt werden. Zu den G. gehören Rillenmarken, Schleifmarken, Riefenmarken, Stoß- oder Rückprallmarken.
Gehängeschutt, svw. Solifluktionsschutt.
Gekriech, in langsamer Abwärtsbewegung (3 bis 5 cm/Jahr) befindlicher Schutt an Berghängen, → Schuttkriechen. G. kann → Hakenwerfen und »Säbelwuchs« von Bäumen hervorrufen.
Gekröselava, zu einer unregelmäßig rundlichen Oberfläche erstarrte dünnflüssige → Lava.
Gekröseschichtung, die Erscheinung, daß unregelmäßige, kompliziert verfaltete Schichten cf zwischen völlig regelmäßig ausgebildeten Ablagerungen liegen, z. B. bei Gips infolge Volumenvermehrung bei der Umwandlung von Anhydrit in Gips.
Gelber Ocker, svw. Brauneisenerz.
Geochemie, die Wissenschaft von der Verteilung der chemischen Elemente und Isotope der Erde in Vergangenheit und Gegenwart. Sie untersucht deren quantitative Verteilung in den einzelnen geologischen Bildungen sowie ihre Gesetzmäßigkeiten und Veränderungen im Laufe der Erdentwicklung. Die Kenntnis der Gesetzmäßigkeiten gestattet Voraussagen über das Auftreten von Elementen und Isotopen und Schlüsse über die Bildungs- und Entwicklungsbedingungen von Mineralen, Gesteinen und Lagerstätten. Teilgebiete der G. sind → Lithogeochemie, → Hydrogeochemie, → Biogeochemie, → Atmogeochemie.
geochemische Prospektion, das Aufsuchen nutzbarer Lagerstätten mineralischer Rohstoffe mittels geochemischer Methoden. → Prospektion.
Geochronologie, eine Methode der Geologie, die sich mit der Zeitrechnung und Zeiteinteilung beschäftigt. Sie gliedert sich in die Bereiche → Stratigraphie (Biochronologie), Chronographie und Chronometrie (→ physikalische Altersbestimmung).
Geode [griech. geodes »erdartig«], Bezeichnung für die verschiedensten → Konkretionen in Sedimentiten.
Geodepression, nach Haarmann eine »primärtektonogenetische Einsenkung der Erdkruste«, → Oszillationshypothese. Gegensatz: Geotumor.
Geodynamik [griech. ge »Erde«, dynamis »Kraft«], ein Wissenszweig, der sich mit der Untersuchung der in tieferen Zonen der Erde vor sich gehenden Prozesse sowie den verursachenden Kräften befaßt. Das bis 1979 als internationales und interdisziplinäres Forschungsprogramm gelaufene *Geodynamikprojekt* beschäftigte sich vor allem mit dem Studium der Struktur, der Zusammensetzung und der Entwicklung der → Tektonosphäre bis in Tiefen von 200 bis 300 km sowie den in diesen Bereichen ablaufenden Prozessen, die als Antriebsmechanismen des tektonischen Geschehens in globalem Rahmen von Bedeutung sind.
geodynamische Prozesse, durch physikalische Vorgänge ausgelöste und durch den geologischen Bau bedingte Veränderungen der Geländeoberfläche und des Baugrundes.
Geoelektrik, Oberbegriff für elektrische Verfahren der angewandten Geophysik zur Untersuchung der Erdkruste, besonders zum Erschließen von Grundwasser und Erzlagerstätten sowie zur Klärung allgemeiner geologischer Probleme (Schichtlagerung). Man mißt, abgesehen vom Eigenpotentialverfahren, die Leitfähigkeit bestimmter Stellen der Erdkruste mit elektrischem Strom und schließt daraus auf die Beschaffenheit des Krustenteils.
Geofraktur, svw. Tiefenbruch.
Geognosie, ältere, von G. C. Füchsel (1722–1773) geprägte, heute nicht mehr gebräuchliche Bezeichnung für Geologie einschließlich Mineralogie und Lagerstättenlehre.
Geohydrologie, → Hydrogeologie.
Geoid [griech. ge »Erde«, eidos »Gestalt«], ein mathematischer Körper, Bezeichnung für die nahezu wahre Figur der Erde, die geglättet das Oberflächenrelief im Detail nicht berücksichtigt. Sie wird als eine in Höhe des Meeresspiegels liegende Niveaufläche der Schwerkraft definiert.
Geokratie, *Epirokratie*, das Vorherrschen des Landes in geologischen Zeiten, in denen die Festländer weite Teile der Erdoberfläche einnahmen und die Meere infolge Regression eingeengt, aber tiefer waren. Gegensatz: → Thalattokratie.
Geologenhammer, ein unterschiedlich geformter Hammer aus Hartstahl mit hölzernem Stiel oder aus Ganzstahl zum Anschlagen von Gesteinen oder zum Schürfen in Lockergestein bei geologischen Feldarbeiten.
Geologenkompaß, ein Gerät zum Feststellen von → Streichen und Fallen von Schichten, Schieferungen, Klüften u. a. Der *Streichwert* (die Himmelsrichtungen des Streichens) wird in Winkelgraden (Alt- oder Neugrad) angegeben, im Uhrzeigersinn gemessen. Mit dem Neigungsmesser (Klinometer) oder einer Fallmeßröhre wird der Fallwinkel ermittelt (horizontal bis vertikal). Fallwinkel und Fallrichtung ergeben den *Fallwert*. Zur raumrichtigen Messung des Streichens sind bei der Geologenbussole Ost und West vertauscht.
Geologie, die Wissenschaft von der Zusammensetzung, dem Bau und der Geschichte der Erde, besonders der Erdkruste. Man gliedert die G. in: 1) *allgemeine, dynamische* oder *physikalische G.*, die die Vorgänge und Erscheinungen in der Erdkruste und die gestaltenden endogenen und exogenen Kräfte untersucht. 2) *historische G.* (*Erdgeschichte*), die den zeitlichen Ablauf der erdgeschichtlichen Ereignisse im Raum in die vierte Dimension der Zeit einordnet, z. B. auf der Grundlage der Lagerung der Gesteinskomplexe, der Fazies, Tektonik, des Fossilinhaltes (→ Leitfossilien) u. a. 3) *regionale G.*, die die geologischen Verhältnisse und den erdgeschichtlichen Werdegang einzelner Länder oder Erdteile darstellt. 4) *angewandte G.*, die sich mit der Anwendung geologischer Erkenntnisse für Staat, Technik und Wirtschaft, z. B. für das Bauwesen (*Ingenieurgeologie*), für die Wasserwirtschaft (*Hydrologie*), für Land- und Forstwirtschaft (*Bodengeologie*) beschäftigt. 5) *Montangeologie*, die der Anwendung geologischen Wissens im Bergbau dient; 6) *ökonomische G.*, die als Such- und Erkundigungsgeologie den Nachweis von Lagerstätten mineralischer Rohstoffe einschließlich der Vorratsberechnung und der technischökonomischen Bewertung zur Aufgabe hat; 7) *mathematische G.*, deren Ziel die Anwendung mathematischer Methoden für die geologische Komplexanalyse ist. 8) *Isotopengeologie*, auch *Isotopengeophysik*, die die Untersuchung geologischer, geophysikalischer und geochemischer Objekte mittels der Häufigkeitsanalysen stabiler und instabiler Isotope und deren Variation in der Erdkruste auf der Grund-

lage der Erkenntnisse der Kernphysik zum Gegenstand hat. 9) *Anthropogeologie*, die sich mit der Untersuchung der Wechselbeziehungen zwischen Mensch und geologischer Umwelt, besonders im Territorium (*Territorialgeologie*) befaßt. 10) *Kosmogeologie*, die sich der Untersuchung des Baus der außerirdischen Planeten, speziell des Mondes (*Mondgeologie*) widmet. 11) → *Aktuogeologie*. 12) → *Militärgeologie*. 13) → *Strukturgeologie*. 14) → *Photogeologie*, 15) → *Meeresgeologie*.

geologische Karte, ein Planbild der geologischen Verhältnisse eines kleineren oder größeren Teils der Erdkruste. Man unterscheidet Übersichtskarten (kleiner als 1 : 25000) und Spezialkarten (1 : 25000 und größer). Neben den g. K. im engeren Sinne gibt es spezielle thematische Karten wie paläogeographische, paläotektonische, lithologische, minerogenetische, hydrogeologische, ingenieurgeologische, prognostische u. a. Karten.

geologische Orgeln, *Erdorgeln*, einzelne (→ Schlotten) oder meist mehrere, nebeneinanderliegende, unterschiedlich tiefe, zylindrische, kessel-, sack- oder schachtförmige steile Einsenkungen in Kalksteinen, die durch chemische Verwitterung im Bereich von Spalten entstehen und meist mit nachgebröckelten Schuttmassen gefüllt sind. → Karsterscheinungen.

geologischer Schwellengehalt, in den → Konditionen für jeden Block, Lagerstättenteil oder die ganze Lagerstätte festgelegte untere Gehaltsgrenze für die Einzelprobe, bis zu der unter dem industriellen Minimalgehalt liegende Vorräte zur Verschneidung besonders reicher Vorratspartien herangezogen werden können, d. h. in die Bilanzvorräte eingehen.

geologische Thermometer, alle temperaturabhängigen Gleichgewichtsverteilungen bestimmter Elemente, Gas- und Flüssigkeitseinschlüsse, Kristallstrukturen und Isotopenverhältnisse, mit denen auf die Bildungstemperaturen der betreffenden Körper geschlossen werden kann. Zum Beispiel entsteht trigonaler β-Quarz unterhalb 573 °C aus dem hexagonalen α-Quarz; ein g. T. ist auch das Sauerstoffisotopenverhältnis in den Kalkschalen fossiler Meerestiere.

Geomagnetik, verschiedene Verfahren der angewandten → Geophysik zum Vermessen des erdmagnetischen Feldes, → Erdmagnetismus. Aus Veränderungen des normalen Feldes kann man auf bestimmte Gesteine in der Tiefe und auf ihre Lagerung schließen. Besonders starke Abweichungen erzeugen magnetithaltige Erzkörper. Kaum magnetisch sind Sedimentgesteine (Sande, Kalke, Tone). Zur Vermessung des erdmagnetischen Feldes auf der Erdoberfläche dienen → Feldwaagen, für Messungen vom Flugzeug aus (*Aeromagnetik*) Sättigungsmagnetometer nach dem Induktionsprinzip oder Geräte, die den Kernspin ausnutzen.

Geomechanik, eine Wissenschaft, die sich bemüht, das mechanische Verhalten des Gebirges exakt physikalisch-mechanisch zu erfassen und besonders die Auswirkungen technischer Eingriffe zu untersuchen. → Felsmechanik, → Bodenmechanik.

Geomorphologie, die Wissenschaft von den Formen der Erdoberfläche, ihrer Prozesse und Genese, ein Teilgebiet der physischen Geographie und der Geologie.

Geonomie, nach W. W. Belussow die Wissenschaft von der komplexen geologischen, geophysikalischen und geochemischen Erforschung der tieferen Erdzonen (Erdkruste und oberer Erdmantel) zur Erkenntnis der ablaufenden Prozesse und ihrer Bedeutung für die Krustengestaltung.

Geopedologie, svw. Bodengeologie.

Geophysik, die Wissenschaft von den physikalischen Vorgängen und Erscheinungen auf, über und in der Erde. Teilgebiete sind Meteorologie, Hydrologie, spezielle G. Ein weiteres Teilgebiet beschäftigt sich mit der Ionosphäre.
Bei der *speziellen G.* sind zu unterscheiden die *allgemeine* oder *reine G.*, die die physikalischen Eigenschaften der Erde (Schwerefeld, erdmagnetisches Feld, Ausbreitung der Erdbebenwellen, Aufbau des Erdkörpers u. a.) untersucht, und die *angewandte G.*, deren Aufgabe Klärung des geologischen Baues der Erdkruste und Erkunden nutzbarer Lagerstätten ist. Dazu bedient sie sich der → Gravimetrie, → Geomagnetik, → Geoelektrik, angewandten → Seismik, → Radiometrie, → Geothermie und der → Bohrlochmessungen.

Georgian [nach dem Staat Georgia/USA], *Waucubian*, im wesentlichen das Untere Kambrium Amerikas.

Geosutur, svw. Tiefenbruch.

Geosynklinale, *Erdgroßmulde*, von dem Amerikaner J. D. Dana geprägte Bezeichnung für sich säkular vertiefende, durch Embryonalfalten in Schwellen und Senken gegliederte längliche und relativ schmale Meereströge, in die über Zeiträume von mehr als 100 Millionen Jahren der Abtragungsschutt von den benachbarten Festländern, den → Geantiklinalen, eingespült und sedimentiert wird, wobei oft mehr als 10000 m mächtige Sedimente abgelagert werden und für die in der Zentralzone ein basischer Magmatismus kennzeichnend ist. Die G. sind die Geburtsstätten späterer Faltengebirge. Ihre Anlage steht wahrscheinlich mit primären Tiefenbrüchen als Schwächezonen der Erdkruste in Zusammenhang. Neben den mobilen *Muttergeosynklinalen* (→Mobilität) späterer Faltengebirge, den *Orthogeosynklinalen*, stehen unregelmäßige, mit nur geringmächtigen Sedimenten gefüllte Epikontinentalbecken, die *Parageosynklinalen*, die keine echten G. sind. Innerhalb der Orthogeosynklinalen werden durch initialen Magmatismus gekennzeichnete *Eugeosynklinalen* (vollgeosynklinale Bereiche) von *Miogeosynklinalen* (mindergeosynklinalen Bereichen) mit schwachem oder fehlendem initialem Magmatismus unterschieden.
Im Sinne der → Plattentektonik sind G. das Ergebnis einer Aufspaltung der kontinentalen Kruste unter Neubildung ozeanischer Kruste, wobei Kontinentalanstieg und Kontinentalhang von Ozeanen des atlantischen Typs der Eugeosynklinalen und das Schelfgebiet der Miogeosynklinalen entspricht. Die meisten G. sind wahrscheinlich mit den Randmeeren und Inselbögen des heutigen Indonesiens vergleichbar, wobei die Tiefseerinnen vor den Inselbögen von einem Andesitvulkanismus (→ Andesitlinie) begleitet werden. Nicht alle G. entstehen auf ozeanischer Kruste. → Tektonogenese.

Geotechnik, ein Teilgebiet der Bautechnik, das Erkenntnisse der → Ingenieurgeologie sowie der Boden- und Felsmechanik für den Erd-, Fels-, Grund- und Tunnelbau anwendet.

Geotektonik, → Tektonik.

geotektonische Hypothesen, Versuche, die Ursachen der Bewegungen und Massenverlagerungen in der Erdkruste sowie ihre Strukturen theoretisch zu erfassen und zu erklären. Der Begriff »geotektonische Theorien« sollte nicht verwendet werden, weil die Grundlagen der einzelnen Hypothesen nicht so gesichert sind, daß sie für Theorien im Sinne der Physik schon ausreichten.

geotektonischer Zyklus, → Zyklentheorie.

Geothermie, ein Verfahren der angewandten → Geophysik zur Lösung geologischer Fragen, beruht auf Temperaturmessungen in flachen oder tieferen Bohrungen und ihrer regionalen Auswertung. Die Temperatur im Untergrund hängt neben dem bis zu einer oft beträchtlichen Tiefe reichenden klimatischen Einfluß ab von der Leitfähigkeit der Gesteine (hohe Leitfähigkeit: kristalline, karbonatische und Salzgesteine; geringe: Tone, Sandsteine) und besonders von der Art des Zirkulationssystems der Porenwässer: Wassereinzugsgebiete sind kalt, Entlastungsgebiete von warmen Tiefenwässern warm.

geothermische Tiefenstufe, die Tiefe in Meter, bei der die Temperatur in der Erde um 1 °C zunimmt. Ihre Größe hängt ab von Wärmefluß, Leitfähigkeit der Gesteine, säkularem Klima, Bewegung unterirdischer Wässer u. a. Einflüssen. Die g. T. beträgt im Mittel in kristallinen Schilden rund 122 m, in Tafelgebieten rund 59 m, in den tiefen Senken der Geosynklinalen und anderen Becken mit relativ jungen Sedimenten etwa 27 m. Werte von nur wenigen Metern finden sich in Gebieten mit vulkanischem Wärmetransport oder in Aufstiegsgebieten warmer Wässer. In Mitteleuropa liegt der Wert im Mittel bei etwa 30 m, schwankt aber beträchtlich.

Geotumor, → Oszillationshypothese.

Geradhorn, svw. Orthoceras.

Gerdau-Interstadial, Treene-Interstadial, die interstadiale Periode zwischen Drenthe- und Warthestadium der → Saalekaltzeit.

Geringleiter, svw. Aquiclude.

Germanisches Becken, Bezeichnung für das aus zwei Teiltrögen in Ost-Westrichtung (baltische Zone) und Nord-Südrichtung (rheinische Zone) vereinigte Sedimentationsgebiet Mitteleuropas, das sich im Perm herausbildete und bis in das Tertiär bestand.

Germanit, → Fahlerze.

germanotyp, Bezeichnung von Stille für tektonische Erscheinungsformen wie Bruchtektonik und Bruchfaltentektonik mit taphrogenen Elementen in konsolidierten Gebieten, eine *Paratektonik*.

Geröll, bei der Verfrachtung durch fließendes Wasser (*fluviatiles G.*) oder in der Meeresbrandung (*marines G.*) mehr oder weniger abgerundetes Gesteinsbruchstück.

Gerölltonstein, engl. pebble mudstone, eine verfestigte Schlammstromablagerung mit konglomeratischen Anteilen, vor allem in den basalen Teilen.

Gerüstbildung, svw. Diktyogenese.

Gervilleia, eine Gattung der zu den Muscheln (→ Lamellibranchiaten) gehörenden Perniden. Vorkommen: Trias bis Kreide, oft ganze Bänke aufbauend, Leitform der Trias.

Geschiebe, von Gletscher- oder Inlandeis aus ihrem Ursprungsgebiet verfrachtete und später in den Grund- oder Endmoränen und in den Schmelzwasserbildungen abgelagerte Gesteinsbrocken, deren Kanten beim Transport abgerundet und durch Flächen häufig geschrammt wurden. Ist das Herkunftsgebiet bekannt, kann auf die Strömungsrichtung des Eises geschlossen werden (*Leitgeschiebe*). Besonders große Geschiebebrocken bezeichnet man als → Findlinge.

Geschiebedecksand, eine → Deckschicht von etwa 4 bis 6 dm Mächtigkeit, die in der sandigen Grundmasse Kiese und Steine bevorzugt an der Basis enthält. G. entstand durch äolische, kryogene und solifluidale Prozesse.

Gesteine, Mineralaggregate, deren mineralische Zusammensetzung über größere Räume hin mehr oder weniger gleichförmig ist und die wesentlich am Aufbau der Erdrinde beteiligt sind. G. bestehen in der Regel aus mehreren Mineralen, gelegentlich auch aus Mineral- und Gesteinsbruchstücken, denen Organismenreste beigemengt sein können. Die ursprünglich bei der Erstarrung entstandenen Gemengteile werden als primär bezeichnet, während alle umgewandelten Minerale sekundäre Gemengteile darstellen. Weitere Merkmale der G. sind ihr → Gefüge und ihre → Lagerung.

Nach ihrer Entstehung unterscheidet man 1) *Magma-, Erstarrungs-, Eruptiv-, Massengesteine* oder *Magmatite*. Es sind in erster Linie die innerhalb der Erdkruste erstarrenden *Tiefen-, Intrusivgesteine* oder *Plutonite* und die auf der Erdoberfläche erstarrenden *Erguß-, Extrusiv-, Ausbruchs-, Effusivgesteine* oder *Vulkanite*. Dazu kommen Übergangs- bzw. Mesomagmatite oder subvulkanische G., die teils Verbindungen zu Oberflächenvulkanen, teils zu Plutonen in der Tiefe haben, z. B. Quellkuppen, Lakkolithe, Lagergänge oder Intrusionen magmatischer Schmelzen bis wenige km unter der Erdoberfläche. Man gliedert die Magmatite in zwei Hauptgruppen, die *nichtalkalinen* (oder *Subalkali-*) und die *alkalinen* (oder *Alkali-*)Gesteine; bei denen man eine kalireiche (früher mediterran genannt) und eine natronreiche (früher atlantisch) Gruppe unterscheidet. Auch der Begriff »pazifisch« für nicht alkaline Gesteine ist nicht mehr üblich. 2) *Sediment-, Schicht-, Absatzgesteine* oder *Sedimentite*. Sie entstehen durch mechanische und chemische Verwitterung von G. aller Art und unter Mitwirkung von Organismen. Man unterscheidet *klastische Sedimentite* oder *Trümmergesteine*, *chemische Sedimentite* (*Ausfällungs-* und *Eindampfungsgesteine*), *organogene Sedimentite* und *biogene Sedimentite*. 3) *Metamorphe G., Metamorphite,* bei veränderten Temperatur- und Druckbedingungen umgewandelte Magmatite (*Orthogesteine*) oder Sedimentite (*Paragesteine*). Mechanische Verformung verbunden mit chemischer Umkristallisation führt zu *kristallinen Schiefern*, mechanische Verformung allein zu *Tektoniten* und verstärkte mechanische Deformation zu *Kataklasiten* und schließlich zu *Myloniten* (zerriebene Gesteinsbruchstücke). Bei Beteiligung von metasomatischen Prozessen entstehen *Metasomatite,* bei bevorzugtem Wachstum bestimmter Minerale (besonders Feldspat) *Metablastite*. Bei ultrametamorphen Prozessen werden *Migmatite* gebildet. Bei *Anatexiten* verläuft die Metamorphose über die Schmelzphase.

Gesteinsglas, der alleinige, überwiegende oder untergeordnete Bestandteil von Ergußgesteinen; entsteht bei rascher Abkühlung magmatischer Schmelzen.

Gesteinskunde, → Petrologie.

Gesteinsschutt, svw. Solifluktionsschutt.

Gesteinsverband, svw. Gebirge.

Gesteinszerfall, der Zerfall von Gesteinen als Folge der mechanischen → Verwitterung.

Gesteinszersatz, die Zersetzung von Gesteinen unter dem Einfluß der chemischen → Verwitterung.

Gewinnungsfestigkeit, der Arbeitsaufwand, der für das Herauslösen von Gesteinen aus ihrem natürlichen Verband erforderlich ist.

Gewölbe, svw. Sattel.

Geysir, Geiser [isländ. geysa »wild strömen«], eine heiße Quelle (*Kochquelle*), die, z. T. periodisch, ihr Wasser springbrunnenartig ausstößt. Sie hat einen tiefen, oben in ein Becken einmündenden Schlot und wird durch Grundwasser gespeist, dessen Wärme vulkanischen Ursprungs ist.

Viele G. setzen wasserhaltige Kieselsäure (*Geyserit*) in Form von sinterartigen Überzügen ab.

Gezeiten, *Tiden,* die regelmäßigen Schwankungen des Meeresspiegels, die in etwa $12^{1}/_{2}$stündigem Wechsel vor sich gehen. Das Steigen des Wassers heißt *Flut,* das Fallen *Ebbe*. Die durch die G. hervorgerufenen Bewegungen des Meerwassers (*Gezeitenströme*) erreichen vielfach bedeutende Geschwindigkeiten und haben z. B. durch Verlagerung von Sanden und Prielen großen Einfluß auf die Gestaltung der Küste. Die G. entstehen durch die Anziehungskräfte des Mondes und der Sonne auf die Erde. Die gezeitenerzeugenden Kräfte wirken auch auf die Luftmassen der Atmosphäre und die feste Erdkruste ein. Die G. des festen Erdkörpers können nur durch sorgfältigste Schweremessungen ermittelt werden. Es handelt sich um periodische Deformationen des Erdkörpers oder der Erdkruste.

Gezeitenhypothese, → Planetesimalhypothese.

Gibbsit, *Hydrargillit,* ein Mineral, γ-$Al(OH)_3$, monoklin, typische Schichtstruktur. G. ist wichtiges Verwitterungsprodukt Al-haltiger gesteinsbildender Minerale, Bestandteil von → Bauxit.

Gigantopteris [griech. gigas »Riese«, pteris »Farnkraut«], eine für Ostasien charakteristische farnlaubige Pflanze mit großen, z. T. gabaleten Blättern mit parallelen, undeutlichen Seitenadern, zwischen denen ein kompliziertes Maschenwerk höherer Ordnung zu erkennen ist. Vorkommen: Perm.

Ginkgogewächse [chin. gin-kyo »Silberaprikose«], eine Klasse der Gymnospermen, hohe Bäume mit breit keilförmigen, oft zweigeteilten, fächeradrigen Blättern. Vorkommen: Perm bis Gegenwart. Die Art Ginkgo biloba ist ein Beispiel eines auf die Gegenwart überkommenen Pflanzenrelikts (Abb. S. 434).

Gipfelflur, die in vielen Gebirgen, z. B. in den Alpen, zu beobachtende Erscheinung, daß die Gipfel auf größere Entfernung hin unabhängig von Gebirgsbau und Gestein ungefähr gleiche Höhenlage zeigen.

Gips [griech. gypsos], *Selenit,* ein gesteinsbildendes Mineral, $CaSO_4 \cdot 2H_2O$, sehr vollkommene Spaltbarkeit, geringe Härte (2), monoklin, meist tafelig, häufig verzwillingt, niedrige Lichtbrechung, optisch positiv. G. kommt in vielen Salzlagerstätten zusammen mit Steinsalz vor. Am Südharzrand z. B. bildet G. mauerartige Bergzüge. G. ist aus wässeriger Lö-

sung oder durch Wasseraufnahme aus → Anhydrit entstanden. Varietäten sind: *Marienglas* (Tafel parallel der Spaltfläche), *Fasergips*, körniger *Alabaster*, schuppiger *Schaumgips*. Durch »Gipsbrennen« entsteht der gebrannte G. bei 120 °C (CaSO$_4$ · $^1/_2$ H$_2$O), bei Temperaturen von 120 bis 180 °C der noch wasserärmere *Stuckgips*, bei Temperaturen oberhalb 200 °C der wasserfreie Stuckgips und oberhalb 1193 °C der *Estrichgips* (langsam bindend, aber sehr fest). G. wird als Baustoff, zur Düngesalzherstellung und Schwefelsäurefabrikation verwendet.
Gipshut, → Residualgebirge.
Gipskarst, → Karsterscheinungen.
Gitterbau, in der Kristallographie die gitterartigen, regelmäßigen und im allgemeinen dreidimensional periodischen Anordnungen von Atomen, Ionen oder Molekülen im Kristall. Der G. wird durch den Symmetriegrad, die räumliche Anordnung und Art der Bausteine sowie durch die zwischen ihnen herrschenden Bindungskräfte bestimmt. Nach den geometrischen Verhältnissen und der Art der Bausteine unterscheidet man verschiedene → Kristallgitter.
Givet [nach einer nordfranz. Stadt], eine Stufe des höheren Mitteldevons. Leitfossil ist die Goniatitengattung Maenioceras.
Glabella, der mittlere, oft glatte Teil des Kopfschildes der → Trilobiten.
Glanz, durch reflektiertes Licht hervorgerufenes glänzendes Aussehen von Mineralen in Abhängigkeit von der Oberflächenbeschaffenheit, der Lichtbrechung, der Absorption und der inneren Reflexion. Man unterscheidet: Diamant-, Metall-, Seiden-, Perlmutter-, Glas- und Fettglanz.
glasig, → Gefüge.
Glaskopf [swv. Glatzkopf], bergmännische Bezeichnung für Minerale, die in rundlichen oder traubigen Aggregaten mit glatter Oberfläche vorkommen, z. B. *roter G.* (→ Hämatit), *brauner G.* (→ Brauneisenerz), *schwarzer G.* (→ Psilomelan).
Glasmeteorite, → Tektite, → Meteorite.
Glassand, ein sehr eisenarmer (bei Kristallglas unter 0,001 Prozent Eisengehalt), reiner Quarzsand für die Glasindustrie.
Glaubersalz [nach dem Chemiker J. R. Glauber, 1604–1668], *Mirabilit*, ein Mineral, Na$_2$[SO$_4$] · 10 H$_2$O, monoklin, das sich vor allem in Salzseen bildet.
Glaukonit [griech. glaukos»blaugrün«], ein glimmerartiges Mineral, wechselnd zusammengesetztes Fe-Al-Silikat mit 2 bis 15 Prozent Kali; bildet kleine Körner. G. hat sich zum Teil durch → Halmyrolyse des Biotits auf dem Meeresboden, zum Teil unter Beteiligung von Organismen gebildet.
Glaukophan, → Amphibole.
glazial, Bezeichnung für alle vom Gletscher und dessen Bewegung geschaffenen Ablagerungen und Bildungen (→ glazigen). Als *Glazialerosion* wird die ausschürfende Tätigkeit der → Gletscher bezeichnet.
Glazialerosion, swv. Exaration.
glazialisostatische Bewegungen [lat. glacies »Gletscher«, »Eis«, griech. isos »gleich«, stasis »Stand«], *onerarisostatische Bewegungen*. Ausgleichsbewegungen der Erdkruste, die mit Eisbedeckung von großer Mächtigkeit bzw. dem Abschmelzen des Eises zusammenhängen; z. B. ist die Hebung Skandinaviens im Postglazial zum Teil auf g. B. zurückzuführen.
Glazialtektonik, swv. glazigene Tektonik.
Glazialzeit, swv. Kaltzeit.
glazialzeitliche Serie, *glaziale Serie,* die vom Inlandeis oder von Gletschern beim Abschmelzen nach längerem Stillstandsstadium hinterlassenen aufeinanderfolgenden Landschaftsformen, z. B. im ehemals eisbedeckten Norden Mitteleuropas in Richtung der ehemaligen Eisbewegung flachwellige oder kuppige Grundmoränenlandschaft, hügelige Endmoränenlandschaft, Sanderebene und Urstromtal; im Alpenrandgebiet Zungenbecken, Endmoräne und Schotterfeld. (Abb. S. 407).
glaziär, d. h. eisbedingt (ältere Bezeichnung), alle mittelbar vom Gletscher- und Inlandeis erzeugten Formen und Ablagerungen, z. B. Schmelzwasserabsätze.
glazifluvial, *glazifluviatil, fluvioglazial*, Bezeichnung für die Prozesse und Ablagerungen der Schmelzwässer des Gletschers, z. B. die Sanderflächen vor Gletschern und Inlandeis.
glazigen, Bezeichnung für alle unmittelbar durch Eis (Gletscher, Inlandeis) entstandenen Ablagerungen und Bildungen, z. B. Moränen, Gletscherschrammen, → glazial.
glazigene Tektonik, *Glazialtektonik, Eistektonik,* Lagerungsstörungen in mehr oder weniger lockeren Sedimenten, verursacht durch den Druck darüberbewegter mächtiger Inlandeismassen: Stauchungen, Faltungen, Zerreißen der Schichten, Abscherungen, Überschiebungen, Schollenbau vor der Eisstirn. Für den Bergbau bedeutsam sind die Deformationen der Braunkohlenflöze.
Der Begriff g. T. ist anfechtbar, weil Tektonik nur endogen bedingte Erscheinungen beinhaltet.
Glaziologie, *Gletscherkunde,* die Wissenschaft der Entstehung, den Formen, der Dynamik, den Wirkungen und dem Stoffhaushalt von Gletschern.
Gleitbrett, *Schuppe*, aus dem Gesteinsverband tektonisch oder atektonisch an Gleitflächen abgetrennte Scholle, die gegenüber den Nachbarschollen mehr oder weniger weit verschoben wurde.
Gleiten, → Massenbewegungen.
Gleitfältelung, swv. Wulstfaltung.

Gleithang, das sanft geneigte, an der Innenseite einer Flußkrümmung (→ Mäander) liegende Ufer, das Ablagerungsgebiet für das vom Fluß mitgeführte Sand- und Geröllmaterial. Dem G. gegenüber liegt der → Prallhang.
Gleittheorie, ältere, von Lugeon und Reyer vertretene geotektonische Hypothese, die die Gebirgsbildung durch Abgleiten, Falten und Zusammenschub von Sedimenten auf einer schrägen Unterlage erklärt (→ Oszillationshypothese).
Gletscher [von lat. glacies »Eis«], Eisströme in Hochgebirgen und Polarländern. Die Gebirgsgletscher entstehen in über der Schneegrenze liegenden Einsenkungen, den Firnmulden (→ Kar), oder auf Hochflächen (Firnfeldern) aus → Firn, der sich aus den nicht abtauenden Schneemassen gebildet hat (*Nährgebiet*). Zur Struktur des Gletschereises → Blaublättertextur.
Aus dem Nährgebiet bewegt sich der G. langsam talabwärts in das unter der Schneegrenze gelegene *Zehrgebiet*, wo er abschmilzt (→ Lamination). Die Bewegungsgeschwindigkeit der G. ist abhängig von der Höhe der Schneeniederschläge und der Stärke des Gefälles. Nach ihrer Form und ihrer Lage zum Nähr- und Zehrgebiet unterscheidet man verschiedene *Gletschertypen*: 1) Hochgebirgsgletscher sind einzelne große Gletscherzungen; 2) Hochlandgletscher entstehen aus Firnfeldern mit vielen Gletscherzungen; 3) Vorlandgletscher werden durch Vereinigung von Hochgebirgsgletschern im Vorland gebildet; 4) Eiskappen sind kappen- oder schildförmige Eisbedeckungen von einzelnen Bergen; 5) → Inlandeis.
Über den Bewegungsmechanismus der G. bestehen verschiedene Ansichten (*Gletschertheorien*). Nach der Relationstheorie wird die Bewegung auf den Vorgang der → Regelation, nach der Translationstheorie auf die innere Beweglichkeit der Eiskörner zurückgeführt. Die Abscherungstheorie nimmt an, daß die Bewegung mit einem sprunghaft einsetzenden Übereinandergleiten der Gletscherteile längs parallel zum Untergrund verlaufender Abscherungsflächen vor sich geht. Das von den umgebenden Berghängen auf den G. gefallene und vom Untergrund aufgenommene Gesteinsmaterial bildet → Moränen.
Durch die ausschürfende (exarierende, erodierende) Tätigkeit des Eises (*Gletschererosion, Glazialerosion*) entstehen trogförmige Täler und Seebecken. Anstehendes Gestein wird bei der Bewegung des Eises durch mitgeführte Geschiebe abgeschliffen (*Gletscherschrammen, Gletscherschliffe, Kritzen*), so daß aus den Schrammen die Bewegungsrichtung des Eises zu erkennen ist. Vom Eis überfahrene Berge werden abgerundet (→ Rund-

höcker). Großartige Zeugnisse für die Tätigkeit der G. liefern die → glazialzeitlichen Serien.
Die Oberfläche der G. wird von zahlreichen *Gletscherspalten* zerrissen. Die *Randspalten* haben ihre Ursache in der gegen die Mitte zu rascheren Bewegung des Eises, die großen *Querspalten* entstehen beim Übergang zu einer steilen Böschung des Untergrundes, *Längsspalten* treten auf, wo ein G. aus einer Talenge heraustritt. Die Kluft zwischen G. und randständigem Felshang bezeichnet man als *Bergschrund*. Bei sehr starkem Gefälle löst sich der G. in einzelne Eiszacken und -nadeln auf: *Gletscherbruch*. An steilen Felshängen können G. stückweise abreißen, als Gletscherlawinen in die Tiefe stürzen (*Gletschersturz, Gletscherfall*) und dort zu einem regenerierten G. zusammenfrieren.
Die Schmelzwässer des G. sammeln sich unter dem G. und treten an seinem Ende, der *Gletscherzunge*, gelegentlich aus einer torartigen Öffnung, dem *Gletschertor*, als *Gletscherbach* aus. Das Wasser ist durch mitgeführtes fein zerriebenes Gesteinsmaterial, die *Gletschertrübe*, meist milchig (*Gletschermilch*).
Gletschererosion, svw. Exaration.
Gletscherkunde, svw. Glaziologie.
Gletschermühle, svw. Gletschertopf.
Gletschertopf, *Gletschermühle, Gletschertrichter*, durch die drehende Bewegung herabstürzender Schmelzwässer in Spalten und durch in Wirbelbewegung versetzte Steine entstandene, runde oder ovale Auskolkungen (Strudeltöpfe).
Gletschertrichter svw. Gletschertopf.
Gley, ein Bodentyp, der durch ganzjährigen, ziemlich hohen, wenig schwankenden Grundwassereinfluß gekennzeichnet ist. G. entstehen in grundwassergefüllten Tälern und Senken auf kalkhaltigem bis kalkfreiem, sandigem bis lehmigem Ausgangsmaterial.
Gliederfüßer, svw. Arthropoden.
Gliederwürmer, svw. Anneliden.
Glimmer, eine Gruppe wichtiger gesteinsbildender Minerale, Alumosilikate mit Schichtstrukturen, am häufigsten K- und Al-reiche Glieder (*helle G.*) und Mg- und Fe-reiche (*dunkle G.*). Die G. sind monoklin, tafelig ausgebildet, mit höchst vollkommener Spaltbarkeit und elastischen Spaltblättchen, optisch negativ. Man unterscheidet: 1) *Muskovit*, $KAl_2[(OH, F)_2 | AlSi_3O_{10}]$, früher Fensterscheibenmaterial, heute als feuerfeste Scheiben an Glühöfen verwendet, kommt in großen Tafeln vor. Dichter, feinschuppiger Muskovit heißt *Serizit*, vor allem in Glimmerschiefern, Gneisen und Sandsteinen zu finden; 2) *Biotit*, $K(Mg, Fe, Mn)_3[(OH, F)_2 | AlSi_3O_{10}]$, starker Pleochroismus, gemeinster aller G., verwittert leichter als Muskovit, stark eisenhaltiger Biotit wird als *Lepidomelan* bezeichnet; 3) *Phlogopit*, $KMg_3[(F, OH)_2 | AlSi_3O_{10}]$, gegenüber Biotit kaum Fe, kommt besonders in körnigen Kalken und Dolomiten vor; 4) *Zinnwaldit*, $KLiFe^{..}Al[(F, OH)_2 | AlSi_3O_{10}]$, findet sich in zinnsteinführenden Graniten als Produkt pneumatolytischer Zersetzung. – Unter *Katzengold* versteht man ausgelaugte Biotitblättchen. Durch Verwitterung umgewandelter G. wird als → *Hydroglimmer* bezeichnet.
Glimmerschiefer, kristalline Schiefer, die vorwiegend aus Quarz und Glimmer, oft dazu aus Granat bestehen und ein flächenhaftes Parallelgefüge besitzen. Den Glimmerbestandteil bildet meist Muskovit, seltener Biotit (*Muskovit-* bzw. *Biotitschiefer*).
Globigerinen, eine Familie planktonischer Foraminiferen mit Schalen aus traubenartig angeordneten, kugeligen und grob perforierten Kammern. Wichtige Leitfossilien. Vorkommen: Dogger bis Gegenwart. → Globigerinenschlamm.
Globigerinenschlamm, ein kalkreiches (40 bis 90 Prozent $CaCO_3$) vollmarines Sediment, überwiegend aus Schalentrümmern von Globigerinen bestehend und besonders in niederen Breiten in 4000 bis 5000 m Wassertiefe vorkommend, bedeckt rund 37 Prozent des Tiefseebodens bei Sedimentationsraten von 5 cm/1000 Jahre. → Roter Tiefseeton.
Glossopteris [griech. glossa »Zunge«, pteris »Farn«], eine auf der Südhalbkugel fossil anzutreffende Pflanze mit langen, zungenförmigen Blättern, die im Gegensatz zu der sonst ähnlichen Gangamopteris eine Mittelader aufweisen. Vorkommen: Karbon bis Trias (Rät), hauptsächlich Gondwanaland.
Glutwolke, eine Erscheinung bei der Extrusion hochviskoser → Laven, in denen der Gasdruck sehr hohe Werte erreicht. Durch Explosion und plötzliches Freiwerden der Gase entsteht eine mobile Suspension aus Gasen, Schmelzteilchen und Gesteinsmaterial, die sich schnell hangabwärts bewegt. Durch seitwärts gerichtete Explosion am Fuß einer den Schlot verstopfenden → Staukuppe entstehen die *absteigenden G.*, während die Explosion bei den *zurückfallenden G.* aufwärts gerichtet ist. Bei geringer Auftriebskraft der Explosion können sich *überquellende G.* bilden (→ Ignimbrite).
Glycimeria, *Pectunculus*, besonders häufige, im Tertiär leitende Muschel (→ Lamellibranchiaten). Vorkommen: Unterkreide (Alb) bis Gegenwart.
Gneis, ein Metamorphit mit mehr als 20 Prozent Feldspat, dazu Quarz, Glimmer oder seltener Pyroxen oder Hornblende, teils aus Magmatiten (*Orthogneis*), teils aus Sedimenten (*Paragneis*) entstanden. G. mit flaseriger Paralleltextur ist der *Flasergneis*, mit linsenförmiger der *Augengneis*. Weitere Varietäten werden nach größeren Mengen an Übergemengteilen bezeichnet, z. B. *Cordierit-, Graphit-, Granatgneis*.
Gneisschale, svw. Granitschale.
Goethit, *Nadeleisenerz*, ein Mineral, α-FeOOH, braun bis lichtgelb, strahlig bis dicht, rhombisch; typisches Verwitterungsmaterial fast aller Eisenminerale. Eine strahlig-derbe Varietät ist → Brauneisenerz. Die γ-Verbindung *Lepidokrokit* (*Rubinglimmer*) ist seltener.
Gold, Au, ein chemischer Grundstoff; Metallglanz, Farbe und Strich gelb; kubisch. G. findet sich meist gediegen als *Berggold* in hydrothermalen Lagerstätten (häufig in Quarz eingesprengt) und als *Seifen-* oder *Waschgold* in Sand- und Geröllablagerungen, daneben auch an Tellur gebunden als *Blättererz* und als *Schrifterz*. Auch das Meerwasser enthält etwa 0,01 mg/m^3.
Gondwania [nach den Gonden, einem vorderindischen Volksstamm], *Gondwanaland*, 1) ein → Brückenkontinent, der Südafrika über Madagaskar mit Vorderindien verbunden haben soll (→ Lemuria); 2) im weiteren Sinne eine riesige Festlandsmasse eines einheitlichen Südkontinents im Paläozoikum, das heutige Südamerika, Afrika, Arabien, Vorderindien, Australien und Teile von Antarktika umfaßte und seit dem Mesozoikum zerfallen ist. G. wurde on dem Nordkontinent Laurasia durch das Gürtelmeer der → Tethys geschieden. G. ist durch eigene Florenelemente (Glossopteris, Gangamopteris) und Wirbeltierformen (Pareiasaurus, Mesosaurus) und Spuren mehrerer Vereisungen (→ Permokarbon) charakterisiert. → Kontinentalverschiebungshypothese, → Plattentektonik.
Goniatiten, die ältesten, primitivsten Ammoniten mit ganzrandiger, nicht gezähnter Lobenlinie und langer Wohnkammer von 1 bis $1^1/_2$ Umgang der meist spiraligen, glatten Schale. Vorkommen: Devon bis Perm.
Gosauschichten [nach dem Ort Gosau im Salzkammergut], alpine oberkretazische Schichtfolge, die fossilreiche Mergel, Sandsteine, Kalke und Konglomerate führt.
Gotiden [nach Götaland/Schweden], ein proterozoischer Faltungskomplex des → Baltischen Schildes.
gotidische Phase, → Faltungsphase.
Gotlandium, → Silur.
Graben, *Grabenbruch*, ein zwischen zwei stehengebliebenen oder gehobenen Schollen an mehr oder weniger parallelen Verwerfungen abgesunkener Streifen der Erdkruste (Abb. S. 206). Sofern der G. nicht durch Abtragung seiner Randschollen eingeebnet ist, bildet er im Relief eine Senke. Durch → Reliefumkehr kann ein G. als Höhenzug in Erscheinung treten.
Grabenspülung, → Abspülung.
Grabgemeinschaft, svw. Oryktozönose.

gradierte Schichtung, die Gradierung der Korngrößen von Sedimenten, wobei in der Regel die Korngrößen von der Basis zur Oberseite einer Schicht bzw. Bank abnehmen. Die g. S. ist typisch für → Turbidite.
Granate [von lat. granum »Korn«], eine Gruppe meist körnig abgesonderter, gesteinsbildender Silikat-Minerale wechselnder chemischer Zusammensetzung und weitgehender Isomorphiebeziehungen, kubisch. Man unterscheidet unter anderem die *Aluminiumgranate* Pyrop $Mg_3Al_2[SiO_4]_3$, Almandin $Fe^{..}_3Al_2[SiO_4]_3$, Spessartin $Mn_3Al_2[SiO_4]_3$, Grossular $Ca_3Al_2 \cdot [SiO_4]_3$, den *Eisengranat* Andradit $Ca_3Fe^{...}_2[SiO_4]_3$ und den *Chromgranat* Uwarowit $Ca_3Cr^{...}_2[SiO_4]_3$. Gesteinsbildend am wichtigsten sind die *Pyralspite*, Mischkristalle aus Pyrop, Almandin und Spessartin. Viele G. werden als Edelsteine verwendet.
Granit [lat. granum »Korn«], ein holokristalliner, hypidiomorph-körniger, im wesentlichen richtungsloser Magmatit mit Quarz, Kalifeldspat, saurem Plagioklas und melanokraten Bestandteilen (Biotit, Muskovit, Amphibol oder Pyroxen), die bis zu 15 Prozent des Gesamtgesteins einnehmen. Danach unterscheidet man: *Biotitgranit, Zweiglimmergranit, Amphibolgranit, Hornblendebiotitgranit* (→ Rapakiwi). Die Farbe wird meist durch die Feldspäte bestimmt. Wegen seines hohen SiO_2-Gehaltes (62 bis 80 Prozent) gehört der G. zu den sauren Gesteinen. Charakteristisch für den G. ist ein typisches Trennflächengefüge, das zu parallelepipedischer Absonderung und bei der Verwitterung zu wollsack- oder matratzenähnlichen Formen führt. G. werden vornehmlich als Natursteine und als Pflastersteine verwendet. → Granitisation.
Granitisation, ein Umwandlungsprozeß, bei dem Gesteine im Mineralbestand und Gefüge granitähnlich werden, ohne daß ein magmatisches Stadium durchlaufen wurde.
Granitporphyr, bräunliches, graues oder grünliches, aschistes → Ganggestein, das wie Granit vorwiegend aus Feldspat und Quarz nebst etwas dunklen Gemengteilen besteht. G. (meist *Biotit-Granitporphyre*) begleiten fast alle größeren Granitmassive.
Granitschale, *Gneisschale*, der obere bis zur → Conrad-Diskontinuität reichende Teil der Erdkruste.
Granittektonik, svw. Magmentektonik.
granoblastisch, → Gefüge.
Granodiorit, ein Tiefengestein der Granitgruppe, aber mit niedrigerem Kalifeldspatanteil und höherem Plagioklas- und Biotitgehalt. Viele Granite sind G.
Granulit, Sammelname für metamorphe Gesteine unterschiedlicher Edukts ohne OH-haltige Minerale (Glimmer, Hornblenden). Bildungsbereich 700 bis 850 °C und 7 bis 10 kbar bei weitgehender H_2O-Armut. Meist massigkörnig, sekundär kann feinschiefriges Gefüge durch Einregelung von Quarzen in »Tapeten« ausgebildet sein (Typ *Weißstein*). *Helle G.* besitzen etwa granitischen Chemismus mit Quarz, Alkalifeldspat, Plagioklas, Disthen und Granat; *dunkle G.* mit Ortho- und Klinopyroxen, Plagioklas, Granat leiten sich von basischen Magmatiten oder Mergeln ab.
Graphit [griech. graphein »schreiben«], ein Mineral, hexagonale Modifikation des Kohlenstoffes mit typischem Schichtgitter, sehr vollkommener Spaltbarkeit, sehr geringer Härte (1). G. ist meist metamorph aus kohligen Substanzen entstanden. Er kommt z. T. in mächtigen Lagern in kristallinen Schiefern (*Graphitgneis, Graphitschiefer* u. a.), z. T. als Spaltenfüllungen in pegmatitischen Gängen (z. B. auf Ceylon und Madagaskar) vor. G. wird zu Schmelztiegeln verarbeitet, außerdem als Schmiermittel, als Elektrodenmaterial, zur Bleistiftherstellung und in reinster Form als Bremssubstanz in Kernreaktoren verwendet.
Graptolithen [griech. graphein »schreiben«, lithos »Stein«], eine ausgestorbene Klasse polypenähnlicher, koloniebildender mariner Tiere, deren systematische Zugehörigkeit lange unsicher war. Neuere Funde ergaben, daß sie mit der Klasse der Pterobranchier (besonders der Gattung Rhabdopleura) am nächsten verwandt sind. Fossil überliefert sind nur die aus einem Gerüsteiweiß bestehenden gekammerten Wohnröhren. Die einzelnen Wohnkammern (Theken) gehen durch Knospung auseinander hervor; nur die erste, abweichend geformte Embryonalzelle (Sicula) jeder Kolonie (Rhabdosom) entsteht geschlechtlich. Es gibt Kolonien mit oder ohne feste Achse (Virgula). Schriftartig oder wie die Zähne einer Laubsäge, einzeilig (Monograptus), zweizeilig (Diplograptus) bis vierzeilig (Phyllograptus) sind die Theken an den äußerst mannigfaltig geformten, einästigen oder vielästigen, geraden oder gebogenen, oft auch spiralförmig aufgerollten Rhabdosomen aneinandergereiht. Die primitiven Arten der G. lebten sessilbenthonisch, die höher entwickelten planktonisch. Vorkommen: Oberkambrium bis Unterkarbon, am häufigsten im Ordovizium, Silur und tieferen Devon, wo sie wichtigste Leitfossilien sind (*Graptolithenschiefer*; Abb. S. 316).
Graulehm, *Grauplastosol*, ein grauer, oft rostgelb- und rostbraungefleckter, plastischer und dichter, an Eisen verarmter Boden, entstanden durch intensive Verwitterung von Silikatgesteinen in tropischen und subtropischen Klima. In Mitteleuropa tritt er als → fossiler Boden oder als → Reliktboden auf.
Graumanganerz, → Manganit.
Grauplastosol, svw. Graulehm.
Grauspießglanz, svw. Antimonglanz.
Grauwacke, ein dunkelgraues, sandsteinartiges Sedimentgestein des Paläozoikums und Proterozoikums, enthält 28 bis 53 Prozent Quarz, 25 bis 47 Prozent Feldspat, 4 bis 21 Prozent Glimmer, 4 bis 25 Prozent Chlorit, 0 bis 6 Prozent Karbonat und 1 bis 3 Prozent Akzessorien. Charakteristisch ist ferner ein wesentlicher Anteil an Gesteinsbruchstücken (Quarziten, Tonschiefern u. a.), der meist den Feldspatanteil übertrifft. Das Bindemittel ist kieselig, tonig oder karbonatisch. Nach dem Gefüge unterscheidet man geröllführende *konglomeratische G.*, körnige sowie deutlich geschichtete, an parallelen Glimmerschüppchen reiche *schiefrige G.*, ferner den *Grauwackenschiefer*, der noch feinkörniger, glimmerreicher und vollkommener geschiefert ist.
Gravimeter, ein geophysikalisches Gerät zur Bestimmung der Schwerebeschleunigung an einem bestimmten Ort (→ Gravimetrie).
Gravimetrie [lat. gravis »schwer«, griech. metron »Maß«], eine Methode der Geophysik zur Untersuchung des Schwerkraftfeldes der Erde. Die dazu nötigen Messungen ergeben als Bestimmungsgröße die Schwerebeschleunigung in Gal (= 1 cm/s²). Sie dienen zur Untersuchung der Figur der Erde, des geologischen Aufbaues der festen Erde und deren Gezeiten. Die Schwerewerte sind abhängig von der Verteilung leichterer und schwererer Massen in der Erde. Aufwölbungen dichterer Schichten an der Erdoberfläche oder Einlagerungen schwererer Massen im Untergrund verursachen positive Abweichungen vom normalen Schwerefeld der Erde, Senken oder Einlagerungen spezifisch leichterer Massen negative Anomalien. Daher kann die F. auch zum Aufsuchen von Lagerstätten dienen, die sich bevorzugt in bestimmten Strukturen der Erdkruste finden (Kohle, Erdöl, Erze), sowie zum Erkennen solcher Bodenschätze, die sich in der Dichte von ihrem Nebengestein unterscheiden (Erze, Salzstöcke). Instrumente zum Messen der Schwereintensität sind das *Gravimeter*, zum Messen des horizontalen Schweregradienten die → Drehwaage.
Gravitationsinstabilität, der Zerfall einer (inhomogenen) Gas- oder Staubwolke durch Kontraktion der Materie um einzelne Gravitationszentren, wenn die Gravitationskräfte stärker sind als die dissipativen Kräfte. Die G. ist der Ausgangsprozeß für die Entstehung von Sternen, Sternsystemen und Planetensystemen.
gravitative Gleitung, *Schweregleitung*, eine in geologischen Zeiträumen durch die Schwerkraft zustandekommende → Massenbewegung von Gesteinen unter subaerischen und subaquatischen Bedingungen, z. B. durch submarine Schlammströme ausgelöste submarine Rutschmassen und Gleitdecken. → Delapsion, → Olisthostrom, → Mélange, → Oszillationshypothese.

Greisen, ein körniges, meist graues Gestein (daher der alte bergmännische Name), das in der Hauptsache aus Quarz besteht und oft eng mit → Zwittern verbunden ist. Nach weiteren Mineralen unterscheidet man *Glimmer-*, *Topas-*, *Turmalingreisen*. G. entsteht bei der Umwandlung granitischer Tiefengesteinskörper durch spätmagmatische pneumatolytische Fluida besonders im Bereich von Zinnstein-Wolframit-Lagerstätten, wobei vor allem die Feldspäte instabil werden.

Grenzwassergehalt, der Wassergehalt an der Fließgrenze (w_L) und an der Plastizitätsgrenze (w_P), die zur Festlegung der Konsistenz bindiger Lockergesteine im Labor bestimmt und zu ihrer Klassifizierung benutzt werden. Die Differenz zwischen w_L und w_P wird als *Plastizitätsindex* (I_P) bezeichnet.

Griffelschiefer, 1) ein Tonschiefer, der in zwei Ebenen griffelig spaltet. Es kann sich dabei um zwei Schieferungsebenen oder um eine Schieferungsebene und die Schichtungsebene handeln; 2) ein etwa 120 m mächtiges Schichtglied im Thüringer Ordovizium, nur lokal als G. im Sinne von 1) ausgebildet; 3) ein Rohstoff zur Herstellung von stab- oder leistenförmigen Natursteinbauelementen.

Griquaitschale, svw. Eklogitschale.

Griserde, eine Übergangsbildung zwischen den Bodentypen → Schwarzerde und → Fahlerde. G. sind schwach tondurchschlämmte Schwarzerden.

Grit, grober Sand, z. B. Millstone grit (»Mühlsteinsandstein«) des unteren Oberkarbons oder Harlech grit des Kambriums.

Grobboden, *Bodenskelett*, mineralische Bestandteile des Bodens mit über 2 mm Korndurchmesser (Grus, Kies, Steine und Blöcke). Unterschied: → Feinboden.

groove casts, → Rillenmarken.

Großschollentektonik, svw. Plattentektonik.

Grossular, → Granate.

Grundfeuchtigkeit, das Wasser im Kapillarsaum, in der ungesättigten Bodenzone über der Grundwasseroberfläche (Sicker-, Haft-, Porenwinkel-, Häutchen-, Kapillarwasser). Bei der Wasseraufnahme durch den Boden wirken neben der Schwerkraft noch andere Kräfte, wie Kapillarkräfte u. a. mit.

Grundgebirge, veraltet *Urgebirge*, 1) das meist durch eine → Diskordanz vom überlagernden Deckgebirge getrennte Stockwerk gefalteter, geschieferter und oft metamorpher Gesteinsserien; 2) die metamorphen Gesteinskomplexe des Präkambriums der Alten Schilde, das *kristalline G.*, z. B. → Baltischer Schild.

Grundkörper, svw. Kluftkörper.

Grundwasser, die Hohlräume der Erdkruste (Poren, Spalten, → Kluftwasser) zusammenhängend ausfüllendes und nur der Schwerkraft unterliegendes (hydrostatischem Druck) unterliegendes Wasser, ein Teil des → Bodenwassers. G. stammt aus den atmosphärischen Niederschlägen und befindet sich unterhalb der Zone der → Grundfeuchtigkeit, in der im Gegensatz zum G. Unterdruck herrscht. Grundwasserführende Schichten sind *Grundwasserleiter* (→ Aquifer, → Aquiclude, → Aquitarde), undurchlässige Schichten die *Grundwasserstauer* bzw. *Nichtleiter* (→ Aquifuge). G. fließt, sofern Gefälle vorhanden ist oder künstlich, z. B. durch Abpumpen, erzeugt wird. Die Grundwassergeschwindigkeit beträgt in Sanden 1 bis 4 m, in Kiesen 5 bis 9 m und in groben Flußschottern 15 m am Tag. Mächtigere Grundwasserleiter mit hohen Grundwassermengen und weiter Verbreitung heißen *Grundwasserströme*. Grundwasserleiter werden nach unten von einer schwerer durchlässigen oder undurchlässigen Schicht (*Grundwassersohle*) begrenzt. Die obere Grenzfläche in Leitern, die nicht von einer undurchlässigen Schicht begrenzt werden, ist die *Grundwasseroberfläche*, an der Luft- und Wasserdruck gleich sind. Außer diesem freien G. gibt es unter Druck stehendes gespanntes G. mit der Grundwasserdruckfläche und dem Druckspiegel. Läuft solches G. aus einem Brunnen frei aus, bezeichnet man es als artesisch. Der *Grundwasserspiegel* ist der Wasserstand in Brunnen oder Rohren nach Druckausgleich mit dem G. Lagern mehrfach durchlässige und undurchlässige Schichten übereinander, bilden sich *Grundwasserstockwerke* aus, die von oben nach unten gezählt werden.

Neben einem jährlichen Gang des Grundwasserspiegels bestehen mehrjährige und längerperiodische Schwankungen, die von den klimatischen Verhältnissen abhängen. Sie führen periodisch zum *Grundwasserabsinken* bzw. zu *Grundwasseranstieg* im Gegensatz zur *Grundwasserabsenkung* und *Grundwassererhöhung* durch künstliche Maßnahmen (Bergbau, zu hohe Entnahme aus Wasserwerken, Flußregulierungen, großflächige Abholzungen). Aus dem unterirdischen Abfluß errechnet sich die *Grundwasserspende* in l/s je km². Sie beträgt in Mitteleuropa in Lockermassen meist um 2 bis 4 l/s je km².

G. enthält gelöste feste und gasförmige Stoffe, die vor der Verwendung als Trinkwasser oder als Brauchwasser eine Aufbereitung des Wassers erforderlich machen. Natürliche Grundwasseraustritte größerer Art heißen Quellen. G., das aus niederschlagsreichen Perioden vergangener Zeiten stammt und nicht am Wasserkreislauf teilnimmt, bezeichnet man als → fossiles G.

Grünerde, eine seltenere Farberde, die meist durch Verwitterung augitführender Magmatite entsteht.

Grünsand, eine durch reichlichen Glaukonitgehalt grüngefärbte Meeresablagerung des pelagischen Bereichs, etwa 1 Prozent der gegenwärtigen Meeresböden bedeckend. Die schlammige Form des G. bezeichnet man als *Grünschlick*. In älteren Systemen findet sich g. unter anderem in der Kreide und im Tertiär.

Grünschiefer, regionalmetamorphe Gesteine mit ausgeprägter Schieferung und reichlich grünen Mineralen wie Chlorit, Epidot, Aktinolith. G. entstehen bei Temperaturen zwischen ~ 350 und 550 ± 30 °C im Druckbereich von ~ 1000 bis 8000 bar aus Ultrabasiten, basischen Vulkaniten und Tuffen sowie Mergeln.

Grünschlick, → Grünsand.

Grünstein, → Diabas.

Gruppe, die Zusammenfassung mehrerer → Systeme wie z. B. Paläozoikum, → Ära.

Grus, ein Verwitterungsprodukt von Festgesteinen, z. B. Granit, mit Korngrößendurchmessern von 63 bis 2 mm, im Unterschied zu Kies eckig und kantig. Der Vorgang des Zerfalls heißt *Vergrusung* oder *Abgrusung*.

Gryphaeen, eine Gattung der fossilen Austern (→ Ostreiden) mit hochgewölbter linker Schale und als flacher Deckel entwickelter rechter Schale. Vorkommen: Jura bis Kreide, manche Formen sind Leitfossilien.

Guano [a. d. Ketschuasprache, huanu »Dünger«], vorwiegend aus Vogelexkrementen bestehende, meist mächtige Ablagerung warmer Klimate, aus der sich bei Umsatz mit den unterlagernden Kalksteinen schwerlösliche Kalziumphosphate bilden; wichtiger Phosphorrohstoff.

Gummit, → Uranminerale.

Günzkaltzeit [nach der Günz, rechter Nebenfluß der Donau], *Günzzeit*, die erste größere alpine Vereisungsphase des Quartärs.

Gutenbergzone [nach dem amerikanischen Geophysiker B. Gutenberg benannt], Bezeichnung für eine zwischen 100 und 300 km Tiefe angenommene zähflüssige Zone des oberen Erdmantels.

Guyots [nach einem amerikanischen Geographen], Bezeichnung für abgestumpfte, basaltische Tafelberge in der Tiefsee, vor allem in einzelnen Räumen des Pazifiks, wahrscheinlich alte Schichtvulkane, deren Gipfelfläche in früheren Zeiten dicht unter der Meeresoberfläche von den Brandungswellen eingeebnet wurde. Kegelförmige, nicht derartig abgestumpfte Erhebungen werden als → Sea mounts bezeichnet.

Gymnospermen [griech. gymnos »nackt«, sperma »Samen«], Nacktsamer, eine Abteilung der Spermatophyta, deren Samenanlagen nicht wie bei den Angiospermen im Fruchtknoten eingeschlossen, sondern frei am Rande eines flachen, schuppenartigen Fruchtblattes (Fruchtschuppe) liegen. Vorkommen: Karbon bis Gegenwart. Hierzu gehören → Pteridospermen, → Ginkgogewächse, →

Coniferen, → Cycadeen, → Bennettiteen, → Cordaiten.
Gyttja, ein → subhydrischer Boden auf dem Grund nährstoffreicher Gewässer, der sich im wesentlichen aus organismenreichem Schlamm aufbaut und unter aeroben Sedimentationsbedingungen gebildet wurde.

H

Haarsterne, svw. Crinoiden.
Haff, → Lagune.
Haftwasser, der Teil des → Bodenwassers, der infolge der Saugkraft des Bodens entgegen der Schwerkraft gehalten wird. H. überzieht als Häutchen-(Film-)Wasser die Bodenteilchen oder sitzt als Porenwinkelwasser in den Porenwinkeln der Körner.
Haie, svw. Selachier.
Hakenwerfen, *Hakenschlagen,* das Umbiegen und Abgleiten der Schichtköpfe schrägliegender oder steilstehender Schichten an der Oberfläche von Berghängen. Die Bewegungen werden, vor allem beim Auftreten durchfeuchteter toniger Gesteine, durch die Schwerkraft erzeugt, → Gekriech.
Halbwüstenböden, grau oder braun gefärbte Böden der Halbwüsten, die durch einen sehr geringen Humusgehalt gekennzeichnet und oft kalkhaltig sind bzw. verhärtete Kalkkrusten aufweisen können.
Halite [griech. hals »Salz«], die Salzgesteine, insbesondere das → Steinsalz.
Hälleflinta, → Leptite.
Halmyrolyse [griech. halmyros »salzig«, lyein »lösen«], Begriff für alle chemischen und physikochemischen submarinen Prozesse, die zu Mineralzersetzung und -neubildung während des marinen Transportes und des ersten Diagenesestadiums noch unter dem Einfluß des Sauerstoffes vor sich gehen. Ein Teil des z. B. in den Grünsanden vorkommenden Glaukonits ist durch H. von Biotit entstanden.
Halokinese [griech. hals »Salz«, »Meer«, kinesis »Bewegung«], nach Trusheim Begriff für alle Bewegungen von Salz in der Erdkruste ohne tektonische Impulse als Folge des Dichteunterschiedes von Salz zu Deckgebirge und des Unterschiedes im hydrostatischen Druck zwischen benachbarten Teilen eines Salzlagers (*Salinarfaltung,* → Salztektonik). Durch H. entstehen Salzkissen, → Salzstöcke, Salzmauern und Salzabwanderungszonen, → Salzdiapirismus und → Randsenken.
Halysites [griech. halysis »Kette«], *Kettenkoralle,* eine Gattung der Bödenkorallen (→Anthozoen) mit locker gebauten Stöcken. Vorkommen: Ordovizium bis Unterdevon, weltweit verbreitet. Wichtig als Riffbildner.
Hämatit [griech. hámatikos »blutig«], *Roteisenstein,* ein gesteinsbildendes Mineral, Fe_2O_3; Metallglanz, grau,

schwarz, auch bunt angelaufen; Strich rotbraun, rot; trigonal; gut kristallisiert als *Eisenglanz,* dünnblätterig als *Eisenglimmer,* strahlig und konzentrisch-schalig als roter *Glaskopf,* dicht und erdig als *Blutstein* oder *Rötel* bezeichnet. Wichtiges, weitverbreitetes Eisenerz.
Handstück, eine mit dem Hammer behauene Gesteinsprobe etwa vom Format 8 × 12 cm.
Handtier, svw. Chirotherium.
Hangendes, die Schicht über der betrachteten Bezugsschicht einer flözförmigen Lagerstätte oder eines Ganges. Bei ungestörter Lagerung von Schichtgesteinen ist das H. jünger als die darunter liegende Schicht. Die unmittelbar hangende Schicht heißt bergmännisch *Firste* oder *Dach.* Gegensatz: → Liegendes.
Hangschutt, svw. Solifluktionsschutt.
Harnisch, eine Störungsfläche im Gestein, durch dessen Bewegung geglättet, oft metallisch glänzend (Spiegel) und mit Striemung versehen. Der H. kann gestreift (*Streifenharnisch*) – die Bewegung des Gesteinskörpers verlief längs der Streifen – oder gelappt sein (*Lappenharnisch*) – die Bewegung verlief quer zur Lappung.
Harpoceras [griech. harpe »Sichel«, keras »Horn«], eine Ammonitengattung; Formengruppe der Sichelripper, hochmündig, eng genabelt mit meist glattem externem Kiel, der von seitlichen flachen Furchen begleitet wird. Lobenlinie ist stark zerschlitzt. Leitformen im Oberen Lias.
Hartgestein, ein Gestein mit einer Druckfestigkeit von mehr als 180 N/mm².
Härtling, *Monadnock,* eine Kuppe oder eine andere Erhebung, die infolge der besonderen Härte ihres Gesteins der Abtragung widerstanden hat und daher ihre Umgebung überragt.
Hartmanganerz, svw. Psilomelan.
Hartsalz, ein Salzgestein aus Sylvin und Steinsalz und/oder Kieserit und/oder Polyhalit. *Anhydritisches H.* enthält das Kieserit durch Anhydrit.
Harzburgit [nach dem Ort Harzburg], ein Tiefengestein aus der Familie der → Peridotite mit hohem Anteil an Bronzit oder Hypersthen.
Haselgebirge, ein brekziös-konglomeratisches Gemenge von Steinsalz, Anhydrit, Ton und anderem klastischen Gesteinsmaterial, durch starke Deformation einer primär engen Wechsellagerung von Salz- und Tongesteinen entstanden, im allgemeinen als tektonische Brekzie angesehen.
Haufwerk [bergmännischer Ausdruck], das aus einem Verband herausgearbeitete Material, z. B. Gestein, Kohle, Erz, das sich am Gewinnungsort anhäuft und abtransportiert werden muß.
Hausmannit [nach dem Mineralogen J. F. L. Hausmann 1782–1859], ein Mineral, Mn_2MnO_4; Metallglanz, braunschwarz, rötlichbraun, schwarz, tetragonal; wichtiges Manganerz.

Hauterive, *Hauterivien* [nach dem Ort Hauterive/Schweiz], eine Stufe der Unterkreide.
Hauyn, → Feldspatvertreter.
Hawaiitätigkeit, eine Form vulkanischer Tätigkeit mit ruhigem, effusivem Ausfließen großer dünnflüssiger Lavaströme.
Hebungen und Senkungen, → Epirogenese, → Tektonogenese.
Heilquellen, → Mineralquellen.
Heliotrop, → Chalzedon.
Heliummethoden, → physikalische Altersbestimmung.
Helleniden, → alpidische Gebirgsbildung.
Helminthoiden [griech. helminthes »Eingeweidewurm«, eitdos »Gestalt«], Systeme bandartiger Weidespuren (→ Lebensspuren), die aus einer Anzahl sich bogenförmig und bei etwa gleichbleibender Breite (meist 1 bis 2 mm) aneinanderschließender Bänder bestehen.
Helvetiden, → Deckentheorie.
Hembergstufe [nach dem Hemberg bei Iserlohn/Sauerland], eine Stufe im höheren Oberdevon, nach ihrem Leitfossil auch *Platyclymeniastufe* genannt.
Herpolith [griech. herpo »ich krieche«, lithos »Stein«], eine schichtförmige submarine Gleitmasse aus unverfestigten, thixotropen (→ Thixotropie) Ablagerungen (Schlammstromablagerung) entstanden und eingeschaltet in normale Schichtfolgen. → Olisthostrom.
Herrentiere, svw. Primaten.
Herzmuscheln, svw. Cardiiden.
Herzyniden, → variszische Gebirgsbildung.
herzynische Richtung, → Streichen und Fallen.
Hesperornis [griech. hespera »Westen«, ornis »Vogel«], fossiler Vogel mit rudimentären Flügeln. Verbreitet in der Oberkreide Nordamerikas (Kansas).
Hessische Straße, eine Einsenkung im Gebiet des heutigen Hessens, die während des Lias das Jurameer im Norden und Süden der heutigen BRD verband. Im oberen Dogger erfolgte hier eine Hebung, die zeitweise zur Trennung der beiden Becken und damit zu einer unterschiedlichen Faziesausbildung in ihnen führte. Die H. S. ist als Teilstück der → Mittelmeer-Mjösen-Zone bereits in der Variszischen Ära nachweisbar.
heteroblastisch, → Gefüge.
Hettang, *Hettangien,* *Hettangium* [nach dem Ort Hettange/Lothringen], eine Stufe des untersten Lias.
Hiatus, → Schichtlücke.
Hieroglyphen [griech. hieros »heilig«, glyphe »Schnitzwerk«], Schichtflächenmarken unterschiedlicher Art. Man unterscheidet H. auf Schichtunterseiten (*Hypoglyphen*) und Schichtoberseiten (*Epiglyphen*). Sie können organischen und anorganischen Ursprungs sein.
Hilsphase, → Faltungsphase.

Hiltsche Regel, von dem Geologen Hilt aufgestellte Regel, wonach Steinkohlen im allgemeinen mit zunehmender Tiefe stärker entgast sind (→ Kohle). Der Gasverlust beträgt in Westfalen auf 100 m Tiefenzunahme im Durchschnitt 1,4 Prozent.
Himbeerspat, svw. Manganspat.
Hipparion, eine Gattung der Unpaarhufer, zebragroßer Vorfahr des Pferdes. Vorkommen: Pliozän bis Pleistozän, besonders in Eurasien.
Hippurites [griech. hippuris »Roßschweif«], eine Gattung der Muschelfamilie der Rudisten mit ungleichklappiger, dicker Schale. Die bis 1 m hohe, kegelförmige, gerippte rechte Klappe war mit der Spitze am Meeresboden festgewachsen, die linke deckelförmig und durch Zahnzapfen in die rechte eingefügt. Verbreitet in der alpinen Oberen Kreide (Tafel 42).
Histogramm [lat. historia »Geschichte«, griech. graphein »schreiben«], eine Häufigkeitskurve in unstetiger Form, z. B. von Korngrößenfraktionen oder der Zurundungsverteilung in klastischen Gesteinen, zur Interpretation der Transportart, -strecke und des -mediums.
hochfeuerfest, → feuerfeste Baustoffe.
Hochmoor, → Moorböden.
Höhlen, größere unterirdische Hohlräume im Gestein. Die natürlichen H. entstehen 1) gleichzeitig mit dem Gestein: *primäre H.*, z. B. in magmatischen Gesteinen durch Abfließen der Lava aus Gashohlräumen oder Lavatunneln (Lavahöhlen), in Korallenriffen oder Kalktuffen, oder 2) meist nach Bildung des Gesteins: *sekundäre H.*, vor allem durch Verwitterung und Erweiterung von Klüften, Spalten und Schichtfugen, besonders in Kalksteinen und Dolomiten, wo die *Karsthöhlen* entstehen (→ Karsterscheinungen), zu denen alle größeren H. gehören. Mehrere H. oder Höhlenzüge bilden ein *Höhlensystem*.
In *Tropfsteinhöhlen* scheidet sich aus dem fließenden Wasser vor allem Kalk aus und führt zur Bildung von Kalksinter und Tropfsteinen, so die von der Decke nach unten wachsenden → Stalaktiten und die vom Boden nach oben wachsenden → Stalagmiten. Viele H. werden vom fließenden Wasser durchströmt oder sind von einem *Höhlensee* erfüllt. In feinkörnigen, eingeschwemmten Sedimenten und dem Lösungsrückstand der Kalksteine (*Höhlenlehm*) finden sich oft Knochen und Knochenbrekzien von Höhlenbewohnern (Höhlenbär, Fledermäuse u. a.).
Hohltiere, svw. Coelenteraten.
Holoptychius [griech. holos »ganz«, ptyche »Falte«], eine Gattung der Quastenflosser mit paarigen, quastenförmigen Flossen und rundlichen Schuppen. Vorkommen: Oberdevon.
Holothurien, Seegurken, eine Klasse der Stachelhäuter (→ Echinodermen) mit sackartiger Gestalt und undeutlicher radialer Symmetrie sowie lederartigem Hautskelett, ohne Arme. Die H., fossil ohne Bedeutung, kommen seit dem Kambrium vor.
Holozän [griech. holos »ganz«, kainos »neu«], die jüngere Abteilung des Quartärs, die geologische Gegenwart, die vor rund 10000 Jahren begann, früher *Alluvium* genannt.
Holsteinwarmzeit, *Holsteininterglazial,* die nach weitverbreiteten Ablagerungen in Schleswig-Holstein benannte Warmzeit zwischen Elster- und Saalekaltzeit, wird untergliedert nach der Waldbaumfolge. Das Holsteinmeer transgredierte über weite Gebiete an der Westküste Schleswig-Holsteins bis ins Elbegebiet hinein (Altmark) sowie im südlichen Ostseegebiet. Im Berliner Raum entstanden ausgedehnte Süßwasser- (Altwasser-) Ablagerungen mit der Schnecke Viviparus (Paludina) diluvianus.
Holzzinn, → Cassiterit.
homöoblastisch, → Gefüge.
Homoseiste [griech. homos »gleich«, seistos »erschüttert«], eine Linie gleicher Einsatzzeiten eines Erdbebens.
homothetisch, svw. synthetisch. → Verwerfung.
Horizont, 1) Geologie: svw. örtlich begrenzte Gesteinszone (→ System), 2) Bodenkunde: → Bodenhorizont.
Horizontalverschiebung, *Blattverschiebung, Transversalverschiebung,* eine Form der → Verwerfung, bei der eine mehr oder weniger horizontale Seitenverschiebung zweier Krustenteile längs eines steil einfallenden Bruches erfolgt, im Unterschied zu denjenigen Verwerfungen, bei denen Krustenteile vertikal gegeneinander verschoben werden. Die verschobenen Krustenteile sind die *Blattflügel*. Häufig treten H. gruppenweise als *Blattbündel* (*Blattbüschel, Blattsystem*) auf. - Mit einer Verbiegung der Schichten verbundene H. nennt man *Flexurblatt*, von Schleppungen begleitete *Schleppblatt*.
Hornblendeasbest, → Amphibole.
Hornblendefels, *Amphibolfels,* ein → Amphibolit ohne schiefriges Gefüge.
Hornblenden, → Amphibole.
Hornblendeschiefer, ein → Amphibolit mit meist schiefrigem Gefüge.
Hornfels, ein dichtes, zähes Gestein mit horniger Bruchfläche und von grauer, bläulich- oder bräunlichschwarzer Farbe und verschiedener, vom Ausgangsgestein abhängiger Mineralzusammensetzung, in der innersten Zone von → Kontakthöfen entstanden.
Hornstein, eine unreine, dichte kieselsäurereiche Ausscheidung oder Konkretion; meist grau bis gelblich; besteht aus Opal, aus einem innigen Gemisch von Opal und Chalzedon oder aus Chalzedon; knollen- oder lagenförmig in mesozoischen Karbonatgesteinskomplexen und auf Erzgängen.
Horst, ein von Verwerfungen begrenzter, gegenüber den Nachbarschollen gehobener oder bei deren Absenkung stehengebliebener Krustenteil (Thüringer Wald). Ist nur eine Seite von einer Störung begrenzt, spricht man von *Halbhorst* (Abb. S. 206).
Hörsteine, svw. Otolithen.
Hot spots [engl. »heiße Flecken«], in der → Plattentektonik thermale Zentren, überwiegend längs der → mittelozeanischen Schwellen, langlebig, ortsständige Zonen über → mantle plumes, die sich durch eine Kappe basischen Materials, Schwerehochs und höheren Wärmefluß auszeichnen und an der Erdoberfläche durch basischen Vulkanismus charakterisiert sind. Über sie gleiten Lithosphärenplatten hinweg, so daß sich im Laufe von Jahrmillionen ständig neue Bereiche vulkanischer Aktivität ergeben, die wie im Gebiet des Hawaii-Rückens in der Pazifischen Platte zu einer linienförmigen Kette von Vulkaninseln abnehmenden geologischen Alters von NW nach SE (rezent) geführt haben.
Höttinger Brekzie, eine mächtige Ablagerung verkitteten pleistozänen Gehängeschutts in der Nähe von Hötting bei Innsbruck, gilt seit A. Penck als Beweis dafür, daß mehrere pleistozäne Kaltzeiten zu unterscheiden sind, da sie zwischen zwei Moränen verschiedenen Alters liegt und Reste wärmeliebender Pflanzen enthält. Die H. B. wird heute dem Mindel/Riß-Interglazial zugerechnet.
Hübnerit, → Wolframit.
Huftiere, svw. Ungulaten.
Humine, *Huminsäuren, Huminstoffe,* → Humus.
Humus, die abgestorbenen organischen Bodenbestandteile, die ständig Ab-, Um- und Aufbauprozessen unterliegen und wichtige Sorptionsträger bilden. Man unterscheidet *Nährhumus*, den für Bodenorganismen leicht zersetzlichen Teil des H., und *Dauerhumus*, die im Boden angereicherte, schwer setzbare Humussubstanz. Als Humusbestandteile trennt man *Nichthuminstoffe* (z. B. Fette, Harze) und *Huminstoffe*, die nach ihrer Löslichkeit in weitere Gruppen unterteilt werden (z. B. Fulvosäuren, Huminsäuren, Humine). Unter den Humusformen differenziert man nach *Mull* (günstigste Humusform), *Rohhumus* (ungünstigste Humusform mit gehemmtem Abbau), *Moder* (Zwischenform), → Anmoor → Torf (Humusform vernäßter Standorte) sowie die unter Wasser gebildeten Humusformen, wie → Dy, → Gyttja und Sapropel.
Humusanzeiger, → Bodenanzeiger.
Hut, 1) *Eiserner H.,* → Oxydationszone, 2) *Salzhut* = Salzspiegel, 3) *Gipshut.* → Residualgebirge.
hyalin [griech. hylinos »gläsern«], Bezeichnung für die glasige Ausbildung von Gesteinen oder Mineralen.
Hyalit, → Opal.
Hybridisierung [griech. hybris »Überhebung«, »Üppigkeit«], 1) die Mischung von zwei Magmen unterschiedlicher Zusammensetzung; 2) die

Hydrargillit, svw. Gibbsit.
Hydratation [griech. hydor »Wasser«], die Eigenschaft von Mineralen, z. B. Anhydrit und Tonmineralen, Wasser aufzunehmen oder an ihrer Oberfläche anzulagern, wobei der auftretende Druck *Hydratationsdruck* genannt wird.
hydratisch, svw. allitisch.
Hydrogeochemie, die Geochemie der Wässer (Oberflächen- und unterirdische Wässer).
Hydrogeologie, ein Zweig der angewandten Geologie, der sich mit dem geologischen Auftreten von unterirdischem Wasser, der Wasseraufnahme- und -abgabefähigkeit der Gesteine sowie der Wasserbeschaffenheit als Grundlage der Erschließung und Gewinnung befaßt. Da das Grundwasser in den Wasserkreislauf eingeschaltet ist, erscheint eine Trennung zwischen H. als Lagerstättenkunde des Grundwassers und *Geohydrologie* als Grundwasserhaushaltkunde unnötig. International setzt sich H. durch.
Hydroglimmer, durch Verwitterung oder tiefhydrothermale Auslaugung umgewandelter → Glimmer; dabei wird ein Teil der Alkali-Ionen durch H- oder (H_2O)-Ionen ersetzt, z. B. im Hydromuskovit oder -biotit, → Illit.
Hydrolakkolith, svw. Pingo.
Hydrologie, die Lehre vom Wasser, seinen Erscheinungsformen, natürlichen Zusammenhängen und Wechselwirkungen mit den umgebenden Medien über, auf und unter der Erdoberfläche.
hydrolytische Verwitterung, ein Prozeß der chemischen Zersetzung von Gesteinen, bei der die Silikate durch Hydrolyse in ihre sauren und basischen Teile zerlegt werden und in Lösung gehen. In Abhängigkeit vom chemischen Milieu tritt → allitische Verwitterung oder → siallitische Verwitterung auf.
hydromorphe Böden, Sammelbezeichnung für Böden mit hervortretenden Grundwasser- oder/und Staunässemerkmalen.
Hydrophan, → Opal.
hydrophil [griech. hydor »Wasser«, phil »freundlich«], Bezeichnung für Gesteine und Minerale, die leicht Wasser aufnehmen. Gegensatz: *hydrophob*.
Hydrosphäre, die Wasserhülle der Erde, vor allem die Meere. Binnengewässer, Grundwasser, Schnee und Eis machen zusammen nur 0,3 Prozent der H. aus.
hydrothermale Phase, *hydrothermales Stadium*, Bereich der Mineralbildung aus gas- und salzhaltigen wäßrigen Lösungen zwischen deren kritischem Punkt (~ 400 °C) und etwa 30 °C. Die Hydrothermen können dabei magmatischer, metamorpher oder transmagmatischer Herkunft sein.

Hydrozoen, eine Klasse der Hohltiere, festsitzende oder freischwimmende Einzelformen oder Polypenstöcke bildend. H. sind Meeres- und Süßwasserbewohner. Vorkommen: Kambrium bis Gegenwart.
hypabyssisch [griech. hype »unter«, abyssos »grundlos«], Bezeichnung für in geringerer Tiefe innerhalb der Erdkruste gebildete Mineralparagenesen, Lagerstätten oder Tiefengesteinskörper, → abyssisch.
Hyperbasit, → Ultrabasit.
Hypersthen, → Pyroxene.
hypidiomorph [griech. hypo »unter«, idios »eigen«, morphe »Gestalt«], Bezeichnung für die teils eigen-, teils fremdgestaltige Ausbildung von Mineralkörnern in Gesteinen.
Hypoglyphen, → Hieroglyphen.
Hypomagma [griech. hypo »unter«], ein → Magma, das an Gasen untersättigt ist.
Hyporheon, in der Unterströmungstheorie von E. Kraus Konvektionsströmungen in der Unterkruste, die die tektogenen Vorgänge steuern und die Strukturen der Erdkruste erzeugen. → Bathyrheon.
Hypozentrum, der Herd (Entstehungsort) eines Erdbebens.
hypsometrische Kurve, *hypsographische Kurve* [griech. hypsos »Höhe«, metrein »messen«], die schematische graphische Darstellung der Verteilung der Höhenstufen auf der Erdoberfläche mit folgender Einteilung: Gipfelung (+ 8900 bis + 1000 m), Kontinentaltafel (+ 1000 bis − 200 m) mit Einschluß des → Schelfes, Kontinentalhang (− 200 bis 3000 m), Tiefseetafel (> − 3000 m) mit Einschluß der → Tiefseegesenke.
Hyracotherium, das Anfangsglied der Pferdeentwicklung aus dem Eozän, von der Größe eines Foxterriers, vorn vierzehig, hinten dreizehig, verbreitet in Europa und Nordamerika.

I

Ichor [griech. »Blut«], eine in den Gesteinen innerhalb der Erdkruste zirkulierende mobile Phase nicht näher zu bezeichnender Zusammensetzung, die als Ursache der → Granitisation galt. Heute überholter Ausdruck für den »granitischen Saft« Sederholms.
Ichthyornis [griech. ichthys »Fisch«, ornis »Vogel«], Fischvogel, taubengroßer fossiler Vogel aus der Oberkreide Nordamerikas (Kansas).
Ichthyosaurier, *Fischsaurier*, eine Ordnung der fischförmigen, an marine Lebensweise angepaßten Reptilien mit delphinenartigem Körper (bis 1,5 m Länge). Die Gliedmaßen sind zum Paddeln umgebildet. Vorkommen: Trias bis Oberkreide.
idiochromatisch [griech. »eigenfarbig«], Bezeichnung für Minerale, deren Farbe typisches und wesentliches Merkmal der chemisch reinen Mineralsubstanz ist, z. B. das Grün des Malachits. Im Unterschied dazu bezeichnet man Minerale, deren Farbe von einer fremden, ihnen beigefügten Substanz herrührt, als *allochromatisch*.
idiomorph [griech. idios »eigen«, morphe »Gestalt«], Bezeichnung für Minerale mit Eigengestalt, deren Formen beim Wachstum in umgebender Schmelze oder Lösung nicht behindert werden, z. B. Erstausscheidungen in magmatischen Schmelzen. Bei *allotriomorphen* Mineralen wird das regelmäßige Wachstum der Kristalle gehemmt.
Ignimbrit [lat. ignis »Feuer«, nimbus »Wolke«], *Schmelztuff*, eine pyroklastische Gesteinseinheit von überwiegend saurem, seltener intermediärem Chemismus. I. sind durch einen Eruptionsmechanismus entstanden, der dem der überquellenden → Glutwolken sehr ähnlich ist. I. schließen verschweißte und nichtverschweißte Gesteinstypen ein.
Iguanodon, eine Gattung der Dinosaurier, bis 10 m lange pflanzenfressende Tiere, deren Schädel rechtwinklig zum Hals steht. Die hinteren Gliedmaßen sind viel länger als die vorderen, so daß sich der I. wie das heutige Känguruh bewegte (Tafel 42). Vorkommen: Malm bis Oberkreide.
Illerd, *Illerdien* [nach dem Fluß Iller], nur für den mediterranen Teil der Tethys angewendeter Begriff, etwa dem Unteren → Ypern entsprechend. Stratigraphische Stellung als oberstes Paläozän oder unterstes Eozän umstritten.
Illit [nach dem Staat Illinois/USA], ein Tonmineral, vorzugsweise Hydromuskovit in Tonteilchengröße, → Hydroglimmer. Kalziumillit ist Übergangsmineral zum → Montmorillonit.
illuvial [lat. in »hinein«, luere »spülen«], Bezeichnung für natürliche Anreicherungen von Stoffen durch chemisches Ausfällen oder mechanisches Festhalten in Böden (Illuvialhorizont).
Ilmenit [nach dem Ilmengebirge im Südural], *Titaneisenerz*, ein gesteinsbildendes Mineral, $FeTiO_3$; halbmetallischer Glanz, schwarz, Strich schwarzbraun; trigonal. Titanerz; Rohstoff für weiße Farbe (Titanweiß), wird außerdem für Legierungen mit Eisen zur Herstellung besonderer Stahlsorten verwendet.
Ilseder Phase, → Faltungsphase.
Imbrikation [lat. imbrex »Dachziegel«], die dachziegelartige Anordnung platten- oder diskusförmiger Gerölle in Sedimenten, generelle Neigung stromaufwärts.
Immersion, der Höchststand einer Meeresüberflutung bzw. die tiefste Versenkung des Landes unter den Meeresspiegel bei einer Meeresüberflutung, → Transgression.
Impaktstrukturen, → Meteoritenkrater.

Imprägnation [lat. impraegnare »schwängern«], aus Erzlösungen in Gesteinsklüften und Hohlräumen ausgeschiedene Erzteilchen, meist ohne scharfe Umgrenzung oder Kristallform.
Inclusen, → Bernstein.
Indigolith, → Turmalin.
Induktionslog, Leitfähigkeitsmessung in Bohrungen durch induktive Stromzuführung, → Bohrlochmessungen.
industrieller Minimalgehalt, der in → Konditionen festgelegte untere ökonomisch vertretbare Grenzwert für den Durchschnittsgehalt des zur industriellen Weiterverarbeitung geförderten Rohstoffes. Für die Vorratsberechnung muß er unter Beachtung der beim Abbau entstehenden Verluste, der Verdünnung u. a. auf die anstehenden Rohstoffvorräte umgerechnet werden.
Industrieminerale, besonders von der chemischen, aber auch anderen Industrien benötigte mineralische Rohstoffe wie Schwefel, Gips, Flußspat u. a. → Steine und Erden.
Infiltration [lat.], das Eindringen oder Einsickern von gelösten Substanzen in Gesteinsporen und Hohlräume.
infrakrustal, unterhalb der Erdkruste befindlich.
Ingenieurbiologie, ein Wissenszweig, der sich mit den biologischen Veränderungen durch ingenieurbauliche Maßnahmen befaßt und die Sicherung von Bauwerken mittels biologischer (botanischer) Faktoren, z. B. Anpflanzungen an Straßenböschungen u. a., anstrebt; wichtig für die Ingenieurgeologie.
Ingenieurgeologie, ein Zweig der angewandten Geologie und integrierender Bestandteil der → Geotechnik.
Ingression, im Gegensatz zur → Transgression das langsame Vordringen eines Meeres in festländische Räume, die in Absenkung begriffen sind, ohne daß dabei an der Basis aus aufgearbeitetem Material des Untergrunds ein Konglomerat (Transgressionskonglomerat) gebildet wurde.
initial [lat. initium »Anfang«], besonders Begriff für den i. basaltischen und keratophyrischen, submarinen Vulkanismus bzw. (ultra)basischen Plutonismus, der den tektonogenetisch-magmatischen Zyklus in der Geosynklinalzeit eines → Orogens einleitet.
Initialausbruch, nach einer Ruhezeit einen neuen Eruptionszyklus einleitender Vulkanausbruch, wobei das Magma präexistente Aufstiegswege erneut benutzt. Im Gegensatz dazu werden bei einem *Initialdurchbruch*, d. h. bei einem zur Entstehung eines Vulkans führenden Erstausbruch, neue Förderwege geschaffen.
Injektion [lat. inicere »eindringen«], 1) die Einpressung flüssiger magmatogener oder magmatischer Anteile in ein Gestein, → Metatexis; 2) die Einpressung von Salzgesteinen in überlagernde Sedimente, → Salzdiapirismus; 3) die Einpressung von Chemikalien zur Stabilisierung und Abdichtung des Baugrundes.
Injektionsgneise, → Arterite, → Migmatite.
Injektionstechnik, die Verfahren zur Verfestigung oder Abdichtung des Baugrundes durch Einpressen von Chemikalien.
Inklination, 1) Neigungsgrad eines Hanges, 2) → Erdmagnetismus.
Inkohlung, → Kohle.
inkompetent, Bezeichnung für Gesteine, die einer Verformung unter gleichen Spannungsverhältnissen geringeren Widerstand entgegensetzen als die benachbarten Gesteine (→ kompetent). Die i. Gesteine vermögen sich auf Grund ihrer größeren Plastizität verformenden Kräften (→ Faltung) auszuweichen.
Inkrustation [lat. incrustare »überziehen«], die Überkrustung von natürlichen Körpern oder anderen Gegenständen mit mineralischen Stoffen (Kalziumkarbonat, Kieselgel), die sich aus Quellen abscheiden.
Inlandeis, die ausgedehnte Landflächen polarer Gebiete in der geologischen Gegenwart und Vergangenheit bedeckenden Eismassen, die geschlossen oder in breiten Zungen (→ Gletscher) bis zu den Küsten reichen, wo durch Abbrechen (Kalben) Eisberge entstehen.
innenbürtig, svw. endogen.
Innensenken, meist längliche Senken (*intramontane Becken*) innerhalb eines → Orogens, die infolge laufender Absenkung durch isostatische Ausgleichsbewegungen mächtige Sedimentmassen enthalten (Innenmolasse). Zwischen diese sind oft Kohlenflöze sowie vulkanische Gesteine und deren Tuffe eingeschaltet.
innere Kontrolle, Bezeichnung für die im gleichen Labor wiederholten Untersuchungen mineralischer Rohstoffe an durch den Geologen chiffrierten Probenduplikaten zur Feststellung zufälliger Fehler; sie werden während der ganzen analytischen Arbeitsperiode durchgeführt. i. K. ist von der Laborkontrolle zu unterscheiden. Die Feststellung systematischer Fehler erfolgt durch die → äußere Kontrolle.
Inoceramus [griech. is, inos »Muskel«, »Stärke«, keramis »Ziegel«], eine Gattung der zu den Muscheln gehörenden Perniden mit ovaler, konzentrisch gestreifter, ungleichklappiger Schale, zahnlosem Schließband, vielen Gruben für das Schließband (Tafel 42). Vorkommen: Jura, Kreide, besonders Oberkreide (zahlreiche wichtige Leitfossilien).
Insectivoren, älteste Ordnung der Säugetiere. Fossile Formen finden sich von der Unterkreide an. Fossil fehlen sie nur in Südamerika und Australien, heute lediglich in Australien.
Inselberg, → Zeugenberg.
Inselgitter, → Kristallgitter.
Insequenz, eine Sedimentationsunterbrechung über längere Zeit, → Schichtlücke.
Insolation [lat. insolare »einstrahlen«], die Einstrahlung der Sonne auf die Erdoberfläche. Sie ist von maßlichem Einfluß bei der mechanischen Zerstörung der Gesteine, besonders in Gebieten mit starken täglichen Temperaturschwankungen (z. B. in Wüsten). Das Ergebnis sind z. B. → Abschuppung und → Kernsprünge.
instantan, plötzliche, ruckartige Vorgänge, besonders Bodensenkungen in Mooren, die zum Entstehen von Stubbenhorizonten führen können. Gegensatz: → säkular.
Integripalliaten, → Lamellibranchiaten.
Interferenzrippeln, → Rippelmarken.
Interglazial, svw. Warmzeit.
Intergranulare [lat.], die Grenzfläche zwischen den Kristallkörnern eines Gesteins, die geometrisch, physikalisch und chemisch bestimmt ist. Auf I. erfolgen Stofftransporte bei der Umkristallisation des Gesteins im Zusammenhang mit metamorphen, ultrametamorphen oder metasomatischen Vorgängen.
intermediär [lat. inter »zwischen«, medius »in der Mitte befindlich«], Bezeichnung für Magmatite, deren SiO_2-Gehalt unter dem der sauren (> 65 Prozent SiO_2) und über dem der basischen Eruptivgesteine (< 52 Prozent SiO_2) liegt.
Interniden, nach L. Kober zentrale Gebirgsstränge (Zwischengebirge) eines Orogens, die im Kern der Geosynklinale entstehen und an die sich nacheinander von innen nach außen die Zentraliden, Metamorphiden und randlich zuletzt die *Externiden* anschließen.
Intersertalgefüge, → Gefüge.
Interstadial [lat. inter »zwischen«, griech. stadion, ein Wegemaß], ein Zeitabschnitt vorübergehender kurzer Erwärmung während einer Vereisungsperiode (→ Kaltzeit), der nicht immer durch eine Rückverlagerung des Eisrandes gekennzeichnet gewesen ist. Im Unterschied zu interglazialen Ablagerungen (→ Warmzeit) enthalten *interstadiale Ablagerungen* nur Reste von Pflanzen und Tieren eines kalten Klimas.
intramagmatisch [lat. intra »innerhalb«], Bezeichnung für Erzminerale, die in einem silikatischen Magma auskristallisiert sind.
intramontanes Becken, → Innensenken.
intratellurisch, auf das Innere der Erde bezüglich.
Intrusion [lat. intrudere »hineindrängen«], das Eindringen des Magmas zwischen andere Gesteine in Form von → Plutonen, → Stöcken, → Gängen. Nach ihrer Stellung in der Entwicklung des Tektonogens unterscheidet man primorogene (synkinematische) und serorogene (spät- bis postkinematische) I. Die Tiefenlage der Intrusiv-

körper innerhalb der Erdkruste ist das *Intrusionsniveau*.

Intuskrustation [lat. intus »innen«, crusta »Rinde«], die Ausfüllung und der Ersatz pflanzlicher oder tierischer Körper durch mineralische Ausscheidungen, z. B. Kieselhölzer. Die Überkrustung solcher Körper bezeichnet man als → Inkrustation.

Inundation, svw. Immersion.

Inversion [lat. inversio »Umkehr«], 1) inverse Lagerung: Überkippung, → Lagerung, 2) svw. Reliefumkehr, 3) Umwandlung von Sedimentationströgen in Schwellen, → Randtrog.

Invertebraten, wirbellose Tiere; Stämme: 1) Urtiere (→ Protozoen), 2) Schwämme (→ Spongien), 3) Hohltiere (→ Coelenteraten), 4) Stachelhäuter (→ Echinodermen), 5) Würmer (→ Vermes), 6) Weichtierähnliche (→ Molluskoiden), 7) Weichtiere (→ Mollusken), 8) Gliederfüßer (→ Arthropoden). Gegensatz: → Vertebraten.

Ionengitter, → Kristallgitter.

Isaura, *Estheria*, millimetergroße Blattfußkrebse (Conchostracen), Süßwasserbewohner. Vorkommen: seit dem Devon, besonders häufig in der Lettenkohle und Unteren Keupers (Estherienschichten, Abb. S. 353).

iso... [griech. isos], gleich...

Isobasen, Linien gleicher Hebung.

Isobathen [griech. bathos »Tiefe«], Linien gleicher Wassertiefe.

Isochronen [griech. chronos »Zeit«], Linien gleichzeitigen Eintreffens einer Erscheinung, z. B. einer Erderschütterung.

Isodynamen [griech. dynamis »Kraft«], Linien gleicher Horizontal-, Vertikal- oder Totalintensität des Erdmagnetismus (*H-Isodynamen*, *Z-Isodynamen*, *T-Isodynamen*).

Isogammen [griech. isos »gleich«], Linien gleicher Schwerkraftwerte der Erde.

Isogeothermen [griech. ge »Erde«, therme »Wärme«], Linien gleicher Bodentemperatur.

Isogonen [griech. gonos »Winkel«], Linien gleicher erdmagnetischer Deklination.

Isohypsen, *Schichtlinien*, Linien gleicher Meereshöhe.

Isokatabasen, Linien gleicher Senkung.

Isoklinalfalte [griech. klinein »neigen«, »beugen«], durch starke seitliche Einengung entstandene → Falte, deren Schenkel parallel liegen.

Isoklinen [griech. klinein »neigen«], Linien gleicher erdmagnetischer Inklination.

Isomorphie [griech. »gleiche Gestalt«], die Erscheinung, daß isotype Kristallarten (→ Isotypie) Mischkristalle bilden. *Isomorph* sind z. B. Mg_2SiO_4 und Fe_2SiO_4 (Mischungsreihe der Olivine); → Diadochie.

Isopachen [griech. pachys »dick«], Linien gleicher Schichtenmächtigkeit.

Isoseisten [griech. seistos »erschüttert«], Linien gleicher Erschütterung bei Erdbeben.

Isostasie, die Lehre vom hydrostatischen Gleichgewichtszustand der Erde, nach der große Gebirgsmassen durch eine andersartige Massenanordnung in der Tiefe ausgeglichen sind. Nach Pratt sollen die Gesteinsmassen eine um so geringere Dichte besitzen, je höher sie über das Meeresniveau aufragen, während nach Airy die Hochgebirge eine Gebirgswurzel geringerer Dichte besitzen und um so höher aufragen, je tiefer diese Gebirgswurzel in den Erdmantel aus dichterem Gesteinsmaterial eintaucht, auf dem sie als leichtere Massen gleichsam schwimmen. Solche Gebirgswurzeln sind in der letzten Zeit unter zahlreichen Hochgebirgen durch die → Seismik festgestellt worden (z. B. Alpen, Himalaja).

Isotopengeologie, ein Forschungszweig, der geologische (geochemische, geophysikalische) Fragen mit Hilfe der Häufigkeitsanalyse stabiler und instabiler Isotope und deren Variationen in der Erdkruste untersucht. Neben den Erscheinungen der Radioaktivität wird vor allem die Schwankung in der isotopen Zusammensetzung stabiler Elemente als Hilfsmittel der Untersuchung herangezogen, die Hinweise auf einige Entstehungsbedingungen von Mineralen, Gesteinen oder auch bestimmten Fossilien geben kann. Die durch ihre isotope Zusammensetzung markierte geologische Substanz gibt in zunehmendem Maße erdhistorisch und gesteinsgenetisch bedeutsame Auskünfte.

Isotopengeophysik, → Geologie.

Isotypie [griech. »gleicher Typ«], die Struktureigenschaft von Kristallarten, die dem gleichen Strukturtyp angehören. *Isotyp* sind z. B. NaCl und PbS; → Isomorphie.

Itabirite [nach einer brasil. Ortsbezeichnung], gebänderte Eisenglimmerschiefer des Präkambriums der Alten Schilde, die als hochprozentige Eisenerze zusammen mit verwandten Gesteinen (Eisenquarzite, Jaspilite) etwa 93 Prozent der gesamten Welteisenerzvorräte ausmachen.

J

Jacutinga [Ort in Brasilien], durch sekundäre Einflüsse wie Verwitterung aus → Itabiriten entstandene Lockermassen.

Jadeit, → Pyroxene.

Jahresschichtung, durch jahreszeitlichen Klimawechsel bedingte Änderung der Art und Zusammensetzung eines Sedimentes (z. B. im Bänderton), → Warve.

Jaspilite, dichte bis mikrokristalline feingebänderte, kieselige Eisenerze und eisenschüssige Kieselgesteine des Präkambriums.

Jaspis, → Chalzedon.

Jungalgonkium, veralteter Begriff, höherer Teil des → Algonkiums, entspricht etwa dem heutigen Oberproterozoikum.

jungkaledonische Phase, → Faltungsphase.

jungkimmerische Phase, → Faltungsphase.

Jungsteinzeit, svw. Neolithikum.

Jura, die mittlere Periode bzw. das mittlere System des Mesozoikums, benannt nach dem Schweizer Jura. Die Dreigliederung in *Schwarzen*, *Braunen* und *Weißen* J. legt die Verhältnisse in der südlichen BRD zugrunde, wo dunkle Tone, eisenführende braune Sandsteine und helle Kalke aufeinanderfolgen; die entsprechenden Ausdrücke *Lias*, *Dogger*, *Malm* stammen aus England (vgl. beigefügte Tabelle am Schluß des Buches).

juvenil [lat. iuvenis »jugendlich«], 1) Bezeichnung für Magma, das nicht durch Wiederaufschmelzung fester Gesteine in der Tiefe entstanden ist. Gegensatz: → palingen; 2) Bezeichnung für Wasser, das aus Magmenherden stammt und noch nicht am allgemeinen Kreislauf des Wassers teilgenommen hat. Gegensatz: → vados.

K

Kainit, ein Mineral, $K_4Mg_4Cl_4[SO_4]_4 \cdot 11 H_2O$, meist weiß, gelblich oder grau; monoklin. Wichtiges → Kalisalz.

Kakirit [nach dem Kakirsee in Nordschweden], Bezeichnung für ein Gestein, das zahlreiche tektonisch erzeugte Rutsch- und Kluftflächen aufweist und wegen seines Gefüges auch als *Bruchbrekzie* bezeichnet wird. Kommt es dabei zum Bruch einzelner Mineralkörner, so entsteht ein Kataklasit und schließlich ein Mylonit (→ Gesteine).

Kalben, das Abbrechen von Eismassen von ins Meer vorgedrungenen Gletscherzungen (→ Inlandeis), wobei Eisberge entstehen.

Kaledoniden, → kaledonische Gebirgsbildung.

kaledonische Gebirgsbildung, Bezeichnung für eine Gebirgsbildung (→ Tektonogenese), die vorwiegend im Silur, zuvor im Ordovizium und mit Nachläufern im Unterdevon zur Auffaltung des kaledonischen Gebirges (*Kaledoniden*) geführt hat. Dazu gehören die von Norwegen über Nordengland, Schottland, Irland, Spitzbergen, Grönland bis nach Neufundland und den nördlichen Appalachen ziehenden Gebirgsstränge, außerdem in Mitteleuropa das Brabanter Massiv. In Asien finden sich gleichaltrige Faltenzüge rund um den Sibirischen Schild.

Kalifeldspat, → Feldspäte.

Kalisalze, natürliche Salze, die Kalium enthalten. Zu ihnen gehören: → Carnallit, → Kainit, → Kieserit, → Polyhalit und → Sylvin. K. haben als Kalidünger u. a. wirtschaftliche Bedeutung.

Kalisalzlagerstätten, in Mitteleuropa auf den Zechstein beschränkte, am Ende von Eindampfungszyklen entstandene und mit Steinsalz wechsellagernde, bauwürdige Salzlager, deren Lagerstättenreviere Werra-, Staßfurt-, Leine- und Aller-Kaligebiet für die Sedimentationszyklen des Zechsteins namengebend sind.
Kalium-Argon-Methode, → physikalische Altersbestimmung.
Kalkanzeiger, → Bodenanzeiger.
Kalkkarst, → Karsterscheinungen.
Kalksilikathornfels, in Kontaktzonen von Eruptivgesteinen aus karbonatischen Gesteinen durch Kontaktmetamorphose mit oder ohne Stoffzufuhr entstandenes Gestein. Bei den neugebildeten Mineralen handelt es sich um Wollastonit, Grossular, Diopsid, Epidot oder Vesuvian. K. ist feinkörnig, *Kalksilikatfels* grobkörnig.
Kalksinter, → Sinter, → Kalkstein.
Kalkspat, *Kalzit*, ein gesteinsbildendes Mineral, CaCO$_3$, trigonal, häufig in schönen Kristallen, formenreichstes Mineral, sehr vollkommene Spaltbarkeit, hohe Doppelbrechung (*Doppelspat*), oft Zwillingsbildung, meist weiß, aber auch gefärbt, optisch negativ. K. ist gesteinsbildendes Mineral der Kalksteine und Marmore, Bindemittel in Sandsteinen und tritt als Sinter oder Gangmineral auf.
Kalkstein, vorwiegend aus Kalziumkarbonat (CaCO$_3$) bestehendes verbreitetes Sedimentgestein; weiß oder durch Nebengemengteile bzw. organische Substanzen verschieden gefärbt, durch anorganisch-chemische Prozesse oder unter Mitwirkung von Organismen entstanden (organogener K.). Am häufigsten ist *mariner K.*, besonders in tropischen und subtropischen Flachmeeren mit hohen Anteilen an Organismen gebildet wurde. Nach dem Gefüge lassen sich unter anderem folgende Formen von K. unterscheiden:
1) *Dichter K.* enthält meist reichlich Fossilreste, Fossilkalke mindestens 50 Prozent an zerbrochenen Kalkskeletten, z. B. Muschelkalk, Korallenkalk, Riffkalk.
2) *Poröser K.*, Kalksinter, Süßwasserkalk, an Quellen oder aus fließenden Gewässern ausgeschieden, z. B. Kalktuff, Travertin.
3) *Oolithischer K.*, → Oolith.
4) *Kreide*, weiße, lockere, feinkörnige Massen, aus Foraminiferenschalen, Bryozoen und anderen tierischen Resten sowie anorganischem Kalkschlamm bestehend.
5) *Kristalliner K.*, → Marmor.
Kalksteinbraunlehm, svw. Terra fusca.
Kalksteinkugeln, svw. Kalzitsphärite.
Kalksteinrotlehm, svw. Terra rossa.
Kaltzeit, *Eiszeit, Glazialzeit*, jeder Abschnitt der Erdgeschichte, in dem durch Klimaveränderungen größere, sonst nicht vereiste außerpolare Gebiete von mächtigen Gletschern oder Inlandeismassen bedeckt wurden. Zeugnisse früherer Vereisungen sind *glazigene* und *glaziäre Sedimente*, vor allem *Moränen* – diagenetisch verfestigte Moränen der vorpleistozänen K. werden als *Tillite* bezeichnet –, sowie *Gletscherschrammen*. Die ältesten Spuren moränenähnlicher Bildungen liegen aus dem Präkambrium (Archaikum) Nordamerikas und Südafrikas vor. Als wirklich große Eiszeitalter sind nach Schwarzbach das Eokambrium an der Wende Riphäikum-Kambrium vor etwa 600 Millionen Jahren, die Wende Karbon-Perm vor etwa 275 Millionen Jahren und das Quartär anzusehen, wobei der zeitliche Abstand jeweils etwa 300 Millionen Jahre beträgt. Die jüngsten K., denen in nicht vereisten Gebieten → Pluvialzeiten entsprachen, fielen ins *Pleistozän*. Ihre Ablagerungen beweisen, daß mehrere K. mit dazwischenliegenden *Warmzeiten, Interglazialzeiten*, abwechselten. Ähnliche Verhältnisse fand man auch an Orten innerhalb des permokarbonischen Vereisungsgebietes.
Kalzit, svw. Kalkspat.
Kalzitsphärite, *Kalksteinkugeln*, aus Kalzit bestehende kugelige Gebilde in der Braunkohle des Geiseltales bei Merseburg mit einem Durchmesser bis zu 1,68 m und einer Masse von 6,7 t. Die K. entstanden während der Kohlebildung durch Zufuhr von Kalk aus den benachbarten Muschelkalk.
Kambrium, das älteste System des Paläozoikums (vgl. beigefügte Tabelle am Schluß des Buches).
Kames, durch fließendes Wasser am Rande des pleistozänen Eises zwischen einzelnen Eisklötzen und unter dem Gletscher aufgeschüttete Hügel und Rücken aus geschichteten glazifluviatilen Sanden und Kiesen. Im Unterschied zu den wallförmigen Osern sind sie kuppen- oder kegelförmig.
Kammeis, → Bodeneis.
Kammerlinge, svw. Foraminiferen.
Kammfarn, svw. Pecopteris.
Kammkies, → Markasit.
Kammuschel, svw. Pecten.
Kanadischer Schild, der zentrale Teil der Nordamerikanisch-Grönländischen Plattform, in dem das präkambrische Grundgebirge an der Erdoberfläche ansteht.
Kannelierung, Riefelung, auf der Oberfläche von Kalkstein, Dolomit und Sandstein infolge von Lösungs- und Abtragungsvorgängen durch ablaufende Niederschlagswässer hervorgerufene Rillen und Furchen; Nebenerscheinung bei der Bildung von → Karren. K. wird auch für Gebilde gebraucht, die durch den Wind infolge mitgeführten Treibsands auf den Oberflächen von Gesteinen auftreten (*Windkannelierung*).
Känophytikum [griech. Kw.], die Neuzeit der Entwicklung der Pflanzenwelt, beginnt in der oberen Unterkreide, also früher als das → Känozoikum, und dauert noch jetzt an.

Känozoikum, *Neozoikum*, die Neuzeit der Entwicklung des tierischen Lebens, paläontologische Bezeichnung für die Erdneuzeit (vgl. beigefügte Tabelle am Schluß des Buches).
Kaolin [nach dem chines. Berg Kaoling in der Provinz Kiangsi], *Porzellanerde*, aus Kaolinit, einem Aluminiumhydrosilikat, Quarz und Wechsellagerungsmineralen (→ Tonminerale) bestehendes Verwitterungsprodukt feldspathaltiger Gesteine, das zur Porzellanherstellung, als Zugabe zur Papiermasse, in der Schamotteindustrie u. a. verwendet wird.
Kaolinisierung, → siallitisch.
Kaolinit, → Tonminerale.
Kapillarsaum, der über der Oberfläche des Grundwassers liegende Raum, in dem der Wasserdruck von unten nach oben abnimmt. → Grundfeuchtigkeit.
Kapillarwasser, der Teil des → Haftwassers, der durch Adhäsionskräfte an den Grenzflächen feste/flüssige Phase in Verbindung mit Kohäsionskräften an den Grenzflächen flüssige/gasförmige Phase im Boden gegen die Schwerkraft festgehalten wird.
Kar, eine nischenartige Hohlform in Hochgebirgskämmen und -hängen mit steilen Rück- und Seitenwänden, mit einer *Karschwelle* als Abschluß des flachen *Karbodens* an der Talseite. Der Karboden enthält oft einen kleinen *Karsee*. In einem K. angesammelte Firn- und Eismassen bilden einen *Kargletscher*. K. sind fast durchweg aus älteren Hohlformen in den Kaltzeiten des Pleistozäns unter Firnbedeckung und durch die Reibung der vom Kargletscher mitgeführten Geschiebe entstanden. In größeren Höhen oberhalb der Schneegrenze dauert die Karbildung noch an.
Karbon [lat. carbo »Kohle«], *Steinkohlenformation*, auf das Devon folgendes System (Periode) des Paläozoikums, in Mittel- und Westeuropa meist unterteilt in *Unterkarbon* (Dinant), das die Stufen Tournai und Visé umfaßt, und *Oberkarbon* (Siles) mit den Stufen Namur, Westfal und Stefan (vgl. beigefügte Tabelle am Schluß des Buches).
Karbonatit, *Carbonatit*, ein im wesentlichen aus Karbonaten (Kalzit, Dolomit) und zum Teil auch aus Silikaten (Feldspate, Foide, Biotit, Pyroxene, Olivin u. a.) bestehender Magmatit, der vielfach im Verband mit foidführenden Gesteinen steht und in Form von Gängen, Schlieren oder auch als Intrusivkörper auftritt.
Kareliden [nach Karelien], unterproterozoischer Faltungskomplex des Baltischen Schildes.
karelidisch-svekofennidische Phase, → Faltungsphase.
Karn [nach den Karnischen Alpen], eine Stufe der pelagischen Trias.
Karneol, blutrot bis gelblich gefärbte Varietät des → Chalzedons.
Karpat, *Karpatien* [nach den Karpaten], Regionalstufe für das Untere Miozän der zentralen Paratethys,

etwa dem oberen → Burdigal entsprechend.
Karpolithen [griech. karpos »Frucht«, lithos »Stein«], versteinerte Früchte.
Karren, *Schratten,* Karsterscheinungen, chemische Auslaugungs-, in geringerem Maße mechanische Spülformen von Niederschlags- und Schmelzwässern an der Oberfläche von Kalkgesteinen. Es bilden sich, meist von Klüften ausgehend, anfangs rillenförmige kleine Furchen und Löcher, deren Tiefe bis auf mehrere Meter anwachsen kann. Zwischen den K. bleiben schmale, oft scharfe Kämme stehen. In großer Zahl bilden sie schwer überschreitbare *Karren-* oder *Schrattenfelder.* → Kannelierung.
Karruformation, terrestrische bzw. limnische Ablagerungen des Oberen Karbons bis Unteren Juras in Süd- und Äquatorialafrika, namentlich in der Karru, der Trockensteppe der südlichen Randabdachung. Charakteristisch sind glaziale Bildungen in der tieferen Abteilung sowie gut erhaltene Vertebratenfossilien.
Karsterscheinungen, zusammenfassende Bezeichnung für Erscheinungen und Oberflächenformen in Gebieten mit wasserlöslichen Gesteinen, vor allem zerklüfteten Kalksteinen (*Kalkkarst*) und Gips (*Gipskarst*), aber auch Steinsalz (*Salzkarst*). K. sind das Ergebnis der Auswaschung durch das Grundwasser (*Karstwasser*), da die Niederschläge und Oberflächengewässer im Karst weitgehend versinken und daher die unterirdische Entwässerung entscheidend ist, während sich an der Erdoberfläche Trockentäler finden. Typische Kalkkarstgebiete sind die Schwäbische Alb, Dalmatien, Südfrankreich. Gipskarst ist für den Südrand des Harzes und Kyffhäusers charakteristisch. K. sind → Karren, → geologische Orgeln, → Schlotten, → Dolinen, → Poljen, → Erdfälle, → Höhlen, → Katavothren, → Karstquellen. Eine Sonderform der K. ist der → Kegelkarst der wechselfeuchten Tropen. K. aus der erdgeschichtlichen Vergangenheit heißen *fossiler Karst* oder *Paläokarst.*
Karstquelle, im Karst austretende, in ihrer Schüttung und chemischen Zusammensetzung des Wassers oft stärker schwankende Quelle.
Karsttrichter, → Doline.
Karstwasser, Wasser in Hohlräumen verkarsteter Gesteine, wie Kalkstein, Dolomit und Gips.
Kassiterit, → Cassiterit.
kastanienfarbene Böden, Kastanosem, graubraune, humusarme, karbonathaltige Böden in den Gebieten der Kurzgrassteppe. K. B. sind gegenüber den Schwarzerden humusärmer.
Kastanosem, svw. kastanienfarbene Böden.
Kataklase [griech. kataklaein »zerbrechen«], tektonisch bedingte Brucherscheinungen in Einzelmineralen eines Gesteins. *Kataklasite* sind Gesteine mit kataklastischem Gefüge, →

Kakirit. Geht die Zertrümmerung vor der endgültigen Erstarrung des Magmas vor sich, spricht man von *Protoklase.*
Kataklasite, → Gesteine.
Kataklysmentheorie [griech. kataklysmos »Überschwemmung«, »Sintflut«], *Katastrophentheorie,* eine Theorie von Cuvier, wonach die Lebewelt mehrmals durch Katastrophen vernichtet wurde und an ihre Stelle eine neue trat, die von außen her zuwanderte oder, wie Cuviers Nachfolger meinten, durch einen Schöpfungsakt jedesmal völlig neu geschaffen wurde. Der K. widersprachen vor allem die Anhänger der Abstammungslehre; das Prinzip des → Aktualismus verdrängte sie schließlich völlig.
Katastrophentheorie, svw. Kataklysmentheorie.
katathermale Lagerstätten [griech. kata »hin zu…«, therme »Wärme«], Erzlagerstätten der hydrothermalen Abfolge, die im Temperaturbereich von 400 bis 300 °C entstehen.
Katavothre [nach dem Katavothragebirge in Griechenland]. *Ponor,* ein trichterförmiges Loch (*Schlundloch, Schluckloch*) an der Oberfläche in Karstgebieten, in das oberirdische Gewässer hineinstürzen, unterirdisch weiterfließen und an anderer Stelle wieder zutage treten. → Karsterscheinungen.
Katazone [griech. kata »von oben herab«], ein heute nicht mehr gebräuchlicher Ausdruck für die Tiefenstufe der Metamorphose mit hoher Temperatur und starkem hydrostatischem Druck.
Katzenauge, → Quarz.
Katzengold, → Glimmer.
kavernös [lat. caverna »Höhle«], Bezeichnung für Gesteine mit zahlreichen Hohlräumen, z. B. primär beim Kalktuff oder sekundär infolge selektiver Auslaugung beim Zellendolomit.
Keatit, → Quarz.
Kegelkarst, *Turmkarst,* steile, turm- oder kegelartige isolierte Einzelberge (Mogoten), die in den wechselfeuchten Tropen über Ebenen aufragen.
Keilblätter, svw. Sphenophyllen.
Keilfarne, svw. Sphenopteriden.
kenorische Gebirgsbildung [nach dem Ort Kenora in Ontario/Kanada], ein Gebirgsbildungsvorgang in Nordamerika an der Wende Archäikum/Unterproterozoikum vor etwa 2,6 bis 2,5 Milliarden Jahren; in den USA auch → algomische Gebirgsbildung genannt.
Kerabitumen, → Kerogen.
Keratophyr [griech. »Horn«], ein hell-dunkel-, grünlichgraues, dichtes Ergußgestein alkalitrachytischer Zusammensetzung mit maximal 40 Prozent Mafitgehalt, z. B. in der variszischen Geosynklinale des Harzes. Quarzhaltig ist der *Quarzkeratophyr.*
Kernsprünge, radial verlaufende Fugen oder Klüfte in einem Gestein, entstanden durch Temperaturverwitte-

rung und Insolation, besonders in Trockengebieten (Wüsten).
Kerogen [griech. keros »Wachs«, genesis »Entstehung«], nach verbreitetem Sprachgebrauch die in Sedimentiten dispers enthaltene organische Substanz, die aus unlöslichen hochpolymeren organischen Verbindungen besteht und die nach der Extraktion mit basischen und organischen Lösungsmitteln übrigbleibt. Der 4. Welterdölkongreß hat vorgeschlagen, dafür besser den Ausdruck *Kerabitumen* zu verwenden und als K. höchstens die organische Substanz der Ölschiefer zu bezeichnen.
Kersantit, → Lamprophyre.
Kettengebirge, langgestreckte, aus einzelnen Gebirgsketten bestehende Gebirge in geographischem Sinne, meist junge Faltengebirge wie die Alpen.
Kettengitter, → Kristallgitter.
Kettenkoralle, svw. Halysites.
Keuper [Bezeichnung des Buntmergelsandsteins in der Gegend von Coburg], die oberste Abteilung der germanischen Trias.
Kiemensaurier, → Branchiosaurus.
Kiemenschnecken, → Gastropoden.
Kies, 1) ein klastisches Lockergestein mit Korngrößen zwischen 2 und 63 Millimeter Durchmesser, wobei *Grobkies* (63 bis 20 mm), *Mittelkies* (20 bis 6,3 mm) und *Feinkies* (6,3 bis 2 mm) unterschieden werden. Nach der Verwendung spricht man z. B. von Betonkies, Filterkies, nach der Zusammensetzung von Quarzkies u. a. 2) sulfidische Erze, z. B. Schwefelkies, Kupferkies.
Kiesböden, → Wüstenböden.
Kieselalgen, svw. Diatomeen.
Kieselgur, svw. Diatomeenerde.
Kieselkupfer, svw. Chrysokoll.
Kieselschiefer, ein dichtes und hartes, sprödes Sediment des Paläozoikums, vorwiegend ein Gemenge von Quarz und Chalzedon, grau bis schwärzlich; durch Diagenese aus → Radiolarienschlamm entstanden, wobei die Radiolarien im Unterschied zum → Radiolarit kaum erkennbar sind. Durch kohlige Substanzen schwarz gefärbter Kieselschiefer ist der *Lydit,* der als Probierstein für den Strich von Gold- und Silberlegierungen dient. → Hornstein.
Kieserit [nach dem deutschen Naturforscher D. G. Kieser, 1779–1862], ein Salzmineral, $Mg[SO_4] \cdot H_2O$; von nichtmetallischem Glanz, farblos, weiß, grau, gelblich, grünlich, rötlich; Strich weiß; Härte 3 bis 3,5, Dichte 2,57, monoklin. Wichtiges → Kalisalz, das bei der Herstellung von Bitter- und Glaubersalz, Magnesiaweiß, Alaun und Zement eine bedeutende Rolle spielt.
Kimberlit, → Peridotite.
Kimmeridge [nach dem Ort Kimmeridge an der Südküste Englands], die mittlere Stufe des Oberen Juras (Malm).
kimmerische Phase, → Faltungsphase.

Kinetometamorphose [griech. kinesis »Bewegung«], Vorgänge bei der Metamorphose, die mit tektonischen Verformungserscheinungen verknüpft sind.
Kippboden, ein Boden mit meist geringem Entwicklungszustand aus anthropogenen Aufschüttungen (Kippe oder Halde), vorwiegend im Bereich des Bergbaues.
Kippen, → Massenbewegungen.
Kippscholle, ein meist streifenförmiges Erdkrustenstück, durch Kippung um seine kurze Achse in seiner ursprünglichen Lagerung gestört (Abb.). Unter-

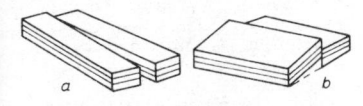

a Kippscholle, b Pultscholle (vereinfacht nach J. Weigelt)

schied: → Pultscholle. *Kippschollenkreuzung* entsteht bei entgegengesetzter Verkippung zweier benachbarter Schollen.
Kissenlava, *Pillowlava*, eine kissenbis wulstförmige, besonders submarin glasig erstarrte, dünnflüssige, basische → Lava mit glatter Oberfläche.
Klamm, enges → Tal mit senkrechten, z. T. überhängenden Wänden.
Kliff, von der Brandung an Steilküsten erzeugte und sich durch Unterspülung weiter landeinwärts verlagernde Steilwand. → Abrasion.
Klimaänderungen, der Wechsel des mittleren Ablaufs der Witterungserscheinungen, wobei die Temperaturen der Hauptfaktor sind. Im Unterschied zu Klimaschwankungen gelten K. für geologische Zeiträume. K. lassen sich aus Klimazeugen wie Ablagerungen und vor allem fossilen Pflanzen- und Tierresten ableiten. Die Ursachen der K. sind vielfach noch nicht eindeutig geklärt. Die Erforschung der K. ist Aufgabe der → Paläoklimatologie. K. sind schon aus z. T. sehr alten Ablagerungen bekannt, wie der großen »Huronischen Eiszeit« (etwa 2 200 Millionen Jahre) mit weit verbreiteten → Tilliten, des Eiszeitalters im jüngsten Präkambrium (mehr als 900 Millionen Jahre) mit Tilliten, Moränen u. a., der permokarbonischen Gondwana-Vereisung (300 bis 250 Millionen Jahre) mit zahlreichen Klimazeugen u. a. Das letzte, quartäre Eiszeitalter (besser känozoisches Eiszeitalter, da die Vereisungen schon im jüngsten Tertiär begonnen haben) ist in erster Linie auf Änderungen des Reliefs und der Verteilung von Land und Meer zurückzuführen, wobei die Kontinentalverschiebung eine wichtige Rolle spielen könnte. Es genügen geringe Einflüsse, um die Voraussetzungen für K. zu schaffen. Geringe Bedeutung haben Strahlungsänderun-

gen und/oder zusammen mit dem galaktischen Jahr, noch geringere Vulkanausbrüche. Eine gesetzmäßige Verteilung der Eiszeitalter im Verlaufe der Erdgeschichte ist nicht sicher nachweisbar. Trotz der erheblichen Temperaturänderungen in den Eiszeiten ist die mittlere Temperatur der Erde im ganzen seit wenigstens 2 Milliarden Jahren konstant geblieben. Jedenfalls sind die eisfreien Perioden der Erdgeschichte erheblich länger gewesen als die Eiszeitalter.
Klingstein, svw. Phonolith.
Klinochlor, → Chlorite.
Klippe, 1) in oder an Gewässern stehende Felsen; typisch für Steilküsten (Klippenküsten), wo sie von der Brandung herausmodelliert wurden. 2) Reste abgetragener Überschiebungsdecken (→ Deckentheorie, → Überschiebung). 3) *Autochthone K.* nennt F. Lotze einen an den Schenkeln nach oben abgequetschten (aber horizontal nicht transportierten) Sattel, der dadurch wurzellos geworden ist (Abb.).

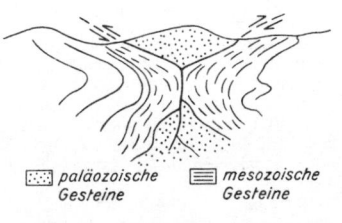

paläozoische Gesteine   mesozoische Gesteine

Autochthone Klippe (vereinfacht nach Lotze)

Abgequetschte Sattel, die horizontal transportiert wurden, nennt man *parautochthone K.* 4) Aus exponierten Hangteilen, die durch Solifluktion von Lockermassen entblößt wurden, aufragendes Festgestein.
Klippendecken, → Deckentheorie.
Kluft, *Diaklase*, Gesteine und Schichtung meist ebenflächig durchsetzende, nicht oder kaum geöffnete Risse. K. entstehen durch tektonische oder durch physikalische Zustandsänderungen bewirkte Spannungen (Pressung, Dehnung, Temperaturänderung, Druckentlastung, Umkristallisation, Volumenänderung). Die auf physikalisch-chemischen Zustandsänderungen im Gestein beruhenden K. heißen *endokinetische K.*, die durch von außen aufgeprägte Spannungen erzeugte *exokinetische K.* Parallele K. bilden eine *Kluftschar*, gesetzmäßig zugeordnete ein *Kluftsystem*. Die Gesetzmäßigkeiten der Klüftung eines geologischen Körpers erfaßt man statistisch (*Kluftstatistik*) durch Eintragen der Streichrichtungen der K. in eine *Kluftrose*. Die Anordnung der K. gestattet Schlüsse auf tektonische Spannungen (*Kluftstatistik*). Im Bergbau werden K., besonders in den Kohlenflözen, als *Schlechten* bezeichnet.

Kluftbrücke, *Materialbrücke*, die fehlende völlige Durchtrennung eines Felsgesteinsverbandes durch blindes Enden einer oder mehrerer Klüfte.
Kluftgefüge, → Magmentektonik.
Kluftkörper, *Grundkörper*, *Scherkörper*, in der Ingenieurgeologie üblicher Ausdruck für einen durch flächenhafte Gliederungselemente begrenzten Teil des → Gebirges.
Klufttektonik, → Magmentektonik.
Klüftung, Begriff für alle die Gesteine durchsetzenden Fugen und Klüfte, an denen keine wesentlichen Verschiebungen erfolgt sind. → Kluft.
Kluftwasser, *Spaltenwasser*, Grundwasser, das in Klüften und Spalten fester Gesteine zirkuliert und oft als Spaltenquelle zutage tritt.
Knauer, bergmännische Bezeichnung für knollenartige Konkretionen oder fossile Reste (Baumstämme, Stubben) zwischen Kohlen und anderen Gesteinen, z. B. Kalkknauer (→ Anthrakonite).
Knetgestein, svw. Mylonit.
Knickfalte, eine Falte mit kleinem Krümmungsradius.
Knollen, unregelmäßige Körper in Lagen oder einzeln verstreut in Sedimenten. K. bestehen aus anderem Material wie die umgebende Substanz. Es gibt primäre K. (z. B. Manganknollen), besonders aber sekundäre → Konkretionen. Auch die als → Knauer bezeichneten Gebilde sind K.
Knollensteine, svw. Tertiärquarzite.
Knospenstrahler, svw. Blastoideen.
Knotenschiefer, svw. Fleckschiefer.
Koblenz [nach der Stadt Koblenz], veraltete Bezeichnung für das höhere Unterdevon, → Ems.
Kochquelle, → Geysir.
Kohle, ein brennbares Zersetzungsprodukt organischer Substanzen, braun bis schwarz, erdig-weich bis steinhart, mit höchstens 30 Prozent nichtbrennbaren Bestandteilen (Asche). — Mineralische K. entstanden aus Pflanzenmaterial ehemaliger Moore, Waldmoore und Moorwälder im Laufe sehr großer Zeiträume durch diagenetische und metamorphe Vorgänge, die man unter dem Begriff *Inkohlung* zusammenfaßt. Aus dem Pflanzenmaterial bildete sich zuerst bei beschränkter Luftzufuhr unter Wasserbedeckung *Torf* (biochemische Inkohlung), bei fortschreitender Untergrundsenkung und weiterer Überlagerung mit Sand- und Tonmassen *Braunkohle* und daraus *Steinkohle*, schließlich *Anthrazit* (geochemische Inkohlung). Steinkohle und Anthrazit entstehen nur bei erhöhter Temperatur und tieferer Versenkung oder tektonischen Vorgängen. Ohne diese Prozesse bleibt es beim Braunkohlenstadium. *Braunkohle*, im Englischen als *Lignit* bezeichnet, hat — wasserfrei — einen C-Gehalt von 55 bis 75 Prozent und allgemein ziemlich hohen Wassergehalt (bis 60 Prozent). Sie bildet oft mächtige oberflächennahe Lager, die meist im Tagebau abgebaut werden.

Außer diesen Humuskohlen gibt es noch *Bitumenkohlen* (*Sapropelkohlen*), die im wesentlichen aus Eiweiß- und Fettstoffen hervorgingen, wie die *Boghead-* oder *Kännelkohlen*. Weiter zählt hierzu der *Dysodil* (*Blätter-, Papierkohle*), ein schiefriges, blättriges, grau- bis braungefärbtes Gestein, bitumen- und diatomeenhaltig. *Steinkohlen* besitzen einen Kohlenstoffgehalt von über 80 Prozent, bestehen aus glasglänzenden (*Glanzkohle* oder *Vitrit*) und matten (*Mattkohle* oder *Durit*) Partien (*Streifenkohle*). *Fusit* ist der faserige Anteil der Steinkohlen. Nach dem Gehalt an flüchtigen Bestandteilen (→ Hiltsche Regel) unterscheidet man: *Flammkohle* und *Gasflammkohle*, *Gaskohle*, *Fettkohle*, *Eßkohle*, *Magerkohle* und *Anthrazit*.

Kohleneisenstein, → Siderit.

Kohlenkalk, 1) im Gegensatz zum klastischen → Kulm die kalkige Fazies des Unterkarbons, auf schwach labilem Schelf mit absinkender Tendenz; 2) fossilreicher dunkler Kalkstein des flözfreien marinen Unterkarbons.

Kohlenkalkstein, svw. Anthrakonit.

Kohlensäureverwitterung, der Prozeß der chemischen Zersetzung von Karbonatgesteinen durch kohlensäurehaltige Wässer, führt zur Verkarstung. → Karsterscheinungen.

Kohlenspat, svw. Anthrakonit.

Kohlenstoff-14-Methode, → physikalische Altersbestimmung.

Kokardenerze, svw. Ringelerze.

Kokkolithen [griech. kokkos »Kern«, lithos »Stein«], ozeanische Algen, mikroskopisch kleine, scheibenförmige Kalkkörperchen in den Ablagerungen der Tiefsee.

Kolk, svw. Auskolkung.

Kolkmarken, svw. Erosionsmarken.

kolluvial, svw. angereichert; durch Erosionsvorgänge in Senken zusammengeschwemmtes Bodenmaterial.

Kolluvialböden, zusammengefaßte Bezeichnung für Böden aus zusammengeschwemmtem Bodenmaterial an Unterhängen und Senken. K. werden verschiedenen Bodentypen zugeordnet.

kompetent, Bezeichnung für Gesteine, die einer Verformung unter gleichen Spannungsverhältnissen größeren Widerstand entgegensetzen als die benachbarten, die → inkompetenten Gesteine. Die Begriffe sind relativ (→ disharmonische Faltung).

Konchylien, die Schalen der Mollusken und Brachiopoden.

Kondensationssequenz, die Reihenfolge des Auskondensierens von Elementen und Verbindungen aus dem solaren Urnebel, aus dem sich das Sonnensystem bildete. Die K. erklärt im Zusammenhang mit dem radialen Abfall der Temperatur und Dichte des Nebels die unterschiedliche chemische Zusammensetzung der Planeten, ihre unterschiedlichen Massen und z. T. auch ihre Struktur.

Konditionen, minimale, bei gewissen Parametern maximale Grenzwerte, die für Menge und Qualität eines anstehenden mineralischen Rohstoffes sowie für die Abbauverhältnisse derzeit erforderlich sind und bei denen der Aufwand für die erforderlichen Investitionen, die Gewinnung und Verarbeitung volkswirtschaftlich vertretbar ist. Lagerstättenvorräte, die den K. entsprechen, bezeichnet man als → Bilanzvorräte.

Konglomerat [lat. conglomerare »zusammenballen«], ein grobklastisches Sedimentgestein aus abgerundeten Gesteinstrümmern (Geröllen), die durch ein kalkiges, sandiges, kieseliges, toniges oder eisenhaltiges Bindemittel miteinander verkittet sind.

kongruente Faltung, bei plastischem Fließen vor sich gehende → Faltung, die zu Scherfalten führt. Die k. F. zeichnet sich durch Zunahme der Mächtigkeit der Gesteinsschichten in den Scheitelteilen der Falten sowie durch Reduktion der Schichtmächtigkeit an deren Flanken aus. In den kongruenten Falten weisen die einzelnen Schichten unterschiedliche Krümmungsradien auf.

Konkordanz [lat. concordans »zusammenstimmend«], die gleichsinnige Lagerung von Gesteinsschichten zueinander, d. h. übereinanderliegende Schichten haben gleiches Streichen und Einfallen. Gegensatz: → Diskordanz. *Pseudokonkordanz*, svw. Akkordanz.

Konkretion [lat. concrescere »in sich zusammenwachsen«], ein aus Mineralsubstanzen bestehender unregelmäßig geformter, meist linsenartiger, kugeliger, knolliger oder traubig-nieriger Körper in einem Gestein, z. B. Feuersteinknolle, → Septarie, → Geode. Die K. ist aus zirkulierenden Lösungen im Gegensatz zur → Sekretion von innen nach außen gewachsen.

Konsistenz, veraltet *Zustandsform*, eine in der Ingenieurgeologie übliche Kennzeichnung für die konventionell festgelegten Zustandsbereiche bindiger Erdarten: »flüssig«, »breiig«, »weich«, »steif«, »halbfest«, »fest«. Die Grenzen zwischen flüssig und breiig sind durch die *Fließgrenze*, zwischen steif und halbfest durch die *Plastizitätsgrenze*, die im Labor bestimmt werden können, festgelegt.

Konsolidation, bei Stille der Grad der Bodenversteifung durch tektogenetische Prozesse, die Verwandlung mobiler Geosynklinalen in versteifte Kontinentalblöcke (Hochkratone) durch Tektonogenese (Faltung, Intrusion und Metamorphose).

Konstriktionstheorie, eine von Odhner aufgestellte geotektonische Hypothese, die sich auf horizontale Schrumpfung der Erdkruste stützt.

Kontaktgesteine, innerhalb des → Kontakthofes magmatischer Körper umgewandelte Gesteine, z. B. Hornfels.

Kontakthof, der Bereich um magmatische Körper, innerhalb dessen die Nebengesteine von → Kontaktmetamorphose beeinflußt werden.

Kontaktlagerstätte, *kontaktmetasomatische Lagerstätte*, in der Nähe eines magmatischen Kontaktes entstandene metasomatische Lagerstätte, bei der die Stoffzufuhr aus der magmatischen Schmelze in das Nebengestein erfolgt ist.

Kontaktmetamorphose, eine lokale, statische Thermometamorphose. Sie wird durch die Abgabe des Wärmeinhaltes intrudierender Magmen an das Nebengestein ohne Durchbewegung (Schieferung) bewirkt.

Kontamination, die Verunreinigung des Grundwassers durch natürliche (z. B. Salzaufstieg) oder vor allem anthropogene Einflüsse wie Abwässer, Düngemittel, Kohlenwasserstoffe, Auslaugung von Asche- und Müllkippen u. a.

Kontinentalböschung, *Kontinentalhang*, der Abfall der Kontinente zur Tiefseetafel, an den sich kontinentwärts der *Kontinentalschelf*, ozeanwärts der *Kontinentalfuß* anschließt, → Ozeanböden, → hypsometrische Kurve.

Kontinentalfuß, → Kontinentalböschung.

Kontinentalhang, svw. Kontinentalböschung.

Kontinentalschelf, → Kontinentalböschung.

Kontinentaltafel, → hypsometrische Kurve.

Kontinentalverschiebungshypothese, von A. Wegener 1912 begründete geotektonische, mobilistische Hypothese, nach der sich im Gegensatz zur → Permanenzhypothese die sialischen Festlandsblöcke durch horizontaltangentiale Bewegungen auf der schwereren, zähflüssigen Unterlage (→ Sima) laufend verschieben und ihre Lage verändern. Durch das Auseinanderdriften eines geschlossenen Urkontinents Pangaea sollen sich seit dem Mesozoikum die einzelnen Erdteile gebildet haben. Die Ursachen werden in Gezeitenreibung, Polfluchtkraft, Polverlagerungen u. a. vermutet. Geologische, paläoklimatologische, paläobiologische sowie paläomagnetische Befunde stützen diese Vorstellungen, die in der Hypothese von der Plattentektonik bzw. der Ozeanbodenzergleitung erneut in den Vordergrund gerückt sind und für viele Forscher als bewiesen gelten.

Kontraktion [lat. contractio »Zusammenziehung«], Schrumpfung in verfestigten Gesteinen, in Magmagesteinen durch Abkühlung (→ Magmentektonik), in Sedimentgesteinen durch Austrocknung bewirkt und in beiden mit der Entstehung von Klüften, Fugen und Rissen verbunden, → Absonderung.

Kontraktionshypothese, *Schrumpfungshypothese*, grundlegende, bereits in ihren ersten Anfängen von E. de Beaumont (1829/30) und H. B. de Saussure (1770) aufgestellte geotektonische Hypothese, die die Bewegungen der Erdkruste mit Schrumpfungsvorgängen in Zusammenhang mit der Abkühlung (E. Sueß), gravitativ bestimmten Verdichtungsvorgängen (L. Kober), Entgasung der Erde (T. W. Barth), thermisch-gravitativen Vorgängen (O. Jessen), horizontalem und nicht vertikalem Schrumpfen durch thermischen Krustaldruck (Odhner) u. a. bringt. In neuerer Zeit werden für die Vorgänge der Schrumpfung Zusatzhypothesen in Anspruch genommen (H. Stille, R. A. Sonder, W. Wundt, → Kühlbodenhypothese). Gegensatz: → Expansionshypothese.

Konturite, laminierte oder schräggeschichtete, schwach gradierte, gegen das Hangende scharf abgegrenzte, oft gerippelte und gut sortierte Pelite mit Feinsandlagen. K. sind Ablagerungen der *Konturströme*, die als Gegenströme von Oberflächenströmen parallel zu den Konturen der Kontinentalhänge fließen, → Turbidite.

Konvektionsströmungen, Ausgleichsströmungen in tieferen Zonen der Erde (→ Asthenosphäre), die die Bewegungen und Strukturen der Erdkruste erzeugen. Als Ursachen werden unterschiedliche Temperaturen, radioaktiver Zerfall, Turbulenzerscheinungen u. a. verantwortlich gemacht. K. sind zwar sehr wahrscheinlich, aber noch nicht exakt nachgewiesen. → Unterströmungshypothese, → Plattentektonik, → Ozeanbodenzergleitung.

Konvolution, svw. Wulstfaltung.

Kopffüßer, svw. Cephalopoden.

Koprolithen [griech. »Kotsteine«], fossile tierische Exkremente, meist von Fischen oder Sauriern, seltener von Säugetieren.

Korallenbauten, durch Korallen im Meer gebildete, ungeschichtete Kalkablagerungen, → Riffe. Am Aufbau des *Korallenkalks* beteiligen sich außer den meist koloniebildenden Steinkorallen auch Hydrokorallen sowie Kalkalgen, Bryozoen und untergeordnet Schnecken, Muscheln und Seeigel. Nach der Form der K. unterscheidet man: 1) *Korallenbänke*, breite Untiefen, die von Riffkorallen bewachsen sind. 2) *Saumriffe* (Küsten-, Fransen-, Strandriffe), in Küstennähe gelegen. 3) *Wallriffe* (Barriere-, Damm-, Kanalriffe) weiter von der Küste entfernt. 4) *Atolle* (Lagunen-, Kranzriffe), ringförmige Riffe mit innerer Wasserfläche (Lagune), durch Riffkanäle mit dem offenen Meer verbunden und so zuweilen in einzelne Inseln aufgelöst.

Korallentiere, svw. Anthozoen.

Kornbindung, die Art der Bindung der einzelnen Körner im Gestein. Die K. beeinflußt wichtige physikalisch-technische Gesteinseigenschaften, wie Festigkeit, Wetterbeständigkeit, Abnutzbarkeit u. a. → Gefüge.

Körnerpräparat, *Streupräparat,* eine Kornprobe zur Identifizierung von Einzelkörnern, z. B. Schwermineralen, zur optischen Untersuchung feinstkörniger Mineralgemische unter 100 μm oder in einzelnen Korngrößenfraktionen, zur Integration des Mineralbestandes, zur mikroskopischen Auflichtuntersuchung opaker Minerale in Anschliffen.

Kornform, die Gestalt der Körner in Gesteinen, die durch das Verhältnis der drei Durchmesser (größte Länge, größte Breite, größte Dicke, → Abplattung) und die Krümmungsradien der Kornoberfläche (→ Rundung) bestimmt wird.

Korngefüge, die den Gesteinsaufbau bestimmende Struktur, die flaserig, schiefrig, körnig u. a. sein kann. Das K. wird charakterisiert 1) durch das *statistische Verteilungsgefüge*, d. i. die Kornverteilung nach Mineralart, *Kornorientierung,* → *Kornform* und *Korngröße,* und 2) durch das *statistische Richtungsgefüge,* d. i. die Orientierung (Drehlage) der Mineralkörner nach ihrer äußeren Gestalt und bzw. oder des inneren Baues gegenüber bestimmten Richtungen und bzw. oder Ebenen des Gesamtgefüges. Die *Korngefügeanalyse* untersucht die *Korngefügeregelung,* deren Ursachen die Erstarrung magmatischer Schmelzen, die Anlagerung von Teilchen aus ruhendem oder fließendem Wasser (Anlagerungsgefüge) und die tektonische Umformung fester Gesteinsgefüge (→ Tektonite, → Kristallisationsregelung) sein können. – Setzt man das Mineralkorn in Beziehung zu einer zeitlich und mechanisch einheitlichen Deformation, wird zwischen prä-, syn- und postkristalliner Deformation des Kornes unterschieden. Bezieht man die Deformation des Kornes auf eine Scherflächenschar, so nennt man sie prä-, syn- oder postdeformativ.

Korngröße, der Durchmesser der Körner von Sedimenten, die für die Einteilung und Definition der klastischen Sedimente bestimmend sind. Sie werden aus der Korngrößenverteilung ermittelt durch Siebanalysen (>0,2 mm) oder Schlämmen (<0,2 mm) und in → Kornverteilungskurven bzw. → Kornsummenkurven dargestellt. körnig, → Gefüge.

Kornsummenkurve, eine Kennlinie zur Veranschaulichung der → Korngrößenverteilung in Sedimenten. Die K. wird aus den Ergebnissen des Korndurchganges beim Sieben bzw. Rückstandes beim Schlämmen so konstruiert, daß – beginnend mit der kleinsten Kornklasse (→ Fraktion) – der Masseanteil jeder folgenden größeren Fraktion zur Summe aller feinen Fraktionen hinzugezählt wird.

Körnungsart, Gesamtausdruck für die Zusammensetzung des Bodens oder Lockergesteins aus festen Einzelkomponenten verschiedener Korngrößenklassen. In der Bodenkunde unterscheidet man die K. Sand, anlehmiger Sand, lehmiger Sand, sandiger Lehm, Lehm, Schluff, lehmiger Schluff, Schlufflehm, schluffiger Ton und Ton. Nach der Dominanz der jeweiligen Körnungsartengruppe (Grobboden, Sand, Schluff oder Ton) kann man die Böden einteilen in *Skelettböden* (über 50 Vol.-% Grobbodenanteil), *Sandböden* (über 50 Masse-Prozent Sand), *Lehmböden* (wechselnde Anteile von Sand, Schluff und Ton, wobei der Sand meistens vorherrscht), *Schluffböden* (über 50 Masse-Prozent Schluff) und *Tonböden* (über 30 Masse-Prozent Ton).

Körnungskennlinie, svw. Kornverteilungskurve.

Kornverteilungskurve, *Körnungskennlinie,* das in ein Koordinatensystem eingetragene Ergebnis von Korngrößenmessungen anhand der Sieb- und Schlämmanalyse an Lockergesteinen; es entstehen dabei Durchgangs- oder Rückstandskurven, beides Summenlinien, bei denen die Ordinate in Prozent die Masse der Teilchen angibt, deren Korngröße kleiner ist als die entsprechenden auf der Abszisse angegebenen Korngrößen. Je steiler die Kennlinie ist, desto gleichkörniger ist das Haufwerk.

Korrasion [lat. corradere »zusammenscharren«, »zusammenkratzen«], als *Wind-, Sandschliff* die Abscheuerung und Abschleifung von Gesteinsoberflächen durch vom Winde mitgeführte Sandkörner. Es entstehen, durch unterschiedliche Härte des Gesteins bedingt, Furchen, Rillen, bienenwabenähnliche löcherige Strukturen (*Wabenverwitterung*), Steingitterstrukturen, Pilzfelsen u. a. Durch K. erfolgt auch die Bildung von → Windkantern, → Wüstenpolitur.

Korrosion, 1) Geologie: die chemische Zerstörung (Auslaugung) des Gesteins durch eindringendes Wasser, wobei Süßwasser in Gebieten leichtlöslicher Gesteine (Salzgesteine, Kalke) besonders stark wirksam ist (→ Karsterscheinungen); 2) Petrologie: die Erscheinung, daß in Magmatiten die zuerst ausgeschiedenen Kristalle infolge gestörter physikalisch-chemischer Gleichgewichtsverhältnisse angegriffen und teilweise wieder zerstört werden.

Korund, ein Mineral, Al_2O_3, trigonal, Härte 9, verschieden gefärbt, optisch negativ. Die edlen K. haben Edelsteincharakter, z. B. der rote K. oder *Rubin,* der blaue K. oder *Saphir.* Unreiner und getrübter K. wird als *gemeiner K.* bezeichnet. *Smirgel,* ein feinkörniges Gemenge von K., Magnetit, Hämatit, Quarz, Ilmenit u. a. K. wird als Schleif- und Poliermittel verwendet. Nach dem Verneuil-Verfahren wird der K. synthetisch hergestellt.

Kosmogeologie, *Astrogeologie,* die Wissenschaft vom tektonisch-strukturellen Bau der Himmelskörper des Planetensystems, insbesondere des Mondes und der erdähnlichen Planeten.

Kosmogonie, die Lehre von der Entstehung der Himmelskörper und

Kosmologie Sternsysteme, im engeren Sinne des Planetensystems.

Kosmologie, die Lehre oder die Vorstellungen über die Struktur und die Entwicklung des gesamten Weltalls.

Krakataotätigkeit, eine Form der vulkanischen Tätigkeit, die gekennzeichnet ist durch explosive Ausbrüche.

Krater [griech. »Mischgefäß«], **1)** die trichter- oder kesselförmige Mündung des Eruptionsschlotes eines → Vulkans. Nach der Entstehungsart unterscheidet man *Explosions-* und *Einsturzkrater.* Zu letzteren gehören auch die → *Pitkrater.* Als *Adventivkrater* *(Schmarotzer-, Parasitär-, Seiten-, Nebenkrater)* bezeichnet man kleine, am Abhang größerer Vulkane auftretende K.; sie entstehen beim Aufreißen einer vom Eruptionsschlot ausgehenden Radialspalte. Liegt ein K. unmittelbar über dem Hauptförderkanal, dann wird er als *Zentralkrater* bezeichnet. K., aus denen große Mengen Lockermassen gefördert werden, sind von einem Ringwall umgeben (*Umwallungskrater*); **2)** eine durch Einschlag eines Meteors entstandene Vertiefung an der Erdoberfläche (*Meteorkrater*).

Kraton, im Gegensatz zu den mobilen Zonen (→ Mobilität) ein stabiler, konsolidierter Teil der Erdkruste, der auf tektonische Beanspruchung nicht mehr alpinotyp, sondern mit Bruchbildung (→ germanotyp) reagiert.

Krebstiere, svw. Crustaceen.

Kreide, 1) sehr feinkörniger weißer, abfärbender → Kalkstein; **2)** die letzte, auf den Jura folgende Periode (System) des Mesozoikums (vgl. beigefügte Tab. am Schluß des Buches).

Kreislauf der Gesteine, Modellvorstellungen vom Stofftransport bei der Gesteinsbildung im Bereich der kontinentalen Kruste, wobei man zwischen dem kleinen und dem großen Kreislauf unterscheidet: 1) *Kleiner Kreislauf:* Verwitterung + Abtragung — Transport — Sedimentation + Diagenese — erneute Abtragung. 2) *Großer Kreislauf:* Abtragung — Transport — Sedimentation — Metamorphose — Aufschmelzung — Intrusion — erneute Abtragung. Unabhängig davon verläuft der Kreislauf in der ozeanischen Lithosphäre: Magmenaufstieg aus der Asthenosphäre mit Differentiation in Mittelozeanischen Rücken — Spreading — Subduktion an kollidierenden Platten — Wiederaufnahme in die Asthenosphäre und Homogenisierung.

Kriechen, → Massenbewegungen.

Kriechspuren, → Lebensspuren.

Kristall [griech. krystallos »Eis«, »Kristall«], ein von ebenen Flächen begrenzter, homogener, anisotroper Körper, der konvexe Polyeder bildet, charakteristische Symmetrieeigenschaften besitzt und im allgemeinen eine dreidimensional periodische Anordnung von Atomen, Ionen oder Molekülen darstellt. Gleichartige Teile eines K. – Flächen, Kanten, Ecken – liegen symmetrisch zu bestimmten Symmetrieelementen. In morphologischer Hinsicht gibt es 32 Möglichkeiten der Kombination von Symmetrieelementen und damit 32 *Kristallklassen.* Kristallklassen, die sich aus der Symmetrie eines bestimmten Achsensystems ableiten lassen, gehören zu einem *Kristallsystem,* von denen es sieben gibt: kubisch, hexagonal, trigonal-rhomboedrisch, tetragonal, orthorhombisch monoklin, triklin. Am K. ausgebildete Flächen spiegeln den → Gitterbau wider. Bei der → Kristallisation entstehen *Einkristalle* oder *Kristallaggregate.* Sind K. gleicher Art symmetrisch miteinander verwachsen, so spricht man von *Zwillingen.* Die physikalischen Eigenschaften der K. sind in Abhängigkeit vom Gitterbau richtungsabhängig. Optisch lassen sich die K. in drei Gruppen einteilen: 1) *isotrope K.* (kubisch); 2) *optisch einachsige K.* (hexagonal, trigonal-rhomboedrisch, tetragonal); 3) *optisch, zweiachsige K.* (rhombisch, monoklin, triklin). Optisch ein- bzw. zweiachsige K. besitzen eine bzw. zwei optische Achsen.

Kristallgitter, ein Raumgitter, dessen Gitterpunkte mit Atomen, Ionen oder Molekülen besetzt sind. Nach der geometrischen Verhältnissen trennt man *Raumgitter* mit Koordinationspolyedern, *Schichtgitter* mit zweidimensionalen und *Kettengitter* mit eindimensionalen Koordinationsgittern. In *Inselgittern* fehlt der koordinative Zusammenhang unter den Bausteinen. Nach der Art der Bausteine unterscheidet man *Ionengitter* (z. B. NaCl), *Atomgitter* (z. B. Diamant). Bei *Metallgittern* liegen dichteste Kugelpackungen vor und bei *Molekülgittern* in sich stark gebundene Atomgruppen, die durch van-der-Waalssche Kräfte gebunden sind.

kristallin, kristallinisch, Bezeichnung für **1)** Minerale, die kristallisiert sind, **2)** Gesteine, deren Gemengteile auskristallisiert sind, z. B. Granit oder körniger Kalkstein (→ Gefüge).

kristalline Schiefer, → Gesteine.

Kristallisation, die Bildung von → Kristallen durch schichtenparallele Stoffanlagerung an Kristallkeime: 1) aus Lösungen (durch Temperaturabnahme, durch Verdunsten oder Verdampfen, durch chemische Umsetzungen); 2) aus Schmelzen (durch Unterkühlung, durch Druckerniedrigung); 3) aus Gasen oder Dämpfen durch Sublimation; 4) aus kolloiden Lösungen durch Ausflockung; 5) in festen Körpern durch Reaktionen im festen Zustand.

Kristallisationsdifferentiation, die physikalisch-chemische Veränderung von magmatischen Schmelzen durch Abkühlung, Entmischung und Ausscheidung von Mineralen, z. B. gravitativ durch Absinken gebildeter Kristalle, → Differentiation.

Kristallisationsregelung, eine Gefügeregelung durch Stoffbewegungen sowie Umkristallisation bei mechanischen Gesteinsbewegungen. Es können unterschieden werden *allochthone Migrationsgefüge* und *autochthone Amplatzgefüge* (→ Magmentektonik).

Kristallisationsschieferung, das gerichtete Wachstum von Kristallen während des Schieferungsprozesses in Richtung des geringsten Druckes. Das Wachstum der Kristalle erfolgt nach dem Rieckeschen Prinzip an druckparallelen Flächen. Durch die K. wird die mechanische Bedeutung der Schieferungsflächen betont.

Kristallisierversuch, die Prüfung von Gesteinsprobekörpern im Hinblick auf Beanspruchung durch auskristallisierende Salze. Der Zerfall infolge Kristallisationsdruck im Porenraum wird in g je cm^2 Probeoberfläche berechnet.

Kristallit, ein kleiner Kristall, ein Kristallkorn oder -teilchen. K. finden sich 1) lose nebeneinander im Kristallpulver, 2) fest zusammengefügt im Kristallaggregat oder Vielkristall, z. B. in zahlreichen technischen Werkstoffen, 3) als Kriställchen mit eigentümlichen Ausbildungsformen, z. B. bei Rekristallisationen in künstlichen und natürlichen Gläsern.

Kristallkunde, svw. Kristallographie.

Kristalloblastese von [griech. blaste »Sproß«], *Kristallsprossung,* das Wachstum von Kristallen in einem festen Gesteinsgefüge während der Metamorphose bzw. Metablastese.

kristalloblastisch, → Gefüge.

Kristallographie [griech. → Kristall], *Kristallkunde,* die Lehre von den Kristallen. Sie umfaßt die Erscheinungswelt des kristallisierten Zustandes, die *Kristallmorphologie, Kristallstrukturlehre, Kristallchemie* und *Kristallphysik.* Die K. ist Grundlage der Mineralogie und Teildisziplin vieler anderer naturwissenschaftlicher Fachrichtungen.

Kristallsprossung, svw. Kristalloblastese.

Kritzen, → Gletscher.

Krokodile, eine formenreiche Ordnung der Reptilien. Vorkommen: Obertrias bis Gegenwart. Im Mesozoikum nur im Meer, seit dem Tertiär meist im Süßwasser lebend.

Krotowine [russ. »Maulwurfshügel«], in den Steppengebieten Eurasiens und Nordamerikas vorwiegend im Löß zu beobachtende schlauchartige, mit unterschiedlichem Sedimentmaterial verfüllte Grabgänge von Steppennagern, z. B. Hamstern und Zieseln.

Krumenhorizont, svw. Ackerkrume.

Krustenbewegungen, → Epirogenese.

Kryolith [griech. kryos »Eis«, lithos »Stein«], »Eisspat«, ein Mineral, α-Na$_3$[AlF$_6$], in Pegmatiten des Granits von Ivigtut (Westgrönland), früher zur Herstellung von Aluminium, Glas und Emaille verwendet; heute wird K. synthetisch hergestellt.

Kryolithologie, svw. Kryopedologie.

Kryologie, svw. Kryopedologie.

Kryopedologie, *Kryologie, Kryolithologie*, ein Zweig der Bodenkunde, der sich mit der Wirkung des Frostes auf den Boden befaßt.

Kryoturbation, im Bereich des Frostbodens, insbesondere des → Dauerfrostbodens, bei wechselndem Gefrieren und Wiederauftauen der oberen Bodenschichten vor sich gehende Bodenbewegungen und Materialsortierungen, auch als *Mikrosolifluktion* bezeichnet. *Kryoturbate Bildungen* sind die → Strukturböden. K. ist charakteristisch für periglaziale und subnivale Gebiete.

Kryptogamen [griech. kryptos »verborgen«, gamos »Ehe«], *Sporenpflanzen*, die neben den → Spermatophyten stehende große Abteilung des Pflanzenreiches: → Thallophyten, Bryophyten, → Pteridophyten.

kryptokristallin, → Gefüge.

kryptomagmatisch [griech. kryptos »verborgen«], Bezeichnung für Erzlagerstätten, deren mutmaßliches Stamm-Magma in großer Entfernung liegt.

Kryptozoikum [griech. kryptos »verborgen«, zoon »Lebewesen«, »Tier«], die Zeit des »verborgenen«, wenig bekannten (Tier-)Lebens;imst oft gleichbedeutend mit Präkambrium verwendet, obwohl der älteste Teil des Präkambriums frei von Leben gewesen sein muß (→ Abiotikum). Wichtige Abschnitte der kryptozoischen (präkambrischen) Geschichte sind: *Katarchäikum* (Zeitraum vor 3,5 Milliarden Jahren), *Archäikum* (Zeitraum zwischen 3,5 und 2,6 Milliarden Jahren), *Unterproterozoikum* (Zeitraum zwischen 2,6 und 1,9 Milliarden Jahren), *Mittelproterozoikum* (Zeitraum zwischen 1,9 und 1,6 Milliarden Jahren), *Oberproterozoikum* (aus Riphäikum und Wendium, Zeitraum zwischen 1,6 und 0,57 Milliarden Jahren). Da eine einheitliche und international anerkannte Gliederung des Präkambriums bis heute nicht existiert, ist die Anwendung dieser Begriffe in Nordamerika und Europa sowie auch innerhalb Europas noch unterschiedlich. Die frühere Gliederung in Archaikum, Alt- und Jungalgonkium ist überholt. Aus dem Archäikum sind heute Eobakterien, Stromatolithen u. ä. bekannt, aus dem Proterozoikum liegt schon eine sehr viel reichere Lebewelt vor.

Kuckersit, → Ölschiefer.

Kühlbodenhypothese, zu den Kontraktionshypothesen gehörende Vorstellungen des Geophysikers W. Wundt, die auf dem nach Land und Meer differenzierten Wärmehaushalt der Erde und der starken Abkühlung der Kruste unter den Ozeanböden beruhen.

Kulissenfalten, seitlich versetzte, sich im Fortstreifen ablösende, fiedrig gestaffelte Falten. → en échelon.

Kulm [Culm alter engl. Name für unreine Kohle], Faziesbegriff für stark heterogene, überwiegend klastische Bildungen des marinen Unterkarbons, stellenweise im Oberdevon beginnend und im Oberkarbon endend, mit Einschaltungen dunkler tonig-kieseliger Gesteine mit hohem Anteil organischer Substanz, basischen submarinen Vulkaniten und deren Tuffen sowie gelegentlich geringmächtiger Kalklagen. K. wird teilweise im formationellen Sinne für Flysch, besser aber zur Charakterisierung der Biofazies verwendet. Die kalkige Fazies wird als → Kohlenkalk bezeichnet.

Kultosol, svw. anthropogener Boden.

Kupfer, Cu, ein Mineral, kubisch, stark verzerrte Kristalle, baum- oder federartige Aggregate, sehr dehnbar. Gediegenes K. entsteht z. B. an der Grenze von Oxydations- und Zementationszone, meist zusammen mit Cuprit und Kupferglanz.

Kupferglanz, svw. Chalkosin.

Kupfergrün, svw. Chrysokoll.

Kupferkies, svw. Chalkopyrit.

Kupferlasur, *Azurit*, ein Mineral, $Cu_3[OH/CO_3]_2$; blau, monoklin, Kupferlasur, wandelt sich in Malachit um. K. wird zur Herstellung blauer Farbe verwendet.

Kupferschiefer, ein schwärzlicher, bitumenhaltiger Mergelschiefer, als älteste Faulschlammbildung am Grunde des Zechsteinmeeres entstanden. Er enthält örtlich bis zu 3 Prozent Kupfer, ferner Silber, Blei, Zink, Eisen, in kleinen Mengen eine große Zahl weiterer Metalle. Die Mächtigkeit des K. beträgt etwa 30 bis 50 cm, er bildet die wichtigste Kupferlagerstätte der beiden deutschen Staaten und der VR Polen. Vorkommen in heute noch abbauwürdiger Form vor allem bei Sangerhausen.

Kuppel, → Sattel.

Küstenlinie, svw. Strandlinie.

Küstenriff, → Korallenbauten.

Küstenversetzung, *Strandversetzung*, die seitwärts gerichtete Verlagerung des mit der Brandung angeschwemmten Sandes an Küsten, an denen der Wind vorwiegend schräg zur Küste weht.

Küstenwall, svw. Strandwall.

Kutikularanalyse, eine paläobotanische Methode zur Bestimmung der Blattreste fossiler Gymnospermen und Angiospermen. Ein dünnes Häutchen (Kutikula), dessen Bau für viele Gattungen kennzeichnend ist, überzieht die Oberhaut dieser Pflanzen (Epidermis). Es besteht aus Kutin, das chemisch besonders widerstandsfähig ist und bei der Fossilisation meist erhalten bleibt. Zur Trennung der Kutikula von der übrigen inkohlten organischen Substanz und zur mikroskopischen Untersuchung werden die Pflanzenreste mit dem Schulzeschen Gemisch (Lösung aus Kaliumchlorat und Salpetersäure) behandelt.

Kyanit, → Cyanit.

L

Laachersee-Tuff, ein trachytischer Aschentuff der → Alleródzeit, aus dem Laacherseegebiet der Eifel vom Wind bis in den südlichen Schwarzwald und über den Genfer See hinaus sowie bis in den Raum von Halle (Saale) und nach Mecklenburg verweht. Geringmächtige Lagen des L. in Torf- und Lößbildungen stellen einen wichtigen stratigraphischen Leithorizont dar.

labinische Phase, → Faltungsphase.

Labrador [nach der nordamerikanischen Halbinsel L.], Mineral → Feldspäte.

Labyrinthodontier, *Labyrinthzähner*, eine Oberordnung der Amphibien, mit labyrinthisch gefalteter Zahnsubstanz. Vorkommen: Oberdevon bis Obertrias, verbreitet in Perm und Trias.

Ladin [Ladiner, ältere Bezeichnung für Rätoromanen], eine Stufe der pelagischen Trias.

Lager, 1) bergmännische Bezeichnung für plattenförmige nutzbare Gesteinskörper, wie Sedimente, Erze, Intrusivlager, Lagergänge. Sedimentäre L. werden auch *Flöze* genannt. 2) Teil einer Lagerstätte, der in sich eine Einheit bildet, z. B. eine einzelne, gefüllte Falle einer aus mehreren Fallen bestehenden Erdöllagerstätte, → Erdöl.

Lagerstätte, ein begrenzter Abschnitt der Erdkruste, in dem natürliche Konzentrationen von Mineralen und Gesteinen (Vorräte) vorhanden sind, deren Gewinnung volkswirtschaftlichen Nutzen bringt oder in Zukunft bringen wird. Nur wissenschaftlich interessante Anreicherungen von geringem Umfang nennt man *Mineralvorkommen*. L. bilden geologische Körper oder sind in solchen eingeschlossen; sie werden als Rohstoffkörper bzw. Speicher (flüssiger oder gasförmiger Rohstoffe) bezeichnet. Nach ihrer Mineralführung werden die L. eingeteilt in *Erzlagerstätten* (Metalle und Metallverbindungen) einschließlich *Spatlagerstätten* (Flußspat, Schwerspat), *Lagerstätten der nutzbaren Gesteine und Industrieminerale* (Steine und Erden, z. B. Sand, Kies, Ton, Kaolin, Feldspat, Graphit; Dekorationssteine; Diamant, Granat, Bernstein u. a.), *Lagerstätten der Salze* (Steinsalz, Kalisalze, Borate, Salpeter), *Lagerstätten der Kohlen* oder Kaustobiolithe (Steinkohle, Braunkohle, Torf); *Erdöl- und Erdgaslagerstätten* (Erdöl, Erdgas, Asphalt, Erdwachs u. a.). Wegen seiner Bedeutung rechnet man auch das *Grundwasser* zu den L. Rohstoffkörper, Nebengestein, Deckgebirge und liegendes machen zusammen die L. aus, die einen oder mehrere Rohstoffkörper bzw. Speicher enthalten und gelegentlich ohne Deckgebirge auftreten kann.

Lagerung, die räumliche Anordnung der Gesteine. Formen der L. sind Schichten, Plutone, Vulkane, Gänge. Durchsetzen Magmagesteine diskordant ihre Nebengesteine (→ Diskordanz), so zeigen sie *durchgreifende L*. Die ursprüngliche L. kann durch Krustenbewegungen gestört werden, → Störung, → Faltung, → Decken. *Inverse L*. entsteht, wenn ältere Schichten infolge tektonischer Bewegungen oder subaquatischer Rutschungen auf jüngere zu liegen kommen. *Wechsellagerung* wird durch rhythmischen oder zyklischen Wechsel von Sedimenten oder auch vulkanischen Bildungen charakterisiert.

Lagune [ital. »laguna«], an der Ostsee *Haff*, am Schwarzen Meer *Liman* genannt, ein seichter Strandsee an Flachküsten, durch schmale langgestreckte Sandablagerungen (Nehrungen) vom offenen Meer getrennt. Auch die Innenbecken von Atollen werden als L. bezeichnet, → Korallenbauten.

Lakkolith [griech. lakkos »Grube«, lithos »Stein«], eine innerhalb der Erdkruste erstarrte Magmamasse (→ Subvulkan) mit ebener Unter- und gewölbter Oberfläche. Die hangenden Schichten werden durch L. aufgewölbt. L. entstehen aus saurem, zähflüssigem Magma (Granit, Syenit u. a.). L. von kegelförmiger oder zylindrischer Form heißen *Bysmalithe*.

lakustrisch, → limnisch.

Lamellibranchiaten, *Muscheln*, *Blattkiemer*, eine Klasse der Weichtiere (→ Mollusken). Man unterscheidet *Homomyarier* mit zwei gleichen, *Anisomyarier* mit einem oder zwei sehr ungleichen Schließmuskeleindrücken. Ist bei den Anisomyariern der vordere Eindruck mehr oder weniger zurückgebildet, aber nicht gänzlich verschwunden, spricht man von *Heteromyariern*; ist nur noch der hintere Eindruck vorhanden, von *Monomyariern*. Als weitere Verbindung der Schalenklappen dient bei den meisten Muscheln ein Schloß aus zahnartigen Vorsprüngen (Schloßzähnen) und grubenartigen Vertiefungen (Zahngruben) an den oberen Klappenrändern. Es bildet die Grundlage für die paläontologische Systematik: *Palaeoconcha* (Ordovizium bis Gegenwart), *Taxodontier* (Kambrium bis Gegenwart), *Dysodontier* (Ordovizium bis Gegenwart), *Isodontier* (Devon bis Gegenwart), *Heterodontier* (Devon bis Gegenwart), *Pachydontier* (Jura bis Gegenwart), *Desmodontier* (Ordovizium bis Gegenwart). Das Öffnen der Schalenklappen geschieht auch durch ein elastisches Band (Ligament).
Ein weiteres Schalenmerkmal ist der Verlauf der Mantellinie (Verwachsungslinie der Mantellappen mit der Schale). L. mit einer eingebuchteten Mantellinie sind die *Sinupalliaten*, solche mit ganzrandiger, ununterbrochener Mantellinie die *Integripalliaten*.
Die L. leben vagil- oder sessilbenthonisch bzw. angeheftet im Meer und Süßwasser. Vorkommen: seit dem Unteren Kambrium (Abb. S. 363).

laminar [lat. lamina »Platte«], aus dünnen parallelen Schichten bestehend, die sich beim Gleiten oder in Strömungen ausbilden können; l. Gleitung ist eine Hauptart der plastischen → Durchbewegung.

Lamination [lat. lamina »Platte«], durch → laminares Fließen von → Lava und von → Gletschern entstehende plattenartige Absonderung.

Lamine [lat. lamina »Platte, Scheibe«], die Feinschicht eines Sedimentes, → Schicht.

Laminit, ein parallel- und feinschichtiges Sediment, z. B. Bänderton.

Lamprophyre [griech. lampros »glänzend«], melanokrate Ganggesteine, im allgemeinen feinkörnig und oft umgewandelt, meist geringmächtig. Die dunklen Minerale Amphibol, Pyroxen, Biotit und Olivin treten häufig als Einsprenglinge auf. Zu den L. gehören u. a. *Vogesite* (Orthoklas-Amphibol-Lamprophyre), *Kersantite* (Plagioklas-Biotit-Lamprophyre), *Spessartite* (Plagioklas-Amphibol-Lamprophyre) und *Minette* (Orthoklas-Biotit-Lamprophyre).

Langhe, *Langhien*, die ältere der beiden Stufen des Mittleren Miozäns.

Lapilli [lat. lapilli »Steinchen«], auch *Rapilli* aus einem → Vulkan ausgeschleuderte, hasel- bis walnußgroße schlackige Lavabrocken. → Auswürflinge, → Tephra.

Lapislazuli [griech. lapis »Stein«, arab. azul »blau«], *Lasurstein* ein Mineralaggregat, dessen blaue Farbe vom *Lasurit* (Na, Ca)$_8$[(SO$_4$S, Cl)$_2$/(AlSiO$_4$)$_6$], einem Mineral der Sodalithgruppe, herrührt. Vorkommen besonders in kontaktmetamorphen Kalksteinen, verwendet als Schmuckstein.

laramische Phase, → Faltungsphase.

Larvikit [nach einem Ort in Südnorwegen], ein Alkalisyenit mit bis 88 Prozent kalireichem Plagioklas (Oligoklas) als Rhombenfeldspat, vielfach als Grab- und Dekorationsstein verwendet.

Lasurstein, svw. Lapislazuli.

Latdorf, *Latdorfien* [nach der Ortschaft Latdorf bei Bernburg], ursprünglich als älteste Stufe des Oligozäns definiert. Nach dem Fossilinhalt entspricht L. dem obersten Abschnitt des → Priabons (Oberes Eozän). Heute ist L. als Unteres Oligozän oder Oberes Eozän umstritten.

Laterale, die Messung der Potentialdifferenz zwischen zwei benachbarten Elektroden (Gradientenmessung) in einem Bohrloch, → Bohrlochmessungen.

Lateralsekretion [lat.], die Auslaugung von Gesteinen und Erzen durch lösungsfähige aggressive Wässer mit nachfolgender Wiederausscheidung der gelösten Stoffe auf Gängen, Spalten und in Hohlräumen, wodurch sekundäre bauwürdige Minerallagerstätten entstehen können.

Laterit [lat. later »Ziegelstein«], ein rotbrauner bis roter Boden mit knollen- und krustenartigen Anreicherungen von Eisen- und Aluminiumverbindungen und extrem geringem Kieselsäureanteil; entstanden im subtropischen und tropischen Klima durch extreme allitische Verwitterung.

Latit [nach der röm. Landschaft Latium], ein Vulkanit, Ergußäquivalent monzonitischer Gesteine, plagioklas- und sanidinführend, mit Augit oder Hornblende, wenig Quarz, kaum Foidgehalt; im *Quarzlatit* reichlich Quarz und hoher Glasanteil.

Latosol, Sammelbezeichnung für die Bodentypen → Roterde und → Laterit.

Laufspuren, → Lebensspuren.

Laufzeit, bei Erdbeben die Zeit, die die Erdbebenwellen vom Erdbebenherd bis zum Beobachtungsort brauchen.

Laurasia, → Pangaea.

Laurentia, svw. Nordamerikanisch-grönländische Plattform.

laurentische Gebirgsbildung, archäischer Gebirgsbildungsvorgang in Nordamerika. Nach heutiger Chronologie ist die l. G. mit etwa 2,9 Milliarden Jahren zu datieren. Der Name ist irrtümlich gegeben worden; der namengebende laurentische Granitgneis in Ostkanada ist grenvillisch, also viel jünger als der fälschlich damit parallelisierte Granitgneis Südkanadas.

Lava [neapolit. »Regenbach«], bei Vulkanausbrüchen mit Temperaturen von 1000 bis 1300 °C an die Erdoberfläche tretender Gesteinsschmelzfluß (→ Magma). Die L. erstarrt schnell zu blasen- und zundrigem Ergußgestein, das rezent ebenfalls als L. bezeichnet wird. Die L. nimmt beim Fließen die Form eines Stromes an (→ Lavastrom), dabei können Laminationen, plattenartige Absonderungen, entstehen. Saure Laven sind zähflüssiger als basische. Nach der Oberflächenausbildung unterscheidet man → Blocklava, → Brockenlava und → Schollenlava sowie → Fladenlava, → Gekröselava, → Kissenlava, → Seillava und Stricklava. Agglomeratlava ist von Bomben, Schlacken und Lapilli durchsetzt. Bei der Extrusion von L. können → Glutwolken entstehen. In manchen Vulkankratern bildet sich bei einer längere Zeit andauernden Fördertätigkeit ein → Lavasee.

Lavasee, die über dem offenen → Schlot stehende dünnflüssige Lava im Krater von aktiven → Schildvulkanen.

Lebensgemeinschaft, svw. Biozönose.

Lebensspuren, durch die Tätigkeit lebender Organismen einem Substrat aufgeprägte Strukturen oder Fährten. Ein und dasselbe Tier kann sehr unterschiedliche L. hinterlassen, z. B. *Freßspuren* (Freßbauten, -gänge,

Beiß-, Nage-, Weidespuren, → Helminthoiden). *Ruhespuren* entstehen beim Aufliegen oder flachen Einwühlen auf lockerem Untergrund. *Wohnbauten* dienen als Dauerwohnungen. Besonders kennzeichnend sind ferner die *Kriech-* und *Laufspuren (Fährten)* landbewohnender Wirbeltiere.

Lehm, ein aus der chemischen Gesteinsverwitterung hervorgegangener gelblicher oder bräunlicher, im allgemeinen kalkarmer bis kalkfreier sandiger Ton. L. ist weniger plastisch als Ton. Ein Grundstoff der Grobkeramik (Ziegelindustrie).

Lehmboden, → Körnungsart.

Lehmkeil, svw. Lößkeil.

Lehre von den Erhebungskratern, svw. Elevationstheorie.

Leistennetze, svw. Trockenrisse.

Leitfähigkeitsmessung, → Induktionslog.

Leitfossilien, → Fossilien.

Leitgeschiebe, Geschiebe aus gut bekanntem, eng begrenztem Herkunftsgebiet, aus denen auf die Strömungsrichtung des Gletscher- oder Inlandeises geschlossen werden kann.

Leithorizont, eine von Schicht oder ein Schichtenglied, das wegen seiner vertikal eng begrenzten, aber über größere Gebiete gleichbleibenden petrographischen und paläontologischen Merkmale als stratigraphischer Bezugshorizont benutzt werden kann.

Leitmineralanalyse, ein sedimentpetrographisches Verfahren zur Parallelisierung und Gliederung fossilfreier Sedimente, beruht darauf, daß Sedimente, die gleichzeitig und unter ähnlichen Bedingungen entstanden sind und deren Material aus dem gleichen Herkunftsgebiet stammt, auch im Mineralbestand gleich sind *(Leitminerale)*. Man bestimmt daher die quantitativen Anteile typischer Minerale in den Sedimenten, die Mengenverhältnisse der verschiedenen Bestandteile zueinander und deren Variation. Häufigstes Verfahren ist die Schwermineralanalyse. → Schwerminerale.

Lemuria, eine von P. L. Sclater vermutete Landmasse im Bereich des westlichen Indischen Ozeans, Madagaskars und Vorderindiens, die gegen Ende der Trias durch Zerteilung des Gondwanakontinents (→ Gondwania) gebildet haben und die Verbreitung der heutigen Halbaffen (Lemuren) erklären soll.

Lena [nach dem gleichnamigen sibirischen Fluß], die oberste Stufe des Unterkambriums Sibiriens.

lentikular, *lentikulär,* linsenförmig, z. B. Gefüge von Gesteinen, Gänge, Schichten.

Lepidodendren [griech. lepis »Schuppe«, dendron »Baum«], *Schuppenbäume,* baumartige Bärlappgewächse, deren lange Blätter auf Blattkissen aufsitzen und nach dem Abfall rhombische, in Schrägzeilen geordnete Narben hinterlassen. Verbreitet im Karbon.

Lepidokrokit, → Goethit.

Lepidomelan, → Glimmer.

Lepidophyten [griech. lepis »Schuppe«, phyton »Pflanze«], *Bärlappgewächse,* eine Klasse der Pteridophyten, während des Karbons baumgroß und an der Kohlebildung beteiligt: z. B. → Lepidodendren und → Sigillarien.

Lepidosaurier, Schuppensaurier, eine Unterklasse der Reptilien mit den Ordnungen bzw. Unterordnungen Lacertilier (Eidechsen), Serpentes (Schlangen) und → Rhynchocephalen. Vorkommen: Oberperm bis Gegenwart.

Leptaena, eine Gattung der armgerüstlosen Brachiopodengruppe der Strophomeniden. Vorkommen: Ordovizium bis Karbon, besonders im Devon.

Leptite, sehr feinkörnige präkambrische Gneise, in der Hauptsache aus Quarz und Feldspat bestehend. Im Grundgebirge Schwedens und Finnlands kommen L. zusammen mit den vielfach gebänderten, dichten bis feinkörnigen *Hälleflintas* vor, die metamorphosierte Quarzporphyre und Tuffe sind.

Leptolepis [griech. leptos »dünn«, lepis »Schuppe«], eine Gattung der Knochenfische, schlanke, gesellig lebende Fische von Sprotten- bis Heringsgröße. Vorkommen: Lias bis Untere Kreide, besonders im Malm, im Solnhofener Plattenkalk (L. sprattiformis).

Lesesteine, durch Verwitterung aus dem Gesteinsverband gelöste Brocken, die in oder auf dem Boden liegen und Auskunft über das Anstehende geben können.

Lessivé, ein texturdifferenzierter, tondurchschlämmter Boden auf kalk- und silikathaltigen Gesteinen mit tonverarmtem Oberboden und tonangereicherten Unterboden. Bei geringer Durchschlämmung bzw. fehlendem Tonverarmungshorizont spricht man auch von → Parabraunerde, bei intensiver Durchschlämmung von → Fahlerde.

Letten, ein volkstümlicher Ausdruck für verschiedenfarbige, schwach verfestigte Schiefertone des Jungpaläozoikums und Mesozoikums, z. B. die Bunten Letten des Oberen Zechsteins. Der Begriff L. für tertiäre schluffig-tonige Lockergesteine ist zu vermeiden. L. auf Kluftflächen heißen *Lettenbestege*.

Lettenkeuper, die untere Folge des Keupers in der germanischen Trias mit meist nicht abbauwürdigen Kohlenflözen, die in wenig mächtige unreine, limnische, schluffig-tonige Sedimente (»Letten«) eingeschaltet sind.

Leucit, → Feldspatvertreter.

leukokrat [griech. leukos »weiß«, kratein »herrschen«], Bezeichnung für Magmagesteine, bei denen helle Gemengteile (Quarz, Feldspat, Muskovit) vorherrschen, z. B. Granit, Lipa-rit, Aplit. Gegensatz: → melanokrat.

Lias [von engl. layers od. franz. liais], untere Abteilung des Juras.

Liegendes, die Schicht, die unter der Bezugsschicht oder Lagerstätte liegt. Bei ungestörter Lagerung von Schichten ist die Liegendschicht älter als die darüberliegende Schicht, das → Hangende. Die Grenzschicht zum Liegenden bezeichnet man als *Sohle*.

Ligament, ein die Schalen von Muscheln und Ostracoden verbindendes elastisches, horniges Band.

Lignit, engl. und amerik. Bezeichnung für Braunkohle, → Kohle.

Lima, eine heteromyare Muschel (→ Lamellibranchiaten) mit feilenartig gerippten und gestreiften, leicht gewölbten, gleichklappigen Schalen. Vorkommen: Karbon bis Gegenwart (Abb. S. 353).

Liman, → Lagune.

Limburgit [nach Limburg am Kaiserstuhl], ein foidführendes Ergußgestein, das in meist stark glasiger Grundmasse Einsprenglinge von Titanaugit und Olivin, dazu wenig Nephelin bzw. Feldspat enthält, bildet Gänge, Ströme oder Kuppen.

Limnaea, eine süßwasserbewohnende Lungenschnecke (→ Gastropoden). Vorkommen: Jura bis Gegenwart. → Lymnaeazeit.

limnisch [griech. limne »stehendes Gewässer«, seltener *lakustrisch*], ein Begriff zur Kennzeichnung des Ablagerungsmilieus von Sedimenten in festländischen Seen und Sümpfen, z. B. in der 1. Kohlenbecken der Innensenken von Gebirgen, die vielfach Einschaltungen von Vulkaniten bergen. Gegensatz: → paralisch.

Limonit, svw. Brauneisenerz.

Lineament, svw. Tiefenbruch.

Lineare [lat. linea »Richtschnur, Linie«], linienhafte tektonische Gefügeelemente, die als Schnittkanten von Flächen (→ Runzelung), als Abbildung von gestreckten Mineralen (→ Striemung) und als Gleit- und Bewegungsspuren (→ Rillung) den Flächen aufgeprägt sein können. L. sind ferner die Achsen von Falten, die Längsachsen von definierbaren geologischen Körpern, Gesteinen und Mineralen im Sinne der tektonischen Gefügekunde. Der Vorgang der Bildung von L. ist die *Lineation*. Lineare Gesteinsgefüge werden als → flaserig bezeichnet.

Linearvulkan, ein aus einer langgestreckten Spalte (*Spaltenvulkan*) fördernder → Vulkan. L. sind die Schildvulkane vom isländischen Typ.

Lingula, ein zungenförmiger, schloßloser Brachiopode, ein typischer → Durchläufer vom Ordovizium bis zur Gegenwart.

Linguoidrippeln, → Strömungsrippeln.

Linse, ein nach allen Richtungen rasch auskeilender Gesteinskörper, gegenüber den Nachbargesteinen abweichend zusammengesetzt, z. B. Gips in Mergel, Amphibolit in Gneis.

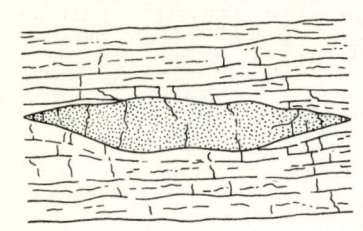

Gesteinslinse

Liparit, svw. Rhyolith.
Liquation, → Differentiation.
liquidmagmatische Phase, der Bildungsbereich während des Erstarrungsablaufes magmatischer Schmelzen bei Temperaturen zwischen etwa 1300 und 650 °C.
listrische Fläche [griech. listron »Schaufel«], *Schaufelfläche,* eine schaufelartig gebogene tektonische Bewegungsfläche, die zur Erdoberfläche hin versteilt.
Lithogenese [griech. lithos »Gestein«, genesis »Entstehung«], Bezeichnung für alle Vorgänge, die zur Bildung von Sedimentgesteinen führen.
Lithogeochemie, die Geochemie der festen Erdkruste, untergliedert in Petrochemie (Hauptkomponenten der Gesteine); Pedogeochemie (Chemie der Böden); Mineralchemie (Haupt- und Spurenelemente der Minerale). → Lithosphäre, → lithophil.
Lithographenschiefer, ein plattiger Kalkstein aus dem Oberen Jura, der sich wegen seines gleichmäßigen Gefüges und seiner Feinkörnigkeit zur Verwendung in der Lithographie eignet und hauptsächlich bei Solnhofen abgebaut wird, wo u. a. der → Archaeopteryx gefunden wurde.
Lithoklase [griech. lithos »Gestein«, klasis »zerbrechen«], Bezeichnung von Daubrée für Klüfte und Spalten.
Lithologie, svw. Sedimentologie.
lithologische Falle, → Ölfallen.
lithophil [griech. lithos »Stein«, philein »lieben«], Bezeichnung für Elemente mit großer Verwandtschaft zum Sauerstoff und der Fähigkeit zur Lösung in silikatischer Schmelze. Sie treten bevorzugt in der → Lithosphäre auf, z. B. Si, Al, Mg, K, Na.
Lithosphäre, früher Bezeichnung für die Gesteinshülle der Erde im Gegensatz zur Hydrosphäre und Atmosphäre, heute im Sinne der → Plattentektonik die Erdkruste und den obersten Erdmantel bis in etwa 100 km Tiefe umfassend, eine starre, verhältnismäßig dünne Platte von hoher Elastizität, die von der → Asthenosphäre unterlagert wird.
Lithostratigraphie, → Stratigraphie.
Lithothamnien [griech. lithos »Stein«, thamnos »Gebüsch«], strauch- und baumförmige, kalkabscheidende und dadurch steinhart-krustige Algen des Meeres, an der Kalkriffbildung beteiligt. Älteste Formen sind aus dem Jura bekannt, als Gesteinsbildner besonders im Tertiär wichtig.
litoral [lat. litoralis »Strand...«], Bezeichnung für die im Küstenbereich eines Meeres wirksamen Kräfte, Vorgänge und erzeugten Formen.
Littorina littorea, eine dickschalige, kreiselförmige, glatte oder spiralig gestreifte Schnecke der Strandzone mit ovaler Mündung und scharfer Außenlippe (Abb. S. 403). Vorkommen: Eozän bis Gegenwart.
Littorinameer, das älteste, dem → Ancylussee folgende Stadium der Ostseeentwicklung in der Nacheiszeit. Die *Littorinatransgression* führte über die Belte und den Sund zu einer Verbindung der Ostsee mit dem Ozean. Ost- und Nordsee erreichten ihre größte nacheiszeitliche Ausdehnung. Mit einer Vielzahl mariner Tiere wanderte auch die Strandschnecke Littorina littorea ein. Am Ende der *Littorinazeit* trat zunehmende Verbrackung ein infolge Einengung der Zuflußwege des Salzwassers, und die Littorina zog sich auf die westliche Ostsee zurück. – Die Littorinazeit, etwa von 5500 bis 2000 v. u. Z., ist gekennzeichnet durch den Klimaabschnitt Atlantikum mit warmem, feuchtem Klimaoptimum, durch die Ausbreitung des Eichenmischwaldes, die → Flandrische Transgression und das Corbulameer im Nordseeraum sowie durch das ausgehende Mesolithikum und das Neolithikum.
Lituites [lat. lituus »Krummstab«], ein Nautilid mit anfangs spiralig eingerolltem, später röhrenförmig langgestrecktem Gehäuse (Abb. S. 311). Vorkommen: Ordovizium.
Llandeilo [nach dem Ort Llandeilo in Südwales], eine Stufe des Ordoviziums.
Llandovery [nach dem Distrikt Llandovery in Südwales], die unterste Stufe des Silurs.
Llanvirn [nach dem Ort Llanvirn in Wales], eine Stufe des Ordoviziums.
Lobenlinie, *Sutur,* die Verwachsungsbzw. Nahtlinie der Kammerscheidewand und Außenwand des Gehäuses der → Cephalopoden, dient zur Artbestimmung und Systematik.
Lochsaitenkalk [nach der Lochsaite, einem Aufschluß bei Schwanden/Schweiz], ein mylonitisches Zermalmungsprodukt aus Malmkalk an der Basis einer Überschiebungsdecke, wichtig für die Entwicklung der alpinen Deckentheorie.
Lochträger, svw. Foraminiferen.
Lockergestein, ein nicht verfestigtes Trümmergestein, in der Ingenieurgeologie auch Erdstoff oder Erdart genannt. Man unterscheidet *bindiges L.,* ein Gemenge von Mineralteilchen, die infolge geringer Korngröße und gegebenenfalls auf Grund ihres Gitterbaus in Abhängigkeit vom Wassergehalt unterschiedlich fest aneinandergebunden sind, wie Ton und *nichtbindiges L.* aus Mineralen und Gesteinsbruchstücken, vorwiegend Quarz, mit Korngrößen über 0,6 mm Durchmesser, deren geringe Oberflächenkräfte keinen Zusammenhalt der Teilchen bewirken können wie Sand, Kies. *Organisches L.* ist eine durch Fäulnis bzw. Vermoderung aus organischer Substanz entstandene faserig-filzig-erdige bis weiche Erdart von auffälligem Geruch und unterschiedlichen Anteilen an mineralischer Substanz.
Longitudinalrippeln, → Strömungsrippeln.
Longitudinalwellen, *P-Wellen,* Erdbebenwellen, bei denen die einzelnen Teilchen der Materie in der Fortpflanzungsrichtung der Wellen hin- und herschwingen.
Lopha, svw. Alectryonia.
Lophioden, zu den Tapiren gehörende Gattung schweinegroßer Huftiere. Die Vorderfüße hatten 4, die Hinterfüße 3 Zehen. Vorkommen: Eozän, z. B. Leitfossil im Geiseltal bei Merseburg.
Lopolith [griech. lopos »Schale«, »Hülse«], ein muldenförmig nach unten eingebogener, plattenförmiger → Pluton.
Löß, ein gelbliches, kalkhaltiges (meist 8 bis 20 Prozent) äolisches Schluffsediment mit einem Schluffanteil von über 50 Masse-%, wobei die Korngrößenklasse Grobschluff mit über 30 Masse-% dominiert, und einem Sandanteil von unter 20 Masse-%. In Oberflächennähe ist aus L. durch Verwitterungsvorgänge *Lößlehm* entstanden.
Für die im Gebirgsbereich verbreiteten, meistens geringmächtigen, oft grus- und steinhaltigen lößähnlichen Sedimente wurde neuerdings der Begriff *»Gebirgslöß«* geprägt. Sie entstanden durch äolische Akkumulation und solifluidale bzw. kryogene Überprägung. Andere Lößformen sind → Sandlöß, → Schwemmlöß und → Solifluktionslöß.
Lößkeil, *Lehmkeil,* eine mit Löß bzw. Lehm gefüllte, keilförmige Spalte, die einen fossilen → Eiskeil darstellt.
Lößkindl, *Lößpuppen, Lößmännchen,* oft bizarr geformte Kalkkonkretionen, die sich in tieferen Teilen eines Lößprofils aus von oben nach unten sickernden Niederschlagswässern ausscheiden, nachdem diese den Löß in den oberflächennahen Teilen entkalkt haben.
Lösungsverwitterung, die Lösung wasserlöslicher Salze (Stein- und Kalisalze) in Wasser und der Vorgang der Hydratation, d. h. die Aufnahme von Kristallwasser, die zur Volumenvergrößerung des betreffenden Gesteins oder zur Sprengung des Nachbargesteins führt.
Lotharing, *Lotharingien, Lotharingium* [nach Lothringen], eine Teilstufe des Mittleren Lias, entspricht dem Oberen → Sinemur.

Lothringische Straße, eine Meeresstraße zwischen Vogesen und Hunsrück, verband während des Keupers das Germanische Becken und die große, sich durch ganz Südeuropa und Asien erstreckende Tethys.
Low Velocity Zone, Abk. *LVZ-Zone,* eine Zone relativ niedriger seismischer Geschwindigkeit der Erdbebenwellen im oberen Erdmantel, die zugleich stark erhöhte elektrische Leitfähigkeit zeigt. Sie wird als Bereich reduzierter Viskosität des Materials infolge Aufschmelzung, verbunden mit möglicher thermischer Konvektion, gedeutet (→ Asthenosphäre) und liegt unter den Kontinenten etwa zwischen 100 und 300 km Tiefe. Die Interpretation jüngst innerhalb der Kruste beobachteter LVZ-Zonen ist vieldeutig.
Ludlow [nach dem Ort Ludlow in Shropshire/England], eine Stufe des Silurs.
Luftsattel, die theoretische Ergänzung abgetragener Faltensättel, in geologischen Profilen durch punktierte Linien dargestellt, mit denen die ursprüngliche Form und der Zusammenhang der Falten angedeutet werden sollen.
Lumachelle, ein vor allem aus Muschel- und Brachiopodenschalen bestehender organogener Kalkstein, verfestigter → Schill; wegen seiner Porosität mehrfach Speichergestein für Kohlenwasserstoffe.
Lunargeologie, svw. Mondgeologie.
Lungenfische, svw. Dipnoer.
Lungenschnecken, → Gastropoden.
Lurche, svw. Amphibien.
Lutet, *Lutétien* [nach dem lateinischen Namen für Paris], eine Stufe des Eozäns, die meist mit dem Mittleren Eozän gleichgesetzt wird.
LVZ-Zone, → Low Velocity Zone.
Lydit, → Kieselschiefer.
Lymnaeazeit, der Zeitraum, in dem sich die Ostsee aus dem → Littorinameer unter Verbracken allmählich zur heutigen Gestalt entwickelte. Ablagerungen dieser Zeit enthalten oft Schnecken der Gattung Lymnaea (oder → Limnaea). Der L. folgte die → Myazeit.

M

Mäander [griech. Maiandros, heute Menderes, windungsreicher Fluß an der Westküste Kleinasiens], Bezeichnung für starke Flußkrümmungen, die besonders in der Ebene bei vorherrschend seitlicher Erosion entstehen. Von geologisch kurzer Dauer sind *Aufschüttungs-* oder *Wiesenmäander* (freie M.), die sich dort bilden, wo Flüsse in ihren Aufschüttungen mit geringem Gefälle fließen. Verstärkt der Fluß die Tiefenerosion, so entstehen tief eingeschnittene *Erosions-* oder *Talmäander,* in deren Schlingen mitunter → Umlaufberge aufragen.

Maar, durch vulkanische Gasexplosion (*Gasvulkan*) erzeugte rundliche, trichterförmige Eintiefung über dem Schlot, mitunter von einem Wall aus vulkanischen Auswurfmassen umgeben und meist mit Wasser gefüllt, häufig durch Nachbrechen der Wände erweitert (Tafel 15).
Maastricht [nach der Stadt Maastricht in den Niederlanden], eine Stufe der Oberen Kreide.
Machairodus, *Säbelzahntiger,* ein katzenartiges Raubtier mit über 14 cm langen, säbelförmigen, zugeschärften Eckzähnen. Vorkommen: Obermiozän bis Unterpliozän.
Mächtigkeit, der Abstand zwischen zwei Begrenzungsflächen eines Rohstoffkörpers, z. B. einer Schicht, eines Ganges u. a. Unter *wahrer M.* versteht man in einem bestimmten Beobachtungspunkt den kürzesten Abstand zwischen den beiden Begrenzungsflächen des Rohstoffkörpers. Daneben unterscheidet man noch *vertikale M.,* die *horizontale M.,* die *sichtbare M.* (auch *scheinbare M.*), die *mittlere M.* u. a.
Madreporarier, *Steinkorallen,* eine Gruppe der → Anthozoen, meist kolonienbildende Korallen mit festem Kalkskelett, bedeutsam als Erbauer von Korallenriffen. Vorkommen: Mittleres Ordovizium bis Gegenwart.
mafisch, Bezeichnung für dunkle Magnesium-Eisensilikate wie Glimmer, Pyroxen, Amphibol, Olivin in Magmatiten. Die Ultrabasite werden wegen des Überwiegens solcher Minerale *m. Gesteine* oder *Mafite* genannt. G e g e n s a t z : → felsisch.
Mafite, → mafisch.
Magdalénien [nach der Fundhöhle La Madeleine in der Dordogne/Frankreich], eine jüngere Kulturstufe der Altsteinzeit.
Magma [griech. magma, »geknetete Masse«], eine natürlich vorkommende Gesteinsschmelze mit wechselndem Gehalt an Gasen, ist bei höheren Temperaturen völlig flüssig und enthält acht Oxide als Hauptkomponenten: SiO_2, Al_2O_3, Fe_2O_3, FeO, MgO, CaO, Na_2O, K_2O, ferner leichtflüchtige Bestandteile, darunter vor allem Wasser. Man unterscheidet verschiedene Zustände des Magmas: *Pyromagma,* das an Gasen übersättigte *Hypomagma,* ein weitgehend entgastes *Epimagma,* das identisch mit einer noch nicht ausgeflossenen Lava ist. Ferner trennt man *primäre M.,* die seit vorgeologischer Zeit existieren, von *sekundären M.,* die durch → Anatexis entstanden sind. Die primären simatischen M. kommen in einem Bereich von 60 bis 150 km, die sekundären sialischen M. in Tiefen zwischen 10 und 25 km vor.
Die Zusammensetzung eines primären M. kann durch → Differentiation, bei der eine Trennung in Teilmagmen mit unterschiedlicher Zusammensetzung erfolgt, durch → Assimilation, bei der eine Veränderung des primären M. durch Aufnahme von fremdem Gesteinsmaterial (*syntektisches M.*) stattfindet, und durch → Hybridisierung – die Bildung eines *hybriden M.* durch Vermischung von primärem und sekundärem Magma – verändert werden. Syntektische und hybride M. können durch Differentiation ihre Zusammensetzung ebenfalls verändern, während dies bei sekundären anatektischen M. mit ihrem meist sauren Charakter und ihrer hohen Viskosität kaum mehr in Frage kommt. Die durch Erstarrung des M. entstehenden Gesteine heißen *magmatische Gesteine, Magmagesteine* oder *Magmatite* (→ Gesteine).
Magmakammer, ein Reservoir des → Magmas in der Tiefe, aus dem Plutone und Vulkane gespeist werden.
magmatischer Zyklus, der stofflich-zeitliche Zusammenhang des magmatischen Geschehens mit den Vorgängen der Tektonogenese. Der m. Z. gliedert sich in den → initialen Magmatismus, den → synorogenen Magmatismus, den → subsequenten Magmatismus und den finalen Magmatismus.
Magmatismus, die mit dem → Magma zusammenhängenden Vorgänge. → Plutonismus, → Vulkanismus.
Magmatite, → Gesteine.
Magmentektonik, *Granittektonik,* das innere Gefüge von Plutonen, das sich aus zwei Komponenten zusammensetzt: 1) dem *Fließgefüge,* das sich bei der Erstarrung eines → Magmas bildet. Einschlüsse und plattige oder blättrige Kristalle (Feldspäte, Glimmer u. a.) regeln sich in die Strömungsrichtung des Magmas ein. 2) dem *Kluftgefüge,* das sich während der Abkühlung des noch heißen, aber bereits festen Gesteins bildet (Kontraktionsklüfte, → Kontraktion). Mit zunehmender Erkaltung entsteht aus der plastischen Masse ein starrer Körper, der auf Beanspruchung mit Bruch reagiert (Klufttektonik).
Magnesit [nach der Landschaft Magnesia in Thessalien], ein gesteinsbildendes Mineral, $MgCO_3$; trigonal. Als Gestein tritt M. oft zusammen mit → Dolomit auf. M. kommt als Spaltenausfüllung in serpentinisierten basischen Magmatiten vor. Wirtschaftlich wichtiger ist er als Verdrängungslagerstätte von Kalken. Sedimentärer M. hat keine größere Bedeutung. M. wird als feuerfester Baustoff (*Sintermagnesit*) z. B. zur Auskleidung von Siemens-Martin-Öfen und in der Bauindustrie (Fußbodenbelag, wärmeisolierende Platten) verwendet.
Magneteisenerz, svw. Magnetit.
Magneteisenstein, svw. Magnetit.
Magnetit, *Magneteisenerz, Magneteisenstein,* ein gesteinsbildendes Mineral, als *Ferrospinell* bezeichnet, $Fe_2^{3+}Fe^{2+}O_4$, kubisch, häufig verzwillingt, stark magnetisch. Wichtiges Eisenerz. Ein titanhaltiger M. ist der *Titanomagnetit.*

Magnetkies, *Pyrrhotin,* ein Mineral, FeS; hexagonal. M. findet sich in kristallinen Schiefern und basischen Magmatiten. Er ist oft nickelhaltig und mehr oder weniger stark magnetisch.

Magnitude, ein Maß für die Stärke von Erdbeben, »*Richter-Skala*« genannt, wird aus dem Seismogramm bestimmt. Die M. errechnet sich aus dem Logarithmus der Bodenamplitude in Abhängigkeit von der Entfernung, vermindert um den Logarithmus einer Bewegung, der man willkürlich den Wert Null zugelegt hat und die etwa an der Grenze der Instrumentenempfindlichkeit liegt. Der kleinste meßbare Stoß hat M. 0,4, die bisher größten instrumentell registrierten Erdbeben hatten die M. 8,6.

Malachit [griech. malache »Malve«], ein Mineral, $Cu_2[(OH)_2CO_3]$, smaragdgrün, monoklin, oft nierig, glaskopfartig, muscheliger Bruch. M. ist häufiges Kupfererz, Leitmineral für die Oxydationszone kupferführender Lagerstätten. M. wird als Schmuckstein verwendet und zu Tischplatten, Vasen u. a. verarbeitet.

Malm [engl. Bezeichnung für einen kalk- und phosphorsäurereichen Lehmboden], die obere Abteilung des Juras.

Mammalier, *Säugetiere,* die höchstentwickelte Klasse der Wirbeltiere. Die Zähne sind für die Systematik und für die Bestimmung fossiler Säugerreste von besonderer Bedeutung. Fossil wichtige Ordnungen sind → Marsupialier, → Insectivoren, → Carnivoren, → Ungulaten, → Primaten. Als Vorläufer der S. gelten die → Theriodontier. Die ältesten S. (→ Multituberculaten) erscheinen in der Oberen Trias, seit dem Eozän plötzlich große Formenmannigfaltigkeit.

Mammutgehalt, der bei der → Bemusterung festgestellte Gehaltswert einer Probe, der bedeutend über den Gehaltswerten der übrigen entnommenen Proben einer Lagerstätte liegt. Infolge oft beschränkter Anzahl von Proben beeinflußt der M. den Mittelwert übermäßig stark, d. h. verfälscht ihn.

Mammuthus primigenius [lat. primigenius »erstgeboren«], *Mammut,* ein Rüsseltier mit nur seitlichen Stoßzähnen. Ein dichter Wollhaarpelz diente dem Kältesteppenbewohner als Kälteschutz. Vollständige Kadaver fand man im sibirischen Dauerfrostboden. Verbreitet im Jungpleistozän in Eurasien und Nordamerika.

Mandelstein, ein blasenreiches Ergußgestein. Die mandelförmigen Blasenhohlräume sind sekundär vorwiegend mit Kalzit oder auch mit Quarz oder Chalzedon gefüllt. M. entstehen häufig an Kontakten von Ergußgesteinen (*Diabasmandelstein,* → Diabas).

Manganit, ein Manganerz, γ-MnOOH, monoklin, stahlgrau (*Graumanganerz*) bis eisenschwarz, selten frisch, z. T. meist in Pyrolusit umgewandelt, hydrothermales Auslaugungsprodukt.

Manganknollen, unterschiedlich geformte, bis 25 cm große, poröse, schalenartig aufgebaute Knollen oder zentimeterdicke Krusten von Mangan und Eisen sowie Kupfer, Nickel und Kobalt, meist mit einem Kern vulkanischen Materials, die in landfernen, tieferen Teilen der Ozeane fleckenhaft den Meeresboden, besonders des Pazifik, bedecken. M. sind Rohstoffreserven für die Zukunft, da es gegenwärtig noch ungelöste technische Schwierigkeiten bei der Gewinnung und Verhüttung gibt, wenn auch 1978 im zentralen Pazifik aus 5000 m Wassertiefe mit Erfolg bereits M. gefördert wurden.

Manganomelane, eine Gruppe wichtiger Manganerze gelförmiger Entstehung mit kolloidal-amorphen bis strahlig-kryptokristallinen Formen, soweit diese kompakt und hart sind, → Pyrolusit; → Wad.

Manganspat, *Rhodochrosit, Himbeerspat,* ein Mineral, $MnCO_3$; himbeer- bis rosenrot, trigonal. Wichtiges Manganerz, findet sich auf manchen Gold-, Silber- und Zinklagerstätten.

Manticocerasstufe, → Frasne.

mantle plumes [engl. »Mantelbüschel«], *convection plumes,* in der Plattentektonik aus der Tiefe in die → Asthenosphäre aufsteigende, heiße, extrem langlebige, pilz- bzw. diapirartige, weniger viskose Körper mit einigen 100 km Durchmesser aus Mantelmaterial, die Lithosphäreplatten in Bewegung setzen. → Hot spots.

Marealbiden, svw. Belomoriden.

marginal, randlich, z. B. m. Buchten, Intrusionen.

Marienglas, → Gips.

marin [lat.], dem Meere angehörig.

marines Sediment, svw. Meeressediment.

Markasit [von arab. markâschîtsa, »Feuerstein«], eine rhombische Modifikation des → Schwefelkieses, FeS_2; Metallglanz, gelb, oft bunt angelaufen. Varietäten sind: *Strahlkies* (grobstrahlige bis feinfaserige Knollen), *Speerkies* (speerspitzenähnliche Zwillinge) und *Kammkies* (kammähnliche Gruppen). M. findet sich auf manchen hydrothermal gebildeten Erzgängen und sedimentär in Tonen, Mergeln und Braunkohlen.

Marken, Bezeichnung für Spuren anorganischer Prozesse in Sedimenten, die in der Regel Schichtflächenmarken sind, wie Strömungsmarken, Belastungsmarken, Trockenrisse, Wohnbauten von Organismen u. a.

Marmor, ein kristallinisch-körniger → Kalkstein, durch Metamorphose aus gewöhnlichem dichtem Kalkstein entstanden, weiß (wie der Bildhauermarmor von Carrara in Italien) oder durch Eisenoxide gelbrot, durch Kohle schwarz, durch Serpentin grün gefärbt. Er findet sich als Einlagerung in kristallinen Schiefern und im Kontaktbereich von Tiefengesteinen. Verwendung als Bau- und Bildhauerstein und Terrazzokörnung, als Düngemittel, als Zuschlag zu Erzschmelzen, zur Papierfabrikation. – In der Technik bezeichnet man auch die Kalksteine, die farbig, schleif- und polierfähig sind, als M.

Marschböden, mehr oder weniger salz- und kalkhaltige, schluff- und tonreiche Böden; entstanden durch Sedimentation während Ebbe und Flut im flachen Küstenbereich sowie im Mündungsgebiet der Flüsse. Dazu zählen die Bodentypen *Seemarsch, Brackmarsch, Flußmarsch, Torfmarsch.*

Marsupialier, *Beuteltiere,* eine formenreiche Ordnung der Säugetiere mit von einer Hautfalte gebildetem Beutel, der die Zitzen der Milchdrüsen umgibt und die sehr früh geborenen, hilflosen Jungen aufnimmt. Die M. sind Pflanzen- oder Fleischfresser. Vorkommen: Oberkreide bis Gegenwart.

Massenbewegungen, alle Bewegungen von lockerem Gesteinsmaterial, die im Gegensatz zum → Massentransport nicht in einem Transportmittel (Wasser, Wind, Eis), sondern vor allem unter dem Einfluß der Schwerkraft (→ Detraktion) bei ausreichender Neigung und gegebenenfalls Durchfeuchtung des Geländes vor sich gehen. Folgende Grundtypen von M. werden unterschieden: *Kriechen, Fließen, Gleiten* (→ Delapsion, → gravitative Gleitung, → Rutschung) und *Kippen.* Bewegungsvorgänge im Fels verlaufen im allgemeinen entlang von Trennflächen.

Massentransport, die Verfrachtung von lockerem Gesteinsmaterial durch Wasser, Wind, Suspensionen oder Eis, d. h. in einem Transportmittel im Unterschied zu den → Massenbewegungen.

Massiv, unterschiedlich verwendete Bezeichnung für Gesteins- und Gebirgskomplexe, z. B. Gebirgsmassiv (geschlossene Gebirgseinheit), Grundgebirgsmassiv (durch Abtragung freigelegter Grundgebirgskomplex), Tiefengesteinsmassiv (Pluton), Zentralmassiv. → Interniden.

Mastodon, ein Rüsseltier mit drei zitzenförmig gebuckelten Backzähnen in jeder Kieferhälfte. Die als Stoßzähne ausgebildeten Schneidezähne, gerade oder leicht gekrümmt, sitzen gewöhnlich nur im Ober-, seltener auch im Unterkiefer. Vorkommen: Miozän bis Pleistozän.

Materialbrücke, svw. Kluftbrücke.

Matrix, die Feinanteile eines Sedimentes. Bei gröberen Sedimenten liegt die M. meist im Korngrößenbereich des Feinsandes.

Maturität, svw. Reife.

Meeresgeologie, ein Zweig sowohl der Geologie als auch der Ozeanologie, der sich mit dem Aufbau des Meeresgrundes und den auf seiner Oberfläche ablaufenden Prozessen befaßt. Meeresgeologische Ergebnisse tragen zur Klärung des Aufbaus der Erdkruste und des oberen Mantels sowie der Fragen bei, die mit der Genese von Geosynklinalen, der marinen Ablagerungen und der Lithologie, der Paläogeographie, dem Vulkanismus u. a. in Verbindung stehen. Außerdem verfolgt sie ökonomische Ziele (Lagerstättenerkundung am Meeresgrund, ingenieurgeologische Untersuchungen).

Meeressediment, *marines Sediment*, Ablagerungen des Meeres, deren Zusammensetzung abhängig ist von der Zufuhr vom Lande, von der Ablagerung organischen Materials, von der Temperatur, den chemischen Bestandteilen und dem Sättigungsgrad des Wassers, von den Meeresströmungen und von der Morphologie des Meeresgrundes und der Küste. Man unterscheidet: 1) *Flachseeablagerungen* (sie bedecken rund 8% des Grundes der Weltmeere), die in der Nähe des Festlandes in geringer Wassertiefe gebildet werden (z. B. Strand- und Deltaabsätze, Ablagerungen auf dem Schelf); 2) *Tiefseeablagerungen*, die sich auf 92% der Bodenfläche des Weltmeeres erstrecken. Es sind festlandsferne und in großer Tiefe gebildete Sedimente, die als pelagisch bezeichnet werden. Die Tiefsee-Absätze bestehen vor allem aus Globigerinen-, Kokkolithen-, Pteropoden-, Diatomeen- und Radiolarienschlamm.

Meerschaum, svw. Sepiolith.

Megagäa [griech. megas »groß«, ge oder gaia »Erde«], veralteter Begriff, nach H. Stille die bis zum Ende des Altalgonkiums (dem heutigen Unter- und Mittelproterozoikum) durch große Gebirgsbildungen entstandene Kontinentalmasse (Großerde), die durch den → Algonkischen Umbruch z. T. wieder in mobile faltbare Räume regeneriert worden sein soll.

Megalodon [griech. megas »groß«, odos »Zahn«], eine Muschelgattung (→ Lamellibranchiaten) mit gleichklappiger, gewölbter, glatter, dicker Schale. Der Wirbel ist mehr oder weniger stark nach vorn gekrümmt. Vorkommen: Devon.

Megatherium, ein Riesenfaultier, bis 4 m lang, bis 2 m hoch, mit plumpem Skelett, sehr kräftigem Stützschwanz und kleinem Kopf. Vorkommen: Pliozän bis Pleistozän Süd- und Nordamerikas.

Megistaspis [griech. megas »groß«, aspis »Schild«], eine Gattung der Trilobiten mit großen Augen, wenigen Rumpfsegmenten, großem, glattem Schwanzschild. Vorkommen: Unteres und Mittleres Ordovizium.

Mélange [franz. »Gemisch«], eine ungeschichtete, stark zerschertte, chaotische Gesteinsmasse aus unterschiedlicher, manchmal älterer Matrix und eingelagerten Blöcken verschiedener Größe (bis Kilometerdurchmesser). Charakteristisch sind basische und ultrabasische Magmatite. M. sind an Scherzonen konvergierender Plattengrenzen oder an die Basis tektonischer → Decken gebundene Riesenbrekzien.

melanokrat [griech. melas »schwarz«, kratein »herrschen«], Bezeichnung für Gesteine, bei denen basische dunkle Gemengteile vorherrschen, z. B. Gabbro, Basalt, Melaphyr. Gegensatz: → leukokrat.

Melaphyr [griech. melas »schwarz«, phyrein »besprengen«], ein Vulkanit, altes basaltisches Gestein vom Typ Olivinbasalt bzw. Plagioklasbasalt. Der basaltische Mineralbestand ist durch altersbedingte Umwandlungen verändert. M. ist häufig als → Mandelstein ausgebildet und wird als Pflasterstein, Zuschlags- und Bettungsstoff verwendet.

Menap-Kaltzeit, svw. Weybourne-Kaltzeit.

Mergel, ein Lockergestein aus Ton und feinverteiltem kohlensaurem Kalk (Kalzit). *Kalkmergel* enthalten viel, *Tonmergel* wenig Kalzit, *Sandmergel* viel Sand, *dolomitische M.* statt des Kalzits Dolomit. *Gipsmergel* führen Linsen und Schnüre von Gips. *Geschiebemergel* sind schichtungslose M. des Pleistozäns. Diagenetisch verfestigte Geschiebemergel heißen → Tillite. Besonders die kalkhaltigen M. ergeben beim Zerfall fruchtbare Böden. Unter *Seemergel* versteht man tonreiche Unterwasser-Rohböden, → Seekreide. Über *bituminösen M.* → Anthrakonit.

Mergelstein, ein diagenetisch verfestigter → Mergel.

meridionale Symmetrie, nach P. Fourmarier die gleichartige erdgeschichtliche Entwicklung und Ausbildung der Gesteinskomplexe auf beiden Seiten des Atlantiks und Pazifiks.

Mesoeuropa, nach Stille die am Ende des Paläozoikums durch Anfaltung des Variszischen Gebirges entstandene europäische Landmasse, die den Rahmen für die alpidische Tektonogenese abgab.

Mesolithikum, svw. Mittelsteinzeit.

Mesophytikum [griech. Kw.], die Mittelzeit der Entwicklung der Pflanzenwelt, beginnt im Oberen Perm und endet in der Unterkreide, liegt also etwas früher als das Mesozoikum. Das M. ist charakterisiert durch die Vorherrschaft der Gymnospermen, besonders Ginkgophyten, Cycadeen, Bennetiteen.

Mesosphäre [griech. mesos »mitten«, sphaira »Kugel«], 1) Geologie: der unterste Teil des Oberen Erdmantels, in 350 bis 700 km Tiefe unterhalb der → Asthenosphäre, in dem Dichte, Viskosität und Geschwindigkeit seismischer Wellen zunehmen. 2) Geophysik: in der Atmosphäre die über der Stratosphäre (bis rund 50 km Höhe) folgende Schicht, in die Temperatur von rund 0° auf etwa −70 °C abfällt.

mesothermale Lagerstätten [griech. mesos »mitten«, therme »Wärme«], zur magmatischen Abfolge gehörende hydrothermale Lagerstätten, die im Temperaturbereich von rund 300 bis 200 °C entstehen.

Mesozoikum, das Mittelalter der Entwicklung des tierischen Lebens, Bezeichnung für das *Erdmittelalter*, die *Erdmittelzeit* (Trias, Jura, Kreide).

Mesozone [griech. mesos »mitten«], heute nicht mehr gebräuchliche Bezeichnung für die mittlere Tiefenstufe der Metamorphose.

Messin, *Messinien* [nach Messina], die jüngere der beiden Stufen des Oberen Miozäns.

Messinische Salinitätskrisis, Bezeichnung für die Gesamtheit geologischer Vorgänge im → Messin, die im europäischen Mittelmeer zur Bildung einer bis 2000 Meter mächtigen und etwa eine Million Kubikkilometer umfassenden Masse von Salzgesteinen geführt haben und in deren Auswirkung physikochemische Änderungen im Weltozean erfolgt sind.

Metabasit, ein basischer Metamorphit, z. B. → Amphibolit.

Metablastese [griech. meta »um...«, blastesis »Sprossen«], 1) die Umkristallisation von metamorphen Gesteinen unter bevorzugtem Wachstum der Körner bestimmter Minerale (besonders Feldspat), wobei das Gefüge des Gesteins mehr und mehr abgebaut wird und das Wachstum bei erhöhten Temperaturen meist intern ohne größere Stoffzufuhr erfolgt; 2) im wesentlichen isocheme Umkristallisation ohne Absonderung einer mobilen Phase (→ Anatexis).

Metablastit, ein Gesteinsprodukt der Metablastese, → Gesteine.

Metallgitter, → Kristallgitter.

Metallogenese, die Entstehung von Erzlagerstätten im Rahmen der erdgeschichtlichen Entwicklung, insbesondere in Abhängigkeit von geotektonischen und geomagmatischen Zyklen. In den *metallogenetischen Epochen* kommt es während bestimmter Zeiten zur Bildung von Lagerstätten in den verschiedensten Teilen der Erde, wobei solche Bereiche mit gleichzeitiger und im ganzen gleichartiger M. als *metallogenetische Provinzen* bezeichnet werden, z. B. die Wolfram-Zinn-Provinz des Erzgebirges, die Zinn-Silber-Provinz Boliviens, die Zinn-Wolfram-Provinz Südostasiens u. a. Die Kenntnis der M. in ihren Gesetzmäßigkeiten hat für die Suche und Erkundung von Lagerstätten eine große Bedeutung. Das Studium dieser Gesetzmäßigkeiten ist der Arbeitsbereich der *Metallogenie*.

Metallogenie, die Lehre von den Gesetzmäßigkeiten der räumlichen Verbreitung und zeitlichen Bildung von Metallanomalien. Die M. ist ein Teilgebiet der → Minerogenie.

Metamorphiden, → Interniden.

Metamorphite, durch → Metamorphose entstandene Gesteine.

Metamorphose [griech. »Umgestaltung«], die Umgestaltung des Mineralbestandes von Gesteinen in der Erdkruste durch Druck- und/oder Temperaturänderungen unter Beibehaltung des kristallinen Zustandes und der chemischen Pauschalzusammensetzung. Die Grenze Diagenese/Metamorphose wird durch die Reaktion Analzim + Quarz ⇌ Albit + Wasser markiert (bei 200 °C/1 kbar bis 150°C/5 kbar). Die durch M. gebildeten metamorphen Gesteine (Metamorphite) unterscheiden sich von den Ausgangsgesteinen meist nicht nur durch metamorphen Mineralbestand, sondern auch durch metamorphes Gefüge (aus Magmatiten entstehen *Orthometamorphite*, aus Sedimentiten *Parametamorphite*). Die Gliederung metamorpher Vorgänge erfolgt heute meist nur noch nach dem → Mineralfaziesprinzip. Nach dem Auftreten unterscheidet man regional verbreitete und lokal begrenzte M., → Diaphtorese.

Metasomatite, durch metasomatische Vorgänge umgewandelte → Gesteine.

Metasomatose [aus griech. meta »nach« und soma »Umkörperung«], 1) die chemische Verdrängung von Mineralen durch andere, meist bei erhöhter Temperatur. Die Zufuhr der neuen Mineralsubstanz erfolgt in pegmatitischen Schmelzen, pneumatolytischen Fluida oder hydrothermalen Lösungen; 2) die Umwandlung des ursprünglichen Gesteins durch Austausch von zu- und weggeführten Stoffen. - Die Produkte der M. sind die *Metasomatite*, → Gesteine.

Metatekte [griech. meta... »um...« tekein »schmelzen«], flüssige Teile der → Migmatite, ähneln pegmatitischen Schmelzen.

Metatexis [griech. »Umschmelzung«], der Vorgang der schmelzflüssigen Aufarbeitung eines Gesteins, unabhängig davon, ob er im Gestein selbst durch Aufschmelzung im engeren Sinne oder durch Injektion erfolgt. M. ist eine niedriggradierte → Anatexis. Die Produkte der M. sind die *Metatexite*.

Metazoen, Tiere, deren Körper aus vielen Zellen besteht. Unterschied: → Protozoen.

Meteorite, gesteinsartige oder metallische Massen kosmischen Ursprungs, wahrscheinlich Bruchstücke fremder Weltkörper (Planetoiden, Kometen), die in den Anziehungsbereich der Erde gerieten und schließlich auf die Erde niederfielen. Man unterscheidet *Steinmeteorite*, die im wesentlichen aus Silikaten bestehen (→ Chondrite), *Eisenmeteorite* (Legierungen aus Eisen und Nickel) und *Glasmeteorite*, → Tektite.

Meteoritenhypothese, von Kant 1755 aufgestellte Hypothese über die Entstehung des Sonnensystems, wonach dieses im Urzustand aus einer Masse von frei beweglichen, sich gegenseitig anziehenden Teilchen bestand. Im Mittelpunkt habe sich dann - durch das Absinken von Teilchen nach dem Ausgleich gegenläufiger Bewegungen - ein Zentralkörper verdichtet, um den die übrigen Teilchen in einheitlicher Richtung kreisten. In dieser flachen Scheibe hätten sich Gravitationszentren gebildet, aus denen die Planeten und ihre Monde hervorgegangen seien. Auf der Basis der Kantschen Vorstellungen wurden neue verbesserte Hypothesen entworfen, z. B. von Cameron.

Meteoritenkrater, durch den Aufschlag großer Meteorite entstandene kreisähnliche Strukturen auf der Erdoberfläche (*Impaktstrukturen, Astrobleme*), meist mit Wall und zentraler Vertiefung. Bekannte Beispiele sind der Barringer-Krater in Arizona, die Krater von Odessa (Texas) und Henbury (Australien), das Nördlinger Ries (BRD), der Bosumtwi-Kratersee (Ghana). Inzwischen wurden zahlreiche M. in allen Kontinenten gefunden, deren Identifizierung z. T. noch nicht eindeutig ist. Durch die tektonischen Veränderungen der Erdkruste und die starke Verwitterung sind M. aus der Frühzeit der Erde kaum erhalten, im Gegensatz z. B. zur Mondoberfläche, die großenteils durch Impaktstrukturen geformt ist. M. existieren auf allen erdähnlichen Planeten.

Methode der radioaktiven Höfe, → physikalische Altersbestimmung.

Micoquien, eine Kultur der mittleren Altsteinzeit, vor allem in Südwesteuropa verbreitet.

Micraster [griech. mikros »klein«, aster »Stern«], ein herzförmiger irregulärer Seeigel (→ Echinoiden) mit fünf vertieften, sternförmigen Ambulakralfeldern. Verbreitet in der Oberkreide.

Microlestes [griech. mikros »klein«, lestes »Räuber«], kleine Gattung der Multituberculaten, d. h. der ältesten Säugetiere mit vielhöckerigen Backenzähnen; rattengroße Tiere, deren Zahnreste aus dem Rät (Bonebed) Württembergs (BRD) bekannt sind.

Migma [griech. »Mischung«], nicht mehr verwendeter Verlegenheitsname für eine »Mischung« aus festen Gesteinsanteilen und einer mehr oder weniger granitischen Schmelzphase, die ähnlich einem Magma für intrusionsfähig gehalten wurde. Der Begriff ist durch die Ergebnisse der experimentellen Petrologie überholt.

Migmatite, *Mischgesteine,* Gesteine, die sich im Übergangsbereich metamorph-magmatisch (→ Ultrametamorphose) bilden. 1) M. im engeren Sinne entstehen durch partielle Aufschmelzung des Quarz-Feldspat-Anteils (→ Metatekte) in Metamorphiten und dessen lokaler Trennung von den nicht aufgeschmolzenen dunklen Mineralen (→ Restit), so daß helle und dunkle Lagen das Gestein aufbauen (Metatexite oder → Venite). Wird die leukokrate Schmelzphase über größere Entfernungen herangeführt und injiziert, spricht man von *Injektionsgneisen* (→ Arterite). 2) M. im weiteren Sinne sind auch die → Metablastite.

Migration [lat. »Wanderung«], die Umlagerung chemischer Elemente infolge geologischer Prozesse im Erdinnern (z. B. Metamorphose) und an der Erdoberfläche (z. B. Verwitterung). Durch M. können Elemente verarmen oder angereichert werden (Lagerstättenbildung). Ursache der M. ist die Änderung der Zustandsbedingungen (Konzentration, Temperatur, Druck) und des physikochemischen Milieus (Eh, pH).

Mikroklin, → Feldspäte.

Mikrolithe, kryptokristalline Kristallindividuen, durch Rekristallisation in vulkanischen Gläsern entstanden. Sie können rundlich (*Globulit*), nadelförmig (*Belonit*) oder haarförmig (*Trichit*) sein.

Mikrologmessung, ein Verfahren zur Bestimmung von Gesteinseigenschaften, z. B. der Gesteinsporosität im Nahbereich der Bohrlochwand mittels Elektroden mit sehr kleinem gegenseitigem Abstand → Bohrlochmessungen.

Mikromagnetik, die Untersuchung geomagnetischer Kleinanomalien über kristallinen oder sedimentären Gesteinsverbänden bei nicht aufgeschlossenem Untergrund zur Klärung petrogenetischer oder tektonischer Fragen. Vor allem sind feststellbar kleintektonische Vorzugsrichtungen, Schüttungsrichtungen bei Sedimenten oder Hauptrichtungen der Fluidaltextur (Porphyr u. a.).

Mikropaläontologie, → Paläontologie.

Mikrosolifluktion, → Kryoturbation.

Mikrotektonik, zusammenfassende Bezeichnung aller tektonischen Erscheinungen im kleinsten, z. T. nur mikroskopischen Bereich.

Militärgeologie, der Zweig der Geologie, der sich mit der Anwendung geologischer Erkenntnisse für militärische Zwecke beschäftigt, z. B. das Herstellen von Karten der Begeh- und Befahrbarkeit (Panzer), Beratung beim Stellungs- und Felshohlbau, Untersuchung feindlicher Miniertätigkeit, Beschaffung von Baustoffen und Wasser u. a.

Mindelkaltzeit, *Mindelzeit* [nach dem Mindel, einem rechten Nebenfluß der Donau in Bayern], eine mittelpleistozäne Eiszeit der Alpen.

Mineralassoziation, *Mineralaggregat, Mineralvergesellschaftung,* das Zusammenvorkommen verschiedener Mineralindividuen, z. B. ein Gestein.

Mineralböden, Sammelbezeichnung für aus anorganischen Fest- und Lockergesteinen entstandene Böden mit einem Gehalt von unter 30 Masse-% Humus.

Mineralchemie, → Lithogeochemie.

Minerale, *Mineralien*, alle meist festen, im physikalischen und chemischen Sinne homogenen, fast ausschließlich anorganischen Naturkörper der Erdrinde. M. kommen mit wenigen Ausnahmen in Form von Kristallen oder in feinst- bis grobkörnigen, kristallinen Aggregaten vor, deren Stabilität von den äußeren Existenzbedingungen abhängt. Nach der chemischen Zusammensetzung unterscheidet man: Elemente, Sulfide, Halogenide, Oxide und Hydroxide, Nitrate, Karbonate, Borate, Sulfate, Chromate, Molybdate, Wolframate, Phosphate, Silikate und organische Verbindungen. Von den weit über 2000 bekannten M. zählen knapp 200 zu den gesteinsbildenden. Von diesen sind Quarz, Feldspäte, Glimmer, Pyroxene, Amphibole und Olivine die häufigsten. Die Bildung der M. ist von geologischen, chemischen und physikalischen Faktoren abhängig.
Leitminerale sind typisch für bestimmte Mineralparagenesen und gewisse Lagerstätten sowie bestimmte Temperatur- und Druckbereiche. Sie sind im Gegensatz zu → Durchläufern bezüglich Vorkommen und Entstehung auf einen engen Bereich beschränkt, z. B. der Staurolith in kristallinen Schiefern.
M. sind als natürliche Rohstoffe für die Volkswirtschaft, insbesondere für die Montan-, chemische, keramische, Glasindustrie sowie die Landwirtschaft von großer Bedeutung.

Mineralfaziesprinzip, ein von Eskola 1915 geprägter Begriff für das Zusammenvorkommen von bestimmten Mineralparagenesen. Eskola definierte 1939: »Zu einer bestimmten Fazies werden die Gesteine zusammengefaßt, welche bei identischer Pauschalzusammensetzung einen identischen Mineralbestand aufweisen, aber deren Mineralbestand mit wechselnder Pauschalzusammensetzung gemäß bestimmten Regeln variiert.« Neue petrographische Ergebnisse, besonders auf experimentellem Gebiet, führten zu einer genaueren Unterteilung der Temperatur- und Druckbereiche. Danach gehören zu einer Mineralfazies Gesteine, deren Mineralbestand in einem bestimmten Temperatur- und Druckbereich ein chemisches Gleichgewicht erreicht hat und durch kritische Minerale charakterisiert ist. Je nach den Wertepaaren für Temperatur und Druck unterscheidet man z. B. Lawsonit-, Grünschiefer-, Amphibolitfazies und untergliedert weiter nach Subfazies, z. B. Lawsonit-Glaukophanfazies oder Glaukophan-Grünschieferfazies.

mineralischer Rohstoff, in der ökonomischen Geologie die Sammelbezeichnung für alle natürlichen, aus Mineralen bestehenden und im Arbeitsprozeß aus dem Naturverband gelösten Aggregate, die industriell genutzt werden können. Es gibt feste, flüssige (z. B. Erdöl, Wasser) und gasförmige (z. B. Erdgas) mineralische Rohstoffe.

mineralischer Vorrat, eine natürliche Mineralkonzentration oder eine bestimmte Mineralassoziation, die gegenwärtig (→ Bilanzvorrat) oder in absehbarer Zukunft (→ Außerbilanzvorrat) volkswirtschaftlich genutzt werden kann. Dazu muß die Mineralkonzentration einen bestimmten Umfang (Menge) und bestimmte Qualitäten (Gehalte, Mächtigkeit u. a.) besitzen sowie mit der vorhandenen Technik erschließbar und verwertbar (Abbau und Verarbeitung), ihre Nutzung außerdem ökonomisch zu vertreten sein. Nur bei Erfüllung dieser vier Forderungen, die in den → Konditionen für jede Lagerstätte konkretisiert werden, können natürliche Mineralkonzentrationen oder Mineralassoziationen als Vorrat bezeichnet werden.

Mineralogie, die Lehre von den → Mineralen, umfaßt als Wissenschaft die → Kristallographie, die Mineralkunde (Mineralbildung, Mineralumbildung, → Mineralparagenese, Mineralvorkommen, Mineralverwendung) und im weiteren Sinne die Lagerstättenlehre sowie die → Petrologie und Geochemie, die sich zu eigenen Wissenschaften entwickelt haben, dazu die technische M. und Gesteinskunde und Spezialgebiete, z. B. Edelstein- und Meteoritenkunde.
Die M. untersucht die Beziehungen zwischen Chemismus, Struktur, physikalischen Eigenschaften und Form der Minerale und die Zusammenhänge zwischen der Bildungsbedingungen, den Vorkommen, den Eigenschaften und der Verwendung der Minerale, um damit die Grundlage zur Klärung genetischer Fragen und für den Einsatz der Minerale als Rohstoffe in der Volkswirtschaft zu schaffen.

Mineralparagenese [griech. para »neben«, genesis »Entstehung«], eine Mineralvergesellschaftung, die unter bestimmten physikalisch-chemischen Bildungsbedingungen gesetzmäßig entstanden und durch Minerale mit bestimmter Element- und Isotopenzusammensetzung charakterisiert ist, besonders bei Erzlagerstätten.

Mineralquellen, natürliche Wässer aus Quellen oder Bohrungen mit wenigstens 1000 mg gelöster Stoffe je Liter Wasser, mit mehr als 1000 mg/l gelösten Kohlendioxids oder einem Gehalt an Spurenstoffen oberhalb festgelegter Grenzwerte. Für balneotherapeutische Zwecke staatlich anerkannte M. heißen *Heilquellen*.

Mineralvergesellschaftung, svw. Mineralassoziation.

Mineralvorkommen, → Lagerstätte.

Minerogenie, die Wissenschaftsdisziplin von den Gesetzmäßigkeiten der Herkunft, Bildung und Verteilung natürlicher Rohstoffe in Raum und Zeit mit den Teildisziplinen *historische M.* (minerogenetische Epochen), *regionale M.* (minerogenetische Provinzen) und *spezielle M.* Die M. stützt sich auf die Forschungsergebnisse der → Lagerstättenlehre, → Petrologie, Geochemie, historischen → Geologie, → Tektonik, → Metallogenie und → Geophysik.

Minette, 1) zu den Lamprophyren gehörendes Ganggestein; 2) oolithisches Eisenerz (→ Brauneisenstein) mit 34 bis 40% Eisengehalt, das in Nordostfrankreich und Luxemburg in den Schichten des Unteren Doggers mehrere Lager bildet.

Miogeosynklinale, → Geosynklinale.

Miozän [griech. meion »weniger«, kainos »neu«], die zweitjüngste Abteilung des Tertiärs.

Mirabilit, svw. Glaubersalz.

Mischgesteine, svw. Migmatite.

Mispickel, svw. Arsenkies.

Mississippian [nach Bundesstaat in den USA], ein Subsystembegriff für das nordamerikanische Unterkarbon, der 1975 als Terminus der internationalen stratigraphischen Skala für das Unterkarbon vorgeschlagen wurde. Die Obergrenze des M. ist ungefähr identisch mit der Grenze Namur A/B.

Mittelatlantischer Rücken, → mittelozeanische Schwellen, → Ozeanböden.

Mitteldeutsche Kristallinzone, eine Zone metamorpher und granitoider Gesteine am nördlichen Rand der saxothuringischen Zone der → variszischen Gebirgsbildung, in eine kristalline Kernzone und zwei randliche Phyllitzonen gegliedert.

Mitteldeutscher Hauptabbruch, ein System von Südost nach Nordwest streichenden Brüchen mit großen Sprunghöhen, an denen der nördliche Flügel abgesunken ist (Lausitzer Hauptabbruch, Wittenberger, Haldenslebener und Gardelegener Abbruch).

Mitteldeutsche Schwelle, die von Nordost nach Südwest verlaufende Antiklinale (Schwellenzone) des variszischen Gebirges zwischen Harz und Thüringer Wald, Kellerwald und Frankenwald, Taunus und oberrheinischen Gebirgen, die schon in der Geosynklinalzeit eine Aufgliederung in einen rheinischen und einen thüringischen Sedimentationstrog erkennen läßt.

Mitteleuropäische Senke, nach v. Bubnoff der Nordteil des → Germanischen Beckens, ein labiler → Schelf im Bereich der → Osteuropäischen Tafel, mit den Teilbecken der Norddeutsch-Polnischen und Süddeutschen Senke.

Mittelmeer-Mjösenzone, nach Stille das große, meridional streichende Bruch- und Grabensystem (Tiefenbruchzone), das vom Golf du Lion über den Rhône- und Saônegraben, den Oberrheintalgraben, die Hessische Senke und die Salzstrukturen im Norden der BRD und der DDR bis zum Oslograben und weiter nördlich zum Mjösa-See (Südnorwegen) reicht.

mittelozeanische Rücken, svw. mittelozeanische Schwellen.

mittelozeanische Schwellen, *mittelozeanische Rücken*, ein tektonisches Großelement der Erde, ein rund 70000 km langes und 1250 bis 4000 km breites Weltsystem (*world rift system*) von Großformen des Ozeanbodens, die als langgestreckte, meist beiderseits steil abfallende Erhebungen in der Mitte der Ozeane wie große Gebirgszüge entlangziehen und sich rund 2000 bis 4000 m über den Ozeanboden erheben. Ihre Oberfläche liegt meist etwa 1000 m unter dem Meeresspiegel. Im Zentrum besitzen die m. S. einen *Zentralgraben* (*Riftzone*) von meist 25 bis 60 km Breite und 1000 bis 3000 m Tiefe, der von einer Reihe paralleler Furchen begleitet wird und sich durch zahlreiche Erdbeben mit flacher Herdtiefe, einen intensiven basaltischen Vulkanismus und hohen Wärmefluß auszeichnet. In unregelmäßigen Abständen werden die m. S. von *Querelementen* (*transform faults, Transformstörungen*), etwa senkrecht zu den Schwellen verlaufenden Scherzonen, unterbrochen, die Verschiebungsbeträge bis zu mehreren hundert Kilometern aufweisen. In den Zerrungsfugen steigen basaltische Schmelzflüsse aus dem Erdmantel empor und beulen die ozeanische Kruste auf, die sich symmetrisch nach beiden Seiten ausbreitet (→ Ozeanbodenzergleitung). Am längsten ist der mehr als 20000 km lange *Mittelatlantische Rücken* bekannt, über den sich die basaltischen Inseln Island, die Azoren, Ascension, St. Helena u. a. erheben. Die Gesteine der Inseln und des Rückens entsprechen sich. → Kontinentalverschiebungshypothese, → Plattentektonik.

Mittelsteinzeit, *Mesolithikum*, eine Zeitstufe der menschlichen Vorgeschichte zwischen Alt- und Jungsteinzeit.

Mobilisation [lat.], nach Mehnert die Zunahme der geochemischen Migrationsfähigkeit von Gesteinen oder Gesteinsteilen über den Bereich des Einzelkristalls hinaus ohne Aussage über den Aggregatzustand oder den Migrationsmechanismus (→ Migration). Durch M. werden starre Gesteine mobil, d. h. plastisch, faltbar, verschieferbar oder sonst beweglich.

Mobilismus, die Auffassung, daß Teile der Erdkruste frei über ihren Untergrund zu gleiten oder zu driften vermögen, von F. E. Sueß (1926) als Wandertektonik bezeichnet. Gegensatz: Fixismus.

Mobilität, nach Haug und Stille der bewegliche, deformierbare Zustand von Krustenteilen, der Umgestaltungen der Erdkruste zuläßt, im Gegensatz zu stabilen Krustenteilen wie → Kratonen, die gegen den tektonischen Druck widerstandsfähig sind.

Moder, svw. Humus.

Mofette [ital.], eine kühle postvulkanische CO_2-Exhalation.

Mogoten, aus Westindien stammender Begriff für turm- oder kegelförmige Einzelberge tropischer und subtropischer Karstgebiete.

Mohole-Projekt [engl. Abkürzung für Mohorovičič Hole »Mohorovičič-Loch«], im Rahmen internationaler Zusammenarbeit aufgestelltes Forschungsprojekt, die → Mohorovičič-Diskontinuität zu durchbohren und in den obersten Erdmantel vorzustoßen. Das M. wurde zurückgestellt; besonders in der UdSSR und in den USA ist man aber weiter bemüht, die technischen Voraussetzungen für die dafür notwendigen übertiefen Bohrungen zu schaffen.

Mohorovičič-Diskontinuität [nach dem jugoslawischen Geophysiker Mohorovičič], eine Unstetigkeitsfläche an der Grenze Erdkruste/Erdmantel in durchschnittlich 25 bis 40 km, stellenweise sogar bis 70 km Tiefe unter den Kontinenten und wesentlich geringerer Tiefe (z. T. unter 10 km) unter den Ozeanen, an der eine sprunghafte Erhöhung der Geschwindigkeit der Erdbebenwellen von etwa 7,0 auf 8,1 bis 8,3 km/s eintritt.

Mohssche Härteskala, von Mohs 1820 aufgestellte Mineralreihe zur Bestimmung der relativen Ritzhärte von Mineralen. Die M. H. umfaßt die Minerale Talk, Steinsalz, Kalkspat, Flußspat, Apatit, Feldspat, Quarz, Topas, Korund und Diamant mit Härtegraden 1 bis 10, von denen jeweils das folgende das vorauf gehende ritzt.

Molasse, Bezeichnung für den spätorogenen Abtragungsschutt, der sich während und nach der Heraushebung von Faltengebirgen bildet und in → Vortiefe (*Außenmolasse*) sowie in → Innensenken (*Innenmolasse*) abgelagert wird. Die Außenmolasse enthält oft Kohlen- und Erdöllagerstätten, wobei die Kohlenflöze mit Meeresablagerungen wechsellagern, da es im Küstenbereich wiederholt zu flachen Meereseinbrüchen gekommen ist. Die Innenmolasse besteht aus einer Folge von mehrere tausend Meter mächtigen, meist rötlichen Konglomeraten, Sandsteinen und Argilliten als Zeugen eines ariden Klimas. Ein intensiver, saurer, → subsequenter Vulkanismus ist verbreitet. Im Rahmen der geotektonischen Entwicklung von Krustenteilen bildet die M. häufig das Übergangsstockwerk zwischen dem Grundgebirgs- und Deckgebirgsstockwerk, indem die älteren M. noch mit gefaltet sind, während die Spätmolassen bereits Tafelsedimente darstellen.

Moldanubikum, svw. Böhmische Masse.

moldanubische Zone, → variszische Gebirgsbildung.

Moldawite, → Tektite.

Molekülgitter, → Kristallgitter.

Mollusken, *Weichtiere,* ein Stamm der wirbellosen Tiere mit weichem, wenig gegliedertem Körper. Er ist von einer Hautfalte (Mantel) umgeben, die bei den beschalten Formen die überwiegend ein- oder zweiteilige Schale absondert. Die Tiere sind bilateralsymmetrisch gebaut. Klassen: Muscheln (→ Lamellibranchiaten), Schnecken (→ Gastropoden), Kopffüßer (→ Cephalopoden), Grabfüßer (→ Scaphopoden). Vorkommen: Kambrium bis Gegenwart.

Molluskoiden, *Weichtierähnliche, Tentakulaten,* eine Gruppe der wirbellosen Tiere, zwischen Würmern und Weichtieren stehend, mit den Stämmen → Bryozoen und → Brachiopoden.

Molybdänglanz, svw. Molybdänit.

Molybdänit, *Molybdänglanz,* ein Mineral, MoS_2; starker Metallglanz, grau, hexagonal. M. findet sich besonders im Gefolge von Graniten; wichtigstes Molybdänerz.

Monadnock, svw. Härtling.

Monazit [griech. monazein »einsam sein« (weil er meist in Einzelkristallen vorkommt)], ein Schwermineral, $Ce[PO_4]$, enthält bis zu 70 % seltene Erden, daneben fast stets Th, hartglänzend, monoklin. M. kommt in sauren Magmatiten vor, angereichert besonders in Strand- und Flußseifen, und dient zur Gewinnung von Zer, Lanthan und Thorium sowie zur Herstellung von radioaktiven Präparaten.

Mondablösungshypothese, heute auf Grund der Untersuchungen des Mondes und Mondgesteins nicht mehr vertretbare Annahme, daß sich der Mond im Raum der nordpazifischen Depression in vorgeologischer Zeit von der Erde abgelöst habe (»irdische Mondnarbe«).

Mondgeologie, *Lunargeologie,* ein neuer Zweig der Geologie, der sich mit der geologischen Erforschung des Mondes befaßt, gegenwärtig wichtigstes Teilgebiet der → Kosmogeologie.

Monograptus [griech. monos »einzig«, graptos »geschrieben«], eine Gattung der → Graptolithen (Abb. S. 316); auf das Silur und Unterdevon beschränkt.

Monokline, svw. Flexur.

Monokotyledonen, → Angiospermen.

Monomyarier, → Lamellibranchiaten.

Mont, *Montien* [nach der Stadt Mons in Belgien], eine Stufe des Paläozäns, meist mit dem → Dan zusammen als → Dano-Mont dem Unteren Paläozän gleichgesetzt.

Montangeologie, → Geologie.

Montanhydrologie, die Anwendung hydrogeologischer Methoden und Erkenntnisse im Bergbau, z. B. bei der Entwässerung von Braunkohletagebauen.

Monticellit, → Olivine.

Montmorillonit [nach der frz. Stadt Montmorillon], ein Tonmineral, monoklin, $(Al_{1,67}Mg_{0,33})[(OH)_2 Si_4O_{10}]^{0,33}-Na_{0,33}(H_2O)_4$, Kristalle sehr fein, mikroskopisch meist nicht zu identifizieren. Optische Eigenschaften hängen u. a. vom Entwässe-

rungszustand und von absorbierten Ionen ab; Schichtgitter mit schwach negativ geladenen Silikatschichten, deren Abstand mit dem Wassergehalt schwankt. Die Quellfähigkeit steigt, wenn kleine Zwischenschichtkationen mit großer Ladung vorhanden sind. Al, Na, Mg sind gegen andere Ionen austauschbar; Abgabe des Zwischenschichtwassers bei 100 bis 250 °C, des Konstitutionswassers bei 670 bis 700 °C. M. bildet sich unter anderem unter hydrothermalen Bedingungen im neutralen und alkalischen Bereich während der Abkühlungsphase von Vulkaniten. Zur Gruppe der M. gehören u. a. Nontronit, Beidellit, Saponit. M. ist für viele Eigenschaften der Böden verantwortlich (Wasserhaltigkeit, Basenadsorption, Bodenfruchtbarkeit). → Bentonit.
Montmorillonitton, svw. Bentonit.
Monzonit [nach dem Monzoni-Berg im Fassatal in Norditalien], ein Tiefengestein mit etwa gleichen Gehalten an Kalifeldspat und Plagioklas, meist mit Hornblende oder Pyroxen, quarzfrei; überwiegend mittelkörnig; Verwendung als Straßenbaumaterial und Naturstein.
Moor, eine Bezeichnung für großflächige Vorkommen von → Torf.
Mooranzeiger, → Bodenanzeiger.
Moorböden, *organische Böden*, Sammelbezeichnung für Böden mit einer Torfauflage von über 2 dm und Humusanteilen über 30%. Dazu zählen die Bodentypen *Niedermoor*, entstanden infolge Verlandung stehender Gewässer aus abgestorbenen Pflanzen (Rohrkolben, Schilf und Seggen), *Hochmoor*, gebildet in niederschlagsreichen Klima aus anspruchslosen Pflanzen (Torfmoose, Wollgras), *Übergangsmoor* (zwischen Nieder- und Hochmoor stehend).
Moostierchen, svw. Bryozoen.
Moräne, Bezeichnung für allen Gesteinsschutt, den Gletscher mitführen oder ablagern. Von den Talhängen stammender mitgeführter Schutt bildet die *Oberflächenmoräne*. Gelangt er infolge der Gletscherbewegung ins Eis, entsteht eine *Innenmoräne*. Beiderseits des Gletschers bildet sich eine Seiten- oder *Randmoräne*. Vereinigen sich zwei Gletscher, so fließen die inneren Seiten zusammen. Die *Grundmoräne* zwischen Eis und Gletscheruntergrund besteht als Grundschutt, der durch die mechanische Tätigkeit des Gletschers vom Untergrund losgelöst wurde, und aus Oberflächenschutt. Dieses Material bleibt beim Abschmelzen des Gletschers flächenhaft ausgebreitet, ungeschichtet liegen. Vor dem Stirnrand eines Gletschers breiten sich *Stirn-* oder *Endmoränen* aus. Wurden sie vom Eis zusammengestaucht, spricht man von *Stauchmoränen*. Noch bewegte M. bezeichnet man als *Wandermoränen*, durch das Eis übereinandergeschobene als *Stapelmoränen*. In ehemals vereisten Gebieten bilden M. häufig charakteristische Moränenlandschaften (Abb., → glazialzeitliche Serie) mit Moränenseen, Drumlins, Osern und Findlingen.
Morion, → Quarz.
Morphogen, das am Ende einer Tektonogenese herausgehobene Gebirge in morphologisch-orogenetischem Sinne.
Morphometrie [griech. morphe »Gestalt«, metron »Maß«], *Morphoskopie*, eine Methode zur Untersuchung der Körner klastischer Sedimente mit dem Ziel, die mechanischen und klimatischen Bedingungen, unter denen das Sediment entstand, zu klären.
Morphoskopie, svw. Morphometrie.
Mosasaurus [lat. Mosa »Maas«, griech. sauros »Echse«], eine Gattung der schlangenartigen Meersaurier mit langgestrecktem Körper (bis 12 m). Vorkommen: Oberkreide Europas, Nordamerikas, Afrikas.
Moschusochse (*Ovibos moschatus*), die anspruchsloseste, kältehärteste Art der großen Pflanzenfresser des Jungpleistozäns, in der Form zwischen Rind und Schaf stehend; kommt rezent in Grönland und im arktischen Nordamerika vor.
Moskauer Senke, der seit dem → Riphäikum abgesenkte Teil der → Osteuropäischen Plattform.
Moustérien [nach dem Fundort Le Moustiers/Südfrankreich], eine Kulturstufe der Altsteinzeit.
Mudde, durch Sedimentation in ruhenden oder langsam fließenden Gewässern entstandene organische und mineralische Ablagerungen (z. B. Gyttja, Dy, Sapropel).
Mulde, *Synklinale, Synkline*, der nach unten gerichtete Teil einer → Falte. M. sehr kurzer Längsstreckung mit rundlicher oder ovaler Grundform bezeichnet man als *Schüsseln* oder *Brachysynklinalen*.
Mull, → Humus.
Mullion [engl. »Pfeilerbündel der Spitzbögen gotischer Kirchen«], längliche, wulstartige Gebilde (Einzelmullions) in gefalteten Gesteinsschichten, parallel verlaufend und durch Scherflächen getrennt, finden sich an der Unterseite von kompetenter Schichten (Sandsteine, Quarzite, Kalke), wenn diese in Wechsellagerung mit inkompetenten Schichten (Tonschiefer) liegen.
Multituberculaten, eine langlebige Ordnung der ältesten Säugetiere, von denen häufig nur die vielhöckerigen Backzähne erhalten sind. Die Tiere sind maus- bis murmeltiergroße Pflanzenfresser. Vorkommen: Obermalm bis Obereozän.
Mure [bayr.-tirol. zu mürbe, morsch], *Murbruch, Murgang*, ein Schlamm- und Gesteinstrümmerstrom in Gebirgen, entsteht nach starken Regengüssen oder plötzlicher Schneeschmelze, wenn der wasserdurchtränkte Gehängeschutt ins Gleiten kommt. Aus den Ablagerungen solcher Schlammströme in miogeosynklinalen Becken ist der → Flysch mit entstanden.
Muschelkalk, die mittlere Abteilung der germanischen Trias.
Muschelkrebse, svw. Ostracoden.
Muskovit, ein Glimmermineral, im alten Moskau als Fensterscheibenmaterial benutzt, → Glimmer; *Muskovitschiefer*, → Glimmerschiefer.
Muskovitschiefer, → Glimmerschiefer.
Muttergestein, 1) Erdölmuttergestein, → Erdöl; 2) der C-Horizont eines Bodenprofils.
Myazeit, der der → Lymnaeazeit folgende Zeitraum in der Bildungsgeschichte der Ostsee, in dem die Ostsee ihre heutige Gestalt gewann. Ablagerungen aus dieser Zeit enthalten häufig Muscheln der Gattung Mya.
Mylonit [griech. mylon »Mühle«], *Knetgestein*, ein durch Druck an tektonischen Bewegungsflächen zermalmtes, zerriebenes und wieder verfestigtes Gestein, findet sich besonders an der Basis von Überschiebungsdecken. *Mylonitisierung*, der Vorgang der Zermalmung (→ Kataklase). Umkristallisierter M. wird als *Blastomylonit* bezeichnet.
Myophoria, eine Gattung der zu den Muscheln (→ Lamellibranchiaten) gehörenden Homomyarier (Abb. S. 353). Vorkommen: Devon bis Trias, wichtige Leitfossilien.
Myriapoden, → Tracheaten.
Myrmekit [griech. myrmex »Ameise«], ein Feldspat-Quarz-Reaktionsgefüge, wurmförmige Verwachsungen von Quarzstengeln in Alkalifeldspäten metamorpher und spätmagmatischer Gesteine, nur unter dem Mikroskop zu erkennen.

N

Nacktpflanzen, → Psilophyten.
Nacktsamer, svw. Gymnospermen.
Nadelbäume, svw. Coniferen.
Nadeleisenerz, svw. Goethit.
Nadelzinn, → Cassiterit.
Nagelfluh [Schweizer Volksausdruck], ein Konglomerat, besonders der alpinen → Molasse, das überwiegend Karbonat- und Sandkalkgerölle (*Kalknagelfluh*) oder neben den sedimentären Anteilen bis zu 50% Granit- und Gneisgerölle enthält (*bunte N.*). Der Name stammt von den nagelkopfähnlich aus der Felsoberfläche (der »Fluhe«) heraustretenden Geröllen.
Nagelkalk, → Tutenmergel.
Nährhumus, → Humus.
Namur, Namurien, Namurium [nach der belg. Stadt N.], die untere Stufe des Oberkarbons (→ Siles) mit den Teilstufen A, B und C und den Goniatitenzonen der Genera Eumorphoceras, Homoceras und Reticuloceras, in England und Wales vertreten durch den Millstone Grit, der Teile der Gastrioceraszone einschließt. Das N. der Russischen Tafel wird zum Unterkarbon gerechnet und umfaßt nur das

Namur A und B der mittel- und westeuropäischen Gliederung.
Nannofossilien, sehr kleine Mikrofossilien, die dem Nannoplankton angehören (Coccolithen, Hystrichosphärideen, → Radiolarien). → Fossilien.
Nappismus, svw. Deckentheorie.
Narbe, *Narbenzone,* eine tiefliegende hypothetische Zone ausgedehnten Massenverlusts unter der → Scheitelzone eines zweiseitigen → Orogens, die nach den Anschauungen der Deckenlehre in den Alpen als fast 600 km lange Wurzelzone der nordalpinen Decken angesehen wird und eine Struktur von herausragender Bedeutung ist, an die die in den Alpen seltenen Granitplutons gebunden sind.
Nashörner, *Rhinoceriden,* eine Familie der Unpaarhufer mit starken Hörnern auf Nasen- und Stirnbein. N. sind Grasfresser. Vorkommen: Tertiär bis Gegenwart. Das pleistozäne, wollhaarige doppelhörnige N. (*Coelodonta antiquitatis*) war Zeitgenosse des Mammuts.
Natrolith, zu den Faserzeolithen (→ Zeolithe) gehöriges, meist nadeliges bis faseriges Mineral, $Na_2 \cdot [Al_2Si_3O_{10}] \cdot 2\,H_2O$, häufig in Blasenräumen von Basalten und Phonolithen.
Natursteine, Gesteine, die als Werk-, Schmuck- und Dekorationssteine verwendbar sind.
Nautiliden, eine Ordnung der Kopffüßer mit gerader, gekrümmter oder spiralig eingerollter Schale. Vorkommen: Kambrium bis Gegenwart.
Nebengemengteile, die Gemengteile eines Gesteins, die im Gegensatz zu dessen Hauptgemengteilen nur in geringeren Anteilen enthalten sind.
Nebularhypothese, eine auf den französischen Astronomen Laplace (1749 bis 1827) zurückgehende Hypothese über die Entstehung des Sonnensystems, die von einer rotierenden, kontrahierenden Ursonne am Äquator gasförmige Materieringe sich ablösten, aus deren Zusammenballung die Planeten entstanden sein sollen. Eine moderne Form dieser Hypothese wurde z. B. von Hoyle entwickelt.
Nebulite, Migmatite, deren ursprüngliches Gefüge durch die Bildung von wolkig verteilten Feldspäten verwischt ist. Es handelt sich um ehemalige Gneise, deren Schieferung noch wie durch einen Nebelschleier hindurchschimmert.
Nehdenstufe [nach dem Ort Nehden im nordöstlichen Sauerland], der untere Abschnitt des höheren Oberdevons. Leitfossil ist der Goniatit Cheiloceras.
Nehrung, eine schmale langgestreckte Sandablagerung einer Flachküste, die ein Haff oder eine → Lagune vom offenen Meer trennt.
Nekton, die Gesamtheit der aktiv im Meer schwimmenden Tiere (besonders Fische), im Unterschied zum → Plankton.

Neoeuropa, nach Stille das durch Anfaltung der alpidischen Gebirge an Mesoeuropa entstandene Europa in seiner heutigen Gestalt.
Neogäa [griech. neos »jung«, »neu«, ge oder gaia »Erde«], veraltete Bezeichnung nach H. Stille die nach dem → Algonkischen Umbruch im Laufe der geotektonischen Erdgeschichte durch Anfaltung an die Urkontinente entstandene und heute weitgehend erstarrte rezente Kontinentalmasse (Neuerde).
Neogen, das Jungtertiär, mit den Abteilungen Miozän und Pliozän.
Neokom [Neocomum, lat. Name der Stadt Neuenburg/Schweiz], eine Stufe der Unteren Kreide.
Neolithikum, *Jungsteinzeit,* eine Zeitstufe der menschlichen Vorgeschichte, reicht etwa von 4000 bis 1800 v. u. Z.
Neotektonik, Bezeichnung von W. A. Obrutschew für nachweisbare tektonische Bewegungen seit dem Jungtertiär bis in die Gegenwart, daher auch für rezente Erdkrustenbewegungen.
Neozoikum, svw. Känozoikum.
Nephelin, → Feldspatvertreter.
Nephrit, → Amphibole.
Neptunismus [lat. Neptunus, Gott des Meeres, eine von A. G. Werner (1749 bis 1817) begründete Theorie, nach der alle wesentlichen Gesteine der Erdkruste im Wasser entstanden seien. Auch Goethe schloß sich dieser Auffassung an. G e g e n s a t z : → Plutonismus.
neritisch [nach der Meernymphe Nerine], der zur Flachsee gehörende Bereich eines Meeres bis etwa 200 m Tiefe.
Nesseltiere, svw. Cnidarier.
Netzblattfarn, svw. Dictyophyllum.
Netzleisten, die Ausfüllungen von → Trockenrissen.
neue Globaltektonik, → Plattentektonik.
Neuozeane, → Urozeane.
Neuropteriden [griech. neuron »Nerv«, pteris »Farn«], pteridosperme Pflanzen mit zungenförmigen bis rundlichen, an der Basis eingeschnürten Fiederchen und gut entwickelter Blätternervatur. Verbreitet im Karbon und Rotliegenden.
Neutronenverfahren, ein Verfahren zur Messung der künstlich erzeugten Radioaktivität von Gesteinen in Bohrlöchern mit dem Ziel, Lithologie, Porosität und Porenfüllung jener Gesteine zu bestimmen, → Bohrlochmessungen.
nevadische Phase, Bezeichnung für tektonische Bewegungen zwischen Jura und Kreide im Coast Range – Nevada – Rocky-Mountains-Bereich, Nordamerika.
nichtalkalin, → Gesteine.
Nichterze, *Gangart,* meist mit Erzen in Gängen vorkommende Minerale, die z. T. abgebaut, aber nicht auf Metalle verhüttet werden, sondern Grundstoffe der chemischen Industrie liefern, z. B. Schwer-, Fluß-, Kalkspat. Quarz.
Nichthuminstoffe, → Humus.
Nichtleiter, svw. Aquifuge.
Niedermoor, → Moorböden.
Niedertauen, das flächenhafte Abtauen einer vom »lebenden« (bewegten) Eis abgetrennten Toteismasse, → Tieftauen.
Nife-Kern, Bezeichnung für den Erdkern, der einigen Anschauungen zufolge aus Nickel (*Ni*) und Eisen (*Fe*) bestehen soll.
Nilssonia [Nilsson, schwed. Zoologe], eine Cycadeengattung mit lang-elliptischen oder fast bandartigen, büscheligen und meist unregelmäßig geteilten Blättern; Vorkommen: Mittlerer Keuper bis Unterkreide (Wealden), Nachläufer in der Oberkreide.
Nontronit [nach der frz. Stadt Nontron/Dordogne], ein Tonmineral, eisenreicher Montmorillonit, gelbgrün, dicht, $Fe_2^{3+}[(OH)_2Al_{0,33}Si_{1,67} \cdot O_{10}]^{0,33-}Na_{0,33}(H_2O)_4$, monoklin. *Chloropal* ist N., der innig mit Opal vermengt ist.
Nor [nach den Norischen Alpen], eine Stufe der pelagischen Trias.
Nordamerikanisch-grönländische Plattform, *Laurentia,* ein bereits zu Beginn des Oberproterozoikums (Riphäikum) bestehender Kraton, der Zentralkanada, den Zentralteil der USA, Teile des arktischen Archipels und Westgrönland umfaßte. Die südöstlichsten Teile des Kratons (Eria) wurden durch mesozoische Drift von der N. getrennt und sich heute in der äußersten Nordwesten Schottlands. Die N. bildet das Kernstück des Nordamerikanischen Subkontinents (→ Kanadischer Schild).
Nördlinger Ries, eine nahezu kreisförmige Kratersenke von 23 Kilometer Durchmesser zwischen Schwäbischer und Fränkischer Alb, mit tertiären Seeablagerungen und Löß gefüllt ist und an deren Rändern stark veränderte Gesteine des Jura auftreten. Kristalline und sedimentäre Auswürflinge aus dem tieferen Untergrund finden sich bis 25 km Entfernung. Durch die Entdeckung von Mineraldeformationen, die durch Stoßwellen sehr hoher Intensität zustande kommen, hat sich die Auffassung bestätigt, daß das N. R. ein Meteoritenkrater ist, der vor etwa 15 Jahrmillionen im Oberen Miozän durch den Einschlag eines extraterrestrischen Körpers entstanden ist. Auch das 40 km westlich davon gelegene *Steinheimer Becken* mit einem mittleren Durchmesser von 3 km ist eine solche Impaktstruktur.
Norit, → Gabbro.
Normale, eine Meßanordnung zur Bestimmung des Potentialabfalls in Bohrungen und damit des spezifischen Widerstands der Gesteine, → Bohrlochmessungen.
Nosean, → Feldspatvertreter.

Nothosaurus [griech. nothos »unecht«, sauros »Echse«], eine Gattung der Sauropterygier, etwa 3 m lang, halten die Mitte zwischen echten Land- und Meerestieren. Zähne und Rippen finden sich besonders häufig im Muschelkalk der germanischen Trias.

Nummuliten, Großforaminiferen mit kalkiger, linsen- oder scheibenförmiger Schale bis zu 12 cm Durchmesser und zahlreichen spiraligen, vielkammerigen, inneren Umgängen (Abb. S. 384). Vorkommen: Oberkreide bis Oligozän. Hauptverbreitung: Alttertiär (südeuropäischer und nordafrikanischer Nummulitenkalk).

Nunatak [aus einer Eskimosprache], *Plur. Nunatakker, Nunatakr*, Bezeichnung für aus dem Inlandeis herausragende einzelne Berge oder Felsen.

O

Oberflächenwellen, durch Erdbeben erzeugte Schwingungen, die sich an der Erdoberfläche wellenförmig ausbreiten.

Oberschlesische Pforte, eine im Oberen Buntsandstein entstandene Verbindung zwischen der Tethys und dem Germanischen Becken. Durch die O. P. erfolgte im Röt von Südosten her eine Überflutung ausgedehnter Gebiete Mitteleuropas, die bis zum Unteren Muschelkalk anhielt.

Obolen, eine Familie der Brachiopoden. Vorkommen: Kambrium bis Ordovizium von Europa, Amerika und Asien.

Obsidian [lat.], ein schwarzes oder graues, seltener braunrotes Gesteinsglas, entstanden durch rasche Erstarrung rhyolithischer Schmelzen, fast oder ganz wasserfrei. O. wurde in der Jungsteinzeit zu Messern, Pfeilspitzen verarbeitet, heute fertigt man daraus Kunstgegenstände an.

ocean floor spreading, svw. Ozeanbodenzergleitung.

Ocker, eine → Farberde; ein lockeres, leicht zerreibliches, erdiges, abfärbendes Mineralgemenge aus Ton und Eisenverbindungen, zur Verwendung als Malerfarbe; vielfach Verwitterungsprodukt von Diabas.

Odontopteris [griech. odos »Zahn«, pteris »Farn«], eine Samenfarngattung mit zahnförmigen Fiederchen. Vorkommen: Oberkarbon (Westfal) bis Unterperm (Rotliegendes).

Ogiven [franz. »Spitzbogen«], durch → Blaublättertextur infolge der Ablation hervorgerufene wechselnde Erhöhungen und Vertiefungen auf der Gletscheroberfläche, die oft als dunkle Schmutzbänder erscheinen.

Old Red [engl. »Altes Rot«], von D. Conybeare und W. Phillips (1822) stammende Bezeichnung (»Old Red Sandstone«) für die vorwiegend rote Fazies terrestrischer Sedimente, die im Anschluß an die kaledonische Gebirgsbildung ab Silur, vorwiegend aber im Devon, auf weiten Flächen der Erde, besonders der Nordhemisphäre – *Old-Red-Kontinent* –, zur Ausbildung kam. Bald wurden auch viele erdgeschichtliche Parallelen zum O. R. im Anschluß an Gebirgsbildungen bekannt; so spricht man von einem *Oldest Red* im Oberen Proterozoikum bis Eokambrium und einem *New Red* von Perm bis Trias im Anschluß an die variszische Gebirgsbildung.

Olenellus, eine Trilobitengattung des Unterkambriums mit großem Kopfschild, zahlreichen bestachelten Rumpfsegmenten und kleinem Schwanzschild (Abb. S. 304).

Olenus, eine Trilobitengattung des Oberkambriums mit mäßig großem, vorn abgeplattetem und bestacheltem Kopfschild (Abb. S. 304).

Ölfallen, für die Erdölanreicherung und -lagerstättenbildung günstige geologische Strukturen. Man unterscheidet: 1) *strukturelle Ö.*, durch tektonische Vorgänge entstanden: Antiklinalen, Flanken und Scheitel von Salzstöcken, Monoklinalen, Diskordanzen (Transgressionsfallen) u. a.; 2) *lithologische (stratigraphische) Ö.*, die auf Unregelmäßigkeiten in der Ablagerung zurückgehen: poröse und durchlässige Partien in sonst dichten Gesteinen, die Spitzen auskeilende Sande oder anderer poröser Gesteine, fossile Flußläufe u. a. Mitunter werden den Transgressionsfallen unlogisch als stratigraphische Fallen bezeichnet. – Physikalisch sind strukturelle Fallen Zonen relativ kleinsten hydrostatischen oder hydrodynamischen Druckes. Lithologische Ö. sind Zonen relativ kleinsten Kapillardruckes.

Oligoklas, → Feldspäte.

oligotroph, → eutroph.

Oligozän [griech. oligos »wenig«, kainos »neu«], die mittlere Abteilung des Tertiärs.

Olistholithe [griech. olisthomai »gleiten«, lithos »Gestein«], Gesteinsbruchstücke und Gesteinsfolgen aller Größen, unklassiert und ungeordnet eingelagert in die Matrix von → Olisthostromen. Die O. bestehen aus älteren eckigen Festgesteinen und während des Transportes verformten Anteilen. O. sind älter als oder gleichalt wie die Matrix der Olisthostrome.

Olisthon [griech. olisthon »Geglittenes«], ein Produkt → gravitativer Gleitungen, → Delapsion.

Olisthostrom [griech. olisthomai »gleiten«, stroma »ausgebreitet«], eine ungeschichtete, chaotische, oft viele hundert Meter mächtige Gesteinsmasse als Ergebnis einer subaquatischen Rutschung großer instabiler Massen auf flach geneigtem Hang ohne vollständige Fluidisierung. O. werden auch als die Absätze von Schlammströmen angesehen. Sie bestehen aus einer sandig-tonig-mergeligen Matrix und eingelagerten älteren → Olistholithen unterschiedlicher Größenordnung (Millimeter- bis Kilometer-Durchmesser). O. sind in Flysch- oder Molasseablagerungen eingeschaltet.

Olivine, gesteinsbildende Minerale, rhombisch, isomorph: *Forsterit* $Mg_2[SiO_4]$, gelblich; *Olivin* (*Peridot, Chrysolith*) $(Mg, Fe)_2[SiO_4]$, gelb, gelbgrün, bräunlich; *Fayalit* $Fe_2[SiO_4]$, braun, schwarz; *Monticellit* $CaMg \cdot [SiO_4]$, farblos, gelblich. O. sind hauptsächlich Gemengteile basischer und ultrabasischer Magmatite. Sie wandeln sich leicht um, besonders in Serpentin.

Ölsande, fälschlich auch durch Übersetzung der amerikanischen Bezeichnung »tar sands« als *Teersande* bezeichnet, wenig verfestigte Sandsteine, die mit schwerem, entgastem Öl (Totöl) getränkt sind. Die Ö. enthalten die größten bekannten Bitumenlagerstätten der Erde und sind eine beträchtliche Rohenergiereserve für die Zukunft.

Ölschiefer, *bituminöse Schiefer*, aus Faulschlamm entstandene dunkle, tonige oder mergelige Gesteine mit größerem Gehalt an Bitumen, aus denen sich Öl und Gas gewinnen lassen. Bekannte Ö. sind der Kuckersit von Estland, die Posidonienschiefer im südlichen und nördlichen Teil der BRD (15 bis 20% Bitumengehalt). Die Ö. können zu Erdölmuttergesteinen werden (→ Erdöl).

onerarisostatische Bewegungen, svw. glazialisostatische Bewegungen.

Onyx, → Chalzedon.

Ooid, → Oolith.

Oolith [griech. »Eierstein«], ein Gestein, das aus konzentrisch-schaligen oder radialfaserigen bis erbsengroßen, durch ein Bindemittel verkitteten, kugelförmigen Körpern (*Ooide*) aufgebaut. Kalk- oder Eisenabscheidung aus übersättigter Lösung erfolgt an winzigen Keimen, z. B. an Sandkörnchen; am häufigsten sind *Kalkoolithe*. Der Rogenstein ist ein Kalkoolith mit sandigem Bindemittel; aus Aragonit besteht der *Erbsenstein*, aus Braun- oder Roteisenstein der *Eisenoolith*; *Kieseloolithe* sind meist verkieselte Kalkoolithe.

opak [lat. »schattig«], lichtundurchlässig, z. B. Minerale mit Metallglanz oder Opakglas.

Opal [Sanskrit upala »Stein«], SiO_2-Gel mit 1 bis 21% Wasser, traubig, krusten- und lagenartig, amorph, auch mit kryptokristallinem Quarz und Cristobalit. Varietäten sind: *Edelopal* mit prächtigem bläulichweißem Farbenspiel (Opalisieren), *Feueropal* (leuchtend gelb bis ziegelrot), *Milchopal* und *Hydrophan* (durch Wasserverlust milchig getrübt), *Hyalit* oder *Glasopal* (traubig in Mandelräumen), gemeiner O. (trüb und in verschiedenen Farben), *Holzopal* (durch Opalsubstanz versteinertes Holz).

Ophiolithe, in der Geosynklinalzeit aus der Tiefe aufsteigende basische bis ultrabasische Magmen, die reich an Eisen und Erdalkalien sind; charakteristische grüngefärbte, frische und metamorphosierte Gesteine, z. B. Diabas, Gabbro, Peridotit, Serpentinit.

Ophiuroiden, Schlangensterne, eine Unterklasse der Stachelhäuter. Vorkommen: Ordovizium bis Gegenwart. Fossil wenig bedeutend.

Opisthobranchier, → Gastropoden.

Ordovizium, das auf das Kambrium folgende System des Paläozoikums, benannt nach dem keltischen Volksstamm der Ordovices in Nordwales (vgl. erdgeschichtliche Tabelle am Schluß des Buches).

organische Böden, svw. Moorböden.

organogene Gesteine, *biogene Gesteine,* Sedimente, die unter Beteiligung anorganischer Bestandteile von Organismen wie Schalen, Stielgliedern u. a. entstanden sind, z. B. Muschelkalk, Korallenkalk.

Orogene [griech. oros »Gebirge«], in Teilstücke gegliederte Bauelemente der Erdkruste, die sich im Bereich mobiler Zonen entwickeln und vom Geosynklinal- über das Molassestadium nach Beendigung der strukturbildenden Vorgänge (→ Tektonogenese) Teile von → Kratonen werden.

Orogenese, → Tektonogenese.

orogenes Gleichzeitigkeitsgesetz, eine Auffassung von Stille, nach der sich die Phasen der großen Gebirgsbildungen auf der Erde weltweit gleichzeitig auswirken, wenn auch unterschiedlich stark auswirken, was nach neueren Untersuchungen nur sehr bedingt gültig ist (→ Faltungsphase).

Orogentheorie, richtiger *Orogenhypothese,* nach L. Kober der Mechanismus der Gebirgsbildung. → Orogene.

Orokinese, ein Begriff von E. Kraus, der die strukturbildenden, gefügeverändernden Prozesse und die Vorgänge der Entstehung von Gebirgen in orographischem Sinne komplex ausdrücken soll.

Orterde, → Ortstein.

Orthis [griech. orthos »gerade«], eine Gattung der aphaneropegmaten → Brachiopoden mit bikonvexer, radial gerippter Schale (Abb. S. 311). Vorkommen: Unteres bis Mittleres Ordovizium.

Orthoceras, richtiger *Michelinoceras, Geradkorn,* eine Gattung der Nautiliden mit gerader Schale, rundem Querschnitt, großer Wohnkammer und dünnem, mittelständigem Sipho (Abb. S. 317). Vorkommen: Mitteldovizium bis ? Obertrias.

Orthogesteine, *Orthometamorphite* [griech. orthos »recht«], aus Magmatiten hervorgegangene metamorphe Gesteine, → Metamorphose.

Orthoklas, → Feldspäte.

Orthophyr, *Orthoporphyr,* ein Vulkanit des Paläozoikums mit überwiegend Orthoklas, besonders bei den Einsprenglingen, wenig verbreitet.

Ortstein, ein dunkler, verfestigter Horizont im Unterboden; entsteht dadurch, daß in saurem Milieu (z. B. Heidevegetation auf silikatarmem Sand in humidem Klima) aus dem Oberboden Eisen- und Aluminiumhydroxide und Humuskolloide ausgewaschen werden, sich im Unterboden anreichern und die Bodenteilchen verkitten. Um Wurzelstöcke entstehen *Ortsteintöpfe.* Bei geringerer Verkittung bildet sich *Orterde.* O. ist charakteristisch für → Podsol.

Oryktozönose, *Grabgemeinschaft,* der Teil der Organismen, der bei einer → Thanatozönose fossil erhalten geblieben ist.

Os, *Plur.* **Oser, Osar,** schwed. Ås, *Plur.* **Aser, Asar,** irisch *Esker, Wallberge,* langgestreckte, schmale, wallartige Erhebungen in Moränenlandschaften aus geschichteten oder gestauchten, gut abgerollten Sanden und Kiesen, die oft Geschiebe enthalten. Oser wurden meist von Schmelzwässern längs größerer Spalten am Grunde des Inlandeises abgelagert.

Ostantarktische Plattform, *Antarctica,* bereits zu Beginn des Riphäikums bestehender Kraton, Kern des Festlands Antarktika, Teil des alten Südkontinents Gondwania.

Osteichthyes, höhere *Knochenfische,* eine Klasse der Fische. Vorkommen: Unterdevon bis Gegenwart.

Osteolepis [griech. osteon »Knochen«, lepis »Schuppe«], eine Gattung der zu den Quastenflossern (Crossopterygier) gehörenden Knochenfische mit dikken, rhombischen Schuppen. Vorkommen: Mittel- und Oberdevon.

Osterwaldphase, → Faltungsphase.

Osteuropäische Plattform, das bis zum Mittleren Proterozoikum konsolidierte und seit dem Riphäikum nicht mehr regenerierte Kernstück des europäischen Kontinents, besteht aus dem → Baltischen Schild und dem → Ukrainischen Schild, in denen das Präkambrium an die Oberfläche tritt, und der Russischen Platte, in der es von nicht gefaltetem riphäischem bis känozoischem Deckgebirge verhüllt ist. Die O. P. entspricht etwa dem → Fennosarmatia (Russia) Stilles. Die früher z. T. vermutete Zugehörigkeit von Teilen des Untergrundes der Norddeutsch-Polnischen Senke und Mittelenglands zur O. P. ist umstritten und weitgehend widerlegt.

Ostracoden, *Muschelkrebse, Schalenkrebse,* eine Ordnung der Krebstiere (→ Crustaceen) mit kleiner, zweiklappiger und meist etwas unsymmetrischer Schale. Vorkommen: Kambrium bis Gegenwart, fossil häufig erhalten. Viele Arten haben große Bedeutung als Leitfossilien für die Erdölstratigraphie.

Ostreiden, *Austern,* eine Muschelfamilie (→ Lamellibranchiaten) mit dicker, blättriger Schale. Vorkommen: Trias bis Gegenwart.

Oszillationshypothese, geotektonische Hypothese von E. Haarmann (1930) zur Erklärung der Krustenbewegungen von Erde und Mond, von vertikalen Aufwölbungen (Geotumoren) und Einsenkungen (Geodepressionen) ausgehend, d. h. von Oszillationen infolge Verschiebungen mobilen Materials in der Magmazone (Primärtektogenese). Unter der Einwirkung der Schwerkraft gleiten an den Flanken der Geotumore besonders sedimentäre Serien ab (gravitative Gleitung) und legen sich in Falten oder verschieben sich (Sekundärtektogenese), vgl. auch → Undationshypothese.

Oszillationsrippeln, symmetrische Seegangsrippeln, → Rippelmarken.

Oszillogramm, die kurvenmäßige Darstellung der epirogenetischen Bewegungen einer Region der Erdkruste im Verlaufe der erdgeschichtlichen Entwicklung.

Otolithen, *Hörsteine,* kalkige Konkretionen in den Hör- und Gleichgewichtsorganen der höheren Fische mit überwiegend statischer Funktion (*Statolithen*), fossil meist isoliert und weit verstreut in den Ablagerungen.

Ottnang, Ottnangien, Regionalstufe für das Untere Miozän der zentralen Paratethys, entspricht etwa dem mittleren → Burdigal.

Oxford [nach der engl. Stadt Oxford], die untere Stufe des Oberen Juras (Malm).

Oxydationsverwitterung, die Einwirkung des im Wasser enthaltenen Luftsauerstoffs auf die obersten Bodenschichten, wodurch z. B. Verbindungen des zweiwertigen in solche des dreiwertigen Eisens umgewandelt werden.

Oxydationszone, in der Erzlagerstättenkunde die von der Erdoberfläche bis zum Grundwasserspiegel reichende Verwitterungszone der Erzgänge mit Sauerstoffüberschuß. Sie enthält Oxide, Hydroxide, Karbonate, Sulfate und andere Schwermetallverbindungen, die durch Umbildung sulfidischer Minerale unter der chemischen Wirkung von Sauerstoff, Kohlendioxid und Wasser entstanden sind. Es bilden sich dabei meist zerfressene, poröse Massen, die oft durch Eisenverbindungen (Rot- und Brauneisenstein) rot gefärbt sind. Daher bezeichnet man die O. bergmännisch auch als *Eisernen Hut.* Aus der O. absteigende Lösungen führen zu Neubildungen in der → Zementationszone.

Ozeanbecken, → Ozeanböden.

Ozeanböden, die aus den Ozeanrändern, Ozeanbecken und Ozeanschwellen bestehenden morphologischen Elemente, die infolge der geringen Mächtigkeit der ozeanischen Kruste (4 bis 6 km) große Bedeutung für die Erforschung des Aufbaus der Erde haben. Die *Ozeanränder* sind die Grenzbereiche zwischen ozeanischen und kontinentalen Krustensegmenten. An die Kontinentalböschung (den Kontinentalhang) schließen sich kontinentwärts der Kontinentalschelf und ozeanwärts der Kontinental-

fuß an. Die Kontinentalböschung entstand tektonisch als Grenze zwischen den aufsteigenden Kontinenten mit leichterer Kruste und dem schweren ozeanischen Bereich. Von den Schelfterrassen erfolgt Sedimenttransport entlang submariner *Cañons* zum Kontinentalfuß in die Tiefsee-Ebenen. Diese sind durch Sedimente eingeebnete *Ozeanbecken*, deren Böden im Charakter von Hügelregionen besitzen. Die Dimensionen der vulkanisch entstandenen Hügel liegen bei 300 m Höhe und 6 km Durchmesser. Weiterhin treten auch Guyots, Atolle und *ozeanische Inseln* auf. Sie liegen häufig auf den *Ozeanschwellen*, die gegenüber den aseismischen Ozeanbecken durch erhöhte Seismizität und Wärmefluß ausgezeichnet sind. Die Ozeanschwellen sind 1 250 bis 4000 km breit, bis 20000 km lang, 2 bis 4 km hoch und besitzen z. T. Zentralspalten (→ Rift), in denen gewaltige ozeanische Magmenmassen gefördert werden (→ Basifikation). Die Ozeanschwellen, deren Entstehung auf aufsteigende Konvektionsströme zurückgeführt wird, sind durch Längs- und Querbrüche verworfen. Liegen sie in der Mitte der Ozeane, spricht man von → *mittelozeanischen Schwellen* oder *Rücken* (z. B. Mittelatlantischer Rücken).
Im Golf von Kalifornien und im Roten Meer berühren O. und Kontinente einander unmittelbar. Beide Gebiete gelten heute als Modelle für die Aufspaltung von Kontinenten (→ Kontinentalverschiebungshypothese).
Ozeanbodenspreizung, svw. Ozeanbodenzergleitung.
Ozeanbodenzergleitung, *Ozeanbodenspreizung,* engl. *ocean floor spreading, sea floor spreading,* eine moderne geotektonische Hypothese, nach der sich im Dehnungsbereich der Zentralgräben der → mittelozeanischen Schwellen durch Zufuhr basaltischer Schmelzflüsse aus dem obersten Erdmantel laufend ozeanische Kruste neu bildet und nach beiden Seiten ausbreitet. Während der Ozeanboden auseinanderfließt, werden kontinentale Großschollen (Platten) aus granitischer Kruste mit den auflagernden Sedimenten passiv verfrachtet. Der Raumgewinn durch O. wird durch → Subduktion von Platten in anderen Bereichen ausgeglichen. Die Spreizungsrate beträgt etwa 1 cm je Jahr (Atlantik) bis rund 5 bis 8 cm je Jahr (Pazifik). Die Hypothese wird durch Altersbestimmungen von Sedimenten am Ozeanboden, die beiderseits der Zentralgräben bei zunehmender Mächtigkeit in Richtung auf beide Ränder älter werden, und paläomagnetische Befunde gestützt. → Paläomagnetismus, → Plattentektonik.
Ozeanisierung, → Basifikation.
Ozeanränder, → Ozeanböden.
Ozeanschwellen, → Ozeanböden.
Ozokerit, svw. Erdwachs.

P

Pahoehoe-Lava, svw. Fladenlava.
Palaeoniscus [griech. palais »alt«, oniskos »Achsel«], ein heringsähnlicher → Ganoide des Perms, häufig als verertzes Leitfossil im Kupferschiefer.
Palaeotherium, eine Gattung der Unpaarhufer, schweine- bis rhinozerosgroß. Vorkommen: Eozän bis Oligozän von Europa.
Paläoandesit, eine moderne petrographische Bezeichnung für paläozoische und ältere → Porphyrite.
Paläobiogeographie, → Paläontologie.
Paläoböden, *Paläosole,* Sammelbezeichnung für Böden oder Bodenhorizonte, die in vergangenen geologischen Zeitabschnitten entstanden und heute als → fossile Böden oder → Reliktböden auftreten.
Paläobotanik [griech. palaios »alt«, botane »Kraut«], *Paläophytologie,* die Lehre von den Pflanzen der Vorzeit.
Paläoeuropa, nach Stille die durch Anfaltung des Kaledonischen Gebirges an → Archaeouropa am Ende des Silurs entstandene europäische Landmasse, die den Rahmen für die variszische Tektonogenese abgab.
Paläogen [griech. palaios »alt«, genesis »Entstehung«], das Alttertiär mit den Abteilungen Paläozän, Eozän, Oligozän.
Paläogeographie, die Wissenschaft von den geographisch-geomorphologischen Verhältnissen der geologischen Vergangenheit. Die P. versucht, die Verteilung von Land und Meer sowie Gebirgen u. a. in den einzelnen Perioden und Epochen der Erdgeschichte besonders in Form *paläogeographischer* Karten darzustellen, in denen vergleichsweise die Umrisse der heutigen Festländer eingetragen werden.
Paläogeophysik, die Wissenschaft von den physikalischen Eigenschaften der Erde während ihrer geologischen Entwicklung. Teilgebiete der P. sind die *Paläoklimatologie,* die *Paläo-Ozeanographie* und die *P. der festen Erde,* die sich z. B. mit dem → Paläomagnetismus befaßt. Rückschlüsse auf diese früheren geophysikalischen Phänomene kann man sowohl aus geologischen und paläontologischen Daten als auch aus physikalischen Beobachtungen an Gesteinen ziehen. Eine ständig wachsende Rolle spielt die Isotopengeologie.
Paläokarst, → Karsterscheinungen.
Paläoklimatologie, ein Teilgebiet von Geologie und Geophysik, die Wissenschaft von der Klimageschichte der Erde, die anhand von lithologischen und fossilen Klimazeugen das Klimageschehen der geologischen Vergangenheit zu rekonstruieren versucht.
Paläolithikum, svw. Altsteinzeit.
Paläomagnetismus, die Erscheinung, daß das erdmagnetische Feld vergangener geologischer Epochen eine abweichende Intensität und Richtung vom gegenwärtigen Feld besessen hat. Der Nachweis beruht darauf, daß die Gesteine bei ihrer magmatischen oder sedimentären Bildung das Magnetfeld ihrer Umgebung aufgenommen und als stabile remanente Magnetisierung bewahrt haben. Die Meßergebnisse erlauben die Rekonstruktion von Polverlagerungen und Kontinentverschiebungen sowie den Hinweis, daß die letzte Erdfeldumkehrung vor 700 000 Jahren stattgefunden hat.
Paläontologie, die Wissenschaft von den pflanzlichen und tierischen Organismen der erdgeschichtlichen Vergangenheit. Studienmaterial der P. sind die → Fossilien. Die P. umfaßt die *Paläobotanik* (Lehre von der vorzeitlichen Pflanzenwelt) und die *Paläozoologie* (Lehre von der vorzeitlichen Tierwelt).
Die richtige Deutung der Fossilien, die Art ihrer Erhaltung und ihres Vorkommens sind Aufgabe der *Fossilisationslehre,* zu der auch die → Biostratonomie gehört.
An systematisch geordnetem Fossilmaterial studiert man weiterhin *Ontogenie* (den individuellen Werdegang der einzelnen Organismen), *Ökologie* (Lebensweise und Lebensbedingungen), *Paläobiogeographie* (Verbreitung der fossilen Organismen auf der ehemaligen Landoberfläche), *Phylogenetik* (Stammesgeschichte, d. h. die Entwicklung der Lebewelt im Verlaufe der Erdgeschichte). Die Phylogenetik bildet den eigentlichen Kern der P.
Ein besonderes Forschungsgebiet ist die *Mikropaläontologie,* die mit Hilfe von Mikroskop und Binokular mikroskopisch kleine Pflanzen- und Tierreste untersucht und sich lediglich durch ihre Arbeitsmethodik von der mit Makrofossilien arbeitenden P. unterscheidet.
Paläophytikum [griech. Kw.], die Altzeit der Entwicklung der Pflanzenwelt, beginnt mit dem Devon und endet im Unterperm, also etwas früher als das Paläozoikum. Das P. ist charakterisiert durch die Folge von Psilophyten, Pteridophyten und Pteridospermen.
Paläophytologie, svw. Paläobotanik.
Paläorhyolith, → Quarzporphyr.
Paläosole, svw. Paläoböden.
Paläozän, *Paleozän* [griech. palais »alt«, eos »Morgenröte«, kainos »neu«], die älteste Abteilung des Tertiärs.
Paläozoikum, die Altzeit der Entwicklung des Lebens, Bezeichnung für das Erdaltertum (*Erdaltzeit*), das die Systeme (Perioden) Kambrium, Ordovizium, Silur, Devon, Karbon und Perm umfaßt (vgl. beigefügte Tabelle am Schluß des Buches).
Paläozoologie, → Paläontologie.
Paleozän, svw. Paläozän.
Palimpseststruktur [griech. palin psestos »wieder abgekratzt«], eine alte Struktur der Erdkruste, die durch

jüngere Deformationen oder Aufschmelzungen stark überprägt wurde, bei genauer Analyse aber durchschimmert.

palingen [griech. »wiedergeboren«], Bezeichnung für ein Magma, das durch Aufschmelzen von festen Gesteinen bei der → Ultrametamorphose entsteht. Gegensatz: → juvenil.

Palingenese [griech. »Wiederentstehung«], 1) die Neubildung eines Magmas durch Aufschmelzung älterer Gesteine; 2) die Neubildung von Gesteinen mit dem Mineralbestand und Gefüge von Magmatiten, unabhängig davon, auf welche Weise die Neubildung erfolgte. Die durch P. neugebildeten Gesteine heißen *Palingenite*.

Palmfarne, svw. Cycadeen.

Palse, → Thufur.

Paludina, richtiger *Viviparus*, eine Gattung der Sumpfschnecken (Paludiniden). Vorkommen: Malm bis Gegenwart. Als Leitfossilien wichtig (pliozäne Paludinenstufe des Balkans).

Palynologie, svw. Pollenanalyse.

Pangaea, *Ganzerde*, die bei A. Wegener in der Kontinentalverschiebungshypothese und in der Plattentektonik universale Landmasse im Perm, die durch ein sich in der Mitte entwickelndes Mittelmeer (→ Tethys) in die Superkontinente Laurasia im Norden und Gondwania im Süden gegliedert war. Seit der Wende Trias/Jura begann die P. durch Ozeanbodenergleitung langsam auseinanderzufallen, ohne daß dieser Vorgang bis heute zum Stillstand gekommen wäre. Aus innerkontinentalen Gräben entwickelten sich Riftzonen, die sich zu ozeanischen Schwellen erweiterten, wobei neue Ozeane entstanden.

panidiomorph [griech. pan »ganz«, idios »eigen«, morphe »Gestalt«], Bezeichnung für → Gefüge von Magmatiten, bei denen alle oder fast alle Gemengteile eigengestaltig sind.

Pannon, *Pannonien* [nach der lateinischen Landschaftsbezeichnung Pannonia], Regionalstufe des Oberen Miozäns der zentralen Paratethys.

Panzerfische, svw. Placodermen.

Panzerlurche, svw. Stegocephalen.

Parabelriß, eine Kleinform der Gletschererosion auf Felsgesteinen, kommt zusammen mit → Gletscherschrammen und → Sichelbrüchen vor.

Parabraunerde, ein Bodentyp mit schwacher bis mäßiger Texturdifferenzierung, ein Tonverarmungshorizont ist meistens nicht deutlich erkennbar bzw. häufig abgetragen. → Lessivé.

Paradoxides [griech. paradoxos »Sonderling«], die wichtigste Trilobitengattung des Mittelkambriums mit kugelförmig aufgeblähter Glatze (Glabella – Kopfbuckel), langen Stacheln und sehr kleinem Schwanzschild (Abb. S. 304).

Paragenese, → Mineralparagenese, → Durchläufer.

Paragesteine, *Parametamorphite*, → Metamorphose.

Paraklase, eine Trennfuge im Gestein mit Verschiebungsbetrag. → Verwerfung.

paralisch [griech. para »bei«, hals »Meer«], der Küste angehörig, ein Begriff zur Kennzeichnung des Ablagerungsmilieus von Sedimenten, die im Küsten- oder Deltabereich unter abwechselnd kontinentalen (überwiegend limnisch-fluviatil) und marinen Bedingungen abgelagert wurden. P. Sedimente sind typisch für die Kohlenbecken der variszischen Randsenke, in denen den überwiegend kontinentalen Ablagerungen mit den Kohlenflözen marine Horizonte zwischengeschaltet sind. Gegensatz: → limnisch.

Paramorphose, → Pseudomorphose.

Pararendzina, → Rendzina.

Parasitärkrater, → Krater.

Paratektonik, → Pseudotektonik.

Paratethys, das epikontinentale Restmeer der → Tethys zwischen den Alpen und dem Aralsee im Jungtertiär, das in eine Reihe Einzelbecken auseinanderfiel. Dazu gehören Balaton, Schwarzes Meer, Kaspisches Meer und Aralsee. Sedimente der P. finden sich in den Ostalpen, im Donaubecken und weiter im Osten.

Paroxysmus [griech. paroxynein »aufreizen«], Bezeichnung für gesteigertes geologisches, besonders tektonisches und vulkanisches Geschehen.

pasadenische Phase, → Faltungsphase.

Patagonia, bereits zu Beginn des Kambriums bestehender Kraton, der das kleinere, südliche Kernstück des südamerikanischen Kontinents bildet; gehörte wie → Brasilia zu den großen Festlandsmasse → Gondwania. Nach Stille war P. zusammengesetzt aus dem Kern Ur-Patagonia und umgebenden assyntischen Faltenzonen.

pebble mudstone, → Geröllstein.

pebble tool, ein durch einfache Abschläge mit Arbeitskanten versehener Geröllstein.

Pechblende, → Uranminerale.

Pechkohle, eine steinkohlenartige tertiäre Kohle, deren hoher Inkohlungsgrad durch die alpidische Faltung bewirkt wurde, kommt z. B. im Alpenvorland vor.

Pechstein, ein schwärzliches, pechglänzendes Gesteinsglas rhyolithischer Schmelzen mit einem Wassergehalt von 3 bis 8%.

Pecopteris [griech. pekein »kämmen«, pteris »Farn«], *Kammfarn*, eine Farnformgattung mit mehrfach gefiedertem Laub. Die Seitennerven der Fiederblättchen sind nicht sehr zahlreich, entspringen unter ziemlich offenem Winkel aus dem Hauptnerv, sind ein- oder zweimal gegabelt und verlaufen bogig bis zum Rand. Vorkommen: Oberkarbon (Westfal) bis Rotliegendes.

Pecten, *Kammuschel*, eine Gattung der Muscheln mit radial gerippter, gleich- oder ungleichklappiger Schale. Vorkommen: Kreide, Tertiär bis Gegenwart.

Pectunculus, eingebürgerte, aber nomenklatorisch nicht richtige Bezeichnung für → Glycimeris.

Pedogeochemie, → Lithogeochemie.

Pedologie, svw. Bodenkunde.

Pedosphäre, von Jariloff entsprechend den Begriffen Atmosphäre, Lithosphäre u. a. geprägte Bezeichnung für die gesamte Bodendecke.

pegmatische Phase, der Bildungsbereich von Mineralen aus pegmatitischen Schmelzen bei Temperaturen zwischen etwa 600 bis 400 °C; vielfach im Anschluß an die Erstarrung magmatischer (meist granitischer, aber auch syenitischer, nephelin-syenitischer oder gabbroischer) Schmelzen auftretend, jedoch auch durch metamorphe Mobilisation entstehend.

Pegmatit [griech. pegma »Festgewordenes«], ein wechselkörniges, im allgemeinen sehr grobkörniges → Ganggestein. Es tritt in Gängen oder Linsen in den obersten Teilen granitischer Gesteine oder auch in zuckerkörnigdrusigen Ausbildungen in deren Randzonen auf (*Granitpegmatit*). Aus einer an leichtflüchtigen Bestandteilen reichen Restschmelze plutonischer Magmen erstarrt, enthält es oft neben dem Mineralbestand des Granits Anreicherungen ökonomisch wichtiger Minerale mit seltenen Elementen wie Lithium, Caesium, Rubidium, Beryllium, Bor, Zirkonium, Niob, Tantal, Zinn, Seltenerdmetalle, Thorium, Uran. Wichtige P. sind u. a. Feldspat-, Glimmer- und Edelsteinpegmatite. Selten sind Gabbropegmatite. Die in Metamorphiten vorkommenden, mit anektitischen Vorgängen (→ Anatexis) zusammenhängenden pegmatitischen Gebilde werden als *Pegmatoide* oder auch als einfache P. bezeichnet.

Peilbohrgerät, *Peilstange*, der → Bohrstock.

Pelagial [griech. pelagos »die hohe See«], die Region des küstenfernen offenen Meeres.

pelagisch, Bezeichnung für den Meeresbereich von über 800 m Tiefe.

Peléetätigkeit, eine Form gemischt explosiv-ejektiven vulkanischen Tätigkeit mit Ausbrüchen von absteigenden → Glutwolken.

Pelite [griech. pelos »Schlamm«], feinklastische Sedimentite mit Korndurchmessern unter 0,02 mm.

Pelmatozoen, → Echinodermen.

Pelosol, ein Bodentyp, der aus tonigen Substraten entstanden ist. Er besitzt durch hohen Tonkolloidgehalt einen spezifischen Wasserhaushalt, charakterisiert durch starkes Quellen bei Befeuchtung und Schrumpfung bei Austrocknung. Häufig wird P. nicht mehr als selbständiger Bodentyp betrachtet.

Peneplain, → Rumpffläche.

Penitentes, svw. Büßerschnee.

Pennin, → Chlorite.

Penniniden, ein Deckensystem der Westalpen, → Deckentheorie.

Pennsylvanian [nach Bundesstaat P. in den USA], ein Subsystembegriff für das nordamerikanische Oberkarbon, der 1975 als Terminus der internationalen Stratigraphischen Skala für das Oberkarbon vorgeschlagen wurde. Basis des P. ist identisch mit der Basis des Namur B.

Pentacriniden, eine Familie der Seelilien (→ Crinoiden) mit kleinem Kelch, mächtig entwickelten Armen, mit sehr langem, fünfkantigem Stiel mit Seitenranken (Cirrhen). Vorkommen: Trias bis Malm.

Pentamerus [griech. pente »fünf«, meros »Teil«], eine Gattung der articulaten Brachiopoden mit glatter, ungleichklappiger Schale und kurzem Schloßrand. Vorkommen: Silur bis Devon.

Pentlandit, *Eisennickelkies*, ein Mineral, $(Fe, Ni)_9S_8$; Metallglanz, gelbbraun, kubisch. Wichtigstes Nickelerz; findet sich in Magnetkieslagerstätten.

perenne Tjäle, svw. Dauerfrostboden.

Peribaltikum [griech. peri »umherum«], der den Baltischen Schild im Südwesten umrahmende Teil der → Osteuropäischen Plattform, der durch seine zeitweilige Zugehörigkeit zur Tafelsenke eine von den mitteleuropäischen Verhältnissen abweichende paläogeographische und tektonische Entwicklung durchmachte. Das P. umfaßt nur das nichtkristalline riphäische, paläozoische und mesozoische Tafeldeckgebirge. Als Südrand des P. wird maximal der → Mitteldeutsche Hauptabbruch angenommen.

Peridot, → Olivine.

Peridotite, *Peridotitgruppe*, körnige, ultrabasische Tiefengesteine mit mehr als 90 Vol.-% mafischen Mineralen, meist feldspatfrei. P. enthalten im wesentlichen Olivin, ebenso wie Dunite, Pyroxenite überwiegend Pyroxen, Hornblendite im wesentlichen Hornblende, Kimberlite neben Olivin auch Glimmer und Pyroxen, Harzburgite Olivin und rhombischen Pyroxen. Die → Olivine peridotitscher Gesteine sind häufig serpentinisiert.

Peridotitschale, die unter der → Mohorovičić-Diskontinuität liegende Gesteinsschale der Erde mit peridotitscher Zusammensetzung.

periglazial, auf die Umgebung des Eises bezüglich. Der Begriff p. wird im allgemeinen auf alle Klimazonen und Höhenstufen erweitert, in denen p. Prozesse wirken oder in der geologischen Vergangenheit tätig waren. Im *Periglazialgebiet*, im engeren Sinne in Räumen vor dem Eisrand, besonders der Inlandeismassen auftretende *Periglazialerscheinungen* sind → Kryoturbation, Bildung von → Strukturböden, → Solifluktion, Blockmeere (→ Blockbildungen), → Löß, → Eiskeile.

periklinales Streichen, → Streichen und Fallen.

perimagmatisch [griech. peri »umherum«, magma »Teig«], Bezeichnung der am Rande eines Magmatits entstandene Erzlagerstätte.

Periode, die Bildungszeit eines stratigraphischen → Systems.

Perisphinctes [griech. peri »umherum«, spingein »umschließen«], eine Ammonitengattung mit weit genabelter, scheibenförmiger Schale mit zwei- oder mehrfach gegabelten Rippen (Gabelripper), die ohne Unterbrechung über die Außenseite hinwegziehen. Die Lobenleiste ist fein zerschlitzt. Vorkommen: Ab mittlerem Dogger.

Perlit, ein saures Gesteinsglas (→ Obsidian), das mit konzentrischen Rißsystemen durchsetzt ist.

Perm [nach dem früheren russ. Gouvernement Perm, das auf das Karbon folgende letzte System bzw. die letzte Periode des Paläozoikums. Wegen der für Mitteleuropa charakteristischen Zweiteilung in → Rotliegendes und → Zechstein wurde das Perm früher auch Dyas genannt (vgl. erdgeschichtliche Tabelle am Schluß des Buches).

Permafrost, svw. Dauerfrostboden.

Permanenzhypothese, die Auffassung, daß sich im Gegensatz zur → Kontinentalverschiebungshypothese die Verteilung der Kontinente und Ozeane seit dem Präkambrium grundsätzlich nicht verändert hat und sich nur in Zusammenhang mit Krustenbewegungen durch Meeresüberflutungen gewisse regionale Verschiebungen im Erdbild ergeben haben.

Permeabilität, *Durchlässigkeit*, die Eigenschaft von Gesteinen, die in den Poren vorhandenen Flüssigkeiten (Wasser, Erdöl) oder Gase durchzulassen und weiterzuleiten. Die P. eines Gesteins wird in Darcy (d) angegeben und bildet eine für dieses spezifische Konstante. Die P. hängt von der Porenraumgestaltung, der Zähigkeit des fließenden Mediums, der Temperatur und dem Druck ab. Bei den meisten Festgesteinen wird die Wegsamkeit für Wasser von den vorhandenen Trennfugen bestimmt, so daß meist kein Strömungsverhalten wie in Lockergesteinen vorhanden ist. In Sandsteinen u. a. setzt sich die P. aus Kluft- und Porendurchlässigkeit zusammen und wird zusammen *Gebirgsdurchlässigkeit* genannt. In Kalksteinen, Magmatiten u. a. ist die Wasserwegsamkeit überwiegend von den Trennfugen abhängig. Vor allem in der Erdölgeologie unterscheidet man: 1) *absolute P.*: nur eine bewegliche Phase (Gas) geht durch die Poren hindurch; 2) *effektive P.*: zwei bewegliche Phasen (Öl und Wasser oder Öl und Gas) gehen durch die Poren hindurch; 3) *relative P.*: womit man das Verhältnis von absoluter zu effektiver P. bezeichnet.

Permokarbon, zusammenfassende Bezeichnung für die Systeme bzw. Perioden Karbon und Perm, deren Bildungen besonders auf den Südkontinenten, meist dem einstigen Gondwanaland, nicht scharf voneinander zu trennen sind. An die Wende Karbon/Perm fiel hier der zeitliche Schwerpunkt der *permokarbonischen Eiszeit*. Auch in Mitteleuropa wird der Begriff P. oder neuerdings *Permosiles* für kontinentale Serien aus rotem Gebirgsschutt verwendet, in denen die Grenze Karbon/Perm nicht eindeutig faßbar ist.

Permosiles, → Permokarbon.

persistente Typen, svw. Dauertypen.

Perthit [nach dem Ort Perth in Kanada], ein Kalifeldspat mit Albitlamellen. Mikroskopische Durchwachsungen von Mikroklin mit sehr feinem Albit heißen *Mikroperthit*, während Albit mit Lamellen von Kalifeldspat *Antiperthit* genannt wird.

Petrochemie, → Lithogeochemie.

Petrofazies [griech. petra »Fels«, lat. facies »Gesicht«], die Gesamtheit der petrographischen Merkmale einer → Fazies.

Petrogenese [griech. petra »Fels«, genesis »Entstehung«], die Lehre von der Entstehung der Gesteine, besonders von den bei ihrer Bildung bestehenden physikalisch-chemischen Bedingungen, ein Teil der → Petrologie.

Petrographie [griech. petra »Fels«, graphein »schreiben«], die Lehre von der Beschreibung der Gesteine, ihrer mineralogischen und chemischen Zusammensetzung, ihrem Gefüge, ihrem Vorkommen im geologischen Verband, ein Teil der → Petrologie.

petrographische Provinz, die Gesamtheit der Magmatite eines Gebiets, die sich durch ihre chemische Zusammensetzung als Abkömmlinge desselben Magmaherdes erweisen.

Petrolchemie, ein Hauptgebiet der organisch-chemischen Technologie, das als Rohstoffe Erdöle und Erdgase verwendet, um daraus organische Verbindungen für die Herstellung von Kunstfasern, synthetischem Kautschuk, Plasten, Düngemitteln, Arzneimitteln u. a. zu gewinnen.

Petrologie, die Lehre von den Gesteinen (*Gesteinskunde*), umfaßt die → Petrographie, die → Petrogenese und die Petrochemie, in erweitertem Sinne auch die technische Petrographie. Die P. befaßt sich vornehmlich mit der Erforschung der bei der Entstehung der Gesteine herrschenden physikalisch-chemischen Bedingungen und schafft damit die Voraussetzungen für die Suche und Erkundung von mineralischen Rohstoffen sowie für die Kenntnis der Entwicklungsgeschichte der Erde.

Petrophysik, ein Teilgebiet der Gesteinskunde, das sich mit der Messung und Untersuchung der physikalischen Eigenschaften der Gesteine (z. B. Dichte, Porosität, Suszeptibilität) befaßt und besonders für die Deutung von Meßergebnissen aus der angewandten Geophysik wichtig ist.

pfälzische Phase, → Faltungsphase.

Phacoid [griech. phakos »Linse«, eidos »Gestalt«], 1) durch submarine Rutschungen und frühdiagenetisch angelegte Querplattung (→ Sigmoidalklüftung) entstandene linsenartige Gleitkörper, die aus der Destruktion eines Schichtenkomplexes hervorgehen; 2) in der Petrographie ist P. ein Ausdruck, der zur Beschreibung der Porphyroblasten in heteroblastischen Strukturen (→ Gefüge) gebraucht wird, z. B. für »Augen«-Strukturen.

Phacops [griech. phakos »Linse«, ops »Auge«], ein Trilobit mit nach vorn verbreitertem Kopfbuckel, großen Facettenaugen und mit Einrollungsvermögen. Der Rumpf zählt 11 Segmente (Abb. S. 323). Vorkommen: Silur bis Devon.

Phanerozoikum, die Zeit des anhand von Fossilien deutlich erkennbaren Tierlebens vom Kambrium bis heute, mit Hilfe dessen eine biostratigraphische Gliederung dieses Zeitraums möglich ist.

Phillipsastraea, eine stockbildende Gattung der Tetrakorallen (→ Anthozoen); eine der wichtigsten Gattungen paläozoischer Korallen. Zahlreiche Arten und Unterarten sind leitend im Oberdevon von Europa, Australien und Asien.

Phlogopit, → Glimmer.

Pholadiden, Bohrmuscheln, sinupalliate Muschein (→ Lamellibranchiaten). Sie bohren Höhlungen in Kalkstein, Korallen, Holz u. a. Fossile Bohrlöcher sind oft wichtig für den Nachweis alter Strandlinien. Vorkommen: Jura bis Gegenwart.

Phonolith [griech. phone »Klang«, lithos »Stein«], *Klingstein,* ein grünlichgraues, überwiegend holokristallin-porphyrisches Ergußgestein, Ergußäquivalent foyaitischer Gesteine, charakterisiert durch Natronsanidin, Feldspatvertreter, Alkalipyroxen oder -amphibol. Foidreiche P. verwittern leicht (*Zeolithisierung*). Die Absonderung erfolgt in Säulen oder in z. T. dünnen, beim Anschlagen klingenden Platten. P. wird in der Natursteinindustrie verwendet.

Phosphorite, lockere Sedimente aus phosphorsaurem Kalk, aus Ansammlungen der Knochenreste von Wirbeltieren, Schalen niederer Tiere, tierischen Exkrementen entstanden; finden sich auch als knollige oder traubignierige *Phosphoritkonkretionen* z. B. in marinen Sanden des Tertiärs.

Photogeologie, *Aerogeologie,* ein Zweig der Geologie, der sich mit den Methoden der geologischen Luftbildauswertung und deren Anwendung im Rahmen der verschiedenen Aufgabenstellungen bei der geologischen Kartierung und Lagerstättenprospektion befaßt. Die Luftbildauswertung erfolgt sowohl qualitativ (Erfassung der Charakteristika des gegebenen Geländebereiches) als auch quantitativ (Anwendung photogrammetrischer Methoden).

Phragmokon, der Schalenteil der → Belemniten.

phreatische Explosion, ein plötzlicher vulkanischer Ausbruch, die Folge der durch Magmenaufstieg beschleunigten Verdunstung von Meer- oder Grundwasser.

Phtanit, nach Carozzi ein sehr hartes, dunkles, geschichtetes Kieselgestein, etwa wie → Kieselschiefer.

Phycodes [griech. phykos »Tang«], besenartig aufbüschelnde Wohnbauten (→ Lebensspuren), vermutlich von Ringelwürmern (Anneliden). Vorkommen: Unterkambrium bis Jura. Kennzeichnend für die ordovizischen *Phycodenschichten* des Thüringisch-Vogtländischen Schiefergebirges.

Phyllit [griech. phyllon »Blatt«], ein grünlichgrauer, seidig glänzender, feinblättriger kristalliner Schiefer, vorwiegend aus Quarz und Serizit bestehend. Je nach dem Hinzutreten anderer Gemengteile unterscheidet man *Albitphyllit, Kalkphyllit* u. a. Hämatit färbt P. violett, graphitischer Staub schwarz. *Quarzphyllit* enthält Linsen und Lagen von weißem Quarz. Durch Metamorphose aus Tonschiefern hervorgegangen, geht P. in → Glimmerschiefer über.

Phylloceratiden, eine Unterordnung der Ammoniten mit glatter, eng- oder ungenabelter Schale und zahlreichen Loben und Sätteln. Vorkommen: Untertrias bis Obere Kreide.

Phyllonit [aus den Wörtern Phyllit und Mylonit gebildet], *»Phyllitmylonit«,* durch Umwandlung von granitischen Gesteinen oder Orthogneisen entstandene phyllitartige, stark geschieferte → Tektonite, die intensive mechanische Durchbewegungen im Rahmen der rückschreitenden Metamorphose (Diaphtorese) durchgemacht haben. Typische Mineralumwandlungsprozesse sind hierbei die Serizitisierung, Chloritisierung.

Phylogenese, die Stammesgeschichte oder Entwicklungsgeschichte einer Gattung, Familie usw. im Laufe der geologischen Zeiten, wie sie an Hand der Fossilien rekonstruiert werden kann.

Phylogenetik, → Paläontologie.

physikalische Altersbestimmung, *radiometrische Altersbestimmung, Chronometrie, absolute Altersbestimmung,* die physikalische Messung des Alters von Mineralen, Gesteinen, Hölzern, Knochen und anderen genügend alten Substanzen mit Hilfe radioaktiver Elemente, die sich unabhängig von Druck und Temperatur in einem ständigen Zerfallsprozeß befinden, als dessen Folge sie sich in andere Stoffe umwandeln. Dabei wird vorausgesetzt, daß die Geschwindigkeit des Zerfalls im Verlaufe der Erdgeschichte und in jedem Milieu gleich geblieben ist und die Anzahl der in einer Probe enthaltenen radioaktiven Atomkerne sowie die ihrer Zerfallsprodukte nicht durch irgendwelche Sekundärprozesse im Laufe der Zeit verändert worden ist. Diese Annahme erlaubt, aus dem Verhältnis zwischen der Menge der ursprünglichen Substanz und der Zerfallsprodukte das Alter der Mineral- oder Gesteinsprobe, in dem das radioaktive Mineral enthalten ist, zu berechnen. Die Zerfallsgeschwindigkeit wird ausgedrückt durch die für jedes Radionuklid bezeichnende Halbwertszeit, d. h. die Zeit, in der die Hälfte der Substanz zerfallen ist. Je kürzer die Halbwertszeit ist, um so kürzere Zeiträume sind nur noch meßbar, und umgekehrt. Gegenwärtig werden zur p. A. besonders ^{14}C, ^{3}H, ^{40}K, ^{87}Rb, ^{235}U, ^{238}U und ^{232}Th verwendet. Die verschiedenen Elemente erfordern jeweils gesonderte Arbeitsmethoden, wenn auch durch die Massenspektrometrie die Datierung geologischer Objekte bereits wesentlich vereinfacht worden ist. Infolge der sehr geringen Mengen an radioaktiven Substanzen oder des völligen Fehlens solcher Minerale in vielen Gesteinen bestehen oft nicht unerhebliche Fehlerquellen. So ist bei der Untersuchung von Metamorphiten meist nicht das Alter des Primärgesteins, sondern nur das Alter der Metamorphose bestimmbar. Zur Datierung des Alters von Meteoriten u. a. werden Produkte bestimmter Kernreaktionen (Spallationen) herangezogen. Trotz ihrer z. T. ausgezeichneten Ergebnisse, besonders zur Gliederung präkambrischer Serien, die vorher nur bedingt und wenig zuverlässig stratigraphisch einzuordnen waren, weist auch die p. A. einige Unsicherheiten auf, weil durch alle geologische Vorgänge, wie Verwitterung, Aufheizung durch Intrusion magmatischer Körper, Umkristallisationen u. a., unrichtige Altersdatierungen zustande kommen können. Aus der erdgeschichtlichen Zeittafel (vgl. Beilage zum Buch) mit Angaben über die absoluten Altersgrenzen der einzelnen Systeme in Jahreszahlen ist ersichtlich, daß bis in die jüngste Zeit vielfach verbessert worden sind.

1) *Kohlenstoff-14-Methode, Radiokohlenstoffdatierung,* ^{14}C-*(Radiocarbon-)Methode,* englisch *radiocarbon dating.* Infolge der geringen Halbwertszeit (5700 Jahre) des β-strahlenden radioaktiven Kohlenstoffisotops ^{14}C ist diese Methode nur zur Datierung von Proben bis zu einem Alter von 50000, maximal bis 70000 Jahren anwendbar, d. h. für das Holozän und Jungpleistozän. Die Genauigkeit der Altersbestimmung liegt gegenwärtig bei ± 100 Jahre. Radiokohlenstoff wird in der oberen Atmosphäre durch Reaktion von Stickstoff (^{14}N) mit Neutronen der kosmischen Strahlung gebildet. Unter der berechtigten Voraussetzung, daß die kosmische Strahlung in den letzten Jahrzehntausenden sich im ganzen nicht verändert hat, muß zwischen ^{14}C und dem gewöhnlichen Kohlenstoff ein Gleichgewichtszustand vorhanden

sein. Das Verhältnis von ^{12}C zu ^{14}C beträgt 10:1. Beim Assimilationsprozeß wird radioaktiver Kohlenstoff von den Pflanzen aufgenommen und gelangt mit der Nahrungsaufnahme in den Körper der Tiere und Menschen, aber auch in anorganische Verbindungen, z. B. Kalk. Daher ist in den Weltmeeren etwa 60mal mehr ^{14}C vorhanden als in der Atmosphäre. Infolge der in der lebenden Materie ständig vor sich gehenden Austauschvorgänge stellt sich in dieser eine konstante ^{14}C-Aktivität ein, die der ^{14}C-Produktionsrate entspricht. Nach dem Aufhören des Austauschs beim Tode der Organismen fällt diese Aktivität nach dem Zerfallsgesetz ab, d. h., der Bestand an ^{14}C wird ständig geringer. Deshalb kann der Zeitpunkt des Absterbens aus Messungen der spezifischen Aktivität berechnet werden, was in Proportionalzählrohren oder in Szintillationszählern erfolgt. Die ^{14}C-Methode wurde 1946 von dem Amerikaner W. F. Libby entwickelt, der dafür 1960 den Nobelpreis für Chemie erhielt. Sie wurde zunächst an historisch datierbaren Hölzern und anderen Objekten geprüft, wobei sich gute Übereinstimmungen ergaben. In jüngster Zeit hat sich die ^{14}C-Bilanz durch anthropogene Einflüsse geändert, einmal durch die Zufuhr von ^{14}C-freiem Kohlendioxid in die Atmosphäre infolge zunehmender Verbrennung von Kohle, speziell im Rahmen der Industrialisierung, oder umgekehrt durch Zufuhr von zusätzlichem ^{14}C nach Explosionen von Atombomben. Außer der Bestimmung von geologisch jungen Bildungen, z. B. Torfen, hat sich die ^{14}C-Methode bei der Altersanalyse prähistorischer Funde und insbesondere von Grundwässern bewährt. Dabei konnte u. a. nachgewiesen werden, daß eine Reihe unterirdischer Wässer in einer Tiefe von mehreren hundert Metern ein Alter von z. T. mehr als 10000 Jahren hat.

2) *Tritium-(^3H-) und ^{32}Si-Methode*. Auch diese Methode hat sich bei der Altersdatierung von Grundwässern bewährt, kann aber wegen der kurzen Halbwertszeit von 12,5 Jahren nur für Bestimmungen kleiner Zeitabschnitte (wenige bis maximal 100 Jahre) angewendet werden. Das radioaktive Wasserstoffisotop T (^3H) bildet sich in der Atmosphäre durch Einwirkung der kosmischen Strahlung auf Stickstoffmoleküle und gelangt mit den Niederschlägen in Flußwasser und vor allem in Grundwasser, das im Untergrund länger verweilt. Durch Versuche mit Wasserstoffbomben ist seit 1954 der T-Gehalt der Atmosphäre abnorm hoch, so daß bei der Anwendung der Methode kritisch vorgegangen werden muß. Durch die kosmische Strahlung wird auch das Silizium-Isotop ^{32}Si erzeugt und gerät ebenfalls über die Niederschläge in den Boden. Bei einer Halbwertszeit von rund 500 Jahren ist die Si-Methode daher zur Datierung solcher Untergrundwässer geeignet, die für die ^{14}C-Methode zu jung und für die Tritium-Methode zu alt sind. Allerdings setzt die ^{32}Si-Methode große Mengen an Wasser voraus und erfordert für die Analyse eine Zeit von mehreren Monaten.

3) Die *Bleimethoden* sind die am längsten bekannten Verfahren der p. A. Die Endprodukte beim radioaktiven Zerfall von Uran (U) und Thorium (Th) unter Abspaltung von α-Teilchen über verschiedene Zwischenprodukte sind stabile Bleiisotope. Folgende Mutter- und Tochterisotope sind von Bedeutung: ^{238}U, Halbwertszeit $4{,}51 \cdot 10^9$ Jahre – Abgabe von 8α → $^{206}Pb(^4He)$, ^{235}U, Halbwertszeit $7{,}13 \cdot 10^8$ Jahre – Abgabe von 7α → $^{207}Pb(^4He)$, ^{232}Th, Halbwertszeit $1{,}39 \cdot 10^{10}$ Jahre – Abgabe von 6α → $^{208}Pb(_4He)$. Wegen der relativen Seltenheit von Th-Mineralen ist diese Reihe im Gegensatz zum Uran wenig bedeutsam. Die Halbwertszeit ist so groß, daß diese Methoden besonders für sehr alte Minerale in Betracht kommen. Aus den massenspektrometrisch bestimmten Häufigkeiten der stabilen Bleiisotope kann man das Alter einer Probe – seit der letzten Abtrennung des Bleis – berechnen. Je höher der Pb-Gehalt ist, um so älter muß das Mineral sein. Es ist notwendig, die Isotopenzusammensetzung des Bleis zu analysieren, weil möglicherweise in der Probe neben radiogenem Blei gewöhnliches Blei enthalten sein kann, wodurch sich zu hohe Werte ergeben würden. Hauptfehlerquellen der Bleimethoden bestehen darin, daß im Laufe der Zeit kleine Mengen von Pb und U(Th) durch Verwitterungsvorgänge verlorengehen und besonders das gasförmige Zwischenprodukt Radon ausdiffundieren kann, so daß dann zu wenig Pb vorhanden ist und unrichtige Alterswerte zustande kommen, wie der Vergleich unterschiedlicher Bestimmungen gelehrt hat. Da bei einem Teil der Zerfallsprozesse α-Teilchen (Helium) emittiert werden, kann zur Altersbestimmung im Prinzip auch die Menge des entstandenen Heliums bestimmt und zur Menge U(Th) in Beziehung gesetzt werden. Diese *Heliummethoden* sind die ältesten Verfahren der p. A. Doch sind die festgestellten Alterswerte hierbei oft zu niedrig, weil das gasförmige He diffundieren kann.

4) *Kalium-Argon-Methode*. Ein Teil des im Element Kalium enthaltenen instabilen Isotops ^{40}K zerfällt mit einer Halbwertszeit von $1{,}27 \cdot 10^9$ Jahren teils zu Kalzium (^{40}Ca), teils durch Elektroneneinfang zu dem Edelgas Argon (^{40}Ar), das daher in jedem alten, kaliumhaltigen Mineral vorhanden sein muß. Der Vorteil der Methode besteht in der großen Häufigkeit des Kaliums. Für die Bestimmung kommt praktisch nur ^{40}Ar in Betracht, da Argon relativ leicht nachweisbar ist und Kalzium auch sonst weit verbreitet ist. Dazu kommt das günstige Verhältnis der Halbwertszeit zur Länge der erdgeschichtlichen Periode, so daß die Methode neben Bestimmungen älterer Proben (Tertiär, Kambrium) auch für Zeiträume unter einer Million Jahre brauchbar ist. Durch Erhitzen kann Argon aus der Probe ausgetrieben und nach sorgfältiger Reinigung in einem Massenspektrometer gemessen werden. Aus der Menge des gebildeten ^{40}Ar und dem ^{40}K-Gehalt kann das Alter einer Probe seit der letzten Entgasung berechnet werden. Die Hauptfehlerquelle dieser Methode besteht im teilweise allmählichen Entweichen des gebildeten ^{40}Ar aus dem Mineral. Daher resultieren bei Messungen mit der K-Ar-Methode oft etwas zu niedrige Werte. Immerhin konnte die Empfindlichkeit des Verfahrens so weit gesteigert werden, daß bei jüngeren Proben an Datierungen mittels der ^{14}C-Methode erreicht wurde.

5) *Rubidium-Strontium-Methode*. Das β-aktive Rubidium-Isotop ^{87}Rb zerfällt mit einer Halbwertszeit von $5 \cdot 10^{10}$ Jahren in das stabile Strontiumisotop ^{87}Sr. Da Rubidium besonders in Glimmern, vor allem im Lepidolith (mit im allgemeinen 1,5 % Rb), aber auch in Feldspäten (Mikroklin) von Pegmatiten vorhanden ist, wie sie Granitplutons und das präkambrische Grundgebirge durchsetzen, eignet sich die Methode wegen der hohen Halbwertszeit für die Datierung sehr alter Minerale bis zu mehreren Milliarden Jahren, z. B. bei einem Lepidolith aus Transvaal mit 3,85 Milliarden Jahren. Vielfach wird gleichzeitig die K-Ar-Methode angewendet, wobei die Ergebnisse im allgemeinen gut übereinstimmen. Infolge der geringen Diffusionsgeschwindigkeit des Strontiums ist die Methode besonders zuverlässig, zumal außerdem vermutlich die Verhältnisse Rb-Sr (und auch K-Ar) durch jüngere Tektogenesen kaum beeinflußt worden sind. Aus dem massenspektrometrisch bestimmten Anteil an ^{87}Sr und dem Rb-Gehalt der Probe wird das Alter seit der letzten Entmischung berechnet.

6) *Fission-Track-Methode*. Bei schweren Atomkernen wie ^{238}U geht der radioaktive Zerfall in spontanen Kernspaltungen vor sich. Die dabei auftretenden sehr kleinen »Geschoßspuren« können in Gläsern, z. B. Tektiten, unter dem Mikroskop sichtbar gemacht und ausgezählt werden. Auch Glimmer, Zirkone und Feldspate kommen in Betracht. Die Anzahl der Spuren ist das Maß für die in geologischen Zeiten erfolgten Kernspaltungsprozesse. Obwohl die Halbwertszeit des Prozesses mit 10^{16} Jahren sehr groß ist, wären bei hohen Urangehalten

Altersbestimmungen bis zu Monaten möglich. Die Datierungen stimmen mehrfach mit solchen mittels der K-Ar-Methoden überein.
7) *Datierung von Tiefseesedimenten und Karbonaten mit Hilfe von Tochterelementen* der ^{238}U- und ^{235}U-Reihe. Das im Meerwasser befindliche Uran zerfällt u. a. zu Ionium (^{230}Th) und Protaktinium (^{231}Pa). Die Zerfallsprodukte reichern sich adsorptiv im Ozeanschlamm an und werden dem Meerwasser entzogen. Das nächste Zerfallsprodukt des ^{230}Th ist das Radium, das sich gleichfalls im Schlamm anreichert und in Sedimentprofilen (Bohrkernen) nach der Tiefe zu – meist an Menge wieder abnehmend – nachweisen läßt. Auf diese Weise können Zeiträume von rund 300 000 bis 400 000 Jahren erfaßt werden unter der Voraussetzung, daß die Zufuhr von ^{230}Th im Schlamm immer konstant geblieben und auch das entstehende Radium nicht migriert ist. Abgesehen davon ist die Anreicherungsmenge stark von der Korngröße und anderen Eigenschaften der Sedimente abhängig. Deshalb ist eine Reihe nicht auszuschließender Fehlerquellen vorhanden, so daß die erhaltenen Ergebnisse kritisch geprüft werden müssen. Ähnliches gilt für Datierungen mit Hilfe des Verhältnisses ^{230}Th/^{231}Pa, wenn auch hierbei infolge geringerer Stoffwanderungen etwas sicherere Werte möglich erscheinen.
Für Altersbestimmungen in marinen Karbonaten wie Muschelschalen, Korallenkalken u. a. ist die Bestimmung des Verhältnisses ^{230}Th zu seinem Mutterisotop ^{254}U bei Halbwertszeiten von ^{234}U mit 250 000 und ^{230}Th mit 80 000 Jahren anwendbar, wie eine Reihe Untersuchungen gezeigt hat; allerdings muß vorausgesetzt werden, daß das Ausgangsverhältnis das gleiche wie bei Karbonaten der Gegenwart war. Das aber ist nicht sicher.
8) *Andere radioaktive Isotope.* Einige andere radioaktive Isotope sind trotz einer Reihe Versuche, sie für Altersdatierungen einzusetzen, wegen ihrer Seltenheit oder gewissen Unsicherheiten bisher wenig bedeutsam geblieben. Von kurzlebigen Isotopen gilt das für ^{10}Be (Beryllium) und ^{36}Cl (Chlor), die durch die kosmische Strahlung in der Atmosphäre gebildet werden. ^{10}Be entsteht mit einer Halbwertszeit von $2{,}5 \cdot 10^6$ Jahren durch Spallation besonders aus Stickstoff, während radioaktives ^{36}Cl durch Umwandlung des gewöhnlichen Chlors zustande kommt und mit einer Halbwertszeit von $3{,}03 \cdot 10^5$ Jahren zu ^{36}S (Schwefel) zerfällt. Ein langlebiges Isotop ist ^{187}Re (Rhenium), das sich mit der langen Halbwertszeit von $6 \cdot 10^{10}$ Jahren in ^{187}Os (Osmium) umwandelt. Die ^{187}Re/^{187}Os-Methode ist bis heute technisch wegen der sehr kleinen Mengen von Isotopen nur bedingt anwendbar geblieben.
9) *Methode der radioaktiven Höfe.* In Gesteinsdünnschliffen von Biotiten, von Kordierit, Zinnstein und anderen Mineralen werden unter dem Mikroskop rundliche, zonar gebaute Verfärbungshöfe beobachtet, die früher »pleochroitische Höfe« genannt wurden. Es handelt sich bei den radioaktiven Höfen um Einschlüsse in den Mineralen, also um radioaktive Umwandlungen (in Biotiten z. B. um Zirkone), die durch eine ständige Beschießung mit α-Teilchen entstehen. Die Intensität der Verfärbung und die Größe der Höfe hängen von der Menge des radioaktiven Materials und von der Zeit ab, so daß festgestellt werden kann, ob ein sehr altes oder ein sehr junges Mineral vorliegt. Infolge zahlreicher Fehlerquellen sind genauere Altersdatierungen mit dieser Methode nicht möglich, so daß sie ohne größeren praktischen Wert ist.

phytogene Gesteine, → organogene Gesteine.

Piacenza, *Piacentien* [nach dem Ort Piacenza in Oberitalien], die jüngere der beiden Stufen des Oberen Pliozäns.

Pikrit [griech. pikros »bitter«], ein grünlichschwarzes basisches Ergußgestein, das außer meist serpentinisiertem Olivin Augit, Amphibol und Biotit enthält. Paläozoischer P. heißt *Paläopikrit.*

Pillowlava, svw. Kissenlava.

Pilzfelsen, ein Felsen, dessen Fuß einen wesentlich geringeren Durchmesser hat als der breitere Oberteil. P. entstehen im ariden Klima durch Sandschliff (→ Korrasion), im humiden Klima durch Verwitterung, wenn Felsen unten aus weniger widerstandsfähigem Gestein bestehen als oben, durch fluviatile Erosion und durch Brandungserosion.

Pinge, *Binge,* durch Einsturz von Auffahrungen unter Tage entstandene Einbrüche an der Erdoberfläche.

Pingo, *Bulgonnjach, Hydrolakkolith,* linsenförmige Eisansammlungen in Gebieten mit Dauerfrostboden, die den Boden zu Hügeln bis 20 und mehr Meter aufwölben. Nach dem Abtauen bleiben kleine, zunächst wassererfüllte Hohlformen erhalten.

Pinnaceen, eine Unterordnung der Muscheln (→ Lamellibranchiaten) mit gleichklappiger, langgestreckter, hinten etwas abgestutzter und klaffender dünner Schale. Das Tier steckt mit dem spitzen Vorderende im Schlamm des Meeresbodens. Vorkommen: Devon bis Gegenwart.

Pipe, *Plur.* Pipes [engl. »Pfeife«], eine zylindrische, vulkanische Durchschlagsröhre (→ Schlot) von rundem oder elliptischem Querschnitt, die sich nach oben trichterartig erweitert.

Pisces, *Fische,* eine Gruppe der Wirbeltiere, von der die ersten Reste aus dem Mittelordovizium vorliegen. Man unterscheidet 4 Klassen: → Agnathen, → Placodermen, → Chondrichthyes und → Osteichthyes.

Pisolith, svw. Sprudelstein.

Pitkrater, ein Einsturzkrater. Bezeichnung für die flachen, kesselförmigen, steilwandigen Krater der → Schildvulkane.

Placodermen, *Panzerfische,* eine Klasse der kiefertragenden Fische mit Innenskelett und einem aus Knochenplatten bestehenden äußeren Kopf-Rumpf-Panzer. Vorkommen: Ordovizium, häufiger Obersilur bis Unterkarbon.

Placodus [griech. plax »Platte«, odos »Zahn«], ein Reptil (Saurier), dessen schwarze Pflasterzähne sich besonders im Muschelkalk finden.

Plaggenboden, *Plaggenesch,* ein anthropogener Boden, der durch jahrzehntelangen Auftrag von Heide- oder Grasplaggen, vermischt mit Stalldung und Kompost auf anderen Böden entstanden ist.

Plaggenesch, svw. Plaggenboden.

Plagioklas, → Feldspäte.

Plagiostomen [griech. plagios »schief«, stoma »Maul«], *Quermäuler,* zusammenfassende Bezeichnung für Haie und Rochen. Die P. leben nur im Meer. Vorkommen: Devon bis Gegenwart.

planares Gefüge, Flächengefüge, tektonisch bedingtes sekundäres Gefüge, → Gefüge.

Pläner [entstanden aus »Plauener Stein«, nach dem Dresdner Vorort Plauen], ein bläulichgrauer, feinsandiger, verfestigter Mergelstein der Oberkreide.

Planetesimale, feste Massen von Meter- bis Kilometergröße innerhalb der ursprünglichen die Ursonne umgebenden Gas-Staub-Wolke, die durch Accretion anwachsen und durch deren Vereinigung die Planeten entstanden sind.

Planetesimalhypothese, von Chamberlin (1905), Jeans (1919) und Moulton (1928) in ähnlicher Form vorgeschlagene Hypothese zur Erklärung der Entstehung des Planetensystems durch Entziehung von Materie aus der Ursonne durch die Wirkung der Anziehungskraft eines in der Nähe vorbeiziehenden Sterns (*Gezeitenhypothese*). Aus dem dadurch gebildeten Materieschweif sollen durch Kondensation und Bildung von Planetesimalen bzw. durch gravitative Kontraktion die Planeten entstanden sein.

Plankton, die Gesamtheit der im Wasser freischwebend lebenden Tiere (*Zooplankton,* Schwebefauna) und Pflanzen (*Phytoplankton,* Schwebeflora), die von den Strömungen umhergetrieben werden und im Unterschied zum → Nekton keine oder nur sehr geringe Eigenbewegungen besitzen. P. kommt vor im Meer und im Süßwasser. Von Tiergruppen sind im P. besonders reich vertreten: Flagellaten, Radiolarien, Quallen, Flügelschnecken u. a. Das pflanzliche P.

umfaßt größtenteils Einzeller: Bakterien, Schizophyzeen, Flagellaten, Peridineen, Diatomeen und andere Algen. Organismen, die mit fremder Hilfe treiben, bezeichnet man als *Pseudo-* oder *Scheinplankton*, aus Resten des P. entstandene Ablagerungen als *planktogen*. → Nannofossilien.

Planorbis, eine Gattung der Lungenschnecken (→ Gastropoden), Süßwasserbewohner mit scheibenförmigem Gehäuse. Vorkommen: Malm bis Gegenwart, im Tertiär (Miozän) zahlreiche Varietäten.

Plastizität, *Bindigkeit*, die Eigenschaft bindiger Lockergesteine, bei Wasseraufnahme plastisch zu werden und beim Austrocknen nicht zu zerfallen.

Plastizitätsgrenze, → Konsistenz.

Plastizitätsindex, → Grenzwassergehalt.

Plastosol, Sammelbezeichnung für die Bodentypen, → Braunlehm, → Graulehm, → Rotlehm.

Plateaubasalte, → Trapp.

Plateauvulkan, svw. Tafelvulkan.

Plateosaurus [griech. platys »platt«, sauros »Echse«], ein bis 8 m langer und 5,50 m hoher Dinosaurier. Vorkommen: im Keuper bei Halberstadt (DDR) und Trossingen (BRD).

Plattentektonik, *Großschollentektonik*, *neue Globaltektonik*, die gegenwärtig führende geotektonische, extrem mobilistische Hypothese, die auf der Grundlage der Entdeckung des Weltsystems der → mittelozeanischen Schwellen (1957) und der → Ozeanbodenzergleitung (1961) seit 1965 entwickelt wurde. Die P. verbindet die Vorstellungen der Kontinentalverschiebung mit solchen der Unterströmung. Nach der P. werden starre, größere oder kleinere, 70 bis 100 km dicke *Großschollen* (*Platten*) der Lithosphäre, deren mobile Grenzzonen mit den Zentralgräben der mittelozeanischen Rücken bzw. ihren Querelementen (→ Transformstörung) zusammenfallen, langsam und stetig auf der fließfähigen → Asthenosphäre passiv bewegt. Jede tektonische Aktivität der Platten ist an deren Ränder und damit an Bruchzonen gebunden. Die Ränder der Kontinente kennzeichnen alte, scharfe Grenzen zwischen kontinentaler und ozeanischer Kruste. Zerrung in den Scheitelungszonen von Platten muß in einer anderen Zone zu einem Zusammenstoß bzw. zur Zerstörung von Platten führen. Im Bereich der Rücken werden durch Ozeanbodenzergleitung neue, nach beiden Seiten driftende Platten gebildet, während in Tiefseerinnen und angrenzenden Inselbögen Platten abtauchen, sich über- bzw. unter benachbarte Platten schieben (→ Subduktion) und bis in 700 km Tiefe in den Mantel hinabgepreßt werden; z.B. im westlichen Pazifik; d. h., Ausdehnung und Drift von Platten auf der einen Seite haben Kontraktion bzw. Subduktion auf der anderen zur Folge. Damit sind die Faltengebirgsgürtel der Erde die logische Folge der P. Mit der P. ist es gelungen, die Zusammenhänge zwischen Dehnung und Kompression zu erfassen und die planetarischen Großstrukturen zu erklären. 9 Großplatten (Eurasia, Afrika, India, Australia, Antarktika, Nordamerika, Südamerika, Nordpazifik, Südpazifik) sind z. T. aus einer Reihe kleinerer Platten (*Mikroplatten*) zusammengesetzt und stellen *Plattenagglomerate* dar. Bruchtektonische Vorgänge innerhalb von Platten nennt man *Intraplattentektonik*. Man spricht von *divergenten Plattengrenzen*, wenn sich Platten von ihren benachbarten Platten entfernen, von *konvergenten Plattengrenzen*, wenn zwei Platten miteinander kollidieren, und von Scherungsrändern (*konservierenden Plattengrenzen*), wenn zwei Platten aneinander vorbeigleiten.

Plattform, eine kontinentale Erdkrustenstruktur, deren Kerne aus dem vorwiegend präkambrisch gefalteten, gebietsweise metamorphen und Granitoiden durchsetzten Grundgebirge der → Schilde und dem randlich diskordant darüber gelagerten, ungefalteten sedimentären Deckgebirge der → Tafeln bestehen.

Plättung, eine Art der plastischen → Durchbewegung.

Platyclymeniastufe, → Hembergstufe.

Platysomus [griech. platys »flach«, soma »Körper«], ein → Ganoide des Karbons und Perms, besonders im Kupferschiefer.

Pleistozän [griech. pleiston »am meisten«, kainos »neu«], die untere Abteilung des Quartärs, früher als Diluvium bezeichnet.

Pleochroismus [griech. »Mehrfarbigkeit«], die Eigenschaft schwach absorbierender anisotroper Kristalle, natürliches Licht in Abhängigkeit von der Richtung im Kristall unterschiedlich zu absorbieren. Die in einer anisotropen Kristallplatte unter dem Polarisationsmikroskop zu beobachtende Zweifarbigkeit wird als *Dichroismus* bezeichnet.

Plesiosaurus [griech. plesios »nahestehend«, sauros »Echse«], *Schlangenhalssaurier*, eine Gattung der Sauropterygier, das Meer bewohnende, bis 5 m lange Tiere, mit gedrungenem Körper, langem Hals, kleinem Kopf mit scharfem Gebiß, flossenartigen Extremitäten. Vorkommen: Lias von Europa.

Pleurodictyum [griech. pleura »Seite«, diktyon »Netz«], eine Gattung der Wabenkorallen (→ Favositen). Die Korallenstöcke umschließen nicht selten einen wurmartigen Fremdkörper. Vorkommen: Silur bis Unterkarbon, häufig vor allem im Unterdevon.

Pleurotomaria, Schnecken (→ Gastropoden) mit turm- oder kegelförmiger Schale und Schlitzband. Vorkommen: Lias bis Unterkreide, fast weltweit verbreitet.

Pliensbach, *Pliensbachien*, *Pliensbachium* [nach dem Ort P. in der Schwäbischen Alb, untere Stufe des Lias, gegliedert in die Teilstufen Unteres P. (→ Carix) und Oberes P. (→ Domer).

plinianischer Ausbruch, ein vulkanischer Ausbruch, in dessen Verlauf sich die Zusammensetzung der Lava und damit der Charakter des Ausbruches verändert.

Pliozän [griech. pleion »mehr«, kainos »neu«], die jüngste Abteilung des Tertiärs.

Plutogenese, Bezeichnung für Aufstieg und Bewegung des → Magmas.

Pluton [nach dem griechischen Gott der Unterwelt], Bezeichnung für Tiefengesteinskörper von teilweise riesigen Ausmaßen, die innerhalb der Erdkruste (5 bis 10 km Tiefe) erstarrt sind, → Intrusion. Durch Abtragung des Sedimentdaches werden P. der Beobachtung zugänglich. Die Form der P. kann verschiedenartig sein. Man unterscheidet *Vertikal-* und *Horizontalplutone*, *Trichter-*, *Pyramiden-* und *Kuppelplutone*. Rundformen lassen auf Entwicklung von einem Zentrum aus schließen, unregelmäßige Konturen auf Anpassung an vorhandene Strukturen. Als *Längsplutone* bezeichnet man solche P., sich in Richtung benachbarter Falten erstrecken, als *Querplutone* solche, die quer zum Faltenbau liegen. Weiter unterteilt man die P. nach ihren Formen in → Batholithe, → Lakkolithe, → Lopolithe, → Ethmolithe und → Stöcke. Nach ihrer Stellung im magmatektonischen Zyklus unterscheidet man prä-, syn-, spät- und posttektonische P.

Plutonismus, 1) eine von J. Hutton (1726 bis 1797) begründete Lehre, daß neben dem Wasser besonders die magmatischen Schmelzflüsse der Tiefe bei der Bildung der Gesteine und bei der Gestaltung der Kruste entscheidend seien. Gegensatz: → Neptunismus; 2) alle mit dem → Magma zusammenhängenden Vorgänge, soweit sie in der Tiefe der Erdkruste ablaufen.

Plutonite, → Gesteine.

Pluvialzeit [lat. pluvialis »Regen...«], eine den Kaltzeiten des Pleistozäns gleichlaufende Erscheinung in den nichtvereisten Tropen und Subtropen, gekennzeichnet durch erhöhte Niederschläge, womit kräftigere Erosionswirkung, höherer Wasserstand von Seen, Bildung von → Wadis in heutigen Wüstengebieten und größerer Ausdehnung der Gebirgsgletscher verbunden waren. Neuerdings wird jedoch andersartiger Niederschlagsverteilung mehr Bedeutung für diese Wasserwirkungen zugemessen als der Änderung der absoluten Niederschlagsmenge.

pneumatolytische Phase, der Bildungsbereich von Mineralen aus Fluida mit vorwiegend überkritischem Wasser bei Temperaturen zwischen ~550 und ~400 °C, meist an den Erstarrungsablauf granitischer Magmen gebunden.

Podsol, ein Bodentyp mit starker Verarmung und Versauerung der oberen Bodenhorizonte, entstanden aus basenarmen durchlässigen Gesteinen unter Beteiligung rohhumusbildender Pflanzen. Charakteristisch sind Tonzerstörung und Verlagerung der Sesquioxide des Eisens und des Aluminiums sowie im Untergrund ein deutlich ausgebildeter Auswaschungshorizont und schwarzbraune bzw. rostbraune Anreicherungshorizonte entstehen. Geringmächtiger P. wird bei Ackernutzung in *Rosterde* umgewandelt. Verhärtete Anreicherungshorizonte werden als → Ortstein bezeichnet.

polare Asymmetrie, svw. äquatoriale Asymmetrie.

Polflucht der Kontinente, das langsame Verschieben der Kontinente in Richtung auf den Äquator infolge Wirkung der durch die Erdrotation und die Schwereverteilung bedingten Polfluchtkraft (→ Kontinentalverschiebungshypothese).

Polianit, → Pyrolusit.

Polierschiefer, *Tripel,* dünnblättrige, meist helle, stark saugende und adsorbierende Massen aus Diatomeen in limnischen tertiären Ablagerungen, im Gegensatz zur lockeren Diatomeenerde, zum Polieren z. B. von Metallen verwendet.

Polje, allseitig geschlossene, meist längliche, große Becken oder Wannen in Karstgebieten, deren flache Sohle vielfach mit fluviatilen oder limnischen Sedimenten bedeckt ist, mit meist mehr oder weniger steilwandigen Hängen sowie unterirdischer Entwässerung. Sie sind entweder dauernd trocken oder weisen ständige bzw. periodische Wasserführung (*Poljensee*) auf. Ein Teil der P. hat sich durch Zusammenwachsen von → Dolinen oder → Uvalas gebildet, ein anderer durch mechanische und chemische Vergrößerung im Bereich tektonischer Schwächezonen.

Pollenanalyse, *Palynologie,* zur Erforschung des Pflanzenwuchses eines Gebietes in früheren geologischen Zeiten sowie zur stratigraphischen Einordnung von Schichten dienende Untersuchung der Sedimentgesteine nach dem Vorkommen von Pollen und Sporen. Diese widerstehen auf Grund ihrer wachsartigen Außenschicht lange der Zerstörung und sind daher schon in paläozoischen Gesteinen bekannt. Pollen aus jüngeren Ablagerungen bis etwa einschließlich Tertiär lassen sich noch ihren Ursprungspflanzen zuordnen. Die prozentualen Anteile der Pollenkörner einzelner Pflanzenarten werden in ein Schaubild (*Pollendiagramm, Pollenspektrum*) eingetragen und lassen so die Zusammensetzung und den Wandel vorzeitlicher Pflanzengemeinschaften erkennen. Mit Hilfe der P. hat man die postglaziale Waldgeschichte Mittel- und Nordeuropas ermittelt.

Pollendiagramm, → Pollenanalyse.
Pollenspektrum, → Pollenanalyse.
Polnisch-Litauische Senke, der seit dem → Riphäikum abgesenkte Teil der → Osteuropäischen Plattform.

Polverlagerung, *Polwanderung,* durch paläomagnetische Messungen in Gesteinen (→ Remanenz) nachgewiesene Erscheinung, daß sich das erdmagnetische Feld im Laufe der erdgeschichtlichen Vergangenheit verändert hat, so daß die Lage der magnetischen Pole und damit wohl auch der geographischen nicht gleich geblieben ist. → Kontinentalverschiebungshypothese, → Paläomagnetismus.

Polybitumina, → Bitumen.
Polygonböden, → Strukturböden.
Polyhalit, ein Salzmineral, $K_2Ca_2Mg[SO_4]_4 \cdot 2 H_2O$; rot, gelblich, triklin; ein → Kalisalz.

Polyklase, → Spalte.

Pommersches Stadium, die Summe der Stillstandslagen des letzten größeren Vorstoßes des nordeuropäischen Inlandeises während der Weichselkaltzeit. Die Schmelzwässer des P. S. wurden von dem Thorn-Eberswalder Urstromtal aufgenommen, das sich von Toruń (Thorn) nach Eberswalde zieht.

Pompeckjsche Schwelle [nach dem deutschen Geologen J. F. Pompeckj, 1867–1930], 1) Barre, die Pompeckj 1896 zur Erklärung der Faunenunterschiede des Unter- und Mittelkambriums in Böhmen, im Baltikum und Polen annahm; 2) irrtümlich angenommene Schwelle, die im Mesozoikum zwischen dem niedersächsischen Becken im Westen und dem nordost-deutsch-polnischen Becken im Osten bestanden haben soll; 3) nördliche Begrenzung des niedersächsischen Beckens zwischen Weser und Ems während Jura und Kreide. Diesem Raum entspricht die *Pompeckjsche Scholle,* die das niedersächsische Tektogen im Norden begrenzt. Der Begriff P. S. sollte nur noch im Sinne der von Pompeckj 1896 gegebenen Definition verwendet werden.

Ponor, svw. Katavothre.

Pont, *Pontien* [nach lat. pontus euxinus »Schwarzes Meer«], Regionalstufe für das späte Obermiozän bis frühe Unterpliozän der zentralen Paratethys.

Porenvolumen, *Porenraum,* die Gesamtheit der mit Gas oder Flüssigkeit ausgefüllten Hohlräume eines Lockergesteins, der offenen Fugen (Kluftkörper) eines Festgesteins oder des Bodens, → Porosität.

Poriferen, svw. Spongien.

Porosität, das Vorhandensein von Hohlräumen (*Poren*) zwischen den einzelnen Mineralkörnern von lockeren und festen Sedimenten. Die absolute P. besteht 1) aus in sich abgeschlossenen Poren und 2) aus miteinander in Verbindung stehenden durchströmbaren Poren, die daher allein den nutzbaren Porenraum bilden. In den Poren können sich Flüssigkeiten (Wasser, Erdöl) oder Gase befinden. P. und → Permeabilität sind für die Beweglichkeit von Grundwasser und Erdöl wichtig.

Porphyr, oft als Bezeichnung für → porphyrische Vulkanite.

porphyrisch, → Gefüge.

Porphyrit, ein altes Ergußäquivalent dioritischer Magmatite, das besser als *Paläoandesit* zu bezeichnen ist, meist bräunlich, rötlich oder grünlich; Grundmasse und Einsprenglinge von Plagioklas, Biotit, Amphibol, Pyroxen, z. T. auch Glas.

Porphyroblasten, große Kristallneubildungen, mit Kristallflächen oder augenförmig gerundet, in dichter oder feinkörniger Grundmasse (»Einsprenglinge« in Metamorphiten), → Gefüge.

Porphyroide, ältere Bezeichnung für dynamometamorph beanspruchte saure bis intermediäre Ergußgesteine, Tuffe und Tuffite paläozoischen Alters.

Portland, *Portlandien, Portlandium* [nach der Halbinsel P. an der Südküste Englands], die oberste Stufe des Juras.

Porzellanerde, svw. Kaolin.

Posidonia, eine heteromyare Muschel (→ Lamellibranchiaten). Vorkommen: Silur bis Jura. Einige Arten sind als Leitfossilien im Karbon und Lias (Posidonienschiefer) wichtig.

Posidonienschiefer, eine bituminöse Mergelsteinfazies des Toarc, Erdölmuttergestein.

Postlaurentischer Umbruch, veraltete Bezeichnung, ein von Stille vermuteter erdweiter tektonischer Vorgang an der Wende Archäikum/Algonkium, durch den die große Teile der bis zur laurentischen bzw. kenorischen Gebirgsbildung konsolidierten (versteiften) Erdkruste wieder zu mobilen Geosynklinalräumen regeneriert wurden (→ Deuterogäikum).

Potsdamian [nach dem Ort Potsdam/USA], *Croixian,* im wesentlichen das Obere Kambrium Amerikas.

Präboreal, der erste Abschnitt des Holozäns, etwa 8300 bis 6800 v. u. Z. Im P. herrschte die Kiefer vor; es ist die *Vorwärmezeit,* die Zeit vor dem → Boreal.

Präkambrium, *Erdurzeit,* der gesamte zwischen der astralen Ära und dem Kambrium liegende Zeitraum der Erdgeschichte und die in ihm seit Entstehung der ersten Erdkruste gebildeten Gesteine. Wird heute oft gleichbedeutend mit Kryptozoikum verwendet, obwohl innerhalb des Präkambriums dem Kryptozoikum noch ein Azoikum oder besser ein Abiotikum vorgeordnet werden müßte.

Prallhang, der steile, an der Außenseite einer Flußkrümmung (→ Mäander) liegende, von der Seitenerosion bearbeitete Ufer. Ihm gegenüber liegt der → Gleithang.

Prätegelen, svw. Brüggenkaltzeit.

Pressung, → Störung.

Priabon, *Priabonien* [nach dem italienischen Ort Priabona], nicht einheitlich aufgefaßte Stufe des Eozäns, entspricht etwa dem → Barton und überschneidet sich mit dem → Latdorf.

Přidoli [nach dem Ort Přidoli bei Prag/ČSSR], die oberste Stufe des Silurs.

primäres Basaltmagma, das in tieferen Zonen der Erde überall vorhandene Substratum von basaltischer Zusammensetzung, das in aufreißende tiefe Spalten eindringt und unter Druckentlastung aktiviert werden kann, im Gegensatz zum anatektischen, sekundären Granitmagma. Es gibt mindestens zwei basaltische Stamm-Magmen, ein tholeiitisches mit niedrigen H_2O-Gehalten (0,2 bis 0,5%) mit großem Anteil aufgeschmolzenen Mantelmaterials (15 bis 30%) infolge partieller Anatexis unter relativ niedrigen Drücken und ein alkali-olivinbasaltisches mit höherem H_2O-Gehalt (etwa 1%) bei geringerer partieller Anatexis (etwa 10% des Pyrolits) und höheren Drücken. Für Olivin-Nephelinite und -Melilithite ist ein weiteres Stamm-Magma anzunehmen mit H_2O-Gehalten von 3 bis 5%, sehr geringem aufgeschmolzenem Mantelanteil (2 bis 5%) und bei noch höheren Drücken.

Primaten, *Herrentiere*, die höchstentwickelte Ordnung der Säugetiere, umfaßt die seit dem Paläozän bekannten Prosimier (Halbaffen) und die seit dem Oligozän bekannten echten Affen (Anthropoiden) mit den Menschenaffen, den Simiiden, und die Menschen (Hominiden).

Probe, ein aus einem wesentlich größeren Ganzen entnommener Teil eines Gesteins oder eines Rohstoffs, wenn dieser Teil das Ganze hinsichtlich Proportion und Verteilung der zu prüfenden Eigenschaften repräsentiert und das von ihm repräsentierte »Ganze« definiert werden kann.

Problematica [griech. problema »Frage«], Versteinerungen, deren Deutung unsicher ist.

Proboscidier, *Rüsseltiere*, eine Ordnung primitiver Huftiere, Elefanten und ihre Vorfahren, die Mastodonten, umfassend. Schneidezähne sind z. T. als Stoßzähne entwickelt. Zu den P. gehören: → Deinotherium, → Mastodon, → Mammuthus. Vorkommen: Tertiär bis Gegenwart.

Productus [lat. productus »ausgedehnt«], eine Gattung der → Brachiopoden, mit gewölbter Steilklappe, flacher oder konkaver Atemklappe und auf der Oberfläche der Klappen vielfach langen, hohen Stacheln, mit denen das Tier auf dem Meeresboden verankert war. P. ist im Karbon und Perm fast weltweit verbreitet und liefert in manchen Arten wichtige Leitfossilien.

Profil, 1) ein senkrechter Schnitt durch einen Teil der Erdkruste, in dem die Lagerungsverhältnisse der Gesteine dargestellt werden (z. B. Abb. S. 211). *Beobachtete P.* haben natürliche oder künstliche Aufschlüsse zur Grundlage. *Konstruierte P.* ergeben sich als gedachte Schnitte aus der Bearbeitung geologischer Karten und Bohrungen; 2) → Bodenprofil; 3) → Säulenprofil; 4) Vorprofil, vom Geologen bei Erkundungsarbeiten projektiert; 5) Normalprofil, svw. Richtschnitt.

prognostische Vorräte, lediglich auf Grund geologischer, geophysikalischer und geochemischer Untersuchungen oder in Analogie wissenschaftlich vorausgesagte Lagerstättenvorräte, die nach dem Grad ihrer Aussage mit Delta 1 und Delta 2 gekennzeichnet werden.

Proostrakum, der selten erhaltene Fortsatz des → Phragmokons der Belemniten.

Propylitisierung [griech. propyles »vor dem Tore«], an Erz- und Mineralgänge geknüpfte Umwandlung dazitischer und andesitischer Nebengesteine zu einem Gemenge von Quarz, Chlorit, Epidot, Kalzit, Alkalifeldspäten und Pyrit, die sich äußerlich in einer »Vergrünung« zeigt, besonders in der Umgebung subvulkanischer Kupfer- und Goldlagerstätten.

Prosobranchier, → Gastropoden.

Prospektion, aus dem Englischen (prospect = schürfen) übernommener verbreiteter Ausdruck für das Aufsuchen nutzbarer Lagerstätten mittels geologischer, geophysikalischer, geochemischer (→ geochemische P.) oder geobotanischer und bergmännischer Methoden unter Anwendung von Mitteln und Verfahren, die bei geringstem Aufwand in kürzester Zeit zu optimalem Erfolg führen.

Proterozoikum [griech. proteros »früherer«, zoon »Lebewesen«, »Tier«], die Frühzeit der Entwicklung des (Tier-)Lebens, paläontologische Bezeichnung für den Hauptabschnitt der Erdurzeit zwischen 2,6 und 0,57 Milliarden Jahren, d. h. für die Zeit von Archäikum bis Kambrium, bzw. für die Gesteine dieser Zeit. In einigen sowjetischen Gliederungen wird der Begriff P. auf die Zeit zwischen Archäikum und Riphäikum, d. h. zwischen 2,6 und 1,6 Milliarden Jahre, beschränkt. Andererseits wurde neuerdings in der Sowjetunion eine Gliederung des P. in Paläoproterozoikum (2,6 bis 2,0 Milliarden Jahre), Mesoproterozoikum (2,0 bis 1,75 Milliarden Jahre), Neuproterozoikum (1,75 bis 1,05 Milliarden Jahre) und Epiproterozoikum (1,05 bis 0,61 Milliarden Jahre) vorgeschlagen und sein höchster Teil, das Eokambrium (0,61 bis 0,57 Milliarden Jahre), dem Paläozoikum zugeordnet. Bis auf das Paläoproterozoikum wurden diese Einheiten auch paläontologisch definiert.

Protogäikum [griech. protos »erster«, ge oder gaia »Erde«], veralteter Begriff, nach H. Stille die geotektonische Frühzeit der Erde, die bei Annahme zweier Umbrüche vor dem Postlaurentischen Umbruch, bei Annahme nur eines Umbruches vor dem → Algonkischen Umbruch lag (→ Deuterogäikum, → Neogäikum).

Protoklase [griech. protos »erste«, klasis »Zerbrechen«], die Zertrümmerung eines Magmagesteins durch Druckwirkung bei tektonischen Vorgängen vor der endgültigen Erstarrung des Gesteins (im Unterschied zur → Kataklase).

Protozoen, *Urtiere*, *Einzeller*, ein Stamm des Tierreichs; einzellig, meist mikroskopisch klein, aus Zelleib und -kern bestehend. Fossil von Bedeutung sind nur die zur Klasse der Wurzelfüßer gehörenden Foraminiferen und Radiolarien, soweit sie schalentragend waren. Vorkommen: ? Präkambrium, Kambrium bis Gegenwart.

Proustit, → Rotgültigerz.

proximal [lat. proximus »nächst, sehr nahe«], in der Sedimentologie Bezeichnung für »liefergebietsnah«. → distal.

Psammite [griech. psammos »Sand«], mittelklastische Sedimentite mit Korndurchmesser von 0,02 bis 2 mm.

Psephite [griech. psephis »Kiesel«], grobklastische Sedimentite mit Korndurchmesser über 2 mm.

pseudoglazial, Bezeichnung für glazigenen (ungenau glazialen) Bildungen ähnliche Erscheinungen, die anderer Entstehung sind, z. B. Gesteinsschrammen an Störungsflächen, die Gletscherschliffen ähneln.

Pseudogley, svw. Staugley.

Pseudokonkordanz, gleichbedeutend mit → Akkordanz.

Pseudomonotis, eine Gattung der Muscheln (→ Lamellibranchiaten). Vorkommen: Unterkarbon bis Kreide; Höhepunkt der Entwicklung in der pelagischen Trias.

Pseudomorphose [griech. pseudos »Lüge«, morphe »Gestalt«], eine Mineralumbildung, bei der die äußere Kristallform erhalten blieb, die ursprüngliche Substanz aber durch eine andere verdrängt oder umgewandelt wurde, z. B. bei der P. von Hämatit nach Kalkspat. Bleibt bei der Umwandlung der Chemismus der gleiche, so liegt eine *Paramorphose* vor, z. B. von Kalkspat nach Aragonit.

Pseudotektonik, die Vorspiegelung von an tektonische Strukturen erinnernden Erscheinungen, die durch atektonische Vorgänge hervorgerufen wurden. Der mitunter für P. angewandte Begriff *Paratektonik* sollte nicht verwendet werden, da Stille darunter tektonische Prozesse in Parageosynklinalen versteht. → Geosynklinale.

pseudotektonisch, svw. atektonisch.

Psilomelan [griech. psilos »kahl«, melas »schwarz«], *Hartmanganerz*, rhombisch, $(Ba, Mn^{2+} ...)_3 (OH, O)_6 \cdot Mn_8O_{16}$, amorph erscheinend, traubig-nierig, glaskopfartig (*schwarzer*

Glaskopf), braun, schwarz, wichtiges Manganerz neben → Pyrolusit und → Manganit, kommt in der Oxydationszone Mn-reicher Minerale vor. Nach neueren Untersuchungen ist P. ein Gemenge von K-, Ba- und Pb-Manganoxiden.

Psilophyten [griech. psilos »nackt«, phyton »Pflanze«], *Nacktpflanzen,* primitive Landpflanzen, einfachste Vertreter nur aus blattlosem Stengel bestehend. Die dornartigen Ansätze am Stengel einiger Formen erwiesen sich als Ansätze zur Bildung blattartiger Organe (Abb. S. 428). Die Ausbildung von Leitungsbahnen war für sie als erste Landpflanzen besonders wichtig. Ein typischer Vertreter ist → Rhynia. Vorkommen: Unter- und Mitteldevon, körperlich erhalten verkieselt im Hornstein von Rhynie (Schottland).

Pteranodon [griech. pteron »Flügel«, an »ohne«, odos »Zahn«], eine Gattung der Pterosaurier, das größte Flugtier aller Zeiten mit einer Flügelspannweite von etwa 8 m. Der etwa 1 m lange Schädel besteht aus papierdünnen Knochenscheiden, die nach vorn in zwei lange und zahnlose Kiefer und nach hinten in einen langen Nackenkamm, der als Seiten- und Höhensteuer diente, ausgezogen sind. Vorkommen: Oberkreide Nordamerikas.

Pteraspis [griech. pteron »Flügel«, aspis »Schild«], eine Gattung der → Agnathen mit geschlossenem Panzer über Kopf und Vorderrumpf und beschuppter Schwanzflosse. Vorkommen: Obersilur bis Unterdevon.

Pterichthys [griech. pteron »Flügel«, ichthys »Fisch«], *Flügelfisch,* eine Gattung der zu den Panzerfischen gehörenden Antiarchi mit ruderförmigen, gepanzerten Vorderextremitäten und Knochenplatten, die untereinander fest verbunden sind und einen geschlossenen Panzer um Kopf und Rumpf bilden. Verbreitet im Mitteldevon von Europa.

Pteridophyllen [griech. pteris »Farn«, phyllon »Blatt«], *Farnlaubgewächse,* fossile Pflanzen, deren Zugehörigkeit zu den Farnen oder zu den Farnsamern möglich ist. P. finden sich vor allem im Karbon und Rotliegenden.

Pteridophyten [griech. pteris »Farn«, phyton »Gewächs«], höchstentwickelte sporentragende Gewächse mit zwei Generationen, einer geschlechtlichen von geringer Größe und einer ungeschlechtlichen von ansehnlichen Formen und mit Gliederung in Wurzel, Stengel oder Stamm, Blatt und differenzierte Gewebe. In den Stengeln sind Gefäßbündel ausgebildet. Die ungeschlechtliche Generation produziert in Sporenkapseln (Sporangien) Sporen. Klassen der P. sind die Farne, → Schachtelhalme, → Lepidophyten. Vorkommen: Oberdevon bis Gegenwart.

Pteridospermen [griech. pteris »Farn«, sperma »Same«], *Farnsamer,* Übergangsformen zwischen Pteridophyten und Nacktsamern, der Gestalt nach Farne, dem Bau ihrer Fortpflanzungsorgane nach Nacktsamer. Vorkommen: im Karbon und Perm.

Pterodactylus [griech. pteron »Flügel«, daktylos »Finger«], eine Gattung der Flugsaurier (→ Pterosaurier) von Drossel- bis Entengröße, mit langem Hals und kurzem Schwanz. Die Vorderextremität ist unter starker Verlängerung des fünften Fingers zu einem Flugorgan umgestaltet. Vorkommen: Obermalm von Europa und Ostafrika.

Pterophyllum [griech. pteron »Flügel«, phyllon »Blatt«], ein cycadeen- bzw. benettiteenartiges Gewächs mit Wedeln, deren lineare, zungenförmige Fiederblättchen mit ganzer Breite der Rhachis ansitzen. Sie haben Paralleladern, die am Grunde gegabelt sind. Vorkommen: Trias bis Unterkreide (Wealden); häufig im Keuper.

Pteropoden, *Flossenfüßer, Flügelfüßer,* pelagische Schwimmschnecken. Sie leben oft in riesigen Schwärmen planktonisch, → *Pteropodenschlamm.* Vorkommen: Oberkreide bis Gegenwart.

Pteropodenschlamm, eine kalkreiche Meeresablagerung des epelagischen Bereiches, überwiegend aus Schalentrümmern von Pteropoden bestehend, weit weniger verbreitet als Globigerinenschlamm.

Pterosaurier [griech. pteron »Flügel«, sauros »Echse«], *Flugsaurier,* eine Ordnung flugfähiger Reptilien mit einer zwischen Körper und stark verlängertem fünften Finger ausgespannten Flughaut. Der Schwanz ist entweder kurz wie bei → Pterodactylus oder sehr lang wie bei → Rhamphorhynchus. In den verlängerten Kiefern sitzen spitzkonische Zähne, nur die Kiefer der Gattung → Pteranodon sind zahnlos. Vorkommen: Jura bis Kreide.

Ptychites [griech. ptyche »Falte«], eine Gattung der Ammoniten. Vorkommen: Mitteltrias.

ptygmatische Textur [griech. ptygma »Faltung«], schlangen-, falten- oder mäanderartige Windungen mit ganz unregelmäßigen Verdickungen und Verdünnungen in anatektischen Gesteinen; ihre Deutung ist umstritten. Einige Autoren nehmen eine primäre Bildung der Adern während der Deformation, andere eine sekundäre Entstehung durch Verfaltung ursprünglich festerer Lagen oder Gänge in festem Zustand, wieder andere eine polygene Entstehung mit einem Wechsel fester und flüssiger Phase an.

Pufferung, *Puffervermögen,* die Fähigkeit eines Bodens, Reaktionsverschiebungen zur sauren oder basischen Seite hin entgegenzuwirken. Puffersubstanzen im Boden sind Ton- und Humuskolloide, Phosphate und Karbonate.

Pulmonaten, → Gastropoden.

Pulsationshypothese, von den sowjetischen Geologen M. A. Ussow und W. A. Obrutschew ausgebaute geotektonische Hypothese, nach der die Entwicklung der Erde von durcheinander fortwährend ablösenden Kontraktions- und Expansionskräften bestimmt wird. Danach werden Faltungen in den Gebirgen auf Kontraktion und die Entstehung von Geosynklinalen auf Expansion zurückgeführt, indem Vorgänge der Erwärmung (Aufschmelzung) und Abkühlung (Erstarrung) miteinander abwechseln.

Pultscholle, ein meist streifenförmiges Erdkrustenstück, das durch Kippen um seine Längsachse pultartig verstellt wurde, → Kippscholle.

Pumpversuch, an Brunnen über längere Zeit ohne Unterbrechung durchgeführtes Abpumpen von Grund- und Seihwasser zum Nachweis der gewinnbaren Wassermenge.

Purbeck, *Purbeckien, Purbeckium* [nach der Halbinsel Purbeck an der Südküste Englands], eine lagunäre Fazies des obersten Malms mit marinen Einschaltungen.

P-Wellen, svw. Longitudinalwellen.

Pygidium, der Schwanzschild der → Trilobiten.

Pyknit, → Topas.

Pyralspite, → Granate.

Pyrargyrit, → Rotgültigerz.

pyrenäische Phase, → Faltungsphase.

Pyrit [griech. pyr »Feuer«], *Eisenkies, Schwefelkies,* ein Mineral, FeS_2, kubisch; Metallglanz, gelb, zuweilen braun angelaufen; verbreitetstes Sulfid, kommt in allen Lagerstätten vor, meist hydrothermaler Entstehung. P. dient zur Gewinnung von Schwefelsäure, Alaun und Eisenvitriol. Eine Modifikation des P. ist → Markasit.

Pyroklastika [griech. pyr »Feuer«, klasis »zerbrechen«], Oberbegriff für die klastischen vulkanischen Produkte wie → Tephra, → Tuff, → Tuffit, → Ignimbrit.

Pyrolit [Kunstwort aus *Py*roxen und *Oli*vin], Bezeichnung für die Zusammensetzung des Oberen Mantels ohne spezielle Berücksichtigung der tatsächlichen Mineralphasen; nach Green und Ringwood (1963) einem Gemisch aus 3 bis 5 Teilen Dunit und 1 Teil Basalt chemisch äquivalent. Gesteine derartiger Zusammensetzung treten als Xenolithe von Spinell- bzw. Granatozolithen in Alkalibasalten, Basaniten, Foiditen und Kimberliten auf. Durch partielle Anatexis von P. mit Bildung basaltisch-foiditischer Schmelzen und deren Abwanderung verbleibt schwer schmelzbarer Olivin als »restitutiver Mantel« (→ Restit), analog den Verhältnissen bei der intrakrustalen Ultrametamorphose.

Pyrolusit [griech. pyr »Feuer«, luein »waschen«], *Weichmanganerz,* ein Mineral, $\beta\text{-}MnO_2$, tetragonal, schwarz;

kommt in drei Varietäten vor: in strahligen kristallinen Massen (→ Manganomelane), als selten in Hohlräumen gebildete idiomorphe Kristalle (früher als *Polianit* bezeichnet), in Pseudomorphosen nach Manganit. Dendritische Aggregate auf engen Klüften bestehen teils aus P., teils aus Psilomelan. P. wird hauptsächlich in der Oxydationszone manganhaltiger Lagerstätten gebildet. In den größten Mn-Lagerstätten sedimentärer Herkunft besteht P. aus kryptokristallinem, weichem, oolithischem Erz. Die Hauptmenge des P. wird zur Herstellung von Ferromangan verwendet.

Pyromagma [griech. pyr »Feuer«], ein → Magma, das mit Gasen übersättigt ist.

Pyrop, → Granate.

Pyroxene [griech. pyr »Feuer«, xenos »fremd«], eine Gruppe gesteinsbildender Minerale mit der allgemeinen Formel AB[Si$_2$O$_6$] mit A = Ca, Na, K, Mn·· und B = Mg, Fe··, Fe···, Al, Ti···. Man unterscheidet: 1) *Klinopyroxene*, z. B. Diopsid CaMg [Si$_2$O$_6$], Augit (Ca, Mg, Fe··, Fe···, Ti, Al)$_2$ [(Si, Al)$_2$O$_6$], Jadeit Na, Al[Si$_2$O$_6$]; 2) *Orthopyroxene*, z. B. Enstatit Mg$_2$[Si$_2$O$_6$], Hypersthen (Fe, Mg) [Si$_2$O$_6$]. Die P. sind monoklin und rhombisch, haben meist eine deutliche Spaltbarkeit (Spaltwinkel 87°), sind verschiedenfarbig (grünlich, bräunlich, schwarz), meist schwach pleochroitisch, mit großer Auslöschungsschiefe (37 bis 47°), fast immer optisch positiv.

Pyroxenit, → Peridotit.

Pyrrhotin, svw. Magnetkies.

Q

Quartär [frz. »die vierte Stelle einnehmend«], das jüngste der geologischen Systeme bzw. die jüngste Periode (vgl. erdgeschichtl. Tabelle am Schluß des Buches).

Quarz, eine Gruppe gesteinsbildender Minerale, SiO$_2$, umfaßt verschiedene Modifikationen, vgl. Tabelle unten. In allen Modifikationen liegen im Gitter SiO$_4$-Tetraeder vor. Wichtigstes Mineral dieser Gruppe ist *Tiefquarz*, nach Feldspat das zweithäufigste Mineral der äußeren Erdkruste, oft verzwillingt und mit verzerrten Formen. Varietäten sind: *Bergkristall* (wasserklar), *Rauchquarz* (bräunlich), *Morion* (tiefbraun), der fälschlich als Goldtopas bezeichnete *Citrin* (gelb), *Amethyst* (violett), *Rosenquarz* (lichtrosa). Q. mit Einschlüssen sind unter anderem *Gangquarz* (Flüssigkeitströpfchen), *Tigerauge* (mit Krokydolith), *Katzenauge* (mit Asbest). Mikrobis kryptokristalliner Q. ist → Chalzedon mit dem schichtig aufgebauten → *Achat* als wichtigste Varietät. Als *Hochquarz* in Vulkaniten gebildete Kristalle liegen stets als Paramorphose mit den Eigenschaften des Tiefquarzes vor. Auch die als Minerale vorkommenden *Tridymite* und *Cristobalite* sind meistens Paramorphosen der Tieftemperaturform nach Hochtridymit bzw. Hochcristobalit. Cristobalit ist in Chalzedonen und Opalen nachgewiesen worden. Die Hochdruckmodifikation *Keatit* ist bisher als Mineral nicht gefunden worden.

Quarzit, ein metamorphes Gestein mit vorherrschendem Quarzgehalt und granoblastischem Gefüge, vor allem aus Sandsteinen entstanden. Q. ist sehr widerständig und tritt morphologisch oft als Härtling auf. Q. dient zur Herstellung von Ferrosilizium und Silikasteinen, wird auch zu Schotter verarbeitet. Viele Quarzsandsteine des Paläozoikums werden oft fälschlich Q. genannt. Auch die → Tertiärquarzite sind keine Q.

Quarzporphyr, ein altes Ergußäquivalent granitischer Gesteine, das besser als *Paläorhyolith* bezeichnet wird, meist rötlich, auch bräunlich oder graugrünlich, mit einer Grundmasse aus Alkalifeldspäten und Quarz und feinkristallinem oder auch glasigem Gefüge. Einsprenglinge sind Kalifeldspat, Quarz, wenig Plagioklas und Biotit. Q. dient als Schotter und gelegentlich als Werkstein wie der Löbejüner Q. bei Halle.

Quastenflosser, → Crossopterygier.

Quelle, ein örtlich begrenzter, größerer, natürlicher Austritt von Grundwasser, auch nach künstlicher Fassung. Q. schütten dauernd oder nur zeitweise Wasser.

Quellenband, Quellenlinie, eine geologisch bedingte Linie, an der mehrere Quellen nebeneinander austreten.

Quellfaltung, die innere Faltung oder Zusammenstauchung eines Gesteins, dessen Volumen sich durch Wasseraufnahme vergrößert (Quellung), ohne daß die Möglichkeit einer Ausdehnung besteht. Q. ist keine tektonische Bewegung, vielmehr eine Form der Fließfaltung, → Faltung.

Quellkuppe, → Vulkan.

Quellschüttung, der Wasserausfluß Q einer Quelle, der in Liter je Sekunde gemessen wird.

Querfaltung, die Durchkreuzung gleich- oder verschiedenaltriger, gleich- oder ungleichwertiger Faltensysteme unterschiedlicher Richtung.

Quermäuler, svw. Plagiostomen.

Querplattung, → Sigmoidalklüftung.

querschlägig, im Bergbau Bezeichnung für Auffahrungen oder Richtungen, die quer zum Schichtstreichen verlaufen.

Quicksand, ein feinkörniges Lockergestein mit fehlender oder nur geringer Bindigkeit, das durch geringe Wasserzuschüsse zu dem festgelagerten, wassergesättigten Material verflüssigt werden kann.

Quickton, ein mariner feinsandiger, schluffiger Ton im Küstengebiet von Schweden und Norwegen, der stark wasserhaltig ist. Bei Auslaugung des in ihm enthaltenen Salzes wird die Fließgrenze des Q. stark herabgesetzt, der Wassergehalt jedoch nicht verändert. Bereits geringe Erschütterungen führen deshalb zum Ausfließen des Materials. Auch → Thixotropie kann beteiligt sein.

R

Radioaktivität, die Eigenschaft von Kernen der Radioelemente, unter Aussendung von α-, β- und γ-Strahlen spontan zu zerfallen; zugleich wichtige physikalische Eigenschaft der Gesteine, die die Grundlage für eine Reihe geologisch-geophysikalischer Verfahren bildet, → Isotopengeologie Kristalline Gesteine zeigen im Mittel eine höhere R. als sedimentäre. Unter den Magmatiten nimmt die R. mit zunehmendem SiO$_2$-Gehalt zu. So sind die Gehalte radioaktiver Elemente im Granit höher als z. B. in einem Basalt.

Die R. von Gesteinen und Erzen ist für die → physikalische Altersbestimmung von Bedeutung. Sie bildet ferner die Grundlage für die radioaktiven Messungen im Bohrloch. Auch Probleme des Wärmehaushaltes im Erdinneren sind mit der Gesteinsradioaktivität eng verknüpft. Spezielle geo-

Modifikation	Dichte	mittlere Lichtbrechung	Kristallsystem
faseriges SiO$_2$	etwa 1,97		rhombisch
Melanophlogit	etwa 1,99	1,425	kubisch
Hochtridymit	2,22		hexagonal
Tieftridymit	2,27	1,474	monoklin
Hochcristobalit	2,20	1,479	kubisch
Tiefcristobalit	2,33	1,485	tetragonal
Keatit	2,50	1,517	tetragonal
Hochquarz	2,52	1,535	hexagonal
Tiefquarz	2,65	1,548	trigonal
Coesit			
synthetischer	2,91 ... 3,01	1,597	monoklin
natürlicher	2,87		
Stishowit			
synthetischer	4,35	1,822	tetragonal
natürlicher	4,03		

Ra	U	Th	K
1 g Granit			
$1,5 \cdot 10^{-12}$	$4,0 \cdot 10^{-6}$	$1,2 \cdot 10^{-5}$	$2,95 \cdot 10^{-2}$
1 g Basalt			
$0,57 \cdot 10^{-12}$	$1,520 \cdot 10^{-6}$	$0,51 \cdot 10^{-5}$	$0,40 \cdot 10^{-2}$

physikalische Verfahren gestatten mittels der R. der Gesteine die Kartierung von Brüchen sowie die Aufsuchung von Erzlagerstätten und Gesteinskomplexen mit radioaktiven Elementen oder radioaktiven Wässern (Radiummetallometrie, Radiohydrologie u. ä.).
Radioaktivitätshypothese, → Expansionshypothese.
radiocarbon dating, → physikalische Altersbestimmung.
Radiokohlenstoffdatierung, → physikalische Altersbestimmung.
Radiolarien, *Strahlentierchen,* eine Ordnung der zu den Urtieren gehörenden Wurzelfüßer mit formenprächtigen, strahligen Skeletten, überwiegend als Plankton lebend. Unterordnungen sind die kugeligen oder scheibenförmigen *Spumellarien* und die mützenförmigen *Nasellarien.* Vorkommen:? Proterozoikum, Kambrium bis Gegenwart. → Radiolarit.
Radiolarienschlamm, ein rotes, toniges, an Radiolarienresten reiches Meeressediment des eupelagischen Bereichs, aus dem durch Verfestigung → Radiolarit, durch Diagenese → Kieselschiefer entsteht. Radiolarien bevorzugen wärmere Wasser. Deshalb findet sich R. im Pazifik nördlich des Äquators, im Atlantik fehlt er anscheinend.
Radiolarit, ein kieselig-organogener Sedimentit, dicht, scharfkantig brechend, aus mikrogranularen Chalzedonaggregaten aufgebaut. Im Gegensatz zum → Kieselschiefer ist der biogene Charakter des Gesteins zu erkennen. R. sind oft mit → Ophiolithen vergesellschaftet und stellen möglicherweise fossile Tiefseesedimente dar.
Radiometrie, Oberbegriff für mehrere Verfahren der angewandten Geophysik zur Messung der natürlichen radioaktiven Strahlung geologischer Körper oder radioaktiver Emanationen. Die R. dient zum Aufsuchen radioaktiver Erze, zum Verfolgen von Verwerfungen (an denen oft Emanationen aufsteigen), zum Aufsuchen von Erdöllagerstätten, die zuweilen ein Minimum radioaktiver Strahlung über der Lagerstätte aufweisen, in Bohrlöchern zum Aufsuchen von Kalilagerstätten und zur Unterscheidung toniger von nichttonigen Gesteinen. Mittels radioaktiver Isotope unterschiedlicher Art als Markierungsmittel werden die Fließwege des Grundwassers erkundet und seine Fließrichtung und Abstandsgeschwindigkeit bestimmt. Die R. dient auch zur Altersbestimmung von Mineralen. Als Anzeigegeräte verwendet man Ionisationskammern, Geiger-Müller-Zähler und Szintillometer. Benutzt werden auch Verfahren mit Gamma-Spektrometern zur Untersuchung spezieller, materialtypischer Strahlungen. Mit empfindlichen Szintillometern lassen sich Messungen vom Flugzeug aus vornehmen (*Aeroradiometrie*).
radiometrische Altersbestimmung, svw. physikalische Altersbestimmung.
radiometrische Dichtemessungen, Verfahren zur Feststellung der Porosität von Gesteinen, → Bohrlochmessungen.
Rahmenfaltung, nach Stille Bezeichnung für die Entstehung faltenartiger Strukturen in abgesunkenen Gebieten zwischen alten, durch gebirgsbildende Prozesse konsolidierten Gebirgsschollen, die den Rahmen abgeben, z. B. das Thüringer Becken zwischen Harz und Thüringer Wald.
Randfazies, die durch raschere Abkühlung abweichende Gesteinsausbildung an den Rändern der → Plutone. Die R. entsteht auch durch Aufschmelzung und Zertrümmerung des Nebengesteins, z. B. am Rand von Magmenkörpern
Randsenke, 1) die → Vortiefe eines → Orogens; **2)** durch Salzabwanderung in der Tiefe an der Erdoberfläche durch Nachsacken über der → Halokinese entstandene Zone. Man unterscheidet dabei: *primäre R.*, die den Massenschwund kompensiert, der bereits bei der Bildung eines Salzkissens zustande kommt. Die *sekundäre R.* gleicht dagegen den Massenschwund aus, der schließlich bei der Bildung von Salzdiapiren entsteht.
Randtrog, nach E. Voigt eine langgestreckte Senke über Schollenrändern oder den Rändern alter Massive. Die Absenkung erfolgt synsedimentär entweder langandauernd oder episodisch. Die Trogachse verschiebt sich im Laufe der Entwicklung. Nach Zeiten der Sedimentation folgt bei tieferen Trögen eine Aufwölbung und Heraushebung der Trogfüllung, die Inversion, die mit Faltungs- und Dislokationserscheinungen verbunden ist.
Randwasser, das eine Erdöllagerstätte begleitende Wasser, → Strukturtheorie.
Ranker, flachgründige, karbonatfreie, aus Silikatgesteinen hervorgegangene Böden. Häufig sind es nur kurzlebige Zwischenstadien der Bodenentwicklung.
Rapakiwi [finn. »faulender Stein«], eine Gruppe porphyrischer Hornblendegranite Südfinnlands mit charakteristischen Kalifeldspatporphyroblasten, die von Albitsäumen umgeben sind. Die R. sind Leitgeschiebe in pleistozänen Ablagerungen Mitteleuropas.
Rapilli, svw. Lapilli.
Raseneisenerz, → Brauneisenerz.
Rastrites [lat. rastrum »Harke«], eine Gattung der zu den → Graptolithen gehörenden Monograptiden mit gekrümmten oder spiralen Ästen und langen Theken. Vorkommen: Silur (Abb. S. 316).
Rät [nach dem Rätikon, einem Teil der Ostalpen], *Rhät,* die oberste Stufe der pelagischen Trias bzw. oberste Stufe des Keupers der germanischen Trias.
Raubtiere, svw. Carnivoren.
Rauchgasverwitterung, eine anthropogen gesteigerte Baustein-, speziell Säureverwitterung, besonders in Industriegebieten und Großstädten durch CO_2 und SO_2 infolge Verbrennens von Kohle u. a., oft aber nur eine Verwitterung infolge schlechter Materialauswahl und falschen Einbaus der Natursteine.
Rauchwacke, *Rauhwacke, Zellenkalk, Zellendolomit,* zellig-poröse Kalke und Dolomite, deren Poren durch Herauslösung der löslichen Bestandteile entstehen. R. kommt z. B. im Mittleren Muschelkalk vor.
Rauhwacke, svw. Rauchwacke.
Raumgitter, → Kristallgitter.
Raumwellen, die bei Erdbeben das Erdinnere durchlaufenden Wellen, die an der Erdoberfläche die Oberflächenwellen auslösen.
Rauschrot, svw. Realgar.
Realgar [arab.], *Rauschrot,* ein Mineral, As_4A_4, rot, monoklin. R. ist Arsenerz, tritt nahezu in allen Auripigmentlagerstätten als Begleiter auf.
Redlichia, eine Trilobitengattung, charakteristisch für das Unterkambrium Ostasiens.
Reflexionsmethode, → Seismik.
Refraktionsmethode, → Seismik.
Regelation, der Wechsel von Auftauen und Wiedergefrieren an Eiskörpern infolge Druck- und Temperaturschwankungen. Die R. spielt bei der Bewegung der → Gletscher (*Regelationstheorie*) und bei den Bewegungsvorgängen im Dauerfrostboden eine große Rolle.
Regeneration, nach Stille die Rücküberführung von durch Konsolidation versteiften Zonen der Erdkruste (Kontinentalblöcke) in den plastischen, faltbaren Zustand in der Geosynklinale durch Absinken. → Algonkischer Umbruch. Der Begriff R. gilt heute als veraltet.
Regensburger Straße, im Dogger bestehende Meeresstraße zwischen dem Juramer im Süden der heutigen BRD und dem polnischen Juramer.
Regionale Dynamo-Thermo-Metamorphose, mit Tektonogenese verknüpfte und zur Bildung kristalliner Schiefer führende Metamorphose.
Regionale Versenkungsmetamorphose, in Subduktionszonen auftretende Metamorphose, die durch hohen lithostatischen Druck und geringen geo-

thermischen Gradienten gekennzeichnet ist.
Regression, der Rückzug eines Meeres infolge epirogenetisch bedingten Aufsteigens eines Festlands. → Emersion.
Reife, *Maturität,* ein Begriff zur Charakterisierung klastischer Sedimente. Man unterscheidet *kompositionelle* R. (Summe der Quarz- und Kieselgesteine geteilt durch die Summe der Feldspäte und Gesteinsbruchstücke) und *strukturelle* R. (Sortierung und Rundung der Körner). Die kompositionelle R. ist dem Anteil verwitterungs- und transportempfindlicher Komponenten umgekehrt proportional. Die strukturelle R. ist um so größer, je besser die Sortierung und Rundung der Körner ist.
Relaisbeben, ein Erdbeben, das durch ein anderes großes Erdbeben an einer von dessen Herd weit entfernten labilen Stelle der Erde sekundär ausgelöst wurde.
Relaxion, Ermüdung, die bleibende, plastische → Deformation von Gesteinen unterhalb der Elastizitätsgrenze (→ rheologische Körper).
Reliefumkehr, *Inversion,* durch Abtragung unterschiedlich widerstän-

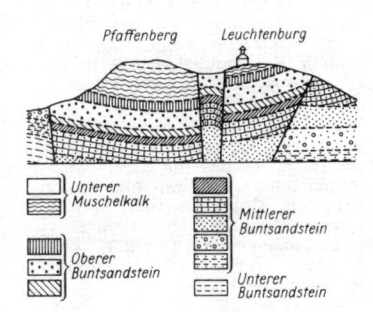

Reliefumkehr

diger Gesteine hervorgerufene morphologische Umwandlung tektonischer Formen: Sättel und Horste in morphologische Depressionen, Mulden und Gräben in Erhebungen.
Reliktböden, Böden, die in vergangenen geologischen Zeitabschnitten gebildet wurden (→ Paläoböden), noch heute an der Erdoberfläche liegen und dem Einfluß der Bodenbildungsfaktoren der Gegenwart ausgesetzt sind.
Remanenz [lat. remanere »Zurückbleiben«], ein in der Petrophysik gebrauchter Begriff für die Restmagnetisierung in einem Gestein. Sie kann als *Thermoremanenz* bei Magmatiten äußerst stabil sein. Da die Magnetisierung eines Gesteins mit dessen Entstehung und dem damals herrschenden Magnetfeld zusammenhängen, können die Magnetisierungsrichtungen von Gesteinen früherer Perioden der Erdgeschichte gegenüber der heutigen Richtung abweichen (→ Paläomagnetismus), so daß die R. als Hilfsmittel bei der stratigraphischen Diagnose dienen kann.
Rendzina, ein Bodentyp auf Karbonat- und Gipsgesteinen, häufig flachgründig. Die Bodenentwicklung der R. ist im wesentlichen abhängig vom Gehalt an nichtkarbonatischen Bestandteilen. Je nach Mächtigkeit des Ah-Horizontes und Form des Humus kann die R. weiter unterteilt werden. Die R. auf silikatreichen, kalkhaltigen Lockergesteinen (z. B. Löß, Geschiebemergel) werden z. T. noch als *Pararendzinen* bezeichnet.
Reptilien, *Kriechtiere,* eine Klasse der Wirbeltiere, kaltblütige oder wechselwarme, ausschließlich durch Lungen atmende Land- und Wassertiere mit nackter, beschuppter oder mit knöchernen Platten bedeckter Haut. Wichtig sind folgende Ordnungen: 1) → Rhynchocephalen, 2) → Lepidosaurier, 3) → Ichthyosaurier (ausgest.), 4) → Sauropterygier (ausgest.), 5) → Thermomorphen, 6) → Testudinaten, 7) → Krokodile, 8) → Dinosaurier (ausgest.), 9) → Pterosaurier (ausgest.). Vorkommen: Oberkarbon bis Gegenwart. Blütezeit im Mesozoikum.
Requienia, eine integripalliate Muschel (→ Lamellibranchiaten) mit sehr ungleichklappiger Schale, die mit der linken Klappe auf dem Meeresboden festgewachsen ist. Die rechte Klappe ist flach, deckelförmig, mit spiraligem Wirbel. Verbreitet in der Kreidezeit (Valendis bis Senon).
Residualgebirge [lat. residuum »Rückstand«], der bei der Auslaugung von Salzgesteinen durch das Grundwasser gebildete schwer lösliche Rückstand aus Gips, Ton und anderen schwer löslichen Gesteinen, infolge Vorherrschens von Gips über Salzstöcken als *Gipshut* bezeichnet.
Restit, Sammelbezeichnung für bei der → Anatexis nicht aufgeschmolzene Reste des ursprünglichen Gesteins. Sie bestehen vorwiegend aus dunklen Mineralen, wie Biotit, Hornblende, Cordierit, Granat und Erzmineralen (Magnetit, Hämatit, Ilmenit u. a.), daneben aus basischem Plagioklas mit oder ohne Quarz. Die aufgeschmolzenen leukokraten Komponenten Alkalifeldspat und Quarz trennen sich von diesen Resten und sammeln sich in Metatekten.
Retinit, ein gelbbräunliches, bernsteinähnliches, fossiles Harz in Körnern oder Klumpen in Braunkohlen.
Retromorphose [lat. retro »zurück«, griech. morphosis »Gestaltung«], retrograde Metamorphose, → Diaphthorese.
reussische Phase, → Faltungsphase.
Revolution, in der Erdgeschichte → Zyklenhypothese.
rezent, Bezeichnung für Lebewesen, Bildungen oder Vorgänge der Gegenwart, z. B. r. Erdkrustenbewegungen (→ Neotektonik). **Gegensatz:** → fossil.

Rhamphyorhynchus [griech. rhamphos »Schnabel«, rhynchos »Schnauze«], eine wichtige Gattung der Flugsaurier (→ Pterosaurier) mit langem Kopf, nicht vollständig bezahnten Kiefern, schnabelförmigen Kieferspitzen und langem Schwanz. Verbreitet im Jura (Malm) von Europa und Ostafrika.
Rhät, svw. Rät.
Rheinische Fazies, mächtige sandige, marine Ablagerungen des Devons Mitteleuropas mit reicher benthonischer Fauna.
Rheinische Masse, Bezeichnung von Stille für das durch die kaledonische und variszische Tektogenese entstandene Gebirgsmassiv beiderseits des Rheins, im Mesozoikum paläogeographisch als Sedimentliefergebiet bedeutend.
rheinische Richtung, → Streichen und Fallen.
rhenoherzynische Zone, → variszische Gebirgsbildung.
rhenotyp, eine germanotype Strukturbildung in rheinischer Richtung (→ Streichen und Fallen), überwiegend als Zerrungsstrukturen ausgebildet.
Rheologie, eine physikalische Wissenschaft, die sich mit den Deformationen des Materials unter der Einwirkung formverändernder Kräfte befaßt. Die R. ist für das Entstehen tektonischer Deformationen im kleinen und im großen von grundlegender Bedeutung.
rheologische Körper, Körper mit theoretisch postulierten Eigenschaften zur mathematisch-physikalischen Beschreibung von Deformationen: 1) ideal-elastischer Hookescher Körper, bei dem eine Verformung proportional zur wirkenden Kraft vor sich geht; 2) Newtonsche Flüssigkeit, deren Fließwiderstand proportional der Relativgeschwindigkeit ihrer Teile ist; 3) Maxwellsche Flüssigkeit, die → elastische Deformation und Relaxation zeigt; 4) Kelvinscher fester Körper, der elastische Deformationen und → elastische Nachwirkung zeigt; 5) Bingham-Körper, der elastisches Verhalten und elastische Nachwirkung zeigt bis zu einer zeitlich variablen Nachgebespannung, darüber hinaus plastisches Fließen. – Die natürlichen Gesteine verhalten sich unter kurzzeitiger Spannung wie 1), bei sehr lang andauernder Spannung nähern sie sich 2). Für normale geologische Verhältnisse wird das Gesteinsverhalten besser als 5) beschrieben.
Rhinoceriden, svw. Nashörner.
Rhizopoden, *Wurzelfüßer,* eine Klasse der Urtiere. Fossil erhalten und z. T. als Leitformen von Bedeutung sind nur die Foraminiferen und Radiolarien. Vorkommen: ? Proterozoikum, Kambrium bis Gegenwart.
rhodanische Phase, → Faltungsphase.
Rhodochrosit, svw. Manganspat.
Rhombenporphyr, ein feinkörniges, meist rötlichviolettes, quarzfreies Ergußgestein des Oslo-Gebietes (Nor-

wegen) mit auffälligen, 2 bis 4 cm großen spitzrhombischen oder rechteckigen, hellen Feldspateinsprenglingen, das als → Leitgeschiebe besonders geeignet ist.

Rhomboidrippeln, Rippelmarken mit gitterartiger, rhomboider Anordnung. R. sind asymmetrische → Strömungsrippeln mit zwei Leehängen, deren Kämme einen spitzen Winkel miteinander bilden. Die Spitze weist in die Transportrichtung der Strömung.

Rhynchocephalen, eine Ordnung der Reptilien mit zwei Schläfenöffnungen. Vorkommen: Untertrias bis Gegenwart.

Rhynchonella, eine Gattung der ancistropegmaten Brachiopoden. Vorkommen: Silur bis Gegenwart, wichtiges Leitfossil.

Rhynia [Rhynie, Ort in Schottland], eine Gattung der → Psilophyten mit primitiver, aus Zellfäden (Rhizoiden) bestehender Bewurzelung und gegabeltem Stengel. Im Zentrum des Stengels befand sich ein dünner Leitstrang mit spiralversteiften Tracheiden. Die Enden der Triebe waren entweder fertil (sporenerzeugend) oder steril. Vorkommen: Mitteldevon (Abb. S. 428).

Rhyolith [griech. rheein »fließen«, lithos »Stein«], *Liparit* [nach dem Vorkommen auf der Insel Lipari], ein Quarz-Feldspat-Vulkanit, junges Ergußäquivalent granitischer Gesteine, hell oder rötlich; in dichter (felsitischer), halbglasiger (vitrophyrischer) oder glasig porphyrischer Grundmasse Alkalifeldspat- und Quarzeinsprenglinge, Gehalt an dunklen Bestandteilen unter 10 Vol.-%. → Quarzporphyr.

Rhythmus, eine sedimentäre Wechselfolge, die durch den Takt ab-ab-ab bzw. durch die identische Wiederholung von Zweierfolgen, z. B. durch das Alternieren von zwei Stoffzufuhren, charakterisiert wird. Die rhythmischen Wechsellagerungen (*Rhythmite*) können durch klimatische Ursachen hervorgerufen werden, wie bei den Bändertonen des Quartärs.

Richter-Skala, → Magnitude.

Richtschnitt, *Normalprofil,* ein Begriff aus der Montangeologie, Profil zur eindeutigen Definition einer stratigraphischen Grenze, an dem andere Profile »ausgerichtet« werden können.

Riefelung, svw. Kannelierung.

Rieselmarken, engl. rill marks, sich stromaufwärts gabelnde Rinnsale an Stränden, Sandbänken u. a. Sie formen sich beim Abfluß einer dünnen Wasserschicht.

Riesenkrebse, → Gigantostraken.

Riesensaurier, → Dinosaurier.

Riff, eine über oder nahe an die Meeresoberfläche reichende Ablagerung koloniebildender Organismen (*biogenes R.*, → Korallenbauten) oder eine Aufragung des Untergrundes (*Felsriff*). Bei den biogenen R. unterscheidet man → Bioherme und →

Biostrome. Die R. setzen sich aus folgenden Bereichen zusammen: *Riffkern* (durch Gerüstbildner stabilisiert) und *Riffflanke* (Schutthülle). Die Sedimente der Luvflanke heißen »fore reef«-Sedimente (*Riff*-Schutt) und die der Leeflanke »back reef«-Sedimente (*Biokalkarenite*). Gerüstbildner der R. sind: Korallen, Stromatoporiden, Algen, Bryozoen, Schwämme.

Rift, *Riftzone, Riftsystem,* die Großgräben der Kontinente und Ozeane. → mittelozeanische Schwellen, → Taphrogenese.

Riftzone, → mittelozeanische Schwellen.

Righeit, die Fähigkeit fester Körper, gegen Formveränderungen elastischen Widerstand zu leisten. Die R. der Erde wächst mit der Tiefe schnell an. In Erdkernnähe ist sie mehr als zehnmal so groß wie an der Erdoberfläche.

Rigosol, ein anthropogener Boden, bei dem durch Tiefenbearbeitung die ursprüngliche Horizontfolge im Boden verlorengegangen ist.

Rillenmarken, *Furchen,* engl. groove casts, durch Ausfüllen von Rillen entstandene, abgerundete oder scharfkantige, geradlinige Rücken im Sediment.

Rillenspülung, → Abspülung.

rill marks, → Rieselmarken.

Rillung, Bewegungsspuren auf Flächen im Gestein, → Lineare. R. können 1) Rutschstreifen auf Harnischflächen (→ Harnisch), 2) Bewegungsspuren auf Schichtflächen sein, hervorgerufen durch schichtparallele Verschiebung bei der Faltung. R. wird fälschlich als Synonym für → Striemung verwendet.

Ringelerze, *Kokardenerze* [bergm. Ausdruck], konzentrische Ausscheidungen von Erzen um Nebengesteinsbrocken in Gängen, z. B. Blei-Zink-Erze um Sandstein- und Schieferbrocken.

Ringelwürmer, svw. Anneliden.

Ringkomplex, *Ringstruktur,* die im Grundriß ringförmige Anordnung der inneren Strukturen von → Plutonen, die aus mehreren aufeinanderfolgenden Intrusionen bestehen. R. werden auch durch mit Magmagesteinen gefüllte ringförmige Abrißspalten (*Ringgänge*) über sich entleerenden Magmakammern oder einstürzenden Calderen gebildet.

Ringstruktur, svw. Ringkomplex.

Rinnenspülung, → Abspülung.

Riphäikum [von Ripaeus oder Riphaeus, lat. Name eines in fernen Gegenden Europas gelegenen Gebirges, wahrscheinlich des Urals], der jüngere Zeitabschnitt des Kryptozoikums zwischen 1,6 und 0,68 Milliarden Jahren. Wird von sowjetischen Geologen teilweise als besonderer Hauptabschnitt aus dem Proterozoikum ausgegliedert. Das R. entspricht etwa dem Keweenavan bzw. der Belt-Supergruppe bzw. der Gren-

ville-Supergruppe Nordamerikas, dem aufgeschlossenen mitteleuropäischen Präkambrium, dem Dalslandium Skandinaviens und dem Sinium Chinas. Der jüngste Teil des Proterozoikums, das → Wend, wird seit längerem vom R. abgetrennt.

riphäische Gebirgsbildung, svw. assyntische Gebirgsbildung.

Rippelmarken, *Rippeln, Wellenrippeln,* Schichtflächenmarken entsprechend periodischen Undulationen an der Grenzfläche zwischen fluiden und körnigen Medien auf Sedimentoberflächen. R. sind parallele, gerade oder gebogene Kämme und Furchen an Stränden und auf Flugsand (*Windrippeln*). R. entstehen durch Korntransport von Luv nach Lee. Sie gliedern sich in symmetrische R. (*Oszillationsrippeln*) und asymmetrische R. (*Strömungsrippeln*). Kreuzen sich zwei Rippelsysteme, entstehen *Interferenzrippeln.*

Rippelschichtung, 1) die von → Rippelmarken besetzten Schichtoberflächen; 2) eine kleindimensionale Schrägschichtung, die von wandernden Rippeln gebildet wird.

Rißkaltzeit, *Rißzeit* [nach der Riß, einem Nebenfluß der Donau], eine alpine Vereisungsphase des Pleistozäns, durch eine ausgeprägte interstadiale Erwärmungsperiode in zwei Hauptvorstöße (Riß I und II) gegliedert.

Rogenstein, → Oolith.

Rohboden, *Syrosjom, Syrosem,* Bezeichnung für das Initialstadium der Bodenbildung auf Fest- und Lockergesteinen. Charakteristisch sind geringe chemische Verwitterung, geringe biologische Aktivität, kaum sichtbarer Humushorizont.

Rohhumus, → Humus.

Rosterde, → Podsol.

Rostrum, Schalenteil der → Belemniten; dornförmiger, massiver, kalzitischer Hartteil des Gehäuses; sog. »Donnerkeile.«

Röt, der obere Teil des Buntsandsteins.

Rotaryverfahren, → Tiefbohrung.

Roteisenstein, svw. Hämatit.

Rötel, → Hämatit.

Roterde, *Rotlatosol,* ein rotbrauner bis roter, eisen- und aluminiumreicher, kieselsäurearmer Boden mit stabilem lockerem, krümeligem → Bodengefüge und geringer oder ganz fehlender Plastizität; entstanden im tropischen Klima. In Mitteleuropa tritt R. als fossiler Boden oder Reliktboden auf.

Roter Tiefseeton, eine eisenoxidreiche, besonders im Pazifik in Tiefen von mehr als 5000 m weitverbreitete Ablagerung von roter bis brauner Farbe, mit nur geringem Kalkgehalt, da Kalkgehäuse der Meeresorganismen durch den größeren Kohlensäuregehalt des Meerwassers in der Tiefe bei zunehmendem Druck gelöst werden. Vermutlich geht R. T. sehr langsam als Lösungsrückstand aus dem → Globigerinenschlamm hervor.

Rotformation [engl. »red beds«], terrestrische rotgefärbte Sedimente, bestehend aus Abfolgen von Konglomeraten, Sandsteinen, Schluff- und Tonsteinen sowie Einschaltungen von Kalksteinen und Salzen. Die Rotfärbung kommt durch schwache Hämatitgehalte zustande, die durch Oxydation eisenhaltiger Silikate in Trockengebieten entstehen. R. sind typisch für die → Molassen und bestimmte Tafelsedimente, z. B. Buntsandstein.

Rotgültigerz, *Rotsilber*, *Rubinblende*, Bezeichnung für zwei trigonal kristallisierende Silbererze: 1) *dunkles R.*, *Antimonsilberblende*, *Pyrargyrit*, Ag_3SbS_3, metallartiger Diamantglanz, dunkelrot; 2) *lichtes R.*, *Arsensilberblende*, *Proustit*, Ag_3AsS_3; halbmetallischer Diamantglanz, scharlach- bis zinnoberrot. R. kommt in hydrothermalen Gängen vor.

Rotkupfererz, svw. Cuprit.
Rotlatosol, svw. Roterde.
Rotlehm, *Rotplastosol*, ein durch Eisenoxide braunrot bis rot gefärbter, eisen- und aluminiumreicher, plastischer, meist kaolinitreicher, dichter Boden; entstanden durch intensive Verwitterung in tropischem bis subtropischem Klima aus Silikatgesteinen. In Mitteleuropa tritt R. als fossiler Boden oder Reliktboden auf.

Rotliegendes [rotes Liegendes (Unterlage) des Mansfelder Kupferschiefers], ältere Abteilung des Perms, etwa Unterperm Mittel- und Westeuropas (→ Perm); gebietsweise oft unterteilt in Unterrotliegendes oder Autun und Oberrotliegendes oder Saxon.

Rotplastosol, svw. Rotlehm.
Rotsilber, svw. Rotgültigerz.
Rubellit, roter → Turmalin.
Rubidium-Strontium-Methode, → physikalische Altersbestimmung.
Rubin, → Korund.
Rubinblende, svw. Rotgültigerz.
Rubinglimmer, → Goethit.
Rückenberge, svw. Drumlins.
Rückland, kratonischer Raum, von dem im Gegensatz zum → Vorland die → Faltung meist wegwandert, → Vergenz.
Ruckregen, svw. Schichtflut.
Rückzugsstaffel, während einzelner Stillstandszeiten durch Abschmelzen des pleistozänen Inlandeises entstandene, staffelförmig angeordnete Endmoränenzüge.

Rudisten [lat. rudis »rauh«], eine Muschelfamilie (→ Lamellibranchiaten) mit ungleichklappiger, dicker Schale. Rechte Klappe ist kegel- oder hornförmig, mit der Spitze auf dem Meeresboden aufgewachsen, linke Klappe deckelförmig und ist gegen die Unterklappe nur in vertikaler Richtung beweglich (Tafel 42). Die R. lieferten in der Kreide wichtige Leitfossilien.

Ruhespuren, → Lebensspuren.

Ruman, *Rumänien* [nach Rumänien], Regionalstufe für das jüngste Pliozän der zentralen Paratethys.

Rumpffläche, *Fastebene*, *Peneplain*, eine durch Verwitterung und Abtragung in Zeiträumen tektonischer Ruhe gebildete wellige Verebnungsfläche, besonders auf gefaltetem oder stärker gestörtem Untergrund.

Rundhöcker, durch die Bewegung des Inlandeises oder eines Gletschers abgerundete Felsen mit flachansteigender Stoßseite, allseits geglättet und mit Schrammen und Rinnen in der Bewegungsrichtung des Eises versehen. R. sind typische Erscheinungen in Gebieten pleistozäner Vergletscherung. *Schären* sind R., bei denen nur der obere Teil aus dem Wasser ragt.

Rundung, *Abrollungsgrad*, die Abnahme der Kanten eines Kornes. R. ist meist die Folge von Abnutzung bei Flußtransport und im Küstenbereich. Die R. wird durch die Krümmungsradien quantifiziert. Der *Zurundungsindex* wird aus der größten Länge (L) und den kleinsten Krümmungsradius (r) nach 2r/L bestimmt. Visuell unterscheidet man zehn *Rundungsklassen* der Gruppen kantig, kantengerundet und gerundet. → Morphometrie.

Runzelschieferung, Bezeichnung von Born (1929) für eine in Tonschiefern und Phylliten verbreitete mehrscharige Schieferung. *Runzelschiefer* sind durch das Auftreten einer feinen Runzelung auf den Schiefer- bzw. Schichtflächen gekennzeichnet, die die Schnittkante der → s-Flächen abbildet.

Runzelung, 1) die Schnittkanten von zwei Scherflächenscharen bzw. von Schichtflächen mit Scherflächen, → Lineare; 2) eine Spezialfaltung von Schieferungsflächen im Millimeterbereich (Schieferungsfältelung).

Rupel, *Rupélien* [nach dem Flüßchen Rupel in Belgien], die mittlere Stufe des Oligozäns (Mitteloligozän).

Ruptur [lat. rumpere »zerreißen«], eine durch tektonische Umformung erfolgte Unterbrechung der mechanischen Kontinuität eines Gesteins. Man spricht von ruptureller → Deformation im Gegensatz zur elastischen.

Ruschelzone, eine durch tektonische Vorgänge, z. B. Verwerfungen, stark zerklüftete und aufgelockerte Zone im Gestein mit Zertrümmerungserscheinungen.

Rüsseltiere, svw. Proboscidier.
Russia, veraltige Bezeichnung Stilles für → Fennosarmatia.

Russische Platte, der von nicht gefalteten Sedimenten des Jungproterozoikums bis Känozoikums bedeckte Teil der → Osteuropäischen Plattform, im Gegensatz zum Baltischen und Ukrainischen Schild. → Fennosarmatia.

Rutil [lat. rutilus »rötlich«], ein gesteinsbildendes Mineral, TiO_2, metallartiger Diamantglanz, gelb, rot, braun, schwarz; tetragonal, oft verzwillingt, kommt auf Pegmatitgängen vor, als

mikroskopischer Gemengteil in Tonschiefern und Grauwacken, als Umwandlungsprodukt in Metamorphiten und lose in Sanden und Seifen. Wichtiges Titanerz, dient u. a. zur Herstellung von Titanstahl.

Rutschfältelung, svw. Wulstfaltung.
Rutschstreifen, → Harnisch.
Rutschung, 1) Im allgemeinen Sprachgebrauch übliche zusammenfassende Bezeichnung für → Massenbewegungen an Hängen und Böschungen. 2) Gleitvorgang. 3) → subaquatische Rutschung. 4) → Frana.

S

Saalekaltzeit, *Saalezeit*, [nach der Saale], eine norddeutsche Vereisungsphase des Pleistozäns, in zwei Hauptvorstöße (Drenthe- und Warthestadium) gegliedert, die durch eine ausgeprägte interstadiale wärmere Periode (Gerdau- bzw. Treene-Interstadial) getrennt waren.

saalische Phase, → Faltungsphase.
Saamiden [nach dem Volksstamm der Saami (Lappen)], katarchäischer Faltungskomplex des → Baltischen Schildes.

saamidische Phase, → Faltungsphase.
Säbelzahntiger, svw. Machairodus.
saiger, *seiger*, ein bergmännischer Ausdruck, svw. senkrecht, z. B. *saigere Schichten*, Gänge, Flöze.

säkular, Bezeichnung für über lange Zeiträume andauernde Vorgänge, z. B. epirogene Hebungen und Senkungen der Erdkruste. Gegensatz: → instantan.

Sal, svw. Sial.
Salband, die Grenzfläche eines → Ganges gegen das Nebengestein.
Salinar, ein Gesteinskomplex, der überwiegend aus Salzgesteinen besteht.
Salinarfaltung, eine Form der Fließfaltung, → Salztektonik.
Salinartektonik, svw. Salztektonik.
salisch [von Si und Al], Bezeichnung für silizium- und aluminiumhaltige Minerale, die in verschiedenen Gesteinsklassifikationen normativ aufgerechnet werden. Gegensatz: femisch.

Salpausselkä, die letzte Abschmelzstaffel (Endmoräne) des nordeuropäischen Inlandeises der Weichsel-Kaltzeit in Finnland, entsprechen den Ramoränen Mittelschwedens bzw. der Valley-glaciation in Schottland vor 10000 Jahren; Beginn des → Holozäns.

Salpeter [lat. salpetra »Salzfels«], Sammelname für nitratreiche Minerale: *Natronsalpeter* (*Chilesalpeter*), Nitronatrit, $NaNO_3$, trigonal, helles Düngesalz; *Kalisalpeter*, Nitrokalit, KNO_3, rhombisch, helles Düngemittel, auch zur Herstellung von Schießpulver; *Kalksalpeter*, Nitrocalcit, $(CaNO_3)_2 \cdot 4H_2O$, monoklin, als Mauersalpeter (Ausblühung) bekannt.

Salse, svw. Schlammsprudel.

Salzböden, in semiariden und ariden Klima, unter dem Einfluß salzreicher Grundwässer gebildete, im Innern oder an der Oberfläche mit mineralischen Salzen angereicherte Böden. Hierzu gehören als Bodentypen: *Solontschak,* der durch oberflächennahe Salzausblühungen gekennzeichnet ist, *Solonez,* der sich nach Grundwasserabsenkung durch Auswaschung von Salzen aus dem Oberboden und Anreicherung im Unterboden entwickelt, und *Solod,* der sich durch starke Auswaschung der Salze bei gleichzeitiger Verarmung des Oberbodens an Ton- und Humussubstanzen bildet.

Salzdiapirismus, ein durch → Salztektonik bewirkter Aufstieg von Salzmassen mit Durchspießung des Deckgebirges und starker Deformation der durchbrochenen Schichten. Der den S. verursachende Fließvorgang kann bewirkt werden durch tektonisch erzeugte Druckentlastung an Störungen, unterschiedliche Erosion des Deckgebirges oder andere Differenzen des Überlagerungsdruckes. Das mobilisierte Salz fließt nach Zonen verminderten Druckes. Da die Salzakkumulation mit Hebungen und stärkerer Erosion in den angehobenen Zonen und Ablagerung des erodierten Materials in den durch die Salzabwanderung erzeugten → Randsenken verbunden ist, was zur Vergrößerung des Druckunterschiedes führt, unterhält sich der S. selbst (→ Halokinese). Tektonische Vorgänge können von Zeit zu Zeit den S. beschleunigen oder bremsen. Ergebnisse des S. sind *Salzstöcke* (*Salzhorste*) oder langgestreckte *Salzmauern.*

Salzgesteine, *Evaporite* [lat. e »aus, heraus«, vapor »Dampf«], vorwiegend aus Chloriden und Sulfaten der Alkalien und Erdalkalien bestehende Gesteine, die sich nach Überschreiten des Löslichkeitsproduktes aus verdunstenden wäßrigen Lösungen ausscheiden, z. B. Halite (Steinsalz), Kalisalze, Anhydrit und Gips. S. entstehen meist marin, aber auch unter ariden Bedingungen terrestrisch, → Evaporisation.

Salzhang, → Ablagerung.
Salzhorst, → Salzdiapirismus.
Salzhut, → Salzspiegel.
Salzkarst, → Karsterscheinungen.
Salzkohle, eine Braunkohle mit mehr als 2% Na_2O in der Asche, deren Salzgehalt auf die auf Störungen aufsteigende Zechsteinsole zurückzuführen ist, z. B. in der Umgebung von Halle (Saale), wobei die Zeit der Versalzung umstritten ist.
Salzmauer, → Salzdiapirismus.
Salzmetamorphose, die nachträgliche Veränderung der Salze in den Kalisalzlagerstätten Mitteleuropas, z. B. von Gips unter Wasserabgabe in Anhydrit, infolge Druck- und Temperaturerhöhung und/oder infolge Überdeckung mit mächtigen jüngeren Schichten, eine Thermometamorphose.

Salzspiegel, die durch → Ablagerung erzeugte horizontale Obergrenze des Salzauftriebes (→ Salzdiapirismus), die durch die auflösende Wirkung der Sickerwässer hervorgerufen wird. Die Auslaugungsprodukte bilden über den Salzstöcken u. a. den *Salzhut* aus Anhydritgesteinen (Hutgesteine). Morphologisch zeigt sich der S. an seinen Salzhängen durch Depressionen (*Salzspiegeltäler, Salzspiegelseen*) an. Der S. kann bis zu 200 m unter Flur liegen.

Salzsprengung, ein Prozeß der mechanischen Zerstörung von Gesteinen und Mineralen durch den Sprengdruck, der bei der Kristallisation von Salzen aus wäßrigen Lösungen oder bei Wasseraufnahme (Hydratation) entsteht.

Salzstock, → Salzdiapirismus.
Salztektonik, *Salinartektonik,* 1) im weiteren Sinne Strukturänderungen in der Erdkruste durch Mitwirkung größerer Salzmassen, die beim Vorhandensein ausreichender Scherspannungen fließfähig werden. Die notwendigen Spannungen können durch echte tektonische Impulse oder auch durch Dichte- und Druckunterschiede im System Deckgebirge-Salzlager (→ Halokinese) selbst erzeugt werden. Extreme Strukturen der S. sind → Diapire, Salzkissen, Fließfalten (Salinarfalten). 2) im engeren Sinne die ausgeprägten Fließstrukturen in Salzstöcken.

Sammelkristallisation, Kornvergrößerung bei diagenetischen und metamorphen Prozessen sowie bei langsamer magmatischer Kristallisation; die großen Kristalle zehren dabei die kleinen auf.

Sammeltypen, fossile Formen von Lebewesen mit Merkmalen, die bei geologisch jüngeren oder lebenden Verwandten auf verschiedene Gattungen oder Familien verteilt erscheinen.

Sand, ein klastisches Lockergestein mit Korngrößen von 2 bis 0,063 mm Durchmesser, unterteilt in *Grobsand* (2 bis 0,63 mm), *Mittelsand* (0,63 bis 0,2 mm) und *Feinsand* (0,2 bis 0,063 mm). Genetisch sind S. äolischer, fluviatiler, glazi-fluviatiler oder mariner Herkunft. → Glassand. → Formsand. Durch Bindemittel verfestigter S. → Sandstein.

Sandboden, → Körnungsart.
Sander, isländisch *Sandr,* Schotter- und Sandflächen, die sich vor den Endmoränen des pleistozänen Inlandeises bildeten. Ihr Material wurde durch Schmelzwässer aus dem Moränenmaterial herausgewaschen.
Sanderz, → Weißliegendes.
Sandlöß, ein äoliegendes Schluff/Sandsediment mit über 20 Masse-% Sand und über 30 Masse-% Schluff.
Sandschliff, svw. Korrasion.
Sandstein, durch ein toniges, karbonatisches, kieseliges oder eisenreiches Bindemittel verfestigte → Sande, die im wesentlichen aus Quarzkörnern bestehen.

Sanidin, → Feldspäte.
Sannois, Sannoisien [nach dem Ort Sannois bei Paris], eine Stufe des Oligozäns, jünger als → Latdorf und älter als → Rupel.
Santon, Santonien, Santonium [nach der westfranz. Landschaft Saintonge], eine Stufe der Oberkreide.
Saphir, → Korund.
Sapropel, 1) svw. Faulschlamm. 2) ein subhydrischer, schwarzgrauer Boden in stagnierenden sauerstoffarmen Gewässern, in denen sich unter Entstehung von Schwefelwasserstoff tiefschwarze Huminstoffe (Faulschlamm) absetzen.

sardische Phase, → Faltungsphase.
Sarmat, Sarmatien [nach dem Volksstamm der Sarmaten], Regionalstufe für das späte mittlere bis frühe Obere Miozän der zentralen Paratethys.
Sarmatia, der zentrale und östliche Teil des mittelproterozoischen Kratons, → Fennosarmatia. Vom Oberproterozoikum an stabiler Schelf (→ Russische Platte).
Sattel, *Antiklinale, Antikline, Gewölbe,* der nach oben gerichtete Teil einer → Falte. S. sehr kurzer Längsstreckung mit rundlicher oder ovaler Grundform bezeichnet man als *Kuppeln, Brachyantiklinalen* oder *Dome,* bei einer Bruchfaltung nach oben verschobene Teile einer Falte als *Bruchsättel.*
Säugetiere, svw. Mammalier.
Säule, → Absonderung.
Säulenprofil, die zeichnerische maßstabgetreue Darstellung der von einer Bohrung bzw. von einem Schacht durchteuften Schichten und ihrer Eigenschaften. Im S. wird – strenggenommen – nur die Mächtigkeit der einzelnen übereinanderliegenden Gesteinsschichten dargestellt. In diesem Sinne lassen sich auch Schichtenfolgen als S. darstellen, die aus der Addition mehrerer Aufschlüsse oder durch andere Konstruktionen gewonnen wurden (vergleiche Abb., S. 293).
Saumtiefe, svw. Vortiefe.
Saurier, im engeren Sinne Bezeichnung der Eidechsen, in der Paläontologie für fossile → Reptilien.
Sauropoden, eine Unterordnung der Dinosaurier. Die S. sind Sohlengänger, Pflanzenfresser. Zu ihnen gehören die größten vierbeinigen Landtiere aller Zeiten. Vorkommen: Jura bis Kreide. Gattungen der S. → Brontosaurus, → Diplodocus.
Sauropterygier, eine Ordnung mariner Reptilien. Vorkommen: Trias bis Oberkreide. Zu den S. gehören → Nothosaurus und → Plesiosaurus.
Saussuritisierung [nach Th. De Saussure benannt], Umbildungsprozesse von kalziumreichen Plagioklasen, deren Substanz in ein Gemisch von Zoisit, Klinozoisit und anderen Kalkalumosilikaten umgewandelt wird. Die Plagioklase erhalten dadurch eine grüngraue bis grüne Farbe.

Saxon, *Saxonien* [von lat. Saxonia »Sachsen«], svw. Oberrotliegendes, höchstes, überwiegend festländisches Unterperm Mittel- und Westeuropas.

saxonische Tektonik, die vom Jura bis in das Tertiär vor sich gehende Bruch- und Bruchfaltentektonik in Westfalen, Niedersachsen, am Harzrand und im Thüringer Becken (Saxonien). Die entstandenen Gebirge werden insgesamt als *Saxoniden* bezeichnet. → germanotyp. Der alte zeitgebundene Begriff einer »Saxonischen Faltung« oder »Saxonischen Gebirgsbildung« wird nicht mehr verwendet.

saxothuringische Zone, → variszische Gebirgsbildung.

Scaphites [griech. skaphis »Kahn«], ein Ammonit mit spiralig eingerollter, ungenabelter Schale, von der sich der letzte, kahnartig gebogene Umgang loslöst. Gehäuseoberfläche mit Spaltrippen, trägt Knoten; Lobenlinie stark geschlitzt. Verbreitet in der Kreide der Nordhalbkugel.

Scaphopoden, *Grabfüßer,* eine Klasse mariner Weichtiere mit röhrenförmiger, glatter oder gerippter Kalkschale und dreilappigem Grabfuß. Vorkommen: Ordovizium bis Gegenwart, besonders in Kreide und Tertiär.

Schachtelhalme, *Articulaten,* eine Klasse der Pteridophyten, deren fossile Formen z. T. baumartig und im Karbon an der Kohlenbildung beteiligt waren. Die Stengel sind quergegliedert und tragen quirlartig angeordnete Blätter. Vorkommen: Devon bis Gegenwart.

Schaffhausener Stadium, die äußerste Stillstandslage des Rheingletschers während der Würmvereisung der Alpen.

Schalenblende, ein aus → Zinkblende oder aus → Wurtzit oder aus einem Gemenge von beiden bestehendes Mineral.

Schalenkrebse, svw. Ostracoden.

Schalstein [alter bergm. Ausdruck], Sammelbezeichnung für grünliche geschieferte Tuffe von Keratophyren und Diabasen, mit Natronfeldspat, Chlorit und Kalkspat, teilweise mit tonigen und kalkigen Beimengungen, vor allem als Begleiter devonischer Eisenerze.

Schamotte, gebrannter Ton, wichtig für die Herstellung von Schamottesteinen (feuerfeste basische Steine).

Scharen, *Scharung,* die Vereinigung zweier Gänge oder Faltengebirge unter spitzem Winkel. Gänge bilden beim S. ein *Scharkreuz.* Gegensatz: → Virgation.

Schären, → Rundhöcker.

Scharnier, Bezeichnung für die Umbiegungsstelle der beiden Schenkel einer Falte.

Schaufelfläche, svw. listrische Fläche.

Scheelit [nach dem schwed. Chemiker K. W. Scheele, 1742–1786], *Schwerstein, Tungstein,* ein Mineral [$CaWO_4$], weiß, gelb, braun, grün, tetragonal. Wichtiges Wolframerz. S. findet sich meist auf kontaktmetasomatischen Lagerstätten, auch in Pegmatiten.

Scheitelbruch, ein grabenförmiger Einbruch im Scheitel einer tektonischen Aufwölbung.

Scheitelung, *Scheitelzone,* der mediane Scheitel eines zweiseitigen → Orogens, der als starres Zwischengebirge oder als Narbenzone ausgebildet und zuvor entstanden ist. Die tektonogenen Bewegungen verlaufen von der S. nach außen in Richtung auf die Vorländer.

Schelf 1) geographisch: Kontinentalsockel, der unter dem Meeresspiegel liegende Rand der Kontinente, der sich von der Küste bis zum Beginn des stärker geneigten, nach der Tiefsee abfallenden Kontinentalhanges (ab etwa 200 m Tiefe) erstreckt. Die darüber befindliche Meeresregion ist das *Schelfmeer.* 2) geologisch: S. v. Bubnoff unterscheidet den weitgespannt gewellten *stabilen S.,* der sich durch Epirogenese abwechselnd senkt und hebt und wechselnd Flachland und Flachsee ist (z. B. Osteuropäische Tafel), und den durch Bruchfaltung geformten *labilen S.* mit vorwiegender Senkungstendenz (z. B. Pariser Becken), wobei sich Senkung und Sedimentation die Waage halten.

Scherfestigkeit, *Schubfestigkeit,* in der technischen Gesteinskunde die Größe der Kraft, die zum Scherbruch eines Probekörpers (Fest- oder Lockergestein) notwendig ist und zwischen einer Abschervorrichtung gemessen wird.

Scherflächen, senkrecht zur Druckrichtung entstehende Flächen, durch die z. B. Schichten in Gleitbretter zerlegt werden können (→ Schieferung). Die Bildung der S. erfolgt durch → Scherung.

Scherfuge, *Scherkluft,* eine durch → Scherung entstandene Kluft.

Scherkörper, svw. Kluftkörper.

Scherung, eine durch Schubspannungen bewirkte rupturelle Gesteinsdeformation, bei der im geologischen Sinne der Zusammenhang im ganzen gewahrt bleiben kann.

Schicht, ein durch Ablagerung entstandener tafeliger oder plattiger Gesteinskörper, dessen Dichte (Mächtigkeit) im Verhältnis zu seiner flächenhaften Ausdehnung gering ist. Die obere und untere Begrenzung einer S. (Dach und Sohle) ist die *Schichtfläche.* Mehrere aufeinanderfolgende, auf Grund ihrer Entstehung und ihres Fossilinhalts zusammengehörige S. heißen *Schichtenfolge,*

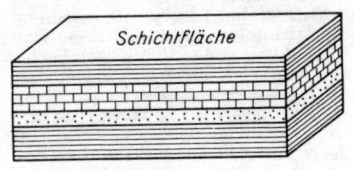

Schichtfläche

Schichtenkomplex

-gruppe, -komplex, -paket, -reihe, -serie. S. werden durch *Schichtfugen* voneinander getrennt (Abb.).

Schichtflächenmarken, engl. sole marks, Strukturen auf den Unterseiten von Sandsteinbänken, die Ausgüsse des Oberflächenreliefs des die Bänke unterlagernden Schlammes (Schluff- und Tonsteine) darstellen. S. entstehen durch Strömungen und die Tätigkeit von Organismen. Man unterscheidet Marken der Schichtunterseiten: → Belastungsmarken, Stoßmarken (→ Gegenstandsmarken), Strömungsmarken (→ Fließwülste) und solche der Schichtoberseiten: → Rippelmarken.

Schichtflut, *Ruckregen, tropische Flächenspülung,* eine bei starkem Platzregen in niederschlagsarmen Räumen plötzlich flächenhaft abströmende Wassermenge, die in vegetationsarmen Gebieten oft vernichtende Wirkungen ausüben und zu bedeutsamen Umlagerungen von Verwitterungsmassen führen kann. → Fanglomerate.

Schichtgitter, → Kristallgitter.

Schichtkamm, → Schichtstufe.

Schichtkopf, → Schichtstufe.

Schichtlinien, svw. Isohypsen.

Schichtlücke, der primäre Ausfall von Schichten in einem stratigraphischen Verband infolge fehlender Sedimentation (Sedimentationslücke, Hiatus), auch infolge Abtragung (Erosionslücke) oder tektonischer Bewegungen (→ Diskordanz). Kurzzeitige Sedimentationsunterbrechungen sind *Diasteme,* langzeitige *Insequenzen* oder Diskonformitäten.

Schichttrippe, → Schichtstufe.

Schichtstufe, eine Geländestufe, als Folge der Abtragung von Wechsellagerung von widerständigen und weniger widerständigen, leichter verwitternder, horizontal oder flach geneigter Schichtserien. Die widerständigeren Schichten bilden die steileren, die leichter verwitterbaren die flacheren Hänge. Bei stärker geneigten bzw. saigeren Schichten entstehen *Schichtkämme* bzw. *Schichttrippen.* Das Ausgehende geneigter Schichten an der Erdoberfläche heißt *Schichtkopf.*

Schichtung, die Absonderung von Schichten, bedingt durch Wechsel im Gesteinsmaterial oder durch Verfestigung einer Schicht vor Ablagerung der darüber folgenden, nächstjüngeren infolge Sedimentationsunterbrechung. Am häufigsten ist *Parallelschichtung. Schrägschichtung* oder *Schrägschüttung* entsteht bei Ablagerung in bewegtem Wasser, in bewegter Luft (z. B. in Dünen) oder in Deltabereichen. *Diagonalschichtung* (diskordante Parallelstruktur) beruht auf Veränderung und Verlagerung der Schüttungsrichtung, so daß Schichten unter spitzem Winkel aufeinander stoßen. Bei mehrfachem Wechsel sprach man früher auch von *Kreuzschichtung.* S. ist die kennzeichnende Ablagerungsform der Sedimente

(*Schichtgesteine*) und kommt auch bei vulkanischen Tuffen vor.

Schichtvulkan, → Stratovulkan.

Schiefer, 1) ursprüngliche bergmännische Bezeichnung für alle in dünnen, ebenen Platten brechenden Gesteine, z. B. → Schieferton, → Ölschiefer, → Kupferschiefer, → Lithographenschiefer; 2) heute Sammelbezeichnung für metamorphe, geschieferte Gesteine (→ Schieferung), vor allem → Tonschiefer, kristalline Schiefer (→ Gesteine).

Schieferigkeit, ein von Breddin (1956) vorgeschlagenes Synonym für den Begriff Schieferungsfläche, die als Gefügeelement bei dem Vorgang der Schieferung entsteht (→ Faltung).

Schieferton, ein diagenetisch verfestigter Ton oder Schluff, besser als Ton- bzw. Schluffstein zu bezeichnen, da S. keine → Schieferung aufweist. → Letten.

Schieferung, durch tektonischen oder Auflagerungsdruck bei meist erhöhten Temperaturen dem Gestein nachträglich aufgeprägte Spaltbarkeit in mehr oder weniger ebene, senkrecht zur Druckrichtung orientierte Platten (→ Scherflächen). Der Vorgang der S., auch innere Deformation genannt, besteht darin, daß die mineralischen Gemengteile des Gesteins sich unter der Wirkung des starken Drucks mit ihren größten Achsen senkrecht zum Druck stellen (*Druck-, Quetschschieferung*) oder auch gleich dem Druck entsprechend orientiert kristallisieren (*Kristallisationsschieferung*). Je nach dem Verhältnis von Schichtung und S. unterscheidet man Isoklinal- oder *Parallelschieferung* (Schichtung und S. parallel) und *Transversal-* oder *Querschieferung* (Schichtung und S. schneiden sich). Eine S. kann vor, während oder nach tektonischen Verformungen stattfinden. Manchmal werden Gesteine auch mehrfach von Schieferungsvorgängen betroffen (→ Griffelschiefer).

Schild, *Alter Schild,* der weit ausgedehnte Teil einer → Plattform, in dem das meist kristalline, präkambrische Fundament der Kontinente zutage tritt, z. B. Baltischer, Kanadischer, Australischer S.

Schildberge, svw. Drumlins.

Schildkröten, svw. Testudinaten.

Schildvulkan, ein im Grundriß rundlicher bis ovaler Zentralvulkan mit flach gewölbten (1 bis 10°) Hängen. Die aus dem S. geförderte dünnflüssige basaltische Lava bildet im Krater einen Lavasee. Der Anteil der geförderten Lockerstoffe beträgt 2 bis 3%. Auf den Flanken kommt es zur Ausbildung von Parasitärvulkanen. Die S. vom Hawaiityp besitzen gewaltige Ausmaße (bis zu 10 km Höhe bei 400 km Durchmesser). Die S. vom Islandtyp sind kleine Spaltenergüsse (→ Linearvulkan).

Schill, die Anhäufung vollständiger oder zertrümmerter (*Bruchschill*) Hartteile von Organismen (Muschel-, Schneckenschalen u. a.) an Flachküsten und in der Flachsee.

Schlacken, Lavabrocken von unregelmäßiger Form und meist blasigporöser Beschaffenheit. S. bilden sich an der Unter- und Oberseite von Lavaströmen oder sind lockere Auswurfsprodukte (Auswürflinge) eines → Vulkans.

Schlagfestigkeit, in der technischen Gesteinskunde ein Maßstab für die Zähigkeit eines Gesteins. Sie wird festgestellt, indem man in einem Fallwerk ein Fallgewicht aus bestimmter Höhe auf die Probe einwirken läßt, wobei die Zahl der Schläge bis zur Zerstörung der Probe und die Schlagarbeit (0,2 N/mm² je 1 cm³ Rauminhalt des Probekörpers) gemessen werden (→ Dauerfestigkeit).

Schlämmanalyse, *Schwimm-* und *Sinkanalyse,* die Untersuchung der Korngrößenverteilung eines Ablagerungsgesteins im Bereich der Korngrößen, die durch → Siebanalyse nicht erfaßbar sind, d. h. von 0,06 bis 0,0006 mm Durchmesser. Die Sinkgeschwindigkeit des aufgeschlämmten Materials ist abhängig von der Korngröße. Man mißt die zeitliche Änderung der Sedimentmenge, die durch das Absetzen der Körner verursacht wird, und erhält damit (nach Umrechnung) die Kornverteilung im genannten Bereich.

Schlammkegel, → Schlammsprudel.

Schlammsprudel, *Schlammvulkan,* *Salse,* Stellen, an denen Schlamm und Gase an die Erdoberfläche gefördert werden und Schlammströme bilden können. S. finden sich besonders in Erdöl- und sonstigen Gebieten, wo Kohlenwasserstoffe, namentlich Methan, aus der Erde ausströmen. Der Schlamm entsteht infolge Aufweichung toniger Gesteine durch Grundwasser. Die meisten S. bauen *Schlammkegel* auf, in die oben ein Krater eingesenkt ist. Schlammkegel können mehrere hundert Meter Höhe erreichen.

Schlammstrom, 1) aus einem Vulkan geförderte Asche, die sich mit Wasser mischt und hangabwärts bewegt; 2) → Schlammsprudel; 3) svw. Mure; 4) im Gebiet des Dauerfrostbodens in Bewegung geratene Erdmassen, → Solifluktion; 5) submariner S. → Olisthostrom.

Schlammvulkan, svw. Schlammsprudel.

Schlangenhalssaurier, svw. Plesiosaurus.

Schlangensterne, svw. Ophiuroiden.

Schlauchalgen, svw. Siphoneen.

Schlechte, im Bergbau Bezeichnung für Trennfugen, die durch tektonische Einwirkung und durch Druckeinwirkung beim Abbau entstehen.

Schleifmarken, *Driftmarken,* engl. drag marks, Ausgüsse dünner, glatter, langgestreckter Rillen unterschiedlicher Größe, die sich durch Schleifen von Steinen oder Schalen über den Meeresgrund gebildet haben.

Schleppung, das Mitnehmen und Verbiegen von Schichten, bewirkt durch die Reibung an Verwerfungen und Überschiebungen von Krustenteilen. Man unterscheidet doppelseitige und einseitige S.

Schlernstadium [nach dem Schlern-Dolomitstock in Südtirol], kurzer neuerlicher Vorstoß einzelner Alpengletscher nach ihrem Schwinden nach dem → Ammerseestadium im Spätglazial der Würmkaltzeit.

Schlick, der im Meer, in Binnenseen oder im Überschwemmungsgebiet von Flüssen abgelagerte Schlamm (→ Mudd). Unter S. im engeren Sinne versteht man im hemipelagischen Meeresbereich (800 bis 2500 m Tiefe) gebildete Ablagerungen. Von diesen ist am weitesten der *Blauschlick* verbreitet.

Schlier, blaugraue, glimmerhaltige, feinschichtige Mergel mit Lagen von feinen Sanden und eintöniger Meeresfauna des Oberen Oligozäns und Miozäns der → Molasse der Ostalpen, des Wiener Beckens und der Karpaten.

Schlieren, unregelmäßig und unscharf begrenzte Gesteinspartien in Magmagesteinen, die in Mineralbestand oder Gefüge, meist auch in der Farbe von dem umgebenden Hauptgestein abweichen.

Schlierenstadium [nach dem Ort Schlieren im Limmattal westlich von Zürich], die erste Stillstandslage der Alpengletscher nach der Maximalausdehnung am Ende der Würmkaltzeit.

Schlot, *Schlotgang, Stielgang, Durchschlagsröhre, Schußkanal, Zufuhrkanal, Diatrema,* durch vulkanische Explosionen verursachte, mit Magmagesteinen gefüllte Röhre, die die Erdrinde meist senkrecht durchsetzt. Gangspalten sind im Unterschied dazu plattenförmig. Zu den S. gehören z. B. die Tuffschlote der Schwäbischen Alb, die schottischen Necks und die → Pipes.

Schlotheimia [nach dem Paläontologen Schlotheim, 1764–1832], eine Gattung der Ammoniten mit scheibenförmiger, weitgenabelter Schale, die auf der Rückseite nach vorn biegt und dort abgeschwächt oder unterbrochen ist. Vorkommen: Unterer Lias.

Schlotten, *Karstschlotten,* durch die auslaugende Tätigkeit des Niederschlagswassers im Ausmaß löslicher Kalk-, Dolomit- und Gipsgesteine entstandene, meist steilstehende Vertiefungen, die besonders im Bereich von Klüften und Spalten durch deren Erweiterung gebildet werden. → geologische Orgeln, → Karsterscheinungen.

Schlucht, → Tal.

Schluff, *Silt,* ein klastisches Lockergestein mit Korndurchmessern von 0,063 bis 0,002 mm. Man unterscheidet: *Grobschluff* mit 0,063 bis 0,02 mm, *Mittelschluff* mit 0,02 bis 0,0063 mm,

Feinschluff mit 0,0063 bis 0,002 mm Durchmesser.
Schluffboden, → Körnungsart.
Schluffstein, ein diagenetisch verfestigter → Schluff. → Schieferton.
Schlundloch, → Katavothre.
Schmelzschupper, svw. Ganoiden.
Schmelztektonite, → Tektonite.
Schmelztuff, svw. Ignimbrit.
Schmidtsches Netz, die flächentreue Azimutalprojektion der Hälfte einer Lagenkugel; dient zur geometrischen und statistischen Untersuchung von Gesteinsgefügen. Die winkeltreue Azimutalprojektion der Hälfte einer Lagenkugel wird als *Wullfsches Netz* bezeichnet und vor allem in der Kristallographie verwendet.
Schnecken, svw. Gastropoden.
Scholle, ein Stück der Erdkruste, das auf einer oder mehreren Seiten durch Dislokationen (→ Störung) begrenzt ist. Sind S. an Verwerfungen gegeneinander verschoben (*Bruchschollen*), so bezeichnet man die tektonisch höher gelegenen als *Hochschollen*, die tiefer gelegenen als *Tiefschollen* (→ Horst, → Graben). Um ihre Achse gekippte S. sind → Kippschollen oder → Pultschollen. *Deckschollen* sind Stücke von Überschiebungsdecken.
Schollenlava, kleinporige, tafelförmige Erstarrungsprodukte dünnflüssiger → Lava.
Schörl, schwarzer → Turmalin.
Schotter, ein klastisches Lockergestein, eine Anhäufung von Geröllen und Kies, meist zwischen 2 und 63 mm Korndurchmesser, auch größer, fluviatiler Entstehung, oft synonym für Kies und Geröll verwendet.
Schraffen, svw. Karren.
Schrägschüttung, → Schichtung.
Schrumpfungshypothese, svw. Kontraktionshypothese.
Schrumpfungsrisse, zentimeter- bis dezimeterbreite Risse, die polygonale Körper bilden. S. entstehen bei Volumenschwund durch Austrocknung (→ Trockenrisse) oder bei Erstarrung von Lava (→ Schwundrisse).
Schubfestigkeit, svw. Scherfestigkeit.
Schubfetzen, der abgescherte Teil einer Überschiebungsdecke, → Überschiebung.
Schubklüftung, eine enggestellte, auf → Scherung beruhende Klüftung in Gesteinen bei tektonischer Beanspruchung, ist im Gegensatz zur homogenen Deformation der Schieferung eine rupturell bedingte Erscheinung.
Schungit [nach dem Ort Shunga in der Karelischen ASSR], ein hoch inkohlter Anthrazit, zum Teil graphitisch, in präkambrischen Serien besonders vom Nordwestufer des Onegasees bekannt, vermutlich aus Faulschlammablagerungen gebildet.
Schuppe, svw. Gleitbrett.
Schuppenbäume, svw. Lepidodendren.
Schuppensaurier, svw. Lepidosaurier.
Schuppung, eine besondere Art der → Überschiebung von Krustenteilen; entsteht dadurch, daß bei mehreren engen Falten die Mittelschenkel ausgewalzt und die einzelnen Faltenteile dachziegelartig übereinandergeschoben oder daß an hintereinanderliegenden Überschiebungen Faltenteile übereinandergeschoben werden. Dabei ergibt sich eine mehrfache Wiederholung der gleichen, meist überkippten Schichtenfolge übereinander.
Schürfen [bergm. Ausdruck], Bezeichnung für Aufsuchen und Untersuchen von Lagerstätten nutzbarer Minerale und Gesteine.
Schürmannsche Regel, eine Regel, die besagt, daß mit steigendem Inkohlungsgrad der Wassergehalt der Kohle abnimmt.
Schüsseldoline, svw. Uvala.
Schußkanal, svw. Schlot.
Schuttdecke, die Deckschicht aus → Solifluktionsschutt.
Schuttkriechen, langsames Abwärtswandern von Gesteinsschutt (Gekriech) an Hängen. → Massenbewegungen.
Schuttstrom, 1) → Solifluktion; 2) Abrutschen bzw. Abstürzen von Schuttmassen an steilen Hängen. → Bergsturz.
Schwämme, svw. Spongien.
Schwarzerde, *Tschernosem, Tschernosjom,* Bodentyp mit mächtigem stickstoffreichem, gut gekrümeltem Humushorizont, entstanden aus kalkhaltigen Lockergesteinen (vorwiegend Löß) unter den Bedingungen eines kontinentalen, semihumiden Klimas mit Grassteppenvegetation. In Mitteleuropa sind die S. meist durch Degradation verändert.
schwarzer Glaskopf, → Psilomelan.
Schwarzschiefer, ein dunkelgraues bis schwarzes, bituminöses, sulfidreiches geschichtetes Sediment mit 5 bis 15% organischem Kohlenstoff, oft mit seltenen Metallen, z. B. → Kupferschiefer, → Alaunschiefer. S. sind wichtige Erzlagerstätten der Zukunft.
Schweb, svw. Flußtrübe.
schwebend [bergm.], svw. flach einfallend (bis 15°) in bezug auf Gänge und Flöze und darin aufgefahrene Grubenbaue; *schwebender Abbau,* ein Abbau in breiter Front in Richtung des Fallens dieser Gänge oder Flöze.
Schwefel, S, ein chemischer Grundstoff, ein Mineral, nichtmetallischer Glanz, gelb, grau; in mehreren Modifikationen vorkommend, bei Zimmertemperatur rhombisch (α-Schwefel). S. findet sich gediegen in vulkanischen und besonders sedimentären Ablagerungen, z. B. VR Polen.
Schwefelkies, svw. Pyrit.
Schweißschlacke, bei vulkanischen Ausrücken im glühenden Zustand ausgeworfene, fladenförmige → Pyroklastika, erstarren erst nach dem Aufprall am Boden, mit dem sie verschweißen.
Schwelle, eine weitgespannte, rückenartige Erhebung der Erdoberfläche, besonders am Meeresboden, die oft in Teilbecken gegliederte größere Becken und Faziesgebiete voneinander scheidet. Eine besondere Art der S. sind die → mittelozeanischen S.
Schwemmlöß, in durch Wasser mehr oder weniger verlagerter, feingeschichteter und meistens rostfleckiger Löß.
Schwereanomalien, Abweichungen vom Normalwert der Schwerkraft, sind geologisch bedingt und resultieren aus der Massenverteilung innerhalb der Erde. Massenüberschüsse (z. B. dichte basische Gesteine, Erze) bewirken *positive* S., Massendefizite (z. B. poröse Gesteine, Salze) *negative* S. Für die geologische Erkundung besonders wichtig sind die *Bouguer-Anomalien,* die sich ergeben, wenn die gemessenen Schwerewerte auf eine ideale Erdgestalt reduziert werden.
Schweregleitung, svw. gravitative Gleitung.
Schwerminerale, besonders widerstandsfähige Leitminerale höherer Dichte ($> 2,9$ g/cm^3) in Sedimentiten, auch Magmatiten, z. B. Granat, Disthen, Epidot, Rutil, Zirkon, die sich von den übrigen Mineralen gut abtrennen lassen. Die *Schwermineralanalyse* liefert bei Sedimentiten besonders Hinweise über das Herkunftsgebiet des Materials.
Schwerspat, *Baryt,* ein Mineral, BaSO$_4$, farblos, blau, grau, rhombisch. S. kommt in hydrothermalen Lagerstätten allein oder neben anderen Mineralen, besonders Sulfiden, und in sedimentären Bereichen vor. S. wird in der chemischen Industrie, in der Farben-, Gummi-, Papier- und Textilindustrie u. a. vielseitig verwendet.
Schwerstein, svw. Scheelit.
Schwimmanalyse, svw. Schlämmanalyse.
Schwimmsand, ein stark wasserhaltiger Sand, besonders feinerer Körnungen, der wegen geringer innerer Reibung zum Fließen neigt, wodurch sich besonders im Bergbau Schwimmsandeinbrüche ereignen, die technisch schwer zu beherrschen sind.
Schwundrisse, bei der Abkühlung von Lava sich bildende Fugen, die die → Absonderung der aus der Lava erstarrenden Ergußgesteine bewirken.
Scolecodonten [griech. skolex, ekos »Wurm«, odos »Zahn«], Kieferteile von Borstenwürmern, schwarz, glänzend, undurchsichtig, hauptsächlich aus Chitin gebildet. Die Größe schwankt zwischen 0,1 bis 5mm. Vorkommen: Ordovizium bis Gegenwart.
Scolithus [griech. skolos »Pfahl«, lithos »Stein«], etwa bleistiftstarke, röhrenförmige Grabgänge im Gestein, vermutlich von Würmern, weit verbreitet im Kambrium (z. B. Scolithussandstein Skandinaviens).
sea floor spreading, svw. Ozeanbodenzergleitung.
Sea mounts [engl. »Meeresberge«], *Tiefseeberge,* bis über 1000 m hohe kegelförmige Erhebungen auf dem Tiefseeboden, besonders zahlreich im Pazifik, selten im Nordatlantik. Das basaltische Material, aus dem sie

nach bisheriger Kenntnis aufgebaut sind, spricht dafür, daß sie überwiegend vulkanischer Entstehung sind, aber auch Schollentektonik ist bei ihrer Bildung nicht auszuschließen. Sind die Kegel abgestumpft, bezeichnet man sie als → Guyots.

sedentär [lat. sedere »sitzen«], Bezeichnung für aufgewachsene Massen, z. B. Torf, im Unterschied zu abgelagerten sedimentären Massen.

Sedifluktion [lat. sedis »Grund«, fluere »fließen«], fließende Bewegungen unverfestigter Sedimente, die sich noch unter den fortwirkenden Bedingungen der Ablagerung vollziehen, → Wulstfaltung. Die S. wird von der ursprünglichen Beschaffenheit des Sedimentes bestimmt.

Sedimentation, Ablagerung, Akkumulation, der Absatz oder die Ausscheidung von Sedimenten, abhängig von den im Sedimentationsraum herrschenden physikalisch-chemischen Bedingungen. Als Transportmittel dienen die Luft (*äolische S.*), das Wasser (*aquatische S.*), unterteilt in Flüsse (*fluviale S.*) und Seen (*limnische S.*), das Meer (*marine S.*), das Eis (*glaziale S.*) und Schmelzwässer des Eises (*glazi-fluviatile S.*).

Sedimente, → Gesteine, → Sedimentation.

Sedimentologie, Lithologie, die Lehre von der Entstehung, Bildung und Umbildung der Sedimente. Die Sedimentpetrographie ist die Wissenschaft von Zusammensetzung und Aufbau der Sedimentgesteine.

Sedimentstrukturen, aus den Ablagerungs-, Transport- und Umlagerungsbedingungen resultierende Formen und Strukturen von Sedimentgesteinen. Dazu gehören → Schichtflächenmarken und durch synsedimentäre Deformation entstandene Strukturen.

Sedimenttransport, die passive Bewegung von Mineralen und Stoffen, die bei der Verwitterung und Bodenbildung nicht liegenbleiben und je nach Korngröße als → Bodenfracht in Suspension oder gelöst von Flüssen, aber auch vom Wind wegtransportiert werden. Den Transportarten entsprechen die Haupttypen der Sedimente: Bodenfracht (Sandsteine, Konglomerate), Suspension (Ton- und Schluffsteine), Lösung (Karbonatgesteine, Salzgesteine). Abnehmende Transportkraft bestimmt die → Sortierung der klastischen Sedimente.

Seebeben, → Erdbeben.

See-Erz, unter Beteiligung von Eisenbakterien in natürlichen Wasserbecken ausgeschiedene Goethitknollen, → Brauneisenerz.

Seegurken, svw. Holothurien.

Seeigel, svw. Echinoiden.

Seekreide, ein Unterwasser-Rohboden kalkreicher Gewässer. Die kalkanreichernde und an der Bodenbildung beteiligte Pflanzendecke besteht zumeist aus Algen. Zur Entstehung der S. tragen auch Plankton sowie Muschelschalen und Gehäusereste, ferner mineralischer Staub und Schlamm bei. S. ist tonarm, *Seemergel* tonreich. (→ Kalkstein).

Seelilien, svw. Crinoiden.

Seemarsch, → Marschböden.

Seemergel, → Seekreide.

Seesterne, svw. Asteroiden.

Seif, eine Längsdüne mit zweiseitiger Schrägschichtungsrichtung.

Seifen [mhd. sife »Sumpfland«, »Erzwäsche«], abbauwürdige Konzentrationen schwerer und verwitterungsbeständiger Minerale in Sand- und Geröllablagerungen, hervorgegangen aus der Zerstörung älterer Lagerstätten, aber auch gewöhnlicher Gesteine. Die Trümmermassen finden sich noch an der ursprünglichen Lagerstätte oder in ihrer unmittelbaren Nähe (*eluviale S.*) oder sind aus anderen Gebieten zusammengeschwemmt worden (*alluviale S.*). Anreicherungen in Flüssen heißen *fluviatile S.*, in Seen *limnische S.*, am Strand *litorale S.*, im Meer *marine S.*

Seifenzinn, → Cassiterit.

Seigergang, Saigergang, ein senkrecht stehender → Gang.

Seihwasser, Uferfiltrat, das Wasser, das dem Grundwasser aus offenen Gewässern zufließt.

Seillava, eine dünnflüssige → Lava, deren Oberfläche bei der Erstarrung bogenförmig gekrümmt und seilförmig zusammengeschoben erscheint.

Seismik [griech. seismos »Erdbeben«], *Seismologie,* 1) die Erdbebenforschung; 2) *angewandte S.,* Oberbegriff für geophysikalische Methoden zur Untersuchung des geologischen Aufbaus der Erdkruste, die zur Auffindung von Lagerstätten, zur Feststellung von Schichtlagerung und -mächtigkeit oder zur Erforschung des Baugrundes (*seismische Aufschlußmethode*) dienen. Man erzeugt künstlich (meist durch Sprengungen) elastische seismische Wellen, die sich im Untergrund infolge der unterschiedlichen Elastizität der Gesteine verschieden schnell ausbreiten. An Schichtgrenzen werden sie gebrochen und zurückgeworfen. Die verschiedenen so entstandenen Wellen werden von *Seismographen* aufgezeichnet. Die *Refraktionsmethode* arbeitet mit den längs der Schichtgrenzen entstehenden Kopfwellen, also gebrochenen (refraktierten) Wellen. Diese Wellen überholen von einer bestimmten Entfernung vom Sprengungspunkt ab die direkt gelaufenen Wellen. Aus der Entfernung des Überholungspunktes lassen sich die Tiefe der brechenden Schicht und damit die Schichtlagerung bestimmen. Die Reflexionsmethode beobachtet die an Schichtgrenzen zurückgeworfenen Wellen, aus deren Laufzeit bei bekannter Wellengeschwindigkeit die Tiefe der Schichten ergibt. Aus der Geschwindigkeit der Wellen lassen sich außerdem Schlüsse auf die Gesteinsbeschaffenheit ziehen.

seismische Wogen, svw. Tsunami.

Seismizität, das Verhalten eines Gebietes gegenüber Erdbeben.

Seismograph, ein Instrument zum selbsttätigen Aufzeichnen der von Erdbeben ausgelösten Erschütterungswellen.

Seismogramm, die Aufzeichnung der von Erdbeben ausgelösten Wellen.

Seismologie, svw. Seismik.

Seitenkrater, auf den Flanken von Vulkanen sitzende Nebenkrater, → Krater.

Seitenverschiebung, → Horizontalverschiebung.

Sekretion [lat. secretio »Abscheidung«], mineralische Bestandteile von Gesteinen, die einen Hohlraum in der Gesteinsmasse mehr oder weniger vollständig ausfüllen, wobei sie im Unterschied zu den → Konkretionen von außen nach innen wachsen. Zu den S. gehören die rundlichen → Drusen.

Sekundärtektogenese, → Oszillationshypothese.

Selachier, Haie, eine Ordnung der zu den Knorpelfischen gehörenden Elasmobranchier mit knorpeligem Innenskelett. Vorkommen: Mitteldevon bis Gegenwart.

selektiv, auswählend, z. B. selektive Erosion, eine zunächst nur weichere Partien im Gestein angreifende Erosion; ebenso *selektive Verwitterung.*

Selenit, svw. Gips.

Senkung, in der Ingenieurgeologie das kontinuierliche Einsinken (→ Senkungswanne) oder plötzliche Einbrechen (→ Erdfall, → Tagesbruch) des Hangenden infolge natürlicher oder künstlicher Hohlraumbildung im Baugrund.

Senkungskessel, svw. Senkungswanne.

Senkungswanne, Senkungskessel, eine Geländesenkung über einem unterirdischen Hohlraum mit Randspalten (Zerrspalten) als Folge von Zugspannungen und Pressungszone in Folge von Druckspannungen im Zentrum.

Senon [von Senones, dem lat. Namen der Stadt Sens in Frankreich], eine Stufe der Oberen Kreide.

Sepiolith, Meerschaum, ein Mineral, rhombisch, $Mg_4[(OH)_2 | Si_6O_{15}] \cdot 2 H_2O + 4 H_2O$, weißgrau, gelblich, rötlich; findet sich selten in erdigknolligen Massen oder feinsten Nädelchen in verwitterten Serpentiniten.

Septarie, eine linsenförmige oder knollige, durch Austrocknung innen rissige, gekammerte Konkretion in kalkhaltigen Tonen, entstanden durch örtliche Anreicherung von kohlensaurem Kalk infolge Zersetzung von organischer Substanz. Der *Septarienton* im Raum Magdeburg, Halle u. a. ist ein z. T. feinsandig-schluffiger Ton des Mitteloligozäns (→ Rupel).

Sequenz, → Abfolge, → Zyklotheme.

Sequoia, eine Gattung der Nadelbäume, Bäume von über 100 m Höhe; reichlich verzweigt. Die S. sind an der Braunkohlebildung im Tertiär beteiligt. Vorkommen: Kreide bis Gegenwart.

Serie, → Abteilung.
Serizit, → Glimmer.
serorogen [lat. serus »spät«, griech. oros »Gebirge«], *spätorogen*, Begriff für Vorgänge im Anschluß an eine Tektonogenese, der nur in Verbindung mit der Intrusion von Graniten gebräuchlich ist.
Serpentin [lat. serpentinus »schlangenartig«], ein bei der Umwandlung von Olivin und anderer Magnesiumsilikate entstehendes Mineralgemisch mit den Komponenten *Blätterserpentin* (= Antigorit), *Faserserpentin* (= Chrysotil und Lizardit). Chemismus und Struktur dieser Serpentinminerale sind sehr ähnlich, $Mg_6[(OH)_8 | Si_4O_{10}]$. Am verbreitetsten ist der Chrysotil, häufig mit Maschenstruktur im umgewandelten Olivin. Er tritt in Fasern (bis 15 cm lang) auf, *Chrysotilasbest.* → Serpentinit.
Serpentinit, ein aus olivinreichen Tiefengesteinen wie Peridotit oder Pyroxenit entstandener Metamorphit; S. wird zu Kunstgegenständen und Urnen verarbeitet.
Serpuliden, überwiegend marine Ringelwürmer, die eine solide Kalkröhre ausscheiden und bisweilen gesteinsbildend auftreten, z. B. im Serpulit des Malms. Vorkommen: Ordovizium bis Gegenwart.
Serravalle, *Serravallien* [nach dem italienischen Ort Serravalle], die jüngere der beiden Stufen des Mittleren Miozäns.
sessil, → Benthos.
Setzung, der Vorgang des Zusammendrückens und Verdichtens des Baugrundes unter dem Bauwerk.
s-Flächen, Abkürzung für Scher- und Schichtflächen in gefalteten und geschieferten Sedimenten sowie in kristallinen Schiefern (→ Runzelschieferung).
Sial, *Sal*, die 10 bis 25 km tief reichende Oberkruste der Erde mit Silizium- und Aluminiumverbindungen als Hauptbestandteilen; Dichte 2,7 g/cm³.
siallitisch, Bezeichnung für einen Typ der → hydrolytischen Verwitterung, wie er charakteristisch für humides Klima ist. Die Anwesenheit von Humussäuren hemmt die Abfuhr von SiO_2, und es bilden sich durch den Zersatz von Feldspäten Tonminerale, wie Montmorillonit und Kaolinit. Unter warmhumiden Bedingungen erfolgt Kaolinisierung.
Sibirische Plattform, die aus dem Aldan- und dem Anabar-Schild, in denen das Präkambrium an die Oberfläche tritt, und der Sibirischen Tafel bestehende Erdkrustenstruktur in Nordasien mit den in Senkungsbereichen (→ Syneklisen) gebildeten, flach darüber lagernden Sedimenten vom Riphäikum bis Quartär. → Angaria.
Sichauftun, bei einem Gang oder Flöz svw. Zunahme an Mächtigkeit.
Sichelbruch, eine Kleintorm der Gletschererosion auf Felsgesteinen, ein sichelförmiger Materialausbruch an der Gesteinsoberfläche, der zusammen mit Gletscherschrammen und → Parabelrissen vorkommt und quer zur Richtung der Eisbewegung erfolgt.
Sickerwasser, der Teil des → Bodenwassers, der sich, der Schwerkraft folgend, frei in Poren und/oder engen Hohlräumen des Bodens oberhalb des Grundwassers abwärts bewegt. Zeitweilig in Oberflächennähe durch verdichtete Zonen im Boden am Abfluß gehindertes S. bezeichnet man als *Stauwasser.*
Siderit, *Eisenspat, Spateisenstein*, ein Eisenerz, $FeCO_3$, trigonale Kristalle, gelblich oder braun, grobe und feinkörnige Aggregate; als *Sphärosiderit* radialstrahlig, kugelig und nierenförmig; mit Ton, Sand und Kohle vermengt als *Ton-* oder *Kohleneisenstein* und rein in hydrothermalen und sedimentären Lagerstätten.
Siderogel, = Brauneisenerz.
siderophil [griech. sideros »Eisen«, philos »Freund«], Bezeichnung für Elemente, die sich dem Eisen ähnlich verhalten, wie Co, Ni, Ru, Rh, Pd, Os, Ir, Pt, Au, Ge, Sn; → Siderosphäre.
Siderosphäre, der Eisen-Nickel-Kern der Erde, der etwa der Zusammensetzung von Eisenmeteoriten entsprechen soll.
Siebanalyse, die Untersuchung der Korngrößenverteilung eines Sedimentgesteins mittels Sieben verschiedener Maschenweite. Die S. erfaßt die Korngrößen von 6,0 bis 0,06 mm. Für kleinere Korngrößen wendet man die → Scnlämmanalyse an.
Siegelbäume, svw. Sigillarien.
Siegen, Siegénien, Siegenium [nach der Stadt Siegen], eine Stufe des mittleren Devons.
Sigillarien [lat. sigillum »Siegel«], *Siegelbäume*, eine Gruppe der Bärlappgewächse mit hohem Stamm und einem Blattschopf am Gipfel aus langen, bandförmigen Blättern, die unterschiedlich gestaltete, in Längsreihen angeordnete siegelartige Blattnarben hinterlassen (Abb. S. 331). Die S. sind beteiligt an der Kohlenbildung im Oberkarbon. Sie erlöschen im unteren Teil des Perms, im Rotliegenden.
Sigmoidalklüftung [nach dem griech. Buchstaben »sigma«], S-förmige Verbiegungen von Schicht- und Schieferungsflächen oder Klüften (*Sigmoidalklüfte*) an Verschiebungen. In Kalkmergeln ist die *Querplattung* häufig, die quer zur Schichtung eine sigmoidale Lamellierung ergibt, wenn die Schichtflächen sich geringfügig verschieben, → Phacoid.
Silberglanz, ein wichtiges Silbererz. Es findet sich in feinen Schüppchen im Silber, häufiger aber auch in Massen auf Bleiglanzgängen. S. ist teils *Akanthit* (monoklin), teils *Argentit* (kubisch), liegt meist jedoch als Paramorphose von monoklinem nach kubischem Ag_2S mit feinlamellarer Umwandlungstextur vor.

Siles [lat. Silesia »Schlesien«], bei Zweiteilung des Karbons seit 1958 in Mitteleuropa Bezeichnung für das »Oberkarbon«, entsprechend Dinant für »Unterkarbon«. Das S. umfaßt die Stufen Namur, Westfal und Stefan.
Silifikation, svw. Verkieselung.
Silifizierung, → Verkieselung.
Silikasteine, saure feuerfeste Steine, aus Tertiärquarziten, sehr reinen Felsquarziten, Feuerstein oder Kieselschiefer hergestellt, z. B. für den sauren Hochofenprozeß, für Glasschmelzwannen u. a.
Silikate, die wichtigsten gesteinsbildenden Minerale der Erde und anderer fester Himmelskörper; einschließlich Quarz sind sie zu etwa 95% am Aufbau der Erdkruste beteiligt. In allen Silikatgittern sind SiO_4-Tetraeder die wichtigsten Elemente; je nach Art der Verknüpfung und Größe der Tetraederbaugruppen werden folgende S. unterschieden:
1) *Inselsilikate* (z. B. Olivin);
2) *Gruppensilikate* (z. B. Epidot);
3) *Ringsilikate* (z. B. Beryll);
4) *Kettensilikate* (z. B. Pyroxene);
5) *Bandsilikate* (z. B. Amphibole);
6) *Schichtsilikate* (z. B. Glimmer);
7) *Gerüstsilikate* (z. B. Feldspäte).
Sill [engl.], ein plattenförmiger Lagergang, → Gang.
Sillimanit [nach dem amerikanischen Mineralogen B. Silliman], ein graugelbes bis braunes Mineral $Al_2 \cdot [O | SiO_4]$, rhombisch, Härte 6 bis 7. S. ist weit verbreitet in Gneisen und Granuliten. Verwendung für Feuerfeststeine, Gewinnung in Indiana, USA.
Silt, svw. Schluff.
Silur [nach dem keltischen Volksstamm der Silurer in Wales], früher auch *Gotlandium, Ontarium* oder *Bohemium* genannt, das auf das Ordovizium folgende System des Paläozoikums (vgl. erdgeschichtliche Tabelle am Schluß des Buches).
³²Si-Methode, → physikalische Altersbestimmung.
Sinemur, *Sinémurien, Semurium* [nach der burgundischen Ortschaft Sémur], eine Stufe des Lias, die in die Teilstufen unteres S. und oberes S. (= Lotharingien) gegliedert wird.
Singener Stadium [nach der Stadt Singen], Stillstandslage des Rheingletschers nach dem Maximum der Würmvereisung. Während des S. S. wurde die innere Jungendmoräne abgelagert; es entspricht etwa der Pommerschen Endmoräne im Norden.
Sinia, *Sinische Masse*, die bis zum Mittleren Proterozoikum konsolidierten Kernteile des östlichen Asien, die große Teile von Nordchina und Korea umfassen und mit dem diskordant darüber gelagerten Deckgebirge die *Chinesisch-Koreanische Plattform* bilden.

Sinium, Bezeichnung für das Oberproterozoikum in China, entspricht etwa dem → Riphäikum.
Sinkanalyse, svw. Schlämmanalyse.
Sinkstoffe, svw. Flußtrübe.
Sinter, eine Ausscheidung an Austritten mineralisierter Wässer, z. B. Quellen, Geysire, Solfatare. Die S. entstehen bei Druck- und Temperaturänderungen, z. B. durch Oxydationen, sowie bei CO_2-Entzug (z. B. Kalksinter).
Sipho, bei den Cephalopoden eine strangförmige, sich durch den gekammerten Teil des Gehäuses erstreckende Röhre, bei den Lamellibranchiaten die röhrig verlängerte Einfuhr- und Ausfuhröffnung.
Siphoneen, eine Ordnung überwiegend mariner einzelliger, vielkerniger Algen. Wegen der Kalkabsonderung sind die S. fossil bedeutsam. Vorkommen: Kambrium bis Gegenwart.
Sippe, *Gesteinssippe*, eine Gruppe von Magmatiten. → Gesteine.
Skandik [nach lat. Scandia »Skandinavien«], nach Stille einer der → Urozeane.
Skarne [»Lichtschnuppen«, schwed. bergmännischer Ausdruck], vielfach eisenerz- oder kieshaltige Gesteine, die durch Kontaktmetasomatose aus Kalksteinen, Dolomiten und Mergeln entstanden sind. Chemisch handelt es sich bei den S. um Kalksilikatfelse.
Skelettboden, → Körnungsart.
Skutterudit, svw. Speiskobalt.
Skyth, die unterste Stufe der pelagischen Trias.
Smaltin, svw. Speiskobalt.
Smaragd, → Beryll.
Smirgel, ein Gemenge von → Korund, Magnetit, Eisenglanz und Quarz.
Smithsonit, *Zinkspat*, ein Mineral, $ZnCO_3$, weiß, grau, braun, grün, gelb; trigonal. Wichtiges Zinkerz. S. entsteht in der Oxydationszone von Zinkblende-Erzgängen und metasomatisch.
Sodalith, → Feldspatvertreter.
Soffione [ital.], eine → Fumarole, aus der postvulkanisch heiße Wasserdämpfe mit geringem Borsäuregehalt entweichen.
Sohlbanktypus, → Zyklotheme.
Sohle, die untere Begrenzung eines Grubenbaues, Abbaufeldes, Schichtstoßes oder die obere einer Abbaustrosse, auch Bezeichnung für diejenigen Baue einer Grube, die annähernd gleiche Tiefenlage haben.
söhlig, svw. waagerecht.
Sohlmarken, engl. sole marks, Ausgüsse von Marken, die sich als erhabene Strukturen an Sohlflächen von Sandsteinen erhalten haben.
sole marks, → Schichtflächenmarken, → Sohlmarken.
Solfatare [ital. »Schwefelgrube«, nach der Solfatara b. Neapel], eine postvulkanische Gasaushauchung, reich an Schwefelgasen, besonders an Schwefelwasserstoff. Die Temperaturen liegen zwischen 200 und 100 °C.

Solifluktion, *Bodenfließen*, im weiteren Sinne gleitende, fließende oder vertikale Bewegung von Lockermaterial, die durch Überfeuchtung ausgelöst wird. Als S. werden im engeren Sinne Bewegungen von Schuttmassen in der Auftauschicht des → Dauerfrostbodens verstanden und *Makrosolifluktion* mit überwiegend tangentialen und *Mikrosolifluktion* oder → Kryoturbation, mit überwiegend vertikalen Bewegungen und selektiver Sortierung unterschieden. Durch S. entsteht → Solifluktionsschutt. Die S. ist eine der intensivsten Formen der Hangabtragung, der in den Mittelgebirgen während der pleistozänen Kaltzeiten eine große Rolle zukam.
Solifluktionslöß, durch → Solifluktion umgelagerter Löß, der sich durch Vermengung mit Fremdmaterial auszeichnet (z. B. Aufnahme von Kies und Grus).
Solifluktionsschutt, *Gehängeschutt, Gesteinsschutt, Gebirgsschutt, Hangschutt, Wanderschutt,* ein Sediment mit einem Anteil von kantigem Grobbodenmaterial (Grus, Steine, Blöcke) von über 25 Vol.-%, vorwiegend durch Frostverwitterung und → Solifluktion in Gebirgslagen entstanden. Der S. baut sich meistens aus mehreren Schichtgliedern auf.
Soll, Plur. *Sölle*, eine kleine rundliche wassergefüllte oder vertorfte flache Hohlform im Boden ehemals vergletscherter Gebiete (Tafel 25). Sölle entstehen durch nachträgliches Abschmelzen kleiner, in der Grundmoräne zurückgebliebener Toteisklötze (→ Toteis) oder durch Tieftauen von Dauerfrostboden. Manche S. sind ehemalige bäuerliche Mergelgruben.
Solod, → Salzböden.
Solonez, → Salzböden.
Solontschak, → Salzböden.
Solutréen [nach der Fundstätte Solutré in Frankreich], eine Kulturstufe der Altsteinzeit.
Sondierung, in der Ingenieurgeologie ein Verfahren zur näherungsweisen Ermittlung von Eigenschaften des Baugrundes aus → Lockergesteinen und der Lagerungsverhältnisse durch Einschlagen (*Rammsondierung*) oder Eindrücken (*Drucksondierung*) von *Sonden* (Stahlstäben) in den Baugrund.
Sonnenbrenner, Ergußgesteine, z. B. Basalt, Phonolith und Melaphyr, die unter dem Einfluß der Atmosphärilien Flecken, später Risse bekommen und schließlich zerfallen. Sonnenbrandverdächtig sind alle Basalte, die neben Nephelin auch Analzim enthalten, da sich Nephelin unter Volumenvergrößerung um 5,49% z. T. zu Analzim umwandelt. Die dadurch auftretenden Spannungen verursachen den Zerfall solcher Gesteine. Die S. sind für manche technische Zwecke, z. B. als Pflastermaterial, ungeeignet, als Betonzuschlag jedoch bedingt verwendbar.
Sorption, die Fähigkeit der → Bodenkolloide, Kationen (z. B. H^+-, Ca^{++}-, K^+-Ionen) und Anionen (z. B. Cl^--Ionen) anzulagern. Die von den Bodenkolloiden sorbierten Ionen können gegen andere in der Bodenlösung vorhandene ausgetauscht werden (Ionenaustausch, Kationenaustausch). Dieser Vorgang ist wichtig für die Pflanzenernährung.
Sorptionskomplex, die Gesamtheit der anorganischen und organischen Bodenkolloide, die mit der Bodenlösung Ionen austauschen (→ Sorption).
Sortierung, die Kennzeichnung der Korngrößenverteilung in klastischen Sedimenten. Maß für die Zahl der am Aufbau eines Korngemenges beteiligten Kornklassen ist der *Sortierungskoeffizient*, der aus der → Kornsummenkurve abgeleitet wird.
Spaltalgen, svw. Diatomeen.
Spaltbarkeit, die Eigenschaft eines Kristalls, bei mechanischer Beanspruchung parallel zu einer oder mehreren ebenen Flächen teilbar zu sein. Die Trennung eines Kristalls parallel zu bestimmten Gitterebenen ist dann am vollkommensten, wenn senkrecht zu den Gitterebenen nur wenig Bindungen aufgehoben werden müssen. Spaltflächen sind im allgemeinen niedrig indizierte Flächen des Kristallgitters.
Spalte, eine klaffende Fuge im Gestein, entstanden durch die Erweiterung von Klüften infolge Verwitterung und Lösungsvorgängen, durch Abkühlung vulkanischer Gesteinskörper, durch Austrocknung oberflächennaher Schichten, durch Gehängerutschungen (*Abrißspalten*) oder durch tektonische Vorgänge. S. füllen sich mit Sand, Schlamm und Bruchstücken des Nebengesteins (Polyklase), mit chemischen Abscheidungen zirkulierender Wässer, die vom Tage einsickern (deszendente Füllung) oder die vom Nebengestein eintreten (*Lateralsekretion*) oder von unten aufsteigen (aszendente Füllung). Magmatische Lösungen können wertvolle Erzlager bilden (→ Gang). Seltener Vorgänge der Lateralsekretion. S. dienen oft als Aufstiegswege für Wasser, auch Thermalwässer, die als Quellen zutage treten.
Spaltenvulkan, → Linearvulkan.
Spaltenwasser, svw. Kluftwasser.
Spaltzugfestigkeit, → Zugfestigkeit.
Sparagmite [griech. sparagma »Fetzen«], grob- bis feinkörnige Sandsteine und Konglomerate Norwegens, die bunte, unzersetzte Feldspatbruchstücke enthalten. Sie treten besonders an der Wende Präkambrium/Kambrium auf (*Sparagmitformation*).
Sparnac, Sparnacien [nach dem lateinischen Namen für Epernay/Nordfrankreich], Regionalstufe in Westeuropa für das untere Untereozän mit kontinentalen und brackischen

Ablagerungen, früher als jüngste Stufe des Paläozäns angesehen.
Spateisenstein, svw. Siderit.
spätorogen, svw. serorogen.
Speckstein, → Talk.
Speerkies, → Markasit.
Speichergesteine, zur Aufnahme und zur Migration von → Erdöl geeignete Gesteine; Sandsteine, Kalksteine, Dolomite, Tuffe u. a. Ihre wichtigsten Eigenschaften sind Porosität und → Permeabilität (Durchlässigkeit).
Speiskobalt, *Smaltin, Skutterudit*, ein Mineral, $CoAs_3$, mit unterschiedlichem As-Gehalt, kubisch, zinnweiß bis grau, findet sich auf hydrothermal und kontaktmetasomatisch gebildeten Lagerstätten.
Sperrylith, ein Mineral, $PtAs_2$; starker Metallglanz, silberweiß, kubisch. Wichtiges Platinerz. Vorkommen in Magnetkieslagerstätten.
spezifische Ergiebigkeit, svw. Brunnenergiebigkeitsmaß.
Sphalerit, svw. Zinkblende.
Sphärite, *Sphärolithe* [griech. sphaira »Kugel«], kugelige Gesteinsgebilde, die sich, im Querschnitt gesehen, aus radialstrahlig angeordneten Kristallbildungen aufbauen; z. B. Kalzitsphärite.
sphärolithisch, → Gefüge.
Sphärosiderit, → Spateisenstein.
Sphen, svw. Titanit.
Sphenolepis [griech. sphen »Keil«, lepis »Schuppe«], eine Gattung kleinblättriger Nadelbäume, von denen sich zahlreiche Zapfen in der Wealdenkohle fanden.
Sphenophyllen [griech. sphen »Keil«, phyllon »Blatt«], *Keilblätter*, eine Familie der Schachtelhalmgewächse, kleine krautartige Gewächse, bei denen an jedem Stengelknoten ein Blattquirl sitzt mit umgekehrt keilförmigen, breiten Blättern mit sich gabelnden Nerven. Nach der inneren Struktur der Blätter und Stengel waren die S. Landpflanzen. Die Blüten sind längliche Zapfen. Vorkommen: Karbon, Perm; Anfänge schon im Oberdevon.
Sphenopteriden [griech. sphen »Keil«, pteris »Farn«], *Keilfarne*, farnlaubige Pflanzen (z. T. Farne, z. T. Pteridospermen), deren Fiederchen am Grunde keilförmig angeordnet sind; wichtige Leitfossilien im Karbon.
Spilit, ein Sammelbegriff für graugrünliche, basische Magmatite unterschiedlicher Genese, bei denen die ursprüngliche kalkreiche Plagioklas in Albit umgewandelt worden ist und dazu Chlorit vorherrscht.
Spilosit, ein Metamorphit aus der Kontaktzone von Diabasen mit fleckigen Neubildungen von Serizit und Chlorit (Fleckschiefer). Näher am Kontakt sind die Flecken in Bändern angeordnet (Bandschiefer) und charakterisieren den *Desmosit*. Unmittelbar am Kontakt entstehen Kontaktgesteine mit hohem Albitgehalt, die → Adinole.

Spinelle, kubische Minerale mit der Formel AB_2O_4, wobei in A die Elemente Mg, Fe··, Zn, Mn und in B die Elemente Al, Fe···, Cr einander diadoch vertreten können. Man unterscheidet Aluminium-, Eisen(III)-, Chrom-, Vanadin- und Titanspinelle. Wichtigste Vertreter sind der eigentliche *Spinell*, $MgAl_2O_4$, rot, blau oder grün, Edelstein; der → Magnetit und der → Chromit. Nach dem Vorkommen sind die S. meist regional- und kontaktmetamorphe Minerale oder akzessorisch in Magmatiten enthalten.
Spinnentiere, svw. Arachniden.
Spirifer, Gattung helicopegmater Armfüßer (→ Brachiopoden). Die Schale hat geraden Schloßrand und mäßig hohe Aera. Die Stielklappe hat ein mittelständiges Septum (Abb. S. 323). Vorkommen: Devon bis Perm bei weltweiter Verbreitung. Im Devon als Leitfossilien wichtig.
Splitt, ein künstlich gebrochenes hartes Felsgestein in Kiesgrößen, z. B. zur Betonherstellung und zum Straßenbau verwendet.
Spongien, *Poriferen*, *Schwämme*, ein Stamm der wirbellosen Tiere, mit hornigen, kalkigen oder kieseligen Skelettelementen, die ein-, vier-, sechsachsig sein können. Fossil wichtig sind *Kieselschwämme (Silizispongien)*. Nach dem Typ der Skelettnadeln unterscheidet man a) Einstrahler (Monactinelliden), Kambrium bis zur Gegenwart; b) Vierstrahler (Tetractinelliden), Karbon bis zur Gegenwart; c) irreguläre Vierstrahler (Lithistiden), Kambrium bis zur Gegenwart; die Kieselelemente verbinden sich zu einem dicken, steinartigen Gerüst von becher-, schüssel-, birnen-, röhrenförmiger oder kugeliger Gestalt; infolge ihrer massigen Beschaffenheit fossil am häufigsten; d) Sechsstrahler (Hexactinelliden), Kambrium bis zur Gegenwart. – Fossil weniger wichtig sind die *Kalkschwämme (Calcispongien)*, deren Skelett aus Kalk besteht. Vorkommen: Kambrium bis Gegenwart.
Sporangien [griech. sporos »Same«, angeion »Gefäß«], Kapseln, in denen die Sporen der → Pteridophyten gebildet werden.
Sporenpflanzen, svw. Kryptogamen.
Sprudelstein, *Erbsenstein, Pisolith*, ein aus kleinen, kugelförmigen Gebilden (Ooiden) aus Aragonit bestehender Kalksinter (Oolith), Quellabsatz von Thermalquellen, z. B. Karlovy Vary.
Sprung, *Sprunghöhe, Sprungweite*, → Verwerfung.
Spuren, → Lebensspuren.
Stabilität, nach Stille gegen den tektonischen Druck widerstandsfähige, versteifte Krustenteile wie → Kratone. Gegensatz: → Mobilität.
Stachelhäuter, svw. Echinodermen.
Stadium [griech. stadion, ein Wegemaß], der Zeitabschnitt einer Vereisungsperiode (→ Kaltzeit) mit vorübergehendem Vorstoß des Eises.

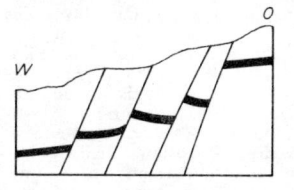

Staffelbruch

Staffelbruch, ein System mehr oder weniger paralleler Verwerfungen mit jeweils gleicher Bewegungstendenz (z. B. mehrere Nord-Süd streichende Verwerfungen, bei denen jeweils die Westscholle abgesenkt ist (Abb.).
Stagnogley, → Staugley.
Stalagmit, ein vom Boden von Höhlen nach oben wachsender Tropfstein, der durch Ausscheidung von kalziumhydrokarbonathaltigen Wässern infolge der Abgabe von Kohlendioxid entsteht.
Stalaktit, ein zapfenförmiger Tropfstein aus Kalziumkarbonat, der im Gegensatz zum → Stalagmit von der Decke von Höhlen nach unten wächst.
Standfestigkeit, eine von der Scherfestigkeit des Gebirges abhängige Eigenschaft eines Hanges oder einer Böschung, in einer freien Wand zu stehen.
Statolithen, → Otolithen.
Staub, Mineralkörnchen von 0,06 bis 0,02 mm Durchmesser, auch als Grobschluff bezeichnet.
Staugley, *Pseudogley, Staunässeboden*, ein Bodentyp mit rostbraun und fahlgrau gefleckten und gestreiftem Profil. Solche Böden entstehen auf dichtgelagertem, feinerdereichem Material oder bei Vorhandensein einer undurchlässigen Zone. S. sind durch den Wechsel von Staunässe und Austrocknung gekennzeichnet. Durch die im Stauwasser gelösten Stoffe und anaerobe Verhältnisse wird Eisen reduziert und beweglich, das sich bei Austrocknung wieder in oxydierter Form als Flecken, Streifen und Konkretionen absetzt. Naß-, Feucht- und Trockenphase sind verschieden lang. S. mit starker Vernässung und Feuchthumusakkumulation in muldiger Lage werden häufig noch als *Stagnogleye* bezeichnet.
Staukuppe, → Vulkan.
Staunässeanzeiger, → Bodenanzeiger.
Staunässeboden, svw. Staugley.
Stauwasser, → Sickerwasser.
Steatit, → Talk.
Steckmuscheln, svw. Pinnaceen.
Stefan, *Stephanien, Stephanium* [Saint-Etienne, Frankreich], die oberste Stufe des Oberkarbons (Siles) mit den Teilstufen → Cantabrien, A, B und C.
Stegocephalen, *»Dachschädler«, Panzerlurche,* zusammenfassende Bezeichnung für meist große, wahrscheinlich amphibisch lebende Vier-

füßler. Vorkommen: Oberdevon bis Trias.

Steifezahl, ein in der Ingenieurgeologie und Bodenmechanik gebräuchlicher, von der Vertikalspannung abhängiger Verformungsmodul (Elastizitätsmodul) eines Lockergesteins.

Steinböden, → Wüstenböden.

Steine, Lockermassen mit einem Korndurchmesser über 63 mm.

Steineis, → Bodeneis.

Steine und Erden, im deutschen Sprachgebrauch übliche Bezeichnung für die Lagerstätten der nutzbaren Gesteine und → Industrieminerale, z. B. Kalksteine, Glassand, Kaolin u. a.

Steinkern, → Fossilien.

Steinkohle, → Kohle.

Steinkohlenformation, → Karbon.

Steinkorallen, svw. Madreporarier.

Steinmeteorite, → Meteorite.

Steinnetzböden, *Steinringböden,* *Steinstreifenböden,* → Strukturböden.

Steinpflaster, *Steinsohle,* eine Anreicherung von Steinlagen, meist → Windkantern, an der Erdoberfläche oder an der Basis von Löß, die durch Ausblasung des zwischen den Steinen lagernden Feinmaterials entstanden ist.

Steinsalz, *Halit,* ein gesteinsbildendes Mineral. NaCl, kubisch. S. bildet große Lagerstätten, die meist mariner Herkunft sind, teilweise auch in Salzseen abgeschieden wurden.

Steinsalzlagerstätten, bis 1 000 m mächtige, in Salzsätteln teilweise bis über 2 000 m angestaute Steinsalzlager des Zechsteins, die meist von Kalisalzlagern unter- und von Anhydrit bzw. Gips unterlagert werden, in zyklischer Wechsellagerung. Neben dem Zechstein sind in der germanischen Trias der Obere Buntsandstein (Röt) und der Mittlere Muschelkalk salzführend.

Steinsohle, svw. Steinpflaster.

Steinzeit, eine Zeitstufe der menschlichen Vorgeschichte, in der Steinwerkzeuge verwendet wurden; gliedert sich in → Altsteinzeit, → Mittelsteinzeit und Jungsteinzeit (→ Neolithikum).

steirische Phase, → Faltungsphase.

stenohalin, Bezeichnung für Organismen, deren Lebensbereich an eine Salzkonzentration des Wassers zwischen 30 und 40%/oo gebunden ist. → euryhalin.

Sterntiere, svw. Asterozoen.

Stibnit, svw. Antimonglanz.

Stickstoffanzeiger, → Bodenanzeiger.

Stielgang, svw. Schlot.

Stigmarien [griech. stigma »das Mal«], mit rundlichen Narben versehene Rhizome der an der Steinkohlenbildung beteiligten Schuppen- und Siegelbäume. Von den Narben gingen lange, schlauchartig hohle Seitenwurzeln aus. S. bilden vielfach eine besondere Schicht unter Steinkohlenflözen, den Wurzelhorizont.

Stinkstein, svw. Anthrakonit.

Stirn, die vorderste Front eines Gletschers oder einer Überschiebungsdecke.

Stock, eine ausgedehnte und unregelmäßig gestaltete Gesteinsmasse, die das Nebengestein mit steilen Kontakten durchsetzt (→ Intrusion). *Eruptivstöcke* werden besonders aus Graniten gebildet, zu den *Sedimentstöcken* zählen z. B. Salzstöcke (→ Diapir) und Riffkalke. Erze bilden *Erzstöcke.*

Stockwerktektonik, 1) die Gliederung übereinanderliegender mächtiger Schichtserien in z. B. durch tektonische Ereignisse unterschiedene Abschnitte der Erdkruste (historische Stockwerke); 2) durch gleichartige und gleichzeitige physikalisch-chemische Bedingungen gekennzeichnete, für bestimmte Stockwerke charakteristische Verformungsbilder, z. B. Bruchtektonik und Faltentektonik in den oberen Stockwerken, Fließtektonik in den untersten Stockwerk (tektonische Stockwerke).

Störung, *Dislokation,* 1) ein tektonischer oder atektonischer Vorgang, der die primäre, d. h. bei der Bildung eines Gesteins entstandene Lagerungsform verändert. Nach der Art der mechanischen Beanspruchung unterscheidet man *Pressung* (*kompressive Dislokation*) und *Zerrung* (*Dehnung, disjunktive Dislokation, Distraktion*); je nach der Art der Verformung spricht man von plastischen (bruchlosen) Verformungen (meist bei Pressungen) und von Verschiebungen zweier Schollen längs eines dazwischenliegenden Bruches (bei Pressungen oder Zerrungen); 2) die gestörte Lagerungsform selbst, d. h. das bleibende Ergebnis des Vorgangs. Gestörte Lagerungsformen sind bei plastischer Verformung: Falten, Überschiebungen, Flexuren, Salzstöcke, bei Verformungen mit Bruch kommt es zu Verwerfungen; 3) manchmal wird der Ausdruck S. nur auf → Verwerfungen angewandt.

Stoßkuppe, → Vulkan.

Strahlentierchen, svw. Radiolarien.

Strahlkies, → Markasit.

Strahlsteingruppe, → Amphibole.

Strahlungskurve, 1930 von dem Belgrader Astronomen W. Milankovitch aufgestellte Kurve der Veränderung der Strahlungsintensität der Sonne für die Nord- und Südhemisphäre in den letzten 600 000, später in den letzten 900 000 Jahren, wobei Milankovitch annimmt, daß diese Veränderungen durch langperiodische Schwankungen der Erdbahnelemente verursacht wurden. Die S. wurde sodann zu den Klimaschwankungen des Quartärs in Beziehung gesetzt und die Minima der S. als Kaltzeiten (Eisvorstöße), die Maxima als Warmzeiten (Interglazialzeiten) gedeutet. Die daraus abgeleiteten absoluten Datierungen sind jedoch problematisch, weil die Grundlagen der S. unsicher sind.

Strain [engl.], die Deformation und Verformung von Körpern, auch Gesteinskörpern.

Strandlinie, *Küstenlinie,* die Grenze des normalen Wirkungsbereiches der Wellen (Brandung). Die S. wird an Felsküsten mitunter durch eine Brandungskehle gekennzeichnet.

Strandlinienverschiebungen, Veränderungen der Grenze zwischen Festland und Meer. Als *positive* S. bezeichnet man das Höherlegen der Strandlinie, also Vorrücken des Meeres und Landverlust (Transgression), als *negative* S. das Tieferlegen der Strandlinie (Regression). S. der geologischen Vergangenheit sind an über oder unter dem Meeresspiegel liegenden Strandterrassen, an weit im Landesinneren liegenden Strandwällen u. a. zu erkennen.

Strandversetzung, svw. Küstenversetzung.

Strandwall, *Küstenwall,* von stärkerer Brandung bei erhöhtem Wasserstand an den Strand geworfener, wallförmig angehäufter Sand und Kies, der außerhalb des Bereiches der normalen Wellen liegt.

Stratamessung, Verfahren zur → Bohrlochmessung.

Stratigraphie, ein Teilgebiet der historischen Geologie, das sich mit der Aufeinanderfolge von Schichten, ihrem Fossilinhalt und dem Gesteinsmaterial befaßt. Das Ergebnis der S. ist die Zeitskala zur Datierung geologischer Vorgänge. Das von Steno 1669 aufgestellte *stratigraphische Grundgesetz* besagt, daß bei ungestörter Lagerung die tieferliegenden Schichten immer älter sind als die höherliegenden. Wenn die zeitliche Einordnung mittels des Fossilinhalts erfolgt, spricht man von *Biostratigraphie* bzw. mittels Leitfossilien von *Orthostratigraphie,* ohne Fossilien mittels sedimentpetrographischer und sedimentologischer Methoden von *Lithostratigraphie.* In neuerer Zeit wurde eine bis ins einzelne gehende Untergliederung von Schichtkomplexen mittels unterschiedlicher Methoden durchgeführt (*Feinstratigraphie*).

stratigraphische Falle, → Ölfallen.

Stratovulkan, ein kegelförmiger Zentralvulkan mit konkaven Hängen und Böschungswinkeln von mehr als 15°. Über dem Schlot befindet sich der Krater mit steilen Wänden und in dem in Zeiten der Ruhe geschlossenen Boden, auf den Flanken Nebenkrater und zungenförmige Lavaströme. Nach Einbruch der Gipfel kommt es zur Bildung von Gipfelcalderen. Die Förderung von Lava und Lockerprodukten erfolgt im Wechsel. Es entstehen schichtförmige Ablagerungen, deshalb bezeichnet man den S. auch als *Schichtvulkan.*

Streckung. 1) die Einregelung geologischer Körper und Minerale in eine zum tektonischen Druck meist senkrechte Richtung; 2) die Längung von Fossilien, Geröllen u. a. in der Streckungsrichtung.

Streichen und Fallen, die Bestimmungselemente der Lage einer ebenen geologischen Fläche im Raum (Schicht-, Schiefer-, Kluft-, Verwerfungs-, Faltenachsenfläche usw.). Unter *Streichen* versteht man die Richtung der Horizontalen auf einer geneigten Fläche (Streichlinie), angegeben als Himmelsrichtung oder als Winkel zwischen der Streichlinie und Magnetisch-Nord. Beim *Fallen* und *Einfallen* sind Fallinie, Fallrichtung und Fallwinkel zu unterscheiden. Die **Fallinie** ist die in der geneigten Ebene *gelegene* Linie stärkster Neigung, die **Fallrichtung** die Richtung der Fallinie; sie steht stets senkrecht auf der Streichrichtung und hat im Gegensatz zu dieser den Charakter eines Vektors. Der **Fallwinkel** ist der Winkel zwischen der Fallinie und der Horizontalebene, er wird mit dem Neigungsmesser (Kilometer) gemessen (→ Geologenkompaß). Auch bei geologischen und morphologischen Linien (Faltenachsen, Lineamenten, Striemung, Rippelmarken, Gebirgsrücken) spricht man vom Streichen und meint damit die Himmelsrichtung der Horizontalprojektion dieser Linie. Bestimmte Streichrichtungen sind für bestimmte Gegenden bzw. tektonische Komplexe so typisch und dominierend, daß man sie mit Eigennamen belegt hat, z. B. 1) herzynische Richtung; etwa dem Verlauf des Harz-Nordrandes entsprechend (NW nach SO); 2) erzgebirgische Richtung; etwa dem Verlauf des Variszischen Gebirges in Mitteleuropa bzw. der Richtung des Erzgebirgskamms entsprechend (NO nach SW); 3) rheinische Richtung: dem Verlauf des Oberrheintalgrabens entsprechend (NNO nach SSW); 4) eggische Richtung: dem Verlauf des Eggegebirges entsprechend (NNW nach SSO) gerichtet. *Umlaufendes* oder *periklinales*

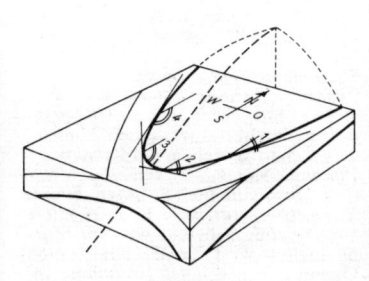

Umlaufendes Streichen (——— Sattel mit abtauchender Achse). 1 ... 4 verschiedene Streichwinkel

Streichen findet man auf den Schichtflächen einer Falte mit geneigter Achse: Der Horizontalschnitt schneidet solche Schichtflächen in ganz verschiedener Entfernung von der Faltenachse und deshalb mit verschiedenem S. u. F. an. Es treten hier bei dem gebogenen Schichtausbiß sowie von Punkt zu Punkt den Tangenten entsprechend sich stetig ändernde Streichwerte auf (Abb.).
Streichwert, → Geologenkompaß.
Streß, in der Tektonik Spannungszustand, der bei Beanspruchung in einem Körper erzeugt wird.
Streupräparat, svw. Körnerpräparat.
Strich, ein mit Hilfe einer Strichtafel (poröse Porzellanplatte) erkennbares wichtiges Unterscheidungsmerkmal der Minerale. Die Strichfarbe (kurz »Strich« genannt) weicht häufig von der Mineralfarbe ab.
Striemung, die Abbildung des linearen Parallelgefüges (→ Lineare) gestreckter Minerale in Gneisen. Der Begriff Striemen bzw. S. wird fälschlich als Synonym für → Runzelung oder → Rillung verwendet.
Stringocephalen [griech. strinx »Eule«, kephale »Kopf«], Armfüßer (→ Brachiopoden) mit großem, spitzem, eulenkopfartig umgebogenem Wirbel. Die Armklappe zeigt an der Innenseite einen langen Fortsatz des gebogenen Schloßrandes. Die S. hatten ein verkalktes, einfach schleifenartig gebogenes (centronellides) Armgerüst. Verbreitet im Mitteldevon (Stringocephalenkalk).
Stromatolith [griech. stroma »Decke«, lithos »Gestein«], »Algenkalk«, knollig-blättrige Kalkkrusten und nierige Kalkgebilde, deren Kalk durch fadenartige Geflechte mariner Blaualgen ausgefällt wird. S. ist aus präkambrischen, altpaläozoischen und auch triadischen Gesteinen bekannt.
Strombettsedimente, Ablagerungen der Flußrinnen. Sie bestehen aus der Bodenfracht, die in Sand- und Kiesbänken abgelagert wird. Charakteristisch sind die schräggeschichteten Sedimentkörper der → Strömungsrippeln und Sandbänke. Die plattigen Gerölle sind dachziegelartig gelagert (→ Imbrikation).
strombolianische Tätigkeit, eine Form vulkanischer Tätigkeit mit ejektivem Auswurf von Schlacken und Bomben und rhythmischem Ausstoß von Dampf- und Aschenwolken.
Strömungsmarken, svw. Fließmarken.
Strömungsrippeln, asymmetrische Wellenrippeln. Man unterscheidet *Transversalrippeln* mit langgestreckten Kämmen senkrecht zur Fließrichtung, *Longitudinalrippeln* mit Kämmen parallel zur Strömung, zungenförmige Rippeln (*Linguoidrippeln*) und rhombenförmige Rippeln (→ Rhomboidrippeln).
Strömungswülste, svw. Fließmarken.
Strontianit, ein Mineral, $SrCO_3$; nichtmetallischer Glanz, weiß, grau, gelblich, grünlich, rhombisch. Findet sich auf hydrothermalen Erzgängen und chemisch-sedimentären Lagerstätten.
Strosse [bergm.], das unter einem Abbauniveau, einer Bausohle (→ Sohle) oder einem Baggerplanum anstehende Gestein.
Strudelloch, *Strudelkessel, Strudeltopf, Erosionskolk,* eine senkrechte, oft mehrere Meter tiefe kesselförmige Aushöhlung (Auskolkung) im Gestein an der Flußsohle am Oberlauf von Flüssen. Ein S. entsteht durch strudelnde Bewegung von Wasser, das Sand und Geröll mitführt. → Auskolkung.
Struktur, 1) Geologie: alle Lagerungsformen von Gesteinen als geologische Körper, unabhängig von ihrer Entstehung, z. B. tektonische S. als durch tektonische Kräfte gebildete Lagerungsformen. 2) Petrologie: ein Teil des → Gefüges, beschrieben nach der äußeren Gestalt, der Größe des Minerals oder der → Kornbindung. 3) Bodenkunde: die räumliche Anordnung der Bodengemengteile.
Strukturböden, *Frostmusterböden,* Böden mit einer Lockermaterialdecke aus groben Sortierungsmustern, zu finden in Bereichen periodisch auftretenden, stark wirksamen Bodenfrostes, am ausgeprägtesten in den nivalen Zonen und Höhenstufen, → Dauerfrostboden. Infolge Kryoturbation, vor allem durch Frostschub und -hub werden die feineren und gröberen Bodenbestandteile sortiert und getrennt, so daß Vieleck- oder Rundformen auf ebenem Gelände (die *Polygon-, Netzriß-, Rauten-, Waben-, Steinnetz-, Steinring-, Kuchenböden*) und unter Mitwirkung der Makrosolifluktion Streifenformen (*Steinstreifenböden*) auf geneigtem Gelände entstehen. Den S. verwandt sind Böden, die bis in Metertiefe reichende Störungen der Schichtenlagerung aufweisen: *Brodelböden, Taschenböden, Würgeböden, Tropfenböden.*
strukturelle Falle, → Ölfallen.
Strukturgeologie, ein Wissenszweig innerhalb der Geologie, der die in unterschiedlichen Dimensionen auftretenden Bewegungsvorgänge in Gesteinskomplexen bezüglich Ablauf, Alter, Kräfteplan u. a. zu registrieren und deuten versucht, wobei im Gegensatz zur Tektonik der Bildungsmechanismus der tektonischen Strukturen im Vordergrund der Analyse steht.
Strukturtheorie, eine Theorie über das Vorkommen von Erdöl an strukturell dafür besonders geeigneten Stellen der Erdkruste. Die S. ist eine Weiterführung der 1861 von Sterry Hunt aufgestellten *Antiklinaltheorie,* die besagt, daß die antikline Struktur (Faltenbau) eine der Bedingungen für die Entstehung von Erdöllagerstätten sei, da sich hier Wasser, Erdöl und Gas nach der Dichte sondern können. Das schwerere Wasser reicht sich in den Muldenregionen an (*Randwasser*), das leichtere Erdöl wandert in die oberen Teile der Sattelflanken oder Sattelscheitel, das Gas nimmt die höchste Stelle, die Gaskappe, ein (Abb. S. 491). Außer Antiklinalen erwiesen sich Flexuren, Schleppungszonen an Salzstöcken, Setzungsstrukturen an Riffen als günstig für die Anreicherung von Erdöl, ferner schräg-

gestellte Schichten, die durch Verwerfungen abgedichtet sind, und Transgressions fallen (→ Ölfallen).

Stubbenhorizont [bergm. Ausdruck], in Kohlelagern vorkommender Horizont mit noch senkrecht stehenden Baumstümpfen (Stubben), entsteht durch → instantane Senkung in Mooren.

Stufe, die Untergliederung einer stratigraphischen Abteilung, der Zeitraum, der der Lebensdauer einer Tier- oder Pflanzengattung (Zonenfossilien) entspricht. Eine S. umfaßt mitunter mehrere Zonen. Stufen werden in Unterstufen unterteilt.

Stylolith [griech. »Säulenstein«], ein zylindrischer, an den Seiten längsgeriefter Vorsprung, mit dem sich die angrenzende Kalksteinschicht in die angrenzende eingreift; entsteht durch Lösung unter Druck im festen Gestein (→ Drucksuturen).

subaerisch [lat. sub »unter«, griech. aer »Luft«], svw. festländisch entstanden.

Subalkali-Gesteine, → Gesteine.

subaquatisch, Bezeichnung für unter Wasser sich abspielende Vorgänge, wie Sedimentation, Gleitvorgänge, Faltungen, geochemische Reaktionen u. a.

subaquatische Gleitung, → subaquatische Rutschung.

subaquatische Rutschung, eine hangabwärts gerichtete → Massenbewegung tonig-sandiger Sedimente unter Wasserbedeckung. Durch Erhöhung des Porenwasserdruckes bzw. das Auftreten von Porenüberwasserdruck wird die Reibungsfestigkeit herabgesetzt und die s. R. ausgelöst. Bei größeren seitlichen Verschiebungen spricht man von *subaquatischen Gleitungen*.

Subatlantikum, *Nachwärmezeit,* ein Abschnitt des Holozäns, ungefähr vom Beginn unserer Zeitrechnung bis in die Gegenwart reichend, mit relativ kühlem und feuchtem Klima; durch das Vordringen der Buche gekennzeichnet.

Subboreal, ein Abschnitt des Holozäns von etwa 2500 bis 500 v. u. Z., mit mehr oder weniger kontinentalem, kühler werdendem Klima; Vorherrschen des Eichenmischwaldes mit Buchen. Auf das S. folgte das → Subatlantikum.

Subduktion, bei A. Rittmann das Hinabziehen und Verschlucken leichter sialischer Massen durch das schwerere magmatische Substrat infolge einer schräg abwärts gerichteten Unterströmung. In der → Plattentektonik das Abtauchen einer Platte unter 15 bis 70° in *Subduktionszonen* als Ausgleich für den Raumgewinn durch → Ozeanbodenzerglietung, die gleichzeitig die Bildungsbereiche von kontinentaler Kruste darstellen, → Andesitlinie.

subfossil, Bezeichnung für Organismen, die im Unterschied zu den →

Fossilien erst in historischer Zeit ausgestorben sind.

subglazial, *subglaziär,* unterhalb des Eises, z. B. subglaziale Sedimente.

subherzynische Phase, → Faltungsphase.

subhydrischer Boden, ein unter Wasser entstandener Boden mit seitlich gerichteter Filtrationsverlagerung durch Grundwasser. Zu den s. B. gehören z. B. → Gyttja, → Sapropel, → Dy.

submarin [lat. Kw.], untermeerisch, z. B. *submariner Vulkanismus,* d. h. Lava- und Aschenförderung am Meeresgrund.

submarine Cañons, in den Kontinentalhang eingeschnittene steile Schluchten, die sich oft an Flußmündungen des Festlandes anschließen und deren untermeerische Fortsetzung bilden, z. B. beim Kongo und Hudson.

Submersion, das Untertauchen des festen Landes unter den Meeresspiegel bei einer → Transgression.

Subrosion [lat. sub »unter«, rodere »benagen«, »zerkleinern«], die unterirdische Abtragung von Gesteinen durch Sicker- und Grundwasser, die zur Bildung von Hohlräumen und Geländesenken an der Erdoberfläche führt (*Subrosionssenke*). S. kann chemisch (→ Auslaugung, → Verkarstung) und mechanisch (→ Suffosion) wirken.

subsequent, vor allem Bezeichnung für den überwiegend sauren Plutonismus und Vulkanismus in der spät- bis postorogenen Zeit einer Tektonogenese; auch für Senken am Rande junger Antiklinorien (s. *Randtrog*) und für Nachfolgeflüsse, die sich im Schichtenstreichen etwa senkrecht zum Hauptfluß in weichere Gesteine einschneiden.

Substrat, das nach Körnung und petrographischen Merkmalen gekennzeichnete Material, in dem sich der Boden entwickelt hat. Zur Benennung werden Ausgangsgestein, Körnungsart und Schichtaufbau herangezogen, z. B. Decklöß (4 bis 8 dm Löß über durchlässigem Lockermaterial). Das S. wird zur Bezeichnung der Bodenform benötigt. Häufig vorkommende S. und Substratkombinationen im Schichtaufbau werden durch *Substrattypen* klassifiziert.

Subvulkan, ein Magmakörper, der sowohl in Gesteinsausbildung als auch Tiefenlage zwischen → Pluton und → Vulkan vermittelt. Die für S. typischen Gesteine besitzen Einsprenglinge in einer für Plutonite charakteristischen grobkörnigen Grundmasse (Granitporphyr). Subvulkanische Bildungen sind z. B. → Lakkolithe und Bysmalithe.

Succinit, svw. Bernstein.

Südamerikanische Plattform, *Brasilia,* ein bereits zu Beginn des Kambriums bestehender Kraton, der das größere, nördliche Kernstück des südamerikanischen Subkontinents bildet, gehörte zur Festlandsmasse → Gondwania.

Südelefant, die altpleistozäne Ausgangsform der beiden Entwicklungsreihen von Waldelefant und Steppenelefant.

sudetische Phase, → Faltungsphase.

Suffosion, die unterirdische Erosion, die sich in subterraner Umlagerung und dem Transport der feineren Kornfraktionen von Lockergesteinen in Porenkanälen bei Erhaltung des tragenden Korngerüsts äußert.

Sukzession, die Übereinanderfolge verschiedenartiger Minerale in Erzgängen, die nicht immer einer Altersfolge entspricht.

Sumpferz, ein mit Ton vermengtes → Brauneisenerz.

superkrustal, *suprakrustal* [lat. Kw.], oberhalb der Erdkruste.

Suspensionsströme [lat. suspendere »schweben«], Wassermassen, die infolge Aufnahme von suspendiertem Material (Trübe) eine höhere Dichte aufweisen und sich auf dem Grunde stehender, klarer Gewässer entlang bewegen, → Trübestrom. Die S. sind in der Lage, durch Turbulenz und erhöhten Auftrieb Geröll, Sand und Silt zu transportieren. Sie führen zur Ablagerung von Gesteinsserien, z. B. Turbiditen, und sollen in der Lage sein, submarine Cañons zu erodieren.

Süßwasserquarzite, svw. Tertiärquarzite.

Sutur, svw. Lobenlinie.

Svekofenniden [nach Schweden und Finnland benannt], unterproterozoischer Faltungskomplex des → Baltischen Schildes.

Syenit [nach der Stadt Syene (Assuan) in Ägypten], ein Feldspatplutonit mit sehr hohem Alkali-Feldspatgehalt (etwa 80 % beim Alkalisyenit, wesentlich geringerem Plagioklasanteil, kaum Quarz und wenig dunklen Gemengteilen (Hornblende, Pyroxen, Biotit); rötlich, auch braun-gelblich; seltener als Granit.

Sylvin, ein Salzmineral, KCl, weiß, gelblich, regulär, wichtiges → Kalisalz.

Symmetrieachsen, → Achsen.

Symmetrieelemente, Elemente in Kristallen, mit denen Symmetrieoperationen durchgeführt werden können, da gleichartige Teile eines Kristalles — Flächen, Kanten, Ecken — symmetrisch zu bestimmten S. liegen. Durch *Symmetrieoperationen* können diese zur Deckung gebracht werden. Morphologisch wird die Deckung durch Drehung, Spiegelung, Inversion, Inversionsdrehung in Abhängigkeit von den S. erzielt. S. sind n-zählige (n = 2, 3, 4 oder 6) Symmetrie- oder Spiegelebenen, Symmetriezentren und Inversionsachsen (Deckung nach Drehung und Inversion), → Kristall.

Synärese, die osmotische Entwässerung der Tone, führt zu → Schrumpfungsrissen.

Syneklise [griech. syn »zusammen«, klinein »neigen«], eine weitspannige, epirogenetische Depression mit sehr flach einfallenden Flanken in Tafelgebieten, die mit Ablagerungen bis zu mehreren tausend Metern gefüllt sind, z. B. die Moskauer S. Gegensatz → Anteklise.

syngenetisch [griech. syn »zusammen«, genesis »Entstehung«], Bezeichnung für gleichzeitig ablaufende Vorgänge, z. B. während der Sedimentation sich bildende Verwerfungen, gleichzeitig mit dem Nebengestein entstehende Erzlagerstätten u. a.

Synklinale, *Synkline*, → Mulde.

Synklinorium [griech. synklinein »mitneigen«], ein muldenförmiges Großfaltensystem, bei dem die Achsen der in der Mitte liegenden Falten gegenüber den Achsen der äußeren Falten tiefer liegen. Gegensatz: → Antiklinorium.

synorogen, Bezeichnung für den sauren Plutonismus oder für epirogene Vorgänge während einer → Tektonogenese.

synsedimentär [griech. syn »zusammen«, lat. sedimentum »Bodensatz«], Bezeichnung für Vorgänge, die während der Sedimentation ablaufen, z. B. *s. Faltung* bei subaquatischen Rutschungen, → Wulstfaltung.

Syntexis [griech. Kw.], 1) Bezeichnung von K. H. Scheumann für die Aufnahme fremder Gesteine im Magma, svw. → Assimilation. 2) Anatexis verschiedener Gesteine und Mischung der so entstandenen Magmen.

synthetisch [griech. syn »zusammen«, tithemi »setzen, stellen«], *homothetisch*, Bezeichnung für eine in Richtung der Schichtneigung einfallende → Verwerfung.

Syrosiom, svw. Rohboden.

System, die internationale Bezeichnung für eine in einem längeren Zeitraum der Erdgeschichte, einer *Periode*, durch Ablagerung entstandene Schichtenfolge einschließlich der im gleichen Zeitraum gebildeten Magmatite; im deutschen Sprachgebiet fälschlich oft noch als »Formation« bezeichnet. Ein S. ist durch die darin enthaltenen Leitfossilien charakterisiert. Mehrere stratigraphische S. werden zu einer Gruppe zusammengefaßt, deren Bildungszeit Ära heißt. Andererseits werden die S. in Abteilungen - in anderen Sprachen als Serien bezeichnet - (zeitlich Epochen), diese wieder in Stufen (zeitlich Alter) und weiter in Unterstufen (Zonen) untergliedert.

T

Taeniopteris [griech. tainia »Band«, pteris »Farn«], *Bandfarn*, eine Formgattung der farnlaubigen Gewächse von ungeklärter systematischer Stellung, mit langen, zungenförmigen Blättern mit Hauptader und fiederigen Nebenadern, Sporangien fehlen. Vorkommen: oberstes Karbon bis Jura.

Tafel, eine geologische Erdkrustenstruktur, die durch flachlagerndes Deckgebirge verdeckten Teile über den Kernzonen der Kontinente. T. und Schilde bilden die → Plattform. Man unterscheidet *Alte T.* mit präkambrischem Grundgebirge (→ Schilde) und *jüngere T.* mit paläozoischen oder jüngeren Gesteinsserien. Vielfach wird T. als Synonym von Plattform verwendet, was abzulehnen ist.

Tafelstrukturen, den tektonischen Bau von Tafeln kennzeichnende Strukturen verschiedener Ordnung wie → Anteklisen, → Syneklisen, → Aulakogene u. a.

Tafelvulkan, *Plateauvulkan*, ein großflächiger Vulkan über Spalten (→ Tiefenbruch) auf kontinentalen Tafeln. Förderung von Flut-, Trapp- oder Plateaubasalt (→ Trapp). Die Basaltdecken erreichen riesige Ausmaße. Areale bis zu 1 Mill. km² und 3 km Mächtigkeit werden von ihnen bedeckt.

Tagesbruch, ein meist runder, eng begrenzter Geländeeinbruch über einem durch oberflächennahen Bergbau entstandenen unterirdischen Hohlraum.

takonische Phase, → Faltungsphase.

Tal, durch fluviale Erosion und Hangabtragung entstandener Einschnitt in der Erdoberfläche. Nach der Gestalt des Talquerschnittes kann man unterscheiden: *Schluchten* (Klammen, Gründe) und → *Cañons* mit steilen bis senkrechten, eng zusammentretenden Wänden; *Kerbtäler* mit V-förmigem Querschnitt; *Sohlen-* oder *Kastentäler* mit durch Aufschüttung entstandener flacher Talaue; *Muldentäler* mit allmählich in eine breite Sohle übergehenden flachen Hängen; *Trogtäler* mit U-förmigem Querschnitt, durch die abschleifende Tätigkeit der Gletscher entstanden und vertieft. *Durchbruchstäler* entstehen, wenn ein Fluß in seine Richtung querendes Gebirge durchbricht. Ist der Fluß älter als das Gebirge, entsteht ein *Antezedenztal*, durchbricht der Fluß eine bereits ausgebildete, durch Abtragung erst freigelegte Schwelle, ein *epigenetisches T.* In Karstgebieten bilden sich durch Einsturz unterirdischer Hohlräume *Einbruchstäler*, die ohne oberirdischen Abfluß, also *Trockentäler* sind, → Karsterscheinungen.

Talk [arab.], ein gesteinsbildendes Mineral, $Mg_6[(OH)_2 | Si_4O_{10}]$, monoklin, grauweiß, grünlich, fettig anzufühlen, schalig, blättrig oder schuppig; dicht als *Steatit* (*Speckstein*), mit Chlorit und wenig Quarz im *Talkschiefer*, mit Chlorit im *Topfstein*. T. entsteht bei der Zersetzung ultrabasischer Gesteine und bei der Kontaktmetamorphose kieseliger Dolomite. u. a. in der Papier-, Gummi-, Farb-, Textil- und keramischen Industrie.

Talkschiefer, weiche, meist grünlichgraue, ausgezeichnet spaltbare kristalline Schiefer, die im wesentlichen aus Talk und z. T. aus Chlorit, Quarz, Aktinolith, Glimmer bestehen.

Taphrogenese, Bezeichnung von E. Krenkel (1922) für Grabenbildung, gegenwärtig allgemein für Bildung von Großgräben der Erde, z. B. Mittelmeer-Mjösen-Zone, ostafrikanisches Grabensystem.

Tapire, eine Unterordnung der Unpaarhufer (Perissodactyla). Vorkommen: Eozän bis Gegenwart.

Taschenböden, → Strukturböden.

taub, Bezeichnung für ein Gestein, das keine ökonomisch nutzbaren Stoffe enthält.

Tausendfüßer, → Tracheaten.

Taxonomie, die Wissenschaft von der Gliederung und den Verwandtschaftsverhältnissen der Organismen.

Teersande, → Ölsande.

Tegelenwarmzeit [nach dem Ort Tegelen im Süden der Niederlande], die älteste europäische Warmzeit im Pleistozän, charakterisiert durch tonigfeinsandige Festlandschichten mit reicher Flora und Fauna in den Niederlanden und Belgien - in den dortigen Küstengebieten wurden mächtige marine Schichten abgelagert. Die vorangehende → Brüggenkaltzeit wird auch als *Prätegelen* bezeichnet.

Teilbarkeit, Begriff für die Fähigkeit eines Gesteins, nach parallelen Flächen leicht zu spalten. T. hängt mit den Richtungen der vorherrschenden → Einregelung der Minerale zusammen.

Tektite, rundliche oder knopf-, birnen- und sanduhrförmige Gebilde aus grün, seltener braun durchscheinendem, schwer schmelzbarem, saurem Glas (70 bis 80 % SiO_2), die man in geologisch ganz jungen Schichten findet. Ihre Oberfläche ist mit eigentümlichen Rinnen, Grübchen und Wülsten bedeckt. Die Entstehung dieser »Glasmeteorite« ist noch nicht völlig geklärt; wahrscheinlich wurden sie durch Gesteinsaufschmelzungen beim Aufschlag großer Meteorite gebildet. Nach ihren Fundorten unterscheidet man z. B. Moldawite und Australite.

Tektogen, 1) Bezeichnung für die alten stabilen Festlandskerne, svw. Kratogen, um die Unterschiede zum Bau und zum Verhalten der → Orogene herauszustellen. 2) Bei Haarmann Begriff für von tektonischen Bewegungen einheitlich gestaltete Großschollen der Erdkruste.

Tektogenese, sw. Tektonogenese.

Tektonik [griech. tektonikos »zum Bau gehörig«], die Lehre vom Bau der Erdkruste, den Bewegungsvorgängen an ihr und diese verursachenden Kräften. Neben Faltungs- und Überschiebungsvorgängen spielen in der T. Brüche, Verwerfungen, Schleppungen u. a. im makroskopischen und mikroskopischen Bereich (*Mikrotektonik*) eine wesentliche Rolle. Die *Geotektonik* versucht in allgemeinen Gesetzmäßigkeiten in der Entwicklung der Erde - Krustenbewegungen und Massenverlagerungen in den tieferen

tektonische Erdbeben

Zonen – zu erfassen und zu deuten. → geotektonische Hypothesen.

tektonische Erdbeben, svw. Dislokationsbeben.

tektonische Selektion, nach H. Gallwitz (1956) Bezeichnung für extreme Sonderung → kompetenter und → inkompetenter Gesteinslagen bei tektonischen Vorgängen, die bis zur Unterdrückung inkompetenter Schichtpakete führen kann.

Tektonite, von tektonischer Deformation (→ Durchbewegung) erfaßte Gesteine und Erze, deren Mineralbestand ein gerichtetes Gefüge, → Korngefüge, angenommen hat. Nach der Kornorientierung (→ Gefügekunde) unterscheidet man: 1) *S-Tektonite* mit ausgeprägtem flächigem Parallelgefüge (geschieferte Gesteine); 2) *R-Tektonite* mit um eine Gefügeachse rotiertem Gefüge. Erfolgte die Rotation um die als B ausgebildeten b-Achsen (Faltenachsen), so spricht man von 3) *B-Tektoniten* (z. B. Stengelgneis). *Schmelztektonite* entstanden primär durch Fließbewegung und Spannungen in magmatischen Schmelzen, → Gefüge. Erfolgte eine Mylonitisierung (→ Mylonit) gemeinsam mit Schieferung, entstehen Phyllonite.

Tektonogenese, *Tektogenese, Gebirgsbildung,* Bezeichnung für strukturbildende und gefügeverändernde Prozesse der Erdkruste, die nicht immer mit der Heraushebung von Krustenteilen verbunden sind. T. ersetzt den Begriff → Orogenese, der zweckmäßig nur für das Entstehen von Gebirgen in geographisch-morphologischem Sinne (→ Morphogen) verwendet werden sollte. T. äußert sich in Faltung, Schieferung, Verschiebungen, Metamorphose u. a.

Tektonogramm, die bildliche Darstellung vom Bau eines Orogens.

Tektonophysik, zunächst Bezeichnung für die von sowjetischen Geotektonikern entwickelten Modellversuche und deren physikalische Interpretation zur physikalischen Deutung der geotektonischen Erscheinungen der Erdkruste, z. B. der → Tiefenbrüche; heute allgemein die Lehre von den physikalischen Vorgängen in der → Tektonosphäre.

Tektonosphäre, Bezeichnung für die Zonen der Erde, in denen sich die tektonischen Bewegungen vollziehen, d. h. die Erdkruste und der oberste Erdmantel bis in rund 700 km Tiefe; → Lithosphäre, → Asthenosphäre und oberste → Mesosphäre.

Teleosteer, eine Oberordnung der modernen Knochenfische. Vorkommen: Trias bis Gegenwart.

telethermal, Bezeichnung für hydrothermale Erzlagerstätten, die bei niedrigen Temperaturen (unter 100 °C) entstanden sind.

Temperaturverwitterung, der Prozeß der mechanischen Zerstörung von Gesteinen durch Volumenveränderung der Minerale bei Temperaturwechsel, insbesondere bei polymineralischen Gesteinen.

Tennantit, → Fahlerze.

Tentakulaten, svw. Molluskoiden.

Tentakuliten [lat. tentaculum »Fühler«], vermutlich zu den Weichtieren gehörende Tiere unbekannter systematischer Stellung mit spitzkegelförmigem, geradegestrecktem, aus parallelen Kalklagen bestehendem, bis 3 cm langem Gehäuse, dessen Oberfläche entweder glatt ist oder mit Quer- bzw. Längsrinnen verziert. Vorkommen: Ordovizium bis Devon mit wichtigen Leitfossilien (Tentakulitenschiefer des Devons).

Tephra [griech. tephra »Asche«], Bezeichnung für alle im festen und flüssigen Zustand durch ausbrechende Gase bei vulkanischen Ereignissen mitgerissenen und ausgeworfenen Lockerstoffe (→ Pyroklastika), wie → Asche, → Bomben, → Schlacken, → Bimssteine, → Lapilli, → Auswürflinge aus in festem Zustand ausgeschleuderten Bruchstücken und Kristallen (Kristallapilli).

Terebratuliden, eine Ordnung der articulaten Armfüßer (→ Brachiopoden). Vorkommen: Silur bis Gegenwart, zahlreiche Leitfossilien.

Teredo, eine Gattung der desmodonten Muscheln. Sie bohren in Holz lange Gänge, die sie dünn mit Kalk auskleiden. Vorkommen: Jura bis Gegenwart.

Terra fusca, *Kalksteinbraunlehm,* ein vorwiegend durch Eisenoxide ockerfarbig bis rötlichbraun gefärbter, plastischer, dichter Boden, der aus Kalksteinen unter warmfeuchtem Klima durch intensive Verwitterung entstand; in Mitteleuropa als fossiler Boden oder Reliktboden auftretend.

Terra rossa, *Kalksteinrotlehm,* ein ziegelroter, schlämmstoffreicher, plastischer, dichter Boden mit wasserarmen Eisenverbindungen, entstanden aus tonarmem Kalkstein unter warmfeuchtem Klima; in Mitteleuropa als fossiler Boden oder Reliktboden auftretend, meist in Karsttaschen erhalten.

Terrasse, 1) Talstufe, entstanden durch Einschneiden (Erosion) eines Flusses in Gesteine des Untergrundes (*Erosions-* oder *Felsterrasse*) oder in seine eigenen Ablagerungen (*Schotter-* oder *Akkumulationsterrasse*). Nach der Lage zum Talboden unterscheidet man *Hoch-, Mittel-* und *Niederterrassen,* wobei in Hebungsgebieten die höchstgelegenen am ältesten sind. Die abgelagerten Sedimente bezeichnet man als *Schotter-* oder *Terrassenkörper*; 2) *Strand-* oder *Küstenterrassen,* durch die erodierende Wirkung der Brandung entstanden.

terrestrisch [lat. terra »Erde«], Bezeichnung für alle Vorgänge, Kräfte und Formen, die auf dem festen Lande auftreten; z. B. terrestrische Sedimente.

terrigen, aus Festlandsmaterial entstanden.

Territorialgeologie, → Anthropogeologie.

Tertiär, das ältere der beiden Systeme des Känozoikums. Der Name T. rührt daher, daß man in der Frühzeit der Geologie das Paläozoikum als Primär und das Mesozoikum als Sekundär ansah.

Tertiärquarzite, auch *Braunkohlenquarzite, Süßwasserquarzite, Zementquarzite, Knollensteine* genannt; infolge Verkittung reiner oder leicht toniger Sande (Klebsande) oder Kiese (Konglomeratquarzit) durch Kieselsäurelösungen entstandene feste Gesteine, die lagenweise oder in Form einzelner größerer oder kleinerer Knollen in lockeren Sanden und Kiesen des Tertiärs lagern. Diese Einkieselung ging besonders im Schwankungsbereich des Grundwassers bei einem feuchtwarmen Klima vor sich. Oft sind die T. von Wurzelröhren durchzogen oder enthalten Blattabdrücke. T. werden zur Herstellung von → Silikasteinen gewonnen.

Testudinaten, *Schildkröten,* eine Ordnung ursprünglich das Land bewohnender, sekundär z. T. dem Leben im Wasser angepaßter Reptilien. Körper von einem knöchernen, mehrteiligen Panzer umschlossen, gewölbter Rückenschild (Carapax) und flacher Bauchschild (Plastron). Vorkommen: Mitteltrias bis Gegenwart.

Tethys [nach der griech. Gemahlin des Okeanos, des Meergottes], das seit dem Ende des Paläozoikums verfolgbare zentrale Mittelmeer, das sich in äquatorialer Richtung zwischen → Laurasia und → Gondwania erstreckte. Im Laufe der Entwicklung war die T. im Mesozoikum und Känozoikum als Geosynklinalmeer vorhanden, bis aus ihr die alpidischen Gebirge aufgefaltet wurden. Das heutige europäische Mittelmeer einschließlich des Schwarzen und Kaspischen Meeres sind Reste der T. → Paratethys.

Tetrabranchiaten, eine Unterklasse der → Cephalopoden.

Tetraederhypothese, Annahme von L. Green 1875, nach der die Erde bei der Erstarrung die Form eines Tetraeders angenommen haben soll, da dieser Körper bei größtmöglicher Oberfläche den kleinsten Raum einnimmt.

Tetraedrit, → Fahlerze.

Textur, 1) in der Petrographie svw. Gefüge; 2) in der Bodenkunde wird dieser Begriff auch für die → Körnungsart eines Bodens verwendet.

Thalattogenese, nach L. Kober Bezeichnung für Krustenbewegungen, die im Gegensatz zur → Epirogenese durch Senkungen der Erdkruste zur Entstehung von Meeresbecken führen.

Thalattokratie, die Zeit der Erdgeschichte, in der Meere weite Teile der Erdoberfläche einnahmen und die Festländer infolge großer Meerestransgressionen weithin überflutet waren, z. B. Silur, Obere Kreide. Gegensatz: → Geokratie.

Thallophyten [griech. thallos »Zweig«, phyton »Gewächs«], Pflanzen ohne Gliederung in Wurzel, Stengel (Stamm), Blatt, umfassen die Klassen der → Algen, Tange, Pilze und Flechten. Vorkommen: Präkambrium bis Gegenwart.

Thanatozönose, *Totengesellschaft*, die Gesamtheit der an einem Fundort eingebetteten fossilen Organismen, die oft aus verschiedenen Lebensbezirken zusammengeschwemmt wurden. → Oryktozönose.

Thanet, *Thanétien* [nach der Insel Isle of Thanet in Kent/England], eine Stufe des Paläozäns, meist mit dem Unteren Paläozän gleichgesetzt.

Theorie der thermischen Zyklen, eine geotektonische Hypothese von J. Joly (1925) und A. Holmes (1929), die periodische Erstarrung und Verflüssigung in der Magmazone bzw. Abkühlung und Aufheizung für die Entwicklung der Erde verantwortlich macht.

Therme, *Akratotherme*, *Thermalquelle*, eine Quelle oder Bohrung, deren Wasser beim Austritt über 20 °C (in Ungarn über 35 °C) erreicht.

thermische Zyklen, → Theorie der thermischen Zyklen.

Theromorphen, Sammelname für verschiedene Formenkreise von bereits im Oberkarbon auftauchenden Reptilien. Die T. sind im weitesten systematischen Sinne des Namens Brücke zwischen primitiven Reptilien und Säugern, deren exakte Einordnung oft schwierig ist.

Thixotropie [griech. thinganein »berühren«, tropos »Richtung«], ein Vorgang, bei dem in feinkörnigen, meist tonigen Lockergesteinen bestimmter Korngrößenverteilung allein durch mechanische Einwirkung (z. B. Erschütterung) reversible Zähigkeitsunterschiede auftreten, z. B. festfließfähig-fest, wodurch diese zum Fließen neigen. Die Eigenschaft der T. ist wichtig für Dickspülungen bei Tiefbohrungen.

Tholeiit, *Tholeiitbasalt*, ein vulkanisches Gestein mit durchschnittlich 50 % Pyroxen, 45 % Plagioklas und 5 % Erz, benannt nach dem Ort Tholey im Saarland, obwohl das dortige Gestein kein T. ist. Es gibt auch Quarz- und Olivintholeiite, alle weisen bei der Analysenaufrechnung normativen Orthopyroxen auf. Tholeiitische Schmelzen entsprechen einem der basaltischen Stamm-Magmen, die durch partielle Anatexis aus → Pyrolit entstehen, und zeigen einen charakteristischen Differentiationsverlauf ohne Eisenverarmung, was zur Abtrennung der tholeiitischen Serie von der Kalkalkaliserie im engeren Sinne geführt hat. T. sind charakteristische Gesteine der Ozeanböden, des Frühstadiums der Inselbögen und der kontinentalen Plateaubasalte.

Thorax, der Rumpfpanzer der → Trilobiten und → Insekten.

Thufur, *Plur.* Thufa, finnisch *Palse*, bis 1 m hohe Rasenhügel (Torfhügel), durch die Bildung eines Eiskerns in Torfsedimenten entstanden.

Thuring, *Thuringien* [lat. Thüringen], etwa svw. Oberperm (→ Zechstein). Die Lage der Grenze Perm/Trias ist in Mittel- und Westeuropa im Vergleich mit den hochmarinen Typusgebieten unsicher.

Thüringische Senke, die Einsenkung im Gebiet von Meiningen–Erfurt–Halle–Magdeburg während des Zechsteins und der Trias; im Westnordwesten von der Eichsfeldschwelle, im Ostsüdosten vom Rand des Germanischen Beckens begrenzt; mündet in den westnordwestlichen bis ostsüdöstlichen streichenden tieferen Teil des Germanischen Beckens.

Thuringit, ein chloritähnliches Mineral, $(Fe'', Fe''', Al)_3 [(OH)_2 | Al_{1,2-2}Si_{2,8-2}O_{10}] \cdot (Mg, Fe, Fe''')_3 \cdot (O, OH)_6$, monoklin, grün, stark pleochroitisch; lokal wichtiges Eisenerz mit 40 % Fe-Gehalt; schichtartig z. B. in Tonschiefern des Ordoviziums von Schmiedefeld in Thüringen.

Tiden, svw. Gezeiten.

Tiefbeben, *Tiefenherdbeben*, ein Erdbeben mit Herdtiefen zwischen 300 und 700 km Tiefe als Untergrenze der bisher beobachteten Tiefen, die mit der → Subduktion einer Platte an → Benioff-Zonen zusammenhängen.

Tiefbohrung, im Unterschied zur Flachbohrung ein Bohraufschluß in Tiefen zwischen 1 000 und 5 000 m. Bei größeren Tiefen spricht man von *übertiefen Bohrungen*. Je nach dem Zweck unterscheidet man Basisbohrungen (möglichst vollständiger und orientierender Aufschluß in einem unbekannten Gebiet), Erkundungsbohrungen (Suche eines nutzbaren Minerals), Aufschlußbohrungen (Untersuchung eines Fundes), Produktionsbohrungen (zur Gewinnung von Erdöl, Erdgas, Sole, natürlichem Heizdampf u. a.).
Das wichtigste *Tiefbohrverfahren* ist das Rotaryverfahren, daneben das Turbinenbohrverfahren.

Tiefenbruch, *Lineament*, *Geofraktur*, *Geosutur*, *Erdnaht*; bis in die Mantelzone der Erde hinabreichende, überregionale Störungszone, die sich im Laufe der Erdgeschichte immer wieder aktiv bemerkbar macht und Schollen (Platten) begrenzt.

Tiefenherdbeben, svw. Tiefbeben.

Tiefsee, der Bereich des Meeres ab 800 m Tiefe.

Tiefseeablagerung, → Meeressediment.

Tiefseeberge, svw. Sea mounts.

Tiefseegesenke, *Tiefseegräben*, *Tiefseerinnen*, langgestreckte, seismisch aktive, um 100 km breite und unterschiedlich lange Gräben mit asymmetrischem Querschnitt im Boden der Tiefsee, meist an den Rändern der Ozeane, besonders im westlichen Pazifik. → Plattentektonik, → Benioffzone.

Tiefseegräben, svw. Tiefseegesenke.
Tiefseerinnen, svw. Tiefseegesenke.
Tiefseeton, → Roter Tiefseeton.
Tieftauen, Ausschmelzen von Toteis, das durch glaziale oder glazifluviale Sedimente beim Niedertauen eines Gletschers verschüttet wurde.
Tigerauge, → Quarz.
Tillit, → Kaltzeit.
Titaneisenerz, svw. Ilmenit.
Titanit, *Sphen*, ein gesteinsbildendes Mineral, $CaTi[O | SiO_4]$; braun bis schwarz oder grünlich bis gelb (Sphen); monoklin, tafel- oder keilförmig, häufig verzwillingt, selten in derber Form; auf alpinen Klüften sowie in vielen Magmatiten und Metamorphiten, auch auf Magnetitlagerstätten.

Tithon, eine pelagische Kalkfazies des Oberen Jura im Bereich der → Tethys mit charakteristischer Ammonitenfauna.

Toarc, *Toarcien*, *Toarcium* [nach dem franz. Ort Thouars östlich von Nantes], die obere Stufe Lias.

Tommot [nach der gleichnamigen sibirischen Stadt], die unterste Stufe des Unterkambriums Sibiriens.

Ton, ein klastisches, feinstkörniges Lockergestein mit Korndurchmessern unter 0,002 mm; Bestandteile: 1) Verwitterungsneubildungen (→ Tonminerale); 2) Verwitterungsreste (Quarz, Feldspat, Glimmer); 3) Neubildungen im Sediment (z. B. Glaukonit); 4) biogene Beimengungen (z. B. Kalkschalen, Humussubstanz); 5) amorphe Bestandteile (Allophan, Opal).

Tonboden, → Körnungsart.

Toneisenstein [bergm. Ausdr.], Konkretionen und Lagen von Spateisenstein (→ Siderit) im Steinkohlengebirge.

Tongallen, Tongerölle, die im Querschnitt Linsenform zeigen.

Tonminerale, pseudohexagonale Phyllosilikate mit Korngrößen unter 0,002 mm. Die wichtigsten T. gehören zur Kaolinitgruppe, zur Montmorillonitgruppe, zu den Glimmern, Hydroglimmern und Chloriten. Mengenmäßig steht der *Kaolinit*, $Al_4[(OH)_8 | Si_4O_{10}]$, an erster Stelle. Kaolin für Porzellanerde und feuerfeste Tone können fast 100 % Kaolinit enthalten. Spezialtone – Bleicherden, Walkerden, Bentonite – bestehen im wesentlichen aus Montmorillonit. Auch Hydromuskovite oder → Illite spielen eine bedeutende Rolle.

Tonschiefer, geschieferter, d. h. durch Schieferung mit einer tektonischen Spaltbarkeit versehener ehemaliger → Schieferton.

Tonstein, früher nur für feinkörnige, saure Tuffe des Rotliegenden und des limnischen Oberkarbons, neuerdings allgemein für verfestigte Tongesteine gebrauchte Bezeichnung (→ Schieferton).

tool marks, → Gegenstandsmarken.

Topas [sansk. tapus »Feuer«], ein gesteinsbildendes Mineral, $Al_2[F_2 | SiO_4]$; nichtmetallischer Glanz, farblos, gelb, blau, grün, rötlich; rhombisch, in derben stengeligen Aggregaten → Pyknit genannt. T. findet sich auf pneumatolytischen Lagerstätten; klarer, schönfarbiger T. wird als Edelstein verschliffen.

Topfstein, ein Gemenge von Chlorit und → Talk.

Torbernit, → Uranminerale.

Torf, eine aus abgestorbenen Moorpflanzen gebildete, nach Entwässerung brennbare Ablagerung (→ Kohle) mit einem Humusgehalt von mehr als 30% in der Trockenmasse.

Torfdolomite, kugelige dolomitische Konkretionen in Steinkohlenflözen paralischer Entstehung, die sich aus Pflanzensubstanz ähnlich wie die selteneren Braunkohlendolomite in einem frühen Stadium der Inkohlung gebildet haben.

Torfmarsch, → Marschböden.

Torton, *Tortonien* [nach dem italienischen Ort Tortona], die ältere der beiden Stufen des oberen Miozäns.

Totalintensität, → Erdmagnetismus.

Toteis, von einem im Schwinden befindlichen Gletscher abgetrennte Eismasse, die im Vorland liegenbleibt. Oft werden Toteisklötze durch spätere Aufschüttungen übersandet und verursachen beim Abschmelzen (→ Niedertauen, → Tieftauen) abflußlose Hohlformen im Gelände, in denen auch Seen oder Sölle bilden.

Totengesellschaft, svw. Thanatozönose.

Tournai [nach belg. Stadt T.], die untere Stufe des Dinants.

Tracheaten, eine Gruppe der tracheenatmenden Gliederfüßer. Unterklassen sind die *Protracheaten* (seit dem Kambrium), die *Myriapoden* (*Tausendfüßer*) (seit dem Silur) und die seit dem Devon vorkommenden *Insekten.*

Trachyt [griech. trachys »rauh«], junger zum Syenit gehöriger Vulkanit.

Tragfähigkeit, die Eigenschaft des Baugrundes, die unter Belastung nur so stark zu verformen, daß das gegründete Bauwerk keinen Schaden nimmt.

Tragfähigkeitsminderung, die Abnahme der Tragfähigkeit des Baugrundes (der Gründung) infolge Durchfeuchtung und damit Veränderung der Konsistenz bindiger Lockergesteine.

transform fault, svw. Transformstörung.

Transformstörung, engl. *transform fault*, ein komplizierter Verschiebungsbruch (Tiefenbruch) verschiedener Richtung vom Charakter riesiger bis 1000 km reichender Seitenverschiebungen und gleichzeitig vertikaler Sprunghöhen bis drei Kilometer, die von Gräben und Horsten begleitet werden, vor allem in den ozeanischen Bereich. T. sind im nördlichen Pazifik (Ost-West-Verlauf), neuerdings auch im Atlantik und im Indik (Nord-Süd-Verlauf) sowie im Bereich der Mittelmeer-Mjösen-Zone nachgewiesen. → Plattentektonik.

Transgression, das Vordringen eines Meeres über ein Festland infolge epirogenetischer Senkung des Landes oder Hebung des Meeresspiegels im Zuge → eustatischer Meeresspiegelschwankungen. Gegensatz: → Regression.

Translationstheorie, → Gletscher.

Transversalrippeln, → Strömungsrippeln.

Transversalverschiebung, svw. Horizontalverschiebung.

Transversalwellen, bei Erdbeben auftretende Wellen (S-Wellen), bei denen die Teilchen senkrecht zur Fortpflanzungsrichtung schwingen.

Trapp [schwed. »Treppe«, bergm. Ausdr.], Bezeichnung für mächtige basaltische Flächenergüsse (*Flut-, Trapp-, Plateaubasalte*) von meist erheblicher Ausdehnung, die infolge einer Aufeinanderlagerung mehrerer horizontaler Ergüsse eine treppenartige Morphologie erkennen lassen.

Traß, ein Trachyttuff.

Travertin, → Kalkstein.

Treene-Interstadial, svw. Gerdau-Interstadial.

Treibsand, svw. Flugdecksand.

Tremadoc [nach dem Ort Tremadoc in Cearnarvon (Nordwestwales)], die unterste Stufe des Ordoviziums.

Tremolit, → Amphibole.

Trennfläche, svw. Kluft.

Trennfugendurchlässigkeit, → Gebirgsdurchlässigkeit.

Trias [griech. trias »Dreiheit«], erstes System des Mesozoikums, benannt nach der auf deutschem Gebiet deutlichen Dreigliederung in Buntsandstein, Muschelkalk, Keuper. Diese Ablagerungen, auch als *germanische T.* bezeichnet, entstanden im → Germanischen Becken. Die Schichtenfolge der *alpinen* oder *pelagischen T.* wurde dagegen in der → Tethys abgelagert (vgl. erdgeschichtliche Tabelle am Schluß des Buches).

Triceratops [griech. tri... »Drei...«, keras »Horn«, ops »Gesicht«], ein pflanzenfressender Saurier mit 2 m langem Schädel und drei großen Hörnern am Stirnbein. Verbreitet in der Oberkreide Nordamerikas.

Trichterpluton, → Ethmolith.

Tridymit, → Quarz.

Trigoniiden, eine Familie der integripalliaten Muscheln mit etwa dreieckiger Schale. Vorkommen: Devon bis Gegenwart.

Trilobiten, *Dreilappkrebse*, eine Klasse ausgestorbener Gliederfüßer. Panzer aus Chitin mit kohlensaurem und phosphorsaurem Kalk. Der Körper ist nach Länge und Breite dreiteilig. Quergegliedert in Kopfschild (Cephalon), den Rumpf (Thorax) und den Schwanz (Pygidium). Der Rumpf wird durch zwei Furchen längsgeteilt in Spindel (Rhachis) und seitliche Pleuren. Den mittleren, oft glatten Teil des Kopfschildes bezeichnet man als Glabella, Gliedmaßen: Spaltfüße, 4 Paar Kopfbeine. T. lebten im Meer kriechend oder am Boden schwimmend, einige als Schlammwühler. Vorkommen: Kambrium bis Perm, vor allem vom Kambrium bis Devon mit zahlreichen Leitformen.

Trinucleiden [lat. trias »drei«, nucleus »Kern«], eine Trilobitenfamilie mit großem Kopfschild, einem aus 5 bis 6 Segmenten bestehenden Rumpf, einem sehr kleinen, meist dreieckigen Schwanz und einem nach hinten ausgezogenen, den Rumpf weit überragenden Wangenstachel (Abb. S. 312), Augen fehlen meist. Vorkommen: Ordovizium bis Mittelsilur.

Tripel, 1) → Diatomeenerde. 2) → Polierschiefer.

triple junction, svw. Drillingsstruktur.

Tritium-(^{3}H-)Methode, → physikalische Altersbestimmung.

Trochiten [griech. trochos »Rad«], die Stielglieder der → Crinoiden, die bisweilen gesteinsbildend auftreten (Trochitenkalk des Oberen Muschelkalks).

Trockenheitsanzeiger, → Bodenanzeiger.

Trockenrisse, durch Austrocknung in Ton, Lehm, tonigem Sand u. a. entstandene Risse, die einander in polygonaler Anordnung kreuzen. Fossile T. sind aus vielen geologischen Zeiträumen bekannt. Ihre Ausfüllungen bilden Netzleisten (Leistennetze), d. s. an der Unterseite hangender Platten den T. entsprechend angeordnete Rippen oder Wülste.

Tropfenboden, durch Korngrößenunterschiede im wasserübersättigten sommerlichen Auftauboden in Dauerfrostgebieten und im Periglazialbereich entstandener → Strukturboden, in dem die feinkörnigen Lagen z. T. tropfenförmig absinken, die gröberkörnigen dagegen aufsteigen (Schwereausgleich). → Kryoturbation.

Tropfstein, die → Stalaktiten und → Stalagmiten in Höhlen.

tropische Flächenspülung, svw. Schichtflut.

Trübestrom, engl. turbidity current, ein Suspensionsstrom hoher Dichte und Geschwindigkeit. T. entstehen durch Fluidisierung von Sediment oberhalb mariner Hänge infolge reibungsmindernder Porenwasserüberdruckes und liefern die → Turbidite.

Trum, → Gang.

Trümer, → Gang.

Tschernosem, svw. Schwarzerde.

Tsunami [japanisch], *seismische Wogen*, große und oft sehr hohe, seismisch bedingte Ozeanwellen, die durch küstennahe Erdbeben oder durch Seebeben, manchmal auch durch vulkanische Explosionen (Krakatau 1883) oder untermeerische Bergrutsche entstehen.

Tuff, 1) *vulkanischer T.*, zu den → Pyroklastika gehöriges, sekundär verfestigtes Lockermaterial (→ Tephra), das häufig geschichtet ist. Die Einteilung erfolgt nach der Korngröße (*Agglomerat-, Lapilli-, Sand-, Staubtuff* u. a.), den Bestandteilen (*Kristall-, Gesteinstuff* u. a.), dem Ausgangsge-

stein (*Diabas-*, *Trachyt-*, *Quarzporphyrtuff*). 2) mürbe, meist poröse Absätze von Kalziumkarbonat (*Kalktuff*, → Kalkstein) oder Kieselsäure (*Kieseltuff*).
Tuffit, ein → Tuff mit mehr als 50% Sedimentmaterial oder Sedimentlagen.
Tundrenzeit, *Dryaszeit,* ein Abschnitt des Pleistozäns, gegliedert: 1) in die bis etwa 10800 v. u. Z. dauernde *Älteste T.* mit baumloser Tundra; 2) die *Ältere T.* mit Parktundra, ein kurzer Kälterückfall zwischen dem → Bölling-Interstadial (etwa 11800 bis 10300 v. u. Z.) und der → Allerödzeit, die von etwa 10000 bis 9000 v.u.Z. dauerte. Auf die Allerödzeit folgte die *Jüngere T.* mit einem Kälterückschlag (subarktische Parktundra). Ihr Ende um etwa 8300 v. u. Z. bildet zugleich die Grenze des Pleistozäns gegen das Holozän.
Tungstein, svw. Scheelit.
Turbanigel, svw. Cidariden.
Turbidit [lat. turbare »verwirren«], eine klastische Ablagerung aus Trübeströmen mit weitgestreuten Korngrößen (Tonkorn bis Blöcke) und mäßiger Sortierung. Sie werden durch die *Bouma-Zyklen* charakterisiert: a = gradierte Lage (Kies, Sand), b = untere horizontalgeschichtete Lage (Sand, c = Lage mit Strömungsrippeln (Feinsand, Silt), d = obere horizontabgeschichtete Lage (Silt, Ton), e = pelagische Lage (Ton). T. sind faziesкritisch für → Flysch.
turbidity current, → Trübestrom.
Türkis [aus ital. turchese »der Türkische«], *Kallait,* ein Mineral, $CuAl_6 \cdot [(OH)_2/PO_4]_4 \cdot 4H_2O$; blau, blaugrün, triklin. T. kommt auf hydrothermalen Lagerstätten vor. Verwendung schön gefärbter T. als Edelsteine.
Turmalin [aus dem Singhalesischen], ein Mineral einer Reihe von Mischkristallen, deren Eigenschaften stark von der Zusammensetzung abhängen. T. ist farblos oder mannigfach gefärbt, **sehr stark** pleochroitisch, trigonal, optisch negativ, stark pyroelektrisch. Nach der Farbe werden unterschieden: der *schwarze, gemeine T.,* *Eisenturmalin* oder *Schörl,* $NaFe_3''Al_6 \cdot [(OH, F)_4 | (BO_3)_3 | Si_6O_{18}]$; der rote *Rubellit,* der blaue *Indigolith* u. a.
Turmkarst, svw. Kegelkarst.
Turon, *Turonien, Turonium* [nach der Landschaft Touraine/Frankreich], eine Stufe der Oberkreide.
Turritella, *Turmschnecke,* mit meist sehr spitzem und hochgetürmtem Gehäuse aus zahlreichen Umgängen. Vorkommen: Kreide bis Gegenwart, vor allem im Tertiär.
Tutenmergel, *Tütenkalk,* spitze, quergerunzelte Kegel aus mergeligem Kalkstein, aus vielen tütenförmig ineinandergesteckten Schalen bestehend, bildet in großer Anzahl dicht nebeneinander mehrere cm mächtige Platten. Durch Verwitterung entstehen auf der Schichtfläche nagelkopfartige Erhebungen (*Nagelkalk*).
Tyrannosaurus [griech. tyrannos »Gewaltherrscher«, sauros »Echse«], bis etwa 10 m langer und 5 m hoher räuberischer Dinosaurier, der sich zweibeinig fortbewegte. Die an den hinterlassenen Fährten gemessene maximale Schrittweite beträgt 376 cm; Vorkommen: Oberkreide von Nordamerika und Ostasien.

U

Überfaltungsdecke, → Überschiebung.
Übergangsmoor, → Moorböden.
Übergemengteile, *Nebengemengteile,* Minerale, die im Gestein mit Anteilen zwischen 5 und 20 Vol.-% vertreten sind und zur näheren Kennzeichnung von Gesteinsnamen dienen, z. B. die Hornblende im Hornblendegranit.
Übergußschichtung, eine Schrägschichtung von Sedimenten am seeseitigen Fuß von → Riffen.
Überkippung, die Aufrichtung von Schichten über 90°, wodurch inverse Lagerung entsteht, d. h. ältere Schichten über jüngere zu liegen kommen. Ü. ist an der Ausbildung der Schichtflächen oder an der Umkehrung der Zonenfolge der Fossilien zu erkennen.
Überschiebung, eine Lagerungsstörung von Gesteinsschichten längs Schubflächen mit einem Einfallen von weniger als 45°. Über eine solche *Überschiebungsfläche* wird ein Erdkrustenstück auf ein anderes hinauf- und darüber hinweggeschoben, so daß sich die Oberfläche verkürzt und ältere Schichten über jüngere zu liegen kommen (inverse Lagerung). Man unterscheidet: 1) *Faltenüberschiebung,* bei der infolge starker Pressung der Mittelschenkel einer überkippten oder liegenden → Falte ausgequetscht und durch die Überschiebungsfläche ersetzt wird. Der über dieser Fläche liegende Teil der Falte wird dabei über den stehengebliebenen Teil hinweggeschoben. Es entsteht eine *Überschiebungsfalte* → Schuppung; 2) *Schollenüberschiebung* tritt im Gefolge von Bruchbildung auf. Durch seitlichen Druck wird eine Scholle über eine andere geschoben; 3) *Überschiebungsdecke,* auch *Überfaltungsdecke* oder *Decke* genannt, aus einer Faltenüberschiebung hervorgegangene Gesteinsdecke, die eine überschobene Unterlage überdeckt. Abgescherte Teile ihres Liegenden bezeichnet man als Schubfetzen, durch Erosion abgetrennte Teile als exotische Klippen oder Blöcke, die Stellen, wo die Unterlage durch Erosion freigelegt ist, als Fenster. Mehrere übereinanderliegende Überschiebungsdecken bezeichnet man als Deckenpaket, ihre Summe benachbarte als Deckensystem (→ Deckentheorie).
Übertiefung, die Erscheinung, daß der Talboden von Gletschertälern (Trogtälern) tiefer liegt als der Boden der in sie einmündenden Nebentäler, die meist in einer Steilstufe gegen das Haupttal abbrechen (Hängetäler). Ähnliche Erscheinungen treten auf, wenn ein Hauptfluß infolge größerer Erosionskraft sein Tal schneller eintieft als seine Zuflüsse.
Uferfiltrat, svw. Seihwasser.
Ukrainische Schild, der südwestliche Teil der Osteuropäischen Plattform, in dem das präkambrische Grundgebirge an der Erdoberfläche ansteht.
Ullmannia, eine Gattung der Nadelbäume. Die Blätter stehen gedrängt und spiralig, sind kurz-zungenförmig, lanzettlich oder linear, einnervig. U. kommt vor im Perm, besonders im Kupferschiefer, häufig in Kupferglanz vererzt (»Frankenberger Kornähren«).
Ultrabasit, ultrabasisches Gestein, ein Magmatit mit weniger als 45% SiO_2-Gehalt; vor allem Tiefengesteine, wie Pyroxenit und Peridotit, sowie ihre Ergußäquivalente gehören zu den U.
Ultrametamorphose, Sammelbegriff für alle Vorgänge, die jenseits des Druck-Temperatur-Bereiches der Regionalen Dynamo-Thermometamorphose bei Anwesenheit von Schmelzphasen ablaufen. Häufig wird heute U. gleichgesetzt mit → Anatexis, doch umfaßt diese strenggenommen nur das Anfangsstadium der Aufschmelzung. Die U. führt aber darüber hinaus zur → Bildung palingener Magmen von vorwiegend granodioritischer bis granitischer Zusammensetzung. Der Beginn der Anatexis fällt mit dem Schmelzpunkt des Quarz-Albit-Orthoklas-Eutektikums zusammen. Zur U. gehören ferner mehr oder minder ausgeprägte Feldspat-Metablastesen um regionale anatektische Schmelzherde und verschiedene Granite. Durch die Zufuhr von Kalifeldspat - auch von Albit und Quarz - in überkritischem Wasserdampf werden die betroffenen Gesteine granitisiert.
Umbruch, → Algonkischer Umbruch.
Umkristallisation, → Durchbewegung.
Umlaufberg, ein Berg in einer eingesenkten Flußschlinge (→ Mäander). Die beiden Enden der Flußschlinge kommen sich durch fortschreitende Erosion immer näher, bis der sie trennende schmale Landstreifen vom Fluß durchbrochen wird, der damit seinen Lauf verkürzt.
umlaufendes Streichen, → Streichen und Fallen.
Undation, *Geoundation,* langsame, primärtektonogene vertikale Krustenverlagerungen verschiedener Wellenlänge, die z. B. zum Entstehen von Geosynklinalen und Geantiklinalen führen und deren Gliederung in Schwellen und Senken (→ Embryonalfalten) bedingen.
Undationshypothese, eine geotektonische Hypothese von R. W. van Bemmelen (seit 1933), die Fortentwicklung der Oszillationstheorie von E. Haar-

mann. Van Bemmelen geht von aktiven subkrustalen magmatischen Störungen im Erdmantel aus, die, physikalisch-chemisch bedingt, zu vertikalen Krustenbewegungen (Undationen) führen sollen. Als Energiequellen der tektonischen Prozesse werden Gravitation, Erdwärme und Erdrotation herangezogen.

Undulation, nach Stille im Gegensatz zur weiträumigen → Undation engräumig, episodisch verlaufende Faltung einer Schichtenfolge in Sättel und Mulden unter Änderung der Struktur- und Mobilitätsverhältnisse.

Ungleichförmigkeitsgrad, ein Kennwert der Kornzusammensetzung kiesig-sandig-schluffiger Korngemische, der durch das Verhältnis der Korndurchmesser bei 60% Korndurchgang der Kornverteilungskurve zum Korndurchmesser bei 10% Korndurchgang ausgedrückt wird ($U = d_{60} : d_{10}$). Man unterscheidet gleich-, mittelgleich- und sehr ungleichförmige Korngemische.

Ungulaten, Huftiere, eine Gruppe von Säugetieren, die im Laufe des Tertiärs tiefgreifende morphologische Umwandlungen erfahren haben. Ordnungen bzw. Unterordnungen: 1) *Unpaarhufer* (*Perissodactylen*), 2) *Paarhufer* (*Artiodactylen*), 3) *Klippschliefer* (*Hyracoiden*), 4) → *Rüsseltiere*, 5) *Seekühe* (*Sirenen*). Vorkommen: Tertiär bis Gegenwart.

Unterströmungshypothesen, von O. Ampferer 1906 begründete geotektonische Vorstellungen, die von Konvektionsströmungen in der fließfähigen, zähplastischen Unterkruste oder tieferen Zonen ausgehen und die Krustenbewegungen verursachen und steuern. In neuerer Zeit wurden diese Vorstellungen u. a. von R. Schwinner, E. Kraus und A. Rittmann weiterentwickelt. Sie spielen in der → Kontinentalverschiebungshypothese und in der → Plattentektonik eine bedeutende Rolle und steuern die Gestaltung des Erdbildes und seine Veränderungen.

Untersuchungsgrad, der durch das Verhältnis des erreichten Standes der Kenntnisse zum erforderlichen Umfang der zu klärenden Fragen bestimmte Grad der Erforschung einer Lagerstätte.

Uraliden [nach dem Ural], eine zusammenfassende Bezeichnung für das jungpaläozoische, speziell permische Gebirgssystem des Urals und seiner Fortsetzung nach Norden im Timan, auf Nowaja Semlja und der Taimyr-Halbinsel, nach Süden im Untergrund bis zum Kaspi; steht möglicherweise mit dem Tienschan-Altai-System in Verbindung.

Uralitisierung, die Bildung von Pseudomorphosen faseriger gemeiner Hornblende nach Augit in späten Stadien der Magmaerstarrung.

Uranglimmer, → Uranminerale.
Uraninit, → Uranminerale.
Uranminerale, eine Gruppe von Mineralen verschiedener Entstehung und Zusammensetzung, für die relative Seltenheit, geringe Konzentration, Veränderlichkeit des chemischen Bestandes durch radioaktiven Zerfall u. a. charakteristisch sind. Von den über 150 bekannten U. haben nur wenige eine ökonomische Bedeutung; die wichtigsten sind: 1) *Uraninit, Pechblende, Uranpecherz*, UO_2, kubisch, mit diadochem Ersatz des Uran durch Thorium; 2) *Brannerit* (U, Ca, Th, Y) $[(Ti, Fe)_2O_6]$; monoklin, stets isotropisiert; 3) *Uranglimmer*, Doppelphosphate und -arsenate, z. B. Kalkuranglimmer, Autunit, $Ca[UO_2 | PO_4]_2 \cdot 10–12\,H_2O$; Kupferuranglimmer, Torbernit, $Cu [UO_2 | PO_4]_2 \cdot 8–12\,H_2O$; 4) *Uranvanadate*, z. B. Carnotit $K_2[(UO_2)_2 | V_2O_8] \cdot 3\,H_2O$; 5) *Gummit*, ein gummiartig aussehendes Gemenge von U.

Uranpecherz, → Uranminerale.
Uranvanadate, → Uranminerale.
Ureuropa, svw. Archaeoeuropa.
Urgebirge, veralteter Ausdruck für → Grundgebirge.
Urkontinent, Urkraton, nach Stille ein mindestens seit dem → Algonkischen Umbruch konsolidierter Festlandskomplex, z. B. → Fennosarmatia; → Kraton.
Urkraton, svw. Urkontinent.
Urodelen, Schwanzlurche, eine Ordnung der Amphibien. Vorkommen: Unterperm, Malm bis Gegenwart.
Urozean, nach Stille bereits am Ende des Proterozoikums bestehende Ozeane wie Urpazifik, Uratlantik, Urskandik. Nach der → Kontinentalverschiebungshypothese und → Plattentektonik hat nur ein Urpazifik bestanden, während alle übrigen Ozeane (*Neuozeane*) sich erst seit dem Mesozoikum entwickelt haben.
Urraubtiere, svw. Creodontier.
Urstromtäler, große Talungen ostwestlicher Hauptrichtung im nördlichen Mitteleuropa, in der Abschmelzperiode des pleistozänen Inlandeises vor dem Eisrand entstanden. Während der Halte des Inlandeisrandes bildeten sich vor diesem Schmelzwasserströme, die parallel zu den Eisrändern in westlicher Richtung abflossen. Es sind dies (von S nach N): das Wrocław-Magdeburger, das Glogów-Baruther, das Warschau-Berliner und das Toruń-Eberswalder Urstromtal. Ein fünftes ist, wenn auch weniger deutlich, im Raum Gdańsk-Szczecin-Stralsund erkennbar. Die U. werden heute meist noch von Flüssen benutzt und haben die Gestaltung des Gewässernetzes im nördlichen Mitteleuropa maßgeblich beeinflußt. Die sandig-kiesigen Ablagerungen der U. sind für die Grundwassererschließung wichtig.
Urtiere, svw. Protozoen.
Uvala, Schüsseldoline, eine große flache → Doline von schüsselförmiger Gestalt, die durch Zerstörung der trennenden Rücken zwischen angrenzenden Dolinen entsteht.

V

vados, unterirdische Wässer – vor allem Grundwasser –, die durch Versickerung oder Versinkung von Niederschlagswasser entstehen und am Kreislauf des Wassers teilnehmen. Gegensatz: → juvenil.
vagil, Bezeichnung für das freibewegliche → Benthos.
Valendis, *Valanginien, Valanginium*, [dt. Name der schweiz. Stadt Valangin], eine Stufe der Unteren Kreide.
Variolit, → Diabas.
variszische Gebirgsbildung [nach den Variskern, die um Curia Variscorum = Hof in Bayern wohnten], die → Tektonogenese der *Variszischen Ära*, deren Bewegungen (→ Faltungsphasen) vom Oberdevon bis zum Ende des Paläozoikums vor sich gingen. Die *variszischen* (*herzynischen*) *Gebirge* wurden aus der *variszischen Geosynklinale* aufgerichtet und lassen sich durch ganz Eurasien und das östliche Nordamerika verfolgen.
In Europa war das variszische Gebirgssystem in zwei Züge gegliedert, die vom französischen Zentralplateau ausgingen: 1) das in nordwestlicher Richtung über die Bretagne nach Südwestengland streichende *Armorikanische Gebirge*; 2) das *Variszische Gebirge* (Varisziden), im engeren Sinne auch *Herzyniden* genannt, das sich in nordöstlicher und östlicher Richtung durch Frankreich und das Gebiet der BRD und DDR erstreckt und nach dem Iser-, Riesen- und Altvatergebirge (Hrubý Jesenik) sowie dem Mährischen Gesenke (Nizký Jesenik) weiterzieht. Es gliedert sich von Norden nach Süden in eine *nördliche* (subvariszische) *Vortiefe*, in der sich paralische Steinkohlenlager bildeten (Aachen, Niederrhein, Westfalen), eine *rhenoherzynische Zone* (Rheinisches Schiefergebirge, Harz), eine *Mitteldeutsche Kristallinzone* (Pfälzer Wald, Odenwald, Spessart, Ruhla, Kyffhäuser), eine *saxothuringische Zone* (Erzgebirge u. a.), eine *moldanubische Zone* (Vogesen, Schwarzwald, Böhmische Masse) und eine möglicherweise in den Karnischen Alpen und in der Montagne Noire zu suchende *südliche Außenzone*.
Vega, ein anhydromorpher Boden aus Auensedimenten, die sich außerhalb der eingedeichten Gebiete größerer Flüsse entwickelten. Im Untergrund können sie zeitweise vom stark schwankenden Grundwasser beeinflußt sein.
Veneriden, Venusmuscheln, zu den sinupalliaten Heterodontiern zählende Muschelfamilie (→ Lamellibranchiaten) mit kräftiger, rundlicher Schale. Vorkommen: Jura bis Gegenwart, nur in den Meeren.
Venite [nach »Vene«], → Migmatite, bei denen im Gegensatz zu den Arteriten der mobile Anteil im wesentlichen aus dem Nebengestein stammt.

Verbandsfestigkeit, im Gegensatz zur Materialfestigkeit der Gesteine nach L. Müller (1963) die Festigkeit natürlicher Felskörper mit diskontinuierlichem Gefüge, wichtig für die Felsmechanik.

Verdichtung, die Erhöhung der Lagerungsdichte von anstehenden Lockergesteinen oder geschütteten Materialien durch Schwingung, Stoß oder Druck.

Verdrängungslagerstätten, Erzlagerstätten, die durch Verdrängung, d. h. durch die chemische Wirkung von Metallösungen auf reaktionsfähige Gesteine entstanden sind.

Vererzung, die Ausfüllung des Nebengesteins, besonders von Erzlagerstätten, durch eingewanderte Erze, auch die Ersetzung von Fossilien durch Erze.

Verfestigung, svw. Diagenese.

Vergenz [lat. vergere »sich neigen«], die Richtung des Faltenwurfes in einem Faltengebirge, kommt in der Schiefe der Falten zum Ausdruck, wobei das Einfallen der Faltenachsenebenen der V. entgegengerichtet ist. Im Deckengebirge wird die V. durch die Lage der Deckenstirnen bestimmt. Auch das Wandern der → Faltung erfolgt meist in Richtung der V., vom Rückland weg gegen das Vorland hin. In gefalteten Räumen zeigen die Falten *Divergenz,* wenn von einer Scheitelungslinie ausgehend die Achsenebenen einen nach oben geöffneten Fächer bilden. Ist der Fächer nach unten geöffnet, liegt *Antivergenz* vor.

Vergrusung, der Vorgang der Bildung von → Grus.

Verkarstung, der kontinuierlich oder phasenhaft ablaufende natürliche Auflösungs- oder Zersetzungsprozeß von leicht löslichen Gesteinen durch Wasser, unterstützt durch mechanische Vorgänge wie Erosion und Versturz. Dabei kann in Abhängigkeit von Art und Mächtigkeit der Bedeckung der verkarstungsfähigen Gesteine der oberirdische Abfluß eines Gebietes in eine teilweise oder vollständige unterirdische Entwässerung umgewandelt werden und die Herausbildung eines Karstreliefs erfolgen. → Karsterscheinungen.

Verkieselung, *Silifikation,* die Durchtränkung von Gesteinen oder Organismenresten mit stark wasserhaltigem, opalartigem Kieselsäuregel, das zunehmend seinen Wassergehalt verliert.

Vermes, *Würmer,* eine sehr große, heterogene Gruppe der wirbellosen Tiere (Invertebraten) mit langgestrecktem, bilateral-symmetrischem Körper. Vorkommen: Proterozoikum bis Gegenwart.

Vermiculite [lat. vermis »Wurm«], aus Glimmer, besonders Biotit bestehende Minerale, die durch Zersetzung unter Kaliabgabe entstanden sind, beim Erhitzen unter Wasserabgabe aufblähen und wurmförmig krümmen. Nach dem Glühen sind V. wichtige Wärmeschutz- und Isolationsmaterialien gegen Schall; sie werden wegen ihrer Absorptionsfähigkeit ebenfalls technisch verwendet.

Verrucano [nach dem ital. Berg Verruca bei Pisa], vom Oberkarbon bis in die Untere Trias gebildete, besonders aus Quarzkonglomeraten bestehende bunte, klastische Sedimente der Alpen und des Apennins. Da das Typusvorkommen nach heutiger Kenntnis der Trias angehört, werden die permischen Vorkommen als *Alpiner V.* bezeichnet. Sie sind meist reich an Geröllen von Quarzporphyr und Tonschiefer. Örtlich sind den Sedimenten intermediäre bis basische Vulkanite zwischengeschaltet.

Versenkung, das Einleiten von Abwässern unterschiedlicher Art in aufnahmefähige Speichergesteine bzw. Strukturen des Untergrunds mittels Schluckbohrungen, meist unter Druck, z. B. der Endlaugen der Kaliindustrie.

Versickerung, das Eindringen von Wasser in das Erdreich durch enge Hohlräume, vor allem Gesteinsporen.

Versinkung, das Eindringen von Wasser in das Erdreich durch weite Hohlräume wie Spalten u. a. V. wird auch der Wasserverlust von Flüssen im Karst genannt, wenn Wasser über Spalten und Schicklöcher in den Untergrund verschwindet, um oft an anderer Stelle in Karstquellen wieder auszutreten, z. B. Donau, Hörsel. → Karsterscheinungen.

Vertaubung(szone), der Bereich eines Erzgangs, in dem die Erzführung infolge Gangverschlechterung nachläßt und schließlich fehlt, so daß anstelle von an Erzmineralen reichen Gangmitteln erzfreie, taube Mittel auftreten.

Vertebraten, *Wirbeltiere;* Klassen: 1) Fische, 2) Amphibien, 3) Reptilien, 4) Vögel, 5) Säugetiere (Wirbellose, → Invertebraten); vgl. auch Abb. S. 448.

Vertikalintensität, → Erdmagnetismus.

Vertisole, dunkel gefärbte, mächtige, humose, montmorillonitreiche, dichte Böden mit starker Quellung und Schrumpfung, entstanden in Senken und Ebenen der wechselfeuchten warmen Klimate.

Verwerfung, die relative Verschiebung zweier Gesteinsschollen längs eines Bruches (→ Störung im engeren Sinne, Abb.). Dabei erzeugt Dehnung *Abschiebungen* und *Sprünge,* Pressung *Aufschiebungen, Überschiebungen* (mit flacher Verwerfungsfläche) und *Wechsel.* Der Schichtneigung entgegengesetzt einfallende V. sind antithetisch, in gleicher Richtung einfallende V. homo- oder synthetisch. Die Vertikalkomponente der relativen Bewegung ist sichtbar in der *Sprunghöhe,* die einige mm bis mehrere km betragen kann, die Horizontalkomponente in der *Sprungweite,* die zwischen einigen cm und vielen km schwankt. V. mit nur einer störungsparallelen Horizontalkomponente nennt man *Blattverschiebung,* bei steiler Verwerfungsfläche *Horizontalverschiebung* oder bei flacher Verwerfungsfläche *Deckelkluft.* Nach ihrer Richtung zum Streichen der übergeordneten Lagerungsform unterscheidet man *streichende V.* (Längsverwerfungen), *Querverwerfungen* und *Diagonalverwerfungen.* Mehrere V. können gesetzmäßig zu *Verwerfungssystemen* gekoppelt sein, z. B. → Staffelbruch, → Horst, → Graben. V. haben besondere Bedeutung für Gebiete mit germanotyper Tektonik. Die Verwer-

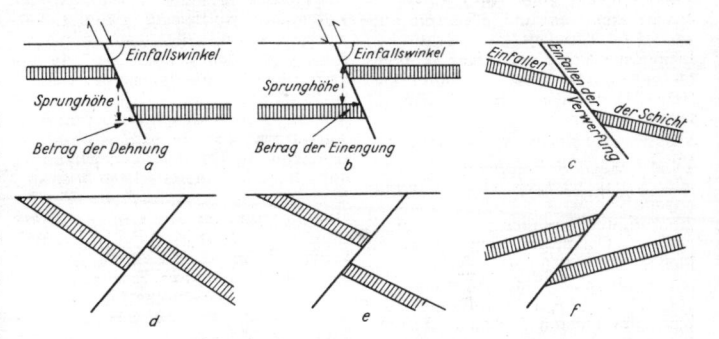

Verwerfung: **a** Abschiebung, **b** Aufschiebung, **c** homothetische Abschiebung, **d** antithetische Abschiebung, **e** homothetische Aufschiebung, **f** antithetische Aufschiebung

fungsfläche enthält oft Harnische, Mylonite oder → Brekzien (Verwerfungsbrekzien) sowie Erz- und Mineralausscheidungen oder bildet Erdölfallen (*Verwerfungsfallen*). Morphologisch treten V. oft als Bruchstufen in Erscheinung, teils unmittelbar nach ihrer Entstehung, teils nach Einebnung und erneuter Herauspräparierung der Scholle mit den widerstandsfähigeren anstehenden Gestein (→ Reliefumkehr). Mitunter hängt eine V. mit einer → Flexur zusammen.

Verwitterung, die an oder nahe der Erdoberfläche unter Wirkung exogener Kräfte (Sonnenstrahlung, Frost,

Atmosphärilien sowie Organismen) vor sich gehende Zerstörung der Minerale und Gesteine. Je nach dem vorherrschenden Vorgang unterscheidet man: 1) *mechanische* oder *physikalische V.*, die Zerlegung der Gesteine in ihre Bestandteile durch mechanische Vorgänge ohne wesentliche chemische Veränderungen, → Gesteinszerfall, → Temperaturverwitterung, → Frostverwitterung, → Salzsprengung; 2) *chemische V.*, im wesentlichen die Lösung durch Wasser, gesteigert durch Mitwirkung der von ihm aufgenommenen Kohlen-, Schwefel-, Humus- und Salzsäure, → Gesteinszersatz, → Kohlensäureverwitterung, → hydrolytische V., → Rauchgasverwitterung; 3) *biologische V.*, hervorgerufen durch Wachstumsdruck von Pflanzenwurzeln (Wurzelsprengung) und die Tätigkeit im Boden grabender und wühlender Tiere. Daneben wirken Organismen auf die Gesteine chemisch ein, teils durch ihren Lebensprozeß (Überzug von Felswänden mit Flechten), teils durch Lieferung von Zersetzungsstoffen, wie Humin-, Kohlen- und Schwefelsäure, die ihrerseits verwitternd wirken. Ergebnis der V. sind Lockermassen, aus denen sich unter Mitwirkung von Organismen Boden bildet.

Vesuvtätigkeit, eine Form einer gemischt ejektiven und effusiven vulkanischen Tätigkeit mit stürmischen Eruptionen unter gewaltiger Wolkenbildung durch Gase, Dämpfe, Gesteins- und Lavastaub gemischt mit Lavaergüssen.

Villafranchium, svw. Villafranka.

Villafranka, *Villafranchium*, kontinentale, klastische und teilweise tektonogene Sedimente mit Säugetierresten, die mitunter fälschlich mit dem marinen → Calabrium, dem untersten Pleistozän, gleichgesetzt werden. V. reicht als ein klimatisch-lithostratigraphischer Faziesbegriff von der Basis des Oberen Pliozäns (Astium/Piacenzium) bis in das älteste Pleistozän.

Vindelizische Schwelle [nach dem keltischen Stamm der Vindelizier im Lechfeld], *Vindelizischer Rücken*, eine in Trias und Jura vorhandene Schwelle, die das Germanische Becken von der Südeuropa bedeckenden Tethys trennte und die unterschiedliche Ausbildung der germanischen und alpinen Gesteinsserien erklärt. Die V. S. verlief von der Böhmischen Masse über den Raum des Bodensees bis in die Westalpen und zeitweise vermutlich bis in den Raum von Sardinien und Korsika.

Virgation [lat. virga »Zweig«], bei Faltengebirgen das Auseinanderstreben (Divergieren) gebündelter (gescharter) Faltenketten, z. B. in den Ostalpen; Gegensatz: → Scharen.

Visé [nach der belg. Stadt V.], die obere Stufe des → Dinant.

Vitrit, → Kohle.

vitroklastisch, Bezeichnung für eine Struktur, die durch Bruchstücke vulkanischer Gläser charakterisiert ist, z. B. in Tuffen.

vitrophyrisch [lat. vitrum »Glas«], Bezeichnung für Gefüge von Gesteinen aus glasiger Grundmasse und porphyrischen Einsprenglingen.

Vivianit, *Blaueisenerz*, ein Mineral, Fe_3, $PO_4 \cdot 8 H_2O$, das sich an der Luft blau färbt und sedimentär-diagenetisch unter Abschluß von Luftsauerstoff durch Einwirkung von organischer Phosphorsäure auf Eisensulfid entstanden ist. Häufig zu finden als in frischem Zustand farblose, an der Luft sofort lebhaft blau werdende *Blaueisenerde* in Sedimenten am Grunde von Torfmooren.

Viviparus, → Paludina.

Voltzia, eine Gattung hoher Nadelbäume mit wirtelständigen Ästen und alternierend stehenden Seitenzweigen. Die Blätter sind verschieden gestaltet: an den oberen Teilen der Zweige lang, linear, flach, an den unteren kurz, kantig. Vorkommen: Perm bis Trias (*Voltziensandstein* im Oberen Buntsandstein).

Vorbelastung, *geologische V.*, ein in der Ingenieurgeologie und Bodenmechanik gebräuchlicher Kennwert, die während oder nach der Entstehung eines Lockergesteins vorhanden gewesene höchste Belastung angibt.

Vorland, kratonischer Raum (→ Kraton), gegen den sich die Faltung angrenzender Faltungssysteme richtet, → Rückland.

Vorrat, → mineralischer Vorrat.

Vorratsgruppen, zusammenfassende Bezeichnung für die in Lagerstätten enthaltenen mineralischen Vorräte; man unterscheidet folgende V.: → Bilanzvorräte, → Außerbilanzvorräte und → prognostische Vorräte. Kriterium für diese Einteilung sind die Art und Weise ihrer Ermittlung (erkundet oder wissenschaftlich vorausgesagt) und der zu erwartende Zeitpunkt, zu dem sie zu einer Nutzung geeignet sein werden.

Vorratsklasse, die Einstufungsklasse der erkundeten Vorräte einer Lagerstätte. Je nach ihrem Untersuchungsgrad teilt man diese in die Vorratsklassen C_2, C_1, B, A (Bilanzvorräte) bzw. c_2, c_1 (b, a) (Außerbilanzvorräte) und prognostische Vorräte ein.

Vorschiebung, eine Ausweichbewegung von Schichten bei der Faltung aus den Faltenkernen nach den Schenkeln hin entlang den Schichtflächen. V. ist an Striemungen auf den Schichtflächen quer zu den Faltenachsen zu erkennen und im Profil an der Versetzung der Primärklüfte an den Schichtfugen.

Vortiefe, *Saumtiefe*, *Randsenke*, *Außensenke*, eine mobile Senke entlang der Außenseite eines Faltengebirges, die ebenso wie die sich bildenden → Innensenken durch isostatische Ausgleichsbewegungen entsteht und in der sich Abtragungsprodukte (→ Molasse) der aufsteigenden zentralen Zonen des Gebirges sammeln. Die V. stellt den Rest der → Geosynklinale dar.

Vorwärmezeit, → Präboreal.

Vulkan [nach dem altröm. Gott des Feuers], eine Stelle der Erdoberfläche, wo → Magma aus dem Erdinnern zutage gefördert wird. Es steigt durch einen Schlot auf, der sich am oberen Ende zu einem *Krater* erweitert, und röhrenförmig (*Zentral-* oder *Schlotvulkan*) oder spaltenförmig (*Linear-* oder *Spaltenvulkan*) sein kann. Form und Bau der V. werden im wesentlichen durch die von ihnen geförderten Materialien bestimmt (Abb. S. 196, Tafel 14, 15); es entstehen *Tafelvulkane, Schildvulkane, Quell-, Stau- und Stoßkuppen, Schicht-* oder *Stratovulkane*. Rein explosive Tätigkeit erzeugt → Schlote und → Maare. Auf den Flanken großer V. treten oft kleinere, parasitäre Kegel (*Parasitvulkane*) auf. Man unterscheidet tätige, untätige und erloschene V. Erloschene V. haben ihre Tätigkeit völlig eingestellt. Nachklänge vulkanischer Tätigkeit äußern sich in Gasaushauchungen (→ Solfataren, → Mofetten, → Fumarolen) sowie in Thermalquellen (Geysire, Thermen). Untätige V. befinden sich in einem Zustand vorübergehender Ruhe. Über die Aktivität tätiger V. → vulkanischer Ausbruch, → vulkanische Tätigkeit. In vielen Fällen dringt nur ein verhältnismäßig kleiner Teil des in einem vulkanischen Herd gesammelten Magmas bis zur Erdoberfläche auf; der größte Teil erstarrt in geringer Tiefe unter der Erdoberfläche in → Subvulkanen.

vulkanischer Ausbruch, *vulkanische Eruption*, ein Ereignis → vulkanischer Tätigkeit. Die v. A. sind abhängig vom Chemismus der Schmelze und von der Gestalt des Aufstiegswege (→ Schlot). Die Schmelze wird beim Aufstieg einer Differentiation in flüssige und gasförmige Anteile unterworfen (→ Pyromagma, → Epimagma). Der v. A. kann *effusiv* (Ausfließen entgaster Lava), *explosiv* (Ausbruch verdichteter Gase) oder *ejektiv* (Schlacken- und Lavawurf) sein. Nach dem v. A. folgt die Inkubationsperiode, in deren Verlauf die Ausbruchsbereitschaft wiederhergestellt wird (untätige Vulkane). Man unterscheidet → plinianischen Ausbruch, → phreatische Explosion, kurzzeitige Explosionen bei verstopftem Schlot und langanhaltende → Effusionen.

vulkanische Tätigkeit, die Aktivität tätiger → Vulkane. Nach Typusvulkanen unterscheidet man folgende Formen v. T.: → Hawaiitätigkeit, → Krakatautätigkeit, → Peléetätigkeit, → strombolianische Tätigkeit und → Vesuvtätigkeit.

Vulkanismus, Bezeichnung für alle mit der Förderung von → Magma an die Erdoberfläche verbundenen Vorgänge.

Vulkanite, → Gesteine.
Vulkanologie, die Lehre vom → Vulkanismus.
Vulkanotektonik, die mit den → vulkanischen Ausbrüchen in Verbindung stehenden tektonischen Gefüge und Strukturen, z. B. Förderspalten, → Krater, → Calderen, → Ringstrukturen, Erstarrungsklüfte und Gefüge der → Lava. Die *vulkanotektonische Analyse* ist ein Hilfsmittel für die Rekonstruktion erdgeschichtlich alter, d. h. erloschener und abgetragener Vulkane.

W

Waal-Warmzeit [nach dem Mündungsarm des Rheins], Warmzeit des Altpleistozäns im nördlichen Mitteleuropa zwischen Eburon-Kaltzeit und Menap-Kaltzeit.
Wabenkorallen, svw. Favositen.
Wabenverwitterung, → Korrasion.
Wacke [ahd. waggo »Kiesel«], veralteter Ausdruck für Gestein, der z. B. in den Bezeichnungen Rauchwacke, Grauwacke erhalten geblieben ist.
Wad, ein Manganerz, MnO_2, gelförmiger Entstehung mit kolloidal-amorphen bis strahlig-kryptokristallinen Formen, soweit diese schaumig und weich sind; → Manganomelane.
Wadi [arab.], ein nur zeitweise wasserführendes Trockental in ariden Gebieten. W. sind durch die erodierende Tätigkeit des fließenden Wassers in der → Pluvialzeit gebildet worden.
Walchia, eine Nadelbaumgattung mit wirtelständigen Ästen, zweizeilig abwechselnd stehenden Seitenzweigen und nadelförmigen, gekielten Blättern. W. hat Ähnlichkeit mit der Zimmerpflanze Araucaria excelsa. Verbreitet im Unteren Rotliegenden.
Waldaiserie, svw. Wend.
wallachische Phase, → Faltungsphase.
Wallberg, → Os.
Wanderschutt, svw. Solifluktionsschutt.
Warmzeit, *Interglazialzeit* [lat. inter »zwischen«, glacialis »voll Eis«], ein längerer Zeitabschnitt mit wärmerem Klima zwischen zwei → Kaltzeiten. In den W. des Pleistozäns herrschte in Mitteleuropa ein dem heutigen ähnliches (z. T. sogar etwas wärmeres) Klima mit entsprechender Pflanzen- und Tierwelt. Die Eismassen waren bis in ihre Ursprungsgebiete abgeschmolzen. Der mißverständliche Ausdruck Zwischeneiszeit als Synonym für W. sollte vermieden werden.
Warthestadium, Stillstandslage eines bedeutenden Vorstoßes des nordeuropäischen Inlandeises nach der Maximalausdehnung (Drenthe-Vorstoß) der Saalevereisung des Quartärs, mitunter als selbständige Kaltzeit gedeutet. Die im W. gebildeten Endmoränen ziehen sich von der Lüneburger Heide über den Fläming nach den Trzebnicer Höhen. Die Schmelz-

wässer des W. wurden von dem Wrocław-Magdeburger Urstromtal aufgenommen, das von Wrocław nach Magdeburg verläuft.
Warve, eine innerhalb eines Jahres abgelagerte Schicht, aus heller feinsandiger Sommer- und dunkler tonig-schluffiger Winterlage bestehend, besonders ausgeprägt beim → Bänderton. Das Auszählen solcher Jahresschichten in Ablagerungen der geologischen Vorzeit ist eine Methode der → Geochronologie (*Warvenmethode*).
Warventon, svw. Bänderton.
Warwit, *Warvit,* den → Bändertonen ähnliche, aber schiefrig verfestigte Bildungen älterer Kaltzeiten. Heute wird der Begriff auch allgemeiner für ähnlich rhythmisch geschichtete Sedimente (z. B. unter den Salzgesteinen) benutzt.
Wasserdurchlässigkeit, *Wasserwegsamkeit,* der Grad der Durchlässigkeit von Porenräumen und Trennfugen (Klüfte, Spalten, Fugen, Störungen) gegenüber dem Wasser.
Wasserhärte, durch in Lösung befindliche Verbindungen, vor allem Erdalkaliionen, verursachte Gesamthärte des Grundwassers, bei der man vorübergehende W. (*Karbonathärte*) und permanente, bleibende W. (*Sulfathärte*) unterscheidet. Ein deutscher Härtegrad (I °dH) entspricht 10 mg Kalziumoxid (CaO) auf ein Liter Wasser (= 0,179 mg $CaCO_3$).
Wasserwegsamkeit, svw. Wasserdurchlässigkeit.
Waucobian, svw. Georgian.
Wealden, *Wealdien, Wealdium* [nach der Landschaft The Weald in Südostengland], eine limnisch-terrestrische Ausbildung der Unteren Kreide im norddeutschen Gebiet und in Südengland. Die Ablagerungen bestehen aus Sandsteinen (*Wealdensandstein,* Deistersandstein mit Kohlenflözen) und Tonen (*Wälderton*).
Wechsel, → Verwerfung.
Weichgestein, ein Gestein mit einer Druckfestigkeit von weniger als 80 N/mm².
Weichmanganerz, svw. Pyrolusit.
Weichselkaltzeit, *Weichselzeit,* die dritte und letzte sichere Vereisung des Pleistozäns im nördlichen Mitteleuropa.
Weichtierähnliche, svw. Molluskoiden.
Weichtiere, svw. Mollusken.
Weißbleierz, svw. Cerussit.
Weißliegendes, weiße Dünensande oder Sandbänke im Liegenden, d. h. unterhalb des Kupferschiefers im Mansfelder Bergbaugebiet; während der Meeresüberflutung im Zechstein entstanden, örtlich erzführend: »Sanderz«.
Weißmeerserie, svw. Belomoriden.
Weißstein, → Granulit.
Wellenkalk, die untere Folge des Muschelkalks der saxonischen Trias, mit häufigen Wellenrippeln auf den Schichtflächen der Wellenkalksteine. Wird der untere Muschelkalk von

Dolomit aufgebaut, nennt man ihn *Wellendolomit.*
Wellenrippeln, svw. Rippelmarken.
Welt-Rift-System [engl. world rift system], Bezeichnung für die → mittelozeanischen Schwellen und die kontinentalen Großgrabenzonen.
Wend, *Wendium, Waldaiserie,* Bezeichnung für den obersten Abschnitt des Proterozoikums zwischen 680 und 570 Millionen Jahren, Teil des Riphäikums, vielfach auch als selbständiger Abschnitt zwischen Riphäikum und Kambrium.
Wenlock [nach dem Gebirgszug Wenlock Edge in Shropshire/England], eine Stufe des Silurs.
Wernigeröder Phase, → Faltungsphase.
Westfal, *Westfalien, Westfalium* [nach Westfalen in der BRD], die mittlere Stufe des mittel- und westeuropäischen Oberkarbons (→ Siles) mit den Teilstufen A, B, C und D.
Wetzschiefer, verkieselter → Tonschiefer, als Wetzstein für Sicheln, Sensen u. a. gewonnen.
Weybourne-Kaltzeit, *Menap-Kaltzeit,* [nach einem Ort in Norfolk/England], die jüngste Kaltzeit des Altpleistozäns vor der → Cromer-Warmzeit.
Wiesenerz, ein mit Ton vermengtes → Brauneisenerz.
Wiesenkalk, Bezeichnung für alle natürlichen holozänen Kalkanreicherungen, die sich an der Oberfläche, im Boden, in Seen oder Mooren bilden.
Wildflysch, eine chaotische Gesteinsmasse aus dünngeschichteten bis blättrigen Tonschiefern und Blöcken unterschiedlicher Größe und exotischer Herkunft. Im Gegensatz zu den → Olisthostromen ist W. stets tektonisch deformiert und tritt im Gegensatz zur → Mélange nur an der Basis tektonischer → Decken auf. Die *Wildflyschformation* besteht aus W., Olisthostromen und Mélange.
Windkanter, ein Gesteinsbruchstück, dem durch Windschliff (→ Korrasion) kielartige Kanten angeschliffen werden, deren Zahl von der Form des Gerölls und seiner Lage zur herrschenden Windrichtung abhängt (Tafel), z. B. Dreikanter.
Windrippeln, → Rippelmarken.
Windschliff, svw. Korrasion.
Winkeldiskordanz, → Diskordanz.
wirbellose Tiere, svw. Invertebraten.
Wirbeltiere, svw. Vertebraten.
Wismutglanz, *Bismuthinit,* ein Mineral, Bi_2S_3; grau, häufig bunt, besonders gelb angelaufen, rhombisch. W. findet sich vor allem auf Silber-Zinn-Wismut-Erzgängen, ist wichtigstes Wismuterz.
Wocklumunterstufe [nach dem Wocklumberg im nördlichen Sauerland], die oberste Unterstufe des Devons; Leitfossil ist die Clymenie Wocklumeria.
Wohnbauten, → Lebensspuren.
Wolframit, ein Mineral, eine isomorphe Mischung der Wolframate von

Eisen(II)-Oxid und Mangan(II)-Oxid. Die fast reinen Endglieder FeWO$_4$ (Ferberit) und MnWO$_4$ (Hübnerit) sind selten; monoklin, nicht selten verzwillingt. Wichtigstes Wolframerz.

wollhaariges Nashorn, *Coelodonta antiquitatis,* eine dem Leben in den eiszeitlichen Kältesteppen angepaßte Nashornform, die zusammen mit dem Mammut lebte, vor allem seit der Saale-(Riß-)Vereisung anzutreffen.

Wollsackverwitterung, eine häufige Verwitterungsform, vor allem des Granits, bei der das Gestein an Längs- und Querklüften infolge Vergrusung von den Klüften aus in wollsackähnliche, schwach abgerundete Blöcke zerfällt.

world rift system, → mittelozeanische Schwellen.

Wullfsches Netz, → Schmidtsches Netz.

Wulstfaltung, *Wulstschichtung, Wulststruktur, Fließ-, Gleit-, Rutschfältelung, Konvolution,* engl. convolution, convolute bedding, eine wellige oder gefältete Feinschichtung, die innerhalb einer gegebenen Sedimentationseinheit nach oben und unten zu ausklingt (endostratische → Sediflukion). Die dabei entstehende Faltung wird als → synsedimentär bezeichnet.

Wünschelrute, zweigegabelter frischer Weiden- oder Haselzweig, auch Metalldraht oder -rohr, der vom Wünschelrutengänger zum Auffinden von Bodenschätzen, besonders von Grundwasser, benutzt wird. Der Ausschlag der W. beruht auf physikalischen, physiologischen und psychologischen Ursachen. Die Deutung des Ausschlages durch Rutengänger ist subjektiv. Es bestehen keine Beziehungen zum Untergrund, so daß die W. in den Bereich der Parapsychologie gehört.

Wurfschlacke, ein vulkanischer → Auswürfling. W. sind anfänglich glutflüssige Fetzen, die sich bereits im Schlot abkühlen.

Würgeböden, → Strukturböden.

Würmer, svw. Vermes.

Würmkaltzeit, *Würmzeit* [nach dem vom Wurm- (Starnberger) See zur Isar fließenden Flüßchen Wurm], die letzte Vereisungsphase des Pleistozäns im Alpengebiet.

Wurtzit [nach dem franz. Chemiker Wurtz, 1817–1884], ein Mineral, β-ZnS, hexagonal, hell- bis dunkelbraun; kommt zusammen mit Zinkblende auf hydrothermalen Lagerstätten vor.

Wurzelboden, *Wurzelhorizont,* ein fossiler Bodenhorizont an der Basis autochthon entstandener Kohlenflöze mit inkohlten Wurzelresten der kohlebildenden Vegetation. W. der Steinkohlenflöze des Oberkarbons werden vorwiegend von → Stigmarien gebildet.

Wurzelfüßer, svw. Rhizopoden.

Wüstenböden, Sammelbezeichnung für Böden der vollariden Gebiete mit spärlicher oder fehlender Vegetation, die vorwiegend durch physikalische Verwitterung entstanden, humusarm sowie oft durch Salzanreicherungen gekennzeichnet sind. Nach der Substratzusammensetzung werden *Stein-, Kies-, Sandwüsten-* und *Wüstenstaubböden* unterschieden.

Wüstenpolitur, in der Wüste vielfach anzutreffender Firnisglanz auf der Oberfläche von Gesteinen, wird durch Windschliff (→ Korrasion) erzeugt.

Wüstenstaubböden, → Wüstenböden.

Wüstentheorie, eine heute abgelehnte Theorie von Johannes Walther, besonders zur Erklärung der Entstehung großer Salzlagerstätten, die diese durch Eindampfung ausgedehnter Salzseen unter aridem Wüstenklima im Gegensatz zur → Barrentheorie deuten wollte.

X

Xenolith [griech. xenos »fremd«, lithos »Stein«], Fremdgesteinseinschluß in magmatischen Gesteinen. Einschlüsse einer älteren Schmelze, die dem gleichen Magmaherd entstammt, werden mitunter als *Autolithe* bezeichnet.

xenomorph, → Gefüge.

Xylit [griech. xylon »Holz«], die holzigeren Bestandteile der Braunkohle, → Kohle; früher als *Lignit* bezeichnet.

Y

Yoldia, eine kleine, kaltwasserliebende taxodonte Muschel (→ Lamellibranchiaten). Vorkommen: ? Kreide, Oligozän bis Gegenwart. Heute auf arktische Meere beschränkt. → Yoldiameer.

Yoldiameer, eine aus dem → Baltischen Eisstausee zu Beginn des Holozäns hervorgegangene Vorform der heutigen Ostsee, benannt nach der Leitmuschel Portlandia (Yoldia) arctica. Das Y. entwickelte sich später zum → Ancylussee.

Ypern, *Yprésien* [nach dem Ort Ypern in Belgien], eine Stufe des Eozäns, meist mit dem Unteren Eozän gleichgesetzt.

Z

Zahnarme, svw. Edentaten.

Zanclodon [griech. zanklon »Sichel«, odos »Zahn«], von dem Paläontologen Quenstedt »schwäbischer Lindwurm« genannt, bis $3^1/_2$ m langer fleischfressender Saurier. Zähne und Knochen sind aus dem Mittleren Keuper bekannt (*Zanclodonletten*).

Zankléen, die ältere der beiden Stufen des Pliozäns, entspricht dem Unteren Pliozän.

Zapfenträger, svw. Coniferen.

Zechstein [zu bergmännisch Zeche »Bergwerk«], auch → Thuring genannt, etwa dem Oberperm entsprechend, jedoch ist die Grenze Perm/Trias in Mittel- und Westeuropa im Vergleich zur Grenze in hochmarinen Typusgebieten unsicher, → Perm.

Zehnfüßer, svw. Dekapoden.

Zeitalter, svw. Ära.

Zellendolomit, svw. Rauchwacke.

Zellenkalk, svw. Rauchwacke.

Zementationszone, in den Erzlagerstätten die im → Grundwasser unter der → Oxydationszone von Erzgängen gelegene Anreicherungszone edler Metalle. In dieser chemisch nicht aktiven Zone bleiben die Sulfide der Metalle erhalten und wirken ausfällend auf die aus der Oxydationszone absteigenden, metallsulfathaltigen Lösungen edler Metalle. Die weniger edlen Metalle werden verdrängt, an ihrer Stelle bilden sich Sulfide von Kupfer, Silber oder gediegenes Silber und Gold. Die unedlen Metalle gehen als Sulfate in Lösung. Diesen gesamten Vorgang bezeichnet man als *Zementation.*

Zementmergel, natürliche Mergelsteine, die infolge ihrer chemischen Zusammensetzung und gleichmäßigen Beschaffenheit ohne Kombination verschiedener Rohstoffe wie Kalkstein und Ton unmittelbar für die Zementproduktion verwendet werden können, z. B. → Traß, einzelne Mergelsteine der Kreide und des Tertiärs.

Zementquarzite, svw. Tertiärquarzite.

Zentralgraben, → mittelozeanische Schwellen.

Zentraliden, → Interniden.

Zentralvulkan, ein → Vulkan mit zentralem → Schlot und → Krater.

Zeolithe, eine Gruppe wasserhaltiger Kalktonerde- oder Alkalitonerdesilikate mit größeren Hohlräumen in ihrem (Si, Al)$_4$-Tetraedergerüst, in denen Wassermoleküle und verschiedene Kationen nur sehr locker gebunden sind und daher leicht abgegeben bzw. ausgetauscht werden können, ohne daß das Gitter sich ändert. Je nach der Verknüpfungsrichtungen im Silikatgerüst lassen sich kettenförmige, planare und räumliche Baugruppen in den Z. erkennen. Danach lassen sich die Z. in *Faserzeolithe,* z. B. Natrolith, Thomsonit, Mordenit; in *Blätterzeolithe,* z. B. Heulandit, Stilbit; und *Würfelzeolithe,* z. B. Chabasit, Harmotom, einteilen. Die Z. haben niedrige Dichten sowie niedrige Licht- und Doppelbrechung und finden sich hauptsächlich in Hohlräumen basaltischer und phonolithischer Gesteine. Verwendung der Z. als Ionenaustauscher und Molekularsiebe.

Zerrung, → Störung.

Zertrümern, die Teilung eines Ganges in mehrere Trümer, d. h. kleine Gänge, oftmals auch *Zerschlagen* genannt.

Zeugenberg, ein durch Abtragungsvorgänge abgetrennter Einzelberg als Rest einer Sedimentplatte, häufig vor → Schichtstufen. Im tropischen Wechselklima heißen solche Formen *Inselberge*.

Ziegelerz, → Cuprit.

Zinkblende, *Sphalerit*, ein Mineral a-ZnS; schwarz, braun, gelb, weiß, kubisch, häufig verzwillingt. Z. zeigt oft schalige Absonderungsformen (*Schalenblende*). Z. findet sich in hydrothermalen, metasomatischen und sedimentären Lagerstätten und ist wichtiges Zinkerz.

Zinkspat, svw. Smithsonit.

Zinnabarit, svw. Zinnober.

Zinnober, *Zinnabarit*, ein Mineral, HgS; rot, trigonal. Z. findet sich meist als Imprägnation in Schiefern, Sandsteinen und Dolomiten. Wichtigstes Quecksilbererz.

Zinnstein, svw. Cassiterit.

Zinnwaldit, → Glimmer.

Zirkon [frz. aus arab. sarkun], ein gesteinsbildendes Mineral, $ZrSiO_4$; farblos und mannigfach gefärbt, tetragonal, Edelstein. Z. ist weit verbreitet als mikroskopisch kleiner Gemengteil in Magmagesteinen und kristallinen Schiefern; in größeren Kristallen besonders als Gemengteil pegmatitischer Nephelinsyenite, lose auf Edelsteinseifen in allen Fluß- und Meeressanden.

Zoisit, ein Mineral der Epidotgruppe (→ Epidot), $Ca_2Al_3[O/OH/SiO_4/Si_2O_7]$, meist grau oder grünlich, sehr niedrige Doppelbrechung, rhombisch. Z. kommt hauptsächlich in hornblendeführenden Schiefern und Eklogiten vor.

Zölestin, → Coelestin.

Zone, die kleinste (paläontologisch definierbare) stratigraphische Einheit, gelegentlich in Teilzonen (Subzonen) gegliedert. In Europa meist im Sinne von durch Leitarten oder -gattungen von Fossilien charakterisierte *Biozone* gebraucht. Gelegentlich wird auch der Begriff *Gesteins*- oder *Lithozone* angewandt.

zoogene Gesteine, → organogene Gesteine.

Zoolithe, → Biolithe.

Zufuhrkanal, svw. Schlot.

Zugfestigkeit, eine wichtige Kenngröße für Naturwerkstein-Elemente. Man unterscheidet *Biegezugfestigkeit* als Z. eines auf Biegung beanspruchten Gesteinsprismas und *Spaltzugfestigkeit* als Z. des Gesteins beim Auseinanderdrücken durch Keilwirkung in einem Spalt der Probe.

Zungenbecken, eine oft seerefüllte Hohlform, die nach Abschmelzen eines Gletschers oder des Inlandeises hinter der Endmoräne zurückgeblieben ist.

Zurundungsindex, → Rundung.

Zustandsform, → Konsistenz.

Zwillinge, → Kristall.

Zwischeneiszeit, mißverständliche Verdeutschung von Interglazialzeit; der Ausdruck Z. sollte vermieden und dafür → Warmzeit gebraucht werden.

Zwitter [bergmännischer Ausdruck], mit → Greisen eng verbundene feinkörnige, weniger umgewandelte Zinnsteinimprägnation in Granitstöcken.

Zyklentheorie, besser *Zyklenhypothese*, die Annahme, daß sich die Entwicklung der Erdgeschichte zyklisch vollzogen haben soll. Dabei sollen Zeiten ruhiger Entwicklung (*Evolutionen*) mit solchen stürmischer Entwicklung (*Revolutionen*) periodisch gewechselt haben. Mit einem *geotektonischen Zyklus* (Geosynklinale – Tektonogenese – Orogenese – Hebung – Abtragung und Einebnung) läuft ein *magmatischer Zyklus* (initial – synorogen – subsequent – final) parallel.

Zyklotheme [griech. kyklos »Kreis, Ring«, themis »Ordnung«], zyklische Sedimentfolgen (Sequenzen). Z. können symmetrisch – abcba – oder asymmetrisch – abcabc – sein. Grob einsetzende, nach oben feiner werdende Z. sind positive Sequenzen (*Sohlbanktypus*), fein einsetzende Z. sind negative Sequenzen (*Dachbanktypus*). Eine für klastische Sedimente typische Z. ist die positive Sequenz: Sandstein, sandiger Tonstein, Wurzelboden, Kohle, kalkiger Tonstein.

Zyklus, die gesetzmäßige Folge geologischer Prozesse, z. B. Stoffkreislauf, geotektonischer Z., magmatischer Z., epirogenetischer Z., sedimentärer Z., → Zyklotheme.

Quellennachweis

ADN-ZB/Popper, Berlin: 31/2; M. Altermann/M. Wünsche, Halle/Freiberg: 4/1 bis 6, 5/1 bis 6; Hellmuth Barthel, Dresden: 17/2, 23/1 u. 2, 33/2; D. Brandt, Halle: 40/8, 44/1 u. 3; Kurd v. Bülow, Rostock: 36/3; Darina Čabalová, Bratislava: 46/1, 2 (Foto Nemčok), 3 (Foto Mend), 4; Deutsche Fotothek, Dresden: 6/3, 19/1, 24/2, 25/1 u. 2, 27/1, 34/2, 36/4; Frank Eigenfeld, Halle: 10/1 u. 2, 11/5; VEB Elbenaturstein, Dresden: 16/1 bis 4; Geographisches Institut der Akademie der Wissenschaften der DDR zu Berlin, Leipzig: 10/3, 11/4, 14/1, 15/2 u. 3, 17/3, 27/2, 36/1, 39/2; WB Geophysik der Karl-Marx-Universität Leipzig: 35/1; Graupner, Hannover/Neckargemünd: 12/1; Heezen u. Hollister, The face of the deep, Oxford University Press, New York, London, Toronto 1971: 30/1, 32/5; Hochschulbildstelle der Martin-Luther-Universität Halle-Wittenberg: 1/1 bis 8, 2/1 bis 6 (3 bis 6 Foto Lindner); H. Hoffmann-Burchardi, Düsseldorf: 3/1 u. 3; Rudolf Hohl, Halle: 8/1, 2 u. 5, 9/1 bis 6, 12/2 bis 6, 13/1 u. 6, 17/1; H. Illies, Karlsruhe: 8/3, 13/4 u. 5, 35/2; Rudolf Jubelt, Leipzig: 8/4; Helmut Kammholz, Halle: 22/1 bis 3; Johannes Klengel, Dresden: 48/1 bis 6; Klocke, Ballenstedt (Harz): 39/3; Otto Kolp, Rostock: 30/2 u. 3, 31/1, 32/3; G. Krumbiegel, Halle: 44/2; Ehrhart Kundisch, Borsdorf: 19/2, 39/1; Lange, Rostock: 30/4, 32/1 u. 2; J. Link, Leipzig: 18/2; H. Lungwitz, Leipzig: 18/3; Martin-Luther-Universität Halle-Wittenberg, Archiv Geiseltalmuseum (Foto D. Brandt): 43/1 bis 3 u. 5, 44/4; 43/4 (Foto Danz); Medwenitsch, Wien: 8/6, 13/2 u. 3; Mysl, Moskau: 15/1; Christine Nuglisch, Halle: 6/1 u. 2; Richard Peter sen., Dresden: 29; Hors Rast, Leipzig: 3/2, 18/1, 26/3, 34/1; S. Rey, Halle: 47/1 bis 4; Hans Richter, Halle: 24/1, 26/4, 28/1 u. 2; H. Särchinger, Leipzig: 34/3; Hazslinsky Tamás, Budapest: 20 u. 21/2 u. 3; TASS, Moskau: 34/4; K.-A. Tröger, Freiberg: 20 u. 21/1, 26/2, 36/2, 37/1 u. 2, 38/1 bis 3; Paul Wagner, Dresden: 7/1 bis 3, 11/1; Ulrich Wutzke, Berlin: 26/1.

Tafelverzeichnis

Gesteine I	1
Gesteine II	2
Verwitterung – Erosion	3
Bodentypen I	4
Bodentypen II	5
Magmatite I	6
Magmatite (Ergußgesteine) II	7
Exogene Vorgänge I	8
Exogene Vorgänge II	9
Magmatite (Ergußgesteine) III	10
Vulkanismus I	11
Vulkanismus II – Karsterscheinungen	12
Strukturformen der Erdkruste I	13
Vulkanismus III	14
Vulkanismus IV	15
Werk- und Dekorationssteine	16
Exogene Vorgänge III	17
Exogene Vorgänge IV	18
Karsterscheinungen II	19
Karsterscheinungen III und IV	20 u. 21
Karsterscheinungen V	22
Glaziale und periglaziale Vorgänge	23
Gletscher und glaziale Formen	24
Zeugen des pleistozänen Inlandeise	25
Eiszeitliche Moränenlandschaften	26
Wirkungen des Windes I	27
Wirkungen des Windes II	28
Tätigkeit des Meeres	29
Meeresgeologie I	30
Meeresgeologie II	31
Meeresgeologie III	32
Erdbeben	33
Strukturformen der Erdkruste II	34
Strukturformen der Erdkruste III	35
Strukturformen der Erdkruste IV	36
Strukturformen der Erdkruste V	37
Strukturformen der Erdkruste VI	38
Trias – Jura – Kreide	39
Jura I	40
Jura II	41
Kreide	42
Tertiär I	43
Tertiär II	44
Kohle – Mikrofossilien	45
Technische Gesteinskunde I	46
Technische Gesteinskunde II	47
Ingenieurgeologie	48

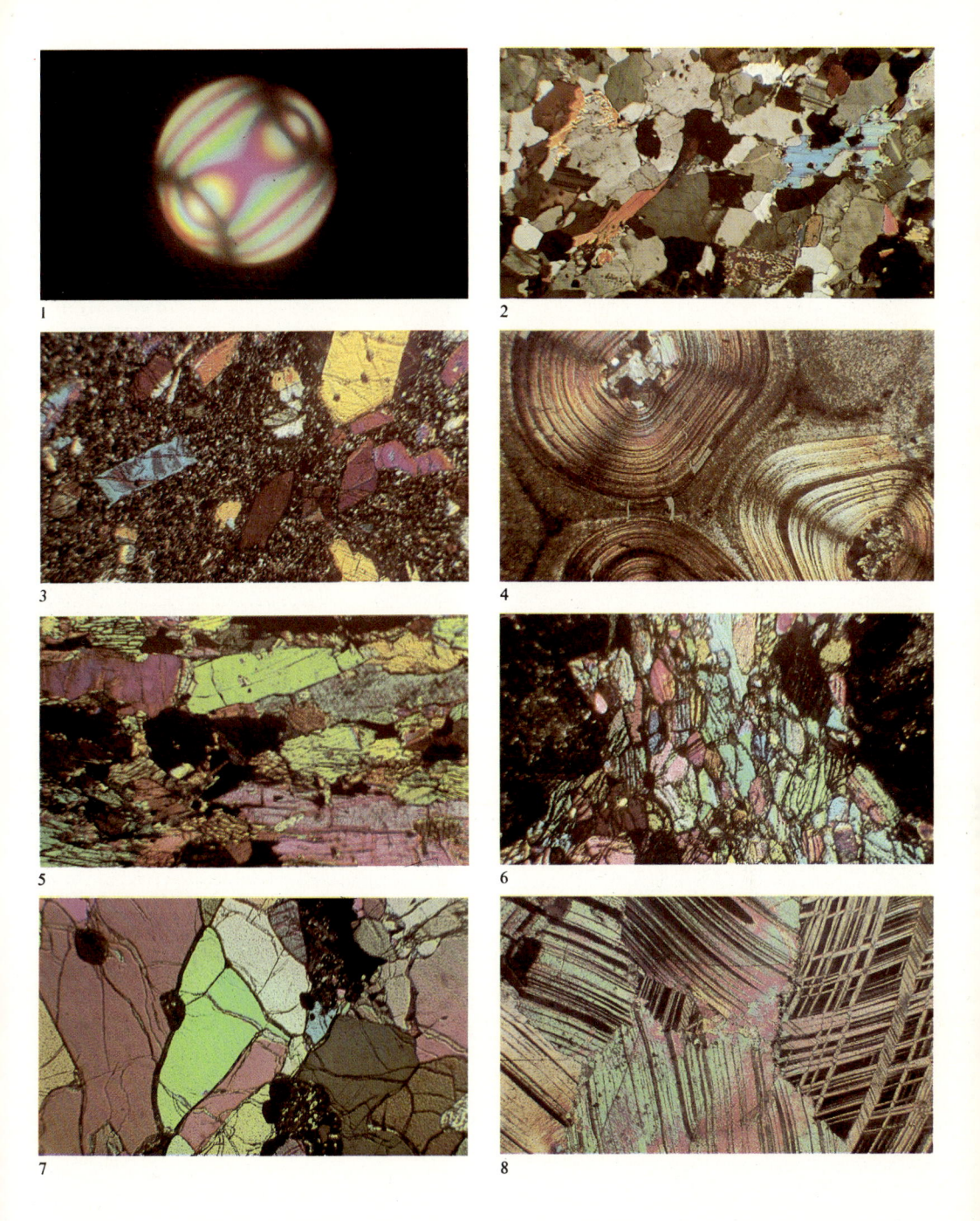

Gesteine I. 1 Interferenzbild eines Glimmers mit dunklen Achsenbarren und Interferenzfarbenringen, die die optischen Eigenschaften des Minerals charakterisieren. **2–8** Dünnschliffe, etwa 20fach vergrößert. **2** Granit; grobkörniges Gemenge von Quarz, Feldspat und Glimmer. **3** Nephelinbasalt (Eifel); Nephelin und Augit in feinkörniger Grundmasse. **4** Sprudelstein von Karlovy Vary; Aragonit-Ooide in kalkiger Grundmasse. **5** Hornblendeschiefer (Norwegen); schiefriges Gestein mit überwiegend Hornblende. **6** Eklogit (Fichtelgebirge); wesentlich aus Granat (schwarz) und Augit (Omphazit) bestehendes metamorphes Gestein. **7** Olivinbombe in Tuff (Eifel); mit Olivin und wenig Erz. **8** Marmor (Bulgarien); große Kalkspatkörner mit polysynthetischen und gebogenen Zwillingslamellen.

Tafel 1

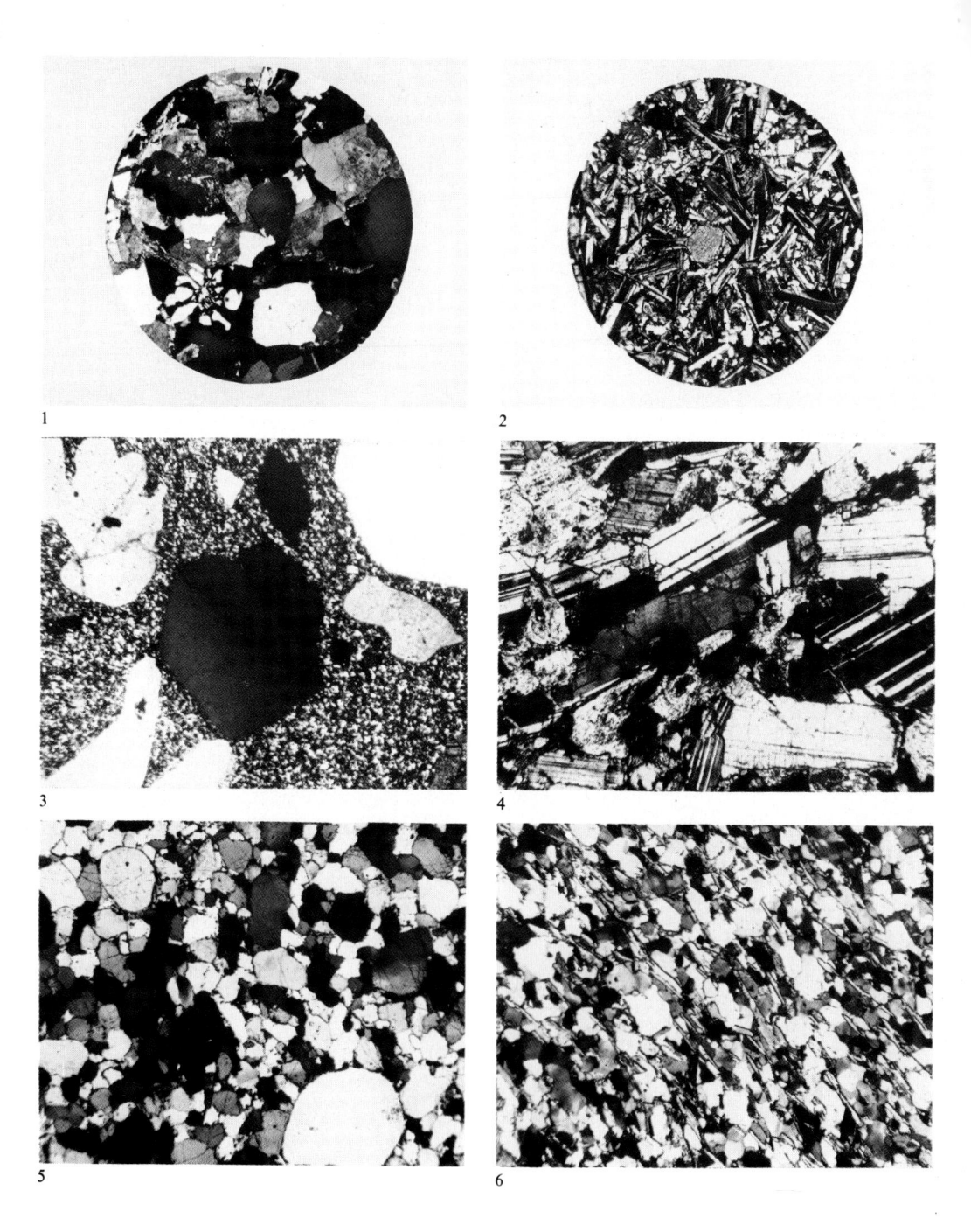

Gesteine II. Dünnschliffe, etwa 10fach vergrößert: **1** Granit von Aue/Sa.; grobkörniges Gemenge von hauptsächlich Quarz und Feldspat, daneben Glimmer. **2** Basalt von Tierno (Tirol); körniges Gemenge von Augit und Erz zwischen Plagioklasleisten. **3** Quarzporphyr von Colmnitz/Sa.; Quarz- und Feldspateinsprenglinge in feinkörniger Grundmasse. **4** Gabbro von Waschenbach (Odenwald); körniges Gemenge von hauptsächlich Plagioklas und Augit. Dünnschliffe, 10- bis 15fach vergrößert. **5** Sandstein, Geschiebe vom Windmühlenberg, Schwerz bei Halle; hauptsächlich Quarzkörper verschiedener Größe. **6** Biotitgneis aus dem Ötztal (Tirol); schiefriges Gestein mit Quarz, Feldspat und parallel gelagerten Biotitblättchen.

Tafel 2

Verwitterung – Erosion. 1, 2 Verwitterungsformen des Granits im Hohen Atlas (Südmarokko) und im Erzgebirge («Hefenklöße» bei Breitenbrunn). Das ursprünglich massige Gestein ist durch nahezu parallele Fugen und Klüfte gegliedert, die nach der Erstarrung des Granits entstanden sind. Die Verwitterung vertieft und erweitert sie mehr und mehr, so daß sich das massige Gestein in «Matratzen», «Kissen» oder «Wollsäcke» auflöst. – Steile, fast vegetationslose Hänge (**3**) bieten der Erosion besonders gute Angriffsmöglichkeiten (Südabfall des Hohen Atlas).

Bodentypen I. 1 Ranker aus Flugsand über fossiler Braunerde. **2** Braunerde aus Gebirgslöß über Tonschieferschutt. **3** Fahlerde aus Sandlöß über Schmelzwassersand. **4** Staugley aus Gebirgslöß über Tonschieferschutt. **5** Humusgley (Übergang zum Anmoor) aus Tallehm. **6** Laterit.

Tafel 4

Bodentypen II. 1 Rendzina aus Kalkstein. 2 Kalksteinbraunlehm (Terra fusca). 3 Schwarzerde (Tschernosem) aus Löß. 4 Podsol aus Sand (Quadersandstein). 5 Frostmusterboden (Tropfenboden). 6 Kippboden (landwirtschaftlich genutzt, frisch geschüttet durch Absetzer).

Tafel 5

Magmatite I. 1 Fluidaltexturen im Gattersburger Quarzporphyr bei Grimma. **2** Fluidaltexturen im Quarzporphyr von Maschenhorst (Flechtinger Scholle). **3** Gefrittete Sandsteinsäulen am Schwarzen Bruch bei Jonsdorf neben einem Basalt- und Phonolithgang.

Tafel 6

Magmatite (Ergußgesteine) II. Säulige Absonderung des Basalts, die nichts mit der Kristallisation des Gesteins zu tun hat. Bei der Abkühlung basaltischer Lava bilden sich fünf- oder sechskantige Säulen, die stets senkrecht auf der Abkühlungsfläche stehen. **1** zeigt eine Basaltdecke (Scheibenberg/Erzgebirge), die sich auf Flußkies ausgebreitet hatte. **2** Basaltsäulenköpfe, Reste einer Decke (Sternberg bei Ostritz/Lausitz), die heute wallartig aufragen. **3** Fächerförmige Stellung der Basaltsäulen («Palmwedel») am Hirtstein bei Satzung (Erzgebirge).

Tafel 7

Exogene Vorgänge I. 1 Die «Felsenstadt» Sulov in der Slowakei. In den durchlässigen Basiskonglomeraten des Paläogens der Zentralkarpaten haben sich ähnlich wie in den Kreidesandsteinen des Elbsandsteingebirges durch das Regenwasser schroffe und senkrechte Wände ausgebildet. **2** Teufelsmauer bei Quedlinburg (nördliches Harzvorland). Verkieselte Bank der Heidelbergschichten der oberen Kreide. **3** Franz-Josef-Gletscher auf Neuseeland. **4** Verwitterter Granit (Trockenverwitterung) in der Nähe von Samarkand (Serawschangebirge/Usbekische SSR). **5** Feuersteinfelder bei Mukran (Insel Rügen). **6** Alpines Trogtal in Dachsteinkalken.

Tafel 8

Exogene Vorgänge II. 1 Cañon der Morača bei Titograd, schluchtartiges Engtal (Montenegro/SFR Jugoslawien). **2** Keuperlandschaft im Gebiet der Drei Gleichen bei Arnstadt (Thüringen). **3** Mümmelkensee (Insel Usedom). Beispiel eines dystrophen Sees, verlandend. **4** Rezente Travertinbildung im Liptovský-Becken (ČSSR). **5** Unter periglazialen Bedingungen erfolgte Aufpressungen in Terrassenschottern bei Nechranice im Tal der Ohře (Eger) in der ČSSR. **6** Ziegeleigrube Belzig (Fläming), durch Eisdruck gestauchte Bändertone.

Tafel 9

Magmatite (Ergußgesteine) III. Verwitterungsformen: **1** Kaolinische Verwitterung in einem Quarzporphyr. In stärker zerrütteten Bereichen ragt die Verwitterung taschenförmig in das Gestein hinein. **2** Von der Oberfläche ausgehende grusige Verwitterung eines Quarzporphyrs, der oben bis etwa 1,5 m Tiefe sandig aufgelockert ist. **3** Kugelig verwitterter Diabas.

Tafel 10

Vulkanismus I. 1 Stricklava. **2** Fladenlava. **3** Blocklava. **4** Vulkanische Schlackenbomben (rechts im Bild eine helle Gneisbombe) aus der Nähe von Františkovy Lázně (ČSSR). **5** Ignimbrit aus dem nordwestsächsischen Vulkanitkomplex.

Tafel 11

Vulkanismus II. 1 Insel Santorin: helle Tuffe (v. d. Z.) und dunkle Lavadecke (jünger als 1450 n. d. Z.). **2** Fiederförmige Stellung der Basaltsäulen auf dem Hinteren Feldstein bei Themar (Südthüringen). **3** Porphyrit mit thermischem Kontakt an Grauwacke und Tonschiefern bei Süpplingen (Bezirk Magdeburg). **Karsterscheinungen I. 4** Innerdinarischer Karst unterhalb des Lovčen zwischen Cetinje und Kotar (Montenegro/SFR Jugoslawien). **5** Polje Sladun, von der Paßhöhe Pletvar aus gesehen (Mazedonien/SFR Jugoslawien). **6** Donauversinkung bei Immendingen (BRD) in klüftigen Kalksteinen des Oberen Jura (Malm).

Tafel 12

1

2

3

4

5

6

Strukturformen der Erdkruste I. 1 Boudinage in Amphiboliten im kristallinen Kalkstein bei Hammerunterwiesenthal (sächs. Erzgebirge). **2** Überschiebung Flysch (Kreide/Eozän) auf Unterkreidekalken (Walensee/Schweiz). **3** Klippen des Unterostalpin (Mythen bei Schwyz/Schweiz). **4** Kalk mit Phosphatlagen, Grenze Oligozän/Miozän (Insel Malta). **5** Durch kompressive Scherung gestauchtes Pliozän. Die Talung im Hintergrund ist die Verwerfung (San Andreas Fault, Kalifornien/USA). **6** Schiefer und wulstige Nereitenquarzite des Mitteldevons am Bochsberg bei Steinach (Thüringen).

Tafel 13

Vulkanismus III. 1 Blick vom etwa 150 m hohen Rand des Vesuvkraters. **2** Der neuentstandene Vulkan Surtsey vor der Südküste Islands (Aufnahme Ende 1963, nach Bulletin volcanologique, Bd. XXVII, 1964).

Tafel 14

Vulkanismus IV. 1 Die rund 1500 m hohe Karymskaja Sopka, einer der aktivsten Vulkane auf Kamtschatka; ihr regelmäßiger Kegel ist aus vulkanischem Lockermaterial und andesitisch-dazitischen Laven aufgebaut. **2** Die Solfatare von Pozzuoli bei Neapel (Phlegräische Felder). **3** Das Gemündener Maar (Eifel); es entstand durch eine vulkanische Explosion, bei der die Lava nicht bis an die Erdoberfläche gelangte, sondern nur Gase entwichen. Dabei wurden Asche, Tuffe und Bruchstücke der Deckschichten ausgeschleudert, die heute die Umwallung des Maares bilden.

Tafel 15

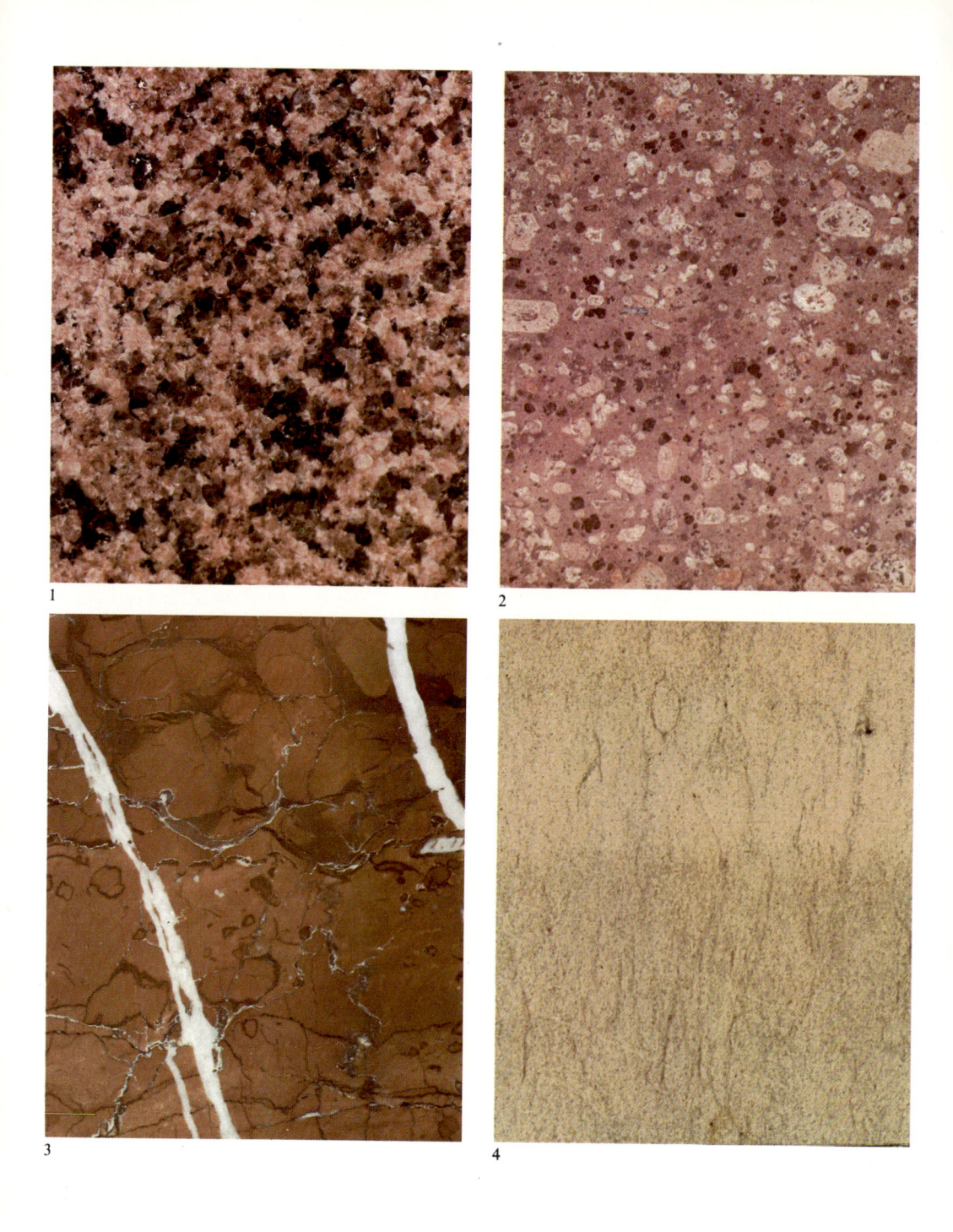

Werk- und Dekorationssteine. 1 Roter Meißner Granit. **2** Löbejüner Quarzporphyr. **3** Saalburger «Marmor» (rot).
4 Cottaer Sandstein (gelb).

Tafel 16

Exogene Vorgänge III (Hangabtragung). **1** Eigenartige baumähnliche, säulenförmige Verkittungen der eozänen Sande von Pobitite kamani (Dikilitasch) bei Warna (Bulgarien) durch kalkführende, von oben nach unten wandernde Lösungen. **2** Owragbildung in der Gebirgssteppe im nördlichen Changai (Mongolische Volksrepublik). **3** Erdpfeiler am Ritten bei Bolzano (Südtirol). Wo der lockere, lehmige Untergrund von auflagernden Felsblöcken vor dem abspülenden Wasser geschützt wird, bleibt er in Form von Pfeilern oder Pyramiden zunächst bestehen, bis auch diese schließlich durch Abtragung von der Seite her einstürzen.

Tafel 17

Exogene Vorgänge IV: Erosion (Talformen). **1** Kerbtal (Steinachtal bei Lauscha in Thüringen). **2** Schlucht (Partnachklamm); die starke Tiefenerosion hat senkrechte, z. T. überhängende Wände geschaffen. Voraussetzung für die Bildung solcher Schluchten sind harte, widerständige Gesteine. **3** Saaletal südlich von Bad Kösen; in den flachlagernden, in ihrer Widerständigkeit wechselnden mesozoischen Sedimenten ist die Anpassung des Talquerschnitts gut zu erkennen.

Tafel 18

Karsterscheinungen II. 1 Tropischer Karst in Südchina an der Grenze der Provinzen Kwangsi und Kwangtung mit den typischen weiten Flußebenen und den sie überragenden Karsttürmen (Mogoten). **2** Karrenfeld im slowenischen Karst bei Kečovo; zwischen den einzelnen Karren (Schratten) sammelt sich Feinmaterial an, auf dem eine spärliche Vegetation Fuß fassen kann.

Tafel 19

Karsterscheinungen III und IV. 1 Gipskarstlandschaft im Zechstein des Südharzes (Werrazyklus). **2** Reihenartiges Dolinenfeld im nordostungarischen Karst. Unter einer dünnen Vegetationsdecke stehen triassische Kalksteine an, auf denen sich trichter- bis schüsselförmige, rundliche oder elliptische Vertiefungen gebildet haben. Diese Dolinen, Ergebnis der chemischen Verwitterung, sind ein deutlicher Hinweis, daß das Niederschlagswasser im Karstgebiet unterirdisch fortgeführt wird. Die Buschvegetation zeigt, daß sich am Boden der Dolinen Verwitterungslehm angereichert hat. **3** Bühne in der «Halle der Titanen» in der 155 m tiefen Meteorhöhle bei Aggtelek. In den mitteltriassischen Kalksteinen hängen von der Decke nach unten zugespitzte Stalaktiten herab, von der Sohle wachsen plumpe, aufrechtstehende Stalagmiten empor, die an ihrem Fuß durch eine Sinterkruste verbunden sind (der Saal ist 60 m lang, 40 m hoch, der größte Stalaktit 22 m lang).

Tafel 21

Karsterscheinungen V. 1 Erdfall im Gips. Hauptanhydrit (A 3) im Subrosionsgebiet Mooskammer nordwestlich von Sangerhausen. **2** Spalte im Abrißgebiet einer Rutschung im Gips am Rande eines Erdfalls (Auslösung von Zugspannung) im Subrosionsgebiet Mooskammer («Pferdestall») nordwestlich von Sangerhausen. **3** Fließfacetten (scallops) im vergipsten Anhydrit im Subrosionsgebiet Periodischer See westlich von Sangerhausen.

Tafel 22

Glaziale und periglaziale Vorgänge. 1 Thufurfeld über Dauerfrostboden im Gobi-Altai; im Hintergrund durch Owrags und Täler zerschnittene Gebirgsstufe. **2** Mündung eines kleinen Trogtales (Bildmitte) in das von Grundmoränen bedeckte Haupttrogtal (Westchangai/Mongolische Volksrepublik).

Tafel 23

Gletscher und glaziale Formen. **1** Kar mit verschütteter Karsohle in der Hohen Tatra (ČSSR). **2** Der Morteratschgletscher in der Berninagruppe; es sind deutlich die Mittelmoräne und die Stirn des rund 9 km langen Gletschers zu erkennen.

Tafel 24

Zeugen des pleistozänen Inlandeises. 1 Soll mit typischer Ufervegetation. **2** Endmoränen im Altmoränengebiet bei Taucha nordöstlich von Leipzig.

Tafel 25

Eiszeitliche Moränenlandschaften. 1 Lesesteinwälle in den Grundmoränengebieten und Mittelgebirgen sind Zeugen der schleichenden Bodenzerstörung. 2 Gletschertopf mit pleistozänen Geschieben im Wellenkalk (unterer Muschelkalk). 3 Glaziale Kritzer auf Granitgeschiebe unterhalb des Königstuhls (Rügen). 4 Jungmoränengebiet bei Carwitz (Mecklenburger Seenplatte).

Tafel 26

1

2

Wirkungen des Windes I. 1 Lößlandschaft in der chinesischen Provinz Schansi; der aus den Ablagerungen Zentralasiens ausgeblasene feinkörnige Löß wird in Nordchina in mächtigen Schichten abgesetzt, die stark wasserdurchlässig sind und daher steile Wände bilden. **2** Durch die schleifende Tätigkeit des Windes, der Staub und Feinsand mit sich führt, umgestaltete kretazische Sandsteinfelsen (Elbsandsteingebirge).

Tafel 27

Wirkung des Windes II. 1 Winderosion. Abtragung der Deckplatten (Rest an der Unterkante) an der Nordseite der Cheopspyramide bei Kairo. **2** Steinpflaster in der Libyschen Wüste westlich Kairo.

Tafel 28

Tätigkeit des Meeres. Steilküste der Schreibkreide von Rügen. Zwischen die mit Feuersteinbändern durchsetzten, z. T. gestauchten und steilgestellten Kreideschollen wurde Geschiebemergel der Grundmoräne gepreßt. Unaufhörlich bricht Material von der Steilküste herunter; Geröll und Findlinge aus der Grundmoräne sowie die Feuersteine bleiben am Fuß des Kliffs zurück und bilden einen breiten Geröllstrand, während die Kreide weggeschwemmt wird.

Tafel 29

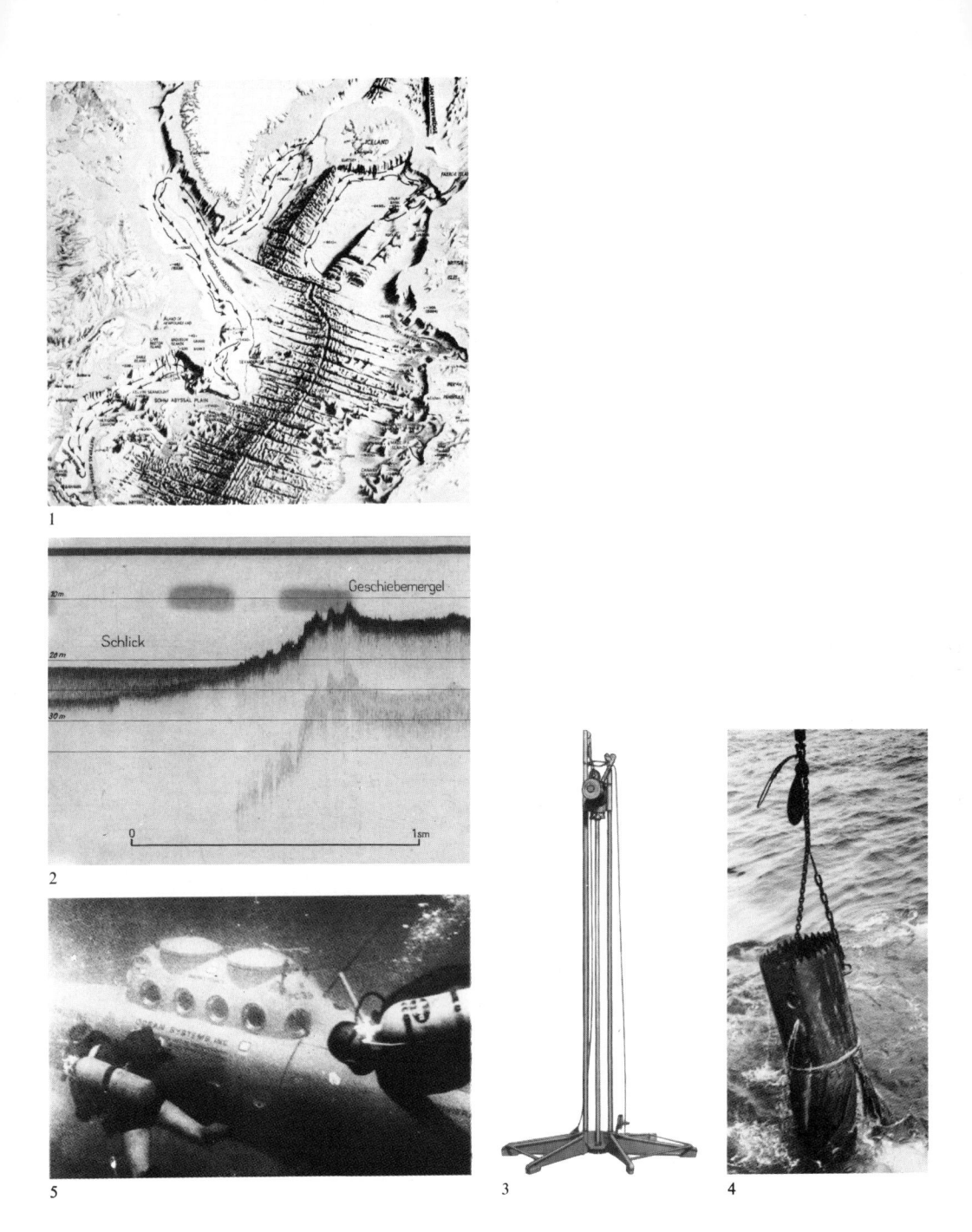

Meeresgeologie I. 1 Relief des nördlichen Teiles des Nordatlantiks. Pfeile bezeichnen den Verlauf des arktischen Unterstromes, der als Konturstrom dem Fuß des Kontinentalhangs folgt. **2** Echogramm einer Geschiebemergelaufragung und einer angrenzenden Schlickmulde in der westlichen Ostsee. **3** Vibrations-Kolbenlot 4700/1 des Instituts für Meereskunde Warnemünde (1962). **4** Große Rohrdredge. **5** Autonome Taucher mit leichtem Tauchgerät und Kleinstunterseeboot am Meeresgrund.

Tafel 30

1

2

Meeresgeologie II. 1 Bohrschiff «Glomar Challenger», Länge 120 m, Höhe des Bohrturmes 58 m. Während des Bohrens kann die Position mit Hilfe einer Unterwasser-Ultraschall-Ortungsanlage gehalten werden. Die Spitze des flexiblen Bohrstranges wird mit Hilfe eines Sonartasters in den am Meeresgrund abgesetzten Trichter eingeführt. **2** Bohrinsel für Unterwasserölbohrungen vor der Küste von Trinidad.

Tafel 31

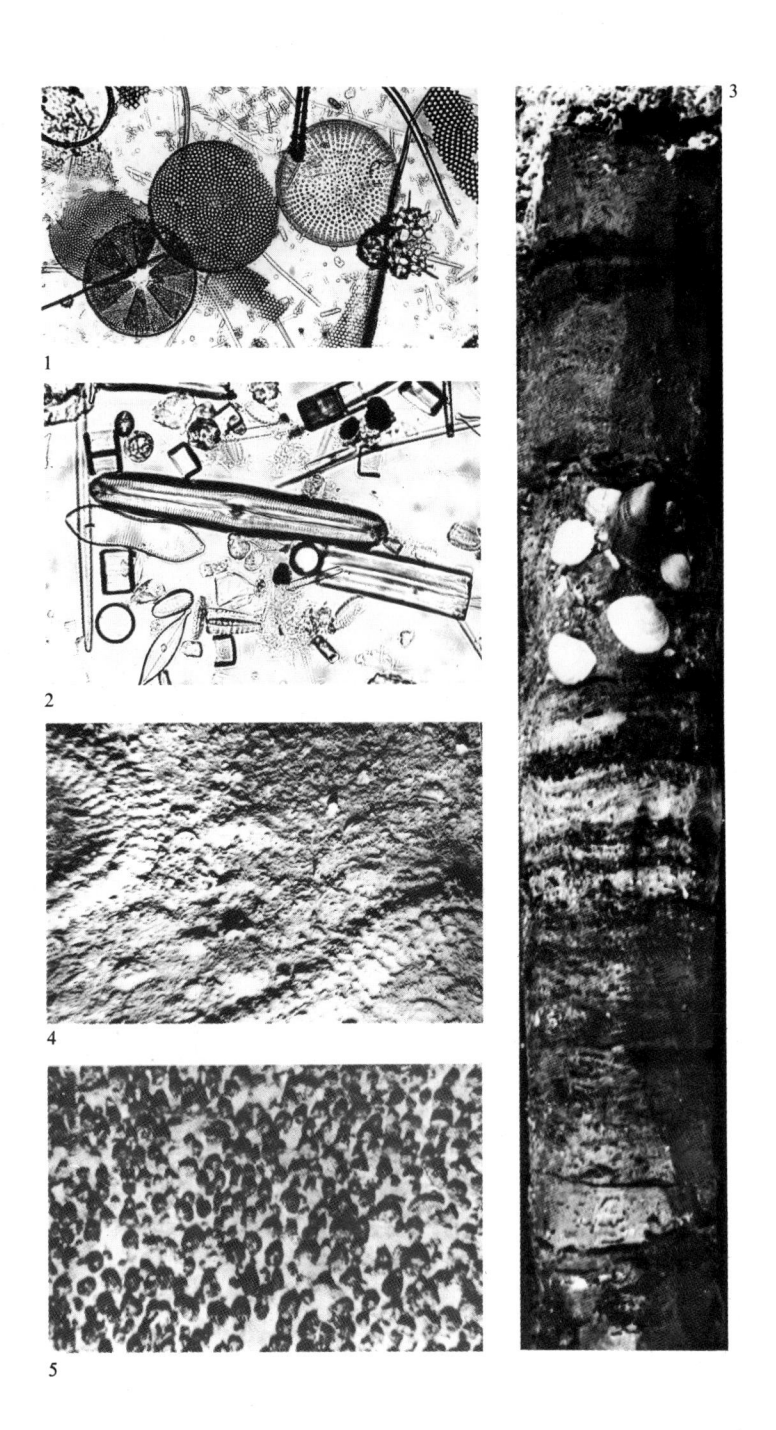

Meeresgeologie III. 1 Diatomeen in etwa 500facher Vergrößerung aus dem marinen Bereich, vorwiegend zentrale Formen (Centrales). **2** Diatomeen aus dem Süßwasserbereich, überwiegend pennote Formen (Pennales). **3** Ausschnitt eines Stechrohrkernes aus der Nordsee aus 45 m Tiefe. Die abgebildeten Sedimente wurden gegen Ende des Präboreals in der Uferzone eines brackisch-marinen Gewässers südlich der Doggerbank abgesetzt. Dunkle Streifen = Humusbänder, dunkelgraue Schichten = toniger Uferschlamm, helle-hellgraue Schichten: scharfer, mittel- bis grobkörniger Strandsand mit Molluskenschalen. **4** Kriechspuren am Boden der Tiefsee. **5** Mangankonkretionen am Rande des Manihiki-Plateaus. 3460 m (12° 45′ S; 160° 55′ W).

Tafel 32

Exogene Vorgänge III (Hangabtragung). **1** Eigenartige baumähnliche, säulenförmige Verkittungen der eozänen Sande von Pobitite kamani (Dikilitasch) bei Warna (Bulgarien) durch kalkführende, von oben nach unten wandernde Lösungen. **2** Owragbildung in der Gebirgssteppe im nördlichen Changai (Mongolische Volksrepublik). **3** Erdpfeiler am Ritten bei Bolzano (Südtirol). Wo der lockere, lehmige Untergrund von auflagernden Felsblöcken vor dem abspülenden Wasser geschützt wird, bleibt er in Form von Pfeilern oder Pyramiden zunächst bestehen, bis auch diese schließlich durch Abtragung von der Seite her einstürzen.

Tafel 17

Exogene Vorgänge IV: Erosion (Talformen). **1** Kerbtal (Steinachtal bei Lauscha in Thüringen). **2** Schlucht (Partnachklamm); die starke Tiefenerosion hat senkrechte, z. T. überhängende Wände geschaffen. Voraussetzung für die Bildung solcher Schluchten sind harte, widerständige Gesteine. **3** Saaletal südlich von Bad Kösen; in den flachlagernden, in ihrer Widerständigkeit wechselnden mesozoischen Sedimenten ist die Anpassung des Talquerschnitts gut zu erkennen.

3

geführt wird. Die Buschvegetation zeigt, daß sich am Boden der Dolinen Verwitterungslehm angereichert hat. **3** Bühne in der «Halle der Titanen» in der 155 m tiefen Meteorhöhle bei Aggtelek. In den mitteltriassischen Kalksteinen hängen von der Decke nach unten zugespitzte Stalaktiten herab, von der Sohle wachsen plumpe, aufrechtstehende Stalagmiten empor, die an ihrem Fuß durch eine Sinterkruste verbunden sind (der Saal ist 60 m lang, 40 m hoch, der größte Stalaktit 22 m lang).

Tafel 21

Karsterscheinungen V. 1 Erdfall im Gips. Hauptanhydrit (A 3) im Subrosionsgebiet Mooskammer nordwestlich von Sangerhausen. 2 Spalte im Abrißgebiet einer Rutschung im Gips am Rande eines Erdfalls (Auslösung von Zugspannung) im Subrosionsgebiet Mooskammer («Pferdestall») nordwestlich von Sangerhausen. 3 Fließfacetten (scallops) im vergipsten Anhydrit im Subrosionsgebiet Periodischer See westlich von Sangerhausen.

Tätigkeit des Meeres. Steilküste der Schreibkreide von Rügen. Zwischen die mit Feuersteinbändern durchsetzten, z. T. gestauchten und steilgestellten Kreideschollen wurde Geschiebemergel der Grundmoräne gepreßt. Unaufhörlich bricht Material von der Steilküste herunter; Geröll und Findlinge aus der Grundmoräne sowie die Feuersteine bleiben am Fuß des Kliffs zurück und bilden einen breiten Geröllstrand, während die Kreide weggeschwemmt wird.

Tafel 29

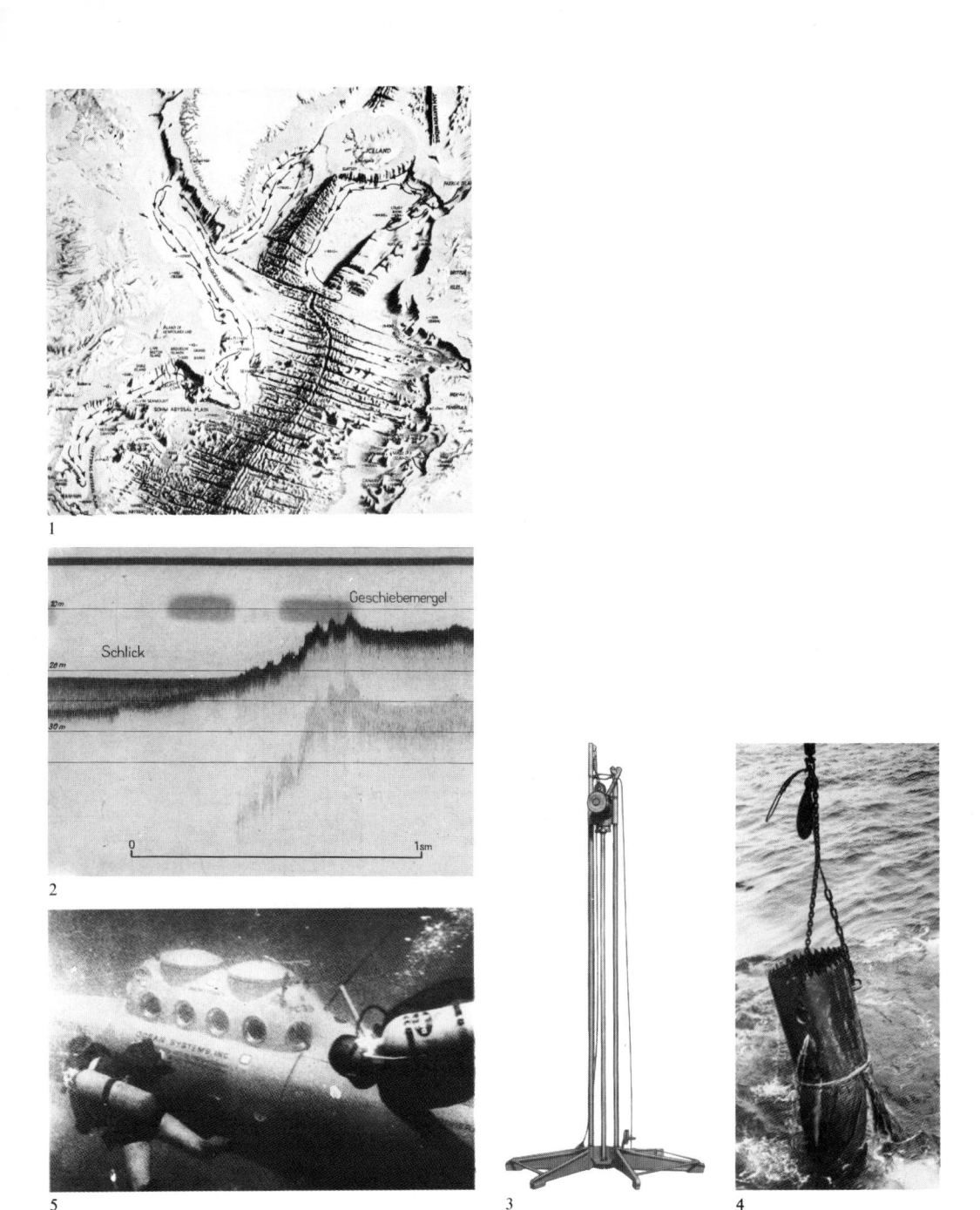

Meeresgeologie I. 1 Relief des nördlichen Teiles des Nordatlantiks. Pfeile bezeichnen den Verlauf des arktischen Unterstromes, der als Konturstrom dem Fuß des Kontinentalhangs folgt. **2** Echogramm einer Geschiebemergelaufragung und einer angrenzenden Schlickmulde in der westlichen Ostsee. **3** Vibrations-Kolbenlot 4700/1 des Instituts für Meereskunde Warnemünde (1962). **4** Große Rohrdredge. **5** Autonome Taucher mit leichtem Tauchgerät und Kleinstunterseeboot am Meeresgrund.

Tafel 30

Zeugen des pleistozänen Inlandeises. 1 Soll mit typischer Ufervegetation. **2** Endmoränen im Altmoränengebiet bei Taucha nordöstlich von Leipzig.

Tafel 25

Eiszeitliche Moränenlandschaften. 1 Lesesteinwälle in den Grundmoränengebieten und Mittelgebirgen sind Zeugen der schleichenden Bodenzerstörung. **2** Gletschertopf mit pleistozänen Geschieben im Wellenkalk (unterer Muschelkalk). **3** Glaziale Kritzer auf Granitgeschiebe unterhalb des Königstuhls (Rügen). **4** Jungmoränengebiet bei Carwitz (Mecklenburger Seenplatte).

Tafel 26

Erdbeben. 1 Blattverschiebung und Abschiebung (**3**) in Alaska, verursacht durch das starke Erdbeben von 1964 (nach Geological Survey Professional Papers 1966). **2** Kilometerlange Spalte als Folge des großen Erdbebens von 1957 in der Mongolischen Volksrepublik.

Tafel 33

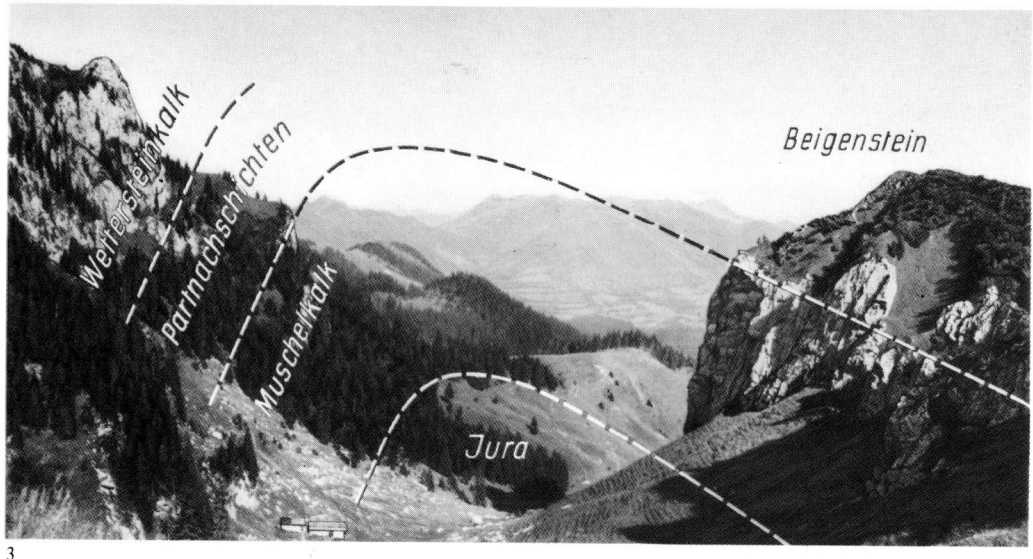

Strukturformen der Erdkruste II. 1 Falte im silurischen Alaun- und Kieselschiefer (Hohenleuben/Ostthüringen). **2** Liegende Falte im Serpentinit von Böhrigen/Sachsen. Stark plastische Verformung, wie sie für tiefere tektonische Stockwerke charakteristisch ist. **3** Geologisches Fenster am Beigenstein der Benediktenwandgruppe. Schichten der Mittleren Trias wurden während der alpidischen Gebirgsbildung als Lechtaldecke über die aus Juraschichten bestehende Allgäudecke geschoben. Das durch unterbrochene Linien angedeutete Gewölbe der Lechtaldecke ist durch Verwitterung zerstört worden, so daß heute in einem «Fenster» die Allgäudecke zutage tritt. Die Verschiedenheit der Gesteine prägt sich auch in der Vegetation aus: Die harten Kalke sind nur schütter bewaldet, die weichen Liasmergel bilden die Alm- und Mattenböden. Die vom Wald bevorzugten Böden bestehen meist aus Flysch (Kreidezeit) und Hauptdolomit (Obere Trias). **4** Fast ungestörte pliozäne Schichten im Osten der Sarykamysch-Senke (Turkmenien). Die weichen Schichten zeigen z. T. künstliche Höhlen, die einst als Zufluchtstätten dienten.

Tafel 34

Strukturformen der Erdkruste III. 1 Heidhorn-Verwerfung am Hüggel bei Osnabrück. Unter tektonischem Druck ist hier der Gesteinsverband zerrissen, und die zwei Erdkrustenschollen sind vertikal gegeneinander verschoben worden. Die Verschiebung ist daran zu erkennen, daß verschiedenaltrige Schichten nebeneinanderliegen: weißer Sandstein aus dem Karbon und vererzte Schichten aus dem Zechstein. **2** Rezenter Graben, Brandungsplattform, 2 km westlich Marsalforn auf Gozo (Malta), im miozänen Kalksandstein.

Tafel 35

Strukturformen der Erdkruste IV. 1 Schieferfels an der Lehnamühle bei Greiz. Sedimentite sind unter Einfluß gebirgsbildender Kräfte geschiefert worden, d. h., durch Wirkung des Gebirgsdruckes traten im Gestein Texturveränderungen ein, die es anisotrop machten und die Ausbildung von Trennflächen bewirkten. Solche Schieferungsflächen durchsetzen das Gestein oft quer zu den ursprünglichen Schichtflächen. **2** Gipse des Werrazyklus mit leichter Gekrösestruktur. In Lagen angeordnet, treten darin Alabasterknollen auf. **3** Schieferung, die die Schichtung des Gesteins quer durchsetzt. Der Bleistift gibt den Verlauf der Schichtflächen an. Die Klüfte zeigen Schleppung. **4** Kreuzschichtung in altpleistozänen Sanden. Sie entsteht im Meer in Ufernähe unter dem Einfluß von Ebbe und Flut oder auch am Grunde von Flüssen, wenn diese die Stromrichtung ändern.

Tafel 36

Strukturformen der Erdkruste V. 1 Dickbankig abgesonderte Sandsteine der Unterkreide, die von pleistozänen Schottern der Harz-Mittelterrasse überlagert werden. **2** Großfaltung: gefaltete Grauwacken/Schiefer-Wechsellagerung des Unterkarbons (sog. untere Grauwackenfolge der Mehltheurer Kulmmulde im Vogtland).

Tafel 37

Strukturformen der Erdkruste VI. 1 Disharmonische Faltung und Wechsellagerung von plattigen bis dünnbankigen Kalksteinen und Schiefern der Kotýsfazies (Lochkovium). **2** Überkippter Wellenkalk (Unterer Muschelkalk); die hangenden Teile zeigen deutliches Hakenschlagen. **3** Zwei altersmäßig unterschiedliche und verkieselte Kluftsysteme, die sich horizontal versetzen, in Sandsteinen des Coniac (Involutus-Sandstein).

Tafel 38

Trias – Jura – Kreide. 1 Schichtstufenlandschaft in der Schwäbischen Alb bei Reutlingen. Die Landterrasse (rechts im Bild) fällt in der Schichtstufe steil ab, wobei der widerständige Jurakalk fast senkrechte Wände bildet, während der flacher geneigte Teil der Steilstufe aus weniger widerständigen Schichten besteht. **2** Fossile Wellenrippeln aus der Kreidezeit auf Sandsteinschichtflächen (Elbsandsteingebirge); sie haben hier eine Höhe von 10 bis 15 cm und einen Abstand von 100 bis 130 cm voneinander. **3** Netzleisten und Windrippeln aus dem Unteren Buntsandstein.

Jura I. Krebse: **1** Aeger tipularius, 21 cm. **2** Eryma modestiformis, 3 cm. **3** Libelle: Cymatophlebia longialata, etwa 9 cm. **4** Seelilie: Seirocrinus subangularis, 1 m. **5** Knorpelfisch: Hybodus hauffianus, etwa 2,60 m. **6** Knochenfisch: Ophiopsis serrata, 18,5 cm. **7** Ichthyosaurier: Stenopterygius quadriscissus, 0,96 m. **8** Arietites bucklandi, eine Leitform der Ammoniten aus dem Unteren, Schwarzen Jura (Lias alpha 3) des Schwäbischen Juras/BRD. Durchmesser 8 cm. — 1 bis 3 und 6 stammen aus dem Solnhofener Plattenkalk (Malm ξ), 4, 5 und 7 aus dem Posidonienschiefer (Lias ε) von Württemberg (5 nach B. Hauff, sonst nach A. H. Müller, H. Zimmermann 1962).

Jura II. 1 Brachiosaurus brancei aus dem Oberen Malm von Tendaguru (Tansania). Länge 22,65 m, Höhe 11,87 m, geschätztes Lebendgewicht etwa 50 Tonnen. Original im Museum für Naturkunde der Humboldt-Universität Berlin. **2** Archaeopteryx lithographica aus dem Solnhofener Plattenkalk (Malm ξ, Unteres Portland) von Eichstätt (Bayern). Länge des Tieres etwa 43 cm. Original im Paläontologischen Institut der Humboldt-Universität Berlin. **3** Flugsaurier: Pterodactylus scolopocipes, etwa 2 m (nach A. H. Müller, H. Zimmermann 1962).

Tafel 41

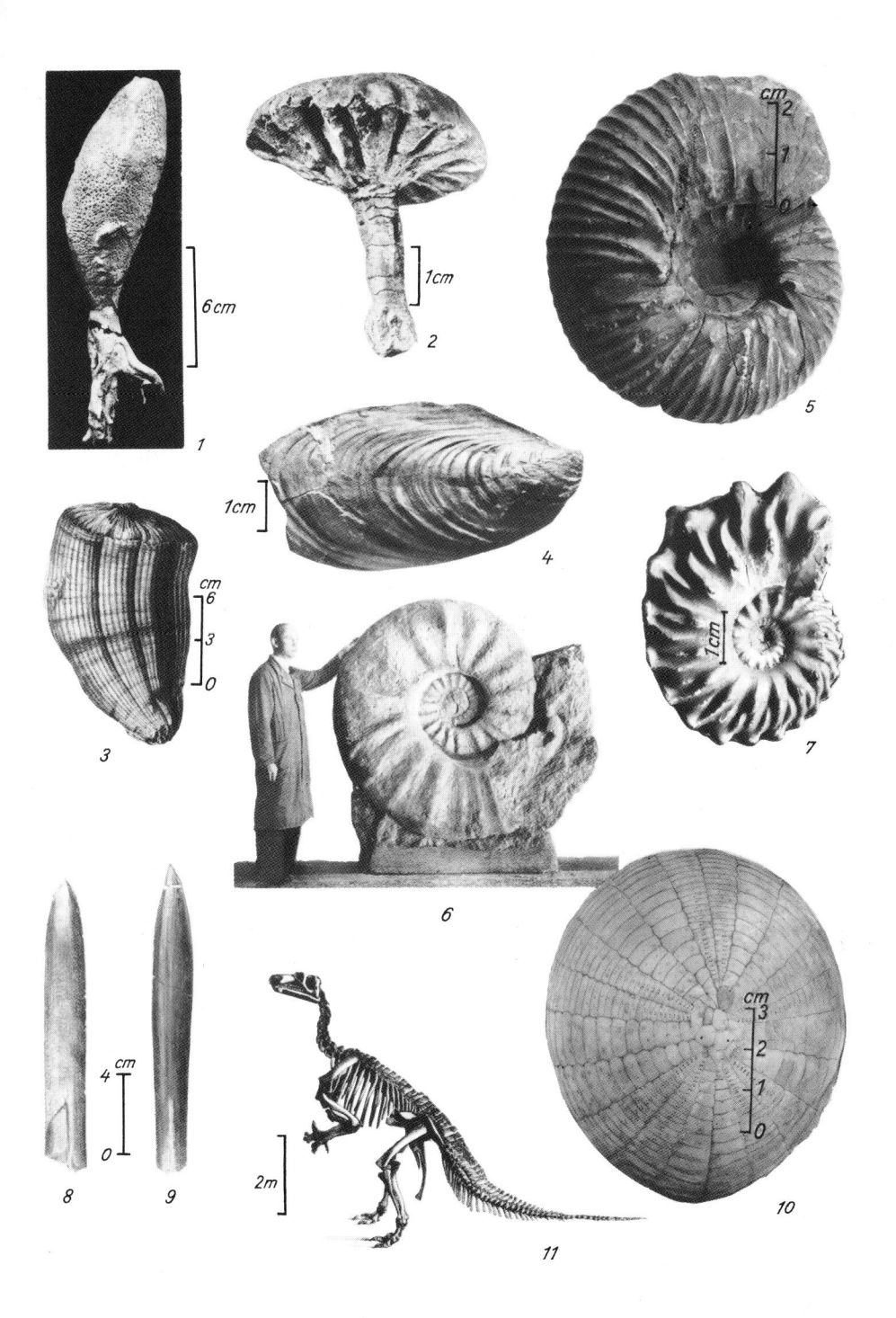

Kreide. Kieselschwämme: **1** Jerea, Oberkreide; **2** Coeloptychium sulciforum, Maastricht. Muscheln: **3** Rudist Hippurites gosaviensis, Gosauschichten der Ostalpen; **4** Inoceramus labiatus, Unterturon. Ammoniten: **5** Polyptychites, Valendis; **6** Abguß von Pachydiscus seppenradensis, höhere Oberkreide; **7** Hoplites lautus, Alb. Belemniten: **8** Belemnitella mucronata, Campan; **9** Belemnella lanceolata, Maastricht; **10** Irregulärer Seeigel: Echinocorys sp., Maastricht von Rügen. **11** Skelett des Dinosauriers Iguanodon bernissartensis, Wealden-Fazies von Bernissart in Belgien.

Tafel 42

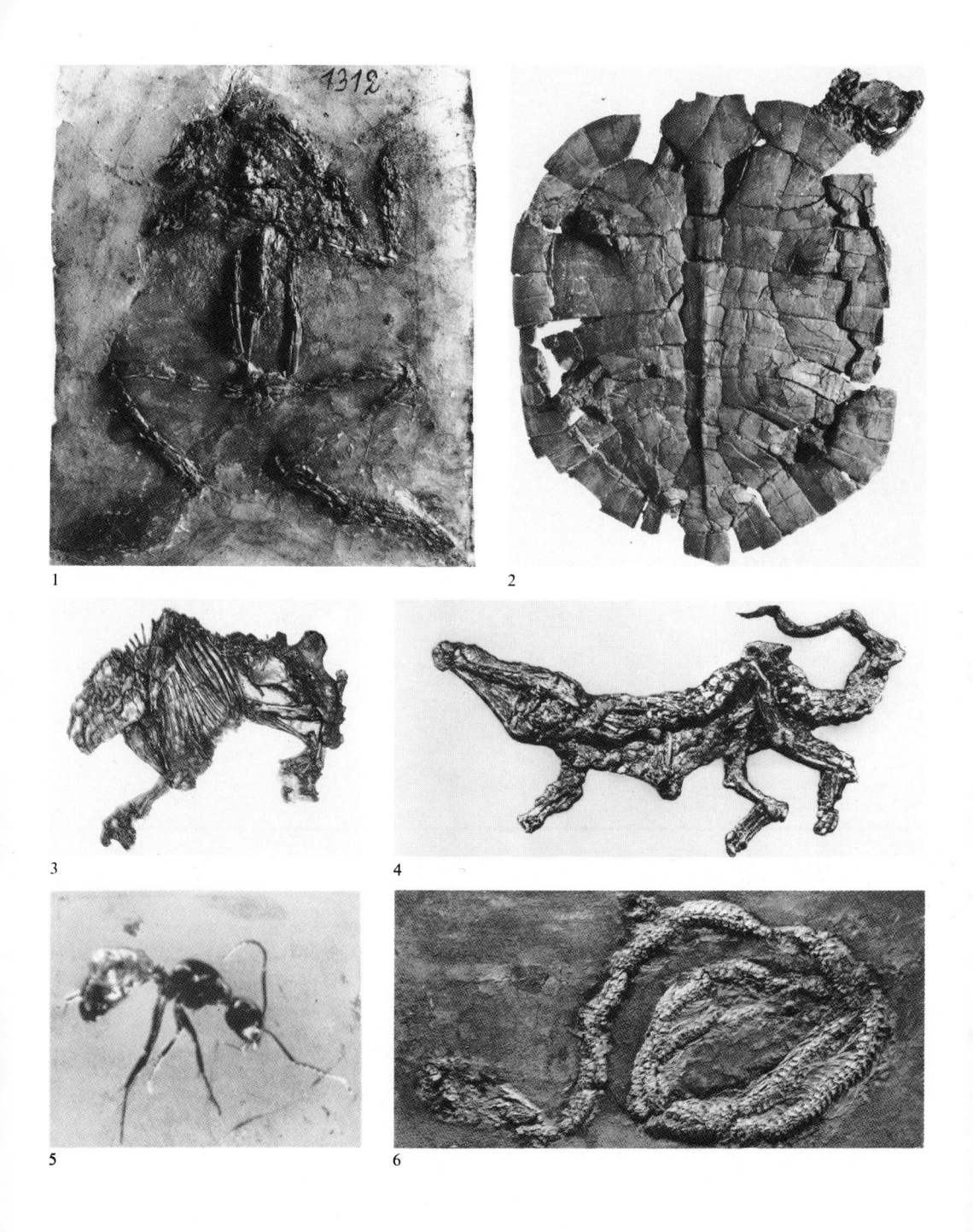

Tertiär I. 1 Palaeopelobates hinschei (Frosch). **2** Geoemyda ptychogastroides (Schildkröte). **3** Propalaeotherium hassiacum (Altpferd). **4** Krokodilide Weigeltisuchus geiseltalensis, etwa 2 m lang (aus Archiv des Museums für Erdgeschichte, Halle/Saale, Foto Danz). **5** Ameise als Einschluß in Bernstein, nat. Gr. 8 mm (nach Jacobi). **6** Paleryx aciliensis (Schlange).

Tafel 43

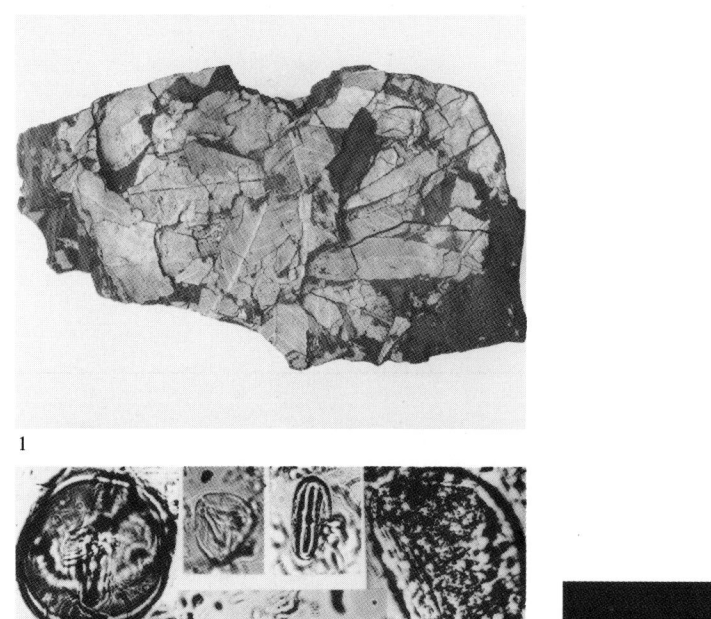

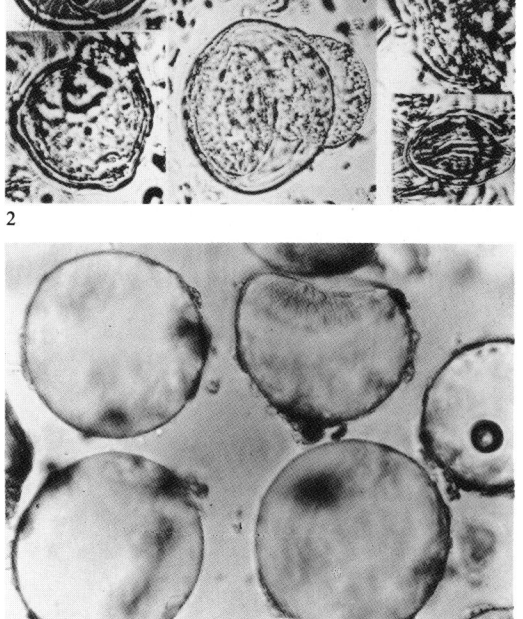

Tertiär II. 1 Blätterkohle aus der Braunkohle des Geiseltales bei Merseburg mit lagenweise eingeschalteten Blättern altertümlicher subtropischer Eichenkastanien. Blattlängen 6–8 cm. **2** Einzelpollen und -sporen aus hellen Kohleschichten (Schwelkohlenbänder, sog. Pyropissit/Wachskohle) des Weißelsterbeckens bei Zeitz. Vergrößerung 1000 bis 1500mal. **3** Blattabdruck auf einem Tertiärquarzit aus Schkopau bei Merseburg. Länge 7 cm. **4** Gummitröpfchen aus Milchsaft von tertiären Kautschuk erzeugenden Bäumen (Oleandergewächse) aus der Braunkohle des Geiseltales bei Merseburg, sog. «Affenhaar» der Bergleute. Vergrößerung etwa 900mal.

Tafel 44

1

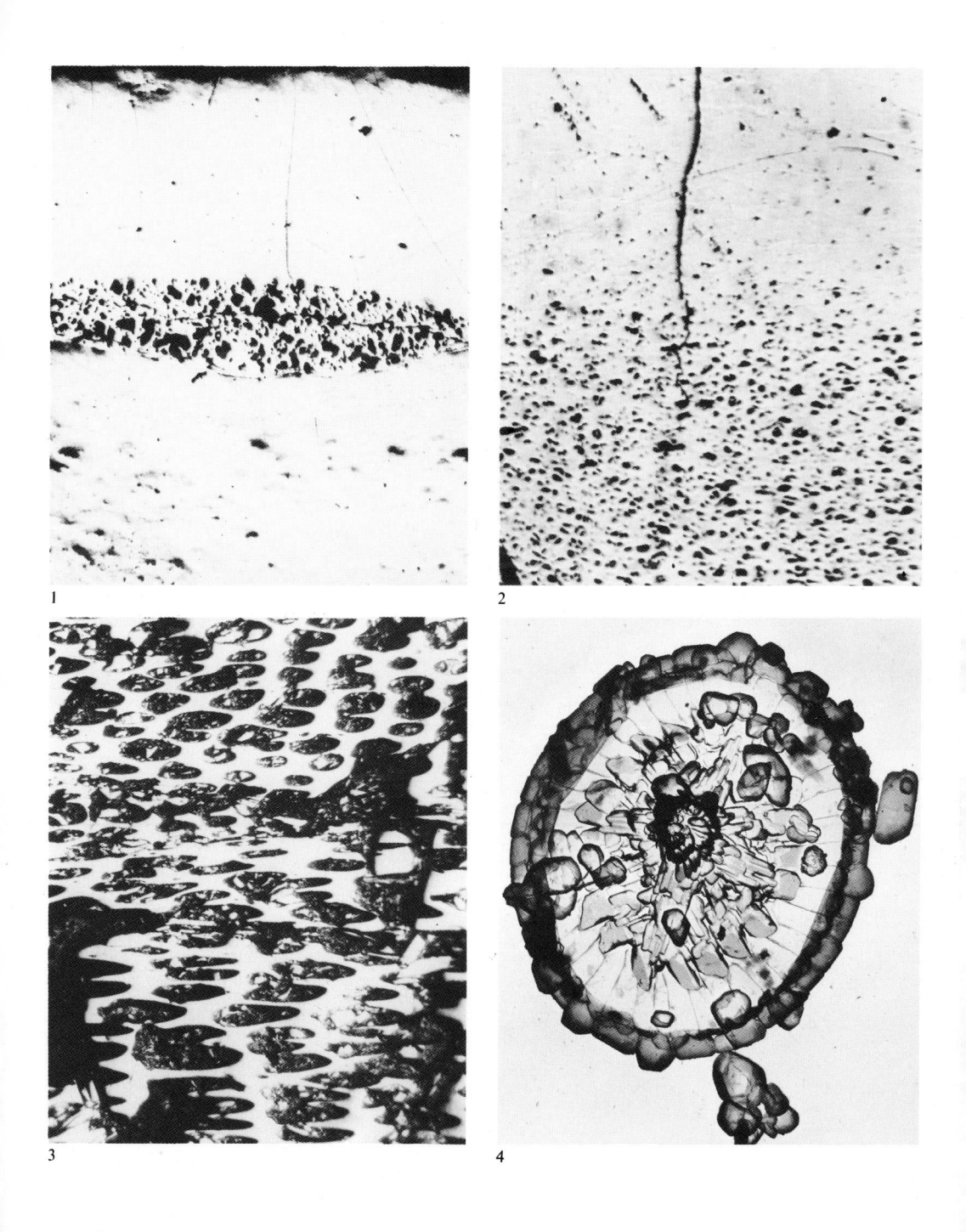

2

3

4

Kohle. Gefügebestandteile: **1** Sklerotinit (Pilzrest) in einem Vitritstreifen (weiß), 150fach vergr. **2** Übergang von Vitrit (weiß, mit Schwundriß in der Gelsubstanz) zu Semifusinit (mit Zellstruktur), 150fach vergr., Rußkohlenflöz Zwickau. **3** Fusinit mit deutlicher Zellstruktur, 130fach vergr., Rußkohlenflöz Zwickau. – **Mikrofossilien. 4** Nannofossil Cretarhabdus conicus, etwa 4000fach vergr., aus dem Maastricht von Rügen (aus Bramlette u. Martini 1964, Foto P. Reinhardt).

Tafel 45

Technische Gesteinskunde I (Travertine der Ostslowakei/ČSSR). 1 Gravitativ bedingte Störungen der Travertindecke über Schichtserien des zentralkarpatischen Flyschs aus unterschiedlich komprimierbaren Lagen. Zerklüftete und aus einandergebrochene Travertine bewegen sich als Folge ungleichmäßiger Setzungen hangabwärts. **2** Spišský hrad (Zips er Burg) in der Ostslowakei (ČSSR). Die Geschwindigkeit der Bewegungen der Travertinblöcke ist an den Mauern der im 13. Jahrhundert auf einer Travertinkuppe errichteten Burg abzulesen, die den Abriß der Burgmauern bewirkt haben. **3** Im Travertin-Steinbruch Vyšné Ružbachy des Poprad-Beckens der östlichen Slowakei fanden 1965 und 1966 internationale Bildhauersymposien statt, in deren Rahmen unmittelbar im Steinbruch Kunstwerke geschaffen wurden. Zahlreiche Gebilde und Figuren können noch heute besichtigt werden. **4** Die ostslowakischen Travertine sind wegen ihres Aussehens und ihrer guten Bearbeitbarkeit bevorzugte Bau- und Dekorationssteine. Treppe aus Travertin in Bratislava (ČSSR).

Technische Gesteinskunde II. 1 Verwitterung eines Sandsteins mit leicht zerstörbarem dolomitischem Bindemittel (Unterer Buntsandstein) im Bereich aufsteigender Grundfeuchte am Schloß Moritzburg in Zeitz. **2** Korrosion an Freyburger Schaumkalk, Moritzkirche in Halle (Saale) (1388–1500). **3** Wasserturm Halle (1898), Bauplastik aus Rochlitzer Porphyrtuff, gute Erhaltung am Bau (links oben), Verwitterung im Grundfeuchtebereich (Mitte unten). **4** Travertin, Westfassade des VEB Starkstromanlagenbau, Halle (1968).

Tafel 47

Ingenieurgeologie. **1** Rutschung an einem Straßendamm. **2** Rutschung an einer Felsböschung (Felssturz). **3** Erdfall als Folge von Gipsauslaugung. **4** Abspülungserscheinungen an einer Einschnittböschung. – Durch die Frostveränderlichkeit des Baugrundes hervorgerufene Tragfähigkeitsschäden: **5** an einer Straße, **6** an einer Eisenbahnstrecke.

Literaturhinweise

Blei, W.: Erkenntniswege zur Erd- und Lebensgeschichte (Berlin 1981)   **Geschichte der Geologie**
Fischer, W.: Gesteins- und Lagerstättenbildung im Wandel der naturwissenschaftlichen Anschauung (Stuttgart 1961)
Gordejew: Istorija geologitscheskich nauk (Moskau 1967)
Guntau: Der Aktualismus in den geologischen Wissenschaften (Freiberger Forschungshefte D 55, Leipzig 1967); Klassifizierung und Gegenstandsbestimmung der Geowissenschaften und technischen Wissenschaften (Freiberger Forschungshefte D 53, Leipzig 1967)
Hölder: Geologie und Paläontologie in Texten und ihrer Geschichte (Freiberg u. München 1960)
Tichomirow u. Chain: Kratki otscherk istorii geologii (Moskau 1956)
v. Zittel: Geschichte der Geologie und Paläontologie bis Ende des 19. Jahrhunderts (München u. Leipzig 1899)

Ambarzumjan: Theoretische Astrophysik (dtsch. Berlin 1957)   **Das Frühstadium der Erde, Astronomie**
Becker, F.: Einführung in die Astronomie (Mannheim 1966)
van Bemmelen, Berlage, Nieuwenkamp: On the origin and evolution of the moon and the crust of the earth (in: Proceedings K. Nederl. Akad. Wetens., Serie B, 70/5, 1967)
v. Bülow: Die Mondlandschaften (Mannheim 1969)
Eucken: Physikalisch-chemische Betrachtungen über die früheste Entwicklungsgeschichte der Erde (Göttingen 1944)
Hoppe, J.: Planeten, Sterne, Nebel (Leipzig 1961)
Kaiser, H. K.: Planeten und Monde (Stuttgart 1960)
Kienle: Die Maßstäbe des Kosmos (Berlin 1948)
Newcomb-Engelmann: Populäre Astronomie (Leipzig 1948)
Quiring: Weltkörperentstehung. Eine Kosmogenie auf geologischer Grundlage (Gotha 1953)
Struve u. Lynds: Astronomie (Berlin 1967)
Stumpff: Die Erde als Planet (2. Aufl. Berlin 1955)
Unsöld: Der neue Kosmos (Berlin, Heidelberg, New York 1967)
Urey: The Planets. Their origin and development (Oxford 1952)
Weigert-Zimmermann: Brockhaus ABC der Astronomie (6. Aufl. Leipzig 1979)
Grundriß der Astrophysik II, hrsg. v. Graff-Lambrecht (Leipzig 1962)
The Earth's Mantle, hrsg. v. Gaskell (London 1967)

Ahrens, Press, Rankama, Runcorn: Physics and Chemistry of the Earth, 5 Bände (London 1956/1964)   **Allgemeine oder physikalische Geologie**
Brinkmann: Lehrbuch der Allgemeinen Geologie, 3 Bände (1. Bd. 2. Aufl. Stuttgart 1974, 2. Bd. Stuttgart 1972, 3. Bd. Stuttgart 1967)
Brinkmann-Zeil: Abriß der Geologie, 2 Bände, Bd. 1 Allgemeine Geologie (11. Aufl. Stuttgart 1975)
v. Bubnoff: Grundprobleme der Geologie (3. Aufl. Berlin 1954)
Cloos: Gespräch mit der Erde (München 1951)
Gutenberg: Physics of the Earth's Interior (New York u. London 1959, russ. Moskau 1963)
Hohl (Hrsg.): Unsere Erde (3. Aufl. Leipzig 1983, Thun/Frankfurt/M. 1984)
Holmes: Principles of Physical Geology (London 1965)
Kettner: Allgemeine Geologie, 4 Bände (dtsch. Berlin 1958/1960)
McAlester u. Hay: Physical geology (New Yersey 1975)
Putnam: Geologie. Einführung in ihre Grundlagen (dtsch. Berlin 1969)
Vossmerbäumer: Allgemeine Geologie (Stuttgart 1976)

Alliquander: Das moderne Rotaryverfahren (Leipzig 1965)   **Geophysik, angewandte Geophysik**
Closs u. a.: Methoden der angewandten Geophysik (in Bentz: Lehrbuch der angewandten Geologie, Bd. I, Stuttgart 1961)
Gamburzew: Grundlagen der seismischen Erkundung (dtsch. Leipzig 1964)
Grass (Edit.): Understanding the Earth (Sussex 1972)
Gsowski, M. W.: Grundlagen der Tektonophysik (russ. Moskau 1975)
Gutenberg: Handbuch der Geophysik, 2 Bände (Berlin 1929/1940)
Haalck: Physik des Erdinnern (Leipzig 1954)
Irving: Paleomagnetism and its Application to Geological and Geophysical Problems (New York 1964); Paleomagnetism (London 1964)
Lauterbach (Hrsg.): Physik des Planeten Erde (Berlin 1975); Physik der Erdkruste (Berlin 1977)
Lehnert u. Rothe: Geophysikalische Bohrlochmessungen (Berlin 1962)
Meinhold: Geophysikalische Meßverfahren in Bohrungen (Leipzig 1965)
Muratow, M. W.: The Origin of Continents and Ocean Basins (Moskau 1977)
Papke: Die Mohorovičić-Diskontinuität (Berlin 1967)
Reich, H.: Grundlagen der angewandten Geophysik für Geologen (2. Aufl. Leipzig 1960)
Scheidegger: Principles of Geodynamics (2. Aufl. Berlin, Göttingen, Heidelberg 1963)
Schön, J.: Petrophysik (Berlin 1983)
Schössler u. Schwarzlose: Geophysikalische Wärmeflußmessungen (Berlin 1959)
Vening-Meinesz: The Earth's Crust and Mantle (Amsterdam, London, New York 1964)

International Dictionary of Geophysics, hrsg. v. Runcorn (Oxford 1967)
Moderne Probleme des Geomagnetismus, hrsg. v. Fanselau, 3 Bände (Berlin 1958)
Probleme der Geophysik, Bd. 3: Über das aus dem Erdinneren stammende Magnetfeld, hrsg. v. Fanselau (Berlin 1959)

Geochemie, angewandte Geochemie

Ahrens (Edit.): Origin and Distribution of Elements (London u. Oxford 1968)
Degens: Geochemie der Sedimente (dtsch. Stuttgart 1969)
Fersman: Unterhaltsame Geochemie (dtsch. Berlin 1953); Geochimija, Bd. 1 bis 4 (Moskau 1973)
Gawridowitsch: Osnowy obstschei geochimii (Moskau 1968)
Ginsburg: Grundlagen und Verfahren geochemischer Sucharbeiten auf Lagerstätten der Buntmetalle und seltenen Metalle (dtsch. Berlin 1963); Principles of Geochemical Prospecting (London u. Oxford 1960)
Goldschmidt: Geochemistry (Oxford 1953)
Hawkes: Principles of Geochemical Prospecting (Washington 1957)
Krauskopf: Introduction to Geochemistry (Maidenhead 1967)
Mason: Principles of Geochemistry (3. Aufl. New York u. London 1967)
Perelman: Geochemie der Biosphäre (russ. Moskau 1973)
Rankama u. Sahama: Geochemistry (Chicago 1950)
Rösler-Lange: Geochemische Tabellen (Leipzig 1976)
Saukow: Geochemie (dtsch. Berlin 1953)
Sokolow, W. A.: Geochemie natürlicher Gase (russ. Moskau 1971)
Stscherbina: Grundlagen der Geochemie (russ. Moskau 1972)
Wedepohl: Geochemie (Sammlung Göschen, Berlin 1967); (Edit.) Handbook of Geochemistry (New York 1969 mit Nachträgen)
Zul'fugarly: Verbreitung der Spurenelemente in Kaustobiolithen, Organismen, Sedimentgesteinen und Schichtwässern (dtsch. Leipzig 1964)

Mineralogie

Betechtin: Lehrbuch der speziellen Mineralogie (7. Aufl. dtsch. Leipzig 1977)
Correns: Einführung in die Mineralogie (Kristallographie und Petrologie). (2. Aufl. Berlin, Heidelberg, New York 1968)
Fersman: Verständliche Mineralogie (dtsch. Berlin 1949)
Kleber: Einführung in die Kristallographie (9. Aufl. Berlin 1965)
Linck u. Jung: Grundriß der Mineralogie und Petrographie (Jena 1954)
Machatschki: Spezielle Mineralogie auf geochemischer Grundlage (Wien 1953)
Niggli: Lehrbuch der Mineralogie (Berlin 1941)
Ramdohr u. Strunz: Klockmann's Lehrbuch der Mineralogie (15. Aufl. Stuttgart 1967)
Rösler: Lehrbuch der Mineralogie (2. Aufl. Leipzig 1982)
Schüller: Die Eigenschaften der Minerale (Teil I, 4. Aufl. Berlin 1957, Teil 2 Berlin 1954)
Strunz: Mineralogische Tabellen (5. Aufl. Leipzig 1970)
Tröger: Tabellen zur optischen Bestimmung gesteinsbildender Minerale (Stuttgart 1952); Optische Bestimmung der gesteinsbildenden Minerale (Teil 2 Stuttgart 1967)

Die Gesteine und ihre Entstehung

Barth: Theoretical Petrology (2. Aufl. New York u. London 1962)
Barth, Correns, Eskola: Die Entstehung der Gesteine (Berlin, Heidelberg, New York 1960)
Bouma: Sedimentology of some flysch deposits (Amsterdam 1968)
Engelhardt: Die Bildung von Sedimenten und Sedimentgesteinen. Sedimentpetrologie Teil III (Stuttgart 1975)
Füchtbauer u. Müller, G.: Sedimente und Sedimentgesteine. Sedimentpetrologie Teil II (Stuttgart 1970)
Griffiths: Scientific Method in Analysis of Sediments (New York 1967)
Krumbein u. Sloss: Stratigraphy and sedimentation (2. Aufl. San Francisco 1961)
Kukal: Geology of recent sediments (Prag 1970)
Langbein-Peter-Schwahn: Karbonat- und Sulfatgesteine (Leipzig 1982)
Leitmeier: Einführung in die Gesteinskunde (Wien 1950)
Mehnert: Migmatites and the Origin of Granitic Rocks (Amsterdam 1968)
Milner: Sedimentary Petrography, 2 Bände (New York 1962, russ. Moskau 1968)
Müller, G.: Methoden der Sedimentuntersuchung (aus Engelhardt, Füchtbauer, Müller: Sedimentpetrologie, Stuttgart 1964)
Niggli: Das Magma und seine Produkte (Leipzig 1937); Gesteine und Minerallagerstätten, 2 Bände (Basel 1948/1952)
Pettijohn u. a.: Sand and sandstone (Berlin 1973)
Pettijohn u. Potter: Atlas and glossary of sedimentary structures (Berlin u. Göttingen 1964)
Potter u. Pettijohn: Paleocurrents and basin analysis (Berlin u. Göttingen 1963)
Ramberg: The Origin of Metamorphic and Metasomatic Rocks (Chicago 1952)
Reineck u. Singh: Depositional sedimentary enviroments (Berlin 1973)
Rittmann: Vulkane und ihre Tätigkeit (3. Aufl. Stuttgart 1981)
Ronner: Systematische Klassifikation der Massengesteine (Wien 1963)
Ruchin: Grundzüge der Lithologie. Lehre von den Sedimentgesteinen (Berlin 1958)
Turner, F. J.: Metamorphic Petrology (Maidenhead 1968)
Twenhofel: Principles of Sedimentation (New York 1950)
Walther: Einleitung in die Geologie als historische Wissenschaft. II. Teil Lithogenesis der Gegenwart (Jena 1893/94)

Bodenkunde

Fiedler u. Hunger: Geologische Grundlagen der Bodenkunde und Standortlehre (Dresden 1970)
Ganssen u. Haedrich: Atlas zur Bodenkunde (Mannheim 1965)
Lieberoth: Bodenkunde (Berlin 1979)
Mückenhausen: Die Bodenkunde und ihre geologischen, geomorphologischen, mineralogischen und petrologischen Grundlagen (Frankfurt/M. 1975)
Scheffer u. Schachtschnabel: Lehrbuch der Bodenkunde (Stuttgart 1976)

King, L.: The Morphology of the Earth (2. Aufl. Edinburgh u. London 1967) **Geomorphologie**
v. Klebelsberg: Handbuch der Gletscherkunde und Glazialgeologie (Wien 1948)
Llibontry: Traité de Glaciologie, 2 Bände (Paris 1964/65)
Louis: Lehrbuch der Allgmeinen Geographie, Bd. 1: Allgemeine Geomorphologie (3. Aufl. Berlin 1968)
Machatschek: Das Relief der Erde, 2 Bände (Berlin 1955); Geomorphologie (Stuttgart 1968)
Maull: Handbuch der Geomorphologie (2. Aufl. Wien 1958)
Sparks: Geomorphology (London 1960)
Stschukin: Obstschaja geomorfologija, 2 Bände (Moskau 1960/1964)
Weber, H.: Die Oberflächenformen des festen Landes (2. Aufl. Leipzig 1967)

Bouma u. Brouwer (Hrsg.): Turbidites (Amsterdam 1964) **Meeresgeologie**
Bruns: Ozeanologie, Bd. 3 (Leipzig 1968)
Heezen: The Floors of the Oceans, Bd. I: The North Atlantic (Washington 1963)
Hill, M. N.: The Sea, Bd. 3: The Earth beneath the Sea (New York u. London 1963)
Kljonowa (Klenova): Geologija morja (Moskau 1948)
Kuenen: Marine Geology (New York u. London 1950)
Shepard: Submarine Geology (2. Aufl. New York 1963)
Whittard u. Bradshaw: Submarine Geology and Geophysics (London 1965)

Ashgirei: Strukturgeologie (dtsch. Leipzig 1963) **Geotektonik**
Aubouin: Geosynclines (Amsterdam 1965)
Beisler u. Krauskopf: Introduction to Earth Science (New York 1975)
Beloussow: Grundfragen der Geotektonik (russ. Moskau 1962, engl. New York 1962)
Beloussow: Geotectonics (Berlin, Heidelberg, New York 1980)
Billings: Structural Geology (New York 1954)
Bott (Hrsg.): Sedimentary Basins of Continental Margins and Cratons (Amsterdam 1976)
Calder: Erde – ruheloser Planet (Bern 1972)
Clark, Jr.: Struktur der Erde (Stuttgart 1977)
Cloos: Einführung in die Geologie. Ein Lehrbuch der inneren Dynamik (Berlin 1936)
Deminizkaja: Erdkruste und Erdmantel (russ. Moskau 1967)
Dunbar: Die Erde (Lausanne u. Wiesbaden 1970)
Girdler (Hrsg.): East African Rifts (Amsterdam 1972)
Haarmann: Die Oszillationstheorie (Stuttgart 1930)
Hiersemann: Geologisch-physikalische Theorien über den Aufbau und die Theorien der Dynamik der Erdkruste (Berlin 1956)
Illies u. Fuchs: Approaches to Taphrogenesis (Stuttgart 1974)
Jacobs, Russel u. Wilson: Physics and Geology (2. Aufl. New York 1974)
Janschin, Chain, Muratow: Regionalbau und Entwicklungsgesetze Eurasiens (dtsch. Berlin 1968)
Wegener: Die Entstehung der Kontinente und Ozeane (4. Aufl. Braunschweig 1929)
Whitten: Structural Geology of Folded Rocks (Chicago 1967)
Wunderlich: Das neue Bild der Erde (Hamburg 1975)
Clausthaler tektonische Hefte, H. 1–7 (Clausthal-Zellerfeld 1959/1969)
Geowiss. Abhandlungen, Reihe A/Band 19: Internationales Alfred-Wegener-Symposium, Berlin-West 1980
I. Internationales Symposium über rezente Erdkrustenbewegungen, hrsg. v. Meißer (Berlin 1962)

Hamilton: Applied Geochronology (London u. New York 1969) **Geochronologie**
Harper: Geochronology, Radiometric dating of rocks and minerals (Stroudsburg 1973)
Schaeffer u. Zähringer: Potassium Argon Dating (Berlin, Heidelberg, New York 1966)
Schindewolf: Grundlagen und Methoden der paläontologischen Chronologie (3. Aufl. Stuttgart 1950)
Shaw, A. B.: Time and stratigraphy (New York 1964)
Simon, W.: Zeitmarken der Erde (Braunschweig 1948)
Simon u. Lippolt: Geochronologie als Zeitgerüst der Phylogenie (aus Heberer: Die Evolution der Organismen, Bd. I (3. Aufl. Stuttgart 1967)
Starik: Kerngeologische Altersbestimmung (russ. Moskau 1961)
Wendt: Radiometrische Methoden der Geochronologie (Clausthaler Tekton. Hefte Nr. 13, Clausthal 1972)
Zenner, F. E.: Dating the Past (4. Aufl. London 1958)

Beurlen: Geologie – Die Geschichte der Erde und des Lebens (3. Aufl. Stuttgart 1978) **Historische Geologie**
Brinkmann u. Krömmelbein: Abriß der Geologie, 2 Bände, Bd. 2 Historische Geologie (10./11. Aufl. Stuttgart 1977)
v. Bubnoff: Einführung in die Erdgeschichte (3. Aufl. Berlin 1956)
Geyer: Grundzüge der Stratigraphie und Fazieskunde, 2 Bände (Stuttgart 1973 u. 1977)
Kahlke: Das Eiszeitalter (Leipzig, Jena, Berlin 1981)
Kaplan: Der Ursprung des Lebens (Stuttgart 1972)
Kummel: History of the earth. An introduction to historical geology (2. Aufl. San Francisco 1970)
Rast: Aus dem Tagebuch der Erde (3. Aufl. Leipzig, Jena, Berlin 1978)
Schmidt, K.: Erdgeschichte (Sammlung Göschen, Berlin u. New York 1978)
Schwarzbach: Das Klima der Vorzeit (3. Aufl. Stuttgart 1974)
Woldstedt: Das Eiszeitalter, 3 Bände (Stuttgart, Bd. 1, 3. Aufl. 1956; Bd. 2, 2. Aufl. 1958; Bd. 3, 2. Aufl. 1965)
Wologdin: Erde und Leben (russ. Moskau 1976)
Handbuch der stratigraphischen Geologie, 14 Bände – Bd. 3: Papp u. Thenius: Tertiär, 2 Teile (Stuttgart 1959); Bd. 2: Woldstadt: Quartär (Stuttgart 1969); Bd. 4: Hölder: Jura (Stuttgart 1964); Bd. 13: Lotze u. K. Schmidt: Präkambrium (Stuttgart 1966/1968)

Allgemeine Paläontologie	*Cushin u. Wright* (Hrsg.): Introduction to Paleoecology (London 1967) *Gürich u. a.:* Leitfossilien (Berlin 1908/1936) *Müller, A. H.:* Großabläufe der Stammesgeschichte. Erscheinungen und Probleme (Jena 1961) *Oparin:* Die Entstehung des Lebens auf der Erde (dtsch. Berlin 1957) *Schindewolf:* Wesen und Geschichte der Paläontologie (Berlin 1948); Grundfragen der Paläontologie (Stuttgart 1950)
Paläobotanik	*Gothan:* Probleme der Paläobotanik und ihre geschichtliche Entwicklung (Berlin 1948) *Gothan u. Remy:* Steinkohlenpflanzungen. Leitfaden zum Bestimmen der wichtigsten pflanzlichen Fossilien des Paläozoikums im rheinisch-westfälischen Steinkohlengebiet (Essen 1947) *Gothan u. Weyland:* Lehrbuch der Paläobotanik (2. Aufl. Berlin 1963) *Kirchheimer:* Die Laubgewächse der Braunkohlenzeit (Halle 1957) *Mägdefrau:* Vegetationsbilder der Vorzeit (3. Aufl. Jena 1959); Paläobiologie der Pflanzen (4. Aufl. Jena 1968) *Straka:* Pollenanalyse und Vegetationsgeschichte (Wittenberg 1957) *Zimmermann:* Die Phylogenie der Pflanzen (2. Aufl. Stuttgart 1959)
Paläozoologie	*Augusta u. Burian:* Tiere der Urwelt (Jena u. Leipzig 1956) *Matthes:* Einführung in die Mikropaläontologie (Leipzig 1956) *Müller, A. H.:* Lehrbuch der Paläozoologie, 3 Bände (Bd. 1: Allgemeine Grundlagen, 2. Aufl. Jena 1963); Bd. 2: Invertebraten, 3 Teile, Jena seit 1958); Bd. 3: Vertebraten, 3 Teile, Jena seit 1966) *Müller, A. H. u. Zimmermann:* Aus Jahrmillionen. Tiere der Vorzeit (Jena 1962) *Piveteau:* Traité de Paléontologie, 7 Bände (Paris ab 1952) *Pokorny:* Grundzüge der zoologischen Mikropaläontologie, 2 Bände (dtsch. Berlin 1958) *Romer:* Vertebrate Palaeontology (3. Aufl. Chicago u. London 1967) *Shrock u. Twenhofel:* Principles of Invertebrate Paleontology (2. Aufl. New York 1953) *Toepfer:* Tierwelt des Eiszeitalters (Leipzig 1963) Osnowy paleontologii, hrsg. v. Orlow (Moskau seit 1958)
Geologisches Kartieren	*Falke:* Anlegung und Ausdeutung einer geologischen Karte (Berlin, New York 1975) *Frebold:* Profil und Blockbild (Braunschweig 1951) *Richter, K.:* Die geologische Geländeaufnahme (in: Bentz, Lehrbuch der angewandten Geologie, Bd. I, Stuttgart 1961) *Schuster:* Das geographische und geologische Blockbild (Berlin 1954) *Wagenbreth:* Geologisches Kartenlesen und Profilzeichnen (Leipzig 1958)
Angewandte Geologie, Lagerstättenlehre, Metallogenie	ABC Kali und Salze (Leipzig 1982) *Altenpohl:* Materials in World Perspective (Berlin-West 1980) Autorenkollektiv, Bodenhygiene und Abproduktnutzung (Leipzig 1980) *v. Bandat:* Aerogeology (Houston 1962) *Baumann, Nikolskij u. Wolf:* Einführung in die Geologie und Erkundung von Lagerstätten (Leipzig 1979) *Baumann u. Tischendorf:* Einführung in die Metallogenie-Minero-Genie (Leipzig 1976) *Bendel:* Ingenieurgeologie (Wien 1944/1948) *Bender:* Angewandte Geowissenschaften (Bd. 1, Stuttgart 1981) *Bentz:* Lehrbuch der angewandten Geologie, Bd. 1: Allgemeine Methoden (Stuttgart 1961) *Bentz u. Martini:* Lehrbuch der angewandten Geologie, Bd. 2, Teil 1 (Stuttgart 1965); Teil 2 (Stuttgart 1969) *Bilibin:* Metallogenetische Provinzen und Metallogenetische Epochen (russ. Moskau 1955) *Blankenburg:* Quarzrohstoffe (Leipzig 1978) *Bogomolow:* Grundlagen der Hydrogeologie (dtsch. Berlin 1968) *Borchert:* Ozeanische Salzlagerstätten (Berlin 1959) *Burger u. Duberstret* (Hrsg.): Hydrogeology of Karstic Terrains, mit siebensprachigem Wörterbuch der Karsthydrologie (Paris 1975) *Busch u. Luckner:* Geohydraulik (Leipzig 1972) *Castany:* Prospection et Exploitation des eaux souterraines (Paris 1968) *Cissarz:* Einführung in die allgemeine und systematische Lagerstättenlehre (2. Aufl. Stuttgart 1965) *Croman:* Underwater Minerals (London, New York, Sydney 1980) *Dantschew u. Lapinskaja:* Lagerstätten radioaktiver Rohstoffe (russ. Moskau 1965) *Davis u. de Wiest:* Hydrogeology (New York, London, Syndey 1966) *Gothan:* Die Entstehung der Kohle (Berlin 1952) *Höll:* Wasser (5. Aufl. Berlin-West 1970) *Hölting:* Hydrogeologie (Stuttgart 1980) *Huisman:* Groundwater Recovery (London 1972) *Jankovič:* Wirtschaftsgeologie der Erze (Wien u. New York 1967) *Jordan:* Grundriß der Balneologie und Balneoklimatologie (Leipzig 1967); (Hrsg.) Bäderbuch der Deutschen Demokratischen Republik (Leipzig 1967) *Kado, Reuter, Bachmann:* Die ingenieurgeologischen Eigenschaften der wichtigsten Lockergesteine der DDR (Berlin 1966) *Karrenberg* (mit Beiträgen von Hohl, Pahl, Schneider, Wallner): Hydrogeologie der nichtverkarstungsfähigen Festgesteine (Wien u. New York 1980) *Kegel:* Bergmännische Wasserwirtschaft (Halle 1950); Probleme der Gebirgsmechanik (Berlin 1955) *Keil:* Ingenieurgeologie und Geotechnik (2. Aufl. Halle 1954); Geotechnik (3. Aufl. Halle 1959) *Keller:* Gewässer und Wasserhaushalt des Festlandes (Leipzig 1962) *Keller, G.:* Angewandte Hydrogeologie (Hamburg 1969)

Krejci-Graf: Erdöl (2. Aufl. Berlin 1955)
Langguth u. Voigt: Hydrogeologische Methoden (Berlin, Heidelberg, New York 1980)
Lehmann, G. H.: Erdöl-Lexikon (2. Aufl. Mainz u. Heidelberg 1957)
Lehmonn, H.: Leitfaden der Kohlengeologie (Halle 1953)
Laurien: Erdgas (München u. Wien 1960)
Lotze: Steinsalz und Kalisalze, Teil I (2. Aufl. Berlin 1957)
Machatschki: Vorräte und Verteilung der mineralischen Rohstoffe (Wien 1948)
Malyuga: Biogeochemical Methods of Prospecting (New York 1964)
Marsal: Statistische Methoden für Erdwissenschaftler (Stuttgart 1967)
Matthess: Die Beschaffenheit des Grundwassers (Berlin u. Stuttgart 1973)
Meinhold: Erdölgeologie (Berlin 1962)
Miller: Photogeology (Maidenhead 1961)
Miller u. Kahn: Statistical Analysis in the Geological Sciences (New York u. London 1962)
Müller, L.: Der Felsbau, Bd. 1 (Stuttgart 1963)
Neumann: Geologie für Bauingenieure (Berlin u. München 1964)
Niggli: Gesteine und Minerallagerstätten, Bd. 1 und 2 (Basel 1948/1952)
Oelsner u. a.: Erzlagerstätten, Lehrbriefe 1 bis 6 (Freiberg 1958/1968)
Pape: Leitfaden zum Bestimmen von Erzen u. mineralischen Rohstoffen **(Stuttg. 1977)**
Park u. a.: Ore Deposits (San Francisco u. London 1964)
Pazdro (Hrsg.): Hydrogeochemistry of Mineralized Waters (Warschau 1979)
Peschel: Natursteine (Leipzig 1977)
Petraschek: Lagerstättenlehre (2. Aufl. Wien 1961)
Pietzsch: Braunkohlen Deutschlands (Berlin 1925)
Prokop u. Wimmer: Wünschelrute, Erdstrahlen, Radiästhesie (2. Aufl. Stuttgart 1977)
de Quervain: Technische Gesteinskunde (2. Aufl. Basel 1967)
Ramdohr: Die Erzmineralien und ihre Verwachsungen (4. Aufl. Berlin 1975)
Rau: Geothermische Energie (München 1978)
Reuter, Klengel u. Pašek: Ingenieurgeologie (Leipzig 1980)
Richter u. Lillich: Abriß der Hydrogeologie (Stuttgart 1975)
Rolshoven: Mineralrohstoffe (Essen 1972)
Ronai (Hrsg.): Hydrogeology of Great Sedimentary Basins (Budapest 1978)
Roy: Manganese Deposits (London, New York, Sydney 1981)
Ščeglow: Die Metallogenie von Gebieten autonomer Aktivierung (russ. Leningrad 1968)
Schmidt, E. R., u. a.: Hydrogeologischer Atlas von Ungarn (mit Textband, Budapest 1962)
Schneider: Die Wassererschließung (Essen 1973)
Schneiderhöhn: Erzlagerstätten (4. Aufl. Jena 1962); Die Erzlagerstätten der Erde, **Bd. 1** Die Erzlagerstätten der Frühkristallisation (Stuttgart 1958); **Bd. 2 Die Pegmatite** Stuttgart 1961); Kleines Kompendium der Lagerstättenkunde (Stuttgart 1964)
Schönenberg: Geographie der Lagerstätten (Darmstadt 1979)
Schultze u. Muss Bodenuntersuchungen für Ingenieurbauten (Berlin 1967)
Sidorenko u. Nikitin: Methods for Evaluation of Ground-Water Ressources (Moskau 1980)
Smirnow (Hrsg.): Die Genesis endogener Erzlagerstätten (russ. Moskau 1968); Geologie der Lagerstätten mineralischer Rohstoffe (dtsch. Leipzig 1970); Die Erzlagerstätten der UdSSR, 3 Bände (russ. Moskau 1974)
Sokolow: Die Gasvermessung (dtsch. Berlin 1955)
Sorokin: Lehrbuch des Kali- und Steinsalzbergbaues (2. Aufl. Halle 1957)
Störr (Hrsg.): Genese des Kaolins (Berlin 1978)
Thurner: Hydrogeologie (Wien 1967)
Tolson u. Doyle (Hrsg.): Karst Hydrogeology (Huntsville u. Alabama 1977)
Villwock: Industrie-Gesteinskunde. Eine Einführung in die technische Petrochemie der nutzbaren Gesteine (Offenbach 1966)
Wagenbreth: Technische Gesteinskunde (3. Aufl. Berlin 1979)
Warren: Mineral Ressources (Newton Abbat 1973)
de Wiest: Geohydrology (New York, London, Sydney 1966)
Wundt: Gewässerkunde (Berlin 1953)
Zaruba u. Mencl: Ingenieurgeologie (dtsch. Berlin 1961)
Zötl: Karsthydrogeologie (Wien u. New York 1974)

Ökonomische Geologie

Friedensburg u. Drostewitz: Die Bergwirtschaft der Erde (7. Aufl. Stuttgart 1976)
Gocht: Wirtschaftsgeologie (Berlin, Heidelberg, New York 1978)
Knill. Industrial geology (Oxford 1978)
Prokofjew: Vorratsberechnung mineralischer Rohstoffe (dtsch. Berlin 1956)
Stammberger: Einführung in die Berechnung von Lagerstättenvorräten fester mineralischer Rohstoffe. Schriftenreihe d. prakt. Geologen, Bd. 1 (Berlin 1957); Theoretische Grundlagen der Bewertung von Lagerstätten fester mineralischer Rohstoffe (Berlin 1956); Grundfragen der ökonomischen Geologie (Berlin 1966); Die Suche und Erkundung von Lagerstätten fester mineralischer Rohstoffe (Teil 1: Die Suche, Leipzig 1978; Teil II: Die Erkundung, Leipzig 1979)

Regionale Geologie

Andrée u. a.: Regionale Geologie der Erde (1938ff.)
Andrusov: Geologie der tschechoslowakischen Karpaten, 2 Bände (Berlin u. Bratislava 1964/1966)
Atlas zur Geologie, hrsg. v. Bederke u. Wunderlich (Mannheim 1966)
v. Bubnoff: Geologie von Europa (Berlin 1926/1936)
v. Bubnoff: Fenno sarmatia (Berlin 1952); Handbuch der vergleichenden Stratigraphie Deutschlands, hrsg. v. d. Preußischen Geologischen Landesanstalt (Berlin seit 1931)
v. Bülow: Abriß der Geologie von Mecklenburg (Berlin 1952)
Cadisch: Geologie der Schweizer Alpen (2. Aufl. Basel 1953)
Carlé: Bau und Entwicklung der südwestdeutschen Großscholle (Hannover 1955)
Dorn u. Lotze: Geologie von Mitteleuropa (4. Aufl. Stuttgart 1981)
Eißmann, L.: Geologie des Bezirkes Leipzig (Leipzig 1970)
Gerth: Der geologische Bau der südamerikanischen Kordillere (Berlin 1955)

Gripp: Erdgeschichte von Schleswig-Holstein (Neumünster 1964)
Henningsen: Einführung in die Geologie der Bundesrepublik Deutschland (Stuttgart 1976)
Hesemann: Kristalline Geschiebe der norddeutschen Vereisungen (Krefeld 1975)
Hoppe u. Seidel: Geologie von Thüringen (Gotha 1970)
Hucke: Geologie von Brandenburg (Stuttgart 1922)
Kollektiv: Zur Mineralogie und Geologie der Oberpfalz (Heidelberg 1967)
Krenkel: Geologie und Bodenschätze Afrikas (2. Aufl. Leipzig 1957)
Kuhn: Geologie von Bayern (2. Aufl. München 1954)
Luchs: Geologie der Bayrischen Alpen (Berlin 1927)
Mägdefrau: Geologischer Führer durch die Trias um Jena (2. Aufl. unter Mitwirkung von A. H. Müller, Jena 1957)
Mahel u. Buday: Regional Geology of Czechoslovakia, Bd. 2: The West Carpathians (Praha 1968)
Masarowitsch: Grundlagen der regionalen Geologie der Erdteile (dtsch. Berlin 1958)
Möbus: Einführung in die geologische Geschichte der Oberlausitz (Berlin 1956); Abriß der Geologie des Harzes (Leipzig 1966)
Naliwkin: Geologija SSSR (Moskau 1962)
Pietzsch: Abriß der Geologie von Sachsen (2. Aufl. Berlin 1956); Geologie von Sachsen (Bezirke Dresden, Karl-Marx-Stadt und Leipzig) (Berlin 1962)
Rast: Geologischer Führer durch das Elbsandsteingebirge (Freiberg 1959)
Rutte: Einführung in die Geologie von Unterfranken (Würzburg 1957)
Schönenberg: Einführung in die Geologie Europas (Freiburg 1971)
Schriel: Die Geologie des Harzes (Hannover 1954)
Spuhler: Einführung in die Geologie der Pfalz (Speyer 1957)
Svoboda, J. u. a.: Regional Geology of Czechoslovakia, Bd. 1: The Bohemian Massif (Praha 1966)
Walter: Lehrbuch der Geologie von Deutschland (4. Aufl. Leipzig 1923)
Weber, H.: Einführung in die Geologie Thüringens (Berlin 1955)
Wegner: Geologie Westfalens (Paderborn 1926)
Woldstedt u. Duphorn: Norddeutschland und angrenzende Gebiete im Eiszeitalter (3. Aufl. Stuttgart 1974)
Wolff, W. u. Heck: Erdgeschichte und Bodenaufbau Schleswig-Holsteins (3. Aufl. Hamburg 1949)
Wurm: Geologie von Bayern (Berlin 1961)
Grundriß der Geologie der Deutschen Demokratischen Republik, 2 Bände (Bd. 1 Berlin 1968)
Handbuch der regionalen Geologie, hrsg. v. Steinmann u. Wilckens (Heidelberg 1910/1937)

Anthropogeologie

Gerlach: Meeresverschmutzung, Diagnose und Therapie (Heidelberg/New York 1976)
Legget: Cities and Geology (New York 1973)
Neef, E.: Analyse und Prognose von Nebenwirkungen gesellschaftlicher Aktivitäten im Naturraum Berlin (1979)
Tank (Hrsg.): Focus on Environmental Geology (2. Aufl. London 1976)
Watkins, Bottino u. Morisawa: Our Geological Environment (Philadelphia 1975)

Wörterbücher

Geologitscheski Slowar (Moskau 1960)
Glossary of Geology and related sciences (Washington 1957)
Lehmann, U.: Paläontologisches Wörterbuch (Stuttgart 1964)
Lewinson-Lessing u. Strubje: Petrografitscheski Slowar (Moskau 1963)
Murawski: Geologisches Wörterbuch, begründet v. Beringer (8. Aufl. Stuttgart 1983)
Rice: Dictionary of Geological Terms (1954)
Schieferdecker: Geological Nomenclature (Gorinchem 1959)

Zeitschriften und Schriftenreihen

Abhandlungen des Zentralen Geologischen Institutes. Berlin
Arbeiten des Institutes der Geologischen Wissenschaften. Moskau
Beiträge zur Mineralogie und Petrographie. Berlin
Berichte der Deutschen Gesellschaft für Geologische Wissenschaften. Reihe A Geologie und Paläontologie, Reihe B Mineralogie und Lagerstättenforschung. Berlin
Berichte der Moskauer Gesellschaft der Naturforscher, Geologische Abteilung. Moskau
Bulletin Association American Petroleum Geologists. Houston/Texas
Chemie der Erde. Zeitschrift für chemische Mineralogie, Petrographie, Bodenkunde und Geochemie. Jena
Der Aufschluß. Zeitschrift für die Freunde der Mineralogie und Geologie. Göttingen
Die Bergakademie. Leipzig
Earth Science Reviews. Amsterdam
Economic Geology. Lancaster u. Pasadena
Eiszeitalter und Gegenwart. Jahrbuch der Deutschen Quartärvereinigung. Ohringen
Engineering Geology. Amsterdam
Environmental Geology (Heidelberg, Berlin, New York, seit 1977)
Erdöl und Kohle, Erdgas, Petrochemie. Hamburg
Felsmechanik und Ingenieurgeologie. Wien
Fortschritte der Mineralogie. Stuttgart
Fortschritte Sowjetischer Geologie. Berlin
Freiberger Forschungshefte (für alle Gebiete der Montanwissenschaften). Leipzig
Fundgrube. Populärwissenschaftliche Zeitschrift für Geologie, Mineralogie, Paläontologie und Speläologie. Berlin
Geological Abstracts. United States Department of the Interior Geological Survey. Washington
Geologie. Zeitschrift für das Gesamtgebiet der geologischen Wissenschaften (Berlin 1952 bis 1972)
Geologische Rundschau, Stuttgart
Geologisches Jahrbuch Hannover. Hannover

Geophysics. Published by the Society of Exploration Geophysicists. Tulsa
Geophysik und Geologie. Zeitschrift zur Synthese zweier Wissenschaften. Leipzig
Geotektonische Abhandlungen. Berlin
Geowissenschaften in unserer Zeit (Weinheim, seit 1983)
Hallesches Jahrbuch für Geowissenschaften (Gotha/Leipzig, seit 1976)
Hallesches Jahrbuch für mitteldeutsche Erdgeschichte (bis Bd. 11, Leipzig 1972)
Jahrbuch des Staatlichen Museums für Mineralogie und Geologie zu Dresden. Dresden und Leipzig
Jahrbuch für Geologie. Herausgeber: Zentrales Geologisches Institut. Berlin
Journal of Geophysical Research. Washington
Journal of Sedimentary Petrology. Menasha/Wisconsin
Marine Geology. Amsterdam
Mineralium Deposita. Internationale Zeitschrift für Geologie, Mineralogie und Geochemie der Lagerstätten. Berlin
Nachrichten der Akademie der Wissenschaften der UdSSR, Geologische Serie. Moskau
Nachrichten der Akademie der Wissenschaften der UdSSR, Geophysikalische Serie. Moskau
Neues Jahrbuch für Geologie und Paläontologie. Stuttgart
Paläontologische Abhandlungen. Reihe A Paläontologie, Reihe B Paläobotanik. Berlin
Paläontologische Zeitschrift. Stuttgart
Referatiwny Shurnal, Geologija, Mineralogija. Moskau
Schriftenreihe des Praktischen Geologen. Berlin
Sowjetskaja geologija. Moskau
Tectonophysics. Amsterdam
The American Mineralogist. Journal of the Mineralogical Society of America. Washington
The Journal of Geology. Chicago
Tschermaks Mineralogische und Petrographische Mitteilungen. Wien
Zeitschrift der Deutschen Geologischen Gesellschaft. Stuttgart
Zeitschrift für angewandte Geologie. Berlin
Zeitschrift für geologische Wissenschaften (Berlin, seit 1973)
Zeitschrift für Geomorphologie. Berlin
Zeitschrift für Geophysik. Würzburg
Zentralblatt für Geologie und Paläontologie. Stuttgart
Zentralblatt für Mineralogie und Petrographie. Stuttgart

Formationstabelle

Gruppe (Ära)	System (Periode) Dauer in Mill. Jahren	Abteilung (Epoche)	Beginn vor Millionen Jahren	erdkrustengestaltende Vorgänge
Erdneuzeit oder Känozoikum (Neozoikum)	Quartär 1,5	Holozän (Alluvium)	0,01	Erdbild nimmt heutiges Aussehen an. Die größeren Vereisungsgebiete der Nordhalbkugel, nun weitgehend vom Eise entlastet, steigen auf (Baltischer und Laurentischer Schild). Geosynklinale Räume sind gegenwärtig das östliche Mittelmeer und der Malaiische Archipel. Erdbeben und Vulkanismus kennzeichnen diese und andere tektonisch aktive Räume (zirkumpazifische Gebiete, ozeanische Rücken). Die bedeutendsten aktiven Brüche sind äquatorial und meridional gerichtete Horizontalverschiebungen, in deren Verlauf Erdbebenherde liegen. Epirogene Bewegungen (Hebungen und Senkungen) führen zur Verlagerung von Meeresküsten.
		Pleistozän (Diluvium)	1,8 ± 0,5	Infolge Temperaturerniedrigung und vermehrter Niederschläge bedecken sich in höheren Breiten weite Gebiete mit mehr als 1 000 m mächtigen Eismassen, die sedimentbildend, landschaftsformend und klimaverändernd wirken. In südlicheren Breiten herrschen Pluvialzeiten. Eustatische Meeresspiegelschwankungen durch Gefrieren und Abschmelzen des Eises führen zu z. T. erheblichen Strandlinienverschiebungen. Gewaltige Hebungen, verbunden mit Molassesedimentationen, erfolgen im Himalaja. Zirkumpazifisch (Kalifornien) treten erhebliche Bruchbewegungen auf. Vulkanismus auf gegenwärtig aktive Gebiete beschränkt.
	Tertiär 65	Neogen (Jungtertiär)	23 ± 2	Faltung der alpidischen Geosynklinalen erreicht den Höhepunkt. Hochgebirge Eurasiens entstehen, viele von ihnen mit charakteristischem Deckenbau. Flyschentwicklung der Kreide setzt sich fort, nach Abschluß der Faltungen sammeln sich in den Randsenken der Gebirge mächtige Molassen (Bayern). Als Restmeer der Tethys verbleibt das heutige Mittelmeer. Mit den Faltungen weitgreifende Transgressionen in die Epikontinentalbereiche. In den Orogenen werden gewaltige Massen subsequenter Magmatite gefördert. In den Tafelbereichen dringen in tiefreichenden Brüchen (Rheintalgraben, ostafrikanische Gräben) basische Schmelzen auf (Basalte, Trapp). Basaltförderung kennzeichnet auch die Mittelozeanischen Rücken. Klima durch zunehmende Abkühlung charakterisiert.
		Paläogen (Alttertiär)	65 ± 3	
Erdmittelalter oder Mesozoikum	Kreide 75	Oberkreide	100 ± 5	Während die Zentralzonen der alpidischen und zirkumpazifischen Geosynklinalen gefaltet werden, überflutet das zurückgedrängte Meer weite Teile der Erdoberfläche (größte Ausdehnung während der Erdgeschichte). In den Anden und im Felsengebirge intrudieren gewaltige Granitkörper. Atlantik und Indik entwickeln sich durch den Spreadingprozeß zu Ozeanen. Amerika, Afrika, Vorderindien, Australien entfernen sich weiter voneinander! Boreale Kreide ist sandig-tonig, Kreide der nicht von der Faltung betroffenen Tethysteile kalkig entwickelt. In den Orogenen dominiert Flyschfazies. Kühler als im Jura.
		Unterkreide	140 ± 5	
	Jura 55	Malm (Weißer Jura)	160 ± 5	Wichtigstes erdgeschichtliches Geschehen vollzieht sich in der äquatorialen alpidischen und in den zirkumpazifischen Geosynklinalen. Hier herrschen z. T. Tiefseeverhältnisse. Dreigliederung des Juras erdweit zu verfolgen. Im kühlfeuchten Lias dunkle Schiefer, im wärmeren Dogger brauneisenreiche Sandsteine und Eisenoolithe, im Malm helle Kalke. Unter warm-ariden Bedingungen bilden sich epikontinental Salze und in warm-feuchten Tafelgebieten Steinkohlen (Sibirien). Die nordamerikanischen Nevadiden und der Nordosten der Sowjetunion werden gefaltet (Kimmeriden). Gondwana endgültig zerfallen. Indik und Atlantik befinden sich noch im Grabenstadium; die ozeanische Entwicklung beginnt mit dem Spreadingprozeß.
		Dogger (Brauner Jura)	170 ± 5	
		Lias (Schwarzer Jura)	195 ± 5	

Entwicklung Mitteleuropas	Entwicklung der Lebewelt
Nord- und Ostsee nehmen ihre heutigen Bereiche ein. Rezente Krustenbewegungen (2 bis 3 mm je Jahr) sind regional auf tektonische Linien (z. B. „Mitteldeutscher Hauptabbruch") und lokal auf Subrosionen zu beziehen (Salzauslaugung).	Ausbildung der gegenwärtigen Vegetationszonen entsprechend den nacheiszeitlichen Klimaten. Anpassung der Tierwelt an diese Räume. Vorgeschichtliche und historische Entwicklung der Menschheit. Herausbildung der die zivilisatorische und kulturelle Entwicklung bestimmenden Gesellschaftsordnungen. Beeinflussung der natürlichen Entwicklung im Tier- und Pflanzenreich durch Kultivierung der Böden, Ausrottung von Pflanzen- und Tierarten, Verschleppung von Tieren und Pflanzen in von ihnen von Natur aus nicht besiedelte Räume.
Das nördliche Mitteleuropa wird von Skandinavien aus dreimal von gewaltigen Eismassen überzogen. Von den Alpen her dringen die Gletscher in vier Vorstößen bis ins bayrische Alpenvorland vor. Im Vorland des Eises lagern die Flüsse mächtige Schotterkörper ab. Aus dem Nordseeraum dringt in Warmzeiten das Meer bis nach Mecklenburg vor. Die abschmelzenden Gletscher der Weichsel-Eiszeit schufen im nördlichen Mitteleuropa die heutigen Landschaftsformen: Moränen, Sander, Lößgebiete, Urstromtäler, Seenplatten. Die alpidischen Gletscher lassen die Schotterflächen des bayrischen Alpenvorlandes zurück.	Reicher Pflanzenwuchs und vielfältiges Tierleben in den Warmzeiten: Birke, Fichte, Kiefer, Eiche, Buche, Ahorn, Esche; Mammut, Höhlenbär, Moschusochse, Urrind, Wildpferd. In Seen reiche Mikrofauna: Ostracoden, Diatomeen. In den Kaltzeiten starkes Zurücktreten der Flora und Fauna infolge Abwanderung nach Süden: Dryas (Silberwurz), Gemse, Murmeltier, Ren. Der Mensch tritt auf. Skelettreste des Frühmenschen sind von Heidelberg, Bizzingsleben, aus Südafrika, China und Java bekannt (Altpleistozän). Die frühgeschichtliche Entwicklung des Menschen beginnt mit dem Jungpleistozän.
Außeralpines Tertiär Mitteleuropas läßt stärkere epirogene Aktivität erkennen. Das nur lückenhaft erhaltene Paläozän in der DDR kontinental entwickelt. In mehreren Vorstößen dringt von Westen her im Eozän, Oligozän und Miozän das Meer bis in das Gebiet der heutigen DDR vor. An seinem Südrand bildet sich ein limnisch-ästuariner Gürtel mit sowohl großflächigen (Leipziger Tieflandbucht, Brandenburg) als auch an subrosive Senken (Geiseltal, Helmstedt) gebundenen Braunkohlenmooren. Die „Norddeutsche Senke" bleibt bis zum Miozän im Einflußbereich marin-brackischer Sedimente. Im Pliozän zieht sich das Meer zurück, breite Schotterterrassen erstrecken sich aus den Mittelgebirgen nach Norden. Gliederung Mitteleuropas in tektonische Schollen („Mitteldeutsche Hauptscholle") abgeschlossen. An die Bewegungen knüpfen sich junge Vulkanite (Erzgebirge, Lausitz, Böhmen, Rhön u. a.).	Auf dem Lande Blütenpflanzen (Palmen, Kastanien, Eichen, Zimt- und Kampferbäume) sowie Nacktsamer (Kiefer, Sumpfzypresse, Mammutbaum). Säuger (z. B. Beuteltiere, Raubtiere, Unpaarhufer, Paarhufer, Halbaffen) entwickeln sich rasch (Geiseltal, Messel). Sie gehen vom eurasisch-nordamerikanischen Großkontinent, der Holarktis, aus. Zahlreich sind Reptilien (Krokodile, Schildkröten, Eidechsen, Schlangen) sowie Insekten, Vögel seltener. Im Meer sind Großforaminiferen (Nummuliten), Bryozoen (Moostierchen), Muscheln, Schnecken, Seeigel und Knochenfische bes. verbreitet. Stratigraphischen Leitwert besitzen vor allem im marinen Bereich Foraminiferen und Nannoplankton, Ostracoden und auf dem Lande Säugetiere.
In die „Norddeutsche Senke" dringt nach Ablagerung terrigener, kohleführender Sedimente (Wealden) das Meer in der Unterkreide in mehreren Transgressionen (Hauterive, Alb) ein (sandig-tonige Ausbildung), erreicht in der Oberkreide (Cenoman, Turon) Thüringen, Sachsen und Böhmen, zieht sich dann aber auf die „Norddeutsche Senke" zurück. Während Kreide im Becken vorwiegend kalkig entwickelt ist (Plänerkalke in Subherzynen Becken, Schreibkreide auf Rügen), ist sie an den Rändern vorherrschend sandig (Harzrand, Elbsandsteingebirge, Zittauer Gebirge). Tektonische Bewegungen (Schollenkippungen) und halokinetische Bewegungen (Salzaufstieg) weit verbreitet.	Faunenschnitt am Ende der Kreide hat in der floristischen Entwicklung seinen Vorläufer durch Entwicklung der Angiospermen. Erste sichere Blütenpflanzen (Weiden, Pappeln, Eichen, Gräser) besiedeln das Land. Saurier, Belemniten und Ammoniten sterben gegen Ende der Kreide aus. Beginn der Säugerentfaltung kündigt sich mit Insektivoren und Beuteltieren an. Im Meer Foraminiferen, Muscheln, Kieselschwämme, Seeigel, Knochenfische u. a. verbreitet. Stratigraphische Bedeutung besitzen bes. Ammoniten, Belemniten, Foraminiferen und Nannoplankton.
Mitteleuropa gehört zum epikontinentalen Bereich. Nördlich der „Mitteldeutschen Hauptlinie" sind jurassische Sedimente weit verbreitet, südlich davon nur isolierte Vorkommen bei Eisenach und Gotha (Lias) und an der Lausitzer Überschiebung sowie liassische Tone und Eisensandsteine im Subherzynen Becken. Im Norden der BRD und in der Schwäbischen und Fränkischen Alb vollständige Juraprofile. Mecklenburg spielte zu einem großen Ästuar mit sandigen, schluffigen, tonigen und im Malm auch kalkigen Sedimenten sowie mit Anhydrit, Gips und Steinsalz. Nur Lias tritt in einzelnen vom pleistozänen Eis verschleppten Schollen zutage (Grimmen, Dobbertin). Jungkimmerische Bewegungen sind im Norden der BRD nachweisbar.	Auf dem Lande überwiegen Nacktsamer (Nadelbäume, Gingkogewächse, Palmfarne u. a.) und Farne. Zu den Reptilien gehören gewaltige Saurier. Erste Flugsaurier und Vögel erscheinen. Fische sehr häufig. Das Meer beleben Ammoniten, Belemniten, Muscheln, Schnecken, Schwämme, Seeigel, Korallen und Foraminiferen. Als marine Reptilien sind Schildkröten, Krokodile und Ichthyosaurier vertreten. Säugetiere spielen noch keine Rolle, sind auf Festland als Kleinraubtiere und Insektenfresser anzutreffen. Gesteinsbildner sind Radiolarien und Schwämme, Riffbildner Korallen. Wichtigste Leitfossilien Ammoniten.

Gruppe (Ära)	System (Periode) Dauer in Mill. Jahren	Abteilung (Epoche)	Beginn vor Millionen Jahren	erdkrustengestaltende Vorgänge
	Trias 30	Keuper	205 ± 5	Die Paläogeographie wird von der Tethys beherrscht: inselreich, stark wechselnde Tiefenverhältnisse, vorwiegend kalkige Sedimente. Initialer Magmatismus weit verbreitet. Nach Norden dringt das Meer mehrfach in Binnenbecken mit lagunär-terrestrischer Sedimentation. Diese Becken befinden sich über variszisch konsolidiertem Untergrund. Alte Tafeln werden nur randlich überflutet. Aufspaltung Gondwanas führt zur Förderung gewaltiger Basaltmassen (Trapp). Sedimentation hier kontinental. Klimatisch lassen sich boreale (Norden) und warme Meere (Tethysriffe) sowie aride Gebiete trennen.
		Muschelkalk	215 ± 5	
		Buntsandstein	225 ± 5	
Erdaltertum oder Paläozoikum	Perm 60	Zechstein	235 ± 10	Nach Bildung von Mesoeuropa entstand südlich der variszischen Gebirge als alpidische Geosynklinale die äquatorial verlaufende Tethys. Dieses Meer grenzte im Norden an eine einheitliche Kontinentalmasse aus Nordamerika, Mittel- und Nordeuropa sowie nach der Uralfaltung auch Asien. Randlich greift Meer auf diese Landmasse mit kalkigen Sedimenten über. Die variszischen Gebirge werden weiter eingeebnet: Bildung der rotliegenden Molasse unter warm-ariden Bedingungen. Die letzten tektonischen Bewegungen begleitet subsequenter Magmatismus. Kontinentale Sedimente der Südhalbkugel zeigen zeitweilig kalt-aride Verhältnisse (Tillite), Gondwana beginnt an tiefreichenden Spalten zu zerfallen.
		Rotliegendes	285 ± 10	
	Karbon 65	Oberkarbon	325 ± 10	In variszischen Geosynklinalen herrscht Flyschfazies der in Faltung begriffenen variszischen Gebirge vor. Im Bereich frühvariszisch gefalteter Gebirge und an Rändern der Tafeln Kohlenkalk abgelagert. Oberkarbon liegt im Orogen und an seinen Rändern als Molasse des nun in Abtragung befindlichen Gebirges vor. In Klastika der Innen- und Randsenken gewaltige Kohlenmassen eingelagert. Lokal ergießen sich subsequente Laven in die Innensenken. In die Schwellen intrudieren Granite. Geschlossene Landmasse Gondwana wird von tillitführendem terrigenem Oberkarbon bedeckt. Tillite (kalt-arid) und Kohlen (feuchtwarm) wichtigste Klimazeugen.
		Unterkarbon	350 ± 10	
	Devon 55	Oberdevon	360 ± 10	Nord- und Osteuropa gehören zum durch kaledonische Faltung entstandenen Old-Red-Kontinent mit terrestrischen Rotsandsteinen und subsequentem Magmatismus. Im Süden sich anschließende variszische Geosynklinale Mitteleuropas, die sich nach Westen bis Nordamerika und nach Osten über Zentralasien bis zum Pazifik erstreckt, zeigt neben marinen Sedimenten intensiven initialen Magmatismus. Im Mittel- und Oberdevon überfluten Transgressionsmeere den Nordkontinent. Auch das noch einheitliche Gondwana besitzt Flachmeerbedeckung. Klima stark differenziert: Nordkontinente – warm-arid (Salzablagerungen), Geosynklinalgürtel – tropisch bis subtropisch, Südkontinente – kalt (Vereisungen).
		Mitteldevon	370 ± 10	
		Unterdevon	405 ± 10	
	Silur 35		440 ± 10	Das konkordant auf das Ordovizium folgende Silur greift transgressiv über Grenzen des Ordoviziums hinaus. Weit verbreitet kalkige Sedimente (erste Korallenriffe). Verbreitung der Graptolithenschiefer und Eisenoolithe geht zurück. Im höheren Silur führen Regressionen und arides Klima zur Bildung von Salzlagern auf Tafeln der Nordhalbkugel. Faltungen in der vom östlichen Nordamerika (Appalachen) über Ostgrönland, Norwegen, England nach Frankreich (Brabanter Massiv) reichenden kaledonischen Geosynklinale werden ebenso wie die Faltung der zentralasiatischen Geosynklinalen abgeschlossen.

Entwicklung Mitteleuropas	Entwicklung der Lebewelt
Mitteleuropa gehört zum Germanischen Becken. Terrigener Buntsandstein entstand aus dem Schutt des Variszischen Gebirges (Böhmen, Erzgebirge, Vindelizisches Land) unter warm-ariden Bedingungen. Muschelkalk bildete sich nach Transgression der Tethys durch Burgundische und Oberschlesische Pforte. Im Keuper sedimentierten sich wieder Abtragungsmassen randlicher Erhebungen. Steinsalz und Anhydrit schieden sich im Röt, Mittleren Muschelkalk und Mittleren Keuper aus. Höchste Mächtigkeiten (mehr als 2000 m) liegen in der „Norddeutschen Senke". Aufschlüsse nur südlich der „Mitteldeutschen Hauptlinie" im Subherzynen Becken, im Thüringer Becken, in Hessen und in Franken.	Fauna und Flora erdweit gleichmäßig ausgebildet. Pflanzen und Wirbeltiere besitzen gleiche Verbreitungsgebiete. In der Pflanzenwelt überwiegen Nacktsamer und Kalkalgen, unter den Landtieren Reptilien (Saurier), in den Binnengewässern Fische und Amphibien, im Meer Muscheln, Brachiopoden und Mesoammoniten. Tetrakorallen sterben aus und werden durch Hexakorallen ersetzt. Erste Säugetiere erscheinen. Lebewelt des germanischen Muschelkalkes zeigt infolge ihrer Isolierung Merkmale einer Sonderentwicklung. Im Muschelkalk sind Ceratiten stratigraphisch leitend.
Das Variszische Gebirge Mitteleuropas kennzeichnet intensiver subsequenter Vulkanismus, bis auf den Tafelrand übergreifend (Mecklenburg). Die Füllung der Innensenken mit Rotsedimenten (Rotliegendes) und porphyrischen Vulkaniten wird abgeschlossen (Saaletrog, Selketrog, Erzgebirgisches Becken). Nach weitgehender Einebnung im Oberrotliegenden erlischt der Vulkanismus. Randsenke der Tafel erweitert sich nach Süden über Nordrand des variszischen Orogens (Brandenburg), wo sie sich mit den Innensenken vereinigt. Hier dringt von Norden das Zechsteinmeer ein. Unter seinem Einfluß bilden sich Kupferschiefer und 4 salinäre Zyklen mit mächtigen Stein- und Kalisalzlagern im Becken und mit Anhydritwällen und Riffen an den Rändern	Die im Karbon begonnene Umbildung der Lebewelt nimmt ihren Fortgang. Trilobiten und viele altertümliche Stachelhäuter und Brachiopoden sterben aus. Dafür erscheinen zahlreiche hochentwickelte Reptilien; Knochenfische weit verbreitet. Im marinen Bereich entwickeln sich großwüchsige Foraminiferen (Fusulinen). Bryozoen wichtigste Riffbildner. Bei den niederen Gefäßpflanzen verringert sich die Artenzahl stark. Nadelbäume herrschen vor. Erstmalig Gingkogewächse. Im marinen Bereich Ammoniten und Fusulinen, auf dem Lande Pflanzen und Reptilien stratigraphisch leitend.
Das in Mitteleuropa entstehende Variszische Gebirge gliedert sich in folgende geotektonische Zonen: **Moldanubikum** (kristalline Gesteine mit wenig beanspruchten paläozoischen Sedimenten [Böhmen]), **Saxothuringikum** (metamorphe, granitisierte, alpinotyp gefaltete paläozoische Sedimente [Thüringen, Sachsen]), **Rhenoherzynikum** (alpinotyp gefaltete Sedimente mit einzelnen Graniten [Harz]), **Subvariszikum** (gefaltete, kohlenführende Molasse in Randsenke des Variszischen Gebirges). Subvariszikum, für Erdgasführung des Rotliegenden von Bedeutung, wird im Untergrund Brandenburgs vermutet. In Mecklenburg erbohrtes Unterkarbon liegt in Kohlenkalkfazies vor; im Harz, in Thüringen und Sachsen tritt es in Flyschfazies zutage. Im Oberkarbon bildeten sich Innensenken des Saargebietes und des Erzgebirgischen Beckens.	Pflanzen- und Tierwelt reich entwickelt. Neben stark entfalteten Gefäßkryptogamen (Bärlappen, Farnen, Schachtelhalmen) treten Farnsamer und erste Nacktsamer (Cordaiten, Nadelbäume) auf. In den Binnengewässern leben Panzerlurche (Amphibien). Erste Reptilien (Cotylosaurier) und zahlreiche Insekten erscheinen. Im Meer sind Foraminiferen (u. a. Fusulinen), Korallen, Muscheln, Schnecken, Cephalopoden (Goniatiten) verbreitet. Stratigraphisch leitend vor allem Goniatiten im marinen Bereich und Pflanzen auf dem Lande.
In Mitteleuropa gliedert sich variszische Geosynklinale in Rhenisches und Thüringisches Becken, beide getrennt durch Mitteldeutsche Schwelle. Sedimente zeigen zwei Ausbildungen: rheinische Fazies (überwiegend kalk- und tonarme sandige Sedimente) und herzynische Fazies (vorwiegend kalkig-tonige Sedimente). Gebirgsbildende Bewegungen beginnen im Thüringischen Trog im Mitteldevon, im Rhenischen Trog erst im Oberdevon. Sie leiten Flyschsedimentation ein, im Rhenischen Trog, später im Karbon mit erheblichen, nordwestlich gerichteten Rutschungen verbunden. Beste Aufschlüsse liegen im Rheinischen und Thüringischen Schiefergebirge, Harz, Vogtland und in der Elbtalzone. In Mecklenburg Devon in Tafelrandfazies auf Rügen erbohrt.	Fauna erobert mit Fischen (Süßwasserareale), Amphibien und flügellosen Insekten das Festland. Stratigraphische Bedeutung für kontinentale Sedimente besitzen Agnathen und Panzerfische. Marine Schichten werden durch Cephalopoden (Goniatiten), Korallen, Ostracoden, Brachiopoden sowie Conodonten (zahnleistenförmige Gebilde unsicherer Herkunft) datiert. Graptolithen sterben im Unterdevon aus. Mitteleuropa wird von Korallenriffgürtel durchzogen. Flora entwickelt sich stürmisch. Neben Psilophyten treten Bärlapp- und Schachtelhalmgewächse sowie Farne auf. Die Algen verlieren ihre Bedeutung als Gesteinsbildner.
In Mitteleuropa Silur auch nördlich Mitteldeutscher Schwelle verbreitet (Harz). Meeresverbindung zwischen Randtrog der Osteuropäischen Tafel und thüringisch-sächsisch-böhmischen Trog wird angenommen. Die Ausbildung der silurischen Schiefer vorwiegend sapropelitisch (Graptolithenschiefer). Daneben Kieselschiefer, im höheren Silur Ockerkalke verbreitet. Initialer Magmatismus (Diabas) tritt auf. Kaledonische Bewegungen sehr schwach. Kaledonische Faltung fehlt. Silur im Harz, Thüringischen und Rheinischen Schiefergebirge, Erzgebirge und in der Elbtalzone gehört bereits variszischer Geosynklinale an.	Die silurische Lebewelt zeichnet sich erstmalig in der Erdgeschichte durch großen Artenreichtum und hohe Siedlungsdichte aus. Weite Verbreitung erreichen riffbauende Korallen sowie Brachiopoden. Trilobiten verlieren Bedeutung. Leitfossilien vor allem Graptolithen. Neben Agnathen entwickeln sich Fische (Placodermen). Gefäßpflanzen treten auf (Psilophyten). Erste Ansätze einer Landbesiedlung vollziehen sich in marinen Uferbereichen.

Gruppe (Ära)	System (Periode) Dauer in Mill. Jahren	Abteilung (Epoche)	Beginn vor Millionen Jahren	erdkrustengestaltende Vorgänge
	Ordovizium 70		500 ± 15	Aus Geosynklinalen greift das Meer in verschiedenen Transgressionen auf benachbarte Festlandskerne (Tafeln) über. Tieferes Ordovizium vielfach sandig ausgebildet, später steigt Anteil chemischer Sedimente. Kalkfazies reichte bis in arktische Breiten (Flachmeerfazies). In euxinischen Meeresbecken entstanden dunkle feinschichtige Graptolithenschiefer. Oolithische Eisenerze weit verbreitet. In Geosynklinalen lebhafte Krustenbewegungen. Klimagleichmäßig mild mit steigenden Temperaturen.
	Kambrium 70	Oberkambrium	515 ± 15	Aus den an den Rändern der präkambrischen Tafeln entstandenen Geosynklinalen transgrediert das Meer mehrfach weit über die Festländer. Am Ende des Kambriums treten in den Geosynklinalen intensive tektonische Bewegungen auf (altkaledonische Faltungen), die mit basischem und saurem Magmatismus verbunden sind. Nach der eokambrischen Vereisung setzt wärmeres Klima ein. Bis in arktische Breiten herrscht warmes (Riffe) und trockenes Klima (Salz).
		Mittelkambrium	540 ± 15	
		Unterkambrium	570 ± 15	
Erdfrühzeit oder Präkambrium (Kryptozoikum)	Riphäikum 400		etwa 1 000 ± 50	Entwicklung der Erdkruste erreicht vorläufigen Abschluß. Auf der Nordhemisphäre existieren isolierte Schilde (Tafeln): Laurentische, Osteuropäische, Sibirische, Chinesische Tafel. Die Festländer der Südhalbkugel bilden das geschlossene Gondwanaland mit Südamerika, Afrika, Indien, Australien und Antarktika. Die Tafeln werden von Geosynklinalen flankiert, in denen die assyntische oder baikalische Faltung u. a. in West- und Mitteleuropa sowie in Sibirien wirksam war. Bedeutende Vereisungen im höheren Riphäikum sind die wichtigsten Klimafaktoren.
	Proterozoikum 1 000		etwa 2 000 ± 50	Erdkrustenentwicklung schon gut überschaubar. Erdgeschehen wird von 4 Geosynklinalzyklen beherrscht: karelidisch-svekofennidische, gotidische, labradorische und satpurische Ära. Faltungen der Sedimente mit syn-, spät- und postkinematischen Intrusionen von Graniten, Granodioriten, Tonaliten und basischen Gesteinen sowie Vergneisungen und Migmatisierungen verbunden. Die verschiedenen geosynklinalen Faziesbereiche sowie Flysch-
	Archaikum 800		etwa 2 800 ± 50	Erdgeschehen wird von mindestens 3 Geosynklinalzyklen beherrscht: algomische, dharwarische, mesoafrizidische Ära. In Nordeuropa vollzieht sich die Entwicklung des saamidischen (2 800 ... 2 200 Mill. Jahre) und des belomoridi-
	Katarchaikum 1 200		etwa 4 000	Nach Erwärmung der Atmosphäre beginnt der Kreislauf des Wassers als Voraussetzung der Sedimentbildung. Die ersten Geosynklinalzyklen beginnen vermutlich vor 3 500 Mill. Jahren: kubutische, paläoafrizidische und laurentische Ära. In Nordeuropa wird das Katarchaikum mit
Erdurzeit	Azoikum		mehr als 4 500	Entstehung der Erde durch Zusammenballung kosmischer Teilchen. Bedeckung der gesamten Erdoberfläche mit einer Eisschicht bis vor etwa 4 000 Mill. Jahren. Später ermög-

Zusammenstellung unter Verwendung der „Formationstabelle" der 4. Auflage dieses Werkes von M. Schwab.

Die absoluten Altersangaben entsprechen der Tabelle der Kommission für die Koordinierung der radiometrischen und stratigraphischen Daten zur Entwicklung einer Welt-Zeittabelle (1966). Für das Präkambrium fanden die Altersangaben von Lotze (1968) Verwendung.

Entwicklung Mitteleuropas	Entwicklung der Lebewelt
Transgressionen erfaßten auch Mitteleuropa. Im Untergrund Mecklenburgs und Nordpolens mächtige Sedimente des Randtroges der Osteuropäischen Tafel erbohrt. Weite Verbreitung des klastischen Ordoviziums in Thüringen und Sachsen (Geosynklinalfazies mit initialem basischem Magmatismus im thüringisch-sächsisch-böhmischen Trog). Im Erzgebirge Rotgneisgranite. In Mitteldeutsche Schwelle intrudieren nordsächsische Granite. Nördlich der Mitteldeutschen Schwelle fehlen ordovizische Sedimente (z. B. im Harz).	Erste Vertebraten (Agnathen) treten auf. Von den Invertebraten erscheinen u. a. erstmalig Korallen, Muscheln, Crinoiden, Seeigel und Kieselschwämme. Stratigraphische Leitfossilien vor allem Graptolithen. Entwicklung der Flora vollzieht sich ebenso wie die der Fauna noch im Meer. Kalkalgen weit verbreitet und gesteinsbildend. Grünalgen bilden Kuckersit.
Im Untergrund Mecklenburgs wird Trog mit kambrischen Sedimenten vermutet, Fortsetzung in Nordalpen bekannt (Randtrog der Osteuropäischen Tafel). Mittlere DDR liegt im Geosynklinalbereich. Beckenfazies mit basischen Vulkaniten in Thüringen und Sachsen entwickelt, im Schwarzburger Sattel und bei Görlitz am besten erschlossen. Im Raum zwischen Halle und Cottbus erbohrtes Kambrium bildet Nordwestrand dieser Geosynklinale.	Die Entfaltung der Lebewelt vollzieht sich im Vergleich mit dem Riphäikum scheinbar sprunghaft. Vertreter von 11 Tierstämmen nachgewiesen. Neu treten auf: Branchiotrematen (Graptolithen), Arthropoden (Trilobiten, Ostracoden), Tentakulaten (Brachiopoden, Bryozoen), Mollusken (Gastropoden, Cephalopoden) und Acrania? (Conodonten). Trilobiten gestatten biostratigraphische Gliederung. Flora wird von Algen beherrscht.
In Nordeuropa setzt sich die Entwicklung der Tafeldecke fort (Sparagmitformation mit glazigenen Sedimenten). Mitteleuropa liegt im Geosynklinalbereich. Riphäische Sedimente in der Nordlausitz und Elbtalzone, im Erzgebirge und Schwarzburger Sattel sowie in Böhmen („Prager Algonkium") verbreitet. Es überwiegen Grauwacken, im Erzgebirge und in der Lausitz teilweise granitisiert. Im Bereich der Mitteldeutschen Schwelle riphäische Sedimente über kristallinisiertem Untergrund (Ruhlaer Sattel) erbohrt. Nördlich der Schwelle werden riphäische Gesteine vermutet.	Die Metazoen haben sich entwickelt. Es überwiegen schalenlose Weichtiere, doch treten bereits Hornschaler und erste Schalen und Gerüste aus Kalk auf. Die Baupläne der Tiere entsprechen denen der heutigen Stämme. Bisher wurden nachgewiesen: Tentakulaten, Anneliden, Mollusken und Coelenteraten. Sporomorphe Mikrofossilien sind häufiger. Kalkabscheidungen durch Algen (Stromatolithen) sowie niedere Pflanzen (Cyanophyten, Flagellaten) sind bekannt.
und Molassesedimente sind bereits unterscheidbar. In Nordeuropa wandern die Faltungen nach Süden. Die konsolidierten Gebiete (Karelien-Svekofenniden ~ 1 900 Mill. Jahre, Gotiden ~ 1 400 Mill. Jahre. Dalslandium ~ 1 100 Mill. Jahre) werden von epikontinentalen Tafelsedimenten (Jotnischem Sandstein) überlagert und von Graniten intrudiert (Rapakiwi-Granit, 1 640 Mill. Jahre).	Das Leben wird vorwiegend durch niedere Wasserpflanzen (Kiesel-, Kalkalgen, Bakterien, Einzeller) repräsentiert. Größere Verbreitung besitzen Algenkalke (Stromatolithen).
schen (2 200 ... 2 000 Mill. Jahre) Geosynklinalzyklus. Sedimente bilden sich bereits unter oxydierenden atmosphärischen Bedingungen.	Erweiterung der Lebensräume durch die Entwicklung einer O_2-führenden Atmosphäre. Die anaeroben, autotrophen Vorläufer der Grünpflanzen sind vergleichbar mit blaugrünen Algen, Dinoflagellaten und Eisenbakterien.
der katarchaischen Faltung beendet. Differenzierung von Erdmantel und Kruste aus Urmantel. Älteste Gesteine sind Granitgneise in Westgrönland (3 750 Mill. Jahre) und Metasedimente auf Kola (3 200 ... 3 600 Mill. Jahre)	Biologische Entwicklung löst abiologisch-chemische ab. Das Leben entwickelt sich unter anaeroben Bedingungen im Flachwasser. Älteste Zeugen sind bakterienartige Organismen in Kieselschiefern (3 200 Mill. Jahre). Die Ernährung erfolgt durch Photosynthese.
lichen höhere Temperaturen nach Bildung einer Atmosphäre mit geringem Sauerstoffgehalt die Existenz von fließendem Wasser.	Abiologisch-chemische Entwicklung unter den Bedingungen einer reduzierenden Atmosphäre aus H_2, CH_4, NH_3 und H_2O.

Register

T = Tafel, * = Abbildung

Aa-Laven 193
Abblasung 565
Abbruchssteilufer 548
Abdruck 423
Abfolgen 129
abgedeckte Karten 495, 500
Abgrusung 102
Abies 406
Abkühlungsschrumpfung 237
Ablagerung 160 ff., 467
Ablagerungsgebiet 174
Ablagerungsräume 136
Ablagerungszyklen 132*
Ablaugung 210
Abplattung der Erde 33
Abraumverhältnis 559
Abriebfestigkeit 558
Abrißnischen 145
Absanden des Gesteins 558
Absatzgesteine 77, 84
Abscherung 179*
Abscherungsdecken 206
Abschiebung 206*, T 33
Abschuppung 101
Absenkungen 541
absolute Altersbestimmung 285
Absonderung T 7
Abspülung 144, 154
Abstammungslehre 424, 437
Abtragung 457, 467
Abtragungsgebiet 174
Abukuma-Serie 92
Abwasserbeseitigung 540
Acadian 309
Acadobaltische Faunenprovinz 309
Acadobaltische Provinz 310
Acanthoceraten 374
Acanthocladia 343*
Acanthodes 343*
Accretion 40
Acervularia 318
Achesongraphit 481
Acritarchen 312
Actaeonella 374, 375*
Actinocamax 374
Actinocamax mamillatus 65*
Adelaide-Trog 302
Adsorptionswasser 105
Aeger tipularius T 40
Aeromagnetik 510
Aeroprospektion 520
Afrikanische Plattform 300
Afrikanische Tafel 315
Afriziden 227
Ägäische Platte 273*
Agnathen 312, 318, 445
Agnostus 304*
Akkumulation 151
aktive Gletscher 148
Aktivierungsanalysen 518
Aktualismus 21
aktualistische Methode 11
Akustiklog 517
Akzessorien 74
Alabaster 480
Alassy 153*
Albertan 309
Albit 74*
Albit-Epidot-Hornfelsfazies 99
Aldanophyton antiquissimum 427
Aldan-Schild 226
Alemannisch-Böhmische Insel 306
Alexandrit 482
Algen 312, 330, 427
Algonkischer Umbruch 184
Alkaliböden 112
Alkalifeldspatreihe 74
Alkaligesteine 81

alkaline Gesteine 81
Aller-Serie 349
allgemeine Geologie 9, 12, 101 ff.
Allite 468
allitische Verwitterung 103, 468*
allochemer Prozeß 98
Alloiopteris 431
Alloiopteris coralloides 432
Alloiopteris sternbergi 432
allotriomorph 70
alluvial-fluviatile Seifen 467
Alluvium 415
Alpen 231
Alpentektonogenese 269
alpidische Ära 185
alpidische Gebirge 231
alpidische Orogene 232
alpidisches System 231
alpidische Tektonogenese 383
alpine Geosynklinale 359
alpine Klüfte 471
alpine Trias 354
alpine Triasfazies 352
alpinotyp 175
alpinotype Orthotektonik 180
alpinotype Tektonik 175*
Alt-Angiospermen-Flora 436
Ältere Alteinsteinzeit 405
altertümliche Stachelhäuter 444
Alte Schilde 223
Altpaläolithikum 405
altpaläozoische kaledonische Ära 451
Altpferd T 43
Altsteinzeit 405
Alttertiär 435
Altwasserrinnen 143
Amaltheus 364
Amaltheus margaritatus 363*
Amazon-Kraton 297
Amblypterus 343*
Amerikanische Faunenprovinz 306
Aminosäure-Test 402
Ammoniten 341, 352, 364, T 42
Ammonoideen 324, 330, 374, 442
Amphibia 322, 330, 341, 446
Amphibole 75*, 76
Amphibolitfazies 92, 94
Amphigleye 110
Amphineura 440
Amphitherium 363*
Amur-Senke 398
Anabar-Massiv 226
Anarcestes 323*, 324
Anatexis 82*, 95, 97
anchimetamorph 92
Ancylopegmaten 439
Ancylus fluviatilis 403*
Ancylus-See 416
Anden-Typ 263
Angaraland 343 , 344
Angaria 297
Angaria-Schild 451
angewandte Geochemie 519 ff.
angewandte Geologie 9, 534
angewandte Gesteinsgeochemie 519
Angiospermen 375, 433, 434
Angiospermenflora 435
Anhydrit 480, 484
anhydromorphe Böden 108
Anisograptidae 445
Anisomyarier 440
Anisotropie 203
Anlandungssteilufer 548
Anmoor 105
Annelida 439
annueller Dauerfrostboden 151
Annularia 432
Anomopteris 434

Anorthit 74*
Anteklisen 182, 209, 225
Anthozoen 312, 318, 330, 341, 352, 362
Anthracomya williamsoni 331*
Anthracosidae 441
Anthrazit 487
anthropogene Böden 111
Anthropogeochemie 519
Anthropogeologie 560
Anthropoiden 449
Antiklinalen 176, 203*, 204, 491*
Antiklinorien 205
äolische Deflation 151
äolische Korrasion 156
äolische Prozesse 140, 156
äolischer Bereich 137
äolische Seifen 467
äolische Umlagerung 155
Apatit 70, 481
apomagmatische Bildungen 462
Appalachen-Geosynklinale 309
Appalachen-Trog 293
Appalachen-Vorsenke 345
Apt-Cenoman-Transgression 375
Aquamarin 482
Äquator 33
Aquicluden 116, 537
Aquifer 116
Aquifugen 116, 537
Aquitanisches Becken 366*, 367
Aquitard 116
Ära 283
Arabische Platte 273*
Arabische Tafel 227
Arachniden 443
Aralia 435
Araliaceen 435
Araucariaceen 435
Archaeocalamiteen 431
Archaeocyathiden 438
Archaeocyathus 304*
Archaeopteris 324, 430*
Archaeopteryx 364, 365, 370, 447, T 41
Archaeosperma 430, 431
Archäikum 288
Archäozoikum 289
Archegosaurus 343*
Archidiscodon meridionalis 403
Archidiscodon planifrons 403
Archosaurier 446, 447
Ardennisch-Rheinisches Massiv 365, 366*
Arenicolites 352
Arenig 310
Arenzhainer Serie 307
arider Klimabereich 141, 155
Arietites bucklandi 363*, 364, T 40
Arkosen 86
arktisches Becken 367
arktisches Bodenfließen 154
Arkto-Amerikanische Faunenprovinz 304, 309
Arkto-Amerikanische Provinz 310
Arkto-Faunenprovinz 306
Armfüßer 305, 312, 318, 330, 439
armorikanischer Bogen 335*
Armorikanisches Massiv 294, 307, 365, 366*
artesischer Brunnen 116*
artesisches Grundwasser 116
Arthropoden 341, 352, 374, 443
Articulaten 322, 324, 330, 341, 430, 439, 444
Artinskstufe 350
Artiodactyla 448
Artois-Schwelle 388
Asaphiden 311, 312*
Åsar 408
Asbest 481

Ascheverspülung 564
Ascoceras 318
aseismische Rücken 255
Ashgill 310
Aspahltsande 494
Asselstufe 350
Assoziationen 435
Assyntische Ära 185, 451
Assyntische Faltung 185
Astarte elegans 363*
Asterocalamitaceae 330
Asterocalamites scrobiculatus 431
Asteroiden 363
Asterophyllites 432
Asteroxylon 428*, 429
Asterozoa 444
Asthenosphäre 52, 55*, 203, 260
Ästuare 137
asturische Phase 335
Astylospongia 311*, 312
Asymmetrie 236
Asymmetrieindex 130
Athyriden 312
Atlantikum 415
atlantischer Typ 261
Atmosphäre 56, 60
Atrypa reticularis 317*
Atrypiden 312
Aucella 374
Auelehme 565
Auenböden 109, 110
Auffülle 565
Aufhärtung 541
Aufprallmarken 131
Aufpressungen T 9
Aufschiebungen 206
Aufschlüsse 497
Aufstoßmarken 131
Auftauschicht 151, 152
Auftriebsströmung 164
Aulaceraten 443
Aulacostephanus 364
Aulakogene 225, 232, 307
Auloporidae 438
Aureole 520
Ausblasung 156
Ausbruchsbeben 214
Ausgleichssteilufer 548
Auslaugung 102, 549
Außensenken 178
Austern 374
Australische Tafel 228
Australopithecus 404 449
austrische Phase 373
autometasomatisch 99
automorph 70
Autun 347
Avicula murchisoni 353*
Aviculopecten papyraceus 331*
Azoikum 10, 289

Bactriten 442 f.
Baculites 374
Badlands 145, 157, 565
Baiera 363*, 365, 434*
baikalische Ära 451
baikalische Faltung 185
baikalische Gebirgsbildung 229
Baikal-Rift 269
Baikal-Zone 269*
Bairdia 364
Bakterientriftung 540
Balearen-Becken 397
Baltischer Eisstausee 416
Baltischer Schild 295, 307, 365, 366*, 451
Baltische Serie 307
Baltische Straße 365, 366*, 378
Balto-Sarmatischer Schelf 312, 313*, 315, 319*
Bändertonchronologie 283
Bändertone 85, T 9
Bänderkalender 283
Bank 129
Barama-Mazaruni-Geosynklinale 300
Barchan 137, 156
Bärlappgewächse 324, 330

Barrandium 326
Barrentheorie 24, 483*
Barrow-Serie 92
Basaltdecke T 7
Basalte 82, T 2
Basaltsäulen T 7, T 12
Basaltstadium 244
Basifikation 243
Basifizierung 244, 265
Batholithe 200*
Bathyreon 248
Baugeologie 534, 544
Baugrund 545
–bohrung 551
–erkundung 551
–karte 501, 503
–untersuchung 549
Baukalk 480
Baumfarne 341
Bauraum 551
Baustoffkunde 534
Baustoffrohstoffe 555
Bauxit 479
Bauxitformation 473
Bayanoteuthis 443
Bebenherd 214
Bedecktsamer 375
Bekaa-Senke 267
Belastungsmarken 130
Belemnella 374, T 42
Belemnitella 374, 375*, T 42
Belemniten 364, 374, 443, T 42
Belemnoideen 442
Bellerophon 311*, 343*, 350
Bellerophonkalk 341
Bellerophon-Schichten 349
Bellerophontina 440
Belt-Miogeosynklinale 293
Belt- (Purcell-) Parageosynklinale 293
Bemusterung 530
Beneckeia 442
Benioff-Zone 261
Bennettitales 353, 375, 432, 433
Bennettiteen 433 ff.
Bentonite 480
Beomoriden 225
Bergbau 14
Bergbaufolgelandschaften 564
Bergfeuchtigkeit 116
bergmännische Schürfarbeiten 508
Bergrutsch 132, 145
Bergschlipf 132, 145
Bergsenkungen 549
Bering-Landbrücke 448
Berriasella 364
Beryll 482
Betonzuschlagstoffe 476
Betula nana 403*
Betula pubescens 406
Beulen 209, 241*
Beutelstrahler 312
Bewässerung 541
Beyrichia 317*, 318
Biegefaltung 177
Biegezugfestigkeit 558
Bildungsmilieutypen 134
bimodale Serien 45
Bimssteine 194
biochemische Faktoren 473
biochemische Suche 522
Biochronologie 282
biogene Lagerstätten 469
Biogenese 424
biogene Sedimente 166
Biogenetik 424
Biolithe 460
biologische Verwitterung 101, 104
Biosphäre 56, 60
Biostratigraphie 281, 424
Biostratinomie 422
Biotitgneis T 2
Bioturbation 107
Bipedie 446
Bischofit 492
Bitter-Springs-Formation 289, 426
Bitumen 88
Bitumina 88
Bituminierung 88

Bivalvia 440
Blähton 478
Blätterkohle T 44
Blattverschiebungen 206, 255*, 270, T 33
blaugrauer Schlick 164
Bleicherden 480
Bleimethoden 285, 287
Blockbild 200*
–bildung 102
–böden 106
–diagramm 206*, 212*
Blöcke 85
Blocklava T 11
–meere 102
–ströme 102, 419
Boden 104, 106
–bestandteile 105
–bildung 24, 457
bodenbildende Prozesse 107
Bodenbildungsfaktoren 107
Bodendenudation 565
–erosion 145, 565
–fließen 145, 147, 211, 408
–formen 113
–gefüge 106
–geologie 534
bodengeologische Karte 503
Bodengesellschaften 113*
–greifer 167*
–horizonte 108
–karten 113
–kartierungen 113
–kolloide 105
–konstante 538
Bödenkorallen 318, 438
Bodenkunde 12, 104 ff., 113 f., 534
–luft 105
Bodenmechanik 544*, 545
bodenmechanische Eigenschaften 552
bodenmechanische Kennwerte 552
Bodenmeliorationen 113
–senkungen 566
Bodenskelett 105
–strömungen 164
–typen 108, T 4, T 5
–untersuchungen 113
–wasser 105, 114, 165*
–zonen 112, 113*
Bogheadkohle 487
Böhmische Masse 223, 294
Böhmisches Massiv 365, 366*
(Böhmisch-) Herzynische Fazies 325
Bohnerze 469
Bohrbrunnen 543
–fortschritt 515
–insel T 31
–kern 551
–kleinprobe 551
–lochmessungen 515 ff., 543
–lochsohle 507
–schiffe 508, T 31
Bohrungen 505 ff., 551*
Bolivina 362, 384*
Bomben 193, 194
Borate 486
Bodenschiefer 557
borderlands 44
Böschungsrutschungen 566
Böschungsverflachungen 539
Bothrodendren 432
Boudinage 204*, T 13
Bouguer-Schwere 509
Boulder-Prospektion 521
Brabanter Massiv 315
Brachiopoden 304*, 305, 312, 318, 330, 341, 352, 374
Brachiopodengattungen 323
Brachiosaurus 364, 372, T 41
Brachiphyllum 435*
Brachipoda 439
Brachyantiklinalen 209
Brackmarsch 110
Branchiata 443
Branchiosaurus 343*
Branchiotremata 444
Brandenburger Stadium 413
Brandschiefer 487
Brandungsplattform T 35

Brandungszone 161
Branntkalk 480
Brasenia purpurea 406
Brasilia 228
Brasilianischer Schild 228
braune Halbwüstenböden 112, 113*
Braunerden 109, 113*, T 4
Braunkohlen 487
−lehme 111
−plastosole 111
−schwarzerde 109
Brecher 161*
Brecherprodukte 476
Brekzien 86
Brennschiefer 487
Bresse-Graben 267, 393
„bright spot"-Methode 513
Brockenlava 193
Brodelböden 153
Brörup-Interstadial 413
Bruch 546
−faltengebirge 180, 207, 233
−faltung 205*
−schollengebirge 180, 207, 233
−systeme 67
−zonen 67*, 233
Brunhes-Epoche 421
Brunnen 543
−bohrungen 536
−filter 543*
Bryograptus 311
Bryozoen 312, 318, 341, 362, 374, 439
Buchara-Hebungszone 226
Buchia 374
Bulgumjachi 153
Buliminidea 373
Bunolophodon 384*
Buntmetalle 461
Buntsandstein 354, 356
buried hills 211
Buroseme 112
Bursjan-Serie 296
Byerly-Diskontinuität 52

Caenogastropoda 440
Calamitaceae 330
Calamiten 432
Calamophyten 429
Calathospermum scoticum 431
Calceola 323*, 438
Calcispongea 438
Callavia 304
Callipteris 330, 343*, 434
Caloris-Becken 47
Calymene 311
Campan 380, T 42
Camptonectes lens 363*
Camptopteris spiralis 435
Cancris auriculus 384*
Cañon T 9
Cañontäler 145
Cantabrian 330
Cantabro-Pyrenäische Randsenke 338
Caprinidea 374
Caprock 210
Caprock-Falle 491*
Caradoc 310
Carbonicola acuta 331*
Carnallitit 484
Castrioceras listeri 331*
Casts 130
Cathaysia 343, 344
Cayman-Graben 159
Caytoniales 432, 433, 434
^{14}C-Bestimmung 402
Cedrus 434
Cenoman 377*, 378, 435
Cephalaspiden 324, 445
Cephalograptus acuminatus 316*
Cephalograptus cometa 316*
Cephalopoden 312, 322, 341, 374, 440, 441
Ceratites nodosus 353*
Ceratitida 422
Ceratopyge 311
Cercidiphyllum 435
Cerithium 423*
Cetacea 448

Chalkosphäre 56
channel casts 131
channels 131
Characeae 322
Chasmops 311, 312*
Cheiloceras 324
Cheilostomata 440
Cheliceraten 443
Chemie der Erde 55
chemische Sedimentbildungen 24
chemische Sedimente 166
chemische Verwitterung 101, 102
chemische Verwitterungslagerstätten 467
Chemofossilien 425
chinesische Plattformen 297
Chinesisch-Koreanische Tafel 305*
Chiroptere 448
Chitinozoen 323
Chlamydomonas 428*
Chondrichthyes 445
Chonetes 323
Chronographie 281
Chronometrie 281
Chuaria 292
Cidaris 352, 374
Cimbria 366*
Cinnamomoides 435
Cinnamomum 436
Cissites 435
Cladogenese 437
Cladophlebis 435
Cladophlebis remota 353*
Cladoxylon scoparium 429, 430, 432
Clarit 487
Clarkewert 57, 58, 59
Clathropteris meniscoides 435
Climacograptus 310*, 311, 445
Clymenien 322, 324, 442
Cnidarier 438
Coal Formation 329
Coccolithenschlamm 165
Coccolithoporiden 87, 375
Cocpits 123
Coelenteraten 323, 341, 438
Coelodonta antiquitatis 403
Coeloptychium sulciforum T 42
Coelosphaeridium cyclocrinophilum 427
Ceonopterideen 430, 431, 432
Coenothyris vulgaris 353*
Coleoidea 442, 443
Colorado-Cañon 293
Conchostraken 341
Condylarthra 448
Coniac 380
Coniferae 330
Conocoryphe 304
Conodonten 312, 323, 331, 352
Conrad-Diskontinuität 52, 54
Conulus 374
convection 263
Cooksonia 428, 429
Cordaiten 330, 331*, 431
Cordierit-Kalifeldspat-Hornfelsfazies 99
Cordierit-Muskovit-Hornfelsfazies 99
Core-drill-Methode 506
Corophioides 352
Corycium enigmaticum 63
Corylus 406
Cosmocera ornatum 363*
Costatoria costata 353*, 358
Costatoria goldfussi 353*
Cottaer Sandstein T 16
Cotylosaurier 446
Counterflush 506
Craniacea 439
Craspedites 364
Cravenoceras leion 330
Credneria triacuminata 375*
Creodonta 448
Cretarhabdus conicus T 45
Criconocaridae 323
Crinoiden 324, 352, 363, 374, 444
Crinozoa 444
Cristal-Spring-Formation 289
Cromer 412
Crossopterygier 324, 330, 445, 446
Crustacea 292, 443
Cryptolithus 311, 312*

Ctenodonta nasuta 311*
Culmitzschia 434
Cupressaceen 435
Cupressocrinus 324
Cyanophyceen 427
Cyathocrinites longimanus 317*
Cyathophyllum-Arten 323
Cycadalen 353, 375, 432
Cycadeen 433, 434, 435
Cycadeoidea 435*
Cycadophyten 433
Cycas revoluta 435*
Cyclolobus 350
Cyclopteris frondosa 430, 431
Cyclostigma 430
Cyclostomata 440, 445
Cyclothyris compressa 375*
Cymatophlebia longialata T 40
Cypridea 364
Cyrtoceras 318
Cyrtograptus linnarssoni 316*
Cyrtograptus murchisoni 316*
Cystiphyllum 318
Cystoideen 312
Cytheracea 444
Cytherellidae 444
Cytheridae 444
Czapcoctia 433

Dachschädler 446
Dachschiefer 480, 557
Dalmanites caudatus 317
Dammufer-Flüsse 143
Dämpfe 193
Dämpfungskurven 514
Danaeopsis 435
Dan-Fazies 388, 389
Dänisch-Polnische Senke 225, 366*
Daonella 352
Dauerfrostboden 150*, 151*, T 23
Dauerhumus 105
Dauerpumpversuche 540
Dawsonoceras annulatum 317*
Dayia 318
Dazisches Becken 397
DECCA-Navigation 158
Deckelkorallen 438
Deckgebirgsmächtigkeit 553, 559
Deckgebirgsverhältnis 553, 559
Deep Sea Drilling Project 158
Deflation 156
Deflationsmulden 156
Deformationsverglimmerung 100
Degradationsstufen 109
degradierte Schwarzerden 113*
Dehnung 202, 204*
Dehnungsklüfte 206
Dekan 227
Dekapoden 341
Deklination 33
Dekorationssteine 557, 558, 559*, T 16
Delapsion 126
Delesseria 428*
Delta 127
Deltabereich 137
Deltamündungen 143
Dendrochronologie 283, 287, 402
Dendroidea 310, 444
Dentalina 362
Denudation 457
denudative Hangabtragung 140
Deponie 562
derasive Prozesse 140
Desmodontier 440
Desmopteris 432
Desquamation 101
Destruktion 184
Deszendenztheorie 437
Devon 10, 322ff., 326*, 327*
Diabas 557
Diabastuffe 557
Diagenese 88
dialektisch-materialistisches Weltbild 26
Diamant 70, 482
Diaphthorese 95, 460
Diaphthorite 95
Diapire 210

Diatexis 98
Diatexite 98
Diatomeen T 32
Diatomeenerde 87, 480
Diatomeenschlamm 164, 165*
Dicellograptus complanatus 310*
Dicerorhinus etruscus 403
Dichograptus 311
Dichteausgleichsströmungen 163
Dichte der Gesteine 50
Dickspülung 506
Dicoridium 353
Dicroidium 434
Dictyonema 310*, 311
Dictyophyllum exile 435
Didymograptus 310*, 311
Dielasma 343*
Differentiationen 79
Digitizer 505
Dikelocephalus 304*
Diktyogenese 172, 173
Diluvium 402
Dimorphograptus 445
Dinant 330
Dinariden-Geosynklinale 370
Dinosaurier 364, 446, 447, T 42
Diplocraterion 439
Diplograptus 311, 317
Diplopora annulata 353*
Dipolfeld 33
Dipteridaceen 353, 432, 435
Discoceras 312
Discoidea 374
disharmonische Faltung 204*, T 38
diskontinuierliches Bodenesi 151
Diskordanz 211*
Dislokationsbeben 214
Dislokationsmetamorphose 90, 224
Dispersionsaureolen 520
Dispersionshof 520, 521*
disseminated copper ores 467
disseminated-Typ 465
Dithecoidea 444
Divergenz des Strömungsbandes 161
Divergenzränder 261
Djurtjuli-Wall 225
Dnepr-Donez-Senke 385, 391
Dnepr-Faltung 225
Dnepr- (Saale-) Vereisung 420
Dogger 365, 366, 367, 370
Dolinen 122*, T 20, T 21
Dolomit 87, 103, 480
Dolomitisierung 89
Dome 182, 209
Donauvereisung 417
Donauversinkung T 12
Donezbecken 344
Don-Medwediza-Wall 225
Doppelrift 487
Douvilleiceras mamilatum 375*
drag marks 131
Dredgen 168
Drehbohrverfahren 507
Drehimpulsverteilung 40
Dreilapper 443
Dreilappkrebse 304
Dreischichtminerale 105
Dreispaltenstrukturen 264
Drepanophycus 428*, 429
Driften 250
Drifthypothese 24, 250
Driftströmungen 163
Drillingsstrukturen 264
Druckentlastung 102
Druckfestigkeit 558
Druckklüfte 208
Drumlins 150, 408, 417
Dryas octopetala 403*
dualistische Theorien 37
Duisbergia mirabilis 429
Dünen 156, 408
Düngekalk 480
Dünnschliffmikroskopie 26
Durchflußmenge 539
Durchlässigkeitsbeiwert 538*
Durchlässigkeitsbestimmungen 539
Durchlässigkeitsziffer 538
Durit 487

Dy 105, 110
Dyas 340
dynamische Geologie 9, 12
Dynamometamorphose 99, 224
dystropher See T 9

Echinocorys 374, T 42
Echinodermen 305, 312, 324, 341, 363, 444
Echinoiden 352, 363
Echinosphaera aurantium 311*
Echinostrobus 435*
Echinozoa 444
Echogramm T 30
Echographen 168
echte Affen 449
echte Fossilien 423
Ectocochlia 443
Edelmetalle 461
Edelsteine 482
Edentata 448
Ediacara-Fauna 443, 450
Ediacara-Formation 426
Edrioasteroida 444
Edukt 95
Eem-Interglazial 413
Efforationserscheinungen 548
effusiv 191, 192
Effusivgesteine 81
eggische Richtung 181
Eigenpotential-Methode 511, 516
Eigenschaftsrohstoffe 459
Eigenschaftsstandard 555
Eindampfungsbecken 343
Einmauerung 423
Einmuldungen 548
Einsprenglinge 83
Einsturzbeben 214
Einsturzkrater 196
Einzelkorngefüge 106, 546
Einzeller 437
Eisenerzgürtel 475
Eisenfreisetzung 107
Eisen-Mangan-Knollen 167
Eiserner Hut 103
Eiskappen 409, 410
Eiskeil-Dynamik 152*
Eiskeile 151, 152, 408
Eiskristalle 152
Eislinsen 549
Eisrand 410
Eisspalten 151
Eiszeitalter 401
ejektiv 191, 192
Ejektivfaltung 177
Eklipitikebene 29
Eklogit T 1
Eklogit-Fazies 92, 96
Ekuadorischer Graben 218*
Elbingeröder Riff-Komplex 325
elektrische Methoden 512
elektromagnetische Wechselstrommethoden 512
Elementrohstoffe 459
Elevationshypothese 236
Elevationstheorie 249
Ellesmerocerida 441
Ellipsocephalus 304
Elster-Eis 412
Elster-Vereisung 410
eluviale Seifen 467
Embryonalfalten 176
Embryonalgeosynklinalen 175
Emersion 174
Emiliani-Kurve 285, 287
Emsland-Schwelle 388
Ems-Senke 335
Encrinus 352, 353*, 444
Endlaugenversenkung 540
Endmoränen 150, T 25
Endoblastese 98
Endoceras 311*, 312
Endocochlia 443
endogene Kräfte 12, 169ff.
endogene Prozesse 139
endogene Vorgänge 169ff.
Endokontakt 99
endostratische Brekzien 132

En-échelon-Spalten 206*
Energiefluß 49
Energierohstoffe 459
Englisches Becken 367
Englische Senke 366*
Engtal T 9
Enigmophyton superbum 323*
Entbasung 107
Entgasung 79
Entomoprimitia variostriata 323*
Entomozoa serratostriata 323*
Entomozoidae 444
Entwässerung 79
Entwicklungsgesetz der Erde 22
Environmental geology 560
Eobacterium 425
Eobelemnites 443
Eobionten 425
Eocrinoidea 444
Eodiscus 304
Eoparatethys 395
Eozoikum 289
Eozostrodontidea 447
Epeirophorese 250
epikontinental 174
epikontinentale Fazies 399
epikontinentale Salinarbecken 351
epikontinentale Becken 340
epikrustal 462
epikrustale Lagerstätten 464, 465
Epimagma 193
Epirogenese 12, 20, 171, 173
epirogenetische Bewegungen 171, 235
Episageceras 350
episodisch 171
Epizentrum 214
Epizone 90
Epoche 283
Equisetites 353, 432
Equisetum 432
Equus 384*, 403
Erdatmosphäre 30, 57*
Erdbau 544*
Erdbeben 12, 20, 213, 566, T 33
Erdbebenforschung 218
Erdbebenwarten 214
Erdbebenwellen 215*
Erdbraunkohlen 487
Erde 29, 33, 34, 48, 51, 52*, 55, 56*, 57*
Erdeinbrüche 122
Erde-Mond-System 35
Erdentwicklung 453
Erdeyen-Wüste 157
Erdfälle 103, 122, 548*, T 22, T 48
Erdgas 488ff.
Erdgeschichte 9, 26, 281, 450
erdgeschichtliche Urkundenforschung 10
Erdgeschichtsforschung 9, 11, 15, 451
erdinnere Kräfte 169
Erdkern 56
Erdkontraktion 279
Erdkruste 52*, 54*, 55*, 56, 59*, 169ff., 201, T 34, T 35, T 36, T 37, T 38
Erdkrustentypen 174, 183
Erdlehre 9
Erdmagnetfeld 31
Erdmantel 56
Erdnähte 181
Erdöl 488 ff.
Erdölbildung 489
Erdölfallen 490, 491*
Erdölschichtwässer 523
Erdorgeln 121
Erdpfeiler T 17
Erdwärme 190
Erdwissenschaft 9
Ergußgesteine 81, T 7, T 10
Erg-Wüste 156*, 157
Erhebungskrater 236
Erkundung 526
Erkundungsleitsätze 529
Erkundungsmethoden 509
Erkundungsnetze 528
Erkundungsprinzipien 529
Erkundungsprojekt 529
Erkundungsrisiko 529
Erkundungswissenschaft 525
Erosion 23, 121, 142, 548, T 3, T 18

44 Entwicklungsgesch. der Erde

Erosionskolke 121
Erosionsmarken 130
Erosionsrinnen 131
Erstarrungsgesteine 77
Eruption 191
Eruptivgesteine 77
Eryma modestiformis T 40
Erze 470
Erzerkundung 506
erzgebirgische Phase 335
erzgebirgische Richtung 181
Erzgebirgische Senke 333, 336
Erzlagerstätten 461
Erzminerale 461
Erzparagenesen 465*
Erzschlämme 267
Esker 150, 408
Eßkohle 487
Ethmolithe 200
Eucyclus ornatum 363*
Euechinoidea 444
Eugeosynklinale 452
eugeosynklinaler Bereich 176
Eurasische Platte 273
Europäischer Kraton 289
europäisches Autun 343
europäisches Epikontinentalgebiet 365
Eurycare 304
Eurypteriden 443
Eurypterus fischeri 317*, 323*
eustatische Kurve 161*
eustatische Schwankungen 235
Eusthenoperon 445
Evaporate 87
Evaporite 137
Evaporitserien 485
Evaporit-Stadium 266
events 33, 259
Evolution 26
ewige Gefrornis 151
Exaration 149, 150*
Exhalationen 192
Exinit 487
Exocolubaria exquisita 311*
exogene Kräfte 101
exogene Prozesse 12, 139
exogene Vorgänge 101, T 8, T 9, T 17, T 18
Exokontakt 99
Expansionshypothese 277
explosiv 191, 192
Explosivitätsindex 198*
Exosphäre 30
Externiden 178
Extrusivgesteine 81
Exzentrizität 29

Fächerfalten 204
Fächerschießen 514*
Fagus 406
Fahlerden 109, T 4
Fallen 550
Fallgewichtsseismik 543
Falten 204, T 34
-bögen 230
-gebirge 49, 229, 452
-jura 179*
-molasse 178
-stränge 395*
-vergitterung 205
Faltung 22, 177, 249*
Faltungsreife 176
Fanglomerat 157
Färbemethoden 539
Farberden 480
Farbspat 481
Farne 324
Farngewächse 330
Farnsamer 330
Faunenschnitt 437
Favosites 318
Fazies 11, 136
-analyse 124
-assoziation 315
-begriff 19
-bereiche 136, 137
-diagnostik 523
Feinboden 105

Feinerde 105
Feldblatt 498
-buch 498
-reinblatt 498
-spat 70, 74*, 482
Fels 545
Felsbau 544*
Felsengebirgsgeosynklinale 309
Felsgesteine 545
Felshohlbau 544*
felsisch 74, 81
Felsmechanik 279, 544*, 545
-sturz 550
-terrasse 146, 157
-wüste 157
femisch 74, 81
Fe-Mn-Konkretionen 469
Fenestella 343*
Fenestellidae 440
Fennosarmatia 289
fennosarmatische Tafel 327
fennoskandischer Schild 225
Fenster 205*
Fergana-Becken 329
Fernerkundung 514, 568
Festgesteine 141, 475, 559
Festgesteinsgrundwasserleiter 536
Festigkeitsgrößen 554
Festigkeitskennwerte 554
Festigkeitsprüfungen 554
Festlandskerne 181
Festlands-Pegel 32
Fettkohle 487
Feuchtigkeitskreislauf 558
Feuchtrohdichte 552
Feuersteinfelder T 8
Fibularix 292
Fiederspalten 206
Fig Tree Elemente 425
Filices 330
Filicinae 322
Filmwasser 114
Filtergeschwindigkeit 538
Filterkies 477
Filtrationskoeffizient 538
final 188
Firnfeld-Tal-Gletscher 148
Fische 330
fission-track-Methode 286, 287
Fissipedier 448
Fixismus 27, 45, 236
Flachbohrungen 505
Flächengefüge 545, 546
-nutzung 565
-nutzungsplan 563*
-spülung 145, 565
Flachmeerregion 162
-seismik 543
-wasserfazies 310
Fladenlava 193, T 11
Flammkohle 487
Flandrische Transgression 415
Flankenregionen 159, 160
Flaserschichtung 129*
Fledermäuse 448
Flexur 206, 207*
Fließen 550
Fließerden 154, 419
-facetten 121, T 22
-faltung 177
-gefüge 83, 131
-geschwindigkeit 115, 143, 147, 538
-grenze 548
-hypothese 251
Flockengefüge 546
Flözhorizont 392
Flugfische 352
Flugsaurier 447, T 41
Fluidalgefüge 194
Fluidalschichtung 83, 194
Fluidaltexturen 83, T 6
Fluortest 288
Flußbett 143
-geröll 142
-marsch 110
-spat 70, 481
flute casts 130*, 131
fluviale Prozesse 140

fluvialer Formenschatz 155
fluviatile Bildung 467
fluviatiler Bereich 137
Flysch 178, 332
Flysch-Fazies 137
Flyschformationen 473
Flyschsedimente 133*
Foraminiferen 323, 330, 352, 362, 373, 437
Formationen 10, 473
Formationsanalyse 124
-gruppe 473
-tabelle 20, 26
-wässer 535
Formklassen 128*
Formsande 477
fossile Böden 104
fossile Grundwässer 535
fossile Lebensgemeinschaften 11
fossiles Bodeneis 151
fossile Seifen 467
fossile Wellenrippeln T 39
Fossilien 11, 422
Fraktionen 128
frana 132
Frane 145
Frankfurter Stillstandslage 413
Französisches Zentralmassiv 294
Frauenbach-Serie 315
Friktionskupplung 246
Frittung 99
Frosch T 43
Froschlurche 446
Frost 549
-beständigkeit 555
-beständigkeits-Kenngrößen 555
-gefährdung 555
-musterböden 112, 152, T 5
-spalten 152
-veränderlichkeit 550, T 48
-verwitterung 101, 419
Fruchtschiefer 557
Frühaulakogene 182
Fugen 129
Fumarolen 192
Furchenmarken 131
Fusinit 487, T 45
Fusit 487
Fußregion 159
Fusulinen 330, 331*, 437

Gabbro T 2
Gal 509
Galaxis 30
Gamma-Gamma-Log 517
Gamma-Kurve 518*
gammaspektrometrische Messungen 511
Gamma-Spektroskopie 67, 518
Gangamopteris 433
Gangarten 461
Ganggefolge 84
gangförmige Erzlagerstätten 464
Ganggesteine 80, 83, 84
Ganglagerstätten 463
Gangminerale 461
Gangtyp 464*
Ganoiden 374
Ganzerde 271
Gartenböden 111
Gas 193
Gasanomalien 493*
Gasflammkohle 487
Gaskohle 487
Gas-Staub-Wolke 37, 38
Gastropoden 312, 318, 330, 341, 352, 364, 374, 440
Gattendorfia 352
Gebirge 171, 545, 546*
Gebirgsbildung 13, 26, 171, 185
-durchlässigkeit 537
-eiskappen 149
-fußflächen 145
-mechanik 279
Gefällsströmungen 163
gefrittete Sandsteinsäulen T 6
Gefüge 96*
Gefügeregelung 96
Gefügeumbildungshorizont 109

Gegenstandsmarken 130, 131
Geländeanalyse 551
Gelifluktion 152
gemischte Vulkane 197
Gemmula boreoturricula 384*
genetische Karten 502
Geochemie 10, 12, 26, 55
Geochemie der Landschaft 524
geochemische Erkundung 520
- Faktoren 473
- Prospektion 519 ff.
- Suche und Erkundung 520
Geochronologie 10, 281
Geoden 89
Geodepression 241*
Geodynamikprojekt 13, 172
geodynamische Prozesse 548
geoelektrisches Verfahren 543
Geoemyda ptychogastroides T 43
Geofernerkundung 504
Geofrakturen 181
Geognosie 16
geognostische Karte 16
Geohydrologie 114
Geoid 33
Geokratie 174
Geologie 9, 10, 12
geologische Erkundung 495 ff., 526 ff.
- Faktoren 472
- Institutionen 19
- Karten 495 ff., 567
- Kartenwerke 496
- Kartierung 10, 19, 495 ff.
- Methodik 18
- Orgeln 121
geologischer Körper 460
geologische Routenaufnahme 497
geologische Schnitte 530
geologisches Fenster T 34
geologische Suche 495 ff., 527
- Thermometer 79
- Umwelt 14
- Wissenschaften 9 ff.
geologisch-ökonomische Analyse 530
geologisch-ökonomische Bewertung der Lagerstätte 530, 531
geologisch-statistische Kollektive 529
geomagnetische Zeitskala 259
Geomechanik 279, 545
geomorphologische Prozesse 141
Geonomie 280
Geopedologie 534
Geophysik 10, 12, 26, 48
geophysikalische Bohrlochmessungen 507
geophysikalische Erkundungsmethoden 509
geordnete Deponie 562
Geosphären 56, 57*, 60
Geosuturen 181
Geosynklinalbezirke 176
Geosynklinale 175, 184, 262
geosynklinale Fazies 137, 310
Geosynklinalentstehung 249*
Geosynklinalgürtel 305
Geosynklinalmeere 305
Geosynklinalstadium 175, 244
Geosynklinaltheorie 21
Geosynklinaltröge 137
Geotechnik 544*
geotechnische Eigenschaften 547
Geotektonik 11
geotektonische Faktoren 472
- Faziesräume 138
- Hauptzüge der Erde 252*
- Hypothesen 12, 23, 234
geotektonischer Zyklus 23, 184
geotektonisches Erdbild 451
geotektonisches Regime 473
geotektonische Transformation 184
geotektonische Zentren 247*
Geothermie 512
geothermische Messungen 492
geothermische Tiefenstufe 48
Geothermometer 79
Geotumor 241*
Geowissenschaften 9, 280
gepaarter Metamorphosegürtel 220
Gephyrostegus 446

Germanisches Becken 354
germanische Trias 354
germanische Triasfazies 352
germanotyp 207
germanotype Paratektonik 180
germanotype Tektonik 180*
Geröll 85
Gerüstbildung 172
Gervilleia 352
Gervilleia murchisoni 353*
Geschiebe 149
Geschiebelehme 86
Geschiebemergel 86
gestaffelter Grabenbruch 206*
Gestängetest 508
Gestängeziehen 507
Gesteine 69 ff., 546*, T 1, T 2
Gesteinsbaustoffe 555
gesteinsbildende Minerale 69, 73
Gesteinsdichte 515
-durchlässigkeit 537
-festigkeiten 558
-härte 515
-kunde 12, 77, 553, T 46, T 47
-typen 78
-verband 546*
-zerfall 101
-zersatz 101
-zerstörung 101
Geysire 49, 119, 192
Gezeiten 32, 33, 161
-hypothese 37
-kräfte 33
-kraftwerke 158
-reibung 33, 251
-schichtung 137
-strömungen 163
Gießereisande 477
Gigantosaurus 372
Gigantostrake 317, 323*
Ginkgo 434*, 436
Ginkgoalen 353
Gips 70, 480, 485, T 36
-auslaugung 549
-hut 103
-karstlandschaft T 20, T 21
Giraffenhalssaurier 447
Glacisterrassen 157
Glanzbraunkohlen 487
Glanzkohle 487
Glassand 477
glaukophanitische Grünschieferfazies 94
Glaukophan-Lawsonit/Pumpellyit-Fazies 92
glazial 147
Glaziale 410
glaziale Akkumulation 150
- Exaration 150
- Kritzer T 26
- Prozesse 140, 147
glazialer Transport 127, 149
glaziale Serie 150, 417
glaziale Vorgänge T 23
glazialisostatische Ausgleichsbewegungen 235
Glazialtheorie 24
Glazialzeiten 406
glaziär 147
glazigen 147
glazigene Sedimente 24
Gleicheniaceen 432
Gleichzeitigkeitsgesetz 172
Gleitbewegungen 204*, 550
Gleitdecken 176
Gleiten 550
-faltung 176
-hypothese 241
-marken 131
Gleitvorgänge 210
Gletscher 147 ff., 149*, T 8, T 24
-eis 147
-schurf 149
-stromnetz 148
-topf T 26
Gleyböden 113*
Gleye 110
Gliederfüßer 443
Glimmer 482, T 1

Glimmerminerale 76
Glitamboniden 312
Globaltektonik 236, 452
Globigerinenschlamm 87, 165*
Globorotalia 420
Globotruncana 373
Globotruncana marginata 375*
Gloeocapeomorpha prisca 427
Glossopteris 339, 343, 353, 433
Glutwolken 194
Gnathostomata 445
Gneise 557
Gobimolasse 226
Golfstrom 452
Gondwana 250, 271, 289, 305*, 316, 343, 451
Goniatiten 322, 341, 442
Goniatitida 442
Gonioclymenia speciosa 323*
Goniolina 365
Goniolina geometrica 363*
Gonioteuthis 374
Gosau-Formation 380
Gosauschichten T 42
Gotiden 225
Gowj 157
Graben 206
-bruch 206
-stadium 265
-vulkanismus 180, 265
Grabfüßer 440
Gradabteilungskarten 496
Gradientenmessungen 516
gradierte Schichtung 127*
Gräfenthaler Serie 315
Granit 82, 557, T 1, T 2
Granitisation 82
Granitstadium 244
granoblastisches Gefüge 99
Granulitfazies 95
Graphit 481
Graptolithen 310*, 316*, 317
Graptolithina 444
Graptoloidea 311, 444
graue Halbwüstenböden 112
Graulehme 111
Grauplastosole 111
Grauwacken 86, 455
Grauwacken/Schiefer-Wechsellagerung T 37
Gravimetrie 492, 509
gravimetrische Karten 509
gravimetrische Messungen 509
Gravitation 140
Gravitationshypothese 278
Gravitationstektonik 242
gravitative Kontraktion 238
Greifensteiner Fazies 325
Greisenbildung 99, 463
Greisenlagerstätte 463, 464*
Grenville-Provinz 293
Griserden 109
Grobboden 105
Grödener Sandstein 349
groove casts 131
Großdeponie 562
Große Meteorbank 160*
Großerde 184
große Rohrdredge T 30
Großfaltung 176, T 37
Großgrabenbildung 180, 263
großmaßstäbliche Karte 503
großmaßstäbliche Kartierung 504
Großrippeln 164
-rutschungen 566
-schollen 13
-schollentektonik 256, 260
Grundbau 544*
-falten 176
-feuchtigkeit 114*
-körper 545
-masse 83
-moränen 149, 150, T 23
-rißkarte 541
Grundwasser 114*, 115, 534
-absenkungen 118
-absinken 117
-anreicherung 541

44*

Grundwasseranstieg

-anstieg 117
-deckfläche 116
-druckspiegel 116
-kunde 114, 534
-lagerstätten 535
-leiter 116
-oberfläche 116
-prognose 541
-sohle 116
-speicher 116
-speicherung 541
-spende 542
-spiegel 116 ff.
-spiegelganglinie 118
-stand 116 ff.
-stockwerke 116
-vorräte 535
Grünschieferfazies 92, 93, 470
Grus 102
Grusböden 106
grusige Verwitterung T 10
Guapore-Kraton 297
Guayana-Schild 228, 297
Günz-Vereisung 417
Gutenberg-Kanal 51
Gutenberg-Wiechert-Diskontinuität 52
Guyots 160, 196
Gymnospermen 341, 365
Gyttja 105, 110

Haftwasser 105, 114
Hakenschlagen 211, T 38
Halbaffen 449
Halbstaugleye 110
Halden 111
Haldenrutschungen 566
Halitherium 448
Halmyrolyse 101
Halokinese 180, 210
Halysites 318
Halysites catenularia 317*
Hammada 157
Hammerschlagseismik 543
Hangabtragung 143, T 17
Hangbewegungen 550
Hangendes 11
Hanggletscher 148
Hangkriechen 550
Hangrutschungen 566
Hangterrassen 146
Harnisch 206
Harpagodes 364
Harpes 324
Hartbaunkohlen 487
Härte 70
Härteanisotropie 70
Härte des Wassers 119
Härtegrad 119
Härteskala 70
Hartgesteine 554, 558, 559
Hartsalz 484
Harz 88, 222
Harz-Rügen-Schwelle 392
Haselgebirge 485
Hasenartige 448
Hauptdolomit 556
Hauptgemengteile 73
Hauptkristallisation 462
Hauptmethoden der geologischen Erkundung 529
Hauptreihenentwicklung 36
Hausmannia 435
Häutchenwasser 114*
Heidhorn-Verwerfung T 35
Heilwässer 119
heiße Erdentstehung 43, 45
Helcostephaniden 374
Helicopegmata 439
Heliummethoden 286, 287
helle Tuffe T 12
Hematites 443
Hemichordata 444
hemipelagisches Sediment 164, 165*
Hemmoor-Stufe 392
herzynische Fazies 325
herzynische Richtung 181
Hesperornis 374

Hessische Senke 393
Hessische Straße 365, 366*
Heterocorallia 438
Heterodontier 440
Heterosphäre 61*
Hexacrinus 324
hexagonal 70*
Hibolites hastatus 363*
Himalaja-Geosynklinale 371
Himalaja-Typ 262
Hippuritoida 441
Histogramm 128
Historische Geologie 9, 12, 281
Hochatrikum 371
Hochdruckmetamorphose 96
Hochkraton 184
Hochleistungsbrunnen 543
Hochmoor 111
Hochquarz 75*
Hof 520
Höhenstrahlung 31
Höhlen 121
Höhlenforschung 122
Höhlenquellen 122
Höhlensysteme 121
Hohlformen 567
Hohltiere 438
Holaster 374
Holmia 304
Holoptychius flemingi 323*
Holoptychus 445
Holozän 402, 405, 415
Holstein-Interglazial 413
Homalozoa 444
Hominide 403
Homo erectus 403, 404
Homo sapiens 404, 449
Homo sapiens neandertalensis 403*
Homo sapiens sapiens 404
Homoseisten 214
Homosphäre 61*
Hoplites lautus T 42
Hoplitiden 374
Horizontalbrunnen 544
Horizontal-Filterbrunnen 544
Horizontal-Lateral-Verschiebungen 206
Horizontalschichten 129*
Horizontalverschiebung 206*
Horizontsymbole 108
Hornblendeschiefer T 1
Horneophyton 429
Horridonia 343*
Horst 206*, 213*
Hortisole 111
Hoskold-Formel 532
hot brines 469
hot spots 263
HR-Diagramm 36
Hudson 292
Hufeisenkolke 131*
Huftiere 448
Hügelregionen 160
humider Klimabereich 141, 146
Humus 105
Humusakkumulation 107
Humusbildung 107
Humusgley T 4
Humusstaugleye 110
Hüpfmarken 131
Huron-Geosynklinale 292
Hutzone 467
Hybodus hauffianus T 40
Hybridisierung 81
Hydratation 102
hydrochemische Karten 542
hydrochemisches Kartogramm 542
Hydrogeologie 114, 534, 535
hydrogeologische Bohrungen 506
hydrogeologische Grundkarte 541
hydrogeologische Karten 501, 541
hydrogeologische Profilkarte 542
hydrogeologische Profilschnitte 542
hydrogeologische Spezialkarten 542
hydrogeologische Übersichtskartierung 536
Hydrologie 114
hydrologisches Dreieck 539
hydrolytische Verwitterung 103

hydromorphe Böden 109
Hydrosphäre 56, 59, 60
hydrothermale Lagerstätten 464
hydrothermales Stadium 80
hydrothermale Verdrängungslagerstätten 465
Hydroturbation 107
Hydrozoen 438
Hyenia 429*
Hymenophyllaceen 432
Hypomagma 193
Hyporheon 248
Hypothese der Ozeanbodenkonvergenz 276
Hypothese der Strahlungskurven 284
Hypothese der thermischen Zyklen 278
Hypothese des oceanic spreading 278
Hypothese von Laplace 37
Hypozentrum 214
hypsometrische Kurve 33
Hyracotherium 384*
Hystrichosphaeriden 312

Icacinaceen 435
Ichnium 343*
Ichnofossilien 131
Ichthyosaurier 364, 374, 446, 447, T 40
Ichthyostega 324, 446
Idioblasten 96
idiomorph 70
Ignimbrit 194, T 11
Iguanodon 374, 375*, 376, T 42
Imbrikation 126
Immersion 174
Immuration 423
Imprägnationslagerstätten 465
Imprägnationstyp 464*
Inarticulata 439
Indien-Strom 452
Indische Platte 273*
Indische Tafel 227
Induktionslog 516
Industriegesteine 475
industrielle Beurteilung einer Lagerstätte 531
Industrieminerale 475, 481
induzierte Polarisation 512
Infiltrationshöfe 521
Infrarotstrahlung 514
Ingenieurgeologie 534, 544*, 545, 552, T 48
ingenieurgeologische Eigenschaften 547*
– Geländeanalyse 551
– Karte 552
– Kartierung 552
– Rayonierung 552
Ingenieurgeophysik 551
Ingenieurseismik 514
initial 517
initialer Magmatismus 78
Injektionsrisse 132
Inkalkung 423
Inkieselung 423
Inkohlung 423, 486
Inkubationszeit 191
Inlandeisdecken 149
Innenmoränen 149
Innensenken 178, 333
Innerer Baltischer Höhenrücken 413
Innersudetisches Becken 348
Innersudetische Senke 336
Innuntian-Ellesmere-System 292
Inoceramen 374, 441
Inoceramus labiatus T 42
Inoceramus lamarcki 375*
Insectivora 448
Insekten 330, 443
Insektenfresser 448
Inselbogen-Kontinentalränder 159
Inseln 508
Insolation 101
Insolationsverwitterung 419
Insubrische Linie 221
Interferenzbild T 1
Interferenzrippeln 130
Interglaziale 410
Interglazialzeiten 407, 413
Internationales Upper-Mantle-Projekt 172

Interstadiale 410
intrakontinentales Meer 263
intrakrustal 462
intrakrustale Lagerstätten 464
intramagmatische Bildungen 462
intramontanes Becken 178, 340, 493
intramontane Senken 333
intraozeanische Ränder 159
Intrusion 199
Intrusivgesteine 81
Intuskrustation 423
Inundation 174
Invertebraten 437
Ionenaustausch 105
Ionium-Methode 287
Ionosphäre 30
Isanomalenbild 509
Isanomalenkarte 509*
Isastrea explanata 363*
Isaura alberti 353*
Isobaren 502
Isobathen 502
isochem 95
isochemer Prozeß 98
Isochronen 502
Isochronenplan 514
Isogammen 502
Isohypsen 502
Isoklinalfalten 204
Isolinienkarte 502
isometrische Lagerstättenkörper 460
Isopachen 502
Isoseisten 214
Isostasie 22, 241
Isothermen 50*, 502
Isotope 62
Isotopenchemie 62
Isotopengeochemie 524
Isotopengeologie 62, 524
Isotopengeophysik 62, 524
Isotopenhydrologie 66
Itabirite 469
Ivrea-Verbano-Zone 221

Jahresringanalyse 283
Jahresringchronologie 283
Jahresringe 135
Japan-Graben 159
Japan-Typ 262
Jaspilite 469
Jenschan-Gebirgsbildung 226
Jerea T 42
Jonisches Becken 397
Juan-de-Fuca-Platte 273*
Jüngere Altsteinzeit 405
Jungmoränengebiet T 26
Jungpaläolithikum 405
jungpaläozoische variszische Ära 451
Jungsteinzeit 406
Jupiter 29
Jupitersonden 30
Jura 10, 362 ff., 366*, 368*, T 40, T 41
juvenil 114
juveniles Wasser 193

Kaapvaal-Kraton 300
Käferschnecken 440
Kainit 484
Kakirite 100
Kaledoniden 229, 313
Kaledonische Ära 185
Kaledonische Faltung 324
kaledonische Geosynklinale 312, 313*, 319*
Kaledonisches Gebirge 318
kaledonisches Orogen 306
kaledonische Tektonogenese 454
Kalibermessungen 518, 543
Kalifornien-Strom 452
Kalisalpeter 486
Kalisalze 483
Kalisalz-Lagerstätten 485
Kalium-Argon-Methode 286 ff.
Kalium-Kalzium-Methode 287
Kalk T 13
Kalkalgen 305, 318

kalkalpiner Trog 377
Kalkbauxite 468
Kalk-Fazies 388
Kalksilikathornfelse 99
Kalkspat 70
Kalksteinbraunlehme 111, T 5
Kalksteine 87, 480, 556 ff.
Kalksteinrotlehme 111
Kalk-Ton-Mischungen 86
Kalktuffe 87, 480
kalte Erdentstehung 43
Kältefallen 32
kalte Gletscher 147
Kaltzeiten 406
Kambrium 10, 303 ff., 308*
Kamenzer Serie 307
Kames 150, 408
Kammregion 159
Kampf ums Dasein 450
Kanadischer Schild 228, 309, 451
Kannelkohle 487
Känogastropoden 440
Känophytikum 433
Känozoikum 10, 382 ff.
känozoische alpidische Ära 451
Kaolin 103, 478
Kaolinbildung 478
kaolinische Verwitterung T 10
Kaolinisierung 103, 478
Kaolinitformation 473
Kaolinlager 478
Kaolintonne 478
Kap-Geosynklinale 339
Kapillarsaum 114*
Kapillarwasser 105, 114
Kar T 24
Karakum-Tafel 226
Karbon 10, 329 ff., 336*
Karbonfarne 430
Kareliden 225
Karibische Platte 273*
K/Ar-Methode 402
Karpaten-Geosynklinale 370
Karren 121, T 19
Karrenfeld T 19
Karst 121, T 12
−erscheinungen 121, T 12, T 19, T 20, T 21, T 22
−füllungen 122
−hydrogeologie 538
−quelle 122
−randebene 123
−rinnen 121
−trichter 121
−wannen 122
−wasser 123, 538
−wasseraquifer 123
−zonen 67
Kartierungsmethodik 504
Kasanstufe 350
Kaskaden 31
Kaspisches Becken 397
kastanienfarbene Böden 112, 113*
Kastanoseme 112
Kataklase 100
Kataklasite 100
Kataklysmen 18
Kataklysmenhypothese 18
Kataklysmentheorie 21
Katarchäikum 288
Katavothren 122
Katazone 90
Kaustobiolithe 486 ff.
Kegelkarst 123
Keilberg-Serie 307
Keilblattgewächse 330
Kenngrößen 554
Keramsit 478
Kerbtäler 146, T 18
Keretminde-Mergel 390
Kernauswerteverfahren 551
Kerngefüge 545
−spaltungsspuren-Methode 288
−sprünge 101
−ziehen 507
Kesselbrunnen 543
Ketiliden 293
Keuper 354, 359

Keuperlandschaft T 9
Kieferlose 445
Kiesböden 106
Kieselgesteine 87
−gur 87, 480
−schiefer 87
−schwämme T 42
−sinter 87
Kiesschüttungsfilterrohrbrunnen 543
Kimmerische Ära 185
kinetische Metamorphose 90
Kippbewegungen 550 f.
Kippböden 111, T 5
Kippen 111
Kippenrutschungen 566
Kipp-Ranker 111
Kipp-Rohböden 111
Kippschollen 209
Kissenbildung 210*
−böden 153
−lava 193
−verwitterung T 3
Klammtäler 145
klastische Sedimente 125, 127*, 128*, 129*, 132, 136*, 166
Kleinrippeln 164
Kliff 548
Klima 139 ff.
Klimabereiche 139 ff.
klimafazielle Differenzierung der Reliefbildung 146, 155
Klimagürtel 451
klimatisch-geomorphologische Zonen 141
Klimaveränderungen 146
Klimazonen 452
Klinovec-Serie 307
Klippen 205*, T 13
Klüfte 201, 207
Kluftgrundwasserleiter 537
Kluftkörper 545
Kluftrose 208*
Kluftsysteme T 38
Klüftungszonen 67
Kluftwässer 116, 117*
Knick 110
Knickfalten 204
Knickmarsch 110
Kniest 470
Knochenfische 330, 352, 445, T 40
Knorpelfische 330, 445, T 40
Knotenkalk 557
Koazervate 425
Kofferfalten 204
Kohlen 25, T 45
−bildung 486
−gesteine 88
−kalk 331, 557
−lager 455
−lagerstätten 486
Kohlensäureverwitterung 103
Kokosplatte 273*
Kolbenstechrohr 168*
Kolkmarken 131
Kolyma-Plattform 297
kompaktes Bodeneis 151
Kompensationsströme 164
komplexe geologische Karten 497, 503
Konda-Gewölbe 226
Kondensationssequenz 40
Konditionen 530
Konglomerate 25
Koniferen 434
konkordanter Verband 202
Konkretionen 167
Konoskopie 71
Konsistenzindex 547*
Konsolidation 184
Konstriktionshypothese 238
Kontakthof 201
Kontaktmetamorphose 90, 99, 201, 223
Kontaktmetasomatose 80, 99
Kontamination 500
Kontinentalabfall 159
Kontinentaldrift 27, 271*
kontinentale Bildung 467
Kontinentalränder 158, 159*

Kontinentalschelf 694

-schelf 183
-verschiebungshypothese 236, 250
-verschiebungstheorie 23
Kontraktion 22
Kontraktionshypothesen 236, 237
Kontraktionsstadium 36
Konturströme 164
Konvektion 49
Konvektionsströme 49
Konvektionsströmungen 55, 246
Konvergenz des Strömungsbandes 161
Konvergenzränder 261
konvolute Schichtung 131*
Konvolutionen 131
Koordinatenlesegerät 505
Koordinatensysteme 70
Kopffüßer 305, 312, 440, 441
Korallen 312, 318, 330, 362, 363
Korallenriffe 89
Kordilleren-System 292
Kordilleren-Typ 263
Korncharakteristik 128
Kornform 128, 554*
-formmeßschieber 554
-gefüge 131
-gradierung 131
-größen 85
-größenverteilung 128
-größenzusammensetzung 105
Körnigkeitsskala 85
Kornorientierung 131
Körnungsarten 106
Körnungsartendreieck 106*
Körnungsbereiche 85
Kornverteilungskurven 127*, 539
korpuskulare Strahlung 31
Korrasion 127
korrelate Sedimente 140
Korrosion 120, T 47
Korund 70
kosmische Strahlung 31, 49
Kosmogonie 34
Kosmogonie des Sonnensystems 39*
Krater 196
Kratogene 181
Kratone 181, 451
Krebse T 40
Kreide 10, 373 ff., 379*, T 42
Kreidemeer 65*
Kreuznacher Schichten 348
Kreuzschichtung 156*, 162*, 164, T 36
Kriechen 550
kriechender Transport 127
Kriechspuren T 32
Kristalle 69 ff.
Kristallisationsdifferentiation 79, 80*
Kristallisationsschieferung 96
Kristallklassen 70
kristalloblastisches Gefüge 96
kristalloklastisch 96
Kristallsysteme 70*
Kriterium von Jeans 36
Kritzer T 26
Krokodilide T 43
Krokodilier 446
Krümelgefüge 106
Krumendegradation 109
Krustenbewegungen 202
-bildung 107
-hebungen 146
- Spreading 266
-sprengungshypothese 278
-strukturen 199*
Kryoturbation 107, 140, 154
Kryptozoikum 10
kubisch 70*
kubisches Geröll 554
Kuckersit 494
Kuehneotheriidae 447
Kuenlun-Tsingling-Geosynklinale 297
Kühlbodenhypothese 238
Kulm 331
Kultosole 111
Kungurstufe 350
Kupfermergel 470
Kupferschiefer 470
Kurilen-Graben 159
Kurzschweb 162

Kuseler Schichten 348
Küstenbereich 137
Küstendynamik 160

labiler Schelf 183
Labrador-Geosynklinale 293
Labyrinthodonten 353, 446
Lagergänge 200
Lagerklüfte 201
Lagerstätten 459, 475
-beschreibung 525
-bewertung 525, 530, 531, 532
-bildung 460
-form 460
-formation 460
-forschung 25
-genese 460, 525
-geochemie 519
-karten 501
-konditionen 559
-lehre 459 ff., 525, 534
-prognosen 529
- Systematiken 25
Lagomorpha 448
lagunärer Bereich 137
Lakkolithe 200
Lamellibranchiaten 312, 318, 330, 341, 352, 363, 374, 440
Lamellodonta 440
Laminen 129
Lamporphyr 557
Landbrücken 448
landschaftliche Monotonisierung 453
Landschaftsschutz 567
Langbeinit 484
Längengradeinteilung von Greenwich 505
Langsamschicht 51
Langschweb 162
Längsdünen 156*
Lapilli 193, 194
laramische Gebirgsbildung 373
Larix 434
Lastmarken 131
lateraler Fazieswechsel 464
Laterite 111, T 4
Lateriteisenerze 468
lateritische Roterden 111
Lateritisierung 107
Laterolog 516
Latimeria 445
Latosole 111, 113*
Lauraceen 435
Laurasia 271, 316
Laurentischer Eisschild 420
Laurentia 228, 289
Laurophyllum 435
Lava 190, 191, 193
Lavadecken 196, T 12
Lavaströme 193
Lawinen 154
Lawinenrisse 154
Lawsonit-Jadeit-Fazies 92
Lawsonit/Pumpellyit-Albit-Fazies 92
Lebacher Schichten 348
Lebachia 343*
Lebensgemeinschaften 435
-geschichte 450
-raum 450
-sphäre 450
-spuren 130
Lehmböden 106
Lehme 86, 477
Lehre von den Erhebungskratern 20
Lehre von den Erzlagerstätten 25
Leichtmetalle 461
Leineserie 349, 485
Leioceras 364
Leitfossilien 282*
Leitfossilienprinzip 11, 19
Leitfossil-Zonen 349
Leitgerölle 127
Lemuren 449
Lena-Delta 143*
Lena-Senke 398
Lennetrog 325
Lenticulina 362, 384*
Leperditia hisingeri 317*

Lepidocarpon 431
Lepidodendraceae 330
Lepidodendren 431*, 432
Lepidophloios 432
Lepidopteris ottonis 434
Lepidosaurier 446, 447
Lepospondylen 446
Leptolepis sprattiformis 364
Lesesteinwälle T 26
Lesleya 433
Lessivés 109, 113*
Lessivierung 107
Lessonia 428*
leukokrat 81
Levante-Becken 397
levantinisch-ostafrikanische Bruchzone 267
Lias 366, 367, 370
Libelle T 40
Lichas 324
Liebea 343*
liegende Falte T 34
Liegendes 11
Liegendwässer 116
Lima 352
Limagne-Graben 267, 393
Lima striata 353*
limnische Becken 346, 486
- Bildung 467
- Formationen 473
Lindaer Schichten 390
Lineamente 181, 233
Lineamenttektonik 46
Linearvulkane 196
Lingulella 292, 304*, 450
Linguoidrippeln 130
Linopteris 331*, 431
Linsenschichten 129
Liquation 79
liquidmagmatische Lagerstätten 460, 462
liquid-magmatisches Stadium 80
lithogene Sedimente 166
Lithogenie 124
Lithologie 77, 124 ff.
lithologische Assoziationen 137
lithologische Fallen 491
lithologisch-paläogeographische Karte 502
Lithosphäre 52, 55*, 56, 260
Lithostratigraphie 281
lithostratigraphische Gliederungen 343
Lithothamnium 87
litorale Prozesse 140
litorale Sedimente 165*
Littorina littorea 403*
Littorina-Meer 416
Littorinatransgression 415
Litudidea 373
Lituites lituus 311*
Ljapin-Mulde 226
Llandeilo 310
Llandovery 316
Llanvirn 310
Löbejüner Quarzporphyr T 16
Loch-Maree-Serie 294
Lockergebirge 546
Lockergesteine 85, 141, 475, 477, 547
Lockergesteinsbaugrund 546
Lockergesteinsgrundwasserleiter 536
lokale Metamorphose 99
Lonchopteris 431*
London-Brabanter Massiv 332, 365, 366*
Longitudinalwellen 215
Lophocytherea 364
Lopolithe 200
Löß 154, 408, 419, 477
-derivate 155
-keile 419
-landschaft T 27
-lehm 477
-profil 419
-schnecke 403*
-verbreitung 408*
-zone 419
Lothringer Trog 348
low velocity layer 51
Ludlow 316
Ludwigia 364

Luftverschmutzung 565
Luftverunreinigung 565
Luminophorenmethode 168
Lungenschnecken 364
L-Wellen 215
Lycophyta 430, 431, 432
Lycopodiales 330
Lycopodiinae 322
Lyginopteris 431
Lymnaea-Zeit 416

Maar 197, T 15
Maastricht 65*, 380
Macluritina 440
Macrodentina 364
Maenioceras 324
mafisch 81
Magalaspis limbata 312*
Magerkohle 487
Magma 78
Magmagesteine 77*
magmatische Abfolge 72
magmatische Faktoren 472
magmatische Gesteine 81*
magmatische Hypothesen 236, 249
magmatische Restlösungen 462
magmatischer Zyklus 186
Magmatismus 12, 188 ff.
Magmatite 60, 77*, 81, T 6, T 7, T 10
magmatogen 114
magmatogene Lagerstätten 460, 461
Magnesit 481
Magnetfeld der Erde 510
Magnetik 492
magnetische Anomalien 256*, 510*
magnetische Bohrlochmessungen 518
magnetische Messungen 510
magnetischer Nordpol 259*
Magnetosphäre 31
Magnitude 214
Mainzer Becken 393
Makroelemente 60
Malm 366*, 370
Mammalia 447
Mammonteus 384*
Mammut 384*
Mammutbäume 284
Mammuthus primigenius 403*
Mandibulata 443
Mangankonkretionen T 32
Mangrove-Formation 436
Man-Initiated-Earthquake 566
Man-Made-Earthquakes 566
Manteldiapirismus 398
Mantelplums 92
Manticoceras 323*, 324
mantle plumes 263
Marathonites 350
Marattialen 353
Marianen-Graben 159
marine Abrasion 24
marine Ausscheidungslagerstätten 469
marine Bildung 467
marine Oolitherze 469
marine Prozesse 140
marine sedimentäre Sulfidlagerstätten 469
marine Seifen 467
marines Perm 344
marine Zechsteintransgression 346
marin-geophysikalische Methoden 169
Markasitausfüllung 423
Marken 130
Marmor 480, T 1
Mars 29
Marschböden 110
Masse der Erde 33
Massengesteine 77
Massenspektrometrie 62, 64
massige Ausbildung 129*
Maternella hemisphaerica 323*
Matoniaceen 353, 432, 435
Matratzenverwitterung T 3
Mattbraunkohlen 487
mechanische Sedimente 166
mediterrane Braunerden 113*
Mediterrane Provinz 310
mediterranes Tiefsee-Becken 397

Medlicottia 341, 343*
Medusen 305
Meer 24, 157 ff.
Meeresdynamik 160
−geologie 157 ff., T 30, T 31, T 32
−grundkartierung 168
−muschel 403*
−schnecke 403*
−spiegel 140
−strömungen 126, 163, 452
−wasserentsalzung 540
Megagäa 184
Meganeura 443
Megateuthis giganteus 363*, 364
Megistaspis 311
Mehrfachverwendung 567
Mehrschichtdarstellungen 500
Mehrzeln 438
Mélange 176, 220
melanokrat 81
Meleagrinella echinata 363*
Menschenaffen 449
Mercalli-Skala 214
Merensky-Reef 462
Mergel 86
Merkmalsphylogenese 423
Merkur 29
Merychippus 384*
Mesoammoniten 341
Mesoammonoidea 442
Mesogastropoda 440
Mesohippus 384*
Mesolithikum 405
Mesoparatethys 395
Mesophytikum 433
Mesosphäre 30, 52, 55*, 260
Mesozoikum 10, 352
mesozoische alpidische Ära 451
Mesozone 90
Metablastese 98
metallogenetische Epochen 473
metallogenetische Karten 501
Metallogenie 471 ff.
Metallzeit 406
metamorphe Abfolge 73
metamorphe Faktoren 473
metamorphe Gesteine 77*
metamorphe Kaledoniden 313
metamorphe Lagerstätten 460, 470, 471
Metamorphiden 178
Metamorphite 77*, 90, 96*, 557
Metamorphose 90, 91*, 218
Metamorphosegürtel 220
metamorphosierte Lagerstätten 470
Metasomatite 464*
Metasomatose 89
Metatekten 98
Metatexite 98
Metazoa 438
Meteoritenhypothese 40
Michelinoceras 441
Micraster 374, 375*
Migmatite 90, 98
Migration 490
Mikrinit 487
mikrobiologische Methode 493
Mikrobioten 426
Mikroelemente 60
Mikrofossilien T 45
Mikroinverse 515
Mikrokalibermessung 515
Mikrokontinent 255
Mikrologkurven 515
Mikrologsysteme 516
Mikromagnetik 510
−normale 515
−paläontologie 507
−schrägschichtung 129
−soliflultion 154
−sphären 425
Milchstraßensystem 30
Millstone-Grit-Schuttfächer 335
Mindel-Glazial 417
Mineralbrauden 104
Minerale 69 ff., 70 ff.
Mineralisation der Grundwässer 561
mineralische Rohstoffe 459, 567
mineralisierte Wässer 193

Mineralogie 12
mineralogische Methodologie 17
Mineralparagenesen 93
Mineralquellen 119
Mineralsystematik 14
minerogenetische Analysenmethodik 473
minerogenetische Epoche 473
Minerogenie 471 ff.
Minette-Erze 469
miogeosynklinaler Bereich 176
Mischungskorrosion 121
Missing Link 423
Mißweisung 33
Mittelamerikanische Landbrücke 448
Mittelatlantischer Rücken 255*
Mitteldeutsche Schwelle 324
Mitteleuropäische Kristallinzone 332
Mitteleuropäischer Archipel 388
mitteleuropäische Salinare 485*
Mitteleuropäisches Becken 344
Mitteleuropäische Senke 385, 391
mitteleuropäisches Grabensystem 268*
mitteleuropäisches Kohlengebiet 336
mitteleuropäisches Permbecken 347
Mittelholland-Schwelle 388
Mittelindischer Rücken 256
Mittelmoräne 149
Mittelozeanische Rücken 159
Mittelozeanische Schwellen 159
mittelozeanisches Riftsystem 269*
Mittelpaläolithikum 405
Mittelsibirische Tafel 297
Mittelsteinzeit 405
Mittlere Altsteinzeit 405
Mobilismus 27, 45, 236
Modell des massiven Sonnennebels 37
Moder 105
Moeritherium 384*
Mofetten 192
Mogoten 123
Moho-Diskontinuität 54
Mohorovičić-Diskontinuität 52
Mohrsche Flächen 208
Mohssche Härteskala 70
Molasse 178
Molasse-Fazies 137
Molasseformationen 473
Molassesenke 395
Moldanubikum 223, 230
Molekularfossilien 425
Molluscoidea 439
Mollusken 305, 341, 374, 440
Monograptus 316*, 322, 445
monoklin 70*
Monokotylen 435
Montangeologie 534
Mont-Fazies 389
Monticulipora 311*, 312
Moorböden 104, 110, 113*
Moostierchen 312, 318, 362, 439
Moraceen 435
Moräne 149
Moränenbildung 407*
Moränenlandschaften T 26
Morganucodontidea 447
Morphogen 179
Morphogenese 175
Morphogramm 128
Morophyllum 435
Morteratschgletscher T 24
Mosasaurus 374
Moschusochse 403
Moskauer Senke 307
Mowakia richteri 323*
Mudden 110
Mulden 203*, 204
Muldentäler 146
Mull 105, 106
Mülldeponie 566
Multispektral-Kamera 515
Multispektral-Scanner 515
Multituberculaten 447
Murchisoniina 440
Muschelkalk 354, 358
Muschelkrebse 364, 443
Muscheln 312, 318, 323, 330, 374, 440
Myalinidae 441
Mya-Zeit 416

Mylonite

Mylonite 100
Mylonitisierung 100
Myophoria 352, 353*
Myriapoden 443
Myrtaceen 435

Nachbeben 214
Nachnutzung 563
nachorogene Fazies 137
Nadelbäume 330
Nadelhölzer 456
Nagetiere 448
Nährgebiet 147
Nährhumus 105
Nama-System 292
Namur 330, 334
Nannofossil T 45
Narbenzone 178
Nashorn 403
nasse Gase 488
Nassellarien 437
Naticacea 440
Naturschächte 121
–schutz 567
–steine 558
–werksteine 558 f.
Nautiliden 312, 352
Nautiloiden 374
Nautilus 441
Nebengemengteile 74
Nebularhypothese 38
Nebulite 98
negative Strandverschiebung 174
Neiße-Serie 295
Nelumbites 435
Nemathelminthes 439
Nemertini 439
Neoammonoidea 442
Neocalamites 432 ff.
Neogäa 184
Neogastropoda 440
Neogen 397*
Neolithikum 406
Neoparatethys 395
Neopilina galatheae 440
Neoschwagerina 343*
Neotektonik 242
Neozoikum 10
Nephelinbasalt T 1
Neptun 29
Neptunismus 17
Neptunismus-Vulkanismus-Kontroverse 26
Neptunismus-Vulkanismus-Streit 18
Nerina tuberculosa 363*
Nerineen 374
neritische Formationen 473
Nesseltiere 438
Netzleisten 131, T 39
Neue Globaltektonik 55, 253, 260
Neuerde 184
Neuguinea-Typ 263
Neuropteridium 434
Neuropteris 430
Neutronen-Gamma-Kurve 518*
Neutronen-Gamma-Methode 518
Neutron-Neutron-Methode 518
new global tectonics 253
New Red Sandstone 457
nichtalkaline Gesteine 81
nichtbindige Lockergesteine 476
Nicht-Dipolfeld 33
Nichtgleichgewichtsverfahren 539
nichtmetamorphe Kaledoniden 313
nichttektonische Strukturformen 211
Nickel-Eisen-Kern 52
Nickelhydrosilikatlagerstätten 468
Niedermoor 111
Niederrheintal-Graben 393
Niederschlagsgleichung 114
Niefrostboden 151
Nilssonialen 353, 432 ff.
Niobe 312*
Nipponites 374
Nische 450
nivale Prozesse 154
nivaler Klimabereich 141, 147

Nižbor-Serie 295
Nodosarien 373
Noeggerathiaceen 433
Nordamerikanisch-Grönländische Plattform 292
Nordamerikanischer Subkontinent 292
Nordamerikanische Tafel 228, 316
Nordatlantischer Protokontinent 292
Nordböhmischer Graben 393
Nordchinesisch-koreanische Plattform 297
Norddeutsch-Polnische Senke 365 ff.
Norddrift 394
Norderde 316
Nordkaspische Senke 225
Nordkontinente 296*, 345
Nördliches Soswa-Gewölbe 226
Nordsee-Senke 366*, 385, 391 f.
nordwesteuropäisches Kohlengebiet 336
Nostoc 428*
Nothosaurus 353
Nowakien 323
Nummuliten 438
Nummulites germanicus 384*
nutzbare Minerale 459
Nutzmächtigkeit 559

Oberer Mantel 60
Oberflächenaufnahme 497
–formen 147
–karten 495, 500
–wellen 215
Oberkreide 373
Ober-Mantel-Fazies 96
Obermoräne 149
Oberrheingraben 267
Ob-Gewölbe 226
ocean-floor-spreading 253, 256, 258*, 266, 452
Ockerkalk 557
Oddo-Harkinsche Regel 59
Odontopteris 431
Ohŕe-Serie 349
Oka-Vereisung 420
Oka-Wall 225
ökonomische Geologie 9, 27, 525 ff., 529, 534
Oldest Red 457
Oldhaminiden 439
Old Red 229
Old-Red-Kontinent 328, 457
Old-Red-Schüttung 328
Old-Red-Sedimente 328
Olenelliden-Faunenprovinz 306
Olenellus 304*
Olenus 304*
Olistholithe 132
Olisthostrom 132, 176, 332, 466
Olivin 76*
Olivinbombe T 1
Ölsande 494
Ölschiefer 88, 494
OMEGA-Navigation 158
Onega-Serie 296
Ooide 87
oolithische Formationen 473
Oolithkalke 87
Ophidioceras 317*, 318
Ophiolithe 176, 472
Ophiopsis serrata T 40
optische Methode 288
Orbitalbahn 162*
Orbitalbewegung 162
Ordovizium 10, 310 ff., 314*
organische Böden 104
– Marken 130
– Verwitterung 101
organogene Sedimente 167
Ornithischier 446
Orogene 171, 175, 177
orogene Faltungsphasen 185
Orogenese 20 ff., 171
orogenes Gleichzeitigkeitsgesetz 185
Orogentheorie 238
Orokinese 171, 248
Orterde 109
Orthiden 304*, 312

Orthis calligramma 311*
Orthoceras 312, 441
Orthocerida 442
Orthogeosynklinalen 175
Orthogesteine 90
Orthograptus truncatus wilsoni 310*
Orthograptus vesiculosus 316
Orthoklas 74*
orthorhombisch 70*
Orthoskopie 71
orthotektonische Kaledoniden 313
Ortstein 109
Ortungsverfahren 158
Orusia 304*
Oser 150
Osmunda 435
Osmundaceen 432, 435
Osmundalen 353
ostafrikanisches Grabensystem 265*, 399
Ostantarktische Plattform 301
Ostasiatischer Kraton 289
Ostbaikal-Senke 398
Osteichthyes 445
Osteuropäische Plattform 225, 295
Osteuropäische Tafel 225, 305*, 307, 315, 319, 335*, 367
Ostgrönlandiden-Kaledoniden 292
Ostpazifische Platte 273*
Ostpazifischer Rücken 256
Ostracoden 305, 312, 317, 323, 364, 374, 443 ff.
Ostracodermen 445
Ostsibirische Plattform 226
Ostsibirisch-Pazifische Geosynklinale 371
Ost-West-Tektonik 32
Oszillationen 241
Oszillationshypothese 236, 240
Oszillationsrippeln 130
Otozamites 434
Ovibos moschatus 403
Owragbildung T 17
Owrags T 23
Oxyclymeria 324
Oxydationsverwitterung 103
Oxydationszone 103, 467
Ozeanbodenausweitung 253
–spreizung 27, 253, 256, 258*, 452
–zergleitung 27, 253
ozeanische Becken 49
– Kruste 218
– Riftzonen 49, 50*
ozeanisch-kontinentale Platten 289
Ozeanisierung 44 ff., 243 ff., 265
Ozeankontinentalränder 159
Ozeanspreizung 256
Ozonosphäre 32

Paarhufer 448
Pachydiscus seppenradensis T 42
Pachydonta 374
Pagiophyllum 435*
Pahoehoe-Lava 193
Paladin 330
Palaeoammonoidea 442
Palaeodictyoptera 443
Palaeoloxodon antiquus 403
Palaeoniscus 343*
Palaeopelobates hinschei T 43
Palaeorittaria 433
Palaeotherium 384*
Paläobiogeographie 12
Paläobiologie 20
Paläobotanik 20
Paläogen 389*
Paläogeographie 12, 25, 66
Paläohydrogeologie 535
Paläohydrologie 66
Paläokarst 123
Paläoklimatologie 12, 26
Paläolithikum 405
Paläomagnetik 259, 510
paläomagnetische Zeitdatierung 287
Paläomagnetismus 31
Paläontologie 18, 20, 422
Paläoozeanologie 66
Paläopathologie 422
Paläophytikum 341, 430

Paläotemperaturen 64
Paläotemperaturkurve 421*
Paläotethys 310
Paläotethys-Geosynklinale 313*, 319*
Paläozän 435
Paläozoikum 10, 303 ff.
Paläozoologie 20
Palechinoidea 444
Paleryx aciliensis T 43
palingenes Magma 98
Palmatolepis serrata acuta 323*
Palmwedel T 7
Palökologie 423
Palynologie 284
Pandanophyllum 435
Panderoleps serrata acuta 323*
Pangaea 251, 271*, 275
Pannonisches Becken 397
Panthalassa 271
Pantodonta 448
Pantoffelkoralle 323
Pantotheria 447
Panzerfische 318, 330, 445
Parabeldüne 156
Parabolina 304
Parabraunerden 109
Paracalathiops 431
Paradoxides 304*
Parafusulina 343*, 350
Parageosynklinalen 175
Paragesteine 90
Paraglauconia 374
paralisch 178
paralische Kohleformation 473
– Kohlenreviere 334
– Reviere 336
paralisches Becken 486
Parallelgefüge 554
Parallelschieferung 208
Paraplattformen 226
Parapuzosia seppenradensis 442
Pararendzina 108
Paratafeln 227
paratektonische Kaledoniden 313
Paratethys 395
Paripteris 331*
Pariser Becken 365, 366*, 367, 385
passive Gletscher 148
Pasteur-Regel 32
Pattelina 440
pazifischer Typ 261
pebble tools 404
Pecopteris 434
– hemitelioides 432
– pluckeneti 431
Pecten 352
Pectiniden 374
Pedimentflächen 145
Pedologie 12, 534
Pegmatite 80, 462, 463*, 482
pegmatitisches Stadium 80
Peilbohrungen 497
Peilstange 505*
pelagische Formationen 473
– Schwellenfazies 325
– Sedimente 164
– Trias 354
– Triasfazies 352
Pelite 23
Pelosole 109
Peltura 304
Pelycosaurier 446
Penninische Alpen 381
Penninischer Trog 378
Pentacrinus 363
Pentameriden 312
Pentamerus 318
Pergelisol 151
periglaziale äolische Prozesse 154
– Formen 151
– Prozesse 151
– Vorgänge T 23
Periglazialgebiet 408
perimagmatische Bildungen 462
Periode 10, 283
Perisphincten 364
Perissodactyla 448
Perm 10, 340, 348

Permafrost 151
permische Ozeane 344
permischer Süd-Kontinent 343
permischer Vulkanismus 340
permische Sedimentationsräume 345
permisches Mittelmeer 349
Permokarbon 341
Permosiles 341
Permotrias 341
Perrinites 350
Perustrom 452
Petalograptus folium 316*
Petrefaktenkunde 15, 17
Petrochemie 77
Petrogramm 127
Petrographie 77
Petrologie 12, 77
Petromagnetik 77
Petrophysik 77
Petrovarianz 141
Petschora-Depression 225
Petschora-Syneklise 376
Pfeilwürmer 305
Pflanzenformationen 435
Phacoide 132
Phacops 324
Phacops schlotheimi 323*
Phanerozoikum 173*
Phasendiagramm 142*
Philippinen-Graben 159
Philippinenplatte 273*
Philipsia 330
Phosphat 481
Phosphorite 87
Photogeologie 504
Phragmoceras 318
phreatischer Ausbruch 192
Phycoden-Serie 315
Phyllittektonik 177
Phyllotheca 433
Phylogenetik 12
Phylogenie 424
Phylomorphogenese 423
physikalische Altersbestimmungen 285
physikalische Geologie 9, 12, 101 ff.
physikalische Verwitterung 101
physikalisch-petrographische Kenngrößen 554
Physik der Erde 48
physikochemische Faktoren 473
Picea 406
Pillow-Lava 193
Pingo 151, 153
Pinnipedia 448
Pinus 434
Pinus cêmbra 284
Pinus silvestris 406
Pisces 352
Pithecanthropinen 449
Pitkrater 196
Placodermen 318, 330, 445
Placodontier 446, 447
Placodus 353
Plaggenesch 111
Plagioklasreihe 74
Planeten 29
Planetensystem 35
Planetesimale 38
Planetesimaltheorie 37
Planetologie 47
Plankton 312
Plastizitätsindex 548
Plastosole 111, 113*
Platanaceen 435
Plateaubasalte 188, 194
Plateosaurus 353
plate tectonics 260
Platten 13
plattenförmige Körper 460
Plattengrenzen 273*
Plattenschiefer 557
Plattentektonik 13, 27, 55, 236, 253, 256, 260, 452
Plattform 182, 224, 508
Plattformstadium 244
plattiges Geröll 554
Platyclymenia 324
Platysomus 343*

Playas 157
Plectronoceras 441
Pleistozän 402, 405
Pleurodictyum 323
Pleurograptus linearis 310*
Pleuromeia 353, 432, 434
plinianischer Ausbruch 192, 197
Pliohippus 384*
Plio-Pleistozän 405
Plötz-Löbejüner Revier 336
Pluto 29
Plutone 188, 199
Plutonismus 188 ff., 199
Plutonite 81
pluvialer Klimabereich 141
Pneumatolyte 462
pneumatolytische Bildungen 463
pneumatolytisches Stadium 80
Pneumatosphäre 45
Po-Becken 397
Podsole 109, 113*, T 5
podsolierte Böden 113*
Podsolierung 107
polare Eiskappen 452
Polaritätsepochen 33
Polarweide 403*
Poldiagramm 208
Polfluchtkraft 251
Politur 156
Polje 122, T 12
Pollenanalyse 284, 287
Polnisch-Litauische Senke 307
Poltawa-Flora 435
Polwanderungen 259
Polygnathus foliata 323*
Polyhalit 484
Polypodiaceen 435
Polyptychites T 42
Pommerscher Eisvorstoß 413
Pommersch-Kujawische Schwelle 388
Ponore 122
Ponto-Asowsches Becken 397
Porendurchlässigkeit 537
Porengrundwasserleiter 537
Porensinter 478
Porenvolumen 88, 106
Porenwinkelwasser 114*
Poriferen 312, 438
Porphyre 556
porphyrisch 83
Porphyrit T 12
Porphyrtuffe 556
porphyry copper ores 472
porphyry-Typ 464*, 465
Portlandia Yoldia arctica 403*
Portlandzement 480
Porzellanerde 103
Posidonia bronni 363*
positive Strandverschiebung 174
Posnańsker Serie 392
Potentialmessungen 516
Potomac-Flora 435
Präexistentes Relief 140
Prager Algonkium 294
präkambrische Festlandskerne 451
präkambrische Schilde 49
Präkambrium 10, 288, 290*, 291*, 296*, 298*, 299*, 300*
praktische Geologie 534
präzelluläre Systeme 425
Pressung 202, 204*
Přídoli 35
Prikaspi-Syneklise 376
Primäraureolen 521
primäre Migration 490
primäre Teufenstufe 464
Primärstrahlung 31
Primärtektogenese 241
Primaten 448, 449
Prinzip der Lateralen 516
– der metamorphen Fazies 90
– der Normale 74
– der Vollständigkeit 528
– des Aktualismus 124
– des geringsten Risikos 528
– des minimalen Erkundungsaufwandes 528
Prismenbecken 55

Proarthropoda 443
Procytheridea 364
Productacea 439
Productiden 330
Productus 343*
Productus-Kalke 341
Productus semireticulatur 331*
Produktionstest 508
Proetidae 443
Profil 293, 469*
progressive Metamorphose 95
Prolecantida 442
Propalaeotherium hassiacum T 43
Properrinites 350
Prospektion 520 ff.
Protactinium-Methode 287
Proteaceen 435
Proterozoikum 288 ff.
Protoatlantik 274
Protobionten 425
Protobranchia 444
Protochonetes striatellus 317*
Protogäa 15
Protokontinente 292
Protolenus 304
Protopedon 110
Protophragmoceras 317*, 442
Protoplaneten 38
Protopteridium 428*
Prototaxites 428
Prototrochodendroides 435
Protozoen 341, 441*
Prüfstandards 555
Prüfverfahren 554
Psammite 85, 86
Psaroniales 432
Psephite 85, 86
Pseudobornia 430*
Pseudogleye 109
Pseudokarst 121
Pseudomonotis 352
Pseudoschwagerine 350
Pseudosporochnus 429*
Pseudovergleyung 107
Psilophytales 318
Psilophyten 324, 428, 429
Psilophytikum 428
Psilophytinae 429
Pteranodon 374
Pteraspiden 324
Pteridophylla 341
Pteridophyten 341, 365
Pteridospermae 330, 353, 430
Pteridospermophytikum 430
Pterocera oceani 364
Pterodactylus scolopocipes T 41
Pterophyta 430
Pteropodenschlamm 165
Pterosaurier 364, 447
Pterygotus 317
Ptychodus latissimus 375*
Ptychoparia 304
Ptychopariidae 443
Puerto-Rico-Graben 159
Pufferungsvermögen 105
Puławsker Schichten 390
Pulmonaten 364
Pulsationen 239
Pulsationshypothese 236, 239
Punktdarstellung 503
Pupilla loessica 403*
Pursongia 433
P-Wellen 215
Pygope 363
Pyroklastika 86, 194, 390
Pyroklastite 86
Pyromagma 193
Pyropissit T 44
Pyroxene 75*, 76

Quachita-Wichita-System 292
Quadrocladus 434
Quartär 10, 401
Quarz 70, 75*
Quarzite 86
Quarzporphyr T 2
Quastenflosser 330, 445

Quellabsätze 120
Quellen 118
–band 118
–linie 118
Quellfassungen 543
–flächenspende 542
–schüttung 118
–trichter 122
Quercus 406
Querdünen 156
Querklüfte 201

Rabštejn-Serie 294
Radaraufnahmen 514
Radarwellen 514
radioaktive Metalle 461
radioaktive Wärmeproduktion 49
Radioaktivitätshypothese 277
Radiointerferenz-Messungen 515
Radiokarbon-Methode 286 ff.
Radiolarien 323, 362, 437
Radiolarienschlamm 165*
Radiofarite 87
Radiometrie 511
radiometrische Bohrlochmessungen 518*
radiometrische Messungen 511
Radionuklide 67
Rafinesquina alternata 311*
Ramsay-Modell 53
Ramsaysphären 425, 451
Randpegmatite 463
–senke 178, 333
–tröge 182
Rangifer arcticus 403
Ranker 108, T 4
Ranunculaceen 435
Raphistoma qualteriata 311*
Raseneisenerze 469
Rasenia 364
Rastrites longispinus 316*
Rattendorfer Schichten 349
Rauchgasverwitterung 103
Rauchschwadenzonen 568*
Raumforschung 47
–gitter 69*
–gruppen 69
Raurachische Senke 393
Reading Beds 390
red beds 294, 468, 483
Redlichia-Faunenprovinz 304 f.
Reduktionszone 467
Reduzierspat 481
Reefs 462
Reflexionskoeffizient 513
Reflexionsseismik 492, 513
reflexionsseismische Methode 513*
reflexionsseismisches Profil 513*
Refraktionsmethode 513
Refraktionsseismik 514, 543
Regelungsdiagramm 96*
Regeneration 184
regionale Dynamo-Thermo-Metamorphose 90, 92, 220
– Geologie 12
– Metamorphose 90 ff.
– Versenkungsmetamorphose 90, 92
Regionalfelder 509
Regionalmetamorphose 220
Regression 127
regressiv 95
regulär 70*
Reg-Wüste 157
Reibungsbeiwert 538
Reisböden 112
Rekultivierung 564
Relaisbeben 214
relative Altersbestimmung 424
relativistisches Modell der Geodynamik 242
Relief 452, 552, T 30
–bildung 142*
–hypothesen 452
–umkehr 206
Reliktböden 104
Relikte 96, 200
Reliktgleye 110
Remanenz 510

Rendzinen 108, 113*, T 5
Reptilien 330, 341, 446*
Resedimentation 132
Residualboden 102
Residualgebirge 102
Resinit 487
Restit 98
Restlösungsdifferentiation 461
Restsediment 162
Retortengraphit 481
retrograd 95
Revisionskartierung 503
Revolution 26
rezente Krustenbewegungen 170*
rezenter Graben T 35
Rhacophyton 431 ff.
Rhaetavicula contorta 353*
Rhegmagenese 181
rheinische Fazies 325
Rheinische Masse 222, 324
rheinische Richtung 181
Rheintalgrabensystem 269
Rhenisch-Moravischer Geosynklinaltrog 331, 335
Rhenium-Osmium-Methode 287
Rhenoherzynikum 222, 324
rhenoherzynischer Trog 331
rhenoherzynische Zone 230
Rheologie 279
rheologische Parameter 52
Rhipidistia 445
Rhizocorallium 352
Rhodesien-Kraton 300
rhomboedrisch 70*
Rhomboidrippeln 130
Rhône-Graben 267
Rhône-Rheintal-Grabensystem 393
Rhône-Rheintal-Riftsystem 393
Rhynchonella 318, 363*
Rhynchonelliden 312, 439
Rhynchosaurier 447
Rhynia 428*, 429
Richterina hemisphaerica 323*
Richterina serratostriata 323*
Richter-Skala 214
Richthofeniiden 439
Rieckesches Prinzip 89
Riefenmarken 131
Riegelwirkung 161
Rieselmarken 131
Riesenkammerlinge 438
–krebse 317
–polygonfelder 153
–rippeln 164
–zweig 36
Riff-Formation 473
Riffkalke 87
Riffzone 161
rift mountains 256
rift valley 256
Riftzonen 50
Rigosol 111
Rillenmarken 131
Ringelwürmer 439
Ringintrusionen 462
Ringkøbing-Fünen-Rügen-Schwelle 388
Ringkøbing-Fyn-Hoch 366*
Riphäikum 289
riphäisches Nordfestland 457
Riphäisches System 226
riphäisch-unterkambrische Ära 451
Rippelfelder 130
–index 130
–marken 130
Rippeln 129*, 164
Rippelschichtung 129*
Riß-Glazial 417
Rivera-Platte 273*
Rodentia 448
Rohblockausbringen 558
Rohblockgröße 554, 555*, 558
Rohböden 108
Rohhumus 105
Rohrbrunnen 543
Rohrdredge T 30
Rohstoffkonditionen 559
Rohstofflagerstätte 531
Rollmarken 131

Rollsteinflut-Hypothese 24
Ross-Orogen 301
Rostbildung 558
Rosterden 109
Rotaliidea 373
Rotary-Verfahren 506*
Rotationshypothese 237
Rotations-Nebularhypothese 37
Rotationszentren 276
rote Molassen 483
Roter Meißner Granit T 16
Roter Tiefseeton 165*
rote Sandsteinformation 343
Rotes Meer 266*
Rotlatosole 111
Rotlehme 111
Rotliegendes 340
Rotplänerentwicklung 378
Rotplastosole 111
Rotsandsteinformation 457
Rotsandstein-Schüttung 328
Routinetest 508
Rubidium-Strontium-Methode 286 ff.
Rubin 482
Rückenberge 150
Rückprallmarken 131
Rudisten 441
Rugosa 312, 438
Rugosen 318
ruhende Vorräte 535
Ruhlaer Sattel 213*
Rumpfflächen 145
Rundfunkwellen 514
Rundhöcker 408
Rundmäuler 445
Rundungsklassen 129*
Runzelung 208
Rupel-Tone 391
Ruschelzone 206
russisches Perm 350
russisches Permbecken 344
Russische Tafel 225, 295, 344
Rutschmassen 131
Rutschungen 145, 166, 539, 550, 566, T 48

Saalburger Marmor T 16
Saale-Senke 333
Saaletrog 347*
Saale-Vereisung 410, 412
Saar-Nahe-Trog 348
Saar-Senke 333, 336
Saccopteris 431
sächsisch-böhmisches Becken 378
sächsisches Granulitgebirge 223, 294
Sagenopteris 434
Saharische Tafel 227
Sakmarastufe 350
Saksagan-Serie 296
säkular 171, 173
Säkularvariationen 510
Salenia 374
Salientia 446
salinares Eindampfungsbecken 351
Salinarfazies 90
–formation 473
salisch 74
Salix polaris 403*
Salpeterlagerstätten 485
Salzantiklinalen 209
–auflösung 102
–auslaugung 549
–berg 102
–bildung 483*
–böden 112, 113*
–bodendynamik 157
–gesteine 483
–gletscher 102
–hang 102, 122, 549
–kissen 102
–kohlen 487
–lagerstätten 483
–paragenesen 484
–sättel 210
–spiegel 102, 122, 549
–sprengung 102
–stock 209*, 210, 485
–strukturen 210*

Salztektonik 209, 210*
Salzungsmethoden 539
Salzwannen 102
Sammelkristallisation 89
San-Andreas-Fault 269, 270
–Störung 257
–Verwerfung 216*
Sandböden 106
Sanddünen 565
Sander 150
Sandergürtel 408
Sandfälle 166
–haken 161
–riffe 161
–schüttungen 391
–sortierung 162
Sandstein 86, 556 ff., T 2, T 37
–felsen T 27
–klassifikation 86*
Sand-Ton-Karbonat-Diagramm 88*
Sandumlagerung 162
sand-wawes 130
Santon 380
Sao 304
Sao-Francisco-Kraton 297
Saphir 482
Sapropel 105, 110
–fazies 469
Sarmatische Tafel 327
Sassafras 435
Satellitenbild 504
Satelliten-Navigation 158
Sättel 203*
Saturn 29
Satzendmoränen 150, 407*
Sauerstoff-Kohlendioxid-Gleichgewicht 427
Säugetiere 447, 448*
Saumtiefen 178
Saurier 447
Saurischier 446
Sauropsiden 446
Saeropterygier 364, 446 ff.
saxonische Tektonik 180
Saxothuringikum 222, 324
Saxothüringischer Trog 331
saxothüringische Zone 230
Scacchinelliden 439
Scalaspira elegantula 384*
scallops 121, T 22
Scanner 505
Scaphites 374
Scaphopoda 440
Schaaren 161
Schachtbrunnen 543
Schachtelhalme 331
Schachtelhalmgewächse 324, 341
Schadstoffe 561*
Schalenkrebse 305, 317
Schamotteindustrie 478
Schamottetone 478
Scheitelung 178
Schelf 158, 493
–bereich 137
–eisdecken 149
–kruste 183
Scherfaltung 177
–festigkeit 546
–flächen 547
–klüfte 208
Scherung T 13
Scherungsränder 261
Schichtdeformationen 131
Schichtenverzeichnis 551
Schichtflächen 130
–flächenmarken 130
–fluten 145
–gesteine 77
schichtinterne Gefüge 131
Schichtlücke 174
–mächtigkeiten 130
–quellen 119*
–störungen 203
–stufenlandschaft T 39
Schichtung 124, 129
Schichtungstypen 129*
Schiefer 557, T 13
–fels T 36

Schieferöl 494
Schieferung 208, T 36
Schild 182, 224, 451
Schildkröte T 43
Schildkrötenstruktur 210
Schildvulkane 196
Schizaeaceen 432
Schizodus 343*
Schizoneura 353, 433 ff.
Schlacken 193
Schlackenbomben T 11
Schlagfestigkeit 554
Schlammstromablagerungen 176
Schlammströme 178
Schlange T 43
Schlangensterne 444
schlauchförmige Körper 460
Schleifmarken 131
Schleppgeräte 168
Schlichprospektion 521
Schlick 163
Schloenbachia varians 375*
Schloßlose 439
Schloßtragende 439
Schlotheimia angulata 364
Schlucht T 18
Schluchttäler 145
Schluckbohrungen 540
Schlucklöcher 122
Schluffböden 106
Schmelzwassergürtel 408
Schnecken 312, 318, 330, 352, 364, 374, 384*, 440
Schneckenbohrverfahren 506
Schneegrenze 147
Schneegrenzhöhen 147
Schollenaufschiebung 205*, 206*
Schollentektonik 23
Schotter 85, 142, 477
Schotterfelder 150
Schrägschichten 129, 130
Schrägschichtung 129*, 202
Schratten 121, T 19
Schreibkreide 480, T 29
Schrumpfungsrisse 132
Schuppenbäume 330
Schuppung 205
Schürfgruben 508
Schürflöcher 497
Schürfschächte 508
Schürfstollen 508
Schürfung 551
Schußbohrung 513*
Schüsseldolinen 122
Schuttdecken 154
schwäbische Richtung 181
Schwagerinenkalke 341
Schwalglöcher 122
Schwämme 312, 318, 362, 438
Schwanzlurche 446
Schwarmbeben 214
Schwarzerde 108, 113*, T 5
Schwarzmetalle 461
Schwarzschieferformationen 455
Schweb 142
Schwefel 482
Schweizer Zentralalpen 221*
Schwelkohlenbänder T 44
Schwerefeld der Erde 509
Schweregleitung 210
Schwerkraftmessungen 509
Schwerminerale 77
Schwerspat 481
Schwimmsande 145
Schwinden 122
Schwundlöcher 122
Schwundrißbildung 106
Sciadophyton 428
Scleractinier 363, 438
Scolecida 439
Scolithus 305, 439
Scutellum 324
Sea-Floor-Spreading 27
Secoter 168
Sedifluktionen 131
sedimentär-diagenetische Gefüge 131
sedimentäre Abfolge 72
– Faktoren 472

sedimentäre Formationen 137
sedimentäres Gefüge 124
sedimentäre Strukturen 124
Sedimentation 124, 136*, 142
—srate 138, 166
—sräume 385
Sedimentbecken 159
—bewegung 162*
—bildung 84 ff., 124 ff., 166 ff.
Sedimente 84
Sedimentgesteine 84, 87*
Sedimentite 60, 77*, 84
Sedimentkörner 127
sedimentogene Lagerstätten 460, 466, 466*
Sedimentologie 78, 124 ff.
Sedimentpartikeln 127
—petrologie 124
—transport 125, 160 ff.
—verteilungskarte 163*
See-Erze 469
Seegurken 305
Seeigel 352, 374, 444
Seelilien 317*, 318, 352, 353*, 374, 444, T 40
Seemarsch 110
Seesterne 324, 444
seichter Karst 123
Seif 137
Seifenformation 473
—lagerstätten 467
—minerale 467
Seigergänge 200
Seihwasser 117
Seihwassergewinnung 540
Seirocrinus subangularis T 40
Seismik 492, 513
seismische Diskontinuitäten 51
— Inversionszone 51
— Methoden 543
— Verfahren 513
Seismogramm 214, 215*
Seismographen 214
Seitenerosion 143
sekundäre Faltungen 204, 204*
sekundäre Migration 490
Sekundärrohstoffe 567*
Sekundärtektogenese 241
Selaginella 432
Selaginellites 432
Seltenmetalle 461
semiarider Klimabereich 141
Semifusinit 487, T 45
Senke 241*
Senkungskessel 548
—mulden 122
—wannen 548
Senon 378, 435
Septenkorallen 318, 438
Sequenzen 129, 132
Sequoia 284, 412
seria montana 16
Serie 283
Seroseme 112
Serpentinbildung 77
Serpentinisierung 77
Serpentinite 557
Shoestring-Lager 491*
shoestrings 491
sialisch 81
sialisch-palingene Magmen 461
Siallite 46 8
siallitische Verwitterung 103, 468*
Sibirische Plattform 297
Sibirischer Kraton 289
Sibirischer Schild 451
Sibirische Tafel 305*, 371
Sicheldünen 156
Sichote-Alin 231
Sickerwasser 105, 114*
Siderosphäre 56
Side Seam Sonar 168
Siebanalyse 539
Siedlungsgeologie 560
Siegelbäume 330
Sigillaria 330, 331*, 431 ff.
Sigmomorphina regularis 384*
Silberwurz 403*
Siles 330

Silicospongea 438
Silikasteine 477
Silikatbauxite 468
Silizifikate 388
Siliziumdioxid-Modifikationen 75*
Siliziummethode 287
Sills 200
Silur 10, 316 ff., 320*
simatisch-juvenile Magmen 461
simatogene Intrusionen 462
Simiidae 449
Sinia 297
Sinischer Block 344
Sinisches System 226
Sinter 87
Sinterbildungen 120
Sinterdolomit 480
Skandik 367
Skarnbildung 463
Skarne 99
Skarnlagerstätten 463
Skelettböden 106
Sklerotinit 487, T 45
Skulptursteinkern 423
Skythische Tafel 225
Slave 292
slumping 131
Smaragd 482
Smirgel 482
Sohlentäler 146
Solarkonstante 30
Solfatare 192, T 15
Solifluktion 152, 154, 211, 408
Soll 150, T 25
Solod 112
Solonez 112
Solontschak 112
Sondierung 551
Sonne 30
Sonnenstrahlung 49
Sonnenwind 31
Sötener Schichten 348
Sowerbyella transversalis 317*
SP 516
Spaltbarkeit 70
Spalte T 22, T 33
Spaltenfrost 101
—quellen 122
—vulkane 196
—wässer 116
Spätglazial 415
Spathognathodus steinhornensis 323*
Spätmolasse 178
Speichergesteine 490
Speläologie 122
Spezialsande 477
Sphenobaiera digitata 433
Sphenophyllaceae 330
Sphenophyllum 430 ff.
Sphenophyta 430
Sphenopteridium 430, 431*
Sphenopteris 430, 434
Spinnentiere 443
Spiriferen 322, 323*, 330, 343*
Spiroplactamina spectabilis 384*
Splitt 477
Spongien 318, 341, 362, 438
Spreading 261*
Spreading-Hypothese 27
Spreading-Modell 218
springender Bodentransport 127
Sprudelstein T 1
Spülbohrungen 506
Spülproben 507
Spumellarien 437
Spurenelemente 520
Sserir-Wüste 157
stabiler Schelf 183
Stachelhäuter 305, 312, 444
Stadiale 410
Stadien der Mineralbildung 72
Stagnogleye 110
Stalagmiten 122, T 20, T 21
Stalaktiten 122, T 20, T 21
Standtektonik 236
Staßfurt-Serie 349, 485
statische Metamorphose 90
Staub 193, 194

Staubsedimentation 561*
Stauchmoränen 150
Staugleye 109, 113*, T 4
—horizonte 465
—kuppen 197
—moränen 150
—nässeböden 109
—nässevergleyung 107
—quellen 119
—vergleyung 107
—wasser 105
Stechrohrkern T 32
Stefan 330, 335
Stegocephalenarten 341
Stegodon 384*
Steilküsten 548
Steinböden 106
Steine 475
Steine und Erden 475
Steinfall 550
Steinkern 423
Steinkohlenformation 343
Steinpflaster 156, T 28
Steinpolygone 153
Stellispongia glomerata 363*
Stenodyctia Lobata 331*
Stenopterygius quadriscissus T 40
Stensiönia 373
Sterndünen 137, 156*
Sternstrahlung 49
Sternzeitalter 34
Stigmaria ficoides 430
Stillwasserfazies 310
Stöcke 200
Stockscheider 463
Stockwerksgliederung 206*
Stockwerkstektonik 185, 203
Stoßaufnahme 498*
Stoßmarken 131
St.-Pauls-Felsen 257
Strahlungskurve 287
Strandseifen 467
Strandwälle 161
Stratamessung 516
Straten 129
Stratigraphie 12, 20, 281
stratigraphische Fallen 491
stratigraphische Gliederung 290*, 291*, 298*, 299*, 308*, 314*, 320*, 326*, 327*, 339*, 357*, 368*, 379*, 386*, 396*
stratigraphisches Prinzip 11, 281
stratigraphisches System 282
Stratosphäre 30
Stratovulkane 196, 197
Stream-Sediment-Prospektion 521
Streifenkohle 487
striation marks 131
Stricklandia 318
Stricklava T 11
Stringocephalus 323
Stromaria 343*
Stromatolithen 305, 426
Stromatoporen 318, 323
Stromatoporoidea 312
Strombettsedimente 126
Stromstrich 143
Strömungsanalyse 124
—bahnen 164
—kolke 131
—marken 130
—richtung 539
—rippeln 164
—wülste 130 f.
Strophomeniden 312
Strukturböden 112, 113*, 419
Strukturbodendynamik 152*
strukturell 490
Strukturformen 201
Stschutschja-Gewölbe 226
Stufe 283
Stufenregionen 160
Sturmhochwasser 161
Sturmniedrigwasser 161
Sturzbewegungen 550
Stürzen 551
Styliolinen 324
subaerisch 190
subaerisch-vulkanogene Lagerstätten 464

Subalkaligesteine 81
subalpiner helvetischer Trog 377
subaquatische Rutschungen 126
Subboreal 415
Subduktion 249, 257, 261*, 275
Subduktionszone 50*, 219 ff.
subglaziale Gewässer 150
subherzyne Phase 373
submarin 190
submarine Rutschung 466
submarin-exhalative Lagerstätten 464
submarin-hydrothermal-sedimentäre Lagerstätten 464*, 465*
Submersion 174
subozeanische Großformen 158*
Subrosion 102, 122, 548
subrosive Prozesse 565
subsequent 188
subsilvines Bodenfließen 145
Substrat 106 f.
Substrattypen 107
Substratwasser 114
Subvulkane 199
subvulkanische Mineralparagenesen 83
Succinea oblonga 403*
Süddeutsche Senke 366*
Süddeutsche Stufenlandschaft 367
süddeutsches Sedimentationsgebiet 367
Süderde 316
sudetische Phase 332
Südkontinente 300*, 345, 351
Südostasiatische Platte 273*
Süd-Sandwich-Graben 159
Südsandwichplatte 273*
Suffosion 145
Sunda-Graben 159
Superior 292
Superkontinent Gondwana 289
Suspensionsströme 166
Süßwasserschnecke 403*
Svekofenniden 225
svekokarelidisches Orogon 295
svekokarelischer Zyklus 295
S-Wellen 215
Sylvinite 484
Synapsiden 446 ff.
Synärese 132
Synäreserisse 132
Syneklisen 175, 182, 209, 225
Synklinalen 203*, 204
Synklinorien 205
synorogen 187
synorogene Fazies 137
Syroseme 108
System 10
Systemtabelle 26

Tabulaten 312, 318, 438
Taeniocrada 323*, 428, 429
Taeniopteris eckardti 433
Tafel 179, 224
Tafelformationen 138
Tafelrandsenke 313*, 319*
Tafelsedimente 133*
Tafelstockwerk 451
Tafelvulkane 194, 196
Tagebaurestlöcher 564
Tagesbrüche 549
Takla-Makan 297
takonische Phase 310
Takyre 112
Talaue 143*, 144*
Talboden 143*, 144*
Talentwicklung 146
Täler 145
Talformen T 18
Talgletscher 148
Talk 70
Talquerschnitt 145
Talzuschub 546, 550
Tanystropheus 447
Tapes senescens 403*
Taphrogenese 12, 172, 180, 263
Tarim 297
Taschenböden 153*
Tas-Gewölbe 226
Tatarisches Becken 351

Tatarische Stufe 350
Tausendfüßer 443
Taxodontier 440
technische Geologie 560
technische Gesteinskunde 534, 553, 554, T 46, T 47
Technogenese 560
Technogeochemie 519
Teilchenstrahlung 31
tektofazielle Kriterien 137
Tektogenese 171, 225, 241
Tektonik 171, 201
tektonische Ären 185, 451
tektonische Beben 214
tektonische Deformationen 207
tektonische Faltungsphasen 185
tektonische Karten 502
tektonische Phasen 185
tektonische Selektion 177
tektonisches Großbild der Erde 224
tektonisches Prinzip 11
tektonische Zyklen 186
tektonogener Magmenzyklus 184*
Tektonogenese 12, 13, 171, 175, 229, 230
tektonogenetisch-magmatischer Zyklus 186
Tektonophysik 181
Tektonosphäre 171, 203
Telangium 431
telemagnetische Bildungen 462
Teleosteer 374
Teleostomen 324
Tellurik 510
tellurische Messungen 511
tellurische Ströme 511
Telomophyta 429
Temperatur-Druck-Diagramm 461*
Temperaturgliederung der Erde 139*
Temperaturgradient 48
Temperatur-Konzentrations-Diagramm 461*
Temperaturverwitterung 101
temperierte Gletscher 147
temporaler Fazieswechsel 464
Tentaculata 439
Tentakuliten 324
Tephra 194
Terebraten 363
Terebratuliden 439
Terra fusca 111, T 5
Terra rossa 111, 113
terrestrische Bildung 467
terrestrischer Wärmefluß 49
terrestrisch-limnische Ausscheidungslagerstätten 468
Territorialgeologie 560
Territorialplanung 568
Tertiär 10, 382 ff., 385*, 396*, T 43, T 44
tertiäre Gebirgsbildungen 231
Tertiär-euramersich-zonale Flora 436
Tertiärquarzite 477
Testudinata 447
Tethys 252, 271, 277, 351, 376, 377, 378, 380, 382, 394, 395
Tethys-Geosynklinale 338
tetragonal 70*
Tetragraptis serra 310*, 311
Tetrapoda 445
Tetrapodenfauna 446
thalassogen 59
Thalassogeosynklinale 176
thalassophil 59
Thalattogenese 171
Thalattokratie 174
Thallophyta 330
Thaumatopteris 365
Thecodontier 365, 446, 447
thematische geologische Karten 501
Theorie der Erdachsenverlagerung 260
Theorie der Sternentwicklung 36
Theorie des Planetensystems 36
Therapsiden 446, 447
Thermalwässer 50, 119
Therme 119
thermische Gletschertypen 148
thermodynamische Hypothese 248
Thermokarst 153
Thermolumineszenz-Methode 288

Thermolumineszenz-Test 402
Theromorphen 447
thixotrop 126
Tholeyer Schichten 348
Th-Pb-Methode 287
Thufurfeld T 23
Thüringische Senke 354*
Thüringisch-Vogtländisches Schiefergebirge 321
Tiefbohrungen 505, 506
Tiefenbrüche 181
Tiefendifferentation 243
Tiefenerosion 143, 146
Tiefengesteine 81
Tiefenkartierung 514
tiefenmagnetischer Typ 466
Tiefenwässer 523
tiefer Karst 123
Tiefherdbeben 217
Tiefkraton 184
Tiefquarz 75*
Tiefseebecken 160
Tiefsee-Ebenen 160
Tiefseegesenke 159
Tiefseegräben 13, 159
Tiefseeregion 164
Tiefseerinnen 159
Tiefseeschwellen 160
Tiefseesedimente 164
Tilia 406
Tillite 228
Timorites 350
Tirolites cassianus 359
Titration 539
Tonböden 107
Tondurchschlämmung 107, 109
Tone 477
Tonfazies 388
Tonga-Graben 159
Tongesteine 86
Ton-Humus-Komplex 106
Tonminerale 103, 105
Tonneubildung 107
Toolea 65
Topas 70
topographische Karte 504
Torf 105
Torfmarsch 110
Tornquistsche Linie 225
Toteis 148
Totengesellschaften 385*
Tournai 330, 331
Toxaster 374
t-p-Diagramm 461*
Tracheata 443
Trachodon 374
Transasiatischer Gürtel 217
Transformationsstörung 255*
Transformstörungen 159, 219*, 254, 270
Transgression 127, 174, 453
Transgressionsfalle 491*
Transgressionskonglomerat 174
Transmissivität 539
Transvaalsystem 462
Transversalschieferung 208
Transversalwellen 215
Trapp 188, 227
Trassenpläne 501
Travertin 87, 556, T 9, T 46, T 47
Tremadoc 310
Trennfugen 116
Trennfugendurchlässigkeit 537
Trias 10, 352, 354*, 357*, T 39
Triceratops 374
Trigonia costata 363*
triklin 70*
Trilobiten 304, 311*, 312*, 323, 324, 330 341, 443
Trilobitomorpha 292
Trinkwasser 119
triple junction 264
Triploporella 365
Tritiummethode 286, 287
Trochina 440
trockene Gase 488
Trockentäler 157
Trockenverwitterung T 8
Trogkofelkalk 349

Trogtal T 8, T 23
Tropfenböden 131, 153, T 5
Tropfenstruktur 131*
Tropfsteine 122
tropischer Karst T 19
tropisches Bodenfließen 145
Troposphäre 30
Trübeströme 126, 178
Trümmereisenerzlagerstätten 467
Trümmergesteine 85
Trümmerlagerstätten 467
Truse-Serie 295
Tryblidiaceen 440
Tschernoseme 108, T 5
Tsunamis 216
Tuffite 86
Tumor-Stadium 264
Tundra-Gleye 112, 113*
Tunguska-Becken 344, 351
Tunnelbau 544*
Turam-Methode 512
Turan-Aufwölbung 226
Turan-Tafel 226
Turbationen 107
Turbidite 126, 132*, 137, 166
turbidity currents 126, 137, 166, 178
Turbinenbohrverfahren 507
Turbulenz 40
Turgai-Flora 435
Turgai-Senke 398
Türkische Platte 273*
Turmkarst 123
t-x-Diagramm 461*
Tyrannosaurus 374
Tyrrhenisches Becken 397

Überfallquellen 119*
Überfaltungsdecken 204
Übergangsmoor 111
überkippter Wellenkalk T 38
Überschiebungsdecken 204, 205*, 206, T 13
Überwasserstangenfelder 168
Udokan-Serie 297
Ufastufe 350
Uferfiltrat 117
Uferrutschungen 566
Uintacrinus 374
Uintatheria 448
Ukrainischer Schild 225, 295, 366*
Ullmannia 341, 343*, 434
Ulmus 406
Ulodendren 432
Ultraelemente 60
ultrahelvetischer Trog 377
Ultrametamorphose 97
Ultrapelite 85
Ultrarotaufnahmen 514
Ultrarotstrahlung 514
Ultrastrahlung 31
Umformungsverwerfungen 254
Umstapeln 176
Umweltgeochemie 519
Umweltschutz 517
Umweltverhältnisse 450
Uncinulus 323
Undationen 176, 242
Undationshypothese 236, 242
Ungava 292
Unitas 435
Unpaarhufer 448
Unteres Rotliegendes 343
unterirdische Abflußspende 542
unterirdische Auswaschung 145
unterirdisches Wasser 114 ff., 534
unterirdische Wasserläufe 122
Unterkreide 373
untermeerische Kuppen 160
unterpermischer Vulkanismus 343
Unterströmungshypothesen 246, 248
Unterströmungstheorie 22
Unterwasserfernsehkameras 168
Unterwasserphotokameras 168
Unterwasser-Rohboden 110
Unterwasserstangenfelder 168
uplifts 264
Ural-Geosynklinale 338

Uralstraße 448
Ural-Vorsenke 344
Uranus 29
Urbecher 438
Urflügler 443
Urkontinente 184
Urodela 374, 446
Urplaneten 38
Ursonne 37
Urstromtäler 150
Urtethys 306
Urtiere 437
Urvogel 447
Uvalas 122

vados 114
Vaginulina 362
Valendis T 42
Varisziden 230, 306
Variszikum 222
Variszische Ära 185
variszische Gebirgsbildung 340, 454
variszische Metallprovinzen 475
Variszischer Bogen 335*
Variszisches Gebirge 333, 336, 339*, 351
variszische Tektonogenese 455
Vegas 109
Veneroida 441
Venerupis senescens 403*
Venus 29
Verbandsfestigkeit 546
Verbraunung 107, 109
Verdrängungstyp 464*
Vereisung 24, 420
Vereisungsgrenze 408*
Vergenz 177, 204
Vergleyung 107
Vergrusung 102
Verkarstung 103, 121
verkieselte Bank T 8
Verkittungen T 17
Verlehmung 107
Vermes 439
Verockerung 541
Versalzung 107
Verschluckung 257
Versenkung 562
Versenkungsmetamorphose 219
Versickerung 115
Versinkung 115
Versteinerungslehre 18
Versuchsbrunnen 539
Vertaubungen 484
Vertebraten 445
Vertikalbewegungen 202, 209
Vertikalbrunnen 544
Vertisole 111, 113*
Verwerfung 206*
Verwerfungsquellen 119*
Verwilderung 143
Verwitterung 24, 84, 101, 466, 548, 558, T 3, T 47
Verwitterungsboden 67*
Verwitterungslagerstätten 467
Verwitterungsprofile 468*
Vesuvkrater T 14
Vibrations-Kolbenlot T 30
Vibrationsstechrohr 168
Vibroverfahren 506
Vieläster 445
Vierland-Stufe 392
Vindelizische Schwelle 366*
Visé 330, 331
Viskosität 52
Vitaceen 435
Vitrit 487, T 45
vitrophyrisch 83
Viviparus 374, 403
Vögel 447
Volborthella 304*, 441
Vollstaugleye 110
Volltroggleitung 241
Vollversinkung 122
Voltzia 353, 434
vorderasiatisch-afrikanisches Grabensystem 266

Vorerkundung 528, 531
vorgeologische Zeit 42 ff.
vororogene Fazies 137
Vortiefen 178
Vulkane 49, 189, 191, 198*, T 14, T 15
Vulkanforschung 189
vulkanisch 18
vulkanisch aktive Gebiete 49
vulkanische Beben 214
vulkanische Förderprodukte 193
vulkanische Gase 195*
vulkanischer Typ 466
vulkanische Schlamme 165*
vulkanische Sedimente 166
vulkanische Tätigkeit 190, 192
Vulkanismus 188, 189, T 11, T 12, T 14, T 15
Vulkanite 81
Vulkanologie 189, 190
vulkanologische Vorhersage 190
vulkanotektonische Senken 197

Wabengefüge 546
Wachskohle T 44
Waderner Schichten 348
Wadis 157
Wagenoceras 350
Walchia 330, 343*, 431
Waldai-Serie 307
Waldelefant 403
Walkerden 480
Wallberge 408
Wälle 225
Wandertektonik 236
Wärmebeulen 92, 221, 263
Wärmedome 92
Wärmefeld der Erde 512
Wärmefluß 49
Wärmeleitfähigkeit 49
Wärmestrom 49
Warmzeiten 407
Warta-Gewölbe 226
Warthe-Stadial 413
Warve 283
Warvenchronologie 135, 283, 287, 402
Warvenkalender 283
wash outs 131
Wasser 23, 24, 114 ff., 536
Wasser-Abwasser-Problematik 560
Wasseraufnahmevermögen 537
Wasseraufnahmewerte 555
Wasserbilanz 115
Wasserbohrungen 544
Wasserdurchlässigkeit 539
Wassererschließung 540
Wasserhaushaltgleichung 114
Wasserhaushaltsgliederung der Erde 139*
Wasserkreislauf 114 ff.
Wasserleitungsvermögen 537
Wasserwegsamkeit 537
Wasserwerte 547
Wasserzahl 547*
Wasserzuflußmessung 543
Wattenschlicks 163
Wealden 376
Wealden-Artois-Schwelle 390, 391
Wealden-Fazies T 42
Wealden-Schwelle 388
Wechsellagerung T 38
Weichbraunkohlen 487
Weichgesteine 554, 558, 559
Weichseliaceae 435
Weichsel-Kaltzeit 413
Weichselvereisung 410
Weichtierähnliche 439
Weichtiere 305, 440
Weißelster-Becken 391, 393
Weißgehalt 479
Weißspat 481
Wellenrippeln 130, 164, T 39
Weltall 30
Weltbild der Geologie 458
Weltenergiebedarf 560
Weltkarte 215*
Weltmeer 158*, 165*
Weltriftsystem 50

Weltsystem der mitteleuropäischen Rücken 13, 253
Weltsystem der mittelozeanischen Schwellen 27, 253
Wend 296
Wendium 289
Wenlock 316
Werchojansker Gebirge 231
Werdau-Hainichener Trog 333
Werfener Schichten 349
Werksteine 557, 559*, T 16
Werra-Serie 349, 485
Westfal 330, 335
Westpazifische Faunenprovinz 304, 305
Westpazifische Provinz 310
Westsibirische Tafel 225
Wetterbeständigkeit 558
Whittleseya 431
Wickelstrukturen 131
Widerständigkeit 141*
Widerstandsmessungen 539
Widerstandsmethoden 512, 516, 543
Wiedernutzbarmachung 563
Wiederurbarmachung 563
Wilson-Stufen 263*
Wind 23
Winddriftströmungen 164
Winderosion T 28
Windmulden 156
Windrippeln T 39
Wirbellose 437, 441*
Wirbeltiere 445
Wisconsin-Vereisung 420
Wocklumeria 324

Wohnbauten 130
Wollhaarnashorn 403
Wollsackverwitterung 85, 102, T 3
Woolwich-Beds 390
World Rift System 27, 253
Wühlgefüge 131
Wünschelrute 536
Würgeböden 153
Würm 417
Würmer 305, 439
Wüstenböden 112
Wüstenforschung 23
Wüstenlack 112, 156

xenoblastisch 96
xenomorph 70, 96
Xylite 487

Yoldia-Meer 416
Yuccites 434

Zähigkeit 52
Zamites 365
Zechstein 340, 349*
−becken 347
−transgression 347
−zyklen 347
Zehrgebiet 147
Zeilleria numismalis 363
Zeitbestimmung 281
Zeitweiser 11

Zementationszone 103
Zementlog 517
Zentralböhmische Senke 333, 336
Zentral-Dinariden-Trog 338
zentralfinnischer Magmatitkomplex 296
Zentralfranzösisches Massiv 365
Zentralgräben 13, 253
Zentraliden 178
Zentral-Karakum-Hebungszone 226
Zentralmassiv 366*
Zentralmeer 252
Zentralpazifische Platte 273
Zentralsächsisches Lineament 315
Zentralspalte 159, 160
Zentralvulkane 196
Zeolithe 481
zeolithische Fazies 92, 470
Zirbelkiefer 284
zirkumpazifischer Geosynklinalgürtel 371
zirkumpazifischer Gürtel 159, 217
Zone 283
Zonophyllum-Arten 323
Zosterophyllum 428*, 429
Zugklüfte 208
Zugspalten 201
Zurundungsindex 128
Zvikovec-Serie 294
Zweischichtminerale 105
Zwergbirke 403*
Zwischengebirge 178
Zwischenmassiv 178
zyklische Sedimentation 133*
Zyklotheme 132
Zyklus 132